实用机械传动装置设计手册

主编 张 展

参编 刘述斌 厉海祥 陈 明 张弘松 张晓维 曾建峰 马 凯 邵钰钫 温成珍 张汉明

机械工业出版社

本手册列入各种类型的机械传动装置，主要包括圆柱齿轮传动、锥齿轮传动、蜗杆传动、行星齿轮传动、3K 型行星传动、少齿差行星传动、摆线针轮传动、销齿传动、滚子活齿行星传动、起重机传动、工程机械齿轮传动、齿轮联轴器、谐波齿轮传动、高速齿轮传动、星形齿轮传动、航空齿轮传动、船用齿轮传动、冶金矿山机械齿轮传动、水泥机械齿轮传动、煤矿机械齿轮传动、石油化工机械齿轮传动、铁道机车动车传动、风力发电齿轮传动、点线啮合齿轮传动、螺旋传动、带传动、链传动和摩擦传动，并介绍了齿轮传动装置的安装与调试、齿轮常用材料及其性能以及润滑与密封等。每一章均有设计要点、技术要求并附有典型结构图和零件图，图文并茂，有很强的实用性。

本手册主要供机械传动装置设计者参考使用，也可供大专院校师生从事相关设计时参考。

图书在版编目（CIP）数据

实用机械传动装置设计手册/张展主编. —北京：机械工业出版社，2012.6

ISBN 978-7-111-38462-5

Ⅰ.①实…　Ⅱ.①张…　Ⅲ.①机械传动装置-设计-手册
Ⅳ.①TH13-62

中国版本图书馆 CIP 数据核字（2012）第 105336 号

机械工业出版社（北京市百万庄大街 22 号　邮政编码 100037）
策划编辑：黄丽梅　责任编辑：黄丽梅　版式设计：霍永明
责任校对：陈延翔　张晓蓉　封面设计：陈　沛　责任印制：乔　宇
三河市宏达印刷有限公司印刷
2012 年 9 月第 1 版第 1 次印刷
184mm×260mm　65.75 印张 · 3 插页 · 2215 千字
0001—3000 册
标准书号：ISBN 978-7-111-38462-5
定价：228.00 元

电话服务
社服务中心：(010) 88361066
销 售 一 部：(010) 68326294
销 售 二 部：(010) 88379649
读者购书热线：(010) 88379203

策划编辑：(010) 88379720
网络服务
教材网：http://www.cmpedu.com
机工官网：http://www.cmpbook.com
机工官博：http://weibo.com/cmp1952

前　言

传动技术是将各种形式的能量进行传递、分配、控制和变化运动形态的一种技术。主要包括机械传动技术、电气传动技术、气体传动技术、液体传动技术等。传动技术的发展水平是机电产品能否向自动化、高效化、高速化、多样化、轻量化、高精度和高可靠性方向发展的主要因素之一，所以传动技术是装备制造业的基础性关键技术，大力推动传动技术的发展意义重大。

机械传动装置是传动技术的主体部分，其使用量大面广。众所周知，任何一台机器通常由三个基本部分组成，即原动机、传动装置和工作机构，其中机械传动装置应用于机械设备的各个领域。机械传动装置的主要功能为：①改变输出速度，减速、增速或变速，以适应工作机构的需求；②改变输出转矩，以满足使用要求；③改变运动方式，由回转运动变成直线运动或反之；④功率分流；⑤实现差速，满足特殊要求等。目前，齿轮和机械传动装置的发展趋势是六高、二低、二化。六高即为高承载能力、高硬度、高精度、高速度、高传动效率和高可靠性；二低即低成本、低噪声；二化即标准化、模块化（多样化）。

如何使我国从齿轮生产大国，走向世界齿轮制造强国，这就需要博采众长，吸取别人的精益部分，进而不断创新。创新是一个民族的灵魂。我们要不断改进，不断提高，形成有中国特色的民族品牌。只会“克隆”、“照搬”，则永远落后于人家。

为了适应科学技术的发展，满足教学、生产和科学研究的需求，我们编写了《实用机械传动装置设计手册》。本书的宗旨是“博采众长、荟萃精华、启迪思维、开阔视野”，坚持“技以新为贵，商以信为重，业以人为本，人以德为先”的精神，在编写时注重实用性、先进性和科学性。

本书列入各种类型的机械传动装置，主要包括圆柱齿轮传动、锥齿轮传动、蜗杆传动、行星齿轮传动、3K型行星传动、少齿差行星传动、摆线针轮传动、销齿传动、滚子活齿行星传动、起重机械传动、工程机械传动、谐波齿轮传动、高速齿轮传动、星形齿轮传动、船用齿轮传动、水泥机械传动、石化机械传动、风力发电传动、点线啮合传动、润滑与密封、螺旋传动、带传动、链传动和摩擦传动等。每一章均有设计要点、技术要求，附有典型结构图和零件图，图文并茂，供机械传动装置设计者参考。

本书由张展任主编，参编者有刘述斌、厉海祥、陈明、张弘松、张晓维、曾建峰、马凯、邵钰钫、温成珍、张汉明。全书由张展统编和统稿。

本书在编写过程中得到上海交通大学张国瑞教授，同济大学归正教授，上海理工大学崔建昆、麦云飞教授，哈尔滨工业大学焦映厚教授，江苏上齿集团董事长张焰庆，以及李运秋、陈智辉、李秋武等诸位专家的大力支持，在此深表谢意！

本书各作者虽然长期从事齿轮传动装置的研发、设计和制造工作，书中融入了他们的工作体会和实践经验，但限于水平，书中难免有不当之处，敬请广大读者批评指正。

张　展

目　录

第1章　概　　论

传动技术是将各种形式的能量进行传递、分配、控制和变化运动形态的一种技术。它主要包括机械传动技术、电气传动技术、气体传动技术、液体传动技术等。传动技术的发展水平是机电产品能否向自动化、高效化、高速化、多样化、轻量化、高精度和高可靠性方向发展的主要因素之一，所以传动技术是装备制造业的基础性关键技术，大力推动传动技术的发展意义重大。

1.1　机械传动装置的作用与分类

众所周知，一台机器通常由三个基本部分组成，即动力机、传动装置和工作机构。此外，根据机器工作需要，可能还有控制系统和润滑、照明等辅助系统。机械传动装置是指将动力机产生的机械能以机械的方式传送到工作机构上去的中间装置。机械传动装置能分别起以下作用：

1）改变动力机的输出速度（减速、增速或变速），以适合工作机构的工作需要。

2）改变动力机输出的转矩，以满足工作机构的要求。

3）把动力机输出的运动形式转变为工作机构所需的运动形式（如将旋转运动改变为直线运动，或反之）。

4）将一个动力机的机械能传送到数个工作机构，或将数个动力机的机械能传递到一个工作机构。

5）其他的特殊作用，如有利于机器的装配、安装、维护和安全等而采用机械传动装置。

机械传动装置是机械传动机构的具体产品。机械传动的种类很多，并可从不同角度将其分类。常用的机械传动分类如图1-1所示。图1-1的各种机械传动形式还可按不同特征细分，如按齿廓曲线不同，可将齿轮传动分为渐开线、圆弧、摆线齿轮等。此外，也可以从其他角度将机械传动分类，例如按能量的流动路线分为单流传动和多流传动等。

机械传动装置主要是由传动元件（齿轮、带、链等）、轴、轴承和机体等组成。此外，联轴器、离合器、制动器等组件在完成机械能的传送和停止等方面起到了重要的作用。

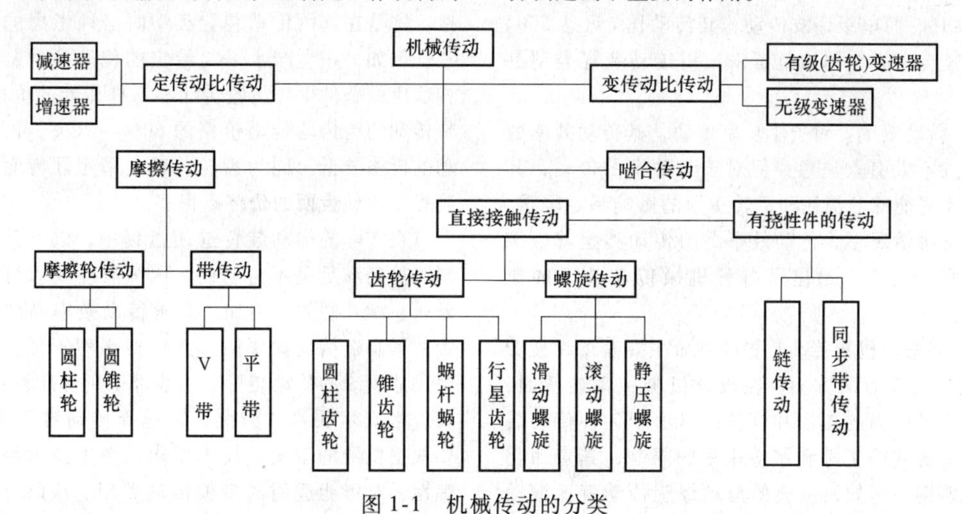

图1-1　机械传动的分类

1.2　机械传动装置的设计

机械传动装置的选用是比较复杂的工作，它需要考虑从动力机到工作机多方面的因素，经细致分析对比后才能作出合理的选择。通常以下几方面是选择机械传动装置类型的基本依据：

1）工作机构的工况和性能参数。

2）动力机的性能及与动力机匹配对传动装置的要求。

3）综合分析不同类型传动装置的初始费用、运转费用和维修费用，使所选的传动装置具有良好的经济性。

4）能符合安全和环境保护（减振、降噪等）方面的要求。

5）对传动装置的参数进行优化，结构优化，传动元件（如齿轮、带、链、轴、轴承和机体）满足强度、刚度、稳定性的要求，使产品性能满足使用功能的需求。

6）使用和控制方便、可靠。

在现代的机器设计中，为了优化机器的最佳设计方案，传动方案的选定都是同动力机的选择、工作机构的确定通盘考虑的。传动装置的选用并没有一成不变的程序，而要根据不同机器的具体条件和复杂程度，经多方案的分析比较才能确定。

以下几方面是在选定传动装置时必须考虑的：

1）功率范围。各种机械传动都有各自最合理的功率范围，例如摩擦轮传动不适于传递大功率，而圆柱齿轮传动传递的功率可达数万千瓦。因此，要在最合理的功率范围内来选择传动装置的类型。

2）速度。受运转时发热、振动、噪声或制造精度等条件的限制，各种传动装置的极限速度（转速）虽然在不断提高，但考虑经济性后，其合理的速度范围还是存在的。例如V带传动受带与带轮间产生的气垫、带体发热和离心力的限制，其最高的带速为25～30m/s；如果带速过低，带的根数将增加过多，这也是不可取的。圆柱齿轮的允许圆周速度要比锥齿轮的高得多（详见表1-3）。

3）传动比范围。各种机械传动单级传动比的合理范围差别很大，这是由于传动装置的结构条件有很大不同引起的。例如，圆柱齿轮传动，通常其传动比 $i \leqslant 10$，而单级谐波传动，其传动比 i 可达500。因此，按合理的传动比范围来选用传动装置类型是重要的。

4）传动效率。对于小功率传动，其传动效率的高低一般不太引人注意；但对于大功率的传动，其传动效率对能源的消耗和运转费用的影响举足轻重。因此在这种情况下，传动效率高的传动类型就应该是首选的。表1-1给出了各种机械传动效率的概略值。

5）寿命。机械传动装置的寿命主要表现在疲劳寿命和磨损寿命两方面，在设计机械传动装置时，一般都作了详细的考虑和计算，但由于各种传动装置受本身的结构条件和制造水平的限制，其寿命仍有较大差别。例如，一般的滑动螺旋传动就比滚动螺旋磨损快、寿命短；低速的蜗杆传动，由于不能形成较好的油膜，所以传动件磨损快、寿命短。

6）外廓尺寸。在相同的传动功率和速度下，采用不同种类的传动装置，其外廓尺寸可以相差很大（质量也可以相差很大）。图1-2为功率 $P=135\text{kW}$，传动比 $i=4$（转速相同）的不同种类传动的大致外廓尺寸比较情况。由图可见，如果受安装空间限制，要求结构紧凑时，就不宜采用带传动和链传动。相反，如果由于布置上的原因，要求主、从动轴之间的距离较大时，就应该采用带传动或链传动，而不宜采用齿轮传动。

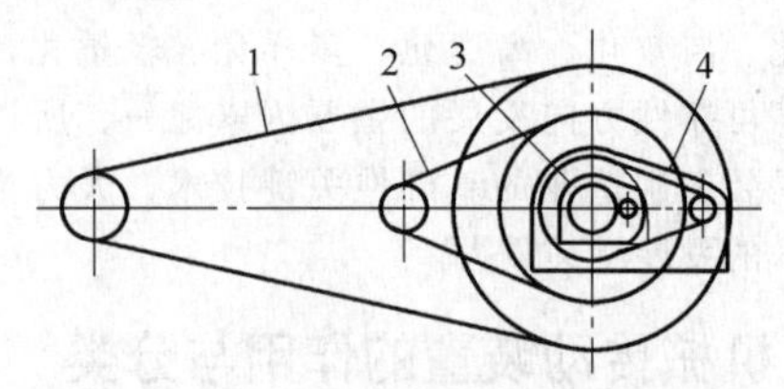

图1-2　几种传动类型外廓尺寸比较

1—平带传动　2—V带传动　3—齿轮传动　4—链传动

7）变速要求。通常采用有级变速或无级变速传动装置可以满足机器的变速要求。有级变速常采用圆柱齿轮传动，或采用带、链的塔轮机构来实现有级变速。无级变速最常用的是摩擦式无级变速器，它有结构紧凑、传动平稳、噪声低等优点，但传递的功率不能太大，寿命也较短。

8）价格。传动装置的初始费用主要决定于价格，这是在选用传动装置类型时必须考虑的经济因素。例如，在生产水平与给定的传动类型制造要求相适应的条件下，齿轮传动和蜗杆传动的价格较高，带传动约为齿轮传动价格的60%～70%，而摩擦传动的价格较低。同为齿轮传动，采用硬齿面的传动装置要比软齿面的价格高得多。

在实际的传动装置选用过程中，以上几方面都同时得到满足是不容易的，因为有些要求可能相互矛盾、相互制约。例如，要求传动效率高的传动装置，其制造精度就要高，其价格必然不低；要求外廓尺寸紧凑的传动装置，一般都采用优质材料制造，其价格必然较高。因此，在选择传动装置类型时，要根据机器的工况、技术要求，考虑技术经济的合理性，对可能适用的多种传动类型，从以上各方面进行细致的分析对比，必要时还要进行优化计算处理，以期设计最佳的机械传动装置类型。

表1-1　各种机械传动效率的概略值

类　别	传　动　形　式	效率 η
圆柱齿轮传动	很好磨合的6级精度和7级精度齿轮传动（稀油润滑）	0.98～0.995
	8级精度的一般齿轮传动（稀油润滑）	0.97
	9级精度的齿轮传动（稀油润滑）	0.96
	加工齿的开式齿轮传动（干油润滑）	0.94～0.96
	铸造齿的开式齿轮传动	0.88～0.92

（续）

类 别	传动形式	效率η
锥齿轮传动	很好磨合的6级精度和7级精度齿轮传动（稀油润滑）	0.97～0.98
	8级精度的一般齿轮传动（稀油润滑）	0.94～0.97
	加工齿的开式齿轮传动（干油润滑）	0.92～0.95
	铸造齿的开式齿轮传动	0.88～0.92
蜗杆传动	自锁蜗杆	0.40～0.45
	单头蜗杆	0.70～0.75
	双头蜗杆	0.75～0.82
	三头和四头蜗杆	0.82～0.92
	环面蜗杆传动	0.85～0.95
带传动	平带无压紧轮的开式传动	0.98
	平带有压紧轮的开式传动	0.97
	平带交叉传动	0.90
	V带传动	0.95
链轮传动	焊接链	0.93
	片式关节链	0.95
	滚子链	0.96
	无声链	0.98
滑动轴承	润滑不良	0.94
	润滑正常	0.97
	润滑特好（压力润滑）	0.98
	液体摩擦	0.99
滚动轴承	球轴承（稀油润滑）	0.99
	滚子轴承（稀油润滑）	0.98
摩擦传动	平摩擦传动	0.85～0.96
	槽摩擦传动	0.88～0.90
	卷绳轮	0.95
联轴器	浮动联轴器	0.97～0.99
	齿式联轴器	0.99
	弹性联轴器	0.99～0.995
	万向联轴器（$\alpha \leqslant 3°$）	0.97～0.98
	万向联轴器（$\alpha > 3°$）	0.95～0.97
	梅花接轴	0.97～0.98
复合轮组	滑动轴承（$i=2～6$）	0.90～0.98
	滚动轴承（$i=2～6$）	0.95～0.99
减（变）速器①	单级圆柱齿轮减速器	0.97～0.98
	二级圆柱齿轮减速器	0.95～0.96
	单级行星圆柱齿轮减速器（NGW类型负号机构）	0.96～0.98
	单级行星摆线针轮减速器	0.90～0.97
	单级锥齿轮减速器	0.95～0.96
	二级圆锥-圆柱齿轮减速器	0.94～0.95
	无级变速器	0.92～0.95
丝杠传动	滑动丝杠	0.30～0.60
	滚动丝杠	0.85～0.95

① 滚动轴承的损耗考虑在内。

1.3 摩擦轮传动、带传动和链传动的特点与性能

表1-2所列的摩擦轮传动、带传动和链传动的特点（优缺点）和性能可供选用传动装置类型时参考。这些传动，目前尚无完整的、标准化的产品系列，因此在设计机器时，都是在选定传动类型后再进行具体的传动装置设计，以满足机器传动的要求。

表 1-2　摩擦轮传动、带传动和链传动的特点和性能

类别	特　点	功率 P /kW	速度 v /(m/s)	效率 η	单级传动比 i	寿命 /h	应用举例
摩擦轮传动	结构简单,运转平稳、噪声小,可用作无级变速传动,有过载保护作用。接触作用力大,有滑动,磨损较快	一般≤20 最大 200	一般≤25 最高 50	0.85 ~ 0.92	一般≤7 有卸载装置≤15	取决于接触强度和抗磨损能力	摩擦压力机、机械无级变速器及某些仪器等
带传动	结构简单,轴间距范围大,运转平稳、噪声小,能缓和冲击,有过载保护作用(同步带除外),安装、维护要求不高,成本低。外廓尺寸大,摩擦型带有滑动,易摩擦起电,作用在轴上的力大,带的寿命较短	平带 ≤3500 V 带 ≤4000 同步带 ≤400	平带 ≤120 V 带 ≤40 同步带 ≤100	平带 0.94 ~ 0.98 V 带 0.90 ~ 0.94 同步带 0.96 ~ 0.98	平带 ≤5 V 带 ≤8 同步带 ≤8	一般 V 带 3500 ~ 5000 优质 V 带 可达 20000	金属切削机床、输送机、通风机、纺织和办公机械等
链传动	结构简单,轴间距范围大,传动比恒定,能在恶劣环境下工作,工作可靠,作用在轴上的力小。瞬时速度不均匀,不如带传动平稳,链磨损伸长后易产生振动、掉链	一般 ≤200 最大 4000	一般 ≤20 最大 40	0.92 ~ 0.98	一般 ≤8 最大 10	5000 ~ 15000	农业机械、石油、矿山、运输、起重和纺织等机械

1.4　各类齿轮传动的特点、性能与应用

齿轮传动的种类很多，常用齿轮传动的特点、性能和应用举例见表 1-3。

表 1-3　常用齿轮传动的特点、性能和应用举例

名　称		主要特点	功率 P /kW	速度 v /(m/s)	效率 η	单级传动比 i	应用举例
渐开线圆柱齿轮传动		传动的功率和速度可以很大,效率高;对中心距的敏感性小;装配维修方便;可进行变位、修形、修缘和精密加工;易得到高质量的传动	已达 65000	已达 210,实验室已达 300	0.98 ~ 0.995	一般软齿面≤7.1,硬齿面≤6.3,最大 10	可在绝大多数机器中使用,如机床、汽车、汽轮机、工程机械等
圆弧圆柱齿轮	单圆弧齿轮	接触强度高于渐开线齿轮,而弯曲强度稍差;没有根切现象;只能做成斜齿;对中心距的敏感性比渐开线齿轮大;噪声稍大	已达 6000	已达 110	比渐开线齿轮稍高	大致与渐开线圆柱齿轮相同	轧钢机、矿井卷扬机、鼓风机、制氧机、压缩机、增速器和汽轮机等
	双圆弧齿轮	除具有单圆弧齿轮的优点外,弯曲强度比单圆弧齿轮高;可用一把滚刀加工相同模数的齿轮;传动质量比单圆弧齿轮好	已达 6000	已达 110	比渐开线齿轮稍高	大致与渐开线圆柱齿轮相同	轧钢机、矿井卷扬机、鼓风机、制氧机、压缩机、增速器和汽轮机等
锥齿轮传动	直齿锥齿轮	比曲线齿锥齿轮的轴向力小,制造也容易	已达 373	<5	0.97 ~ 0.995	<8	汽车、拖拉机和其他轴线相交的中低速传动
	斜齿锥齿轮	比直齿锥齿轮总重合度大,提高平稳性	比直齿锥齿轮稍大	比直齿锥齿轮高	0.97 ~ 0.995	<8	
	曲线齿锥齿轮	比直齿锥齿轮传动平稳,噪声小,承载能力大;支承部分要考虑较大的轴向力和方向	已达 746	>5,磨齿可达 50	0.97 ~ 0.995	<8	汽车、拖拉机驱动桥、通用圆锥圆柱齿轮减速器

（续）

<table>
<tr><th colspan="2">名　称</th><th>主要特点</th><th>功率 P /kW</th><th>速度 v /(m/s)</th><th>效率 η</th><th>单级传动比 i</th><th>应用举例</th></tr>
<tr><td colspan="2">准双曲面齿轮传动</td><td>比曲线齿锥齿轮传动更平稳；利用偏置距增大小轮直径，因而可增加小轮刚性，实现两端支承；沿齿长方向有滑动，传动效率比直齿锥齿轮低</td><td>已达 1000</td><td><30</td><td>0.9～0.98</td><td><10</td><td>广泛用于越野车、小客车和卡车，以提高或降低车辆重心；经特殊设计和加工，可代替蜗杆传动</td></tr>
<tr><td rowspan="3">蜗杆传动</td><td>普通圆柱蜗杆（包括 ZA 型、ZI 型、ZN 型蜗杆）</td><td>传动比大，运转平稳、噪声小、结构紧凑，可实现自锁</td><td><200</td><td>一般 <15</td><td>一般 0.7～0.9</td><td>一般 8～80</td><td>多用于中小载荷间歇运转的情况，如轧钢机压下装置，慢动提升机等</td></tr>
<tr><td>圆弧圆柱蜗杆（ZC 蜗杆）</td><td>主平面共轭齿面为凹凸齿啮合，接触线形状有利于形成油膜，传动效率和承载能力均高于普通圆柱蜗杆传动</td><td><200</td><td>一般 <15</td><td>比普通圆柱蜗杆高</td><td>8～80</td><td>可代替普通圆柱蜗杆传动</td></tr>
<tr><td>环面蜗杆传动（包括平面齿包络、锥面包络，渐开面包络和直廓环面蜗杆）</td><td>接触线和相对速度夹角接近于 90°，有利于形成油膜；接触齿数多，当量曲率半径大，其承载能力比普通圆柱蜗杆传动可以大 2～3 倍。制造工艺要复杂一些</td><td><4500</td><td>一般 <15</td><td>比普通圆柱蜗杆高</td><td>5～100</td><td>轧机压下装置、各种提升机、转炉倾动装置、冷挤压机等</td></tr>
<tr><td colspan="2">普通渐开线齿轮行星传动</td><td>体积小，质量轻，承载能力大，效率高，工作平稳、可靠，但结构比较复杂，制造成本较高</td><td>NGW 型一般 <6500 个别可达 10^5</td><td>高低速均可</td><td>与渐开圆柱齿轮大致相同，但高于定轴传动</td><td>NGW 型 3～12</td><td>NGW 型主要用于冶金、矿山、起重运输等低速重载机械设备；也用于压缩机、制氧机、船舶等高速大功率传动</td></tr>
<tr><td rowspan="3">少齿差传动</td><td>渐开线少齿差</td><td>结构简单，齿轮加工容易，价格较低，但转臂轴承受径向力较大。能承受过载冲击的能力较强，寿命较长</td><td>一般 ≤55，最大达 100</td><td>一般高速轴转速小于 1800r/min</td><td>一般 0.7～0.9</td><td>10～100</td><td>起重、运输、轻工、化工、食品、农机、机床等机械</td></tr>
<tr><td>摆线少齿差</td><td>多齿啮合，承载能力高，运转平稳，故障少，寿命长，结构紧凑，但制造成本较高。主要零部件加工精度要求高，齿形检测困难，大直径摆线轮加工困难</td><td>一般 <100，最大达 220</td><td></td><td>0.85～0.92</td><td>常用 11～87 通常为 6～119 三级传动可达 10^5</td><td>冶金、石油、化工、轻工、食品、纺织、工程、起重、运输等机械</td></tr>
<tr><td>圆弧少齿差</td><td>其结构形式与摆线少齿差传动基本相同，其特点在于：行星轮的齿廓曲线改为凹圆弧，它与针齿的曲率半径相差很小，从而提高了接触强度</td><td><30</td><td></td><td></td><td>11～71</td><td>矿山运输、轻工、纺织、印染机械</td></tr>
</table>

（续）

名　称		主要特点	功率 P /kW	速度 v /(m/s)	效率 η	单级传动比 i	应用举例
少齿差传动	活齿少齿差	固定齿圈上的齿形制成圆弧或其他曲线，行星轮上的各轮齿改用单个的活动构件（如滚珠），当主动偏心盘驱动时，它们将在输出盘上的径向槽孔中活动，形成输出轴运转	<18		0.86～0.87	20～80	矿山、冶金机械
谐波齿轮传动		传动比大、范围宽，元件少、体积小、质量轻；同时啮合的齿数多，故承载能力高；运动精度高、运转平稳、噪声低；传动效率也较高；柔轮的制造工艺较复杂	已达 370，一般<50		0.7～0.9	<500	航空、航天飞行器，原子能、雷达系统，汽车、坦克、机床、医疗器械，光学机械精密传动，高压、高真空密封传动，工业机器人和无线电跟踪系统等
内齿行星齿轮传动（三环减速器）		可双轴或单轴输入；多对内外齿轮啮合，承载能力大，轴承寿命长；能得到大传动比；轴向尺寸小，径向尺寸大；三片内齿轮误差可相互补偿，整机精度高，还不能用于高速传动	已达 2000		0.94～0.96	11～99	冶金、起重运输机械，替代普通圆柱齿轮减速器

1.5 齿轮减速器

1. 齿轮减速器的主要类型和特点

各类齿轮传动（见表 1-3）的产品化就成为不同类型的齿轮传动装置，其中最常用的是齿轮减速器。由于减速器的齿轮传动件装在刚性较好且封闭的箱体中，可以保证轴有较精确的相对位置、良好的润滑条件，因此齿轮传动的寿命和工作的可靠性就容易得到满足。

减速器的类型很多，常用的类型和特点如表 1-4 所列。本手册中的大部分减速器都已有系列标准可供查用；但在设计减速器时，必须比较不同类型减速器的传动效率、外廓尺寸、质（重）量和成本等。只有经过仔细的分析对比，才可能设计出最适用的减速器。

表 1-4　减速器的主要类型和特点

类型	机构简图和特点
一级圆柱齿轮减速器	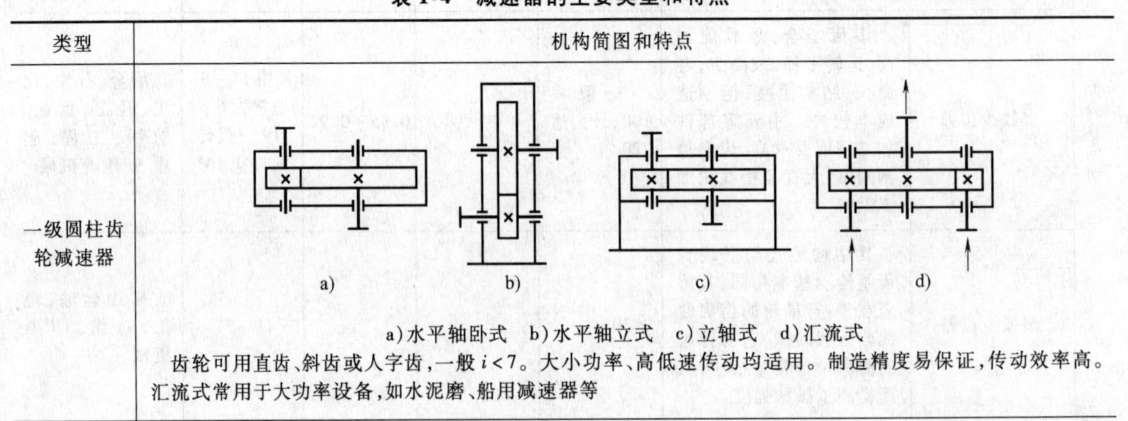 a)水平轴卧式　b)水平轴立式　c)立轴式　d)汇流式 齿轮可用直齿、斜齿或人字齿，一般 $i<7$。大小功率、高低速传动均适用。制造精度易保证，传动效率高。汇流式常用于大功率设备，如水泥磨、船用减速器等

（续）

类型	机构简图和特点
二级圆柱齿轮减速器	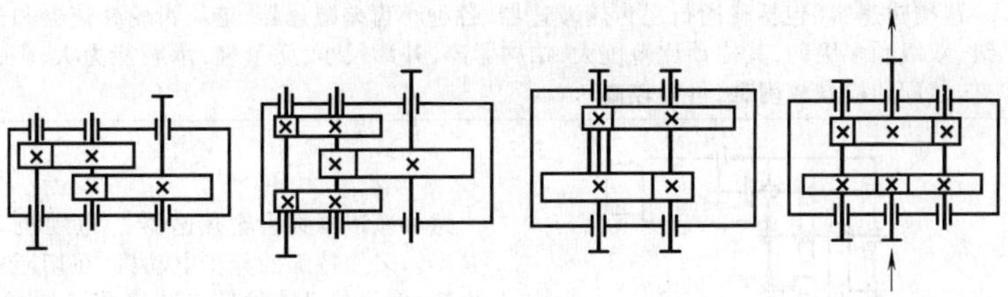 a) b) c) d) a）展开式 b）分流式 c）同轴式 d）同轴分流式 可用直齿、斜齿或人字齿轮，一般总传动比 $i=7\sim50$，展开式结构简单，应用最广，但齿轮非对称布置，易产生轮齿偏载。分流式由于齿轮对称布置，一定程度上减轻了轮齿偏载，故适用于大功率的传动。同轴式的输入和输出轴在同一轴线上，缩小了减速器的长度，但轴向宽度有所增加，中间轴的刚度较差。同轴分流式由于功率分左右两股力流传递，减小了啮合轮齿上的载荷，并且输入轴和输出轴只受转矩作用，因此可缩小减速器的尺寸，但要有合适的均载机构
一级圆锥和二级圆锥-圆柱齿轮减速器	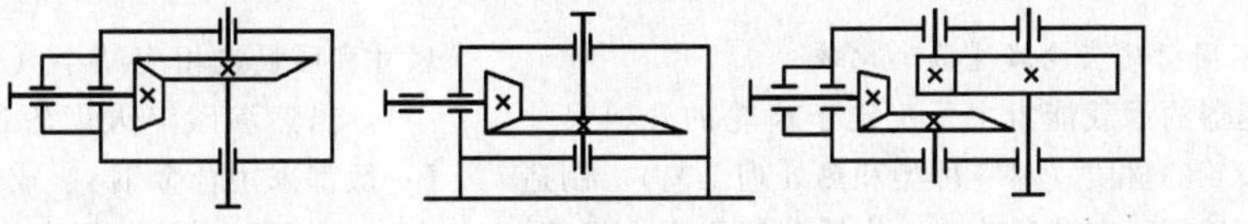 a) b) c) a）一级圆锥水平轴式 b）一级圆锥立轴式 c）二级圆锥-圆柱水平轴式 锥齿轮可用直齿、斜齿和曲线齿，其传动比一般小于5。圆柱齿轮可用直齿、斜齿。一般总传动比 $i=6\sim40$。锥齿轮制造和装配较复杂，成本高。通常都将锥齿轮配置在高速级，以便减小锥齿轮的尺寸。它们用于要求输入轴与输出轴相互垂直的场合
一级蜗杆减速器	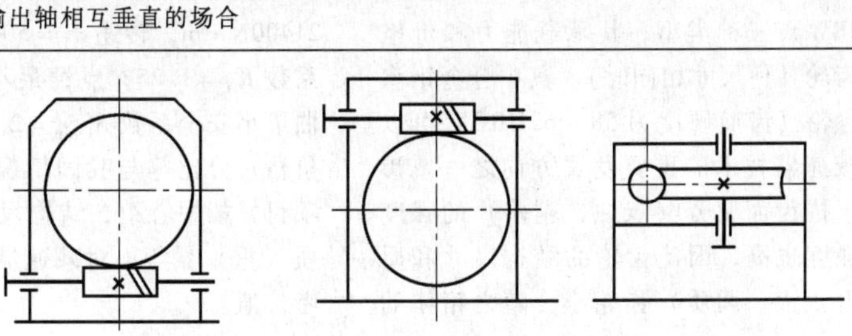 a) b) c) a）蜗杆下置式 b）蜗杆上置式 c）蜗杆侧置式 蜗杆减速器结构简单、紧凑，但传动效率较低，适用于中小功率、间歇运转的场合。下置式对蜗杆和轴承的润滑和冷却都较好，但搅油损失较大，适用于蜗杆圆周速度 $v<5\text{m/s}$ 的场合。上置式可用于 $v>5\text{m/s}$ 的场合，但蜗杆轴承润滑不方便。侧置式的蜗轮轴是垂直的，能满足特殊的需要，但密封要求高
齿轮-蜗杆和双蜗杆减速器	 a) b) c) a）齿轮-蜗杆式 b）蜗杆-齿轮式 c）双蜗杆式 这种减速器的结构复杂、但能得到较大的传动比，a）、b）两种形式，传动比 $i=60\sim90$；双蜗杆的传动比可以更大，但传动效率低。a）、b）两种形式中，齿轮置于高速级，结构比较紧凑，蜗杆置于高速级，则传动效率较高

（续）

类型	机构简图和特点
行星齿轮类减速器	这类减速器（包括普通行星齿轮减速器、各种小齿差减速器、谐波齿轮减速器和三环减速器等）可以做成单级、双级和多级的，其传动比范围大，结构紧凑，外廓尺小，质量轻，承载能力大；但是结构复杂，制造精度要求高，装配和检修较困难，价格较高
三合一减速器	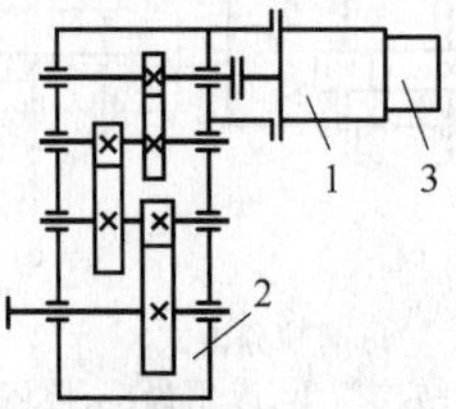 这种减速器集齿轮减速器 1、电动机 2 和制动器 3 于一体，结构紧凑。采用特殊的异步电动机，在切断电源后，电动机能产生制动力矩，使机器迅速停转。减速器可制成三级、二级或垂直轴布置。其常用于起重机的运行机构中
专用减速器	专用减速器都是为满足某些行业特殊要求而设计制造的，因此其结构形式多种多样，没有规定，可以减速、增速、分流、汇流、水平、垂直等；传动比、传动功率和转速范围都有很大差别。一般都单件生产，因此其价格比成批生产的通用减速器高。本手册中的专用减速器有水泥磨减速器、矿井提升机减速器、冶金设备减速器和甘蔗压榨机减速器等

2. 不同材质齿轮减速器的比较

减速器的承载能力主要决定于齿轮的几何尺寸参数和齿轮的材质（材料种类和热处理工艺）。制造齿轮的常用材料有球墨铸铁、优质碳钢和合金钢等；热处理工艺主要有正火、调质、表面淬火、渗碳淬火和氮化等。齿轮减速器通常按齿面硬度不同分为软齿面（齿面硬度一般小于 300HBW）、中硬齿面（齿面硬度一般为 300～350HBW）和硬齿面（齿面硬度大于 350HBW）三种类型，其承载能力和价格差别很大（在齿轮几何尺寸相同时）。其中合金钢渗碳淬火硬齿面齿轮（齿面硬度为 58～62HRC）可以说是当今齿轮减速器技术的重要发展方向之一。渗碳淬火齿轮由于抗齿面疲劳（点蚀、剥落）的强度好，齿根弯曲强度也高，因此齿轮的结构尺寸和质量都比软齿面（正火、调质）齿轮小，随之箱体的尺寸和质量也相应减小（但轴承的尺寸和质量不减小）。虽然渗碳淬火齿轮通常都采用较昂贵的材料（一般都采用合金钢）、成本较高的硬化工艺和加工方法（如磨齿等），但由于有上述一系列的优点，目前在新设计的换代减速器产品中，已得到广泛的应用。

不同材质齿轮减速器的对比见表 1-5。该表中，设计减速器的基本参数如下：小齿轮公称转矩 $T_1 = 21400\text{N}\cdot\text{m}$，转速 $n_1 = 500\text{r/min}$，传动比 $i = 3$，使用系数 $K_A = 1.25$，点蚀最小安全系数 $S_{\text{Hmin}} = 1.3$，弯曲最小安全系数 $S_{\text{Fmin}} = 2.3$。表 1-5 中的材料牌号和价格百分比等与我国情况均有不同，但其对比的各项目，如中心距、结构尺寸、轴承质（重）量和总质（重）量等，对减速器选用者来说都有很好的参考价值。

表 1-5　不同材质齿轮减速器的对比

材料[①]	大、小齿轮：C45	大、小齿轮：42CrMo4	小齿轮：20MnCr5 大齿轮：42CrMo4	大、小齿轮：31CrMoV9	大、小齿轮：34CrMo4	大、小齿轮：20MnCr5
热处理	正火	调质处理	小齿轮：渗碳硬化 大齿轮：调质处理	气体氮化	齿廓感应硬化	渗碳硬化
加工	滚切	滚切	小齿轮：磨削 大齿轮：滚切	精铣	铣削，研磨	磨削
中心距 a/mm 模数 m/mm	830 10	650 10	585 10	490 10	470 14	390 10
结构尺寸（焊接箱体）	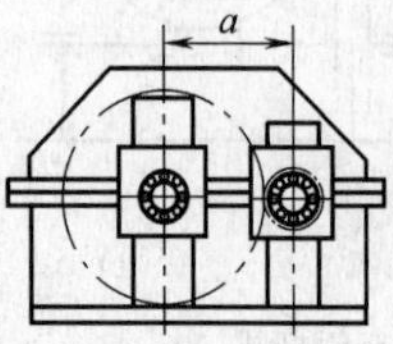	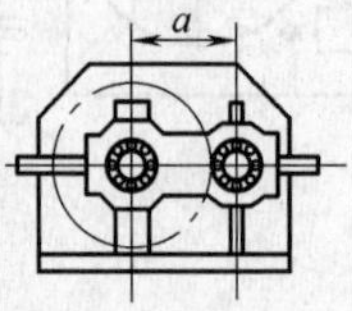	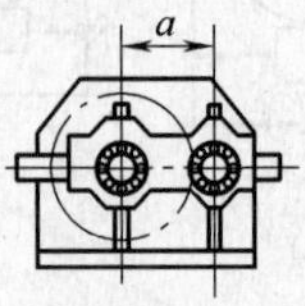	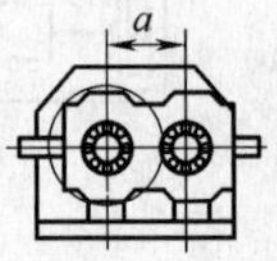	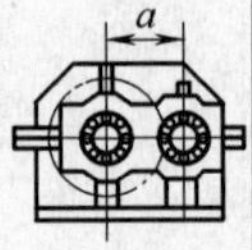	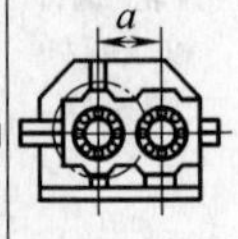
滚动轴承质量/kg	95	95	95	105	105	120

（续）

材料①	大、小齿轮：C45	大、小齿轮：42CrMo4	小齿轮：20MnCr5 大齿轮：42CrMo4	大、小齿轮：31CrMoV9	大、小齿轮：34CrMo4	大、小齿轮：20MnCr5
总质量/kg	8505	4860	3465	2620	2390	1581
总质量百分比	174%	100%	71%	54%	49%	33%
价格百分比	132%	100%	85%	78%	66%	63%
点蚀安全系数 S_H	1.3	1.3	1.3	1.3	1.4	1.6
弯曲安全系数 S_F	6.1	5.7	3.9	2.3	2.3	2.3

注：表中材料对应我国牌号为：C45-45钢，42CrMo4-42CrMo，20MnCr5-20CrMn，31CrMoV9-35CrMoV，34CrMo4-35CrMo。

3. 减速器的发展概况

不同时期减速器的质量 G 和输出转矩 T_2 的比值，如图1-3所示，反过来也可理解为每吨质量 G 可传递的转矩大小。

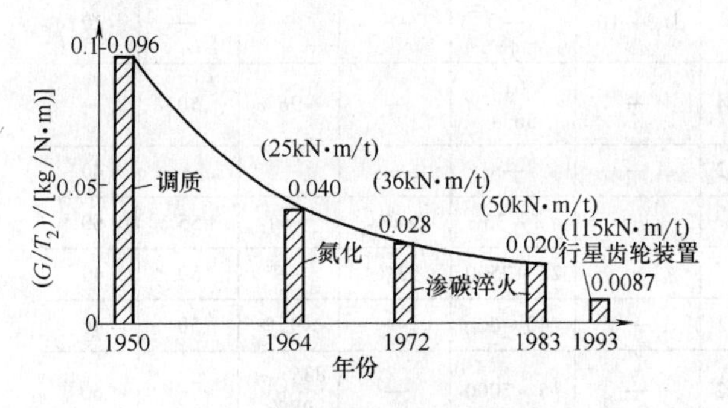

图1-3　不同时期减速器的质量 G 和输出转矩 T_2 的比值

注：括号内的值是 T_2/G，余同。

我国2K-H（NGW）型行星齿轮减速器的水平：JB/T 6502—1993 标准的NGW型行星齿轮减速器承载能力为60kN·m/t。

弗兰德公司通用减速器的发展概况如图1-4所示。我国发展情况与此相仿，但还滞后一些。

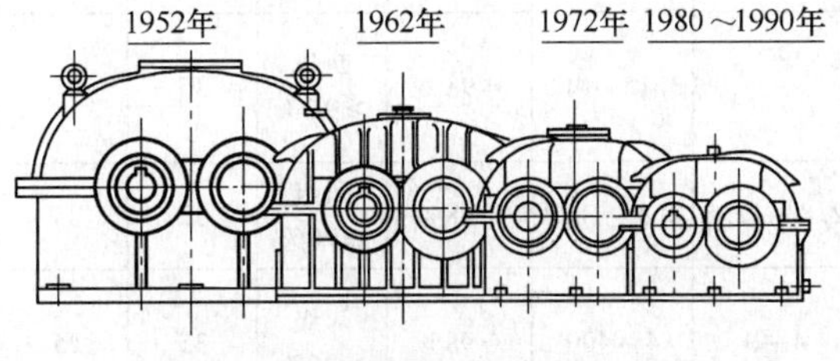

图1-4　弗兰德（Flender）公司通用减速器的发展情况

4. 行星齿轮传动的发展概况

我国是发明齿轮和应用齿轮传动最早的国家。早在西汉时代（约1世纪）已应用了铸铜齿轮；东汉时代（公元78～139年）张衡已用了较复杂的齿轮系。特别是在行星差动传动方面，我国早在南北朝时代（公元429～500年），世界闻名的伟大科学家祖冲之就发明了具有锥齿轮行星差动传动的指南车，如图1-5所示。这种由锥齿轮组成的行星差动传动能保证“圆转不穷，而司方如一”。因此，我国行星差动传动的应用比欧美各国早一千三百多年。

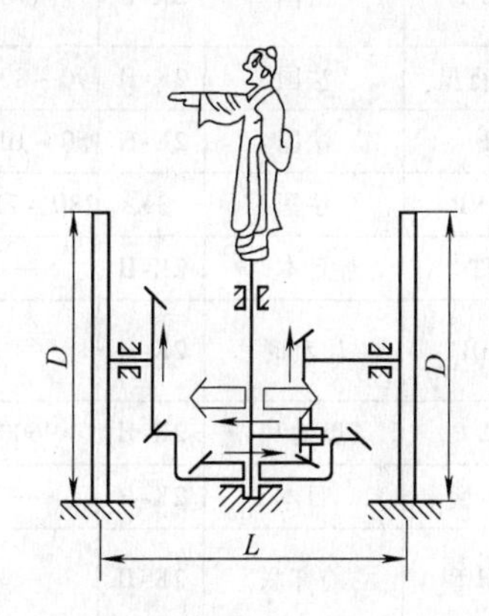

图1-5　具有锥齿轮行星差动传动的指南车

1880年，德国出现了第一个行星齿轮传动装置的专利。19世纪以来，机械工业特别是汽车和飞机工业的发展，对行星齿轮传动的发展有很大影响。1920年，首次成功制造出行星差动传动装置，并首先用作汽车的差速器。从1938年开始，集中发展汽车用的行星差动传动装置。第二次世界大战后，高速大功率船舰、透平发电机组、透平压缩机组、航空发动机及工程机械的发展，促进了行星齿轮传动的发展。

高速大功率行星齿轮传动的实际应用，于1951年首先在德国获得成功。1958年后，英、意、日、美、前苏联、瑞士等国亦获得成功，均有系列产品，并已成批生产，普遍应用，见表1-6世界各国行星减速器基本特性。英国Allen齿轮公司生产的压缩机用行星齿轮减速器，功率 $P=25740\mathrm{kW}$；德国Renk公司生产的船用行星减速器，功率 $P=11030\mathrm{kW}$。

表 1-6 世界各国行星减速器基本特性

序号	名称代号	国别	传动类型	承载能力		传动比 i		传动效率 η		与普通传动比较	
				转矩 T /N·m	功率 P /kW	单级	系列	单级	系列	Δm (%)	ΔV (%)
1	DEMAG	德国	2K-H	—	22 ~ 546000	4 ~ 12.5	约 100	>96%	—	20	15
2	FWH	德国	2K-H	—	7 ~ 10000	2.8 ~ 12.5	约 200	>96%	—	25	20
3	PRN	捷克	2K-H	—	52 ~ 4400	2.8 ~ 12	—	>96%	—	20	—
4	KrUPP	德国	2K-H	—	48 ~ 22100	2 ~ 12	—	≈98%	—	45	20
5	MIP MIS	日本	2K-H	—	48 ~ 22140	2 ~ 12	—	≈98.5%	—	45	20
6	APG ASG	英国	2K-H	—	58 ~ 11030	3 ~ 12	—	≈99%	—	46	22
7	TS	捷克	2K-H	—	0.14 ~ 36	—	16 ~ 2800	—	—	55	30
8	PH PT	德国	2K-H	—	≈8830	1.3 ~ 10	—	—	—	—	20
9	RPL-F	法国	2K-H	≈1700	0.11 ~ 44	—	5.01 ~ 56.4	—	≈96%	50	—
10	马达行星	法国	2K-H	90 ~ 8000	0.36 ~ 22	—	—	—	—	—	40
11	NP	法国	2K-H	50 ~ 1000	—	—	3 ~ 35	94%	—	55	60
12	BP-VP	法国	3K	280 ~ 7160	—	—	25 ~ 2500	93%	—	50	40
13	IMT	日本	2K-H	—	0.29 ~ 11	—	40 ~ 60	—	>95%	50	40
14	SADI	比利时	2K-H	—	0.24 ~ 22	—	15 ~ 5000	—	83% ~ 98%	—	60
15	S.G.P	奥地利	2K-H	≈960000	—	5.33 ~ 6.2	—	—	≈98%	—	20
16	超小型	日本	2K-H	—	0.012 ~ 7.5	—	≈11040	—	—	—	—
17	2K-H 型	前苏联	2K-H	—	—	1.14 ~ 9	≈2500	96% ~ 98%	≈91%	≈50	≈50
18	PBF	德国	2K-H	83300 ~ 251000	—	—	10 ~ 63	—	两级 ≥96%	35	25
19	ZK	中国 (JB/T 9043.1—1999)	2K-H	55060 ~ 1390330	—	—	4 ~ 40	≈98%	两级 ≥96%	35	25
20	ZZ	中国 (JB/T 9043.2—1999)	2K-H	9592 ~ 2057000	—	—	3.15 ~ 400	≈98%	两级 ≥96%	35	25
21	NGW 型	中国	2K-H	≈37400	1 ~ 1300	2.8 ~ 12.5	2.8 ~ 1828	≈98%	两级 ≥96%	35	25
22	NGW 型	中国 JB/T 6502—1993	2K-H	≈250000	1 ~ 40000	4 ~ 9	4 ~ 400	≈98%	两级 ≥96%	35	25
23	NGW 型 (双排直齿)	中国 JB/T 6999—1993	2K-H	≈1150000	26 ~ 26420	4 ~ 9	10 ~ 250	≈98%	两级 ≥96% 三级 ≥94%	35	35

注：Δm 为相对于普通传动的质量百分比，ΔV 为相对于普通传动的体积百分比。普通传动系指我国生产的普通圆柱齿轮减速器，比较时尽量取其承载能力和参数相近，但结果仍然是概略值。

低速重载行星减速器已由系列产品发展到生产特殊用途产品，如法国 Citroen 生产用于水泥磨、榨糖机、矿山设备的行星减速器，质量达 125t，输出转矩 $T=3900\text{kN}\cdot\text{m}$；德国 Renk 公司生产矿井提升机减速器，功率 $P=1600\text{kW}$，传动比 $i=13$，输出转矩 $T=350\text{kN}\cdot\text{m}$；日本宇都兴产公司生产了一台 $P=3200\text{kW}$，$i=720/480$，输出转矩 $T=2100\text{kN}\cdot\text{m}$ 的行星减速器。

行星齿轮传动技术是齿轮传动技术的一个重要分支。采用行星齿轮传动技术开发的各类行星齿轮减速器及行星齿轮增速器，较之于一般的定轴式齿轮变速器，在传递同样功率或转矩时，具有更小的体积、更轻的质量及更高的效率，也更易于进行传动系统的布置，便于降低造价及运输和检修成本，因此在水泥、冶金、煤炭、矿山及石化等许多行业普遍得以应用。

我国对行星齿轮传动技术的开发及应用，始于 20 世纪 50 年代，但直至改革开放前的相当长一段时间里，由于受设计理念与水平、加工手段、材料与热处理质量等方面的限制，我国各类行星齿轮变速器的总体承载水平和可靠性都还处于一个较低的水平，以至于我国许多行业配套的高性能行星齿轮变速器，如磨机齿轮变速器等多采用进口产品。改革开放以来，国内多家单位相继引进了国外先进的行星传动生产及设计技术，并在此基础上进行了消化吸收和创新开发，使得国内的行星齿轮传动技术取得了长足发展。在基础研究方面，通过国内相关高校、研究院所及企业之间的合作，行星传动的均载技术、优化技术、结构强度分析、系统运动学和动力学分析，以及少齿差行星传动、重载行星差动技术、封闭式行星差动传动及行星传动制造装配技术等方面，都取得了一系列突破，使得我国已全面掌握行星传动的设计、制造技术，并形成一批具有较强实力的研发制造机构。制造手段方面，近 20 年来，通过对引进的磨齿机、插齿机、加工中心及热处理装置等的广泛应用，大大提升了制造水平，在硬件上也切实保证了产品的加工质量。总体而言，近年来我国在各类行星传动产品的开发与应用方面都取得了较大进展。

（1）普通行星齿轮传动　普通行星齿轮传动是目前国内外应用最为普遍的一种形式（行星齿轮排列见表 1-6），经过多年的研究及应用，人们对其设计、制造工艺的了解已十分深入。因此，从采用普通 2K-H 型行星传动技术中，发展了多种形式的系列产品，如在我国应用较为普遍的通用行星齿轮减速器系列产品（JB/T 6502—1993）。此外，还有分别用于立磨机、辊压机、铝铸轧机、矿井提升机、管磨机、风力发电增速器、水电增速器及堆取料机上的行星齿轮变速器等多种形式的专用系列产品。

目前国内用于磨机传动的行星齿轮变速器的最大功率已达到 3800kW；用于水泥行业辊压机的悬挂行星齿轮变速器的输入功率已达 900kW；用于铝铸轧机的行星齿轮变速器的最大输出转矩已达 $1200\text{kN}\cdot\text{m}$；风力发电增速变速器的最大传递功率已达 3000kW。国内重载行星齿轮变速器的设计制造水平，已达到国外同类产品先进水平。近年来重载行星齿轮变速器引进的数量大为减少。

为了减小重载行星齿轮变速器的体积和质量，近年来国内外在设计上采用了多行星轮的均载机构或双排的传动技术等，使得行星齿轮变速器的尺寸明显减小，同时也降低了齿圈的加工及热处理的难度。

在制造工艺方面，通过采用优质齿轮材料和提高热处理质量等措施，使齿轮产品水平明显提高，由此也大大提高了整机的使用寿命及运行的可靠性。

水泥行业是重载行星齿轮传动装置应用最为集中的一个行业，如各类磨机、辊压机、大型回转窑及堆取料机等，都广泛采用行星传动装置。在各种磨机上，大型立磨传动目前均普遍采用锥齿—行星传动装置，其中的行星传动采用了单级或两级的形式。近年来，变速器磨机在发展边缘传动的同时，中心驱动的行星齿轮变速器也有较快的应用与发展。大型辊压机几乎全部采用悬挂式行星齿轮变速器。近几年出现的日产万吨水泥熟料生产线的回转窑，采用的就是双边驱动的行星齿轮传动装置。

铝铸轧机长期以来一直沿用传统轧机的传动方案，既笨重又不经济。自西安重型机械研究所推出了铝铸轧机的专用行星传动装置专利产品后，国内新上马的铝铸轧机全部采用了新的传动方案，大大减轻了整机质量，提升了整机的配套水平，也明显降低了造价。

国内行星传动产品的设计制造已具有一定的实力和坚实的基础。西安重型机械研究所、洛阳中信重型齿轮箱有限公司、南京高精齿轮股份有限公司、杭州前进齿轮箱有限公司、巨鲸传动机械有限公司等，都拥有各具特色的行星齿轮变速器系列产品，并分别在建材、有色、水电、煤炭、矿山及工程机械等行业得以广泛应用。

（2）行星差动传动　行星差动传动作为 2K-H 型传动的一种特殊应用形式，是采用 2K-H 型轮系两个自由度间的不同形式的组合，以实现运动或动力的分解、控制及调整。近些年来，利用行星差动传动技术开发了许多新产品，在很多行业发挥着重要作用。

行星差动传动主要用于运动的合成与分解。当一个基本构件为主动件，另外两个基本构件作为从动件输出功率时，行星差速器使输入功率和主动运动按某种要求进行分解；当两个基本构件为主动件输入功率，另外一个基本构件作为从动件输出功率时，差速器使输入功率和主动运动按某种要求进行合成。就实际应用而言，前者并不是单纯分解了功率和运动，更重要的是解决了用别的传动方式难以解决的问题。后者也不但是进行了功率和运动的合成，而是利用这种传动特点，可以解决在一定的范围内调速和多速驱动问题。

行星差动传动已广泛地应用于起重运输机械、冶金矿山机械、化工机械、机床和轻工机械等方面。应用行星差速器进行差速和差动调速，在一定条件下，比采用交、直流电动机或液压传动具有如下优点：

1）机械设备简单。如汽车后桥的差速器，比用其他差速方法简单得多。

2）调速电动机功率和相应的控制电气装置明显减小。

3）差速效果好，调速精度高，运行平稳。

4）设备投资少，运行费用低，可取得较大的经济效益。

用于差速器的行星传动，常用为 2K-H（NGW）型、2K-H（WW）型、ZUWGW 型传动。这些行星传动与适当的定轴齿轮传动组合，可组成行星差速器。

2K-H（NGW）型行星差速器结构紧凑，轴向尺寸小，质量轻，应用范围较广，目前在离心机上广泛应用。

2K-H（WW）型行星差速器结构简单，但尺寸和质量较大。由于其传动效率与传动比紧密相关，在设计时应慎重考虑（当 $i_{ab}^{H}=2$ 时较为理想）。

采用 ZUWGW 型行星差速器时，输入轴与输出轴可垂直，适宜用于车辆前、后桥的差速器，常取 $i_{ab}^{H}=-1$。此外，ZUWGW 型行星差速器还常用于小功率的差动调速及机床传动系统中，如滚齿机中的差动机构等。

(3) 行星差动传动典型应用的实例

1）行星差动传动装置已广泛应用于起重机、卸船机的抓斗及电炉电极的升降运动；以实现正常运行及升行程时快速运动的要求。在连铸设备的钢包移动台车驱动装置中，采用行星差动传动装置，也可实现正常运行及起步和停车时慢速运行的要求。

目前，国内在大型卸船机上广泛应用四卷筒机构行星差动减速器。原来小车运行、抓斗升降与抓斗的开闭需要三套传动系统，而今采用两台行星差动减速器、四只卷筒、两台主电动机、一台行走电动机就可以实现上述要求，简化结构，减轻质量，对大梁的作用力减小，具有突出的优点。

2）利用行星差动传动装置的调速功能，驱动大小型连轧机、风机、泵及磨机等，可对工作机输出转速进行调节，以实现相应的工艺要求，或调整其输出的流体流量及压力等，可明显改善作业品质，降低运行能耗，减少资源浪费。

3）利用行星差动传动技术开发的可控起动传动装置，通过控制差动机构中某一自由度的转速变化，进而实现输出级的平稳起动，可大大减缓起动冲击，减小起动电流，改善起动品质。目前，在长距离带式输送机上其已得到广泛应用，其最大传递功率可达 3000kW，并可实现多点驱动且自动实现载荷均衡。

4）利用行星差动传动技术开发的高速差速器，应用于卧式螺旋卸料离心分离机，可实现固、液物料的分离作业。行星差速器最高工作转速可达 5000r/min，最大驱动转矩可达数万牛顿米。

我国从 20 世纪 60 年代开始研制应用行星齿轮减速器，20 世纪 70 年代制定了 NGW 型渐开线行星齿轮减速器标准系列 JB 1799—1976。一些专业定点厂已成批生产了 NGW 型标准系列产品，使用效果很好。已研制成功高速大功率的多种行星齿轮减速器，例如列车电站燃气轮机（3000kW）、高速汽轮机（500kW）和万立方米制氧透平压缩机（6300kW）的行星齿轮减速器。低速大转矩的行星减速器也已批量生产，例如矿井提升机的 XL-30 型行星增速器（800kW）、双滚筒采煤机的行星减速器（375kW）。另外，我国又颁布 JB/T 6502—1993 NGW 型行星齿轮减速器系列标准，开始广泛生产与应用 NGW 型行星齿轮减速器，取得了良好的效果。

(4) 行星齿轮传动的发展方向　世界各先进工业国，经由工业化、信息化时代，正在进入知识化时代，行星齿轮传动在设计上日趋完善，制造技术不断进步，使行星齿轮传动已达到了较高水平。我国与世界先进水平虽存在明显差距，但随着改革开放带来设备引进、技术引进，在消化吸收国外先进技术方面取得长足的进步。目前，行星齿轮传动正向以下几个方向发展：

1）向高速、大功率及低速、大转矩的方向发展。例如：年产 30 万 t 合成氨透平压缩机的行星齿轮增速器，其齿轮圆周速度已达 150m/s；日本生产了巨型船舰推进系统用的行星齿轮变速器，功率为22065kW；大型水泥磨中所用80/125型行星齿轮变速器，输出转矩高达4150kN·m。在这类产品的设计与制造中，需要继续解决均载、平衡、密封、润滑、零件材料与热处理，以及高效率、长寿命、高可靠性等一系列设计制造技术问题。

2）向无级变速行星齿轮传动发展。实现无级变速，就是让行星齿轮传动中三个基本构件都转动并传递功率。只要对原行星机构中固定的构件附加一个转动，如采用液压泵及液压马达系统来实现，就能成为无级变速器。

3）向复合式行星齿轮传动发展。近年来，国外将蜗杆传动、交错轴斜齿轮传动、锥齿轮传动与行星齿轮传动组合使用，构成复合式行星齿轮变速器。其高速级用前述各种定轴类型传动，低速级用行星齿轮传动，这样可适应相交轴和交错轴间的传动，可实现大传动比和大转矩输出等不同用途，充分利用各类型传动的特点，克服各自的弱点，以适应市场上多样化需要。如制碱工业澄清桶用蜗杆蜗轮-行星齿轮减速器，总传动比 $i=4462.5$，输出轴转速 $n=0.215\mathrm{r/min}$，输出转矩 $T=27200\mathrm{N\cdot m}$。

4）向少齿差行星齿轮传动方向发展。这类传动主要用于大传动比、小功率传动。

5）制造技术的发展方向。采用新型优质钢材，经热处理获得高硬齿面（内齿轮离子氮化，外齿轮渗碳淬火），精密加工以获高齿轮精度及低表面粗糙度（内齿轮经插齿达5~6级精度，外齿轮经磨齿达5级精度，表面粗糙度 $Ra=0.2\sim0.4\mu\mathrm{m}$），从而提高承载能力，保证可靠性和使用寿命。

5. 使减速器承载能力提高的直接因素

1）选择合理的最佳变位系数，可提高5%~10%。

2）采用硬齿面齿轮，渗碳淬火、磨齿工艺，可提高到400%。

3）采用功率分流（如行星齿轮传动），可提高到200%或300%。

4）齿根进行强力喷丸，强化轮齿根部，可提高轮齿弯曲强度10%以上，齿面接触疲劳强度20%以上。

5）对轮齿进行修缘修形，避免轮齿产生顶刃啮合，使载荷沿齿向分布均衡，对传动的承载能力有不同程度的提高。

6）适当提高齿轮的精度，对于GB/T 10095.1~2—2008标准的7~9级齿轮，精度每提高一级，承载能力可提高10%左右。

现在，世界齿轮与减速器技术，总的趋势是向“六高、两低、两化”方向发展。“六高”是指高承载能力、高齿面硬度、高精度、高速度、高可靠性和高传动效率；“两低”是指低噪声、低成本；“两化”是指标准化、模块化（多样化）。

近年来，我国齿轮加工设备不断更新，国内拥有 ϕ6000mm的磨齿机、ϕ16000mm的CNC大型滚齿机，还有大量的加工中心与数控机床，生产能力已达国际先进水平。希望更多的新产品、新成果、新技术走向世界，为人类作出更大贡献。

1.6 齿轮传动术语

1）直齿轮与齿条术语（Spur-gear and rack terminology），如图1-6所示。

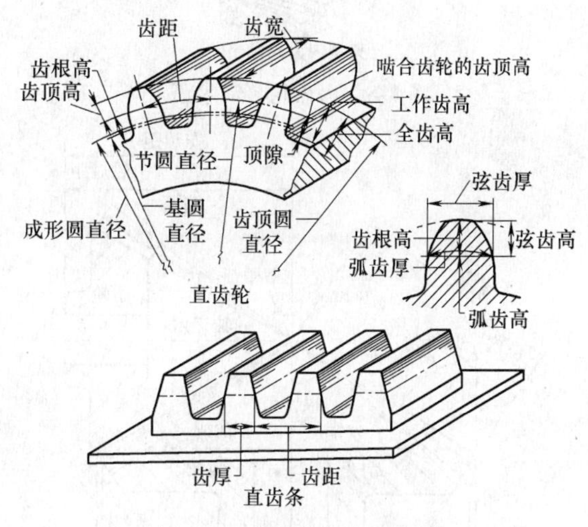

图1-6 直齿轮与齿条术语

2）斜齿轮与齿条术语（Helical-gear and rack terminology），如图1-7所示。

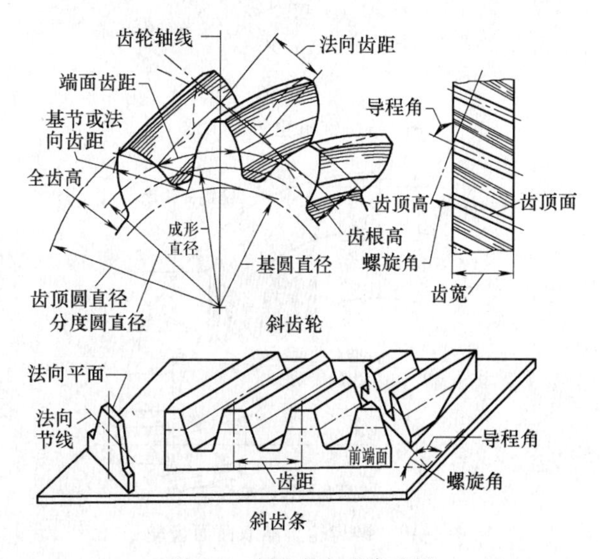

图1-7 斜齿轮与齿条术语

3）内齿轮传动术语（Internal-gear terminology），如图 1-8 所示。

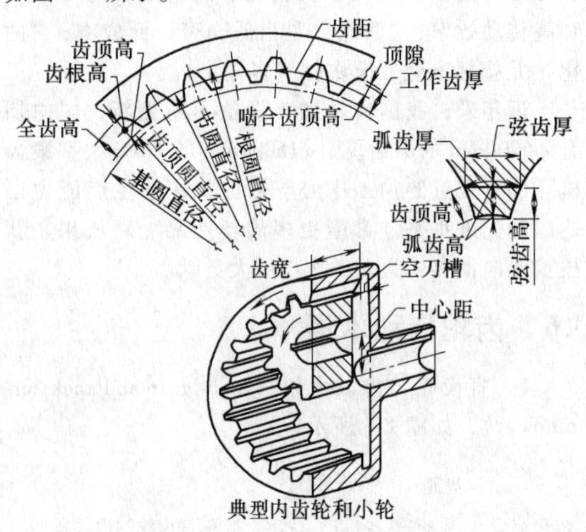

图 1-8　内齿轮传动术语

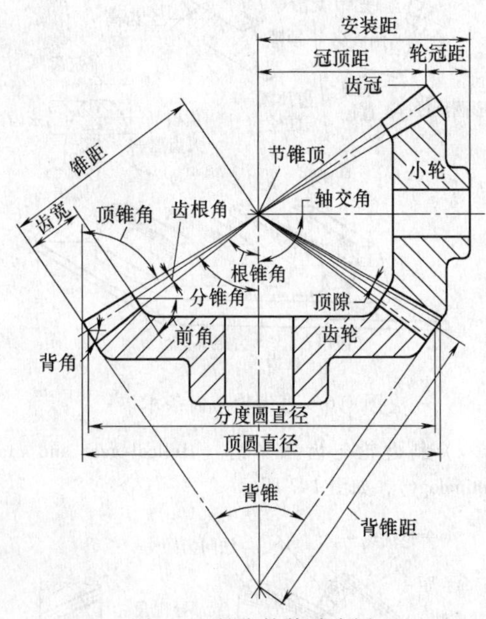

图 1-9　锥齿轮传动术语

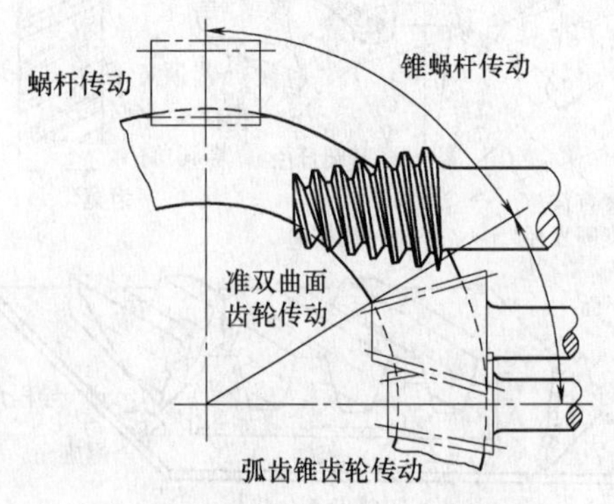

图 1-10　锥齿轮、准双曲面齿轮、锥蜗杆和蜗杆传动的比较

4）锥齿轮传动术语（Bevel-gear terminology），如图 1-9 所示。

5）锥齿轮、准双曲面齿轮、锥蜗杆和蜗杆传动的比较（Comparison of Worm-、Spiroid-、hypoid-、and bevel-gear drive），如图 1-10 所示。

6）简单行星齿轮传动如图 1-11 所示。

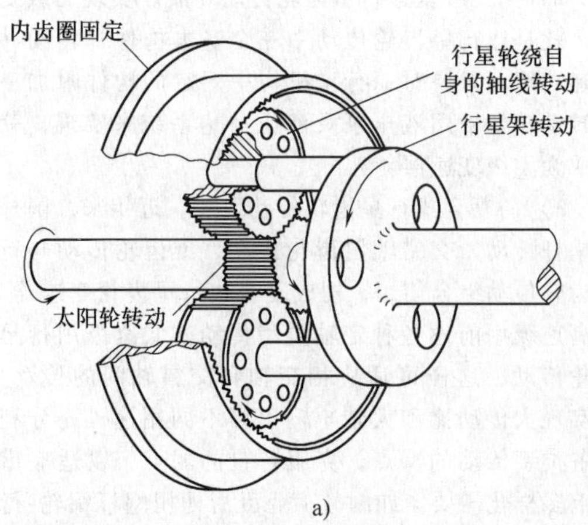

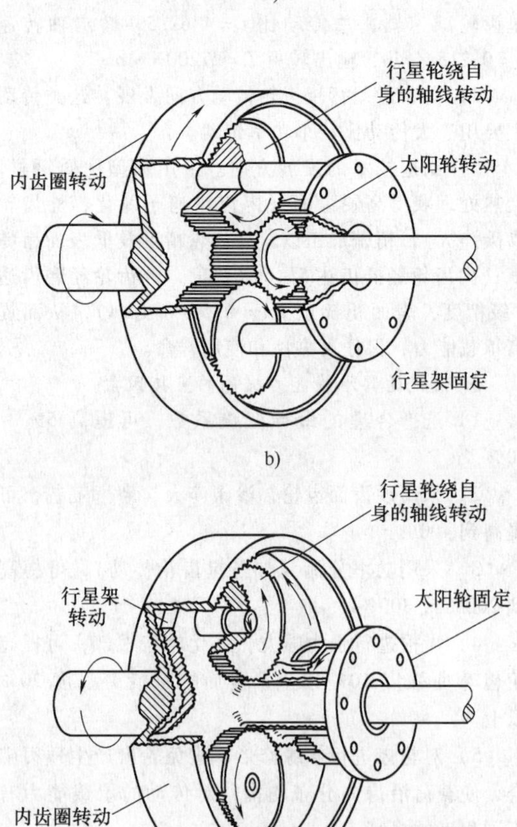

图 1-11 简单行星齿轮传动

a）行星齿轮传动　b）星形齿轮传动　c）恒星齿轮传动

1.7 常用有关资料

1. 常用曲线（见表1-7）

表1-7 常用曲线

名称	曲线图	方程式	定义与特性	备注
圆 标准形式	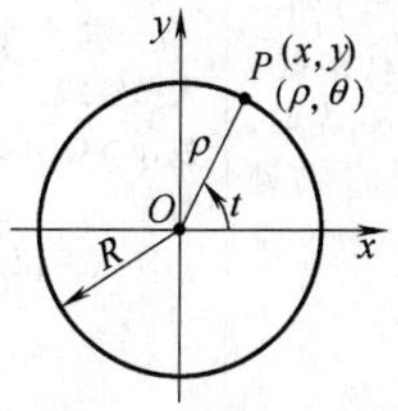	直角坐标方程 $x^2+y^2=R^2$ 极坐标方程 $\rho=R$（参见一般形式的极坐标方程） 参数方程 $\begin{cases}x=R\cos t\\y=R\sin t\end{cases}$	与定点等距离的动点轨迹	圆心 $O(0,0)$ 半径 R 圆心 $O(\rho=0)$
圆 一般形式	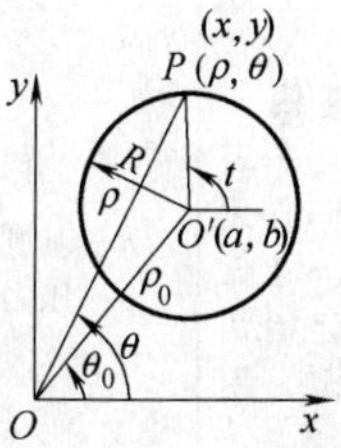	直角坐标方程 $(x-a)^2+(y-b)^2=R^2$ 极坐标方程 $\rho^2-2\rho\rho_0\cos(\theta-\theta_0)+\rho_0^2=R^2$ 参数方程 $\begin{cases}x=a+R\cos t\\y=b+R\sin t\end{cases}$		圆心 $O'(a,b)$ 半径 R 圆心 $O'(\rho_0,\theta_0)$
椭圆	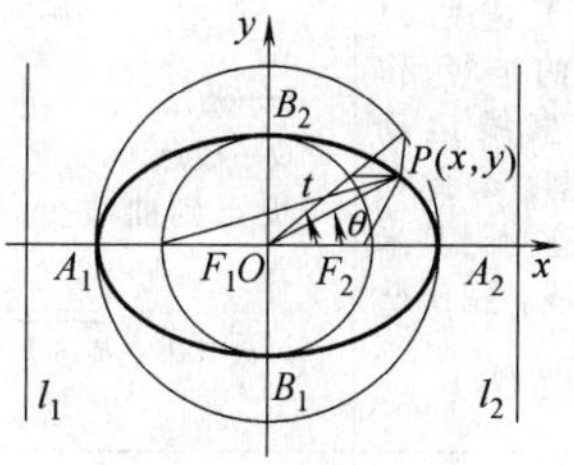	直角坐标方程 $\dfrac{x^2}{a^2}+\dfrac{y^2}{b^2}=1$ 极坐标方程 $\rho^2=\dfrac{b^2}{1-e^2\cos^2\theta}$ （极点在椭圆中心 O 点） 参数方程 $\begin{cases}x=a\cos t\\y=b\sin t\end{cases}$ 准线 $l_1:x=-\dfrac{a}{e}$ $l_2:x=\dfrac{a}{e}$	动点 P 到两定点 F_1、F_2（焦点）的距离之和为一常数时，P 点的轨迹（$\lvert PF_1\rvert+\lvert PF_2\rvert=2a$）$-a\leqslant x\leqslant a$	$2a$—长轴(A_1A_2) $2b$—短轴(B_1B_2) $2c$—焦距(F_1F_2) $c=\sqrt{a^2-b^2}$ e—离心率 $e=\dfrac{c}{a}<1$，e 越大，椭圆越扁平 顶点：$A_1(-a,0)$ $A_2(a,0)$ $B_1(0,-b)$ $B_2(0,b)$ 焦点：$F_1(-c,0)$ $F_2(c,0)$ 焦点半径：$r_1=PF_1$，$r_2=PF_2$ $r_1=a-ex$，$r_2=a+ex$
双曲线	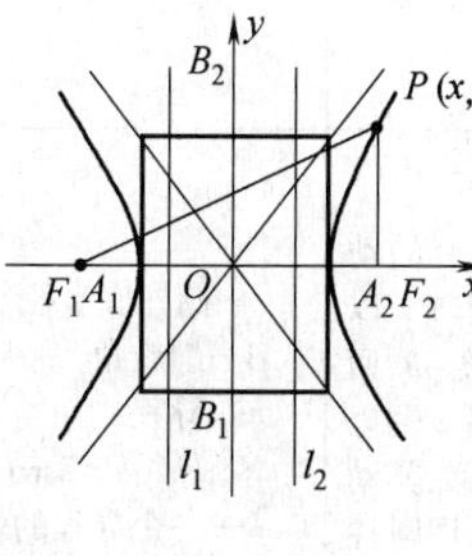	直角坐标方程 $\dfrac{x^2}{a^2}-\dfrac{y^2}{b^2}=1$ 极坐标方程 $\rho^2=\dfrac{-b^2}{1-e^2\cos^2\theta}$ （极点在双曲线中心 O 点） 参数方程 $\begin{cases}x=a\cosh t\\y=b\sinh t\end{cases}$ 准线 $l_1:x=-\dfrac{a}{e}$ $l_2:x=\dfrac{a}{e}$ 渐近线 $y=\dfrac{b}{a}x$ $y=-\dfrac{b}{a}x$	动点 P 到两定点 F_1、F_2（焦点）的距离之差为一常数时，P 点的轨迹（$\lvert PF_1\rvert-\lvert PF_2\rvert=2a$） $x\leqslant -a,x\geqslant a$	$2a$—实轴 $2b$—虚轴 $2c$—焦距 $c=\sqrt{a^2+b^2}$ e—离心率 $e=\dfrac{c}{a}>1$，e 越大，渐近线与 x 轴的夹角越小 顶点：$A_1(-a,0)$，$A_2(a,0)$ $B_1(0,-b)$，$B_2(0,b)$ B_1，B_2 叫虚顶点 焦点：$F_1(-c,0)$ $F_2(c,0)$ 焦点半径：$r_1=PF_1$，$r_2=PF_2$ $r_1=\pm(ex-a)$， $r_2=\pm(ex+a)$

（续）

名称	曲线图	方程式	定义与特性	备注
抛物线		直角坐标方程 $y^2=2px(p>0)$ 极坐标方程 $\rho=\dfrac{2p\cos\theta}{1-\cos^2\theta}$ （极点在抛物线顶点 O 点） 参数方程 $\begin{cases}x=2pt^2\\y=2pt\end{cases}$ 准线 l：$x=-\dfrac{p}{2}$	动点 P 到一定点 F（焦点）和一定直线 l（准线）的距离相等时，动点 P 的轨迹（$\lvert PF\rvert=\lvert PQ\rvert$）	离心率 $e=1$ 顶点 $O(0,0)$ 焦点 $F\left(\dfrac{p}{2},0\right)$ p—焦点至准线的距离，p 越大抛物线开口越大，p 称为焦参数，$p>0$ 开口向右，$p<0$ 开口向左 焦点半径：$r=PF$ $r=x+\dfrac{p}{2}$
渐开线		极坐标方程 $\begin{cases}\rho=\dfrac{R}{\cos\alpha}\\\theta=\tan\alpha-\alpha=\mathrm{inv}\alpha\end{cases}$ 参数方程 $\begin{cases}x=R(\cos t+t\sin t)\\y=R(\sin t-t\cos t)\end{cases}$ $t=\alpha+\theta$	一动直线 m（发生线）沿一定圆 O（基圆）作无滑滚动时，m 上任意点（如起始切点 A）的轨迹。用于齿形等	R—基圆半径 α—压力角
阿基米德螺线（等进螺线）		极坐标方程 $\rho=a\theta$	动点沿着等速旋转（角速度 ω）的圆的半径，作等速直线运动（线速度 v）此动点轨迹为阿基米德螺线。用于凸轮等	θ—极角 $a=\dfrac{v}{\omega}$ ρ—极径 O—极点 极点到曲线上任一点的弧长为 $\dfrac{a}{2}(\theta\sqrt{\theta^2+1}+\mathrm{arsh}\theta)$
对数螺线（等角螺线）		极坐标方程 $\rho=ae^{m\theta}$（m，a 为常数，均大于零） $\alpha=\arctan\dfrac{1}{m}$	动点的运动方向始终与极径保持定角 α 的动点轨迹。用于涡轮叶片等。用对数螺线作为成型铲齿铣刀铲背的轮廓线时，前角恒定不改变	θ—极角 ρ—极径 α—极径与切线（动点运动方向）间的夹角 曲线上任意两点间的弧长为 $\dfrac{\sqrt{1+m^2}}{m}(\rho_2-\rho_1)$
圆柱螺旋线	右旋　左旋　展开图	参数方程 $x=r\cos\theta$ $y=r\sin\theta$ $z=\pm r\theta\cot\beta$ $=\pm\dfrac{h}{2\pi}\theta$ （右旋为“+”，左旋为“−”）	圆柱面上的动点 M 绕定轴 z 以等角速度 ω 回转，同时沿 z 轴以等速 v 平移，其动点轨迹就是圆柱螺旋线。用于弹簧等	r—圆柱底半径 β—螺旋角 h—导程 $h=2\pi r\cot\beta$ L—一个导程的弧长 $L=\sqrt{(2\pi r)^2+h^2}$

（续）

名称	曲线图	方程式	定义与特性	备注
圆锥螺旋线	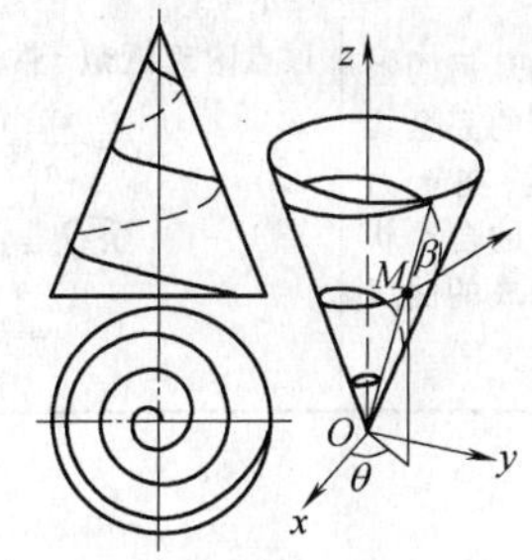	参数方程 $x=\rho\sin\alpha\cos\theta$ $y=\rho\sin\alpha\sin\theta$ $z=\rho\cos\alpha$ $\rho=a\theta$	1）等螺距 $h=2\pi a\cos\alpha$ 2）切线与锥面母线夹角 β $\cos\beta=\dfrac{1}{\sqrt{1+\theta^2\sin^2\alpha}}$	a—常数 α—半锥角
圆锥对数螺旋线	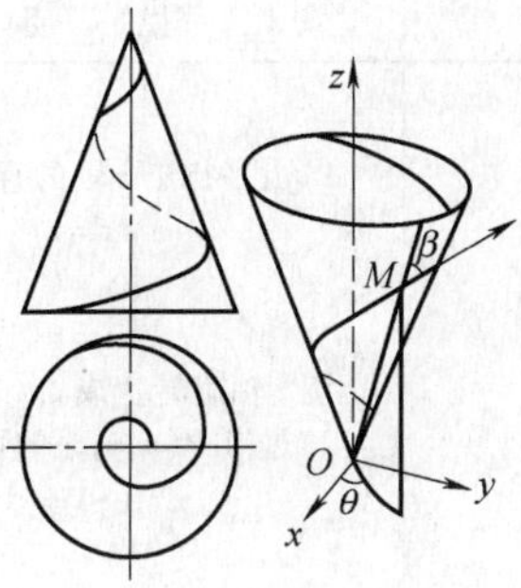	参数方程 $\begin{cases}x=\rho\sin\alpha\cos\theta\\y=\rho\sin\alpha\sin\theta\\z=\rho\cos\alpha\\\rho=\rho_0 e^{\frac{\sin\alpha}{\tan\beta}\theta}\end{cases}$	1）不等螺距 2）切线与锥面母线夹角为定角 β	α—半锥角 ρ_0、β—常数
外摆线	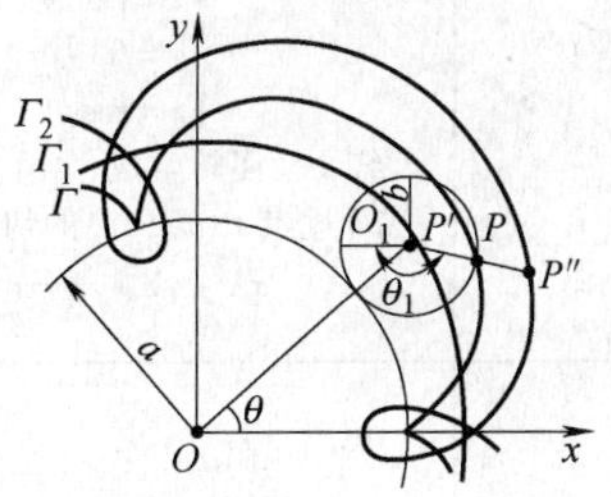	参数方程 $x=(a+b)\cos\theta-l\cos\left(\dfrac{a+b}{b}\theta\right)$ $y=(a+b)\sin\theta-l\sin\left(\dfrac{a+b}{b}\theta\right)$	滚动圆 O_1，沿基圆 O 外部相切滚动，滚动圆上某点 P（或圆外 P''，圆内 P'）的轨迹 当内外摆线的 $a\to\infty$ 时，摆线转化为平摆线，当 $b\to\infty$ 时，摆线转化为圆的渐开线	a—基圆半径 b—滚圆半径 θ—公转角 θ_1—自转角 $l=O_1P$，当 $l=b$，为普通摆线 Γ $l>b$，为长幅摆线 Γ_2 $l<b$，为短幅摆线 Γ_1 $\theta_1=\dfrac{a+b}{b}\theta$
内摆线	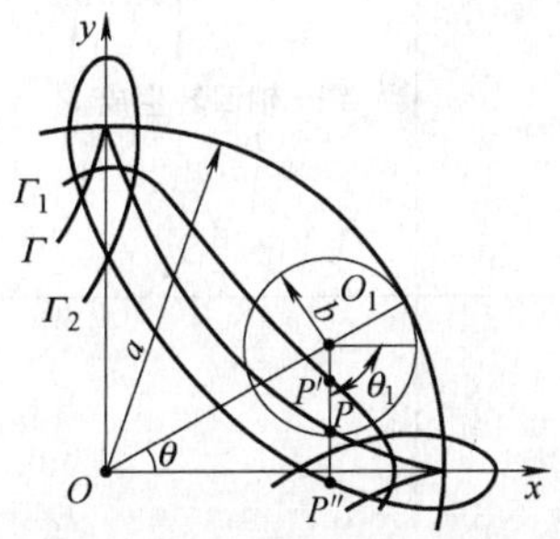	参数方程 $x=(a-b)\cos\theta+l\cos\left(\dfrac{b-a}{b}\theta\right)$ $y=(a-b)\sin\theta+l\sin\left(\dfrac{b-a}{b}\theta\right)$	滚动圆 O_1 在基圆 O 内部相切滚动，滚动圆上某点 P（或圆外 P''，圆内 P'）的轨迹	a—基圆半径 b—滚圆半径 θ—公转角 θ_1—自转角 $\theta=\dfrac{a-b}{b}\theta$ $l=O_1P$，当 $l=b$，为普通摆线 Γ $l>b$，为长幅摆线 Γ_2 $l<b$，为短幅摆线 Γ_1
平摆线	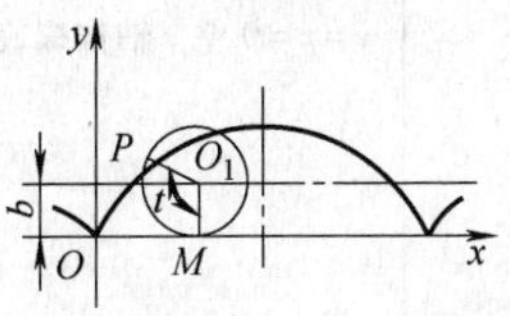	参数方程 $x=bt-l\sin t$ $y=b-l\cos t$	定圆沿定直线滚动，圆周上（或圆外，圆内）一点的轨迹	曲率半径 $=2PM$ 一拱弧长 $=8b$ $l=O_1P$，当 $l=b$，为普通平摆线 $l>b$，为长幅平摆线 $l<b$，为短幅平摆线

（续）

名称	曲线图	方程式	定义与特性	备注
悬链线	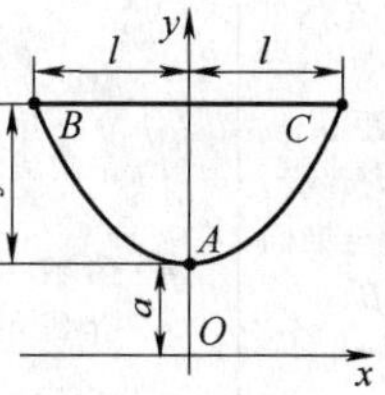	直角坐标方程 $y=\frac{a}{2}\left(e^{\frac{x}{a}}+e^{-\frac{x}{a}}\right)$ $=a\cosh\frac{x}{a}$	两端悬吊的密度均匀的完全柔软曲线，在重力作用下的自然状态所构成的曲线	a—正常数，即距离 OA。在顶点附近近似于抛物线 $y=\frac{x^2}{2a}+a$ $\overset{\frown}{BAC}=s\approx l\left(1+\frac{8f^2}{3l^2}\right)$

2. 常用曲面（见表1-8）

表1-8　常用曲面

	名称	图形	方程	说明
旋转曲面	圆柱面	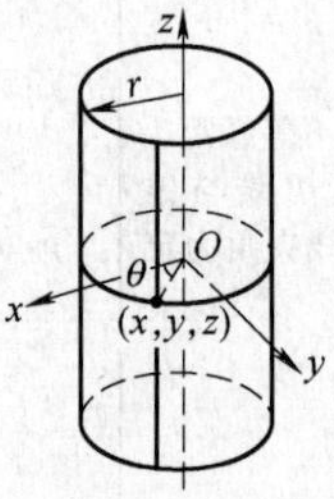	$\begin{cases}x=r\cos\theta\\y=r\sin\theta\\z=z\end{cases}$ θ,z 为参变量 或 $x^2+y^2=r^2$	1）由平行于 z 轴的直母线 $\begin{cases}x=r\\y=0\\z=z\end{cases}$ 绕 z 轴旋转生成 2）过点 $P(x,y,z)$ 的切平面方程 $xX+yY=r^2$
	球面	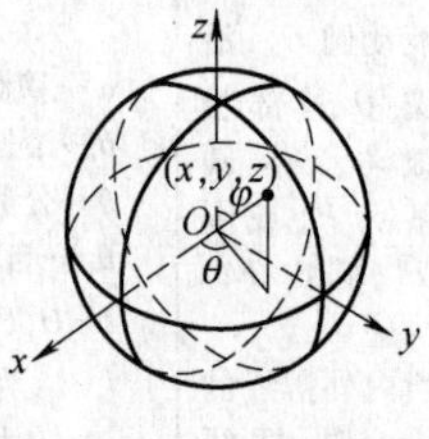	$\begin{cases}x=r\sin\varphi\cos\theta\\y=r\sin\varphi\sin\theta\\z=r\cos\varphi\end{cases}$ φ,θ 为参变量 或 $x^2+y^2+z^2=r^2$	1）由圆周 $\begin{cases}x=r\sin\varphi\\y=0\\z=r\cos\theta\end{cases}$ 绕 z 轴回转生成 2）过点 $P(x,y,z)$ 的切平面方程 $xX+yY+zZ=r^2$
	旋转抛物面	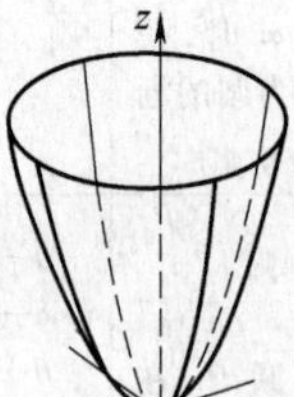	$x^2+y^2=a^2z$	由抛物线 $\begin{cases}x^2=a^2z\\y=0\end{cases}$ 绕 z 轴回转生成
螺旋面	正螺旋面	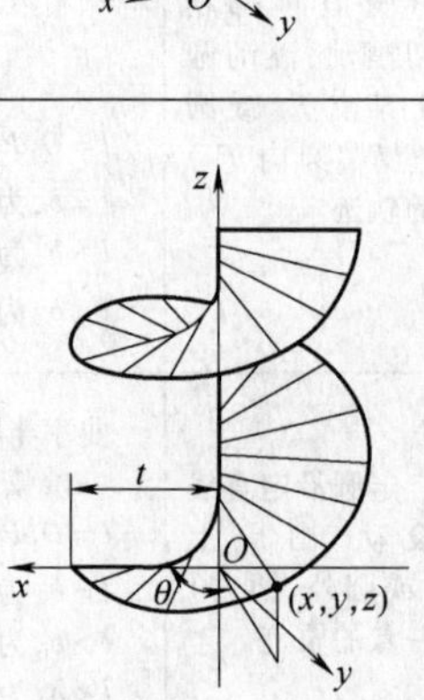	$\begin{cases}x=t\cos\theta\\y=t\sin\theta\\z=b\theta\end{cases}$ 式中 t、θ—参变量 直角坐标方程 $y=x\tan\frac{z}{b}$ 柱坐标方程 $z=b\theta$	由垂直于 z 轴的直母线 $x=t$，$y=z=0$ 绕 z 轴作螺旋运动生成

（续）

名称		图形	方程	说明
螺旋面	阿基米德螺旋面	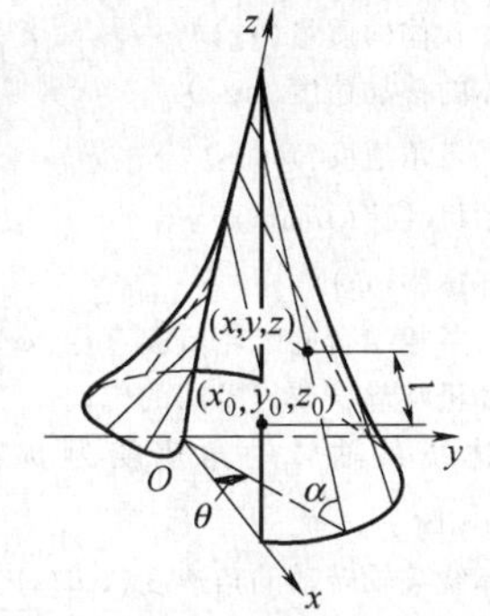 z, (x,y,z), (x₀,y₀,z₀), O, θ, α, x, y	$\begin{cases} x=(x_0-t\cos\alpha)\cos\theta \\ y=(x_0-t\cos\alpha)\sin\theta \\ z=z_0+t\sin\alpha+b\theta \end{cases}$ 式中 t、θ—参变量	1）由与 xOy 平面成定角 α 的直母线 $\begin{cases} x=x_0-t\cos\alpha \\ y=0 \\ z=z_0+t\sin\alpha \end{cases}$ 绕 z 轴作螺旋运动生成 2）与垂直于 z 轴的平面相交截口为阿基米德螺线 3）用作蜗杆齿曲面
	渐开线螺旋面	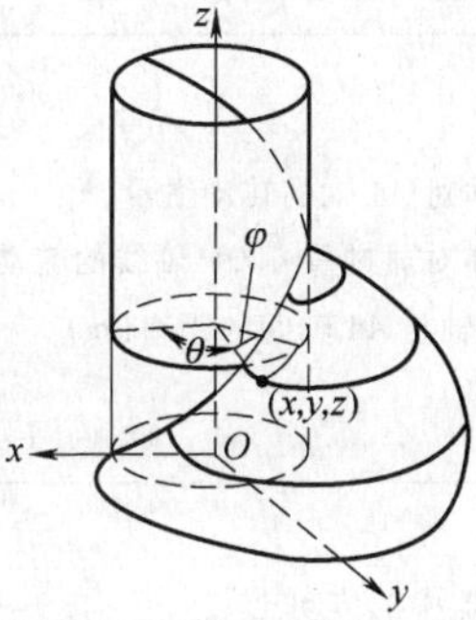 z, φ, θ, (x,y,z), x, O, y	$\begin{cases} x=a[\cos(\theta+\varphi)+\varphi\sin(\theta+\varphi)] \\ y=a[\sin(\theta+\varphi)-\varphi\cos(\theta+\varphi)] \\ z=b\theta \end{cases}$ 式中 θ、φ—参变量	1）由平面渐开线 $z=0$ $x=a(\cos\varphi+\varphi\sin\varphi)$ $y=a(\sin\varphi-\varphi\cos\varphi)$ 绕 z 轴作螺旋运动生成 2）用作齿曲面可得等速比传动

3. 机械传动中转动惯量的换算（见表 1-9）

表 1-9 机械传动中转动惯量的换算

转动惯量及飞轮矩	$J=\int r^2\mathrm{d}m=mr^2$ 物体对于某一轴的转动惯量，是其各质量元与其到该轴的距离的二次方之积的总和（积分）	J—转动惯量（$\mathrm{kg\cdot m^2}$） m—物体的质量（kg） r—惯性半径（m）
	转动惯量 J（$\mathrm{kg\cdot m^2}$）与飞轮矩（GD^2）的关系 $J=(GD^2)/(4g)$	式中 （GD^2）—飞轮矩（$\mathrm{N\cdot m^2}$） g—重力加速度
转动惯量的换算	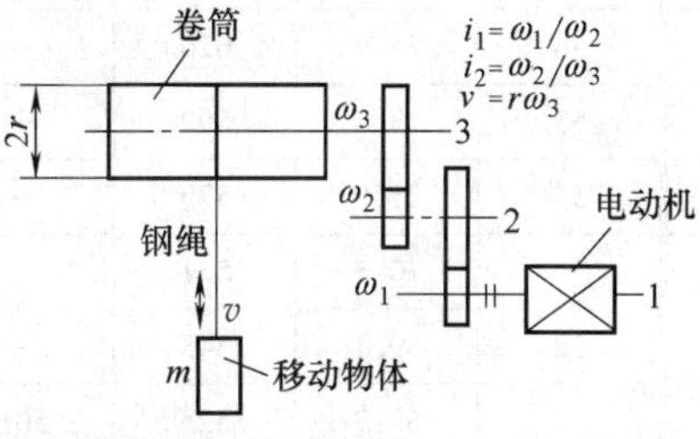 卷筒 $i_1=\omega_1/\omega_2$ $i_2=\omega_2/\omega_3$ $v=r\omega_3$ 2r ω₃ 3 ω₂ 2 电动机 钢绳 ω₁ 1 v m 移动物体 系统总功能 $E=(J_1\omega_1^2/2)+(J_2\omega_2^2/2)+(J_3\omega_3^2/2)+[m(r\omega_3)^2/2]$ 换算到电动机轴上的转动惯量 $J=\dfrac{2E}{\omega_1^2}=J_1+J_2\left(\dfrac{\omega_2}{\omega_1}\right)^2+J_3\left(\dfrac{\omega_3}{\omega_1}\right)^2+mr^2\left(\dfrac{\omega_3}{\omega_1}\right)^2=J_1+(J_2/i_1^2)+[J_3/(i_1i_2)^2]+[mr^2/(i_1i_2)^2]$ 换算到移动物体上的当量质量 $M=\dfrac{2E}{v^2}=[J_1(i_1i_2)^2/r^2]+(J_2i_2^2/r^2)+(J_3/r^2)+m$	J—换算到电动机轴上的总转动惯量（$\mathrm{kg\cdot m^2}$） J_1、J_2、J_3—轴 1、轴 2、轴 3 上回转体的转动惯量（$\mathrm{kg\cdot m^2}$） m—吊在钢绳上移动物体的质量（kg） r—卷筒的半径（m） ω_1、ω_2、ω_3—轴 1、轴 2、轴 3 的角速度（rad/s） i_1、i_2—轴 1 与轴 2，轴 2 与轴 3 间的传动比 v—移动物体速度（m/s）

（续）

移动物体转动惯量的换算	一般移动物体 $J=\frac{mv_m^2}{\omega_0^2}, \omega_0=\frac{\pi n_0}{30}$ 丝杆传动 $J=\frac{mt^2}{4\pi^2 i^2}$ 齿轮齿条传动 $J=\frac{md^2}{4i^2}$ 转动物体换算为移动速度为 v_m 时的当量质量 $m=\frac{J_n\omega^2}{v_m^2}, \omega=\frac{\pi n}{30}$	J—换算到电动机轴上的转动惯量（kg · m²） m—移动物体的质量（kg） v_m—物体的移动速度（m/s） ω_0—电动机角速度（rad/s） n_0—电动机转速（r/min） t—丝杆螺距（m） d—与齿条相啮合的齿轮节圆直径（m） i—电动机与丝杆或齿条间的传动比 J_n—物体绕某轴转动角速度为 ω 时的转动惯量（kg · m²） ω—物体绕某轴转动的角速度（rad/s） n—转动物体转速（r/min）
物体对某一轴线 AA（平行 OO）的转动惯量	O, A, m, a $J=J_0+ma^2$	J—物体对 AA 轴的转动惯量（kg · m²） J_0—物体对通过重心 OO 轴线的转动惯量（kg · m²） a—OO 轴与 AA 轴间的距离（m）
减速器中进、出轴的转动惯量	若减速器中的进轴转动惯量为 J_1，则输出轴的转动惯量 $J_2=J_1 i^2$	i—减速器中的传动比

4. 各种硬度值及其换算（见表1-10和表1-11）

表1-10　各种硬度值对照表

洛氏 HRC	肖氏 HS	维氏 HV	布氏 HBW $30D^2$	布氏 d/mm 10/3000	洛氏 HRC	肖氏 HS	维氏 HV	布氏 HBW $30D^2$	布氏 d/mm 10/3000
70		1037	—	—	56	74.9	620	—	—
69		997	—	—	55	73.5	599	—	—
68	96.6	959	—	—	54	71.9	579	—	—
67	94.6	923	—	—	53	70.5	561	—	—
66	92.6	889	—	—	52	69.1	543	—	—
65	90.5	856	—	—	51	67.7	525	501	2.73
64	88.4	825	—	—	50	66.3	500	488	2.77
63	86.5	795	—	—	49	65	493	474	2.81
62	84.8	766	—	—	48	63.7	478	461	2.85
61	83.1	739	—	—	47	62.3	463	449	2.89
60	81.4	713	—	—	46	61	449	436	2.93
59	79.7	688	—	—	45	59.7	436	424	2.97
58	78.1	664	—	—	44	58.4	423	413	3.01
57	76.5	642	—	—	43	57.1	411	401	3.05

（续）

洛氏 HRC	肖氏 HS	维氏 HV	布氏		洛氏 HRC	肖氏 HS	维氏 HV	布氏	
			HBW $30D^2$	d/mm 10/3000				HBW $30D^2$	d/mm 10/3000
42	55.9	399	391	3.09	29	41.6	281	276	3.65
41	54.7	388	380	3.13	28	40.6	274	269	3.70
40	53.5	377	370	3.17	27	39.7	268	263	3.74
39	52.3	367	360	3.21	26	38.8	261	257	3.78
38	51.1	357	350	3.26	25	37.9	255	251	3.83
37	50	347	341	3.30	24	37	249	245	3.87
36	48.8	338	332	3.34	23	36.3	243	240	3.91
35	47.8	329	323	3.39	22	35.5	237	234	3.95
34	46.6	320	314	3.43	21	34.7	231	229	4.00
33	45.6	312	306	3.48	20	34	226	225	4.03
32	44.5	304	298	3.52	19	33.2	221	220	4.07
31	43.5	296	291	3.56	18	32.6	216	216	4.11
30	42.5	289	283	3.61	17	31.9	211	211	4.15

表 1-11　硬度值换算表（GB/T 3480.5—2008）

抗拉强度 /(N/mm²)	维氏硬度 HV (F≥98N)	布氏硬度 HBW	洛氏硬度		抗拉强度 /(N/mm²)	维氏硬度 HV (F≥98N)	布氏硬度 HBW	洛氏硬度	
			HRC	HR(30N)				HRC	HR(30N)
770	240	228	20.3	41.7	1220	380	361	38.8	58.4
785	245	233	21.3	42.5	1255	390	371	39.8	59.3
800	250	238	22.2	43.4	1290	400	380	40.8	60.2
820	255	242	23.1	44.2	1320	410	390	41.8	61.1
835	260	247	24.0	45.0	1350	420	399	42.7	61.9
850	265	252	24.8	45.7	1385	430	409	43.6	62.7
865	270	257	25.6	46.4	1420	440	418	44.5	63.5
880	275	261	26.4	47.2	1455	450	428	45.3	64.3
900	280	266	27.1	47.8	1485	460	437	46.1	64.9
915	285	271	27.8	48.4	1520	470	447	46.9	65.7
930	290	276	28.5	49.0	1555	480	(456)	47.7	66.4
950	295	280	29.2	49.7	1595	490	(466)	48.4	67.1
965	300	285	29.8	50.2	1630	500	(475)	49.1	67.7
995	310	295	31.0	51.3	1665	510	(485)	49.8	68.3
1030	320	304	32.2	52.3	1700	520	(494)	50.5	69.0
1060	330	314	33.3	53.6	1740	530	(504)	51.1	69.5
1095	340	323	34.4	54.4	1775	540	(513)	51.7	70.0
1125	350	333	35.5	55.4	1810	550	(523)	52.3	70.5
1155	360	342	36.6	56.4	1845	560	(532)	53.0	71.2
1190	370	352	37.7	57.4	1880	570	(542)	53.6	71.7
					1920	580	(551)	54.1	72.1

（续）

抗拉强度/(N/mm²)	维氏硬度 HV (F≥98N)	布氏硬度 HBW	洛氏硬度		抗拉强度/(N/mm²)	维氏硬度 HV (F≥98N)	布氏硬度 HBW	洛氏硬度	
			HRC	HR(30N)				HRC	HR(30N)
1955	590	(561)	54.7	72.7		720		61.0	78.4
1995	600	(570)	55.2	73.2		740		61.8	79.1
2030	610	(580)	55.7	73.7		760		62.5	79.7
2070	620	(589)	56.3	74.2		780		63.3	80.4
2105	630	(599)	56.8	74.6		800		64.0	81.1
2145	640	(608)	57.3	75.1		820		64.7	81.7
2180	650	(618)	57.8	75.5		840		65.3	82.2
	660		58.3	75.9		860		65.9	82.7
	670		58.8	76.4		880		66.4	83.1
	680		59.2	76.8		900		67.0	83.6
	690		59.7	77.2		920		67.5	84.0
	700		60.1	77.6		940		68.0	84.4

5. 基轴制轴和基孔制孔新旧国标对照（见表 1-12）

表 1-12　基本尺寸 1～500mm 基孔制配合的轴和基轴制配合的孔新、旧国标对照

基孔制的轴						基轴制的孔					
间隙配合			过渡配合			间隙配合			过渡配合		
旧国标	新国标	备注	旧国标	新国标	备注	旧国标	新国标	备注	旧国标	新国标	备注
d1	h5		ga1	n5	p5①	D1	H6		Ga1	N6	
db1	g5	g6①	gb1	m5	n5①	Db1	G6		Gb1	M6	
dc1	f5、f6	②	gc1	k5	m4①	Dc1	F7		Gc1	K6	
d	h6		gd1	j5、js5	②	D	H7		Gd1	J6、JS6	②
db	g6		ga	n6	p6①	Db	G7		Ga	N7	
dc	f7		gb	m6	n6①	Dc	F8		Gb	M7	K7①
dd	e8		gc	k6		Dd	E8、E9	②	Gc	K7	JS7①
de	d8		gd	js6		De	D8、D9	②	Gd	J7	
df	c8		ga3	n7	p7①	D3	H8		Ga3	N8	
d3	h7		gb3	m7		D4	H8、H9	③	Gb3	M8	
dc3	f8		gc3	k7		Dc4	F9		Gc3	K8	
d4	h8、h9	③	gd3	j7、js7	②	De4	D9、D10	③	Gd3	J8	
dc4	f9		过盈配合			D5	H10		过盈配合		
de4	d9、d10		旧国标	新国标	备注	D6	H11		旧国标	新国标	备注
			jb1	s5	s6①						
d5	h10		jc1	r5	r6①	Dc6	D11		Jd	U7、s7	②
d6	h11		jd	s7、u5～6	②	Dd6	B11、C11	②	Je	R7、R8	②
dc6	d11		je	r6、s6		De6	A11、B11	②	Jb3	U8	
dd6	b11、c10、c11	②	jf	r6		D7	H12～13	③			
de6	a11、b11	②	jb3	u8		Dc7		④			
d7	h12～13	②	jc3	s7							
dc7	b12、c12～13	②									

① 仅 1～3mm 尺寸段使用。
② 不同尺寸段分别与不同的新国标符号相近似。
③ 介于两者之间。
④ 没有适当的、相近的符号。

6. 各国的表面粗糙度对照（见表 1-13）

表 1-13 各国的表面粗糙度对照

标准代号	中国 GB/T 1031					国际 ISO
表征参数	Ra/μm		Rz 或 Ry /μm		老标准等级代号	等级代号
	Ⅰ	Ⅱ	Ⅰ	Ⅱ		
表面粗糙度数值和代号	0.012		0.05		▽14	
	0.025	0.012	0.1		▽13	N1
	0.05	0.025	0.2		▽12	N2
	0.1	0.05	0.4		▽11	N3
	0.2	0.1	0.8		▽10	N4
	0.4	0.2	1.6		▽9	N5
	0.8	0.4	3.2		▽8	N6
	1.6	0.8	6.3		▽7	N7
	3.2	1.6	12.5	6.3	▽6	N8
	6.3	3.2	25	12.5	▽5	N9
	12.5	6.3	50	25	▽4	N10
	25	12.5	100	50	▽3	N11
	50	25	200	100	▽2	N12
	100	50	400	200	▽1	

美国 ASAB 461 Rc/μm min
1(0.025)
2(0.05)
3(0.08)
4(0.10)
5(0.125)
6(0.160)
8(0.20)
10(0.25)
13(0.32)
16(0.40)
20(0.50)
25(0.63)
32(0.80)
40(1)
50(1.25)
68(1.60)
80(2)
100(2.5)
125(3.2)
160(4)
200(5)
250(6.3)
320(8)
400(10)
500(12.5)
600(16)
800(20)
1000(25)

德国 DIN 4763 Ra/μm	Rt/μm	等级代号
0.006	0.04	
0.012	0.063	
0.025	0.10	
0.040	0.16	▽▽▽▽
0.063	0.25	
0.10	0.40	
0.16	0.63	
0.25	1.0	
0.40	1.0	
0.63	2.5	
1.0	4	
1.6	6.3	
2.5	10	▽▽
4.0	16	
6.3	25	
10	40	
16	63	▽
25	100	
40	160	
63	250	
100	400	
160	630	
250	1000	

日本 JISB 0601 Ra/μm
0.0125a ~ 0.025a
0.05a
0.10a
0.20a
0.40a
0.80a
1.60a
3.2a
6.3a
12.5a
25a
(50a)
(100a)

日本 JISB 0601 Rz/μm	R_{max}/μm
0.1z	0.05s
0.2z	0.1s
0.4z	0.4s
0.8z	0.8s
1.6z	1.6s
3.2z	3.2s
6.3z	6.3s
12.5z	12.5s
18(z)	18(s)
25z	25s
35z	(35s)
50z	50s
70z	(70s)
100z	100s
140z	140s
200z	200s
280z	280s
400z	400s
560z	560s

日本 JISB 0601 标记示例
▽▽▽▽
▽▽▽
▽▽
▽
~

注：1. GB/T 1031—2009 使用中，表面粗糙度的常用参数值范围内（*Ra* 为 0.025 ~ 6.3μm，*Rz* 为 0.100 ~ 25μm），推荐优先选用 *Ra*。一般旧标准▽4 ~ ▽12 推荐用 *Ra*、▽1 ~ ▽3、▽13 ~ ▽14 推荐用 *Rz*。在轴承、仪表和木材制品中多用参数 *Ry*。

2. 一般机械常用第Ⅰ种，但对表面质量要求较高的场合，设计者可根据零件的功能要求，采用较低的表面粗糙度值（如第Ⅱ种）。

3. 列出的旧标准等级代号为 GB 1031—1968。

4. GB/T 131—2006 与 ISO 1302—2002，GB/T 1031—2009 与 ISO 468—1982 为等效采用。

第2章 圆柱齿轮传动装置的设计

2.1 基本齿廓及模数系列

渐开线圆柱齿轮标准基本齿条齿廓见表2-1。世界主要工业国家采用的模数系列见表2-2。

表2-1 渐开线圆柱齿轮标准基本齿条齿廓（GB/T 1356—2001）

符号	意　　义	数值
α_P	压力角	20°
h_{aP}	标准基本齿条轮齿齿顶高	1m
c_P	标准基本齿条轮齿与相啮合标准基本齿条轮齿之间的顶隙	0.25m
h_{fP}	标准基本齿条轮齿齿根高	1.25m
ρ_{fP}	基本齿条的齿根圆角半径	0.38m

表2-2 世界主要工业国家采用的模数系列

国别 / 标准号 / 模数/mm	中国 GB/T 1357—2008	ISO ISO 54	俄罗斯 ГОСТ 9563	德国 DIN 780	捷克 CSNO 14608	法国 NFE 23—011	日本 JIS B 1701
0.1			*	*			*
0.12							
0.15			*				*
0.2			*	*	*		*
0.25			*	*	*		*
0.3			*	*	*		*
0.35			*	*			*
0.4			*	*	*		*
0.45			*	*			*
0.5			*	*	*	*	*
0.55			*	*		*	*
0.6			*	*	*	*	*
0.65				*			*
0.7			*	*	○	*	*
0.8			*	*	*	*	*
0.9			*	*	○	*	*
1.0	*	*	*	*	*	*	*
1.125	△	○	*	*		*	
1.25	*	*	*	*	*	*	*

（续）

国别 / 标准号 / 模数/mm	中国 GB/T 1357—2008	ISO ISO 54	俄罗斯 ГОСТ 9563	德国 DIN 780	捷克 CSNO 14608	法国 NFE 23—011	日本 JIS B 1701
1.375	△	○	*	*		*	
1.5	*	*	*	*	*	*	*
1.75	△	○	*	*	*	*	*
2.0	*	*	*	*	*	*	*
2.25	△	○	*	*	*	*	*
2.5	*	*	*	*	*	*	*
2.75	△	○	*	*	*	*	*
3	*	*	*	*	*	*	*
3.25				*	○		*
3.5	△	○	*	*	*	*	*
3.75				*	○		*
4	*	*	*	*	*	*	*
4.25							*
4.5	△	○	*	*	*	*	*
4.75				*			*
5	*	*	*	*	*	*	*
5.25				*			*
5.5	△	○	*	*	○	*	*
5.75				*			*
6	*	*	*	*	*	*	*
6.25				*			*
6.5	○	○		*	○		*
6.75				*			*
7	△	○	*	*	*	*	*
7.5				*			*
8	*	*	*	*	*	*	*
8.5				*			*
9	△	○	*	*	*	*	*
9.5				*			
10	*	*	*	*	*	*	*
11	△	○	*	*	○	*	*
12	*	*	*	*	*	*	*
13				*	○		*
14	△	○	*	*	*	*	*
15				*	○		*
16	*	*	*	*	*	*	*

（续）

国别	中国	ISO	俄罗斯	德国	捷克	法国	日本
模数/mm ＼ 标准号	GB/T 1357—2008	ISO 54	ГОСТ 9563	DIN 780	CSNO 14608	NFE 23—011	JIS B 1701
18	△	○	*	*	*	*	*
20	*	*	*	*	*	*	*
22	△	○	*	*	*	*	*
24				*			
25	*	*	*	*	*	*	*
27				*			
28	△	○	*	*			
30				*			
32	*	*	*	*			
33				*			
36	△	○	*	*			
39				*			
40	*	*	*	*			
42				*			
45	△	○	*	*			
50	*	*	*	*			
55			*	*			
60			*	*			

注：* 为常用的模数，○为尽可能不用的模数。

GB/T 1357—2008《通用机械和重型机械用圆柱齿轮　模数》，* 为第Ⅰ系列，优先采用；△为第Ⅱ系列；尽量避免采用6.5mm。

当ISO标准在德国征求意见时，得到的反映是，顶隙等于0.25m的规定过于死板，根据不同的制造方法和模数的大小，顶隙在0.1m～0.3m之间是比较合适的。建议顶隙的优先值为0.17m、0.25m和0.3m。较大的齿根圆角有利于齿根的强度，所以顶隙0.1m仅适用于特殊情况。

齿根圆角与顶隙肯定是有关的，所以相应于优先采用的顶隙给出表2-3所列的最大圆角半径。

表2-3　顶隙 c 和齿根圆角最大半径 ρ_{fPmax}

顶隙 c	0.17m	0.25m	0.3m
齿根圆角半径 ρ_{fPmax}	0.25m	0.38m	0.45m

世界主要国家圆柱齿轮基准齿形基本参数见表2-4。圆柱齿轮基节 $p_b=\pi m \mathrm{coa}\alpha$ 数值见表2-5。

对于外啮合圆柱齿轮，当圆周速度大于表2-6的数值而需要修缘时，推荐使用表2-7所列数据。

表2-4　世界主要国家圆柱齿轮基准齿形基本参数

国别	齿形种类	标准号	m 或 P	$\alpha/(°)$	h_a^*	c^*	ρ_f	备注
国际标准化组织	标准齿形	ISO R53	m	20	1	0.25	0.38m	
中国	标准齿形	GB/T 1356	m	20	1	0.25		
	短齿齿形	GB/T 1356	m	20	0.8	0.30		
俄罗斯	标准齿形	ГОСТ 13755	m	20	1	0.25	0.4m	
	短齿齿形	ГОСТ 13755	m	20	0.8	0.30		
	旧标准齿形	OCT BKC 6922	m	20	1	0.20		

（续）

国别	齿形种类	标准号	m 或 P	α/(°)	h_a^*	c^*	ρ_f	备注
美国	标准齿形	ASA B6.1	P	14.5	1	0.157	$\frac{0.157}{P}$	
	标准复合齿形	ASA B6.1	P	14.5	1	0.157	$\frac{0.2}{P}$	
	标准齿形	ASA B6.1	P	20	1	0.157	$\frac{0.3}{P}$	
	短齿齿形	ASA B6.1	P	20	0.8	0.2		
	标准齿形	ASA B6.1	P	20	1	0.4		$>P20$ 剃齿法
	标准齿形	ASA B6.1	P	25	1	0.4		$>P20$ 剃齿法
	标准齿形	ASA B6.19	P	20	1	0.2 0.35		$<P20$ 剃齿法
	短齿齿形	ASME 15520	P	22.5	0.875	0.125		
瑞士	标准齿形	VSM 15520	m	20	1	0.25 0.167		用于磨齿法
	马格齿形		m	15	1	0.167		
	马格齿形		m	20	1	0.167		
德国	标准齿形	DIN 867	m	20	1	0.1～0.3		
	短齿齿形		m	20	0.8	0.1～0.3		
	旧标准齿形	CSN 146—7	m	15	1	0.167		
捷克	标准齿形	CSN 14607	m	20	1	0.25		
	标准齿形	CSN 14607	m	15	1			
英国	A级复合齿形	BSS 436	P	20	1	0.44		
	A、B、C、D级复合齿形	BSS 436	P	20	1	0.25		
	标准齿形		P	14.5	1	0.157		
	短齿齿形		P	20	0.8	0.30		
	标准齿形		P	20	1	0.35		
法国	标准齿形	NF E23-011	m	20	1	0.25	$0.4m$	
	短齿齿形		m	20	0.75	0.20		
日本	标准齿形	JIS B1701	m	20	1	0.25		
	短齿齿形	JIS B1701	m	14.5	1	0.25		

表 2-5 基节 $p_b=\pi m\cos\alpha$ 数值表 （单位：mm）

m	P	α							
		30°	25°	22.5°	20°	17.5°	16°	15°	14.5°
1	25.4000	2.721	2.847	2.902	2.952	2.996	3.020	3.035	3.042
1.058	24	2.878	3.012	3.071	3.123	3.170	3.195	3.211	3.218
1.155	22	3.142	3.289	3.352	3.410	3.461	3.488	3.505	3.513
1.25	20.3200	3.401	3.559	3.628	3.690	3.745	3.775	3.793	3.802
1.270	20	3.455	3.616	3.686	3.749	3.805	3.835	3.854	3.863
1.411	18	3.839	4.017	4.095	4.165	4.228	4.261	4.282	4.292

（续）

m	P	α							
		30°	25°	22.5°	20°	17.5°	16°	15°	14.5°
1.5	16.9333	4.081	4.271	4.354	4.428	4.494	4.530	4.552	4.562
1.588	16	4.320	4.521	4.609	4.688	4.758	4.796	4.819	4.830
1.75	14.5148	4.761	4.983	5.079	5.166	5.243	5.285	5.310	5.323
1.814	14	4.935	5.165	5.265	5.355	5.435	5.478	5.505	5.517
2	12.7000	5.441	5.694	5.805	5.904	5.992	6.040	6.069	6.083
2.117	12	5.760	6.028	6.144	6.250	6.343	6.393	6.424	6.439
2.25	11.2889	6.122	6.406	6.531	6.642	6.741	6.795	6.828	6.843
2.309	11	6.282	6.574	6.702	6.816	6.918	6.973	7.007	7.023
2.5	10.1600	6.802	7.118	7.256	7.380	7.490	7.550	7.586	7.604
2.540	10	6.911	7.232	7.372	4.498	7.610	7.671	7.708	7.725
2.75	9.2364	7.482	7.830	7.982	8.118	8.240	8.305	8.345	8.364
2.822	9	7.678	8.035	8.191	8.331	8.455	8.522	8.563	8.583
3	8.4667	8.162	8.542	8.707	8.856	8.989	9.060	9.104	9.125
3.175	8	8.638	9.040	9.215	9.373	9.513	9.588	9.635	9.657
3.25	7.8154	8.842	9.254	9.433	9.594	9.738	9.815	9.862	9.885
3.5	7.2571	9.522	9.965	10.159	10.332	10.487	10.570	10.621	10.645
3.629	7	9.873	10.333	10.533	10.713	10.873	10.959	11.012	11.038
3.75	6.7733	10.203	10.677	10.884	11.070	11.286	11.325	11.380	11.406
4	6.3500	10.883	11.389	11.610	11.809	11.986	12.080	12.138	12.166
4.233	6	11.517	12.052	12.286	12.496	12.683	12.783	12.845	12.875
4.5	5.6444	12.243	12.813	13.061	13.285	13.483	13.590	13.665	13.687
5	5.0800	13.603	14.236	14.512	14.761	14.981	15.099	15.173	15.208
5.08	5	13.821	14.464	14.744	15.000	15.211	15.341	15.415	15.451
5.5	4.6182	14.964	15.660	15.963	16.237	16.479	16.609	16.690	16.728
5.644	4.5	15.356	16.070	16.381	16.662	16.910	17.044	17.127	17.166
6	4.2333	16.324	17.083	17.415	17.713	17.977	18.119	18.207	18.249
6.350	4	17.276	18.080	18.431	18.746	19.026	19.176	19.269	19.314
6.5	3.9077	17.685	18.507	18.866	19.189	19.475	19.629	19.724	19.770
7	3.6286	19.045	19.931	20.317	20.665	20.973	21.139	21.242	21.291
7.257	3.5	19.744	20.662	21.063	21.242	21.743	21.915	22.022	22.072
8	3.175	21.766	22.778	23.220	23.617	23.969	24.159	24.276	24.332
8.467	3	23.036	24.108	24.575	24.996	25.369	25.569	25.693	25.573
9	2.8222	24.486	25.625	26.112	26.569	26.966	27.179	27.311	27.374
9.236	2.75	25.128	26.297	26.807	27.266	27.673	27.892	28.027	28.092
10	2.54	27.207	28.472	29.025	29.521	29.962	30.199	30.345	30.415
10.160	2.5	27.642	28.928	29.489	30.000	30.441	30.682	30.831	30.902

（续）

m	P	α							
		30°	25°	22.5°	20°	17.5°	16°	15°	14.5°
11	2.3091	29.928	31.320	31.927	32.473	32.958	33.219	33.380	33.457
11.289	2.25	30.714	32.143	32.766	33.327	33.824	34.092	34.257	34.336
12	2.1167	32.648	34.167	34.829	35.426	35.954	36.329	36.414	36.498
12.700	2	34.553	36.160	36.861	37.492	38.052	38.353	38.539	38.627
13	1.9538	35.369	37.014	37.732	38.378	38.950	39.259	39.449	39.540
14	1.8143	38.090	39.861	40.634	41.330	41.947	42.278	42.484	42.581
14.514	1.75	39.488	41.325	42.126	42.847	43.487	43.831	44.043	44.145
15	1.6933	40.810	42.709	43.537	44.282	44.943	45.298	45.518	45.623
16	1.5875	43.531	45.556	46.439	47.234	47.939	48.318	48.553	48.665
16.933	1.5	46.070	48.212	49.147	49.989	50.734	51.136	51.384	51.502
18	1.4111	48.973	51.250	52.244	53.139	53.931	54.358	54.622	54.748
20	1.2700	54.414	56.945	58.049	59.043	59.924	60.398	60.691	60.831
20.320	1.25	55.285	57.856	58.978	59.987	60.883	61.364	61.662	61.804
22	1.1545	59.855	62.639	63.854	64.947	65.916	66.438	66.760	66.914
25	1.0160	68.017	71.181	72.561	73.803	74.905	75.497	75.864	76.038
25.4	1	69.106	72.320	73.722	74.984	76.103	76.705	77.077	77.255

表 2-6　外啮合圆柱齿轮的许用圆周速度

齿轮类型	第Ⅱ公差组		
	6 级	7 级	8 级
	圆周速度/(m/s)		
直齿圆柱齿轮	10	6	4
斜齿圆柱齿轮	16	10	6

表 2-7　齿顶修缘高度和深度　　（单位：mm）

图形	第Ⅱ公差组					
	6 级		7 级		8 级	
	m	e	m	e	m	e
	2 ~ 2.75	0.01	2 ~ 2.5	0.015	2 ~ 2.75	0.02
	3 ~ 4.5	0.008	2.75 ~ 3.5	0.012	3 ~ 3.5	0.0175
	5 ~ 10	0.006	3.75 ~ 5	0.010	3.75 ~ 5	0.015
	11 ~ 16	0.005	5.5 ~ 7	0.009	5.5 ~ 8	0.012
			8 ~ 11	0.008	9 ~ 16	0.010
			12 ~ 20	0.007	18 ~ 25	0.009
			22 ~ 30	0.006	28 ~ 50	0.008

注：1. 表中的数值是指在基准齿形上的修缘数值。

2. 基准齿形上的修缘部分是一条直线，也允许采用均匀的凸形曲线。

3. 在大批量生产中，对于特别重要的传动齿轮以及受工艺要求所限制时，允许改变修缘形状和数量。

4. 内啮合齿轮传动也可以应用本表数值。

以下情况不进行齿顶修缘：

1）因修缘的结果，在直齿轮传动中使重合度 $\varepsilon<1.089$，在斜齿轮传动中使端面重合度 $\varepsilon_\alpha<1$。

2）当斜齿轮的螺旋角 $\beta>17°45'$ 时，对外啮合高变位齿轮传动（$x_1+x_2=0$），齿顶修缘后使重合度（或端面重合度）达到1.089（直齿）或1.0（斜齿）的条件，可按图2-1求得，即此时齿轮的变位系数 x 不得大于按图2-1求得的数值。

例2-1 一对外啮合高变位直齿圆柱齿轮，$z_1=20$。由图2-1可知，当 $x_1=0.62$ 时，端面重合度 $\varepsilon_\alpha=1.089$；如果 $x_1>0.62$，则 $\varepsilon_\alpha<1.089$。

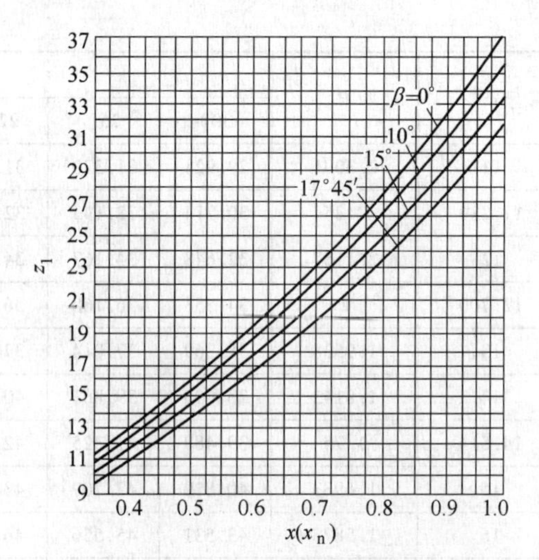

图2-1 高变位齿轮传动在端面重合度 $\varepsilon_\alpha=1.089$（直齿）和1.0（斜齿）时，齿数 z_1 与螺旋角 β 及变位系数 x（x_n）的关系

2.2 圆柱齿轮传动的几何尺寸计算

圆柱齿轮传动的几何尺寸计算公式见表2-8～表2-10。

表2-8 外啮合标准直齿、斜齿（人字齿）圆柱齿轮传动几何尺寸计算公式

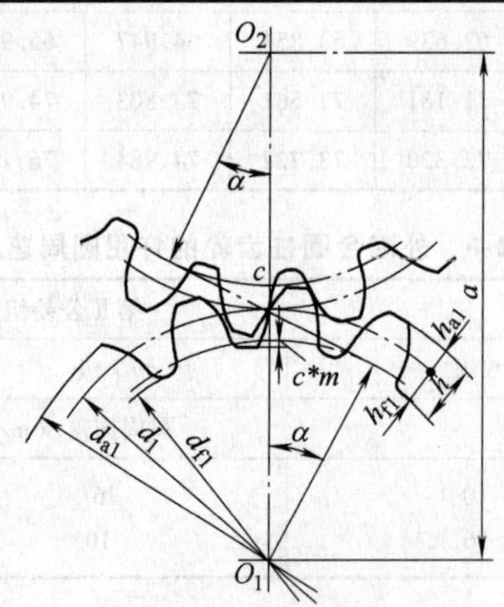

名称	代号	直齿轮	斜齿（人字齿）轮
模数	m 或 m_n	m 由强度计算或结构设计确定，并取标准值	m_n 由强度计算或结构设计确定，并取标准值。$m_t=m_n/\cos\beta$
压力角	α 或 α_n	$\alpha=20°$	$\alpha_n=20°$ $\tan\alpha_t=\tan\alpha_n/\cos\beta$
分度圆直径	d	$d=zm$	$d=zm_t=zm_n/\cos\beta$
齿顶高	h_a	$h_a=h_a^*m=m, h_a^*=1$	$h_a=h_{an}^*m_n=m_n, h_{an}^*=1$
齿根高	h_f	$h_f=(h_a^*+c^*)m=1.25m, h_a^*=1, c^*=0.25$	$h_f=(h_{an}^*+c_n^*)m_n=1.25m_n, h_{an}^*=1, c_n^*=0.25$
齿顶圆直径	d_a	$d_a=d+2h_a=(z+2)m$	$d_a=d+2h_a$
齿根圆直径	d_f	$d_f=d-2h_f=(z-2.5)m$	$d_f=d-2h_f$
中心距	a	$a=\dfrac{d_1+d_2}{2}=\dfrac{(z_1+z_2)m}{2}$	$a=\dfrac{d_1+d_2}{2}=\dfrac{(z_1+z_2)m_n}{2\cos\beta}$
齿数比	u	$u=\dfrac{z_2}{z_1}$	

（续）

名　称		代　　号	直　齿　轮	斜齿(人字齿)轮
侧隙检验尺寸(选用一组)				
Ⅰ	分度圆弦齿厚	$\bar{s}$ 或 $\bar{s}_n$	$\bar{s}=zm\sin\frac{90°}{z}$	$\bar{s}_n=z_v m_n\sin\frac{90°}{z_v}, z_v=\frac{z}{\cos^3\beta}$
Ⅰ	分度圆弦齿高	$\bar{h}_a$ 或 $\bar{h}_{an}$	$\bar{h}_a=m\left[1+\frac{z}{2}\left(1-\cos\frac{90°}{z}\right)\right]$	$\bar{h}_{an}=m_n\left[1+\frac{z_v}{2}\left(1-\cos\frac{90°}{z_v}\right)\right]$
Ⅱ	固定弦齿厚	$\bar{s}_c$ 或 $\bar{s}_{cn}$	$\bar{s}_c=\frac{\pi m}{2}\cos^2\alpha$ 当 $\alpha=20°$ 时,$\bar{s}_c=1.3870m$	$\bar{s}_{cn}=\frac{\pi m_n}{2}\cos^2\alpha_n$ 当 $\alpha_n=20°$ 时,$\bar{s}_{cn}=1.3870m_n$
Ⅱ	固定弦齿高	$\bar{h}_c$ 或 $\bar{h}_{cn}$	$\bar{h}_c=m\left(1-\frac{\pi}{8}\sin2\alpha\right)$ 当 $\alpha=20°$ 时,$\bar{h}_c=0.7476m$	$\bar{h}_{cn}=m_n\left(1-\frac{\pi}{8}\sin2\alpha_n\right)$ 当 $\alpha_n=20°$ 时,$\bar{h}_{cn}=0.7476m_n$
Ⅲ	公法线跨测齿数	k	$k=\frac{\alpha}{180°}z+0.5$ 当 $\alpha=20°$ 时,k 值可按 z' 查表 2-23	$k\approx\frac{\alpha}{180°}z'+0.5$;假想齿数 $z'=z\frac{\mathrm{inv}\alpha_t}{\mathrm{inv}\alpha_n}$ 当 $\alpha_n=20°$ 时,比值 $\frac{\mathrm{inv}\alpha_t}{\mathrm{inv}\alpha_n}$ 查表 2-24 当 $\alpha_n=20°$ 时,k 值可按 z' 查表 2-23
Ⅲ	公法线长度	W_k 或 W_{kn}	$W_k=m\cos\alpha[\pi(k-0.5)+z\mathrm{inv}\alpha]$ 当 $\alpha=20°$ 时, $W_k=m[2.9521(k-0.5)+0.014z]=mW_k^*$;$W_k^*$ 按齿数 z' 查表 2-23	$W_{kn}=m_n\cos\alpha_n[\pi(k-0.5)+z'\mathrm{inv}\alpha_n]$ 当 $\alpha=20°$ 时, $W_{kn}=m_n[2.9521(k-0.5)+0.014z']=m_nW_k^*$;$W_k^*$ 按齿数 z' 查表 2-23

注：斜齿轮按公法线长度进行测量时，必须满足 $b>W_{kn}\sin\beta$ 的条件。

表 2-9　外啮合变位直齿、斜齿（人字齿）圆柱齿轮几何尺寸计算公式

名　称		代　　号	直　齿　轮	斜齿(人字齿)轮
主要几何参数的计算				
已知条件及要求项目			已知 z_1、z_2、m、a',求 x_Σ 及 Δy	已知 z_1、z_2、m_n(m_t)、β, a', 求 $x_{n\Sigma}$ 及 Δy_n
按公式计算	未变化时的中心距	a	$a=\frac{1}{2}m(z_1+z_2)$	$a=\frac{1}{2}m_t(z_1+z_2)=\frac{m_n}{2\cos\beta}(z_1+z_2)$
按公式计算	中心距变动系数	y 或 y_n	$y=\frac{a'-a}{m}$	$y_n=\frac{a'-a}{m_n}$
按公式计算	压力角	α 或 α_t	$\alpha=20°$	$\alpha_n=20°$;$\tan\alpha_t=\frac{\tan\alpha_n}{\cos\beta}$
按公式计算	啮合角	α' 或 α'_t	$\cos\alpha'=\frac{a}{a'}\cos\alpha$	$\cos\alpha'_t=\frac{a}{a'}\cos\alpha_t$
按公式计算	总变位系数	x_Σ 或 $x_{n\Sigma}$	$x_\Sigma=\frac{z_1+z_2}{2\tan\alpha}(\mathrm{inv}\alpha'-\mathrm{inv}\alpha)$ $\mathrm{inv}\alpha'$ 及 $\mathrm{inv}\alpha$ 可根据 α' 及 α 由表 2-20 查得 $x_\Sigma=x_1+x_2$,可按封闭图分配为 x_1 及 x_2	$x_{n\Sigma}=\frac{z_1+z_2}{2\tan\alpha_n}(\mathrm{inv}\alpha'_t-\mathrm{inv}\alpha_t)$ $x_{n\Sigma}=x_{n1}+x_{n2}$,可按封闭图分配为 x_{n1} 及 x_{n2}
按公式计算	齿顶高变动系数	Δy 或 Δy_n	$\Delta y=x_\Sigma-y$	$\Delta y_n=x_{n\Sigma}-y_n$

（续）

名称		代号	直齿轮	斜齿(人字齿)轮
主要几何参数的计算				
已知条件及要求项目			已知 z_1、z_2、m、a'，求 x_Σ 及 Δy	已知 z_1、z_2、m_n（m_t）、β，a'，求 $x_{n\Sigma}$ 及 Δy_n
按图表法计算	中心距变动系数	y 或 y_n	$y=\dfrac{a'-a}{m}$，其中 $a=\dfrac{1}{2}m(z_1+z_2)$ $y=y_z\dfrac{z_1+z_2}{2}$，y_z 查表 2-19	$y_n=\dfrac{a'-a}{m_n}$，$y_t=\dfrac{a'-a}{m_t}$，其中 $a=\dfrac{m_n}{2\cos\beta}(z_1+z_2)$，$y_t=y_z\dfrac{z_1+z_2}{2}$
	齿顶高变动系数	Δy 或 Δy_n	$\Delta y=x_\Sigma-y$ 或 $\Delta y=\Delta y_z\dfrac{z_1+z_2}{2}$	$\Delta y_t=\Delta y_z\dfrac{z_1+z_2}{2}$
	总变位系数	x_Σ 或 $x_{n\Sigma}$	$x_\Sigma=y+\Delta y$；$x_\Sigma=x_1+x_2$，可按表 2-19 查 x_z，$x_\Sigma=x_z\dfrac{z_1+z_2}{2}$	$x_{n\Sigma}=y_n+\Delta y_n$；$x_{n\Sigma}=x_{n1}+x_{n2}$，可按封闭图分配变位系数
主要几何参数的计算				
已知条件及要求项目			已知 z_1、z_2、m、x_Σ，求 a' 及 Δy	已知 z_1、z_2、m_n（m_t）、β、$x_{n\Sigma}$（$x_{t\Sigma}$），求 a' 及 Δy_n
按公式计算	压力角	α 或 α_t	$\alpha=20°$	$\alpha_n=20°$；$\tan\alpha_t=\dfrac{\tan\alpha_n}{\cos\beta}$
	啮合角	α' 或 α'_t	$\mathrm{inv}\alpha'=\dfrac{2(x_1+x_2)}{z_1+z_2}\tan\alpha+\mathrm{inv}\alpha$	$\mathrm{inv}\alpha'_t=\dfrac{2(x_{n1}+x_{n2})}{z_1+z_2}\tan\alpha_n+\mathrm{inv}\alpha_t$
	中心距变动系数	y 或 y_n	$y=\dfrac{z_1+z_2}{2}\left(\dfrac{\cos\alpha}{\cos\alpha'}-1\right)$	$y_n=\dfrac{z_1+z_2}{2}\left(\dfrac{\cos\alpha_t}{\cos\alpha'_t}-1\right)$
	中心距	a'	$a'=a+ym$	$a'=a+y_nm_n$
	齿顶高变动系数	Δy 或 Δy_n	$\Delta y=x_\Sigma-y$	$\Delta y_n=x_{n\Sigma}-y_n$
按图表法计算	齿顶高变动系数	Δy 或 Δy_n	$\Delta y=\Delta y_z\dfrac{z_1+z_2}{2}$，$\Delta y_z$ 查表 2-19	$\Delta y_t=\Delta y_z\dfrac{z_1+z_2}{2}$
	中心距变动系数	y 或 y_n	$y=x_\Sigma-\Delta y$ 或 $y=y_z\dfrac{z_1+z_2}{2}$，y_z 查表 2-19	$y_n=x_{n\Sigma}-\Delta y_n$ 或 $y_t=y_z\dfrac{z_1+z_2}{2}$，$y_z$ 查表 2-19
	中心距	a'	$a'=a+ym$	$a'=a+y_nm_n$
主要几何尺寸计算公式				
模数		m 或 m_n	由强度计算或结构设计确定，并取为标准值	由强度计算或结构设计确定，m_n 应取为标准值；$m_t=m_n/\cos\beta$
齿数比		u	$u=\dfrac{z_2}{z_1}$	
分度圆直径		d	$d_1=z_1m \quad d_2=z_2m$	$d_1=\dfrac{z_1m_n}{\cos\beta} \quad d_2=\dfrac{z_2m_n}{\cos\beta}$
节圆直径		d'	$d'_1=\dfrac{2a'}{(u+1)} \quad d'_2=ud'_1$	$d'_1=\dfrac{2a'}{(u+1)} \quad d'_2=ud'_1$
齿顶高		h_a	$h_a=(h_a^*+x-\Delta y)m$	$h_a=(h_{an}^*+x_n-\Delta y_n)m_n$
齿根高		h_f	$h_f=(h_a^*+c^*-x)m$	$h_f=(h_{an}^*+c_n^*-x_n)m_n$
全齿高		h	$h=(2h_a^*+c^*-\Delta y)m$	$h=(2h_{an}^*+c_n^*-\Delta y_n)m_n$
齿顶圆直径		d_a	$d_a=d+2(h_a^*+x-\Delta y)m$	$d_a=d+2(h_{an}^*+x_n-\Delta y_n)m_n$
齿根圆直径		d_f	$d_f=d-2(h_a^*+c^*-x)m$	$d_f=d-2(h_{an}^*+c_n^*-x_n)m_n$

（续）

	名称	代号	直齿轮	斜齿(人字齿)轮
侧隙检验尺寸(选用一组)				
Ⅰ	分度圆弦齿厚	$\bar{s}$ 或 $\bar{s}_n$	$\bar{s}=zm\sin\Delta, \Delta=\dfrac{90°+41.7°x}{z}$	$\bar{s}=z_v m_n \sin\Delta, \Delta=\dfrac{90°+41.7°x_n}{z_v}$
	分度圆弦齿高	$\bar{h}_a$ 或 $\bar{h}_{an}$	$h_{\bar{a}}=h_a+\dfrac{zm}{2}(1-\cos\Delta)$	$h_{\bar{a}}=h_a+\dfrac{z_v m_n}{2}(1-\cos\Delta)$
Ⅱ	固定弦齿厚	$\bar{s}$ 或 $\bar{s}_{cn}$	$\bar{s}_c=m\cos^2\alpha\left(\dfrac{\pi}{2}+2x\tan\alpha\right)$ 当 $\alpha=20°$ 时，$\bar{s}_c=m(1.3870+0.6428x)$	$\bar{s}_{cn}=m_n\cos^2\alpha_n\left(\dfrac{\pi}{2}+2x_n\tan\alpha_n\right)$ 当 $\alpha_n=20°$ 时，$\bar{s}_c=m_n(1.3870+0.6428x_n)$
	固定弦齿高	$\bar{h}_c$ 或 $\bar{h}_{cn}$	$\bar{h}_c=h_a-0.182\bar{s}_c$	$\bar{h}_{cn}=h_a-0.182\bar{s}_{cn}$
Ⅲ	公法线跨测齿数	k	$k=\dfrac{\alpha}{180°}z+\dfrac{2x\cot\alpha}{\pi}$ 当 $\alpha=20°$时，k 值可查表 2-23	$k\approx\dfrac{\alpha_n}{180°}z'+0.5\dfrac{2x_n\cot\alpha_n}{\pi}$；假想齿数 $z'=z\dfrac{\mathrm{inv}\alpha_t}{\mathrm{inv}\alpha_n}$； 当 $\alpha_n=20°$时，比值$\dfrac{\mathrm{inv}\alpha_t}{\mathrm{inv}\alpha_n}$查表 2-24 当 $\alpha_n=20°$时，k 值可查表 2-23
	公法线长度	W_k 或 W_{kn}	$W_k=m\cos\alpha[\pi(k-0.5)+z\mathrm{inv}\alpha+2x\tan\alpha]$ 当 $\alpha=20°$时， $W_k=m[2.9521(k-0.5)+0.014z+0.684x]=m(W_k^*+\Delta W_k^*)$ W_k^* 查表 2-23；ΔW_k^* 查表 2-26	$W_{kn}=m_n\cos\alpha_n[\pi(k-0.5)+z'\mathrm{inv}\,\alpha_n+2x_n\tan\alpha_n]$ 当 $\alpha_n=20°$时， $W_{kn}=m_n[2.9521(k-0.5)+0.014z'+0.684x_n]=m_n(W_k^*+\Delta W_k^*)$ W_k^* 查表 2-23 和表 2-25；ΔW_k^* 查表 2-26

注：1. 斜齿轮按公法线长度进行测量时，必须满足 $b>W_{kn}\sin\beta$ 的条件。
2. 表内公式中的 x、x_n（x_t）本身应带正负号代入；Δy、Δy_t 永为正号。
3. 计算高变位圆柱齿轮几何尺寸时，公式中的 y 或 y_t、Δy 或 Δy_t 均为零。

表 2-10　内啮合圆柱齿轮（标准与变位、直齿与斜齿）几何尺寸计算公式

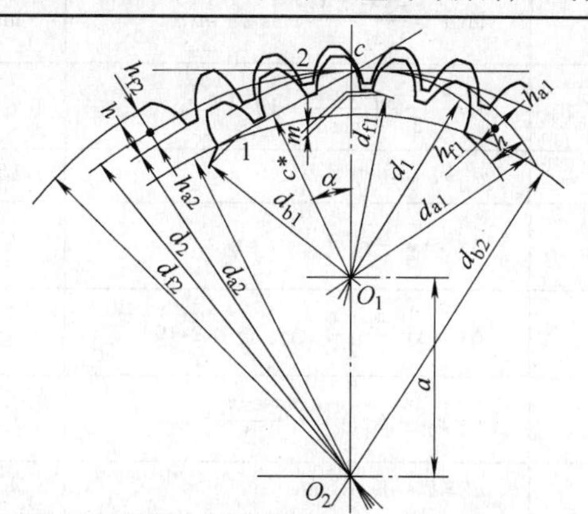

	名称	代号	直齿轮	斜齿(人字齿)轮
主要几何参数的计算				
	已知条件及要求项目		已知 z_1、z_2、m、a'，求 x_Σ 及 Δy	已知 z_1、z_2、m_n（m_t）、β、a'，求 $x_{n\Sigma}$ 及 Δy_n
按公式计算	未变位时的中心距	a	$a=\dfrac{1}{2}m(z_2-z_1)$	$a=\dfrac{1}{2}m_t(z_2-z_1)=\dfrac{m_n}{2\cos\beta}(z_2-z_1)$
	中心距变动系数	y 或 y_n	$y=\dfrac{a'-a}{m}$	$y_n=\dfrac{a'-a}{m_n}$

（续）

名称		代号	直齿轮	斜齿(人字齿)轮
主要几何参数的计算				
已知条件及要求项目			已知 z_1、z_2、m、a'，求 x_Σ 及 Δy	已知 z_1、z_2、m_n(m_t)、β、a'，求 $x_{n\Sigma}$ 及 Δy_n
按公式计算	压力角	α 或 α_t	$\alpha=20°$	$\alpha_n=20°$；$\tan\alpha_t=\dfrac{\tan\alpha_n}{\cos\beta}$
	啮合角	α' 或 α_t'	$\cos\alpha'=\dfrac{a}{a'}\cos\alpha$	$\cos\alpha_t'=\dfrac{a}{a'}\cos\alpha_t$
	总变位系数	x_Σ 或 $x_{n\Sigma}$	$x_\Sigma=\dfrac{z_2-z_1}{2\tan\alpha}(\mathrm{inv}\alpha'-\mathrm{inv}\alpha)$ $x_\Sigma=x_2-x_1$	$x_{n\Sigma}=\dfrac{z_2-z_1}{2\tan\alpha_n}(\mathrm{inv}\alpha_t'-\mathrm{inv}\alpha_t)$ $x_{n\Sigma}=x_{n2}-x_{n1}$
	齿顶高变动系数	Δy 或 Δy_n	$\Delta y=x_\Sigma-y$	$\Delta y_n=x_{n\Sigma}-y_n$
按图表法计算	中心距变动系数	y 或 y_n	$y=\dfrac{a'-a}{m}$，其中 $a=\dfrac{1}{2}m(z_2-z_1)$ $y=y_z\dfrac{z_2-z_1}{2}$，y_z 查表 2-19	$y_n=\dfrac{a'-a}{m_n}$，$y_t=\dfrac{a'-a}{m_t}$，其中 $a=\dfrac{m_n}{2\cos\beta}\times(z_2-z_1)$，$y_t=y_z\dfrac{z_2-z_1}{2}$
	齿顶高变动系数	Δy 或 Δy_n	$\Delta y=x_\Sigma-y$ 或 $\Delta y=\Delta y_z\dfrac{z_2-z_1}{2}$ Δy_z 查表 2-19	$\Delta y_t=x_{t\Sigma}-y_t$ $\Delta y_t=\Delta y_z\dfrac{z_2-z_1}{2}$
	总变位系数	x_Σ 或 $x_{n\Sigma}$	$x_\Sigma=y+\Delta y$；$x_\Sigma=x_2-x_1$ $x_\Sigma=x_z\dfrac{z_2-z_1}{2}$，$x_z$ 查表 2-19	$x_{n\Sigma}=y_n+\Delta y_n$；$x_{n\Sigma}=x_{n2}-x_{n1}$ $x_{t\Sigma}=x_z\dfrac{z_2-z_1}{2}$，$x_z$ 查表 2-19
已知条件及要求项目			已知 z_1、z_2、m、x_Σ，求 a' 及 Δy	已知 z_1、z_2、m_n(m_t)、β、$x_{n\Sigma}$($x_{t\Sigma}$)，求 a' 及 Δy_n
按公式计算	压力角	α 或 α_t	$\alpha=20°$	$\alpha_n=20°$；$\tan\alpha_t=\dfrac{\tan\alpha_n}{\cos\beta}$
	啮合角	α' 或 α_t'	$\mathrm{inv}\alpha'=\dfrac{2(x_2-x_1)}{z_2-z_1}\tan\alpha+\mathrm{inv}\alpha$	$\mathrm{inv}\alpha_t'=\dfrac{2(x_{n2}-x_{n1})}{z_2-z_1}\tan\alpha_n+\mathrm{inv}\alpha_t$
	中心距变动系数	y 或 y_n	$y=\dfrac{z_2-z_1}{2}\left(\dfrac{\cos\alpha}{\cos\alpha'}-1\right)$	$y_n=\dfrac{z_2-z_1}{2\cos\beta}\left(\dfrac{\cos\alpha_t}{\cos\alpha_t'}-1\right)$
	中心距	a'	$a'=a+ym$	$a'=a+y_nm_n$
	齿顶高变动系数	Δy 或 Δy_n	$\Delta y=x_\Sigma-y$	$\Delta y_n=x_{n\Sigma}-y_n$
按图表法计算	齿顶高变动系数	Δy 或 Δy_n	$\Delta y=\Delta y_z\dfrac{z_2-z_1}{2}$，$\Delta y_z$ 查表 2-19	$\Delta y_t=\Delta y_z\dfrac{z_2-z_1}{2}$
	中心距变动系数	y 或 y_n	$y=x_\Sigma-\Delta y$，$y=y_z\dfrac{z_2-z_1}{2}$	$y_n=x_{n\Sigma}-\Delta y_n$
	中心距	a'	$a'=a+ym$	$a'=a+y_nm_n$
主要几何尺寸计算公式				
模数		m 或 m_n	由强度计算或结构设计确定，并取为标准值	由强度计算或结构设计确定，m_n 取为标准值；$m_t=m_n/\cos\beta$
齿数比		u	$u=\dfrac{z_2}{z_1}$	
分度圆直径		d	$d_1=z_1m$　$d_2=z_2m$	$d_1=\dfrac{z_1m_n}{\cos\beta}$　$d_2=\dfrac{z_2m_n}{\cos\beta}$

（续）

<table>
<tr><th colspan="2">名　称</th><th>代　号</th><th>直　齿　轮</th><th>斜齿(人字齿)轮</th></tr>
<tr><td colspan="5">主要几何尺寸计算公式</td></tr>
<tr><td colspan="2">模数</td><td>m 或 m_n</td><td>由强度计算或结构设计确定,并取为标准值</td><td>由强度计算或结构设计确定,m_n 取为标准值;$m_t=m_n/\cos\beta$</td></tr>
<tr><td colspan="2">节圆直径</td><td>d'</td><td>$d_1'=\dfrac{2a'}{(u-1)}$　$d_2'=ud_1'$</td><td>$d_1'=\dfrac{2a'}{(u-1)}$　$d_2'=ud_1'$</td></tr>
<tr><td colspan="2" rowspan="4">齿顶圆直径</td><td rowspan="3">d_{a1}</td><td>当 $|x_2-x_1|\leqslant 0.5$, $|x_2|<0.5$ 和 $z_2-z_1\geqslant 40$ 时:
$d_{a1}=d_1+2(h_a^*+x_1)m$</td><td>当 $|x_{n2}-x_{n1}|\leqslant 0.5$, $|x_{n2}|<0.5$ 和 $z_{n2}-z_{n1}\geqslant 40$ 时:
$d_{a1}=d_1+2(h_{an}^*+x_{n1})m_n$</td></tr>
<tr><td colspan="2">当内齿轮用插刀加工时</td></tr>
<tr><td>$d_{a1}=d_1+2(h_a^*+x_1+\Delta y-\Delta y_{02})m$</td><td>$d_{a1}=d_1+2(h_{an}^*+x_{n1}+\Delta y_{n1}-\Delta y_{n02})m_n$</td></tr>
<tr><td>d_{a2}</td><td>$d_{a2}=d_2-2(h_a^*-x_2+\Delta y-k_2)m$
当 $x_2<2$ 时, $k_2=0.25-0.125x_2$
当 $x_2\geqslant 2$ 时, $k_2=0$</td><td>$d_{a2}=d_2-2(h_{an}^*-x_{n2}+\Delta y_n-k_2)m_n$
当 $x_{n2}<2$ 时, $k_2=0.25-0.125x_{n2}$
当 $x_{n2}\geqslant 2$ 时, $k_2=0$</td></tr>
<tr><td colspan="2" rowspan="4">齿根圆直径</td><td>d_{f1}</td><td>滚齿: $d_{f1}\approx d_1-2(h_a^*+c^*-x_1)m$
插齿: $d_{f1}=2a_{01}'-d_{a0}$</td><td>滚齿: $d_{f1}\approx d_1-2(h_{an}^*+c_n^*-x_{n1})m_n$
插齿: $d_{f1}=2a_{01}'-d_{a0}$</td></tr>
<tr><td rowspan="3">d_{f2}</td><td colspan="2">d_{f2} 的近似值可按下式计算</td></tr>
<tr><td>$d_{f2}\approx d_2+2(h_a^*-c^*-x_2)m$</td><td>$d_{f2}\approx d_2+2(h_{an}^*-c_n^*-x_{n2})m_n$</td></tr>
<tr><td colspan="2">当内齿轮用插刀加工时: $d_{f2}=2a_{02}'+d_{a0}$</td></tr>
<tr><td colspan="2">全齿高</td><td>h</td><td colspan="2">$h_1=0.5(d_{a1}-d_{f1})$　$h_2=0.5(d_{f2}-d_{a2})$</td></tr>
<tr><td colspan="2">齿顶高</td><td>h_a</td><td colspan="2">$h_{a1}=0.5(d_{a1}-d_1)$　$h_{a2}=0.5(d_{a2}-d_2)$</td></tr>
<tr><td colspan="5">侧隙检验尺寸(选用一组)</td></tr>
<tr><td rowspan="2">Ⅰ</td><td>分度圆弦齿厚</td><td>$\bar{s}$ 或 $\bar{s}_n$</td><td>$\bar{s}_1=z_1 m\sin\Delta_1$
$\Delta_1=\dfrac{90°+41.7°x_1}{z_1}$
$\bar{s}_2=z_2 m\sin\Delta_2$
$\Delta_2=\dfrac{90°-41.7°x_2}{z_2}$</td><td>$\bar{s}_{n1}=z_{v1}m_n\sin\Delta_1$
$\Delta_1=\dfrac{90°+41.7°x_{n1}}{z_{v1}}$
$\bar{s}_{n2}=z_{v2}m_n\sin\Delta_2$
$\Delta_2=\dfrac{90°-41.7°x_{n2}}{z_{v2}}$</td></tr>
<tr><td>分度圆弦齿高</td><td>$\bar{h}_a$ 或 $\bar{h}_{an}$</td><td>$\bar{h}_{a1}=h_{a1}+\dfrac{zm}{2}(1-\cos\Delta_1)$
$\bar{h}_{a2}=h_{a2}+\dfrac{zm}{2}(1-\cos\Delta_2)+\Delta h$
$\Delta h=\dfrac{d_{a2}}{2}(1-\cos\delta_a)$
$\delta_a=\dfrac{\pi}{2z_2}-\mathrm{inv}\alpha-\dfrac{2x_2}{z_2}\tan\alpha+\mathrm{inv}\alpha_a$(以弧度计)
$\cos\alpha_a=\dfrac{d_2}{d_{a2}}\cos\alpha$</td><td>$\bar{h}_{an1}=h_{a1}+\dfrac{z_{v1}m_n}{2}(1-\cos\Delta_1)$
$\bar{h}_{an2}=h_{a2}+\dfrac{z_{v2}m_n}{2}(1-\cos\Delta_2)+\Delta h$
$\Delta h=\dfrac{d_{a2}}{2}(1-\cos\delta_a)$
$\delta_a=\dfrac{\pi}{2z_2}-\mathrm{inv}\alpha_t'-\dfrac{2x_2}{z_2}\tan\alpha_t+\mathrm{inv}\alpha_a$(以弧度计)
$\cos\alpha_a=\dfrac{d_2}{d_{a2}}\cos\alpha_t$</td></tr>
<tr><td>Ⅱ</td><td>固定弦齿厚</td><td>$\bar{s}_c$ 或 $\bar{s}_{cn}$</td><td>$\bar{s}_{c1}=m\cos^2\alpha\left(\dfrac{\pi}{2}+2x_1\tan\alpha\right)$
$\bar{s}_{c2}=m\cos^2\alpha\left(\dfrac{\pi}{2}+2x_2\tan\alpha\right)$
当 $\alpha=20°$ 时,
$\bar{s}_{c1}=(1.3870+0.6428x_1)m$
$\bar{s}_{c2}=(1.3870+0.6428x_2)m$</td><td>$\bar{s}_{cn1}=m_n\cos^2\alpha_n\left(\dfrac{\pi}{2}+2x_{n1}\tan\alpha_n\right)$
$\bar{s}_{cn2}=m_n\cos^2\alpha_n\left(\dfrac{\pi}{2}+2x_{n2}\tan\alpha_n\right)$
当 $\alpha_n=20°$ 时,
$\bar{s}_{cn1}=(1.3870+0.6428x_{n1})m_n$
$\bar{s}_{cn2}=(1.3870+0.6428x_{n2})m_n$</td></tr>
</table>

（续）

	名　称	代　号	直齿轮	斜齿（人字齿）轮
侧隙检验尺寸（选用一组）				
Ⅱ	固定弦齿高	$\overline{h}_c$ 或 $\overline{h}_{cn}$	$\overline{h}_{c1}=h_{a1}-0.182\overline{s}_{c1}$ $\overline{h}_{c2}=h_{a2}-0.182\overline{s}_{c2}+\Delta h$	$\overline{h}_{cn1}=h_{an1}-0.182\overline{s}_{cn1}$ $\overline{h}_{cn2}=h_{an2}-0.182\overline{s}_{cn2}+\Delta h$
Ⅲ	公法线跨测齿（槽）数	k	$k=\dfrac{\alpha}{180°}z+0.5+\dfrac{2x\cot\alpha}{\pi}$ 当 $\alpha=20°$时，k 值可查表 2-23	$k\approx\dfrac{\alpha_n}{180°}z'+0.5+\dfrac{2x_n\cot\alpha_n}{\pi}$；假想齿数 $z'=z\dfrac{\mathrm{inv}\alpha_t}{\mathrm{inv}\alpha_n}$ 当 $\alpha_n=20°$时，比值$\dfrac{\mathrm{inv}\alpha_t}{\mathrm{inv}\alpha_n}$查表 2-24 当 $\alpha_n=20°$时，k 值可查表 2-23
	公法线长度	W_k 或 W_{kn}	$W_k=m\cos\alpha[\pi(k-0.5)+z\mathrm{inv}\alpha+2x\tan\alpha]$ 当 $\alpha=20°$时， $W_k=m[2.9521(k-0.5)+0.014z+0.684x]=m(W_k^*+\Delta W_k^*)$ W_k^* 查表 2-23；ΔW_k^* 查表 2-26	$W_{kn}=m\cos\alpha_n[\pi(k-0.5)+z'\mathrm{inv}\,\alpha_n+2x_n\tan\alpha_n]$ 当 $\alpha_n=20°$时， $W_{kn}=m[2.9521(k-0.5)+0.014z'+0.684x_n]=m(W_k^*+\Delta W_k^*)$ W_k^* 查表 2-23 和表 2-25；ΔW_k^* 查表 2-26
	内齿轮测量用圆棒（圆球）直径	d_m	圆棒直径： $d_m=1.44m$ 或 $1.68m$	圆棒直径①： $d_m=1.44m_n$ 或 $1.68m_n$
Ⅳ	内齿轮圆棒（圆球）测量跨距	M	圆棒测量跨距： 齿数为偶数时：$M=d\dfrac{\cos\alpha}{\cos\alpha_M}-d_m$ 齿数为奇数时： $M=d\dfrac{\cos\alpha}{\cos\alpha_M}\cos\dfrac{90°}{z}-d_m$ $\mathrm{inv}\alpha_M=\mathrm{inv}\alpha-\dfrac{d_m}{d\cos\alpha}+\dfrac{\pi}{2z}+\dfrac{2x\tan\alpha}{z}$ 当 $\alpha=20°$时，$\mathrm{inv}\alpha_M$ 值可按下式计算： 当 $d_m=1.44m$ 时，$\mathrm{inv}\alpha_M=0.0149-\dfrac{1.5324}{z}+\dfrac{1}{z}(1.5708-0.728x)$ 当 $d_m=1.68m$ 时，$\mathrm{inv}\alpha_M=0.0149-\dfrac{1.7878}{z}+\dfrac{1}{z}(1.5708-0.728x)$ 对标准直齿内齿轮，M 值可查表 2-36	圆棒测量跨距①： 齿数为偶数时：$M=\dfrac{d\cos\alpha_t}{\cos\alpha_{Mt}}-d_m$ 齿数为奇数时：$M=\dfrac{d\cos\alpha_t}{\cos\alpha_{Mt}}\times\cos\dfrac{90°}{z}-d_m$ 式中　$\mathrm{inv}\alpha_{Mt}=\mathrm{inv}\alpha_t-\dfrac{d_m}{m_nz\cos\alpha_n}+\dfrac{\pi}{2z}+\dfrac{2x_n\tan\alpha_n}{z}$

注：1. 斜齿轮按公法线长度进行测量时，必须满足 $b>W_{kn}\sin\beta$ 的条件。

2. 表内公式中的 x、x_n 本身应带正负号代入；Δy、Δy_n 永为正号。

3. 计算高变位齿轮（$x_1=x_2=0$ 或 $x_{n1}=x_{n2}=0$）时，公式中的 y、y_n、Δy、Δy_n 均为零；计算标准内啮合传动时，公式中的 x、x_n、y、y_n、Δy、Δy_n 均为零。

4. 表中的几何尺寸计算公式也适用于用插齿刀切制齿轮时的情况。例如，用新插齿刀（$x_0>0$）加工内齿轮时，刀具的变位系数 x_0、啮合角 α_0'、中心距 a_{02}' 可按下列公式计算

当 $\beta\neq0$ 时：

$$x_{n0}=\frac{d_{a0}}{2m_n}-\frac{z_0+2h_{a0}^*\cos\beta}{2\cos\beta}$$

$$\mathrm{inv}\alpha_{t0}'=\frac{x_{n2}-x_{n0}}{z_2-z_0}2\tan\alpha_n+\mathrm{inv}\alpha_t$$

$$a_{02}'=\frac{m_n(z_2-z_0)}{2\cos\beta}\frac{\cos\alpha_t}{\cos\alpha_{t02}'}$$

当 $\beta=0$ 时：

$$x_0=\frac{d_{a0}}{2m}-\frac{z_0+2h_{a0}^*}{2}$$

$$\mathrm{inv}\alpha_0'=\frac{x_2-x_0}{z_2-z_0}2\tan\alpha+\mathrm{inv}\alpha$$

$$a_{02}'=\frac{m_n(z_2-z_0)}{2}\frac{\cos\alpha}{\cos\alpha_{02}'}$$

式中，x_0、d_{a0}、z_0 及 h_{a0}^* 的数值，见表 2-17。

5. 对内啮合传动，当 $u>2$ 时，可不必验算齿顶干涉。由于 d_{a2} 的计算中引入了经验系数 k_2，因此，可不必验算轮齿过渡曲线干涉。

① 对斜齿圆柱齿轮，一般采用圆球测量代替圆棒测量。

2.3 变位齿轮传动与变位系数选择

2.3.1 变位齿轮的功能

1）避免根切。

2）提高齿面的接触强度。

3）提高齿根的抗弯强度。

4）提高齿面的抗胶合和耐磨损能力。

5）配凑中心距。

6）修复旧齿轮。

2.3.2 外啮合圆柱齿轮变位系数的选择

（1）选择变位系数的限制条件

1）保证加工时不根切。用齿条型刀具加工标准齿轮时，被加工齿轮不根切的最少齿数 $z_{\min}$ 和最小变位系数 $x_{\min}$ 见表2-11。

表2-11 不根切的最少齿数和最小变位系数

项目		$\alpha=20°$ $h_a^*=1$	$\alpha=20°$ $h_a^*=0.8$	$\alpha=14.5°$ $h_a^*=1$	$\alpha=15°$ $h_a^*=1$	$\alpha=25°$ $h_a^*=1$
$z_{\min}$	$\frac{2h_a^*}{\sin^2\alpha}$	17	14	32	30	12
$x_{\min}$	$h_a^*\frac{z_{\min}-z}{z_{\min}}$	$\frac{17-z}{17}$	$\frac{14-z}{17.5}$	$\frac{32-z}{32}$	$\frac{30-z}{30}$	$\frac{12-z}{12}$

用插齿刀加工标准外齿轮时，不产生根切的最少齿数为

$$z'_{\min}=\sqrt{z_0^2+\frac{4h_{a0}^*}{\sin^2\alpha_0}(z_0+h_{a0}^*)}-z_0 \qquad (2\text{-}1)$$

式中 z_0——插齿刀齿数；

h_{a0}^*——插齿刀齿顶高系数。

用不同 z_0 和 h_{a0}^* 的插齿刀加工标准外齿轮不根切的最少齿数 $z'_{\min}$ 见表2-12。

表2-12 不同插齿刀加工时不根切的最少齿数

z_0	12~16	17~22	24~30	31~38	40~60	60~100
h_{a0}^*	1.3	1.3	1.3	1.25	1.25	1.25
$z'_{\min}$	16	17	18	18	19	20

注：本表数值是按 $\alpha_0=20°$，$x_0=0$ 计算的；若刀具变位系数 $x_0>0$，$z'_{\min}$ 将略小于表中值；若 $x_0<0$，则 $z'_{\min}$ 将略大于表中值。

2）保证加工时不顶切。若被加工齿轮的齿顶圆超过刀具的极限啮合点时，将产生顶切。

磨砺至标准截面（$x_0=0$）的插齿刀，加工标准外齿轮不顶切的最多齿数 $z_{\max}$ 为

$$z_{\max}=\frac{z_0^2\sin^2\alpha-4h_a^{*2}}{4h_a^*-2z_0\sin^2\alpha} \qquad (2\text{-}2)$$

当 $h_a^*=1$、$\alpha=20°$ 时，不同的 z_0、$z_{\max}$ 值见表2-13。

表2-13 不同的 z_0、$z_{\max}$ 值

z_0	10	11	12	13	14	15	16	17
$z_{\max}$	5	7	11	16	26	44	99	∞

因此，用齿条型刀具加工任何齿数的外齿轮是不会产生顶切的。

3）保证必要的齿顶厚。为保证齿顶强度，要求齿顶厚 $s_a>(0.25\sim0.4)m$。对于标准齿轮，一般可满足此要求，但变位齿轮的齿顶厚 s_a 却随着正变位系数 x 的增大而减小。故变位系数较大（特别是齿数较少）时，应按下式验算齿顶厚

$$s_a=d_a\left(\frac{\pi+4x\tan\alpha}{2z}+\mathrm{inv}\alpha-\mathrm{inv}\alpha_a\right) \qquad (2\text{-}3)$$

式中 α_a——齿顶压力角，$\alpha_a=\arccos\frac{d_b}{d_a}$。

对于直齿圆柱齿轮顶圆直径 $d_a=mz+2m+2xm$ 时，齿数 $z=8\sim20$，不产生根切的最小变位系数 $x_{\min}$ 以及齿顶厚 $s_a=0.4m$、$s_a=0$ 时的变位系数 x_{s_a} 见表2-14。

表2-14 $z=8\sim20$ 时不产生根切的 $x_{\min}$ 以及 $s_a=0.4m$、$s_a=0$ 时的 x_{s_a}

z	$x_{\min}$	$x_{s_a}(s_a=0.4m)$	$x_{s_a}(s_a=0)$
8	0.53	0.18	0.56
9	0.47	0.22	0.63
10	0.42	0.27	0.70
11	0.36	0.31	0.76
12	0.30	0.35	0.82
13	0.24	0.39	0.88
14	0.18	0.43	0.93
15	0.12	0.46	0.98
16	0.06	0.50	1.03
17	0	0.53	1.08
18	−0.05	0.56	1.13
19	−0.11	0.59	1.18
20	−0.17	0.62	1.23

4）保证必要的重合度。为了保证齿轮传动的平稳性，一般要求 $\varepsilon_\alpha\geqslant1.2$，希望越大越好。标准齿轮传动大多能满足此要求，但变位齿轮传动的重合度 ε_α 却随着啮合角 α' 的增大而减小。当啮合角较大时，或对于短齿正变位齿轮传动（特别是当齿数较少时），应按下式校核重合度：

$$\varepsilon_\alpha=\frac{1}{2\pi}[z_1(\tan\alpha_{a1}-\tan\alpha')+z_2(\tan\alpha_{a2}-\tan\alpha')] \qquad (2\text{-}4)$$

5）保证啮合时不干涉。齿轮啮合时，如果一轮齿顶与另一轮齿根部分的过渡曲线接触，就产生过渡曲线干涉。

为避免这种干涉，必须保证齿轮工作齿廓的边界点 B（见图2-2）不低于过渡曲线的起始点 C，即

$$R_B > R_C$$

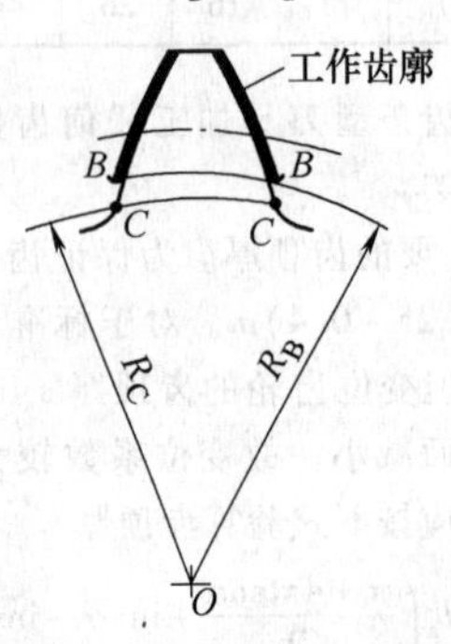

图2-2　齿轮工作齿廓

用齿条型刀具加工的齿轮，小轮齿根不产生干涉的条件为

$$\tan\alpha' - \frac{z_2}{z_1}(\tan\alpha_{a2} - \tan\alpha') \geqslant \tan\alpha - \frac{4(h_a^* - x_1)}{z_1 \sin 2\alpha} \tag{2-5}$$

大轮齿根不产生干涉的条件为

$$\tan\alpha' - \frac{z_1}{z_2}(\tan\alpha_{a1} - \tan\alpha') \geqslant \tan\alpha - \frac{4(h_a^* - x_2)}{z_2 \sin 2\alpha} \tag{2-6}$$

（2）选择变位系数的原则

1）润滑条件良好的闭式齿轮传动。当齿面点蚀损坏为主时，应选择尽可能大的总变位系数 x_Σ，即尽量增大啮合角 α'，以减小接触应力，获得尽可能大的接触强度，并提高抗弯强度。当齿根折断损坏为主时，所选变位系数应使两轮的抗弯强度尽量增大，并使其趋于相等。

2）开式齿轮传动。以齿面磨损损坏为主，则应选择 x_Σ 尽可能大的正变位齿轮，以增加齿根厚度，并适当分配 x_Σ，使两齿轮齿根处的滑动率相等，从而提高齿轮传动的耐磨损能力。

3）重载齿轮传动（高速或低速）。齿面易产生胶合损坏，除在润滑方面采取措施外，用变位齿轮时，尽可能增大啮合角 α'（即增大 x_Σ），以减小其接触应力，并适当分配 x_Σ，使滑动率相等。

4）高精度（高于7级）重载的齿轮传动。可适当选择变位系数，使啮合节点位于双齿对啮合区，以分担载荷，提高齿轮的承载能力。

5）斜齿圆柱齿轮传动。多采用标准斜齿轮，也可以采用高变位或角变位。斜齿轮传动采用角变位时，可以增大齿面的当量曲率半径，有利于提高接触强度；但变位较大时，又会使轮齿的接触线过分地缩短，反而降低承载能力。因此采用角变位，对提高斜齿轮承载能力的效果并不大。有时，为配凑中心距，需要采用变位齿轮时，可按其当量齿数 z_v（$z_v = z/\cos^2\beta$），仍用直齿圆柱齿轮选择变位系数的方法，确定其变位系数，亦可用 z_{v1}、z_{v2} 直接查用直齿圆柱齿轮封闭图。

（3）用封闭图选择外啮合圆柱齿轮传动的变位系数　封闭图是按照给定的齿数 z_1、z_2 及齿廓参数 α、h_a^*，用标准齿条型刀具加工，根据径向间隙保持不变的计算系统绘制的。封闭图是在直角坐标系（x_1、x_2）中做成的。过坐标原点与坐标轴呈45°的直线，交于第二、四象限，位于其上的点相应为高变位，位于该直线的右上方范围为正变位传动，位于该直线的左下方范围为负变位传动。根据上述的限制条件，它综合考虑了各种性能指标，因而能根据齿轮传动的要求，比较合理地选择变位系数。同时，也可校核所选用的变位系数的合理性。因此，用封闭图选择变位系数相当方便、直观、醒目。

图2-3所示为用齿条型刀具加工的外啮合齿轮传动的封闭图，由各种限制曲线和啮合质量指标曲线所组成。

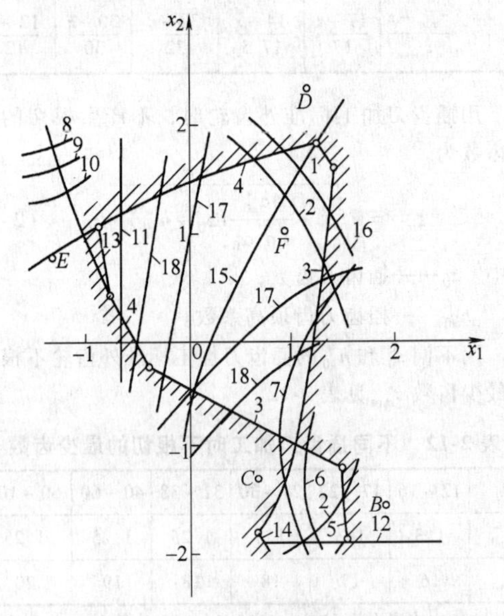

图2-3　用齿条型刀具加工外啮合齿轮传动的封闭图

1—$\varepsilon_\alpha = 1.0$ 的曲线　2—$\varepsilon_\alpha = 1.20$ 的曲线　3—与齿轮 z_1 齿根过渡曲面发生干涉的限制曲线　4—与齿轮 z_2 齿根过渡曲面发生干涉的限制曲线　5—$s_{a1} = 0$ 的曲线　6—$s_{a1} = 0.25m$ 的曲线　7—$s_{a1} = 0.4m$ 的曲线　8—$s_{a2} = 0$ 的曲线　9—$s_{a2} = 0.25m$ 的曲线　10—$s_{a1} = 0.4m$ 的曲线　11—$x_1 = x_{1\min}$ 齿轮 z_1 轮齿根切的限制曲线　12—$x_2 = x_{2\min}$ 齿轮 z_2 轮齿根切的限制曲线　13—齿轮 z_1 轮齿允许根切的限制曲线　14—齿轮 z_2 轮齿允许根切的限制曲线　15—滑动率（$\eta_1 = \eta_2$）均衡限制曲线　16—$\varepsilon_\alpha = 1.1$ 的限制曲线　17—$\delta^* = 0$ 的限制曲线（单齿对啮合区域界限线）　18—$\delta^* = 0.6$ 限制曲线

封闭图的极限区域如粗线所示，位于封闭图内的点为可用区域，其中：

1）重合度 $\varepsilon_\alpha > 1.0$。

2）齿顶厚 $s_a > 0$，即齿顶不变尖。

3）无任何形式干涉，齿轮啮合传动时无楔住现象，在加工啮合时轮齿无根切、无顶切现象；在某些情况下，虽有根切，但未超过许用范围。

位于封闭图极限外的任意点，根据任意的几何质量指标，则相应的传动不能采用。例如，在图2-3中用字母表示相应传动的点，F 点为可用传动；B 点——齿轮 z_1 齿顶变尖和 $\varepsilon < 0.1$；C 点——在齿轮 z_1 齿根过渡曲面发生干涉；D——$\varepsilon < 1.0$ 和齿轮 z_2 发生齿根过渡曲面干涉；E 点——齿轮 z_1 根切和齿轮 z_2 齿根过渡曲面发生干涉。

变位系数选择方法如下：

1）保证最大接触强度的变位方法。首先以图2-4说明其原理：该图坐标系 x_1、x_2 中的各直线 $a—a$、$b—b$、$c—c$，与坐标轴呈45°角。显然，在 $a—a$ 直线上的变位点，具有 $x_1 + x_2 = 0$ 的关系，即属于高度变位的齿轮副；在直线 $b—b$ 上的变位点，具有 $x_1 + x_2 > 0$ 的关系，即属于角变位中的正传动齿轮副；在直线 $c—c$ 上的变位点，具有 $x_1 + x_2 < 0$ 的关系，即属于角变位中负传动的齿轮副。各直线的截距表示总变位系数 $x_\Sigma = x_1 + x_2$ 的大小；同一直线上任一变位点的总变位系数 x_Σ 等于常数（该直线的截距之值）。截距越大的直线（即 x_Σ 越大）上的变位点，表示按其坐标 x_1 及 x_2 相啮合的齿轮副具有越大的啮合角 α'。截距等于零的直线上的变位点，表示该齿轮副的啮合角 $\alpha' = \alpha = 20°$。

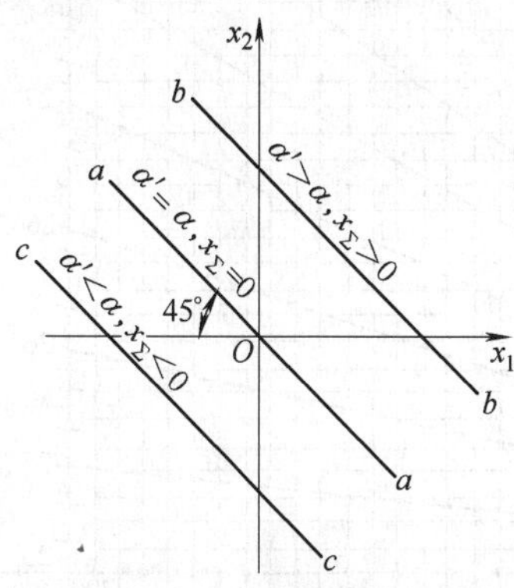

图2-4　传动类型和变位线

因此，为了获得最大接触强度而选择变位系数时，应尽可能使 α' 及 x_Σ 具有最大值。也就是应使变位点（x_1、x_2）位于与坐标轴呈45°的直线和条件限制曲线的切点（有时是交点）上，这样在满足条件限制曲线要求的同时，也使该直线（45°斜线）的截距值最大。

2）保证最大抗弯强度的变位法。几乎与上述相仿，可在滑动率均衡曲线附近选取 x_1、x_2。

3）保证抗胶合及耐磨损最有利的变位法。以限制条件曲线与沿着 $\eta_1 = \eta_2$ 的曲线向右上方的相交点为最大变位点。

4）保证啮合节点位于双齿对啮合区域内的变位法。为了保证啮合节点位于双齿对啮合区域内，变位点不应落在 $\delta_1 = 0$ 与 $\delta_2 = 0$ 之间的单齿对啮合区域内。当要求啮合节点进入双齿对啮合区内的深度 $\delta_= 0.6$时，其最大变位交点是 $\delta_1 = 0.6$ 或 $\delta_2 = 0.6$ 曲线沿着右上方与条件限制曲线的交点。

2.3.3　用线图法选择外啮合圆柱齿轮的变位系数

图2-5是由哈尔滨工业大学提出的变位系数选择线图，该线图用于小齿轮齿数 $z_1 \geqslant 12$。其右侧部分线图的横坐标表示一对啮合齿轮的齿数和 z_Σ，纵坐标表示总变位系数 x_Σ，图中阴影线以内为许用区，许用区内各射线为同一啮合角（如19°，20°，…，24°，25°等）时总变位系数 x_Σ 与齿数和 z_Σ 的函数关系。应用时，可根据所设计的一对齿轮的齿数和 z_Σ 的大小及其他具体要求，在该线图的许用区内选择总变位系数 x_Σ。对于同一 z_Σ，当所选的 x_Σ 越大（即啮合角 α'越大）时，其传动的重合度 ε_α 就越小（即越接近于 $\varepsilon_\alpha = 1.2$）。

在确定总变位系数 x_Σ 之后，再按照该线图左侧的五条斜线分配变位系数 x_1 和 x_2。该部分线图的纵坐标仍表示总变位系数 x_Σ，而其横坐标则表示小齿轮 z_1 的变位系数 x_1（从坐标原点0向左 x_1 为正值，反之 x_1 为负值）。根据 x_Σ 及齿数比 $u = (z_2/z_1)$，即可确定 x_1，从而得 $x_2 = x_\Sigma - x_1$。

按此线图选取并分配变位系数，可以保证：

1）齿轮加工时不根切（在根切限制线上选取 x_Σ，也能保证齿廓工作段不根切）。

2）齿顶厚 $s_a > 0.4m$（个别情况下 $s_a < 0.4m$ 但大于 $0.25m$）。

3）重合度 $\varepsilon_\alpha \geqslant 1.2$（在线图上方边界线上选取 x_Σ，也只有少数情况 $\varepsilon_\alpha = 1.1 \sim 1.2$）。

4）齿轮啮合不干涉。

5）两齿轮最大滑动率接近或相等（$\eta_1 \approx \eta_2$）。

6）在模数限制线（图2-5中 $m = 6.5$mm，$m = 7$mm，…，$m = 10$mm 等线）下方选取变位系数时，用标准滚刀加工该模数的齿轮不会产生不完全切削现象。该模数限制线是按齿轮刀具规定的滚刀长度计算的，若使用旧厂标的滚刀时，可按下式核算滚刀螺纹部分长度 l 是否够用

$$l \geqslant d_a \sin(\alpha_a - \alpha) + \frac{1}{2}\pi m \qquad (2\text{-}7)$$

式中　d_a——被加工齿轮的齿顶圆直径；

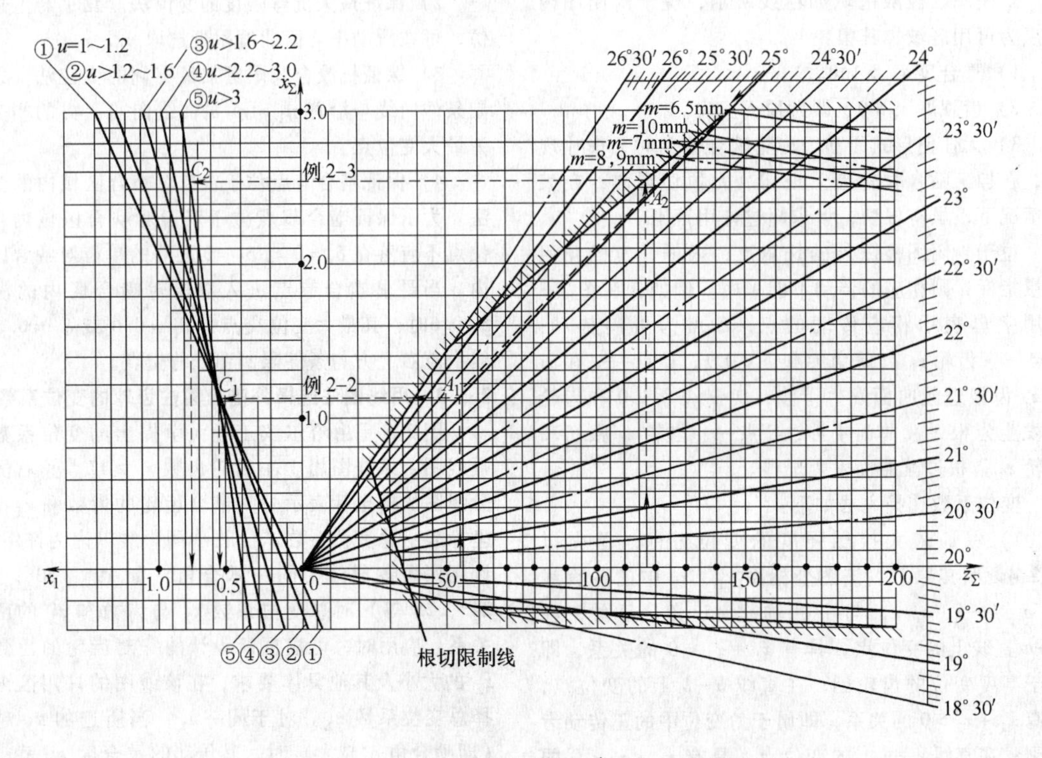

图 2-5　选择变位系数线图（$h_a^* = 1$，$\alpha = 20°$）

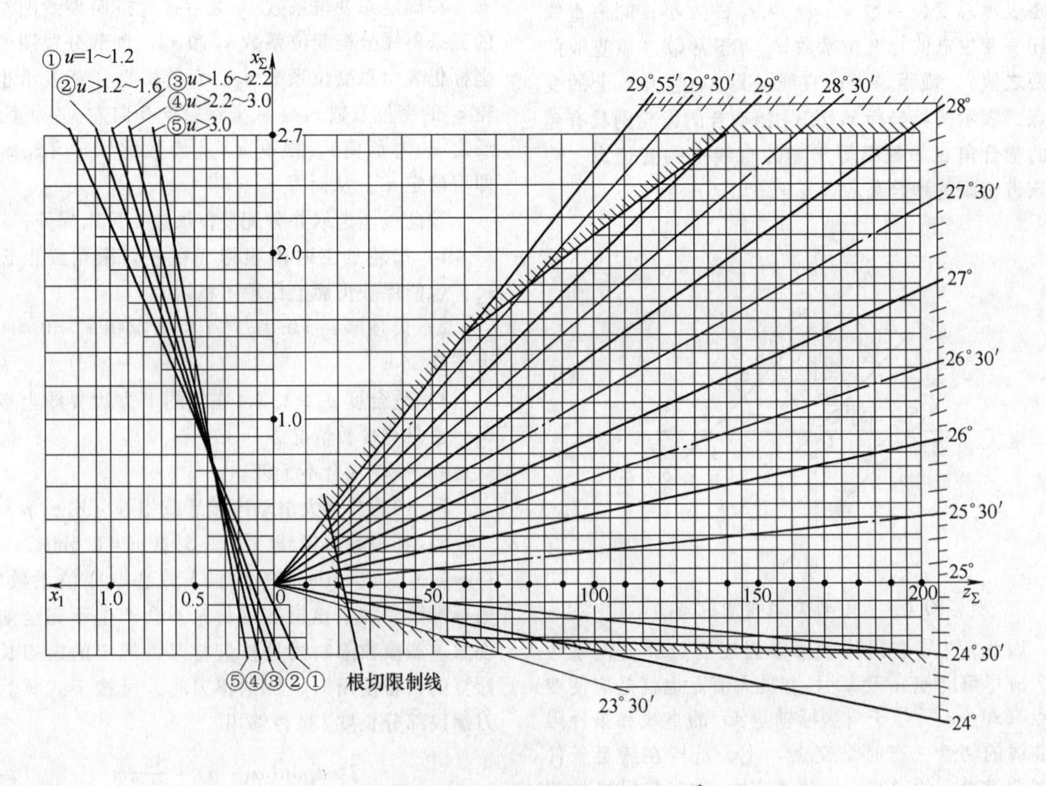

图 2-6　选择变位系数线图（$\alpha = 25°$，$h_a^* = 1$）

α_a——被加工齿轮的齿顶压力角；

α——被加工齿轮的分度圆压力角。

对于 $\alpha=25°$、$h_a^*=1$ 的变位系数选择线图如图2-6所示。

例2-2　已知某机床变速器中的一对齿轮，$z_1=21$，$z_2=33$，$m=2.5\text{mm}$，$\alpha=20°$，$h_a^*=1$，中心距 $a'=70\text{mm}$，试确定变位系数。

解　1）根据给定的中心距 a' 求啮合角 α'

$$\cos\alpha'=\frac{m}{2a'}(z_1+z_2)\cos\alpha=\frac{2.5}{2\times70}(21+33)\times0.93969=0.90613$$

故 $$\alpha'=25°1'25''$$

2）在图2-5中，由0点按 $\alpha'=25°1'25''$ 作射线，与 $z_\Sigma=z_1+z_2=21+33=54$ 处向上引的垂线相交于 A_1 点，A_1 点的纵坐标值即为所求的总变位系数 x_Σ（见图2-5中例2-2，$x_\Sigma=1.125$），A_1 点在线图的许用区内，故可用。

3）根据齿数比 $u=\dfrac{z_2}{z_1}=\dfrac{33}{21}=1.57$，故应按线图左侧的斜线②分配变位系数 x_1。自 A_1 点作水平线与斜线②交于 C_1 点，C_1 点的横坐标 x_1 即为所求的 x_1 值，图2-5中的 $x_1=0.55$。故 $x_2=x_\Sigma-x_1=1.125-0.55=0.575$。

例2-3　一对齿轮的齿数 $z_1=17$，$z_2=100$，$\alpha=20°$，$h_a^*=1$，要求尽可能地提高接触强度，试选择变位系数。

解　为提高接触强度，应按最大啮合角选取总变位系数 x_Σ。在图2-5中，自 $z_\Sigma=z_1+z_2=17+100=117$ 处向上引垂线，与线图的上边界交于 A_2 点，A_2 点处的啮合角值，即为 $z_\Sigma=117$ 时的最大许用啮合角。

A_2 点的纵坐标值即为所求的总变位系数 $x_\Sigma=2.54$（若需圆整中心距，可以适当调整总变位系数）。

由于齿数比 $u=z_2/z_1=100/17=5.9>3.0$，故应按斜线⑤分配变位系数。自 A_2 点作水平线与斜线⑤交于 C_2 点，则 C_2 点的横坐标值即为 x_1，得 $x_1=0.77$。

故 $x_2=x_\Sigma-x_1=2.54-0.77=1.77$。

例2-4　已知齿轮的齿数 $z_1=15$，$z_2=28$，$\alpha=20°$，$h_a^*=1$，试确定高度变位系数。

解　高度变位时，啮合角 $\alpha'=\alpha=20°$，总变位系数 $x_\Sigma=x_1+x_2=0$，变位系数 x_1 可按齿数比 u 的大小，由图2-5左侧的五条斜线与 $x_\Sigma=0$ 的水平线（即横坐标轴）的交点来确定。

齿数比 $u=z_2/z_1=\dfrac{28}{15}=1.87$，故应按斜线③与横坐标轴的交点来确定 x_1，得

$$x_1=0.23$$

故 $$x_2=x_\Sigma-x_1=0-0.23=-0.23$$

2.3.4　内啮合变位齿轮传动及变位系数的选择

内齿轮一般用插齿刀加工，若改变插齿刀相对于内齿坯的位置，即可加工出变位齿轮。用磨砺至标准截面（$x_0=0$）的插齿刀切齿，当插齿刀向外移动，使加工中心距 a'_{02} 大于标准中心距 a（$a=r_2-r_0$）时，称为正变位，变位系数 x_2 为正值，反之为负值。为便于计算，把内齿轮的齿槽看成外齿轮的轮齿，这个假想外齿轮用齿条型刀具加工时的变位系数 x_2，就作为内齿轮的变位系数（见图2-7），而此变位系数并不代表用插齿刀加工内齿轮时的实际变位量，仅可用外齿轮的相应公式和参数来计算内齿轮的几何参数和大部分尺寸。

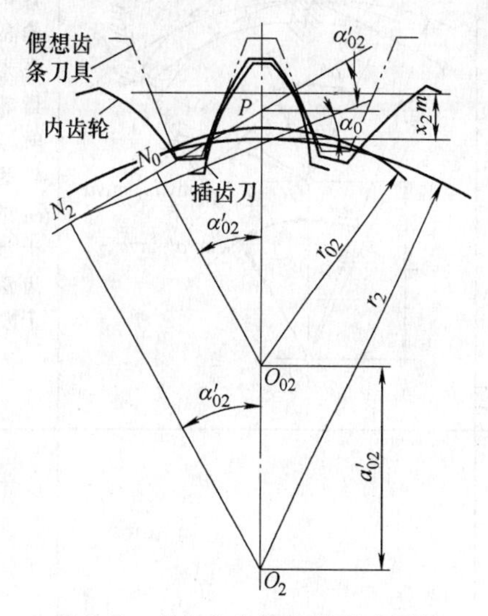

图2-7　变位内齿轮齿形形成原理

（1）内啮合齿轮的干涉　内啮合齿轮的干涉现象见表2-15。

用插齿刀加工内齿轮时防止顶切的措施为：

1）为避免范成顶切，插齿刀的最少齿数不应少于表2-16中的规定。

2）为避免径向进刀顶切，被加工的内齿轮的最少齿数应大于表2-17中的规定。

（2）内啮合圆柱齿轮变位系数的选择原则

1）变位对内啮合齿轮强度的影响。采用 $x_2-x_0>0$ 的内啮合齿轮传动，可以提高齿面接触强度，但由于内啮合是凸齿面与凹齿面接触，接触强度已较高，提高承载能力的主要障碍往往不是接触强度不够。

表 2-15　内啮合齿轮的干涉现象

名称	简图	定义	不产生干涉的条件	防止干涉的措施	说明
渐开线干涉	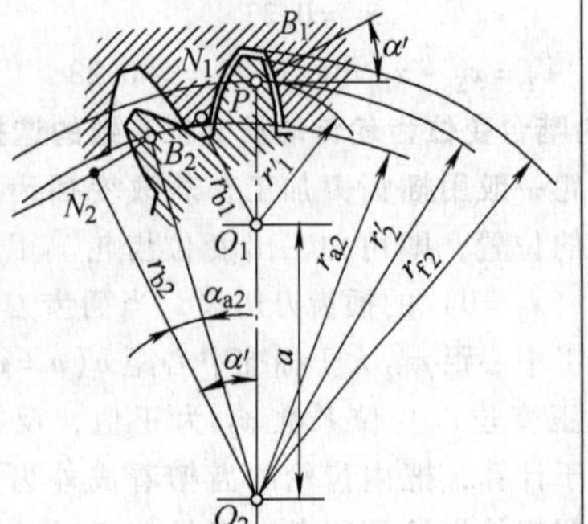	当实际啮合线的端点 B_2 落在理论啮合线的极限点 N_1 的左侧时，便发生渐开线干涉	$\frac{z_1}{z_2} \geqslant 1 - \frac{\tan\alpha_{a2}}{\tan\alpha'}$ 对标准齿轮（$x_1 = x_2 = 0$） $z_2 = \frac{z_1^2\sin\alpha - 4(h_{a2}/m)^2}{2z_1\sin\alpha - 4(h_{a2}/m)}$	1）加大压力角 2）加大内齿轮和小齿轮的变位系数	用插齿刀加工内齿轮时，在这种干涉下，内齿轮产生范成顶切
齿廓重叠干涉	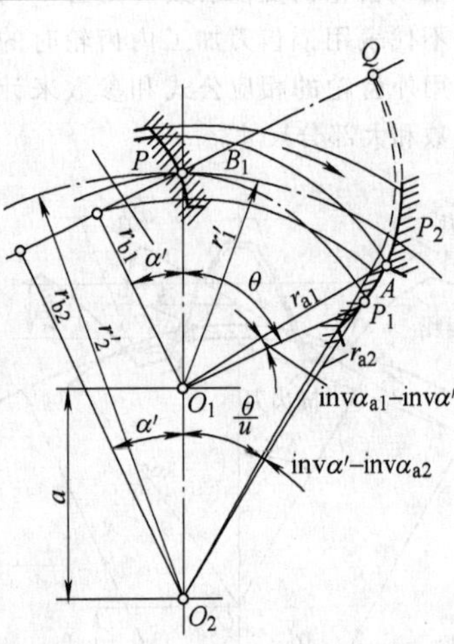	结束啮合的小齿轮的齿顶在退出内齿轮齿槽时，与内齿轮齿顶发生的重叠干涉称为齿廓重叠干涉	$\frac{\theta}{u} + (\mathrm{inv}\alpha' - \mathrm{inv}\alpha_{a2}) \geqslant \arccos\frac{a^2 + r_{a2}^2 - r_{a1}^2}{2r_{a2}a}$ 式中 θ 按下式计算 $\cos[\theta - (\mathrm{inv}\alpha_{a1} - \mathrm{inv}\alpha')] = \frac{r_{a2}^2 - r_{a1}^2 - a^2}{2r_{a1}\alpha}$ 对标准齿轮（$x_1 = x_2 = 0$）可用以下近似式计算 $\begin{cases} z_2 - z_1 \geqslant \frac{h_{a1} + h_{a2}}{m}\csc^2\delta \\ \frac{2\delta - \sin 2\delta}{1 - \cos 2\delta} = \tan\alpha \end{cases}$	1）增大压力角 2）减小齿顶高 3）加大内齿轮和小齿轮的齿数差 4）加大内齿的变位系数（增大小齿轮的变位系数时，容易引起干涉）	用插齿刀加工内齿轮时，在这种干涉下，内齿轮的齿顶渐开线部分将遭到顶切
径向干涉	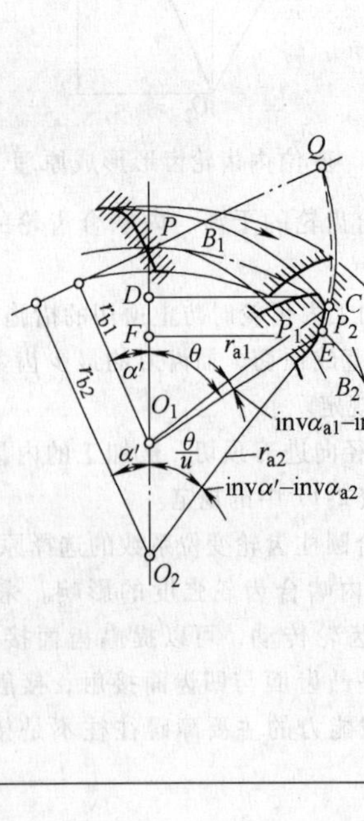	当把小齿轮从内齿轮的中心位置沿径向装入啮合位置时，若 $CD > EF$，则引起径向干涉	$\arcsin\sqrt{\frac{1 - \left(\frac{\cos\alpha_{a1}}{\cos\alpha_{a2}}\right)^2}{1 - \left(\frac{z_1}{z_2}\right)^2}} + \mathrm{inv}\alpha_{a1} - \mathrm{inv}\alpha' - \frac{z_2}{z_1}\left[\arcsin\sqrt{\frac{\left(\frac{\cos\alpha_{a2}}{\cos\alpha_{a1}}\right)^2 - 1}{\left(\frac{z_2}{z_1}\right)^2 - 1}} + \mathrm{inv}\alpha_{a2} - \mathrm{inv}\alpha'\right] \geqslant 0$ 对标准齿轮（$x_1 = x_2 = 0$）可用以下近似式计算 $\begin{cases} z_2 - z_1 \geqslant \frac{2(h_{a1} + h_{a2})}{m}\csc^2\delta \\ \frac{2\delta - \sin 2\delta}{1 - \cos 2\delta} = \tan\alpha \end{cases}$	1）增大压力角 2）减小齿顶高 3）加大内齿轮和小齿轮的齿数差 4）加大内齿的变位系数（增大小齿轮的变位系数时，容易引起干涉）	1）用插齿刀加工内齿轮时，在这种干涉下，内齿轮将产生径向进刀顶切 2）满足径向干涉条件，自然满足齿廓重叠干涉条件

（续）

名称	简图	定义	不产生干涉的条件	防止干涉的措施	说明
过渡曲线干涉		当小齿轮的齿顶与内齿轮的齿根过渡曲线部分接触，或者内齿轮的齿顶与小齿轮的齿根过渡曲线部分接触时，便引起过渡曲线干涉	1）不产生内齿轮齿根过渡曲线干涉的条件 $(z_2-z_1)\tan\alpha'+z_1\tan\alpha_{a1}$ $\leqslant(z_2-z_0)\tan\alpha'_{02}+z_0\tan\alpha_{a0}$ 2）不产生小齿轮齿根过渡曲线干涉的条件： 小齿轮用齿条型刀具加工时 $z_2\tan\alpha_{a2}-(z_2-z_1)\tan\alpha'$ $\geqslant z_1\tan\alpha-\dfrac{4(h_a^*-x_1)}{\sin2\alpha}$ 小齿轮用插齿刀加工时 $z_2\tan\alpha_{a2}-(z_2-z_1)\tan\alpha'$ $\geqslant(z_1+z_0)\tan\alpha'_{01}-z_0\tan\alpha_{a0}$	1）增大内齿轮的变位系数 2）减少齿顶高	小齿轮齿根过渡曲线干涉容易发生，尤其是高变位及啮合角小的角变位齿轮。相反，内齿轮齿根过渡曲线干涉较不易发生，只有当 $z_1 \gg z_0$、$x_1 \gg x_0$ 时才会发生

注：不产生齿廓重叠干涉的条件也可写成 $G_s=z_1(\mathrm{inv}\alpha_{a1}+\delta_1)-z_2(\mathrm{inv}\alpha_{a2}+\delta_2)+(z_2-z_1)\mathrm{inv}\alpha'\geqslant0$，式中，$\delta_1=\arccos\dfrac{r_{a2}^2-r_{a1}^2-a^2}{2r_{a1}a}$，$\delta_2=\arccos\dfrac{a^2+r_{a2}^2-r_{a1}^2}{2r_{a2}a}$，少齿差传动计算中常用此式。

表 2-16　不产生范成顶切的插齿刀最少齿数 $z_{0\min}$（$\alpha=20°$，$x_2=x_0=0$）

内齿轮齿数 z_2		22	23	26	27	34	35	36	37	38	40	45	50	55	60	70	90	150	200
$z_{0\min}$	$h_{a2}=m$					29	28	27	26	25	24	23	22	21	21	20	19	19	18
	$h_{a2}=\left(1-\dfrac{7.55}{z_2}\right)m$	20	19	19	18														
	$h_{a2}=0.8m$				24	19	18	18	18	18	18	17	17	16	16	16	15	15	15
	$h_{a2}=0.75m$			21	20	17	17	17	17	16	16	16	15	15	15	15	14	14	14

注：$h_{a2}=\left(1-\dfrac{7.55}{z_2}\right)m$ 一行中，数值 18 适用于 z_2 为 27～200 的各列。

注：加工正变位内齿轮时，插齿刀的最少齿数 $z_{0\min}$ 可以小于表中的相应值。

表 2-17　直齿插齿刀的基本参数和被切制的内齿轮的最少齿数 $z_{2\min}$

插齿刀形式	插齿刀的基本参数						x_2								
	d_0 /mm	m /mm	z_0	x_0	d_{a0} /mm	h_{a0}^*	0	0.2	0.4	0.6	0.8	1.0	1.2	1.5	2
							$z_{2\min}$								
盘形直齿插齿刀（GB/T 6081—2001） 碗形直齿插齿刀（GB/T 6081—2001）	76	1	76	0.630	79.76	1.25	115	107	101	96	91	87	84	81	79
	75	1.25	60	0.582	79.57		96	89	83	78	74	70	67	65	62
	75	1.5	50	0.503	80.26		83	76	71	66	62	59	57	54	52
	75.25	1.75	43	0.464	81.24		74	68	62	58	54	51	49	47	45
	76	2	38	0.420	82.68		68	61	56	52	49	46	44	42	40
	76.5	2.25	34	0.261	83.30		59	54	49	45	43	40	39	37	36
	75	2.5	30	0.230	82.41		54	49	44	41	38	43	34	33	31
	77	2.75	28	0.224	85.37	1.3	52	47	42	39	36	34	33	31	30
	75	3	25	0.167	83.81		48	43	38	35	33	31	29	28	26
	78	3.25	24	0.149	87.42		46	41	37	34	31	29	28	27	25
	77	3.5	22	0.126	86.98		44	39	35	31	29	27	26	25	23

（续）

插齿刀形式	插齿刀的基本参数						x_2								
	d_0 /mm	m /mm	z_0	x_0	d_{a0} /mm	h_{a0}^*	0	0.2	0.4	0.6	0.8	1.0	1.2	1.5	2
							$z_{2\min}$								
盘形直齿插齿刀（GB/T 6081—2001）	75	3.75	20	0.105	85.55	1.3	41	36	32	29	27	25	24	22	21
	76	4	19	0.105	87.24		40	35	31	28	26	24	23	21	20
盘形直齿插齿刀（GB/T 6081—2001）碗形直齿插齿刀（GB/T 6081—2001）	100	1	100	1.060	104.6	1.25	156	147	139	132	125	118	114		
	100	1.25	80	0.842	105.22		126	118	111	105	99	94	91	87	83
	102	1.5	68	0.736	107.96		110	102	95	89	85	80	77	74	71
	101.5	1.75	58	0.661	108.19		96	89	83	77	73	69	66	63	61
	100	2	50	0.578	107.31		85	78	72	67	63	60	57	55	52
	101.25	2.25	45	0.528	109.29		78	71	66	61	57	54	52	49	47
	100	2.5	40	0.442	108.46		70	64	59	54	51	48	46	44	42
盘形直齿插齿刀（GB/T 6081—2001）碗形直齿插齿刀（GB/T 6081—2001）	99	2.75	36	0.401	108.36	1.3	65	59	54	50	47	44	42	40	38
	102	3	34	0.337	111.82		61	55	51	47	44	41	39	37	35
	100.75	3.25	31	0.275	110.99		56	51	46	43	40	37	36	34	33
	101.5	3.5	29	0.231	112.22		55	49	44	41	38	35	34	32	31
	101.25	3.75	27	0.180	112.34		50	45	41	37	35	33	31	30	28
	100	4	25	0.168	111.74		48	43	38	35	33	31	29	28	26
	99	4.5	22	0.105	111.65		43	38	34	31	29	27	26	24	23
	100	5	20	0.105	114.05		41	36	32	29	27	25	24	22	21
	104.5	5.5	19	0.105	119.96		40	35	31	28	26	24	23	21	20
	108	6	18	0.105	124.86		39	34	30	27	25	23	22	20	19
锥柄直齿插齿刀（GB/T 6081—2001）	25	1.25	20	0.106	28.39	1.25	40	35	32	29	26	25	24	22	21
	27	1.5	18	0.103	31.06		38	33	30	27	24	23	22	20	19
	26.25	1.75	15	0.104	30.99		35	30	26	23	21	20	19	17	16
	26	2	13	0.085	31.34		34	28	24	21	19	17	17	15	14
	27	2.25	12	0.083	33.0		32	27	23	20	18	16	16	14	13
	25	2.5	10	0.042	31.46		30	25	21	18	16	14	14	12	11
	27.5	2.75	10	0.037	34.58		30	25	21	18	16	14	14	12	11

注：表中数值是按新插齿刀和内齿轮齿顶圆直径：$d_{a2}=d_2-m\,(h_a^*-x_2)$ 计算而得，若用旧插齿刀或内齿轮顶圆直径加大 $\Delta d_a=\dfrac{15.1}{z_2}m$ 时，表中数值是更安全的。

对内齿轮进行变位，可以提高抗弯强度，但内齿轮的抗弯强度不仅与其齿数 z_2 和变位系数 x_2 有关，还与插齿刀齿数 z_0 有关。当 $z_0 \geqslant 18$ 时，变位系数 x_2 越大，抗弯强度越低，此时宜用负变位或小的正变位；当 $z_0<18$ 时，变位系数越大，抗弯强度越高，此时宜用正变位。

由表 2-16 可知，加工标准内齿轮时，z_0 不得小于 18。当要用 $z_0<18$ 的插齿刀加工内齿轮时，为了提高其抗弯强度，就必须增大内齿轮的变位系数 x_2 才能避免范成顶切。

2）变位对顶切、干涉和重合度的影响。由于内啮合齿轮并不能像外啮合齿轮那样显著地提高强度，通常，内啮合齿轮的变位，多是为了避免加工时的顶切或啮合时的干涉。

正变位内齿轮可以避免范成顶切和径向切入顶切，采用 $x_2-x_0>0$ 的正传动内啮合，可以避免过渡曲线干涉和齿廓重叠干涉，但重合度将减小。

为了综合地考虑内啮合传动的各种限制条件，利用封闭图选择变位系数的方法是最好的。

（3）用封闭图选择内啮合齿轮传动的变位系数　内啮合齿轮传动利用封闭图选择变位系数的方法和原理基本上与外啮合相仿。它的传动类型和变位线如图 2-8 所示。直线 a—a 通过原点交于第一、三象限，$x_\Sigma=x_2-x_1=0$ 属于高变位；直线 b—b 上的变位点 $x_\Sigma=x_2-x_1>0$ 为正角度变位；直线 c—c 上的变位点 $x_\Sigma=x_2-x_1<0$ 为负角度变位。

封闭图由一对齿轮副的各种限制曲线和质量指标曲线所组成，曲线的形状和位置，取决于齿轮齿

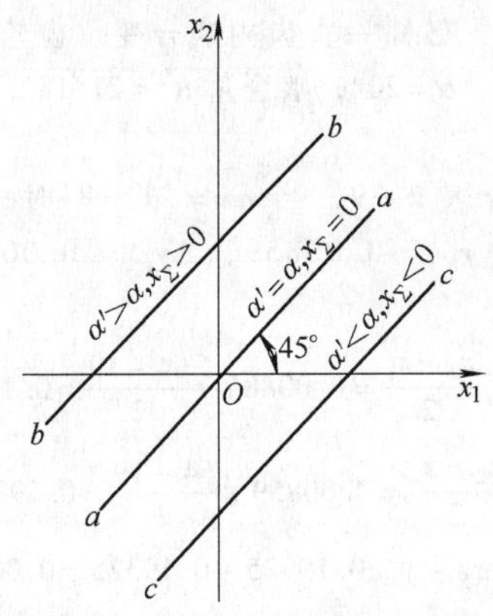

图 2-8　传动类型和变位线

数、计算系统、刀具的形式和参数。图 2-9 为内啮合齿轮传动封闭图。

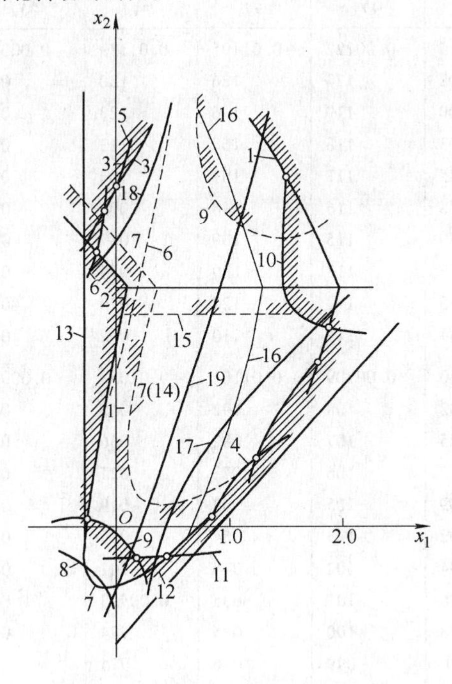

图 2-9　内啮合齿轮传动封闭图

1—$\varepsilon_\alpha=1.0$ 曲线　2—$s_{a1}=0$ 曲线　3—$s_{a2}=0$ 曲线　4、5—$h=2.5m$ 曲线　6—插齿刀齿根过渡曲面与小齿轮齿顶产生顶切的限制曲线　7—插齿刀齿根过渡曲面与内齿轮齿顶产生干涉的限制曲线　8—用插齿刀加工的小齿轮齿根过渡曲面与内齿轮纵向齿廓产生干涉的限制曲线　9—内齿轮齿根过渡曲面与小齿轮纵向齿廓产生干涉的限制曲线　10—用齿条型刀具加工的小齿轮齿根过渡曲面与内齿轮纵向齿廓产生干涉的限制曲线　11—插齿刀径向进给时产生顶切的限制曲线　12—齿轮传动径向安装时产生齿顶干涉的限制曲线　13—小齿轮 $x_1=x_{1\min}$ 的根切限制曲线　14—$\alpha'=0$ 的曲线　15—内齿轮齿根处径向间隙 $C_2=0.1m$ 的曲线　16—$\varepsilon_\alpha=1.20$ 的曲线　17—$s_{a1}=0.3m$ 的曲线　18—$s_{a2}=0.3m$ 的曲线　19—滑动率 $\eta_1=\eta_2$ 均衡的曲线

选择变位系数时应注意如下几点：

1）小齿轮是用标准齿轮滚刀或分度圆直径不小于 75mm 的标准插齿刀加工。

2）内齿轮用插齿刀加工，其分度圆直径应符合表 2-18 的规定。

3）当模数 $m\geqslant3.75$mm 时，封闭图不适用于采用 $z_0<17$ 的插齿刀加工的齿轮副。

表 2-18　插齿刀分度圆直径

模数 m/mm	内齿轮齿数 z_2	插齿刀分度圆直径/mm
≥1～2	63～100	38
	>100～20	38,50
≥2.25～3.5	40～80	50
	>80～200	75,100
≥3.75	40～200	>75

如图 2-9 所示，在有些封闭图中，曲线 6 和 7 在括号中有附加代号，如 7(14)，表示用齿数 $z_0=14$ 的插齿刀已重磨到极限时所构成的曲线。当用极限磨损插齿刀时，所有附加的限制，用带影线的虚线表示出禁用侧。

2.4　用图表法计算变位齿轮的几何参数

应用公式计算变位齿轮几何参数较繁琐，容易出差错。用图表法（表格法）进行计算，相当方便。

$$x_z=\frac{x_\Sigma}{(z_2\pm z_1)/2}=\frac{1}{\tan\alpha}(\mathrm{inv}\alpha'-\mathrm{inv}\alpha) \tag{2-8}$$

$$y_z=y/[(z_2\pm z_1)/2]=\frac{\cos\alpha}{\cos\alpha'}-1 \tag{2-9}$$

$$\Delta y_z=\frac{\Delta y}{(z_2\pm z_1)/2}=x_z-y_z \tag{2-10}$$

由上述公式可以看出，当压力角 α 一定时，x_z、y_z 和 Δy_z 均只为啮合角 α' 的函数。在设计计算时，只要知道 x_z、y_z、Δy_z 和 α' 四个参数中的任一参数，即可由变位齿轮的 x_z、y_z、Δy_z 和啮合角 α' 的数值表（见表 2-19）中，查出其他三个参数，再按下列公式计算

$$x_\Sigma=x_z\frac{x_2\pm z_1}{2} \tag{2-11}$$

$$y=y_z\frac{z_2\pm z_1}{2} \tag{2-12}$$

$$\Delta y=\Delta y_z\frac{z_2\pm z_1}{2}=x_\Sigma-y \tag{2-13}$$

式中，正号用于外啮合；负号用于内啮合。

变位齿轮的 y_z、x_z、Δy_z 和啮合角 α'（$\alpha=20°$）数值表，见表 2-19；渐开线函数表 $\mathrm{inv}\alpha=\tan\alpha-\alpha$，见表 2-20。应用实例如下。

例 2-5 已知一对外啮合变位直齿轮传动，$z_1=18$，$z_2=32$，压力角 $\alpha=20°$，啮合角 $\alpha'=22°18'$。试确定总变位系数 x_Σ、中心距变动系数 y 及齿顶高变动系数 Δy。

解 查表 2-19 得，当 $\alpha'=22°18'$ 时，$x_z=0.01653$，$y_z=0.01565$，$\Delta y_z=0.00088$。由此得

$$x_\Sigma=x_z\frac{z_1+z_2}{2}=0.01653\times\frac{18+32}{2}=0.41325$$

$$y=y_z\frac{z_1+z_2}{2}=0.01565\times\frac{18+32}{3}=0.39125$$

$$\Delta y=x_\Sigma-y=0.41325-0.39125=0.022$$

例 2-6 已知一直齿内啮合变位齿轮副，$z_1=19$，$z_2=64$，$\alpha=20°$，啮合角 $\alpha'=21°18'$，求 x_Σ、y 和 Δy。

解 查表 2-19，当 $\alpha'=21°18'$时，得 $x_z=0.00886$，$y_z=0.00859$，$\Delta y_z=0.00027$。由此得

$$x_\Sigma=x_z\frac{z_2-z_1}{2}=0.00886\times\frac{64-19}{2}=0.19935$$

$$y=y_z\frac{z_2-z_1}{2}=0.00859\times\frac{64-19}{2}=0.19325$$

$$\Delta y=x_\Sigma-y=0.19935-0.19325=0.0067$$

表 2-19 变位齿轮的 y_z、x_z、Δy_z 和啮合角 α'（$\alpha=20°$）

(′)	16°			17°			18°		
	y_z	x_z	Δy_z	y_z	x_z	Δy_z	y_z	x_z	Δy_z
0	-0.02244	-0.02036	0.00208	-0.01737	-0.01615	0.00122	-0.01195	-0.01139	0.00056
1	236	030	206	728	608	120	186	130	055
2	227	023	204	720	600	119	176	122	054
3	219	016	203	711	593	118	167	113	054
4	211	010	201	702	585	117	157	104	053
5	203	003	200	693	578	116	148	096	052
6	195	-0.01997	198	685	570	115	139	087	052
7	186	990	196	676	563	113	129	079	051
8	178	983	195	667	555	112	120	070	050
9	170	977	193	658	547	111	110	062	049
10	-0.02162	-0.01970	0.00192	-0.01649	-0.01540	0.00109	-0.01101	-0.01053	0.00048
11	154	963	191	640	532	108	092	045	047
12	145	956	189	632	525	107	082	036	046
13	137	950	187	623	517	106	073	027	045
14	129	943	186	614	509	105	063	019	044
15	120	936	184	605	502	103	054	010	044
16	112	929	183	596	494	102	044	001	043
17	104	922	182	587	486	101	035	-0.00993	042
18	095	916	179	578	478	100	025	984	041
19	087	909	178	569	470	099	016	975	041
20	-0.02079	-0.01902	0.00177	-0.01560	-0.01463	0.00097	-0.01006	-0.00966	0.00040
21	070	895	175	551	455	096	997	958	039
22	062	888	174	542	447	095	987	949	038
23	054	881	173	533	439	094	977	940	037
24	045	874	171	525	431	093	968	931	037
25	037	867	170	516	424	092	958	922	036
26	029	860	169	507	416	091	949	913	036
27	020	853	167	498	408	090	939	904	035
28	012	847	165	489	400	089	929	896	034
29	003	839	164	479	392	087	920	887	033
30	-0.01995	-0.01833	0.00162	-0.01471	-0.01384	0.00086	-0.00910	-0.00878	0.00032
31	986	825	161	461	376	085	900	869	031
32	978	819	159	452	368	084	891	860	031
33	970	811	158	443	360	083	881	851	030

（续）

(′)	16°			17°			18°		
	y_z	x_z	Δy_z	y_z	x_z	Δy_z	y_z	x_z	Δy_z
34	961	804	157	434	352	082	872	842	030
35	953	797	156	425	344	081	862	833	029
36	944	790	154	416	336	080	852	824	028
37	935	783	152	407	328	079	842	815	027
38	927	776	151	398	320	078	833	806	027
39	918	769	149	389	312	077	823	797	026
40	-0.01910	-0.01762	0.00148	-0.01380	-0.01304	0.00076	-0.00813	-0.00787	0.00025
41	901	755	146	370	296	074	803	778	025
42	893	747	145	361	288	073	794	769	025
43	884	740	144	352	280	072	784	760	024
44	876	733	143	343	271	072	774	751	023
45	867	726	141	334	263	071	764	742	022
46	858	718	140	325	255	070	755	732	022
47	850	711	139	315	247	068	745	723	022
48	841	704	137	306	239	067	735	714	021
49	833	697	136	297	230	067	725	704	021
50	-0.01824	-0.01689	0.00135	-0.01288	-0.01222	0.00066	-0.00715	-0.00695	0.00020
51	815	682	133	278	214	065	705	686	020
52	807	675	132	269	205	064	696	677	019
53	798	667	131	260	197	063	686	667	019
54	789	660	129	251	189	062	676	658	018
55	781	653	128	241	180	061	666	649	017
56	772	645	127	232	172	060	656	639	017
57	763	638	125	223	164	059	646	630	016
58	755	630	124	214	155	058	636	620	016
59	746	623	123	204	147	057	626	611	015
60	-0.01737	-0.01615	0.00122	-0.01195	-0.01139	0.00056	-0.00616	-0.00601	0.00015

(′)	19°			20°			21°		
	y_z	x_z	Δy_z	y_z	x_z	Δy_z	y_z	x_z	Δy_z
0	-0.00616	-0.00601	0.00015	0.00000	0.00000	0.00000	0.00655	0.00671	0.00016
1	606	592	014	011	011	000	666	683	017
2	596	582	014	021	021	000	677	694	017
3	586	573	013	032	032	000	689	706	017
4	576	563	013	042	043	000	700	718	018
5	566	554	012	053	053	000	711	730	019
6	556	544	012	064	064	000	722	742	020
7	546	535	011	075	075	000	734	754	020
8	536	525	011	085	086	000	745	766	021
9	526	515	011	096	096	000	756	778	022
10	-0.00516	-0.00506	0.00010	0.00106	0.00107	0.00001	0.00768	0.00789	0.00022
11	506	496	010	117	118	001	779	801	023
12	496	486	010	128	129	001	790	814	023
13	486	477	009	139	139	001	802	825	024
14	476	467	009	149	150	001	813	837	024
15	466	457	009	160	161	001	825	850	025
16	456	448	008	171	172	001	836	862	026
17	445	438	007	182	183	001	847	874	027
18	435	428	007	192	194	002	859	886	027
19	425	418	007	203	205	002	870	898	028

（续）

(′)	19°			20°			21°		
	y_z	x_z	Δy_z	y_z	x_z	Δy_z	y_z	x_z	Δy_z
20	-0.00415	-0.00408	0.00007	0.00214	0.00216	0.00002	0.00882	0.00910	0.00029
21	405	398	007	225	227	002	893	923	030
22	395	389	006	236	238	002	905	935	030
23	384	379	005	246	249	003	916	947	031
24	374	369	005	257	260	003	928	959	032
25	364	359	005	268	271	003	939	972	033
26	354	349	005	279	282	003	951	984	033
27	344	339	005	290	293	003	962	996	034
28	333	329	004	301	304	003	974	0.01009	035
29	323	319	004	312	315	003	985	021	036
30	-0.00313	-0.00309	0.00004	0.00323	0.00326	003	0.00997	0.01033	0.00036
31	303	299	004	334	338	004	0.01009	046	037
32	292	289	004	344	349	005	020	058	038
33	282	279	003	355	360	005	032	070	039
34	272	269	003	366	371	005	043	083	040
35	261	259	002	377	383	006	055	095	040
36	251	249	002	388	394	006	067	108	041
37	241	238	002	399	405	006	087	121	042
38	230	228	002	410	417	007	090	133	043
39	220	218	002	421	428	007	102	146	044
40	-0.00210	-0.00208	0.00002	0.00432	0.00439	0.00007	0.01113	0.01158	0.00045
41	199	198	001	443	451	008	125	171	046
42	189	187	001	454	462	008	137	184	047
43	178	177	001	465	473	008	148	196	048
44	168	167	001	476	485	009	160	209	049
45	158	157	001	487	496	009	172	222	050
46	147	146	001	499	508	009	184	235	051
47	137	136	001	510	519	009	195	247	052
48	126	126	000	521	531	010	207	260	053
49	116	115	000	532	542	010	219	273	054
50	-0.00105	-0.00105	0.0000	0.00543	0.00554	0.00011	0.01231	0.01286	0.00055
51	095	095	000	553	565	011	243	299	056
52	084	084	000	565	577	012	254	311	057
53	074	074	000	576	589	013	266	324	058
54	063	063	000	588	600	013	278	337	059
55	053	052	000	599	612	013	290	350	060
56	042	042	000	610	624	014	302	363	061
57	032	032	000	621	636	015	314	376	062
58	021	021	000	632	647	015	325	389	064
59	011	010	000	644	659	015	337	402	065
60	-0.00000	-0.00000	0.00000	0.00655	0.00671	0.00016	0.01349	0.01415	0.00066

（续）

(′)	22°			23°			24°		
	y_z	x_z	Δy_z	y_z	x_z	Δy_z	y_z	x_z	Δy_z
0	0.01349	0.01415	0.00066	0.02085	0.02238	0.00153	0.02862	0.03145	0.00283
1	361	428	067	097	252	155	876	160	285
2	373	441	068	110	267	157	889	176	287
3	385	454	069	122	281	159	902	192	290
4	397	467	070	135	296	161	916	208	292
5	409	480	071	148	310	162	929	224	295
6	421	494	073	160	325	165	942	240	298
7	433	507	074	173	339	166	956	256	300
8	445	520	075	186	354	168	969	272	303
9	457	533	076	198	368	170	983	288	305
10	0.01469	0.01547	0.00078	0.02211	0.02383	0.00172	0.02996	0.03304	0.00308
11	481	560	079	224	398	174	0.03010	320	310
12	493	573	080	237	412	175	023	337	314
13	505	586	081	249	427	178	036	353	317
14	517	600	083	262	442	180	050	369	319
15	529	613	084	275	457	182	063	385	321
16	541	627	086	288	471	183	077	401	324
17	553	640	087	301	486	185	090	418	328
18	565	653	088	313	501	188	104	434	330
19	578	667	089	326	516	190	118	450	332
20	0.01590	0.01680	0.00090	0.02339	0.02530	0.00191	0.03131	0.03467	0.00326
21	602	694	092	352	546	194	145	483	328
22	614	707	093	365	560	195	158	499	331
23	626	721	095	378	575	197	172	516	334
24	638	735	097	390	590	200	185	532	337
25	651	748	098	403	605	202	199	549	340
26	663	762	099	416	620	204	213	565	342
27	675	775	100	429	635	206	226	582	346
28	687	789	102	442	650	208	240	598	348
29	699	803	104	455	665	210	254	615	351
30	0.01712	0.01816	0.00105	0.02468	0.02681	0.00213	0.03267	0.03631	0.00354
31	724	830	106	481	696	215	281	648	357
32	736	844	108	494	711	217	295	665	360
33	749	858	109	507	726	219	309	681	372
34	761	871	110	520	741	221	322	698	376
35	773	885	112	533	756	223	336	715	379
36	785	899	114	546	772	226	350	731	381
37	798	913	115	559	787	228	364	748	384
38	810	927	117	572	802	230	377	765	388
39	822	941	119	585	818	233	391	782	391
40	0.01835	0.01955	0.00120	0.02598	0.02833	0.00235	0.03405	0.03798	0.00393
41	847	968	121	611	848	237	419	815	396
42	860	982	122	624	863	239	433	832	399
43	872	996	124	638	879	241	446	849	403
44	884	0.02010	126	651	895	244	460	866	406
45	897	024	127	664	910	246	474	883	409
46	909	039	130	677	925	248	488	900	412
47	922	053	131	690	941	251	502	917	415
48	934	067	133	703	956	253	516	934	418
49	947	081	134	716	972	256	530	951	421

（续）

(′)	22°			23°			24°		
	y_z	x_z	Δy_z	y_z	x_z	Δy_z	y_z	x_z	Δy_z
50	0.01959	0.02095	0.00136	0.02730	0.02988	0.00258	0.03544	0.03969	0.00425
51	972	109	138	743	0.03003	260	558	986	428
52	984	124	140	756	019	263	572	0.04003	431
53	997	138	141	769	034	265	586	020	434
54	0.02009	152	143	783	050	267	600	037	437
55	022	166	144	796	066	270	613	054	441
56	034	180	146	809	082	273	628	072	444
57	047	195	148	822	097	275	642	089	447
58	059	209	150	836	113	277	656	106	450
59	072	224	152	849	129	280	670	123	453
60	0.02085	0.02238	0.00153	0.02862	0.03145	0.00283	0.03684	0.04141	0.00457

(′)	25°			26°			27°		
	y_z	x_z	Δy_z	y_z	x_z	Δy_z	y_z	x_z	Δy_z
0	0.03684	0.04141	0.00457	0.04550	0.05232	0.00682	0.05464	0.06424	0.00960
1	698	158	460	565	251	686	480	445	965
2	712	176	464	580	270	690	496	466	970
3	726	193	467	595	289	694	511	487	976
4	740	211	471	610	308	698	527	508	981
5	754	228	474	625	327	702	543	529	987
6	768	246	478	640	347	707	558	549	991
7	782	263	481	655	366	711	574	570	996
8	797	281	484	670	385	715	590	591	0.01001
9	811	298	487	685	404	719	605	612	007
10	0.03825	0.04316	0.00491	0.04699	0.05424	0.00725	0.05621	0.06633	0.01012
11	839	334	495	714	443	729	637	654	017
12	853	351	498	729	462	733	653	676	023
13	868	369	501	744	482	738	669	697	028
14	882	387	505	759	501	742	684	718	034
15	896	405	509	774	521	747	700	739	039
16	910	422	512	789	540	751	716	760	044
17	925	440	515	805	559	754	732	781	049
18	939	458	519	820	579	759	748	803	055
19	953	476	523	835	598	763	764	824	060
20	0.03967	0.04494	0.00527	0.04850	0.05618	0.00768	0.05780	0.06845	0.01065
21	982	512	530	865	638	773	795	867	072
22	996	530	534	880	657	777	811	888	077
23	0.04011	548	537	895	677	782	827	909	082
24	025	566	541	910	696	786	843	931	088
25	039	584	545	925	716	791	859	953	094
26	054	602	548	941	736	795	875	974	099
27	068	620	552	956	756	800	891	996	105
28	082	638	556	971	776	805	907	0.07017	110
29	097	656	559	986	795	809	923	039	116

（续）

(′)	25°			26°			27°		
	y_z	x_z	Δy_z	y_z	x_z	Δy_z	y_z	x_z	Δy_z
30	0.04111	0.04674	0.00563	0.05001	0.05815	0.00814	0.05939	0.07061	0.01122
31	126	692	566	017	835	818	955	082	127
32	140	711	571	032	855	823	971	104	133
33	155	729	574	047	875	828	987	126	139
34	169	747	578	062	895	833	0.06004	147	143
35	184	766	582	078	915	837	020	169	149
36	198	784	586	093	935	842	036	191	155
37	213	802	589	108	955	847	052	213	161
38	227	820	593	124	975	851	068	235	167
39	242	839	597	139	995	856	084	257	173
40	0.04256	0.04857	0.00601	0.05154	0.06015	0.00861	0.06100	0.07278	0.01178
41	271	876	605	170	035	865	117	300	183
42	286	894	608	185	056	871	133	323	190
43	300	913	613	200	076	876	149	345	196
44	315	931	616	216	096	880	165	367	202
45	329	950	621	231	117	886	181	389	208
46	344	969	625	247	137	890	198	411	213
47	359	987	628	262	157	895	214	433	219
48	373	0.05006	633	278	177	899	230	455	225
49	388	025	637	293	198	905	247	478	231
50	0.04403	0.05043	0.00640	0.05309	0.06218	0.00909	0.06263	0.07500	0.01237
51	417	062	645	324	239	915	279	522	243
52	432	081	649	340	259	919	296	544	248
53	447	100	653	355	280	925	312	567	255
54	462	119	657	371	300	929	328	589	261
55	476	137	661	386	321	935	345	611	266
56	491	156	665	402	342	940	361	634	273
57	506	175	669	417	362	945	378	656	278
58	521	194	673	433	383	950	394	679	285
59	536	213	677	449	404	955	410	702	292
60	0.04550	0.05232	0.00682	0.05464	0.06424	0.00960	0.06427	0.07724	0.01297

(′)	28°			29°			30°		
	y_z	x_z	Δy_z	y_z	x_z	Δy_z	y_z	x_z	Δy_z
0	0.06427	0.07724	0.01297	0.07440	0.09138	0.01698	0.08507	0.10673	0.02166
1	443	747	304	458	163	705	525	700	175
2	460	769	309	475	187	712	543	727	184
3	476	792	316	492	212	720	561	753	192
4	493	815	322	510	237	727	579	780	201
5	509	838	329	527	261	734	598	807	209
6	526	860	334	544	286	742	616	834	218
7	542	883	341	562	311	749	634	861	227
8	559	906	347	579	336	757	653	888	235
9	576	929	353	597	360	763	671	914	243

（续）

(′)	28°			29°			30°		
	y_z	x_z	Δy_z	y_z	x_z	Δy_z	y_z	x_z	Δy_z
10	0.06592	0.07952	0.01360	0.07614	0.09385	0.01771	0.08689	0.10942	0.02253
11	609	975	366	632	410	778	708	969	261
12	625	997	372	649	435	786	726	995	269
13	642	0.08020	378	667	460	793	745	0.11023	278
14	659	044	385	684	485	801	768	050	282
15	675	067	392	702	510	808	781	077	296
16	692	090	398	719	535	816	800	104	304
17	709	113	404	737	560	823	818	131	313
18	725	136	411	754	585	831	837	159	332
19	742	159	417	772	611	839	855	186	331
20	0.06759	0.08182	0.01423	0.07790	0.09636	0.01846	0.08874	0.11213	0.02339
21	776	206	430	807	661	854	893	241	348
22	792	229	437	825	687	862	911	268	357
23	809	252	443	843	712	869	930	296	366
24	826	275	449	860	737	877	948	323	375
25	843	299	456	878	763	885	967	351	384
26	860	322	462	896	788	893	985	378	393
27	876	346	470	913	814	901	0.09004	406	402
28	893	369	476	931	839	908	023	433	410
29	910	393	483	949	865	916	041	461	420
30	0.06927	0.08416	0.01489	0.07967	0.09890	0.01923	0.09060	0.11489	0.02429
31	944	440	496	984	916	932	079	517	438
32	961	464	503	0.08002	941	939	097	544	447
33	978	487	509	020	967	947	116	572	456
34	995	511	516	038	993	955	135	600	465
35	0.07012	535	523	056	0.10018	962	154	628	474
36	029	558	529	073	044	971	172	656	484
37	046	582	536	091	070	979	191	684	493
38	063	606	543	109	096	987	210	712	502
39	080	630	550	127	122	995	229	740	611
40	0.07097	0.08654	0.01557	0.08145	0.10148	0.02003	0.09248	0.11768	0.02620
41	114	677	563	163	174	011	367	796	629
42	131	702	571	181	200	019	285	824	639
43	148	726	578	199	226	027	304	852	648
44	165	749	584	217	252	035	323	881	658
45	182	774	592	235	278	043	342	909	667
46	199	797	598	253	304	051	361	937	676
47	216	822	606	271	330	059	380	966	686
48	233	846	613	289	356	067	399	994	695
49	251	870	619	307	382	075	418	0.12023	705
50	0.07268	0.08894	0.01626	0.08325	0.01409	0.02084	0.09437	0.12051	0.02714
51	285	918	633	343	435	092	456	079	723
52	302	943	641	361	461	100	475	108	733
53	319	967	648	379	488	109	494	136	740
54	337	991	654	397	514	117	513	165	752
55	354	0.09016	662	415	540	125	532	194	762
56	371	040	669	434	567	133	551	222	771
57	388	065	677	452	594	142	570	251	781
58	406	089	683	470	620	150	589	280	791
59	423	113	690	488	647	159	609	309	800
60	0.07440	0.09138	0.01698	0.08507	0.10673	0.02166	0.09628	0.12338	0.02810

表 2-20　渐开线函数表 $\text{inv}\alpha = \tan\alpha - \alpha$

(′)	0°	1°	2°	3°	4°	5°	6°
0	0.000000000000	0.00000177	0.00001418	0.00004790	0.00011364	0.00022220	0.0003845
1	0.000000000008	0.00000186	0.00001454	0.00004871	0.00011507	0.00022443	0.0003877
2	0.000000000066	0.00000196	0.00001491	0.00004952	0.00011651	0.00022668	0.0003909
3	0.000000000222	0.00000205	0.00001528	0.00005034	0.00011796	0.00022894	0.0003942
4	0.000000000525	0.00000215	0.00001565	0.00005117	0.00011943	0.00023123	0.0003975
5	0.000000001026	0.00000225	0.00001603	0.00005201	0.00012090	0.00023352	0.0004008
6	0.000000001772	0.00000236	0.00001642	0.00005286	0.00012239	0.00023583	0.0004041
7	0.000000002814	0.00000247	0.00001682	0.00005372	0.00012389	0.00023816	0.0004074
8	0.000000004201	0.00000258	0.00001722	0.00005458	0.00012541	0.00024049	0.0004108
9	0.000000005981	0.00000270	0.00001762	0.00005546	0.00012693	0.00024284	0.0004141
10	0.000000008205	0.00000281	0.00001804	0.00005634	0.00012847	0.00024522	0.0004175
11	0.000000010920	0.00000294	0.00001846	0.00005724	0.00013002	0.00024761	0.0004209
12	0.000000014178	0.00000306	0.00001888	0.00005814	0.00013158	0.00025001	0.0004244
13	0.000000018026	0.00000319	0.00001931	0.00005906	0.00013316	0.00025243	0.0004278
14	0.000000022514	0.00000333	0.00001975	0.00005998	0.00013474	0.00025486	0.0004313
15	0.000000027691	0.00000346	0.00002020	0.00006091	0.00013634	0.00025731	0.0004347
16	0.000000033606	0.00000360	0.00002065	0.00006186	0.00013796	0.00025977	0.0004382
17	0.000000040310	0.00000375	0.00002111	0.00006281	0.00013958	0.00026225	0.0004417
18	0.000000047850	0.00000389	0.00002158	0.00006377	0.00014122	0.00026474	0.0004453
19	0.000000056276	0.00000404	0.00002205	0.00006474	0.00014287	0.00026726	0.0004488
20	0.000000065638	0.00000420	0.00002253	0.00006573	0.00014453	0.00026978	0.0004524
21	0.000000075984	0.00000436	0.00002301	0.00006672	0.00014621	0.00027233	0.0004560
22	0.000000087364	0.00000452	0.00002351	0.00006772	0.00014790	0.00027489	0.0004596
23	0.000000099827	0.00000469	0.00002401	0.00006873	0.00014960	0.00027746	0.0004632
24	0.000000113423	0.00000486	0.00002452	0.00006975	0.00015132	0.00028005	0.0004669
25	0.000000128199	0.00000504	0.00002503	0.00007078	0.00015305	0.00028266	0.0004706
26	0.000000144207	0.00000522	0.00002555	0.00007183	0.00015479	0.00028528	0.0004743
27	0.000000161495	0.00000540	0.00002608	0.00007288	0.00015655	0.00028792	0.0004780
28	0.000000180212	0.00000559	0.00002662	0.00007394	0.00015831	0.00029058	0.0004817
29	0.000000200108	0.00000579	0.00002716	0.00007501	0.00016010	0.00029325	0.0004854
30	0.000000221531	0.00000598	0.00002771	0.00007610	0.00016189	0.00039594	0.0004892
31	0.000000244431	0.00000618	0.00002827	0.00007719	0.00016370	0.00039864	0.0004930
32	0.000000268857	0.00000639	0.00002884	0.00007829	0.00016552	0.00030137	0.0004968
33	0.000000294859	0.00000660	0.00002941	0.00007941	0.00016736	0.00030410	0.0005006
34	0.000000322486	0.00000682	0.00002999	0.00008053	0.00016921	0.00030686	0.0005045
35	0.000000351787	0.00000704	0.00003058	0.00008167	0.00017107	0.00030963	0.0005083
36	0.000000382810	0.00000726	0.00003117	0.00008281	0.00017294	0.00031242	0.0005122
37	0.000000415607	0.00000749	0.00003178	0.00008397	0.00017483	0.00031522	0.0005161
38	0.000000450224	0.00000772	0.00003239	0.00008514	0.00017674	0.00031804	0.0005200
39	0.000000486713	0.00000796	0.00003301	0.00008632	0.00017866	0.00032088	0.0005240
40	0.000000525122	0.00000821	0.00003364	0.00008751	0.00018059	0.00032374	0.0005280
41	0.000000565501	0.00000846	0.00003427	0.00008871	0.00018253	0.00032661	0.0005319
42	0.000000607898	0.00000871	0.00003491	0.00008992	0.00018449	0.00032950	0.0005359
43	0.000000652363	0.00000897	0.00003556	0.00009114	0.00018646	0.00033241	0.0005400
44	0.000000698946	0.00000923	0.00003622	0.00009237	0.00018845	0.00033533	0.0005440

（续）

(′)	0°	1°	2°	3°	4°	5°	6°
45	0. 000000747695	0. 00000950	0. 00003689	0. 00009362	0. 00019045	0. 00033827	0. 0005481
46	0. 000000798660	0. 00000978	0. 00003757	0. 00009487	0. 00019247	0. 00034123	0. 0005522
47	0. 000000851889	0. 00001006	0. 00003825	0. 00009614	0. 00019450	0. 00034421	0. 0005563
48	0. 000000907433	0. 00001034	0. 00003894	0. 00009742	0. 00019654	0. 00034720	0. 0005604
49	0. 000000965341	0. 00001063	0. 00003964	0. 00009870	0. 00019860	0. 00035021	0. 0005645
50	0. 000001025661	0. 00001092	0. 00004035	0. 00010000	0. 00020067	0. 00035324	0. 0005687
51	0. 000001088443	0. 00001123	0. 00004107	0. 00010132	0. 00020276	0. 00035628	0. 0005729
52	0. 000001153737	0. 00001153	0. 00004179	0. 00010264	0. 00020486	0. 00035934	0. 0005771
53	0. 000001221591	0. 00001184	0. 00004252	0. 00010397	0. 00020698	0. 00036242	0. 0005813
54	0. 000001292056	0. 00001216	0. 00004327	0. 00010532	0. 00020911	0. 00036552	0. 0005856
55	0. 000001365179	0. 00001248	0. 00004402	0. 00010668	0. 00021125	0. 00036864	0. 0005898
56	0. 000001441011	0. 00001281	0. 00004478	0. 00010805	0. 00021341	0. 00037177	0. 0005941
57	0. 000001519600	0. 00001315	0. 00004554	0. 00010943	0. 00021559	0. 00037492	0. 0005985
58	0. 000001600997	0. 00001349	0. 00004632	0. 00011082	0. 00021778	0. 00037809	0. 0006028
59	0. 000001685250	0. 00001383	0. 00004711	0. 00011223	0. 00021998	0. 00038128	0. 0006071

(′)	7°	8°	9°	10°	11°	12°	13°
0	0. 0006115	0. 0009145	0. 0013048	0. 0017941	0. 0023941	0. 0031171	0. 0039754
1	0. 0006159	0. 0009203	0. 0013121	0. 0018031	0. 0024051	0. 0031302	0. 0039909
2	0. 0006203	0. 0009260	0. 0013195	0. 0018122	0. 0024161	0. 0031434	0. 0040065
3	0. 0006248	0. 0009318	0. 0013268	0. 0018213	0. 0024272	0. 0031567	0. 0040221
4	0. 0006292	0. 0009377	0. 0013342	0. 0018305	0. 0024383	0. 0031699	0. 0040377
5	0. 0006337	0. 0009435	0. 0013416	0. 0018397	0. 0024495	0. 0031832	0. 0040534
6	0. 0006382	0. 0009494	0. 0013491	0. 0018489	0. 0024607	0. 0031966	0. 0040692
7	0. 0006427	0. 0009553	0. 0013566	0. 0018581	0. 0024719	0. 0032100	0. 0040849
8	0. 0006473	0. 0009612	0. 0013641	0. 0018674	0. 0024831	0. 0032234	0. 0041008
9	0. 0006518	0. 0009672	0. 0013716	0. 0018767	0. 0024944	0. 0032369	0. 0041166
10	0. 0006564	0. 0009732	0. 0013792	0. 0018860	0. 0025057	0. 0032504	0. 0041325
11	0. 0006610	0. 0009792	0. 0013868	0. 0018954	0. 0025171	0. 0032639	0. 0041485
12	0. 0006657	0. 0009852	0. 0013944	0. 0019048	0. 0025285	0. 0032775	0. 0041644
13	0. 0006703	0. 0009913	0. 0014020	0. 0019142	0. 0025399	0. 0032911	0. 0041805
14	0. 0006750	0. 0009973	0. 0014097	0. 0019237	0. 0025513	0. 0033048	0. 0041965
15	0. 0006797	0. 0010034	0. 0014174	0. 0019332	0. 0025628	0. 0033185	0. 0042126
16	0. 0006844	0. 0010096	0. 0014251	0. 0019427	0. 0025744	0. 0033322	0. 0042288
17	0. 0006892	0. 0010157	0. 0014329	0. 0019523	0. 0025859	0. 0033460	0. 0042450
18	0. 0006939	0. 0010219	0. 0014407	0. 0019619	0. 0025975	0. 0033598	0. 0042612
19	0. 0006987	0. 0010281	0. 0014485	0. 0019715	0. 0026091	0. 0033736	0. 0042775
20	0. 0007035	0. 0010343	0. 0014563	0. 0019812	0. 0026208	0. 0033875	0. 0042938
21	0. 0007083	0. 0010406	0. 0014642	0. 0019909	0. 0026325	0. 0034014	0. 0043102
22	0. 0007132	0. 0010469	0. 0014721	0. 0020006	0. 0026443	0. 0034154	0. 0043266
23	0. 0007181	0. 0010532	0. 0014800	0. 0020103	0. 0026560	0. 0034294	0. 0043430
24	0. 0007230	0. 0010595	0. 0014880	0. 0020201	0. 0026678	0. 0034434	0. 0043595
25	0. 0007279	0. 0010659	0. 0014960	0. 0020299	0. 0026797	0. 0034575	0. 0043760
26	0. 0007328	0. 0010722	0. 0015040	0. 0020398	0. 0026916	0. 0034716	0. 0043926
27	0. 0007378	0. 0010786	0. 0015120	0. 0020497	0. 0027035	0. 0034858	0. 0044092
28	0. 0007428	0. 0010851	0. 0015201	0. 0020596	0. 0027154	0. 0035000	0. 0044259
29	0. 0007478	0. 0010915	0. 0015282	0. 0020695	0. 0027274	0. 0035142	0. 0044426

（续）

(′)	7°	8°	9°	10°	11°	12°	13°
30	0. 0007528	0. 0010980	0. 0015363	0. 0020795	0. 0027394	0. 0035285	0. 0044593
31	0. 0007579	0. 0011045	0;0015445	0. 0020895	0. 0027515	0. 0035428	0. 0044761
32	0. 0007629	0. 0011111	0. 0015527	0. 0020995	0. 0027636	0. 0035572	0. 0044929
33	0. 0007680	0. 0011176	0. 0015609	0. 0021096	0. 0027757	0. 0035716	0. 0045098
34	0. 0007732	0. 0011142	0. 0015691	0. 0021197	0. 0027879	0. 0035860	0. 0045267
35	0. 0007783	0. 0011308	0. 0015774	0. 0021299	0. 0028001	0. 0036005	0. 0045437
36	0. 0007835	0. 0011375	0. 0015857	0. 0021400	0. 0028123	0. 0036150	0. 0045607
37	0. 0007887	0. 0011441	0. 0015941	0. 0021502	0. 0028246	0. 0036296	0. 0045777
38	0. 0007939	0. 0011508	0. 0016024	0. 0021605	0. 0028369	0. 0036441	0. 0045948
39	0. 0007991	0. 0011575	0. 0016108	0. 0021707	0. 0028493	0. 0036588	0. 0046120
40	0. 0008044	0. 0011643	0. 0016193	0. 0021810	0. 0028616	0. 0036735	0. 0046291
41	0. 0008096	0. 0011711	0. 0016277	0. 0021914	0. 0028741	0. 0036882	0. 0046464
42	0. 0008150	0. 0011779	0. 0016362	0. 0022017	0. 0028865	0. 0037029	0. 0046636
43	0. 0008203	0. 0011847	0. 0016447	0. 0022121	0. 0028990	0. 0037177	0. 0046809
44	0. 0008256	0. 0011915	0. 0016533	0. 0022226	0. 0029115	0. 0037326	0. 0046983
45	0. 0008310	0. 0011984	0. 0016618	0. 0022330	0. 0029241	0. 0037474	0. 0047157
46	0. 0008364	0. 0012053	0. 0016704	0. 0022435	0. 0029367	0. 0037623	0. 0047331
47	0. 0008418	0. 0012122	0. 0016791	0. 0022541	0. 0029494	0. 0037773	0. 0047506
48	0. 0008473	0. 0012192	0. 0016877	0. 0022647	0. 0029620	0. 0037923	0. 0047681
49	0. 0008527	0. 0012262	0. 0016964	0. 0022753	0. 0029747	0. 0038073	0. 0047857
50	0. 0008582	0. 0012332	0. 0017051	0. 0022859	0. 0029875	0. 0038224	0. 0048033
51	0. 0008638	0. 0012402	0. 0017139	0. 0022966	0. 0030003	0. 0038375	0. 0048210
52	0. 0008693	0. 0012473	0. 0017227	0. 0023073	0. 0030131	0. 0038527	0. 0048387
53	0. 0008749	0. 0012544	0. 0017515	0. 0023180	0. 0030260	0. 0038679	0. 0048564
54	0. 0008805	0. 0012615	0. 0017403	0. 0023288	0. 0030389	0. 0038831	0. 0048742
55	0. 0008861	0. 0012687	0. 0017492	0. 0023396	0. 0030518	0. 0038984	0. 0048921
56	0. 0008917	0. 0012758	0. 0017581	0. 0023504	0. 0030648	0. 0039137	0. 0049099
57	0. 0008974	0. 0012830	0. 0017671	0. 0023613	0. 0030778	0. 0039291	0. 0049279
58	0. 0009031	0. 0012903	0. 0017760	0. 0023722	0. 0030908	0. 0039445	0. 0049458
59	0. 0009088	0. 0012975	0. 0017850	0. 0023831	0. 0031039	0. 0039599	0. 0049639

(′)	14°	15°	16°	17°	18°	19°	20°
0	0. 0049819	0. 0061498	0. 0074927	0. 0090247	0. 0107604	0. 0127151	0. 0149044
1	0. 0050000	0. 0061707	0. 0075166	0. 0090519	0. 0107912	0. 0127496	0. 0149430
2	0. 0050182	0. 0061917	0. 0075406	0. 0090792	0. 0108220	0. 0127842	0. 0149816
3	0. 0050364	0. 0062127	0. 0075647	0. 0091065	0. 0108528	0. 0128188	0. 0150203
4	0. 0050546	0. 0062337	0. 0075888	0. 0091339	0. 0108838	0. 0128535	0. 0150591
5	0. 0050729	0. 0062548	0. 0076130	0. 0091614	0. 0109147	0. 0128883	0. 0150979
6	0. 0050912	0. 0062760	0. 0076372	0. 0091889	0. 0109458	0. 0129232	0. 0151369
7	0. 0051096	0. 0062972	0. 0076614	0. 0092164	0. 0108769	0. 0129581	0. 0151758
8	0. 0051280	0. 0063184	0. 0076857	0. 0092440	0. 0110081	0. 0129931	0. 0152149
9	0. 0051465	0. 0063397	0. 0077101	0. 0092717	0. 0110393	0. 0130281	0. 0152540
10	0. 0051650	0. 0063611	0. 0077345	0. 0092994	0. 0110706	0. 0130632	0. 0152932
11	0. 0051835	0. 0063825	0. 0077590	0. 0093272	0. 0111019	0. 0130984	0. 0153325
12	0. 0052022	0. 0064039	0. 0077835	0. 0093551	0. 0111333	0. 0131336	0. 0153719
13	0. 0052208	0. 0064254	0. 0078081	0. 0093830	0. 0111648	0. 0131689	0. 0154113
14	0. 0052395	0. 0064470	0. 0078327	0. 0094109	0. 0111964	0. 0132043	0. 0154507

（续）

(′)	14°	15°	16°	17°	18°	19°	20°
15	0.0052582	0.0064686	0.0078574	0.0094390	0.0112280	0.0132398	0.0154903
16	0.0052770	0.0064902	0.0078822	0.0094670	0.0112596	0.0132753	0.0155299
17	0.0052958	0.0065119	0.0079069	0.0094952	0.0112913	0.0133108	0.0155696
18	0.0053147	0.0065337	0.0079318	0.0095234	0.0113231	0.0133465	0.0156094
19	0.0053336	0.0065555	0.0079567	0.0095516	0.0113550	0.0133822	0.0156492
20	0.0053526	0.0065773	0.0079817	0.0095799	0.0113869	0.0134180	0.0156891
21	0.0053716	0.0065992	0.0080067	0.0096082	0.0114189	0.0134538	0.0157291
22	0.0053907	0.0066211	0.0080317	0.0096367	0.0114509	0.0134897	0.0157692
23	0.0054098	0.0066431	0.0080568	0.0096652	0.0114830	0.0135257	0.0158093
24	0.0054290	0.0066652	0.0080820	0.0096937	0.0115151	0.0135617	0.0158495
25	0.0054482	0.0066873	0.0081072	0.0097223	0.0115474	0.0135978	0.0158898
26	0.0054674	0.0067094	0.0081325	0.0097510	0.0115796	0.0136340	0.0159301
27	0.0054867	0.0067316	0.0081578	0.0097797	0.0116120	0.0136702	0.0159705
28	0.0055060	0.0067539	0.0081832	0.0098085	0.0116444	0.0137065	0.0160110
29	0.0055254	0.0067762	0.0082087	0.0098373	0.0116769	0.0137429	0.0160516
30	0.0055448	0.0067985	0.0082342	0.0098662	0.0117094	0.0137794	0.0160922
31	0.0055643	0.0068209	0.0082597	0.0098951	0.0117420	0.0138159	0.0161329
32	0.0055838	0.0068434	0.0082853	0.0099241	0.0117747	0.0138525	0.0161737
33	0.0056034	0.0068659	0.0083110	0.0099532	0.0118074	0.0138891	0.0162145
34	0.0056230	0.0068884	0.0083367	0.0099823	0.0118402	0.0139258	0.0162554
35	0.0056427	0.0069110	0.0083625	0.0100115	0.0118730	0.0139626	0.0162964
36	0.0056624	0.0069337	0.0083883	0.0100407	0.0119059	0.0139994	0.0163375
37	0.0056822	0.0069564	0.0084142	0.0100700	0.0119389	0.0140364	0.0163786
38	0.0057020	0.0069791	0.0084401	0.0100994	0.0119720	0.0140734	0.0164198
39	0.0057218	0.0070019	0.0084661	0.0101288	0.0120051	0.0141104	0.0164611
40	0.0057417	0.0070248	0.0084921	0.0101583	0.0120382	0.0141475	0.0165024
41	0.0057617	0.0070477	0.0085182	0.0101878	0.0120715	0.0141847	0.0165439
42	0.0057817	0.0070706	0.0085444	0.0102174	0.0121048	0.0142220	0.0165854
43	0.0058017	0.0070936	0.0085706	0.0102471	0.0121381	0.0142593	0.0166269
44	0.0058218	0.0071167	0.0085969	0.0102768	0.0121715	0.0142967	0.0166686
45	0.0058420	0.0071398	0.0086232	0.0103066	0.0122050	0.0143342	0.0167103
46	0.0058622	0.0071630	0.0086496	0.0103364	0.0122386	0.0143717	0.0167521
47	0.0058824	0.0071862	0.0086760	0.0103663	0.0122722	0.0144093	0.0167939
48	0.0059028	0.0072095	0.0087025	0.0103963	0.0123059	0.0144470	0.0168359
49	0.0059230	0.0072328	0.0087290	0.0104263	0.0123396	0.0144847	0.0168779
50	0.0059434	0.0072561	0.0087556	0.0104564	0.0123734	0.0145225	0.0169200
51	0.0059638	0.0072796	0.0087823	0.0104865	0.0124073	0.0145604	0.0169621
52	0.0059843	0.0073030	0.0088090	0.0105167	0.0124412	0.0145983	0.0170044
53	0.0060048	0.0073266	0.0088358	0.0105459	0.0124752	0.0146363	0.0170467
54	0.0060254	0.0073501	0.0088626	0.0105773	0.0125093	0.0146744	0.0170891
55	0.0060460	0.0073738	0.0088895	0.0106076	0.0125434	0.0147126	0.0171315
56	0.0060667	0.0073975	0.0089164	0.0106381	0.0125776	0.0147508	0.0171740
57	0.0060874	0.0074212	0.0089434	0.0106686	0.0126119	0.0147891	0.0172166
58	0.0061081	0.0074450	0.0089704	0.0106991	0.0126462	0.0148275	0.0172593
59	0.0061289	0.0074688	0.0089975	0.0107298	0.0126806	0.0148659	0.0173021

（续）

(′)	21°	22°	23°	24°	25°	26°	27°
0	0.0173449	0.0200538	0.0230491	0.0263497	0.0299753	0.0339470	0.0382866
1	0.0173878	0.0201013	0.0231015	0.0264074	0.0300388	0.0340162	0.0383621
2	0.0174308	0.0201489	0.0231541	0.0264652	0.0301020	0.0340856	0.0384378
3	0.0174738	0.0201966	0.0232067	0.0265231	0.0301655	0.0341550	0.0385136
4	0.0175169	0.0202444	0.0232594	0.0265810	0.0302291	0.0342246	0.0385895
5	0.0175601	0.0202922	0.0233122	0.0266391	0.0302928	0.0342942	0.0386655
6	0.0176034	0.0203401	0.0233651	0.0266973	0.0303566	0.0343640	0.0387416
7	0.0176468	0.0203881	0.0234181	0.0267555	0.0304205	0.0344339	0.0388179
8	0.0176902	0.0204362	0.0234711	0.0268139	0.0304844	0.0345038	0.0388942
9	0.0177337	0.0204844	0.0235242	0.0268723	0.0305485	0.0345739	0.0389706
10	0.0177773	0.0205326	0.0235775	0.0269308	0.0306127	0.0346441	0.0390472
11	0.0178209	0.0205809	0.0236308	0.0269894	0.0306769	0.0347144	0.0391239
12	0.0178646	0.0206293	0.0236842	0.0270481	0.0307413	0.0347847	0.0392006
13	0.0179084	0.0206778	0.0237376	0.0271069	0.0308058	0.0348552	0.0392775
14	0.0179523	0.0207264	0.0237912	0.0271658	0.0308703	0.0349258	0.0393545
15	0.0179963	0.0207750	0.0238449	0.0272248	0.0309350	0.0349965	0.0394316
16	0.0180403	0.0208238	0.0238986	0.0272839	0.0309997	0.0350673	0.0395088
17	0.0180844	0.0208726	0.0239524	0.0273430	0.0310646	0.0351382	0.0395862
18	0.0181286	0.0209215	0.0240063	0.0274023	0.0311295	0.0352092	0.0396636
19	0.0181728	0.0209215	0.0240603	0.0274017	0.0311946	0.0352803	0.0397411
20	0.0182172	0.0210195	0.0241144	0.0275211	0.0312597	0.0353515	0.0398188
21	0.0182616	0.0210686	0.0241686	0.0275806	0.0313250	0.0354228	0.0398966
22	0.0183061	0.0211178	0.0242228	0.0276403	0.0313903	0.0354942	0.0399745
23	0.0183506	0.0211671	0.0242772	0.0277000	0.0314557	0.0355658	0.0400524
24	0.0183953	0.0212165	0.0243316	0.0277598	0.0315213	0.0356374	0.0401306
25	0.0184400	0.0212660	0.0243861	0.0278197	0.0315869	0.0357091	0.0402088
26	0.0184848	0.0213155	0.0244407	0.0278797	0.0316527	0.0357810	0.0402871
27	0.0185296	0.0213651	0.0244954	0.0279398	0.0317185	0.0358529	0.0403655
28	0.0185746	0.0214148	0.0245502	0.0279999	0.0317844	0.0359249	0.0404441
29	0.0186196	0.0214646	0.0246050	0.0280602	0.0318504	0.0359971	0.0405227
30	0.0186647	0.0215145	0.0246600	0.0281206	0.0319166	0.0360694	0.0406015
31	0.0187099	0.0215644	0.0247150	0.0281810	0.0319828	0.0361417	0.0406804
32	0.0187551	0.0216145	0.0247702	0.0282416	0.0320491	0.0362142	0.0407594
33	0.0188004	0.0216646	0.0248254	0.0283022	0.0321156	0.0362868	0.0408385
34	0.0188458	0.0217148	0.0248807	0.0283630	0.0321821	0.0363594	0.0409177
35	0.0188913	0.0217651	0.0249361	0.0284238	0.0322487	0.0364322	0.0409970
36	0.0189369	0.0218154	0.0249916	0.0284848	0.0323154	0.0365051	0.0410765
37	0.0189825	0.0218659	0.0250471	0.0285458	0.0323823	0.0365781	0.0411561
38	0.0190282	0.0219164	0.0251028	0.0286069	0.0324492	0.0366512	0.0412357
39	0.0190740	0.0219670	0.0251585	0.0286681	0.0325162	0.0367244	0.0413155
40	0.0191199	0.0220177	0.0252143	0.0287294	0.0325833	0.0367977	0.0413954
41	0.0191659	0.0220685	0.0252703	0.0287908	0.0326506	0.0368712	0.0414754
42	0.0192119	0.0221193	0.0253263	0.0288523	0.0327179	0.0369447	0.0415555
43	0.0192580	0.0221703	0.0253824	0.0289139	0.0327853	0.0370183	0.0416358
44	0.0193042	0.0222213	0.0254386	0.0289756	0.0328528	0.0370921	0.0417161

（续）

(′)	21°	22°	23°	24°	25°	26°	27°
45	0.0193504	0.0222724	0.0254948	0.0290373	0.0329205	0.0371659	0.0417966
46	0.0193968	0.0223236	0.0255512	0.0290992	0.0329882	0.0372399	0.0418772
47	0.0194432	0.0223749	0.0256076	0.0291612	0.0330560	0.0373139	0.0419579
48	0.0194897	0.0224262	0.0256642	0.0292232	0.0331239	0.0373881	0.0420387
49	0.0195363	0.0224777	0.0257208	0.0292854	0.0331920	0.0374624	0.0421196
50	0.0195829	0.0225292	0.0257775	0.0293476	0.0332601	0.0375368	0.0422006
51	0.0196296	0.0225808	0.0258343	0.0294100	0.0333283	0.0376113	0.0422818
52	0.0196765	0.0226325	0.0258912	0.0294724	0.0333967	0.0376859	0.0423630
53	0.0197233	0.0226843	0.0259482	0.0295349	0.0334651	0.0377606	0.0424444
54	0.0197703	0.0227361	0.0260053	0.0295976	0.0335336	0.0378354	0.0425259
55	0.0198174	0.0227881	0.0260625	0.0296603	0.0336023	0.0379103	0.0426075
56	0.0198645	0.0228401	0.0261197	0.0297231	0.0336710	0.0379853	0.0426892
57	0.0199117	0.0228922	0.0261771	0.0297860	0.0337399	0.0380605	0.0427710
58	0.0199590	0.0229444	0.0262345	0.0298490	0.0338088	0.0381357	0.0428530
59	0.0200064	0.0229967	0.0262920	0.0299121	0.0338778	0.0382111	0.0429351

(′)	28°	29°	30°	31°	32°	33°	34°	35°
0	0.0430172	0.0481636	0.0537515	0.0598086	0.0663640	0.0734489	0.0810966	0.0893423
1	0.0430995	0.0482530	0.0538485	0.0599136	0.0664776	0.0735717	0.0812290	0.0894850
2	0.0431819	0.0483426	0.0539457	0.0600189	0.0665914	0.0736946	0.0813616	0.0896279
3	0.0432645	0.0484323	0.0540430	0.0601242	0.0667053	0.0738177	0.0814943	0.0897710
4	0.0433471	0.0485221	0.0541404	0.0602297	0.0668195	0.0739409	0.0816273	0.0899142
5	0.0434299	0.0486120	0.0542379	0.0603354	0.0669337	0.0740643	0.0817604	0.0900576
6	0.0435128	0.0487020	0.0543356	0.0604412	0.0670481	0.0741878	0.0818936	0.0902012
7	0.0435957	0.0487922	0.0544334	0.0605471	0.0671627	0.0743115	0.0820271	0.0903450
8	0.0436789	0.0488825	0.0545314	0.0606532	0.0672774	0.0744354	0.0821606	0.0904889
9	0.0437621	0.0489730	0.0546295	0.0607594	0.0673922	0.0745594	0.0822944	0.0906331
10	0.0438454	0.0490635	0.0547277	0.0608657	0.0675072	0.0746835	0.0824283	0.0907774
11	0.0439289	0.0491542	0.0548260	0.0609722	0.0676223	0.0748079	0.0825624	0.0909218
12	0.0440124	0.0492450	0.0549245	0.0610788	0.0677376	0.0749324	0.0826967	0.0910665
13	0.0440961	0.0493359	0.0550231	0.0611856	0.0678530	0.0750570	0.0828311	0.0912113
14	0.0441799	0.0494269	0.0551218	0.0612925	0.0679686	0.0751818	0.0829657	0.0913564
15	0.0442639	0.0495181	0.0552207	0.0613995	0.0680843	0.0753068	0.0831005	0.0915016
16	0.0443479	0.0496094	0.0553197	0.0615067	0.0682002	0.0754319	0.0832354	0.0916469
17	0.0444321	0.0497008	0.0554188	0.0616140	0.0683162	0.0755571	0.0833705	0.0917925
18	0.0445163	0.0497924	0.0555181	0.0617215	0.0684324	0.0756826	0.0835058	0.0919382
19	0.0446007	0.0498840	0.0556175	0.0618291	0.0685487	0.0758082	0.0836413	0.0920842
20	0.0446853	0.0499758	0.0557170	0.0619368	0.0686652	0.0759339	0.0837769	0.0922303
21	0.0447699	0.0500677	0.0558166	0.0620447	0.0687818	0.0760598	0.0839127	0.0923765
22	0.0448546	0.0501598	0.0559164	0.0621527	0.0688986	0.0761859	0.0840486	0.0925230
23	0.0449395	0.0502519	0.0560164	0.0622609	0.0690155	0.0763121	0.0841847	0.0926696
24	0.0450245	0.0503442	0.0561164	0.0623692	0.0691326	0.0764385	0.0843210	0.0928165
25	0.0451096	0.0504367	0.0562166	0.0624777	0.0692498	0.0765651	0.0844575	0.0929635
26	0.0451948	0.0505292	0.0563169	0.0625863	0.0693672	0.0766918	0.0845941	0.0931106
27	0.0452801	0.0506219	0.0564174	0.0626950	0.0694848	0.0768187	0.0847309	0.0932580
28	0.0453656	0.0507147	0.0565180	0.0628039	0.0696024	0.0769457	0.0848679	0.0934055
29	0.0454512	0.0508076	0.0566187	0.0629129	0.0697203	0.0770729	0.0850050	0.0935533

（续）

(′)	28°	29°	30°	31°	32°	33°	34°	35°
30	0.0455369	0.0509006	0.0567196	0.0630221	0.0698383	0.0772003	0.0851424	0.0937012
31	0.0456227	0.0509938	0.0568206	0.0631314	0.0699564	0.0773278	0.0852799	0.0938493
32	0.0457086	0.0510871	0.0569217	0.0632408	0.0700747	0.0774555	0.0854175	0.0939975
33	0.0457947	0.0511806	0.0570230	0.0633504	0.0701931	0.0775833	0.0855553	0.0941460
34	0.0458809	0.0512741	0.0571244	0.0634602	0.0703117	0.0777113	0.0856933	0.0942946
35	0.0459671	0.0513678	0.0572259	0.0635700	0.0704304	0.0778395	0.0858315	0.0944435
36	0.0460535	0.0514616	0.0573276	0.0636801	0.0705493	0.0779678	0.0859699	0.0945925
37	0.0461401	0.0515555	0.0574294	0.0637902	0.0706684	0.0780963	0.0861084	0.0947417
38	0.0462267	0.0516496	0.0575313	0.0639005	0.0707876	0.0782249	0.0862471	0.0948910
39	0.0463135	0.0517438	0.0576334	0.0640110	0.0709069	0.0783537	0.0863859	0.0950406
40	0.0464004	0.0518381	0.0577356	0.0641216	0.0710265	0.0784827	0.0865250	0.0951903
41	0.0464874	0.0519326	0.0578380	0.0642323	0.0711461	0.0786118	0.0866642	0.0953402
42	0.0465745	0.0520271	0.0579405	0.0643432	0.0712659	0.0787411	0.0868036	0.0954904
43	0.0466618	0.0521218	0.0580431	0.0644542	0.0713859	0.0788706	0.0869431	0.0956406
44	0.0467491	0.0522167	0.0581458	0.0645654	0.0715060	0.0790002	0.0870829	0.0957911
45	0.0468366	0.0523116	0.0582487	0.0646767	0.0716263	0.0791300	0.0872228	0.0959418
46	0.0469242	0.0524067	0.0583518	0.0647882	0.0717467	0.0792600	0.0873628	0.0960926
47	0.0470120	0.0525019	0.0584549	0.0648998	0.0718673	0.0793901	0.0876031	0.0962437
48	0.0470998	0.0525973	0.0585582	0.0650116	0.0719880	0.0795204	0.0876435	0.0963949
49	0.0471878	0.0526923	0.0586617	0.0651235	0.0721089	0.0796508	0.0877841	0.0965463
50	0.0472759	0.0527884	0.0587652	0.0652355	0.0722300	0.0797814	0.0879249	0.0966979
51	0.0473641	0.0528841	0.0588690	0.0653477	0.0723512	0.0799122	0.0880659	0.0968496
52	0.0474525	0.0529799	0.0589728	0.0654599	0.0724725	0.0800431	0.0882070	0.0970016
53	0.0475409	0.0530759	0.0590768	0.0655725	0.0725940	0.0801742	0.0883483	0.0971537
54	0.0476295	0.0531721	0.0591809	0.0656851	0.0727157	0.0803055	0.0884898	0.0973061
55	0.0477182	0.0532683	0.0592852	0.0657979	0.0728375	0.0804369	0.0886314	0.0974586
56	0.0478070	0.0533647	0.0593896	0.0659108	0.0729595	0.0805685	0.0887732	0.0976113
57	0.0478960	0.0534612	0.0594941	0.0660239	0.0730816	0.0807003	0.0889152	0.0977642
58	0.0479851	0.0535578	0.0595988	0.0661371	0.0732039	0.0808322	0.0890574	0.0979173
59	0.0480743	0.0536546	0.0597036	0.0662505	0.0733263	0.0809643	0.0891998	0.0980705

(′)	36°	37°	38°	39°	40°	41°	42°	43°
0	0.0982240	0.1077822	0.1180605	0.1291056	0.1409679	0.1537017	0.1673658	0.1820235
1	0.0983776	0.1079475	0.1182382	0.1292965	0.1411729	0.1539217	0.1676017	0.1822766
2	0.0985315	0.1081130	0.1184161	0.1294876	0.1413780	0.1541419	0.1678380	0.1825300
3	0.0986855	0.1082787	0.1185942	0.1296789	0.1415835	0.1543623	0.1680745	0.1827837
4	0.0988397	0.1084445	0.1187725	0.1298704	0.1417891	0.1545831	0.1683113	0.1830377
5	0.0989941	0.1086106	0.1189510	0.1300622	0.1419950	0.1548040	0.1685484	0.1832920
6	0.0991487	0.1087769	0.1191297	0.1302542	0.1422012	0.1550253	0.1687857	0.1835465
7	0.0993035	0.1089434	0.1193087	0.1304464	0.1424076	0.1552468	0.1690234	0.1838044
8	0.0994584	0.1091101	0.1194878	0.1306389	0.1426142	0.1554685	0.1692613	0.1840566
9	0.0996136	0.1092770	0.1196672	0.1308316	0.1428211	0.1556906	0.1694994	0.1843121
10	0.0997689	0.1094440	0.1198468	0.1310245	0.1430282	0.1559128	0.1697379	0.1845678
11	0.0999244	0.1096113	0.1200266	0.1312177	0.1432355	0.1561354	0.1699767	0.1848239
12	0.1000802	0.1097788	0.1202066	0.1314110	0.1434432	0.1563582	0.1702157	0.1850803
13	0.1002361	0.1099465	0.1203869	0.1316046	0.1436510	0.1565812	0.1704550	0.1853369
14	0.1003922	0.1101144	0.1205673	0.1317985	0.1438591	0.1568046	0.1706946	0.1855939

（续）

(′)	36°	37°	38°	39°	40°	41°	42°	43°
15	0. 1005485	0. 1102825	0. 1207480	0. 1319925	0. 1440675	0. 1570281	0. 1709344	0. 1858512
16	0. 1007050	0. 1104508	0. 1209289	0. 1321868	0. 1442761	0. 1572520	0. 1711746	0. 1861087
17	0. 1008616	0. 1106193	0. 1211100	0. 1323814	0. 1444849	0. 1574761	0. 1714150	0. 1863666
18	0. 1010185	0. 1107880	0. 1212913	0. 1325761	0. 1446940	0. 1577005	0. 1716557	0. 1806218
19	0. 1011756	0. 1109570	0. 1214728	0. 1327711	0. 1449033	0. 1579251	0. 1718967	0. 1868832
20	0. 1013328	0. 1111261	0. 1216546	0. 1329663	0. 1451129	0. 1581500	0. 1721380	0. 1871420
21	0. 1014903	0. 1112954	0. 1218366	0. 1331618	0. 1453227	0. 1583752	0. 1723795	0. 1874011
22	0. 1016479	0. 1114649	0. 1220188	0. 1333575	0. 1455328	0. 1586005	0. 1726214	0. 1876604
23	0. 1018057	0. 1116347	0. 1222012	0. 1335534	0. 1457431	0. 1588263	0. 1728635	0. 1879201
24	0. 1019637	0. 1118046	0. 1223838	0. 1337495	0. 1459537	0. 1590523	0. 1731059	0. 1881801
25	0. 1021219	0. 1119747	0. 1225666	0. 1339459	0. 1461645	0. 1592785	0. 1733486	0. 1884404
26	0. 1022804	0. 1121451	0. 1227497	0. 1341425	0. 1463756	0. 1595050	0. 1735915	0. 1887010
27	0. 1024389	0. 1123156	0. 1229330	0. 1343394	0. 1465869	0. 1597318	0. 1738348	0. 1889619
28	0. 1025977	0. 1124864	0. 1231165	0. 1345365	0. 1467985	0. 1599588	0. 1740783	0. 1892230
29	0. 1027567	0. 1126573	0. 1233002	0. 1347338	0. 1470103	0. 1601861	0. 1743221	0. 1894845
30	0. 1029159	0. 1128285	0. 1234842	0. 1349313	0. 1472223	0. 1604136	0. 1745662	0. 1897463
31	0. 1030753	0. 1129999	0. 1236683	0. 1351291	0. 1474347	0. 1606414	0. 1748106	0. 1900084
32	0. 1032348	0. 1131715	0. 1238527	0. 1353271	0. 1476472	0. 1608695	0. 1750553	0. 1902709
33	0. 1033946	0. 1133433	0. 1240373	0. 1355254	0. 1478600	0. 1610979	0. 1753003	0. 1905336
34	0. 1035545	0. 1135153	0. 1242221	0. 1357239	0. 1480731	0. 1613265	0. 1755455	0. 1907966
35	0. 1037147	0. 1136875	0. 1244072	0. 1359226	0. 1482864	0. 1615554	0. 1757911	0. 1910599
36	0. 1038750	0. 1138599	0. 1245924	0. 1361216	0. 1485000	0. 1617846	0. 1760369	0. 1913236
37	0. 1040356	0. 1140325	0. 1247779	0. 1363208	0. 1487138	0. 1620140	0. 1762830	0. 1915875
38	0. 1041963	0. 1142053	0. 1249636	0. 1365202	0. 1489279	0. 1622437	0. 1765294	0. 1918518
39	0. 1043572	0. 1143784	0. 1251495	0. 1367199	0. 1491422	0. 1624737	0. 1767761	0. 1921163
40	0. 1045184	0. 1145516	0. 1253357	0. 1369198	0. 1493568	0. 1627039	0. 1770230	0. 1923812
41	0. 1046797	0. 1147250	0. 1255221	0. 1371199	0. 1495716	0. 1629344	0. 1772703	0. 1926464
42	0. 1048412	0. 1148987	0. 1257087	0. 1373203	0. 1497867	0. 1631652	0. 1775179	0. 1929119
43	0. 1050029	0. 1150726	0. 1258955	0. 1375209	0. 1500020	0. 1633963	0. 1777657	0. 1931777
44	0. 1051648	0. 1152466	0. 1260825	0. 1377218	0. 1502176	0. 1636276	0. 1780138	0. 1934438
45	0. 1053269	0. 1154209	0. 1262698	0. 1379228	0. 1504335	0. 1638592	0. 1782622	0. 1937102
46	0. 1054892	0. 1155954	0. 1264573	0. 1381242	0. 1506496	0. 1640910	0. 1785109	0. 1939769
47	0. 1056517	0. 1157701	0. 1266450	0. 1383257	0. 1508659	0. 1643232	0. 1787599	0. 1942440
48	0. 1058144	0. 1159451	0. 1268329	0. 1385275	0. 1510825	0. 1645556	0. 1790092	0. 1945113
49	0. 1059773	0. 1161202	0. 1270210	0. 1387296	0. 1512994	0. 1647882	0. 1792588	0. 1947790
50	0. 1061404	0. 1162955	0. 1272094	0. 1389319	0. 1515165	0. 1650212	0. 1795087	0. 1950469
51	0. 1063037	0. 1164711	0. 1273980	0. 1391344	0. 1517339	0. 1652544	0. 1797589	0. 1953152
52	0. 1064672	0. 1166468	0. 1275869	0. 1393372	0. 1519515	0. 1654879	0. 1800093	0. 1955838
53	0. 1066309	0. 1168228	0. 1277759	0. 1395402	0. 1521694	0. 1657217	0. 1802601	0. 1958527
54	0. 1067947	0. 1169990	0. 1279652	0. 1397434	0. 1523875	0. 1659557	0. 1805111	0. 1961220
55	0. 1069588	0. 1171754	0. 1281547	0. 1399469	0. 1526059	0. 1661900	0. 1807624	0. 1963915
56	0. 1071231	0. 1173520	0. 1283444	0. 1401506	0. 1528246	0. 1664246	0. 1810141	0. 1966613
57	0. 1072876	0. 1175288	0. 1285344	0. 1403546	0. 1530435	0. 1666595	0. 1812660	0. 1969315
58	0. 1074523	0. 1177058	0. 1287246	0. 1405588	0. 1532626	0. 1678946	0. 1815182	0. 1972020
59	0. 1076171	0. 1178831	0. 1289150	0. 1407632	0. 1534821	0. 1671301	0. 1817707	0. 1974728

（续）

(′)	44°	45°	46°	47°	48°	49°	50°	51°
0	0. 1977439	0. 2146018	0. 2326789	0. 2520640	0. 2728545	0. 2951571	0. 3190890	0. 3447792
1	0. 1980153	0. 2148929	0. 2329910	0. 2523987	0. 2732135	0. 2955422	0. 3195024	0. 3452231
2	0. 1982871	0. 2151843	0. 2333034	0. 2527338	0. 2735729	0. 2959279	0. 3199162	0. 3456675
3	0. 1985591	0. 2154760	0. 2336163	0. 2530693	0. 2739328	0. 2963140	0. 3203306	0. 3461124
4	0. 1988315	0. 2157681	0. 2339295	0. 2534051	0. 2742930	0. 2960705	0. 3207454	0. 3465579
5	0. 1991042	0. 2160605	0. 2342430	0. 2537414	0. 2746537	0. 2970875	0. 3211608	0. 3470033
6	0. 1993772	0. 2163533	0. 2345570	0. 2540781	0. 2750148	0. 2974749	0. 3215766	0. 3474503
7	0. 1996505	0. 2166464	0. 2348713	0. 2544151	0. 2753764	0. 2978628	0. 3219930	0. 3478974
8	0. 1999242	0. 2169398	0. 2351859	0. 2547526	0. 2757383	0. 2982512	0. 3224098	0. 3483450
9	0. 2001982	0. 2172336	0. 2355010	0. 2550904	0. 2761007	0. 2986400	0. 3228271	0. 3487931
10	0. 2004724	0. 2175277	0. 2358163	0. 2554287	0. 2764635	0. 2990292	0. 3232449	0. 3492417
11	0. 2007471	0. 2178222	0. 2361321	0. 2557673	0. 2768268	0. 2994190	0. 3236632	0. 3496909
12	0. 2010220	0. 2181170	0. 2364482	0. 2561064	0. 2771904	0. 2998092	0. 3240820	0. 3501406
13	0. 2012972	0. 2184121	0. 2367647	0. 2564458	0. 2775545	0. 3001998	0. 3245013	0. 3505908
14	0. 2015728	0. 2187076	0. 2370816	0. 2567856	0. 2779190	0. 3005909	0. 3249211	0. 3510416
15	0. 2018487	0. 2190035	0. 2373988	0. 2571258	0. 2782840	0. 3009825	0. 3253414	0. 3514929
16	0. 2021249	0. 2192996	0. 2377165	0. 2574665	0. 2786493	0. 3013745	0. 3257621	0. 3519447
17	0. 2024014	0. 2195962	0. 2380344	0. 2578075	0. 2790151	0. 3017670	0. 3261834	0. 3523972
18	0. 2026783	0. 2198930	0. 2383528	0. 2581489	0. 2793814	0. 3021599	0. 3266052	0. 3528501
19	0. 2029554	0. 2201903	0. 2386715	0. 2584907	0. 2797480	0. 3025533	0. 3270275	0. 3533036
20	0. 2032329	0. 2204878	0. 2389906	0. 2588329	0. 2801151	0. 3029472	0. 3274503	0. 3537576
21	0. 2035108	0. 2207857	0. 2393101	0. 2591755	0. 2804826	0. 3033416	0. 3278736	0. 3542122
22	0. 2037889	0. 2210840	0. 2396299	0. 2595185	0. 2808506	0. 3037364	0. 3282973	0. 3546673
23	0. 2040674	0. 2213826	0. 2399501	0. 2598619	0. 2812189	0. 3041316	0. 3287216	0. 3551229
24	0. 2043462	0. 2216815	0. 2402707	0. 2602058	0. 2815877	0. 3045274	0. 3291464	0. 3555791
25	0. 2046253	0. 2219808	0. 2405916	0. 2605500	0. 2819570	0. 3049236	0. 3295717	0. 3560359
26	0. 2049047	0. 2222805	0. 2409130	0. 2608946	0. 2823267	0. 3053202	0. 3299975	0. 3564931
27	0. 2051845	0. 2225805	0. 2412347	0. 2612396	0. 2826968	0. 3057174	0. 3304238	0. 3569510
28	0. 2054646	0. 2228808	0. 2415567	0. 2615850	0. 2830673	0. 3061150	0. 3308506	0. 3574093
29	0. 2057450	0. 2231815	0. 2418792	0. 2619309	0. 2834383	0. 3065130	0. 3312779	0. 3578683
30	0. 2060257	0. 2234826	0. 2422020	0. 2622771	0. 2838097	0. 3069116	0. 3317057	0. 3583277
31	0. 2063068	0. 2237840	0. 2425252	0. 2626237	0. 2841815	0. 3073106	0. 3321341	0. 3587878
32	0. 2065882	0. 2240857	0. 2428488	0. 2629708	0. 2845538	0. 3077101	0. 3325639	0. 3592483
33	0. 2068699	0. 2243878	0. 2431728	0. 2633182	0. 2849265	0. 3081100	0. 3329922	0. 3597094
34	0. 2071520	0. 2246903	0. 2434971	0. 2636661	0. 2852997	0. 3085105	0. 3334221	0. 3601711
35	0. 2074344	0. 2249931	0. 2438218	0. 2640143	0. 2856733	0. 3089113	0. 3338524	0. 3606333
36	0. 2077171	0. 2252962	0. 2441469	0. 2643630	0. 2860473	0. 3093127	0. 3342833	0. 3610961
37	0. 2080001	0. 2255997	0. 2444724	0. 2647121	0. 2864218	0. 3097146	0. 3347147	0. 3615594
38	0. 2082835	0. 2259036	0. 2447982	0. 2650616	0. 2867967	0. 3101169	0. 3351466	0. 3620233
39	0. 2085672	0. 2262078	0. 2451245	0. 2654115	0. 2871721	0. 3105197	0. 3355790	0. 3624878
40	0. 2088512	0. 2265124	0. 2454511	0. 2657618	0. 2875479	0. 3109229	0. 3360119	0. 3629527
41	0. 2091356	0. 2268173	0. 2457781	0. 2661125	0. 2879241	0. 3113267	0. 3364454	0. 3634183
42	0. 2094203	0. 2271226	0. 2461055	0. 2664636	0. 2883008	0. 3117309	0. 3368793	0. 3638844
43	0. 2097053	0. 2274282	0. 2464332	0. 2668151	0. 2886779	0. 3121356	0. 3373138	0. 3643511
44	0. 2099907	0. 2277342	0. 2467614	0. 2671671	0. 2890554	0. 3125408	0. 3377488	0. 3648183

（续）

(′)	44°	45°	46°	47°	48°	49°	50°	51°
45	0.2102764	0.2280406	0.2470899	0.2675194	0.2894334	0.3129464	0.3381843	0.3652861
46	0.2105624	0.2283473	0.2474188	0.2678722	0.2898119	0.3133525	0.3386203	0.3657544
47	0.2108487	0.2286543	0.2477481	0.2682254	0.2901908	0.3137591	0.3390568	0.3662233
48	0.2111354	0.2289618	0.2480778	0.2685790	0.2905701	0.3141662	0.3394939	0.3666928
49	0.2114225	0.2292695	0.2484078	0.2689330	0.2909499	0.3145738	0.3399315	0.3671628
50	0.2117098	0.2295777	0.2487383	0.2692874	0.2913301	0.3149819	0.3403695	0.3676334
51	0.2119975	0.2298862	0.2490691	0.2696422	0.2917108	0.3153904	0.3408082	0.3681045
52	0.2122855	0.2301950	0.2494003	0.2699975	0.2920919	0.3157994	0.3412473	0.3685763
53	0.2125739	0.2305042	0.2497319	0.2703531	0.2924735	0.3162089	0.3416870	0.3690485
54	0.2128626	0.2308138	0.2500639	0.2707092	0.2928555	0.3166189	0.3421271	0.3695214
55	0.2131516	0.2311238	0.2503963	0.2710657	0.2932380	0.3170293	0.3425678	0.3699948
56	0.2134410	0.2314341	0.2507290	0.2714226	0.2936209	0.3174403	0.3430091	0.3704688
57	0.2137307	0.2317447	0.2510622	0.2717800	0.2940043	0.3178517	0.3434508	0.3709433
58	0.2140207	0.2320557	0.2513957	0.2721377	0.2943881	0.3182637	0.3438931	0.3714185
59	0.2143111	0.2323671	0.2517296	0.2724959	0.2947724	0.3186761	0.3443359	0.3718942

(′)	52°	53°	54°	55°	56°	57°	58°	59°
0	0.3723704	0.4020203	0.4339041	0.4682169	0.5051766	0.5450273	0.5880436	0.6345352
1	0.3728473	0.4025330	0.4344555	0.4688106	0.5058164	0.5457175	0.5887890	0.6353415
2	0.3733247	0.4030461	0.4350076	0.4694050	0.5064569	0.5464085	0.5895355	0.6361488
3	0.3738026	0.4035599	0.4355604	0.4700001	0.5070983	0.5471005	0.5902829	0.6369571
4	0.3742812	0.4040744	0.4361138	0.4705960	0.5077405	0.5477933	0.5910312	0.6377666
5	0.3747603	0.4045894	0.4366679	0.4711926	0.5083835	0.5484870	0.5917806	0.6385771
6	0.3752400	0.4051051	0.4372227	0.4717898	0.5090273	0.5491816	0.5925309	0.6393887
7	0.3757203	0.4056214	0.4377782	0.4723881	0.5096719	0.5498771	0.5932822	0.6402013
8	0.3762012	0.4061384	0.4383343	0.4729869	0.5103173	0.5505735	0.5940344	0.6410150
9	0.3766826	0.4066559	0.4388911	0.4735865	0.5109635	0.5512708	0.5947877	0.6418298
10	0.3771646	0.4071741	0.4394487	0.4741868	0.5116106	0.5519689	0.5955419	0.6426457
11	0.3776472	0.4076930	0.4400069	0.4747879	0.5122585	0.5526680	0.5962971	0.6434627
12	0.3781304	0.4082124	0.4405657	0.4753897	0.5129071	0.5533679	0.5970533	0.6442807
13	0.3786141	0.4087325	0.4411253	0.4759923	0.5135566	0.5540688	0.5978104	0.6450998
14	0.3790984	0.4092532	0.4416856	0.4765956	0.5142069	0.5547705	0.5985686	0.6459200
15	0.3795884	0.4097746	0.4422465	0.4771996	0.5148581	0.5554731	0.5993277	0.6467413
16	0.3800689	0.4102966	0.4428081	0.4778044	0.5155100	0.5561767	0.6000878	0.6475637
17	0.3805549	0.4108192	0.4433705	0.4784100	0.5161628	0.5568811	0.6008489	0.6483871
18	0.3810416	0.4113424	0.4439335	0.4790163	0.5168164	0.5575854	0.6016110	0.6492117
19	0.3815289	0.4118663	0.4444972	0.4796234	0.5174708	0.5582927	0.6023741	0.6500374
20	0.3820167	0.4123908	0.4450616	0.4802312	0.5181260	0.5589998	0.6031382	0.6508641
21	0.3825051	0.4129160	0.4456267	0.4808398	0.5187821	0.5597078	0.6039033	0.6516919
22	0.3829941	0.4134418	0.4461924	0.4814492	0.5194390	0.5604168	0.6046694	0.6525209
23	0.3834837	0.4139682	0.4467589	0.4820593	0.5200967	0.5611267	0.6054364	0.6533509
24	0.3839739	0.4144953	0.4473261	0.4826701	0.5207553	0.5618374	0.6062045	0.6541821
25	0.3844647	0.4150230	0.4478940	0.4832817	0.5214147	0.5625491	0.6069736	0.6550143
26	0.3849561	0.4155514	0.4484626	0.4838941	0.5220749	0.5632917	0.6077437	0.6558477
27	0.3854481	0.4160804	0.4490318	0.4845073	0.5227360	0.5639752	0.6085148	0.6566822
28	0.3859406	0.4166101	0.4496018	0.4851212	0.5233979	0.5646896	0.6092869	0.6575177
29	0.3864338	0.4171403	0.4501725	0.4857359	0.5240606	0.5654050	0.6100600	0.6583544

（续）

(′)	52°	53°	54°	55°	56°	57°	58°	59°
30	0.3869275	0.4176713	0.4507439	0.4863513	0.5247242	0.5661213	0.6108341	0.6591922
31	0.3874219	0.4182029	0.4513159	0.4869675	0.5253886	0.5668384	0.6116032	0.6600311
32	0.3879168	0.4187351	0.4518887	0.4875845	0.5260538	0.5675565	0.6123853	0.6608712
33	0.3884123	0.4192680	0.4524622	0.4882022	0.5267199	0.5682756	0.6131625	0.6617123
34	0.3889085	0.4198015	0.4530364	0.4888207	0.5273868	0.5689955	0.6139407	0.6625546
35	0.3894052	0.4203357	0.4536113	0.4894400	0.5280546	0.5697164	0.6147198	0.6633980
36	0.3899025	0.4208705	0.4541869	0.4900601	0.5287232	0.5704382	0.6155000	0.6642425
37	0.3904004	0.4214060	0.4547632	0.4906809	0.5293927	0.5711609	0.6162813	0.6650881
38	0.3908990	0.4219421	0.4553403	0.4913026	0.5600630	0.5718846	0.6170635	0.6659349
39	0.3913981	0.4224789	0.4559180	0.4919249	0.5307342	0.5726092	0.6178468	0.6667828
40	0.3918978	0.4230164	0.4564965	0.4925481	0.5314062	0.5733347	0.6186311	0.6676319
41	0.3923982	0.4235545	0.4570757	0.4931721	0.5320791	0.5740612	0.6194164	0.6684820
42	0.3928991	0.4240932	0.4576555	0.4937968	0.5327528	0.5747886	0.6202028	0.6693333
43	0.3934007	0.4246326	0.4582361	0.4944223	0.5334274	0.5755169	0.6209902	0.6701858
44	0.3939028	0.4251727	0.4588175	0.4950486	0.5341028	0.5762462	0.6217786	0.6710394
45	0.3944056	0.4257134	0.4593995	0.4956757	0.5347791	0.5769764	0.6225681	0.6718941
46	0.3949089	0.4262548	0.4599823	0.4963035	0.5354563	0.5777076	0.6233586	0.6727500
47	0.3954129	0.4267969	0.4605657	0.4969322	0.5361343	0.5784397	0.6241501	0.6736070
48	0.3959175	0.4273396	0.4611499	0.4975616	0.5368132	0.5791727	0.6249427	0.6744651
49	0.3964227	0.4278830	0.4617349	0.4981918	0.5374929	0.5799067	0.6257363	0.6753244
50	0.3969285	0.4284270	0.4623205	0.4988228	0.5381735	0.5806417	0.6265309	0.6761849
51	0.3974349	0.4289717	0.4629069	0.4994545	0.5388550	0.5813776	0.6273266	0.6770465
52	0.3979419	0.4295171	0.4634940	0.5000872	0.5395373	0.5821144	0.6281234	0.6779093
53	0.3984496	0.4300631	0.4640818	0.5007206	0.5402205	0.5828522	0.6289212	0.6787732
54	0.3989578	0.4306098	0.4646703	0.5013548	0.5409046	0.5835910	0.6297200	0.6796383
55	0.3994667	0.4311572	0.4652596	0.5019897	0.5415895	0.5843307	0.6305199	0.6805045
56	0.3999762	0.4317052	0.4658496	0.5026255	0.5422753	0.5850713	0.6313209	0.6813720
57	0.4004863	0.4322540	0.4664403	0.5032621	0.5429620	0.5858129	0.6321229	0.6822405
58	0.4009970	0.4328033	0.4670318	0.5038995	0.5436495	0.5865555	0.6329259	0.6831103
59	0.4015084	0.4333534	0.4676240	0.5045376	0.5443380	0.5872991	0.6337300	0.6839812

2.5 圆柱齿轮齿厚的测量与计算

2.5.1 齿厚（见表2-21）

表2-21　齿厚测量方法的比较和应用

测量方法	简　图	优　点	缺　点	应　用
公法线长度	W　d_b　W	1）测量时不以齿顶圆为基准，因此不受齿顶圆误差的影响，测量精度较高并可放宽对齿顶圆的精度要求 2）测量方便 3）与量具接触的齿廓曲率半径较大，量具的磨损较轻	1）对斜齿轮，当 $b < W_n\sin\beta$ 时不能测量 W_n　$W_n\sin\beta$　b　β 2）当用于斜齿轮时，计算比较麻烦	广泛用于各种齿轮的测量，但是对大型齿轮因受量具限制使用不多

（续）

测量方法	简图	优点	缺点	应用
分度圆弦齿厚	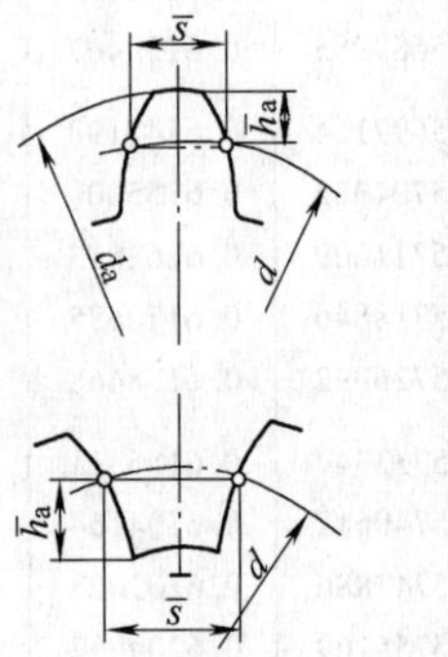	与固定弦齿厚相比，当齿轮的模数较小，或齿数较少时，测量比较方便	1）测量时以齿顶圆为基准，因此对齿顶圆的尺寸偏差及径向圆跳动有严格的要求 2）测量结果受齿顶圆误差的影响，精度不高 3）当变位系数较大（$x>0.5$）时，可能不便于测量 4）对斜齿轮，计算时要换算成当量齿数，增加了计算工作量 5）齿厚游标卡尺的卡爪尖部容易磨损	适用于大型齿轮的测量。也常用于精度要求不高的小型齿轮的测量
固定弦齿厚	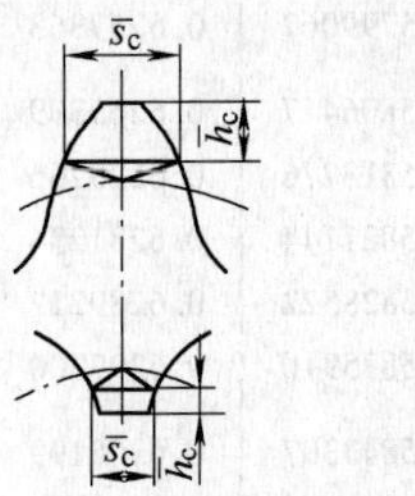	计算比较简单，特别是用于斜齿轮时，可省去当量齿数 z_v 的换算	1）测量时以齿顶圆为基准，因此对齿顶圆的尺寸偏差及径向圆跳动有严格的要求 2）测量结果受齿顶圆误差的影响，精度不高 3）齿厚游标卡尺的卡爪尖部容易磨损 4）对模数较小的齿轮，测量不够方便	适用于大型齿轮的测量
量柱（球）测量距	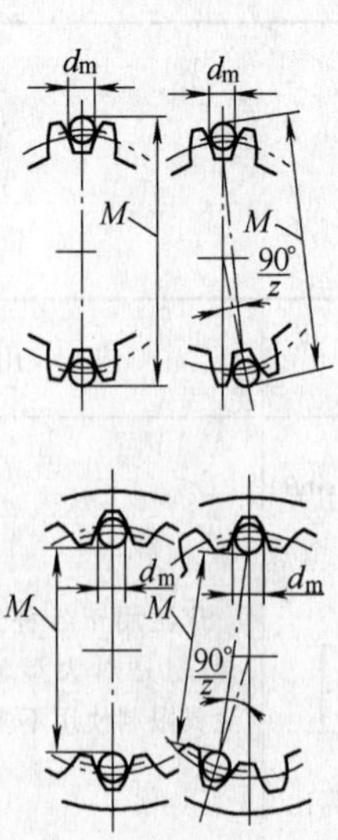	测量时不以齿顶圆为基准，因此不受齿顶圆误差的影响，并可放宽对齿顶圆的加工要求	1）对大型齿轮测量不方便 2）计算麻烦	多用于内齿轮和小模数齿轮的测量

2.5.2　公法线长度

（1）公法线长度计算公式（见表2-22）

表2-22　公法线长度计算公式

项目		直齿轮（内啮合、外啮合）	斜齿轮（内啮合、外啮合）
标准齿轮	公法线跨测齿数（内齿轮为跨齿槽数）k	$k=\frac{\alpha}{180°}z+0.5$ k值四舍五入取整数 当$\alpha=20°$时，k值可按z'查表2-23	$k=\frac{\alpha_n}{180°}z'+0.5$ $z'=z\frac{\mathrm{inv}\alpha_t}{\mathrm{inv}\alpha_n}$ k值四舍五入取整数 当$\alpha_n=20°$时，比值$\frac{\mathrm{inv}\alpha_t}{\mathrm{inv}\alpha_n}$查表2-24 当$\alpha_n=20°$时，$k$可按$z'$查表2-23
	公法线长度 W_k 或 W_{kn}	$W_k=W_k^* m$ $W_k^*=\cos\alpha[\pi(k-0.5)+z\mathrm{inv}\alpha]$ 当$\alpha=20°$时，W_k^*可按z'查表2-23	$W_k=W_{kn}^* m_n$ $W_{kn}^*=\cos\alpha_n[\pi(k-0.5)+z'\mathrm{inv}\alpha_n]$ 当$\alpha=20°$时，W_{kn}^*可按z'查表2-23
变位齿轮	公法线跨测齿数（内齿轮为跨齿槽数）k	$k=\frac{\alpha}{180°}z+0.5+\frac{2x\cot\alpha}{\pi}$ k值四舍五入取整数 当$\alpha=20°$时，k可按z'查表2-23	$k=\frac{\alpha_n}{180°}z'+0.5+\frac{2x_n\cot\alpha_n}{\pi}$ $z'=z\frac{\mathrm{inv}\alpha_t}{\mathrm{inv}\alpha_n}$ k值四舍五入取整数 当$\alpha_n=20°$时，比值$\frac{\mathrm{inv}\alpha_t}{\mathrm{inv}\alpha_n}$查表2-24 当$\alpha_n=20°$时，$k$可按$z'$查表2-23
	公法线长度 W_k 或 W_{kn}	$W_k=(W_k^*+\Delta W^*)m$ $W_k^*=\cos\alpha[\pi(k-0.5)+z\mathrm{inv}\alpha]$ $\Delta W_k^*=2x\sin\alpha$ 当$\alpha=20°$时，W_k^*可按z'查表2-23；ΔW_k^*查表2-26	$W_{kn}=(W_{kn}^*+\Delta W_n^*)m_n$ $W_{kn}^*=\cos\alpha_n[\pi(k-0.5)+z'\mathrm{inv}\alpha_n]$ $\Delta W_n^*=2x_n\sin\alpha_n$ 当$\alpha=20°$时，W_{kn}^*可按z'查表2-23；ΔW_{kn}^*查表2-26

（2）公法线长度计算（见表2-23）　对于斜齿轮的公法线长度计算按下例进行。

例2-7　已知$z=27$、$m_n=4\text{mm}$、$x_n=0.2$、$\beta=12°34'$、$\alpha_n=20°$，求公法线长度W_{kn}。

解　由表2-24查出$\frac{\mathrm{inv}\alpha_t}{\mathrm{inv}\alpha_n}=1.0688+0.004\times\frac{14}{20}=1.0716$，$z'=1.0716\times27=28.93$，由表2-23查出跨测齿数$k=4$，由表2-23查出$z'=28$时的$W_{kn}^*=10.7246\text{mm}$，由表2-25查出$z'=0.93$时的$W_{kn}^*=0.013\text{mm}$

$$W_{kn}^*=10.7246\text{mm}+0.013\text{mm}=10.7376\text{mm}$$

由表2-26查出$\Delta W_{kn}^*=0.1368\text{mm}$

$$W_{kn}^*=(10.7376+0.1368)\times4\text{mm}=43.498\text{mm}$$

（3）斜齿圆柱齿轮公法线长度的简易计算

表 2-23　公法线长度（$m=m_n=1\text{mm}$，$\alpha=\alpha_n=20°$）　　（单位：mm）

假想齿数 z'	跨测齿数 k	公法线长度 W_k^*
8	2	4.5402
9	2	4.5542
10	2	4.5683
11	2	4.5823
12	2	4.5963
13	**2**	**4.6103**
	3	7.5624
14	**2**	**4.6243**
	3	7.5764
15	**2**	**4.6383**
	3	7.5904
16	**2**	**4.6523**
	3	7.6044
17	**2**	**4.6663**
	3	7.6184
	4	10.5706
18	2	4.6803
	3	**7.6324**
	4	10.5846
19	2	4.6943
	3	**7.6464**
	4	10.5986
20	2	4.7083
	3	**7.6604**
	4	10.6126
21	2	4.7223
	3	**7.6744**
	4	10.6226
22	2	4.7364
	3	**7.6885**
	4	10.6406
23	2	4.7504
	3	**7.7025**
	4	10.6546
	5	13.6067
24	2	4.7644
	3	**7.7165**
	4	10.6686
	5	13.6207
25	2	4.7784
	3	**7.7305**
	4	10.6826
	5	13.6347
26	2	4.7924
	3	**7.7445**
	4	10.6966
	5	13.6487
27	2	4.8064
	3	7.7585
	4	**10.7106**
	5	13.6627
28	2	4.8204
	3	7.7725
	4	**10.7246**
	5	13.6767
29	2	4.8344
	3	7.7865
	4	**10.7386**
	5	13.6908
30	2	4.8484
	3	7.8005
	4	**10.7526**
	5	13.7048
	6	16.6569
31	2	4.8623
	3	7.8145
	4	**10.7666**
	5	13.7188
	6	16.6709
32	2	4.8763
	3	7.8285
	4	**10.7806**
	5	13.7328
	6	16.6849
33	2	4.8903
	3	7.8425
	4	**10.7946**
	5	13.7468
	6	16.6989
34	2	4.9043
	3	7.8565
	4	**10.8086**
	5	13.7608
	6	16.7129
35	2	4.9184
	3	7.8705
	4	**10.8227**
	5	13.7748
	6	16.7269
36	2	4.9324
	3	7.8845
	4	10.8367
	5	**13.7888**
	6	16.7409
	7	19.6931
37	2	4.9464
	3	7.8985
	4	10.8507
	5	**13.8028**
	6	16.7549
	7	19.7071
38	2	4.9604
	3	7.9125
	4	10.8647
	5	**13.8168**
	6	16.7689
	7	19.7211
39	2	4.9744
	3	7.9265
	4	10.8787
	5	**13.8308**
	6	16.7829
	7	19.7351
40	2	4.9884
	3	7.9406
	4	10.8927
	5	**13.8448**
	6	16.7969
	7	19.7491
41	3	7.9546
	4	10.9067
	5	**13.8588**
	6	16.8110
	7	19.7631
	8	22.7152
42	3	7.9686
	4	10.9207
	5	**13.8728**
	6	16.8250
	7	19.7771
43	3	7.9826
	4	10.9347
	5	**13.8868**
	6	16.8390
	7	19.7911
	8	22.7432
44	3	7.9966
	4	10.9487
	5	**13.9008**
	6	16.8530
	7	19.8051
	8	22.7572

（续）

假想齿数 z'	跨测齿数 k	公法线长度 W_k^*
45	3	8.0106
	4	10.9627
	5	13.9148
	6	**16.8670**
	7	19.8191
	8	22.7712
46	3	8.0246
	4	10.9767
	5	13.9288
	6	**16.8810**
	7	19.8331
	8	22.7852
47	3	8.0386
	4	10.9907
	5	13.9429
	6	**16.8950**
	7	19.8471
	8	22.7992
48	4	11.0047
	5	13.9569
	6	**16.9090**
	7	19.8611
	8	22.8133
49	4	11.0187
	5	13.9709
	6	**16.9230**
	7	19.8751
	8	22.8273
	9	25.7794
50	4	11.0327
	5	13.9849
	6	**16.9370**
	7	19.8891
	8	22.8413
	9	25.7934
51	4	11.0467
	5	13.9989
	6	**16.9510**
	7	19.9031
	8	22.8553
	9	25.8074
52	4	11.0607
	5	14.0129
	6	**16.9660**
	7	19.9171
	8	22.8693
	9	25.8214

假想齿数 z'	跨测齿数 k	公法线长度 W_k^*
53	4	11.0748
	5	14.0269
	6	**16.9790**
	7	19.9311
	8	22.8833
	9	25.8354
54	4	11.0888
	5	14.0409
	6	16.9930
	7	**19.9452**
	8	22.8973
	9	25.8494
55	4	11.1028
	5	14.0549
	6	17.0070
	7	**19.9592**
	8	22.9113
	9	25.8634
56	5	14.0689
	6	17.0210
	7	**19.9732**
	8	22.9253
	9	25.8774
	10	28.8296
57	5	14.0829
	6	17.0350
	7	**19.9872**
	8	22.9393
	9	25.8914
	10	28.8436
58	5	14.0969
	6	17.0490
	7	**20.0012**
	8	22.9533
	9	25.9054
	10	28.8576
59	5	14.1109
	6	17.0630
	7	**20.0152**
	8	22.9673
	9	25.9194
	10	28.8716
60	5	14.1249
	6	17.0771
	7	**20.0292**
	8	22.9813
	9	25.9334
	10	28.8856

假想齿数 z'	跨测齿数 k	公法线长度 W_k^*
61	5	14.1389
	6	17.0911
	7	**20.0432**
	8	22.9953
	9	25.9475
	10	28.8996
62	5	14.1529
	6	17.1051
	7	**20.0572**
	8	23.0093
	9	25.9615
	10	28.9136
63	5	14.1669
	6	17.1191
	7	20.0712
	8	**23.0233**
	9	25.9755
	10	28.9276
64	6	17.1331
	7	20.0852
	8	**23.0373**
	9	25.9895
	10	28.9416
	11	31.8937
65	6	17.1471
	7	20.0992
	8	**23.0513**
	9	26.0035
	10	28.9556
	11	31.9077
66	6	17.1611
	7	20.1132
	8	**23.0654**
	9	26.0175
	10	28.9696
	11	31.9217
67	6	17.1751
	7	20.1272
	8	**23.0794**
	9	26.0315
	10	28.9836
	11	31.9358
68	6	17.1891
	7	20.1412
	8	**23.0934**
	9	26.0455
	10	28.9976
	11	31.9498

（续）

假想齿数 z'	跨测齿数 k	公法线长度 W_k^*	假想齿数 z'	跨测齿数 k	公法线长度 W_k^*	假想齿数 z'	跨测齿数 k	公法线长度 W_k^*
69	6	17.2031	77	7	20.2673	85	8	23.3315
	7	20.1552		8	23.2194		9	26.2836
	8	**23.1074**		**9**	**26.1715**		**10**	**29.2357**
	9	26.0595		10	29.1237		11	32.1879
	10	29.0116		11	32.0758		12	35.1400
	11	31.9638		12	35.0279		13	38.0921
70	6	17.2171	78	7	20.2813	86	8	23.3455
	7	20.1692		8	23.2334		9	26.2976
	8	**23.1214**		**9**	**26.1855**		**10**	**29.2497**
	9	26.0735		10	29.1377		11	32.2019
	10	29.0256		11	32.0898		12	35.1540
	11	31.9778		12	35.0419		13	38.1061
71	6	17.2311	79	7	20.2953	87	8	23.3595
	7	20.1832		8	23.2474		9	26.3116
	8	**23.1354**		**9**	**26.1996**		**10**	**29.2637**
	9	26.0875		10	29.1517		11	32.2159
	10	29.0396		11	32.1038		12	35.1680
	11	31.9918		12	35.0559		13	38.1201
72	6	17.2451	80	7	20.3093	88	8	23.3735
	7	20.1973		8	23.2614		9	26.3256
	8	23.1494		**9**	**26.2136**		**10**	**29.2777**
	9	**26.1015**		10	29.1657		11	32.2299
	10	29.0536		11	32.1178		12	35.1820
	11	32.0058		12	35.0700		13	38.1341
73	7	20.2113	81	8	23.2754	89	8	23.3875
	8	23.1634		9	26.2276		9	26.3396
	9	**26.1155**		**10**	**29.1797**		**10**	**29.2917**
	10	29.0677		11	32.1318		11	32.2439
	11	32.0198		12	35.0840		12	35.1960
	12	34.9719		13	38.0361		13	38.1481
74	7	20.2253	82	8	23.2894	90	9	26.3536
	8	23.1774		9	26.2416		10	29.3057
	9	**26.1295**		**10**	**29.1937**		**11**	**32.2579**
	10	29.0817		11	32.1458		12	35.2100
	11	32.0338		12	35.0980		13	38.1621
	12	34.9859		13	38.0501		14	41.1143
75	7	20.2393	83	8	23.3034	91	9	26.3676
	8	23.1914		9	26.2556		10	29.3198
	9	**26.1435**		**10**	**29.2077**		**11**	**32.2719**
	10	29.0957		11	32.1598		12	35.2240
	11	32.0478		12	35.1120		13	38.1761
	12	34.9999		13	38.0641		14	41.1283
76	7	20.2533	84	8	23.3175	92	9	26.3816
	8	23.2054		9	26.2696		10	29.3338
	9	**26.1575**		**10**	**29.2217**		**11**	**32.2859**
	10	29.1097		11	32.1738		12	35.2380
	11	32.0618		12	35.1260		13	38.1902
	12	35.0139		13	38.0781		14	41.1423

（续）

假想齿数 z'	跨测齿数 k	公法线长度 W_k^*	假想齿数 z'	跨测齿数 k	公法线长度 W_k^*	假想齿数 z'	跨测齿数 k	公法线长度 W_k^*
93	9	26.3956	101	10	29.4598	109	11	32.5240
	10	29.3478		11	32.4119		12	35.4761
	11	**32.2999**		**12**	**35.3641**		**13**	**38.4282**
	12	35.2520		13	38.3162		14	41.3804
	13	38.2042		14	41.2683		15	44.3325
	14	41.1563		15	44.2205		16	47.2846
94	9	26.4096	102	10	29.4738	110	11	32.5380
	10	29.3618		11	32.4259		12	35.4901
	11	**32.3139**		**12**	**35.3781**		**13**	**38.4423**
	12	35.2660		13	38.3302		14	41.3944
	13	38.2182		14	41.2823		15	44.3465
	14	41.1703		15	44.2345		16	47.2986
95	9	26.4236	103	10	29.4878	111	11	32.5520
	10	29.3758		11	32.4400		12	35.5041
	11	**32.3279**		**12**	**35.3921**		**13**	**38.4563**
	12	35.2800		13	38.3442		14	41.4084
	13	38.2322		14	41.2963		15	44.3605
	14	41.1843		15	44.2485		16	47.3127
96	9	26.4376	104	10	29.5018	112	11	32.5660
	10	29.3898		11	32.4540		12	35.5181
	11	**32.3419**		**12**	**35.4061**		**13**	**38.4703**
	12	35.2940		13	38.3582		14	41.4224
	13	38.2462		14	41.3104		15	44.3745
	14	41.1983		15	44.2625		16	47.3267
97	9	26.4517	105	10	29.5158	113	11	32.5800
	10	29.4038		11	32.4680		12	35.5321
	11	**32.3559**		**12**	**35.4201**		**13**	**38.4843**
	12	35.3080		13	38.3722		14	41.4364
	13	38.2602		14	41.3244		15	44.3885
	14	41.2123		15	44.2765		16	47.3407
98	9	26.4657	106	10	29.5298	114	11	32.5940
	10	29.4178		11	32.4820		12	35.5461
	11	**32.3699**		**12**	**35.4341**		**13**	**38.4983**
	12	35.3221		13	38.3862		14	41.4504
	13	38.2742		14	41.3384		15	44.4025
	14	41.2263		15	44.2905		16	47.3547
99	10	29.4318	107	10	29.5438	115	11	32.6080
	11	32.3839		11	32.4960		12	35.5601
	12	**35.3361**		**12**	**35.4481**		**13**	**38.5123**
	13	38.2882		13	38.4002		14	41.4644
	14	41.2403		14	41.3524		15	44.4165
	15	44.1925		15	44.3045		16	47.3687
100	10	29.4458	108	11	32.5100	116	11	32.6220
	11	32.3979		12	35.4621		12	35.5742
	12	**35.3501**		**13**	**38.4142**		**13**	**38.5263**
	13	38.3022		14	41.3664		14	41.4784
	14	41.2543		15	44.3185		15	44.4305
	15	44.2065		16	47.2706		16	47.3827

（续）

假想齿数 z'	跨测齿数 k	公法线长度 W_k^*	假想齿数 z'	跨测齿数 k	公法线长度 W_k^*	假想齿数 z'	跨测齿数 k	公法线长度 W_k^*
117	12	35.5882	125	13	38.6523	133	13	38.7644
	13	38.5403		**14**	**41.6045**		14	41.7165
	14	**41.4924**		15	44.5566		**15**	**44.6686**
	15	44.4446		16	47.5087		16	47.6208
	16	47.3967		17	50.4609		17	50.5729
	17	50.3488		18	53.4130		18	53.5250
118	12	35.6062	126	13	38.6663	134	14	41.7305
	13	38.5543		14	41.6185		**15**	**44.6826**
	14	**41.5064**		**15**	**44.5706**		16	47.6348
	15	44.4586		16	47.5227		17	50.5869
	16	47.4107		17	50.4749		18	53.5390
	17	50.3628		18	53.4270		19	56.4912
119	12	35.6162	127	13	38.6803	135	14	41.7445
	13	38.5683		14	41.6325		15	44.6967
	14	**41.5204**		**15**	**44.5846**		**16**	**47.6488**
	15	44.4726		16	47.5367		17	50.6009
	16	47.4247		17	50.4889		18	53.5530
	17	50.3768		18	53.4410		19	56.5052
120	12	35.6302	128	13	38.6944	136	14	41.7585
	13	38.5823		14	41.6465		15	44.7107
	14	**41.5344**		**15**	**44.5986**		**16**	**47.6628**
	15	44.4866		16	47.5507		17	50.6149
	16	47.4387		17	50.5029		18	53.5671
	17	50.3908		18	53.4550		19	56.5192
121	12	35.6442	129	13	38.7084	137	14	41.7725
	13	38.5963		14	41.6605		15	44.7247
	14	**41.5484**		**15**	**44.6126**		**16**	**47.6768**
	15	44.5006		16	47.5648		17	50.6289
	16	47.4527		17	50.5169		18	53.5811
	17	50.4048		18	53.4690		19	56.5332
122	12	35.6582	130	13	38.7224	138	14	41.7865
	13	38.6103		14	41.6745		15	44.7387
	14	**41.5625**		**15**	**44.6266**		**16**	**47.6908**
	15	44.5146		16	47.5788		17	50.6429
	16	47.4667		17	50.5309		18	53.5951
	17	50.4188		18	53.4830		19	56.5472
123	12	35.6722	131	13	38.7364	139	14	41.8005
	13	38.6243		14	41.6885		15	44.7527
	14	**41.5765**		**15**	**44.6406**		**16**	**47.7048**
	15	44.5286		16	47.5928		17	50.6569
	16	47.4807		17	50.5449		18	53.6091
	17	50.4329		18	53.4970		19	56.5612
124	12	35.6862	132	13	38.7504	140	14	41.8145
	13	38.6383		14	41.7025		15	44.7667
	14	**41.5905**		**15**	**44.6546**		**16**	**47.7188**
	15	44.5426		16	47.6068		17	50.6709
	16	47.4947		17	50.5589		18	53.6231
	17	50.4469		18	53.5110		19	56.5752

（续）

假想齿数 z'	跨测齿数 k	公法线长度 W_k^*	假想齿数 z'	跨测齿数 k	公法线长度 W_k^*	假想齿数 z'	跨测齿数 k	公法线长度 W_k^*
141	14	41.8286	149	15	44.8927	157	16	47.9569
	15	44.7807		16	47.8449		17	50.9090
	16	**47.7328**		**17**	**50.7970**		**18**	**53.8612**
	17	50.6849		18	53.7491		19	56.8133
	18	53.6371		19	56.7013		20	59.7654
	19	56.5892		20	59.6534		21	62.7176
142	14	41.8426	150	15	44.9067	158	16	47.9709
	15	44.7947		16	47.8589		17	50.9230
	16	**47.7468**		**17**	**50.8110**		**18**	**53.8752**
	17	50.6990		18	53.7631		19	56.8273
	18	53.6511		19	56.7153		20	59.7794
	19	56.6032		20	59.6674		21	62.7316
143	15	44.8087	151	15	44.9207	159	16	47.9849
	16	**47.7608**		16	47.8729		17	50.9370
	17	50.7130		**17**	**50.8250**		**18**	**53.8892**
	18	53.6651		18	53.7771		19	56.8413
	19	56.6172		19	56.7293		20	59.7934
	20	59.5694		20	59.6814		21	62.7456
144	15	44.8227	152	16	47.8869	160	16	47.9989
	16	47.7748		**17**	**50.8390**		17	50.9511
	17	**50.7270**		18	53.7911		**18**	**53.9032**
	18	53.6791		19	56.7433		19	56.8553
	19	56.6312		20	59.6954		20	59.8074
	20	59.5834		21	62.6475		21	62.7596
145	15	44.8367	153	16	47.9009	161	17	50.9651
	16	47.7888		17	50.8530		**18**	**53.9172**
	17	**50.7410**		**18**	**53.8051**		19	56.8693
	18	53.6931		19	56.7573		20	59.8215
	19	56.6452		20	59.7094		21	62.7736
	20	59.5974		21	62.6615		22	65.7257
146	15	44.8507	154	16	47.9149	162	17	50.9791
	16	47.8028		17	50.8670		18	53.9312
	17	**50.7550**		**18**	**53.8192**		**19**	**56.8833**
	18	53.7071		19	56.7713		20	59.8355
	19	56.6592		20	59.7234		21	62.7876
	20	59.6114		21	62.6755		22	65.7397
147	15	44.8647	155	16	47.9289	163	17	50.9931
	16	47.8169		17	50.8810		18	53.9452
	17	**50.7690**		**18**	**53.8332**		**19**	**56.8973**
	18	53.7211		19	56.7853		20	59.8495
	19	56.6732		20	59.7374		21	62.8016
	20	59.6254		21	62.6896		22	65.7537
148	15	44.8787	156	16	47.9429	164	17	51.0071
	16	47.8309		17	50.8950		18	53.9592
	17	**50.7830**		**18**	**53.8472**		**19**	**56.9113**
	18	53.7351		19	56.7993		20	59.8635
	19	56.6873		20	59.7514		21	62.8156
	20	59.6394		21	62.7036		22	65.7677

（续）

假想齿数 z'	跨测齿数 k	公法线长度 W_k^*	假想齿数 z'	跨测齿数 k	公法线长度 W_k^*	假想齿数 z'	跨测齿数 k	公法线长度 W_k^*
	17	51.0211		18	54.0853		19	57.1494
	18	53.9732		19	57.0374		20	60.1016
165	**19**	**56.9253**	173	**20**	**59.9895**	181	**21**	**63.0537**
	20	59.8775		21	62.9417		22	66.0058
	21	62.8296		22	65.8938		23	68.9580
	22	65.7817		23	68.8459		24	71.9101
	17	51.0351		18	54.0993		19	57.1634
	18	53.9872		19	57.0514		20	60.1156
166	**19**	**56.9394**	174	**20**	**60.0035**	182	**21**	**63.0677**
	20	59.8915		21	62.9557		22	66.0198
	21	62.8436		22	65.9078		23	68.9720
	22	65.7957		23	68.8599		24	71.9241
	17	51.0491		18	54.1133		19	57.1774
	18	54.0012		19	57.0654		20	60.1296
167	**19**	**56.9534**	175	**20**	**60.0175**	183	**21**	**63.0817**
	20	59.9055		21	62.9697		22	66.0338
	21	62.8576		22	65.9218		23	68.9860
	22	65.8098		23	68.8739		24	71.9381
	17	51.0631		18	54.1273		19	57.1915
	18	54.0152		19	57.0794		20	60.1436
168	**19**	**56.9674**	176	**20**	**60.0315**	184	**21**	**63.0957**
	20	59.9195		21	62.9837		22	66.0478
	21	62.8716		22	65.9358		23	69.0000
	22	65.8238		23	68.8879		24	71.9521
	17	51.0771		18	54.1413		19	57.2055
	18	54.0292		19	57.0934		20	60.1576
169	**19**	**56.9814**	177	**20**	**60.0455**	185	**21**	**63.1097**
	20	59.9335		21	62.9977		22	66.0619
	21	62.8856		22	65.9498		23	69.0140
	22	65.8378		23	68.9019		24	71.9661
	18	54.0432		18	54.1553		19	57.2195
	19	**56.9954**		19	57.1074		20	60.1716
170	20	59.9475	178	**20**	**60.0595**	186	**21**	**63.1237**
	21	62.8996		21	63.0117		22	66.0759
	22	65.8518		22	65.9638		23	69.0280
	23	68.8039		23	68.9159		24	71.9801
	18	54.0572		19	57.1214		19	57.2335
	19	57.0094		**20**	**60.0736**		20	60.1856
171	**20**	**59.9615**	179	21	63.0257	187	**21**	**63.1377**
	21	62.9136		22	65.9778		22	66.0899
	22	65.8658		23	68.9299		23	69.0420
	23	68.8179		24	71.8821		24	71.9941
	18	54.0713		19	57.1354		20	60.1996
	19	57.0234		20	60.0876		**21**	**63.1517**
172	**20**	**59.9755**	180	**21**	**63.0397**	188	22	66.1039
	21	62.9276		22	65.9918		23	69.0560
	22	65.8798		23	68.9440		24	72.0081
	23	68.8319		24	71.8961		25	74.9603

（续）

假想齿数 z'	跨测齿数 k	公法线长度 W_k^*	假想齿数 z'	跨测齿数 k	公法线长度 W_k^*	假想齿数 z'	跨测齿数 k	公法线长度 W_k^*
189	20	60.2186	193	20	60.2696	197	21	63.2778
	21	63.1657		21	63.2218		**22**	**66.2299**
	22	**66.1179**		**22**	**66.1739**		23	69.1820
	23	69.0700		23	69.1260		24	72.1342
	24	72.0221		24	72.0782		25	75.0863
	25	74.9743		25	75.0303		26	78.0384
190	20	60.2276	194	20	60.2836	198	21	63.2918
	21	63.1797		21	63.2358		**22**	**66.2439**
	22	**66.1319**		**22**	**66.1879**		23	69.1961
	23	69.0840		23	69.1400		24	72.1482
	24	72.0361		24	72.0922		25	75.1003
	25	74.9883		25	75.0443		26	78.0524
191	20	60.2416	195	20	60.2976	199	21	63.3058
	21	63.1938		21	63.2498		22	66.2579
	22	**66.1459**		**22**	**66.2019**		**23**	**69.2101**
	23	69.0980		23	69.1540		24	72.1622
	24	72.0501		24	72.1062		25	75.1143
	25	75.0023		25	75.0583		26	78.0665
192	20	60.2556	196	20	60.3116	200	21	63.3198
	21	63.2078		21	63.2638		22	66.2719
	22	**66.1599**		**22**	**66.2159**		**23**	**69.2241**
	23	69.1120		23	69.1680		24	72.1762
	24	72.0642		24	72.1202		25	75.1283
	25	75.0163		25	75.0723		26	78.0805

注：本表可用于外啮合和内啮合的直齿轮和斜齿轮。对直齿轮 $z'=z$，对斜齿轮

$$z' = z\frac{\text{inv}\alpha_t}{\text{inv}\alpha_n}$$

对内齿轮 k 为跨齿槽数。黑体字是标准齿轮（$x=x_n=0$）的跨测齿数 k 和公法线长度 W_k^*。

表 2-24　$\dfrac{\text{inv}\alpha_t}{\text{inv}\alpha_n}$ 值（$\alpha_n=20°$）

β	$\frac{\text{inv}\alpha_t}{\text{inv}20°}$	差值	β	$\frac{\text{inv}\alpha_t}{\text{inv}20°}$	差值	β	$\frac{\text{inv}\alpha_t}{\text{inv}20°}$	差值	β	$\frac{\text{inv}\alpha_t}{\text{inv}20°}$	差值
8°	1.0283				0.0031	13°	1.0768				0.0048
		0.0026	10°40′	1.0508				0.0042	15°40′	1.1140	
8°20′	1.0309				0.0035	13°20′	1.0810				0.0052
		0.0024	11°	1.0543				0.0043	16°	1.1192	
8°40′	1.0333				0.0034	13°40′	1.0853				0.0054
		0.0026	11°20′	1.0577				0.0043	16°20′	1.1246	
9°	1.0359				0.0036	14°	1.0896				0.0056
		0.0029	11°40′	1.0613				0.0046	16°40′	1.1302	
9°20′	1.0388				0.0039	14°20′	1.0943				0.0056
		0.0027	12°	1.0652				0.0048	17°	1.1358	
9°40′	1.0415				0.0036	14°40′	1.0991				0.0059
		0.0031	12°20′	1.0688				0.0048	17°20′	1.1417	
10°	1.0446				0.0040	15°	1.1039				0.0059
		0.0031	12°40′	1.0728				0.0053	17°40′	1.1476	
10°20′	1.0477				0.0040	15°20′	1.1092				0.0061

（续）

β	$\frac{inv\alpha_t}{inv20°}$	差值	β	$\frac{inv\alpha_t}{inv20°}$	差值	β	$\frac{inv\alpha_t}{inv20°}$	差值	β	$\frac{inv\alpha_t}{inv20°}$	差值
18°	1.1537				0.0092	29°	1.4625				0.0193
		0.0063	23°40′	1.2839				0.0135	34°40′	1.7380	
18°20′	1.1600				0.0094	29°20′	1.4760				0.0198
		0.0065	24°	1.2933				0.0137	35°	1.7578	
18°40′	1.1665				0.0096	29°40′	1.4897				0.0204
		0.0066	24°20′	1.3029				0.0140	35°20′	1.7782	
19°	1.1731				0.0098	30°	1.5037				0.0204
		0.0067	24°40′	1.3127				0.0145	35°40′	1.7986	
19°20′	1.1798				0.0100	30°20′	1.5182				0.0215
		0.0069	25°	1.3227				0.0146	36°	1.8201	
19°40′	1.1867				0.0100	30°40′	1.5328				0.0217
		0.0071	25°20′	1.3327				0.0150	36°20′	1.8418	
20°	1.1938				0.0106	31°	1.5478				0.0222
		0.0073	25°40′	1.3433				0.0155	36°40′	1.8640	
20°20′	1.2011				0.0108	31°20′	1.5633				0.0228
		0.0074	26°	1.3541				0.0157	37°	1.8868	
20°40′	1.2085				0.0111	31°40′	1.5790				0.0233
		0.0077	26°20′	1.3652				0.0161	37°20′	1.9101	
21°	1.2162				0.0113	32°	1.5951				0.0239
		0.0078	26°40′	1.3765				0.0164	37°40′	1.9340	
21°20′	1.2240				0.0113	32°20′	1.6115				0.0246
		0.0079	27°	1.3878				0.0170	38°	1.9586	
21°40′	1.2319				0.0118	32°40′	1.6285				0.0251
		0.0080	27°20′	1.3996				0.0170	38°20′	1.9837	
22°	1.2401				0.0120	33°	1.6455				0.0255
		0.0084	27°40′	1.4116				0.0176	38°40′	2.0092	
22°20′	1.2485				0.0124	33°20′	1.6631				0.0263
		0.0085	28°	1.4240				0.0182	39°	2.0355	
22°40′	1.2570				0.0124	33°40′	1.6813				
		0.0088	28°20′	1.4364				0.0185			
23°	1.2658				0.0131	34°	1.6998				
		0.0089	28°40′	1.4495				0.0189			
23°20′	1.2747				0.0130	34°20′	1.7187				

表 2-25　假想齿数的小数部分的公法线长度 W_k^*（$m_n=1\text{mm}$，$\alpha_n=20°$）（单位：mm）

z'	0.00	0.01	0.02	0.03	0.04	0.05	0.06	0.07	0.08	0.09
0.0	0.0000	0.0001	0.0003	0.0004	0.0006	0.0007	0.0008	0.0010	0.0011	0.0013
0.1	0.0014	0.0015	0.0017	0.0018	0.0020	0.0021	0.0022	0.0024	0.0025	0.0027
0.2	0.0028	0.0029	0.0031	0.0032	0.0034	0.0035	0.0036	0.0038	0.0039	0.0041
0.3	0.0042	0.0043	0.0045	0.0046	0.0048	0.0049	0.0051	0.0052	0.0053	0.0055
0.4	0.0056	0.0057	0.0059	0.0060	0.0061	0.0063	0.0064	0.0066	0.0067	0.0069
0.5	0.0070	0.0071	0.0073	0.0074	0.0076	0.0077	0.0079	0.0080	0.0081	0.0083
0.6	0.0084	0.0085	0.0087	0.0088	0.0089	0.0091	0.0092	0.0094	0.0095	0.0097
0.7	0.0098	0.0099	0.0101	0.0102	0.0104	0.0105	0.0106	0.0108	0.0109	0.0111
0.8	0.0112	0.0114	0.0115	0.0116	0.0118	0.0119	0.0120	0.0122	0.0123	0.0124
0.9	0.0126	0.0127	0.0129	0.0130	0.0132	0.0133	0.0135	0.0136	0.0137	0.0139

表 2-26　变位齿轮的公法线长度附加量 ΔW^*（$m=m_n=1\text{mm}$，$\alpha=\alpha_n=20°$）（单位：mm）

x'（或 x_n）	0.00	0.01	0.02	0.03	0.04	0.05	0.06	0.07	0.08	0.09
0.0	0.0000	0.0068	0.0137	0.0205	0.0274	0.0342	0.0410	0.0479	0.0547	0.0616
0.1	0.0684	0.0752	0.0821	0.0889	0.0958	0.1026	0.1094	0.1163	0.1231	0.1300
0.2	0.1368	0.1436	0.1505	0.1573	0.1642	0.1710	0.1779	0.1847	0.1915	0.1984
0.3	0.2052	0.2120	0.2189	0.2257	0.2326	0.2394	0.2463	0.2531	0.2599	0.2668
0.4	0.2736	0.2805	0.2873	0.2941	0.3010	0.3078	0.3147	0.3215	0.3283	0.3352
0.5	0.3420	0.3489	0.3557	0.3625	0.3694	0.3762	0.3831	0.3899	0.3967	0.4036
0.6	0.4104	0.4173	0.4241	0.4309	0.4378	0.4446	0.4515	0.4583	0.4651	0.4720
0.7	0.4788	0.4857	0.4925	0.4993	0.5062	0.5130	0.5199	0.5267	0.5336	0.5404
0.8	0.5472	0.5541	0.5609	0.5678	0.5746	0.5814	0.5883	0.5951	0.6020	0.6088
0.9	0.6156	0.6225	0.6293	0.6362	0.6430	0.6498	0.6567	0.6635	0.6704	0.6772
1.0	0.6840	0.6909	0.6977	0.7046	0.7114	0.7182	0.7251	0.7319	0.7388	0.7456
1.1	0.7524	0.7593	0.7661	0.7730	0.7798	0.7866	0.7935	0.8003	0.8072	0.8140
1.2	0.8208	0.8277	0.8345	0.8414	0.8482	0.8551	0.8619	0.8687	0.8756	0.8824
1.3	0.8893	0.8916	0.9029	0.9098	0.9166	0.9235	0.9303	0.9371	0.9440	0.9508
1.4	0.9577	0.9645	0.9713	0.9782	0.9850	0.9919	0.9987	1.0055	1.0124	1.0192
1.5	1.0261	1.0329	1.0397	1.0466	1.0534	1.0603	1.0671	1.0739	1.0808	1.0876
1.6	1.0945	1.1013	1.1081	1.1150	1.1218	1.1287	1.1355	1.1423	1.1492	1.1560
1.7	1.1629	1.1697	1.1765	1.1834	1.1902	1.1971	1.2039	1.2108	1.2176	1.2244
1.8	1.2313	1.2381	1.2450	1.2518	1.2586	1.2655	1.2723	1.2792	1.2860	1.2928
1.9	1.2997	1.3065	1.3134	1.3270	1.3270	1.3339	1.3407	1.3476	1.3544	1.3612

斜齿轮公法线长度是在法向测量的，因此需要计算法向的公法线长度。斜齿轮端面上的形状和尺寸计算关系与直齿轮是相同的，而参数和尺寸都应是端面的。所以斜齿轮端面公法线长度 W_{kt} 的计算公式和直齿轮相似。将端面参数代入直齿轮公式，可得出：

$$W_{kt}=m_t\cos\alpha_t[(k-0.5)\pi+z\text{inv}\alpha_t]$$

式中　m_t——端面模数，$m_t=m_n/\cos\beta$；

α_t——端面压力角，$\tan\alpha_t=\tan\alpha_n/\cos\beta$。

斜齿轮法向公法线长度 W_{kn} 与端面公法线长度 W_{kt} 的关系，可从基圆柱面展开图（见图 2-10）中看出：

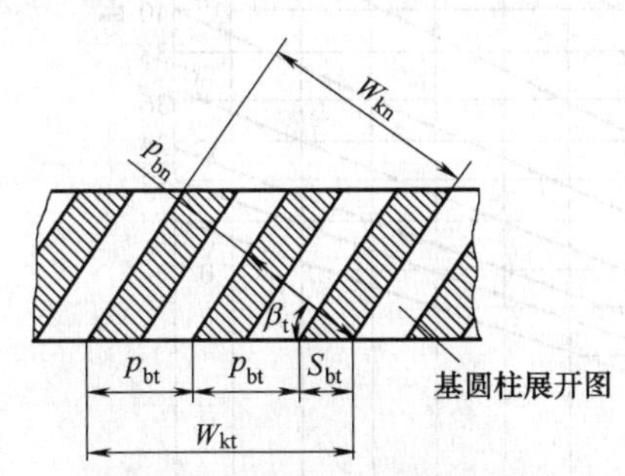

图 2-10　斜齿轮公法线长度 W_{kn}

$$W_{kn}=W_{kt}\cos\beta_b$$

式中　β_b——斜齿轮基圆螺旋角。

$$\cos\beta_b=p_{bn}/p_{bt}=\frac{p_n\cos\alpha_n}{p_t\cos\alpha_t}=\cos\beta\frac{\cos\alpha_n}{\cos\alpha_t}$$

式中　p_{bn}——法向基节，$p_{bn}=p_n\cos\alpha_n$；

p_{bt}——端面基节，$p_{bt}=p_t\cos\alpha_t$；

p_n——法向齿距；

p_t——端面齿距；

β——斜齿轮分度圆螺旋角。

斜齿圆柱齿轮公法线长度简化计算，并计及变位系数的影响，将上式化简

$$W_{kn}=m_n\cos\alpha_n[(k-0.5)\pi+z\text{inv}\alpha_t+2x_n\tan\alpha_n]$$
$$=m_n[K_1+zK_2+2x_n\sin\alpha_n] \qquad (2\text{-}14)$$

式中　K_1——计算系数，见表 2-27，$K_1=\pi(k-0.5)\cos\alpha_n$；

K_2——计算系数，见表 2-28，$K_2=\text{inv}\alpha_t\cos\alpha_n$。

当 $\alpha_n=20°$时，$2x_n\sin\alpha_n=2x_n\sin20°=0.684x_n$。

例 2-8　已知一斜齿圆柱齿轮的法向模数 $m_n=4\text{mm}$，压力角 $\alpha_n=20°$，齿数 $z=74$，变位系数 $x_n=-0.2$，分度圆螺旋角 $\beta=21°8'$，试确定公法线长度 W_{kn}。

解　(1) 计算法

$$W_{kn}=m_n\cos\alpha_n[(k-0.5)\pi+z\text{inv}\alpha_t+2x_n\tan\alpha_n]$$

1) $\cos\alpha_n=\cos20°=0.93969$

2) $k=0.111z'+0.5$

因 $z'=z/\cos^3\beta=74/\cos^3 21°8'=74/(0.93274)^3=91.19$

取 $z'=91$，则

$$k=0.111\times91+0.5=10.6，取\ k=11$$

3) $\text{inv}\alpha_t$

$$\tan\alpha_t = \tan\alpha_n / \cos\beta = \tan 20° / \cos 21°8'$$
$$= \frac{0.36397}{0.93274} = 0.39022$$

查渐开线函数表 $\alpha_t = 21°19'$，得

$$\text{inv}21°19' = 0.01817$$

4）代入公式

$$W_{kn} = 4\text{mm} \times 0.93969[(11 - 0.5) \times 3.1416 + 74 \times 0.01817 - 0.728 \times 0.2]$$
$$= 128.496\text{mm}$$

（2）简化算法　查线图 2-11 得 $k = 11$，由表 2-27，得 $K_1 = 30.9974$。

根据 $\beta = 21°8'$，由表 2-28，得 $K_2 = 0.017076$，则

$$W_{kn} = m_n (K_1 + zK_2 + 2x_n \sin\alpha_n)$$
$$= 4\text{mm} \times (30.9974 + 74 \times 0.017076 - 0.684 \times 0.2)$$
$$= 128.497\text{mm}$$

两种算法得到结果相差无几，基本一致，用简化算法计算简便，不易出差错。

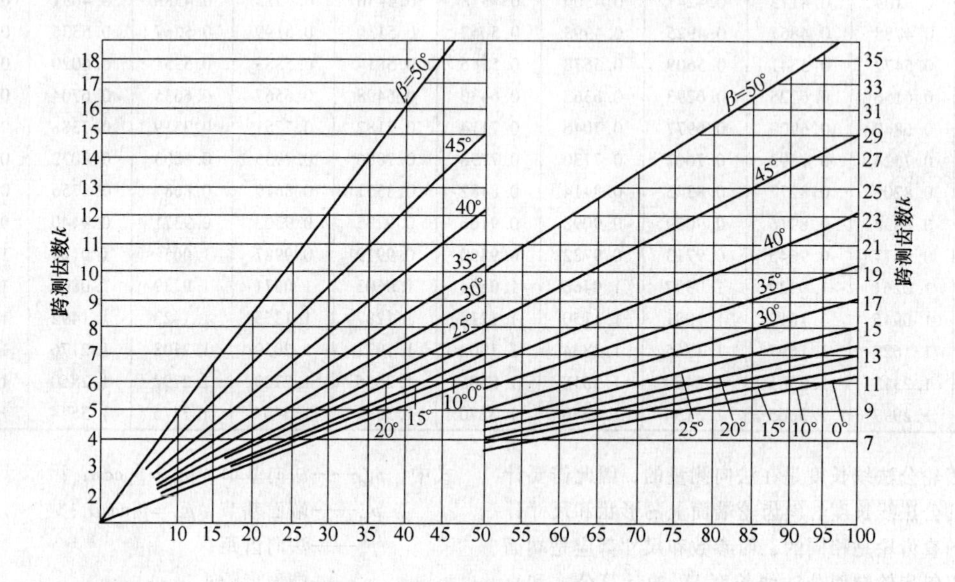

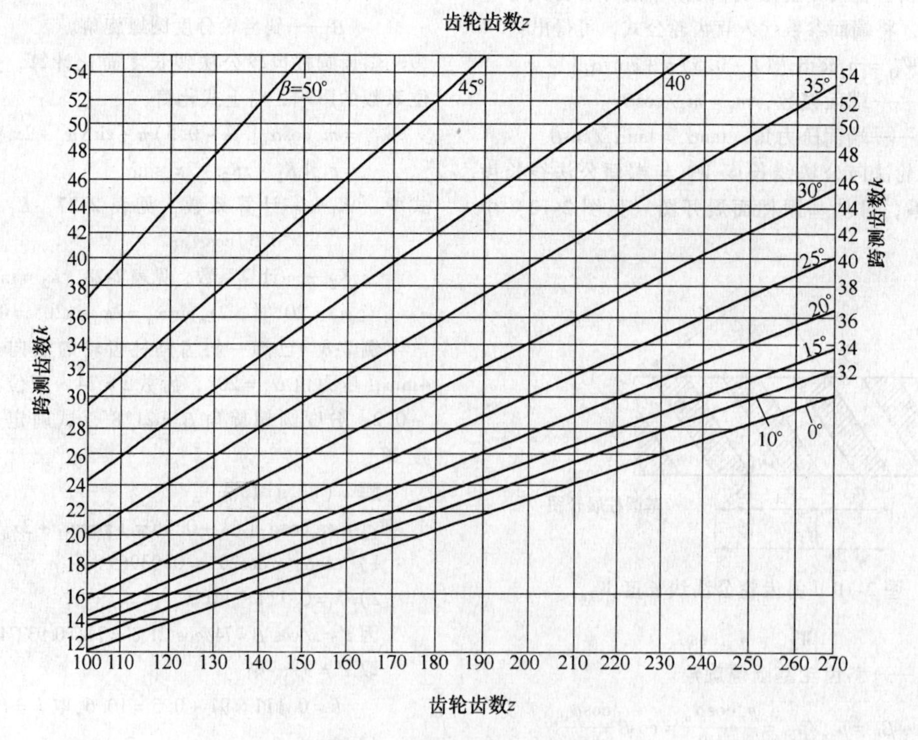

图 2-11　跨测齿数 k 的确定

表2-27 K_1 值

k	K_1	k	K_1	k	K_1
2	4.4282	19	54.6144	36	104.8006
3	7.3803	20	57.5665	37	107.7528
4	10.3325	21	60.5180	38	110.7049
5	13.2846	22	63.4708	39	113.6570
6	16.2367	23	66.4229	40	116.6092
7	19.1888	24	69.3751	41	119.5613
8	22.1410	25	72.3272	42	122.5135
9	25.0931	26	75.2793	43	125.4656
10	28.0452	27	78.2315	44	128.4171
11	30.9974	28	81.1836	45	131.3699
12	33.9495	29	84.1357	46	134.3220
13	36.9016	30	87.0379	47	137.2741
14	39.8538	31	90.0400	48	140.2263
15	42.8059	32	92.9921	49	143.1784
16	45.7580	33	95.9442	50	146.1305
17	48.7120	34	98.8964		
18	51.6623	35	101.8485		

表2-28 K_2 值

β	K_2						平均比例部分				
	0′	10′	20′	30′	40′	50′	1′	2′	3′	4′	5′
2°	0.01403	0.01404	0.01404	0.01405	0.01405	0.01406	0	0	0	0	0
3°	1409	1407	1407	1408	1409	1409	0	0	0	0	0
4°	1410	1411	1412	1413	1414	1415	0	0	0	0	1
5°	1416	1417	1418	1419	1420	1421	0	0	0	0	1
6°	0.01422	0.01424	0.01425	0.01426	0.01428	0.01429	0	0	0	1	1
7°	1430	1432	1434	1435	1437	1438	0	0	0	1	1
8°	1440	1442	1443	1445	1449	1449	0	0	1	1	1
9°	1450	1452	1454	1456	1457	1461	0	0	1	1	1
10°	1463	1465	1467	1470	1472	1474	0	0	1	1	1
11°	0.01477	0.01479	0.01482	0.01484	0.01487	0.01490	0	1	1	1	1
12°	1492	1495	1498	1500	1503	1505	0	1	1	1	1
13°	1508	1511	1514	1517	1521	1524	0	1	1	1	2
14°	1527	1530	1534	1537	1540	1544	0	1	1	1	2
15°	1547	1550	1554	1557	1550	1564	0	1	1	1	2
16°	0.01567	0.01571	0.01575	0.01579	0.01583	0.01586	0	1	1	2	2
17°	1591	1595	1599	1603	1607	1611	0	1	1	2	2
18°	1615	1619	1624	1629	1633	1638	0	1	1	2	2
19°	1642	1647	1652	1656	1661	1666	0	1	1	2	2
20°	1671	1676	1681	1687	1692	1698	1	1	2	2	3
21°	0.01703	0.01708	0.01714	0.01720	0.01726	0.01731	1	1	2	2	3
22°	1737	1742	1748	1754	1760	1766	1	1	2	2	3
23°	1772	1778	1784	1791	1797	1804	1	1	2	3	3
24°	1810	1817	1824	1831	1838	1846	1	1	2	3	4
25°	1853	1860	1867	1874	1881	1889	1	1	2	3	4

（续）

β	K_2						平均比例部分				
	0′	10′	20′	30′	40′	50′	1′	2′	3′	4′	5′
26°	0.01896	0.01904	0.01912	0.01920	0.01928	0.01939	1	2	2	3	4
27°	1945	1953	1961	1972	1971	1986	1	2	2	3	4
28°	1995	2004	2013	2028	2308	2042	1	2	3	4	5
29°	2049	2058	2068	2070	2087	2097	1	2	3	4	5
30°	2107	2117	2127	2137	2147	2158	1	2	3	4	5
31°	0.02168	0.02179	0.02190	0.02201	0.02212	0.02223	1	2	3	4	6
32°	2234	2246	2257	2269	2281	2293	1	2	3	5	6
33°	2305	2317	2330	2342	2255	2368	1	3	4	5	6
34°	2380	2393	2407	2420	2434	2448	1	3	4	5	7
35°	2461	2476	2490	2505	2520	2534	1	3	4	6	7
36°	0.02549	0.02565	0.02580	0.02596	0.02611	0.02627	2	3	5	6	8
37°	2642	2658	2675	2692	2709	2726	2	3	5	7	9
38°	2743	2761	2779	2797	2816	2834	2	4	5	7	9
39°	2852	2870	2889	2908	2927	2947	2	4	6	8	10
40°	2967	2988	3008	3029	3050	3071	2	4	6	8	10
41°	0.03092	0.03113	0.03135	0.03158	0.03180	0.03204	2	4	7	9	11
42°	3226	3249	3273	3297	3321	3347	2	5	7	10	12
43°	3372	3397	3422	3448	3475	3501	3	5	8	10	13
44°	3530	3557	3584	3612	3641	3672	3	6	9	11	14
45°	3701	3729	3758	3789	3821	3852	3	6	9	12	15
46°	0.03884	0.03915	0.03947	0.03980	0.04014	0.04049	3	7	10	13	17
47°	4024	4118	4158	4189	4225	4263	4	7	11	14	18
48°	4301	4339	4377	4416	4455	4495	4	8	12	16	19
49°	4537	4579	4621	4663	4706	4750	4	9	13	17	21
50°	4794	—	—	—	—	—	—	—	—	—	—

2.5.3 分度圆弦齿厚

（1）分度圆弦齿厚计算公式（见表2-29）

表2-29 分度圆弦齿厚计算公式

项目			直齿轮（内啮合、外啮合）	斜齿轮（内啮合、外啮合）
外齿轮	标准齿轮	公度圆弦齿厚 $\bar{s}(\bar{s}_n)$	$\bar{s}=zm\sin\dfrac{90°}{z}$ $\bar{s}$ 查表2-30	$\bar{s}_n=z_v m_n\sin\dfrac{90°}{z_v}$ $\bar{s}_n$ 查表2-30
		分度圆弦齿高 $\bar{h}_a(\bar{h}_{an})$	$\bar{h}_a=m\left[1+\dfrac{z}{2}\left(1-\cos\dfrac{90°}{z}\right)\right]$ $\bar{h}_a$ 查表2-30	$\bar{h}_{an}=m_n\left[1+\dfrac{z_v}{2}\left(1-\cos\dfrac{90°}{z_v}\right)\right]$ $\bar{h}_{an}$ 查表2-30
	变位齿轮	分度圆弦齿厚 $\bar{s}(\bar{s}_n)$	$\bar{s}=zm\sin\Delta,\Delta=\dfrac{90°+41.7°x}{z}$ $\bar{s}$ 查表2-31	$\bar{s}_n=z_v m_n\sin\Delta,\Delta=\dfrac{90°+41.7°x_n}{z_v}$ $\bar{s}_n$ 查表2-31
		分度圆弦齿高 $\bar{h}_a(\bar{h}_{an})$	$\bar{h}_a=h_a+\dfrac{zm}{2}(1-\cos\Delta)$ $\bar{h}_a$ 查表2-31	$\bar{h}_{an}=h_a+\dfrac{z_v m_n}{2}(1-\cos\Delta)$ $\bar{h}_{an}$ 查表2-31

（续）

项 目		直齿轮（内啮合、外啮合）	斜齿轮（内啮合、外啮合）
内齿轮	分度圆弦齿厚 $\bar{s}(\bar{s}_n)$	$\bar{s}_2 = z_2 m\sin\Delta_2, \Delta_2 = \dfrac{90° - 41.7°x_2}{z_2}$	$\bar{s}_{n2} = z_{v2} m_n \sin\Delta_2, \Delta_2 = \dfrac{90° - 41.7°x_{n2}}{z_{v2}}$
	分度圆弦齿高 $\bar{h}_a(\bar{h}_{an})$	$\bar{h}_{a2} = h_{a2} - \dfrac{z_2 m}{2}(1-\cos\Delta_2) + \Delta h$ $\Delta h = \dfrac{d_{a2}}{2}(1-\cos\delta_a)$ $\delta_a = \dfrac{\pi}{2z_2} - \mathrm{inv}\alpha - \dfrac{2x_2}{z_2}\tan\alpha + \mathrm{inv}\alpha_{a2}$	$\bar{h}_{an2} = h_{a2} - \dfrac{z_{v2} m_n}{2}(1-\cos\Delta_2) + \Delta h$ $\Delta h = \dfrac{d_{a2}}{2}(1-\cos\delta_a)$ $\delta_a = \dfrac{\pi}{2z_{v2}} - \mathrm{inv}\alpha_t - \dfrac{2x_{n2}}{z_{v2}}\tan\alpha_t + \mathrm{inv}\alpha_{at2}$

（2）分度圆弦齿厚数值表（见表 2-30、表 2-31）

表 2-30 外啮合标准齿轮分度圆弦齿厚 $\bar{s}$（$\bar{s}_n$）和弦齿高 $\bar{h}_a$（$\bar{h}_{an}$）

（$m = m_n = 1\text{mm}$，$\alpha = \alpha_n = 20°$，$h_a^* = h_{an}^* = 1$） （单位：mm）

齿数 $z(z_v)$	分度圆弦齿厚 $\bar{s}(\bar{s}_n)$	分度圆弦齿高 $\bar{h}_a(\bar{h}_{an})$	齿数 $z(z_v)$	分度圆弦齿厚 $\bar{s}(\bar{s}_n)$	分度圆弦齿高 $\bar{h}_a(\bar{h}_{an})$	齿数 $z(z_v)$	分度圆弦齿厚 $\bar{s}(\bar{s}_n)$	分度圆弦齿高 $\bar{h}_a(\bar{h}_{an})$	齿数 $z(z_v)$	分度圆弦齿厚 $\bar{s}(\bar{s}_n)$	分度圆弦齿高 $\bar{h}_a(\bar{h}_{an})$
6	1.5529	1.1022	31	1.5701	1.0199	56	1.5706	1.0110	81	1.5707	1.0076
7	1.5568	1.0873	32	1.5702	1.0193	57	1.5706	1.0108	82	1.5707	1.0075
8	1.5507	1.0769	33	1.5702	1.0187	58	1.5706	1.0106	83	1.5707	1.0074
9	1.5628	1.0684	34	1.5702	1.0181	59	1.5706	1.0105	84	1.5707	1.0074
10	1.5643	1.0616	35	1.5702	1.0176	60	1.5706	1.0102	85	1.5707	1.0073
11	1.5654	1.0559	36	1.5703	1.0171	61	1.5706	1.0101	86	1.5707	1.0072
12	1.5663	1.0514	37	1.5703	1.0167	62	1.5706	1.0100	87	1.5707	1.0071
13	1.5670	1.0474	38	1.5703	1.0162	63	1.5706	1.0098	88	1.5707	1.0070
14	1.5675	1.0440	39	1.5704	1.0158	64	1.5706	1.0097	89	1.5707	1.0069
15	1.5679	1.0411	40	1.5704	1.0154	65	1.5706	1.0095	90	1.5707	1.0068
16	1.5683	1.0385	41	1.5704	1.0150	66	1.5706	1.0094	91	1.5707	1.0068
17	1.5686	1.0362	42	1.5704	1.0147	67	1.5706	1.0092	92	1.5707	1.0067
18	1.5688	1.0342	43	1.5705	1.0143	68	1.5706	1.0091	93	1.5707	1.0067
19	1.5690	1.0324	44	1.5705	1.0140	69	1.5707	1.0090	94	1.5707	1.0066
20	1.5692	1.0308	45	1.5705	1.0137	70	1.5707	1.0088	95	1.5707	1.0065
21	1.5694	1.0294	46	1.5705	1.0134	71	1.5707	1.0087	96	1.5707	1.0064
22	1.5695	1.0281	47	1.5705	1.0131	72	1.5707	1.0086	97	1.5707	1.0064
23	1.5696	1.0268	48	1.5705	1.0129	73	1.5707	1.0085	98	1.5707	1.0063
24	1.5697	1.0257	49	1.5705	1.0126	74	1.5707	1.0084	99	1.5707	1.0062
25	1.5698	1.0247	50	1.5705	1.0123	75	1.5707	1.0083	100	1.5707	1.0061
26	1.5698	1.0237	51	1.5706	1.0121	76	1.5707	1.0081	101	1.5707	1.0061
27	1.5699	1.0228	52	1.5706	1.0119	77	1.5707	1.0080	102	1.5707	1.0060
28	1.5700	1.0220	53	1.5706	1.0117	78	1.5707	1.0079	103	1.5707	1.0060
29	1.5700	1.0213	54	1.5706	1.0114	79	1.5707	1.0078	104	1.5707	1.0059
30	1.5701	1.0205	55	1.5706	1.0112	80	1.5707	1.0077	105	1.5707	1.0059

（续）

齿数 $z(z_v)$	分度圆弦齿厚 $\bar{s}(\bar{s}_n)$	分度圆弦齿高 $\bar{h}_a(\bar{h}_{an})$	齿数 $z(z_v)$	分度圆弦齿厚 $\bar{s}(\bar{s}_n)$	分度圆弦齿高 $\bar{h}_a(\bar{h}_{an})$	齿数 $z(z_v)$	分度圆弦齿厚 $\bar{s}(\bar{s}_n)$	分度圆弦齿高 $\bar{h}_a(\bar{h}_{an})$	齿数 $z(z_v)$	分度圆弦齿厚 $\bar{s}(\bar{s}_n)$	分度圆弦齿高 $\bar{h}_a(\bar{h}_{an})$
106	1.5707	1.0058	115	1.5707	1.0054	124	1.5707	1.0050	133	1.5708	1.0047
107	1.5707	1.0058	116	1.5707	1.0053	125	1.5707	1.0049	134	1.5708	1.0046
108	1.5707	1.0057	117	1.5707	1.0053	126	1.5707	1.0049	135	1.5708	1.0046
109	1.5707	1.0057	118	1.5707	1.0053	127	1.5707	1.0049	140	1.5708	1.0044
110	1.5707	1.0056	119	1.5707	1.0052	128	1.5707	1.0048	145	1.5708	1.0042
111	1.5707	1.0056	120	1.5707	1.0052	129	1.5707	1.0048	150	1.5708	1.0041
112	1.5707	1.0055	121	1.5707	1.0051	130	1.5707	1.0047	齿条	1.5708	1.0000
113	1.5707	1.0055	122	1.5707	1.0051	131	1.5708	1.0047			
114	1.5707	1.0054	123	1.5707	1.0050	132	1.5708	1.0047			

注：1. 对于斜齿圆柱齿轮和锥齿轮，本表也可以用，所不同的，齿数要按照当量齿数 z_v。

2. 如果当量齿数带小数，就要用比例插入法，把小数部分考虑进行。

3. 当模数 m（或 m_n）≠1mm 时，应将查得的 $\bar{s}(\bar{s}_n)$ 和 $\bar{h}_{an}(\bar{h}_{an})$ 乘以 $m(m_n)$。

表 2-31　外啮合变位齿轮分度圆弦厚 $\bar{s}$（或 $\bar{s}_n$）和分度圆弦齿高 $\bar{h}_a$（或 $\bar{h}_{an}$）

（$\alpha=\alpha_n=20°$，$m=m_n=1$mm，$h_a^*=h_{an}^*=1$）　　（单位：mm）

$z(x_v)$	10		11		12		13		14		15		16		17	
$x(x_n)$	$\bar{s}$ $(\bar{s}_n)$	$\bar{h}_a$ $(\bar{h}_{an})$	$\bar{s}$ $(\bar{s}_n)$	$\bar{h}_a$ $(\bar{h}_{an})$	$\bar{s}$ $(\bar{s}_n)$	$\bar{h}_a$ $(\bar{h}_{an})$	$\bar{s}$ $(\bar{s}_n)$	$\bar{h}_a$ $(\bar{h}_{an})$	$\bar{s}$ $(\bar{s}_n)$	$\bar{h}_a$ $(\bar{h}_{an})$	$\bar{s}$ $(\bar{s}_n)$	$\bar{h}_a$ $(\bar{h}_{an})$	$\bar{s}$ $(\bar{s}_n)$	$\bar{h}_a$ $(\bar{h}_{an})$	$\bar{s}$ $(\bar{s}_n)$	$\bar{h}_a$ $(\bar{h}_{an})$
0.02															1.583	1.057
0.05											1.604	1.093	1.604	1.090	1.605	1.088
0.08											1.626	1.124	1.626	1.121	1.626	1.119
0.10									1.639	1.148	1.640	1.145	1.641	1.142	1.641	1.140
0.12									1.654	1.169	1.655	1.166	1.655	1.163	1.655	1.160
0.15							1.675	1.204	1.676	1.200	1.677	1.197	1.677	1.194	1.677	1.192
0.18							1.697	1.236	1.698	1.232	1.698	1.228	1.699	1.225	1.699	1.223
0.20					1.710	1.261	1.711	1.257	1.712	1.253	1.713	1.249	1.713	1.246	1.713	1.243
0.22					1.725	1.282	1.726	1.278	1.726	1.273	1.727	1.270	1.728	1.267	1.728	1.264
0.25	1.744	1.327	1.745	1.320	1.746	1.314	1.747	1.309	1.748	1.305	1.749	1.301	1.749	1.298	1.750	1.295
0.28	1.765	1.359	1.767	1.351	1.768	1.346	1.769	1.341	1.770	1.336	1.770	1.332	1.771	1.329	1.771	1.326
0.30	1.780	1.380	1.781	1.373	1.782	1.367	1.783	1.362	1.784	1.357	1.785	1.353	1.785	1.350	1.786	1.347
0.32	1.794	1.401	1.796	1.394	1.797	1.388	1.798	1.383	1.798	1.378	1.799	1.374	1.800	1.371	1.800	1.308
0.35	1.815	1.433	1.817	1.426	1.819	1.419	1.820	1.414	1.820	1.410	1.821	1.405	1.822	1.402	1.822	1.399
0.38	1.837	1.465	1.839	1.457	1.841	1.451	1.841	1.446	1.842	1.441	1.843	1.437	1.843	1.433	1.844	1.430
0.40	1.851	1.486	1.853	1.479	1.855	1.472	1.856	1.467	1.857	1.462	1.857	1.458	1.858	1.454	1.858	1.451
0.42	1.866	1.508	1.867	1.500	1.870	1.493	1.870	1.488	1.871	1.483	1.872	1.479	1.872	1.475	1.873	1.472
0.45	1.887	1.540	1.889	1.532	1.891	1.525	1.892	1.519	1.893	1.514	1.893	1.510	1.894	1.506	1.895	1.503
0.48	1.908	1.572	1.910	1.564	1.917	1.557	1.913	1.551	1.914	1.546	1.915	1.541	1.916	1.538	1.916	1.534
0.50	1.923	1.593	1.925	1.585	1.926	1.578	1.928	1.572	1.929	1.567	1.929	1.562	1.930	1.558	1.931	1.555
0.52	1.937	1.615	1.939	1.606	1.941	1.599	1.942	1.593	1.943	1.588	1.944	1.583	1.945	1.579	1.945	1.576
0.55	1.959	1.647	1.961	1.638	1.962	1.631	1.964	1.625	1.965	1.620	1.966	1.615	1.966	1.611	1.967	1.607
0.58	1.980	1.679	1.982	1.670	1.984	1.663	1.985	1.656	1.986	1.651	1.987	1.646	1.988	1.642	1.988	1.638
0.60	1.994	1.700	1.996	1.691	1.998	1.684	1.999	1.677	2.001	1.673	2.002	1.667	2.002	1.663	2.003	1.659

（续）

$z(z_v)$	18		19		20		21		22		23		24		25	
$x(x_n)$	$\bar{s}$ ($\bar{s}_n$)	$\bar{h}_a$ ($\bar{h}_{an}$)	$\bar{s}$ ($\bar{s}_n$)	$\bar{h}_a$ ($\bar{h}_{an}$)	$\bar{s}$ ($\bar{s}_n$)	$\bar{h}_a$ ($\bar{h}_{an}$)	$\bar{s}$ ($\bar{s}_n$)	$\bar{h}_a$ ($\bar{h}_{an}$)	$\bar{s}$ ($\bar{s}_n$)	$\bar{h}_a$ ($\bar{h}_{an}$)	$\bar{s}$ ($\bar{s}_n$)	$\bar{h}_a$ ($\bar{h}_{an}$)	$\bar{s}$ ($\bar{s}_n$)	$\bar{h}_a$ ($\bar{h}_{an}$)	$\bar{s}$ ($\bar{s}_n$)	$\bar{h}_a$ ($\bar{h}_{an}$)
-0.12					1.482	0.908	1.482	0.906	1.482	0.905	1.482	0.904	1.483	0.903	1.483	0.902
-0.10			1.496	0.930	1.497	0.928	1.497	0.297	1.497	0.925	1.497	0.924	1.497	0.923	1.497	0.922
-0.08			1.511	0.950	1.511	0.949	1.511	0.947	1.511	0.946	1.511	0.945	1.511	0.944	1.512	0.943
-0.05	1.533	0.983	1.533	0.981	1.533	0.979	1.533	0.978	1.533	0.977	1.533	0.976	1.534	0.975	1.534	0.974
-0.02	1.554	1.014	1.554	1.012	1.555	1.010	1.555	1.009	1.555	1.008	1.555	1.006	1.555	1.005	1.555	1.004
0.00	1.569	1.034	1.569	1.032	1.569	1.031	1.569	1.029	1.569	1.028	1.569	1.027	1.570	1.026	1.570	1.025
0.02	1.583	1.055	1.584	1.053	1.584	1.051	1.584	1.050	1.584	1.049	1.584	1.047	1.584	1.046	1.584	1.045
0.05	1.605	1.086	1.605	1.084	1.605	1.082	1.606	1.081	1.606	1.079	1.606	1.078	1.606	1.077	1.606	1.076
0.08	1.627	1.117	1.627	1.115	1.627	1.113	1.627	1.112	1.628	1.110	1.628	1.109	1.628	1.108	1.628	1.107
0.10	1.641	1.138	1.642	1.136	1.642	1.134	1.642	1.132	1.642	1.131	1.642	1.130	1.642	1.128	1.642	1.127
0.12	1.656	1.158	1.656	1.156	1.656	1.154	1.656	1.153	1.657	1.151	1.657	1.150	1.657	1.149	1.657	1.147
0.15	1.678	1.189	1.678	1.187	1.678	1.185	1.678	1.184	1.678	1.182	1.678	1.181	1.679	1.179	1.679	1.178
0.18	1.699	1.220	1.700	1.218	1.700	1.216	1.700	1.215	1.700	1.213	1.700	1.212	1.700	1.210	1.701	1.209
0.20	1.714	1.241	1.714	1.239	1.714	1.237	1.714	1.235	1.715	1.234	1.715	1.232	1.715	1.231	1.715	1.229
0.22	1.728	1.262	1.729	1.259	1.729	1.257	1.729	1.256	1.729	1.254	1.729	1.253	1.729	1.251	1.730	1.250
0.25	1.750	1.293	1.750	1.290	1.750	1.288	1.751	1.287	1.751	1.285	1.751	1.283	1.751	1.281	1.751	1.280
0.28	1.772	1.324	1.772	1.321	1.772	1.319	1.773	1.318	1.773	1.316	1.773	1.314	1.773	1.313	1.773	1.311
0.30	1.786	1.344	1.787	1.342	1.787	1.340	1.787	1.338	1.787	1.336	1.787	1.335	1.788	1.333	1.788	1.332
0.32	1.801	1.365	1.801	1.363	1.801	1.361	1.802	1.359	1.802	1.357	1.802	1.355	1.802	1.354	1.802	1.353
0.35	1.822	1.396	1.823	1.394	1.823	1.392	1.823	1.390	1.824	1.388	1.824	1.386	1.824	1.385	1.824	1.383
0.38	1.844	1.427	1.844	1.425	1.845	1.423	1.845	1.421	1.845	1.419	1.845	1.417	1.846	1.415	1.846	1.414
0.40	1.858	1.448	1.859	1.446	1.859	1.443	1.859	1.441	1.860	1.439	1.860	1.438	1.860	1.436	1.860	1.435
0.42	1.873	1.469	1.873	1.466	1.874	1.464	1.874	1.462	1.874	1.460	1.874	1.458	1.875	1.457	1.875	1.455
0.45	1.895	1.500	1.895	1.497	1.896	1.495	1.896	1.493	1.896	1.491	1.896	1.489	1.896	1.488	1.897	1.486
0.48	1.916	1.531	1.917	1.529	1.917	1.526	1.918	1.524	1.918	1.522	1.918	1.520	1.918	1.518	1.918	1.517
0.50	1.931	1.552	1.931	1.549	1.932	1.547	1.932	1.545	1.932	1.543	1.933	1.541	1.933	1.539	1.933	1.537
0.52	1.945	1.573	1.946	1.570	1.946	1.568	1.947	1.565	1.947	1.563	1.947	1.562	1.947	1.560	1.947	1.558
0.55	1.967	1.604	1.968	1.601	1.968	1.599	1.968	1.596	1.969	1.594	1.969	1.593	1.969	1.591	1.969	1.589
0.58	1.989	1.635	1.989	1.632	1.990	1.630	1.990	1.627	1.990	1.625	1.991	1.624	1.991	1.621	1.991	1.620
0.60	2.003	1.656	2.004	1.653	2.004	1.650	2.005	1.648	2.005	1.646	2.005	1.645	2.005	1.642	2.005	1.641

$z(x_v)$	26 ~ 30	31 ~ 69	70 ~ 200	26	28	30	40	50	60	70	80	90	100	150	200
$x(x_n)$	$\bar{s}$ ($\bar{s}_n$)	$\bar{s}$ ($\bar{s}_n$)	$\bar{s}$ ($\bar{s}_n$)	$\bar{h}_a$ ($\bar{h}_{an}$)	$\bar{h}_a$ ($\bar{h}_{an}$)	$\bar{h}_a$ ($\bar{h}_{an}$)	$\bar{h}_a$ ($\bar{h}_{an}$)	$\bar{h}_a$ ($\bar{h}_{an}$)	$\bar{h}_a$ ($\bar{h}_{an}$)	$\bar{h}_a$ ($\bar{h}_{an}$)	$\bar{h}_a$ ($\bar{h}_{an}$)	$\bar{h}_a$ ($\bar{h}_{an}$)	$\bar{h}_a$ ($\bar{h}_{an}$)	$\bar{h}_a$ ($\bar{h}_{an}$)	$\bar{h}_a$ ($\bar{h}_{an}$)
-0.60	1.134	1.134	1.134	0.413	0.412	0.411	0.408	0.406	0.405	0.405	0.404	0.404	0.403	0.403	0.402
-0.58	1.148	1.149	1.149	0.433	0.432	0.431	0.428	0.427	0.426	0.425	0.424	0.424	0.423	0.423	0.422
-0.55	1.170	1.170	1.170	0.463	0.462	0.461	0.459	0.457	0.456	0.455	0.454	0.454	0.454	0.453	0.452
-0.52	1.192	1.192	1.192	0.494	0.493	0.492	0.489	0.487	0.486	0.485	0.485	0.484	0.484	0.483	0.482
-0.50	1.206	1.207	1.207	0.514	0.513	0.512	0.509	0.507	0.506	0.505	0.505	0.504	0.504	0.503	0.502

（续）

$z(x_v)$	26~30	31~69	70~200	26	28	30	40	50	60	70	80	90	100	150	200
$x(x_n)$	$\bar{s}$ ($\bar{s}_n$)	$\bar{s}$ ($\bar{s}_n$)	$\bar{s}$ ($\bar{s}_n$)	$\bar{h}_a$ ($\bar{h}_{an}$)	$\bar{h}_a$ ($\bar{h}_{an}$)	$\bar{h}_a$ ($\bar{h}_{an}$)	$\bar{h}_a$ ($\bar{h}_{an}$)	$\bar{h}_a$ ($\bar{h}_{an}$)	$\bar{h}_a$ ($\bar{h}_{an}$)	$\bar{h}_a$ ($\bar{h}_{an}$)	$\bar{h}_a$ ($\bar{h}_{an}$)	$\bar{h}_a$ ($\bar{h}_{an}$)	$\bar{h}_a$ ($\bar{h}_{an}$)	$\bar{h}_a$ ($\bar{h}_{an}$)	$\bar{h}_a$ ($\bar{h}_{an}$)
-0.48	1.221	1.221	1.221	0.534	0.533	0.532	0.529	0.528	0.526	0.525	0.525	0.524	0.524	0.523	0.522
-0.45	1.243	1.243	1.243	0.565	0.564	0.563	0.560	0.558	0.557	0.556	0.555	0.554	0.554	0.553	0.552
-0.42	1.265	1.265	1.266	0.595	0.594	0.593	0.590	0.588	0.587	0.586	0.585	0.584	0.584	0.583	0.582
-0.40	1.279	1.280	1.280	0.616	0.615	0.614	0.610	0.608	0.607	0.606	0.605	0.605	0.604	0.603	0.602
-0.38	1.294	1.294	1.294	0.636	0.635	0.634	0.630	0.628	0.627	0.626	0.625	0.625	0.624	0.623	0.622
-0.35	1.316	1.316	1.316	0.667	0.665	0.664	0.661	0.659	0.657	0.656	0.655	0.655	0.654	0.653	0.652
-0.32	1.337	1.338	1.338	0.697	0.696	0.695	0.691	0.689	0.687	0.686	0.686	0.685	0.685	0.683	0.682
-0.30	1.352	1.352	1.352	0.718	0.716	0.715	0.711	0.709	0.708	0.707	0.706	0.705	0.705	0.703	0.702
-0.28	1.366	1.367	1.367	0.738	0.737	0.736	0.732	0.729	0.728	0.727	0.726	0.725	0.725	0.723	0.722
-0.25	1.388	1.389	1.389	0.769	0.767	0.766	0.762	0.760	0.758	0.757	0.756	0.755	0.755	0.753	0.752
-0.22	1.410	1.411	1.411	0.799	0.798	0.797	0.792	0.790	0.788	0.787	0.786	0.786	0.785	0.784	0.783
-0.20	1.425	1.425	1.425	0.819	0.818	0.817	0.813	0.810	0.809	0.807	0.806	0.806	0.805	0.804	0.803
-0.18	1.439	1.440	1.440	0.840	0.838	0.837	0.833	0.830	0.829	0.827	0.826	0.826	0.825	0.824	0.823
-0.15	1.461	1.462	1.462	0.871	0.869	0.868	0.863	0.861	0.859	0.858	0.857	0.856	0.855	0.854	0.853
-0.12	1.483	1.483	1.483	0.901	0.899	0.898	0.894	0.891	0.889	0.888	0.887	0.886	0.886	0.884	0.883
-0.10	1.497	1.497	1.498	0.922	0.920	0.919	0.914	0.911	0.909	0.908	0.907	0.906	0.906	0.904	0.903
-0.08	1.512	1.512	1.513	0.942	0.940	0.939	0.934	0.931	0.929	0.928	0.927	0.926	0.926	0.924	0.923
-0.05	1.534	1.534	1.534	0.973	0.971	0.970	0.965	0.962	0.960	0.959	0.957	0.957	0.956	0.954	0.953
-0.02	1.555	1.555	1.556	1.003	1.001	1.000	0.995	0.992	0.990	0.989	0.988	0.987	0.986	0.984	0.983
0.00	1.570	1.571	1.571	1.024	1.022	1.021	1.015	0.012	1.010	1.009	1.008	1.007	1.006	1.004	1.003
0.02	1.585	1.585	1.585	1.044	1.042	1.041	1.036	1.033	1.031	1.029	1.028	1.027	1.026	1.025	1.023
0.05	1.606	1.607	1.607	1.075	1.073	1.072	1.066	1.063	1.061	1.059	1.058	1.057	1.057	1.055	1.053
0.08	1.628	1.629	1.629	1.106	1.104	1.102	1.097	1.093	1.091	1.089	1.088	1.088	1.087	1.085	1.083
0.10	1.643	1.643	1.644	1.126	1.124	1.122	1.117	1.114	1.111	1.110	1.108	1.108	1.107	1.105	1.103
0.12	1.657	1.658	1.658	1.147	1.145	1.143	1.137	1.134	1.132	1.130	1.129	1.128	1.127	1.125	1.124
0.15	1.679	1.679	1.680	1.177	1.175	1.173	1.168	1.164	1.162	1.160	1.159	1.158	1.157	1.155	1.154
0.18	1.701	1.702	1.702	1.208	1.206	1.204	1.198	1.195	1.192	1.190	1.189	1.188	1.187	1.186	1.184
0.20	1.715	1.716	1.716	1.228	1.226	1.224	1.218	1.215	1.212	1.210	1.209	1.208	1.207	1.206	1.204
0.22	1.730	1.731	1.731	1.249	1.247	1.245	1.239	1.235	1.233	1.231	1.229	1.228	1.228	1.226	1.224
0.25	1.752	1.753	1.753	1.280	1.278	1.276	1.269	1.265	1.263	1.261	1.260	1.259	1.258	1.256	1.254
0.28	1.774	1.774	1.775	1.310	1.308	1.306	1.300	1.296	1.293	1.291	1.290	1.289	1.288	1.286	1.284
0.30	1.788	1.789	1.789	1.331	1.329	1.327	1.320	1.316	1.313	1.311	1.310	1.309	1.308	1.306	1.304
0.32	1.803	1.804	1.804	1.351	1.349	1.347	1.340	1.336	1.334	1.332	1.330	1.329	1.328	1.326	1.324
0.35	1.824	1.825	1.826	1.382	1.380	1.378	1.371	1.367	1.364	1.362	1.360	1.359	1.358	1.356	1.354
0.38	1.846	1.847	1.847	1.413	1.410	1.408	1.401	1.397	1.394	1.392	1.391	1.389	1.389	1.386	1.384
0.40	1.861	1.862	1.862	1.433	1.431	1.429	1.422	1.417	1.414	1.412	1.411	1.410	1.409	1.407	1.404
0.42	1.875	1.876	1.877	1.454	1.451	1.449	1.442	1.438	1.435	1.433	1.431	1.430	1.429	1.427	1.424
0.45	1.897	1.898	1.898	1.485	1.482	1.480	1.473	1.468	1.465	1.463	1.461	1.460	1.459	1.457	1.455
0.48	1.919	1.920	1.920	1.516	1.513	1.511	1.503	1.498	1.495	1.493	1.492	1.490	1.489	1.487	1.485
0.50	1.933	1.934	1.935	1.536	1.533	1.531	1.523	1.519	1.516	1.513	1.512	1.510	1.509	1.507	1.505

（续）

$z(x_v)$	26 ~ 30	31 ~ 69	70 ~ 200	26	28	30	40	50	60	70	80	90	100	150	200
$x(x_n)$	$\bar{s}$ $(\bar{s}_n)$	$\bar{s}$ $(\bar{s}_n)$	$\bar{s}$ $(\bar{s}_n)$	$\bar{h}_a$ $(\bar{h}_{an})$	$\bar{h}_a$ $(\bar{h}_{an})$	$\bar{h}_a$ $(\bar{h}_{an})$	$\bar{h}_a$ $(\bar{h}_{an})$	$\bar{h}_a$ $(\bar{h}_{an})$	$\bar{h}_a$ $(\bar{h}_{an})$	$\bar{h}_a$ $(\bar{h}_{an})$	$\bar{h}_a$ $(\bar{h}_{an})$	$\bar{h}_a$ $(\bar{h}_{an})$	$\bar{h}_a$ $(\bar{h}_{an})$	$\bar{h}_a$ $(\bar{h}_{an})$	$\bar{h}_a$ $(\bar{h}_{an})$
0.52	1.948	1.949	1.949	1.557	1.554	1.552	1.544	1.539	1.536	1.534	1.532	1.531	1.530	1.527	1.525
0.55	1.970	1.970	1.971	1.587	1.585	1.582	1.574	1.569	1.566	1.564	1.562	1.561	1.560	1.557	1.555
0.58	1.992	1.993	1.993	1.618	1.615	1.613	1.605	1.600	1.597	1.594	1.592	1.591	1.590	1.587	1.585
0.60	2.006	2.007	2.008	1.639	1.636	1.634	1.625	1.620	1.617	1.614	1.613	1.611	1.610	1.608	1.605

注：1. 本表可直接用于高变位齿轮（$h_a = m$ 或 $h_{an} = m_n$），对角变位齿轮，应将表中查出的 $\bar{h}_a$（$\bar{h}_{an}$）减去齿顶高变动系数 Δy（Δy_n）

2. 当模数 m（或 m_n）≠1mm 时，应将查得的 $\bar{s}$（$\bar{s}_n$）和 $\bar{h}_a$（$\bar{h}_{an}$）乘以 m（m_n）。

3. 对斜齿轮，用 z_v 查表，z_v 有小数时，按插入法计算。

2.5.4 固定弦齿厚

（1）固定弦齿厚计算公式（见表 2-32）

表 2-32　固定弦齿厚计算公式

项目			直齿轮（内啮合、外啮合）	斜齿轮（内啮合、外啮合）
外齿轮	标准齿轮	固定弦齿厚 $\bar{s}_c(\bar{s}_{cn})$	$\bar{s}_c = \frac{\pi m}{2}\cos^2\alpha$ 当 $\alpha = 20°$ 时，可查表 2-33	$\bar{s}_{cn} = \frac{\pi m_n}{2}\cos^2\alpha_n$ 当 $\alpha_n = 20°$ 时，可查表 2-33
		固定弦齿高 $\bar{h}_c(\bar{h}_{cn})$	$\bar{h}_c = m\left(1 - \frac{\pi}{8}\sin 2\alpha\right)$ 当 $\alpha = 20°$ 时，可查表 2-33	$\bar{h}_{cn} = m_n\left(1 - \frac{\pi}{8}\sin 2\alpha_n\right)$ 当 $\alpha_n = 20°$ 时，可查表 2-33
	变位齿轮	固定弦齿厚 $\bar{s}_c(\bar{s}_{cn})$	$\bar{s}_c = m\cos^2\alpha\left(\frac{\pi}{2} + 2x\tan\alpha\right)$ 当 $\alpha = 20°$ 时，可查表 2-34	$\bar{s}_{cn} = m_n\cos^2\alpha_n\left(\frac{\pi}{2} + 2x_n\tan\alpha_n\right)$ 当 $\alpha_n = 20°$ 时，可查表 2-34
		固定弦齿高 $\bar{h}_c(\bar{h}_{cn})$	$\bar{h}_c = h_a - 0.182\bar{s}_c$ 当 $\alpha = 20°$ 时，可查表 2-34	$\bar{h}_{cn} = h_a - 0.182\bar{s}_{cn}$ 当 $\alpha_n = 20°$ 时，可查表 2-34
内齿轮		固定弦齿厚 $\bar{s}_c$	$\bar{s}_{c2} = m\cos^2\alpha\left(\frac{\pi}{2} - 2x_2\tan\alpha\right)$ 当 $\alpha = 20°$ 时： $\bar{s}_{c2} = (1.3870 - 0.6428x_2)m$	$\bar{s}_{cn2} = m_n\cos^2\alpha_n\left(\frac{\pi}{2} - 2x_{n2}\tan\alpha_n\right)$ 当 $\alpha_n = 20°$ 时： $\bar{s}_{cn2} = (1.3870 - 0.6428x_{n2})m_n$
		固定弦齿高 $\bar{h}_c$	$\bar{h}_{c2} = h_{a2} - 0.182\bar{s}_{c2} + \Delta h$ $\Delta h = \frac{d_{a2}}{2}(1 - \cos\delta_a)$ $\delta_a = \frac{\pi}{2z_2} - \mathrm{inv}\alpha - \frac{2x_2}{z_2}\tan\alpha + \mathrm{inv}\alpha_{a2}$	$\bar{h}_{cn2} = h_{a2} - 0.182\bar{s}_{cn2} + \Delta h$ $\Delta h = \frac{d_{a2}}{2}(1 - \cos\delta_a)$ $\delta_a' = \frac{\pi}{2z_{v2}} - \mathrm{inv}\alpha_t - \frac{2x_{n2}}{z_{v2}}\tan\alpha_t + \mathrm{inv}\alpha_{at2}$

（2）固定弦齿厚数值表（见表 2-33、表 2-34）

表 2-33　外啮合标准齿轮固定弦齿厚 $\bar{s}_c$（$\bar{s}_{cn}$）和固定弦齿高 $\bar{h}_c$（$\bar{h}_{cn}$）

（$\alpha=\alpha_n=20°$，$h_a^*=h_{an}^*=1$）　　（单位：mm）

$m(m_n)$	$\bar{s}_c(\bar{s}_{cn})$	$\bar{h}_c(\bar{h}_{cn})$	$m(m_n)$	$\bar{s}_c(\bar{s}_{cn})$	$\bar{h}_c(\bar{h}_{cn})$	$m(m_n)$	$\bar{s}_c(\bar{s}_{cn})$	$\bar{h}_c(\bar{h}_{cn})$	$m(m_n)$	$\bar{s}_c(\bar{s}_{cn})$	$\bar{h}_c(\bar{h}_{cn})$
1	1.387	0.748	3.5	4.855	2.617	12	16.645	8.971	30	41.612	22.427
1.25	1.734	0.934	4	5.548	2.990	14	19.419	10.466	33	45.773	24.670
1.5	2.081	1.121	5	6.935	3.738	16	22.193	11.961	36	49.934	26.913
1.75	2.427	1.308	6	8.322	4.485	18	24.967	13.456	40	55.482	29.903
2	2.774	1.495	7	9.709	5.233	20	27.741	14.952	45	62.417	33.641
2.25	3.121	1.682	8	11.096	5.981	22	30.515	16.447	50	69.353	37.379
2.5	3.468	1.869	9	12.483	6.728	25	34.676	18.690			
3	4.161	2.243	10	13.871	7.476	28	38.837	20.932			

注：$\bar{s}_c=1.3870m$（$\bar{s}_{cn}=1.3870m_n$）；$\bar{h}_c=0.7476m$（$\bar{h}_{cn}=0.7476m_n$）。

表 2-34　外啮合变位齿轮固定弦齿厚 $\bar{s}_c$（或 $\bar{s}_{cn}$）和固定弦齿高 $\bar{h}_c$（或 $\bar{h}_{cn}$）

（$m=m_n=1\text{mm}$，$\alpha=\alpha_n=20°$，$h_a^*=h_{an}^*=1$）　　（单位：mm）

$x(x_n)$	$\bar{s}_c$ ($\bar{s}_{cn}$)	$\bar{h}_c$ ($\bar{h}_{cn}$)	$x(x_n)$	$\bar{s}_c$ ($\bar{s}_{cn}$)	$\bar{h}_c$ ($\bar{h}_{cn}$)	$x(x_n)$	$\bar{s}_c$ ($\bar{s}_{cn}$)	$\bar{h}_c$ ($\bar{h}_{cn}$)	$x(x_n)$	$\bar{s}_c$ ($\bar{s}_{cn}$)	$\bar{h}_c$ ($\bar{h}_{cn}$)
-0.40	1.1299	0.3944	-0.11	1.3163	0.6504	0.18	1.5027	0.9065	0.47	1.6892	1.1626
-0.39	1.1364	0.4032	-0.10	1.3228	0.6593	0.19	1.5092	0.9154	0.48	1.6956	1.1714
-0.38	1.1428	0.4120	-0.09	1.3292	0.6681	0.20	1.5156	0.9242	0.49	1.7020	1.1803
-0.37	1.1492	0.4209	-0.08	1.3356	0.6769	0.21	1.5220	0.9330	0.50	1.7084	1.1891
-0.36	1.1556	0.4297	-0.07	1.3421	0.6858	0.22	1.5285	0.9418	0.51	1.7149	1.1979
-0.35	1.1621	0.4385	-0.06	1.3485	0.6946	0.23	1.5349	0.9507	0.52	1.7213	1.2068
-0.34	1.1685	0.4474	-0.05	1.3549	0.7034	0.24	1.5413	0.9595	0.53	1.7277	1.2156
-0.33	1.1749	0.4562	-0.04	1.3613	0.7123	0.25	1.5477	0.9683	0.54	1.7342	1.2244
-0.32	1.1814	0.4650	-0.03	1.3678	0.7211	0.26	1.5542	0.9772	0.55	1.7406	1.2332
-0.31	0.1878	0.4738	-0.02	1.3742	0.7299	0.27	1.5606	0.9860	0.56	1.7470	1.2421
-0.30	1.1942	0.4827	-0.01	1.3806	0.7387	0.28	1.5670	0.9948	0.57	1.7534	1.2509
-0.29	1.2006	0.4915	0.00	1.3870	0.7476	0.29	1.5735	1.0037	0.58	1.7599	1.2597
-0.28	1.2071	0.5003	0.01	1.3935	0.7564	0.30	1.5799	1.0125	0.59	1.7663	1.2686
-0.27	1.2135	0.5092	0.02	1.3999	0.7652	0.31	1.5863	1.0213	0.60	1.7727	1.2774
-0.26	1.2199	0.5180	0.03	1.4063	0.7741	0.32	1.5927	1.0301	0.61	1.7791	1.2862
-0.25	1.2263	0.5268	0.04	1.4128	0.7829	0.33	1.5992	1.0390	0.62	1.7856	1.2951
-0.24	1.2328	0.5357	0.05	1.4192	0.7917	0.34	1.6056	1.0478	0.63	1.7920	1.3039
-0.23	1.2392	0.5445	0.06	1.4256	0.8006	0.35	1.6120	1.0566	0.64	1.7984	1.3127
-0.22	1.2456	0.5533	0.07	1.4320	0.8094	0.36	1.6185	1.0655	0.65	1.8049	1.3215
-0.21	1.2521	0.5621	0.08	1.4385	0.8182	0.37	1.6249	1.0743	0.66	1.8113	1.3304
-0.20	1.2585	0.5710	0.09	1.4449	0.8271	0.38	1.6313	1.0831	0.67	1.8177	1.3392
-0.19	1.2649	0.5798	0.10	1.4513	0.8359	0.39	1.6377	1.0920	0.68	1.8241	1.3480
-0.18	1.2713	0.5886	0.11	1.4578	0.8447	0.40	1.6442	1.1008	0.69	1.8306	1.3569
-0.17	1.2778	0.5975	0.12	1.4642	0.8535	0.41	1.6506	1.1096	0.70	1.8370	1.3657
-0.16	1.2842	0.6063	0.13	1.4706	0.8624	0.42	1.6570	1.1184	0.71	1.8434	1.3745
-0.15	1.2906	0.6151	0.14	1.4770	0.8712	0.43	1.6634	1.1273	0.72	1.8499	1.3834
-0.14	1.2971	0.6240	0.15	1.4835	0.8800	0.44	1.6699	1.1361	0.73	1.8563	1.3922
-0.13	1.3035	0.6328	0.16	1.4899	0.8889	0.45	1.6763	1.1449	0.74	1.8627	1.4010
-0.12	1.3099	0.6416	0.17	1.4963	0.8977	0.46	1.6827	1.1538	0.75	1.8691	1.4098

注：1. 模数 $m\neq1\text{mm}$（$m_n\neq1\text{mm}$）时的 $\bar{s}_c$（$\bar{s}_{cn}$）和 $\bar{h}_c$（$\bar{h}_{cn}$），应将表中数值乘以模数 m（m_n）。

2. 对角变位齿轮，表中的 $\bar{h}_c$（$\bar{h}_{cn}$）数值应减去 Δy（Δy_n），Δy（Δy_n）为齿顶高变动系数。

2.5.5 量柱距尺寸的计算

（1）计算公式（见表 2-35）

表 2-35　跨球（圆柱）尺寸计算公式

名称			直齿轮（外啮合、内啮合）	斜齿轮（外啮合、内啮合）
标准齿轮	量柱（球）直径 d_m	外齿轮	对 α（或 α_n）$=20°$ 的齿轮，按 z（斜齿轮用 z_v）和 $x_n=0$ 查图 2-12	
		内齿轮	$d_m=1.65m$	$d_m=1.65m_n$
	量柱（球）中心所在圆的压力角 α_M		$\text{inv}\alpha_M=\text{inv}\alpha\pm\dfrac{d_m}{mz\cos\alpha}\mp\dfrac{\pi}{2z}$	$\text{inv}\alpha_{Mt}=\text{inv}\alpha_t\pm\dfrac{d_m}{m_nz\cos\alpha_n}\mp\dfrac{\pi}{2z}$
	量柱（球）测量距 M	偶数齿	$M=\dfrac{mz\cos\alpha}{\cos\alpha_M}\pm d_m$	$M=\dfrac{m_tz\cos\alpha_t}{\cos\alpha_{Mt}}\pm d_m$
		奇数齿	$M=\dfrac{mz\cos\alpha}{\cos\alpha_M}\cos\dfrac{90°}{z}\pm d_m$	$M=\dfrac{m_tz\cos\alpha_t}{\cos\alpha_{Mt}}\cos\dfrac{90°}{z}\pm d_m$
变位齿轮	量柱（球）直径 d_m	外齿轮	对 α（或 α_n）$=20°$ 的齿轮，按 z（斜齿轮用 z_V）和 x_n 查图 2-12	
		内齿轮	$d_m=1.65m$	$d_m=1.65m_n$
	量柱（球）中心所在圆的压力角 α_M		$\text{inv}\alpha_M=\text{inv}\alpha\pm\dfrac{d_m}{mz\cos\alpha}\mp\dfrac{\pi}{2z}+\dfrac{2x\tan\alpha}{z}$	$\text{inv}\alpha_{Mt}=\text{inv}\alpha_t\pm\dfrac{d_m}{m_nz\cos\alpha_n}\mp\dfrac{\pi}{2z}+\dfrac{2x_n\tan\alpha_n}{z}$
	量柱（球）测量距 M	偶数齿	$M=\dfrac{mz\cos\alpha}{\cos\alpha_M}\pm d_m$	$M=\dfrac{m_tz\cos\alpha_t}{\cos\alpha_{Mt}}\pm d_m$
		奇数齿	$M=\dfrac{mz\cos\alpha}{\cos\alpha_M}\cos\dfrac{90°}{z}\pm d_m$	$M=\dfrac{m_tz\cos\alpha_t}{\cos\alpha_{Mt}}\cos\dfrac{90°}{z}\pm d_m$

注：1. 有“±”或“∓”号处，上面的符号用于外齿轮，下面的符号用于内齿轮。
2. 量柱（球）直径 d_m 按本表的方法确定后，推荐圆整成接近的标准钢球的直径（以便用标准钢球测量）。
3. 直齿轮可以使用圆棒或圆球，斜齿轮使用圆球。
4. 标准直齿内齿圆柱齿轮的 M 可查表 2-36。

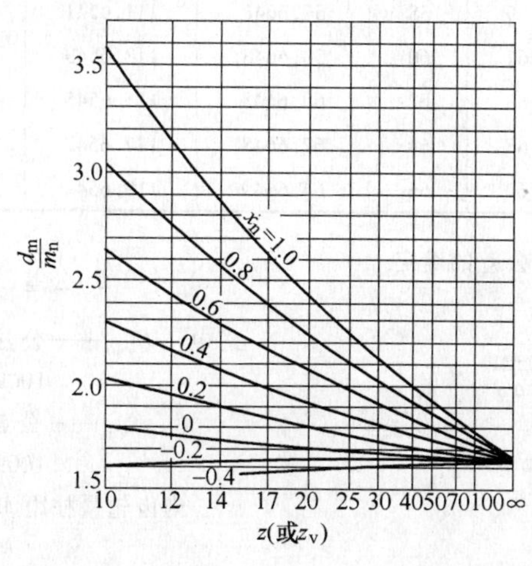

图 2-12　测量外齿轮用的圆柱（球）直径$\dfrac{d_m}{m_n}$（$\alpha_n=\alpha=20°$）

(2) 量柱距尺寸数值表（见表 2-36）

表 2-36　标准直齿内齿圆柱齿轮测量圆柱直径 d_m 及圆柱测量柱距值 M（单位：mm）

圆柱直径 d_m		测量跨距值 $M(\alpha=20°, m=1\text{mm}, d_m=1.44m)$							
		M	齿数		M	M	齿数		M
模数 m	$d_m=1.44m$		奇数	偶数			奇数	偶数	
1	1.44	13.5801	15	14	12.6627	67.6469	69	68	66.6649
1.25	1.80	15.5902	17	16	14.6630	69.6475	71	70	68.6649
1.5	2.16	17.5981	19	18	16.6633	71.6480	73	72	70.6649
1.75	2.52	19.6045	21	20	18.6635	73.6484	75	74	72.6649
2	2.88	21.6099	23	22	20.6636	75.6489	77	76	74.6649
2.25	3.24	23.6143	25	24	22.6638	77.6493	79	78	76.6649
2.5	3.60	25.6181	27	26	24.6639	79.6497	81	80	78.6649
3	4.32	27.6214	29	28	26.6640	81.6501	83	82	80.6649
3.5	5.04	29.6242	31	30	28.6641	83.6505	85	84	82.6649
4	5.76	31.6267	33	32	30.6642	85.6508	87	86	84.6650
4.5	6.48	33.6289	35	34	32.6642	87.6511	89	88	86.6650
5	7.20	35.6310	37	36	34.6643	89.6514	91	90	88.6650
5.5	7.92	37.6327	39	38	36.6643	91.6517	93	92	90.6650
6	8.64	39.6343	41	40	38.6644	93.6520	95	94	92.6650
7	10.08	41.6357	43	42	40.6644	95.6523	97	96	94.6650
8	11.52	43.6371	45	44	42.6645	97.6526	99	98	96.6650
9	12.96	45.6383	47	46	44.6645	99.6528	101	100	98.6650
10	14.40	47.6394	49	48	46.6646	101.6531	103	102	100.6650
12	17.28	49.6404	51	50	48.6646	103.6533	105	104	102.6650
14	20.16	51.6414	53	52	50.6646	105.6535	107	106	104.6650
16	23.04	53.6422	55	54	52.6647	107.6537	109	108	106.6650
18	25.92	55.6431	57	56	54.6647	109.6539	111	110	108.6651
20	28.80	57.6438	59	58	56.6648	111.6541	113	112	110.6651
22	31.68	59.6445	61	60	58.6648	113.6543	115	114	112.6651
25	36.00	61.6452	63	62	60.6648	115.6545	117	116	114.6651
28	40.32	63.6458	65	64	62.6648	117.6547	119	118	116.6651
30	43.20	65.6464	67	66	64.6649	119.6548	121	120	118.6651

(3) 量柱距 M 值最小偏差和公差的确定

对于偶数齿

上偏差　$E_{Ms}=\dfrac{E_{wms}}{\sin\alpha_M}$

公差　$T_M=\dfrac{T_{wm}}{\sin\alpha_M}$

对于奇数齿

上偏差　$E_{Ms}=\dfrac{E_{wms}}{\sin\alpha_M}\cos\dfrac{90°}{z}$

公差　$T_M=\dfrac{T_{wm}}{\sin\alpha_M}\cos\dfrac{90°}{z}$

式中　E_{wms}——公法线平均长度的上偏差（GB/T 10095.1—2008）；

T_{wm}——公法线平均长度的偏差（GB/T 10095.1—2008）。

内齿轮量柱距 M_{min} 和 M_{max} 值由下式确定

$$M_{min}=M+E_{Ms}$$

$$M_{max}=M+E_{Ms}+T_M$$

表 2-37 为切齿深度差值 Δh 的计算公式。

表 2-37 切齿深度差值 Δh 的计算公式

测定固定弦齿厚	测定分度圆弦齿厚	公法线长度测齿厚	量柱测齿厚
$\Delta h=\dfrac{\Delta\bar{s}_c}{2\tan\alpha}$	$\Delta h=\dfrac{\Delta\bar{s}}{2\tan\alpha}$	$\Delta h=\dfrac{\Delta W}{2\sin\alpha}$	$\Delta h=\dfrac{\Delta M}{2}$

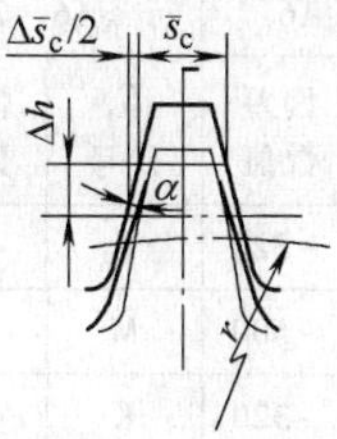

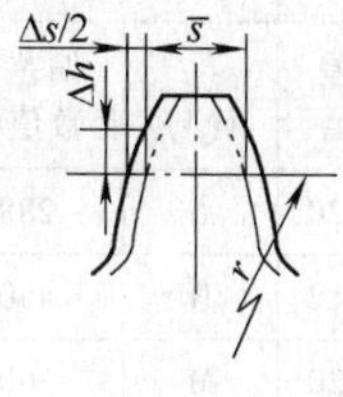

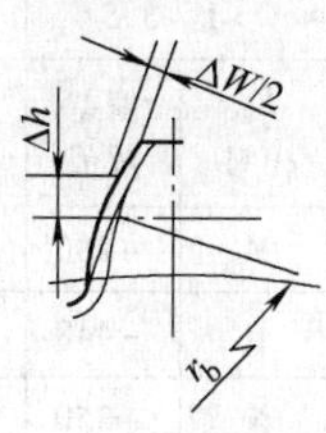

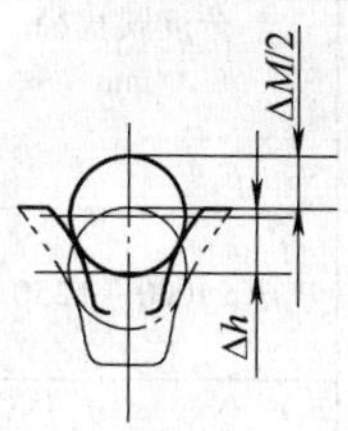

α	$14\frac{1}{2}°$	15°	$17\frac{1}{2}°$	20°	25°	30°
Δh	$1.93\Delta\bar{s}_c$	$1.87\Delta\bar{s}_c$	$1.51\Delta\bar{s}_c$	$1.37\Delta\bar{s}_c$	$1.07\Delta\bar{s}_c$	$0.87\Delta\bar{s}_c$
	$1.99\Delta W$	$1.93\Delta W$	$1.66\Delta W$	$1.46\Delta W$	$1.18\Delta W$	$1.0\Delta W$

表2-38、表2-39的数据请参考使用。

表 2-38 齿厚极限偏差 E_s（JB/ZQ 4074—1989） （单位：μm）

精度等级	分度圆直径/mm	偏差名称	法向模数/mm									
			>1~3.5		>3.5~6.3		>6.3~10		>10~16		>16~25	
			E_s代号	偏差数值	E_s代号	偏差数值	E_s代号	偏差数值	E_s代号	偏差数值	E_s代号	偏差数值
6级	≤80	E_{ss}	H	-180	G	-78	G	-84				
		E_{si}	L	-160	K	-156	K	-168				
	>80~125	E_{ss}	J	-100	H	-104	H	-112				
		E_{si}	L	-160	L	-208	L	-224				
	>125~180	E_{ss}	J	-110	H	-112	H	-128	G	-108	G	-132
		E_{si}	L	-176	L	-224	L	-256	J	-180	J	-220
	>180~250	E_{ss}	K	-132	J	-140	H	-128	J	-180	G	-132
		E_{si}	M	-220	L	-224	L	-256	L	-288	J	-220
	>250~315	E_{ss}	K	-132	J	-140	H	-128	J	-180	H	-176
		E_{si}	M	-220	L	-224	L	-256	L	-288	K	-264
	>315~400	E_{ss}	L	-176	K	-168	J	-160	J	-180	H	-176
		E_{si}	N	-275	M	-280	L	-256	L	-288	K	-264
	>400~500	E_{ss}	L	-208	K	-168	J	-180	H	-160	H	-200
		E_{si}	N	-325	M	-280	L	-288	L	-320	K	-300
	>500~630	E_{ss}	L	-208	L	-224	J	-180	J	-200	H	-200
		E_{si}	N	-325	N	-350	L	-288	L	-320	K	-300
	>630~800	E_{ss}	L	-208	L	-224	K	-216	K	-240	H	-200
		E_{si}	N	-325	N	-350	M	-360	M	-400	K	-300
	>800~1000	E_{ss}	L	-224	L	-256	L	-288	K	-240	J	-250
		E_{si}	N	-350	N	-400	N	-450	M	-400	L	-400

（续）

精度等级	分度圆直径/mm	偏差名称	法向模数/mm									
			>1～3.5		>3.5～6.3		>6.3～10		>10～16		>16～25	
			E_s代号	偏差数值	E_s代号	偏差数值	E_s代号	偏差数值	E_s代号	偏差数值	E_s代号	偏差数值
6级	>1000～1250	E_{ss}	M	-280	M	-320	L	-288	L	-320	K	-300
		E_{si}	P	-448	P	-512	N	-450	N	-500	M	-500
	>1250～1600	E_{ss}	N	-350	M	-320	M	-360	L	-320	K	-300
		E_{si}	R	-560	P	-512	P	-576	N	-500	M	-500
	>1600～2000	E_{ss}	N	-400	N	-450	M	-400	M	-440	L	-448
		E_{si}	R	-640	R	-720	P	-640	P	-704	N	-700
	>2000～2500	E_{ss}	P	-512	N	-450	N	-500	M	-440	L	-448
		E_{si}	S	-800	R	-720	R	-800	P	-704	N	-700
7级	≤80	E_{ss}	H	-112	G	-108	G	-120				
		E_{si}	L	-224	J	-180	J	-200				
	>80～125	E_{ss}	H	-112	G	-108	G	-120				
		E_{si}	L	-224	J	-180	J	-200				
	>125～180	E_{ss}	H	-128	G	-120	G	-132	G	-150	F	-128
		E_{si}	L	-256	J	-200	J	-220	J	-250	H	-256
	>180～250	E_{ss}	H	-128	H	-160	G	-132	G	-150	F	-128
		E_{si}	L	-256	K	-240	J	-220	J	-250	H	-256
	>250～315	E_{ss}	J	-160	H	-160	H	-176	G	-150	G	-192
		E_{si}	L	-256	L	-320	K	-264	J	-250	J	-320
	>315～400	E_{ss}	K	-192	H	-160	H	-176	H	-200	G	-192
		E_{si}	M	-320	K	-240	K	-264	K	-300	J	-320
	>400～500	E_{ss}	J	-180	J	-200	H	-200	H	-224	G	-216
		E_{si}	L	-288	L	-320	K	-300	K	-336	J	-360
	>500～630	E_{ss}	K	-216	J	-200	H	-200	H	-224	G	-216
		E_{si}	M	-360	L	-320	K	-300	K	-336	J	-360
	>630～800	E_{ss}	K	-216	K	-240	J	-250	H	-224	H	-288
		E_{si}	M	-360	M	-400	L	-400	K	-336	K	-432
	>800～1000	E_{ss}	L	-320	K	-264	K	-300	J	-280	H	-288
		E_{si}	N	-500	M	-440	M	-500	L	-448	K	-432
	>1000～1250	E_{ss}	L	-320	L	-352	K	-300	K	-336	H	-288
		E_{si}	N	-500	N	-550	M	-500	L	-448	K	-432
	>1250～1600	E_{ss}	M	-400	L	-352	L	-400	K	-336	J	-360
		E_{si}	P	-640	N	-550	N	-625	M	-560	L	-576
	>1600～2000	E_{ss}	M	-440	L	-400	L	-448	L	-512	K	-480
		E_{si}	P	-704	N	-625	N	-700	N	-800	M	-800
	>2000～2500	E_{ss}	M	-440	M	-500	L	-448	L	-512	K	-480
		E_{si}	P	-704	P	-800	N	-700	N	-800	M	-800

（续）

精度等级	分度圆直径/mm	偏差名称	法向模数/mm									
			>1~3.5		>3.5~6.3		>6.3~10		>10~16		>16~25	
			E_s代号	偏差数值	E_s代号	偏差数值	E_s代号	偏差数值	E_s代号	偏差数值	E_s代号	偏差数值
8级	≤80	E_{ss}	G	-120	F	-100	F	-112				
		E_{si}	K	-240	H	-200	H	-224				
	>80~125	E_{ss}	G	-120	G	-150	F	-112				
		E_{si}	K	-240	J	-250	H	-224				
	>125~180	E_{ss}	G	-132	G	-168	F	-128	F	-144	F	-180
		E_{si}	K	-264	K	-336	H	-256	H	-288	H	-360
	>180~250	E_{ss}	H	-176	G	-168	G	-192	F	-144	F	-180
		E_{si}	L	-352	K	-336	J	-320	H	-288	H	-360
	>250~315	E_{ss}	H	-176	G	-168	G	-192	G	-216	F	-180
		E_{si}	L	-352	K	-336	J	-320	J	-360	H	-360
	>315~400	E_{ss}	H	-176	F	-168	G	-192	G	-216	F	-180
		E_{si}	L	-352	K	-336	J	-320	J	-360	H	-360
	>400~500	E_{ss}	H	-200	H	-224	G	-216	G	-240	F	-200
		E_{si}	L	-400	L	-448	K	-432	J	-400	H	-400
	>500~630	E_{ss}	H	-200	H	-224	G	-216	G	-240	G	-300
		E_{si}	L	-400	L	-448	K	-432	K	-480	J	-500
	>630~800	E_{ss}	J	-250	H	-224	H	-288	G	-240	G	-300
		E_{si}	M	-500	L	-448	L	-576	K	-480	J	-500
	>800~1000	E_{ss}	J	-280	H	-256	H	-288	H	-320	G	-300
		E_{si}	M	-560	L	-512	L	-576	L	-640	J	-500
	>1000~1250	E_{ss}	K	-336	J	-320	J	-360	H	-320	G	-300
		E_{si}	N	-700	M	-640	M	-720	L	-640	K	-600
	>1250~1600	E_{ss}	L	-448	K	-384	J	-360	J	-400	H	-400
		E_{si}	N	-700	M	-640	M	-720	L	-640	L	-800
	>1600~2000	E_{ss}	L	-512	K	-432	K	-480	J	-450	J	-560
		E_{si}	N	-800	M	-720	M	-800	L	-720	L	-896
	>2000~2500	E_{ss}	L	-512	L	-576	K	-480	K	-540	J	-560
		E_{si}	N	-800	N	-900	M	-800	M	-900	L	-896
9级	≤80	E_{ss}	F	-112	F	-144	F	-160				
		E_{si}	H	-224	H	-288	H	-320				
	>80~125	E_{ss}	G	-168	F	-144	F	-160				
		E_{si}	J	-280	H	-288	H	-320				
	>125~180	E_{ss}	G	-192	F	-160	F	-180	F	-200	F	-252
		E_{si}	J	-320	H	-320	H	-360	G	-300	G	-378

（续）

精度等级	分度圆直径/mm	偏差名称	法向模数/mm									
			>1~3.5		>3.5~6.3		>6.3~10		>10~16		>16~25	
			E_s代号	偏差数值	E_s代号	偏差数值	E_s代号	偏差数值	E_s代号	偏差数值	E_s代号	偏差数值
9级	>180~250	E_{ss}	G	-192	F	-160	F	-180	F	-200	F	-252
		E_{si}	J	-320	H	-320	H	-360	G	-300	G	-378
	>250~315	E_{ss}	G	-192	G	-240	F	-180	F	-200	F	-252
		E_{si}	J	-320	J	-400	H	-360	H	-400	G	-378
	>315~400	E_{ss}	H	-256	G	-240	G	-270	F	-200	F	-252
		E_{si}	K	-384	J	-400	J	-450	H	-400	G	-378
	>400~500	E_{ss}	J	-360	H	-320	G	-300	F	-224	F	-284
		E_{si}	L	-576	K	-480	J	-500	H	-448	G	-426
	>500~630	E_{ss}	J	-360	H	-320	G	-300	G	-336	F	-284
		E_{si}	L	-576	K	-480	J	-500	J	-560	H	-568
	>630~800	E_{ss}	J	-360	H	-320	G	-300	G	-336	F	-284
		E_{si}	L	-576	K	-480	J	-500	J	-560	H	-568
	>800~1000	E_{ss}	H	-320	H	-360	G	-300	G	-336	G	-426
		E_{si}	L	-640	K	-540	J	-500	J	-560	J	-710
	>1000~1250	E_{ss}	J	-400	J	-450	H	-400	G	-336	G	-426
		E_{si}	L	-640	L	-720	L	-800	J	-560	J	-710
	>1250~1600	E_{ss}	K	-480	J	-450	H	-400	H	-448	G	-426
		E_{si}	M	-800	L	-720	L	-800	L	-896	J	-710
	>1600~2000	E_{ss}	K	-540	J	-500	J	-560	J	-630	G	-480
		E_{si}	M	-900	L	-800	L	-896	L	-1008	J	-800
	>2000~2500	E_{ss}	K	-540	K	-600	J	-560	J	-630	H	-640
		E_{si}	M	-900	M	-1000	L	-896	L	-1008	K	-960

表 2-39　公法线平均长度极限偏差 E_{wm}（JB/ZQ 4074—1989）　（单位：μm）

精度等级	分度圆直径/mm	偏差名称	法向模数/mm									
			>1~3.5		>3.5~6.3		>6.3~10		>10~16		>16~25	
			E_{wm}代号	偏差数值	E_{wm}代号	偏差数值	E_{wm}代号	偏差数值	E_{wm}代号	偏差数值	E_{wm}代号	偏差数值
6级	≤80	E_{wms}	H	-84	G	-84	G	-91				
		E_{wmi}	L	-140	K	-135	K	-145				
	>80~125	E_{wms}	J	-102	H	-108	H	-117				
		E_{wmi}	L	-140	L	-184	L	-198				
	>125~180	E_{wms}	J	-113	H	-117	H	-134	G	-117	G	-143
		E_{wmi}	L	-155	L	-198	L	-226	J	-154	J	-186
	>180~250	E_{wms}	K	-133	J	-143	H	-134	J	-184	G	-143
		E_{wmi}	M	-196	L	-197	L	-226	L	-254	J	-186

（续）

精度等级	分度圆直径/mm	偏差名称	法向模数/mm									
			>1~3.5		>3.5~6.3		>6.3~10		>10~16		>16~25	
			E_{wm}代号	偏差数值	E_{wm}代号	偏差数值	E_{wm}代号	偏差数值	E_{wm}代号	偏差数值	E_{wm}代号	偏差数值
6级	>250~315	E_{wms}	K	-133	J	-143	H	-134	J	-184	H	-179
		E_{wmi}	M	-196	L	-197	L	-226	L	-254	K	-228
	>315~400	E_{wms}	L	-175	K	-170	J	-164	J	-184	H	-185
		E_{wmi}	N	-248	M	-251	L	-226	L	-254	K	-228
	>400~500	E_{wms}	L	-206	K	-170	J	-182	H	-167	H	-210
		E_{wmi}	N	-294	M	-251	L	-256	L	-282	K	-260
	>500~630	E_{wms}	L	-206	L	-222	J	-182	J	-205	H	-210
		E_{wmi}	N	-294	N	-316	L	-256	L	-282	K	-260
	>630~800	E_{wms}	L	-206	L	-222	K	-216	K	-243	H	-210
		E_{wmi}	N	-294	N	-316	M	-324	M	-358	K	-260
	>800~1000	E_{wms}	L	-222	L	-254	L	-286	K	-243	J	-257
		E_{wmi}	N	-316	N	-362	N	-408	M	-358	L	-354
	>1000~1250	E_{wms}	M	-275	M	-314	L	-286	L	-318	K	-304
		E_{wmi}	P	-408	P	-466	N	-408	N	-452	M	-448
	>1250~1600	E_{wms}	N	-341	M	-314	M	-354	L	-318	K	-304
		E_{wmi}	R	-514	P	-466	P	-526	N	-452	M	-448
	>1600~2000	E_{wms}	N	-390	N	-438	M	-393	M	-433	L	-445
		E_{wmi}	R	-588	R	-660	P	-584	P	-642	N	-632
	>2000~2500	E_{wms}	P	-495	N	-438	N	-487	M	-433	L	-445
		E_{wmi}	S	-738	R	-660	R	-734	P	-642	N	-632
7级	≤80	E_{wms}	H	-117	G	-117	G	-130				
		E_{wmi}	L	-198	J	-154	J	-170				
	>80~125	E_{wms}	H	-117	G	-117	G	-130				
		E_{wmi}	L	-198	J	-154	J	-170				
	>125~180	E_{wms}	H	-134	G	-130	G	-143	G	-163	F	-147
		E_{wmi}	L	-227	J	-170	J	-186	J	-213	H	-212
	>180~250	E_{wms}	H	-134	H	-168	G	-143	G	-163	F	-147
		E_{wmi}	L	-227	K	-208	J	-186	J	-213	H	-212
	>250~315	E_{wms}	J	-164	H	-168	H	-185	G	-163	G	-208
		E_{wmi}	L	-227	L	-283	K	-228	J	-213	J	-273
	>315~400	E_{wms}	K	-194	H	-168	H	-185	H	-210	G	-208
		E_{wmi}	M	-286	K	-208	K	-228	K	-260	J	-273
	>400~500	E_{wms}	J	-184	J	-205	H	-207	H	-235	G	-234
		E_{wmi}	L	-254	L	-283	K	-262	K	-290	J	-308

（续）

精度等级	分度圆直径/mm	偏差名称	法向模数/mm									
			>1~3.5		>3.5~6.3		>6.3~10		>10~16		>16~25	
			E_{wm}代号	偏差数值	E_{wm}代号	偏差数值	E_{wm}代号	偏差数值	E_{wm}代号	偏差数值	E_{wm}代号	偏差数值
7级	>500~630	E_{wms}	K	-218	J	-205	H	-207	H	-235	G	-234
		E_{wmi}	M	-322	L	-283	K	-262	K	-290	J	-308
	>630~800	E_{wms}	K	-218	K	-243	J	-254	H	-235	H	-301
		E_{wmi}	M	-322	M	-358	L	-355	K	-290	K	-374
	>800~1000	E_{wms}	L	-318	K	-267	K	-304	J	-287	H	-301
		E_{wmi}	N	-452	M	-393	M	-448	L	-396	K	-375
	>1000~1250	E_{wms}	L	-318	L	-350	K	-304	K	-340	H	-301
		E_{wmi}	N	-452	N	-496	M	-448	L	-396	K	-375
	>1250~1600	E_{wms}	M	-393	L	-350	L	-398	K	-340	J	-369
		E_{wmi}	P	-585	N	-496	N	-565	M	-501	L	-510
	>1600~2000	E_{wms}	M	-433	L	-398	L	-445	L	-508	K	-486
		E_{wmi}	P	-642	N	-565	N	-632	N	-723	M	-718
	>2000~2500	E_{wms}	M	-433	M	-492	L	-445	L	-508	K	-486
		E_{wmi}	P	-642	P	-730	N	-632	N	-723	M	-718
8级	≤80	E_{wms}	G	-128	F	-113	F	-127				
		E_{wmi}	K	-210	H	-168	H	-188				
	>80~125	E_{wms}	G	-128	G	-160	F	-127				
		E_{wmi}	K	-210	J	-215	H	-188				
	>125~180	E_{wms}	G	-141	G	-180	F	-144	F	-162	F	-204
		E_{wmi}	K	-230	K	-294	H	-216	H	-243	H	-304
	>180~250	E_{wms}	H	-182	G	-180	G	-205	F	-162	F	-204
		E_{wmi}	L	-313	K	-294	J	-276	H	-243	H	-304
	>250~315	E_{wms}	H	-182	G	-180	G	-205	G	-230	F	-204
		E_{wmi}	L	-313	K	-294	J	-276	J	-310	H	-304
	>315~400	E_{wms}	H	-182	G	-180	G	-205	G	-230	F	-204
		E_{wmi}	L	-313	K	-294	J	-276	J	-310	H	-304
	>400~500	E_{wms}	H	-208	H	-232	G	-227	G	-256	F	-227
		E_{wmi}	L	-356	L	-398	K	-381	J	-345	H	-336
	>500~630	E_{wms}	H	-208	H	-232	G	-227	G	-256	G	-321
		E_{wmi}	L	-356	L	-398	K	-381	K	-420	J	-430
	>630~800	E_{wms}	J	-254	H	-232	H	-295	G	-256	G	-321
		E_{wmi}	M	-450	L	-398	L	-514	K	-420	J	-430
	>800~1000	E_{wms}	J	-285	H	-265	H	-298	H	-331	G	-321
		E_{wmi}	M	-504	L	-456	L	-514	L	-570	J	-430

（续）

精度等级	分度圆直径/mm	偏差名称	法向模数/mm									
			>1~3.5		>3.5~6.3		>6.3~10		>10~16		>16~25	
			E_{wm}代号	偏差数值	E_{wm}代号	偏差数值	E_{wm}代号	偏差数值	E_{wm}代号	偏差数值	E_{wm}代号	偏差数值
8级	>1000~1250	E_{wms}	K	-338	J	-325	J	-366	H	-331	G	-321
		E_{wmi}	N	-636	M	-576	M	-649	L	-570	K	-524
	>1250~1600	E_{wms}	L	-443	K	-385	J	-366	J	-406	H	-415
		E_{wmi}	N	-636	M	-576	M	-649	L	-570	L	-712
	>1600~2000	E_{wms}	L	-505	K	-433	K	-482	J	-457	J	-570
		E_{wmi}	N	-727	M	-649	M	-720	L	-642	L	-798
	>2000~2500	E_{wms}	L	-505	L	-568	K	-482	K	-542	J	-570
		E_{wmi}	N	-725	N	-818	M	-720	M	-811	L	-798
9级	≤80	E_{wms}	F	-120	F	-155	F	-172				
		E_{wmi}	H	-195	H	-241	H	-267				
	>80~125	E_{wms}	G	-173	F	-155	F	-172				
		E_{wmi}	J	-248	H	-241	H	-267				
	>125~180	E_{wms}	G	-202	F	-178	F	-200	F	-222	F	-281
		E_{wmi}	J	-278	H	-273	H	-307	G	-247	G	-310
	>180~250	E_{wms}	G	-202	F	-178	F	-200	F	-222	F	-281
		E_{wmi}	J	-278	H	-273	H	-307	G	-247	G	-310
	>250~315	E_{wms}	G	-202	G	-253	F	-200	F	-222	F	-281
		E_{wmi}	J	-278	J	-348	H	-307	H	-341	G	-310
	>315~400	E_{wms}	H	-262	G	-253	G	-284	F	-222	F	-281
		E_{wmi}	K	-338	J	-348	J	-392	H	-341	G	-310
	>400~500	E_{wms}	J	-363	H	-328	G	-312	F	-250	F	-316
		E_{wmi}	L	-517	K	-423	J	-439	H	-381	G	-351
	>500~630	E_{wms}	J	-363	H	-328	G	-312	G	-355	F	-316
		E_{wmi}	L	-517	K	-423	J	-439	J	-486	H	-484
	>630~800	E_{wms}	J	-363	H	-328	G	-312	G	-355	F	-316
		E_{wmi}	L	-517	K	-423	J	-439	J	-486	H	-484
	>800~1000	E_{wms}	H	-328	H	-369	G	-316	G	-355	G	-450
		E_{wmi}	L	-574	K	-476	J	-435	J	-486	J	-618
	>1000~1250	E_{wms}	J	-403	J	-454	H	-410	G	-355	G	-450
		E_{wmi}	L	-574	L	-646	L	-717	J	-486	J	-618
	>1250~1600	E_{wms}	K	-478	J	-454	H	-410	H	-460	G	-450
		E_{wmi}	M	-724	L	-646	L	-717	L	-802	J	-618
	>1600~2000	E_{wms}	K	-538	J	-504	J	-565	J	-636	G	-506
		E_{wmi}	M	-815	L	-717	L	-802	L	-902	J	-696
	>2000~2500	E_{wms}	K	-538	K	-598	J	-565	J	-636	H	-656
		E_{wmi}	M	-815	M	-905	L	-802	L	-902	K	-847

2.6　圆柱齿轮减速器（JB/T 8853—2001）

1. 适用范围

该标准的减速器适用于冶金、矿山、运输、水泥、建筑、化工、纺织、轻工及能源等行业各类机械设备的传动。

减速器高速轴转速不大于1500r/min。

减速器齿轮传动圆周速度不大于20m/s。

减速器工作环境温度为 -40 ~45℃。当工作环境温度低于0℃时，起动前润滑油必须加热到0℃以上。当工作环境温度高于45℃时，必须采用隔热和冷却措施。

2. 标记

（1）标记方法

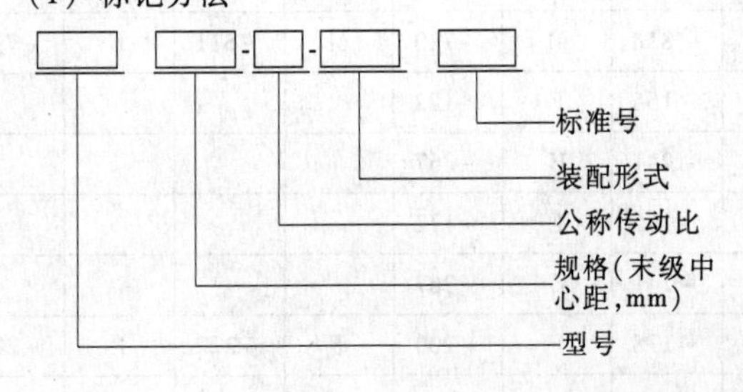

（2）标记示例

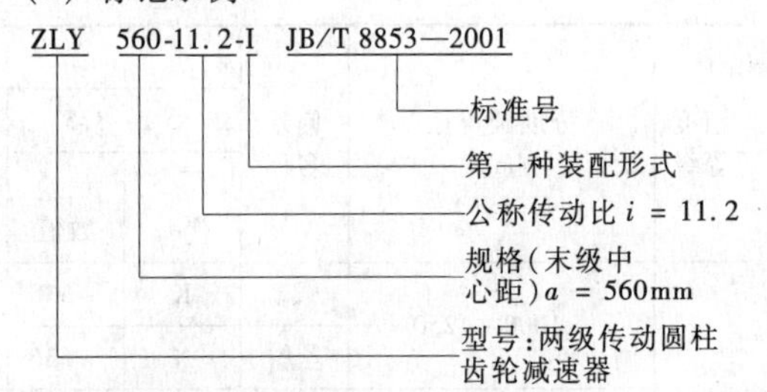

3. 减速器的形式与尺寸

1）ZDY 单级减速器的装配形式及外形尺寸见表2-40。

2）ZLY 两级减速器的装配形式及外形尺寸见表2-41。

3）ZSY 三级减速器的装配形式及外形尺寸见表2-42。

4. 基本参数

（1）减速器的齿轮传动中心距

1）ZDY 减速器的中心距 a 应符合表2-43的规定。

2）ZLY 减速器的中心距 a 应符合表2-44的规定。

表2-40　ZDY单级减速器的装配形式及外形尺寸　（单位：mm）

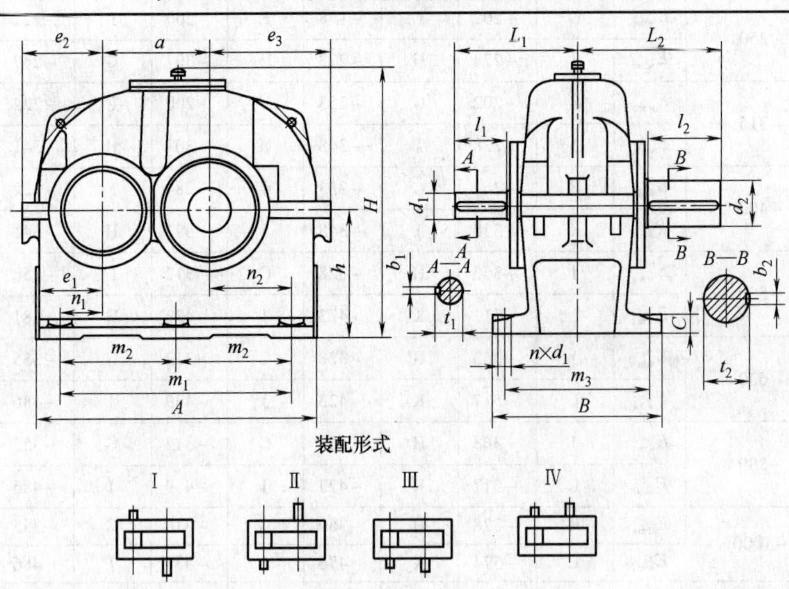

规格	A	B	H ≈	a	$i=1.25\sim2.8$ d_1 (m6)	l_1	L_1	b_1	t_1	$i=3.15\sim4.5$ d_1 (m6)	l_1	L_1	b_1	t_1	$i=5\sim5.6$ d_1 (m6)	l_1	L_1	b_1	t_1
80	235	150	210	80	28	42	112	8	31	24	36	106	8	27	19	28	98	6	21.5
100	290	175	260	100	42	82	167	12	45	28	42	127	8	31	22	36	121	6	24.5
125	355	195	330	125	48	82	182	14	51.5	38	58	158	10	41	28	42	142	8	31
160	445	245	403	160	65	105	225	18	69	48	82	202	14	51.5	38	58	178	10	41

（续）

规格	A	B	H ≈	a	i = 1.25 ~ 2.8					i = 3.15 ~ 4.5					i = 5 ~ 5.6				
					d_1 (m6)	l_1	L_1	b_1	t_1	d_1 (m6)	l_1	L_1	b_1	t_1	d_1 (m6)	l_1	L_1	b_1	t_1
200	545	310	507	200	80	130	275	22	85	60	105	250	18	64	48	82	227	14	51.5
250	680	370	662	250	100	165	340	28	106	80	130	305	22	85	60	105	280	18	64
280	755	450	722	280	110	165	385	28	116	85	130	350	22	90	65	105	325	18	69
315	840	500	770	315	130	200	445	32	137	95	130	375	25	100	75	105	350	20	79.5
355	930	550	930	355	140	200	470	36	148	100	165	435	28	106	90	130	400	25	95
400	1040	605	982	400	150	200	485	36	158	110	165	450	28	116	95	130	415	25	100
450	1150	645	1090	450	160	240	545	40	169	120	165	470	32	127	100	165	470	28	106
500	1290	710	1270	500	180	240	580	45	190	130	200	540	32	137	120	165	505	32	127
560	1440	780	1360	560	200	280	660	45	210	150	200	580	36	158	130	200	580	32	137

规格	d_2 (m6)	l_2	L_2	b_2	t_2	C	m_1	m_2	m_3	n_1	n_2	e_1	e_2	e_3	h	地脚螺栓孔		质量 /kg	参考润滑油量 /L
																d_1	n		
80	32	58	128	10	35	18	180	—	120	40	60	67.5	81	101	100	12	4	14	0.9
100	48	82	167	14	51.5	22	225	—	140	52.5	72.5	85	102	122	125	15	4	35	1.6
125	55	82	182	16	59	25	290	—	160	65	100	97.5	119	155	160	15	4	76	3.2
160	70	105	225	20	74.5	32	355	—	200	73	122	118	141	190	200	18.5	4	115	6.5
200	90	130	275	25	95	40	425	—	255	80	145	140	169	235	250	24	4	228	12.8
250	110	165	340	28	116	50	550	275	305	110	190	175	214	295	315	28	6	400	23
280	130	200	420	32	137	50	620	310	380	120	220	187.5	228	328	355	28	6	540	36
315	140	200	445	36	148	63	700	350	420	137.5	247.5	207.5	254	364	400	35	6	800	45
355	150	200	470	36	158	63	770	385	470	142.5	272.5	222.5	269	397	450	35	6	870	70
400	160	240	525	40	169	80	850	425	510	150	300	245	304	454	500	42	6	1640	90
450	170	240	545	40	179	80	950	475	550	165	335	265	331	501	560	42	6	2100	125
500	190	280	620	45	200	100	1080	540	610	190	390	295	418	618	630	42	6	3100	180
560	240	330	790	56	252	100	1200	600	680	205	435	325	432	662	710	48	6	3730	250

表 2-41　ZLY 两级减速器的装配形式及外形尺寸　（单位：mm）

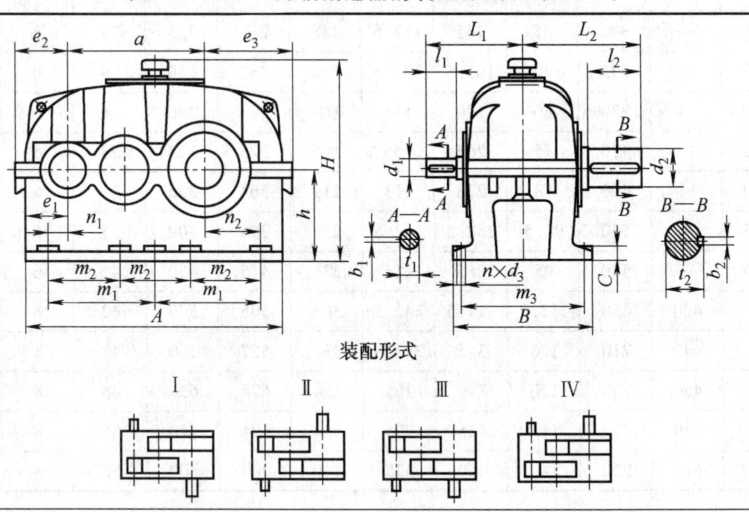

（续）

规格	A	B	H ≈	a	$i=6.3\sim11.2$					$i=12.5\sim20$					d_2 (m6)	l_2	L_2	b_2	t_2
					d_1	l_1	L_1	b_1	t_1	d_1	l_1	L_1	b_1	t_1					
112	385	215	265	192	24	36	141	8	27	22	36	141	6	24.5	48	82	192	14	51.5
125	425	235	309	215	28	42	157	8	31	24	36	151	8	27	55	82	207	16	59
140	475	245	335	240	32	58	185	10	35	28	42	167	8	31	65	105	230	18	69
160	540	290	375	272	38	58	198	10	41	32	58	198	10	35	75	105	245	20	79.5
180	600	320	435	305	42	82	232	12	45	32	58	208	10	35	85	130	285	22	90
200	665	355	489	340	48	82	247	14	51.5	38	58	223	10	41	95	130	300	25	100
224	755	390	515	384	48	82	267	14	51.5	42	82	267	12	45	100	165	355	28	106
250	830	450	594	430	60	105	315	18	64	48	82	292	14	51.5	110	165	380	28	116
280	920	500	670	480	65	105	340	18	69	55	82	317	16	59	130	200	440	32	137
315	1030	570	780	539	75	105	365	20	79.5	60	105	365	18	64	140	200	470	36	148
355	1150	600	870	605	85	130	410	22	90	70	105	385	20	74.5	170	240	530	40	179
400	1280	690	968	680	90	130	440	25	95	80	130	440	22	85	180	240	560	45	190
450	1450	750	1065	765	100	165	515	28	106	85	130	480	22	90	220	280	640	50	231
					$i=6.3\sim12.5$					$i=14\sim20$									
500	1600	830	1190	855	110	165	555	28	116	95	130	520	25	100	240	330	730	56	252
560	1760	910	1320	960	120	165	575	32	127	110	165	575	28	116	280	380	820	63	292
630	1980	1010	1480	1080	140	200	660	36	148	120	165	625	32	127	300	380	870	70	314
710	2220	1110	1653	1210	160	240	740	40	169	140	200	700	36	148	340	450	990	80	355

规格	C	m_1	m_2	m_3	n_1	n_2	e_1	e_2	e_3	h	地脚螺栓孔		质量 /kg	参考润滑油量/L
											d_3	n		
112	22	160	—	180	43	85	75.5	92	134	125	15	6	60	3
125	25	180	—	200	45	100	77.5	98	153	140	15	6	69	4.3
140	25	200	—	210	47.5	112.5	85	106	171	160	15	6	105	6
160	32	225	—	245	58	120	103	126	188	180	18.5	6	155	8.5
180	32	250	—	275	60	135	110	134	209	200	18.5	6	185	11.5
200	40	280	—	300	65	155	117.5	148	238	225	24	6	260	16.5
224	40	310	—	335	70	165.5	137.5	168	263	250	24	6	370	23
250	50	350	—	380	80	190	145	184	293	280	28	6	527	32
280	50	380	—	430	75	205	155	195	325	315	28	6	700	46
315	63	420	—	490	78	223	173	219	364	355	35	6	845	65
355	63	475	—	520	92.5	252.5	192.5	238	398	400	35	6	1250	90
400	80	520	—	590	95	265	215	275	445	450	42	6	1750	125
450	80	—	400	650	117.5	317.5	242.5	305	505	500	42	8	2650	180
500	100	—	440	710	120	345	262.5	337	557	560	48	8	3400	250
560	100	—	490	790	120	390	265	354	624	630	48	8	4500	350
630	125	—	540	870	115	425	295	384	694	710	56	8	6800	350
710	125	—	610	950	140	480	335	440	780	800	56	8	8509	520

表 2-42　ZSY 三级减速器的装配形式及外形尺寸　（单位：mm）

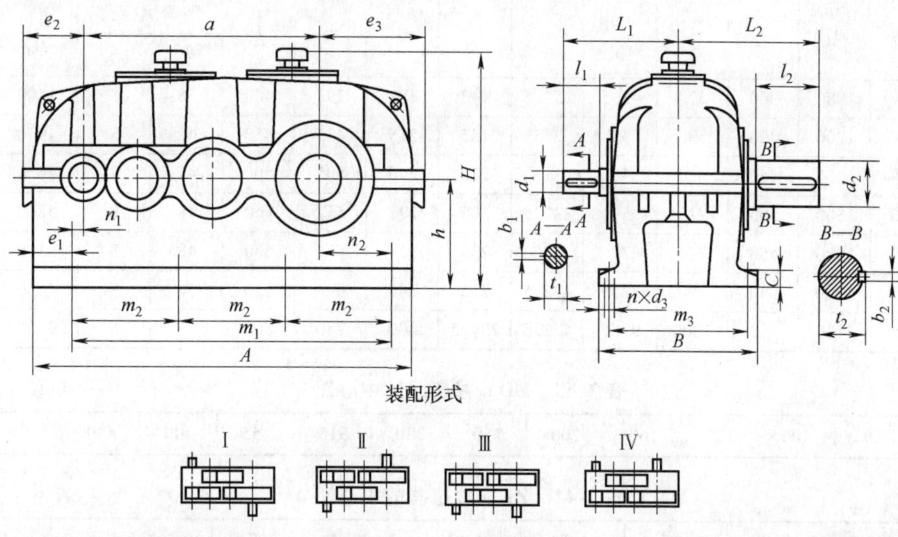

规格	A	B	H ≈	a	$i=22.4\sim71$					$i=80\sim100$					d_2 (m6)	l_2	L_2	b_2	t_2
					d_1 (m6)	l_1	L_1	b_1	t_1	d_1 (m6)	l_1	L_1	b_1	t_1					
160	600	290	375	352	24	36	166	8	27	19	28	158	6	21.5	75	105	245	20	79.5
180	665	320	435	395	28	42	187	8	31	22	36	181	6	24.5	85	130	285	22	90
200	745	355	492	440	32	58	218	10	35	22	36	196	6	24.5	95	130	300	25	100
224	840	390	535	496	38	58	233	10	41	24	36	211	8	27	100	165	355	28	106
250	930	450	589	555	42	82	282	12	45	32	58	258	10	35	110	165	380	28	116
280	1025	500	662	620	48	82	307	14	51.5	38	58	283	10	41	130	200	440	32	137
315	1160	570	749	699	48	82	337	14	51.5	42	82	337	12	45	140	200	470	36	148
					$i=22.4\sim35.5$					$i=40\sim90$									
355	1280	600	870	785	60	105	380	18	64	48	82	357	14	51.5	170	240	530	40	179
400	1420	690	968	880	65	105	410	18	69	55	82	387	16	59	180	240	560	45	190
450	1610	750	1067	989	70	105	450	20	74.5	60	105	450	18	64	220	280	640	50	231
					$i=22.4\sim45$					$i=50\sim90$									
500	1790	830	1170	1105	80	130	515	22	85	65	105	490	18	69	240	330	730	56	252
560	2010	910	1320	1240	95	130	530	25	100	75	105	505	20	79.5	280	380	820	63	292
630	2260	1030	1480	1395	110	165	625	28	116	85	130	590	22	90	300	380	880	70	314
710	2540	1160	1655	1565	120	165	685	32	127	90	130	650	25	95	340	450	1010	80	355

规格	C	m_1	m_2	m_3	n_1	n_2	e_1	e_2	e_3	h	地脚螺栓孔		质量 /kg	参考润滑油量/L
											d_3	n		
160	32	510	170	245	38	120	83	107	188	180	18.5	8	170	10
180	32	570	190	275	37.5	137.5	85	109	209	200	18.5	8	205	14
200	40	630	210	300	40	150	97.5	128	238	225	24	8	285	19
224	40	705	235	335	43.5	165.5	110.5	141	263	250	24	8	395	26
250	50	810	270	380	60	195	120	158	293	280	28	8	540	36
280	50	855	285	430	35	200	120	160	325	315	28	8	750	53
315	63	960	320	490	40	218	143	189	364	355	35	8	940	75

（续）

规格	C	m_1	m_2	m_3	n_1	n_2	e_1	e_2	e_3	h	地脚螺栓孔		质量/kg	参考润滑油量/L
											d_3	n		
355	63	1080	360	520	42.5	252.5	143	188	398	400	35	8	1400	115
400	80	1200	400	590	45	275	155	215	445	450	42	8	1950	160
450	80	1350	450	650	48	313	178	240	505	500	42	8	2636	220
500	100	1500	500	710	59	332.5	200	277	557	560	48	8	3800	300
560	100	1680	560	790	70	370	235	324	624	630	48	8	5100	450
630	125	1890	630	890	72.5	422.5	255	344	694	710	56	8	7060	520
710	125	2130	710	1000	92.5	472.5	297.5	400	780	800	56	8	9205	820

表 2-43 ZDY 减速器的中心距 a （单位：mm）

中心距 a	80	100	125	160	200	250	280	315	355	400	450	500	560

表 2-44 ZLY 减速器的中心距 a （单位：mm）

低速级 a_2	112	125	140	160	180	200	224	250	280
高速级 a_1	80	90	100	112	125	140	160	180	200
总中心距 a	192	215	240	272	305	340	384	430	480

低速级 a_2	315	355	400	450	500	560	630	710
高速级 a_1	224	250	280	315	355	400	450	500
总中心距 a	539	605	680	765	855	960	1080	1210

3）ZSY 减速器的中心距 a 应符合表 2-45 的规定。

表 2-45 ZSY 减速器的中心距 a （单位：mm）

低速级 a_3	160	180	200	224	250	280	315	355
中间级 a_2	112	125	140	160	180	200	224	250
高速级 a_1	80	90	100	112	125	140	160	180
总中心距 a	352	395	440	496	555	620	699	785

低速级 a_3	400	450	500	560	630	710
中间级 a_2	280	315	355	400	450	500
高速级 a_1	200	224	250	280	315	355
总中心距 a	880	989	1105	1240	1395	1565

（2）减速器的公称传动比 i

1）ZDY 减速器的公称传动比 i 应符合表 2-46 的规定。

表 2-46 ZDY 减速器公称传动比 i

公称传动比 i	1.25	1.4	1.6	1.8	2	2.24	2.5
	2.8	3.15	3.55	4	4.5	5	5.6

2）ZLY 减速器的公称传动比 i 应符合表 2-47 的规定。

表 2-47 ZLY 减速器公称传动比 i

公称传动比 i	6.3	7.1	8	9	10	11.2	12.5	14	16	18	20

3）ZSY 减速器的公称传动比 i 应符合表 2-48 的规定。

表 2-48　ZSY 减速器公称传动比 i

公称传动比 i							
	22.4	25	28	31.5	35.5	40	45
	50	56	63	71	80	90	100

（3）减速器的实际传动比与公称传动比的相对误差　ZDY 减速器不大于 3%；ZLY 减速器不大于 4%；ZSY 减速器不大于 5%。

（4）减速器齿轮的齿宽系数、齿宽　减速器齿轮的齿宽系数 $b_a^* = 0.35$，齿宽 $b = b_a^* a$。a 为一对齿轮传动的中心距。

（5）减速器齿轮模数 m_n　减速器齿轮的模数 m_n 应符合 GB/T 1357 的规定。

（6）减速器齿轮基本齿廓　减速器齿轮的基本齿廓应符合 GB/T 1356 的规定。

5. 技术要求

（1）机体和机盖

1）采用铸铁件，其力学性能不低于 GB/T 9439—2010 中的 HT200。允许采用焊接件。

2）机体、机盖合箱后，机盖凸缘比机体凸缘宽 0～4mm。

3）应进行时效（或退火）处理。

4）分合面的表面粗糙度 $Ra3.2\mu m$，与底平面的平行度不低于 GB/T 1184 中的 8 级。

5）机体、机盖自由结合时分合面应密合，用 0.05mm 的塞尺检查塞入深度不得超过分合面宽的三分之一。

6）轴承孔尺寸公差带为 H7，表面粗糙度 $Ra3.2\mu m$。

7）轴承孔的圆柱度不低于 GB/T 1184 中的 7 级。

8）端面与轴承孔的垂直度不低于 GB/T 1184 中的 8 级。

9）轴承孔的中心距极限偏差应符合表 2-49 的规定。

表 2-49　中心距极限偏差

中心距 a/mm	>50～80	>80～120	>120～180	>180～250	>250～315	>315～400	>400～500	>500～630	>630～800
极限偏差 $\pm f_a$ /μm	15	17.5	20	23	26	28.5	31.5	35	40

10）轴承孔中心线平行度公差，在轴承跨距上测量不大于表 2-50 规定的值。

表 2-50　平行度公差

轴承跨距 L_G /mm	≤125	>125～280	>280～560	>560～1000
平行度公差 /μm	20	25	32	40

11）轴承孔中心线应与剖分面重合，其误差不大于 0.3mm。

12）机体不允许渗油。

（2）齿轮、齿轮轴和轴

1）齿轮、齿轮轴采用锻件，材料与热处理见表 2-51。

允许采用力学性能相当或较高的材料，渗碳淬火齿轮齿面精加工后的有效硬化层深度按模数选取，当 $m_n = 1.5～6$mm 时，为 $(0.2～0.3)m_n$；当 $m_n = 7～18$mm 时，为 $(0.15～0.25)m_n$，且不得有裂纹。

轴的材料为 42CrMo，其力学性能见表 2-51。允许采用力学性能相当或较高的材料。

2）齿轮基准孔、基准端面的加工尺寸公差、几何公差及表面粗糙度应符合表 2-52 的规定。

3）齿轮轴和轴与轴承配合的基准轴颈、轴肩的加工尺寸公差、几何公差及表面粗糙度应符合表 2-53的规定。

4）齿轮轴和轴的轴伸直径、轴肩加工尺寸公差、几何公差及表面粗糙度应符合表 2-54 的规定。

5）齿轮与轴的配合公差应符合表 2-55 的规定。

表 2-51　材料与热处理

材料牌号	热处理	材料标准号	齿面	芯部
17Cr2Ni2Mo	渗碳淬火，回火	JB/T 6395—2010	(57+4)HRC	30～42HRC
20CrMnMo	渗碳淬火，回火			
42CrMo	用于轴调质		255～286HBW	

表 2-52　尺寸公差、几何公差及表面粗糙度（一）

名称	尺寸公差带	圆柱度	轴向圆跳动	表面粗糙度 Ra /μm
齿轮基准孔	H7	GB/T 1184 6级	—	1.6
齿轮基准端面	—	—	GB/T 10095.1～2 6级	3.2

表 2-53　尺寸公差、几何公差及表面粗糙度（二）

名称	尺寸公差带	圆柱度	轴向圆跳动	表面粗糙度 Ra /μm
基准轴颈	m6	GB/T 1184 6级	—	1.6
轴肩	—	—	GB/T 1184 6级	3.2

表 2-54　尺寸公差、几何公差及表面粗糙度（三）

名称	尺寸公差带	圆柱度	轴向圆跳动	表面粗糙度 Ra /μm
轴伸直径	m6	GB/T 1184 6级	—	1.6
轴伸轴肩	—	—	GB/T 1184 6级	3.2

表 2-55　齿轮与轴的配合公差

公称直径 /mm	公差与配合	
	孔	轴
＞50～80	H7	p6
＞80～120		r6
＞120～400		s6

轴与齿轮配合的轴颈与轴肩的几何公差及表面粗糙度应符合表 2-56 的规定。

表 2-56　几何公差及表面粗糙度

名称	圆柱度	与轴承轴颈的同轴度	轴向圆跳动	表面粗糙度 Ra /μm
与齿轮配合的轴颈	GB/T 1184 6级	GB/T 1184 6级	—	1.6
与齿轮配合的轴肩	—	—	GB/T 1184 6级	3.2

6）键槽的加工尺寸公差带、几何公差及表面粗糙度应符合表 2-57 的规定。

7）齿轮、齿轮轴顶圆直径的偏差按 h11 取值。

8）齿轮的精度应符合 GB/T 10095.1—2008 的

表 2-57　尺寸公差、几何公差及表面粗糙度（四）

键槽宽度公差带		键槽宽相对轴心线的对称度	表面粗糙度 Ra /μm
轴	轮毂	不低于 GB/T 1184 中的 9 级	侧面 3.2；底面 12.5
N9	JS9		

规定。

当分度圆直径 $d \leqslant 125\text{mm}$ 时，为 6JL；当 $125\text{mm} < d \leqslant 1600\text{mm}$ 时，为 6KM。

齿面表面粗糙度 $Ra0.8\mu m$。

9）检验项目的确定。GB/T 10095.1—2008 中没有规定齿轮的公差组和检验组。对产品齿轮可采用两种不同的检验形式来评定和验收其制造质量。一种检验形式是综合检验，另一种是单项检验，但两种检验形式不能同时采用。

① 综合检验。其检验项目为径向综合总偏差 F_i'' 与一齿径向综合偏差 f_i''。

② 单项检验。按照齿轮的使用要求，可选择下列检验组中的一组来评定和验收齿轮精度。

a）f_{pt}、F_p、F_α、F_β、F_γ。

b）f_{pt}、F_{pk}、F_p、F_α、F_β、F_γ。

c）f_{pt} 与 F_γ（仅用于 10～12 级）。

（3）装配

1）轴承内圈必须紧贴轴肩或定距环，用 0.05mm 塞尺检查不得塞入。

2）圆锥滚子轴承（接触角 $\beta = 10° \sim 16°$）的轴向间隙，应符合表 2-58 的规定。用手转动轴，轴承运转必须轻快、灵活。

表 2-58　圆锥滚子轴承的轴向间隙

轴承内径 d /mm	轴向间隙 /μm	允许轴承跨距 /mm
≤30	40～70	14d
＞30～50	50～100	12d
＞50～80	80～150	11d
＞80～120	120～200	10d
＞120～180	200～300	9d
＞180～260	250～350	6.5d

3）齿轮传动的最小侧隙应符合表 2-59 的规定。

4）齿轮表面接触斑点（接触率）按高度不得小于 70%，按长度不得小于 90%。齿两端的齿向修形区与齿顶修缘区不计入接触区。允许在额定负荷下检验接触斑点。

5）机体机盖及零件的不加工内表面应涂耐油油漆，外表面喷漆。

表 2-59　齿轮传动的最小侧隙 J_{nmin}

中心距 a /mm	≤80	>80～125	>125～180	>180～250	>250～315	>315～400	>400～500	>500～630	>630～710
J_{nmin} /μm	120	140	160	185	210	230	250	280	320

6）减速器的内腔清洁度及其检查方法应符合 JB/T 7929 的规定。

（4）减速器的润滑　减速器齿轮的润滑、冷却一般采用油浴润滑，自然冷却。

当减速器工作平衡温度超过 100℃时，或承载功率超过热功率 P_{G1} 时，可采用循环油润滑，或采用油池润滑加盘状管冷却。

对于停歇时间超过 24h 且满载起动的减速器应采用循环油润滑，并应在起动前给润滑油。

油池润滑的油量，ZDY 减速器按大齿轮，ZLY 减速器按高速级大齿轮，ZSY 减速器按中间级大齿轮浸油 2～3 个全齿高计算。

6. 减速器轴伸的径向载荷

1）减速器输入轴和输出轴轴伸中点处承受的径向载荷按表 2-60 中的公式计算。

表 2-60　轴伸的径向载荷 F_r

名称	型号	轴伸中点处的径向负荷 F_r /N
输出轴	ZDY 减速器	$125T_2$
	ZLY 减速器	$250T_2$
	ZSY 减速器	
输入轴	ZDY、ZLY、ZSY 减速器	$125T_1$

注：T_2—输出转矩（N·m）；T_1—输入转矩（N·m）。

2）减速器输入轴、输出轴与工作机之间的连接方式推荐采用弹性联轴器连接，尽量避免在输入轴、输出轴上用链轮、齿轮、带轮等悬臂连接，重要场合应校核轴强度和轴承寿命。

2.7　各系列圆柱齿轮减速器的特点与结构图

1. CE 系列两级斜齿轮减速器

1）CE 系列两级斜齿轮减速器如图 2-13 所示。

① 结构紧凑、减速比小、输出转速高，同轴输出工作平稳，平均效率 $\eta=0.96$。

② 输入轴与输出轴旋转方向相同。

2）CE 系列两级斜齿轮减速器结构图如图 2-14 所示。

2. CR 系列斜齿轮减速器

1）CR 系列斜齿轮减速器如图 2-15 所示。

图 2-13　CE 系列两级斜齿轮减速器

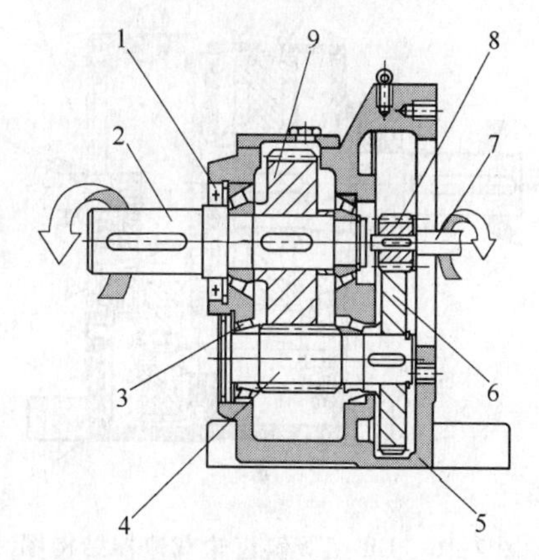

图 2-14　CE 系列两级斜齿轮减速器结构图
1—油封　2—输出轴　3—轴承　4—二级齿轮轴
5—机座　6—一级大齿轮　7—输入轴（或电动机轴）
8—一级小齿轮　9—二级大齿轮

① 小偏置输出，结构紧凑，最大限度利用箱体空间，二级、三级在同一箱体内。

② 采用整体式铸造箱体，箱体结构刚度好，易于提高轴的强度和轴承寿命。

③ 安装方式：底座式安装，法兰有大小法兰，便于选择。

④ 实心轴输出，平均效率：二级 $\eta=0.96$，三级 $\eta=0.94$，CR/CR 平均效率 $\eta=0.85$。

⑤ 减速比：基本型二级 5～24.8，三级 27.2～264，组合可达 18125。

⑥ 基本型二级输入、输出旋转方向相同，三级相反，组合时另行咨询。

⑦ 专为搅拌设计的 CRM 系列能承载较大的轴向力、径向力。

2）CR 系列结构图如图 2-16 和图 2-17 所示。

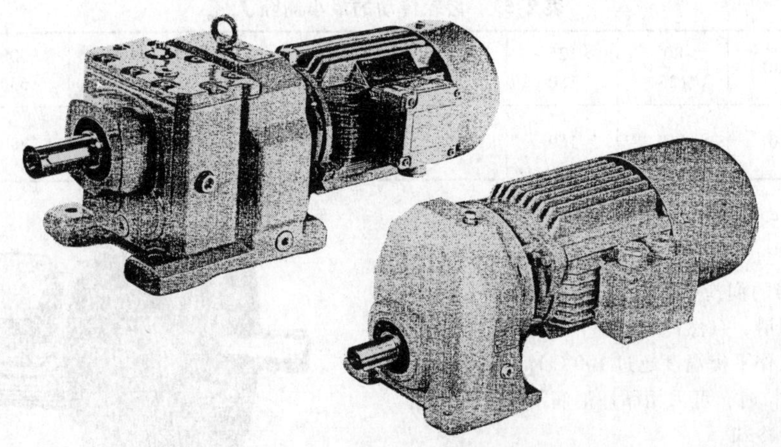

图 2-15　CR 系列斜齿轮减速器

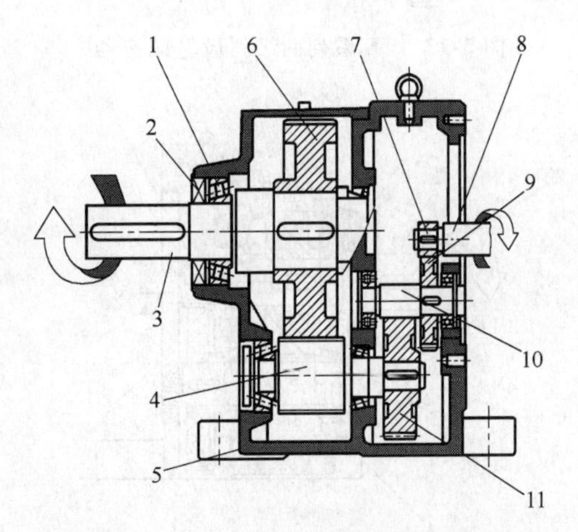

图 2-16　CR 三级斜齿轮减速器结构图

1—轴承　2—油封　3—输出轴　4—三级齿轮轴　5—机座　6—三级大齿轮　7—一级小齿轮　8—输入轴（或电动机轴）　9—一级大齿轮　10—二级齿轮轴　11—二级大齿轮

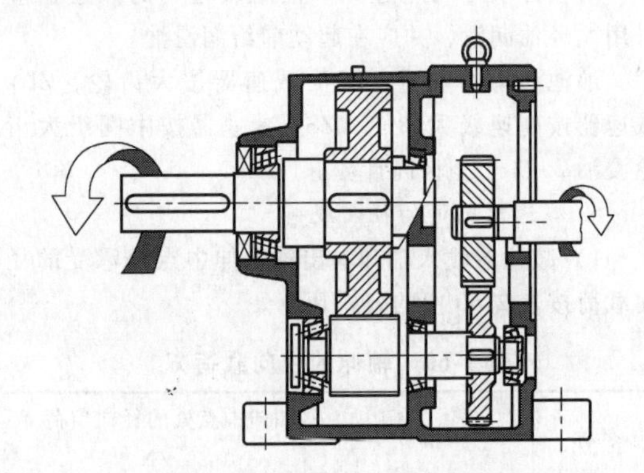

图 2-17　CR 两级斜齿轮减速器结构图

3. F 系列平行轴斜齿轮减速器

1）F 系列三级斜齿轮减速器如图 2-18 所示。

① 平行输出、结构紧凑、传递转矩大、工作平稳、噪声低、寿命长。

② 安装方式：底座安装、法兰安装、扭力臂安装。

图 2-18　F 系列三级斜齿轮减速器

③ 减速比：基本型二级 4.3 ~ 25.3，三级 28.2 ~273，组合达 18509。

④ 基本型二级输入、输出旋转方向相同，三级相反，组合时另咨询。

⑤ 输出方式：空心轴输出或实心轴输出。

⑥ 平均效率：二级 $\eta = 0.96$，三级 $\eta = 0.94$，F/CR 平均效率 $\eta = 0.85$。

2）F 系列结构图如图 2-19 和图 2-20 所示。

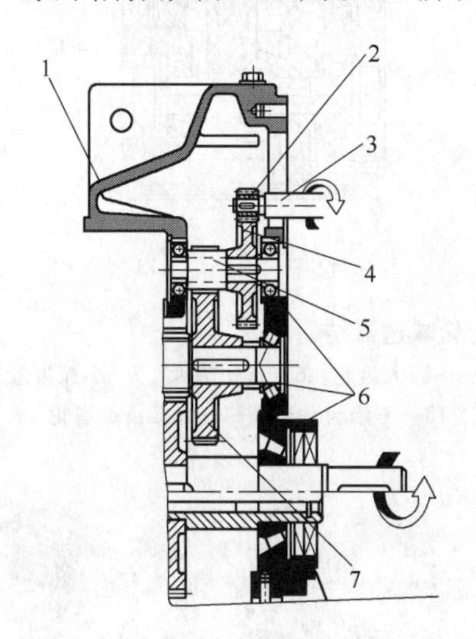

图 2-19　F 系列三级斜齿轮减速器结构图
1—箱体　2—一级小齿轮
3—输入轴（或电动机轴）
4—一级大齿轮　5—二级齿轮轴
6—轴承　7—二级大齿轮

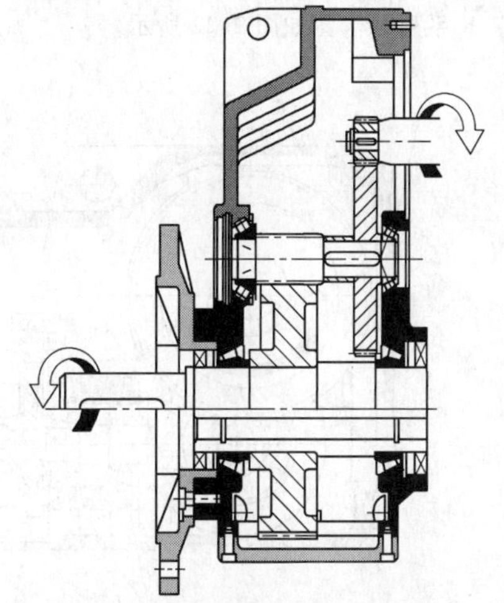

图 2-20　F 系列两级斜齿轮减速器结构图

4. K 系列斜齿轮-弧齿锥齿轮减速器

1）K 系列斜齿轮-弧齿锥齿轮减速器如图 2-21 所示。

① 垂直输出、结构紧凑、硬齿面传递转矩大、高精度的齿轮保证了工作平稳、噪声低、寿命长。

② 安装方式。底座安装、法兰安装、扭力臂安装、小法兰安装。

③ 输入方式：电动机直联、电动机皮带连接或输入轴、连接法兰输入。

④ 输出方式。空心轴输出或实心轴输出，平均效率为 94%

⑤ 减速比。基本型 8.1-191，组合至 13459。

图 2-21　K 系列斜齿轮-弧齿锥齿轮减速器

2）K系列结构图如图2-22所示。

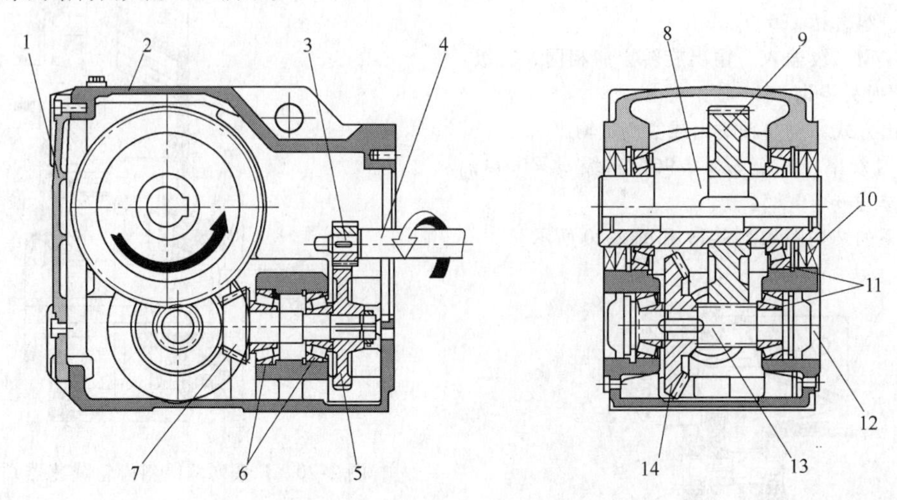

图2-22　K系列斜齿轮-弧齿锥齿轮减速器结构图

1—盖　2—箱体　3—一级小齿轮　4—输入轴（或电动机轴）　5—一级大齿轮　6、11—轴承　7—小弧齿锥齿轮　8—输出空心轴　9—三级大齿轮　10—油封　12—油封盖　13—三级齿轮轴　14—大弧齿锥齿轮

5. S系列斜齿轮-蜗杆减速器

1）S系列斜齿轮-蜗杆减速器如图2-23所示。

① 斜齿轮和蜗杆组合，结构紧凑，减速比大。

② 平均效率 η：减速比为23.8～67.8时，$\eta=0.77$；减速比为73.7～389时，$\eta=0.62$；S/CR组合式 $\eta=0.57$。

③ 蜗杆旋向为左旋，组合时另咨询。

2）S系列结构图如图2-24所示。

6. H系列斜齿轮减速器与B系列弧齿锥齿轮-斜齿轮减速器

1）H、B系列工业齿轮减速器见图2-25

① H、B齿轮箱采用通用设计方案，可按客户需求变型为行业专用的齿轮箱。

图2-23　S系列斜齿轮-蜗杆减速器

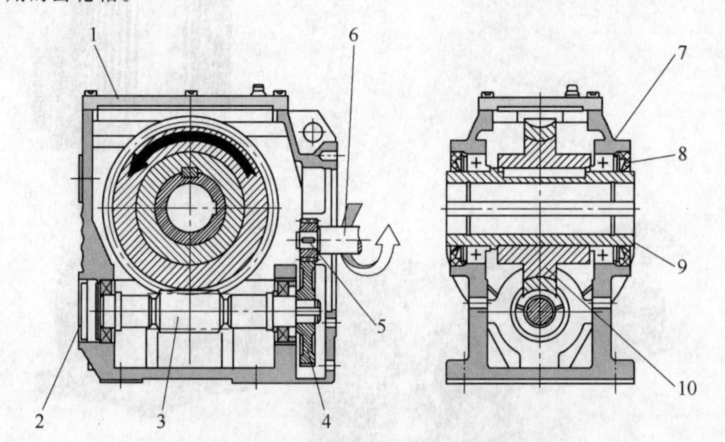

图2-24　S系列斜齿轮-蜗杆减速器结构图

1—箱体　2—封盖　3—蜗杆　4—一级大齿轮　5—小齿轮　6—输入轴（或电动机轴）　7—轴承　8—油封　9—空心输出轴　10—蜗轮

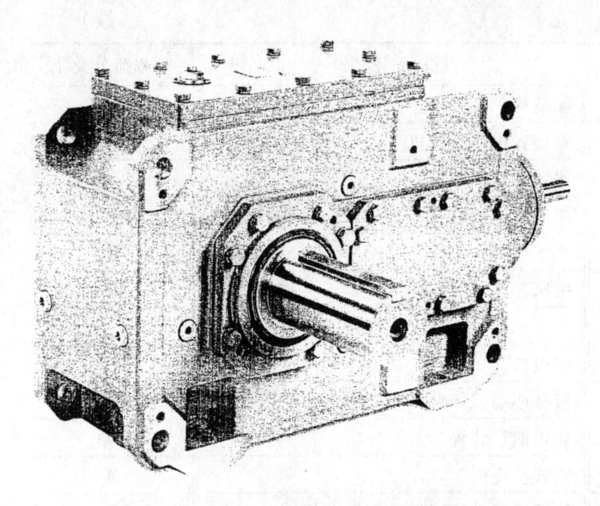

图 2-25　H、B 系列工业齿轮减速器

② 实现平行轴、直交轴、立式、卧式通用箱体，零部件种类减少，规格型号增加。

③ 采用吸音箱体结构、较大的箱体表面积和大风扇，圆柱齿轮和弧齿锥齿轮均采用先进的磨齿工艺，使整机的温升、噪声降低，运转的可靠性得到提高，传递功率增大。

④ 输入方式：电动机连接法兰、轴输入。

⑤ 输出方式：带平键的实心轴、带平键的空心轴、胀紧盘连接的空心轴、花键连接的空心轴、花键连接的实心轴和法兰连接的实心轴。

⑥ 安装方式：卧式、立式、摆动底座式、扭力臂式。

⑦ H、B 系列产品有 3 ~ 26 型规格，减速传动级数有 1 ~ 4 级，传动比 1.25 ~ 450，和 CR、K、S 系列组合得到更大的速比。

2）H、B 系列结构图如图 2-26 所示。

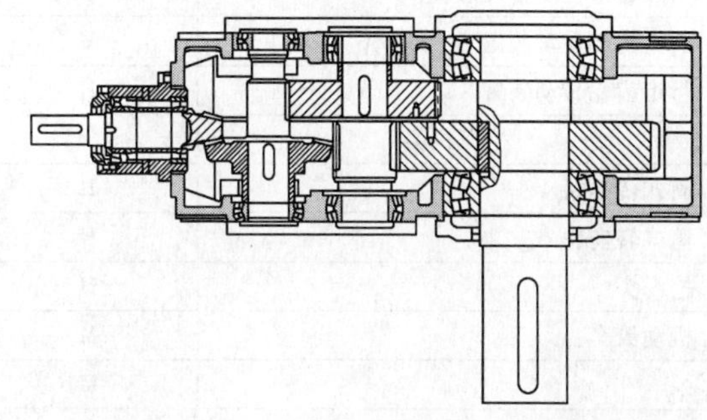

图 2-26　H、B 系列工业齿轮减速器结构图

2.8　减速器载荷分类

减速器载荷的分类见表 2-61。

表 2-61　减速器载荷分类

设备名称	载荷分类	设备名称	载荷分类
风机类		压缩机类	
风机(轴向和径向)	U	活塞式压缩机	H
冷却塔风扇	M	涡轮式压缩机	M
引风机	M	传送运输机类	
螺旋活塞式风机	M	平板传送机	M
涡轮式风机	U	平衡块升降机	M
建筑机械类		槽式传送机	M
混凝土搅拌机	M	带式传动机(大件)	M
卷扬机	M	带式传动机(碎料)	H
路面建筑机械	M	筒式面粉传送机	U
化工类		链式传送机	M
搅拌机(液体)	U	环式传送机	M
搅拌机(半液体)	M	货物升降机	M
离心机(重型)	M	卷扬机*	H
离心机(轻型)	U	倾斜卷扬机*	H
冷却滚筒*	M	连杆式传送机	M
干燥滚筒*	M	载人升降机	M
搅拌机	M	螺旋式传送机	M

（续）

设备名称	载荷分类	设备名称	载荷分类
钢带式传送机	M	除锈机*	H
链式槽型传送机	M	重型和中型板轧机*	H
铰车运输	M	棒坯初轧机*	H
起重机类		棒坯转运机械*	H
转臂式起重传动齿轮装置	M	棒坯推料机*	H
卷扬机齿轮传动装置	U	推床*	H
吊杆起落齿轮传动装置	U	金属滚轧机类(2)	
转向齿轮传动装置	M	剪板机*	H
行走齿轮传动装置	H	板材摆动升降台*	M
挖泥机类		轧辊调整装置*	M
筒式传送机	H	辊式校直机*	M
筒式转向轮	H	轧钢机辊道(重型)*	H
挖泥头	H	轧钢机辊道(轻型)*	M
机动铰车	M	薄板轧机*	H
泵	M	修整剪切机*	M
转向齿轮传动装置	M	焊管机	H
行走齿轮传动装置(履带)	H	焊接机(带材和线材)	M
行走齿轮传动装置(铁轨)	M	线材拉拔机	M
食品工业机械类		金属加工机床类	
灌注及装箱机器	U	动力轴	U
甘蔗压榨机*	M	锻造机	H
甘蔗切断机*	M	锻锤*	H
甘蔗粉碎机	H	机床及辅助装置	U
搅拌机	M	机床及主要传动装置	M
酱状物吊桶	M	金属刨床	H
包装机	U	板材校直机床	H
糖甜菜切断机	M	压力机	H
糖甜菜清洗机	M	压力机机床	H
发动机及转换器		剪床	M
频率转换器	H	薄板弯曲机床	M
发动机	H	石油工业机械类	
焊接发动机	H	输油管油泵*	M
洗衣机类		转子钻井设备*	H
滚筒	M	制纸机类	
洗衣机	M	压光机*	H
金属滚轧机类(1)		多层纸板机*	H
钢坯剪断机*	H	干燥滚筒*	H
链式输送机*	M	上光滚筒*	H
冷轧机*	H	搅浆机*	H
连铸成套设备*	H	纸浆擦碎机*	H
冷床*	M	吸水滚*	H
剪料机头*	H	吸水滚压机*	H
交叉转弯输送机*	M	潮纸滚压机*	H

（续）

设备名称	载荷分类	设备名称	载荷分类
威罗机	H	挤压粉碎机*	H
泵类		破碎机	H
离心泵（稀液体）	U	压砖机	H
离心泵（半液体）	M	锤粉碎机*	H
活塞泵	H	转炉*	H
柱塞泵*	H	筒形磨机*	H
压力泵*	H	纺织机床类	
塑料工业类		送料机	M
压光机*	M	织布机	M
挤压机*	M	印染机床	M
螺旋压出机*	M	精制桶	M
混合机*	M	威罗机	M
橡胶机械类		水处理类	
压光机*	M	鼓风机*	M
挤压机*	H	螺杆泵	M
混合搅拌机*	M	木材加工机床	
捏和机*	H	剥皮机	H
滚压机*	H	刨床	M
石料、瓷土料加工机床类		锯床*	H
球磨机*	H	木材加工机床	U

注：1. U为均匀载荷，M为中等冲击载荷，H为强冲击载荷。
2. 标“*”者表示仅用于24h工作制。

2.9　减速器输入、输出轴的径向力与轴向力计算

（1）输入、输出轴径向力的计算（见图2-27）

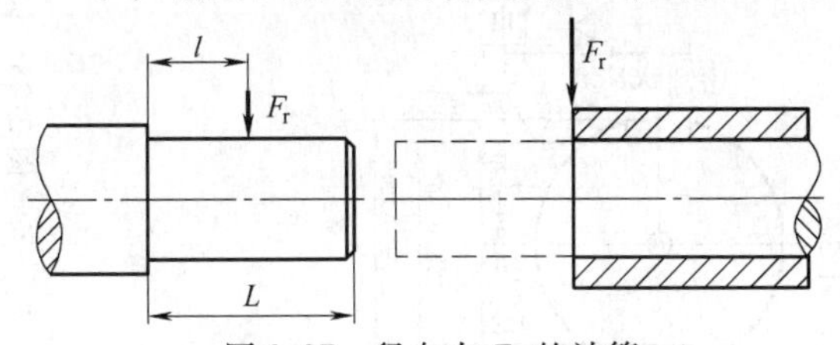

图2-27　径向力 F_r 的计算

输入轴径向力 F_{r1}

$$F_{r1}=\frac{T_1 f L_f}{r}$$

输出轴径向力 F_{r2}

$$F_{r2}=\frac{T_2 f L_f}{r}$$

式中　T_1、T_2——输入、输出轴转矩（N·mm）；

f——轴上所装配零件径向力系数，见表2-62；

L_f——载荷位置系数，见表2-63；

r——轴的半径（mm）。

表2-62　径向力系数 f

链轮	齿轮	V带轮	平带轮
1.00	1.25	1.5	2.0

表2-63　载荷位置系数 L_f

l/L	≤0.5	0.75	1
L_f	1	1.5	2

（2）轴向力 F_{x1}、F_{x2} 的确定

1）当不受径向力时，进、出轴的许用轴向力 $F_{x1}=\frac{F_{r1}}{2}$，$F_{x2}=\frac{F_{r2}}{2}$。

2）当需要很大的许用轴向力和许用径向力时，根据行业的使用要求，在结构上或支承上（例如轴承）采取相应的措施，并作相应的具体分析。

2.10　圆柱齿轮减速器典型结构图与零件图

圆柱齿轮减速器典型结构图和零件图如图2-28～图2-46所示。

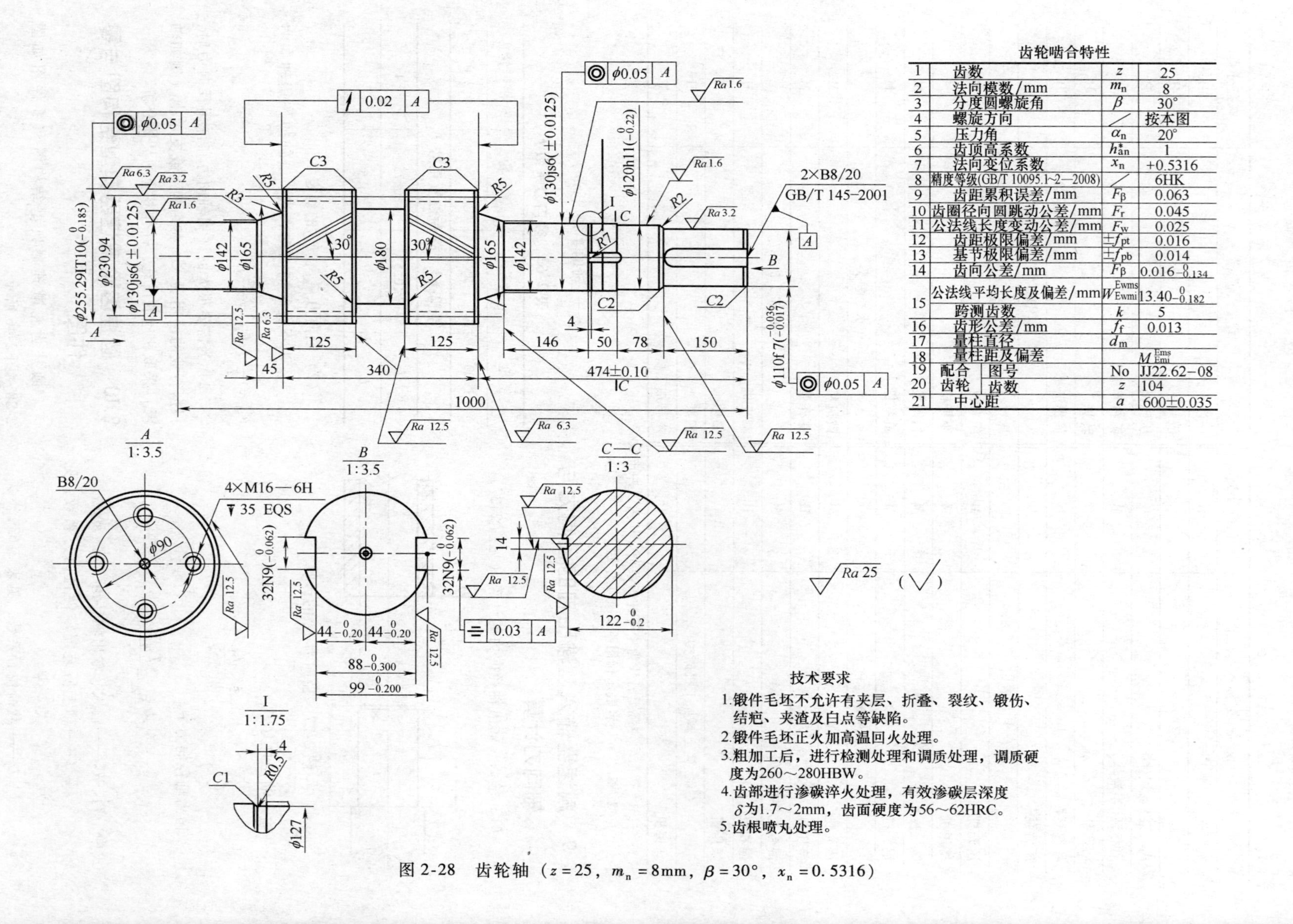

齿轮啮合特性

序号	项目	代号	数值
1	齿数	z	25
2	法向模数/mm	m_n	8
3	分度圆螺旋角	β	30°
4	螺旋方向	╱	按本图
5	压力角	α_n	20°
6	齿顶高系数	h_{an}^*	1
7	法向变位系数	x_n	+0.5316
8	精度等级(GB/T 10095.1~2—2008)	╱	6HK
9	齿距累积误差/mm	F_β	0.063
10	齿圈径向圆跳动公差/mm	F_r	0.045
11	公法线长度变动公差/mm	F_w	0.025
12	齿距极限偏差/mm	$\pm f_{pt}$	0.016
13	基节极限偏差/mm	$\pm f_{pb}$	0.014
14	齿向公差/mm	F_β	$0.016_{-0.134}^{0}$
15	公法线平均长度及偏差/mm	W_{Ewmi}^{Ewms}	$13.40_{-0.182}^{0}$
	跨测齿数	k	5
16	齿形公差/mm	f_f	0.013
17	量柱直径	d_m	
18	量柱距及偏差		M_{Emi}^{Ems}
19	配合齿轮 图号	No	JJ22.62-08
20	配合齿轮 齿数	z	104
21	中心距	a	600±0.035

技术要求

1. 锻件毛坯不允许有夹层、折叠、裂纹、锻伤、结疤、夹渣及白点等缺陷。
2. 锻件毛坯正火加高温回火处理。
3. 粗加工后，进行检测处理和调质处理，调质硬度为260～280HBW。
4. 齿部进行渗碳淬火处理，有效渗碳层深度δ为1.7～2mm，齿面硬度为56～62HRC。
5. 齿根喷丸处理。

图 2-28　齿轮轴（$z=25$，$m_n=8$mm，$\beta=30°$，$x_n=0.5316$）

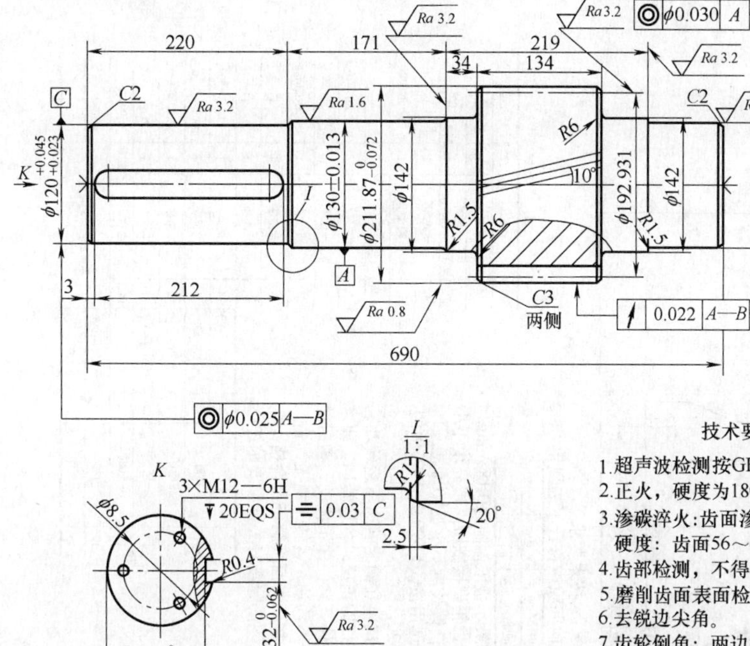

啮合特性

法向模数	m_n	10mm
齿数	z	19
压力角	α	20°
螺旋角	β	10°
螺旋方向		左旋
变位系数	x	−0.051
精度等级 GB/T 10095.1—20008	7GJ	
检验项目		公差量
齿圈径向圆跳动公差	F_r	0.063mm
公法线长度变动公差	F_w	0.036mm
齿形公差	f_f	0.019mm
齿向公差	F_β	0.020mm
齿距极限偏差	f_{pt}	±0.022mm
公法线长度及偏差	W_{kn}	$(76.234^{-0.132}_{-0.220})$mm
跨测齿数	k	3

技术要求

1. 超声波检测按GB/T 3323 — 2005二级以上标准检查。
2. 正火，硬度为180～230HBW。
3. 渗碳淬火：齿面渗碳有效深度为1.8～2.0mm；硬度：齿面56～62HRC，心部30～35HRC。
4. 齿部检测，不得有白点、裂纹等缺陷 。
5. 磨削齿面表面检测(PT或MT)。
6. 去锐边尖角。
7. 齿轮倒角：两边沿齿廓倒R2，顶部沿齿向倒R0.4
8. 齿根喷丸处理。

图 2-29　齿轮轴（$z=19$，$m_n=10$mm，材料：20CrMnMo）

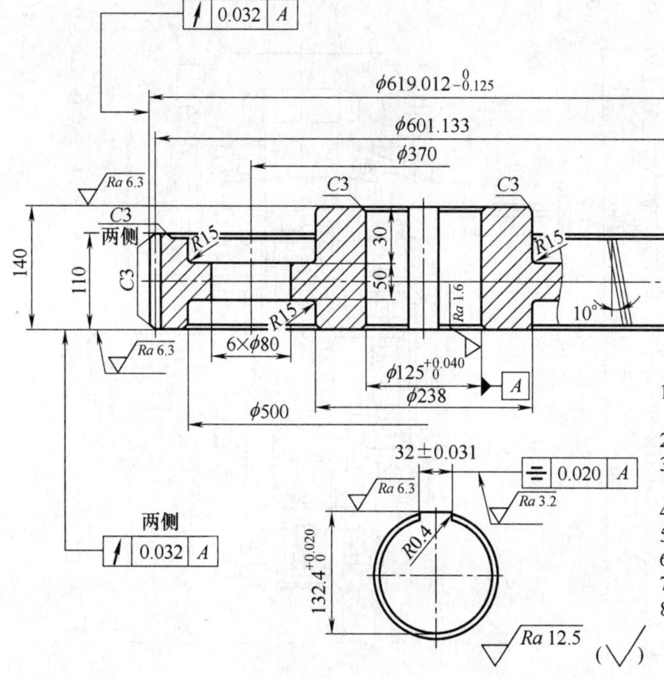

啮合特性

模数	m_n	8mm
齿数	z	74
压力角	α	20°
螺旋角	β	10°
螺旋方向		左旋
变位系数	x	0.137
精度等级 GB/T 10095.1~2—2008	7HK	
检验项目		公差值
齿圈径向圆跳动公差	F_r	0.080mm
公法线长度变动公差	F_w	0.045mm
齿形公差	f_f	0.024mm
齿向公差	F_β	0.020mm
齿距极限偏差	f_{pt}	±0.025mm
公法线长度及偏差	W_{kn}	$(210.157^{-0.200}_{-0.300})$mm
跨测齿数	k	9

技术要求

1. 超声波检测按GB/T 3323—2005二级以上标准检查。
2. 正火，硬度为180～230HBW。
3. 渗碳淬火：齿面渗碳有效深度为1.6～2.0mm；硬度：齿面56～62HRC，心部30～35HRC。
4. 齿部检测，不得有白点、裂纹等缺陷。
5. 磨削齿面表面检测(PT或MT)。
6. 去锐边尖角。
7. 齿轮倒角：两边沿齿廓倒R2，顶部沿齿向倒R0.4。
8. 齿根喷丸处理。

图 2-30　斜齿轮（$z=74$，$m_n=8$mm，材料：20CrMnMo）

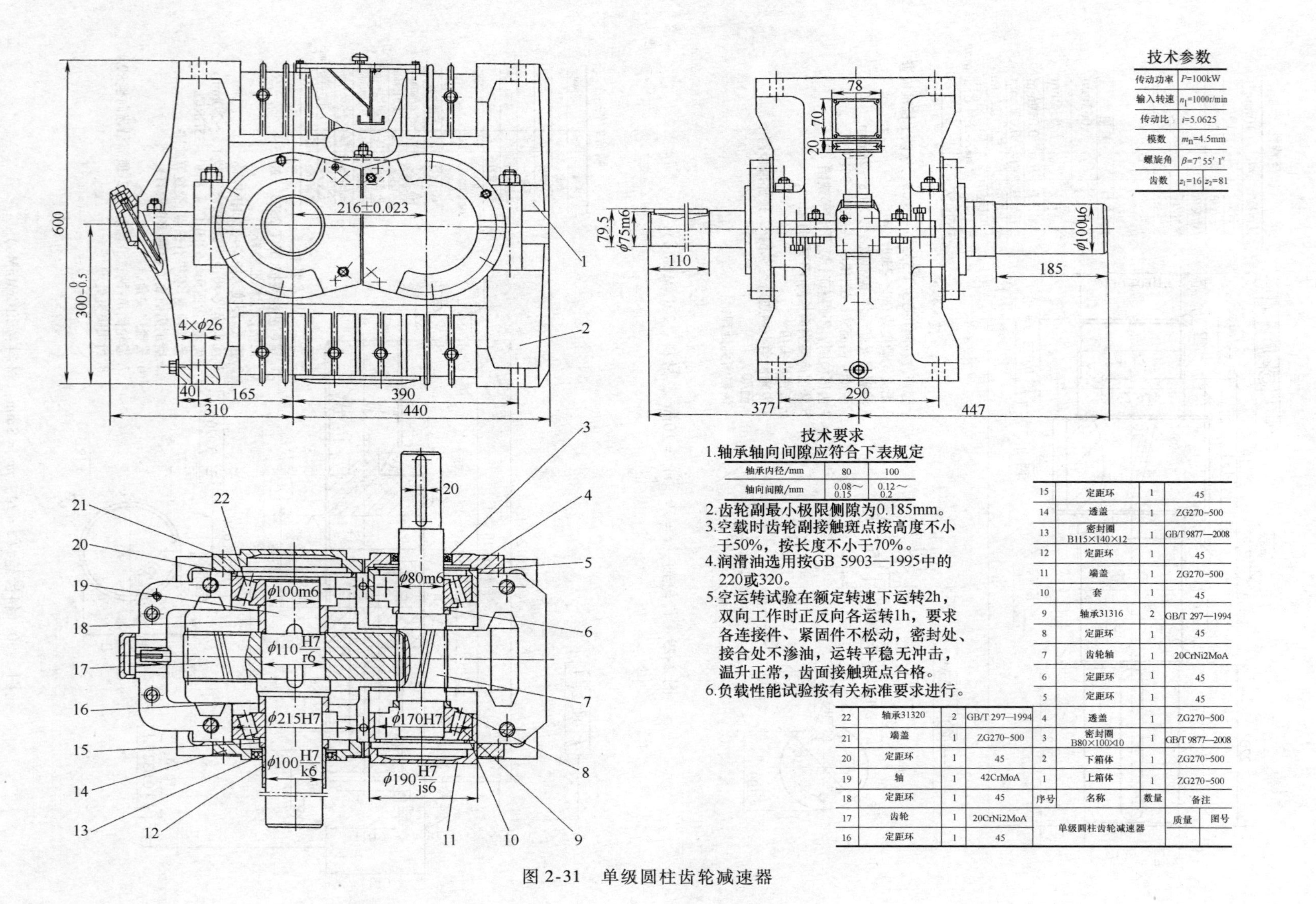

技术参数

技术参数	
传动功率	P=100kW
输入转速	n_1=1000r/min
传动比	i=5.0625
模数	m_n=4.5mm
螺旋角	β=7° 55′ 1″
齿数	z_1=16 z_2=81

技术要求

1.轴承轴向间隙应符合下表规定

轴承内径/mm	80	100
轴向间隙/mm	0.08～0.15	0.12～0.2

2.齿轮副最小极限侧隙为0.185mm。

3.空载时齿轮副接触斑点按高度不小于50%，按长度不小于70%。

4.润滑油选用按GB 5903—1995中的220或320。

5.空运转试验在额定转速下运转2h，双向工作时正反向各运转1h，要求各连接件、紧固件不松动，密封处、接合处不渗油，运转平稳无冲击，温升正常，齿面接触斑点合格。

6.负载性能试验按有关标准要求进行。

序号	名称	数量	备注
22	轴承31320	2	GB/T 297—1994
21	端盖	1	ZG270-500
20	定距环	1	45
19	轴	1	42CrMoA
18	定距环	1	45
17	齿轮	1	20CrNi2MoA
16	定距环	1	45
15	定距环	1	45
14	透盖	1	ZG270-500
13	密封圈 B115×140×12	1	GB/T 9877—2008
12	定距环	1	45
11	端盖	1	ZG270-500
10	套	1	45
9	轴承31316	2	GB/T 297—1994
8	定距环	1	45
7	齿轮轴	1	20CrNi2MoA
6	定距环	1	45
5	定距环	1	45
4	透盖	1	ZG270-500
3	密封圈 B80×100×10	1	GB/T 9877—2008
2	下箱体	1	ZG270-500
1	上箱体	1	ZG270-500

单级圆柱齿轮减速器	质量	图号

图 2-31　单级圆柱齿轮减速器

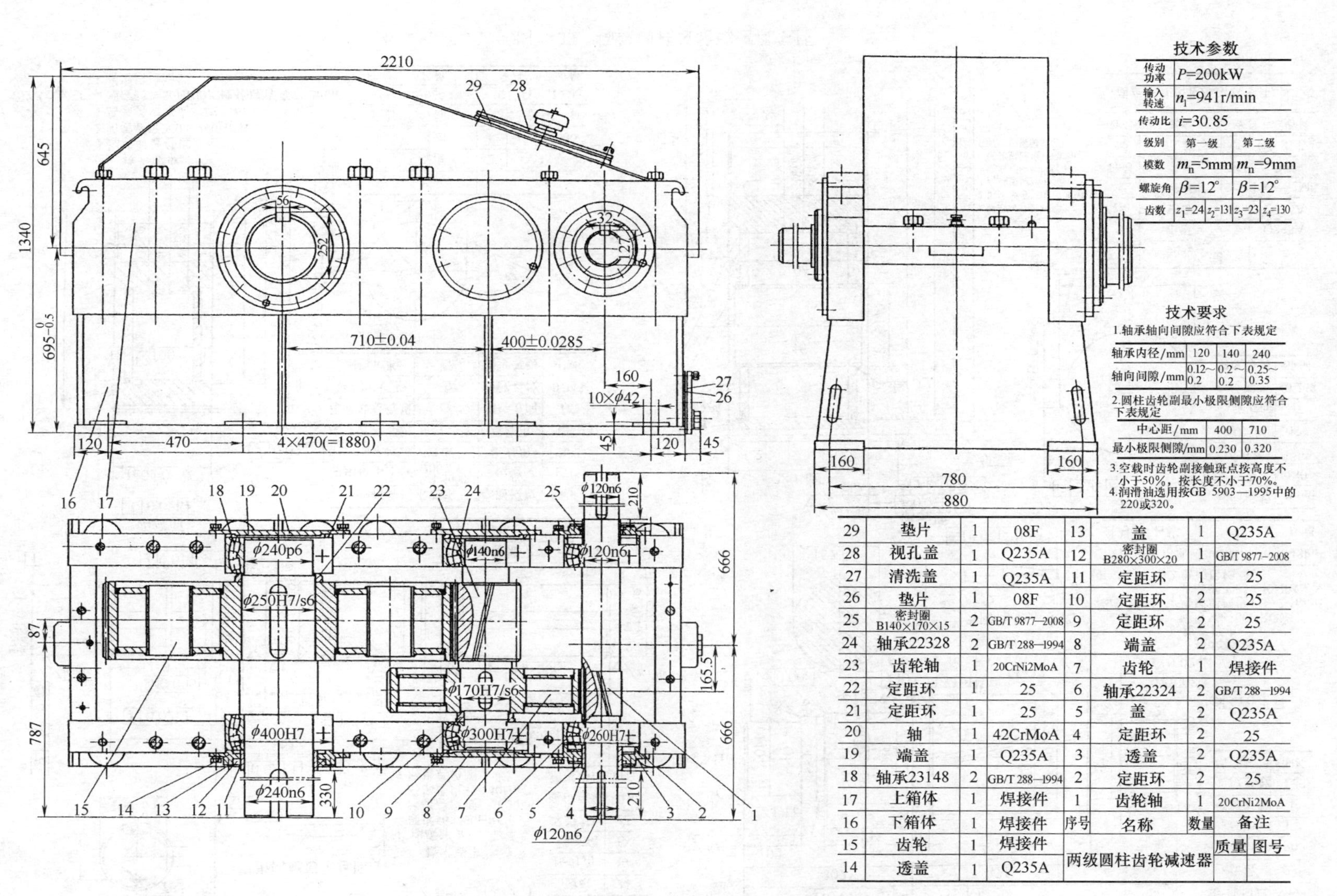

图 2-32　两级圆柱齿轮减速器

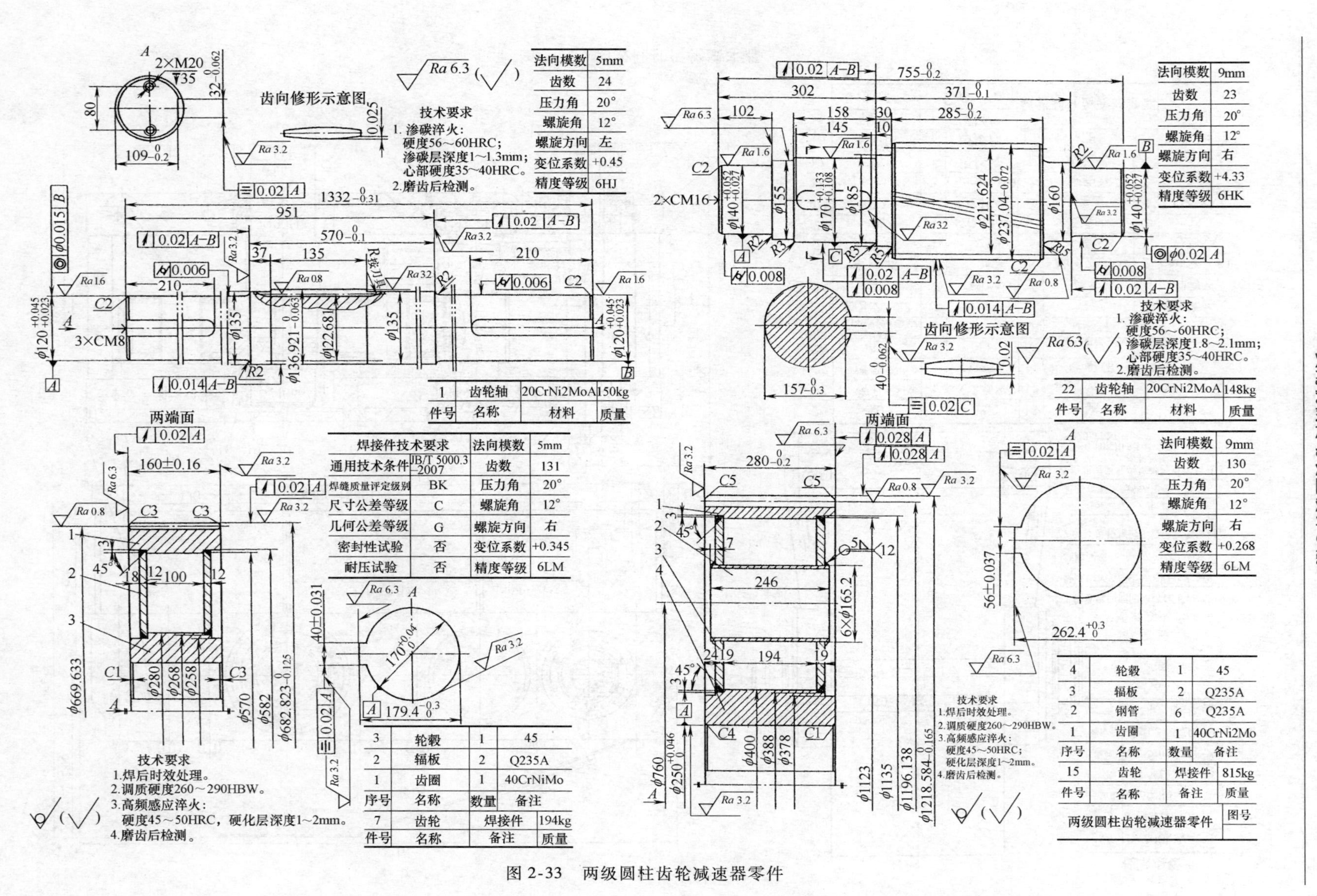

图 2-33 两级圆柱齿轮减速器零件

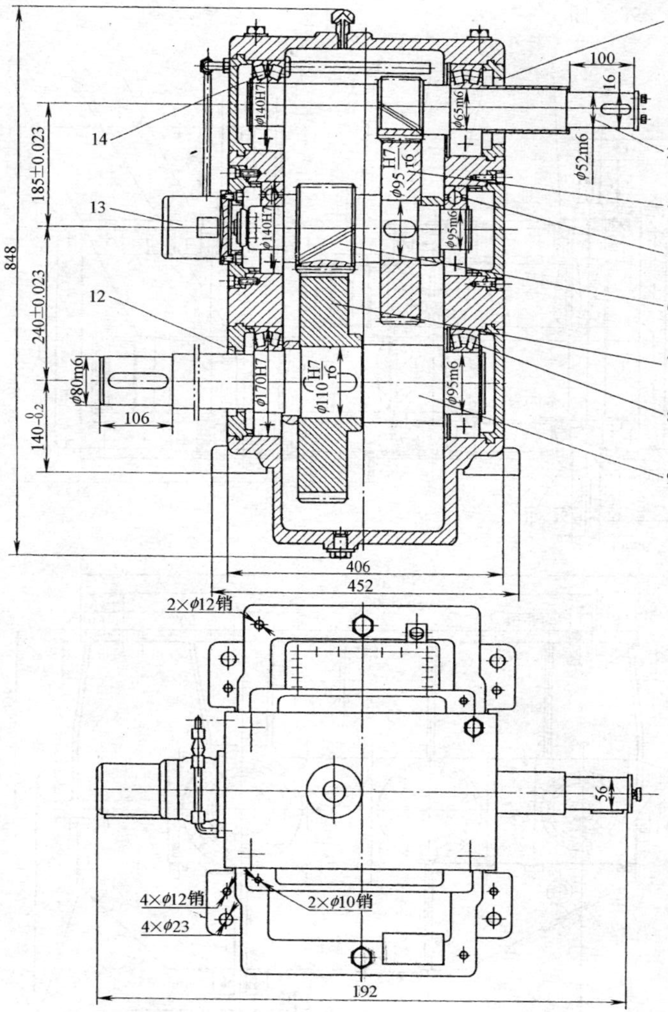

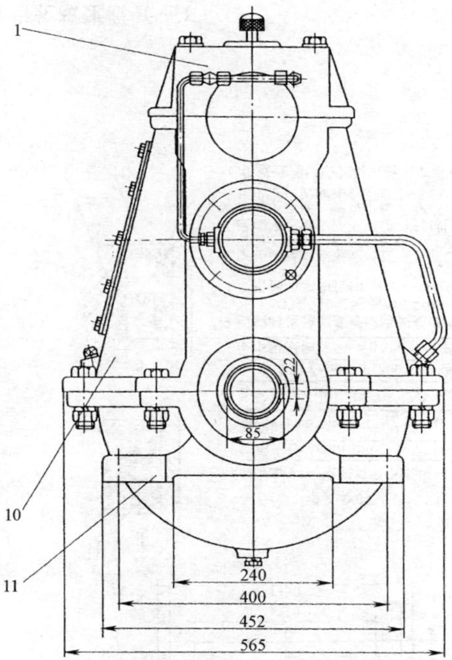

技术参数

传动功率	P=38kW	
输入转速	n_1=1000r/min	
传动比	i=9.08	
级别	第一级	第二级
模数	m_n=5mm	m_n=6mm
螺旋角	β=9°25′48″	β=9°04′07″
齿数	z_1=17　z_2=56	z_3=21　z_4=58

技术要求

1.轴系轴向间隙应符合下表规定

轴系内径/mm	65	95
轴向间隙/mm	0.08～0.15	0.12～0.2

2.齿轮副最小极限侧隙应符合下表规定

中心距/mm	185	240
最小极限侧隙/mm	0.185	0.185

3.空载时齿轮副接触斑点按高度不小于50%，按长度不小于70%。

4.润滑油选用按GB 5903—1995中的220或320。

5.空运转试验在额定转速下运转2h。双向工作时正反向各运转1h，要求各连接件、紧固件不松动。密封处、接合处不渗油。运转平稳无冲击，温升正常，齿面接触斑点合格。

6.负载性能试验按有关标准要求进行。

序号	名称	数量	备注	
14	轴承22313	2	GB/T 288—1994	
13	油泵	1	成品	
12	密封圈 B90×110×12	1	GB/T 9877—2008	
11	下箱体	1	ZG270-500	
10	中箱体	1	ZG270-500	
9	轴	1	42CrMo	
8	轴承22219	2	GB/T 288—1994	
7	齿轮	1	42CrNi2MoA	
6	齿轮轴	1	20CrNi2MoA	
5	轴承6313	2	GB/T 276—1994	
4	齿轮	1	20CrNi2MoA	
3	齿轮轴	1	20CrNi2MoA	
2	密封圈 B75×110×1.0	1	GB/T 9877—2008	
1	上箱体	1	ZG270-500	
两级圆柱齿轮减速器(立式)			质量	图号
			800kg	

图 2-34　两级圆柱齿轮减速器（立式）

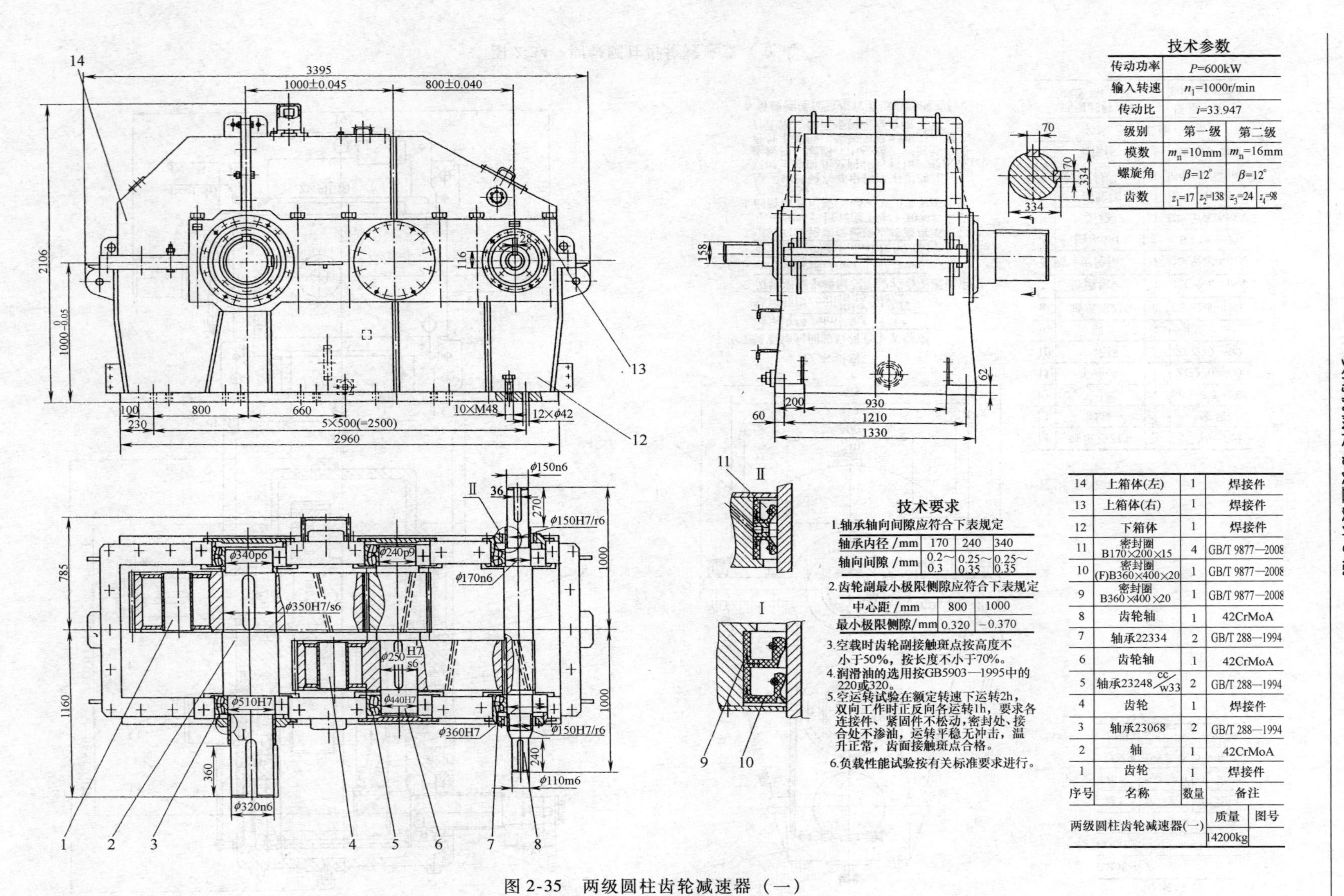

技术参数

传动功率	P=600kW			
输入转速	n_1=1000r/min			
传动比	i=33.947			
级别	第一级		第二级	
模数	m_n=10mm		m_n=16mm	
螺旋角	$\beta=12°$		$\beta=12°$	
齿数	z_1=17	z_2=138	z_3=24	z_4=98

技术要求

1.轴承轴向间隙应符合下表规定

轴承内径 /mm	170	240	340
轴向间隙 /mm	0.2～0.3	0.25～0.35	0.25～0.35

2.齿轮副最小极限侧隙应符合下表规定

中心距 /mm	800	1000
最小极限侧隙/mm	0.320	−0.370

3.空载时齿轮副接触斑点按高度不小于50%，按长度不小于70%。

4.润滑油的选用按GB5903—1995中的220或320。

5.空运转试验在额定转速下运转2h，双向工作时正反向各运转1h，要求各连接件、紧固件不松动，密封处、接合处不渗油，运转平稳无冲击，温升正常，齿面接触斑点合格。

6.负载性能试验按有关标准要求进行。

序号	名称	数量	备注
14	上箱体(左)	1	焊接件
13	上箱体(右)	1	焊接件
12	下箱体	1	焊接件
11	密封圈 B170×200×15	4	GB/T 9877—2008
10	密封圈 (F)B360×400×20	1	GB/T 9877—2008
9	密封圈 B360×400×20	1	GB/T 9877—2008
8	齿轮轴	1	42CrMoA
7	轴承22334	2	GB/T 288—1994
6	齿轮轴	1	42CrMoA
5	轴承23248 cc/w33	2	GB/T 288—1994
4	齿轮	1	焊接件
3	轴承23068	2	GB/T 288—1994
2	轴	1	42CrMoA
1	齿轮	1	焊接件

两级圆柱齿轮减速器(一)	质量	图号
	14200kg	

图 2-35　两级圆柱齿轮减速器（一）

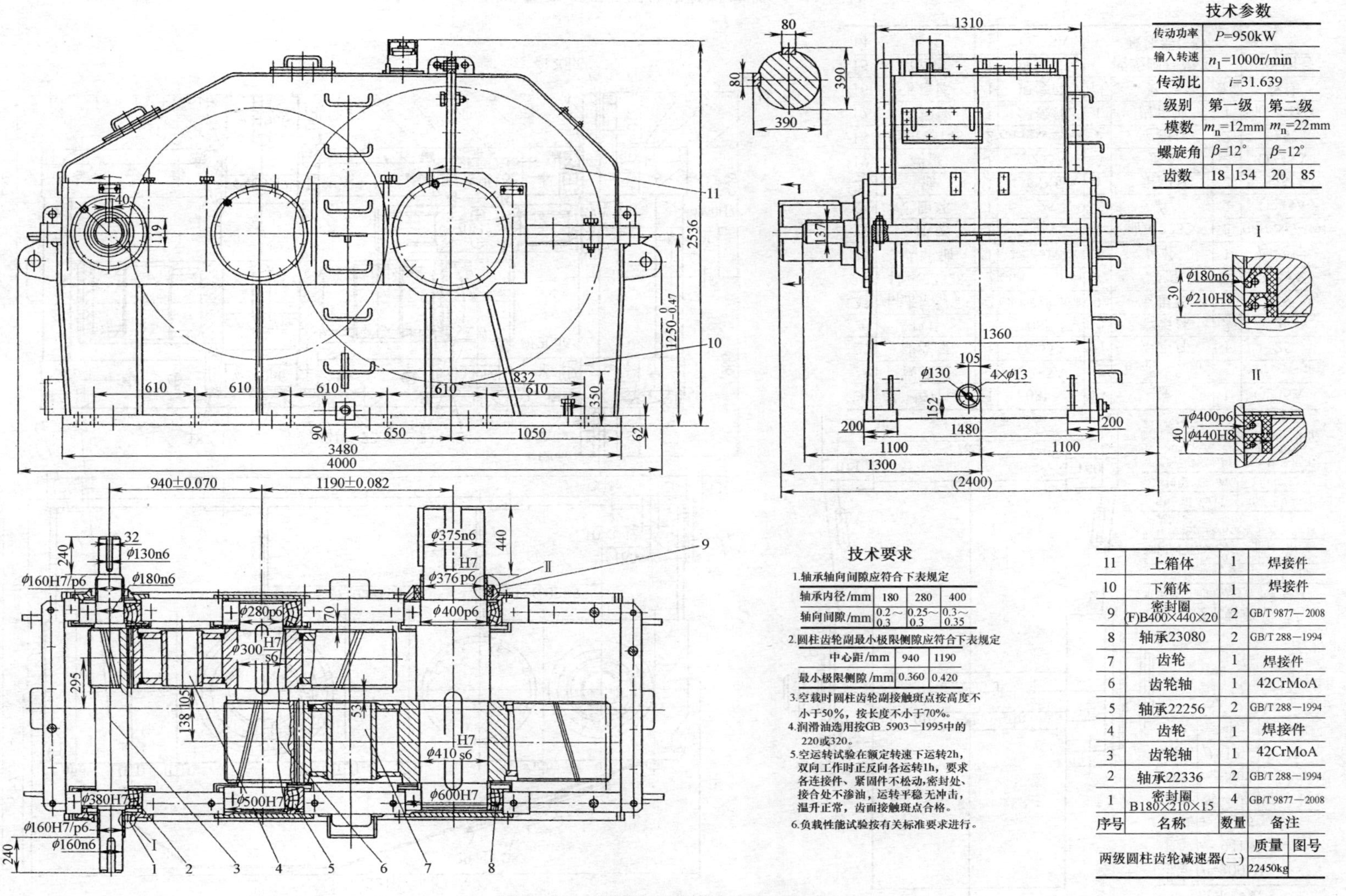

技术参数

传动功率	P=950kW	
输入转速	n_1=1000r/min	
传动比	i=31.639	
级别	第一级	第二级
模数	m_n=12mm	m_n=22mm
螺旋角	β=12°	β=12°
齿数	18　134	20　85

技术要求

1.轴承轴向间隙应符合下表规定

轴承内径/mm	180	280	400
轴向间隙/mm	0.2～0.3	0.25～0.3	0.3～0.35

2.圆柱齿轮副最小极限侧隙应符合下表规定

中心距/mm	940	1190
最小极限侧隙/mm	0.360	0.420

3.空载时圆柱齿轮副接触斑点按高度不小于50%，按长度不小于70%。

4.润滑油选用按GB 5903—1995中的220或320。

5.空运转试验在额定转速下运转2h，双向工作时正反向各运转1h，要求各连接件、紧固件不松动，密封处、接合处不渗油，运转平稳无冲击，温升正常，齿面接触斑点合格。

6.负载性能试验按有关标准要求进行。

序号	名称	数量	备注
11	上箱体	1	焊接件
10	下箱体	1	焊接件
9	密封圈 (F)B400×440×20	2	GB/T 9877—2008
8	轴承23080	2	GB/T 288—1994
7	齿轮	1	焊接件
6	齿轮轴	1	42CrMoA
5	轴承22256	2	GB/T 288—1994
4	齿轮	1	焊接件
3	齿轮轴	1	42CrMoA
2	轴承22336	2	GB/T 288—1994
1	密封圈 B180×210×15	4	GB/T 9877—2008

两级圆柱齿轮减速器(二)	质量	图号
	22450kg	

图 2-36　两级圆柱齿轮减速器（二）

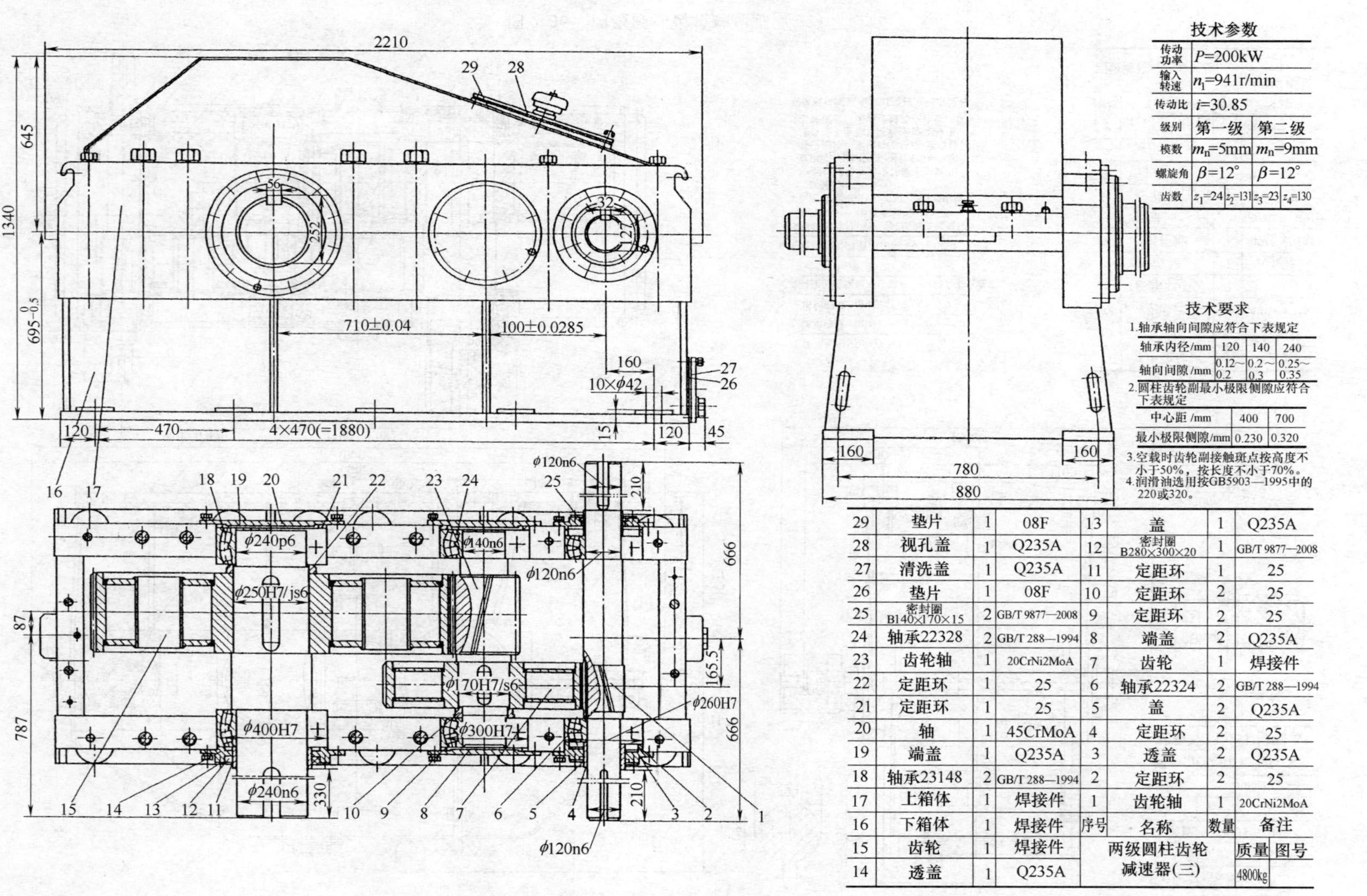

技术参数

传动功率	P=200kW	
输入转速	n_1=941r/min	
传动比	i=30.85	
级别	第一级	第二级
模数	m_n=5mm	m_n=9mm
螺旋角	β=12°	β=12°
齿数	z_1=24 z_2=131	z_3=23 z_4=130

技术要求

1.轴承轴向间隙应符合下表规定

轴承内径/mm	120	140	240
轴向间隙/mm	0.12~0.2	0.2~0.3	0.25~0.35

2.圆柱齿轮副最小极限侧隙应符合下表规定

中心距/mm	400	700
最小极限侧隙/mm	0.230	0.320

3.空载时齿轮副接触斑点按高度不小于50%，按长度不小于70%。
4.润滑油选用按GB5903—1995中的220或320。

29	垫片	1	08F	13	盖	1	Q235A
28	视孔盖	1	Q235A	12	密封圈 B280×300×20	1	GB/T 9877—2008
27	清洗盖	1	Q235A	11	定距环	1	25
26	垫片	1	08F	10	定距环	2	25
25	密封圈 B140×170×15	2	GB/T 9877—2008	9	定距环	2	25
24	轴承22328	2	GB/T 288—1994	8	端盖	2	Q235A
23	齿轮轴	1	20CrNi2MoA	7	齿轮	1	焊接件
22	定距环	1	25	6	轴承22324	2	GB/T 288—1994
21	定距环	1	25	5	盖	2	Q235A
20	轴	1	45CrMoA	4	定距环	2	25
19	端盖	1	Q235A	3	透盖	2	Q235A
18	轴承23148	2	GB/T 288—1994	2	定距环	2	25
17	上箱体	1	焊接件	1	齿轮轴	1	20CrNi2MoA
16	下箱体	1	焊接件	序号	名称	数量	备注
15	齿轮	1	焊接件	两级圆柱齿轮减速器(三)		质量	图号
14	透盖	1	Q235A			4800kg	

图 2-37 两级圆柱齿轮减速器（三）

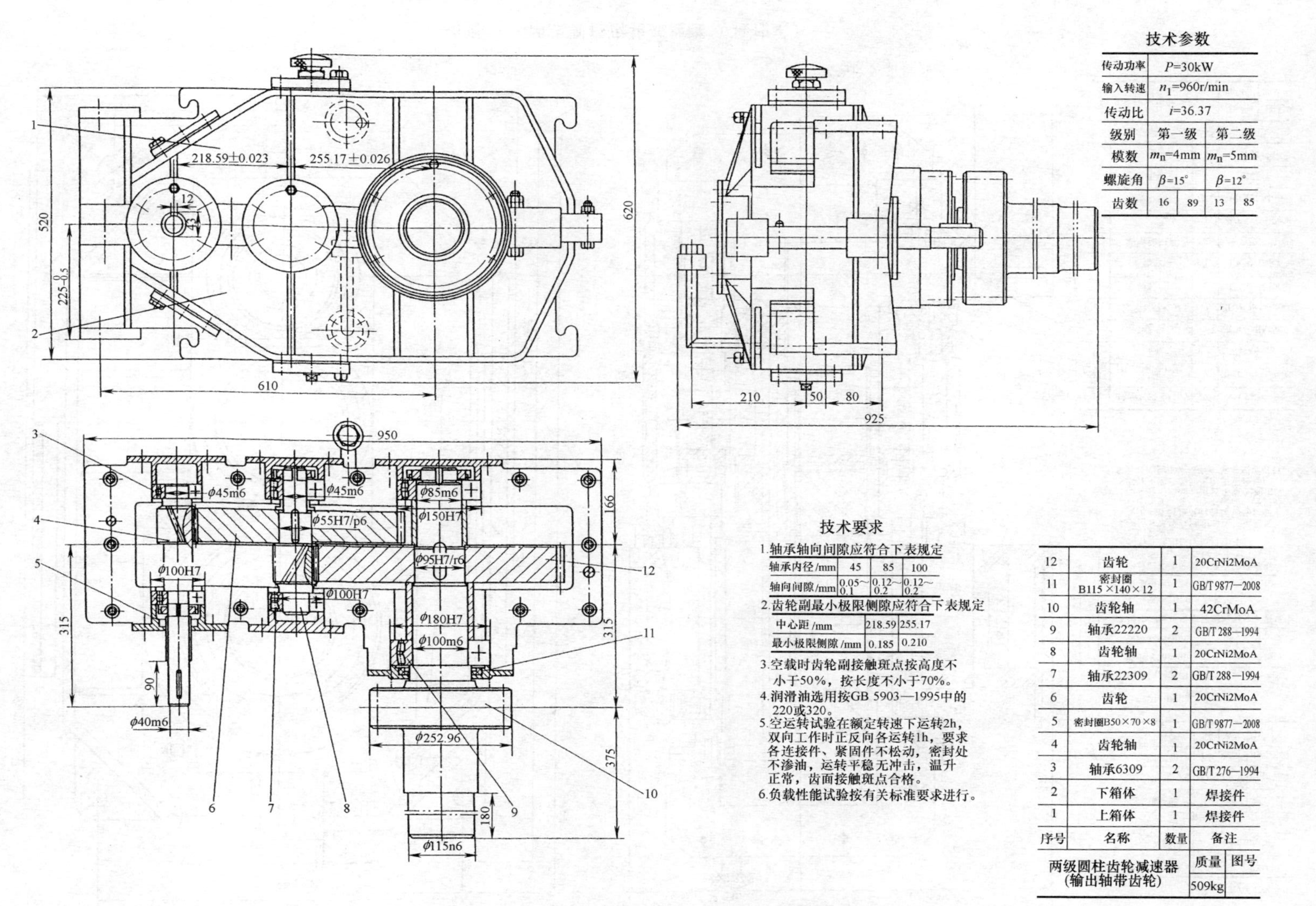

技术参数

传动功率	P=30kW			
输入转速	n_1=960r/min			
传动比	i=36.37			
级别	第一级		第二级	
模数	m_n=4mm		m_n=5mm	
螺旋角	β=15°		β=12°	
齿数	16	89	13	85

技术要求

1.轴承轴向间隙应符合下表规定

轴承内径/mm	45	85	100
轴向间隙/mm	0.05~0.1	0.12~0.2	0.12~0.2

2.齿轮副最小极限侧隙应符合下表规定

中心距/mm	218.59	255.17
最小极限侧隙/mm	0.185	0.210

3.空载时齿轮副接触斑点按高度不小于50%，按长度不小于70%。

4.润滑油选用按GB 5903—1995中的220或320。

5.空运转试验在额定转速下运转2h，双向工作时正反向各运转1h，要求各连接件、紧固件不松动，密封处不渗油，运转平稳无冲击，温升正常，齿面接触斑点合格。

6.负载性能试验按有关标准要求进行。

序号	名称	数量	备注
12	齿轮	1	20CrNi2MoA
11	密封圈 B115×140×12	1	GB/T 9877—2008
10	齿轮轴	1	42CrMoA
9	轴承22220	2	GB/T 288—1994
8	齿轮轴	1	20CrNi2MoA
7	轴承22309	2	GB/T 288—1994
6	齿轮	1	20CrNi2MoA
5	密封圈B50×70×8	1	GB/T 9877—2008
4	齿轮轴	1	20CrNi2MoA
3	轴承6309	2	GB/T 276—1994
2	下箱体	1	焊接件
1	上箱体	1	焊接件

两级圆柱齿轮减速器(输出轴带齿轮)	质量	图号
	509kg	

图 2-38　两级圆柱齿轮减速器（输出轴带齿轮）

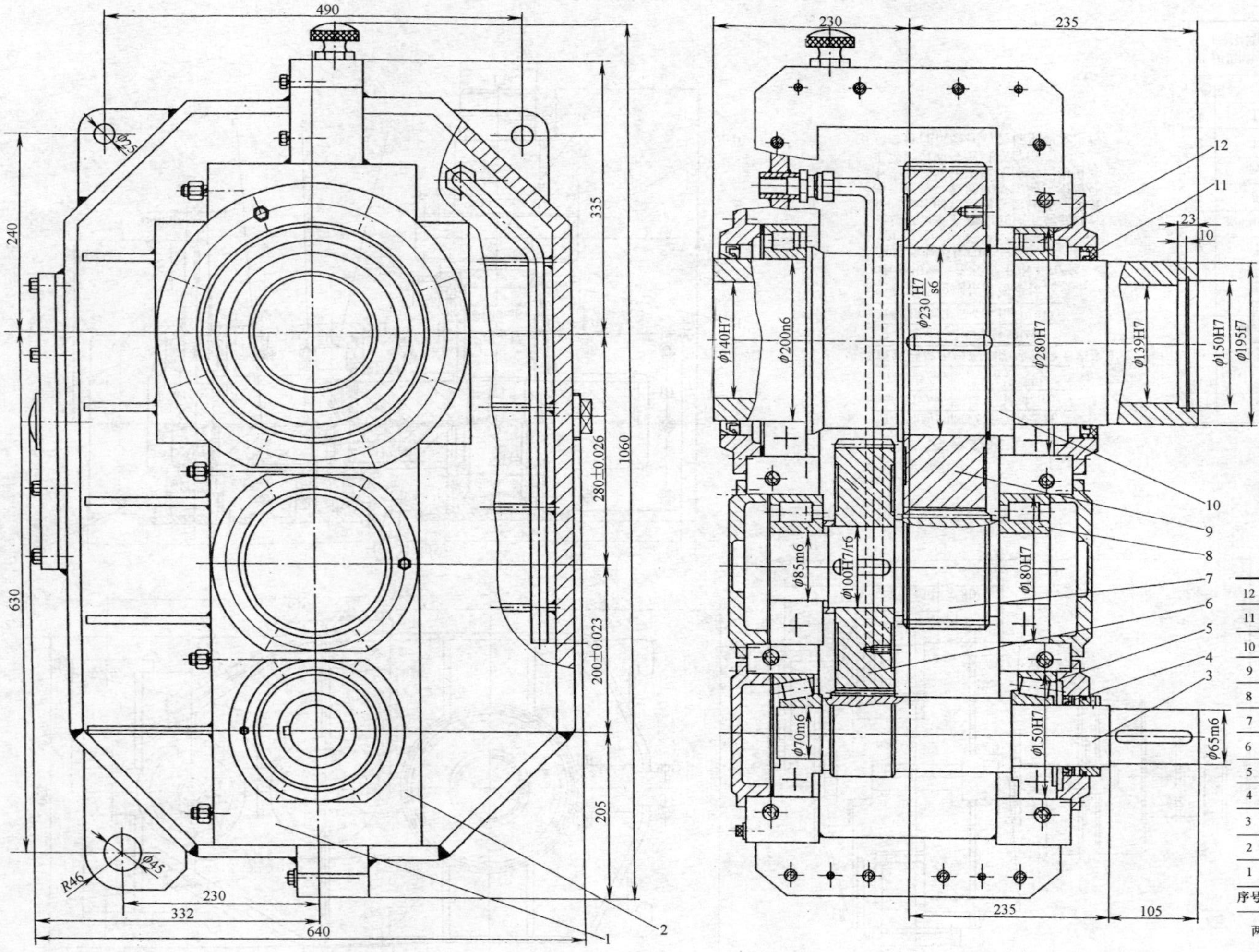

技术参数

传动功率	P=45kW	
输入转速	n_1=1000r/min	
传动比	i=10.56	
级别	第一级	第二级
模数	m_n=5mm	m_n=7mm
螺旋角	β=13°36′	β=10°40′
齿数	18 58	18 59

技术要求

1.轴承轴向间隙应符合下表规定

轴承内径/mm	70	85	200
轴向间隙/mm	0.08~0.15	0.12~0.2	0.25~0.35

2.齿轮副最小极限侧隙应符合下表规定

中心距/mm	200	280
最小极限侧隙/mm	0.185	0.210

3.空载时齿轮副接触斑点按高度不小于50%，按长度不小于70%。

4.润滑油选用按GB5903中的220或320。

5.空运转试验在额定转速下运转2h，双向工作时正反向各运转1h，要求各连接件、紧固件不松动，密封处、接合处不渗油，运转平稳无冲击，温升正常，齿面接触斑点合格。

6.负载性能试验按有关标准要求进行。

序号	名称	数量	备注
12	轴承NCF2940V	2	SKF
11	密封圈 B1200×230×15	2	GB/T 9877—2008
10	轴	1	42CrMo
9	齿轮	1	17CrNiMo6
8	轴承NJ2317E	2	GB/T 283—2007
7	齿轮轴	1	17CrNiMo6
6	齿轮	1	17CrNiMo6
5	轴承32314	2	GB/T 297—1994
4	密封圈 B70×90×10	1	GB/T 9877—2008
3	齿轮轴	1	17CrNiMo6
2	右箱体	1	焊接件
1	左箱体	1	焊接件

两级圆柱齿轮减速器（悬挂式）	质量	图号
	700kg	

图 2-39　两级圆柱齿轮减速器（悬挂式）

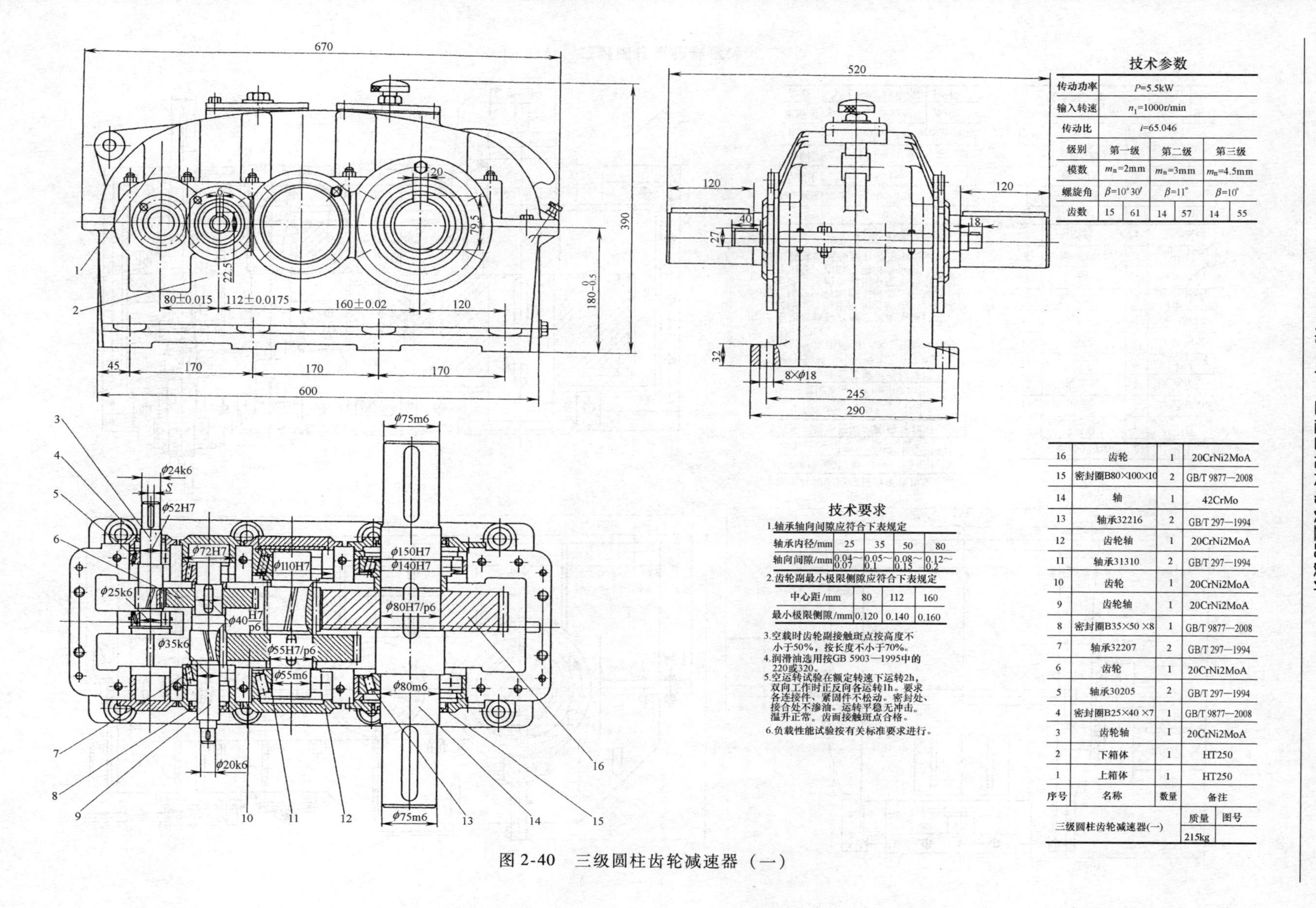

技术参数

传动功率	P=5.5kW					
输入转速	n_1=1000r/min					
传动比	i=65.046					
级别	第一级		第二级		第三级	
模数	m_n=2mm		m_n=3mm		m_n=4.5mm	
螺旋角	β=10°30′		β=11°		β=10°	
齿数	15	61	14	57	14	55

技术要求

1.轴承轴向间隙应符合下表规定

轴承内径/mm	25	35	50	80
轴向间隙/mm	0.04～0.07	0.05～0.1	0.08～0.15	0.12～0.2

2.齿轮副最小极限侧隙应符合下表规定

中心距/mm	80	112	160
最小极限侧隙/mm	0.120	0.140	0.160

3.空载时齿轮副接触斑点按高度不小于50%，按长度不小于70%。
4.润滑油选用按GB 5903—1995中的220或320。
5.空运转试验在额定转速下运转2h，双向工作时正反向各运转1h。要求各连接件、紧固件不松动。密封处、接合处不渗油。运转平稳无冲击。温升正常。齿面接触斑点合格。
6.负载性能试验按有关标准要求进行。

序号	名称	数量	备注
16	齿轮	1	20CrNi2MoA
15	密封圈B80×100×10	2	GB/T 9877—2008
14	轴	1	42CrMo
13	轴承32216	2	GB/T 297—1994
12	齿轮轴	1	20CrNi2MoA
11	轴承31310	2	GB/T 297—1994
10	齿轮	1	20CrNi2MoA
9	齿轮轴	1	20CrNi2MoA
8	密封圈B35×50×8	1	GB/T 9877—2008
7	轴承32207	2	GB/T 297—1994
6	齿轮	1	20CrNi2MoA
5	轴承30205	2	GB/T 297—1994
4	密封圈B25×40×7	1	GB/T 9877—2008
3	齿轮轴	1	20CrNi2MoA
2	下箱体	1	HT250
1	上箱体	1	HT250

三级圆柱齿轮减速器(一)	质量	图号
	215kg	

图 2-40　三级圆柱齿轮减速器（一）

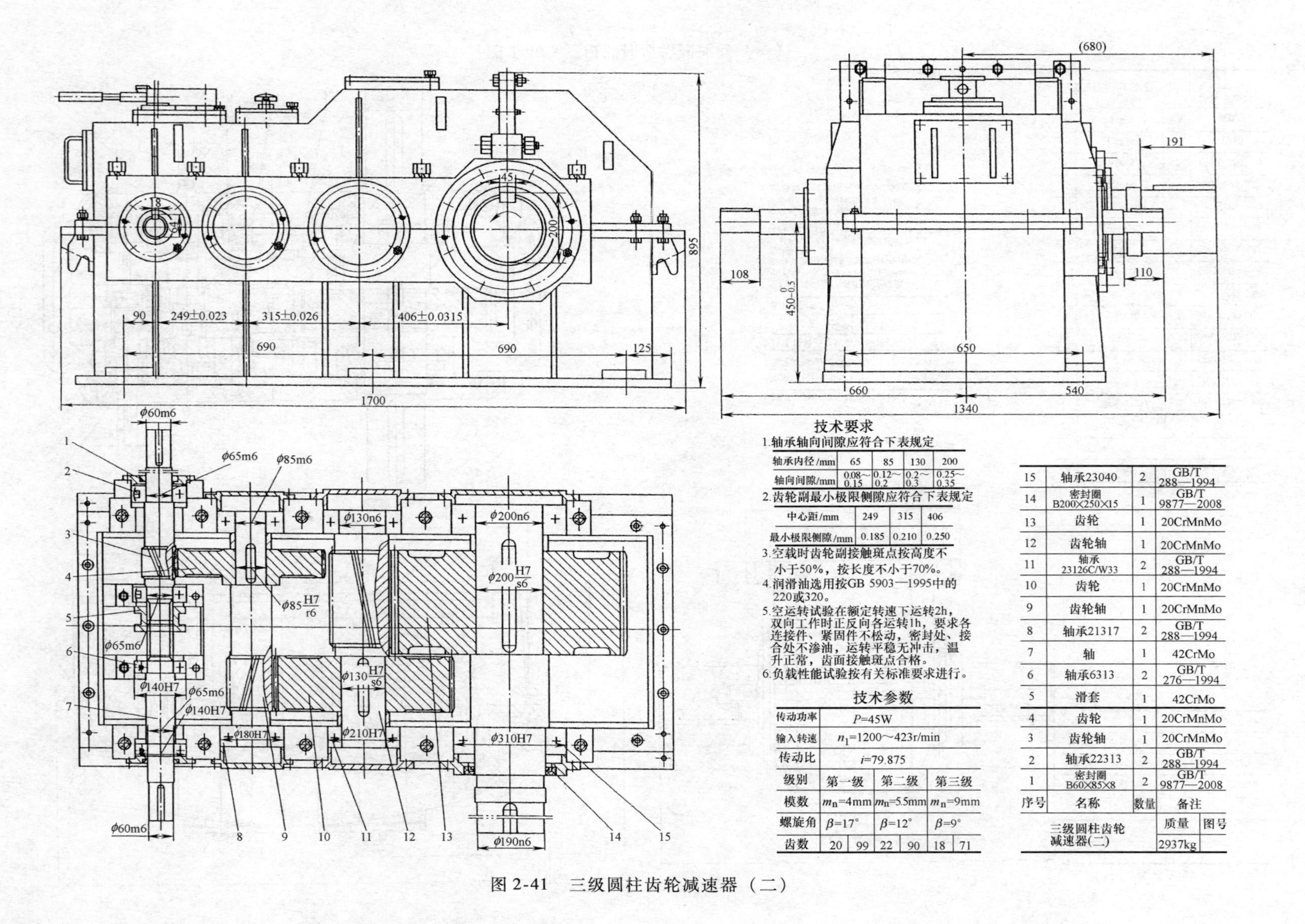

技术要求

1.轴承轴向间隙应符合下表规定

轴承内径/mm	65	85	130	200
轴向间隙/mm	0.08～0.15	0.12～0.2	0.2～0.3	0.25～0.35

2.齿轮副最小极限侧隙应符合下表规定

中心距/mm	249	315	406
最小极限侧隙/mm	0.185	0.210	0.250

3.空载时齿轮副接触斑点按高度不小于50%，按长度不小于70%。

4.润滑油选用按GB 5903—1995中的220或320。

5.空运转试验在额定转速下运转2h，双向工作时正反向各运转1h，要求各连接件、紧固件不松动，密封处、接合处不渗油，运转平稳无冲击，温升正常，齿面接触斑点合格。

6.负载性能试验按有关标准要求进行。

技术参数

传动功率	P=45W					
输入转速	n_1=1200～423r/min					
传动比	i=79.875					
级别	第一级		第二级		第三级	
模数	m_n=4mm		m_n=5.5mm		m_n=9mm	
螺旋角	β=17°		β=12°		β=9°	
齿数	20	99	22	90	18	71

序号	名称	数量	备注
15	轴承23040	2	GB/T 288—1994
14	密封圈 B200×250×15	1	GB/T 9877—2008
13	齿轮	1	20CrMnMo
12	齿轮轴	1	20CrMnMo
11	轴承 23126C/W33	2	GB/T 288—1994
10	齿轮	1	20CrMnMo
9	齿轮轴	1	20CrMnMo
8	轴承21317	2	GB/T 288—1994
7	轴	1	42CrMo
6	轴承6313	2	GB/T 276—1994
5	滑套	1	42CrMo
4	齿轮	1	20CrMnMo
3	齿轮轴	1	20CrMnMo
2	轴承22313	2	GB/T 288—1994
1	密封圈 B60×85×8	2	GB/T 9877—2008

三级圆柱齿轮减速器(二)	质量	图号
	2937kg	

图 2-41　三级圆柱齿轮减速器（二）

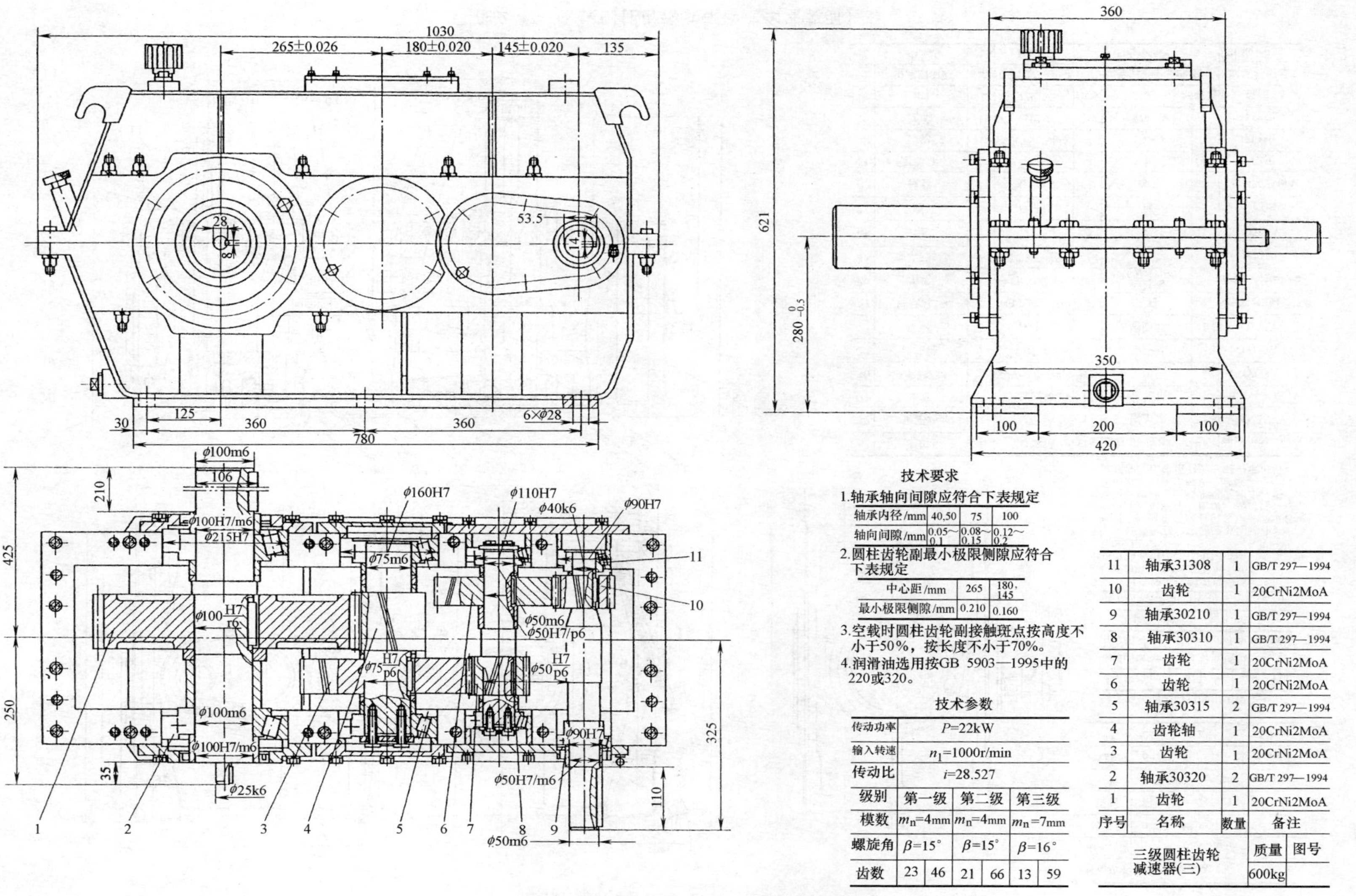

技术要求

1. 轴承轴向间隙应符合下表规定

轴承内径/mm	40,50	75	100
轴向间隙/mm	0.05～0.1	0.08～0.15	0.12～0.2

2. 圆柱齿轮副最小极限侧隙应符合下表规定

中心距/mm	265	180，145
最小极限侧隙/mm	0.210	0.160

3. 空载时圆柱齿轮副接触斑点按高度不小于50%，按长度不小于70%。
4. 润滑油选用按GB 5903—1995中的220或320。

技术参数

传动功率	P=22kW		
输入转速	n_1=1000r/min		
传动比	i=28.527		
级别	第一级	第二级	第三级
模数	m_n=4mm	m_n=4mm	m_n=7mm
螺旋角	β=15°	β=15°	β=16°
齿数	23　46	21　66	13　59

11	轴承31308	1	GB/T 297—1994
10	齿轮	1	20CrNi2MoA
9	轴承30210	1	GB/T 297—1994
8	轴承30310	1	GB/T 297—1994
7	齿轮	1	20CrNi2MoA
6	齿轮	1	20CrNi2MoA
5	轴承30315	2	GB/T 297—1994
4	齿轮轴	1	20CrNi2MoA
3	齿轮	1	20CrNi2MoA
2	轴承30320	2	GB/T 297—1994
1	齿轮	1	20CrNi2MoA
序号	名称	数量	备注
三级圆柱齿轮减速器(三)		质量 600kg	图号

图 2-42　三级圆柱齿轮减速器（三）

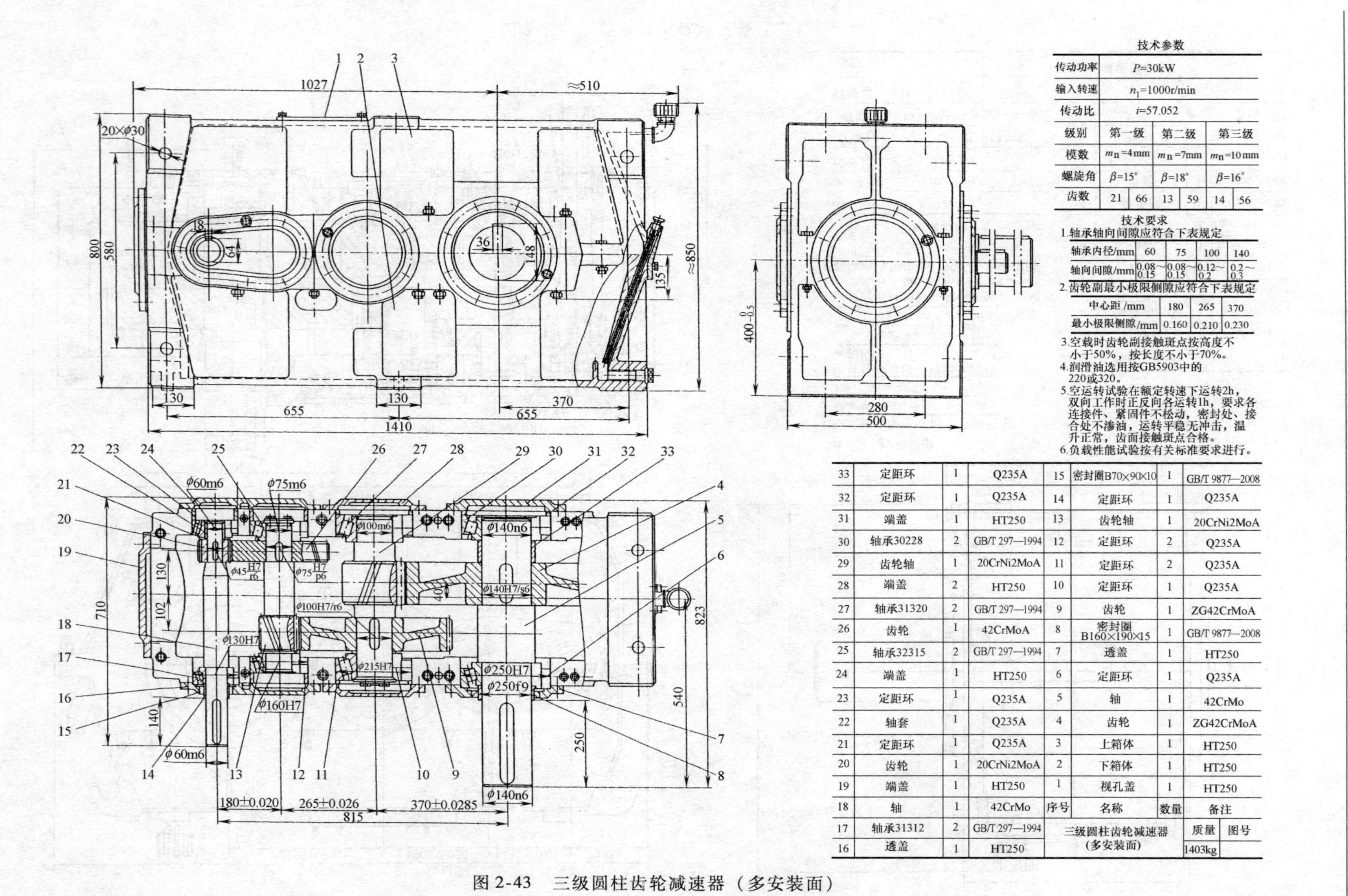

技术参数

传动功率	P=30kW					
输入转速	n_1=1000r/min					
传动比	i=57.052					
级别	第一级		第二级		第三级	
模数	m_n=4mm		m_n=7mm		m_n=10mm	
螺旋角	β=15°		β=18°		β=16°	
齿数	21	66	13	59	14	56

技术要求

1.轴承轴向间隙应符合下表规定

轴承内径/mm	60	75	100	140
轴向间隙/mm	0.08～0.15	0.08～0.15	0.12～0.2	0.2～0.3

2.齿轮副最小极限侧隙应符合下表规定

中心距 /mm	180	265	370
最小极限侧隙 /mm	0.160	0.210	0.230

3.空载时齿轮副接触斑点按高度不小于50%，按长度不小于70%。

4.润滑油选用按GB5903中的220或320。

5.空运转试验在额定转速下运转2h，双向工作时正反向各运转1h，要求各连接件、紧固件不松动，密封处、接合处不渗油，运转平稳无冲击，温升正常，齿面接触斑点合格。

6.负载性能试验按有关标准要求进行。

序号	名称	数量	备注	序号	名称	数量	备注
33	定距环	1	Q235A	15	密封圈B70×90×10	1	GB/T 9877—2008
32	定距环	1	Q235A	14	定距环	1	Q235A
31	端盖	1	HT250	13	齿轮轴	1	20CrNi2MoA
30	轴承30228	2	GB/T 297—1994	12	定距环	2	Q235A
29	齿轮轴	1	20CrNi2MoA	11	定距环	2	Q235A
28	端盖	2	HT250	10	定距环	1	Q235A
27	轴承31320	2	GB/T 297—1994	9	齿轮	1	ZG42CrMoA
26	齿轮	1	42CrMoA	8	密封圈 B160×190×15	1	GB/T 9877—2008
25	轴承32315	2	GB/T 297—1994	7	透盖	1	HT250
24	端盖	1	HT250	6	定距环	1	Q235A
23	定距环	1	Q235A	5	轴	1	42CrMo
22	轴套	1	Q235A	4	齿轮	1	ZG42CrMoA
21	定距环	1	Q235A	3	上箱体	1	HT250
20	齿轮	1	20CrNi2MoA	2	下箱体	1	HT250
19	端盖	1	HT250	1	视孔盖	1	HT250
18	轴	1	42CrMo	序号	名称	数量	备注
17	轴承31312	2	GB/T 297—1994	三级圆柱齿轮减速器（多安装面）		质量	图号
16	透盖	1	HT250			1403kg	

图 2-43　三级圆柱齿轮减速器（多安装面）

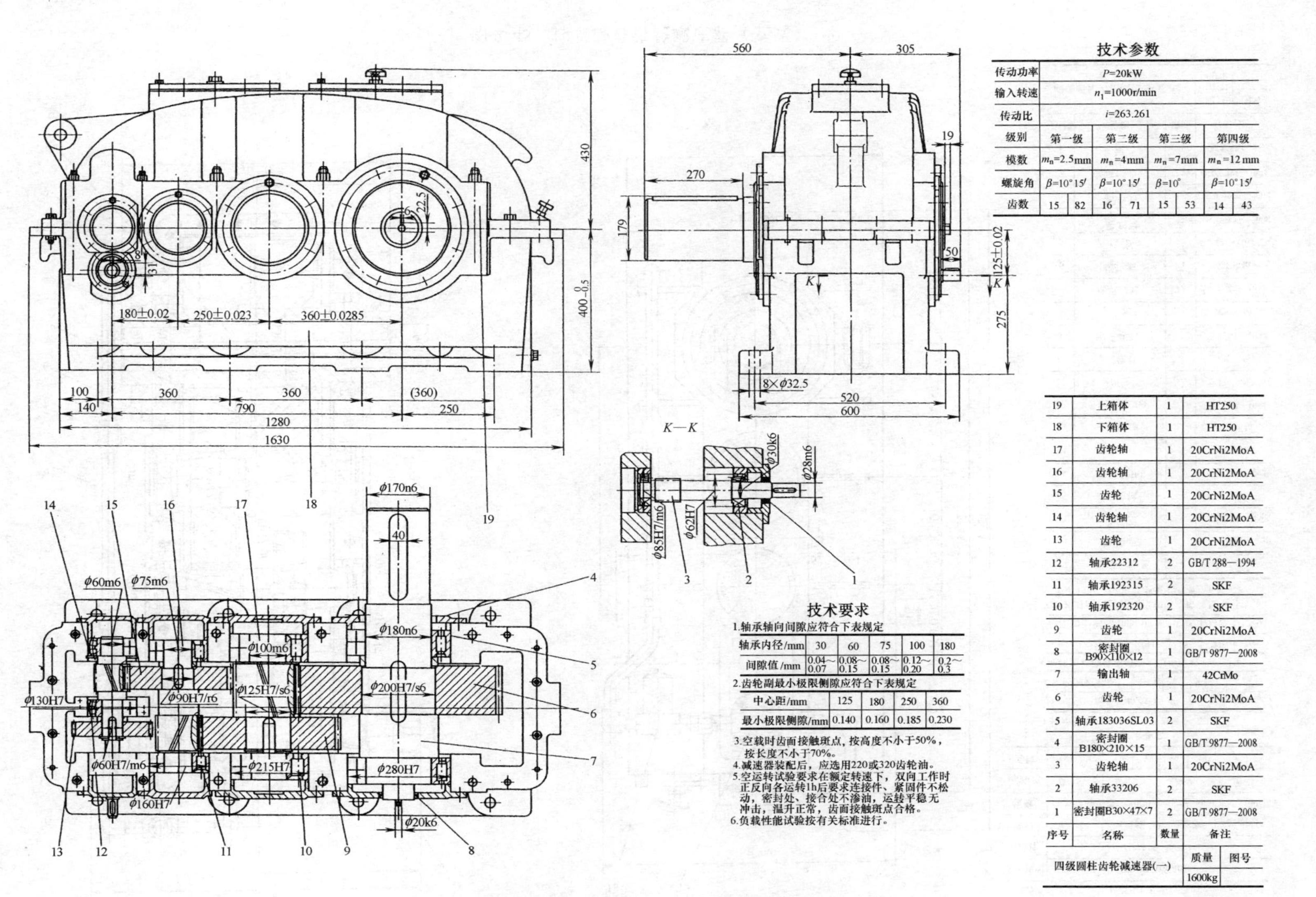

技术参数

传动功率	P=20kW							
输入转速	n_1=1000r/min							
传动比	i=263.261							
级别	第一级		第二级		第三级		第四级	
模数	m_n=2.5mm		m_n=4mm		m_n=7mm		m_n=12 mm	
螺旋角	β=10°15′		β=10°15′		β=10°		β=10°15′	
齿数	15	82	16	71	15	53	14	43

技术要求

1.轴承轴向间隙应符合下表规定

轴承内径/mm	30	60	75	100	180
间隙值/mm	0.04～0.07	0.08～0.15	0.08～0.15	0.12～0.20	0.2～0.3

2.齿轮副最小极限侧隙应符合下表规定

中心距/mm	125	180	250	360
最小极限侧隙/mm	0.140	0.160	0.185	0.230

3.空载时齿面接触斑点，按高度不小于50%，按长度不小于70%。
4.减速器装配后，应选用220或320齿轮油。
5.空运转试验要求在额定转速下，双向工作时正反向各运转1h后要求连接件、紧固件不松动，密封处、接合处不渗油，运转平稳无冲击，温升正常，齿面接触斑点合格。
6.负载性能试验按有关标准进行。

序号	名称	数量	备注
19	上箱体	1	HT250
18	下箱体	1	HT250
17	齿轮轴	1	20CrNi2MoA
16	齿轮轴	1	20CrNi2MoA
15	齿轮	1	20CrNi2MoA
14	齿轮轴	1	20CrNi2MoA
13	齿轮	1	20CrNi2MoA
12	轴承22312	2	GB/T 288—1994
11	轴承192315	2	SKF
10	轴承192320	2	SKF
9	齿轮	1	20CrNi2MoA
8	密封圈 B90×110×12	1	GB/T 9877—2008
7	输出轴	1	42CrMo
6	齿轮	1	20CrNi2MoA
5	轴承183036SL03	2	SKF
4	密封圈 B180×210×15	1	GB/T 9877—2008
3	齿轮轴	1	20CrNi2MoA
2	轴承33206	2	SKF
1	密封圈B30×47×7	2	GB/T 9877—2008

四级圆柱齿轮减速器(一)	质量	图号
	1600kg	

图 2-44 四级圆柱齿轮减速器（一）

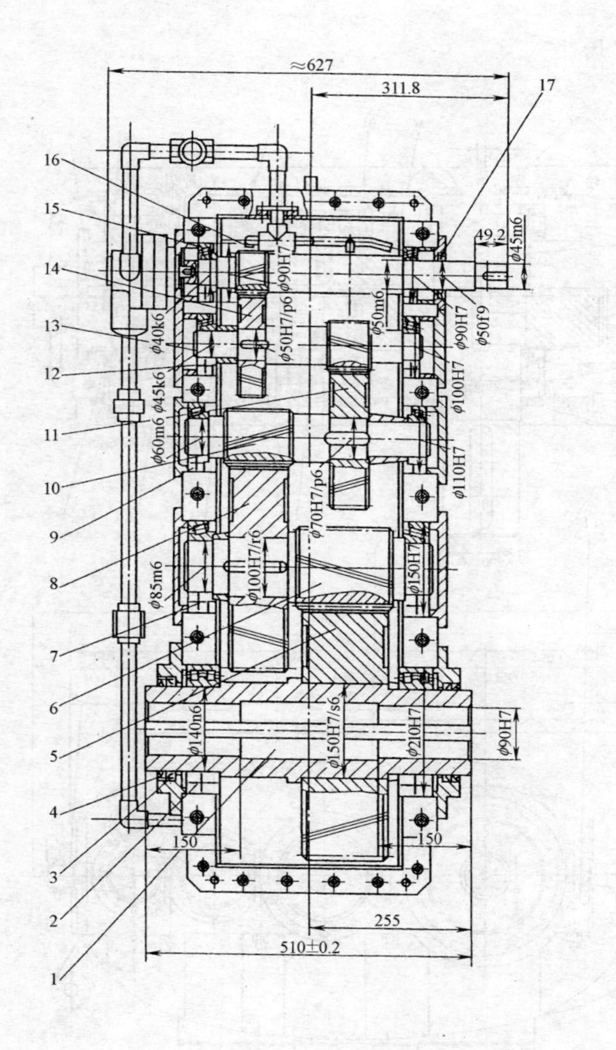

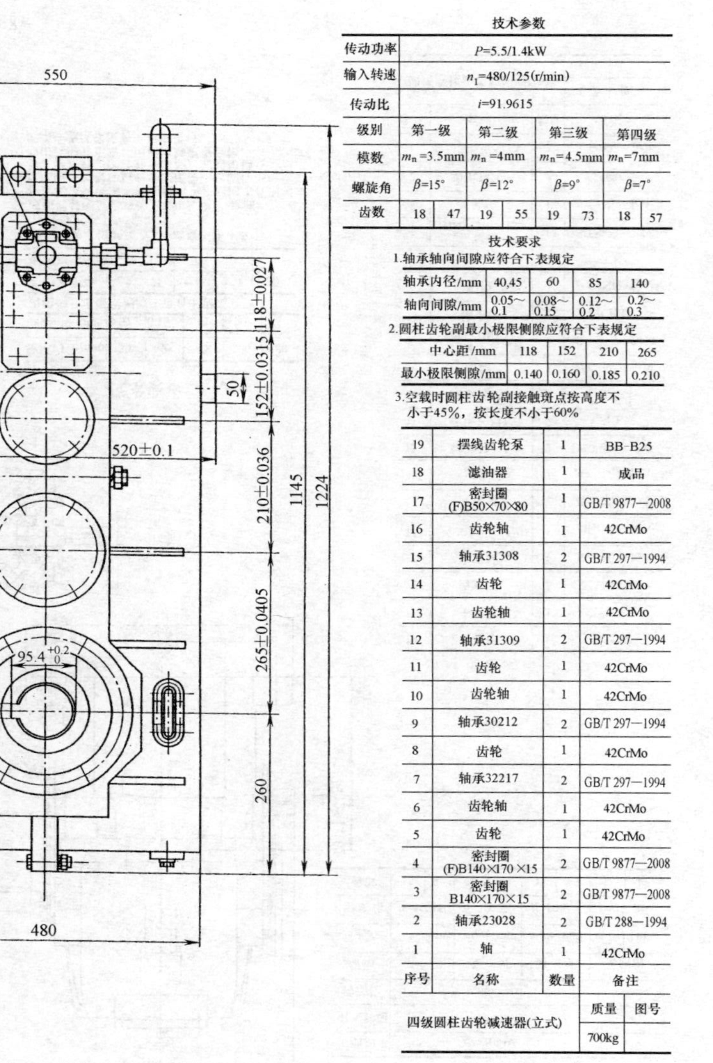

技术参数

传动功率	P=5.5/1.4kW							
输入转速	n_1=480/125(r/min)							
传动比	i=91.9615							
级别	第一级		第二级		第三级		第四级	
模数	m_n=3.5mm		m_n=4mm		m_n=4.5mm		m_n=7mm	
螺旋角	β=15°		β=12°		β=9°		β=7°	
齿数	18	47	19	55	19	73	18	57

技术要求

1.轴承轴向间隙应符合下表规定

轴承内径/mm	40,45	60	85	140
轴向间隙/mm	0.05~0.1	0.08~0.15	0.12~0.2	0.2~0.3

2.圆柱齿轮副最小极限侧隙应符合下表规定

中心距/mm	118	152	210	265
最小极限侧隙/mm	0.140	0.160	0.185	0.210

3.空载时圆柱齿轮副接触斑点按高度不小于45%，按长度不小于60%

序号	名称	数量	备注
19	摆线齿轮泵	1	BB-B25
18	滤油器	1	成品
17	密封圈(F)B50×70×80	1	GB/T 9877—2008
16	齿轮轴	1	42CrMo
15	轴承31308	2	GB/T 297—1994
14	齿轮	1	42CrMo
13	齿轮轴	1	42CrMo
12	轴承31309	2	GB/T 297—1994
11	齿轮	1	42CrMo
10	齿轮轴	1	42CrMo
9	轴承30212	2	GB/T 297—1994
8	齿轮	1	42CrMo
7	轴承32217	2	GB/T 297—1994
6	齿轮轴	1	42CrMo
5	齿轮	1	42CrMo
4	密封圈(F)B140×170×15	2	GB/T 9877—2008
3	密封圈B140×170×15	2	GB/T 9877—2008
2	轴承23028	2	GB/T 288—1994
1	轴	1	42CrMo

四级圆柱齿轮减速器(立式)	质量	图号
	700kg	

图 2-45 四级圆柱齿轮减速器（立式）

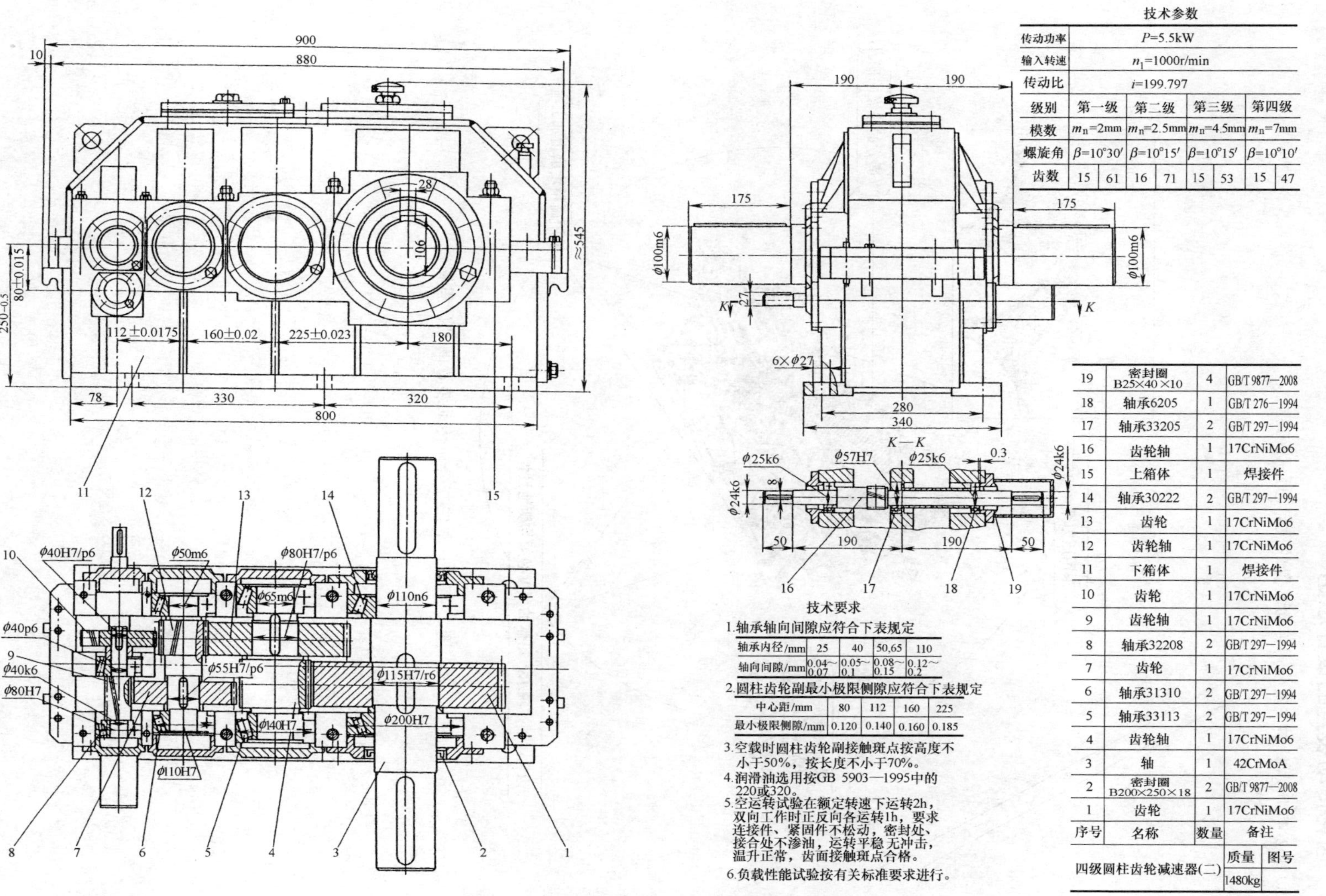

技术参数

传动功率	P=5.5kW							
输入转速	n_1=1000r/min							
传动比	i=199.797							
级别	第一级		第二级		第三级		第四级	
模数	m_n=2mm		m_n=2.5mm		m_n=4.5mm		m_n=7mm	
螺旋角	β=10°30′		β=10°15′		β=10°15′		β=10°10′	
齿数	15	61	16	71	15	53	15	47

序号	名称	数量	备注
19	密封圈 B25×40×10	4	GB/T 9877—2008
18	轴承6205	1	GB/T 276—1994
17	轴承33205	2	GB/T 297—1994
16	齿轮轴	1	17CrNiMo6
15	上箱体	1	焊接件
14	轴承30222	2	GB/T 297—1994
13	齿轮	1	17CrNiMo6
12	齿轮轴	1	17CrNiMo6
11	下箱体	1	焊接件
10	齿轮	1	17CrNiMo6
9	齿轮轴	1	17CrNiMo6
8	轴承32208	2	GB/T 297—1994
7	齿轮	1	17CrNiMo6
6	轴承31310	2	GB/T 297—1994
5	轴承33113	2	GB/T 297—1994
4	齿轮轴	1	17CrNiMo6
3	轴	1	42CrMoA
2	密封圈 B200×250×18	2	GB/T 9877—2008
1	齿轮	1	17CrNiMo6

四级圆柱齿轮减速器(二)	质量	图号
	1480kg	

技术要求

1.轴承轴向间隙应符合下表规定

轴承内径/mm	25	40	50,65	110
轴向间隙/mm	0.04~0.07	0.05~0.1	0.08~0.15	0.12~0.2

2.圆柱齿轮副最小极限侧隙应符合下表规定

中心距/mm	80	112	160	225
最小极限侧隙/mm	0.120	0.140	0.160	0.185

3.空载时圆柱齿轮副接触斑点按高度不小于50%，按长度不小于70%。
4.润滑油选用按GB 5903—1995中的220或320。
5.空运转试验在额定转速下运转2h，双向工作时正反向各运转1h，要求连接件、紧固件不松动，密封处、接合处不渗油，运转平稳无冲击，温升正常，齿面接触斑点合格。
6.负载性能试验按有关标准要求进行。

图 2-46　四级圆柱齿轮减速器（二）

2.11 齿轮传动装置的设计思路

以图 2-47 所示日本住友公司传动装置的设计思路为参照。

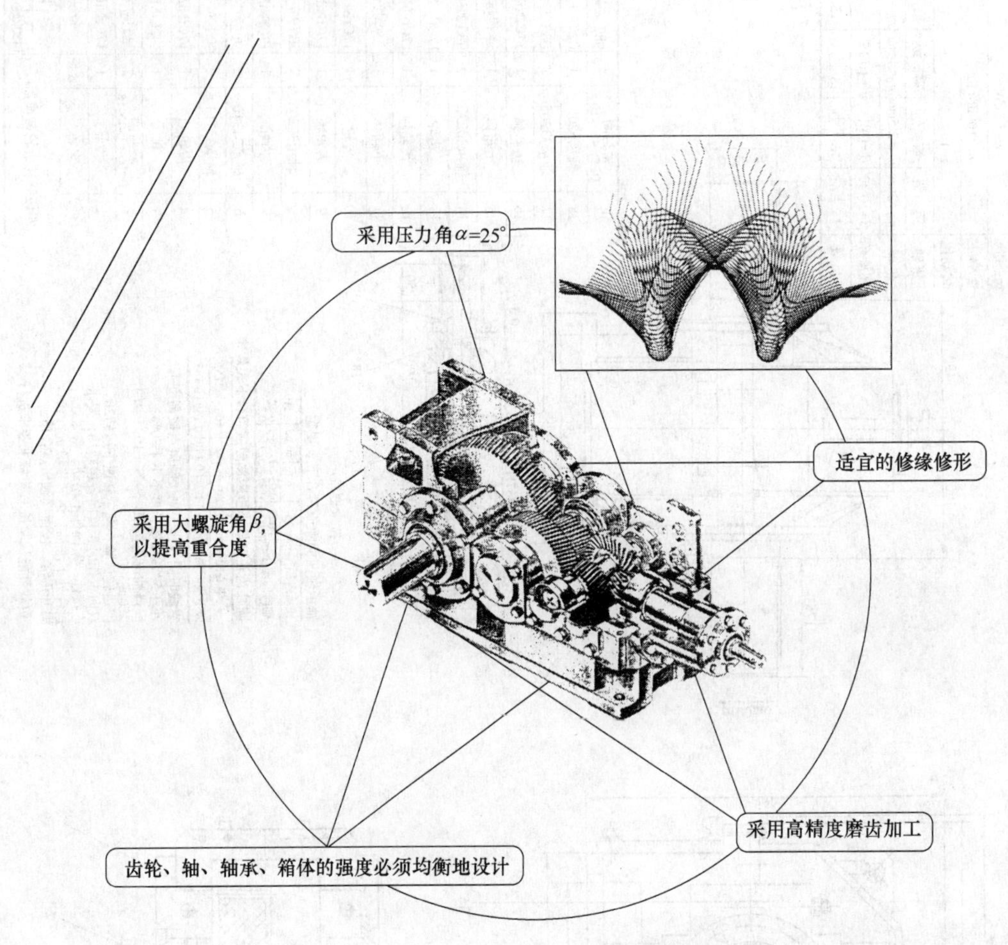

图 2-47 日本住友公司传动装置的设计思路

第3章　锥齿轮传动装置的设计

3.1　锥齿轮基本参数

1. 锥齿轮基本齿廓（见表3-1）

表3-1　锥齿轮基本齿廓（GB/T 12369—1990）

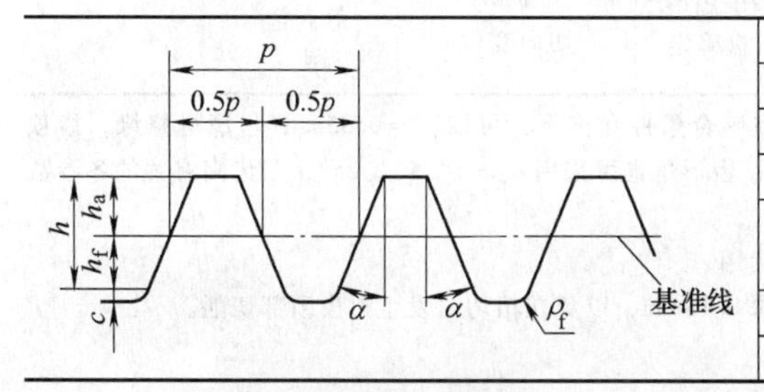

参数	代号	数值	说　明
压力角	α	20°	为齿面法截面值
齿顶高	h_a	m_n	m_n 法向模数
工作高度	h'	$2m_n$	
齿距	p	$\dfrac{\pi m_n}{\cos\beta}$	大端端面基准线上的距离，β为螺旋角
顶隙	c	$0.2m_n$	
齿根圆角半径	ρ_f	$0.3m_n$	

注：1. 该标准适用于大端端面模数 $m\geqslant 1$mm 的直齿及斜齿锥齿轮；齿高沿齿线方向收缩、等顶隙锥齿轮副；用产形齿面为平面的展成法切削或磨削加工。

2. 与齿高有关的各参数为大端法面值，在工作高度部分的齿形是直线。

3. 根据需要，齿廓可以修缘，原则上只修齿顶，其最大值在齿高方向为 $0.6m_n$，在齿厚方向为 $0.02m_n$。

4. 齿根圆角半径应尽量取大一些，在啮合条件允许的情况下，可大到 $0.35m_n$。

5. 压力角 $\alpha=20°$为基本压力角，根据需要允许采用 $\alpha=14°30'$及 $\alpha=25°$。

2. 锥齿轮模数（见表3-2）

表3-2　锥齿轮模数（GB/T 12368—1990）　　　　（单位：mm）

0.1	0.12	0.15	0.2	0.25	0.3	0.35	0.4	0.5	0.6	0.7	0.8	0.9
1	1.125	1.25	1.375	1.5	1.75	2	2.25	2.5	2.75	3	3.25	3.5
3.75	4	4.5	5	5.5	6	6.5	7	8	9	10	11	12
14	16	18	20	22	25	28	30	32	36	40	45	50

注：1. 表中模数是指锥齿轮大端端面模数。

2. 该标准适用于直齿、斜齿及曲线齿（齿线为圆弧线、长幅外摆线及准渐开线等）锥齿轮。

3. 本标准参照采用 ISO 678—1976《通用及重型机械用直齿锥齿轮——模数及径节》标准中的模数系列。

3. 齿制

渐开线锥齿轮的齿制很多，多达40多种，我国

常用几种齿制的基本齿廓见表3-3。

表3-3　渐开线锥齿轮常用的基本齿廓

齿线类型	齿制	基本齿廓参数				变位方式	齿高类型
		α_n	h_a^*/mm	c^*/mm	β_m		
直齿斜齿	GB/T 12369—1990	20°	1	0.2	直齿为0°，斜齿由计算确定	径向+切向变位	等顶隙收缩齿
	格里森(Gleason)	20°、14.5°、25°	1	$0.188+0.05/m_t$			推荐用等顶隙收缩齿，也可用不等顶隙收缩齿
	埃尼姆斯	20°	1	0.2			
弧齿	格里森	20°	0.85	0.188	35°	径向+切向变位	等顶隙收缩齿
	埃尼姆斯	20°	0.82	0.2	$\beta_m>30°$		
	洛-卡氏	20°轻载或精密传动可用16°	1	0.25	10°~35°	径向+切向变位	等齿高

（续）

齿线类型	齿制	基本齿廓参数				变位方式	齿高类型
		α_n	h_a^*/mm	c^*/mm	β_m		
零度齿轮	格里森	20°对于重载可用22.5°或25°	1	$0.188+0.05/m_t$	0°	径向＋切向变位	一般用等顶隙收缩齿；当 $m_t \leqslant 25$mm 时，可用双重收缩齿
摆齿线	奥利康（Oerlikon）	20°、17.5°	1	0.15	β_p 由刀盘确定	径向＋切向变位	等高齿
	克林贝格（Klingelnberg）	20°	1	2.15			

注：1. GB/T 12369—1990 基本齿廓的齿根圆角 $\rho_f=0.3m_t$，在啮合条件允许下，可取 $\rho_f=0.35m_t$；齿廓可修缘，齿顶最大修缘量：齿高方向为 $0.6m_n$；齿厚方向为 $0.02m_n$；齿形角也可采用 $\alpha_n=14.5°$ 及 25°，与齿高有关的各参数为大端法向值。

2. 在一般传动中，格里森制和埃尼姆斯齿轮制可以相互代用。

3. 对格里森制，若 $m_{min}>2.5$mm，全齿高在粗切时应加深 0.13mm，以免在精切时发生刀齿顶部切削。

4. 锥齿轮与准双曲面齿轮的特点及应用

1）锥齿轮传动。锥齿轮用于传递相交轴之间的运动和动力，如图 3-1 所示。通常锥齿轮取轴交角 $\Sigma=90°$。按齿线可分为直齿、斜齿和曲线齿，曲线齿又分弧齿、长幅外摆线齿（简称摆线齿）。摆线齿锥齿轮采用等高齿，沿分度锥母线各点处齿高不变；直齿、斜齿及弧齿锥齿轮采用收缩齿，从齿的大端沿分度锥母线到齿的小端齿高逐渐降低。直齿和斜齿锥齿轮常用于圆周速度 $v<5$m/s 的传动，如汽车差速器齿轮和重型及矿山机械锥齿轮；$v>5$m/s 的传动，如各种车辆、拖拉机和直升飞机的中央齿轮传动，则用曲线齿传动。

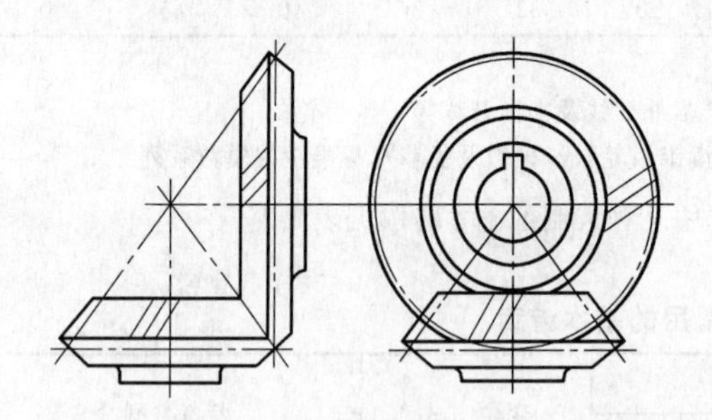

图 3-1　锥齿轮传动

2）准双曲面齿轮传动。准双曲面齿轮用于传递交错轴之间的运动和动力，如图 3-2 所示。无特殊要求时，取轴交角 $\Sigma=90°$。按齿线和齿高分为弧齿收缩齿和长幅外摆线等高齿。小轮偏置可以达到以下目的：

① 传动比 i 较大时，可增大小轮直径，便于实现双跨支承，从而增加小轮的刚度和两齿轮的强度。

② 小轮下置，车辆重心下降，可以减小振动，增加轿车的舒适性；小轮上置可以提高越野车通过

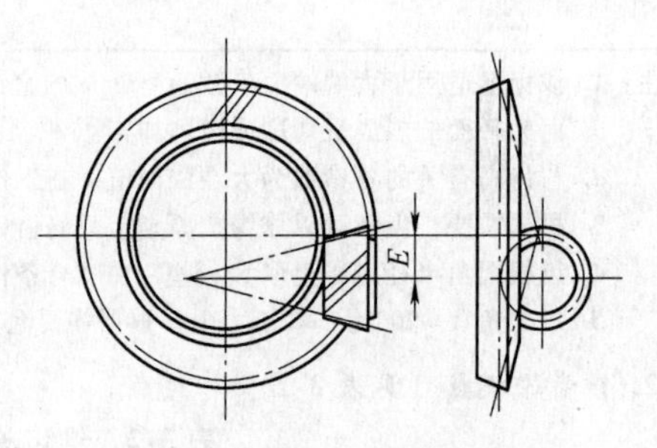

图 3-2　准双曲面齿轮传动

障碍的能力。小轮偏置使齿面间的相对滑动较大，须选用极压润滑油——准双曲面齿轮油。准双曲面齿轮圆周速度可达 $v=30$m/s，多用于汽车后桥的减速传动。

3）冠轮常用的齿线，有直线、斜线、圆弧线和长幅外摆线，如图 3-3 所示。

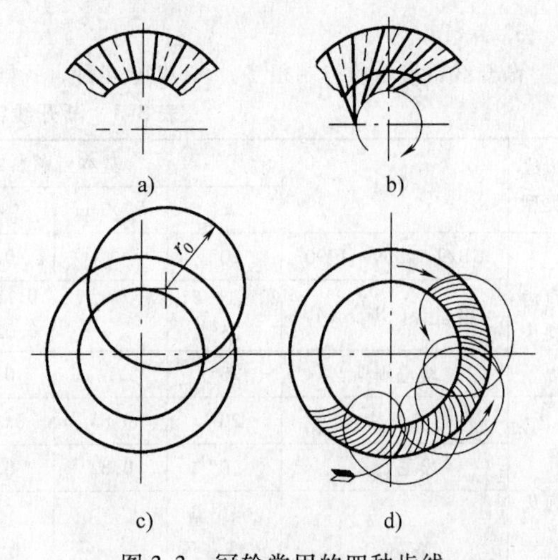

图 3-3　冠轮常用的四种齿线

a）直线　b）斜线　c）圆弧线　d）长幅外摆线

轮齿各部分名称，如图 3-4 所示。

齿高的类型，有非等顶隙收缩齿、等顶隙收缩齿、等高齿和双重收缩齿，如图 3-5 所示。

4）锥齿轮及准双曲面齿轮传动的分类、特点和用途，见表 3-4。

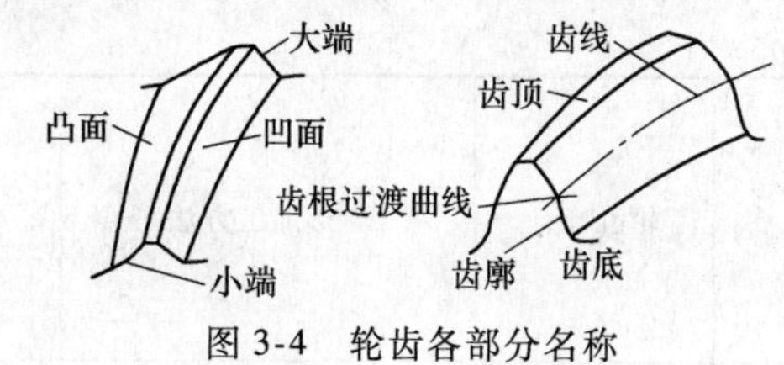

图 3-4　轮齿各部分名称

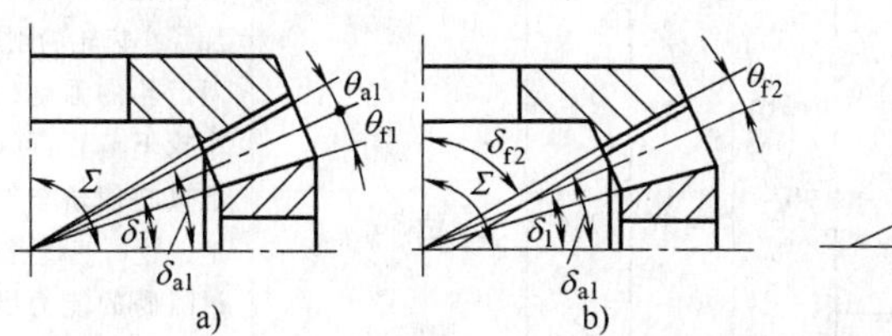

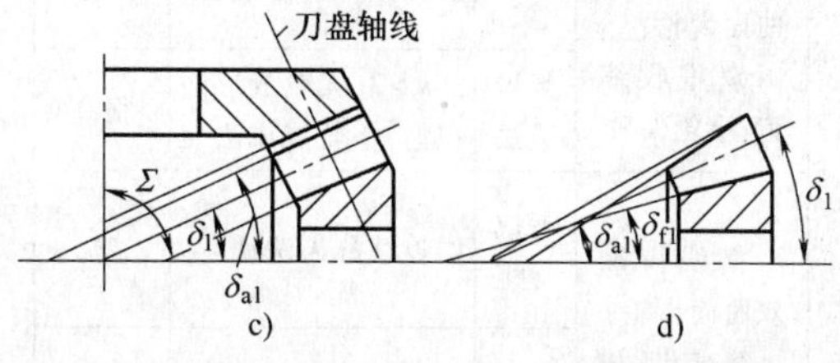

图 3-5　齿高的类型

a）非等顶隙收缩齿　b）等顶隙收缩齿　c）等高齿　d）双重收缩齿

表 3-4　锥齿轮及准双曲面齿轮传动的分类、特点和用途

<table>
<tr><th colspan="2">齿轮类型</th><th>轮齿特点</th><th colspan="2">齿形加工方法</th><th>生产率</th><th>传动效率（%）</th><th>传动比范围</th><th>最大功率/kW（每对齿轮）</th><th>最大圆周速度/（m/s）</th><th>特点和用途</th></tr>
<tr><td rowspan="11">锥齿轮</td><td rowspan="5">直线齿锥齿轮</td><td rowspan="4">直齿锥齿轮：齿线为直线，并相交于节锥顶；收缩齿</td><td rowspan="2">展成法</td><td>刨齿</td><td>低</td><td rowspan="5">97 ~ 99.5</td><td rowspan="5">1 ~ 8</td><td rowspan="5">373</td><td rowspan="5"><5
转速 <1000r/min
磨齿可用于高速（v <50）</td><td rowspan="5">一般用于低速轻负荷，也可以用于低速重载</td></tr>
<tr><td>双刀盘铣齿</td><td>较高</td></tr>
<tr><td rowspan="2">成形法</td><td>圆拉法</td><td>很高</td></tr>
<tr><td>大模数齿轮加工</td><td>低</td></tr>
<tr><td>斜齿锥齿轮：齿线为斜线，并相切于一圆；收缩齿</td><td>展成法</td><td>刨齿（用刨刀夹角中线可偏移的刨齿机）</td><td>低</td></tr>
<tr><td rowspan="6">曲线齿锥齿轮</td><td rowspan="2">弧齿锥齿轮：收缩齿（也有用等高齿的）</td><td>展成法</td><td>间歇分齿法铣齿</td><td>高</td><td rowspan="4">97 ~ 99.5</td><td rowspan="4">1 ~ 8</td><td rowspan="4">3729</td><td rowspan="2">>5
转速 >1000r/min
磨齿后可超过 40</td><td rowspan="4">与直齿锥齿轮相比，齿面的相对曲率半径较大，且增加了纵向重合度，承载能力高，传动平稳；由于齿面局部接触对误差敏感性小。磨齿可消除热处理变形，降低噪声。用于转速较高或要求结构紧凑的场合。须注意轴向力的大小和方向</td></tr>
<tr><td>半展成法</td><td>u >3，大轮成形法拉齿，小轮展成法</td><td>很高</td></tr>
<tr><td rowspan="2">摆线齿锥齿轮：等高齿；长幅外摆线齿线</td><td>展成法</td><td>连续分齿法铣齿</td><td>高</td><td rowspan="2">>5</td></tr>
<tr><td>半展成法</td><td>u >3，大轮切入法无展成铣齿；小轮展成法</td><td>很高</td></tr>
<tr><td>弧齿零度锥齿轮：β_m = 0°；双重收缩</td><td>展成法</td><td>间歇分齿法铣齿</td><td rowspan="2">高</td><td rowspan="2">97 ~ 99.5</td><td rowspan="2">1 ~ 8</td><td rowspan="2">746</td><td rowspan="2">5
磨齿后可高达 50</td><td rowspan="2">轴向力较小，用以代替直齿锥齿轮，传动平稳性较好，但不如非零度曲线齿锥齿轮。磨齿后可用于高速传动</td></tr>
<tr><td>摆线齿零度锥齿轮：β_m = 0°；等高齿；长幅外摆线齿线</td><td>展成法</td><td>连续分齿法铣齿</td></tr>
</table>

（续）

齿轮类型	轮齿特点	齿形加工方法		生产率	传动效率（%）	传动比范围	最大功率/kW（每对齿轮）	最大圆周速度/(m/s)	特点和用途
准双曲面齿轮	弧齿准双曲面齿轮：双重收缩齿；小轮偏置	展成法	间歇分齿法铣齿	高	90～98	1～10	746	可达30	可增大小轮直径，易实现双跨支承，增加了小齿轮的刚度和两齿轮的强度；利用小轮下偏置，可以降低重心使轿车舒适；上偏置可使越野车通过障碍的能力增加。齿面间的相对滑动较大，须注意选用极压润滑油——准双曲面齿轮油
		半展成法	$u>3$，大轮成形法拉齿；小轮展成法	很高					
	摆线齿准双曲面齿轮：等高齿；长幅外摆线齿线；小轮偏置	展成法	连续分齿法铣齿	高					
		半展成法	$u>3$，大轮切入法无展成铣齿；小轮展成法	很高					

5. 锥齿轮及准双曲面齿轮的三种齿制

1）弧齿锥齿轮用间歇分齿法铣齿。多年来我国一直生产弧齿锥齿轮铣齿机，特点是价格便宜，且能满足一般工业要求。美国格利森（Gleason）公司是生产弧齿锥齿轮铣齿机的著名厂家，格利森铣齿机和格利森制被各国广泛采用。

2）摆线齿锥齿轮用连续分齿法铣齿。德国克林贝格（Klinglnberg）公司生产长幅外摆线锥齿轮铣齿机，形成了“Cgclo-palloid”（摆线-准渐开线）齿制，其特点是采用双层刀盘，通过调整外切刀片（加工齿的凹面）回转中心与内切刀片（加工齿的凸面）回转中心间的偏距，调整齿面接触区。

3）瑞士奥利康（Oerlikon）公司也生产长幅外摆线齿轮铣齿机，其特点是通过刀具主轴倾斜来控制齿面的接触区。

6. 锥齿轮的变位

其变位可分为径向变位（齿高变位）和切向变位（齿厚变位）。径向变位系数 x 和切向变位系数 x_τ，可根据小齿轮齿数 z_1 和齿数比 $u=z_1/z_2$ 值，查表3-5、表3-6而得。

表3-5　弧齿锥齿轮切向变位系数 x_τ

小齿轮齿数	齿数比														
	1.00～1.25	1.25～1.50	1.50～1.75	1.75～2.00	2.00～2.25	2.25～2.50	2.50～2.75	2.75～3.00	3.00～3.25	3.25～3.50	3.50～3.75	3.75～4.00	4.00～4.50	4.50～5.00	≥5.00
5	0.020	0.040	0.075	0.110	0.135	0.155	0.170	0.185	0.200	0.215	0.230	0.240	0.255	0.270	0.285
6	0.010	0.035	0.060	0.085	0.105	0.130	0.150	0.165	0.180	0.195	0.210	0.220	0.235	0.250	0.265
7	0.000	0.025	0.050	0.075	0.095	0.115	0.135	0.155	0.170	0.185	0.195	0.205	0.220	0.235	0.250
8	0.000	0.010	0.030	0.045	0.065	0.080	0.095	0.110	0.125	0.135	0.145	0.155	0.170	0.180	0.195
9	0.000	0.010	0.025	0.040	0.055	0.070	0.085	0.095	0.105	0.115	0.125	0.135	0.150	0.165	0.185
10	0.020	0.055	0.085	0.105	0.125	0.125	0.110	0.120	0.130	0.140	0.150	0.155	0.160	0.170	0.180
11	0.030	0.075	0.105	0.075	0.085	0.095	0.105	0.115	0.125	0.135	0.140	0.145	0.150	0.155	0.160
12	0.005	0.015	0.025	0.035	0.045	0.055	0.065	0.075	0.085	0.095	0.105	0.115	0.125	0.135	0.135
13	0.005	0.015	0.025	0.035	0.045	0.055	0.065	0.075	0.085	0.095	0.105	0.115	0.125	0.135	0.135
14～16	0.000	0.005	0.015	0.025	0.035	0.050	0.060	0.075	0.085	0.095	0.100	0.105	0.105	0.105	0.105
17～19	0.000	0.000	0.005	0.015	0.025	0.035	0.050	0.65	0.075	0.095	0.090	0.090	0.090	0.090	0.090
>19	0.000	0.000	0.000	0.015	0.025	0.040	0.050	0.055	0.600	0.060	0.060	0.060	0.060	0.060	0.060

表 3-6　弧齿锥齿轮径向变位系数 x（格里森齿制）

u	x	u	x	u	x	u	x
<1.00	0.00	1.15～1.17	0.10	1.41～1.44	0.20	1.99～2.10	0.30
1.00～1.02	0.01	1.17～1.19	0.11	1.44～1.48	0.21	2.10～2.23	0.31
1.02～1.03	0.02	1.19～1.21	0.12	1.48～1.52	0.22	2.23～2.38	0.32
1.03～1.05	0.03	1.21～1.23	0.13	1.52～1.57	0.23	2.38～2.58	0.33
1.05～1.06	0.04	1.23～1.26	0.14	1.57～1.63	0.24	2.58～2.82	0.34
1.06～1.08	0.05	1.26～1.28	0.15	1.63～1.68	0.25	2.82～3.17	0.35
1.08～1.09	0.06	1.28～1.31	0.16	1.68～1.75	0.26	3.17～3.67	0.36
1.09～1.11	0.07	1.31～1.34	0.17	1.75～1.82	0.27	3.67～4.56	0.37
1.11～1.13	0.08	1.34～1.37	0.18	1.82～1.90	0.28	4.56～7.00	0.38
1.13～1.15	0.09	1.37～1.41	0.19	1.90～1.99	0.29	>7.00	0.39

直齿锥齿轮的变位，其变位系数按当量齿数 $z_{v1}=z_1/\cos\delta_1$、$z_{v2}=z_2/\cos\delta_2$ 直接查直齿圆柱齿轮副的封闭图。

7. 齿侧间隙

在锥齿轮工作图上应标注齿轮的公差等级和法向侧隙种类及法向侧隙公差种类的代号，如：

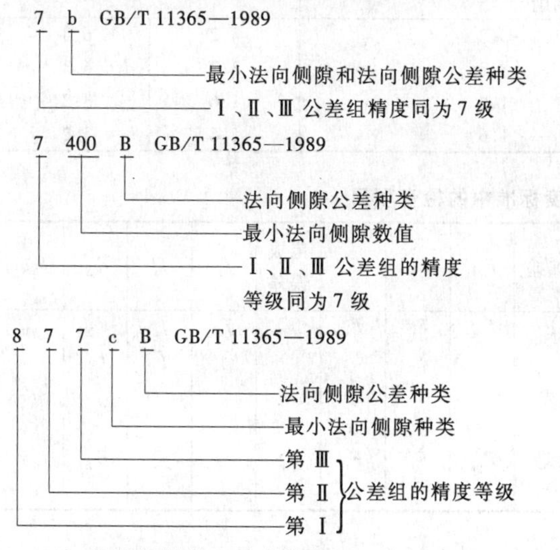

1）按齿轮模数和精度等级、配合侧隙种类（见图 3-6），由锥齿轮精度标准 GB/T 11365—1989 可查得最小法向侧隙 j_{nmin}，见表 3-7。

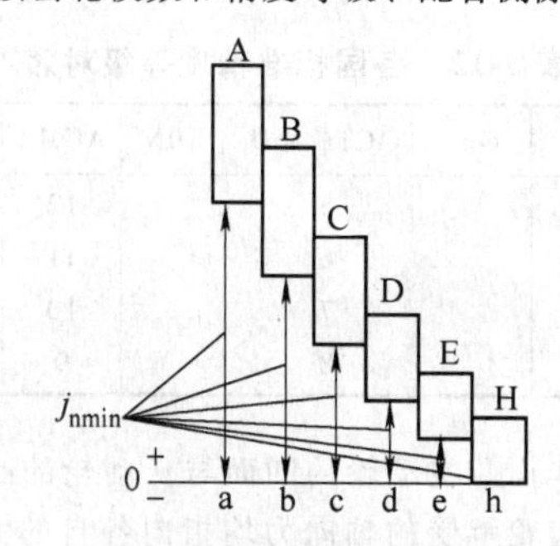

图 3-6　最小法向侧隙与公差种类的对应

表 3-7　锥齿轮副最小法向侧隙 j_{nmin}

（单位：μm）

中点锥距/mm	小轮分锥角/(°)	最小法向侧隙种类					
		h	e	d	c	b	a
50	15	0	15	22	36	58	90
	>15～25	0	21	33	52	84	130
	25	0	25	39	62	100	160
>50～100	15	0	21	33	52	84	130
	>15～25	0	25	39	62	100	160
	>25	0	30	46	74	120	190
>100～200	15	0	25	39	62	100	160
	>15～25	0	35	54	87	140	220
	>25	0	40	63	100	160	250
>200～400	15	0	30	46	74	120	190
	>15～25	0	46	72	115	185	290
	>25	0	52	81	130	210	320
>400～800	15	0	40	63	100	160	250
	>15～25	0	57	89	140	230	360
	>25	0	70	110	175	280	440

2）AGMA 锥齿轮标准 7～13 级规定的直齿、弧齿锥齿轮的法向齿侧间隙，见表 3-8。

3）奥利康制规定的法向侧隙为

$$j_n=0.05+0.03m_n$$

对于研齿的锥齿轮，侧隙可略减小。

4）克林贝格制规定的圆周齿侧间隙 j_t，见表 3-9。

8. 锥齿轮精度的选择

锥齿轮精度选择见表 3-10 和表 3-11。

表 3-8　AGMA7～13 级规定的法向齿侧间隙 j_n　（单位：mm）

模　数	法向齿侧间隙 j_n	模　数	法向齿侧间隙 j_n
0.51～1.27	0～0.05	7.26～8.47	0.2～0.28
1.27～1.59	0.03～0.08	8.47～10.16	0.25～0.33
1.59～2.54	0.05～0.10	10.16～12.70	0.31～0.41
2.54～3.18	0.08～0.13	12.70～14.51	0.36～0.46
3.18～4.23	0.10～0.15	14.51～16.93	0.41～0.56
4.23～5.08	0.13～0.18	16.93～20.32	0.46～0.66
5.08～6.35	0.15～0.20	20.32～25.4	0.51～0.76
6.35～7.26	0.18～0.23		

表 3-9　克林贝格制圆周齿侧间隙（在齿大端度量）　（单位：mm）

模数 m_n	0.3～1.0	1.0	2.0	3.0	4.0	5	6	7	8	8～10	10～12	12～14	14～16	16～18	18～21
齿侧间隙 j_t	0.03～0.06	0.06～0.08	0.08～0.11	0.10～0.13	0.12～0.14	0.14～0.17	0.15～0.18	0.16～0.19	0.18～0.20	0.20～0.25	0.25～0.30	0.30～0.35	0.35～0.40	0.40～0.45	0.45～0.50

表 3-10　锥齿轮精度选择

精度等级		5b	6b	7a			8a	9a
圆周速度/(m/s)	直齿	—	20	10			5	3
	曲线齿	>40	35	16			8	5
齿形加工		硬齿面(渗碳、表淬)磨削		硬齿面(渗碳、表淬)超硬刮削	氮化	软齿面精切	软齿面一般切削	
表面粗糙度 Ra/μm	齿面	0.8	1.6	3.2			3.2	6.3
	基准端面	1.6	3.2	3.2			3.2	6.3
	基准孔	0.8	1.6	1.6			1.6	3.2
	基准轴颈	0.8	0.8	1.6			1.6	3.2

表 3-11　各国锥齿轮精度标准中的检查项目

标准	适用范围 m_{nm}/mm	适用范围 d_m/mm	精度等级	f_{pt}	相邻齿距偏差	F_{pk}	F_p	F_r	范成误差	f_c	f_a	E_Σ	f_{AM}
GB/T 11365	1～55	<4000	1～12	f_{pt}		F_{pk}	F_p	F_r		f_c	f_a	E_Σ	f_{AM}
DIN 3965	1～50	<2500	1～12	f_p	f_u		F_p	F_r			f_a	f_Σ	
JIS B 1704	0.4～25	3～1600	0～8	✓	任意齿距差		✓	✓					
AGMA 390、03	0.21～50.8	19～5080	1～14	✓	$2f_{pt}$		$3f_{pt}$	✓					
ГОСТ 1758	1～55	<4000	1～12	f_{pt}	任意齿距差 $f_{vpt} \leqslant 1.6f_{pt}$	F_{pk}	F_p	F_r	F_c	f_c	f_a	E_Σ	f_{AM}

注：1. 表内未列入综合检查项目。

2. 标准内未规定代号者，以✓表示。

如外商图样已注明精度等级或精度数值，普通锥齿轮可转换成国家标准精度（见表 3-12）。特别重要的锥齿轮（如轧机主传动用）则按国外标准查出数据标注，如外商图样内标注材料者，则硬齿面取 6 级，软齿面取 7～8 级。Flender 减速器内锥齿轮为 klingelnberg 齿形制磨齿，故为 6 级。

表 3-12　各国标准精度等级对照

精度标准	GB	ГОСТ	ISO	DIN	AGMA	JIS
精度等级	5				12	1
	6				11	2
	7				10	3
	8				9	4

9. 齿的螺旋方向选择和准双曲面齿轮小轮的偏置

1）曲线齿锥齿轮齿的螺旋方向选择。齿轮传动时，正反转所承受载荷一般是不相同的，持续承受较大载荷的一面称为工作面，承受载荷较小的一面称为非工作面。主动轮的凹面与从动轮的凸面相啮合时，两齿轮承受的轴向力均指向各自的大端，齿轮的齿侧间隙有增大的趋势，轮齿不会导致卡死，运行较安全。一般选主动轮的凹面和从动轮的凸面为工作面。相反，主动轮的凸面与从动轮的凹面啮合时，轴向力指向各自的小端，齿侧间隙有减小的趋势，易导致轮齿有卡死的危险，因此，只能作为非工作面。

一般小齿轮为主动齿轮，齿的凹面为工作面时，根据小齿轮的旋转方向，确定其齿的螺旋方向。如图3-7所示，小轮从大端看、大轮从有齿的正面看均为逆时针旋转时，取小轮右旋，大轮左旋；顺时针旋转时，取小轮左旋，大轮右旋。此时亦可用左右手定则，小轮左旋用左手，右旋用右手，四指沿着小轮的转向紧握，则大拇指所指的方向为小轮的轴向力 F_{X1} 方向。

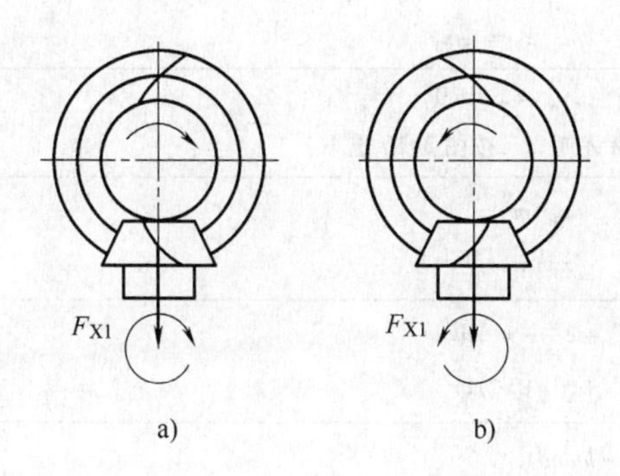

图3-7 主动小锥齿轮的旋转方向和齿的螺旋方向

2）准双曲面齿轮小齿轮的螺旋方向和偏置方向。通常小齿轮为主动轮，齿的凹面为工作面。两轮螺旋方向相反啮合效率较高。$\beta_{m1}>\beta_{m2}$，可增大小轮直径，提高其刚度和强度。如图3-8所示，小轮从大端看、大轮从有齿的正面看均为顺时针转时，取小轮左旋（称为左旋传动），大轮右旋；小轮左置时下偏（见图3-8a），右置时上偏（见图3-8b）。逆时针转时，取小轮右旋（称为右旋传动），大轮左旋；小轮左置时上偏（见图3-8d），右置时下偏（见图3-8c）。

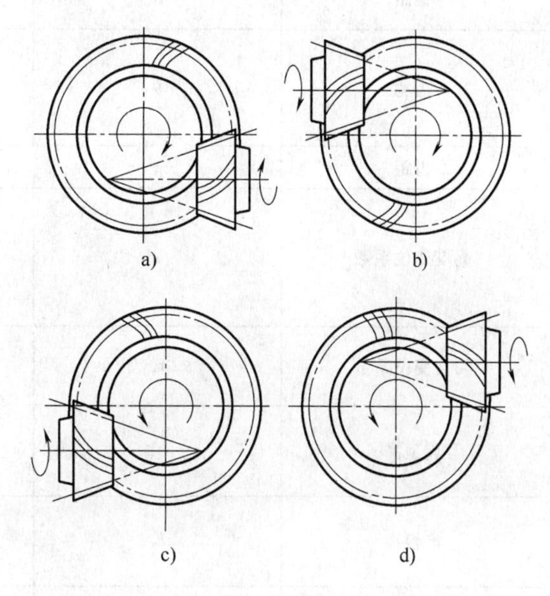

图3-8 准双曲面齿轮的螺旋方向和小轮偏置方向

3.2 锥齿轮传动的几何计算

直齿锥齿轮正交传动的几何计算见表3-13，曲线齿锥齿轮正交传动的几何计算见表3-14，$z_1<12$，$\alpha=20°$，$\beta_m=35°\sim40°$的弧齿锥齿轮参数见表3-15，锥齿轮不同传动比时大小轮的最少齿数见表3-16。

表3-13 直齿锥齿轮正交传动的几何计算

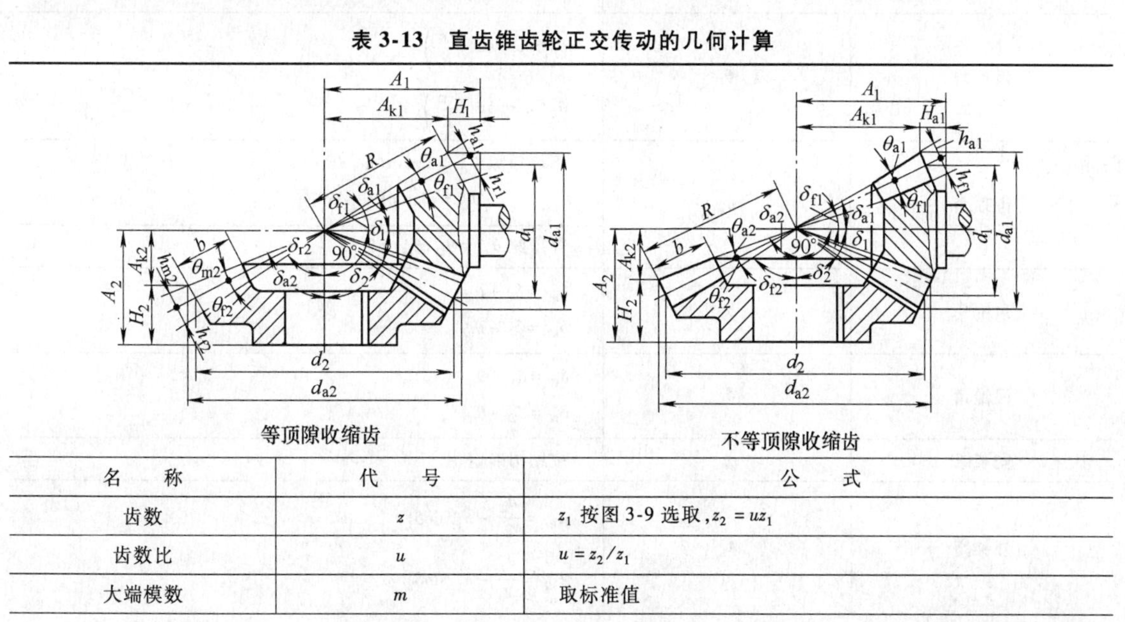

名　称	代　号	公　式
齿数	z	z_1 按图3-9选取，$z_2=uz_1$
齿数比	u	$u=z_2/z_1$
大端模数	m	取标准值

（续）

名　称	代　号	公　式
分度圆直径	d	$d_1 = mz_1$；$d_2 = mz_2$
节锥角	δ	$\delta_1 = \arctan(z_1/z_2)$；$\delta_2 = 90° - \delta_1$
锥距	R	$R = \dfrac{d_1}{2\sin\delta_1} = \dfrac{d_2}{2\sin\delta_2} = \dfrac{m}{2}\sqrt{z_1^2 + z_2^2}$
齿宽	b	$b = b_R^* R \leqslant 10m$， 齿宽系数 $b_R^* = 0.25 \sim 0.33$
齿距	p	$p = \pi m$
高度变位系数	x	对 GB 齿制，$x_1 = x_2 = 0$ 对格里森齿制，$x_1 = 0.46\left(1 - \dfrac{1}{u^2}\right)$ $x_2 = -x_1$
切向变位系数	x_τ	对 GB 齿制，$x_{\tau1} = x_{\tau2} = 0$ 对格里森齿制，x_τ，按图 3-10 选取
齿顶高	h_a	$h_{a1} = (h_a^* + x_1)m$ $h_{a2} = (h_a^* - x_1)m$
齿根高	h_f	$h_{f1} = (h_a^* + c^* - x_1)m$ $h_{f2} = (h_a^* + c^* + x_1)m$
齿宽中点分度圆直径	d_m	$d_{m1} = d_1 - b\sin\delta_1$ $d_{m2} = d_2 - b\sin\delta_2$
齿宽中点模数	m_m	$m_m = \dfrac{d_{m1}}{z_1} = \dfrac{d_{m2}}{z_2}$
全齿高	h	$h = (2h_a^* + c^*)m$
大端齿顶圆直径	d_a	$d_{a1} = d_1 + 2h_{a1}\cos\delta_1$ $d_{a2} = d_2 + 2h_{a2}\cos\delta_2$
齿根角	θ_f	$\theta_{f1} = \arctan\left(\dfrac{h_{f1}}{R}\right)$ $\theta_{f2} = \arctan\left(\dfrac{h_{f2}}{R}\right)$
齿顶角	θ_a	不等顶隙 $\theta_{a1} = \arctan(h_{a1}/R)$ $\theta_{a2} = \arctan(h_{a2}/R)$ 等顶隙 $\theta_{a1} = \theta_{f2}$；$\theta_{a2} = \theta_{f1}$
顶锥角	δ_a	$\delta_{a1} = \delta_1 + \theta_{a1}$ $\delta_{a2} = \delta_2 + \theta_{a2}$
根锥角	δ_f	$\delta_{f1} = \delta_1 - \theta_{f1}$ $\delta_{f2} = \delta_2 - \theta_{f2}$
安装距	A	按结构确定
外锥高	A_k	$A_{k1} = \dfrac{d_2}{2} - h_{a1}\sin\delta_1$ $A_{k2} = \dfrac{d_1}{2} - h_{a2}\sin\delta_2$

（续）

名　称	代　号	公　式
大端分度圆弦齿厚	s	$s_1=m\left(\frac{\pi}{2}+2x_1\tan\alpha+x_{\tau1}\right)$ $s_2=m\left(\frac{\pi}{2}+2x_2\tan\alpha+x_{\tau2}\right)$
	$\bar{s}$	$\bar{s}_1=s_1-s_1^3\cos^2\delta_1/(6d_1^2)$ $\bar{s}_2=s_2-s_2^3\cos^2\delta_2/(6d_2^2)$
大端分度圆弧齿高	$\bar{h}_a$	$\bar{h}_{a1}=h_{a1}+\frac{s_1^2\cos\delta_1}{4d_1}$ $\bar{h}_{a2}=h_{a2}+\frac{s_2^2\cos\delta_2}{4d_2}$
不产生根切最少齿数	$z_{\min}$	$z_{\min}=\frac{2h_a^*\cos\delta}{\sin^2\alpha}$
不产生根切的最大齿根角	$\theta_{f\max}$	$\theta_{f\max}=\frac{(1+\tan^2\delta\sin^2\alpha\cos^2\alpha)^{\frac{1}{2}}-1}{2\tan\delta\cos^2\alpha}$

表 3-14　曲线齿锥齿轮正交传动的几何计算

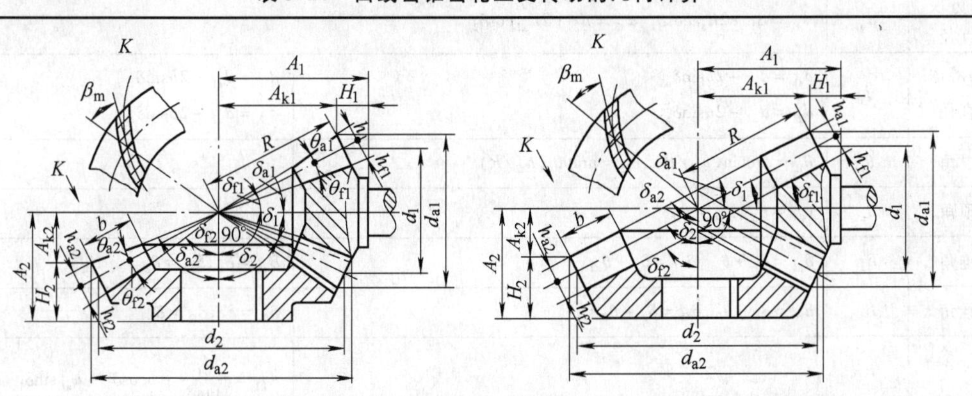

名称	代号	零度弧齿（格里森制）	等顶隙收缩齿（格里森制）	等高齿（克林贝格制）
齿数	z	z_1 按图 3-9 选定，$z_2=uz_1$	z_1 按图 3-11 选定，$z_2=uz_1$	最少齿数 $z_1\geqslant6$，一般不少于 8 为好
齿数比	u	$u=z_2/z_1$		
大端分度圆直径	d	$d_1=mz_1$，$d_2=mz_2$		
大端端面模数	m	$m=d_1/z_1=d_2/z_2$，可取非标准或非整数值		
节锥角	δ	$\delta_1=\arctan\left(\frac{z_1}{z_2}\right)$，$\delta_2=90°-\delta_1$		
锥距	R	$R=d_1/(2\sin\delta_1)=d_2/(2\sin\delta_2)=\frac{m}{2}\sqrt{z_1^2+z_2^2}$		
齿宽	b	$b=b_R^*R\leqslant10m$　齿宽系数 $b_R^*\leqslant0.25$	$b=b_R^*R\leqslant10m$，$b_R^*\leqslant0.3$	对中、轻载荷 $3.5\leqslant R/b\leqslant5.0$ 对重载荷 $3.0\leqslant R/b\leqslant3.5$
中点锥距	R_m	$R_m=R-b/2$		
小端锥距	R_i	$R_i=R-b$		
齿距	p	$p=\pi m$		

（续）

名称	代号	零度弧齿（格里森制）	等顶隙收缩齿（格里森制）	等高齿（克林贝格制）
高度变位系数	x	$x_1=0.46\left(1-\dfrac{1}{u^2}\right)$， $x_2=-x_1$	$x_1=0.39\left(1-\dfrac{1}{u^2}\right)$， $x_2=-x_1$	一般取 $x_1=0.39\left(1-\dfrac{1}{u^2}\right)$， $x_2=-x_1$
切向变位系数	x_τ	$x_{\tau1}$ 按图 3-10 选取， $x_{\tau2}=-x_{\tau1}$	$x_{\tau1}$ 按图 3-12 选取， $x_{\tau2}=-x_{\tau1}$	一般 $x_{\tau1}=x_{\tau2}=0$
齿宽中点螺旋角	β_m	$\beta_m=0°$ 两轮旋向相反	$\beta_m=35°$　　一般 $\beta_m=0°\sim45°$ 螺旋线方向应使小轮的轴向力指向大端	
齿宽中点法向模数	m_n	$m_n=m\cos\beta_m R_m/R$		限制： 硬齿面　$7\leqslant b/m_n\leqslant10$ 软齿面　$10\leqslant b/m_n\leqslant12$
齿顶高	h_a	$h_{a1}=(h_a^*+x_1)m, h_{a2}=(h_a^*-x_1)m$		$h_{a1}=(h_a^*+x_1)m_n$ $h_{a2}=(h_a^*-x_1)m_n$
全齿高	h	$h=(2h_a^*+c^*)m$		$h=(2h_a^*+c^*)(1-b_R^*)m_n$
齿根高	h_f	$h_{f1}=h-h_{a1}, h_{f2}=h-h_{a2}$		
大端齿顶圆直径	d_a	$d_{a1}=d_1+2h_{a1}\cos\delta_1, d_{a2}=d_2+2h_{a2}\cos\delta_2$		
小端齿顶圆直径	d_i	$d_{i1}=d_{a1}-2b\sin\delta_{a1}$ $d_{i2}=d_{a2}-2b\sin\delta_{a2}$		$d_{i1}=d_{a1}-2b\sin\delta_1$ $d_{i2}=d_{a2}-2b\sin\delta_2$
齿根角	θ_f	$\theta_{f1}=\arctan(h_{f1}/R), \theta_{f2}=\arctan(h_{f2}/R)$		
齿顶角	θ_a	$\theta_{a1}=\theta_{f2}, \theta_{a2}=\theta_{f1}$		
顶锥角	δ_a	$\delta_{a1}=\delta_1+\theta_{a1}, \delta_{a2}=\delta_2+\theta_{a2}$		$\delta_{a1}=\delta_1, \delta_{a2}=\delta_2$
根锥角	δ_f	$\delta_{f1}=\delta_1-\theta_{f1}, \delta_{f2}=\delta_2-\theta_{f2}$		$\delta_{f1}=\delta_1, \delta_{f2}=\delta_2$
外锥高	A_k	$A_{k1}=R\cos\delta_1-h_{a1}\sin\delta_1, A_{k2}=R\cos\delta_2-h_{a2}\sin\delta_2$		$A_{k1}=\dfrac{d_1}{2\tan\delta_1}-b\cos\delta_1-h_{a1}\sin\delta_1$ $A_{k2}=\dfrac{d_2}{2\tan\delta_2}-b\cos\delta_2-2h_{a2}\sin\delta_2$
安装距	A	按结构确定		
大端螺旋角	β	$\sin\beta=\dfrac{1}{D_0}\left[R+\dfrac{R_m(D_0\sin\beta_m-R_m)}{R}\right]$ 式中　D_0—铣刀盘名义直径		
小端螺旋角	β_i	$\sin\beta_i=\dfrac{1}{D_0}\left[R_i+\dfrac{R_m(D_0\sin\beta_m-R_m)}{R_i}\right]$		
大端分度圆弧齿厚	s	$s_1=m\left(\dfrac{\pi}{2}+\dfrac{2x_1\tan\alpha}{\cos\beta}+x_{\tau1}\right), s_2=\pi m-s_1$		
不根切最大齿根角	θ_{fmax}	按图 3-13 查取		

注：1. 克林贝格机床加工的齿轮参数还必须满足 $R_m\sin\beta_m<r<R\sin\beta$ 的关系式，r 为刀盘半径。

2. 克林贝格齿制的大、小端螺旋角、弧齿厚计算和不根切等校核及为改善传动性能所作的修整计算的公式繁多，有些和刀具及机床调整参数有关。需要时可请制造厂帮助核算。

表 3-15　$z_1 < 12$，$\alpha = 20°$，$\beta_m = 35° \sim 40°$的弧齿锥齿轮参数

小轮齿数 z_1		6	7	8	9	10	11
齿顶高系数 h_a^*		0.750	0.780	0.805	0.825	0.840	0.8475
顶隙系数 c^*		0.166	0.173	0.178	0.182	0.185	0.187
高度变位系数 x		0.535	0.510	0.480	0.445	0.405	0.3575
切向变位系数 x_τ	$z_2 = 30$	0.184	0.161	0.169	0.178	0.188	0.200
	$z_2 = 40$	0.292	0.300	0.307	0.315	0.323	0.305
	$z_2 = 50$	0.347	0.361	0.367	0.347	0.327	0.307
	$z_2 = 60$	0.380	0.389	0.367	0.347	0.328	0.308
大轮最少齿数 z_2		34	33	32	31	30	29

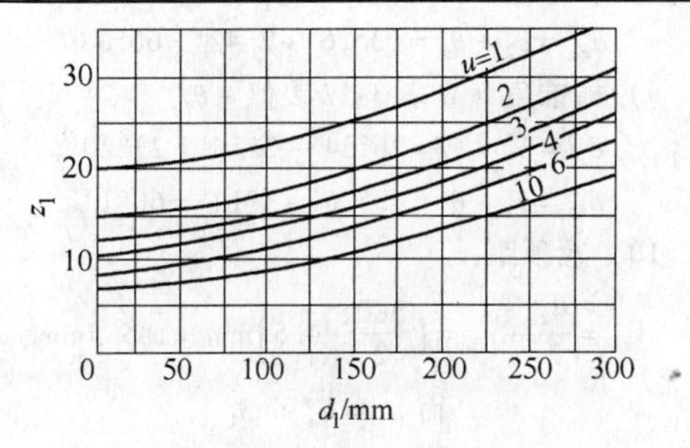

图 3-9　直齿及零度弧齿锥齿轮小轮齿数 z_1

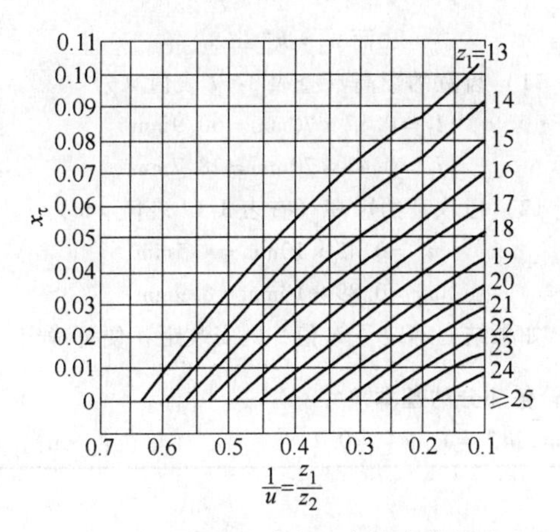

图 3-10　直齿及零度弧齿锥齿轮切向变位系数 x_τ（格里森齿制，$\alpha = 20°$）

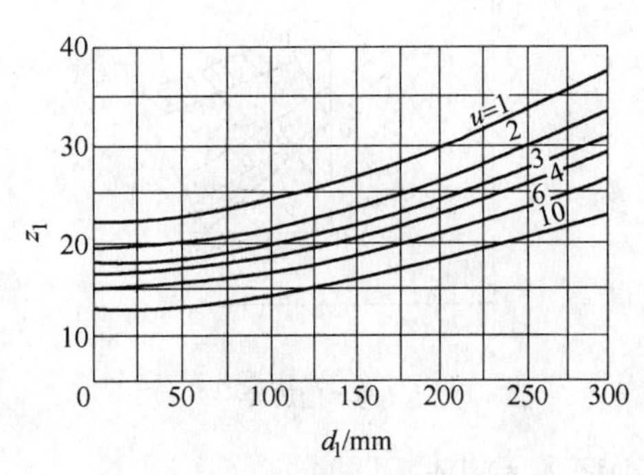

图 3-11　弧齿锥齿轮小轮齿数 z_1（$\beta_m = 35°$）

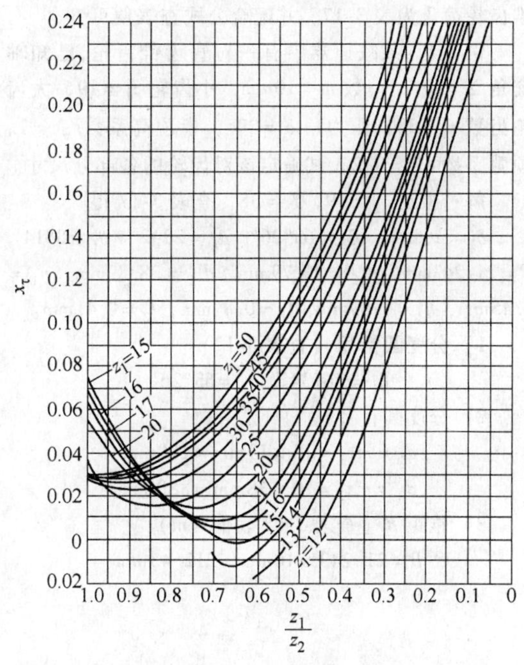

图 3-12　弧齿锥齿轮切向变位系数 x_τ（格里森齿制）

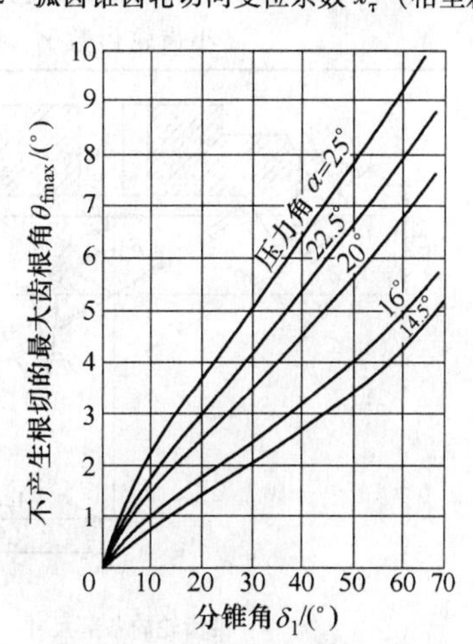

图 3-13　弧齿锥齿轮 $\beta = 35°$时不产生根切的最大齿根角

表 3-16　锥齿轮不同传动比时大小轮的最少齿数（齿形角 20°）

直齿		弧齿		零度弧齿	
小轮	大轮	小轮	大轮	小轮	大轮
16	16	17	17	17	17
15	17	16	18	16	20
14	20	15	19	15	25
13	30	14	20		
		13	22		
		12	26		

由于直齿锥齿轮几何计算时，涉及许多角度值计算。特别是精确计算，角度要算到秒（1″），三角函数值要查八位数。为了便于实际应用，今将直齿锥齿轮简化为表 3-17，并配合公式查表便可。

例 3-1　某减速器中有一对直齿锥齿轮，已知轴交角 $\Sigma=90°$，模数 $m=10\text{mm}$，小齿轮 $z_1=19$，大齿轮齿数 $z_2=38$，压力角 $\alpha=20°$，齿顶高系数 $h_a^*=1$，顶隙系数 $c^*=0.2$，试确定该对齿轮的各部分尺寸。

解：根据 $z_1=19$，$z_2=38$，查表 3-17 得

$\delta_1=26°34'$，$\delta_2=63°26'$，$\theta_a=2°42'$，$\theta_f=3°14'$，$R=21.243\text{mm}$，$d_{a1}=20.79\text{mm}$，$d_{a2}=38.89\text{mm}$，$n_1=0.45\text{mm}$，$n_2=0.89\text{mm}$，$l_1=0.87\text{mm}$，$l_2=0.41\text{mm}$。

1）分度圆锥角（查表 3-17）

$$\delta_1=26°34',\ \delta_2=63°26'$$

2）分度圆直径：

$$d_1=mz_1=10\times19\text{mm}=190\text{mm}$$

$$d_2=mz_2=10\times38\text{mm}=380\text{mm}$$

3）锥距 R（查表 3-17 表值 $\times m$）

$$R=21.243\times10\text{mm}=212.43\text{mm}$$

4）齿宽 b：

$$b=R/3=212.43\text{mm}/3=70.81\text{mm},$$

取 $b=70\text{mm}$ 或 65mm

5）齿顶圆直径（查表 3-17 表值 $\times m$）

$$d_{a1}=20.79\times10\text{mm}=207.9\text{mm}$$

$$d_{a2}=38.89\times10\text{mm}=388.9\text{mm}$$

6）齿顶角（查表 3-17 表值）

$$\theta_a=2°42'$$

7）齿根角（查表 3-17 表值）

$$\theta_f=3°14'$$

8）顶锥角（查表 3-17 表值 $\delta+\theta_a$）

$$\delta_{a1}=\delta_1+\theta_a=26°34'+2°42'=29°16'\ (1°=60')$$

$$\delta_{a2}=\delta_2+\theta_a=63°26'+2°42'=66°08'$$

9）根锥角（查表 3-17 表值 $-\theta_f$）

$$\delta_{f1}=\delta_1'-\theta_f=26°34'-3°14'=23°20'$$

$$\delta_{f2}=\delta_2-\theta_f=63°26'-3°14'=60°12'$$

10）冠顶距：

$$A_{k1}=\frac{d_2}{2}-n_1=\left(\frac{380}{2}-4.5\right)\text{mm}=185.5\text{mm},$$

而 $n_1=h_a^*\sin\delta_1$

$$A_{k2}=\frac{d_1}{2}-n_2=\left(\frac{190}{2}-8.9\right)\text{mm}=86.1\text{mm},$$

而 $n_2=h_a^*\sin\delta_2$

11）齿宽的影高（查表 3-17 表值 $\times b$）

$$l_1=0.87\times70\text{mm}=60.9\text{mm}$$

$$l_2=0.41\times70\text{mm}=28.7\text{mm}$$

12）齿顶高的影高（查表 3-17 表值 $\times m$）

$$n_1=0.45\times10\text{mm}=4.5\text{mm}$$

$$n_2=0.89\times10\text{mm}=8.9\text{mm}$$

如果结构确定了 H 值，则安装距 A 便可确定。

表 3-17　轴交角 $\Sigma=90°$ 时锥齿轮各部分的基本尺寸

（小齿轮齿数 $z_1=12\sim30$、$m=1\text{mm}$，$h_a^*=1$、$c^*=0.2$）　　（单位：mm）

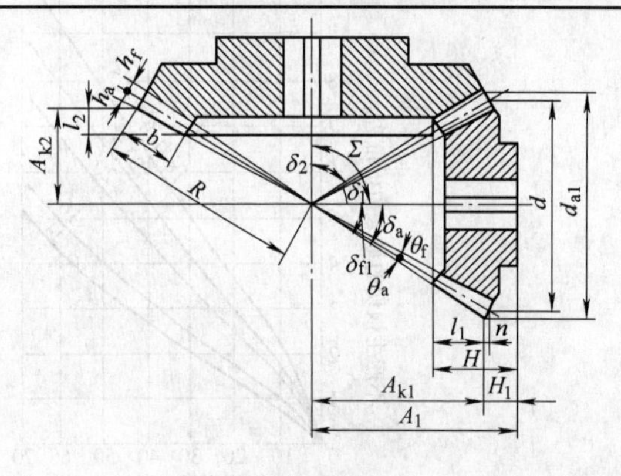

锥齿轮的各部尺寸

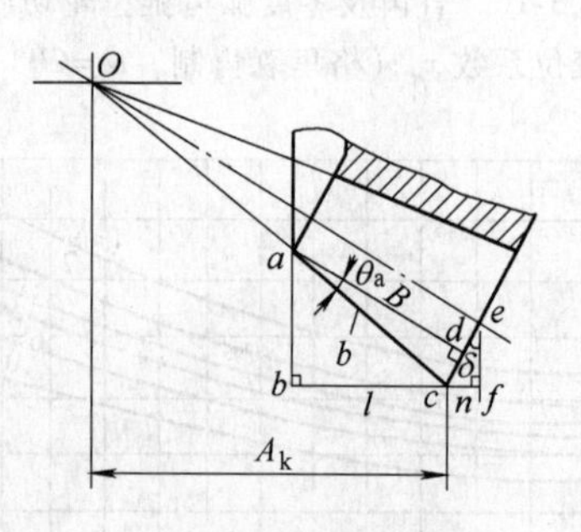

l 与 n 的放大

$$l_1=\frac{b\cos\delta_{a1}}{\cos\theta_{a1}}\quad l_2=\frac{b\cos\delta_{a2}}{\cos\theta_{a2}}\quad n_1=m\sin\delta_1\quad n_2=m\sin\delta_2$$

（续）

z_1	z_2	δ_1	δ_2	θ_a	θ_f	R	d_{a1}	d_{a2}	n_1	n_2	l_1	l_2
12	12	45°00′	45°00′	6°43′	8°03′	8.49	13.41	13.41	0.71	0.71	0.62	0.62
12	13	42°43′	47°17′	6°27′	7°44′	8.84	13.47	14.36	0.68	0.73	0.65	0.59
12	14	40°36′	49°24′	6°10′	7°25′	9.22	13.52	15.30	0.65	0.76	0.68	0.57
12	15	38°40′	51°20′	5°56′	7°07′	9.60	13.56	16.25	0.62	0.78	0.71	0.54
12	16	36°53′	53°07′	5°42′	6°51′	10.00	13.60	17.20	0.60	0.80	0.74	0.52
12	17	35°13′	54°47′	5°30′	6°35′	10.40	13.63	18.15	0.58	0.82	0.76	0.50
12	18	33°41′	56°19′	5°16′	6°20′	10.82	13.66	19.11	0.55	0.83	0.78	0.48
12	19	32°16′	57°44′	5°05′	6°06′	11.24	13.69	20.07	0.53	0.85	0.79	0.46
12	20	30°58′	59°02′	4°55′	5°53′	11.66	13.71	21.03	0.51	0.86	0.81	0.44
12	21	29°45′	60°15′	4°43′	5°40′	12.09	13.74	21.99	0.50	0.87	0.82	0.42
12	22	28°37′	61°23′	4°34′	5°28′	12.53	13.76	22.96	0.48	0.88	0.84	0.41
12	23	27°33′	62°27′	4°25′	5°17′	12.97	13.77	23.93	0.46	0.89	0.85	0.39
12	24	26°34′	63°26′	4°16′	5°07′	13.42	13.79	24.89	0.45	0.89	0.86	0.38
12	25	25°38′	64°22′	4°07′	4°57′	13.87	13.80	25.87	0.43	0.90	0.87	0.37
12	26	24°46′	65°14′	4°00′	4°48′	14.32	13.82	26.84	0.42	0.91	0.88	0.35
12	27	23°58′	66°02′	3°53′	4°39′	14.77	13.83	27.81	0.41	0.91	0.88	0.34
12	28	23°12′	66°48′	3°45′	4°30′	15.23	13.84	28.79	0.39	0.92	0.89	0.33
12	29	22°29′	67°31′	3°38′	4°22′	15.69	13.85	29.76	0.38	0.92	0.90	0.32
12	30	21°48′	68°12′	3°33′	4°15′	16.16	13.86	30.74	0.37	0.93	0.90	0.31
12	31	21°10′	68°50′	3°27′	4°08′	16.62	13.87	31.72	0.36	0.93	0.91	0.30
12	32	20°34′	69°26′	3°21′	4°01′	17.08	13.87	32.70	0.35	0.94	0.91	0.30
12	33	19°59′	70°01′	3°15′	3°55′	17.56	13.88	33.68	0.34	0.94	0.92	0.29
12	34	19°26′	70°34′	3°11′	3°48′	18.03	13.88	34.67	0.33	0.94	0.92	0.28
12	35	18°55′	71°05′	3°06′	3°43′	18.51	13.89	35.65	0.32	0.95	0.93	0.27
12	36	18°26′	71°34′	3°02′	3°37′	18.98	13.90	36.63	0.32	0.95	0.93	0.27
12	37	17°58′	72°02′	2°57′	3°32′	19.45	13.90	37.63	0.31	0.95	0.93	0.26
12	38	17°32′	72°28′	2°53′	3°27′	19.92	13.91	38.61	0.30	0.95	0.94	0.25
12	39	17°06′	72°54′	2°48′	3°22′	20.41	13.91	39.59	0.29	0.96	0.94	0.25
12	40	16°42′	73°18′	2°45′	3°17′	20.88	13.92	40.58	0.29	0.96	0.94	0.24
12	41	16°19′	73°41′	2°42′	3°13′	21.36	13.92	41.56	0.28	0.96	0.95	0.24
12	42	15°57′	74°03′	2°38′	3°09′	21.83	13.92	42.55	0.27	0.96	0.95	0.23
12	43	15°35′	74°25′	2°34′	3°05′	22.33	13.93	43.54	0.27	0.96	0.95	0.23
12	44	15°15′	74°45′	2°30′	3°01′	22.81	13.93	44.53	0.26	0.96	0.95	0.22
12	45	14°56′	75°04′	2′27′	2°57′	23.28	13.93	45.52	0.26	0.97	0.95	0.22
12	46	14°37′	75°23′	2°24′	2°53′	23.78	13.94	46.50	0.25	0.97	0.96	0.21
12	47	14°19′	75°41′	2°21′	2°50′	24.26	13.94	47.49	0.25	0.97	0.96	0.21
12	48	14°02′	75°58′	2°19′	2°47′	24.74	13.94	48.48	0.24	0.97	0.96	0.20
12	49	13°46′	76°14′	2°16′	2°43′	25.21	13.94	49.48	0.24	0.97	0.96	0.20
12	50	13°30′	76°30′	2°14′	2°40′	25.70	13.94	50.47	0.23	0.97	0.96	0.20
12	51	13°14′	76°46′	2°11′	2°37′	26.66	13.95	51.46	0.23	0.97	0.96	0.19
12	52	13°00′	77°00′	2°08′	2°35′	26.67	13.95	52.45	0.22	0.97	0.97	0.19
12	53	12°45′	77°15′	2°06′	2°32′	27.19	13.95	53.44	0.22	0.98	0.97	0.18
12	54	12°32′	77°28′	2°04′	2°29′	27.65	13.95	54.43	0.22	0.98	0.97	0.18
12	55	12°18′	77°42′	2°02′	2°26′	28.17	13.95	55.43	0.21	0.98	0.97	0.18
12	56	12°06′	77°54′	2°00′	2°24′	28.62	13.96	56.42	0.21	0.98	0.97	0.18
12	57	11°53′	78°07′	1°58′	2°21′	29.14	13.96	57.41	0.21	0.98	0.97	0.17
12	58	11°41′	78°19′	1°56′	2°19′	29.63	13.96	58.41	0.20	0.98	0.97	0.17
12	59	11°30′	78°30′	1°55′	2°17′	30.09	13.96	59.40	0.20	0.98	0.97	0.17
12	60	11°19′	78°41′	1°53′	2°15′	30.58	13.96	60.39	0.20	0.98	0.97	0.16
13	13	45°00′	45°00′	6°13′	7°20′	9.192	14.41	14.41	0.71	0.71	0.63	0.63
13	14	42°53′	47°07′	5°59′	7°10′	9.552	14.47	15.36	0.69	0.73	0.66	0.60
13	15	40°55′	49°05′	5°45′	6°54′	9.924	14.51	16.31	0.65	0.76	0.69	0.58
13	16	39°06′	50°54′	5°32′	6°38′	10.308	14.55	17.26	0.63	0.78	0.71	0.55
13	17	37°24′	52°36′	5°20′	6°24′	10.701	14.59	18.21	0.61	0.79	0.73	0.53
13	18	35°50′	54°10′	5°08′	6°10′	11.102	14.62	19.17	0.60	0.80	0.76	0.51
13	19	34°23′	55°37′	4°58′	5°57′	11.511	14.65	20.13	0.56	0.83	0.77	0.49

（续）

z_1	z_2	δ_1	δ_2	θ_a	θ_f	R	d_{a1}	d_{a2}	n_1	n_2	l_1	l_2
13	20	33°02′	56°58′	4°48′	5°45′	11.927	14.68	21.09	0.55	0.84	0.79	0.47
13	21	31°46′	58°14′	4°38′	5°33′	12.349	14.70	22.05	0.53	0.85	0.80	0.46
13	22	30°35′	59°25′	4°29′	5°22′	12.777	14.72	23.02	0.51	0.86	0.82	0.44
13	23	29°29′	60°31′	4°20′	5°11′	13.210	14.74	23.98	0.49	0.87	0.83	0.42
13	24	28°27′	61°33′	4°12′	5°01′	13.647	14.76	24.95	0.48	0.88	0.84	0.41
13	25	27°29′	62°31′	4°04′	4°52′	14.089	14.77	25.92	0.46	0.89	0.85	0.40
13	26	26°34′	63°26′	3°57′	4°43′	14.534	14.79	26.89	0.45	0.89	0.86	0.38
13	27	25°43′	64°17′	3°49′	4°35′	14.983	14.80	27.87	0.43	0.90	0.87	0.37
13	28	24°54′	65°06′	3°42′	4°27′	15.435	14.81	28.84	0.42	0.91	0.88	0.36
13	29	24°09′	65°51′	3°36′	4°19′	15.890	14.82	29.82	0.41	0.91	0.88	0.35
13	30	23°26′	66°34′	3°30′	4°12′	16.348	14.84	30.80	0.40	0.92	0.89	0.34
13	31	22°45′	67°15′	3°24′	4°05′	16.808	14.84	31.77	0.39	0.92	0.90	0.33
13	32	22°07′	67°53′	3°19′	3°53′	17.270	14.85	32.75	0.38	0.93	0.90	0.32
13	33	21°30′	68°30′	3°14′	3°52′	17.734	14.86	33.73	0.37	0.93	0.91	0.31
13	34	20°55′	69°05′	3°09′	3°46′	18.200	14.87	34.71	0.36	0.93	0.91	0.31
13	35	20°23′	69°27′	3°04′	3°41′	18.668	14.87	35.70	0.35	0.94	0.92	0.30
13	36	19°51′	70°09′	2°59′	3°35′	19.138	14.88	36.68	0.34	0.94	0.92	0.29
13	37	19°22′	70°38′	2°55′	3°30′	19.609	14.89	37.66	0.33	0.94	0.93	0.28
13	38	18°53′	71°07′	2°51′	3°25′	20.081	14.89	38.65	0.32	0.95	0.93	0.28
13	39	18°26′	71°34′	2°47′	3°20′	20.554	14.90	39.63	0.32	0.95	0.93	0.27
13	40	18°00′	72°00′	2°43′	3°16′	21.030	14.90	40.62	0.31	0.95	0.94	0.26
13	41	17°36′	72°24′	2°40′	3°12′	21.506	14.91	41.60	0.30	0.95	0.94	0.26
13	42	17°12′	72°48′	2°36′	3°07′	21.983	14.91	42.59	0.30	0.96	0.94	0.25
13	43	16°49′	73°11′	2°33′	3°03′	22.461	14.91	43.58	0.29	0.96	0.94	0.25
13	44	16°28′	73°32′	2°30′	3°00′	22.940	14.92	44.57	0.28	0.96	0.95	0.24
13	45	16°07′	73°53′	2°27′	2°56′	23.420	14.92	45.56	0.28	0.96	0.95	0.24
13	46	15°47′	74°13′	2°24′	2°52′	23.901	14.92	46.54	0.27	0.96	0.95	0.23
13	47	15°28′	74°32′	2°21′	2°49′	24.382	14.93	47.53	0.27	0.96	0.95	0.23
13	48	15°09′	74°51′	2°18′	2°46′	24.864	14.93	48.52	0.26	0.97	0.95	0.22
13	49	14°52′	75°08′	2°16′	2°43′	25.348	14.93	49.51	0.26	0.97	0.96	0.22
13	50	14°34′	75°26′	2°13′	2°40′	25.831	14.94	50.50	0.25	0.97	0.96	0.21
13	51	14°18′	75°42′	2°11′	2°37′	26.315	14.94	51.49	0.25	0.97	0.96	0.21
13	52	14°02′	75°58′	2°08′	2°34′	26.800	14.94	52.48	0.24	0.97	0.96	0.21
13	53	13°43′	76°17′	2°06′	2°31′	27.286	14.94	53.47	0.24	0.97	0.96	0.20
13	54	13°32′	76°28′	2°04′	2°28′	27.771	14.94	54.47	0.23	0.97	0.96	0.20
13	55	13°18′	76°42′	2°02′	2°26′	28.258	14.95	55.46	0.23	0.97	0.96	0.20
13	56	13°04′	76°56′	2°00′	2°23′	28.744	14.95	56.45	0.23	0.97	0.97	0.20
13	57	12°51′	77°09′	1°58′	2°21′	29.232	14.95	57.44	0.22	0.97	0.97	0.19
13	58	12°28′	77°22′	1°56′	2°19′	29.720	14.95	58.44	0.22	0.98	0.97	0.19
13	59	12°25′	77°35′	1°54′	2°17′	30.208	14.95	59.43	0.22	0.98	0.97	0.18
13	60	12°14′	77°46′	1°52′	2°14′	30.696	14.95	60.42	0.21	0.98	0.97	0.18
14	14	45°00′	45°00′	5°46′	6°55′	9.899	15.41	15.41	0.71	0.71	0.63	0.63
14	15	43°01′	46°59′	5°34′	6°40′	10.259	15.46	16.36	0.68	0.73	0.66	0.61
14	16	41°12′	48°48′	5°23′	6°26′	10.630	15.50	17.32	0.66	0.75	0.69	0.59
14	17	39°28′	50°32′	5°11′	6°13′	11.011	15.54	18.27	0.64	0.77	0.71	0.56
14	18	37°52′	52°08′	5°01′	6°00′	11.402	15.58	19.23	0.61	0.79	0.73	0.54
14	19	36°23′	53°37′	4°51′	5°48′	11.800	15.61	20.19	0.59	0.81	0.75	0.52
14	20	35°00′	55°00′	4°41′	5°37′	12.207	15.64	21.15	0.57	0.82	0.77	0.50
14	21	33°41′	56°19′	4°31′	5°26′	12.619	15.66	22.11	0.55	0.83	0.79	0.49
14	22	32°29′	57°31′	4°23′	5°16′	13.038	15.69	23.07	0.54	0.84	0.80	0.47
14	23	31°20′	58°40′	4°15′	5°02′	13.463	15.71	24.04	0.52	0.85	0.81	0.46
14	24	30°16′	59°44′	4°07′	4°56′	13.892	15.73	25.01	0.50	0.86	0.83	0.44
14	25	29°15′	60°45′	4°00′	4°47′	14.327	15.74	25.98	0.49	0.87	0.84	0.43
14	26	28°18′	61°42′	3°52′	4°39′	14.764	15.76	26.95	0.47	0.88	0.85	0.41
14	27	27°24′	62°36′	3°46′	4°28′	15.207	15.78	27.92	0.46	0.89	0.86	0.40
14	28	26°34′	63°26′	3°40′	4°23′	15.653	15.79	28.89	0.45	0.89	0.86	0.39

（续）

z_1	z_2	δ_1	δ_2	θ_a	θ_f	R	d_{a1}	d_{a2}	n_1	n_2	l_1	l_2
14	29	25°46′	64°14′	3°33′	4°16′	16.101	15.80	29.87	0.43	0.90	0.87	0.38
14	30	25°01′	64°59′	3°27′	4°09′	16.553	15.81	30.85	0.42	0.91	0.88	0.37
14	31	24°18′	65°42′	3°22′	4°02′	17.007	15.82	31.82	0.41	0.91	0.89	0.36
14	32	23°38′	66°22′	3°17′	3°56′	17.464	15.83	32.80	0.40	0.92	0.89	0.35
14	33	22°59′	67°01′	3°12′	3°50′	17.923	15.84	33.78	0.39	0.92	0.90	0.34
14	34	22°23′	67°37′	3°07′	3°44′	18.384	15.85	34.76	0.38	0.92	0.90	0.33
14	35	21°48′	68°12′	3°02′	3°39′	18.848	15.86	35.74	0.37	0.93	0.91	0.32
14	36	21°15′	68°45′	2°58′	3°33′	19.313	15.86	36.72	0.36	0.93	0.91	0.31
14	37	20°43′	69°17′	2°54′	3°28′	19.780	15.87	37.71	0.35	0.94	0.92	0.30
14	38	20°14′	69°46′	2°50′	3°24′	20.249	15.88	38.69	0.35	0.94	0.92	0.30
14	39	19°45′	70°15′	2°46′	3°22′	20.718	15.88	39.68	0.34	0.94	0.92	0.29
14	40	19°17′	70°43′	2°42′	3°14′	21.190	15.89	40.66	0.33	0.94	0.93	0.29
14	41	18°51′	71°09′	2°38′	3°10′	21.662	15.89	41.65	0.32	0.95	0.93	0.28
14	42	18°26′	71°34′	2°35′	3°06′	22.136	15.90	42.63	0.32	0.95	0.93	0.27
14	43	18°02′	71°58′	2°32′	3°02′	22.611	15.90	43.62	0.31	0.95	0.94	0.27
14	44	17°39′	72°21′	2°29′	2°59′	23.087	15.91	44.61	0.30	0.95	0.94	0.26
14	45	17°17′	72°43′	2°26′	2°55′	23.564	15.91	45.59	0.30	0.95	0.94	0.26
14	46	16°56′	73°04′	2°23′	2°52′	24.042	15.91	46.58	0.29	0.96	0.94	0.25
14	47	16°35′	73°25′	2°20′	2°48′	24.520	15.92	47.57	0.29	0.96	0.95	0.25
14	48	16°16′	73°44′	2°17′	2°47′	25.000	15.92	48.56	0.28	0.96	0.95	0.24
14	49	15°57′	74°03′	2°15′	2°42′	25.480	15.92	49.55	0.27	0.96	0.95	0.24
14	50	15°39′	74°21′	2°12′	2°39′	25.962	15.93	50.54	0.27	0.96	0.95	0.23
14	51	15°21′	74°39′	2°10′	2°35′	26.443	15.93	51.53	0.26	0.96	0.95	0.23
14	52	15°04′	74°56′	2°08′	2°33′	26.926	15.93	52.52	0.26	0.97	0.96	0.22
14	53	14°48′	75°12′	2°06′	2°30′	27.409	15.93	53.51	0.26	0.97	0.96	0.22
14	54	14°32′	75°28′	2°04′	2°28′	27.893	15.94	54.50	0.25	0.97	0.96	0.22
14	55	14°17′	75°43′	2°02′	2°25′	28.377	15.94	55.49	0.25	0.97	0.96	0.21
14	56	14°02′	75°58′	2°00′	2°23′	28.862	15.94	56.48	0.24	0.97	0.96	0.21
14	57	13°48′	76°12′	1°57′	2°20′	29.347	15.94	57.48	0.24	0.97	0.96	0.21
14	58	13°34′	76°26′	1°55′	2°18′	29.833	15.94	58.47	0.23	0.97	0.96	0.20
14	59	13°21′	76°39′	1°53′	2°16′	30.319	15.95	59.46	0.23	0.97	0.96	0.20
14	60	13°08′	76°52′	1°52′	2°14′	30.806	15.95	60.45	0.23	0.97	0.97	0.20
15	15	45°00′	45°00′	5°23′	6°27′	10.607	16.41	16.41	0.71	0.71	0.64	0.64
15	16	43°09′	46°51′	5°13′	6°15′	10.966	16.46	17.37	0.68	0.73	0.66	0.61
15	17	41°25′	48°35′	5°02′	6°03′	11.336	16.50	18.32	0.66	0.75	0.69	0.59
15	18	39°48′	50°12′	4°53′	5°51′	11.715	16.54	19.28	0.64	0.77	0.71	0.57
15	19	38°17′	51°43′	4°43′	5°40′	12.104	16.57	20.24	0.62	0.78	0.73	0.55
15	20	36°52′	53°08′	4°34′	5°29′	12.500	16.60	21.20	0.60	0.80	0.75	0.53
15	21	35°32′	54°28′	4°26′	5°19′	12.903	16.63	22.16	0.58	0.81	0.77	0.52
15	22	34°17′	55°43′	4°17′	5°09′	13.314	16.65	23.13	0.56	0.83	0.78	0.50
15	23	33°07′	56°53′	4°10′	5°00′	13.730	16.68	24.09	0.55	0.84	0.80	0.48
15	24	32°00′	58°00′	4°02′	4°51′	14.151	16.70	25.06	0.53	0.85	0.81	0.47
15	25	30°58′	59°02′	3°55′	4°43′	14.577	16.71	26.03	0.51	0.86	0.82	0.45
15	26	29°59′	60°01′	3°49′	4°34′	15.008	16.73	27.00	0.50	0.87	0.83	0.44
15	27	29°03′	60°57′	3°42′	4°27′	15.443	16.75	27.97	0.49	0.87	0.84	0.43
15	28	28°11′	61°49′	3°36′	4°20′	15.882	16.76	28.94	0.47	0.88	0.85	0.42
15	29	27°21′	62°39′	3°30′	4°13′	16.324	16.78	29.92	0.46	0.88	0.86	0.40
15	30	26°34′	63°26′	3°25′	4°26′	16.771	16.79	30.89	0.45	0.89	0.87	0.39
15	31	25°49′	64°11′	3°19′	3°59′	17.219	16.80	31.87	0.44	0.90	0.87	0.38
15	32	25°07′	64°53′	3°14′	3°53′	17.671	16.81	32.85	0.42	0.90	0.88	0.37
15	33	24°27′	65°33′	3°10′	3°47′	18.124	16.82	33.83	0.41	0.91	0.89	0.36
15	34	23°48′	66°12′	3°05′	3°42′	18.581	16.83	34.81	0.40	0.91	0.89	0.35
15	35	23°12′	66°48′	3°00′	3°37′	19.039	16.84	35.79	0.39	0.92	0.90	0.35
15	36	22°37′	67°23′	2°56′	3°32′	19.500	16.85	36.77	0.38	0.92	0.90	0.34
15	37	22°04′	67°56′	2°52′	3°26′	19.962	16.85	37.75	0.38	0.93	0.91	0.33
15	38	21°32′	68°28′	2°48′	3°22′	20.427	16.86	38.73	0.37	0.93	0.91	0.32

（续）

z_1	z_2	δ_1	δ_2	θ_a	θ_f	R	d_{a1}	d_{a2}	n_1	n_2	l_1	l_2
15	39	21°02′	68°58′	2°44′	3°17′	20.893	16.87	39.72	0.36	0.93	0.92	0.31
15	40	20°33′	69°27′	2°41′	3°13′	21.360	16.87	40.70	0.35	0.94	0.92	0.31
15	41	20°06′	69°54′	2°37′	3°09′	21.829	16.88	41.69	0.34	0.94	0.92	0.30
15	42	19°39′	70°21′	2°34′	3°05′	22.299	16.88	42.67	0.34	0.94	0.93	0.29
15	43	19°14′	70°46′	2°31′	3°01′	22.771	16.89	43.66	0.33	0.94	0.93	0.29
15	44	18°49′	71°11′	2°28′	2°59′	23.243	16.89	44.65	0.32	0.95	0.93	0.28
15	45	18°26′	71°34′	2°25′	2°54′	23.717	16.90	45.63	0.32	0.95	0.93	0.28
15	46	18°04′	71°56′	2°22′	2°50′	24.192	16.90	46.62	0.31	0.95	0.94	0.27
15	47	17°42′	72°18′	2°19′	2°47′	24.668	16.91	47.61	0.30	0.95	0.94	0.27
15	48	17°21′	72°39′	2°17′	2°44′	25.144	16.91	48.60	0.30	0.95	0.94	0.26
15	49	17°01′	72°59′	2°14′	2°41′	25.622	16.91	49.59	0.29	0.96	0.94	0.26
15	50	16°42′	73°18′	2°11′	2°38′	26.101	16.92	50.57	0.29	0.96	0.95	0.25
15	51	16°23′	73°37′	2°09′	2°35′	26.580	16.92	51.56	0.28	0.96	0.95	0.25
15	52	16°05′	73°55′	2°07′	2°32′	27.060	16.92	52.55	0.28	0.96	0.95	0.24
15	53	15°48′	74°12′	2°05′	2°30′	27.541	16.92	53.54	0.27	0.96	0.95	0.24
15	54	15°31′	74°29′	2°03′	2°27′	28.022	16.93	54.54	0.27	0.96	0.95	0.23
15	55	15°15′	74°45′	2°01′	2°25′	28.504	16.93	55.53	0.26	0.96	0.95	0.23
15	56	15°00′	75°00′	1°59′	2°22′	28.987	16.93	56.52	0.26	0.97	0.96	0.23
15	57	14°45′	75°15′	1°57′	2°20′	29.470	16.93	57.51	0.25	0.97	0.96	0.22
15	58	14°30′	75°30′	1°55′	2°18′	29.954	16.94	58.50	0.25	0.97	0.96	0.22
15	59	14°16′	75°44′	1°53′	2°15′	30.438	16.94	59.49	0.25	0.97	0.96	0.21
15	60	14°02′	75°58′	1°51′	2°13′	30.923	16.94	60.48	0.24	0.97	0.96	0.21
16	16	45°00′	45°00′	5°03′	6°03′	11.314	17.41	17.41	0.71	0.71	0.64	0.64
16	17	43°16′	46°44′	4°54′	5°52′	11.673	17.46	18.37	0.69	0.73	0.67	0.62
16	18	41°35′	48°25′	4°44′	5°41′	12.042	17.50	19.33	0.66	0.75	0.69	0.60
16	19	40°06′	49°54′	4°36′	5°31′	12.420	17.53	20.29	0.64	0.76	0.71	0.58
16	20	38°40′	51°20′	4°28′	5°21′	12.806	17.56	21.25	0.62	0.78	0.73	0.56
16	21	37°18′	52°42′	4°20′	5°12′	13.200	17.59	22.21	0.61	0.80	0.75	0.54
16	22	36°02′	53°58′	4°12′	5°03′	13.601	17.62	23.18	0.59	0.81	0.76	0.53
16	23	34°49′	55°11′	4°05′	4°56′	14.009	17.64	24.14	0.57	0.82	0.78	0.51
16	24	33°41′	56°19′	3°58′	4°45′	14.422	17.66	25.11	0.55	0.83	0.79	0.50
16	25	32°37′	57°23′	3°51′	4°37′	14.841	17.68	26.08	0.54	0.84	0.79	0.48
16	26	31°36′	58°24′	3°45′	4°30′	15.264	17.70	27.05	0.52	0.85	0.82	0.47
16	27	30°39′	59°21′	3°39′	4°22′	15.692	17.72	28.02	0.51	0.86	0.83	0.45
16	28	29°45′	60°15′	3°33′	4°18′	16.124	17.74	28.99	0.50	0.87	0.84	0.44
16	29	28°53′	61°07′	3°27′	4°09′	16.560	17.75	29.97	0.48	0.88	0.84	0.42
16	30	28°04′	61°56′	3°22′	4°02′	17.000	17.76	30.94	0.47	0.88	0.85	0.42
16	31	27°18′	62°42′	3°17′	3°56′	17.443	17.78	31.92	0.46	0.89	0.86	0.41
16	32	26°34′	63°26′	3°12′	3°50′	17.889	17.79	32.89	0.45	0.89	0.87	0.40
16	33	25°52′	64°08′	3°07′	3°45′	18.337	17.80	33.87	0.44	0.90	0.87	0.39
16	34	25°12′	64°48′	3°02′	3°39′	18.788	17.81	34.85	0.43	0.90	0.88	0.38
16	35	24°34′	65°26′	2°58′	3°34′	19.242	17.82	35.83	0.42	0.91	0.89	0.37
16	36	24°00′	66°00′	2°55′	3°29′	19.698	17.83	36.81	0.41	0.91	0.89	0.36
16	37	23°23′	66°37′	2°50′	3°24′	20.156	17.84	37.79	0.40	0.92	0.90	0.35
16	38	22°50′	67°10′	2°47′	3°20′	20.616	17.84	38.78	0.39	0.92	0.90	0.34
16	39	22°18′	67°42′	2°43′	3°16′	21.077	17.85	39.76	0.38	0.93	0.91	0.34
16	40	21°48′	68°12′	2°39′	3°11′	21.541	17.86	40.74	0.37	0.93	0.91	0.33
16	41	21°19′	68°41′	2°36′	3°07′	22.006	17.86	41.73	0.36	0.93	0.91	0.32
16	42	20°51′	69°09′	2°32′	3°03′	22.472	17.87	42.71	0.36	0.93	0.92	0.31
16	43	20°25′	69°35′	2°30′	3°00′	22.940	17.87	43.70	0.35	0.94	0.92	0.31
16	44	19°59′	70°01′	2°27′	2°56′	23.409	17.88	44.68	0.34	0.94	0.92	0.30
16	45	19°34′	70°26′	2°24′	2°53′	23.880	17.88	45.67	0.33	0.94	0.93	0.30
16	46	19°11′	70°49′	2°21′	2°49′	24.352	17.89	46.66	0.33	0.94	0.93	0.29
16	47	18°48′	71°12′	2°18′	2°46′	24.824	17.89	47.64	0.32	0.95	0.93	0.28
16	48	18°26′	71°34′	2°16′	2°43′	25.298	17.90	48.63	0.32	0.95	0.94	0.28
16	49	18°05′	71°55′	2°13′	2°40′	25.773	17.90	49.62	0.31	0.95	0.94	0.27

（续）

z_1	z_2	δ_1	δ_2	θ_a	θ_f	R	d_{a1}	d_{a2}	n_1	n_2	l_1	l_2
16	50	17°45′	72°15′	2°11′	2°37′	26.249	17.90	50.61	0.30	0.95	0.94	0.27
16	51	17°25′	72°35′	2°09′	2°34′	26.725	17.91	51.06	0.30	0.95	0.94	0.26
16	52	17°06′	72°54′	2°06′	2°30′	27.203	17.91	52.59	0.29	0.96	0.94	0.26
16	53	16°48′	73°12′	2°04′	2°28′	27.681	17.91	53.58	0.29	0.96	0.95	0.25
16	54	16°30′	73°30′	2°02′	2°26′	28.160	17.92	54.57	0.28	0.96	0.95	0.25
16	55	16°13′	73°47′	2°00′	2°24′	28.640	17.92	55.56	0.28	0.96	0.95	0.25
16	56	15°57′	74°03′	1°58′	2°22′	29.120	17.92	56.55	0.27	0.96	0.95	0.24
16	57	15°41′	74°19′	1°56′	2°19′	29.602	17.93	57.54	0.27	0.96	0.95	0.24
16	58	15°25′	74°35′	1°54′	2°17′	30.083	17.93	58.53	0.27	0.96	0.95	0.24
16	59	15°10′	74°50′	1°52′	2°15′	30.566	17.93	59.52	0.26	0.97	0.96	0.23
16	60	14°56′	75°04′	1°51′	2°13′	31.048	17.93	60.52	0.26	0.97	0.96	0.23
17	17	45°00′	45°00′	4°45′	5°42′	12.021	18.41	18.41	0.71	0.71	0.65	0.65
17	18	43°22′	46°38′	4°37′	5°32′	12.379	18.45	19.37	0.69	0.72	0.67	0.63
17	19	41°49′	48°11′	4°29′	5°23′	12.748	18.49	20.33	0.67	0.75	0.69	0.61
17	20	40°22′	49°38′	4°21′	5°13′	13.124	18.52	21.30	0.65	0.76	0.71	0.59
17	21	38°59′	51°01′	4°14′	5°05′	13.509	18.55	22.26	0.63	0.78	0.73	0.57
17	22	37°42′	52°18′	4°07′	4°56′	13.901	18.58	23.22	0.61	0.79	0.75	0.56
17	23	36°28′	53°32′	4°00′	4°48′	14.300	18.61	24.19	0.59	0.80	0.76	0.54
17	24	35°19′	54°41′	3°54′	4°40′	14.705	18.63	25.16	0.58	0.82	0.78	0.53
17	25	34°13′	55°47′	3°47′	4°29′	15.116	18.65	26.12	0.56	0.83	0.79	0.51
17	26	33°11′	56°49′	3°41′	4°25′	15.532	18.67	27.10	0.55	0.84	0.80	0.49
17	27	32°12′	57°48′	3°35′	4°18′	15.953	18.69	28.07	0.53	0.85	0.81	0.48
17	28	31°16′	58°44′	3°30′	4°11′	16.378	18.71	29.04	0.52	0.86	0.82	0.47
17	29	30°23′	59°37′	3°24′	4°05′	16.808	18.73	30.01	0.51	0.86	0.83	0.45
17	30	29°32′	60°28′	3°19′	3°59′	17.241	18.74	30.99	0.49	0.87	0.84	0.44
17	31	28°44′	61°16′	3°14′	3°53′	17.678	18.75	31.96	0.48	0.88	0.85	0.43
17	32	27°59′	62°01′	3°10′	3°47′	18.118	18.77	32.94	0.47	0.88	0.86	0.42
17	33	27°15′	62°45′	3°05′	3°42′	18.561	18.78	33.92	0.46	0.89	0.86	0.41
17	34	26°34′	63°26′	3°01′	3°37′	19.007	18.79	34.89	0.45	0.89	0.87	0.40
17	35	25°54′	64°06′	2°57′	3°34′	19.455	18.80	35.87	0.44	0.90	0.88	0.39
17	36	25°17′	64°43′	2°53′	3°27′	19.906	18.81	36.85	0.43	0.90	0.88	0.38
17	37	24°41′	65°19′	2°49′	3°22′	20.359	18.82	37.84	0.42	0.91	0.89	0.37
17	38	24°06′	65°54′	2°45′	3°18′	20.814	18.83	38.82	0.41	0.91	0.89	0.37
17	39	23°33′	66°27′	2°41′	3°14′	21.272	18.83	39.80	0.40	0.92	0.90	0.36
17	40	23°01′	66°59′	2°38′	3°10′	21.731	18.84	40.78	0.39	0.92	0.90	0.35
17	41	22°31′	67°29′	2°35′	3°06′	22.192	18.85	41.77	0.38	0.92	0.91	0.34
17	42	22°02′	67°58′	2°32′	3°02′	22.655	18.85	42.75	0.38	0.93	0.91	0.33
17	43	21°34′	68°26′	2°29′	2°58′	23.119	18.86	43.74	0.37	0.93	0.91	0.33
17	44	21°07′	68°53′	2°26′	2°55′	23.585	18.87	44.72	0.36	0.93	0.92	0.32
17	45	20°42′	69°18′	2°23′	2°51′	24.052	18.87	45.71	0.35	0.94	0.92	0.31
17	46	20°17′	69°43′	2°20′	2°48′	24.520	18.88	46.69	0.25	0.94	0.92	0.31
17	47	19°53′	70°07′	2°17′	2°45′	24.990	18.88	47.68	0.34	0.94	0.93	0.30
17	48	19°30′	70°30′	2°15′	2°42′	25.461	18.89	48.67	0.33	0.94	0.93	0.30
17	49	19°08′	70°52′	2°12′	2°39′	25.933	18.89	49.66	0.32	0.95	0.93	0.29
17	50	18°47′	71°13′	2°10′	2°36′	26.405	18.89	50.64	0.32	0.95	0.93	0.29
17	51	18°26′	71°34′	2°08′	2°33′	26.879	18.90	51.63	0.32	0.95	0.94	0.28
17	52	18°06′	71°54′	2°06′	2°31′	27.354	18.90	52.62	0.31	0.95	0.94	0.28
17	53	17°47′	72°13′	2°03′	2°26′	27.830	18.90	53.61	0.31	0.95	0.94	0.27
17	54	17°28′	72°32′	2°01′	2°26′	28.306	18.91	54.60	0.30	0.95	0.94	0.27
17	55	17°10′	72°50′	1°59′	2°25′	28.784	18.91	55.59	0.30	0.96	0.95	0.26
17	56	16°53′	73°07′	1°57′	2°23′	29.262	18.91	56.58	0.29	0.96	0.95	0.26
17	57	16°36′	73°24′	1°56′	2°19′	29.741	18.92	57.57	0.29	0.96	0.95	0.25
17	58	16°20′	73°40′	1°54′	2°16′	30.220	18.92	58.56	0.28	0.96	0.95	0.25
17	59	16°04′	73°56′	1°52′	2°14′	30.700	18.92	59.55	0.28	0.96	0.95	0.25
17	60	15°49′	74°11′	1°50′	2°12′	31.181	18.92	60.55	0.27	0.96	0.95	0.24
18	18	45°00′	45°00′	4°30′	5°23′	12.728	19.41	19.41	0.71	0.71	0.65	0.65

（续）

z_1	z_2	δ_1	δ_2	θ_a	θ_f	R	d_{a1}	d_{a2}	n_1	n_2	l_1	l_2
18	19	43°27′	46°33′	4°22′	5°14′	13.086	19.45	20.38	0.69	0.73	0.67	0.63
18	20	42°00′	48°00′	4°15′	5°06′	13.454	19.49	21.34	0.67	0.74	0.69	0.61
18	21	40°36′	49°24′	4°08′	4°58′	13.829	19.52	22.30	0.65	0.76	0.71	0.60
18	22	39°17′	50°43′	4°01′	4°50′	14.213	19.55	22.27	0.63	0.77	0.73	0.58
18	23	38°03′	51°57′	3°55′	4°42′	14.603	19.57	24.23	0.62	0.79	0.75	0.56
18	24	36°52′	53°08′	3°49′	4°34′	15.000	19.60	25.20	0.60	0.80	0.76	0.55
18	25	35°45′	54°15′	3°43′	4°27′	15.403	19.62	26.17	0.58	0.81	0.77	0.53
18	26	34°42′	55°18′	3°37′	4°20′	15.811	19.64	27.14	0.57	0.82	0.79	0.52
18	27	33°41′	56°19′	3°31′	4°14′	16.225	19.66	28.11	0.56	0.83	0.80	0.50
18	28	32°44′	57°16′	3°26′	4°07′	16.643	19.68	29.08	0.54	0.84	0.81	0.49
18	29	31°50′	58°10′	3°21′	4°01′	17.066	19.70	30.05	0.53	0.85	0.82	0.48
18	30	30°58′	59°02′	3°16′	3°55′	17.493	19.71	31.03	0.52	0.86	0.83	0.47
18	31	30°09′	59°51′	3°12′	3°50′	17.923	19.73	32.00	0.51	0.87	0.84	0.45
18	32	29°21′	60°39′	3°08′	3°44′	18.358	19.74	32.98	0.47	0.87	0.85	0.44
18	33	28°36′	61°24′	3°03′	3°39′	18.794	19.76	33.96	0.48	0.88	0.85	0.43
18	34	27°54′	62°06′	2°59′	3°34′	19.235	19.77	34.94	0.47	0.88	0.86	0.42
18	35	27°13′	62°47′	2°55′	3°29′	19.679	19.78	35.91	0.46	0.89	0.87	0.41
18	36	26°34′	63°26′	2°51′	3°25′	20.124	19.79	36.89	0.45	0.89	0.87	0.40
18	37	25°57′	64°03′	2°47′	3°20′	20.573	19.80	37.88	0.44	0.90	0.88	0.39
18	38	25°21′	64°39′	2°43′	3°15′	21.024	19.81	38.86	0.43	0.90	0.88	0.39
18	39	24°47′	65°13′	2°40′	3°12′	21.477	19.82	39.84	0.42	0.91	0.89	0.38
18	40	24°14′	65°46′	2°37′	3°08′	21.932	19.82	40.82	0.41	0.91	0.89	0.37
18	41	23°42′	66°18′	2°33′	3°04′	22.389	19.83	41.80	0.40	0.92	0.90	0.36
18	42	23°12′	66°48′	2°30′	3°00′	22.847	19.84	42.79	0.39	0.92	0.90	0.35
18	43	22°43′	67°17′	2°27′	2°57′	23.308	19.84	43.77	0.39	0.92	0.91	0.35
18	44	22°15′	67°45′	2°25′	2°53′	23.770	19.85	44.76	0.38	0.93	0.91	0.34
18	45	21°48′	68°12′	2°22′	2°50′	24.233	19.86	45.74	0.37	0.93	0.91	0.33
18	46	21°22′	68°38′	2°19′	2°47′	24.698	19.86	46.73	0.36	0.93	0.92	0.33
18	47	20°57′	69°03′	2°17′	2°44′	25.164	19.87	47.72	0.36	0.93	0.92	0.32
18	48	20°33′	69°27′	2°14′	2°41′	25.632	19.87	48.70	0.35	0.94	0.92	0.32
18	49	20°10′	69°50′	2°12′	2°38′	26.101	19.88	49.69	0.34	0.94	0.93	0.31
18	50	19°48′	70°12′	2°09′	2°35′	26.571	19.88	50.68	0.34	0.94	0.93	0.30
18	51	19°26′	70°34′	2°07′	2°32′	27.042	19.89	51.67	0.33	0.94	0.93	0.30
18	52	19°06′	70°54′	2°05′	2°30′	27.514	19.89	52.65	0.33	0.94	0.93	0.29
18	53	18°46′	71°14′	2°03′	2°27′	27.987	19.89	53.64	0.32	0.95	0.94	0.29
18	54	18°26′	71°34′	2°01′	2°25′	28.461	19.90	54.63	0.32	0.95	0.94	0.28
18	55	18°07′	71°53′	1°59′	2°22′	28.935	19.90	55.62	0.31	0.95	0.94	0.28
18	56	17°49′	72°11′	1°57′	2°20′	29.411	19.90	56.61	0.31	0.95	0.94	0.27
18	57	17°31′	72°29′	1°55′	2°18′	29.887	19.91	57.60	0.30	0.95	0.94	0.27
18	58	17°15′	72°45′	1°53′	2°16′	30.364	19.91	58.59	0.30	0.96	0.95	0.27
18	59	16°58′	73°02′	1°51′	2°14′	30.842	19.91	59.58	0.29	0.96	0.95	0.26
18	60	16°42′	73°18′	1°50′	2°12′	31.321	19.92	60.57	0.29	0.96	0.95	0.26
19	19	45°00′	45°00′	4°15′	5°06′	13.435	20.41	20.41	0.71	0.71	0.66	0.66
19	20	43°32′	46°28′	4°09′	4°58′	13.793	20.45	21.38	0.69	0.73	0.68	0.64
19	21	42°08′	47°52′	4°02′	4°51′	14.160	20.48	22.34	0.63	0.74	0.69	0.62
19	22	40°49′	49°11′	3°56′	4°43′	14.534	20.51	23.31	0.65	0.76	0.71	0.60
19	23	39°34′	50°26′	3°50′	4°36′	14.916	20.54	24.27	0.64	0.77	0.73	0.59
19	24	38°22′	51°38′	3°44′	4°29′	15.305	20.57	25.24	0.62	0.78	0.74	0.57
19	25	37°14′	52°46′	3°39′	4°22′	15.700	20.59	26.21	0.61	0.80	0.76	0.55
19	26	36°09′	53°51′	3°33′	4°16′	16.101	20.61	27.18	0.59	0.81	0.77	0.54
19	27	35°08′	54°52′	3°28′	4°09′	16.508	20.64	28.15	0.58	0.82	0.78	0.53
19	28	34°10′	55°50′	3°23′	4°03′	16.919	20.65	29.12	0.56	0.83	0.79	0.51
19	29	33°14′	56°46′	3°18′	3°58′	17.334	20.67	30.10	0.55	0.84	0.81	0.50
19	30	32°21′	57°39′	3°13′	3°52′	17.755	20.69	31.07	0.54	0.85	0.81	0.49
19	31	31°30′	58°30′	3°09′	3°47′	18.180	20.71	32.04	0.52	0.85	0.82	0.48
19	32	30°42′	59°18′	3°05′	3°41′	18.608	20.72	33.02	0.51	0.86	0.83	0.46

（续）

z_1	z_2	δ_1	δ_2	θ_a	θ_f	R	d_{a1}	d_{a2}	n_1	n_2	l_1	l_2
19	33	29°56′	60°04′	3°00′	3°36′	19.039	20.73	34.00	0.50	0.87	0.84	0.45
19	34	29°12′	60°48′	2°56′	3°32′	19.474	20.75	34.98	0.49	0.87	0.85	0.44
19	35	28°30′	61°30′	2°52′	3°27′	19.912	20.76	35.95	0.48	0.88	0.85	0.43
19	36	27°49′	62°11′	2°49′	3°22′	20.353	20.77	36.93	0.47	0.88	0.86	0.42
19	37	27°11′	62°49′	2°45′	3°18′	20.797	20.78	37.91	0.46	0.89	0.87	0.41
19	38	26°34′	63°26′	2°42′	3°14′	21.243	20.79	38.89	0.45	0.89	0.87	0.41
19	39	25°58′	64°02′	2°38′	3°10′	21.691	20.80	39.88	0.44	0.90	0.88	0.40
19	40	25°24′	64°36′	2°35′	3°06′	22.142	20.81	40.86	0.43	0.90	0.88	0.39
19	41	24°52′	65°08′	2°32′	3°02′	22.594	20.81	41.84	0.42	0.91	0.89	0.38
19	42	24°20′	65°40′	2°29′	2°59′	23.049	20.82	42.82	0.41	0.91	0.89	0.37
19	43	23°50′	66°10′	2°26′	2°55′	23.505	20.83	43.81	0.40	0.92	0.90	0.37
19	44	23°21′	66°39′	2°23′	2°52′	23.964	20.84	44.79	0.40	0.92	0.90	0.36
19	45	22°53′	67°07′	2°21′	2°49′	24.423	20.84	45.78	0.39	0.92	0.91	0.35
19	46	22°27′	67°33′	2°18′	2°46′	24.884	20.85	46.76	0.38	0.92	0.91	0.35
19	47	22°01′	67°59′	2°16′	2°43′	25.348	20.85	47.75	0.38	0.93	0.91	0.34
19	48	21°36′	68°24′	2°13′	2°40′	25.812	20.86	48.74	0.37	0.93	0.92	0.33
19	49	21°12′	68°48′	2°11′	2°37′	26.277	20.86	49.72	0.36	0.93	0.92	0.33
19	50	20°48′	69°12′	2°08′	2°34′	26.744	20.87	50.71	0.36	0.94	0.92	0.32
20	20	45°00′	45°00′	4°03′	4°51′	14.142	21.41	21.41	0.71	0.71	0.66	0.66
20	21	43°36′	46°24′	3°57′	4°44′	14.500	21.45	22.38	0.69	0.72	0.68	0.64
20	22	42°16′	47°44′	3°51′	4°37′	14.866	21.48	23.35	0.67	0.74	0.69	0.62
20	23	41°01′	48°59′	3°45′	4°30′	15.240	21.51	24.31	0.66	0.76	0.71	0.61
20	24	39°48′	50°12′	3°40′	4°24′	15.621	21.54	25.28	0.64	0.77	0.73	0.59
20	25	38°40′	51°20′	3°35′	4°17′	16.008	21.56	26.25	0.63	0.78	0.74	0.58
20	26	37°34′	52°26′	3°29′	4°11′	16.401	21.59	27.22	0.61	0.79	0.75	0.56
20	27	36°32′	53°28′	3°24′	4°05′	16.800	21.61	28.19	0.60	0.80	0.77	0.55
20	28	35°32′	54°28′	3°20′	3°59′	17.204	21.63	29.16	0.58	0.81	0.78	0.53
20	29	34°36′	55°24′	3°15′	3°54′	17.614	21.65	30.14	0.57	0.82	0.79	0.52
20	30	33°41′	56°19′	3°10′	3°49′	18.028	21.66	31.11	0.56	0.83	0.80	0.51
20	31	32°50′	57°10′	3°06′	3°43′	18.446	21.68	32.08	0.54	0.84	0.81	0.50
20	32	32°00′	58°00′	3°02′	3°38′	18.868	21.70	33.06	0.53	0.85	0.82	0.48
20	33	31°12′	58°48′	2°58′	3°34′	19.294	21.71	34.04	0.52	0.86	0.83	0.47
20	34	30°28′	59°32′	2°54′	3°29′	19.723	21.72	35.01	0.51	0.86	0.84	0.46
20	35	29°45′	60°15′	2°50′	3°24′	20.156	21.74	35.99	0.50	0.87	0.84	0.45
20	36	29°03′	60°57′	2°47′	3°20′	20.591	21.75	36.97	0.49	0.87	0.85	0.44
20	37	28°24′	61°36′	2°43′	3°16′	21.030	21.76	37.95	0.49	0.88	0.86	0.43
20	38	27°45′	62°15′	2°40′	3°12′	21.471	21.77	38.93	0.47	0.88	0.86	0.42
20	39	27°09′	62°51′	2°37′	3°08′	21.914	21.78	39.91	0.46	0.89	0.87	0.42
20	40	26°34′	63°26′	2°34′	3°04′	22.361	21.79	40.89	0.45	0.89	0.87	0.41
20	41	26°00′	64°00′	2°31′	3°01′	22.809	21.80	41.88	0.44	0.90	0.87	0.40
20	42	25°28′	64°32′	2°28′	2°57′	23.259	21.81	42.86	0.44	0.90	0.88	0.39
20	43	24°57′	65°03′	2°25′	2°54′	23.712	21.81	43.84	0.42	0.91	0.89	0.38
20	44	24°27′	65°33′	2°22′	2°51′	24.166	21.82	44.83	0.42	0.91	0.89	0.38
20	45	24°00′	66°00′	2°20′	2°47′	24.622	21.83	45.81	0.41	0.91	0.90	0.37
20	46	23°30′	66°30′	2°17′	2°44′	25.080	21.83	46.80	0.40	0.92	0.90	0.36
20	47	23°03′	66°57′	2°15′	2°41′	25.539	21.84	47.78	0.39	0.92	0.90	0.36
20	48	22°37′	67°23′	2°12′	2°39′	26.000	21.85	48.77	0.38	0.92	0.91	0.35
20	49	22°12′	67°48′	2°10′	2°36′	26.462	21.85	49.76	0.38	0.93	0.91	0.34
20	50	21°48′	68°12′	2°07′	2°33′	26.926	21.86	50.74	0.37	0.93	0.91	0.34
21	21	45°00′	45°00′	3°51′	4°37′	14.849	22.41	22.41	0.77	0.77	0.66	0.66
21	22	43°40′	46°20′	3°46′	4°31′	15.207	22.45	23.38	0.69	0.72	0.68	0.64
21	23	42°24′	47°36′	3°40′	4°24′	15.572	22.48	24.35	0.68	0.74	0.70	0.63
21	24	41°12′	48°48′	3°35′	4°18′	15.945	22.50	25.32	0.66	0.75	0.71	0.61
21	25	40°02′	49°58′	3°30′	4°12′	16.324	22.53	26.29	0.64	0.77	0.73	0.60
21	26	38°56′	51°04′	3°25′	4°07′	16.711	22.56	27.26	0.63	0.78	0.74	0.58
21	27	37°52′	52°08′	3°21′	4°01′	17.103	22.58	28.23	0.61	0.79	0.75	0.57

（续）

z_1	z_2	δ_1	δ_2	θ_a	θ_f	R	d_{a1}	d_{a2}	n_1	n_2	l_1	l_2
21	28	36°52′	53°08′	3°16′	3°55′	17.500	22.60	29.20	0.60	0.80	0.77	0.56
21	29	35°55′	54°05′	3°12′	3°50′	17.903	22.62	30.17	0.59	0.81	0.78	0.54
21	30	35°00′	55°00′	3°07′	3°45′	18.310	22.64	31.15	0.57	0.82	0.79	0.53
21	31	34°07′	55°53′	3°03′	3°40′	18.722	22.66	32.12	0.56	0.83	0.80	0.52
21	32	33°16′	56°44′	2°59′	3°35′	19.138	22.67	33.10	0.55	0.84	0.81	0.51
21	33	32°29′	57°31′	2°56′	3°31′	19.558	22.69	34.07	0.55	0.84	0.82	0.49
21	34	31°42′	58°18′	2°52′	3°26′	19.981	22.70	35.05	0.53	0.85	0.82	0.48
21	35	30°58′	59°02′	2°48′	3°22′	20.408	22.71	36.03	0.51	0.86	0.83	0.47
21	36	30°16′	59°44′	2°45′	3°18′	20.839	22.73	37.01	0.50	0.86	0.84	0.46
21	37	29°34′	60°26′	2°41′	3°14′	21.272	22.74	37.99	0.49	0.87	0.85	0.46
21	38	28°56′	61°04′	2°38′	3°10′	21.708	22.75	38.97	0.48	0.88	0.85	0.44
21	39	28°18′	61°42′	2°35′	3°06′	22.147	22.76	39.95	0.47	0.88	0.86	0.43
21	40	27°42′	62°18′	2°32′	3°02′	22.589	22.77	40.93	0.46	0.89	0.86	0.43
21	41	27°07′	62°53′	2°29′	2°59′	23.033	22.78	41.91	0.46	0.89	0.87	0.42
21	42	26°34′	63°26′	2°27′	2°55′	23.479	22.79	42.89	0.45	0.89	0.87	0.41
21	43	26°02′	63°58′	2°24′	2°52′	23.927	22.80	43.88	0.44	0.90	0.88	0.41
21	44	25°31′	64°29′	2°21′	2°49′	24.377	22.80	44.86	0.43	0.90	0.89	0.39
21	45	25°01′	64°59′	2°18′	2°46′	24.829	22.81	45.85	0.42	0.91	0.89	0.39
21	46	24°32′	65°28′	2°16′	2°43′	25.283	22.82	46.83	0.42	0.91	0.89	0.38
21	47	24°05′	65°55′	2°14′	2°40′	25.739	22.83	47.82	0.41	0.91	0.90	0.37
21	48	23°38′	66°22′	2°11′	2°37′	26.196	22.83	48.80	0.40	0.92	0.90	0.37
21	49	23°12′	66°48′	2°09′	2°35′	26.655	22.84	49.79	0.39	0.92	0.90	0.36
21	50	22°47′	67°13′	2°07′	2°32′	27.116	22.84	50.77	0.39	0.92	0.91	0.35
22	22	45°00′	45°00′	3°41′	4°25′	15.556	23.41	23.41	0.71	0.71	0.66	0.66
22	23	43°44′	46°16′	3°36′	4°19′	15.914	23.45	24.38	0.69	0.72	0.68	0.65
22	24	42°31′	47°29′	3°31′	4°13′	16.279	23.47	25.35	0.68	0.74	0.70	0.63
22	25	41°21′	48°39′	3°26′	4°07′	16.651	23.50	26.32	0.66	0.75	0.71	0.62
22	26	40°14′	49°46′	3°22′	4°02′	17.029	23.53	27.29	0.65	0.76	0.73	0.60
22	27	39°10′	50°50′	3°17′	3°57′	17.414	23.55	28.26	0.63	0.78	0.74	0.59
22	28	38°09′	51°51′	3°13′	3°51′	17.804	23.57	29.24	0.62	0.79	0.75	0.57
22	29	37°11′	52°49′	3°09′	3°46′	18.200	23.59	30.21	0.60	0.80	0.76	0.59
22	30	36°15′	53°45′	3°05′	3°41′	18.601	23.61	31.18	0.59	0.81	0.78	0.57
22	31	35°22′	54°38′	3°01′	3°37′	19.007	23.63	32.16	0.58	0.82	0.79	0.54
22	32	34°31′	55°29′	2°57′	3°32′	19.416	23.65	33.13	0.57	0.82	0.80	0.52
22	33	33°41′	56°19′	2°53′	3°28′	19.831	23.66	34.11	0.56	0.83	0.80	0.51
22	34	32°54′	57°06′	2°49′	3°24′	20.248	23.68	35.09	0.54	0.84	0.81	0.50
22	35	32°09′	57°51′	2°46′	3°19′	20.670	23.69	36.06	0.53	0.85	0.82	0.49
22	36	31°26′	58°34′	2°43′	3°15′	21.095	23.71	37.04	0.52	0.85	0.83	0.48
22	37	30°44′	59°16′	2°40′	3°11′	21.523	23.72	38.02	0.51	0.86	0.84	0.47
22	38	30°04′	59°56′	2°36′	3°08′	21.954	23.73	39.00	0.50	0.87	0.84	0.46
22	39	29°26′	60°34′	2°33′	3°04′	22.389	23.74	39.98	0.49	0.87	0.85	0.45
22	40	28°49′	61°11′	2°31′	3°01′	22.825	23.75	40.96	0.48	0.88	0.86	0.44
22	41	28°13′	61°47′	2°28′	2°57′	23.264	23.76	41.95	0.47	0.88	0.86	0.44
22	42	27°39′	62°21′	2°25′	2°54′	23.707	23.77	42.93	0.46	0.89	0.87	0.43
22	43	27°06′	62°54′	2°22′	2°51′	24.151	23.78	43.91	0.46	0.89	0.87	0.42
22	44	26°34′	63°26′	2°20′	2°48′	24.597	23.79	44.89	0.45	0.89	0.88	0.41
22	45	26°03′	63°57′	2°17′	2°45′	25.045	23.80	45.88	0.44	0.90	0.88	0.40
22	46	25°34′	64°26′	2°15′	2°42′	25.495	23.80	46.86	0.43	0.90	0.89	0.40
22	47	25°05′	64°55′	2°12′	2°39′	25.947	23.81	47.85	0.42	0.90	0.89	0.39
22	48	24°37′	65°23′	2°10′	2°36′	26.401	23.82	48.83	0.42	0.91	0.89	0.38
22	49	24°11′	65°49′	2°08′	2°34′	26.856	23.82	49.82	0.41	0.91	0.90	0.38
22	50	23°45′	66°15′	2°06′	2°31′	27.313	23.83	50.81	0.40	0.92	0.90	0.37
23	23	45°00′	45°00′	3°31′	4°13′	16.263	24.41	24.41	0.71	0.71	0.66	0.66
23	24	43°47′	46°13′	3°27′	4°08′	16.621	24.44	25.38	0.69	0.72	0.68	0.65
23	25	42°37′	47°23′	3°22′	4°02′	16.985	24.47	26.35	0.68	0.74	0.70	0.63
23	26	41°31′	48°29′	3°18′	3°57′	17.357	24.50	27.33	0.66	0.75	0.71	0.62

（续）

z_1	z_2	δ_1	δ_2	θ_a	θ_f	R	d_{a1}	d_{a2}	n_1	n_2	l_1	l_2
23	27	40°26′	49°34′	3°14′	3°52′	17.734	24.52	28.30	0.65	0.76	0.73	0.61
23	28	39°24′	50°36′	3°10′	3°47′	18.118	24.55	29.27	0.64	0.77	0.74	0.59
23	29	38°25′	51°35′	3°06′	3°43′	18.507	24.57	30.24	0.62	0.78	0.75	0.58
23	30	37°29′	52°31′	3°02′	3°38′	18.901	24.59	31.22	0.61	0.79	0.76	0.57
23	31	36°34′	53°26′	2°58′	3°33′	19.300	24.61	32.19	0.60	0.80	0.77	0.55
23	32	35°42′	54°18′	2°54′	3°20′	19.704	24.62	33.17	0.58	0.81	0.78	0.54
23	33	34°53′	55°07′	2°51′	3°25′	20.112	24.64	34.14	0.57	0.82	0.79	0.53
23	34	34°05′	55°55′	2°48′	3°21′	20.524	24.66	35.12	0.56	0.83	0.80	0.52
23	35	33°19′	56°41′	2°44′	3°17′	20.940	24.67	36.10	0.55	0.84	0.81	0.51
23	36	32°34′	57°26′	2°41′	3°13′	21.360	24.69	37.08	0.54	0.84	0.82	0.50
23	37	31°52′	58°08′	2°38′	3°09′	21.783	24.70	38.06	0.52	0.85	0.83	0.49
23	38	31°11′	58°49′	2°35′	3°06′	22.209	24.71	39.04	0.52	0.86	0.83	0.48
23	39	30°31′	59°28′	2°32′	3°02′	22.638	24.72	42.02	0.51	0.86	0.84	0.47
23	40	29°54′	60°06′	2°29′	2°59′	23.071	24.73	41.00	0.50	0.87	0.85	0.46
23	41	29°17′	60°43′	2°26′	2°55′	23.505	24.74	41.98	0.49	0.87	0.85	0.45
23	42	28°42′	61°18′	2°24′	2°52′	23.943	24.75	42.96	0.48	0.88	0.86	0.44
23	43	28°08′	61°52′	2°21′	2°49′	24.382	24.76	43.94	0.47	0.88	0.86	0.44
23	44	27°36′	62°24′	2°18′	2°46′	24.824	24.77	44.93	0.46	0.89	0.87	0.43
23	45	27°04′	62°56′	2°16′	2°43′	25.269	24.78	45.91	0.46	0.89	0.87	0.42
23	46	26°34′	63°26′	2°14′	2°40′	25.714	24.79	46.89	0.45	0.89	0.88	0.41
23	47	26°05′	63°55′	2°11′	2°38′	26.163	24.80	47.88	0.44	0.90	0.88	0.41
23	48	25°36′	64°24′	2°09′	2°35′	26.613	24.80	48.86	0.43	0.90	0.89	0.40
23	49	25°09′	64°51′	2°07′	2°32′	27.064	24.81	49.85	0.42	0.91	0.89	0.39
23	50	24°42′	65°18′	2°05′	2°30′	27.518	24.82	50.84	0.41	0.91	0.89	0.39
24	24	45°00′	45°00′	3°22′	4°03′	16.971	25.41	25.41	0.71	0.71	0.67	0.67
24	25	43°50′	46°10′	3°18′	3°58′	17.328	25.44	26.39	0.69	0.72	0.68	0.65
24	26	42°43′	47°17′	3°14′	3°53′	17.692	25.47	27.36	0.68	0.73	0.70	0.64
24	27	41°35′	48°25′	3°10′	3°48′	18.062	25.50	28.33	0.66	0.75	0.71	0.62
24	28	40°36′	49°24′	3°06′	3°43′	18.439	25.52	29.30	0.65	0.76	0.72	0.61
24	29	39°37′	50°23′	3°03′	3°39′	18.822	25.54	30.28	0.64	0.77	0.74	0.60
24	30	38°40′	51°20′	2°59′	3°34′	19.209	25.56	31.25	0.63	0.78	0.75	0.58
24	31	37°45′	52°15′	2°55′	3°30′	19.602	25.58	32.22	0.61	0.79	0.76	0.57
24	32	36°52′	53°08′	2°51′	3°26′	20.000	25.60	33.20	0.60	0.80	0.77	0.56
24	33	36°02′	53°58′	2°48′	3°22′	20.402	25.62	34.18	0.59	0.81	0.78	0.55
24	34	35°13′	54°47′	2°45′	3°18′	20.809	25.63	35.15	0.58	0.82	0.79	0.54
24	35	34°26′	55°43′	2°42′	3°14′	21.219	25.65	36.13	0.57	0.83	0.80	0.53
24	36	33°41′	56°19′	2°39′	3°11′	21.633	25.66	37.11	0.56	0.83	0.81	0.52
24	37	32°58′	57°02′	2°36′	3°07′	22.051	25.68	38.09	0.54	0.84	0.81	0.51
24	38	32°17′	57°43′	2°34′	3°03′	22.472	25.69	39.07	0.53	0.85	0.82	0.50
24	39	31°36′	58°24′	2°30′	3°00′	22.897	25.70	40.05	0.52	0.85	0.83	0.49
24	40	30°58′	59°02′	2°27′	2°57′	23.324	25.71	41.03	0.52	0.86	0.84	0.48
24	41	30°21′	59°39′	2°25′	2°54′	23.754	25.73	42.01	0.51	0.86	0.84	0.47
24	42	29°45′	60°15′	2°22′	2°50′	24.187	25.74	42.99	0.50	0.87	0.85	0.46
24	43	29°10′	60°50′	2°20′	2°47′	24.622	25.75	43.97	0.49	0.87	0.85	0.45
24	44	28°36′	61°24′	2°17′	2°44′	25.060	25.76	44.96	0.48	0.88	0.86	0.44
24	45	28°04′	61°56′	2°15′	2°42′	25.500	25.76	45.94	0.47	0.88	0.86	0.43
24	46	27°33′	62°27′	2°12′	2°39′	25.942	25.77	46.93	0.46	0.89	0.87	0.43
24	47	27°03′	62°57′	2°10′	2°36′	26.387	25.78	47.91	0.46	0.89	0.87	0.42
24	48	26°34′	63°26′	2°08′	2°34′	26.833	25.79	48.89	0.45	0.89	0.88	0.41
24	49	26°06′	63°54′	2°06′	2°31′	27.281	25.80	49.88	0.44	0.90	0.88	0.41
24	50	25°38′	64°22′	2°04′	2°29′	27.731	25.80	50.87	0.43	0.90	0.89	0.40
25	25	45°00′	45°00′	3°14′	3°53′	17.678	26.41	26.41	0.71	0.71	0.67	0.67
25	26	43°53′	46°07′	3°10′	3°48′	18.034	26.44	27.39	0.69	0.72	0.68	0.65
25	27	42°48′	47°12′	3°06′	3°44′	18.398	26.47	28.36	0.68	0.73	0.70	0.64
25	28	41°46′	48°14′	3°02′	3°40′	18.768	26.49	29.33	0.67	0.75	0.71	0.63
25	29	40°46′	49°14′	2°59′	3°35′	19.144	26.51	30.31	0.65	0.76	0.72	0.61

（续）

z_1	z_2	δ_1	δ_2	θ_a	θ_f	R	d_{a1}	d_{a2}	n_1	n_2	l_1	l_2
25	30	39°48′	50°12′	2°56′	3°31′	19.526	26.54	31.28	0.64	0.77	0.74	0.60
25	31	38°53′	51°07′	2°52′	3°27′	19.912	26.56	32.26	0.68	0.78	0.75	0.59
25	32	38°00′	52°00′	2°49′	3°23′	20.304	26.58	33.23	0.62	0.79	0.76	0.58
25	33	37°09′	52°51′	2°46′	3°19′	20.700	26.59	34.21	0.60	0.80	0.77	0.57
25	34	36°20′	53°40′	2°43′	3°15′	21.101	26.61	35.18	0.59	0.81	0.78	0.55
25	35	35°32′	54°28′	2°40′	3°12′	21.506	26.63	36.16	0.58	0.81	0.79	0.54
25	36	34°47′	55°13′	2°37′	3°08′	21.914	26.64	37.14	0.57	0.82	0.80	0.53
25	37	34°03′	55°57′	2°34′	3°05′	22.327	26.66	38.12	0.56	0.83	0.80	0.52
25	38	33°20′	56°40′	2°31′	3°01′	22.743	26.67	39.10	0.55	0.84	0.81	0.51
25	39	32°40′	57°20′	2°28′	2°58′	23.162	26.68	40.08	0.54	0.84	0.82	0.50
25	40	32°00′	58°00′	2°25′	2°55′	23.585	26.70	41.06	0.53	0.85	0.83	0.49
25	41	31°22′	58°38′	2°23′	2°52′	24.010	26.71	42.04	0.52	0.85	0.83	0.49
25	42	30°46′	59°14′	2°21′	2°49′	24.439	26.72	43.02	0.51	0.86	0.84	0.48
25	43	30°10′	59°50′	2°18′	2°46′	24.870	26.73	44.01	0.50	0.86	0.84	0.47
25	44	29°36′	60°24′	2°16′	2°43′	25.303	26.74	44.99	0.49	0.87	0.85	0.46
25	45	29°03′	60°57′	2°13′	2°40′	25.739	26.75	45.97	0.49	0.87	0.86	0.45
25	46	28°31′	61°29′	2°11′	2°37′	26.177	26.76	46.95	0.48	0.88	0.86	0.44
25	47	28°01′	61°59′	2°09′	2°35′	26.618	26.76	47.94	0.47	0.88	0.87	0.44
25	48	27°31′	62°29′	2°07′	2°32′	27.060	26.77	48.92	0.46	0.89	0.87	0.43
25	49	27°02′	62°58′	2°05′	2°30′	27.504	26.78	49.91	0.46	0.89	0.87	0.42
25	50	26°34′	63°26′	2°03′	2°28′	27.951	26.79	50.89	0.45	0.89	0.88	0.42
26	26	45°00′	45°00′	3°07′	3°44′	18.384	27.41	27.41	0.71	0.71	0.67	0.67
26	27	43°55′	46°05′	3°03′	3°40′	18.742	27.44	28.39	0.69	0.72	0.69	0.66
26	28	42°53′	47°07′	2°59′	3°35′	19.105	27.47	29.36	0.68	0.73	0.70	0.64
26	29	41°53′	48°07′	2°56′	3°32′	19.474	27.49	30.34	0.67	0.75	0.71	0.63
26	30	40°55′	49°05′	2°53′	3°28′	19.849	27.51	31.31	0.65	0.76	0.72	0.62
26	31	39°59′	50°01′	2°50′	3°24′	20.230	27.53	32.29	0.64	0.77	0.73	0.60
26	32	39°06′	50°54′	2°47′	3°20′	20.616	27.55	33.26	0.63	0.78	0.75	0.59
26	33	38°14′	51°46′	2°44′	3°16′	21.006	27.57	34.24	0.63	0.78	0.76	0.58
26	34	37°24′	52°36′	2°41′	3°13′	21.401	27.59	35.21	0.61	0.79	0.77	0.57
26	35	36°36′	53°24′	2°38′	3°09′	21.800	27.61	36.19	0.60	0.80	0.78	0.56
26	36	35°50′	54°10′	2°35′	3°06′	22.204	27.62	37.17	0.59	0.81	0.78	0.55
26	37	35°06′	54°54′	2°32′	3°02′	22.611	27.64	38.15	0.58	0.82	0.79	0.54
26	38	34°23′	55°37′	2°29′	2°59′	23.022	27.65	39.13	0.57	0.83	0.80	0.53
26	39	33°41′	56°19′	2°26′	2°56′	23.436	27.66	40.11	0.56	0.83	0.81	0.52
26	40	33°02′	56°58′	2°24′	2°53′	23.854	27.68	41.09	0.55	0.84	0.82	0.51
26	41	32°23′	57°37′	2°22′	2°50′	24.274	27.69	42.07	0.54	0.84	0.82	0.50
26	42	31°46′	58°14′	2°19′	2°47′	24.698	27.70	43.05	0.53	0.85	0.83	0.49
26	43	31°10′	58°50′	2°17′	2°44′	25.124	27.71	44.04	0.52	0.86	0.84	0.48
26	44	30°35′	59°25′	2°14′	2°41′	25.554	27.72	45.02	0.51	0.86	0.84	0.48
26	45	30°01′	59°59′	2°12′	2°39′	25.986	27.73	46.00	0.50	0.87	0.85	0.47
26	46	29°29′	60°31′	2°10′	2°36′	26.420	27.74	46.98	0.49	0.87	0.85	0.46
26	47	28°57′	61°03′	2°08′	2°34′	26.856	27.75	47.97	0.48	0.88	0.86	0.45
26	48	28°27′	61°33′	2°06′	2°31′	27.294	27.76	48.95	0.48	0.88	0.86	0.44
26	49	27°57′	62°03′	2°04′	2°29′	27.735	27.77	49.94	0.47	0.88	0.87	0.44
26	50	27°29′	62°31′	2°02′	2°26′	28.178	27.77	50.92	0.46	0.89	0.87	0.43
27	27	45°00′	45°00′	3°00′	3°38′	19.092	28.41	28.41	0.71	0.71	0.67	0.67
27	28	43°58′	46°02′	2°56′	3°32′	19.449	28.44	29.39	0.69	0.72	0.68	0.66
27	29	42°57′	47°03′	2°53′	3°28′	19.812	28.46	30.36	0.68	0.73	0.70	0.64
27	30	42°00′	48°00′	2°50′	3°24′	20.180	28.49	31.34	0.67	0.74	0.71	0.63
27	31	41°03′	48°57′	2°47′	3°20′	20.554	28.51	32.31	0.66	0.75	0.72	0.62
27	32	40°09′	49°51′	2°44′	3°17′	20.934	28.53	33.29	0.65	0.76	0.73	0.61
27	33	39°17′	50°43′	2°41′	3°13′	21.319	28.55	34.27	0.63	0.77	0.74	0.60
27	34	38°27′	51°33′	2°39′	3°10′	21.708	28.57	35.24	0.62	0.78	0.75	0.59
27	35	37°39′	52°21′	2°36′	3°06′	22.102	28.58	36.22	0.61	0.79	0.76	0.58
27	36	36°52′	53°08′	2°33′	3°03′	22.500	28.60	37.20	0.60	0.80	0.77	0.56

（续）

z_1	z_2	δ_1	δ_2	θ_a	θ_f	R	d_{a1}	d_{a2}	n_1	n_2	l_1	l_2
27	37	36°07′	53°53′	2°30′	3°00′	22.902	28.62	38.18	0.59	0.81	0.78	0.55
27	38	35°24′	54°36′	2°27′	2°57′	23.308	28.63	39.16	0.58	0.82	0.79	0.54
27	39	34°42′	55°18′	2°25′	2°54′	23.717	28.64	40.14	0.57	0.82	0.80	0.54
27	40	34°01′	55°59′	2°22′	2°51′	24.130	28.66	41.12	0.56	0.83	0.81	0.53
27	41	33°22′	56°38′	2°20′	2°48′	24.546	28.67	42.10	0.55	0.84	0.81	0.52
27	42	32°44′	57°16′	2°18′	2°45′	24.965	28.68	43.08	0.54	0.84	0.82	0.51
27	43	32°07′	57°53′	2°15′	2°42′	25.387	28.69	44.06	0.53	0.85	0.83	0.50
27	44	31°32′	58°28′	2°13′	2°40′	25.812	28.70	45.05	0.52	0.85	0.83	0.49
27	45	30°58′	59°02′	2°11′	2°37′	26.239	28.71	46.03	0.51	0.86	0.84	0.48
27	46	30°25′	59°35′	2°09′	2°34′	26.669	28.72	47.01	0.51	0.86	0.84	0.47
27	47	29°53′	60°07′	2°07′	2°32′	27.102	28.73	48.00	0.50	0.87	0.85	0.47
27	48	29°21′	60°39′	2°05′	2°30′	27.536	28.74	48.98	0.49	0.87	0.85	0.46
27	49	28°51′	61°09′	2°03′	2°27′	27.973	28.75	49.97	0.48	0.88	0.86	0.45
27	50	28°22′	61°38′	2°01′	2°25′	28.412	28.76	50.95	0.48	0.88	0.86	0.44
28	28	45°00′	45°00′	2°53′	3°28′	19.799	29.41	29.41	0.71	0.71	0.67	0.67
28	29	44°00′	46°00′	2°51′	3°24′	20.156	29.44	30.39	0.70	0.72	0.69	0.66
28	30	43°01′	46°59′	2°48′	3°21′	20.518	29.46	31.36	0.68	0.73	0.70	0.65
28	31	42°05′	47°55′	2°45′	3°17′	20.887	29.48	32.34	0.67	0.74	0.71	0.64
28	32	41°11′	48°49′	2°42′	3°14′	21.260	29.51	33.32	0.66	0.75	0.72	0.62
28	33	40°19′	49°41′	2°39′	3°10′	21.639	29.52	34.29	0.65	0.76	0.73	0.61
28	34	39°28′	50°32′	2°36′	3°07′	22.023	29.54	35.27	0.64	0.77	0.74	0.60
28	35	38°40′	51°20′	2°33′	3°04′	22.411	29.56	36.25	0.63	0.78	0.75	0.59
28	36	37°52′	52°08′	2°31′	3°01′	22.804	29.58	37.23	0.61	0.79	0.76	0.58
28	37	37°07′	52°53′	2°28′	2°58′	23.200	29.59	38.21	0.60	0.80	0.77	0.57
28	38	36°23′	53°37′	2°26′	2°55′	23.601	29.61	39.19	0.59	0.81	0.78	0.56
28	39	35°40′	54°20′	2°23′	2°52′	24.005	29.62	40.17	0.58	0.81	0.79	0.55
28	40	35°00′	55°00′	2°21′	2°49′	24.413	29.64	41.15	0.57	0.82	0.80	0.54
28	41	34°20′	55°40′	2°18′	2°46′	24.824	29.65	42.13	0.56	0.83	0.80	0.53
28	42	33°41′	56°19′	2°16′	2°43′	25.239	29.66	43.11	0.56	0.83	0.81	0.52
28	43	33°04′	56°56′	2°14′	2°41′	25.656	29.68	44.09	0.55	0.84	0.82	0.51
28	44	32°29′	57°31′	2°12′	2°38′	26.077	29.69	45.07	0.54	0.84	0.82	0.51
28	45	31°53′	58°07′	2°10′	2°36′	26.500	29.70	46.06	0.53	0.85	0.83	0.50
28	46	31°20′	58°40′	2°08′	2°33′	26.926	29.71	47.04	0.52	0.85	0.84	0.49
28	47	30°47′	59°13′	2°06′	2°31′	27.354	29.72	48.02	0.51	0.86	0.84	0.48
28	48	30°16′	59°44′	2°04′	2°28′	27.784	29.73	49.01	0.50	0.86	0.85	0.47
28	49	29°45′	60°15′	2°02′	2°26′	28.218	29.74	49.99	0.50	0.87	0.85	0.47
28	50	29°15′	60°45′	2°00′	2°24′	28.653	29.74	50.98	0.49	0.87	0.86	0.46
29	29	45°00′	45°00′	2°48′	3°21′	20.506	30.41	30.41	0.71	0.71	0.67	0.67
29	30	44°02′	45°58′	2°45′	3°18′	20.863	30.44	31.39	0.70	0.72	0.69	0.66
29	31	43°06′	46°54′	2°42′	3°14′	21.225	30.46	32.37	0.68	0.73	0.70	0.65
29	32	42°11′	47°49′	2°39′	3°11′	21.593	30.48	33.34	0.67	0.74	0.71	0.64
29	33	41°18′	48°42′	2°36′	3°08′	21.966	30.50	34.32	0.66	0.75	0.72	0.63
29	34	40°28′	49°32′	2°34′	3°04′	22.344	30.52	35.30	0.65	0.76	0.73	0.62
29	35	39°39′	50°21′	2°31′	3°01′	22.727	30.54	36.28	0.64	0.77	0.74	0.60
29	36	38°51′	51°09′	2°29′	2°58′	23.114	30.56	37.25	0.63	0.78	0.75	0.59
29	37	38°05′	51°55′	2°26′	2°55′	23.505	30.57	38.23	0.62	0.79	0.76	0.58
29	38	37°21′	52°39′	2°24′	2°52′	23.901	30.59	39.21	0.61	0.80	0.77	0.57
29	39	36°38′	53°22′	2°21′	2°50′	24.300	30.60	40.19	0.60	0.80	0.78	0.56
29	40	35°57′	54°03′	2°19′	2°11′	24.703	30.62	41.17	0.59	0.81	0.79	0.55
29	41	35°16′	54°44′	2°17′	2°41′	25.110	30.63	42.15	0.58	0.82	0.79	0.54
29	42	34°37′	55°23′	2°15′	2°32′	25.520	30.65	43.14	0.57	0.82	0.80	0.54
29	43	34°00′	56°00′	2°13′	2°39′	25.933	30.66	44.12	0.56	0.83	0.81	0.53
29	44	33°23′	56°37′	2°10′	2°36′	26.349	30.67	45.10	0.55	0.84	0.81	0.52
29	45	32°48′	57°12′	2°08′	2°34′	26.768	30.68	46.08	0.54	0.84	0.82	0.51
29	46	32°14′	57°46′	2°06′	2°32′	27.189	30.69	47.07	0.53	0.85	0.83	0.50
29	47	31°41′	58°19′	2°04′	2°29′	27.613	30.70	48.05	0.53	0.85	0.83	0.49

（续）

z_1	z_2	δ_1	δ_2	θ_a	θ_f	R	d_{a1}	d_{a2}	n_1	n_2	l_1	l_2
29	48	31°08′	58°52′	2°03′	2°27′	28.040	30.71	49.03	0.52	0.86	0.84	0.49
29	49	30°37′	59°23′	2°01′	2°25′	28.469	30.72	50.02	0.51	0.86	0.84	0.48
29	50	30°07′	59°53′	1°59′	2°23′	28.901	30.73	51.00	0.50	0.87	0.85	0.47
30	30	45°00′	45°00′	2°42′	3°14′	21.213	31.41	31.41	0.71	0.71	0.67	0.67
30	31	44°04′	45°56′	2°39′	3°11′	21.570	31.44	32.39	0.70	0.72	0.69	0.66
30	32	43°09′	46°51′	2°37′	3°08′	21.932	31.46	33.37	0.68	0.73	0.70	0.65
30	33	42°16′	47°44′	2°34′	3°05′	22.299	31.48	34.35	0.67	0.74	0.71	0.64
30	34	41°25′	48°35′	2°32′	3°02′	22.672	31.50	35.32	0.66	0.75	0.72	0.63
30	35	40°36′	49°24′	2°29′	2°59′	23.049	31.52	36.30	0.65	0.76	0.73	0.62
30	36	39°48′	50°12′	2°27′	2°56′	23.431	31.54	37.28	0.64	0.77	0.74	0.61
30	37	39°02′	50°58′	2°24′	2°53′	23.817	31.55	38.26	0.63	0.78	0.75	0.60
30	38	38°17′	51°43′	2°22′	2°50′	24.207	31.57	39.24	0.62	0.79	0.76	0.59
30	39	37°34′	52°26′	2°20′	2°48′	24.602	31.59	40.22	0.61	0.79	0.77	0.58
30	40	36°52′	53°08′	2°17′	2°45′	25.000	31.60	41.20	0.60	0.80	0.78	0.57
30	41	36°12′	53°48′	2°15′	2°42′	25.402	31.61	42.18	0.59	0.81	0.78	0.56
30	42	35°32′	54°28′	2°13′	2°40′	25.807	31.63	43.16	0.58	0.81	0.79	0.55
30	43	34°54′	55°06′	2°11′	2°37′	26.215	31.64	44.14	0.57	0.82	0.80	0.54
30	44	34°17′	55°43′	2°09′	2°35′	26.627	31.65	45.13	0.56	0.83	0.81	0.53
30	45	33°41′	56°19′	2°07′	2°32′	27.042	31.66	46.11	0.56	0.83	0.81	0.52
30	46	33°07′	56°53′	2°05′	2°30′	27.459	31.68	47.09	0.55	0.84	0.82	0.52
30	47	32°33′	57°27′	2°03′	2°28′	27.879	31.69	48.08	0.54	0.84	0.82	0.51
30	48	32°00′	58°00′	2°01′	2°26′	28.302	31.70	49.06	0.53	0.85	0.83	0.50
30	49	31°27′	58°31′	2°00′	2°24′	28.727	31.71	50.04	0.52	0.85	0.84	0.49
30	50	30°58′	59°02′	1°58′	2°21′	29.154	31.71	51.03	0.52	0.86	0.84	0.49

注：1. 本表数值适用于所有齿形角 α 的齿轮，但 $h_a^*=1$，$c^*=0.2$。而 $m\neq 1\text{mm}$ 时，而 R、d_a 及 n 均须相应增减。如 $D_p=10\text{mm}$，即 $m=2.54\text{mm}$ 时，则 R、d_a 及 n 等值均须乘以 2.54。

2. 表中 l 是 $b=1\text{mm}$ 时计算的。如计算的齿轮 $b=14\text{mm}$，则 l 值须乘以 14。

3. 当计算齿轮 $c^*\neq 0.2$ 时，则 θ_f 值须另行计算。当 $h_a^*\neq 1$ 时，则 θ_a、θ_f、d_a、n 及 l 值均须另行计算。

3.3 锥齿轮传动的设计计算

3.3.1 锥齿轮的轮齿受力分析

锥齿轮轮齿受力计算公式见表 3-18。

表 3-18 锥齿轮轮齿受力计算公式

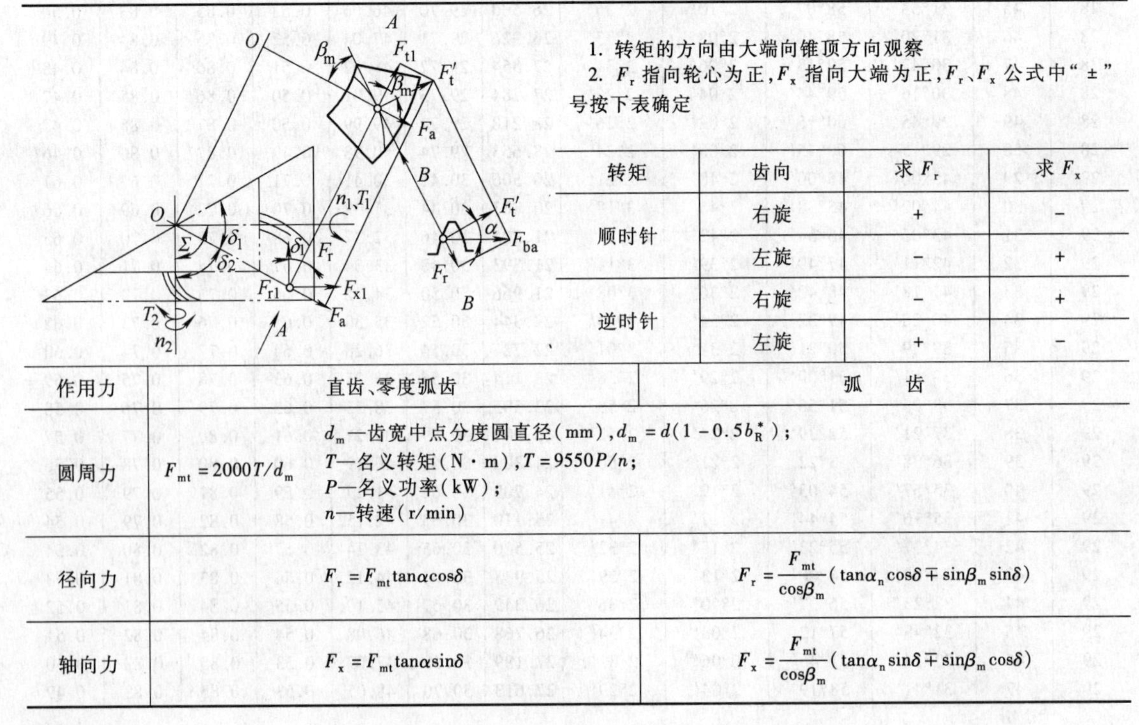

1. 转矩的方向由大端向锥顶方向观察

2. F_r 指向轮心为正，F_x 指向大端为正，F_r、F_x 公式中"±"号按下表确定

转矩	齿向	求 F_r	求 F_x
顺时针	右旋	+	−
	左旋	−	+
逆时针	右旋	−	+
	左旋	+	−

作用力	直齿、零度弧齿		弧齿
圆周力	$F_{mt}=2000T/d_m$	d_m—齿宽中点分度圆直径(mm)，$d_m=d(1-0.5b_R^*)$； T—名义转矩(N·m)，$T=9550P/n$； P—名义功率(kW)； n—转速(r/min)	
径向力	$F_r=F_{mt}\tan\alpha\cos\delta$		$F_r=\dfrac{F_{mt}}{\cos\beta_m}(\tan\alpha_n\cos\delta\mp\sin\beta_m\sin\delta)$
轴向力	$F_x=F_{mt}\tan\alpha\sin\delta$		$F_x=\dfrac{F_{mt}}{\cos\beta_m}(\tan\alpha_n\sin\delta\mp\sin\beta_m\cos\delta)$

3.3.2　锥齿轮主要尺寸的初步确定和主要参数的选择

锥齿轮的设计首先应根据工况、载荷及加工条件确定其齿制类型，然后根据经验公式或图表类比选择齿轮的基本参数和确定主要尺寸，再进行几何计算和强度校核。

分度圆直径 d_1：应保证足够的齿面接触强度和齿根抗弯强度，可按表 3-19 所列公式估计，亦可查取有关资料中的图表或类比确定。

齿数 z 及模数 m：d_1 一定时，z_1 少则 m 大，有利于提高抗弯强度；z_1 多则有利于提高接触强度和平稳性。z_1 可由图 3-9 和图 3-11 查取。z_1 需大于许可的最少齿数（见表 3-16），否则需进行根切验算。曲线齿可取非标准模数。

克林贝格不同型号的铣齿机和刀盘的加工范围见表 3-20、表 3-21。

表 3-19　锥齿轮传动简化设计计算公式　（单位：mm）

齿轮种类	接　触　强　度	抗　弯　强　度
直齿及零度齿	$d_1 \geqslant 966\sqrt[3]{\dfrac{KT_1}{(1-0.5b_R^*)^2 b_R^* u\sigma_{HP}^2}}$	$m \geqslant 15.9\sqrt[3]{\dfrac{KT_1}{(1-0.5b_R^*)^2 b_R^* z_1^2\sqrt{u^2+1}}\dfrac{Y_{Fa}}{\sigma_{FP}}}$
弧齿	$d_1 \geqslant 897\sqrt[3]{\dfrac{KT_1}{(1-0.5b_R^*)^2 b_R^* u\sigma_{HP}^2}}$	$m \geqslant 15.4\sqrt[3]{\dfrac{KT_1}{(1-0.5b_R^*)^2 b_R^* z_1^2\sqrt{u^2+1}}\dfrac{Y_{Fa}}{\sigma_{FP}}}$

注：本表接触强度计算式仅适用于钢制齿轮副，对钢-铸铁、铸铁-铸铁齿轮副，应将求得的 d_1 分别乘以 0.9 和 0.83。

K—载荷系数，一般可取 $K=1.3\sim1.6$，当载荷平稳，传动精度较高、速度较低以及齿轮对轴承对称布置时，应取较小值；采用多缸内燃机驱动时，K 值应增大 20% 左右；

T_1—小轮名义转矩（N·m）；

σ_{HP}—许用接触应力（MPa），一般可取 $\sigma_{HP}=\sigma_{Hlim}/1.1$，$\sigma_{Hlim}$ 如图 4-39 ~ 图 4-52 所示；

u—齿数比，$u=z_2/z_1$；

b_R^*—齿宽系数；

Y_{Fa}—齿形系数，根据当量齿数（见表 3-28）查圆柱齿轮齿形系数；

σ_{FP}—许用弯曲应力（MPa），一般可取 $\sigma_{FP}=\sigma_{Flim}/1.2$，$\sigma_{Flim}$ 如图 4-39 ~ 图 4-52 所示；

d_1—小齿轮大端分度圆直径（mm）；

m—大端模数（mm）。

表 3-20　克林贝格铣齿机加工范围

机床型号	d_{max}/mm	m/mm	m_n/mm	Σ	b/mm	z	β_m	轴线偏移/mm
AMK635	630 750	6 ~ 14 (1.5 ~ 23)	3.5 ~ 8 (1 ~ 13)	0° ~ 90°	100 (120)	5 ~ 120	0° ~ 50°	±100
AMK855	1000 (1150)	6 ~ 23 (27)	3.5 ~ 13 (15.5)	0° ~ 90°	130	8 ~ 100 (6 ~ 120)	0° ~ 50°	±100

注：括号内的数值为扩展范围。

表 3-21　克林贝格铣齿机加工模数范围

机床型号	刀盘半径 r/mm	齿宽中点　法向模数 m_n/mm 2　2.5　3　3.5　4　4.5　5　6　7　8　9　10　15
KNC60	75	
	100	
	135	
	170	
AMK855	135	
	170	
	210	
	260	

注：KNC60 和 AMK635 机床加工范围相近。

齿宽系数 b_R^*：$b=b_R^* R\leqslant 10m$，$b_R^*\leqslant 0.3$，克林贝格齿制的 b_R^* 还应随载荷轻重而调整，对零度弧齿 $b_R^*\leqslant 0.25$，齿宽过大不利于切齿及保证小端轮齿强度。

螺旋角 β_m：β_m 影响轴向重合度和轴向力，一般工业锥齿轮取 $\beta_m\leqslant 35°$，以使 $\varepsilon_\beta\geqslant 1.25$。螺旋角方向应使小轮受的轴向力指向大端，受力后使齿侧间隙增大。当有正反转时，应以此方向作为主旋向，且应采用锁紧螺母可靠地固定轴、齿轮和轴承的轴向位置，避免因反转时产生轴向位移而咬死。

侧隙 j_n：j_n 的大小根据模数、精度和工作温度而定。格里森推荐侧隙见表 3-22，摆线齿的侧隙可按下式计算：

$$j_n=0.05+0.03m_n$$

式中 m_n——齿宽中点法向模数。

3.3.3 锥齿轮传动的强度校核计算

锥齿轮传动强度校核的计算公式见表 3-23，公式中系数及参数的确定见表 3-24～表 3-28。

表 3-22 弧齿锥齿轮副的推荐法向侧隙 （单位：mm）

模数 m_n	≤1.5	2.5	4	6.5	8.5	13	18.5	25
法向侧隙 j_n	0.05～0.075	0.05～0.10	0.10～0.15	0.15～0.20	0.20～0.30	0.30～0.40	0.46～0.66	0.50～0.75

表 3-23 校核计算基本公式

项目	接触强度	抗弯强度
计算应力 /MPa	$\sigma_H=\sqrt{\dfrac{F_{mt}}{d_{V1}b_{eH}}\dfrac{u_V+1}{u_V}K_AK_VK_{H\beta}K_{H\alpha}Z_HZ_EZ_\beta Z_K}$	$\sigma_F=\dfrac{F_{mt}}{b_{eF}m_{mn}}Y_{F\alpha}Y_{S\alpha}Y_\varepsilon Y_\beta Y_K K_AK_VK_{F\beta}K_{F\alpha}$
许用应力 /MPa	$\sigma_{HP}=\sigma_{Hlim}Z_XZ_LZ_VZ_R$	$\sigma_{FP}=\sigma_{Flim}Y_{ST}Y_{\delta relT}Y_{RrelT}Y_X$
安全系数	$S_H=\sigma_{HP}/\sigma_H\geqslant S_{Hmin}$	$S_F=\sigma_{FP}/\sigma_F\geqslant S_{Fmin}$

表 3-24 校核计算基本公式中代号及系数的意义及确定方法

代号	名称	单位	确定方法
F_{mt}	名义圆周力	N	见表 3-18
b_{eH} b_{eF}	有效齿宽	mm	$b_{eH}=b_{eF}=0.85b$，b—齿宽(mm)
K_A	使用系数		见表 3-29
K_V	动载系数		$K_V=NK+1$ 式中 N—临界转速比，$N=4.38\times10^{-8}n_1z_1d_{m1}\sqrt{\dfrac{u^2}{1+u^2}}$(对工业传动及车辆齿轮，$N\leqslant 0.85$) $K=\dfrac{(f_{pt}-y_a)C'}{K_AF_{mt}/b_{eH}}C_{V12}+C_{V3}$ $C'=14\text{N}/(\text{mm}\cdot\mu\text{m})$ 当 $1<\varepsilon_{V\gamma}\leqslant 2$ 时，$C_{V12}=0.66$，$C_{V3}=0.23$； 当 $\varepsilon_{V\gamma}>2$ 时，$C_{V12}=0.32+\dfrac{0.57}{\varepsilon_{V\gamma}-0.3}$，$C_{V3}=\dfrac{0.096}{\varepsilon_{V\gamma}-1.56}$ 对 6 级或 6 级以上精度的修形齿，以 $C_{V3}/3$ 代 C_{V3}
$K_{H\beta}$ $K_{F\beta}$	齿向载荷分布系数		$K_{H\beta}=K_{F\beta}=1.5K_{H\beta be}$，$K_{H\beta be}$—轴承系数，见表 3-25

（续）

代号	名　称	单　位	确　定　方　法
$K_{H\alpha}$ $K_{F\alpha}$	齿间载荷分配系数		当 $\varepsilon_{V\gamma}\leqslant 2$ 时，$K_{H\alpha}=K_{F\alpha}=\dfrac{\varepsilon_{V\gamma}}{2}\left[0.9+0.4\dfrac{C_\gamma(f_{Pt}-y_a)}{K_AK_VK_{H\beta}F_{mt}/b_{eH}}\right]$ 当 $\varepsilon_{V\gamma}>2$ 时 $K_{H\alpha}=K_{F\alpha}=0.9+0.4\sqrt{\dfrac{2(\varepsilon_{V\gamma}-1)}{\varepsilon_{V\gamma}}}\dfrac{C_\gamma(f_{Pt}-y_a)}{K_AK_VK_{H\beta}F_{mt}/b_{eH}}$ 极限值：若 $K_{H\alpha}>\dfrac{\varepsilon_{V\gamma}}{\varepsilon_{V\alpha}Z_\varepsilon^2}$，则取 $K_{H\alpha}=\dfrac{\varepsilon_{V\gamma}}{\varepsilon_{V\alpha}Z_\varepsilon^2}$ 若 $K_{H\alpha}<1$，则取 $K_{H\alpha}=1$ 若 $K_{F\alpha}>\varepsilon_{V\gamma}$，则取 $K_{F\alpha}=\dfrac{\varepsilon_{V\gamma}}{\varepsilon_{V\alpha}Y_\varepsilon}$；若 $K_{F\alpha}<1$，则取 $K_{F\alpha}=1$
C_γ	啮合刚度	N/(mm·μm)	$C_\gamma=20$
y_a	磨合量	μm	见表3-26
f_{pt}	齿距极限偏差	μm	取两轮中较大值，对磨合后的齿轮应按设计精度提高一级确定
$\varepsilon_{V\gamma}$	总重合度		见表3-27
$\varepsilon_{V\alpha}$	端面重合度		见表3-27
$\varepsilon_{V\beta}$	纵向重合度		见表3-27
Z_ε	接触强度计算的重合度系数		对直齿：$Z_\varepsilon=\sqrt{\dfrac{4-\varepsilon_{V\alpha}}{3}}$ 对斜齿和弧齿：当 $\varepsilon_{V\beta}<1$ 时，$Z_\varepsilon=\sqrt{\dfrac{4-\varepsilon_{V\alpha}}{3}(1-\varepsilon_{V\beta})+\dfrac{\varepsilon_{V\beta}}{\varepsilon_{V\alpha}}}$ 当 $\varepsilon_{V\beta}\geqslant 1$ 时，$Z_\varepsilon=\sqrt{\dfrac{1}{\varepsilon_{V\alpha}}}$
Y_ε	抗弯强度计算的重合度系数		$Y_\varepsilon=0.25+0.75/\varepsilon_{Van}$，$\varepsilon_{Van}$—见表3-28
Z_H	节点区域系数		$Z_H=2\sqrt{\dfrac{\cos\beta_{Vb}}{\sin(2\alpha_{Vt})}}$ 当 $Z_{V1}<20$ 时，$Z_H=Z_HZ_B$，若 $\varepsilon_{V\beta}\geqslant 1$，$Z_B=1$ 若 $\varepsilon_{V\beta}<1$，$Z_B=M_1-\varepsilon_{V\beta}(M_1-1)$；若 $Z_B<1$，$Z_B=1$ $M_1=\dfrac{\tan\alpha_{Vt}}{\sqrt{\left(\sqrt{\dfrac{d_{Va1}^2}{d_{Vb1}^2}}-1-\dfrac{2\pi}{z_{V1}}\right)\left(\sqrt{\dfrac{d_{Va2}^2}{d_{Vb2}^2}}-1-(\varepsilon_{V\alpha}-1)\dfrac{2\pi}{z_{V2}}\right)}}$ β_{Vb}、α_{Vt}、d_{Va1}、d_{Va2}、d_{Vb1}、d_{Vb2}、z_{V1}、z_{V2}、$\varepsilon_{V\alpha}$、$\varepsilon_{V\beta}$见表3-27及表3-28
Z_E	弹性系数	$\sqrt{\text{MPa}}$	对钢制齿轮副，$Z_E=189.8$；对钢、铸铁配对齿轮副，$Z_E=165.4$；对铸铁齿轮副，$Z_E=146.0$
Z_β	接触强度计算的螺旋角系数		$Z_\beta=\sqrt{\cos\beta_m}$
Z_K	接触强度计算的锥齿轮系数		当齿顶和齿根修形适当时，取 $Z_K=0.85$
Y_β	抗弯强度计算的螺旋角系数		$Y_\beta=1-\varepsilon_{V\beta}\beta_m/120$，若 $\varepsilon_{V\beta}>1$，取 $\varepsilon_{V\beta}=1$；若 $\beta_m>30°$，取 $\beta_m=30°$
Y_K	抗弯强度计算的锥齿轮系数		$Y_K=1.0$

（续）

代号	名　称	单　位	确　定　方　法
Z_L	润滑剂系数		见4.4节3小节13）
Z_V	速度系数		见4.4节3小节13）
Z_R	粗糙度系数		见4.4节3小节13）
Z_X	接触强度计算的尺寸系数		见4.4节3小节15）
Y_X	抗弯强度计算的尺寸系数		见4.4节3小节15）
Y_{Fa}	齿形系数		见4.4节3小节16）
Y_{aa}	应力修正系数		见4.4节3小节17）
$Y_{\delta relT}$	相对齿根圆角敏感系数		见4.4节3小节18）
Y_{RrelT}	相对齿根表面状况系数		见4.4节3小节19）
Y_{ST}	试验齿轮的应力修正系数		$Y_{ST}=2.0$
σ_{Hlim}	试验齿轮的接触疲劳极限	MPa	查图4-39～图4-52
σ_{Flim}	试验齿轮的弯曲疲劳极限	MPa	查图4-39～图4-52
S_{Hmin} S_{Fmin}	最小安全系数		见4.4节3小节11）

表3-25　轴承系数 $K_{H\beta be}$

应　用	小轮和大轮的支承情况		
	两轮均两端支承	一轮两端支承 一轮悬臂支承	两轮均悬臂支承
飞机	1.00	1.10	1.25
车辆	1.00	1.10	1.25
工业、船舶	1.10	1.25	1.50

表3-26　磨合量 y_a

齿轮材料	磨合量 y_a/μm	限　制　条　件
调质钢	$y_a=\dfrac{160}{\sigma_{Hlim}}f_{pt}$	$v_{mt}>10\text{m/s}$ 时，$y_a\leqslant\dfrac{6400}{\sigma_{Hlim}}$；$5\text{m/s}<v_{mt}\leqslant10\text{m/s}$ 时，$y_a\leqslant\dfrac{12800}{\sigma_{Hlim}}$； $v_{mt}\leqslant5\text{m/s}$ 时，y_a 无限制
铸铁	$y_a=0.275f_{pt}$	$v_{mt}>10\text{m/s}$ 时，$y_a\leqslant11\mu\text{m}$；$5\text{m/s}<v_{mt}\leqslant10\text{m/s}$ 时，$y_a\leqslant22\mu\text{m}$； $v_{mt}\leqslant5\text{m/s}$ 时，y_a 无限制
渗碳淬火钢或氮化钢	$y_a=0.075f_{pt}$	$y_a\leqslant3\mu\text{m}$

注：当大、小齿轮的材料和热处理不同时，其磨合量可取为相应两种材料齿轮副磨合量的算术平均值。

表 3-27　当量圆柱齿轮端面参数（$\Sigma=90°$）

代号	名称	公　式
z_V	齿数	$z_{V1}=z_1/\cos\delta_1=z_1\dfrac{\sqrt{u^2+1}}{u}$；$z_{V2}=z_2/\cos\delta_2=z_2\sqrt{u^2+1}$
u_V	齿数比	$u_V=(z_2/z_1)^2=u^2$
d_V	分度圆直径	$d_{V1}=d_{m1}\sqrt{u^2+1}/u$；$d_{V2}=u^2d_{V1}$ d_{m1}—小轮齿宽中点分度圆直径
a_V	当量圆柱齿轮中心距	$a_V=(d_{V1}+d_{V2})/2$
h_{am}	齿宽中点齿顶高	$h_{am1}=h_{a1}-\dfrac{b}{2}\tan\theta_{a1}$；$h_{am2}=h_{a2}-\dfrac{b}{2}\tan\theta_{a2}$ h_a—大端齿顶高；θ_a—齿顶角
m_{mn}	齿宽中点法向模数	$m_{mn}=m\cos\beta_mR_m/R$ m—大端端面模数；β_m—齿宽中点螺旋角；R—锥距；R_m—齿宽中点锥距
x_{hm}	高度变位系数	$x_{hm1}=(h_{am1}-h_{am2})/(2m_{mn})$ $x_{hm2}=(h_{am2}-h_{am1})/(2m_{mn})$
x_{am}	半齿宽切向变位系数	$x_{am1}=\Delta s/2$；$x_{am2}=-x_{am1}$ Δs—齿厚总修正量
d_{Va}	齿顶圆直径	$d_{Va1}=d_{V1}+2h_{am1}$；$d_{Va2}=d_{V2}+2h_{am2}$
d_{Vb}	基圆直径	$d_{Vb1}=d_{V1}\cos\alpha_{Vt}$；$d_{Vb2}=d_{V2}\cos\alpha_{Vt}$ $\alpha_{Vt}=\arctan(\tan\alpha_n/\cos\beta_m)$
$\varepsilon_{V\alpha}$	端面重合度	$\varepsilon_{V\alpha}=g_{V\alpha}\cos\beta_m/(m_{mn}\pi\cos\alpha_{Vt})$ $g_{V\alpha}=0.5(\sqrt{d_{Va1}^2-d_{Vb1}^2}+\sqrt{d_{Va2}^2-d_{Vb2}^2})-a_V\sin_{aV}$
$\varepsilon_{V\beta}$	纵向重合度	$\varepsilon_{V\beta}=b\sin\beta_m/[(m_{mn}\pi)(b_{eH}/b)]$
$\varepsilon_{V\gamma}$	总重合度	$\varepsilon_{V\gamma}=\varepsilon_{V\alpha}+\varepsilon_{V\beta}$

表 3-28　当量圆柱齿轮法向参数

代号	名称	公　式
z_{Vn1}	齿数	$z_{Vn1}=z_{V1}/(\cos^2\beta_{Vb}\cos\beta_m)$；$z_{Vn2}=u_Vz_{Vn1}$ $\beta_{Vb}=\arcsin(\sin\beta_m\cos\alpha_n)$
d_{Vn}	分度圆直径	$d_{Vn1}=d_{V1}/\cos^2\beta_{Vb}=z_{Vn1}m_{mn}$；$d_{Vn2}=u_Vd_{Vn1}=z_{Vn2}m_{mn}$
d_{Van}	齿顶圆直径	$d_{Van1}=d_{Vn1}+d_{Va1}-d_{V1}$；$d_{Van2}=d_{Vn2}+d_{Va2}-d_{V2}$
d_{Vbn}	基圆直径	$d_{Vbn1}=d_{Vn1}\cos\alpha_n$；$d_{Vbn2}=d_{Vn2}\cos\alpha_n$
ε_{Van}	重合度	$\varepsilon_{Van}=\varepsilon_{Va}/\cos^2\beta_{Vb}$

3.3.4　设计计算实例

例 3-2　校核一格里森弧齿锥齿轮减速器的强度。已知：轴交角 $\Sigma=90°$，由电动机驱动，工作载荷略有轻微冲击，大齿轮两端支承，小齿轮悬臂支承，传递转矩 $T_1=1145\text{N}\cdot\text{m}$，转速 $n_1=1000\text{r/min}$，齿数比 $u=\dfrac{z_2}{z_1}=\dfrac{38}{17}=2.2353$，$m=7.8\text{mm}$，$d_1=132.6\text{mm}$，齿宽 $b=48\text{mm}$，锥距 $R=162.35\text{mm}$，大、小齿轮均采用 20CrNi2Mo 渗碳淬火钢，并磨齿，硬度为 58～63HRC，精度 6c（GB/T 11365—1989）。

解：（1）计算锥齿轮的有关尺寸及当量圆柱齿轮参数（按表 3-14、表 3-27 和表 3-28 的有关公式）

1）齿宽系数　$b_R^*=\dfrac{b}{R}=\dfrac{48}{162.35}=0.2956$

2）节锥角

$$\delta_1=\arctan\frac{z_1}{z_2}=\arctan\frac{17}{38}=24.10223°$$

$$\delta_2=90°-\delta_1=65.89777°$$

3）高度变位系数

$$x_1=0.39\left(1-\frac{1}{u^2}\right)=0.31；\ x_2=-0.31$$

4）齿顶高

$$h_{a1}=(h_a^*+x_1)m=(0.85+0.31)\times7.8\text{mm}=9.048\text{mm}$$

$$h_{a2} = (0.85 - 0.31) \times 7.8\text{mm} = 4.212\text{mm}$$

5）全齿高

$$h = (2h_a^* + c^*)m = (2 \times 0.85 + 0.188) \times 7.8\text{mm} = 14.726\text{mm}$$

6）齿根高

$$h_{f1} = h - h_{a1} = 14.726\text{mm} - 9.048\text{mm} = 5.678\text{mm}$$

$$h_{f2} = 14.726\text{mm} - 4.212\text{mm} = 10.514\text{mm}$$

7）齿顶角

$$\theta_{a1} = \arctan(h_{f2}/R) = \arctan(10.514/162.35) = 3.705376°$$

$$\theta_{a2} = \arctan(h_{f1}/R) = \arctan(5.678/162.35) = 2.003036°$$

8）齿宽中点分度圆直径

$$d_{m1} = (1 - 0.5b_R^*)d_1 = (1 - 0.5 \times 0.2956) \times 132.6\text{mm} = 113\text{mm}$$

9）齿数 $z_{V1} = \dfrac{z_1}{\cos\delta_1} = \dfrac{17}{\cos 24.10223°} = 18.6$

$$z_{V2} = \frac{z_2}{\cos\delta_2} = \frac{38}{\cos 65.89777°} = 93$$

10）齿数比 $u_V = u^2 = 2.2353^2 = 4.9965$

11）分度圆直径

$$d_{V1} = d_{m1}\frac{\sqrt{u^2+1}}{u} = 113 \times \frac{\sqrt{2.2353^2+1}}{2.2353}\text{mm} = 123.792\text{mm}$$

$$d_{V2} = u^2 d_{V1} = 2.2353^2 \times 123.792\text{mm} = 618.535\text{mm}$$

12）当量圆柱齿轮中心距

$$a_V = (d_{V1} + d_{V2})/2 = (123.792 + 618.535)\text{mm}/2 = 371.164\text{mm}$$

13）齿宽中点齿顶高

$$h_{am1} = h_{a1} - \frac{b}{2}\tan\theta_{a1} = 9.048\text{mm} - \frac{48}{2}\text{mm} \times \tan 3.705376° = 7.494\text{mm}$$

$$h_{am2} = h_{a2} - \frac{b}{2}\tan\theta_{a2} = 4.212\text{mm} - \frac{48}{2}\text{mm} \times \tan 2.003036° = 3.373\text{mm}$$

14）齿宽中点法向模数

$$m_{mn} = m\cos\beta_m R_m/R = 7.8\text{mm} \times \cos 35° \times \frac{162.35 - \dfrac{48}{2}}{162.35} = 5.445\text{mm}$$

15）高度变位系数

$$x_{hm1} = (h_{am1} - h_{am2})/(2m_{mn}) = (7.494 - 3.373)/(2 \times 5.445) = 0.3784$$

$$x_{hm2} = -0.3784$$

16）齿顶圆直径

$$d_{Va1} = d_{V1} + 2h_{am1} = 123.792\text{mm} + 2 \times 7.494\text{mm} = 138.78\text{mm}$$

$$d_{Va2} = d_{V2} + 2h_{am2} = 618.535\text{mm} + 2 \times 3.373\text{mm} = 625.281\text{mm}$$

17）基圆直径

$$\alpha_{Vt} = \arctan(\tan\alpha_n/\cos\beta_m) = \arctan(\tan 20°/\cos 35°) = 23.9568°$$

$$d_{Vb1} = d_{V1}\cos\alpha_{Vt} = 123.792\text{mm} \times \cos 23.9568° = 113.127\text{mm}$$

$$d_{Vb2} = d_{V2}\cos\alpha_{Vt} = 618.535\text{mm} \times \cos 23.9568° = 565.249\text{mm}$$

18）端面重合度

$$g_{Va} = 0.5(\sqrt{d_{Va1}^2 - d_{Vb1}^2} + \sqrt{d_{Va2}^2 - d_{Vb2}^2}) - a_V\sin\alpha_{Vt}$$
$$= 0.5(\sqrt{138.78^2 - 113.127^2} + \sqrt{625.281^2 - 565.249^2}) - 371.164\sin 23.9568° = 23.15278$$

$$\varepsilon_{Va} = g_{Va}\cos\beta_m/(m_{mn}\pi\cos\alpha_{Vt}) = \frac{23.15278 \times \cos 35°}{5.445 \times \pi \times \cos 23.9568°} = 1.213$$

19）纵向重合度

$$\varepsilon_{V\beta} = \frac{b\sin\beta_m}{(m_{mn}\pi)(b_{eH}/b)} = \frac{48 \times \sin 35°}{(5.445 \times \pi) \times 0.85} = 1.368$$

20）总重合度

$$\varepsilon_{V\gamma} = \varepsilon_{V\alpha} + \varepsilon_{V\beta} = 1.213 + 1.368 = 2.581$$

21）齿数

$$\beta_{Vb} = \arcsin(\sin\beta_m\cos\alpha_n) = \arcsin(\sin 35°\cos 20°) = 32.6146°$$

$$Z_{Vn1} = \frac{Z_{V1}}{\cos^2\beta_{Vb}\cos\beta_m} = \frac{18.6}{\cos^2 32.6146°\cos 35°} = 32$$

$$Z_{Vn2} = u_V Z_{Vn1} = 4.9965 \times 32 = 160$$

22）重合度

$$\varepsilon_{V\alpha n} = \frac{\varepsilon_{V\alpha}}{\cos^2\beta_{Vb}} = 1.213/\cos^2 32.6146° = 1.71$$

（2）计算校核计算公式中的有关系数（按表3-24中公式）

1）名义圆周力

$$F_{mt} = \frac{2000T_1}{d_{m1}} = \frac{2000 \times 1145}{113}\text{N} = 20265\text{N}$$

2）有效齿宽

$$b_{eH} = b_{eF} = 0.85b = 0.85 \times 48\text{mm} = 40.8\text{mm}$$

3）使用系数。按使用工况查得 $K_A = 1.25$。

4）动载系数。按精度标准查得

$$f_{pt} = 13\mu\text{m},\ y_a = 0.075f_{pt} = 1\mu\text{m}$$

因为 $\varepsilon_{V\gamma}=2.581>2$，所以 $C_{V12}=0.32+\dfrac{0.57}{\varepsilon_{V\gamma}-0.3}=0.57$，$C_{V3}=\dfrac{0.096}{\varepsilon_{V\gamma}-1.56}=0.094$。

$$K=\frac{(f_{pt}-y_a)C'}{K_AF_{mt}/b_{eH}}C_{V12}+C_{V3}=\frac{(13-1)\times14}{1.25\times20265/40.8}\times0.57+0.094=0.248$$

$$N=4.38\times10^{-8}n_1z_1d_{m1}\sqrt{\frac{u^2}{1+u^2}}=4.38\times10^{-8}\times1000\times17\times113\times\sqrt{\frac{2.2353^2}{1+2.2353^2}}=0.0768$$

$$K_V=NK+1=0.0768\times0.248+1=1.02$$

5）齿向载荷分布系数。由表3-25查得 $K_{H\beta be}=1.25$，则

$$K_{H\beta}=K_{F\beta}=1.5K_{H\beta be}=1.5\times1.25=1.875$$

6）齿间载荷分配系数：

$$K_{H\alpha}=K_{F\alpha}=0.9+0.4\sqrt{\frac{2(\varepsilon_{V\gamma}-1)}{\varepsilon_{V\gamma}}}\frac{C_\gamma(f_{pt}-y_a)}{K_AK_VK_{H\beta}F_{mt}/b_{eH}}=0.9+0.4\sqrt{\frac{2(2.581-1)}{2.581}}\times\frac{20(13-1)}{1.25\times1.02\times1.875\times20265/40.8}=0.99<1$$

所以取 $K_{H\alpha}=K_{F\alpha}=1$。

7）重合度系数：因为 $\varepsilon_{V\beta}=1.368>1$

所以 $Z_\varepsilon=\sqrt{\dfrac{1}{\varepsilon_{V\alpha}}}=\sqrt{\dfrac{1}{1.213}}=0.908$

$$Y_\varepsilon=0.25+\frac{0.75}{\varepsilon_{Van}}=0.25+\frac{0.75}{1.71}=0.69$$

8）节点区域系数：

$$Z_H=2\sqrt{\frac{\cos\beta_{Vb}}{\sin(2\alpha_{Vi})}}=2\sqrt{\frac{\cos32.6146°}{\sin(2\times23.9568°)}}=2.13$$

因为 $Z_{V1}=18.6<20$，

$\varepsilon_{V\beta}=1.368>1$，$Z_B=1$

所以 $Z_H=Z_HZ_B=2.13\times1=2.13$

9）弹性系数 $Z_E=189.8\sqrt{MPa}$。

10）螺旋角系数：

$$Z_\beta=\sqrt{\cos\beta_m}=\sqrt{\cos35°}=0.905$$

$$Y_\beta=1-\varepsilon_{V\beta}\beta_m/120=1-1.368\times30/120=0.658$$

（$\beta_m>30°$按 $\beta_m=30°$计算）

11）锥齿轮系数 $Z_K=1$，$Y_K=1$。

12）润滑剂系数。选用润滑油牌号为N320，$\nu_{50}=150mm^2/s$，由4.4节查得

$$Z_L=1.03$$

13）速度系数：

$$v_{mt}=\frac{d_{mt}\pi n_1\times10^{-3}}{60}=\frac{113\times\pi\times1000\times10^{-3}}{60}m/s=5.92m/s$$

由4.4节查得 $Z_V=0.98$。

14）表面粗糙度系数。大、小齿轮的表面粗糙度都是 $Rz=6.3\mu m$。

$$Rz_{100}=\frac{Rz_1+Rz_2}{2}\sqrt[3]{\frac{100}{a_V}}=\frac{6.3\mu m+6.3\mu m}{2}\sqrt[3]{\frac{100}{371.164}}=2\mu m$$

查4.4节得 $Z_R=1.03$。

15）尺寸系数。查4.4节得 $Z_x=1$，$Y_x=1$。

16）齿形系数。由4.4节近似查得

$$Y_{Fa1}=2.20,\ Y_{Fa2}=2.28$$

17）应力修正系数。由4.4节近似查得

$$Y_{sa1}=1.94,\ Y_{sa2}=1.88$$

18）相对齿根圆角敏感系数。查4.4节得

$$Y_{\delta relT1}=1.01,\ Y_{\delta relT2}=1$$

19）相对齿根表面状况系数。大、小齿轮齿根 $Rz=10\mu m$，查4.4节得

$$Y_{RrelT1}=1,\ Y_{RrelT2}=1$$

20）试验齿轮的接触和弯曲疲劳极限。查4.4节并根据工厂实际达到的数据取

$$\sigma_{Hlim1}=\sigma_{Hlim2}=1500MPa$$
$$\sigma_{Flim1}=\sigma_{Flim2}=450MPa$$

（3）强度校核　接触应力

$$\sigma_H=Z_HZ_EZ_\varepsilon Z_\beta Z_K\sqrt{\frac{F_{mt}}{d_{V1}b_{eH}}\frac{u_V+1}{u_V}K_AK_VK_{H\beta}K_{H\alpha}}=2.13\times189.8\times0.908\times0.905\times1\times\left(\frac{20265}{123.792\times40.8}\times\frac{4.9965+1}{4.9965}\times1.25\times1.02\times1.875\times1\right)^{\frac{1}{2}}MPa=1128MPa$$

许用接触应力：

$$\sigma_{HP}=\sigma_{Hlim}Z_XZ_LZ_VZ_R=1500MPa\times1\times1.03\times0.98\times1.03=1560MPa$$

取最小安全系数　$S_{Hmin}=1.25$

安全系数　$S_H=\dfrac{\sigma_{HP}}{\sigma_H}=\dfrac{1560}{1128}=1.38>S_{Hmin}$

所以接触强度满足要求。

齿根弯曲应力：

$$\sigma_{F1}=\frac{F_{mt}}{b_{eF}m_{mn}}Y_{Fa1}Y_{Sa1}Y_\varepsilon Y_\beta Y_KK_AK_VK_{F\beta}K_{F\alpha}=\frac{20265}{40.8\times5.445}\times2.2\times1.94\times0.69\times0.658\times1\times1.25\times1.02\times1.875\times1MPa=423MPa$$

$$\sigma_{F2}=\frac{F_{mt}}{b_{eF}m_{mn}}Y_{Fa2}Y_{Sa2}Y_\varepsilon Y_\beta Y_KK_AK_VK_{F\beta}K_{F\alpha}=\frac{20265}{40.8\times5.445}\times2.28\times1.88\times0.69\times$$

$0.658 \times 1 \times 1.25 \times 1.02 \times 1.875 \times 1\text{MPa}$

$= 424\text{MPa}$

许用弯曲应力：

$$\sigma_{FP1} = \sigma_{Flim1} Y_{ST} Y_{\delta relT1} Y_{RrelT1} Y_X = 450\text{MPa} \times 2 \times 1.01 \times 1 \times 1 = 909\text{MPa}$$

$$\sigma_{FP2} = \sigma_{Flim2} Y_{ST} Y_{\delta relT2} Y_{RrelT2} Y_X = 450\text{MPa} \times 2 \times 1 \times 1 \times 1 = 900\text{MPa}$$

取最小安全系数 $S_{Fmin} = 1.5$

$$S_{F1} = \frac{\sigma_{FP1}}{\sigma_{F1}} = \frac{909}{423} = 2.15 > S_{Fmin}$$

$$S_{F2} = \frac{\sigma_{FP2}}{\sigma_{F2}} = \frac{900}{424} = 2.12 > S_{Fmin}$$

所以抗弯强度满足要求。

3.3.5 锥齿轮的接触强度简化计算

国家标准有锥齿轮强度计算的规范，但测绘时往往不了解工作机械的受力情况，难以正确计算。今推荐可供快速验算用的接触强度简化计算法，即

$$d_{H1} = z_B e \sqrt[3]{\frac{K_A K_{H\beta} T_1 \sin\Sigma}{u(\sigma_{Hlim})^2}}$$

式中 d_{H1}——抗点蚀小齿轮最小直径（mm）；

z_B——零变位时取 1，非零变位时取 0.85 ~ 0.90；

e——齿形系数，直齿、零度齿 $e = 2000$，曲线齿 $e = 1650$（$\beta_m = 35°$），1820（$\beta_m = 25°$）；

K_A——使用系数（表 3-29 ~ 表 3-31）；

$K_{H\beta}$——沿齿宽的载荷分布系数（见表 3-32）；

T_1——小齿轮设计转矩（N · m）；

u——齿数比，$u = z_2/z_1$；

σ_{Hlim}——材料接触疲劳极限（MPa）（见表 3-33）。

T_1 通常指工作机的额定转矩，但如无资料，只好以电动机的额定转矩代替。计算结果往往偏大，仅供参考。

$$T_1 = 9550 \frac{P}{n}$$

式中 P——名义功率（kW）；

n——转速（r/min）。

当 $\Sigma \neq 90°$，$b_R^* = b/R \leqslant 2/7$ 时，d_{H1} 乘以 f 修正：

$$f = 0.6[(1 - 0.5b_R^*)^2 b_R^*]^{-1/3}$$

表 3-29 使用系数 K_A

原动机工作特性	工作机工作特性			
	均匀平稳	轻微振动	中等振动	强烈振动
均匀平稳	1.00	1.25	1.50	1.75
轻微振动	1.10	1.35	1.60	1.85
中等振动	1.25	1.50	1.75	2.0
强烈振动	1.50	1.75	2.00	2.25

表 3-30 原动机工作特性示例

工作特性	原 动 机
均匀平稳	电动机(例如直流电动机)
轻微振动	电动机(经常起动,起动转矩较大)、液压装置、蒸汽轮机、燃气轮机
中等振动	多缸内燃机
强烈振动	单缸内燃机

表 3-31 工作机工作特性示例

工作特性	工 作 机
均匀平稳	均匀传送的带式、板式、螺旋输送机、包装机、通风机、轻型离心机、离心泵、轻质液体或均匀材料搅拌机、剪机、压力机①、回转或往复移动装置②
轻微振动	不均匀传动(如包装件)的输送机、起重机回转装置、工矿风机、重型离心机、离心泵、稠粘液体或变密度材料搅拌机、多缸活塞泵、给水泵、转炉及带材、条材、棒、线材轧机③
中等振动	球磨机(轻型)、木工机械、钢坯初轧③机④单缸活塞泵、提升装置
强烈振动	挖掘机、球磨机(重型)、破碎机、重型给水泵、压砖机、带材冷轧③机⑤、轮碾机

① 额定转矩 = 最大切削、压制、冲击转矩。

② 额定转矩 = 最大起动转矩。

③ 额定转矩 = 长时工作的最大轧制转矩。

④ 用电流控制力矩限制器。

⑤ 由于轧制带材经常断裂，可提高 K_A 至 2.0。

表 3-32　载荷分布系数 $K_{H\beta}$

应　　用	两轴双跨支承	一轴双跨支承	两轴悬臂支承
航空、汽车、高质量通用	1.00	1.10	1.25
一般通用	1.20	1.32	1.50

表 3-33　接触疲劳极限 σ_{Hlim} 的中值　　（单位：MPa）

材料	球墨铸铁	碳钢调质	合金钢调质	调质钢硬化	氮化钢	渗碳淬火钢
σ_{Hlim}	500	525	650	1200	1250	1450 ~ 1500

3.4　锥齿轮结构

锥齿轮结构图形及尺寸见表 3-34。

表 3-34　锥齿轮结构图形及尺寸

结 构 图 形	结 构 尺 寸
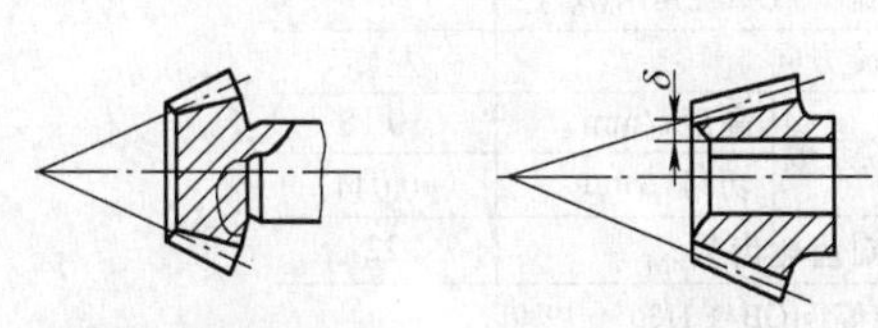 a) 齿轮轴　b) 小齿轮	当小端齿根圆角离键槽顶部的距离 $\delta<1.6m$（m 为大端模数）时（见图 b），齿轮与轴做成一个整体（见图 a）
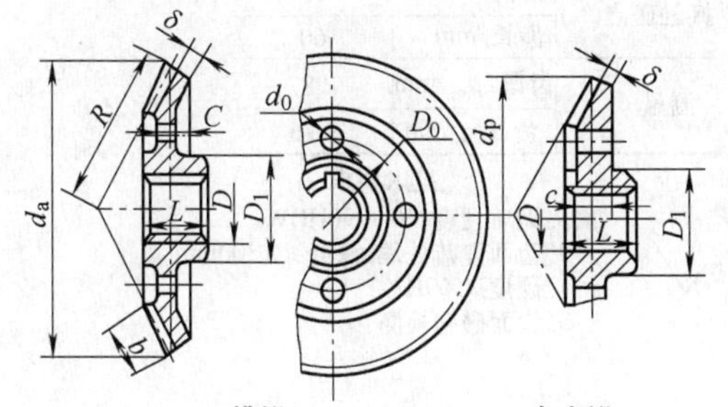 模锻　自由锻 锻造锥齿轮，$d_a \leqslant 500$mm	$D_1=1.6D$；$L=(1\sim1.2)D$ $\delta=(3\sim4)m$，但大于 10mm $c=(0.1\sim0.17)R$，D_0、d_0 按结构确定
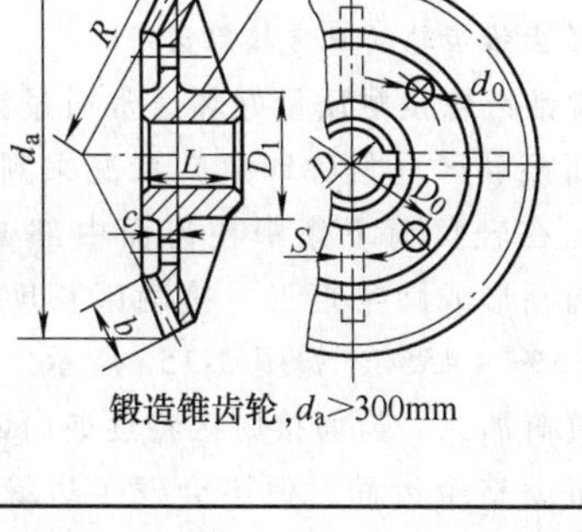 锻造锥齿轮，$d_a>300$mm	$D_1=1.6D$（铸钢） $D_1=1.8D$（铸铁） $L=(1\sim1.2)D$ $\delta=(3\sim4)m$，但大于 10mm $c=(0.1\sim0.17)R$，但大于 10mm $S=0.8c$，但大于 10mm D_0、d_0 按结构确定

3.5 锥齿轮工作图上应注明的尺寸数据

1. 需标注的一般尺寸数据

需标注的一般尺寸数据为：齿顶圆直径及其公差，齿宽，顶锥角及其公差，背锥角，孔（轴）的直径及其公差，定位面，从分锥（或节锥）顶点至定位面的距离（安装距）及其公差，从齿尖（或称齿冠）至定位面的距离（轮冠距）及其公差，从前锥端面至定位面的距离，齿轮表面粗糙度。

2. 需用表格列出的数据及参数

需用表格列出的数据及参数为：模数（一般为大端端面模数），齿数，基本齿廓，分度圆直径，分度锥角，根锥角，锥距，螺旋角及螺旋方向，高度变位系数，切向变位系数，测量齿厚及其公差，测量齿高，精度等级，接触斑点，全齿高，轴交角，侧隙，配对齿轮齿数，配对齿轮图号，检查项目代号及其公差组。

示例如图 3-14 所示（GB/T 12371—1990）。

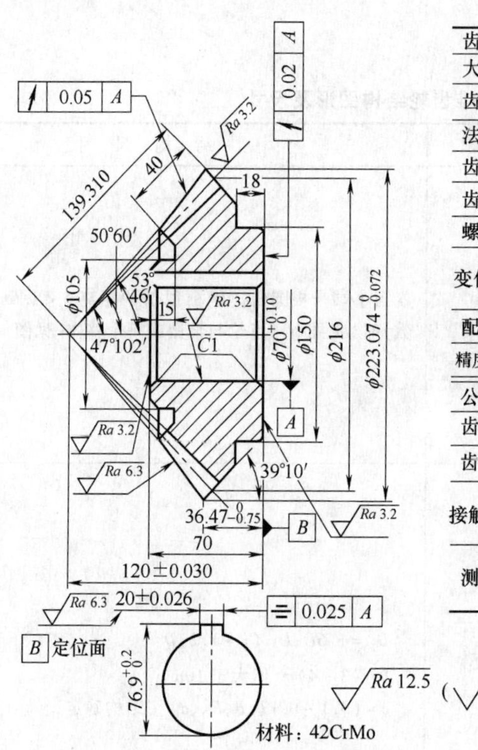

齿型		Gleason弧齿
大端模数m/mm		8
齿数z		27
法向压力角α/(°)		20
齿顶高系数h_a^*		0.85
齿宽中点螺旋角β_m/(°)		35
螺旋方向		左旋
变位系数	高度x/mm	−0.15
	切向x_t/mm	−0.044
配对齿轮齿数z_M		22
精度等级(GB/T 11365—1989)		7a
公差组		公差值
齿距积累公差F_p/mm		0.090
齿距极限公差F_{pt}/mm		±0.020
接触斑点(%)	齿高/mm	65
	齿长/mm	60
测量	齿厚ξ_{mm}/mm	7.87
	齿高h_e/mm	4.76

技术要求

1. 调质硬度260~290HBW。
2. 齿面发蓝处理，深度≥0.300mm 硬度≥560HV。
3. 齿面磁粉检测。

图 3-14　弧齿锥齿轮工作图

3.6 锥齿轮传动装置合理安装与调整

设计时小轮的凹面为工作面，工作时使小轮的轴向力 F_{X1} 指向大端，啮合时呈分离趋势，不会导致卡死。

3.6.1 装配时的调整与要求

1）保证大、小齿轮必要的侧隙 j_{nmin}。

2）保证小齿轮轴必要的轴向间隙，若是双向运行，轴向间隙略缩小一点。但不宜过大的轴向窜动。

3）啮合时，接触的印痕位于轮齿的中部偏小端。因为小轮通常呈悬臂状态，轮齿受载后，由于悬臂端的弹让，接触印痕便趋于轮齿的中部。

若轮齿的接触部位不佳，应进行必要的调整。若调整不好，应从加工方面找原因，对轮齿接触区进行必要的修正。

3.6.2 弧齿锥齿轮的接触区修正

1. 弧齿锥齿轮的正常接触区

弧齿锥齿轮接触质量好坏通常通过滚动检验，观察齿面接触区（俗称印痕）状况来判断。良好的接触区在轻负荷下集中在齿面中部偏小端处，呈近似椭圆形或圆角矩形，接触区长度约占齿面全长的 25% ~45%，如图 3-15a 所示。实际工作后由于负荷加大，齿面接触区将逐渐向四周伸展，基本上布满整个齿面，但不会发生边缘接触，如

图3-15b所示。除此之外，良好的接触区还应符合以下条件：

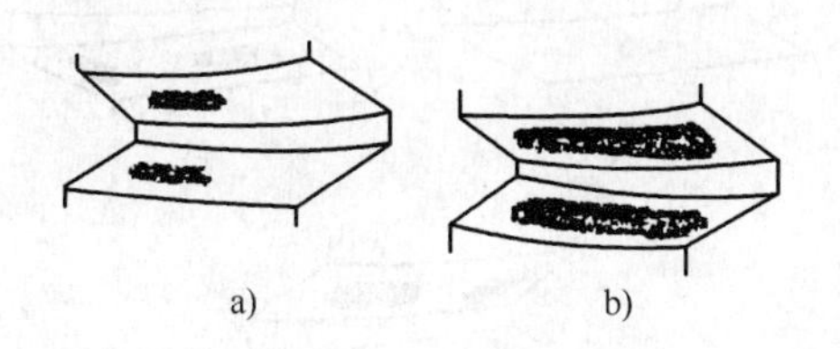

图3-15　弧齿锥齿轮的接触区
a）无载荷或轻载　b）满载下接触区

1）接触区移到大端或小端时没有严重的对角接触，尤其是外对角接触。

2）无齿顶、齿根接触。

3）长宽合适，无轻重现象。

4）大小端的接触区不跑出齿面。

5）$\sum V/\sum H$（齿长/齿高接触率）的比值在1.0~1.4之间。

2. 常见不良接触区情况

由于接触区的位置、大小和形状分别与齿面方程在计算点处泰勒展开式中的一阶、二阶、三阶展开式有关，所以可以根据加工参数对接触区的影响分为一阶、二阶、三阶修正。

1）螺旋角误差引起的接触区不良。螺旋角的误差会引起接触区偏离齿长方向中心，靠近小端或大端，如图3-16所示。该种不良属一阶缺陷，需进行一阶修正。

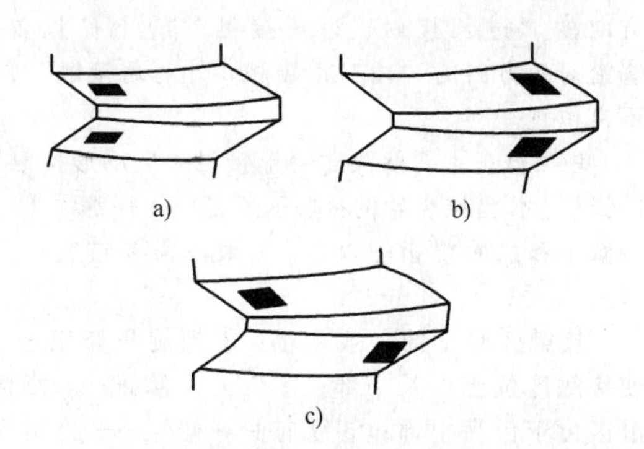

图3-16　螺旋角误差引起接触区齿长方向的偏离
a）小端接触　b）大端接触　c）大、小端接触

2）压力角误差引起的接触区不良。接触区偏离齿高方向中心，靠近齿顶或齿根，如图3-17所示。该种由压力角误差引起，需进行一阶修正进行校正。

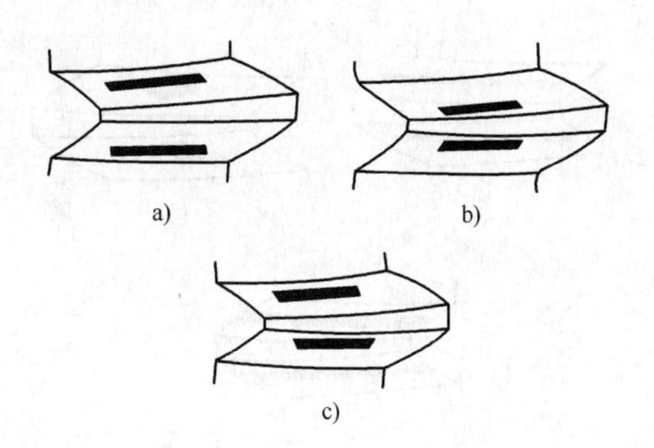

图3-17　压力角误差引起的接触区齿高方向的偏离
a）齿根接触　b）齿顶接触　c）顶根接触

3）接触区宽度不良。图3-18a、b为过宽、过窄接触，由齿廓曲率不正确引起，需进行二阶修正来校正。图3-18c为齿廓方向桥式接触，接触区间断或中间发虚、轻重不一，需进行四阶修正来校正。这种修正一般来讲比较困难。

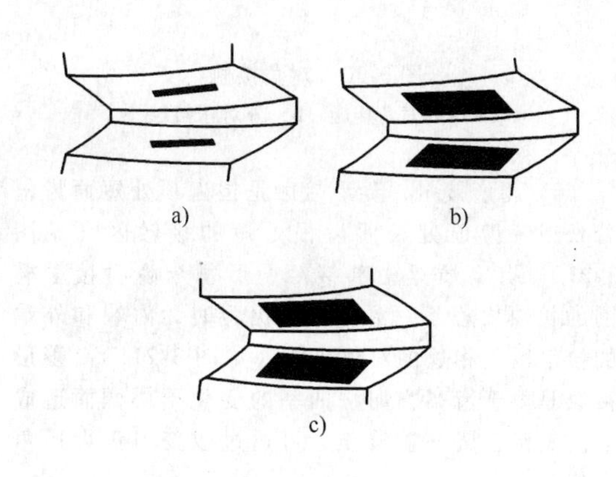

图3-18　接触区宽度不良
a）窄接触　b）宽接触　c）齿廓桥式接触

4）接触区长度不良。图3-19a、b为齿高方向过长、过短接触，由纵向曲率不正确引起，需进行二阶修正进行校正。图3-19c为齿廓方向桥式接触，接触区中间间断或发虚、轻重不一，需进行四阶修正进行校正。

5）对角接触。图3-20a、b分别为内、外对角接触，无论齿轮螺旋角方向，内对角接触区走向是凹面上由内端齿顶向外端齿根，凸面上由内端齿根向外端齿顶。反之，印痕走向相反的则为外对角。内对角和外对角则是由于齿长方向短程挠率不合适造成，对角接触修正属二阶修正。

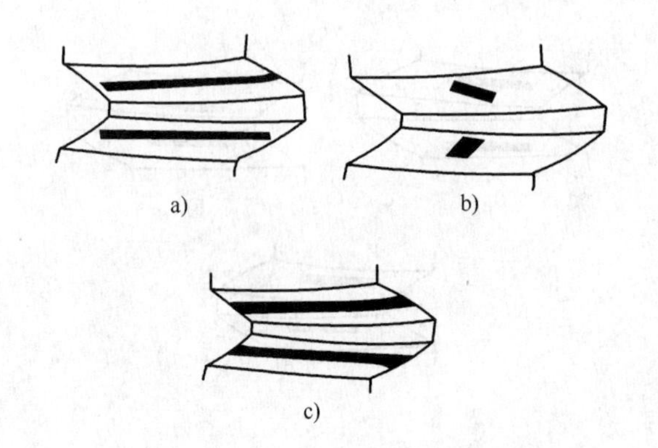

图 3-19　接触区长度不良

a）长接触　b）短接触　c）纵向桥式接触

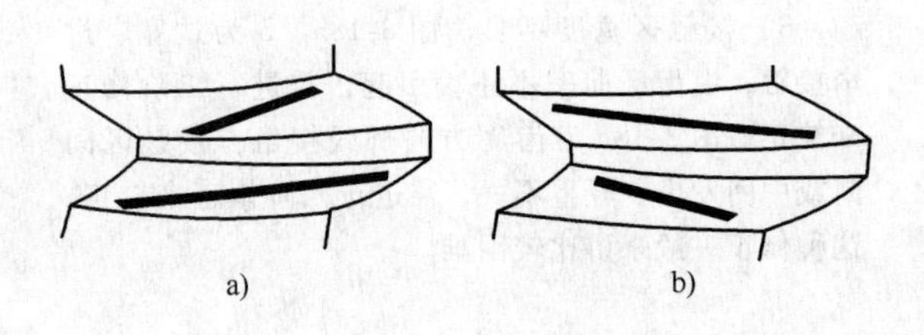

图 3-20　对角接触

a）内对角接触　b）外对角接触

6）菱形接触。菱形接触是指齿顶处短而齿根处长或者齿顶处长而齿根处短的接触区（见图3-21），其实质是中部接触图形每个瞬时接触椭圆的长轴长短不一致。*V/H* 检验时，内端和外端的接触区是相反的对角接触（见图 3-21b）。菱形接触是由于齿高方向法曲率的变化不协调而造成的，其修正属三阶修正，可通过改变刀盘齿形角来修正。

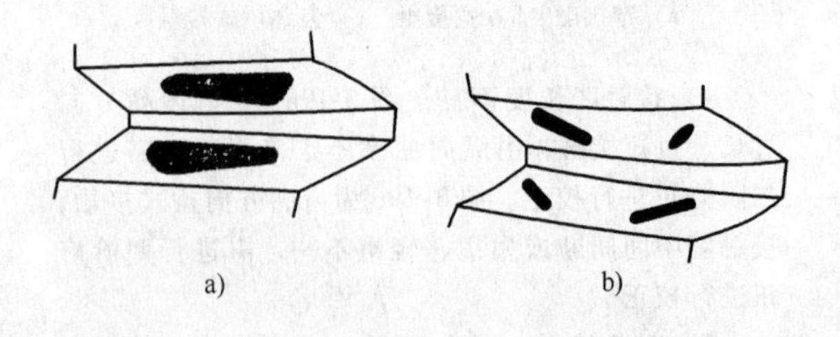

图 3-21　菱形接触

a）印痕长短不一　b）两端对角接触相反

7）鱼尾形接触。鱼尾形接触的情况，如图3-22所示。主要特征是印痕一端窄、一端宽，顾名思义形状上像“鱼尾”，这种形状实质上因为接触轨迹过分弯曲引起。鱼尾形接触是由于齿长方向法曲率的变化不协调而引起的，其修正属三阶修正，可以通过改变垂直轮位 ΔE_{m}、轮坯安装角 $\Delta\delta_{m1}$ 等来修正。

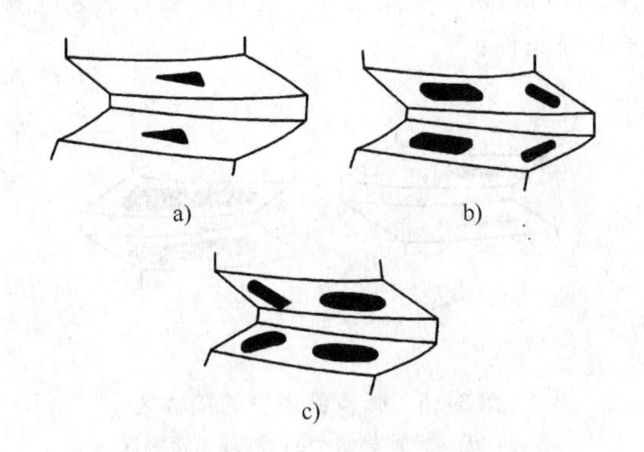

图 3-22　鱼尾形接触

a）印痕宽窄不一　b）小端窄、大端短宽

c）小端短宽、大端窄

3. 不良接触区的修正

一阶修正主要解决“压力角、螺旋角误差”的修正，即修正：①沿齿高方向的“齿顶接触、齿高接触”的不良位置；②沿齿长方向的“小端、大端、交叉接触”的不良位置。

二阶修正主要解决“齿长曲率、齿高曲率、对角接触误差”的修正，即修正：①齿高方向的“过宽接触、过窄接触”的不良位置；②沿齿长方向的“过长接触、过短接触”的不良位置；③沿对角方向的“内对角接触、外对角接触”的不良位置。

三阶修正主要解决“菱形接触、鱼尾形接触”的修正。弧齿锥齿轮的接触区修正，往往都属于一阶修正和二阶修正的内容，一般不需要进行三阶修正。

接触区修正的一般顺序：①螺旋角修正——使接触区位于齿长中部；②压力角修正——使接触区位于齿高中部；③纵向曲率修正——控制纵向接触区长度；④齿廓曲率修正——调整接触区宽度；⑤对角接触修正——消除外对角或减轻内对角接触。

3.7　锥齿轮传动装置典型结构图与零件图

锥齿轮传动装置典型结构图与零件图如图3-23～图 3-25 所示。

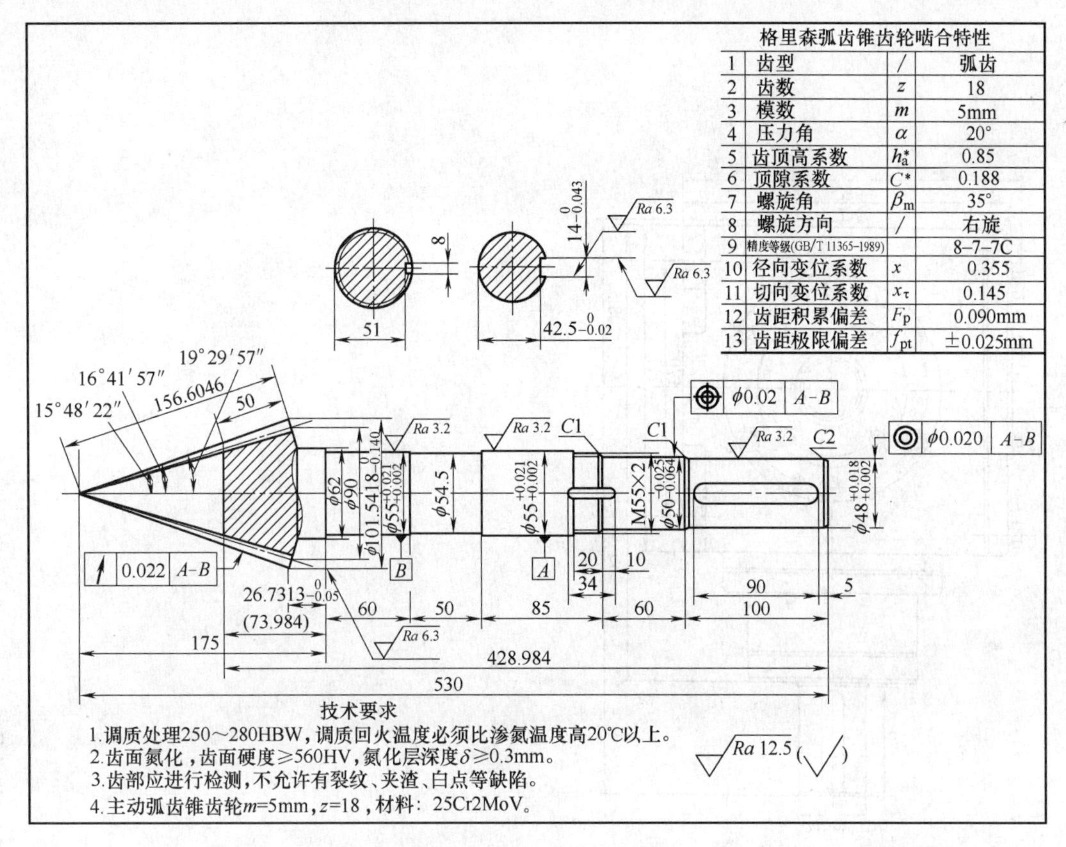

格里森弧齿锥齿轮啮合特性

1	齿型	/	弧齿
2	齿数	z	18
3	模数	m	5mm
4	压力角	α	20°
5	齿顶高系数	h_a^*	0.85
6	顶隙系数	C^*	0.188
7	螺旋角	β_m	35°
8	螺旋方向	/	右旋
9	精度等级(GB/T 11365-1989)		8-7-7C
10	径向变位系数	x	0.355
11	切向变位系数	x_τ	0.145
12	齿距积累偏差	F_p	0.090mm
13	齿距极限偏差	f_{pt}	±0.025mm

技术要求

1. 调质处理250～280HBW，调质回火温度必须比渗氮温度高20℃以上。
2. 齿面氮化，齿面硬度≥560HV，氮化层深度δ≥0.3mm。
3. 齿部应进行检测，不允许有裂纹、夹渣、白点等缺陷。
4. 主动弧齿锥齿轮m=5mm，z=18，材料：25Cr2MoV。

图 3-23　主动弧齿锥齿轮

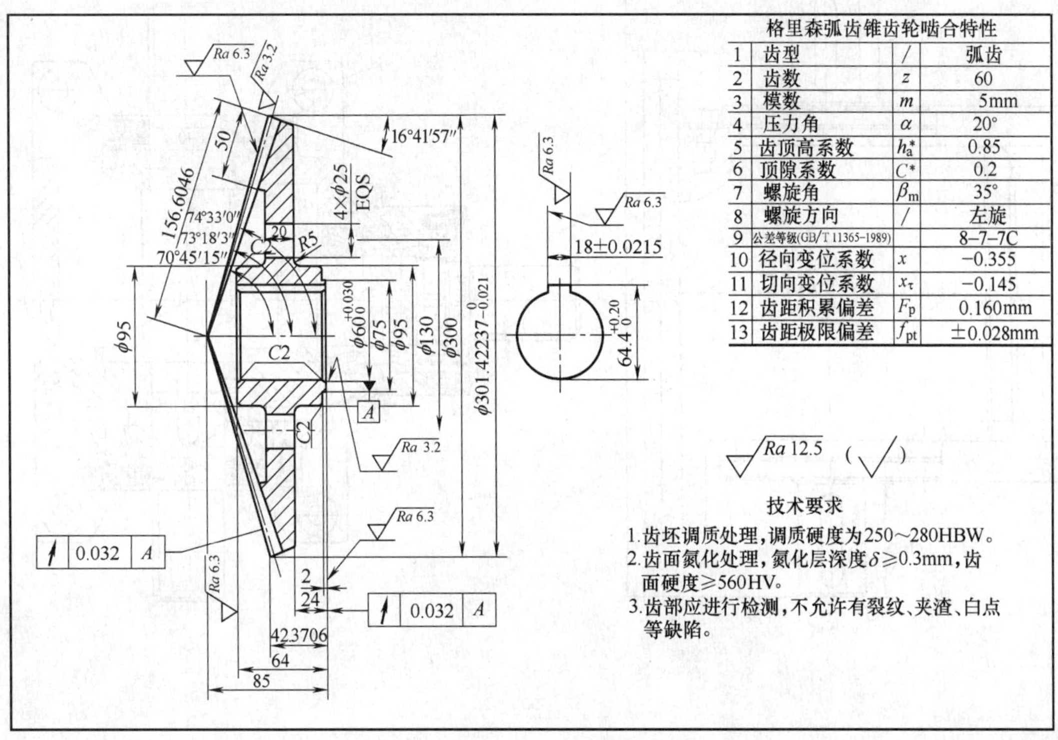

格里森弧齿锥齿轮啮合特性

1	齿型	/	弧齿
2	齿数	z	60
3	模数	m	5mm
4	压力角	α	20°
5	齿顶高系数	h_a^*	0.85
6	顶隙系数	C^*	0.2
7	螺旋角	β_m	35°
8	螺旋方向	/	左旋
9	公差等级(GB/T 11365-1989)		8-7-7C
10	径向变位系数	x	-0.355
11	切向变位系数	x_τ	-0.145
12	齿距积累偏差	F_p	0.160mm
13	齿距极限偏差	f_{pt}	±0.028mm

技术要求

1. 齿坯调质处理，调质硬度为250～280HBW。
2. 齿面氮化处理，氮化层深度δ≥0.3mm，齿面硬度≥560HV。
3. 齿部应进行检测，不允许有裂纹、夹渣、白点等缺陷。

图 3-24　大弧齿锥齿轮（材料：42CrMo）

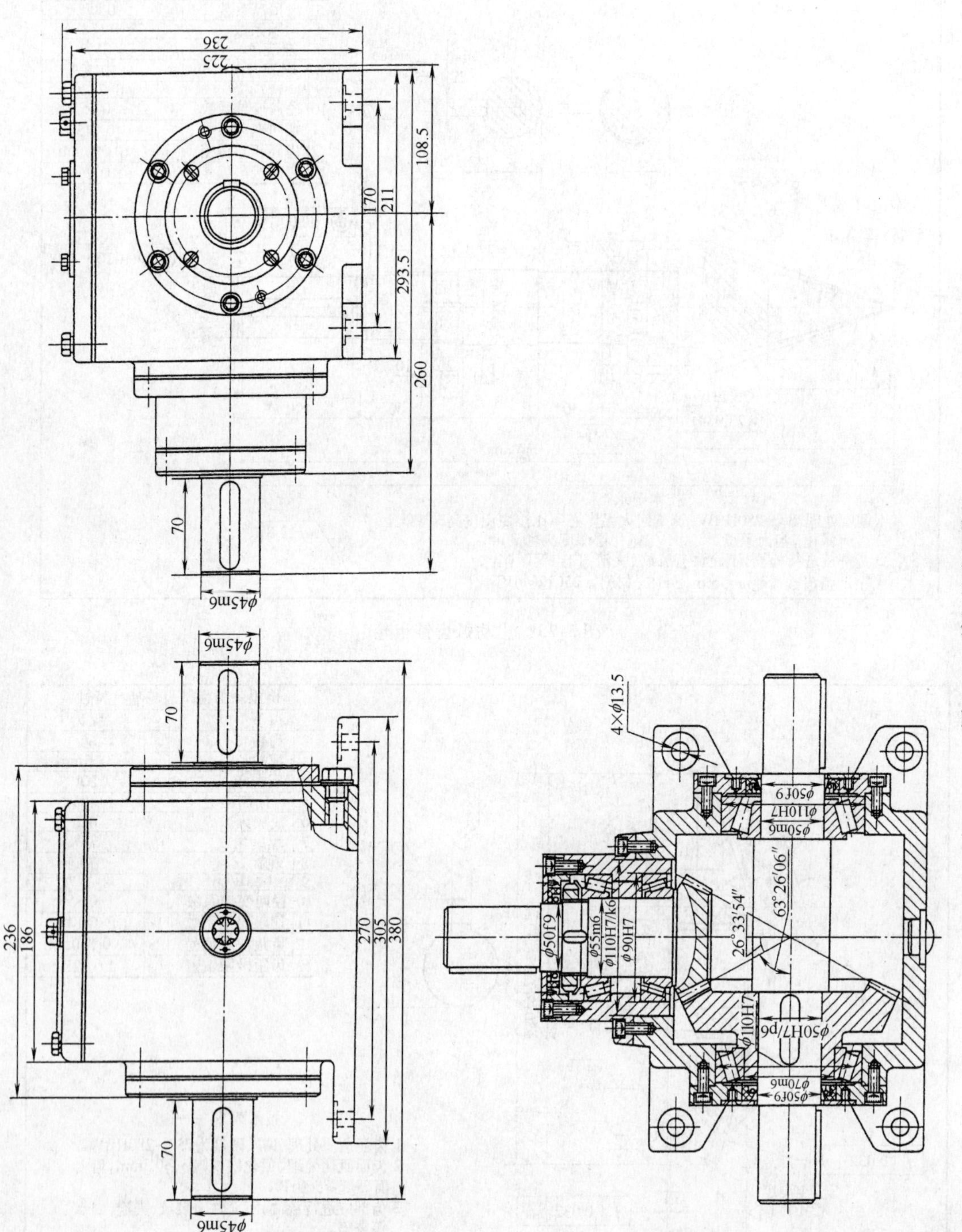

图 3-25　单级锥齿轮传动

3.8　T系列弧齿锥齿轮传动装置

1. T系列弧齿锥齿轮传动装置特点

1）T系列一级弧齿锥齿轮传动箱标准化、多品种，速比1∶1、1.5∶1、2∶1、2.5∶1、3∶1、4∶1、5∶1，全部为实际传动比，平均效率98%。

2）有单轴、双横轴、单纵轴、双纵轴可选。

3）弧齿锥齿轮可以正、反运转，低速或高速传动平稳，而且噪声低、振动小、承受力大。

4）当速比不为1∶1时，横轴输入、纵轴输出为减速；纵轴输入、横轴输出为增速。

2. T系列结构图（见图3-26）

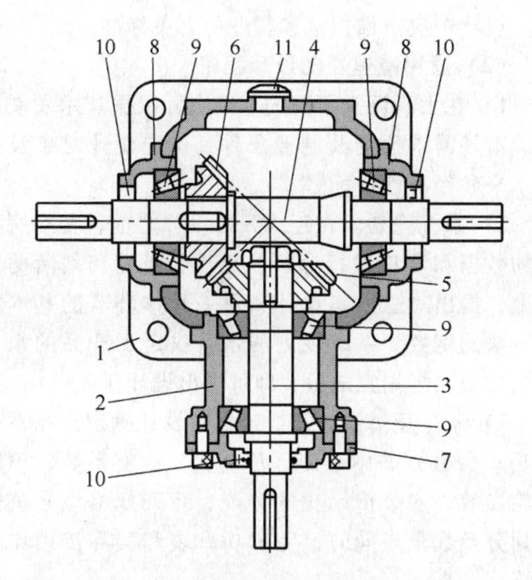

图3-26　T系列弧齿锥齿轮传动装置结构图
1—机座　2—横轴座　3—横轴　4—纵轴
5—横轴锥齿轮　6—纵轴锥齿轮　7、8—端盖
9—轴承　10—油封　11—油镜

3. 转向功能（见表3-35）

表3-35　T系列弧齿锥齿轮转向功能

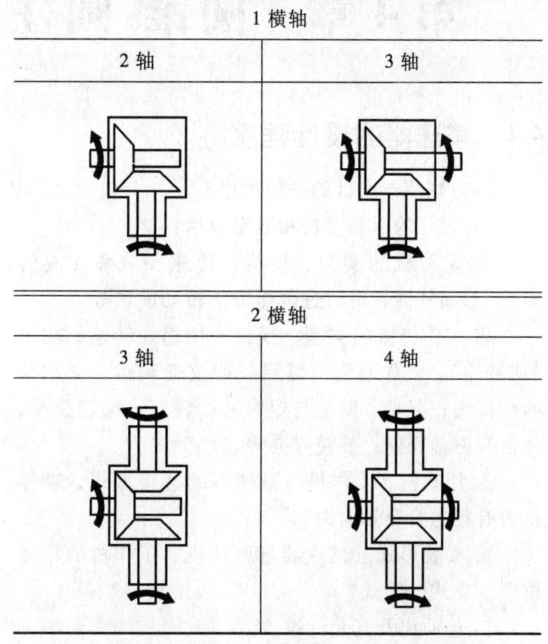

1横轴	
2轴	3轴
2横轴	
3轴	4轴

注：当输入轴旋转方向改变时，输出轴相应改变。

第4章　圆锥-圆柱齿轮传动装置的设计

4.1　减速器的设计程序

（1）减速器设计的一般程序

1）设计的原始资料和数据包括：

① 原动机的类型、规格、转速、功率（或转矩）、起动特性、短时过载能力、转动惯量等。

② 工作机械的类型、规格、用途、转速、功率（或转矩）。工作制度：恒定载荷或变载荷，变载荷的载荷图；起动、制动与短时过载转矩，起动频率；冲击和振动程度；旋转方向等。

③ 原动机、工作机与减速器的连接方式，轴伸是否有径向力及轴向力。

④ 安装形式（减速器与原动机、工作机的相对位置、立式、卧式）。

⑤ 传动比及其允许误差。

⑥ 对尺寸及质量的要求。

⑦ 对使用寿命、安全程度和可靠性的要求。

⑧ 环境温度、灰尘浓度、气流速度和酸碱度等环境条件；润滑与冷却条件（是否有循环水、润滑站）以及对振动、噪声的限制。

⑨ 对操作、控制的要求。

⑩ 材料、毛坯、标准件来源和库存情况。

⑪ 制造厂的制造能力。

⑫ 对批量、成本和价格的要求。

⑬ 交货期限。

以上前四条是必备条件，其他方面可按常规设计，例如设计寿命一般为10年；用于重要场合时，可靠性应较高等。

2）确定减速器的额定功率。减速器的额定功率是指箱体内所有静态及转动零部件中最薄弱的零部件所决定的机械功率。它必须能满足在使用工况下的寿命和可靠性要求。

3）确定减速器的类型和安装形式。

4）选定性能水平，初定齿轮及主要机件的材料、热处理工艺、精加工方法、润滑方法及润滑油种类。

5）按总传动比确定传动级数和各级传动比。

6）初算齿轮传动中心距（或节圆直径）、模数及其他几何参数。

7）整体方案设计，确定减速器的结构、轴的尺寸、跨距及轴承型号等。

8）校核齿轮、轴、键等的强度，计算轴承寿命。

9）润滑冷却计算。

10）确定减速器的附件。

11）确定轮齿渗碳深度，必要时还要进行齿形及齿向修形量等工艺数据的计算。

12）绘制施工图样。

设计中应贯彻国家和行业的有关标准。

（2）通用减速器的设计程序

1）在大量调查研究的基础上，根据技术发展趋势、市场需求预测及制造条件，确定设计对象及技术水平和经济性目标。

2）系统规划。在正式开始设计之前，在对所积累的数据和资料进行分析、对比、研究和判断的基础上，提出对总方案设计和每一具体环节的基本实施方法的纲要。系统规划的水平决定了产品的水平和生命力。规划完成后，即可提出设计任务书。

3）系列型谱设计。通过优化设计确定产品系列的基本参数，如中心距、传动比、齿宽系数、单级齿轮参数、多级传动比的分配、系列规格型号疏密的划分及数量。同时，完成功率表和实际传动比的计算。

通用减速器（主要指圆柱和圆锥齿轮减速器）的额定功率表是按齿轮的使用系数 $K_A=1$、寿命系数 $Z_{NT}=1$、可靠度系数 $K_R=1$ 计算出的输入轴的许用功率值。目前设计寿命暂无统一标准，我国一般要求不少于10年。

4）轴承选型和寿命计算。

5）箱体结构及外形设计，外形安装尺寸的确定。

6）其他零部件的系列化和标准化设计。

7）润滑冷却附件设计。

8）热功率表计算。

9）样机试制和试验，工业考核验证。

10）编写产品样本和技术条件。

11）绘制全系列的施工图。

4.2　通用圆柱齿轮减速器的主要参数

（1）基本参数　通用圆柱齿轮减速器的基本参数主要有中心距 a、公称传动比 i、齿宽 b 和齿宽系数 b_a^*。

1）中心距 a 和传动比 i。a 和 i 为有限个有序排列的数值，其值大小和个数的确定主要考虑以下因素：

① 产品的覆盖率，承载能力范围。

② 零件及产品规格数目多少，两相邻规格承载能力的差距。

③ 多级传动之间基本实现等强度。

a 和 i 排列越密，越利于级间等强度设计和选用；排列越稀，零件的品种规格越少，越利于组织生产、形成批量和降低成本。为解决这一对矛盾，需寻求更好的优化设计和模块化设计的方法。

采用优先数作为 a、i 值是一度较广泛采用的简便方法（但不是唯一方法）。优先数系 R10、R20 和 R40 的公比依次为 1.25、1.12 和 1.06。显然，R10 过疏，R40 过密，R20 对大部分范围相对而言较适中。因承载能力基本与 a^3 成正比，当采用 R20 作 a 值时，两相邻规格减速器承载能力差 1.4 倍。

除个别新产品外，目前我国的通用圆柱齿轮减速器的中心距 a 与传动比 i 大多参照 JB/T 9050.4—2006 的规定采用 R20 优先数系值，见表 4-1 ~ 表 4-8（表 4-1 ~ 表 4-4 中括号内的数值为圆整值）。

表 4-1　单级减速器和两级同轴线式减速器的中心距　（单位：mm）

系列 1	63	—	71 (70)	—	80	—	90	—	100	—	112	—	125	—	140	—	160	—	180
系列 2	—	67	—	75	—	85	—	95	—	106	—	118	—	132	—	150	—	170	—
系列 1	—	200	—	224 (225)	—	250	—	280	—	315 (320)	—	355 (360)	—	400	—	450	—	500	—
系列 2	190	—	212	—	236	—	265	—	300	—	335	—	375	—	425	—	475	—	530
系列 1	560	—	630	—	710	—	800	—	900	—	1000	—	1120	—	1250	—	1400	—	
系列 2	—	600	—	670	—	750	—	850	—	950	—	1060	—	1180	—	1320	—	1500	

表 4-2　两级减速器中心距　（单位：mm）

系列 1	a	171 (170)	192	215	240	272	305	340	384 (385)	430	480	539 (545)	605 (610)
	a_{I}	71 (70)	80	90	100	112	125	140	160	180	200	224 (225)	250
	a_{II}	100	112	125	140	160	180	200	224 (225)	250	280	315 (320)	355 (360)
系列 2	a	181	203	227	256	288	322	362	406	455	512	571	640
	a_{I}	75	85	95	106	118	132	150	170	190	212	236	265
	a_{II}	106	118	132	150	170	190	212	236	265	300	335	375
系列 1	a	680	765 (770)	855 (860)	960	1080	1210	1360	1530	1710	1920	2150	2400
	a_{I}	280	315 (320)	355 (360)	400	450	500	560	630	710	800	900	1000
	a_{II}	400	450	500	560	630	710	800	900	1000	1120	1250	1400
系列 2	a	725	810	905	1025	1145	1280	1450	1620	1810	2030	2270	
	a_{I}	300	335	375	425	475	530	600	670	750	850	950	
	a_{II}	425	475	530	600	670	750	850	950	1060	1180	1320	

表 4-3　三级减速器中心距　（单位：mm）

系列 1	a	311 (310)	352	395	440	496 (497)	555	620	699 (705)	785 (790)	880	989 (995)

（续）

系列 1	$a_{\rm I}$	71 (70)	80	90	100	112	125	140	160	180	200	224 (225)
	$a_{\rm II}$	100	112	125	140	160	180	200	224 (225)	250	280	315 (320)
	$a_{\rm III}$	140	160	180	200	224 (225)	250	280	315 (320)	355 (360)	400	450

系列 2	a	331	373	417	468	524	587	662	741	830	937
	$a_{\rm I}$	75	85	95	106	118	132	150	170	190	212
	$a_{\rm II}$	106	118	132	150	170	190	212	236	265	300
	$\alpha_{\rm III}$	150	170	190	212	236	265	300	335	375	425

系列 1	a	1105 (1110)	1240	1395 (1400)	1565 (1570)	1760	1980	2210	2480	2780	3110
	$a_{\rm I}$	250	280	315 (320)	355 (360)	400	450	500	560	630	710
	$a_{\rm II}$	355 (360)	400	450	500	560	630	710	800	900	1000
	$a_{\rm III}$	500	560	630	710	800	900	1000	1120	1250	1400
系列 2	a	1046	1170	1325	1480	1655	1875	2095	2340	2630	2940
	$a_{\rm I}$	236	265	300	335	375	425	475	530	600	670
	$a_{\rm II}$	335	375	425	475	530	600	670	750	850	950
	$a_{\rm III}$	475	530	600	670	750	850	950	1060	1180	1320

表 4-4　四级减速器中心距　（单位：mm）

a	458	511 (510)	576 (577)	645	720	811 (817)	910 (915)
$a_{\rm I}$	63	71 (70)	80	90	100	112	125
$a_{\rm II}$	90	100	112	125	140	160	180
$a_{\rm III}$	125	140	160	180	200	224 (225)	250
$a_{\rm IV}$	180	200	224 (225)	250	280	315 (320)	355 (360)
a	1020	1149 (1155)	1285 (1290)	1440	1619 (1625)	1815 (1820)	2040
$a_{\rm I}$	140	160	180	200	224 (225)	250	280
$a_{\rm II}$	200	224 (225)	250	280	315 (320)	355 (360)	400
$a_{\rm III}$	280	315 (320)	355 (360)	400	450	500	560
$a_{\rm IV}$	400	450	500	560	630	710	800

表4-5　单级减速器的公称传动比

1.25	1.4	1.6	1.8	2	2.24	2.5	2.8	3.15	3.55	4	4.5	5	5.6	6.3	7.1

注：渗碳淬火齿轮减速器 $i \leqslant 5.6$。

表4-6　两级减速器的公称传动比

7.1	8	9	10	11.2	12.5	14	16	18	20	22.4	25	28	31.5	35.5	40	45	50

注：渗碳淬火齿轮减速器 $i \leqslant 25$。

表4-7　三级减速器的公称传动比

22.4	25	28	31.5	35.5	40	45	50	56	63	71
80	90	100	112	125	140	160	180	200	224	250	280

注：渗碳淬火齿轮减速器 $i \leqslant 125$。

表4-8　四级减速器的公称传动比

100	112	125	140	160	180	200	224	250
280	315	355	400	450	500	560	630	710

注：渗碳淬火齿轮减速器 $i \leqslant 500$。

受齿轮轴、轴伸强度和轴承寿命的约束，对不同工艺的齿轮减速器传动比范围应有所不同。样本中未列出实际传动比时，实际传动比与公称传动比允许的相对偏差 Δi 对一、二、三、四级减速器分别为3%、4%、5%和5%。

圆柱-圆锥齿轮减速器的中心距和传动比可参照以上规定执行。

2）齿宽系数。通用圆柱齿轮减速器的齿宽系数 b_a^* 定义为有效齿宽（对人字齿轮或双斜齿轮为一个斜齿的工作宽度）b 与中心距 a 的比值，即 $b_a^* = b/a$，见表4-9。

表4-9　减速器齿轮的齿宽系数 b_a^*

0.2	0.25	0.3	0.35	0.4	0.45	0.5	0.6

齿宽系数相对于中心距取值，可使系列产品的齿轮毛坯具有互换性。

一般硬齿面齿轮 $b_a^* = 0.35$，调质齿轮 $b_a^* = 0.40$，同轴式减速器 $b_a^* = 0.2 \sim 0.35$，也可根据工艺条件及质量控制水平适当调整。

b_d^* 确定后，仍要检验 $b_d^* = b/d_1$ 值是否合理。一般硬齿面齿轮 $b_a^* \leqslant 1.2$，调质齿轮 $b_d^* \leqslant 1.5$。b_d^* 过大时，会因偏载而达不到预期效果，还必须校核小齿轮轴的刚度和强度。

（2）齿轮啮合参数

1）模数。齿轮的模数必须符合 GB/T 1357—2008《通用机械和重型机械用圆柱齿轮　模数》的规定，优先考虑第一系列，一般按轮齿弯曲强度确定，同时保证小齿轮有较合理的齿数。

2）齿数和与小齿轮齿数。当中心距一定时，齿数和 z_Σ 受法向模数 m_n、分度圆螺旋角 β 的约束，其关系式（变位系数之和为0时）为

$$z_\Sigma = \frac{2a\cos\beta}{m_n}$$

对一种中心距固定一种齿数和的方法已不再适用。按接触强度设计，按弯曲强度校核，在满足弯曲强度的条件下尽可能取较小的模数、较多的齿数的方法也只适用于某些专用减速器。因硬齿面减速器与相同参数的中硬齿面减速器相比，齿轮的弯曲强度提高的幅度没有接触强度提高的幅度大，因此取较大的模数可提高综合承载能力。

齿数和与小齿轮齿数按以下规定选择可获较好的应用效果：

① 同一中心距的齿数和不固定，随不同传动比而有所调整。

② 在通用减速器中，当采用渗碳淬火磨齿的6级精度齿轮时，齿数和 $z_\Sigma \leqslant 120$；在采用调质、滚齿的7～8级精度齿轮时，可加大为 $z_\Sigma \leqslant 160$。齿轮的实际重合度在精度较高时较易达到计算值。

③ 小齿轮的最少齿数 $z_{1\min} \geqslant 16$ 较好，但在特殊条件下允许取15个齿。小齿轮的最多齿数可按表4-10选取。

3）螺旋角。斜齿轮一般取螺旋角 $\beta = 7° \sim 17°$，以 $\beta = 10° \sim 13°$ 较好，且常取整数，以方便记忆和加工。系列设计时螺旋角的数目不宜太多。

把高速级螺旋角取大，低速级螺旋角取小，以减小低速级的轴向力，对某些设计也是可取方案。

如按抵消机床交换齿轮误差来确定螺旋角，可有效地减少滚齿加工齿轮的螺旋角误差。

表 4-10　小齿轮最多齿数 z_{1max}

传动比 i	齿面硬度 HBW				传动比 i	齿面硬度 HBW			
	250	300	400	600		250	300	400	600
	z_{1max}					z_{1max}			
1.25	50	37	30	26	4	34	23	18	17
1.5	45	30	25	22	5	32	22	17	17
2	42	27	22	20	6.3	31	21	16	16
3.15	37	24	19	18					

注：齿面硬度 600HBW 为渗碳淬火齿轮，其余为中碳合金钢调质齿轮。

螺旋角的确定最好能满足轴向重合度 $\varepsilon_\beta \geqslant 1 \sim 1.15$ 的要求，可提高传动的平稳性和降低噪声。

同一轴上两齿轮螺旋角方向应相同，以使轴向力相互抵消。

4）变位系数。变位系数的选择不再是为了凑中心距，而是为了提高强度和改善传动质量。通常采用角度变位，大、小齿轮都用正变位，按等滑动比的原则选取。总变位系数一般≤1.2，小齿轮变位系数 $x_1 = 0.3 \sim 0.5$ 较佳。

5）齿形角。受刀具的限制，大多数制造厂一直延用 $\alpha_n = 20°$ 的齿形角。由于 25°齿形角可明显提高齿根弯曲强度，国外有的硬齿面通用减速器已经部分或全部采用了 25°的齿形角，但啮合径向力将增加。

6）顶隙系数。调质齿轮的顶隙系数 $c^* = 0.25$，刀具齿顶圆角半径 $\rho = 0.38m_n$；渗碳淬火磨齿的齿轮采用齿根单圆弧带凸台留磨滚刀圆滑过渡，对 $\alpha_n = 20°$ 时，常用 $c^* = 0.40$，$\rho \geqslant 0.40m_n$；$\alpha_n = 25°$ 时，$c^* = 0.35$，$\rho \geqslant 0.4m_n$。

（3）多级减速器传动比分配

1）分配原则。多级减速器各级传动比的分配，直接影响减速器的承载能力和使用寿命，还会影响其体积、质量和润滑。传动比一般按以下原则分配：使各级传动承载能力大致相等；使减速器的尺寸与质量较小；使各级齿轮圆周速度较小；采用油浴润滑时，使各级齿轮副的大齿轮浸油深度相差较小。

低速级大齿轮直接影响减速器的尺寸和质量，减小低速级传动比，即减小了低速级大齿轮及包容它的机体的尺寸和质量。增大高速级的传动比，即增大高速级大齿轮的尺寸，减小了与低速级大齿轮的尺寸差，有利于各级齿轮同时油浴润滑；同时，高速级小齿轮尺寸减小后，降低了高速级及后面各级齿轮的圆周速度，有利于降低噪声和振动，提高传动的平稳性。故在满足强度的条件下，末级传动比小较合理。

减速器的承载能力和寿命取决于最弱一级齿轮的强度。仅满足于强度能通得过而不追求各级大致等强度，常常会造成承载能力和使用寿命的很大浪费。通用减速器为减少齿轮的数量，单级和多级中同中心距同传动比的齿轮一般取相同参数。当 a 和 i 设置较密时，较易实现各级等强度分配；a 和 i 设置较疏时，就难以全部实现等强度。按等强度设计比不按等强度设计的通用减速器，约半数产品的承载能力可提高 10% ~20%。

和强度相比，各级大齿轮浸油深度相近是较次要分配的原则，即使高速级大齿轮浸不到油，由结构设计也可设法使其得到充分的润滑。

2）两级展开式圆柱齿轮减速器传动比分配：

① 按齿面接触强度相等的原则分配时，可按下式计算，或按图 4-1 选取，即

$$\lambda C^3 \frac{(i_{\mathrm{I}}+1)i_{\mathrm{I}}^4}{(i_{\mathrm{I}}+i)i^2} = 1 \tag{4-1}$$

$$C = \frac{d_{2\mathrm{II}}}{d_{2\mathrm{I}}}$$

$$\lambda = \frac{b_{\mathrm{dII}}^* \sigma_{\mathrm{HlimII}}^2}{b_{\mathrm{dI}}^* \sigma_{\mathrm{HlimI}}^2}$$

式中　i——总传动比；

i_{I}——高速级传动比；

b_{dI}^*、b_{dII}^*——高速级、低速级齿宽系数 $\left(b_{\mathrm{d}}^* = \frac{b}{d_{\mathrm{I}}}\right)$；

σ_{HlimI}、σ_{HlimII}——高速级、低速级齿轮的接触疲劳极限（MPa）；

$d_{2\mathrm{I}}$、$d_{2\mathrm{II}}$——高速级、低速级大齿轮分度圆直径（mm）。

一般取 $C = 1.0 \sim 1.3$。$C = 1$ 时，减速器外形尺寸最小，两个大齿轮浸入油池深度相同。当 $C > 1$ 时，高速级大齿轮不接触油面，可减少润滑油的搅动损失。

如果减速器符合表 4-1 和表 4-2 的标准中心距系

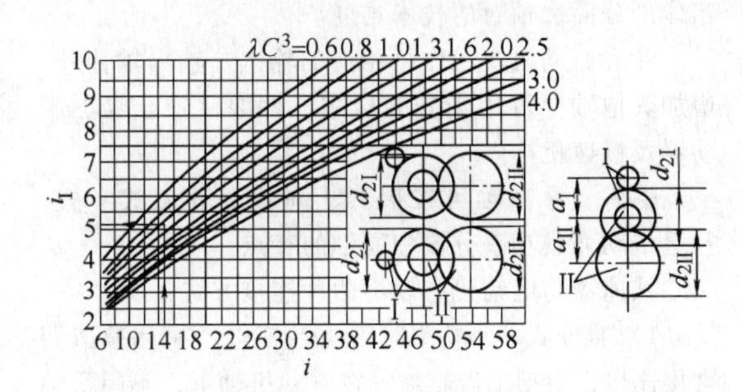

图 4-1　两级圆柱齿轮减速器传动比的分配

列时，按齿面接触强度相等，可用下式分配减速器的传动比

$$k\left(\frac{a_{\mathrm{II}}}{a_{\mathrm{I}}}\right)^3\left(\frac{i_{\mathrm{I}}+1}{i_{\mathrm{I}}+i}\right)^3 i=1 \tag{4-2}$$

$$k=\frac{b_{\mathrm{aI}}^{*}\sigma_{\mathrm{Hlim\,I}}^{2}}{b_{\mathrm{aII}}^{*}\sigma_{\mathrm{Hlim\,II}}^{2}}$$

式中　b_{aI}^{*}、b_{aII}^{*}——高、低速级齿宽系数 $\left(b_{\mathrm{a}}^{*}=\frac{b}{a}\right)$；

a_{I}、a_{II}——高、低速级中心距（mm）。

当$\frac{a_{\mathrm{II}}}{a_{\mathrm{I}}}\approx1.4$、$k=1$时，传动比的分配可由图4-2查得。

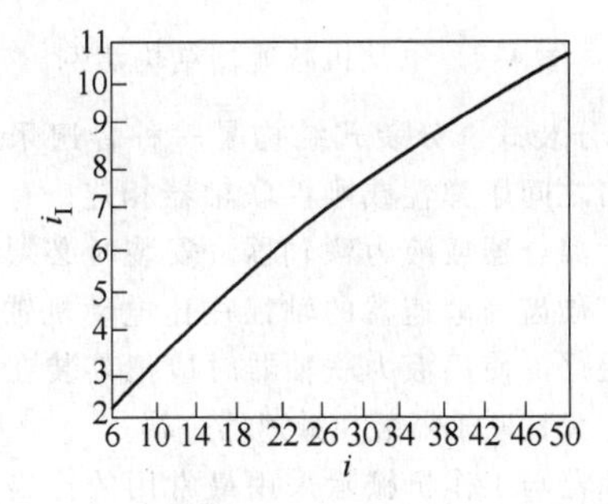

图 4-2　当$\frac{a_{\mathrm{II}}}{a_{\mathrm{I}}}\approx1.4$、$k=1$时，两级减速器的传动比分配

② 按两级等强度且各齿轮宽、径尺寸和$\sum bd^2$最小分配传动比时，可按式（4-3）或图4-3分配。

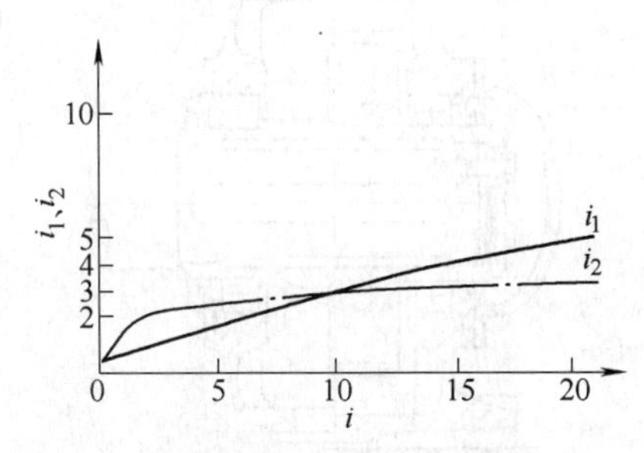

图 4-3　两级齿轮等强度，且各齿轮宽、径向尺寸和最小分配传动比

$$i_1=\left(\frac{\frac{1}{i}+i}{\frac{2}{i_1 i}+\frac{2}{i}+\frac{2}{i^2}}\right)^{\frac{1}{3}} \tag{4-3}$$

3）两级同轴线式圆柱齿轮减速器传动比分配。此类减速器虽有单独的装置，但大多设计为小型产品，输入功率一般≤100kW，与电动机联成一体，取其结构较紧凑、简单及便于安装维护等优点。由于两级传动齿轮的中心距相等，靠优化传动比搭配，难以实现两级等强度。第一级的强度富裕较多，甚至富裕一倍以上。如第一级传动比太大，造成第一级小齿轮的直径偏小、轴的刚度与强度不足，且无法装入电动机的轴伸。若减小第一级齿宽，其重合度减小，平稳性降低；若增加第二级齿宽，其宽径比不合理，齿向误差的增大会使增加齿宽的实际效果被抵消。另一方面，由于第一级齿轮副至少有一个齿轮是装在悬臂轴伸上，其实际啮合状况不佳，实际寿命反而较短，强度计算时如不考虑这一点就会和实际结果不符。因此，传动比搭配多考虑结构合理性，第一级齿轮总重合度$\varepsilon_{\gamma}\geqslant2$，两级传动的大齿轮浸油深度大致相等（也允许第一级稍深），一般可取

$$i_1\leqslant\sqrt{i} \tag{4-4}$$

4）三级展开式圆柱齿轮减速器传动比分配。按等强度条件，并获得较小的外形尺寸和质量时，高速级和中速级传动比可由图4-4查得。

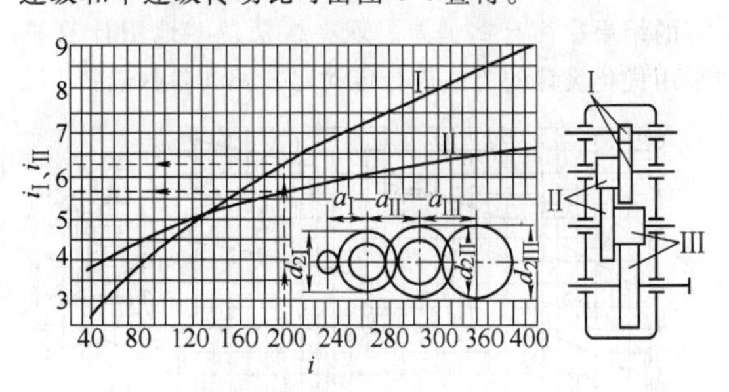

图 4-4　三级圆柱齿轮减速器传动比分配

对通用减速器，一般按等强度原则从计算机计算出各种排列组合的可行方案中优选。如果粗略估算，可按在总传动比$i\leqslant40$时，$i_1\approx i_2\approx i_3\approx\sqrt[3]{i}$；$i>40$时，$i_2\approx\sqrt[3]{i}$，$i_1\geqslant i_2\geqslant i_3$，且要圆整为标准值（优先数）。若将低速级齿轮的传动比控制在2～3时，主要通过改变高速级的传动比来调整总传动比，可减少系列中齿轮的品种规格，但低速级齿轮对数太少就很难实现三级等强度。

5）圆锥-圆柱齿轮减速器传动比分配。两级圆锥-圆柱齿轮减速器按等强度条件，并要求获得较小的外形尺寸时，传动比分配可按下式计算，或由图

4-5 查得。

$$\lambda_z C^3 \frac{i_{\mathrm{I}}^4}{i^2(i+i_{\mathrm{I}})}=1 \tag{4-5}$$

$$\lambda_z=\frac{2.25b_d^*\sigma_{\mathrm{Hlim\,II}}^2}{(1-b_R^*)\sigma_{\mathrm{Hlim\,I}}^2}$$

$$C=\frac{d_{2\mathrm{II}}}{d_{2\mathrm{I}}}$$

式中 b_R^*——锥齿轮齿宽系数，$b_R^*=\frac{b}{R}$，其中，b 为齿宽（mm），R 为锥距（mm）。

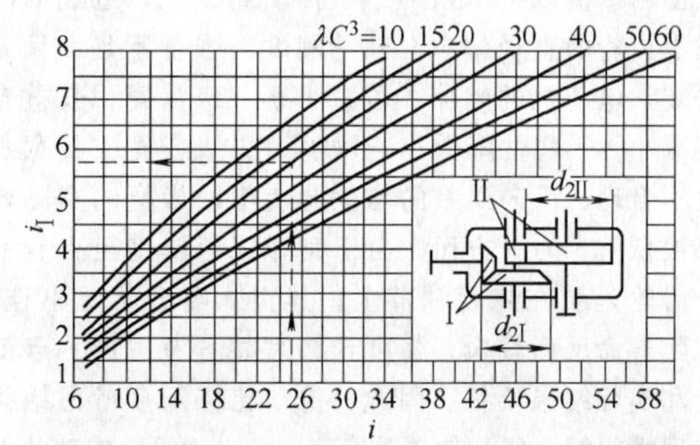

图 4-5 两级圆锥-圆柱齿轮减速器传动比分配

一般取 $C=1.0\sim1.4$。C 取较小值，可使减速器有较小的尺寸。

三级圆锥-圆柱齿轮减速器的传动比分配，其高速级和中间级传动比可由图 4-6 查取。

因影响齿轮强度的因素很复杂，按简化公式计算的结果往往有些偏差。现在越来越多地用计算机采用优化设计的方法进行传动比分配和参数选择。

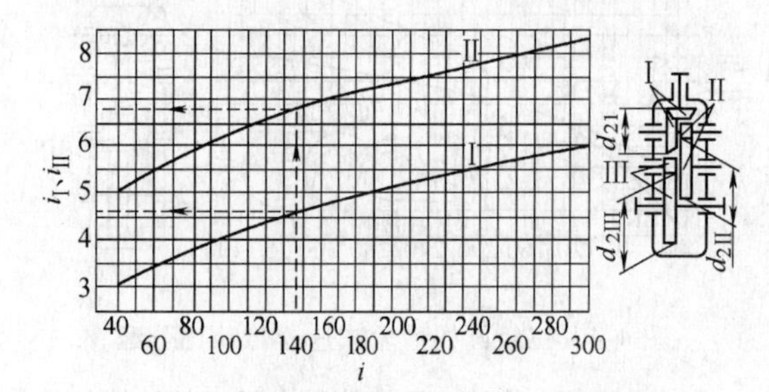

图 4-6 三级圆锥-圆柱齿轮减速器传动比分配

4.3 减速器的结构与零部件设计

1. 减速器的整体结构

减速器的整体结构应考虑轴的位置、与原动机和工作机的连接、支承方式、附件及润滑等。系列产品应尽可能采用模块式设计。

轴的位置通常由工作机械预先决定。绝大多数轴的位置为水平，以简化密封。立式轧钢机、冷却塔、搅拌机等机械的轴为竖直方向，增加了润滑、箱体剖分面和轴封的技术难度。

除和原动机及工作机相连的输入、输出轴伸外，增加其他轴伸可用于安装风扇、油泵、逆止器、制动器及慢速机构。

输入、输出轴可按展开、同轴或分流式布置。行星传动兼具功率分流和同轴的特点。

减速器与电动机有以下两种连接方式：

1）直连式。小功率时用法兰把电动机和减速器直接连接，主动小齿轮悬置在电动机轴上，不用联轴器，无需分别找正，减速器承受电动机支承力矩及重力，称电动机减速器，图 4-7 所示为其结构实例。

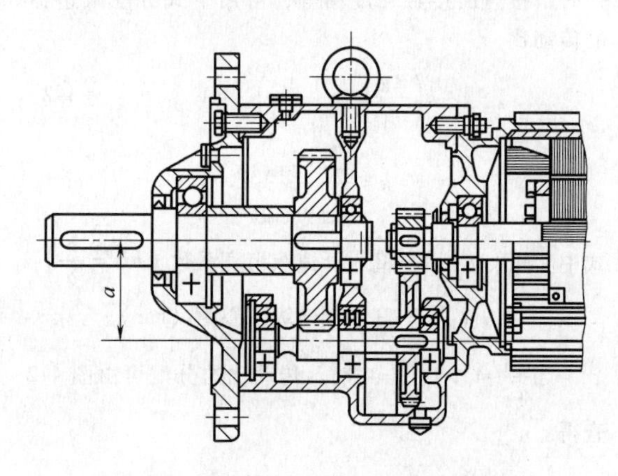

图 4-7 电动机减速器结构实例

2）分装式。分装式结构是一种普遍采用的结构。两者之间用弹性或刚性联轴器相连，有时装有制动器、离合器或液力联轴器。安装时必须严格对中。由于硬齿面减速器的轴往往比电动机轴细，对中要求更严。使用液力联轴器时应把其装在电动机轴上，把弹性联轴器装在减速器一端。

减速器与工作机械除采用最常用的输出轴为实心轴的分装式连接形式外，还可采用一种空心轴结构。减速器的输出轴作成空心轴，中间插入工作机油，通过键或收缩盘传递转矩（见图 4-8 和图4-9）。

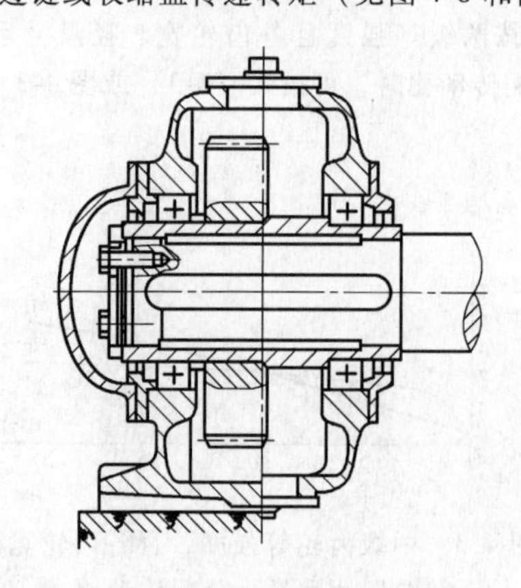

图 4-8 键连接型空心轴减速器

空心轴型减速器可以不带基座（见图4-10）或带机座（见图4-11），通过转矩支承使整个传动装置一起浮动。其驱动电动机也可直接同减速器的法兰连接（见图4-12）。采用该结构可省掉重而贵的输出联轴器，节省空间，不用或用很小的设备地基基础，特别适用于安装空间小及工作机移动工作的场合。悬挂式减速器的受力分析如图4-13所示。

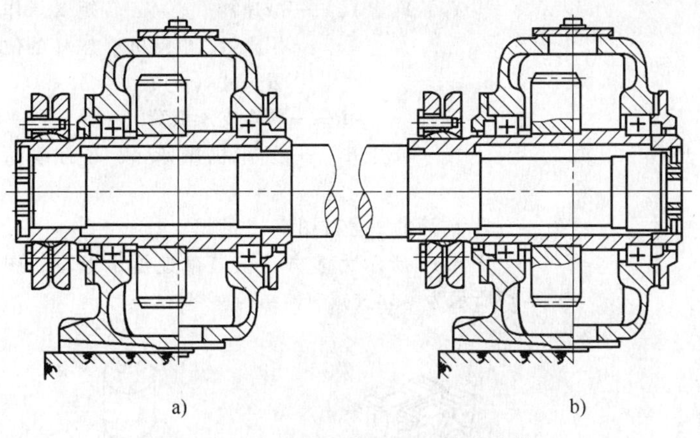

图4-9 收缩盘连接型空心轴减速器

a）最佳布局 b）可用布局

图4-10 空心轴悬挂型减速器

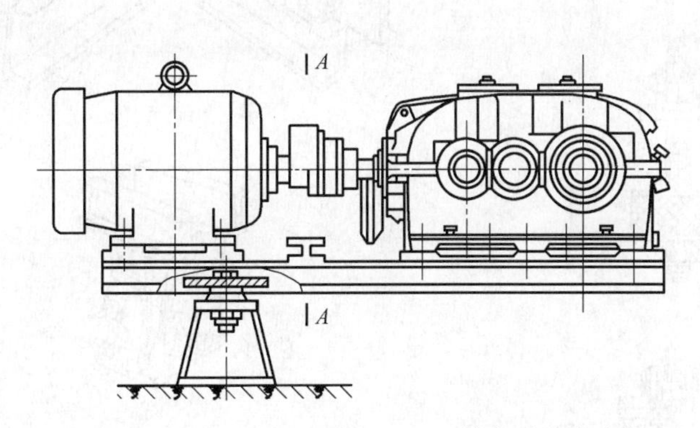

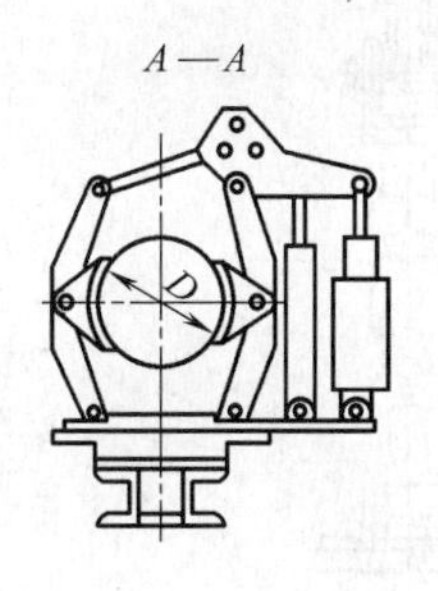

图4-11 一体式浮动传动装置

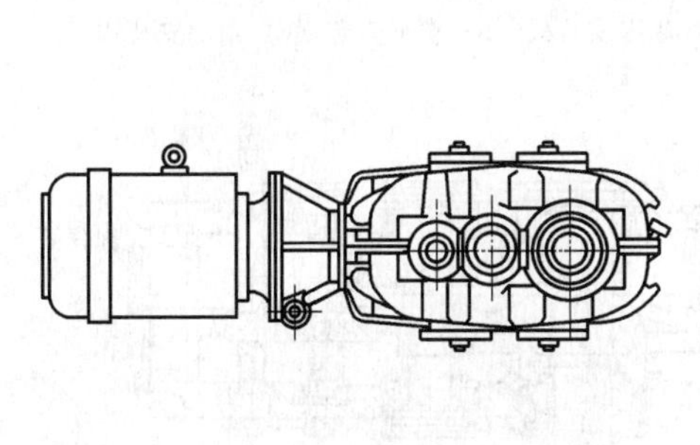

图4-12 电动机和减速器法兰直接连接

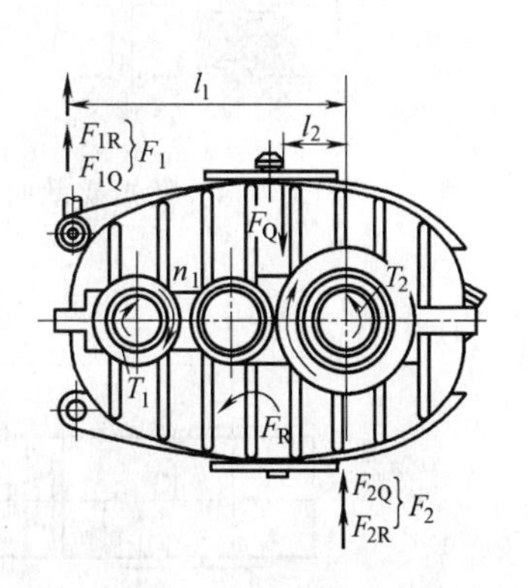

图4-13 悬挂式减速器的受力分析

注：F_{1Q}是由重力产生的支反力，F_{1R}是由支承力矩T_R产生的支反力，F_Q为重力；F_{2Q}是由重力产生的横向力，F_{2R}是由支承力矩T_R产生的力；T_1为输入转矩；T_2为输出转矩，W_2为工作机的输入转矩

转矩支承应满足强度、浮动及吸振等条件，常见形式如图 4-14 所示。工作机轴承受力分析如图4-15所示，计算如下：

输出转矩　　$T_2 = 9549P/n_2$

转矩支承载荷

$$R = \frac{9.8(W_G X_G + W_M X_M) \pm T_2}{X_R}$$

作用在轴承 1 上的弯矩

$$M_1 = R(Y_R + l_0) - 9.8(W_G + W_M)(Y + l_0)$$

轴承 2 载荷　　$R_2 = \frac{M_1}{l}$

图 4-14　转矩支承的常见形式

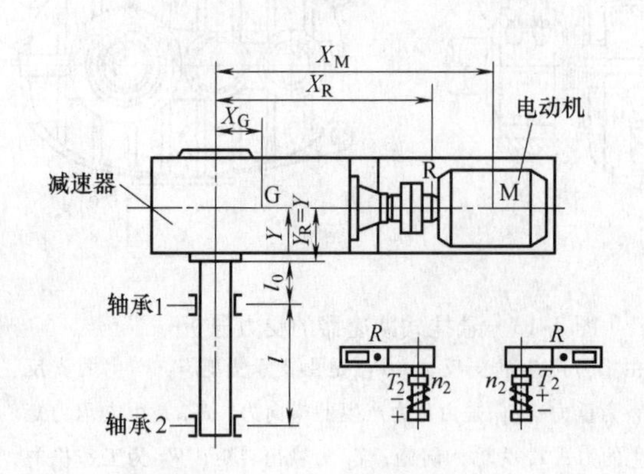

图 4-15　工作机轴受力分析

轴承 1 载荷　$R_1 = -9.8(W_G + W_M) + R + R_2$

式中　P——减速器输入功率（kW）；

n_2——减速器输出轴转速（r/min）；

W_G、W_M——减速器、电动机质量（kg）；

X_G、Y、X_R、Y_R、X_M——减速器重心 G、转矩支承作用点 R、电动机重心 M 的位置尺寸（m）；

R——转矩支承载荷（N）；

R_1、R_2——工作机轴承 1、2 的载荷（N）。

T_2 前面的 ± 号按图 4-15 的规定。

图 4-16 所示为多方位安装减速器示意图；图 4-17所示为一立式减速器结构。

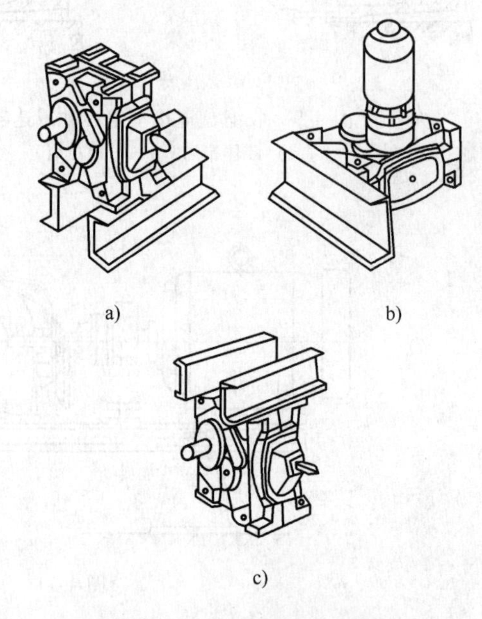

图 4-16　多方位安装减速器

a）底座安装式　b）侧面安装　c）顶部安装式

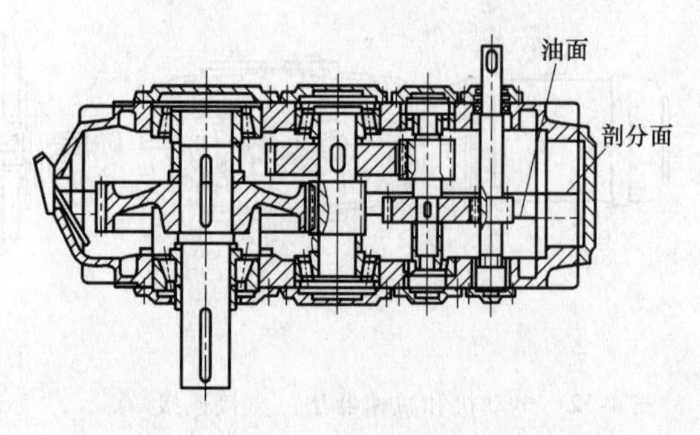

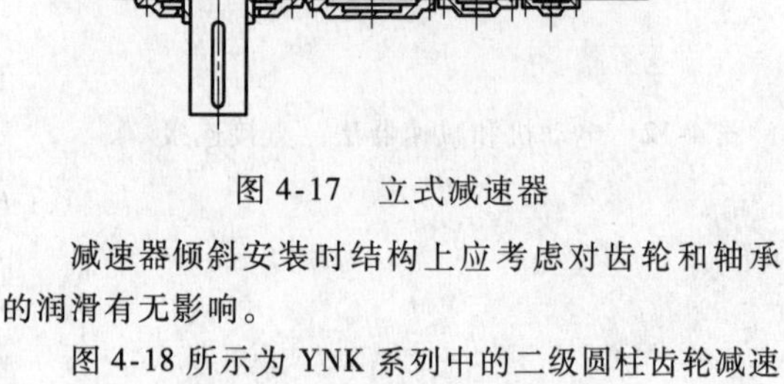

图 4-17　立式减速器

减速器倾斜安装时结构上应考虑对齿轮和轴承的润滑有无影响。

图 4-18 所示为 YNK 系列中的二级圆柱齿轮减速

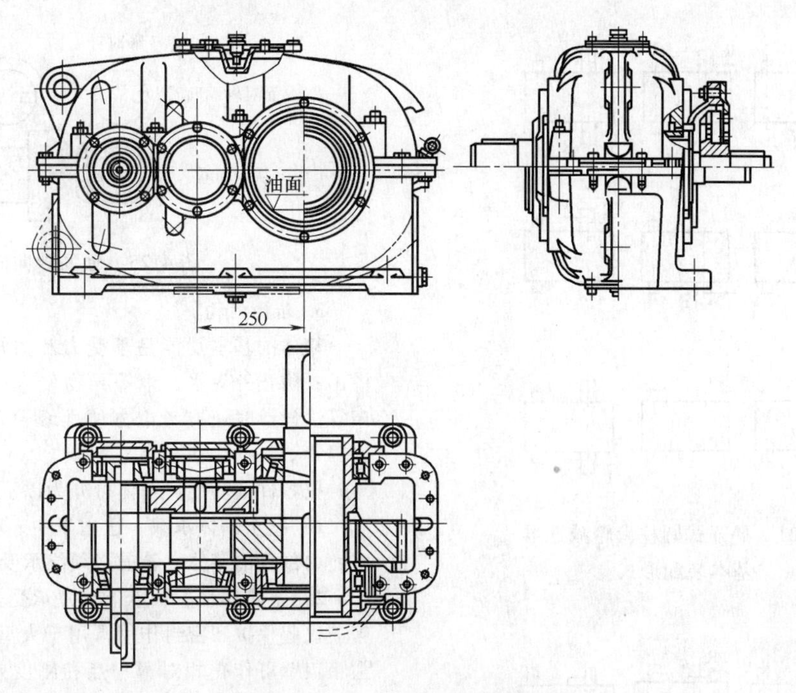

图 4-18　YNK 二级圆柱齿轮减速器

器的大致结构，从中可以部分看出一些模块化设计的特点：空心轴和实心轴共用一箱体；有底座和无底座仅下箱体有区别等。

图 4-19 所示为三合一驱动装置。该装置集电动机、减速器和制动器于一体。减速器和电动机以法兰连接，而电动机本身又自带制动器。减速器输出轴为空心轴，以键或收缩盘的形式传递转矩。该装置结构紧凑，安装调整方便，是目前国际上比较流行的一种新型驱动装置。

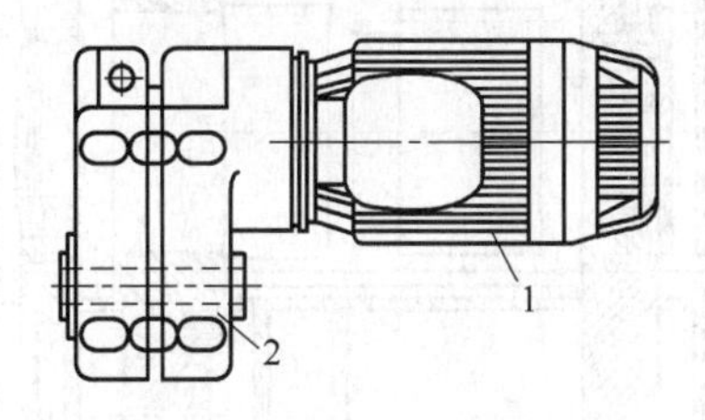

图 4-19　三合一驱动装置
1—带制动器的电动机　2—减速器

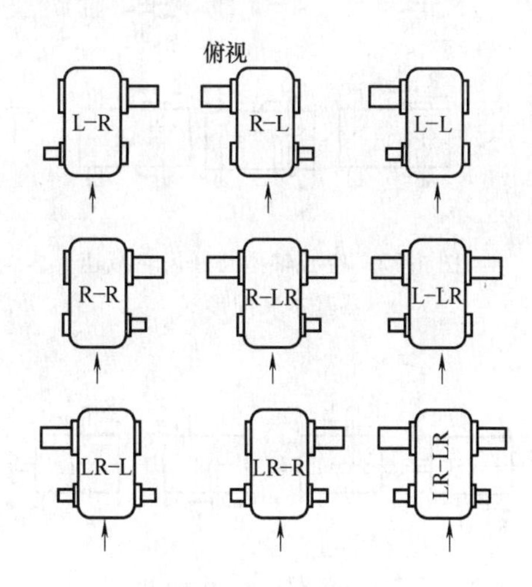

图 4-20　减速器的装配形式

注：图中箭头表示观察方向，连接符号“–”之前、后的字母分别表示输入、输出轴伸的个数及位置。

2. 通用减速器的装配形式和旋向

1）装配形式。通用减速器的装配形式通常有以下两种表示法。

① 国外通常的表示法是：面对减速器的高速端侧面看（锥齿轮减速器是面对输入轴看），输入、输出轴的位置是用左侧（L）或右侧（R）来表示（见图 4-20）。

② 我国通常对不同的装配形式，用不同的罗马数字Ⅰ、Ⅱ…来表示（但不同的标准，规定并不统一），如图 4-21 ~ 图 4-24 所示（图中 R、L 为面对输出轴端看时的旋转方向为顺时针或逆时针）。

2）旋转方向。轴的旋转方向取决于观察位置，一般是面对轴端看（见图 4-25）。通常只规定输出轴的旋转方向。通用减速器虽可双向旋转，但确定旋向可使制造厂优先保证轮齿工作面的质量及使锥齿轮的轴向力指向大端。

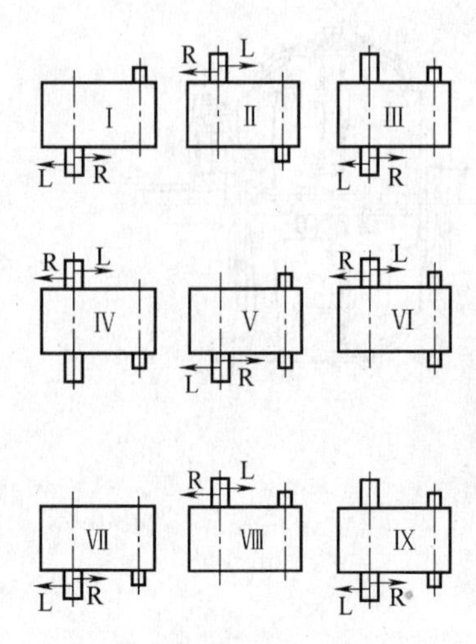

图 4-21　展开式圆柱齿轮减速器基本装配形式

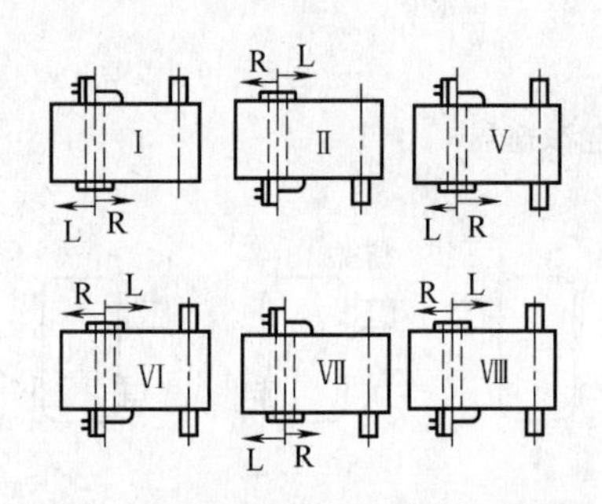

图 4-22　空心轴型圆柱齿轮减速器基本装配形式

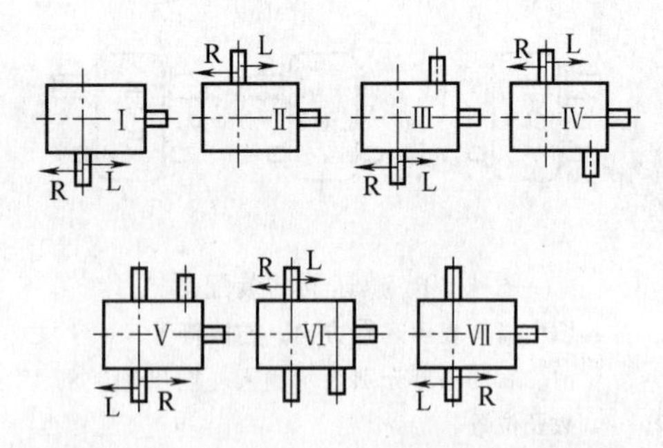

图 4-23　圆锥-圆柱齿轮减速器基本装配形式

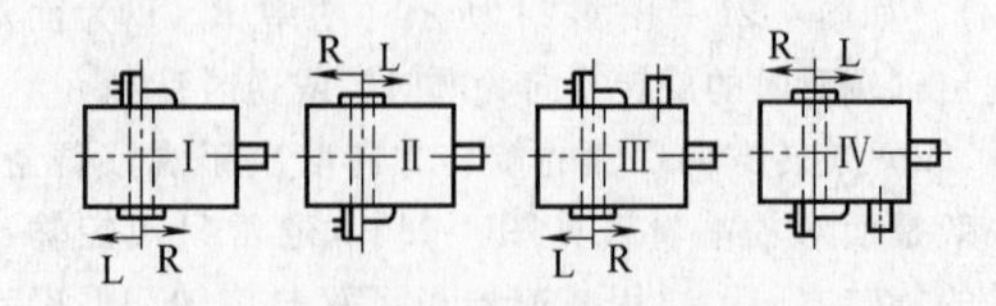

图 4-24　空心轴型圆锥-圆柱齿轮减速器基本装配形式

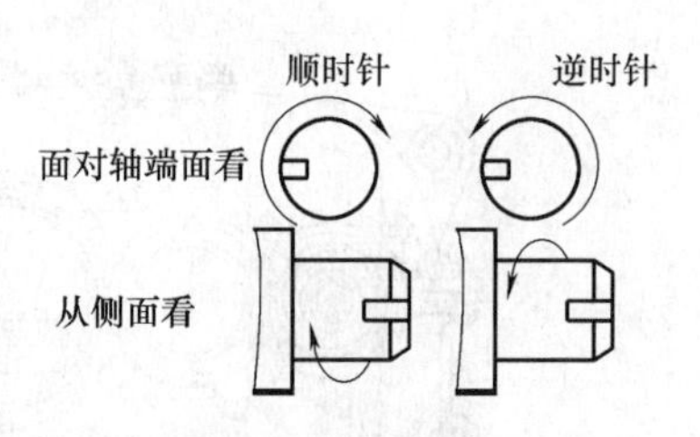

图 4-25　轴的转向

3. 箱体结构

箱体的基本功能是承受力和力矩；防止润滑油溢出；防止外界水、尘等异物侵入；散热和屏蔽噪声等。设计时还应考虑方便维修、方便对内部观察等因素。

按零件的功能，箱体可分为以下三类：

1）整个箱体承载。适用于中、小型减速器。轴平面内剖分的箱体，箱盖必须能承受轴承力。

2）下箱体带有轴承上盖并承受全部轴承力，上箱盖仅起保护和密封作用常用于大型减速器。此时，上箱盖壁可作得相对薄一点和刚度差一点，接合面连接螺栓可以设计得小一些，下箱体必须特别坚固。原则上，拆掉箱盖后，剩下的传动装置部分也具有全部功能，可以转动，利于调试检查。

3）箱体的支承功能与保护功能分开。轴承座安装在刚性底板上，箱体其余部分作成轻便的外壳（见图 4-26）。其用于加工条件受限制的场合，实际采用的较少。

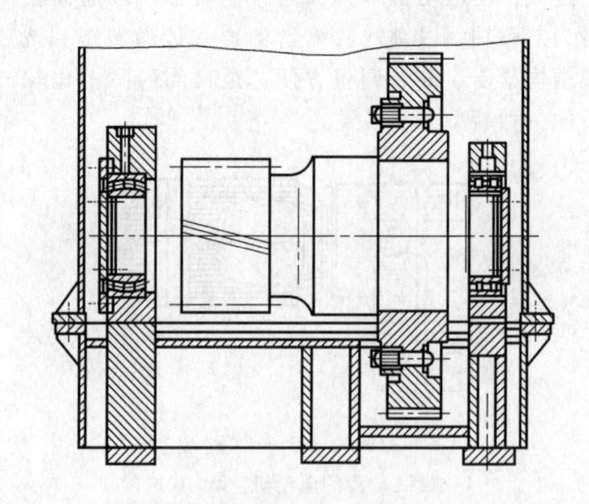

图 4-26　箱体的支承功能与保护功能分开的减速器

沿轴平面剖分箱体具有方便加工、装配和维修等优点。立式减速器也常在垂直于轴的截面上剖分箱体，以减小剖分面漏油的可能性（见图 4-27）。行星传动装置的箱体剖分面常常与轴相垂直。也有的通用减速器采用整体式无剖分面的箱体（见图 4-28），可降低成本，但不便于用户维修。

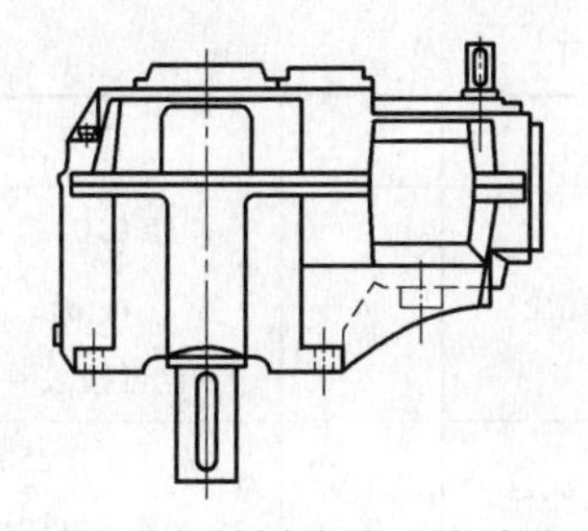

图4-27　水平剖分的立式减速器

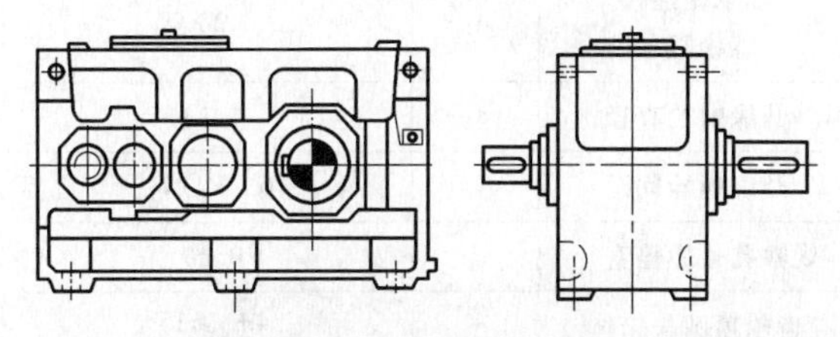

图4-28　箱体无剖分面减速器

这里主要介绍整个箱体承载的箱体结构。这种箱体要承受齿轮工作时的各种反力，应具有足够的刚性，以避免过大的变形，加强刚性的措施除增加壁厚外，多在箱体的内部或外部、在轴承的上下支承部位沿与引起箱体变形的作用力相一致的方向设加强肋。有时加强肋还可以增加箱体的冷却面积，提高冷却效果。

箱体的工作应力复杂而不均匀，只有用光弹试验、有限元法等，才能较准确地计算出其分布规律。目前，一般设计仍多用类比法或经验公式初定尺寸，绘制工作图时进一步修正。

大部分通用减速器采用灰铸铁箱体，因其铸造方便、成本低，且减振、吸振性好，可减少噪声。常用牌号为HT200、HT250两种。载荷大时，也可采用球墨铸铁或铸钢件。轻型减速器有的也采用轻合金铸造箱体。焊接箱体具有质量轻、制造周期短的优点，已在单件、小批量或大、中型减速器中广泛采用，常用材料为Q235、20、25钢。

铸铁箱体的结构尺寸可参见图4-29和表4-11中的经验公式。

下箱体底座的两端应铸有吊钩，用以起吊整台减速器，其结构尺寸可参见图4-30和表4-13。

焊接箱体各部位的钢板厚度及焊缝尺寸见图4-31和表4-14。

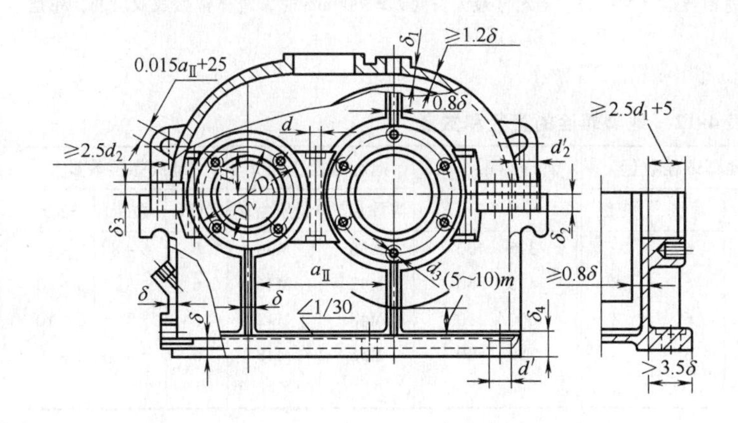

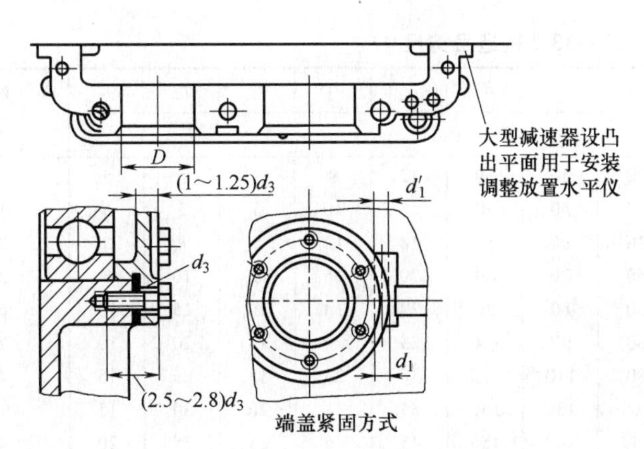

孔径 D /mm		62（及以下）	72~80
螺栓	d_3	M8	M10
	数量	4	4
孔径 D /mm		85~100	110~140
螺栓	d_3	M10	M12
	数量	6	6
孔径 D /mm		150~230	240~280
螺栓	d_3	M16	M20
	数量	6	6
孔径 D /mm		290~400	
螺栓	d_3	M20	
	数量	8	

$D_1=D+5d_3$，$D_2=D+2.5d_3$

单级减速器：$H=0.35D_1$

两级减速器：$H=0.45D_1$

图4-29　带螺栓紧固式端盖的减速器铸铁箱体

表 4-11　铸铁箱体的结构尺寸

名称	代号	尺寸计算式
下箱体壁厚	δ①	$\delta=0.025a_{Ⅱ}+3mm\geqslant 7mm$（软齿面） $\delta=0.03a_{Ⅱ}+3mm\geqslant 7mm$（硬齿面） 或 $\delta=1.1\sqrt[4]{T_{Ⅱ}}\geqslant 7mm$
箱盖壁厚	δ_1	0.8δ（承载式） 0.5δ（非承载式）
下箱体加强肋厚度		δ
箱盖加强肋厚度		0.8δ
下箱体凸缘厚度	δ_2	1.5δ
上箱体凸缘厚度	δ_3	$(1.5\sim1.75)\delta_1$
凸缘宽度		$3\delta+10mm$
底座凸缘厚度	δ_4	$\geqslant 2.5\delta$
底座凸缘宽度		$3.5\delta+15mm$
地脚螺栓直径	d	$d\geqslant 0.04a_{Ⅱ}+10mm$ 或 $d\geqslant\sqrt[4]{T_{Ⅱ}}$ 也可按表 4-12 查取
轴承座凸缘外径		$1.25d_{外}$ $d_{外}$ 为轴承外径
轴承座连接螺栓直径	d_1	2δ
凸缘螺栓直径	d_2	1.2δ
凸缘螺栓间距		$(6\sim10)d_{\phi1}$②
观察孔盖螺栓直径		0.8δ
齿轮顶圆与箱体内壁最小间隙	S_b	$4m_n\geqslant 15$ m_n 为低速级齿轮模数
齿轮端面与箱体内壁最小间隙		$2m_n\geqslant 10$
齿轮与齿轮端面间隙		$m_n\geqslant 5$

① $a_{Ⅱ}$—低速级中心距（mm）；$T_{Ⅱ}$—低速轴转矩（N·m）。当箱体最大长度 $L\geqslant 3000mm$ 时，箱体常做成双层的，每层壁厚为上述值的 70%。

② 按密封要求确定。

表 4-12　地脚螺栓的直径和数量

低速级中心距 /mm	地脚螺栓直径 d		地脚螺栓数量			低速级中心距 /mm	地脚螺栓直径 d		地脚螺栓数量		
	淬硬齿轮	调质齿轮	单级	两级	三级		淬硬齿轮	调质齿轮	单级	两级	三级
80～140	M12	M12	4	6	—	375～450	M36	M30	6	6～8	8～10
150～180	M16	M16	4	6	8	475～560	M42	M36	6	8	8～10
190～225	M20	M16	4	6	8	600～710	M48	M42	6	8	8～10
236～280	M24	M20	6	6	8	750～800	M56	M48	6	8	8～10
300～355	M30	M24	6	6～8	8						

表 4-13　铸造吊钩尺寸

一个吊钩上的许用载荷/N		A	B	B_1	C	R_1	r	r_1	r_2	r_3	h	A—A 剖面面积 /cm²
铸钢	铸铁	mm										
5000	4000	80	25	20	40	30	12	8	3	5	5	12
10000	6000	100	30	25	50	40	15	10	5	5	5	16
20000	10000	120	40	30	60	50	18	12	5	8	8	24
30000	15000	140	50	40	70	60	20	15	8	10	8	39
50000	25000	160	60	50	80	80	22	18	10	15	10	60
100000	45000	190	80	60	90	100	25	20	15	20	10	95
150000	65000	220	100	80	110	125	30	25	15	25	15	45
200000	90000	250	120	100	130	150	35	31	20	30	15	198
300000	140000	300	160	140	160	180	45	36	25	35	20	300
500000	220000	380	200	180	190	220	50	46	30	40	25	480

箱体的结构设计尚需考虑以下几点：

① 上下箱体之间及下箱体与基础之间应可靠的定位，可采用四个相对设置的圆柱销或圆锥销。其直径约为0.8倍的凸缘螺栓直径。

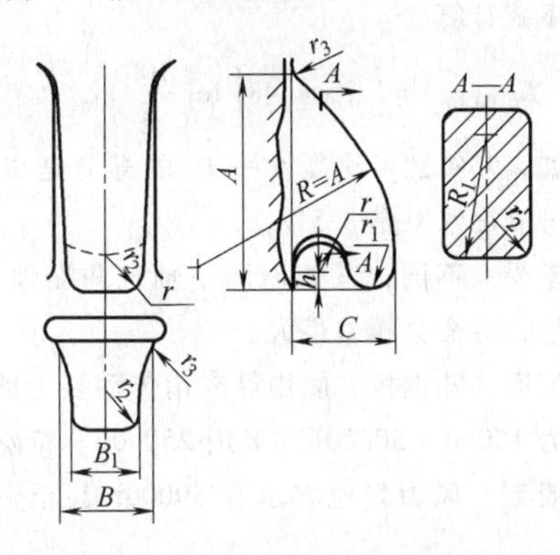

图4-30 铸造吊钩结构尺寸

② 箱体内部结构设计应考虑油浴润滑时，接储油及喷油润滑的油管安装、固定位置。喷油润滑时排油孔应尽量选大一些（约五倍的齿轮外径至箱壁的距离）。

③ 在较大的减速器水平剖分面下凸缘上至少相互垂直地设两个50mm×100mm放水平仪用的校准平面。在装配和安装现场可据此调整齿面的接触斑点。

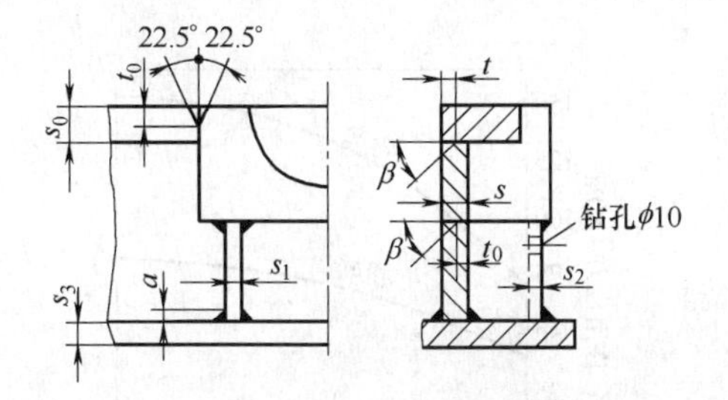

图4-31 焊接箱体结构图

注：如不采用加强肋（厚度为s_1），也可用U形钢板（厚度为s_2）来支承轴承座

表4-14 焊接箱体各部位钢板厚度及焊缝尺寸

减速器输出转矩/kN·m		<25	25~60	60~100	100~150	150~300	300~600	600~900
钢板厚度/mm	s	10	12	15	20	25	30	35
	s_0	15	20	25	30	35	40	50
	s_1	10	12	15	20	20	25	30
	s_2	5	6	8	10	12	15	20
	s_3	15	20	20	25	30	40	45
焊缝尺寸/mm	a	3	4	5	6	7	8	10
	t	5	6	8	10	13	15	20
	β	45°	45°	45°	45°	45°	45°	35°
	t_0	10	12	15	20	20	25	30

4. 齿轮、轴的结构尺寸

圆柱齿轮结构尺寸详见后面实例结构图。目前各类减速器采用铸铁齿轮的越来越少，普遍用合金钢锻件，齿轮结构也出现了如下一些新特点：

1）齿轮轴。通用减速器已不受齿轮内孔与齿根之间的壁厚小于$2.5m_t$的限制，小齿轮与轴多作成一体，可取消孔加工与轴和轮毂连接，增强刚度，避免套装引起齿轮精度的降低。

当轴直径小于0.6倍的齿顶圆直径时，为防止心部材质明显降低，轴径必须锻出台阶，不能用圆钢直接加工。

2）实心轮。为简化结构，减少机加工工时，减少热处理变形，对ϕ700mm以内的中、小尺寸齿轮，推荐直接采用实心结构，不必把辐板减薄。

3）过盈套装齿圈。适用于齿圈材料难以焊接的场合，但应注意防打滑及过盈产生的附加应力。

4）螺栓连接齿圈。成本较高，但可靠，在需要避免由过盈产生的应力、焊接困难或缺少压装设备及经验时可以采用。对于只能加工质量小的加工设备，须采用该结构。

5）焊接齿轮。已在相当大程度上取代了大尺寸的铸造齿轮及过盈套装和螺栓连接结构。大型齿轮一般采用双辐板，对齿宽$b \geqslant 1500$mm的应采用三辐板。

输入、输出轴的轴伸尺寸应符合GB/T 1569—2005《圆柱形轴伸》或GB/T 1570—2005《圆锥形轴伸》的规定。轴上台肩的圆角可按GB/T 6403.4—2008《零件倒圆与倒角》选取，磨削的外圆和轴肩处应尽可能用内圆角。圆角的表面粗糙度值Ra应小于3.2μm。轴伸上键槽与台肩的距离：当轴伸直径≤180mm时，大于3倍的圆角半径；当轴伸直径>180mm时，应为圆角半径的2~1.5倍。

空心轴孔结构如图4-8和图4-9所示。其孔径一般比实心轴直径大一挡。

轴的尺寸按强度计算与结构要求确定。轴的弯曲和扭转许用应力如图 4-32 所示。在确定轴的许用应力时必须考虑过载工况。应用图 4-32 时，由键槽、轴肩台阶、退刀槽等引起的应力集中系数不得超过 3.0。当有效应力集中系数超过 3.0、压力装配或有异常变形时，应作详细分析。采用特种合金钢并严格控制冶金及热处理质量时，可取比图 4-32 所示曲线大 30% 的值。

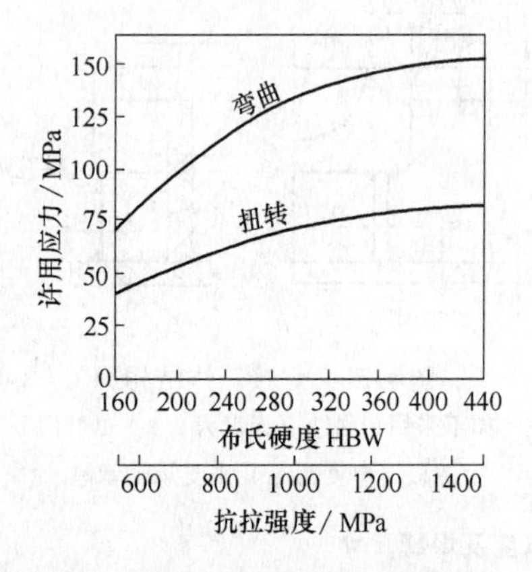

图 4-32 轴的弯曲和扭转许用应力

无论载荷大小，都应分析轴和轮齿的变形情况，为修形计算提供依据，与实际情况相符。

瞬时过载设计应保证轴不产生屈服。

轴与齿轮的配合直径与公差带可按经验给定。采用调质齿轮时，配合直径 $d \approx 0.42a$；采用硬齿面齿轮时 $d \approx 0.5a$（a 为齿轮副中心距）。配合尺寸的公差带：当 $d \leqslant 120\text{mm}$ 时，为 H7/r6（或 H7/p6）；当 $d > 120\text{mm}$ 时，为 H7/s6。

键的强度应校核切应力和压应力。计算压应力时应取轴上键槽深度与轮上键槽深度的较小值。不采用过盈配合、键承担全部载荷时，基于峰值转矩计算的键的最大许用应力见表 4-15。

表 4-15 键的最大许用应力

键的材料	硬度 HBW	许用应力/MPa	
		切应力	压应力
30	无规定	70	140
45	179	100	200
42CrMo	320	140	280

5. 轴承

减速器应优先选用滚动轴承，而高速或大型且要求运转很平稳的装置才以滑动轴承为主。

通用减速器滚动轴承设计寿命的选择应使其 L_{10} 寿命在额定功率下大于 5000h（齿轮传动的工况系数 $K_{SF}=1.0$），L_{10}是指 90% 可靠度的寿命。

减速器选定后轴承的寿命（单位为 h）为

$$L_{10}=5000K_{SF}^{\frac{10}{3}} \tag{4-6}$$

作为参考，可靠性水平为 $R\%$ 的非 90% 时的寿命可按下式计算

$$L_{(100-R)}=L_{10}\times 4.48\left[\ln\left(\frac{100}{R}\right)\right]^{0.667} \tag{4-7}$$

比如，95% 的可靠度水平 L_5 的寿命是 $0.62L_{10}$，50% 的可靠度水平是 $3.51L_{10}$。

由于受力不同，减速器同一轴上两端轴承如选相同型号，寿命会相差很大。

水泥磨、轧钢机、船用等专用传动装置的 L_{10} 轴承寿命为 15000～50000h，多用 25000h。特殊情况，如远洋船舰、风力发电要求在 50000h 甚至 100000h 以上。

轴承结构设计的一般原则为：轴承尽量布置在齿轮两侧且靠近齿轮；轴承跨距不小于齿轮直径的 70%；每个轴上尽可能只用两个轴承；人字齿只允许一个轴轴向固定，一般让小齿轮能自由地轴向调整；悬臂轴承的距离取 2～3 倍的跨距（轮齿中点至外侧轴承中点）。

除轴流泵、挤塑机等大轴向推力机械用减速器需采用球面滚子推力轴承外，减速器常采用球轴承、圆柱滚子轴承、圆锥滚子轴承和调心滚子轴承，后两种用得最广泛。球轴承用于轻载小规格的场合，我国的圆柱滚子轴承因不能承受轴向力，很少在斜齿轮减速器中应用，主要用于轴的自由窜动端（锥齿轮轴的一端）及用作行星轮轴承。圆锥滚子轴承与调心滚子轴承相比，前者承受轴向力的能力较强，但调整轴向间隙较麻烦。轴的质量不均衡及空载时检查轮齿接触斑点不容易准确，常用于高速级；后者对轴向力较敏感，但安装调整方便，多用于低速级。

一般与轴承外圈配合的箱体孔的公差带取 H7。与轴承内圈配合的轴颈公差带取：$d \leqslant 40\text{mm}$，k6；$40\text{mm} < d \leqslant 100\text{mm}$，m6；$100\text{mm} < d \leqslant 200\text{mm}$，n6；$d > 200\text{mm}$，p6。

4.4 工业用直齿轮和斜齿轮接触强度与弯曲强度计算方法（GB/T 19406—2003/ISO 9085：2002）

1. 适用范围

该标准规定了工业用直齿轮和斜齿轮接触强度与弯曲强度校核计算方法。

该标准中的计算公式并不适用于其他形式的轮

齿损伤，如塑性变形、微点蚀、胶合、表层压溃、焊合以及磨损，也不能应用于预料不到的齿廓破坏的振动条件下。弯曲强度公式可应用于轮齿齿根圆角处折断，而不能用在轮齿工作齿廓表面上的折断、齿轮齿圈的失效或齿坯辐板与轮毂的失效。本标准不适用于以锻压或烧结为最终加工方法的轮齿，也不能应用于接触斑点很差的齿轮。

2. 基本计算公式（见表4-16）

表4-16　圆柱齿轮传动齿面接触疲劳强度和齿根弯曲疲劳强度校核计算式

项　目	齿面接触疲劳强度	齿根弯曲疲劳强度
计算应力/MPa	$\sigma_H = Z_{B(D)} Z_H Z_E Z_\varepsilon Z_\beta \sqrt{\frac{F_t}{d_1 b}\frac{u \pm 1}{u} K_A K_V K_{H\beta} K_{H\alpha}}$	$\sigma_F = \frac{F_t}{bm_n} Y_F Y_S Y_\beta K_A K_V K_{F\beta} K_{F\alpha}$
许用应力/MPa	$\sigma_{HP} = \sigma_{Hlim} Z_{NT} Z_L Z_V Z_R Z_W Z_X / S_{Hmin}$	$\sigma_{FP} = \sigma_{Flim} Y_{ST} Y_{NT} Y_{\delta relT} Y_{RrelT} Y_X / S_{Fmin}$
安全系数	$S_H = \frac{\sigma_{HP}}{\sigma_H} \geqslant S_{Hmin}$	$S_F = \frac{\sigma_{FP}}{\sigma_F} \geqslant S_{Fmin}$

注：K_A——使用系数。最好通过具体应用场合的实际使用经验的分析来确定，当缺乏使用经验或无详细的分析资料可用时，可使用表4-17中的值；

K_V——动载系数，见本节第3小节2)；

$K_{H\beta}$、$K_{F\beta}$——接触强度和弯曲强度计算的齿向载荷分布系数，见本节第3小节3)；

$K_{H\alpha}$、$K_{F\alpha}$——接触强度和弯曲强度计算的齿间载荷分配系数，见本节第3小节4)；

$Z_{B(D)}$——单对齿啮合系数，是把齿轮节点处的接触应力折算到单对齿啮合区界点处接触应力的系数，大、小齿轮分别计算，小齿轮为 Z_B，大齿轮为 Z_D，对绝大多数情况可取 $Z_{B(D)}=1$，见本节第3小节5)；

F_t——分度圆上名义圆周力（N）；

b——工作齿宽（mm）；计算接触强度时，指一对齿轮中的较小齿宽；对人字齿或双斜齿轮 $b=b_B\times2$，b_B 为单个斜齿轮宽度；计算弯曲强度时，对窄齿轮 b 为窄齿轮的齿宽，对宽齿轮 b 为窄齿轮齿宽加上每端最多一个模数作为宽齿轮的齿宽；如有齿端修薄或鼓形修整，b 应比实际齿宽取小；

d_1——小齿轮分度圆直径（mm）；小齿轮转矩等于 $0.5d_1F_t$；

u——齿数比，$u=z_2/z_1$；z_1 和 z_2 分别为小齿轮和大齿轮的齿数；

Z_H——节点区域系数，见本节第3小节6)；

Z_E——弹性系数（$\sqrt{MPa}$），见表4-20；

Z_ε——接触强度计算的重合度系数，见本节第3小节8)；

Z_β、Y_β——接触强度和弯曲强度计算的螺旋角系数，见本节第3小节9)；

σ_{Hlim}、σ_{Flim}——试验齿轮的接触、弯曲疲劳极限（MPa），见本节第3小节10)；

S_{Hmin}、S_{Fmin}——接触、弯曲强度的最小安全系数，见本节第3小节11)；

Z_{NT}、Y_{NT}——接触、弯曲强度的寿命系数；见本节第3小节12)；

Z_L——润滑剂系数，见本节第3小节13)；

Z_V——速度系数，见本节第3小节13)；

Z_R——表面粗糙度系数，见本节第3小节13)；

Z_W——工作硬化系数，见本节第3小节14)；

Z_X、Y_X——接触、弯曲强度计算的尺寸系数，见本节第3小节15)；

m_n——法向模数（mm）；

Y_F——齿形系数，见本节第3小节16)；

Y_S——应力修正系数，见本节第3小节17)；

Y_{ST}——试验齿轮的应力修正系数，取 $Y_{ST}=2.0$；

$Y_{\delta relT}$——相对齿根圆角敏感系数，见本节第3小节18)；

Y_{RrelT}——相对齿根表面状况系数，见本节第3小节19)；

表中“+”用于外啮合“-”用于内啮合。

3. 有关数据及系数的确定

1）使用系数 K_A（见表4-17）是考虑由于齿轮啮合外部因素引起附加动载荷影响的系数。此附加动载荷取决于原动机和从动机的特性、轴和联轴器系统的质量和刚度以及运行状态。

表 4-17 使用系数 K_A

原动机工作特性及示例	从动机工作特性及示例			
	均匀平稳，如发电机、均匀传送的带式运输机或板式运输机、螺旋输送机、轻型升降机、包装机、机床进刀传动装置、通风机、轻型离心机、离心泵、轻质液体拌和机或均匀密度材料拌合机、剪切机、冲压机①回转齿轮传动装置、往复移动齿轮装置②	轻微冲击，如不均匀传动（如包装件）的带式运输机或板式运输机、机床的主驱动装置、重型升降机、起重机中回转齿轮装置、工业与矿用风机、重型离心机、离心泵、稠粘液体或变密度材料的拌和机、多缸活塞泵、给水泵、挤压机（普通型）、压延机、转炉、轧机③（连续锌条、铝条以及线材和棒料轧机）	中等冲击，如橡胶挤压机、橡胶和塑料作间断工作的拌和机、球磨机（轻型），木工机械（锯片，木车床）、钢坯初轧机③④、提升装置、单缸活塞泵	强烈冲击，如挖掘机（铲斗传动装置、多斗传动装置、筛分传动装置、动力铲）、球磨机（重型）、橡胶揉合机、破碎机（石料、矿石）、冶金机械、重型给水泵、旋转式钻探装置、压砖机、剥皮滚筒、落砂机、带材冷轧机③⑤、压坯机、轮碾机
均匀平稳，如电动机（例如直流电动机）、均匀运转的蒸汽轮机、燃气轮机（小型、起动转矩很小）	1.00	1.25	1.50	1.75
轻微冲击，如蒸汽轮机、燃气轮机、液压装置、电动机（经常起动、起动转矩较大）	1.10	1.35	1.60	1.85
中等冲击，如多缸内燃机	1.25	1.50	1.75	2.00
强烈冲击，如单缸内燃机	1.50	1.75	2.00	2.25 或更大

注：1. 表中数值主要适用于在非共振区运行的工业齿轮和高速齿轮，采用表荐值时至少应取 $S_{Fmin}=1.25$。

2. 如在运行中存在非正常的重载、大的起动转矩、重复的中等或强烈冲击，应校核其有限寿命下的承载能力和静强度。

3. 对于增速传动，根据经验建议取表值的 1.1 倍。

4. 当外部机械与齿轮装置之间挠性连接时，通常 K_A 值可适当减小。

① 额定转矩 = 最大切削、压制、冲击转矩。

② 额定转矩 = 最大起动转矩。

③ 额定转矩 = 最大轧制转矩。

④ 用电流控制力矩限制器。

⑤ 由于轧制带材经常开裂，可提高 K_A 至 2.0。

2）动载系数 K_V 是考虑齿轮制造精度、运转速度对轮齿内部附加动载荷影响的系数，其值可从图 4-33 近似定出。图中 C 可按下式计算取圆整值

$$C=-0.5048\ln(z)-1.144\ln(m_n)+2.852\ln(f_{pt})+3.32 \tag{4-8}$$

式中，m_n 为法向模数（mm）；齿数 z 和齿距偏差 f_{pt}（μm），按大、小齿轮分别计算后取大值。传动精度系数 $C\leqslant 5$ 的高精度齿轮，在良好的安装和对中精度以及合适的润滑条件下，K_V 值可按图 4-33 取为 1.0～1.1。

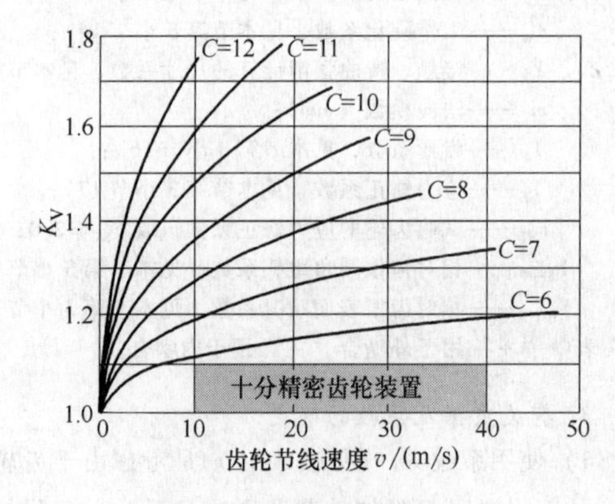

图 4-33 动载荷系数 K_V

3）齿向载荷分布系数 $K_{H\beta}$、$K_{F\beta}$ 是考虑沿齿宽方向载荷分布不均匀影响的系数。$K_{H\beta}$ 的定义如下：

$$K_{H\beta}=\frac{W_{max}}{W_m}=\frac{F_{max}/b}{F_t K_A K_V/b} \tag{4-9}$$

式中　W_{max}——单位齿宽的最大载荷；

　　　W_m——单位齿宽的平均载荷。

根据如图 4-34 和图 4-35 的计算模型，有：

① 如果 $b_{cal}/b\leqslant1$，即$\frac{F_{\beta y}c_\gamma}{2F_m/b}\geqslant1$，则

$$K_{H\beta}=\sqrt{\frac{2F_{\beta y}c_\gamma}{F_m/b}}\geqslant2 \tag{4-10}$$

$$b_{cal}/b=\sqrt{\frac{2F_m/b}{F_{\beta y}c_\gamma}} \tag{4-11}$$

② 如果 $b_{cal}/b>1$，即$\frac{F_{\beta y}c_\gamma}{2F_m/b}<1$，则

$$K_{H\beta}=1+\frac{F_{\beta y}c_\gamma}{2F_m/b} \tag{4-12}$$

$$b_{cal}/b=0.5+\frac{F_m/b}{F_{\beta y}c_\gamma} \tag{4-13}$$

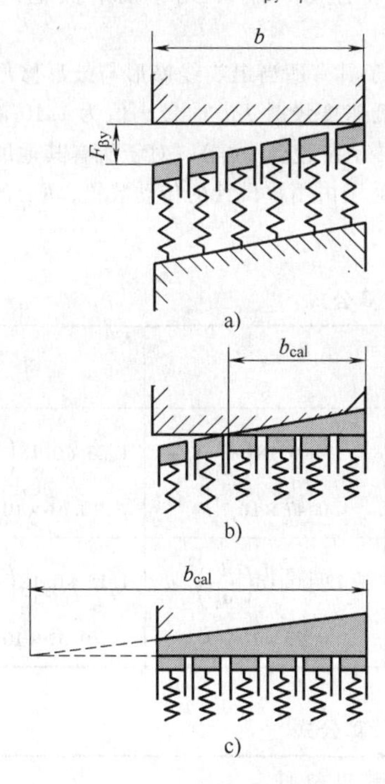

图 4-34　沿齿宽分布的载荷及线性齿向误差（用于原理说明）

a）未加载　b）载荷小或齿向误差大

c）载荷大或齿向误差小

式中，$F_{\beta y}$是考虑了磨合、齿轮制造误差和轮齿受力后弹性变形的综合齿向误差。c_γ 是啮合刚度，为所有参与啮合的几对齿啮合刚度的平均值，近似值可取为 $c_\gamma=20\text{N}/(\text{mm}\cdot\mu\text{m})$。

$K_{F\beta}$和 $K_{H\beta}$的关系式如下

$$K_{F\beta}=(K_{H\beta})^{N_F} \tag{4-14}$$

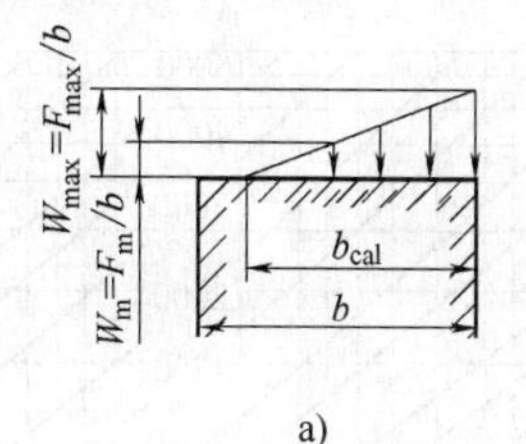

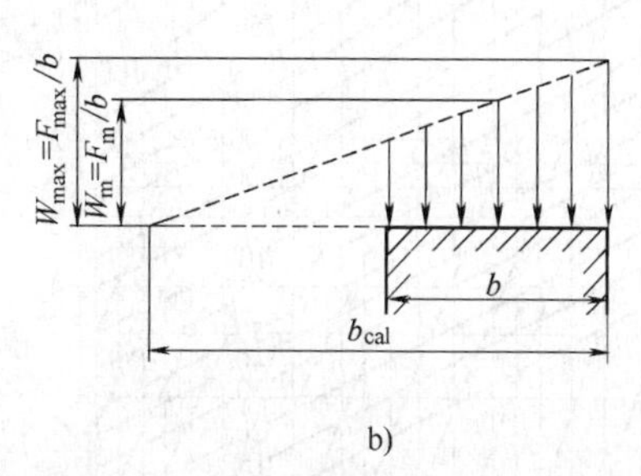

图 4-35　最大载荷 F_{max}/b 的计算及沿齿宽线性分布的载荷 $F_m(=F_tK_AK_V)$

a）小载荷或 $F_{\beta y}$值大，$b_{cal}/b\leqslant1$，$W_{max}=\frac{F_{max}}{b}=\frac{2F_m b}{bb_{cal}}$

b）大载荷或 $F_{\beta y}$值小，$b_{cal}/b>1$，$W_{max}=\frac{F_{max}}{b}=\frac{2F_m}{b}\frac{b_{cal}}{b_{cal}-\frac{b}{2}}$

$$N_F=\frac{(b/h)^2}{1+b/h+(b/h)^2}=\frac{1}{1+h/b+(h/b)^2} \tag{4-15}$$

式中，h 是齿高，b/h 取对应大、小齿轮 b_1/h_1 和 b_2/h_2 中的小值。对于人字齿轮或双斜齿轮，b 为单个斜齿轮宽度。b/h 的最小值取为 3。已知 b_{cal}/b 和 $F_{\beta y}$ 及应用近似 c_γ 值，可从图 4-36 查得 $K_{H\beta}$、$K_{F\beta}$值。

对于调质和硬齿面齿轮，如果小齿轮由如图 4-37所示对称布置的轴承支承，且适用范围如下：

① 中等或较重载荷工况：对调质齿轮，单位齿宽载荷 F_m/b 为 400～1000N/mm；对硬齿面齿轮，F_m/b 为 800～1500N/mm。

② 刚性结构和刚性支承，受载时两轴承变形近似相等；齿宽偏置度 s/l 较小，即 $s/l<0.1$。如果弯曲变形占小齿轮总变形比例小，$s/l<0.3$。

③ 齿宽 b 为 50～400mm，齿宽与齿高比 b/h 为 3～12，小齿轮宽径比 b/d_1 对调质的应小于 2.0，对硬齿面的应小于 1.5。

④ 轮齿啮合刚度 c_γ 为 15～25N/(mm · μm)。

⑤ 齿轮制造精度对调质齿轮为 5～8 级，对硬齿面齿轮为 5～6 级；满载时齿宽全长或接近全长接触（一般情况下未经齿向修形）。

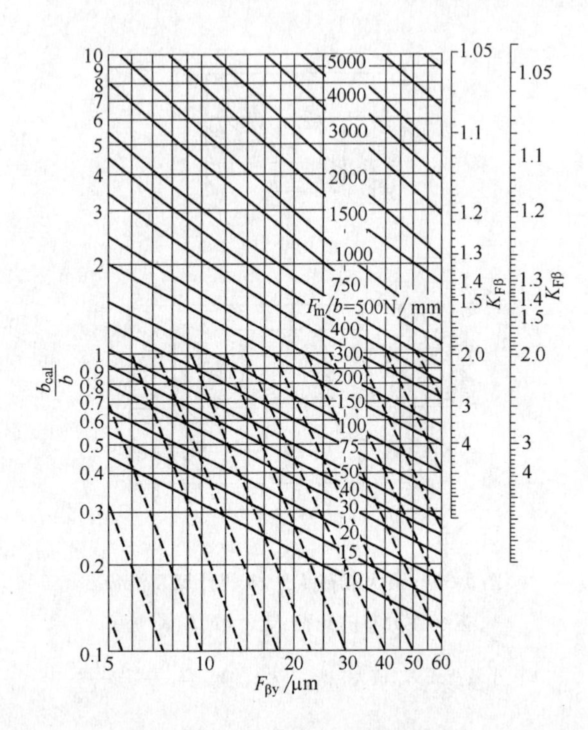

图 4-36 简化方法的齿面载荷分布系数 $K_{H\beta}$、$K_{F\beta}$

($b/h<12$ 及 $c_\gamma=20\text{N}/(\text{mm}\cdot\mu\text{m})$)

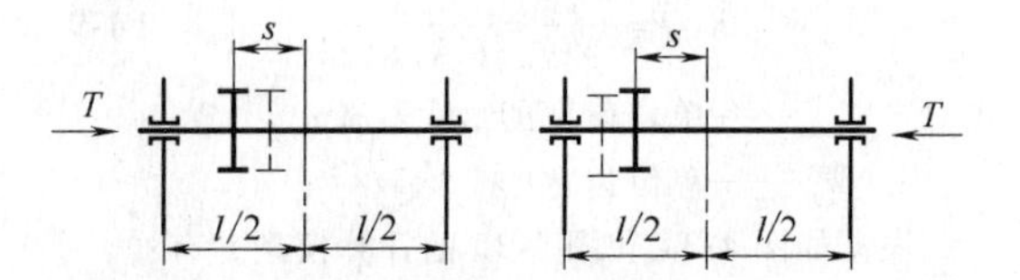

图 4-37 对称布置的轴承、小齿轮、跨距 l、偏距 s 及转矩 T

⑥ 矿物油润滑。

$K_{H\beta}$分别可用表 4-18 及表 4-19 中的公式近似计算。$K_{F\beta}$仍用公式（4-14）计算。如果这样的齿轮有经过了优化的齿向修形，$K_{H\beta}$和 $K_{F\beta}$的近似值可分别取为 1.2 和 1.18 而不管 s/l 是否小于 0.1 或 0.3。

$K_{H\beta}$的最小值：

① 对于没有螺旋线修形与鼓形修形的齿轮副，在最低速度级时 $K_{H\beta}$的最小值为 1.25（对单级减速齿轮传动装置也一样），对于所有其他的速度级为 1.45。

② 对于具有适当螺旋线修形与鼓形修形的齿轮副，在最低速度级时 $K_{H\beta}$的最小值为 1.10（对单级减速齿轮传动装置也一样），对于所有其他的速度级为 1.25。对于由用户设计的传动装置，$K_{H\beta}$的最小值为 1.0。

表 4-18 调质齿轮 $K_{H\beta}$的简化计算公式

是否调整 \ 精度等级	5	6	7	8
装配时不作检验调整	$1.135+0.18\left(\frac{b}{d_1}\right)^2+0.23\times10^{-3}b$	$1.15+0.18\left(\frac{b}{d_1}\right)^2+0.3\times10^{-3}b$	$1.17+0.18\left(\frac{b}{d_1}\right)^2+0.47\times10^{-3}b$	$1.23+0.18\left(\frac{b}{d_1}\right)^2+0.61\times10^{-3}b$
装配时检验调整或对研磨合	$1.10+0.18\left(\frac{b}{d_1}\right)^2+0.115\times10^{-3}b$	$1.11+0.18\left(\frac{b}{d_1}\right)^2+0.15\times10^{-3}b$	$1.12+0.18\left(\frac{b}{d_1}\right)^2+0.23\times10^{-3}b$	$1.15+0.18\left(\frac{b}{d_1}\right)^2+0.31\times10^{-3}b$

表 4-19 硬齿面齿轮 $K_{H\beta}$的简化计算公式

是否调整	精度等级	限制条件	
		$K_{H\beta}\leqslant1.34$	$K_{H\beta}>1.34$
装配时不作检验调整	5	$1.09+0.26\left(\frac{b}{d_1}\right)^2+1.99\times10^{-4}b$	$1.05+0.31\left(\frac{b}{d_1}\right)^2+2.34\times10^{-4}b$
	6	$1.09+0.26\left(\frac{b}{d_1}\right)^2+3.3\times10^{-4}b$	$1.05+0.31\left(\frac{b}{d_1}\right)^2+3.8\times10^{-4}b$
装配时检验调整或对研磨合	5	$1.05+0.26\left(\frac{b}{d_1}\right)^2+1.0\times10^{-4}b$	$0.99+0.31\left(\frac{b}{d_1}\right)^2+1.2\times10^{-4}b$
	6	$1.05+0.26\left(\frac{b}{d_1}\right)^2+1.6\times10^{-4}b$	$1.0+0.31\left(\frac{b}{d_1}\right)^2+1.9\times10^{-4}b$

以上规定的 $K_{H\beta}$ 最小值适用各种载荷情况，包括过载的情况。

4）齿间载荷分配系数 $K_{F\alpha}$、$K_{H\alpha}$ 是考虑几对同时啮合的轮齿之间载荷分配不均匀的影响，如图4-38所示。注意，$(K_{H\alpha})_{min}=(K_{F\alpha})_{min}=1$、$\varepsilon_\gamma$ 是总重合度，c_γ 是啮合刚度，近似值是 20N/(mm · μm)；f_{pb}是大、小轮基节偏差中的较大值，当齿廓修形补偿实际载荷级下的轮齿变形时，可以用其公差的50%；y_α 是磨合留量；$F_{tH}=F_tK_AK_VK_{H\beta}$；$b$ 是和 F_t 对应的齿宽。

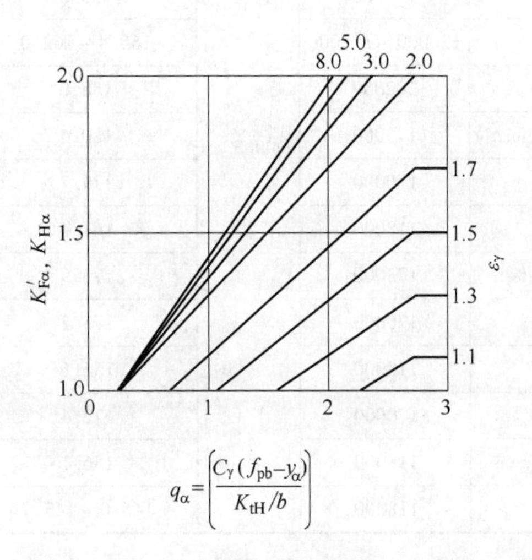

图4-38　齿间载荷分配系数 $K_{F\alpha}$、$K_{H\alpha}$

5）小轮、大轮单对齿啮合系数 Z_B、Z_D。当 $Z_B>1$或 $Z_D>1$ 时，系数 Z_B 与 Z_D 用以将直齿轮节点上接触应力分别转换为小轮和大轮单对齿啮合区下界点处的接触应力。

① 内齿轮：$Z_D=1$。

② 直齿轮

$$M_1=\frac{\tan\alpha_{wt}}{\sqrt{\left[\sqrt{\frac{d_{a1}^2}{d_{b1}^2}-1}-\frac{2\pi}{z_1}\right]\left[\sqrt{\frac{d_{a2}^2}{d_{b2}^2}-1}-(\varepsilon_\alpha-1)-\frac{2\pi}{z_2}\right]}} \tag{4-16}$$

$$M_2=\frac{\tan\alpha_{wt}}{\sqrt{\left[\sqrt{\frac{d_{a2}^2}{d_{b2}^2}-1}-\frac{2\pi}{z_2}\right]\left[\sqrt{\frac{d_{a1}^2}{d_{b1}^2}-1}-(\varepsilon_\alpha-1)-\frac{2\pi}{z_1}\right]}} \tag{4-17}$$

式中　α_{wt}——啮合角；

ε_α——齿廓重合度；

d_{a1}、d_{a2}——小齿轮和大齿轮的顶圆直径；

d_{b1}、d_{b2}——小齿轮和大齿轮的基圆直径；

z_1、z_2——小齿轮和大齿轮的齿数。

若 $M_1>1$，取 $Z_B=M_1$；若 $M_1\leqslant1$，取 $Z_B=1.0$；若 $M_2>1$，取 $Z_D=M_2$；若 $M_2\leqslant1$，取 $Z_D=1.0$。

③ $\varepsilon_\beta\geqslant1$ 的斜齿轮：$Z_B=Z_D=1$。

④ $\varepsilon_\beta<1$ 的斜齿轮：Z_B 与 Z_D 由直齿轮与 $\varepsilon_\beta\geqslant1$ 的斜齿轮传动之间线性插值确定：

$$\left.\begin{aligned}Z_B&=M_1-\varepsilon_\beta(M_1-1);Z_B\geqslant1\\Z_D&=M_2-\varepsilon_\beta(M_2-1);Z_D\geqslant1\end{aligned}\right\} \tag{4-18}$$

式中　ε_β——纵向重合度。

6）节点区域系数 Z_H。节点区域系数 Z_H 是考虑节点处齿廓曲率对赫兹力的影响并将分度圆上的切向力转换为节圆上的法向力，即

$$Z_H=\sqrt{\frac{2\cos\beta_b\cos\alpha_{wt}}{\cos^2\alpha_t\sin\alpha_{wt}}} \tag{4-19}$$

式中　α_t——端面压力角。

7）弹性系数 Z_E。弹性系数 Z_E 是考虑材料特性 E（弹性模量）与 ν（泊松比）对接触应力影响的系数。Z_E 的数值见表4-20。

8）接触强度计算的重合度系数 Z_ε 是考虑端面重合度与纵向重合度对圆柱齿轮齿面承载能力影响的系数。

① 直齿轮

$$Z_\varepsilon=\sqrt{\frac{4-\varepsilon_\alpha}{3}} \tag{4-20}$$

对于重合度小于2.0的直齿轮，可选用保守值 $Z_\varepsilon=1.0$。

② 斜齿轮

当 $\varepsilon_\beta<1$ 时

$$Z_\varepsilon=\sqrt{\frac{4-\varepsilon_\alpha}{3}(1-\varepsilon_\beta)+\frac{\varepsilon_\beta}{\varepsilon_\alpha}} \tag{4-21}$$

当 $\varepsilon_\beta\geqslant1$ 时

$$Z_\varepsilon=\sqrt{\frac{1}{\varepsilon_\alpha}} \tag{4-22}$$

9）接触强度计算的螺旋角系数 Z_β 是考虑螺旋角对齿面接触应力的影响，即

$$Z_\beta=\sqrt{\cos\beta} \tag{4-23}$$

弯曲强度计算的螺旋角系数 Y_β 将当量直齿轮的齿根应力（计算的原始值）转换为相应斜齿轮的齿根应力，用此方法考虑斜齿轮倾斜线的影响（齿根应力偏小）：

当 $\varepsilon_\beta>1$ 与 $\beta\leqslant30°$时

$$Y_\beta=1-\frac{\beta}{120°} \tag{4-24}$$

当 $\varepsilon_\beta>1$ 与 $\beta>30°$时

$$Y_\beta=0.75 \tag{4-25}$$

表 4-20　部分材料组合的弹性系数 Z_E（平均值）

齿轮 1			齿轮 2			$Z_E/\sqrt{N/mm^2}$
材料[1]	弹性模量 /(N/mm²)	泊松比 ν	材料[1]	弹性模量 /(N/mm²)	泊松比 ν	
St, V, Eh NT(nitr.), NV(nitr.), NV(nitrocar.)	206000	0.3	St, V, Eh, NT(nitr.), NV(nitr.), NV(nitrocar.)	206000	0.3	189.8
			St(cast)	202000		188.9
			GGG(perl., bai., ferr.)	173000		181.4
			GTS(perl.)	170000		180.5
			GG	126000 ~ 118000		165.4 ~ 162.0
St(cast)	202000		St(cast)	202000		188.0
			GGG(perl., bai., ferr.)	173000		180.5
			GTS(perl.)	170000		179.7
			GG	118000		161.4
GGG (perl., bai., Ferr.)	173000		GGG(perl., bai., ferr.)	173000		173.9
			GTS(perl.)	170000		173.2
			GG	118000		156.6
GTS(perl.)	170000		GTS(perl.)	170000		172.4
			GG	118000		156.1
GG	126000 ~ 118000		GG	118000		146.0 ~ 143.7

① 所有缩略语说明见表 4-21。

表 4-21　材料的缩略语及说明

材　　料	缩　略　语
钢($R_m \geqslant 800N/mm^2$)	St
铸钢(合金钢或碳钢)($R_m \geqslant 800N/mm^2$)	St(cast)
调质钢(合金钢或碳钢),调质处理($R_m \geqslant 800N/mm^2$)	V
灰铸铁	GG
球墨铸铁(珠光体,贝氏体,铁素体组织)	GGG(perl., bai., ferr.)
黑色可锻铸铁(珠光体组织)	GTS(perl.)
表面硬化钢,表面硬化处理	Eh
钢与球墨铸铁,火焰或感应淬火处理	IF
氮化钢,氮化处理	NT(nitr.)
调质与表面硬化钢,氮化处理	NV(nitr.)
调质与表面硬化钢,氮碳共渗处理	NV(nitrocar.)

当 $\varepsilon_\beta \leqslant 1$ 与 $\beta \leqslant 30°$ 时

$$Y_\beta = 1 - \varepsilon_\beta \frac{\beta}{120°} \tag{4-26}$$

当 $\varepsilon_\beta \leqslant 1$ 与 $\beta > 30°$ 时

$$Y_\beta = 1 - 0.25\varepsilon_\beta \tag{4-27}$$

式中　β——螺旋角。

10）试验齿轮的接触、弯曲疲劳极限 σ_{Hlim}、σ_{Flim}，如图 4-39 ~ 图 4-52。

除非另有协议，工业齿轮选用材料质量等级 MQ。质量等级 ML、MQ、ME、MX 对材料与热处理的要求见 GB/T 8539—2000。

11）接触强度和弯曲强度的最小安全系数分别是 $S_{Hmin} = 1$ 和 $S_{Fmin} = 1.2$，除非供需双方另有协议。

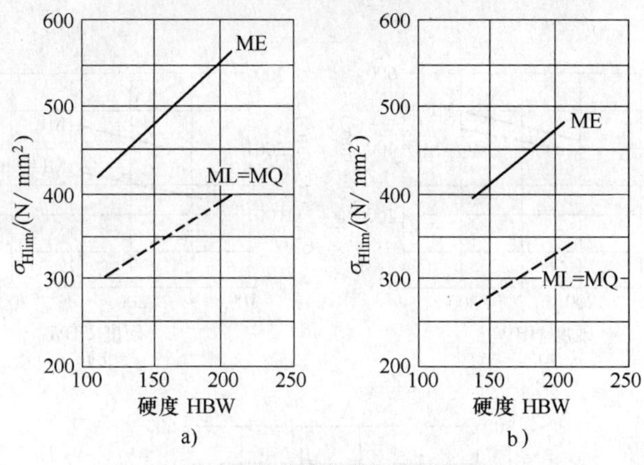

图 4-39　正火处理的结构钢和铸钢的 σ_{Hlim}

a）正火处理的结构钢　b）铸钢

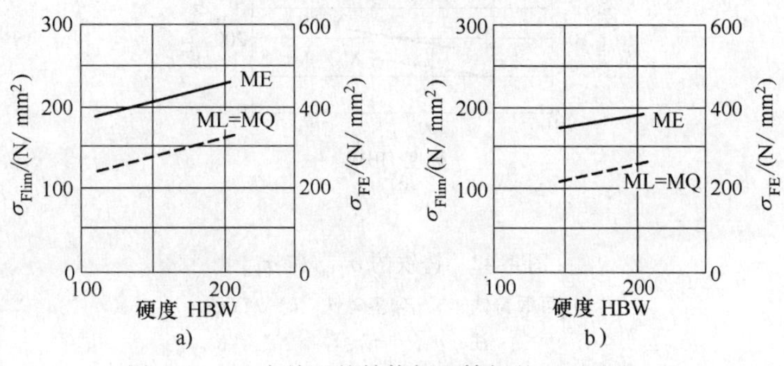

图 4-40　正火处理的结构钢和铸钢的 σ_{Flim} 和 σ_{FE}

a）正火处理的结构钢　b）铸钢

注：$\sigma_{FE}=\sigma_{Flim}Y_{ST}$。

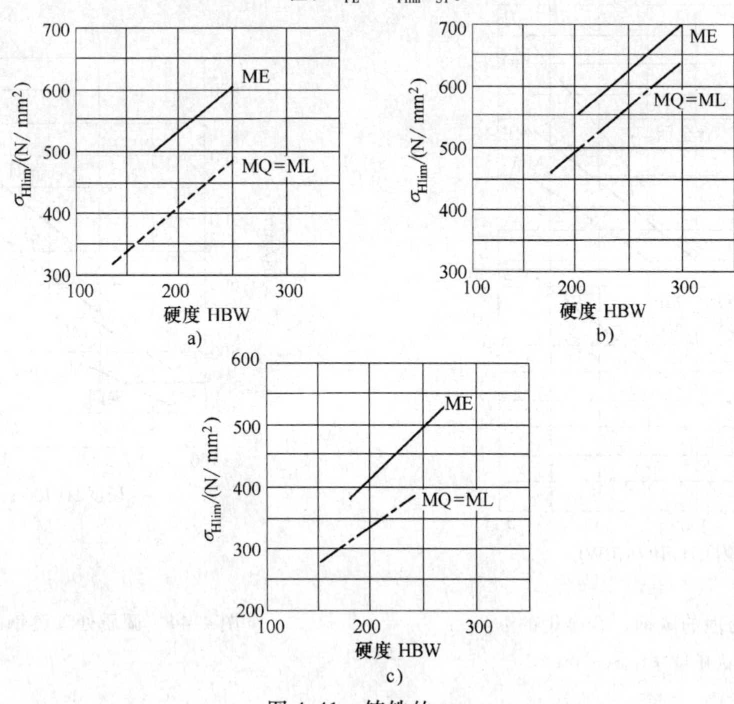

图 4-41　铸铁的 σ_{Hlim}

a）可锻铸铁　b）球墨铸铁　c）灰铸铁

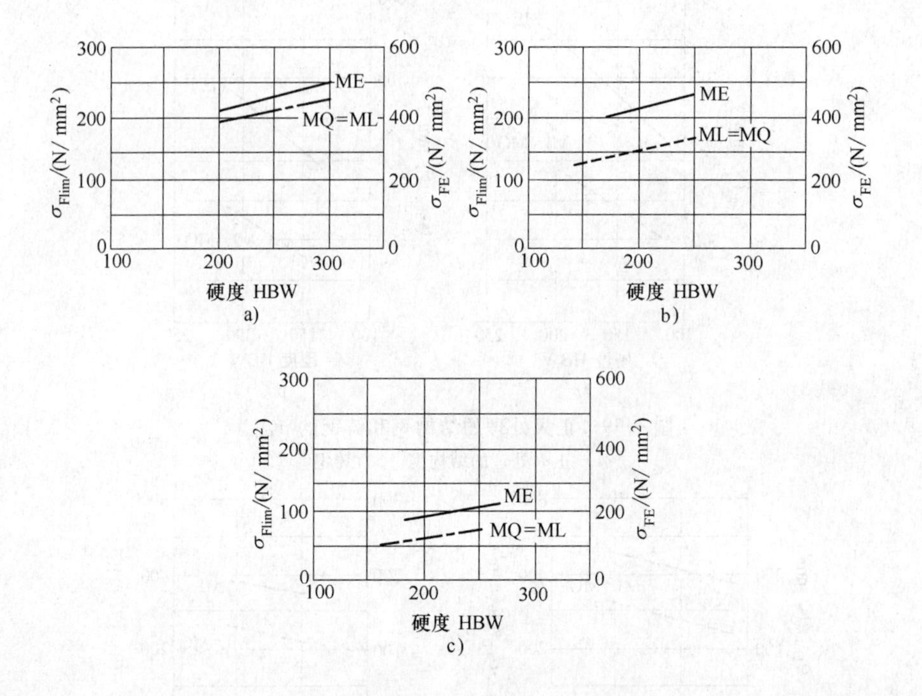

图 4-42　铸铁的 σ_{Flim} 和 σ_{FE}

a）可锻铸铁　b）球墨铸铁　c）灰铸铁

注：$\sigma_{FE}=\sigma_{Flim}Y_{ST}$。

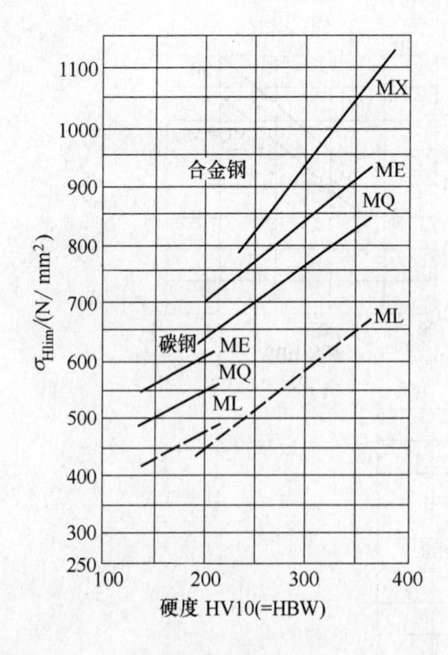

图 4-43　调质处理的碳钢、合金钢的 σ_{Hlim}

注：额定碳质量分数≥0.20%。

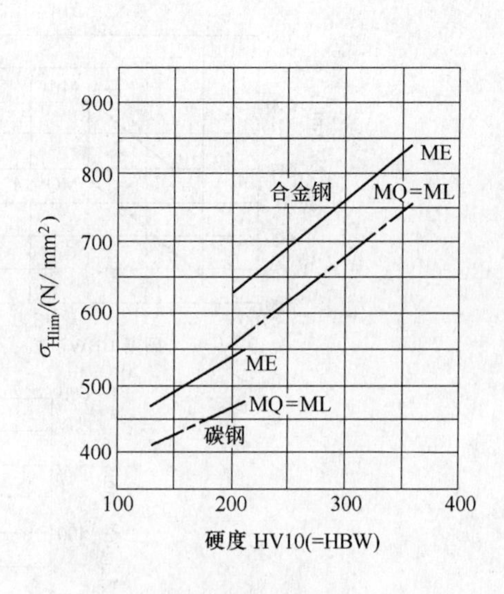

图 4-44　调质处理铸钢的 σ_{Hlim}

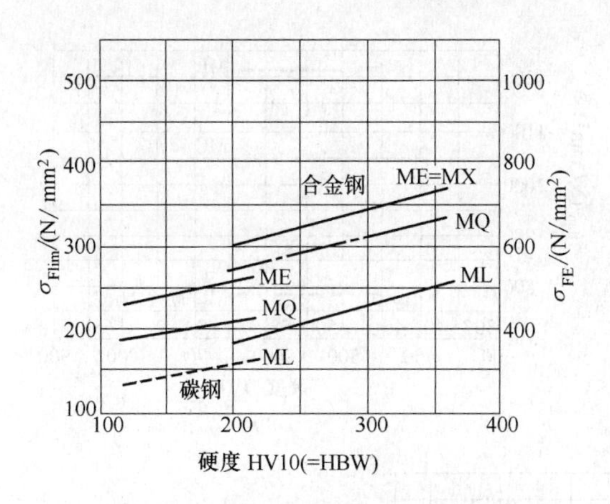

图4-45 调质处理的碳钢、合金钢的 σ_{Flim} 和 σ_{FE}

注：额定碳质量分数≥0.20%；$\sigma_{FE}=\sigma_{Flim}Y_{ST}$。

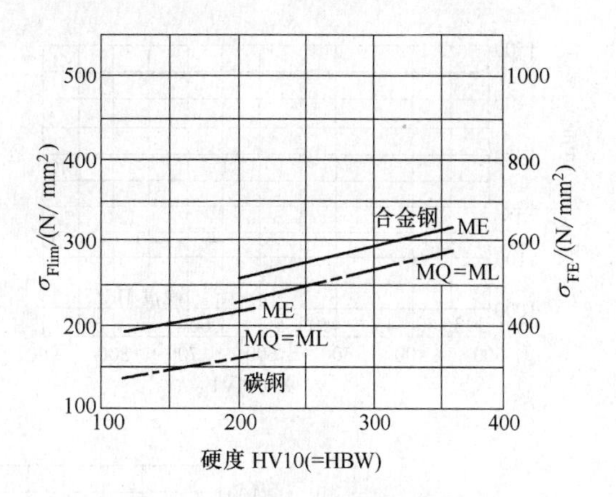

图4-46 调质处理铸钢的 σ_{Flim} 和 σ_{FE}

注：$\sigma_{FE}=\sigma_{Flim}Y_{ST}$。

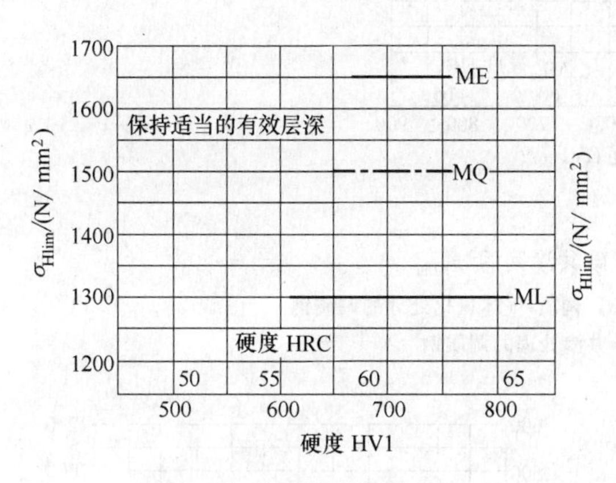

图4-47 渗碳淬火钢的 σ_{Hlim}

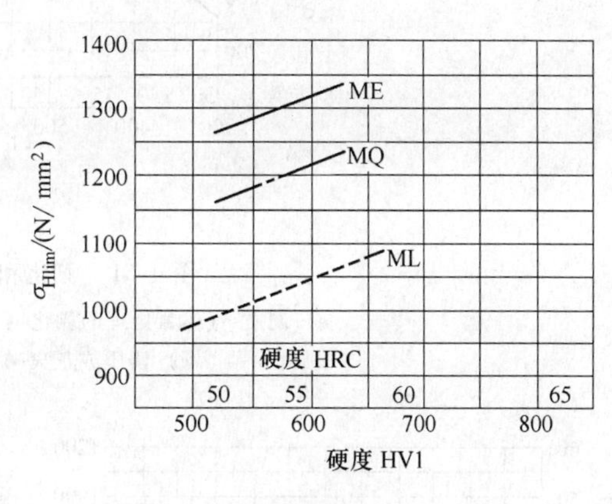

图4-48 表面硬化（火焰或感应淬火）钢的 σ_{Hlim}

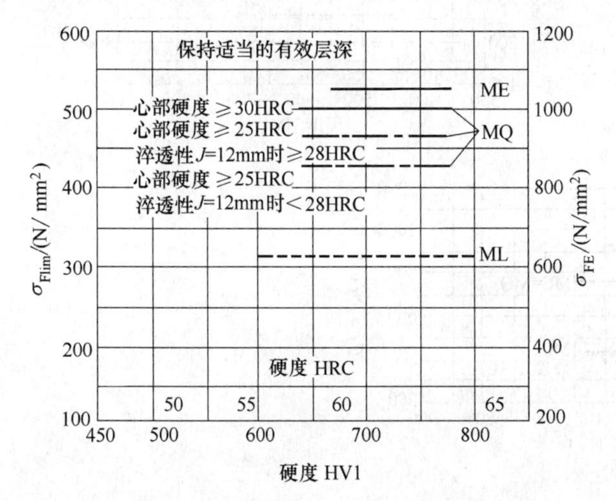

图4-49 渗碳淬火钢的 σ_{Flim} 和 σ_{FE}

注：$\sigma_{FE}=\sigma_{Flim}Y_{ST}$。

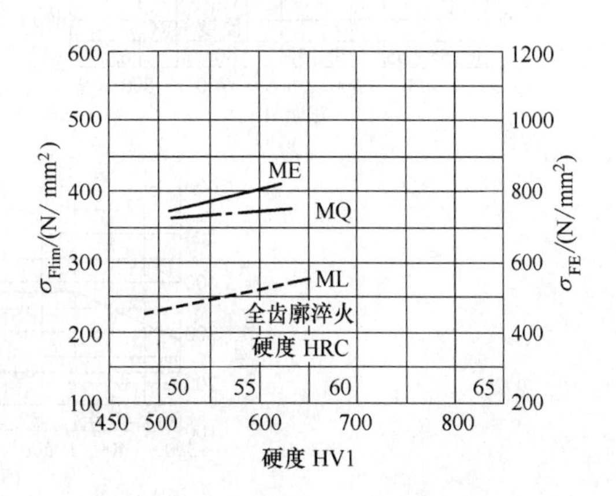

图4-50 表面硬化（火焰或感应淬火）钢的 σ_{Flim} 和 σ_{FE}

注：$\sigma_{FE}=\sigma_{Flim}Y_{ST}$。

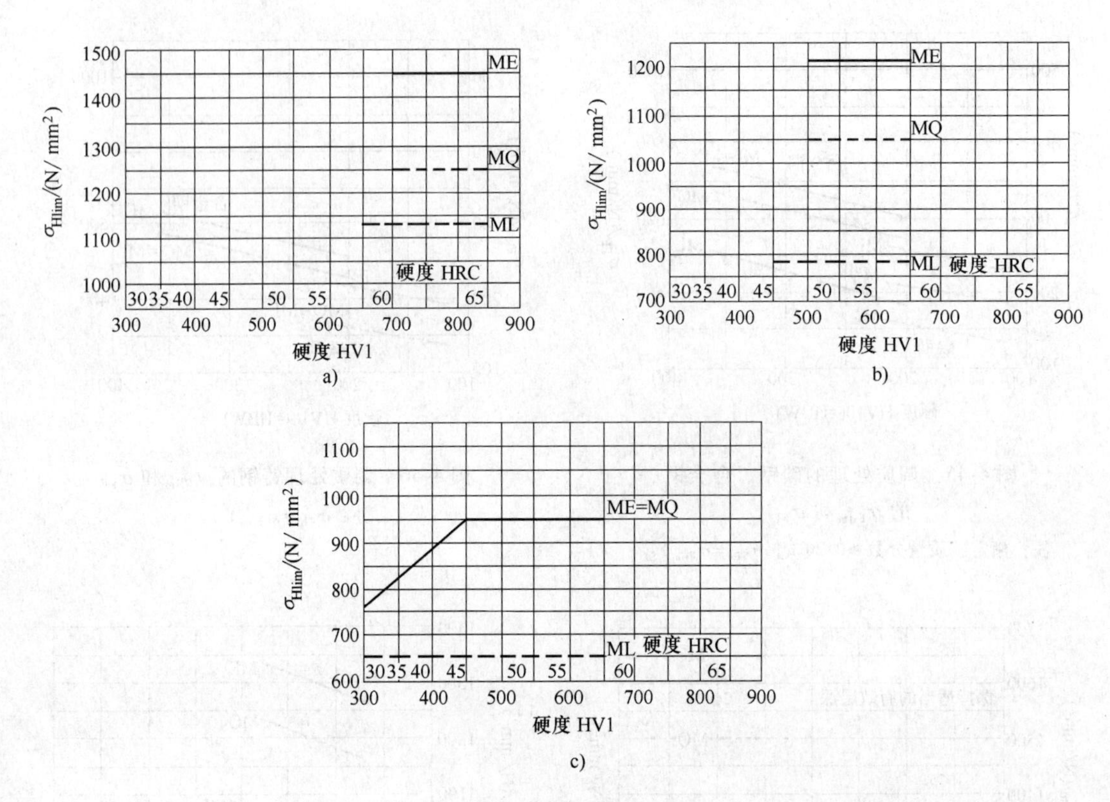

图 4-51　氮化和氮碳共渗钢的 σ_{Hlim}

a）调质-气体氮处理的氮化钢　b）调质-气体氮化处理的调质钢

c）调质或正火-氮碳共渗处理的调质钢

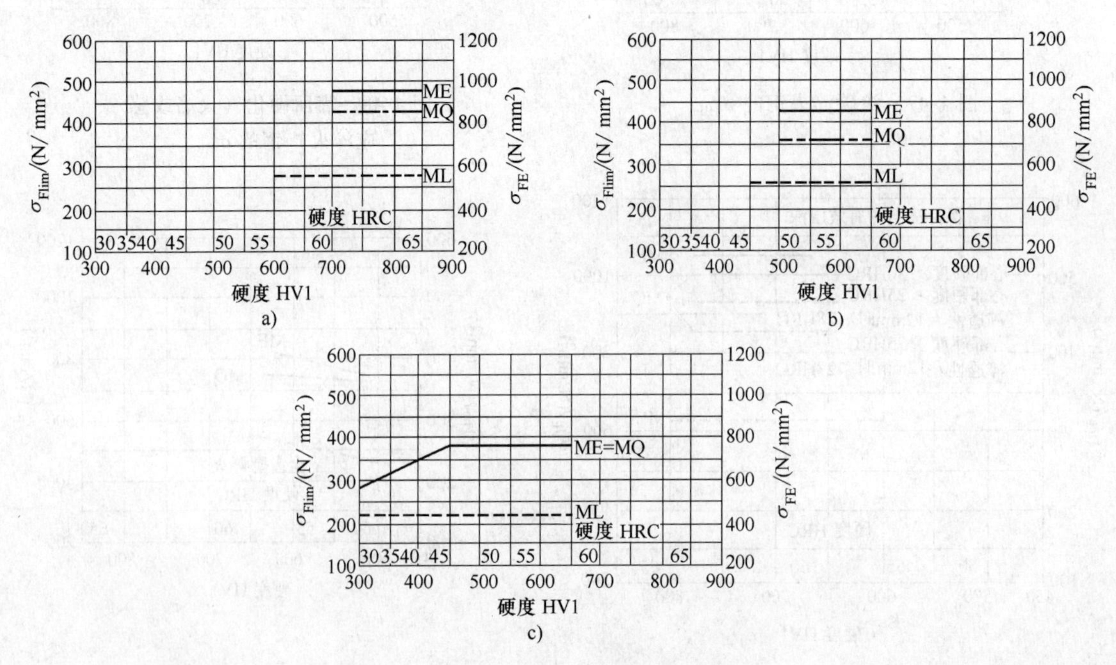

图 4-52　氮化及氮碳共渗钢的 σ_{Flim} 和 σ_{FE}

a）调质-气体渗氮处理的氮化钢　b）调质-气体氮化处理的调质钢　c）调质或正火-氮碳共渗处理的调质钢

注：$\sigma_{FE}=\sigma_{Flim}Y_{ST}$。

12）接触、弯曲强度的寿命系数 Z_{NT} 和 Y_{NT} 是考虑了载荷循环数 N_L 的影响，分别见表 4-22 和表 4-23。如果 N_L 的值介于表中所列的 N_L 值之间，可分别查图 4-53 和图 4-54 得到 Z_{NT} 和 Y_{NT} 的值。

13）润滑剂系数 Z_L 考虑了润滑油粘度的影响，速度系数 Z_V 考虑了节线速度的影响，表面粗糙度系数 Z_R 考虑了表面粗糙度对啮合区润滑油膜形成的影响。

表 4-22　寿命系数 Z_{NT}

材　料①	载荷循环数	寿命系数 Z_{NT}
St, St(cast), V, GGG(Perl., bai.), GTS(perl.), Eh, IF 仅当一定程度的点蚀可允许时	$N_L \leqslant 6\times10^5$ (静态)	1.6
	$N_L = 10^7$	1.3
	$N_L = 10^9$ (参考)	1.0
	$N_L = 10^{10}$	ME, MX: 1.0②
		MQ: 0.92
		ML: 0.85
St, St(cast), V, GGG(Perl., bai.), GTS(perl.), Eh, IF 不允许有点蚀	$N_L \leqslant 10^5$ (静态)	1.6
	$N_L = 5\times10^7$ (参考)	1.0
	$N_L = 10^{10}$	ME: 1.0②
		MQ: 0.92
		ML: 0.85
GG, GGG(ferr.), NT(nitr.), NV(nitr.)	$N_L \leqslant 10^5$ (静态)	1.3
	$N_L = 2\times10^6$ (参考)	1.0
	$N_L = 10^{10}$	ME: 1.0②
		MQ: 0.92
		ML: 0.85
NV(nitrocar.)	$N_L \leqslant 10^5$ (静态)	1.1
	$N_L = 2\times10^6$ (参考)	1.0
	$N_L = 10^{10}$	ME: 1.0②
		MQ: 0.92
		ML: 0.85

① 所有缩略语的说明见表 4-21。
② 建议最佳润滑，制造与试验。

表 4-23　寿命系数 Y_{NT}

材　料①	载荷循环数	寿命系数 Y_{NT}
V GGG(perl., bai.) GTS(perl.)	$N_L \leqslant 10^4$ (静态)	2.5
	$N_L = 3\times10^6$	1.0
	$N_L = 10^{10}$	ME, MX: 1.0②
		MQ: 0.92
		ML: 0.85
Eh, IF(root)	$N_L \leqslant 10^3$ (静态)	2.5
	$N_L = 3\times10^6$	1.0
	$N_L = 10^{10}$	ME: 1.0②
		MQ: 0.92
		ML: 0.85
St, St(cast), NT(nitr.), NV(nitr.), GG, GGG(ferr.)	$N_L \leqslant 10^3$ (静态)	1.6
	$N_L = 3\times10^6$	1.0
	$N_L = 10^{10}$	ME: 1.0②
		MQ: 0.92
		ML: 0.85

（续）

材　料①	载荷循环数	寿命系数 Z_{NT}
NV(nitrocar.)	$N_L \leqslant 10^3$(静态)	1.1
	$N_L = 3\times10^6$	1.0
	$N_L = 10^{10}$	ME:1.0②
		MQ:0.92
		ML:0.85

① 所有缩略语说明见表4-21。

② 建议最佳制造与试验。

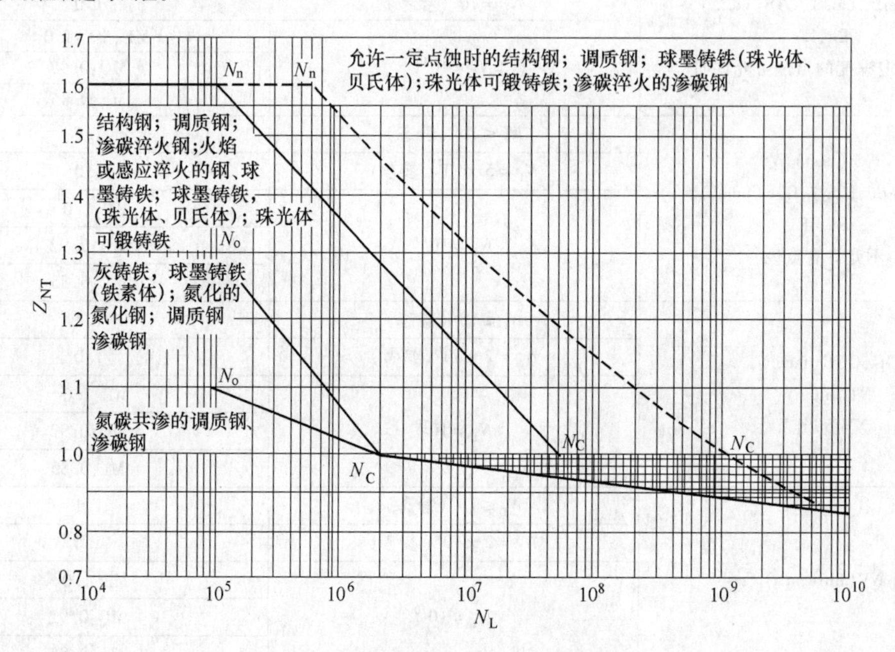

图4-53　接触强度的寿命系数 Z_{NT}

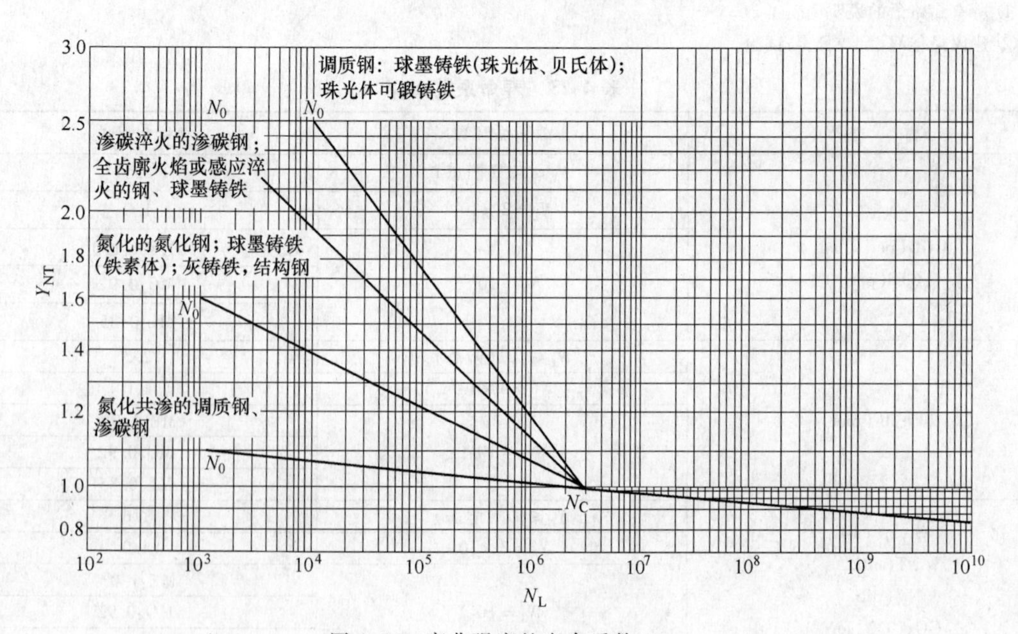

图4-54　弯曲强度的寿命系数 Y_{NT}

① 载荷循环次数等于或大于 10^7 时 Z_L、Z_V、Z_R 的乘积：

对于用滚削、插削或刨削的齿轮

$$Z_LZ_VZ_R=0.85 \tag{4-28}$$

对于研磨、磨削或剃齿的齿轮且平均相对峰-谷表面粗糙度 $Rz_{10}>4\mu m$

$$Z_LZ_VZ_R=0.92 \tag{4-29}$$

对于一个齿轮是滚削、插削或刨削，相啮合齿轮为磨削或剃削，且 $Rz_{10}\leqslant 4\mu m$

$$Z_LZ_VZ_R=0.92 \tag{4-30}$$

对于磨削或剃削的齿轮副，且 $Rz_{10}\leqslant 4\mu m$

$$Z_LZ_VZ_R=1.0 \tag{4-31}$$

② 静应力（或载荷循环次数小于 10^4）时 Z_L、Z_V、Z_R 的乘积为

$$Z_LZ_VZ_R=1.0 \tag{4-32}$$

③ 有限寿命时 Z_L、Z_V、Z_R 的乘积：载荷循环次数 $10^5<N_L<10^7$ 时 Z_L、Z_V、Z_R 的值介于1，即式（4-32）和式（4-28）~式（4-31）表达的值之间，通过线性插值得到。

14）工作硬化系数 Z_W 是用以考虑经光整加工的硬齿面小齿轮在运转过程中对调质钢大齿轮齿面产生冷作硬化，从而使大齿轮的许用接触应力提高的系数，如图 4-55 所示。当硬度 < 130HBW 时，$Z_W=1.2$；当硬度 >470HBW 时，$Z_W=1.0$。

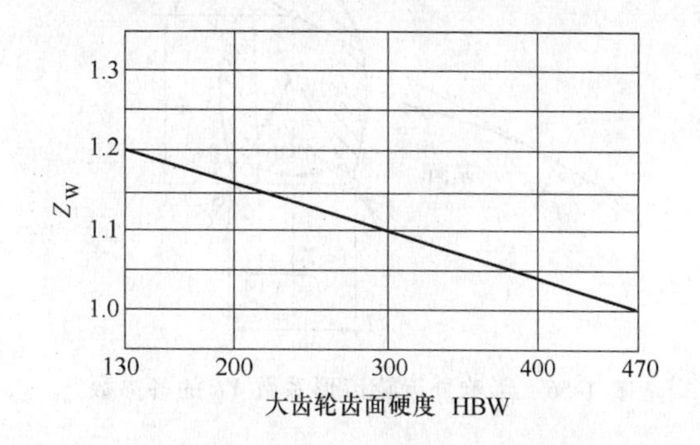

图 4-55 工作硬化系数 Z_W

15）尺寸系数 Z_x 和 Y_x 是考虑因尺寸增大，而分别使材料接触强度和弯曲强度降低的系数。使用本标准时，$Z_x=1$；Y_x 的值通过查表 4-24 可得。

表 4-24 弯曲强度计算的尺寸系数 Y_x

材 料[①]	循环次数	法向模数	尺寸系数 Y_x
St, St(cast), V, GGG(perl., bai.), GTS(perl.)	$3\times10^6\sim10^{10}$	$m_n\leqslant5$ $5<m_n<30$ $m_n\geqslant30$	$Y_x=1.0$ $Y_x=1.03-0.006m_n$ $Y_x=0.85$
Eh, IF(root), NT(nitr.), NV(nitr.), NV(nitrocar.)		$m_n\leqslant5$ $5<m_n<30$ $m_n\geqslant30$	$Y_x=1.0$ $Y_x=1.05-0.01m_n$ $Y_x=0.8$
GGG, GGG(ferr.)		$m_n\leqslant5$ $5<m_n<30$ $m_n\geqslant30$	$Y_x=1.0$ $Y_x=1.075-0.015m_n$ $Y_x=0.7$
所有材料	静态	—	$Y_x=1.0$

① 所用缩略语说明见表 4-21。

16）齿形系数 Y_F 是考虑载荷作用于单对齿啮合区外界点时齿形对弯曲应力影响的系数。

① 外齿轮的齿形系数 Y_F。按图 4-56 所示定义，外齿轮的齿形系数 Y_F 可由下式确定

$$Y_F=\frac{6\left(\frac{h_{Fe}}{m_n}\right)\cos\alpha_{Fen}}{\left(\frac{s_{Fn}}{m_n}\right)^2\cos\alpha_n} \tag{4-33}$$

式中 m_n——齿轮法向模数（mm）；

α_n——法向分度圆压力角；

α_{Fen}、h_{Fe}、s_{Fn}的定义如图 4-56 所示。

式（4-33）适用于标准或变位的直齿轮和斜齿轮。对于斜齿轮，齿形系数按法截面确定，即按当量齿数 z_n 进行计算。大、小轮的齿形系数应分别确定。z_n 应按表 4-25 中式（4-37）计算。

用齿条刀具加工的外齿轮的 Y_F 可用表 4-25 中的公式计算。

本计算方法需满足下列条件：

a. 30°切线的切点应位于由刀具齿顶圆角所展成的齿根过渡曲线上。

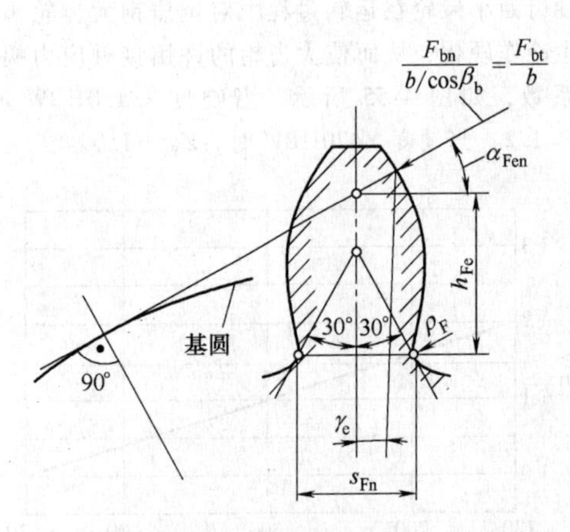

图 4-56 影响外齿轮齿形系数 Y_F 的各参数

b. 刀具齿顶必须有一定大小的圆角，即 $\rho_{fP}\neq0$。刀具的基本齿廓尺寸如图 4-57 所示。

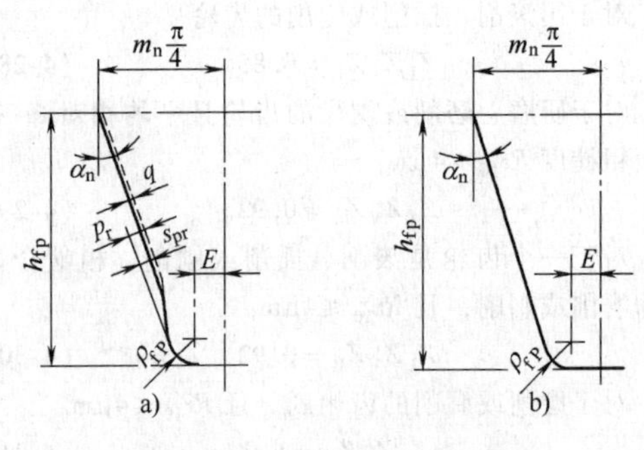

图 4-57 刀具基本齿廓尺寸

a）挖根型 b）普通型

表 4-25 外齿轮齿形系数 Y_F 的有关公式

序号	名 称	代号	计算公式	公式号	备 注
1	刀尖圆心至刀齿对称线的距离	E	$\frac{\pi m_n}{4}-h_{fP}\tan\alpha_n+\frac{s_{pr}}{\cos\alpha_n}-(1-\sin\alpha_n)\frac{\rho_{fP}}{\cos\alpha_n}$	(4-34)	h_{fP}—基本齿廓齿根高 $s_{pr}=p_r-q$ 如图 4-57 所示
2	辅助值	G	$\frac{\rho_{fP}}{m_n}-\frac{h_{fP}}{m_n}+x$	(4-35)	x—法向变位系数
3	基圆螺旋角	β_b	$\arccos[\sqrt{1-(\sin\beta\cos\alpha_n)^2}]$	(4-36)	
4	当量齿数	z_n	$\frac{z}{\cos^2\beta_b\cos\beta}\approx\frac{z}{\cos^3\beta}$	(4-37)	
5	辅助值	H	$\frac{2}{z_n}\left(\frac{\pi}{2}-\frac{E}{m_n}\right)-\frac{\pi}{3}$	(4-38)	
6	辅助角	θ	$(2G/z_n)\tan\theta-H$	(4-39)	用牛顿法解时可取初始值 $\theta=-H/(1-2G/z_n)$
7	危险截面齿厚与模数之比	$\frac{s_{Fn}}{m_n}$	$z_n\sin\left(\frac{\pi}{3}-\theta\right)+\sqrt{3}\left(\frac{G}{\cos\theta}-\frac{\rho_{fP}}{m_n}\right)$	(4-40)	
8	30°切点处曲率半径与模数之比	$\frac{\rho_F}{m_n}$	$\frac{\rho_{fP}}{m_n}+\frac{2G^2}{\cos\theta(z_n\cos^2\theta-2G)}$	(4-41)	
9	当量直齿轮端面重合度	$\varepsilon_{\alpha n}$	$\frac{\varepsilon_\alpha}{\cos^2\beta_b}$	(4-42)	ε_α—端面重合度
10	当量直齿轮分度圆直径	d_n	$\frac{d}{\cos^2\beta_b}=m_nz_n$	(4-43)	
11	当量直齿轮基圆直径	d_{bn}	$d_n\cos\alpha_n$	(4-44)	
12	当量直齿轮顶圆直径	d_{an}	d_n+d_a-d	(4-45)	d_a—齿顶圆直径 d—分度圆直径
13	当量直齿轮单对齿啮合区外界点直径	d_{en}	$2\sqrt{\left[\sqrt{\left(\frac{d_{an}}{2}\right)^2-\left(\frac{d_{bn}}{2}\right)^2}\mp\pi m_n\cos\alpha_n(\varepsilon_{\alpha n}-1)\right]^2+\left(\frac{d_{bn}}{2}\right)^2}$ 注：式中“∓”处对外啮合取“-”，对内啮合取“+”	(4-46)	

（续）

序号	名　称	代号	计算公式	公式号	备　注
14	当量齿轮单齿啮合外界点压力角	α_{en}	$\arccos\left(\frac{d_{bn}}{d_{en}}\right)$	(4-47)	
15	外界点处的齿厚半角	γ_e	$\frac{1}{z_n}\left(\frac{\pi}{2}+2x\tan\alpha_n\right)+\mathrm{inv}\alpha_n-\mathrm{inv}\alpha_{en}$	(4-48)	
16	当量齿轮单齿啮合外界点载荷作用角	α_{Fen}	$\alpha_{en}-\gamma_e$	(4-49)	
17	弯曲力臂与模数比	$\frac{h_{Fe}}{m_n}$	$\frac{1}{2}\left[(\cos\gamma_e-\sin\gamma_e\tan\alpha_{Fen})\frac{d_{en}}{m_n}-z_n\cos\left(\frac{\pi}{3}-\theta\right)-\frac{G}{\cos\theta}+\frac{\rho_{fP}}{m_n}\right]$	(4-50)	

注：在表中，长度单位为 mm，角度单位为 rad。

表 4-26　内齿轮齿形系数 Y_F 的有关公式

序号	名　称	代号	计算公式	公式号	备　注
1	当量内齿轮分度圆直径	d_{n2}	$\frac{d_2}{\cos^2\beta_b}=m_nz_n$	(4-51)	d_2—内齿轮分度圆直径
2	当量内齿轮根圆直径	d_{fn2}	$d_{n2}+d_{f2}-d_2$	(4-52)	d_{f2}—内齿轮根圆直径
3	当量齿轮单齿啮合区外界点直径	d_{en2}	同表 4-25 中式(4-46)	(4-53)	式中"∓"符号应采用内啮合的
4	当量内齿轮齿根高	h_{fP2}	$\frac{d_{fn2}-d_{n2}}{2}$	(4-54)	
5	内齿轮齿根过渡圆半径	ρ_{F2}	当 ρ_{F2} 已知时取已知值； 当 ρ_{F2} 未知时取为 $0.15m_n$	(4-55)	
6	刀具圆角半径	ρ_{fP2}	当齿轮型插齿刀顶端 ρ_{fP2} 已知时取已知值；当 ρ_{fP2} 未知时，取 $\rho_{fP2}\approx\rho_{F2}$	(4-56)	
7	危险截面齿厚与模数之比	$\frac{s_{Fn2}}{m_n}$	$2\left(\frac{\pi}{4}+\frac{h_{fP2}-\rho_{fP2}}{m_n}\tan\alpha_n+\frac{\rho_{fP2}-s_{pr}}{m_n\cos\alpha_n}-\frac{\rho_{fP2}}{m_n}\cos\frac{\pi}{6}\right)$	(4-57)	$s_{pr}=p_r-q$，见图 4-57
8	弯曲力臂与模数之比	$\frac{h_{Fn2}}{m_n}$	$\frac{d_{fn2}-d_{en2}}{2}-\left[\frac{\pi}{4}-\left(\frac{d_{fn2}-d_{en2}}{2m_n}-\frac{h_{fP2}}{m_n}\right)\tan\alpha_n\right]\tan\alpha_n-\frac{\rho_{fP2}}{m_n}\left(1-\sin\frac{\pi}{6}\right)$	(4-58)	
9	齿形系数	Y_F	$\left(\frac{6h_{Fe2}}{m_n}\right)\Big/\left(\frac{s_{Fn2}}{m_n}\right)^2$	(4-59)	

② 内齿轮的齿形系数 Y_F。内齿轮的齿形系数 Y_F 近似地按替代齿条计算，如图 4-58 所示。

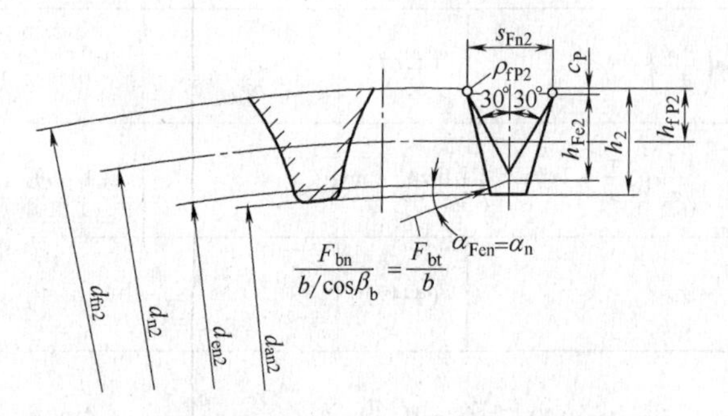

图 4-58 影响内齿轮齿形系数 Y_F 的各参数

替代齿条的法向齿廓与基本齿条相似，齿高与内齿轮相同，法向载荷作用角 α_{Fen} 等于 α_n，并以下标 2 表示内齿轮，有关计算公式见表 4-26。

17）应力修正系数 Y_S 考虑了齿根过渡曲线处的应力集中效应，以及除弯曲正应力以外，其他应力分量对齿根应力的影响，可按下式计算

$$Y_S=(1.2+0.13L)q_S^{\left[\frac{1}{1.21+2.3/L}\right]} \tag{4-60}$$

式中

$$L=\frac{s_{Fn}}{h_{Fe}} \tag{4-61}$$

$$q_S=\frac{s_{Fn}}{2\rho_F} \tag{4-62}$$

s_{Fn}、h_{Fe}、ρ_F 分别用表 4-25（外齿轮）和表 4-26（内齿轮）中相关的公式计算。

18）相对齿根圆角敏感系数 $Y_{\delta relT}$。相对齿根圆角敏感系数 $Y_{\delta relT}$ 是考虑所计算齿轮的材料、几何尺寸等对齿根应力的敏感度与试验齿轮不同而引进的系数：

① 持久寿命时的相对齿根圆角敏感系数 $Y_{\delta relT}$ 可由图 4-59 查得。图中材料名字的缩写见表 4-21，q_S 见式（4-62），σ_b 为材料抗拉强度极限，σ_s 为材料屈服强度，$\sigma_{0.2}$ 为发生永久变形 0.2% 时的屈服强度。持久寿命一般指载荷循环次数超过 10^7。

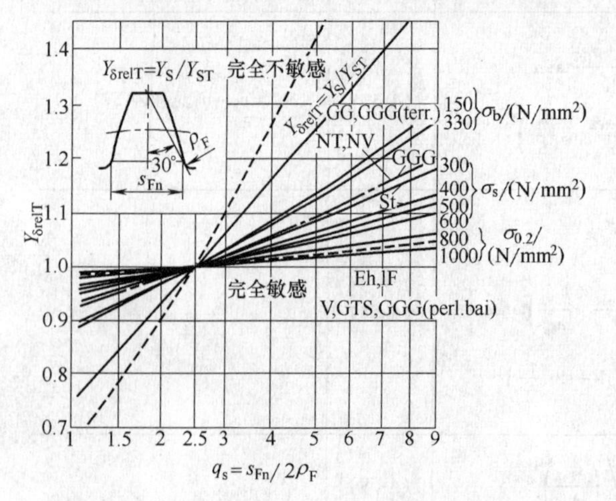

图 4-59 持久寿命时相对齿根圆角敏感系数 $Y_{\delta relT}$

② 静强度的相对齿根圆角敏感系数 $Y_{\delta relT}$ 可由图 4-60 查得。图中横坐标 Y_S 见式（4-60）。静强度一般指载荷循环次数不超过 10^4。

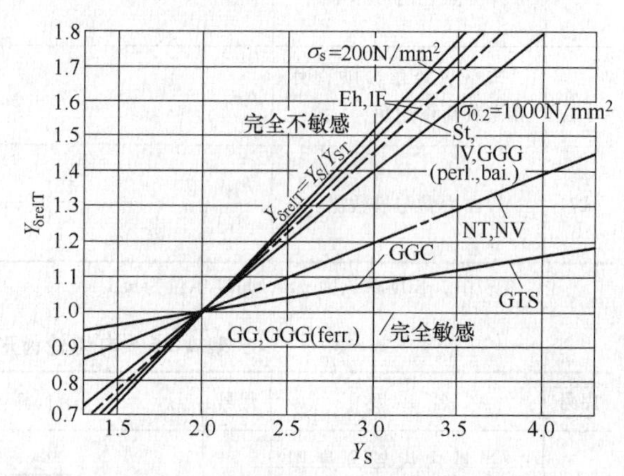

图 4-60 静应力时相对齿根圆角敏感系数 $Y_{\delta relT}$

③ 有限寿命的 $Y_{\delta relT}$ 可用线性插入法从持久寿命的 $Y_{\delta relT}$ 和静强度的 $Y_{\delta relT}$ 之间得到。

19）相对齿根表面状况系数 Y_{RrelT} 为所计算齿轮的齿根表面状况系数与试验齿轮的齿根表面状况系数的比值。齿根表面状况系数是考虑齿廓根部的表面状况，主要是齿根圆角处的表面粗糙度对齿根弯曲强度的影响：

① 如果 $Rz\leqslant16\mu m$，持久寿命时的 $Y_{RrelT}=1$；如果 $Rz>16\mu m$，$Y_{RrelT}=0.9$。这里 Rz 为齿根表面微观不平度 10 点高度。

② 静强度的 $Y_{RrelT}=1$。

③ 有限寿命的 Y_{RrelT} 可用线性插入法从持久寿命的 Y_{RrelT} 和静强度的 Y_{RrelT} 之间得到。

4. 计算实例

例 4-1 使用 GB/T 19406—2003 标准计算实例一

对如图 4-61 所示的风力发电机齿轮增速器第三级齿轮进行设计计算。

1）已知条件：额定功率 $P=1660$kW，设计寿命为 20 年，小齿轮转速 $n_1=1440$r/min，中心距 $a=363.22$mm，法向模数 $m_n=6.1$mm，小齿轮节圆直径 $d_{w1}=197.541$mm，大齿轮节圆直径 $d_{w2}=528.899$mm，小齿轮齿数 $z_1=31$，大齿轮齿数 $z_2=83$，小齿轮齿宽 $b_1=172.72$mm，大齿轮齿宽 $b_2=162.02$mm，小齿轮变位系数 $x_{n1}=0.5$，大齿轮变位系数 $x_{n2}=0.25$，法面压力角 $\alpha_n=20°$，螺旋角 $\beta=14°$，小齿轮顶圆直径

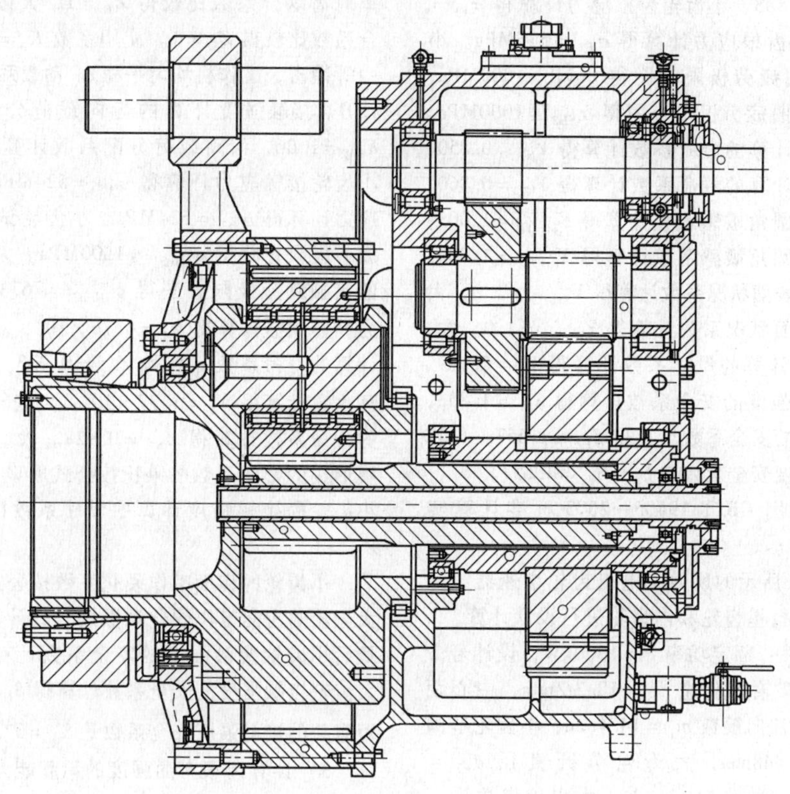

图4-61　1.5MW风力发电机三级齿轴增速器

$d_{t1}=213.36\mathrm{mm}$，大齿轮顶圆直径 $d_{t2}=537.46\mathrm{mm}$，小齿轮根圆直径 $d_{r1}=183.905\mathrm{mm}$，大齿轮根圆直径 $d_{r2}=507.768\mathrm{mm}$。加工大、小齿轮滚刀的齿顶高 $h_{ao1}=h_{ao2}=1.4m_n$，齿顶圆角半径 $\rho_{ao1}=\rho_{ao2}=0.3m_n$。润滑油运动粘度 $\nu_{40}=320\mathrm{cSt}$（$1\mathrm{cSt}=10^{-6}\mathrm{m^2/s}$）。大、小齿轮工作面平均峰顶至谷底表面粗糙度 $Rz_1=Rz_2=2.4\mu\mathrm{m}$。大、小齿轮材料均为17CrNiMo6钢，符合质量等级MQ。表面渗碳硬化处理，齿面磨削时进行修缘修形，并具有宽度对称凸度。

2）计算齿面接触强度的承载能力。节点区域系数计算得 $Z_H=2.315$，弹性系数计算得 $Z_E=190\sqrt{\mathrm{N/mm^2}}$，重合度系数计算得 $Z_\varepsilon=0.810$，螺旋角系数 Z_β 计算得 $Z_\beta=0.985$，分度圆柱上的（名义）端面切向力计算得 $F_t=112926\mathrm{N}$，齿宽取大齿轮齿宽 $b_H=162.02\mathrm{mm}$，小齿轮分度圆直径计算得 $d_1=194.889\mathrm{mm}$，齿数比计算得 $u=2.677$，节点处计算接触应力的基本值计算得 $\sigma_{Ho}=778\mathrm{MPa}$。小齿轮的单对齿啮合系数比较得 $Z_B=1$，大齿轮的单对齿啮合系数比较得 $Z_D=1$。使用系数 $K_A=1.25$（原动机中等冲击，工作机均匀平稳）。动载系数计算得 $K_V=1.054$。接触强度计算的齿向载荷分布系数计算得 $K_{H\beta}=1.246$，齿间载荷分配系数计算得 $K_{H\alpha}=1.013$。小齿轮接触应力计算得 $\sigma_{H1}=1003\mathrm{MPa}$，大齿轮接触应力计算得 $\sigma_{H2}=1003\mathrm{MPa}$。大、小试验齿轮的接触疲劳极限查图得 $\sigma_{Hlim1}=\sigma_{Hlim2}=1500\mathrm{MPa}$。小齿轮接触强度计算的寿命系数计算得 $Z_{N1}=0.850$，大齿轮接触强度计算的寿命系数计算得 $Z_{N2}=0.884$。大、小齿轮润滑油膜形成的影响系数的乘积按公式取 $Z_LZ_VZ_R=1$。大、小齿轮的齿面工作硬化系数按公式取 $Z_{W1}=Z_{W2}=1$。大、小齿轮的接触强度计算的尺寸系数按标准取 $Z_{x1}=Z_{x2}=1$。

最后小齿轮接触强度的安全系数计算得 $S_{H1}=1.271$，大齿轮接触强度的安全系数计算得 $S_{H2}=1.322$。与转矩有关的接触强度安全系数是 $S_H^2=S_{H1}^2=1.615$。

3）计算齿根弯曲强度的承载能力。系数 K_A、K_V 及载荷 F_t 和以上计算接触强度时相同。弯曲强度计算的齿向载荷分布系数计算得 $K_{F\beta}=1.225$。弯曲强度计算的齿间载荷分配系数计算得 $K_{F\alpha}=1.013$。小齿轮齿宽取 $b_{F1}=172.72\mathrm{mm}$，大齿轮齿宽取 $b_{F2}=162.02\mathrm{mm}$。小齿轮的齿形系数计算得 $Y_{F1}=1.248$，大齿轮的齿形系数计算得 $Y_{F2}=1.393$。小齿轮的应力修正系数计算得 $Y_{S1}=2.344$，大齿轮的应力修正系数计算得 $Y_{S2}=2.245$。弯曲强度计算的螺旋角系

数计算得 $Y_{\beta}=0.883$。小齿轮齿根应力计算得 $\sigma_{F1}=456MPa$，大齿轮齿根应力计算得 $\sigma_{F2}=516MPa$。小齿轮材料的弯曲疲劳极限查图得 $\sigma_{FE1}=1000MPa$，大齿轮材料的弯曲疲劳极限查图得 $\sigma_{FE2}=1000MPa$。小齿轮弯曲强度计算的寿命系数计算得 $Y_{N1}=0.850$，大齿轮弯曲强度计算的寿命系数计算得 $Y_{N2}=0.860$。小齿轮相对齿根圆角敏感系数计算得 $Y_{\delta relT1}=1.005$，大齿轮相对齿根圆角敏感系数计算得 $Y_{\delta relT2}=1.005$。小齿轮相对齿根表面状况系数计算得 $Y_{RrelT1}=1.0$，大齿轮相对齿根表面状况系数计算得 $Y_{RrelT2}=1.0$。大、小齿轮弯曲强度计算的尺寸系数计算得 $Y_x=0.989$。最后小齿轮弯曲强度的安全系数计算得 $S_{F1}=1.853$，大齿轮弯曲强度的安全系数计算得 $S_{F2}=1.657$。与转矩有关的弯曲强度安全系数是 $S_F=S_{F2}=1.657$。

例 4-2 使用 GB/T 19406—2003 标准计算实例二

对如图 4-61 所示的风力发电机齿轮增速器第一级齿轮传动中的行星齿轮和内齿轮进行设计计算。

1）已知条件：额定功率 $P=1660kW$，设计寿命为 20 年，行星架输入转速 $n_H=18.3r/min$，中心距 $a=381.635mm$，法向模数 $m_n=14.4mm$，小齿轮节圆直径 $d_{w1}=518.448mm$，大齿轮节圆直径 $d_{w2}=1281.718mm$，小齿轮齿数 $z_1=36$，大齿轮齿数 $z_2=89$，小齿轮齿宽 $b_1=285.75mm$，大齿轮齿宽 $b_2=285.75mm$，小齿轮变位系数 $x_{n1}=0.017$，大齿轮变位系数 $x_{n2}=-0.176$，法面压力角 $\alpha_n=20°$，螺旋角$\beta=7.5°$，小齿轮顶圆直径 $d_{t1}=552.450mm$，大齿轮顶圆直径 $d_{t2}=1262.380mm$，小齿轮根圆直径 $d_{r1}=483.061mm$，大齿轮根圆直径 $d_{r2}=1323.599mm$。加工小齿轮滚刀的齿顶高 $h_{ao1}=1.4m_n$，齿顶圆角半径 $\rho_{ao1}=0.3m_n$。大齿轮齿根圆角半径 $\rho_{F2}=0.39m_n$。润滑油运动粘度 $\nu_{40}=320cSt$（$1cSt=10^{-6}mm^2/s$）。大、小齿轮工作面平均峰顶至谷底表面粗糙度 $Rz_1=Rz_2=2.4\mu m$。大齿轮材料为 34CrNi3Mo，调质处理，表面硬度为 300HBW，符合质量等级 MQ。小齿轮材料为 17CrNiMo6，表面渗碳硬化处理，表面硬度为 60HRC，齿面磨削时进行修缘修形，并具有宽度对称凸度。此级一共有三个行星轮。

2）计算齿面接触强度的承载能力。节点区域系数计算得 $Z_H=2.574$，弹性系数计算得 $Z_E=190\sqrt{N/mm^2}$，重合度系数计算得 $Z_{\varepsilon}=0.773$。螺旋角系数计算得 $Z_{\beta}=0.996$，分度圆柱上的（名义）端面切向力计算得 $F_t=345782N$，齿宽取大齿轮齿宽 $b_H=285.75mm$，小齿轮分度圆直径计算得 $d_1=522.873mm$，齿数比计算得 $u=2.472$，节点处计算接触应力的基本值计算得 $\sigma_{Ho}=442MPa$。小齿轮的单对齿啮合系数比较得 $Z_B=1$，大齿轮的单对齿啮合系数比较得 $Z_D=1$。使用系数 $K_A=1.25$（原动机中等冲击，工作机均匀平稳）。动载系数计算得 $K_V=1.01$。接触强度计算的齿向载荷分布系数计算得 $K_{H\beta}=1.06$，齿间载荷分配系数计算得 $K_{H\alpha}=1.05$。小齿轮接触应力计算得 $\sigma_{H1}=524MPa$，大齿轮接触应力计算得 $\sigma_{H2}=524MPa$。小齿轮试验齿轮的接触疲劳极限查图得 $\sigma_{Hlim1}=1500MPa$。大齿轮试验齿轮的接触疲劳极限查图得 $\sigma_{Hlim2}=767MPa$。小齿轮应力循环次数计算得 $N_1=4.76\times10^8$，小齿轮接触强度计算的寿命系数计算得 $Z_{N1}=0.933$。大齿轮应力循环次数计算得 $N_2=5.77\times10^8$，大齿轮接触强度计算的寿命系数计算得 $Z_{N2}=0.928$。大、小齿轮润滑油膜形成的影响系数的乘积按公式取 $Z_LZ_VZ_R=1$。大、小齿轮的接触强度计算的尺寸系数按标准取 $Z_{x1}=Z_{x2}=1$。

小齿轮的齿面工作硬化系数按公式取 $Z_{W1}=1.0$，大齿轮的齿面工作硬化系数按公式计算得 $Z_{W2}=1.1$。最后小齿轮接触强度的安全系数计算得 $S_{H1}=2.67$，大齿轮接触强度的安全系数计算得 $S_{H2}=1.494$。与转矩有关的接触强度安全系数是 $S_H^2=S_{H2}^2=2.232$。

3）计算齿根弯曲强度的承载能力。载荷 F_t，应力循环次数 N_1、N_2 及系数 K_A、K_V 和以上计算接触强度时相同。弯曲强度计算的齿向载荷分布系数计算得 $K_{F\beta}=1.05$。弯曲强度计算的齿间载荷分配系数计算得 $K_{F\alpha}=1.05$。小齿轮齿宽和大齿轮相同取$b_{F1}=b_{F2}=285.75mm$。小齿轮的齿形系数计算得 $Y_{F1}=1.345$，大齿轮的齿形系数计算得 $Y_{F2}=1.208$。小齿轮的应力修正系数计算得 $Y_{S1}=2.012$，大齿轮的应力修正系数计算得 $Y_{S2}=2.375$。弯曲强度计算的螺旋角系数计算得 $Y_{\beta}=0.948$。小齿轮齿根应力计算得 $\sigma_{F1}=300MPa$，大齿轮齿根应力计算得 $\sigma_{F2}=318MPa$。小齿轮材料的弯曲疲劳极限查图得 $\sigma_{FE1}=1000MPa$，大齿轮材料的弯曲疲劳极限查图得$\sigma_{FE2}=628MPa$。小齿轮弯曲强度计算的寿命系数计算得 $Y_{N1}=0.903$，大齿轮弯曲强度计算的寿命系数计算得 $Y_{N2}=0.900$。小齿轮相对齿根圆角敏感系数计算得 $Y_{\delta relT1}=0.996$，大齿轮相对齿根圆角敏感系数计算得 $Y_{\delta relT2}=1.000$。小齿轮相对齿根表面状况系数计算得 $Y_{RrelT1}=1.0$，大齿轮相对齿根表面状况系数计算得 $Y_{RrelT2}=1.0$。小齿轮弯曲强度计算的尺寸系数计算得 $Y_{x1}=0.906$，大齿轮弯曲强度计算的尺寸系数计算得 $Y_{x2}=0.944$。最后小齿轮弯曲强度的安全系数计算得 $S_{F1}=2.716$，大齿轮弯曲强度的安全系数计算得 $S_{F2}=1.678$。与转矩有关的弯曲强度安全系数是 $S_F=S_{F2}=1.678$。

4.5 AGMA 直齿轮和斜齿轮接触强度与弯曲强度计算方法（AGMA 2101—D04）

1. 适用范围

该标准适用于平行轴内啮合、外啮合直齿轮和斜齿轮抗点蚀和弯曲能力计算。但是该标准中的计算公式并不适用于其他形式的轮齿损伤，如塑性变形、磨损、表层压溃和焊合，也不能应用于有非正常强烈振动的齿轮。

如果存在下列情况之一，就不能使用本标准的计算公式：

1）轮齿已有损伤。

2）直齿轮端面重合度 $\varepsilon_\alpha<1$。

3）直齿轮或斜齿轮的端面重合度 $\varepsilon_\alpha>2$。

4）齿顶干涉。

5）啮合间隙为零。

6）轮齿根切。

7）齿根过渡曲线不光滑。

8）齿根过渡曲线用非展成刀具加工。

9）分度圆上的螺旋角大于50°。

齿轮胶合或磨损计算标准可参考 AGMA 925—A03。

2. 基本计算公式（见表4-27）

表4-27 圆柱齿轮传动齿面接触疲劳强度和齿根弯曲疲劳强度校核计算式（AGMA 2101—D04）

项目	齿面接触疲劳强度	齿根弯曲疲劳强度
计算应力/MPa	$\sigma_H=Z_E\sqrt{F_tK_OK_VK_S\dfrac{K_H}{d_{w1}b}\dfrac{Z_R}{Z_I}}$	$\sigma_F=F_tK_OK_VK_S\dfrac{1}{bm_t}\dfrac{K_HK_B}{Y_J}$
许用应力/MPa	σ_{HP}	σ_{FP}
安全系数	$S_H=\dfrac{\sigma_{HP}Z_NZ_W}{\sigma_HY_\theta Y_Z}$	$S_F=\dfrac{\sigma_{FP}}{\sigma_E}\dfrac{Y_N}{Y_\theta Y_Z}$

注：K_O——过载系数，根据实际使用经验及驱动机、工作机等产生的超过名义切向力 F_t 的瞬时转矩大小确定；

K_V——动载系数，根据齿轮精度、节圆线速度确定；

K_S——尺寸系数，反映材料性质的不均匀程度，对大多数齿轮而言，如果材料及热处理使用得当，$K_S=1$；

K_H——齿向载荷分布系数，考虑沿齿向载荷分布不均匀的影响；K_H 值为齿上最大压力除以平均压力，或最大接触应力除以平均接触应力；

Z_E——弹性系数（$\sqrt{MPa}$），当小齿轮和大齿轮的材料为钢，$Z_E\approx190\sqrt{MPa}$；

F_t——节圆上圆周力（N）；

d_{w1}——小齿轮节圆直径（mm）；

b——小齿轮或大齿轮最窄齿宽（mm）；

Z_R——抗点蚀表面状况系数，当齿面状况满意时，$Z_R=1$；

Z_I——抗点蚀几何系数，考虑轮齿上曲率半径，多个齿均载等影响；

K_B——轮缘厚度系数，当轮缘的厚度和全齿高之比大于1.2时，$K_B=1$；

Y_J——弯曲强度几何系数，考虑轮齿形状、最危险受载位置、多齿均载等影响；AGMA标准只给出了外齿轮 Y_J 计算方法，内齿轮不能计算 Y_J；

m_t——端面模数（mm）；

Z_N——抗点蚀的应力循环系数，当轮齿载荷循环次数为 10^7 时，$Z_N=1$；

Y_N——弯曲强度的应力循环系数，当轮齿载荷循环次数为 10^7 时，$Y_N=1$；

Z_W——抗点蚀的工作硬化系数，当小齿轮轮齿的硬度和大齿轮相同时，$Z_W=1$；

Y_θ——温度系数，当润滑油或轮齿的温度不超过120℃时，$Y_\theta=1$；

Y_Z——可靠性系数，如果失效率要求小于1%，$Y_Z=1$；

σ_{HP}——许用接触应力（MPa），根据材料等级和热处理结果查表或图得到；

σ_{FP}——许用弯曲应力（MPa），根据材料等级和热处理结果查表或图得到。

3. 有关数据及系数的确定

（1）过载系数 K_O　允许具体齿轮承受大于名义切向载荷 F_t 的外载荷。只有取得大量的实际应用经验后，某一使用场合下的过载系数才能很好地确定。

在本计算方法中，$K_O=1$ 包含了有限次数下200%过载循环（典型的情况是8h内发生少于4次过载，每个峰值持续时间不超过1s）。更大瞬时载荷或频繁过载需要另外处理。

确定过载系数时，需要考虑到这样的事实：许多驱动机和工作机在单独或联合工作时产生的瞬时尖峰载荷显著大于根据驱动机或工作机计算的名义载荷。应该考虑过载的许多来源，有些是：系统振动，加速度转矩，超速，系统操作变化，多驱动机工作时功率分流时各分路的不均匀分享，以及工作载荷在过程中的变化。

（2）动载系数 K_V　动载系数 K_V 考虑因轮齿内部非共轭啮合运动而导致的轮齿载荷。其定义如下：

$$K_V=\frac{F_d+F_t}{F_t} \tag{4-63}$$

式中，F_d 是因传动误差引起的动力响应载荷增量，不包括传递的切向载荷。如果不能精确计算或测量，可以用图 4-62 查得 K_V 的值。图中 A_V 是传动精度等级，可以近似地当作相关的齿轮精度等级 A，主要考虑节距和轮廓偏差。齿轮精度等级定义见 ANSI/AGMA 2015-1-A01 标准。传动精度等级在 6 以下被认为是非常精确的齿轮，K_V 值在 1.0 和 1.1 之间。

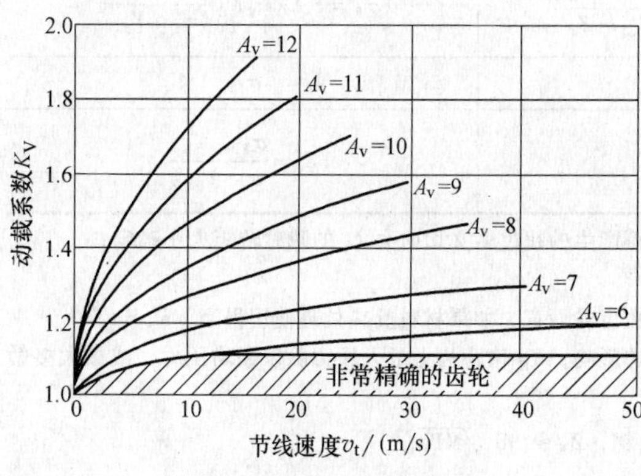

图 4-62　动载荷系数 K_V

（3）载荷分布系数 K_H　载荷分布系数包括：①齿宽载荷分布系数 $K_{H\beta}$；②端面载荷分布系数 $K_{H\alpha}$。如果写成函数的形式，则有

$$K_H=f(K_{H\beta},K_{H\alpha}) \tag{4-64}$$

$K_{H\alpha}$考虑几个齿同时啮合时，各个齿分担的载荷不均匀的情况。$K_{H\alpha}$在本计算方法中可以假定为 1。这样

$$K_H=K_{H\beta} \tag{4-65}$$

$K_{H\beta}$考虑载荷在同一齿上沿齿宽方向不均匀分布的情况。$K_{H\beta}$的值等于最大的载荷密度（接触应力）除以平均载荷密度。$K_{H\beta}$的值可以用经验公式或解析方法计算。经验公式适用于刚度较高的齿轮设计并且满足如下要求：

1）啮合齿宽与节圆直径比，$b/d_{w1}\leqslant 2.0$（如果是双斜齿轮，齿宽不计两斜齿中间空隙的距离）。

2）齿轮受对称轴承支承。

3）最大齿宽是 1020mm。

4）沿全齿宽接触（接触斑迹覆盖全齿宽）。

本计算方法使用的经验公式如下

$$K_{H\beta}=1.0+K_{Hmc}(K_{Hpf}K_{Hpm}+K_{Hma}K_{He}) \tag{4-66}$$

式中　K_{Hmc}——齿向修正系数；

K_{Hpf}——小齿轮比例系数；

K_{Hpm}——小齿轮比例修正系数；

K_{Hma}——啮合偏差系数；

K_{He}——啮合偏差修正系数。

1）齿向修正系数 K_{Hmc}，修正因齿向修正改变最大载荷密度：

$$K_{Hmc}=\begin{cases}1.0 & \text{如果齿轮无齿向修正}\\ 0.8 & \text{如果齿轮有齿向修正(鼓形齿或螺旋线修正)}\end{cases} \tag{4-67}$$

2）小齿轮比例系数 K_{Hpf}，考虑载荷作用下的变形。这些变形往往和齿宽成比例。K_{Hpf}的值可从图 4-63 查得或通过下列方程求出：

当 $b\leqslant 25$mm 时

$$K_{Hpf}=\frac{b}{10d_{w1}}-0.025 \tag{4-68}$$

当 $25\text{mm}<b\leqslant 432$mm 时

$$K_{Hpf}=\frac{b}{10d_{w1}}-0.0375+0.000492b \tag{4-69}$$

当 $432\text{mm}<b\leqslant 1020$mm 时

$$K_{Hpf}=\frac{b}{10d_{w1}}-0.1109+0.000815b-0.000000353b^2 \tag{4-70}$$

注意，如果 $b/d_{w1}<0.5$，取 $b/d_{w1}=0.5$ 代入式（4-68）~式（4-70）计算。

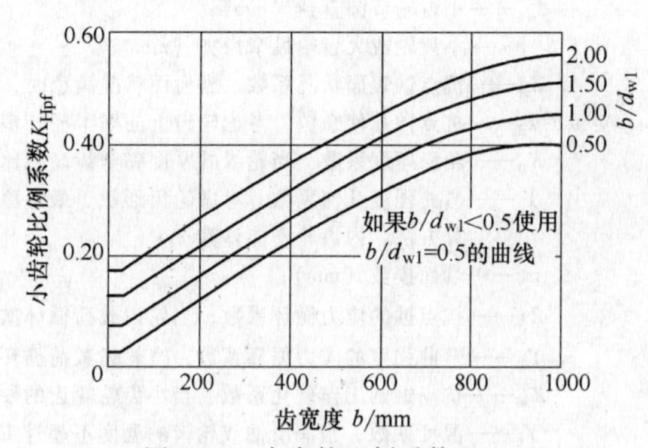

图 4-63　小齿轮比例系数 K_{Hpf}

3）小齿轮比例修正系数 K_{Hpm}，根据小齿轮相对于轴承中心线的位置，如图 6-64 所示，修正系数 K_{Hpm}：

$$K_{Hpm}=\begin{cases}1.0 & \text{如果跨装的小齿轮 } S_1/S<0.175\\ 1.1 & \text{如果跨装的小齿轮 } S_1/S\geqslant 0.175\end{cases} \tag{4-71}$$

式中　S_1——偏心距，即齿宽中心和轴承跨度中点

的距离；

S——轴承跨度。

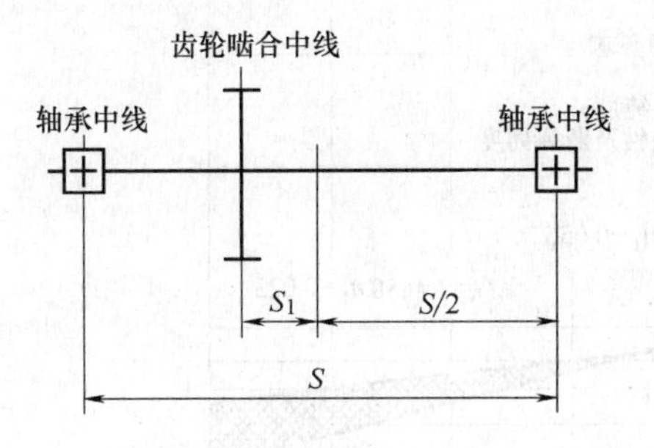

图 4-64　S 和 S_1 的估算

4）啮合偏差系数 K_{Hma}，考虑除弹性变形外其他因素造成的对应两齿轮的两啮合节圆柱旋转轴的偏差。啮合偏差系数的值可以从图 4-65 查得。对于相斜齿轮，齿宽 b 取实际啮合齿宽一半的值。

图 4-65 中各曲线是通过下列方程计算的，即

$$K_{Hma} = A + B(b) + C(b)^2 \tag{4-72}$$

式中，A、B 和 C 的值见表 4-28。

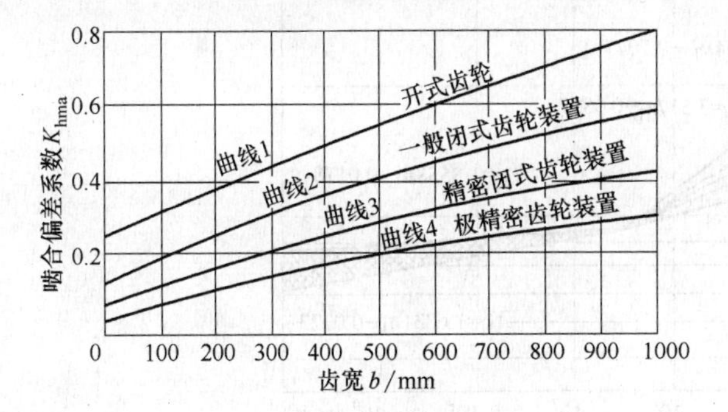

图 4-65　啮合偏差系数 K_{Hma}

表 4-28　经验系数 A、B 和 C

曲　线	A	B	C
曲线 1	2.47×10^{-1}	0.657×10^{-3}	-1.186×10^{-7}
曲线 2	1.27×10^{-1}	0.622×10^{-3}	-1.69×10^{-7}
曲线 3	0.675×10^{-1}	0.504×10^{-3}	-1.44×10^{-7}
曲线 4	0.380×10^{-1}	0.402×10^{-3}	-1.27×10^{-7}

5）啮合偏差修正系数 K_{He}，根据是否有制造或安装措施改善啮合偏差，修正系数 K_{He} 为

$$K_{He} = \begin{cases} 0.8 & \text{齿轮安装时调整过} \\ 0.8 & \text{齿轮啮合经过研磨后得到了改进} \\ 1.0 & \text{其他情况} \end{cases} \tag{4-73}$$

（4）弹性系数 Z_E

$$Z_E = \sqrt{\frac{1}{\pi\left[\left(\frac{1-\nu_1^2}{E_1}\right)+\left(\frac{1-\nu_2^2}{E_2}\right)\right]}} \tag{4-74}$$

式中　ν_1、ν_2——小齿轮和大齿轮的泊松比；

E_1、E_2——小齿轮和大齿轮的弹性模量。

例如，对于钢齿轮，$\nu_1=\nu_2=0.3$，$E_1=E_2=2.05\times10^5\text{MPa}$，$Z_E=190\text{MPa}$。

（5）轮缘厚度系数 K_B　考虑当齿轮轮缘变得很薄时计算的弯曲应力要修正。K_B 随轮缘厚度的变化如图 4-66 所示。图中的横坐标 m_B 称为支承率，由下式定义

$$m_B = \frac{t_R}{h_t} \tag{4-75}$$

式中　t_R——从齿根往下测量的轮缘厚度（mm）；

h_t——全齿高（mm）。

当 $m_B \geqslant 1.2$ 时，$K_B=1$。

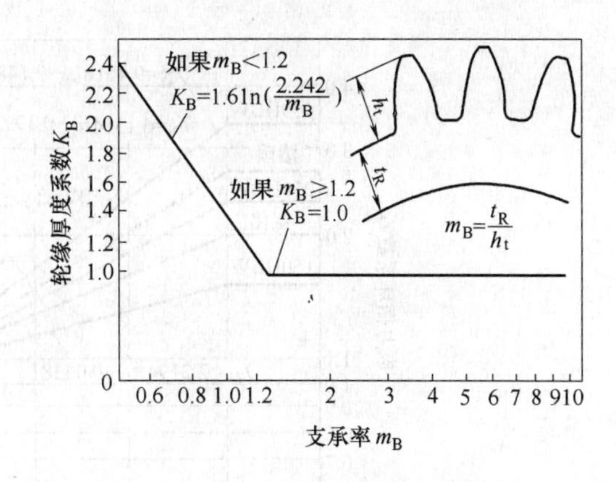

图 4-66　轮缘厚度系数 K_B

（6）应力循环系数 Z_N 和 Y_N　根据设计要求的工作循环次数分别修正许用接触应力 σ_{HP} 和许用弯曲应力 σ_{FP}。在不同的载荷循环次数 n_L 下，Z_N 和 Y_N 的值分别查图 4-67 和图 4-68。在 AGMA 标准中，载荷或应力循环次数 n_L 被定义为在单向载荷作用下被分析轮齿的啮合次数。

（7）抗点蚀的工作硬化系数 Z_W　取决于：①速比；②小齿轮表面粗糙度；③小齿轮和大齿轮的硬度。小齿轮的 Z_W 值总为 1。大齿轮的 Z_W 值要么是 1 或查图 4-69 或图 4-70。

（8）可靠性系数 Y_Z　考虑材料强度试验时失效成统计理论中的正态分布特征。表 4-27 中的许用应力 σ_{HP} 和 σ_{FP} 是基于 10^7 载荷循环下百分之一的失效概率。要求不同的失效概率时，可用表 4-29 给出的可靠性系数修正许用应力。这些数据原是提供给美国海军用于弯曲和点蚀失效。

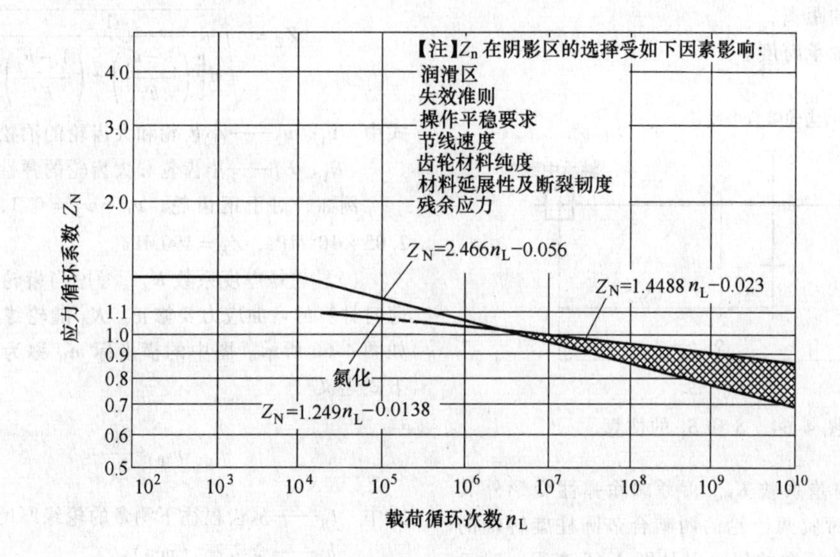

图 4-67　抗点蚀的应力循环系数 Z_N

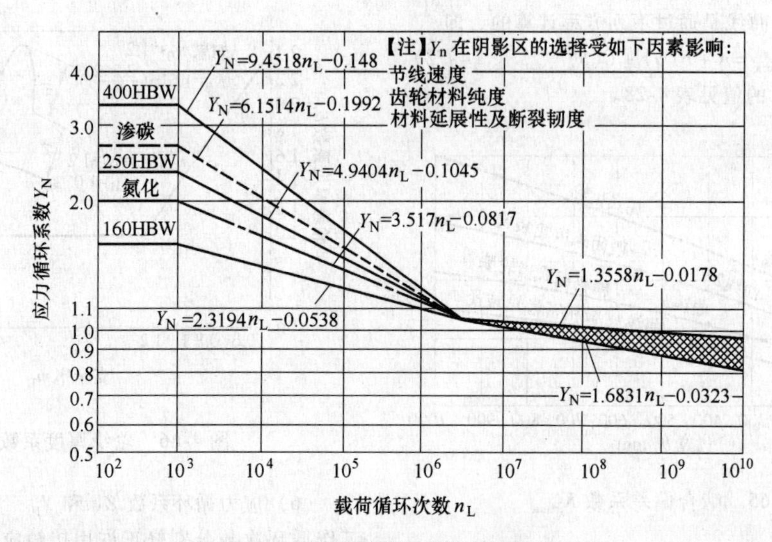

图 4-68　弯曲强度应力循环系数 Y_N

表 4-29　可靠性系数 Y_Z

应用要求(可靠性)	Y_Z
失效不超过 10000 分之 1(0.9999)	1.50
失效不超过 1000 分之 1(0.999)	1.25
失效不超过 100 分之 1(0.99)	1.00
失效不超过 10 分之 1(0.9)	0.85
失效不超过 2 分之 1(0.5)	0.70

如果应用要求（可靠性）和表中列出的不完全重合，可选用如下的插值公式:

$$Y_Z=\begin{cases}0.658-0.0759\ln(1-R) & 0.5<R<0.99\\ 0.50-0.109\ln(1-R) & 0.99\leqslant R\leqslant 0.9999\end{cases} \tag{4-76}$$

式中　R——可靠性。

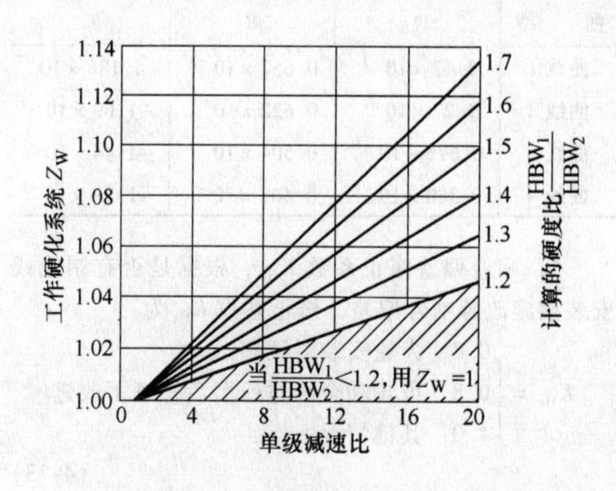

图 4-69　工作硬化系数 Z_W（调质）

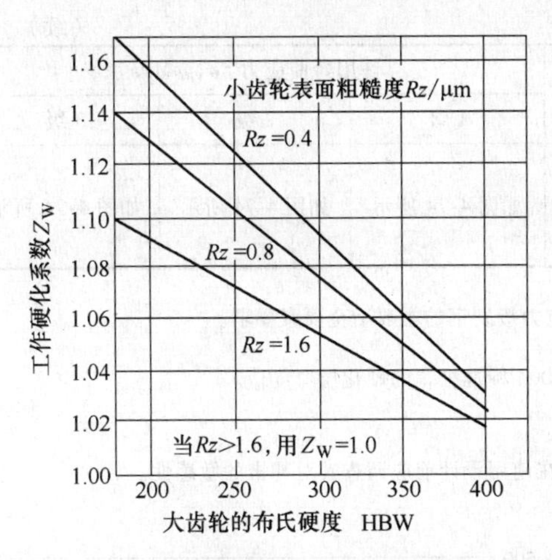

图4-70　工作硬化系数 Z_W（表面硬化的小齿轮）

(9) 许用接触应力 σ_{HP} 和许用弯曲应力 σ_{FP}　其值随材料成分、纯度、残余应力、微观结构、质量、热处理及加工工艺而变化。表4-30～表4-33及图4-71～图4-74给出了经过实验室试验或现场实践经验积累得出的许用接触应力和许用弯曲应力。这些数据基于过载系数为1、应力循环次数为 10^7、单向受载及可靠性为99%。对于惰轮或完全双向受载的齿轮，许用弯曲应力应为以上 σ_{FP} 的70%。

(10) 抗点蚀几何系数 Z_I

$$Z_I=\frac{\cos\phi_r C_\psi^2}{\left(\frac{1}{\rho_1}\pm\frac{1}{\rho_2}\right)d_{w1}m_N} \tag{4-77}$$

式中 ϕ_r——端面啮合压力角；

C_ψ——斜齿轮重合系数；

m_N——载荷均载系数；

d_{w1}——小齿轮节圆直径；

ρ_1、ρ_2——小齿轮和大齿轮在接触应力计算点处的齿廓曲率半径。

表4-30　钢齿轮的许用接触应力 σ_{HP}

材料名称	热处理	最小表面硬度①	许用接触应力② σ_{HP}/MPa		
			1级	2级	3级
钢③	调质④	如图4-71所示	如图4-71所示	如图4-71所示	—
	火焰⑤或感应淬火⑤	50HRC	1170	1310	—
		54HRC	1205	1345	—
	渗碳⑤	1级:55～64HRC 2,3级:58～64HRC	1240	1550	1895
	氮化⑤(调质钢)	83.5HR15N	1035	1125	1205
		84.5HR15N	1070	1160	1240
2.5%铬(不含铝)钢	氮化⑤	87.5HR15N	1070	1185	1305
氮化钢135M	氮化⑤	90.0HR15N	1170	1260	1345
氮化钢N	氮化⑤	90.0HR15N	1185	1300	1415
2.5%铬(不含铝)钢	氮化⑤	90.0HR15N	1215	1350	1490

① 硬度为齿中部工作齿廓的起始点的硬度。

② 参见AGMA 923—B05或AGMA 2101—D04标准中关于每种应力级别钢的主要冶金要素要求。

③ 钢的选择必须和热处理工艺及要求的硬度对应。

④ 这些材料至少要经过退火或正火。

⑤ 许用应力的值靠正确的硬化层厚度保证。参见AGMA 2101—D04标准推荐的硬化层厚度值。

表4-31　钢齿轮的许用弯曲应力 σ_{FP}

材料名称	热处理	最小表面硬度①	许用弯曲应力② σ_{FP}/MPa		
			1级	2级	3级
钢③	调质	如图4-72所示	如图4-72所示	如图4-72所示	—
	火焰④或感应淬火④ 具有A型硬化图样⑤	1级:最小50HRC 2级:最小54HRC	310	380	—
	火焰④或感应淬火④ 具有B型硬化图样⑤	不限制	150	150	—
	渗碳硬化④	1级:55～64HRC 2,3级:58～64HRC	380	450或485⑥	515
	氮化④⑦(调质钢)	83.5HR15N	如图4-73所示	如图4-73所示	—

（续）

材料名称	热处理	最小表面硬度①	许用弯曲应力② σ_{FP}/MPa		
			1 级	2 级	3 级
氮化钢 135M，氮化钢 N，及 2.5% 铬（不含铝）	氮化④⑦	87.5HR15N	如图 4-74 所示	如图 4-74 所示	如图 4-74 所示

① 硬度为齿根圆上齿槽中点的硬度。
② 参见 AGMA 923—B05 或 AGMA 2101—D04 标准中关于每种应力级别钢的主要冶金要素要求。
③ 钢的选择必须和热处理工艺及要求的硬度对应。
④ 许用应力的值靠正确的硬化层厚度保证，参见 AGMA 2101—D04 标准推荐的硬化层厚度值。
⑤ A 型硬化图样和 B 型硬化图样如图 4-75 所示。
⑥ 如果贝氏体和微裂纹局限于三级钢，可以取 485MPa。
⑦ 氮化齿轮的过载能力低。因为有效 S-N 曲线的形状是平的，在使用设计前应调查其对冲击的敏感性。

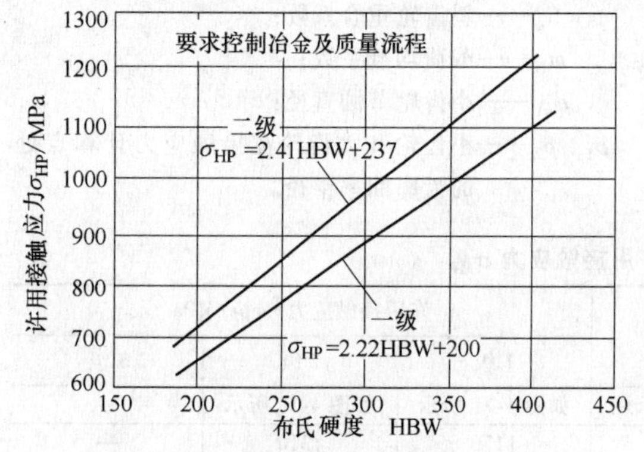

图 4-71 调质钢齿轮许用接触应力 σ_{HP}

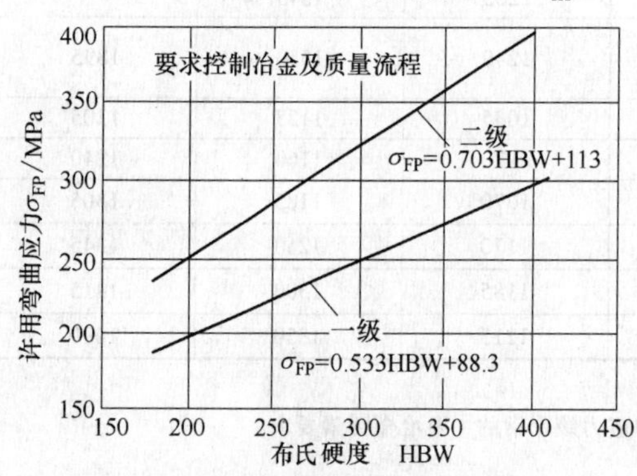

图 4-72 调质钢齿轮许用弯曲应力 σ_{FP}

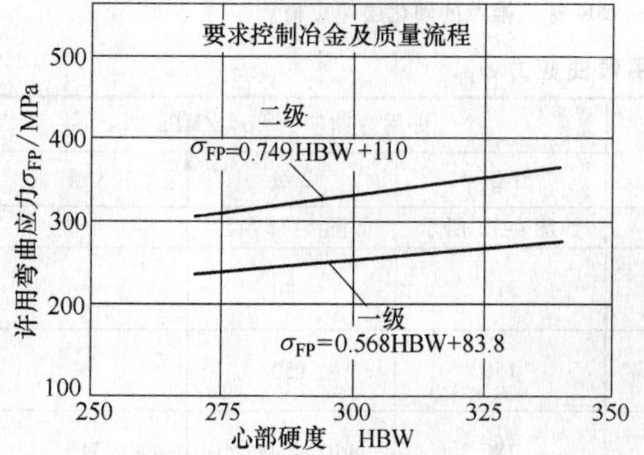

图 4-73 氮化调质钢（如 AISI4140、AISI4340）许用弯曲应力 σ_{FP}

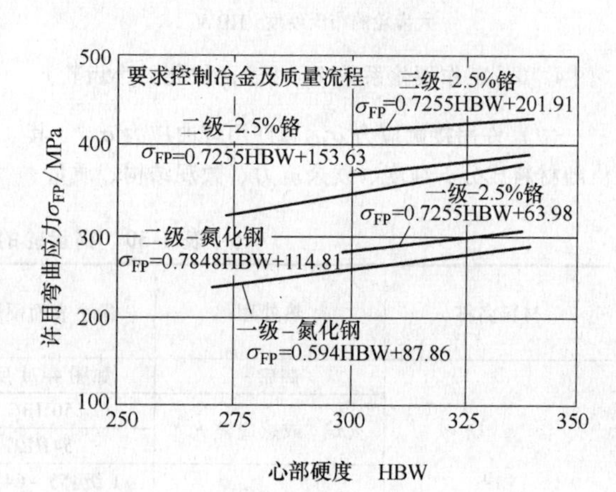

图 4-74 氮化钢齿轮许用弯曲应力 σ_{FP}

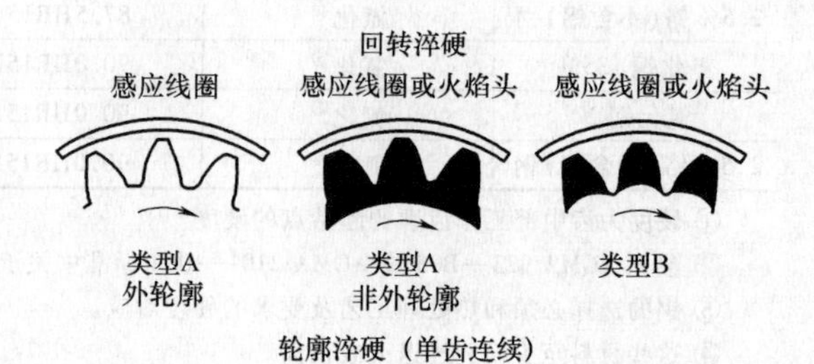

图 4-75 通过火焰淬火或感应淬火方法获得的轮齿硬化图样

注：类型 A 表示齿廓和齿根都淬硬了，不管是用外齿廓或非外齿轮廓图样。

表4-32 铸铁或铜齿轮的许用接触应力 σ_{HP}

材料名称	材料级别①	热处理	典型的最小表面硬度②	许用接触应力③ σ_{HP}/MPa
ASTM A48 灰铸铁	等级20	铸造	—	345~415
	等级30	铸造	174HBW	450~520
	等级40	铸造	201HBW	520~585
ASTM A536 可锻铸铁	级别60-40-18	退火	140HBW	530~635
	级别80-55-06	淬火及退火	179HBW	530~635
	级别100-70-03	淬火及退火	229HBW	635~770
	级别120-90-02	淬火及退火	269HBW	710~870
铜		砂铸	最小抗拉强度275MPa	205
	ASTM B-148 合金954	经热处理	最小抗拉强度620MPa	450

① 参见 ANSI/AGMA 2004—B89 标准：齿轮材料及热处理手册。
② 硬度为齿中部工作齿廓的起始点的硬度。
③ 对一般设计，取下限的值。如果符合下列条件，可以用上限的值：
——使用高质量材料。
——剖面尺寸和设计允许对热处理最大响应。
——通过合适的检验保证质量。
——经现场使用经验验证。

表4-33 铸铁或铜齿轮的许用弯曲应力 σ_{FP}

材料名称	材料级别①	热处理	典型的最小表面硬度②	许用弯曲应力③ σ_{FP}/MPa
ASTM A48 灰铸铁	等级20	铸造	—	34.5
	等级30	铸造	174HBW	59
	等级40	铸造	201HBW	90
ASTM A536 可锻铸铁	级别60-40-18	淬火及退火	140HBW	150~230
	级别80-55-06	淬火及退火	179HBW	150~230
	级别100-70-03	淬火及退火	229HBW	185~275
	级别120-90-02	淬火及退火	269HBW	215~305
铜		砂铸	最小抗拉强度275MPa	39.5
	ASTM B-148 合金954	经热处理	最小抗拉强度620MPa	165

① 参见 ANSI/ACMA 2004—B89 标准：齿轮材料及热处理手册。
② 硬度为齿根圆上齿槽中点的硬度。
③ 对一般设计，取下限的值。如果符合下列条件，可以用上限的值：
——使用高质量材料。
——剖面尺寸和设计允许对热处理最大响应。
——通过合适的检验保证质量。
——经现场使用经验验证。

参考图 4-76，Z_I 的计算步骤如下：

第 1 步，求 ϕ_r：

$$\cos\phi_r = \frac{R_{b2} \pm R_{b1}}{C_r} \tag{4-78}$$

式中 R_{b1}、R_{b2}——小齿轮和大齿轮的基圆半径；

C_r——实际中心距。

上面的符号（+）适用于外齿轮传动，下面的符号（-）适用于内齿轮传动；此规定适用于如下其他方程的情况。

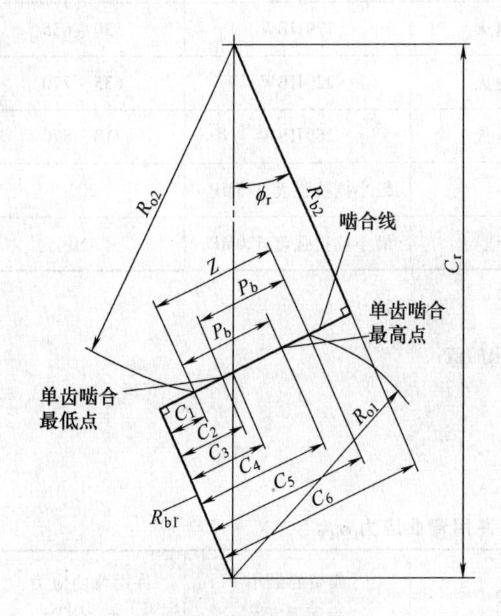

图 4-76 啮合线端面图

第 2 步，求 C_1、C_2、…、C_6 及 Z：

$$C_6 = C_r \sin\phi_r \tag{4-79}$$

$$C_1 = \pm\left(C_6 - \sqrt{R_{o2}^2 - R_{b2}^2}\right) \tag{4-80}$$

$$m_G = n_2 / n_1 \tag{4-81}$$

$$C_3 = \frac{C_6}{m_G \pm 1} \tag{4-82}$$

$$C_4 = C_1 + p_b \tag{4-83}$$

$$C_5 = \sqrt{R_{o1}^2 - R_{b1}^2} \tag{4-84}$$

$$C_2 = C_5 - p_b \tag{4-85}$$

$$Z = C_5 - C_1 \tag{4-86}$$

式中 m_G——传动比；

n_1、n_2——小齿轮和大齿轮的齿数；

p_b——端面基圆齿距；

R_{o1}——小齿轮顶圆半径。

$$p_b = \frac{2\pi R_{b1}}{n_1} \tag{4-87}$$

$$p_N = \pi m_n \cos\phi_n \tag{4-88}$$

式中 p_N——法面基圆齿距；

m_n——法面模数；

ϕ_n——法面分度圆上的压力角。

第 3 步，求 m_P、m_F、p_x 及 L_{min}：

$$m_P = \frac{Z}{p_b} \tag{4-89}$$

$$p_x = \frac{\pi m_n}{\sin\psi} \tag{4-90}$$

$$m_F = \frac{F}{p_x} \tag{4-91}$$

式中 m_P——端面重合度；

m_F——纵向重合度，对于直齿轮，$m_F = 0$；

F——有效齿宽；

p_x——轴向齿距。

对于 $m_P < 2$ 的直齿轮

$$L_{min} = F \tag{4-92}$$

对于斜齿轮，存在两种情况。先令 n_r 和 n_a 分别为 m_P 及 m_F 的小数部分。例如 $m_P = 1.4$，则 $n_r = 0.4$。

情况Ⅰ：$n_a \leqslant 1 - n_r$：

$$L_{min} = \frac{m_P F - n_a n_r p_x}{\cos\psi_b} \tag{4-93}$$

式中 ψ_b——齿廓螺旋线在基圆柱上的螺旋角。

情况Ⅱ：$n_a > 1 - n_r$：

$$L_{min} = \frac{m_P F - (1 - n_a)(1 - n_r) p_x}{\cos\psi_b} \tag{4-94}$$

第 4 步，求 m_N：

对于 $m_F > 1.0$ 的斜齿轮

$$m_N = F / L_{min} \tag{4-95}$$

对于 $m_P < 2.0$ 的直齿轮或 $m_F \leqslant 1.0$ 的斜齿轮

$$m_N = 1.0 \tag{4-96}$$

第 5 步，求 ρ_1 和 ρ_2：

$$\rho_1 = \sqrt{R_{m1}^2 - R_{b1}^2} \tag{4-97}$$

$$\rho_2 = C_6 \mp \rho_1 \tag{4-98}$$

式中

$$R_{m1} = \frac{1}{2}\left[R_{o1} \pm (C_r - R_{o2})\right] \tag{4-99}$$

对于直齿轮及 $m_F \leqslant 1.0$ 的斜齿轮

$$\rho_1 = C_2 \tag{4-100}$$

$$\rho_2 = C_6 \mp \rho_1 \tag{4-101}$$

第6步，求 C_ψ：

对于 $m_F \leqslant 1.0$ 的斜齿轮

$$C_\psi = \sqrt{1 - m_F\left(1 - \frac{\rho_{m1}\rho_{m2}Z}{\rho_1\rho_2 P_N}\right)} \tag{4-102}$$

式中

$$\rho_{m1} = \sqrt{R_{m1}^2 - R_{b1}^2} \tag{4-103}$$

$$\rho_{m2} = C_6 \mp \rho_{m1} \tag{4-104}$$

对于直齿轮或 $m_F > 1.0$ 的斜齿轮

$$C_\psi = 1.0 \tag{4-105}$$

第7步，把 ϕ_r、C_ψ、ρ_1、ρ_2、d_{w1} 及 m_N 代入式（4-86）求得 Z_1。

（11）弯曲强度几何系数 Y_J

$$Y_J = \frac{YC_\psi}{K_f m_N} \tag{4-106}$$

式中　Y——轮齿形状系数；

C_ψ——斜齿轮重合系数，见式（4-102）或式（4-105）；

K_f——应力校正系数；

m_N——载荷均载系数，见式（4-95）或式（4-96）。

小齿轮和大齿轮的 Y_J 应分别计算。以小齿轮为例，Y_J 的计算步骤如下：

第1步，通过求 Z_I，而求得 m_N 和 C_ψ。

第2步，求虚拟直齿轮副：

$$n = \frac{n_1}{\cos^3\psi} \tag{4-107}$$

$$r_n = nm_n/2 \tag{4-108}$$

$$r_{nb} = r_n\cos\phi_n \tag{4-109}$$

$$r_{na} = r_n + R_{o1} - R_1 \tag{4-110}$$

$$r_{n2} = r_n m_G \tag{4-111}$$

$$r_{nb2} = r_{nb} m_G \tag{4-112}$$

$$r_{na2} = r_{n2} + R_{o2} - R_2 \tag{4-113}$$

$$C_{n6} = (r_{nb2} + r_{nb})\tan\phi_{nr} \tag{4-114}$$

$$C_{n5} = \sqrt{r_{na}^2 - r_{nb}^2} \tag{4-115}$$

$$C_{n2} = C_{n5} - P_N \tag{4-116}$$

$$C_{n1} = C_{n6} - \sqrt{r_{na2}^2 - r_{nb2}^2} \tag{4-117}$$

$$C_{n4} = C_{n1} + P_N \tag{4-118}$$

式中　n——虚拟小齿轮的齿数；

r_n、r_{n2}——虚拟小齿轮和大齿轮的分度圆半径；

r_{nb}、r_{nb2}——虚拟小齿轮和大齿轮的基圆半径；

r_{na}、r_{na2}——虚拟小齿轮和大齿轮的顶圆半径；

ϕ_{nr}——法面啮合时的压力角；

C_{n1}、C_{n2}、C_{n4}、C_{n5}、C_{n6}——相对应于图4-76 C_1、C_2、C_4、C_5、C_6 的啮合线参数，不同的是啮合角为 ϕ_{nr}，两个齿轮为虚拟齿轮。

第3步，求 ϕ_{nW}、ϕ_{nL} 及 r_{nL}：

对于斜齿轮（$m_F \leqslant 1$ 或 $m_F > 1$），受载点在齿顶点，这样受载点的压力角如图4-77所示，可以用如下方程求得

$$\tan\phi_{nW} = \sqrt{\left(\frac{r_{na}}{r_{nb}}\right)^2 - 1} \tag{4-119}$$

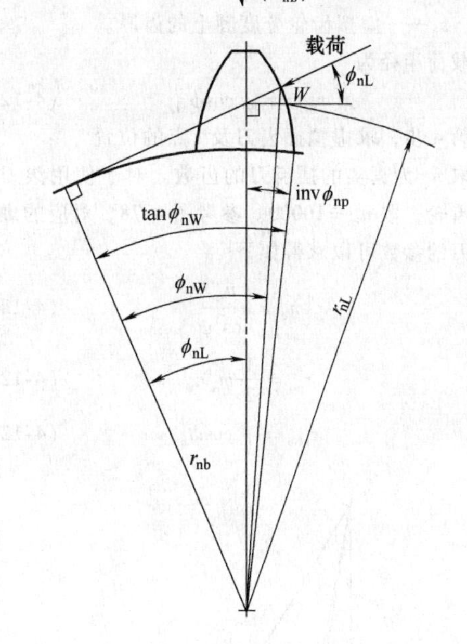

图4-77　载荷角和载荷半径

对于直齿轮，如果精度不满足表4-34的要求，受载点也为齿顶点。

如果直齿轮的精度满足表4-34的要求，受载点为单齿啮合最高点，并且小齿轮的

$$\tan\phi_{nW} = \frac{C_{n4}}{r_{nb}} \tag{4-120}$$

大齿轮的

$$\tan\phi_{nW} = \frac{C_{n6} - C_{n2}}{r_{nb2}} \tag{4-121}$$

对于 $m_F \leqslant 1$ 的斜齿轮，也可以取单齿啮合最高点为受载点，用式（4-120）或式（4-121）求 ϕ_{nW}。

表 4-34　钢直齿轮多齿分担载荷时基节偏差极限　　（单位：mm）

小齿轮齿数	多个齿分担载荷时最大允许偏差				
	每英寸齿宽上的载荷(每 mm 齿宽)				
	500lb (90N)	1000lb (175N)	2000lb (350N)	4000lb (700N)	8000lb (1400N)
15	0.0004 (0.01)	0.0007 (0.02)	0.0014 (0.04)	0.0024 (0.06)	0.0042 (0.011)
20	0.0003 (0.01)	0.0006 (0.02)	0.0011 (0.03)	0.0020 (0.05)	0.0036 (0.09)
25	0.0002 (0.01)	0.0005 (0.01)	0.0009 (0.02)	0.0017 (0.04)	0.0030 (0.08)

载荷角（单位为弧度）为

$$\phi_{nL}=\tan\phi_{nW}-\tan\phi_n+\phi_n-\frac{s_n}{n} \tag{4-122}$$

式中　s_n——虚拟齿轮分度圆上的齿厚。

载荷半径为

$$r_{nL}=r_{nb}/\cos\phi_{nL} \tag{4-123}$$

第 4 步，求虚拟插齿刀及 s 点的位置

取 n_c 为真实的插齿刀的齿数。对于使用滚刀加工的齿轮，取 $n_c=10000$。参考图 4-78，对应的虚拟插齿刀的参数可以求得如下

$$n_o=\frac{n_c}{\cos^3\psi} \tag{4-124}$$

$$r_{no}=\frac{1}{2}m_n n_o \tag{4-125}$$

$$r_{nbo}=r_{no}\cos\phi_n \tag{4-126}$$

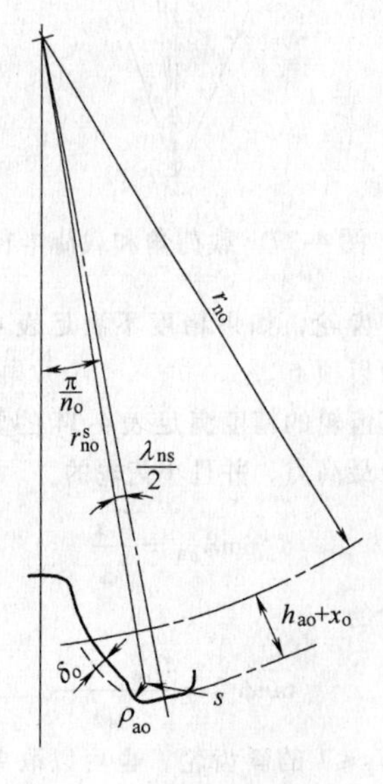

图 4-78　虚拟磨削插齿刀

$$x_o=\frac{s_{no}-\frac{\pi}{2}m_n}{2\tan\phi_n} \tag{4-127}$$

式中　n_o——虚拟插齿刀的齿数；

r_{no}——虚拟插齿刀分度圆半径；

r_{nbo}——虚拟插齿刀基圆半径；

s_{no}——虚拟插齿刀分度圆上法面齿厚；

x_o——虚拟插齿刀的变位系数，对于滚刀，$x_o=0$。

在刀具圆角半径的中心（s）有

$$r^s_{no}=r_{no}+h_{ao}+x_o-\rho_{ao} \tag{4-128}$$

$$\phi_{ns}=\arccos\left(\frac{r_{nbo}}{r^s_{no}}\right) \tag{4-129}$$

$$\frac{\lambda_{ns}}{2}=\text{inv}\phi_n+\frac{s_{no}}{2r_{no}}-\text{inv}\phi_{ns}+\frac{(\delta_{ao}-\rho_{ao})}{r_{nbo}} \tag{4-130}$$

式中　ρ_{ao}——虚拟刀具的齿顶圆角半径；

δ_{ao}——磨削余量；

h_{ao}——虚拟刀具齿顶高度；

$$h_{ao}=R_{oc}-R_c-x_o \tag{4-131}$$

R_{oc}——虚拟刀具顶圆半径；

R_c——真实刀具的分度圆半径。

虚拟刀具插齿时的压力角 ϕ''_n 由下列方程求得

$$\text{inv}\phi''_n=\text{inv}\phi_n+\frac{2(x_g+x_o)\tan\phi_n}{m_n(n+n_o)} \tag{4-132}$$

式中　x_g——虚拟直齿轮的变位系数。

插齿时的节圆半径如下

$$r''_n=\frac{r_n\cos\phi_n}{\cos\phi''_n} \tag{4-133}$$

$$r''_{no}=\frac{r_{no}\cos\phi_n}{\cos\phi''_n} \tag{4-134}$$

式中　r''_n、r''_{no}——插齿时虚拟齿轮和刀具的节圆半径。

第 5 步，用迭代法求 s_F 和 h_F

参考图 4-79，F 是抛物线和齿廓过渡曲线的切点，并且该抛物线的顶点在加载点的法线延伸线上。

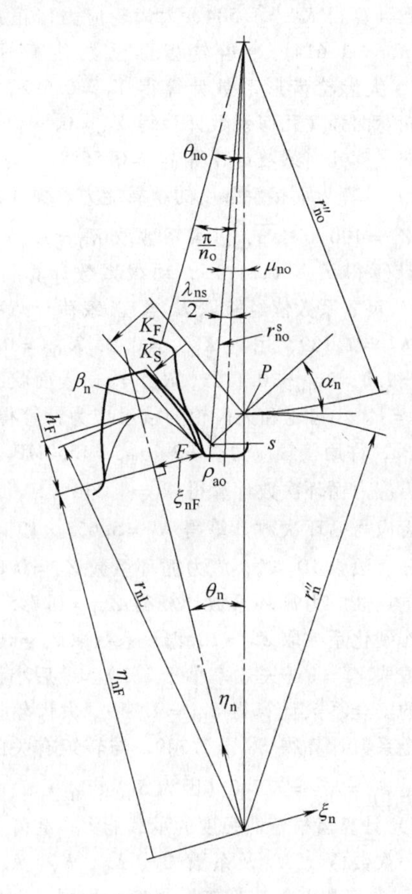

图 4-79　虚拟插齿刀和齿轮

初始迭代时，令 $\alpha_n=\pi/4$，接着进行如下迭代运算

$$\mu_{no}=\arccos\left(\frac{r''_{no}\cos\alpha_n}{r^s_{no}}\right)-\alpha_n \tag{4-135}$$

$$K_S=r''_{no}\sin\alpha_n-r^s_{no}\sin(\alpha_n+\mu_{no}) \tag{4-136}$$

$$K_F=K_S-\rho_{ao} \tag{4-137}$$

$$\theta_n=\frac{n_o}{n}\left(\mu_{no}-\frac{\lambda_{ns}}{2}+\frac{\pi}{n_o}\right) \tag{4-138}$$

$$\beta_n=\alpha_n-\theta_n \tag{4-139}$$

$$\xi_{nF}=r''_n\sin\theta_n+K_F\cos\beta_n \tag{4-140}$$

$$\eta_{nF}=r''_n\cos\theta_n+K_F\sin\beta_n \tag{4-141}$$

$$h_F=r_{nL}-\eta_{nF} \tag{4-142}$$

$$y=2h_F\tan\beta_n-\xi_{nF} \tag{4-143}$$

$$y'=\frac{2h_F}{\cos^2\beta_n}-K_F\sin\beta_n+\frac{n_o}{n}\left[\frac{r''_{no}}{r^s_{no}}\frac{\sin\alpha_n}{\sin(\alpha_n+\mu_{no})}-1\right]\cdot\left\{2\xi_{nF}\tan\beta_n-\eta_{nF}-\frac{2h_F}{\cos^2\beta_n}\right\}-r''_{no}\left[\cos\alpha_n-\frac{\sin\alpha_n}{\tan(\alpha_n+\mu_{no})}\right]\cdot\left\{\frac{1+\sin^2\beta_n}{\cos\beta_n}\right\} \tag{4-144}$$

如果 $|y|$ 的值不接近零，用如下更新的 α_n 值代入式（4-135）~式（4-144）进行下一步迭代运算

$$\alpha_n=\alpha_n^{(i)}-y^{(i)}/y'^{(i)} \tag{4-145}$$

式中，$\alpha_n^{(i)}$、$y^{(i)}$、$y'^{(i)}$ 分别为上一次迭代 α_n、y、y' 的值。最后求得

$$s_F=2\xi_{nF} \tag{4-146}$$

第 6 步，求 ρ_f

$$\rho_f=\rho_{ao}+\frac{(r''_{no}-r^s_{no})^2}{\dfrac{r''_n r''_{no}}{r''_n+r''_{no}}-(r''_{no}-r^s_{no})} \tag{4-147}$$

第 7 步，求 C_h：

对于直齿轮和 $m_F\leqslant1.0$ 的斜齿轮

$$C_h=1.0 \tag{4-148}$$

对于 $m_F>1.0$ 的斜齿轮

$$C_h=\frac{1}{1-\sqrt{\dfrac{\omega}{100}\left(1-\dfrac{\omega}{100}\right)}} \tag{4-149}$$

式中，$\omega=\arctan(\tan\phi\cdot\sin\phi_n)$，单位为度。

第 8 步，求 K_f

$$K_f=H+\left(\frac{s_F}{\rho_F}\right)^L\left(\frac{s_F}{h_F}\right)^M \tag{4-150}$$

式中

$$H=0.331-0.436\phi_n \tag{4-151}$$

$$L=0.324-0.492\phi_n \tag{4-152}$$

$$M=0.261+0.545\phi_n \tag{4-153}$$

且 ϕ_n 的单位为弧度。

第 9 步，求螺旋角系数 K_ψ：

对于直齿轮和 $m_F\leqslant1.0$ 的斜齿轮

$$K_\psi=1.0 \tag{4-154}$$

对于 $m_F>1.0$ 的斜齿轮

$$K_\psi=\cos\psi_r\cos\psi \tag{4-155}$$

式中，ψ_r 为节圆柱上的螺旋角。

第 10 步，求 Y

$$Y=\frac{K_{\phi}}{\frac{\cos\phi_{nL}}{\cos\phi_{nr}}\left[\frac{6h_F}{s_F^2C_h}-\frac{\tan\phi_{nL}}{s_F}\right]m_n} \tag{4-156}$$

第 11 步，把 Y、K_f、C_ϕ 及 m_N 代入式（4-106）求 Y_J。

4. 使用 AGMA 标准计算实例

再对如图 4-61 所示的风力发电机齿轮变速器第三级齿轮进行设计计算。

1）已知条件：额定功率 $P=1660\text{kW}$，设计寿命为 20 年，小齿轮转速 $n_1=1440\text{r/min}$，中心距 $a=363.22\text{mm}$，法向模数 $m_n=6.1\text{mm}$，小齿轮节圆直径 $d_{w1}=197.541\text{mm}$，大齿轮节圆直径 $d_{w2}=528.899\text{mm}$，小齿轮齿数 $z_1=31$，大齿轮齿数 $z_2=83$，小齿轮齿宽 $b_1=172.72\text{mm}$，大齿轮齿宽 $b_2=162.02\text{mm}$，小齿轮变位系数 $x_{n1}=0.5$，大齿轮变位系数 $x_{n2}=0.25$，法面压力角 $\alpha_n=20°$，螺旋角 $\beta=14°$，小齿轮顶圆直径 $d_{t1}=213.36\text{mm}$，大齿轮顶圆直径 $d_{t2}=537.46\text{mm}$，小齿轮根圆直径 $d_{r1}=183.905\text{mm}$，大齿轮根圆直径 $d_{r2}=507.768\text{mm}$。加工大、小齿轮滚刀的齿顶高 $h_{ao1}=h_{ao2}=1.4m_n$，齿顶圆角半径 $\rho_{ao1}=\rho_{ao2}=0.3m_n$。润滑油运动粘度 $\nu_{40}=320\text{cSt}$（$1\text{cSt}=10^{-6}\text{mm}^2/\text{s}$）。大、小齿轮工作面平均峰顶至谷底表面粗糙度 $Rz_1=Rz_2=2.4\mu\text{m}$。大、小齿轮均由 17CrNiMo6 钢制成，符合 AGMA2 级钢要求。表面渗碳硬化处理，齿面磨削时进行修缘修形，并具有宽度对称凸度。

2）计算抗点蚀的几何系数 Z_I。端面工作压力角计算得 $\phi_r=22.52°$。螺旋重叠系数计算得 $C_\psi=1.0$。端面内与啮合线有关参数计算得 $C_1=27.13\text{mm}$，$C_2=36.79\text{mm}$，$C_3=37.83\text{mm}$，$C_4=45.62\text{mm}$，$C_5=55.29\text{mm}$，$C_6=139.13\text{mm}$，最小啮合线长度 $L_{min}=251.39\text{mm}$。小齿轮工作齿廓平均半径计算得 $R_{m1}=100.58\text{mm}$。小齿轮在接触应力计算点曲率半径计算得 $\rho_1=42.34\text{mm}$，大齿轮在接触应力计算点曲率半径计算得 $\rho_2=96.79\text{mm}$。载荷分配系数计算得 $m_N=0.644$。这样抗点蚀的几何参数计算得 $Z_I=0.2137$。

3）计算弯曲强度几何系数 Y_J。系数 C_ψ，m_N 的值和以上计算抗点蚀的几何系数 Z_I 时相同。螺旋系数计算得 $C_h=1.274$。螺旋角系数计算得 $K_\psi=0.941$。小虚拟齿数计算得 $z_{n1}=33.94$，大虚拟齿轮齿数计算得 $z_{n2}=90.86$。小虚拟齿轮载荷角计算得 $\phi_{nL1}=59.069°$，大虚拟齿轮载荷角计算得 $\phi_{nL2}=65.795°$。小齿轮齿根过渡曲线最小曲率半径计算得 $\rho_{F1}=1.956\text{mm}$，大齿轮齿根过渡曲线最小曲率半径 $\rho_{F2}=1.927\text{mm}$。小虚拟齿轮路易斯抛物线高度计算得 $h_{F1}=12.414\text{mm}$，大虚拟齿轮路易斯抛物线高度计算得 $h_{F2}=12.311\text{mm}$。小虚拟齿轮最危险截面上齿厚计算得 $s_{F1}=13.690\text{mm}$，大虚拟齿轮最危险截面上齿厚计算得 $s_{F2}=14.023\text{mm}$，小齿轮应力修正系数计算得 $K_{f1}=1.584$，大齿轮应力修正系数计算得 $K_{f2}=1.614$。小齿轮齿形系数计算得 $Y_1=0.607$，大齿轮齿形系数计算得 $Y_2=0.592$。最后，小齿轮弯曲强度几何系数计算得 $Y_{J1}=0.5947$，大齿轮弯曲强度几何系数计算得 $Y_{J2}=0.5688$。

4）计算齿面接触强度的承载能力。弹性系数计算得 $Z_E=190\sqrt{\text{MPa}}$，过载系数取 $K_O=1.25$，切向载荷计算得 $F_t=111410\text{N}$，动载系数计算得 $K_V=1.128$，尺寸系数依经验取 $K_S=1$。载荷分布系数计算得 $K_H=1.189$，用到 $K_{Hmc}=0.8$，$K_{HPf}=0.1242$，$K_{HPm}=1.0$，$K_{Hma}=0.1125$，$K_{He}=1$。表面状况系数取 $Z_R=1$。小齿轮和大齿轮的接触应力计算得 $\sigma_H=993\text{MPa}$，许用接触应力查表得 $\sigma_{HP}=1550\text{MPa}$。小齿轮轮齿应力循环次数计算得 $N_1=1.514\times10^{10}$，大齿轮轮齿应力循环次数计算得 $N_2=5.655\times10^9$。取应力循环次数为 10^{10} 时，应力循环系数 $Z_N=0.85$，小齿轮抗点蚀应力循环系数计算得 $Z_{N1}=0.845$。抗点蚀工作硬化系数取 $Z_W=1$，温度系数取 $Y_\theta=1$。可靠性系数取 $Y_Z=1$（失效率小于 1%）。最后小齿轮抗点蚀的安全系数计算得 $S_{H1}=1.319$，大齿轮抗点蚀的安全系数计算得 $S_{H2}=1.349$。与转矩有关的安全系数是 $S_H^2=S_{H1}^2=1.740$（因为 $S_{H1}<S_{H2}$）。

5）计算齿根弯曲强度的承载能力。载荷 F_t，应力循环次数 N_1、N_2 及系数 C_ψ、K_O、K_V、K_S、K_H、Y_θ、Y_Z 的值和以上计算接触强度时相同。小齿轮轮缘厚度系数查图得 $K_{B1}=1$，大齿轮轮缘厚度系数查图得 $K_{B2}=1$。由公式求出小齿轮齿根弯曲应力 $\sigma_{F1}=308\text{MPa}$，大齿轮齿根弯曲应力 $\sigma_{F2}=322\text{MPa}$。小齿轮和大齿轮许用弯曲应力查表得 $\sigma_{FP1}=\sigma_{FP2}=450\text{MPa}$。按应力循环次数为 10^{10} 时，弯曲应力循环系数 $Y_N=0.9$，小齿轮弯曲强度应力循环系数计算得 $Y_{N1}=0.893$，大齿轮弯曲强度应力循环系数计算得 $Y_{N2}=0.909$。最后小齿轮弯曲强度安全系数计算得 $S_{F1}=1.305$，大齿轮弯曲强度安全系数计算得 $S_{F2}=1.270$。与转矩有关的安全系数是 $S_F=S_{F2}=1.270$（因为 $S_{F2}<S_{F1}$）。

4.6 圆锥-圆柱齿轮传动装置典型结构图与零件图

典型结构如图 4-80 ~ 图 4-85 所示。

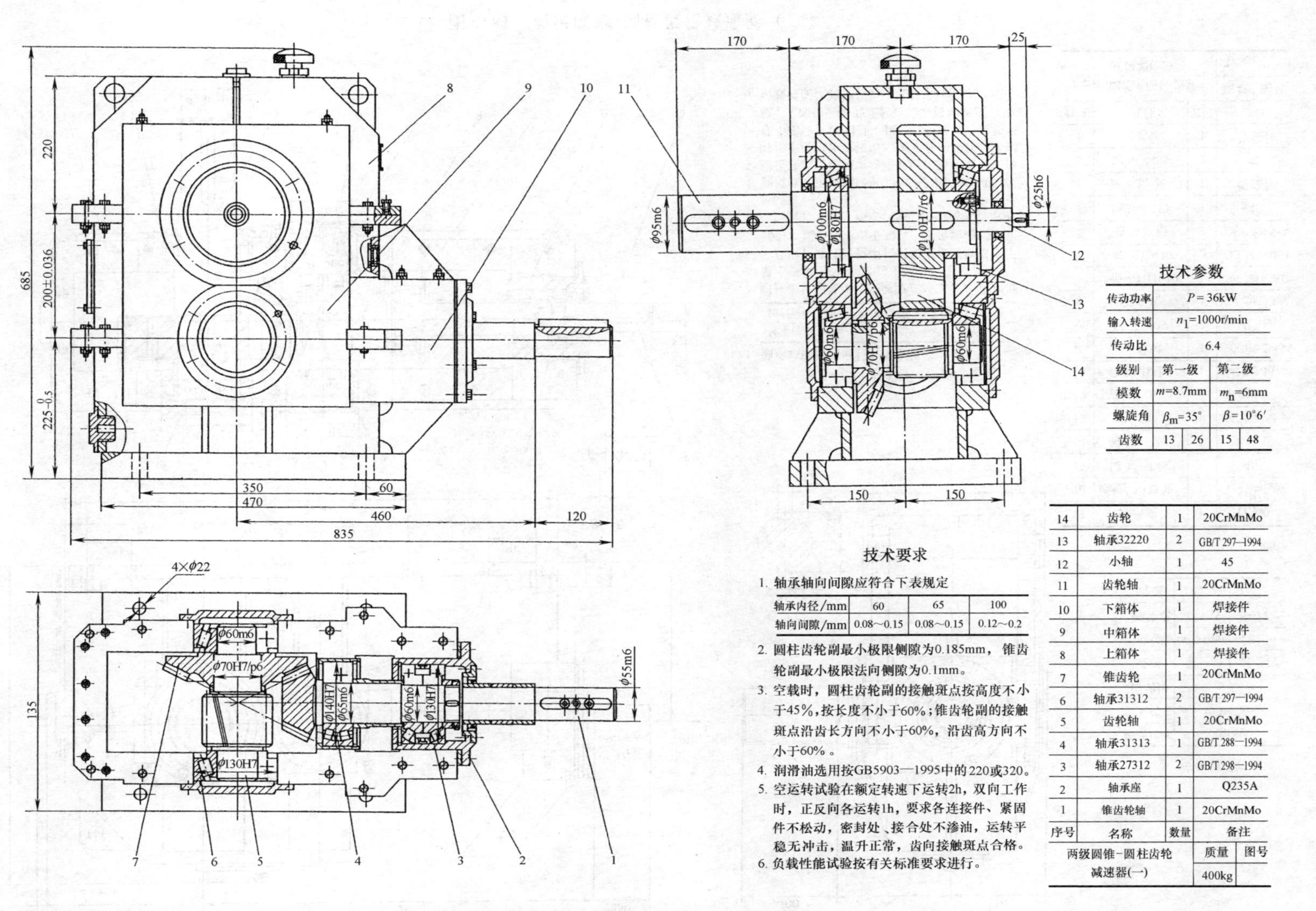

技术参数

传动功率	$P=36$kW			
输入转速	n_1=1000r/min			
传动比	6.4			
级别	第一级		第二级	
模数	m=8.7mm		m_n=6mm	
螺旋角	β_m=35°		β=10°6′	
齿数	13	26	15	48

技术要求

1. 轴承轴向间隙应符合下表规定

轴承内径/mm	60	65	100
轴向间隙/mm	0.08～0.15	0.08～0.15	0.12～0.2

2. 圆柱齿轮副最小极限侧隙为0.185mm，锥齿轮副最小极限法向侧隙为0.1mm。
3. 空载时，圆柱齿轮副的接触斑点按高度不小于45%，按长度不小于60%；锥齿轮副的接触斑点沿齿长方向不小于60%，沿齿高方向不小于60%。
4. 润滑油选用按GB5903—1995中的220或320。
5. 空运转试验在额定转速下运转2h，双向工作时，正反向各运转1h，要求各连接件、紧固件不松动，密封处、接合处不渗油，运转平稳无冲击，温升正常，齿向接触斑点合格。
6. 负载性能试验按有关标准要求进行。

序号	名称	数量	备注	
14	齿轮	1	20CrMnMo	
13	轴承32220	2	GB/T 297—1994	
12	小轴	1	45	
11	齿轮轴	1	20CrMnMo	
10	下箱体	1	焊接件	
9	中箱体	1	焊接件	
8	上箱体	1	焊接件	
7	锥齿轮	1	20CrMnMo	
6	轴承31312	2	GB/T 297—1994	
5	齿轮轴	1	20CrMnMo	
4	轴承31313	1	GB/T 288—1994	
3	轴承27312	2	GB/T 298—1994	
2	轴承座	1	Q235A	
1	锥齿轮轴	1	20CrMnMo	
两级圆锥-圆柱齿轮减速器(一)			质量	图号
			400kg	

图 4-80 两级圆锥-圆柱齿轮减速器（一）

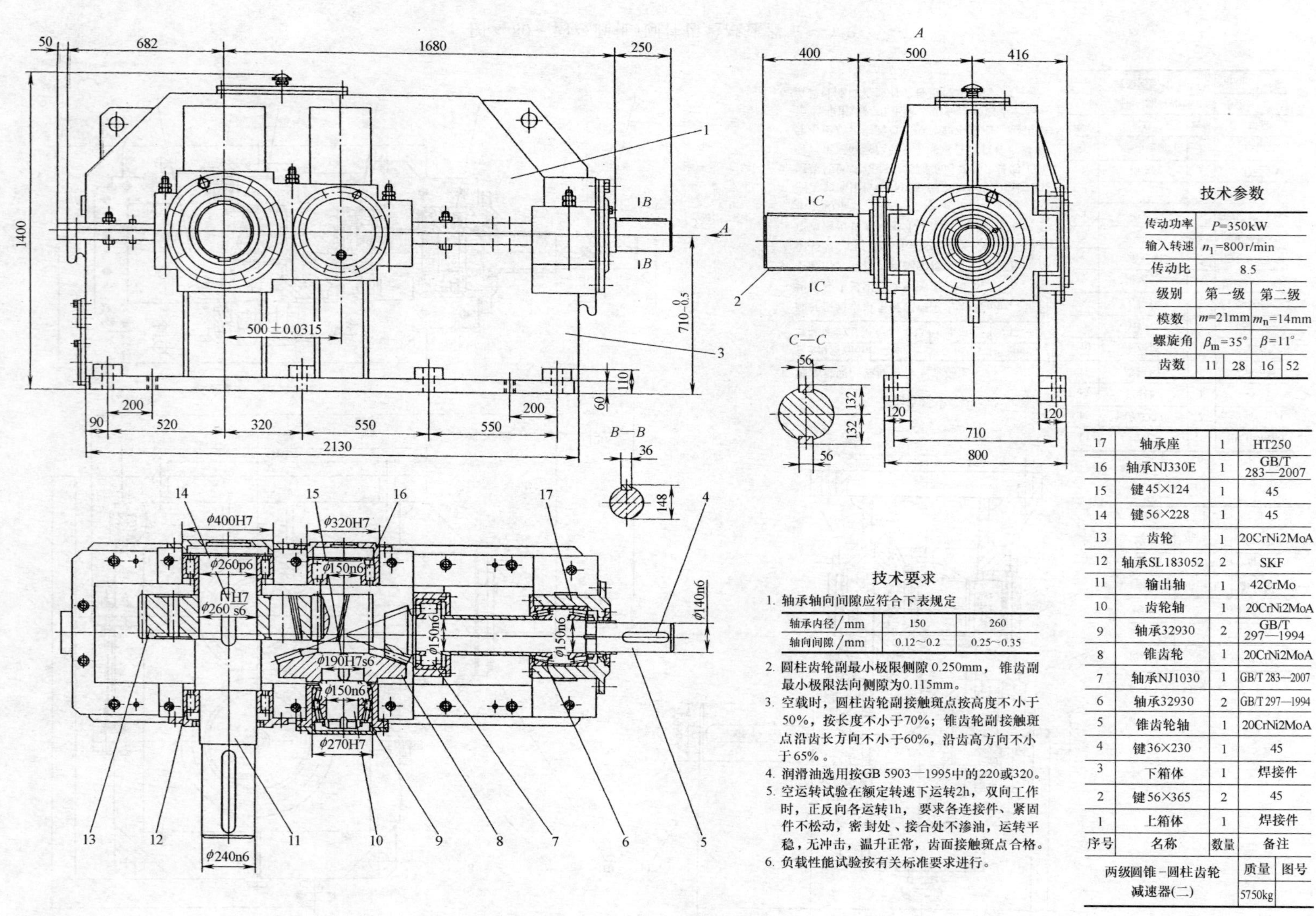

技术参数

传动功率	P=350kW			
输入转速	n_1=800r/min			
传动比	8.5			
级别	第一级		第二级	
模数	m=21mm		m_n=14mm	
螺旋角	β_m=35°		β=11°	
齿数	11	28	16	52

技术要求

1. 轴承轴向间隙应符合下表规定

轴承内径/mm	150	260
轴向间隙/mm	0.12～0.2	0.25～0.35

2. 圆柱齿轮副最小极限侧隙 0.250mm，锥齿副最小极限法向侧隙为0.115mm。
3. 空载时，圆柱齿轮副接触斑点按高度不小于50%，按长度不小于70%；锥齿轮副接触斑点沿齿长方向不小于60%，沿齿高方向不小于65%。
4. 润滑油选用按GB 5903—1995中的220或320。
5. 空运转试验在额定转速下运转2h，双向工作时，正反向各运转1h，要求各连接件、紧固件不松动，密封处、接合处不渗油，运转平稳，无冲击，温升正常，齿面接触斑点合格。
6. 负载性能试验按有关标准要求进行。

序号	名称	数量	备注
17	轴承座	1	HT250
16	轴承NJ330E	1	GB/T 283—2007
15	键45×124	1	45
14	键56×228	1	45
13	齿轮	1	20CrNi2MoA
12	轴承SL183052	2	SKF
11	输出轴	1	42CrMo
10	齿轮轴	1	20CrNi2MoA
9	轴承32930	2	GB/T 297—1994
8	锥齿轮	1	20CrNi2MoA
7	轴承NJ1030	1	GB/T 283—2007
6	轴承32930	2	GB/T 297—1994
5	锥齿轮轴	1	20CrNi2MoA
4	键36×230	1	45
3	下箱体	1	焊接件
2	键56×365	2	45
1	上箱体	1	焊接件

两级圆锥-圆柱齿轮减速器(二)	质量	图号
	5750kg	

图 4-81 两级圆锥-圆柱齿轮减速器（二）

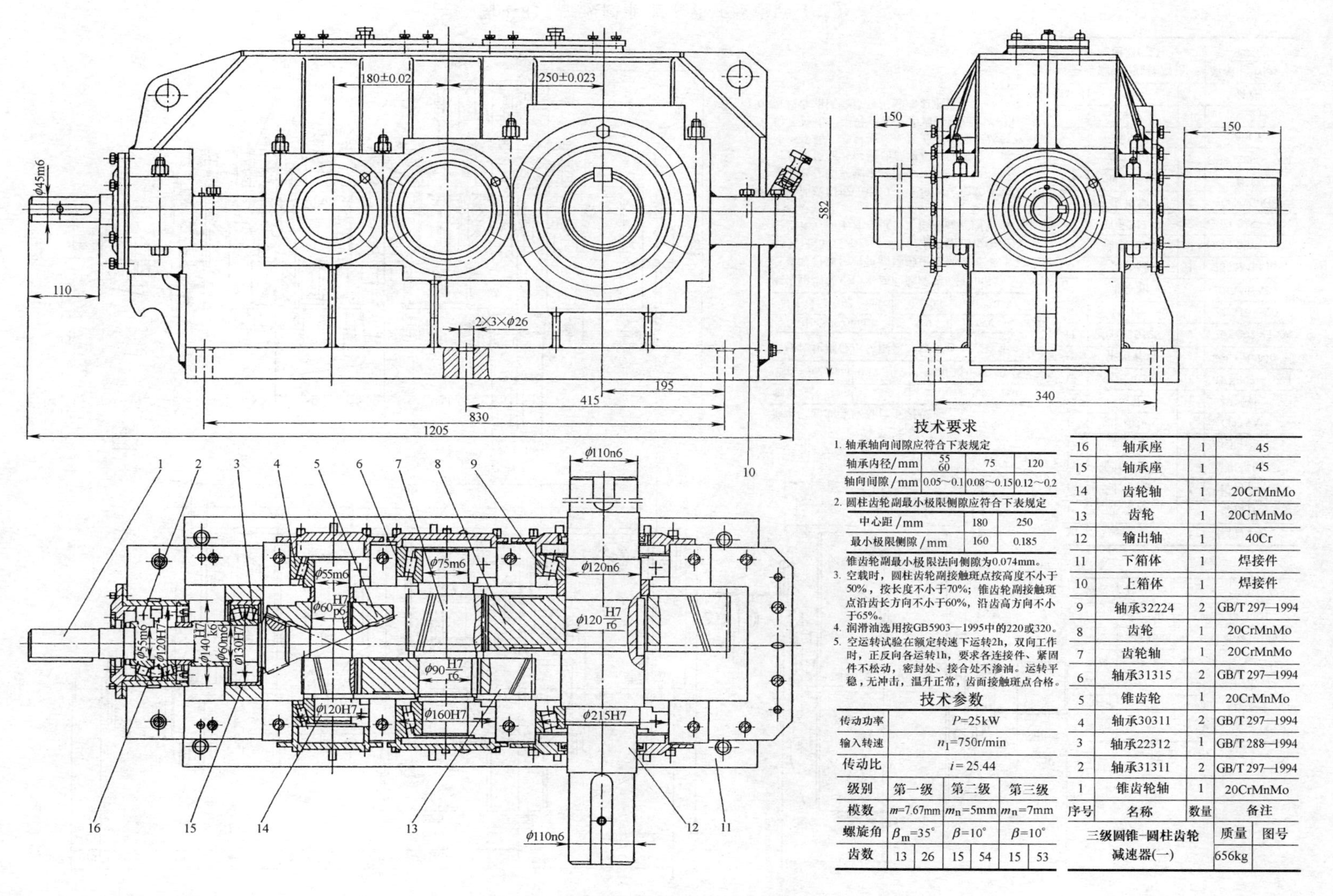

图4-82　三级圆锥-圆柱齿轮减速器（一）

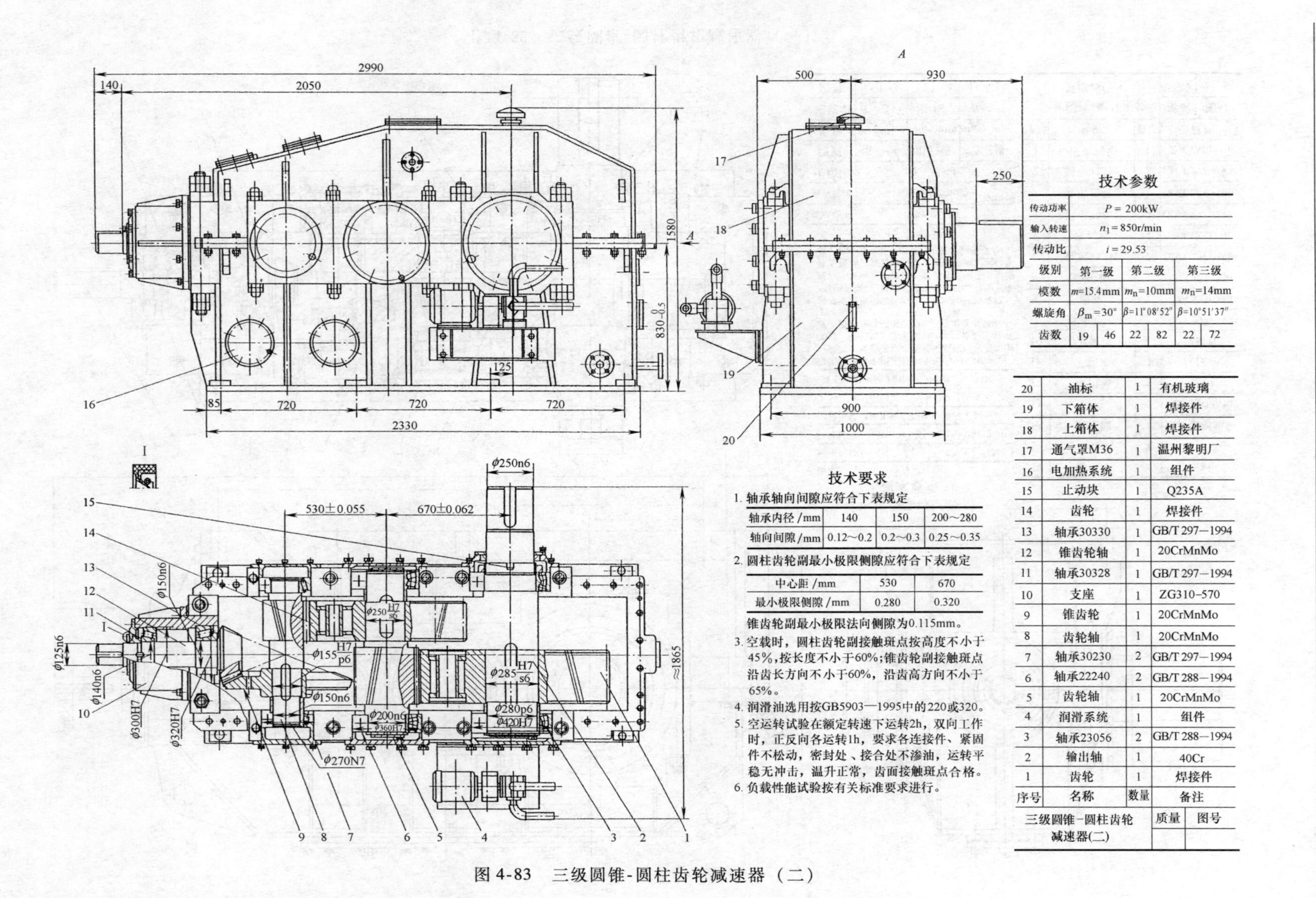

技术参数

传动功率	$P = 200kW$					
输入转速	$n_1 = 850r/min$					
传动比	$i = 29.53$					
级别	第一级		第二级		第三级	
模数	m=15.4mm		m_n=10mm		m_n=14mm	
螺旋角	β_m=30°		β=11°08′52″		β=10°51′37″	
齿数	19	46	22	82	22	72

技术要求

1. 轴承轴向间隙应符合下表规定

轴承内径/mm	140	150	200~280
轴向间隙/mm	0.12~0.2	0.2~0.3	0.25~0.35

2. 圆柱齿轮副最小极限侧隙应符合下表规定

中心距/mm	530	670
最小极限侧隙/mm	0.280	0.320

锥齿轮副最小极限法向侧隙为0.115mm。

3. 空载时，圆柱齿轮副接触斑点按高度不小于45%，按长度不小于60%；锥齿轮副接触斑点沿齿长方向不小于60%，沿齿高方向不小于65%。
4. 润滑油选用按GB5903—1995中的220或320。
5. 空运转试验在额定转速下运转2h，双向工作时，正反向各运转1h，要求各连接件、紧固件不松动，密封处、接合处不渗油，运转平稳无冲击，温升正常，齿面接触斑点合格。
6. 负载性能试验按有关标准要求进行。

20	油标	1	有机玻璃
19	下箱体	1	焊接件
18	上箱体	1	焊接件
17	通气罩M36	1	温州黎明厂
16	电加热系统	1	组件
15	止动块	1	Q235A
14	齿轮	1	焊接件
13	轴承30330	1	GB/T 297—1994
12	锥齿轮轴	1	20CrMnMo
11	轴承30328	1	GB/T 297—1994
10	支座	1	ZG310-570
9	锥齿轮	1	20CrMnMo
8	齿轮轴	1	20CrMnMo
7	轴承30230	2	GB/T 297—1994
6	轴承22240	2	GB/T 288—1994
5	齿轮轴	1	20CrMnMo
4	润滑系统	1	组件
3	轴承23056	2	GB/T 288—1994
2	输出轴	1	40Cr
1	齿轮	1	焊接件
序号	名称	数量	备注
三级圆锥-圆柱齿轮减速器(二)		质量	图号

图4-83 三级圆锥-圆柱齿轮减速器（二）

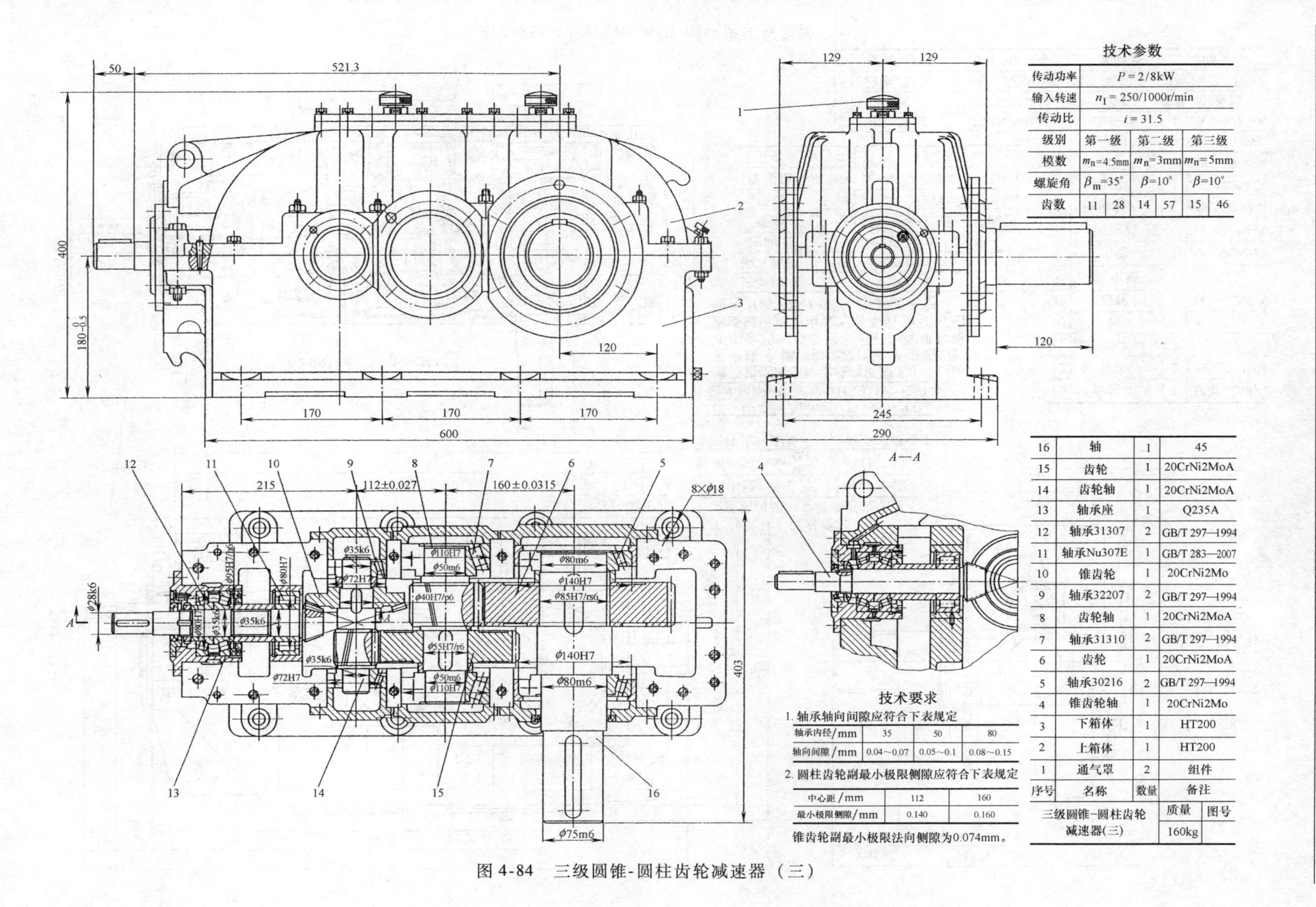

图4-84 三级圆锥-圆柱齿轮减速器(三)

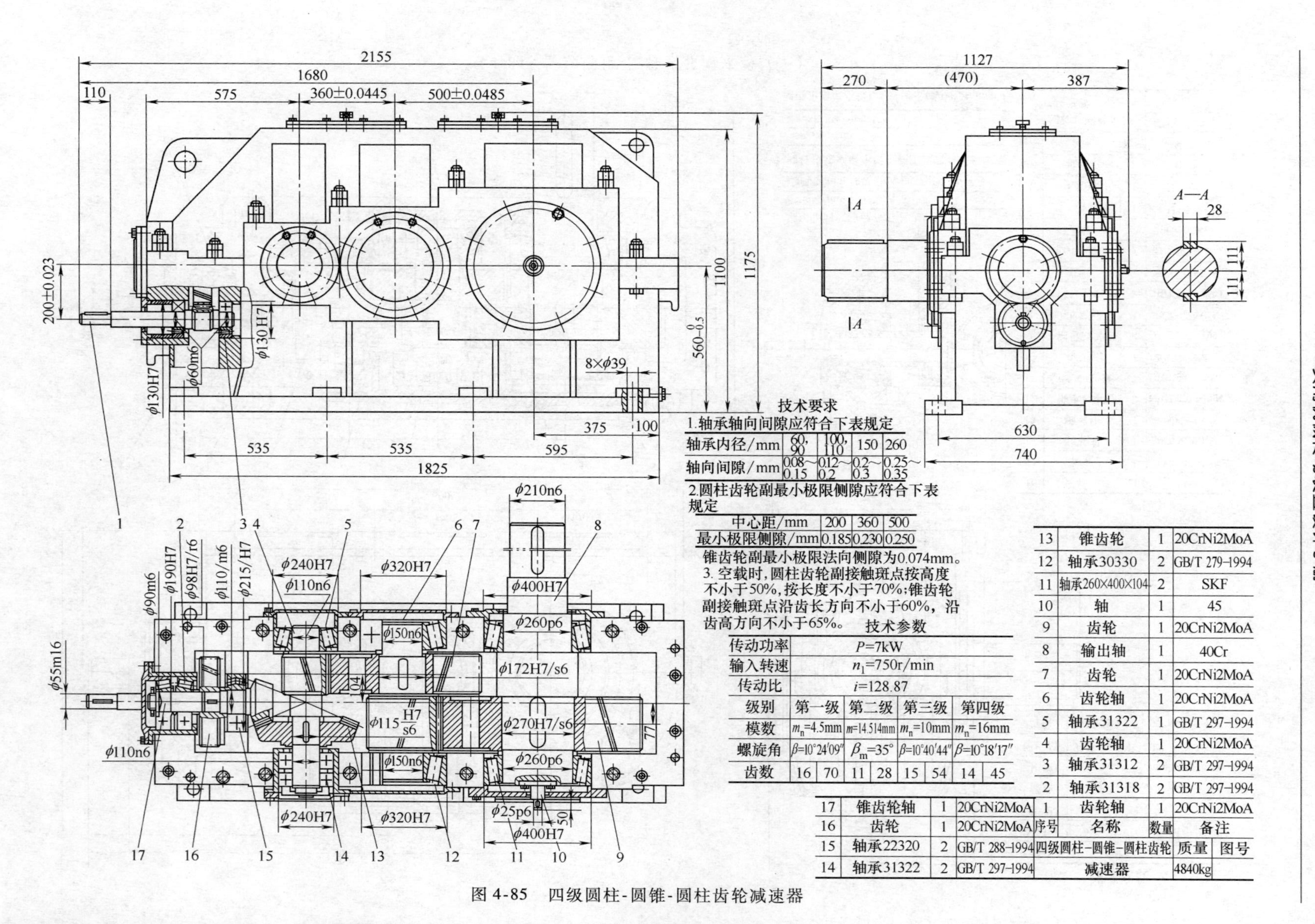

技术要求

1. 轴承轴向间隙应符合下表规定

轴承内径/mm	60，90	100，110	150	260
轴向间隙/mm	0.08～0.15	0.12～0.2	0.2～0.3	0.25～0.35

2. 圆柱齿轮副最小极限侧隙应符合下表规定

中心距/mm	200	360	500
最小极限侧隙/mm	0.185	0.230	0.250

锥齿轮副最小极限法向侧隙为0.074mm。

3. 空载时，圆柱齿轮副接触斑点按高度不小于50%，按长度不小于70%；锥齿轮副接触斑点沿齿长方向不小于60%，沿齿高方向不小于65%。

技术参数

传动功率	P=7kW							
输入转速	n_1=750r/min							
传动比	i=128.87							
级别	第一级		第二级		第三级		第四级	
模数	m_n=4.5mm		m=14.514mm		m_n=10mm		m_n=16mm	
螺旋角	β=10°24′09″		β_m=35°		β=10°40′44″		β=10°18′17″	
齿数	16	70	11	28	15	54	14	45

序号	名称	数量	备注
17	锥齿轮轴	1	20CrNi2MoA
16	齿轮	1	20CrNi2MoA
15	轴承22320	2	GB/T 288-1994
14	轴承31322	2	GB/T 297-1994
13	锥齿轮	1	20CrNi2MoA
12	轴承30330	2	GB/T 279-1994
11	轴承260×400×104	2	SKF
10	轴	1	45
9	齿轮	1	20CrNi2MoA
8	输出轴	1	40Cr
7	齿轮	1	20CrNi2MoA
6	齿轮轴	1	20CrNi2MoA
5	轴承31322	1	GB/T 297-1994
4	齿轮轴	1	20CrNi2MoA
3	轴承31312	2	GB/T 297-1994
2	轴承31318	2	GB/T 297-1994
1	齿轮轴	1	20CrNi2MoA

四级圆柱-圆锥-圆柱齿轮减速器	质量	图号
	4840kg	

图 4-85 四级圆柱-圆锥-圆柱齿轮减速器

第5章 蜗杆传动装置的设计

5.1 概述

蜗杆传动是机械传动装置的一种主要形式，具有传动比范围大（通常单级传动比可达5~100）、结构紧凑、体积小、运行平稳、噪声低等优点。此外，蜗杆传动具有对传动系统上游误差的收敛作用，因而除被广泛应用于作动力传动外，一直是机床及精密仪器精密圆分度机构的首选部件。

由于蜗杆传动属交错轴传动，蜗轮与蜗杆工作齿面间存在较大的相对滑动速度，故以往蜗杆传动的主要失效形式是严重磨损和齿面胶合。如何降低齿面的摩擦、改善齿面间的润滑性能、提高其承载能力、传动效率和精度寿命等问题，一直为国内外有关科技界所关注，并研究提出了各种各样的多种蜗杆传动。空间啮合理论、流体润滑理论的研究和生产实践证明：①在蜗轮材质等同的条件下，优质的蜗杆传动除了应有良好的啮合特性外，其蜗杆齿面都必须具有较高光洁度（即低的粗糙度值）、硬度和精度，因此传动性能和工艺性优良的蜗杆，其齿面应该能够硬化处理并可进行合理磨削；②圆环面蜗杆传动与圆柱蜗杆传动比较，具有同时接触的齿数多（其重合度为后者的3~4倍），接触特性好，效率高、承载能力大等优点。

蜗杆传动主要有圆柱蜗杆、圆环面蜗杆和圆锥蜗杆传动三大类，而前两大类应用最广泛。其中运用渐开线圆柱蜗杆传动的有英国和美国等；尼曼蜗杆传动的有法国、日本、中国、俄罗斯等；直廓环面蜗杆传动的有美国、俄罗斯等；平面二次包络环面蜗杆传动的有中国；锥面包络环面蜗杆传动的有中国和日本等，中国的最具有代表性。

根据蜗杆和蜗轮相对位置可分为蜗杆上置的蜗杆减速器、蜗杆下置的蜗杆减速器和蜗杆侧置的蜗杆减速器。

根据蜗杆传动级数可分为：单级蜗杆减速器、两级蜗杆减速器和多级蜗杆减速器。多级蜗杆减速器应用得较少。常用蜗杆减速器类型、特点及应用见表5-1。

表5-1 常用蜗杆减速器的类型、特点及应用

类别	级数		传动简图	常用传动比范围	特点及应用
蜗杆、蜗杆-齿轮（齿轮-蜗杆）减速器	单级	蜗杆下置式	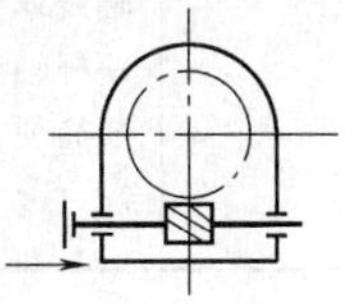	$i=8\sim80$（传递功率较大时，$i\leqslant30$）	蜗杆放在蜗轮下边，啮合处冷却和润滑较好，蜗杆轴承润滑方便，但蜗杆圆周速度太大时，搅油损耗较大，是最常用的形式
		蜗杆上置式	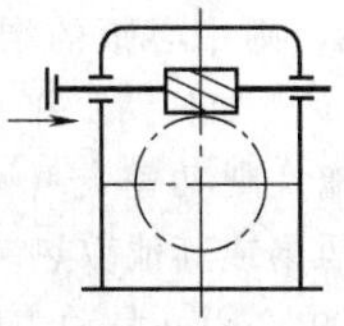		蜗杆放在蜗轮上边，装卸方便，金属屑等杂物掉入啮合处机会少。啮合处润滑及冷却条件较差，多用于中心距（$a<160$）、传动比较小的场合
		蜗杆侧置式	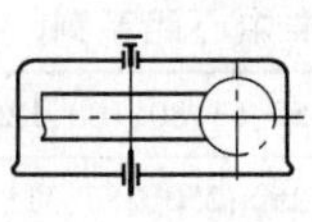		蜗杆放在蜗轮旁边，蜗轮轴是垂直的，蜗轮轴轴承的润滑、密封较麻烦，结构较复杂，一般用于水平旋转机构的传动

（续）

类别	级数		传动简图	常用传动比范围	特点及应用
蜗杆、蜗杆-齿轮（齿轮-蜗杆）减速器	两级	蜗杆-蜗杆	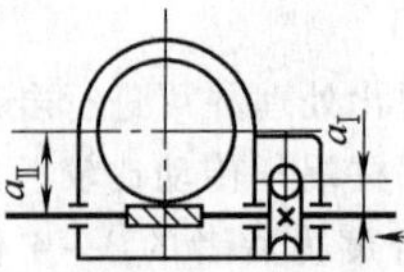	$i=48\sim3600$	传动比大，结构紧凑，但效率较低，为使高速级和低速级传动浸入油中深度大致相等，应使高速级中心距 a_{I} 约为低速级中心距 a_{II} 的 $\frac{1}{2}$
		蜗杆-齿轮（齿轮-蜗杆）	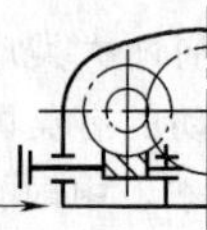 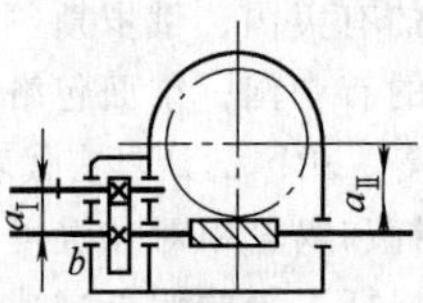	$i=15\sim480$	有齿轮传动在高速级和蜗杆传动在高速级两种形式。前者结构紧凑，后者效率较高，齿轮制造精度可低些
环面蜗杆减速器	单级		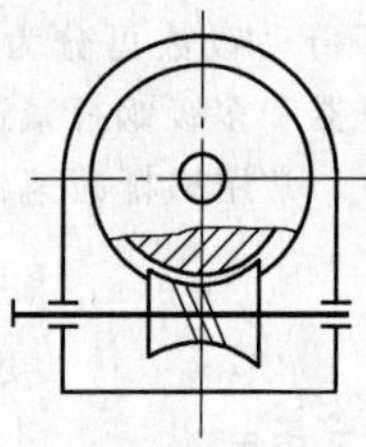	$i=8\sim80$	承载能力比普通圆柱蜗杆传动高，需要较高的制造和安装精度
偏置蜗杆减速器	单级		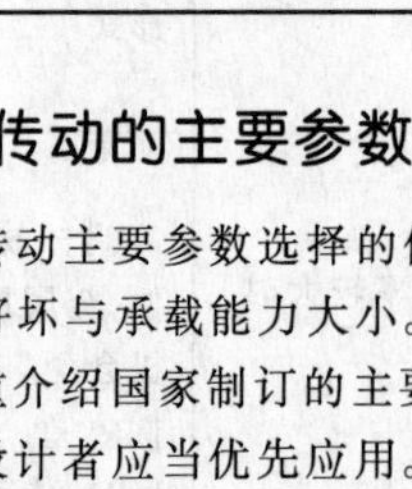	$i=10\sim360$	同时接触的齿对数较多，重合度大，承载能力和效率较高。轴线偏置后，中心距也较小，对蜗杆轴向位置不敏感，制造、安装简便，工艺性好

5.2 圆柱蜗杆传动的主要参数

普通圆柱蜗杆传动主要参数选择的优劣，直接影响着减速装置的好坏与承载能力大小。设计者要慎重处理。本节着重介绍国家制订的主要参数标准及参数搭配标准，设计者应当优先应用。这些参数适用于 ZA、ZI、ZN 和 ZK 蜗杆，在减速器的设计应用中推荐采用 ZI、ZK 蜗杆。蜗杆的旋向，除特殊要求外，均应采用右旋。

1. 中心距 a

中心距 a 是蜗杆传动的主要参数之一，它的大小主要表明了传递功率的大小。限制蜗杆传动功率的提高，主要有两个方面：一是受传动装置发热的限制；二是受齿面接触强度和轮齿弯曲强度的限制。一般齿根的弯曲强度大于齿面接触强度。如传动装置不考虑发热，则中心距的增大与传动功率成立方关系，即 $P\propto a^3$；如长期工作，受发热的制约，又无其他散热措施，则功率与中心距成平方关系，即 $P\propto a^2$；装有风扇或其他散热装置，功率 P 与 $a^{2.5}$ 成正比。所以，中心距 a 是动力蜗杆副的最基本参数。表 5-2 是我国标准规定的中心距系列。

表 5-2　标准中心距系列（GB/T 10085—1988）

a/mm	40，50，63，80，100，125，（140），160，（180），200
	（225），250，280，315，（355），400，（450），500

注：括号中的数值尽量不采用。

大于 500mm 的中心距可按优先数 R20 系列选用。

2. 传动比 i

传动比 i 也是蜗杆传动的主要参数之一，除特殊的使用要求外，传动比 i 也应尽量采用标准系列值，这样做可使刀具数目不致过多，便于刀具的标准化和组织生产。为满足广泛的需要和尽量应用一对蜗杆副就能得到速比要求，传动比 i 所订范围和密度都较大。传动比 i、中心距 a、蜗杆分度圆直径 d_1、模数 m、直径系数 q 和蜗杆头数 z_1 存在着如下关系，即

$$i=\frac{2a-d_1}{mz_1}=\frac{2a-mq}{mz_1}=\frac{1}{z_1}\left(\frac{2a}{m}-q\right) \tag{5-1}$$

在给定中心距 a 时，改变 d_1、m 和 z_1（或 q 值），可以得到不同传动比，其他参数可以系列化，传动比 i 也完全可以标准化。国家标准规定一级圆柱蜗杆传动的传动比 i 为 5、7.5、10、12.5、15、20、25、30、35、40、50、60、70、80。设计时公称传动比 i 与实际值之差不应超过 ±6%。为便于蜗杆副加工精度的提高，在选择齿数比 $u=\frac{z_2}{z_1}$时，应尽量避免整数。

3. 蜗杆头数 z_1 和蜗轮齿数 z_2

如上所述，蜗轮齿数过少，会产生根切，影响重合度和承载能力。除根切外，为保证轮齿工作面能参加啮合，像圆柱齿轮一样，应使蜗轮的基圆直径 d_{b2}小于有效啮合直径（d_2-h'）（h'为有效工作齿高），即

$$d_{b2}=mz_2\cos\alpha \leqslant mz_2-h'$$

所以
$$z_2 \geqslant \frac{h'}{(1-\cos\alpha)m} \tag{5-2}$$

如取齿顶高 $h_2=1.0m$，则 $h' \approx 2.0m$。

当 $\alpha=15°$时，$z_2 \geqslant 46$；$\alpha=20°$时，$z_2 \geqslant 34$。

日本的上野拓建议：当 $\alpha=20°$时，$z_2 \geqslant 25$；当 $\alpha=25°$时，$z_2 \geqslant 20$。即保证蜗轮齿面有 80% 的工作齿高参加啮合就能满足需要。

对 z_2 限制的另一因素是蜗轮齿顶变尖，尤其在斜截面上（见图 5-1 中线 OP）。直径系数 q 与齿宽角 θ 直接影响齿顶变尖，一般 q 值与 θ 角越大，齿顶厚度 s_a 越小，z_2 越多，齿顶厚度 s_a 越大。$\alpha=15°$和 $\alpha=20°$的蜗轮，要保证最小齿顶齿厚 $s_a \geqslant 0.2m$，蜗轮齿数 z_2 要满足下式

$$z_2 \geqslant 50\left[\left(\frac{q}{2\pi}+0.5\right)\tan\frac{\theta}{2}-1.3\right] \tag{5-3}$$

部分的 q、θ 与 z_2 的关系值见表 5-3。

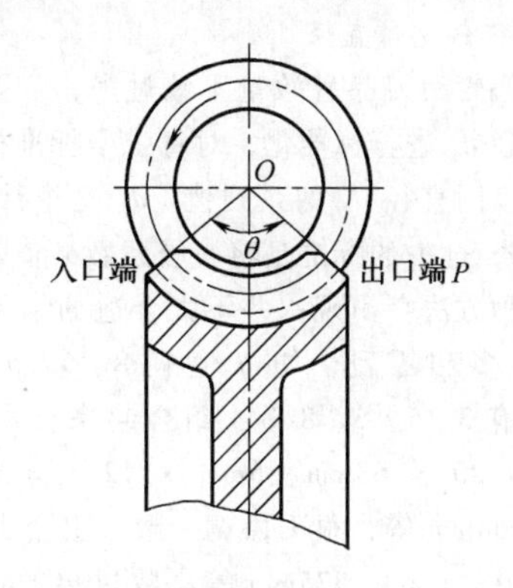

图　5-1

表 5-3　部分的 q、θ 与 z_2 的关系值

z_2 \ q	10	11.2	14	17
	$\theta=80°$			
$z_2 \geqslant$	22.7	30.7	49.5	69
	$\theta=75°$			
	15.2	22.6	39.67	57.9
	$\theta=70°$			
	8.2	14.9	30.5	47.2

蜗杆头数 z_1 一般是根据传动比 i 选取，中心距确定后，相同传动比时，蜗杆头数增多，可提高传动效率，但模数要减小，需同时考虑强度是否满足要求。部分国家采用的蜗杆头数 z_1 见表 5-4。

表 5-4　部分国家采用的蜗杆头数 z_1

标准	z_1
DIN 3976—1980（德国）	$z_1=1,2,4,6$
GB（中国）	$z_1=1,2,4,6$
JIS B 1723—1977（日本） ГОСТ 2144—1976（前苏联）	$z_1=1,2,4$
BS 721—1963（英国）	$z_1=1\sim14$
AGMA 341,02—1970（美国）	$z_1=1\sim10$

关于 z_1 值的确定，英国 BS 721—63 和联邦德国 H. WinTer 建议取

$$z_1 \approx \frac{7+2.4\sqrt{a}}{i} \tag{5-4}$$

蜗杆头数如按传动比选取，推荐按表 5-5 选取。

表 5-5　蜗杆头数 z_1 值

传动比 i	≥30	15～29	10～14	6～10	4～5
z_1	1	2	3	4	6

4. 蜗杆分度圆直径 d_1

为使蜗轮滚刀品种数量不致过多，需要将蜗杆分度圆直径 d_1 进行标准化，对每一个标准模数规定了若干分度圆直径 d_1 的系列值。d_1 是个计算数值，即 $d_1=mq$，过去的标准是将直径系数 q 值定为标准系列，这种方法会出现一些不太合适的结果，使 d_1 的数值过多和零乱，如 q 值有 8、12.5、20，m（mm）值有 3.15、5、8 等，组合起来会出现 $d_1=3.15\text{mm}\times20=63\text{mm}$、$5\text{mm}\times12.5=62.5\text{mm}$、$8\text{mm}\times8=64\text{mm}$ 等，很不协调一致，也会出现 $d_1=3.15\text{mm}\times12.5=39.375\text{mm}$ 等小数过多的情况。其实 q 值只是一个系数，d_1 才是我们所需要的数据，所以国家新标准采用将 d_1 作为标准系列是合理的。国家标准将蜗杆分度圆直径系列按优先数 R20 排列。

动力蜗杆副分度圆直径 d_1 的确定方法：

（1）选择较小的分度圆直径 d_1 所产生的结果

1）蜗轮滚刀为整体结构，强度较低，刀齿数目少，磨损快，齿形和齿形角误差大。

2）蜗杆的刚性低，挠度大。

3）导程角大，传动效率高。

4）圆周速度小。

（2）选取较大的分度圆直径 d_1 所产生的结果

1）蜗轮滚刀可以套装，结构强度大，刀齿数目多，刀齿磨损慢。

2）蜗杆刚性大，挠度小。

3）导程角小，传动效率较低。

4）圆周速度大，容易形成油膜，润滑条件较好。

由上述可知，分度圆 d_1 的选取是一综合指标，当中心距 a 给定时，不同分度圆直径 d_1 及其按齿面接触强度计算所能传递的转矩之间的关系如图 5-2 所示。

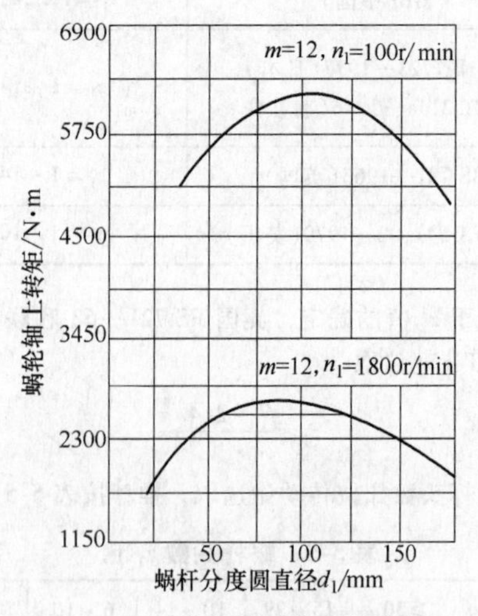

图 5-2　不同分度圆直径及蜗轮轴上转矩之间的关系

图中蜗杆传动的工作能力与模数 m 和转数 n 都有关系，在某一 n_1 下，最佳蜗杆分度圆直径 d_1 只有一个，然而能达到工作能力 95% 的分度圆直径 d_1 却有一个区域（以靠近曲线顶部的水平线表示）。只要蜗杆直径 d_1 在这个区域之内，就认为是合适的。

美国的 G. East 对齿面强度进行了大量计算，结果表明，符合上述区域的蜗杆分度圆直径 d_1 的最大值为

$$d_{1\max}=0.4a+1.67m\ \text{或}$$

$$d_{1\max}=(3.34+0.4z_2)a/(1.67+z_2)$$

$$d_{1\min}=0.2a+1.6m\ \text{或}$$

$$d_{1\min}=(3.2+0.2z_2)a/(1.67+z_2)$$

对整体蜗杆要求效率高，转速 n_1 大，选择 d_1 时，应向 $d_{1\min}$ 靠近，但要保证蜗杆刚度，以免挠度过大影响啮合质量。德国的 G. Niemann 提出蜗杆挠度 $y\leqslant\frac{d_1}{1000}$，按此建议，蜗杆根径 d_{f1} 可按下式确定

$$d_{f1}=0.6a^{0.85} \tag{5-5}$$

蜗杆轴承支承跨距 L_1 按下式确定

$$L_1\approx3.3a^{0.87} \tag{5-6}$$

选用多头蜗杆，确定 d_1 时，还要注意导程角 γ_1 最大不要超过 45°。

选用套装蜗杆，转速较低，强度要求大时，其分度圆直径 d_1 可向 $d_{1\max}$ 靠近，但最佳点不在极限处。

德国 G. Niemann 推荐的三种计算蜗杆齿根圆的公式为：

蜗杆传动功率不受发热限制，只满足齿面强度时

$$d_{f1}=0.4a \tag{5-7}$$

蜗杆传动不带风扇（无外界散热装置）时

$$d_{f1}=a^{0.75} \tag{5-8}$$

蜗杆传动带有散热装置时

$$d_{f1}=0.6a^{0.85} \tag{5-9}$$

美国 AGMA 标准推荐公式为

$$d_1=\frac{a^{0.875}}{2.2}(\text{in})\quad\text{或}\quad d_1=0.68a^{0.875} \tag{5-10}$$

这些计算式都大致相同，读者可根据具体情况选择。计算出的 d_1，最后应圆整成标准值。

5. 模数 m

圆柱蜗杆传动的模数是标准值，过去与圆柱齿轮传动的模数系列完全相同，应用了等差数系列。近年来德国、日本等国，已将这两种传动的模数系列分开，蜗杆传动 $m>1$ 者按优先数 R10 系列排列。新国家标准规定的蜗杆副第一模数系列为：1，1.25，1.6，2，2.5，3.15，4，5，6.3，8，10，

12.5，16，20，25，31.5，40。

第二系列为：1.5，3，3.5，4.5，5.5，6，7，12，14。

新的模数系列比过去旧标准在数目上有所减少，这可以减少蜗轮滚刀的数量。采用新的标准模数及中心距，则只需要较少的分度圆直径 d_1，就可以排列出所需要的传动比 i，而且排列得比较均匀、有规律性，见表 5-6（以 $a=160$mm 为例排列而得）。

表 5-6　新模数系列的传动比 i

i	30	5	40	10	53	60	70	80
q	10	10	10	10	10	18	10	20
z_1	1	6	1	4	1	1	1	1
$\frac{2a}{m}$	40		50		63	78	80	~100
m	8		6.3		5	4	4	3.15

6. 圆柱蜗杆传动基本参数（GB/T 10085—1988）

该标准适用于模数 $m \geqslant 1$mm，轴交角 $\Sigma=90°$ 的动力圆柱蜗杆传动。分度蜗杆传动和其他结构特殊的蜗杆传动也应参照本标准的规定。

（1）蜗杆的基本尺寸和参数　圆柱蜗杆的基本尺寸和参数应按表 5-7 的规定。尺寸参数相同时，采用不同的工艺方法均可获得相应的 ZA、ZI、ZN 和 ZK 蜗杆。推荐采用 ZI、ZK 蜗杆。

除特殊要求外，均应采用右旋蜗杆。

（2）中心距 a　一般圆柱蜗杆传动的减速装置的中心距 a（mm）应按下列数值选取：

40，50，63，80，100，125，160，（180），200，（225），250，（280），315，（355），400，（450），500

大于 500mm 的中心距可按优先数系 R20 的优先数选用。

按标准规定中心距的蜗杆传动，蜗杆和蜗轮参数的匹配，以及尺寸规格的标记方法按本节中（4）的规定。

（3）传动比 i　一般圆柱蜗杆传动的减速装置的传动比 i 的公称值应按下列数值选取：5，7.5，10，12.5，15，20，25，30，40，50，60，70，80。其中，10、20、40 和 80 为基本传动比，应优先采用。

表 5-7　蜗杆的基本尺寸和参数

模数 m /mm	轴向齿距 p_x /mm	分度圆直径 d_1/mm	头数 z_1	直径系数 q	齿顶圆直径 d_{a1}/mm	齿根圆直径 d_{f1}/mm	分度圆柱导程角 γ	说明	$m\sqrt[3]{q}$
1	3.141	18	1	18.000	20	15.6	3°10′47″	自锁	2.621
1.25	3.927	20	1	16.000	22.5	17	3°34′35″		3.150
		22.4	1	17.920	24.9	19.4	3°11′38″	自锁	3.271
1.6	5.027	20	1	12.500	23.2	16.16	4°34′26″		3.713
			2				9°05′25″		
			4				17°44′41″		
		28	1	17.500	31.2	24.16	3°16′14″	自锁	4.154
2	6.283	（18）	1	9.000	22	13.2	6°20′25″		4.160
			2				12°31′44″		
			4				23°57′45″		
		22.4	1	11.200	26.4	17.6	5°06′08″		4.745
			2				10°07′29″		
			4				19°39′14″		
			6				28°10′43″		
		（28）	1	14.000	32	23.2	4°05′08″		4.820
			2				8°07′48″		
			4				15°56′43″		
		35.5	1	17.750	39.5	30.7	3°13′28″	自锁	5.217

（续）

模数 m /mm	轴向齿距 p_x /mm	分度圆直径 d_1/mm	头数 z_1	直径系数 q	齿顶圆直径 d_{a1}/mm	齿根圆直径 d_{f1}/mm	分度圆柱导程角 γ	说明	$m\sqrt[3]{q}$
2.5	7.854	(22.4)	1	8.960	27.4	16.4	6°22′06″		5.192
			2				12°34′59″		
			4				24°03′26″		
		28	1	11.200	33	22	5°06′08″		5.593
			2				10°07′29″		
			4				19°39′14″		
			6				28°10′43″		
		(35.5)	1	14.200	40.5	29.5	4°01′42″		6.054
			2				8°01′02″		
			4				15°43′55″		
		45	1	18.000	50	39	3°10′47″	自锁	6.552
3.15	9.896	(28)	1	8.889	34.3	20.4	6°25′08″		6.525
			2				12°40′49″		
			4				24°13′40″		
		35.5	1	11.270	41.8	27.9	5°04′15″		7.062
			2				10°03′48″		
			4				19°32′29″		
			6				28°01′50″		
		(45)	1	14.286	51.3	37.4	4°00′15″		7.643
			2				7°58′11″		
			4				15°38′32″		
		56	1	17.778	62.3	48.4	3°13′10″	自锁	8.221
4	12.566	(31.5)	1	7.875	39.5	21.9	7°14′13″		7.958
			2				14°15′00″		
			4				26°55′40″		
		40	1	10.000	48	30.4	5°42′38″		8.618
			2				11°18′36″		
			4				21°48′05″		
			6				30°57′50″		
		(50)	1	12.500	58	40.4	4°34′26″		9.283
			2				9°05′25″		
			4				17°44′41″		
		71	1	17.750	79	61.4	3°13′28″	自锁	10.434

（续）

模数 m /mm	轴向齿距 p_x /mm	分度圆直径 d_1/mm	头数 z_1	直径系数 q	齿顶圆直径 d_{a1}/mm	齿根圆直径 d_{f1}/mm	分度圆柱导程角 γ	说明	$m\sqrt[3]{q}$
5	15.708	(40)	1	8.000	50	28	7°07′30″		10.000
			2				14°02′10″		
			4				26°33′54″		
		50	1	10.000	60	38	5°42′38″		10.772
			2				11°18′36″		
			4				21°48′05″		
			6				30°57′50″		
		(63)	1	12.600	73	51	4°32′16″		11.635
			2				9°01′10″		
			4				17°36′45″		
		90	1	18.000	100	78	3°10′47″	自锁	13.104
6.3	19.792	(50)	1	7.936	62.6	34.9	7°10′53″		12.566
			2				14°08′39″		
			4				26°44′53″		
		63	1	10.000	75.6	47.9	5°42′38″		13.573
			2				11°18′36″		
			4				21°48′05″		
			6				30°57′50″		
		(80)	1	12.698	92.6	64.8	4°30′10″		14.698
			2				8°57′02″		
			4				17°29′04″		
		112	1	17.778	124.6	96.9	3°13′10″	自锁	16.443
8	25.133	(63)	1	7.875	79	43.8	7°14′13″		15.916
			2				14°15°00″		
			4				26°53′40″		
		80	1	10.000	96	60.8	5°42′38″		17.235
			2				11°18′36″		
			4				21°48′05″		
			6				30°57′50″		
		(100)	1	12.500	116	80.8	4°34′26″		18.566
			2				9°05′25″		
			4				17°44′41″		
		140	1	17.500	156	120.8	3°16′14″	自锁	20.770

（续）

模数 m /mm	轴向齿距 p_x /mm	分度圆直径 d_1/mm	头数 z_1	直径系数 q	齿顶圆直径 d_{a1}/mm	齿根圆直径 d_{f1}/mm	分度圆柱导程角 γ	说明	$m\sqrt[3]{q}$
10	31.416	(71)	1	7.100	91	47	8°01′02″		19.220
			2				15°43′55″		
			4				29°23′46″		
		90	1	9.000	110	66	6°20′25″		20.801
			2				12°31′44″		
			4				23°57′45″		
			6				33°41′24		
		(112)	1	11.200	132	88	5°06′08″		22.374
			2				10°07′29″		
			4				19°39′14″		
		160	1	16.000	180	136	3°34′35″		25.198
12.5	39.270	(90)	1	7.200	115	60	7°50′26″		24.137
			2				15°31′27″		
			4				29°03′17″		
		112	1	8.960	137	82	6°22′06″		25.962
			2				12°34′59″		
			4				24°03′26″		
		(140)	1	11.200	165	110	5°06′08″		27.967
			2				10°07′29″		
			4				19°39′14″		
		200	1	16.000	225	170	3°34′35″		31.498
16	50.265	(112)	1	7.000	144	73.6	8°07′48″		30.607
			2				15°56′43″		
			4				29°44′42″		
		140	1	8.750	172	101.6	6°31′11″		32.970
			2				12°52′30″		
			4				24°34′02″		
		(180)	1	11.250	212	141.6	5°04′47″		35.851
			2				10°04′50″		
			4				19°34′23″		
		250	1	15.625	282	211.6	3°39′43″		40.000
20	62.832	(140)	1	7.000	180	92	8°07′48″		38.259
			2				15°56′43″		
			4				29°44′42″		
		160	1	8.000	200	112	7°07′30″		40.000
			2				14°02′10″		
			4				26°33′54″		
		(224)	1	11.200	264	176	5°06′08″		44.748
			2				10°07′29″		
			4				19°39′14″		
		315	1	15.750	355	267	3°37′59″		50.133
25	78.540	(180)	1	7.200	230	120	7°54′26″		48.274
			2				15°31′27″		
			4				27°03′17″		
		200	1	8.000	250	140	7°07′30″		50.000
			2				14°02′10″		
			4				26°33′54″		
		(280)	1	11.200	330	220	5°06′08″		55.934
			2				10°07′29″		
			4				19°39′14″		
		400	1	16.000	450	340	3°34′35″		62.996

注：括号中的数字尽可能不采用。表中所指的自锁是导程角 γ 小于 3°30′的圆柱蜗杆。

（4）圆柱蜗杆、蜗轮参数的匹配和标记方法

1）蜗杆、蜗轮参数的匹配。采用本标准规定中心距的 ZA、ZN、ZI 和 ZK 蜗杆传动，其蜗杆和蜗轮的参数匹配按表 5-8 ~ 表 5-12 的规定。

表 5-8　蜗杆、蜗轮参数的匹配

中心距 a /mm	传动比 i	模数 m /mm	蜗杆分度圆直径 d_1/mm	蜗杆头数 z_1	蜗轮齿数 z_2	蜗轮变位系数 x_2	说明
40	4.83	2	22.4	6	29	-0.100	
	7.25	2	22.4	4	29	-0.100	
	9.5①	1.6	20	4	38	-0.250	
	—	—	—	—	—	—	
	14.5	2	22.4	2	29	-0.100	
	19①	1.6	20	2	38①	-0.250	
	29	2	22.4	1	29	-0.100	
	38①	1.6	20	1	38	-0.250	
	49	1.25	20	1	49	-0.500	
	62	1	18	1	62	0.000	自锁②
50	4.83	2.5	28	6	29	-0.100	
	7.25	2.5	28	4	29	-0.100	
	9.75①	2	22.4	4	39	-0.100	
	12.75	1.6	20	4	51	-0.500	
	14.5	2.5	28	2	29	-0.100	
	19.5①	2	22.4	2	39	-0.100	
	25.5	1.6	20	2	51	-0.500	
	29	2.5	28	1	29	-0.100	
	39①	2	22.4	1	39	-0.100	
	51	1.6	20	1	51	-0.500	
	62	1.25	22.4	1	62	+0.040	自锁②
	—	—	—	—	—	—	
	82①	1	18	1	82	0.000	自锁②
63	4.83	3.15	35.58	6	29	-0.1349	
	7.25	3.15	35.5	4	29	-0.1349	
	9.75①	2.5	28	4	39	+0.100	
	12.75	2	22.4	4	51	+0.400	
	14.5	3.15	35.5	2	29	-0.1349	
	19.5①	2.5	28	2	39	+0.100	
	25.5	2	22.4	2	51	+0.400	
	29	3.15	35.5	1	29	-0.1349	
	39①	2.5	28	1	39	+0.100	
	51	2	22.4	1	51	+0.400	
	61	1.6	28	1	61	+0.125	自锁②
	67	1.6	20	1	67	-0.375	
	82①	1.25	22.4	1	82	+0.440	自锁②

（续）

中心距 a /mm	传动比 i	模数 m /mm	蜗杆分度圆直径 d_1/mm	蜗杆头数 z_1	蜗轮齿数 z_2	蜗轮变位系数 x_2	说明
80	5.17	4	40	6	31	-0.500	
	7.75	4	40	4	31	-0.500	
	9.75[①]	3.15	35.5	4	39	+0.2619	
	13.25	2.5	28	4	53	-0.100	
	15.5	4	40	2	31	-0.500	
	19.5[①]	3.15	35.5	2	39	+0.2619	
	26.5	2.5	28	2	53	-0.100	
	31	4	40	1	31	-0.500	
	39[①]	3.15	35.5	1	39	+0.2619	
	53	2.5	28	1	53	-0.100	
	62	2	35.5	1	62	+0.125	自锁[②]
	69	2	22.4	1	69	-0.100	
	82[①]	1.6	28	1	82	+0.250	自锁[②]
100	5.17	5	50	6	31	-0.500	
	7.75	5	50	4	31	-0.500	
	10.25[①]	4	40	4	41	-0.500	
	13.25	3.15	35.5	4	53	-0.3889	
	15.5	5	50	2	31	-0.500	
	20.5[①]	4	40	2	41	-0.500	
	26.5	3.15	35.5	2	53	-0.3889	
	31	5	50	1	31	-0.500	
	41[①]	4	40	1	41	-0.500	
	53	3.15	35.5	1	53	-0.3889	
	62	2.5	45	1	62	0.000	自锁[②]
	70	2.5	28	1	70	-0.600	
	82[①]	2	35.5	1	82	+0.125	自锁[②]
125	5.17	6.3	63	6	31	-0.6587	
	7.75	6.3	63	4	31	-0.6587	
	10.25[①]	5	50	4	41	-0.500	
	12.75	4	40	4	51	+0.750	
	15.5	6.3	63	2	31	-0.6587	
	20.5[①]	5	50	2	41	-0.500	
	25.5	4	40	2	51	+0.750	
	31	6.3	63	1	31	-0.6587	
	41[①]	5	50	1	41	-0.500	
	51	4	40	1	51	+0.750	
	62	3.15	56	1	62	-0.2063	自锁[②]
	69	3.15	35.5	1	69	-0.4524	
	82[①]	2.5	45	1	82	0.000	自锁[②]

（续）

中心距 a /mm	传动比 i	模数 m /mm	蜗杆分度圆直径 d_1/mm	蜗杆头数 z_1	蜗轮齿数 z_2	蜗轮变位系数 x_2	说明
160	5.17	8	80	6	31	-0.500	
	7.75	8	80	4	31	-0.500	
	10.25[①]	6.3	63	4	41	-0.1032	
	13.25	5	50	4	53	+0.500	
	15.5	8	80	2	31	-0.500	
	20.5[①]	6.3	63	2	41	-0.1032	
	26.5	5	50	2	53	+0.500	
	31	8	80	1	31	-0.500	
	41[①]	6.3	63	1	41	-0.1032	
	53	5	50	1	53	+0.500	
	62	4	71	1	62	+0.125	自锁[②]
	70	4	40	1	70	0.000	
	83[①]	3.15	56	1	83	+0.4048	自锁[②]
180	—	—	—	—	—	—	
	7.25	10	71	4	29	-0.050	
	9.5[①]	8	63	4	38	-0.4375	
	12	6.3	63	4	48	-0.4286	
	15.25	5	50	4	61	+0.500	
	19[①]	8	63	2	38	-0.4375	
	24	6.3	63	2	48	-0.4286	
	30.5	5	50	2	61	+0.500	
	38[①]	8	63	1	38	-0.4375	
	48	6.3	63	1	48	-0.4286	
	61	5	50	1	61	+0.500	
	71	4	71	1	71	+0.625	自锁[②]
	80[①]	4	40	1	80	0.000	
200	5.17	10	90	6	31	0.000	
	7.75	10	90	4	31	0.000	
	10.25[①]	8	80	4	41	-0.500	
	13.25	6.3	63	4	53	+0.246	
	15.5	10	90	2	31	0.000	
	20.5[①]	8	80	2	41	-0.500	
	26.5	6.3	63	2	53	+0.246	
	31	10	90	1	31	0.000	
	41[①]	8	80	1	41	-0.500	
	53	6.3	63	1	53	+0.246	
	62	5	90	1	62	0.000	自锁[②]
	70	5	50	1	70	0.000	
	82[①]	4	71	1	82	+0.125	自锁[②]

（续）

中心距 a /mm	传动比 i	模数 m /mm	蜗杆分度圆直径 d_1/mm	蜗杆头数 z_1	蜗轮齿数 z_2	蜗轮变位系数 x_2	说明
225	7.25	12.5	90	4	29	-0.100	
	9.5①	10	71	4	38	-0.050	
	11.75	8	80	4	47	-0.375	
	15.25	6.3	63	4	61	+0.2143	
	19.5①	10	71	2	38	-0.050	
	23.5	8	80	2	7	-0.375	
	30.5	6.3	63	2	61	+0.2143	
	38①	10	71	1	38	-0.050	
	47	8	80	1	47	-0.375	
	61	6.3	63	1	61	+0.2143	
	71	5	90	1	71	+0.500	自锁②
	80①	5	50	1	80	0.000	
250	7.75	12.5	112	4	31	+0.020	
	10.25①	10	90	4	41	0.000	
	13	8	80	4	52	+0.250	
	15.5	12.5	112	2	31	+0.020	
	20.5①	10	90	2	41	0.000	
	26	8	80	2	52	+0.250	
	31	12.5	112	1	31	+0.020	
	41①	10	90	1	41	0.000	
	52	8	80	1	52	+0.250	
	61	6.3	112	1	61	+0.2937	
	70	6.3	63	1	70	-0.3175	
	81①	5	90	1	81	+0.500	自锁②
280	7.25	16	112	4	29	-0.500	
	9.5①	12.5	90	4	38	-0.200	
	12	10	90	4	48	-0.500	
	15.25	8	80	4	61	-0.500	
	19①	12.5	90	2	38	-0.200	
	24	10	90	2	48	-0.500	
	30.5	8	80	2	61	-0.500	
	38①	12.5	90	1	38	-0.200	
	48	10	90	1	48	-0.500	
	61	8	80	1	61	-0.500	
	71	6.3	112	1	71	+0.0556	自锁②
	80①	6.3	63	1	80	-0.5556	

（续）

中心距 a /mm	传动比 i	模数 m /mm	蜗杆分度圆直径 d_1/mm	蜗杆头数 z_1	蜗轮齿数 z_2	蜗轮变位系数 x_2	说明
315	7.75	16	140	4	31	−0.1875	
	10.25①	12.5	112	4	41	+0.220	
	13.25	10	90	4	53	+0.500	
	15.5	16	140	2	31	−0.1875	
	20.5①	12.5	112	2	41	+0.220	
	26.5	10	90	2	53	+0.500	
	31	16	140	1	31	−0.1875	
	41①	12.5	112	1	41	+0.220	
	53	10	90	1	53	+0.500	
	61	8	140	1	61	+0.125	
	69	8	80	1	69	−0.125	
	82①	6.3	112	1	82	+0.1111	自锁②
355	7.25	20	140	4	29	−0.250	
	9.5①	16	112	4	38	−0.3125	
	12.25	12.5	112	4	49	−0.580	
	15.25	10	90	4	61	+0.500	
	19①	16	112	2	38	−0.3125	
	24.5	12.5	112	2	49	−0.580	
	30.5	10	90	2	61	+0.500	
	38①	16	112	1	38	−0.3125	
	49	12.5	112	1	49	−0.580	
	61	10	90	1	61	+0.500	
	71	8	140	1	71	+0.125	自锁②
	79①	8	80	1	79	−0.125	
400	7.75	20	160	4	31	+0.500	
	10.25①	16	140	4	41	+0.125	
	13.5	12.5	112	4	54	+0.520	
	15.5	20	160	2	31	+0.500	
	20.5①	16	140	2	41	+0.125	
	27	12.5	112	2	54	+0.520	
	31	20	160	1	31	+0.050	
	41①	16	140	1	41	+0.125	
	54	12.5	112	1	54	+0.520	
	63	10	160	1	63	+0.500	
	71	10	90	1	71	0.000	
	82①	8	140	1	82	+0.250	自锁②

（续）

中心距 a /mm	传动比 i	模数 m /mm	蜗杆分度圆直径 d_1/mm	蜗杆头数 z_1	蜗轮齿数 z_2	蜗轮变位系数 x_2	说明
450	7.25	25	180	4	29	−0.100	
	9.75①	20	140	4	39	−0.500	
	12.25	16	112	4	49	+0.125	
	15.75	12.5	112	4	63	+0.020	
	19.5①	20	140	2	39	−0.500	
	24.5	16	112	2	49	+0.125	
	31.5	12.5	112	2	63	+0.020	
	39①	20	140	1	39	−0.500	
	49	16	112	1	49	+0.125	
	63	12.5	112	1	63	+0.020	
	73	10	160	1	73	+0.500	
	81①	10	90	1	81	0.000	
500	7.75	25	200	4	31	+0.500	
	10.25①	20	160	4	41	+0.500	
	13.25	16	140	4	53	+0.375	
	15.5	25	200	2	31	+0.500	
	20.5①	20	160	2	41	+0.500	
	26.5	16	140	2	53	+0.375	
	31	25	200	1	31	+0.500	
	41①	20	160	1	41	+0.500	
	53	16	140	1	53	+0.375	
	63	12.5	200	1	63	+0.500	
	71	12.5	112	1	71	+0.020	
	83①	10	160	1	83	+0.500	

① 为基本传动比。

② 表中所指的自锁，只有在静止状态和无振动时才能保证。

表 5-9　蜗杆轴向齿距 p_x、模数 m_t、径节 D_p 和周节 C_p 对照表

p_x/mm	m_t/mm	D_p/in	C_p/in	p_x/mm	m_t/mm	D_p/in	C_p/in
3.142	**1**			5.700	(1.814)	**14**	(0.224)
3.175	(1.011)		**0.125(1/8)**	6.283	**2**	(12.7)	(0.247)
3.325	(1.058)	**24**	(0.131)	6.350	(2.021)		**0.25(1/4)**
3.627	(1.155)	**22**	(0.143)	6.650	(2.116)	**12**	(0.262)
3.990	(1.27)	**20**	(0.157)	7.254	(2.309)	**11**	(0.236)
4.433	(1.411)	**18**	(0.175)	7.854	**2.5**		(0.309)
4.712	**1.5**	(16.933)	(0.186)	7.938	(2.527)		**0.3125(5/16)**
4.763	(1.516)		**0.1875(3/16)**	7.980	(2.54)	**10**	(0.314)
4.987	(1.588)	**16**	(0.196)	8.866	(2.822)	**9**	(0.349)

（续）

p_x/mm	m_t/mm	D_p/in	C_p/in
9.425	**3**		(0.371)
9.525	(3.032)		**0.375(3/8)**
9.975	(3.175)	**8**	(0.393)
11.00	**3.5**		(0.433)
11.11	(3.537)		**0.4375(7/16)**
11.40	(3.626)	**7**	(0.449)
12.57	4		(0.495)
12.70	(4.048)		**0.500(1/2)**
13.30	(4.233)	**6**	(0.524)
14.14	**4.5**		(0.557)
14.29	(4.548)		**0.5625(9/16)**
15.71	**5**		(0.618)
15.87	(5.053)		**0.625(5/8)**
15.96	(5.08)	**5**	(0.628)
17.46	(5.559)		**0.6875(11/16)**
18.85	**6**	(4.233)	(0.742)
19.05	(6.064)		**0.75(3/4)**
19.95	(6.35)	**4**	(0.785)
20.64	(6.569)		**0.8125(13/16)**
21.99	**7**	(3.629)	(0.866)
22.22	(7.074)		**0.875(7/8)**
22.80	(7.257)	**3.5**	(0.898)
23.31	(7.58)		**0.9375(15/16)**
25.13	**8**	(3.175)	(0.989)
25.40	(8.035)		**1.0000(1)**
26.60	(8.467)	**3**	(1.047)
26.99	(8.59)		**1.0625**$\left(1\frac{1}{16}\right)$
28.27	**9**		(1.116)
28.58	(9.096)		**1.125**$\left(1\frac{1}{8}\right)$
29.02	(9.236)	2.750	(1.142)
30.16	(9.061)		**1.1875**$\left(1\frac{3}{16}\right)$
31.42	**10**	(2.540)	(1.237)
31.75	(10.106)		**1.250**$\left(1\frac{1}{4}\right)$
31.92	(10.159)	**2.5**	(1.257)
33.34	(10.612)		**1.3125**$\left(1\frac{5}{16}\right)$
34.93	(11.117)		**1.375**$\left(1\frac{3}{8}\right)$
35.47	(11.280)	**2.25**	(1.396)
36.51	(11.622)		**1.4375**$\left(1\frac{7}{16}\right)$
37.70	**12**	(2.117)	(1.434)
38.10	(12.127)		**1.500**$\left(1\frac{1}{2}\right)$
39.90	(12.7)	**2**	(1.570)
41.27	(13.138)		**1.625**$\left(1\frac{5}{8}\right)$
43.98	**14**	(1.814)	(1.732)
44.45	(14.149)		**1.75**$\left(1\frac{3}{4}\right)$
45.60	(14.514)	$\mathbf{1\frac{3}{4}}$	(1.795)
47.62	(12.166)		**1.875**$\left(1\frac{7}{8}\right)$
50.26	**16**	(1.588)	(1.979)
50.80	(16.176)		**2.00(2)**
53.20	(16.933)	**1.5**	(2.094)
56.55	**18**	(1.411)	(2.226)
62.83	**20**	(1.270)	(2.474)
63.84	(20.319)	**1.25**	(2.513)
78.84	**25**	(1.016)	(3.092)
79.80	(25.4)	**1**	(3.142)
94.25	**30**	(0.847)	(3.710)

注：1. m_t、D_p 及 C_p 中的黑体数字为标准系列值，括弧中的数字为非标准值。

2. 自解放以来，国内产品大多采用模数制；英国用径节制居多；美国则多用周节制；其他国家如前苏联、德国和东欧国家也大都采用模数制。

表 5-10　圆柱蜗杆齿形分类

中国 GB/T 10086—1988	国际标准 ISO/R1122	德国标准 DIN3976	前苏联标准 ГОСТ	经互会标准 СТСЭВ	日本齿轮工业会 JGMA	英国标准 BS	美国齿轮制造者协会 AGMA
ZA	ZA	ZA	ZA	ZA	1 型		未作规定
ZN	ZN	ZN	ZN	ZN	2 型		
ZN_1			ZN_1	ZN_1			
ZN_2			ZN_2	ZN_2			
ZN_3			ZN_3				
ZK	ZK	ZK	ZK	ZK	3 型		
ZK_1			ZK_1	ZK_1			
ZK_2			ZK_2	ZK_2			
ZK_3			ZK_3				
ZI	ZI	ZI	ZI	ZI	4 型	渐开线蜗杆	
ZC		ZH	ZT				
ZC_1			ZT_1				
ZC_2			ZT_2				
ZC_3							

注：1. ZN 蜗杆（法向直廓蜗杆，也称延伸渐开线蜗杆、护轴线蜗杆）。ZN_1—齿槽法向直廓蜗杆；ZN_2—齿体法向直廓蜗杆；ZN_3—齿面法向直廓蜗杆。

2. ZC 蜗杆（圆弧圆柱蜗杆）。ZC_1—圆环面包络圆柱蜗杆，即尼曼（Niemann）蜗杆传动，其基本齿廓参数按 GB 9147—1988（圆弧圆柱蜗杆减速器），与德国的 ZH 蜗杆、TOCT 的 ZT_1 蜗杆相同；ZC_2—圆弧面圆柱蜗杆，即所谓李特文（Литвин）蜗杆，与 TOCT 的 ZT_2 蜗杆相同；ZC_3—轴向圆弧齿圆柱蜗杆，国内采用的凹面齿车削蜗杆。

3. ZK 蜗杆（锥面包络圆柱蜗杆）。ZK_1—盘状锥面包络圆柱蜗杆；ZK_2—指状锥面包络圆柱蜗杆；ZK_3—端锥面包络圆柱蜗杆。ZK 蜗杆采用克林贝格（Klingelnberg）公司生产的蜗杆磨床，如 HSS-33B 型磨床，双面磨削，生产率高。

4. ZI 蜗杆可用平面砂轮磨削，如英国霍尔罗依德（Holvoyd）公司的蜗杆磨床加工。

5. 直廓环面蜗杆是英国亨德利（Hindley）于 1765 年发明的，因此称亨德利蜗杆，以 Hindley 蜗杆为基础，采用不同加工方法：洛仑兹（Lorodz）蜗杆和柯恩（Cone）蜗杆（Cone 于 1930 年研究）制造的蜗杆，这种蜗杆是由美国密西根工具厂用特殊的专用机床加工出来的。

6. 平面蜗轮 P 是美国人威尔德哈伯（E. Windhaber）于 1922 年创造的，故称威尔德哈伯蜗杆传动。

表 5-11　国柱蜗杆各国标准规定的基本齿廓

序号	齿形参数名称	中国 GB/T 10087—1988	德国 DIN3975	前苏联 ГОСТ19036	经互会 СТСЭВ266	英国 BS721Pt2	日本 JIS · B1723	美国 AGMA234.01
1	蜗杆基本类型	ZA、ZN ZI、ZK	ZA、ZN ZI、ZK	ZA、ZN ZI、ZK	ZA、ZN ZI、ZK	ZI	1 型、2 型 3 型、4 型	—
2	齿顶高 h_a	$1m$ 短齿 $0.8m$	$1m$	$1m$	$1m$	$m\cos\gamma$ （法向）	$1m$	$0.3183p_x$ 允许用短齿
3	工作齿高 h'	$2m$ 短齿 $1.6m$	$2m$	$2m$	$2m$	$2m\cos\gamma$ （法向）	$2m$	$0.6366p_x$ 允许用短齿
4	顶隙 c	$(0.15\sim0.35)m$ 推荐 $0.2m$	$(0.167\sim0.3)m$ 推荐 $0.2m$	$(0.15\sim0.3)m$ 推荐 $0.2m$	$(0.15\sim0.3)m$ 推荐 $0.2m$	$(0.2\sim0.25)\cdot$ $m\cos\gamma$（法向）	$0.2m$	$0.03p_x$

（续）

序号	齿形参数名称	中国 GB/T 10087—1988	德国 DIN3975	前苏联 ГОСТ19036	经互会 СТСЭВ266	英国 BS721Pt2	日本 JIS·B1723	美国 AGMA234.01
5	齿根圆角半径 ρ_f	$(0.2\sim0.4)m$ 推荐 $0.3m$	—	$0.3m$	$0.3m$	$(0.3\sim0.4)\cdot m\cos\gamma$（法向）	—	—
6	轴向齿厚 s_x	$\frac{1}{2}\pi m$	$\frac{1}{2}\pi m$	$\frac{1}{2}\pi m$	$\frac{1}{2}\pi m$	$\frac{1}{2}\pi m$	$\frac{1}{2}\pi m$	$0.5p_x$
7	齿形角 α	20°	20°	20°	20°	20°（法向）	20°	$\gamma<30°$ $\alpha=20°$ $\gamma\geqslant30°$ $\alpha=20°$

注：ГОСТ19036 与 СТСЭВ266 完全相同。

表 5-12 蜗杆传动的摩擦因数 f 和摩擦角 ρ

滑动速度 v_s/(m/s)	摩擦因数 f	摩擦角 ρ	滑动速度 v_s/(m/s)	摩擦因数 f	摩擦角 ρ
0.01	0.11~0.12	6°17′~6°51′	2.5	0.03~0.04	1°43′~2°17′
0.1	0.08~0.09	4°34′~5°09′	3.0	0.028~0.035	1°36′~2°00′
0.25	0.065~0.075	3°43′~4°17′	4.0	0.023~0.03	1°19′~1′43′
0.5	0.055~0.065	3°09′~3°43′	7.0	0.018~0.026	1°02′~1°29′
1.0	0.045~0.055	2°35′~3°09′	10	0.016~0.024	0°55′~1°22′
1.5	0.04~0.05	2°17′~2°52′	15	0.014~0.020	0°48′~1°09′
2.0	0.035~0.045	2°00′~2°35′			

注：蜗杆经淬火磨齿时用较小值，反之用较大值。

2）蜗杆、蜗轮及其传动的尺寸规格的标记方法。

① 标记内容。蜗杆的标记内容包括蜗杆的类型（ZA、ZI、ZN、ZK）、模数 m、分度圆直径 d_1、螺旋方向（右旋：R 或左旋：L）、头数 z_1。

蜗轮的标记内容包括相配蜗杆的类型（ZA、ZN、ZI、ZK）、模数 m、齿数 z_2。

蜗杆传动的标记方法用分式表示，其中分子为蜗杆的代号，分母为蜗轮齿数 z_2。

② 标记示例

a）齿形为 N_1，齿形角 α_n 为 20°，模数为 10mm，分度圆直径为 90mm，头数为 2 的右旋圆柱蜗杆；齿数为 80 的蜗轮，以及由它们组成的圆柱蜗杆传动，则

蜗杆标记为：蜗杆 $ZN_1 10\times90R2$；

蜗轮标记为：蜗轮 $ZN_1 10\times80$；

蜗杆传动标记为：$\dfrac{ZN_1 10\times90R2}{80}$ 或 $ZN_1 10\times90R2/80$。

b）对 ZK 蜗杆，除上述规定的标记内容外，还应注明刀具直径 d_0。若用直径为 500mm 砂轮磨削的 ZK_1 蜗杆，则

蜗杆标记为：蜗杆 $ZK_1 10\times90R2$—500；

蜗轮标记为：蜗轮 $ZK_1 10\times80$；

蜗杆传动标记为：$\dfrac{ZK_1 10\times90R2—500}{80}$ 或 $(ZK_1 10\times90R2—500)/80$。

c）当齿形角不是 20°为 15°时，则

蜗杆标记为：蜗杆 $ZN_1 10\times90R2\times15°$ 或蜗杆 $ZK_1 10\times90R2\times15°$—500；

蜗轮标记为：蜗轮 $ZN_1 10\times80\times15°$ 或蜗轮 $ZK_1 10\times80\times15°$；

蜗杆传动标记为：$\dfrac{ZN_1 10\times90R2\times15°}{80}$ 或 $ZN_1 10\times90R2\times15°/80$；

$\dfrac{ZK_1 10\times90R2\times15°-500}{80}$ 或 $(ZK_1 10\times90R2\times15°—500)/80$。

5.3 几种典型蜗杆减速器

1. 圆柱蜗杆减速器（JB/ZQ 4390—1997）

该标准为一级传动的阿基米德圆柱蜗杆减速器；适用于蜗杆啮合处滑动速度不大于 7.5m/s；蜗杆转速不超过 1500r/min；工作环境温度为 -40~40℃；并可正、反方向运转的场合。

（1）型号标记 圆柱蜗杆减速器的标记应包括：

型号、中心距、传动比、装配形式，例如：

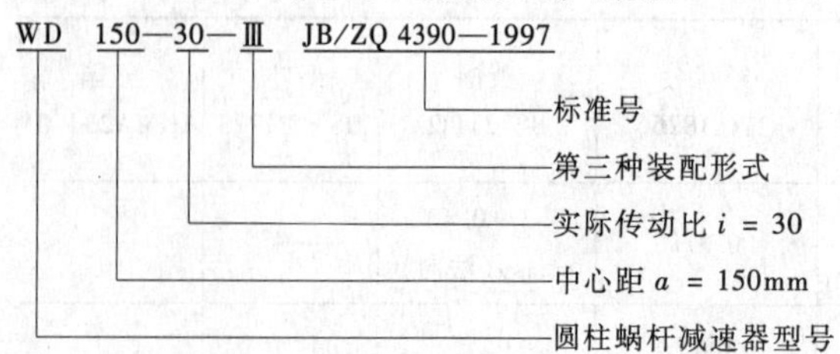

（2）基本参数

1）中心距（mm）为：80，100，120，150，180，210，250，300，360。

2）模数 m（沿蜗杆轴线截面模数）（mm）为：2.5，3，3.5，4，4.5，5，6，7，8，9，10，12，14，16，18，20。

3）传动比 i、蜗轮齿数 z_2、蜗杆头数 z_1 及 mq 值见表 5-13。

4）蜗杆分度圆柱上的螺纹升角 γ 见表 5-14，$\gamma=\arctan\dfrac{z_1}{q}$。

5）蜗轮齿面许用计算转矩 T_2，见表 5-15。

表 5-13　圆柱蜗杆减速器基本参数　（单位：mm）

z_2	传动比 i			中心距 a								
	$z_1=1$	$z_1=2$	$z_1=3$	80	100	120	150	180	210	250	300	360
				mq								
29	—	—	9.67	4.0×11	5.0×12	6.0×11	8.0×8	10×8	10×11	12×12	16×9	20×8
30	30	—	—	4.0×11	5.0×10	6.0×11	8.0×8	9×11	10×11	12×12	16×9	18×8
33	33	—	—	3.5×12	4.5×11	6.0×8	7.0×11	9×8	10×8	12×9	14×9	18×8
35	—	—	11.67	3.5×12	4.5×11	5.0×12	7.0×9	8×11	10×8	10×13	14×9	16×9
37	37	—	—	3.5×9	4.0×11	5.0×12	6.0×11	8×8	9×11	10×13	12×11	16×9
39	—	19.5	—	3.0×13	4.0×11	5.0×10	6.0×11	8×8	9×8	10×11	12×11	14×11
41	41	—	13.67	3.0×12	4.0×11	4.5×11	6.0×11	7×11	8×11	10×8	12×11	14×9
43	—	21.5	—	3.0×12	4.0×9	4.5×11	6.0×9	7×9	8×11	10×8	12×8	14×9
47	47	23.5	15.67	3.0×8	3.5×12	4.0×11	5.0×12	6×11	7×11	9×8	10×11	12×11
51	—	25.5	—	2.5×12	3.5×8	4.0×11	5.0×10	6×11	7×11	8×12	10×11	12×11
53	53	—	17.67	2.5×12	3.0×12	4.0×9	5.0×9	6×9	7×9	8×10	10×8	12×8
55	—	27.5	—	2.5×11	3.0×12	3.5×12	4.5×11	—	6×13	8×8	9×11	—
60	60	—	—	—	3.0×8	3.5×9	4.5×8	5×12	6×11	7×13	9×8	10×11

注：采用上表以外的传动比和 mq 值须自行设计。

表 5-14　蜗杆分度圆柱上的螺纹升角 γ

z_1 \ q	8	9	10	11	12	13
1	7°07′30″	6°20′25″	5°42′38″	5°11′40″	4°45′49″	4°23′55″
2	14°02′10″	12°31′44″	11°18′36″	10°18′17″	9°27′44″	8°44′46″
3	20°33′22″	18°26′05″	16°41′57″	15°15′18″	14°02′10″	12°59′41″

表 5-15　蜗轮齿面许用计算转矩 T_2　（单位：N·m）

传动比 i	中心距 a/mm								
	80	100	120	150	180	210	250	300	360
9.67	57	113	192	347	602	1030	1764	2890	4800
11.67	56	107	190	339	624	882	1735	2710	4700
13.67	54	108	176	342	592	939	1380	2740	4370
15.67	42	100	167	335	566	895	1280	2620	4520
17.67	49	95	142	277	480	760	1355	2060	3570
19.5	56	103	173	348	528	837	1610	2790	4820
21.5	53	91	172	307	532	918	1340	2320	4270
23.5	42	100	168	335	566	896	1280	2620	4520

（续）

传动比 i	中心距 a/mm								
	80	100	120	150	180	210	250	300	360
25.5	50	79	161	298	542	858	1500	2510	4340
27.5	46	93	161	302	—	895	1160	2420	—
30	57	109	192	343	646	1027	1760	2840	4760
33	57	109	169	367	572	905	1610	2780	4670
37	50	105	187	354	544	970	1730	2830	4550
41	54	101	176	342	594	940	1380	2750	4370
47	42	100	168	335	565	895	1280	2620	4520
53	49	95	142	276	480	760	1360	2060	3560
60	—	71	133	239	516	795	1455	1920	4000

注：蜗杆材料为38SiMnMo调质，蜗轮材料为ZCuAl9Fe4。表中数据按滑动速度 $v_s=3\text{m/s}$，许用接触应力按 150N/mm^2 制定的；当 $v_s<3\text{m/s}$ 时，表值应乘以1.35倍；当 $v_s\approx4\text{m/s}$ 时，表值应乘以0.8倍；当 $v_s>5\text{m/s}$ 时，表值应乘以0.6倍。

6）轴向截面内的啮合角 $\alpha_x=20°$。

7）轴向截面内的齿顶高系数 $h_a^*=1$。

8）顶隙系数 $c^*=0.2$。

9）变位系数 $x_2=+1\sim-1$。

（3）装配形式与外形尺寸　详见有关产品样本。

2. 圆弧圆柱蜗杆减速器（JB/T 7935—1999 替代 JB/T 7935—1995、GB/T 9147—1988）

CWU（蜗杆在下）、CWS（蜗杆在侧）、CWO（蜗杆在上）为单级圆弧圆柱蜗杆减速器，主要适用于冶金、矿山、起重、运输、化工、建筑等各机械设备的减速传动，蜗杆为圆环面包络圆柱蜗杆（ZC1蜗杆），C1齿形。

标准减速器的工作条件：蜗杆转速不超过1500r/min；工作环境温度为 -40 ~ +40℃；当工作环境温度低于0℃时，起动前润滑油必须加热到0℃以上，当工作环境温度高于40℃时，必须采取冷却措施；蜗杆轴可正、反两向运转。

（1）减速器的代号和标记方法　减速器的代号包括：型号、中心距、公称传动比、装配形式。

标记示例：

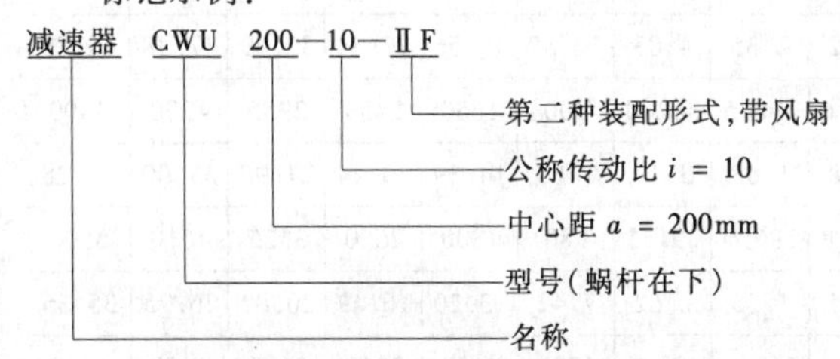

（2）减速器的承载能力和选用方法　详见有关产品样本。

3. 锥面包络圆柱蜗杆减速器（JB/T 5559—1991）

这类减速器适用于冶金、矿山、起重、运输、化工、建筑及轻工等行业。其工作条件为：蜗杆转速不超过1500r/min；工作环境温度为 -40 ~ 40℃，当工作环境温度低于0℃时，起动前润滑油必须加热到0℃以上或采用低凝固点的润滑油；可正、反双向运转。

（1）减速器的代号和标记方法　减速器的代号包括型号、中心距、公称传动比、装配形式。

减速器的型号有三种：

KWU：蜗杆在蜗轮之下的锥面包络圆柱蜗杆减速器；

KWS：蜗杆在蜗轮之侧的锥面包络圆柱蜗杆减速器；

KWO：蜗杆在蜗轮之上的锥面包络圆柱蜗杆减速器。

标记示例：

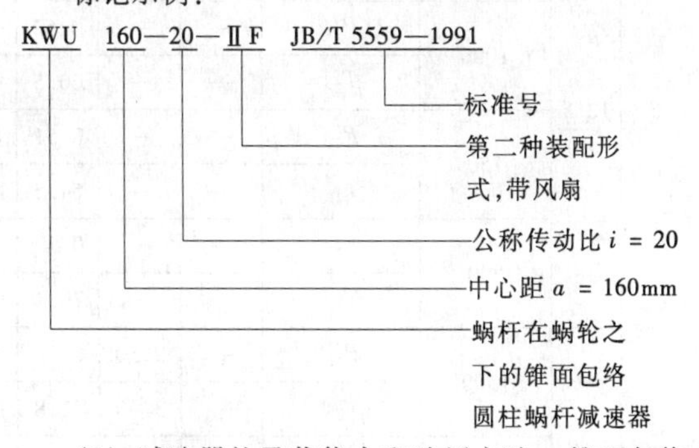

（2）减速器的承载能力和选用方法　锥面包络圆柱蜗杆减速器的承载能力见表5-16。

在选用减速器时，满足以下条件：

减速器工作载荷应平稳无冲击；

每日工作8h；

每小时起动10次，起动转矩不超过输出转矩的2.5倍；

小时载荷率 $J_C=100\%$；

环境温度为20℃；

则可直接在表5-16中选取所需减速器的规格。

表 5-16　减速器的许用输入功率和许用输出转距

传动比代号	公称传动比 i	输入转速 n_1/(r/min)	中心距代号	1	2	3	4	5	6	7	8	9	10	11	12
			中心距 a/mm	32	40	50	63	80	100	125	160	180	200	225	250
			型号	KWU KWS KWO											
			许用输入功率 P_{1P}/kW;许用输出转矩 T_{2P}/N·m												
1	7.5	1500	P_{1P}	—	0.76	1.16	1.98	3.22	7.62	15.61	19.98	32.54	42.51	50.86	64.56
			T_{2P}	—	28.7	44.1	80.1	142.6	343.6	700	900	1370	1925	2160	3000
		1000	P_{1P}	—	0.59	0.90	1.40	2.30	6.14	11.10	16.66	24.11	38.26	42.24	54.34
			T_{2P}	—	33.2	50.6	84.3	149.7	406.1	730	1100	1520	2600	3100	3700
		750	P_{1P}	—	0.49	0.77	1.15	1.88	5.29	8.59	14.45	18.89	31.74	35.83	42.05
			T_{2P}	—	36.5	57.2	91.31	161.74	462.4	750	1270	1570	2835	3020	3820
		500	P_{1P}	—	0.36	0.63	0.90	1.48	4.18	6.28	10.97	13.44	23.29	29.69	36.05
			T_{2P}	—	40.1	70.1	106.4	187.9	539.8	810	1430	1650	3000	3680	4850
2	10	1500	P_{1P}	0.33	0.65	1.12	1.90	3.13	5.77	14.30	25.01	30.67	35.82	49.17	58.19
			T_{2P}	16.5	30.6	55.9	100.1	170.0	335.3	840	1480	1680	2120	2720	3470
		1000	P_{1P}	0.26	0.48	0.82	1.37	2.19	4.17	10.36	18.22	22.14	26.43	36.44	42.71
			T_{2P}	19.2	33.7	61.4	107.6	177.7	358.2	900	1610	1800	2320	3010	3780
		750	P_{1P}	0.23	0.38	0.66	1.15	1.79	3.51	8.39	13.99	17.02	20.46	28.55	35.19
			T_{2P}	21.9	36.0	65.6	118.0	191.7	399.1	960	1630	1830	2370	3120	4160
		500	P_{1P}	0.18	0.29	0.49	0.92	1.40	2.95	6.64	10.14	12.35	14.49	20.31	24.36
			T_{2P}	25.9	39.4	71.8	139.4	222.3	499.1	1120	1730	1950	2460	3260	4210
3	12.5	1500	P_{1P}	—	—	0.84	1.48	3.05	4.81	11.68	19.56	30.84	31.23	44.72	55.40
			T_{2P}	—	—	55.1	101.7	206.7	360.5	860	1500	2140	2400	3030	4160
		1000	P_{1P}	—	—	0.62	1.10	2.05	3.44	8.75	16.46	22.15	28.21	32.97	40.69
			T_{2P}	—	—	60.5	111.7	223.1	378.4	940	1860	2280	3230	3820	4540
		750	P_{1P}	—	—	0.51	0.96	1.69	2.81	7.06	13.44	17.08	21.55	25.67	32.63
			T_{2P}	—	—	64.5	129.1	243.3	409.3	1000	2010	2320	3250	3410	4840
		500	P_{1P}	—	—	0.37	0.76	1.24	2.20	6.15	9.86	12.44	15.33	18.13	22.76
			T_{2P}	—	—	70.4	149.9	265.3	473.9	1290	2170	2490	3450	3530	4930
4	15	1500	P_{1P}	—	0.50	0.75	1.42	2.35	4.05	10.57	19.56	27.54	32.89	47.38	49.89
			T_{2P}	—	34.0	51.8	104.6	190.5	342.0	900	1650	2430	2955	4200	4400
		1000	P_{1P}	—	0.39	0.59	1.08	1.63	3.19	7.89	14.39	20.44	24.97	35.00	41.28
			T_{2P}	—	39.7	60.0	117.8	196.0	391.5	980	1800	2660	3325	4610	5500
		750	P_{1P}	—	0.32	0.51	0.95	1.33	2.62	7.42	13.20	16.49	20.82	26.75	35.36
			T_{2P}	—	42.7	68.2	135.7	210.0	421.4	1200	2150	2840	3670	4650	6260
		500	P_{1P}	—	0.23	0.42	0.72	1.04	2.07	5.69	10.56	12.18	16.50	19.29	26.73
			T_{2P}	—	46.5	84.0	153.7	242.2	487.2	1350	2470	3090	4260	4930	6980
5	20	1500	P_{1P}	—	0.41	0.72	1.34	2.25	3.43	8.34	14.20	23.24	24.60	38.28	43.65
			T_{2P}	—	36.0	65.6	129.4	223.6	376.5	930	1600	2450	2825	4090	4980

（续）

传动比代号	公称传动比 i	输入转速 n_1 /(r/min)	中心距代号	1	2	3	4	5	6	7	8	9	10	11	12
			中心距 a/mm	32	40	50	63	80	100	125	160	180	200	225	250
			型号	KWU KWS KWO											
			许用输入功率 P_{1P}/kW；许用输出转矩 T_{2P}/N·m												
5	20	1000	P_{1P}	—	0.31	0.53	0.98	1.69	2.43	6.79	10.43	16.75	21.33	28.28	31.68
			T_{2P}	—	39.4	71.8	137.0	248.2	387.3	1100	1730	2580	3600	4490	5340
		750	P_{1P}	—	0.24	0.42	0.81	1.43	1.98	5.55	8.59	14.33	18.10	23.14	25.40
			T_{2P}	—	41.9	76.3	149.1	273.6	414.9	1180	1850	2880	4050	4810	5670
		500	P_{1P}	—	0.18	0.31	0.61	1.16	1.56	4.26	6.72	10.66	14.38	18.38	18.64
			T_{2P}	—	45.4	82.7	164.6	319.9	478.6	1320	2100	3130	4635	5550	6000
6	25	1500	P_{1P}	0.22	—	0.55	0.95	1.86	3.18	5.94	10.16	13.62	17.52	24.81	29.68
			T_{2P}	22.6	—	64.5	119.1	243.3	429.7	790	1425	1750	2500	3155	4195
		1000	P_{1P}	0.16	—	0.41	0.69	1.36	2.25	4.80	8.67	12.95	15.80	18.00	23.18
			T_{2P}	24.4	—	70.4	129.9	265.3	445.7	950	1815	2460	3320	4000	4845
		750	P_{1P}	0.13	—	0.32	0.56	1.09	1.82	4.52	8.35	10.66	13.00	14.72	18.02
			T_{2P}	25.9	—	74.6	137.7	281.0	480.0	1160	2295	2660	3600	4270	4950
		500	P_{1P}	0.09	—	0.23	0.41	0.80	1.44	3.30	6.71	8.35	10.17	11.45	13.58
			T_{2P}	26.3	—	80.5	148.6	303.0	556.8	1250	2690	3045	4100	4810	5520
7	30	1500	P_{1P}	0.18	0.34	0.51	0.98	1.58	2.64	5.28	11.67	13.18	19.02	20.75	21.15
			T_{2P}	21.4	41.3	62.7	121.9	226.1	387.4	808	1780	2010	3000	3305	3475
		1000	P_{1P}	0.14	0.27	0.40	0.71	1.19	1.92	4.06	8.54	10.74	14.22	15.13	15.45
			T_{2P}	24.7	48.3	71.7	128.3	247.7	414.3	900	1900	2350	3280	3525	3730
		750	P_{1P}	0.12	0.24	0.34	0.62	1.04	1.76	3.39	7.42	8.45	11.29	12.10	12.69
			T_{2P}	27.0	54.4	78.8	141.2	281.84	488.6	950	2100	2470	3410	3685	3980
		500	P_{1P}	0.09	0.17	0.28	0.48	0.80	1.31	2.74	5.69	6.94	8.68	8.74	9.92
			T_{2P}	30.1	57.8	95.4	160.5	316.6	524.3	1100	2300	2810	3680	3875	4570
8	40	1500	P_{1P}	—	0.26	0.35	0.94	1.64	2.33	4.91	8.46	11.58	15.64	19.08	26.93
			T_{2P}	—	38.9	55.3	149.5	262.1	447.8	960	1700	2160	3160	3605	5630
		1000	P_{1P}	—	0.22	0.32	0.68	1.17	1.63	3.85	7.08	8.66	12.90	14.13	20.18
			T_{2P}	—	46.1	72.1	155.9	268.8	450.1	1075	2000	2325	3810	3915	6170
		750	P_{1P}	—	0.18	0.30	0.56	0.93	1.33	3.17	5.88	7.19	10.60	11.67	16.06
			T_{2P}	—	49.9	87.9	168.6	276.9	477.9	1150	2200	2505	4000	4145	6430
		500	P_{1P}	—	0.13	0.21	0.42	0.72	1.05	2.52	4.65	5.68	8.42	9.18	11.68
			T_{2P}	—	54.0	91.5	185.5	315.5	546.7	1325	2500	2885	4700	4800	6900
9	50	1500	P_{1P}	0.15	0.24	0.30	0.67	1.30	1.89	4.02	6.20	10.77	12.06	15.46	18.92
			T_{2P}	25.1	41.1	56.2	137.7	281.0	439.3	940	1520	2400	3000	3520	4810
		1000	P_{1P}	0.11	0.20	0.27	0.50	0.97	1.49	3.54	5.45	8.32	10.03	11.53	14.08
			T_{2P}	28.7	49.3	74.7	148.6	303.0	508.8	1200	1900	2720	3660	3845	5270

（续）

传动比代号	公称传动比 i	输入转速 n_1 /(r/min)	中心距代号	1	2	3	4	5	6	7	8	9	10	11	12
			中心距 a/mm	32	40	50	63	80	100	125	160	180	200	225	250
			型号	KWU KWS KWO											
			许用输入功率 P_{1P}/kW；许用输出转矩 T_{2P}/N·m												
9	50	750	P_{1P}	0.09	0.16	0.23	0.41	0.78	1.23	2.88	4.92	6.92	8.72	9.57	11.67
			T_{2P}	31.4	51.3	84.1	156.0	318.0	543.8	1280	2250	2960	4165	4210	5725
		500	P_{1P}	0.06	0.14	0.16	0.29	0.57	0.97	2.13	4.03	5.48	7.20	7.55	9.20
			T_{2P}	34.2	54.9	87.1	165.8	337.6	626.3	1400	2750	3415	4800	5000	6600
10	60	1500	P_{1P}	—	0.22	0.25	0.43	1.09	1.59	3.25	4.89	7.60	9.77	10.60	13.10
			T_{2P}	—	43.6	56.2	97.8	256.4	390.0	852	1300	2095	2800	3010	3800
		1000	P_{1P}	—	0.16	0.23	0.34	0.82	1.19	2.63	4.14	6.41	7.35	8.34	11.48
			T_{2P}	—	46.2	75.4	113.5	275.0	428.9	1000	1600	2615	3100	3490	4830
		750	P_{1P}	—	0.13	0.20	0.33	0.68	1.07	2.24	3.79	5.50	7.21	7.87	9.53
			T_{2P}	—	48.3	84.0	136.4	290.4	462.6	1100	1900	2830	3820	4100	5200
		500	P_{1P}	—	0.09	0.15	0.27	0.52	0.80	1.93	3.16	4.52	5.55	6.30	7.52
			T_{2P}	—	51.1	87.6	167.6	330.7	513.6	1340	2250	3290	4150	4735	6100

注：KWO 型减速器，当其中心距 $a=125\sim250$mm 时，承载能力 P_1 及 T_2 应乘以修正系数 1.2。

如已知条件与上述工作条件不同，应按下列公式计算所需的计算输入功率 P_1 或计算输出转矩 T_2，即

$$P_{1J}=P_1f_1f_2$$

$$P_{1R}=P_1f_3f_4f_5$$

或

$$T_{2J}=T_2f_1f_2$$

$$T_{2R}=T_2f_3f_4f_5$$

式中　下标 J——代表机械强度计算；

下标 R——代表热极限强度计算；

f_1——工作类型和每日运转时间系数；

f_2——起动频率系数；

f_3——小时载荷率系数；

f_4——环境温度系数；

f_5——减速器的形式系数，对于 KWO，$a=125\sim250$mm，$f_5=1.2$，其余皆为 1。

由以上四式的计算结果中选择较大值，再按表 5-16 选择承载能力相符或偏大的减速器。

系统极限油温限定为 100℃，如果采用专门的冷却措施（循环油冷却、水冷却等），油温会限定在允许的范围内，不需要按照极限强度计算公式进行计算。

减速器的最大许用尖峰载荷为额定承载能力的 2.5 倍；当输入转速低于 500r/min 时，需与标准制定单位联系。

当 J_C 很小，按 P_{1P} 或 T_{2P} 选取减速器时，还必须核算实际功率和转矩，其值应不超过表 5-16 所列许用承载能力的 2.5 倍。

4. 平面包络环面蜗杆减速器（JB/T 9051—2010）

平面包络环面蜗杆减速器适用于蜗杆转速不超过 1500r/min、工作环境温度为 -40 ~ 40℃、蜗杆轴可正反两方向旋转的单级平面包络环面蜗杆减速器，主要应用于冶金、矿山、起重、运输、化工、建筑等各种机械设备的减速传动。

（1）形式与标记　该标准分 TPG（通用型）、TPU（蜗杆在蜗轮之下）、TPS（蜗杆在蜗轮之侧）、TPA（蜗杆在蜗轮之上）四种形式及其系列。

减速器型号中 TP 表示以直齿或斜齿的平面蜗轮为产形轮展成的环面蜗杆传动，G 表示通用型（蜗杆可以在蜗轮之下、之上、之侧），U、S、A 分别表示蜗杆在蜗轮之下、之侧、之上。

标记示例：

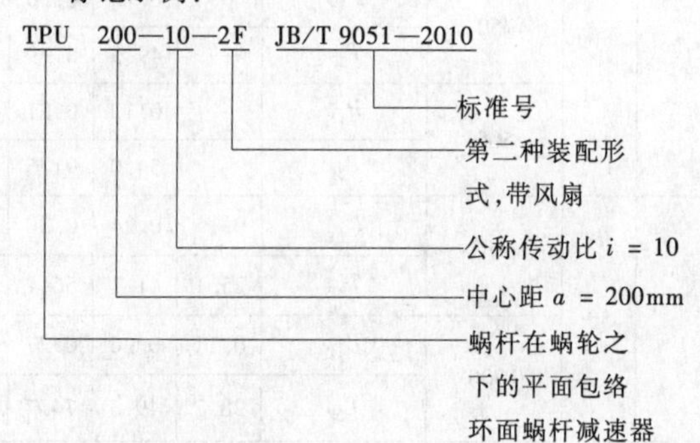

（2）基本参数

1）减速器的中心距 a 应符合表5-17的规定。

表5-17　中心距 a　（单位：mm）

型号		中心距 a												
TPG	第一系列	80	100	—	—	—	—	—	—	—	—	—	—	—
	第二系列	—	—	—	—	—	—	—	—	—	—	—	—	—
TPU	第一系列	125	—	160	—	200	—	250	—	315	—	400	—	500
	第二系列	—	140	—	180	—	224	—	280	—	355	—	450	—
TPS	第一系列	125	—	160	—	200	—	250	—	315	—	400	—	500
	第二系列	—	140	—	180	—	224	—	280	—	355	—	450	—
TPA	第一系列	125	—	160	—	200	—	250	—	315	—	400	—	500
	第二系列	—	140	—	180	—	224	—	280	—	355	—	450	—

注：优先选用第一系列，表中第二系列的中心距仅提出形式规格。

2）减速器的公称传动比 i 应符合表5-18的规定。

表5-18　减速器的公称传动比 i

型号	TPG　TPU　TPS　TPA								
公称传动比 i	10	12.5	16	20	25	31.5	40	50	63

3）蜗杆螺旋线方向为右旋。

（3）装配形式及外形尺寸　详见有关产品样本。

5. R系列蜗杆减速器

（1）R系列铝壳蜗杆减速器（见图5-3）性能特点

1）R50、R63、R80、R100全部采用铝合金压铸外壳，外形美观、结构紧凑、体积小、安装方位随意。

2）安装方式：由安装方位、电机接线匣位置和输出轴方向定。

3）传动平稳、低噪声、维护容易。

4）蜗轮输出轴是空心轴式，也可配实心轴，内、外渐开线花键轴或客户按需自配，蜗杆也可直接输出（即同向输出）。

5）输入方式：配输入轴、直联电动机或输入法兰。

6）出厂已加入0#钙基润滑脂。

（2）R系列结构图（见图5-4）

6. JWM系列丝杆升降机

JWM系列丝杆升降机如图5-5所示，其结构及特点见表5-19。

图5-3　R系列铝壳蜗杆减速器

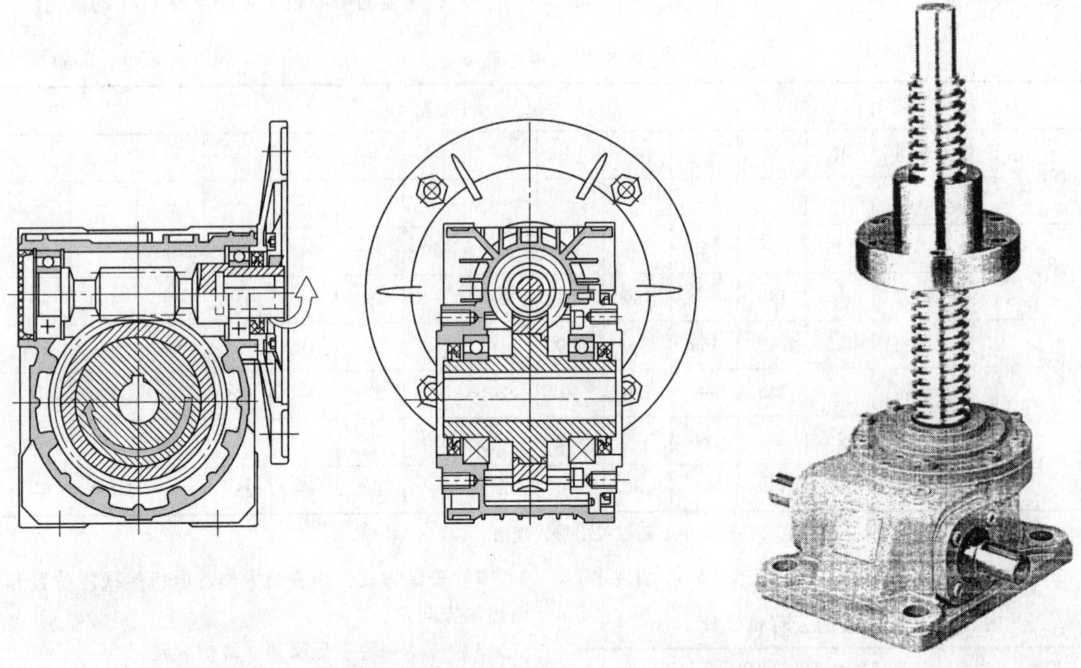

图 5-4 R 系列铝壳蜗杆减速器结构图　　　图 5-5 JWM 系列丝杆升降机

表 5-19 JWM 系列丝杆升降机结构及特点

结构形式	输出形式	结构图		说明
基本结构	JWM. . US		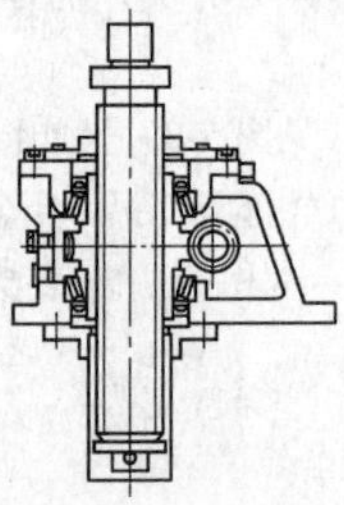	丝杆轴在升降时，会产生旋转力，所以必须做好防止旋转措施
	JWM. . DS		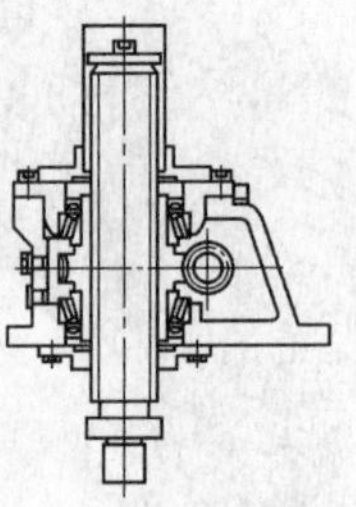	
止旋结构	JWM. . UM		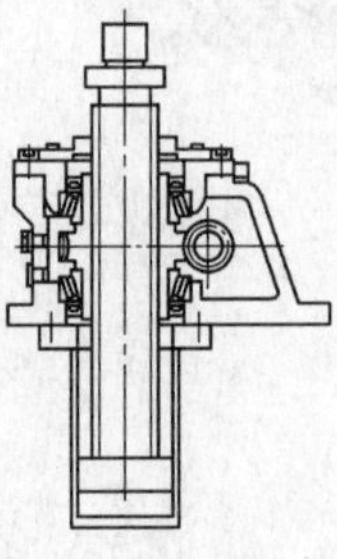	止旋结构，丝杆只上下移动并不产生旋转力

（续）

结构形式	输出形式	结构图		说　明
止旋结构	JWM..DM		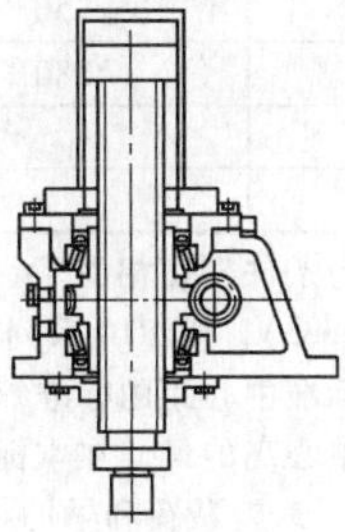	止旋结构，丝杆只上下移动并不产生旋转力
活动螺母结构	JWM..UR		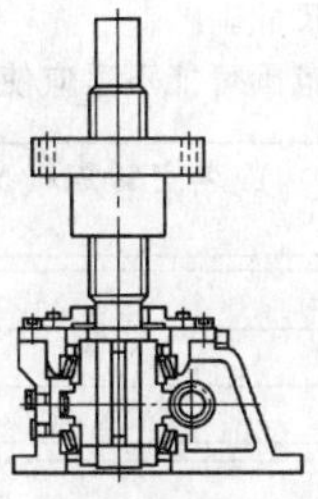	活动螺母构造，丝杆轴旋转，活动螺母移动。丝杆轴顶端为圆柱形，所以在长行程时，在轴端采用支承方式，可以得到很好的传动效果 注：活动螺母构造形式供货时不配防尘罩，如需配备，另行商定
	JWM..DR		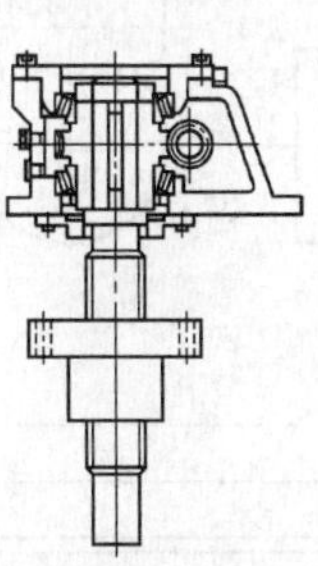	

5.4　蜗杆传动装置的铭牌、中心距与用户提供给制造者的参数

1. 蜗杆传动装置的铭牌

所有蜗杆传动装置均应有一个或两个长期使用的铭牌，并用螺钉、胶粘或铆钉固定在箱体上。

注意：只有在粘胶的持久性等于螺钉或铆钉固定的持久性时，才能使用胶粘。

铭牌上给出的信息应包括下列内容：

① 制造者或供应者的名称（标识）。

② 系列号。

③ 中心距。

④ 速比（可以用输入转速/输出转速表达）。

⑤ 动力换向与否。

⑥ 最大转矩（N·m）。

⑦ 润滑油推荐。

如果需要，可给出更多的信息。

2. 蜗杆传动装置和蜗杆副——中心距

推荐使用表5-20给出的中心距。

由于齿廓的展成方法、中心距的任何偏差均将导致接触斑点的变化，并对啮合带来不利的影响。

3. 蜗杆传动装置和蜗杆副——提供给供应者和（或）制造者的信息

（1）概述　制造者应选择齿廓的类型、加工和检测方法，并应满足对几何形状和尺寸参数的要求。

注意：如果制造者确信蜗轮和蜗杆的装配合理，并确信尤其是润滑油、通风（散热）和箱体的公差符合制造者的规范时，用户提出的机械方面的要求完全能够满足。

1）蜗杆传动装置。通常给出的资料应绘制成一个图表（见图5-6所示的样本格式）。

表 5-20　蜗杆传动装置的中心距　（单位：mm）

25	100	200	315	400	500
32	125	225	355	450	
40	140	250			
50	160	280			
63	180				
80					

注：1. 蜗杆传动的中心距与运行条件密切相关。

2. 对较小的中心距（≤125mm），按 R10 系列确定；对较大的中心距，按 R20 系列确定。

3. 具有输入轴、输出轴和标准中心距的标准蜗杆传动装置能够用其他标准装置代替，且不需要作太大的改动。由于下列原因，轴端和轴中心高的尺寸在本标准中未作规定。

1）轴端需根据传递的转矩、悬臂载荷和轴的材料特性设计。当需要用蜗杆装置替代齿轮装置时，还可能需要一个替代联轴器。

2）轴中心高的选择需考虑下列因素：润滑油量、箱体的导热要求、在设计者和制造者协商一致的蜗杆传动装置转速范围内电动机的标准尺寸。

3）模数或直径系数的标准范围可能不适应使用目的，相反，它会对设计者造成不必要的限制。

功率/kW:________　或名义转矩/(N·m):________

蜗杆或蜗轮的转速/(r/min:)________

减速比:________

或增速比:________

公差(%):________

工作位置[①]

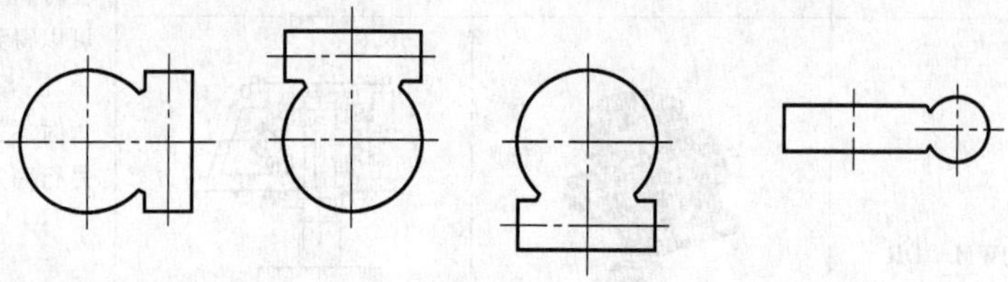

用箭头标明蜗杆或蜗轮的旋向

最大(峰值)输出转矩/(N·m):________

连续输出转矩/(N·m):________

运转情况:连续或间隔运转:

给出间隔运转周期的详细资料:________

给出冲击载荷的详细资料:________

环境条件:

温度/℃:________

湿度(%):________

空气传播的噪声:________

其他:________

载荷循环(有效数据):

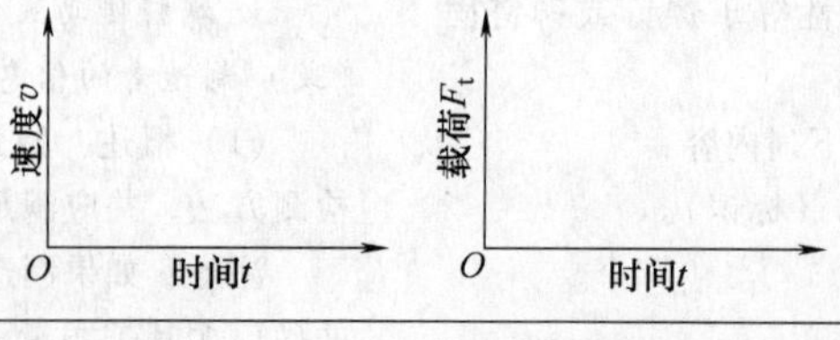

速度 v　O　时间 t　　载荷 F_t　O　时间 t

详细的数据:________

(如每小时的循环数,使用系数等)

① 针对相应的箱体。

图 5-6　样本格式

2）蜗杆副。除非另有规定，齿形的种类、加工和检测方法由制造者决定。

（2）提供的信息

1）运行条件。推荐在图样的右上角给出下列资料：

① 有效输入功率（kW）。

② 原动机：电动机或内燃机（缸数、类型）。

③ 要求的输出功率（kW）。

④ 被驱动机械（详细说明类型）。

⑤ 蜗杆或蜗轮的转速（r/min）。

⑥ 正、反转。

⑦ 增速比或减速比（没有特殊说明时，相对公差为 ±2%）。

⑧ 工作位置（见图5-6中的样本格式）。

⑨ 要求的工作寿命。

⑩ 最大输出转矩（N·m）。

⑪ 连续运转或间隔运转。

⑫ 给出间隔运转周期的详细资料。

⑬ 给出冲击载荷的详细资料。

⑭ 环境条件。

⑮ 热系数（如果有要求）。

⑯ 规定的润滑油（如果有要求）。

⑰ 润滑方式（如油浴，压力喷油）。

⑱ 最大噪声级（如果有要求）。

2）总体尺寸。在对各尺寸有特殊要求的情况下，用户应提供如图5-7所示的图样。

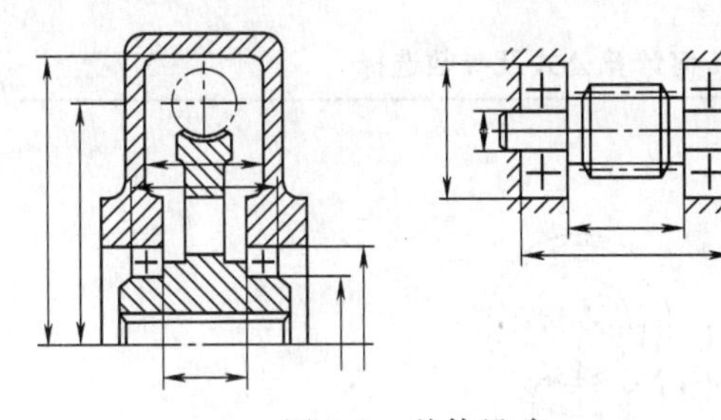

图5-7　总体尺寸

注意：蜗杆传动装置的总体尺寸是中心距、轴承位置、蜗轮和蜗杆外径的函数。

制造者应提供蜗杆和蜗轮的图样，如需要变更或调整，应由用户和制造者协商确定。

用户应提供表明对传动装置尺寸限制的图样。应表明所有机加工的轴承座的尺寸，包括已确定的公差、轴承跨距和轴承类型。在所有情况下，所使用轴承的详细参数由制造者和用户协商一致。

制造者应提供表明传动装置尺寸和公差的图样。轴承表面的公差应征得用户同意。

5.5　平面二次包络环面蜗杆传动的设计及其测试

平面二次包络环面蜗杆传动，其蜗杆齿面是以一个平面为母面，通过相对圆周运动，包络出环面蜗杆的齿面；再以蜗杆的齿面为母面，通过相对运动包络出蜗轮齿面，故称平面二次包络蜗杆传动。

图5-8所示是平面二次包络环面蜗杆的形成原理。当母平面 F 与轴线 $O_2—O_2$ 的夹角 $\beta=0°$ 时，是直齿的平面包络环面蜗杆（即 Wildhaber Worm）；当 $\beta>0°$ 时，是斜面的平面包络环面蜗杆（即 Plane Worm）。前者适用于大传动比分度机构，后者适用于传递动力。

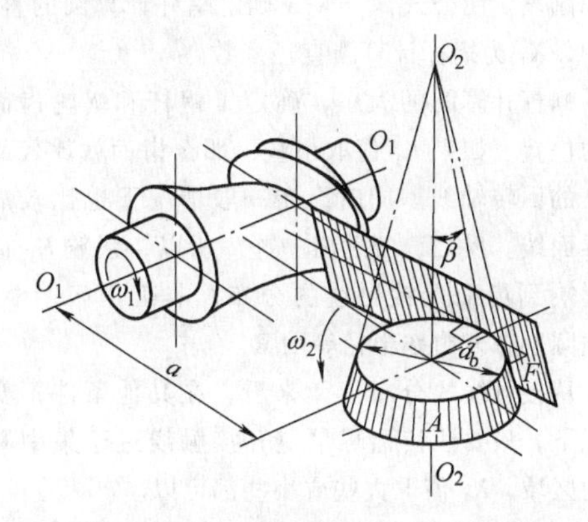

图5-8　平面二次包络环面蜗杆的形成原理

平面二次包络环面蜗杆传动为多齿啮合，双接触线接触，润滑条件好，当量曲率半径大。因此，传动效率较高，承载能力大。同时可以实现磨削，因此，蜗杆齿面可达到高硬度、高精度和高承载能力。

5.5.1　平面二次包络环面蜗杆传动的设计

1. 主要参数选择原则

在选择蜗杆副的主要参数时，应考虑以下问题：

1）理想的接触线分布。

2）最小的非工作区。

3）没有根切现象。

4）足够的齿顶厚度。

5）最多的包容齿数。

6）足够大的润滑角 Ω（接触线的切线与相对滑动速度之间的夹角）。

7）最大的综合曲率半径。

为满足上述要求，主要应考虑以下参数的选择和相互配合：

1）传动比。

2）蜗杆计算圆直径。

3）齿的高度。

4）主基圆直径。

5）蜗轮计算圆压力角。

6）工作起始角和包容齿数。

7）母平面倾斜角。

在平面包络蜗杆副中，传动比 i 对啮合质量的影响比较大，在多头蜗杆小传动比的情况下尤为突出。但是传动比往往是一个机组的固定参数，一经确定以后，一般不能任意改变或变动范围有限。所以，要着重考虑在一定传动时，如何选择其他参数，以得到最佳的啮合性能。

2. 蜗杆计算圆直径 d_1

蜗杆计算圆直径的大小，首先影响到蜗杆的强度和刚度。用公式 $d_1=K_1\alpha$ 确定蜗杆计算圆的直径。其中，K_1 为蜗杆计算圆直径系数。

蜗杆计算圆的大小，确定了蜗杆和蜗轮齿面所处的位置。如果 K_1 值取小些，那么齿面就比较靠近蜗杆的回转轴线。同时，在一般情况下也比较靠近一界面线。反之，就远离一些。所以，系数 K_1 值直接影响到齿面上接触线的分布、非工作区、根切、齿顶圆、综合曲率半径等因素。

从接触线的分布规律来看，在其他条件不变的情况下，只要让齿面尽量避开接触线过于集中和交叉的区域，K_1 值取大些或小些都可以。

从非工作区和根切的规律来看，K_1 值取大些比较有利。这样容易使一界面线的大部或全部处于蜗杆齿面根部以下，减少或根本消除蜗杆齿面上的非工作区和根切区。

从蜗杆齿顶圆和综合曲率半径的角度来看，k_1 值取大一些也是有利的。

综合起来，k_1 值取大值是有利的。但是还要考虑蜗杆的相对尺寸和搅油损失等因素。从理论分析和实际使用来看，按表 5-21 中所给的范围选取比较合适。在同样传动比时，中心距小时可取偏大些；反之，可取偏小些。

如果要求自锁，可按自锁条件计算，然后再加以比较确定。

3. 主基圆直径 d_b 和压力角 α

中心距 a 对一些啮合特性具有相似规律，将主基圆直径 d_b 与中心距 a 联系起来，在研究和设计上比较方便。采用公式 $d_b=k_ba$。式中，k_b 称为主基圆直径系数。

主基圆的大小对接触线分布、非工作区、根切等影响是很小的。一般来说主基圆大一些比较好。但是，主基圆的增大，虽然有增加包容齿数的有利一面，可是也有增大压力角的不利一面。如果压力角过大，会引起齿顶变尖。经过综合考虑，在一般传动比时，压力角取 20°～25°。这时，主基圆直径系数 $k_b=0.55\sim0.67$。如果传动比较小（$i<10$），则压力角和 k_b 值还可以适当取小些。

k_b 值的选取，可以参考表 5-21 中所给的范围，然后验算压力角。为了便于加工，主基圆直径最好圆整化。

表 5-21　平面二次包络环面蜗杆传动的几何计算公式及参数选择

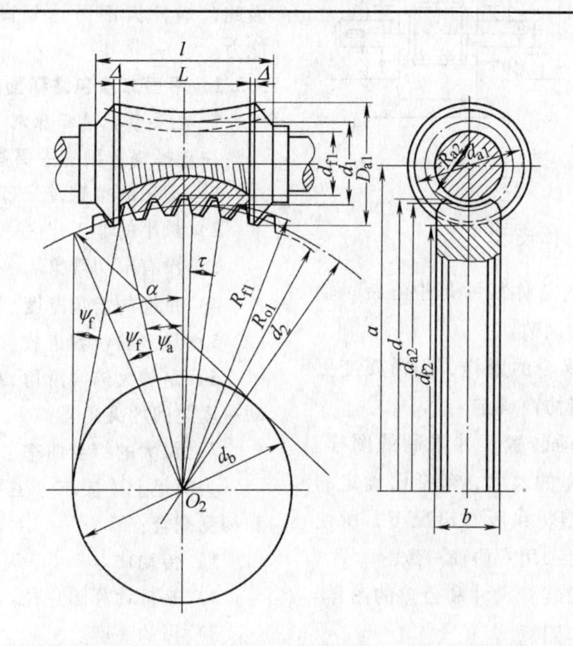

（续）

序号	名　称	代号	公　式	说　明
1	中心距	a	根据强度、使用要求确定	
2	传动比	i	$i=\frac{z_2}{z_1}$	建议取整数
3	蜗杆头数	z_1	参考传动比确定	
4	蜗轮齿数	z_2	参考传动比确定	建议不少于30
5	蜗杆计算圆直径	d_1	$d_1=k_1 a$ $i>20\quad k_1=0.33\sim0.38$ $i>10\sim20\quad k_1=0.36\sim0.42$ $i\leqslant10\quad k_1=0.4\sim0.5$	
6	蜗轮计算圆直径	d_2	$d_2=2a-d_1$	
7	端面模数	m_t	$m_t=\frac{d_2}{z_2}$	
8	齿顶高	h_a	$h_a=0.7m_t$	可以根据具体情况的量改齿高
9	齿根高	h_f	$h_f=0.9m_t$	
10	全齿高	h	$h=1.6m_t$	
11	齿顶间隙	C	$C=0.2m_t$	
12	蜗杆喉部根径	d_{f1}	$d_{f1}=d_1-2h_f$	
13	蜗杆顶圆直径	d_{a1}	$d_{a1}=d_1+2h_a$	
14	蜗杆齿根圆弧半径	R_{f1}	$R_{f1}=a-0.5d_{f1}$	
15	蜗杆齿顶圆弧半径	R_{a1}	$R_{a1}=a-0.5d_{a1}$	
16	蜗轮齿顶圆直径	d_{a2}	$d_{a2}=d_2+2h_a$	
17	蜗轮齿根圆直径	d_{f2}	$d_{f2}=d_2-2h_f$	
18	蜗杆喉部名义螺纹升角	γ	$\gamma=\arctan\frac{d_2}{d_1 i}$	
19	齿距角	τ	$\tau=\frac{360°}{z_2}$	
20	主基圆直径	d_b	$d_b=k_b a$ $k_b=0.5\sim0.67$	一般取 $k_b=0.63$；小传动比时，可取较小值 d_b 值可以圆整
21	蜗轮计算圆压力角	α	$\alpha=\arcsin\left(\frac{d_b}{d_2}\right)$	一般取 $\alpha=20°\sim25°$
22	蜗杆包围蜗轮齿数	z'	$z'\leqslant\frac{z_2}{10}+0.5$	
23	蜗杆包围蜗轮的工作半角	ψ_a	$\psi_a=0.5\tau°(z'-0.45)$	
24	工作起始角	ψ_f	$\psi_f=\alpha-\psi_a$	
25	蜗轮齿宽	b	$b=0.9d_{f1}\sim d_{f1}$	
26	蜗杆工作部分长度	L	$L=d_2\sin\psi_a$	
27	蜗杆外径处肩带宽度	Δ	$\Delta=m_t$	
28	蜗杆最大齿顶圆直径	D_{a1}	$D_{a1}=2\left[a-\sqrt{R_{a1}^2-(0.5L)^2}\right]$	
29	蜗杆最大齿根圆直径	D_{f1}	$D_{f1}=2\left[a-\sqrt{R_{f1}^2-(0.5L)^2}\right]$	
30	蜗轮节距（齿距）	P_2	$P_2=\pi m_t$	
31	齿侧间隙	j		按机械设备特性选取
32	蜗轮节圆齿厚	S_2	$S_2=0.55P_2$ $S_2=P_2-S_1-j$	用于 $i>10$ 用于 $i\leqslant10$
33	蜗杆节圆齿厚	S_1	$S_1=P_2-S_2-j$ $S_1=K_S P_2$ $z_1<4\quad K_S=0.45$ $z_1=4\quad K_S=0.46$ $z_1=5\quad K_S=0.47$ $z_1=6\quad K_S=0.48$ $z_1=8\quad K_S=0.49$	用于 $i>10$ 用于 $i\leqslant10$

（续）

序号	名称			代号	公式	说明
34	母平面倾斜角			β	$\tan\beta=\dfrac{\cos(d+\Delta)\dfrac{r_2}{a}\cos\alpha}{\cos(\alpha+\Delta)-\dfrac{r_2}{a}\cos\alpha}\times\dfrac{1}{i}$ $i\geqslant30\quad\Delta=8°$ $i<30\quad\Delta=6°$ $i<10\quad\Delta=1°\sim4°$	或取 $\Delta=(0.1\sim0.2)i$ 可取校圆正值
35	蜗杆计算圆法向齿厚			S_{n1}	$S_{n1}=S_1\cos\gamma$	
36	蜗轮计算圆法向齿厚			S_{n2}	$S_{n2}=S_2\cos\gamma$	
37	蜗轮齿冠圆弧半径			R_{a2}	$R_{a2}=0.53D_{f1}$	偏大圆整为整数
38	测量齿顶高		蜗杆	$\overline{h}_{a1}$	$\overline{h}_{a1}=h_a-0.5d_2(1-\cos\arcsin S_1/d_2)$	
			蜗轮	$\overline{h}_{a2}$	$\overline{h}_{a2}=h_a+0.5d_2(1-\cos\arcsin S_2/d_2)$	
39	蜗杆修缘值	入口端	修缘值 修缘长度	j_f τ_f	$j_f=0.3\sim1$ $\tau_f=(1/4\sim1)P_2$	当 $a=100\sim900$ 不计算出数值
		出口端	修缘值 修缘长度	j_a τ_a	$j_a=0.2\sim0.8$ $\tau_a=(1/3\sim1)P_2$	当 $a=100\sim900$ 不计算出数值

4. 工作起始角 ψ_f 和包容齿数 z'

蜗杆工作部分的长度 L 不能超出主基圆直径 d_b，在理论上相等是允许的。但是，考虑到加工误差及装配误差等因素，蜗杆螺纹部分的实际长度必须小于主基圆直径，即 $L<d_b$。所以，必须有一个工作起始角 ψ_f，即 $\psi_f>0$。从非工作区、根切和齿顶厚来考虑，加大工作起始角是有利的。但是加大工作起始角 ψ_f 势必减小工作半角 ψ_a 和包容齿数 z'，因此 ψ_f 不能取得过大，一般取 $\psi_f=3°\sim8°$。

5. 母平面倾斜角 β

在平面包络蜗杆副中，母平面倾斜角 β 对接触线分布、非工作区、根切、齿顶圆等因素的影响比较大。同时它比较灵活，有较大选择范围。因此总能够选择一个比较合适的 β 值，得以达到较好的啮合性能。和其他蜗杆比较，是平面包络蜗杆副的一个优越条件。

β 值对各因素的影响是不一致的，有些是相互矛盾的。但是在动力传动中，还是取“大 β”值比较好。用表 5-21 中公式来确定的 β 值，就属于“大 β”值。

平面二次包络环面蜗杆传动（SG—71 型蜗杆副是首钢机械厂在 1971 年首先研制成功）的几何尺寸计算公式及参数选择见表 5-21。

5.5.2 试验实例[⊖]

1. 试验目的与内容

通过测定传动效率，对平面二次包络环面蜗杆传动与同参数的阿基米德蜗杆传动，进行对比试验。

2. 试验台

采用如图 5-9 所示的试验台。其传动路线是：电动机→变速器→转矩传感器→被试蜗轮箱→转矩传感器→增速器→水力测功器（负载）。

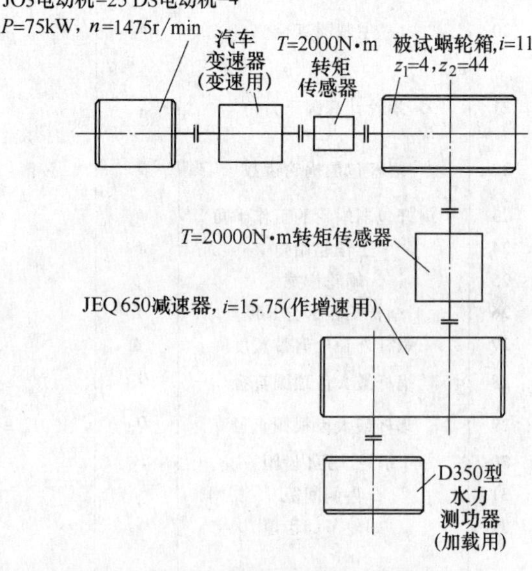

图 5-9　水力测功器加载开式试验台

蜗杆传动效率仍按式 $\eta=\dfrac{T_2}{iT_1}$ 求得，T_1 和 T_2 由二次仪表 PYIA 型转速转矩仪直接读出。

⊖ 本试验由上海水工机械厂张展等同志设计并操作。

3. 试件

试件主要参数见表5-22。

表5-22　试件主要参数

参数＼类型	二次包络环面蜗杆传动	阿基米德蜗杆传动[注]
中心距 a/mm	320	320
传动比 i	11	10.75
蜗杆头数 z_1	4	4
蜗轮齿数 z_2	44	43
端面压力角 α_t	20°	20°
蜗轮齿宽 b_2/mm	100	100
导程角 γ 及方向	19°59′右旋	21°9′41″右旋
蜗杆材料	40Cr，磨齿后氮化深度 $\delta \geqslant 0.3$mm，硬度大于等于650HV	
蜗轮材料	ZCuSn10P1，砂模离心铸造，σ_b = 750N/mm²，硬度为100HBW	

4. 试验条件

蜗杆下置，用120号蜗轮油润滑，分别在1475r/min和870r/min两种蜗杆转速下进行试验。

试验时载荷和加载时间应按下面两个条件确定：

1）从承载能力观点出发，载荷必须达到设计额定值，本次试验输入额定转矩 T_1 = 800N·m。

2）从正常运行观点出发，确定试验时间的原则是：在额定载荷下，润滑油油温不再继续上升，即达到热平衡状态为止。许用温升 Δt = 60～70℃，当试验环境温度为20℃时，则允许润滑油油温为80～90℃，但要处于热平衡状态。

试验过程中，注意温升变化情况，如发现温度急剧上升或有冒烟现象（通过透气孔观察），或转矩仪载荷波动大，则应立即停车，及时分析，并作相应处理，同时注意接触斑点的大小及部位，注意啮合间隙大小与窜动。

磨合是蜗杆传动最终共轭成形的一种必要手段。磨合过程中应随时注意观察，蜗轮轮齿啮入端接触，不易形成油膜，在这种情况下便应立即停车，铲刮蜗轮轮齿齿面，使接触斑点移向轮齿中部和啮出端。

5. 试验结果与分析

试验结果如图5-10～图5-15所示。

通过对比试验可得出如下结论：

1）平面二次包络环面蜗杆传动在空载运转时，输入轴转速 n_1 = 1475r/min 条件下，热平衡油温为64℃，而阿基米德蜗杆传动为72℃。由此可见，由于平面二次包络环面蜗杆传动具有良好的润滑条件，所以温升较阿基米德蜗杆传动低。

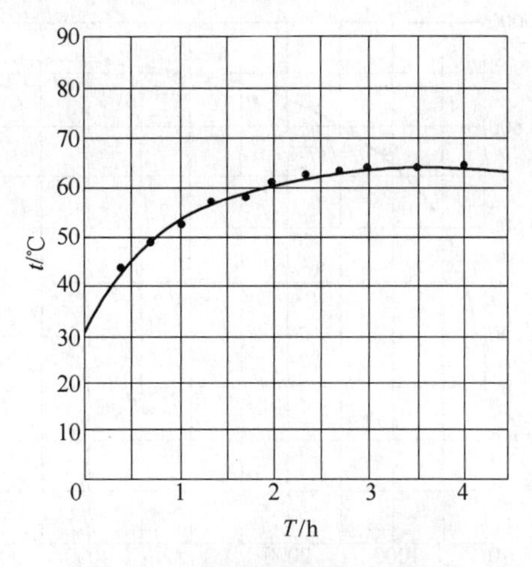

图5-10　平面二次包络环面蜗杆传动空载磨合时温升曲线
（输入轴转速 n_1 = 1475r/min）

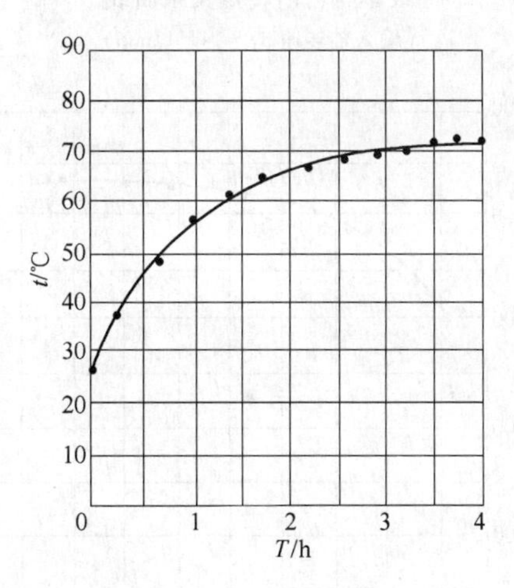

图5-11　阿基米德蜗杆传动空载磨合时温升曲线
（输入轴转速 n_1 = 1475r/min）

2）在输入轴转速 n = 1475r/min 时，测得平面二次包络环面蜗杆传动的最高效率 η_{max} = 0.926，而阿基米德蜗杆传动 η_{max} = 0.871；当输入轴转速 n_1 = 870r/min时，测得平面二次包络环面蜗杆传动的最高效率 η_{max} = 0.900，而阿基米德蜗杆传动 η_{max} = 0.854。由此可见，平面二次包络蜗杆传动效率比阿基米德蜗杆传动效率高5%左右。

3）阿基米德蜗杆在车床上用梯形车刀加工，制造和检验方便。刀具切削刃面必须通过蜗杆轴线，与加工梯形螺旋类似。此种蜗杆难以磨削，因此精

[注] 蜗轮轮齿中部开有“油涵”。

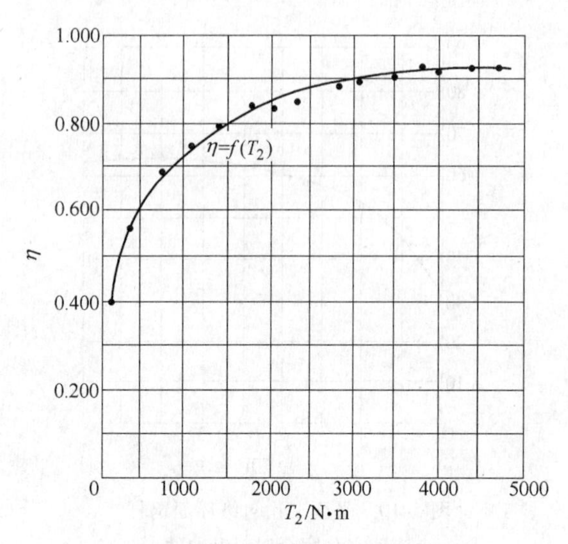

图 5-12　平面二次包络环面蜗杆传动效率与输出转矩关系曲线（输入轴转速 n_1 = 1475r/min）

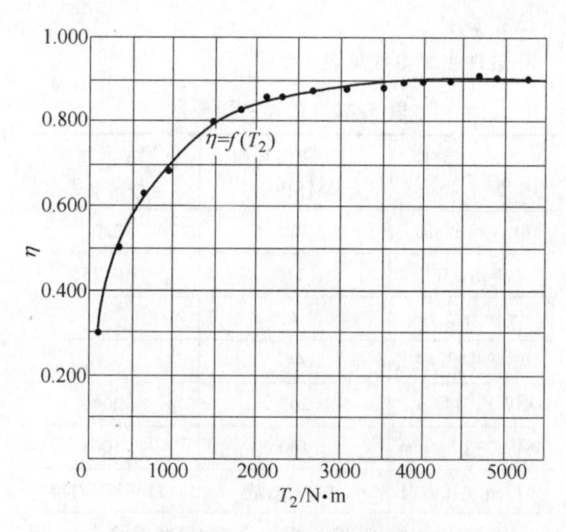

图 5-14　平面二次包络环面蜗杆传动效率与输出转矩关系曲线（输入轴转速 n_1 = 870r/min）

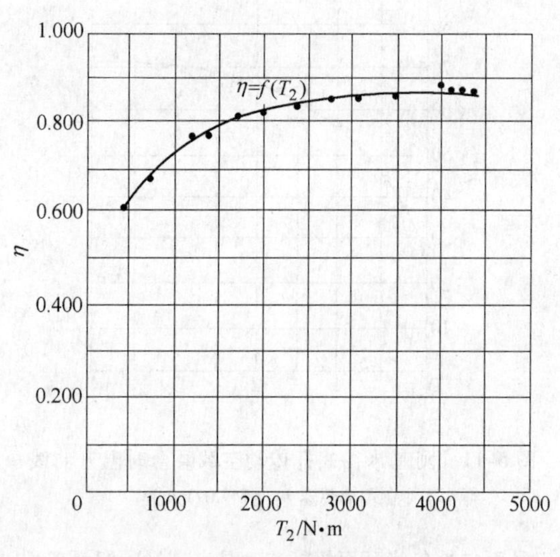

图 5-13　阿基米德蜗杆传动效率与输出转矩关系曲线（输入轴转速 n_1 = 1475r/min）

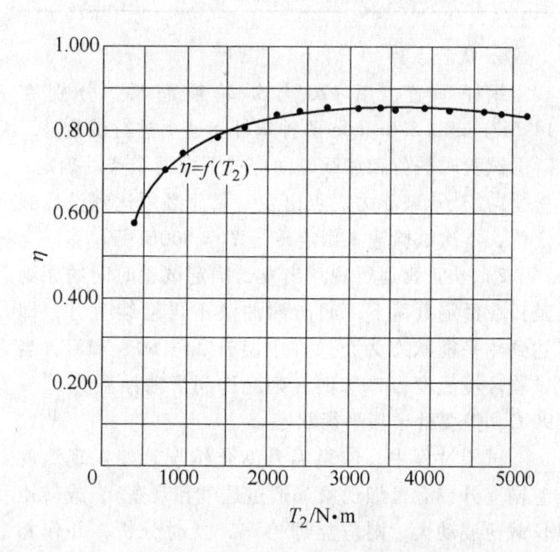

图 5-15　阿基米德蜗杆传动效率与输出转矩关系曲线（输入轴转速 n_1 = 870r/min）

度不高，而蜗杆导程角大时，车削较困难。平面二次包络环面蜗杆传动，蜗轮齿面能够用简单的曲面——平面（平面齿轮，齿形为梯形直线齿廓）。因为母面选择恰当，磨削蜗杆时使用平面砂轮表面与所选母面原理上一致，蜗杆易于实现完全符合其形成原理的精确磨削，从而提高传动的精度。同时采用硬齿面蜗杆，使接触面积大。因此，平面二次包络环面蜗杆比阿基米德蜗杆传动承载能力高。

4）阿基米德蜗杆传动，由于在蜗轮齿面中央及附近区 $\Omega=0°$ 或接近于零，接触线形状不利形成液体动压油膜，基本上属于边界润滑状态。平面二次包络环面蜗杆传动，蜗杆不经“修整”便可获得双线接触，多齿啮合，$\Omega\approx90°$，易建立液体动压油膜，所传动效率和承载能力都比阿基米德蜗杆传动高。

综上所述，平面二次包络蜗杆传动比同参数的阿基米德蜗杆传动效率和承载能力都高，是一种性能较好的新型蜗杆传动，应予以大力推广应用。

典型的平面二次包络蜗杆、蜗轮零件图如图 5-16、图 5-17 所示。

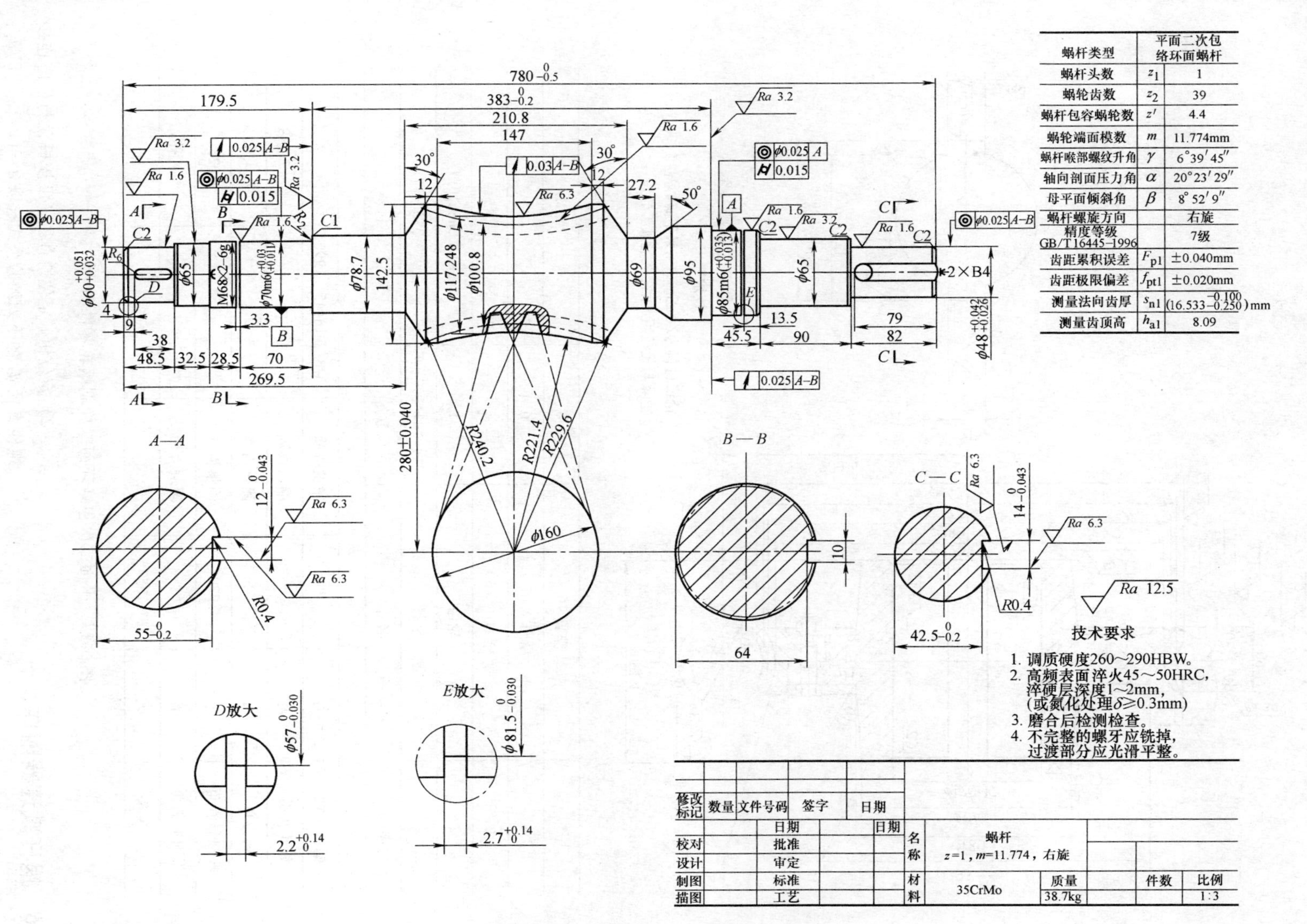

图5-16　平面二次包络环面蜗杆零件图

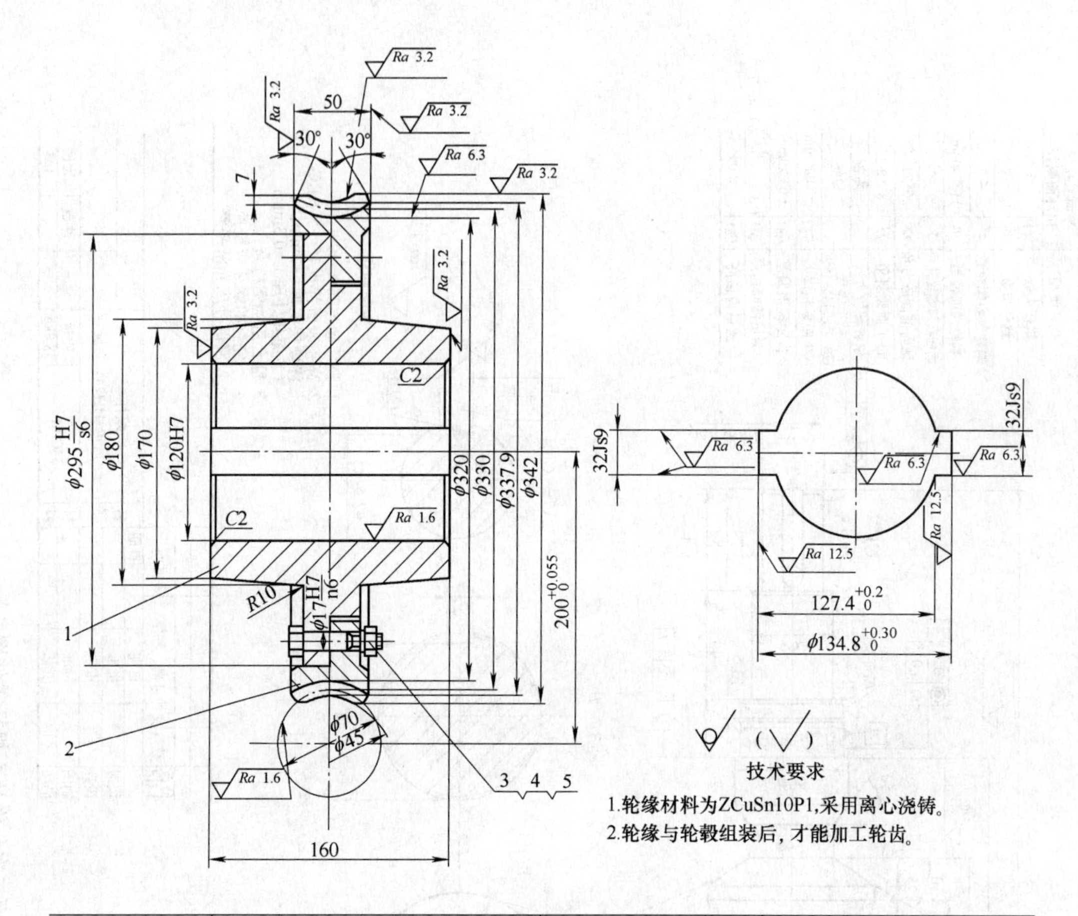

5	垫圈 16	6	65Mn
4	螺母 M16	6	45
3	螺栓 M16×60	6	45
2	轮缘	1	ZCuSn10P1
1	轮毂	1	QT500-7
序号	名称	数量	材料

蜗杆头数	z_1	1	精度等级	GB/T 16445—1996	7
蜗轮齿数	z_2	63	端面模数	m_t	5.238
压力角	α	22.259°	测量齿高	$\overline{h}_{a2}$	4.012
喉部导程角	γ	4.279°	测量齿厚	$\overline{s}_{n2}$	$9.026_{-0.150}^{0}$
母面倾斜角	β	6°	螺旋方向		右
工作半角	ψ_a	17.2857°			

图 5-17　平面二次包络环面蜗杆副蜗轮零件图

5.6　蜗杆减速器附件

1）吊环螺钉见表 5-23，吊环螺钉拧入情况如图 5-18 所示，吊环与吊钩见表 5-26～表 5-28。

2）定位销。定位销直径 d 可按机盖与机座连接螺栓直径 d_2 的下列经验公式选取 $d\approx(0.7\sim0.8)d_2$，但应符合标准（见表 5-24、表 5-25）。定位销的安装如图 5-19 所示。

表 5-23 吊环螺钉（GB/T 825—1988） （单位：mm）

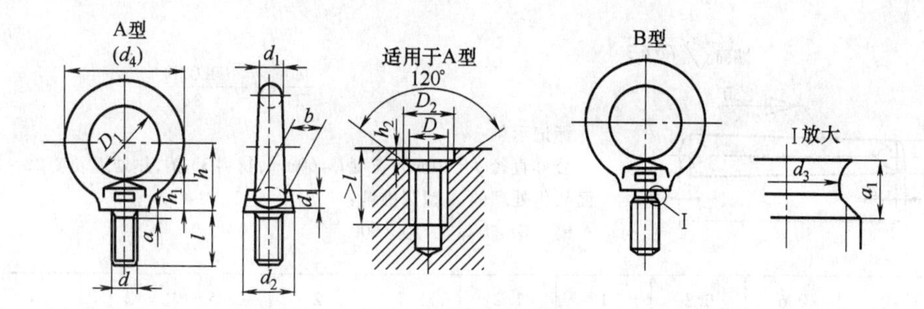

标记示例：

螺纹规格 d = M20、材料为 20 钢、经正火处理、不经表面处理的 A 型吊环螺钉标记为：

螺钉 GB/T 825 M20

规格 d		M8	M10	M12	M16	M20	M24	M30	M36	M42	M48	M56	M64	M72×6	M80×6	M100×6
d_1	max	9.1	11.1	13.1	15.2	17.4	21.4	25.7	30	34.4	40.7	44.7	51.4	63.8	71.8	79.2
	min	7.6	9.6	11.6	13.6	15.6	19.6	23.5	27.5	31.2	37.4	41.1	46.9	58.8	66.8	73.6
D_1	公称	20	24	28	34	40	48	56	67	80	95	112	125	140	160	200
	min	19	23	27	32.9	38.8	46.3	54.6	65.5	78.1	92.9	109.9	122.3	137	157	196.7
d_2	max	21.1	25.1	29.1	35.2	41.4	49.4	57.7	69	82.4	97.7	114.7	128.4	143.8	163.8	204.2
	min	19.6	23.6	27.6	33.6	39.6	47.6	55.5	66.5	79.2	94.1	111.1	123.9	138.8	158.8	198.6
l 公称		16	20	22	28	35	40	45	55	65	70	80	90	100	115	140
d_2 参考		36	44	52	62	72	88	104	123	144	171	196	221	260	296	350
h		18	22	26	31	36	44	53	63	74	87	100	115	130	150	175
a	max	2.5	3	3.5	4	5	6	7	8	9	10	11	12			
a_1	max	3.75	4.5	5.25	6	7.5	9	10.5	12	13.5	15	16.5	18			
b		10	12	14	16	19	24	28	32	38	46	50	58	72	80	88
d_3	公称(max)	6	7.7	9.4	13	16.4	19.6	25	30.8	34.6	41	48.3	55.7	63.7	71.7	91.7
	min	5.82	7.48	9.18	12.73	16.13	19.27	24.67	29.91	35.21	40.61	47.91	55.24	63.24	17.24	91.16
D		M8	M10	M12	M16	M20	M24	M30	M36	M42	M48	M56	M64	M72×6	M80×6	M100×6
D_2	公称(min)	13	15	17	22	28	32	38	45	52	60	68	75	85	95	115
	max	13.43	15.43	17.52	22.52	28.52	32.62	38.62	45.62	52.74	60.74	68.74	75.74	85.87	95.87	115.87
h_2	公称(min)	2.5	3	3.5	4.5	5	7	8	9.5	10.5	11.5	12.5	13.5	14		
	max	2.9	3.4	3.98	4.98	5.48	7.58	8.58	10.08	11.2	12.2	13.2	14.2	14.7		
单螺钉最大起吊质量/t		0.16	0.25	0.40	0.63	1	1.6	2.5	4	6.3	8	10	16	20	25	40
材料		20、25 钢														
表面处理		一般不进行表面处理，根据使用要求，可进行镀锌钝化、镀铬，电镀后应立即进行驱氢处理														

表 5-24　圆锥销（GB/T 117—2000）　　（单位：mm）

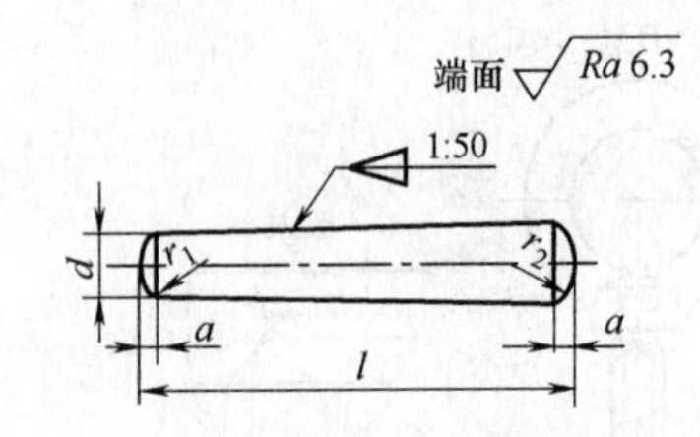

$$r_1 \approx d$$

$$r_2 \approx \frac{a}{2} + d + \frac{(0.02l)^2}{8a}$$

标记示例：

公称直径 $d=10$mm，长度 $l=60$mm，材料 35 钢，热处理硬度 28～38HRC，表面氧化处理的 A 型圆锥销：

销　GB/T 117　10×60

d(公称)h10	0.6	0.8	1	1.2	1.5	2	2.5	3	4	5
a≈	0.08	0.1	0.12	0.16	0.2	0.25	0.3	0.4	0.5	0.63
l(商品规格范围)	4～8	5～12	6～16	6～20	8～24	10～35	10～35	12～45	14～55	18～60
d(公称)h10	6	8	10	12	16	20	25	30	40	50
a≈	0.8	1	1.2	1.6	2	2.5	3	4	5	6.3
l(商品规格范围)	22～90	22～120	26～160	32～180	40～200	45～200	50～200	55～200	60～200	65～200
l系列(公称尺寸)	2,3,4,5,6,8,10,12,14,16,18,20,22,24,26,28,30,32,35,40,45,50,55,60,65,70,75,80,85,90,95,100,公称长度大于 100mm,按 20mm 递增									

注：1. A 型（磨削）：锥面表面粗糙度 $Ra=0.8\mu m$；
　　B 型（切削或冷镦）：锥面表面粗糙度 $Ra=3.2\mu m$。
2. 材料：钢、易切钢（Y12、Y15），碳素钢（35 钢，28～38HRC、45 钢，38～46HRC）合金钢（30CrMnSiA 35～41HRC）；不锈钢（1Cr13、2Cr13、Cr17Ni2、0Cr18Ni9Ti）。

表 5-25　内螺纹圆锥销（GB/T 118—2000）　　（单位：mm）

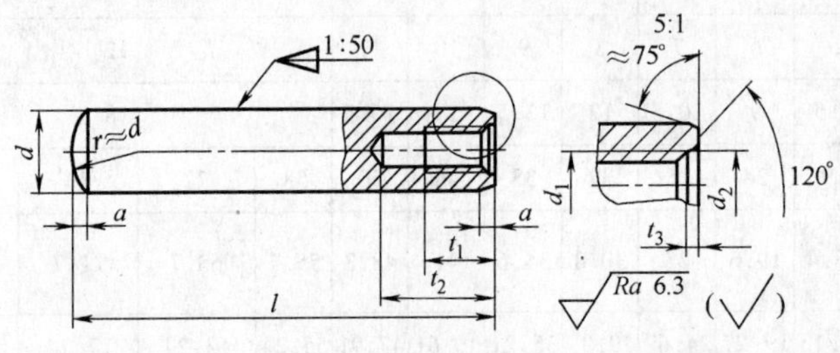

标记示例：

公称直径 $d=10$mm、长度 $l=60$mm、材料为 35 钢、热处理硬度 28～38HRC、表面氧化处理的 A 型内螺纹圆锥销：

销　GB/T 118　10×60

d(公称)h10	6	8	10	12	16	20	25	30	40	50
a	0.8	1	1.2	1.6	2	2.5	3	4	5	6.3
d_1	M4	M5	M6	M8	M10	M12	M16	M20	M20	M24
t_1	6	8	10	12	16	18	24	30	30	36
t_2　min	10	12	16	20	25	28	35	40	40	50
t_3	1	1.2	1.2	1.2	1.5	1.5	2	2	2.5	2.5
d_2	4.3	5.3	6.4	8.4	10.5	13	17	21	21	25
l(商品规格范围)	16～60	18～80	22～100	26～120	32～160	40～200	50～200	60～200	80～200	100～200
l系列(公称尺寸)	16,18,20,22,24,26,28,30,32,35,40,45,50,55,60,65,70,75,80,85,90,95,100,公称长度大于 100mm,按 20mm 递增									

表 5-26　箱盖上吊环　　（单位：mm）

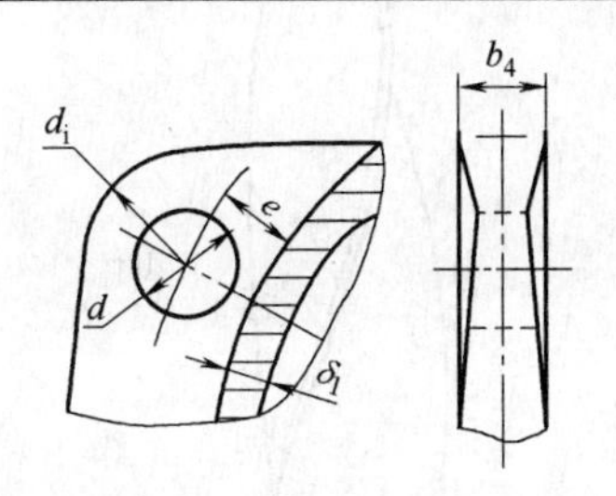

$$d = b_4 \approx (1.8 \sim 2.5)\delta_1$$
$$d_1 \approx (1 \sim 1.2)d$$
$$e = (0.8 \sim 1)d$$

表 5-27　箱座上的吊钩　　（单位：mm）

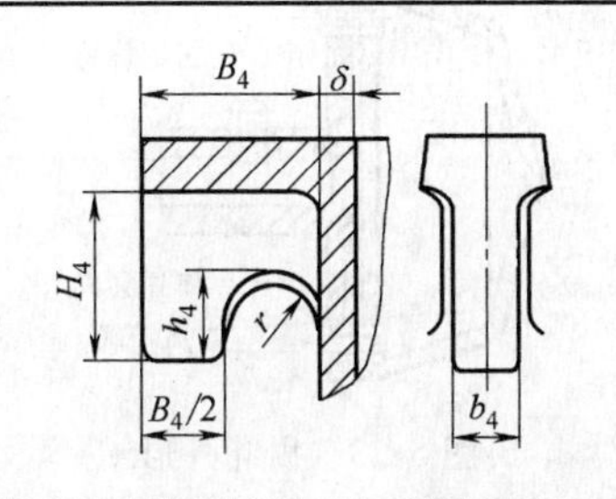

$$B_4 = C_1 + C_2;\ b_4 \approx (1.8 \sim 2.5)\delta;$$
$$H_4 \approx 0.8B_4;\ h_4 \approx 0.5H_4;\ r \approx 0.25B_4$$

表 5-28　铸造吊钩　　（单位：mm）

每一个吊钩允许的起质量/kN 铸钢	每一个吊钩允许的起质量/kN 铸铁	A	B	B_1	C	R_1	r	r_1	r_2	r_3	h	D—D 的面积 $\overline{F} \approx \mathrm{cm}^2$
5	4	80	25	20	40	30	12	8	3	5	5	12
10	6	100	30	25	50	40	15	10	5	5	5	16
20	10	120	40	30	60	50	18	12	5	8	8	24
30	15	140	50	40	70	60	20	15	8	10	8	39
50	25	160	60	50	80	80	22	18	10	15	10	60
100	45	190	80	60	90	100	25	20	15	20	10	95
150	65	220	100	80	110	120	30	25	15	25	15	145
200	90	250	120	100	130	150	35	31	20	30	15	198
300	140	300	160	140	160	180	34	36	25	35	20	300
500	220	380	200	180	190	220	50	46	30	40	25	480

注：在选择吊钩时，必须考虑到吊钩厚度“B”与铸件壁厚“δ”的关系，对铸铁件：$B \leqslant 2\delta$；对铸钢件：$B \leqslant 1.4\delta$。

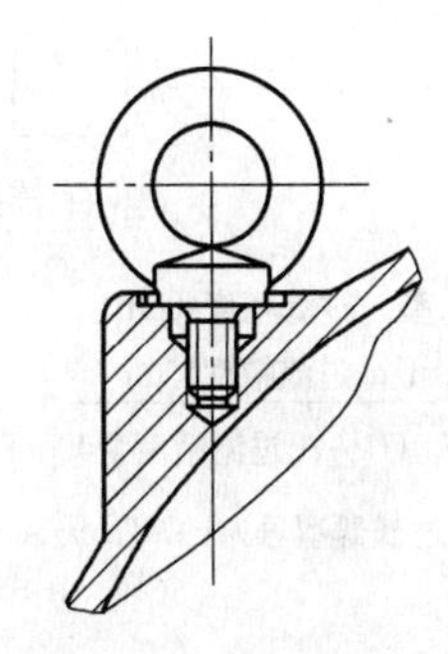

图 5-18　吊环螺钉拧入情况
（不宜打穿，以免漏油）

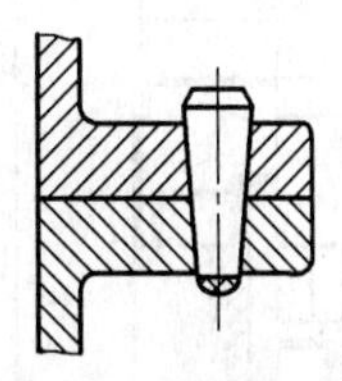

图 5-19　定位销安装

3）起盖螺钉。起盖螺钉直径取与机盖和机座连接螺钉直径相同。工作情况如图 5-20 所示。

4）风扇。风扇扇叶形状构造和外形如图 5-21 ~ 图 5-23 所示。扇叶风量见表 5-29。

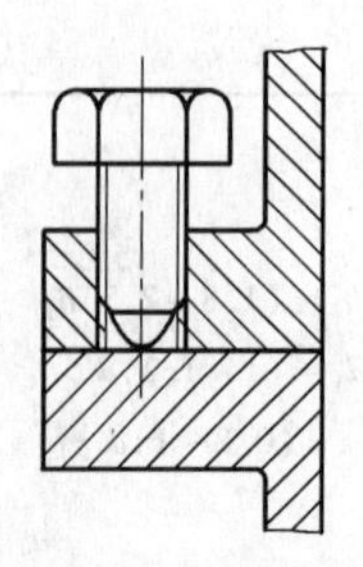

图 5-20　起盖螺钉

5）空气过滤器。空气过滤器用于减速器排气用，使减速器箱体内的压力和大气压力平衡，并防止脏物颗粒从外部进入箱内，保持箱体内油液清洁，延长减速器使用寿命。

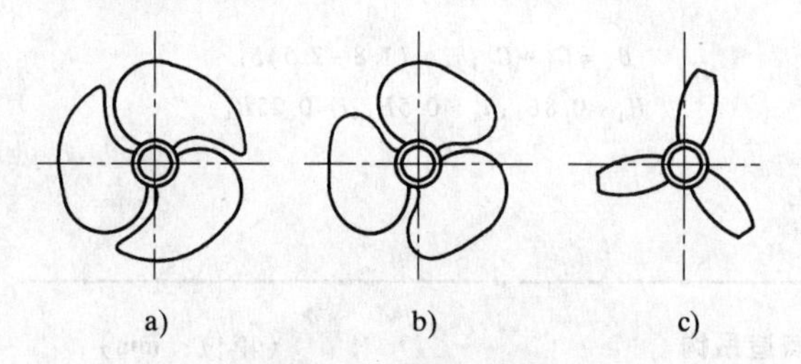

图 5-21　扇叶形状

a）螺旋浆形　b）芒果形　c）芭蕉叶形

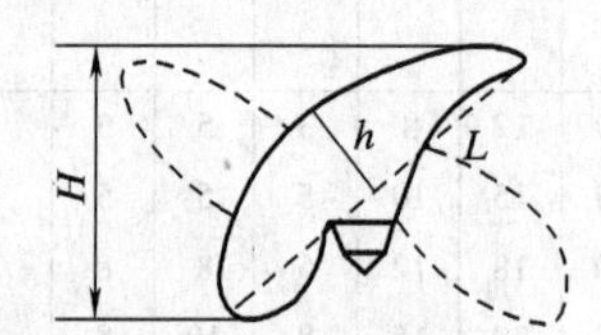

图 5-22　扇叶构造

H—迎风高度　L—迎风斜长

h—拱度　叶片扭角 $\sin\alpha=\dfrac{H}{L}$

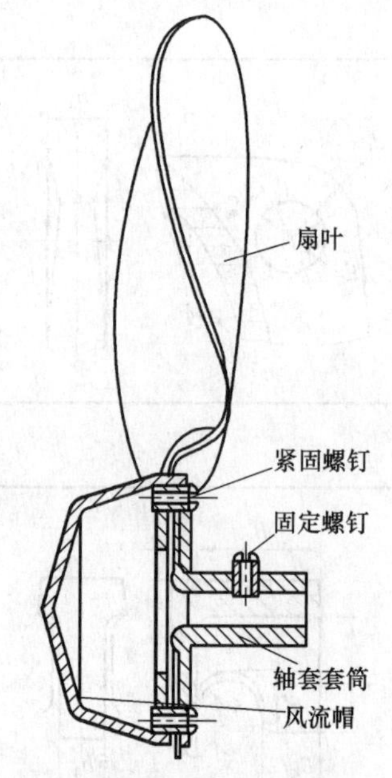

图 5-23　扇叶外形

表 5-29　扇叶风量

扇叶直径 /mm(in)	200 (8)	250 (10)	300 (12)	350 (14)	400 (16)
风量 /(m^3/min)	16	24	34	46	60

注：扇叶直径（mm）系列：200、250、300、350、400、500、600、750、900、1200、1400、1500。

其中，C 型过滤器过滤精度为 40μm，D 型过滤器过滤精度为 10μm，其技术参数及外形尺寸见表 5-30。

6）YWZ76—500 系列液位液温计。其型号与外形尺寸见表 5-31。

表 5-30　技术参数与外形尺寸　（单位：mm）

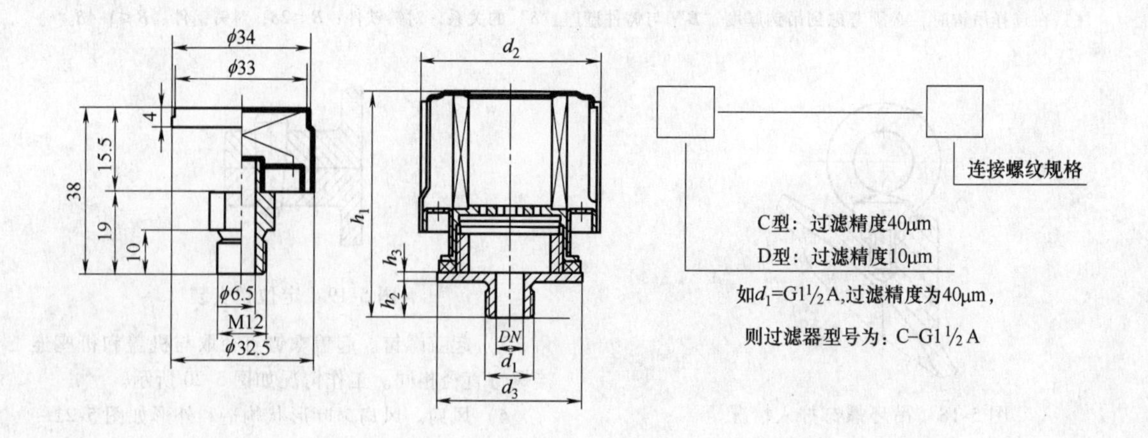

（续）

公称通径 *DN*	d_1		d_2	d_3	h_1	h_2	h_3	空气流量 /(m^3/min)	
	普通螺纹	管螺纹						C型	D型
6.5	M12	G3/4	—	—	—	—	—	—	—
25	M33×2	G1A	113	96	102	17	6	3.0	1.0
32	M42×2	G1¼A				19			
40	M48×2	G1½A	150	115	140	19	7	4.0	
50	M60×2	G2A				22			
65	M76×2	G2½A				24	9		
80	M90×2	G3A	256	186	147	26		6.3	2.5

注：本产品可代替重机标准 JB/ZQ 4522—1986 使用。

表5-31　型号与外形尺寸　（单位：mm）

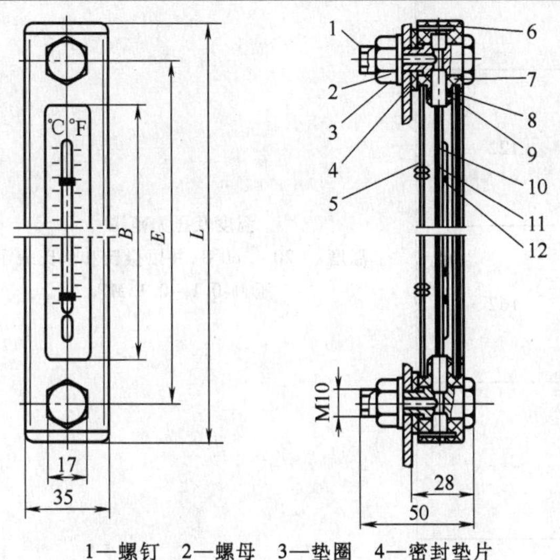

1—螺钉　2—螺母　3—垫圈　4—密封垫片　5—标体　6—标头　7、8—O形圈　9—外壳　10—温度计　11—标牌　12—扎丝

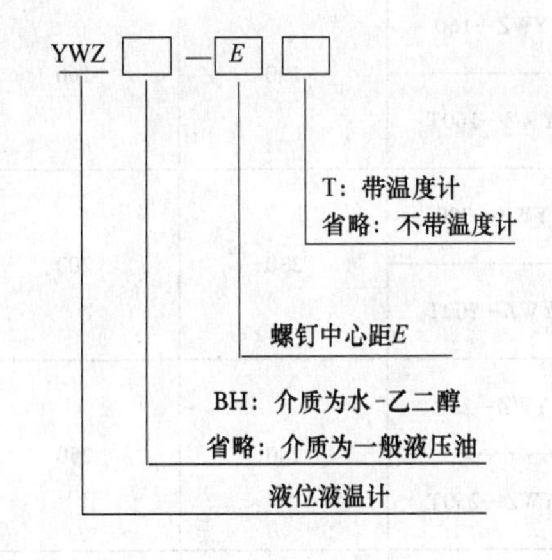

型号	尺寸			
	L	*E*	*B*	
YWZ—76	106	76	37	温度及压力范围 温度：-20～160℃，并以摄氏和华氏表示 压力：0.1～0.15MPa
YWZ—76T				
YWZ—80	110	80	42	
YWZ—80T				
YWZ—100	130	100	62	
YWZ—100T				

（续）

型号	尺寸			
	L	*E*	*B*	
YWZ—125 YWZ—125T	155	125	87	温度及压力范围 温度：-20～160℃，并以摄氏和华氏表示 压力：0.1～0.15MPa
YWZ—127 YWZ—127T	157	127	89	
YWZ—150 YWZ—150T	180	150	112	
YWZ—160 YWZ—160T	190	160	122	
YWZ—200 YWZ—200T	230	200	162	
YWZ—250 YWZ—250T	280	250	212	
YWZ—254 YWZ—254T	284	254	216	
YWZ—300T	330	300	262	
YWZ—350T	380	350	312	
YWZ—400T	430	400	262	
YWZ—450T	480	450	412	
YWZ—500T	530	500	462	

5.7 蜗杆传动减速器典型结构图与零件图

典型减速器结构图如图 5-24～图 5-35 所示。

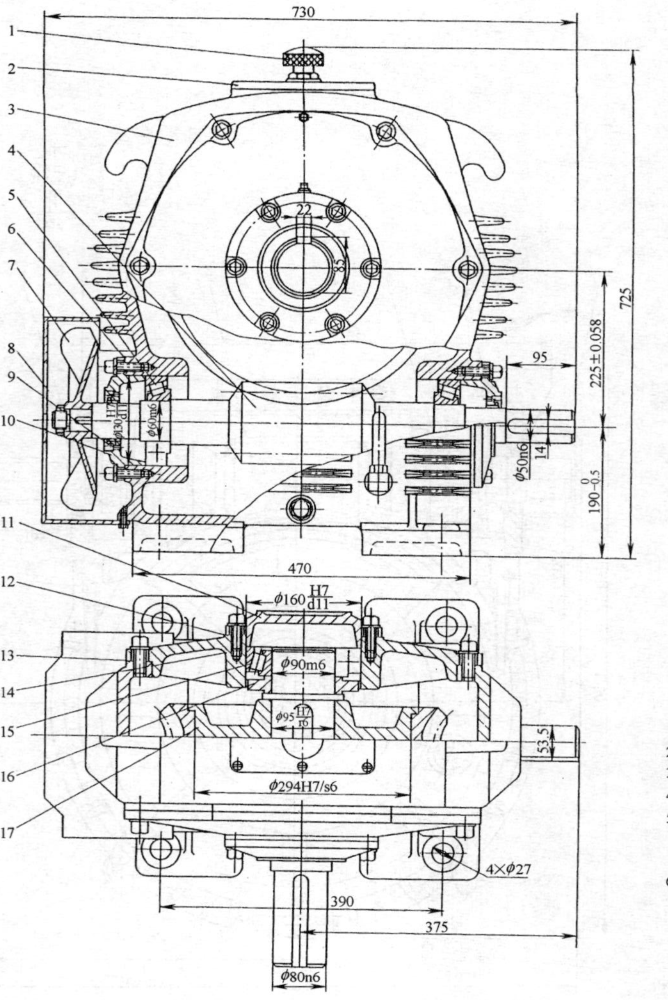

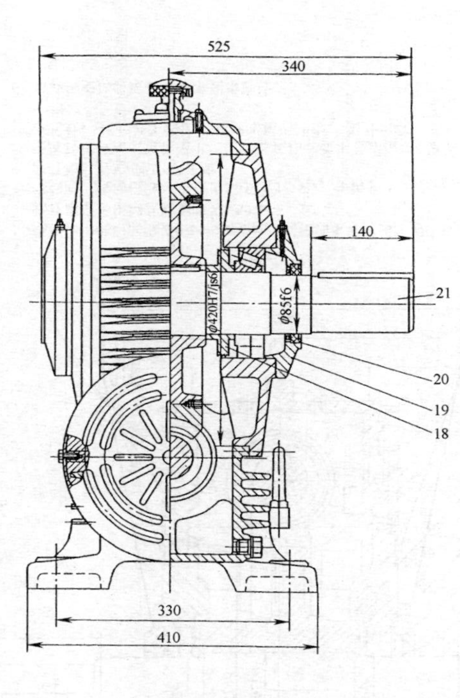

技术参数

传动功率	P=15kW
输入转速	n_1=980r/min
传动比	i=10
模数	m=12mm
头数	z_1=3
齿数	z_2=30
导程角	γ=20°33′22″

技术要求

1. 蜗杆轴承轴向间隙为0.1～0.15mm，蜗轮轴承轴向间隙为0.05～0.1mm。
2. 蜗杆副最小极限法向侧隙为0.072mm。
3. 空载时，传动接触斑点按齿高不小于55%，按齿长不小于50%。
4. 润滑油选用680蜗轮蜗杆油。
5. 空运转试验在额定转速下正反向运转1h，要求各连接件、紧固件不松动，密封处、接合处不渗油，运转平稳无冲击，温升正常，齿面接触斑点合格。
6. 负载性能试验按有关标准要求进行。

21	输出轴	1	40Cr
20	密封圈 85×105×12	1	GB/T 9877—2008
19	透盖	1	HT200
18	挡油环	1	Q235A
17	蜗轮	1	组件
16	挡油环	1	Q235A
15	轴承32218	2	GB/T 297—1994
14	大端盖	2	HT200
13	调整垫片	2	08F
12	调整垫片	2	08F
11	端盖	1	HT200
10	透盖	2	HT200
9	密封圈 B55×80×8	2	GB/T 9877—2008
8	风扇罩	1	焊接件
7	风扇	1	HT200
6	调整垫片	2	08F
5	轴承31312	2	GB/T 297—1994
4	蜗杆	1	40Cr
3	箱体	1	HT200
2	视孔盖	1	HT200
1	通气罩	1	组件
序号	名称	数量	备注
单级蜗杆减速器(一)		质量 152kg	图号

图 5-24　单级蜗杆减速器（一）

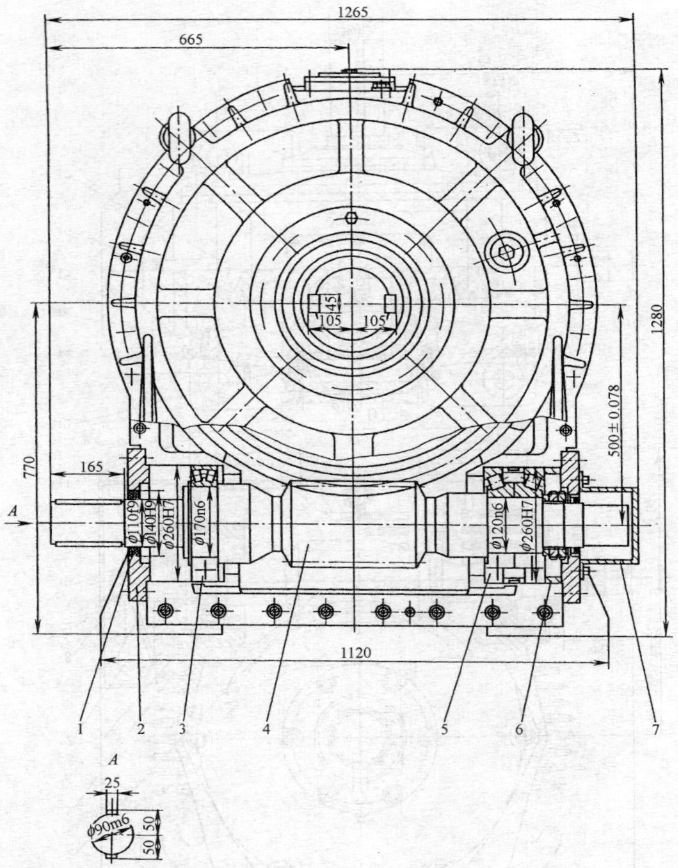

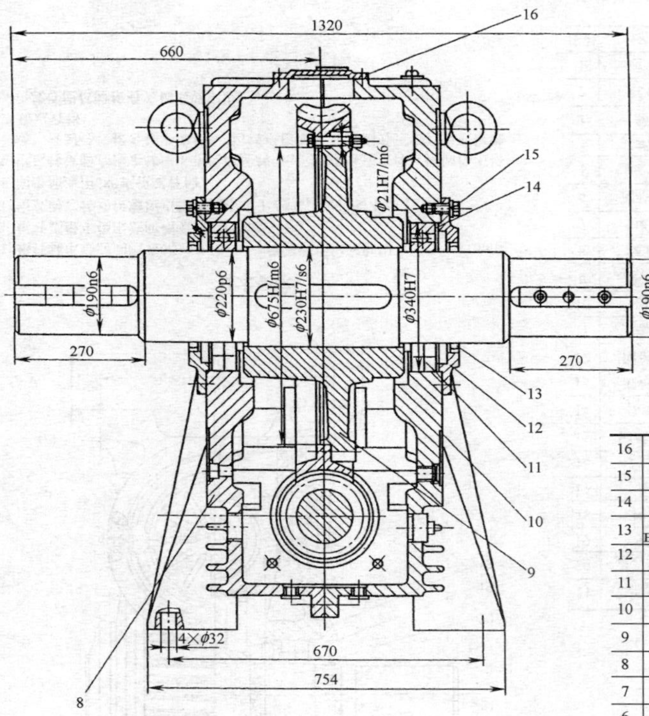

技术参数

传动功率	$P=27\text{kW}$
输入转速	$n_1=136\text{r/min}$
传动比	$i=25.5$
模数	$m=16\text{mm}$
头数	$z_1=2$
齿数	$z_2=51$
导程角	$\gamma=10°59'19''$

技术要求

1. 蜗杆轴承轴向间隙为0.2～0.25mm，蜗轮轴承轴向间隙为0.08～0.15mm。
2. 蜗杆副最小极限法向侧隙为0.097mm。
3. 空载时，传动接触斑点按齿高不小于55%，按齿长不小于50%。
4. 润滑油选用320蜗轮蜗杆油。
5. 空运转试验在额定转速下正反向运转1h。要求各连接件、紧固件不松动，密封处、接合处不渗油，运转平稳无冲击，温升正常，齿面接触斑点合格。
6. 负载性能试验按有关标准要求进行。

序号	名称	数量	备注
16	视孔盖	1	HT150
15	定距环	2	Q235A
14	调整垫片	2组	08F
13	密封圈(F) B220×250×15	2	GB/T 9877—2008
12	透盖	2	HT150
11	轴承16044	2	GB/T 276—1994
10	轴	1	40Cr
9	蜗轮	1	组件
8	箱体	2	HT250
7	防护罩	1	Q235A
6	定距环	1	Q235A
5	轴承31324	2	GB/T 297—1994
4	蜗轮	1	40Cr
3	轴承23034	1	GB/T 288—1994
2	透盖	2	HT150
1	密封圈 B110×140×12	4	GB/T 9877—2008
单级蜗杆减速器(二)		质量	2100kg

图5-25 单级蜗杆减速器（二）

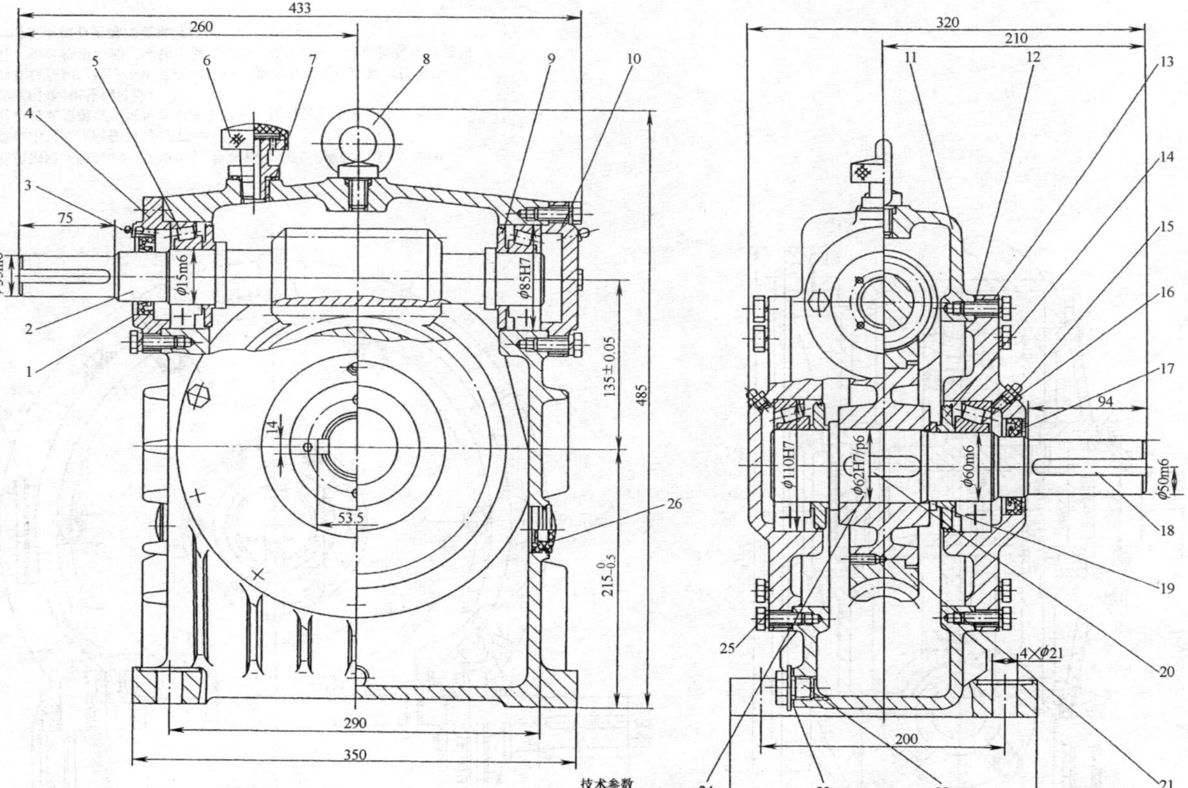

技术要求

1. 蜗杆轴承轴向间隙为0.07～0.1mm，蜗轮轴承轴向间隙为0.04～0.07mm。
2. 蜗杆副最小极限法向侧隙为0.063mm。
3. 空载时，传动接触斑点按齿高不小于55%，按齿长不小于50%。
4. 润滑油选用460蜗轮蜗杆油。
5. 空运转实验在额定转速下正反向运转1h。要求各连接件、紧固件不松动，密封处、接合处不渗油，运转平稳无冲击。温升正常，齿面接触斑点合格。

技术参数

传动功率	P=4kW
输入转速	n_1=960r/min
传动比	i=10
模数	m=7mm
头数	z_1=3
齿数	z_2=30
导程角	γ=18°26′

序号	名称	数量	备注
26	游标A25	1	JB/T 7941.1—1995
25	端盖	1	HT200
24	轴	1	40Cr
23	垫	1	橡胶板
22	螺塞M20×15	1	Q235A
21	蜗轮	1	组件
20	键18×63	1	GB/T 1096—2004
19	定距环	1	Q235A
18	键C14×90	1	GB/T 1096—2003
17	密封圈B55×80×8	1	GB/T 9877—2008
16	轴承32212	2	GB/T 297—1994
15	油杯M10×1	1	JB/T 7940.1—1995
14	挡油环	1	Q235A
13	透盖	1	HT200
12	垫片	2组	08F
11	箱体	1	HT250
10	端盖	1	HT200
9	挡油环	2	Q235A
8	吊环螺钉M12	1	GB/T 825—1988
7	垫片	1	橡胶板
6	透气罩	1	组件
5	轴承32209	2	GB/T 297—1994
4	透盖	1	HT200
3	油杯M16×1	2	JB/T 7940.1—1995
2	蜗杆	1	40Cr
1	密封圈B40×662×8	1	GB/T 9877—2008
单级蜗杆减速器(三)		质量	121kg

图5-26　单级蜗杆减速器（三）

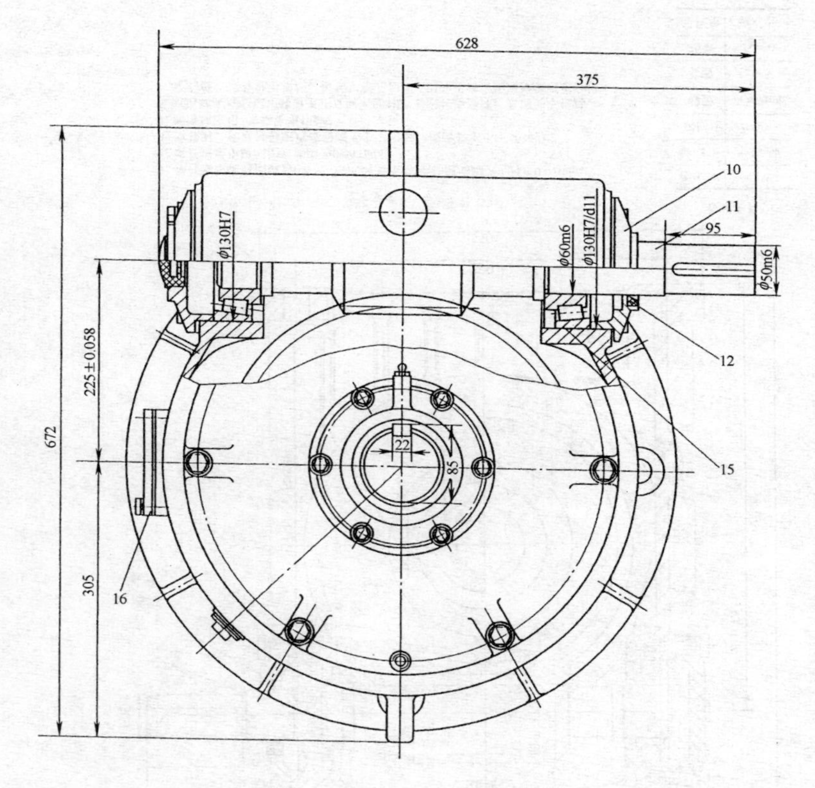

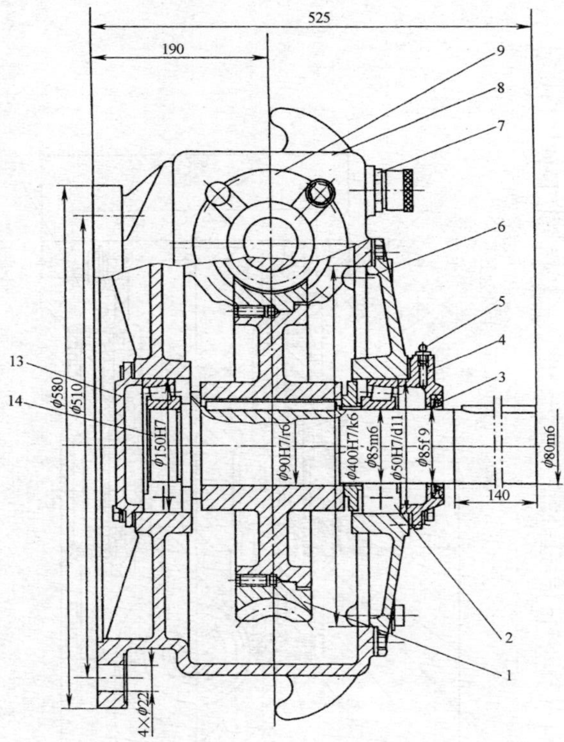

技术参数

传动功率	P=15kW
输入转速	n_1=1000r/min
传动比	i=20
模数	m=9mm
头数	z_1=2
齿数	z_2=40
导程角	γ=11°18′35″

16	视孔盖	1	HT200
15	轴承31312	2	GB/T 297—1994
14	轴	1	40Cr
13	端盖	1	HT200
12	密封圈 60×85×8	1	GB/T 9877—2008
11	蜗杆	1	40Cr
10	端盖	1	HT200
9	端盖	1	HT200
8	箱体	1	HT250
7	透气帽	1	组件
6	大端盖	1	HT200
5	油杯M10×1	1	JB/T 7940.1—1995
4	透盖	1	HT200
3	密封圈(F) B85×110×12	1	GB/T 9877—2008
2	轴承32217	2	GB/T 297—1994
1	蜗轮	1	组件
序号	名称	数量	备注
单级蜗杆减速器(四)		质量	图号
		186kg	4.3.1

技术要求

1. 蜗杆轴承轴向间隙为0.1～0.15mm，蜗轮轴承轴向间隙为0.05～0.1mm。
2. 蜗杆副最小极限法向侧隙为0.072mm。
3. 空载时，传动接触斑点按齿高不小于55%，按齿长不小于50%。
4. 润滑油选用460蜗轮蜗杆油。
5. 空运转试验在额定转速下正反向运转1h，要求各连接件、紧固件不松动，密封处、接合处不渗油，运转平稳无冲击，温升正常，齿面接触斑点合格。
6. 负载性能试验按有关标准要求进行。

图5-27　单级蜗杆减速器（四）

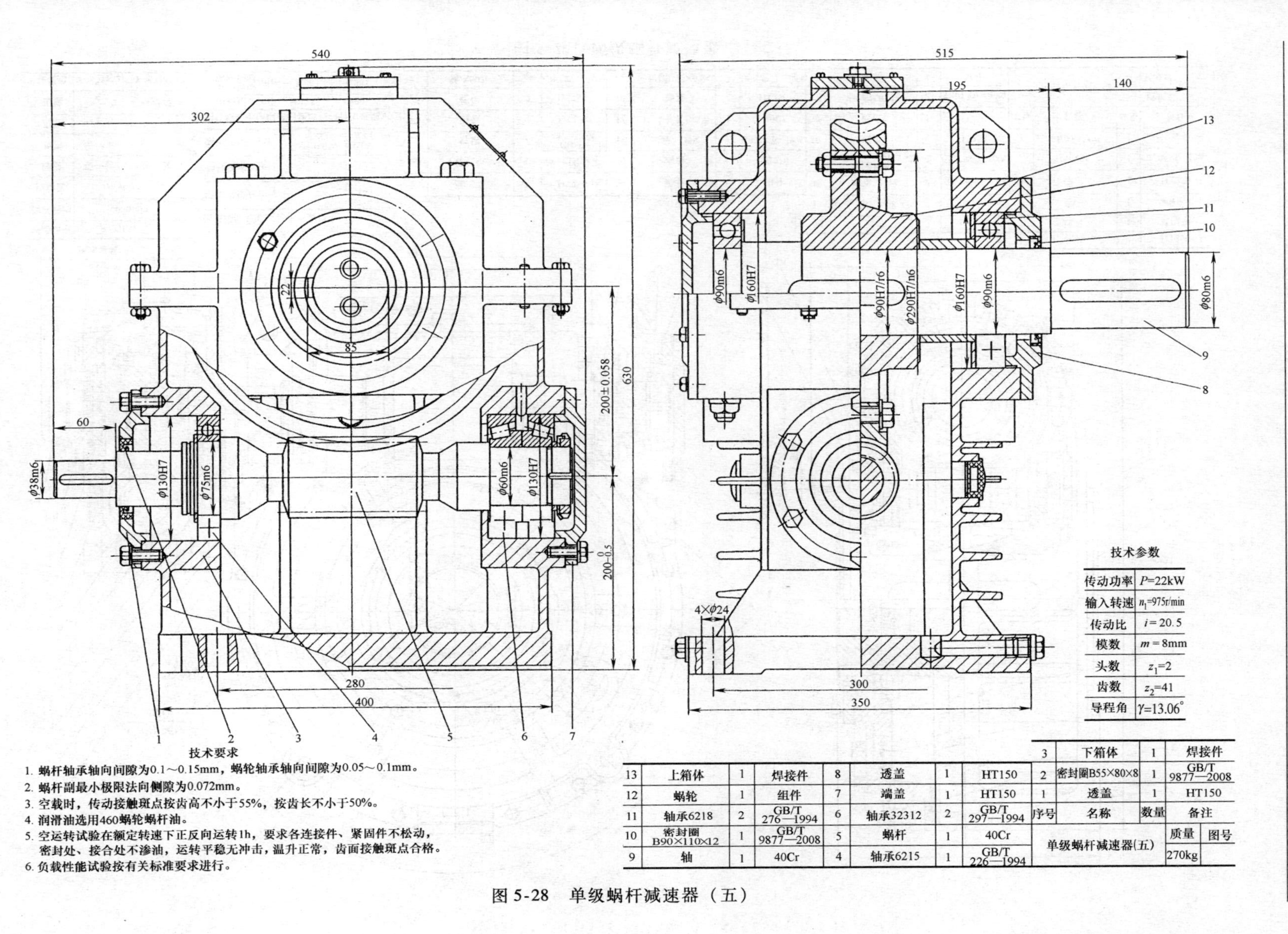

技术参数

传动功率	P=22kW
输入转速	n_1=975r/min
传动比	i=20.5
模数	m=8mm
头数	z_1=2
齿数	z_2=41
导程角	γ=13.06°

技术要求

1. 蜗杆轴承轴向间隙为0.1～0.15mm，蜗轮轴承轴向间隙为0.05～0.1mm。
2. 蜗杆副最小极限法向侧隙为0.072mm。
3. 空载时，传动接触斑点按齿高不小于55%，按齿长不小于50%。
4. 润滑油选用460蜗轮蜗杆油。
5. 空运转试验在额定转速下正反向运转1h，要求各连接件、紧固件不松动，密封处、接合处不渗油，运转平稳无冲击，温升正常，齿面接触斑点合格。
6. 负载性能试验按有关标准要求进行。

序号	名称	数量	备注	序号	名称	数量	备注	序号	名称	数量	备注
13	上箱体	1	焊接件	8	透盖	1	HT150	3	下箱体	1	焊接件
12	蜗轮	1	组件	7	端盖	1	HT150	2	密封圈B55×80×8	1	GB/T 9877—2008
11	轴承6218	2	GB/T 276—1994	6	轴承32312	2	GB/T 297—1994	1	透盖	1	HT150
10	密封圈B90×110×12	1	GB/T 9877—2008	5	蜗杆	1	40Cr	单级蜗杆减速器(五)		质量	图号
9	轴	1	40Cr	4	轴承6215	1	GB/T 226—1994			270kg	

图 5-28　单级蜗杆减速器（五）

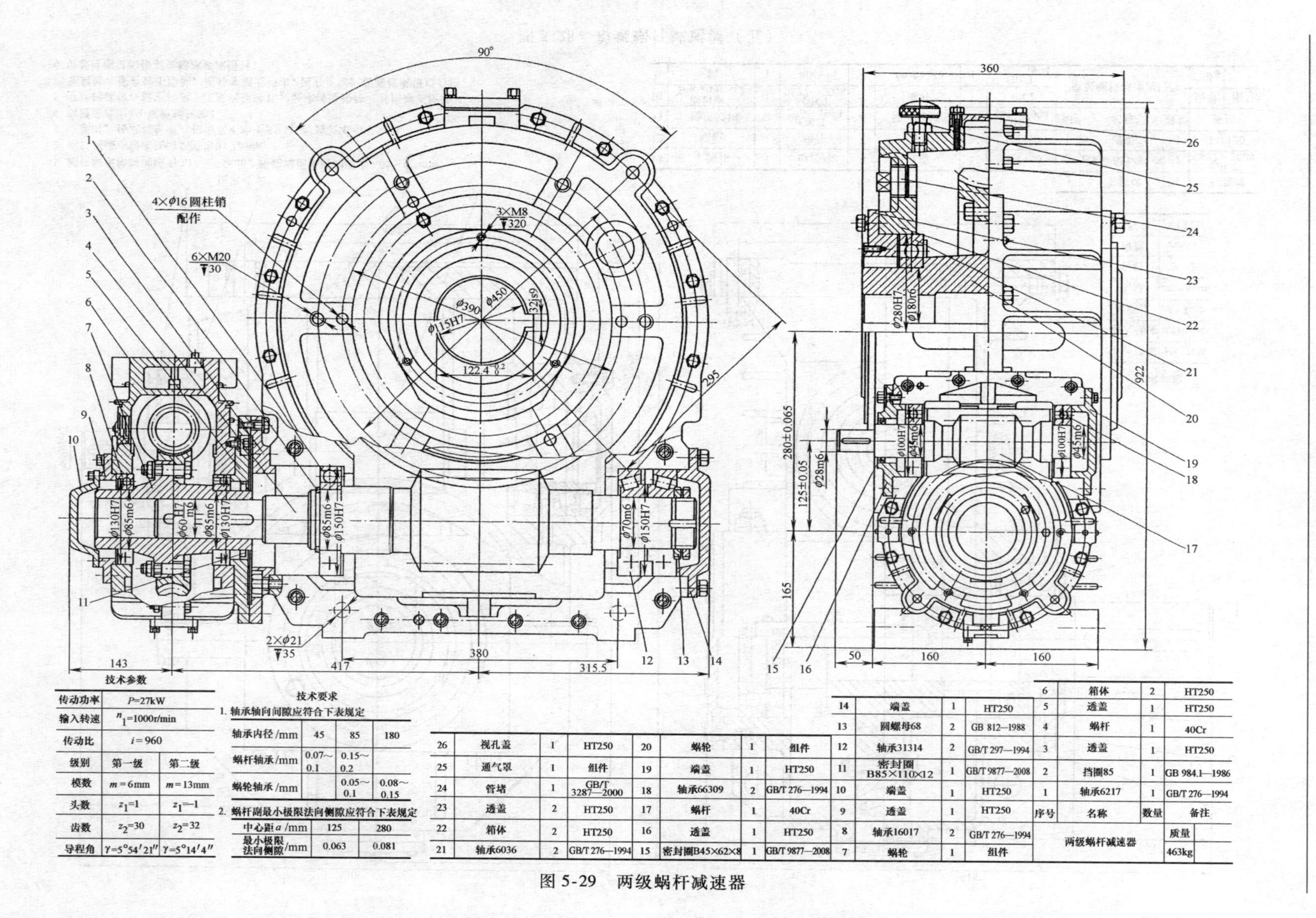

技术参数

传动功率	P=27kW	
输入转速	n_1=1000r/min	
传动比	i=960	
级别	第一级	第二级
模数	m=6mm	m=13mm
头数	z_1=1	z_1=1
齿数	z_2=30	z_2=32
导程角	$\gamma=5°54'21''$	$\gamma=5°14'4''$

技术要求

1. 轴承轴向间隙应符合下表规定

轴承内径/mm	45	85	180
蜗杆轴承/mm	0.07~0.1	0.15~0.2	
蜗轮轴承/mm		0.05~0.1	0.08~0.15

2. 蜗杆副最小极限法向侧隙应符合下表规定

中心距 a/mm	125	280
最小极限法向侧隙/mm	0.063	0.081

序号	名称	数量	备注
26	视孔盖	1	HT250
25	通气罩	1	组件
24	管堵	1	GB/T 3287—2000
23	透盖	2	HT250
22	箱体	2	HT250
21	轴承6036	2	GB/T 276—1994
20	蜗轮	1	组件
19	端盖	1	HT250
18	轴承66309	2	GB/T 276—1994
17	蜗杆	1	40Cr
16	透盖	1	HT250
15	密封圈B45×62×8	1	GB/T 9877—2008
14	端盖	1	HT250
13	圆螺母68	2	GB 812—1988
12	轴承31314	2	GB/T 297—1994
11	密封圈B85×110×12	1	GB/T 9877—2008
10	端盖	1	HT250
9	透盖	1	HT250
8	轴承16017	2	GB/T 276—1994
7	蜗轮	1	组件
6	箱体	2	HT250
5	透盖	1	HT250
4	蜗杆	1	40Cr
3	透盖	1	HT250
2	挡圈85	1	GB 984.1—1986
1	轴承6217	1	GB/T 276—1994

两级蜗杆减速器	质量
	463kg

图 5-29　两级蜗杆减速器

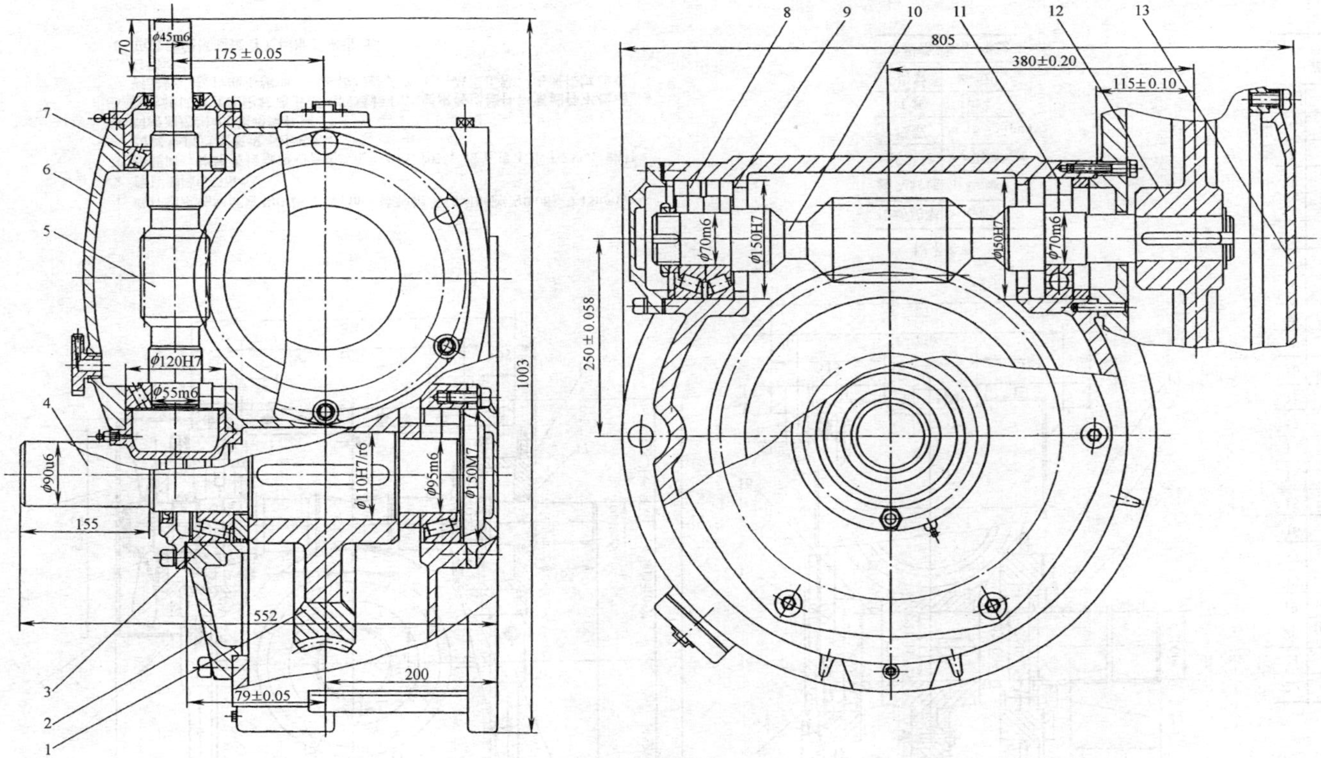

技术参数

传动功率	P=12kW	
输入转速	n_1=1000r/min	
传动比	i=512.5	
级别	第一级	第二级
模数	m=5.6mm	m=10mm
导程角	$\gamma=9°05'25''$	$\gamma=12°31'44''$
头数	z_1=2	z_1=2
齿数	z_2=50	z_2=41

13	壳盖	1	HT200
12	蜗轮	1	组件
11	轴承6314	2	GB/T 276—1994
10	蜗杆	1	40Cr
9	二级壳体	1	HT200
8	轴承31314	2	GB/T 297—1994
7	轴承31311	2	GB/T 297—1994
6	一级壳体	1	HT200
5	蜗杆	1	40Cr
4	蜗轮轴	1	45
3	轴承33019	2	GB/T 297—1994
2	壳盖	1	HT200
1	蜗轮	1	组件
序号	名称	数量	备注
两级蜗杆减速器(立式)			

技术要求

1. 蜗杆轴承轴向间隙为0.1～0.15mm，蜗轮轴承轴向间隙为0.05～0.1mm。
2. 蜗杆副最小极限法向侧隙应符合下表规定

中心距a/mm	175	250
最小极限法向侧隙 /mm	0.063	0.072

3. 空载时，传动接触斑点按齿高不小于55%，按齿长不小于50%。
4. 润滑油选用460蜗轮蜗杆油。
5. 空运转试验在额定转速下正反向运转1h，要求各连接件、紧固件不松动，密封处、接合处不渗油，运转平稳无冲击，温升正常，齿面接触斑点合格。
6. 负载性能试验按有关标准要求进行。

图 5-30　两级蜗杆减速器（立式）

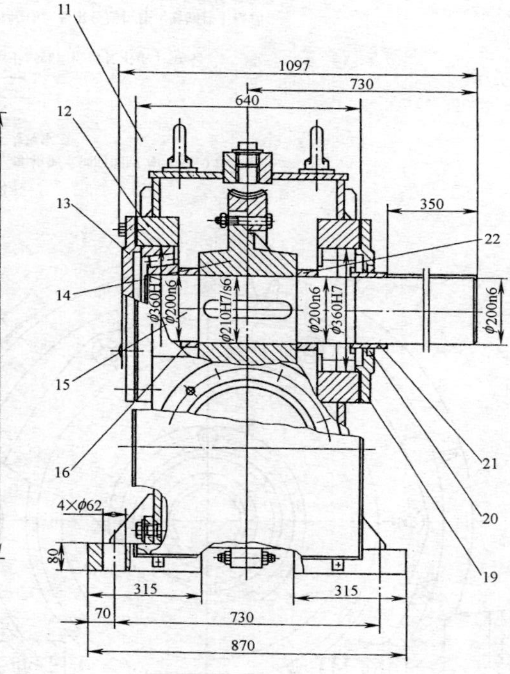

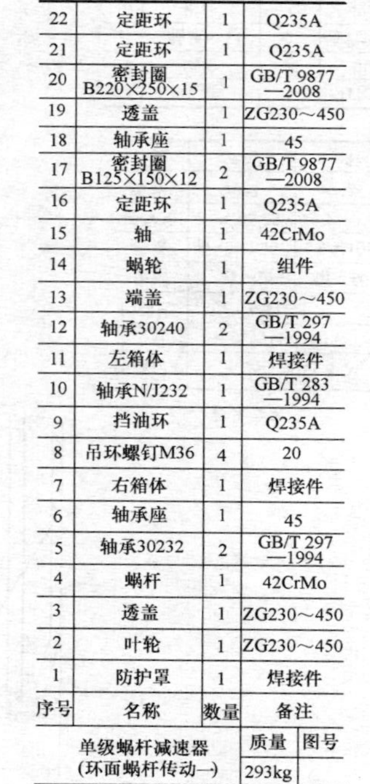

技术要求

1. 蜗杆轴承轴向间隙为0.2～0.25mm。蜗轮轴承轴向间隙为0.08～0.15mm。
2. 保证侧隙0.53mm。
3. 空载时。蜗轮齿接触斑点，按高度不小于70%，按宽度不小于25%，蜗杆齿接触斑点按长度不小40%。
4. 润滑油选用460蜗轮蜗杆油。
5. 空运转试验在额定转速下正反向运转1h，要求各连接件、紧固件不松动。密封处、接合处不渗油，运转平稳无冲击，温度正常，齿面接触斑点合格。
6. 负载性能试验按有关标准要求进行。

技术参数

传动功率	P=160kW
输入转速	n_1=700r/min
传动比	i = 39.5
模数	m = 8.354mm
头数	z_1=2
齿数	z_2=79
导程角	γ=6°48′22″

序号	名称	数量	备注
22	定距环	1	Q235A
21	定距环	1	Q235A
20	密封圈 B220×250×15	1	GB/T 9877—2008
19	透盖	1	ZG230～450
18	轴承座	1	45
17	密封圈 B125×150×12	2	GB/T 9877—2008
16	定距环	1	Q235A
15	轴	1	42CrMo
14	蜗轮	1	组件
13	端盖	1	ZG230～450
12	轴承30240	2	GB/T 297—1994
11	左箱体	1	焊接件
10	轴承N/J232	1	GB/T 283—1994
9	挡油环	1	Q235A
8	吊环螺钉M36	4	20
7	右箱体	1	焊接件
6	轴承座	1	45
5	轴承30232	2	GB/T 297—1994
4	蜗杆	1	42CrMo
3	透盖	1	ZG230～450
2	叶轮	1	ZG230～450
1	防护罩	1	焊接件

单级蜗杆减速器（环面蜗杆传动一）	质量	图号
	293kg	

图 5-31　单级蜗杆减速器（环面蜗杆传动一）

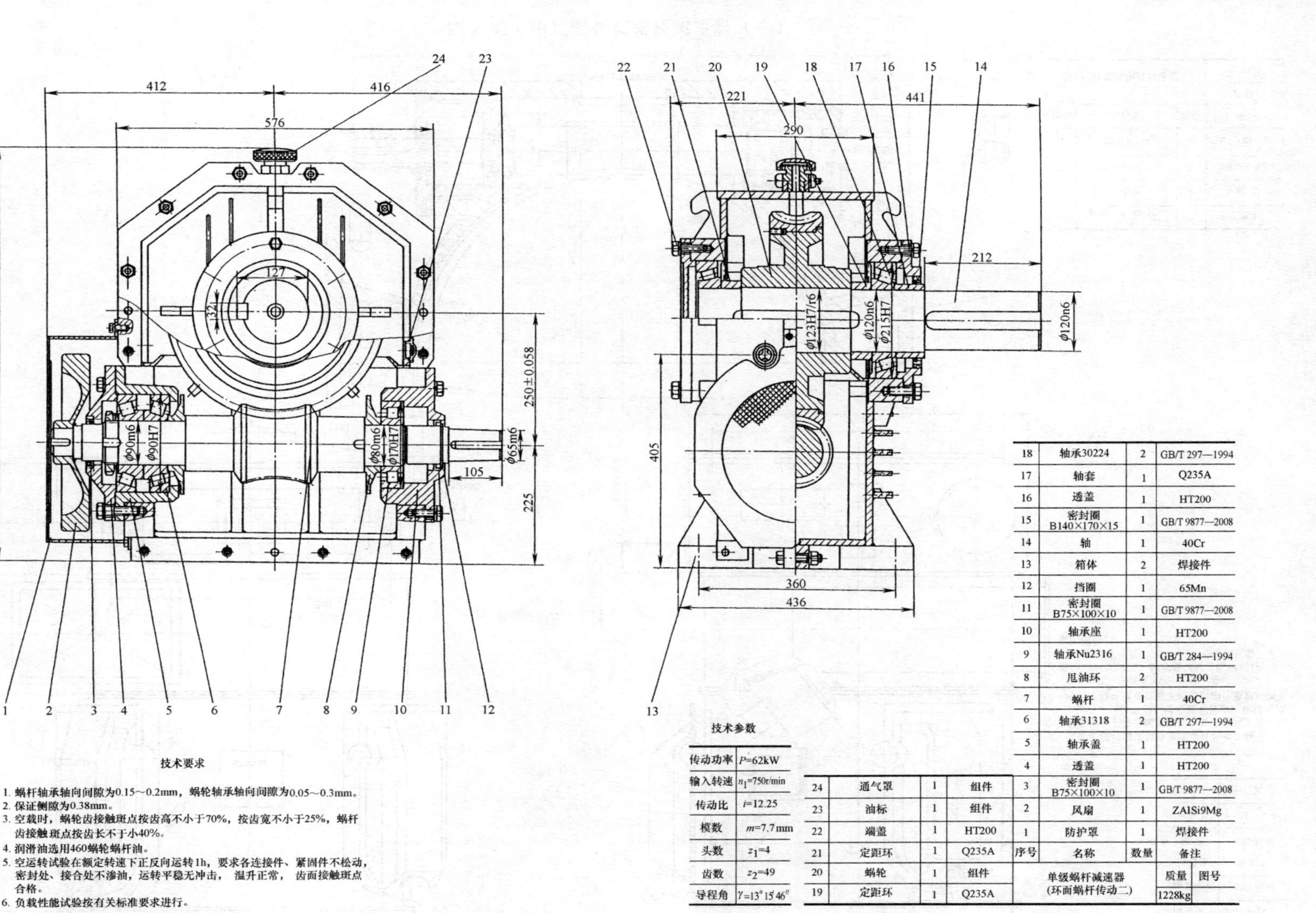

技术要求

1. 蜗杆轴承轴向间隙为0.15～0.2mm，蜗轮轴承轴向间隙为0.05～0.3mm。
2. 保证侧隙为0.38mm。
3. 空载时，蜗轮齿接触斑点按齿高不小于70%，按齿宽不小于25%，蜗杆齿接触斑点按齿长不小于40%。
4. 润滑油选用460蜗轮蜗杆油。
5. 空运转试验在额定转速下正反向运转1h，要求各连接件、紧固件不松动，密封处、接合处不渗油，运转平稳无冲击，温升正常，齿面接触斑点合格。
6. 负载性能试验按有关标准要求进行。

技术参数

传动功率	P=62kW
输入转速	n_1=750r/min
传动比	i=12.25
模数	m=7.7mm
头数	z_1=4
齿数	z_2=49
导程角	γ=13°15′46″

序号	名称	数量	备注
24	通气罩	1	组件
23	油标	1	组件
22	端盖	1	HT200
21	定距环	1	Q235A
20	蜗轮	1	组件
19	定距环	1	Q235A
18	轴承30224	2	GB/T 297—1994
17	轴套	1	Q235A
16	透盖	1	HT200
15	密封圈 B140×170×15	1	GB/T 9877—2008
14	轴	1	40Cr
13	箱体	2	焊接件
12	挡圈	1	65Mn
11	密封圈 B75×100×10	1	GB/T 9877—2008
10	轴承座	1	HT200
9	轴承Nu2316	1	GB/T 284—1994
8	甩油环	2	HT200
7	蜗杆	1	40Cr
6	轴承31318	2	GB/T 297—1994
5	轴承盖	1	HT200
4	透盖	1	HT200
3	密封圈 B75×100×10	1	GB/T 9877—2008
2	风扇	1	ZAlSi9Mg
1	防护罩	1	焊接件

单级蜗杆减速器（环面蜗杆传动二）	质量	图号
	1228kg	

图 5-32　单级蜗杆减速器（环面蜗杆传动二）

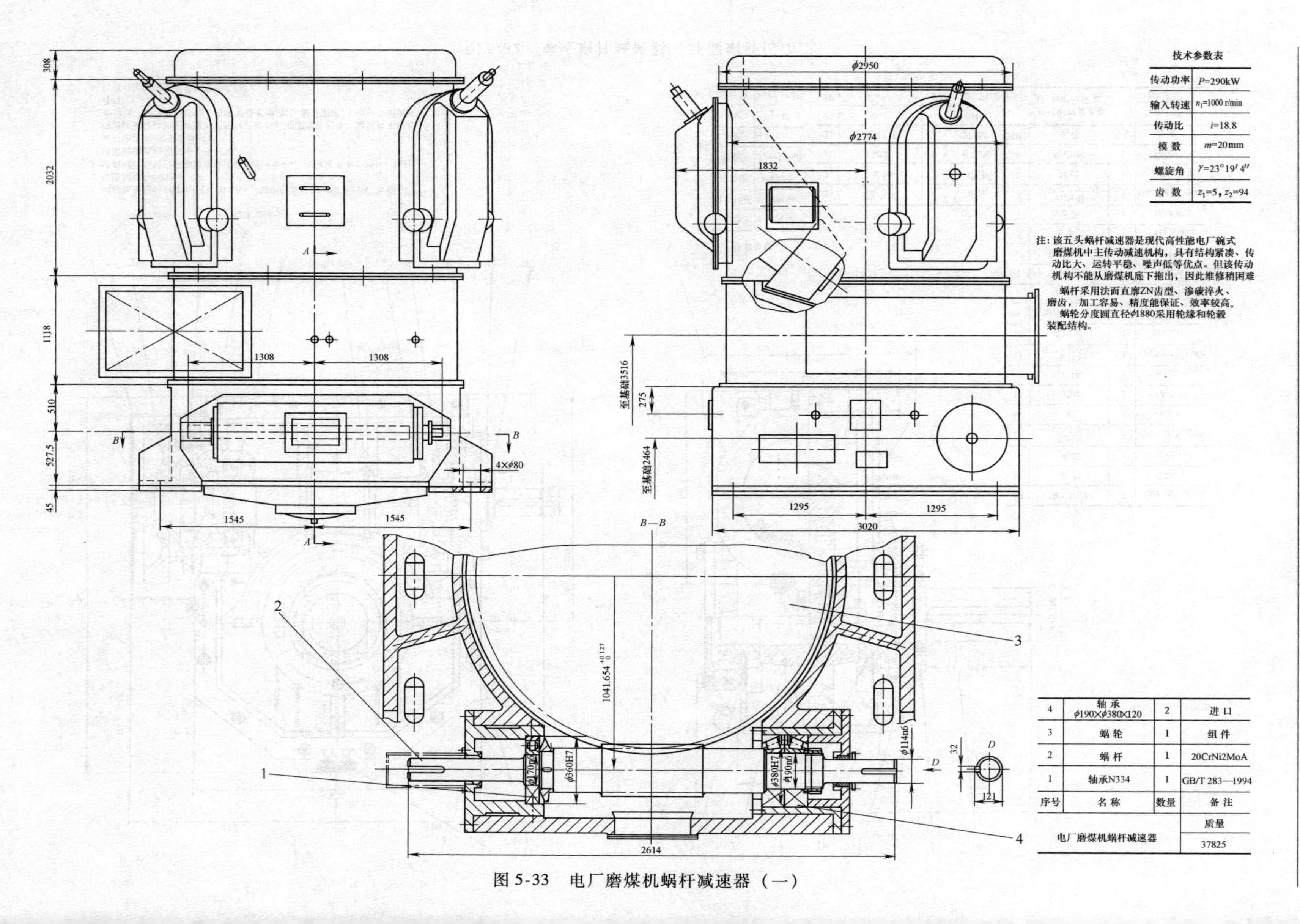

技术参数表	
传动功率	P=290kW
输入转速	n_1=1000 r/min
传动比	i=18.8
模 数	m=20mm
螺旋角	$\gamma=23°19'4''$
齿 数	$z_1=5$，$z_2=94$

4	轴承 ϕ190×ϕ380×120	2	进口
3	蜗轮	1	组件
2	蜗杆	1	20CrNi2MoA
1	轴承N334	1	GB/T 283—1994
序号	名称	数量	备注
电厂磨煤机蜗杆减速器			质量
			37825

图 5-33　电厂磨煤机蜗杆减速器（一）

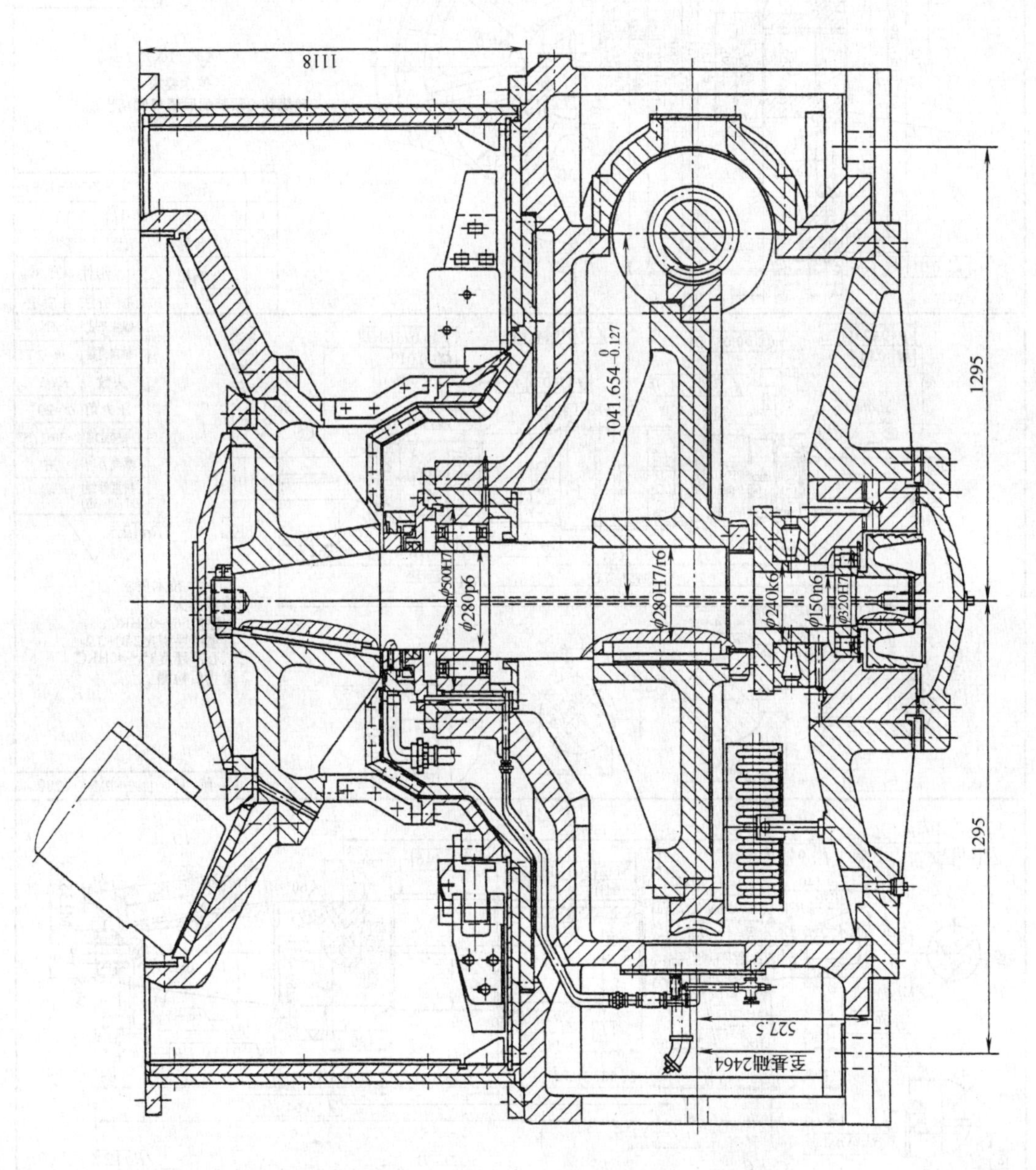

图 5-34　电厂磨煤机蜗杆减速器（二）

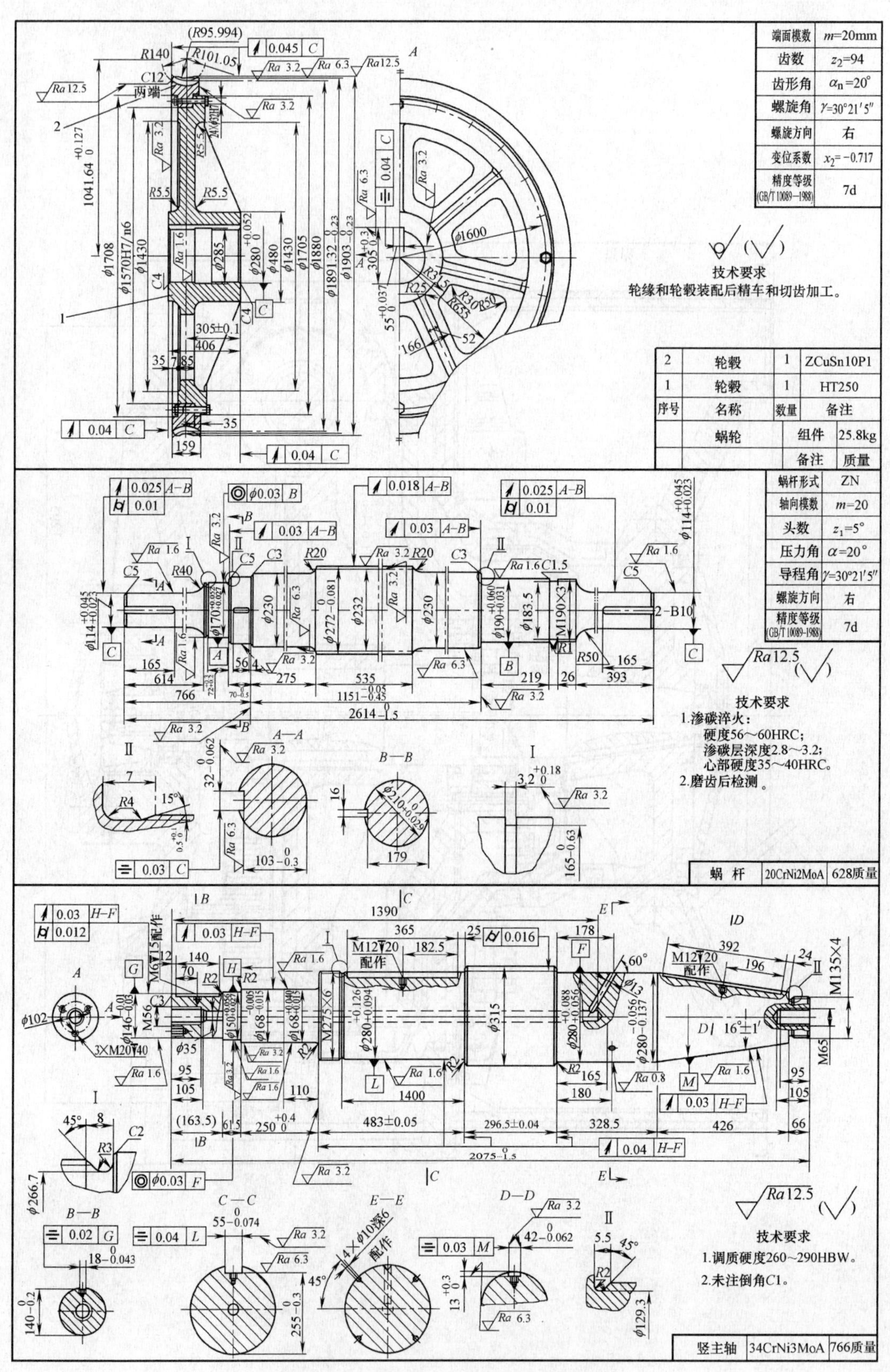

图 5-35 电厂磨煤机蜗轮蜗杆减速器零件

第6章　行星齿轮传动装置的设计

6.1　行星齿轮传动的类型

行星齿轮传动的应用已有几十年的历史。由于行星齿轮传动是把定轴线传动改为动轴线传动，采用功率分流，用数个行星轮分担载荷，并且合理应用内啮合，以及采用合理的均载装置，使得行星齿轮传动具有许多重大的优点。这些优点主要是质量轻、体积小、传动比范围大、承载能力不受限制、进出轴呈同一轴线；同时传动效率高，以 2K-H（NGW）型为例，单级传动效率 $\eta=0.96\sim0.98$，两级传动$\eta=0.94\sim0.96$。

与普通定轴齿轮传动相比，行星齿轮传动最主要的特点就是它至少有一个齿轮的轴线是动轴线，因而称为动轴轮系。在行星齿轮传动中，至少有一个齿轮既绕动轴线自转，同时又绕定轴线公转，即作行星运动，所以通常称为行星齿轮传动（或行星轮系）。

1. *常用行星齿轮传动的结构组成和名称*

图 6-1 所示为工业上应用广泛的一种 2K-H 型行星齿轮传动简图。从原理上来看，它由四个构件组成：在动轴线上作行星运动的齿轮称为行星轮，用符号 g 表示，行星轮一般均在两个以上（常用的是 2～6 个）；支承行星轮的动轴线构件称行星架（或称转臂或称系杆），用符号 H 表示，行星架是绕主轴线（固定轴线）转动的；其他两个齿轮构件的轴线和主轴线重合，称为中心轮，用符号 K 表示，其中外齿中心轮通常称为太阳轮，用符号 a 表示，内齿中心轮通常称内齿圈，用符号 b 表示。

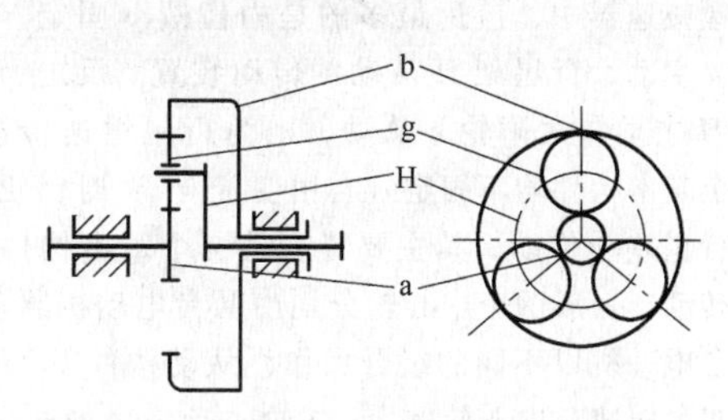

图 6-1　2K-H 型行星齿轮传动简图

在行星齿轮传动的各构件中，凡是轴线与定轴线重合，且承受外力矩的构件称为基本构件。

各种形式行星齿轮传动的名称，一般都是由其组成的基本构件命名的。例如图 6-1 所示的行星齿轮传动由两个中心轮 2K 和行星架 H 三个基本构件组成，因而称为 2K-H 型行星齿轮传动。

图 6-1 中 2K-H 型行星齿轮传动称为 NGW 型，N 表示内啮合；W 表示外啮合；G 表示内外啮合公用行星轮。

2K-H（NGW）型行星齿轮传动，由于有三个基本构件，任意固定其中一构件，就可以得到表 6-1 所

表 6-1　2K-H（NGW）型行星传动形式

传动形式	行星架输出为减速		行星架输入为增速		行星架固定为倒转	
	太阳轮输入为大减	内齿圈输入为小减	太阳轮输出为大增	内齿圈输出为小减	太阳轮输入为减速	内齿圈入为增速
传动简图	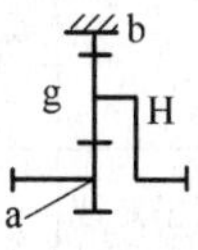 b g H a	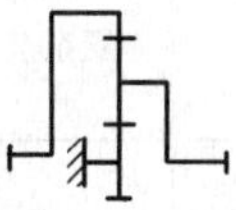	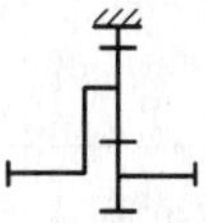	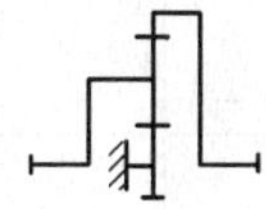	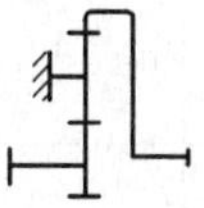	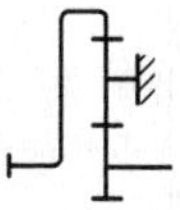
传动比	$i_{aH}^{b}=1+p$ $=1+\frac{z_b}{z_a}$	$i_{bH}^{a}=\frac{1+p}{p}$ $=1+\frac{z_a}{z_b}$	$i_{Ha}^{b}=\frac{1}{1+p}$ $=\frac{z_a}{z_a+z_b}$	$i_{Hb}^{a}=\frac{p}{1+p}$ $=\frac{z_b}{z_a+z_b}$	$i_{ab}^{H}=-p$ $=-\frac{z_b}{z_a}$	$i_{ba}^{H}=-\frac{1}{p}$ $=-\frac{z_a}{z_b}$

注：1. i □　—表示固定构件
　　　□□—表示从动构件
　　　└——表示主动构件

2. $p=z_b/z_a$。

列的几种传动方式。在行星动力变速器中，将单级2K-H型传动作为基本行星排，三个基本构件分别作为主动、从动和固定构件，则可以组成两个减速、两个增速、两个倒挡，共计六种传动方案。而在一般行星减速器中，应用最多的是内齿圈b固定、太阳轮a主动、行星架H从动的传动装置。反之，行星架H主动、太阳轮a从动，则为行星增速传动。当三个基本构件均不固定（自由度$W=2$）时，便可得到行星差动传动，其主要特点是三个基本构件都可以转动。一般两个中心轮分别由两台电动机驱动。当两台电动机以不同的组合操作，从动构件H可以得到四种转速，即b轮固定、a轮主动为一种；a轮固定、b轮主动为一种；a轮与b轮分别同向或反向驱动时，又得到两种转速。

2. 行星齿轮传动的分类

行星齿轮传动形式很多，表6-2中所列为常用的几种形式。根据基本构件的组成情况可分为以下三种基本类型：

1）2K-H型。基本构件为两个中心轮2K和一个行星架H。2K-H型的传动方案也很多，有单级传动、两级传动和多级传动之分；又有正号机构和负号机构之分（表6-2中序号1~4）。当行星架H固定时，主、从动轮转动方向相同的机构，称为正号机构；反之称为负号机构。

2）3K型。基本构件为三个中心轮，故称为3K型，其行星架不承受外转矩，仅起支承行星轮的作用。3K型的传动方案也很多，最有代表性的方案见表6-2中序号5。

3）K-H-V型。基本构件为一个中心轮K、一个行星架H及一个绕主轴线转动的构件V。表6-2中序号6的传动简图为K-H-V型各个构件运动关系的原理图。构件V和行星轮g的转速相同，由于两者轴线平行错开，故用醒目的万向节W连接（也称W机构）来示意。

从表6-2中可以看出，具有内、外啮合的2K-H型单级传动优点较多，主要是传动效率高，承载能力大、传递功率不受限制、结构简单、工艺性好。3K型的传动比2K-H型大，但随着传动比的增大，其传动效率下降；又因为是双联行星轮，在$z_g \neq z_f$时，制造上要复杂一些。

表6-2　常用几种行星传动机构的基本性能

序号	型号：按基本构件命名	型号：按啮合方式命名	传动简图	传动比范围	传动效率	传动功率范围	制造工艺性	应用场合	说明
1	2K-H型	NGW型	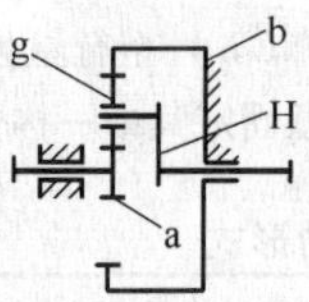 g b H a	2.8~12.5 最佳 $i=2.8\sim9$	0.97~0.99	不限	加工与装配工艺较简单	可用于任何工作情况下，功率大小不受限制	具有内外啮合的2K-H型单级传动（负号机构）
2	2K-H型	NW型	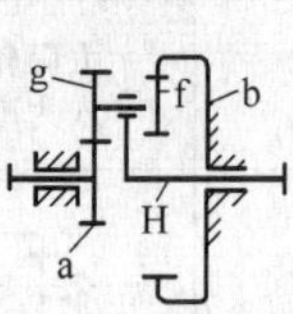 g f b H a	7~17	0.97~0.99	不限	因有双联行星轮，使加工与装配复杂化	同2K-H型	具有内外啮合的2K-H型传动（负号机构）
3	2K-H型	NN型	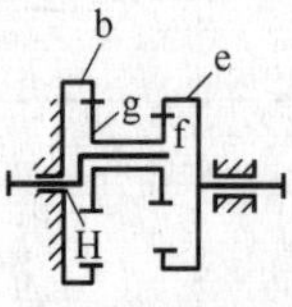 b e g f H	30~100，传动功率很小时，可达1700	效率低、且随传动比i增大而下降，并有自锁可能	小于或等于30kW	制造精度要求较高	适用于短期间断工作场合，推荐用于特轻型工作制度	双内啮合2K-H型传动（正号机构）
4	2K-H型	WW型	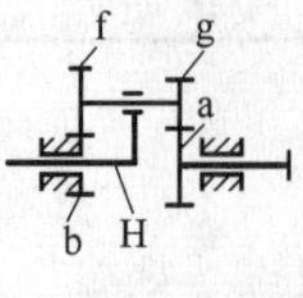 f g a b H	1.2至几千	效率低、且随传动比i增大而下降，并有自锁可能	15kW	制造与装配工艺性不佳	推荐只在特轻型工作制度下用，最好不用于动力传动	双外啮合2K-H型传动（正号机构）

（续）

序号	型号		传动简图	传动比范围	传动效率	传动功率范围	制造工艺性	应用场合	说明
	按基本构件命名	按啮合方式命名							
5	3K型	NGWN型		20～100，小功率可达500以上	效率较低，且随传动比增大而下降，并有自锁可能	96kW	制造与装配工艺性不佳	适用于短期间断工作的场合	
6	K-H-V型	N型		7～71	0.7～0.94	96kW	齿形及输出机构要求较高		

K-H-V型的传动结构紧凑，传动比大。目前推广应用的渐开线少齿差行星齿轮传动和摆线针轮传动就属于这一种，但其输出机构方面制造精度要求较高。

3. 行星齿轮传动的特点和优越性

1）行星齿轮传动的特点：①把定轴线传动改为动轴线传动；②功率分流，采用数个行星轮传递载荷；③合理地应用内啮合。

2）行星齿轮传动的优越性：①体积小、质量轻，只相当于一般齿轮传动的体积、质量的1/2～1/3；②承载能力大，传递功率范围及传动比范围大；③运行噪声小、效率高、寿命长；④由于尺寸和质量减少，能够采用优质材料与实现硬齿面等化学处理，机床工具规格小，精度和技术要求容易达到；⑤采用合理的结构，可以简化制造工艺，从而使中小型制造厂能够制造，并易于推广普及；⑥采用差动行星机构，用两个电动机可以达到变速要求。

由此可见，行星齿轮传动是一种先进的齿轮传动结构，应大力推广应用，并在实践中进一步发展与提高。根据各行业的不同要求与特点，行星齿轮传动的优点及其应用实例见表6-3。

表6-3　行星齿轮传动的优点及其应用实例

应用实例	行星齿轮传动的优点								
装载机的回转装置，堆取料机的回转装置	□	□	○		○				□
装载机的行走装置、堆取料机的行走装置	□	□			□				○
装载机的提升装置、升降装置	□	□	△		□				□
调节器	□	△	○		○		□		
卷扬机	□	□	△		□				□
带式输送机						△			
矿山机械、隧洞掘进机传动装置	○	□	△		□				
球磨机、切断机的传动装置	○		□		△				○
回转干燥机的驱动	○		□		△				○
斗轮机驱动装置、混料机驱动装置	○	○	△		□				□
搅拌机	□		△		□				□
泵的驱动	□		○	□		△			
挤出机驱动	□		□			△			□
压缩机驱动			○	○					

（续）

应用实例	行星齿轮传动的优点								
造纸机械驱动	□				○		○		
转炉驱动	○				△				○
压延机单独驱动	○		○		□				○
压延辊驱动	□		△		□	□			△
连续铸造设备驱动	○								□
弯曲机驱动	○		○						○
天轴驱动	○	□	□	△	○		○		
冷却塔风扇	○	○	△	△		△			
振子形功率计驱动	□	□	○	△	○				
发电机驱动装置	○		○	○					
船舶驱动装置	○	○		□	△			△	
车辆驱动装置	○	○	○	○		○		○	
图示意 ○:非常有利 □:有利 △:特殊场合有利	体积小	质量轻	进出轴同轴线	效率高	惯性小	可实现变速	扭转刚度大	功率切换方便	原始成本低

6.2 传动比的计算

行星齿轮传动系为动轴线传动，其传动比的计算不能简单地用定轴传动的公式计算，而通常采用行星架固定法、图解法、矢量法、力矩法等。其中最常用的是行星架固定法，现叙述如下：

1）符号规定。传动比

$$i_{ab}^{H}=\frac{n_{a}^{H}}{n_{b}^{H}}$$

式中　i_{ab}^{H}——构件 H 固定、a 主动、b 从动时的传动比；

n_{a}^{H}——构件 H 固定、主动构件 a 的转速；

n_{b}^{H}——构件 H 固定、从动构件 b 的转速；

上标 H——固定构件代号；

下标 a——主动构件代号；

下标 b——从动构件代号。

2）应用行星架固定法计算行星齿轮传动的传动比。行星架固定法就是设想将行星轮系通过机构转化为过桥，来确定行星轮系的传动比，故又称转化机构法，首先是威尔斯（Willes）于 1841 年提出的。

行星架固定法系根据理论力学相对运动的原理，即“一个机构整体的绝对运动并不影响机构内部各构件中间的相对运动”。这正如一只三针手表中的秒针、分针和时针的相对运动关系不因带表人的行动变化而变化。

图 6-2 所示的 2K-H（NGW）型行星传动中，设两个中心轮 a、b 和行星架 H 的转速分别为 n_a、n_b 和 n_H，行星轮 g 的转速为 n_g，同时设各轮的转向相同，并取顺时针转动方向为正。现给整个行星轮系加一个与行星架 H 转速大小相等方向相反的附加转速（$-n_H$），按上述相对运动原理，并不影响 2K-H 型行星轮系中任意两构件间的相对运动关系。以观察者来看，轮系中各构件转速关系见表 6-4。

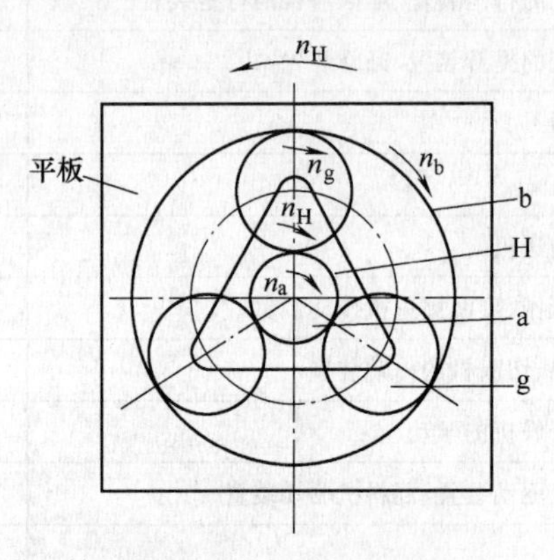

图 6-2　2K-H（NGW）型行星齿轮传动法及其转化机构

由表 6-4 可以看出，原来运动的行星架变为静止的支架，于是行星轮系转化为转化机构。在转化

表6-4　给整个行星轮系一个附加转速（$-n_H$）后，各构件的转速变化式

构件名称	原来转速	加工转速($-n_H$)后的转速	构件名称	原来转速	加工转速($-n_H$)后的转速
行星架H	n_H	$n_H-n_H=n_H^H=0$,相当于行星架固定	行星轮 g	n_g	$n_g-n_H=n_g^H$
太阳轮a	n_a	$n_a-n_H=n_a^H$	内齿圈 b	n_b	$n_b-n_H=n_b^H$

机构中，各构件的转速为n_H^H、n_a^H、n_g^H、n_b^H，表示为相对于行星架的转速，这样转化机构中任意两轮的传动比，就可以用定轴轮系的方法计算。设中心轮a、b分别为转化机构的主、从动轮，则得其传动比为

$$i_{ab}^H=n_a^H/n_b^H=-z_b/z_a$$

将两个中心轮转化前后的转速关系 $n_a^H=n_a-n_H$、$n_b^H=n_b-n_H$ 代入转化机构传动比公式，即可得到行星轮系各基本构件的转速关系

$$\left.\begin{aligned}&i_{ab}^H=n_a^H/n_b^H=(n_a-n_H)/(n_b-n_H)\\ \text{或}\quad &n_a=n_b i_{ab}^H+n_H(1-i_{ab}^H)\end{aligned}\right\}\tag{6-1}$$

显然，式（6-1）中的转化机构传动比i_{ab}^H是容易求得的。因此，式（6-1）列出了行星传动轮系中三个基本构件转速n_a、n_b和n_H的关系式。应用式（6-1）不难求得当任一基本构件固定时，其他两个基本构件之间的传动比。

当中心轮b固定、中心轮a主动，行星架H从动时，这时用$n_b=0$代入式（6-1）得

$$n_a=n_H(1-i_{ab}^H)$$

移项整理得

$$i_{aH}^b=n_a/n_H=1-i_{ab}^H\tag{6-2}$$

当中心轮（太阳轮）a固定、中心轮（内齿圈）b主动、行星架H从动时，这时用$n_a=0$代入式（6-1）得

$$n_b i_{ab}^H+n_H(1-i_{ab}^H)=0$$

移项整理得

$$i_{bH}^a=n_b/n_H=1-i_{ba}^H\tag{6-3}$$

应用行星架固定法分析行星传动运动学，其概念清晰，应用灵活，但要注意如下几个问题：

① 转化机构的传动比i_{ab}^H按定轴轮系传动比的计算方法进行计算，但要特别注意其正负号。当转化机构的传动比为正值，即$i_{ab}^H>0$时，称为正号机构；当$i_{ab}^H<0$时，则称为负号机构。表6-5中列出了各种2K-H型行星轮系的传动比和转化机构传动比。

转化机构的传动比对行星轮系传动比有直接的影响。对负号机构，将$i_{ab}^H<0$代入式（6-2），即可得$i_{aH}^b=1-i_{ab}^H=1+|i_{ab}^H|>1$。这说明负号机构行星轮系的主、从动构件转向相同，行星轮系传动比比相应转化机构传动比只大1。对正号机构，将$i_{ab}^H>0$代入式（6-2）求得行星轮系传动比，其值可能为正，也可能为负，即主、从动构件的转向可能是同向，也可能是反向。当i_{ab}^H接近于1时，$|i_{aH}^b|$趋于很小值，其倒数的绝对值［i_{Ha}^b］却很大，可见正号机构，当行星架主动时，不难设计出传动比达数千以上的减速机构。

② 行星架固定法的转速关系式，是建立在各构件转速方向相同的基础上，因此在应用时，如果某一构件的实际转向与假设不符时，则应以负值代入；如果应用转速方程式计算得到的转速为负值时，则说明其转速方向与假设方向相反。

③ 行星架固定法的应用很灵活。式（6-1）只是应用行星架固定法列出的一个方程式，同理也可以列出

$$\left.\begin{aligned}&i_{ba}^H=(n_b-n_H)/(n_a-n_H)\\ \text{或}\quad &n_b=n_a i_{ba}^H+n_H(1-i_{ba}^H)\end{aligned}\right\}\tag{6-4}$$

行星架固定法列出的转速关系方程式，既可用于求行星轮系中任意两基本构件间的传动比和封闭行星轮系的传动比，也可用于确定差动轮系中三个基本构件的转速关系。

行星架固定法还可以列出包括非基本构件行星轮g的转速n_g在内的转速关系，如

$$\left.\begin{aligned}&i_{ga}^H=(n_g-n_H)/(n_a-n_H)\\ \text{或}\quad &n_g=n_a i_{ga}^H+n_H(1-i_{ga}^H)\end{aligned}\right\}\tag{6-5}$$

式（6-5）用于计算行星轮g的转速n_g，移项后还可以求得行星轮g相对于行星架H的转速

$$n_g^H=n_g-n_H=i_{ga}^H(n_a-n_H)\tag{6-6}$$

④ 由于行星架固定法应用了转速的代数合成，因此，它只适用于圆柱齿轮组成的行星轮系。但对于由锥齿轮组成的行星轮系，虽属于空间轮系，由于其三个基本构件的转动轴线均重合于轮系的主轴线，因此这三个基本构件仍然可以应用行星架固定法来建立转速关系式。不过应该注意的是，在计算转化机构传动比i_{ab}^H时，其正负号应按画箭头的方法来确定。显然，对锥齿轮2K-H型，不能用于行星架固定法列出包括行星轮在内的转速关系式。

对于分析计算齿轮轴线不是平行于主轴线的齿

轮转速，只能应用矢量图解法进行分析求解。

3）行星轮系传动比计算的普遍方程式。对构件回转轴线重合或平行的行星轮系，根据威尔斯提出的行星架固定法基本原理——相对运动原理，可以不限于行星架固定法，可以扩大到所涉及三构件中任一构件的固定法来列其转速关系式。例如，行星轮系三个基本构件的转速关系式，可按构件 A 固定法列出式（6-7），也可按构件 B 固定法列出式（6-8），即

$$i_{CB}^{A}=(n_c-n_A)/(n_B-n_A) \tag{6-7}$$

$$i_{CA}^{B}=(n_C-n_B)/(n_A-n_B) \tag{6-8}$$

移项相加得

$$i_{CB}^{A}+i_{CA}^{B}=1$$

或

$$i_{CB}^{A}=1-i_{CA}^{B} \tag{6-9}$$

在式（6-9）中，符号 A、B、C 可以任意代表行星轮系中的三个基本构件。式（6-9）的形式和行星架固定法求行星轮系传动比式（6-2）、式（6-3）一样。式（6-9）就是计算行星轮系传动比的普遍方程式。这是一个有规律的、很容易记住的公式，在等式左边 i 的上标和下标可以根据计算需要来标注，将其上标与第二个下标互换位置，则得到等号右边 i 的上标、下标号。

1. 2K-H（NGW）型行星轮系的传动比计算

（1）负号机构 2K-H 型行星轮系的传动比计算　单排 2K-H（NGW）型行星轮系（见表 6-5 中序号 1）和双联行星轮内外啮合 2K-H（NW）型行星轮系（见表 6-5 中序号 2）均为负号机构，其转化机构传动比均为负值。

2K-H（NGW）型，$i_{ab}^{H}=-z_b/z_a$；2K-H（NW）型，$i_{ab}^{H}=-z_g z_b/z_a z_f$。

表 6-5　用普遍关系式计算 2K-H 型行星轮系的传动比

序号	传动形式（以啮合方式命名）	传动简图	传动比：当 $n_b=0$ 时	传动比：当 $n_a=0$ 时	转化机构的传动比（$n_H=0$ 时）
1	NGW 型负号单级传动	g, a, b, H	$i_{aH}^{b}=1-i_{ab}^{H}$ $=1+z_b/z_a$	$i_{bH}^{a}=1-i_{ba}^{H}$ $=1+z_a/z_b$	$i_{ab}^{H}=-\dfrac{z_b}{z_a}$ $i_{ba}^{H}=-\dfrac{z_a}{z_b}$
2	NW 型负号双联行星轮传动	f, g, H, a, b	$i_{aH}^{b}=1-i_{ab}^{H}$ $=1+\dfrac{z_b z_g}{z_f z_a}$	$i_{bH}^{a}=1-i_{ba}^{H}$ $=1+\dfrac{z_a z_f}{z_b z_g}$	$i_{ab}^{H}=-\dfrac{z_g z_b}{z_a z_f}$ $i_{ba}^{H}=-\dfrac{z_a z_f}{z_g z_b}$
3	WW 型正号机构双联行星轮传动	f, g, H, a, b	$i_{aH}^{b}=1-i_{ab}^{H}$ $=1-\dfrac{z_b z_g}{z_f z_a}$	$i_{bH}^{a}=1-i_{ba}^{H}$ $=1-\dfrac{z_a z_f}{z_g z_b}$	$i_{ab}^{H}=\dfrac{z_g z_b}{z_a z_f}$ $i_{ba}^{H}=\dfrac{z_a z_f}{z_g z_b}$
4	NN 型正号机构双联行星轮传动	H, a, f, g, b	$i_{Ha}^{b}=\dfrac{1}{i_{aH}^{b}}$ $=\dfrac{1}{1-i_{ab}^{H}}$ $=\dfrac{1}{1-\dfrac{z_b z_g}{z_f z_a}}$	$i_{Hb}^{a}=\dfrac{1}{i_{bH}^{a}}$ $=\dfrac{1}{1-i_{ba}^{H}}$ $=\dfrac{1}{1-\dfrac{z_a z_f}{z_g z_b}}$	$i_{ab}^{H}=\dfrac{z_g z_b}{z_a z_f}$ $i_{ba}^{H}=\dfrac{z_a z_f}{z_g z_b}$

当求 i_{aH}^{b} 时，$i_{aH}^{b}=1-i_{ab}^{H}$（应用普遍方程式），将转化机构传动比代入，得

2K-H（NGW）型

$$i_{aH}^{b}=1+z_b/z_a \tag{6-10a}$$

2K-H（NW）型

$$i_{aH}^{b}=1+z_g z_b/z_a z_f \tag{6-11a}$$

当求 i_{bH}^{a} 时，同理可得

2K-H（NGW）型

$$i_{bH}^{a}=1+z_a/z_b \tag{6-10b}$$

2K-H（NW）型

$$i_{bH}^{a}=1+z_a z_f/z_g z_b \tag{6-11b}$$

当求 i_{Ha}^{b} 时，所求的传动比 i 的第一个下标为行星架H，这时首先应该用“更换下标、互为倒数”，将第一个下标 H 换到第二个下标位置，然后再应用普遍方程式进一步列式。

$i_{Ha}^{b}=1/i_{aH}^{b}$（应用“更换下标、互为倒数”）$=1/(1-i_{ab}^{H})$（应用普遍方程式）。

代入转化机构传动比得

2K-H（NGW）型

$$i_{Ha}^{b}=\frac{1}{1+z_b/z_a} \tag{6-10c}$$

2K-H（NW）型

$$i_{Ha}^{b}=\frac{1}{1+\dfrac{z_g z_b}{z_a z_f}} \tag{6-11c}$$

当求 i_{Hb}^{a} 时，同理可得

2K-H（NGW）型

$$i_{Hb}^{a}=\frac{1}{1+z_a/z_b}=\frac{z_b}{z_b+z_a} \tag{6-10d}$$

2K-H（NW）型

$$i_{Hb}^{a}=\frac{1}{1+z_a z_f/z_g z_b}=\frac{z_g z_b}{z_g z_b+z_a z_f} \tag{6-11d}$$

可见，不同的形式、不同的固定构件和主、从动构件，其传动比公式就不同。但是它们列式的方法都是一样的，就是应用普遍方程式和“更换下标、互为倒数”这两个既易记又简便的方法。

例6-1　在表6-5序号1中所示为单排2K-H（NGW）型行星轮系，已知 $z_a=24$，$z_g=36$，$z_b=96$，试求 i_{aH}^{b}、i_{bH}^{a}、i_{Ha}^{b} 和 i_{Hb}^{a}。

解　1）转化机构传动比

$$i_{ab}^{H}=-z_b/z_a,\ i_{ba}^{H}=-z_a/z_b$$

2）应用普遍方程式的方法列 i_{aH}^{b} 和 i_{bH}^{a} 公式

$$i_{aH}^{b}=1-i_{ab}^{H}=1+z_b/z_a,\ i_{bH}^{a}=1-i_{ba}^{H}=1+z_a/z_b$$

代入数据，得

$$i_{aH}^{b}=1+\frac{96}{24}=5,\ i_{bH}^{a}=1+\frac{24}{96}=1.25$$

3）应用“更换下标、互为倒数”方法求 i_{Ha}^{b} 和 i_{Hb}^{a}

$$i_{Ha}^{b}=1/i_{aH}^{b}=1/5=0.2$$

$$i_{Hb}^{a}=1/i_{bH}^{a}=1/1.25=0.8$$

例6-2　在表6-5序号2中所示为双排内外啮合2K-H（NW）型行星轮系，已知 $z_a=14$，$z_g=38$，$z_f=18$，$z_b=70$，试求传动比 i_{aH}^{b} 和 i_{Hb}^{a}。

解　1）转化机构传动比

$$i_{ab}^{H}=-z_g z_b/z_a z_f,\ i_{ba}^{H}=-z_a z_f/z_g z_b$$

2）应用普遍方程式的方法列 i_{aH}^{b} 公式

$$i_{aH}^{b}=1-i_{ab}^{H}=1+z_g z_b/z_a z_f$$

代入数据，得

$$i_{aH}^{b}=1+38\times 70/14\times 18=11.56$$

3）先应用“更换下标、互为倒数”方法，再用普遍方程式的方法列

$$i_{Hb}^{a}=1/i_{bH}^{a}=1/(1/i_{ba}^{H})=1/(1+z_a z_f/z_g z_b)$$

代入数据，得

$$i_{Hb}^{a}=1/(1+14\times 18/38\times 70)=0.91$$

从例6-1和例6-2的计算结果可以清楚地看到，负号机构2K-H型的一些传动特性：

由 $i_{aH}^{b}>1$、$i_{bH}^{a}>1$ 和 $0<i_{Ha}^{b}<1$、$0<i_{Hb}^{a}<1$，可知这种形式行星轮系的主、从动轴转向相同。行星架从动时为减速机构，主动时则为增速机构。当作减速传动时，其传动比 i_{aH}^{b} 或 i_{bH}^{a} 都比相应转化机构传动比大1。由于 $|z_b/z_a|>1$，所以 i_{aH}^{b} 传动比较大，而且一定是大于2；由于 $|z_a/z_b|<1$，所以 i_{bH}^{a} 较小，一般在大于1至小于2之间。2K-H（NW）型转化机构为两级传动，其 i_{ab}^{H} 较2K-H（NGW）型大，故其传动比 i_{aH}^{b} 也较2K-H（NGW）型大一些。

（2）正号机构2K-H型行星轮系的传动比计算　双外啮合2K-H（WW）型行星轮系（见表6-5中序号3所示）和双内啮合2K-H（NN）型行星轮系（见表6-5中序号4所示）的转化机构传动比 i_{ab}^{H} 均为正值，属于正号机构2K-H型行星轮系。

应用普遍方程式和“更换下标、互为倒数”的方法，不难列出这种形式的传动比公式

$$i_{aH}^{b}=1-i_{ab}^{H}=1-z_g z_b/z_a z_f \tag{6-12a}$$

$$i_{bH}^{a}=1-i_{ba}^{H}=1-z_a z_f/z_g z_b \tag{6-12b}$$

$$i_{Ha}^{b}=1/i_{aH}^{b}=1/(1-z_g z_b/z_a z_f) \tag{6-12c}$$

$$i_{Hb}^{a}=1/i_{bH}^{a}=1/(1-z_a z_f/z_g z_b) \tag{6-12d}$$

例6-3　在表6-5序号3中所示双外啮合2K-H（WW）型行星轮系，现有A、B两种规格，已知齿轮齿数分别为

规格 A

$$z_a=41,\ z_g=39,\ z_f=41,\ z_b=39$$

规格 B

$$z_a=100,\ z_g=101,\ z_f=100,\ z_b=99$$

试分别计算这两种规格的传动比 i_{Ha}^{b} 和 i_{Hb}^{a}。

解 1）转化机构传动比公式

$$i_{ab}^{H}=z_g z_b/z_a z_f,\ i_{ba}^{H}=z_a z_f/z_g z_b$$

2）先应用"更换下标、互为倒数"和普遍方程式的方法，列出传动比 i_{Ha}^{b} 和 i_{Hb}^{a}

$$i_{Ha}^{b}=1/i_{aH}^{b}=1/(1-i_{ab}^{H})=1/(1-z_g z_b/z_a z_f)$$

代入数据，得

规格 A

$$i_{Ha}^{b}=1/(1-39\times39/41\times41)=10.5$$

规格 B

$$i_{Ha}^{b}=1/(1-101\times99/100\times100)=10000$$

$$i_{Hb}^{a}=1/i_{bH}^{a}=1/(1-i_{ba}^{H})=1/(1-z_a z_f/z_g z_b)$$

代入数据，得

规格 A

$$i_{Hb}^{a}=1/(1-41\times41/39\times39)=-9.5$$

规格 B

$$i_{Hb}^{a}=1/(1-100\times100/99\times99)=-9999$$

例 6-4 在表 6-5 中序号 4 中所示为双内啮合 2K-H（NN）型行星轮系，已知 $z_a=31$，$z_g=28$，$z_f=35$，$z_b=38$，试求 i_{Ha}^{b}。

解 1）转化机构传动比公式

$$i_{ab}^{H}=(z_g z_b)/(z_a z_f)$$

2）列出 i_{Ha}^{b} 公式

$$i_{Ha}^{b}=1/i_{aH}^{b}=1/(1-i_{ab}^{H})=1/[1-(z_g z_b)/(z_a z_f)]$$

代入数据，得

$$i_{Ha}^{b}=1/[1-(28\times38)/(31\times35)]=51.67$$

从例 6-3 和例 6-4 的计算结果也可以清楚地看到正号机构 2K-H 型行星轮系的传动特性：

正号机构 2K-H 型行星轮系，当行星架 H 主动时作为减速机构，从动时作为增速机构。通常用作减速机构，其传动比可为正值，亦可为负值。如例 6-3 中 $i_{Ha}^{b}=10.5$，主、从动构件转向相同；$i_{Hb}^{a}=-9.5$，主、从动构件转向相反，传动比的绝对值变化范围很大。当转化机构传动比公式 $i_{ab}^{H}=\frac{z_g z_b}{z_a z_f}$中，分子和分母的比值较接近于 1，而且齿数都较大时，则行星轮系传动比的绝对值就越大。如例 6-3 规格 B，其传动比 i_{Ha}^{b} 竟达到 10000。

2. 行星差动轮系的转速计算

行星差动轮系有两种应用方式，其一是用于合成运动，作为变速器使用；其二是用于运动分解，作为行星差动使用，现就这两种情况进行运动学分析。

（1）用行星差动轮系合成运动时的转速计算 设周转轮系的三个基本构件分别为 A、B、C，并以转速 n_A、n_B、n_C 旋转，根据相对运动原理，按件 A 固定，可得

$$i_{CB}^{A}=\frac{n_C-n_A}{n_B-n_A}$$

或

$$n_C=n_B i_{CB}^{A}+n_A(1-i_{CB}^{A})$$

由普遍关系式知 $1-i_{CB}^{A}=i_{CA}^{B}$，可将上式化为

$$n_C=n_B i_{CB}^{A}+n_A i_{CA}^{B}$$

同理，分别按件 B、C 固定，可得到关于 n_A 及 n_B 的表达式。将这三个表达式用三个基本构件为 a、b、H 的 2K-H 型轮系表示

$$\left.\begin{aligned}n_a&=n_b i_{ab}^{H}+n_H i_{aH}^{b}\\n_b&=n_H i_{bH}^{a}+n_a i_{ba}^{H}\\n_H&=n_a i_{Ha}^{b}+n_b i_{Hb}^{a}\end{aligned}\right\}\tag{6-13}$$

式（6-13）是根据行星差动轮系两个主动构件的转速求从动构件转速的普遍关系式。其等号左边为从动构件的转速，右边两项分别为一个主动构件旋转与另一主动构件固定时，从动构件对主动构件传动比的乘积。并且，如果分析式（6-13）中第一式的右边，并注意到主动构件的转速与轮系中固定构件的确定无关，其中第一项

$$n_b i_{ab}^{H}=n_b^{H}\frac{n_a^{H}}{n_b^{H}}=n_a^{H}$$

第二项

$$n_H i_{aH}^{b}=n_H^{b}\frac{n_a^{b}}{n_H^{b}}=n_a^{b}$$

则此式变为 $\quad n_a=n_a^{H}+n_a^{b}$

因此，式（6-13）变为

$$\left.\begin{aligned}n_a&=n_a^{H}+n_a^{b}\\n_b&=n_b^{a}+n_b^{H}\\n_H&=n_H^{b}+n_H^{a}\end{aligned}\right\}\tag{6-14}$$

上式说明行星差动轮系合成运动时，从动构件的转速由两个主动构件分别固定时，机构按行星轮系传动时从动构件转速的代数和确定。

行星差动轮系一般都采用 2K-H 型轮系，常用的有 NGW 型（见图 6-3）、WW 型（见图 6-4）和 ZUWGW 型（见图 6-5）。由于三个基本构件的轴线均重合于主轴线，差动运转时从动构件的转速可用式（6-13）和式（6-14）计算。

例 6-5 50t 氧气顶吹转炉倾动机构中，采用了 NGW 型行星差动轮系，以达到变速的目的。图 6-3

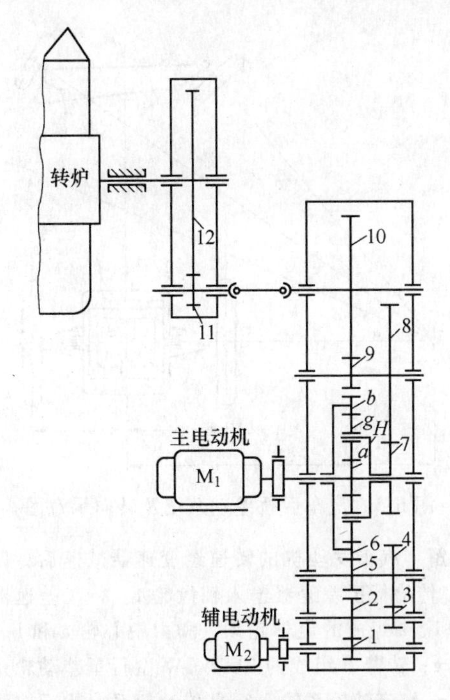

图6-3　转炉倾动机构行星差动传动系统机构简图

所示为该传动系统机构简图。试根据已知数据计算主、辅电动机M和行星差动轮系配合能使转炉得到的四种倾动转速。

已知 $z_1=20$，$z_2=92$，$z_3=23$，$z_4=100$，$z_5=28$，$z_6=104$，$z_a=24$，$z_g=39$，$z_b=104$；$z_7=29$，$z_8=95$，$z_9=21$，$z_{10}=95$，$z_{11}=20$，$z_{12}=146$。电动机 M_1 的功率 $P_1=125\text{kW}$，转速 $n_a=580\text{r/min}$。电动机 M_2 的功率 $P_2=13\text{kW}$，转速 $n_1=975\text{r/min}$。

解　传动系统可分为齿轮1～6组成的定轴轮系Ⅱ，齿轮7～12组成的定轴轮系Ⅰ，以及中心轮a、b和转臂H、行星轮g组成的NGW型行星差动轮系三部分。$i_{Ⅱ}=-74.3$，$i_{Ⅰ}=-108.2$，$i_{aH}^{b}=5.33$，$i_{bH}^{a}=1.23$。

1）主电动机 M_1 运转，辅电动机 M_2 停转，即 $n_a=580\text{r/min}$，$n_b=0$ 时，得第一种倾动转速 $n_{Ⅰ}$。

$$n_{Ⅰ}=\frac{n_H^b}{i_{Ⅰ}}$$

而 $n_H^b=n_a/i_{aH}^b$，故

$$n_{Ⅰ}=n_a/i_{aH}^b i_{Ⅰ}=\frac{580}{5.33\times(-108.2)}\text{r/min}\approx-1\text{r/min}$$

转炉倾动方向与主电动机 M_1 转向相反。

2）主电动机 M_1 停转，辅电动机 M_2 运转，即 $n_a=0$，$n_b=n_1/i_{Ⅱ}=975/(-74.3)\text{r/min}=-13.1\text{r/min}$，转炉得第二种倾动转速 $n_{Ⅱ}$

$$n_{Ⅱ}=\frac{n_H^a}{i_{Ⅰ}}$$

而 $n_H^a=n_b/i_{bH}^a$，故

$$n_{Ⅱ}=\frac{n_b}{i_{bH}^a i_{Ⅰ}}=\frac{13.1}{(-1.23)\times(-108.2)}\text{r/min}=0.1\text{r/min}$$

转炉倾动方向与电动机 M_2 转向相同。

3）电动机 M_1、M_2 都运转，并且轮a与轮b转向相同时，得第三种倾动转速 $n_{Ⅲ}$ 根据式（6-14），转臂转速为

$$n_H=n_H^b+n_H^a=\frac{n_a}{i_{aH}^b}+\frac{n_b}{i_{bH}^a}=\left(\frac{580}{5.33}+\frac{13.1}{1.23}\right)\text{r/min}=119.5\text{r/min}$$

$$n_{Ⅲ}=n_H/i_{Ⅰ}=119.5/(-108.2)\text{r/min}=-1.1\text{r/min}$$

转炉倾动方向与轮a和b的转向相反。

4）主、辅电动机 M_1 和 M_2 都运转，但轮a与轮b转向相反时，得第四种倾动转速 $n_{Ⅳ}$。

设以轮a的转向为正，轮b转向为负，则转臂H的转速为

$$n_H=n_H^b+n_H^a=\left(\frac{580}{5.33}-\frac{13.1}{1.23}\right)\text{r/min}=98\text{r/min}$$

$$n_{Ⅳ}=n_H/i_{Ⅰ}=98/(-108.2)\text{r/min}=-0.9\text{r/min}$$

转炉倾动方向与轮a转向相反。

计算结果表明，主、辅电动机与行星差动轮系配合，可使转炉向每个方向都得到四种倾动转速。计算中的“+”、“-”号表示主、从动构件的转向关系。

例6-6　图6-4所示为小型冷连轧机改造中增设一个有2K-H（WW）型行星差动轮系的减速系统机构简图。试根据已知数据计算从动轴的四种转速。

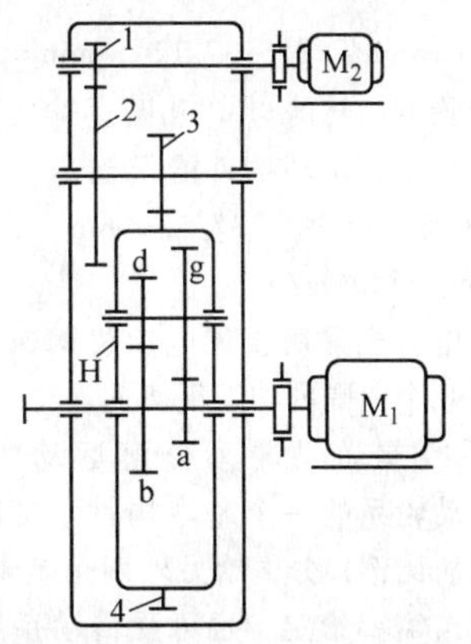

图6-4　小型冷连轧机的WW型行星差动机构简图

已知 $z_1=22$，$z_2=77$，$z_3=34$，$z_4=166$，$i_{14}=(z_2z_4)/(z_1z_3)=17.1$；$z_a=26$，$z_g=43$，$z_b=43$，$z_d=26$。电动机 M_1 的功率 $P_1=20\text{kW}$，转速 $n_a=$

950r/min。电动机 M_2 的功率 $P_2=3kW$，转速 $n_1=1000r/min$。

解 1）主电动机 M_1 运转，辅电动机 M_2 停转，即 $n_a=950r/min$，$n_H=0$ 时得第一种转速 $n_{b\text{I}}$，行星差动轮系变为定轴轮系

$$i_{ab}^{H}=\frac{z_g z_b}{z_a z_d}=\frac{43\times 43}{26\times 26}=2.735$$

$$n_{b\text{I}}=n_b^{H}=n_a/i_{ab}^{H}=950/2.735r/min=347.35r/min$$

输出齿轮 b 与电动机 M_1 的转向相同。

2）主电动机 M_1 停转，辅电动机 M_2 运转，即 $n_a=0$，$n_H=n_1/i_{14}=1000/17.1r/min=58.5r/min$，此时行星差动轮系变为轮 a 固定、H 主动、轮 b 从动的行星轮系，得第二种转速 $n_{b\text{II}}$，即

$$i_{Hb}^{a}=\frac{1}{i_{bH}^{a}}=\frac{1}{1-i_{ba}^{H}}=\frac{1}{1-\dfrac{z_a z_d}{z_g z_b}}=\frac{1}{1-\dfrac{26\times 26}{43\times 43}}=1.576$$

$$n_{b\text{II}}=n_b^{a}=n_H/i_{Hb}^{a}=58.5/1.576r/min=37.12r/min$$

输出齿轮 b 与电动机 M_2 的转向相同。

3）主电动机 M_1 和辅电动机 M_2 都运转，而且使 n_a 与 n_H 转向相同。此时轮系为行星差动轮系，按式（6-14）得从动构件的第三种转速 $n_{b\text{III}}$

$$n_{b\text{III}}=n_b^{H}+n_b^{a}=(347.35+37.12)r/min=384.47r/min$$

输出齿轮 b 转向与 n_a、n_H 相同。

4）主电动机 M_1 和辅电动机 M_2 都运转，但使 n_a 与 n_H 转向相反。此时仍为行星差动轮系，按式（6-14）得从动构件的第四种转速 $n_{b\text{IV}}$。

若以 n_a 为正，则 $n_H=-58.5r/min$，$n_b^{a}=-37.12r/min$，$n_b^{H}=347.35r/min$，于是

$$n_{b\text{IV}}=n_b^{H}+n_b^{a}=(347.35-37.12)r/min=310.23r/min$$

输出齿轮 b 的转向与 n_a 相同。

计算结果是，从动构件能得到与主动构件相同转向的四种转速：37.12r/min、310.23r/min、347.35r/min、384.47r/min。

当辅助电动机采用直流电动机调速时，从动构件可得到在几个范围内的无级调速。

（2）用行星差动轮系分解运动时的转速计算　行星差动轮系的一个基本构件主动时，其输入运动可按任何比例，分解给另外两个基本构件输出。分解比例可按需要给定，也可受传动系统性能的影响，随机地变化。下面以汽车后桥的差速器为例说明。

例 6-7 图 6-5 所示为汽车后桥行星差动系统及转向示意图。输入轴转速为 n_1，试求汽车直前行驶和以半径 R 转弯行驶时两后轮的转速 n_a、n_b。

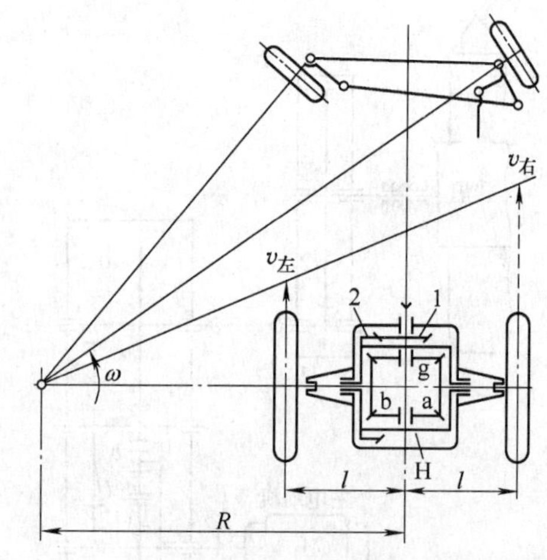

图 6-5　汽车后桥差动系统及转向示意图

解　汽车发动机的转速经变速器减速后，以转速 n_1 传给行星差速器输入轴齿轮 1。行星差速器由齿轮 1、2 组成的定轴轮系，和由中心轮 a 和 b、行星轮 g、转臂 H 组成的 ZU-WGW 型行星差动轮系构成。n_1 经定轴轮系输入行星传动轮系，然后按汽车转向时的几何关系和运动关系分解。

应用转臂固定法得转速关系方程式

$$i_{ab}^{H}=\frac{n_a-n_H}{n_b-n_H}=-1$$

即

$$n_H=\frac{1}{2}(n_a+n_b) \tag{6-15}$$

当汽车直前行驶时，在同一时间间隔内，左、右两车轮滚过路程应相等。因两轮外径相等，其转速也应相等，即 $n_a=n_b$。因此，行星轮 g 没有自转运动，两个中心轮 a、b 和行星轮 g 如同一个构件，随同转臂 H 一起转动，其转速为

$$n_a=n_b=n_H=n_1/i_{12}$$

当汽车沿弯路行驶时，在同一时间间隔内左、右车轮滚过的路程不相等，其转速也不相等。设车轮半径为 r，轮距为 $2l$，汽车转弯的角速度为 ω，车轮在路面上作纯滚动时必有

$$\frac{\pi}{30}n_a r=(R+l)\omega$$

$$\frac{\pi}{30}n_b r=(R-l)\omega$$

两式相除得两轮的转速比为

$$\frac{n_a}{n_b}=\frac{R+l}{R-l} \tag{6-16}$$

联立解式（6-15）和式（6-16）得两车轮的

转速

$$n_a=\frac{R+l}{R}n_H;\ n_b=\frac{R-l}{R}n_H$$

3. 周转轮系中行星轮转速的计算

在周转轮系设计中，有时需要计算行星轮的转速 n_g，或行星轮相对于转臂的转速 n_g^H。对于行星轮轴线平行于周转轮系主轴线的情况，转速 n_g、n_g^H 可用基本构件的转速表示，即

$$i_{ga}^H=\frac{n_g-n_H}{n_a-n_H}$$

$$n_g=n_a i_{ga}^H+n_H(1-i_{ga}^H)$$

$$n_g^H=n_g-n_H=i_{ga}^H(n_a-n_H)$$

或

$$i_{gb}^H=\frac{n_g-n_H}{n_b-n_H}$$

$$n_g=n_b i_{gb}^H+n_H(1-i_{gb}^H)$$

$$n_g^H=n_g-n_H=i_{gb}^H(n_b-n_H)$$

式中 i_{ga}^H、i_{gb}^H——转化机构中所涉及齿轮之间的传动比，即

$$i_{ga}^H=-\frac{z_a}{z_g},\ i_{gb}^H=\frac{z_b}{z_g}$$

n_H——转臂 H 的转速（r/min）。

对于行星轮系：

当 b 轮固定时，$n_H=n_a/i_{aH}^b=n_H^b$；

当 a 轮固定时，$n_H=n_b/i_{bH}^a=n_H^a$；

对于行星差动轮系：$n_H=n_H^b+n_H^a$。

例 6-8 试计算例 6-5 的行星差动轮系中，行星轮的转速 n_g 和行星轮相对于转臂的转速 n_g^H。

解 1）当内齿中心轮 b 固定时，$n_a=580\text{r/min}$，$i_{aH}^b=5.33$，$n_H^b=108.2\text{r/min}$。

$$i_{ga}^H=-\frac{z_a}{z_g}=-24/39=-0.615$$

$$n_g=n_a i_{ga}^H+n_H(1-i_{ga}^H)=[580\times(-0.615)+108.2(1+0.615)]\text{r/min}=-182\text{r/min}$$

$$n_g^H=i_{ga}^H(n_a-n_H)=-0.615\times(580-108.2)\text{r/min}=-290.2\text{r/min}$$

2）当太阳轮 a 固定时，$n_b=13.1\text{r/min}$，$i_{bH}^a=1.23$，$n_H^a=10.7\text{r/min}$。

$$i_{gb}^H=z_b/z_g=104/39=2.66$$

$$n_g=n_b i_{gb}^H+n_H(1-i_{gb}^H)=[13.1\times2.66+10.7(1-2.66)]\text{r/min}=17.1\text{r/min}$$

3）以 $n_a=580\text{r/min}$，$n_b=13.1\text{r/min}$ 同向驱动时

$$n_H=n_H^b+n_H^a=(108.2+10.7)\text{r/min}=118.9\text{r/min}$$

$$n_g=n_a i_{ga}^H+n_H(1-i_{ga}^H)=[580\times(-0.615)+118.9\times(1+0.615)]\text{r/min}=-164.7\text{r/min}$$

$$n_g^H=i_{ga}^H(n_a-n_H)=-0.15\times(580-118.9)\text{r/min}=-283.6\text{r/min}$$

4）以 $n_a=580\text{r/min}$、$n_b=-13.1\text{r/min}$ 同时驱动时

$$n_H=n_H^b+n_H^a=(108.2-10.7)\text{r/min}=97.5\text{r/min}$$

$$n_g=n_a i_{ga}^H+n_H(1-i_{ga}^H)=[580\times(-0.615)+97.5(1+0.615)]\text{r/min}=-199.2\text{r/min}$$

$$n_g^H=i_{ga}^H(n_a-n_H)=-0.615\times(580-97.5)\text{r/min}=-296.7\text{r/min}$$

为了实际应用方便，现将常用的行星齿轮传动机构的传动比计算，以及与行星轮个数 n_p 的关系列成表（见表 6-6）。

表 6-6 各种行星轮系的传动比范围及行星轮个数 n_p

序号	传动简图	行星轮个数 n_p	传动比的范围
1	z_2 z_3 z_4 z_1 H $i_{1H}^4=1-\frac{z_2z_4}{z_1z_3}$	3	$-7.35<i_{1H}^4<0.88$
		4	$-3.40<i_{1H}^4<0.77$
		5	$-2.4<i_{1H}^4<0.70$
		6	$-1.98<i_{1H}^4<0.66$
		8	$-1.61<i_{1H}^4<0.61$
		10	$-1.44<i_{1H}^4<0.59$
		12	$-1.34<i_{1H}^4<0.57$

（续）

序号	传动简图	行星轮个数 n_p	传动比的范围
2	$i_{1H}^4=1-\dfrac{z_2z_4}{z_1z_3}$		$-0.91<i_{1H}^4<0.48$ （与行星轮个数无关）
3	$i_{1H}^4=1+\dfrac{z_2z_4}{z_1z_3}$	3 4 5 6 8 10 12	$1.55<i_{1H}^4<21.0$ $1.55<i_{1H}^4<9.9$ $1.55<i_{1H}^4<7.1$ $1.55<i_{1H}^4<5.9$ $1.55<i_{1H}^4<4.8$ $1.55<i_{1H}^4<4.3$ $1.55<i_{1H}^4<4.0$
4	$i_{1H}^4=1+\dfrac{z_4}{z_1}$	3 4 5 6 8 10 12	$2.1<i_{1H}^4<13.7$ $2.1<i_{1H}^4<6.5$ $2.1<i_{1H}^4<4.7$ $2.1<i_{1H}^4<3.9$ $2.1<i_{1H}^4<3.2$ $2.1<i_{1H}^4<2.8$ $2.1<i_{1H}^4<2.6$
5	$i_{1H}^4=\dfrac{1+z_5/z_4}{1-z_3z_5/z_2z_4}$		$\dfrac{z_2m_{12}}{z_3m_{34}}<1,-\infty<i_{14}^5<2.2$ $\dfrac{z_2m_{12}}{z_3m_{34}}>1,4.7<i_{14}^5<+\infty$ （与行星轮个数无关）

（续）

序号	传动简图	行星轮个数 n_p	传动比的范围
6	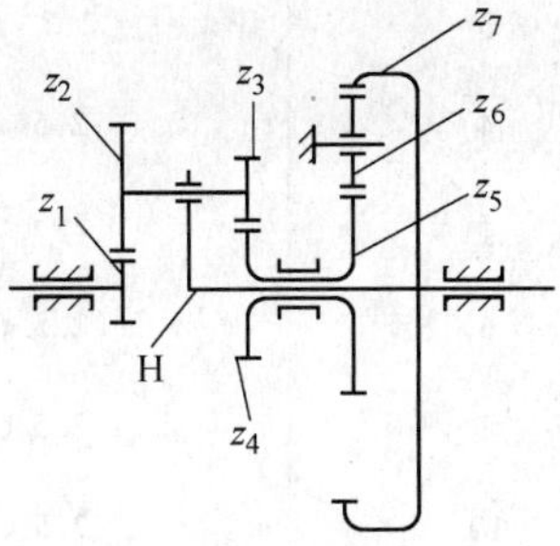 $i_{17}=1-\frac{z_2z_4}{z_1z_3}-\frac{z_2z_4z_7}{z_1z_3z_5}$	3 4 5 6	$-113<i_{17}<-1.5$ $-27.5<i_{17}<-1.5$ $-15<i_{17}<-1.5$ $-10.5<i_{17}<-1.5$ $\frac{z_2m_{12}}{z_3m_{34}}>1$ 时合适
7	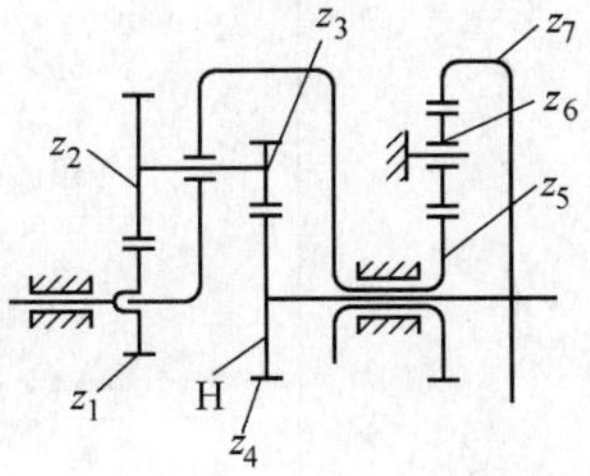 $i_{17}=-\frac{z_7}{z_5}\left(1-\frac{z_2z_4}{z_1z_3}\right)+\frac{z_2z_4}{z_1z_3}$	3 4 5 6	$1.5<i_{17}<102$ $1.5<i_{17}<23$ $1.5<i_{17}<12$ $1.5<i_{17}<8.7$ $\frac{z_2m_{12}}{z_3m_{34}}>1$ 时合适
8	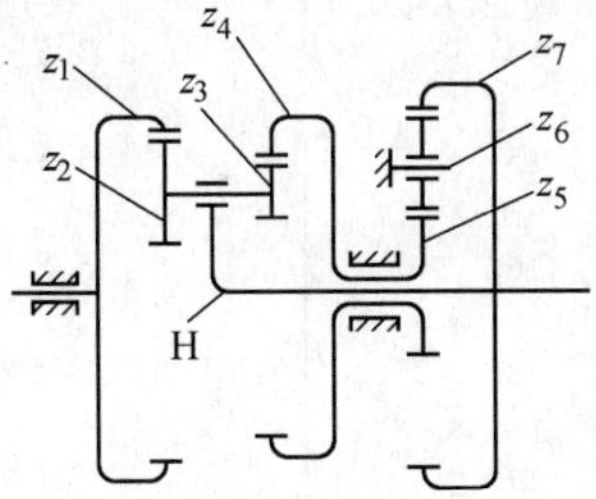 $i_{17}=1-\frac{z_2z_4}{z_1z_3}-\frac{z_2z_4z_7}{z_1z_3z_5}$	3 4 5 6	$-25<i_{17}<-1.5$ $-11<i_{17}<-1.5$ $-8<i_{17}<-1.5$ $-6.4<i_{17}<-1.5$ $\frac{z_2m_{12}}{z_3m_{34}}>1$ 时合适
9	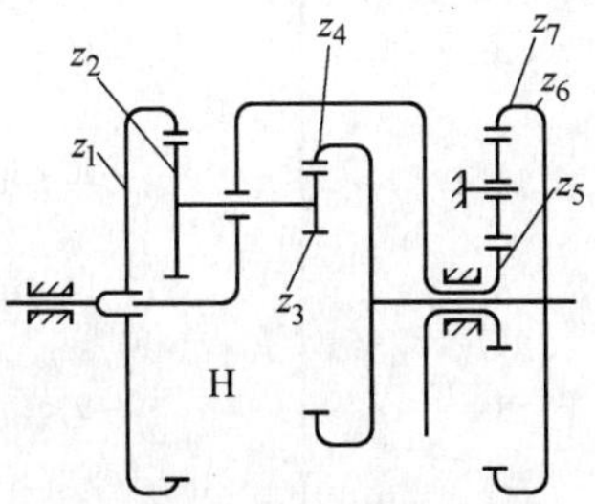 $i_{17}=-\frac{z_7}{z_5}\left(1-\frac{z_2z_4}{z_1z_3}\right)+\frac{z_2z_4}{z_1z_3}$	3 4 5 6	$1.5<i_{17}<13.4$ $1.5<i_{17}<7$ $1.5<i_{17}<5.2$ $1.5<i_{17}<4.5$ $\frac{z_2m_{12}}{z_3m_{34}}>1$ 时合适

（续）

序号	传动简图	行星轮个数 n_p	传动比的范围
10	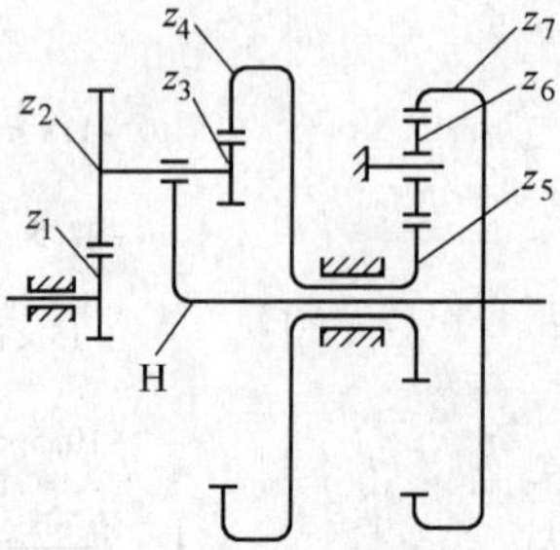 $i_{17}=1+\frac{z_2 z_4}{z_1 z_3}+\frac{z_2 z_4 z_7}{z_1 z_3 z_5}$	3	$2.5<i_{17}<275$
		4	$2.5<i_{17}<58$
		5	$2.5<i_{17}<29$
		6	$2.5<i_{17}<20$
		8	$2.5<i_{17}<13$
		10	$2.5<i_{17}<10$
		12	$2.5<i_{17}<8.5$
11	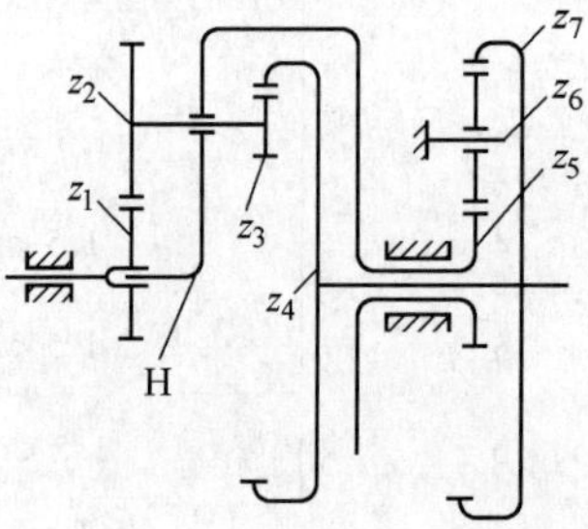 $i_{17}=-\frac{z_7}{z_5}\left(1+\frac{z_2 z_4}{z_1 z_3}\right)-\frac{z_2 z_4}{z_1 z_3}$	3	$-286<i_{17}<-2.5$
		4	$-63<i_{17}<-2.5$
		5	$-32<i_{17}<-2.5$
		6	$-22<i_{17}<-2.5$
		8	$-14<i_{17}<-2.5$
		10	$-11<i_{17}<-2.5$
		12	$-9<i_{17}<-2.5$
12	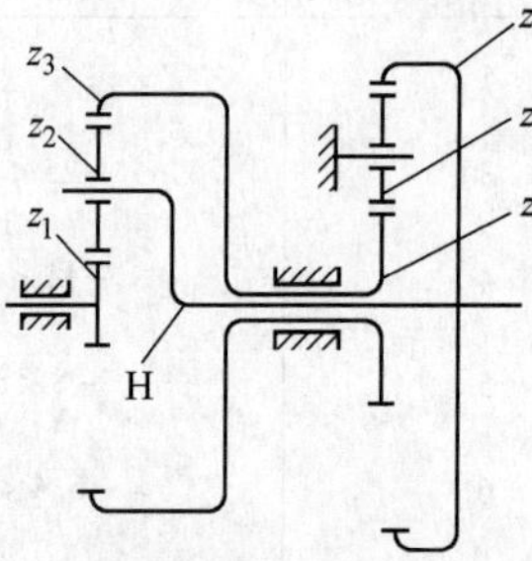 $i_{16}=1+\frac{z_3}{z_1}+\frac{z_3 z_6}{z_1 z_4}$	3	$3.5<i_{16}<174$
		4	$3.5<i_{16}<36$
		5	$3.5<i_{16}<18$
		6	$3.5<i_{16}<12$
		8	$3.5<i_{16}<8$
		10	$3.5<i_{16}<6$
		12	$3.5<i_{16}<5.7$
13	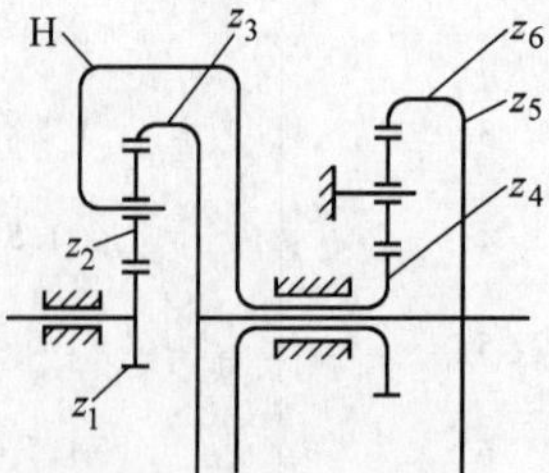 $i_{16}=-\frac{z_6}{z_4}\left(1+\frac{z_3}{z_1}\right)-\frac{z_3}{z_1}$	3	$-186<i_{16}<-3.5$
		4	$-41<i_{16}<-3.5$
		5	$-20<i_{16}<-3.5$
		6	$-14<i_{16}<-3.5$
		8	$-9<i_{16}<-3.5$
		10	$-7<i_{16}<-3.5$
		12	$-5.5<i_{16}<-3.5$

（续）

序号	传动简图	行星轮个数 n_p	传动比的范围
14	$i_{17}=1+2\frac{z_2 z_4}{z_1 z_3}$	3	$2.1<i_{17}<41.0$
		4	$2.1<i_{17}<18.8$
		5	$2.1<i_{17}<13.2$
		6	$2.1<i_{17}<10.8$
		8	$2.1<i_{17}<8.6$
		10	$2.1<i_{17}<7.6$
		12	$2.1<i_{17}<7.0$
15	$i_{16}=1+2\frac{z_3}{z_1}$	3	$3.2<i_{16}<26.4$
		4	$3.2<i_{16}<12.0$
		5	$3.2<i_{16}<8.4$
		6	$3.2<i_{16}<6.8$
		8	$3.2<i_{16}<5.4$
		10	$3.2<i_{16}<4.6$
		12	$3.2<i_{16}<4.2$
16	$i_{19}=1+\frac{z_3}{z_1}+\frac{z_3}{z_1}(1+\frac{z_6}{z_4})\frac{z_9}{z_7}$	3	$4.7<i_{19}<2000$
		4	$4.7<i_{19}<200$
		5	$4.7<i_{19}<68$
		6	$4.7<i_{19}<35$
		8	$4.7<i_{19}<18$
		10	$4.7<i_{19}<12$
		12	$4.7<i_{19}<9$
17	$i_{19}=-\frac{z_3}{z_1}-(1+\frac{z_3}{z_1})\frac{z_6}{z_4}-(1+\frac{z_3}{z_1})(1+\frac{z_6}{z_4})\frac{z_9}{z_7}$	3	$-2500<i_{19}<-8.4$
		4	$-275<i_{19}<-8.4$
		5	$-103<i_{19}<-8.4$
		6	$-58<i_{19}<-8.4$
		8	$-31<i_{19}<-8.4$
		10	$-20<i_{19}<-8.4$
		12	$-16<i_{19}<-8.4$

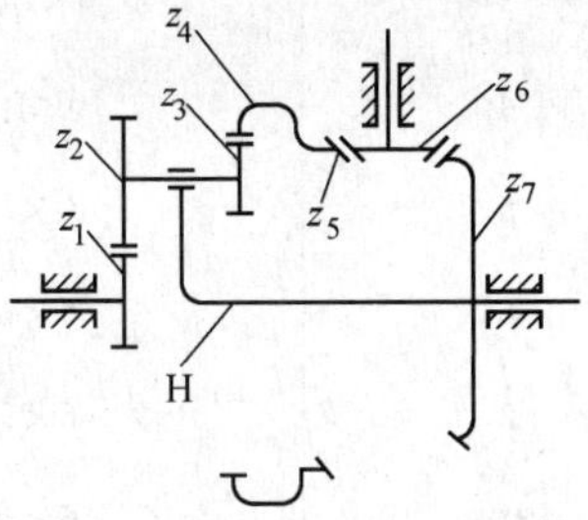

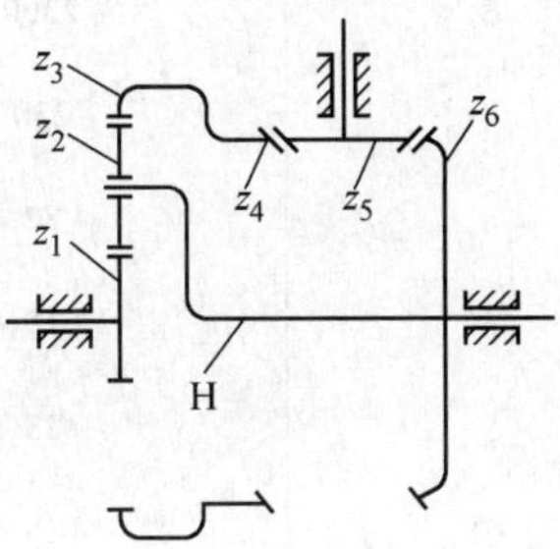

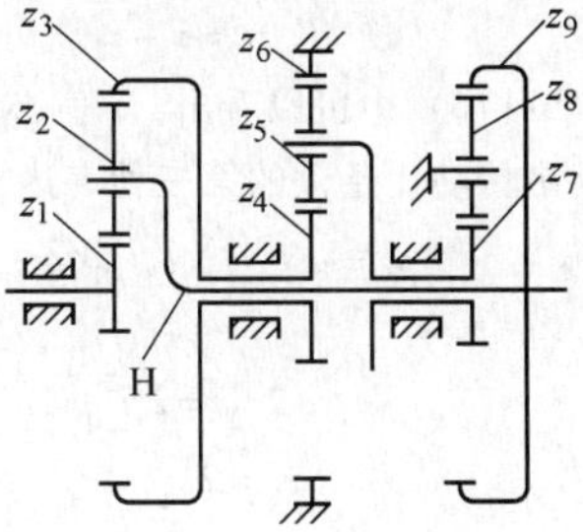

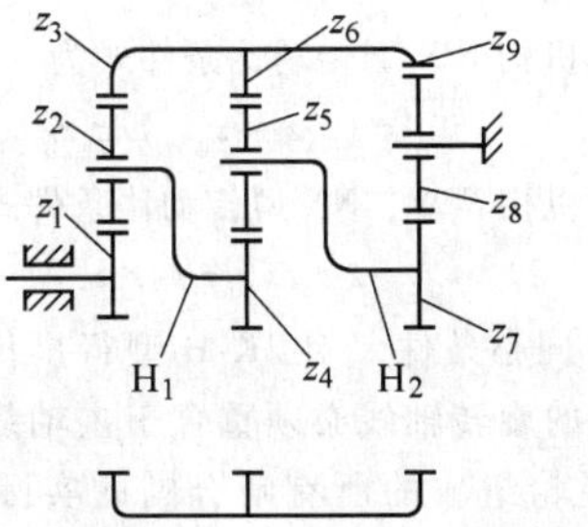

(续)

序号	传动简图	行星轮个数 n_p	传动比的范围
18	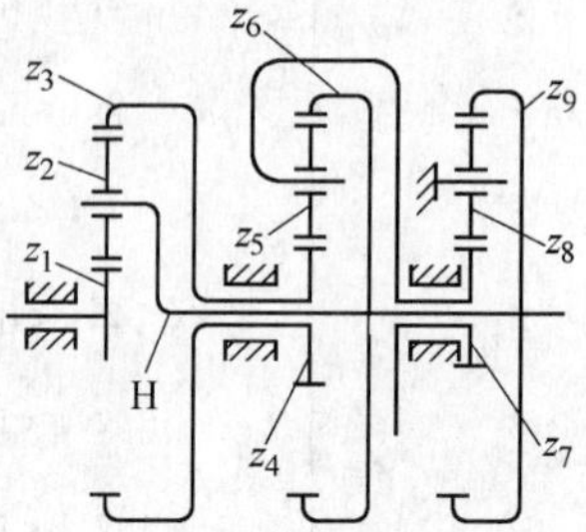 $i_{19}=1+\frac{z_3}{z_1}+\frac{z_3 z_6}{z_1 z_4}+\frac{z_3}{z_1}(1+\frac{z_6}{z_4})\frac{z_9}{z_7}$	3	$6<i_{19}<2300$
		4	$6<i_{19}<230$
		5	$6<i_{19}<82$
		6	$6<i_{19}<45$
		8	$6<i_{19}<23$
		10	$6<i_{19}<15$
		12	$6<i_{19}<12$
19	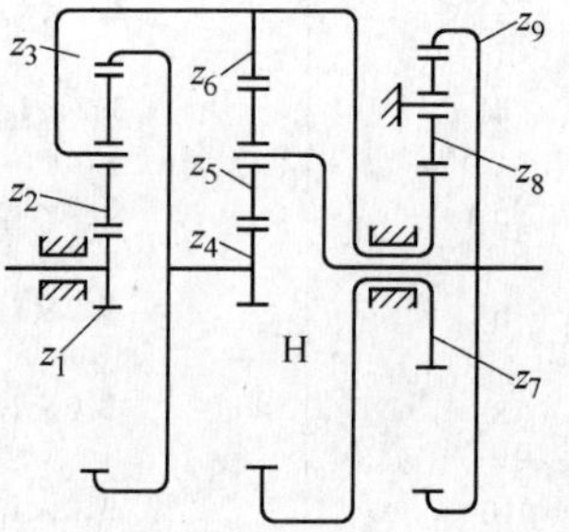 $i_{19}=-\frac{z_3}{z_1}(1+\frac{z_6}{z_4})-(1+\frac{z_3}{z_1})\frac{z_9}{z_7}-\frac{z_3 z_6 z_9}{z_1 z_4 z_7}$	3	$-2300<i_{19}<-6$
		4	$-230<i_{19}<-6$
		5	$-82<i_{19}<-6$
		6	$-45<i_{19}<-6$
		8	$-23<i_{19}<-6$
		10	$-15<i_{19}<-6$
		12	$-12<i_{19}<-6$

总之，不管行星齿轮传动或行星差动传动形式如何复杂，在计算其传动比时，首先要抓住转臂(行星架)，然后加以固定，利用相对运动关系，列出相关的计算式进行求解或联解。同时，应注意到哪些件是固定的，哪些件是关联的，其内在关系如何，便可求解出任何形式行星齿轮传动的传动比。

6.3 行星齿轮传动齿数的选配

1. 行星齿轮传动齿数选配的约束条件

设计行星齿轮传动时，其齿数的选配除了满足所需的传动比之外，同时还应满足同心条件、装配条件和邻接条件，有时还应考虑一些其他的附加条件。

(1) 传动比条件

1) 2K-H (NGW) 型

$$i_{aH}^{b}=1-i_{ab}^{H}=1+z_b/z_a$$

所以

$$z_b=(i_{aH}^{b}-1)z_a \tag{6-17a}$$

式 (6-17a) 为满足传动比条件的第一种表达关系式，令

$$x=z_a i_{aH}^{b}$$

则

$$z_b=x-z_a \tag{6-17b}$$

由式 (6-17b) 中可以看出，x 值必须为整数值。

满足传动比条件的第三种表达关系式为

$$z_\Sigma=z_a+z_g=z_a i_{aH}^{b}/2=x/2$$

即

$$2z_\Sigma=z_a i_{aH}^{b}$$

$$z_b=2z_\Sigma-z_a \tag{6-17c}$$

2) 2K-H (NW、WW、NN) 型

$$i_{aH}^{b}=1\pm z_g z_b/z_z z_f$$

负号机构 NW 型用“+”号，正号机构 WW、NN 型用“-”号。

负号机构 NW 型传动比条件式为

$$i_{aH}^{b}=(z_a z_f+z_b z_g)/z_a z_f \tag{6-18a}$$

正号机构 WW、NN 型传动比条件式为

$$i_{Ha}^{b}=z_g z_f/(z_a z_f-z_b z_g) \tag{6-18b}$$

(2) 同心条件　对 2K-H 型行星传动，其三个基本构件的旋转轴线必须重合于主轴线，即其中心轮与行星轮组成的所有啮合副的实际中心距必须相等。

1) 2K-H (NGW) 型。非角度变位齿轮传动：由中心距相等

$$a_{ag}=a_{gb}$$

$$m/2(z_a+z_g)=m/2(z_b-z_g)$$

得满足同心条件第一种表达关系式为

$$\left.\begin{aligned} z_g&=(z_b-z_a)/2 \\ z_g&=(i_{aH}^b-2)/2z_a \end{aligned}\right\} \tag{6-19a}$$

或

式（6-19a）表明，对非角度变位齿轮传动，要满足同心条件，则两个中心轮的齿数应同为奇数或偶数，行星轮齿数等于两中心轮齿数差之半。

满足同心条件的第二、三种表达关系式为

$$\left.\begin{aligned} z_g&=\frac{X}{2}-z_a \\ z_g&=z_\Sigma-z_a \end{aligned}\right\} \tag{6-19b}$$

式（6-19b）表明，要满足非角度变位齿轮传动的同心条件，X 值必须为偶数。

角度变位齿轮传动：由于角度变位齿轮传动，其实际中心距并不等于标准齿轮传动的中心距，因而其同心条件不受式（6-19）的限制，即不必受两个中心轮同为奇数或偶数的限制，也不必受 X 值一定要为偶数的限制，而只要满足两对啮合副的实际中心距相等条件

$$\alpha'_{ag}=\alpha'_{gb} \tag{6-20a}$$

或

$$(z_a+z_g)/\cos\alpha'_{ag}=(z_b-z_g)/\cos\alpha'_{gb} \tag{6-20b}$$

式中　α'_{ag}、α'_{gb}——a-g 副、g-b 副的啮合角。

由此可见，角度变位使 2K-H（NGW）型行星齿轮传动齿数选配的灵活性扩大了。

2）2K-H（NW、WW、NN）型。非角度变位齿轮：由中心距相等

$$a_{ag}=a_{fb}$$

按两对啮合副的模数相等，可得

$$\left.\begin{aligned} &\text{NW 型} \quad z_a+z_g=z_b-z_f \\ &\text{WW 型} \quad z_a+z_g=z_b+z_f \\ &\text{NN 型} \quad z_a-z_g=z_b-z_f \end{aligned}\right\} \tag{6-21}$$

对 NN 型，要满足非角度变位的同心条件，其两个内齿中心轮的齿数差必须等于相应啮合行星轮的齿数差。

对 WW 型，要满足非角度变位的同心条件，其两个外齿中心轮的齿数差必须等于相应啮合行星轮的齿数之反差。

角度变位的齿轮传动；与 NGW 型一样，不需要满足式（6-19）的限制，而只要使两对啮合副的实际中心距相等即可

$$a'_{ag}=a'_{fb} \tag{6-22}$$

（3）装配条件

1）NGW 型。欲使数个行星轮均匀地配置在中心轮周围，而且都能嵌入两个中心轮之间，如果行星轮的个数与各齿轮齿数没有满足一定的关系，这些行星轮是装不进去的。因为当第一个行星轮装入之后，两个中心轮的相对位置就确定了，这时按平均布置的其他行星轮在一般情况下就不可能嵌入两个内、外齿中心轮之间，即无法进行装配。为了保证能够装配，设计时必须满足行星轮个数与各齿轮齿数之间符合一定关系的要求，这就称为装配条件。

设 n_p 为行星轮个数，则行星架上相邻两个行星轮间所夹的中心角为 $2\pi/n_p$，如图 6-6 所示。设在位置Ⅰ装进第一个行星轮 g_1，与两个中心轮 a、b 相啮合，然后将行星轮转过 $2\pi/n_p$ 角度，使第一个行星轮 g_1 转到位置Ⅱ。由于行星架 H 转动而带动中心轮 a 也转动，这时，轮 a 所转动角度

$$\varphi_a=\frac{2\pi}{n_p}i_{aH}^b$$

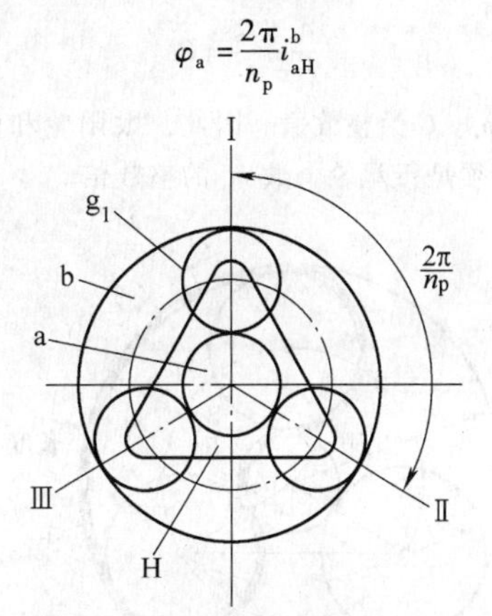

图 6-6　NGW 型行星齿轮传动的装配条件

为了能在位置Ⅰ再装进第二个行星轮 g_2，则要求中心轮 a 在位置Ⅰ的轮齿位置应该与它转过 φ_a 角之前在该位置的轮齿位置完全相同，也就是说，φ_a 必须刚好是中心轮 a 相邻两齿所对应的中心角 $2\pi/z_a$ 的倍数，即

$$q=\varphi_a\Big/\left(\frac{2\pi}{z_a}\right)=\text{整数}$$

将 φ_a 代人上式并化简，得

$$q=z_ai_{aH}^b/n_p=(z_a+z_b)/n_p \tag{6-23a}$$

式（6-23a）为 NGW 型满足装配条件的第一种表达关系式。显然，n_p 与 z_a、z_b 只要满足式（6-23a），就可以在位置Ⅰ装进第二个行星轮 g_2；同理，可以装进第三个行星轮……第 n_p 个行星轮。式（6-23a）表明：NGW 型行星齿轮传动的装配条件为两个中心轮的齿数之和应为行星轮个数 n_p 的整数倍。

NGW 型装配条件的第二、三种表达关系式为

$$q=x/n_p \tag{6-23b}$$

$$q=2z_\Sigma/n_p \tag{6-23c}$$

式（6-23b）表明：NGW 型装配条件为 x 值必

须是行星轮个数 n_p 的整数倍。

式（6-23c）表明：NGW 型装配条件为 $2z_\Sigma$ 值必须是行星轮个数 n_p 的整数倍。

不管是否为角度变位齿轮传动，其装配条件的关系式都是一样的。

行星轮的装配条件也可用图示的方法（见图 6-7）进行推导，在图中假如将长度为 s 的黑白交替纹路的胶带如图 6-7 所示装在内齿圈、两个行星轮、太阳轮上，使其转动，则长度 s 应为齿距 p_t（节距）的整数倍。因此，n_p 个行星轮绕太阳轮等距离装配时，则

$$\frac{2\pi r_a}{p_t}+\frac{2\pi r_b}{p_t}+\frac{n_p 2\pi r_g}{p_t}=n_p\frac{s}{p_t}$$

所以

$$\frac{z_a+z_b}{n_p}=C$$

式中，s/p_t、C 为整数值。因此，太阳轮和内齿圈的齿数和必须是行星轮个数 n_p 的整数倍。

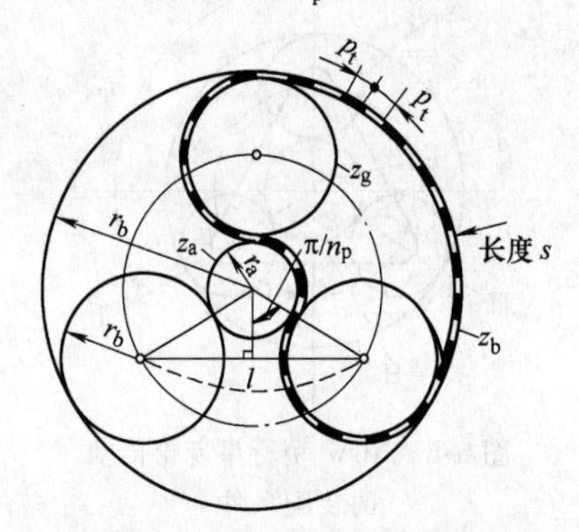

图 6-7　行星轮装配条件推导简图

r_a、r_g、r_b 为齿轮 a、g、b 的分度圆半径。

对于有时进行功率分流，然后再合成，由一大齿轮输出，同时也应满足上述装配条件，否则两侧齿轮中，其中一件无法进行装配。同理，推导如下（见图 6-8）：

$$\frac{\pi(d)_a}{p_t}+\frac{\pi(d)_b}{p_t}+\frac{n_p(d)_g}{p_t}=n_p\frac{s}{p_t}$$

则

$$\frac{z_a+z_b}{n_p}=q$$

式中　$(d)_a$、$(d)_b$、$(d)_g$——齿轮 a、b、g 分别圆直径；

p_t——齿距（节距）；

q——整数；

z_a、z_b——齿轮的齿数。

通常 $n_p=2$，只需满足$\dfrac{n_a+n_b}{2}=q$便可。

同时，也应满足邻接条件。

若$\dfrac{z_a+z_b}{n_p}\neq q$（整数时），为了使行星轮的装配尽可能接近于均布，则取 q' 值接近于$\dfrac{z_a+z_b}{n_p}$的整数值。

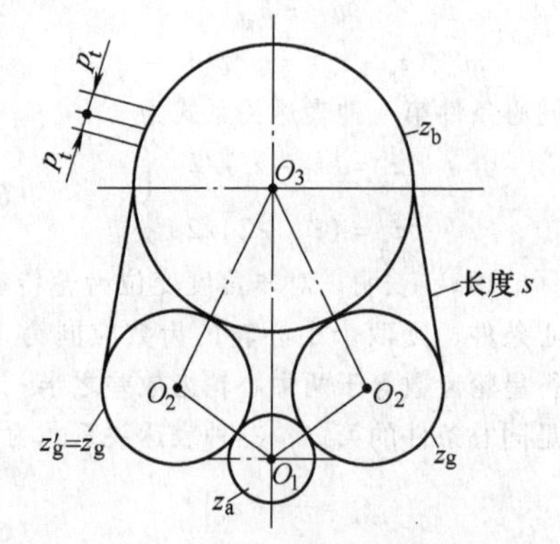

图 6-8　先分流后合成传动的装配条件

于是，行星轮不能均布的安装角 β，其计算步骤如下：

① 计算$\dfrac{z_a+z_b}{n_p}$，取接近于$\dfrac{z_a+z_b}{n_p}$的整数值 q'。

② 计算安装角 β，$\beta=\dfrac{360°}{z_a+z_b}q'$。

③ 若 q' 与$\dfrac{z_a+z_b}{n_p}$差值较大时，求出的 β 后应校核邻接条件。

例 6-9　已知 $z_a=22$，$z_b=60$，行星轮个数 $n_p=4$，求行星轮间的安装角 β。

解　$$\frac{z_a+z_b}{n_p}=\frac{22+60}{4}=20.5$$

由于行星轮为非均布，取 $q'=20$，则安装角（行星轮 g_1 与 g_2 间的夹角见图 6-9）为

$$\beta_1=\frac{360°}{z_a+z_b}q'=\frac{360°}{22+60}\times 20=87.8°$$

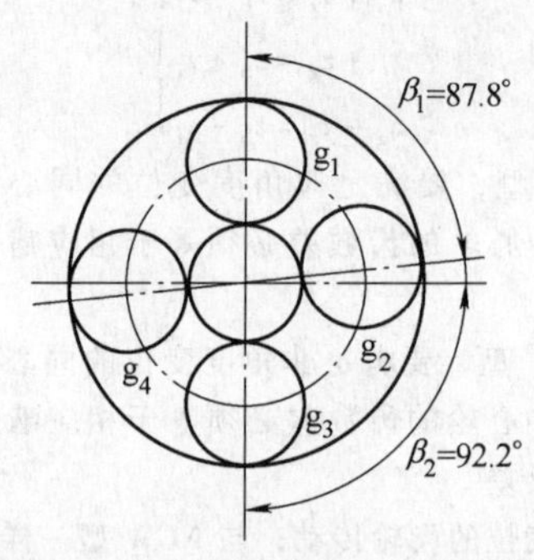

图 6-9　非均布行星轮的安装角 β

而行星轮 g_2 与 g_3 间的夹角

$$\beta_2=180°-87.8°=92.2°$$

2）NW、WW 和 NN 型行星齿轮传动，其行星轮为双联齿轮。如果 n_p 个行星轮的双联齿圈的相互位置不一样，就无法装配。若用错位加工的行星轮

或在装配时才确定的，则其配齿数时不受装配条件的约束，只要满足传动比条件、同心条件和邻接条件即可。而当 n_p 个行星轮的双联齿圈的相互位置加工成一样时，则其配齿条件同样要满足装配条件。这些类型的装配要求有两个方面：其一，从制造上要求每一个双联行星轮中的 g、f 两齿圈都应该有一个齿槽（或齿厚）端面对称线重合于一直线上；其二，行星轮个数与各齿轮齿数的关系应该满足装配条件的关系式，这个关系式的推导原理与NGW型相似。

如图6-10a所示，设轮b固定，在位置 O 装入行星轮 g_1，然后将行星架转过 $2\pi/n_p$ 或转过 $n\dfrac{2\pi}{n_p}$（$n=1$，2，…），相应轮a转动角度为

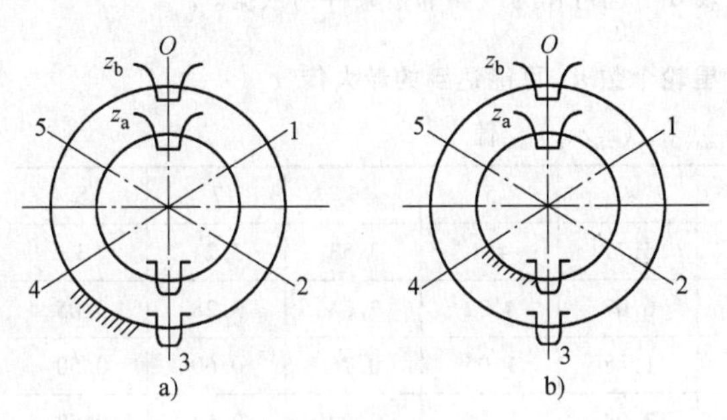

图6-10 装配条件

$$\varphi_{an}=n\frac{2\pi}{n_p}i_{aH}^{b}$$

当 φ_{an} 满足

$$q_{an}=\frac{\varphi_{an}}{2\pi/z_a}=n\frac{i_{aH}^{b}z_a}{n_p}=\frac{n}{z_f}\frac{z_az_f\pm z_bz_g}{n_p}=\text{整数} \tag{6-24}$$

时，即行星轮 g_2 可以从位置 O 装入，同理其他行星轮均能从位置 O 装入。

关于 n 值，当为 n_p 的倍数时，即行星轮 g_1 又转回位置 O，当然不能在位置 O 再装入其他行星轮。所以要满足装配条件，n 值不能为 n_p 的倍数。

当 n 值与 n_p 值有公因子时，则行星轮不能全部装入，只能部分装入。例如，当 $n_p=6$，$n=15$，两者有公因子3，先在位置 O 装入行星轮 g_1，然后行星架转动 $15\times2\pi/6=2.5\times2\pi$（即两圈半），在位置 O 可装进行星轮 g_4。以后重复转两圈半时，总是行星轮 g_1 或 g_4 对准位置 O，因而其他行星轮 g_2，g_3，g_5，g_6 都没有机会装入，所以只能部分行星轮装入。

如图6-10b所示，设轮a固定，在位置 O 先装入行星轮 g_1，然后行星架转动 $m\dfrac{2\pi}{n_p}$，$m=1$，2，…，轮b相应转动角

$$\varphi_{bm}=m\frac{2\pi}{n_p}i_{ba}^{H}$$

φ_{bm} 满足

$$q_{bm}=\frac{\varphi_{bm}}{2\pi/z_b}=m\frac{i_{bH}^{a}z_b}{n_p}=\frac{m}{z_g}\frac{z_bz_g\pm z_az_f}{n_p}=\text{整数} \tag{6-25}$$

同理，式（6-25）中 m 值不能为 n_p 的倍数，当 m 值与 n_p 值有公因子时，行星轮也是只能部分装入。

综合上述两种可能的装配条件，可见：

1）当 m、n 两值之中，只要有一个值与 n_p 值互为质数，则式（6-24）和式（6-25）中就有一个式子满足装配条件。

2）如果 m、n 两值各有 n_p 值的因子，经过实践和理论分析表明，只要这两个因子互为质数，则全部行星轮均可装入，即满足装配条件。

3）双联行星轮的两个齿圈的齿数 z_g、z_f，如果有公约数 s，可令 $z_g=sz'_g$，$z_f=sz'_f$，则式（6-24）和式（6-25）可改写为

$$q_{an}=\frac{n}{z'_f}\frac{z_az_f\pm z_bz_g}{sn_p}=\text{整数} \tag{6-26}$$

$$q_{bm}=\frac{n}{z'_g}\frac{z_bz_g\pm z_az_f}{sn_p}=\text{整数} \tag{6-27}$$

令 $n=z_f$，$m=z_g$，则 $q_{an}=q_{bm}=q$，故得

$$q=\frac{z_az_f\pm z_bz_g}{sn_p}=\frac{z_az'_f\pm z_bz'_g}{n_p}=\text{整数} \tag{6-28}$$

由此，得到双联行星轮2K-H型行星轮系的装配条件有如下两个限制条件：

① 满足式（6-28），即

$$q=\frac{z_az_f\pm z_bz_g}{sn_p}=\frac{z_az'_f\pm z_bz'_g}{n_p}=\text{整数}$$

或者是当齿数 z_a、z'_f 与 z_b、z'_g 这两组数中，都有任一为 n_p 倍数的常数，则式（6-28）得到满足，这是第一限制条件。

② 只要齿数 z'_f 或 z'_g 中，至少有一个齿数与 n_p 互为质数，或者当 $n_p\geqslant6$ 时，z'_f 及 z'_g 分别与 n_p 有公因子，这两因子且互为质数，这就满足装配条件的第二限制条件。

不管是否为角度变位齿轮传动，其装配条件都是相同的，而且都需要满足。

（4）邻接条件　在行星齿轮传动中，相邻两个行星轮不相互碰撞，必须保证它们之间有一定间隙，通常最小间隙应大于半个模数，这个限制称为邻接条件。根据邻接条件，相邻两个行星轮的中心距 L 应大于最大行星轮的顶圆直径 d_{ag} 或 d_{af}（见图6-11），即

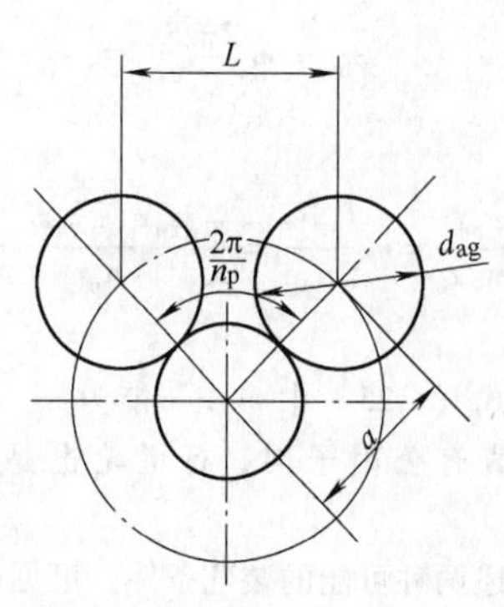

图 6-11　邻接条件分析

$$L > d_{ag} \quad 即 \quad 2a\sin\frac{\pi}{n_p} > d_{ag} \tag{6-29}$$

从分析 NGW 型中可以看出，当不断增大传动比 i_{aH}^{b}，则 z_g/z_a 比值也不断增大，会受到邻接条件的限制；当增加行星轮个数 n_p，也同样会受邻接条件的限制。所以，邻接条件限制了行星轮个数和传动比的增大。表 6-7 为根据邻接条件列出的对于不同行星轮个数可能达到的最大传动比，供设计时参考。表中设 $z_g > z_f$，$z_b > z_a$。$(z_g/z_a)_{max}$ 可用于 NW、WW、NN 型行星齿轮传动。

设计行星齿轮传动时，一般应首先确定传动比和行星轮个数，显然所确定的行星轮个数和传动比应该符合表 6-7 中邻接条件的要求。当所确定的传动比接近于表中相应的最大值时，仍需要在几何尺寸计算后，按式 (6-29) 进行邻接条件的验算，否则就不需再验算其邻接条件了。在进行配齿数时，表 6-7 也可作为校核邻接条件的依据。

表 6-7　根据邻接条件确定，对应行星轮个数 n_p 可能达到的最大传动比 $(i_{aH}^{b})_{max}$，$(z_g/z_a)_{max}$ 和 $(z_b/z_g)_{min}$ 值

行星轮个数 n_p			2	3	4	5	6	7	8
NGW 型 $(i_{aH}^{b})_{max}$	z_{min}	>13	不限	12.7	5.77	4.1	3.53	3.21	3
		≥18		12.8	6.07	4.32	3.64	3.28	3.05
$(z_g/z_a)_{max}$		>13		5.35	1.88	1.05	0.76	0.60	0.50
		≥18		5.4	2.04	1.16	0.82	0.64	0.52
$(z_b/z_g)_{min}$				2.1	2.47	2.87	3.22	3.57	3.93
用于重载的 NGW 型 $(i_{aH}^{b})_{max}$			1	12	4.5	3.5	3	2.8	2.6

2. 2K-H (NGW) 型行星齿轮传动的齿数选配方法

NGW 型行星轮系配齿数，首先根据原始参数查表 6-7，确定行星轮个数 n_p。当 n_p 与 i_{aH}^{b} 的关系满足邻接条件（见表 6-7）的要求时，配齿数仅根据传动比、同心条件和装配条件这三方面约束条件进行。本节介绍三种配齿数的方法。

(1) 第 1 种方法——满足精确传动比的要求　根据三个约束条件的第 1 种表达式，合并成一个非角度变位齿轮传动时的总配齿公式

$$z_a : z_g : z_b : q = z_a : \underset{\text{(同心条件)}}{\frac{(i_{aH}^{b}-1)}{2}z_a} : \underset{\text{(传动比条件)}}{(i_{aH}^{b}-1)z_a} : \underset{\text{(装配条件)}}{\frac{i_{aH}^{b}}{n_p}z_a} \tag{6-30}$$

式中各项齿数均应为正整数，其传动比 i_{aH}^{b} 最好用分数式表示。对角度变位齿轮传动，一般也可以先按式 (6-30) 配齿总公式先进行配齿，再将行星轮齿数 z_g 减少 1～2 齿，然后进行角度变位的参数计算。

例 6-10　图 6-3 所示的 50t 氧气转炉倾动机构中的 NGW 型差动轮系，已知 $i_{aH}^{b} = 5.333$，$n_p = 4$，试对该轮进行齿数选配。

解　1) 验算邻接条件根据 $i_{aH}^{b} = 5.333$ 及 $n_p = 4$，查表 6-7 得，按邻接条件允许最大传动比 $(i_{aH}^{b})_{max} = 5.77$，可见 $i_{aH}^{b} = 5.333$ 是满足邻接条件的。

2) 把已知参数代入总配齿公式

$$i_{aH}^{b} = 5.333 = \frac{16}{3}$$

$$z_a : z_g : z_b : q = z_a : \frac{i_{aH}^{b}-2}{2}z_a : (i_{aH}^{b}-1)z_a : \frac{i_{aH}^{b}}{n_p}z_a$$

$$= z_a : \frac{\frac{16}{3}-2}{2}z_a : \left(\frac{16}{3}-1\right)z_a : \frac{\frac{16}{3}}{4}z_a$$

$$= z_a : \frac{5}{3}z_a : \frac{13}{3}z_a : \frac{4}{3}z_a$$

可见，当 z_a 为 3 的倍数，如 $z_a = 15, 18, 21, 24, \cdots$，就可以使总配齿公式各项均为正整数。

3) 确定各轮齿数。该设计综合考虑强度及传动平稳性条件等，取 $z_a = 24$，因而计算得

$$z_g = \frac{5}{3}z_a = \frac{5}{3} \times 24 = 40$$

$$z_b = \frac{13}{3}z_a = \frac{13}{3} \times 24 = 104$$

$$q = \frac{4}{3}z_a = \frac{4}{3} \times 24 = 32$$

结果：非角度变位齿轮传动的配齿数 $z_a = 24$，$z_g = 40$，$z_b = 104$。

对角度变位齿轮传动，该设计将行星轮齿数减少一个齿，因而得

$$z_a = 24,\ z_g = 39,\ z_b = 104$$

（2）第Ⅱ种方法——适用于普通行星轮系的简便方法　一般动力传动行星轮系，对传动比并不要求很精确，略有变化影响不大，根据这个灵活性，应用上述配齿的约束条件第Ⅱ种表达式，可得到这种简便配齿方法。

传动比 i_{aH}^b；要求非角度变位或角度变位齿轮传动。

步骤：

1）根据 i_{aH}^b 按邻接条件查表6-7及结构设计要求，确定行星轮个数 n_p。

2）根据强度及传动平稳性等条件，预先确定太阳轮齿数 z_a。

3）凑 x 值，根据下列三方面凑定 x 值：

① $x = i_{aH}^b z_a$——传动比条件。

② x 应为 n_p 的倍数——装配条件。

③ x 应为偶数——非角度变位的同心条件，对角度变位齿轮传动，可不受此“偶数”条件的限制。

4）计算内齿圈及行星轮的齿数

$$z_b = x - z_a$$

对非角度变位齿轮传动

$$z_g = \frac{x}{2} - z_a$$

或

$$z_g = \frac{z_b - z_a}{2}$$

对角度变位齿轮传动

$$z_g = \frac{z_b - z_a}{2} - \Delta z_g$$

式中，Δz_g 由角度变位要求确定。

行星轮齿数减少值 Δz_g，既可以为整数，也可以为非整数。

（3）第Ⅲ种方法——适用于系列设计的配齿数　在NGW型行星轮系系列设计中，一般其主要参数如传动比 i_{aH}^b、模数 m、公称中心距 a、齿数和 z_Σ 均需按优先系数预先排好系列。设计时，其模数应与系列要求模数完全一致，其他参数如传动比 i_{aH}^b、中心距 a、齿数和 z_Σ 应尽量接近系列规定的公称值，但允许有些波动。在系列设计中，对同一机座号中，在某一传动比范围内，其模数 m、中心距 a、齿数和 z_Σ 采用一样。可见，对这一段传动比范围内的不同传动比的配齿数，其齿数和 z_Σ 成为已知参数。对这种配齿数方法，如前所述表达式不难找出其配齿数方法。

配齿数的已知条件为：

公称齿数和 z_Σ、传动比 i_{aH}^b，行星轮个数 n_p 以及是否角度变位等。

步骤：

1）根据约束条件，校核确定的齿数和 z_Σ。

满足装配条件：$2z_\Sigma$ 应该为 n_p 的倍数。

满足同心条件：对非角度变位传动，$2z_\Sigma$ 应为偶数。对角度变位齿轮传动，$2z_\Sigma$ 可以不满足偶数的要求。在角度变位传动要求 Δz_g 已事先确定了，当 Δz_g 为整数时，则要求 $2z_\Sigma$ 应为偶数；Δz_g 为非整数时，则要求 $2z_\Sigma$ 应为奇数。

2）计算齿数

$$z_a = \frac{2z_\Sigma}{i_{aH}^b},$$

$$z_b = 2z_\Sigma - z_a,$$

对非角度变位传动：$z_g = z_\Sigma - z_a$。

对角度变位传动：$z_g = z_\Sigma - z_a - \Delta z_g$。

由于设 $2z_\Sigma = x$，因而第Ⅲ种方法，同样能像第Ⅱ种方法那样进行配齿数，简述如下：

原始参数：i_{aH}^b，是否要求角度变位。

步骤：

① 根据 i_{aH}^b 按邻接条件查表6-7及结构设计要求，确定行星轮个数 n_p。

② 初步确定太阳轮齿数 z_a。关于确定太阳轮齿数 z_a，通常推荐如下：

行星轮系的小齿轮（当 $i_{aH}^b > 4$ 时，太阳轮为小齿轮；当 $i_{aH}^b \leqslant 4$ 时，行星轮为小齿轮）的最小齿数 $z_{1\min}$ 为：软齿面（≤350HBW）推荐 $z_{1\min} = 17$；硬齿面（>350HBW）推荐 $z_{1\min} \geqslant 12$。

小齿轮的最大齿数 $z_{1\max}$ 应保证齿轮有足够的弯曲强度。图6-12所示是根据接触和弯曲等强度条件推荐的 $z_{1\max}$ 值。图中硬度值是外啮合副Ⅰ（即a-g副）中大齿轮的最低硬度，小齿轮的硬度应等于或大于大齿轮硬度。硬度值45HBC是经调质处理或整体淬火的硬度，60HRC是属于表淬硬度。

根据这个推荐，小齿轮齿数 z_1，当 $i_{aH}^b > 4$ 时，$z_a = z_1$；当 $i_{aH}^b \leqslant 4$ 时，$z_g = z_1$，相应 $z_g = \dfrac{2z_\Sigma}{i_{aH}^b - 2}$。

③ 凑齿数和 z_Σ 根据如下三个条件凑 z_Σ 值。

传动比条件——$z_\Sigma = \dfrac{i_{aH}^b z_a}{2}$。

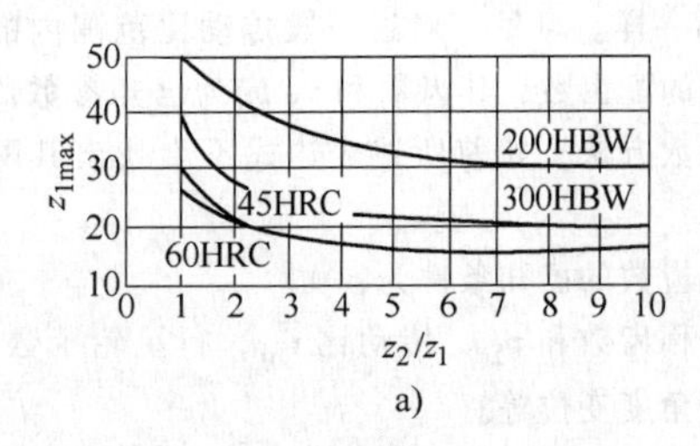

a)

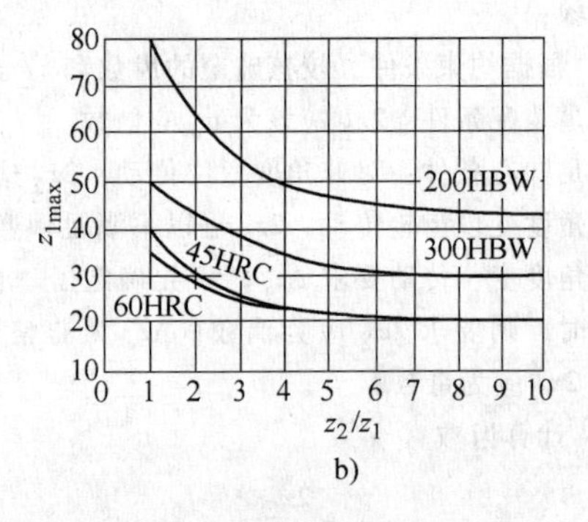

b)

图 6-12　小齿轮的最大齿数

a）一般齿轮　b）高速齿轮

装配条件——$2z_\Sigma$ 应是 n_p 的倍数。

非角度变位传动的同心条件——$2z_\Sigma$ 应为偶数。

对角度变位传动，不受 $2z_\Sigma$ 为偶数的同心条件限制，但当 Δz_g 为整数时，仍要求 $2z_\Sigma$ 为偶数值。当 Δz_g 为非整数时，则要求 $2z_\Sigma$ 为奇数值。

④ 计算内齿圈 b 及行星轮 g 的齿数

$$z_b = 2z_\Sigma - z_a$$

对非角度变位传动

$$z_g = z_\Sigma - z_a$$

对角度变位传动

$$z_g = z_\Sigma - z_a - \Delta z_g$$

3. 双排 2K-H 型行星齿轮传动的配齿方法

双排 2K-H 型行星轮系包括负号机构 NW 型和正号机构 WW、NN 型，其行星轮为双联行星轮，而转化机构均为两级传动（见表 6-8）。

其配齿数时的已知条件为：传动比 i^b_{aH} 或 i^b_{Ha} 行星轮个数 $n_p=3$，是否要求变位，n_p 个双联行星轮中两齿圈的相互位置是否都加工成一样，以及结构设计对两对齿轮副径向轮廓尺寸的比例要求等。

表 6-8　双排 2K-H 型行星传动的同心条件

序号	传动形式		同心条件		备注
	以基本构件分类	以啮合方式分类	非变位或高度变位传动	角度变位传动	
1	2K-H	NGW	$z_a+2z_g=z_b$	$\dfrac{z_a+z_g}{\cos\alpha'_{tag}}=\dfrac{z_b-z_g}{\cos\alpha'_{tgb}}$	
2	2K-H	NW	$z_a+z_g=z_b-z_f$	$\dfrac{z_a+z_g}{\cos\alpha'_{tag}}=\dfrac{z_b-z_f}{\cos\alpha'_{tbf}}$	当 $\beta=0$ 和 $m_{tag}=m_{tbf}$ 时
			$(z_a+z_g)m_{tag}=(z_b-z_f)m_{tbf}$	$m_{tag}\dfrac{z_a+z_g}{\cos\alpha'_{tag}}=m_{tbf}\dfrac{z_b-z_f}{\cos\alpha'_{tbf}}$	当 $\beta=0$ 和 $m_{tag}\neq m_{tbf}$ 时
			$(z_a+z_g)m_{tag}=(z_b-z_f)m_{tbf}$	$m_{tag}(z_a+z_g)\dfrac{\cos\alpha_{tag}}{\cos\alpha'_{tag}}=m_{tbf}(z_b-z_f)\dfrac{\cos\alpha_{tbf}}{\cos\alpha'_{tbf}}$	当 $(\beta)_a\neq0$ 和 $(\beta)_b\neq0$ 时
3	2K-H	NN	$z_a-z_g=z_b-z_f$	$\dfrac{z_a-z_g}{\cos\alpha'_{tag}}=\dfrac{z_b-z_f}{\cos\alpha'_{tbf}}$	当 $\beta=0$ 和 $m_{tag}=m_{tbf}$ 时
			$(z_a-z_g)m_{tag}=(z_b-z_f)m_{tbf}$	$m_{tag}\dfrac{z_a-z_g}{\cos\alpha'_{tag}}=m_{tbf}\dfrac{z_b-z_f}{\cos\alpha'_{tbf}}$	当 $\beta=0$ 和 $m_{tag}\neq m_{tbf}$ 时

注：β——螺旋角。α'_{tag}、α'_{tgb}、α'_{tbf}、…分别为 a-g 副、g-b 副、b-f 副、…的端面啮合角。m_{tag}、m_{tbf} 分别为 a-g 副、b-f 副的端面模数。

配齿时的约束条件，对一般传动，其传动比条件仍然不必很准确。其同心条件：对非角度变位传动要满足两对齿轮副的齿数和相等；对角度变位传动，其两对齿轮副的齿数和可以相差 1～2 个齿，通过角度变位凑中心距方法来满足同心条件。其装配条件；对于只有一个行星轮，以及虽有 n_p 个行星轮，但其装配时可分别调整两齿圈相互间的角度位配时，或者可以依靠装配要求分别对 n_p 个行星轮进行两齿圈角度错位加工的，在配齿数时可不必考虑装配条件。除此之外，仍须满足装配条件，而其邻接条件一般是在配齿数之后再行校核。

双排2K-H（NW、WW、NN）型行星传动，同心条件见表6-8，装配条件和邻接条件见表6-9。

表6-9　双排2K-H型行星传动的装配条件和邻接条件

配齿条件 啮合方式	装配条件	邻接条件	配齿条件 啮合方式	装配条件	邻接条件
双排内外啮合 （NW型）	$\dfrac{z_a z_f + z_g z_b}{n_p z_f} = q$ （整数）	当 $z_g > z_f$ 时 $z_g + 2h_a^* < (z_a + z_g)\sin\dfrac{\pi}{n_p}$	双排外啮合 （WW型）	$\dfrac{z_a z_f - z_g z_b}{n_p z_f} = q$ （整数）	当 $z_g > z_f$ 时 $z_g + 2h_a^* < (z_a + z_g)\sin\dfrac{\pi}{n_p}$
		当 $z_g < z_f$ 时 $z_f + 2h_a^* < (z_b - z_f)\sin\dfrac{\pi}{n_p}$	双排内啮合 （NN型）	$\dfrac{z_a z_f - z_g z_b}{n_p z_f} = q$ （整数）	当 $z_b > z_a$ 及 $z_f > z_g$ 时 $z_f + 2h_a^* < (z_b - z_f)\sin\dfrac{\pi}{n_p}$

注：表中 h_a^*——齿顶高系数。

对这些型号的行星轮系配齿数很灵活，方法很多，下面按其型号分别介绍几种简便易行的配齿数方法。

（1）NW型行星传动的配齿数方法　这里介绍需满足装配条件的一种简便配齿数方法。

1）配齿公式

① 如图6-13所示，根据传动比条件

$$i_{aH}^{b} = 1 + \frac{z_g z_b}{z_a z_f}$$

令

$$\left.\begin{aligned} i_1 &= \frac{z_g}{z_a} \\ i_2 &= \frac{z_b}{z_f} \\ i_1 &= a i_2 \end{aligned}\right\} \tag{6-31}$$

代入传动比公式，得

$$i_{aH}^{b} = 1 + a i_2^2$$

$$i_2 = \sqrt{\frac{i_{aH}^{b} - 1}{a}} \tag{6-32}$$

② 根据非角度变位传动的同心条件

$$z_a(1 + i_1) = z_f(i_2 - 1)$$

移项得

$$z_f = \beta z_a \tag{6-33}$$

式中 $\beta = \dfrac{i_1 + 1}{i_2 - 1}$

③ 满足结构设计要求，即两对齿轮副径向轮廓尺寸比值 γ，如图6-13所示。

a—g齿轮副的径向轮廓尺寸

$$L_1 = m z_a(1 + 2i_1)$$

b—f齿轮副径向轮廓尺寸

$$L_2 = m z_b = \frac{i_2(i_1 + 1)}{(i_2 - 1)} m z_a$$

所以

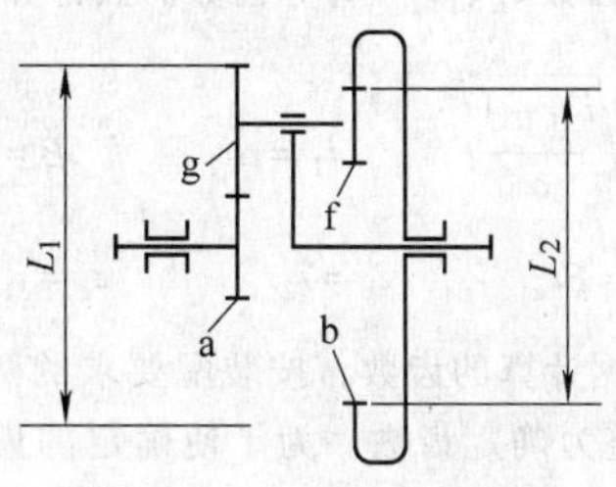

图6-13　NW型行星传动

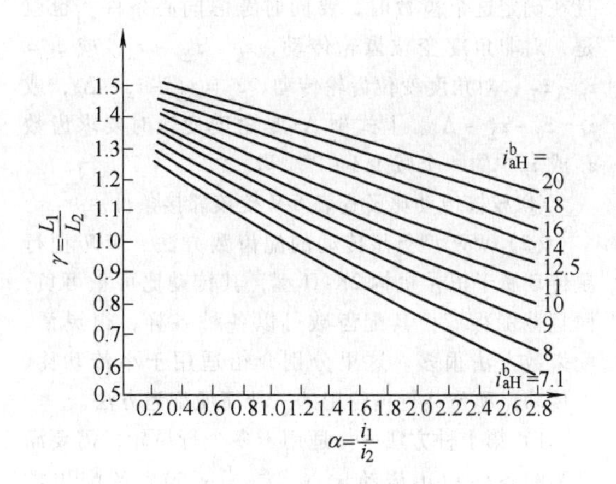

图6-14　确定 γ 值线图

$$\gamma = \frac{L_1}{L_2} = \frac{(1 + 2i_1)(i_2 - 1)}{i_2(i_1 + 1)} \tag{6-34}$$

分别以 i_{aH}^{b} 和 α 作为第1，2变量，代入式（6-33）和式（6-34），可计算相应的 γ 比值，绘成线图，如图6-14所示。

当已知传动比 i_{aH}^{b} 及结构设计要求的比值 γ，则从图6-14可查得相应的 α 系数。

④ 装配条件应满足式（6-28）

$$q = \frac{z_a z_f + z_b z_g}{s n_p} = \frac{z_a z_f' + z_b z_g'}{n_p} = \text{整数}$$

要满足这个装配条件的简便方法是分别凑使满

足两个限制条件：

第一限制条件：在 z_a，z'_f和 z_b，z'_g中，分别有一个齿数应为 n_p 的倍数，简便的做法是先主动取中心轮 z_a 为 n_p 的倍数，再凑使 z_b 或 z'_g为 n_p 的倍数。

第二限制条件：凑使 z'_g和 z'_f两齿数中，至少应有一个齿数与 n_p 互为质数。

⑤ 最后按所凑配确定的齿数，查表 6-9 校核邻接条件。

2）配齿数步骤

① 与 NGW 型一样，根据强度、运转平稳性和避免根切等条件确定太阳轮齿数 z_a，为了使配齿数简便起见，常取 z_a 为 n_p 的倍数。

② 根据结构设计要求，先拟定 γ 比值，并由传动比 i^b_{aH}及齿数 z_b、z_g，计算齿数。其计算公式如下：

$$i_2=\sqrt{\frac{i^b_{aH}-1}{\alpha}} \qquad i_1=\alpha i_2 \qquad \beta=\frac{i_1+1}{i_2-1}$$

$$z_f=\beta z_a \qquad z_b=i_2 z_f \qquad z_g=i_1 z_a$$

③ 根据计算的齿数，按装配要求的两个限制条件靠近圆整为确定齿数。为了使确定的齿数仍满足同心条件，可以让一个行星轮的齿数最后确定，并且在确定这个齿数时，要同时考虑同心条件。也就是，对非角度变位齿轮传动，$z_g=z_\Sigma-z_a$，或 $z_f=z_b-z_\Sigma$；对角度变位齿轮传动，$z_g=z_\Sigma-z_a-\Delta z$，或 $z_f=z_b-z_\Sigma-\Delta z$。上式中 Δz 是角度变位时要求齿数 z_g 或 z_f 中的一个减少 1 ~ 2 个齿。

④ 校核传动比及查表 6-9 校核邻接条件。

（2）WW 型行星传动的配齿数方法　WW 型行星传动属于正号机构 2K-H 型，其传动比可正可负，而且范围很广，其配齿数可以各种各样，很灵活，配齿数方法很多。这里分别介绍适用于小传动比、大传动比和公共行星轮用的三种简便配齿方法。

1）第Ⅰ种方法——适用于多个行星轮，需要满足装配条件和小传动比（$|i^b_{Ha}|<50$）的配齿数方法。

① 配齿公式

a. 同心条件

$$z_a+z_g=z_b+z_f$$

令

$$z_g=z_f-e \tag{6-35}$$

代入同心条件式，得

$$z_b=z_a-e \tag{6-36}$$

式中，e 为两个行星轮或两个中心轮的齿数差值，e 值也表示 a—g 副与 b—f 副两对齿轮副径向轮廓尺寸的差值。因而 e 值大小可以由结构设计要求来确定。

b. 传动比条件

$$i^b_{Ha}=\frac{z_a z_f}{z_a z_f-z_b z_g}=\frac{z_a z_f}{z_a z_f-(z_a-e)(z_f-e)}$$

移项化简，得

$$z_f=\frac{e z_a-e^2}{\dfrac{z_a}{i^b_{Ha}}-e} \tag{6-37a}$$

令上式中$\dfrac{z_a}{i^b_{Ha}}-e=K$，则得

$$z_f=\frac{e}{K}(z_a-e) \tag{6-37b}$$

$$z_a=(K+e)\,i^b_{Ha} \tag{6-38}$$

式中，K 为计算常数。

c. 装配条件与邻接条件和 NW 型行星传动作法一样。

由于 WW 型的两对齿轮副均为外啮合副，可以同时进行角度变位。因而，配齿数时，可尽量按标准传动的同心条件配齿数。

传动比 i^b_{Ha}为负值，配齿数时 i^b_{Ha}、K、e 均取为负值。

② 步骤

a. 确定齿数差 e 和计算常数 K。e 一般可取 1 ~ 8 的整数；分析式（6-37b），为了避免 z_f 为负值或太大，应取 $K\geqslant 0.5$。

从最紧凑观点出发，最好取 $K=1$ 及 $e=1$。

b. 计算齿数：$z_a=(K+e)\,i^b_{Ha}$，$z_f=\dfrac{e}{K}(z_a-e)$，$z_b=z_a-e$，$z_g=z_f-e$

当 $K=1$、$e=1$ 时，$z_a=\pm z i^b_{Ha}$，$z_f=z_b=z_a\mp 1$，$z_g=z_f\mp 1=z_a\mp 2$

式中“±”号，上面符号用于正传动比，下面符号用于负传动比。

c. 确定齿数主要按照装配条件，其作法与 NW 型行星传动一样。

当 $K=1$、$e=1$ 时，只要凑使 z_a 为 n_p 的倍数加 1，即满足装配条件。

d. 校核传动比及查表 6-9 校核邻接条件。

2）第Ⅱ种方法——适用于大传动比（$|i^b_{Ha}>50|$），不一定满足装配条件的配齿方法。

这种配齿数方法，主要满足传动比条件进行配齿数。它不能满足非角度变位传动的同心条件，一般两对齿轮副的齿数和相差两个齿，依靠角度变位来满足同心条件。它只能满足某些数相关的 n_p 值的

装配条件，而对规定的 n_p 值，不一定能满足其装配条件，这只能依靠双联行星轮两齿圈的角错位加工和装配前的分别调整或只用一个行星轮来避开配齿数时的装配条件。其邻接条件仍可以按表6-7进行校核。

① 配齿公式

主要根据传动比条件

$$i_{Ha}^{b}=\frac{z_a z_f}{(z_a z_f - z_b z_g)}$$

为了获得较大的传动比，其分母 $z_a z_f - z_b z_g$ 值应尽量小，显然，其值最小为1。令

$$\delta = z_a z_f - z_b z_g \tag{6-39}$$

$$z_f = z_a + \delta - 1 \tag{6-40}$$

代入传动比条件式，得

$$z_a(z_a+\delta-1)=\delta i_{Ha}^{b}$$

求解得

$$z_a=\sqrt{\delta i_{Ha}^{b}+\left(\frac{\delta-1}{2}\right)^2}-\frac{\delta-1}{2} \tag{6-41}$$

由式（6-41）得

$$z_b z_g = z_a z_f - \delta = (z_a+\delta)(z_f-\delta)$$

由此解得

$$\left.\begin{aligned} z_g &= z_a+\delta \\ z_b &= z_f-\delta \end{aligned}\right\} \tag{6-42}$$

② 步骤

a. 选取 δ 值。δ 值的选取，一般根据传动比的大小，推荐按表6-10选用。

表6-10 $i_{Ha}^{b}-\delta$ 值对应表

传动比范围	推荐 δ 值	传动比范围	推荐 δ 值
$10000>\lvert i_{Ha}^{b}\rvert>2500$	1	$400>\lvert i_{Ha}^{b}\rvert>100$	4~6
$2500>\lvert i_{Ha}^{b}\rvert>1000$	2	$100>\lvert i_{Ha}^{b}\rvert>50$	7~10
$1000>\lvert i_{Ha}^{b}\rvert>4000$	3		

当传动比 i_{Ha}^{b} 为正值时，δ 取正值；当传动比 i_{Ha}^{b} 为负值时，则 δ 值也取负值。

b. 计算确定齿数配齿公式为

$$z_a=\sqrt{\delta i_{Ha}^{b}+\left(\frac{\delta-1}{2}\right)^2}-\frac{\delta-1}{2}$$

$$z_f=z_a+\delta-1$$

$$z_g=z_a+\delta$$

$$z_b=z_f-\delta$$

当 $\delta=1$ 时，其配齿公式为

$z_a=z_f=\sqrt{\pm i_{Ha}^{b}}$（正传动比时取上面“+”号，负传动比时取下面“-”号）

$$z_g=z_a+\delta$$

$$z_b=z_f-\delta$$

当需要满足装配条件时，仍按装配第一、第二限制条件校核。

c. 校核传动比

$$i_{Ha}^{b}=z_a z_f/\delta$$

这种配齿数方法所得到的各齿轮齿数，相差不大，均能满足邻接条件。

3）第Ⅲ种方法——适用于 $\lvert i_{Ha}^{b}\rvert<50$，公共行星轮的WW型行星传动的配齿数方法。

为了制造方便，取两个同样齿数的行星轮即 $z_g=z_f$，并使两个中心轮齿数相差1~2个齿，故又称为公共行星轮WW型，或称少齿差WW型。

配齿公式为

$$\left.\begin{aligned} z_a &= e' i_{Ha}^{b} \\ z_b &= z_a - e' \\ z_g &= z_f\text{（根据设计需要任意选取）} \end{aligned}\right\} \tag{6-43}$$

式中，e' 为两中心轮齿数差，$e'=1\sim2$，负传动比取负值。

对一齿差WW型，不可能满足 $n_p\neq1$ 的装配条件。因为两个行星轮齿数相等，其公约数 $s=z_g=z_f$，则 $z_g'=z_f'=1$，不是 n_p 的倍数；而两个中心轮齿数差为1，也不可能同时为 n_p 的倍数，所以不能满足装配第一限制条件。因此，一齿差WW型行星传动，常常只采用一个行星轮。

对两齿差WW型，由于两个中心轮齿数差为2，当 z_a 为偶数时，则可满足 $n_p=2$ 的装配条件。因此，对二齿差WW型可以采用两个行星轮即 $n_p=2$。

少齿差WW型两对齿轮副齿数和之差值为1~2个齿，可以用角度变位来满足同心条件。

由于少齿差WW型一般只用1~2个行星轮，因而能满足邻接条件，不必校核。

（3）NN型行星传动的配齿数方法 NN型与WW型一样，传动比范围很广，配齿方法很多，这里介绍适用于多行星轮、单行星轮和公共行星轮等三种配齿数方法。

1）第Ⅰ种方法——适用于多行星轮，需要满足装配条件和小传动比的配齿数方法。

① 配齿公式

a. 同心条件

$$z_a - z_g = z_b - z_f$$

令

$$z_g = z_f - e \tag{6-44}$$

代入同心条件式，得

$$z_b = z_a + e \tag{6-45}$$

式中，e为两个中心轮或两个行星轮的齿数差，也表示两对齿轮副的径向轮廓尺寸之差值。当传动比为负值时，e应取负值。

b. 传动比条件

$$i_{Ha}^{b} = \frac{z_a z_f}{z_a z_f - z_b z_g} = \frac{(z_b - e)z_f}{(z_b - e)z_f - z_b(z_f - e)}$$

移项化简，得

$$z_f = \frac{e z_b}{\dfrac{z_b - e}{i_{Ha}^{b}} + e} \tag{6-46}$$

或

$$z_b = \frac{e(i_{Hb}^{a} - 1)(z_g + e)}{e(i_{Ha}^{b} - 1) - z_g} \tag{6-47}$$

c. 满足装配条件的方法与NW型的方法一样，邻接条件可在配齿数后查表6-9进行校核。

② 步骤

a. 计算齿数有两种作法。

第一种作法：其计算次序为确定z_b（可根据设计要求确定）；选取齿差数值e，得

$$z_f = \frac{e z_b}{(z_b - e)/i_{Ha}^{b} + e}$$

$$z_a = z_b - e$$

$$z_g = z_f - e$$

检查最小行星轮齿数是否会产生根切，检查最大行星轮是否会超过表6-7的邻接条件。当不符合要求时，应重新选取e值，重新计算，直至这两项通过为止。

第二种作法：其计算次序为确定最小行星轮齿数z_g，根据强度条件、运转平稳性条件和避免根切来确定。

选取齿数差值e得

$$z_b = \frac{e(i_{Ha}^{b} - 1)(z_g + e)}{e(i_{Ha}^{b} - 1) - z_g}$$

$$z_a = z_b - e$$

$$z_f = z_g + e$$

检查内齿轮齿数既不能太少（避免插齿时产生顶切），也不能太多，更不能出现负值。当不符合要求时，须重新选取e值，重新计算，直至检查通过。

b. 确定齿数。在计算齿数基础上，根据满足装配条件凑整数，其方法与NW型方法一样。对一级传动为了配齿方便，常取各轮齿数及e值均为n_p的倍数；但对高速重载传动，为了保证有良好的工作平稳性，各啮合齿轮的齿数间，不应有公约数，因此，配齿数时，e值不能取n_p的倍数。

c. 验算传动比及校核邻接条件。

2）第Ⅱ种方法——单个行星轮的查线图配齿数方法。

单个行星轮的NN型行星传动，不但具有内啮合提供在直径上小得多的轮廓尺寸，而且由于内啮合中心距小，具有较小的行星轮离心力，为了充分获得这两个优越性，应该使两对内啮合传动中的齿数差值即$z_b - z_f$和$z_a - z_g$尽可能小。

由于只有一个行星轮，因而不必满足装配条件和邻接条件，只需满足传动比条件和同心条件。

① 配齿公式及线图

a. 同心条件

$$z_b - z_f = z_a - z_g = z_\Sigma \tag{6-48}$$

移项得

$$z_b - z_a = z_f - z_g = e \tag{6-49}$$

式中　z_Σ——齿数和；

e——两个行星轮或两个中心轮的齿数差。

b. 传动比条件

$$i_{Ha}^{b} = \frac{z_a z_f}{z_a z_f - z_b z_g} = \frac{(z_b - e)(z_b - z_\Sigma)}{z_\Sigma e} \tag{6-50}$$

移项得

$$z_b = \sqrt{e z_\Sigma (i_{Ha}^{b} - 1) + \left(\frac{e + z_\Sigma}{2}\right)^2} + \frac{e + z_\Sigma}{2} \tag{6-51}$$

根据式（6-50）或式（6-51），可以绘出如图6-15所示的线图。这线图可方便地被应用来选配齿数。

② 步骤。根据已知传动比i_{Ha}^{b}及预选的z_Σ、e，查线图6-15得z_b，进而计算其他齿轮齿数，其公式为

$$z_a = z_b - e, \qquad z_f = z_b - z_\Sigma, \qquad z_g = z_f - e$$

为了获得最小的尺寸及质量，对齿数差e应尽量选取得小些。

对z_Σ值的选取，当采用齿形角$\alpha = 20°$的标准齿轮传动，为了避免齿顶干涉，应按内齿轮齿数z_2查图6-15选取。当超过上述规定时，可通过角度变位或缩小齿顶高来避免齿顶干涉。

对齿形角$\alpha = 30°$的特殊刀具，其标准传动时的齿数和z_Σ可以等于3。

例6-11　已知NN型行星传动传动比$i_{Ha}^{b} = 1200$，试配齿数。

解　由$i_{Ha}^{b} = 1200$查图6-15，选取$z_\Sigma = 3$，$e = 2$，可得$z_b = 88$。

$$z_a = z_b - e = 88 - 2 = 86$$

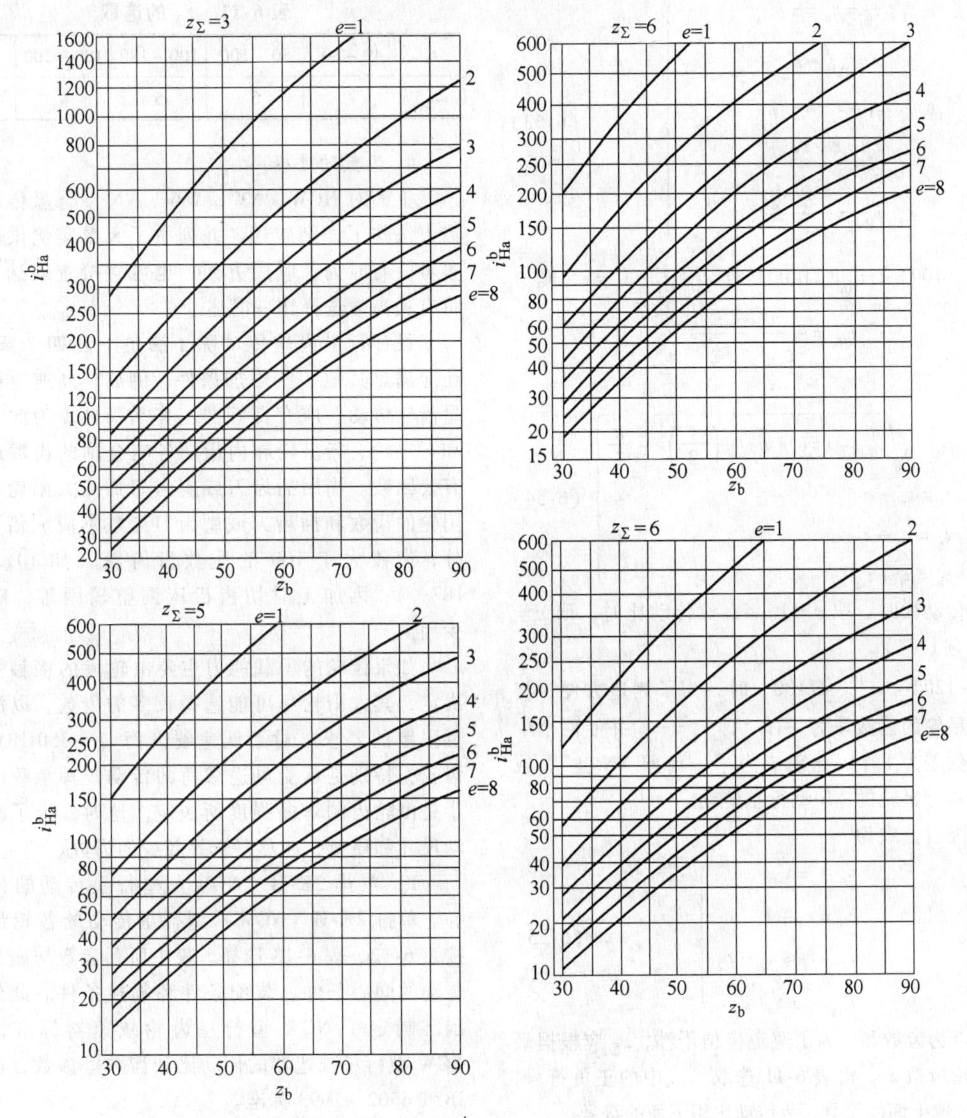

图6-15　根据给定的 i^b_{Ha}、z_Σ 和 e 值确定 z_b 的线图

$$z_f = z_b - z_\Sigma = 88 - 3 = 85$$

$$z_g = z_f - e = 85 - 2 = 83$$

校核传动比

$$i^b_{Ha} = \frac{z_a z_f}{z_a z_f - z_b z_g} = \frac{86 \times 85}{86 \times 85 - 88 \times 83} = 1218.3 \approx 1200$$

结果：$z_a = 86$　$z_b = 88$　$z_g = 83$　$z_f = 85$　$i^b_{Ha} = 1218.3$

3）第Ⅲ种方法——单个行星轮的简化配齿数方法。

这个方法对不同的传动比范围，推荐其相应的齿数和 z_Σ；

当 $10000 > i^b_{Ha} > 2500$　　$z_\Sigma = 1$

当 $2500 > i^b_{Ha} > 1000$　　$z_\Sigma = 2$

当 $1000 > i^b_{Ha} > 400$　　$z_\Sigma = 3$

当 $400 > i^b_{Ha}$　　$z_\Sigma = 4$

这个方法对不同的传动比范围，推荐不同的简化配齿公式：

① $i^b_{Ha} > 400$ 时，取 $z_\Sigma = e$ 可得

$$\left.\begin{aligned} & z_a = z_f = z \\ & z = \sqrt{z_\Sigma^2 i^b_{Ha}} \\ & z_g = z - z_\Sigma \\ & z_b = z + z_\Sigma \\ & i^b_{Ha} = \left(\frac{z}{z_\Sigma}\right)^2 \end{aligned}\right\} \tag{6-52}$$

对负传动比，即 $i^b_{Ha} < -400$ 时，取 $z_\Sigma = -e$，同理可得

$$
\left.\begin{aligned}
&z_b = z_g = z\\
&z = \sqrt{-z_\Sigma^2 - i^{b}_{Ha}} - z_\Sigma\\
&z_f = z - z_\Sigma\\
&z_g = z + z_\Sigma\\
&i^{b}_{Ha} = \frac{z^2 - z_\Sigma^2}{z_\Sigma^2}
\end{aligned}\right\}\quad(6\text{-}53)
$$

② $|100| < |i^{b}_{Ha}| < |400|$ 时，令 $z_f - z_a = e$，则

$$i^{b}_{Ha} = \frac{z_a z_b}{z_\Sigma(\varepsilon + z_\Sigma)}$$

移项得

$$
\left.\begin{aligned}
&z_a = \sqrt{i^{b}_{Ha} z_\Sigma (z_\Sigma + \varepsilon) + \left(\frac{e}{2}\right)^2} - \frac{\varepsilon}{2}\\
&z_f = z_a + \varepsilon\\
&z_g = z_a - z_\Sigma\\
&z_b = z_f + z_\Sigma
\end{aligned}\right\}\quad(6\text{-}54)
$$

正传动比时，取 $\varepsilon = 1 \sim 4$；负传动比时，取 $\varepsilon = -(2z_\Sigma + 1 \sim 4)$。

③ $|20| < |i^{b}_{Ha}| < |100|$ 时，为了制造方便，将两个行星轮的齿数取为一样，即 $z_g = z_f$，并使两个中心轮齿数差为1个，这就成为“一齿差 NN 型”，或称为公共行星轮的 NN 型行星传动。

其配齿公式为

$$
\left.\begin{aligned}
&z_a = \pm i^{b}_{Ha}\\
&z_b = z_a \mp 1\\
&z_g = z_f \leqslant z_b - z_\Sigma\\
&i^{b}_{Ha} = \pm z_a
\end{aligned}\right\}\quad(6\text{-}55)
$$

式中，z_Σ 为齿数和。为了避免齿顶干涉，z_Σ 应根据最小内齿轮齿数 z_2，由表6-11选取。式中的正负符号，正传动比取上面的符号，负传动比用下面的符号。

表 6-11　z_Σ 的选取

z_2	40 ~ 80	80 ~ 100	100 ~ 180	180 ~ 200	>200
z_Σ	7	6	5	4	3

4. 齿数的选择

上面对 NGW、NW、WW、NN 型行星传动的配齿方法作了详细叙述，并列举了大量实例供设计时参考。有时为了应用方便，也可直接查表选用。现将有关齿数选择作一简述。

设计行星齿轮传动除了满足上述四个条件外，还应满足其他一些附加条件。例如，高速重载的行星齿轮传动，应有良好的工作平稳性，为此太阳轮和行星轮、行星轮和内齿圈各啮合副的齿数最好没有公因数。当用插齿刀或剃齿刀加工太阳轮时，太阳轮的齿数和插齿刀或剃齿刀齿数不应成倍数。此外，齿数大于100的质数齿齿轮（如101、103、107…），因加工时切齿机床调整较困难，应尽量少用。

如果齿轮的承载能力主要由轮齿的接触强度所决定，其太阳轮尽可能选择较多的齿数，以满足接触强度的要求。对于低速硬齿面（>350HBW）的齿轮，特别是承受可逆载荷的传动，其承载能力多半是由轮齿的弯曲强度所决定。这时，为了减小传动尺寸和质量，应尽量选择较少的齿数。

1）单排2K-H（NGW）型行星传动的齿数选择。单排2K-H（NGW）型行星传动的各轮齿数可按表6-12、表6-13选择。表中所列齿数均满足行星传动的同心条件、装配条件和邻接条件。此外，我国已制定了 NGW 型行星齿轮减速器标准，有关 NGW 型行星减速器的传动比和齿数等参数，可参见 JB/T 6502—1993 标准。

表 6-12　单排 2K-H（NGW）型行星传动各轮齿数的选择表

i^{b}_{aH}	z_a	z_g	z_b	i^{b}_{aH}	z_a	z_g	z_b	i^{b}_{aH}	z_a	z_g	z_b
3.00	24	12	48	3.00	37*	18*	74*	3.40	67	47	161
	25*	12*	50*		38	19	76		60	84	228
	26	13	52		39*	19*	78*		65	91	247
	27*	13	54*		40	20	80	3.60	15	12	39
	28	14	56		41*	20*	82*		20	16	52
	29*	14*	58*		42	21	84		25	20	65
	30	15	60		43*	21*	86*		30	24	78
	31*	15*	62*	3.20	30	18	66		35	28	91
	32	16	64		45	27	99		40	32	104
	33*	16*	66*		60	36	132		45	36	117
	34	17	68	3.40	30	21	72		50	40	130
	35*	16*	70*		53	37	127*		55	44	143
	36	18	72		60	42	144		60	48	156
									65	52	169

（续）

i_{aH}^{b}	z_a	z_g	z_b
3.80	30	27	84
	41	37	115
	49	44	137*
	56*	50*	157*
	60	54	168
4.00	12	12	36
	15	15	45
	18	18	54
	21	21	63
	24	24	72
	27	27	81
	30	30	90
	33	33	99
	36	36	108
	39	39	117
	42	42	126
	45	45	135
	48	48	144
	51	51	153
	54	54	162
	57	57	171
	60	60	180
	63	63	189
	66	66	198
	69	69	207
4.20	15*	16*	48*
	20	22	64
	25*	27*	80*
	30	33	96
	35*	38*	112*
	40	44	128
	45*	49*	144*
	50*	55	100
	55*	60*	176*
	60	66	192
	65*	71*	208
4.40	15	18	51
	30	36	102
	43*	51*	164*
	45	54	153
	47*	56*	160*
	58*	69*	197*
	60	72	204
	62*	74*	211*
4.60	15*	19	54*
	30	39	108
	43	56	155
	45*	58*	162*
	47	61	169
	58*	75*	209*
4.60	60	78	216
	62*	80*	223*
4.80	15	21	57
	20	28	56
	25	35	95
	30	42	114
	35	49	133
	40	56	152
	45	63	171*
	50	70	190
	55	77	209
5.00	12	18	48
	15*	22*	60*
	18	27	72
	21*	31*	84*
	24	36	96
	27*	40*	108*
	30	45	120
	33*	49*	132*
	36	54	144
	39*	58*	156*
	42	63	168
	45*	67*	180*
	48	72	192
	51*	76*	204*
	54	81	216
	57*	85*	228
	60	90	240
	63*	94*	252*
	66	99	267
	69*	103*	276*
5.20	15	24	63
	30	48	126
	41*	65*	172*
	45	72	189
	49*	78*	206
	56*	89*	235*
	60	96	252
	64*	112*	269*
5.40	15*	25*	66*
	20	34	88
	25*	42*	110*
	30	51	132
	35*	59*	154*
	40	68	176
	45*	76*	198*
	50	85	220
	55*	93*	242*
	60	102	264
	65*	110*	286*
5.60	15	27	69
	30	54	138
	45	81	207
	52*	93*	239*
	53*	95*	244*
	67*	120*	308*
	68*	122*	313*
5.80	15*	28*	72
	30	57	144
	44*	83*	211*
	45*	85*	216
	46*	87*	221*
	59	112	283*
	60	114	288
	61	116	293*
6.00	12	24	60
	13	26	65
	14	82	70
	15	30	75
	16	32	80
	17	34	85
	18	36	90
	19	38	95
	20	40	100
	21	42	105
	22	44	110
	23	46	115
	24	48	120
	25	50	125
	26	52	130
	27	54	135
	28	56	140
	29	59	145
	30	60	150
	31	60	155
6.20	15*	31*	78*
	30	63	156
	44*	92*	229*
	45*	94*	234*
	46*	96*	239*
	59	124	307*
	60	126	312
	66	128	317*
6.40	15	33	81
	30	66	162
	45	99	243
	52*	114*	281*
	53*	116*	286*
	60	132	324
	67*	147*	362*
	68*	149*	367*

（续）

i_{aH}^{b}	z_a	z_g	z_b
6.60	15	34	84
	20	46	112
	25*	57*	140*
	30	69	168
	35*	80*	196*
	40	92	224
	45	101*	252
	50	115	280
	55*	126*	308*
	60	138	336
	65*	149*	364*
6.80	15	36	87
	30	72	174
	41*	98*	238*
	45	108	261
	49*	117*	284*
	65*	134*	325*
	60	144	348
	64*	153*	371*
	12	30	72
	15*	37*	90*
	18	45	108
	21*	52*	126*
	24	60	144
	27*	67*	162*
	30	75	180
	33*	82*	198*
	36	0	216
	39*	97*	234*
	42	105	252
	45*	112*	270*
	48	120	288
	60	174	408
	65*	188*	442*

i_{aH}^{b}	z_a	z_g	z_b
7.00	57*	127*	306*
	54	135	324
	57*	142*	342*
	60	150	360
	63*	157*	378*
	66	165	396
	69*	172*	414*
7.20	15	39	93
	20	52	124
	25	65	155
	30	78	186
	35	91	217
	40	104	248
	45	117	279
	50	130	310
	55	143	341
	60	156	372
	65	169	403
7.40	15*	40*	96*
	30	81	192
	43	116	275
	45*	121*	288*
	47	127	301
	58*	156*	371*
	60	162	348
	26*	167*	379*
7.60	15	42	99
	30	84*	198
	43*	120	824*
	45	126	297
	47*	131*	310*
	58*	162*	383*
	60	168	396
	62*	173*	409*

i_{aH}^{b}	z_a	z_g	z_b
7.80	15*	43*	102*
	20	58	136
	25*	72*	170*
	30	87	204
	35*	101*	238*
	40	116	272
	45*	130*	306*
	50	145	340
	55*	159*	374*
8.00	12	36	84*
	15	45	105
	18	54	126
	21	63	147
	24	72	168
	27	81	189
	30	90	210
	33	99	231
	36	108	252
	39	117	273
	42	126	294
	45	135	315
	48	144	336
	51	153	357
	54	162	378
	57	171	399
	60	180	420
	63	189	441
	66	198	462
	69	207	483

注：表中全部传动方案齿数组合的传动比误差，不超过0.005。表中标有*的数字记号为角度变位啮合的齿轮齿数或大于100的质数齿轮齿数。当方案中的中心轮齿数和行星轮个数 $n_p=3$ 成倍数时，这种方案常用于低速传动。表格是按单级行星传动编制的，但同样可在多级行星传动选择齿数时采用，这时可根据事先规定的传动比，按级数来分配。

表 6-13　重载行星传动常用齿数的匹配

公称传动比	太阳轮齿数	行星轮齿数	内齿圈齿数	实际传动比	强度情况
3.15	35	20、19	76	3.1714	弯曲强度高
	36	21、20	78	3.1667	
	37		80	3.1622	
	38	22、21	82	3.1579	均衡区
	39		84	3.1538	
	40	23、22	86	3.15	
	41		88	3.1463	平稳性较好

（续）

公称传动比	太阳轮齿数	行星轮齿数	内齿圈齿数	实际传动比	强度情况
3.15	42	24、23	90	3.1463	平稳性较好
	43		92	3.1395	
	44	25、24	94	3.1364	
3.55	29	22、21	73	3.5173	弯曲强度高
	30	24、23	78	3.6	
	31		80	3.5806	
	32	25、24	82	3.5625	均衡区
	33		84	3.5455	
	34	26、25	86	3.5294	
	35		88	3.5143	平稳性较好
	36	28、27	93	3.5833	
	37	29、28	95	3.5676	
4	25	24、23	74	3.96	弯曲强度高
	26	26、25	79	4.0385	
	27	27、26	81	4	
	28		83	3.9643	均衡区
	29	29、28	88	4.0345	
	30	30、29	90	4	
	31		92	3.9677	平稳性较好
	32	32、31	97	4.0313	
	33	33、32	99	4	
4.5	21	27、26	75	4.5714	弯曲强度高
	22		77	4.5	
	23	29、28	82	4.5652	
	24	30、29	84	4.5	
	25	32、31	89	4.56	均衡区
	26		91	4.5	
	27	34、33	96	4.5555	
	28	35、34	98	4.5	平稳性较好
	29		100	4.4483	

（续）

公称传动比	太阳轮齿数	行星轮齿数	内齿圈齿数	实际传动比	强度情况
5	19	29、28	77	5.0526	弯曲强度高
	20		79	4.95	
	21	31、30	84	5	
	22	33、32	89	5.0455	
	23	34、33	91	4.9565	均衡区
	24	36、35	96	5	
	25		98	4.92	
	26	40、39	106	5.0769	平稳性较好
	27		108	5	
5.6	17	31、30	79	5.6471	弯曲强度高
	18	33、32	84	5.6667	
	19		86	5.5263	
	20	35、34	91	5.55	
	21	37、36	96	5.5714	均衡区
	22	41、40	104	5.7273	
	23		106	5.6087	
	24	43、42	111	5.625	平稳性较好
6.3	17	37、36	91	6.3529	弯曲强度高
	18	39、38	96	6.3333	
	19	42、41	104	6.4737	
	20	43、42	106	6.3	均衡区
	21	45、44	111	6.2857	
	22	47、46	116	6.2727	
7.1	16	41、40	98	7.125	弯曲强度高
	17	44、43	106	7.2353	
	18	46、45	111	7.1667	
	19	48、47	116	7.1053	均衡区
	20	50、49	121	7.05	
8	14	41、40	97	7.9286	弯曲强度高
	15	45、44	105	8	

（续）

公称传动比	太阳轮齿数	行星轮齿数	内齿圈齿数	实际传动比	强度情况
8	16	47、46	110	7.875	弯曲强度高
	17	50、49	118	7.9412	均衡区
	18	54、53	126	8	
9	13	45、44	104	9	弯曲强度高
	14	49、48	112	9	
	15	52、51	120	9	
	16	56、55	128	9	均衡区
	17	59、58	136	9	

2）双排2K-H（NN）型行星传动的齿数选择。双排2K-H（NN）型行星传动的各轮齿数的选择，可按表6-14选用。

表6-14　双排2K-H（NN）型行星传动各轮齿数的选择

i_{Ha}^{b}	z_a	z_f	z_g	z_b	i_{Ha}^{b}	z_a	z_f	z_g	z_b	i_{Ha}^{b}	z_a	z_f	z_g	z_b
8.66	81	34	28	87	11.50	60	23	20	63	14.05	60	26	23	63
8.73	48	18	15	51	11.60	51	22	19	54	14.14	66	27	24	69
8.80	72	33	27	78	11.81	57	23	20	60	14.30	72	28	25	75
8.84	39	17	14	42	12.00	63	24	21	66	14.53	57	26	23	60
9.00	45	18	15	48	12.18	54	23	20	57	14.54	63	27	24	66
9.04	75	34	28	81	12.23	69	25	22	72	14.64	69	28	25	72
9.23	51	19	16	54	12.31	60	24	21	63	14.80	75	29	28	78
9.33	42	18	15	45	12.50	66	25	22	69	15.00	60	27	24	63
9.50	48	19	16	51	12.61	51	23	20	54	15.02	66	28	25	69
9.83	45	19	16	48	12.67	57	24	21	60	15.13	72	29	26	75
10.00	51	20	17	54	12.80	63	25	22	66	15.29	78	30	27	81
10.23	57	21	18	60	13.00	69	26	23	72	15.47	63	28	25	66
10.32	48	20	17	51	13.09	54	24	21	57	15.51	69	29	26	72
10.50	54	21	18	57	13.16	60	25	22	63	15.63	75	30	27	78
10.71	45	20	17	48	13.30	66	26	23	69	15.95	56	29	26	69
10.73	60	22	19	63	13.50	72	27	24	75	16.00	72	30	27	75
10.82	51	21	18	54	13.57	57	25	22	60	16.43	69	30	27	72
11.00	57	22	19	60	13.65	63	26	23	66	16.46	63	29	26	66
11.20	48	21	18	51	13.80	69	27	24	72	16.49	75	31	28	78
11.31	54	22	19	57	14.00	75	28	25	78	16.91	72	31	28	75

注：表中所有的z_a和z_b都是3的倍数，有时也是2的倍数，因此本表适用于行星轮个数$n_p=3$的传动（有时也可适用于$n_p=2$的传动）。表中全部$z_a<z_b$，$z_g<z_f$。

3）双排2K-H（NW）型行星传动的齿数选择。2K-H（NW）型行星传动通常取z_a、z_b为行星轮个数n_p的整数倍。最常见的传动方式是b轮固定，a轮主动，行星架H输出。为了获得较大的传动比和较小的外形尺寸，应选择z_a、z_f都小于z_g。但从强度观点看，z_g和z_f相差越小越接近等强度。综合考虑上述情况，一般取$z_f=z_g-(3\sim8)$。为了减少计算麻烦，可直接按表6-15选用。

在2K-H（NW）型传动中，如果所有齿轮的模数及齿形角相同，且$z_a+z_g=z_b-z_f$时，由同心条件得知$\alpha'_{tag}=\alpha'_{tfb}$。为了提高齿轮承载能力，可使两啮合角稍大于20°，以便使a和f两齿轮正变位。选择齿轮时使$z_a+z_g<z_b-z_f$，有利于增大α'_{tag}，因而有利于提高传动的承载能力。

表 6-15　双排 2K-H（NW）型行星传动各轮齿数的选择表

i_{aH}^{b}	z_a	z_b	z_g	z_f	i_{aH}^{b}	z_a	z_b	z_g	z_f	i_{aH}^{b}	z_a	z_b	z_g	z_f	i_{aH}^{b}	z_a	z_b	z_g	z_f
7.000	21	63	28	14	7.482*	21	99	44	32	8.069*	18	90	41	29	8.667	18	69	34	17
7.000	12	54	24	18	7.500*	21	78	35	20	8.088	21	90	43	26	8.688*	15	90	41	32
7.000	18	60	27	15	7.500	15	90	39	36	8.125	12	57	27	18	8.708	18	75	37	20
7.000	18	81	36	27	7.500	21	84	39	24	8.134*	21	102	47	32	8.724	15	84	40	29
7.041	21	111	48	42	7.500	18	78	36	24	8.143	18	75	36	21	8.750	18	93	45	30
7.045	21	114	49	44	7.514*	15	90	38	35	8.165*	15	63	29	17	8.800	15	81	39	27
7.053	21	105	46	38	7.538	15	75	34	26	8.171	18	108	49	41	8.800	12	78	36	30
7.055*	21	87	38	26	7.552	18	96	43	35	8.178	18	114	51*	45	8.805	12	81	37	32
7.058*	18	81	35	26	7.563	12	45	21	12	8.179	18	105	48	39	8.821	18	111	52	41
7.059*	21	111	47	41	7.567	21	93	43	29	8.215*	18	105	47	38	8.824	12	57	28	17
7.071	21	102	45	36	7.576	18	93	42	33	8.216*	18	69	32	17	8.826	18	81	40	23
7.088*	12	54	23	17	7.578	18	111	42	45	8.229	15	69	33	21	8.835	21	93	46	26
7.097	15	78	34	29	7.587*	18	111	47	44	8.233	15	93	42	36	8.839*	18	93	44	29
7.106*	21	102	44	35	7.594*	18	78	35	23	8.242	15	96	43	38	8.845*	12	78	35	29
7.109	15	84	36	33	7.609*	21	84	38	23	8.251	21	96	46	29	8.846	12	72	34	26
7.111	15	75	33	27	7.620*	18	93	41	32	8.263*	15	93	41	35	8.846	18	108	51	39
7.111	18	66	30	18	7.632	21	108	40	38	8.265*	12	57	26	17	8.892*	15	81	38	26
7.118*	15	60	26	17	7.667	18	60	28	14	8.273	18	96	45	33	8.895*	18	108	50	38
7.125*	15	84	35	32	7.667	18	87	40	29	8.280	15	84	39	30	8.906	12	69	33	24
7.143	21	96	43	32	7.686	18	66	31	17	8.292*	18	75	35	20	8.933	18	102	49	35
7.154*	15	75	32	26	7.714*	21	105	47	35	8.313	18	81	39	24	8.956	21	99	49	29
7.159	18	75	34	23	7.758*	21	90	41	26	8.328	12	75	34	29	8.994	18	87	43	26
7.190*	18	60	26	14	7.769	12	45	20	13	8.333*	18	96	44	32	9.000*	12	69	32	23
7.200	15	69	31	23	7.777	21	99	46	32	8.333	12	72	33	27	9.000	18	99	48	33
7.200	21	93	42	30	7.800	18	72	34	20	8.338	15	84	38	29	9.063	15	90	43	32
7.205	21	81	37	23	7.800	12	51	24	15	8.360*	15	69	32	20	9.067	15	66	33	18
7.222	18	96	42	36	7.820	15	60	31	20	8.364	12	81	36	33	9.100	12	54	27	15
7.224	18	99	43	38	7.856	12	69	31	26	8.383*	12	81	35	32	9.120	15	87	42	30
7.248*	18	96	41	35	7.857	15	90	40	35	8.400	15	78	37	26	9.138	12	63	31	20
7.250	18	90	40	32	7.857	18	108	48	42	8.413	12	66	31	23	9.195	18	93	46	29
7.250	18	105	45	42	7.867	18	111	49	44	8.414	18	90	43	29	9.200*	15	87	41	29
7.255*	18	66	29	17	7.871	21	78	37	20	8.435*	18	81	38	23	9.211	18	108	52	38
7.260*	18	105	44	41	7.878*	18	108	47	41	8.438	21	102	49	32	9.229	15	72	36	21
7.261*	21	93	41	29	7.888*	15	87	38	32	8.485	18	114	52	44	9.264	18	105	51	36
7.283	18	87	39	30	7.890	15	81	37	29	8.488	18	111	51	42	9.282*	15	66	32	17
7.286	18	72	33	21	7.897*	12	75	32	29	8.500	12	63	30	21	9.293	12	78	37	29
7.286	21	72	33	18	7.905	15	96	41	38	8.519	18	87	42	27	9.308	15	81	40	26
7.286	15	66	30	21	7.915	18	117	50	47	8.520*	18	111	50	41	9.323	18	90	45	27
7.317	21	111	49	41	7.936*	21	96	44	29	8.522	18	105	49	38	9.330	12	60	30	18
7.330	21	108	48	39	7.943	18	93	43	32	8.543	21	99	48	30	9.333*	18	105	50	35
7.361*	21	108	47	38	7.957	21	84	40	23	8.556	18	102	48	36	9.333	12	75	36	27
7.367	21	78	36	21	7.971	18	78	37	23	8.600	15	57	28	14	9.357*	12	54	26	14
7.374	21	87	40	26	7.982*	12	51	23	14	8.609*	15	75	35	23	9.400*	15	72	35	20
7.380*	15	66	29	20	8.000	21	105	49	35	8.610*	18	102	47	35	9.413*	12	75	35	26
7.384	21	102	46	35	8.000*	15	78	35	26	8.613*	12	63	29	20	9.422	18	99	49	32
7.404	18	81	37	26	8.000	15	63	30	18	8.617	15	93	43	35	9.450	15	78	39	24
7.413*	12	69	29	26	8.000	18	90	42	30	8.622*	18	87	41	26	9.462*	18	90	44	26
7.429	15	54	25	14	8.028	18	69	33	18	8.636*	15	90	42	33	9.500	12	69	34	23
7.429	21	99	45	33	8.057*	15	57	26	14	8.640	21	99	47	29	9.529*	12	60	29	17
7.475	15	84	37	32	8.065	21	102	48	33	8.659	15	63	31	17	9.533	18	96	48	30

（续）

i_{aH}^{b}	z_a	z_b	z_g	z_f	i_{aH}^{b}	z_a	z_b	z_g	z_f	i_{aH}^{b}	z_a	z_b	z_g	z_f	i_{aH}^{b}	z_a	z_b	z_g	z_f
9.591*	15	78	38	23	11.400	15	102	52	34	13.517	15	99	55	29	16.250*	15	105	61	28
9.600	15	87	43	29	11.500	12	63	34	17	13.641	18	102	58	26	16.250*	12	111	61	37
9.643	12	66	33	21	11.538	18	105	56	31	13.650*	15	102	55	31	16.277*	15	111	64	31
9.644	18	96	47	29	11.552*	18	102	54	29	13.672	12	90	49	29	16.312*	15	99	58	25
9.667	18	105	52	35	11.600	15	102	53	34	13.688	15	105	58	32	16.500	15	105	62	28
9.711	15	84	42	27	11.638	12	69	37	20	13.805*	21	102	58	22	16.500	12	111	62	37
9.758	18	102	51	33	11.725	15	99	52	32	13.880	12	84	46	25	16.516	15	111	65	31
9.800	15	66	34	17	11.747	18	102	55	29	13.897	15	111	61	35	16.712*	18	102	61	22
9.800*	12	66	32	20	11.880	21	102	56	25	14.000	12	96	52	32	16.954	15	102	61	26
9.831*	15	84	41	26	12.071*	15	99	52	31	14.097*	15	105	58	31	17.232	18	105	64	23
9.864	18	90	46	26	12.131*	18	102	55	28	14.147*	18	102	58	25	17.457*	15	108	64	28
9.854*	18	102	50	32	12.163	12	81	43	26	14.200	15	99	56	28	17.592*	15	102	61	25
9.880*	15	72	37	20	12.273	21	99	55	23	14.276*	15	111	61	34	17.714	15	108	65	28
9.894*	12	75	37	26	12.284	15	99	53	31	14.323	15	105	59	31	17.864	15	102	62	25
10.000	12	54	28	14	12.333	18	102	56	28	14.373	18	102	59	25	17.914	12	111	64	35
10.043	15	78	40	23	12.371	12	90	47	31	14.494	15	111	62	34	18.097	15	111	67	29
10.118	12	60	31	17	12.500	12	87	46	29	14.500	12	99	54	33	18.179*	12	111	65	35
10.310	12	81	40	29	12.529	15	105	56	34	14.600	15	102	58	29	18.231	15	105	64	26
10.512*	15	99	49	34	12.610*	12	81	43	25	14.630*	18	99	57	23	18.333*	15	108	65	27
10.625	12	63	33	18	12.667	18	105	58	29	14.663	12	87	49	26	18.412*	12	111	64	34
10.706	15	99	50	34	12.688	15	102	55	32	14.686	18	105	61	26	18.707*	15	111	67	28
10.838	15	105	52	37	12.788*	21	99	55	22	15.086*	15	102	58	28	18.879	12	102	61	29
10.857	12	69	36	21	12.867	12	93	49	32	15.329	15	102	59	28	19.518*	12	102	61	28
10.882*	12	63	50	17	12.880	12	81	44	25	15.467	18	105	62	25	19.821	12	102	62	28
10.884	12	81	41	28	13.115*	12	84	45	26	15.723	15	99	58	26	20.367	12	111	67	32
11.000	12	78	40	26	13.248	21	102	58	23	15.724	15	105	61	29	20.992*	12	111	67	31
11.027	15	105	53	37	13.284	15	102	56	31	15.800	15	111	64	32	21.290	12	111	68	31
11.103	15	102	52	35	13.292	18	105	59	28	15.849	12	111	61	38	21.923	12	102	64	26
11.349*	18	105	55	31	13.460*	21	102	59	23	16.029	18	102	61	23					

注：本表 z_a 及 z_b 都是 3 的倍数，适用于 $n_p=3$ 的行星传动。个别组的 z_a、z_b 也同时是 2 的倍数，也可适用于 $n_p=2$ 的行星传动。带“*”记号者 $z_a+z_g\neq z_b-z_f$，用于角度变位传动；不带“*”者，可用于变位或非变位传动。当齿数小于 17 且不允许根切时，应进行变位。表中同一个 i_{aH}^{b} 而对应有几个齿数组合时，则应根据齿轮强度选择。表中齿数系按模数 $m_{tfg}=m_{tqb}$ 条件列出。

5. 多级行星传动的传动比分配

多级行星传动的各级传动比分配，应以各级之间获得等强度和最小外廓尺寸为原则。

对于两级 2K-H（NGW）型行星传动可利用图 6-16 和图 6-17 进行传动比分配，图中

$$\Omega = qk^3 \qquad (6\text{-}56)$$

$$q=\frac{n_{p\,\mathrm{II}}\,k_{p\,\mathrm{I}}\,\varphi_{d\,\mathrm{II}}\,\sigma_{\mathrm{Hlim}\,\mathrm{II}}\,k_{v\,\mathrm{I}}\,k_{\beta\,\mathrm{I}}}{n_{p\,\mathrm{I}}\,k_{p\,\mathrm{II}}\,\varphi_{d\,\mathrm{I}}\,\sigma_{\mathrm{Hlim}\,\mathrm{I}}\,k_{v\,\mathrm{II}}\,k_{\beta\,\mathrm{II}}} \qquad (6\text{-}57)$$

$$k=\frac{(d)_{b\,\mathrm{II}}}{(d)_{b\,\mathrm{I}}}$$

$$i=i_{\mathrm{I}}\,i_{\mathrm{II}}$$

式中　$(d)_b$——内齿圈 b 分度圆直径；

k_p——载荷分布不均匀系数；

k_β——载荷沿齿长方向分布不均匀系数；

k_v——动载系数；

σ_{Hlim}——齿轮接触疲劳极限应力；

下标 Ⅰ、Ⅱ——高、低速级。

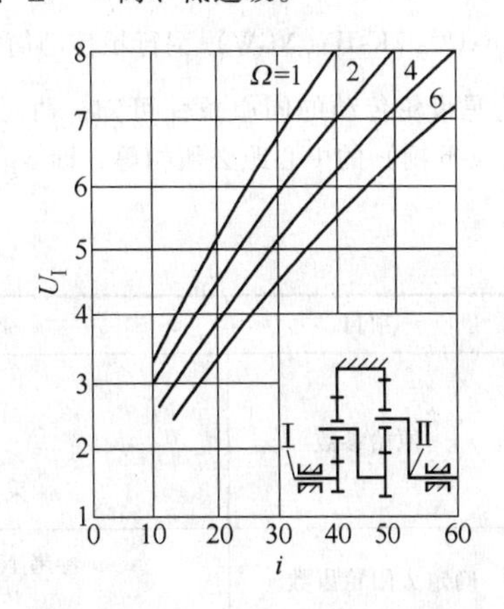

图 6-16　两级 NGW 型传动比分配

$$U_{\mathrm{I}}=\left(\frac{z_{b}}{z_{a}}\right)_{\mathrm{I}},\ i_{\mathrm{I}}=U_{\mathrm{I}}+1\ (见图 6\text{-}16),$$

$$i_{\mathrm{I}}=U_{\mathrm{I}}\ (见图 6\text{-}17)$$

当 $k=1$ 时，减速器尺寸和质量最小，一般常取 $k=1\sim1.3$。

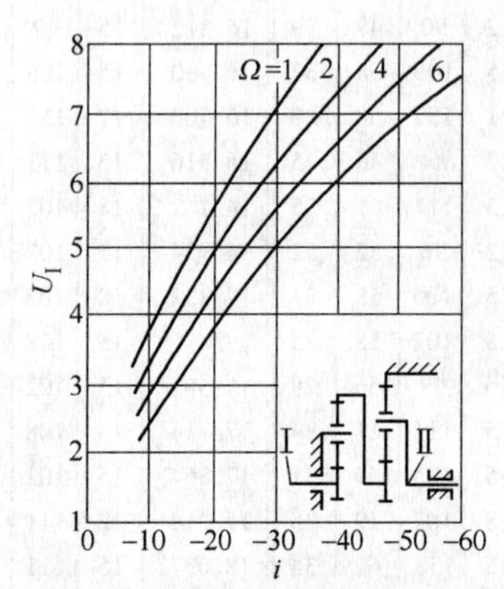

图 6-17　两级 NGW 型传动比分配
（高速行星架固定）

6.4　行星齿轮传动的变位系数选择与几何计算

2K-H（NGW）型行星齿轮传动中，内啮合副的强度比外啮合副高。因此，行星齿轮传动的主要矛盾是如何提高外啮合副（见图 6-18 中的 a-g 副）的强度，从而进一步提高行星齿轮传动的承载能力。

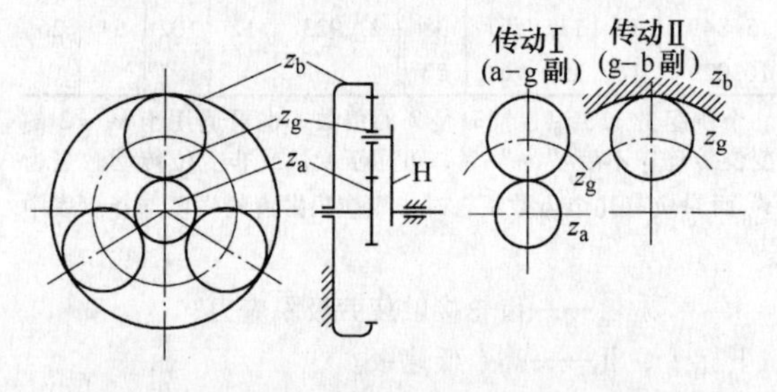

图 6-18　2K-H（NGW）型行星传动简图

由行星齿轮传动的同心条件可知，两对啮合副（a-g 副、g-b 副）的中心距必须相等，即 $\alpha'_{ag}=\alpha'_{gb}$。因此，传动Ⅰ（a-g 副）采用较大的正角度变位时，传动Ⅱ（g-b 副）也必然是大正角度变位。这时，内齿圈 b 的变位系数 x_b 较大，会过于削弱内齿圈的弯曲强度这是不利的。通常，将初定的行星轮齿数 z'_g 减少 1～2 个齿，再进行角度变位。这样可以使 a-g 副具有尽可能大的正角度变位，其啮合角 $\alpha'_{ag}=22°\sim26°30'$，而 g-b 副为高度变位或负角度变位，啮合角 $\alpha'_{gb}=17°\sim21°$。下面叙述变位系数选择及其几何计算。

1. *初配齿数*

根据上面介绍的配齿公式

$$z_a:z_g:z_b:q=z_a:\frac{i_{aH}^{b}-2}{2}z_a:(i_{aH}^{b}-1)z_a:\frac{i_{aH}^{b}}{n_p}z_a$$

引出如下简便初配齿数方法。

1）确定太阳轮齿数 z_a。主要可根据 NGW 型的系列参数，按传递功率（或转矩）及传动比来确定太阳轮齿数 z_a 值。也可根据具体工作条件来确定太阳轮齿数 z_a，一般转速高的，z_a 取偏大值，传动平稳性好一些；转速低的，取小值，以便得到较大的模数，提高轮齿的弯曲强度。

2）凑 x 值。x 值要符合如下三个条件：

① $x=i_{aH}^{b}z_a$（传动比条件）。

② $\dfrac{x}{n_p}$为整数（装配条件）。

③ 对非角度变位齿轮传动，x 值应为偶数，方可满足同心条件。对角度变位齿轮传动，x 值可取为奇数。

3）内齿圈齿数 $z_b=x-z_a$。

4）初定行星轮齿数

$$z'_g=\frac{z_b-z_a}{2}$$

对非角度变位齿轮传动，z'_g 值必须是整数；对角度变位齿轮传动，z'_g 值可以暂时为非整数。

例 6-12　今有一行星减速器，传动功率 $P=5\text{kW}$，电动机转速 $n=940\text{r/min}$，传动比 $i=35.5$，试初配齿数。

解　初配齿数见表 6-16。

表 6-16　初配齿数

序号	项目	高 速 级	低 速 级
1	原始参数	$i_{aH}^{b}=7.1$ $n_p=3$ 采用角度变位	$i_{aH}^{b}=5$ $n_p=3$ 采用角度变位
2	确定太阳轮齿数 z_a	参考 NGW 型 3 号机座 $z_a=15$	参考 NGW 型 3 号机座 $z_b=19$

（续）

序号	项目	高速级	低速级
3	凑 x 值	1) $x=i_{aH}^{b}z_a=7.1\times15=106.5$，取 $x=105$ 2) $\frac{x}{n_p}=\frac{105}{3}=35$，除得尽 3)由于角度变位，所以 $x=105$，奇数是允许的	1) $x=i_{aH}^{b}z_a=5\times19=95$，取 $x=93$ 2) $\frac{x}{n_p}=\frac{93}{3}=31$，除得尽 3)由于角度变位，所以 $x=93$，奇数是允许的
4	计算内齿圈齿数 z_b	$z_b=x-z_a=105-15=90$	$z_b=x-z_a=93-19=74$
5	初配行星轮齿数 z'_g	$z'_g=\frac{z_b-z_a}{2}=\frac{90-15}{2}=37.5$	$z'_g=\frac{z_b-z_a}{2}=\frac{74-19}{2}=27.5$

注：由于是角度变位，所以 $z'_g=27.5$ 和 37.5 暂为非整数值，仍然是允许的。

2. 行星齿轮传动的变位方法及变位系数的选择

在渐开线行星齿轮传动中，采用合理的变位齿轮可改善啮合质量和提高传动的承载能力。在 2K-H 型传动中，有如下几种变位方法。

（1）高度变位　高度变位的主要目的在于消除根切和使各齿轮的滑动率或弯曲强度大致相等。各齿轮变位系数的关系如下：

当 $i_{aH}^{b}<4$ 时，太阳轮负变位，行星轮和内齿轮正变位，即

$$-x_a=x_g=x_b \tag{6-58}$$

当 $i_{aH}^{b}\geqslant4$ 时，太阳轮正变位，行星轮和内齿轮负变位，即

$$x_a=-x_g=-x_b \tag{6-59}$$

式中　x_a——太阳轮变位系数；

x_g——行星轮变位系数；

x_b——内齿轮变位系数。

变位系数 x_a 及 x_g，可根据太阳轮和行星轮齿数的组合，若 $\varepsilon_\alpha\geqslant1.2$ 时，由图 6-20 选取（当 $x_\Sigma=0$ 时），也可按外啮合封闭图选取。

（2）角度变位

1）$\alpha'_{ag}=\alpha'_{gb}$ 的正角度变位。如图 6-19 所示，α'_{ag} 和 α'_{gb} 分别为 a-g 副和 g-b 副变位后的啮合角。采用这种变位方法时，各齿轮的齿数关系不变，即 $z_a+z_g=z_b-z_g$，根据同心条件，变位后外啮合与内啮合的中心距变动系数相等（$y_{ag}=y_{gb}$），所以啮合角相等（$\alpha'_{ag}=\alpha'_{gb}$）。各齿轮变位系数间的关系为

$$x_b=x_a+2x_g \tag{6-60}$$

变位后的啮合角和中心距按下列公式计算

$$\text{inv}\alpha'_{ag}=\text{inv}\alpha'_{gb}=\text{inv}\alpha+\frac{x_a+x_g}{z_a+z_g}2\tan\alpha \tag{6-61}$$

$$\alpha'_{ag}=\alpha'_{gb}=\frac{m}{2}(z_a+z_g)+ym \tag{6-62}$$

式中
$$y=\frac{z_a+z_g}{2}\left(\frac{\cos\alpha}{\cos\alpha'_{ag}}-1\right) \tag{6-63}$$

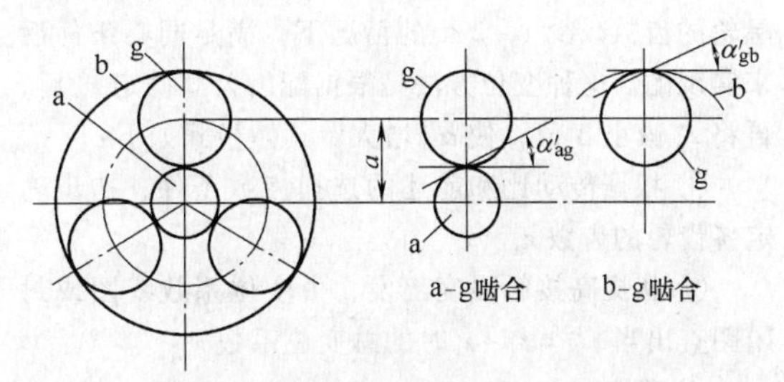

图 6-19　2K-H（NGW）型传动的角度变位方法

由图 6-19 和式（6-61）可知，当 a-g 啮合采用较大变位系数的正角度变位时，内齿轮的变位系数 x_b 会显著增大，过大的 x_b 将使内齿轮的弯曲强度降低。因此，这种方法的总变位系数值不能太大。对于斜齿和人字齿轮，变位系数值以不产生根切为宜。

对于直齿轮传动，当 $z_a<z_g$ 时，推荐取 $x_a=x_g=0.5$，这时节点位于双齿对啮合区，使接触强度所限制的承载能力最大，且大小齿轮的轮齿接近于弯曲等强度。

当 $x_a=x_g=0.5$ 时，为了满足端面重合度 $\varepsilon_\alpha\geqslant1.2$，可利用图 6-20，根据已知的 z_g（或 z_a）来确定 z_a（z_g）的下限值。这时在齿顶非修缘的传动中 $\varepsilon_\alpha>1.2$。例如当 $z_g=40$ 时，若 $z_a\geqslant10$，则 $\varepsilon_\alpha\geqslant1.2$；当 $z_a=12$ 时，若 $z_g\geqslant22$，则 $\varepsilon_\alpha\geqslant1.2$。

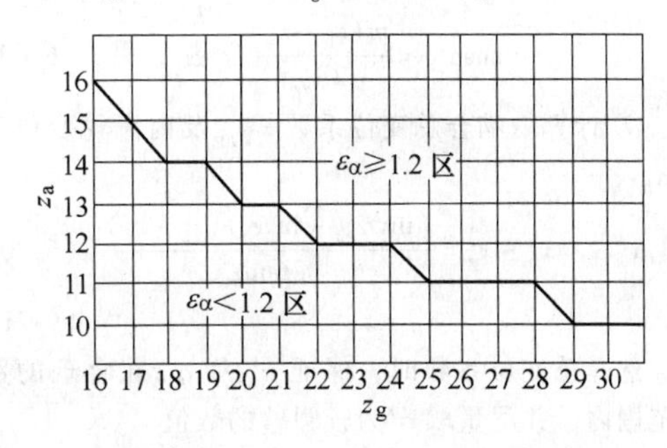

图 6-20　$x_a=x_g=0.5$，$\varepsilon_\alpha\geqslant1.2$ 时 z_a 与 z_g 的组合线图

如果在已知 z_a 和 z_g 时，利用图 6-20 得到的 $\varepsilon_\alpha<1.2$，则可在封闭图 $\varepsilon_\alpha=1.2$ 的曲线上求出具有 $x_a=x_g$ 之点的变位系数值用于传动。

如当 $z_a=12$，$z_g=20$ 时，由图 6-20 得 $\varepsilon_\alpha<1.2$，因此应采用 $x_a=x_g<0.5$ 的变位啮合。由 $z_1=z_a=12$，$z_2=z_g=20$ 的封闭图上求出 $\varepsilon_\alpha=1.2$ 曲线附近一点，可得到 $x_a=x_g=0.43$。

2）$\alpha'_{ag}>\alpha'_{gb}$的角度变位。2K-H 型传动中，外啮合的接触强度低于内啮合，因此，对于直齿传动，a-g 啮合可采用大啮合角的正变位传动，而 g-b 啮合采用啮合角在 20°左右的正变位或负变位传动。这种变位方法是在太阳轮和内齿轮的齿数不变，而将行星轮的齿数减少 1～2 个的情况下，满足同心条件后来实现的。这种变位方法是根据配齿公式确定 z_g 后，再将 z_g 减小 Δ 值，使 α'_{ag}增大。具体步骤如下：

① 根据传动比和前述的选择齿数条件，初步确定各齿轮的齿数 z_a、z'_g、z_b。

② 从提高接触强度出发，由变位系数线图或封闭图查出当 $z_\Sigma=z_a+z'_g$时的总变位系数 $x_{\Sigma ag}$。

③ 确定 z_g

$$z_g=z'_g-\Delta \tag{6-64}$$

$$\Delta=x_{\Sigma ag}+0.2 \tag{6-65}$$

Δ 值在 0.5～2 的范围内变化。

④ 按 $z_{\Sigma ag}=z_a+z_g$ 再查变位线图或封闭图确定 $x_{\Sigma ag}$，并分配变位系数 x_a 和 x_g。

⑤ 计算外啮合的啮合角 α'_{ag}、中心距变动系数 y_{ag}和中心距 a'_{ag}，即

$$\text{inv}\alpha'_{ag}=\text{inv}\alpha+\frac{2(x_a+x_g)}{z_a+z_g}\tan\alpha \tag{6-66}$$

$$y_{ag}=\frac{z_a+z_g}{2}\left(\frac{\cos\alpha}{\cos\alpha'_{ag}}-1\right) \tag{6-67}$$

$$\alpha'_{ag}=\frac{m}{2}(z_a+z_g)+y_{ag}m \tag{6-68}$$

为了计算方便，也可按表 6-17 推荐的方法进行。

⑥ 计算内啮合啮合角 α'_{gb}

$$\cos\alpha'_{gb}=\frac{m(z_b-z_g)}{2\alpha'_{ag}}\cos\alpha \tag{6-69}$$

⑦ 计算内啮合总变位系数 $x_{\Sigma gb}$及内齿轮变位系数 x_b

$$x_{\Sigma gb}=x_b-x_g=\frac{(\text{inv}\alpha'_{gb}-\text{inv}\alpha)(z_b-z_g)}{2\tan\alpha} \tag{6-70}$$

$$x_b=x_{\Sigma gb}+x_g \tag{6-71}$$

选择总变位系数时，保证 α'_{ag}和 α'_{gb}在合理的数值范围内，并尽量取 α'为较圆整的数值。

α'_{ag}和 α'_{gb}合理数值与传动比和材料许用应力等因素有关，通常取 $\alpha'_{ag}=24°\sim26°30'$，$\alpha'_{gb}=17°30'\sim21°$，当传动比 $i^b_{aH}\leqslant5$ 时，推荐取 $\alpha'_{ag}=24°\sim25°$，$\alpha'_{gb}=20°$，即外啮合为角度变位，而内啮合为高度变位，此时

$$\alpha'_{ag}=\alpha'_{gb}=\frac{m}{2}(z_b-z_g) \tag{6-72}$$

式中　z_g——行星轮的实际齿数。

3. 内啮合齿轮传动几何尺寸的计算

（1）角度变位内啮合齿轮传动几何参数的特点　内啮合传动的无侧隙啮合方程式与外啮合形式一样，均可用下式表示

$$\left.\begin{aligned}x_\Sigma&=\frac{z_\Sigma}{2\tan\alpha}(\text{inv}\alpha'-\text{inv}\alpha)\\a'&=a\frac{\cos\alpha}{\cos\alpha'}=a+ym\\x_\Sigma&=y+\Delta y\end{aligned}\right\} \tag{6-73}$$

式中　y——中心距变动系数；

Δy——齿顶高变动系数。

（2）限制行星轮齿根过渡曲线干涉公式（避免内齿轮齿顶与行星轮齿根过渡曲线干涉的内齿轮顶圆直径 d_{ab}的确定）

$$\left.\begin{aligned}d_{ab}&=(d)_b-2m(h^*_a-x_b+\Delta y_{gb}-\Delta y_{0b})\\d_{ab}&\geqslant\sqrt{d^2_{bb}+(2a'_{gb}\sin\alpha'_{gb}+2\rho_{gmin})^2}\end{aligned}\right\}\text{取二者中之大值作为 }d_{ab} \tag{6-74}$$

式中　d_{bb}——内齿圈 b 的基圆直径，$d_{bb}=(d)_b\cos\alpha$；

a'_{gb}——g-b 副啮合中心距；

$(d)_b$——内齿圈 b 的分度圆直径；

ρ_{gmin}——行星轮 g 轮齿渐开线起始点最小的曲率半径。

当行星轮 g 用滚刀加工时，有

$$\rho_{gmin}=\left(\frac{z_g\sin\alpha_t}{2}-\frac{h^*_a\cos\beta-x_g}{\sin\alpha_t}\right)m_t \tag{6-75}$$

式中　m_t——斜齿轮端面模数；

α_t——斜齿轮端面压力角。

当 $\beta=0$ 时，$\alpha_t=\alpha=20°$、$m_t=m$，则

$$\rho_{gmin}=\left(\frac{z_g\sin\alpha}{2}-\frac{h^*_a-x_g}{\sin\alpha}\right)m=[0.171z_g-2.924(1-x_g)]m \tag{6-76}$$

当行星轮 g 用插齿刀加工时，有

$$\rho_{gmin}=a'_{og}\sin\alpha'_{og}-\sqrt{r^2_{aog}-r^2_{bog}} \tag{6-77}$$

式中　r_{bog}——加工行星轮 g 的插齿刀基圆半径，$r_{bog}=\frac{d_{og}}{2}\cos\alpha$；

a'_{og}——插齿刀加工行星轮 g 时的啮合中心距。通常计算时，取刀具的变位系数

$x_0=0$，$a'_{og}=\left(\dfrac{z_g+z_0}{2}+x_{\Sigma og}-\Delta y_{og}\right)m$；

r_{aog}——加工行星轮 g 的插齿刀顶圆半径；

α'_{og}——加工行星轮 g 时的啮合角。

6.5 均载机构

1. 均载机构的选择及误差计算

1）设计时均载机构的选择有以下几点原则：

① 采用的均载机构应使传动装置的结构尽量实现空间静定状态，并能最大限度地补偿误差，使行星轮间的载荷分配不均衡系数 K_p 和沿齿宽方向的载荷分布系数 K_β 值最小。

② 均载机构的离心力要小，以提高均载效果和传动装置的平衡性。

③ 均载机构的摩擦损失要小，效率要高。

④ 均载构件上受的力要大，受力大则补偿动作灵敏、效果好。如果以 μ 表示均载构件上所受的力 F_ω 与齿轮圆周力 F_t 之比值，即

$$\mu=\frac{F_\omega}{F_t}$$

则 μ 值越大越好。

当太阳轮为均载构件时，对直齿和人字齿轮传动有

$$F_\omega=F_t\tan\alpha$$

则
$$\mu=\tan\alpha$$

对非变位和高度变位啮合，$\alpha=20°$，$\mu=0.36$。对角度变位啮合，$\alpha=\alpha'=24°\sim26°$，$\mu=0.45\sim0.49$。

当行星轮为均载构件时，有

$$F_\omega=2F_t$$

即 $\mu=2$，这是采用行星轮或行星架为均载构件的有利因素。

⑤ 均载构件在均载过程中的位移量要小。即均载机构补偿的等效误差数值要小。由分析可知，行星轮和行星架的等效误差比太阳轮和内齿轮小。

⑥ 应有一定的缓冲和减振性能。

⑦ 要有利于传动装置整体结构的布置，使结构简化，便于制造、安装和使用维修。在多级传动设计中，这一问题的考虑尤为重要。

⑧ 要有利于标准化、系列化产品组织成批生产。系列设计中均载机构形式不应过多，以1～2种为宜。

设计中应视具体条件选用最适宜的均载机构。必须指出，不能轻易增加均载环节，以免造成结构复杂化和不合理现象。均载机构可以补偿制造误差，但不能代替必要的制造精度，过低的精度会降低均载效果，导致噪声、振动及齿面磨损加剧，甚至造成损坏事故。

2）均载机构位移量计算。位移量计算见表6-17，并应注意以下几点：

① 等效中心误差。各构件的误差换算到浮动构件中心切线方向的值。

② 总等效中心误差的影响因素很多，如构件的温度变形、弹性变形和轴承间隙等。在成批生产中，出现最大误差累积的几率很少，所以按平方和的方法计算均载件位移量更为合适。

表6-17　均载构件位移量的计算

均载构件的等效中心误差	均载构件制造误差					均载构件最大位移量 ΔE_{max}
	太阳轮偏心误差 E_1	内齿轮偏心误差 E_3	行星轮偏心误差 E_2	行星架偏心误差 E_4	行星架上行星轮轴孔中心误差 e	
太阳轮（内齿轮）上的等效中心误差 ΔE_a	$\Delta E_{a1}=E_1$	$\Delta E_{a3}=E_3$	$\Delta E_{g2}=\frac{8}{3}E_2\cos\alpha$	$\Delta E_{H4}=2E_4\cos\alpha$	$\Delta E_{ag}=\frac{4}{3}e\cos\alpha$	$\Delta E_{amax}=E_1+E_3+\frac{8}{3}E_2\cos\alpha+2E_4\cos\alpha+\frac{4}{3}e\cos\alpha$
行星架上的等效中心误差 ΔE_H	$\Delta E_{H1}=E_1/(2\cos\alpha)$	$\Delta E_{H3}=E_3/(2\cos\alpha)$	$\Delta E_{H2}=4E_2/3$	$\Delta E_{H4}=E_4$	$\Delta E_{Hg}=2e/3$	$\Delta E_{Hmax}=(E_1+E_3)/2\cos\alpha+4E_2/3+E_4+2e/3$
行星轮上的等效中心误差 ΔE_g	$\Delta E_{g1}=E_1/(2\cos\alpha)$	$\Delta E_{g2}=E_2/(2\cos\alpha)$	$\Delta E_{g2}=E_2$	$\Delta E_{g4}=E_4$	$\Delta E_{gg}=e$	$\Delta E_{gmax}=(E_1+E_3)/2\cos\alpha+E_2+E_4+e$

在最不利的情况下，均载构件的最大位移量为各等效中心误差的累积值。当太阳轮作为均载构件时，等效中心误差为

$$\Delta E_{\mathrm{amax}}=E_1+E_3+\frac{8}{3}E_2\cos\alpha+2E_4\cos\alpha+\frac{4}{3}e\cos\alpha \tag{6-78}$$

当行星架作为均载构件时，等效中心误差为

$$\Delta E_{\mathrm{Hmax}}=\frac{E_1+E_3}{2\cos\alpha}+\frac{4}{3}E_2+E_4+\frac{2}{3}e \tag{6-79}$$

当行星轮作为均载构件时（杠杆联动法除外），等效中心误差为

$$\Delta E_{\mathrm{gmax}}=\frac{E_1+E_3}{\alpha\cos\alpha}+e+E_4+E_2 \tag{6-80}$$

实际上影响总等效中心误差的因素很多，如各构件的热变形、弹性变形和轴承间隙等，而且在成批生产中，出现最大累积误差的概率很小，所以按平方和的方法计算均载构件的位移量更为合适，即当太阳轮（或内齿圈）为均载构件时

$$\Delta E_{\mathrm{a}}^2=E_1^2+E_3^2+\left(\frac{8}{3}E_2\cos\alpha\right)^2+(\alpha E_4\cos\alpha)^2+\left(\frac{4}{3}e\cos\alpha\right)^2 \tag{6-81}$$

当行星架为均载构件时

$$\Delta E_{\mathrm{H}}^2=\frac{E_1^2+E_3^2}{(2\cos\alpha)^2}+\left(\frac{4}{3}E_2\right)^2+E_4^2+\left(\frac{2}{3}e\right)^2 \tag{6-82}$$

当行星轮为均载构件时（杠杆联动法除外）

$$\Delta E_{\mathrm{g}}^2=\frac{E_1^2+E_3^2}{(2\cos\alpha)^2}+e^2+E_4^2+E_2^2 \tag{6-83}$$

对于采用齿形联轴器使均载构件浮动的机构，总等效中心误差可用来计算联轴器的长度；对于采用弹性件使均载构件浮动机构，总等效中心误差可用来确定弹性件的结构及作用在弹性件上的变形力。

2. 常用的均载机构

（1）基本构件“浮动”的均载机构　基本构件“浮动”的均载机构是使太阳轮、内齿轮或行星架等基本构件在受力不平衡的条件下，能径向游动（浮动）。图6-21所示工作原理：当行星轮数 $n_{\mathrm{p}}=3$ 时，经过一个或两个基本构件浮动，可使作用在三个基本构件上的啮合力 F_{na}、F_{nb} 和 $2F$ 各自形成力的封闭等边三角形。太阳轮 a 和内齿轮 b 的偏心量彼此相等，即 $e_{\mathrm{a}}=e_{\mathrm{b}}$，其偏心方向的夹角等于 $\pi-\alpha'_{\mathrm{ac}}-\alpha'_{\mathrm{ab}}$（图6-21中未计弹性变形、惯性力和摩擦力的影响）。

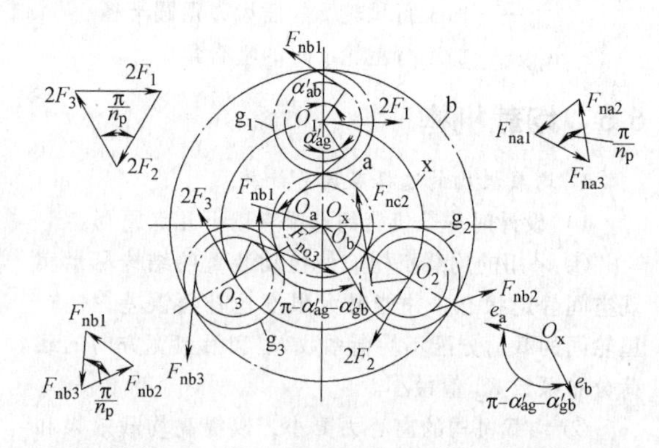

图6-21　当 $n_{\mathrm{p}}=3$ 时具有浮动件的 NGW 型传动理想受力状态

使基本构件浮动的最常用方法是采用双齿联轴器。三个基本构件中有一个浮动，即可起到均载作用，两个基本构件同时浮动时，效果更好。

1）太阳轮浮动。太阳轮通过双齿联轴器与高速轴相连接（见图6-22）。因为太阳轮重量较小，浮动灵敏，机构简单，容易制造，故应用广泛。当 $n_{\mathrm{p}}=3$ 中低速时，均载效果显著。当 $n_{\mathrm{p}}>3$ 高速时，效果不好，噪声偏大。载荷不均匀系数 $K_{\mathrm{p}}=1.1\sim1.15$。

2）内齿圈浮动。内齿圈通过双齿联轴器与机体相连接。优点是结构的轴向尺寸较小，缺点是浮动件尺寸大、质量大、加工不方便，浮动灵敏性较差，均载效果不如太阳轮浮动好。

NGWN 型行星传动，常采用内齿圈浮动（见图6-23）。

3）行星架浮动。行星架通过双齿联轴器与低速轴相连接。行星架浮动不要支承可简化结构，特别是简化多级行星传动，如图6-24所示。由于行星架质量较大，在速度较高和制造质量较差的情况下，离心力较大，影响浮动效果，所以在质量不大、速度不高的情况下，采用较合适。在齿轮制造精度为7级，其他零件不低于2级精度时，载荷不均匀系数 $K_{\mathrm{p}}=1.2\sim1.3$。

4）太阳轮和行星架同时浮动，此法比两者单独浮动效果要好，如图6-25所示。

5）太阳轮和内齿圈同时浮动。此法主要用于高速行星传动。优点：噪声小，浮动效果好，工作可靠。如图6-26所示，内齿圈通过两个齿套与箱体连接，太阳轮不装轴承，用长齿套连接动力源或工作机械。为了增加浮动效果，内齿圈应尽量减薄，以增加柔性。载荷不均匀系数 $K_{\mathrm{p}}=1.1\sim1.15$。

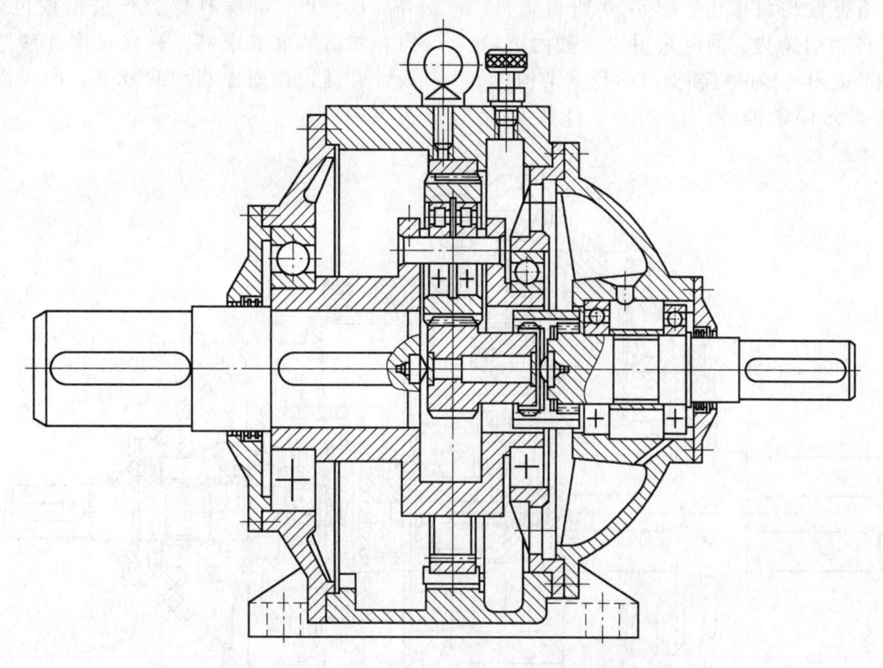

图 6-22　单级 2K-H（NGW）型太阳轮浮动

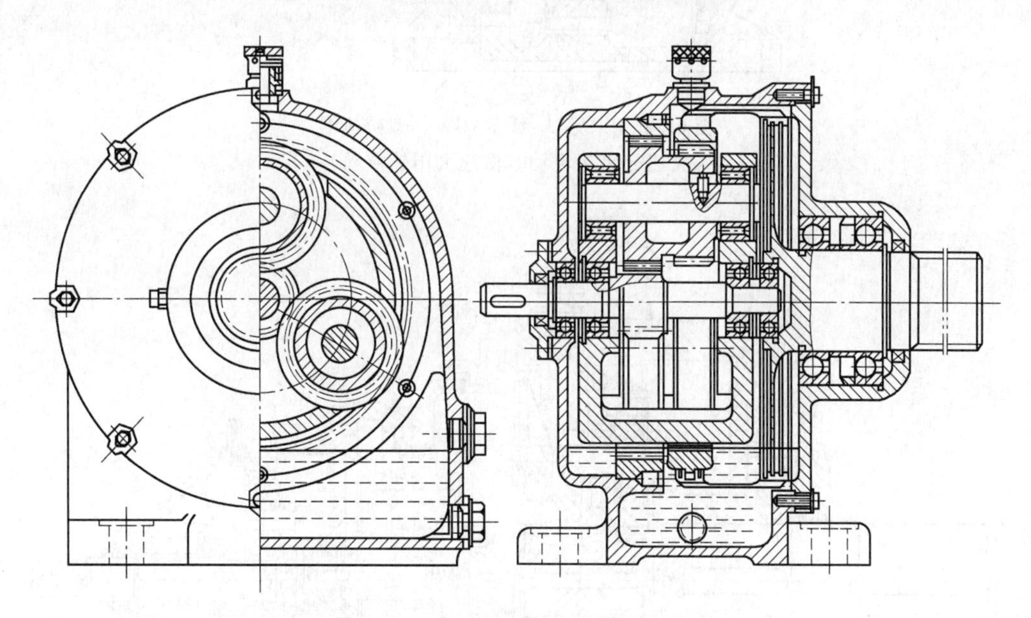

图 6-23　3K（NGWN）型内齿轮浮动

6）无多余约束的浮动方法。图 6-27 所示是这种浮动机构的原理图。图 6-28 所示是这种浮动机构在双级行星传动中的应用。此法在行星轮中装置一个球面调心轴承。单级传动中，太阳轮利用单齿联轴器进行浮动。双级传动中，高速级行星架无支承并与低速级太阳轮固定连接。此法优点是机构中无多余约束，结构简单，浮动效果好，沿齿长方向的载荷分布均匀。由于行星轮内只装一个轴承，当传动比较小时，轴承尺寸小，寿命较短。

（2）采用弹性件的均载机构　这种机构主要通过弹性元件的弹性变形使各行星轮载荷均匀，常见形式有如下几种：

1）靠齿轮本身弹性变形的均载机构。如图 6-29所示，采用薄壁内齿轮，靠内齿轮的弹性变形达到均载目的。图 6-26 所示中，合理设计内齿轮结构，也具有弹性均载作用。图6-30所示是另一种高速行星传动的结构，同时采用了薄壁内齿轮。带有细长轴的太阳轮和中空轴支承的行星结构，尽量增加各基本元件的弹性。优点：零件数量少，外廓尺寸小，减振性好，行星轮数可大于3。缺点：制造精度要求高，悬臂长度、壁厚和柔性要设计合理，否则影响均载效果，产生沿齿长的载荷集中。

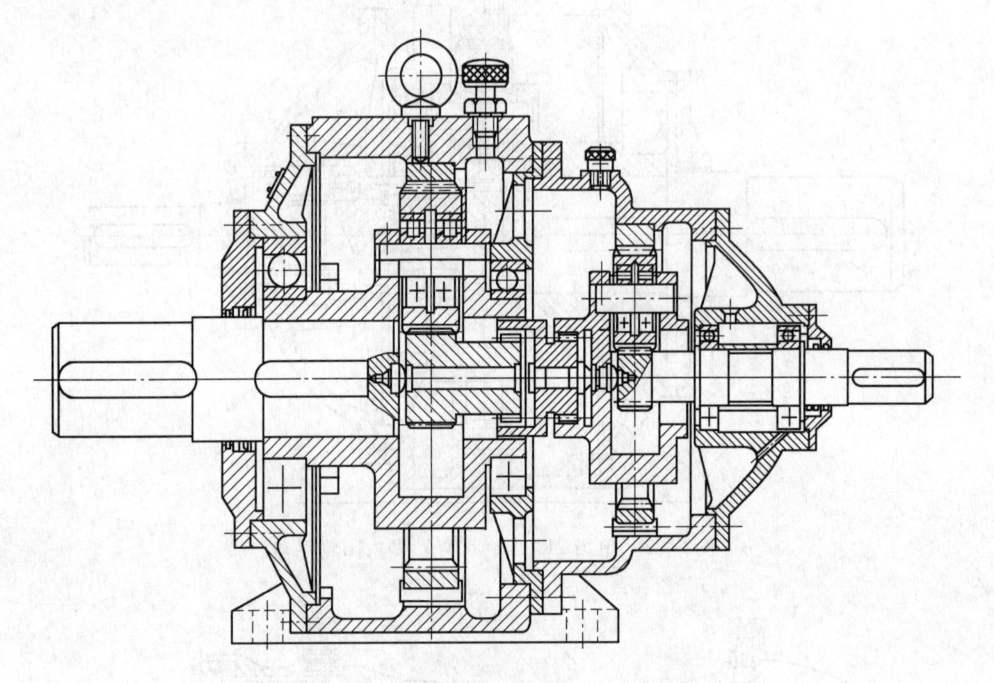

图6-24　双级2K-H（NGW）型减速器
（高速行星架浮动，低速太阳轮浮动）

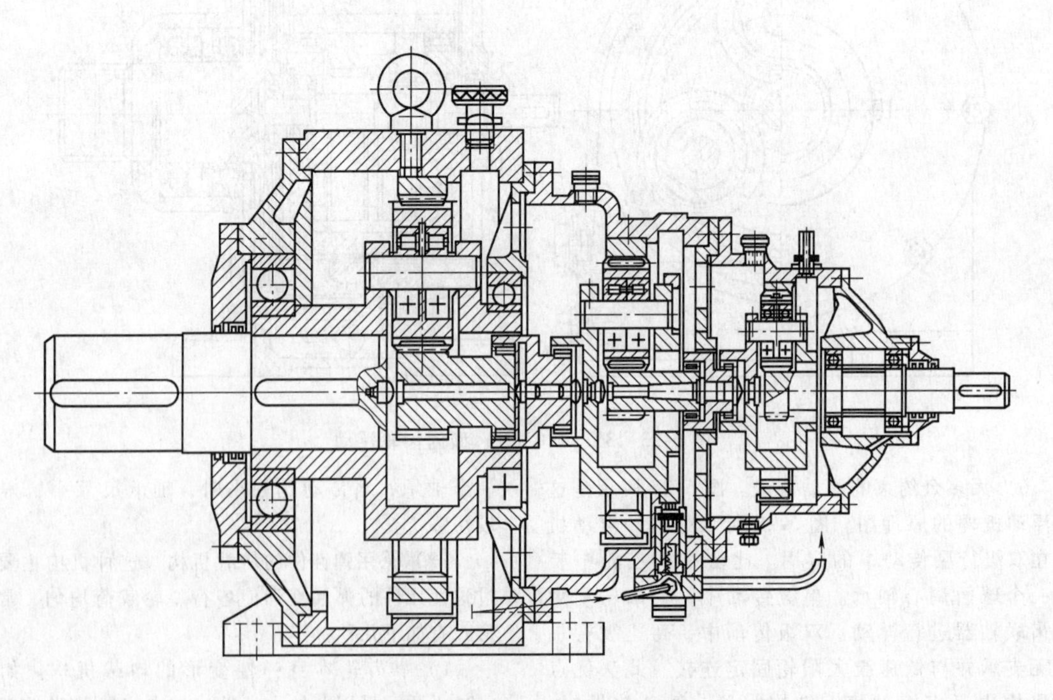

图6-25　三级2K-H（NGW）型减速器
（中间级太阳轮和行星架同时浮动）

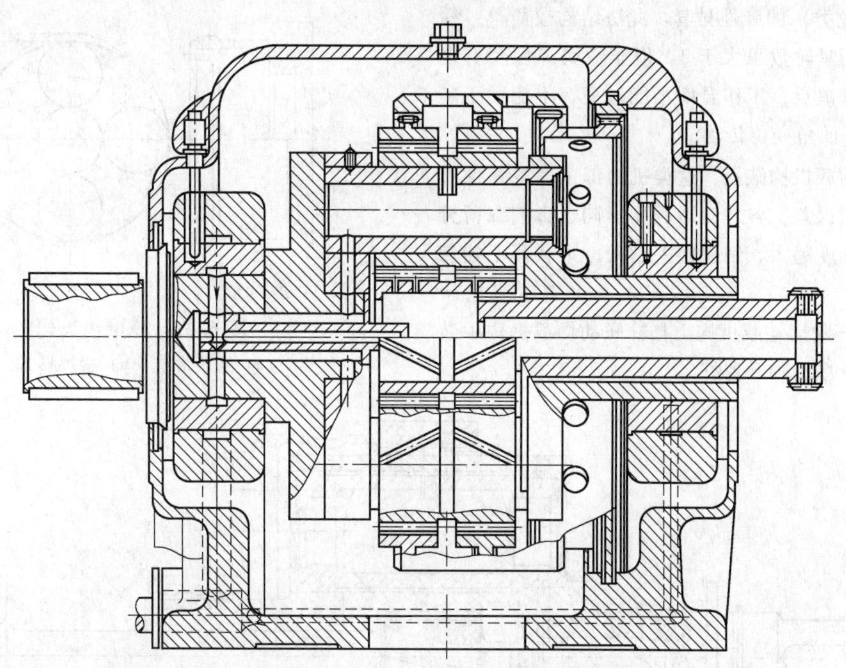

图6-26　2K-H型太阳轮和内齿轮浮动的高速行星传动（$n_p=4$）

2）采用弹性销的方法。如图6-31所示，内齿轮通过弹性销与机体固定，弹性销由多层弹簧圈组成。如图6-32所示（图中机体未示出，太阳轮靠双齿联轴器浮动），弹性销在长度方向分成五段装在一起，这种结构径向尺寸小，有较好的缓冲减振性能。

3）用弹性件支承行星轮。在行星轮孔与行星轮轴之间或行星轴与行星架之间（见图6-33）安装非

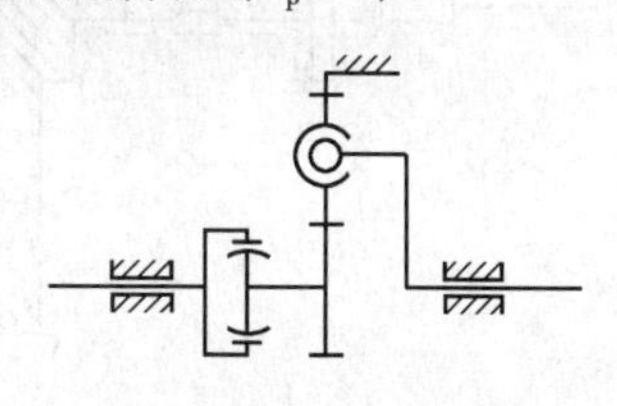

图6-27　无多余约束的浮动机构

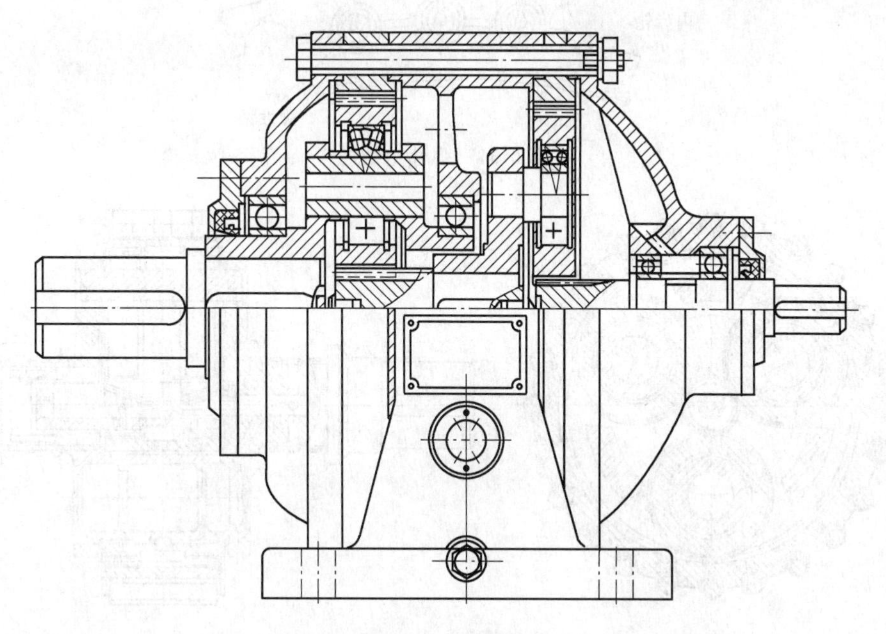

图6-28　无多余约束的双级减速器

金属（如尼龙类）的弹性衬套。此法结构较简单，缓冲性能好，行星轮数可大于3。但非金属弹性套有老化和热膨胀等缺点，工作温度不能过高，不能用于啮合角 $\alpha'_{ag} > \alpha'_{gb}$ 的角变位传动。

弹性件均载机构缺点：这类机构都依靠各弹性件弹性变形补偿误差，各件变形程度不同，影响载荷分布，弹性件刚度越大，制造误差越大，则载荷不均匀系数越大。

（3）杠杆联动均载机构　杠杆联动均载机构中装有带偏心的行星轮轴和连杆。

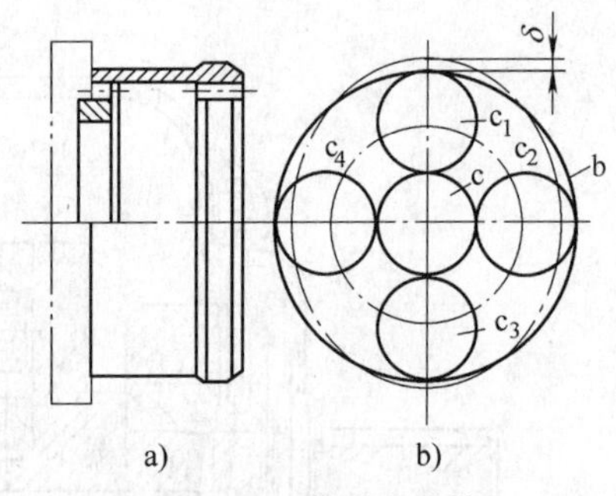

图 6-29　薄壁内齿轮

a）安装形式　b）变形形式

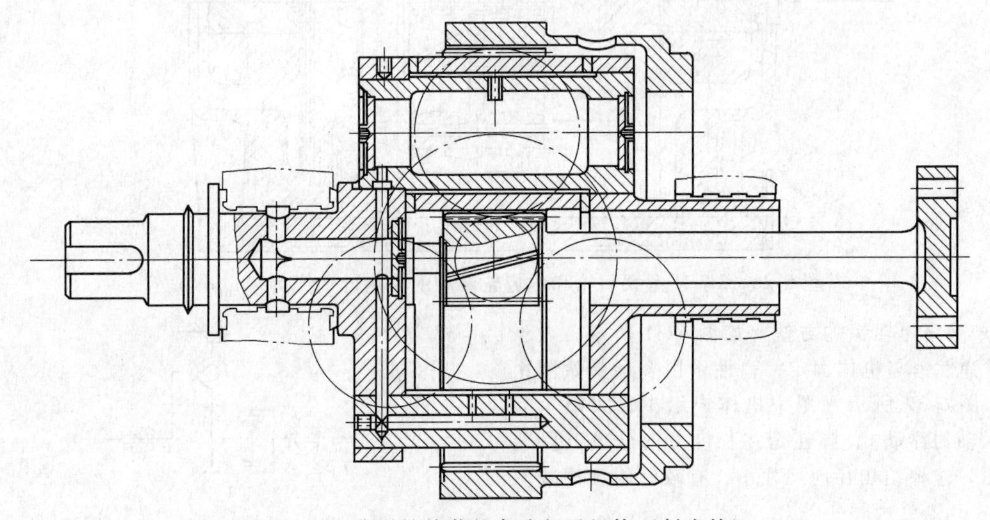

图 6-30　靠柔性均载的高速行星机构（斜齿轮）

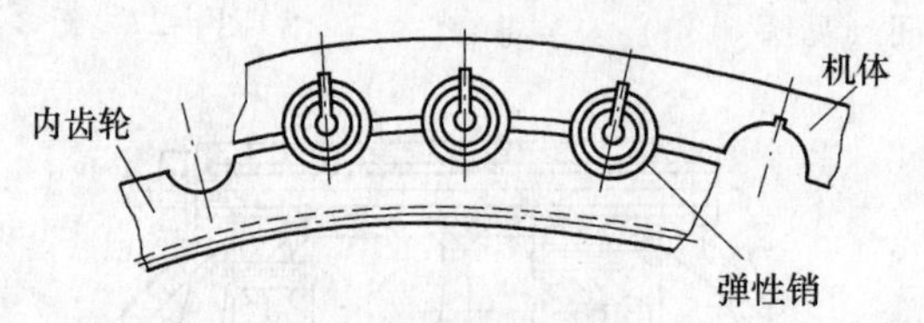

图 6-31　弹性销结构

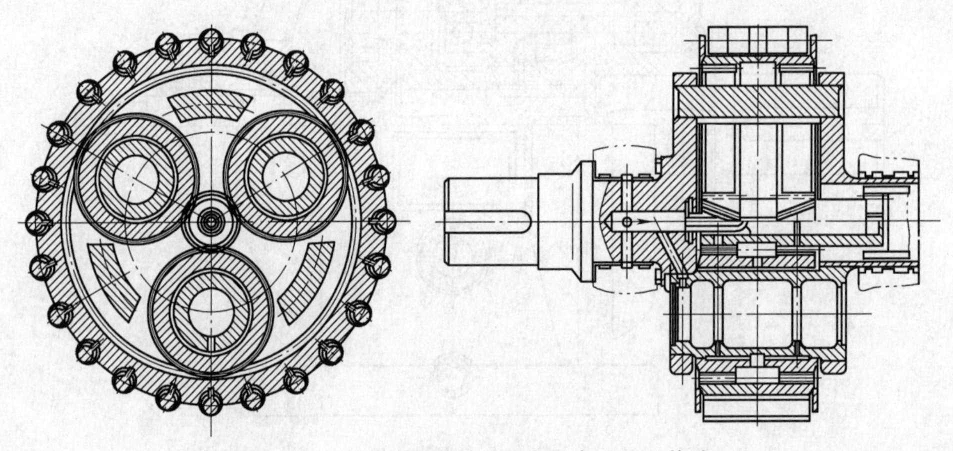

图 6-32　内齿轮用弹性销固定的高速行星传动

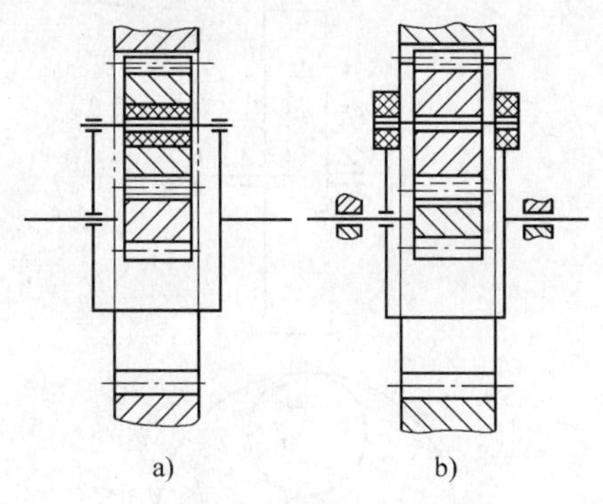

图6-33　行星轮弹性支承

a）行星轮轴孔中安装弹性衬套

b）行星架轴孔中安装弹性衬套

1）两行星轮联动机构。如图6-34所示，行星轮对称安装，在两个行星轮偏心轴上分别固定一对互相啮合的扇形齿轮（相当于连杆），当一个偏心轴回转时，由于齿扇啮合的杠杆作用，另一个偏心轴作相等而方向相反的回转，两行星轮的载荷达到均衡。扇形齿轮上的圆周力

$$F_a = 2F_t \frac{e}{A}$$

式中　e——偏心距，可取 $e = \frac{A}{30}$；

F_t——齿轮圆周力。

载荷不均匀系数 $K_p = 1.05 \sim 1.1$。

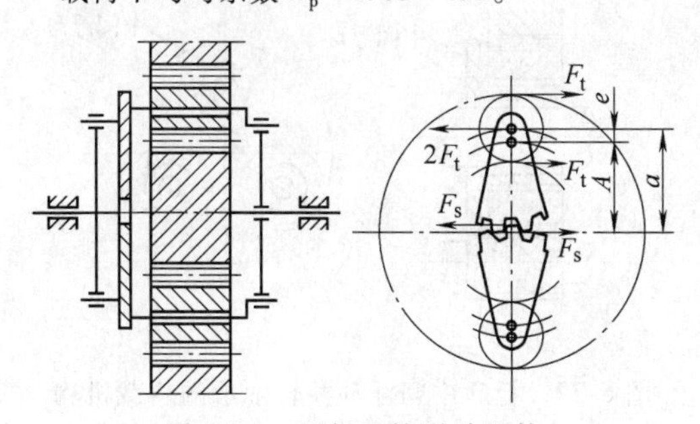

图6-34　两行星轮联动机构

2）三行星轮联动机构。图6-35所示为三行星轮的NGW型结构，平衡杆的一端与行星轮偏心轴固接，另一端与浮动环活动连接，六个啮合点所受的力大小相等时，机构才能过到平衡。当载荷不均衡时，作用在浮动环上的三个径向力 F_s 不等，浮动环产生移动或转动，直至三力平衡为止。

图中浮动环中心圆半径 $r = 0.5A$，$A = a - e$，平衡杠杆长度 $\rho = A\cos30°$，一般取 $e = \frac{A}{20}$，作用于浮动环的力 F_s 按下式计算

$$F_s = \frac{2F_t}{A\cos30°}$$

载荷不均匀系数 $K_p = 1.1 \sim 1.15$。

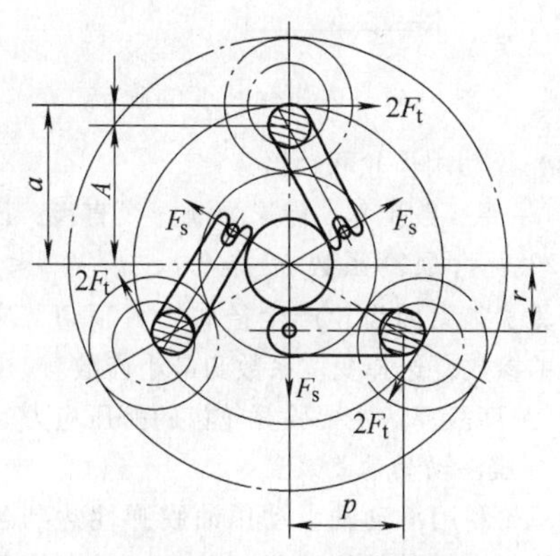

图6-35　三行星轮联动机构

3）四行星轮联动机构。图6-36a、b所示为四行星轮联动机构。

图6-36中根据平衡条件，构件尺寸应满足 $r_1 : s_1 = r_2 : s_2$ 的关系。取 $r_1 \approx r_2 = 14e$，$e = a/20 \sim a/30$，载荷不均匀系数 $K_p = 1.1 \sim 1.15$。

杠杆联动均载机构的均载效果较好，但结构较复杂。为了提高灵敏度，偏心轴用滚针轴承支承，使整个传动的轴承数量增多，小传动比时，行星轮轴承寿命较短，这种均载机构适用于中、低速传动。

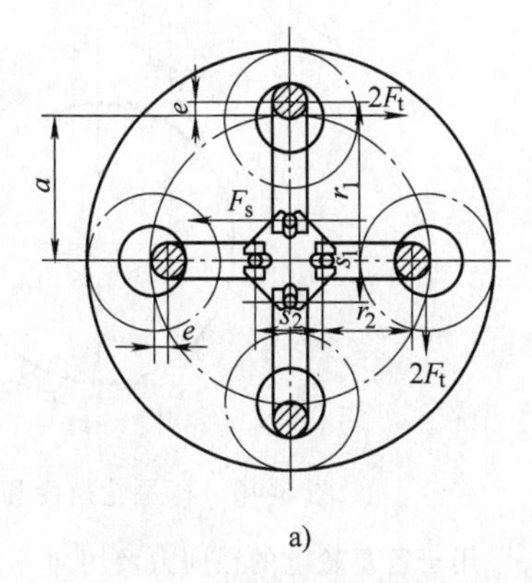

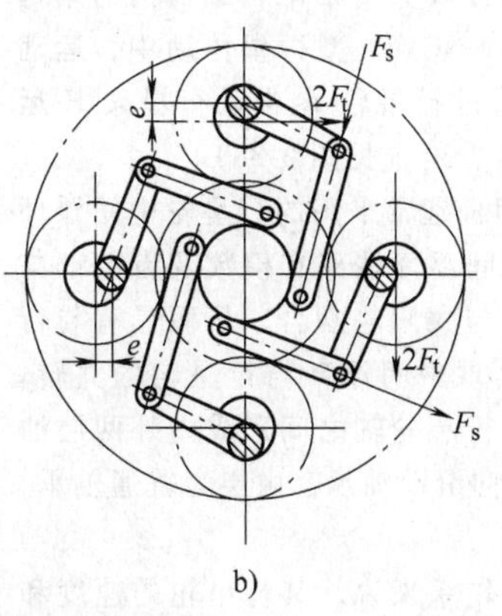

图6-36　四行星轮联动机构

双齿联轴器的内齿套长度（见图 6-37）：

$$L \geqslant \frac{E_{\max}}{\tan\omega} \tag{6-84}$$

式中 $E_{\max}$——浮动件的最大浮动量；

ω——联轴器内齿套允许最大歪斜角度，一般为 30′，对鼓形齿联轴器可取 1°左右。

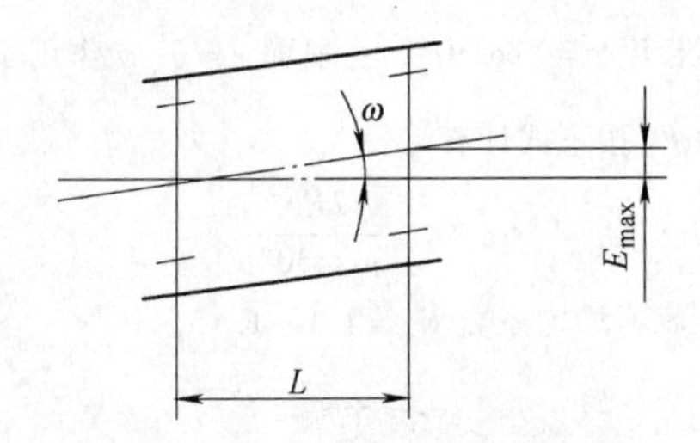

图 6-37 内齿套长度的确定

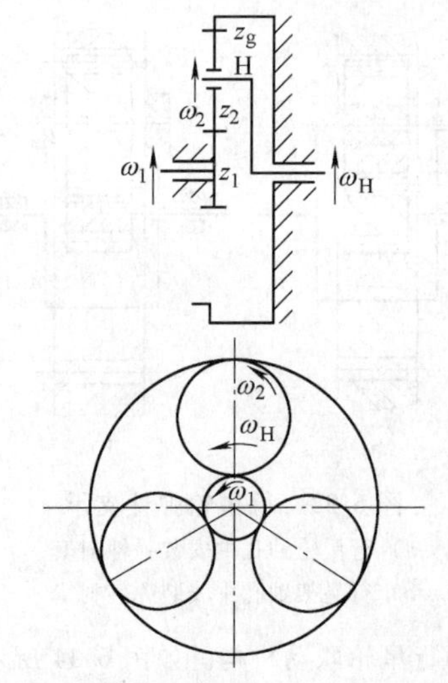

图 6-38 2K-H（NGW）型行星轮系简图

（4）浮动用齿轮联轴器

1）主要参数推荐。齿形为渐开线直齿；压力角为 $\alpha=20°$；齿顶高系数 $h_a^*=0.8$；齿宽 $b\leqslant 1/3d$；齿数：为了避免内齿轮产生径向切入顶切，应根据插齿刀的参数，选择变位系数和最小齿数。

2）强度验算。主要验算轮齿的挤压应力。

3. 油膜浮动的均载装置

行星轮利用滑动轴承动压油膜弹性达到各行星轮间的均载。与其他均载机构相比，具有均载效果好、结构简单、减振等优点，因而受到世界各国的普遍重视。

中间环共转轴承是套在行星轮轴上与行星轮转速相同的轴承，其形成内层普通轴承和外层共转轴承。每个轴承都可看做具有一定刚性的弹簧，它可作均载机构，可使浮动量增大，其浮动量大于单层普通径向滑动轴承组成的均载机构，因而均载效果更好。现就共转轴承油膜的动压表达式及其形成油膜动压的主要因素作论述。

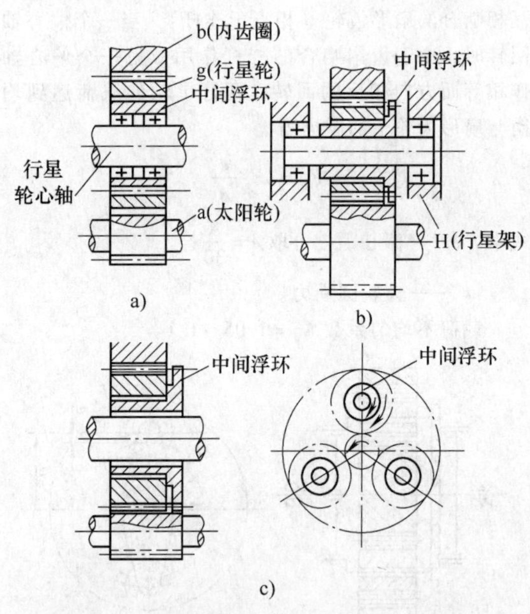

图 6-39 行星中间浮环共转轴承的均载机构

a）、b）行星轮用滚动轴承 c）行星轮用滑动轴承

（1）行星轮中间浮环共转轴承均载机构的结构与作用力 如 2K-H（NGW）型行星传动中，运动由太阳轮 z_1 输入，通过行星轮 z_2 带动行星架 H 运动，其转速分别为 ω_1、ω_2（见图 6-38）。

图 6-39 所示为目前通常采用的行星轮中间浮环共转轴承的结构。中间浮环端部有模数及齿数都与行星轮相同的齿轮，与太阳轮啮合，从而具有与行星轮相同的转速，实现中间浮环与行星轮的共转。中间浮环与行星轮及行星轮轴之间形成内外两层油膜，从而得到两个径向滑动轴承，内层为普通轴承，外层为共转轴承。

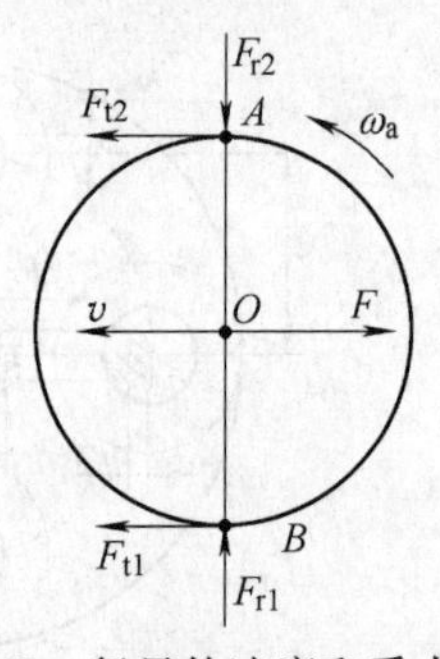

图 6-40 行星轮速度和受力分析

对于通常的行星轮系来说，其行星轮的速度和受力分析如图 6-40 所示。F_{r1}、F_{t1} 分别为太阳轮作用于行星轮上的径向力及切向力，F_{r2}、F_{t2} 为内齿圈作用于行星轮上的径向力及切向力，F 为行星架对

行星轮中心的反力，v 为行星轮中心随行星架一起运动的速度，ω_2 为行星轮的绝对转速。分析表明，若 A、B 两处的啮合角相等，则行星轮中心的运动速度 v 与反力 F 方向相反。

（2）共转轴承油膜的压力表达式　在油膜浮动的均载机构中，外层共转轴承有其特殊性，这里只分析外层共转轴承。

在很多情况下，行星轮共转轴承的长径比大于 1。为了分析形成油膜动态的原因，采用无限长径向轴承的雷诺方程，其表达式为

$$\frac{\partial}{\partial x}\left(\rho\frac{h^3}{\eta}\frac{\partial p}{\partial x}\right)=6\rho h\frac{\partial}{\partial x}(v_1+v_2)+6(v_2-v_1)\frac{\partial \rho h}{\partial x}+12\rho(\omega_1-\omega_2) \tag{6-85}$$

式中右端第一项 $6\rho h\frac{\partial}{\partial x}(v_1+v_2)$，表示轴承两个表面切向速度沿 x 方向变化时，将产生油膜压力。由于行星轮中心以一定的线速度运动，轴承表面切向速度沿 x 方向是变化的（其分析可见图 6-44）。式中第二项为 $6(v_2-v_1)\frac{\partial \rho h}{\partial x}$，表示轴承两个表面有切向速度差并带动油膜从大口流向小口时，将产生油膜压力，称该项为油楔项。第三项为 $12\rho(\omega_1-\omega_2)$，表示两个表面有法向相对运动时，将产生油膜压力，称其为挤压项，各运动参数方向如图 6-41 所示。

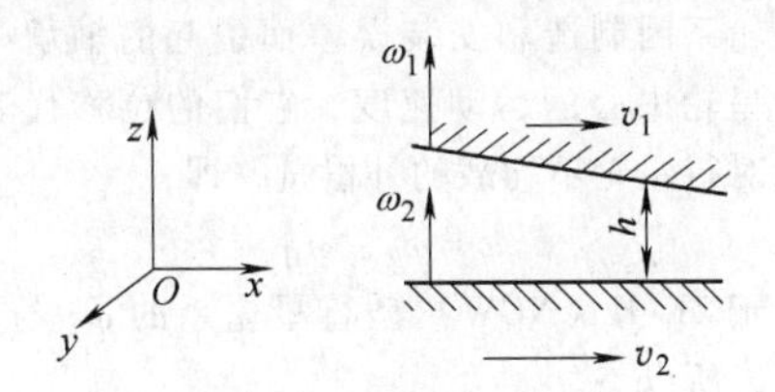

图 6-41　雷诺方程的参数

对于行星轮系共转轴承油膜，轴套和行星轮都以 ω_2 的速度转动，但它们的中心以相同速度 ω_H 绕太阳轮作公转，以行星轮轴作为参照坐标系，则它们相对于行星轮轴的转速为 $\omega=\omega_2-\omega_H$。同时，轴套和行星轮中心都以速度 v 一起运动，外载荷 F 方向与速度 v 方向相反，以图 6-42 所示 $\theta=0$ 的直线作参考，外载荷方向与 $\theta=0$ 线的夹角为 φ。由于行星轮系中各运动元件的制造和安装误差，使行星轮所受外力的大小随时间而变化，外力方向与行星轮轴运动方向的夹角也随时间变化，以行星轮轴作为参照坐标系，轴套中心相对于行星轮中心的切向和径向运动速度分别为 $c\varepsilon\frac{d\varphi}{dt}$ 和 $c\frac{d\varepsilon}{dt}$，c 为半径间隙（mm）。对于图 6-42 中的 θ 角，所对应的轴承两个表面上的两点 M_1、M_2 都有切向和法向速度分别为 v_1、v_2、ω_1、ω_2。

已知轴承半径为 r，设 $x=r\theta$，OO' 与 $O'M_1$ 的夹角为 β，则 β 与 θ 的关系如图 6-43 所示，$\alpha=\theta-\beta$，$O'O=e$，$O'M_1=r$。

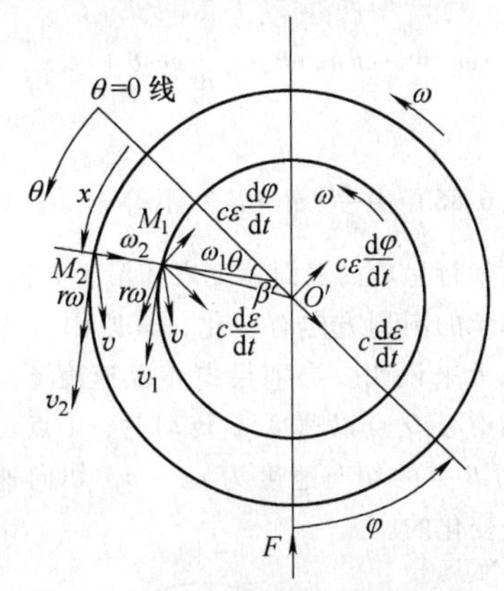

图 6-42　共转轴承的速度分析

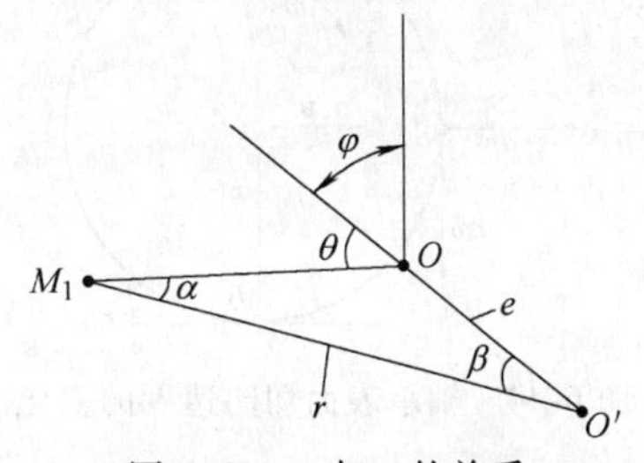

图 6-43　β 与 θ 的关系

O'—行星轮中心　O—中间浮环中心

$$\sin(\theta-\beta)=\sin\alpha=\frac{e}{r}\sin\theta=\frac{c\varepsilon}{r}\sin\theta$$

$$\cos(\theta-\beta)=\sqrt{1-\sin^2(\theta-\beta)}=\sqrt{1-\frac{e^2}{r^2}\sin^2\theta}\approx 1-\frac{c^2\varepsilon^2}{2r^2}\sin^2\theta$$

从而得到图 6-42 中各速度分量为

$$v_1=r\omega\cos(\theta-\beta)+c\frac{d\varepsilon}{dt}\sin\theta-c\varepsilon\frac{d\varphi}{dt}\cos\theta+v\sin(\varphi+\theta)=r\omega\left(1-\frac{c^2\varepsilon^2}{2r^2}\sin^2\theta\right)+c\frac{d\varepsilon}{dt}\sin\theta-c\varepsilon\frac{d\varphi}{dt}\cos\theta+v\sin(\varphi+\theta)$$

$$v_2=r\omega+v\sin(\varphi+\theta)$$

$$\omega_1=-r\omega\sin(\theta-\beta)+c\frac{d\varepsilon}{dt}\cos\theta+c\varepsilon\frac{d\varphi}{dt}\sin\theta+v\cos(\varphi+\theta)=-\omega c\varepsilon\sin\theta+c\frac{d\varepsilon}{dt}\cos\theta+c\varepsilon\frac{d\varphi}{dt}\sin\theta+v\cos(\varphi+\theta)$$

$$\omega_2=v\cos(\varphi+\theta)$$

得

$$\frac{\partial}{\partial x}(v_1+v_2)=\frac{1}{r}\frac{\partial}{\partial\theta}(v_1+v_2)=\frac{1}{r}\Bigg[-\omega\frac{c^2\varepsilon^2}{r}\sin\theta\cos\theta+$$

$$c\frac{\mathrm{d}\varepsilon}{\mathrm{d}t}\cos\theta+c\varepsilon\frac{\mathrm{d}\varphi}{\mathrm{d}t}\sin\theta+2v\cos(\varphi+\theta)\Big] \tag{6-86}$$

$$v_2-v_1=\omega\frac{c^2\varepsilon^2}{2r}\sin^2\theta-c\frac{\mathrm{d}\varepsilon}{\mathrm{d}t}\sin\theta+c\varepsilon\frac{\mathrm{d}\varphi}{\mathrm{d}t}\cos\theta \tag{6-87}$$

$$\omega_1-\omega_2=-\omega c\varepsilon\sin\theta+c\frac{\mathrm{d}\varepsilon}{\mathrm{d}t}\cos\theta+c\varepsilon\frac{\mathrm{d}\varphi}{\mathrm{d}t}\sin\theta \tag{6-88}$$

式（6-86）中$\frac{\partial}{\partial x}(v_1+v_2)$不等于零，意味着轴套外表面和行星轮内表面速度之和沿 x 方向有变化，即沿着轴承的圆周方向有变化，其原因可用图 6-44 所示的轴承来说明。当轴径中心以速度 v 运动，同时轴径绕中心 O 点以速度 ω 转动时，A 点切向速度为 $r\omega$，而 B 点的切向速度为 $r\omega-v$，切向速度沿圆周方向是变化的。

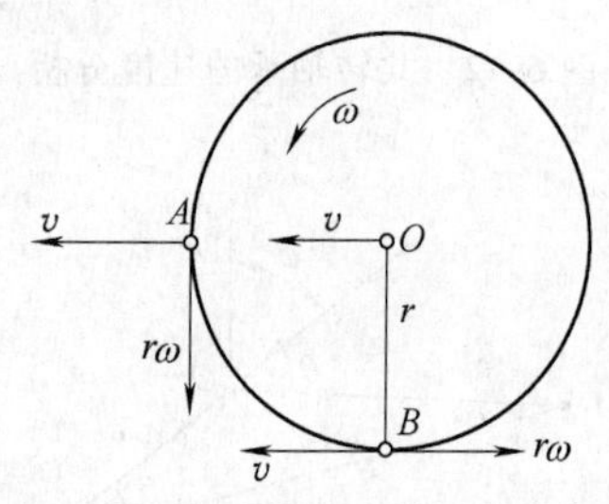

图 6-44　轴承表面切向速度的变化

设润滑油密度 ρ、粘度 η 均为常数。油膜厚度 $h=c(1+\varepsilon\cos\theta)$，将以上各式乘以雷诺方程右端第一、二、三项各自的系数，得

$$6\rho h\frac{\partial}{\partial x}(v_1+v_2)=\frac{6\rho c(1+\varepsilon\cos\theta)}{r}\Big[\frac{\omega c^2\varepsilon^2}{r}\sin\theta\cos\theta+c\frac{\mathrm{d}\varepsilon}{\mathrm{d}t}\cos\theta+c\varepsilon\frac{\mathrm{d}\varphi}{\mathrm{d}t}\sin\theta+2v\cos(\varphi+\theta)\Big] \tag{6-89}$$

$$6(v_2-v_1)\frac{\partial\rho h}{\partial x}=-\frac{6\rho c\varepsilon\sin\theta}{r}\left(\frac{1}{2}\omega\frac{c^2\varepsilon^2}{r}\sin^2\theta-c\frac{\mathrm{d}\varepsilon}{\mathrm{d}t}\sin\theta+c\varepsilon\frac{\mathrm{d}\varphi}{\mathrm{d}t}\cos\theta\right) \tag{6-90}$$

$$12\rho(\omega_1-\omega_2)=12\rho\left(-\omega c\varepsilon\sin\theta+c\frac{\mathrm{d}\varepsilon}{\mathrm{d}t}\cos\theta+c\varepsilon\frac{\mathrm{d}\varphi}{\mathrm{d}t}\sin\theta\right) \tag{6-91}$$

为了考察在形成油膜压力的过程中，哪些因素起主要作用，将各项进行比较分析如下：

1）在一般情况下，径向轴承的 c/r 为 10^{-3} 数量级。比较式（6-90）和式（6-91），发现两式右端括号内的多项式后两项的数量级相同，但式（6-90）右端括号内的第一项是式（6-91）对应项的 10^{-3} 数量级。因此，式（6-90）右端括号内多项式的数量级不高于式（6-91）括号内多项式的数量级，而式（6-90）与式（6-91）括号前面的系数相差 10^{-3} 数量级，因此忽略油楔项的影响，近似为零，即

$$6(v_2-v_1)\frac{\partial\rho h}{\partial x}=0 \tag{6-92}$$

2）考察方程式（6-89），右端多项式中 $v=a\omega_H$，其中 a 为行星轮与太阳轮的中心距，ω_H 为行星架的转速。

$-\omega\frac{c^2\varepsilon^2}{r}\sin\theta\cos\theta+c\frac{\mathrm{d}\varepsilon}{\mathrm{d}t}\cos\theta+c\varepsilon\frac{\mathrm{d}\varphi}{\mathrm{d}t}\sin\theta$ 与式（6-90）右端括号内的多项式也是同一数量级，且括号前系数的数量级相同，因而也可以忽略不计，式（6-89）变成

$$6\rho h\frac{\partial}{\partial x}(v_1+v_2)\approx\frac{12\rho cv(1+\varepsilon\cos\theta)\cos(\varphi+\theta)}{r} \tag{6-93}$$

设油膜在 $\theta=0°\sim180°$ 区域内产生动压，一般情况下，$0°\leqslant\varphi\leqslant90°$，当 $90°\leqslant\varphi+\theta\leqslant180°+\varphi$ 时，$\cos(\varphi+\theta)$ 为负，式（6-93）也为负值，该项建立的油膜压力为正值。因为当$\frac{\partial}{\partial x}(v_1+v_2)<0$ 时，轴承表面的切向速度沿 x 方向变小，由于润滑油粘性的作用，出现润滑油的速度也有变小的趋势，导致润滑油出现淤积的趋势，从而产生正的油压。

3）考察式（6-91），其中 $c\frac{\mathrm{d}\varepsilon}{\mathrm{d}t}\cos\theta$、$c\varepsilon\frac{\mathrm{d}\varphi}{\mathrm{d}t}\sin\theta$ 为行星轮系因制造和安装误差而引起的轴承中心相对于行星轮中心的运动速度，它们的位移代表了共转轴承对行星轮不均载的补偿量，即

$$\omega=\omega_2-\omega_H$$

由于 2K-H（NGW）型行星轮系的 ω_2 与 ω_H 方向相反，所以

$$|\omega|=|\omega_2|+|\omega_H|$$

ω_H 为行星轮轴的转速，也是行星轮与轴套所形成的共转轴承最小油膜厚度位置绕行星轮中心转动的速度。ω_H 对挤压的影响如图 6-42 所示。当行星轮 2 和轴套 1 都以相同速度 ω_2 逆时针转动，而最小油膜厚度位置相对于固定的竖直线 $\varphi=0$ 线以 ω_H 顺时针方向转动时，轴承两表面上的对应点 M_1、M_2 接近最小油膜厚度位置的速度为 $|\omega|=|\omega_2|+|\omega_H|$。所以，对于行星轮系中行星轮与轴套所形成的共转轴承来说，其最小油膜厚度位置随行星轮轴以 ω_H 转速变化，对油膜动压挤压项的作用相当于将轴承的速度提高了 ω_H，这样轴承两表面法向接近的速度增大，使油膜的挤压作用得到加强。

将式（6-91）、式（6-92）、式（6-93）代入雷诺方程式（6-85），得到

$$\rho \frac{1}{r^2}\frac{\mathrm{d}}{\mathrm{d}\theta}\left(\frac{h^3}{\eta}\frac{\mathrm{d}p}{\mathrm{d}\theta}\right)=\frac{12\rho cv(1+\varepsilon\cos\theta)\cos(\varphi+\theta)}{r}+12\rho\left(-\omega c\varepsilon\sin\theta+c\frac{\mathrm{d}\varepsilon}{\mathrm{d}t}\cos\theta+c\varepsilon\frac{\mathrm{d}\varphi}{\mathrm{d}t}\sin\theta\right) \tag{6-94}$$

解雷诺方程（6-94），得油膜压力 p：

首先对 θ 积分一次，其中 $h=c(1+\varepsilon\cos\theta)$，得

$$\rho\frac{c^2(1+\varepsilon\cos\theta)^3}{r^2\eta}\frac{\mathrm{d}p}{\mathrm{d}\theta}=\frac{12v}{r}\left[\sin(\varphi+\theta)+\varepsilon\frac{\theta}{2}\cos\varphi+\frac{1}{4}\varepsilon\sin(\varphi+2\theta)\right]\rho+12\rho\left(\varepsilon\omega\cos\theta+\frac{\mathrm{d}\varepsilon}{\mathrm{d}t}\sin\theta-\varepsilon\frac{\mathrm{d}\varphi}{\mathrm{d}t}\cos\theta\right)+A \tag{6-95}$$

当 $\theta=\theta_0$ 或 $h=h_0$ 时，$\frac{\mathrm{d}p}{\mathrm{d}\theta}=0$，可求得 A，即

$$A=-\frac{12v}{r}\left[\sin(\varphi+\theta_0)+\varepsilon\frac{\theta_0}{2}\cos\varphi+\frac{1}{4}\varepsilon\sin(\varphi+2\theta_0)\rho-12\rho\left(\varepsilon\omega\cos\theta_0+\frac{\mathrm{d}\varepsilon}{\mathrm{d}t}\sin\theta_0-\varepsilon\frac{\mathrm{d}\varphi}{\mathrm{d}t}\cos\theta_0\right)\right]$$

由方程（6-95），得

$$\frac{1}{\eta}\frac{c^2}{r^2}\frac{\mathrm{d}\rho}{\mathrm{d}\theta}=\frac{12v\sin\varphi-12\varepsilon\frac{\mathrm{d}\varphi}{\mathrm{d}t}+12\varepsilon\omega}{(1+\varepsilon\cos\theta)^3}\cos\theta+\frac{\frac{12v}{r}\cos\varphi+12\frac{\mathrm{d}\varepsilon}{\mathrm{d}t}}{(1+\varepsilon\cos\theta)^3}\sin\theta+\frac{\varepsilon\frac{6v}{r}\cos\varphi}{(1+\varepsilon\cos\theta)^3}\theta+$$
$$\frac{\varepsilon\frac{6v}{r}\cos\varphi}{(1+\varepsilon\cos\theta)^3}\sin\theta\cos\theta+\frac{3v}{r\varepsilon}\sin\varphi\left[\frac{2}{(1+\varepsilon\cos\theta)}-\frac{4}{(1+\varepsilon\cos\theta)^2}\right]+\frac{\frac{3v(2-\varepsilon^2)\sin\varphi}{r\varepsilon}+A}{(1+\varepsilon\cos\theta)^3} \tag{6-96}$$

几个积分项的公式为

$$\int\frac{\mathrm{d}\theta}{(1+\varepsilon\cos\theta)}=\frac{1}{\sqrt{1-\varepsilon^2}}\arctan\frac{\sqrt{1-\varepsilon^2}\sin\theta}{\varepsilon+\cos\theta}$$

$$\int\frac{\mathrm{d}\theta}{(1+\varepsilon\cos\theta)^2}=\frac{1}{(1-\varepsilon^2)^{3/2}}\left[\arctan\frac{\sqrt{1-\varepsilon^2}\sin\theta}{\varepsilon+\cos\theta}-\frac{\varepsilon\sqrt{1-\varepsilon^2}\sin\theta}{1+\varepsilon\cos\theta}\right]$$

$$\int\frac{\mathrm{d}\theta}{(1+\varepsilon\cos\theta)^3}=\frac{1}{(1-\varepsilon^2)^{5/2}}\left[\left(\frac{\varepsilon^2}{2}+1\right)\arctan\frac{\sqrt{1-\varepsilon^2}\sin\theta}{\varepsilon+\cos\theta}-\frac{2\varepsilon\sqrt{1-\varepsilon^2}\sin\theta}{1+\varepsilon\cos\theta}+\frac{\varepsilon^2\sqrt{1-\varepsilon^2}\sin\theta(\varepsilon+\cos\theta)}{2(1+\varepsilon\cos\theta)^2}\right]$$

$$\int\frac{\cos\theta\mathrm{d}\theta}{(1+\varepsilon\cos\theta)^3}=\frac{1}{(1-\varepsilon^2)^{5/2}}\left[(1+\varepsilon^2)\frac{\sqrt{1-\varepsilon^2}\sin\theta}{1+\cos\theta}-\frac{3\varepsilon}{2}\arctan\frac{\sqrt{1-\varepsilon^2}\sin\theta}{\varepsilon+\cos\theta}-\frac{\varepsilon}{2}\frac{\sqrt{1-\varepsilon^2}\sin\theta(\varepsilon+\cos\theta)}{(1+\varepsilon\cos\theta)^2}\right]$$

将式（6-96）积分得

$$\rho=\frac{r\eta}{c^2}\left\{\frac{\left(12v\sin\varphi-12r\varepsilon\frac{\mathrm{d}\varphi}{\mathrm{d}t}+12r\varepsilon\omega\right)(1+\varepsilon^2)-6\varepsilon^2v\sin\varphi-2Ar\varepsilon}{(1-\varepsilon^2)^2}\cdot\frac{\sin\theta}{1+\varepsilon\cos\theta}+\right.$$
$$\frac{-\frac{3}{2}\varepsilon\left(12v\sin\varphi-12r\varepsilon\frac{\mathrm{d}\varphi}{\mathrm{d}t}+12r\varepsilon\omega\right)+\frac{9}{2}\varepsilon^3v\sin\varphi+\left(\frac{\varepsilon^2}{2}+1\right)Ar}{(1-\varepsilon^2)^{5/2}}\arctan\frac{\sqrt{1-\varepsilon^2}\sin\theta}{\varepsilon+\cos\theta}+$$
$$\frac{-\frac{\varepsilon}{2}\left(12v\sin\varphi-12r\varepsilon\frac{\mathrm{d}\varphi}{\mathrm{d}t}+12r\varepsilon\omega\right)+\frac{3v\varepsilon(2-\varepsilon^2)\sin\varphi}{2}+\frac{Ar\varepsilon^2}{2}}{(1-\varepsilon^2)^2}\frac{\sin(\varepsilon+\cos\theta)}{(1+\varepsilon\cos\theta)^2}+$$
$$\left.\frac{6v\cos\varphi+6r\frac{\mathrm{d}\varepsilon}{\mathrm{d}t}}{\varepsilon(1+\varepsilon\cos\theta)^2}+\frac{3v\cos\varphi}{\varepsilon}\left[\frac{1}{(1+\varepsilon\cos\theta)}+\frac{\varepsilon\cos\theta}{(1+\varepsilon\cos\theta)^2}\right]+F(\theta)\right\}+B$$

其中 $F(\theta)=\int_0^\theta\frac{6\varepsilon v\cos\varphi}{(1+\varepsilon\cos\theta)^3}\theta\mathrm{d}\theta$，可用数值积分的方法求解。

边界条件 $p(0)=p(2\pi)=p_{\mathrm{a}}$，可求出 B。

$$B=p_{\mathrm{a}}-\frac{r\eta}{c^2}\left\{\frac{6v\cos\varphi-br\frac{\mathrm{d}\varepsilon}{\mathrm{d}t}}{\varepsilon(1+\varepsilon)^2}-\frac{6v\cos\varphi}{\varepsilon^2}\left[\frac{1}{1+\varepsilon}-\frac{1}{2(1+\varepsilon)^2}\right]\right\}$$

p_{a} 为油膜入口处的压力（$\theta=0$ 时），θ_0 为 $\frac{\mathrm{d}p}{\mathrm{d}\theta}=0$ 时，对应的轴承位置。

系数$\dfrac{\sin\theta}{1+\varepsilon\cos\theta}=r\left[\dfrac{12v\sin\varphi}{r}-12\varepsilon\dfrac{\mathrm{d}\varphi}{\mathrm{d}t}+12\varepsilon\omega\right]\cdot$

$$\left\{\frac{(1+\varepsilon^2)\sqrt{1-\varepsilon^2}}{(1-\varepsilon^2)^{5/2}}\right\}-\left[\frac{3v(2-\varepsilon^2)\sin\varphi}{r\varepsilon}+A\right]\cdot\frac{2\varepsilon\sqrt{1-\varepsilon^2}}{(1-\varepsilon^2)^{5/2}}\cdot r+\frac{\varepsilon(1-\varepsilon^2)}{(1-\varepsilon^2)^2}\frac{12v\sin\varphi}{\varepsilon}$$

$$=\frac{\left(12v\sin\varphi-12\varepsilon r\dfrac{\mathrm{d}\varphi}{\mathrm{d}t}+12r\varepsilon\omega\right)(1+\varepsilon^2)-2Ar\varepsilon-6\varepsilon^2v\sin\varphi}{(1-\varepsilon^2)^2}$$

系数$\arctan\dfrac{\sqrt{1-\varepsilon^2}\sin\theta}{\varepsilon+\cos\theta}$

$$=\frac{\left[12v\sin\varphi-12r\varepsilon\dfrac{\mathrm{d}\varphi}{\mathrm{d}t}+12r\varepsilon\omega\right]\left(-\dfrac{3}{2}\varepsilon\right)}{(1-\varepsilon^2)^{5/2}}+\left(\frac{\varepsilon^2}{2}+1\right)\cdot\left[\frac{3v(2-\varepsilon^2)\sin\varphi}{r^2}+A\right]\frac{r}{(1-\varepsilon^2)^{5/2}}+$$

$$\left[\frac{6v\sin\varphi}{\varepsilon}(1-\varepsilon^2)^2-\frac{12v\sin\varphi}{\varepsilon}(1-\varepsilon^2)\right]\frac{1}{(1-\varepsilon^2)^{5/2}}$$

$$=\frac{1}{(1-\varepsilon^2)^{5/2}}\left[-\frac{3}{2}\varepsilon\left(12v\sin\varphi-12r\varepsilon\frac{\mathrm{d}\varphi}{\mathrm{d}t}+12r\varepsilon\omega\right)+\left(1+\frac{\varepsilon^2}{2}\right)Ar+\right.$$

$$\left.\left(1+\frac{\varepsilon^2}{2}\right)\frac{3v(2-\varepsilon^2)\sin\varphi}{\varepsilon}+\frac{6v\sin\varphi}{\varepsilon}(1-\varepsilon^2)^2-\frac{12v\sin\varphi}{\varepsilon}(1-\varepsilon^2)\right]$$

$$=\frac{1}{(1-\varepsilon^2)^{5/2}}\left[-\frac{3}{2}\varepsilon\left(12v\sin\varphi-12r\varepsilon\frac{\mathrm{d}\varphi}{\mathrm{d}t}+12r\varepsilon\omega\right)+\left(1+\frac{\varepsilon^2}{2}\right)Ar+\frac{9}{2}\varepsilon^3v\sin\varphi\right]$$

系数$\dfrac{\sin\theta(\varepsilon+\cos\theta)}{(1+\varepsilon\cos\theta)^2}$

$$=\left[12v\sin\varphi-12r\varepsilon\frac{\mathrm{d}\varphi}{\mathrm{d}t}+12r\varepsilon\omega\right]\left(-\frac{\varepsilon}{2}\right)\frac{1}{(1-\varepsilon^2)^2}+\left[\frac{3v(2-\varepsilon^2)\sin\varphi}{\varepsilon}+Ar\right]\frac{\varepsilon^2}{2}\frac{1}{(1-\varepsilon^2)^2}$$

$$=\frac{-\dfrac{\varepsilon}{2}\left(12v\sin\varphi-12r\varepsilon\dfrac{\mathrm{d}\varphi}{\mathrm{d}t}+12r\varepsilon\omega\right)+\dfrac{3}{2}v\varepsilon(2-\varepsilon^2)\sin\varphi+\dfrac{Ar\varepsilon^2}{2}}{(1-\varepsilon^2)^2}$$

积分$\displaystyle\int\frac{\dfrac{12v}{r}\cos\varphi+12\dfrac{\mathrm{d}\varepsilon}{\mathrm{d}t}}{(1+\varepsilon\cos\theta)^3}\sin\theta\mathrm{d}\theta=\frac{1}{r}\frac{6v\cos\varphi+6r\dfrac{\mathrm{d}\varepsilon}{\mathrm{d}t}}{\varepsilon(1+\varepsilon\cos\theta)^2}+B$

积分$\displaystyle\int\frac{\varepsilon\dfrac{6v}{r}\cos\varphi}{(1+\varepsilon\cos\theta)^3}\sin\theta\cos\theta\mathrm{d}\theta=\frac{3v\cos\varphi}{r}\left[\frac{1}{\varepsilon(1+\varepsilon\cos\theta)}+\frac{\cos\theta}{(1+\varepsilon\cos\theta)^2}\right]+B$

因为$\dfrac{3v\cos\varphi}{r}\left[\dfrac{1}{\varepsilon(1+\varepsilon\cos\theta)}+\dfrac{\cos\theta}{(1+\varepsilon\cos\theta)^2}\right]'$

$$=\frac{3v\cos\varphi}{r}\left[\frac{\varepsilon\sin\theta}{\varepsilon(1+\varepsilon\cos\theta)^2}+\frac{-\sin\theta(1+\varepsilon\cos\theta)^2+2(1+\varepsilon\cos\theta)\cos\theta\varepsilon\sin\theta}{(1+\varepsilon\cos\theta)^4}\right]$$

$$=\frac{3v\cos\varphi}{r}\left[\frac{\varepsilon\sin\theta}{\varepsilon(1+\varepsilon\cos\theta)^2}+\frac{-\sin\theta(1+\varepsilon\cos\theta)+2\varepsilon\sin\theta\cos\theta}{(1+\varepsilon\cos\theta)^3}\right]$$

$$=\frac{3v\cos\varphi}{r}\cdot\frac{\sin\theta(1+\varepsilon\cos\theta)-\sin\theta(1+\varepsilon\cos\theta)+2\varepsilon\sin\theta\cos\theta}{(1+\varepsilon\cos\theta)^3}$$

$$=\frac{6v\varepsilon\cos\varphi\sin\theta\cos\theta}{[r(1+\varepsilon\cos\theta)^3]}$$

(3) 共转轴承油膜压力　从雷诺方程的求解过程，可以知道：

1）共转轴承的轴套外表面和行星轮内孔表面在每一对应的 θ 角位置上速度近似相等。$6(v_1-v_2)\dfrac{\partial\rho h}{\partial x}\approx0$，从而可忽略油楔项的影响。

2）由于行星轮中心存在线速度，因而轴承的同一表面上不同位置的切向速度不相同，$6\rho h\dfrac{\partial}{\partial x}(v_1+v_2)$ 项不等于零。该项对油膜动压起增强的作用。

3）行星轮系共转轴承的最小油膜厚度位置，以速度 ω_{H} 绕行星轮中心转动，对油膜压力的影响相当于最小油膜位置固定，而将轴承的转速提高 ω_H。油膜位置的变化只对挤压项起作用。

4）由于行星轮系各运动元件制造和安装误差的影响，轴套中心相对于行星轮中心的位置随时间而变化，它只对油膜的挤压项起作用。

图6-45所示是在有油膜情况下，行星轮中心随负载变化的轨迹（减速工作状态，不计及离心力），图中 F_m 为轴承单位面积上的平均载荷，Q 为最小油膜厚度点，Q'为载荷作用点，φ 为偏心角，O 和 O' 分别为中间浮环和行星轮中心。当 F_m 增加时，偏心角由 φ 减小至 φ'，Q 点接近于 Q'，O'移向 O''，也就是当负载增加时，行星轮中心 O'在负载作用线上从 F'移至 F''。这里用 C_t 表示油膜的弹性特性，则

$$C_t=\frac{\partial\overline{OP'}}{\partial F_m}$$

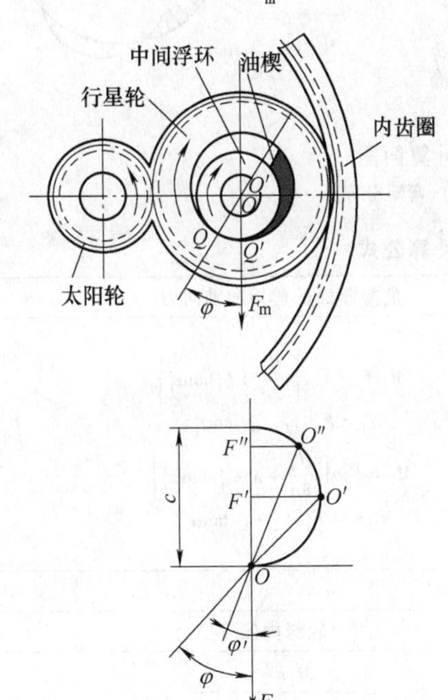

图6-45 行星轮中心随负载变化的轨迹

根据无限宽轴承理论

$$\tan\varphi=\frac{\pi\sqrt{1-\varepsilon^2}}{2\varepsilon}$$

$$\overline{OP'}=\overline{OO'}\cos\varphi=c\varepsilon\cos\varphi$$

而且 F_m 也可表示为 ε 的函数，即

$$F_m=6\pi\eta(n_1+n_2)\left(\frac{r}{c}\right)^2 f(\varepsilon)$$

则

$$C_t=\frac{\partial\overline{OP'}}{\partial F_m}=\frac{\dfrac{\partial\overline{OP'}}{\partial\varepsilon}}{\dfrac{\partial F_m}{\partial\varepsilon}}=0.1\times\frac{c}{6\pi\eta(n_1+n_2)}\left(\frac{c}{r}\right)^2\psi(\varepsilon) \tag{6-97}$$

式中 ε——偏心率；

r——中间浮环半径（mm）；

η——润滑油动力粘度（MPa·s）；

n_1、n_2——行星轮和中间浮环转速（r/min）；

c——半径间隙（mm）；

$\psi(\varepsilon)$——偏心率 ε 的函数。

式（6-97）表示，当 c 增大时，C_t 随之增大，C_t 值越大对均载越有利，所以产生油膜的范围内希望取大的间隙值。

对于普通轴承，轴瓦和轴之一是固定的，如图6-46a所示，其轴承特性系数为

$$S=\frac{2\eta n_1 l_0 r_0^2}{Fc_0^2} \tag{6-98}$$

而对于具有中间浮环的情况下，如图6-46b所示，且当 $n_1=n_2$ 时，则

$$S'=\frac{4\eta n_1 lr^3}{Fc^2} \tag{6-99}$$

式（6-98）和式（6-99）中，l_0、l 为轴承宽度，c_0、c 为轴承半径间隙，F 为轴承的总负荷。若图6-46两种轴承的载荷相等，则特性系数也相等，即 $S=S'$。当 $l_0=l$ 时可得

$$\frac{c}{c_0}=\sqrt{2}\left(\frac{r}{r_0}\right)^{3/2} \tag{6-100}$$

从式（6-100）可见，当 $r\geqslant r_0$ 时，中间浮环和行星轮之间的间隙可以等于或大于普通滑动轴承的$\sqrt{2}$倍。虽然图6-39c中的油膜均载效果更大，因为行星轮内孔和行星轮心轴之间存在着两种间隙和两层油膜。

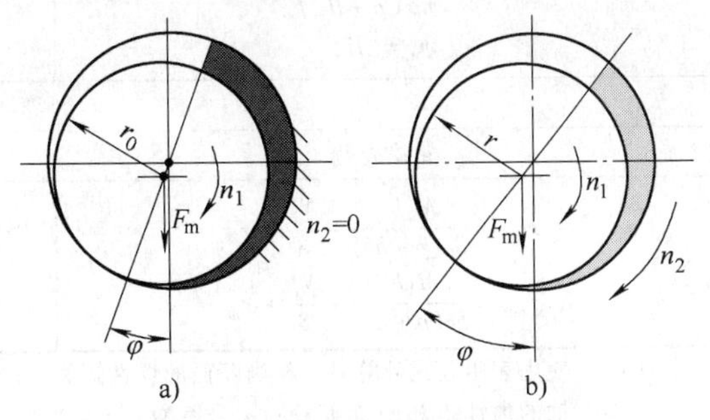

图6-46 两种形式的滑动轴承

设计时，间隙 c 与半径之比值，即相对间隙，推荐取0.0015~0.0045。当速度较高、直径较小时取大值，反之取较小值。中间浮环的宽度按齿轮宽度确定，而直径（亦即行星轮孔径）应在保证行星轮轮缘的情况下取较大值。因为直径越大，在轴承特性系数和负荷不变时可取较大间隙，以获得大的油膜柔性系数 C_t。另外，还可以增加行星轮轮缘的柔性，以发挥其另一弹性均载作用。根据经验，一般取行星轮孔径与节圆直径之比为0.75~0.65，对

于大模数取较小值，小模数取较大值。

6.6 典型零件的设计与计算

6.6.1 齿轮结构的设计与计算

1. 太阳轮

1）结构特点。太阳轮的结构随其传动类型、是否浮动及浮动方式的不同而不同。

在行星齿轮传动中，通常有三个以上的行星轮对称布置。太阳轮上的横向力，在有均载措施的情况下基本平衡，取 $K_p \approx 1$。所以太阳轮的轴不存在抗弯强度方面的问题。

2）柔性轮缘的强度计算。图 6-47 所示为太阳轮轮缘强度计算简图。太阳轮结构可简化为受内、外载荷的封闭圆环，其弯曲半径与断面厚度之比 $\rho/h<5$，属于大曲率圆环，弯曲中性层与重心不重合，相距为 e。轮缘强度计算公式见表 6-18。

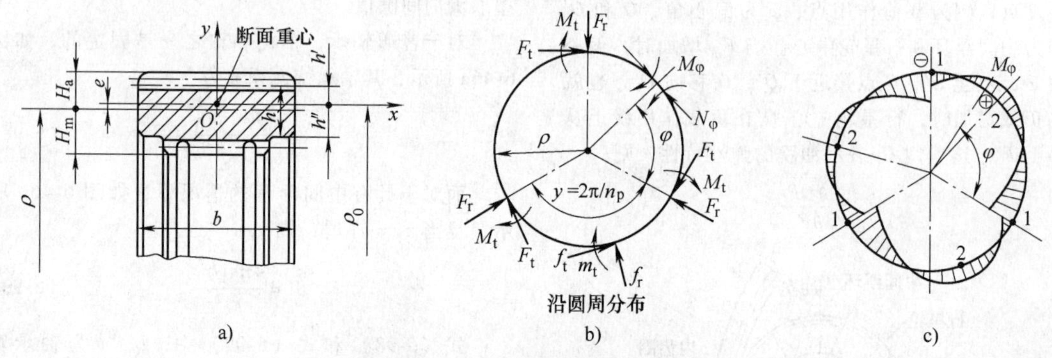

图 6-47 太阳轮轮缘强度计算简图
a）断面参数 b）计算简图 c）弯矩分布

表 6-18 太阳轮轮缘强度计算公式

外载荷	危险断面的弯矩和轴向力
$F_t=\dfrac{2T_aK_A}{d'_an_p}$ $F_r=F_t\tan\alpha'_t$ $M_t=F_tH_a$ $f_t=\dfrac{n_p}{2\pi\rho}\left(\dfrac{\rho+H_a}{\rho-H_m}\right)F_t$ $m_t=f_tH_m$	$M_1=-F_t\rho\left[\dfrac{H_a}{2\rho}+\xi_1\tan\alpha'_t\right]$ $N_1=F_t[x_1-\xi_1\tan\alpha'_t]$ $M_2=F_t\rho\left[\dfrac{H_a}{8\rho}+\lambda+\xi_2\tan\alpha'_t\right]$ $N_2=-F_t[x_2+\xi_2\tan\alpha'_t]$
弯曲应力	
轮缘外侧	轮缘内侧
$\sigma_{\max}=\dfrac{M_2h'}{Se(\rho+h')}+\dfrac{N_2}{S}+\sigma_\omega$ $\sigma_{\min}=\dfrac{M_1h'}{Se(\rho+h')}+\dfrac{N_1}{S}+\sigma_\omega$	$\sigma_{\max}=-\dfrac{M_1h''}{Se(\rho-h'')}+\dfrac{N_1}{S}+\sigma_\omega$ $\sigma_{\min}=-\dfrac{M_2h''}{Se(\rho-h'')}+\dfrac{N_2}{S}+\sigma_\omega$

注：1. 使用表中公式计算时，相当断面的惯性矩为：$I=I_{\min}+S_{\min}a^2$。式中，$I_{\min}$、$S_{\min}$ 为不计轮齿时，实际断面为 Ox 轴的惯性矩和断面面积；a 为系数，$a=0.25\sqrt{m(h_{\min}+0.3m)}$（$h_{\min}$ 为不计轮齿时的断面厚度，m 为齿轮模数）。

2. 相当断面的宽度取轮缘的实际宽度 b，其高度 h、面积 S、抗弯截面模量 W 分别为

$$h=\sqrt[3]{\frac{12I}{b}};\ S=bh;\ W=\frac{bh^2}{6}$$

3. 轮缘断面的曲率半径为 $\rho=\rho_0-e$。式中，$e=\dfrac{I}{\rho_0S}$。

4. 系数 ζ_1、ζ_2、x_1、x_2、λ、ξ_1 和 ξ_2 按表 6-19 确定。

5. T_a 为太阳轮总转矩；K_A 为使用系数；F_t 为 $K_p=1$ 时太阳轮上的圆周力。

6. H_a 为太阳轮圆周力的力臂，对于 $\beta=20°\sim30°$ 的斜齿轮，$H_a=r'_{a1}-\rho$；对于直齿轮或 $\beta<20°$ 的斜齿轮，$H_a=r_{a1}-\rho$。式中，r'_{a1} 和 r_{a1} 分别为太阳轮的节圆半径和顶圆半径。

7. σ_ω 为离心力引起的应力，$\sigma_\omega=\dfrac{\gamma}{g}\omega^2\rho_0^2$。式中，$\gamma$ 为齿轮材料密度；g 为重力加速度；ω 为齿轮的绝对角速度；ρ_0 为轮缘断面重心位置的曲率半径。

表6-19 太阳轮和行星轮轮缘几何系数

n_p	ζ_1	ζ_2	λ	x_1	x_2	ξ_1	ξ_2
3	0.1888	0.0800	0.0244	0.5	0.408	0.288	0.409
4	0.1366	0.0569	0.0130	0.5	0.393	0.5	0.588
5	0.1076	0.0444	0.0081	0.5	0.387	0.689	0.759
6	0.0893	0.0365	0.0055	0.5	0.384	0.867	0.925
7	0.0761	0.0309	0.0040	0.5	0.381	1.035	1.100
8	0.0663	0.0270	0.0031	0.5	0.380	1.205	1.25

2. 内齿轮

1）结构特点。内齿轮的结构随其是否旋转、浮动及浮动方式的不同而不同。在内齿轮结构设计中，必须考虑插齿时的退刀槽和插齿刀最小外径 d_{a0} 所需要的空间尺寸。具体规定应按有关标准执行。

2）柔性轮缘的强度计算。图6-48所示为内齿轮轮缘强度计算简图。其弯曲半径和断面厚度之比 $\rho/h>5$，属小曲率圆环，弯曲中心与断面重心可认为重合。轮缘强度计算公式见表6-20。

3）柔度计算。对于图6-48所示的内齿轮轮缘强度计算简图，若以节点在啮合线方向上的位移 δ 表示内齿轮的变形，以 δ 与轮齿单位宽度上的载荷 q 之比表示轮缘的柔度，则

$$\frac{\delta}{q}=\frac{n_p\cos\alpha_t'}{\pi(n_p^2-1)^2}\left[\tan\alpha_t'+\frac{1}{n_p^2}+2\frac{H_a}{\rho}+1.25n_p^2\left(\frac{H_a}{\rho}\right)^2\right]\frac{\rho^3}{EI} \tag{6-101}$$

按上式计算，设开始运转时，仅有一半行星轮参与啮合，其柔度急剧增大，按表6-21选取轮缘断面尺寸时

$$\left(\frac{\delta}{q}\right)_{0.5n_p}\approx 5.6\left(\frac{\delta}{q}\right)_{n_p}$$

表6-20 内齿轮轮缘强度计算公式

外载荷	轮缘危险断面的弯矩
$F_t=\dfrac{2T_aK_A}{d_a'n_p}$ $F_r=F_t\tan\alpha_t'$ $M_t=F_tH_a$ $f_t=\dfrac{n_p}{2\pi\rho}\left(\dfrac{\rho-H_a}{\rho-H_m}\right)F_t$ $m_t=f_tH_m$	$M_1=F_t\rho\left[\dfrac{H_a}{2\rho}+\zeta_1\tan\alpha_t'\right]$ $M_2=-F_t\rho\left[\dfrac{H_a}{8\rho}+\lambda+\zeta_2\tan\alpha_t'\right]$
抗弯应力	
轮缘外侧	轮缘内侧
$\sigma_{bbmax}=\dfrac{M_1}{W}+\sigma_\omega$ $\sigma_{bbmin}=\dfrac{M_2}{W}+\sigma_\omega$	$\sigma_{bbmax}=-\dfrac{M_2}{W}+\sigma_\omega$ $\sigma_{bbmin}=-\dfrac{M_1}{W}+\sigma_\omega$

注：1. 表中系数 ζ_1、ζ_2 和 λ 按表6-19确定。

2. 表中仍以相当矩形断面计算应力。相当断面对 Ox 轴的惯性矩为：$I=I_{min}K$。式中，I_{min} 为不计轮齿时的断面惯性矩；K 为计算系数，按图6-49确定。图6-49中 I_{max} 为包括全齿高在内作为实体断面计算的惯性矩（不计浮动齿）。

3. 相当断面的宽度 b、高度 h、面积 S、抗弯截面模量 W 的计算和太阳轮算法相同。

4. 内齿轮轮缘的曲率很小，可取曲率半径 $\rho\approx\rho_0$，横向力的影响小而忽略不计。

5. H_a 和离心力引起的应力 σ_ω，其意义和计算方法同表6-18注6、7。

表6-21 浮动内齿轮的轮缘断面尺寸

n_p	3		4		5		6		7		8	
h/ρ	0.08	0.12	0.069	0.104	0.062	0.093	0.057	0.085	0.052	0.079	0.049	0.073
b/h	3	2	3	2	3	2	3	2	3	2	3	2

注：适用于调质硬度为280～320HBW的合金钢轮缘。

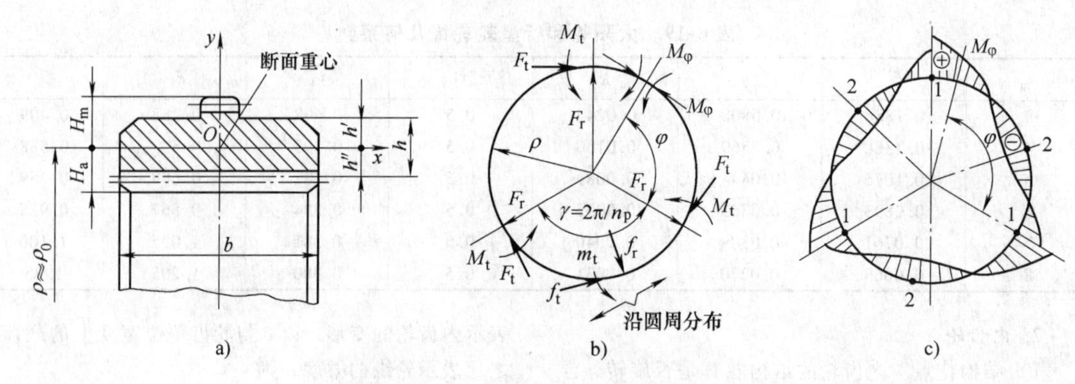

图 6-48　内齿轮轮缘强度计算简图

a）断面几何尺寸　b）计算简图　c）弯矩分布

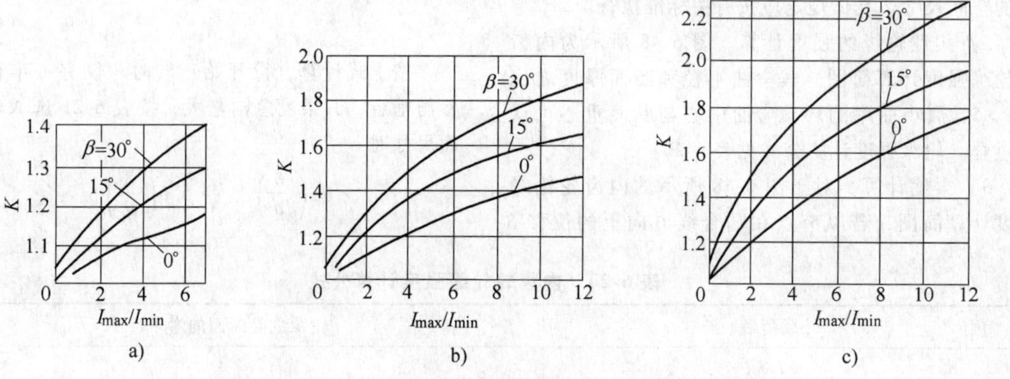

图 6-49　内齿轮轮缘断面惯性矩计算系数 K

a）$m_n = 2$mm　b）$m_n = 5$mm　c）$m_n = 8$mm

可见，合理设计内齿轮轮缘断面和尺寸，对提高行星传动的承载能力很有好处。

按式（6-101）计算，符合表 6-21 中断面尺寸关系的内齿轮柔度与行星轮数的关系如图 6-50 所示。图中虚线为刚度系数 $C = 14500\text{N/mm}^2$ 时轮齿的柔度。

3. 行星轮

1）结构特点。行星轮多作成中空齿轮或双联行星轮。对于双联行星轮，如图 6-51 和图 6-52 所示，无论是整体式还是装配式，同一传动中行星轮上两齿轮的位置关系必须准确一致，否则将会严重影响

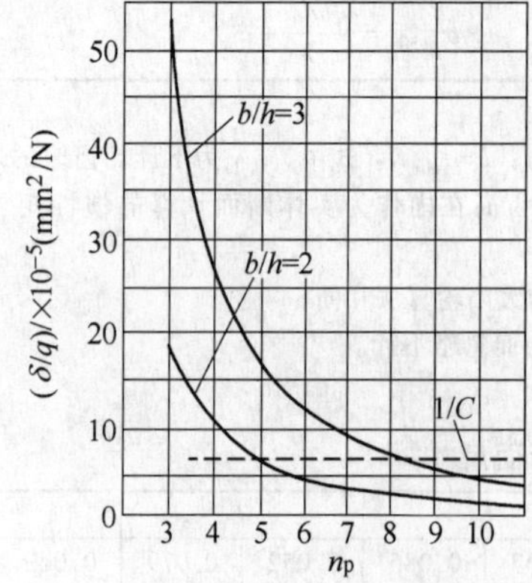

图 6-50　内齿轮柔度与行星轮数的关系

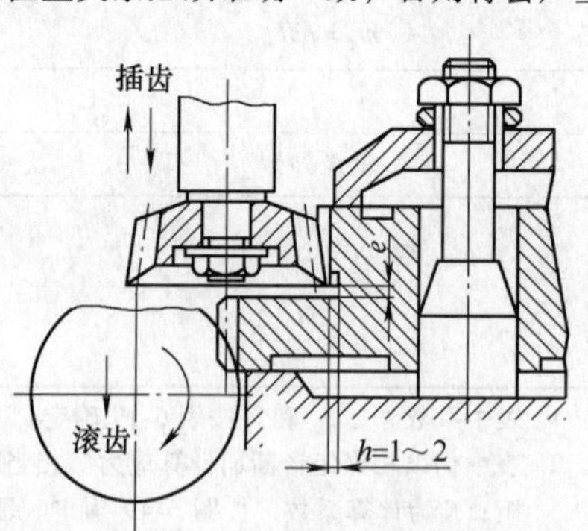

图 6-51　整体式双联行星轮结构及加工方式

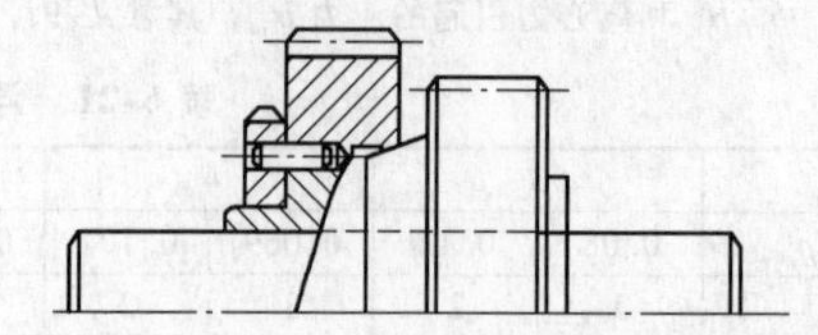

图 6-52　装配式双联行星轮结构

行星轮之间的载荷均衡，甚至根本不能运转。

高速传动中，行星轮的质量必须相对于自身轴线平衡，装在同一传动中的行星轮的质量应严格一致，以保证行星架装配件的工作平衡性。

2）轮缘强度计算。图6-53所示为行星轮轮缘强度计算简图。行星轮也属大曲率圆环，当轴承装在行星轮内时，若 $h/m<3$，假设轴承支反力按余弦规律分布（见图6-53b），并且不考虑离心力对轴承载荷的影响（仅指中、低速行星传动），其简化计算公式见表6-22。

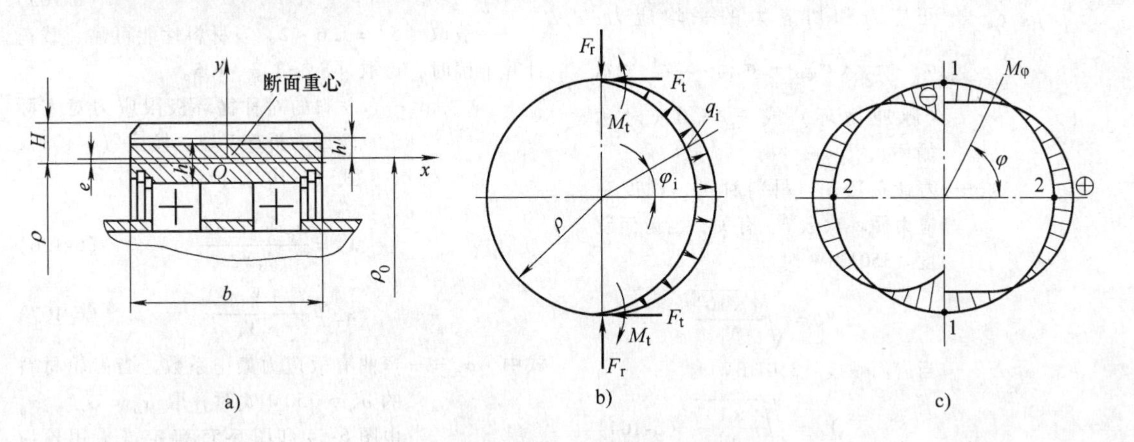

图6-53　行星轮轮缘强度计算简图
a）断面几何参数　b）计算简图　c）弯矩分布

表6-22　行星轮轮缘强度简化计算公式

外载荷	危险断面的弯矩
$F_t=\dfrac{2T_aK_A}{d'_an_p}$ $F_r=F_t\tan\alpha'_t$ $M_t=F_tH$ $q_i=\dfrac{4F_t}{\pi\rho}\cos[(i-1)\varphi_i]$	$M_1=-F_t\rho\left(0.094+0.318\tan\alpha'_t+0.5\dfrac{H}{\rho}\right)$ $M_2=F_t\rho\left(0.11+0.182\tan\alpha'_t-0.138\dfrac{H}{\rho}\right)$
危险断面的轴向力	轮缘外侧弯曲应力
$N_1=0$ $N_2=F_t\left(0.796-0.5\tan\alpha'_t+0.637\dfrac{H}{\rho}\right)$	$\sigma_{max}=\dfrac{M_2h'}{Se(\rho+h')}+\dfrac{N_2}{S}+\sigma_\omega$ $\sigma_{min}=\dfrac{M_1h'}{Se(\rho+h')}+\dfrac{N_1}{S}+\sigma_\omega$

注：表中代号意义及其计算同表6-18注。

4. 太阳轮、内齿轮轮缘疲劳强度校核

行星齿轮传动中，齿轮轮缘内、外侧任一点上的应力，都在 σ_{max} 和 σ_{min} 之间变动，且为交变应力，故其强度计算以校核疲劳安全系数为宜。对于太阳轮，一般只进行弯曲疲劳屈服极限校核。当齿轮传递转矩在轮缘内产生很大的切应力时，应进行扭转强度极限校核。其安全系数 S_σ 和 S_τ 分别按下式计算

$$S_\sigma=\frac{1}{\dfrac{\lambda_\sigma\sigma_a}{Y_N\sigma_{-1}}+\dfrac{\sigma_m}{\sigma_b}}\geqslant[S_\sigma]\qquad(6\text{-}102)$$

$$S_\tau=\frac{1}{\dfrac{\lambda_\tau\tau_a}{Y_N\tau_{-1}}+\dfrac{\tau_m}{\tau_b}}\geqslant[S_\tau]\qquad(6\text{-}103)$$

式中　σ_b、τ_b——齿轮材料的抗拉强度和抗剪强度，对于近似计算，可取 $\tau_b=0.68\sigma_b$。

σ_{-1}、τ_{-1}——齿轮材料的弯曲和扭转对称循环疲劳极限，一般取 $\sigma_{-1}=0.43\sigma_b$，$\tau_{-1}=(0.54\sim0.6)\sigma_{-1}$；

σ_a、τ_a——正应力和切应力的应力幅：$\sigma_a=\dfrac{1}{2}(\sigma_{max}-\sigma_{min})$，$\tau_a=\dfrac{T}{KW_{pj}}$；

T——太阳轮上作用的转矩；

W_{pj}——扭转净抗弯截面系数；

K——考虑应力循环特性的计算系数，$K=1$（对称循环）或 $K=2$（脉动循环）；

σ_m、τ_m——正应力和切应力的平均应力：$\sigma_m=\frac{1}{2}(\sigma_{max}+\sigma_{min})$，$\tau_m=\tau_a$（脉冲循环）或 $\tau_m=0$（对称循环）；

Y_N——寿命系数，与材料种类、硬度和应力循环次数 N_L 有关，当齿面硬度≤350HBW 时

$$Y_N=\sqrt[6]{\frac{4\times10^6}{N_L}}$$

当齿面硬度>350HBW 时

$$Y_N=\sqrt[9]{\frac{4\times10^6}{N_L}} \quad (6\text{-}104)$$

当循环次数 $N_L>4\times10^6$ 时，取 $Y_N=1$；计算结果 $Y_N>1.7$ 时，取 $Y_N=1.7$；对于扭转计算，一般取 N_L 等于整个使用期间的起动次数；

$[S_\sigma]$、$[S_\tau]$——许用安全系数，当只进行弯曲计算时，一般取 $[S_\sigma]\geqslant2$，当太阳轮轮缘要同时校核扭转时，可按下式计算总安全系数 S 值

$$S=\frac{S_\sigma S_\tau}{\sqrt{S_\sigma^2+S_\tau^2}}\geqslant[S] \quad (6\text{-}105)$$

一般取 $[S]=1.6\sim2$。当材料性能可靠、载荷计算准确时，可取 $[S]=1.3\sim1.5$。

λ_σ、λ_τ——材料的对称循环极限应力对实际轮缘的折算系数，按式（6-106）、式（6-107）计算

$$\lambda_\sigma=\frac{\alpha_\sigma+Y_R-1}{\varepsilon_\sigma Y_S} \quad (6\text{-}106)$$

$$\lambda_\tau=\frac{Y_\tau+Y_R-1}{\varepsilon_\tau Y_S} \quad (6\text{-}107)$$

式中 α_σ——弯曲有效应力集中系数，当齿轮材料的 $\sigma_b>750$MPa 时，取 $\alpha_\sigma=\alpha_{\sigma0}$，$\alpha_\sigma$ 由图 6-54 和图 6-55 确定（借用轮齿弯曲疲劳计算资料），图中 s_f/ρ_f 为齿根厚度与过渡曲线半径之比；

Y_τ——扭转有效应力集中系数，Y_τ 按表 6-23 查取；

Y_R——表面粗糙度系数，见表 6-24；

Y_S——表面强化系数，见表 6-25；

ε_σ、ε_τ——绝对尺寸系数，见表 6-26。

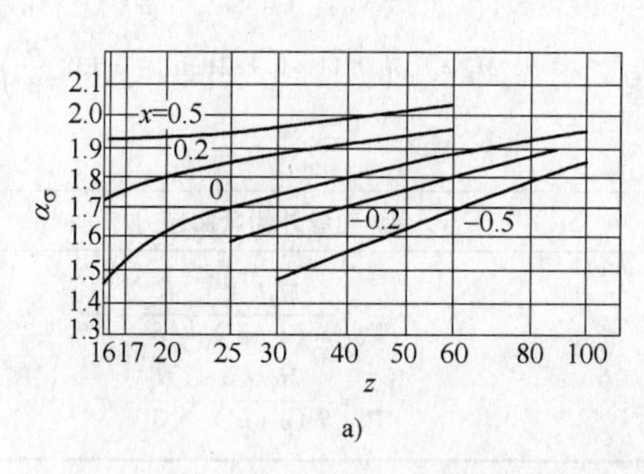

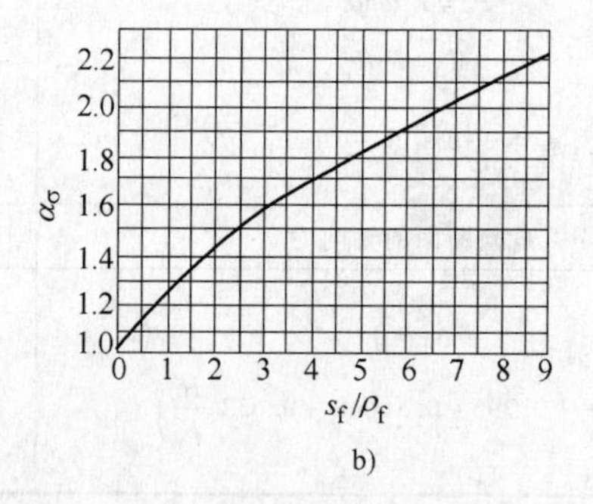

图 6-54 直齿外啮合齿轮（$\alpha=20°$、$c^*=0.25$）齿根弯曲有效应力集中系数

a）α_σ 与齿数 z、变位系数 x 的关系 b）α_σ 与 s_f/ρ_f 的关系

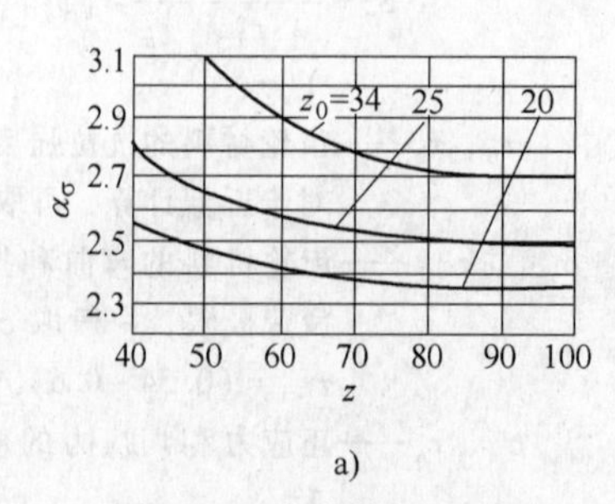

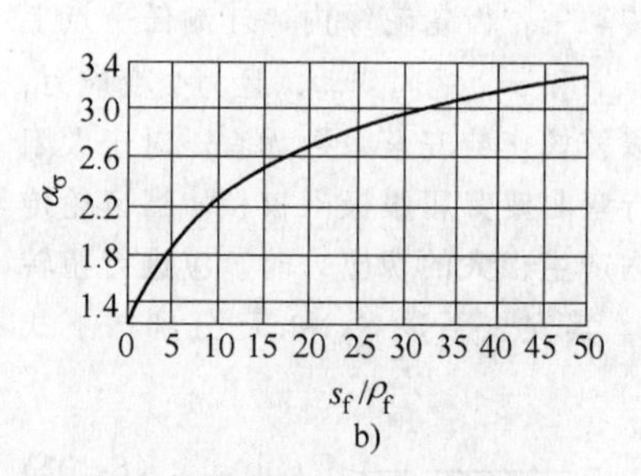

图 6-55 内齿轮（$\alpha=20°$、$c^*=0.25$）齿根弯曲有效应力集中系数

a）α_σ 与齿轮齿数 z、刀具齿数 z_0 的关系 b）α_σ 与 s_f/ρ_f 的关系

表6-23　扭转有效应力集中系数 Y_τ

σ_b/MPa	400	500	600	700	800	900	1000	1200
Y_τ	1.4	1.43	1.46	1.49	1.52	1.55	1.58	1.60

表6-24　弯曲和扭转时的表面粗糙度系数 Y_R

加工方法	σ_b/MPa		
	400	800	1200
磨削 $Ra=0.1\sim0.2\mu m$	1	1	1
车削 $Ra=0.4\sim1.6\mu m$	1.05	1.1	1.25
粗车 $Ra=3.2\sim12.5\mu m$	1.2	1.25	1.5
非加工面	1.3	1.5	2.2

表6-25　表面强化系数 Y_S

强化方法	心部强度极限 σ_b/MPa	Y_S		
		光轴	低应力集中时 $Y_\sigma<1.5$	高应力集中时 $Y_\sigma>1.8\sim2$
高频淬火（淬硬层厚度为0.9~1.5mm）	600~800 800~1000	1.5~1.7 1.3~1.5	1.6~1.7 —	2.4~2.8 —
氮化（氮化层深度0.1~0.4mm）	900~1200	1.1~1.25	1.5~1.7	1.7~2.1
碳氮共渗化（碳氮共渗化层深度0.2mm）	—	1.8	—	—
渗碳（渗碳层深度0.2~0.6mm）	400~600 700~800 1000~1200	1.8~2.0 1.4~1.5 1.2~1.3	3 — 2	— — —
喷丸	600~1500	1.1~1.25	1.5~1.6	1.7~2.1
滚子滚压	—	1.2~1.3	1.5~1.6	1.8~2.0

表6-26　绝对尺寸系数 ε_σ 和 ε_τ

断面尺寸/mm		>20~30	>30~40	>40~50	>50~60	>60~70	>70~80	>80~100	>100~120	>120~150	>150~500
ε_σ	碳钢	0.91	0.88	0.84	0.81	0.78	0.75	0.73	0.70	0.68	0.60
	合金钢	0.83	0.77	0.73	0.70	0.68	0.66	0.64	0.62	0.60	0.54
ε_τ	各种钢	0.89	0.81	0.78	0.76	0.74	0.73	0.72	0.70	0.68	0.60

注：断面尺寸为应力集中处的最小尺寸。

6.6.2　行星架的结构设计与计算

行星架是行星传动中结构比较复杂而重要的构件。当行星架作为基本构件时，它是机构中承受外力矩最大的零件。因此，行星架的结构设计和制造质量，对各行星轮间的载荷分配以及传动装置的承载能力、噪声和振动等有重大影响。

1. 行星架的结构设计

行星架的常见结构形式有双臂整体式（见图6-56和图6-57）、双臂装配式（见图6-58）和单臂式（见图6-59）三种。在制造工艺上又有铸造式、锻造式和焊接式（见图6-60）等。

双臂式整体行星架结构刚性比较好，采用铸造和焊接方法，可得到与成品尺寸相近的毛坯，加工量小。铸造行星架的结构如图6-56和图6-57所示。铸造行星架常用于批量生产的中、小型行星减速器中，这种情况下如用锻造，则加工量大，浪费材料和工时，不经济。

焊接行星架通常用于单件生产的大型行星传动

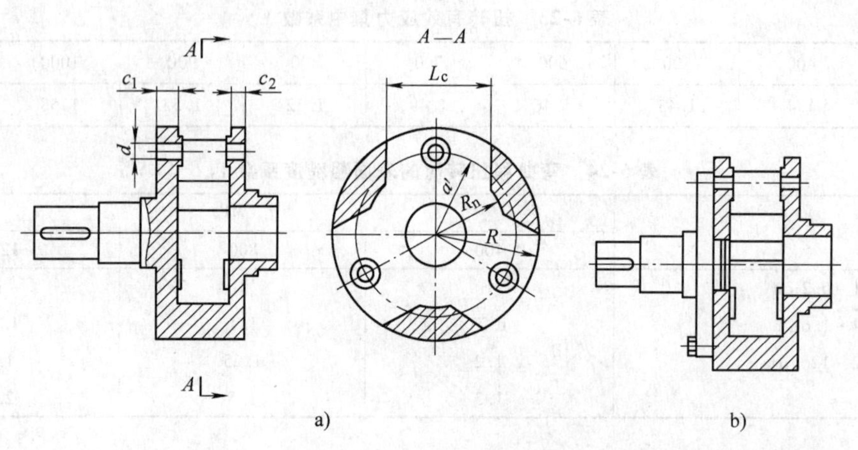

图 6-56　双臂整体式行星架

a）轴与行星架一体结构　b）轴与行星架法兰连接

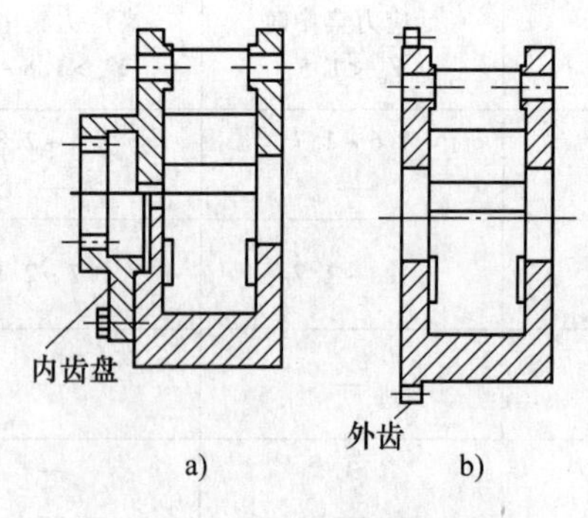

图 6-57　双臂整体式带齿的浮动行星架结构

a）内齿式　b）外齿式

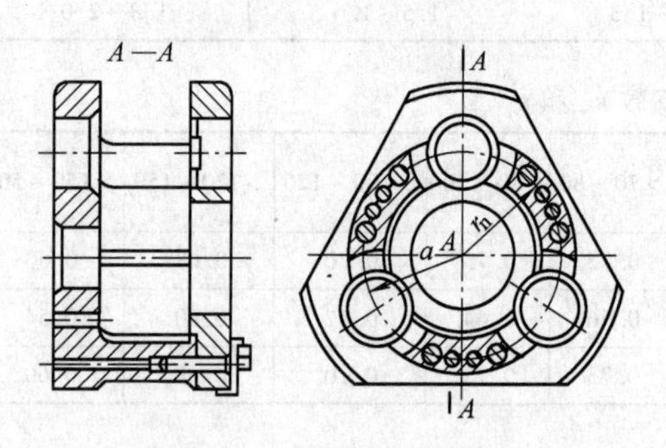

图 6-58　双臂装配式行星架

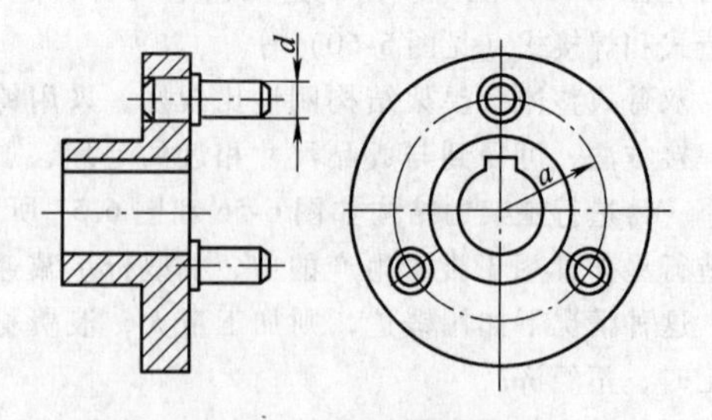

图 6-59　单臂式行星架

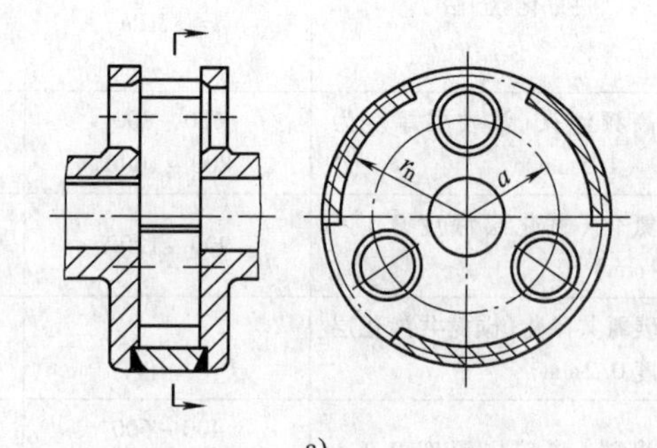

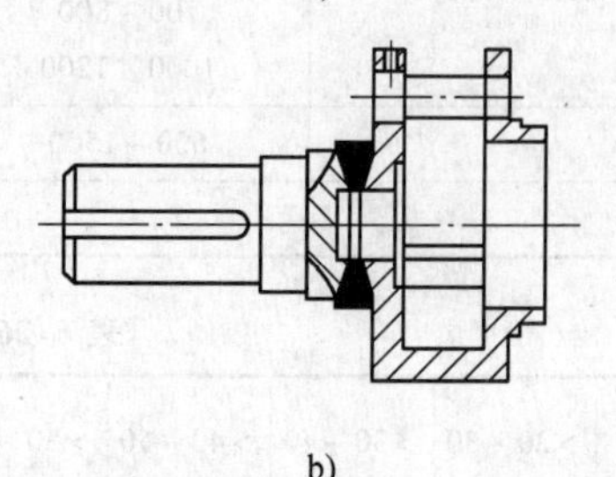

图 6-60　焊接式行星架

结构中，其结构如图 6-60 所示。

针对低速级行星架与出轴采用焊接连接结构时难以保证焊缝质量的难题，行星架与出轴采用由一组精制螺栓或空心销连接并传递转矩，用螺栓锁紧的装配式结构，不仅工艺简单而且连接可靠，如图 6-56b 所示。

双臂式整体行星架常用于传动比较大（如 NGW 型单级 $i_{aH}^{i}>4$）、行星轮轴承装在行星轮内的设计场合。

双臂装配式行星架主要用于传动比较小的情况（NGW 型 $i_{aH}^{b}\leqslant4$）及高速行星传动的某些设计中。

双臂整体式和双臂装配式行星架的两个臂（或

称侧板)，通过中间的连接板（梁）连接在一起，两侧板的壁厚，当不装轴承时可按经验公式选择：$c_1 \approx (0.25 \sim 0.3)a'$，$c_2 \approx (0.2 \sim 0.25)a'$。尺寸 L_c 应比行星轮外径大10mm以上。连接板内圆半径 R_n 按比值 $R_n/R \leqslant 0.5 \sim 0.85$ 确定，如图6-56a所示。

单臂式行星架结构简单，但行星轮轴呈悬臂状态，受力情况不好。对于图6-59所示结构，轴径 d 要按抗弯强度和刚度计算。轴和孔采用过盈配合 $\left(推荐用\frac{H7}{u7}\right)$，用温差法装配。配合长度（即行星架厚度）可在 $(1.5 \sim 2.5)d$ 范围内选取。其过盈配合连接的强度可按下列公式计算。

如图6-61所示，根据平衡条件，取 a、b 两点剩余压力为 $0.4p$ 时，需由配合产生的压力（MPa）应近似为

$$p = \frac{5F_c L}{dl^2} \tag{6-108}$$

对于NGW型传动，F_c 为齿轮圆周力 F_t 的两倍，则

$$p = \frac{10F_t L}{dl^2} \tag{6-109}$$

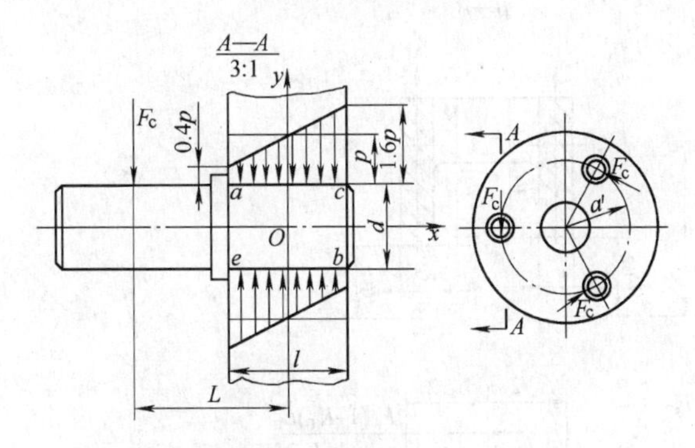

图6-61　单臂式行星架心轴与孔的过盈配合计算简图

根据 p 值即可求出配合过盈量，选择配合种类，并可用压力 $p' = 1.6p + \frac{F_c}{dl}$，验算 e 点的塑性变形和挤压强度。

图6-62所示是另一单臂式行星架结构，与图6-59比较，改变了行星轮心轴的受力状态，即由心轴2受压应力变为螺栓3受拉应力，再由螺栓3受拉变为心轴2和行星架1通过止口连接，呈端面受压状态。为防止高速运转下，行星轮受离心力影响，在心轴2的开口端用空心圆盘4将各心轴连接起来，并用端盖5将空心圆盘4紧固在心轴2上，使离心力相互抵消，以减少心轴2所受的附加弯矩。这类结构的另一优点是心轴定位止口的尺寸短，均布在同一平面上，便于保证安装和加工精度。其缺点是零件数目多。

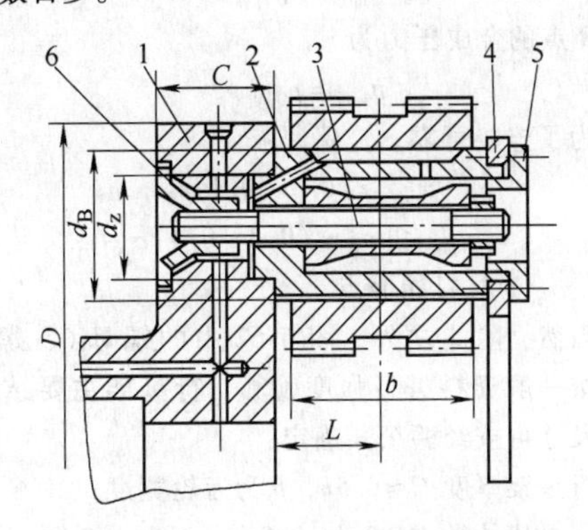

图6-62　单臂式行星架

1—行星架　2—心轴　3—螺栓　4—空心圆盘　5—端盖　6—螺母

心轴止口处的连接强度进行验算的原则是保证心轴受载后，止口处承压的半圆面不离缝，承压增大时半圆面不产生塑性变形。如图6-63所示止口承压面的压力由 p_0 和 p_F 两部分组成，合成后的压力，B 点为 p_{max}，A 点为 p_{min}。

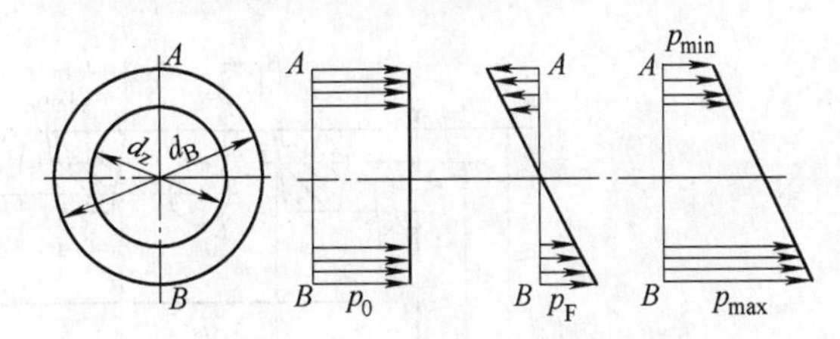

图6-63　心轴止口处压力分布

p_0 为螺栓拧紧时产生的压力，计算公式为

$$p_0 = \frac{F_0}{S}$$

式中　F_0——螺栓的拉力；

S——环形承压面积，$S = \frac{\pi(d_B^2 - d_z^2)}{4}$；

d_B——心轴外径，取行星轮齿根圆的65%～70%；

d_z——止口直径，取 $d_z = 0.8d_B$。

p_F 为行星轮作用于心轴上的力 F_c 产生的力矩所引起的压力，计算公式为

$$p_F = \frac{M}{W}$$

式中　M——力 F_c 产生的力矩，$M = F_c L$，L 为齿宽中心至止口承压面的距离；

W——环面的抗弯截面系数，$W = 0.1d_B^3\left[1 - \left(\frac{d_z}{d_B}\right)^4\right]$。

A 点的合成压力为

$$p_{\min}=p_0-p_F$$

B 点的合成压力为

$$p_{\max}=p_0+p_F$$

为了连接可靠，应保证：

$$p_{\min}\geqslant(0.3\sim0.4)p_0$$

$$p_{\max}\leqslant[p]=(0.3\sim0.4)\sigma_s$$

式中，σ_s 为材料屈服点。

当然，除此之外，图 6-62 中的螺母 6、螺栓 3 也要按一般资料进行强度验算，行星架主要结构的外形尺寸可按经验公式确定：

行星架厚度 $C\approx0.5b$，b 为齿轮宽度；

行星架外径 $D\approx2a'+0.8d_c$，a'为中心距，d_c 为行星轮分度圆直径。

2. 行星架的变形计算

行星架结构比较复杂，通常将其模拟为由侧板及中间等距离的连接板组成的框架结构进行变形计算，如图 6-64 所示。

行星架的变形指在转矩作用下，侧板 1 相对于侧板 2 的位移，位移值 Δ 在半径 r_n 圆周的切线方向度量。半径为 r_n 的圆通过连接板 3 的断面形心 O_n（见图 6-65）。对于梯形断面，r_n 按下式计算

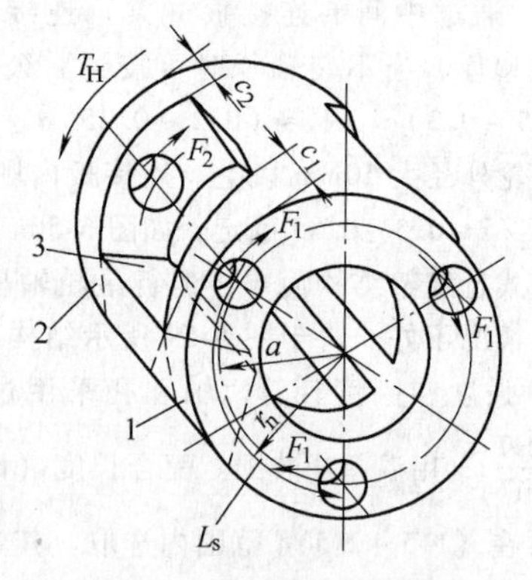

图 6-64　行星架计算模型

1、2—侧板　3—连接板

$$r_n=R-\frac{b+2a}{3(b+a)}h_n \qquad (6\text{-}110)$$

式中　R——行星架外圆半径；

a、b、h_n——梯形断面尺寸。

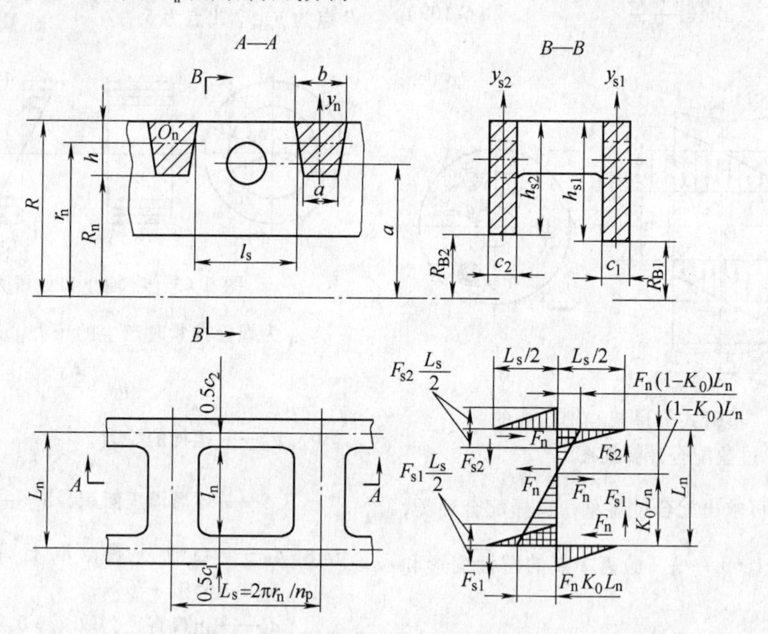

图 6-65　行星架沿半径 r_n 展开图

位移量 Δ 由下式表示的作用力引起，即

$$F_n=F_1\frac{a'}{r_n} \qquad (6\text{-}111)$$

式中　F_1——行星轮心轴作用于行星架侧板 1 上的切向力，径向力对行星架不产生转矩，可不计入。

位移量 Δ 通过将连接板看成双支点梁，并计算其在 F_n 力作用下产生的挠度来确定。连接板两端与侧板固接处的弯矩为

$$M_{s1}=F_{s1}L_s$$

$$M_{s2}=F_{s2}L_s$$

力 F_{s1} 和 F_{s2} 可根据行星架的平衡条件（见图 6-64）求得，即

$$F_{s1}=F_n\frac{L_n}{L_s}K_0$$

$$F_{s2}=F_n\frac{L_n}{L_s}(1-K_0)$$

式中　L_s——沿半径为 r_n 的圆周上侧板 $\frac{1}{n_p}$ 段弧长，即 $L_s=\frac{2\pi r_n}{n_p}$；

L_n——连接板长度，等于两侧板中心平面间的距离，即 $L_n=l_n+0.5c_1+0.5c_2$；

K_0——两侧板的刚度比较系数，K_0 决定连接板弯矩为零的点的位置。

Δ 值与力 F_n 的比值为行星架的柔度，由式（6-112）确定

$$\frac{\Delta}{F_n}=\frac{1}{EL_n}\left\{2\left(\frac{L_n}{L_s}\right)^3\left[K_0^2\alpha_{s1}+(K_0-1)^2\alpha_{s2}\right]+\alpha_n\right\} \tag{6-112}$$

式中　E——材料弹性模量；

α_s、α_n——F_n 力对侧板与连接板的弯曲变形和剪切变形的影响系数。

侧板和连接板的影响系数和刚度比较系数可按下式计算

$$\left.\begin{aligned}\alpha_{s1}&=\left[\frac{l_{se1}^3}{24I_{s1}}+\frac{k_{s1}(1+\nu)l_{se1}}{S_{s1}}\right]\beta_{s1}L_s\\ \alpha_{s2}&=\left[\frac{l_{se2}^3}{24I_{s2}}+\frac{k_{s2}(1+\nu)l_{se2}}{S_{s2}}\right]\beta_{s2}L_s\end{aligned}\right\} \tag{6-113}$$

$$\alpha_n=\left[\frac{l_{ne}^3}{3I_n}+\frac{2k_n(1+\nu)l_{ne}}{S_n}\right]\beta_nL_n \tag{6-114}$$

$$K_0=\frac{1}{1+\dfrac{\alpha_{s1}+L_s^2L_n/(4I_n)}{\alpha_{s2}+L_s^2L_n/(4I_n)}} \tag{6-115}$$

式中　β_s——圆盘形侧板的形状系数；

β_n——凸四边形连接板的形状系数；

k_s、k_n——侧板和连接板的横截面形状系数；

I_s、I_n——侧板（相对于 y_s 轴）和连接板（相对于 y_n 轴）横截面的惯性矩；

l_{se}、l_{ne}——相当于悬臂梁变形的侧板和连接板元件的有效长度；

ν——泊松比（对于钢，$\nu=0.3$）。

对于矩形截面的侧板：

$$I_{s1}=h_{s1}C_1^3/12;\ I_{s2}=h_{s2}C_2^3/12$$

$$S_{s1}=h_{s1}C_1;\ S_{s2}=h_{s2}C_2;\ k_s=1.2$$

对于横截面近似于梯形的连接板：

$$I_n=\frac{h_n(a+b)(a^2+b^2)}{48}$$

$$S_n=\frac{(a+b)h_n}{2}$$

系数 k_n 可由图 6-66 确定。对于连接板近似于等腰三角形时（$a=0$），应取 $k_n=1.03$。

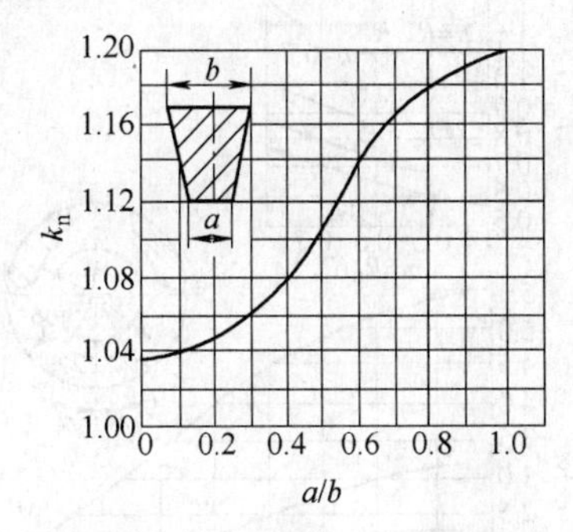

图 6-66　确定系数 k_n 的曲线图

如果连接板本身就是行星轮的心轴 d，则 $I_n=\pi d^4/64$；$S_n=\pi d^2/4$；$k=1.11$；如果行星轮心轴压装在矩形截面的侧板上，则 l_{se}、l_{ne} 的值可由图 6-67 确定。

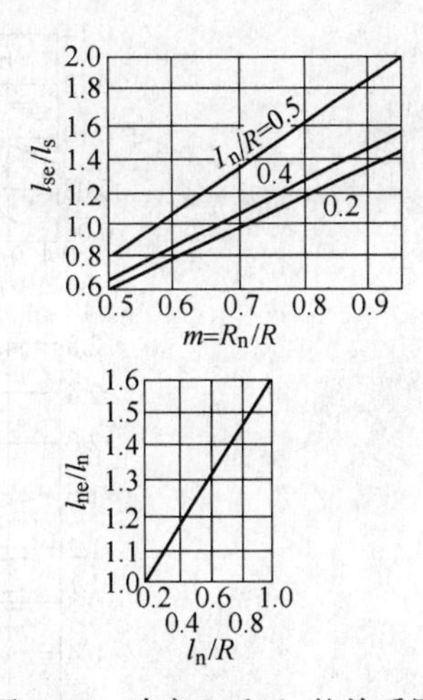

图 6-67　确定 l_{se} 和 l_{ne} 的关系图

对于侧板，可看成是圆盘形（带中心孔、带中心孔且外圈有凸缘或带轴颈）的结构方案，系数 β_s 按下式计算

$$\beta_s=1.74n_p\frac{h_s}{r_n}F_mF_\alpha \tag{6-116}$$

式中，F_m、F_α 根据参数 $m=R_n/R$，$n=R_b/R$ 及 n_p、α（连接板断面两侧在半径 r_n 的圆周上中心角为 2α），由图 6-68 确定。

当连接板是直径为 d 的悬臂行星轮心轴时，有

$$R_n=r_n-0.5d;\ \alpha\approx d/2r_n$$

对于广泛采用的连接板尺寸比例，其形状系数可取 $\beta_n=1$。当 $R_n/R>0.9$ 和 $d/l_s>0.5$ 时，系数 β_n 和 β_s 必须用试验的方法精确确定。

对于不同结构的行星架，上述计算柔度的公式可针对具体情况给以简化。

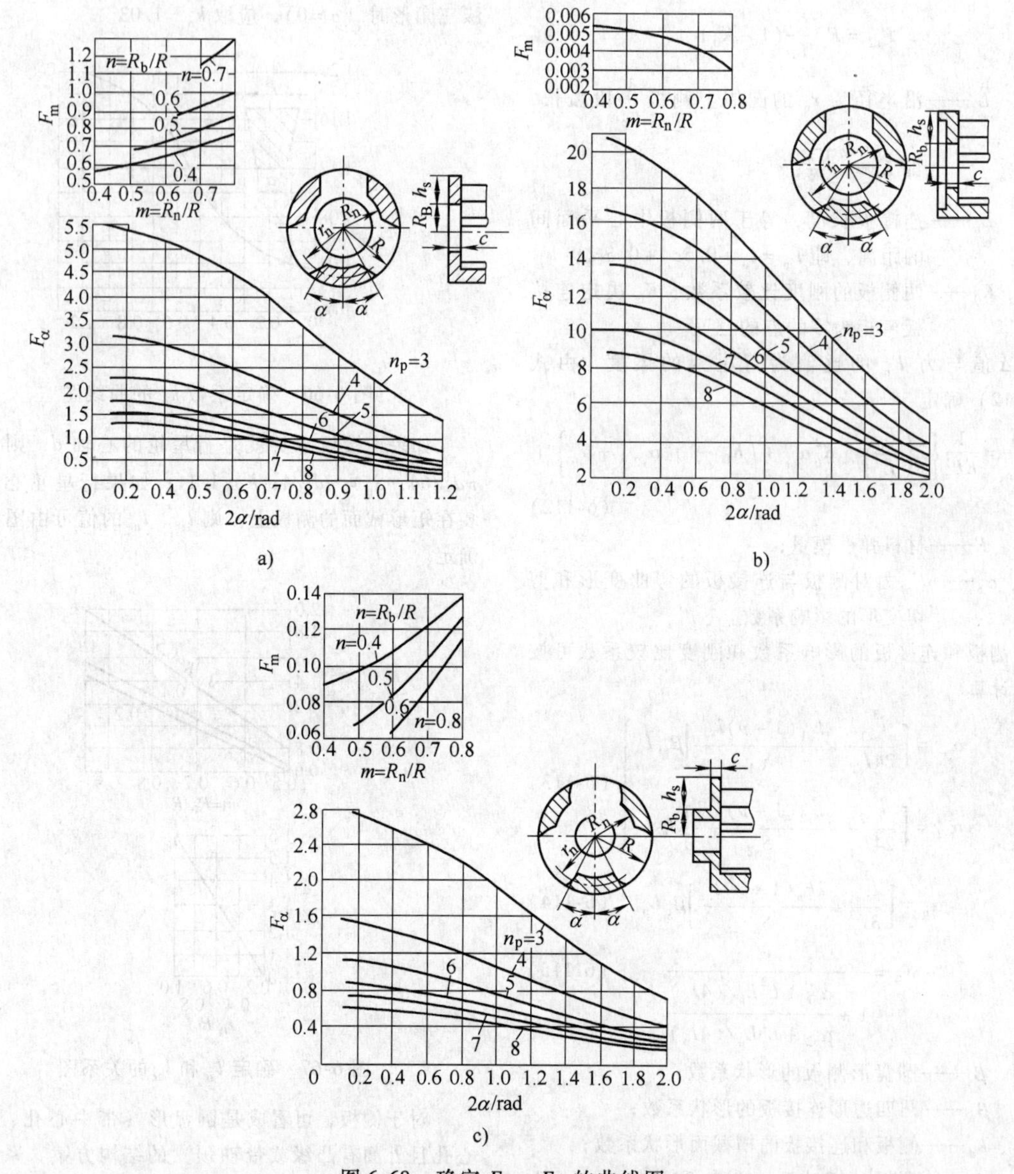

图 6-68　确定 F_m、F_α 的曲线图

a）有中心孔的行星架侧板　b）外圈有凸缘的行星架侧板　c）与传动轴连接的行星架侧板

1）当行星架两侧板等刚度（见图 6-69a），$\alpha_{s1}=\alpha_{s2}=\alpha_s$，$K_0=0.5$ 时

$$\frac{\Delta}{F_n}=\frac{1}{EL_n}\left[\left(\frac{L_n}{L_s}\right)^3\alpha_s+\alpha_n\right] \tag{6-117}$$

α_s和 α_n按式（6-113）、式（6-114）计算。

2）当行星架的一个侧板刚性夹紧（见图 6-69b），如与机体固定，$\alpha_{s2}\to 0$，$\alpha_{s1}=\alpha_s$ 时

$$K_0=\frac{1}{2+\dfrac{4I_n}{L_s^2L_n}\alpha_s} \tag{6-118}$$

而$\dfrac{\Delta}{F}$、α_s和 α_n 值按式（6-112）、式（6-113）和式（6-114）计算。

3）当行星架的两个侧板被刚性夹紧（见图 6-69c），$\alpha_{s1}=\alpha_{s2}\to 0$，$K_0=0.5$ 时

$$\frac{\Delta}{F_n}=\frac{1}{EL_n}\alpha_n \tag{6-119}$$

α_n按式（6-114）计算。

4）当行星轮心轴悬臂式地固定在单臂式行星架上（见图 6-69d），$\alpha_{s1}=\alpha_s$，$\alpha_{s2}\to\infty$，$K_0=1$ 时

$$\frac{\Delta}{F_n}=\frac{1}{EL_n}\left[2\left(\frac{L_n}{L_s}\right)^3\alpha_s+\alpha_n\right] \tag{6-120}$$

5）当力矩作用在行星架连接板中间，且两侧板

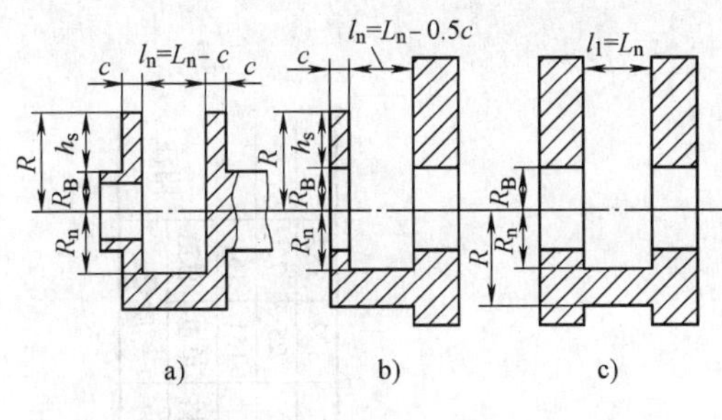
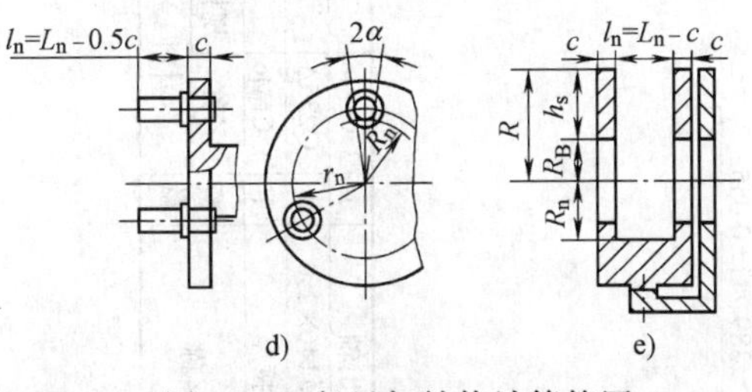

图6-69　行星架结构计算简图

等刚度（见图6-69e），$\alpha_{s1}=\alpha_{s2}=\alpha_s$时

$$K_0=\frac{1}{2+\frac{8I_n}{L_s^2L_n}\alpha_s} \tag{6-121}$$

$$\frac{\Delta}{F_n}=\frac{1}{EL_n}\left[\frac{1}{4}\left(\frac{L_n}{L_s}\right)^3\alpha_s+\alpha_n\right] \tag{6-122}$$

$$\alpha_n=\left(\frac{l_{ne}}{24I_n}+\frac{k_n l_{ne}}{S_n}\right)\beta_n L_n \tag{6-123}$$

α_s 按式（6-113）确定。

行星架柔度的许用极限值，可通过因行星架变形而引起的行星轮轮齿相对于太阳轮轮齿的歪斜角γ来评定，即

$$\gamma=\frac{\Delta a'\cos\alpha'}{r_n L_n} \tag{6-124}$$

式中，L_n 值根据图6-69中不同结构图的相应值代入。a'和α'为中心距和啮合角。

对于单臂式行星架，行星轮心轴长为 l_n，其歪斜角为

$$\gamma=\frac{\Delta a'\cos\alpha'}{0.5(l_n+c)} \tag{6-125}$$

当力矩对称作用于连接板时（见图6-69e），行星架变形不会使行星轮轮齿发生歪斜，即$\gamma=0°$。

行星架目前大多采用球墨铸铁件和焊接结构，可以简化结构，减少加工工作量，特别是大型、带输出轴的行星架，大多采用焊接结构。焊接结构可以减轻行星架的质量，但焊后及粗加工后应作消除应力处理，焊条采用E5015。焊接结构行星架的典型结构如图6-70～图6-72所示。

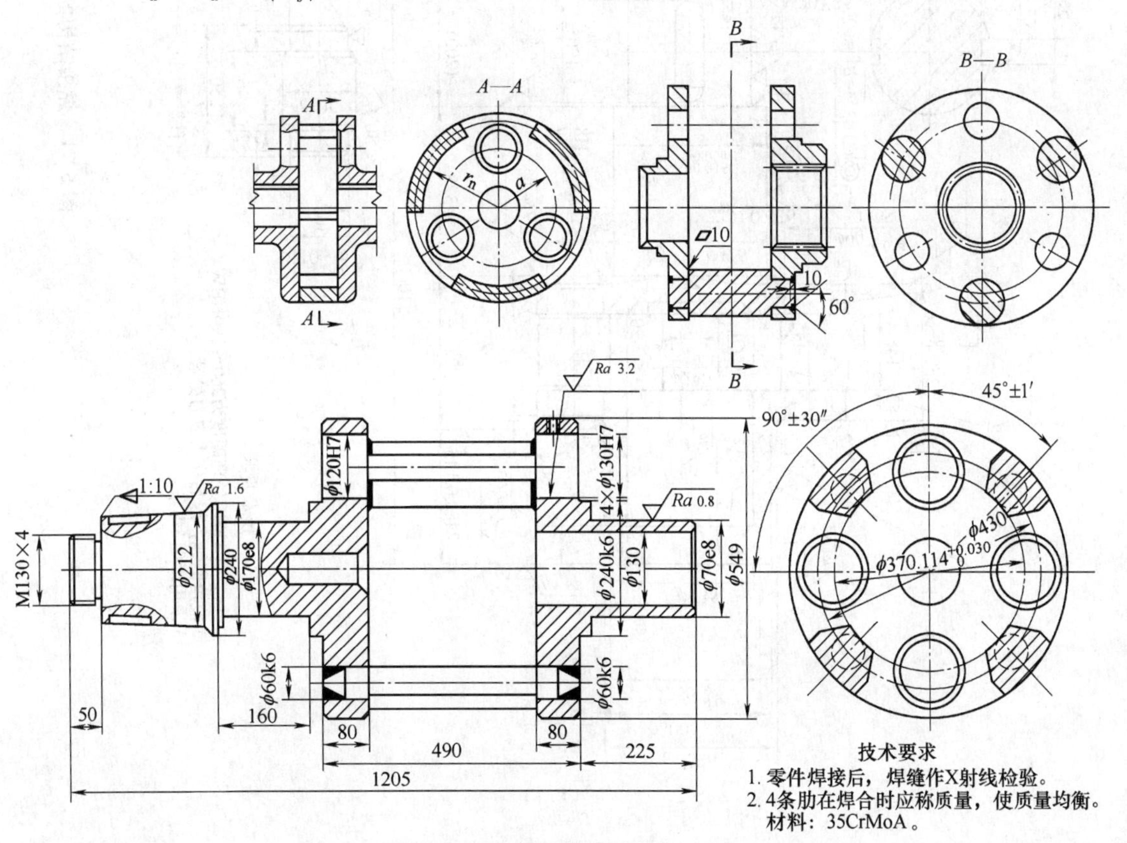

图6-70　焊接结构的行星架（一）

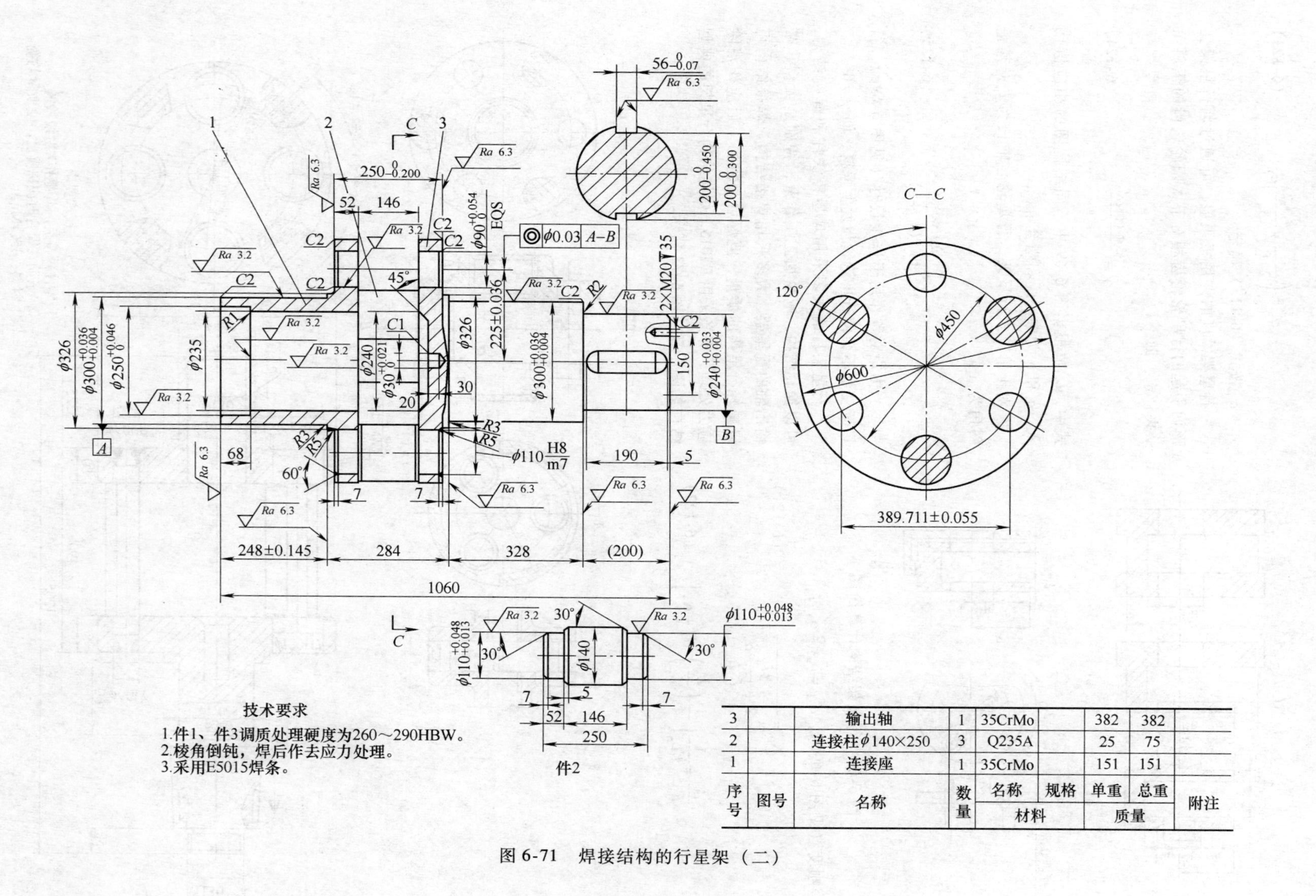

序号	图号	名称	数量	材料 名称	材料 规格	质量 单重	质量 总重	附注
3		输出轴	1	35CrMo		382	382	
2		连接柱φ140×250	3	Q235A		25	75	
1		连接座	1	35CrMo		151	151	

图 6-71　焊接结构的行星架（二）

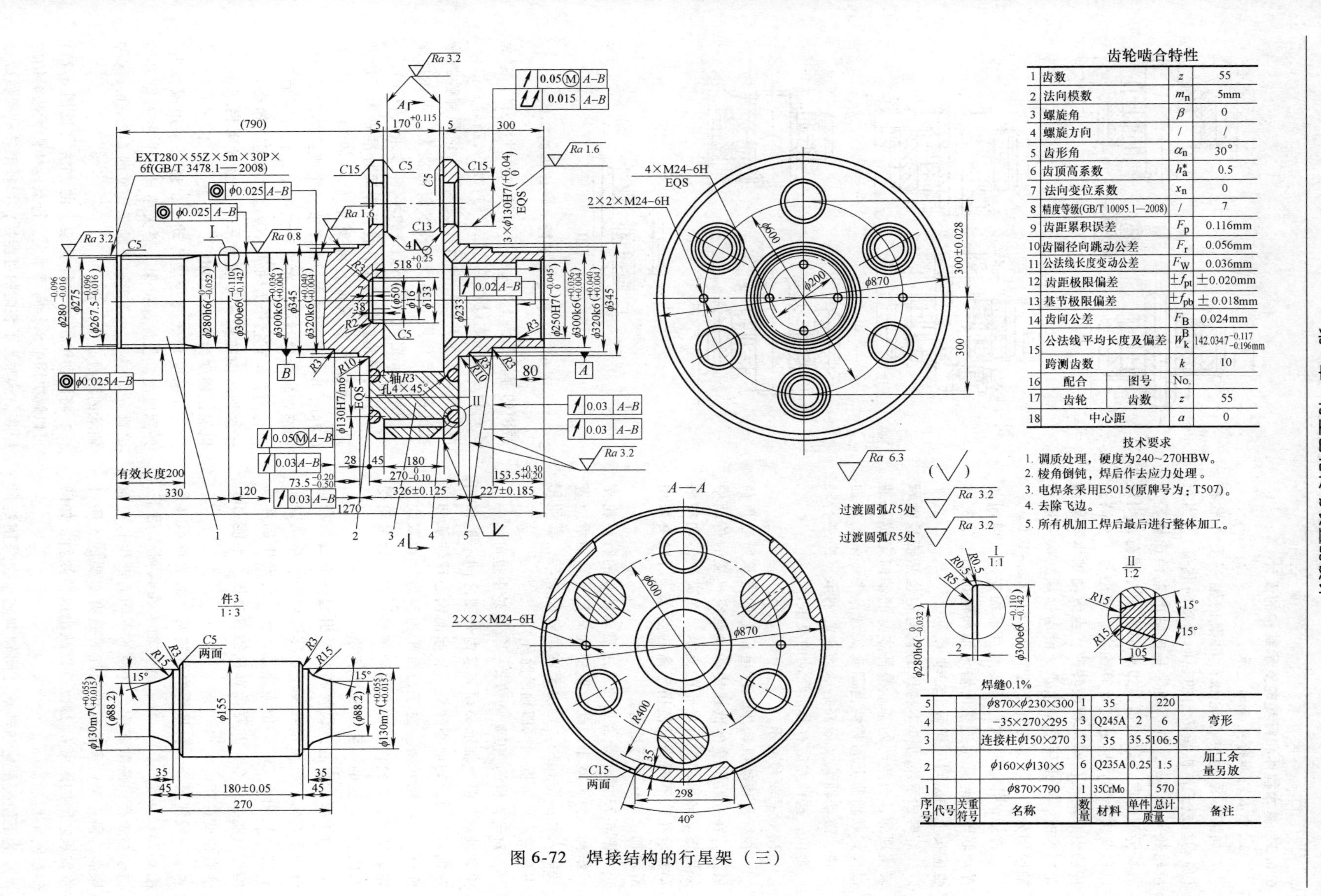

齿轮啮合特性

序号	名称	代号	数值
1	齿数	z	55
2	法向模数	m_n	5mm
3	螺旋角	β	0
4	螺旋方向	/	/
5	齿形角	α_n	30°
6	齿顶高系数	h_a^*	0.5
7	法向变位系数	x_n	0
8	精度等级(GB/T 10095.1—2008)	/	7
9	齿距累积误差	F_p	0.116mm
10	齿圈径向跳动公差	F_r	0.056mm
11	公法线长度变动公差	F_W	0.036mm
12	齿距极限偏差	$\pm f_{pt}$	±0.020mm
13	基节极限偏差	$\pm f_{pb}$	±0.018mm
14	齿向公差	F_B	0.024mm
15	公法线平均长度及偏差	W_k^B	$142.0347^{-0.117}_{-0.196}$mm
	跨测齿数	k	10
16	配合	图号	No.	
17	齿轮	齿数	z	55
18	中心距	a	0

技术要求

1. 调质处理，硬度为240~270HBW。
2. 棱角倒钝，焊后作去应力处理。
3. 电焊条采用E5015(原牌号为：T507)。
4. 去除飞边。
5. 所有机加工焊后最后进行整体加工。

焊缝0.1%

序号	代号	关重符号	名称	数量	材料	单件质量	总计质量	备注
5			ϕ870×ϕ230×300	1	35		220	
4			−35×270×295	3	Q245A	2	6	弯形
3			连接柱ϕ150×270	3	35	35.5	106.5	
2			ϕ160×ϕ130×5	6	Q235A	0.25	1.5	加工余量另放
1			ϕ870×790	1	35CrMo		570	

图 6-72　焊接结构的行星架（三）

6.6.3 基本构件和行星轮支承结构的设计

1. 中心轮和行星架的支承

如果不浮动中心轮和行星架的轴不受外载荷（原动机或工作机械传给的径向和轴向载荷），当行星轮数 $n_p \geqslant 2$ 时，轴承通常是按轴的直径选择轻型或特轻型的向心球轴承。如果轴承受外载荷，则应以载荷大小和性质通过计算确定轴承型号。在高速传动中必须校核轴承极限转速。当滚动轴承不能满足要求时，可采用滑动轴承。滑动轴承结构一般为轴向剖分式，长度与直径之比为 $l/d \leqslant 0.5 \sim 0.6$。

浮动的中心轮和行星架本身不加支承，但通过浮动联轴器与其相连接的输入轴和输出轴上的支承也应按上述原则选择适合的轴承。

旋转的不浮动基本构件的轴向定位是依靠轴承来实现的，而浮动的基本构件本身的轴向定位可通过齿式联轴器上的弹性挡圈来实现，也可采用球面顶块、滚动轴承（最好是球面调心轴承）来进行轴向定位，这种方法有助于浮动的灵敏性。

2. 行星轮的支承

在行星传动机构中，行星轮上的支承所受负荷最大。在一般用途的低速传动和航空机械的传动中采用滚动轴承作为行星轮的支承。在高速传动中滚动轴承往往不能满足使用寿命的要求，所以要采用滑动轴承来支承行星轮。

图 6-73 所示是常见的采用滚动轴承的行星轮支承结构。为了减小传动装置的轴向尺寸，轴承应直接装入行星轮孔中，但由于轴承外圈旋转，其使用寿命要有所降低（球面轴承除外）。

对于直齿的 NGW 型传动；行星轮中也可装一个滚动轴承，但该轴承必须要求内外圈之间不能作相对轴向移动，如向心球轴承、球面调心球轴承和球面调心滚子轴承等。对于行星轮为斜齿轮和双联齿轮的情况，不允许装一个滚动轴承，因为行星轮受有啮合力产生的倾翻力矩的作用。

为了减少由制造误差和变形引起的沿齿长载荷分布不均匀，行星轮内装一个球面调心轴承是很有利的（见图 6-73f）。但应注意，此时传动中的浮动构件只能有一个，并要计算机构自由度，不能有多余自由度存在。

一般情况下，行星轮内可装两个滚动轴承（见图 6-73a、b、c 等）。为了避免轴承在载荷作用下，由于初始径向游隙和配合直径的不同而产生行星轮倾斜，预先对轴承进行挑选配对是有必要的。还可将轴承之间的距离 L_b 加大，以减小这种倾斜，如图 6-73b、c 所示。

为了使行星轮和轴承之间轴向定位，采用矩形

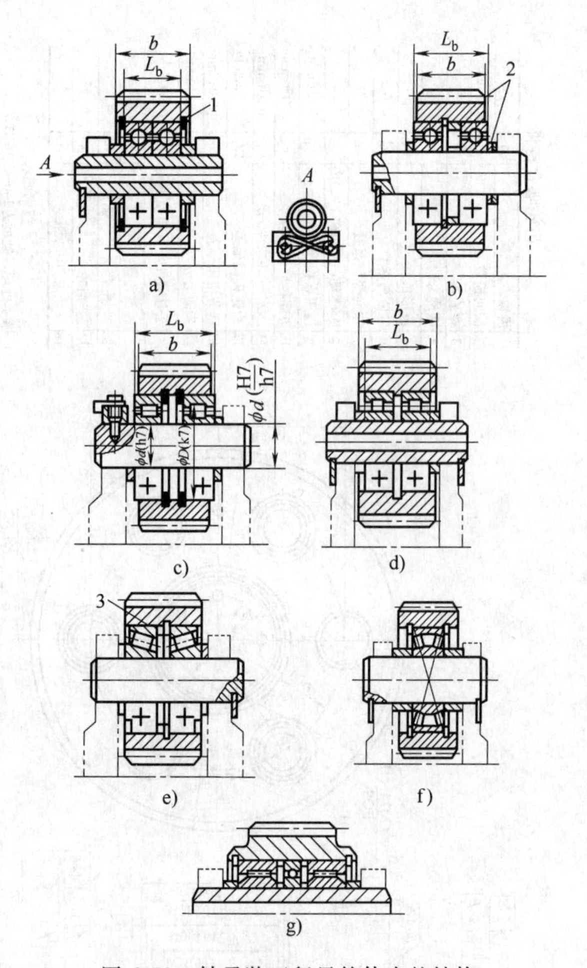

图 6-73　轴承装于行星轮体内的结构

截面的弹性挡圈 1（见图 6-73a）是最恰当的。避免了在行星轮孔内设置工艺性差的台阶（挡肩）措施。调节环 2 用于补偿轴向尺寸误差。为增强弹性挡圈抵抗在载荷作用下轴承外圈歪斜的能力，可在挡圈与轴承外圈之间加一不倒角的环 3（见图 6-73e）。

当行星轮直径较小，装入普通标准轴承不能满足承载能力要求时，可采用专用的轴承，如图 6-74a、b、d所示的去掉两个或一个座圈的滚子轴承和滚针轴承的结构。在这种情况下，轴外表面和行星轮内孔可直接作为轴承的滚道（滚道需精磨）。用于这种结构的轴和齿轮常采用合金渗碳钢来制造，以保证硬度为 61 ~ 65HRC。

在速度较低的行星传动中，还可采用减薄内、外圈厚度，去掉保持架，增大滚动体直径和数量的多排（如三排）专用滚子轴承（见图 6-73c），这种轴承的润滑必须充分。

将滚动轴承装在行星架上的方法（见图 6-75）可以解决因轴承径向尺寸大、行星轮体内无法容纳的困难，这时为了装配的可能性，行星架往往要做成分

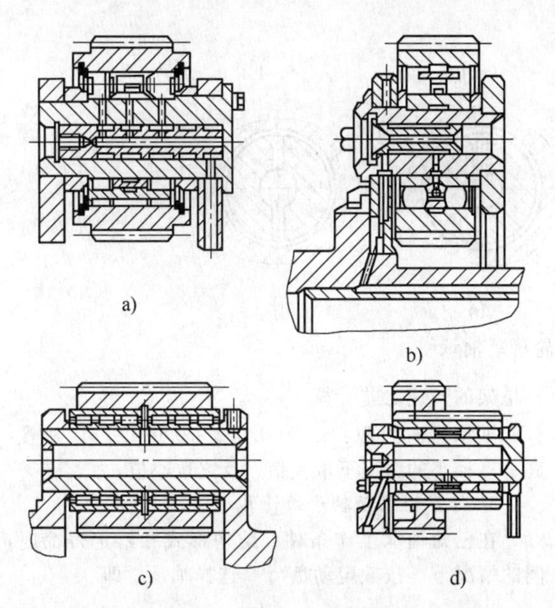

图6-74　采用专用轴承的行星轮支承结构

开式的。这种结构的轴承之间距离较大，由轴承径向游隙不同而引起的行星轮的倾斜将减小。这种支承方式的缺点是结构复杂，轴向尺寸大。

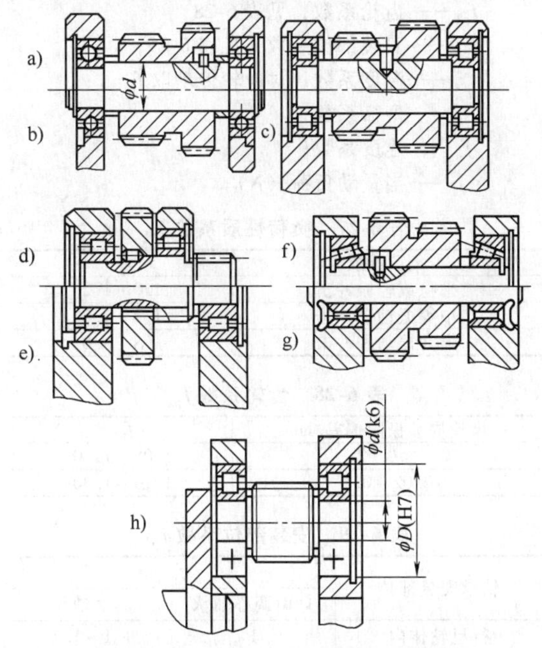

图6-75　轴承装于行星架上的结构

行星轮的支承若采用两个可以轴向调整的轴承（如图6-75f所示的圆锥滚子轴承），则其工作性能取决于轴向调整的准确性。对斜齿轮和双联行星轮来说，因为有倾翻力矩的作用，轴向调整的可能性尤为重要。为简化装配时的调整工作，无特殊需要时，一般应尽量采用不需要轴向调整的轴承，如短圆柱滚子轴承、滚针轴承等。

滚动轴承的内圈与行星轮轴的配合、外圈与行星轮内孔或行星架孔的配合代号在图6-73c和图6-75h中均有表示。选择配合的原则是，相对于作用在轴承上的力矢量旋转的座圈应配合紧一些，反之配合应松一些。

图6-76所示是被广泛采用的行星轮滑动轴承结构。它的特点是将抗磨材料（巴氏合金）施加在行星轮轴上，而不是在行星轮孔里压入轴承套。行星轮轴上巴氏合金的厚度一般控制在1mm左右，最大不超过3mm。随着巴氏合金的层厚度的增加，其疲劳强度将下降。有时在行星轮轴表面先镀一层铜然后再挂巴氏合金，以使硬度、散热、热膨胀等性能形成一梯度，有利于提高巴氏合金的抗疲劳性能。

由于行星轮内孔表面相对于作用在轴承上的力是旋转的，而行星轮轴是不转的，所以巴氏合金层的挤压是不变的，因而可提高轴承的承载能力和疲劳寿命。另外，这种轴承有利于提高行星轮的精度，因为行星轮是以精加工后的孔作为基准来切齿的。而在行星轮孔中压入轴套的结构，其轴套上巴氏合金层的加工要以轮齿作为定位基准，从而降低了制造精度（如齿圈径向跳动误差增大等）。同时轴套内表面是在变载荷下工作的，故降低了巴氏合金的疲劳强度和寿命。

当滑动轴承的长径比 $l/d=1\sim1.5$ 时，可将其分成独立的两段，在每段的中部有导油孔和油沟。对于行星架旋转（包括正反转）的行星传动，导油孔的方向为沿行星架半径方向从行星轮轴中心通向外侧表面（见图6-76b），其油流方向与离心力方向相同。对于行星架不旋转的行星传动，导油孔为行星轮轴上沿行星架半径方向的通孔，即油流可从上、下两个方面同时导入（见图6-76c）。在行星架旋转过程中，导油管起到隔离和滤除杂质的作用。行星轮轴表面上的油沟会降低轴承的承载能力，但它能使油流量增加，促使轴承温升降低。

在高速传动中，计算行星轮滑动轴承时，必须考虑行星轮离心力的影响，通常离心力要大到占轴承总负荷的90%以上。由此可见，高速行星传动空载运行即可考验行星轮轴承的寿命了。离心力 F_{wg}（N）按下式计算

$$F_{wg}=Ga'\left(\frac{\pi n_H}{30}\right)^2 \tag{6-126}$$

式中　G——行星轮的质量（kg）；

a'——中心距（m）；

n_H——行星架转速（r/min）。

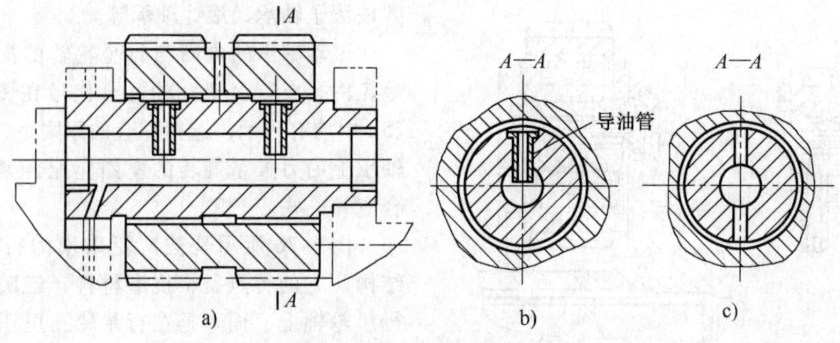

图 6-76 行星轮滑动轴承

滑动轴承的比压 p(MPa) 是影响轴承寿命的一个重要因素，如何减小比压是设计时必须考虑的问题之一。比压的计算如下式

$$p=\frac{F}{ld} \tag{6-127}$$

式中 d——轴承直径（mm）；

l——轴承长度（mm）；

F——作用在轴承上总径向力（N），其计算为

$$F=\sqrt{(2F_t)^2+F_{\omega g}^2} \tag{6-128}$$

式中 F_t——齿轮啮合处的圆周力（N）；

$F_{\omega g}$——行星轮的离心力（N）。

从式（6-127）和式（6-128）可知，啮合处的圆周力一定时，要减小比压 p 必须增大轴承长度 l 和直径 d；减小离心力 $F_{\omega g}$ 而增大 l 则受齿轮宽度限制，且效果不如增大 d 好。d 增大的同时还减小了行星轮质量，从而减小了离心力，对降低 p 很有利，但这必须在行星轮轮缘的强度和刚度允许的条件下进行。

根据经验，行星轮内孔直径 d（即轴承直径）与分度圆直径 d_e 之比取为

$$\frac{d}{d_e}=0.7\sim0.75$$

一般情况下，比压最大值为 $p_{max}=4.5\text{MPa}$，常用比压范围：$p=3.0\sim4.0\text{MPa}$。

比压与轴承滑动线速度之积的允许范围为

$$[pv]\leqslant100\sim150\text{MPa}\cdot\text{m/s}$$

轴承滑动线速度 v（m/s）为

$$v=\frac{\pi d n_g^H}{60\times10^3}$$

式中 n_g^H——行星轮相对于行星架的转速（r/min）。

对于内齿圈固定的 NGW 型传动可按下式计算

$$n_g^H=n_a\frac{2(i_{aH}^b-1)}{(i_{aH}^b)^2-2i_{aH}^b}$$

式中 n_a——太阳轮的转速（r/min）；

i_{aH}^b——太阳轮至行星架的传动比。

当已知行星轮的绝对转速时，可以直接按其与行星架的转速之差计算 n_g^H。

轴承径向间隙：$\Delta=(0.002\sim0.0025)d$，速度高、直径小的情况下取大值，反之取小值。

3. 行星轮滚动轴承的计算

在已知轴承工作条件、结构形式和给定寿命时间的情况下，按额定动负荷 C 选择轴承，即

$$C=\frac{f_hf_p}{f_nf_t}p \tag{6-129}$$

$$f_p=f_{p1}f_{p2}f_{p3}$$

式中 f_p——工作情况系数；

f_{p1}——负荷性质系数，见表 6-27；

f_{p2}——齿轮系数，见表 6-28；

f_{p3}——安装部位系数，见表 6-29；

f_t——温度系数，对齿轮传动取 $f_t=1$；

f_h——寿命系数；

f_n——速度系数；

p——当量动负荷（N）。

表 6-27 负荷性质系数 f_{p1}

负荷性质	f_{p1}
平稳或轻微冲击	1.0～1.2
中等振动和冲击	1.2～1.8
强大振动和冲击	1.8～3.0

表 6-28 齿轮系数 f_{p2}

齿轮周节极限偏差/mm	f_{p2}
<0.02	1.05～1.10
0.02～0.1	1.10～1.30

表 6-29 安装部位系数 f_{p3}

轴承安装部位	f_{p3}	
	球面调心轴承	其他轴承
行星轮体内	1	1.1～1.2
行星架上	1	1

f_h 和 f_n 可从轴承手册中查取，或按下式计算

$$f_h=\left(\frac{L_h}{500}\right)^{\frac{1}{\varepsilon}} \tag{6-130}$$

$$f_n=\left(\frac{33\frac{1}{3}}{n}\right)^{\frac{1}{\varepsilon}} \tag{6-131}$$

式中 n——轴承转速（r/min），$n=n_g^H$；

L_h——轴承额定寿命（h）；

ε——寿命指数，对球轴承 $\varepsilon=3$，对滚子轴承 $\varepsilon=\dfrac{10}{3}$。

当量动负荷可按实际工作负荷的性质确定。因为行星轴承一般只承受径向负荷，轴向负荷可忽略不计（个别情况下采用圆锥滚子轴承及单斜齿 NW 型传动除外），所以在外载荷大小和转速不变的情况下，有

$$p=F_{1p} \tag{6-132}$$

F_{1p}为作用于一个轴承上的径向负荷，可查有关资料确定。对于 NGW 型传动也可按下式计算

$$F_{1p}=\frac{1000T_HK_p}{a'n_pK_b} \tag{6-133}$$

式中 T_H——行星架传递的转矩（N·m）；

a'——中心距（mm）；

K_b——单个行星转上的轴承数；

K_p——行星轮间的载荷不均匀系数。

当轴承在负荷和速度变动情况下工作时，当量动负荷 p 应以平均当量动负荷 p_m 代入。假定轴承依次在当量动负荷 p'_1、p'_2、p'_3…作用下运转，其相应的行星轮相对转速为 n_1、n_2、n_3…在每种工况下运转的时间与总运转时间之比为 q_1、q_2、q_3…，如图6-77所示，则平均动负荷为

$$p_m=\left(\frac{p_1^{\varepsilon}n_1q_1+p_2^{\varepsilon}n_2q_2+p_3^{\varepsilon}n_3q_3+\cdots}{n_m}\right)^{\frac{1}{\varepsilon}} \tag{6-134}$$

$$n_m=n_1q_1+n_2q_2+n_3q_3+\cdots$$

式中 n_m——平均转速。

如果轴承转速大小和负荷方向保持不变，当量动负荷在 p_{min} 和 p_{max} 之间线性变化（见图6-78），其平均动负荷按下式计算

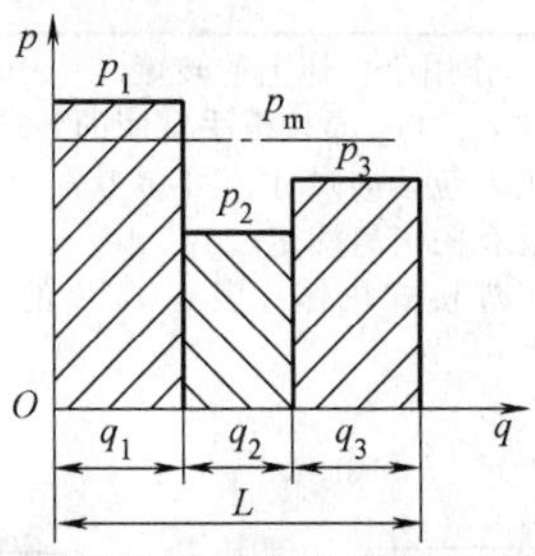

图6-77 负荷与转速变化时平均当量动负荷

$$p_m=\frac{1}{3}(p_{min}+2p_{max}) \tag{6-135}$$

当行星轮的离心力不可忽略时，必须按合成当量动负荷计算。NGW 型的合成当量动负荷为

$$p'=\sqrt{p^2+F_{\omega g}^2} \tag{6-136a}$$

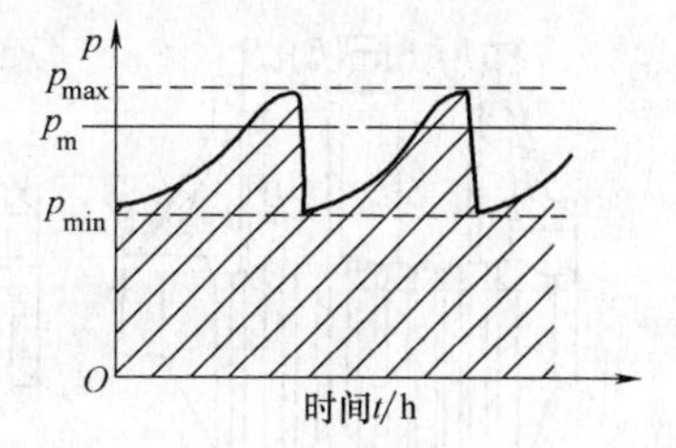

图6-78 转速不变时的平均当量动负荷

或

$$p'=\sqrt{p_m^2+F_{\omega g}^2} \tag{6-136b}$$

在行星传动装置设计中，也可根据经验和结构情况先选择比较合适的轴承型号，然后进行寿命校核计算，即按下式求出寿命系数

$$f_h=\frac{Cf_n}{pf_p} \tag{6-137}$$

再以 f_h 从轴承手册中查取或按下式计算额定寿命时间 L_h(h)，即

$$L_h=500f_h^{\varepsilon} \tag{6-138}$$

行星传动中滚动轴承的额定寿命可参考表6-30选定。一般应保证轴承能工作三年以上，如确因条件限制，则最少也要保证工作一年到一年半。对于那些要求绝对可靠的场合，L_h 可取比表中更大的数值。

表6-30 行星轮轴承额定寿命 L_h

工作性质	L_h/h
短期间断工作	2500～5000
每天连续工作时间不超过10h	8000～15000
每天24h连续工作	20000～35000

对于 NGW 型传动，当轴承装在行星轮内时，合理的轮缘柔性和轴承径向间隙，可改善轴承中滚动体之间的载荷分配情况，有利于提高轴承的寿命，这是值得注意的因素。

6.6.4 行星减速器机体结构

机体结构要根据制造工艺、安装工艺和使用维护的方便与否以及经济性等条件来决定。

对于非标准的、单件生产和要求质量较轻的传动，一般采用焊接机体。反之，在大批生产时，通常采用铸造机体。机体的形状随传动装置的安装形式分为卧式和法兰式等（见图6-79）。大型传动装置的机体一般要做成轴向剖分式（见图6-79b），以便于安装和检修。

铸造机体应尽量避免壁厚突变，减小壁厚差，以免产生缩孔和疏松等铸造缺陷。

铸造机体的常用材料为灰铸铁，如 HT200、HT150 等，承受较大振动和冲击的场合可用铸钢，如 ZG340—640、ZG310—570 等。为了减轻质量也有用铝合金或其他轻金属来铸造机体。

铸造机体的特点是能有效地吸收振动和降低噪

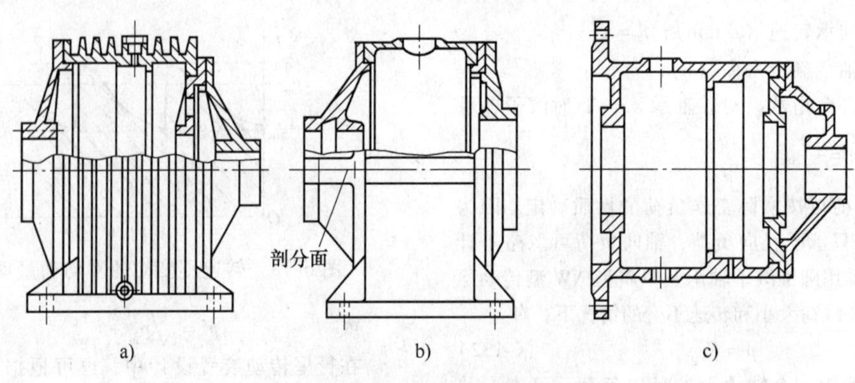

图 6-79　机体结构形式

a）卧式整体结构　b）卧式轴向剖分结构　c）法兰式结构

声，且有良好的耐腐蚀性。

机体的强度和刚度计算很复杂，所以一般都是按经验方法确定其结构尺寸。铸造机体的壁厚可按表 6-31 选取或按式（6-139）计算，对于重要的传动可取两者中的较大值。

表 6-31　铸造机体的壁厚

尺寸系数 K_δ	壁厚 δ/mm	尺寸系数 K_δ	壁厚 δ/mm
≤0.6	6	>2.0～2.5	>15～17
>0.6～0.8	7	>2.5～3.2	>17～21
>0.8～1	8	>3.2～4.0	>21～25
>1.0～1.25	>8～10	>4.0～5.0	>25～30
>1.25～1.6	>10～13	>5.0～6.3	>30～35
>1.6～2.0	>13～15		

注：1. 尺寸系数 $K_\delta=\dfrac{3D+B}{1000}$，$D$ 为机体内壁直径（mm），B 为机体宽度（mm）。

2. 对有散热片的机体，表中 δ 值应降低 10%～20%。

3. 表中 δ 适合于灰铸铁，对于其他材料可按性能适当增减。

4. 对于焊接机体，表中 δ 可作参考，一般应降低 30% 左右使用。

其他有关尺寸的确定见表 6-32 和图 6-80。

$$\text{机体壁厚}\quad \delta=0.56K_tK_d\sqrt[4]{T_D}\geqslant 6\text{mm} \tag{6-139}$$

式中　K_t——机体表面形状系数，对于无散热片的机体 $K_t=1$，对于有散热片的机体 $K_t=0.8\sim0.9$；

K_d——与内齿轮直径有关的系数，当内齿轮分度圆直径 $d_b\leqslant 650$mm 时，$K_d=1.8\sim2.2$，当内齿轮分度圆直径 $d_b>650$mm 时，$K_d=2.2\sim2.6$；

T_D——作用于机体上的力矩（N·m）。

行星齿轮传动的体积比较小，因而散热面积也比较小，虽然有些传动（如 NGW、NW 型等）的效率很高，但当速度较高、功率较大时，工作油温常常很高。为了增大散热面积，要在机体外表面作出散热片。散热片的尺寸参照图 6-81 计算。

表 6-32　行星减（增）速器铸造机体结构尺寸

（单位：mm）

名　称	代号	计算方法
机体壁厚	δ	见表 6-31 或式(6-139)计算
前机盖壁厚	δ_1	$\delta_1=0.8\delta\geqslant 6$
后机盖壁厚	δ_2	$\delta_2=\delta$
机盖(机体)法兰凸缘厚度	δ_3	$\delta_3=1.25d_1$
加强筋厚度	δ_4	δ_4
加强筋斜度		2°
机体宽度	B	$B\geqslant 4.5\times$齿轮宽度
机体内壁直径	D	按内齿轮直径及固定方式确定
机体和机盖的紧固螺栓直径	d_1	$d_1=(0.85\sim1)\delta\geqslant 8$
轴承端盖的紧固螺栓直径	d_2	$d_2=0.8d_1\geqslant 8$
地脚螺栓直径	d	$d=3.1\sqrt[4]{T_D}\geqslant 12$
机体底座凸缘厚度	h	$h=(1\sim1.5)d$
地脚螺栓孔的位置	c_1	$c_1=1.2d+(5\sim8)$
	c_2	$c_2=d+(5\sim8)$

注：1. T_D—作用于机体上的转矩（N·m）。

2. 尺寸 c_1 和 c_2 要按扳手空间的要求校核。

3. 本表未包括的尺寸，可参考普通圆柱齿轮减速器的有关资料确定。

4. 对于焊接式机体，表 6-32 中的尺寸关系可作参考。

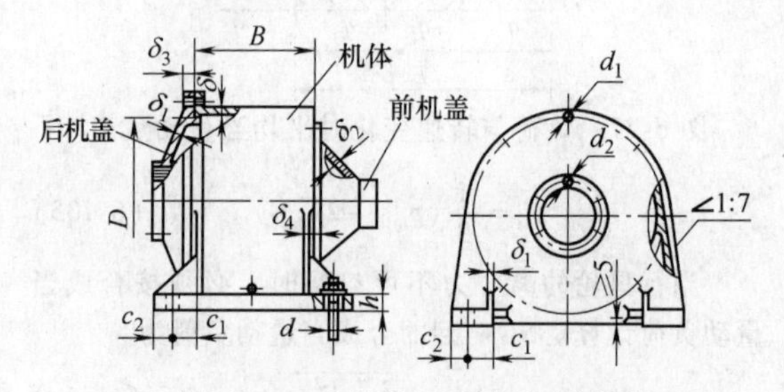

图 6-80　机体结构尺寸计算图

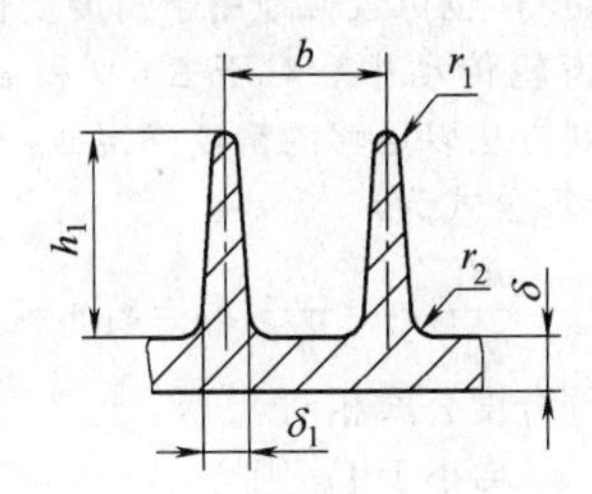

图6-81 散热片尺寸

$h_1=(2.5\sim4)\delta \quad b=2.5\delta$

$r_1=0.25\delta \quad r_2=0.5\delta$

$\delta_1=0.8\delta$

对于大型传动装置，为了减轻质量可采用双壁焊接式结构。为把这种结构的噪声控制在较小范围内，壁与壁之间的连接是非常重要的，其连接板与壁板要有一定厚度差。对于小功率传动装置，可以采用与机体壁板弹性模数不同的材料作为连接板。箱体的壁厚和焊缝尺寸，根据输出转矩大小，参考表5-16定。

不论哪一种机体，在同一轴线上的镗孔直径最好相同或直径阶梯式地减小，以简化加工工艺、提高加工精度。

和一般齿轮传动的机体一样，行星齿轮传动装置的机体上也要设置通气帽、观察孔、起吊钩(环)、油标和放油塞等。

对于焊接的箱体，可根据减速器输出转矩 T_2 的大小，由表4-14确定箱体的壁厚及其相应的尺寸。

6.7 行星齿轮传动的效率与测试

1. 齿轮传动的效率

齿轮传动中的功率损失，包含啮合摩擦损失、轴承摩擦损失、润滑油的飞溅和搅拌损失。因此，传动效率可按下式确定

$$\eta=\eta_m\eta_B\eta_s$$

式中 η_m、η_B、η_s——考虑啮合损失、轴承摩擦损失、润滑油飞溅和搅拌损失时的效率。

因为 η 值接近于1（通常 $\eta>0.95$），所以上式可改写成如下形式

而
$$\left.\begin{aligned}\eta&=1-\psi=1-(\psi_m+\psi_B+\psi_s)\\ \psi&=\psi_m+\psi_B+\psi_s\end{aligned}\right\}\qquad(6\text{-}140)$$

式中 ψ——传动损失系数；

$$\psi_m=1-\eta_m,\psi_B=1-\eta_B,\psi_s=1-\eta_s$$

ψ_m、ψ_B、ψ_s——啮合、轴承摩擦、润滑油飞溅和搅拌损失系数。

表6-33中，给出了支承为滚动轴承的单级齿轮传动效率的概略值。滚动轴承支承的通用两级圆柱齿轮减速器，当齿轮为油浴润滑时，其效率 $\eta=0.97$。多级齿轮传动的效率概略值，可按表6-33推荐的资料得出。

表6-33 滚动轴承支承的单级齿轮传动效率概略值

传动形式	效率 η		
	闭式传动(释油润滑)		开式传动（润滑脂润滑）
	一般制造精度（圆周速度 $v\leqslant12$m/s）	精确制造的高速传动	
圆柱齿轮传动	0.98~0.985	0.99	0.96~0.97
锥齿轮传动	0.97~0.98	0.98	0.95~0.97

（1）基本啮合效率 η_m 的计算（包括 ψ_m 值的确定） 行星齿轮传动的效率是以轴线不动时一对齿轮的啮合效率为基础进行计算的，称之为基本啮合效率，用符号 η_m 表示。在设计时为了对几个方案进行比较，评定效率的高低或检验是否自锁，通常只根据啮合损失计算效率。这样计算的效率对高速行星齿轮传动，其误差往往较大，而对于低速的行星齿轮传动与实际情况比较符合。所以，如何精确地计算 η_m 是相当重要的。

下面介绍几个常用的公式：

1）前苏联学者库德略夫采夫（В. Н. Кудрявцев）公式

$$\eta_m=1-f\mu\left(\frac{1}{z_1}\pm\frac{1}{z_2}\right)=1-\frac{f\mu}{z_1}\left(\frac{u\pm1}{u}\right)\qquad(6\text{-}141)$$

式中 $u=z_2/z_1$，“+”号用于外啮合，“-”号用于内啮合；

μ——摩擦因数，通常取 $\mu=0.06\sim0.100$；

f——与两齿轮齿顶高系数 h_a^* 有关的系数，$h_a^*\leqslant m$ 时，$f=2.3$，$h_a^*=(1\sim1.8)m$ 时，$f=3.1$。

2）英国学者塔普林（Tuplin）公式

$$\eta_m=1-0.2\left(\frac{1}{z_1}\pm\frac{1}{z_2}\right)\qquad(6\text{-}142)$$

此式用于有效齿高为2m、摩擦因数 $\mu=0.05$ 的场合，其余符号意义同上。

3）德国学者克莱因（Klein）公式

$$\eta_m=1-10\mu\left(\frac{1}{z_1}\pm\frac{1}{z_2}\right)\qquad(6\text{-}143)$$

此式用于摩擦因数 $\mu=0.03\sim0.05$，即工作及润

滑良好的情况下，其余符号意义同上。

4）日本学者两角宗晴公式

$$\eta_m = 1 - \pi\mu\left(\frac{1}{z_1} \pm \frac{1}{z_2}\right)(\varepsilon_1^2 + \varepsilon_2^2 + 1 - \varepsilon_1 - \varepsilon_2) \tag{6-144}$$

此式在重合度 $1 < \varepsilon_\alpha < 2$ 时使用，式中摩擦因数 μ 假定在啮合中为一定值。其余符号意义同上。重合度的表述为

$$\varepsilon_1 = g_1/p_b$$
$$\varepsilon_2 = g_2/p_b$$
$$\varepsilon_a = \varepsilon_1 + \varepsilon_2$$

式中 g_1——节点 p 至啮合终点 B_1 的距离；

g_2——啮合起点 B_2 至节点的距离；

p_b——基节。

以上四种公式中，两角宗晴的公式最精确。两角宗晴的公式经过简化，可以得到其他三种方法的公式。我国广大工程技术人员用前苏联库德略夫采夫公式的居多。现以库德略夫采夫公式为例，讨论 ψ_m、ψ_B、ψ_s 值的确定。

啮合损失系数 ψ_m 的确定：

对于非变位和高度变位的直齿轮、斜齿轮传动的 ψ_m 值，按下式计算，其误差不大，即

$$\psi_m = \frac{2.3\mu}{z_1}\left(\frac{u \pm 1}{u}\right)K_\psi \tag{6-145}$$

式中 $u = z_2/z_1$，“+”号用于外啮合，“-”号用于内啮合；

K_ψ——根据 $x = |x_1| = |x_2|$，由图 6-82 所示的曲线确定；

μ——摩擦因数的平均值，根据 $v_\Sigma = 2v\sin\alpha_t'$，按图 6-83 所示的曲线确定，$\alpha_t'$为端面啮合角。

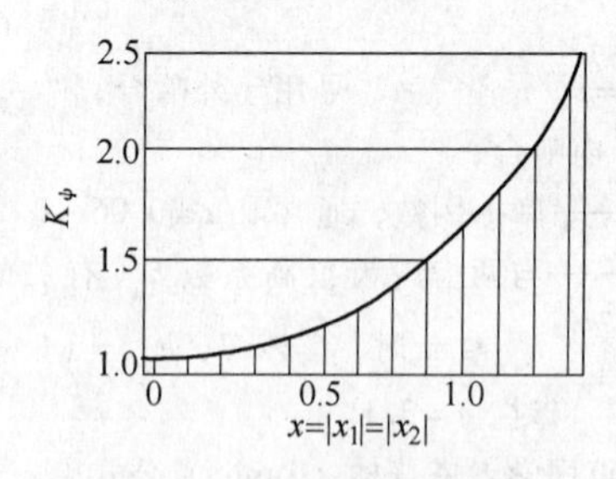

图 6-82 K_ψ 值的计算曲线

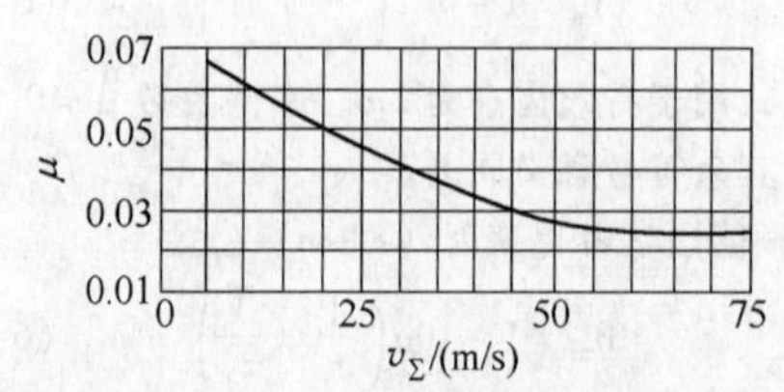

图 6-83 随 v_Σ 变化的接触中的摩擦因数

式（6-145）也可近似地用于角度变位及非标准基准齿形的齿轮传动中。对于 $\beta = 0$ 和 $\varepsilon_\alpha < 2$ 的传动，可按下列方法以足够的精度确定 ψ_m 值。ε_1、ε_2 与 ε_α 值的计算公式为

$$\varepsilon_1 = \frac{pB_1}{p_b}, \varepsilon_2 = \frac{pB_2}{p_b}, \varepsilon_\alpha = \varepsilon_1 + \varepsilon_2$$

与一般计算重合度公式相同。

若 ε_1 与 ε_2 均小于 1，则

$$\psi_m = \frac{\pi\mu}{z_1}\left(\frac{u \pm 1}{u}\right)(1 - \varepsilon_\alpha + \varepsilon_1^2 + \varepsilon_2^2)$$

当 $\varepsilon_1 > 1$ 时，则

$$\psi_m = \frac{\pi\mu}{z_1}\left(\frac{u \pm 1}{u}\right)(\varepsilon_1 - \varepsilon_2 + \varepsilon_2^2)$$

当 $\varepsilon_2 > 1$ 时，则

$$\psi_m = \frac{\pi\mu}{z_1}\left(\frac{u \pm 1}{u}\right)(\varepsilon_2 - \varepsilon_1 + \varepsilon_1^2)$$

（2）轴承损失系数 ψ_B 的确定 ψ_B 可按下式确定

$$\psi_B = \frac{\sum T_{fi} n_i}{T_2 n_2} \tag{6-146}$$

式中 T_{fi}——第 i 只轴承的摩擦力矩；

n_i——第 i 只轴承的转速（r/min）；

T_2、n_2——从动轴上的转矩、转速。

对行星轮轴承式（6-146）中的转速 n_i 为行星轮相对于行星架的转速。

滚动轴承的摩擦力矩 T_f（N · mm），可近似地按下式确定

$$T_f = 5pd\mu_0$$

式中 d——安装滚动轴承的轴颈直径（mm）；

μ_0——当量摩擦因数，见表 6-34；

p——滚动轴承上的载荷（N）。

对照总的损失来看，在滚动轴承中的损失只占很小一部分。但是，滚动轴承中的损失所占比例很大的情况也是存在的。例如，双内啮合 2K-H（NN）型少齿差行星齿轮传动，其滚动轴承的损失大大超过啮合损失。

通常在设计时，轴承的传动效率可直接由有关设计手册查得。

（3）油阻损失系数 ψ_s 的确定 当齿轮浸入润滑油的深度为（2～3）m（m 为模数）时，考虑油阻损失系数可近似由下式确定

$$\psi_s = 2.8\frac{vb}{P}\sqrt{\nu\frac{200}{z_\Sigma}} \tag{6-147}$$

式中 v——齿轮圆周速度（m/s）；

b——浸入润滑油的齿轮宽度（cm）；

P——传递功率（kW）；

ν——润滑油在工作温度时的运动粘度（cSt，$1\text{cSt} = 10^{-6}\text{m}^2/\text{s}$）；

z_Σ——齿数和。

表6-34　滚动轴承当量摩擦因数 μ_0

轴承形式	μ_0	轴承形式	μ_0
受径向载荷作用的单列向心球轴承	0.0015～0.002	双列向心球面滚子轴承	0.003～0.004
受轴向载荷作用的单列向心球轴承	0.003～0.004	受径向载荷作用的单列向心推力球轴承	0.002～0.003
向心短圆柱滚子轴承	0.0015～0.002	轴向载荷作用下的单列向心推力球轴承	0.0035～0.005
向心长圆柱滚子轴承	0.004～0.006	径向载荷作用下的圆锥滚子轴承	0.005～0.008
滚针轴承	0.006～0.008	轴向载荷作用下的圆锥滚子轴承	0.015～0.020

在喷油润滑条件下，ψ_s 值可按式（6-147）求得的 ψ_s 值乘以0.7选取。

如果载荷是周期性变化的，并且在这周期性变化的作用时间内，减速器的温度变化可忽略不计，则式（6-147）中的功率 P，应按时间的平均值代入，其值可按下式确定

$$P_m=\frac{\sum P_i t_i}{\sum t_i} \tag{6-148}$$

式中　P_i——在时间 i 内的功率值；

t_i——功率变化周期的持续时间。

在行星齿轮传动中，为了便于实际计算，在传动效率的表达式中，用固定行星架 H 时的效率 η^H 和传动损失系数 ψ^H 来表示，其上、下标的标记方法、意义和传动比的标法相同，如 $\psi^H=1-\eta^H$，为行星架H固定时的传动损失系数。

2. *行星齿轮传动效率的一般公式*

图6-84所示为一行星差动轮系，轮a、轮b和轮H有三个外伸轴，将其中一轴（如轮b或H）固定，便得到一行星轮系或定轴轮系。另外两轴间的传动效率可用如下公式表示：

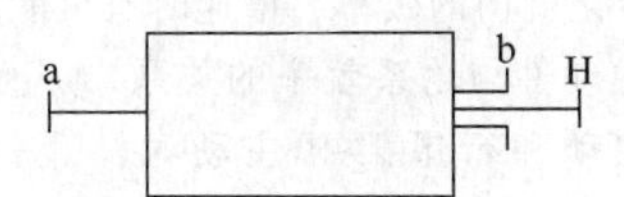

图6-84　行星差动轮系

（1）轮b固定时　当轮a主动时，轮系的效率为 $\eta^b_{aH}=-\frac{P^b_H}{P^b_a}$；当轮a从动时，轮系的效率为 $\eta^b_{Ha}=-\frac{P^b_a}{P^b_H}$。式中，$P^b_a$、$P^b_H$ 分别为轮a轴和轮H轴在轮b轴固定时传递的功率。上面两式可统一表示为

$$(\eta^b)^\beta=-\frac{P^b_H}{P^b_a}=-\frac{T_H n^b_H}{T_a n^b_a}=-\frac{T_H}{T_a}i^b_{Ha} \tag{6-149}$$

式中　β——当轮a主动时，$\beta=+1$，当轮a从动时，$\beta=-1$；

T_a、T_H——轮a、轮H轴传递的转矩；

n^b_a、n^b_H——轮b固定时，轮a、轮H的转速；

i^b_{Ha}——轮b固定时，轮H、轮a间的传动比，或当轮b未作固定时，对轮b作相对运动时轮H、轮a间的传动比。同理 i^a_{Hb} 为轮a固定或对轮a作相对运动时轮H、轮b间的传动比。i^b_{Ha} 与 i^a_{Hb} 的关系为 $i^b_{Ha}=1-i^a_{Hb}$。

（2）轮H固定时　当轮a主动时，轮系的效率为 $\eta^H_{ab}=\frac{-P^H_b}{P^H_a}$；当轮a从动时，轮系的效率为 $\eta^H_{ba}=-P^H_a/P^H_b$。

式中，P^H_a、P^H_b 分别为轮a轴和轮b轴在轮H轴固定时传递的功率。上面两式可统一表示为

$$(\eta^H)^\gamma=-\frac{P^H_b}{P^H_a}=-\frac{T_b n^H_b}{T_a n^H_a}=-\frac{T_b}{T_a}i^H_{ba} \tag{6-150}$$

式中　γ——当轮a主动时，$\gamma=+1$，当轮a从动时，$\gamma=-1$；

T_b——轮b轴传递的转矩；

n^H_a、n^H_b——轮H固定也即对轮H作相对运动时轮a、轮b的转速；

i^H_{ba}——轮H固定或对轮H作相对运动时轮b、轮a间的传动比。

此外，根据轮系受力的平衡条件，其三个外伸轴a、b和H传递的转矩必须满足

$$T_a+T_b+T_H=0 \tag{6-151}$$

联立解式（6-149）、式（6-150）和式（6-151）可得

$$(\eta^b)^\beta=1-i^a_{Hb}[1-(\eta^H)^\gamma]$$

因为 $\beta=\pm1$，$\gamma=\frac{1}{\beta}$，所以

$$\eta^b=\{1-i^a_{Hb}[1-(\eta^H)^\gamma]\}^\beta \tag{6-152}$$

这里，轮b一般可作为实际行星轮系的固定件，而轮H为其转化机构的固定件。当轮b固定、轮a主动时，$\beta=+1$，轮a从动时，$\beta=-1$；当轮H固定、轮a主动时，$\gamma=+1$，轮a从动时，$\gamma=-1$。

式（6-152）表达了当轮 b、轮 H 分别固定时，得到的两轮系的效率 η^{b} 与 η^{H} 间的关系普遍式。式中 β 的正、负根据实际轮系 a 是否主动来判定（即按啮合功率流的方向来判定），但 γ 的正、负要根据转化机构中轮 a 是否主动来定。必须指出：一个轮系加上一个公共转速而改变了固定件时，原来的主动件不一定还是主动。因为

$$i_{Hb}^{a}=\frac{n_{H}^{a}}{n_{b}^{a}}=\frac{T_{a}n_{a}^{H}}{T_{a}n_{a}^{b}}=\frac{P_{a}^{H}}{P_{a}^{b}}$$

若 $i_{Hb}^{a}>0$ 时，则 P_{a}^{H} 与 P_{a}^{b} 符号相同，说明改变固定件（由轮 b→轮 H）时，轮 a 不变其主、从关系。

若 $i_{Hb}^{a}<0$ 时，则 P_{a}^{H} 与 P_{a}^{b} 符号相反，说明改变固定件（由轮 b→轮 H）时，轮 a 改变了其主、从关系。因此，根据 i_{Hb}^{a} 的正、负可判定 γ 的正、负。它共有四种可能：

轮 b 固定时轮 a 主动，而 $i_{Hb}^{a}>0$，则轮 H 固定时轮 a 仍为主动，此时 $\beta=+1$，$\gamma=+1$。

轮 b 固定时轮 a 主动，而 $i_{Hb}^{a}<0$，则轮 H 固定时轮 a 变为从动，此时 $\beta=+1$，$\gamma=-1$。

轮 b 固定时轮 a 从动，而 $i_{Hb}^{a}>0$，则轮 H 固定时轮 a 仍为从动，此时 $\beta=-1$，$\gamma=-1$。

轮 b 固定时轮 a 从动，而 $i_{Hb}^{a}<0$，则轮 H 固定时轮 a 变主动，此时 $\beta=-1$，$\gamma=+1$。

3. 2K-H 型行星齿轮传动的效率

（1）负号机构　在负号构构（$i_{ab}^{H}<0$）中，轮 a、轮 b 和轮 H 有三个外伸轴，其中轮 b 为固定轮，应用式（6-152），则得

$$\eta^{b}=\{1-i_{Hb}^{a}[1-(\eta^{H})^{\gamma}]\}^{\beta} \tag{6-153}$$

式中

$$i_{Hb}^{a}=\frac{1}{i_{bH}^{a}}=\frac{1}{(1-i_{ba}^{H})}=\frac{1}{\left(1+\frac{z_{a}}{z_{b}}\right)}>0$$

当轮 a 主动时，$\beta=+1$，$\gamma=+1$；当轮 a 从动时，$\beta=-1$，$\gamma=-1$。代入上述 β、γ 值，式（6-153）可改写成

$$\left.\begin{aligned}\eta_{aH}^{b}&=1-i_{Hb}^{a}(1-\eta^{H})\\ \eta_{Ha}^{b}&=[1-i_{Hb}^{a}(1-\eta^{H})^{-1}]^{-1}\end{aligned}\right\} \tag{6-154}$$

通过整理，上面第二式也可变成

$$\eta_{Ha}^{b}=1-\frac{i_{Hb}^{a}(1-\eta^{H})}{1-i_{Ha}^{b}(1-\eta^{H})} \tag{6-155}$$

对于负号机构，由上述可知 $i_{Hb}^{a}=\frac{z_{b}}{z_{a}+z_{b}}$，$i_{Ha}^{b}=1-i_{Hb}^{a}=\frac{z_{a}}{z_{a}+z_{b}}$，都是介于 0 与 1 之间的小数，而 $(1-\eta^{H})$ 是一个更小的小数，故

$$1-i_{Ha}^{b}(1-\eta^{H})\approx1\quad \eta_{Ha}^{b}\approx1-i_{Hb}^{a}(1-\eta^{H})=\eta_{aH}^{b}$$

此外，由此式也可看出 $\eta^{b}>\eta^{H}$。

总之，2K-H 型负号机构，不管轮 a 主动还是轮 H 主动，可以用统一的简化公式

$$\eta^{b}=1-i_{Hb}^{a}(1-\eta^{H})$$

计算行星齿轮传动的效率。此外，这种行星轮系的效率大于其转化机构的效率 η^{H}。

据国内、外专家测定，单级行星传动效率为 $\eta=0.96\sim0.98$；两级行星传动效率为 $\eta=0.94\sim0.96$；三级行星传动效率为 $\eta=0.92\sim0.94$；四级行星传动效率为 $\eta=0.89$ 左右。

（2）正号机构　对于正号机构（$i_{ab}^{H}>0$），如 2K-H（NN）型行星传动，其效率为

$$\eta^{b}=\{1-i_{Hb}^{a}[1-(\eta^{H})^{\gamma}]\}^{\beta}$$

式中

$$i_{Hb}^{a}=1/(1-i_{ba}^{H})=\frac{1}{\left(1-\frac{z_{a}z_{f}}{z_{g}z_{b}}\right)}$$

当 $z_{b}>z_{a}$ 时，$i_{ba}^{H}>1$，$i_{Hb}^{a}<0$；当 $z_{b}<z_{a}$ 时，$i_{ba}^{H}<1$，$i_{Hb}^{a}>0$。所以 β、γ 的正、负有四种组合的可能。一般情况下，$|i_{Hb}^{a}|\gg1$，故计算 η^{b} 的四个式子不能合并，否则误差太大。另外，$|i_{Hb}^{a}|$ 越大，η^{b} 越低，而且 $\eta^{b}<\eta^{H}$，特别在增速时有可能 $\eta^{b}<0$ 而产生自锁现象。

于是可得出如下结论：2K-H 型正号机构的效率计算，应首先计算 β、γ 的正、负，一般正号机构的效率低于转化机构的效率，增速时有可能产生自锁。

（3）主动件与轮系效率的关系　下面研究一下太阳轮 a 主动和行星架 H 主动时，哪一种情况效率高。

1）负号机构。如上所述，因为

$$\eta_{aH}^{b}=1-i_{Hb}^{a}(1-\eta^{H})$$

$$\eta_{Ha}^{b}=1-\frac{i_{Hb}^{a}(1-\eta^{H})}{i_{Ha}^{b}(1-\eta^{H})}$$

而 i_{Hb}^{a} 和 i_{Ha}^{b} 都是小于 1 的正数，由此可见

$$\eta_{aH}^{b}>\eta_{Ha}^{b} \tag{6-156}$$

2）正号机构。根据 $i_{Hb}^{a}=\frac{1}{(1-i_{ba}^{H})}$ 有两种情况：

① $i_{ba}^{H}>1$（$i_{Hb}^{a}<0$）时

$$\eta_{aH}^{b}=1-i_{Hb}^{a}[1-(\eta^{H})^{-1}]=1+i_{Hb}^{a}\frac{1-\eta^{H}}{\eta^{H}}$$

$$\eta_{Ha}^{b}=[1-i_{Hb}^{a}(1-\eta^{H})]^{-1}=\frac{1}{1-i_{Hb}^{a}(1-\eta^{H})}$$

$$= 1 + \frac{i_{Hb}^{a}\frac{1-\eta^{H}}{\eta^{H}}}{1 + i_{Ha}^{b}\frac{1-\eta^{H}}{\eta^{H}}} > 1 + i_{Hb}^{a}\frac{1-\eta^{H}}{\eta^{H}}$$

又因为 $i_{Ha}^{b} = 1 - i_{Hb}^{a} > 0$，即

$$\eta_{Ha}^{b} > \eta_{aH}^{b} \tag{6-157}$$

② $i_{ba}^{H} < 1$（$i_{Hb}^{a} > 1$）时

$$\eta_{aH}^{b} = 1 - i_{Hb}^{a}(1-\eta^{H})$$

$$\eta_{Ha}^{b} = \{1 - i_{Hb}^{a}[1-(\eta^{H})^{-1}]\}^{-1}$$

$$= 1 - \frac{i_{Hb}^{a}(1-\eta^{H})}{1 - i_{Ha}^{b}(1-\eta^{H})} > 1 - i_{Hb}^{a}(1-\eta^{H})$$

又因为 $i_{Ha}^{b} = 1 - i_{Hb}^{a} < 0$，得

$$\eta_{Ha}^{b} > \eta_{aH}^{b} \tag{6-158}$$

综合式（6-156）、式（6-157）和式（6-158）可得出如下结论：2K-H 型负号机构中轮 a 主动时效率高，正号机构时，则行星架 H 主动时效率高。

通常在设计时，各类单级 2K-H 型行星齿轮传动的效率按表 6-35 所列的公式进行计算，2K-H 型行星差动传动（$i_{ab}^{H} < 0$）的效率计算公式列于表 6-36，两级 2K-H 型行星齿轮传动的效率计算公式列于表 6-37。

表 6-35　2K-H 型行星齿轮传动的效率计算公式

序号	传动形式		效　率　η	损失系数 ψ^{H}
	按基本构件分类	按啮合方式分类		
1	2K-H	NGW	$\eta_{H}^{b} = \eta_{Ha}^{b} = 1 - p\psi^{H}/(p+1)$	$\psi^{H} = \psi_{a}^{H} + \psi_{b}^{H} + \psi_{B}^{H}$
2	2K-H	NGW	$\eta_{bH}^{a} = \eta_{Hb}^{a} = 1 - \frac{1}{p+1}\psi^{H}$	
3	2K-H	NGW	$\eta_{ab}^{H} = \eta_{ba}^{H} = 1 - \psi^{H}$	
4	2K-H	NW	$\eta_{aH}^{b} = \eta_{Ha}^{b} = 1 - \frac{i_{ab}^{H}}{i_{ab}^{H}-1}\psi^{H}$	
5	2K-H	NN	$\eta_{Hb}^{a} = \frac{1}{1 + \lvert 1 - i_{Hb}^{a}\rvert\psi^{H}}$	$\psi^{H} = \psi_{b}^{H} + \psi_{a}^{H} + \psi_{B}^{H}$
6			$\eta_{bH}^{a} = 1 - \lvert 1 - i_{Hb}^{a}\rvert\psi^{H}$	
7	2K-H $z_{b} \geqslant 2z_{a}$	NW	$\eta_{aH}^{b} = \eta_{Ha}^{b} = 1 - \frac{i_{ab}^{H}}{i_{ab}^{H}-1}\psi^{H}$	$\psi^{H} = \psi_{a}^{H} + \psi_{g-f}^{H} + \psi_{b}^{H} + \psi_{B}^{H}$
8	2K-H	WW	$\eta_{aH}^{b} = \eta_{Ha}^{b} = 1 - \frac{i_{ab}^{H}}{i_{ab}^{H}-1}\psi^{H}$	$\psi^{H} = \psi_{a}^{H} + \psi_{g-f}^{H} + \psi_{b}^{H} + \psi_{B}^{H}$
9	2K-H	NN	$\eta_{Hb}^{a} = \eta_{bH}^{a} = 1 - \frac{i_{ba}^{H}}{i_{ba}^{H}-1}\psi^{H}$	$\psi^{H} = \psi_{b}^{H} + \psi_{g-f}^{H} + \psi_{a}^{H} + \psi_{B}^{H}$

注：ψ_{a}^{H} 为 a－g 副啮合的损失系数，ψ_{b} 为 g－b 副的啮合损失系数，ψ_{B}^{H} 为轴承的损失系数，ψ^{H} 为总的损失系数，一般取 $\psi^{H} = 0.025$。当行星轮个数 $n_{p} \geqslant 3$ 时，ψ_{B}^{H} 值仅考虑行星轮的轴承损失，并推荐取 $\psi_{B}^{H} = 0.005$；当 $n_{p} = 1$ 时，必须考虑行星轮轴承和基本构件中轴承的损失，这时推荐取 $\psi_{B}^{H} = 0.01$，式中 $p = z_{b}/z$。

表 6-36　2K-H（$i_{ab}^{H} < 0$）行星差动传动的效率计算公式

序号	主动件	从动件	效率的计算公式	序号	主动件	从动件	效率的计算公式
1	$\frac{a;b}{H}$	$\frac{H}{a;b}$	$\eta = 1 - \left\lvert\frac{n_{a}-n_{H}}{(i_{ab}^{H}-1)n_{H}}\right\rvert\psi^{H}$	3	$\frac{H;a}{b}$	$\frac{b}{a;H}$	$\eta = 1 - \left\lvert\frac{n_{b}-n_{H}}{n_{b}}\right\rvert\psi^{H}$
2	$\frac{b;H}{a}$	$\frac{a}{a;H}$	$\eta\left\lvert\frac{n_{a}-n_{H}}{n_{a}}\right\rvert\psi^{H}$	4	a 主动 b 固定	H	$\eta_{aH}^{b} = \eta_{Ha}^{b} = 1 - \frac{\psi^{H}}{1 + \lvert i_{ba}^{H}\rvert}$

注：表中 $\psi^{H} = \psi_{za}^{H} + \psi_{zb}^{H} + \psi_{B}^{H}$。

表 6-37 两级 2K-H 型行星齿轮传动的效率计算公式

序号	固定构件	效率公式
1	b_1、b_2	$\eta_{a1H2}=\eta_{a1H1}^{b1}\eta_{a2H2}^{b2}=\left(1-\dfrac{p_1}{p_1+1}\psi^{H1}\right)\left(1-\dfrac{p_2}{p_1+1}\psi^{H2}\right)$
2	b_1、H_2	$\eta_{a1b2}=\eta_{a1H1}^{b1}\eta_{a2b2}^{H2}=\left(1-\dfrac{p_1}{p_1+1}\psi^{H1}\right)(1-\psi^{H2})$

注：式中 $p_1=\dfrac{z_{b1}}{z_{a1}}$；$p_2=\dfrac{z_{b2}}{z_{a2}}$；$\psi^{H1}=\psi_{a1}^{H1}+\psi_{b1}^{H1}+\psi_{B}^{H1}$；$\psi^{H2}=\psi_{a2}^{H2}+\psi_{b2}^{H2}+\psi_{B}^{H2}$。

现用实例说明上述的应用。

例 6-13 图 6-85 所示为浇铸用起重机的行星差动减速器的运动简图。太阳轮 a 由电动机 M_2 驱动，内齿圈 b 是可动的，其外面上具有外啮合圈 2，由电动机 M_1 通过齿轮 1 来带动。因此，这个行星差动减速器系由一个 2K-H 型行星轮系和一对定轴轮系（齿轮 1、2）组成。知 $z_a=23$、$z_g=36$、$z_b=95$、$z_1=28$、$z_2=115$，电动机 M_1、M_2 的转速均为 735r/min。试按不同工况确定输出（即行星架 H）的转速 n_H，并计算传动效率。

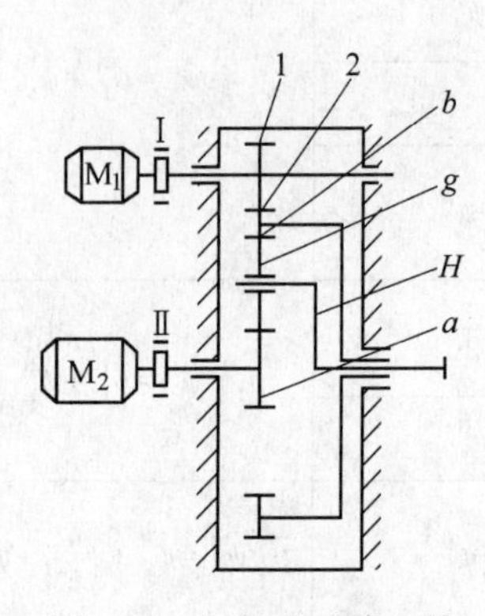

图 6-85 行星差动减速器

解 1）按传动比、邻接、同心、装配条件校核均满足要求。

2）计算转速 n_H

① 当制动器Ⅰ制动时，即 $n_b=0$，则行星传动的传动比为 $i_{aH}^{b}=1-i_{ab}^{H}=1+z_b/z_a=1+\dfrac{95}{23}=5.13$，输出轴转速 $n_H=\dfrac{n_a}{i_{aH}^{b}}=\dfrac{735}{5.13}\text{r/min}=143.3\text{r/min}$，$n_H$ 与 n_a 的转向相同。

② 当制动器Ⅱ制动时，即 $n_a=0$，则行星传动的传动比为 $i_{bH}^{a}=1-i_{ba}^{H}=\dfrac{1}{1-i_{ab}^{H}}=1+z_a/z_b=1+\dfrac{23}{95}=1.242$。定轴轮系的传动比 $i_{12}=-\dfrac{z_2}{z_1}=-115/28=-4.107$，两轮系的总传动比 $i_{1H}=\dfrac{n_1}{n_H}=\dfrac{n_1}{n_2}=\dfrac{n_b}{n_H}=i_{12}i_{bH}^{a}=(-4.107)\times1.242=-5.1$。这时输出轴的转速为 $n_H=\dfrac{n_1}{i_{1H}}=\dfrac{735}{-5.1}\text{r/min}=-144.1\text{r/min}$，$n_H$ 与 n_1 的转向相反。由于上述两种工况的输出转速很接近，因此，即使其中有一电动机发生故障时，起重机通过变换电动机的转向还能照常工作。该行星差动减速器的结构如图 6-86 所示。

③ 当电动机 M_1 和 M_2 反向转动时，即 $n_a=-735\text{r/min}$，$n_b=\dfrac{n_1}{i_{12}}=-\dfrac{735}{-4.107}\text{r/min}=-179\text{r/min}$，代入差动轮系公式得

$$n_H=\frac{n_a+4.13n_b}{5.13}=\frac{-735+4.13\times(-179)}{5.13}\text{r/min}=-287.4\text{r/min}$$

n_H 与 n_a 的转向相同。

④ 当电动机 M_1 和 M_2 同向转动时，即 $n_a=-735\text{r/min}$，$n_b=179\text{r/min}$，代入差动轮系公式得

$$n_H=\frac{n_a+4.13n_b}{5.13}=\frac{-735+4.13\times179}{5.13}\text{r/min}=-0.832\text{r/min}$$

n_H 与 n_a 的转向相反。

⑤ 行星齿轮传动（a、b、H）的效率计算。减速器全部采用滚动轴承，为了节省篇幅，这里对轴承损失系数和油阻系数未单独进行计算，只是取摩擦因数为 0.1，并考虑 ψ_B^H、ψ_s^H 系数的影响。于是，传动损失系数 $\psi^H=\psi_{za}^H+\psi_{zb}^H$。

a-g 副啮合的损失系数

$$\psi_{za}^H=2.3\mu\left(\frac{1}{z_a}+\frac{1}{z_g}\right)K_\psi=2.3\times0.1\times\left(\frac{1}{23}+\frac{1}{36}\right)\times1=0.01639$$

g-b 副啮合损失系数

$$\psi_{zb}^H=2.3\mu\left(\frac{1}{z_g}-\frac{1}{z_b}\right)K_\psi=2.3\times0.1\times\left(\frac{1}{36}-\frac{1}{95}\right)\times1=0.003968$$

$$\psi^H=\psi_{za}^H+\psi_{zb}^H=0.01639+0.003968=0.0204$$

轮 b 固定时

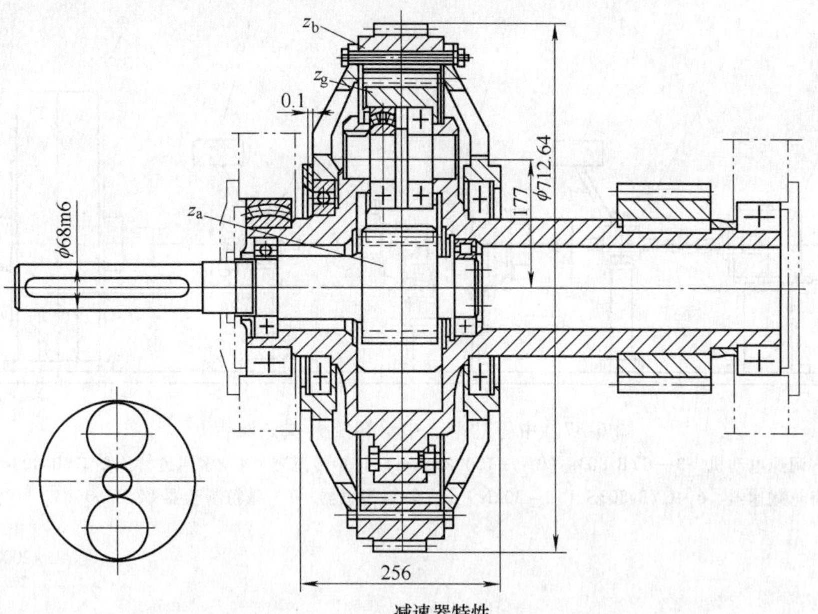

减速器特性

1	2	3	4	5	6	7
电动机	中心距	传动比	模数	齿数	齿宽	精度等级
HOR1862.8D 100kW 735r/min	$a=177$mm	$i_{aH}^{b}=5.13$ $i_{bH}^{a}=1.24$	$m=6$mm	$z_a=23$ $z_g=36$ $z_b=95$	105mm	8级

图6-86　100t铸锭吊车主卷扬机行星差动减速器

$$\eta_{aH}^{b}=1-\frac{\psi^{H}}{1+|i_{ba}^{H}|}=1-\frac{0.0204}{1+\left|\frac{23}{95}\right|}=0.984$$

轮a固定时

$$\eta_{bH}^{a}=1-\frac{\psi^{H}}{1+|i_{ab}^{H}|}=1-\frac{0.0204}{1+\left|\frac{95}{23}\right|}=0.996$$

轮a、b主动、行星架H从动时

$$\eta=1-\left|\frac{n_a-n_H}{(i_{ab}^{H}-1)n_H}\right|\psi^{H}$$

$$=1-\left|\frac{-735-(-0.287.4)}{\left(\frac{95}{23}-1\right)\times(-287.4)}\right|\times0.0204$$

$$=0.989$$

4. 行星齿轮传动效率的测试

行星齿轮传动效率的测试，目前常用的有两种方法，即开式试验台测试和闭式试验台测试。

（1）开式试验台的测试　由磁粉制动器加载的开式试验台，其布置图如图6-87所示，其工作原理是由水测功器加载的，由电动机带动转矩传感器→带动被试行星传动装置→带动转矩传感器→带动加载器。对于小功率的行星齿轮传动，试验时可用磁粉制动器进行逐步加载；对于大功率的行星齿轮转动，通常用水力测功器进行加载。为了使水量稳定，水必须由一经常保持一定水位（定压）的水箱注入测功器，水箱容积约1.5m³，其高度应不低于4000mm（见图6-88中的件9）。通常，被测试传动一经行星减速器后转速降低，功率不易被测功器所吸收，应在水力测功器前增设一增速器（常以JZQ型减速器倒拖，作增速用，使其输出）转速落在水力测功器所能吸收功率的范围内。

图6-87所示为测试某一行星齿轮减速器效率η_p的开式试验台布置图。行星减速器的效率η_p由测试得的转矩T_1及T_2，按下式计算

$$\eta_p=\frac{T_2}{T_1 i} \tag{6-159}$$

式中　T_1——被测试行星减速器的输入转矩（N·m）；

T_2——被测试行星减速器的输出转矩（N·m）；

i——被测试行星减速器的传动比。

（2）闭式试验台的测试　下面介绍闭式液压加载试验台。

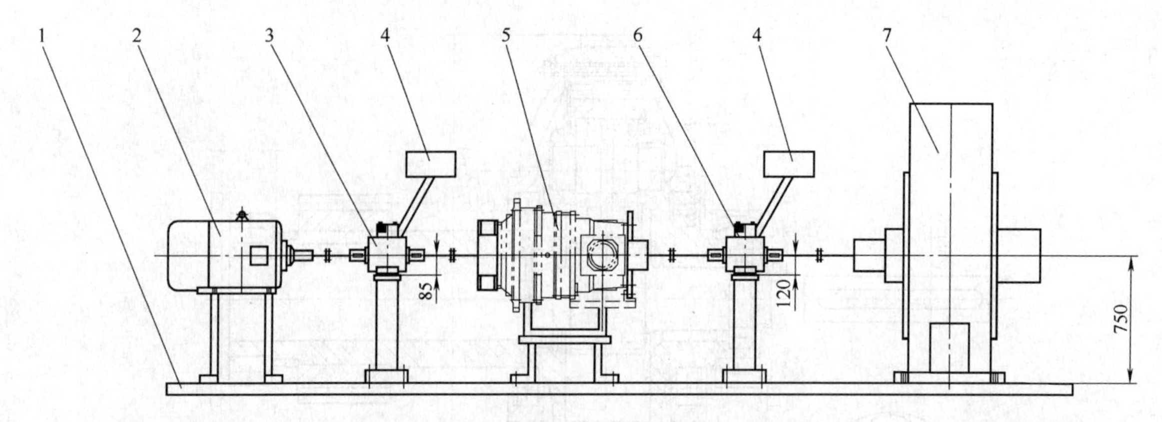

图 6-87　中等功率、中等转矩开式试验台

1—大平板　2—调速电动机　3—CYB-803s（0～±1000kN·m）转矩传感器　4—多通道智能型 CYB-808s 转矩转速仪　5—被测试齿轮减速器　6—CYB-803S（15～30kN·m）转矩传感器　7—磁粉制动器 CZ-3200（T_H = 32kN·m）

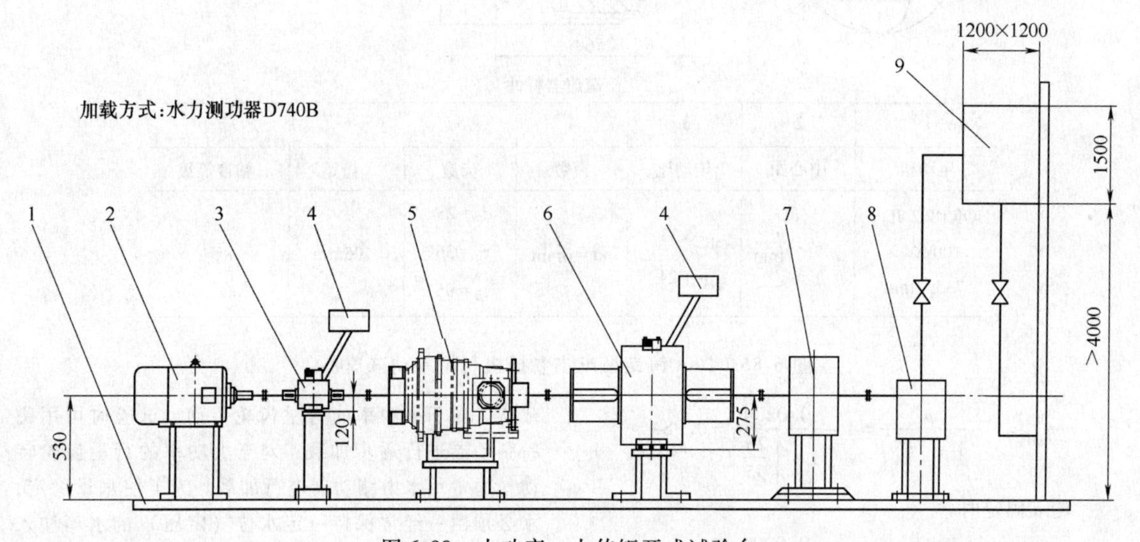

图 6-88　大功率、大传矩开式试验台

1—大平板　2—调速电动机　3—CYB-803s（15～30kN·m）转矩传感器　4—多通道智能型 CYB-808s 转矩转速仪　5—被测试行星齿轮减速器　6—CYB-803S-350kN·m（旋转型转矩传感器）　7—JZQ 型减速器（作增速用）　8—D740B 型水力测功器　9—水箱（1200mm×1200mm×1500mm）

注：其中 6 亦可不采用，直接由水力测功器测得输出转矩 T2。

1）结构原理及特点。封闭式液压加载试验台的特点是采用了类似于摆动液压马达结构的加载装置，如图 6-89 所示。加载器的“转子”和“定子”是一起旋转的。转子与齿轮 1 相连，定子通过被测试减速器或传动轴与齿轮 4 相连。压力油通过进油阀进入加载器的工作腔，在定子和转子之间就产生一转矩，而这个转矩就是加载转矩，它被封闭在传动装置内。加载转矩的大小通过调节节流阀改变油压的大小来达到。

这种加载方法比过去采用扭力杆的加载方法简单可靠，操作方便，可在运转中变载，加载范围大，应用范围广既适于试验室用，也适于工厂做产品试车磨合用。

2）功率流方向的确定。封闭式试验台的电动机主要为了克服摩擦阻力，使所有齿轮和传动件在受力状态下旋转。电动机发出功率的大小主要取决于封闭系统中摩擦阻力的大小。功率流的方向取决于加载力矩的方向和电动机的转向，但总是从主动流向从动。当回转方向与作用在该齿轮上的圆周力方向相反时，则该齿轮为主动轮，反之则为从动轮。如图 6-90 所示，按图示方向加力矩 T_0，若电动机转向为 ω_1，则齿轮 5 为主动轮，功率流方向为 P_1；当

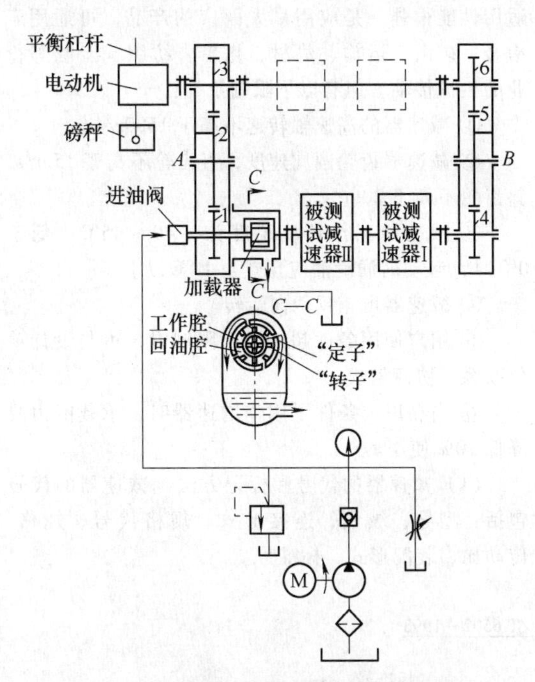

图6-89 封闭式液压加载试验台原理简图

（A、B为传动比等于1的封闭齿轮箱。被测试减速器也可装在电动机侧，如虚线位置）

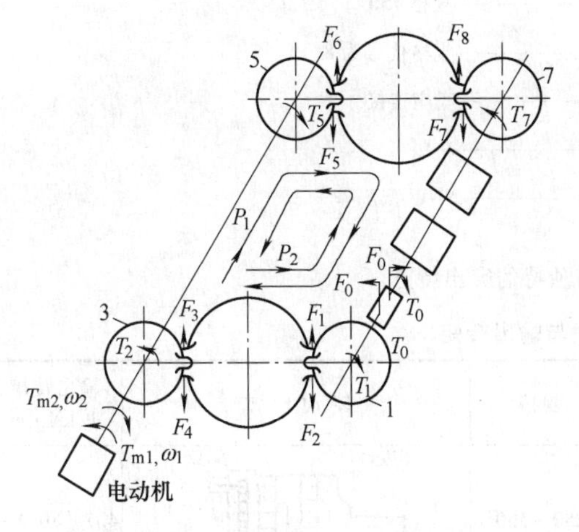

图6-90 试验台受力分析

电动机转向为 ω_2 时，齿轮3主动，功率流方向为 P_2。对于被测试减速器，当功率流从高速轴流向低速轴时，该减速器处于减速工作状态，反之则处于增速工作状态。

3）加载力矩 T_0 的确定。加载力矩 T_0 的大小应按处于减速状态的被测试减速器许用输入转矩 T_1 来确定，见表6-38。处于增速状态的被测试减速器的输出转矩 T'_2 按表6-39确定。为了可靠和准确起见，也可用扭力计（转矩仪）在运转过程中同时测定 T_1 和 T_2 值。

表6-38 加载转矩 T_0 的计算公式

被测试减速器安装位置	在加载器侧面	在电动机侧面
功率流为顺时针方向	$T_0=T\eta_p^2$	$T_0=T_1\eta_p^2\eta_a$
功率流为逆时针方向	$T_0=T_1$	$T_0=\dfrac{T_1}{\eta_a}$

注：η_p 为一被测试行星减速器的效率，η_a 为试验台一个封闭齿轮箱的效率。

表6-39 增速器输出转矩 T'_2 的计算公式

被测试减速器安装位置	在加载器侧面	在电动机侧面
功率流为顺时针方向	$T'_2=T_0$	$T'_2=\dfrac{T_0}{\eta_a}$
功率流为逆时针方向	$T'_2=T_0\eta_p^2$	$T'_2=T_0\eta_p^2\eta_a$

注：表中，η_p 为一被测试行星减速器的效率，η_a 为试验台一个封闭齿轮箱的效率。

4）电动机的转矩和被测试减速器的效率。电动机的转矩 T_m 等于封闭系统的阻力矩，可通过平衡电动机测得。

当功率流为顺时针方向时

$$T_m=\frac{T_0}{\eta_p^2\eta_a}-T_0\eta_a \tag{6-160}$$

当功率流为逆时针方向时

$$T_m=\frac{T_0}{\eta_a}-T_0\eta_p^2\eta_a \tag{6-161}$$

被测试减速器的效率：

当功率流为顺时针方向时，由式（6-160）得

$$\eta_p=\sqrt{\frac{T_0}{(T_m+T_0\eta_a)\eta_a}} \tag{6-162}$$

当功率流为逆时针方向时，由式（6-161）得

$$\eta_p=\sqrt{\frac{T_0-T_m\eta_a}{T_0\eta_{2a}}} \tag{6-163}$$

试验台一个封闭齿轮箱的效率 η_a 按下式计算

$$\eta_a=\frac{-T_{m0}+\sqrt{T_{m0}^2+4T_0^2}}{2T_0} \tag{6-164}$$

式中 T_{m0}——无被测试行星减速器时的试验台阻力矩，通过标定可得。

当用扭力计测转矩时

$$\eta_p=\sqrt{\frac{T'_2}{T_1\eta_c}} \tag{6-165}$$

式中 T_1——行星减速器高速轴输出转矩（N·m）；

T'_2——行星增速器高速轴输入转矩（N·m）；

η_c——测试点之间的联轴器效率。

6.8 NGW型行星齿轮减速器（JB/T 6502—1993）

1. 类型及适用范围

1）NGW行星齿轮减速器（JB/T 6502—1993）包括NAD、NAZD、NBD、NBZD、NCD、NCZD、

NAF、NBF、NCF、NAZF、NBZF 等十二个系列减速器。此外，还有 NGW 型派生系列，包括 NASD、NASF、NBSD、NBSF、NCSD、NCSF、NAL、NBL 等八个系列。本章不包括此派生系列。

各系列减速器的代号含义为：

N——NGW 型；

A——单级行星齿轮减速器；

B——双级行星齿轮减速器；

C——三级行星齿轮减速器；

Z——定轴圆柱齿轮减速器（第一级）；

S——弧齿锥齿轮（第一级）；

D——底座式安装；

F——法兰式安装；

L——立式行星减速器。

2）本类型系列减速器结构简单可靠，使用维护方便，承载能力范围大，属于低速重载传动装置，适用性能很强，是应用量大面广的产品，可通用于冶金、矿山、运输、建材、化工、纺织、能源等行业的机械传动。但有以下限制条件：

① 减速器的高速轴转速不高于 1500r/min。

② 减速器齿轮圆周速度，直齿轮不高于 15m/s，斜齿轮不高于 20m/s。

③ 减速器工作环境温度为 -40 ~ 45℃，低于 0℃时，起动前润滑油应预热至 10℃以上。

④ 减速器可正反两向运转。

⑤ 用户使用条件超过以上限制时，可与设计单位联系，协商解决。

⑥ 当在以上条件下用作增速器时，承载能力要降低 10% 使用。

（1）减速器的代号和标记方法　减速器的代号包括：型号、级别、连接形式、规格代号、规格、传动比、装配形式、标准号。

标记示例：

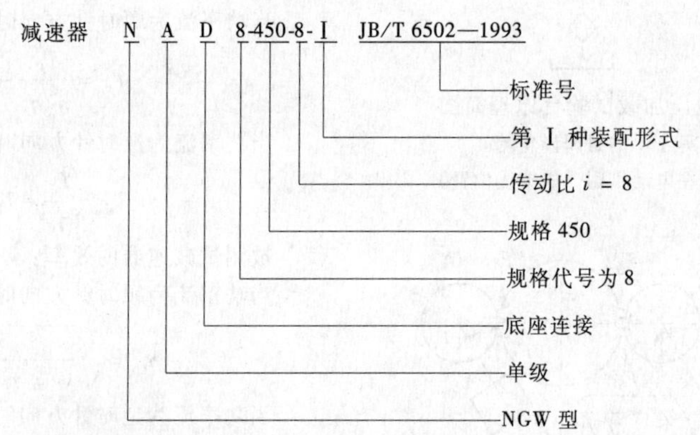

减速器的传动形式与输出转矩见表 6-40。

（2）特点　行星齿轮减速器在所有传动装置中，具有独特的突出特点。

表 6-40　传动形式与输出转矩

规格	传动形式	输出转矩 T/kN·m	规格	传动形式	输出转矩 T/kN·m
200 ~ 560 630 ~ 2000	NAD　NAF i=4～9	1.4 ~ 80 ~ 2796	250 ~ 560 630 ~ 1600	NBZD　NBZF i=56～125	4.7 ~ 80.4 ~ 1632
200 ~ 560 630 ~ 1600	NAZD　NAZF i=10～18	1.7 ~ 42.2 ~ 938.8	315 ~ 560 630 ~ 2000	NCD　NCF i=112～400	12.3 ~ 83.7 ~ 2987
250 ~ 560 630 ~ 2000	NBD　NBF i=20～50	5.3 ~ 83.54 ~ 2973	315 ~ 560 630 ~ 2000	NCZD　NCZF i=450～1120	12.6 ~ 80.5 ~ 2522

（续）

规格	传动形式	输出转矩 T/kN·m	规格	传动形式	输出转矩 T/kN·m
200～560	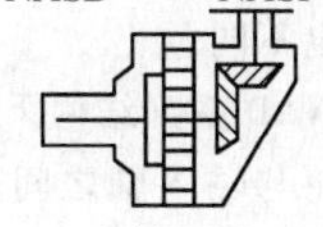 NASD　NASF　i=10～28	1.7～42.2	200～560	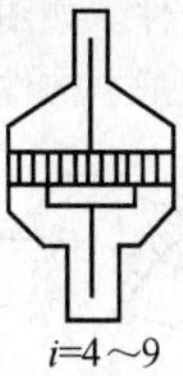 NAL　i=4～9	1.4～80
250～560	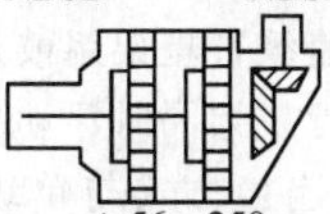 NBSD　NBSF　i=56～250	4.7～80.4	250～560	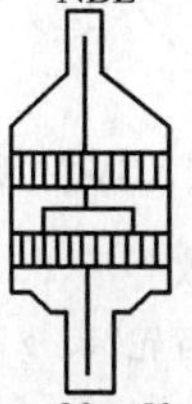 NBL　i=20～50	2～99
315～560	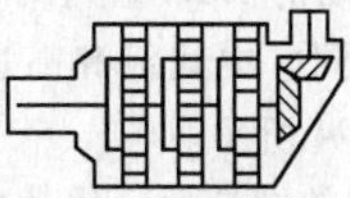 NDSD　NCSF　i=450～1120	12.6～80.5			

注：标＊者为母标准的派生系列标准。

1）体积小、质量轻、结构紧凑、承载能力高。由于行星齿轮传动是一种共轴线式的传动装置，具有同轴线传动的特点，在结构上又采用对称的分流传动，即用几个完全相同的行星轮均匀分布在中心轮周围，共同分担载荷，相应的齿轮模数就可减小，并且合理地利用了内齿轮空间容积，从而缩小了径向、轴向尺寸，使结构紧凑化，实现了高承载能力。行星齿轮传动在同功率同传动比的条件下，可使外廓尺寸和质量只为普通圆柱齿轮传动的1/2～1/6。行星齿轮传动的功率很大，目前大功率行星齿轮减速器传递的功率达100000kW，圆周速度达150～200m/s。仅就NGW行星齿轮减速器而言，传递的功率范围，可达1～40000kW。且功率越大优点越突出，经济效益越显著。

2）传动效率高、工作可靠。行星齿轮传动由于采用了对称的分流传动结构，使作用于中心轮和行星架等承受的作用力互相平衡，使行星架与行星轮的惯性力互相平衡，有利于提高传动效率。NGW行星齿轮减速器，在结构、参数设计合理时，其传动效率为：NAD型单级行星齿轮减速器 $\eta=0.98$；NBD型双级行星齿轮减速器 $\eta=0.96$；NCD型三级行星齿轮减速器 $\eta=0.94$。行星齿轮传动运转平稳、噪声小、抗冲击和振动能力强，因而工作可靠。

3）传动比大，行星齿轮传动由于它的三个基本构件（太阳轮、内齿轮、行星架）都可转动，故可实现运动的合成与分解。NGW行星齿轮减速器传动比范围如下：NAD、NAZD单级行星减速器 $i=4\sim18$；NBD、NBZD双级行星减速器 $i=20\sim125$；NCD、NCZD三级行星减速器 $i=112\sim1250$。

4）本标准系列规格是按内齿轮分度圆直径的优先数系划分的，因而传递的功率值有较好的规律性。

5）齿轮传动参数、主要结构件尺寸经优化设计，基本上等强度。标准化、通用化程度较高。

6）齿轮毛坯为20CrNiMo或力学性能相当的优质低碳合金钢锻造件。硬齿面齿轮经渗碳、淬火、磨齿加工，齿面硬度为58～62HRC。齿轮精度太阳轮、行星轮为6级，内齿圈为7级（GB/T 10095.1—2008），运转平稳、噪声低。设计寿命为10年。

7）减速器承载能力（功率表）：一个是按机械强度计算的承载能力表；一个是在油池润滑状态下最高油温平衡在100℃时计算的热功率表。

8）减速器经过疲劳寿命与性能台架试验及使用考核，凡制造质量达设计要求的，其主要性能指标达到20世纪80年代末期国际同类产品的先进水平，可替代进口产品，也可以出口。

2. 结构形式和工作原理

NGW行星齿轮减速器是属于周转轮系中的行星轮系传动形式。图6-91为常用的行星轮系传动结构简图。行星轮系运转时，装在动轴线 O_g 上的齿轮c（图中未示出），既绕自身几何轴线 O_g 自转，同时又随 O_g 一起被构件H带着绕齿轮a和b的固定几何轴线 O 公转。齿轮c的这种运动如同行星的运动一样，故称之为行星轮。装有行星轮，并绕固定几何轴线 O 转动的构件H称为行星架。与行星轮相啮合，且几何轴线固定的齿轮a和b称为中心轮。通常称外齿中心轮为太阳轮 a，内齿中心轮为内齿轮 b。中心轮的轴线和行星架的轴线共同重合于机壳上的一条几何轴线，称其为行星轮系的主轴线。在行星轮系中凡是轴线与主轴线重合且直接承受外力矩的构件，称为行星轮系的基本构件。如图 6-91 中的中心轮 a、b 和行星架 H 称为三个基本构件。

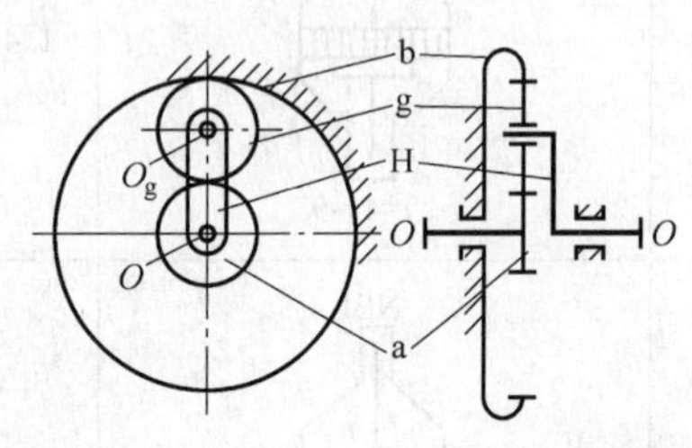

图 6-91　2K-H（NGW）型行星齿轮传动

行星轮系自由度数等于 1，在图 6-91 所示行星轮系中，运动构件（齿轮 a、g 和行星架 H）数 $n=3$，低副数 $p_1=3$，高副数 $p_h=2$，其自由度为

$$w=3n-2p_1-p_h=3\times3-2\times3-2=1$$

这就说明只要有一个主动构件，行星轮系就有确定的运动，从结构上看，行星轮系的中心轮之一固定于机壳，其他两个基本构件分别为主动构件和从动构件，这就是 NGW 行星齿轮减速器的基本结构和传动原理。

行星齿轮传动，用来作为原动机与工作机械之间的减速或增速装置，有它自己独特的优越性。NGW 型是作为行星齿轮传动的主要类型，在其结构上，由于采用三个行星轮同时与太阳轮和内齿轮啮合，在客观上就提出了各齿轮受力均载结构装置。因此，NGW 行星齿轮减速器采用的均载机构形式是这种传动装置最重要的结构特点。均载机构不同，传动装置的结构也不同。

单级传动的 NAD 系列结构采用太阳轮浮动满足均载要求，太阳轮与输入轴之间采用鼓形齿联轴器相连，如图 6-92 所示。

双级齿轮传动的 NBD 系列结构在低速级采用太阳轮浮动与其高速级行星架用鼓形齿套连接。高速级采用太阳轮与行星架同时浮动作为均载机构。其太阳轮与输入轴连接方式与单级结构相同，如图 6-93所示。

三极齿轮传动的 NCD 系列结构特点，低速级与双级的低速级相同，中间级和高速级与双级的高速级相同，如图 6-94 所示。

NGW 行星齿轮减速器，传动比 $i_{ax}^{b}=4$ 时承载能力最高，传动比小于或大于 4 时，承载能力下降，尤其当 $i_{ax}^{b}>9$ 时将急剧下降，因此单级 NAD 系列的传动比定为 $i=4\sim9$，而多级的 NGW 型减速器总传动比也应是单级传动中最佳传动比乘积的组合。在系列传动比组成中，$i=10\sim18$，采用单级行星减速器与定轴传动相结合的结构形式。$i=56\sim125$ 采用双级行星传动与定轴传动组合的结构形式。$i=450\sim1250$，采用 NBZD 型结构形式，如图 6-95 所示。

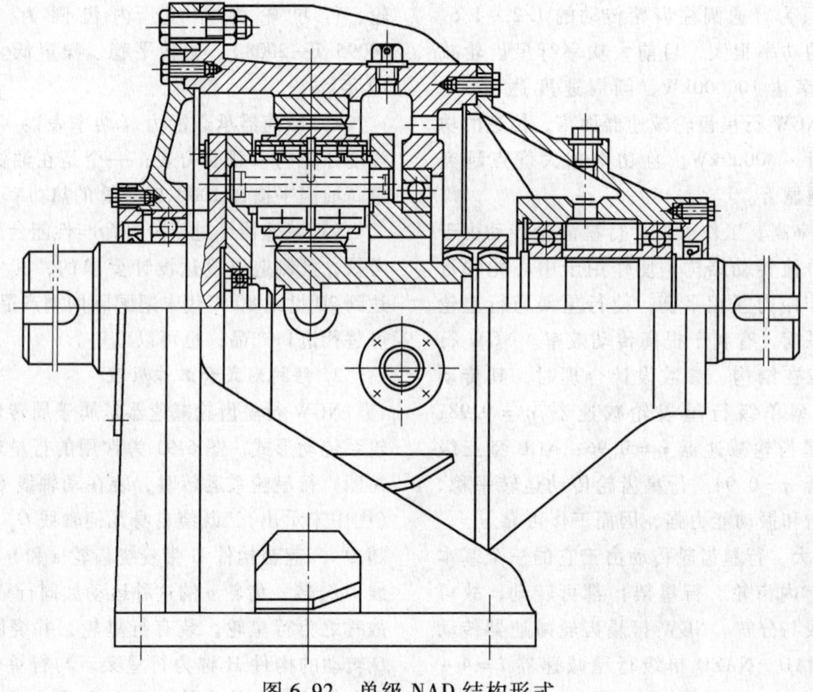

图 6-92　单级 NAD 结构形式

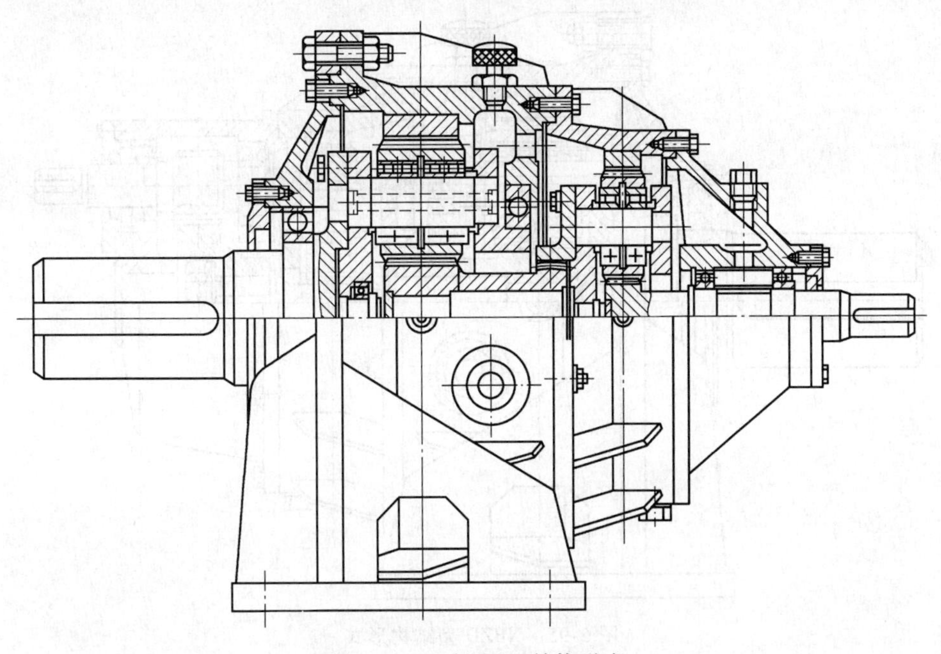

图 6-93　双级 NBD 结构形式

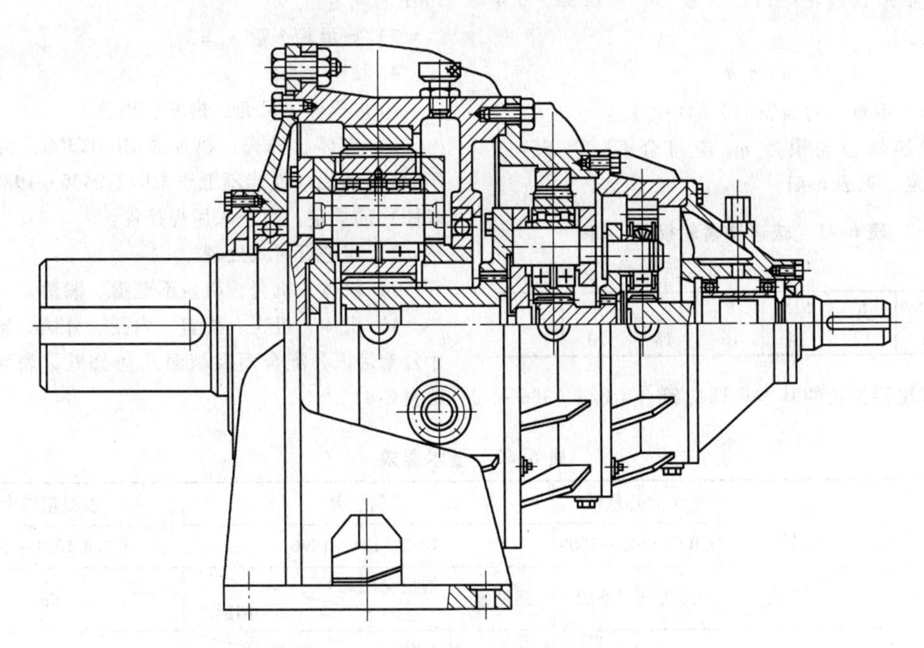

图 6-94　三级齿轮传动的 NCD 结构形式

3. 基本参数

1）减速器的内齿轮分度圆公称直径 D 应符合标准通用系列，即 450、500、560、630、710、800、900、1000、1120、1250、1400、1600（mm）。

2）减速器定轴齿轮传动的公称中心距 a 应符合标准通用系列，即 224、250、280、315、355、400、450、500、560、630（mm）。

3）减速器的公称传动比 i 应符合标准通用系列，即 4、4.5、5、5.6、6.3、7.1、8、9、10、11.2、12.5、14、16、18、20、22.4、25、28、31.5、35.5、40、45、50、56、63、71、80、90、100、112、125、140、160、180、200、224、250。

4）减速器的齿轮齿宽系数：

① 行星轮的齿宽系数。$b_d^* = 0.17 \sim 0.2$ 时，齿宽为

$$b = b_d^* D$$

式中　D——内齿轮的分度圆公称直径。

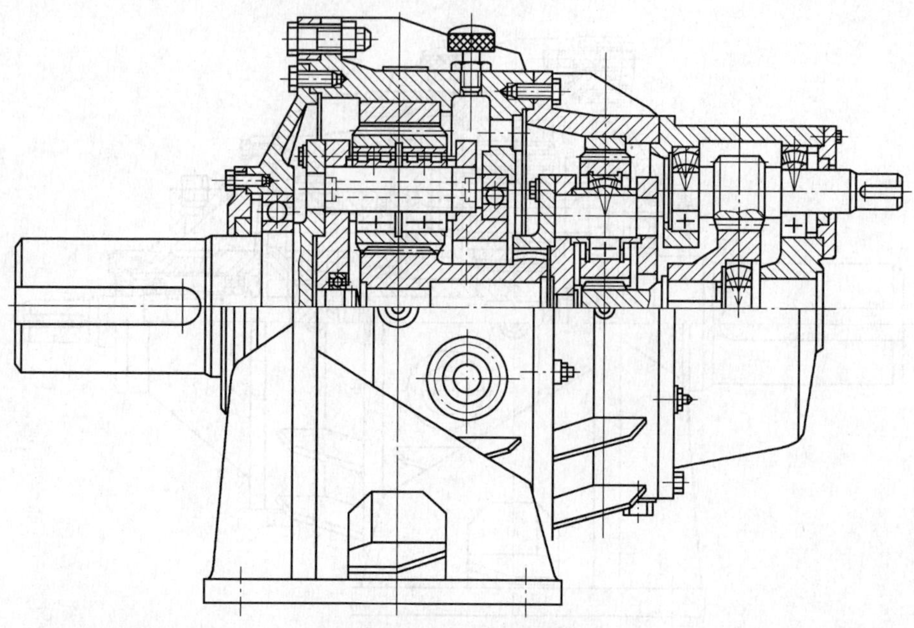

图 6-95　NBZD 型结构形式

② 定轴圆柱齿轮的齿宽系数。$b_a^* = 0.35 \sim 0.4$ 时，齿宽为

$$b = b_a^* a$$

式中　a——定轴一对齿轮的公称中心距。

5）减速器齿轮模数 m_n 应符合 GB/T 1357—2008 的规定，见表 6-41。

表 6-41　减速器齿轮模数

（单位：mm）

4	4.5	5	5.5	6	7	8	9
10	11	12	14	16	18	20	

6）减速器齿轮的基本齿廓应符合 GB/T 1356—2001 的规定。

7）行星轮个数 $n_p = 3$。

4. 技术要求

（1）机体、机壳、机座、机盖

1）机体、机壳、机座采用 HT300，机盖采用 HT250，其力学性能不低于 GB/T 9436—1988《灰铸铁件》的规定。允许采用焊接件。

2）应进行时效处理。

3）机体、机壳、机盖不准渗、漏油。

4）机体、机壳、机盖、内孔、外圆，轴承孔尺寸公差带，各配合面及端面几何公差，表面粗糙度见表 6-42。

表 6-42　技术要求

项目 / 名称	尺寸公差带 GB/T 1801—2009		几何公差 GB/T 1184—1996			表面粗糙度 GB/T 1031—2009
	内孔	外圆	圆柱度	端面全跳动	圆跳动	Ra
机座与机壳	H7	f7	—	6 级	6 级	3.2μm
机盖与机壳或机体		js6	—	6 级	6 级	
机壳、机体与内齿轮		n6	6 级	—	6 级	
机壳、机体之轴承孔		—	6 级	—	6 级	
机盖轴承孔		—	6	—	6 级	

（续）

项目 / 名称	尺寸公差带		几何公差			表面粗糙度
	GB/T 1801—2009		GB/T 1184—1996			GB/T 1031—2009
	内孔	外圆	圆柱度	端面全跳动	圆跳动	Ra
机壳与机壳	H7	js6	—	6 级	6 级	3.2μm
机体与机壳	H7	js6	—	6 级	6 级	3.2μm

5）定轴机壳轴承孔轴线平行度公差，在轴承跨距上测量，不大于表 6-43 规定值。

表 6-43　定轴机壳轴承孔轴线平行度公差

轴承跨距 L_G/mm	<125	>125~280	>280~560	>560~1000
平行度公差 φ/μm	20	25	32	40

（2）行星架

1）行星架采用 QT600—3，其力学性能不低于 GB/T 1348—2009《球墨铸铁件》的规定值。允许采用力学性能相当的材料，进行焊接或组装。

2）热处理硬度：190~270HBW。

3）行星轴孔距相对误差 t_t 不大于表 6-44 规定值。

表 6-44　行星轴孔距相对误差

中心距 a/mm	≤180	>180~630	>630
相对误差 t_t/μm	15	20	30

4）行星轴孔轴线对行星架轴线的平行度公差 φ_{tp} 不大于表 6-45 规定值。

表 6-45　行星轴孔轴线对行星架轴线的平行度公差

支点跨距 L_G/mm	>50~125	>125~280	>280~560	>560~630
$\varphi_{tp}(f_x=f_y)$/μm	16	20	25	32

注：当单壁行星架时，L_G 应为行星架支承厚度。f_x，f_y—在全齿宽上，x 方向和 y 方向的轴线平行度公差。

5）行星轴孔轴线对行星架轴线的径向圆跳动不大于表 6-46 规定值。

表 6-46　行星轴孔轴线对行星架轴线的径向圆跳动值

中心距 a/mm	>50~80	>80~125	>120~180	>180~250	>250~315	>315~400	>400~500	>500~630	>630~800
径向圆跳动/μm	15	17.5	20	23	26	28.5	31.5	35	40

6）中心距 a 极限偏差 f_a 应符合表 6-47 的规定值。

表 6-47　中心距 a 极限偏差 f_a

中心距 a/mm	>50~80	>80~125	>120~180	>180~250	>250~315	>315~400	>400~500	>500~630	>630~800
$\pm f_a$/μm	15	17.5	20	23	26	28.5	31.5	35	40

注：含定轴齿轮传动中心距。

7）浮动行星架应进行静平衡，不平衡质量不大于表 6-48 规定值。

表 6-48　浮动行星架静平衡质量　　（单位：kg）

行星架质量 G	平衡半径 r/mm						
	>160~200	>200~250	>250~315	>315~400	>400~500	>500~630	>630~800
>63~100	0.25	0.2	0.16	0.125	0.1	0.08	0.063
>100~160	0.4	0.315	0.25	0.2	0.16	0.125	0.1
>160~250	0.63	0.5	0.4	0.315	0.25	0.2	0.16
>250~400	1.0	0.8	0.63	0.5	0.4	0.313	0.25
>400~630	1.6	1.25	1.0	0.8	0.63	0.5	0.4
>630~1000	2.5	2.0	1.6	1.25	1.0	0.8	0.63
>1000~1600	4.0	3.15	2.5	2.0	1.6	1.25	1.0

8）行星架内孔，外圆、轴承位（内、外圈）尺寸公差带各配合面，及端面几何公差，表面粗糙度应符合表6-49的规定。

表6-49 尺寸公差带各配合面、端面几何公差、表面粗糙度

项目 名称	尺寸公差带 GB/T 1801—2009		几何公差 GB/T 1184—1996				表面粗糙度 GB/T 1031—2009
	内孔	外圆	圆柱度	同轴度	全跳动	圆跳动	*Ra*
与行星轴	N7 H7	—	6级	—	—		3.2μm
与低速轴或内齿盘	—	m6/k6	—	—	6级	6级	
与轴承	K7	m6	6级	6级	6级	6级	
与球顶圆柱部分	H7	—	—	—	—		

(3) 弹性杆

1）弹性杆，采用60Si2Mn材料，热处理硬度45～50HRC。

2）弹性杆外圆，轴承、尺寸公差带，几何公差，表面粗糙度应符合表6-50的规定。

表6-50 尺寸公差带、几何公差、表面粗糙度

项目 名称	尺寸公差带 GB/T 1801—2009		几何公差 GB/T 1184—1996				表面粗糙度 GB/T 1031—2009
	内孔	外圆	圆柱度	同轴度	全跳动	圆跳动	*Ra*
内齿轮,或内齿轮座轴套	—	K6	6级	6级	6级	6级	3.2μm
与轴承	—	—	—	—	6级	6级	

(4) 齿轮、齿轮轴、轴

1）齿轴、齿轮轴、内齿轮、轴均采用锻件。材料、热处理及力学性能见表6-51的规定。

表6-51 材料、热处理及力学性能

材料牌号	热处理	截面尺寸/mm	力学性能 σ_s/MPa	σ_b/MPa	δ_5（%）	ψ（%）	A_K（J/cm²）	硬度HRC 齿面	心部	备注
18Cr2Ni4W	渗碳淬火回火	11	880～980	1390～1580	10	50	60	58～62	32～40	
		15	835	1127	12	50	78			
20Cr2Ni4		15	1100	1200	10	45	80			
20CrMnMo		15	883	1177	10	45	70			JB/ZQ 4290—1999
		30	786	1079	7	40				
	两次淬火，回火	≤100	490	834	15	40	40			
20CrMnTi		15	834	1079	10	45	70			
20CrNi2MoA	渗碳淬火回火	30	1029	1176	15	50	78			
		100～300	833	1029	14	45	68			
		>300～500	735	932	13	40	58			

（续）

材料牌号	热处理	截面尺寸/mm	力学性能					硬度HRC		备注
			σ_s/MPa	σ_b/MPa	δ_5（%）	ψ（%）	A_K（J/cm²）	齿面	心部	
17CrNiMo6	渗碳淬火回火	≤11	835	1180~1420	7	30	41	58~62	32~40	化学成分 C:0.14~0.19 Cr:1.5~1.8 Ni:1.4~1.6 Mo:0.25~0.35
		>11~30	786	1080~1320	8	35	41			
		>30~63	685	980~1270	8	35	41			
40CrNiMo	调质	25	833	980	12	55	98	283~323HBW	≥255HBW	JB/ZQ 4290—1999
		≤100	608~745	833~931	12~15	40~45	39~58	269~302HBW	—	
42CrMo		>100~800	529~588	745~833	11~13	30~42	34~49			
45		≤200	353	637	17	35	39	217~255HBW		

2）太阳轮、行星轮、齿轮及齿轮轴，采用18Cr2Ni4W或20Cr2Ni4A其力学性能见表6-51，允许采用力学性能相当或较高材料。齿轮渗碳淬火，齿面硬度为58~62HRC，齿芯硬度为32~40HRC。齿面精加工后不得有裂纹，其有效硬化层深度E_{ht}值见表6-52。

3）内齿轮和内齿盘，浮动齿套分别采用40CrNiMo和42CrMo，其热处理及力学性能见表6-51，允许采用力学性能相当或较高材料。

4）行星轴、输出轴采用45钢，热处理及力学性能见表6-51。

5）齿轮基准孔、基准端面的尺寸公差带，几何公差及表面粗糙度应符合表6-53的规定。

6）齿轮轴和轴的基准轴颈、轴肩、轴伸加工尺寸公差带，几何公差及表面粗糙度应符合表6-54的规定。

表6-52　有效硬化层深度

模数 m_n/mm	4	4.5	5	5.5	6	7	8	9	10	11	12	14	16	18	20
有效硬化层深度 E_{ht}/mm	0.8~1.1		1.0~1.3		1.2~1.7		1.5~2.0			1.8~2.3			2.2~2.8		

表6-53　尺寸公差带、几何公差及表面粗糙度

名称＼项目	尺寸公差带	几何公差		表面粗糙度
	GB/T 1801—2009	GB/T 1184—1996		GB/T 1031—2009
		圆柱度	圆跳动	Ra
齿轮基准孔	H7/N7①/7①	6级	—	1.6μm
齿轮基准端面	—	—	GB/T 10095.1(2)—2008	3.2μm

① 为行星轮内孔与轴承的配合公差带。

表6-54　尺寸公差带、几何公差及表面粗糙度

名称＼项目	尺寸公差带	几何公差		表面粗糙度
	GB/T 1801—2009	GB/T 1184—1996		GB/T 1031—2009
		圆柱度	圆跳动	Ra
基准轴颈	m6	6级	—	1.6μm
轴肩	—	—	6级	3.2μm
轴伸	m6/n6	6级	6级	1.6μm
密封轴颈	f9	—	6级	0.8μm

7）定轴齿轮与轴的配合公差应符合表 6-55 的规定。

表 6-55　定轴齿轮与轴的配合公差

公称直径/mm	公差与配合	
	孔	轴
>50～80	H7$\left(^{+0.030}_{0}\right)$	r6$\left(^{+0.062}_{+0.043}\right)$
>80～100	H7$\left(^{+0.035}_{0}\right)$	r6$\left(^{+0.073}_{+0.051}\right)$
>100～120		r6$\left(^{+0.076}_{+0.054}\right)$
>120～140	H7$\left(^{+0.040}_{0}\right)$	S6$\left(^{+0.117}_{+0.092}\right)$
>140～160		S6$\left(^{+0.125}_{+0.100}\right)$
>160～180		S6$\left(^{+0.133}_{+0.108}\right)$
>180～200	H7$\left(^{+0.046}_{0}\right)$	S6$\left(^{+0.151}_{+0.122}\right)$
>200～225		S6$\left(^{+0.159}_{+0.130}\right)$
>225～250		S6$\left(^{+0.169}_{+0.140}\right)$
>225～280	H7$\left(^{+0.052}_{0}\right)$	S6$\left(^{+0.190}_{+0.158}\right)$
>280～315		S6$\left(^{+0.202}_{+0.170}\right)$
>315～355	H7$\left(^{+0.057}_{0}\right)$	S6$\left(^{+0.226}_{+0.196}\right)$
>355～400		S6$\left(^{+0.244}_{+0.208}\right)$

8）轴与齿轮配合的轴颈与轴肩几何公差，表面粗糙度应符合表 6-56 的规定。

表 6-56　轴颈与轴肩几何公差、表面粗糙度

项目 / 名称	GB/T 1184—1996			GB/T 1031—2009
	圆柱度	径向圆跳动	端面圆跳动	表面粗糙度
轴颈	6 级	6 级	—	Ra1.6μm
轴肩	—	—	6 级	Ra3.2μm

9）行星轴的外圆，内孔配合尺寸公差带，几何公差及表面粗糙度应符合表 6-57 的规定。

表 6-57　尺寸公差带、几何公差及表面粗糙度

项目 / 名称	尺寸公差带		几何公差		表面粗糙度
	GB/T 1801—2009		GB/T 1184—1996		GB/T 1031—2009
	外圆	内孔	圆柱度	同轴度	Ra
与行星架	k6、n6、u6	—	6 级	6 级	1.6μm
与轴承	k6	—	6 级	—	1.6μm
与堵块	—	H8	—	—	12.5μm

10）键槽加工尺寸公差带、几何公差、表面粗糙度应符合表6-58的规定。

表6-58　尺寸公差带、几何公差、表面粗糙度

项目 \ 名称	尺寸公差带		几何公差	表面粗糙度
	GB/T 1801—2009		GB/T 1184—1996	GB/T 1031—2009
	轴	轮毂	对轴线对称度	*Ra*
键槽宽	N9	JS9	9级	6.3μm
键槽深	—	—	—	12.5μm

11）太阳轮、行星轮、内齿轮、齿轮、齿轮轴、浮动用内外齿轮顶圆直径偏差按表6-59选取。如用齿顶圆定位（或顶圆两端加工一定宽度）应加工为定位面，表面粗糙度 *Ra* 为1.6μm，非定位面表面粗糙度 *Ra* 为6.3μm，其基准端面和径向圆跳动公差应符合表6-60的规定。

12）齿轮的精度应符合GB/T 10095.1（.2）—2008《圆柱齿轮　精度制》的规定。

① 太阳轮、行星轮、圆柱级齿轮的精度均为6级。

② 内齿轮传动精度为7级。

③ 浮动用外齿轮为7级；内齿圈为7级。

④ 齿轮工作面表面粗糙度：齿轮精度6级为 $Ra\leqslant1.6\mu m$；齿轮精度7级、8级均为 $Ra\leqslant3.2\mu m$。

13）齿轮的检验项目组合应符合表6-61的规定，允许采用等效的其他检验项目组。

14）太阳轮齿厚极限偏差 E_{ss}、E_{si} 及公法线平均长度极限偏差 E_{wms}、E_{wmi} 应符合表6-62的规定。

表6-59　浮动用内外齿轮顶圆直径偏差

分度圆直径/mm	≤50	>50~80	>80~120	>120~180	>180~250	>250~315	>315~400
顶圆直径偏差/μm	±100	±120	±140	±160	±185	±210	±230
分度圆直径/mm	>400~500	>500~630	>630~800	>800~1000	>1000~1250	>1250~1600	
顶圆直径偏差/μm	±250	±280	±320	±360	±420	±500	

注：内齿轮用"+"，外齿轮用"-"。

表6-60　基准端面和径向跳动公差

分度圆直径/mm		≤125	>125~400	>400~800	>800~1600
基准面的端面和径向圆跳动公差/μm	5、6级	11	14	20	28
	7、8级	18	22	32	45

注：行星轮多个成组磨齿时，单个行星轮应为双基准端面；单个行星轮磨齿时，可为单面端面基准。

表6-61　齿轮的检查项目

检验组 \ 精度等级	第Ⅰ公差组	第Ⅱ公差组	第Ⅲ公差组	齿轮副
6 7 8	F_p(F_{pk}) 或 F_r 与 F_w	f_f 与 f_{pt} 或 F_f 与 f_{pb}	F_β	接触斑点 j_{nmin}

注：F_r 与 F_w 仅作工艺控制，不作验收依据。

表6-62　太阳轮齿厚极限偏差和公法线平均长度极限偏差

精度等级	分度圆直径 *d* /mm	法向模数 m_n /mm	齿厚极限偏差		公法线平均长度极限偏差	
			上/下偏差代号	上/下极限偏差/μm	上/下偏差代号	上/下极限偏差/μm
6	≤125	>3.5~6.3	E_{ss}(J) E_{si}(L)	-130 -208	E_{wms} E_{wmi}	-129 -189
		>6.3~10	E_{ss}(J) E_{si}(L)	-140 -224	E_{wms} E_{wmi}	-139 -203

（续）

精度等级	分度圆直径 d /mm	法向模数 m_n /mm	齿厚极限偏差		公法线平均长度极限偏差	
			上下偏差代号	上下极限偏差/μm	上下偏差代号	上下极限偏差/μm
6	>125 ~ 400	>3.5 ~ 6.3	E_{ss}(J) E_{si}(L)	-140 -224	E_{wms} E_{wmi}	-142 -201
		>6.3 ~ 10	E_{ss}(J) E_{si}(L)	-160 -256	E_{wms} E_{wmi}	-162 -230
		>10 ~ 16	E_{ss}(J) E_{si}(L)	-180 -288	E_{wms} E_{wmi}	-182 -258
		>16 ~ 25	E_{ss}(J) E_{si}(L)	-220 -352	E_{wms} E_{wmi}	-221 -317
	>400 ~ 800	≥3.5 ~ 6.3	E_{ss}(J) E_{si}(L)	-140 -224	E_{wms} E_{wmi}	-144 -198
		>6.3 ~ 10	E_{ss}(J) E_{si}(L)	-180 -288	E_{wms} E_{wmi}	-183 -256
		>10 ~ 16	E_{ss}(J) E_{si}(L)	-200 -320	E_{wms} E_{wmi}	-204 -285
		>16 ~ 25	E_{ss}(J) E_{si}(L)	-250 -400	E_{wms} E_{wmi}	-253 -358

15）行星轮齿厚极限偏差 E_{ss}、E_{si} 及公法线平均长度极限偏差 E_{wms}、E_{wmi} 应符合表 6-63 的规定。

16）内齿轮的齿厚极限偏差 E_{ss}、E_{si}；公法线平均长度极限偏差 E_{wms}、E_{wmi}，量柱测量距极限偏差 E_{ms}、E_{mi}（其测量方法见表 6-65 中图）应符合表 6-64、表 6-65 的规定。

表 6-63　行星轮齿厚极限偏差和公法线平均长度极限偏差

精度等级	分度圆直径 d /mm	法向模数 m_n /mm	齿厚极限偏差		公法线平均长度极限偏差	
			上下偏差代号	上下极限偏差/μm	上下偏差代号	上下极限偏差/μm
6	≤125	>3.5 ~ 6.3	E_{ss}(K) E_{si}(L)	-156 -208	E_{wms} E_{wmi}	-154 -189
		>6.3 ~ 10	E_{ss}(K) E_{si}(L)	-168 -224	E_{wmg} E_{wmi}	-165 -203
	>125 ~ 400	>3.5 ~ 6.3	E_{ss}(K) E_{si}(L)	-168 -224	E_{wms} E_{wmi}	-167 -201
		>6.3 ~ 10	E_{ss}(K) E_{si}(L)	-192 -256	E_{wms} E_{wmi}	-191 -230
		>10 ~ 16	E_{ss}(K) E_{si}(L)	-216 -288	E_{wms} E_{wmi}	-215 -258
		>16 ~ 25	E_{ss}(K) E_{si}(L)	-264 -352	E_{wms} E_{wmi}	-261 -317
	>400 ~ 800	≥3.5 ~ 6.3	E_{ss}(J) E_{si}(L)	-140 -224	E_{wms} E_{wmi}	-144 -198
		>6.3 ~ 10	E_{ss}(J) E_{si}(L)	-180 -288	E_{wms} E_{wmi}	-183 -256
		>10 ~ 16	E_{ss}(J) E_{si}(L)	-200 -320	E_{wms} E_{wmi}	-204 -285
		>16 ~ 25	E_{ss}(J) E_{si}(L)	-250 -400	E_{wms} E_{wmi}	-253 -358
	>800 ~ 1000	>16 ~ 25	E_{ss}(J) E_{si}(L)	-250 -400	E_{wms} E_{wmi}	-255 -356

表 6-64　内齿轮的齿厚极限偏差和公法线平均长度极限偏差

精度等级	分度圆直径 d /mm	法向模数 m_n /mm	齿厚极限偏差		公法线平均长度极限偏差	
			上/下偏差代号	上/下极限偏差/μm	上/下偏差代号	上/下极限偏差/μm
7	≥125 ~ 400	>3.5 ~ 6.3	E_{ss}(L) E_{si}(J)	+320 +200	E_{wms} E_{wmi}	+287 +202
	>400 ~ 800	≥3.5 ~ 6.3	E_{ss}(L) E_{si}(J)	+320 +200	E_{wms} E_{wmi}	+283 +205
		>6.3 ~ 10	E_{ss}(L) E_{si}(J)	+400 +250	E_{wms} E_{wmi}	+356 +255
	>800 ~ 1600	>6.3 ~ 10	E_{ss}(L) E_{si}(J)	+400 +250	E_{wms} E_{wmi}	+354 +257
		>10 ~ 16	E_{ss}(L) E_{si}(J)	+448 +280	E_{wms} E_{wmi}	+396 +288
		>16 ~ 25	E_{ss}(L) E_{si}(J)	+576 +360	E_{wms} E_{wmi}	+514 +366

表 6-65　量柱测量距极限偏差

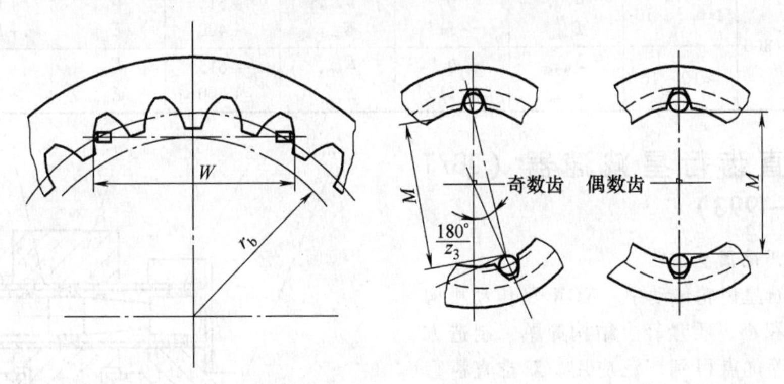

精度等级	分度圆直径 d /mm	法向模数 m_n /mm	上/下偏差代号	量柱测量距上/下极限偏差 /μm		
				$x<0$	$x=0$	$x>0$
7	>125 ~ 400	>3.5 ~ 6.3	E_{ms} E_{mi}	+995 +700	+900 +635	+820 +580
	>400 ~ 800	>3.5 ~ 6.3	E_{ms} E_{mi}	+985 +715	+875 +630	+810 +585
		>6.3 ~ 10	E_{ms} E_{mi}	+1235 +885	+1105 +790	+1005 +715
	>800 ~ 1600	≥6.3 ~ 10	E_{ms} E_{mi}	+1300 +940	+1080 +785	+1000 +725
		>10 ~ 16	E_{ms} E_{mi}	+1365 +990	+1220 +890	+1120 +815
		>16 ~ 20	E_{ms} E_{mi}	+1760 +1255	+1575 +1125	+1500 +1100

17）鼓形齿、内齿盘公法线平均长度极限偏差和量柱测量距极限偏差见表 6-66。

表 6-66　鼓形齿、内齿盘公法线平均长度极限偏差和量柱测量距极限偏差

精度等级	分度圆直径 d /mm	法向模数 m_n /mm	鼓形齿 公法线平均长度极限偏差		内齿盘（浮动齿套）				
					公法线平均长度极限偏差		量柱测量距极限偏差		
			上 下 偏差代号	上 下 极限偏差 /μm	上 下 偏差代号	上 下 极限偏差 /μm	上 下 偏差代号	$x=0.2$ 上 下 极限偏差/μm	$x=0.4$ 上 下 极限偏差/μm
7	>50～125	>3.5～6.3	E_{wms} E_{wmi}	0 -70	E_{wms} E_{wmi}	+320 +250	E_{ms} E_{mi}		+900 +700
	>125～200	>3.5～6.3	E_{wms} E_{wmi}	0 -80	E_{wms} E_{wmi}	+370 +290	E_{ms} E_{mi}	+1140 +890	+1015 +790
		>6.3～10	E_{wms} E_{wmi}	0 -80	E_{wms} E_{wmi}	+380 +300	E_{ms} E_{mi}		+1030 +800
	>200～400	≥3.5～6.3	E_{wms} E_{wmi}	0 -90	E_{wms} E_{wmi}	+440 +350	E_{ms} E_{mi}	+1330 +1055	
		>6.3～10	E_{wms} E_{wmi}	0 -90	E_{wms} E_{wmi}	+460 +370	E_{ms} E_{mi}	+1390 +1110	+1260 +1040
		>10～16	E_{wms} E_{wmi}	0 -90	E_{wms} E_{wmi}	+470 +380	E_{ms} E_{mi}		+1290 +1040
	>400～800	≥6.3～10	E_{wms} E_{wmi}	0 -115	E_{wms} E_{wmi}	+515 +400	E_{ms} E_{mi}	+1540 +1200	
		≥10～16	E_{wms} E_{wmi}	0 -115	E_{wms} E_{wmi}	+615 +500	E_{ms} E_{mi}	+1860 +1500	

6.9　双排直齿行星减速器（JB/T 6999—1993）

1. 特点和应用范围

（1）特点　行星齿轮传动中，NGW 型传动机构以其效率高、体积小、质量轻、结构简单、制造方便、传递功率大等优点得到广泛应用。双排直齿行星减速器（以下简称双排减速器）的基本结构为 NGW 型。与普通 NGW 型齿轮减速器的区别是：在某一传动比的单行星齿轮减速器中，太阳轮、行星轮、内齿轮均为双排，两排齿轮的齿宽和等于或大于中心距；而通常单排齿轮的齿宽仅为中心距的 0.5～0.6倍。在相同中心距条件下，双排减速器承载能力为普通行星减速器的 1.8 倍。

由于不可避免的制造误差，要使双排齿轮有如同单排齿轮一样的啮合精度，这就需要一套灵敏度高的均载机构。本系列双排减速器采用了一种弹性杆式双排内齿轮均载机构，其结构如图 6-96 所示，它是由多根弹簧钢制成的弹性杆 5 均布于内齿轮齿轮座 3 和左右内齿轮 1、6 的周围，使两片内齿轮置于一个不连续的弹性体上。该机构不仅解决了两片内齿轮的均载问题，同时解决了多个行星轮间的均载问题。

（2）应用范围　双排减速器主要适用于冶金、矿山、建材、化工、能源、交通等行业，鉴于本身特点，还特别适用于对减速器径向尺寸要求严格、制造厂可以小规格插齿机加工大功率减速器的场合。具体适用条件为：

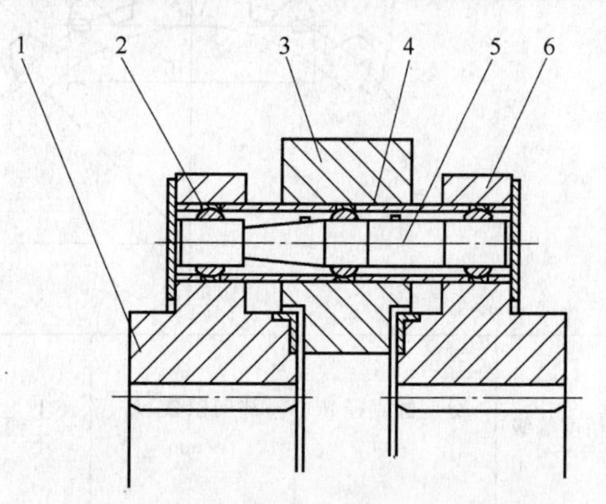

图 6-96　弹性杆式双排内齿轮均载机构

1、6—内齿轮　2—关节轴承　3—齿轮座　4—隔套　5—弹性杆

1）高速轴转速按其规格为 600～1500r/min。

2）齿轮的圆周速度不大于 15～20m/s。

3）工作环境温度为 -40～45℃，低于 0℃时，起动前润滑油应预热至 0℃以上。

4）可正反两向运转。

2. 结构形式

双排减速器按照传动比搭配可分为：1 级、2

级、3级以及单级加定轴圆柱齿轮、两级加定轴圆柱齿轮等，见表6-67。图6-97为一台三级双排减速器结构图。

表6-67　双排减速器的传动比搭配

型号	传动比	级数	备注
SPA	4～9	1	
SPAZ	10～18	2	加一级定轴齿轮
SPB	20～50	2	
SPBZ	56～100	3	加一级定轴齿轮
SPC	112～250	3	

3. 主要技术参数

1）内齿轮分度圆公称直径D应符合标准通用系列尺寸，即450、500、560、630、710、800、900、1000、1120、1250、1400、1600（mm）。

2）定轴圆柱齿轮传动的公称中心距a应符合标准通用系列尺寸，即224、250、280、315、355、400、450、500、560、630（mm）。

3）公称传动比i应符合标准通用系列尺寸，即4、4.5、5、5.6、6.3、7.1、8、9、10、11.2、12.5、14、16、18、20、22.4、25、28、31.5、35.5、40、45、50、56、63、71、80、90、100、112、125、140、160、180、200、224、250（mm）。

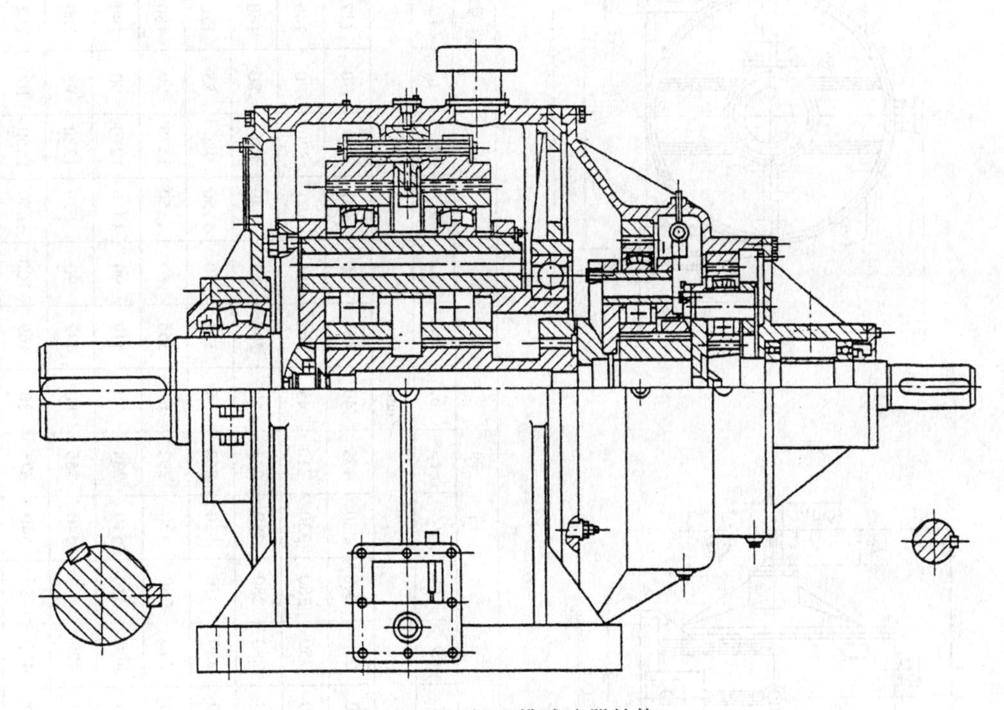

图6-97　三级双排减速器结构

4. 标记方法、外形尺寸和性能参数

（1）标记方法　双排减速器的标记包括型号、级别、规格、装配形式、公称传动比、标准号。其标记方法为：

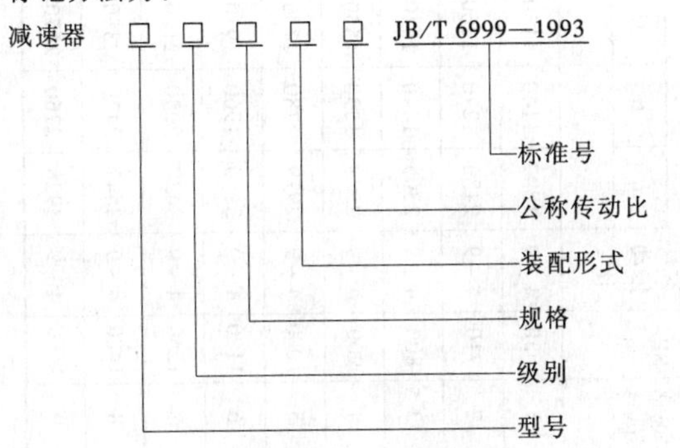

标记示例：

双排减速器，两级行星加定轴圆柱齿轮，规格为630，公称传动比为100，装配形式第二种，则标记为：

SPBZⅡ630—100—Ⅱ　JB/T 6999—1993

（2）外形尺寸

1）SPA双排直齿行星减速器的外形尺寸见表6-68。

2）SPB双排直齿行星减速器的外形尺寸见表6-69。

3）SPC双排直齿行星减速器的外形尺寸见表6-70。

4）SPAZ双排直齿行星减速器的外形尺寸见表6-71。

5）SPBZ双排直齿行星减速器的外形尺寸见表6-72。

表 6-68　SPA 双排直齿行星减速器外形尺寸

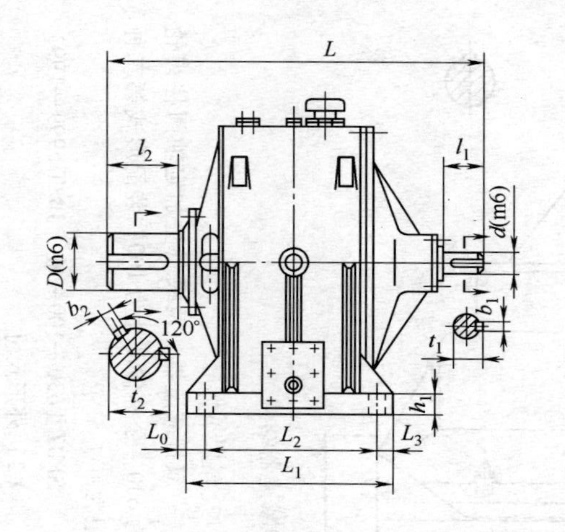

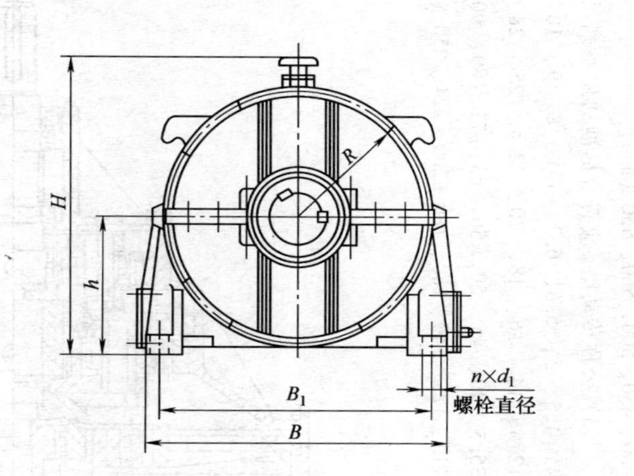

规格代号	SPA型	公称传动比 i	外形及中心高					轴伸								地脚尺寸							质量 /kg	输出转矩 T/(N·m)
			L	B	H	h	R	d	D	l_1	l_2	t_1	b_1	t_2	b_2	L_1	L_2	L_3	L_0	B_1	$n \times d_1$	h_1		
			/mm																					
1	630	4 ~ 9	1899	1140	1130	500	490	170	220	240	280	179	40	231	50	890	750	70	117	1000	4 × M56	75	1850	≤100000
2	710	4 ~ 9	2135	1270	1260	560	550	200	250	280	330	210	45	262	56	960	820	70	145	1130	4 × M56	75	3000	≤150000
3	800	4 ~ 9	2305	1440	1410	630	620	220	280	280	380	231	50	292	63	1040	880	80	160	1280	4 × M64	85	3800	≤200000
4	900	4 ~ 9	2528	1590	1550	710	700	250	320	330	380	262	56	334	70	1150	980	85	170	1420	4 × M72	100	5000	≤250000
5	1000	4 ~ 9	2919	1780	1730	800	790	280	340	380	450	292	63	355	80	1350	1170	90	180	1600	4 × M80	110	7100	≤380000
6	1120	4 ~ 9	3180	1960	1910	900	890	320	400	380	540	334	70	417	90	1450	1270	90	190	1780	4 × M80	125	11000	≤550000
7	1250	4 ~ 9	3427	2090	2110	1000	990	340	420	450	540	355	80	437	90	1570	1380	95	200	1900	4 × M90	135	14000	≤740000
8	1400	4 ~ 9	3642	2420	2350	1120	1110	360	450	450	540	375	80	469	100	1850	1650	100	212	2220	4 × M90	135	16000	≤850000
9	1600	4 ~ 9	3928	2760	2670	1250	1240	400	480	540	540	417	90	499	100	2200	1980	110	270	2540	4 × M100	150	19000	≤1000000

表 6-69　SPB 双排直齿行星减速器外形尺寸

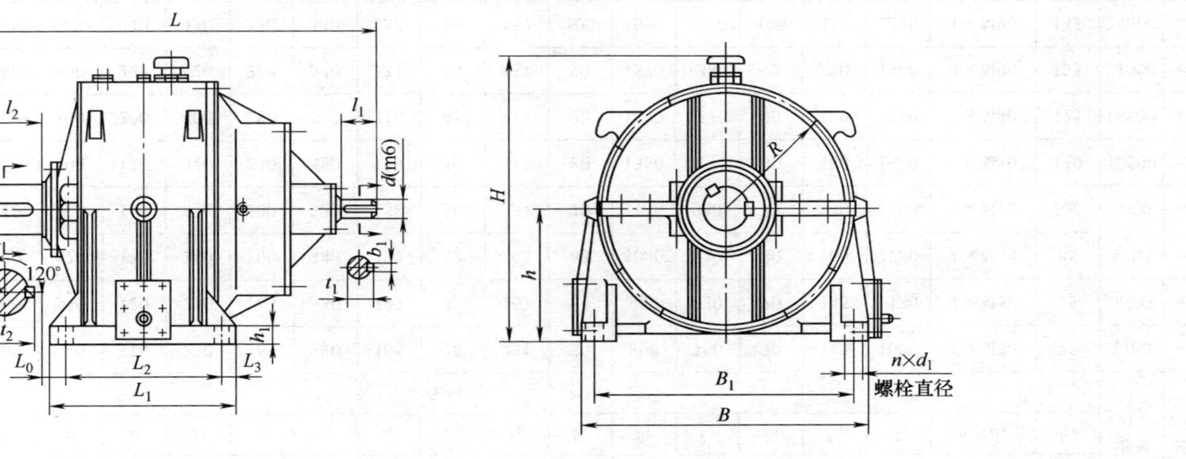

规格代号	SPB 型	公称传动比 i	外形及中心高					轴伸								地脚尺寸						质量 /kg	输出转矩 T/(N·m)
			L	B	H	h	R	d	D	l_1	l_2	t_1	b_1	t_2	b_2	L_1	L_2	L_3	L_0	B_1	$n \times d_1$	h_1		
			/mm																					
1	630	20 ~ 50	1852	1140	1130	500	490	120	220	165	280	127	32	231	50	890	750	70	117	1000	4 × M56	75	2200	≤110000
2	710	20 ~ 50	2065	1270	1260	560	550	140	250	200	330	148	36	262	56	960	820	70	145	1130	4 × M56	75	3600	≤168000
3	800	20 ~ 50	2310	1440	1410	630	620	160	280	240	380	169	40	292	63	1040	880	80	160	1280	4 × M64	85	4560	≤224000
4	900	20 ~ 50	2498	1590	1550	710	700	180	320	240	380	190	45	334	70	1150	980	85	170	1420	4 × M72	100	5600	≤280000
5	1000	20 ~ 50	2784	1780	1730	800	790	200	340	280	450	210	45	355	80	1350	1170	90	180	1600	4 × M80	110	8500	≤425000
6	1120	20 ~ 50	3130	1960	1910	900	890	220	400	280	540	231	50	417	90	1450	1270	90	190	1780	4 × M80	125	13200	≤616000
7	1250	20 ~ 50	3397	2090	2110	1000	990	250	420	330	540	262	56	437	90	1570	1380	95	200	1980	4 × M90	135	16800	≤828000
8	1400	20 ~ 50	3732	2420	2350	1120	1110	200	450	380	540	292	63	469	100	1850	1650	100	212	2220	4 × M90	135	19200	≤952000
9	1600	20 ~ 50	3962	2760	2670	1250	1240	300	480	380	540	314	70	499	100	2200	1980	110	270	2540	4 × M100	150	24000	≤1120000

表 6-70　SPC 双排直齿行星减速器外形尺寸

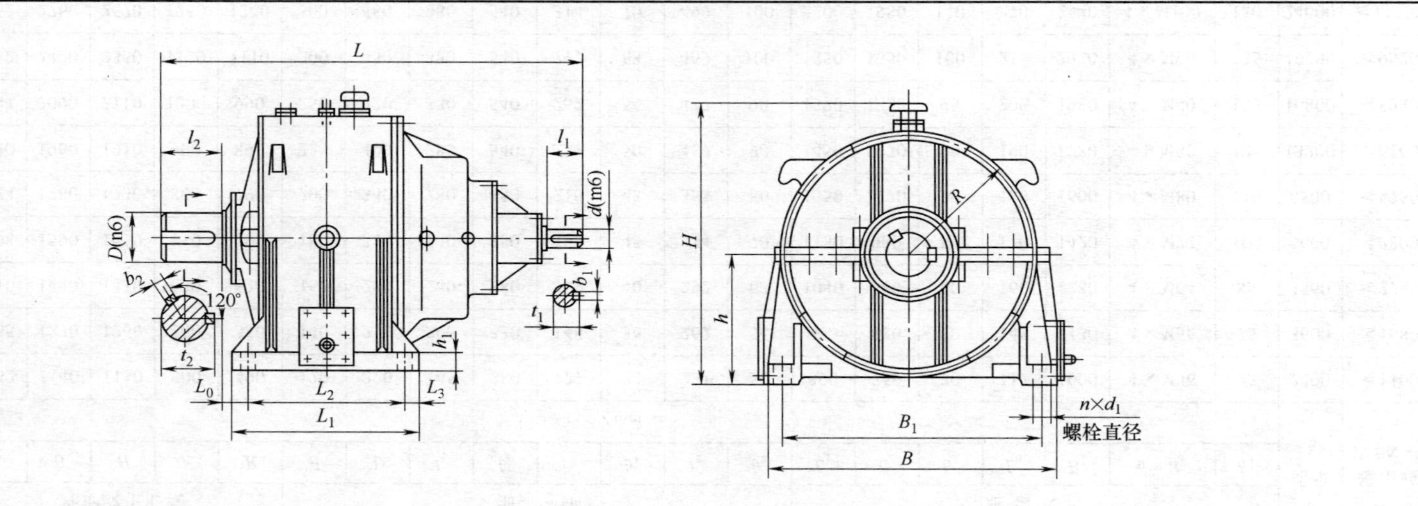

规格代号	SPC型	公称传动比 i	外形及中心高					轴伸								地脚尺寸							质量/kg	输出转矩 T/(N·m)
			L	B	H	h	R	d	D	l_1	l_2	t_1	b_1	t_2	b_2	L_1	L_2	L_3	L_0	B_1	$n\times d_1$	h_1		
			/mm																					
1	630	112~250	1974	1140	1130	500	490	110	220	165	280	106	28	231	50	890	750	70	117	1000	4×M56	75	2780	≤115000
2	710	112~250	2030	1270	1260	560	550	120	250	165	330	127	32	262	56	960	820	70	145	1130	4×M56	75	4500	≤172500
3	800	112~250	2267	1440	1410	630	620	130	280	200	380	137	32	292	63	1040	880	80	160	1280	4×M64	85	5700	≤230000
4	900	112~250	2456	1590	1550	710	700	150	320	200	380	158	36	334	70	1150	980	85	170	1420	4×M72	100	7600	≤287500
5	1000	112~250	2791	1780	1730	800	790	170	340	240	450	179	40	355	80	1350	1170	90	180	1600	4×M80	110	10500	≤437000
6	1120	112~250	3446	1960	1910	900	890	200	400	280	540	210	45	417	90	1450	1270	90	190	1780	4×M80	125	16500	≤632500
7	1250	112~250	3663	2090	2110	1000	990	220	420	280	540	231	50	437	90	1570	1380	95	200	1980	4×M90	135	21000	≤851000
8	1400	112~250	4031	2420	2350	1120	1110	240	450	330	540	252	56	469	100	1850	1650	100	212	2220	4×M90	135	24000	≤977500
9	1600	112~250	4323	2760	2670	1250	1240	260	480	330	540	272	56	499	100	2200	1980	110	270	2540	4×M100	150	28500	≤1150000

表 6-71　SPAZ 双排直齿行星减速器外形尺寸

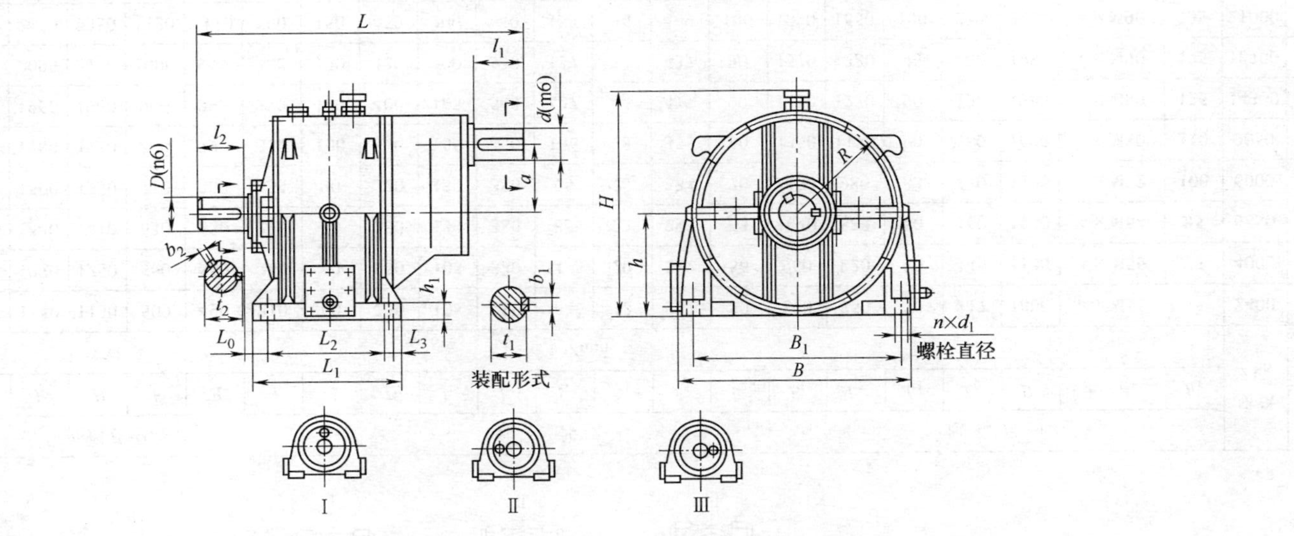

规格代号	型号规格	公称传动比 i	外形及中心高						轴伸								地脚尺寸							质量 /kg	输出转矩 T/(N·m)
			L	B	H	h	R	a	d	D	l_1	l_2	t_1	b_1	t_2	b_2	L_1	L_2	L_3	L_0	B_1	$n \times d_1$	h_1		
			/mm																						
10	SPAZ630	10 ~ 18	1899	1140	1130	500	490	260	100	220	165	280	106	28	231	50	890	750	70	117	1000	4 × M56	75	2200	80320
11	SPAZ710	10 ~ 18	2135	1270	1260	560	550	296	110	250	165	330	116	28	262	56	960	820	70	145	1130	4 × M56	75	3250	12000
12	SPAZ800	10 ~ 18	2305	1440	1410	630	620	334	120	280	165	380	127	32	292	63	1040	880	80	160	1280	4 × M64	85	4780	16670
13	SPAZ900	10 ~ 18	2528	1590	1550	710	700	372	130	320	206	380	137	32	334	70	1150	980	85	170	1420	4 × M72	100	5400	238200
14	SPAZ1000	10 ~ 18	2919	1780	1730	800	790	408	150	340	200	450	158	36	355	80	1350	1170	90	180	1600	4 × M80	110	7150	325500
15	SPAZ1120	10 ~ 18	3180	1960	1910	900	890	450	170	400	240	540	179	40	417	90	1450	1270	90	190	1780	4 × M80	125	11900	436200
16	SPAZ1250	10 ~ 18	3427	2090	2110	1000	990	500	200	420	280	540	210	45	437	90	1570	1380	95	200	1980	4 × M90	135	16000	685500
17	SPAZ1400	10 ~ 18	3642	2420	2350	1120	1110	560	220	450	280	540	231	50	469	100	1850	1650	100	212	2220	4 × M90	135	19000	702200
18	SPAZ1600	10 ~ 18	3928	2760	2670	1250	1240	630	240	480	330	540	252	56	499	100	2200	1980	110	270	2540	4 × M100	150	27000	869400

表 6-72 SPBZ 双排直齿行星减速器外形尺寸

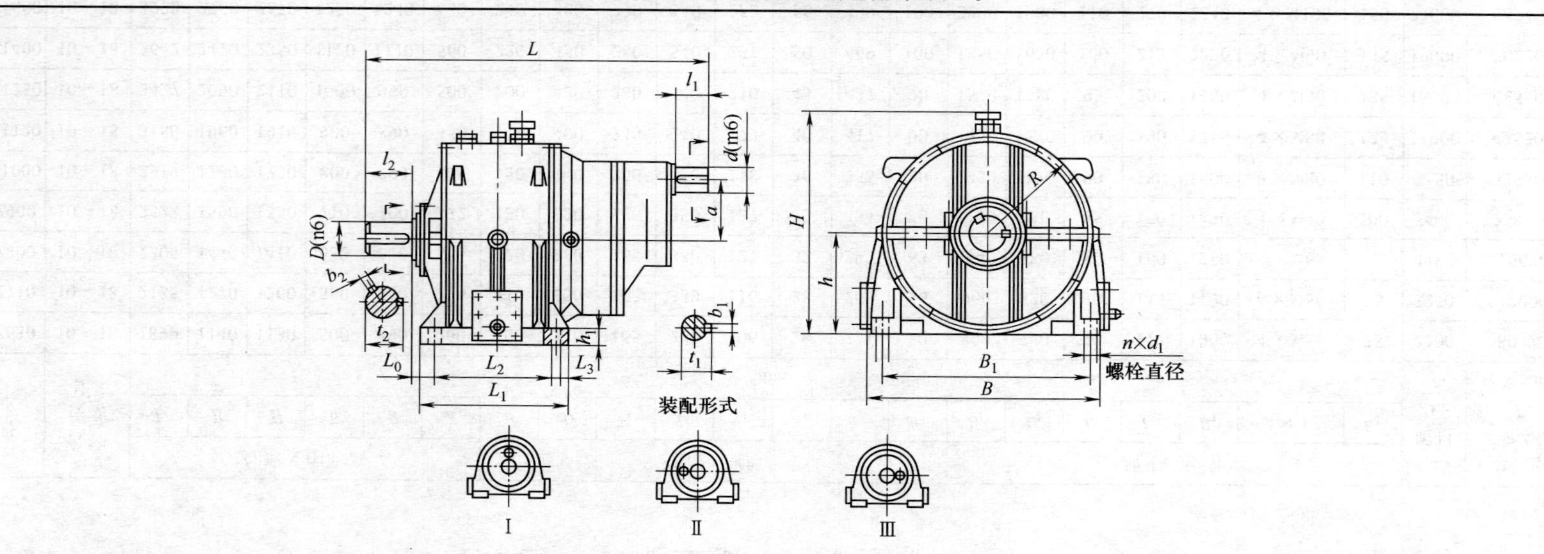

规格代号	型号规格	公称传动比 i	外形及中心高						轴伸								地脚尺寸							质量/kg	输出转矩 T/(N·m)
			L	B	H	h	R	a	d	D	l_1	l_2	t_1	b_1	t_2	b_2	L_1	L_2	L_3	L_0	B_1	$n\times d_1$	h_1		
			/mm																						
10	SPBZ630	56~100	1852	1140	1130	500	490	210	60	220	105	280	64	18	231	50	890	750	70	117	1000	4×M56	75	2400	108300
11	SPBZ710	56~100	2065	1270	1260	560	550	260	70	250	105	330	74.5	20	262	56	960	820	70	145	1130	4×M56	75	4000	165000
12	SPBZ800	56~100	2310	1440	1410	630	620	296	80	280	130	380	85	22	292	63	1040	880	80	160	1280	4×M64	85	5850	213600
13	SPBZ900	56~100	2498	1590	1550	710	700	334	90	320	130	380	95	25	334	70	1150	980	85	170	1420	4×M72	100	6000	278000
14	SPBZ1000	56~100	2784	1780	1730	800	790	372	100	340	165	450	106	28	355	80	1350	1170	90	180	1600	4×M80	110	9050	402500
15	SPBZ1120	56~100	3130	1960	1960	900	890	372	120	400	165	540	127	32	417	90	1450	1270	90	190	1780	4×M80	125	14300	618200
16	SPBZ1250	56~100	3397	2090	2110	1000	990	408	130	420	200	540	137	32	437	90	1570	1380	95	200	1980	4×M90	135	18700	822100
17	SPBZ1400	56~100	3732	2420	2350	1120	1110	500	150	450	200	540	158	36	469	100	1850	1650	100	212	2220	4×M90	135	21000	966900
18	SPBZ1600	56~100	3962	2760	2670	1250	1240	560	170	450	240	540	179	40	499	100	2200	1980	110	270	2540	4×M100	150	29500	1131000

6.10　派生系列行星减速器

1. NGW—S 型行星齿轮减速器

NGW—S 型行星齿轮减速器由弧齿轮锥齿传动和行星齿轮传动组合，包括两级、三级两个系列，主要用于冶金、矿山、起重运输及通用机械设备。其适用条件如下：

高速轴最高转速不超过 1500r/min；

齿轮圆周速度不超过 13m/s；

工作环境温度为 -40～45℃；

可正、反向转动（正方顺时针为优选方向）。

（1）基本机构及形式　机构传动简图及装配形式如图 6-98 所示。

减速器的型号包括减速器的系列代号、机座号、传动级数、传动比代号和装配形式。

标记示例：

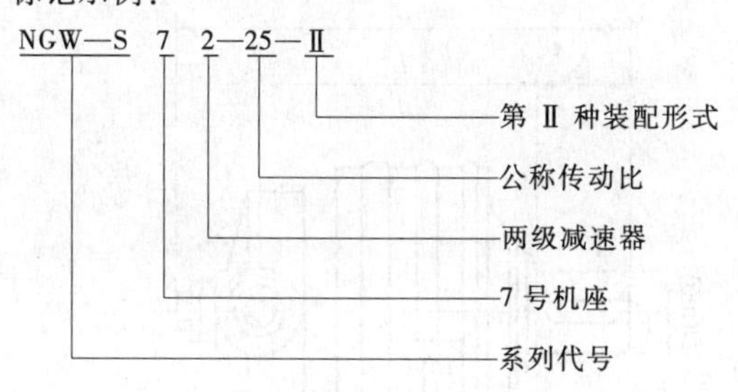

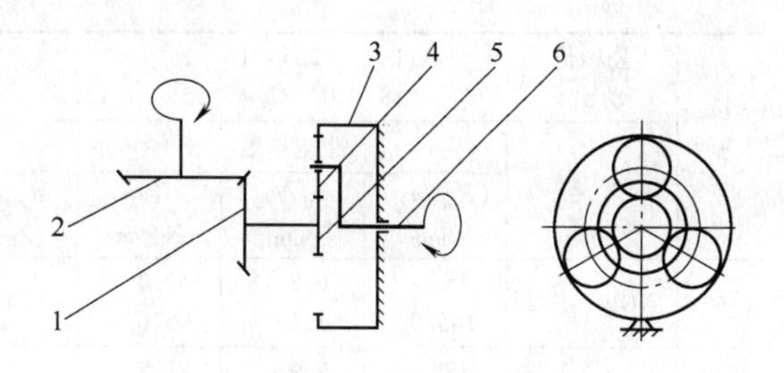

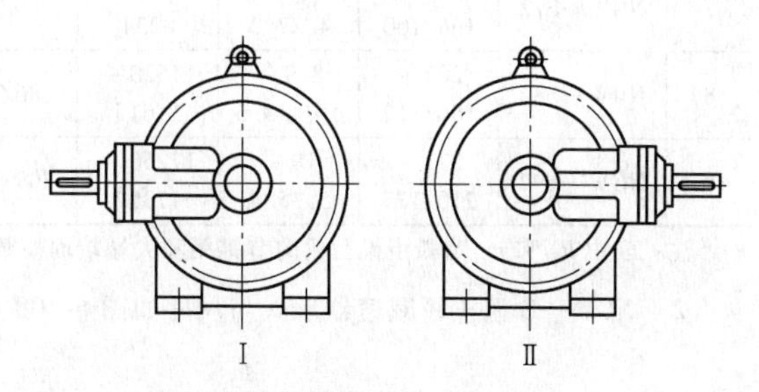

图 6-98　NGW—S 传动简图

1—被动弧齿锥齿轮　2—主动弧齿锥齿轮　3—内齿轮　4—行星轮　5—太阳轮　6—行星架

（2）外形尺寸

1）NGW—S 型两级减速器形式与尺寸如图 6-99 所示，其主要性能参数见表 6-73。

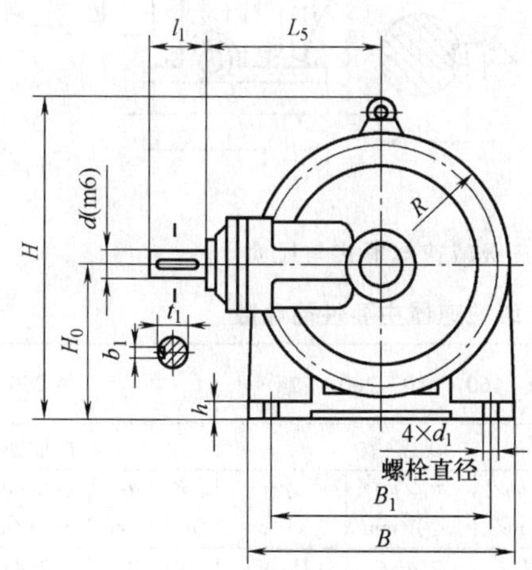

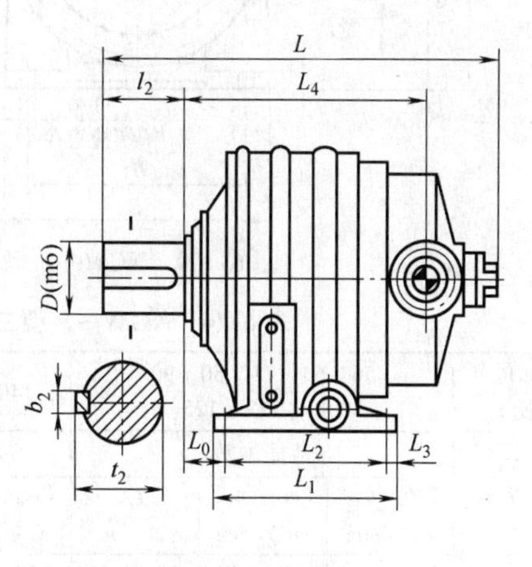

图 6-99　NGW—S 型两级减速器形式与尺寸

表 6-73　NGW—S 型两级减速器主要性能参数

机座号	公称传动比 i	11.2　12.5　14　16 18　20　22.4　25			28　31.5　35.5　40　45			50		
		性能参数			性能参数			性能参数		
	型号	(R_{e1}/a_2) /mm	(m_{t1}/m_2) /mm	T/ N·m	(R_{e1}/a_2) /mm	(m_{t1}/m_2) /mm	T/ N·m	(R_{e1}/a_2) /mm	(m_{t1}/m_2) /mm	T/ N·m
4	NGW—S42	119～ 108/71	5.17～ 2.75/2.25	3059～ 3105	108/71	2.46/2.25	3059～ 3105	101/71	2.4/2.25	3059～ 3105
5	NGW—S52	140～ 128/80	6.09～ 3.24/2.5	4197～ 4243	127/89	2.9/2.5	4197～ 4243	107/80	2.55/2.5	4197～ 4243

（续）

机座号	公称传动比 i	11.2 12.5 14 16 18 20 22.4 25			28 31.5 35.5 40 45			50		
		性能参数			性能参数			性能参数		
	型号	(R_{e1}/a_2) /mm	(m_{t1}/m_2) /mm	T/ N·m	(R_{e1}/a_2) /mm	(m_{t1}/m_2) /mm	T/ N·m	(R_{e1}/a_2) /mm	(m_{t1}/m_2) /mm	T/ N·m
6	NGW—S62	157 ~ 143/90	6.8 ~ 3.6/3	6210 ~ 6267	142/90	3.25/3	6210 ~ 6267	119/90	2.84/3	6210 ~ 6267
7	NGW—S72	182 ~ 166/100	7.9 ~ 4.22/3	8165 ~ 8234	165/100	3.77/3	8165 ~ 8234	142/90	3.37/3	8165 ~ 8234
8	NGW—S82	205 ~ 186/112	8.9 ~ 4.74/3.5	11523 ~ 11615	186/112	4.24/3.5	11523 ~ 11615	160/112	3.79/3.5	11523 ~ 11615
9	NGW—S92	231 ~ 210/125	10 ~ 5.35/4	17250 ~ 17307	209/125	4.79/4	17250 ~ 17307	180/125	4.27/4	17250 ~ 17307

注：表中 R_{e1} 和 m_{t1} 为弧齿锥齿轮的节锥距和大端端面模数。

2）NGW—S 型三级减速器形式与尺寸如图 6-100 所示，其主要性能参数见表 6-74。

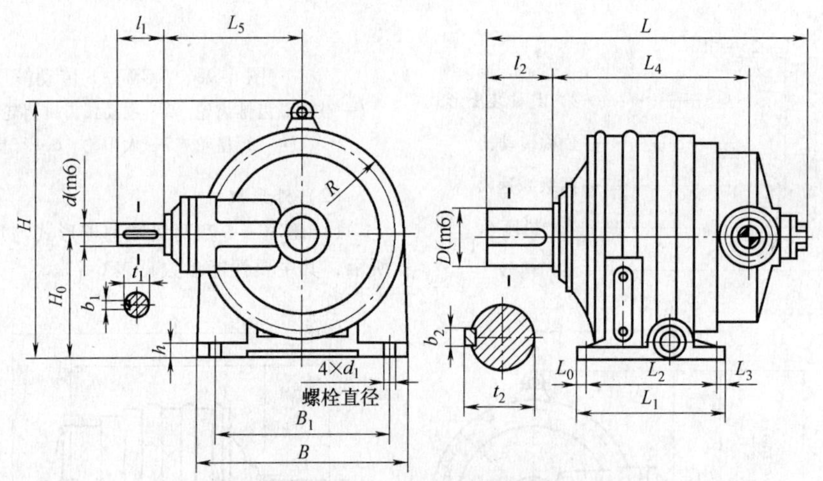

图 6-100　NGW—S 型三级减速器形式与尺寸

表 6-74　NGW—S 型三级减速器主要性能参数

机座号	公称传动比 i	56 63 71 80 90 100 112 125			140 160 180 200 224①			250		
		性能参数			性能参数			性能参数		
	型号	$(R_{e1}/a_2/a_3)$/mm	$(m_{t1}/m_2/m_3)$/mm	T/ N·m	$(R_{e1}/a_2/a_3)$/mm	$(m_{t1}/m_2/m_3)$/mm	T/ N·m	$(R_{e1}/a_2/a_3)$/mm	$(m_{t1}/m_2/m_3)$/mm	T/ N·m
7	NGW—S73	119 ~ 108/71/112	5.17 ~ 2.75/ 2.25/4	12593 ~ 12650	108/71/ 112	2.46/ 2.25/4	12593 ~ 12650	101/71/ 112	2.4/ 22.5/4	11661 ~ 11730
8	NGW—S83	140 ~ 120/80/125	6.09 ~ 3.24/ 2.5/4.5	17200	127/80/ 125	2.9/2.5/ 4.5	17200	107/80/ 125	2.55/2.5/ 4.5	16100
9	NGW—S93	157 ~ 143 /90/140	6.8 ~ 3.6/3/5	24900	142/90 /140	3.25/3/5	24900	119/90/ 140	2.84/3/5	23200
10	NGW—S103	182 ~ 166 /100/160	7.9 ~ 4.22/ 3/6	36300	165 /100/160	3.77/3/6	36300	142/100 /160	3.37/3 /6	31900
11	NGW—S113	205 ~ 186 /112/180	8.9 ~ 4.74 /3.5/6	49600	186/112 /180	4.24/3.5/6	49600	160/112 /180	3.79/3.5 /6	44200
12	NGW—S123	231 ~ 210 /125/200	10 ~ 5.35 /4/7	68300	209/125 /200	4.79 /4/7	68300	180/125 /200	4.27/4/7	65900

① 传动比为 224 的输出转矩与传动比 250 相同。

NGW—S型减速器的典型结构如图6-101所示。

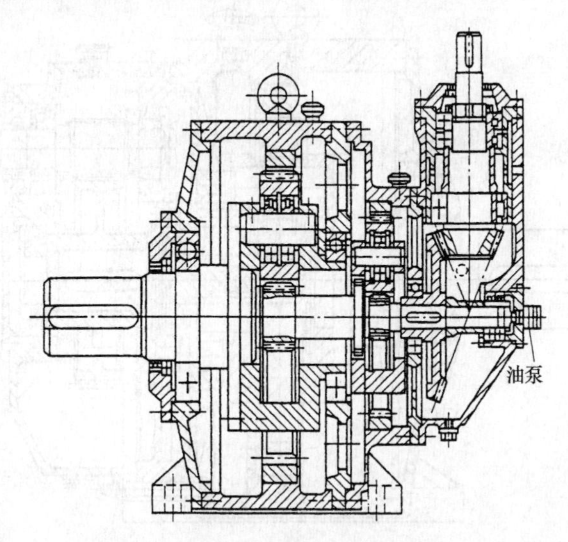

图6-101 NGW—S型减速器典型结构（总传动比 $i=56\sim500$）

2. NGW—Z型行星齿轮减速器

NGW—Z型行星齿轮减速器主要性能参数见表6-75，典型结构如图6-102所示。

表6-75 NGW—Z型减速器主要性能参数

种类		NGW—Z型两级减速器					
公称传动比 i		11.2 12.5 14 16 18 20 22.4 25 28 31.5 35.5 40 45 50					
机座号		4	5	6	7	8	9
型号		NGW—Z42	NGW—Z52	NGW—Z62	NGW—Z72	NGW—Z82	NGW—Z92
性能参数	$(a_1/a_2/a_3)$/mm	100/71	112/80	125/90	140/100	165/112	180/125
	$(m_1/m_2/m_3)$/mm	1.75/2.25	2/2.5	2.25/3	2.5/3	3/3.5	3.5/4
	T/N·m	(3105)	(4243)	(6233)	(8188)	(11557)	(17261)
		2242/2955	3036/3738	4381/5922	5715/7843	83490/11040	12477/16456
种类		NGW—Z型三级减速器					
公称传动比 i		56 63 71 80 90 100 112 125 140 160 180 200 225 250					
机座号		7	8	9	10	11	12
型号		NGW—Z73	NGW—Z83	NGW—Z93	NGW—Z103	NGW—Z113	NGW—Z123
性能参数	$(a_1/a_2/a_3)$/mm	100/71/112	112/80/125	125/90/140	140/100/160	165/112/180	180/125/200
	$(m_1/m_2/m_3)$/mm	1.75/2.25/4	2/2.5/4.5	2.25/3/5	2.5/3/6	3/3.5/6	3.5/4/7
	T/N·m	(12590)	(17150)	(24870)	(36230)	(49570)	(68220)
		7830/11670	11060/16040	16460/23240	23470/36180	32220/44180	47390/65900

注：传动比11.2～22.5和56～160范围的输出转矩 T 按括号内数值。

3. NGW—L型行星齿轮减速器

NGW—L型行星齿轮减速器的主要性能参数见表6-76和表6-77，典型结构如图6-103和图6-104所示。

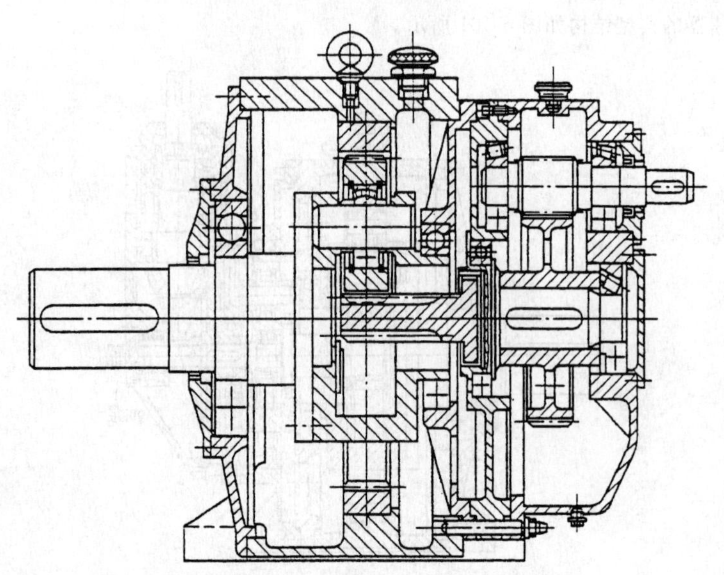

图 6-102　NGW—Z 型两级组合式减速器

（高速级为定轴斜齿圆柱齿轮传动，总传动比 $i=12.5\sim50$）

表 6-76　NGW—L 型减速器主要性能参数

NGW—L 型单级减速器

机座号	公称传动比 i / 型号	4　4.5　5			5.6　6.3　7.1　8　9　10		
		性能参数			性能参数		
		a/mm	m/mm	T/N·m	a/mm	m/mm	T/N·m
1	NGW—L11	56	2	1330 ~ 1390/ 1380 ~ 1420	50	1.5	610 ~ 640/ 860 ~ 920
2	NGW—L21	63	2.25	1890/1980	56	1.75	910/1280
3	NGW—L31	71	2.5	2700/2850	63	2	1350/1890
4	NGW—L41	80	3	3960/4100	71	2.25	1950/2700
5	NGW—L51	90	3	5400/5630	80	2.5	2670/3690
6	NGW—L61	100	3.5	7450/7700	90	3	3840/5450
7	NGW—L71	112	4	1000/11400	100	3	5000/7160

NGW—L 型两级减速器

机座号	公称传动比 i / 型号	25①　28　31.5　35.5　40　45　50			56　63　71　80　90　100		
		性能参数			性能参数		
		(a_1/a_2)/mm	(m_1/m_2)/mm	T/N·m	(a_1/a_2)/mm	(m_1/m_2)/mm	T/N·m
4	NGW—L42	50 (56)/80	1.5 (2)/3	3500/4550	50/71	1.5/2.25	2020/2800
5	NGW—L52	56 (63)/90	1.75 (2.25)/3	5000/6210	56/80	1.75/2.5	2780/3870
6	NGW—L62	63 (71)/100	2 (2.5)/3.5	7530/8560	63/90	2/3	4000/5700

（续）

NGW—L型两级减速器

机座号	公称传动比 i	25[①] 28 31.5 35.5 40 45 50			56 63 71 80 90 100		
	型号	性能参数			性能参数		
		(a_1/a_2) /mm	(m_1/m_2) /mm	T/N·m	(a_1/a_2) /mm	(m_1/m_2) /mm	T/N·m
7	NGW—L72	71(80)/112	2.25(3)/4	11210/12650	71/100	2.25/3	5230/7510
8	NGW—L82	80(90)/125	2.5(3)/4.5	15200/17190	80/112	2.5/3.5	7620/10570
9	NGW—L92	90(100)/140	3(3.5)/5	21940/24890	90/125	3/4	11410/15770
10	NGW—L102	100(112)/160	3(4)/6	28710/36280	100/140	3/4.5	16230/22440
11	NGW—L112	112(125)/180	3.5(4.5)/6	41830/49580	112/160	3.5/5	22230/30800
12	NGW—L122	125(140)/200	4(5)/7	62440/68190	125/180	4/6	32030/45370

① 传动比为25的高速级中心距 a_1 和模数 m_1 按括号内数值。

表6-77　NGW—L和S、Z型减速器的行星级齿轮齿数和变位系数

a / a'	56/57			50/50					
	112/114			100/100					
i	4	4.5	5	5.6	6.3	7.1	8	9	10
z_a/x_a	29/0	25/0	23/0	23/0.426	21/0.406	19/0.386	17/0.366	15/0.346	13/0.326
z_g/x_g	28/0	32/0	34/0	42/0.48	44/0.50	46/0.52	48/0.54	50/0.56	52/0.58
z_b/x_b	85/0	89/0	91/0	109/0.316	111/0.336	113/0.356	115/0.376	117/0.376	119/0.416

a / a'	63/63			56/56					
	125/125			112/112					
i	4	4.5	5	5.6	6.3	7.1	8	9	10
z_a/x_a	28/0.302	25/0.302	22/0.302	22/0.51	20/0.49	18/0.46	16/0.43	14/0.41	13/0.39
z_g/x_g	27/0.23	30/0.23	33/0.23	40/0.60	42/0.62	44/0.65	46/0.68	48/0.70	49/0.72
z_b/x_b	83/0.23	86/0.23	89/0.23	104/0.60	106/0.62	108/0.65	110/0.68	112/0.70	113/0.72

a / a'	71/71.5			63/64					
	140/143			125/128					
i	4	4.5	5	5.6	6.3	7.1	8	9	10
z_a/x_a	29/0.103	25/0.103	23/0.103	22/0.51	20/0.49	18/0.46	16/0.43	14/0.41	13/0.39
z_g/x_g	28/0	32/0	34/0	40/0.60	42/0.62	44/0.65	46/0.68	48/0.70	49/0.72
z_b/x_b	85/0.103	89/0.103	91/0.103	104/0.60	106/0.62	108/0.65	110/0.68	112/0.70	113/0.72

（续）

a / a'	80/81 160/162			71/72 140/144					
i	4	4.5	5	5.6	6.3	7.1	8	9	10
z_a/x_a	28/0	24/0	22/0	22/0.51	20/0.49	18/0.46	16/0.43	14/0.41	13/0.39
z_g/x_g	26/0	30/0	32/0	40/0.60	42/0.62	44/0.65	46/0.68	48/0.70	49/0.72
z_b/x_b	80/0	84/0	86/0	104/0.60	106/0.62	108/0.65	110/0.68	112/0.70	113/0.72

a / a'	90/90 180/180			80/80 160/160					
i	4	4.5	5	5.6	6.3	7.1	8	9	10
z_a/x_a	31/0	27/0	24/0	22/0.51	20/0.49	18/0.46	16/0.43	14/0.41	13/0.39
z_g/x_g	29/0	33/0	36/0	40/0.60	42/0.62	44/0.65	46/0.68	45/0.70	49/0.72
z_b/x_b	89/0	93/0	96/0	104/0.60	106/0.62	108/0.65	110/0.68	112/0.70	113/0.72

a / a'	100/100 200/200			90/91 180/182					
i	4	4.5	5	5.6	6.3	7.1	8	9	10
z_a/x_a	29/0.073	25/0.073	23/0.073	21/0.43	19/0.41	17/0.39	15/0.37	13/0.35	12/0.33
z_g/x_g	28/0	32/0	34/0	38/0.484	40/0.504	42/0.524	44/0.544	46/0.564	47/0.584
z_b/x_b	85/0.073	89/0.073	91/0.073	99/0.321	101/0.341	103/0.361	105/0.381	107/0.401	108/0.421

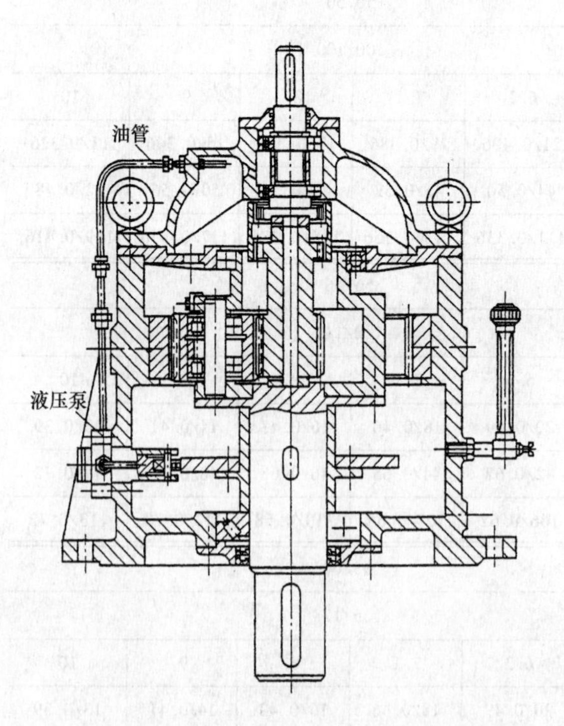

图 6-103　NGW—L 型单级减速器（$i=4\sim10$）

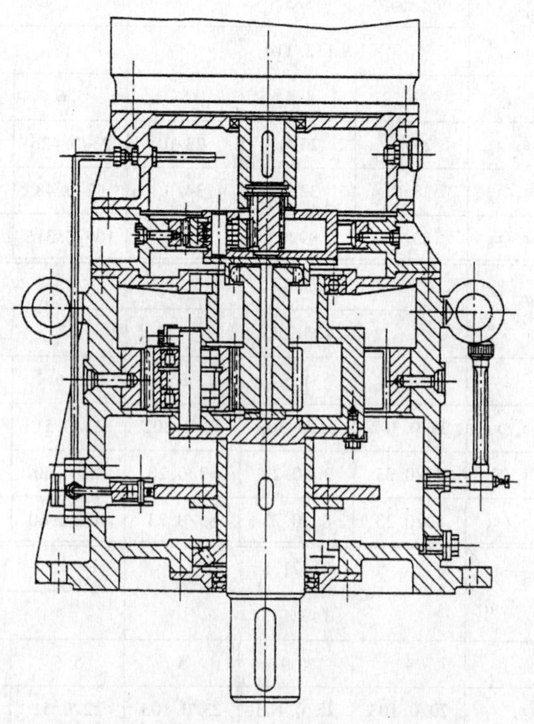

图 6-104　NGW—L 型两级立式减速器
（总传动比 $i=25\sim100$，高速级行星架无支承，两级太阳轮均用单齿联轴器浮动）

6.11 大功率、大转矩行星减速器

1. 高速行星减（增）速器

高速行星齿轮传动已广泛应用于航空、船舶、发电设备和压缩机等领域。传递的功率越来越大，速度越来越高。齿轮的圆周速度一般为30~50m/s，有的已超过100m/s，最大功率已达54500kW。由于功率大、速度高，而且大多数处于长期连续工作状态，故要求有较高的技术性能和可靠性。它既具有一般定轴传动高速齿轮的全部特点，又有由于高速给行星传动带来的新特点和新要求。与中、低速行星传动相比，高速行星齿轮传动在设计和制造方面主要具有以下特点：

（1）一般高速齿轮的特点

1）太阳轮和行星轮都采用优质高强度合金钢锻件制造，常用工艺有：渗碳淬火、调质氮化或调质处理；内齿圈采用优质合金钢锻件制造，一般采用调质氮化或调质处理。要严格控制材料和热处理的内在质量。

2）采用较高的制造精度。一般太阳轮和行星轮定为GB/T 10095—2008的5~6级：内齿圈6~7级，行星架的尺寸公差和几何公差为GB/T 1800~1804和GB/T 1184的5~6级。

3）太阳轮和行星轮一般要进行轮齿的齿形和齿向修形。

4）严格控制转子的残余不平衡量。太阳轮按实际转速，行星轮按其相对于转架的转速计算允许的残余不平衡量。

行星架由于是非简单的回转体，结构较复杂，制造时应控制质量的均衡和分布的对称，如控制各肋板的尺寸公差和质量差，控制各行星轮轴承孔间的直径差。把行星架和行星轮轴及半联轴器组装在一起作动平衡（平衡后各件应作标记，以免复装时搞混）。由于行星轮装到行星架上后就不便作动平衡，一般把三个行星轮称重控制其质量差。

（2）均载措施

1）减小各行星轮和内齿轮啮合时的误差。可控制：行星轮各轴承孔的尺寸精度和位置精度；各行星轮轴承的间隙差；各行星轮实际公法线长度应取相同的偏差等。

2）为了提高均载效果和运转精度，一般采用两个基本元件浮动。

图6-105为一种典型的高速行星减（增）速器结构。采用的是具有双联齿式联轴器的太阳轮和内齿圈同时浮动的均载机构，左、右旋齿的两个内齿圈通过其外齿径三联内齿套、二联外齿套，最后才和固定在箱体上的内齿圈相串联，即左、右旋内齿圈相当于经两个齿式联轴器和箱体串联，具有很好的浮动效果。

图6-106为一种单斜齿高速行星传动结构，均载构件为薄壁内齿圈和柔性中心轮轴。

图6-107的结构为双齿联轴器带动太阳轮浮动，内齿圈用弹性销和机体连接。

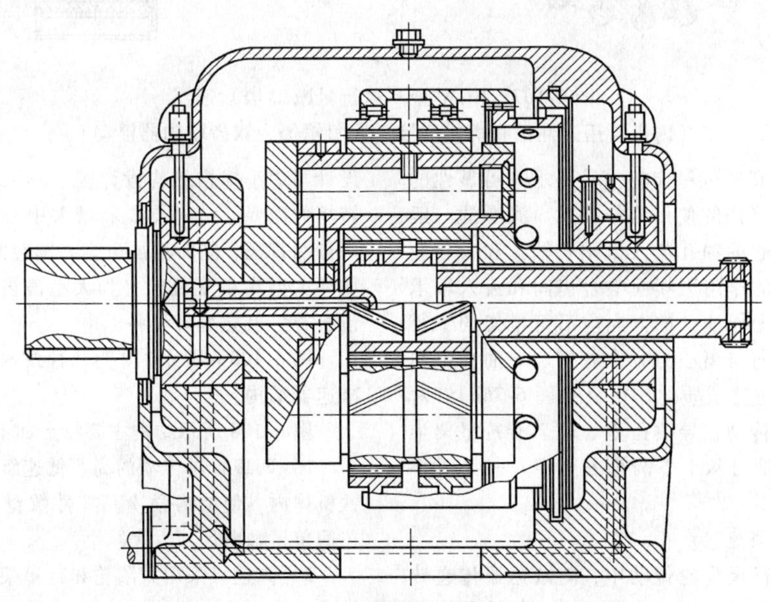

图6-105 NGW型高速行星减（增）速器

$\left(i=\frac{1}{4}\right.$，$P=6300\mathrm{kW}$，输出转速为6000r/min，内齿轮和太阳轮均浮动$\left.\right)$

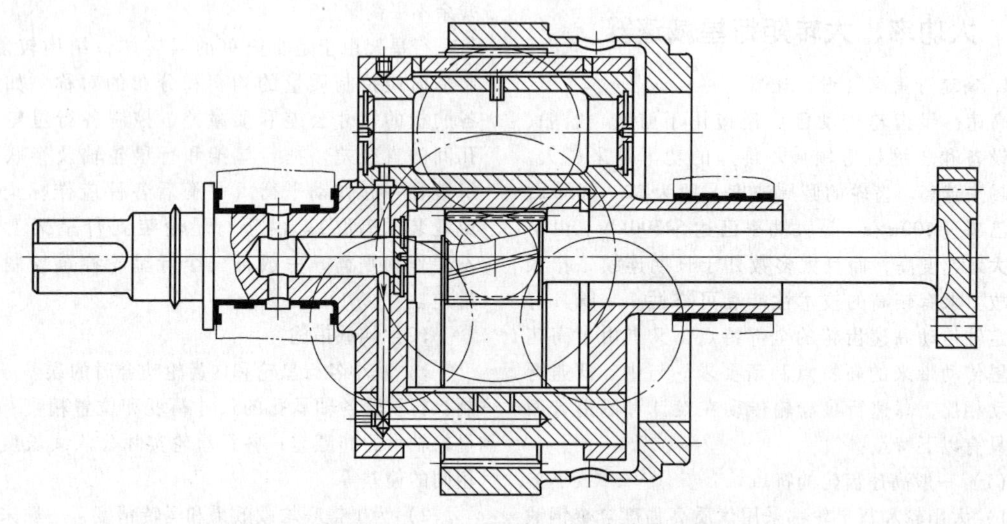

图 6-106　NGW 型单斜齿高速行星传动结构
（均载构件为薄壁内齿轮和柔性中心轮轴，内齿轮固定）

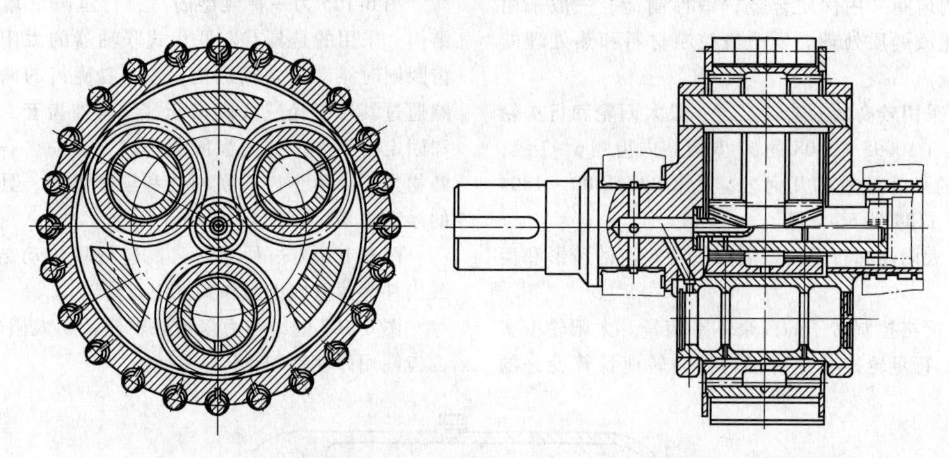

图 6-107　NGW 型高速行星减（增）速器
（内齿轮用弹性销和机体连接，太阳轮仍为双齿联轴器浮动）

（3）润滑　高速行星齿轮传动要求高可靠性的循环润滑系统和严格的使用维修技术。润滑油一般是通过行星架中心的油孔流入太阳轮轴孔和行星轮轴孔，在离心力的作用下喷向啮合齿间和流入轴承进油槽。行星轮上导油孔的方向应沿行星架的半径方向，使流油方向与离心力方向相同。导油孔中的导油管起隔离和过滤杂质的作用（见图 6-76b）。对于行星架固定的传动，导油孔为心轴上沿行星架半径方向的通孔，油可从上下两个方向导入（见图 6-76c）。

2. 大型行星减速器

在中、低速行星齿轮传动中，随减速器传递转矩的增大，尺寸和质量也相应增加，其具体结构设计大体可分为以下两大类型：

（1）单排直齿大型行星减速器。这种减速器的设计与中小规格结构设计区别不大，为了满足传递转矩的需要，结构上要靠增大中心距，即相应增大内齿圈直径，同时增加齿宽。制造大型行星减速器，需要大型高精度机床（如大型滚齿机、磨齿机、插齿机等）和热处理设备。

图 6-108 ~ 图 6-110 为几种技术成熟的大型行星减速器结构。

图 6-108 所示结构主要特点如下：

1）两级行星传动的高、低速级，放在同一个铸铁机体内，使结构紧凑，零件数量少、制造装配工艺简单，轴向尺寸大大减小。

2）高速级采用太阳轮和行星架同时浮动，低速级采用太阳轮浮动。太阳轮的浮动是借助于鼓形齿联轴器实现的。

3）低速级的传动比 $i=4$，行星轮采用非标准轴承。轴承特点是轴承宽，轴承为三排滚柱，内外圈很薄（内圈壁厚4.5mm，外圈壁厚7.5mm），没有保持架，增加了滚柱数量，提高轴承的承载能力。

4）输出行星架轴采用整体铸造及输出行星架与输出轴焊接结构。

图6-109所示结构特点如下：

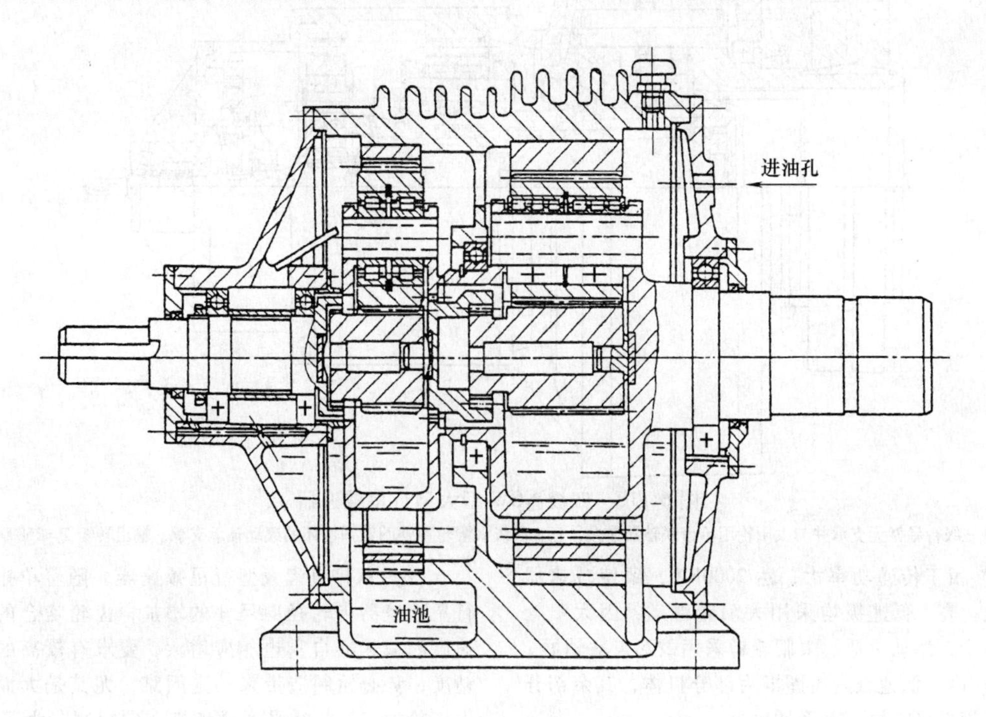

图6-108　两级NGW型大型行星减速器

（低速级 $i_2=4$，$m=10$mm，$d_b=900$mm，$b=250$mm，输出转矩 $T=300000$N·m）

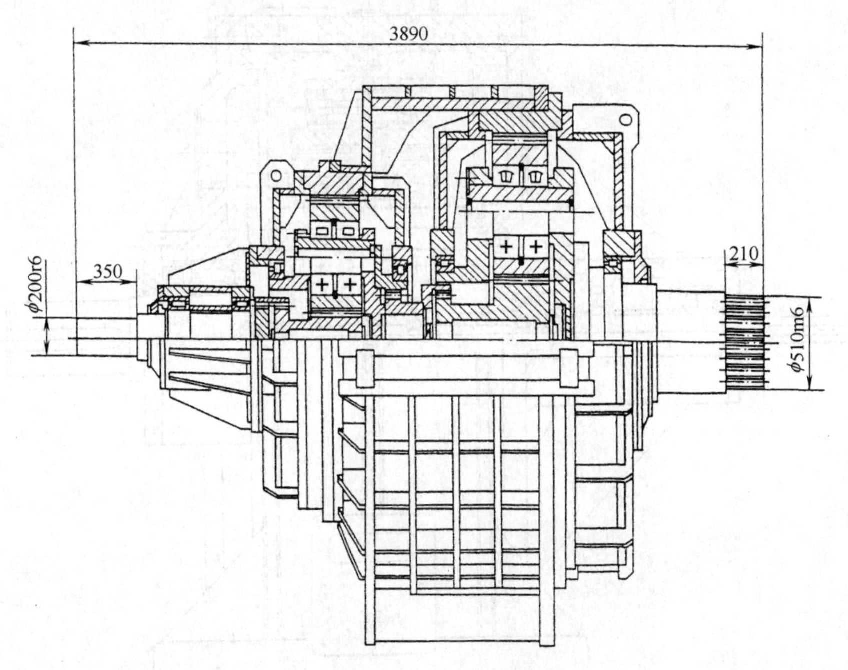

图6-109　两级NGW型大型行星减速器

（$n_1=590$r/min，$i=35.5$，$P=2000$kW）

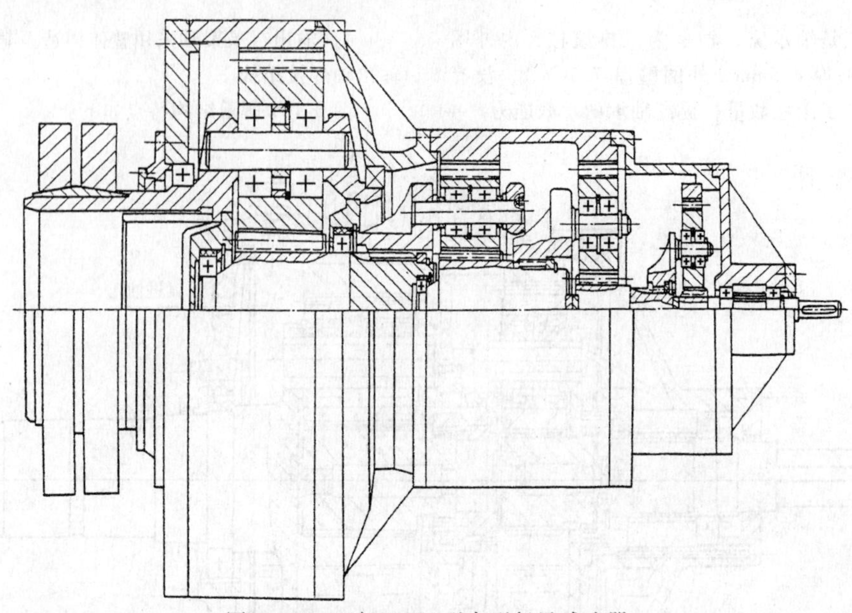

图 6-110　四级 NGW 型大型行星减速器

（一、二、三级行星架无支承并与太阳轮用单齿联轴器连接，三、四级太阳轮用外圈带弹性环的滚动轴承支承，输出转矩 $T=1580000\mathrm{N\cdot m}$）

1）由于传递功率大，达 2000kW，致使减速器质量大。高、低速级均采用太阳轮浮动，因太阳轮质量最小、浮动灵活。太阳轮皆采用鼓形齿联轴器。

2）高、低速级内齿圈即为部分机体，其余部分机体采用焊接结构，以降低质量。

3）行星架皆为整体式结构，输出轴与低速级行星架采用精制螺栓连接。

（2）双排直齿大型行星减速器　随着单排直齿行星减速器齿轮径向尺寸的增加，齿轮啮合的圆周速度和减速器自重也相应增大，要求有较高的制造精度，势必给制造带来一定困难，尤其是大而精的内齿轮加工，往往受到插齿机床的限制。为了克服这一矛盾，便产生了双排直齿大型行星减速器的设计，如图 6-111、图 6-112 和图 6-113 所示为平

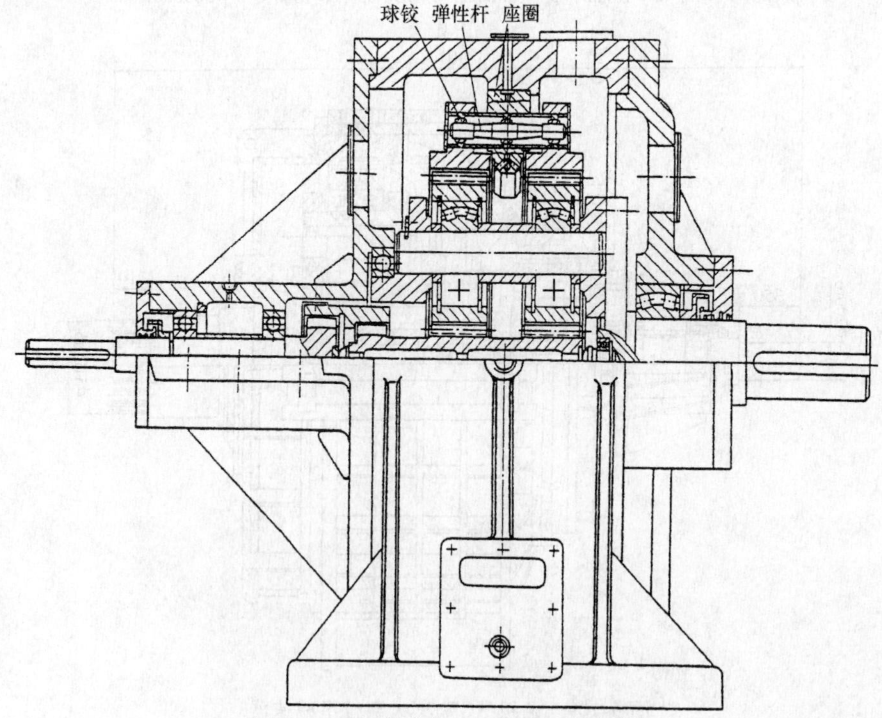

图 6-111　双排直齿 NGW 型行星减速器

（两排内齿轮之间用弹性杆均载，高速端的端盖为轴向剖分式）

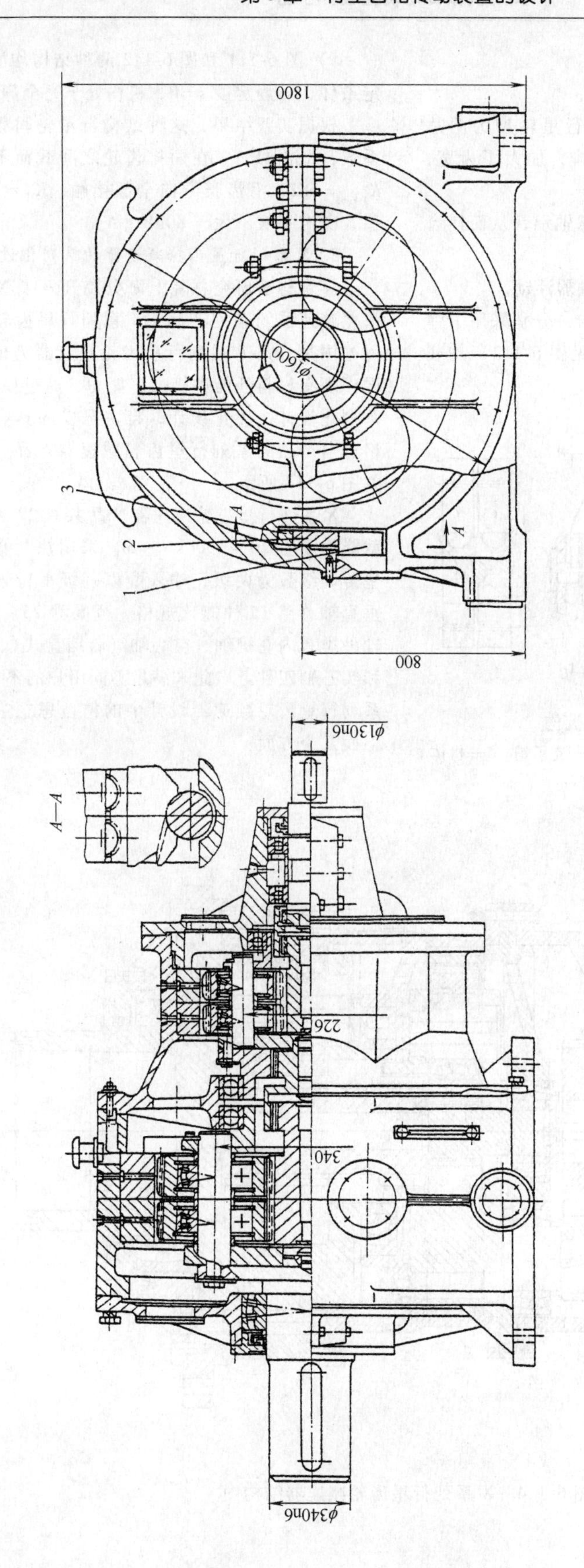

图 6-112　双排直齿 NGW 型行星减速器

（两排内齿轮之间采用平衡块均载，低速级与高速级两机盖为轴向剖分式）

1—支承销　2—平衡块　3—球面垫

衡块均载机构。

这种减速器的主要设计特点是：

1）在一级传动中，内齿轮、行星轮均为两片（太阳轮仍为一整体），故称为双排，加大了齿宽，提高了承载能力。

2）每个行星轮中装一个调心球轴承，从而使齿长方向载荷均匀分布。

3）太阳轮采用鼓形齿双齿联轴器浮动。

4）为了保证两排之间载荷均匀，分别采用了弹性式（见图6-111）和平衡块式（见图6-112）均载机构。

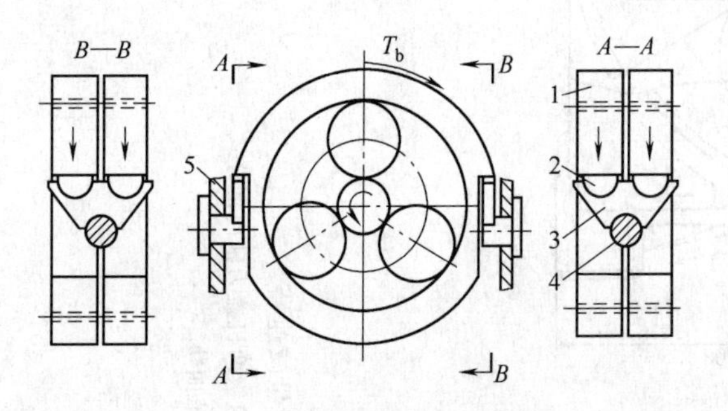

图6-113　平衡块均载机构

1—内齿轮　2—球面垫　3—平衡块　4—支承销　5—机体

5）图6-111和图6-112两种结构均满足空间静定条件，即静定度 $s=0$，机构处于完全静定状态。

根据实践结果，这种结构行星轮间载荷不均衡系数，$K_{HP}=1.1$，在两排齿轮之间载荷不均衡系数 $K_{HPb}=1.2$，沿齿长方向全部接触，$K_\beta\approx1$，运转平稳，噪声一般不大于80dB（A）。

3. X系列行星齿轮减速器的系列化设计

煤炭科学研究总院上海分院开发了X系列行星齿轮减速器的系列产品。X系列行星齿轮减速器是以德国某公司P系列行星齿轮减速器为依照，根据国内现有材料性能和机加工能力，通过模块化设计、系列化设计、优化设计，自主开发的具有替代同规格进口产品的系列行星齿轮减速器产品，基本结构如图6-114所示。

X系列行星齿轮减速器产品共有27种规格，承载能力涵盖20～1900kN·m。采用法兰盘安装；行星传动级数为两级，输入配以一级平行轴或锥齿轮垂直轴总共15种速比规格，范围为25～125；输出轴种类有内花键轴、空心轴（收缩盘式）、外花键轴和实心轴四种。以此来满足不同用户的不同需求。X系列行星齿轮减速器设计中的精益思想主要体现在下面几个方面：

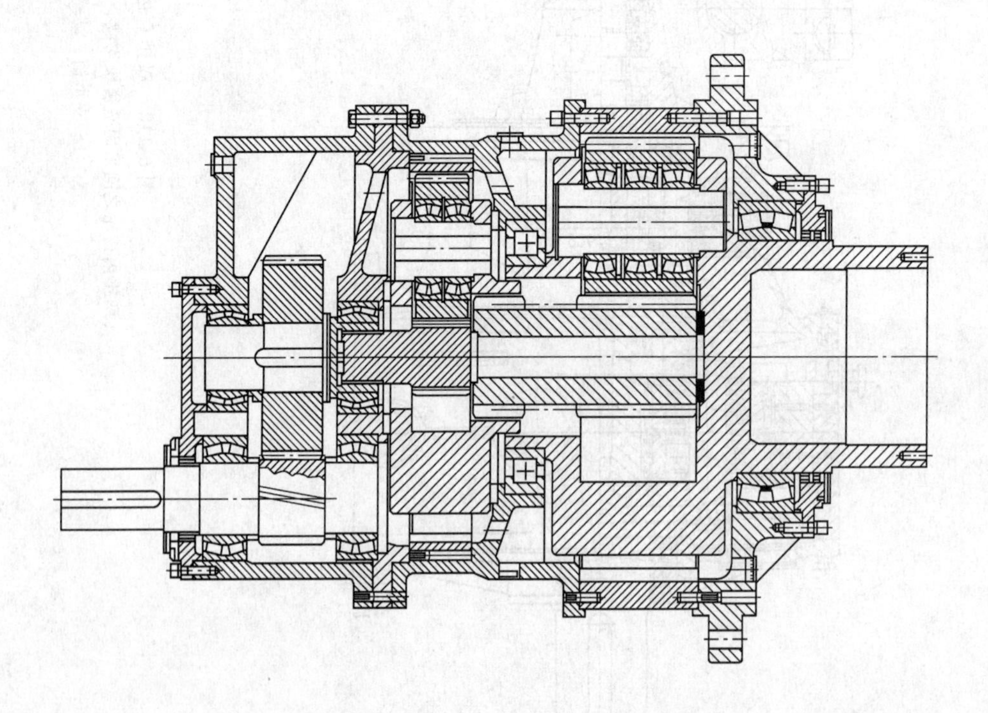

图6-114　X系列行星齿轮减速器结构图

（1）模块化设计　模块化设计是减速器产品系列化和减少系列产品内部多样性的最重要部分。

模块化设计的根本就是实现积木式的组合设计，根据用户的不同需要，进行可变化的组合设计。X系列行星齿轮减速器的模块化设计主要包括定单级速比和速比级间优化分配设计。

1）单级传动比。减速器传动的一个基本特点：多级传动减速器的速比由单级速比乘积而得。单级速比的无穷多选择是造成减速器内部多样性的罪魁祸首。X系列减速器在单级速比的选择上采用R_{20}优先数系，其基本值：1.12、1.25、1.4、1.6、1.8、2.0、2.25、2.5、2.8、3.15、3.55、4.0、4.5、5.0、5.6、6.3、7.1、8.0、9.0、10.0。

把上列的数据乘以10或10^2，得到的数同样为优先数。

采用优先数系主要有以下优点：

① 可满足减速器的总传动比等于各级传动比乘积的条件，即如果总传动比是一个优先数，则一定可以找到另一个优先数作为它的单级传动比，使齿轮在跨系列互换的条件下进行各级等强度优化成为可能。例：$25\approx4\times6.3\approx4.5\times5.6\approx5\times5$；$180\approx7.1\times5.6\times4.5$。

② 便于积木式组合设计。末级决定减速器的承载能力的大小，结构上可以末级为基础往前组合。

③ 随着用户需求多样性的变化，系列可以扩充为较密的R_{40}系列（原来的系列保持不变），满足用户的个性化需求。

使用优化数可使零件的尺寸规格简化统一，大大减少系列产品内零件和毛坯的数量。

2）速比级间优化。X系列化行星齿轮减速器的速比级间优化是指在选择速比分配时各速比级采用等强度或高速级强度略富裕低速级的设计。

速比的级间分配直接影响各级传动的承载能力和外形尺寸、质量是否最小化。相同承载能力下传动体积最小化的速比分配方案遵循同种形式下低速级速比小于高速级速比的分配。

行星齿轮传动可参照以下优化的经验方法分配各级速比：

两级传动低速级传动比：$i_2=0.5\sqrt{i}+2\sim2.5$

三级传动低速级传动比：$i_3=0.5\sqrt[3]{i}+1.8\sim2.2$

三级传动中间级传动比：$i_2=0.8\sqrt[3]{i}+1.2\sim1.8$

在多级传动中，低速级的传动比常取4～5.6；中间级的传动比范围一般为5～7.1；高速级的传动比范围较大为3.15～9左右。单级速比过大，将损失太多的承载能力，一般推荐单级速比不应大于8。充分利用各种传动形式的最佳传动比范围是提高系列设计水平的重要基础。多级传动的总传动比应由各组成级最佳传动比段落的不同乘积求得。

X系列减速器全部采用R20优化数系，行星结构两级传动比包括25、28、31.5、35.5、40五种规格。按速比级间优化原则将单级速比分级，末级速比5和5.6两种规格，高速级速比5、5.6、6.3、7.1、8五种规格，如表6-84示。

若输入端配以一级平行轴或锥齿轮垂直轴速比1.12，1.25，1.4，1.6，1.8，2.0，2.25，2.5，2.8，3.15，可派生出45、50、56、63、71、80、90、100、112、125共十种速比规格。

（2）系列化设计　所谓系列化产品就是指在某个确定的应用范围内按照一定的规律分其参数等级，用相同的方法实现相同功能和相同工作原理的技术对象（整机、部件或零件），这些技术对象应该用尽可能相同的方法进行制造，而这些参数和性能指标之间又具有一定的公比级差。

减速器产品是以额定承载能力为主要性能参数来满足不同用户需求的。这种承载能力按齿轮模数m的大小，具有一定的级差。

X系列行星减速器的系列化设计，是在同一速比和固定太阳轮齿宽比的约束条件下，按使用工况系数$K_A=1$计算额定承载能力，并以齿轮模数m按序排列，如图6-115所示。

X系列行星减速器的系列化设计优点：同一速比某一承载能力范围内的标准传动结构只有一种。整机设计时以末级行星结构决定减速器的承载能力，并以末级为基础往前组合其他速比的行星结构。因为同一速比系列化中某一承载能力的标准传动结构只有一种，所以只需选型即可，即避免了重复设计，又能发挥成本优势、保证质量和生产周期，也使后续单系列结构的优化成为可能。

整机承载能力的系列化等同于末级行星结构承载能力的系列化。X系列行星齿轮减速器末级采用四行星结构，并以速比5和5.6形成四行星结构的系列化（如表6-78）。采用四行星结构是为了弥补国内的材料性能和机加工水平与国外的差距，功率由一般的三分流变化为四分流，从而使承载能力提高33%。四行星结构作为末级使用，其单级速比不大于6.07的限制也正好满足了级间等强度要求的末级速比要求。

（3）相似性、重用性设计　X系列行星齿轮减速器的系列化设计，充分运用了相似性和重用性设计理念，主要体现在行星结构系列化的合理配齿设计上，见表6-78所列。

1）传动比分段，同一速比分段中相同模数的不同速比共用一个行星架。

传动比分段是利用相邻不同传动比的太阳轮齿数+行星轮齿数和 Z_{Σ} 相近的特性，通过优化配齿方案，将不同速比齿轮的齿数和 Z_{Σ} 配成相等，以满足不同速比相同中心距的要求。

X 系列行星齿轮减速器共两个速比分段（见表6-78），既行星架Ⅰ和行星架Ⅱ。行星架Ⅰ分三行星和四行星两种规格，齿数和 $Z_{\Sigma}=Z_a+Z_g=47$，同时满足速比 5 和 5.6 的要求；行星架Ⅱ齿数和 $Z_{\Sigma}=Z_a+Z_g=59$，同时满足速比 6.3、7.1 和 8 的要求。X 系列行星齿轮减速器太阳轮和行星轮全部采用 05 变位制，齿数和 Z_{Σ} 相同时，中心距不变，满足共用同一个行星架的要求。其优点体现为：

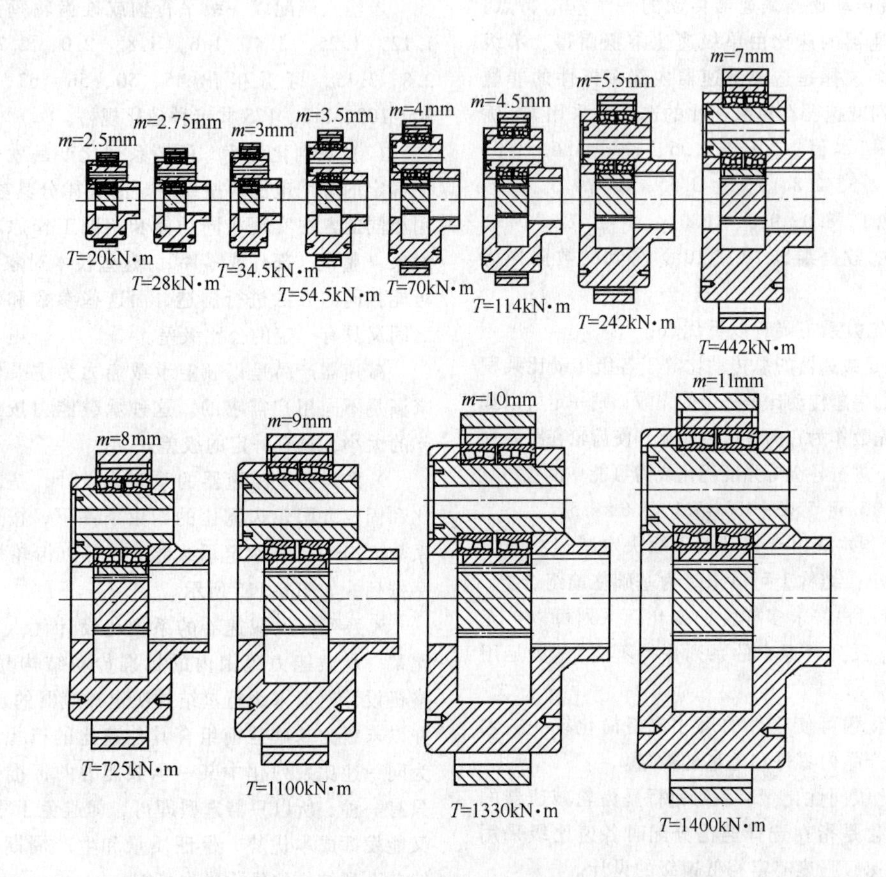

图 6-115　X 系列传动比 =6.3 的系列化行星结构图

表 6-78　X_2 系列行星齿轮减速器产品配齿方案和几何参数

	n_P	i	Z_a	Z_g	Z_b	i_a	$X_a=X_g$	X_b	$\alpha'(a-g)$	$\alpha'(b-g)$
行星架Ⅰ ($Z_a+Z_g=47$)	3、4	5	19	28	77	5.053	0.5	0.389	25°07′	19°16′
		5.6	17	30	79	5.647		0.389	25°07′	19° 16′
行星架Ⅱ ($Z_a+Z_g=59$)	3	6.3	19	40	101	6.316		0.406	24° 15′	19° 30′
		7.1	17	42	103	7.059		0.406	24° 15′	19° 30′
		8	15	44	105	8		0.406	24° 15′	19° 30′

① 同一传动比分段中不同速比的啮合可共用一个规格的行星架，可减少产品系列化中的行星架数量。

② 同一传动比分段中的内齿圈齿数相近（如101、103和105），可共用同一个齿圈毛坯，且使相近齿数的齿圈与箱体连接尺寸相同，从而减少总的箱体数量。

2）同一行星架同时满足三行星和四行星的装配

要求。

行星结构配齿时需满足装配要求：$(Z_a+Z_b)/n_p=$常数。X 系列行星齿轮减速器行星架Ⅰ分三行星和四行星两种规格，要同时满足三行星和四行星的装配要求，则 n_p 需取 3 和 4 的最小公倍数，既 Z_a+Z_b为 12 的整数倍。

4. 采用 2K-H（WW）型行星传动换向的胶带轮传动装置

图 6-116 所示的为采用 2K-H（WW）型行星传动换向的胶带轮传动装置。在胶带轮装置中，胶带轮为输入，轴 1 为输出。轴 1 上装有离合器 A、B，胶带轮装有一个 2K-H（WW）型行星传动机构，内齿轮 b 固定，胶带轮作为行星架 H。当离合器 A 接通，离合器 B 断开，胶带轮与轴 1 连成一体，轴 1 的转速和转向与胶带轮相同；当离合器 B 接通，离合器 A 断开时，轴 1 与太阳轮 a 连成一体，运动通过 H、b、f、g、a 行星机构带动轴 1 转动。这时轴 1 的转速为

$$n_1=n_a=n_H(1-i_{aH}^b)=n_H\left(1-\frac{z_g z_b}{z_a z_f}\right)$$

但必须注意，只有当 $i_{ab}^H>1$ 时，才能达到输出轴换向之目的。

6.12　行星传动装置典型结构图

行星传动装置典型结构如图 6-117 ~ 图 6-138 所示。

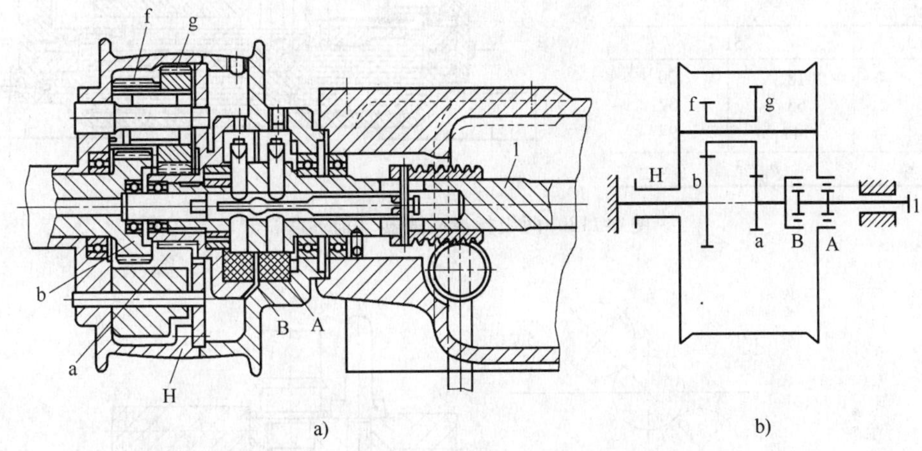

图 6-116　采用 2K-H（WW）型行星传动换向的胶带轮传动装置

a）结构图　b）传动简图

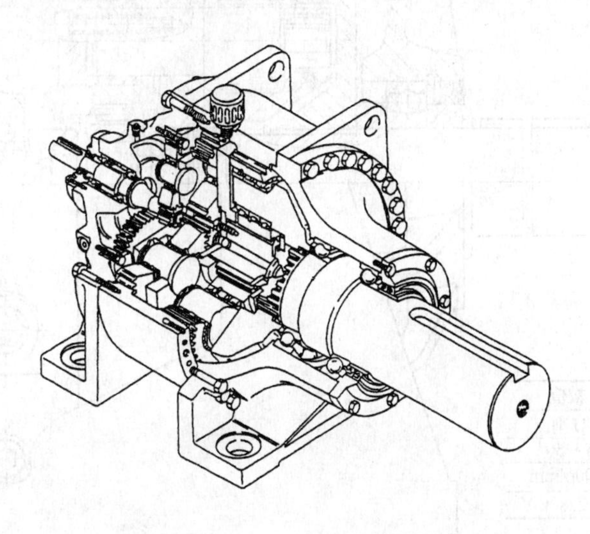

图 6-117　三级行星齿轮减速器［德国罗曼（Lohmann）公司］

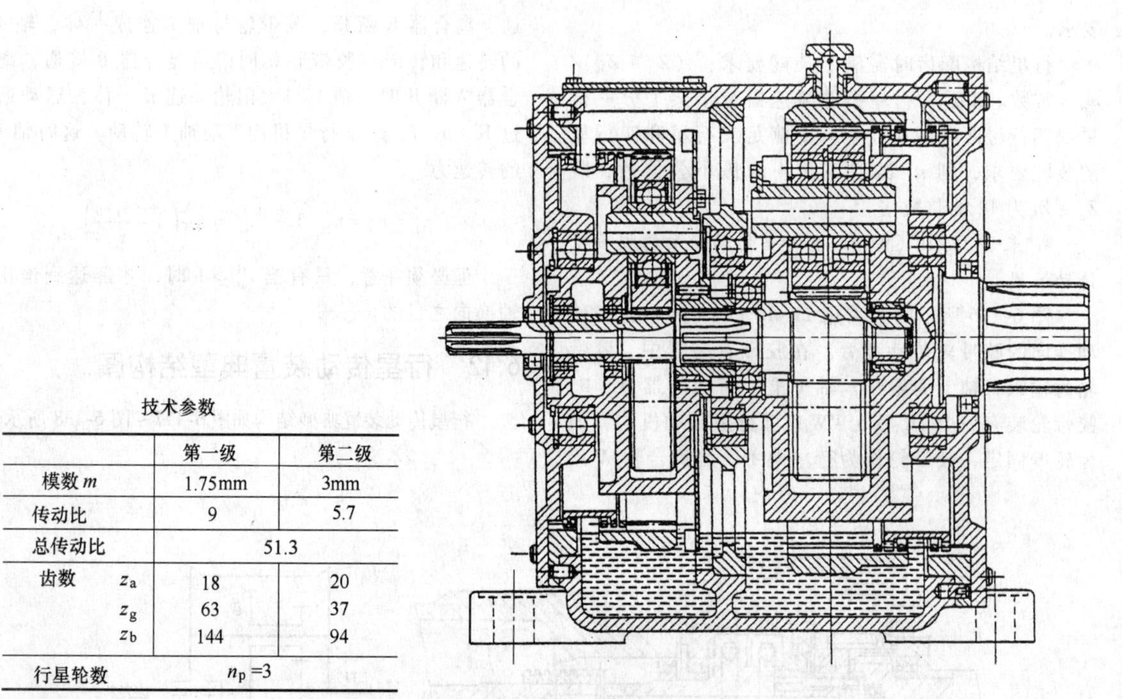

技术参数

		第一级	第二级
模数 m		1.75mm	3mm
传动比		9	5.7
总传动比		51.3	
齿数	z_a	18	20
	z_g	63	37
	z_b	144	94
行星轮数		$n_p=3$	

图 6-118 两级行星减速器（前苏联）

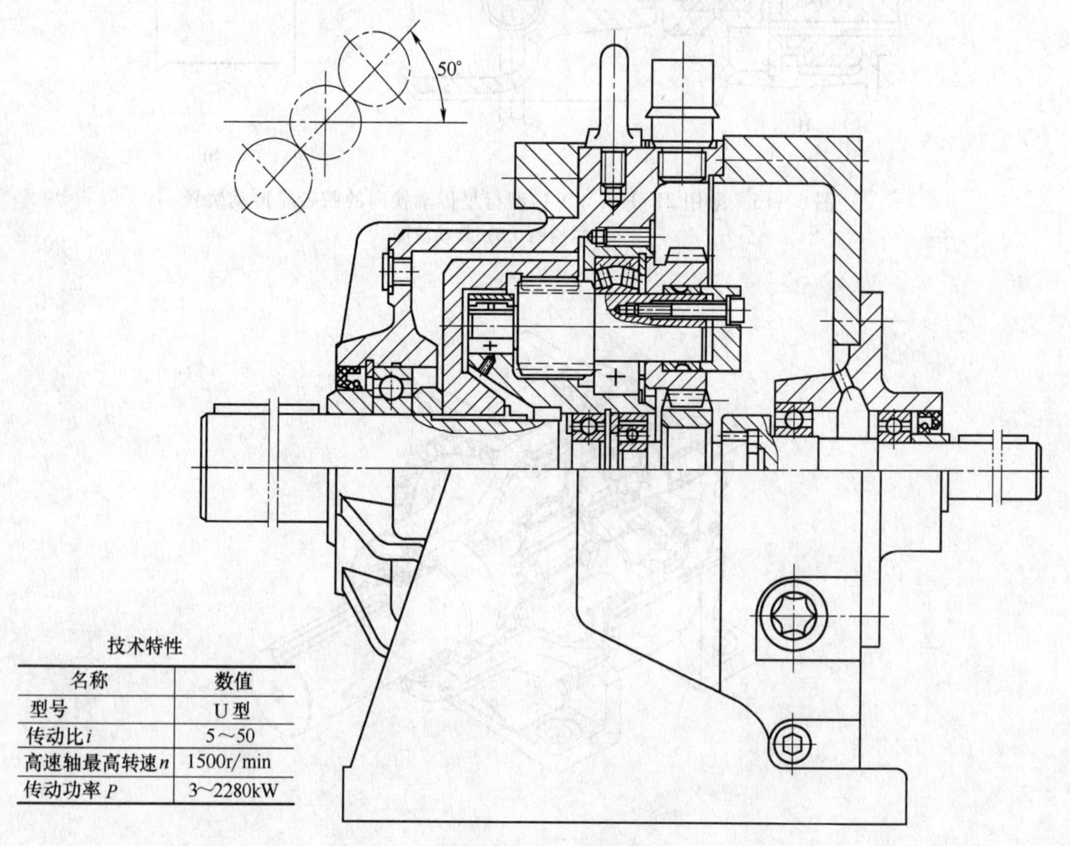

技术特性

名称	数值
型号	U 型
传动比 i	5～50
高速轴最高转速 n	1500r/min
传动功率 P	3～2280kW

图 6-119 行星减速器（简单传动）

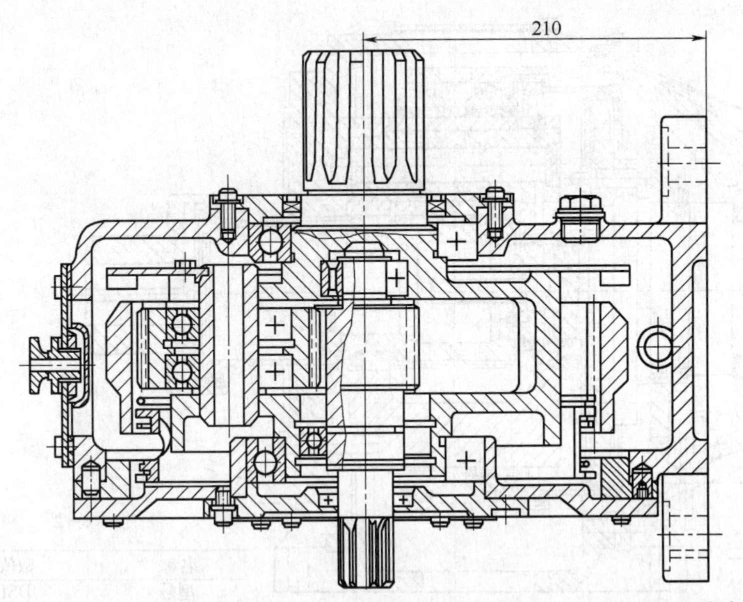

技术特性

名称	数值
模数 m	3mm
传动比 i	5.7
齿数 z	z_a=20
	z_b=94
	z_g=37

图 6-120　行星减速器（前苏联，采用齿圈浮动）

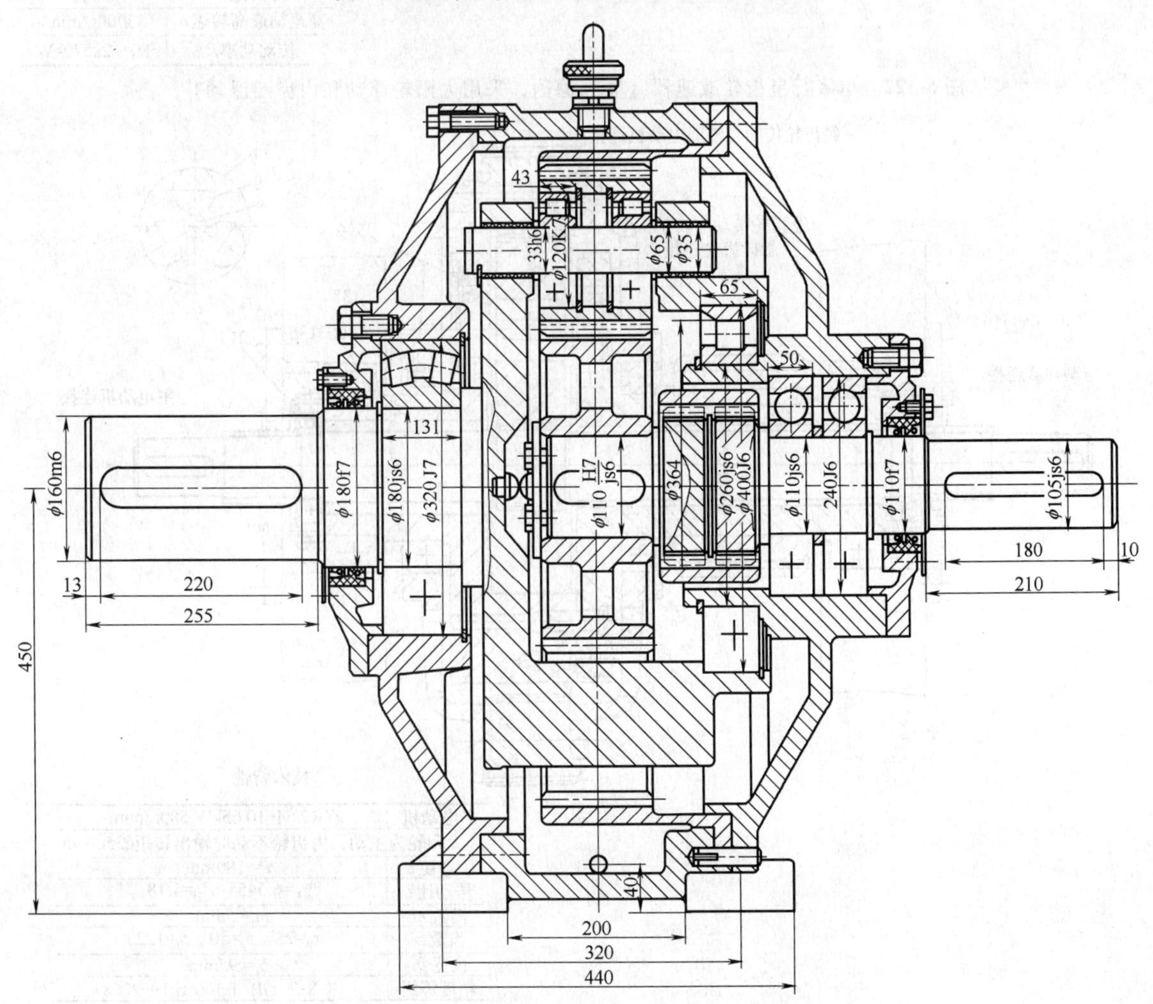

图 6-121　单级行星齿轮减速器（采用太阳轮浮动和薄壁内齿圈浮动）

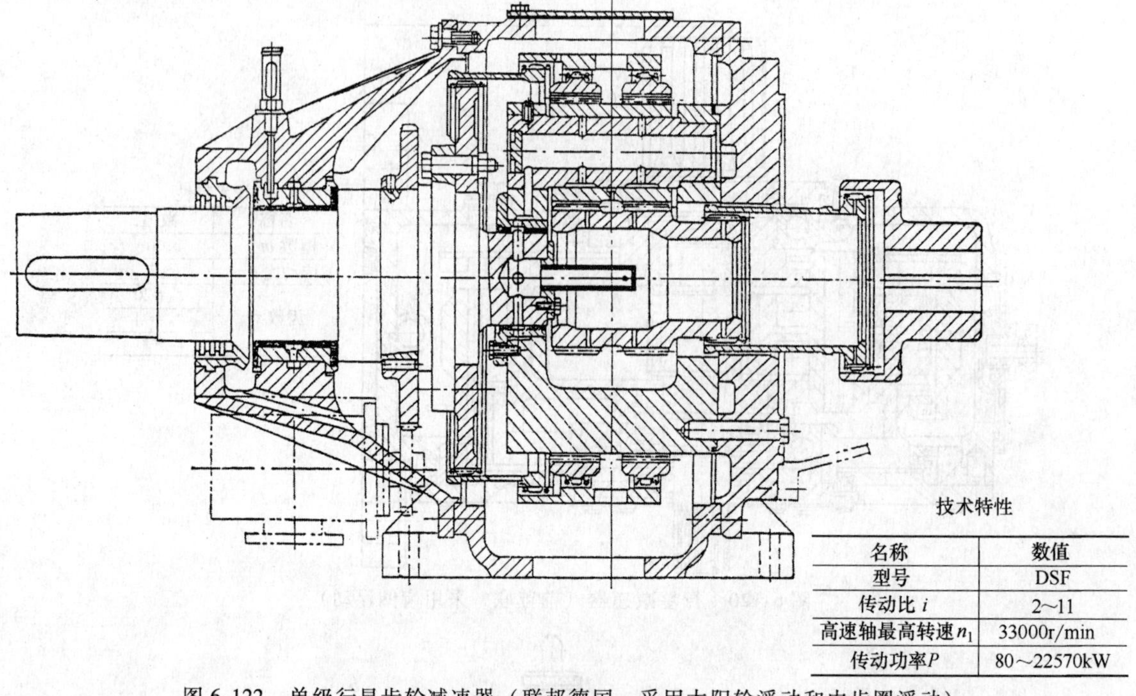

技术特性

名称	数值
型号	DSF
传动比 i	2～11
高速轴最高转速 n_1	33000r/min
传动功率 P	80～22570kW

图 6-122　单级行星齿轮减速器（联邦德国，采用太阳轮浮动和内齿圈浮动）

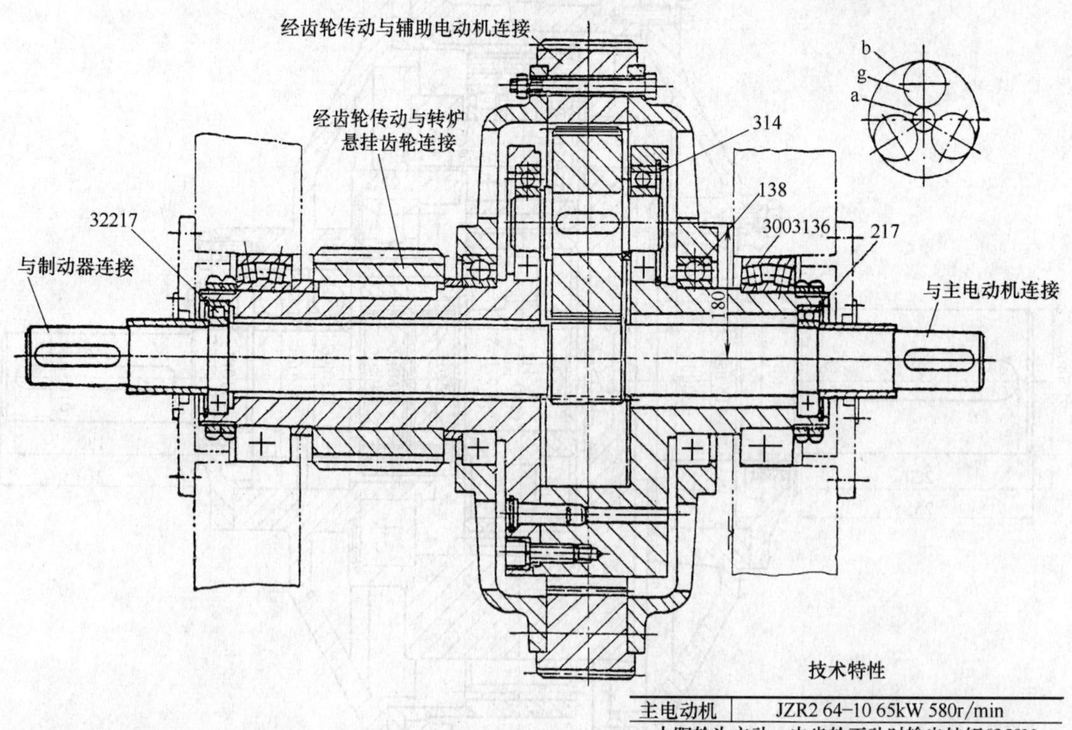

技术特性

主电动机	JZR2 64-10 65kW 580r/min
太阳轮为主动，内齿轮不动时输出转矩6350N·m	
中心距 a	a = 180mm
传动比 i	i_{aH}^{b} =6.5454　i_{bH}^{a}=1.18
模数 m	m = 5mm
齿数 z	z_a=22，z_g=50，z_b=122
齿宽 b	b = 95mm
精度等级	8-8-7　GB/T 10095.1—2008

图 6-123　15t 转炉倾动装置差动行星减速器

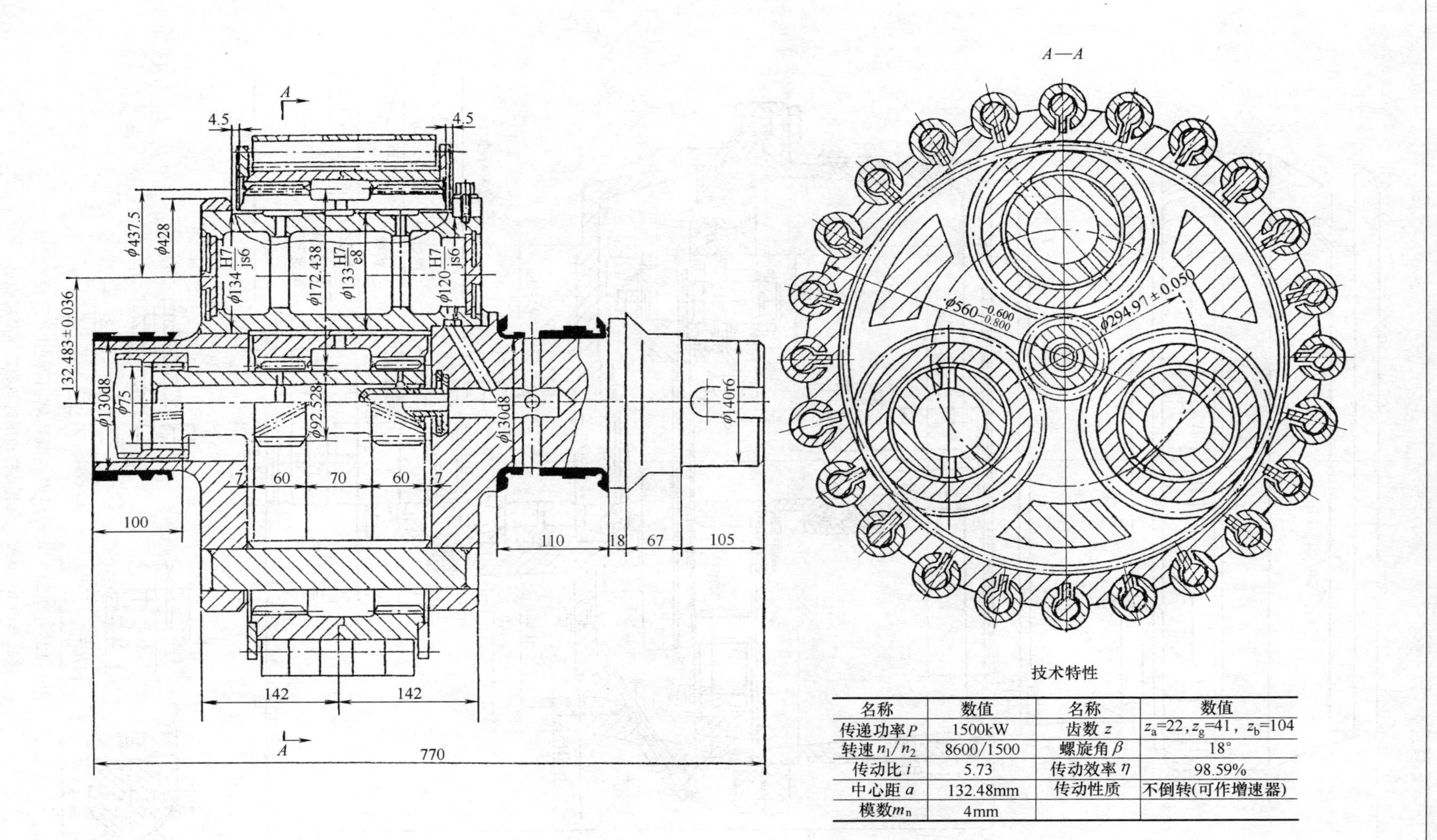

技术特性

名称	数值	名称	数值
传递功率 P	1500kW	齿数 z	$z_a=22$，$z_g=41$，$z_b=104$
转速 n_1/n_2	8600/1500	螺旋角 β	18°
传动比 i	5.73	传动效率 η	98.59%
中心距 a	132.48mm	传动性质	不倒转(可作增速器)
模数 m_n	4mm		

图 6-124　弹性环浮动行星减速器

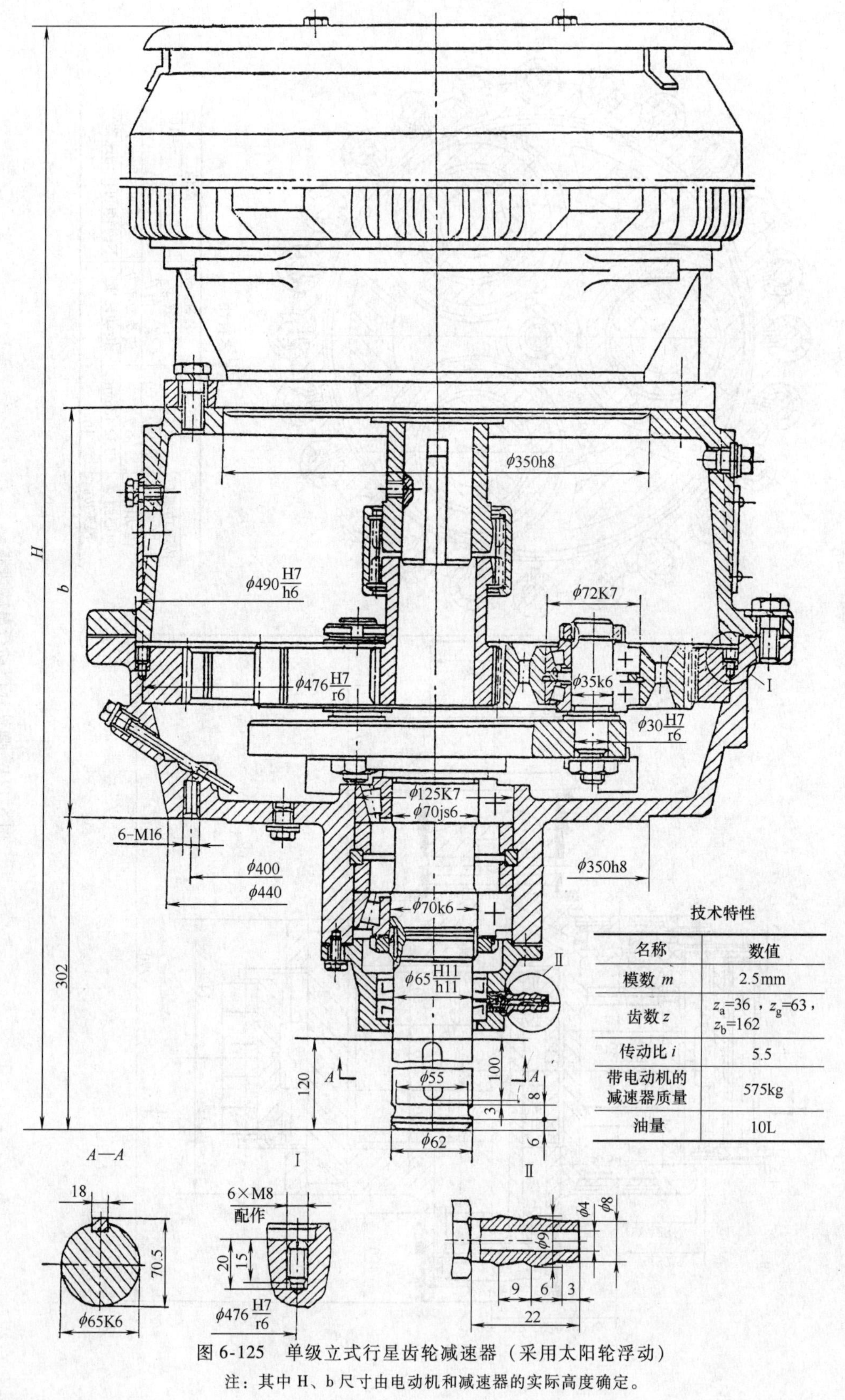

技术特性

名称	数值
模数 m	2.5mm
齿数 z	z_a=36，z_g=63，z_b=162
传动比 i	5.5
带电动机的减速器质量	575kg
油量	10L

图 6-125　单级立式行星齿轮减速器（采用太阳轮浮动）

注：其中 H、b 尺寸由电动机和减速器的实际高度确定。

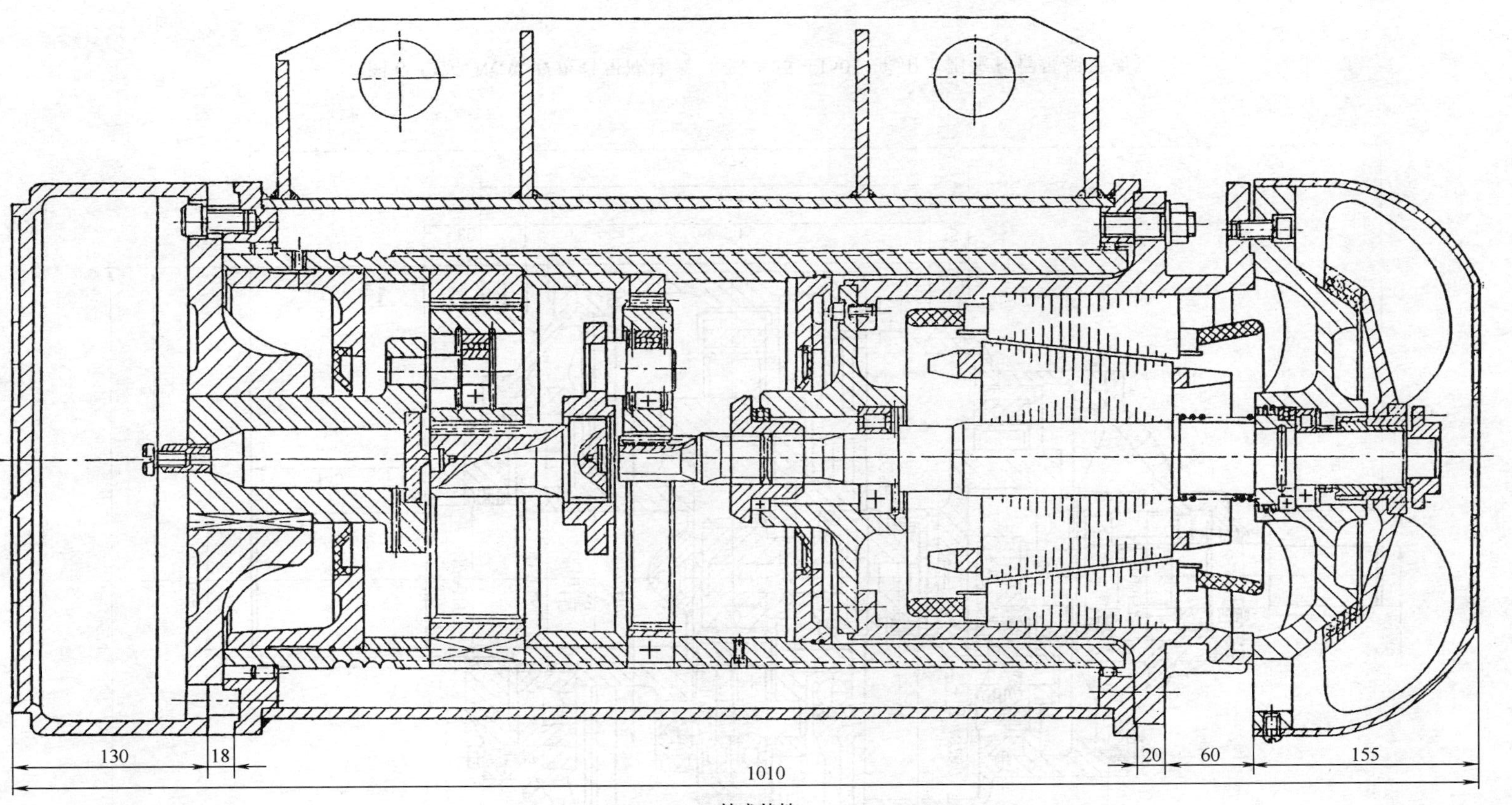

技术特性

名称	太阳轮		行星轮		内齿轮	
模数 m/mm	1.75	2.75	1.75	2.75	1.75	2.75
齿数 z	12	14	58	34	132	85
变位系数 x	0.436	0.65	1.165	0.55	0.162	0.11
分度圆直径 d/mm	21	38.5	101.5	93.5	231	233.75
中心距 a	第一级 63.72		第二级68.8			

图 6-126　5t 电动葫芦的传动装置

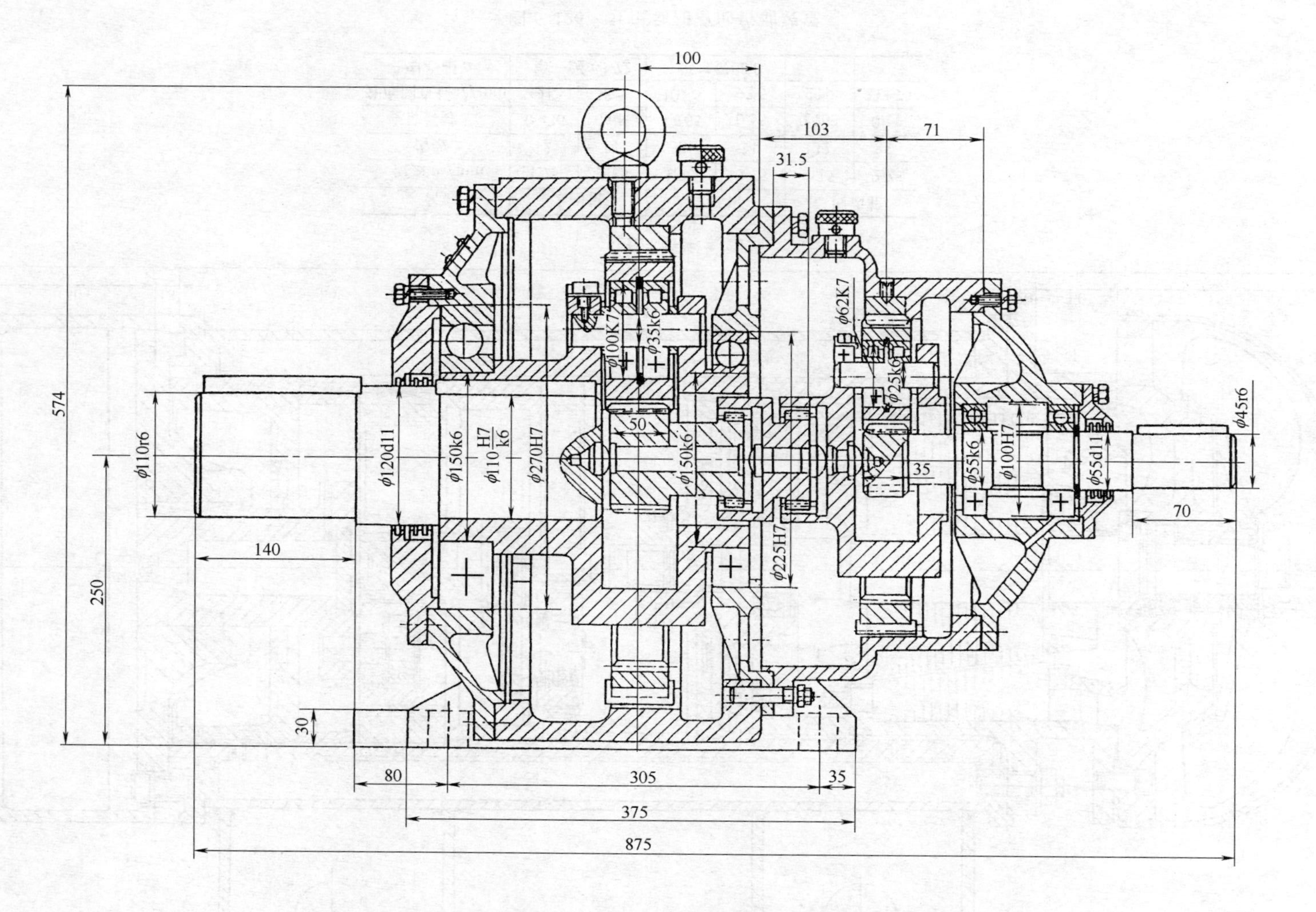

图 6-127 NGW 双级行星减速器（$i_{aH}^{b}=25\sim150$，采用太阳轮和行星架浮动）

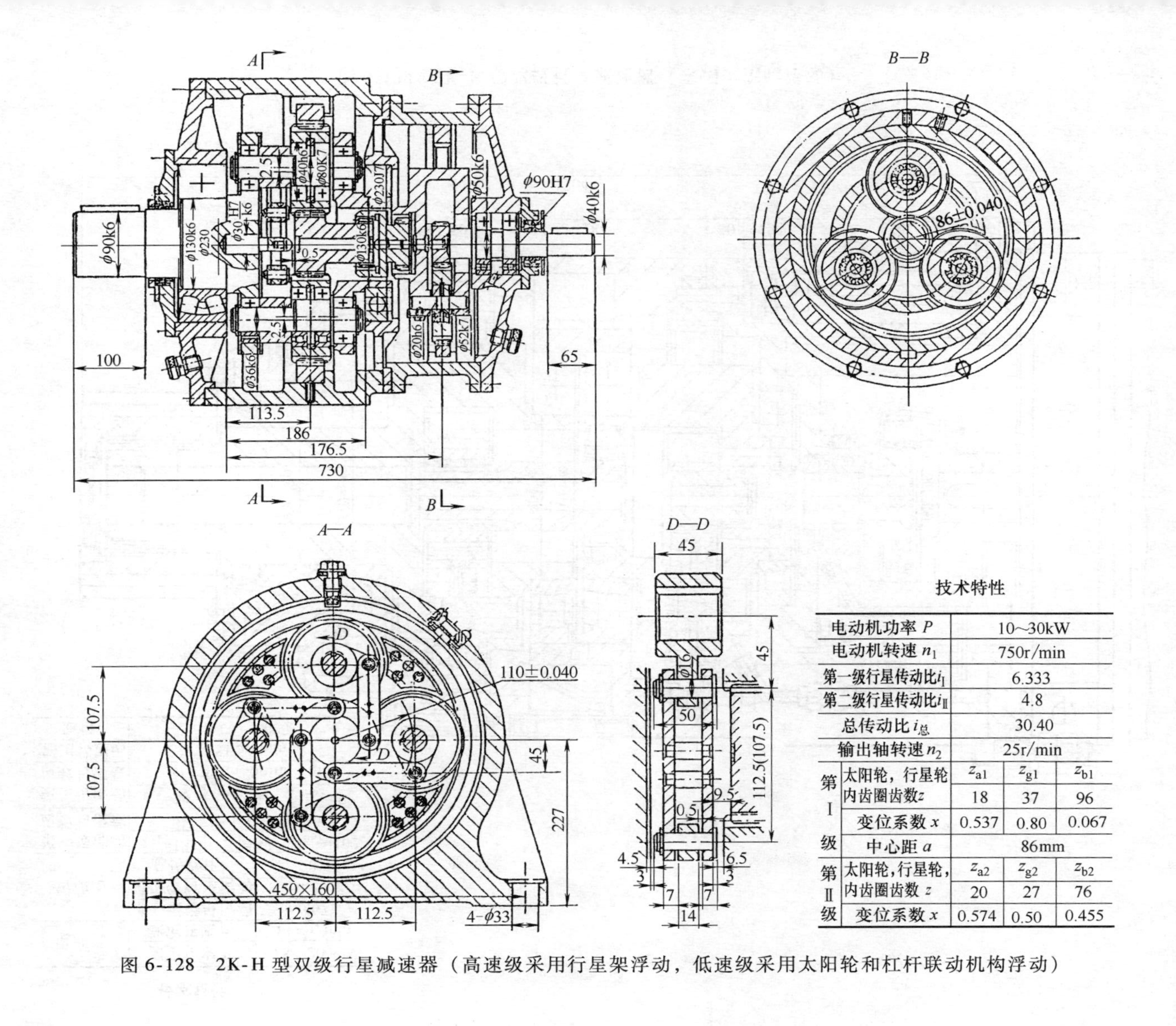

技术特性

电动机功率 P	10~30kW		
电动机转速 n_1	750r/min		
第一级行星传动比i_{I}	6.333		
第二级行星传动比i_{II}	4.8		
总传动比 $i_总$	30.40		
输出轴转速 n_2	25r/min		
第Ⅰ级 太阳轮，行星轮内齿圈齿数z	z_{a1}	z_{g1}	z_{b1}
	18	37	96
第Ⅰ级 变位系数 x	0.537	0.80	0.067
第Ⅰ级 中心距 a	86mm		
第Ⅱ级 太阳轮,行星轮,内齿圈齿数 z	z_{a2}	z_{g2}	z_{b2}
	20	27	76
第Ⅱ级 变位系数 x	0.574	0.50	0.455

图 6-128　2K-H 型双级行星减速器（高速级采用行星架浮动，低速级采用太阳轮和杠杆联动机构浮动）

技术特性

技术特性				
电动机	额定功率 P	75～200kW		
	额定转速 n_1	1475r/min		
传动比	第一级行星传动	6.67		
	第二级行星传动	4.28		
	总传动比 i	28.6		
第一级传动齿数与模数	$z_{a1}=18$	$z_{g1}=42$	$z_{b1}=102$	
	$m=4$mm，5mm，6mm			
第二级传动齿数与模数	$z_{a2}=28$	$z_{g2}=32$	$z_{b2}=92$	
	$m=5$mm，6mm，8mm			
输出转速 n_2	51.5r/min			
质量	1000～2000kg			

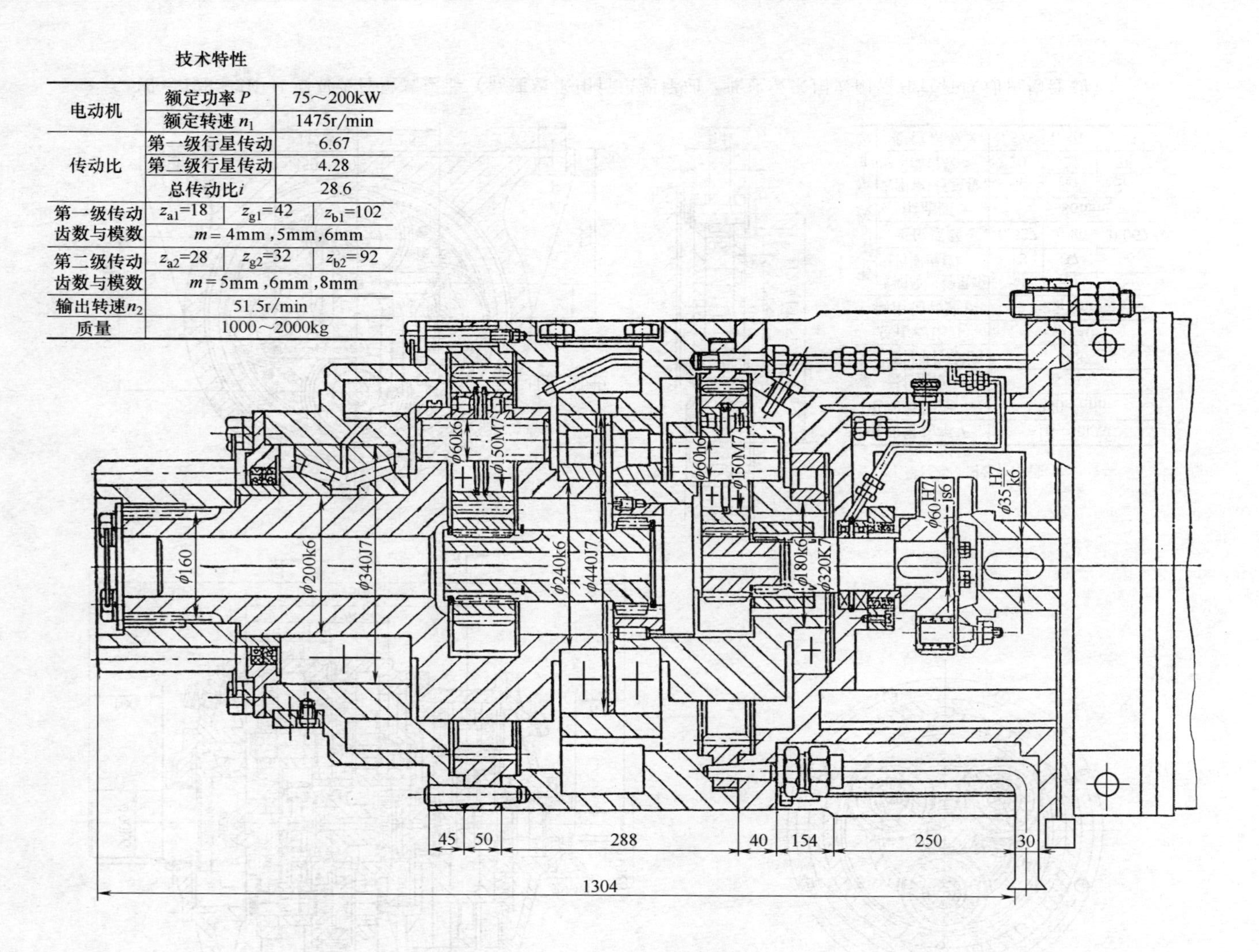

图 6-129　2K-H 型双级行星减速器（采用太阳轮浮动）

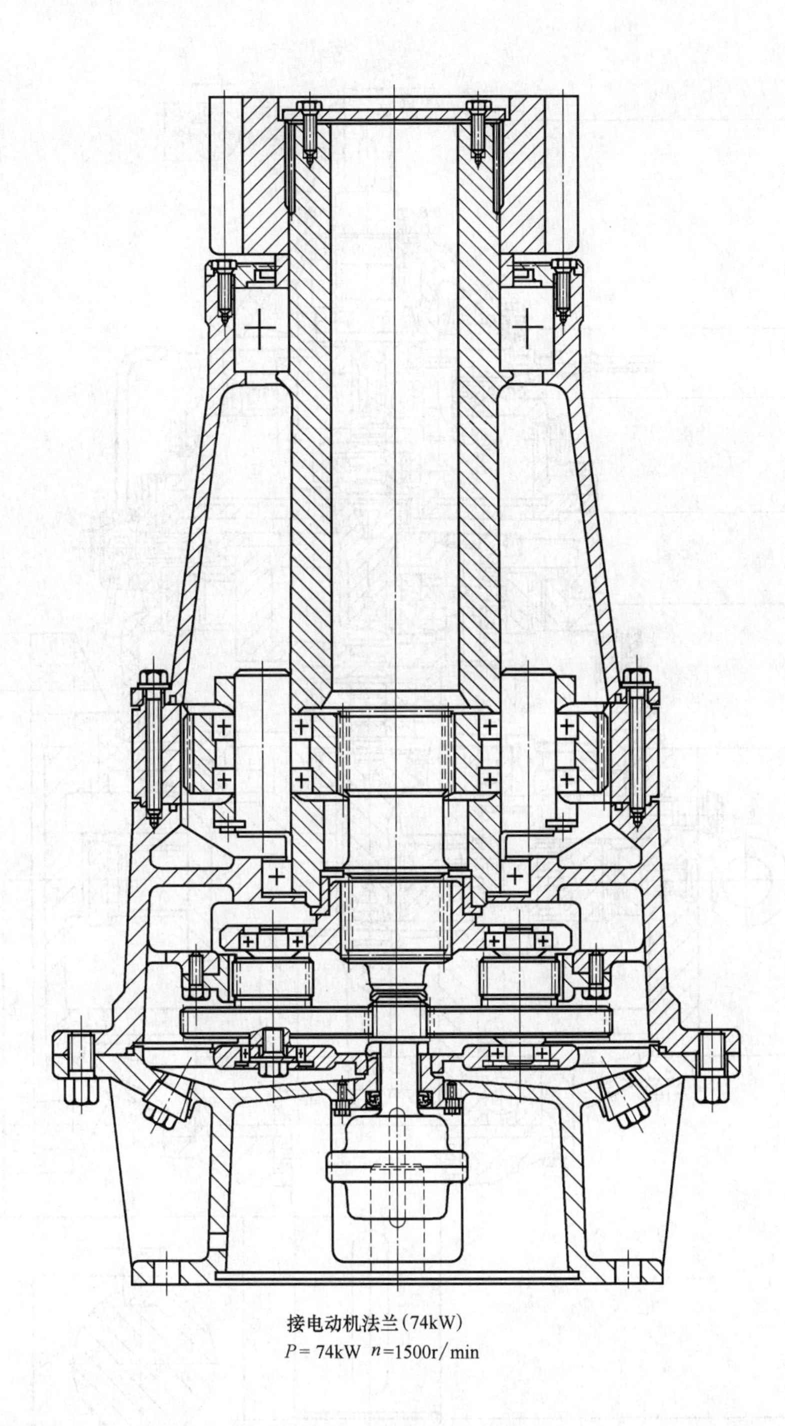

图6-130　双级行星减速器（美国罗宾斯公司制造，用于隧洞掘进机）

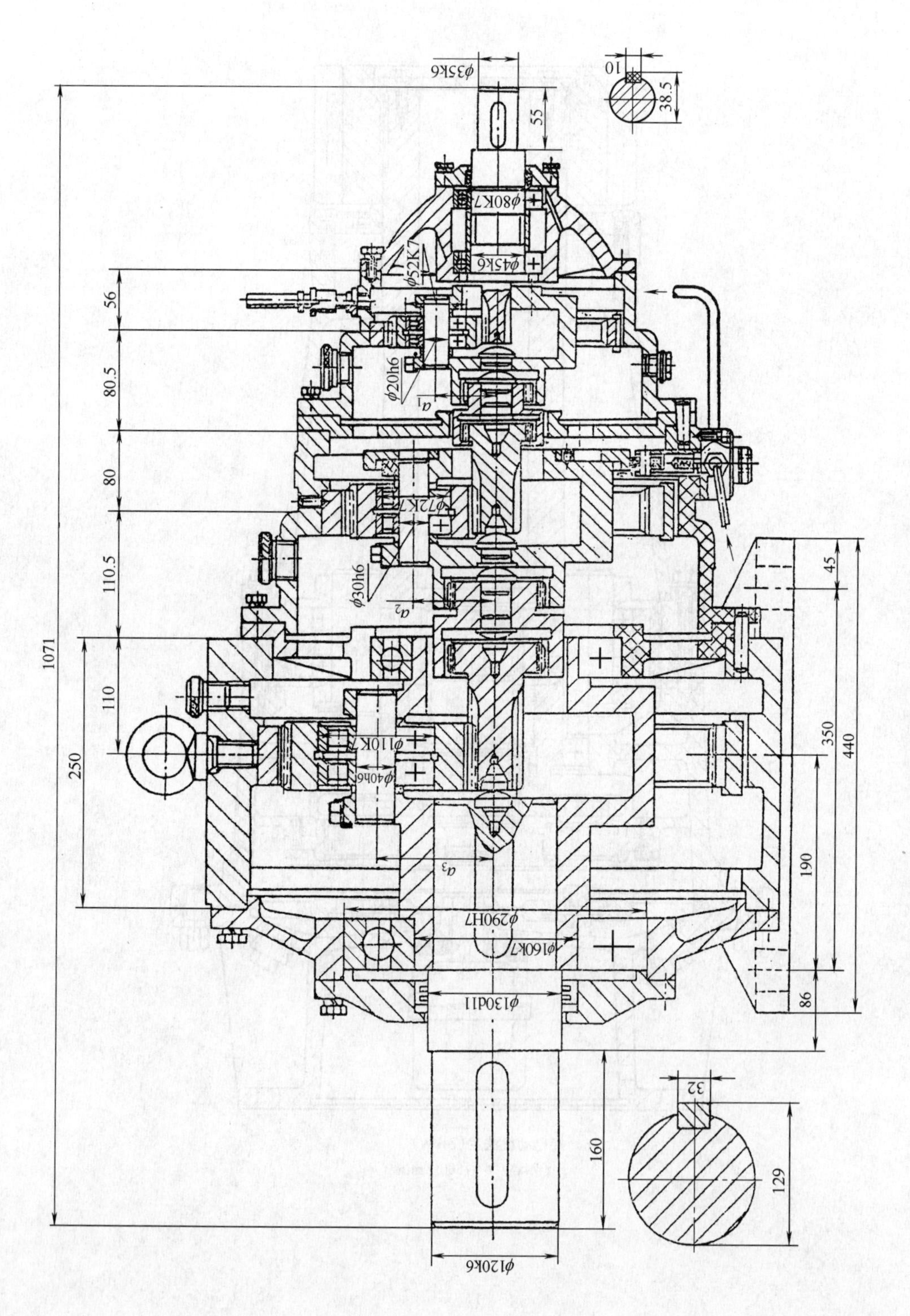

图 6-131 NGW 三级行星减速器（$i_{aH}^{b}=180\sim2000$）

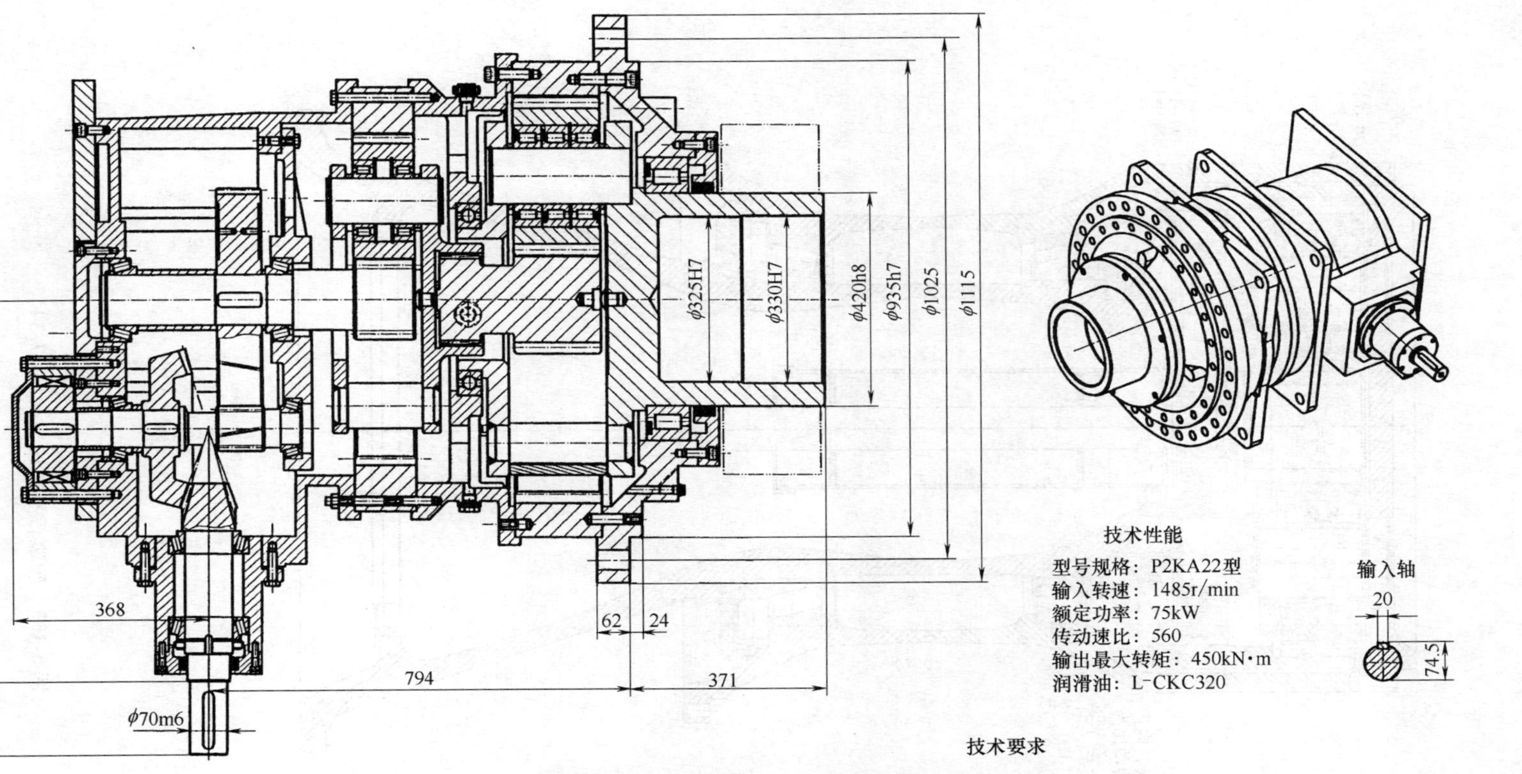

技术要求

1. 齿面接触率：沿齿长方向不小于90%，沿齿高方向不小于70%。
2. 齿轮最小法向侧隙：伞齿轮j_n=0.12mm，平行轴j_n= 0.22mm，行星高速级j_n= 0.24mm，行星低速级j_n= 0.30mm。
3. 高速轴，低速轴与行星架上的轴承，以及行星轮轴承的轴向间隙为0.24mm。
4. 轴承内圈必须紧贴轴肩，用0.05mm塞尺检查不得通过。
5. 装配时外壳各结合端面涂乐泰密封胶(515)密封，紧固螺栓涂乐泰防松胶(271)。
6. 装配后需空载试车，高速级转速n= 600～1500r/min, 根据逆止器方向运转2h，运转应平稳，无冲击、振动及渗漏油现象。
7. 减速机应进行磨合试验，试验中温升不超过45℃，最高油温不超过80℃。
8. 减速器未加工表面应涂环氧富锌底漆，中间漆涂环氧富云铁漆，面漆按主机配色。

图 6-132　P2KA22 型行星减速器

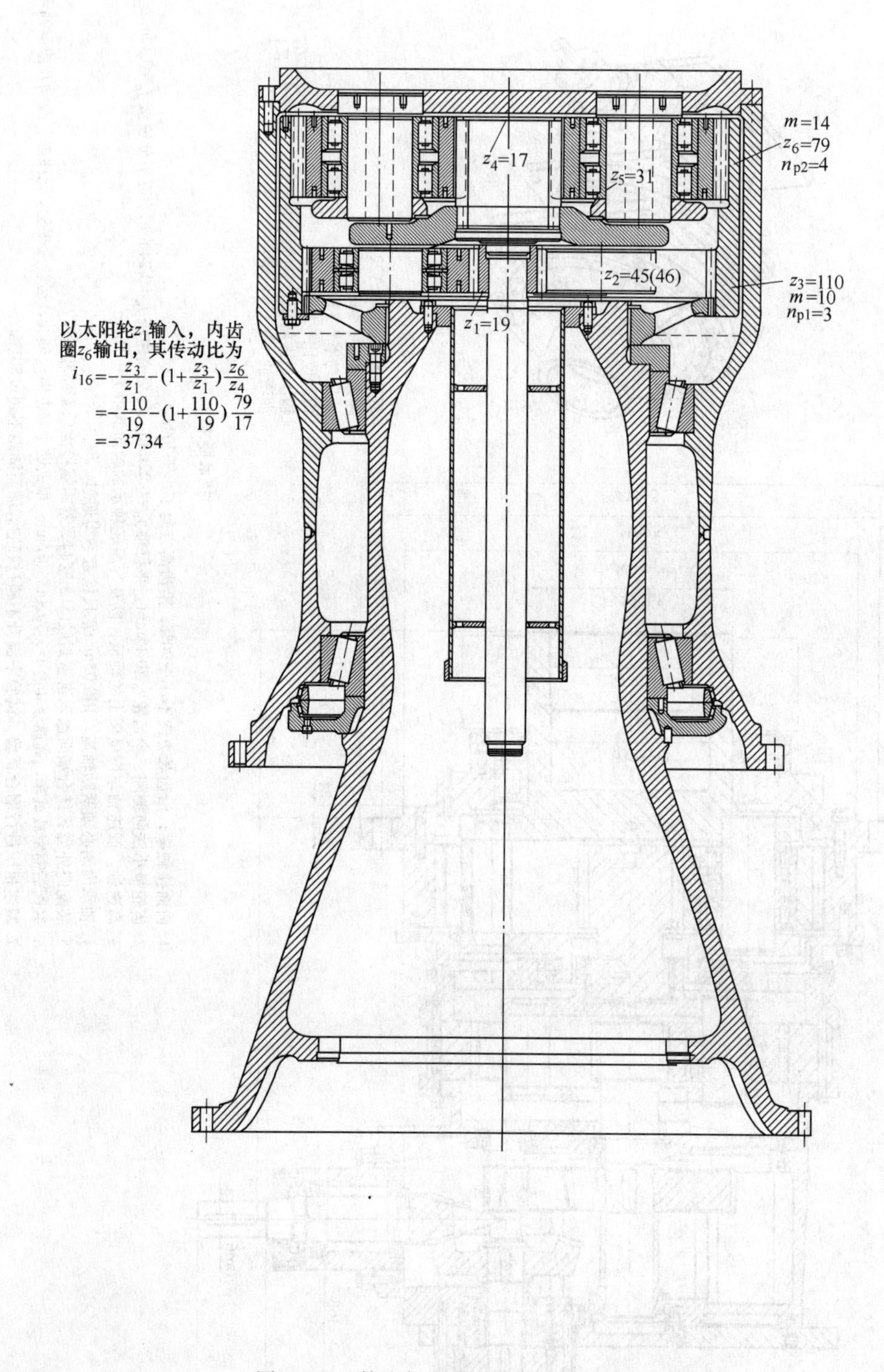

图 6-133　轮边行星减速器（$i=37.34$）

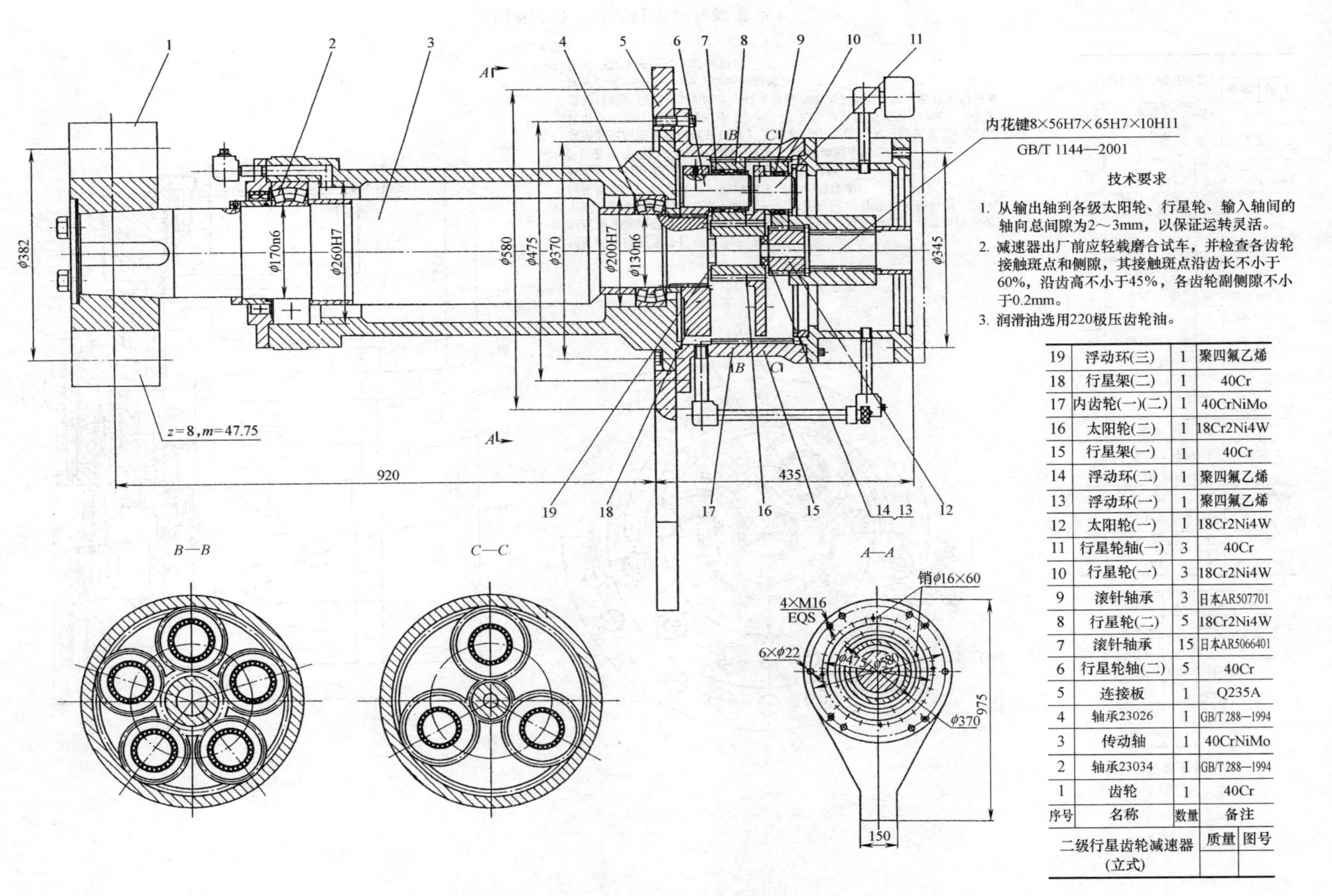

19	浮动环(三)	1	聚四氟乙烯	
18	行星架(二)	1	40Cr	
17	内齿轮(一)(二)	1	40CrNiMo	
16	太阳轮(二)	1	18Cr2Ni4W	
15	行星架(一)	1	40Cr	
14	浮动环(二)	1	聚四氟乙烯	
13	浮动环(一)	1	聚四氟乙烯	
12	太阳轮(一)	1	18Cr2Ni4W	
11	行星轮轴(一)	3	40Cr	
10	行星轮(一)	3	18Cr2Ni4W	
9	滚针轴承	3	日本AR507701	
8	行星轮(二)	5	18Cr2Ni4W	
7	滚针轴承	15	日本AR5066401	
6	行星轮轴(二)	5	40Cr	
5	连接板	1	Q235A	
4	轴承23026	1	GB/T 288—1994	
3	传动轴	1	40CrNiMo	
2	轴承23034	1	GB/T 288—1994	
1	齿轮	1	40Cr	
序号	名称	数量	备注	
二级行星齿轮减速器（立式）			质量	图号

图 6-134　二级行星齿轮减速器（立式）

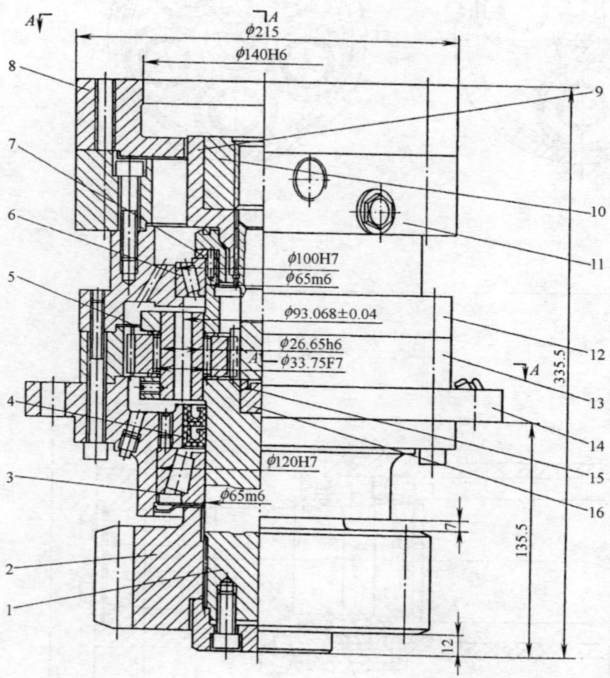

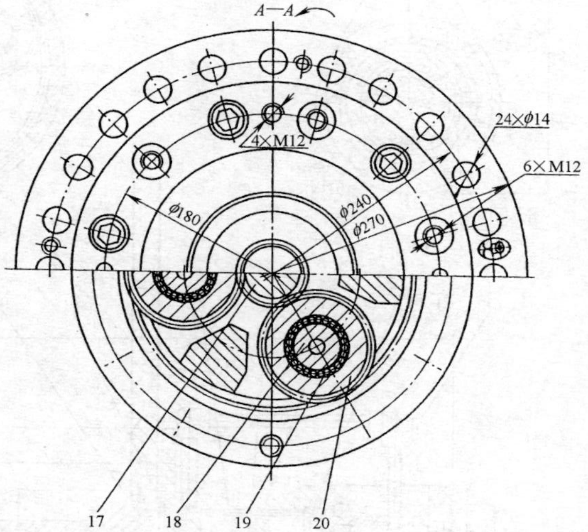

技术参数表

传动功率			
输入转速			
传动比	i=6		
齿轮	太阳轮	行星轮	内齿轮
模数	m = 2.5mm		
压力角	α=20°		
齿数	12	23	60

序号	名称	数量	备注
20	行星轮	3	25Cr2MoVA
19	滚针φ3.5×23.5	81	外购
18	行星轮轴	3	GCr15
17	太阳轮	1	25Cr2MoVA
16	太阳轮支座	1	45
15	太阳轮支承	1	QA19-4
14	底座	1	40Cr
13	内齿轮	1	25Cr2MoVA
12	轴承座	1	40Cr
11	上隔套	1	40Cr
10	联轴器输入端	1	40CrNiMo
9	联轴器套	1	40CrNiMo
8	油马达座	1	40Cr
7	调整垫	1	45
6	轴承33013	1	GB/T 297—1994
5	行星轮垫圈	6	QA19-4
4	密封圈 B65×90×10	2	GB/T 877—2008
3	轴承33213	1	GB/T 297—1994
2	齿轮	1	40Cr
1	行星架	1	40Cr
单级行星齿轮减速器		质量	图号

技术要求

1. 装配前对所有零件仔细清洗干净。
2. 装配前箱体内壁涂以白色或黄色油漆，外部不加工表面涂苹果绿色油漆。
3. 装配后行星轮、行星轴和行星架打上分组标记，并作静平衡检查。装入行星架后，应转动灵活，不得有卡紧和松动现象。
4. 轴承轴向间隙为0.1～0.3mm，由调紧螺母调整。
5. 机体各接合面涂以609密封胶，不得有渗漏油现象。
6. 减速器出厂前应进行磨合试车，并检查各项性能：齿轮接触斑点：沿齿长不小于70%，沿齿高不小于50%，各齿轮副侧隙不小于0.1mm。减速器运转噪声应低于85dB(A)。减速器温升不大于35℃。输出轴处不得漏油。
7. 减速器采用90或120极压齿轮油润滑。
8. 件7、9装入时必须涂密封胶。

图 6-135　单级行星齿轮减速器

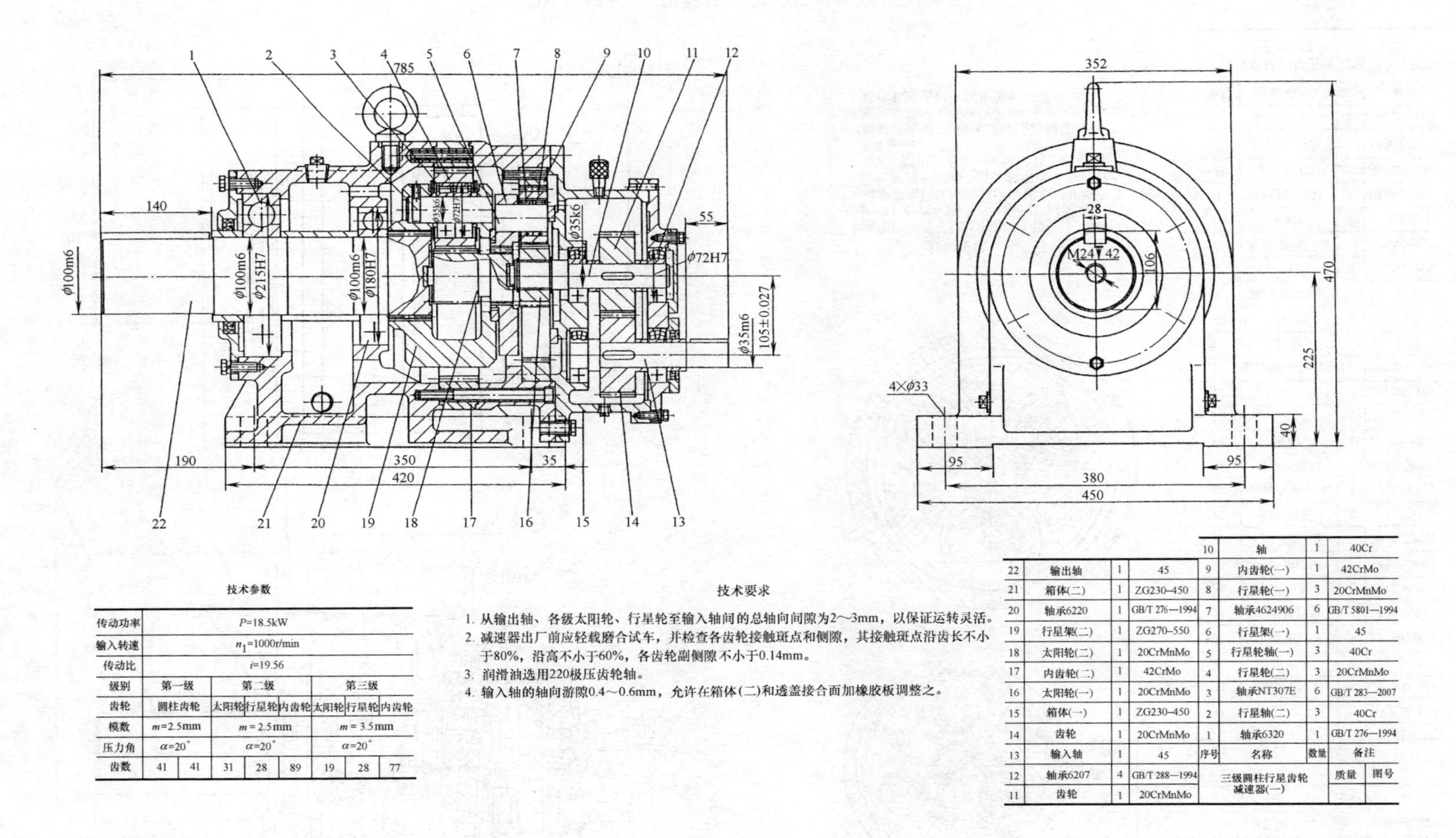

技术参数

传动功率	P=18.5kW							
输入转速	n_1=1000r/min							
传动比	i=19.56							
级别	第一级		第二级			第三级		
齿轮	圆柱齿轮		太阳轮	行星轮	内齿轮	太阳轮	行星轮	内齿轮
模数	m=2.5mm		m = 2.5mm			m = 3.5mm		
压力角	α=20°		α=20°			α=20°		
齿数	41	41	31	28	89	19	28	77

技术要求

1. 从输出轴、各级太阳轮、行星轮至输入轴间的总轴向间隙为2～3mm，以保证运转灵活。
2. 减速器出厂前应轻载磨合试车，并检查各齿轮接触斑点和侧隙，其接触斑点沿齿长不小于80%，沿高不小于60%，各齿轮副侧隙不小于0.14mm。
3. 润滑油选用220极压齿轮油。
4. 输入轴的轴向游隙0.4～0.6mm，允许在箱体(二)和透盖接合面加橡胶板调整之。

				10	轴	1	40Cr
22	输出轴	1	45	9	内齿轮(一)	1	42CrMo
21	箱体(二)	1	ZG230-450	8	行星轮(一)	3	20CrMnMo
20	轴承6220	1	GB/T 276—1994	7	轴承4624906	6	GB/T 5801—1994
19	行星架(二)	1	ZG270-550	6	行星架(一)	1	45
18	太阳轮(二)	1	20CrMnMo	5	行星轮轴(一)	3	40Cr
17	内齿轮(二)	1	42CrMo	4	行星轮(二)	3	20CrMnMo
16	太阳轮(一)	1	20CrMnMo	3	轴承NT307E	6	GB/T 283—2007
15	箱体(一)	1	ZG230-450	2	行星轴(二)	3	40Cr
14	齿轮	1	20CrMnMo	1	轴承6320	1	GB/T 276—1994
13	输入轴	1	45	序号	名称	数量	备注
12	轴承6207	4	GB/T 288—1994	三级圆柱行星齿轮减速器(一)		质量	图号
11	齿轮	1	20CrMnMo				

图 6-136　三级圆柱行星齿轮减速器（一）

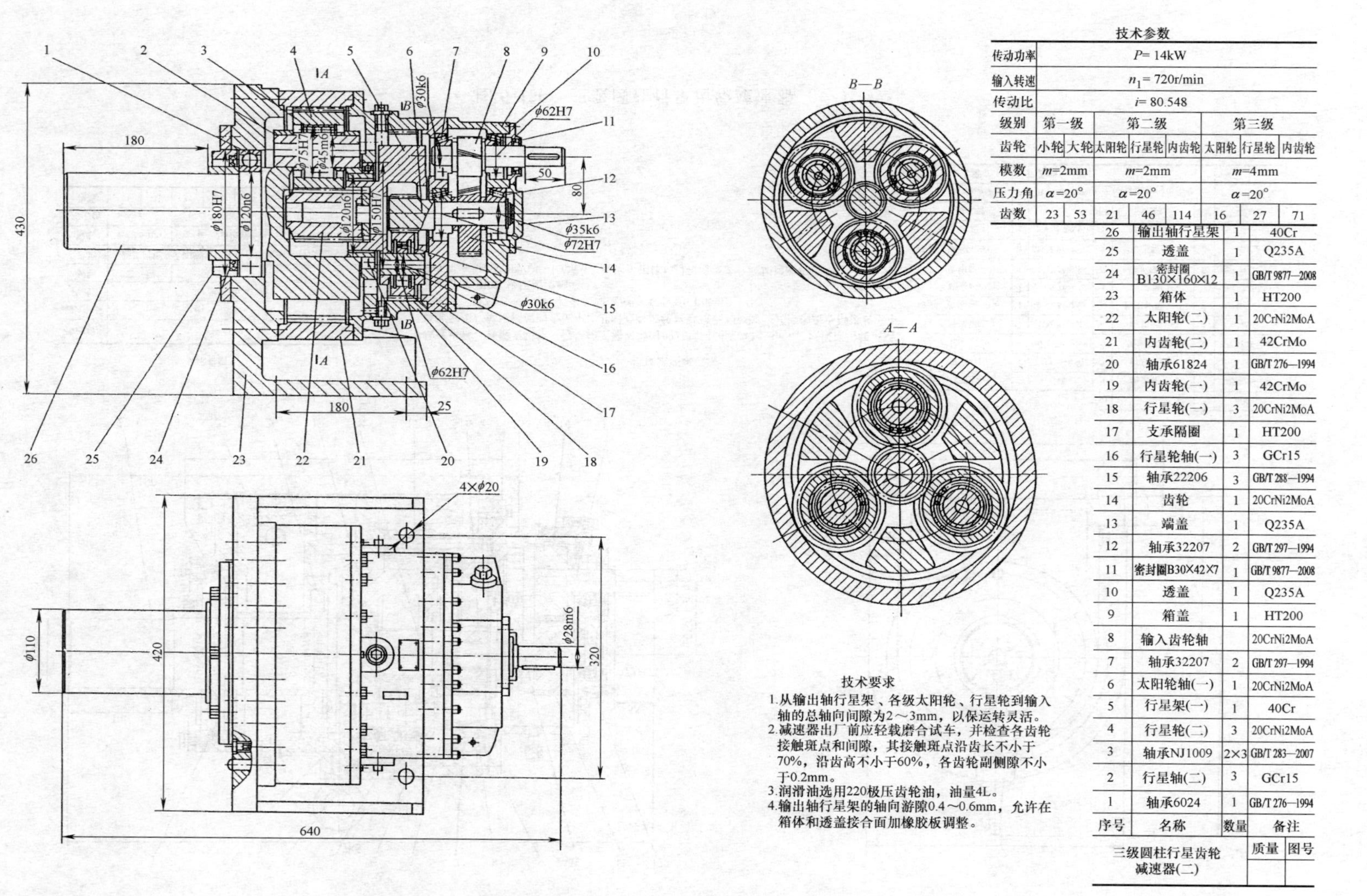

技术参数

传动功率	P= 14kW							
输入转速	n_1= 720r/min							
传动比	i= 80.548							
级别	第一级		第二级			第三级		
齿轮	小轮	大轮	太阳轮	行星轮	内齿轮	太阳轮	行星轮	内齿轮
模数	m=2mm		m=2mm			m=4mm		
压力角	α=20°		α=20°			α=20°		
齿数	23	53	21	46	114	16	27	71

序号	名称	数量	备注
26	输出轴行星架	1	40Cr
25	透盖	1	Q235A
24	密封圈 B130×160×12	1	GB/T 9877—2008
23	箱体	1	HT200
22	太阳轮(二)	1	20CrNi2MoA
21	内齿轮(二)	1	42CrMo
20	轴承61824	1	GB/T 276—1994
19	内齿轮(一)	1	42CrMo
18	行星轮(一)	3	20CrNi2MoA
17	支承隔圈	1	HT200
16	行星轮轴(一)	3	GCr15
15	轴承22206	3	GB/T 288—1994
14	齿轮	1	20CrNi2MoA
13	端盖	1	Q235A
12	轴承32207	2	GB/T 297—1994
11	密封圈B30×42×7	1	GB/T 9877—2008
10	透盖	1	Q235A
9	箱盖	1	HT200
8	输入齿轮轴		20CrNi2MoA
7	轴承32207	2	GB/T 297—1994
6	太阳轮轴(一)	1	20CrNi2MoA
5	行星架(一)	1	40Cr
4	行星轮(二)	3	20CrNi2MoA
3	轴承NJ1009	2×3	GB/T 283—2007
2	行星轴(二)	3	GCr15
1	轴承6024	1	GB/T 276—1994

三级圆柱行星齿轮减速器(二)	质量	图号

技术要求

1. 从输出轴行星架、各级太阳轮、行星轮到输入轴的总轴向间隙为2～3mm，以保运转灵活。
2. 减速器出厂前应轻载磨合试车，并检查各齿轮接触斑点和间隙，其接触斑点沿齿长不小于70%，沿齿高不小于60%，各齿轮副侧隙不小于0.2mm。
3. 润滑油选用220极压齿轮油，油量4L。
4. 输出轴行星架的轴向游隙0.4～0.6mm，允许在箱体和透盖接合面加橡胶板调整。

图 6-137　三级圆柱行星齿轮减速器（二）

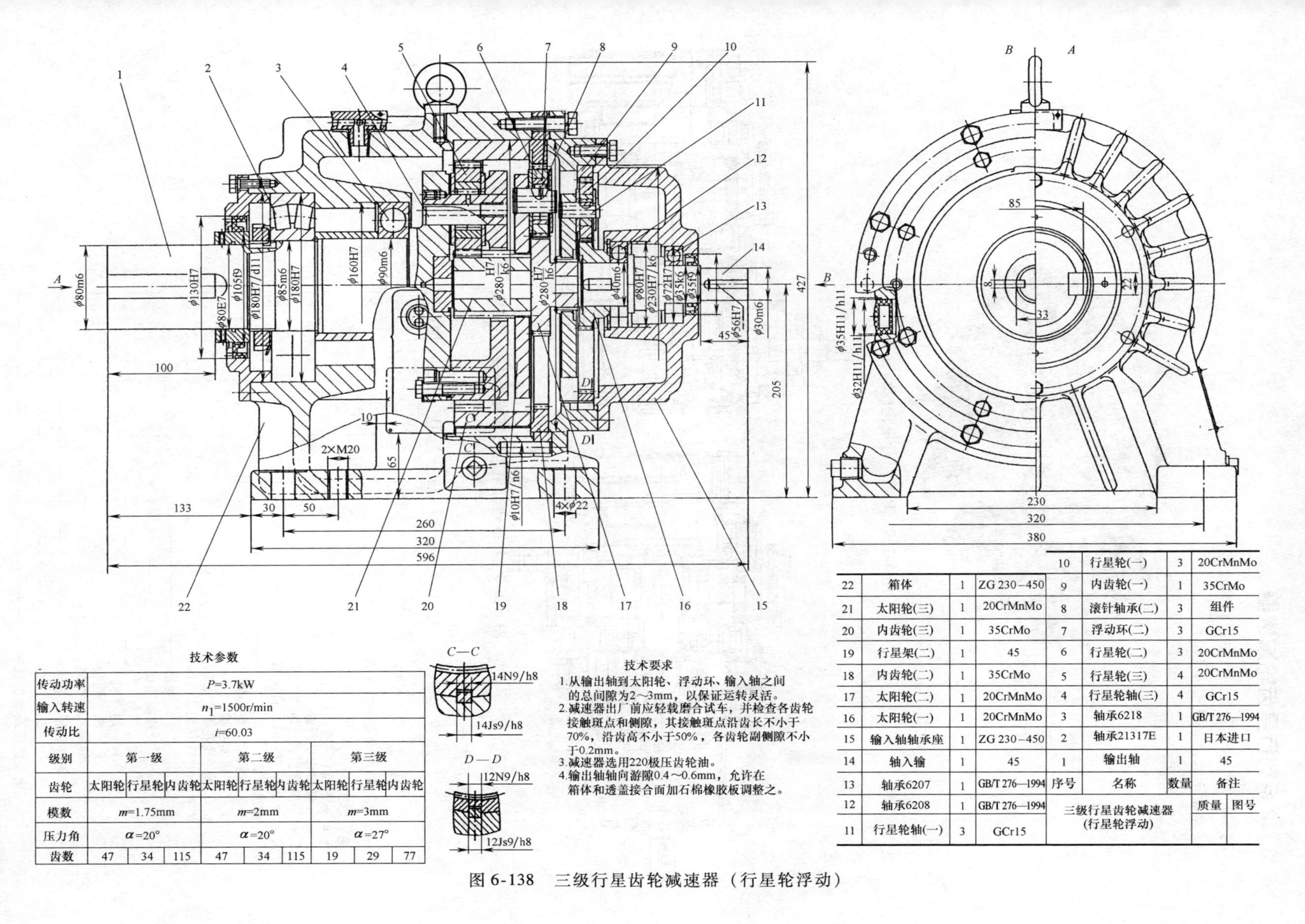

技术参数

传动功率	P=3.7kW								
输入转速	n_1=1500r/min								
传动比	i=60.03								
级别	第一级			第二级			第三级		
齿轮	太阳轮	行星轮	内齿轮	太阳轮	行星轮	内齿轮	太阳轮	行星轮	内齿轮
模数	m=1.75mm			m=2mm			m=3mm		
压力角	α=20°			α=20°			α=27°		
齿数	47	34	115	47	34	115	19	29	77

技术要求

1.从输出轴到太阳轮、浮动环、输入轴之间的总间隙为2～3mm，以保证运转灵活。
2.减速器出厂前应轻载磨合试车，并检查各齿轮接触斑点和侧隙，其接触斑点沿齿长不小于70%，沿齿高不小于50%，各齿轮副侧隙不小于0.2mm。
3.减速器选用220极压齿轮油。
4.输出轴轴向游隙0.4～0.6mm，允许在箱体和透盖接合面加石棉橡胶板调整之。

				10	行星轮(一)	3	20CrMnMo
22	箱体	1	ZG 230−450	9	内齿轮(一)	1	35CrMo
21	太阳轮(三)	1	20CrMnMo	8	滚针轴承(二)	3	组件
20	内齿轮(三)	1	35CrMo	7	浮动环(二)	3	GCr15
19	行星架(二)	1	45	6	行星轮(二)	3	20CrMnMo
18	内齿轮(二)	1	35CrMo	5	行星轮(三)	4	20CrMnMo
17	太阳轮(二)	1	20CrMnMo	4	行星轮轴(三)	4	GCr15
16	太阳轮(一)	1	20CrMnMo	3	轴承6218	1	GB/T 276—1994
15	输入轴轴承座	1	ZG 230−450	2	轴承21317E	1	日本进口
14	输入轴	1	45	1	输出轴	1	45
13	轴承6207	1	GB/T 276—1994	序号	名称	数量	备注
12	轴承6208	1	GB/T 276—1994	三级行星齿轮减速器（行星轮浮动）		质量	图号
11	行星轮轴(一)	3	GCr15				

图 6-138　三级行星齿轮减速器（行星轮浮动）

6.13 P系列行星齿轮减速器

图6-139所示为P系列行星齿轮减速器。

1. 结构示意图（见图6-140）

图6-139 P系列行星齿轮减速器

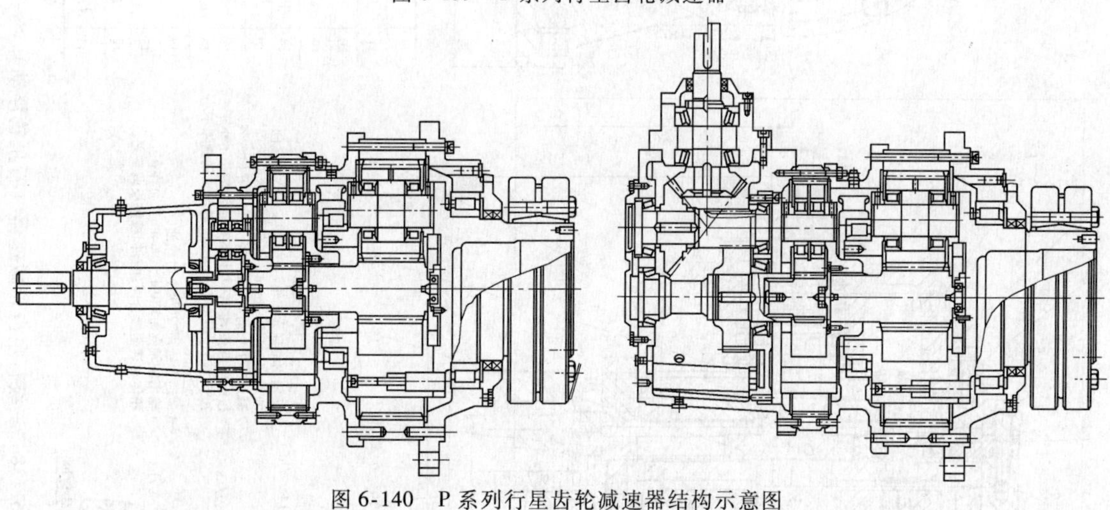

图6-140 P系列行星齿轮减速器结构示意图

2. 型号表示方法

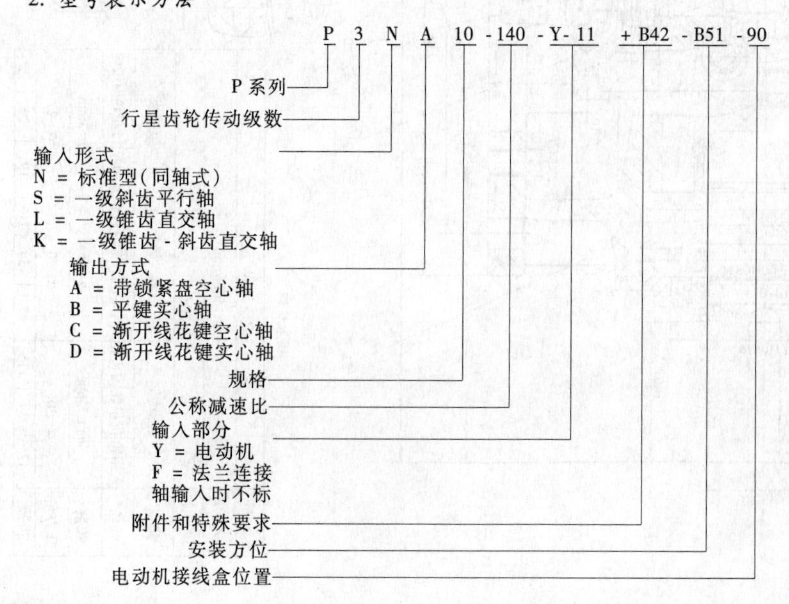

3. 齿轮箱输入/输出方式（见表6-79）

表6-79　齿轮箱输入/输出方式

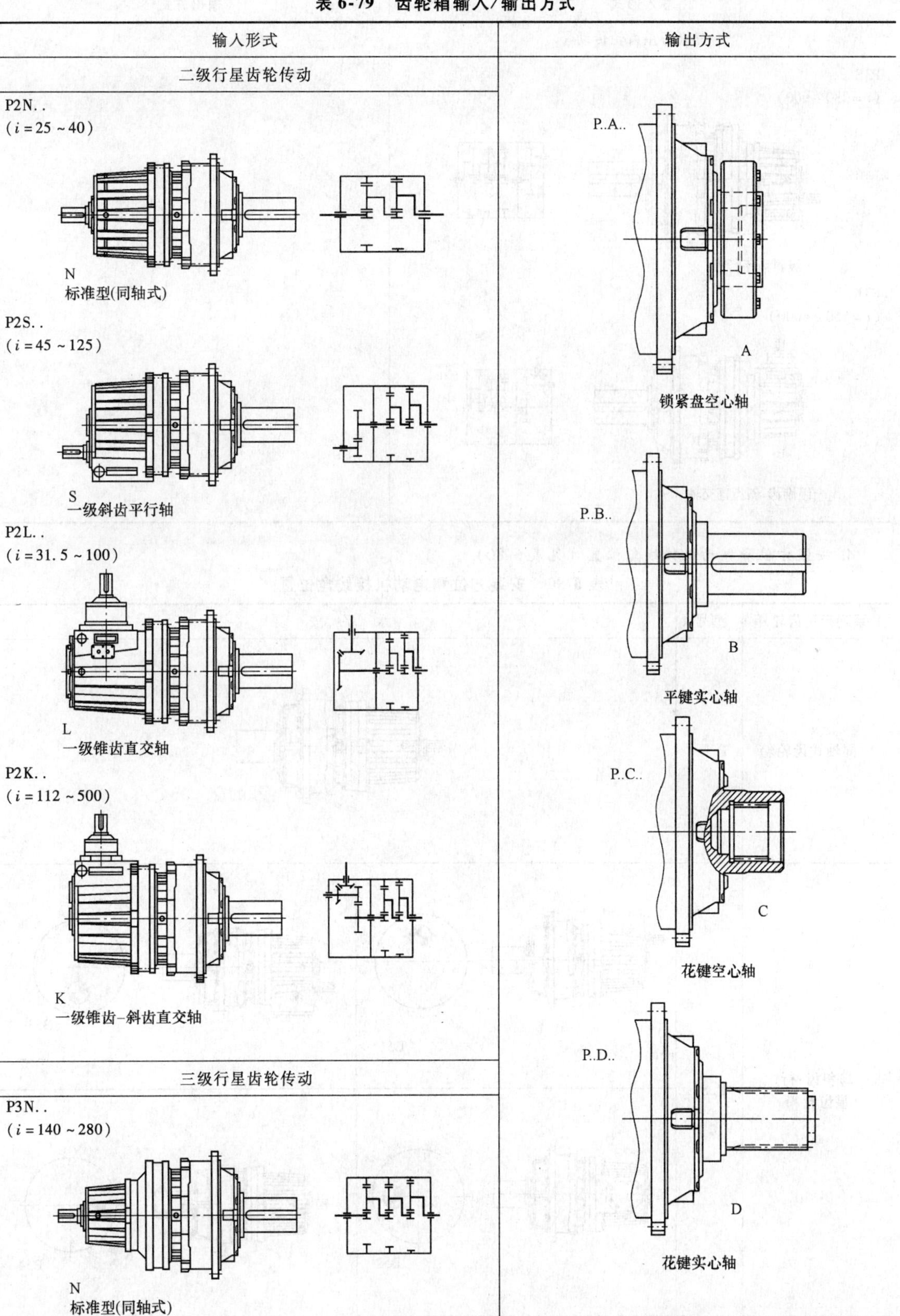

（续）

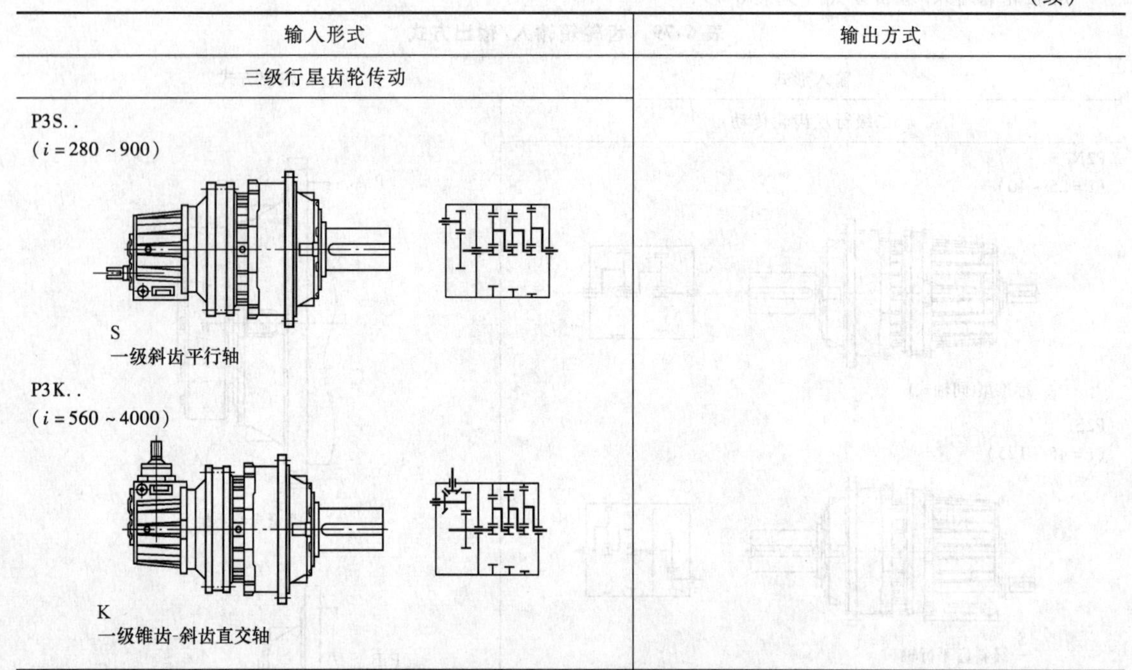

输入形式	输出方式
十 三级行星齿轮传动	
P3S.. （i=280～900） S 一级斜齿平行轴	
P3K.. （i=560～4000） K 一级锥齿-斜齿直交轴	

4. 安装方位和电动机接线盒位置（见表6-80）

表6-80 安装方位和电动机接线盒位置

P系列行星齿轮箱	型号	水平安装	
1）同轴式齿轮箱	P.N.	B5	
2）斜齿-行星齿轮箱	P.S.	B51*	B53
		B52	B54

（续）

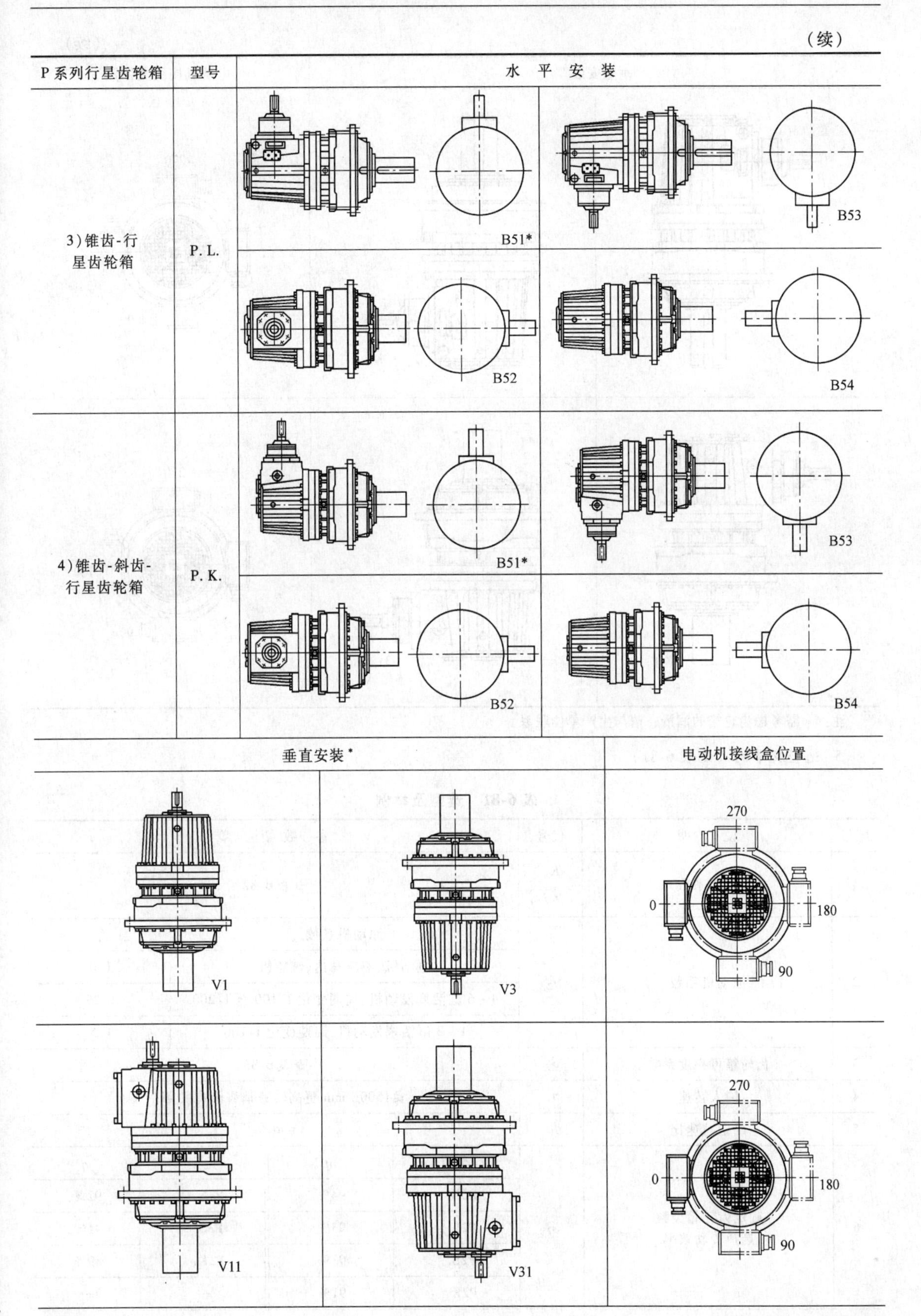
P系列行星齿轮箱
型号
水平安装
3)锥齿-行星齿轮箱
P.L.
B51*
B53
B52
B54
4)锥齿-斜齿-行星齿轮箱
P.K.
B51*
B53
B52
B54
垂直安装*
电动机接线盒位置
V1
V3
270
0
180
90
V11
V31
270
0
180
90

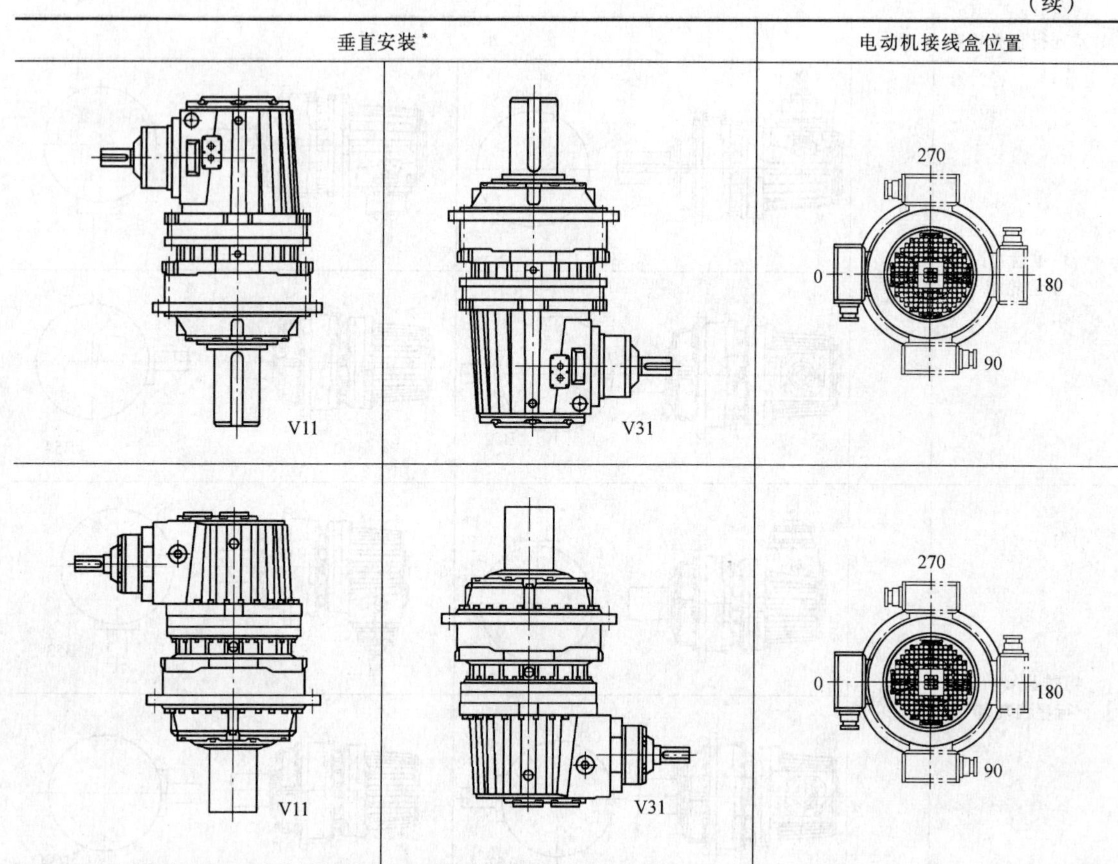

注：*需考虑齿轮箱的润滑，请与生产单位联系。

5. 选型及举例（见表 6-81）

表 6-81　选型及举例

<table>
<tr><th>序号</th><th>说　明</th><th>代号</th><th colspan="4">参　数　计　算</th></tr>
<tr><td>1</td><td>使用系数</td><td>K_A
(或 f_1)</td><td colspan="4">查表 6-82</td></tr>
<tr><td rowspan="4">2</td><td rowspan="4">原动机系数</td><td rowspan="4">f_2</td><td colspan="3">原动机系数</td><td>f_2</td></tr>
<tr><td colspan="3">电动机、液压马达、汽轮机</td><td>1.0</td></tr>
<tr><td colspan="3">4～6 缸活塞发动机，周期变化 1:100 至 1:200</td><td>1.25</td></tr>
<tr><td colspan="3">1～3 缸活塞发动机，周期变化 1:100</td><td>1.5</td></tr>
<tr><td>3</td><td>齿轮箱可靠度系数</td><td>S_F</td><td colspan="4">查表 6-83</td></tr>
<tr><td>4</td><td>输入转速</td><td>n_1</td><td colspan="4">≤1500r/min 更高转速请咨询有关部门</td></tr>
<tr><td>5</td><td>确定减速比</td><td>i</td><td colspan="4">$i = n_1/n_2$</td></tr>
<tr><td rowspan="5">6</td><td rowspan="5">确定齿轮箱类型
选择传动效率</td><td rowspan="5">η</td><td>类型</td><td>η</td><td>类型</td><td>η</td></tr>
<tr><td>P2N. .</td><td>94%</td><td>P3N. .</td><td>92%</td></tr>
<tr><td>P2L. .</td><td>93%</td><td>P3S. .</td><td>91%</td></tr>
<tr><td>P2S. .</td><td>93%</td><td>P3K. .</td><td>89%</td></tr>
<tr><td>P2K. .</td><td>91%</td><td>—</td><td>—</td></tr>
</table>

（续）

<table>
<tr><th>序号</th><th>说 明</th><th>代号</th><th colspan="10">参 数 计 算</th></tr>
<tr><td>7</td><td>以被驱动设备所需的转矩或功率，确定齿轮箱的输入功率</td><td>P_1</td><td colspan="10">$P_1 = T_2 n_1/(9550 i\eta)$ 或 $P_1 = P_2/\eta$</td></tr>
<tr><td>8</td><td>根据计算，查传动能力表，确定齿轮箱规格</td><td>T_{2N}
P_{1N}</td><td colspan="10">$T_{2N} \geqslant T_2 K_A f_2 S_F$ 或 $P_{1N} \geqslant P_1 K_A f_2 S_F$
如果不满足条件：$3.33P_1 \geqslant P_{1N}$，请与生产单位协商定</td></tr>
<tr><td rowspan="4">9</td><td rowspan="4">峰值转矩校核①</td><td rowspan="4">T_A</td><td rowspan="4">$P_{1N} \geqslant T_A n_1 f_3/9550$</td><td rowspan="2">$f_3$</td><td colspan="8">每小时峰值负荷次数</td></tr>
<tr><td colspan="2">1~5</td><td colspan="2">6~30</td><td colspan="2">31~100</td><td colspan="2">>100</td></tr>
<tr><td>单向载荷</td><td colspan="2">0.5</td><td colspan="2">0.65</td><td colspan="2">0.7</td><td colspan="2">0.85</td></tr>
<tr><td>交变载荷</td><td colspan="2">0.7</td><td colspan="2">0.95</td><td colspan="2">1.10</td><td colspan="2">1.25</td></tr>
<tr><td>10</td><td>输出轴径向力、轴向力校核</td><td>F_{r1}/F_{r2}
F_{a1}/F_{a2}</td><td colspan="10">查P系列减速器样本</td></tr>
<tr><td rowspan="2">11</td><td rowspan="2">计算功率利用率确定其系数</td><td rowspan="2">f_{14}</td><td rowspan="2">功率利用率 $=P_1/P_{1N} \times 100\%$
确定其系数 f_{14}</td><td>功率利用率</td><td>30%</td><td>40%</td><td>50%</td><td>60%</td><td>70%</td><td>80%</td><td>90%</td><td>100%</td></tr>
<tr><td>f_{14}</td><td>0.66</td><td>0.77</td><td>0.83</td><td>0.90</td><td>0.90</td><td>0.95</td><td>1.0</td><td>1.0</td></tr>
<tr><td>12</td><td>环境温度系数</td><td>f_t</td><td colspan="10">查表6-84</td></tr>
<tr><td rowspan="2">13</td><td rowspan="2">热容量校核</td><td rowspan="2">P_G</td><td colspan="10">$P_1 \leqslant P_G = P_{G1} f_t f_{14}$ 齿轮箱可不带辅助冷却装置</td></tr>
<tr><td colspan="10">若不能满足上式，则齿轮箱需外加辅助冷却装置，敬请垂询</td></tr>
<tr><td>14</td><td>确定润滑方式</td><td></td><td colspan="10">由用户定</td></tr>
<tr><td>15</td><td>按型号表示方法确定各项</td><td></td><td colspan="10">用户与生产单位协议定</td></tr>
</table>

① 峰值转矩：最大负载转矩，是指启动、制动或最大脉动载荷所引起的最大转矩。（一般工况条件下峰值转矩为启动或制动时的最大转矩）。

选 型 举 例

原动机
电动机功率：90kW
电动机转速：$n_1 = 1000\text{r/min}$
最大启动转矩：2000N·m
（由用户提供数据，如果无法提供则按照电动机额定转矩的1.6倍估算）
被驱动设备（工作机）
设备名称：斗式输送机
设备转速：12.5r/min
使用功率：70kW
工作制：12h
每小时启动次数：大于3次
每小时工作周期：100%
环境温度：-10~40℃
安装空间：室外安装
海拔高度：1000m以下
齿轮箱要求
平行轴输入，实心轴普通平键输出，输入轴向下，安装方位B53
选型步骤
1）确定齿轮箱类型
①确定传动比：$i = n_1/n_2 = 1000/12.5 = 80$
②确定齿轮箱类型：
根据速比及输入、输出轴要求，可选：P2SB..-B53
2）确定齿轮箱规格
①确定齿轮箱的额定功率
$P_1 = T_2 n_1/(9550 i\eta)$
查表6-81传动效率表，$\eta = 0.93$
$P_1 = T_2 n_1/(9550 i\eta)$
$= 68000 \times 1000/(9550 \times 80 \times 0.93)\text{kW} = 95.7\text{kW}$
$P_{1N} \geqslant P_1 K_A f_2$

（续）

选　型　举　例
查表 6-82 $K_A=1.5$，查表 6-81 $f_2=1$ $P_{1N} \geqslant P_1 \times K_A \times f_2 = 95.7 \times 1.5 \times 1\text{kW} = 143.6\text{kW}$ 根据传动能力表确定型号：P2SB14-80-B53 查得　$P_{1N}=153\text{kW}$　$i_{ex}=78.8$ ②校核 $3.3 \times 95.7 = 318.681 \geqslant P_{1N}$　满足要求 ③峰值转矩校核 $P_{1N}=153\text{kW} \geqslant T_A n_1 f_3/9550$ $=2000 \times 1000 \times 0.5/9550\text{kW} = 104.71\text{kW}$　满足要求 3）校核热容量 公称功率利用率 $=P_1/P_{1N}=95.7/153=0.625=62.5\%$ 查 P 系列选型表得 $f_{14}=0.9$　$f_t=1.16$ $P_{G1} f_t f_{14} = 94 \times 1.16 \times 0.9\text{kW} = 100.32\text{kW} > P_1$ 因此无需外加辅助冷却装置就可满足设备要求 润滑方式：浸油润滑 4）确定型号：P2SB14-80-B53

使用系数见表 6-82、表 6-83 和表 6-84。

表 6-82　使用系数 K_A（也有用代号 f_1）

被驱动设备	日带载运行时间(h)		
	≤2	>2～10	>10
污水处理			
浓缩器(中心传动)	—	—	1.2
压滤器	1.0	1.3	1.5
絮凝器	0.8	1.0	1.3
曝气机	—	1.8	2.0
搜集设备	1.0	1.2	1.3
纵向、回转组			
合式接集装置	1.0	1.3	1.5
浓缩器	—	1.1	1.3
螺杆泵	—	1.3	1.5
水轮机	—	—	2.0
泵			
离心泵	1.0	1.2	1.3
容积式泵			
1 个活塞	1.3	1.4	1.8
>1 个活塞	1.2	1.4	1.5
挖泥机			
斗式运输机	—	1.6	1.6
倾卸装置	—	1.3	1.5
履带式行走机构	1.2	1.6	1.8
斗式挖掘机			
用于捡拾	—	1.7	1.7
用于粗料	—	2.2	2.2
切碎机	—	2.2	2.2
行走机构*	—	1.4	1.8
弯板机	—	1.0	1.0
化学工业			
挤出机	—	—	1.6
调浆机	—	1.8	1.8
橡胶砑光机	—	1.5	1.5
冷却圆筒	—	1.3	1.4
混料机，用于			
均匀介质	1.0	1.3	1.4
非均匀介质	1.4	1.6	1.7
搅拌机，用于			
密度均匀介质	1.0	1.3	1.5
不均匀介质	1.2	1.4	1.6
不均匀气体吸收	1.4	1.6	1.8
烘炉	1.0	1.3	1.5
离心机	1.0	1.2	1.3

被驱动设备	日带载运行时间(h)		
	≤2	>2～10	>10
金属加工设备			
翻板机	1.0	1.0	1.2
推钢机	1.0	1.2	1.2
绕线机	—	1.6	1.6
冷床横移架	—	1.5	1.5
辊式矫直机	—	1.6	1.6
辊道			
连续式	—	1.5	1.5
间歇式	—	2.0	2.0
可逆式轧管机	—	1.8	1.8
剪切机			
连续式①	—	1.5	1.5
曲柄式①	1.0	1.0	1.0
连铸机驱动装置	—	1.4	1.4
轧机			
可逆式开坯机	—	2.5	2.5
可逆式板坯轧机	—	2.5	2.5
可逆式线材轧机	—	1.8	1.8
可逆式薄板轧机	—	2.0	2.0
可逆式中厚板轧机	—	1.8	1.8
辊缝调节驱动装置	0.9	1.0	—
输送机械			
斗式输送机	—	1.4	1.5
绞车	1.4	1.6	1.6
卷扬机	—	1.5	1.8
皮带输送机≤150kW	1.0	1.2	1.3
皮带输送机≥150kW	1.1	1.3	1.4
货用电梯①	—	1.2	1.5
客用电梯①	—	1.5	1.8
刮板式输送机	—	1.2	1.5
自动扶梯	1.0	1.2	1.4
轨道行走机构	—	1.5	—
变频装置	—	1.8	2.0
往复式压缩机	—	1.8	1.9
起重机械②			
回转机构①		1.4	1.8
俯仰机构		1.1	1.4
行走机构		1.6	2.0
提升机构		1.1	1.4
转臂式起重机		1.2	1.6

（续）

被驱动设备	日带载运行时间(h)		
	≤2	>2~10	>10
冷却塔			
冷却塔风扇	—	—	2.0
风机(轴流和离心式)	—	1.4	1.5
食品工业			
蔗糖生产			
甘蔗切碎机①	—	—	1.7
甘蔗碾磨机	—	—	1.7
甜菜糖生产			
甜菜绞碎机	—	—	1.2
榨取机,机械制			
冷机、蒸煮机	—	—	1.4
甜菜清洗机			
甜菜切碎机	—	—	1.5
造纸机械			
各种类型③	—	1.8	2.0
碎浆机驱动装置			
离心式压缩机	—	1.4	1.5
索道缆车			
运货索道	—	1.3	1.4
往返系统空中索道			
	—	1.6	1.8
T型杆升降机	—	1.3	1.4
连续索道	—	1.4	1.6
水泥工业			
混凝土搅拌器	—	1.5	1.5
破碎机①	—	1.2	1.4
回转窑	—	—	2.0
管式磨机	—	—	2.0
选粉机	—	1.6	1.6
辊压机	—	—	2.0
木材工业			
剥皮机			
进给传动	1.25	1.25	1.50
主传动	1.75	1.75	1.75
运送机			
燃烧器、反复锯、转塔式、转运输送	1.25	1.25	1.50
主要载荷、重载	1.50	1.50	1.50
主原木、地坯	1.75	1.75	2.00
输送链			
地板	1.50	1.50	1.50
生材	1.50	1.50	1.75
切割链			
锯传动、牵引	1.50	1.50	1.75
剥皮筒	1.75	1.75	2.00
进给传动			
轧边、修木、刨床进给、分类台、自动倾斜升降	1.25	1.25	1.50
多轴送进、原木搬运和旋转	1.75	1.75	1.75
搬运			
料盘、胶合板车床传动、输送链、起重式	1.50	1.50	1.75
塑料工业			
碾磨机、复式磨、涂料、涂膜、输送管、拉杆、薄型	1.25	1.25	1.25
管型、拔桩机	1.25	1.25	1.50
连续混合机、压延机、吹膜、欲塑化	1.50	1.50	1.50
分批混合机	1.75	1.75	1.75
橡胶工业			
连续式强力内式拌合机、混合轧机、分批下料碾磨机、(双光棍式除外)精炼机、压延机	1.50	1.50	1.50
双棍式夹持进给及混合碾磨机	1.25	1.25	1.50
分批式强力内式拌合机、双光棍式单槽纹棍碾碎机加热器、双光棍式分批下料碾磨机	1.75	1.75	1.75
波形棍式碾碎机	2.00	2.00	2.00
发电机和励磁机	1.00	1.00	1.25
锤式破碎机	1.75	1.75	2.00
砂碾机	1.25	1.25	1.50

工作机额定功率 P_2 确定：

① 按最大的转矩确定额定功率。

② 实际的使用系数应根据准确的载荷分类进行选择，具体可咨询有关用户。

③ 检验热容量是绝对必要的。

注：1. 所列各项系数均为经验值。使用这些系数的前提条件是，所述机械设备应符合通常的设计规范和载荷条件。

2. 对于那些未列入此表的工作机械，请与有关部门联系。

表6-83　齿轮箱可靠度系数 S_F

一般设备,减速机失效后仅仅引起单机停产,并且更换零部件比较容易,损失较小	$1.0 \leqslant S_F \leqslant 1.3$
重要设备,减速机失效后使生产线或者全厂停工,停机事故损失比较大	$1.3 < S_F \leqslant 1.5$
高可靠度要求,减速机失效后可能造成重大停产事故,造成极大的经济损失,以及人身生命事故	$1.5 < S_F$

表 6-84　环境温度系数 f_t

环境温度	每小时工作周期(ED)				
	100%	80%	60%	40%	20%
10℃	1.14	1.20	1.32	1.54	2.04
20℃	1.00	1.06	1.16	1.35	1.79
30℃	0.87	0.93	1.00	1.18	1.56
40℃	0.71	0.75	0.82	0.96	1.27
50℃	0.55	0.58	0.64	0.74	0.98

第7章　行星差动传动装置的设计

7.1　概述

行星差动传动具有两个自由度，即 $W=2$，太阳轮 a、内齿圈 b 和行星架 H（在机构学中亦称系杆或转臂）都承受外转矩而运动。行星差动传动是行星齿轮传动的一种特殊应用形式。行星差动传动主要用于运动的合成与分解。当一个基本构件为主动件，另外两个基本构件作为从动件输出功率时，行星差速器将使输入功率和主动运动按某种要求进行分解；当两个基本构件为主动件输入功率，另外一个基本构件作为从动件输出功率时，行星差速器使输入功率和主动运动按某种要求进行合成。就实际应用而言，前者并不是单纯分解了功率和运动，更重要的是解决了一些用其他传动方式难以解决的问题；后者也不仅是进行了功率和运动的合成，而且利用这种传动特点，可解决在一定的范围内的调速和多速驱动问题。

用于行星差动传动的行星传动，常为2K-H（NGW）型、2K-H（WW）型、ZUWGW型传动。这些行星传动与适当的定轴齿轮传动组合，便可组成行星差速器。

2K-H（NGW）型行星差动传动结构紧凑，轴向尺寸小、质量轻，效率高，应用广泛，目前在离心机上广泛应用。

2K-H（WW）型行星差动传动，结构简单，但尺寸和质量较大。由于其传动效率与传动比紧密相关，在设计时应作慎重考虑（当 $i_{ab}^{H}=2$ 时较为理想）。

采用ZUWGW型行星差动传动时，输入轴与输出轴可垂直，适用于车辆前后桥的差速器，常取 $i_{ab}^{H}=-1$。此外，还常用于小功率的差动调速及机床传动系统中。

行星差动传动已广泛应用于起重运输、冶金、矿山机械、化工机械、机床和轻工机械等行业中。

近年来，利用行星差动传动技术开发了许多新产品，在许多行业中发挥着重要作用，一些典型应用有：

1）利用行星差动传动装置的调速功能驱动中小型连轧机、风机泵及磨机等，可对工作机输出转速进行调节，以实现相应的工艺要求或调整其输出的流体流量及压力等，可明显改善作业品质，降低运行能耗，减少资源浪费。

2）利用行星差动传动技术开发的可控的起动传动装置，通过控制差动机构中某一自由度的转速变化，进而实现输出级的平稳起动，可大大减缓起动冲击，减小起动电流，改善起动品质。目前在长距离带传动机上已得到广泛应用，其最大传递功率可达3000kW，并可实现多点驱动且自动实现载荷均衡。

3）利用行星差动技术开发了高速差速器应用于卧式螺旋卸料离心分离机，可实现固液物料的分离作业。行星差速器最高工作转速可达5000r/min，最大驱动转矩可达数万N·m。

4）行星差动传动装置还广泛应用于起重机、卸船机的抓斗及电炉电极的升降运动，以实现正常运行及升程时快速运动要求。在连铸设备的钢包移动台车驱动装置中采用行星差动传动装置，亦可实现正常运行及起步和停车时慢速运行的要求。

7.2　四卷筒机构行星差动装置

目前，国内在大型卸船机（见图7-1）上广泛应用四卷筒机构行星差动装置。原来小车的运行、抓斗的升降、抓斗的开闭需用三套传动系统，而今用两台行星差动减速器、四只卷筒、两台主电动机、一台行走电动机就可实现上述要求，简化了结构，减轻了质量，对大梁的作用力减小，具有突出的优点。

在卸船机上首先应用四卷筒机构行星差动装置的是法国佳提公司（Caillard Levage）。1988年法国佳提公司名扬海内外，为世界众多散货装卸和港务管理当局所熟知，向世界各地提供产品，亦在该领域始终保持技术国际领先地位，信誉卓绝。

我们由此得到启发，在国内开发应用这一技术。在卸船机上采用新颖的四卷筒牵引方式，小车自重轻，绳索简单，钢绳对大梁的作用力小，绳索寿命长且更换方便。原来小车行走、抓斗起升、抓斗开闭要用三套传动装置，现在合并为一套——四卷筒传动装置，简化了结构。目前，国内开始普遍应用其核心技术——行星差动减速器的设计与制造。我们先后研制了抓斗容量为10t、16t、18t、22t、25t、36t、40t、52t和60t的卸船机，经多年的实际应用，证明其性能好，运行正常，无任何渗、漏油现象；其组合巧妙，结构紧凑，体积小，效率高，可靠性好。

7.2.1　行星差动减速器的结构与参数

我们知道，行星差动减速器具有两个自由度（即 $W=2$），主要用于运动的合成与分解，根据不同的使用工况，可用于复合运动（两个原动机、一个执行机构）和分解运动（一个原动机、两个执行机构），如汽车的差速器就是如此。

现以10t卸船机（见图7-2）为例进行介绍。该卸船机采用两台行星差动减速器，各用两台大小不

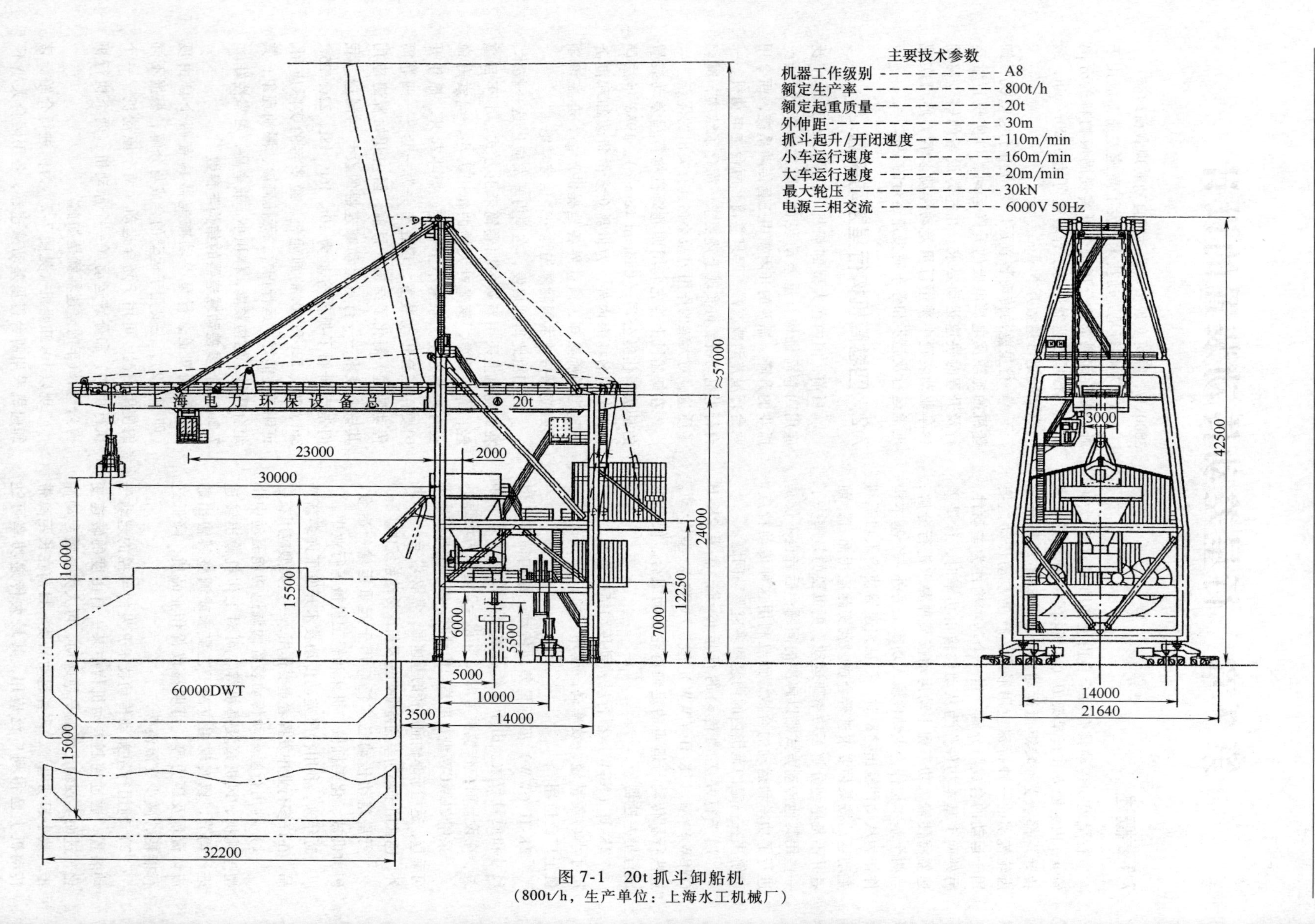

图 7-1 20t 抓斗卸船机

（800t/h，生产单位：上海水工机械厂）

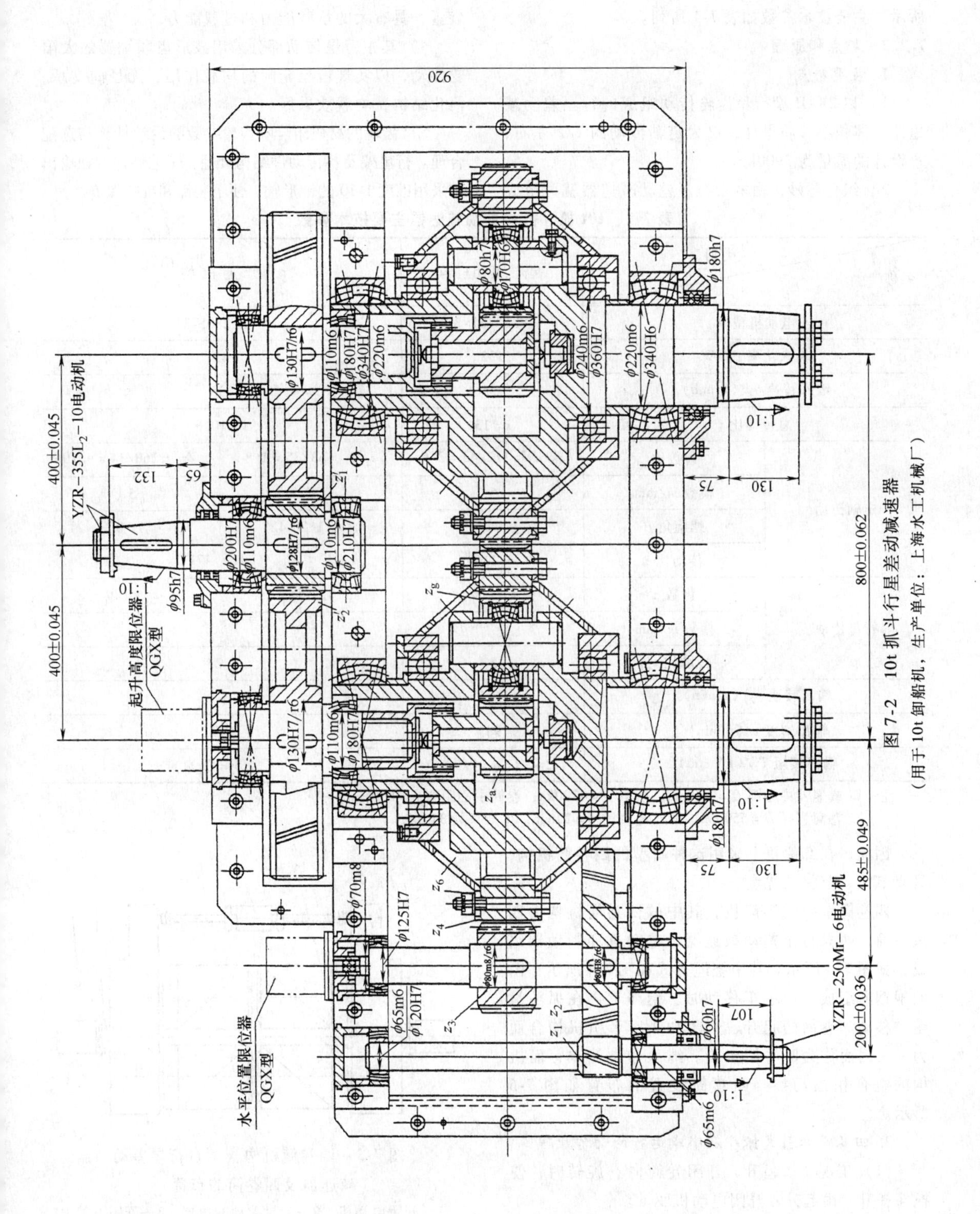

图 7-2　10t 抓斗行星差动减速器
（用于10t卸船机，生产单位：上海水工机械厂）

同的驱动电动机，组成四卷筒机构，用于小车运行、抓斗起升和开闭。其中行星差速器的结构如图 7-2 所示，主要技术参数如表 7-1 所列。

7.2.2 特点和原理

1. 主要特点

1）以 2K-H 型行星齿轮传动组成的行星差动减速器，体积小、质量轻，仅为定轴传动的 1/2 左右，本设计的质量为 3900kg。

2）组合巧妙，由两台行星差动减速器就可组成四卷筒驱动装置。

3）承载能力大，以 2K-H 型组合成的行星差动装置，具有大的承载能力和过载能力。

4）其中行星传动部分采用鼓形齿联轴器的太阳轮浮动，以实现行星轮间的均载作用，无径向支承，简化结构，均载效果好。

5）齿轮的材质组合和齿轮参数的设计计算与选配合理。行星架及各传动件结构合理，工艺性好。如输出轴采用锥度 1:10 的锥形轴，便于装卸和维护保养。

表 7-1 10t 抓斗行星差动减速器主要技术参数

名称 \ 类别		起升、开闭机构	行走机构	
电动机型号		YZP315L-8	YZP280S-8	
输入功率 P/kW		132	45	
输入转速 n_1/(r/min)		735	735	
总传动比 i		$i=13$	$i=10.6$	
定轴传动	齿数比	$z_2'/z_1'=112/43=2.6$	$z_2/z_1=63/35=1.8$	$z_4/z_3=160/34=4.706$
	模数 m/mm	5	4	5
	螺旋角 β	$\beta=12°$	$\beta=11°28'42''$	$\beta=0$
	传动比 i	$i=2.60$	$i_1=8.471$	
行星传动	齿数 z	$z_a=30$	$z_g=45$	$z_b=120$
	模数 m/mm	5		
	传动比 i_{aH}^{b}	5	1.25	
输出转速 n_2/(r/min)		56.5	69	
输出速度 v/(r/min)		98	119	
输出转矩 T_2/(kN·m)		$2\times21(\eta=0.94)$	$5.8(\eta=0.94)$	

注：1. 减速器中心高 $H=480$mm，质量 $G=4200$kg，卷筒中心距离 $L=800$mm。
2. 卷筒直径 $D=550$mm，钢丝绳直径 $d=22$mm，生产率为 340t/h。

因此，在卸船机上采用这种新型的四卷筒机构，具有节能、节材的优点。

四卷筒牵引式卸船机，其中的四卷筒机构由四只卷筒、两只行星差动减速器、电动机和制动器组成，如图 7-3 所示。其中绕绳方式如图 7-4 所示，由四根钢绳组成，而小车移动时，钢绳不再在抓斗滑轮中移动。卷筒的起升、开闭和小车牵引机构合而为一，因而称为四卷筒机构。绳系非常简单，而机构的组合相当巧妙。四卷筒装置的布置如图 7-5 所示。

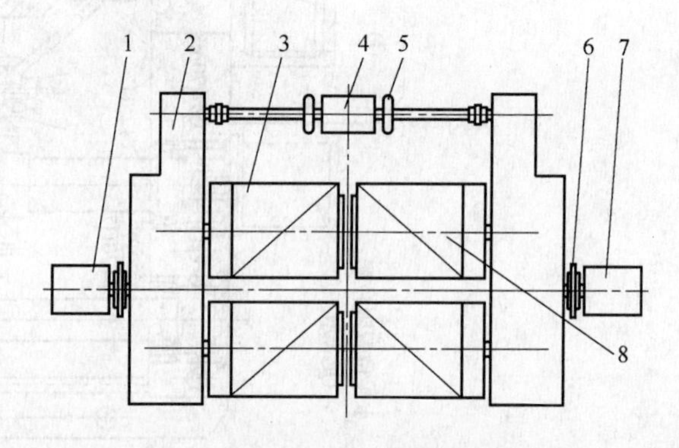

图 7-3 四卷筒机构（两台行星差动减速器及四卷筒的布置）

1—开闭电动机 2—行星差动减速器 3—开闭卷筒 4—小车运行电动机 5—轮式制动器 6—盘式制动器 7—起升电动机 8—起升卷筒

2. 四卷筒牵引式抓斗及小车运行的动作原理

（1）工况 1 起升、开闭卷筒向右旋转时，使抓斗提升，由起升、开闭电动机驱动。

（2）工况 2 起升、开闭卷筒向左旋转时，使抓斗下降，由起升、开闭电动机驱动。

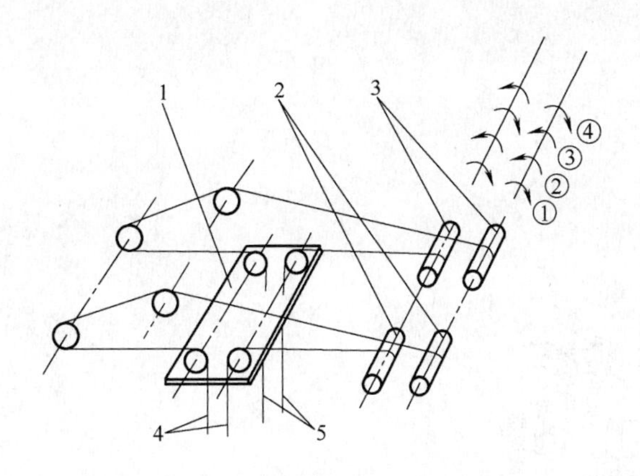

图7-4　四卷筒机构钢丝绳的缠绕法

1—运行小车　2—起升卷筒　3—开闭卷筒　4—起升钢绳　5—开闭钢绳

（3）工况3　起升、开闭卷筒分别作向内相对旋转，使抓斗小车向右移动，此时，由小车牵引电动机驱动。

（4）工况4　起升、开闭卷筒分别向外相对旋转，则抓斗小车向左移动。

（5）工况5　当起升卷筒刹住不动，开闭卷筒向左旋转时，抓斗运行开启。

（6）工况6　当起升卷筒刹住不动，开闭卷筒向右旋转时，抓斗运行闭合。

（7）工况7　起升、开闭卷筒同向旋转时，小车牵引电动机投入运行，抓斗可以走曲线轨迹进入或离开船舱。

四卷筒机构的核心部分是行星差动减速器。该机构的起升、开闭均采用yPZ1-800/300盘式制动器，制动力矩大，性能可靠，安全灵活。小车牵引电动机双输出轴系统上装有两台常规的YWZ5-315/50轮式制动器。

抓斗内开闭段钢绳较其余部分的弯曲疲劳、磨损严重，为了延长钢绳使用寿命，降低钢绳耗量，设计中考虑钢绳在卷筒上有一定储备量。这样，可以把磨损严重的钢绳段砍掉，放出一段，重新满足开闭所需的钢绳长度。一般一根钢绳可重复使用三次。

该机所选用的钢绳为6×29F1＋NF型号，麻芯填交绕优质钢绳，具有较高的韧性、弹性，并能蓄存一定的润滑油脂。它还有较大的承载能力，具有抗挤压、不旋转、耐疲劳等特点。为更有效地防止抓斗旋转和合理使用钢绳，起升、开闭绳左右捻成对使用，右旋卷筒上用左捻钢绳，左旋卷筒上用右捻钢绳。

有时为了安装及拆换钢绳方便，在设计中专门设置了一个钢绳穿绳装置。

图7-6所示为36t行星差动减速器，表7-2所列为其主要技术参数。图7-7所示为四卷筒机构的布置形式。图7-8所示为52t行星差动减速器的结构图。

表7-2　36t行星差动减速器主要技术参数

名称 \ 类别		起升、开闭机构	行走机构	
电动机型号		—	—	
输入功率 P/kW		500	200	
输入转速 n_1/(r/min)		992/1139	1000	
总传动比 i		27.26	18.74	
定轴传动	齿数比	$z'_2/z'_1=82/19;74/19\times82/74$	$z_2/z_1=59/18$	$z_4/z_3=77/16$
	模数 m/mm	10	8	16
	螺旋角 β	12°/(+0.081/0.3)	0	0
	传动比	$i'_1=4.316$	$i_1=3.278$	$i_2=4.813$
	齿宽 b/mm	160	125	180
行星传动	齿数 z	$z_a=19, z_g=41, z_b=101$		
	模数 m/mm	10		
	齿宽 b/mm	150		
	传动比 i_{aH}^{b}	6.316	1.188	
输出转速 n_2/(r/min)		36/42(变频下降)	53	
输出速度 v/(m/min)		136/158	200	
输出转矩 T_2/(kN·m)		$2\times62(\eta=0.94)$	$34(\eta=0.94)$	

注：1. 卸船机工作级别：FEM UB-Q4-A8。
2. 起升、关闭和小车运行的工作级别：FEM-L4-M8。
3. 工作系数 $K_A=1.75$。
4. 卷筒直径 $D=1.3$m，钢丝绳直径 $d=36$mm。
5. 两卷筒间的中心距 $L=1800$mm。

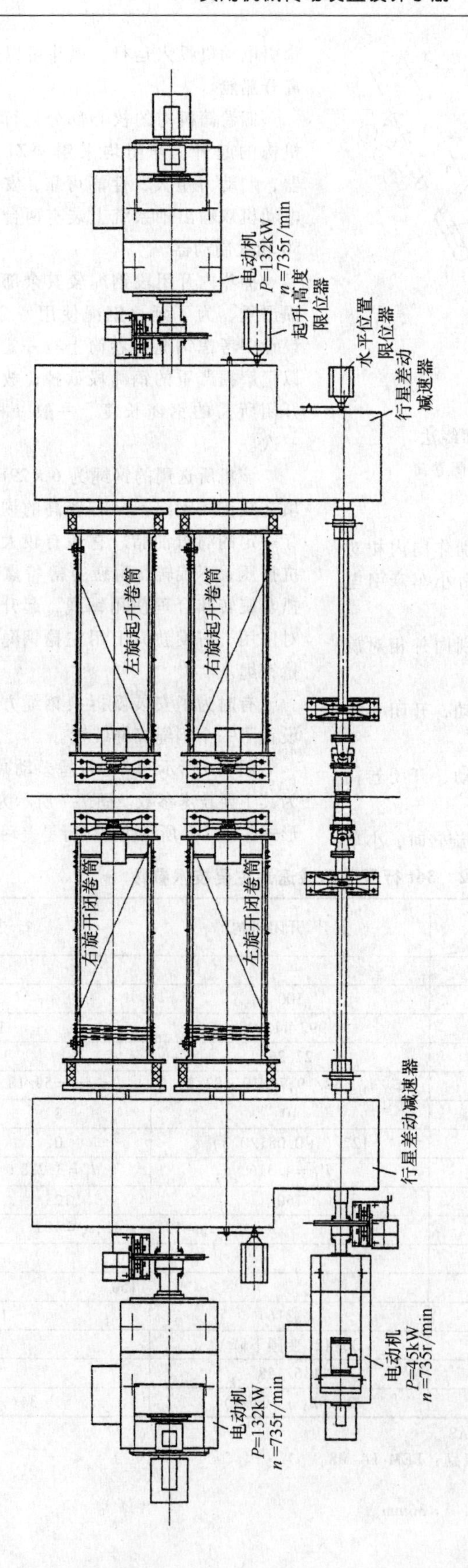

图 7-5　四卷筒装置的布置（10t）

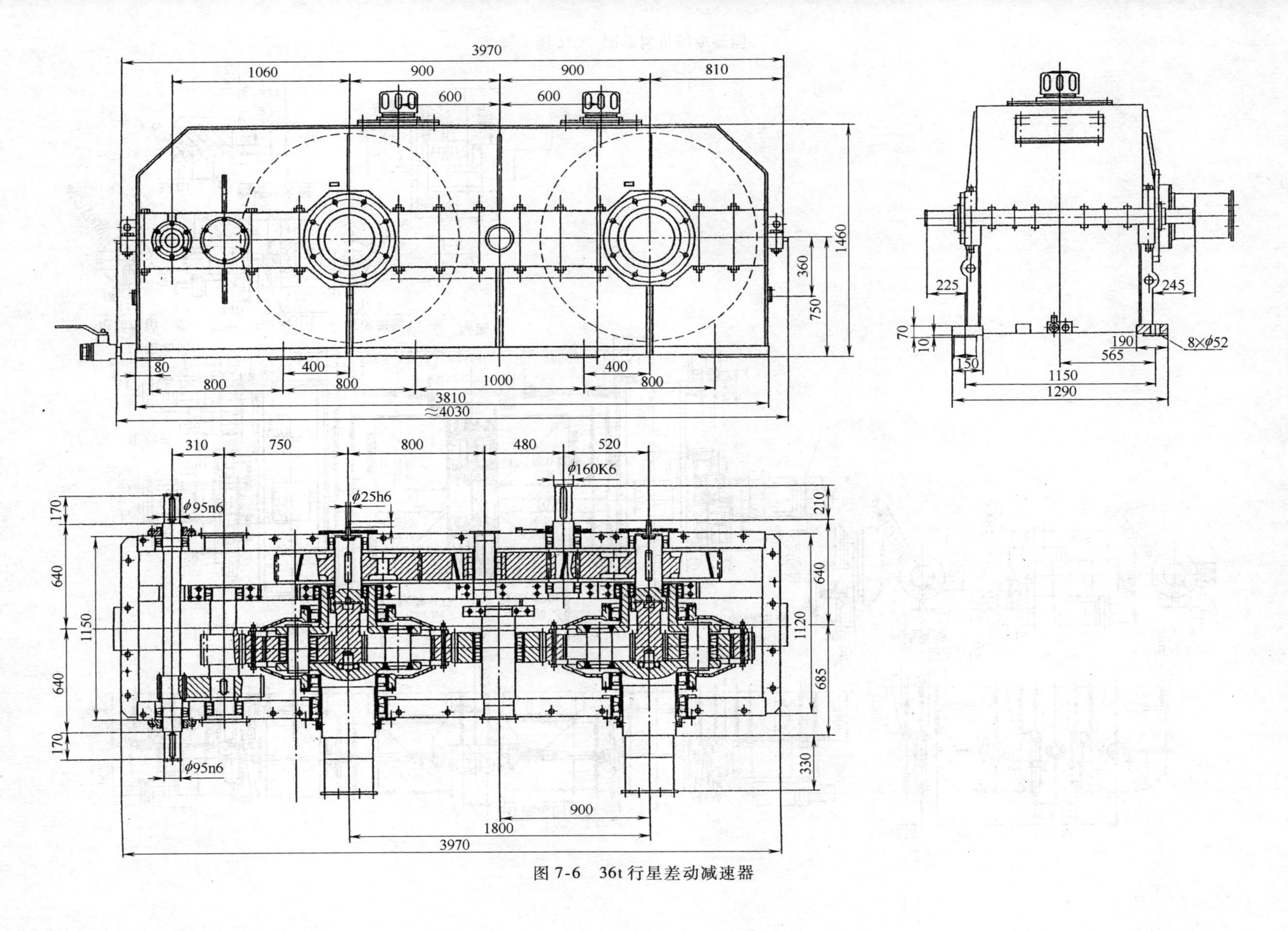

图7-6　36t行星差动减速器

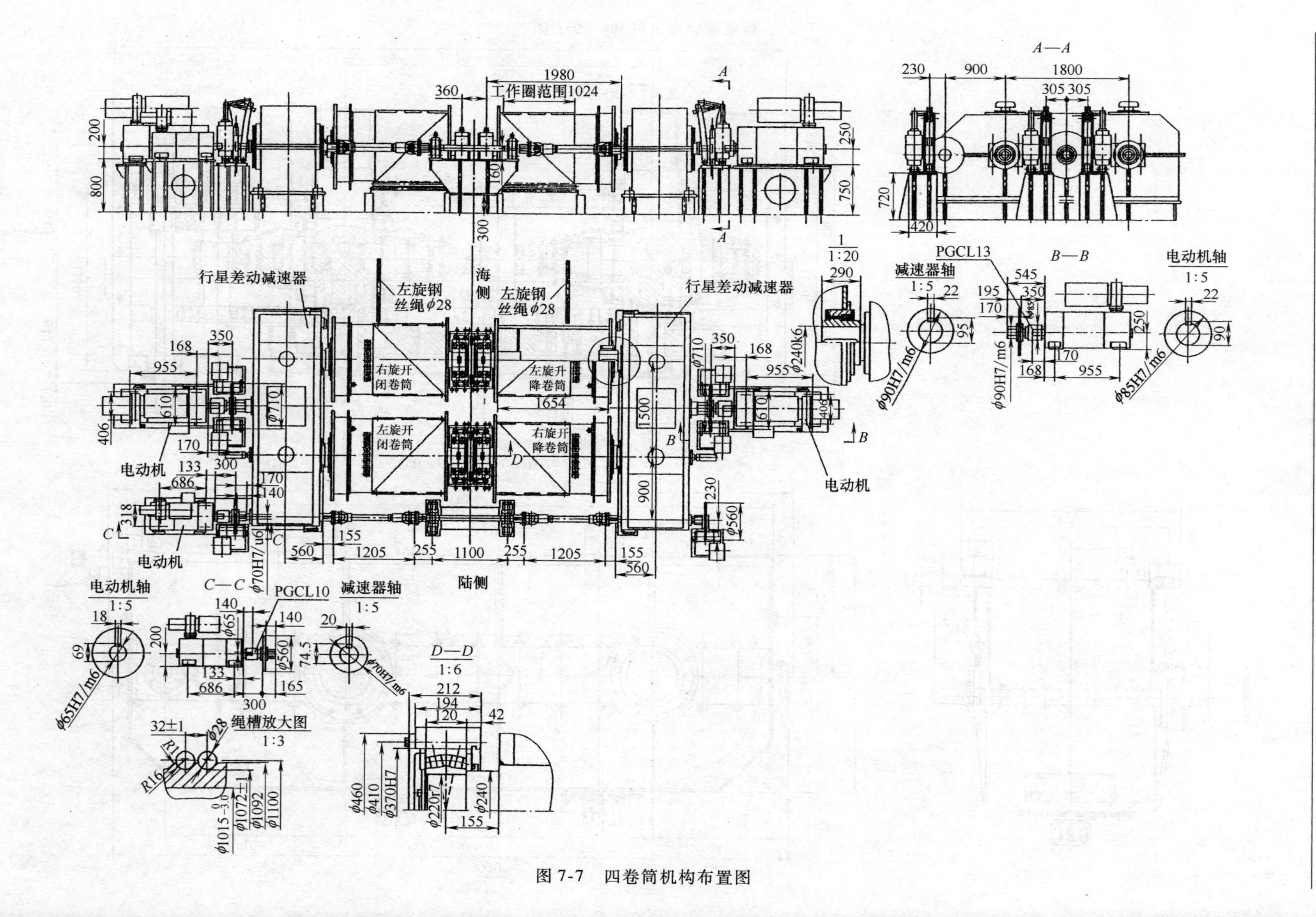

图 7-7　四卷筒机构布置图

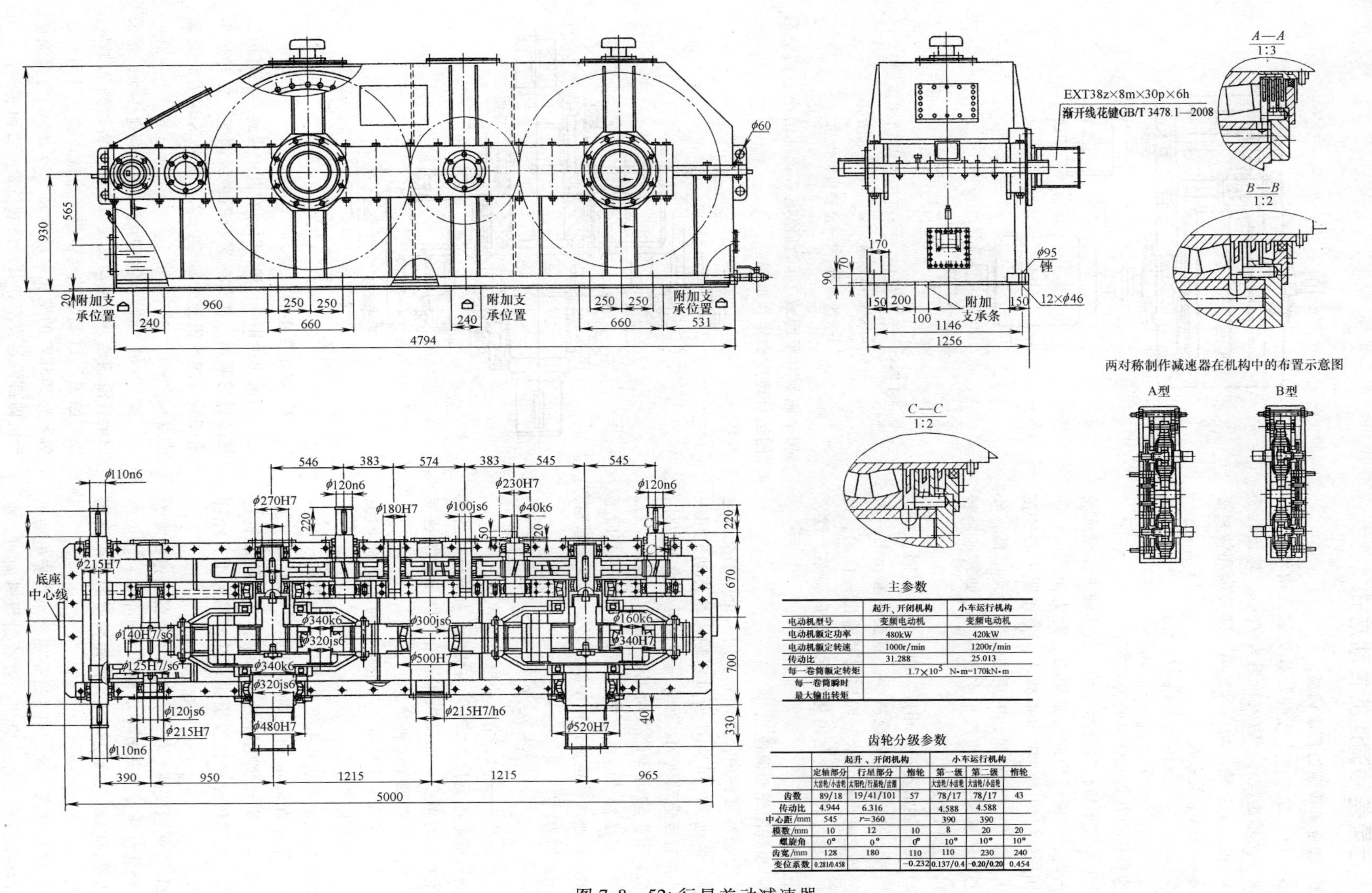

主参数

	起升、开闭机构	小车运行机构
电动机型号	变频电动机	变频电动机
电动机额定功率	480kW	420kW
电动机额定转速	1000r/min	1200r/min
传动比	31.288	25.013
每一卷筒额定转矩	1.7×10^5 N·m=170kN·m	
每一卷筒瞬时最大输出转矩		

齿轮分级参数

	起升、开闭机构			小车运行机构		
	定轴部分	行星部分	惰轮	第一级	第二级	惰轮
	大齿轮/小齿轮	太阳轮/行星轮/齿圈		大齿轮/小齿轮	大齿轮/小齿轮	
齿数	89/18	19/41/101	57	78/17	78/17	43
传动比	4.944	6.316		4.588	4.588	
中心距/mm	545	r=360		390	390	
模数/mm	10	12	10	8	20	20
螺旋角	0°	0°	0°	10°	10°	10°
齿宽/mm	128	180	110	110	230	240
变位系数	0.281/0.458		−0.232	0.137/0.4	−0.20/0.20	0.454

图7-8　52t行星差动减速器
（生产率2500t/h，生产单位：杭州前进齿轮箱厂）

7.3 行星差动调速的传动方式

7.3.1 转矩和转速的自动调整

这种传动方式中，行星架 H 为输入构件，中心轮 a 和 b 为输出构件；输入转矩为 $T_H n_H$，输出转矩为 $T_a n_a$ 和 $T_b n_b$；输入功率为定值。线速度和转矩必须遵守下列两个关系式

$$v_a + v_b + v_H = 0$$

$$T_a + T_b + T_H = 0$$

这种传动方式又分为两种情况：

1）如汽车后桥的差速传动，当驾驶人操纵前轮的方向时，内侧后轮的行走阻力、阻力矩增大；同时外侧后轮的阻力、阻力矩减小。差速器中心轮按这种力矩变化调整转速，内侧中心轮转速降低，外侧中心轮转速提高，使汽车实现转向，即转速随转矩变化自动调整。

2）与上述情况正好相反。由于某种原因，一个输出构件 a 的转速增大或减小，就会使输出另一构件 b 的转速减小或增大，而同时两输出构件的转矩自动地向着与转速变化趋势相反的方向调整，建立新的平衡状态。

7.3.2 窄范围无级调速

三个基本构件中，太阳轮 a 用一个大的交流电动机 M_1 驱动，行星架 H 通过定轴齿轮传动，用一个较小的直流电动机 M_2 驱动，作为两个输入构件；中心轮 b 作为输出构件带动工作机械（见图 7-9）。利用两个主动构件的差速关系调整从动构件，即工作机械的转速。按调速过程中输出转矩不变的原则，其调速范围为

$$S = P_2 / P_1$$

式中 P_1、P_2——大、小电动机的功率。

所谓窄范围是指 $S \leqslant 30\%$ 的情况，如连轧机各机架轧辊转速的调节、加工机床进给速度与切削速度配比的调节等都属于这种情况。

图 7-9 所示为连轧机中一个机架的差动调速器，其具体结构如图 7-10 所示。

采用此差动调速具有下列优点：

1）调速直流电动机功率小，仅为总功率的 10%～20%，直流供电装置容量小，其电控装置也小。与全直流调速相比投资少，日常消耗少，经济效益高。

2）调速精度高。若小直流电动机的调速精度为 3%，则轧制速度的调节精度误差不到 1%。如果单独用大直流电动机调速，对其调速精度的要求则明显提高。

3）灵敏度高、调速快。这是因为小直流电动机的转子转动惯量小，反应快，过渡过程时间短。小

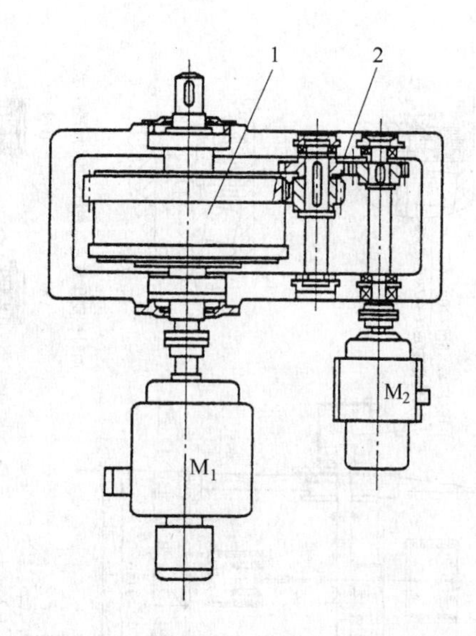

图 7-9 连轧机中一个机架的差动调速器

M_1—交流电动机 M_2—直流电动机

1—差速器 2—定轴齿轮传动

功率调节对车间或工厂直流电系统冲击小，调整后的运行速度稳定、准确。

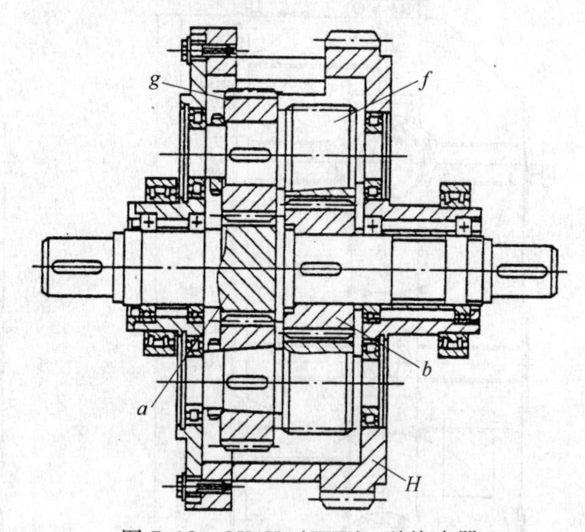

图 7-10 2K-H（WW）型差速器

7.3.3 宽范围多级调速

当调速范围 $S > 30\%$ 时，在其中得到几挡有用的速度级的调速方法称为宽范围多级调速。如转炉多速倾转、起重机提升机构的多速提升等均为此类调速方式。

如 50t 氧气顶吹转炉的差动多级调速传动，若采用全直流调速，则电动机安装总功率将达到 710kW。采用如图 7-11 所示差动多级调速减速器，只用一台功率为 125kW 的交流电动机和一台 16kW 的直流电动机即可满足要求，其经济效益是不言而喻的。

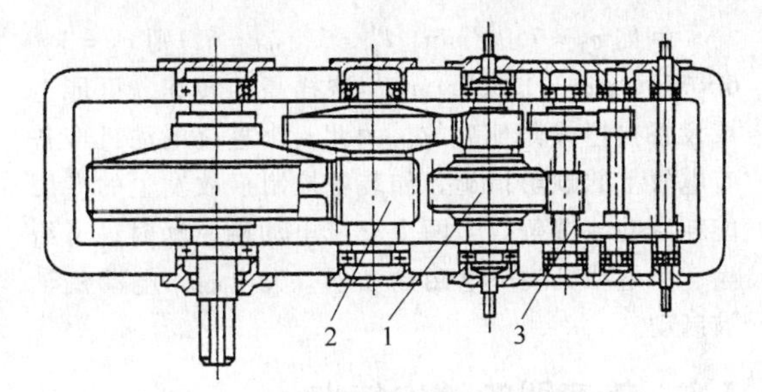

图7-11　差动多级调速减速器

1—2K-H（NGW）型行星差速器　2、3—定轴齿轮传动

7.3.4　其他传动方式

除上述三种主要传动方式外，还有各种变通的应用方式，示例如下。

专用镗床差速进给机构（见图7-12），其工作原理是，当正常镗孔时，电动机 M_1 带动差速轮系（齿轮5、6和行星架H）和定轴轮系（齿轮7、8、1、4）组成的C—Ⅰ传动机构。由于轴向进刀丝杆B上的行星轮b与镗杆C上的齿轮8转速不同，可使镗刀相对于镗杆运动实现轴向进给。当快速退刀时，将齿轮1、2、3、4脱开，开动电动机 M_2，通过齿轮5、6直接带动丝杆B转动。

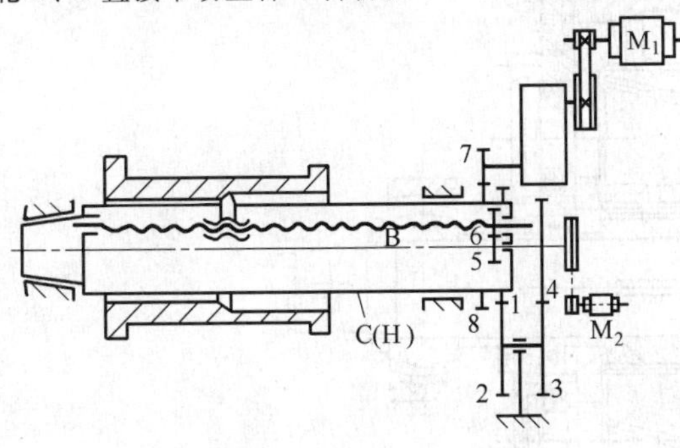

图7-12　专用镗床差速进给机构

7.4　差速器的设计特点

差速器设计与其他行星传动的设计基本上相同，在此只说明以下几个方面。

7.4.1　差速器传动比的分配

1. 根据传动效率确定传动比

2K-H（NGW）型差速器的效率一般较高，但综合考虑承载能力和结构合理性等因素，对于单独的差速器可取 $i_{aH}^{b}=3.5\sim5.5$，而 $i_{aH}^{b}=4\sim5$ 最佳。

2K-H（WW）型差速器的效率与传动比的关系密切。计算与实测证明 $i_{ab}^{H}>1.6$ 和 $i_{ab}^{H}<0.5$ 时，效率 η_{Hb} 较高；当 i_{ab}^{H} 接近1时，效率极低，所以一般情况下，不要使 i_{ab}^{H} 接近1。当为了得到很大的差速范围，要使用 $i_{ab}^{H}\approx1$ 的差速器时，必须达到很高的制造精度，才能保证有实用意义的效率。对于单独的2K-H（WW）型差速器，可取 $i_{ab}^{H}=1.8\sim3$，最佳值为2；当要求差速且增速时，取 $i_{ab}^{H}=0.3\sim0.7$；当行星架H只作为从动件时，取 $i_{ab}^{H}\geqslant1.3$。

在一个中心轮和行星架主动、另一个中心轮从动时，如a、H输入，b输出时，应以两个电动机分别驱动、输出转矩 T_b 相等为前提，确定传动比 i_{ab} 和 i_{2b}。因为 $i_{2b}=i_{Hb}i_T$，其中 i_T 为定轴轮系的传动比，当 $i_{Hb}=i_{2b}$ 时，直流电动机直接与行星架连接，增大了电动机的转动惯量，不利于调速，结构也不方便。若 $i_{Hb}>i_{2b}$，则必须使 $i_T<1$，还要增速，当然也不合适。在设计中应避免这两种情况。

2. 考虑调速范围的传动比计算

对于调速用的差速器，因调速范围 $S=P_2/P_1$，从差动减速器小直流电动机 M_2 到输出轴的传动比，应大致满足下列关系：

2K-H（WW）型差速器

$$i_{2b}=\frac{n_2 i_{ab}^{H}}{n_1|S|}$$

2K-H（NGW）型差速器

$$i_{2H}=\frac{n_2 i_{aH}^{b}}{n_1|S|}$$

式中　n_1、n_2——大交流电动机和小直流电动机的转速（r/min）；

$|S|$——调速范围的绝对值。

满足上述公式者，可保证分别开动两个电动机时，输出转矩大致相等。

7.4.2　转速、转矩和功率的分配

根据差速轮系普遍关系式，并考虑到定轴传动的传动比 i_{2H}（WW型）或 i_{2b}（NGW型），对于WW型差速器可得

$$n_b=n_a i_{ba}^{H}\pm n_H i_{bH}^{a}$$

即

$$n_b=\frac{n_1}{i_{ab}^{H}}\pm\frac{n_2}{i_{2b}}$$

对于2K-H（NGW）型差速器可得

$$n_H=n_a i_{Ha}^{b}\pm n_b i_{Hb}^{a}$$

即

$$n_H=\frac{n_1}{i_{aH}^{b}}\pm\frac{n_2}{i_{2b}}$$

按输出转矩 T_b 为定值的条件，可得差速器的转矩分配关系。

对于2K-H（WW）型差速器

$$T_b\approx T_1 i_{ab}\approx T_2 i_{2b}=9550\frac{P_1\pm P_2}{n_b}$$

对于2K-H（NGW）型差速器

$$T_H\approx T_1 i_{aH}\approx T_2 i_{2H}=9550\frac{P_1\pm P_2}{n_H}$$

式中　T_1、T_2——电动机 M_1、M_2 的额定转矩（N·m）；

T_b、T_H——忽略功率损失时中心轮和构件的输出转矩（N·m）。

由上述计算式及测定数据都说明，不管是分别起动每个电动机，还是两个电动机同时起动，差速器都是按恒转矩输出的。此外，在强度计算时，可按一台电动机驱动进行计算，但是输出功率，则随驱动状态不同而改变，即

$$P_b(\text{或}\ P_H) = P_1 \pm P_2$$

当两台电动机同时起动，且 n_a、n_H（对 WW 型），n_a、n_b（对 NGW 型）方向相同时，上式用“+”号，反之用“-”号。在后一种情况下，大电动机处于常规运行状态，小电动机处于发电运行状态。调节 P_2 时，输出功率连续变化。

7.4.3　防止飞车

对于两个构件输入、一个构件输出的差速器，如果在工作过程中，小电动机失电，由于输出轴的阻力矩大，小电动机的阻力矩趋于零，在大电动机的驱动下，从动轴不动，而小电动机轴就增速旋转，称为飞车。对于 2K-H（NGW）型轮系，其飞车速度为

$$n_2 = i_{ab}^{H} i_{b2} n_1$$

例如 $n_1 = 750\text{r/min}$，$i_{ab}^{H} = 3$，$i_{b2} = 6$，则 $n_2 = 3 \times 6 \times 750\text{r/min} = 13500\text{r/min}$。这样高的转速，可能造成设备损坏或其他事故。为此，小直流电动机应备有电气上的预防措施，如装备控制事故发生的专用能耗制动装置等。当两个交流电动机驱动时，可给大、小电动机装一电磁制动器，失电时，电动机轴被制动。

7.5　差速器的结构特点

7.5.1　2K-H（WW）型差速器

当 2K-H（WW）型差速器用直齿轮，且行星轮用圆柱滚子轴承时，结构强度好，拆卸方便，轴承亦不必调整。

当采用斜齿轮时，设计过程中应尽量调节两对齿轮副的螺旋角，使行星轮上的轴向力之和为零，这时仍可采用圆柱滚子轴承。如果行星轮上的轴向力不能完全抵消时，可采用调心滚子轴承（见图 7-13），这种轴承的承载能力大，装配后也不需要调整。由于调心轴承的内、外圈可以相对交错，在装配时有一些难度。

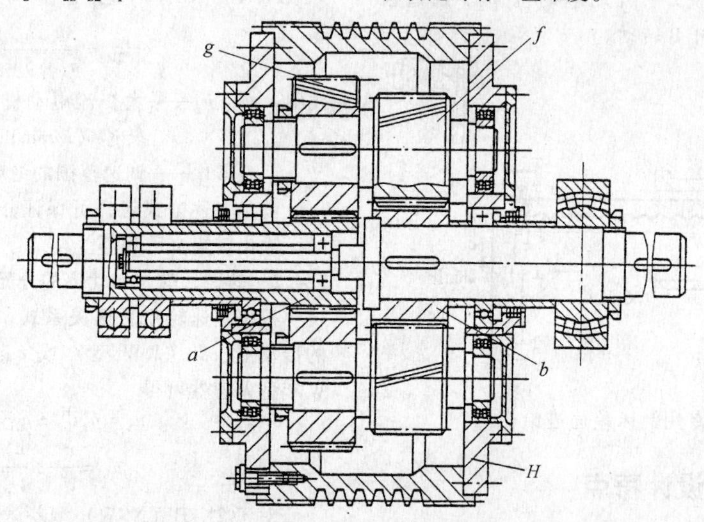

图 7-13　2K-H（WW）型带轮差速器结构（斜齿轮）

对于斜齿轮传动，如果行星轮用圆锥滚子轴承，虽然能承受较大的轴向力，但是这种轴承应作适当的轴向调整，才能不影响行星轮间的载荷分配，以保证良好运行和使用寿命，所以建议尽量不采用这种结构。

WW 型差速传动中，由于行星轮为单啮合，当行星轮 g、f 不做成整体的双联齿轮时，无需满足双联行星齿轮的装配条件；但第一排行星轮装配就位后，只能任意装入第二排行星轮 g 中的第一个，其余行星轮不能随意装入啮合位置。如图 7-13 所示，可将这段行星轮轴做成锥形，先将几个行星轮空套上，待转动灵活后，拧紧螺母使其在轴上紧固即可。如果行星轮为斜齿轮，其轴向力的方向应使锥轴的配合更紧，绝不能相反；或者将这段轴做成柱轴，第二排行星轮先空套上，待转动灵活后将行星轮和轴定位暂时固定，然后拆下来打上数个骑缝圆柱销，再重新装配。如果采用尼龙销，因有弹性，可起一定的均载作用。

两中心轮 a、b 通常采用深沟球轴承或调心球轴承支承。两个轴承之间的距离应尽可能远一些，以减轻轴承的负荷。并且中心轮应有可靠的轴向定位（见图 7-14）。

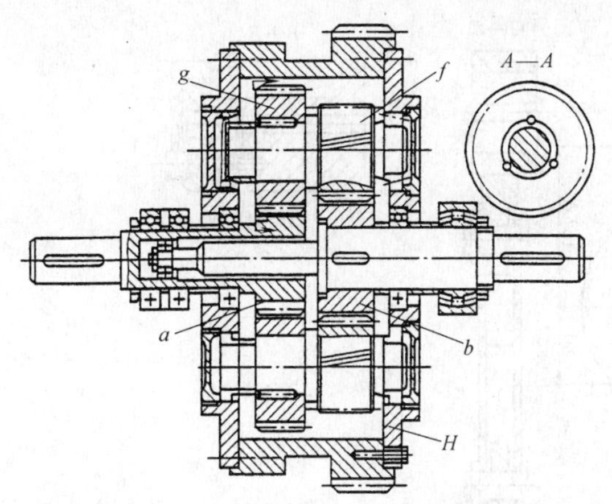

图 7-14　2K-H（WW）型差速器结构

功率为100kW以下的中小型差速器，两中心轮的轴可相互插入支承，但其间的轴承应以调心球轴承为宜，结构上应便于装卸。外边一个轴承应尽量靠近行星架轴承，最好使两轴承处于同一铅垂面内。

大功率差速器应将中心轮轴承装在行星架之中（见图7-10），两轴不能互相插入。这样，差速器的自重和负荷对轴承的作用力可直接传给机座，而不影响差速器的运行。

7.5.2　2K-H（NGW）型差速器结构

2K-H（NGW）型差速器的齿数选择与有关结构设计，参见前述有关章节。

图7-15所示为采用两行星轮杠杆（扇形齿板）联动均载机构的2K-H（NGW）型差速器。这种机构反应灵敏，均载效果好，传动平稳，噪声低，可保证沿齿长方向载荷分布均匀。可用于传递较大功率和冲击载荷的装置中。

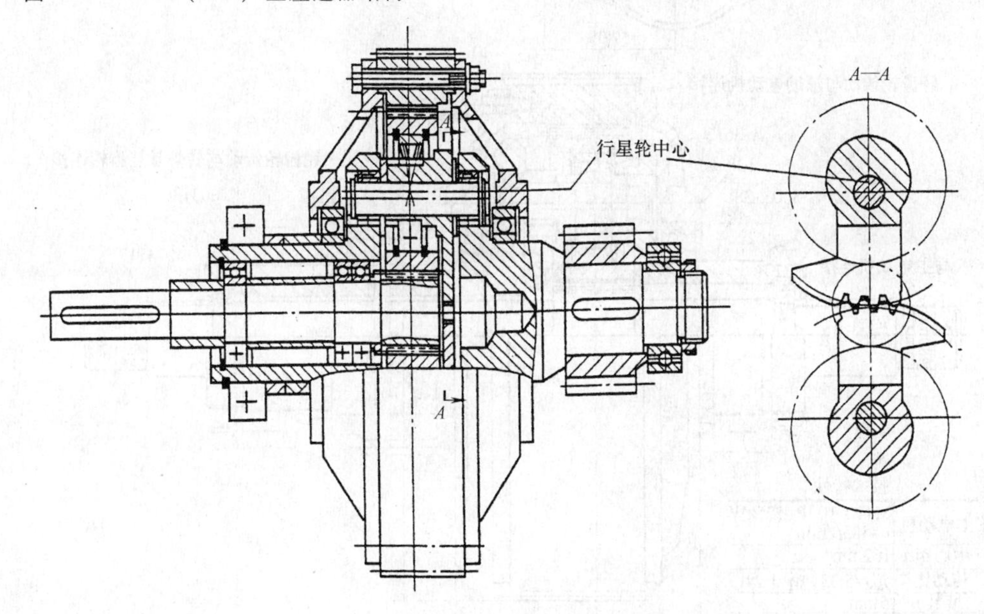

图 7-15　2K-H（NGW）型差速器

（$n_p=2$ 扇形齿板联动均载机构）

图7-16所示为太阳轮浮动的2K-H（NGW）型差速器。其特点是结构简单，行星轮的个数，$n_p \leqslant 3$ 时，均载效果好。

图7-17a所示为2K-H（NGW）型差速器，行星轮个数 $n_p=4$，采用四杆联动均载机构，均载效果好，经测试载荷不均匀系数 $K_p \leqslant 1.2$，但结构要复杂一些。图7-17b为用于50t转炉倾动装置的差动行星减速器。

图7-18所示为行星架浮动的2K-H（NGW）型差速器，其内齿轮通过一对锥齿轮传动与小电动机相连。

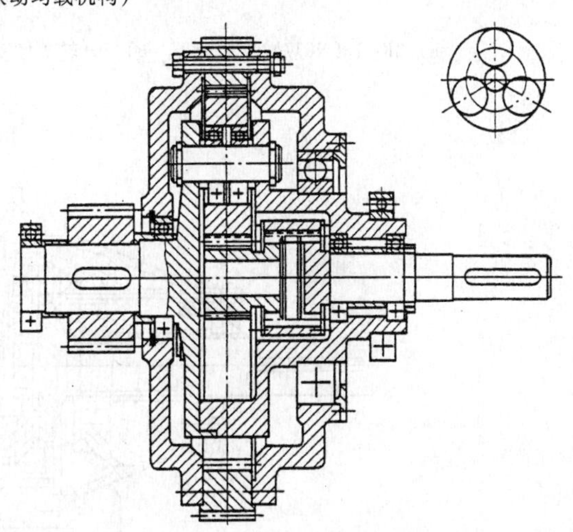

图 7-16　2K-H（NGW）型差速器

（$n_p=3$ 采用太阳轮浮动均载机构）

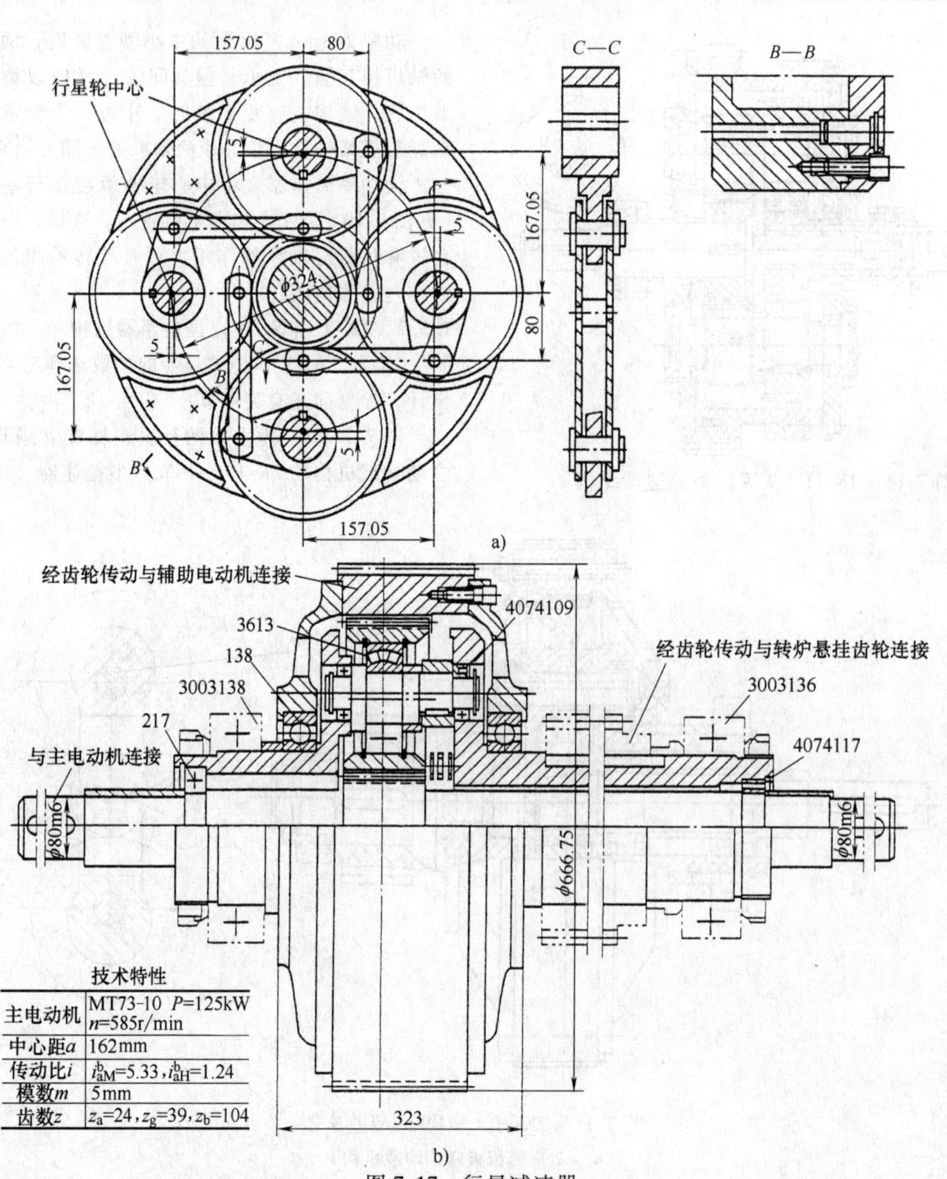

技术特性

主电动机	MT73-10 P=125kW n=585r/min
中心距a	162mm
传动比i	i_{aM}^{b}=5.33，i_{aH}^{b}=1.24
模数m	5mm
齿数z	z_a=24，z_g=39，z_b=104

图 7-17 行星减速器

a）2K-H（NGW）型差速器 b）50t 转炉倾动装置行星减速器（n_p=4 采用四杆联动均载机构）

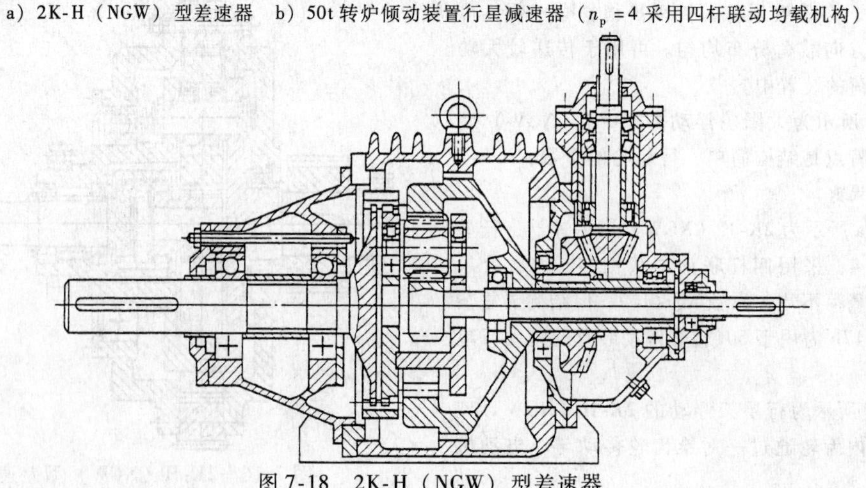

图 7-18 2K-H（NGW）型差速器

（n_p=3 行星架浮动）

7.6　行星齿轮传动的简化计算

由于行星齿轮传动采用功率分流，由数个行星轮承担载荷，同时采用合理的内啮合传动，与定轴传动相比，具有许多突出的优点，其应用广泛。GB/T 19406—2003 渐开线圆柱齿轮承载能力计算方法仅适用于校核计算，但在技术参数尚未确定时，是无法进行这一工作的。在行星齿轮传动设计时，将遇到同一情况。现介绍前苏联库德略采夫（B、H、КУДРЯВЦЕВ）计算方法，这种方法简明、实用，经大量的实践证明，是较符合实际的。

7.6.1　转矩 T_1 的确定

1）在正确选择传动参数的条件下，对于常用的 2K-H（NGW）型和 2K-H（NW）型行星齿轮传动，其承载能力主要取决于外啮合。常采用提高齿面硬度和增大外啮合角（$\alpha'_{ag}=22°\sim25°$）的角度变位，来提高外啮合传动的承载能力。通常首先进行外啮合传动的强度计算，然后校核内啮合强度。

2）各种类型的行星齿轮传动，均可分解为相互啮合的几对齿轮副。对常用的 2K-H 型行星齿轮传动，其齿轮副的分解如图 7-19 所示。将啮合副中的小齿轮标为 1，大齿轮标为 2。因此，齿轮强度的计算可采用定轴齿轮的计算公式，如 GB/T 19406—2003 或按库德略采夫的强度计算公式均可。但需要考虑行星齿轮传动的结构特点，即多行星齿轮和运行特点——行星齿轮既自转又公转。

行星齿轮传动齿轮副如下：NGW 型可分解为 a—g 副和 g—b 副；NW 型可分解为 a—g 副和 f—b 副；WW 型可分解为 a—g 副和 f—b 副；锥齿轮传动分解为 a—g 副和 g—b 副（见图 7-19）。

输入转矩 T_a（N · m）（作用在太阳轮 a 上的转矩）

$$T_a=9550\frac{P}{n}$$

式中　P——电动机的输入功率（kW）；

　　n——输入转速（r/min）。

作用在小齿轮上的转矩 T_1（N · m）（a—g 副中）

$z_a<z_g$ 时　　$$T_1=\frac{T_a}{n_p}K_p$$

$z_g<z_a$ 时　　$$T_1=\frac{T_a}{n_p}K_p\frac{z_a}{z_g}$$

式中　n_p——行星轮的个数；

　　K_p——行星轮间载荷分配不均衡系数，对于具有基本元件浮动者，如太阳轮浮动或行星架浮动或内齿圈浮动或行星轮浮动，可取 $K_p=1.15$，也可由计算或测试确定。

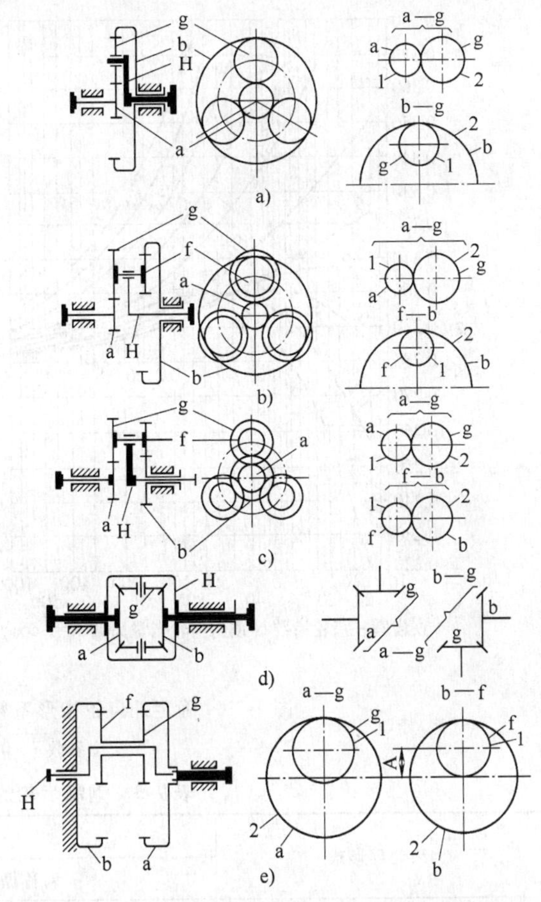

图 7-19　行星齿轮传动强度计算时啮合副的分解

7.6.2　强度计算

对于 2K-H 型行星齿轮传动，其承载能力主要取决于外啮合副（a—g），同时又是硬齿面，通常弯曲强度是主要矛盾。只要满足弯曲强度，则齿面接触强度和内啮合副（g—b）的强度，一般是较易通过校核计算的。

a—g 副中的小齿轮强度计算，小齿轮 1 的分度圆直径 d_1（mm）为

$$d_1\geqslant\sqrt[3]{\frac{2T_1Kz_1}{b_d^*[\sigma_F]Y_F}}$$

式中　z_1——a—g 副中小齿轮的齿数；

　　K——载荷系数，取决于使用工况和过载能力，通常 $K=1.1\sim1.8$，一般取 $K=1.2$；

　　b_d^*——齿宽系数，通常取 $b_d^*=0.5$。当 $z_a\leqslant z_g$ 时，取 $b_d^*\leqslant0.7$，在 $z_a>z_g$ 时，则 $b_d^*\leqslant0.60$，$b_d^*=b/d_1$；

　　Y_F——齿形系数，根据齿数 z_1 和变位系数 x 查图 7-20 选取；

　　$[\sigma_F]$——钢制齿轮的许用弯曲应力 MPa，按表 7-3 计算确定。

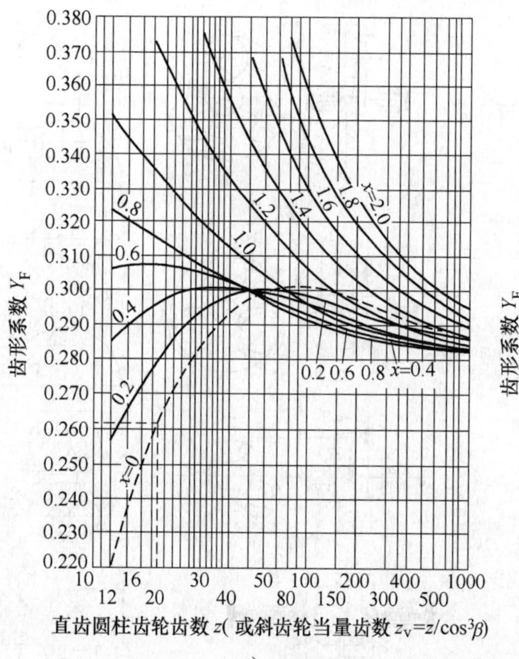

a)

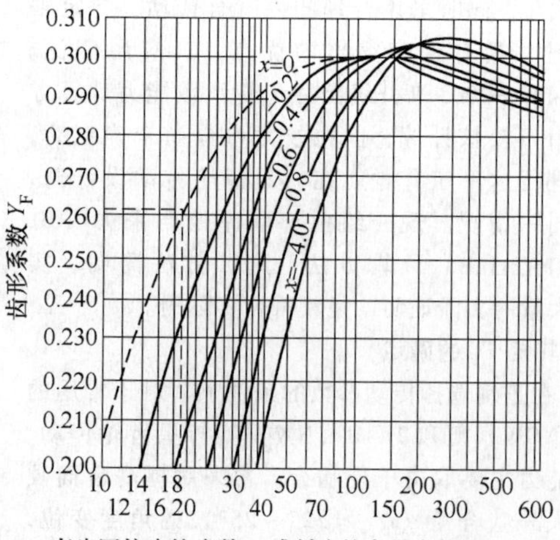

b)

图 7-20 确定外齿轮齿形系数 Y_F 的线图（$\alpha=20°$，$h_a^*=1$）

a）变位系数 $x>0$ b）变位系数 $x<0$

表 7-3 钢制齿轮的许用弯曲应力 $[\sigma_F]$ （单位：MPa）

热处理形式	载荷性质	
	对称循环	脉动循环
调质、正火 $\sigma_H<1200$MPa	$\dfrac{0.24\sigma_b+60}{[n_F]}([n_F]=1.6)$	$\dfrac{0.35\sigma_b+90}{[n_F]}([n_F]=1.6)$
整体渗碳淬火	$\dfrac{0.34\sigma_b+80}{[n_F]}([n_F]=1.75)$	$\dfrac{0.50\sigma_b+120}{[n_F]}([n_f]=1.75)$
氮化、碳氮共渗	$\dfrac{0.29\sigma_b+70}{[n_F]}([n_F]=1.75)$	$\dfrac{0.42\sigma_b+105}{[n_F]}([n_F]=1.75)$

注：σ_H—齿面接触应力；σ_b—材料的强度极限；$[n_F]$—安全系数。

7.6.3 计算实例

已知一单级行星齿轮减速器，太阳轮齿数 $z_a=24$，行星轮齿轮 $z_g=25$，内齿圈齿数 $z_b=75$，行星轮个数 $n_p=3$；采用太阳轮浮动，则载荷不均衡系数 $K_p=1.15$；太阳轮、行星轮用 20CrMnMo 渗碳淬火，太阳轮齿面硬度 56～60HRC，行星轮齿面硬度 52～56HRC，内齿圈用 42CrMo，齿坯调质处理，硬度 230～270HBW；电动机为 YZR280S-6，功率 $P=55$kW，转速 $n=970$r/min，传动比 $i_{aH}^b=1+z_b/z_a=1+75/24=4.125$。试确定该减速器的主要参数。

解 1）确定小齿轮 z_1（a—g 副中的 z_a）上的输入转矩 T_a 为

$$T_a=9550\frac{P}{n}=9550\times\frac{55}{970}\text{N}\cdot\text{m}=541.5\text{N}\cdot\text{m}$$

求出小齿轮 z_1 轮齿上的转矩 T_1 为

$$T_1=\frac{T_a}{n_p}K_p=\frac{541.5}{3}\times1.15\text{N}\cdot\text{m}=207.6\text{N}\cdot\text{m}$$

$$=207.6\times10^3\text{N}\cdot\text{mm}$$

2）小齿轮的分度圆直径 d_1 的确定

$$d_1\geqslant\sqrt[3]{\frac{2T_1KZ_1}{b_d^*[\sigma_F]Y_F}}$$

$$=\sqrt[3]{\frac{2\times207.6\times10^3\times1.2\times24}{0.5\times240\times0.275}}\text{mm}$$

$$=71\text{mm}$$

模数 $m=d_1/z_1=71/24=2.96$，采用 $m=3$。

齿宽系数 $b_d^*=b/d_1=0.5$。

根据 $z_1=24$，查图 7-20 线图，得齿形系数 $Y_F=0.275$。

材料 20CrMnMo，弯曲强度 $\sigma_b=1079\text{MPa}$（截面尺寸 $\delta=30\text{mm}$ 时），则许用应力

$$[\sigma_F]=\frac{0.34\sigma_b+80}{[n_F]}=\frac{0.34\times1079+80}{1.75}\text{MPa}=262\text{MPa}$$

考虑到截面尺寸较大的影响，取 $[\sigma_F]=240\text{MPa}$。

于是太阳轮分度圆直径 $d_a=mz_a=3\times24\text{mm}=72\text{mm}$。

行星轮分度圆直径 $d_g=mz_g=3\times25\text{mm}=75\text{mm}$。

内齿圈分度圆直径 $d_b=mz_b=3\times75\text{mm}=225\text{mm}$。

齿宽 $b=b_d^*d_1=0.5\times72\text{mm}=36\text{mm}$。

中心距 $a=75\text{mm}$，太阳轮采用变位齿轮，变位系数 $x_a=0.538$，其中齿顶高变动系数 $\Delta y=0.038$。

7.7 根据 GB/T 19406—2003 进行的简化计算

按 Flender 公司技术手册进行计算，其规则如下：

1）符合 DIN 3960 的轮齿几何形状。

2）由表面硬化钢制造的圆柱齿轮，齿面达到 DIN 标准 6 级以上质量标准，精加工。

3）按照 DIN 3990/11/进行的质量检验，证明材料和热处理质量合格。

4）按照规程/12/进行渗碳处理，并达到规定的表面有效硬化层深度，表面硬度 58～62HRC。

5）齿轮具有要求的轮齿修形，齿根无根切。

6）齿轮装置按疲劳强度，即寿命系数 $Z_{NT}=Y_{NT}=1.0$ 设计。

7）齿面接触疲劳强度 $\sigma_{Hlim}\geqslant1200\text{MPa}$。

8）亚临界运行范围，即节圆速度低于 35m/s。

9）充分的润滑油供给。

10）使用具有充分抗胶合能力（标准级≥12 级）、灰斑承载能力（标准级≥10 级）的规定齿轮油。

11）最高工作温度 95℃。

7.7.1 基本计算式（见表 7-4）

表 7-4 圆柱齿轮传动齿面接触疲劳强度和齿根弯曲疲劳强度校核计算式

项 目	齿面接触疲劳强度	齿根弯曲疲劳强度
计算应力/MPa	$\sigma_H^{①}=Z_EZ_HZ_\beta Z_\varepsilon\sqrt{K_AK_VK_{H\alpha}K_{H\beta}\frac{u\pm1}{u}\frac{F_t}{d_1b}}$	$\sigma_F=Y_\varepsilon Y_\beta Y_{FS}K_AK_VK_{F\alpha}K_{F\beta}\frac{F_t}{bm_n}$
许用应力/MPa	$\sigma_{HP}=Z_LZ_YZ_XZ_RZ_W\frac{\sigma_{Hlim}}{S_H}$	$\sigma_{FP}=Y_{ST}Y_{\delta relT}Y_{RrelT}Y_X\frac{\sigma_{Flim}}{S_F}$
安全系数	$S_H=\frac{\sigma_{HP}}{\sigma_H}\geqslant S_{Hmin}$	$S_F=\frac{\sigma_{FP}}{\sigma_F}\geqslant S_{Fmin}$

注：K_A 为使用系数，查表 7-5；K_V 为动载系数；$K_{H\alpha}$、$K_{F\alpha}$ 为接触强度和弯曲强度计算的齿间载荷分配系数；$K_{H\beta}$、$K_{F\beta}$ 为接触强度和弯曲强度计算的齿向载荷分布系数；F_t 为分度圆上名义圆周力（N）；b 为工作齿宽（mm），指一对齿轮中较小齿宽者，对人字齿或双斜齿轮 $b=b_B\times2$；d_1 为小齿轮分度圆直径（mm）；u 为齿数比，$u=z_2/z_1>1$；Z_E 为弹性系数（$\sqrt{\text{MPa}}$）；对钢制齿轮 $Z_E=190\sqrt{\text{MPa}}$；Z_H 为节点区域系数；Z_ε、Y_ε 为接触强度和弯曲强度计算的重合度系数；Z_β、Y_β 为接触强度和弯曲强度计算的螺旋角系数；σ_{Hlim}、σ_{Flim} 为试验齿轮的接触、弯曲疲劳强度（MPa），$\sigma_{Hlim}=1300\sim1650\text{MPa}$，$\sigma_{Flim}=310\sim520\text{MPa}$；$Z_L$ 为润滑剂系数；Z_V 为速度系数；Z_R 为粗糙度系数；Z_W 为工作硬化系数，$Z_W=1.0$；Z_X、Y_X 为接触、弯曲强度计算的尺寸系数，$0.9\leqslant Z_X\leqslant1$，$0.8\leqslant Y_X\leqslant1$；$Y_{ST}$ 为试验齿轮的应力修正系数，$Y_{ST}=2$；$Y_{\delta relT}$ 为相对齿根圆角敏感系数；Y_{RrelT} 为相对齿根表面状况系数，当 $m_n\leqslant8\text{mm}$ 时，$Y_{RrelT}=1.0$，当 $8\text{mm}<m_n\leqslant16\text{mm}$ 时，$Y_{RrelT}=0.90$，当 $m_n>16\text{mm}$ 时，$Y_{RrelT}=0.96$；m_n 为法向模数（mm）；Y_{FS} 为外齿轮齿形系数。

① 式中“+”用于外啮合，“-”用内啮合。

7.7.2 齿面接触疲劳强度校核计算

1. 计算公式

计算接触应力

$$\sigma_H=Z_EZ_HZ_\beta Z_\varepsilon\sqrt{K_AK_VK_{H\alpha}K_{H\beta}\frac{u+1}{u}\frac{F_t}{d_1b}} \tag{7-1}$$

许用接触应力

$$\sigma_{HP}=Z_LZ_VZ_XZ_RZ_W\frac{\sigma_{Hlim}}{s_H} \tag{7-2}$$

强度条件：应满足 $\sigma_H\leqslant\sigma_{HP}$。

2. 系数的取值方法

1）使用系数 K_A。考虑由于齿轮啮合外部因素引起附加动载荷影响的系数，见表 7-5。

2）动载系数 K_V。考虑齿轮制造精度、运转速度对轮齿内部附加动载荷影响的系数。

$$K_V=1+0.0003z_1v\sqrt{\frac{u^2}{1+u^2}} \tag{7-3}$$

式中 z_1——齿轮副中小齿轮的齿数；

v——小齿轮的圆周线速度（m/s），$v=\frac{\pi d_1n}{60\times1000}$，其中 d_1 为小齿轮分度圆直径，n 为小齿轮转速（r/min）；

u——齿数比，$u=z_2/z_1$。

表 7-5　使用系数 K_A

主动机工作模式	从动机工作模式			
	均匀	中度冲击载荷	一般冲击载荷	重度冲击载荷
均匀	1.00	1.25	1.50	1.75
中度冲击载荷	1.10	1.35	1.60	1.85
一般冲击载荷	1.25	1.50	1.75	≥2.00
重度冲击载荷	1.50	1.75	2.00	≥2.25

3）接触强度和弯曲强度计算的齿向载荷分布系数，$K_{H\beta}$、$K_{F\beta}$是考虑沿齿宽方向载荷分布不均匀对齿面接触应力和弯曲应力影响的系数，其计算公式如下：

$$K_{H\beta}=1.15+0.18(b/d_1)^2+0.0003b \quad (7\text{-}4)$$

$$K_{F\beta}=(K_{H\beta})^{0.9} \quad (7\text{-}5)$$

式中，$b=\min(b_1,b_2)$。

通常 $K_{H\beta}=1.1\sim1.25$ 左右。

4）接触强度和弯曲强度计算的齿间载荷分配系数 $K_{H\alpha}$、$K_{F\alpha}$，是考虑同时啮合的各对轮齿间载荷分配不均匀影响的系数，即

$$K_{H\alpha}=K_{F\alpha}=1$$

5）弹性系数 Z_E，是考虑材料弹性模量和泊松比对接触应力的影响。对于钢制齿轮 $Z_E=190\sqrt{\text{N/mm}^2}$。

6）节点区域系数 Z_H，是考虑节点处齿廓曲率对接触应力的影响，并将分度圆上圆周力折算为节圆上法向力的系数。根据螺旋角 β，以及齿数 z_1、z_2 和变位系数 x_1、x_2，直接查图 7-21 而得。

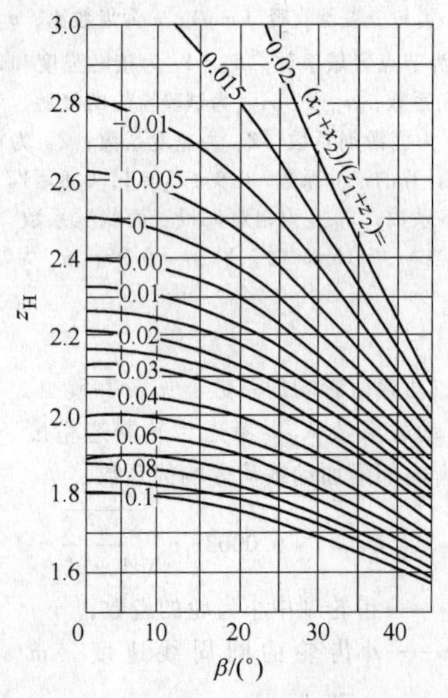

图 7-21　节点区域影响系数 Z_H 图

7）螺旋角系数 Z_β，是考虑螺旋角造成的接触线倾斜对接触应力影响的系数，即

$$Z_\beta=\sqrt{\cos\beta} \quad (7\text{-}6)$$

8）重合度系数 Z_ε，用以考虑重合度对单位齿宽载荷的影响。

纵向重合度 $\varepsilon_\beta<1$ 时

$$Z_\varepsilon=\sqrt{\frac{4-\varepsilon_\alpha}{3}(1-\varepsilon_z)+\frac{\varepsilon_\beta}{\varepsilon_\alpha}} \quad (7\text{-}7)$$

其中

$$\varepsilon_\alpha=\frac{1}{2\pi}[z_1(\tan\alpha_{a1}-\tan\alpha_t')+z_2(\tan\alpha_{a2}-\tan\alpha_t')]$$

$$\varepsilon_\beta=\frac{b\sin\beta}{\pi m_n}$$

式中　ε_α——端面重合度；

ε_β——纵向重合度；

α_{a1}、α_{a2}——小、大齿轮齿顶压力角；

α_t'——端面啮合角。

对于纵向重合度 $\varepsilon_\beta\geq1$ 时

$$Z_\varepsilon=\sqrt{\frac{1}{\varepsilon_\alpha}} \quad (7\text{-}8)$$

许用接触应力

$$\sigma_{HP}=Z_LZ_VZ_XZ_RZ_W\frac{\sigma_{Hlim}}{S_H} \quad (7\text{-}9)$$

若材料强度 σ_{Hlim} 不同，则大小齿轮的许用接触应力也不相同。

对于大、小齿轮，系数 Z_V、Z_L、Z_R、Z_W 及 Z_X 则是相同的。润滑油膜影响系数 Z_L、Z_V、Z_R，分别表示润滑油粘度、相啮合齿面间的相对速度、齿面表面粗糙度对润滑油膜状况的影响，从而影响齿面承载能力的系数。

9）润滑剂系数 Z_L

$$Z_L=0.91+\frac{0.25}{\left(1+\frac{112}{\nu_{40}}\right)^2} \quad (7\text{-}10)$$

式中　ν_{40}——润滑油在温度 40℃ 时的运动粘度（mm^2/s）。

10）速度系数 Z_V

$$Z_V=0.93+\frac{0.157}{\sqrt{1+\frac{40}{v}}}$$

式中 v——小齿轮的圆周速度（m/s）。

11）粗糙度系数 Z_R

$$Z_R=\left[\frac{0.513}{R_Z}\sqrt[3]{(1+|u|d_1)}\right]^{0.08} \quad (7\text{-}11)$$

由齿轮副的平均峰顶至谷底高度 $R_Z=(R_{Z1}+R_{Z2})/2$，以及齿轮比 u 和小齿轮的分度圆直径 d_1 来确定。

12）工作硬化系数 Z_W，是考虑经磨削的硬齿面小齿轮对调质大齿轮，齿面产生冷作硬化，使大齿轮许用接触应力得到提高的系数。对于大小齿轮齿面硬度相同的齿轮副，工作硬化系数为

$$Z_W=1.0 \quad (7\text{-}12)$$

13）尺寸系数 Z_X，是考虑尺寸增大时使材料强度降低的效应。

$$Z_X=(1.05\sim0.005)m_n$$

Z_X 的限制范围为 $0.9\leqslant Z_X\leqslant1$

14）试验齿轮的接触疲劳极限 σ_{Hlim}（MPa）。对于表面硬化钢制齿轮，根据齿面硬度与材质而定，σ_{Hlim} 的范围为 1300～1650MPa，对于大小齿轮可选择材质 MQ 上的数值，如图 7-22 所示。

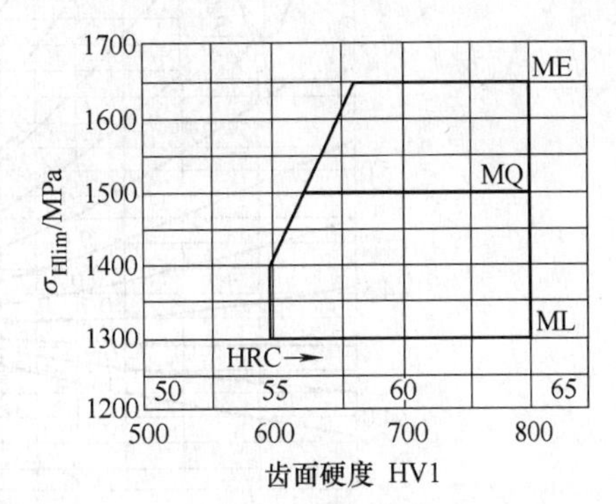

图 7-22 确定 σ_{Hlim}

ML—对材质要求最低 MQ—对材质要求普通
ME—对材质要求最高

15）接触强度的安全系数 S_H，见表 7-6。

表 7-6 最小安全系数参考值

使用要求	最小安全系数	
	S_{Hmin}	S_{Fmin}
高可靠度(失效概率≤1/10000)	1.50～1.60①	2.00
较高可靠度(失效概率≤1/1000)	1.25～1.30①	1.60
一般可靠度(失效概率≤1/100)	1.00～1.10①	1.25
低可靠度(失效概率≤1/10)②	0.85③	1.00

① 在经过使用验证或对材料强度、载荷工况及制造精度有较准确的数据时，可取下限值。
② 一般齿轮传动不推荐采用此栏数值。
③ 采用此值时，可能在点蚀前先出现齿面塑性变形。

7.7.3 齿轮弯曲疲劳强度校核计算

1. 计算公式

计算齿根弯曲应力

$$\sigma_F=Y_\varepsilon Y_\beta Y_{FS}K_AK_VK_{F\alpha}K_{F\beta}\frac{F_t}{bm_n} \quad (7\text{-}13)$$

式中 m_n——齿轮的法向模数；

b——齿轮宽度，取 b_1、b_2 大小齿轮齿宽的小者；

F_t——作用在齿轮分度圆上的圆周力（N）。

许用齿根弯曲应力

$$\sigma_{FP}=Y_{ST}Y_{\delta relT}Y_{RrelT}Y_X\frac{\sigma_{Flim}}{S_F} \quad (7\text{-}14)$$

弯曲强度条件：应满足 $\sigma_F\leqslant\sigma_{FP}$。

2. 系数的取值方法

1）外齿轮的齿形系数 Y_{FS}，考虑了包括齿根圆角缺口效应在内的各种复杂应力条件。

由齿数 z（或当量齿数 z_V）和变位系数 x 由图 7-23 确定。

2）弯曲强度计算的重合度系数 Y_ε

$$Y_\varepsilon=0.25+\frac{0.75}{\varepsilon_\alpha}\cos^2\beta \quad (7\text{-}15)$$

限制条件是 $0.625\leqslant Y_\varepsilon\leqslant1$。

3）弯曲强度计算的螺旋角系数 Y_β

$$Y_\beta=1-\frac{\varepsilon_\beta\beta}{120} \quad (7\text{-}16)$$

限制条件是 $Y_\beta\geqslant\max[(1-0.25\varepsilon_\beta),(1-\beta/120)]$。即可求出 Y_ε 和 Y_β。

由许用齿根弯曲应力式（7-14）可知，如果小齿轮和大齿轮的弯曲疲劳极限 σ_{Flim} 不相等，则其齿根许用弯曲应力 σ_{FP} 也不相等。小齿轮和大齿轮系数 Y_{ST}、$Y_{\delta relT}$、$Y_{\delta relT}$ 和 Y_X 可认为近似相等。

4）试验齿轮的应力修正系数，$Y_{ST}=2.0$。

5）相对齿根圆角敏感系数 $Y_{\delta relT}$ 可近似地取 $Y_{\delta relT}=1.0$；也可根据模数 m_n 来确定：

当 $m_n\leqslant8$mm 时，$Y_{RrelT}=1.00$；

当 8mm $<m_n\leqslant16$mm 时，$Y_{RreT}=0.9$；

当 $m_n>16$mm 时，$Y_{RrelT}=0.96$。

6）弯曲强度计算的尺寸系数 Y_X；限制条件是 $0.8\leqslant Y_X\leqslant1$。

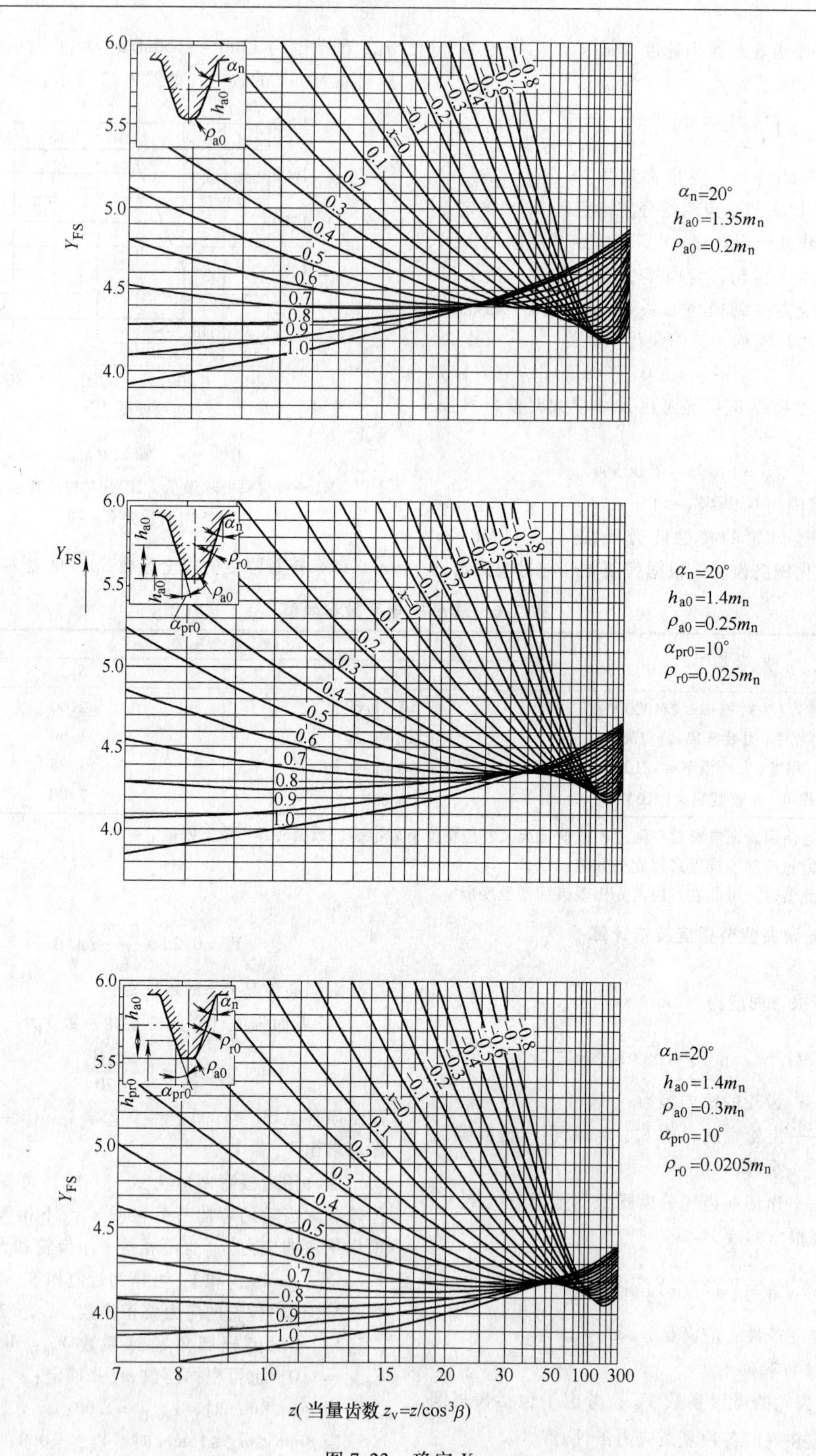

图 7-23　确定 Y_{FS}

7）试验齿轮的弯曲疲劳极限 σ_{Flim}（MPa）。对于表面硬化钢制齿轮，经硬化后，齿根许用弯曲疲劳极限的范围为 310～520MPa；也可由齿面硬度及材质按图 7-24～图 7-26 确定。

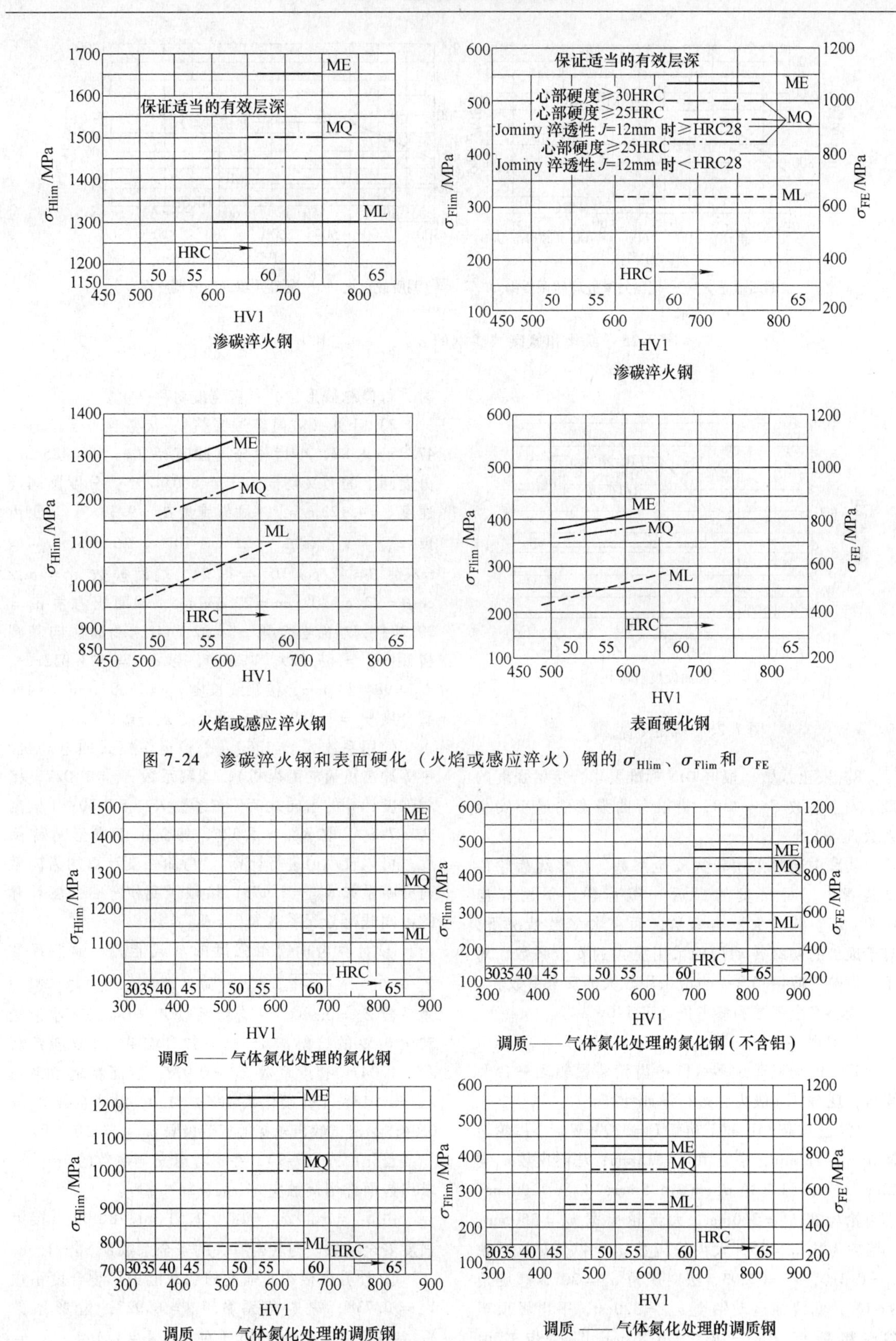

图7-24 渗碳淬火钢和表面硬化（火焰或感应淬火）钢的 σ_{Hlim}、σ_{Flim} 和 σ_{FE}

图7-25 氮化和氮碳共渗钢的 σ_{Hlim}、σ_{Flim} 和 σ_{FE}

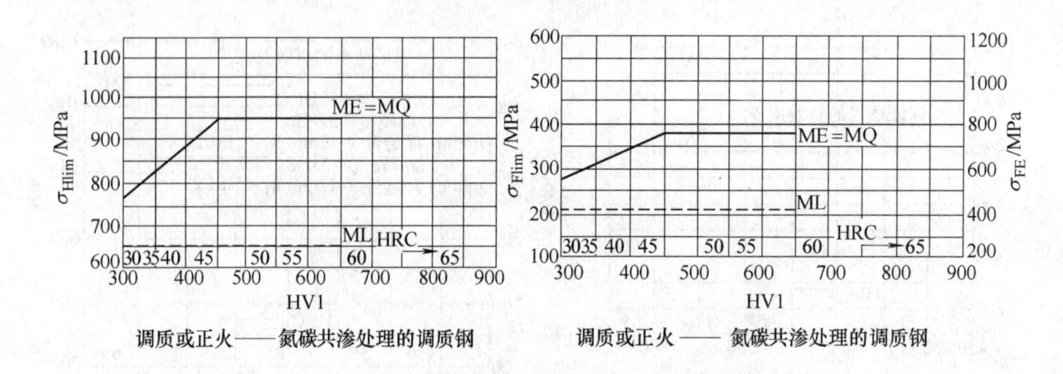

图 7-25 氮化和氮碳共渗钢的 σ_{Hlim}、σ_{Flim} 和 σ_{FE}（续）

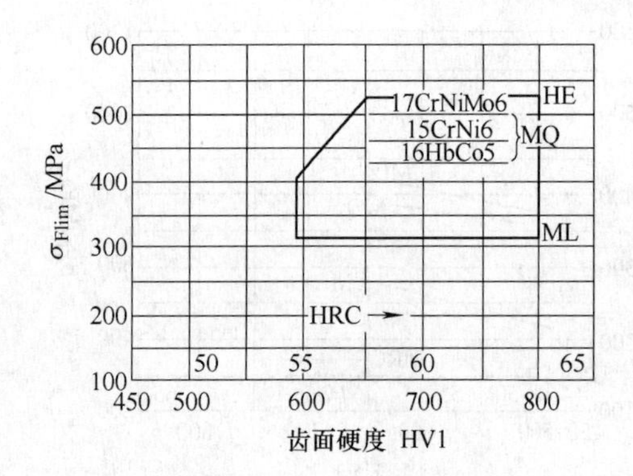

图 7-26 确定 σ_{Flim}

8）安全系数。根据 DIN 标准要求：接触强度的最小安全系数 $S_H=1.0$；齿根弯曲强度的最小安全系数 $S_F=1.3$。

实践中通常采用较大安全系数。在多级齿轮传动装置中，对昂贵的最后一级齿轮，采用高出 10%～20% 的较大安全系数，而在大多数情况下，对于廉价的初级传动齿轮采用更大的安全系数。对于有风险的应用场合，也应采用较大的安全系数。

最小安全系数的参考值见表 7-6。

3. 计算实例

若一电动机通过多级圆柱齿轮装置驱动一台磨煤机，现对低速级齿轮进行设计计算。

1）已知条件：额定功率 $P=3300$kW，小齿轮转速 $n_1=141$r/min，中心距 $a=815$mm；法向模数 $m_n=22$mm，齿顶圆直径 $d_{a1}=615.5$mm，$d_{a2}=1100$mm，小齿轮齿宽 $b_1=360$mm，大齿轮齿宽 $b_2=350$mm，小齿轮齿数 $z_1=25$，大齿轮齿数 $z_2=47$，变位系数 $x_1=0.310$，$x_2=0.203$，法向压角 $\alpha_n=20°$，螺旋角 $\beta=10°$；润滑油运动粘度 $\nu_{40}=320$cst，平均峰顶至谷底粗糙度 $R_{Z1}=R_{Z2}=4.8\mu$m；圆柱齿轮由 17CrNiMo6 材料制成，经表面硬化处理，齿面磨削时进行修缘修形，并具有宽度对称凸度。

2）计算（数值经过圆整）：齿数比 $u=z_2/z_1=47/25=1.88$，小齿轮分度圆直径 $d_1=558.485$mm，分度圆上的名义切向力 $F_t=800.425$N，分度圆圆周速度 $v=4.123$m/s，基圆螺旋角 $\beta_b=9.391°$；当量齿数 $z_{v1}=z_1/\cos^3\beta=25/\cos^3 10°=26.175$，$z_{v2}=z_2/\cos^2\beta=47/\cos^3 10°=49.21$，端面模数 $m_t=m_n/\cos\beta=22/\cos10°$ mm $=22.339$mm，端面压力角 $\alpha_t=20.284°$，端面啮合角 $\alpha_t'=22.244°$，端面法向基圆齿距 $p_{bt}=65.829$，基圆直径 $d_{b1}=523.852$mm，$d_{b2}=984.842$mm，接触线长度 $g_\varepsilon=98.041$mm，端面重合度 $\varepsilon_\alpha=1.489$，纵向重合度 $\varepsilon_\beta=0.879$。

使用系数 $K_A=1.50$（平稳运转模式的电动机，中等冲击负荷的磨煤机），动载系数 $K_V=1.027$，接触强度计算的齿向载荷分布系数 $K_{H\beta}=1.20$，[根据式（7-5），取 $K_{H\beta}=1.326$，然而由于齿形对称凸度，可以较小值进行计算]，弯曲强度计算的齿向载荷分布系数 $K_{F\beta}=1.178$，接触强度和弯曲强度计算的齿间载荷分配系数 $K_{H\alpha}=K_{F\alpha}=1.0$。

① 计算齿面接触强度的承载能力。弹性系数 $Z_E=190\sqrt{\text{N/mm}^2}$，节点区域系数 $Z_H=2.342$，螺旋角系数 $Z_\beta=0.992$，重合度系数 $Z_\varepsilon=0.832$。小齿轮和大齿轮的接触应力 $\sigma_H=1251$MPa。润滑剂系数 $Z_L=1.047$，速度系数 $Z_V=0.978$，表面粗糙度系数 $Z_R=1.018$，工作硬化系数 $Z_W=1.0$，尺寸系数 $Z_X=0.94$，给出试验齿轮接触疲劳极限 $\sigma_{Hlim}=1500$MPa。

首先由式（7-9），在不考虑安全系数的条件下，求出齿面许用接触应力 $\sigma_{HP}=1470$MPa。

由 $S_H=\sigma_{HP}/\sigma_H=1470/1251=1.18$，求出接触强度安全系数。与转矩有关的安全系数是 $S_H^2=1.38$。

② 计算齿根弯曲强度的承载能力。重合度系数 $Y_\varepsilon=0.738$，螺旋角系数 $Y_\beta=0.927$，齿形系数 $Y_{FS1}=4.28$，$Y_{FS2}=4.18$（对于 $h_{a0}=1.4m_n$，$\rho_{a0}=0.3m_n$，$\alpha_{pro}=10°$，$p_{ro}=0.0205m_n$）。

由式（7-13）求出小齿轮齿根弯曲应力 σ_{F1} = 537MPa，大齿轮齿根弯曲应力 σ_{F2} = 540MPa。

试验齿轮的应力修正系数 $Y_{ST}=2.0$，相对齿根圆角敏感系数 $Y_{\delta relT}=1.0$，相对齿根表面状况系数 $Y_{RrelT}=0.96$，尺寸系数 $Y_X=0.83$。不考虑安全系数，取齿根弯曲疲劳极限 σ_{Flim} = 500MPa。

可由式（7-14）求得小齿轮和大齿轮的齿根许用弯曲应力 $\sigma_{FP1}=\sigma_{FP2}$ = 797MPa。

与转矩有关的齿根抗弯强度的安全系数 $S_F=\sigma_F/\sigma_{FP}$，对小齿轮 $S_{F1}=797/537=1.48$，对大齿轮 $S_{F2}=\sigma_{F2}/\sigma_{FP2}=797/540=1.48$。

4. 齿轮装置类型

（1）标准设计　工业实践中使用不同类型的齿轮装置，但常使用的是具有固定传动比和尺寸等级的标准斜齿圆柱齿轮和弧齿锥齿轮装置。这些根据模块式结构体系制造的单级至4级齿轮装置，可满足从动机范围广泛的速度和转矩要求。与标准电动机配合使用，这种齿轮装置通常是最经济的传动设备。

但还有一些不使用标准驱动设备的情况。在此类情况中，要数转矩超过标准齿轮装置范围的情况最为典型。在此情况下，采用特殊设计的齿轮装置，其中载荷分配齿轮装置起的作用最为重要。

（2）载荷分配齿轮装置　原则上，齿轮装置的最大输出转矩受制造设施的限制，因为齿轮加工机床切削的最大齿轮直径是有限的。因此，输出转矩的进一步增大，只有通过齿轮装置中的载荷分配才能实现。然而，载荷分配齿轮装置也广泛用于小转矩场合，因为载荷分配齿轮装置具有某些优点，尽管内部组件数量较多。其中有些载荷分配齿轮还可采用标准设计。下面将给出这类齿轮装置的一些典型特性。

（3）各种齿轮装置的比较　下面讨论传动比最高达 $i=8$ 的单级和两级传动齿轮装置。在普通齿轮装置中，最后一级、或最后两级齿轮的重量占总重量的大约70%～80%，而且制造费用也占总制造成本的70%～80%，为获得更高的传动比而增加齿轮传动级，并不会给下述基本事实带来什么大变化。图7-27所示为没有载荷分配和有载荷分配的齿轮装置，轴1均为高速轴，轴2均为低速轴。当已知转速 n_1、n_2 时，可得传动比 $i=n_1/n_2$。

图7-27所示齿轮的直径比相当于传动比 $i=7$。图中所示齿轮装置具有相同的输出转矩。图7-27是按比例绘制的，以便于尺寸对比。图中，a～c三种齿轮装置为偏置轴布置，d～g四种则为同轴布置。

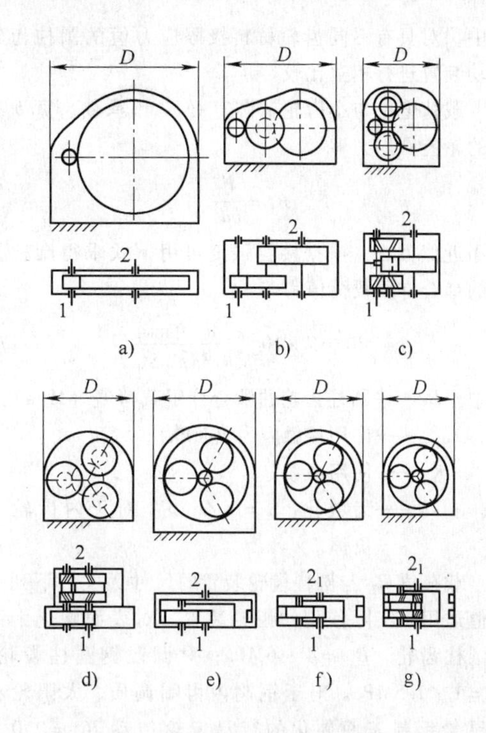

图7-27　没有载荷分配和有载荷分配的齿轮装置的图示

图7-27中，齿轮装置a为一级传动，b为两级传动，两种齿轮装置均为无载荷分配；齿轮装置c～g均为两级传动，而且均为载荷分配齿轮装置。齿轮装置c和d中的空转齿轮具有不同的直径。在齿轮装置e～g中，一根轴上的空转齿轮已并入驱动齿轮，所以它们也被视为单级齿轮装置。

齿轮装置c为双载荷分配齿轮，通过双斜齿和轴1的轴向可移动性，从而在高速级获得均匀的载荷分配。

在齿轮装置d中，高速级的载荷相等地在三个中间齿轮之间分配，这种均匀分配是通过轴1上的中心齿轮的径向可移动性实现的。在低速级，载荷通过双斜齿和中间轴的轴向可移动性可由各齿轮共同分担，总承载能力可提高6倍。

在齿轮装置e～g中，为了获得三个中间齿轮间的载荷相等分配。轴1上的中心齿轮绝大多数情况下是可以径向移动的。大的内齿轮是一个中空的内齿圈。在齿轮装置e中，此齿圈与轴2连接；而在齿轮装置f和g中，则与齿轮箱体连接。在齿轮装置f和g中，齿轮幅板和轴2形成一个整体。空转齿轮作为行星齿轮围绕中心齿轮转动。在齿轮装置g中，双斜齿和空转齿轮的轴向可移动性，保证了6个分支之间的载荷分布均匀。

1）载荷值。通过载荷值 B_L，就能在下面的研究中，对具有不同齿轮材料极限应力值的圆柱齿轮传动装置进行相互比较。

载荷值是与小齿轮节圆直径 d_1' 和承载齿宽 b 有关的轮齿圆周力 F_t 为

$$B_L = \frac{F_t}{bd_1'}$$

采用近似方法，根据接触强度可用下式求得圆柱齿轮的啮合许用载荷值为

$$B_L = 7 \times 10^{-6} \frac{u}{u+1} \frac{\sigma_{Hlim}^2}{K_A S_H^2} \qquad (7\text{-}17)$$

式中 B_L——圆柱齿轮的啮合许用载荷值（MPa）；

σ_{Hlim}——许用接触应力（MPa）；

K_A——使用系数；

u——齿数比，$u = z_2/z_1 > 1$ 对于内齿轮为负值。

载荷值 B_L 与圆柱齿轮装置的尺寸无关。下列参数值适用于实际使用的齿轮装置。对表面硬化钢制的圆柱齿轮，$B_L = 4 \sim 6$MPa；对调质钢圆柱齿轮，$B_L = 1 \sim 1.5$MPa。对于钢制内齿圈调质、太阳轮和行星轮钢制表面硬化的行星齿轮传动 $B_L = 2.0 \sim 3.5$MPa。

2）参考转矩。图 7-28 所示为根据传动比 i 对各种类型圆柱齿轮装置进行比较。当比较尺寸时，转矩 T_2 以结构尺寸 D 为参照；当比较质量时，以齿轮装置质量 G 为参照；当比较轮齿表面积时，以生成的节圆柱表面积 A 为参照。齿轮装置的质量 G 和轮齿表面 A（即生成的表面）是衡量制造成本的一个尺度。图 7-28 所示的曲线越高，相应的齿轮就比其他齿轮更好。

对于图 7-28 中说明的所有齿轮装置，均满足以下相同的先决条件。对所有齿轮装置，尺寸 D 比节圆直径之和大 1.15 倍。齿高和齿宽具有相同的定义。此外，齿轮箱厚度与结构尺寸 D 保持固定关系。

已知转矩 T_2 和根据式（7-17）计算出载荷 B_L，利用图 7-28 给定传动比 i，就能近似求出结构尺寸 D、齿轮装置质量 G，以及轮齿表面积 A。然而，模块式齿轮装置的质量通常都比这样求得的大，因为齿轮箱尺寸是根据不同观点确定的。

在小传动比 i 条件下，就其尺寸和质量而言，行星齿轮装置 f 和 h 具有最大转矩。当传动比 $i<4$ 时，行星轮变成了小齿轮而不是中心齿轮。行星轮需要的空间及轴承承载能力均大为减小。通常情况下，对于传动比 $i<4.5$ 的齿轮装置，行星轮轴承布置在行星架中。当传动比 $i=7$ 时，就其尺寸和质量而言，只有外齿轮结构形式的齿轮装置 c 和 d 具有最大的转矩。行星齿轮传动与其他齿轮装置比较，仅在小传动比的情况下，以轮齿表面为参照的转矩才更有利。然而，要考虑到，在制造质量相同的情况下，内齿轮的制造费用高于外齿轮的制造费用。

比较表明，还没有在整个传动比范围内能综合所有优点的最佳齿轮装置。因此，以尺寸和质量为参照的输出转矩，对行星传动最有利，而且行星传动的传动越小，就越是如此。然而，随着传动比的增加，参考转矩大为减小。当传动比 $i=8$ 时，只对具有外齿轮的载荷分配齿轮装置更有利，因为随着传动比的增加，参考转矩只略微减小。

在轮齿表面积方面，如果只与具有外齿轮的载荷分配齿轮装置比较，行星齿轮传动就没有那么大的优越性了。

3）效率。当比较效率时，在图 7-28d 中，只考虑了啮合中的功率损失。满负荷条件下，啮合中的功率损失大约占滚子轴承、普通圆柱齿轮装置总功率损失的 85%。当输入功率在轴 1 上，可由下面的关系式求出以转矩表示的效率。

$$\eta = \left| \frac{1}{i} \frac{T_2}{T_1} \right| \qquad (7\text{-}18)$$

图 7-28 所示的全部齿轮装置均有相同的齿形摩擦系数 $\mu = 0.06$。另外，对所有齿轮装置都假定齿轮没有采用高变位，以及小齿轮齿数均为 $z=17$，这样就能进行比较。

单级传动齿轮装置 a 具有最佳效率。两级齿轮装置 b ~ h 的效率较低，因为功率传递要通过两次啮合。与齿轮装置 b、c、d 比较（这三种齿轮装置均带有外齿轮），齿轮装置 e、f、h 在啮合过程中的滑动速度较低，所以这三种齿轮装置中的内齿轮副效率较高。

行星齿轮传动 f 和 h 的无损失耦合性能使其效率得到进一步提高。因此其效率比其他可比的载荷分配齿轮装置高。然而，为了达到更高的传动比，就要串联布置更多的行星齿轮传动级，结果就会冲减与齿轮装置 b、c、d 相比效率更高的优点。

4）举例。已知：两个 f 型行星齿轮减速级串联布置，总传动比 $i=20$，输出转矩 $T = 3 \times 10^6$N·m，载荷 $B_L = 2.3$N/mm^2。通过高速齿轮级和低速齿轮级的 $i=5$、4 的传动比分量，可近似地获得最小质量。根据图 7-28b，在 $\gamma = 30$m·mm^2/kg 和 $\gamma = 45$m·mm^2/kg时，高速齿轮级的质量大约是 10.9t，低速齿轮级的质量大约为 30t，即总重 40.9t。根据图 7-28d 得出的总效率 $\eta = 0.986 \times 0.985 = 0.971$。

然而，与具有相同传动比 $i=20$ 和相同输出转矩 $T_2 = 3 \times 10^6$N·m 的 d 型齿轮装置相比，根据图 7-28，比 f 型行星齿轮传动装置具有更好的载荷值，

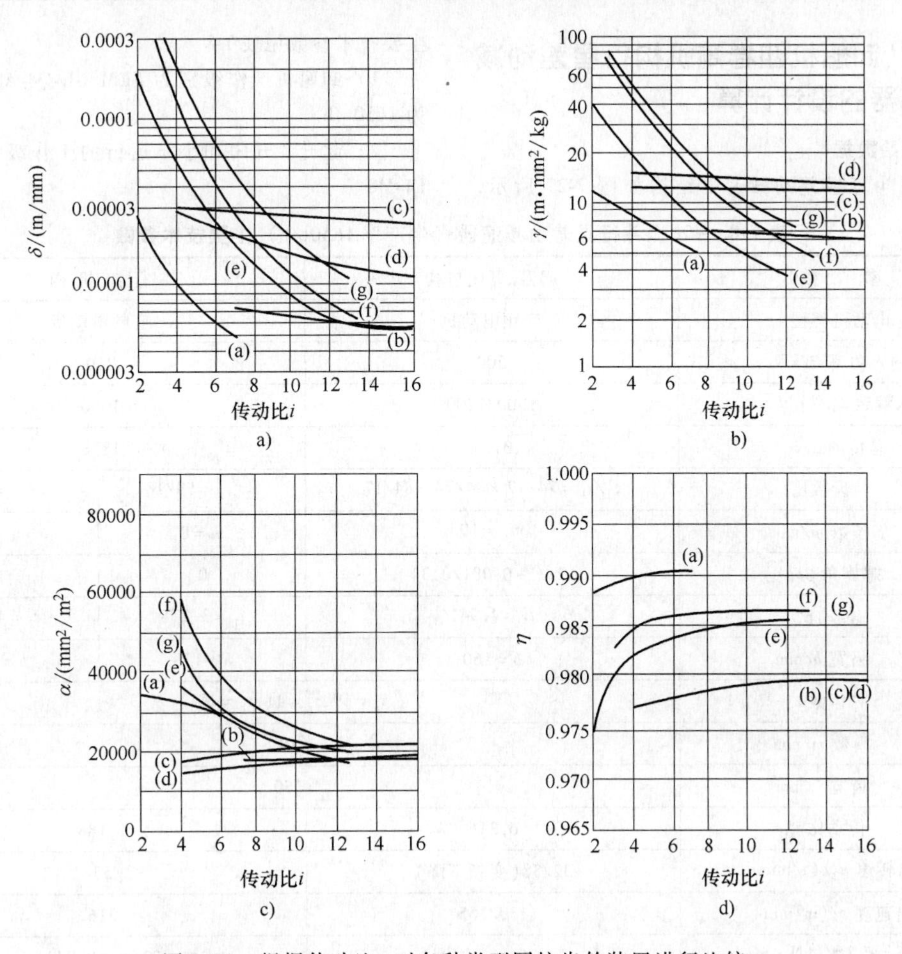

图 7-28　根据传动比 i 对各种类型圆柱齿轮装置进行比较

a）以尺寸为参照的转矩 $\left(\delta=\dfrac{T_2}{D^3B_L}\right)$　b）以齿轮装置质量为参照的转矩 $\left(\gamma=\dfrac{T_2}{GB_L}\right)$

c）以齿面为参照的转矩 $\left(\alpha=\dfrac{T_2}{A^{3/2}B_L}\right)$　d）满负荷效率

$B_L=4\text{N/mm}^2$，其质量为 68.2t，$\gamma=11\text{m}\cdot\text{mm}^2/\text{kg}$，比 d 型齿轮装置重67%。其优点是效率更高，即$\eta=0.98$。f 型齿轮装置的两个行星齿轮传动级合起来的功率损失，比 d 型齿轮装置的功率损失高 45%。另外，当 $i=4$ 时，齿轮级中没有足够的空间安装行星轮的滚子轴承。

5. 轮齿静强度核算

当齿轮工作中可能出现短时间、少次数（$N_L\leqslant N_0$）超过额定工况的大载荷时，应进行静强度核算。$N_L>N_0$ 的载荷应纳入疲劳强度计算。静强度的基本核算公式见表 7-7。

表 7-7　轮齿静强度核算公式

项　　目	齿面静强度	弯曲静强度
最大应力/MPa	$\sigma_{HSt}=Z_HZ_EZ_\varepsilon Z_\beta\sqrt{\dfrac{F_{tmax}}{d_1b}\dfrac{u\pm1}{u}K_vK_{H\beta}K_{H\alpha}}$	$\sigma_{FSt}=\dfrac{F_{tmax}}{bm_n}Y_{Fa}Y_{Sa}Y_\varepsilon Y_\beta K_vK_{F\beta}K_{F\alpha}$
许用应力/MPa	$\sigma_{HPSt}=\dfrac{\sigma_{Hlim}Z_{NT}}{S_{Hmin}}Z_W$	$\sigma_{FPSt}=\dfrac{\sigma_{Flim}Y_{ST}Y_{NT}}{S_{Fmax}}Y_{\sigma relT}$
强度条件	$\sigma_{HSt}\leqslant\sigma_{HPSt}$	$\sigma_{FSt}\leqslant\sigma_{FPSt}$

注：各式中 F_{tmax} 为按载荷谱中实测或预期的最大载荷 T_{max}（如启动转矩、堵转转矩、短路或其他过载转矩）计算的圆周力（N）；其余代号的意义和取值同疲劳强度计算。

7.8 40t卸船机四卷筒机构行星差动减速器的设计计算

7.8.1 原始数据

40t抓斗行星差动减速器结构如图7-29所示，主要技术参数见表7-8。

1）卸船机工作级别为FEM UB-Q4-A8，生产率为1650t/h。

2）起升、开闭和小车运行的工作级别为FEM-L4-M8。

表7-8 40t抓斗行星差动减速器（生产率1650t/h）**主要技术参数**

参数		起升、开闭机构	行走机构	
电动机类型		变频电动机	变频电动机	
输入功率 P/kW		500	310	
输入转速 n_1/(r/min)		1000/1200	1000	
总传动比 i		31.4	18.6	
定轴传动	齿数比	$z_2'/z_1'=74/17\times84/74=84/17$	$z_2/z_1=59/18$	$z_4/z_3=77/16$
	模数 m/mm	$m_n=10$	$m=8$	$m=16$
	螺旋角 β/(°)	12/(+0.081/0.3)	0	0
	传动比 i	$i_1'=4.941$	$i_1=3.278$	$i_2=4.813$
	齿宽 b/mm	$b=160$	$b=125$	$b=180$
行星传动	齿数 z	$z_a=19, z_g=41, z_b=101$		
	模数 m/mm	10		
	齿宽 b/mm	150		
	传动比 i_{aH}^b	6.316	1.188	
输出转速 n_2/(r/min)		32/38(变频下降)	53	
输出速度 v/(m/min)		130/155	216	
输出转矩 T_2/(kN·m)		$2\times70(\eta=0.94)$	$52(\eta=0.94)$	

3）工作系数 $K_A=1.75$。

4）卷筒直径 $D=1.3$m，钢丝绳直径 $d=36$mm；两卷筒间的距离 $L=1800$mm。

5）起升、开闭机构功率 $P=500$kW，输入转速 $n_1=1000/1200$r/min，总传动比 $i=31.4$，输出速度 $v=130/160$m/min，输出转速 $n_2=32/38$r/min（下降），输出转矩 $T_2=2\times70$kN·m（传动效率 $\eta=0.94$），行走机构功率 $P=310$kW，输入转速 $n_1=1000$r/min，总传动比 $i=18.6$，输出速度 $v=220$m/min，输出转速 $n_2=53$r/min，输出转矩 $T_2=52$kN·m（传动效率 $\eta=0.94$）。

7.8.2 输入、输出轴径的确定

根据所受的转矩进行计算，对于同时受转矩与弯矩作用时，用降低许用切应力来考虑弯曲强度的影响。

1. 起升、开闭机构输入轴

功率 $P=500$kW，输入转速 $n_1=1000$r/min，轴材料为35CrMo，调质处理，则轴径为

$$d\geqslant120\sqrt[3]{\frac{P}{n}}=120\times\sqrt[3]{\frac{500}{1000}}\text{mm}=95\text{mm}$$

考虑键槽的影响，输入轴采用 ϕ110n6×210，此时，许用切应力 $[\tau]=30$MPa。

2. 行走机构输入轴

功率 $P=310$kW，输入转速 $n_1=1000$r/min，轴材料为35CrMo，调质处理，则轴径为

$$d\geqslant120\sqrt[3]{\frac{P}{n}}=120\times\sqrt[3]{\frac{310}{1000}}\text{mm}=81\text{mm}$$

考虑键槽的影响，输入轴采用 ϕ95n6×170，此时，许用切应力 $[\tau]=30$MPa。

3. 输出轴径的确定

输出功率 $P=250$kW，$n_2=(1000/i)$ r/min $=1000/31.4$r/min $=32$r/min 轴材料为35CrMo，调质处理，则轴径为

$$d\geqslant115\sqrt[3]{\frac{P}{n}}=115\times\sqrt[3]{\frac{250\times0.94}{32}}\text{mm}=224\text{mm}$$

考虑键槽的影响，采用双键挤压强度不满足，而采用渐开线花键EXT55 $Z\times5m\times30p\times$h7（GB 3478.1—2008），长度 $l=200$mm，含导向部分在内，$d\times L=\phi$280f7mm×320mm。此时，许用切应力 $[\tau]=35$MPa。

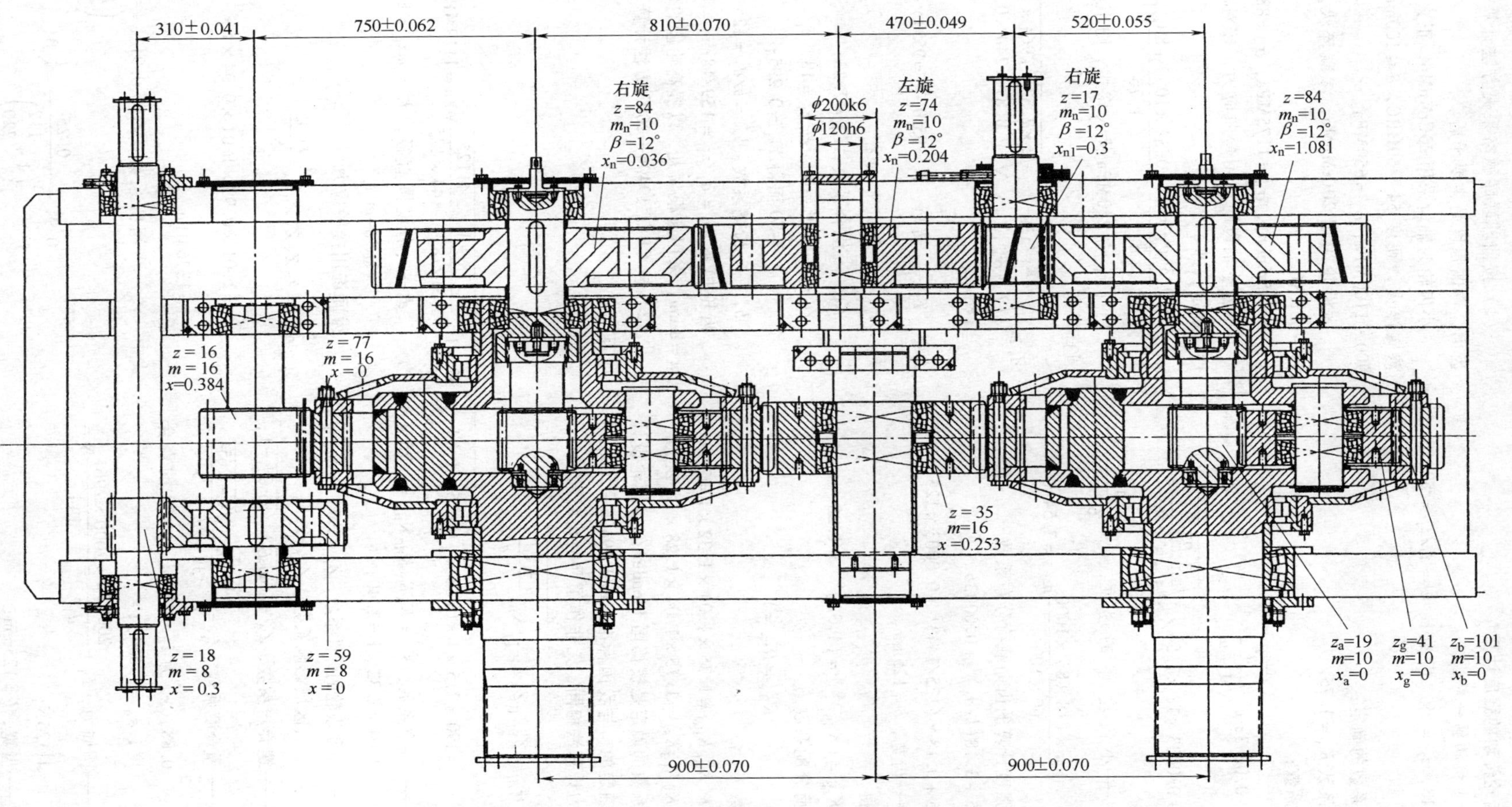

图7-29　40t抓斗行星差动减速器（生产率1650t/h，质量G=15t，生产单位：江阴齿轮箱厂）

7.8.3 齿轮传动的强度计算

1. 行走机构第一对齿轮

$z_1=18$，$z_2=59$，齿数比 $u=z_2/z_1=59/18=3.278$。

载荷系数的确定：

使用系数 $K_A=1.75$。

动载系数：

$$K_V=1+0.0003z_1 v\sqrt{\frac{u^2}{1+u^2}}$$

$$=1+0.0003\times18\times7.54\times\sqrt{\frac{3.278^2}{1+3.278^2}}=1.04$$

式中 v——小齿轮 z_1 的速度，$v=\frac{\pi d_1 n}{60\times100}=\frac{\pi\times(18\times8)\times1000}{60\times100}\text{m/s}=7.54\text{m/s}$。

接触强度计算的齿向载荷分布系数

$$K_{H\beta}=1.15+0.18(b/d_1)^2+0.0003b$$

$$=1.15+0.18\times(125/144)^2+0.0003\times125=1.32$$

式中 b——齿宽，$b=125\text{mm}$。

由此得

$$K_{F\beta}=(K_{H\beta})^{0.9}=(1.32)^{0.9}=1.28$$

齿轮间载荷分配系数

$$K_{H\alpha}=H_{F\alpha}=1$$

则综合系数

$$K_H=K_A K_V K_{H\beta}K_{H\alpha}=1.75\times1.04\times1.32\times1=2.40$$

$$K_F=K_A K_V K_{F\beta}K_{F\alpha}=1.75\times1.04\times1.28\times1=2.33$$

上述系数的确定是按德国 Flender 公司齿轮设计技术手册确定的，与我国标准 GB/T 19406—2003 齿轮承载能力计算法相同，无非作了些简化而已。

(1) 按前苏联库德略采夫方法计算　由于是硬齿面，弯曲强度是主要矛盾。

小齿轮为轴齿采用 20CrMnMo，正火处理，齿面渗碳淬火，硬度 54～60HRC，$\delta\leqslant100\text{mm}$ 时，$\sigma_b=900\sim1100\text{MPa}$，$\sigma_s=650\text{MPa}$。

大齿轮采用 20CrMnMo，渗碳淬火，表面硬度 54～62HRC。

$\delta=15\text{mm}$ 时，$\sigma_b=1175\text{MPa}$，$\sigma_s=885\text{MPa}$。

小齿轮轴齿的许用弯曲应力，按对称循环载荷性质确定，即

$$[\sigma_F]=\frac{0.34\sigma_b+80}{[n_F]}=\frac{0.34\times1000+80}{1.75}\text{MPa}=240\text{MPa}$$

用 $[\sigma_F]=240\text{MPa}$ 代入算式，则小齿轮的分度圆直径为

$$d_1\geqslant\sqrt[3]{\frac{2K_F T_1 z_1}{b_d^*[\sigma_F]Y_{F1}}}=\sqrt[3]{\frac{2\times2.33\times2961\times10^3\times18}{0.87\times240\times0.295}}\text{mm}=159\text{mm}$$

式中 T_1——转矩，$T_1=9550\frac{P}{n}=9550\times\frac{310}{1000}\text{N}\cdot\text{m}=2961\text{N}\cdot\text{m}$；

K_F——综合系数，$K_F=2.33$；

Y_{F1}——齿形系数，按 $z_1=18$，$x_1=0.4$ 查线图 7-20 而得 $Y_{F1}=0.295$；

b_d^*——齿宽系数，$b_d^*=b/d_1=125/44=0.87$；

齿轮模数 $m=d_1/z_1=159/18\text{mm}=8.8\text{mm}$，取 $m=8\text{mm}$，采用齿根喷丸，以提高轮齿的弯曲强度。

(2) 按 GB/T 19406—2003 方法计算　齿面接触应力

$$\sigma_H=Z_E Z_H Z_\beta Z_\varepsilon\sqrt{K_H\frac{u+1}{u}\frac{F_t}{d_1 b}}$$

$$=190\times2.5\times1\times0.88\times\sqrt{1.75\times1.04\times1.32\times1\times\frac{3.278+1}{3.278}\times\frac{41125}{144\times125}}\text{MPa}=1119\text{MPa}$$

式中 K_H——综合系数，$K_H=K_A K_V K_{H\beta}K_{H\alpha}=1.75\times1.04\times1.32\times1=2.40$；

Z_E——钢制齿轮的弹性系数，$Z_E=190\sqrt{\text{N/mm}^2}$；

Z_H——节点区域影响系数，$Z_H=2.5$；

Z_β——螺旋角系数，$Z_\beta=\sqrt{\cos\beta}=\sqrt{\cos0°}=1$；

Z_ε——重合度系数，$Z_\varepsilon=\sqrt{\frac{4-\varepsilon_\alpha}{3}}=\sqrt{\frac{4-1.654}{3}}=0.88$（$\varepsilon_\alpha$ 为 $z_1=18$ 与 $z_2=59$ 的重合度，$\varepsilon_\alpha=1.654$）；

F_t——圆周力，$F_t=\frac{2000T_1}{d_1}=\frac{2000\times2961}{144}\text{N}=41125\text{N}$；

b——齿宽，$b=125\text{mm}$；

d_1——分度圆直径，$d_1=mz_1=8\times18\text{mm}=144\text{mm}$。

齿面许用接触应力

$$\sigma_{HP}=Z_L Z_V Z_X Z_R Z_W\frac{\sigma_{Hlim}}{S_H}$$

$$=1.01\times0.99\times1.01\times0.94\times1\times\frac{1450}{1}\text{MPa}$$

$$=1376\text{MPa}$$

式中 Z_L——润滑系数，$Z_L=0.91+\frac{0.25}{\left(1+\frac{112}{\gamma_{40}}\right)^2}=0.91+\frac{0.25}{\left(1+\frac{112}{220}\right)^2}=1.01$；

Z_V——速度系数，$Z_V = 0.93 + \frac{0.157}{\sqrt{1+\frac{40}{v}}} = 0.93 + \frac{0.157}{\sqrt{1+\frac{40}{7.54}}} = 0.99$；

Z_R——表面粗糙度系数，$Z_R = \left[\frac{0.513}{R_Z}\sqrt[3]{(1+|u|d_1)}\right]^{0.08} = \left[\frac{0.513}{10}\sqrt[3]{(1+3.278)\times 144}\right]^{0.08} = 0.94$；

Z_W——工作硬化系数，$Z_W = 1$；

Z_X——尺寸系数，$Z_X = 1.05 - 0.005m_n = 1.05 - 0.005\times 8 = 1.01$；

σ_{Hlim}——试验齿轮的接触疲劳极限，$\sigma_{Hlim} = 1450MPa$；

S_H——接触强度最小安全系数，$S_H = 1$。

接触强度的安全系数

$$S_H = \sigma_{HP}/\sigma_H = 1376/1119 = 1.23$$

齿根弯曲应力为

$$\sigma_F = Y_\varepsilon Y_\beta Y_{FS} K_A K_V K_{F\beta} K_{F\alpha}\frac{F_t}{bm_n}$$

$$= 0.70\times 1\times 4.36\times 1.75\times 1.04\times 1.28\times 1\times\frac{41125}{125\times 8}MPa$$

$$= 302MPa$$

式中　Y_ε——弯曲强度计算时的重合度系数，$Y_\varepsilon = 0.25 + \frac{0.75}{\varepsilon_\alpha}\cos^2\beta = 0.25 + \frac{0.75}{1.654}\times 1 = 0.70$；

Y_β——螺旋角系数，$Y_\beta = 1 - \frac{\varepsilon_\beta \beta}{120} = 1$；

Y_{FS}——齿形系数，$Y_{FS} = 4.36 - z_1 = 18x_1 = 0.4$。

齿根许用弯曲应力

$$\sigma_{FP} = Y_{ST} Y_{\delta relT} Y_{RrelT} Y_X \frac{\sigma_{Flim}}{(S_F)}$$

$$= 2\times 1\times 1\times 0.97\times\frac{400}{1.25}MPa = 621MPa$$

齿根弯曲强度的安全系数为

$$S_F = \sigma_{FP}/\sigma_F = 621/302 = 2.06$$

2. 行走机构第二对齿轮

$z_3 = 16$，$z_4 = 77$，齿数比 $u = 77/16 = 4.813$，变位系数 $x_3 = 0.384$，$x_4 = 0$。材料为20CrMnMo，渗碳淬火，齿面硬度56～60HRC，材料许用应力$[\sigma_F] = 240MPa$，输入转矩 $T_2 = T_1 i_1 = 2961\times 3.278N\cdot m = 9706N\cdot m$。

小齿轮转速为

$$n_2 = 1000/i_1 = (1000/3.278)r/min = 305r/min$$

小齿轮速度为

$$v_2 = \frac{\pi d n_2}{60\times 1000} = \frac{\pi\times 305\times(16\times 16)}{60\times 1000}m/s = 4.1m/s$$

载荷系数的确定：

使用系数 $K_A = 1.75$

动载系数

$$K_V = 1 + 0.0003 z_1 v\sqrt{\frac{u^2}{1+u^2}}$$

$$= 1 + 0.0003\times 22\times 4.1\times\sqrt{\frac{4.813^2}{1+4.813^2}}$$

$$= 1.03$$

齿向载荷分布系数为

$$K_{H\beta} = 1.15 + 0.18(b/d_1)^2 + 0.0003b$$

$$= 1.15 + 0.18\times(180/256)^2 + 0.0003\times 180$$

$$= 1.29$$

式中　b——齿宽，$b = 125mm$；

d_1——小齿轮分度圆直径，$d_1 = mz_3 = 16\times 16mm = 256mm$。

由此得

$$K_{F\beta} = (K_{H\beta})^{0.9} = (1.29)^{0.9} = 1.26$$

齿轮间载荷分配系数为

$$K_{H\alpha} = H_{F\alpha} = 1$$

则综合系数为

$$K_H = K_A K_V K_{H\beta} K_{H\alpha} = 1.75\times 1.03\times 1.29\times 1 = 2.33$$

$$K_F = K_A K_V K_{F\beta} K_{F\alpha} = 1.75\times 1.03\times 1.26\times 1 = 2.27$$

（1）按前苏联库德略采夫方法进行强度校核计算　小齿轮的分度圆直径为

$$d_3 \geqslant \sqrt[3]{\frac{2K_F T_2 z_3}{b_d^*[\sigma_F] y_{F3}}}$$

$$= \sqrt[3]{\frac{2\times 2.27\times 9706\times 10^3\times 16}{0.68\times 240\times 0.298}}mm = 244mm$$

则模数 $m = d_3/z_3 = 244/16mm = 15.24mm$，采用 $m = 16mm$。

（2）按GB/T 19406—2003方法进行强度校核计算

1）接触强度校核计算

齿面接触应力为

$$\sigma_H = Z_E Z_H Z_\beta Z_\varepsilon\sqrt{K_H\frac{u+1}{u}\frac{F_t}{d_1 b}}$$

$$= 190\times 2.34\times 1\times 0.76\times\sqrt{1.75\times 1.03\times 1.29\times 1\times\frac{4.813+1}{4.813}\times\frac{75828}{256\times 180}}MPa$$

$$= 726MPa$$

式中　K_H——综合系数，$K_H=K_AK_VK_{H\beta}K_{H\alpha}=1.75\times1.03\times1.29\times1=2.33$

Z_E——钢制齿轮的弹性系数，$Z_E=190\sqrt{N/mm^2}$；

Z_H——节点区域影响系数，$Z_H=2.34$；

Z_β——螺旋角系数，$Z_\beta=\sqrt{\cos\beta}=1$；

Z_ε——重合度系数，$Z_\varepsilon=\sqrt{\dfrac{4-\varepsilon_\alpha}{3}}=\sqrt{\dfrac{4-1.716}{3}}=0.76$

b——齿宽，$b=180mm$；

F_t——圆周力，$F_t=\dfrac{2000T_2}{d_3}=\dfrac{2000\times9706}{256}N=75828N$。

齿面许用接触应力为

$$\sigma_{HP}=Z_LZ_VZ_XZ_RZ_W\frac{\sigma_{Hlim}}{S_H}$$

$$=1.02\times0.98\times1.044\times0.8\times1\times\frac{1450}{1}MPa=1211MPa$$

式中　Z_L——润滑系数，$Z_L=0.91+\dfrac{0.25}{\left(1+\dfrac{112}{220}\right)^2}=1.02$；

Z_V——速度系数，$Z_V=0.93+\dfrac{0.157}{\sqrt{1+\dfrac{40}{4.1}}}=0.98$；

Z_R——表面粗糙度系数，$Z_R=\left[\dfrac{0.513}{R_z}\sqrt[3]{(1+|u|)\ d_1}\right]^{0.08}=\left[\dfrac{0.513}{100}\sqrt[3]{(1+4.813)\times256}\right]^{0.08}=0.8$；

Z_W——工作硬化系数，$Z_W=1$；

Z_X——接触强度计算时的尺寸系数，$Z_X=1.05-0.005m_n=1.05-0.005\times12=1.044$。

接触强度的安全系数为

$$S_H=\sigma_{HP}/\sigma_H=1211/726=1.67$$

2）齿轮弯曲强度校核计算

齿根弯曲应力为

$$\sigma_F=Y_\varepsilon Y_\beta Y_{FS}K_AK_VK_{F\beta}K_{F\alpha}\frac{F_t}{bm_n}$$

$$=0.69\times1\times4.7\times1.75\times1.03\times1.29\times1\times\frac{75828}{180\times16}MPa$$

$$=199MPa$$

式中　Y_ε——重合度系数，$Y_\varepsilon=0.25+\dfrac{0.75}{\varepsilon_\alpha}\cos\beta^2=0.25+\dfrac{0.75}{1.716}\times1=0.69$；

Y_β——螺旋角系数，$Y_\beta=1$；

Y_{FS}——齿形系数，$Y_{FS}=4.7$；

F_t——小齿轮轮齿上的圆周力，$F_t=75828N$；

b——齿宽，$b=180mm$；

m_n——模数，$m_n=16mm$。

齿根许用弯曲应力为

$$\sigma_{FP}=Y_{ST}Y_{\delta relT}Y_{RrelT}Y_X\frac{\sigma_{Flim}}{(S_F)}$$

$$=2\times1\times0.9\times0.93\times\frac{400}{1.25}MPa$$

$$=536MPa$$

式中　Y_{ST}——试验齿轮的应力修正系数，$Y_{ST}=2$；

$Y_{\delta relT}$——相对齿根圆角的敏感系数，$Y_{\delta relT}=1$；

Y_{RrelT}——相对齿根表面状况系数，$Y_{RrelT}=0.9$；

Y_X——弯曲强度计算的尺寸系数，$Y_X=1.05-0.01m_n=1.05-0.01\times12=0.93$；

σ_{Flim}——试验齿轮弯曲疲劳极限，$\sigma_{Flim}=400MPa$；

S_F——最小弯曲强度的安全系数，$S_F=1.25$。

齿根弯曲强度的安全系数为

$$S_F=\sigma_{FP}/\sigma_F=536/199=2.7$$

7.8.4　起升、开闭齿轮传动的强度计算

功率 $P=500kW$，$n=1000r/min$，齿数 $z_2/z_1=84/17$，则齿数比 $u=84/17=4.941$，小齿轮为轴齿轮，采用20CrMnMo，齿面淬火，硬度56～60HRC；大齿轮采用20CrMnMo，渗碳淬火，齿面硬度56～60HRC，输入轮齿上的转矩 $T_1=9550\times\dfrac{250}{1000}N\cdot m=23888N\cdot m$。

（1）按前苏联库德略采夫方法计算　小齿轮 z_1 的分度圆直径为

$$d_1\geqslant\sqrt[3]{\frac{2K_FT_1z_1}{b_d^*[\sigma_F]y_{F1}}}$$

$$=\sqrt[3]{\frac{2\times2.35\times2388\times10^3\times17}{0.94\times240\times0.296}}mm$$

$$=142mm$$

则模数 $m=142/17mm=8.35mm$，采用 $m_n=10$。

各系数的确定如下：

使用系数 $K_A=1.75$；

动载系数 K_V 为

$$K_V=1+0.0003z_1v\sqrt{\frac{u^2}{1+u^2}}$$

$$=1+0.0003\times17\times8.9\times\sqrt{\frac{4.941^2}{1+4.941^2}}=1.04$$

式中　v——小齿轮 z_1 的速度，$v=\dfrac{\pi d_1n}{60\times100}=$

$$\frac{\pi \times 170 \times 1000}{60 \times 100}\text{m/s} = 8.9\text{m/s}$$

接触强度计算时的齿向载荷分布系数为

$$K_{H\beta} = 1.15 + 0.18(b/d_1)^2 + 0.0003b$$
$$= 1.15 + 0.18 \times (160/170)^2 + 0.0003 \times 160 = 1.33$$

弯曲强度计算时的齿向载荷分布系数为

$$K_{F\beta} = (K_{H\beta})^{0.9} = (1.33)^{0.9} = 1.29$$

齿轮间载荷分配系数为

$$K_{H\alpha} = H_{F\alpha} = 1$$

则综合系数为

$$K_H = K_A K_V K_{H\beta} K_{H\alpha} = 1.75 \times 1.04 \times 1.33 \times 1 = 2.42$$
$$K_F = K_A K_V K_{F\beta} K_{F\alpha} = 1.75 \times 1.04 \times 1.29 \times 1 = 2.35$$

齿形系数 Y_{F1} 由 $z_1 = 19$，$x_{n1} = 0.4$ 查图 7-20 可得，$Y_{F1} = 0.296$。

（2）按 GB/T 19406—2003 方法计算

1）接触强度校核计算。齿面接触应力为

$$\sigma_H = Z_E Z_H Z_\beta Z_\varepsilon \sqrt{K_A K_V K_{H\beta} \frac{u+1}{u} \frac{F_t}{d_1 b}}$$
$$= 190 \times 2.38 \times 0.99 \times 0.77 \times \sqrt{1.75 \times 1.04 \times 1.33 \times 1 \times \frac{4.941+1}{4.941} \times \frac{28094}{170 \times 160}}\text{MPa}$$
$$= 598\text{MPa}$$

式中　Z_E——钢制齿轮的弹性系数，$Z_E = 190\sqrt{\text{N/mm}^2}$；

Z_H——节点区域影响系数，$Z_H = 2.38$；

Z_β——螺旋角系数，$Z_\beta = \sqrt{\cos\beta} = \sqrt{\cos 12°} = 0.99$；

Z_ε——重合度系数，纵向重合度 $\varepsilon_\beta = \dfrac{b\min\beta}{\pi m_n} = \dfrac{160\sin 12°}{\pi \times 10} = 1.06$，端面重合度 $\varepsilon_\alpha = 1.674$，对于 $\varepsilon_\beta \geqslant 1$ 时，$Z_\varepsilon = \sqrt{\dfrac{1}{\varepsilon_\alpha}} = \sqrt{\dfrac{1}{1.674}} = 0.77$

F_t——圆周力，$F_t = \dfrac{2000T_2}{d_3} \dfrac{2000 \times 2388}{170}\text{N} = 28094\text{N}$。

齿面许用接触应力为

$$\sigma_{HP} = Z_L Z_V Z_X Z_R Z_W \frac{\sigma_{H\lim}}{S_H}$$
$$= 1.02 \times 1 \times 1 \times 0.80 \times 1 \times \frac{1450}{1}\text{MPa}$$
$$= 1183\text{MPa}$$

式中　Z_L——润滑系数，$Z_L = 0.91 + \dfrac{0.25}{\left(1 + \dfrac{112}{\nu_{40}}\right)^2} = 0.91 + \dfrac{0.25}{\left(1 + \dfrac{112}{220}\right)^2} = 1.02$

Z_V——速度系数，$Z_V = 0.93 + \dfrac{0.157}{\sqrt{1 + \dfrac{40}{v}}} = 0.93 + \dfrac{0.157}{\sqrt{1 + \dfrac{40}{8.9}}} = 1$；

Z_R——表面粗糙度系数，$Z_R = \left[\dfrac{0.513}{R_z}\sqrt[3]{(1+|u|)\ d_1}\right]^{0.08} = \left[\dfrac{0.513}{100}\sqrt[3]{(1+4.941) \times 170}\right]^{0.08} = 0.8$；

Z_W——工作硬化系数，$Z_W = 1$；

Z_X——接触强度计算时的尺寸系数，$Z_X = 1.05 - 0.005m_n = 1.05 - 0.005 \times 10 = 1$。

接触强度的安全系数为

$$S_H = \sigma_{HP}/\sigma_H = 1183/598 = 1.98$$

2）齿轮弯曲强度校核。齿根弯曲应力为

$$\sigma_F = Y_\varepsilon Y_\beta Y_{FS} K_A K_V K_{F\beta} K_{F\alpha} \frac{F_t}{b m_n}$$
$$= 0.68 \times 0.894 \times 4.9 \times 1.75 \times 1.04 \times 1.29 \times 1 \times \frac{28094}{160 \times 10}\text{MPa}$$
$$= 123\text{MPa}$$

式中　Y_ε——重合度系数，$Y_\varepsilon = 0.25 + \dfrac{0.75}{\varepsilon_\alpha}\cos^2\beta = 0.25 + \dfrac{0.75}{1.674} \times (\cos 12°)^2 = 0.68$；

Y_β——螺旋角系数，$Y_\beta = 1 - \dfrac{\varepsilon_\beta \beta}{120} = 1 - \dfrac{1.06 \times 12}{120} = 0.894$

Y_{FS}——齿形系数，$Y_{FS} = 4.9$。

轮齿许用弯曲应力为

$$\sigma_{FP} = Y_{ST} Y_{\delta relT} Y_{RrelT} Y_X \frac{\sigma_{F\lim}}{(S_F)}$$
$$= 2 \times 1 \times 0.9 \times 0.95 \times \frac{400}{1.25}\text{MPa}$$
$$= 547\text{MPa}$$

式中　Y_{ST}——试验齿轮的应力修正系数，$Y_{ST} = 2$；

$Y_{\delta relT}$——相对齿根圆角的敏感系数，$Y_{\delta relT} = 1$；

Y_{RrelT}——相对齿根表面状况系数，$Y_{RelT} = 0.9$；

Y_X——弯曲强度计算的尺寸系数，$Y_X = 1.05 - 0.01m_n = 1.05 - 0.01 \times 10 = 0.95$

σ_{Flim}——试验齿轮弯曲疲劳极限，$\sigma_{Flim}=400MPa$；

S_F——弯曲强度的安全系数，$S_F=1.25$。

轮齿弯曲强度的安全系数为

$$S_F=\sigma_{FP}/\sigma_F=547/123=4.45$$

7.8.5 行星齿轮传动的强度计算

齿数 $z_a=19$，$z_g=41$，$z_b=101$；a—g 副的齿数比 $u=41/19=2.16$，传动比 $i_{aH}^b=1+101/19=6.316$，$i_{bH}^a=1.188$。

太阳轮转速为

$$n_a=1000/4.941=202r/min$$

太阳轮线速度为

$$v=\frac{\pi dn}{60\times1000}=\frac{\pi\times190\times202}{60\times1000}m/s=2m/s$$

使用系数 $K_A=1.75$。

动载系数为

$$K_V=1+0.0003z_1v\sqrt{\frac{u^2}{1+u^2}}$$

$$=1+0.0003\times19\times2\times\sqrt{\frac{2.16^2}{1+2.16^2}}=1.01$$

接触强度计算的齿向载荷分布系数为

$$K_{H\beta}=1.15+0.18(b/d_1)^2+0.0003b$$

$$=1.15+0.18\times(160/190)^2+0.0003\times160$$

$$=1.29$$

载荷沿齿宽分布系数为

$$K_{F\beta}=(K_{H\beta})^{0.9}=(1.29)^{0.9}=1.26$$

齿轮间载荷分配系数为

$$K_{H\alpha}=H_{F\alpha}=1$$

则综合系数为

$$K_H=K_AK_VK_{H\beta}K_{H\alpha}=1.75\times1.01\times1.29\times1=2.28$$

$$K_F=K_AK_VK_{F\beta}K_{F\alpha}=1.75\times1.01\times1.26\times1=2.22$$

太阳轮输入转矩为

$$T_1=9550\times\frac{250}{1000}\times4.941N\cdot m=11797N\cdot m$$

太阳轮轮齿上的转矩为

$$T_a=\frac{T_1}{n_p}k_p=\frac{11797}{3}\times1.15N\cdot m=4522N\cdot m$$

式中 n_p——行星轮个数，$n_p=3$；

k_p——太阳轮浮动时载荷分配的不均衡系数，$k_p=1.15$。

齿轮材料 20CrMnMo，渗碳淬火，齿面硬度 56～60HRC；材料截面 $\delta=15mm$ 时，$\sigma_b=1175MPa$，$\sigma_s=885MPa$。按对称循环载荷性质确定许用应力。

$$[\sigma_F]=\frac{0.34\sigma_b+80}{[n_F]}=\frac{0.34\times1175+80}{1.75}MPa=274MPa$$

式中 $[n_F]$——安全系数，$[n_F]=1.75$。

计及截面尺寸的影响，取 $[\sigma_F]=220MPa$。

(1) 按前苏联库德略采夫方法确定 a—g 齿轮副的参数　太阳轮的分度圆直径为

$$d_a\geqslant\sqrt[3]{\frac{2K_FT_az_a}{b_d^*[\sigma_F]Y_F}}$$

$$=\sqrt[3]{\frac{2\times2.22\times4522\times10^3\times19}{0.84\times220\times0.295}}mm$$

$$=191mm$$

式中 b_d^*——齿宽系数，$b_d^*=b/d_a=160/190=0.84$；

Y_F——齿形系数，由 $z=19$，$x_1=0.4$ 查线图 7-20 而得，$Y_F=0.295$。

则模数 $m=191/19mm=10mm$，采用 $m=10$。

(2) 按 GB/T 19406—2003 方法进行强度校核计算

1) 接触强度校核计算。齿面接触应力为

$$\sigma_H=Z_EZ_HZ_\beta Z_\varepsilon\sqrt{K_AK_VK_{H\beta}\frac{u+1}{u}\frac{F_t}{d_1b}}$$

$$=190\times2.38\times1\times0.89\times\sqrt{1.75\times1.01\times1.29\times\frac{2.16+1}{2.16}\times\frac{47600}{190\times160}}MPa$$

$$=920MPa$$

式中 Z_E——钢制齿轮的弹性系数，$Z_E=190\sqrt{N/mm^2}$；

Z_H——节点区域影响系数，$Z_H=2.38$；

Z_β——螺旋角系数，$Z_\beta=\sqrt{\cos\beta}=1$；

Z_ε——重合度系数，$Z_\varepsilon=\sqrt{\frac{4-\varepsilon_\alpha}{3}}=\sqrt{\frac{4-1.63}{3}}=0.89$；

F_t——齿轮的圆周力，$F_t=\frac{2000\times4522}{190}N=47600N$。

齿面许用接触应力为

$$\sigma_{HP}=Z_LZ_VZ_XZ_RZ_W\frac{\sigma_{Hlim}}{S_H}$$

$$=1.02\times0.96\times0.78\times1\times1\times\frac{1450}{1}MPa=1107MPa$$

式中　Z_L——润滑系数，$Z_L = 0.91 + \frac{0.25}{\left(1+\frac{112}{220}\right)^2} = 1.02$；

Z_V——速度系数，$Z_V = 0.93 + \frac{0.157}{\sqrt{1+\frac{40}{2}}} = 0.96$；

Z_R——齿轮表面粗糙度系数，$Z_R = \left[\frac{0.513}{R_z}\sqrt[3]{(1+|u|)\ d_1}\right]^{0.08} = \left[\frac{0.513}{100}\sqrt[3]{(1+2.16)\times 190}\right]^{0.08} = 0.78$；

Z_W——工作硬化系数，$Z_W = 1$；

Z_X——接触强度计算时的尺寸系数，$Z_X = 1.05 - 0.005m_n = 1$。

接触强度的安全系数为

$$S_H = \sigma_{HP}/\sigma_H = 1107/920 = 1.20$$

2）齿根弯曲强度计算。齿根弯曲应力为

$$\sigma_F = Y_\varepsilon Y_\beta Y_{FS} K_A K_V K_{F\beta} K_{K\alpha}\frac{F_t}{bm_n}$$

$$= 0.71\times 1\times 4.65\times 1.75\times 1.01\times 1\times 1.26\times\frac{47600}{160\times 10}\text{MPa}$$

$$= 219\text{MPa}$$

式中　Y_ε——重合度系数，$Y_\varepsilon = 0.25 + \frac{0.75}{\varepsilon_\alpha}\cos^2\beta = 0.25 + \frac{0.75}{1.63}\times 1 = 0.71$；

Y_β——螺旋角系数，$Y_\beta = 1$；

Y_{FS}——齿形系数，$Y_{FS} = 4.65$。

齿根许用弯曲应力为

$$\sigma_{FP} = Y_{ST} Y_{\delta relT} Y_{RrelT} Y_X \frac{\sigma_{Flim}}{(S_F)}$$

$$= 2\times 1\times 0.9\times 0.95\times\frac{400}{1.25}\text{MPa}$$

$$= 547\text{MPa}$$

式中　Y_{ST}——试验齿轮的应力修正系数，$Y_{ST} = 2$；

$Y_{\delta relT}$——相对齿根圆角的敏感系数，$Y_{\delta relT} = 1$；

Y_{RrelT}——相对齿根表面状况系数，$Y_{RelT} = 0.9$；

Y_X——弯曲强度计算的尺寸系数，$Y_X = 1.05 - 0.01m_n = 1.05 - 0.01\times 10 = 0.95$

齿根弯曲强度的安全系数为

$$S_F = \sigma_{FP}/\sigma_F = 547/219 = 2.5$$

7.8.6　行星轮心轴的强度与轴承寿命的计算

1. 行星轮心轴强度计算（见图7-30）

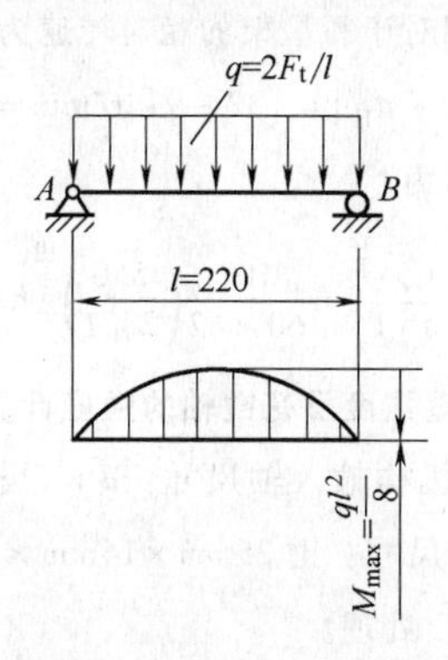

图7-30　行星轮心轴计算图

行星轮心轴材料为42CrMo，调质处理260～290HBW，$\sigma_b = 900 \sim 1100\text{MPa}$，$\sigma_{0.2} = 650\text{MPa}$。

太阳轮上的圆周力为

$$F_t = \frac{2T_1}{d_a} = \frac{2\times 2388\times 10^3}{170}\text{N} = 28094\text{N}$$

式中　T_1——输入转矩，$T_1 = 9550\times\frac{250}{1000}\text{N}\cdot\text{m} = 2388\text{N}\cdot\text{m}$。

作用在太阳轮轮齿上的转矩为

$$T_a = T_1\frac{i}{n_p}k_p = 4523\text{N}\cdot\text{m}$$

式中　n_p——行星轮个数，$n_p = 3$；

i——前一级圆柱齿轮传动比，$i = 84/17 = 4.941$；

k_p——行星轮载荷不均衡系数，$k_p = 1.15$。

作用在心轴上的载荷按均布载荷计算，则最大弯矩为

$$M_{max} = \frac{ql^2}{8} = \frac{(2F_t/l)\,l^2}{8} = \frac{2\times 28094\times 220}{8}\text{N}\cdot\text{mm}$$

$$= 1545176\text{N}\cdot\text{mm}$$

心轴的弯曲应力为

$$\sigma = \frac{M_{max}}{0.1d^3} = \frac{1545176}{0.1\times 130^3}\text{MPa} = 7\text{MPa} < [\sigma] = 160\text{MPa}$$

2. 行星轮轴承寿命计算

采用轴承为222260/W33，$d\times D\times b = 130\text{mm}\times 230\text{mm}\times 64\text{mm}$，$C_r = 550\text{kN}$，$G = 11.2\text{kg}$。

行星架转速为

$$n_H = 100/31.21\text{r/min} = 32\text{r/min}$$

行星轮绝对转速为

$$n_g = \frac{n_1}{4.941} \times \frac{z_a}{z_g} = \frac{1000}{4.941} \times \frac{19}{41}\text{r/min} = 94\text{r/min}$$

行星轮相对于行星架的相对转速为

$$n_g^H = |n_g - n_H| = |32 - 94|\text{r/min} = 62\text{r/min}$$

轴承寿命为

$$L_h = \frac{10^6}{60n_g^H}\left(\frac{C_r}{F_t}\right)^{\frac{10}{3}} = \frac{10^6}{60 \times 62}\left(\frac{550}{28.1}\right)^{\frac{10}{3}}\text{h} = 5426849\text{h}$$

7.8.7 轴的键强度及花键轴的强度计算

1）行走机构输入轴尺寸：$d \times L = \phi 95\text{mm k6} \times 170\text{mm}$。键的尺寸：键 25mm×14mm×155mm。材料为45钢，调质处理。

输入转矩为 $T_1 = 9550 \times \frac{310}{1000}\text{N·m} = 2961\text{N·m}$

键的挤压应力为

$$\sigma_p = \frac{2 \times 2961 \times 10^3}{95 \times \frac{14}{2} \times (155 - 25)}\text{MPa}$$

$$= 69\text{MPa} < [\sigma_p] = 100 \sim 120\text{MPa}$$

2）起升、开闭输入轴尺寸：$d \times L = \phi 110\text{mm n6} \times 210\text{mm}$，键的尺寸：键 28mm×16mm×198mm。材料为45钢，调质处理。

输入转矩为 $T_1 = 9550 \times \frac{500}{1000}\text{N·m} = 4775\text{N·m}$

键的挤压应力为

$$\sigma_p = \frac{2T}{d\frac{h}{2}l} = \frac{2 \times 4775 \times 10^3}{110 \times \frac{16}{2} \times (198 - 28)}\text{MPa}$$

$$= 64\text{MPa} < [\sigma_p] = 100 \sim 120\text{MPa}$$

3）输出轴花键的连接强度计算。花键采用 EXT55Z×5m×30p×6f（GB/T 3478.1—2008）。

输出转矩为 $T = 70\text{kN·m} = 70 \times 10^6\text{N·mm}$。

花键按挤压强度计算，其挤压应力为

$$\sigma_p = \frac{2T}{\psi z l h d_m} = \frac{2 \times 70 \times 10^6}{0.75 \times 55 \times 200 \times 5 \times 275}\text{MPa}$$

$$= 12.4\text{MPa} < [\sigma_p] = 100 \sim 140\text{MPa}$$

式中 ψ——各齿载荷不均匀系数，$\psi = 0.75$；

z——齿数，$z = 55$；

h——工作齿高，$h = 1 \times 5\text{mm} = 5\text{mm}$；

l——花键的有效长度，$l = 200\text{mm}$；

d_m——分度圆直径，$d_m = mz = 5 \times 55\text{mm} = 275\text{mm}$；

$[\sigma_p]$——许用挤压应力，$[\sigma_p] = 100 \sim 140\text{MPa}$。

4）太阳轮连接花键的计算。齿数 $z = 39$，模数 $m = 4\text{mm}$，压力角 $\alpha = 30°$（GB/T 3478.2—2008）。

输出转矩为

$$T = 9550 \times \frac{250}{1000} \times 4.941\text{N·m} = 11797\text{N·m}$$

花键的挤压应力为

$$\sigma_p = \frac{2T}{\psi z l h d_m} = \frac{2 \times 11797 \times 10^3}{0.75 \times 39 \times (39 \times 4)}$$

$$= 65\text{MPa} < [\sigma_p] = 100 \sim 140\text{MPa}$$

式中 ψ——各齿载荷不均匀系数，$\psi = 0.75$；

z——齿数，$z = 39$；

h——工作齿高，$h = 1 \times m = 4\text{mm}$；

l——花键的有效长度，$l = 200\text{mm}$；

d_m——分度圆直径，$d_m = mz = 39 \times 4\text{mm} = 156\text{mm}$。

7.8.8 齿轮传动的几何尺寸计算

1. 行走机构

1）齿轮副 $z_1 = 18$，$z_2 = 59$，$m = 8\text{mm}$，$\beta = 0°$。

中心距为

$$a = \frac{8}{2}(18 + 59)\text{mm} = 308\text{mm}$$

取中心距 $a' = 310\text{mm}$。

中心距变动系数为

$$y = \frac{a' - a}{m} = \frac{310 - 308}{8} = \frac{2}{8} = 0.25$$

$$y_z = \frac{2 \times 0.25}{z_1 + z_2} = \frac{0.5}{18 + 59} = 0.00650$$

查表2-19，得 $x_z = 0.00659$，则

$$x_\Sigma = 0.00659 \times \frac{z_1 + z_2}{2} = 0.00659 \times \frac{18 + 59}{2} = 0.3$$

$$\Delta y = x_\Sigma - y = 0.3 - 0.25 = 0.05$$

取变位系数 $x_1 = 0.3$，$x_2 = 0$。

由 $z_1 = 18$，$x_1 = 0.3$，$m = 8\text{mm}$，$\Delta y = 0.05$，得

$$d_1 = mz_1 = 8 \times 18\text{mm} = 144\text{mm}$$

$$d_{a1} = 144 + 2 \times 8(h_a^* + x_1 - \Delta y)$$

$$= [144 + 16 \times (1 + 0.3 - 0.05)]\text{mm} = 164_{-0.160}^{0}\text{mm}$$

跨测齿数 $k = 3$，公法线长度及偏差为 $W =$

$(7.6324+0.684\times0.3)\times8\text{mm}=62.701_{-0.203}^{-0.139}(7GJ)\text{mm}$

由 $z_2=59$，$x_2=0$，$m=8$，$\Delta y=0.05$，得

$$d_2=mz_2=8\times59\text{mm}=472\text{mm}$$

$$d_{a2}=472+2\times8(h_a^*-\Delta y)$$

$$=[472+16\times(1-0.05)]\text{mm}=487.2_{-0.250}^{0}\text{mm}$$

跨测齿数 $k=7$，公法线长度及偏差为 $W_k=20.0152\times8\text{mm}=160.122_{-0.256}^{-0.183}$（7HK）mm，齿宽 $b=125\text{mm}$。

2）齿轮副 $z_3=16$，$z_4=77$，$m=16\text{mm}$，$\alpha=20$，$i=77/16=4.815$。

中心距为

$$a=\frac{m}{2}(z_3+z_4)=\frac{16}{2}(16+77)\text{mm}=744\text{mm}$$

取中心距 $a'=750\text{mm}$。

中心距变动系数为

$$y=\frac{a'-a}{m}=\frac{750-744}{16}=0.375$$

$$y_z=\frac{2y}{z_3+z_4}=\frac{2\times0.375}{16+77}=0.0080645$$

查表2-19得 $x_z=0.00825$，则

$$x_\Sigma=0.00825\times\frac{z_3+z_4}{2}=0.00825\times\frac{16+77}{2}=0.384$$

$$\Delta y=x_\Sigma-y=0.384-0.375=0.009$$

取变位系数 $x_3=0.384$，$x_4=0$。

由 $z_3=16$，$x_1=0.384$，$m=16\text{mm}$，$\alpha=20°$，$\Delta y=0.009$，得

$$d_3=mz_3=16\times16\text{mm}=256\text{mm}$$

$$d_{a3}=256+2m(h_a^*+x_3-\Delta y)$$

$$=[256+2\times16\times(1+0.384-0.009)]\text{mm}$$

$$=300_{-0.210}^{0}\text{mm}$$

跨测齿数 $k=2$，公法线长度及偏差为 $W=(4.6523+0.684\times0.384)\times16\text{mm}=78.639_{-0.230}^{-0.191}$（7GJ）mm

由 $z_4=77$，$x_4=0$，$m=16\text{mm}$，$\alpha=20°$，$\Delta y=0.009$，得

$$d_4=mz_4=16\times77=1232$$

$$d_{a4}=1232+2\times16(h_a^*-\Delta y)$$

$$=[1232+32\times(1-0.009)]\text{mm}$$

$$=1263.712_{-0.420}^{0}\text{mm}$$

跨测齿数 $k=9$，公法线长度及偏差为

$$W=26.1715\times16\text{mm}=418.744_{-0.358}^{-0.253}(7HK)\text{mm}$$

齿宽 $b=125\text{mm}$。

3）过渡齿轮 $z_5=35$，$z_4=77$，$m=16\text{mm}$，$\alpha=20°$

中心距为

$$a=\frac{m}{2}(z_4+z_5)=\frac{16}{2}(77+35)\text{mm}=896\text{mm}$$

取中心距 $a'=900\text{mm}$。

中心距变动系数为

$$y=\frac{a'-a}{m}=\frac{900-896}{16}=0.25$$

$$y_z=\frac{2y}{z_5+z_4}=\frac{2\times0.25}{35+77}=0.004464$$

查表2-19得 $x_z=0.00451$，则

$$x_\Sigma=x_z\times\frac{z_5+z_4}{2}=0.00451\times\frac{35+77}{2}=0.253$$

$$\Delta y=x_\Sigma-y=0.253-0.25=0.003$$

由 $z_5=35$，$x_5=0.253$，$m=16$，$\Delta y=0.003$，得分度圆直径为

$$d_5=mz_5=16\times35\text{mm}=560\text{mm}$$

顶圆直径为

$$d_{a5}=d_5+2m(h_a^*+x_5-\Delta y)$$

$$=560+2\times16\times(1+0.253-0.003)\text{mm}$$

$$=600_{-0.280}^{0}\text{mm}$$

跨测齿数 $k=4$，公法线长度及偏差为

$$W=(10.8227+0.684\times0.253)\times16\text{mm}$$

$$=175.932_{-0.285}^{-0.204}(7HK)\text{mm}$$

2. 起升、开闭机构

1）齿轮副 $z_1'=17$，$z_2'=84$，$m_n=10\text{mm}$，$\alpha=20°$，$\beta=12°$。

中心距为

$$a=\frac{m_n}{2}(17+84)/\cos\beta=\frac{10}{2}(17+84)/\cos12°\text{mm}$$

$$=516.282\text{mm}$$

取中心距 $a'=520\text{mm}$，则中心距变动系数为

$$y=\frac{a'-a}{m_n}=\frac{520-516.282}{10}\text{mm}=0.3718\text{mm}$$

$$y_z=\frac{2\times0.3718}{17+84}=0.0073663$$

查表2-19得 $x_z=0.00754$，则变位系数为

$$x_\Sigma=x_z\times\frac{z_1'+z_2'}{2}=0.00754\times\frac{17+84}{2}=0.381$$

则 $\Delta y = x_{\Sigma} - y = 0.381 - 0.372 = 0.009$

取变位系数 $x_{n1} = 0.03$，$x_{n2} = 0.081$。

由 $z_1' = 17$，$x_{n1} = 0.3$，$m_n = 10\text{mm}$，$\beta = 12°$，得分度圆直径为

$$d_1 = m_n z_1'/\cos\beta = 10 \times 17/\cos12°\text{mm} = 173.798\text{mm}$$

顶圆直径为

$$d_{a1} = 173.798 + 2 \times 10(h_a^* + x_{n1} - \Delta y)$$
$$= [173.798 + 20 \times (1 + 0.3 - 0.009)]\text{mm}$$
$$= 199.618\text{mm}$$

跨测齿数 $k = 3$，公法线长度及偏差为

$$W_k = (7.3803 + 17 \times 0.01492 + 0.684 \times 0.3) \times 10\text{mm}$$
$$= 78.391^{-0.143}_{-0.186}(7GJ)\text{mm}$$

由 $z_2' = 84$，$x_{n2} = 0.081$，$m_n = 10\text{mm}$，$\alpha_n = 20°$，$\beta = 12°$，得

$$d_2 = m_n z_2'/\cos\beta = 10 \times 84/\cos12°\text{mm} = 858.766\text{mm}$$
$$d_{a2} = [858.766 + (1 + 0.081 - 0.009) \times 20]\text{mm}$$
$$= 880.206^{\ 0}_{-0.360}\text{mm}$$

跨测齿数：$k = 11$，公法线长度及偏差为

$$W = (30.9974 + 0.01492 \times 84 + 0.684 \times 0.081) \times 10\text{mm}$$
$$= 323.061^{-0.183}_{-0.256}(6JL)\text{mm}$$

2）齿轮副 $z_1' = 17$，$z_2' = 74$，$m_n = 10\text{mm}$，$\alpha = 20°$，$\beta = 12°$。

中心距为

$$a = \frac{m_n}{2}(z_1' + z_2')/\cos\beta = \frac{10}{2}(17 + 74)/\cos12°\text{mm}$$
$$= 465.165\text{mm}$$

取中心距 $a' = 470\text{mm}$，则中心距变动系数为

$$y = \frac{a' - a}{m_n} = \frac{470 - 465.165}{10} = 0.4835$$

$$y_z = \frac{2 \times 0.4834}{17 + 74} = 0.010626$$

查表 2-19 得 $x_z = 0.01108$，则变位系数和为

$$x_{\Sigma} = x_z \times \frac{z_1' + z_2'}{2} = 0.01108 \times \frac{17 + 74}{2} = 0.504$$

$$\Delta y = x_{\Sigma} - y = 0.504 - 0.4835 = 0.0205$$

取变位系数 $x_{n1} = 0.3$，$x_{n2} = 0.204$。

由 $z_2 = 74$，$x_{n1} = 0.3$，$m_n = 10\text{mm}$，$\beta = 12°$，$\Delta y = 0.0205$，得分度圆直径为

$$d_2 = m_n z_2'/\cos\beta = 10 \times 74/\cos12°\text{mm} = 756.532\text{mm}$$

顶圆直径为

$$d_{a2} = [756.532 + 2 \times 10(1 + 0.204 - 0.0205)]\text{mm}$$
$$= 780.202^{\ 0}_{-0.320}\text{mm}$$

跨测齿数 $k = 9$，公法线长度及偏差为

$$W_k = (25.0931 + 74 \times 0.01492 + 0.684 \times 0.204) \times 10\text{mm}$$
$$= 263.367^{-0.183}_{-0.256}(6JL)\text{mm}$$

3）齿轮副 $z_2' = 74$，$z_3' = 84$，$m_n = 10\text{mm}$，$\beta = 12°$。

中心距为 $a = \frac{m_n}{2}(z_3' + z_2')/\cos\beta = \frac{10}{2}(84 + 74)/\cos12°\text{mm} = 807.649\text{mm}$

取中心距 $a' = 810\text{mm}$，则中心距变动系数

$$y = \frac{a' - a}{m_n} = \frac{810 - 807.649}{10} = 0.2351$$

$$y_z = \frac{2 \times 0.2351}{84 + 74} = 0.00298$$

查表 2-19 得 $x_z = 0.00304$，则变位系数和为

$$x_{\Sigma} = x_z \times \frac{z_3' + z_2'}{2} = 0.00304 \times \frac{84 + 74}{2} = 0.240$$

$$\Delta y = x_{\Sigma} - y = 0.240 - 0.235 = 0.005$$

取变位系数 $x_{n2} = 0.204$，$x_{n3} = 0.036$。

由 $z'_3 = 84$，$x_{n3} = 0.036$，$m_n = 10\text{mm}$，$\Delta y = 0.005$，右旋；得分度圆直径为 $d_3 = m_n z'_3/\cos/\beta = 10 \times 84/\cos12°\text{mm} = 858.766\text{mm}$

顶圆直径为

$$d_{a3} = [858.766 + 2 \times 10(1 + 0.036 - 0.005)]\text{mm} = 879.386^{\ 0}_{-0.360}\text{mm}$$

跨测齿数 $k = 11$，公法线长度及偏差

$$W = (30.9974 + 84 \times 0.01492 + 0.684 \times 0.036) \times 10\text{mm}$$
$$= 322.753^{-0.183}_{-0.256}(6JL)\text{mm}$$

3. 行星齿轮传动的几何计算

已知太阳轮：$z_a = 19$，$m = 10\text{mm}$，$\alpha = 20°$。

顶圆直径为

$$d_{aa} = 190 + 2h_a^* m = [190 + 2 \times 1 \times 10]\text{mm}$$
$$= 210^{\ 0}_{-0.185}\text{mm}$$

跨测齿数 $k = 3$，公法线长度及偏差为

$$W_k = 7.6464 \times 10\text{mm} = 76.464^{-0.191}_{-0.230}(6KL)\text{mm}$$

已知行星轮 $z_g = 41$，$m = 10$，$\alpha = 20°$，齿宽 $b = 150\text{mm}$，则

$$d_g = mz_g = 10 \times 41 = 410\text{mm} \quad d_{ga} = 430^{\ 0}_{-0.250}\text{mm}$$

跨测齿数 $k = 5$，公法线长度及偏差为

$W_k = 13.8588 \times 10\text{mm} = 138.588^{-0.183}_{-0.256}(6\text{JL})\text{mm}$

已知内齿圈　$z_b = 101$，$m = 10$，$\alpha = 20°$，则分度圆直径为

$$d_b = mz_b = 10 \times 101\text{mm} = 1010\text{mm}$$

常规算法顶圆直径为

$$d_{ba} = 10101 - 2h_a^* m = (1010 - 2 \times 10)\text{mm} = 990\text{mm}$$

避免内齿圈齿顶与行星轮齿根过渡曲线的干涉，确定内齿圈的顶圆直径。

行星轮滚齿时，行星轮渐开线起点最小曲率半径为

$$\rho_{gmin} = [0.171z_g - 2.924(1 - x_g)]m = [0.171 \times 41 - 2.924] \times 10\text{mm} = 40.87\text{mm}$$

内齿圈基圆直径为

$$d_{bb} = mz_b\cos\alpha = 10 \times 101\cos20°\text{mm} = 949.090\text{mm}$$

中心距 $a = \frac{10}{2}(19 + 41)\text{mm} = 300\text{mm}$，啮合角 $\alpha' = 20°$，则内齿圈顶圆直径为

$$d_{ba} \geqslant \sqrt{d_{bb}^2 + (2a'_{gb}\sin\alpha'_{gb} + 2\rho_{gmin})^2}$$

$$= \sqrt{949.090^2 + (2 \times 300\sin20° + 2 \times 40.87)^2}\text{mm}$$

$$= 991.521\text{mm}$$

两者中取大者，现取 $d_{ba} = 991.521^{+0.360}_{0}\text{mm}$

跨测齿槽数 $k = 12$，公法线长度及偏差为

$$W = 35.3641 \times 10\text{mm} = 353.641^{+0.354}_{+0.257}(7\text{JL})\text{mm}$$

7.8.9　减速器的热平衡计算

1）箱体单位表面散热的功率大致为 0.8 ~ 1.2kW/m²，连续工作时产生的热量为 Q_1，则

$$Q_1 = 3600(1 - \eta)P_1 = 3600(1 - 0.94) \times 500\text{kJ/h} = 10800\text{kJ/h}$$

式中　P_1——输入轴的传动功率（kW）；

η——减速器的传动效率，$\eta = 0.94$。

2）箱体表面排出的最大热量为 Q_{zmax}，则

$$Q_{zmax} = 4.1868hS(\theta_{ymax} - \theta_0) = 4.1868 \times 60 \times 20.8 \times (65 - 20)\text{kJ/h} = 235131\text{kJ/h}$$

式中　h——系数，在自然通风良好的地方，取 $h = 50 \sim 63\text{kJ/(m}^2 \cdot \text{h} \cdot ℃)$，在自然通风不好的地方，取 $h = 31 \sim 38\text{kJ/(m}^2 \cdot \text{h} \cdot ℃)$，取 $h = 60\text{kJ/(m}^2 \cdot \text{h} \cdot ℃)$；

θ_{ymax}——油温最大许用值，对齿轮传动允许为 60 ~ 70℃，取 $Q_{ymax} = 65℃$；

θ_0——环境温度，$\theta_0 = 20℃$；

S——散热面积（m^2），其中箱底面积以 1/2 计及，则 $S = (3.81 \times 1.46 \times 2 + 1.12 \times 1.46 \times 2 + 3.81 \times 1.12 \times 1.8)\text{m}^2 = 20.8\text{m}^2$。

因此 $Q_1 = 108000\text{kJ/h} < Q_{2max} = 235131\text{kJ/h}$，说明传动装置散热良好。

3）按散热条件所允许的最大功率为 P_Q，则连续工作时

$$P_Q = \frac{Q_{2max}}{3600(1 - \eta)} = \frac{235131}{3600(1 - 0.94)}\text{kW}$$

$$= 1088\text{kW} > P_1 = 500\text{kW}$$

4）油温为 θ_y（℃），则连续工作

$$\theta_y = \frac{3600(1 - \eta)P_1}{hS} + \theta_0$$

$$= \left(\frac{3600(1 - 0.94) \times 500}{60 \times 20.8} + 20\right)℃ = 106℃$$

5）油循环冷却，传动装置排出的最大热量为 Q_{zmax}，则

$$Q_{2max} = hS(\theta_{ymax} - \theta_0) + 60q_y\nu_y c_y(\theta_{1y} - \theta_{2y})\eta_y$$

$$= 60 \times 20.8 \times (106 - 20) + 60 \times 50 \times 0.9 \times 7 \times 0.6\text{kJ/h} = 119292\text{kJ/h}$$

6）冷却所需润滑油量为 q_V，则

$$q_V = \frac{Q_{2max} - hs(\theta_y - \theta_0)}{60\nu_y c_y(\theta_{1y} - \theta_{2y})\eta_y}$$

$$= \frac{119292 - 60 \times 20.8(106 - 20)}{60 \times 0.9 \times 0.5 \times 7 \times 6} = 100\text{L/min}$$

式中　ν_y——润滑油的密度，$\nu_y = 0.9\text{kg/L}$；

θ_{1y}——循环油排除的温度（℃），$\theta_{1y} \approx Q_{2y} + (5 \sim 8)$；

θ_{2y}——循环油进入的温度（℃）；

η_y——循环油的利用系数，$\eta_y = 0.5 \sim 0.7$。

实际上，此差动减速器由油浴润滑便能满足热平衡，已有应用实例所证实。为了提高使用的可靠度，采用油浴润滑 + 强制润滑，强制润滑的流量为 50L/min 已足够。

7.9　行星差动传动装置典型结构图与零件图

行星差动传动装置的典型结构与零件图见图 7-31 ~ 图 7-37。

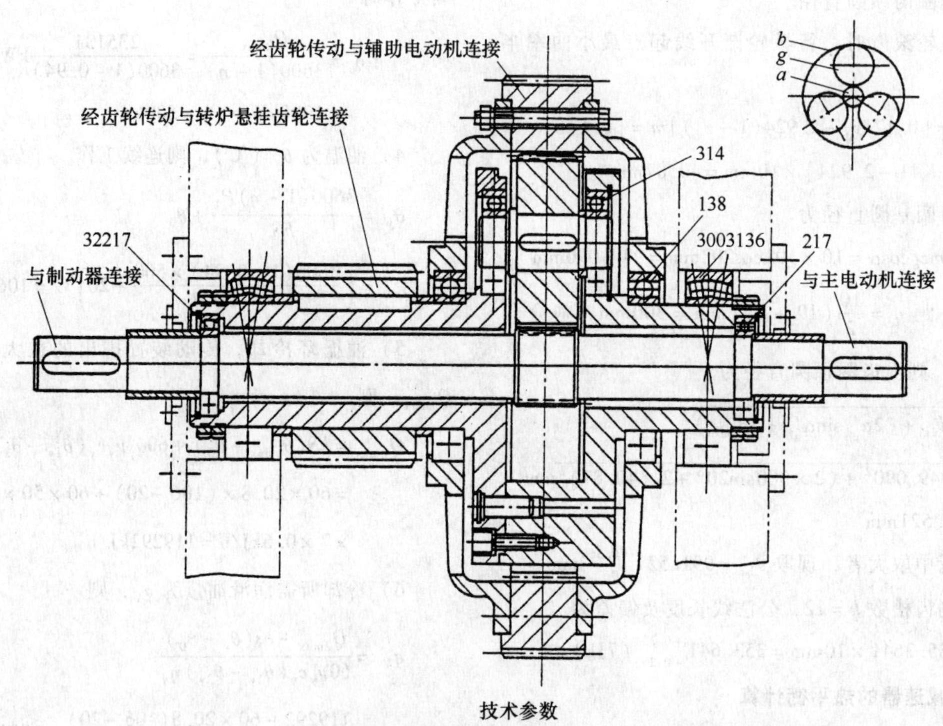

技术参数

1.主电动机：JZ$R_2$64—10，P=65kW，n=580r/min。
2.太阳轮为主动，内齿轮不动时，
输出转矩T_2=6350N·m。
3.中心距：a=180mm。
4.传动比：i_{aH}^{b}=6.5454；i_{aH}^{b}=1.18。
5.模数：m=5mm。
6.齿数：z_a=22；z_g=50；z_b=122。
7.齿宽：b=95mm。
8.精度等级：7-6-6(GB/T 10095—2008)。

图 7-31　15t 转炉倾动装置行星差动减速器

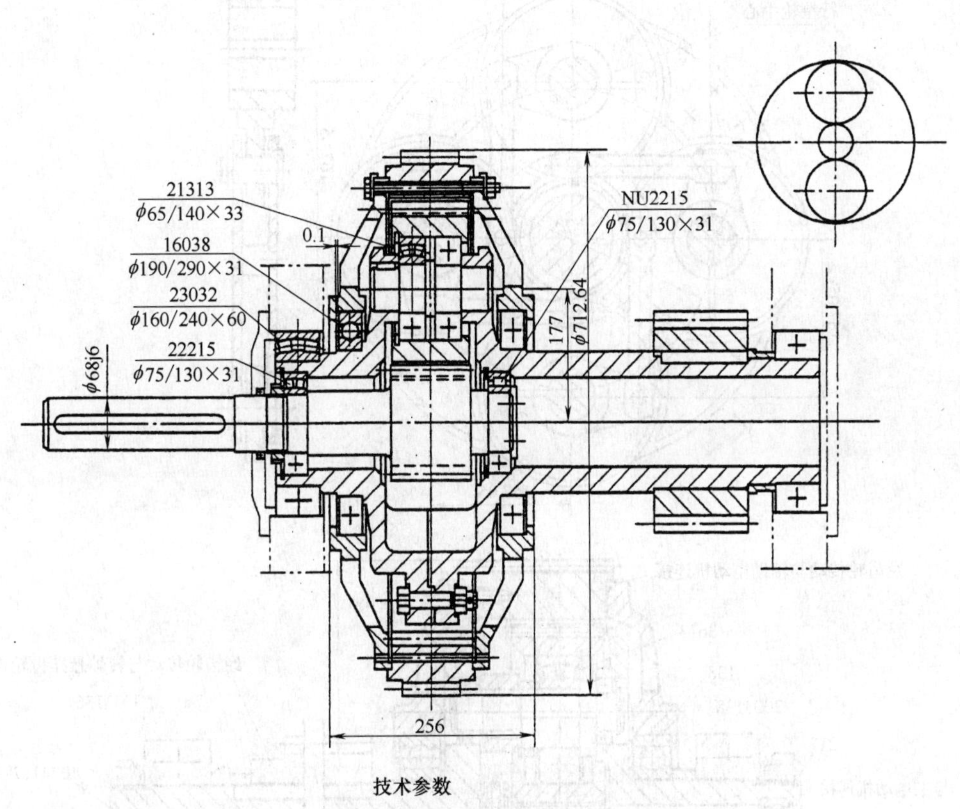

技术参数

1. 电动机：hoR1862.8D，P=100kW，n=730r/min。
2. 中心距：a=177mm。
3. 传动比：$i_{aH}^{b}=5.13$，$i_{bH}^{a}=1.24$。
4. 模数：$m=6$mm。
5. 齿数：$z_a=23$，$z_g=36$，$z_b=95$。
6. 齿宽：b=105mm。
7. 精度等级：7级(GB/T10095—2008)。

图 7-32　100t 铸锭吊车主卷扬行星差动减速器

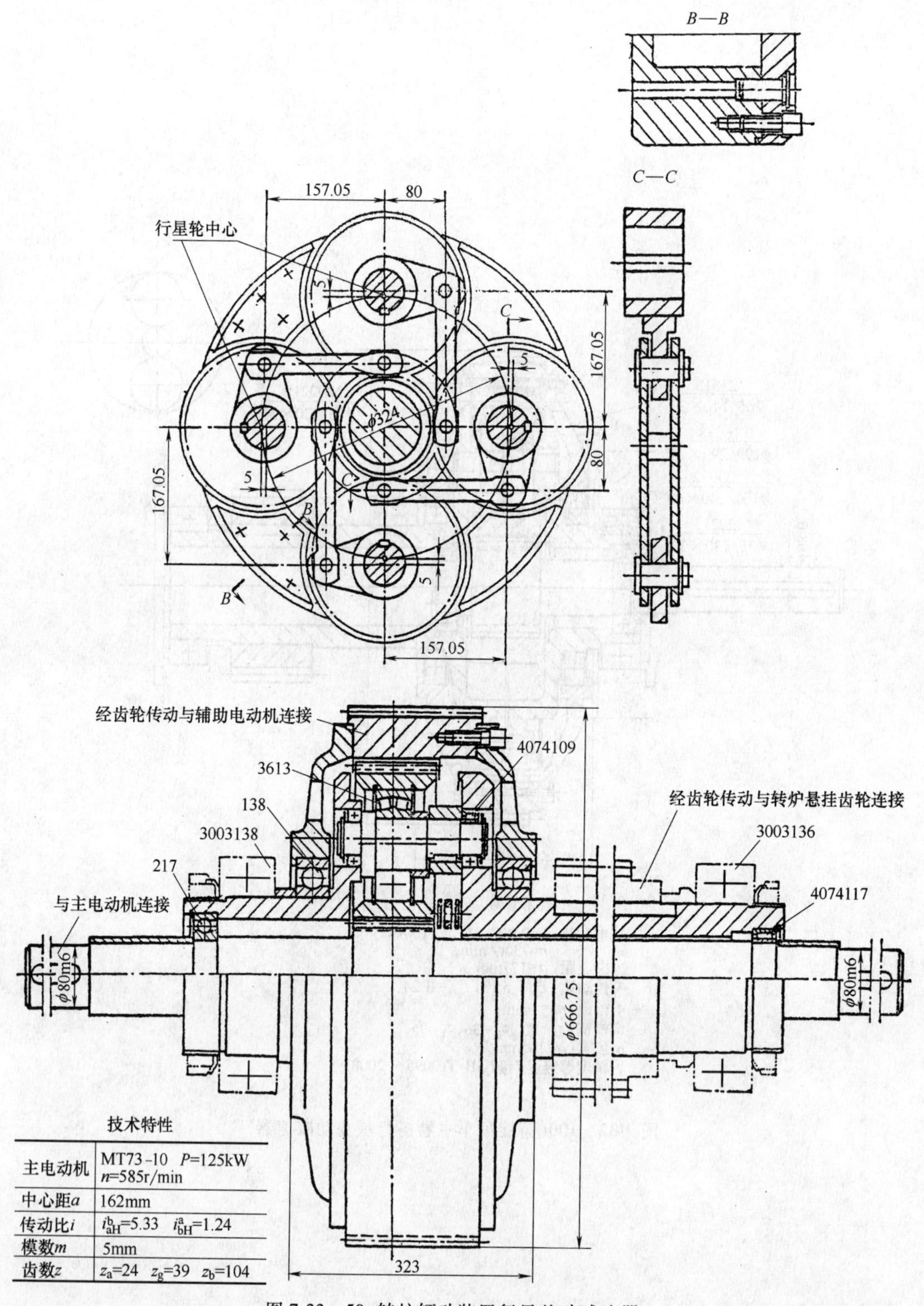

技术特性

主电动机	MT73-10 P=125kW n=585r/min
中心距a	162mm
传动比i	$i^{b}_{aH}=5.33$ $i^{a}_{bH}=1.24$
模数m	5mm
齿数z	$z_a=24$ $z_g=39$ $z_b=104$

图 7-33 50t 转炉倾动装置行星差动减速器

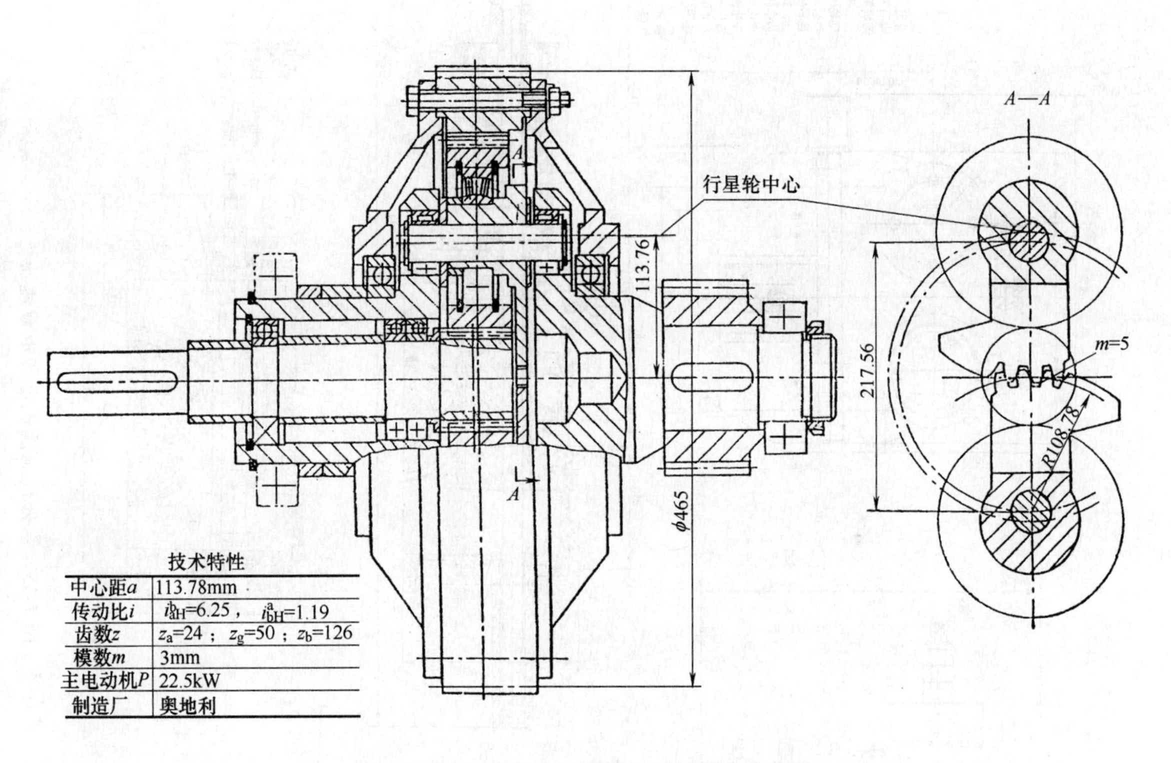

技术特性

中心距a	113.78mm
传动比i	i_{aH}^{b}=6.25，i_{bH}^{a}=1.19
齿数z	z_a=24；z_g=50；z_b=126
模数m	3mm
主电动机P	22.5kW
制造厂	奥地利

图 7-34　50t 转炉吹氧管卷扬行星差动减速器

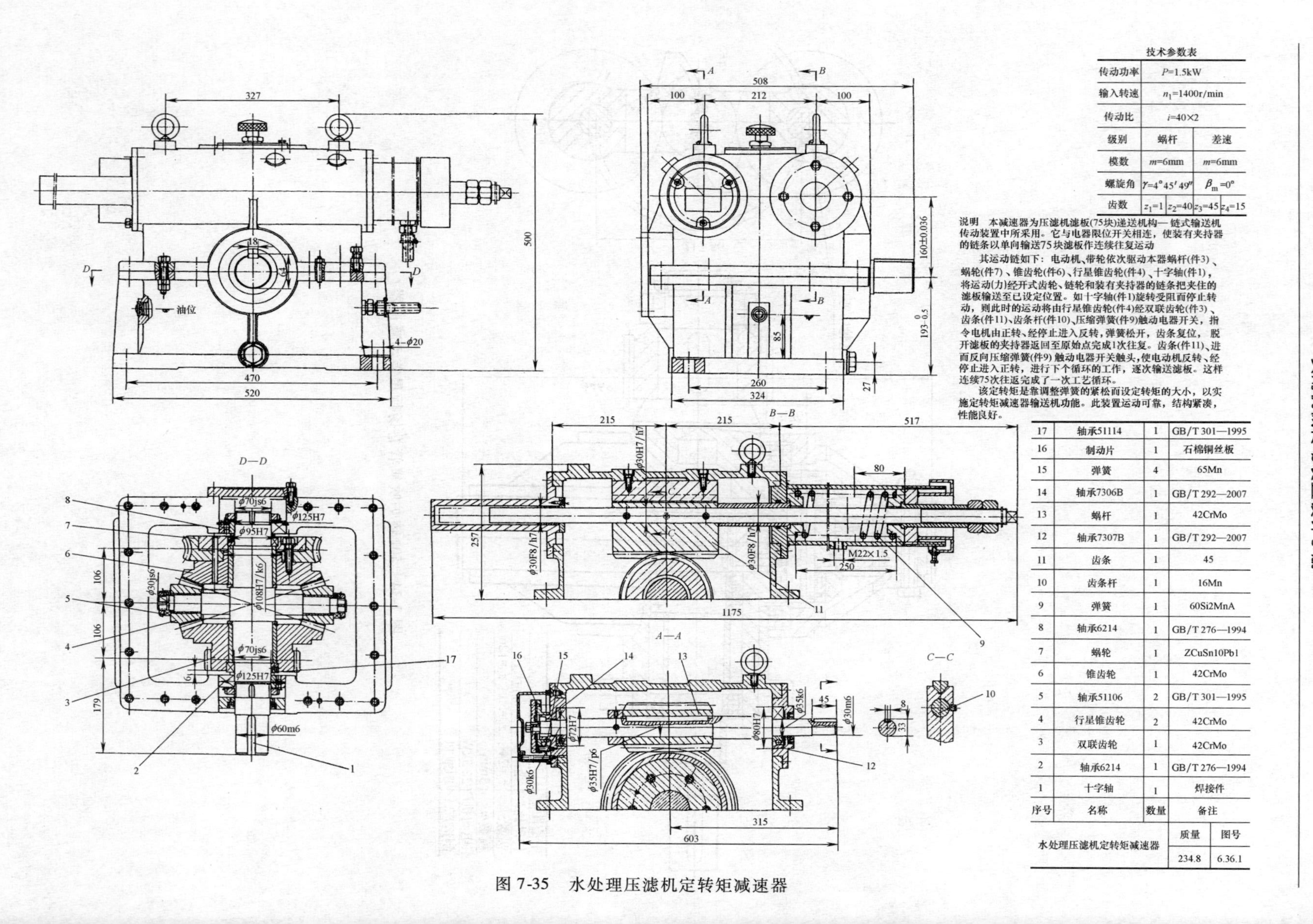

技术参数表

传动功率	P=1.5kW	
输入转速	n_1=1400r/min	
传动比	i=40×2	
级别	蜗杆	差速
模数	m=6mm	m=6mm
螺旋角	$\gamma=4°45'49''$	$\beta_m=0°$
齿数	z_1=1 z_2=40	z_3=45 z_4=15

说明　本减速器为压滤机滤板(75块)递送机构—链式输送机传动装置中所采用。它与电器限位开关相连，使装有夹持器的链条以单向输送75块滤板作连续往复运动

其运动链如下：电动机、带轮依次驱动本器蜗杆(件3)、蜗轮(件7)、锥齿轮(件6)、行星锥齿轮(件4)、十字轴(件1)，将运动(力)经开式齿轮、链轮和装有夹持器的链条把夹住的滤板输送至已设定位置。如十字轴(件1)旋转受阻而停止转动，则此时的运动将由行星锥齿轮(件4)经双联齿轮(件3)、齿条(件11)、齿条杆(件10)、压缩弹簧(件9)触动电器开关，指令电机由正转、经停止进入反转，弹簧松开，齿条复位，脱开滤板的夹持器返回至原始点完成1次往复。齿条(件11)、进而反向压缩弹簧(件9)触动电器开关触头，使电动机反转、经停止进入正转，进行下个循环的工作，逐次输送滤板。这样连续75次往返完成了一次工艺循环。

该定转矩是靠调整弹簧的紧松而设定转矩的大小，以实施定转矩减速器输送机功能。此装置运动可靠，结构紧凑，性能良好。

序号	名称	数量	备注
17	轴承51114	1	GB/T 301—1995
16	制动片	1	石棉铜丝板
15	弹簧	4	65Mn
14	轴承7306B	1	GB/T 292—2007
13	蜗杆	1	42CrMo
12	轴承7307B	1	GB/T 292—2007
11	齿条	1	45
10	齿条杆	1	16Mn
9	弹簧	1	60Si2MnA
8	轴承6214	1	GB/T 276—1994
7	蜗轮	1	ZCuSn10Pb1
6	锥齿轮	1	42CrMo
5	轴承51106	2	GB/T 301—1995
4	行星锥齿轮	2	42CrMo
3	双联齿轮	1	42CrMo
2	轴承6214	1	GB/T 276—1994
1	十字轴	1	焊接件

水处理压滤机定转矩减速器	质量	图号
	234.8	6.36.1

图 7-35　水处理压滤机定转矩减速器

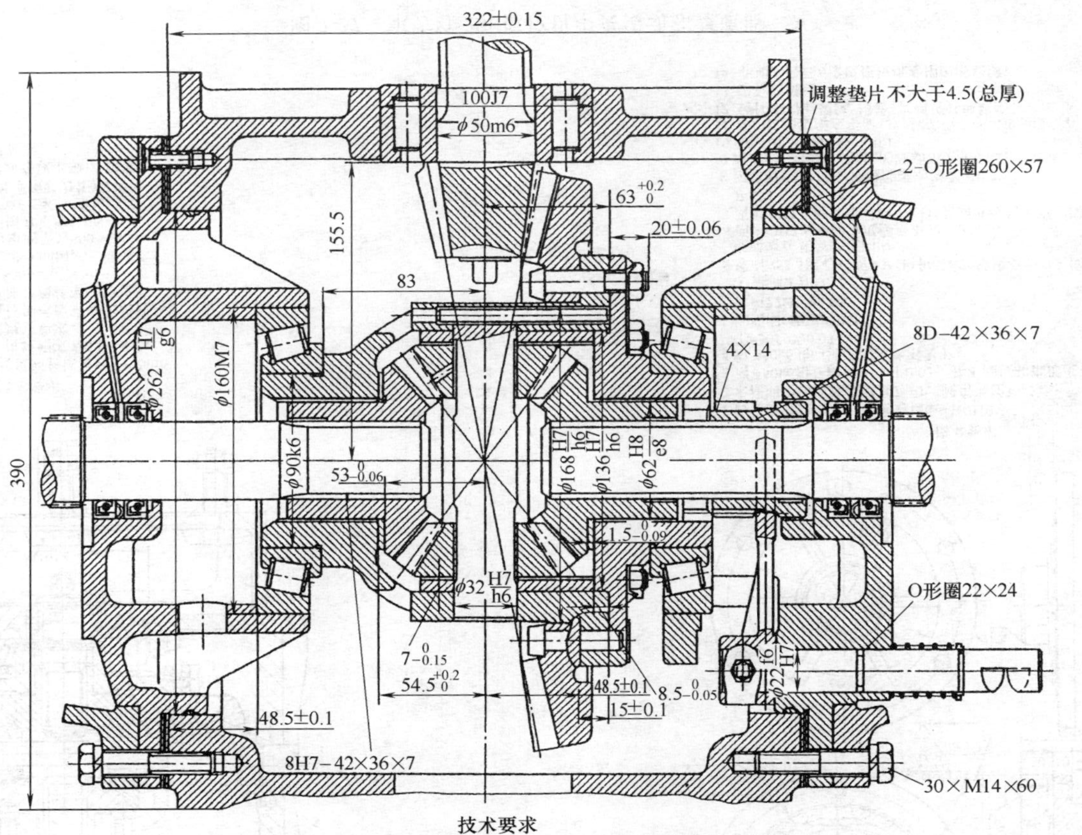

技术要求

1.装配时，滚动轴承以及行星齿轮、半轴齿轮的滑动摩擦面上应涂上机油。

2.装配左、右连接盘时，O形密封环(260×5.7)不许有被剪破与割断现象。

3.用选配调整垫片的方法来保证中央传动齿轮侧隙为0.15～0.3。齿面接触印痕分布在节锥上，允许成斑点状，其总长不小于60%，高度不小于50%。调整后，单边调整垫片厚度不应超过4.5，左、右两边调整垫片总厚应在4～7范围内，而变速器第二轴调整垫片的厚度不应小于1.2。

4.差速器左、右圆锥滚子轴承调整后，应使变速器总成能灵活转动，且无明显的轴向游隙。

5.装配完后，按照专用技术条件进行轻负荷磨合，磨合后中央传动齿轮副的接触斑点和齿侧间隙应符合第3条的要求。

图 7-36　铁牛 60t 拖拉机后桥差速器

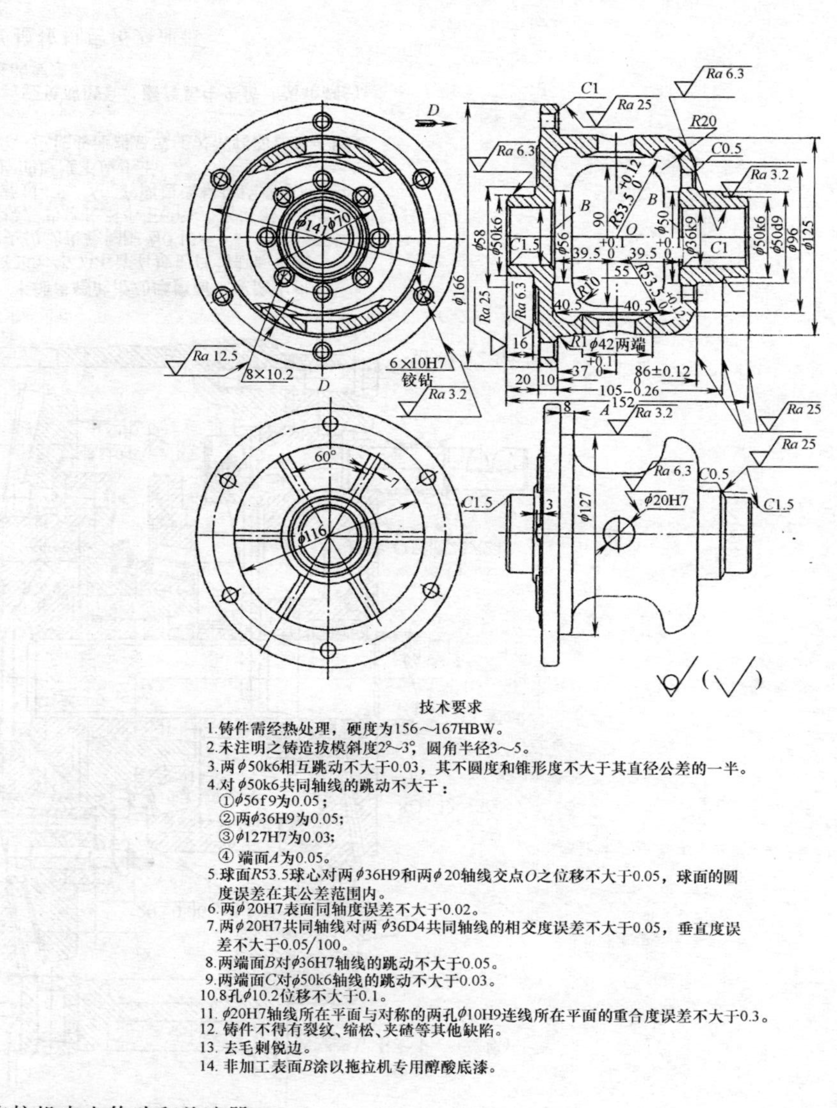

技术要求

1.螺旋锥齿轮副，在正、反向各试运转1～2min后，进行啮合调整，齿轮侧隙为0.1～0.2，接触印痕应符合图样规定要求。

2.啮合调整完毕后，进行轴承预紧度的调整，调整前轴承中加注机油。预紧第二轴轴承使其摩擦力矩增量为500～700N•mm，加上初始摩擦力矩(约100N•mm)，二轴轴承预紧后的合成摩擦力矩增量为600～800N•mm，加上初始摩擦力矩约100N•mm，并转换到二轴上后，在二轴上测量的总摩擦力矩(包括二轴轴承预紧力矩)应为800～1200N•mm(对新车取上限)。预紧完毕后，将调整螺母锁紧。

技术要求

1.铸件需经热处理，硬度为156～167HBW。

2.未注明之铸造拔模斜度2°～3°，圆角半径3～5。

3.两φ50k6相互跳动不大于0.03，其不圆度和锥形度不大于其直径公差的一半。

4.对φ50k6共同轴线的跳动不大于：

①φ56f9为0.05；

②两φ36H9为0.05；

③φ127H7为0.03；

④ 端面A为0.05。

5.球面R53.5球心对两φ36H9和两φ20轴线交点O之位移不大于0.05，球面的圆度误差在其公差范围内。

6.两φ20H7表面同轴度误差不大于0.02。

7.两φ20H7共同轴线对两φ36D4共同轴线的相交度误差不大于0.05，垂直度误差不大于0.05/100。

8.两端面B对φ36H7轴线的跳动不大于0.05。

9.两端面C对φ50k6轴线的跳动不大于0.03。

10.8孔φ10.2位移不大于0.1。

11. φ20H7轴线所在平面与对称的两孔φ10H9连线所在平面的重合度误差不大于0.3。

12. 铸件不得有裂纹、缩松、夹碴等其他缺陷。

13. 去毛刺锐边。

14. 非加工表面B涂以拖拉机专用醇酸底漆。

图7-37　东方红20t拖拉机中央传动和差速器

1—轴承座　2—调整螺母　3—差速锁本体　4—销钉　5—行星轮轴　6—大锥齿轮

第8章　3K（NGWN）型行星齿轮传动装置的设计

在3K（NGWN）型行星齿轮传动中，基本构件为三个中心轮a、b和e（即3K），如图8-1所示。行星架只用于支承行星齿轮，而不承受由外转矩传来的载荷。

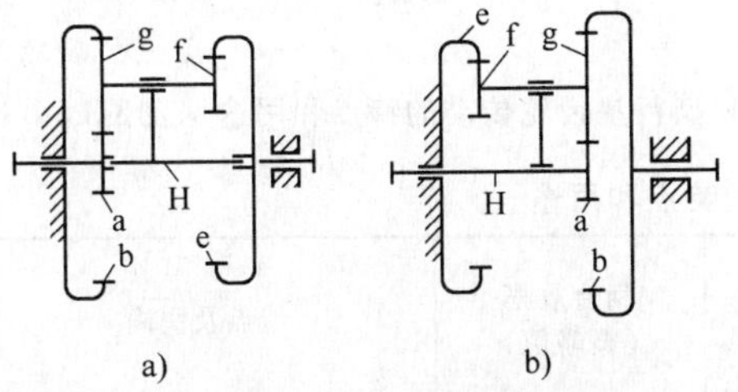

图8-1　3K型行星齿轮传动

这种传动装置的特点是结构紧凑，体积小，传动比范围大，但传动效率随传动比的增大而下降，且制造和安装要复杂些，通常适用于短期工作的中小功率传动。若中心轮a为从动轮时，$|i|$大于某一数值后，传动将会发生自锁。

8.1　3K型行星齿轮传动的传动比计算

常用的3K（NGWN）型行星齿轮传动有两种形式，如图8-1a、b所示。

从图8-1a中可以看出，3K型行星齿轮传动相当于由两个2K-H型行星轮系串联而成。第一个2K-H（NGW）型为a、g、b和H的负号机构单级传动，其传动比为i_{aH}^{b}；第二个2K-H（NN）型为行星架H和轮b、g、f及e组成的正号机构双级传动，其传动比（行星架H主动）为i_{He}^{b}。所以，3K型的总传动比为$i_{ae}^{b}=i_{aH}^{b}i_{He}^{b}$。同理，图8-1b也相当于由一个2K-H（NGW）型和一个2K-H（NN）型组成的串联结构。

图8-1a的3K型行星齿轮传动的传动比为

$$i_{ae}^{b}=i_{aH}^{b}i_{He}^{b}$$

$$=\frac{i_{aH}^{b}}{i_{eH}^{b}}\text{（应用“更换下标，互为倒数”）}$$

$$=\frac{1-i_{ab}^{H}}{1-i_{eb}^{H}}\text{（应用普遍方程式）}$$

转化机构传动比

$$i_{ab}^{H}=-\frac{z_b}{z_a}$$

$$i_{eb}^{H}=\frac{z_b}{z_g}\frac{z_f}{z_e}$$

所以

$$i_{ae}^{b}=\frac{1+z_b/z_a}{1-\dfrac{z_bz_f}{z_gz_e}} \tag{8-1a}$$

同理，图8-1b所示3K型行星齿轮传动的传动比为

$$i_{ab}^{e}=i_{aH}^{e}i_{Hb}^{e}=\frac{1-i_{ae}^{H}}{1-i_{be}^{H}}=\frac{1+\dfrac{z_ez_g}{z_fz_a}}{1-\dfrac{z_ez_g}{z_fz_b}} \tag{8-1b}$$

若$z_f=z_g$，则式（8-1a）变为

$$i_{ae}^{b}=\frac{1+z_b/z_a}{1-z_b/z_e} \tag{8-1c}$$

而式（8-1b）变为

$$i_{ab}^{e}=\frac{1+z_e/z_a}{1-z_e/z_b} \tag{8-1d}$$

从上述分析可以看出，3K型行星传动是由一个2K-H型负号机构和一个2K-H型正号机构串联组成的。由于它包括2K-H型正号机构，即包含有传动比$i_{He}^{b}=\dfrac{1}{1-i_{eb}^{H}}$，当选择$i_{eb}^{H}$值接近于1时，$i_{He}^{b}$可以达到很大值，因而3K型的传动比可达到很大值。由于3K型包括有2K-H型正号机构和负号机构，因而其传动比可能为正值，主、从动构件转向相同；传动比也可能为负值，主、从动构件转向相反。

例8-1　图8-1a所示的3K型行星齿轮，已知$z_a=18$，$z_g=36$，$z_b=90$，$z_f=33$，$z_e=87$，试确定轮b固定时的传动比i_{ae}^{b}和轮e固定时的传动比i_{ab}^{e}。

解　1）计算

$$i_{ae}^{b}=i_{aH}^{b}i_{He}^{b}=\frac{i_{aH}^{b}}{i_{eH}^{b}}=\frac{1-i_{ab}^{H}}{1-i_{eb}^{H}}$$

转化机构传动比为

$$i_{ab}^{H}=-z_b/z_a$$

$$i_{eb}^{H}=\frac{z_bz_f}{z_gz_e}$$

所以

$$i_{ae}^{b}=\frac{1+z_b/z_a}{1-\dfrac{z_bz_f}{z_gz_e}}$$

代入数据，得

$$i_{ae}^{b}=\frac{1+90/18}{1-\dfrac{90\times33}{36\times87}}=116$$

2）计算

$$i_{ab}^{e}=i_{aH}^{e}i_{Hb}^{e}=\frac{i_{aH}^{e}}{i_{bH}^{e}}=\frac{1-i_{ae}^{H}}{1-i_{be}^{H}}$$

转化机构传动比为

$$i_{ae}^{H}=-\frac{z_g z_e}{z_a z_f}$$

$$i_{be}^{H}=\frac{z_g z_e}{z_b z_f}$$

所以

$$i_{ab}^{e}=\frac{1+\dfrac{z_g z_e}{z_a z_f}}{1-\dfrac{z_g z_e}{z_b z_f}}$$

代入数据，得

$$i_{ab}^{e}=\frac{1+\dfrac{36\times87}{18\times33}}{1-\dfrac{36\times87}{90\times33}}=-115$$

3K 型行星齿轮传动的特点和用途见表 8-1。

表 8-1　3K 型行星齿轮传动的特点和用途

按基本构件命名	按啮合方式命名	传动简图	合理的传动比范围	啮合效率（概略值）	特点及用途
3K 型	NGWN 型		$i_{ae}^{b}=20\sim500$	$\eta=0.800\sim0.900$	结构紧凑、体积小、传动比范围大，但传动效率随 $\|i\|$ 增大而下降，制造和安装较复杂，所以只适用于短期工作的中小功率传动。若太阳轮 a 主动，当 $\|i\|$ 大于某一数值后，将会产生自锁
		$z_g=z_f$	$i_{ae}^{b}=60\sim500$	$\eta=0.700\sim0.840$	加工装配方便，其余同上

8.2　3K 型行星齿轮传动齿数的选配

图 8-1 所示为最常用的 3K 型行星轮系，它由高速级 2K-H（NGW）型和低速级 2K-H（NN）型组成。所以，3K 型行星轮系的配齿数可转化为两级串联的 2K-H 型行星轮系的配齿数问题，即可应用前面介绍的 2K-H 型配齿方法。由于 3K 型是由两个 2K-H 型串联组成的，所以 3K 型配齿数时，除将两级分别满足传动比、同心、邻接和装配四个约束条件外，还需考虑两级间的联系问题，如两级传动比如何分配；两级之间因有公用的齿轮副，需要满足共同的同心条件等。所以，3K 型行星轮系配齿数时要稍复杂一些。

通常取 z_a、z_b、z_e 为行星轮个数 n_p 的整数倍，而且各齿轮的模数均相等。在 3K 型传动中，除要求输入轴和输出轴回转方向相反而采用 $z_b<z_e$ 外，一般推荐用 $z_b>z_e$。在同样条件下，后者比前者的承载能力大，且 $i_{ae}^{b}\leqslant100$ 时，齿轮圆周速度和行星架转速均略有降低。

在最大齿数相同的条件下，当 $z_g=z_f$ 时，能获得较大的传动比，且制造方便，减少装配误差，使各行星轮之间载荷分配均匀。此外，相啮合的齿轮齿数间没有公因数的可能性比 $z_g\neq z_f$ 时为小，因而提高了传动的平稳性。但存在变位困难（尤其是 n_p 较大时）的缺点，计算所得的齿数是否好用，通常在变位计算后才能确定。

3K 型配齿数时，首先应解决传动比分配问题，然后才能对两级 2K-H 型分别进行配齿数。分配传动比主要应满足两级之间共同的同心条件（即两级之是的主要联系）来进行。下面按由NGW型和NN型串联组成的、最常用的3K型进行分析，介绍其配齿数的方法。

高速级2K-H（NGW）型的齿数和为

$$z_{\Sigma h}=\frac{i_{aH}^{b}z_a}{2} \quad (8\text{-}2)$$

低速级2K-H（NN）型的齿数和为

$$i_{He}^{b}=\frac{(z_b-e)(z_b-z_{\Sigma 1})}{ez_{\Sigma 1}}$$

移项得

$$z_{\Sigma 1}=\frac{z_b(z_b-e)}{e(i_{He}^{b}-1)+z_b} \quad (8\text{-}3)$$

该两级应满足共同的同心条件为

$$z_{\Sigma h}=z_{\Sigma 1}$$

$$\frac{i_{aH}^{b}z_a}{2}=\frac{z_b(z_b-e)}{e(i_{He}^{b}-1)+z_b} \quad (8\text{-}4)$$

又因

$$i_{aH}^{b}=\frac{i_{ae}^{b}}{i_{He}^{b}} \quad (8\text{-}5)$$

由式（8-4）、式（8-5）解得

$$i_{ae}^{b}=\frac{i_{ae}^{b}}{\dfrac{i_{ae}^{b}e}{z_b-e}+2} \quad (8\text{-}6)$$

当给定3K型传动比i_{ae}^{b}，选取z_b和e后，可按式（8-4）、式（8-5）分配其传动比。

关于如何选取z_b和e值，通过理论分析和配齿实践可以得到。

设先给定z_b，随着i_{ae}^{b}的增大，z_a就趋于减少。当选取e值偏大时，也会导致z_a减少，所以在传动比偏大时，应取偏小的e值，以免z_a过小而造成根切。

设先给定z_a，随着i_{ae}^{b}的增大，z_b就趋于增多。当选取e值偏大时，也会导致z_b增多，所以在传动比偏大时，应取较小的e值，以免z_b过大而使轮廓尺寸增大。

通过理论分析和实践经验，推荐表8-2，供3K型配齿数时选取e值和z_b值参考用。

表8-2 3K型行星齿轮传动配齿数时的e、z_b值选取

i_{ae}^{b}	12~35	35~50	50~70	70~100	>100
e	15~6	12~6	9~3	6~3	3
z_b	60~100	60~120		70~120	80~120

由于3K型行星轮系的传动比较大，为了能满足邻接条件，一般取行星轮个数$n_p=3$。

为了方便配齿数，易于满足装配条件，故配齿时一般都取中心轮齿数及e值为$n_p=3$的倍数。

下面就这种简便的配齿数方法，列出其配齿数的步骤及配齿公式。

根据传动比i_{ae}^{b}的大小，查表8-2选取合适的z_b值及e值。若传动比i_{ae}^{b}为负值时，取e为负值。

分配传动比

$$i_{He}^{b}=\frac{i_{ae}^{b}}{\dfrac{i_{ae}^{b}e}{z_b-e}+2}$$

$$i_{aH}^{b}=\frac{i_{ae}^{b}}{i_{He}^{b}}$$

计算各轮齿数

$$z_a=\frac{z_b}{i_{aH}^{b}-1}\text{（四舍五入取整数）}$$

装配条件要求z_a值应为$n_p=3$的倍数，如果非角度变位，还要求z_a应与z_b同为奇数或偶数，以满足同心条件。角度变位则无此要求。如果计算的z_a值没有满足上述要求，则应重新选取z_b或e值进行计算。

$$z_g=\frac{1}{2}(z_b-z_a)$$

$$z_e=z_b-e$$

$$z_f=z_g-e$$

验算传动比

$$i_{ae}^{b}=\left(1+\frac{z_b}{z_a}\right)\frac{z_ez_g}{z_ez_g-z_bz_f}$$

必要时验算邻接条件，根据i_{aH}^{b}及$\dfrac{z_e}{z_f}$比值查表6-7校核邻接条件。

例8-2 已知3K型行星轮系，$i_{ae}^{b}=200$，$n_p=3$，试配齿数。

解 1）由$i_{ae}^{b}=200$，查表8-2，选取$z_b=105$，$e=3$。

2）分配传动比

$$i_{He}^{b}=\frac{i_{ae}^{b}}{\dfrac{i_{ae}^{b}e}{z_b-e}+2}=\frac{200}{\dfrac{200\times 3}{105-3}+2}=25.37$$

$$i_{aH}^{b}=\frac{i_{ae}^{b}}{i_{He}^{b}}=\frac{200}{25.37}=7.88$$

3）计算各齿轮齿数

$$z_a=\frac{z_b}{i_{aH}^{b}-1}=\frac{105}{7.88-1}=15.256\text{，取}z_a=15$$

$z_a=15$既是$n_p=3$的倍数，又与z_b一样同为奇数。

$$z_g = \frac{z_b - z_a}{2} = \frac{105 - 15}{2} = 45$$

$$z_e = z_b - e = 105 - 3 = 102$$

$$z_f = z_g - e = 45 - 3 = 42$$

4）验算传动比

$$i_{ae}^{b} = (1 + z_b / z_a)\left(\frac{z_e z_g}{z_e z_g - z_b z_f}\right)$$

$$= \left(1 + \frac{105}{15}\right)\left(\frac{102 \times 45}{102 \times 45 - 105 \times 42}\right) = 204 \approx 200$$

5）检验邻接条件

由 $i_{aH}^{b} = \frac{105}{15} + 1 = 8$ 及 $\frac{z_e}{z_f} = \frac{102}{42} = 2.42$，查表 6-7 满足邻接条件。

结果：$z_a = 15$，$z_b = 105$，$z_e = 102$，$z_g = 45$，$z_f = 42$，$i_{ae}^{b} = 204$。

例 8-3 已知 3K 型行星轮系 $i_{ae}^{b} = -32$，$n_p = 3$，试配齿数。

解 1）由 $i_{ae}^{b} = -32$，查表 8-2 选取 $z_b = 96$，$e = -12$。

2）分配传动比

$$i_{He}^{b} = \frac{i_{ae}^{b}}{\frac{i_{ae}^{b} e}{z_b - e} + 2} = \frac{-32}{\frac{(-32) \times (-12)}{96 - (-12)} + 2} = -5.76$$

$$i_{aH}^{b} = \frac{i_{ae}^{b}}{i_{He}^{b}} = \frac{-32}{-5.76} = 5.5556$$

3）计算各轮齿数

$$z_a = \frac{z_b}{i_{aH}^{b} - 1} = \frac{96}{5.5556 - 1} = 21.073$$

取 $z_a = 21$（为 $n_p = 3$ 的倍数），

$$z_g = \frac{z_b - z_a}{2} = \frac{96 - 21}{2} = 37.5$$

$$z_f = z_g - e = 37.5 - (-12) = 49.5$$

取 $z_g = 37$，$z_f = 49$（同时减半个齿，然后用角度变位来满足同心条件），则

$$z_e = z_b - e = 96 - (-12) = 108$$

4）验算传动比

$$i_{ae}^{b} = (1 + z_b / z_a)\frac{z_e z_g}{z_e z_g - z_b z_f} = \left(1 + \frac{96}{21}\right)\frac{108 \times 37}{108 \times 37 - 96 \times 49}$$

$$= -31.45 \approx -32$$

5）检验邻接条件

根据 $i_{aH}^{b} = 1 + \frac{96}{21} = 5.57$ 及 $\frac{z_e}{z_f} = \frac{108}{49} = 2.204$，查表 6-7 满足邻接条件。

结果：$z_a = 21$，$z_b = 96$，$z_e = 108$，$z_g = 37$，$z_f = 49$，$i_{ae}^{b} = -31.45$。

在 3K 型行星齿轮传动中，可使行星轮齿数 $z_f = z_g$，这时可采用角度变位来保证同心条件，$\alpha'_{ag} = \alpha'_{gb} = \alpha'_{fe}$，以致可大大简化行星轮的加工工艺，无需对齿槽，也不必为了轮齿的滚切和磨削而采用分开式的行星轮结构。由于消除了行星轮齿圈 z_f 和 z_g 的角度位置误差，故可提高齿轮传动的精度。但是单齿圈行星轮的 3K 型传动，当不能避免使变位系数和很大（$x_\Sigma > 1$）时，由于啮合线的工作区偏离节点和滑动速度增大，其效率将略有降低。

当行星轮齿数 $z_f = z_g$ 时，其传动比为

$$i_{ae}^{b} = \frac{1 + z_b / z_a}{1 - z_b / z_e} = \left(1 + \frac{z_b}{z_a}\right)\left(\frac{z_e}{z_e - z_b}\right) \tag{8-7}$$

据各行星轮能均匀装入中心轮 a、b 和 e 之间的要求，即应满足如下的装配条件：

$$\frac{z_a + z_b}{n_p} = \text{整数和} \frac{z_a + z_e}{n_p} = \text{整数} \tag{8-8}$$

式中 n_p——行星轮个数，一般取 $n_p = 3$。

由式（8-7）可知，欲使 3K 型传动的传动比 i_{ae}^{b} 增大，使结构紧凑，就应尽量减小 z_e 与 z_b 的差值。但从满足装配条件来看，它们的最小差值应为

$$z_e - z_b = n_p \tag{8-9}$$

将式（8-9）代入式（8-7），则得

$$z_e^2 + z_e(z_a - n_p) - i_{ae}^{b} z_a n_p = 0$$

所以

$$z_e = \frac{1}{2}\left[\pm\sqrt{(z_a - n_p)^2 + 4 i_{ae}^{b} n_p z_a} - (z_a - n_p)\right] \tag{8-10}$$

且有 $\quad z_b = z_e - n_p$

内齿圈 b 固定时，按传动比 i_{ae}^{b} 确定 3K 型行星齿轮传动的齿数，见表 8-3。

按传动比 i_{ae}^{b} 确定单齿圈行星轮的 3K 型行星齿轮传动的齿数，见表 8-4。

表 8-3 内齿圈 b 固定时，按传动比 i_{ae}^{b} 确定 3K 型行星齿轮传动的齿数

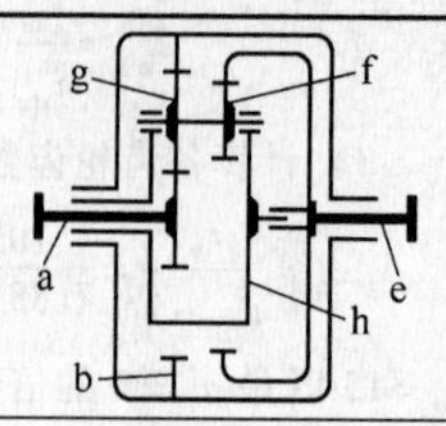

传动比 $i_{ae}^{b} = \frac{1 + z_b / z_a}{1 - z_b z_f / (z_g z_e)}$

合理传动比概略值：$i_{ae}^{b} = 20 \sim 500$

效率概略值：$\eta = 0.90 \sim 0.80$

（续）

i_{ae}^{b}	齿数					i_{ae}^{b}	齿数				
	z_a	z_b	z_e	z_g	z_f		z_a	z_b	z_e	z_g	z_f
35.00	9	36	33	14	11	41.37	9	66	57	29	20
35.00*	9	51	45	21	15	41.55	9	54	48	23	17
35.00*	12	72	63	30	21	41.60*	15	87	78	36	27
35.00*	18	102	90	42	30	41.70	21	120	108	49	37
35.10	15	66	60	26	20	41.72	12	63	57	26	20
35.10*	15	93	81	39	27	41.84	18	111	99	46	34
35.20*	15	81	72	33	24	41.89*	18	96	87	39	30
35.20*	18	114	99	48	33	42.17*	12	78	69	33	24
35.28	21	96	87	38	29	42.43*	21	87	81	33	27
35.36*	21	111	99	45	33	42.45	15	54	51	19	16
35.40	18	75	69	28	22	42.62	18	81	75	31	25
35.71*	21	81	75	30	24	42.63	15	102	90	43	31
35.92*	18	90	81	36	27	42.67*	21	105	96	42	33
36.00*	9	63	54	27	18	43.03	15	72	66	29	23
36.00*	12	84	72	36	24	43.16	21	120	108	50	38
36.00*	12	60	54	24	18	43.42	18	111	99	47	35
36.73	18	105	93	43	31	43.98	15	90	81	37	28
36.75	18	117	102	49	34	44.07	18	99	90	40	31
36.96	21	114	102	46	34	44.33*	18	60	57	21	18
37.00	15	96	84	40	28	44.38	15	102	90	44	32
37.14*	21	99	90	39	30	44.70	21	108	99	43	34
37.40	15	84	75	34	25	44.85	12	81	72	34	25
37.46	12	75	66	31	22	44.90	18	81	75	32	26
37.46	18	75	69	29	23	45.00*	12	48	45	18	15
37.80*	15	69	63	27	21	45.00*	12	66	60	27	21
38.02	21	84	78	31	25	45.07	21	90	84	34	28
38.03	18	93	84	37	28	45.33	9	42	39	16	13
38.06	18	117	102	50	35	45.33*	9	57	51	24	18
38.20	18	105	93	44	32	45.33*	18	114	102	48	36
38.33	21	114	102	47	35	45.95	18	99	90	41	32
38.40*	15	51	48	18	15	46.00	15	54	51	20	17
38.50	9	54	48	22	16	46.00*	15	75	69	30	24
38.61	15	96	84	41	29	46.04	15	90	81	38	29
38.72	21	102	93	40	31	46.45	21	108	99	44	35
38.89	9	66	57	28	19	47.09	21	90	84	35	29
39.06	12	63	57	25	19	47.17	12	81	72	35	26
39.28	15	84	75	35	26	47.29	18	117	105	49	37
39.56	12	75	66	32	23	47.67*	18	84	78	33	27
39.67*	18	120	105	51	36	48.22*	18	102	93	42	33
39.76	18	93	84	38	29	48.29	18	63	60	22	19
40.00*	9	39	36	15	12	48.40	12	69	63	28	22
40.00*	18	78	72	30	24	48.53*	15	93	84	39	30
40.00*	18	108	90	45	33	48.57*	21	111	102	45	36
40.00	21	84	78	32	26	48.97	18	117	105	50	38
40.00*	21	117	105	48	36	49.07	15	78	72	31	25
40.60	15	72	66	28	22	49.28	9	60	54	25	19
40.60*	15	99	87	42	30	49.71*	21	93	87	36	30
40.68	21	102	93	41	32	49.87	12	51	48	19	16

（续）

i_{ae}^{b}	齿数					i_{ae}^{b}	齿数				
	z_a	z_b	z_e	z_g	z_f		z_a	z_b	z_e	z_g	z_f
50.00*	12	84	75	36	27	61.78	18	93	87	38	32
50.09	9	42	39	17	14	62.05	12	75	69	32	26
50.40*	15	57	54	21	18	62.22*	18	114	105	48	39
50.52	18	87	81	34	28	62.24	9	48	45	19	16
50.55	18	105	96	43	34	62.99	21	102	96	41	35
50.73	21	114	105	46	37	64.00*	15	63	60	24	21
51.00*	18	120	108	51	39	64.29	18	69	66	26	23
51.09	15	96	87	40	31	64.80*	15	87	81	36	30
51.38	12	69	63	29	23	64.85	18	117	108	49	40
51.75	18	63	60	23	20	65.00*	18	96	90	39	33
51.76	15	78	72	32	26	65.06	12	57	54	22	19
52.41	21	96	90	37	31	65.31	9	66	60	29	23
52.57	18	105	96	44	35	66.00*	12	78	72	33	27
52.61	21	114	105	47	38	66.00	21	78	75	28	25
52.76	9	60	54	26	20	66.00*	21	105	99	42	36
53.00	18	87	81	35	29	67.16	18	117	108	50	41
53.32	15	96	87	41	32	67.86	9	48	45	20	17
54.18	21	72	69	25	22	68.30	18	99	93	40	34
54.20	12	51	48	20	17	68.41	15	90	84	37	31
54.73	21	96	90	38	32	69.00*	18	72	69	27	24
54.86*	21	117	108	48	39	69.09	21	108	102	43	37
55.00*	12	72	66	30	24	69.15	15	66	63	25	22
55.00	15	60	57	22	19	69.75	21	78	75	29	26
55.00*	15	81	75	33	27	69.89*	18	120	111	51	42
55.00*	18	108	99	45	36	70.01	12	57	54	23	20
56.00*	9	45	42	18	15	70.08	12	81	75	34	28
56.00*	15	99	90	42	33	71.22	18	99	93	41	35
56.00*	18	66	63	24	21	71.61	15	90	84	38	32
56.00*	18	90	84	36	30	71.79	21	108	102	44	38
57.00*	9	63	57	27	21	73.71	12	81	75	35	29
57.15	21	120	111	49	40	73.71	15	66	63	26	23
57.48	18	111	102	46	37	73.87	18	75	72	28	25
57.57	21	72	69	26	23	74.28*	21	81	78	30	27
57.57*	21	99	93	39	33	74.67*	9	51	48	21	18
58.34	15	84	78	34	28	74.67*	18	102	96	42	36
58.74	12	75	69	31	25	75.00*	21	111	105	45	39
58.74	15	102	93	43	34	75.40*	15	93	87	39	33
59.05	15	60	57	23	20	76.00*	12	60	57	24	21
59.08	18	93	87	37	31	78.00*	12	84	78	36	30
59.15	21	120	111	50	41	78.17	18	75	72	29	26
59.50*	12	54	51	21	18	78.20	18	105	99	43	37
59.65	18	111	102	47	38	78.28	21	114	108	46	40
60.42	18	69	66	25	22	78.95	21	84	81	31	28
60.46	21	102	96	40	34	79.17	15	96	90	40	34
61.14	15	102	93	44	35	79.20*	15	69	66	27	24
61.28	15	84	78	35	29	81.17	21	114	108	47	41
61.40	9	66	60	28	22	81.33	18	105	99	44	38
61.71*	21	75	72	27	24	81.81	9	54	51	22	19

（续）

i_{ae}^{b}	齿数					i_{ae}^{b}	齿数				
	z_a	z_b	z_e	z_g	z_f		z_a	z_b	z_e	z_g	z_f
82.24	12	63	60	25	22	107.82	15	78	75	32	29
82.74	15	96	90	41	35	108.31	21	96	93	37	34
83.08	21	84	81	32	29	109.93	18	87	84	35	32
83.33*	18	78	75	30	27	111.39	9	60	57	26	23
84.57*	21	117	111	48	42	113.16	21	96	93	38	35
84.89	15	72	69	28	25	114.40*	15	81	78	33	30
85.00	18	108	102	45	39	115.00*	12	72	69	30	27
86.80*	15	99	93	42	36	116.00*	18	90	87	36	33
87.84	12	63	60	26	23	118.86*	21	99	96	39	36
88.00*	21	87	84	33	30	120.00*	9	63	60	27	24
88.04	21	120	114	49	43	121.17	15	84	81	34	31
88.29	9	54	51	23	20	122.23	18	93	90	37	34
88.66	18	81	78	31	28	122.59	12	75	72	31	28
88.76	18	111	105	46	40	124.70	21	102	99	40	37
89.97	15	72	69	29	26	127.28	15	84	81	35	32
90.95	15	102	96	43	37	127.82	18	93	9	38	35
91.12	21	120	114	50	44	128.95	9	66	63	28	25
92.10	18	111	105	47	41	129.49	12	75	72	32	29
93.07	21	90	87	34	31	129.91	21	102	99	41	38
93.39	18	81	78	32	29	134.33*	18	96	93	39	36
94.50*	12	66	63	27	24	134.40*	15	87	84	36	33
94.67	15	102	96	44	38	136.00*	21	105	102	42	39
96.00*	9	57	54	24	21	137.16	9	66	63	29	26
96.00*	15	75	72	30	27	137.50*	12	78	75	33	30
96.00*	18	114	108	48	42	141.02	18	99	96	40	37
97.54	21	90	87	35	32	141.71	15	90	87	37	34
99.00*	18	84	81	33	30	142.23	21	108	105	43	40
100.02	18	117	111	49	43	145.76	12	81	78	34	31
101.41	12	69	66	28	25	147.03	18	99	96	41	38
102.23	15	78	75	31	28	147.81	21	108	105	44	41
102.86*	21	93	90	36	33	148.34	15	90	87	38	35
103.54	18	117	111	50	44	153.31	12	81	78	35	32
104.05	9	60	57	25	22	154.00*	18	102	99	42	39
104.78	18	87	84	34	31	154.28*	21	111	108	45	42
107.66	12	69	66	29	26	156.00*	15	93	90	39	36
107.67*	18	120	114	51	45	160.90	21	114	111	46	43

注：1. 本表所有齿轮的模数均相同，$m_{ta}=m_{tb}=m_{te}$。

2. 标有“*”号的传动中 $z_a+z_g=z_b-z_g=z_e-z_f$，因此 $(\alpha_t')_a=(\alpha_t')_b=(\alpha_t')_e$ 和 $x_a+x_g=x_b-x_g=x_e-x_f$。

3. 在所有情况下，z_a、z_b 和 z_e 都是 3 的倍数（在某些情况下也是 2 的倍数），因此本表可用于行星轮数具有 $n_p=3$ 的传动（有时 $n_p=2$ 亦适用）。

4. 在所有情况下，$z_b-z_g=z_e-z_f$，因此 $(\alpha_t')_b=(\alpha_t')_e$，$x_b-x_g=x_e-x_f$。

5. 在所有情况下，$z_b>z_e$，$z_g>z_f$，$z_g>z_a$。

6. 表中 i_{ae}^{b} 值只有正值，因此，中心轮 a 和 e 的旋转方向相同。

7. 表中 i_{ae}^{b} 值精确到小数点后第二位，当传动需要更准确的传动比数值时，应按表中 3K 传动的公式确定。

表 8-4 按传动比 i_{ae}^{b} 确定单齿圈行星轮的 3K 型行星齿轮传动的齿数（$n_p=3$）

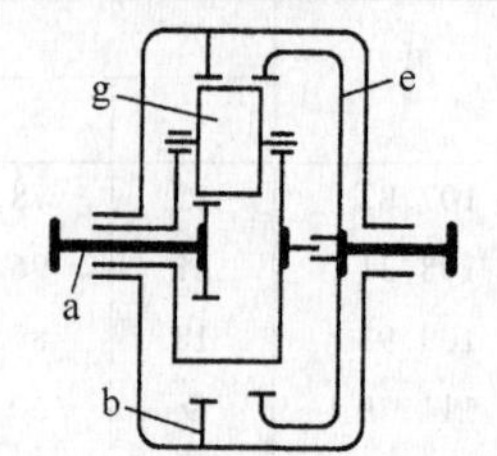

传动比 $i_{ae}^{b}=\frac{(1+z_b/z_a)z_e}{z_e-z_b}$

合理传动比概略值：$i_{ae}^{b}=60\sim500$

效率概略值：$\eta=0.84\sim0.70$

i_{ae}^{b}	z_a	z_g	z_b	z_e	i_{ae}^{b}	z_a	z_g	z_b	z_e
72.875	16	18	50	53	105.000	15	23	60	63
74.412	17	18	52	55	105.625	16	24	62	65
76.000	18	19	54	57	105.739	23	26	73	76
77.632	19	19	56	59	106.002	10	21	50	53
79.200	15	19	51	54	106.412	17	24	64	67
79.300	20	20	58	61	107.250	24	26	75	78
80.500	16	19	53	56	107.333	18	25	66	69
81.882	17	20	55	58	108.368	19	25	68	71
83.333	18	20	57	60	108.800	25	27	77	80
84.842	19	21	59	62	109.500	20	26	70	73
85.615	13	19	50	53	110.385	26	27	79	82
86.400	20	21	61	64	110.714	21	26	72	75
87.400	15	20	54	57	112.000	22	27	74	77
88.000	21	22	63	66	112.000	27	28	81	84
88.500	16	21	56	59	113.348	23	27	76	79
89.636	22	22	65	68	113.643	28	28	83	86
89.706	17	21	58	61	114.286	14	24	61	64
90.999	18	22	60	63	114.400	15	25	63	66
91.304	23	23	67	70	114.462	13	24	59	62
92.368	19	22	62	65	114.750	24	28	78	81
93.800	20	23	64	67	114.750	16	25	65	68
94.500	12	20	51	54	115.000	12	23	57	60
94.769	13	21	53	56	115.294	17	26	67	70
95.286	14	21	55	58	115.310	29	29	85	88
95.286	21	23	66	69	115.998	11	23	55	58
96.000	15	22	57	60	116.000	18	26	69	72
96.818	22	24	68	71	116.201	25	28	80	83
96.875	16	22	59	62	116.842	19	27	71	74
97.882	17	23	61	64	117.000	30	29	87	90
98.391	23	24	70	73	117.602	10	22	53	56
99.000	18	23	63	66	117.692	26	29	82	85
100.000	24	25	72	75	117.800	20	27	73	76
100.210	19	24	65	68	118.857	21	28	75	78
101.500	20	24	67	70	119.222	27	29	84	87
101.640	25	25	74	77	119.791	11	23	55	58
102.857	21	25	69	72	120.000	22	28	77	80
103.308	26	26	76	79	120.786	28	30	86	89
104.273	22	25	71	74	121.217	23	29	79	82
104.385	13	22	56	59	122.379	29	30	88	91
104.500	12	22	54	57	122.500	24	29	81	84
104.571	14	23	58	61	123.840	25	30	83	86
104.993	11	21	52	55	124.000	30	31	90	93

（续）

i_{ae}^{b}	z_a	z_g	z_b	z_e	i_{ae}^{b}	z_a	z_g	z_b	z_e
124.200	15	26	66	69	138.600	30	34	96	99
124.250	16	27	68	71	138.750	24	32	87	90
124.429	14	26	64	67	139.624	11	26	61	64
124.529	17	27	70	73	139.840	25	33	89	92
125.000	13	25	62	65	141.000	26	33	91	94
125.000	18	28	72	75	142.602	10	25	59	62
125.231	26	30	85	88	143.500	28	34	95	98
125.316	19	28	74	77	144.000	18	31	78	81
125.652	31	31	92	95	144.059	17	30	67	70
126.000	12	25	60	63	144.158	19	31	80	83
126.400	20	29	76	79	144.380	16	30	74	77
127.286	21	29	78	81	144.500	20	32	82	85
127.312	32	32	94	97	144.828	29	35	97	100
127.548	11	24	58	61	145.000	21	32	84	87
128.143	28	32	89	92	145.000	15	29	72	75
128.273	22	30	80	83	145.636	22	33	86	89
129.348	23	30	82	85	146.000	14	29	70	73
129.655	29	32	91	94	146.391	23	33	88	91
129.802	10	24	56	59	147.250	24	34	90	93
130.500	24	31	84	87	147.461	13	28	68	71
131.200	30	32	93	96	148.200	25	34	92	95
131.720	25	31	86	89	149.231	26	35	94	97
132.774	31	33	95	98	149.500	12	28	66	69
133.000	26	32	88	91	150.333	27	35	96	99
134.118	17	29	73	76	152.266	11	27	64	67
134.125	16	28	71	74	153.895	19	33	83	86
134.333	27	32	90	93	154.000	18	32	81	84
134.333	18	29	75	78	154.000	20	33	85	88
134.375	32	33	97	100	154.286	21	34	87	90
134.400	15	28	69	72	154.353	17	32	79	82
134.737	19	30	77	80	154.727	22	34	89	92
135.000	14	27	67	70	155.000	16	31	77	80
135.300	20	30	79	82	155.304	23	35	91	94
135.714	28	33	92	95	156.000	15	31	75	78
136.000	21	31	81	84	156.002	10	27	62	65
136.000	13	27	65	68	156.800	25	36	95	98
136.812	22	31	83	86	157.692	26	36	97	100
137.138	29	33	94	97	156.000	24	35	93	96
137.476	9	24	55	58	157.429	14	30	73	76
137.500	12	26	63	66	159.385	13	30	71	74
137.739	23	32	85	88	162.000	12	29	69	72

注：1. 本表采用齿数 $z_g \geqslant z_a$ 的数据。但列入数据由条件 $z_g \geqslant z_a$ 进行限制，以提高由啮合强度和轴承的工作能力所限制的承载能力。

2. 传动比按下式确定

$$i_{ae}^{b} = \frac{(1 + z_b/z_a)z_e}{z_e - z_b}$$

值 i_{ae}^{b} 为正，因此，中心轮 a 和 e 的转动方向相同。

3. 需要得到传动比小于零的传动时，用固定中心轮 e 来实现。这时 $i_{ab}^{e} = 1 - i_{ae}^{b}$ 或 $|i_{ab}^{e}| = i_{ae}^{b} - 1$。因此，从表中选择齿数时，是用近似于 i_{ae}^{b} 而比 $|i_{ab}^{e}|$ 大 1 的值来确定的。例如，已知 $i_{ab}^{e} = -115$，则用表中的 $i_{ae}^{b} = 116$ 齿数来确定。

8.3 3K型行星齿轮传动的强度计算

8.3.1 行星轮的受力分析和圆周力的计算

3K型行星齿轮传动行星轮的受力分析和圆周力的计算公式见表8-5。

表8-5 3K型行星齿轮传动行星轮受力分析和圆周力计算公式

传动形式	行星轮受力简图	行星轮的支座反力		圆周力
		垂直方向	水平方向	
3K(NGWN)型	F_{rbg}, F_{ref}, F_{rag}; F_{eg}, F_{bg}, F_{ref}, F_{rbg}, F_{rag}, F_{ag}; y, x, e, b, g, f, a	$(F_{rbg}-F_{rag})$ R_{yg} F_{ref} R_{yg}	$(F_{bg}+F_{ag})$ R_{xg} F_{eg} $R_{xg}K_{sp}$	$F_{ag}=\dfrac{2T_n}{n_p d'_a}$ $F_{bg}=\dfrac{2T_a}{n_p d'_b}K_{bp}$
	F_{rbg}, F_{rbg}, F_{rag}; F_{eg}, F_{rbg}, F_{reg}, F_{rbg}, F_{rag}, F_{ag}; y, x, e, b, g, a	$(F_{rbg}-F_{rag})$ R_{yg} F_{reg} R_{yg}	$(F_{bg}+F_{ag})$ R_{xg} F_{eg} R_{xg}	$F_{eg}=\dfrac{2T_e}{n_p d'_e}K_{ep}$ $F_{ae}=\dfrac{2T_e}{n_p d'_e}K_{ep}$

注：1. 通常a—g副传动、g—b副传动的啮合角α'_t是不相等的，因此$F_{ag}\neq F_{bg}$，$F_{rag}\neq F_{rbg}$。
2. K_{bp}、K_{ep}为行星轮之间的载荷不均衡系数。

8.3.2 行星齿轮传动的强度计算

3K型行星传动可分解为三个独立的传动，即a—g副传动、g—b副传动和f—e副传动，如图8-2所示。

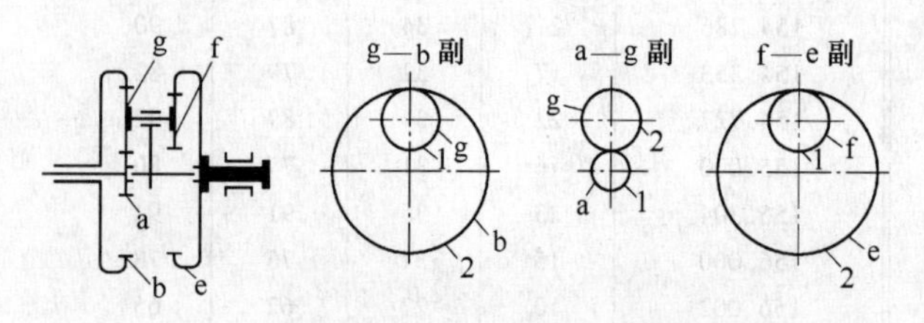

图8-2 3K（NGWN）型行星齿轮传动的啮合强度计算（啮合副的分解）

在每一对传动副中，较小的齿轮标数字1，较大的齿轮标数字2。这样规定以后，3K型传动的强度计算就可直接应用普通齿轮强度计算公式进行或按GB/T 19406—2003渐开线圆柱齿轮的承载能力计算公式进行。

各齿轮上的计算转矩、载荷分配不均匀系数及齿宽系数如下所述。

1）小齿轮上转矩T_1。对于a—g副传动，当$z_g\geqslant z_a$时

$$T_1=\frac{T_a}{n_p}K_p \tag{8-11}$$

当$z_a>z_g$时

$$T_1=\frac{T_a}{n_p}K_p\frac{z_g}{z_a} \tag{8-12}$$

对于g—b副传动，转矩T_1按下式确定

$$T_1=\frac{T_b}{n_p}K_{bp}\frac{z_g}{z_b} \tag{8-13}$$

对于f—e副传动，转矩T_1按下式确定

$$T_1=\frac{T_e}{n_p}K_{ep}\frac{z_f}{z_e} \tag{8-14}$$

2）转矩T_a与T_e、T_a与T_b以及T_b与T_e间的关系。当太阳轮a为主动时

$$T_a=-T_e\frac{z_a}{z_a+z_b}\left(1-\frac{z_bz_f}{z_gz_a}\right)\frac{1}{\eta_{ae}^{b}} \tag{8-15}$$

或

$$T_a=-T_b\frac{z_az_f}{z_az_f-z_ez_g}\left(1-\frac{z_ez_g}{z_fz_b}\right)\frac{1}{\eta_{ab}^{e}} \tag{8-16}$$

当太阳轮a为从动时

$$T_a=-T_e=\frac{z_a}{z_a+z_b}\left(1-\frac{z_bz_f}{z_gz_a}\right)\eta_{ae}^{b} \tag{8-17}$$

或

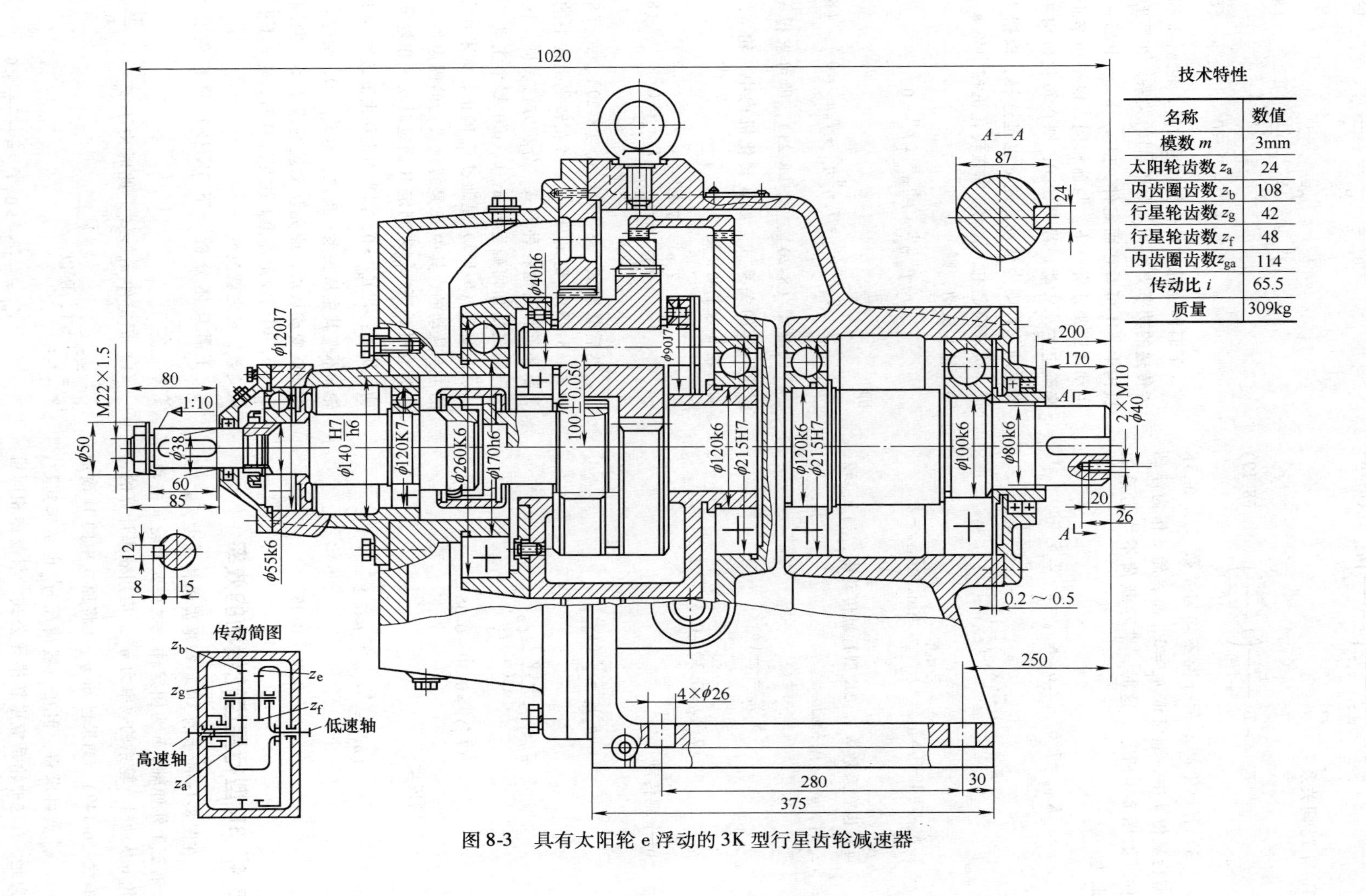

技术特性

名称	数值
模数 m	3mm
太阳轮齿数 z_a	24
内齿圈齿数 z_b	108
行星轮齿数 z_g	42
行星轮齿数 z_f	48
内齿圈齿数 z_{ga}	114
传动比 i	65.5
质量	309kg

图 8-3　具有太阳轮 e 浮动的 3K 型行星齿轮减速器

$$T_a = -T_b \frac{z_a z_f}{z_a z_f + z_e z_g}\left(1 - \frac{z_e z_g}{z_f z_a}\right)\eta_{ea}^{b} \quad (8\text{-}18)$$

T_b 与 T_e 间关系为

$$T_b = -T_e \frac{z_b}{z_a + z_b}\left(1 + \frac{z_a z_f}{z_g z_e}\right) \quad (8\text{-}19)$$

3）行星轮间载荷分配不均匀系数 K_p。在 3K 型行星传动中，通常取 $n_p = 3$，而将轮 e 作为浮动件，如图 8-3 所示。这时，推荐载荷不均匀系数取为

$$K_{aHp} = 1.67 \sim 2.0,\ K_{aFp} = 2 \sim 2.5,$$

$$K_{bHp} = 1 + (K_{aHp} - 1)\frac{z_b}{z_a i_{ae}^{b}}$$

$$K_{bFp} = 1 + (K_{aFp} - 1)\frac{z_b}{z_a i_{ae}^{b}},\ K_{eHp} = K_{eFp} = 1$$

4）齿宽系数 b_d^*。3K 型行星传动中，当 $n_p \geqslant 2$，$z_b > z_e$ 时，a—g 副传动

$$(b_d^*)_e = \frac{z_f}{z_e}(b_d^*)_f$$

$$(b_d^*)_f = 0.30 \sim 0.35$$

b—g 副传动

$$(b_d^*)_b = \frac{z_g}{z_b}(b_d^*)_g$$

$$(b_d^*)_g = \frac{z_f (b')_g}{z_g (b')_f}(b_d^*)_f$$

$$(b_d^*)_f = 0.30 \sim 0.35$$

e—f 副传动

$$(b_d^*) = \frac{z_f}{z_e}(b_d^*)_f \leqslant 0.2$$

$$(b_d^*)_f = 0.30 \sim 0.35$$

8.4 3K 型行星齿轮传动的效率

在图 8-1a 所示的 3K 型行星齿轮传动中，a、b、e 有三个外伸轴，b 为固定件，现在要求轮 a 主动，轮 e 从动时，轮系的效率为 η_{ae}^{b}。应用效率计算的普遍式（6-149），如果已知 η_{ab}^{e}（将原式中的 H 改成 e），η_{ae}^{b} 就可求得。但在一般情况 η_{ab}^{b} 也是未知数，为此，对这种轮系应重新推导公式，与前述相同可写出

$$\eta_{ae}^{b} = -\frac{P_e^b}{P_a^b} = -\frac{T_e}{T_a} i_{ea}^{b} \quad (8\text{-}20)$$

$$\eta_{ea}^{b} = -\frac{P_a^b}{P_e^b} = -\frac{T_a}{T_e} i_{ae}^{b} \quad (8\text{-}21)$$

$$T_a + T_b + T_e = 0 \quad (8\text{-}22)$$

下面再分析对 H 作相对运动后，轮 a、b 和 e 三者传递的功率 P_a^H、P_b^H 及 P_e^H 间的关系。在新的转化机构中，H 可看作固定件，但 a、b、e 中哪一个为主动件还要分析一下。与前相同，根据功率正、负来确定主、从动。若 $P_a^H > 0$，则在转化机构中轮 a 为主动，否则为从动。轮 e 也是这样，根据 P_e^H 的正、负来确定主、从动。如在转化机构中轮 a、e 主动，轮 b 从动，则

$$P_a^H \eta_{ab}^H + P_e^H \eta_{eb}^H + P_b^H = 0$$

即

$$T_a n_a^H \eta_{ab}^H + T_e \eta_e^H \eta_{eb}^H + T_b n_b^H = 0 \quad (8\text{-}23)$$

联解式（8-20）、式（8-23），即可求得 η_{ae}^{b} 与 η_{ea}^{b} 同 η^H 的关系式。如在转化机构中，轮 a、e 从动，轮 b 为主动，则

$$\frac{T_a n_a^H}{\eta_{ba}^H} + \frac{T_e n_e^H}{\eta_{be}^H} + T_b n_b^H = 0 \quad (8\text{-}24)$$

然后联解式（8-19）、式（8-20）、式（8-21）和式（8-23）。轮 a、b、e 三者在转化机构中的主从关系还可有其他各种形式，分析方法类同，这里的关键问题是如何确定轮 a、b、e 中哪个主动，哪个从动。而式（6-155）是通过 i_{Hb}^{a} 的正、负来判定轮 a 的主、从动的，其中 H 是转化机构的固定件。现在类似地用 i_{Hb}^{a} 和 i_{Hb}^{e} 来判定 H 固定时轮 a 和轮 e 的主动、从动：若 $i_{Hb}^{a} > 0$，则当固定件由 b 改变为 H 时，轮 a 不变其主从关系；反之，若 $i_{Hb}^{a} < 0$，则轮 a 原先主动就变成从动，原先从动就变成主动。同理，若 $i_{Hb}^{e} > 0$，则当固定件由 b 改变为 H 时，轮 e 不变其主从关系，反之就改变。

下面具体分析一下 3K 型行星齿轮传动的效率。

1）固定件 $d_b > d_e$。此时由于 $i_{ba}^{H} = -\frac{z_a}{z_b} < 0$，$i_{be}^{H} = \frac{z_g z_e}{z_b z_f} > 1$，所以

$$i_{Hb}^{e} = \frac{1}{1 - i_{ba}^{H}} > 0,\ i_{Hb}^{e} = \frac{1}{1 - i_{ba}^{H}} < 0$$

若在行星轮系中，轮 a 主动，轮 b 从动，则在转化机构中轮 a、e 都变为主动，啮合功率的传递路线为 $\genfrac{}{}{0pt}{}{a}{e}>$b，从而得到式（8-23）。将其与式（8-20）和式（8-22）联解，可得

$$\eta_{ea}^{b}=\frac{1-i_{ab}^{H}\eta_{eb}^{H}}{1-i_{ea}^{b}\eta_{ab}^{H}}i_{ea}^{b}=\frac{(1-i_{ab}^{H}\eta_{ab}^{H})(1-i_{eb}^{H})}{(1-i_{eb}^{H}\eta_{eb}^{H})(1-i_{ab}^{H})} \tag{8-25}$$

若在行星轮系中，轮 e 主动，轮 a 主动，则在转化机构中轮 a、e 都变为从动，啮合功率的传递路线为 b$<\genfrac{}{}{0pt}{}{a}{e}$，从而得到式（8-24）。将其与式（8-21）和式（8-22）联解，可得

$$\eta_{ea}^{b}=\frac{1-i_{eb}^{H}/\eta_{be}^{H}}{1-i_{ab}^{H}/\eta_{ba}^{H}}i_{ae}^{b}=\frac{(1-i_{eb}^{H}/\eta_{be}^{H})(1-i_{ab}^{H})}{(1-i_{ab}^{H}/\eta_{be}^{H})(1-i_{eb}^{H})} \tag{8-26}$$

取 $\eta_{be}^{H}=\eta_{eb}^{H}$，$\eta_{ba}^{H}=\eta_{ab}^{H}$，则式（8-25）和式（8-26）可写成统一式

$$\eta^{b}=\left[\frac{1-i_{ab}^{H}(\eta_{ab}^{H})^{\beta}}{1-i_{be}^{H}(\eta_{eb}^{H})^{\beta}}i_{ea}^{b}\right]^{\beta} \tag{8-27}$$

当轮 a 主动时，$\beta=1$；轮 a 为从动时，$\beta=-1$。η_{ab}^{H}、η_{eb}^{H} 是 H 固定时转化机构变成一定轴轮系所对应的啮合效率。

2）固定件 $d_b<d_e$。此时，由于 $i_{be}^{H}=-\frac{z_a}{z_b}<0$，$i_{be}^{H}=\frac{z_g z_e}{z_b z_f}<1$，所以

$$i_{Hb}^{e}=\frac{1}{1-i_{ba}^{H}}>0$$

$$i_{Hb}^{e}=\frac{1}{1-i_{be}^{H}}>0$$

若在行星轮系中轮 a 主动，轮 e 从动，则在转化机构中仍是轮 a 主动，轮 e 从动。至于轮 b 是主动还是从动，可用下面方法进行分析。回顾式（6-152）的分析过程，曾推得 $i_{Hb}^{a}=P_a^H/P_a^b$，同样也可推得 $i_{Hb}^{e}=P_e^H/P_e^b$。由于 $i_{Hb}^{a}<1$，$i_{Hb}^{e}>1$，所以 $P_e^H/P_e^b>P_a^H/P_a^b$。如果略去摩擦损失的话，$|P_e^b|=|P_a^b|$，所以得 $|P_e^H|>|P_a^H|$。这就是说在转化机构中，从动件轮 e 传递功率的绝对值要比主动件轮 a 传递功率的绝对值大。因此，轮 b 必定也是主动件，啮合功率传递为 $\genfrac{}{}{0pt}{}{a}{b}>$e，它们的关系为

$$P_a^H\eta_{ae}^H+P_b^H\eta_{ae}^H+P_e^H=0$$

或

$$T_a n_a^H\eta_{ae}^H+T_b n_b^H\eta_{be}^H+T_e n_e^H=0$$

将上式与式（8-20）和式（8-22）联解，可得

$$\eta_{ae}^{b}=\frac{1-i_{ab}^{H}\eta_{ae}^{H}/\eta_{be}^{H}}{1-i_{eb}^{H}/\eta_{be}^{H}}i_{ea}^{b} \tag{8-28}$$

若在行星轮系中，轮 e 主动、轮 a 从动，则在转化机构中仍是轮 e 主动，轮 a 从动。此时根据 $|P_e^H|>|P_a^H|$，由于主动件轮 e 传递的功率大，故轮 b 必定为从动，啮合功率传递的路线变成 e$<\genfrac{}{}{0pt}{}{a}{b}$，它们之间的关系为

$$T_a n_a^H/\eta_{ea}^H+T_b n_b^H/\eta_{eb}^H+T_e n_e^H=0$$

将上式与式（8-21）、式（8-22）联解，可得

$$\eta_{ea}^{b}=\frac{1-i_{eb}^{H}\eta_{eb}^{H}}{1-i_{ab}^{H}\eta_{eb}^{H}/\eta_{ea}^{H}}i_{ae}^{b} \tag{8-29}$$

取 $\eta_{eb}^{H}=\eta_{be}^{H}$，$\eta_{ea}^{H}=\eta_{ae}^{H}$，则式（8-28）和式（8-29）可统一为

$$\eta^{b}=\left[\frac{1-i_{ab}^{H}(\eta_{ae}^{H}/\eta_{be}^{H})^{\beta}}{1-i_{eb}^{H}/(\eta_{be}^{H})^{\beta}}i_{ea}^{b}\right]^{\beta} \tag{8-30}$$

以上将 3K 型行星齿轮传动的两个效率计算公式，式（8-27）、式（8-30）分别用于 $d_b>d_e$ 和 $d_b<d_e$ 的两种情况。

3）改变结构后。将图 8-1a 所示的 3K 型行星齿轮传动的结构改一下，即将其中轮 a 从轮 b 这一排移到轮 e 排上去，如图 8-4 所示，则由于

$$i_{ba}^{H}=\frac{z_g z_a}{z_b z_f}<0,\ i_{be}^{H}=\frac{z_g z_a}{z_b z_f}$$

当 $d_b>d_e$ 时 $i_{be}^{H}>1$；当 $d_b<d_e$ 时，$i_{be}^{H}<1$，所以 $i_{Hb}^{a}=\frac{1}{1-i_{ba}^{H}}>0$。

当 $d_b>d_e$ 时 $i_{Hb}^{e}=\frac{1}{1-i_{be}^{H}}<0$；

当 $d_b<d_e$ 时 $i_{Hb}^{e}=\frac{1}{1-i_{be}^{H}}>0$。

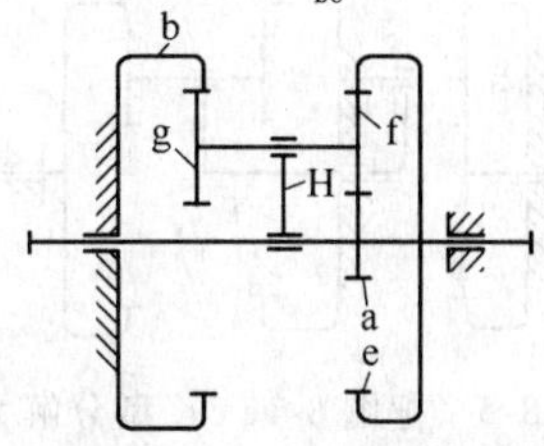

图 8-4　3K（NGWN）型行星齿轮传动

因此，式（8-27）和式（8-30）同样适用，而不必像前苏联 B.H. 库特略夫采夫（B. H. Кудрявцев）那样用了 8 个公式计算 3K 型行星齿轮传动的效率，使人感到繁琐，而又不得要领。综上所述，可得到如下结论：3K 型行星齿轮传动的效率计算，可以根据两个内齿轮固定的是大轮还是小轮而分别用式（8-27）或式（8-30）进行计算，不必考虑带外伸轴的小齿轮位于哪一排。

4）下面论述几个问题。3K 型行星轮系的效率可否像运动分析那样拆成两个部分计算？两个内齿轮中要固定一个，究竟固定大的好还是固定小的好？小齿轮 a 究竟放在 b 排好还是放在 e 排好？即图8-1a 与图 8-5 哪一种结构好？我们将逐个论述这些问题。

3K 型行星轮系可以变成两个 2K-H 型串联的行星轮系，其传动比不变，如图 8-1a 所示的轮系可用图 8-5 所示的轮系来代替，则

$$i_{ae}^{b}=i_{aH}^{b}i_{He}^{b}$$

$$i_{ea}^{b}=i_{eH}^{b}i_{Ha}^{b}$$

至于效率是否也可以这样代替，而写成

$$\eta_{ae}^{b}=\eta_{aH}^{b}\eta_{He}^{b}$$

$$\eta_{ea}^{b}=\eta_{eH}^{b}\eta_{Ha}^{b}$$

回答是要看一下固定的内齿轮 b 是大轮还是小轮，如果 $d_b'>d_e'$，则上述的式子是成立的，否则就不成立，也就是说不能代替。国内外有些资料对这个问题的论述是错误的，在前苏联库氏的 1977 年版《行星齿轮传动手册》中，也没有明确指出这个问题。要证明这一点也不难，因为前面已经分析了这两种情况。首先当 $d_b>d_e$ 时，啮合功率是在 a、b 与 e、b 之间传递，这与图 8-5 的情况是吻合的。通过图 8-5 所示轮系的效率计算，也证明其结果与式（8-26）相同。但是，当 $d_b<d_e$ 时，啮合功率是在 a、e 与 b、e 之间传递，a、b 之间没有直接关系，因此与图 8-5 就不一致。通过具体的效率计算也可得到证明，这里不作详细论证。于是，可得如下结论：

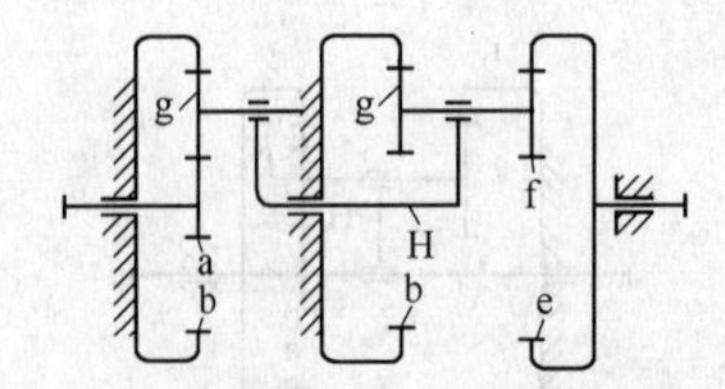

图 8-5 把图 8-1a 3K 型分解为两个 2K-H 型的串联

3K 型行星轮系的效率计算，当大内齿轮固定时与传动比计算一样，可用两个串联的 2K-H 型行星轮系来代替；如果固定的是小内齿轮，则这样计算是错误的。

对于 3K 型行星轮系，一般用于传动比较大处，希望效率也较高。当 $d_b>d_e$ 时，轮 b 固定和轮 e 固定两种轮系的效率关系，可应用效率普遍式来表达如下

$$\eta^{b}=\{1-i_{eb}^{a}[1-(\eta^{e})^{\gamma}]\}^{\beta}$$

$$i_{eb}^{a}=1-\frac{1}{i_{ae}^{b}}$$

而 $i_{ae}^{b}=i_{aH}^{b}i_{He}^{h}=(1-i_{ab}^{H})(1-i_{Hb}^{e})$。由前面分析可知，当 $d_b>d_e$ 时，$i_{ab}^{H}<0$，$i_{Hb}^{e}<0$，所以 $i_{ae}^{b}>1$，$i_{eb}^{a}>0$。于是当 a 主动时，$\beta=+1$，$\gamma=+1$；a 从动时，$\beta=-1$，$\gamma=-1$。所以

$$\eta_{ae}^{b}=1-i_{eb}^{a}(1-\eta_{ab}^{a})$$

$$\eta_{ea}^{b}=1-i_{eb}^{a}[1-(\eta_{ba}^{e})^{-1}]^{-1}$$

或

$$\eta_{ae}^{b}=\eta_{ab}^{e}+i_{ea}^{b}(1-\eta_{ab}^{e})>\eta_{ab}^{e}\quad(\text{因为}1>i_{ea}^{b}>0)$$

$$\eta_{ea}^{b}=\eta_{ba}^{e}+\frac{i_{ea}^{b}(1-\eta_{ba}^{e})\eta_{ba}^{e}}{1-i_{ea}^{b}(1-\eta_{ba}^{e})}>\eta_{ba}^{e}$$

此外

$i_{ae}^{b}=1-i_{eb}^{e}=1+|i_{eb}^{a}|$ （因为 $i_{ab}^{e}=1-i_{ae}^{b}<0$）。

所以，3K 型行星轮系当大内齿轮固定时不仅传动比大，而且效率也比小内齿轮固定时高。

再对比一下图 8-1a 和图 8-4 所示的两种结构究竟哪一种好？即轮 a 放在 b 排上好还是 e 排上好？首先从传动比来看，用齿数来表达

$$i_{ae}^{b}=i_{aH}^{b}i_{He}^{b}=\frac{1-i^{H}}{1-i_{eb}^{H}}=\frac{1+z_b/z_a}{1-\dfrac{z_fz_b}{z_ez_g}}$$

$$i_{ae}^{b}=\frac{1-i_{ab}^{H}}{1-i_{eb}^{H}}=\frac{1+\dfrac{z_f'z_b}{z_az_g'}}{1-\dfrac{z_f'z_b}{z_ez_g'}}$$

这里为了便于比较，令两种结构的 a、b、e 都相同，f、g 就不能相同，为此将图 8-4 中的 f 与 g 改成 f′与 g′。从上面公式很难看出图 8-1a 与图 8-4 两种结构哪一种传动比 i_{ae}^{b} 较大。如果采用图解法，当给出相同的转速 n_a 时，在对应的啮合点上具有相同的速度 v_A 和 v_e，如图 8-6 所示（其中图 8-6a 即为图 8-1a，图 8-6b 即为图 8-4），从而可以看出 n_e 也必相同（两者的$\overline{OA}$、$\overline{OB}$及$\overline{BE}$距离都相同），所以 i_{ae}^{b} 或 i_{ea}^{b} 也

是相同的。从轮齿的强度来看，两者外啮合齿轮副的接触强度不同。图 8-6b 中的 a 与 f′比图 8-6a 中的 a 与 g 的中心距要小；而外啮合齿轮副恰恰是轮系中的薄弱环节，所以图 8-6a 即图 8-1a 结构的接触强度较好。

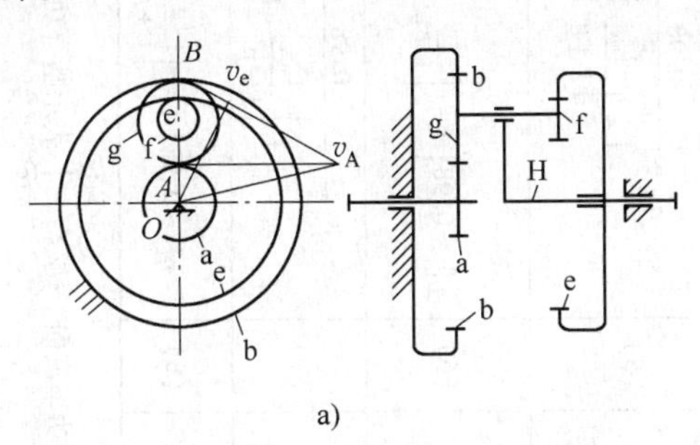

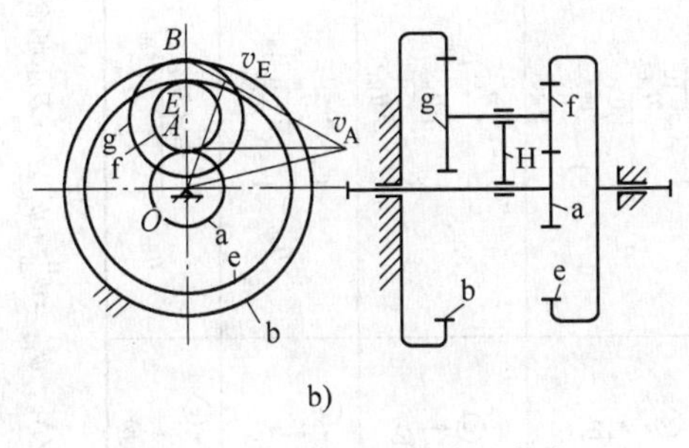

图 8-6　3K 型行星传动的变换

另外更重要的一点是图 8-6b 即图 8-4 结构的效率较低。其原因是负号机构与正号机构两部分传动比的分配不同，虽然两者的总传动比 i_{ae}^{b} 一样，但图 8-6b 的负号机构部分传动比下降，这对效率影响不大，而正号机构部分传动比增加引起效率下降，故图 8-4 是一种不妥当的设计。下面举一实例可以看得更清楚。

例 8-4　已知 3K 型行星轮系 $z_a=20$，$z_b=140$，$z_e=130$，$z_f=50$，$z_g=60$，根据两排齿轮的同心条件，可以求得 $z_f'=55$，$z_g'=65$，取 $\eta_{ab}^{H}=0.97$，$\eta_{eb}^{H}=0.98$。试确定传动效率 η_{ae}^{b} 和 η_{ea}^{b}。

解　当轮 a 与轮 b 同排时

$$i_{ab}^{H}=-\frac{z_b}{z_a}=\frac{-140}{20}=-7$$

$$i_{ab}^{H}=\frac{z_f z_b}{z_e z_g}=\frac{50\times140}{130\times60}=\frac{35}{39}$$

$$i_{ea}^{b}=i_{eH}^{b}i_{Ha}^{b}=(1-i_{eb}^{H})/(1-i_{ab}^{H})=\frac{1}{78}$$

$$\eta_{ae}^{b}=\frac{1-i_{ab}^{H}\eta_{ab}^{H}}{1-i_{eb}^{H}\eta_{eb}^{H}}i_{ea}^{b}=\frac{1-(-7)\times0.97}{1-\dfrac{35}{39}\times0.98}\times\frac{1}{73}=0.834$$

$$\eta_{ea}^{b}=\left[\frac{1-i_{ab}^{H}(\eta_{ab}^{H})^{-1}}{1-i_{eb}^{H}(\eta_{eb}^{H})}i_{ea}^{b}\right]^{-1}=0.798$$

当轮 a 与轮 e 同排时

$$i_{ab}^{H}=-\frac{z_f'}{z_a}-\frac{z_b}{z_g'}=\frac{55\times140}{20\times65}=\frac{77}{13}$$

$$i_{eb}^{H}=\frac{z_f'z_b}{z_e z_g'}=\frac{55\times140}{130\times65}=\frac{154}{169}$$

$$i_{ea}^{b}=(1-i_{eb}^{H})/(1-i_{ab}^{H})=\frac{1}{78}$$

$$\eta_{ae}^{b}=0.808$$

$$\eta_{ea}^{b}=0.768$$

于是，得出如下两个结论：

1）3K 型行星轮系中，有三个外伸轴的齿轮 a、b、e 的大小如果保持不变，轮 a 与轮 b 同一排或者与轮 e 同一排，不影响轮系的传动比。

2）3K 型行星轮系的轮 a 建议放在固定的大内齿轮的同一排，这样在相同传动比的条件下，可获得较高的强度及较高的效率。

通常在估算或方案设计时，3K 型行星传动的效率可直接从图 8-7 所示的线图查得。

应用实例：试确定 $i=154$ 的 3K 型行星传动的效率。

根据表 8-3 得 $z_f=42$，由图 8-7 中查得 $\eta_{ae}^{b}=0.78$。

对于 3K 型不同传动简图的效率计算式见表 8-6。特殊 3K 型行星齿轮传动效率计算式见表8-7。

3K 型立式行星减速器如图 8-8 所示。

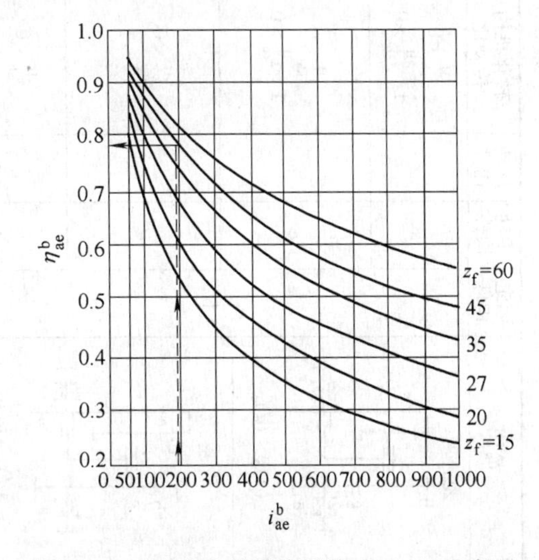

图 8-7　当啮合中的摩擦因数 $\mu=0.12$ 和行星轮滚动轴承中的当量摩擦因数 $\mu_T=0.006$ 时，3K 型（按图 8-1a 设计的）行星减速器的效率

表 8-6　3K（NGWN）型行星齿轮传动效率计算式

传动类型	简图	固定构件	主动构件	从动构件	转化机构传动比	机构特性系数	啮合功率流向	效率计算公式		效率近似计算公式	
3K(NGWN)型	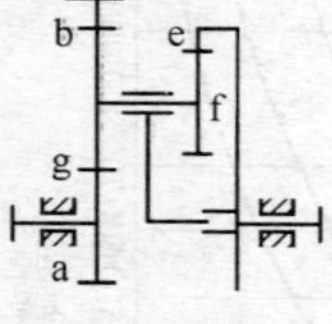 $(d)_b>(d)_e$	b	a	e	$i_{ab}^H<0$ $1>i_{eb}^H>0$	$1>\phi_a>0$ $\phi_e<0$	ⓐ→ⓑ，ⓔ→ⓑ	$\eta_{ae}^b=\frac{1-i_{ab}^H\eta_{ab}^H}{1-i_{eb}^H\eta_{eb}^H}i_{ea}^b$	(1)	$\eta_{ae}^b\approx\frac{0.98}{1+\left\|\frac{i_{ae}^b}{1+p}-1\right\|\psi_{eb}^H}$	(1′)
			e	a	$i_{ab}^H<0$ $1>i_{eb}^H>0$	$1>\phi_a>0$ $\phi_e<0$	ⓑ→ⓐ，ⓑ→ⓔ	$\eta_{ea}^b=\frac{1-\frac{i_{ab}^H}{\eta_{be}^H}}{1-\frac{i_{ab}^H}{\eta_{ba}^H}}i_{ae}^b$	(2)	$\eta_{ea}^b\approx0.98\left(1-\left\|\frac{i_{ae}^b}{1+p}\right\|\psi_{be}^H\right)$	(2′)
	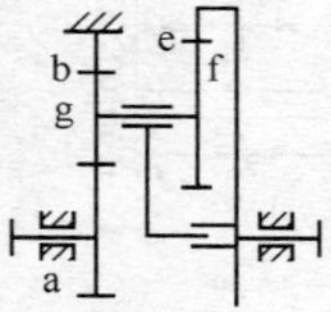 $(d)_e>(d)_b$		a	e	$i_{ab}^H<0$ $i_{eb}^H>1$	$1>\phi_a>0$ $\phi_e>0$	ⓐ→ⓔ，ⓑ→ⓔ	$\eta_{ae}^b=\frac{1-i_{ab}^H\frac{\eta_{ae}^H}{\eta_{be}^H}}{1-\frac{i_{eb}^H}{\eta_{be}^H}}i_{ea}^b$	(3)	$\eta_{ae}^b\approx\frac{0.98}{1+\left\|\frac{i_{ae}^b}{1+p}\right\|\psi_{be}^H}$	(3′)
			e	a	$i_{ab}^H<0$ $1>i_{eb}^H>0$	$1>\phi_a>0$ $\phi_e>0$	ⓔ→ⓐ，ⓑ→ⓔ	$\eta_{ea}^b=\frac{1-i_{eb}^H\eta_{eb}^H}{1-i_{ab}^H\frac{\eta_{eb}^H}{\eta_{ea}^H}}i_{ae}^b$	(4)	$\eta_{ea}^b\approx0.98\left(1-\left\|\frac{i_{ae}^b}{1+p}-1\right\|\psi_{eb}^H\right)$	(4′)
	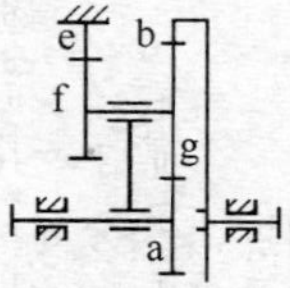 $(d)_b>(d)_e$	e	a	b	$i_{ae}^H<0$ $i_{be}^H>1$	$1>\phi_a>0$ $\phi_b>1$	ⓐ→ⓑ，ⓔ→ⓑ	$\eta_{ab}^e=\frac{1-i_{ae}^H\frac{\eta_{ab}^H}{\eta_{eb}^H}}{1-\frac{i_{be}^H}{\eta_{eb}^H}}i_{ba}^e$	(5)	$\eta_{ab}^e\approx\frac{0.98}{1+\left\|\frac{i_{ab}^e}{1+p'}\right\|\psi_{be}^H}$	(5′)
			b	a	$i_{ae}^H<0$ $i_{be}^H>1$	$1>\phi_a>0$ $\phi_b>1$	ⓑ→ⓐ，ⓑ→ⓔ	$\eta_{ba}^e=\frac{1-i_{be}^H\eta_{be}^H}{1-i_{ae}^H\frac{\eta_{be}^H}{\eta_{ba}^H}}i_{ab}^e$	(6)	$\eta_{ba}^e\approx0.98\left(1-\left\|\frac{i_{ab}^e}{1+p'}-1\right\|\psi_{be}^H\right)$	(6′)
	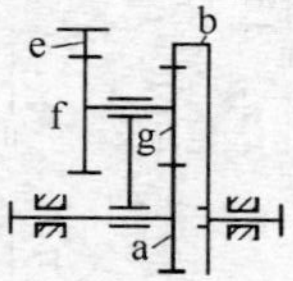 $(d)_b>(d)_e$		a	b	$i_{ae}^H<0$ $1>i_{be}^H>0$	$1>\phi_a>0$ $\phi_b<0$	ⓐ→ⓔ，ⓑ→ⓔ	$\eta_{ab}^e=\frac{1-i_{ae}^H\eta_{ae}^H}{1-i_{be}^H\eta_{be}^H}i_{ba}^e$	(7)	$\eta_{ab}^e\approx\frac{0.98}{1+\left\|\frac{i_{ab}^e}{1+p'}-1\right\|\psi_{be}^H}$	(7′)
			b	a	$i_{ae}^H<0$ $1>i_{be}^H>0$	$1>\phi_a>0$ $\phi_b<0$	ⓐ→ⓔ，ⓔ→ⓑ	$\eta_{ba}^e=\frac{1-i_{be}^H/\eta_{be}^H}{1-i_{ae}^H/\eta_{ea}^H}i_{ab}^e$	(8)	$\eta_{ba}^e\approx0.98\left(1-\left\|\frac{i_{ab}^e}{1+p'}\right\|\psi_{eb}^H\right)$	(8′)

注：表中 $p=z_b/z_a$，$p'=z_gz_e/(z_az_f)$，$\psi^H=1-\eta^H$，$\phi_a=N_b^H/N_a$，$\phi_b=N_b^H/N_b$，$\phi_e=N_e^H/N_e$，$\psi_{be}^H=\psi_{gb}^H+\psi_{fe}^H$。→表示啮合功率流向。例 ⓐ→ⓑ←ⓔ 表示啮合功率由构件 a、e 输入，并列流向构件 b 输出。$(d)_b$、$(d)_e$ 表示齿轮 b 和 e 的分度圆直径。

表 8-7　特殊 3K（NGWN）型行星齿轮传动效率计算式

传动类型	简图	固定件	主动件	从动件	转向	转化机构传动比	效率计算公式	
3K（NGWN）型	b, g, e, a；$z_b < z_e$	e	a	b	反向减速	$i_0 = z_g/z_a$ $i_1 = z_b/z_g$ $i_2 = z_b/z_a$	$\eta_{ab}^{e} = \dfrac{\eta_{gb}^{H}\eta_{ge}^{H}(1+\eta_{ag}^{H}\eta_{gb}^{H}i_0)(1-i_1)}{(1+i_0)(1-\eta_{gb}^{H}\eta_{ge}^{H}i_1)}$	(1)
		e	b	a	反向增速		$\eta_{ba}^{e} = \dfrac{\eta_{ag}^{H}\eta_{gb}^{H}(\eta_{gb}^{H}\eta_{ge}^{H}-i_1)(1+i_0)}{(1-i_1)(\eta_{ag}^{H}\eta_{ge}^{H}+i_0)}$	(2)
		b	a	e	同向减速		$\eta_{ae}^{b} = \dfrac{(1+\eta_{ag}^{H}\eta_{gb}^{H}i_2)(1-i_1)}{(1+i_2)(1-\eta_{gb}^{H}\eta_{ge}^{H}i_1)}$	(3)
		b	e	a	同向增速		$\eta_{ea}^{b} = \dfrac{\eta_{ag}^{H}(\eta_{gb}^{H}\eta_{ge}^{H}-i_1)(1+i_2)}{\eta_{gb}^{H}(1-i_1)(\eta_{ag}^{H}\eta_{ge}^{H}+i_2)}$	(4)
		a	e	b	同向增速		$\eta_{eb}^{a} = \dfrac{\eta_{ag}^{H}\eta_{ge}^{H}(\eta_{ag}^{H}\eta_{gb}^{H}+i_1)(1+i_2)}{(1+i_0)(1+\eta_{ag}^{H}\eta_{ge}^{H}i_2)}$	(5)
		a	b	e	同向减速		$\eta_{be}^{a} = \dfrac{\eta_{ag}^{H}\eta_{gb}^{H}(\eta_{ag}^{H}\eta_{gb}^{H}+i_2)(1+i_0)}{(1+i_2)(1+\eta_{ag}^{H}\eta_{gb}^{H}i_0)}$	(6)

注：η_{a-g}^{H}、η_{g-b}^{H}、η_{g-e}^{H}为转化机构各对齿轮啮合的效率。在计算传动效率时，理应考虑轴承效率，但因该种传动通常用滚动轴承，其损失较啮合损失小得多，故忽略其对效率的影响。

8.5 3K 型行星齿轮传动典型结构图

3K 型行星齿轮传动的典型结构如图 8-8 ~ 图 8-10 所示。

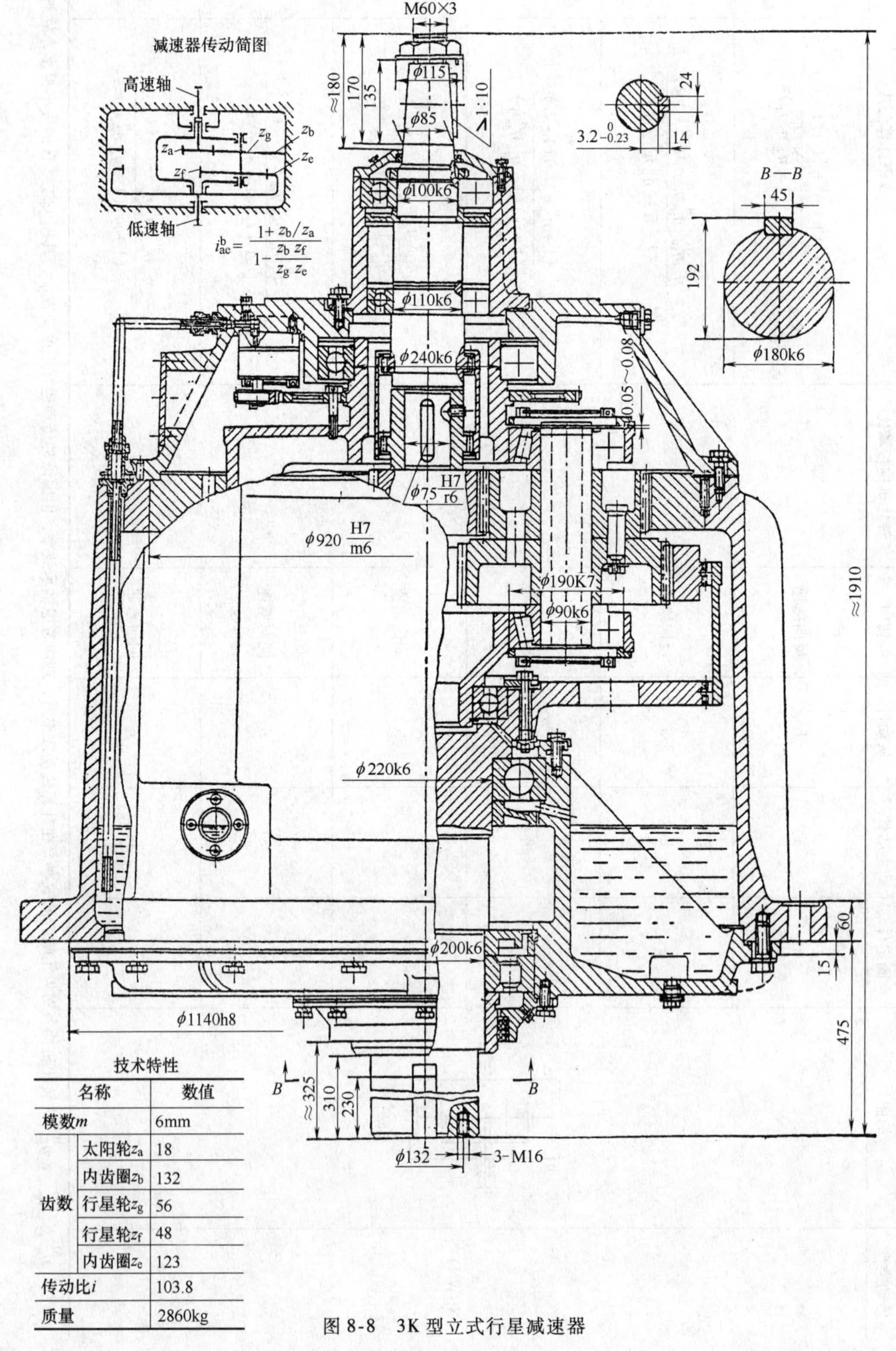

技术特性

名称		数值
模数m		6mm
齿数	太阳轮z_a	18
	内齿圈z_b	132
	行星轮z_g	56
	行星轮z_f	48
	内齿圈z_e	123
传动比i		103.8
质量		2860kg

图 8-8 3K 型立式行星减速器

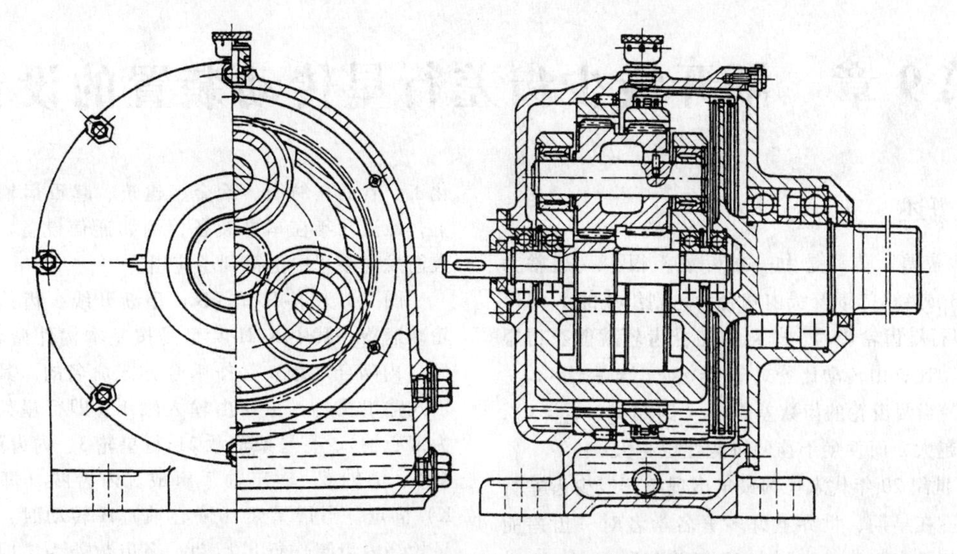

图 8-9　3K（NGWN）型减速器内齿轮通过双齿联轴器浮动

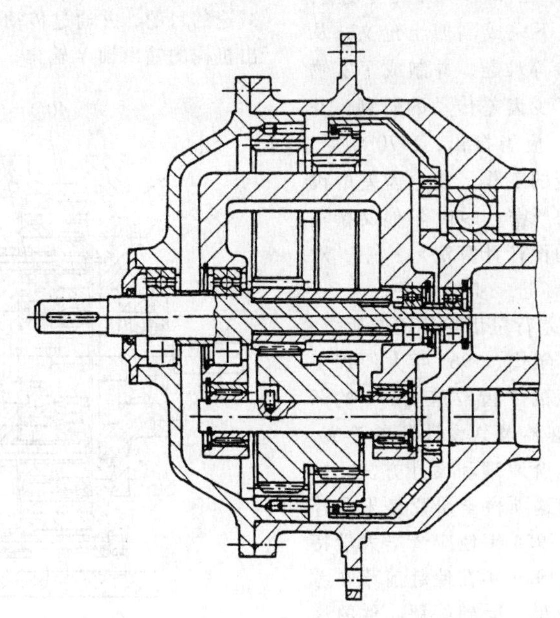

图 8-10　3K（NGWN）型法兰式减速器

第9章　渐开线少齿差行星传动装置的设计

9.1　概述

“少齿差”传动是由一对齿数差很少（通常为1、2、3或4）的渐开线内啮合齿轮副组成的K-H-V（N）型行星齿轮传动。一对内啮合齿轮就能获得很大的传动比，由传动比公式 $i_{H1}=n_H/n_1=-z_1/(z_2-z_1)$ 知，当两齿轮的齿数差越少（例如 $z_2-z_1=1$），传动比越大，而发生干涉的可能性也越大。

20世纪20年代末德国最早出现渐开线少齿差行星传动。在早期，世界上许多著名学者对一齿差能否实现持否定态度，直到1949年前苏联H. A. 斯科沃尔佐夫（СКОВОРЦОВ）在B. A. 加夫里连科（ГАВРИЛЕНКО）教授指导下完成副博士论文，从理论上解决了齿廓重叠干涉等难题，并制成了实物后，工业发达国家才开始了少齿差传动的研制，并应用在各式各样的产品上。应当指出，1970年后，日本信州大学两角宗晴教授的工作，使少齿差的设计计算在理论上更加系统和严密。1989年他又撰写了《行星齿轮与差动齿轮的设计计算法》一书，对少齿差传动的设计和制造作了进一步的论述。

应用和研究渐开线少齿差行星齿轮传动的历史，在我国可追溯到20世纪50年代。1963年太原理工大学副校长朱景梓教授发表的“齿数差 $z_d=1$ 的渐开线K-H-V型行星齿轮减速器及其设计”的论文，详细论述了这种减速器的啮合原理和设计方法，以及独特的双曲柄输出机构。这项科学研究是朱景梓在20世纪50年代完成的。1954年他应清华大学特邀作了这方面的学术报告。1959年在他赴前苏联考察期间向同行介绍了这一成果，受到好评。他的这些工作对我们学习和推广这种新型传动起到了启蒙和指导作用。1978年华东理工大学张文照教授、上海交通大学张国瑞教授、上海水工机械厂张展教授级高工、上海化工机械二厂张焕武教授级高工、上海化工设计院沈丕然高工合写了一本《渐开线少齿差行星齿轮减速器》（张展任主编），该书对我国渐开线少齿差行星齿轮传动的推广起了促进和指导作用。

渐开线少齿差行星齿轮传动可做成减速器形式，也可做成卷扬机形式。这种传动具有结构紧凑、体积小、质量轻、传动比范围大、效率较高、加工方便、成本较低等特点，所以广泛应用于轻工、石油化工、食品、纺织、冶金、建筑、起重运输等设备上，最近几年在军事装备，例如通信设备、导弹与火箭发射装置中也得到了应用。

图9-1为K-H-V（N）型渐开线少齿差行星齿轮减速器。其中K-H-V型是按基本构件命名的，N型（内啮合之意）是按啮合方式命名的。其采用销轴式输出机构，主要由输入轴1（即行星架，此处为偏心轴）、行星架轴承2、行星轮3、内齿圈4、销套5、销轴6、输出轴7组成。内齿圈（即中心轮K）固定，当行星架（偏心轴）H转动时，迫使行星轮绕内齿圈作行星运动，当齿数差为1时，输入轴每转一周，行星轮沿相反方向转过一个齿，达到减速的目的，并通过传动比等于1的带有一个W输出机构的输出轴V输出。

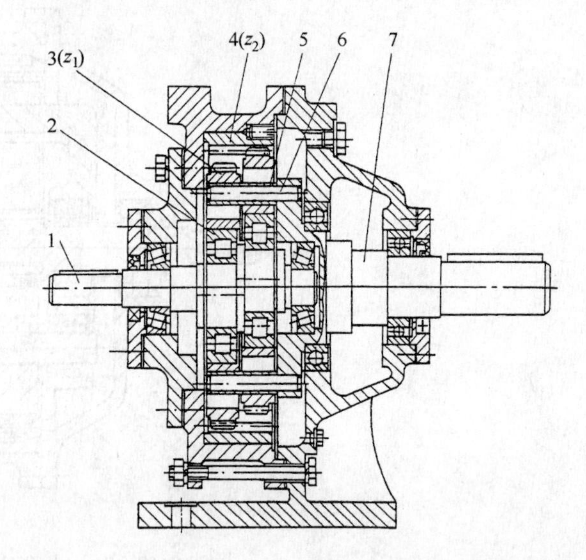

图9-1　K-H-V（N）型渐开线少齿差行星齿轮减速器
1—输入轴（偏心轴）　2—行星架（即偏心轴）轴承
3—行星轮　4—内齿圈　5—销套　6—销轴　7—输出轴

9.2　传动形式及其传动比计算

9.2.1　传动形式

渐开线少齿差行星齿轮传动形式较多，主要有K-H-V（N）型传动装置，双内啮合2K-H（NN）型正号机构传动装置，以及三内啮合和锥齿型传动装置。

1. K-H-V（N）型传动装置

通常按减速器的输出机构形式、减速器级数和安装形式进行分类。

(1) 按输出机构形式分类

1) 内齿圈固定，低速轴输出。

① 销轴式输出，应用广泛，效率较高，但销孔加工精度要求较高。它有以下三种形式：

悬臂销轴式输出（见图9-1），销轴固定端与输出轴紧配合，悬臂端相应地插入行星轮的端面销孔内，结构简单，但销轴受力不均。

销轴悬臂端加一均载环（见图9-2），销轴的受力情况大为改善。

简支销轴式输出（见图9-3），销轴的受力情况

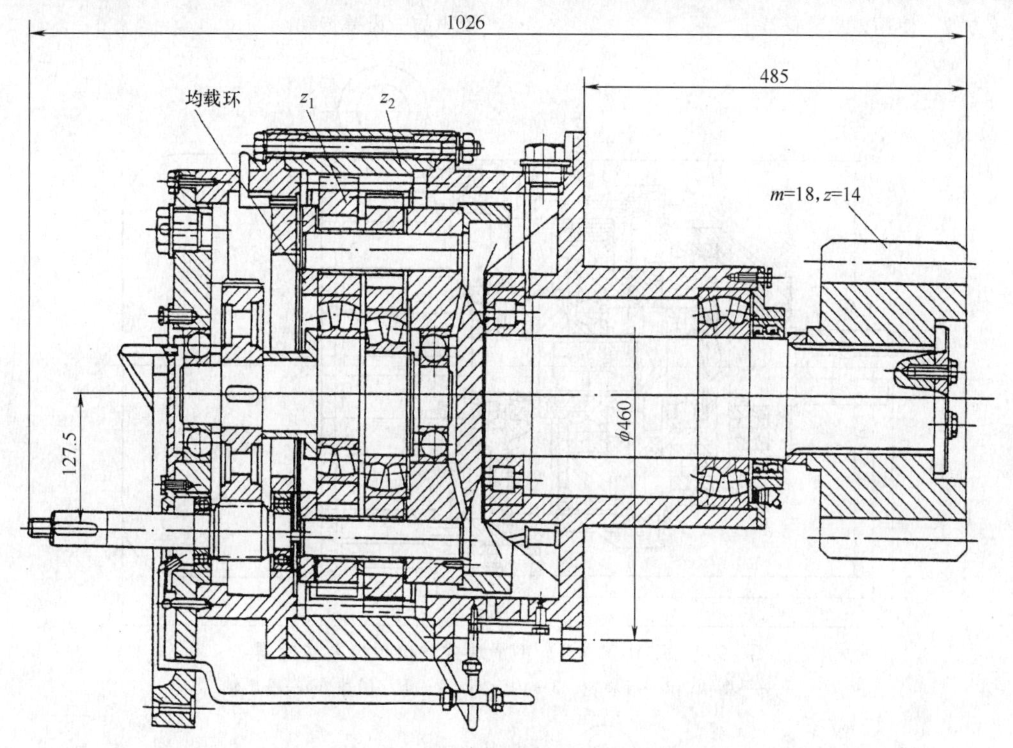

图9-2　K-H-V（N）型销轴式输出少齿差减速器（其中加一均载环）

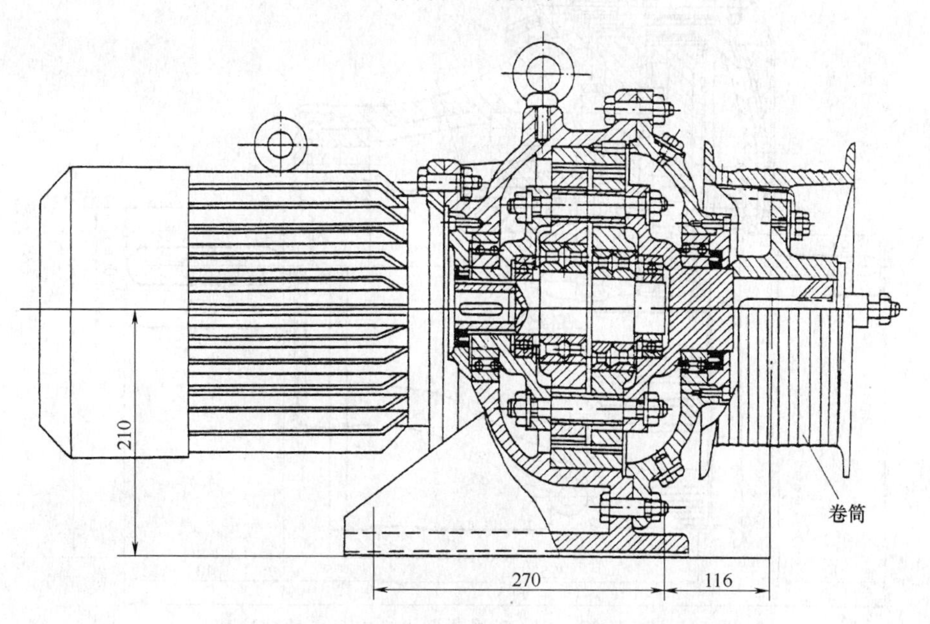

图9-3　K-H-V（N）型销轴式输出少齿差减速器（销轴为简支式）

更为改善，但加工精度略有提高。

② 十字滑块式输出（见图9-4），结构形式简单，加工方便，但承载能力与效率均较销轴式输出低，常用于小功率场合。

③ 浮动盘式输出（见图9-5），结构形式新颖，加工较方便，使用效果较好。

④ 零齿差式输出（见图9-6），其特点是通过一对零齿差齿轮副将行星轮的低速反向转动传递给输出轴。零齿差是指齿轮副的内、外齿轮齿数相同，像齿轮联轴器那样，但内、外齿轮的齿间间隙较大，其结构形式较简单，制造不困难，较适用于中心距较小的一齿差传动。

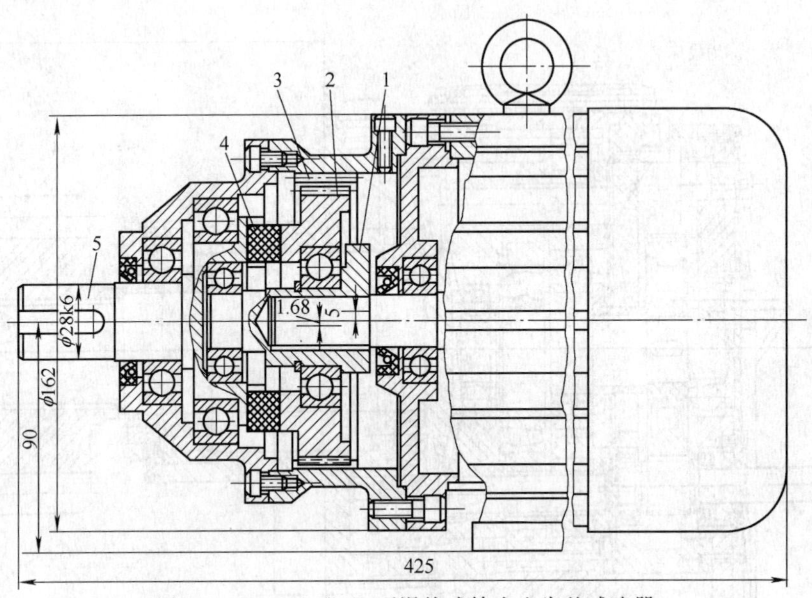

图9-4 K-H-V（N）型滑块式输出少齿差减速器

1—平衡块 2—行星轮 3—内齿圈 4—十字滑块 5—输出轴

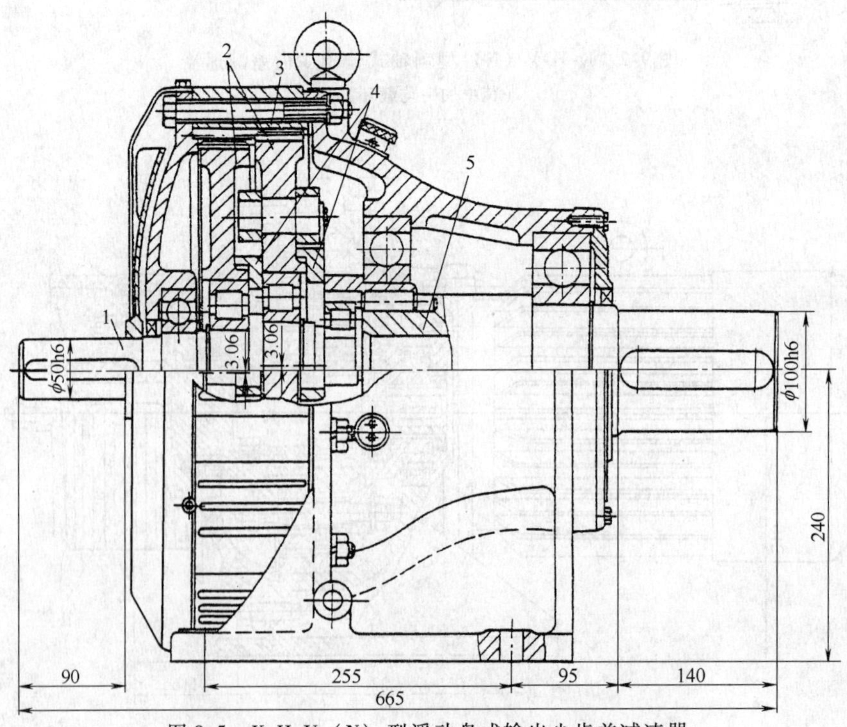

图9-5 K-H-V（N）型浮动盘式输出少齿差减速器

1—输入轴 2—行星轮 3—内齿圈 4—浮动盘 5—输出轴

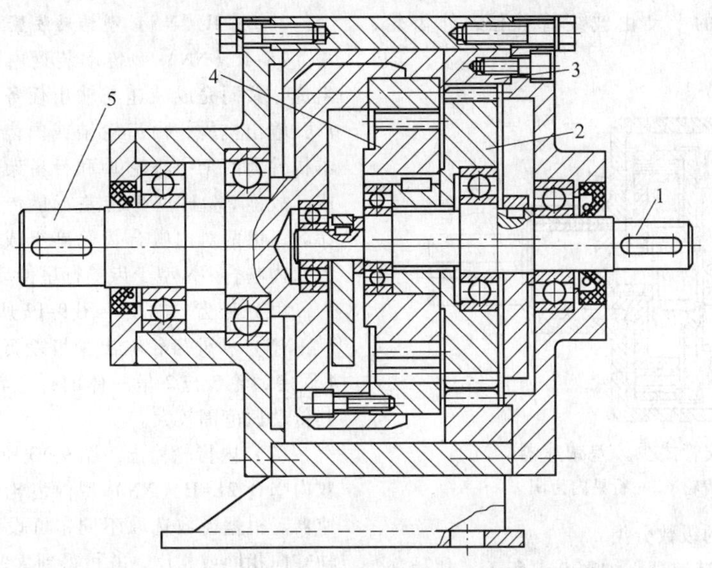

图 9-6 K-H-V (N) 型零齿差式输出少齿差减速器
1—输入轴 2—行星轮 3—内齿圈 4—零齿差内齿轮副 ($z=10$, $m=3$mm) 5—输出轴

2) 输出轴固定，内齿圈输出。

① 内齿圈与机壳一起输出。图 9-7 所示 W 机构的销轴固定不动，行星轮只作平动，不作转动，迫使内齿圈与卷筒一起输出，这是常见的卷扬机结构形式。

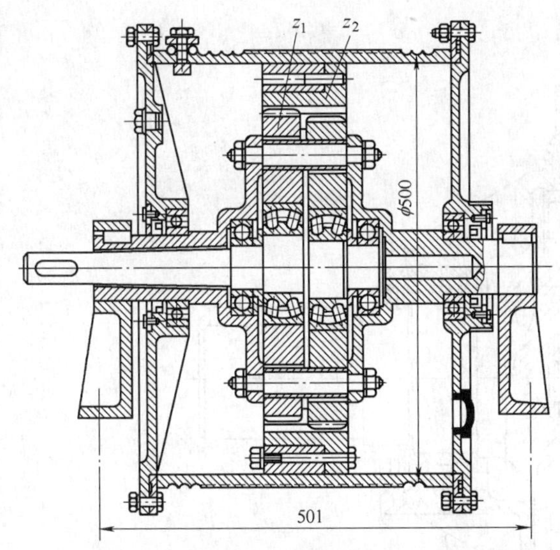

图 9-7 K-H-V (N) 型销轴式少齿差减速器

② 双曲柄式（见图 9-8）。双曲柄机构不是 W 输出机构，它仅替代了行星架 H，并将 W 机构省掉，可获得较大的传动比，运转平稳性有所提高，但轴向尺寸较大。

③ 波纹管机构。图 9-9 所示为行星轮通过波纹管与机座连接，行星轮平动由波纹管补偿，行星轮的低速转动传递给内齿圈输出，这种机构以波纹管的变形能损失替代了摩擦损失，可获得较高的机械效率。图 9-10 所示为作行星运动的内齿圈通过波纹

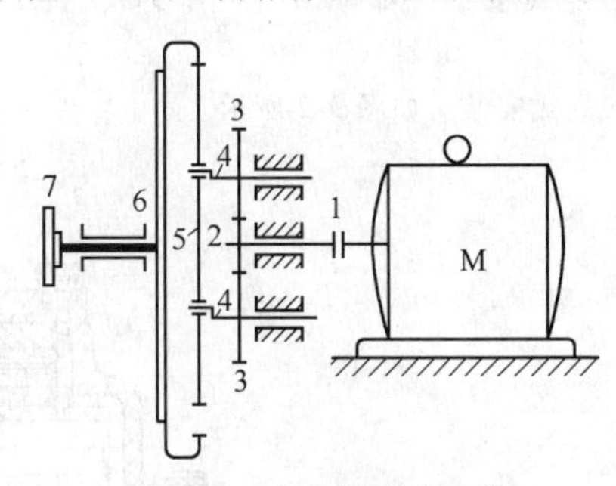

图 9-8 双曲柄式减速器
1—联轴器 2、3—圆柱小齿轮 4—曲轴 5—行星轮 6—内齿圈 7—输出轴

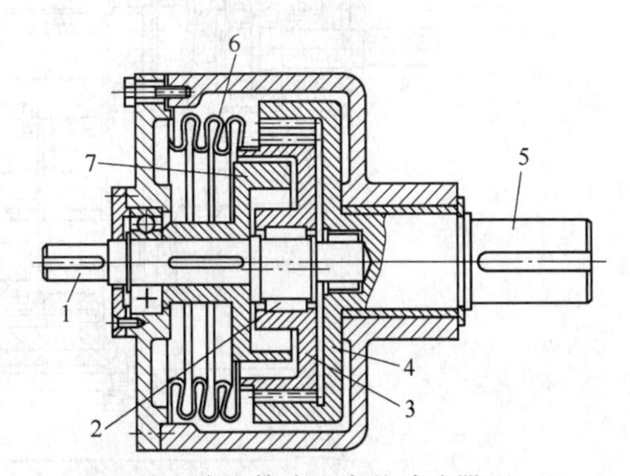

图 9-9 波纹管式少齿差减速器（一）
1—输入轴 2—轴承 3—行星轮 4—内齿圈 5—输出轴 6—波纹管 7—平衡块

管与机座连接，它的平动由波纹管补偿，外齿轮输出。

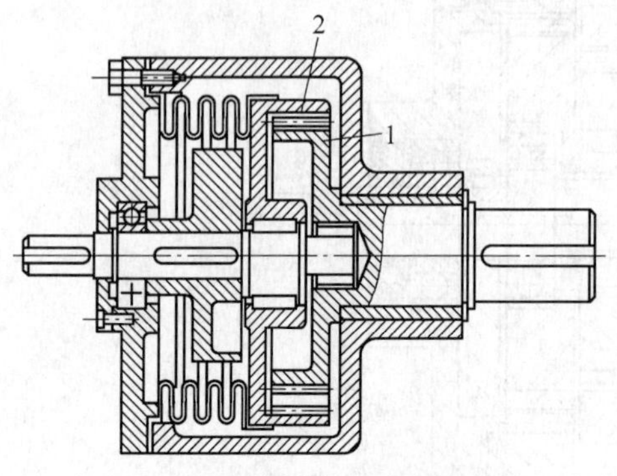

图 9-10　波纹管式少齿差减速器（二）
1—外齿轮　2—行星内齿圈

（2）按减速器的级数分类

1）单级少齿差减速器。如图 9-1 所示，其传动比在9～100之间，这种形式应用最普遍。

2）两级少齿差减速器。如图 9-11 所示，将两个 K-H-V（N）型传动串联而成，其传动比从几十到一万多。

（3）按安装形式分类

1）卧式安装。如图 9-1、图 9-3、图 9-5 等所示。

2）立式安装。如图 9-2 所示。

2. 2K-H（NN）型传动装置

2K-H（NN）型传动装置由两对内啮合齿轮副组成，共同完成减速与输出任务。该传动无需其他形式输出机构，由齿轮轴或内齿轮直接输出。其基本构件为两个中心轮 K 和行星架（即偏心轴）H 组成，故称 2K-H 型少齿差行星传动。若以啮合方式命名，由两对内啮合齿轮副组成的传动装置，亦称为双内啮合 NN 型少齿差行星传动。

（1）外齿轮输出　图 9-12 所示为双内啮合 2K-H（NN）型外齿轮输出少齿差行星减速器。内齿圈 4 固定，轮 3 与 2 呈一体的行星轮，外齿轮 1 输出，其传动比范围较大。

（2）内齿轮输出　图 9-13 所示为内齿轮输出的双内啮合 2K-H（NN）型内齿轮输出少齿差行星减速器。根据齿数选取不同，可设计成输出轴与输入轴转向相同或相反，并可得到大的传动比。

此外，还可设计成三内啮合少齿差行星传动装置，如图 9-14 所示。其传动比范围相当大，为 －561000～549505。

3. 锥齿少齿差行星齿轮传动装置

图 9-15 所示为锥齿少齿差减速器，属于 K-H-V 型传动的一种，其啮合齿轮为锥齿轮，结构紧凑，重合度大，轮齿强度高，但由于内锥齿轮加工复杂，尚未推广应用。

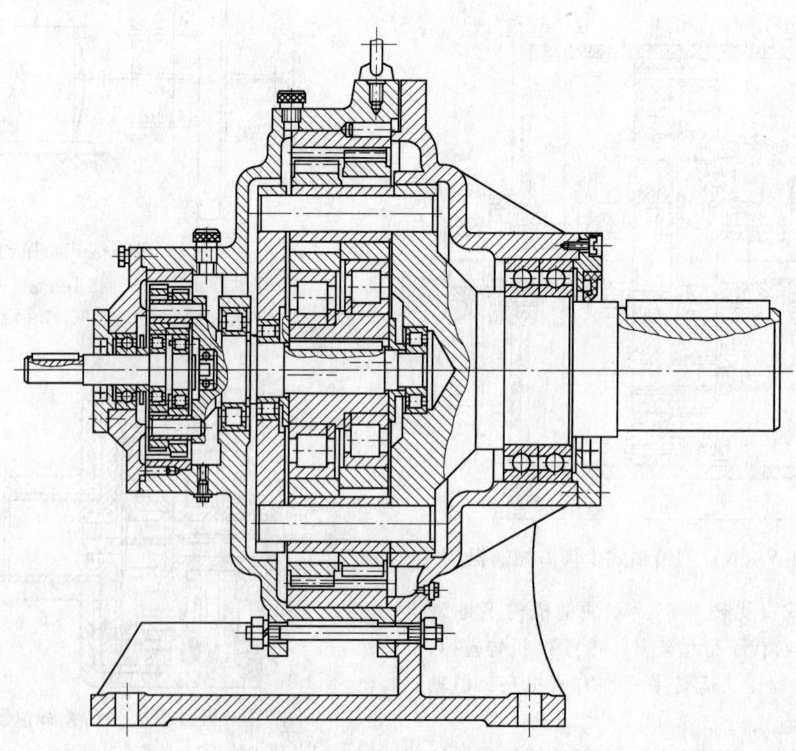

图 9-11　两级少齿差减速器

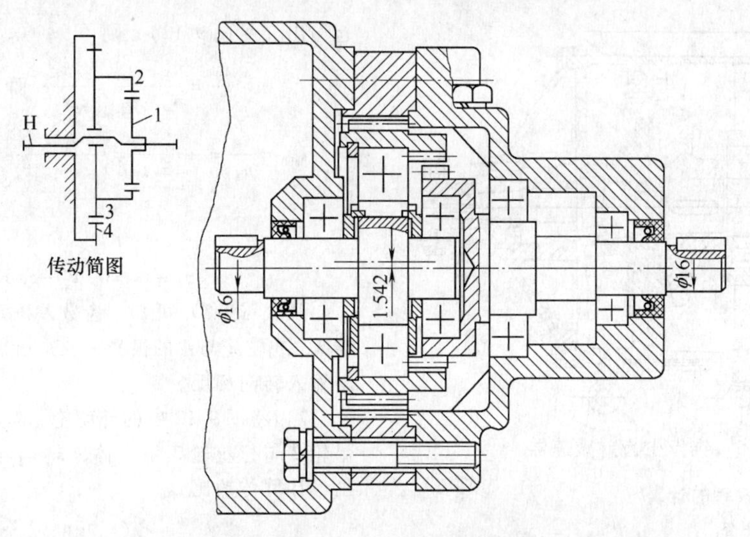

图9-12　双内啮合2K-H（NN）型外齿轮输出少齿差减速器

1—外齿轮　2、3—行星轮　4—固定内齿圈

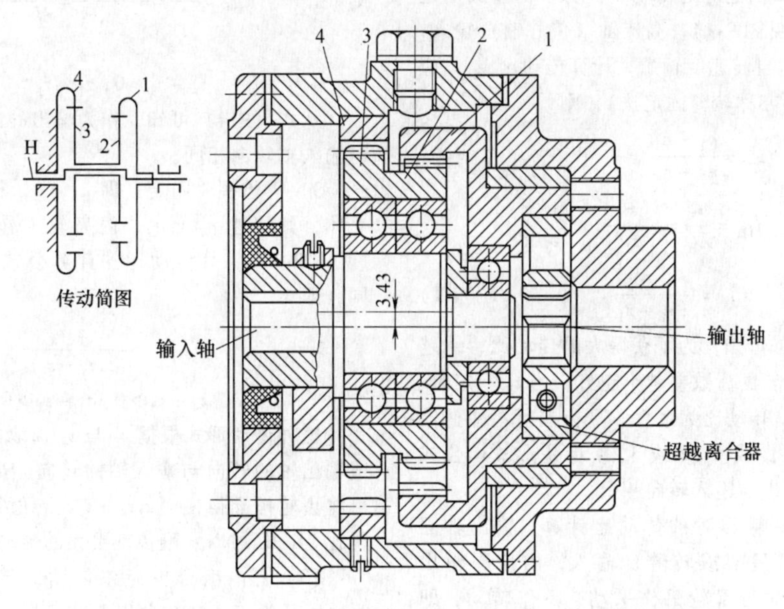

图9-13　双内啮合2K-H（NN）型内齿轮输出少齿差减速器

1—内齿轮　2、3—行星轮（呈一体）　4—固定内齿圈

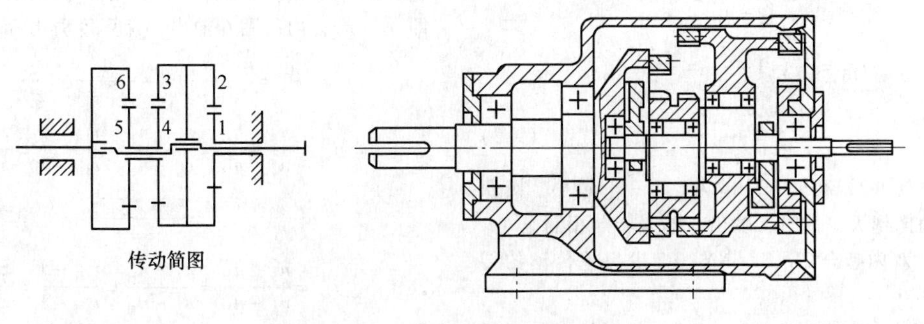

图9-14　三内啮合少齿差减速器

1—外齿轮　2、3、6—内齿圈　4、5—行星轮

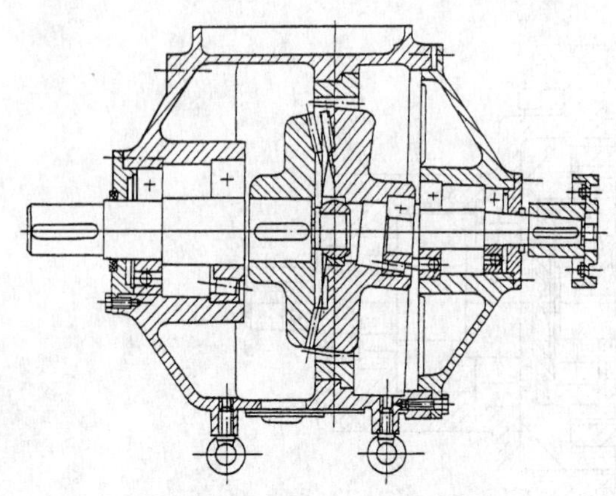

图 9-15　锥齿少齿差减速器

9.2.2　传动比与效率的计算

1. 传动比的计算

（1）K-H-V 型少齿差传动的传动比计算

1）当内齿圈固定时的传动比计算。内齿圈固定时，即 $n_2=0$（见图 9-1），高速轴（偏心轴）输入，行星轮 z_1 的低速自转速度输出，计算传动比 i_{H1}，应用相对速度法（亦称转臂固定法），则

$$i_{12}^{H}=\frac{n_1-n_H}{n_2-n_H}=\frac{z_2}{z_1}$$

$$i_{1H}=\frac{n_1}{n_H}=\frac{z_1-z_2}{z_1}$$

则

$$i_{H1}=-\frac{z_1}{z_2-z_1} \qquad (9\text{-}1)$$

从式（9-1）可知，为了获得大的传动比，z_1 越大越好，内外齿轮的齿数差越小越好。当 z_1 一定时，则 $z_2-z_1=1$ 时，传动比为最大。少齿差行星减速器可按实际需要，做成 1、2 或 3、4 齿差形式。公式前的负号表示输出与输入转向相反。

2）当内齿圈输出时的传动比计算。输出轴固定，高速轴（行星架或转臂）输入，内齿圈输出（见图 9-7），这时行星轮只作平动，不作转动，即 $n_1=0$，计算传动比 i_{H2}

$$i_{12}^{H}=\frac{n_1-n_H}{n_2-n_H}=\frac{z_2}{z_1}$$

$$i_{2H}=\frac{n_2}{n_H}=1-\frac{z_1}{z_2}=\frac{z_2-z_1}{z_2}$$

则

$$i_{H2}=\frac{z_2}{z_2-z_1} \qquad (9\text{-}2)$$

从式（9-2）可知，z_2 越大，z_2-z_1 越小，则获得的传动比越大。此时，输出与输入转向相同。

（2）双内啮合 2K-H（NN）型少齿差传动的传动比计算

1）内齿圈 4 固定，即 $n_4=0$，行星轮 2 与行星轮 3 连为一体，转速 $n_2=n_3$，外齿轮 1 与低速轴一起输出（见图 9-12），则

$$i_{14}^{H}=\frac{n_1-n_H}{n_4-n_H}=\frac{z_2z_4}{z_1z_3} \quad 而\ n_4=0$$

$$i_{H1}=\frac{n_H}{n_1}=\frac{1}{1-\dfrac{z_2z_4}{z_1z_3}}=\frac{z_1z_3}{z_1z_3-z_2z_4}=-\frac{z_1z_3}{z_2z_4-z_1z_3} \qquad (9\text{-}3)$$

$$z_4-z_3>0,\ z_2-z_1>0$$

从式（9-3）可知，齿数差确定后，可调整轮 1 与 3，或轮 2 与 4 的齿数来获得所需的传动比。输出与输入转向相反。

2）将图 9-12 中的外齿轮 1 固定，即 $n_1=0$，行星轮 2 与行星轮 3 呈一体，即 $n_2=n_3$，内齿圈 4 输出，计算传动比 i_{H4}

$$i_{41}^{H}=\frac{n_4-n_H}{n_1-n_H}=\frac{z_1z_3}{z_2z_4}$$

则

$$i_{H4}=\frac{n_H}{n_4}=\frac{1}{1-\dfrac{z_1z_3}{z_2z_4}}=\frac{z_2z_4}{z_2z_4-z_1z_3} \qquad (9\text{-}4)$$

$$z_4-z_3>0,\ z_2-z_1>0$$

从式（9-4）可知，作为输出的内齿圈 4 的转向与输入轴转向相同。

3）内齿圈 4 固定，即 $n_4=0$，行星轮 2 与 3 呈一体，其转速 $n_2=n_3$，内齿轮 1 作为低速轴输出（见图 9-13），其传动比的计算公式与式（9-3）相同，即

$$i_{H1}=-\frac{z_1z_3}{z_2z_4-z_1z_3} \qquad (9\text{-}5)$$

$$z_4-z_3>0,\ z_1-z_2>0$$

这种传动形式根据 z_1 与 z_4 选取的不同，可设计成输出轴的转向与输入轴的转向相同或相反，并且可将齿轮搭配得使（$z_2z_4-z_1z_3$）值很小，从而可获得比 2K-H（NN）型传动更大的传动比。

（3）三内啮合少齿差传动的传动比计算　图 9-14所示为三内啮合少齿差减速器，外齿轮 1 固定，即 $n_1=0$，内齿圈 2 与 3 连在一起组成双联行星内齿轮，即 $n_2=n_3$，行星轮 4 与 5 呈一体组成双联齿轮，即 $n_4=n_5$，内齿圈 6 输出，计算传动比 i_{H6}

$$i_{12}^{H}=\frac{n_1-n_H}{n_2-n_H}=-\frac{1}{i_{2H}-1}=\frac{z_2}{z_1}$$

$$i_{34}^{H}=\frac{n_3-n_H}{n_4-n_H}=\frac{n_2-n_H}{n_4-n_H}=\frac{i_{2H}-1}{i_{4H}-1}=\frac{z_4}{z_3}$$

$$i_{4H}=\frac{z_2z_4-z_1z_3}{z_2z_4}$$

$$i_{56}^{H}=\frac{n_5-n_H}{n_6-n_H}=\frac{n_4-n_H}{n_6-n_H}=\frac{i_{4H}-1}{i_{6H}-1}=\frac{z_6}{z_5}$$

$$i_{6H}=1-\frac{z_1z_3z_5}{z_2z_4z_6}$$

$$i_{H6}=\frac{1}{1-\dfrac{z_1z_3z_5}{z_2z_4z_6}} \qquad (9\text{-}6)$$

如果传动中的所有齿轮都具有相同的径节，为了能够正确地啮合则必须遵循下列关系

$$z_2-z_1+z_6-z_5=z_3-z_4$$

即

$$z_1+z_3+z_5=z_2+z_4+z_6 \qquad (9\text{-}7)$$

根据式（9-6）可以组成内齿轮副的任何配置方案，但必须保证 3、4 内齿轮副的中心距为 1、2 与 5、6 齿轮副的中心距之和。

（4）锥齿少齿差传动的传动比计算　图 9-16 为锥齿少齿差传动简图，其结构图如图 9-15 所示，齿轮 z_1 与 z_3 做成一体，齿轮 z_2 固定，齿轮 z_4 输出，其传动比计算式为

$$i_{H4}=\frac{z_1z_4}{z_1z_4-z_2z_3} \qquad (9\text{-}8)$$

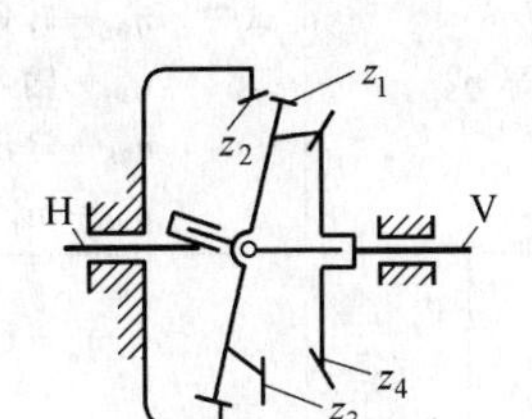

图 9-16　锥齿少齿差传动简图

2. 效率计算

（1）效率计算公式　见表 9-1。

表 9-1　效率计算公式

分类			计算公式、简图、各效率近似值	
啮合效率 η_M	K-H-V(N) 型传动	内齿圈固定	$\eta_{M1}=\dfrac{\eta^H}{1+\lvert i_{H1}\rvert(1-\eta^H)}$ 或 $\eta_{M1}=\dfrac{\eta^H}{1+\dfrac{z_1}{z_2-z_1}(1-\eta^H)}$ 式中　η^H—转化机构的啮合效率，一般可取 $\eta^H\geqslant0.996$	z_2 z_1
		内齿圈输出	$\eta_{M2}=\dfrac{1}{1+\lvert 1-i_{H2}\rvert(1-\eta^H)}$ 或 $\eta_{M2}=\dfrac{1}{1+\dfrac{z_1}{z_2-z_1}(1-\eta^H)}$	z_2 z_1
	2K-H(NN) 型传动	输入轴与输出轴反向	$\eta_{M1d}=\dfrac{\eta_d^H}{1+\lvert i_{H1}\rvert(1-\eta_d^H)}$ $\eta_d^H=\eta_{12}^H\eta_{34}^H$ 式中　η_{12}^H—转化机构中，齿轮 1 与 2 的啮合效率 η_{34}^H—转化机构中，齿轮 3 与 4 的啮合效率	z_4 z_2 z_1 z_3　z_4 z_1 z_3 z_2
		输入轴与输出轴同向	$\eta_{M4d}=\dfrac{1}{1+\lvert 1-i_{H4}\rvert(1-\eta_d^H)}$	z_4 z_1 z_3 z_2

（续）

<table>
<tr><th colspan="3">分　类</th><th colspan="2">计算公式、简图、各效率近似值</th></tr>
<tr><td colspan="3">轴承效率 η_B</td><td colspan="2">$$\eta_B=\eta_{Br}\eta_{Bi}\eta_{Bo}$$
式中　η_{Br}—转臂轴承效率，其范围为 0.98 ~ 0.995
η_{Bi}—输入轴轴承效率
η_{Bo}—输出轴轴承效率
$\eta_{Bi}\approx\eta_{Bo}=0.99\sim0.999$</td></tr>
<tr><td rowspan="3">输出机构效率 η_w</td><td rowspan="2">销轴式</td><td>内齿圈固定</td><td>$$\eta_w=1-\frac{4z_1\mu_w a'd'_w}{\pi(z_2-z_1)R_w d_w}$$</td><td rowspan="2">d'_w—销轴直径
d_w—销套直径
μ_w—输出机构摩擦因数，$\mu_w=0.08\sim0.1$
可以近似地取 $\eta_w=0.98\sim0.99$</td></tr>
<tr><td>内齿圈输出</td><td>$$\eta_w=1-\frac{4z_2\mu_w a'd'_w}{\pi(z_2-z_1)R_w d_w}$$</td></tr>
<tr><td>其他形式</td><td colspan="3">近似取
浮动盘式　$\eta_w=0.97\sim0.99$
十字滑块式　$\eta_w=0.93\sim0.97$
零齿差式　$\eta_w=0.97\sim0.99$</td></tr>
<tr><td>搅动润滑油损耗的效率 η_s</td><td colspan="4">$$\eta_s=1-\frac{0.00134v_n b\sqrt{E^\circ\frac{200}{z_\Sigma}}}{P}$$
式中　v_n—圆周速度（m/s）
E°—在工作温度下油面的恩氏粘度
z_Σ—齿轮副的齿数和
P—传动功率（kW）
b—外齿轮宽度（mm）</td></tr>
<tr><td>总效率 η</td><td colspan="4">$$\eta=\eta_M\eta_B\eta_w\eta_s$$</td></tr>
</table>

（2）实测效率　国内一些单位对 K-H-V（N）型传动装置进行效率实测，测得结果列于表 9-2。

表 9-2　K-H-V（N）型渐开线少齿差行星减速器实测效率

序号	齿数差 z_2-z_1	传动比	模数 m/mm	输出机构形式	测试效率 η	备注
1	1	79	2	销轴式	0.73	齿轮氮化处理
2	2	29	3	浮动盘式	0.75	
3	1	41	3	销轴式	0.76	
4	2	29	3	浮动盘式	0.77	
5	1	59	2.5	浮动盘式	0.78	
6	1	59	2.5	销轴式	0.78	
7	1	79	2	销轴式	0.78	
8	1	41	1.25	浮动盘式	0.79	
9	1	41	1.25	滑块式	0.79	
10	3	19	3	浮动盘式	0.80	
11	4	16	1.75	浮动盘式	0.81	油脂润滑
12	1	83	1.5	销轴式	0.81	齿轮氮化处理
13	3	19	3	浮动盘式	0.83	
14	1	51	2.5	零齿差式	0.85	
15	1	2×60	2.5	双曲柄式	0.85	

（续）

序号	齿数差 z_2-z_1	传动比	模数 m/mm	输出机构形式	测试效率 η	备注
16	1	81	2.75	浮动盘式	0.87	
17	1	40	3.5	零齿差式	0.88～0.90	
18	2	50	2.25	浮动盘式	0.91	
19	3	19	4	销轴式	0.91	外齿轮剃齿
20	3	19	4	销轴式	0.93	外齿轮剃齿

9.3　少齿差内啮合齿轮副的干涉与变位系数的选择

1. 少齿差内啮合齿轮副的干涉

由于渐开线少齿差内啮合齿轮副的内、外齿轮仅相差 1、2 齿或 3、4 齿，若采用标准齿轮就不能进行正常的啮合传动，将会产生各种干涉现象。

1）切齿加工时的顶切与根切。

① 用插齿刀插制内齿圈时产生的顶切。

② 用插齿刀插制外齿轮时产生的顶切。

③ 用滚刀加工外齿轮时产生的根切。

2）过渡曲线干涉。

① 内齿圈齿顶与插制外齿轮根部的过渡曲线干涉。

② 内齿圈齿顶与滚切外齿轮根部的过渡曲线干涉。

3）内齿圈齿顶部分为非渐开线。

4）节点对面的齿顶干涉。

5）齿廓重叠干涉。

6）内外齿轮沿径向移动发生的径向干涉。

此外，为了保证传动的平稳性，应要求重合度 $\varepsilon_\alpha>1$。

2. 变位系数的选择

确定变位系数时，首先应满足内啮合的啮合方程式：

$$\mathrm{inv}\alpha'=\mathrm{inv}\alpha+\frac{2(x_2-x_1)}{z_2-z_1}\tan\alpha \tag{9-9}$$

由上式可知，当齿轮的齿数 z_2、z_1 和齿形角 α 为已知时，变位系数 x 是啮合角 α' 的函数。

变位系数选择时，还应满足多项内啮合的几何限制条件，但其中最主要的是满足如下两个条件：

1）齿轮副的重合度 $\varepsilon_\alpha>1$，即应符合以下不等式

$$\varepsilon_\alpha=\frac{1}{2\pi}[z_1(\tan\alpha_{a1}-\tan\alpha')-z_2(\tan\alpha_{a2}-\tan\alpha')]>1 \tag{9-10}$$

2）不产生齿廓重叠干涉，即应满足如下不等式

$$G_s=z_1(\delta_1+\mathrm{inv}\alpha_{a1})-z_2(\delta_2+\mathrm{inv}\alpha_{a2})+(z_2-z_1)\mathrm{inv}\alpha'>0 \tag{9-11}$$

$$\delta_1=\arccos\frac{d_{a2}^2-d_{a1}^2-4a'^2}{4a'd_{a1}}$$

$$\delta_2=\arccos\frac{d_{a2}^2-d_{a1}^2+4a'^2}{4a'd_{a2}}$$

$$d_{a1}=d_1+2m(h_a^*+x_1)$$

$$d_{a2}=d_2-2m(h_a^*-x_2)$$

式中　d_{a1}——行星轮齿顶圆直径；

α_{a1}——行星轮齿顶圆压力角；

d_{a2}——内齿圈齿顶圆直径；

α_{a2}——内齿圈齿顶圆压力角；

a'——齿轮副啮合中心距。

为了满足 ε_α 和 G_s 两个不等式，应先按重合度的预期值 $[\varepsilon_\alpha]$，用迭代法计算变位系数。在 α' 不变时，迭代程序如下

$$x_1^{(n+1)}=x_1^{(n)}-\frac{\varepsilon_\alpha[x_1^{(n)},x_2^{(n)}]-[\varepsilon_\alpha]}{\dfrac{\mathrm{d}\varepsilon_\alpha}{\mathrm{d}x_1}(x_1^{(n)},x_2^{(n)})}$$

$$(n=0,1,2,\cdots)$$

$$\frac{\mathrm{d}\varepsilon_\alpha}{\mathrm{d}x_1}=\frac{1}{\pi\cos\alpha}\left(\frac{1}{\sin\alpha_{a1}}-\frac{1}{\sin\alpha_{a2}}\right)$$

式中　$[\varepsilon_\alpha]$——ε_α 的预期值，根据对传动运转性能的要求确定。

求得 x_1 和 x_2 后，用此值验算齿廓重叠干涉，若不满足条件，则增大 a'（即增大 x）值重新计算。

或者，按齿廓重叠干涉预期值 $[G_s]$ 用迭代法计算变位系数。在 α' 不变时，迭代程序如下

$$x_1^{(n+1)}=x_1^{(n)}-\frac{G_s[x_1^{(n)},x_2^{(n)}]-[G_s]}{\dfrac{\mathrm{d}G_s}{\mathrm{d}x_1}[x_1^{(n)},x_2^{(n)}]}$$

$$(n=0,1,2,\cdots)$$

$$\frac{\mathrm{d}G_s}{\mathrm{d}x_1}=\frac{2(\sin\alpha_{a1}-\sin\alpha_{a2})}{\cos\alpha}-2(\delta_1-\delta_2)$$

式中　$[G_s]$——G_s 的预期值，一般取 $[G_s]\approx0.05$。

求得 x_1 和 x_2 后，用此值验算重合度，若不满足

条件，则减小 a'（即减小 x）值重新计算。总之上述两项条件必须同时满足。

此外，还可以用封闭图来选择变位系数，对于 $z_{\Sigma}=z_2-z_1=1$ 的少齿差内啮合传动的封闭图，如图 9-17 ~ 图 9-32 所示。

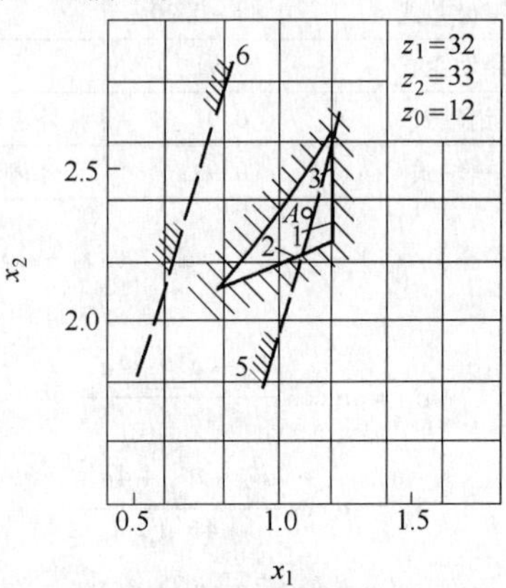

图 9-17　变位系数封闭图（一）

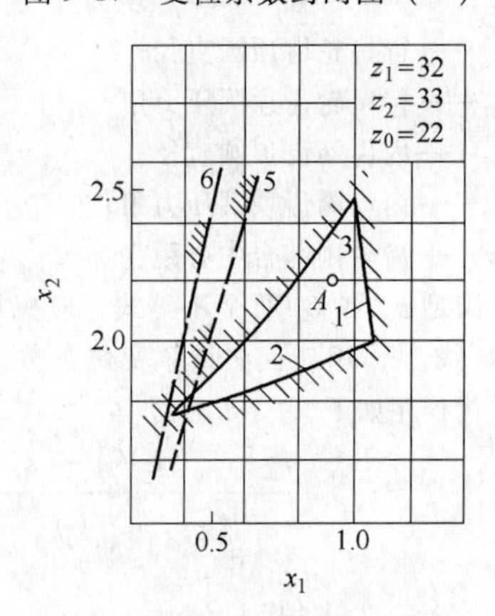

图 9-18　变位系数封闭图（二）

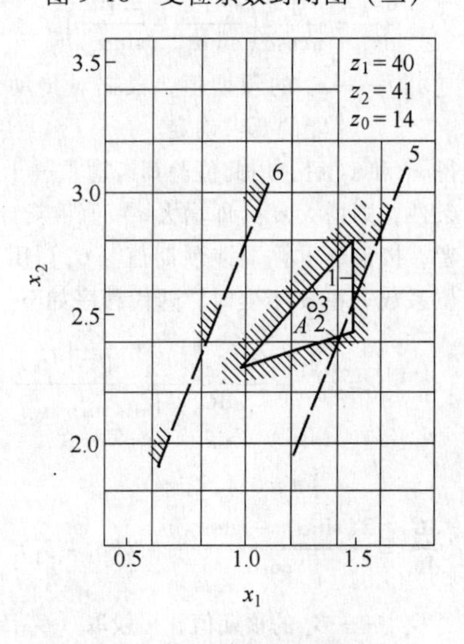

图 9-19　变位系数封闭图（三）

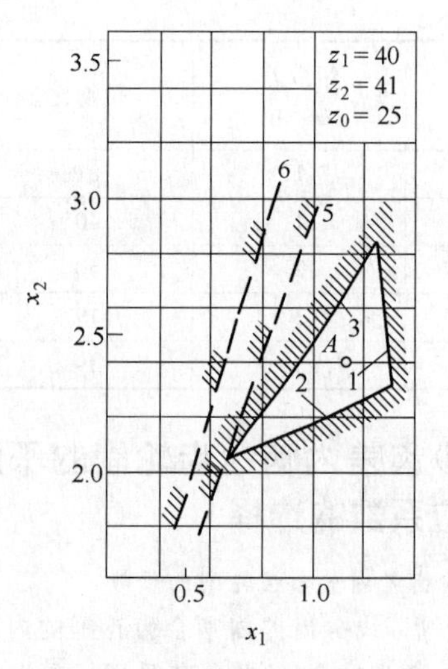

图 9-20　变位系数封闭图（四）

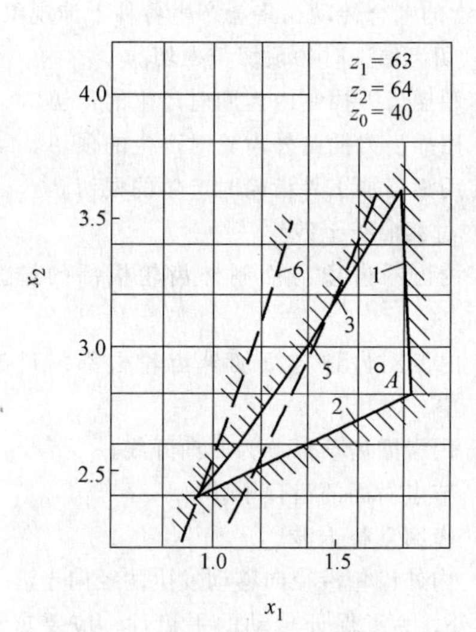

图 9-21　变位系数封闭图（五）

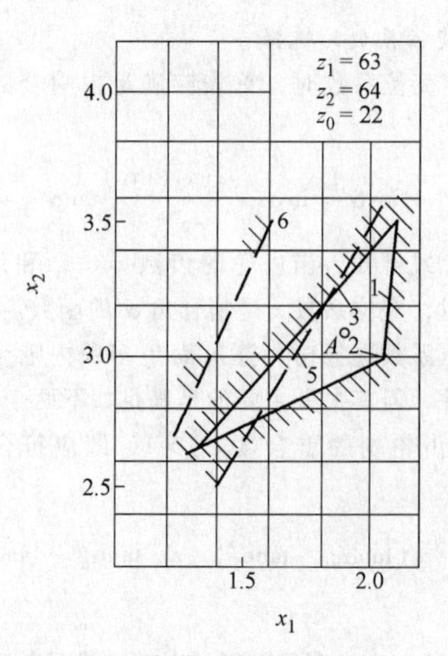

图 9-22　变位系数封闭图（六）

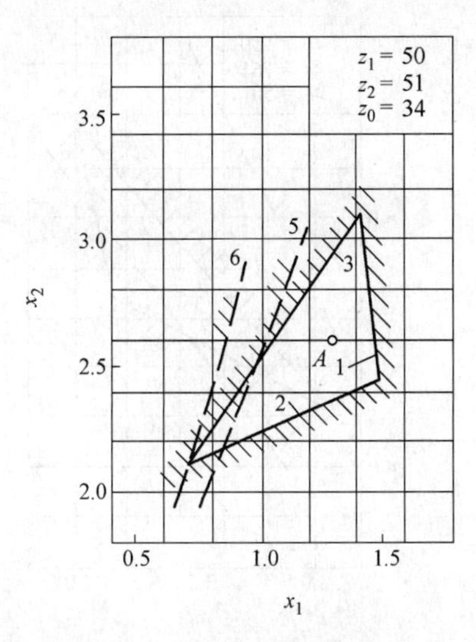

图 9-23　变位系数封闭图（七）

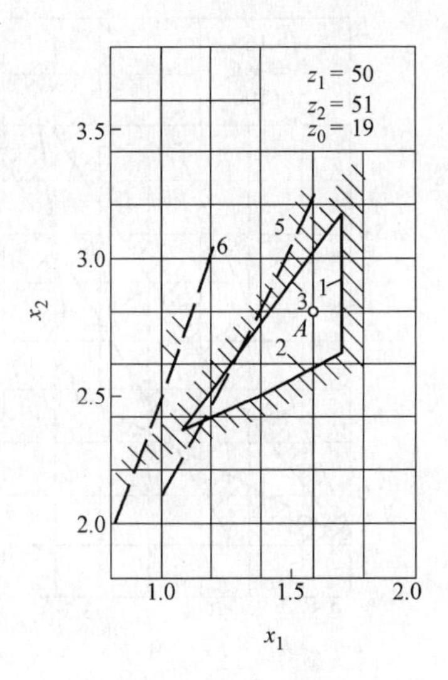

图 9-24　变位系数封闭图（八）

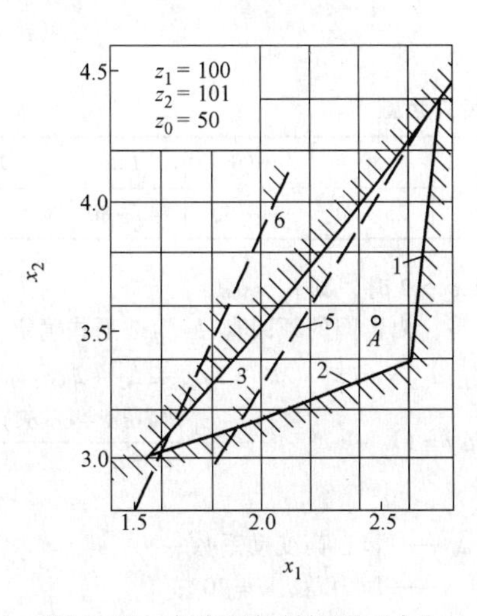

图 9-25　变位系数封闭图（九）

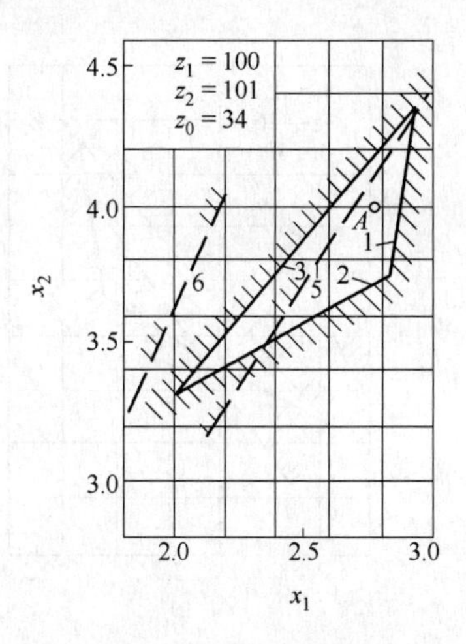

图 9-26　变位系数封闭图（十）

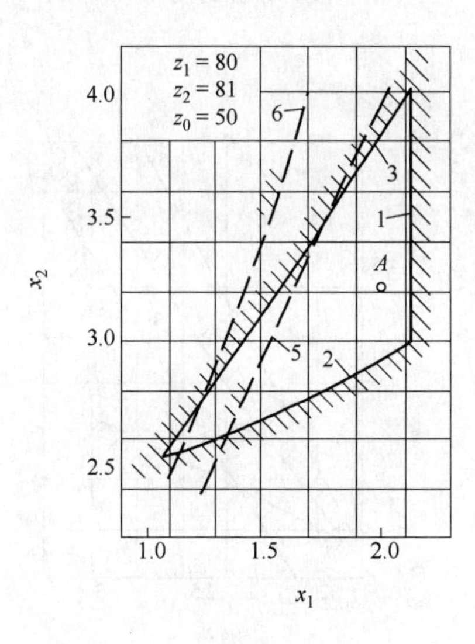

图 9-27　变位系数封闭图（十一）

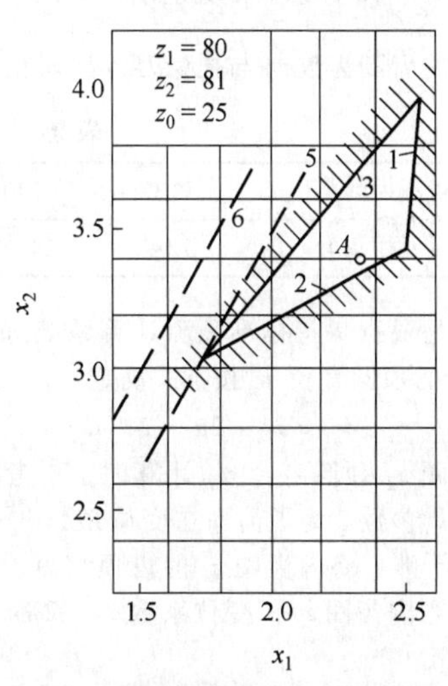

图 9-28　变位系数封闭图（十二）

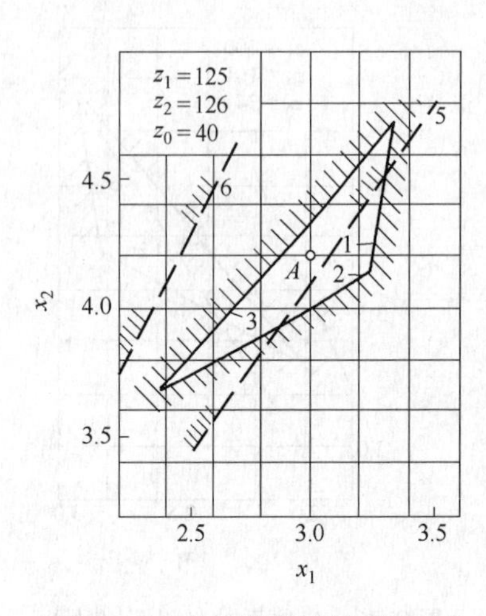

图 9-29　变位系数封闭图（十三）

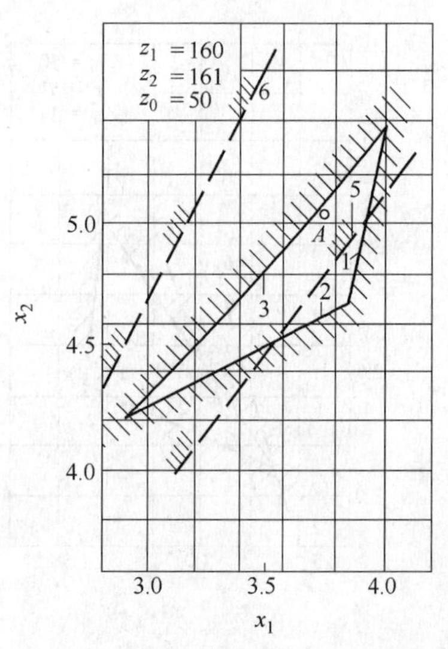

图 9-31　变位系数封闭图（十五）

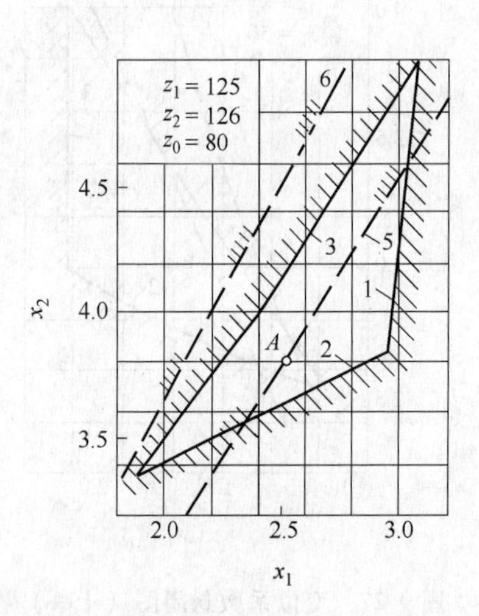

图 9-30　变位系数封闭图（十四）

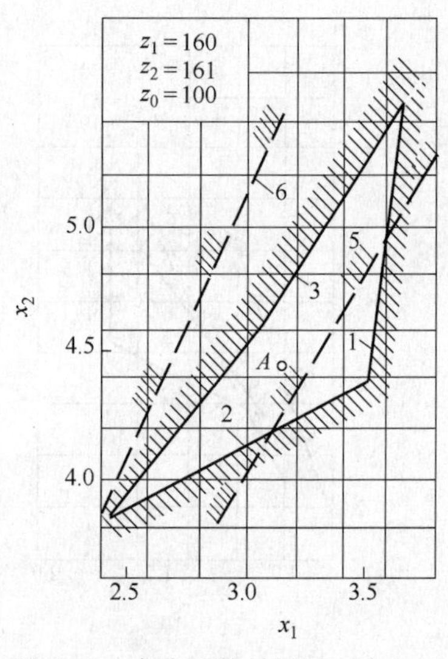

图 9-32　变位系数封闭图（十六）

内齿圈齿数 z_2 与插齿刀齿数 z_0 的关系见表 9-3。

表 9-3　内齿圈齿数 z_2 与插齿刀齿数 z_0

内齿圈齿数 z_2	32	40	50	63	80	100	125	160
插齿刀齿数 z_0	12 ~ 22	14 ~ 25	19 ~ 34	24 ~ 40	25 ~ 50	34 ~ 50	40 ~ 80	50 ~ 100

封闭图是根据保持标准顶隙计算系统进行的，其中齿轮 z_1 的顶圆直径 d_{a1} 按下式确定

$$d_{a1}=d_{f2}-2a'-2c^*m$$

内齿圈 z_2 顶圆直径 d_{a2} 计算时，不考虑齿轮 z_1 的加工刀具参数。为了消除在变位系数 x_2 较小时产生的轮齿干涉，将内齿圈 z_2 的齿顶缩短，于是引进系数 k_2。当内齿圈 z_2 的变位系数 $x_2<2$ 时，k_2 按下式确定

$$k_2=0.25-0.125x_2$$

当 $x_2>2$ 时，则 $k_2=0$。

于是，内齿圈的顶圆直径 d_{a2} 按下式确定

$$d_{a2}=m(z_2-2h_a^*+2x_2-2\Delta y+2k_2) \tag{9-12}$$

$$\Delta y=(x_2-x_1)-\frac{(z_2-z_1)(\cos\alpha-\cos\alpha')}{2\cos\alpha'} \tag{9-13}$$

式中　Δy——齿顶高变动系数；

α——压力角，$\alpha=20°$；

α'——啮合角。

$z_{\Sigma}=z_2-z_1$ 内啮合传动封闭图由下列限制曲线组成（见图9-17～图9-32）

1——重合度 $\varepsilon_{\alpha}=1.2$ 的限制曲线；

2——齿廓重叠干涉的限制曲线；

3——齿轮 z_1 齿顶厚 $s_{a1}=0.3m$ 的限制曲线；

4——内齿圈 z_2 齿顶厚 $s_{a2}=0.3m$ 的限制曲线，断续的阴影线表示选择变位系数 x_1 时受顶切的限制曲线；

5——加工齿轮 z_1 与内齿圈 z_2 为同一把插齿刀的限制曲线；

6——齿轮 z_1 用滚刀加工的限制曲线。

对于内啮合齿轮的齿数组合，没有相应的封闭图时，可用插值法来选择变位系数 x_1 或按如下的经验公式确定

$$x_1=0.023(z_1+25)\left(1-0.4\frac{z_0}{z_1}\right)\quad x_2=x_1+1.25$$

根据上式计算的 x 值，在大多数情况下，变位点是位于封闭图内（见图9-17～图9-32中的字母A）。但内啮合质量指标仍需校核。图9-33为一齿差内啮合齿轮副。

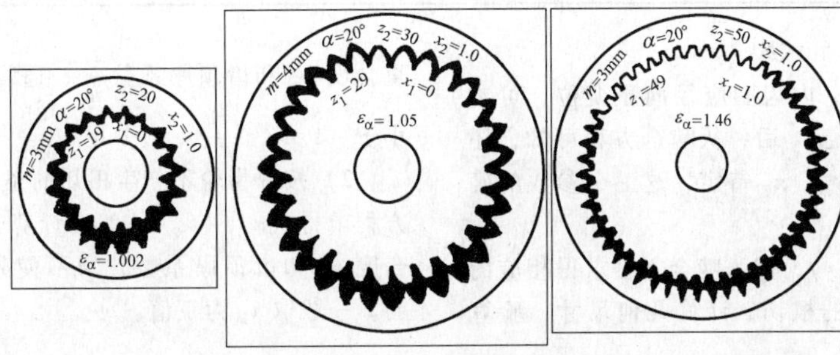

图9-33　一齿差内啮合齿轮副

9.4　零齿差输出机构的设计与制造

零齿差内齿轮副可以作为一种输出机构形式（见图9-6），它可使输出机构简化，便于加工制造。

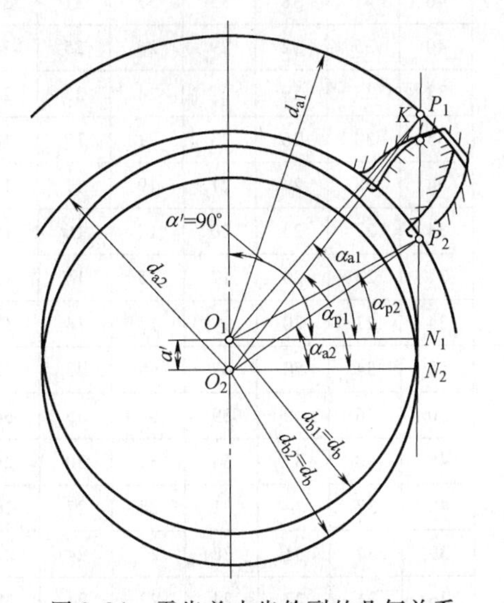

图9-34　零齿差内齿轮副的几何关系

其特点是内、外齿轮齿数相同，且传动比为1，类似于齿轮联轴器，但齿轮联轴器内外齿轮的中心距为零。而零齿差内齿轮副的内、外齿轮的中心距大于零，如图9-34所示。为了保证正常安装与运转，需要较大的齿侧间隙，仅仅采用径向变位不能满足要求，需要同时采用径向变位与切向变位，使内齿圈的齿槽增大，外齿轮的齿厚变薄，以获得较大的齿侧间隙。

1. 零齿差内齿轮副的啮合方程式

由于内齿轮副两齿轮的模数与齿数相同，因此两基圆相同，节圆为无限大，啮合角 $\alpha'=90°$，其啮合方程式为

$$a'=m\left[(x_2-x_1)\sin\alpha+\frac{1}{2}(x_{\tau2}+x_{\tau1})\cos\alpha\right]\tag{9-14}$$

式中　x_1——外齿轮的径向变位系数；

x_2——内齿圈的径向变位系数；

$x_{\tau1}$、$x_{\tau2}$——外齿轮与内齿圈的切向变位系数；

α——压力角。

2. 零齿差内齿轮副的主要几何限制条件（见表9-4）

表9-4　零齿差内齿轮副的主要几何限制条件

项　目		限制条件表达式
齿顶不变尖条件	外齿轮	$\frac{s_{a1}}{m}=\frac{\cos\alpha}{\cos\alpha_{a1}}\left[\frac{\pi}{2}+2x_1\tan\alpha-x_{\tau1}-z_1(\mathrm{inv}\alpha_{a1}-\mathrm{inv}\alpha)\right]\geqslant0.25\sim0.4$
	内齿圈	$\frac{s_{a2}}{m}=\frac{\cos\alpha}{\cos\alpha_{a2}}\left[\frac{\pi}{2}-2x_2\tan\alpha-x_{\tau2}+z_2(\mathrm{inv}\alpha_{a2}-\mathrm{inv}\alpha)\right]\geqslant0.25\sim0.4$

（续）

项目		限制条件表达式
不产生渐开线干涉条件		$\frac{1}{2}[z\tan\alpha_{a2}-(x_{\tau1}+x_{\tau2})]\cot\alpha \geqslant (x_2-x_1)$
存在齿顶间隙条件	外齿轮顶隙	$c_1=(x_2-x_1+c^*)m-a'>0$
	内齿圈顶隙	$c_2=r_{f2}-r_{a1}-a'>0$
外齿轮不产生根切条件(滚齿)		$x_1 \geqslant h_a^*-\frac{z}{4}\tan\alpha\sin2\alpha$
满足重合度条件		$\varepsilon=\frac{1}{2\pi}\left[z(\tan\alpha_{a1}-\tan\alpha_{a2})+\frac{za'}{m\cos\alpha}\right]\geqslant 1.10$

3. 确定变位系数的方法

为避免径向干涉，内齿圈应径向正变位，可参照表 9-5 选取 x_2。取定 x_2 后，从啮合方程可知，还有三个变位系数 x_1、$x_{\tau1}$、$x_{\tau2}$ 待定，这三个参数的确定可用下述两种方法：

1）试取（$x_{\tau1}+x_{\tau2}$），代入啮合方程求得相应的 x_1，然后验算外齿轮的根切，计算几何尺寸，验算重合度 ε_α 和齿顶厚系数$\frac{s_a}{m}$，通常取（$x_{\tau1}+x_{\tau2}$）不小于 -1。

2）按外齿轮不产生根切的条件取 x_1，代入啮合方程求得（$x_{\tau1}+x_{\tau2}$），然后计算几何尺寸与验算重合度 ε_α 和齿顶厚系数，为不使外齿轮根部强度太弱，一般取 x_1 为正值。

表 9-5 插削内齿轮时齿轮的最少齿数限制

插齿刀的基本参数							内齿轮变位系数 x_2						
插齿刀形式及标准号	分度圆直径 d_0/mm	模数 m/mm	齿数 z_0	变位系数 x_0	齿顶圆直径 d_{a0}/mm	齿顶高系数 h_{a0}^*	0	0.2	0.4	0.6	0.8	1.0	1.2
							内齿轮最少齿数 $z_{2\min}$						
公称分度圆 φ26mm 锥柄插齿刀（GB/T 6081—2001）	26	1	26	0.1	28.72	1.25	46	41	38	35	33	31	30
	25	1.25	20	0.1	28.38		40	35	32	29	26	25	24
	27	1.5	18	0.1	31.04		38	33	29	27	24	23	22
	26.25	1.75	15	0.08	30.89		35	30	26	23	21	19	18
	26	2	13	0.06	31.24		34	28	24	21	19	17	16
	27	2.25	12	0.06	32.90		34	27	23	20	18	16	15
	25	2.5	10	0	31.26		34	27	20	17	15	14	13
	27.5	2.75	10	0.02	34.48		34	27	20	17	15	14	13
公称分度圆 φ38mm 锥柄插齿刀（GB/T 6081—2001）	38	1	38	0.1	40.72	1.25	58	54	50	47	45	43	42
	37.5	1.25	30	0.1	40.88		50	46	42	39	37	35	34
	37.5	1.5	25	0.1	41.54		45	40	37	34	32	30	29
	38.5	1.75	22	0.1	43.24		42	37	34	31	28	27	26
	38	2	19	0.1	43.40		39	34	31	28	25	24	23
	36	2.25	16	0.08	41.98		36	31	27	24	22	21	19
	37.5	2.5	15	0.1	44.26		35	30	26	23	21	20	18
	38.5	2.75	14	0.09	45.88		34	29	25	22	20	19	17
	36	3	12	0.04	43.74		34	27	23	20	18	16	15
	39	3.25	12	0.07	47.58		34	27	23	20	18	16	15
	38.5	3.5	11	0.04	47.52		34	27	22	19	17	15	14
	37.5	3.75	10	0	46.88		34	27	20	17	15	14	13

（续）

插齿刀的基本参数							内齿轮变位系数 x_2						
插齿刀形式及标准号	分度圆直径 d_0/mm	模数 m/mm	齿数 z_0	变位系数 x_0	齿顶圆直径 d_{a0}/mm	齿顶高系数 h_{a0}^*	0	0.2	0.4	0.6	0.8	1.0	1.2
							内齿轮最少齿数 z_{2min}						
公称分度圆 ϕ50mm 碗形插齿刀（GB/T 6081—2001）	50	1	50	0.1	52.72	1.25	70	66	62	59	57	55	54
	50	1.25	40	0.1	53.38		60	56	52	49	47	45	44
	51	1.5	34	0.1	55.04		54	50	46	43	41	39	38
	50.75	1.75	29	0.1	55.49		49	45	41	38	36	34	33
	50	2	25	0.1	55.4		45	40	37	34	32	30	29
	49.5	2.25	22	0.1	55.56		42	37	34	31	28	27	26
	50	2.5	20	0.1	56.76		40	35	32	29	26	25	24
	43.5	2.75	18	0.1	56.92		38	33	29	27	24	23	22
	51	3	17	0.1	59.1		37	32	28	25	23	22	20
	48.75	3.25	15	0.1	57.53		35	30	26	23	21	20	18
	49	3.5	14	0.1	58.44		34	29	25	22	20	19	17
公称分度圆 ϕ75mm 碗形插齿刀（GB/T 6081—2001）	76	1	76	0.1	78.72	1.25	96	92	88	85	83	81	80
	75	1.25	60	0.1	78.38		80	76	72	69	67	65	64
	75	1.5	50	0.1	79.04		70	66	62	59	57	55	54
	75.25	1.75	43	0.1	79.99		63	59	55	52	50	48	47
	76	2	38	0.1	81.4		58	54	50	47	45	43	42
	76.5	2.25	34	0.1	82.56		54	50	46	43	41	39	38
	75	2.5	30	0.1	81.76		50	46	42	39	37	35	34
	77	2.75	28	0.1	84.42		48	43	40	37	35	33	32
	75	3	25	0.1	83.1		45	40	37	34	32	30	39
	78	3.25	24	0.1	86.78		44	39	36	33	30	29	28
	77	3.5	22	0.1	86.44		42	37	34	31	28	27	26
	75	3.75	20	0.1	85.14		40	35	32	29	26	25	24
	76	4	19	0.1	86.80		39	34	31	28	25	24	23
公称分度圆 ϕ75mm 盘形插齿刀（GB/T 6081—2001）	76	1	76	0	78.5	1.25	94	90	87	84	82	81	79
	75	1.25	60	0.18	78.56		82	77	73	70	68	66	64
	75	1.5	50	0.27	79.56		74	69	65	61	59	56	55
	75.25	1.75	43	0.31	80.71		68	63	58	55	52	50	48
	76	2	38	0.31	82.24		63	58	53	50	47	45	43
	76.5	2.25	34	0.30	83.48		59	53	49	45	43	40	39
	75	2.5	30	0.22	82.34		53	48	44	40	38	36	34
	77	2.75	28	0.19	84.92		50	45	41	38	35	34	32
	75	3	25	0.14	83.34		46	41	37	34	32	30	29
	78	3.25	24	0.13	86.96		45	40	36	33	31	29	28
	77	3.5	22	0.1	86.44		42	37	34	31	28	27	26
	75	3.75	20	0.07	84.90		40	35	31	28	26	25	23
	76	4	19	0.04	86.32		38	33	30	27	25	23	22

（续）

插齿刀形式及标准号	插齿刀的基本参数						内齿轮变位系数 x_2						
	分度圆直径 d_0/mm	模数 m/mm	齿数 z_0	变位系数 x_0	齿项圆直径 d_{a0}/mm	齿顶高系数 h_{a0}^*	0	0.2	0.4	0.6	0.8	1.0	1.2
							内齿轮最少齿数 $z_{2\min}$						
公称分度圆 ϕ100mm 插齿刀（GB/T 6081—2001）	100	1	100	0.06	102.62	1.25	119	115	112	109	107	105	104
	100	1.25	80	0.33	103.94		106	101	96	93	90	87	85
	102	1.5	68	0.46	107.14		97	92	87	82	79	76	74
	101.5	1.75	58	0.5	107.62		88	82	77	73	70	67	65
	100	2	50	0.5	107.00		80	74	69	65	61	59	57
	101.25	2.25	45	0.49	109.09		75	69	64	60	56	54	51
	100	2.5	40	0.42	108.36		68	62	57	53	50	48	46
	99	2.75	36	0.36	107.86		62	57	52	48	45	43	41
	102	3	34	0.34	111.54		60	54	50	46	43	41	39
	100.75	3.25	31	0.28	110.71		55	50	46	42	39	37	36
	101.5	3.5	29	0.26	112.08		53	47	43	40	37	35	34
	101.25	3.75	27	0.23	112.35		50	45	41	37	35	33	31
	100	4	25	0.18	111.46	1.3	47	42	38	35	32	30	29
	99	4.5	22	0.12	111.78		43	38	34	31	29	27	26
	100	5	20	0.09	113.90		40	35	32	29	27	25	24
	104.5	5.5	19	0.08	119.68		39	34	31	28	25	24	23
	108	6	18	0.08	124.56		38	33	29	27	24	23	22
公称分度圆 ϕ125mm 插齿刀（GB/T 6081—2001）	124	4	31	0.3	136.8	1.3	56	50	46	42	40	37	36
	126	4.5	28	0.27	140.14		52	47	43	39	36	34	33
	125	5	25	0.22	140.20		48	43	39	35	33	31	29
	126.5	5.5	23	0.2	143.00		45	40	36	33	31	29	27
	126	6	21	0.16	143.52		43	38	34	31	28	26	25
	123.5	6.5	19	0.12	141.96		40	35	31	28	26	24	23
	126	7	18	0.11	145.74		39	34	30	27	25	23	22
	128	8	16	0.07	149.92		36	31	27	24	22	21	20

注：1. 表列 $z_{2\min}$ 适用于 $h_a^*=1$ 和 $\alpha=20°$ 的情况。若 $h_a^*<1$，则 $z_{2\min}$ 也小于表列数值。

2. 当插齿刀前面刃磨，即 x_0 小于表列数值时，$z_{2\min}$ 也小于表列数值。

3. 对于表中没有列出的其他直径的插齿刀，可参照与表中的 z_0 和 x_0 相同的数值来确定 $z_{2\min}$。

在验算过程中，如 $\varepsilon_\alpha<1.10$ 时，则应增大 x_1，重新计算和验算，一般先验算 ε_α，再验算 $\frac{s_a}{m}$。

（$x_{\tau1}+x_{\tau2}$）取定后的分配，可先试取 $x_{\tau1}$ 和 $x_{\tau2}$，并分别计算 $\frac{s_{a1}}{m}$ 和 $\frac{s_{a2}}{m}$，使它们接近便可。

此外，零齿差内啮合传动的径向变位系数也可由封闭图确定，然后再确定 $x_{\tau1}$、$x_{\tau2}$，如图 9-35 所示。对于封闭图的绘制，其中外齿轮 z_1 用滚刀加工，内齿圈 z_2 用插齿刀加工。在选取变位系数时，按图 9-36～图 9-40 的封闭图，根据 z 和 z_0 选取合理的变位系数。图 9-41 为零齿差内啮合齿轮副。

零齿差 $z_\Sigma=z_2-z_1=0$ 内啮合齿轮副的封闭图由下列限制曲线组成（见图 9-35）：

1——重合度 $\varepsilon_\alpha=1$ 的限制曲线；

2——齿顶厚 $s_{a1}=0$ 的限制曲线；

3——齿顶厚 $s_{a2}=0$ 的限制曲线（图中未示出）；

4——齿轮 z_2 纵向齿顶与齿轮 z_1 齿根过渡曲面

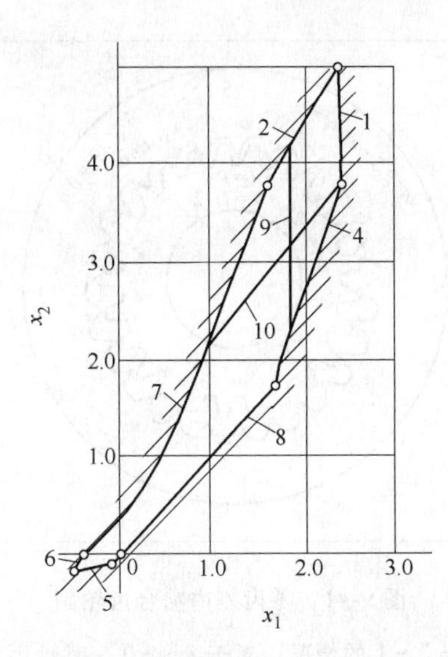

图9-35　零齿差 $z_{\Sigma}=z_2-z_1=0$ 内啮合齿轮副封闭图

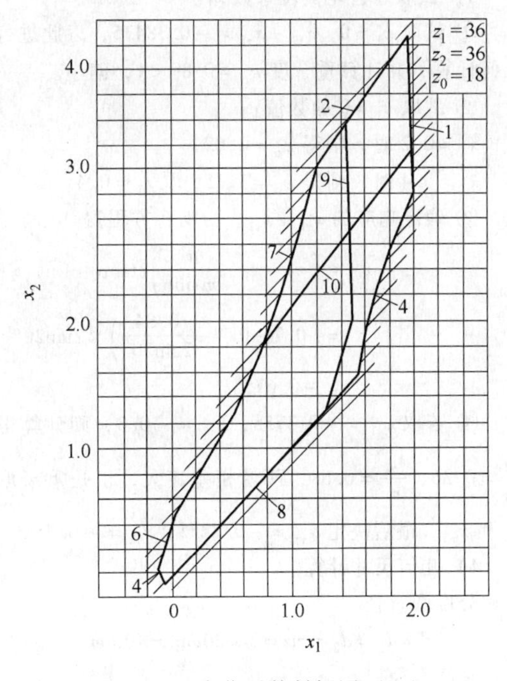

图9-36　变位系数封闭图（一）

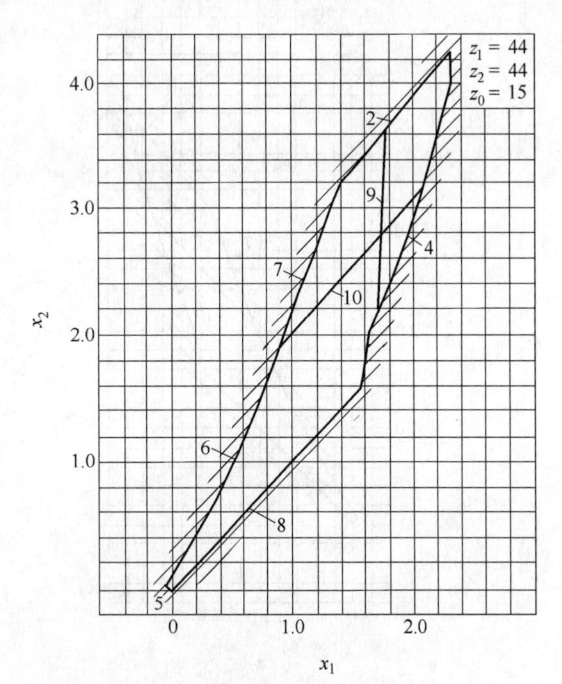

图9-37　变位系数封闭图（二）

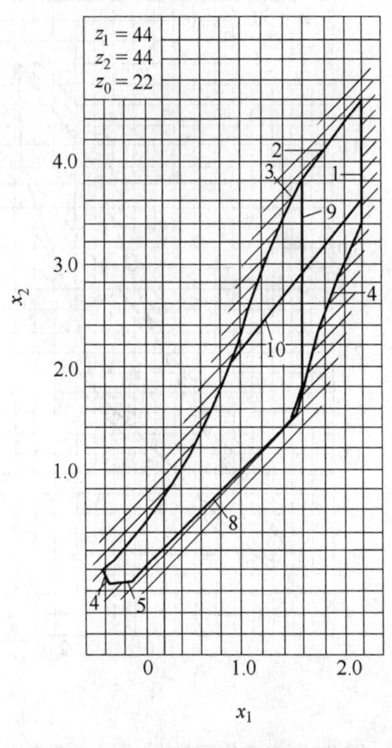

图9-38　变位系数封闭图（三）

干涉的限制曲线；

5——齿轮 z_1 纵向齿顶与齿轮 z_2 齿根过渡曲面干涉的限制曲线；

6——齿轮 z_2 与插齿刀齿根过渡曲面产生顶切干涉的限制曲线；

7——齿高 $h=h_0=2.5m$ 的限制曲线；

8——啮合角 $\alpha'=0$ 的限制曲线；

9——重合度 $\varepsilon_{\alpha}=1.2$ 的限制曲线；

10——齿顶厚 $s_{a1}=0.25m$ 的限制曲线。

4. 零齿差内啮合齿轮副几何计算实例

已知一零齿差内啮合齿轮副，中心距 $a'=0.84\text{mm}$，模数 $m=2\text{mm}$，齿形角 $\alpha=20°$，齿顶高系数 $h_a^*=0.8$，齿数 $z_1=z_2=z=20$。

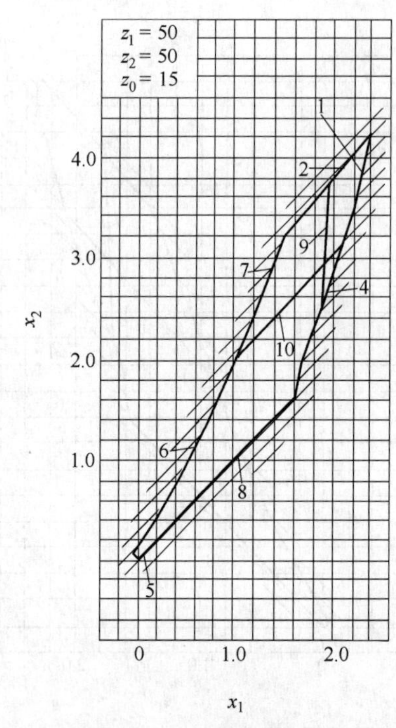

图 9-39 变位系数封闭图（四）

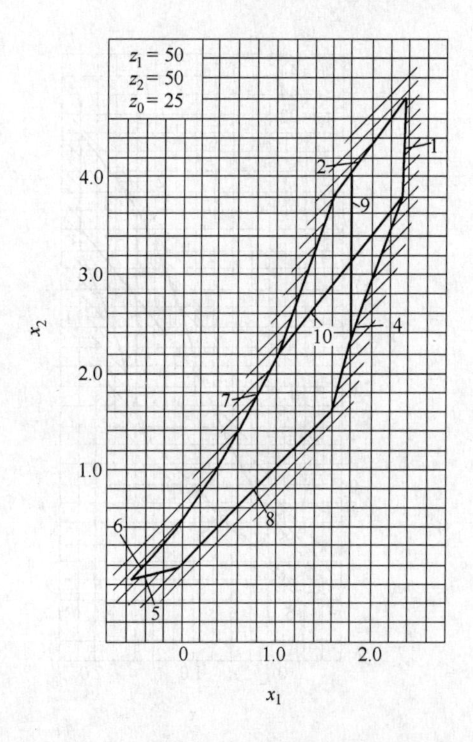

图 9-40 变位系数封闭图（五）

1）根据 $m=2\text{mm}$，$\alpha=20°$，选用插齿刀 $z_0=13$，插齿刀齿顶高系数 $h_a^*=1.25$，锥柄插齿刀（GB/T 6081—2001）。

2）由表 9-5 选取 x_2，新刀时应取 $x_2=0.7$（这

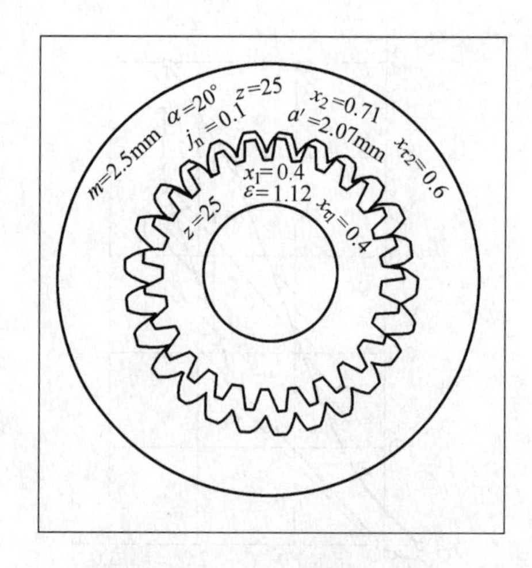

图 9-41 零齿差内啮合齿轮副

是系数 $h_a^*=1$ 的情况，对于 $h_a^*=0.8$ 时，则更偏于安全，更不会产生退刀干涉）。

3）试取外齿轮变位系数 x_1。

① 试取 $x_1=0$，$x_{\tau1}+x_{\tau2}=-0.38435$，以此进行几何计算，并计算重合度 $\varepsilon_\alpha=0.89<1$，偏小。

② 试取 $x_1>0$ 的数值：

$x_1=0.2$ 时，则得 $\varepsilon_\alpha=1.02$；

$x_1=0.4$ 时，则得 $\varepsilon_\alpha=1.15$，取 $x_1=0.4$。

③ 确定响应的 $x_{\tau1}+x_{\tau2}$，由啮合方程得

$$x_{\tau1}+x_{\tau2}=\left(x_2-x_1-\frac{a'}{m\sin\alpha}\right)2\tan\alpha$$

$$=\left(0.7-0.4-\frac{0.84}{2\sin20°}\right)\times2\tan20°$$

$$=-0.6755$$

④ 若取 $x_{\tau1}=-0.3755$，$x_{\tau2}=-0.3$，则计算得 $\frac{s_{a1}}{m}=0.36$，$\frac{s_{a2}}{m}=0.68$，两者相差甚大，于是重新取 $x_{\tau1}$ 和 $x_{\tau2}$，最后决定 $x_{\tau1}=-0.2255$，$x_{\tau2}=-0.45$。

4）几何尺寸计算。

分度圆直径

$$d=d_1=d_2=mz=2\times20\text{mm}=40\text{mm}$$

基圆直径

$$d_b=d_{b1}=d_{b2}=d\cos\alpha=40\times\cos20°\text{mm}=37.5877\text{mm}$$

齿顶高

$$h_{a1}=m(h_{a1}^*+x_1)=2\times(0.8+0.4)\text{mm}=2.4\text{mm}$$

$$h_{a2}=m(h_{a2}^*-x_2)=2\times(0.8-0.7)\text{mm}=0.2\text{mm}$$

齿顶圆直径

$$d_{a1}=d_1+2h_{a1}=(40+2\times2.4)\text{mm}=44.8\text{mm}$$

$$d_{a2}=d_2+2h_{a2}=(40-2\times0.2)\text{mm}=39.6\text{mm}>d_{b2}$$

所以内齿圈齿顶部分是渐开线。

5）重合度计算 $\varepsilon_\alpha=1.151$。

6）齿顶厚系数验算$\frac{s_{a1}}{m}=0.528$，$\frac{s_{a2}}{m}=0.535$。

9.5　齿轮几何参数及尺寸选用表

表 9-6～表 9-9 列出齿顶高系数 $h_a^*=0.6$、模数 $m=1\text{mm}$、齿数差分别为 1、2、3 和 4 的齿轮几何参数及尺寸。设计时，表中的变位系数 x 值保证了下列限制条件的预期值 $\varepsilon_\alpha=1.050\sim1.150$，$G_s\geqslant0.05$，$s_a>0.4m$。表中有一部分变位系数是负值，插内齿轮时应尽量选用齿数较多、变位系数较小的插齿刀，以避免切削时负啮合。

表 9-6　一齿差几何尺寸及参数（$h_a^*=0.6$，$\alpha=20°$，$m=1\text{mm}$）　　（单位：mm）

外齿轮					内齿圈					内啮合	
齿数	径向变位系数	齿顶圆直径	跨测齿数	公法线长度	齿数	径向变位系数	齿顶圆直径	跨测槽数	公法线长度	中心距	啮合角
z_1	x_1	d_{a1}	k_1	W_{k1}	z_2	x_2	d_{a2}	k_2	W_{k2}	a'	$\alpha'/(°)$
35	-0.3963	35.407	4	10.552	36	-0.0208	34.758	4	10.822	0.712	48.697
37	-0.4139	37.372	4	10.568	38	-0.0382	36.724	5	13.791	0.712	48.703
39	-0.4312	39.338	4	10.584	40	-0.0554	38.689	5	13.807	0.712	48.707
41	-0.4482	41.304	4	10.600	42	-0.0723	40.655	5	13.823	0.712	48.711
43	-0.4651	43.270	4	10.617	44	-0.0890	42.622	5	13.810	0.712	48.715
45	-0.4817	45.237	5	13.585	46	-0.1056	44.589	5	13.857	0.712	48.718
47	-0.4982	47.204	5	13.602	48	-0.1220	46.556	6	16.826	0.712	48.721
49	-0.5115	49.171	5	13.619	50	-0.1382	48.524	6	16.842	0.712	48.723
51	-0.5307	51.139	5	13.636	52	-0.1544	50.491	6	16.859	0.712	48.725
53	-0.5468	53.106	5	13.653	54	-0.1704	52.459	6	16.876	0.712	48.727
55	-0.5628	55.074	6	16.622	56	-0.1864	54.427	6	16.894	0.712	48.729
57	-0.5787	57.043	6	16.639	58	-0.2022	56.396	7	19.863	0.712	48.730
59	-0.5945	59.011	6	16.656	60	-0.2180	58.364	7	19.880	0.712	48.732
61	-0.6103	60.979	6	16.674	62	-0.2337	60.333	7	19.897	0.712	48.733
63	-0.6260	62.948	6	16.691	64	-0.2493	62.301	7	19.915	0.712	48.734
65	-0.6416	64.917	6	16.708	66	-0.2649	64.270	7	19.932	0.712	48.735
67	-0.6572	66.886	7	19.678	68	-0.2805	66.239	8	22.902	0.712	48.736
69	-0.6727	68.855	7	19.695	70	-0.2960	68.208	8	22.919	0.712	48.737
71	-0.6882	70.824	7	19.713	72	-0.3114	70.177	8	22.936	0.712	48.737
73	-0.7036	72.793	7	19.730	74	-0.3268	72.146	8	22.954	0.712	48.738
75	-0.7190	74.762	7	19.747	76	-0.3422	74.116	8	22.971	0.712	48.739
77	-0.7343	76.731	8	22.717	78	-0.3576	76.085	9	25.911	0.712	48.739
79	-0.7497	78.701	8	22.735	80	-0.3729	78.054	9	25.959	0.712	48.740
81	-0.7650	80.670	8	22.752	82	-0.3881	80.024	9	25.976	0.712	48.740
83	-0.7802	82.640	8	22.770	84	-0.4034	81.993	9	25.994	0.712	48.741
85	-0.7955	84.609	8	22.787	86	-0.4186	83.963	9	26.011	0.712	48.741
87	-0.8107	86.579	9	25.757	88	-0.4338	85.932	9	26.029	0.712	48.742
89	-0.8259	88.548	9	25.775	90	-0.4490	87.902	10	28.999	0.712	48.742
91	-0.8411	90.518	9	25.792	92	-0.4642	89.872	10	29.016	0.712	48.743
93	-0.8562	92.488	9	25.810	94	-0.4793	91.841	10	29.034	0.712	48.743
95	-0.8713	94.457	9	25.828	96	-0.4944	93.811	10	29.052	0.712	48.743
97	-0.8865	96.427	10	28.797	98	-0.5095	95.781	10	29.069	0.713	48.743
99	-0.9016	98.397	10	28.815	100	-0.5246	97.751	11	32.039	0.713	48.744
101	-0.9166	100.367	10	28.833	102	-0.5397	99.721	11	32.057	0.713	48.744
103	-0.9317	102.337	10	28.850	104	-0.5548	101.690	11	32.074	0.713	48.744

表 9-7　二齿差几何尺寸及参数（$h_a^* = 0.6$，$\alpha = 20°$，$m = 1\text{mm}$）　　（单位：mm）

外齿轮					内齿圈					内啮合	
齿数	径向变位系数	齿顶圆直径	跨测齿数	公法线长度	齿数	径向变位系数	齿顶圆直径	跨测槽数	公法线长度	中心距	啮合角
z_1	x_1	d_{a1}	k_1	W_{k1}	z_2	x_2	d_{a2}	k_2	W_{k2}	a'	$\alpha'/(°)$
28	-0.0587	29.083	4	10.684	30	0.1504	29.101	4	10.856	1.150	35.194
30	-0.0648	31.070	4	10.708	32	0.1446	31.089	4	10.880	1.150	35.207
32	-0.0703	33.059	4	10.733	34	0.1393	33.079	5	13.856	1.150	35.218
34	-0.0754	35.049	4	10.757	36	0.1345	35.069	5	13.881	1.150	35.227
36	-0.0801	37.040	4	10.782	38	0.1300	37.060	5	13.906	1.150	35.235
38	-0.0845	39.031	5	13.759	40	0.1258	39.052	5	13.931	1.151	35.212
40	-0.0886	41.023	5	13.784	42	0.1218	41.044	5	13.956	1.151	35.247
42	-0.0924	43.015	5	13.810	44	0.1181	43.036	6	16.934	1.151	35.252
44	-0.0960	45.008	5	13.835	46	0.1116	45.029	6	16.959	1.151	35.256
46	-0.0995	47.001	5	13.861	48	0.1112	47.022	6	16.985	1.151	35.260
48	-0.1028	48.994	6	16.839	50	0.1030	49.016	6	17.011	1.151	35.263
50	-0.1060	50.988	6	16.865	52	0.1019	51.010	6	17.037	1.151	35.266
52	-0.1090	52.982	6	16.890	54	0.1019	53.004	7	20.015	1.151	35.269
54	-0.1119	54.976	6	16.916	56	0.0990	54.998	7	20.011	1.151	35.271
56	-0.1148	56.970	7	19.895	58	0.0962	56.992	7	20.067	1.151	35.273
58	-0.1175	58.965	7	19.921	60	0.0936	58.987	7	20.093	1.151	35.275
60	-0.1202	60.960	7	19.947	62	0.0909	60.982	8	23.072	1.151	35.277
62	-0.1228	62.954	7	19.973	64	0.0884	62.977	8	23.038	1.151	35.278
64	-0.1253	64.949	7	20.000	66	0.0859	64.972	8	23.124	1.151	35.279
66	-0.1277	66.945	8	22.978	68	0.0834	66.967	8	23.150	1.151	35.281
68	-0.1302	67.942	8	23.004	70	0.0811	68.962	8	23.177	1.151	35.282
70	-0.1325	70.935	8	23.031	72	0.0787	70.957	9	26.155	1.151	35.283
72	-0.1348	72.930	8	23.057	74	0.0764	72.953	9	26.182	1.151	35.284
74	-0.1371	74.926	8	23.084	76	0.0742	74.948	9	26.208	1.151	35.285
76	-0.1394	76.921	9	26.062	78	0.0719	76.944	9	26.235	1.151	35.286
78	-0.1416	78.917	9	26.089	80	0.0698	78.940	10	29.213	1.151	35.286
80	-0.1437	80.913	9	26.115	82	0.0676	80.935	10	29.240	1.151	35.287
82	-0.1459	82.908	9	26.142	84	0.0655	82.931	10	29.267	1.151	35.288
84	-0.1480	84.904	10	29.120	86	0.0634	84.927	10	29.293	1.151	35.288
86	-0.1501	86.900	10	29.147	88	0.0613	86.923	10	29.320	1.151	35.289
88	-0.1521	88.896	10	29.174	90	0.0593	88.919	11	32.298	1.151	35.289
90	-0.1542	90.892	10	29.200	92	0.0572	90.914	11	32.325	1.151	35.290
92	-0.1562	92.888	10	29.227	94	0.0552	92.910	11	32.352	1.151	35.290
94	-0.1582	94.884	11	32.206	96	0.0533	94.907	11	32.378	1.151	35.291
96	-0.1602	96.880	11	32.232	98	0.0513	96.903	11	32.405	1.151	35.291
98	-0.1621	98.876	11	32.259	100	0.0493	98.899	12	35.384	1.151	35.292
100	-0.1641	100.872	11	32.286	102	0.0474	100.895	12	35.411	1.151	35.292
102	-0.1660	102.868	12	35.265	104	0.0455	102.891	12	35.437	1.151	35.292

表 9-8　三齿差几何尺寸及参数（$h_a^*=0.6$，$\alpha=20°$，$m=1\text{mm}$）　（单位：mm）

外齿轮					内齿圈					内啮合	
齿数	径向变位系数	齿顶圆直径	跨测齿数	公法线长度	齿数	径向变位系数	齿顶圆直径	跨测槽数	公法线长度	中心距	啮合角
z_1	x_1	d_{a1}	k_1	W_{k1}	z_2	x_2	d_{a2}	k_2	W_{k2}	a'	$\alpha'/(°)$
35	0.0629	36.326	4	10.866	38	0.1795	37.159	5	13.940	1.597	28.041
37	0.0635	38.327	5	13.846	40	0.1803	39.161	5	13.968	1.597	28.048
39	0.0644	40.329	5	13.875	42	0.1813	41.163	5	13.997	1.597	28.054
41	0.0655	42.331	5	13.904	44	0.1826	43.165	6	16.978	1 597	28.059
43	0.0669	44.334	5	13.933	46	0.1841	45.168	6	17.007	1.597	28.064
45	0.0685	46.337	6	16.914	48	0.1857	47.171	6	17.036	1.597	28.068
47	0.0702	48.340	6	16.943	50	0.1875	49.175	6	17.065	1.597	28.071
49	0.0721	50.344	6	16.972	52	0.1895	51.179	7	20.047	1.598	28.074
51	0.0741	52.348	6	17.002	54	0.1916	53.183	7	20.076	1.598	28.077
53	0.0763	54.353	7	19.983	56	0.1937	55.187	7	20.106	1.598	28.079
55	0.0785	56.357	7	20.013	58	0.1960	57.192	7	20.135	1.598	28.081
57	0.0808	58.362	7	20.042	60	0.1984	59.197	8	23.114	1.598	23.083
59	0.0833	60.367	7	20.072	62	0.2008	61.202	8	23.147	1.598	28.085
61	0.0857	62.371	7	20.102	64	0.2034	63.207	8	23.176	1.598	28.087
63	0.0883	64.377	8	23.084	66	0.2060	65.212	8	23.206	1.598	28.088
65	0.0909	66.382	8	23.114	68	0.2086	67.217	8	23.236	1.598	28.089
67	0.0936	68.387	8	23.143	70	0.2113	69.223	9	26.218	1.598	28.091
69	0.0963	70.393	8	23.173	72	0.2140	71 228	9	26.248	1.598	28.092
71	0.0991	72.398	9	26.155	74	0.2168	73.234	9	26.278	1.598	28.093
73	0.1019	74.404	9	26.185	76	0.2197	75.239	9	26.308	1.598	28.094
75	0.1048	76.410	9	26.215	78	0.2226	77.245	10	29.290	1.598	28.095
77	0.1077	78.415	9	26.245	80	0.2255	79.251	10	29.320	1.598	28.095
79	0.1106	80.421	9	26.275	82	0.2284	81.257	10	29.350	1.598	28.096
81	0.1136	82.427	10	29.257	84	0.2314	83.263	10	29.380	1.598	28.097
83	0.1165	84.433	10	29.287	86	0.2244	85.269	10	29.410	1.598	28.097
85	0.1196	86.439	10	29.318	88	0.2374	87.275	11	32.372	1.598	28.098
87	0.1226	88.445	10	29.348	90	0.2405	89.281	11	32.422	1.598	28.099
89	0.1257	90.451	11	32.330	92	0.2436	91.287	11	32.452	1 598	28.099
91	0.1288	92.458	11	32.360	94	0.2467	93.293	11	32.483	1.598	28.100
93	0.1319	94.464	11	32.390	96	0.2498	95.300	12	35.465	1.598	28.100
95	0.1350	96.470	11	32.420	98	0.2529	97.306	12	35.495	1 598	28.100
97	0.1382	98.476	12	35.403	100	0.2561	99.312	12	35.525	1.598	28.101
99	0.1413	100.483	12	35.433	102	0.2593	101.319	12	35.555	1.598	28.101
101	0.1445	102.489	12	35.463	104	0.2624	103.325	13	38.538	1.598	28.102

表 9-9　四齿差几何尺寸及参数（$h_a^*=0.6$，$\alpha=20°$，$m=1\text{mm}$）　（单位：mm）

外齿轮					内齿圈					内啮合	
齿数	径向变位系数	齿顶圆直径	跨测齿数	公法线长度	齿数	径向变位系数	齿顶圆直径	跨测槽数	公法线长度	中心距	啮合角
z_1	x_1	d_{a1}	k_1	W_{k1}	z_2	x_2	d_{a2}	k_2	W_{k2}	a'	$\alpha'/(°)$
30	0.0975	31.395	4	10.819	34	0.1519	33.104	5	13.865	2.050	23.547
32	0.0971	33.394	4	10.847	36	0.1518	35.104	5	13.893	2.050	23.558
34	0.0972	35.394	4	10.875	38	0.1520	37.104	5	13.921	2.050	23.567
36	0.0976	37.395	5	13.856	40	0.1526	39.105	5	13.919	2.051	23.574
38	0.0984	39.397	5	13.884	42	0.1535	41.107	5	13.978	2.051	23.581
40	0.0995	41.399	5	13.913	44	0.1546	43.109	6	16.959	2.051	23.586
42	0.1007	43.401	5	13.942	46	0.1560	45.112	6	16.988	2.051	23.591
44	0.1022	45.404	6	16.923	48	0.1576	47.115	6	17.017	2.051	23.595
46	0.1039	47.408	6	16.952	50	0.1593	49.119	6	17.016	2.051	23.598
48	0.1058	49.412	6	16.981	52	0.1612	51.122	7	20.027	2.051	23.602
50	0.1077	51.415	6	17.011	54	0.1632	53.126	7	20.057	2.051	23.604
52	0.1098	53.420	6	17.040	56	0.1654	55.131	7	20.086	2.051	23.607
54	0.1120	55.424	7	20.022	58	0.1676	57.135	7	20.116	2.051	23.609
56	0.1143	57.429	7	20.051	60	0.1700	59.140	7	20.145	2.051	23.611
58	0.1167	59.433	7	20.081	62	0.1724	61.115	8	23.127	2.051	23.613
60	0.1192	61 438	7	20.111	64	0.1749	63.150	8	23.157	2.051	23.615

（续）

外齿轮					内齿圈					内啮合	
齿数	径向变位系数	齿顶圆直径	跨测齿数	公法线长度	齿数	径向变位系数	齿顶圆直径	跨测槽数	公法线长度	中心距	啮合角
z_1	x_1	d_{a1}	k_1	W_{k1}	z_2	x_2	d_{a2}	k_2	W_{k2}	a'	$\alpha'/(^\circ)$
62	0.1218	63.444	8	23.093	66	0.1775	65.155	8	23.187	2.051	23.616
64	0.1244	65.449	8	23.122	68	0.1801	67.160	8	23.217	2.051	23.617
66	0.1271	67.454	8	23.152	70	0.1828	69.166	9	26.199	2.051	23.619
68	0.1298	69.460	8	23.182	72	0.1856	71.171	9	26.228	2.051	23.620
70	0.1326	71.465	9	26.164	74	0.1884	73.177	9	26.258	2.051	23.621
72	0.1354	73.471	9	26.194	76	0.1912	75.182	9	26.288	2.051	23.622
74	0.1383	75.477	9	26.224	78	0.1941	77.188	9	26.318	2.051	23.623
76	0.1412	77.482	9	26.254	80	0.1971	79.194	10	29.300	2.051	23.624
78	0.1441	79.488	9	26.284	82	0.2000	81.200	10	29.331	2.051	23.624
80	0.1471	81.494	10	29.266	84	0.2030	83.206	10	29.361	2.051	23.625
82	0.1501	83.500	10	29.296	86	0.2060	85.212	10	29.391	2.051	23.626
84	0.1532	85.506	10	29.327	88	0.2091	87.218	11	32.373	2.051	23.626
86	0.1563	87.513	10	29.357	90	0.2123	89.224	11	32.103	2.051	23.627
88	0.1594	89.519	11	32.339	92	0.2133	91.231	11	32.433	2.051	23.627
90	0.1625	91.525	11	32.369	94	0.2184	93.237	11	32.463	2.051	23.628
92	0.1656	93.531	11	32.399	96	0.2216	95.213	12	35.446	2.051	23.628
94	0.1688	95.538	11	32.429	98	0.2247	97.219	12	35.476	2.051	23.629
96	0.1720	97.544	11	32.460	100	0.2279	99.236	12	35.506	2.501	23.629
98	0.1752	99.550	12	35.442	102	0.2311	101.262	12	35.536	2.051	23.630
100	0.1784	101.557	12	35.472	104	0.2344	103.269	12	35.566	2.051	23.630

9.6 少齿差行星齿轮传动的强度计算

1. 受力分析

渐开线少齿差行星传动，其受力情况较为复杂，它不仅与外载荷有关，还与输出机构的形式有关。

（1）销轴式输出机构　取图9-42所示啮合位置的行星轮为分离体，未计及摩擦力，主要承受着三种载荷。

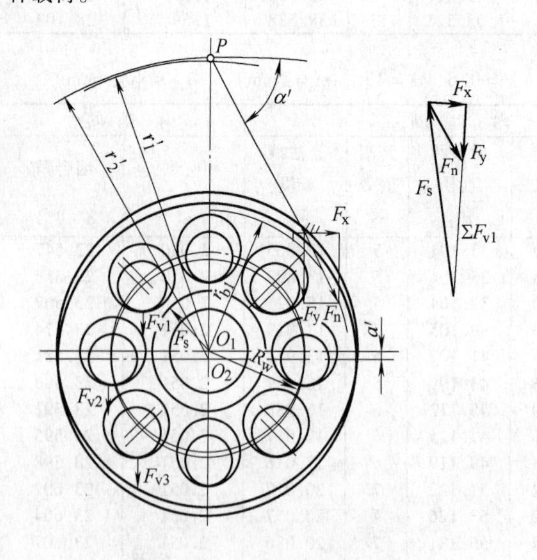

图9-42　行星轮上的受力图

1）内齿圈作用在行星轮上的法向力 F_n：

$$F_n=\frac{T_H}{a'\cos\alpha'}=\frac{T_H z_1}{r_{b1}(z_2-z_1)}=\frac{T_H i_{H1}}{r_{b1}} \tag{9-15}$$

$$T_H=9549000\frac{P}{n_H}$$

$$F_x=F_n\cos\alpha'$$

$$F_y=F_n\sin\alpha'$$

式中　T_H——输入轴转矩（N·mm）；

P——电动机功率（kW）；

n_H——行星架（即偏心轴）转速，即电动机转速（r/min）；

F_n——可沿 x 方向与 y 方向进行分解的分力（N）。

2）销轴作用在行星轮上的力 F_{vi}。如图9-43所示，当输出轴开始逆时针方向转动时，销轴对销孔壁的作用力 F_{vi} 可通过对节点取矩求得

$$F_{vi}=\frac{4T_1}{R_w n_w}\sin\theta_i \tag{9-16}$$

$$T_1=i_{H1}T_H \tag{9-17}$$

$$F_{vmin}=\frac{4T_1}{R_w n_w} \tag{9-18}$$

式中　T_1——作用在行星轮上的转矩；

R_w——销孔中心圆半径；

θ_i——销轴与销孔壁接触点和中心 O_1 连线与 y 轴夹角；

n_w——销轴数。

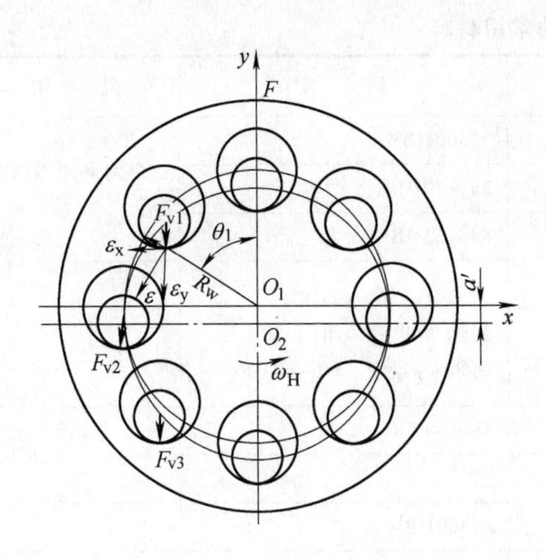

图 9-43　计算 F_{vi} 简图

图 9-43 中，ε 为应变，ε_x 为沿 x 方向应变，ε_y 为沿 y 方向应变。

3）行星架（即偏心轴）轴承作用在行星轮上的力 F_s：

$$F_s = \sqrt{F_x^2 + \left[\left(\sum_{i=1}^{\frac{n_w}{2}} F_{vi}\right)_{max} + F_y\right]^2} \approx \sqrt{F_x^2 + \left[\left(\sum_{i=1}^{\frac{n_w}{2}} F_{vi}\right)_m + F_y^2\right]} = \sqrt{F_x^2 + \left(\frac{4T_1}{\pi R_w} + F_y\right)^2} \quad (9\text{-}19)$$

其中，$\left(\sum_{i=1}^{\frac{n_w}{2}} F_{vi}\right)_m = \frac{4T_1}{\pi R_w}$，为 F_{vi} 之和的平均值。

（2）浮动盘式输出机构　图 9-44 为浮动盘式输出机构。将图 9-45 所示位置的行星轮作为分离体，它也承受三种载荷：内齿圈作用力 F_n；浮动盘两滚销作用力 F_v；行星架轴承载荷 F_s。F_n 可由式（9-15）求得，其他如下

$$F_s = F_n \quad (9\text{-}20)$$

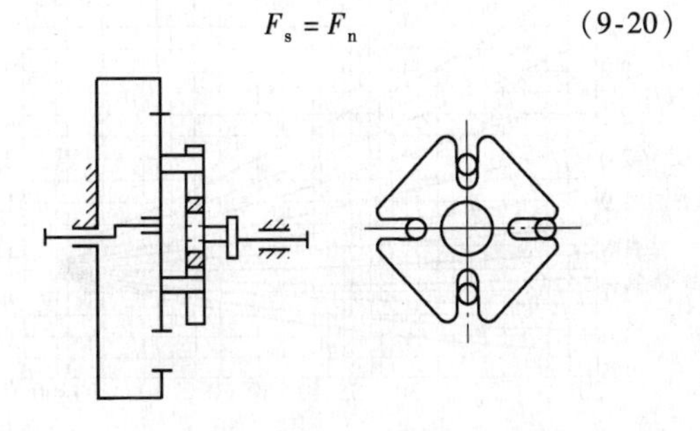

图 9-44　浮动盘式输出机构简图

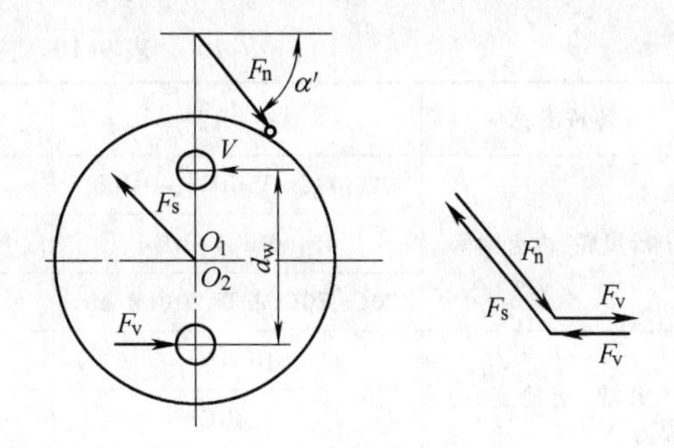

图 9-45　行星轮受力简图

$$F_v = \frac{F_n r_{b1}}{d_w} \quad (9\text{-}21)$$

式中　d_w——两滚销之间的距离。

（3）零齿差式输出机构　图 9-46 所示为零齿差式输出机构受力简图。以图示位置的行星轮为分离体，它也承受着三种载荷：内齿圈作用力 F_n；零齿差齿轮的作用力 F_0；行星架（偏心轴）轴承载荷 F_s。F_n 由式（9-15）可求得。

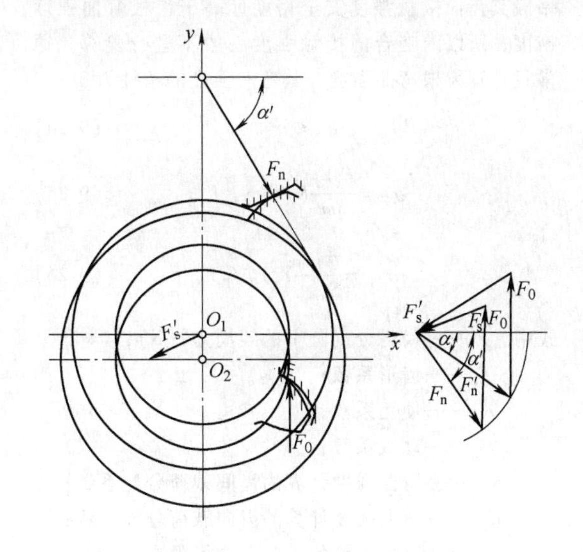

图 9-46　零齿差式输出机构受力简图

$$F_0 = \frac{F_n r_{b1}}{r_{b0}} \quad (9\text{-}22)$$

$$F_s = \sqrt{(F_n \cos\alpha')^2 + \left[F_n\left(\frac{r_{b1}}{r_{b0}} - \sin\alpha'\right)\right]^2} \quad (9\text{-}23)$$

式中　r_{b1}——少齿差行星轮的基圆半径；

　　　r_{b0}——零齿差齿轮的基圆半径。

2. 主要零件常用材料

主要零件的常用材料见表 9-10。

表 9-10 主要零件的常用材料

零件名称	材料	热处理	硬度	说明
行星轮、内齿圈等	45,40Cr,35CrMo,40MnB	调质处理	≤300HBW	个别采用 QT500-7等
	45,40Cr,42CrMo	表面淬火	35~50HRC	
	20Cr,20CrMnTi,20CrMnMo	渗碳淬火	58~62HRC	
销轴、销轴套、浮动盘	GCr15	淬火	销轴套 56~62HRC 销轴 40~55HRC 销轴、浮动盘 60~64HRC	
	45,40Cr	表面淬火		
	20CrMnMoVBA	渗碳淬火		
滑块	40Cr	淬火	48~55HRC	
	青铜,球墨铸铁,酚醛夹布胶木			
输入轴、输出轴	45,40Cr,35CrMo	调质处理	≤300HBW	
壳体	HT200,QT 400-15			铸后去应力退火

3. 齿轮的强度计算

(1) 强度计算式　渐开线少齿差行星齿轮传动为内啮合传动，又采用正角度变位，其齿面接触强度得到较大的提高，与此同时齿根弯曲强度也提高。一般其齿面接触强度安全裕度远高于齿根弯曲强度裕度，所以内啮合的接触强度一般不进行验算。通常只计算齿根弯曲强度，其弯曲强度的条件为

$$\sigma_F \leqslant \sigma_{FP} \tag{9-24}$$

$$\sigma_F = \frac{F_t Y_F}{bm} K_A K_V K_{F\alpha} K_{F\beta} \tag{9-25}$$

$$\sigma_{FP} = \frac{\sigma_{Flin}}{S_{Fmin}} Y_S Y_X Y_R Y_N \tag{9-26}$$

式中　F_t——齿轮分度圆上的圆周力（N）；
Y_F——齿形系数；
K_A——使用系数；
K_V——动载系数；
$K_{F\alpha}$——弯曲强度计算的齿间载荷分配系数；
$K_{F\beta}$——弯曲强度计算的齿向载荷分配系数；
σ_{Flin}——试验齿轮的齿根弯曲极限应力；
S_{Fmin}——齿根弯曲强度的最小安全系数；
Y_S——应力集中系数；
Y_X——尺寸系数；
Y_R——齿根圆角表面状态系数；
Y_N——弯曲强度的寿命系数。

上述各系数除齿形系数外，可参照有关设计手册确定。

(2) 齿形系数

1) 少齿差外齿轮齿形系数。少齿差外齿轮的齿形系数按30°切线法确定轮齿危险截面位置进行计算，计算公式为

$$Y_F = \frac{6h_F m\cos\alpha_F}{s_F^2\cos\alpha'} \tag{9-27}$$

式中　h_F——法向力的作用线与轮齿中心线交点至危险截面的距离，见图 9-47；
s_F——危险截面的厚度；
α_F——法向力的作用线与两切点连线的夹角。

Y_F 也可直接查线图取得，图 9-48 与图 9-49 分别为齿顶高系数 $h_a^*=0.75$ 与 $h_a^*=0.80$ 的齿形系数线图。

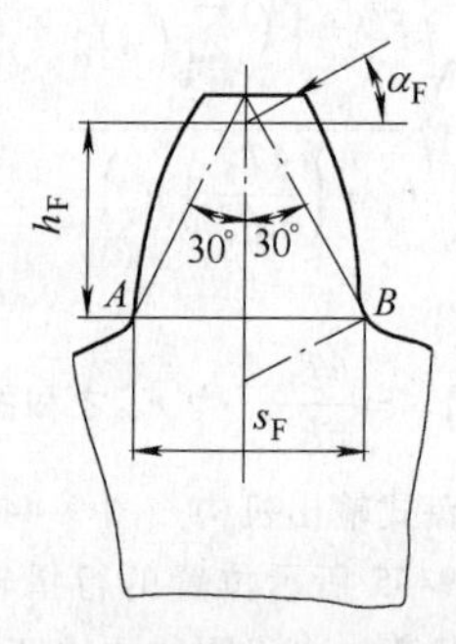

图 9-47　外齿轮齿形系数计算图

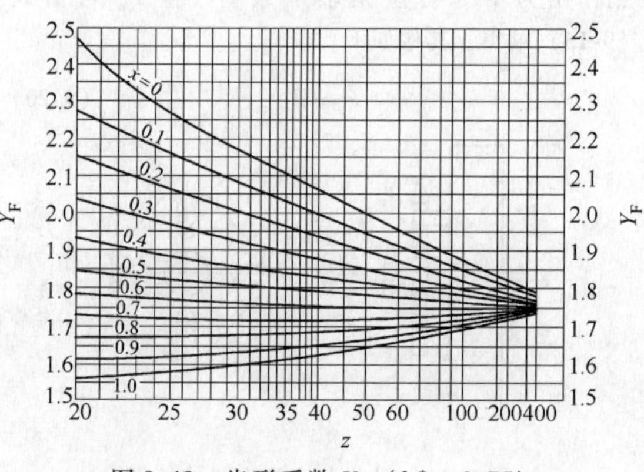

图 9-48　齿形系数 Y_F（$h_a^*=0.75$）

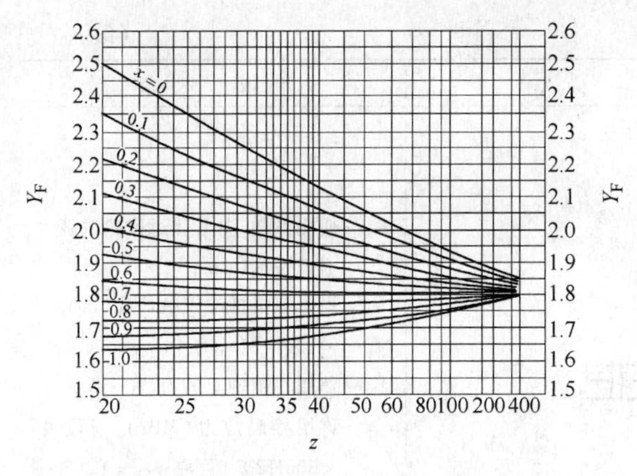

图 9-49　齿形系数 Y_F（$h_a^*=0.80$）

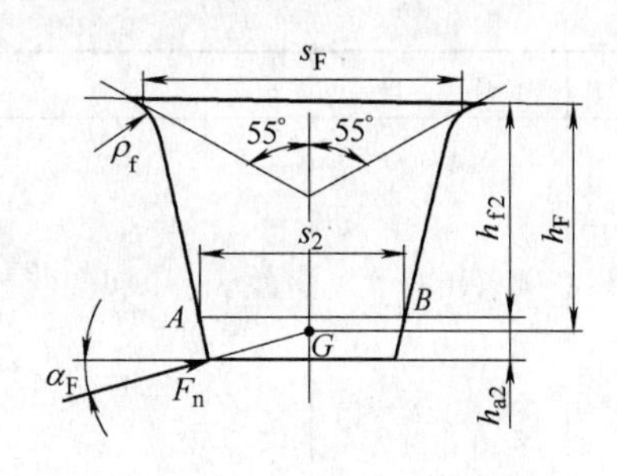

图 9-50　内齿圈齿形系数作图法

对于零齿差外齿轮的齿形系数，因它具有切向变位，在无现成资料时，其参数 h_F、s_F 与 α_F 可通过作图法量得，然后按式（9-27）计算。

2）少齿差内齿圈齿形系数。内齿圈齿形系数的计算资料较少，少齿差传动更少。内齿圈由于弯曲强度不够而失效的概率甚低，甚至于不必进行校核计算。若内齿圈重要时，一定要校核，可采用作图法求得齿形系数。

对于内齿圈用 30°切线法确定危险截面不甚合理，经有限元计算及光弹试验验证，可按 55°切线法确定轮齿的危险截面，以此作为近似作图法的依据。作图法的步骤如下（见图 9-50）：

① 计算内齿圈分度圆上的齿厚 s_2

$$s_2=\frac{\pi m}{2}+\Delta_2 m$$

$$\Delta_2=(z_2-z_1)(\text{inv}\alpha-\text{inv}\alpha')-\Delta_1$$

Δ_2 为负值，其他符号同前。

② 作齿条中线，在中线上截取$\overline{AB}=s_2$。

③ 过点 A 和 B 作齿条的齿形。

④ 作齿条的齿顶线与$\overline{AB}$相平行，其距离 $h_{a2}=(h_a^*-y_{o2}-\Delta y)m$。

⑤ 作齿条的齿根线与$\overline{AB}$相平行，其距离 $h_{f2}=(h_a^*+c^*+y_{o2})m$。

⑥ 作齿根处圆角，取圆角半径 $\rho_f=0.38m$。

⑦ 相对于轮齿中心线作 55°的直线与齿根圆角相切，在两切点间连一直线，其长度为 s_F。

⑧ 过齿顶沿与齿顶线夹角 α_F 方向作齿面的法线，与轮齿中心线交于 G 点，则在图上量取 h_F 值。

⑨ 用式（9-27）计算齿形系数 Y_F。

4. 输出机构的强度计算

输出机构的强度计算见表 9-11。

表 9-11　输出机构的强度计算

形式	项　目	简图与计算式	说　明
销轴式	悬臂式	$\sigma_F=\frac{K_m F_{V\max}L}{0.1d_p^3}\leqslant\sigma_{FP}$	K_m—制造和安装误差对销轴载荷影响系数，$K_m=1.35\sim1.5$ $F_{V\max}$—外齿轮对销轴的作用力（N） d_p—销轴直径（mm） σ_{FP}—许用弯曲应力（MPa），见表 9-12
	简支梁式	$\sigma_F=\frac{K_m F_{V\max}}{0.1d_p^3}[L-(0.5b+l)]\frac{0.5b+l}{L}\leqslant\sigma_{FP}$	K_m—制造和安装误差对销轴载荷影响系数，$K_m=1.35\sim1.5$ $F_{V\max}$—外齿轮对销轴的作用力（N） d_p—销轴直径（mm） b—外齿轮宽度（mm） σ_{FP}—许用弯曲应力（MPa），见表 9-12

（续）

形式	项目	简图与计算式	说明
浮动盘式	销轴弯曲强度计算 销套与滑槽的接触强度计算	$\sigma_F=\frac{K_A F_V l}{0.1 d_p'^3}\leqslant\sigma_{FP}$ 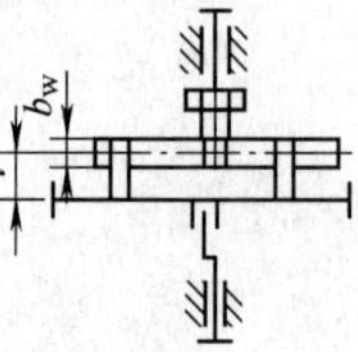 $\sigma_H=271\sqrt{\frac{K_A F_V}{b_w d_p'}}\leqslant\sigma_{HP}$	K_A—使用系数，参考普通齿轮取值 l—力臂长度（mm） b_w—销套与滑槽的接触长度（mm） d_p'—销套外径（mm） F_V—作用在销轴上的力（N） σ_{HP}—许用接触应力（MPa），当硬度 <300HBW 时，取 $\sigma_{HP}=(2.3\sim3)$HBW；当硬度 >30HRC 时，取 $\sigma_{HP}=(25\sim30)$HRC
十字滑块式	承压面上最大压强	$p_{max}=\frac{8T_2}{HD^2}\leqslant p_P$ 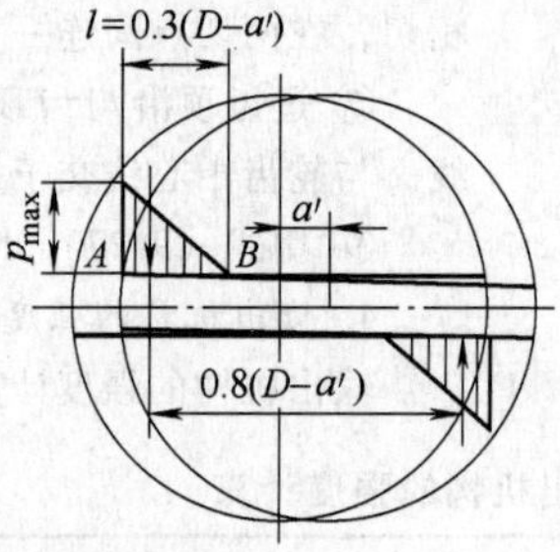 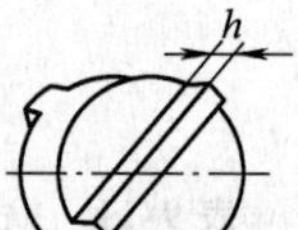	T_2—输出轴转矩（N·mm） H—凸台摩擦面工作高度（mm） D—滑块外圆直径（mm） p_P—许用压强（MPa），见表 9-13

表 9-12　销轴的许用弯曲应力 σ_{FP}

钢　号	表面硬度	σ_{FP}/MPa
20CrMnTi，20CrMnMo	56～62HRC	150～200
40Cr，42CrMo	45～55HRC	120～150
GCr15	60～64HRC	150～200

表 9-13　许用压强 p_P　（单位：MPa）

工作条件	青铜	铸铁	说　明
工作条件差，双向冲击，润滑不良	1.5～5	3～10	1）较小值用于长时间工作、载荷变化频繁的场合 2）工作条件良好，选取淬火钢时 $p_P\leqslant25$MPa
工作条件中等	2.5～7.5	5～15	夹布胶木
工作条件良好	5～10	10～20	$p_P\leqslant10$MPa

9.7　少齿差行星传动的主要零件图

1. 偏心轴（见图 9-51）

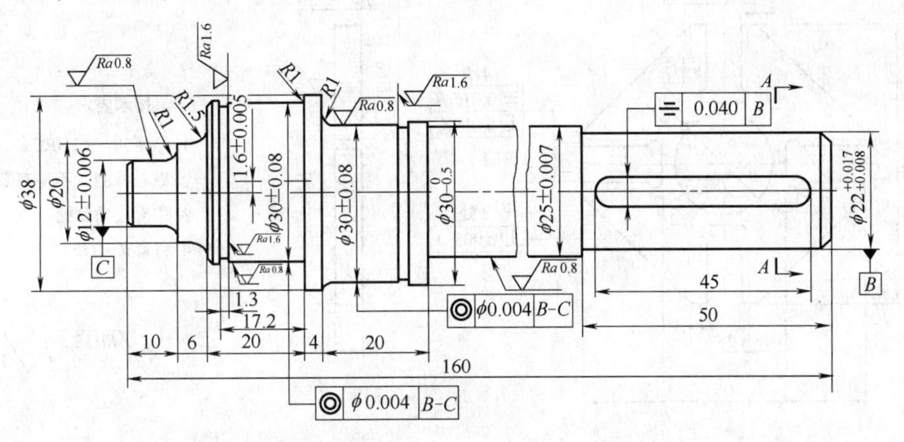

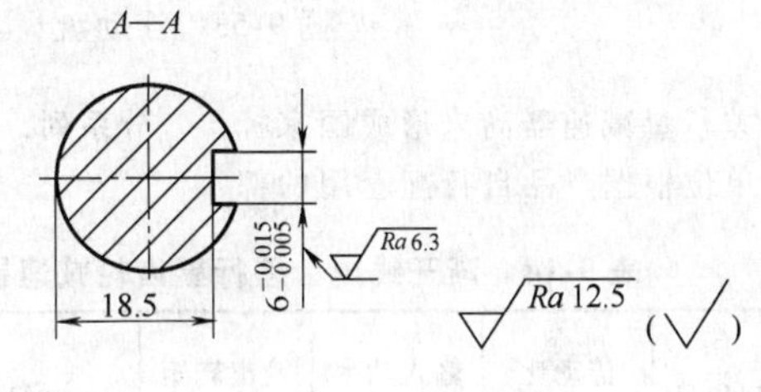

技术要求

1. 调质处理220～250HBW 。
2. 棱角倒钝。
3. 材料：40Cr。

图 9-51　偏心轴

2. 行星轮（见图 9-52）

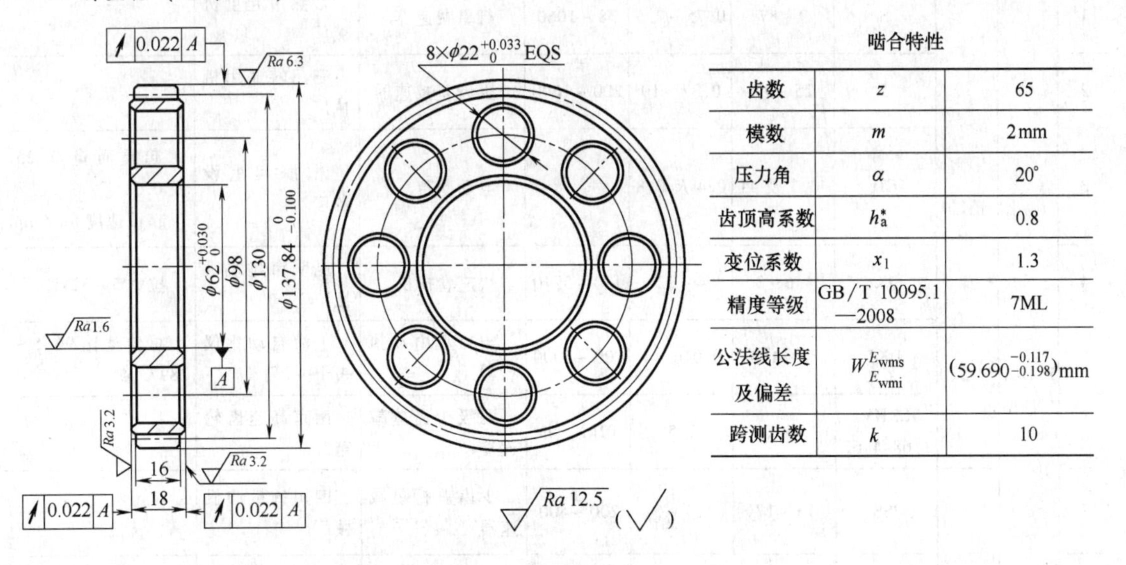

啮合特性

齿数	z	65
模数	m	2mm
压力角	α	20°
齿顶高系数	h_a^*	0.8
变位系数	x_1	1.3
精度等级	GB/T 10095.1—2008	7ML
公法线长度及偏差	$W_{E_{wmi}}^{E_{wms}}$	$(59.690_{-0.198}^{-0.117})$mm
跨测齿数	k	10

技术要求

1. 齿坯作调质处理255～285HBW，精加工后氮化处理深度$\delta \geqslant 0.30$mm，齿面硬度≥650HV。
2. 两行星轮组装后一起滚齿，并作好标记，以便于装配。
3. 相邻销孔的孔距$E_{max} < 0.03$mm，最大累积误差$E_p < 0.06$mm。
4. 材料：42CrMo。

图 9-52　行星轮

3. 浮动盘（见图9-53）

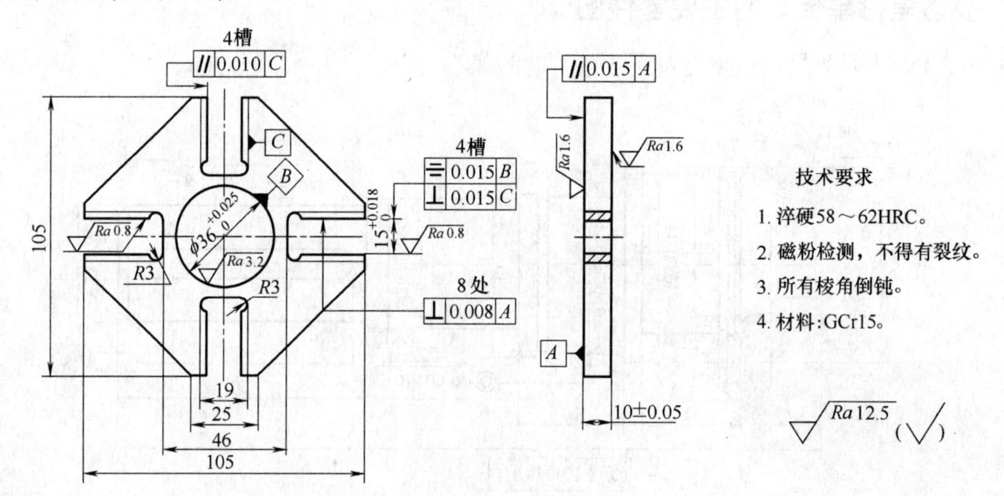

图9-53　浮动盘

我国渐开线少齿差行星减速器尚未形成国家标准系列，目前只有各单位根据产品自行配套用的部分系列，现列于表9-14，供大家参考。

表9-14　渐开线少齿差行星齿轮减速器部分系列产品

序号	结构形式		系列代号	传动比 i	输入功率 /kW	输出转矩 /N·m	产品名称	生产单位	备注
	类型	输出机构							
1	K-H-V(N)型	销轴式	S	9~87	0.75~7.5	38~1060	行星减速器	常熟市起重机械厂	
2			J	25~99	0.37~10	200~1600	少齿差减速器	三门峡通用机械厂	
3			CD	40.3及41	0.4及0.8		电动葫芦	上海起重设备厂	起重质量0.25t及0.5t 起重速度8m/min
4			JK	24.6~35	4~22	430~5740	快速卷扬机	昆明市建筑机械厂	拉力5~32kN
5			DKJ	35~143	0.016~1	100~5000	角行程电动执行器	上海自动化仪表十一厂	总传动比94.5~2897.65
6			LKHV 1.68/4.62	7505	1.5	12kN·m	两级少齿差减速器	南京高速齿轮箱厂	
7		浮动盘式	JSS	13~17	1.1~3	200~400	少齿差行星减速器	四川省粮油机械厂	
8			JQS/W	13~37	0.37~5.5	100~400	少齿差减速器	济南粮油机械厂	
9			JQW	24~32	0.12	100~600	电动阀门用减速器	扬州电力设备修造厂	与多回转阀门电动装置配套使用
10			JDS-1	49.5	0.001	0.53	假肢旋腕减速器	清华大学	$m=0.2$mm，前级传动比为17.5

（续）

序号	结构形式		系列代号	传动比 i	输入功率 /kW	输出转矩 /N·m	产品名称	生产单位	备注
	类型	输出机构							
11	双内啮合2K-H（NN）型	齿轮啮合	X	单级2～100 两级110～8000	0.01～55	8～40000	减速器	沈阳电工专用设备厂	
12			SJ	17～10000 9～511	0.18～7.5	50～1600	行星减速器 双内啮合行星减速器	上海市行星泵阀厂 江西永新县减速机厂	
13			XJ	5～10000	0.18～15	70～2400	行星减速器	四川减速机厂	
14			LJ	200～400	0.65～3	180～1500	大户排减速器	四川齿轮厂	输出转速0.5～2r/min；适用于0.5～10t/h锅炉
15			S—S	16～700	0.18～1.5	17～2150	行星减速器	常熟市起重机械厂	
16			J	29～79	0.37～1.1	200	减速器	三门峡通用机械厂	
17	K-H型	齿轮啮合	SCH	11～99	0.31～221	262～22235	三环减速器	重庆钢铁设计院	派生型产品输出转矩已达71kN·m
18	K-H-V型与2K-H型串联	齿轮啮合	RP	4992	0.4～2.2	50～30kN·m	炉排减速器	安徽泾县变速箱厂	输出转速1.19～11.9r/h，适用于2～35t/h锅炉

9.8　渐开线少齿差行星减速器设计

1. 要求设计K-H-V（N）型少齿差传动，内齿圈固定。

已知：模数 $m=1.5\text{mm}$，压力角 $\alpha=20°$，传动比 $i_{HV}^{b}=-28$。

解　1）几何参数计算。

齿数差　$z_\varepsilon=z_b-z_g=2$

齿顶高系数　$h_a^*=0.6$

初选啮合角　$\alpha'=35.5°$

齿数　$z_1=-i_{HV}^{b}(z_b-z_g)=28\times2=56$

$$z_b=z_g+z_\Sigma=56+2=58$$

中心距

$$a'=\frac{m(z_b-z_g)\cos\alpha}{2\cos\alpha'}=\frac{1.5(58-56)\cos20°}{2\cos\alpha'}\text{mm}$$

$$=1.7314\text{mm}$$

取 $a'=1.73\text{mm}$。

啮合角　$\alpha'=\arccos\dfrac{m(z_b-z_g)\cos\alpha}{2a'}$

$$=\arccos\frac{1.5\times2\cos20°}{2\times1.73}=35.436°$$

确定重合度的预期值　$[\varepsilon_\alpha]=1.10$

变位系数的初始值，取　$x_g^{(1)}=0$

则　$x_b^{(1)}=\dfrac{(z_b-z_g)}{2\tan\alpha(\text{inv}\alpha'-\text{inv}\alpha)}+x_g^{(1)}$

$$=\frac{(58-56)}{2\tan20°}(\text{inv}35.436°-\text{inv}20°)+0$$

$$=0.2149$$

分度圆直径　$d_g=mz_g=1.5\times56\text{mm}=84\text{mm}$

$$d_b=mz_b=1.5\times58\text{mm}=87\text{mm}$$

齿顶圆直径

$$d_{ag}=d_1+2m(h_a^*+x_g)=[84+2\times1.5(0.6+0)]\text{mm}$$

$$=85.80\text{mm}$$

$$d_{ab}=d_b-2m(h_a^*-x_b)=[87-2\times1.5(0.6-0.2149)]\text{mm}$$

$$=85.84\text{mm}$$

齿顶圆压力角

$$\alpha_{ag}=\arccos\frac{d_g\cos\alpha}{d_{ag}}=\arccos\frac{84\cos20°}{85.80}=23.08°$$

$$\alpha_{ab}=\arccos\frac{d_b\cos\alpha}{d_{ab}}=\arccos\frac{87\cos 20°}{85.84}=17.75°$$

验算重合度

$$\varepsilon_\alpha=\frac{1}{2\pi}[z_g(\tan\alpha_{ag}-\tan\alpha')-z_b(\tan\alpha_{ab}-\tan\alpha')]$$

$$=\frac{1}{2\pi}[56(\tan 23.08°-\tan 35.436°)-58(\tan 17.75°-\tan 35.436°)]=1.069$$

重合度小于预期值的要求，必须按［ε_α］的要求用迭代法重新确定变位系数。

$$\frac{d\varepsilon_\alpha}{dx_g}=\frac{1}{\pi\cos\alpha}\left(\frac{1}{\sin\alpha_{ag}}-\frac{1}{\sin\alpha_{ab}}\right)$$

$$=\frac{1}{\pi\cos 20°}\left(\frac{1}{\sin 23.08°}-\frac{1}{\sin 17.75°}\right)$$

$$=-0.247$$

$$x_g^{(2)}=x_g^{(1)}-\frac{\varepsilon_\alpha-[\varepsilon_\alpha]}{\frac{d\varepsilon_\alpha}{dx_g}}=0-\frac{1.069-1.10}{-0.247}$$

$$=-0.1255$$

$$x_b^{(2)}=\frac{z_b-z_g}{2\tan\alpha}(\mathrm{inv}\alpha'-\mathrm{inv}\alpha)+x_g^{(2)}$$

$$=\frac{58-56}{2\tan 20°}(\mathrm{inv}35.436°-\mathrm{inv}20°)-0.1255$$

$$=0.0894$$

重新确定几何参数

$$d_{ag}=d_g+2m(h_a^*+x_g)=[84+2\times1.5(0.6-0.1255)]\text{mm}$$
$$=85.42\text{mm}$$

$$d_{ab}=d_b-2m(h_a^*-x_b)=[87-2\times1.5(0.6-0.0894)]\text{mm}$$
$$=85.47\text{mm}$$

$$\alpha_{ag}=\arccos\frac{d_g\cos\alpha}{d_{ag}}=\arccos\frac{84\cos 20°}{85.42}=22.4713°$$

$$\alpha_{ab}=\arccos\frac{d_g\cos\alpha}{d_{ab}}=\arccos\frac{87\cos 20°}{85.47}=16.9589°$$

重新验算重合度

$$\varepsilon_\alpha=\frac{1}{2\pi}[z_g(\tan\alpha_{ag}-\tan\alpha')-z_b(\tan\alpha_{ab}-\tan\alpha')]$$

$$=\frac{1}{2\pi}[56(\tan 22.4713°-\tan 35.436°)-58(\tan 16.9589°-\tan 35.436°)]$$

$$=1.098=1.10$$

已满足预期值的要求。

验算齿廓重叠干涉

$$\delta_g=\arccos\frac{d_{ab}^2-d_{ag}^2-4a'^2}{4a'd_{ag}}$$

$$=\arccos\frac{85.47^2-85.42^2-4\times1.73^2}{4\times1.73\times85.42}$$

$$=90.3322°=1.57659\text{rad}$$

$$\delta_b=\arccos\frac{d_{ab}^2-d_{ag}^2+4a'^2}{4a'd_{ab}}$$

$$=\arccos\frac{85.47^2-85.42^2+4\times1.73^2}{4\times1.73\times85.47}$$

$$=88.0121°=1.55361\text{rad}$$

$$G_s=z_g(\mathrm{inv}\alpha_{ag}+\delta_g)-z_b(\mathrm{inv}\alpha_{ab}+\delta_b)+z_\Sigma\,\mathrm{inv}\alpha'$$

$$=56(\mathrm{inv}22.4713°+1.57659)-58(\mathrm{inv}16.9589°+1.55361)+2\mathrm{inv}35.436°=0.062>0.05$$

已满足规定值的要求。

2）插齿刀参数计算。

插齿刀齿数　$z_0=34$

公称分度圆直径　$d_0=50\text{mm}$

实际分度圆直径　$d_0=mz_0=1.5\times34\text{mm}=51\text{mm}$

顶圆直径

$$d_{a0}=d_0+2m(h_{a0}^*+x_0)$$
$$=[51+2\times1.5(1.25+0.097)]\text{mm}$$
$$=55.04\text{mm}$$

齿顶高系数　$h_{a0}^*=1.25$

变位系数

$$x_0=\frac{d_{a0}-d_0-2h_{a0}^*m}{2m}=\frac{55.04-51-2\times1.25\times1.5}{2\times1.5}$$
$$=0.097$$

由上述参数按 GB/T 6081—2001 选用碗形直齿插齿刀。

3）内齿圈齿根圆直径计算。

插齿刀与内齿圈的啮合角 α'_{0b}

$$\mathrm{inv}\alpha'_{0b}=\mathrm{inv}\alpha+\frac{2(x_b-x_0)}{z_b-z_0}\tan\alpha$$

$$=\mathrm{inv}20°+\frac{2\times(0.0894-0.097)}{58-34}\times\tan 20°$$

$$=0.0146735°$$

$$\alpha'_{0b}=19.90°$$

插齿中心距

$$a'_{0b}=\frac{m(z_b-z_0)\cos\alpha}{2\cos\alpha'_{0b}}$$

$$=\frac{1.5\times(58-34)\times\cos 20°}{2\times\cos 19.90°}\text{mm}=17.987\text{mm}$$

内齿圈根圆直径

$$d_{fz}=2a'_{0b}+d_{a0}=(2\times17.987+55.04)\text{mm}$$
$$=91.02\text{mm}$$

4）齿轮强度计算。渐开线少齿差行星传动为内啮合传动，又采用正角度变位，其齿面接触强度与齿根弯曲强度均提高，且齿面接触强度远大于齿根弯曲强度，同时又是多齿对啮合，所以内、外齿轮的接触强度一般可不进行验算。齿根弯曲强度的计算方法与普通齿轮大致相同，这里不再论述。

2. 零齿差齿轮副的加工

（1）外齿轮的加工

1）试切法。当齿轮用滚齿或插齿加工到径向变位时的公法线长度后，再施行切向变位加工，通常可将分度交换齿轮脱开，用扳手扳动分度蜗杆上的交换齿轮拨过一齿，进行试切，看一看分度交换齿轮拨过一齿后进行切齿加工，其公法线的变动量为多大，从而可计算出加工切向变位终了的公法线长度所需拨过的齿数。也可用压靠百分表，将齿轮滚刀进行轴向往返移动，进行试切，直至加工到切向变位终了的公法线长度便可。当切向变位系数很小时，在齿顶不变尖的前提下，也可直接采用径向变位的加工法加工到所需的公法线长度。但上述方法较费时，要反复试，下面介绍计算法。

2）计算法。计算法即用计算方法确定分度交换齿轮所拨过的齿数 A。

图 9-54 所示为外齿轮公法线大小的变动情况，虚线位置表示齿廓径向变位终了的齿形。

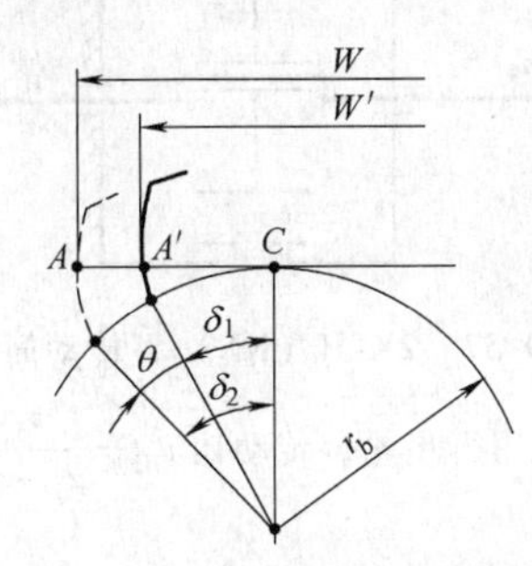

图 9-54　外齿轮公法线变动

由图 9-54 可知

$$\delta_1=\frac{\overline{A'C}}{r_b}=\frac{W'}{2r_b}=\frac{W'}{d_b}$$

$$\delta_2=\frac{\overline{AC}}{r_b}=\frac{W}{2r_b}=\frac{W}{d_b}$$

$$\theta=\delta_2-\delta_1=\frac{1}{d_b}(W-W')$$

式中　W'——零件图上给定的切向变位终了时的公法线长度；

W——径向变位终了时所测的公法线长度；

d_b——基圆直径。

要达到图样上所规定的公法线长度，必须让齿坯相对于刀具向左、右分别转动角度 θ。现以 Y54A 型插齿机为例，说明其角度的计算。

在图 9-55 中，设交换齿轮的齿数 z_1、z_2、z_3 和 z_4，则

$$\theta=\frac{2\pi}{z_1}A\frac{z_5}{z_6}$$

$$A=\frac{z_1z_6\theta}{2\pi z_5}$$

式中　z_1——与机床工作台分度蜗杆相连的交换齿轮的齿数；

z_5——机床分度蜗杆的头数；

z_6——机床分度蜗轮的齿数；

A——保证齿坯相对于刀具转动 θ 角时，所拨动交换齿轮的齿数。

上式也用于滚齿加工时的计算。

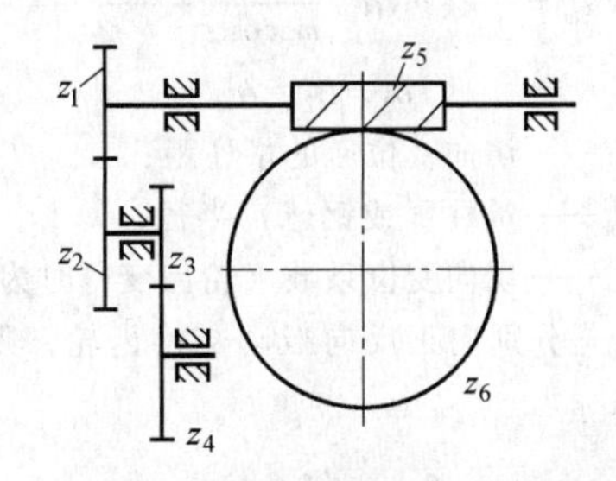

图 9-55　Y54A 型插齿机有关传动部分

（2）内齿圈的加工　同样也可采用试切法，但较费时。今将交换齿轮扳动齿数 A 的计算作一叙述。

图 9-56 所示的虚线表示齿廓径向变位终了时的齿形。实线表示齿廓切向变位终了时的齿形。由图可知

$$\overline{BK}=\overline{BA}=r_b\beta_1$$

$$\overline{BK}=\overline{BO}+\overline{OK}=\sqrt{\left(\frac{M}{2}+r_m\right)^2-r_b}+r_m$$

$$\beta_1=\frac{1}{r_b}\left[\sqrt{\left(\frac{M}{2}+r_m\right)^2-r_b^2}+r_m\right]$$

式中　r_b——基圆半径；

M——径向变位终了时的量柱距；

r_m——量柱（或钢球）半径。

$$\mathrm{inv}\alpha_m=\frac{\pi}{2z}+\mathrm{inv}\alpha-\frac{2r_m}{mz\cos\alpha}+\frac{2x\tan\alpha}{z}$$

式中　z——内齿圈齿数；

α——齿形角（分度圆压力角），$\alpha=20°$；

x——径向变位系数。

$$\delta_1=\beta_1-\alpha_m$$

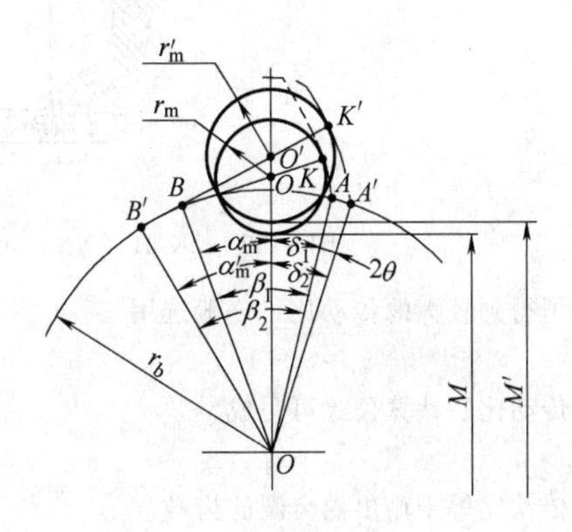

图 9-56　内齿圈的变位与测量

上式为加工内齿圈径向变位时，齿坯转角 δ_1 的计算式。同理，也可得出内齿圈在径向变位后，再进行切向变位时的计算式

$$\beta_2 = \frac{1}{r_b}\left[\sqrt{\left(\frac{M'}{2}+r'_m\right)^2 - r_b^2} + r'_m\right]$$

$$\mathrm{inv}\alpha'_m = \frac{\pi}{2z} + \mathrm{inv}\alpha - \frac{2r'_m}{mz\cos\alpha} + \frac{2x\tan\alpha}{z} - \frac{x_\tau}{z}$$

$$\delta_2 = \beta_2 - \alpha'_m$$

式中　M'——切向变位后的量柱距；

r'_m——量柱（或钢球）半径；

x_τ——切向变位系数（轮齿变薄时为负值）。

由于是分别向正反向扳动交换齿轮，则齿数相同，所以

$$\theta = \frac{1}{2}(\delta_2 - \delta_1)$$

与前相同，使齿坯相对于刀具转动 θ 角时，所拨动交换齿轮的齿数 A 的求法见 9.8 节 2（1）。

由上述方法计算后，进行切向变位加工十分方便，无需反复试切，不易出差错，有利于推广零齿差输出机构的应用。

3. 对于双内啮合 2K-H（NN）型的少齿差行星齿轮传动，其行星轮是个齿数不同的双联齿轮，存在着不便于用滚齿机加工齿轮等缺点。建议当减速器的传动比 $i=20\sim100$ 时，可用一个齿轮代替双联行星轮，即公共行星轮，这样可使结构简单，加工方便。

具有公共行星轮内啮合 2K-H（NN）型行星齿轮传动，其三个基本构件是两个中心轮 2K 和行星架（即偏心轴）H。为了获得较大的传动比，两个中心轮的齿数差为 1，如图 9-57 所示。齿数较多的中心轮与公共行星轮采用标准齿轮，齿数较少的中心轮采用变位齿轮，使其满足同心条件。若公共行星轮用 z_1 表示，固定中心轮的齿数用 z_2 表示，输出中心轮的齿数用 z_3 表示，其结构图如图 9-58 所示。其传动比为

$$i_{H3}^2 = \frac{z_3}{z_3 - z_2}$$

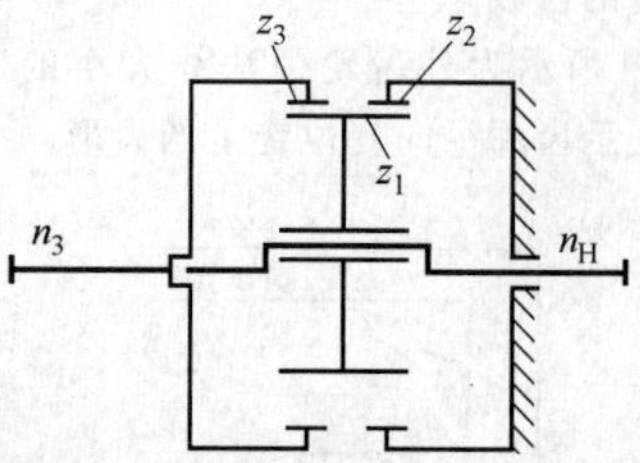

图 9-57　2K-H（NN）型传动简图

$\left(公用行星轮，传动比\ i_{H3}^2 = \frac{z_3}{z_3 - z_2}\right)$

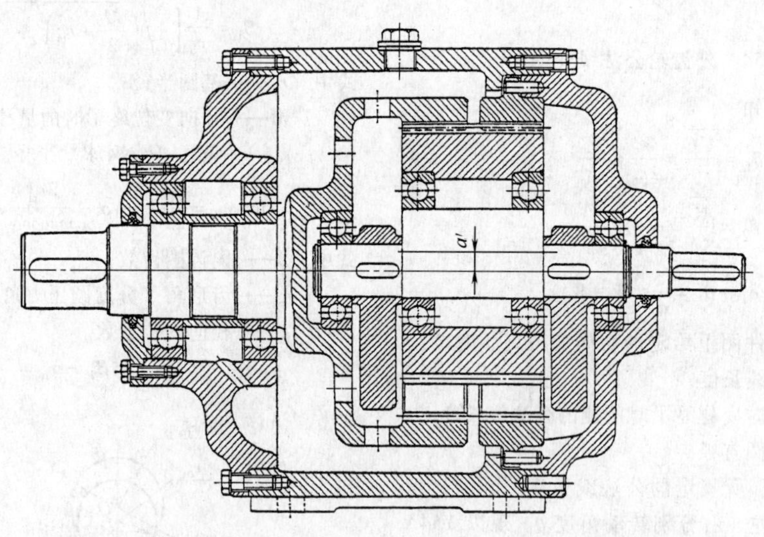

图 9-58　2K-H（NN）型少齿差行星齿轮传动（公共行星轮）

为了得到较大的传动比，一般选用

$$z_3 - z_2 = 1$$

于是，传动比的计算公式可写成

$$i_{H3}^2 = z_3$$

即传动比等于输出内齿圈的齿数。

例如，某一单梁起重机大车运行机构的速度，确定减速器的传动比 $i_{H3}^2=65$，则输出内齿圈齿数 $z_3=65$。若 $z_3 - z_2 = 1$，则 $z_2 = z_3 - 1 = 64$。

公共行星轮的齿数 z_1，由 $z_1 - z_3$ 标准内啮合齿轮副不发生齿廓重叠干涉的条件确定，根据有关文献推荐，取

$$z_3 - z_1 > 8$$

本设计取 $z_1 = z_3 - 8 = 57$，$z_1 - z_3$ 标准齿轮内啮合副的中心距为

$$a = \frac{m}{2}(z_3 - z_1) = 4m$$

由于 $z_1 - z_3$ 内啮合副的内、外齿轮均是标准齿轮，则啮合角 $\alpha'_{13} = \alpha = 20°$。

根据同心条件，确定 $z_1 - z_2$ 的啮合角 α'_{12}，即

$$a' = \frac{m(z_2 - z_1)}{2} \frac{\cos\alpha}{\cos\alpha'_{12}}$$

则 $$\cos\alpha'_{12} = \frac{m(z_2 - z_1)}{2a'}\cos\alpha = \frac{m(64 - 57)}{2 \times 4m}\cos\alpha = 0.8222$$

$$\alpha'_{12} = 34°42'$$

变位系数 x_2，由无侧隙啮合方程式可得

$$x_2 = \frac{z_2 - z_1}{2\tan\alpha}(\mathrm{inv}\alpha'_{12} - \mathrm{inv}\alpha) + x_1 = \frac{64 - 57}{2\tan 20°}(\mathrm{inv}34°42' - \mathrm{inv}20°) + 0 = 0.6913$$

其中，$x_1 = 0$，因公共行星轮是标准齿轮。

中心距变动系数 $$y_{12} = \frac{a' - \dfrac{m(z_2 - z_1)}{2}}{m} = 0.5$$

然后验算 $z_1 - z_2$ 内啮合齿轮副的齿廓重叠干涉和重合度，要求：

1）不发生齿廓重叠干涉，希望 $G_s \geqslant 0$。

2）重合度 $\varepsilon_{\alpha 12} = \frac{1}{2\pi}[z_1(\tan\alpha_{a1} - \tan\alpha'_{12}) - z_2(\tan\alpha_{a2} - \tan\alpha'_{12})] > 1$。

若不满足要求，应通过调整变位系数 x_2，或改变 z_2、z_3 的齿顶高系数 h_a^*，直至满足两内啮合副的要求为止。经试算，z_3 的齿顶高系数 $h_a^* = 0.7$ 时，满足要求。

本例经强度计算，采用模数 $m = 3\text{mm}$。

其他几何计算与一般少齿差内啮合齿轮副的计算相同。

4. 各种形式输出机构的少齿差行星齿轮传动的实测效率

见表9-15～表9-18及图9-59、图9-60。

表9-15 销轴式输出机构的K-H-V（N）型减速器的实测效率

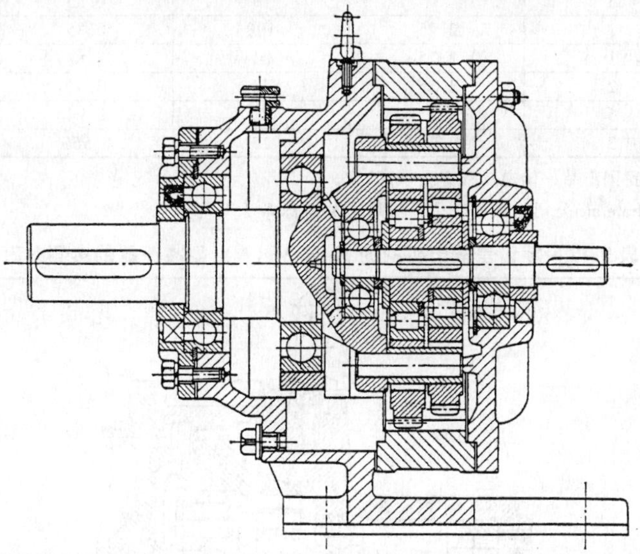

序号	齿数差	模数/mm	传动比	效率	备 注
1	2	2	43	0.80	
2	1	3	75	0.82	
3	1	1.5	83	0.84	
4	1	8	45	0.84	
5			110	0.85	（前苏联）
6	2	3.5	50	0.86	
7	2	1.4529	84	0.89	$\varepsilon_\alpha = 0.835$（日本）
8			110	0.90	（前苏联）
9	3	4	19	0.91	外齿轮剃齿
10	3	4	19	0.93	外齿轮剃齿

注：表中未加说明的均为我国产品。

表 9-16　浮动盘输出机构的 K-H-V（N）型减速器的实测效率

减速器

浮动盘输出机构

序号	齿数差	模数/mm	传动比	效率	备　注
1	2	1.25	41	0.79	
2	3	3	19	0.80	
3	3	3	19	0.83	
4	1	2.25	100	0.85	外齿轮磨齿
5	1	2.75	81	0.87	外齿轮磨齿
6	2	2.25	50	0.91	外齿轮磨齿
7	5	2.25	20	0.94	外齿轮磨齿
8	3	3	25	0.955	外齿轮磨齿

注：1. 以上所列均为我国产品，传递功率 $P_{max}=10kW$。

2. 英国 Varatio-Strateline 公司的系列产品，功率达 36.77kW（50 马力）。

表 9-17　零齿差输出机构的 K-H-V（N）型减速器的实测效率

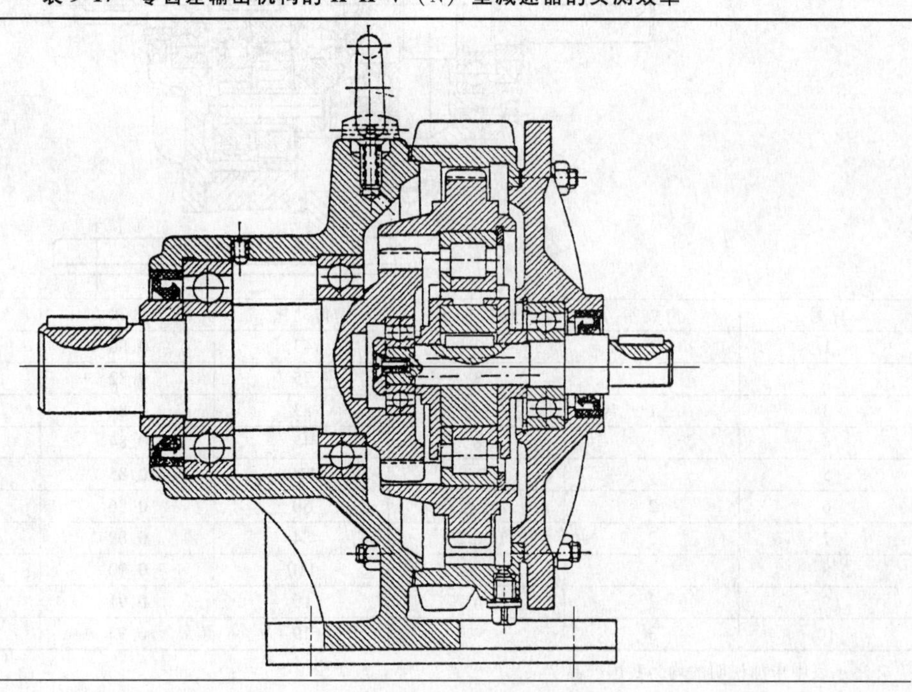

（续）

资料来源	传　动　比	机械效率
中国	40	0.88～0.90
日本	40	0.73
中国	51	0.84
日本	80	0.58
中国	83	0.76

零齿差输出机构是20世纪70年代才进入实用阶段的，使用历史最短。其主要优点是加工方便。目前国内外均用于较小的功率场合。

表9-18　内齿轮输出的2K-H（NN）型减速器的实测效率

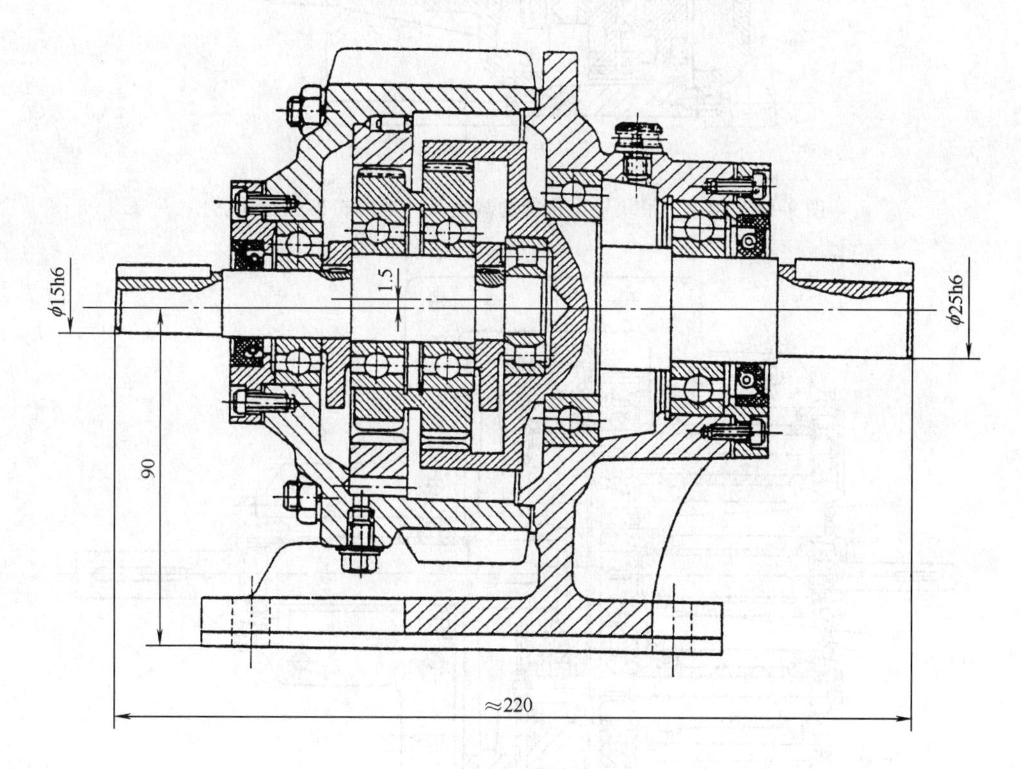

传动比	33	50～60	100	100	144	224	225	702	30～50
效率 η	0.93	>0.8	0.74	>0.75	0.55	0.42	0.50	0.3	0.86～0.43
资料来源	日本				中国				日本

（1）十字滑块式输出机构　这种输出机构采用十字滑块联轴器把行星轮与低速轴连接起来，若是双偏心，还需要把两个行星轮用十字滑块连接，结构如图9-59所示。一般认为这种形式机构的效率低，所以较少采用。事实上也有效率较高的实例。目前国内使用的最大功率为几千瓦，20世纪60年代从日本引进的产品最大功率是11kW。

关于此种形式机构的效率值，介绍甚少。我国有一台传动比 $i=41$ 的二齿差减速器，实测效率为0.79。日本刊物对此类产品的介绍中报道，效率达0.90左右。若要提高这种形式机构的效率，从滑块的材料选择、加工精度的提高以及形成良好的润滑状态等方面着手，是很有帮助的。

（2）双曲柄式输出机构　用以上4种输出机构

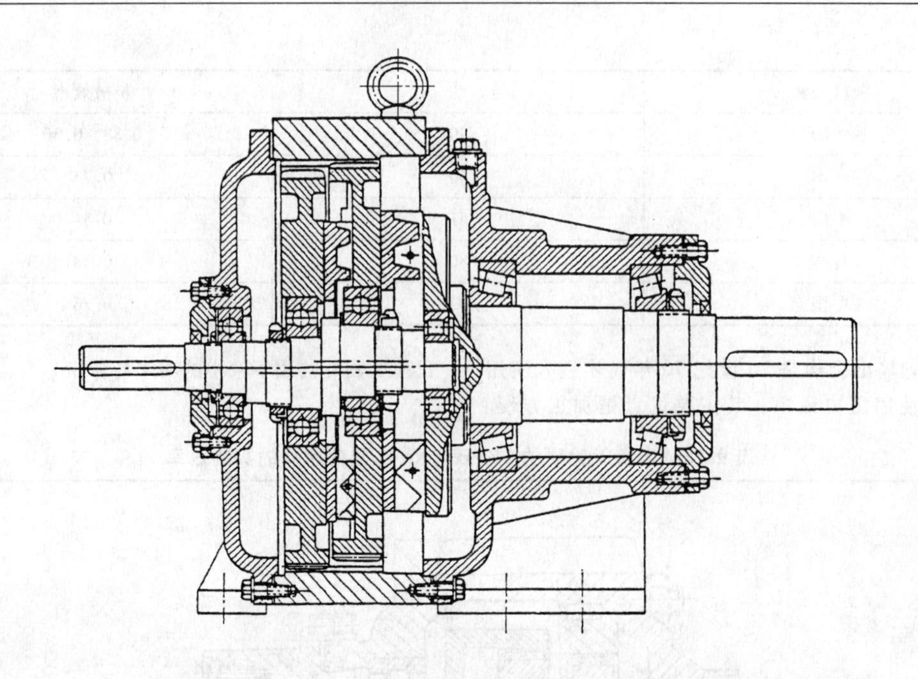

图 9-59　用十字滑块输出机构的减速器（上海轻工业设计院）

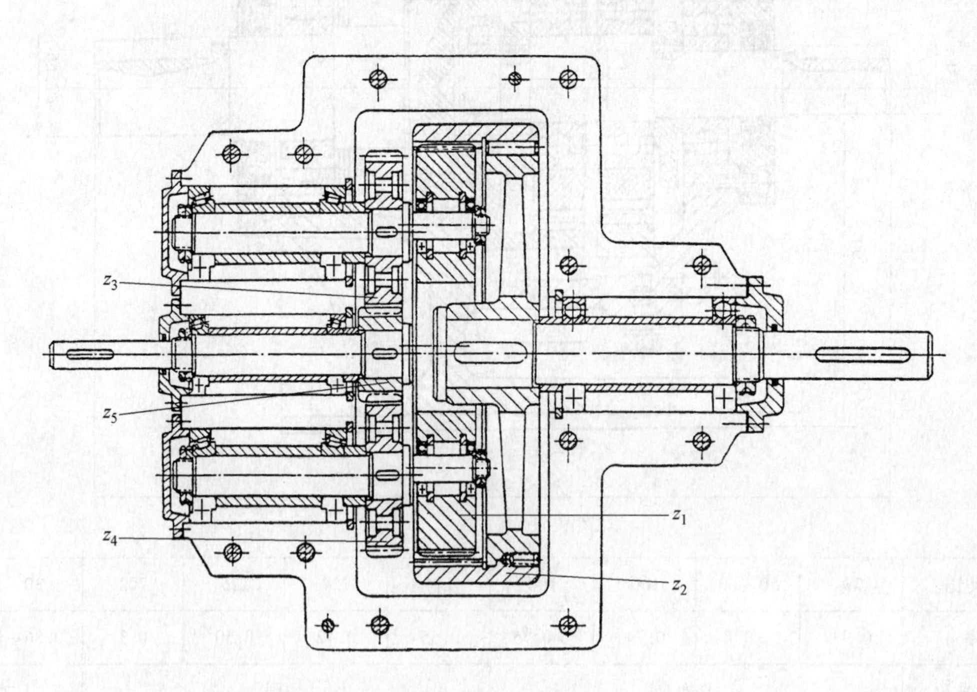

图 9-60　用双曲柄输出机构的少齿差减速器（太原工学院）

组成的传动装置，转臂是高速轴，因此动载荷大。而如图 9-60 所示的双曲柄式输出机构，高速轴经一级减速后成为转臂的转速，因而减轻了动载荷。总传动比的计算如下式：

$$i_{52} = -\frac{z_3}{z_5}\frac{z_2}{z_2 - z_1}$$

式中，z_5 及 z_3 分别为第一级普通传动主、从动轮的齿数。

9.9　少齿差典型传动结构图

少齿差典型传动结构图如图 9-61 ~ 图 9-78 所示。

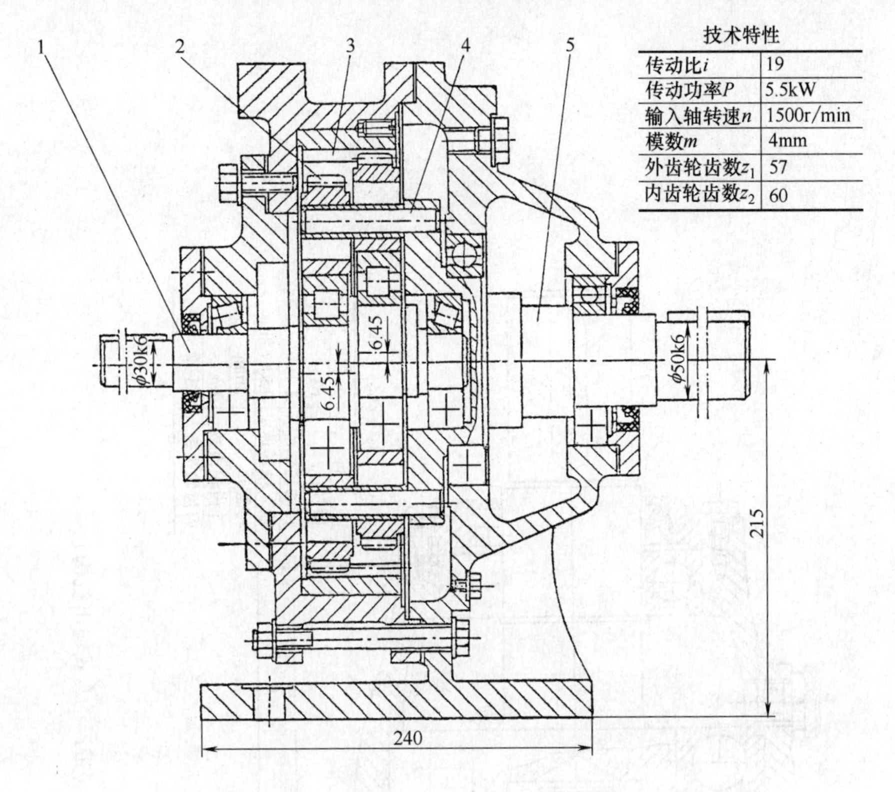

技术特性

传动比 i	19
传动功率 P	5.5kW
输入轴转速 n	1500r/min
模数 m	4mm
外齿轮齿数 z_1	57
内齿轮齿数 z_2	60

图 9-61　通用型渐开线少齿差行星减速器（带悬臂销轴式输出机构）

1—偏心轴（输入轴）　2—行星外齿轮　3—内齿轮　4—销轴　5—输出轴

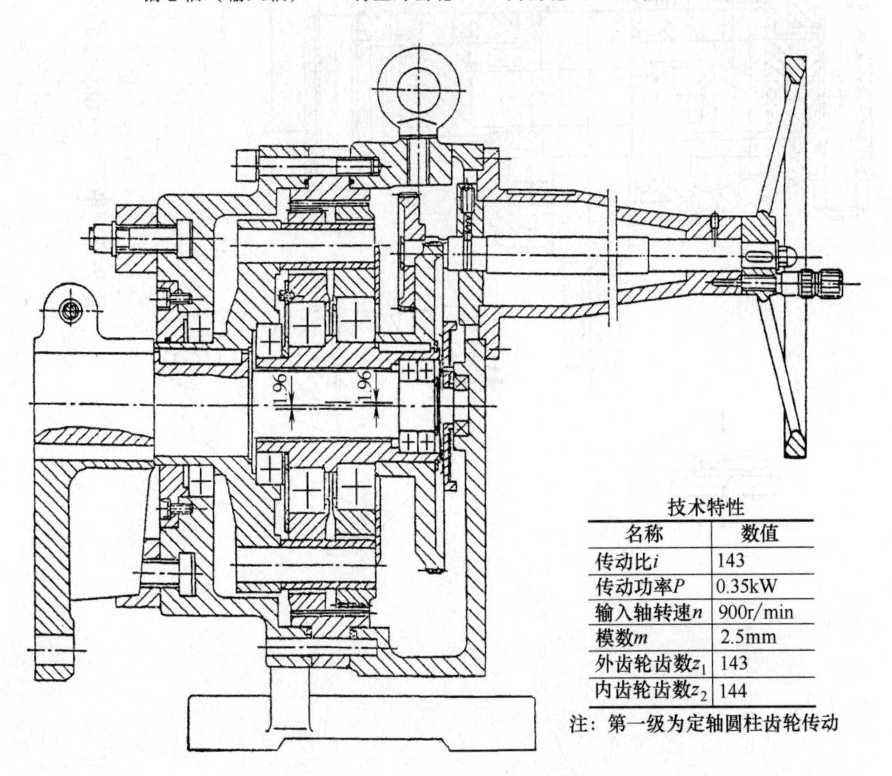

技术特性

名称	数值
传动比 i	143
传动功率 P	0.35kW
输入轴转速 n	900r/min
模数 m	2.5mm
外齿轮齿数 z_1	143
内齿轮齿数 z_2	144

注：第一级为定轴圆柱齿轮传动

图 9-62　DKJ 型电动执行器减速器

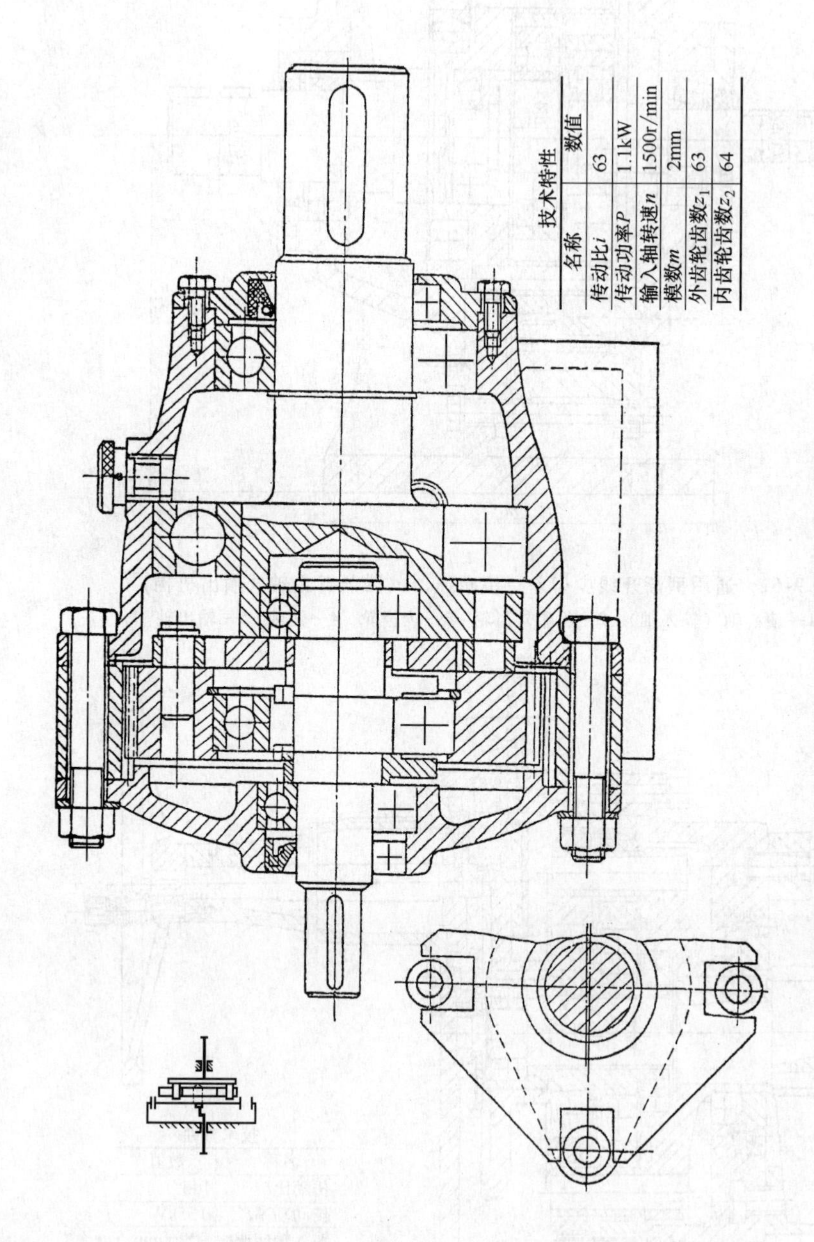

技术特性

名称	数值
传动比i	63
传动功率P	1.1kW
输入轴转速n	1500r/min
模数m	2mm
外齿轮齿数z_1	63
内齿轮齿数z_2	64

图 9-63 渐开线少齿差行星减速器（带浮动盘式输出机构）

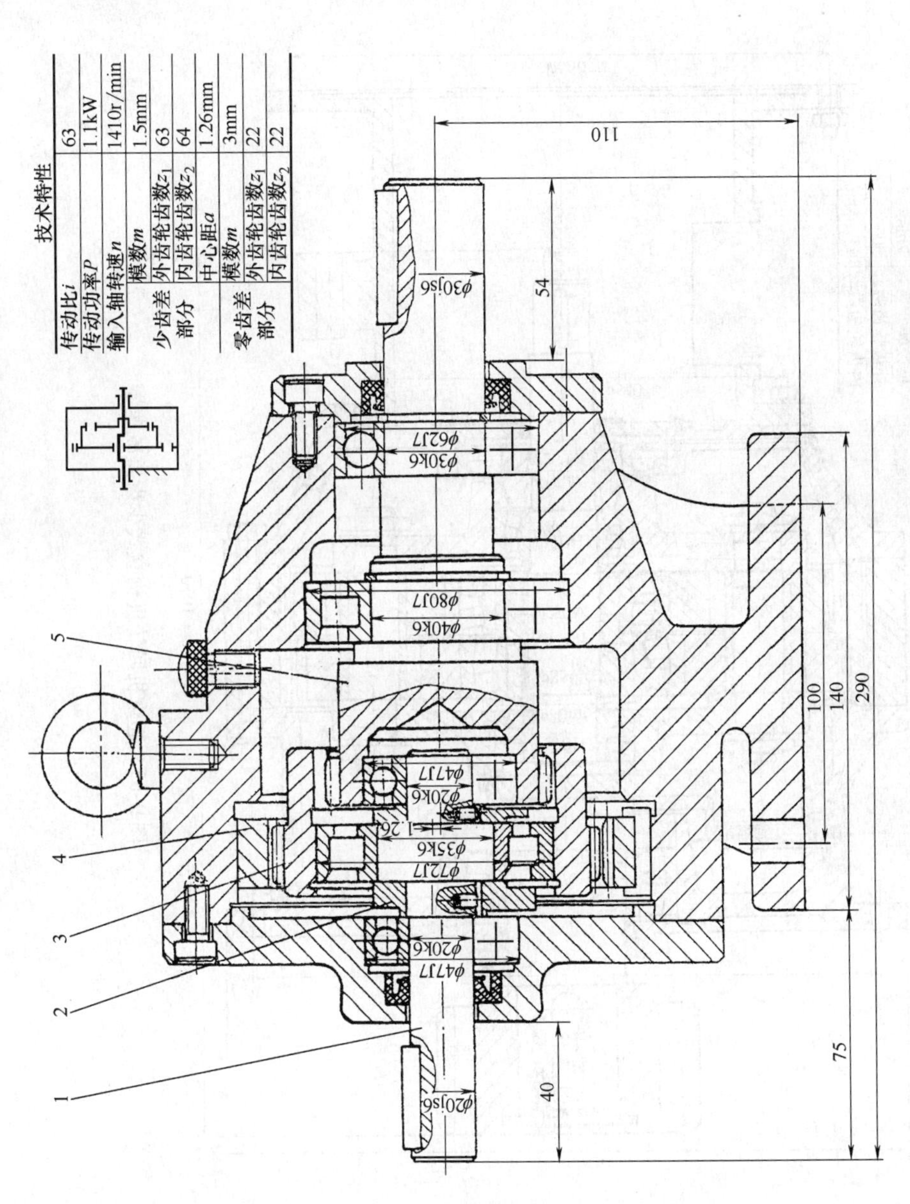

技术特性

技术特性		
传动比i		63
传动功率P		1.1kW
输入轴转速n		1410r/min
少齿差部分	模数m	1.5mm
	外齿轮齿数z_1	63
	内齿轮齿数z_2	64
	中心距a	1.26mm
零齿差部分	模数m	3mm
	外齿轮齿数z_1	22
	内齿轮齿数z_2	22

图 9-64　渐开线少齿差行星减速器（带零齿差输出机构，上海水工机械厂制造）
1—输入轴　2—平衡块　3—外齿轮　4—内齿轮　5—输出轮

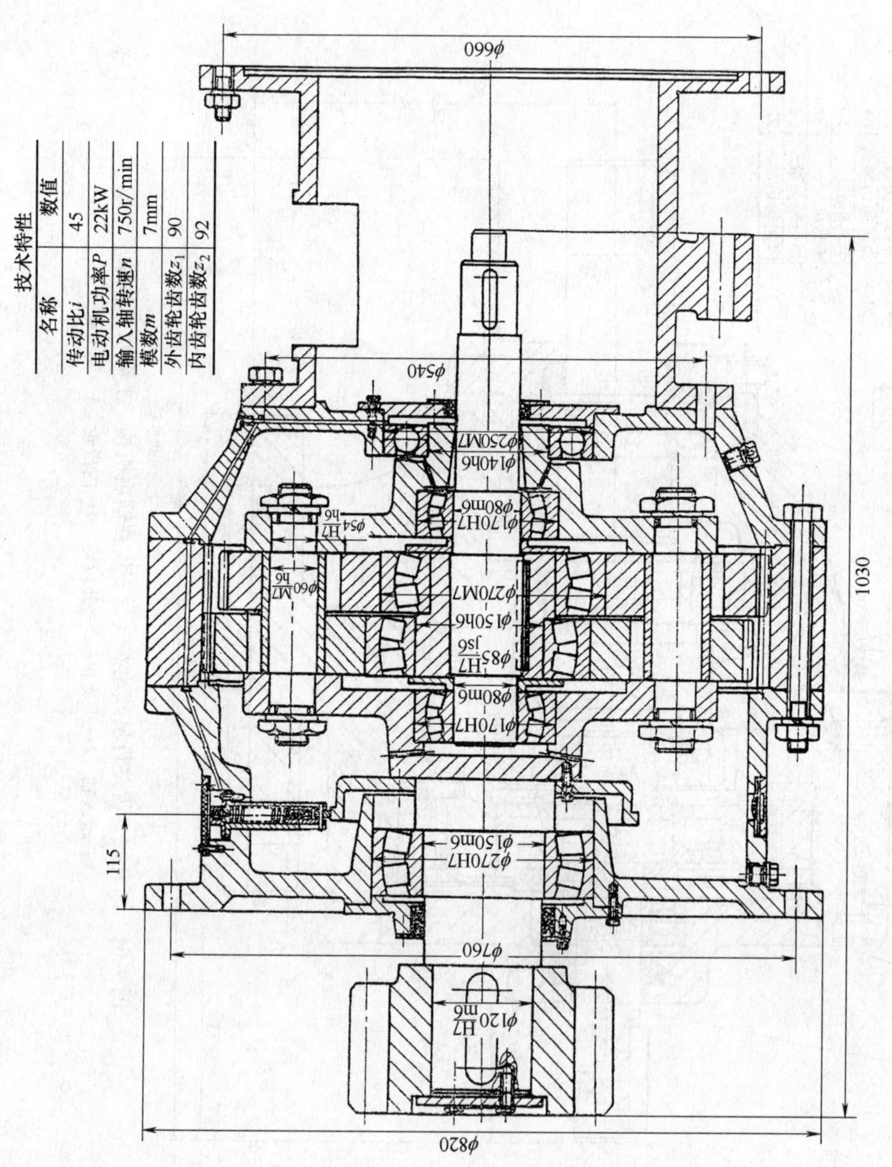

技术特性

名称	数值
传动比i	45
电动机功率P	22kW
输入轴转速n	750r/min
模数m	7mm
外齿轮齿数z_1	90
内齿轮齿数z_2	92

图 9-65　起重机回转机构立式少齿差减速器

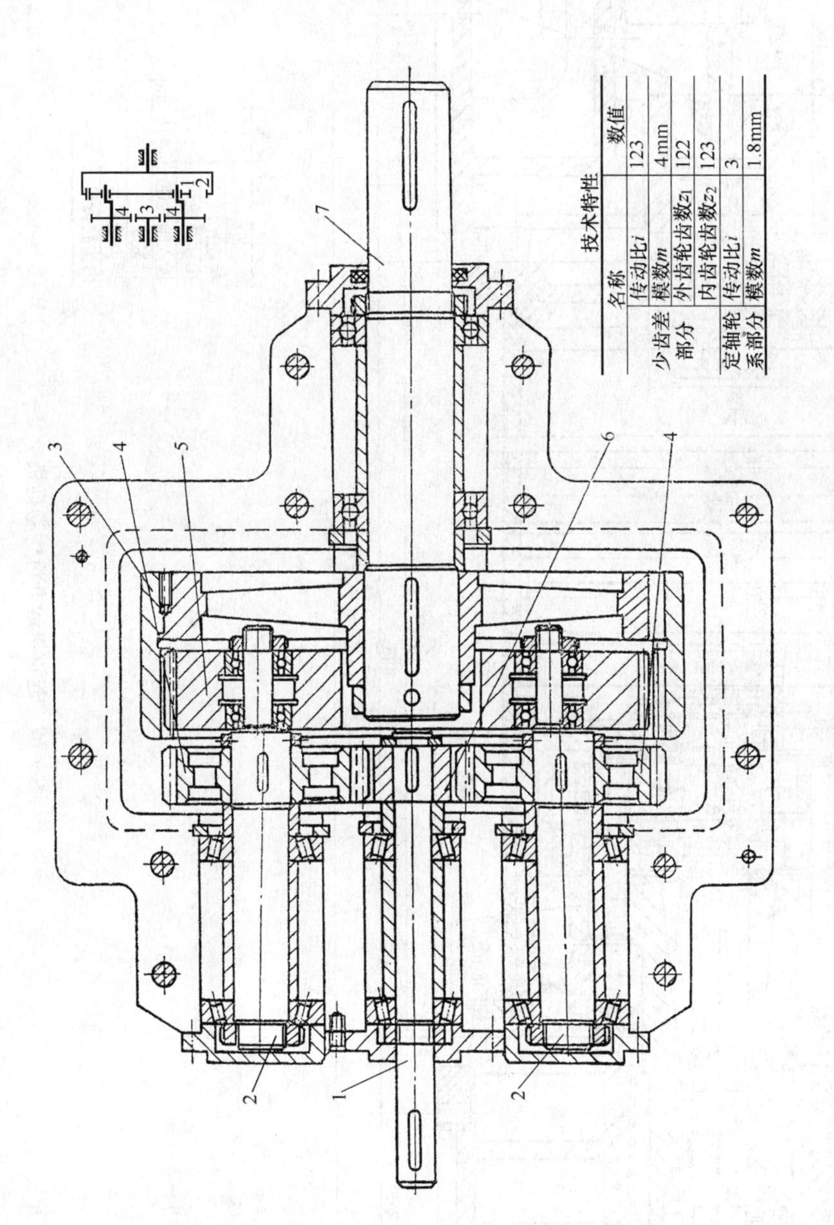

技术特性

名称		数值
少齿差部分	传动比i	123
	模数m	4mm
	外齿轮齿数z_1	122
	内齿轮齿数z_2	123
定轴轮系部分	传动比i	3
	模数m	1.8mm

图 9-66　双曲柄输入式渐开线少齿差行星减速器

1—高速轴　2—曲柄轴　3—内齿轮（2）　4—外齿轮（4）　5—行星齿轮（1）　6—外齿轮（3）　7—低速轴

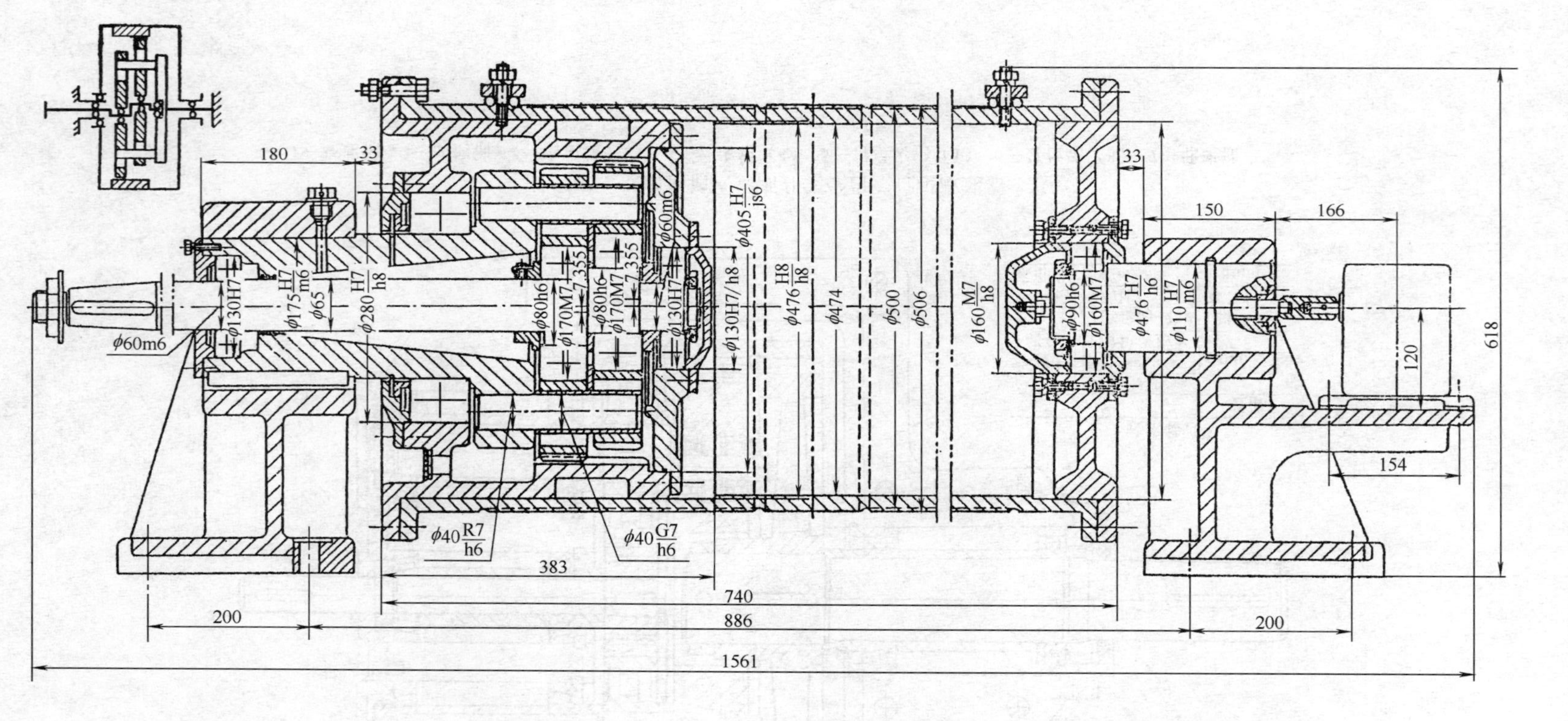

技术特性

名称	数值
传动比i	30.5
传动功率P	16kW
输入轴转速n	710r/min
模数m	6mm
外齿轮齿数z_1	59
内齿轮齿数z_2	61

图 9-67 起重机起升机构卷扬机

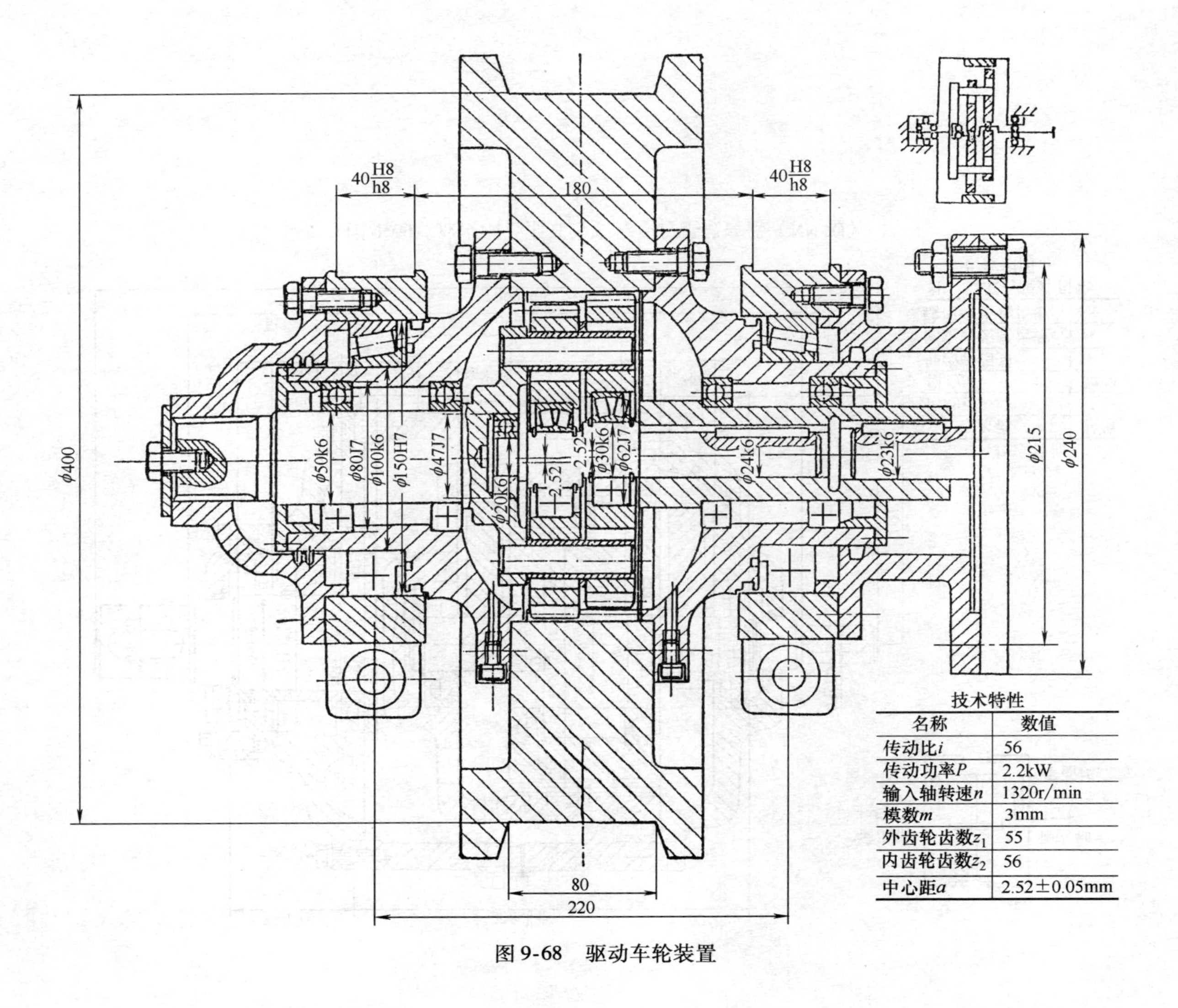

技术特性

名称	数值
传动比i	56
传动功率P	2.2kW
输入轴转速n	1320r/min
模数m	3mm
外齿轮齿数z_1	55
内齿轮齿数z_2	56
中心距a	2.52±0.05mm

图 9-68　驱动车轮装置

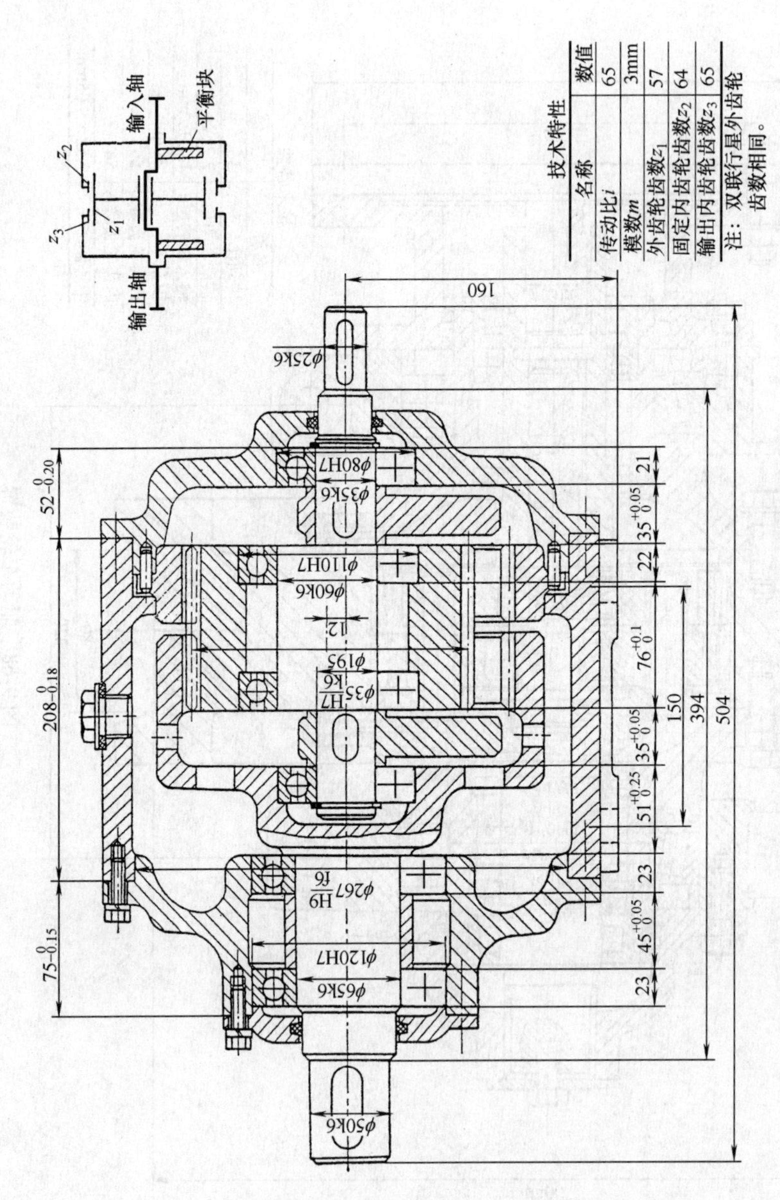

技术特性	
名称	数值
传动比i	65
模数m	3mm
外齿轮齿数z_1	57
固定内齿轮齿数z_2	64
输出内齿轮齿数z_3	65

注：双联行星外齿轮齿数相同。

图 9-69　双内啮合渐开线少齿差行星减速器（NN 型）

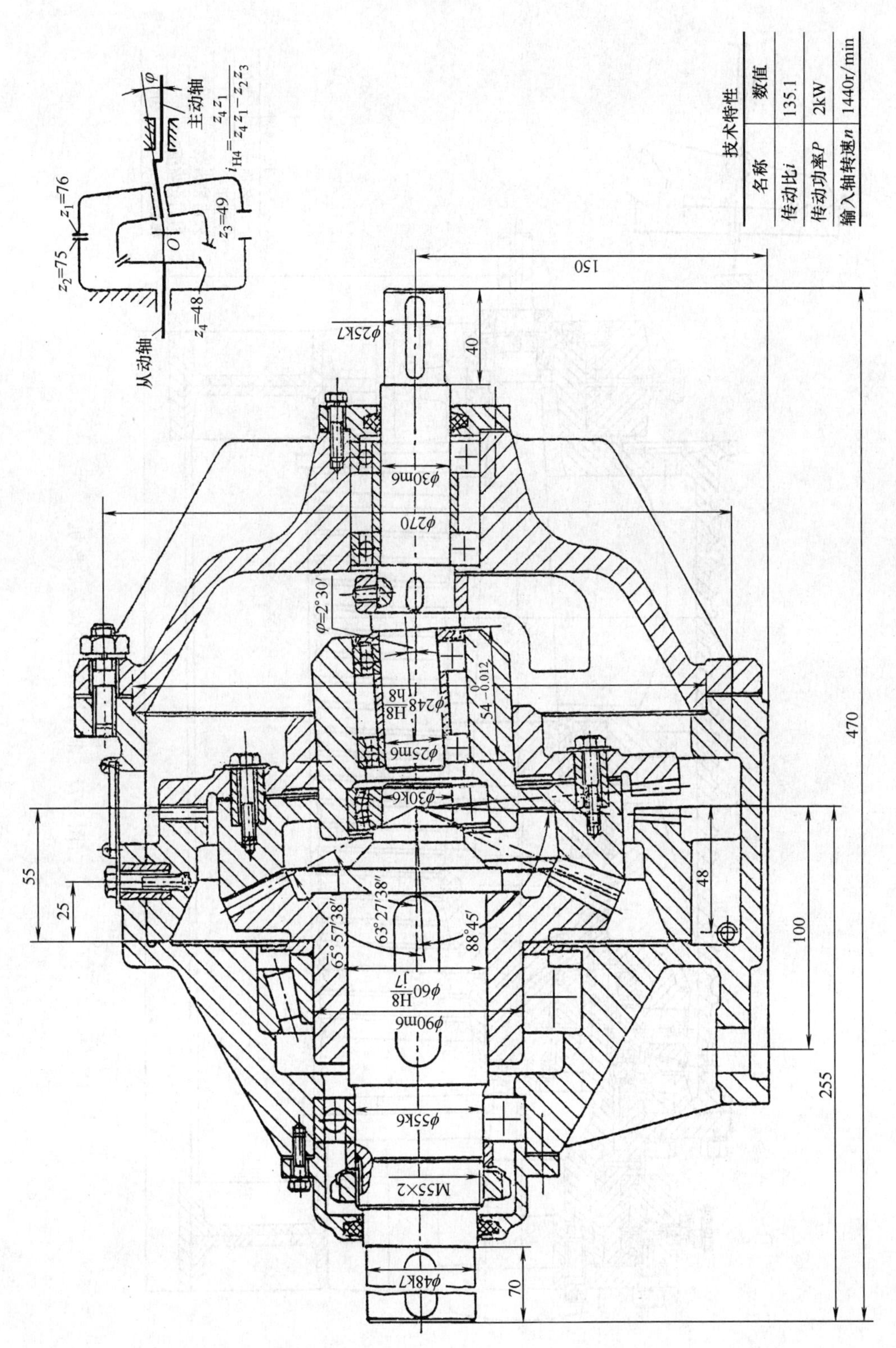

技术特性

名称	数值
传动比 i	135.1
传动功率 P	2kW
输入轴转速 n	1440r/min

图 9-70　渐开线锥齿少齿差行星减速器

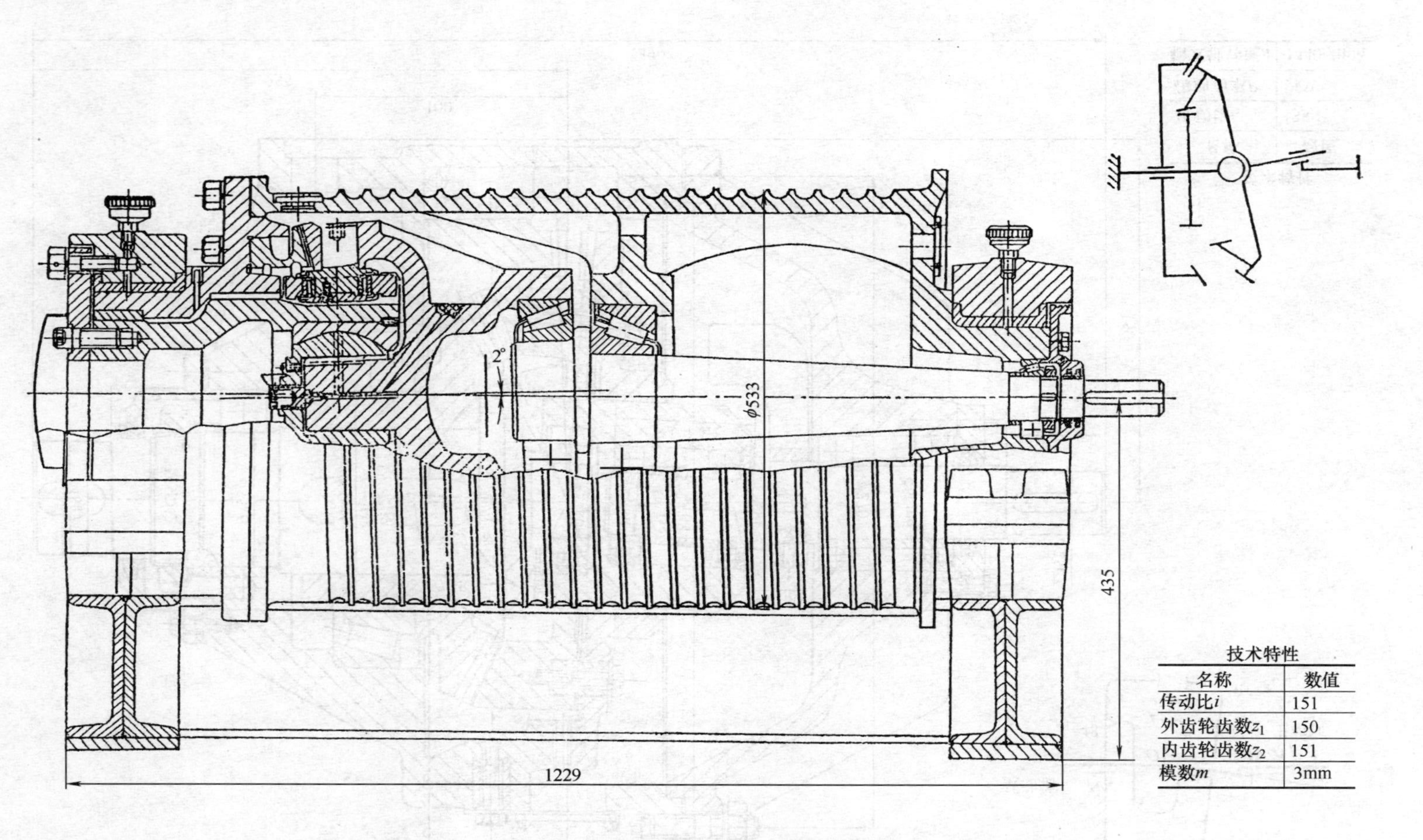

技术特性

名称	数值
传动比i	151
外齿轮齿数z_1	150
内齿轮齿数z_2	151
模数m	3mm

图 9-71　渐开线锥齿少齿差卷扬机

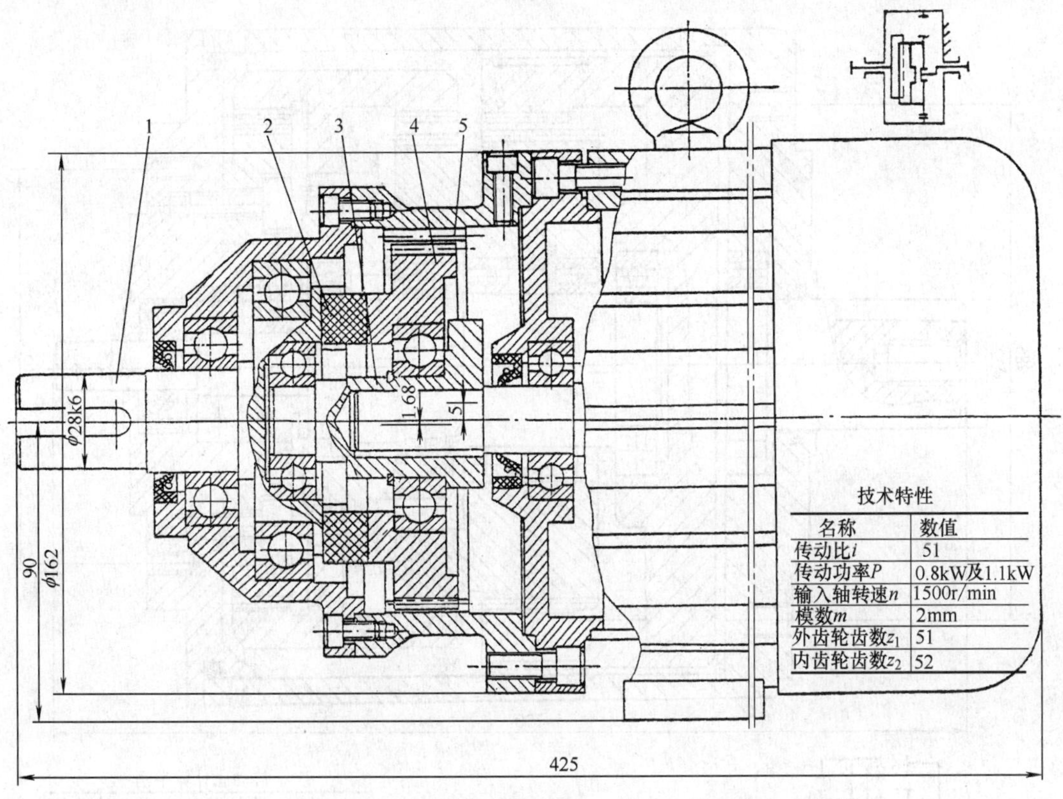

技术特性

名称	数值
传动比i	51
传动功率P	0.8kW及1.1kW
输入轴转速n	1500r/min
模数m	2mm
外齿轮齿数z_1	51
内齿轮齿数z_2	52

图 9-72　渐开线少齿差行星减速电动机（带十字滑块式输出机构）

1—输出轴　2—十字滑块　3—偏心轴　4—行星轮　5—内齿轮

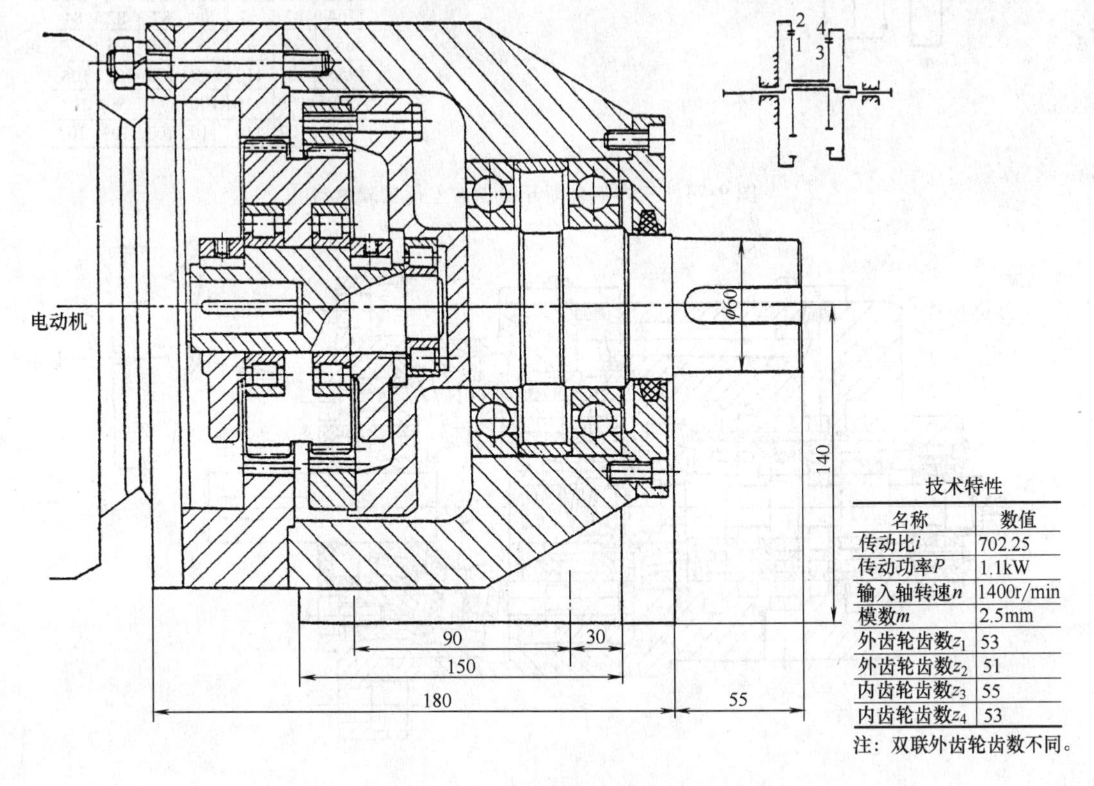

技术特性

名称	数值
传动比i	702.25
传动功率P	1.1kW
输入轴转速n	1400r/min
模数m	2.5mm
外齿轮齿数z_1	53
外齿轮齿数z_2	51
内齿轮齿数z_3	55
内齿轮齿数z_4	53

注：双联外齿轮齿数不同。

图 9-73　麦芽翻拌机双内啮合渐开线少齿差行星减速器

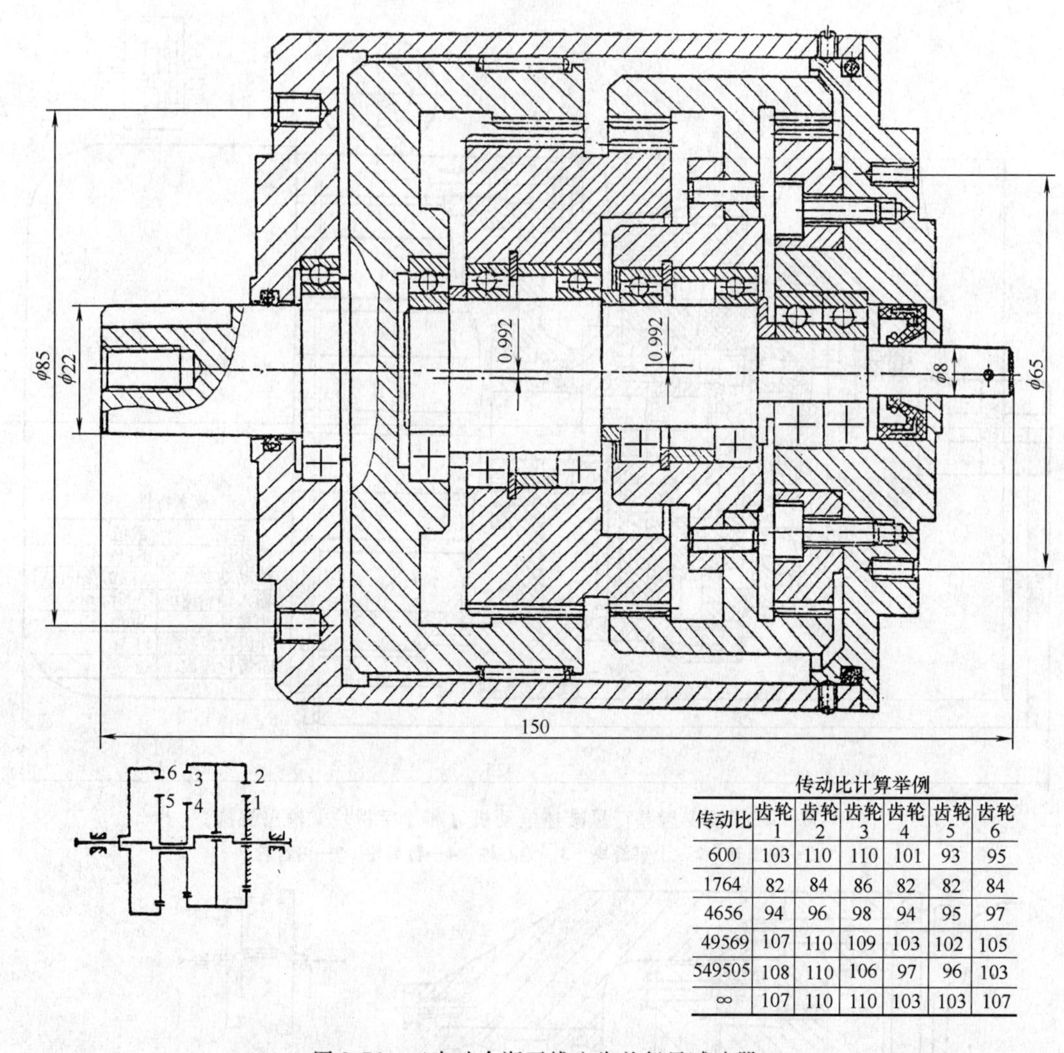

传动比计算举例

传动比	齿轮1	齿轮2	齿轮3	齿轮4	齿轮5	齿轮6
600	103	110	110	101	93	95
1764	82	84	86	82	82	84
4656	94	96	98	94	95	97
49569	107	110	109	103	102	105
549505	108	110	106	97	96	103
∞	107	110	110	103	103	107

图 9-74　三内啮合渐开线少齿差行星减速器

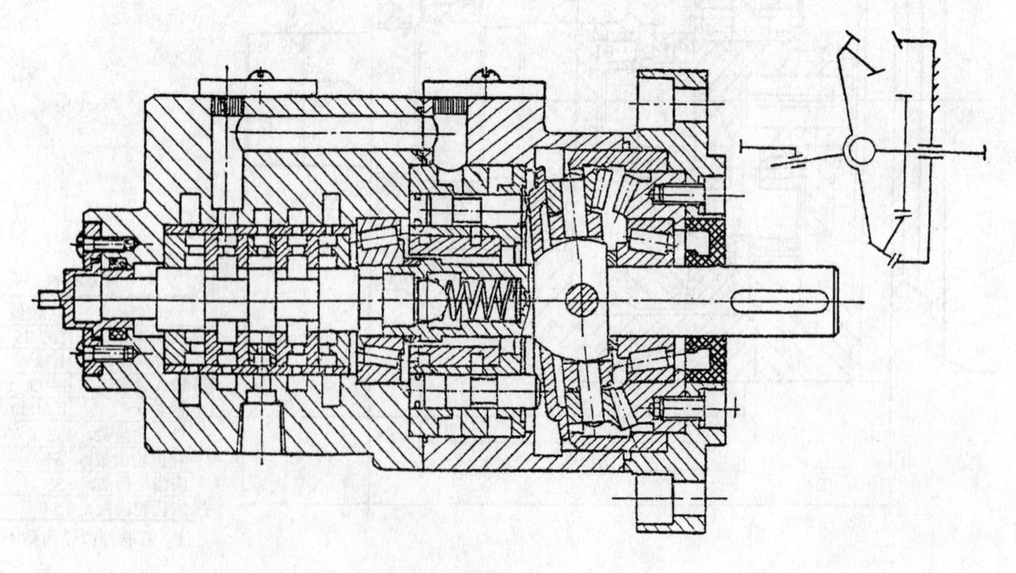

图 9-75　液压步进电动机

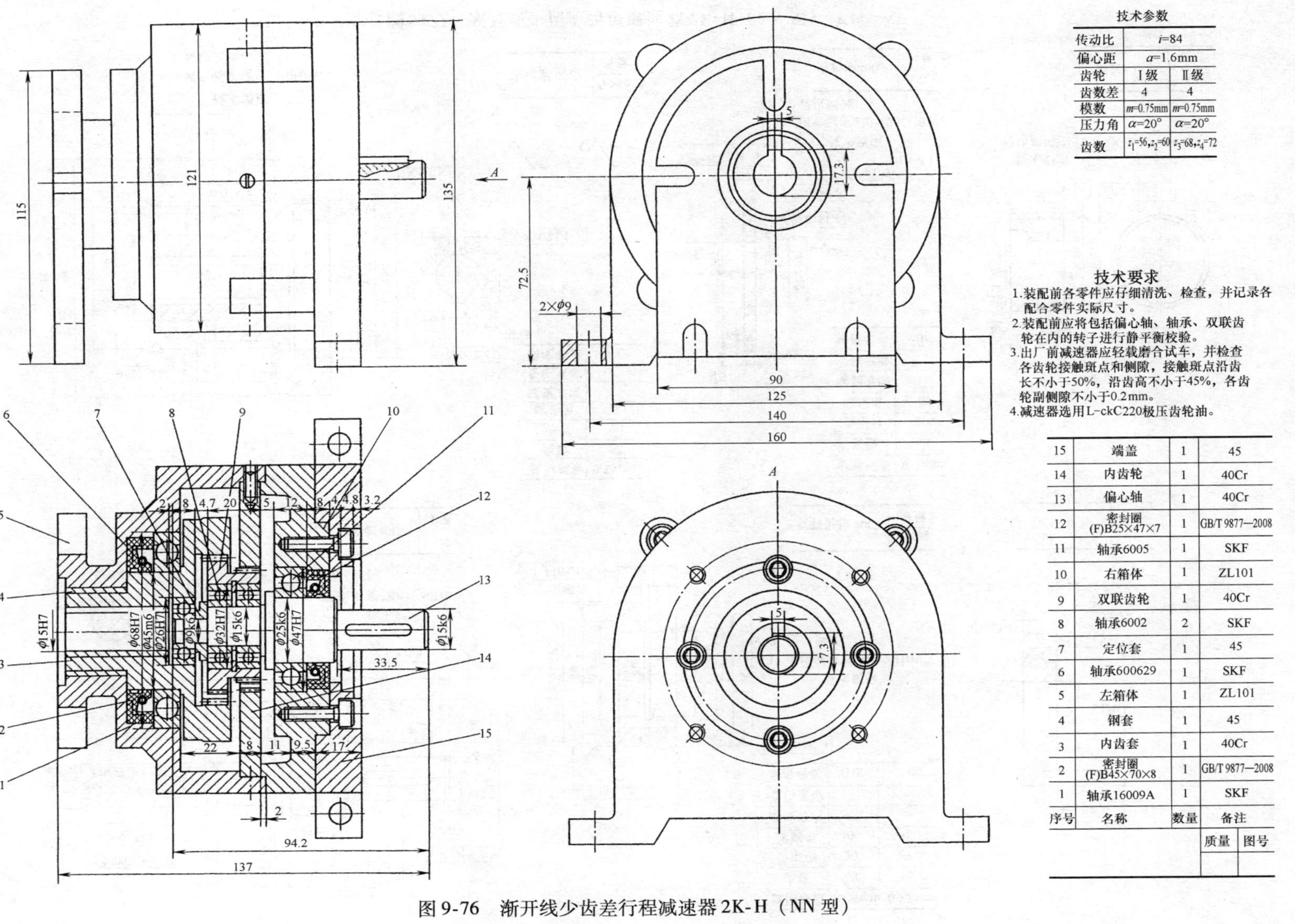

技术参数

传动比	i=84	
偏心距	a=1.6mm	
齿轮	Ⅰ级	Ⅱ级
齿数差	4	4
模数	m=0.75mm	m=0.75mm
压力角	$\alpha=20°$	$\alpha=20°$
齿数	$z_1=56, z_2=60$	$z_3=68, z_4=72$

技术要求

1.装配前各零件应仔细清洗、检查，并记录各配合零件实际尺寸。
2.装配前应将包括偏心轴、轴承、双联齿轮在内的转子进行静平衡校验。
3.出厂前减速器应轻载磨合试车，并检查各齿轮接触斑点和侧隙，接触斑点沿齿长不小于50%，沿齿高不小于45%，各齿轮副侧隙不小于0.2mm。
4.减速器选用L-ckC220极压齿轮油。

序号	名称	数量	备注	
15	端盖	1	45	
14	内齿轮	1	40Cr	
13	偏心轴	1	40Cr	
12	密封圈 (F)B25×47×7	1	GB/T 9877—2008	
11	轴承6005	1	SKF	
10	右箱体	1	ZL101	
9	双联齿轮	1	40Cr	
8	轴承6002	2	SKF	
7	定位套	1	45	
6	轴承600629	1	SKF	
5	左箱体	1	ZL101	
4	钢套	1	45	
3	内齿套	1	40Cr	
2	密封圈 (F)B45×70×8	1	GB/T 9877—2008	
1	轴承16009A	1	SKF	
			质量	图号

图 9-76　渐开线少齿差行程减速器 2K-H（NN 型）

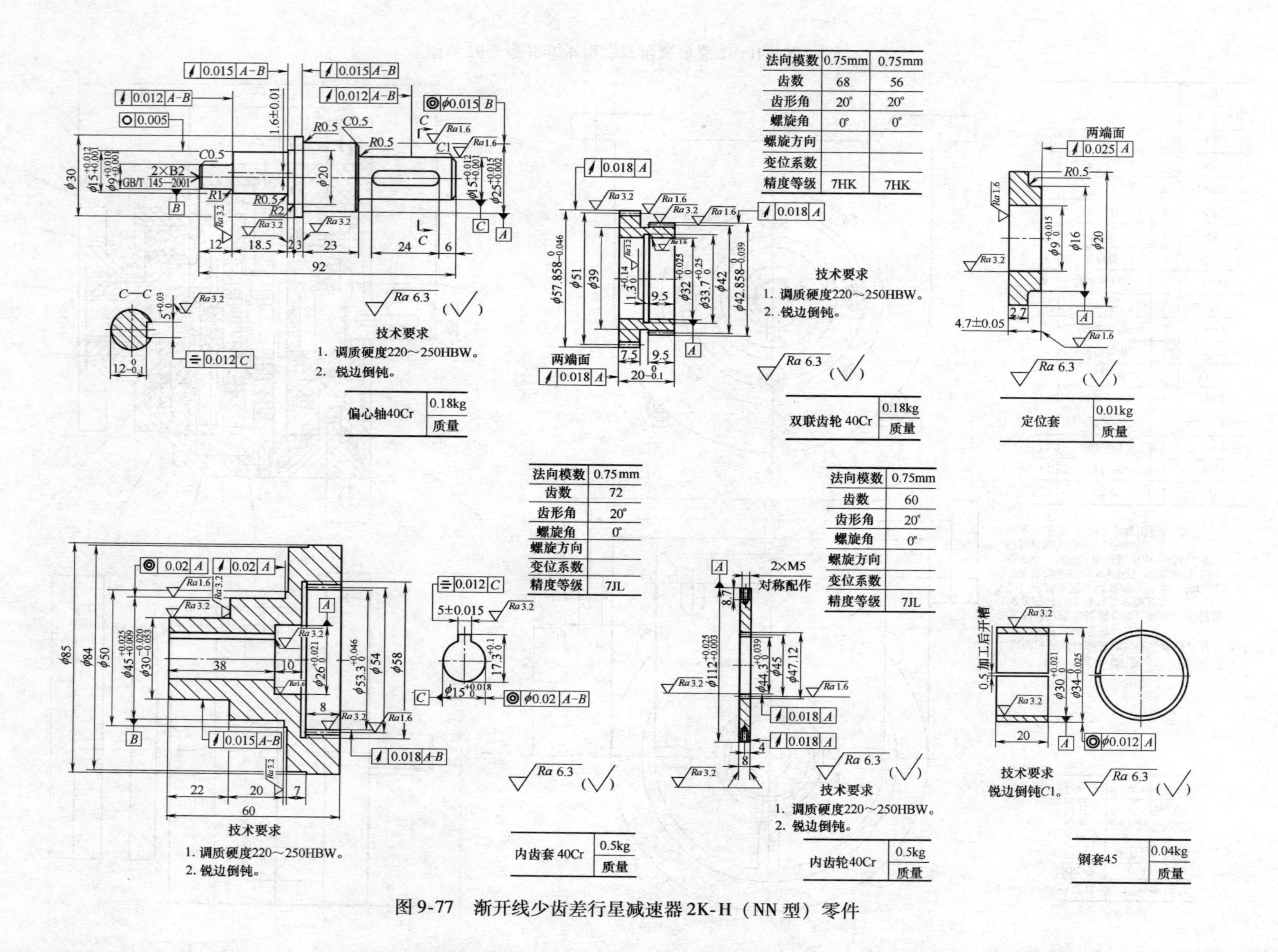

法向模数	0.75mm	0.75mm
齿数	68	56
齿形角	20°	20°
螺旋角	0°	0°
螺旋方向		
变位系数		
精度等级	7HK	7HK

法向模数	0.75mm
齿数	72
齿形角	20°
螺旋角	0°
螺旋方向	
变位系数	
精度等级	7JL

法向模数	0.75mm
齿数	60
齿形角	20°
螺旋角	0°
螺旋方向	
变位系数	
精度等级	7JL

图9-77 渐开线少齿差行星减速器 2K-H（NN型）零件

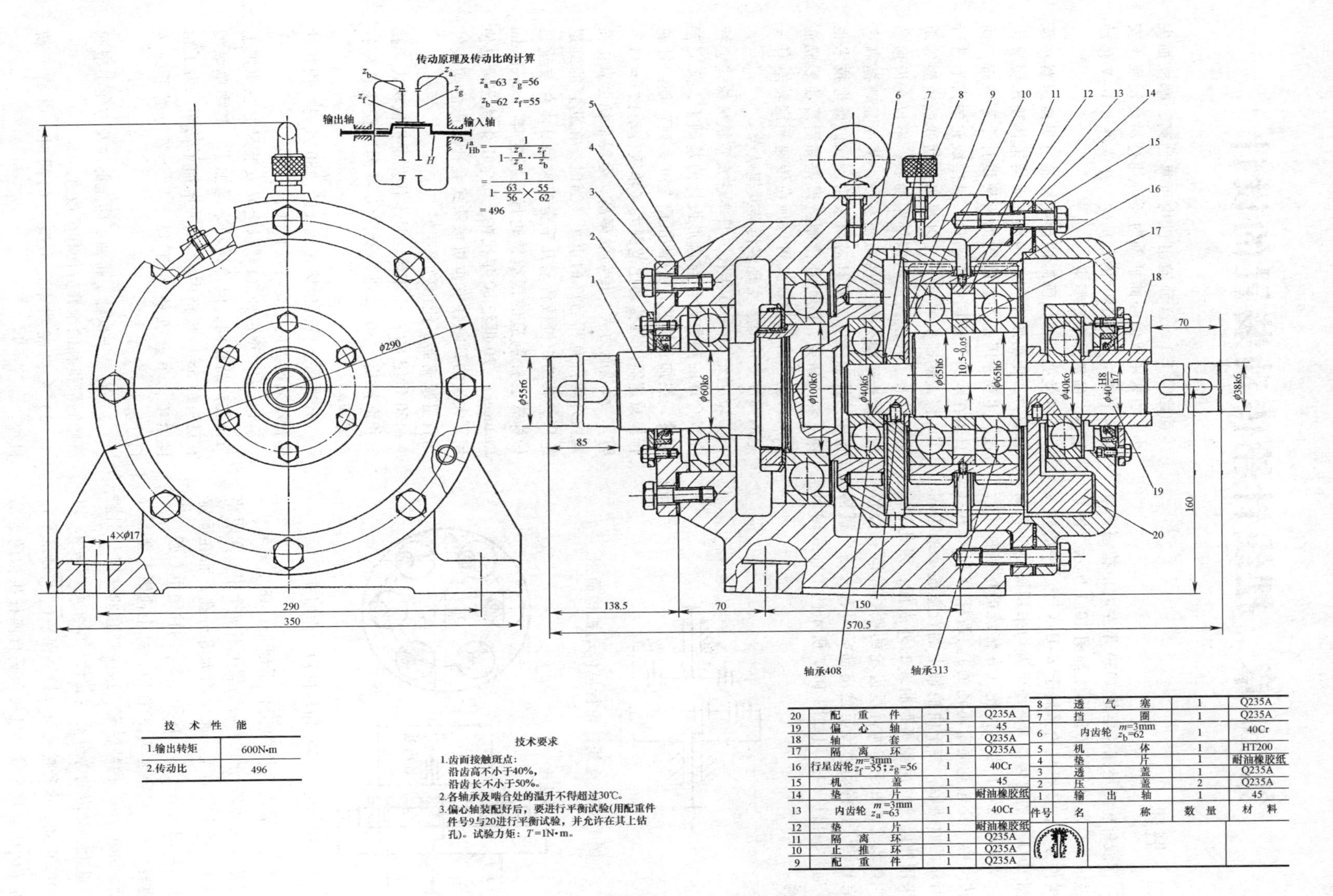

图 9-78　2K-H（NN）少齿差行星齿轮减速器

第10章　摆线针轮传动装置的设计

10.1　概述

摆线针轮行星减速器是1930年左右由德国人罗兰兹·普拉发明。其传动形式如图10-1所示，按基本构件分类，该行星轮系属于K-H-V型。中心轮K即图10-1中的内齿圈b，每个齿均采用圆柱外表面为齿廓，因此轮b也叫针轮（在传统的摆线针轮行星传动中，针轮是固定不动的）。系杆H为图10-1中所示的曲柄轴；装于曲柄轴上的行星轮g的齿廓是采用外摆线的内侧等距曲线的外表面，因此轮g也叫摆线轮；由于作为行星齿轮的摆线轮既有公转又有自转，其将动力传至输出轴必须有一输出机构V，通常输出机构采用如图10-2所示的销轴式输出机构。

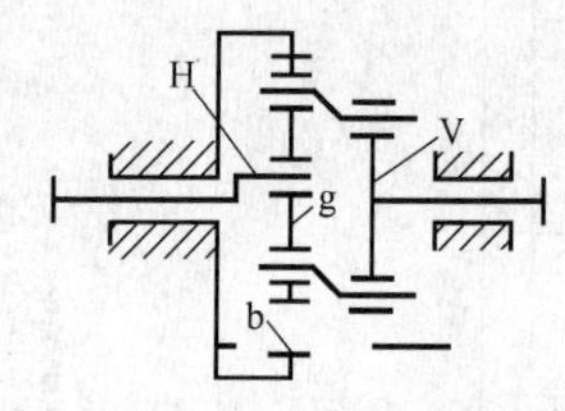

图10-1　摆线针轮行星传动机构简图

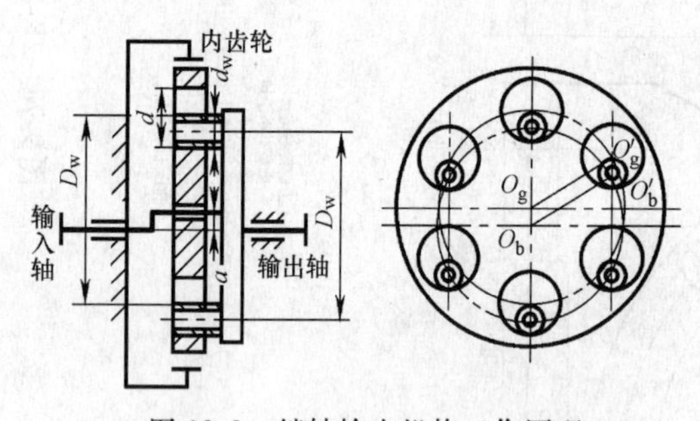

图10-2　销轴输出机构工作原理

销孔式输出机构的工作原理是：在行星轮上，沿直径为D_w的等分孔中心圆周上有n个中心间距相等的、直径为d的孔，通常称为等分孔；而在固定于输出轴的圆盘上，沿直径为D_w的柱销中心圆，均匀地装有n个直径为d_{sw}的柱销，每个柱销上套有可转动的外径为d_w的柱销套。这些带套的柱销分别插在行星轮上对应的等分孔内，使$d/2-d_w/2=a$。由图10-2可知，这种传动可以始终保持$\overline{O'_gO'_b}$总是平行并等于$\overline{O_gO_b}$。这个输出机构和平行四杆机构的运动情况完全相同，从而保证了行星轮和输出轴之间的传动比等于1。这种输出机构可靠性高，摩擦损失小，当采用双偏心曲柄轴时还可使行星传动便于安装两个相位差为180°的行星轮，并使得K-H-V传动紧凑，满足静平衡要求。

罗兰兹·普拉研制的摆线针轮行星减速器在承载能力、传动效率和可靠性方面均未体现出明显优点，主要原因是在摆线轮的齿形设计上不合理。而日本在购买了德国的专利后，对摆线轮的齿形进行了较深入的研究和改进，以短幅外摆线的内侧等距曲线代替了外摆线的内侧等距曲线，不仅在齿形参数上优选短幅外摆线的短幅系数，从而显著提高了齿轮的接触强度，而且对摆线轮齿廓的修形技术也作了深入研究，既可补偿制造误差和润滑油形成油膜所需的啮合间隙，又可保证在传递额定转矩有一定的弹性变形时，实现多齿准共轭啮合。

20世纪50～60年代，日本住友重机械株式会社在较合理的参数设计与齿形设计的基础上，又完善了冷、热加工工艺，并推出了“50系列”摆线针轮行星减速器。其传动比范围大（单级传动比$i=11\sim87$）、承载能力大、传动效率高，运转平稳可靠，在国内外均占有相当好的市场。当时，在北京的维尼纶厂，其纺织机械传动几乎全部采用日本住友重机械株式会社制造的摆线针轮行星减速器（Cycloidal Reducer）。20世纪80年代在上海宝山钢铁公司也使用了大量的日本住友重机械株式会社生产的摆线针轮行星减速器，使用效果很好。

20世纪80～90年代，日本住友重机械株式会社又相继推出“80系列”及“90系列”摆线针轮行星减速器。

日本住友重机械株式会社的“80系列”摆线针轮行星减速器的主要特点为以下三项：

1）大中型机种（84#以上）安装尺寸在原则上与以往产品相同，但传递功率增加了，其中单级型在已有的68种规格中有30种增加了功率。为了结构紧凑，小型机种（84#以下）全部变更了安装尺寸。

2）在易于供油、排油、防止漏油及方便小型润滑脂润滑机种的维修方面作了改进。

3）在提高功率、小型化的同时，增加了新机种。

日本住友重机械株式会社的“80系列”小型高

性能化的主要技术措施有以下五项：

1）依靠齿形修形技术的积累以及加工技术的提高，在低减速比域内采用两齿差以增加同时有效啮合传力齿数，在高减速比域内采用复合齿形，以保证高减速比仍可采用针齿套，提高传动效率和防止胶合。

2）通过对齿形主要参数的优化设计来增加传递的功率。

3）用计算机进行精确的强度计算，达到较先进的设计指标。

4）改进转臂轴承的设计，如采用整体偏心轴承，以提高整机中薄弱环节——转臂轴承的承载能力。

5）改善润滑条件。

1992年，日本摆线针轮行星减速器又在“80系列”的基础上推出了“90系列”的摆线针轮行星减速器。与“80系列”比较，后者在以下三个方面有进一步发展：

1）机型由15种扩大为21种。

2）传动比由8种扩大为16种。

3）60%以上型号的摆线针轮减速器传递功率均略有增大。

1994～2000年，日本陆续推出4000系列、5000系列。到2000年以后，日本住友重机械株式会社推出了21世纪的第一代产品——6000系列。其单级机型进一步扩大为38种，而且还扩大了框号与电动机容量的组合，可以让用户进行较以前更为精细的选择。除此以外，6000系列在轻量化方面有显著改进，以电动机直联型摆线针轮行星减速器为例，其为质量减轻最大的一种机型，总质量减轻了40%。

摆线针轮行星传动的特点为：

1）传动比范围大。单级传动比为6～119，两级传动比为121～7569；三级传动比可达658503。

2）体积小、质量轻。用它代替两级普通渐开线圆柱齿轮减速器，体积可减少1/2～2/3；质量减轻1/3～1/2。

3）效率高，一般单级效率为0.85～0.95。

4）运转平稳，噪声低。

5）工作可靠，寿命长。

由于有上述优点，这种减速器在很多情况下已代替两级、三级普通渐开线圆柱齿轮减速器及圆柱蜗杆减速器，在冶金、矿山、石油、化工、船舶、轻工、食品、纺织、印染、起重运输以及军工等很多部门得到日益广泛的应用。但是这种传动制造精度（齿形精度与分度精度）要求高，需要专门的加工设备。

目前，摆线针轮行星传动只能用于输入轴转速 $n_H \leqslant 1800\mathrm{r/min}$，传递功率 $P \leqslant 132\mathrm{kW}$ 的场合。

10.2 我国摆线针轮行星减速器制造工作的进展及标准的制定

1964年日本在北京的工业展览会上展出了摆线针齿行星减速器，当时日本对我国出售制造这种减速器的工艺装备索价要比卖给其他国家的价格高很多倍。而设计与制造工艺技术对我国更是绝对保密。在此情况下，我国决定自己动手来设计与试制这种新型齿轮传动。在原一机部领导下，天津市减速机厂、上海动力齿轮厂、辽阳制药机械厂等工厂先后开始了试制工作，而秦川机床厂则承担了试制摆线轮磨齿机的任务。不到三年时间，我国不仅生产出来了摆线针轮行星减速器，而且成功地试制出QC001型摆线磨齿机。由于摆线针轮行星减速机用于生产不久，就显示出体积小、质量轻、传动平稳、寿命长、故障少、效率较高等一系列优点，深受用户欢迎，因此各地厂矿设计部门纷纷相继采用，制造这种减速器的工厂也日益增多。目前摆线针轮行星减速器在我国已经广泛地应用于石油化工、矿山、冶金、起重运输、轮船、纺织、军工、锅炉、铁路信号、制药等机械传动中，逐渐代替PM、JZQ等普通齿轮减速器及普通蜗轮减速器。例如北京维尼纶厂几乎所有的减速传动、陕西省宝鸡市某有色金属轧制工厂辅助机械几乎所有的减速传动都是采用的摆线针轮行星减速器。

1. 我国摆线针轮行星减速器制造工厂的情况

目前，我国有16个省市（天津、上海、山东、河北、河南、山西、陕西、四川、甘肃、江苏、浙江、广东、广西、辽宁、吉林、黑龙江）的共500多个大小工厂生产摆线针轮减速器。其中产品质量较好、规模较大的工厂有陕西秦川机床工具集团有限公司、天津减速机股份有限公司、上海市减速机械厂、江苏泰隆减速机股份有限公司、江苏泰星减速机股份有限公司等。

陕西秦川机床工具集团有限公司（其前身为秦川机床厂）为了满足我国发展摆线针轮行星减速器生产的急需，于1969年开始生产我国自行设计的QC001型摆线磨齿机。这种摆线磨齿机可以精磨外圆直径在540mm以内的各种规范摆线针轮行星减速器的摆线轮。后按国家机床分类标准定为Y7654摆线齿轮磨齿机。该机床自1969年以来，经多次改进已生产了1000多台。该公司还生产了Y7663大型摆线磨齿机，2008年又设计生产了YK7632数控成形砂轮磨齿机，其精度水平已达到国际20世纪90年代水平。1981 年，该公司开始生产摆线针轮行星减速器，并与大连铁道学院（现名大连交通大学）齿轮研究中心密切合作，全系列摆线针轮行星减速器都采用了大连交通大学齿轮研究中心的“摆线针轮行星传动的优化新齿形”等科研成果，设计并生产出各项性能指标都能达到日本住友重机械株式会社“80 系列”性能指标的“新系列”摆线针轮行星减速器，广泛用于兰州炼油厂、武汉石化等大型石化企业，并取得可靠性高、寿命高的优良效果。

天津减速器股份有限公司是摆线针轮行星减速器和油浸式电动滚筒产品开发生产的发源地，中国减变速机行业协会理事长单位。主要产品有：8000 系列摆线减速器（其性能相当于日本住友重机械株式会社的 6000 系列）、硬齿面减速器、ZGY 悬挂式减速器、JSJ 系列双卧轴搅拌机专用减速器等，并承接各种非标准产品的设计制造。

江苏泰隆减速器股份有限公司于 1985 年开始摆线针轮减速器的设计、制造与销售。产品按照 JB/T 2982 标准，采用摆线针齿啮合、少齿差行星传动原理设计。1998 年，在传统摆线减速器的基础上进行创新，开发了 TB9000 系列摆线针轮减速器，具有如下特点：①采用了优化新齿形，选择了合理的修形方式与最佳啮合侧隙，增加同时有效啮合齿数，使得该产品结构紧凑，体积更小，承载能力更大，运转平稳，噪声低，效率高，使用可靠，寿命更长；②增加了机种型号和电动机功率匹配，使机型更加合理；③传动比范围更大，配置更合理，增加了小传动比 6、8 和其他中间传动比，使单级减速传动比为 6～87，达 18 种，双级减速传动比为 99～7569，达 32 种，根据需要可以采用更多级组合。

2. 我国在摆线针轮行星传动方面的标准

我国摆线针轮行星减速器的发展，经历了一个由仿制到自行设计产品系列的过程。1964 年天津减速器厂刚开始试制摆线针轮行星减速器时，产品基本上是仿制产品（X 系列）。以后随着研究、生产摆线针轮行星减速器的工厂增多，为了进一步满足生产需要，更好地在我国发展这种新型齿轮传动，组成了由机械科学研究院、通用机械研究所、齐齐哈尔第一机械厂、天津市一机局标准组、天津市通用机械设计研究所（现名天津市石化通用机械研究所）、天津市减速器厂等 6 个单位为主，多个单位参加的摆线针轮行星减速器系列标准编制工作组，在 1981 年公布了我国自己的摆线针轮行星减速器系列标准 JB 2982—1981。随后，开始了按我国标准设计的 BX 系列摆线针轮行星减速器的批量生产，1994 年系列标准 JB 2982—1981 又修改为 JB/T 2982—1994。

2009 年天津市石化通用机械研究所为摆线针轮行星传动制定了三项国标，并已报批。

1）GB/T 10107. 1—2010 摆线针轮行星传动基本术语。

2）GB/T 10107. 2—2010 摆线针轮行星传动图示方法。

3）GB/T 10107. 3—2010 摆线针轮行星传动几何要素代号。

10.3 摆线针轮行星传动技术在我国的发展

1. 传统的摆线针轮行星传动

我国从 1964 年开始，对摆线针轮行星传动进行了系统深入的研究。天津减速机厂、上海减速机厂、大连橡胶塑料机械厂于 1964 年左右首先进行摆线减速器的试制，经过 2～3 年的艰苦努力，获得初步成功。1972 年年初大连橡胶塑料机械厂在此基础上，曾设计了一台传动功率为 100kW 的摆线针轮行星减速器。

20 世纪 60 年代末，东北工学院、沈阳机电学院等院校及研究机构首先介绍了这种新型机械传动的运动学、几何学及力分析等方面的基本知识。上海交通大学对摆线减速器的制造工艺、传动效率试验、输出销轴强度试验等方面进行了研究。自 1971 年秦川机床厂将我国第一台可以精磨摆线轮齿的 QC001 型摆线磨齿机投入批量生产以后，我国许多工厂开始批量生产摆线针轮行星减速器。当时，不仅在进行系列化设计与计算摆线轮齿形测量尺寸等方面工作时，迫切要求有一个能表达摆线轮实际齿形的方程式，而且为了分析国外引进产品的齿形，想要通过对齿形坐标的精确测量和电算迅速而准确地判定其齿形修形方式与修形量，也必须建立一个能概括各种通用修形方式的摆线轮齿形方程式。但当时已有资料中，只有纯理论的无隙啮合的标准齿形方程式。众所周知，为了补偿制造误差，便于装拆和保证良好的润滑，摆线轮齿与针轮齿之间是不允许没有啮合间隙的，所以摆线轮的齿形都必须修形，而不可能采用无隙啮合的标准齿形。

根据摆线针轮行星传动的啮合与加工原理，以及所掌握的国内外资料，摆线轮的齿形修形方式不外乎以下 3 种基本修形法的组合：

1）等距修形法。等距修形只是将磨轮齿形半径由理论的 r_{rp} 加大为 $r_{rp}+\Delta r_{rp}$（当修形量 Δr_{rp} 为正值时，为正等距修形，反之，当修形量为负值时称为负等距修形），r_{rp} 为正值时，加工出的摆线轮与标准针齿之间，在公法线方向上有间隙。

2）移距修形法。移距修形是将磨轮（齿形半径为 r_{rp}）向工作台中心移动一个微小距离 Δr_p（称为负移距修形，反之，远离工作台移动为正移距修形），这就相当于在磨齿时，针齿中心圆半径由标准的 r_p 缩小为 $r_p+\Delta r_p$（负移距修形时，Δr_p 应以负值代入），这样加工出的摆线轮与标准针齿之间存在法向间隙。

3）转角修形法。采用正转角修形方法加工摆线轮时，机床的调整完全和加工标准齿形一样，只是在磨出标准齿形以后，将分齿机构与偏心机构的联系脱开，然后拨动分齿机构齿轮，使摆线轮工件转过一个微小的角度，这样重新磨削后就得到一条与标准齿形基本上相同的齿形，仅整个齿的厚度变小，而齿间变大了一些。从理论上说，将转角修形磨出的摆线轮装于标准针轮内，在啮合时对于各齿所得到的侧隙是较均匀的，但齿顶和齿根部分将存在无间隙啮合，从而不能补偿径向尺寸链的制造误差，故不能单独使用。而其他两种方法既可与其他修形法联合使用，也可单独使用。

当时东北工学院的年轻教师李力行和洪淳赫根据对摆线针轮行星传动特性分析及对摆线轮齿形精确测量的实际需要，创新提出了能概括各种齿形修形的通用的摆线轮齿形方程式，为摆线轮的优化设计、准确受力分析及摆线轮齿形精确测量等提供了重要的理论基础。同时，他们还利用这一通用的摆线轮齿形方程式，根据精确测出的齿形坐标，对引进样机的摆线轮齿形修形方式与修形量也进行了搜寻与分析。

我国机械传动领域的专家学者对摆线针行星传动一直给予足够的重视。近三十年来，进行了一系列深入系统的研究，并在赶超国际先进水平方面取得了一些成果，主要有以下几方面。

1）通过对日本住友重机械株式会社摆线针轮减速器中所采用的摆线轮齿形进行深入的分析研究，发现日本采用的摆线轮齿形，一般采用移距修形，这样加工出来的摆线轮齿形，理论上只是与加工时所用针齿中心圆直径减小的针轮齿互为共轭齿形，而与实际减速器中未减小针齿中心圆直径的针轮齿不为共轭齿形。所以安装后空载运转时，摆线轮与针轮在理论上为单齿啮合，受力变形后才为多齿啮合，显然这会影响传递功率及运动精度。李力行教授经过深入的分析研究，首创了一种修形后工作部分符合共轭条件的摆线轮优化新齿形，即采用正等距与正移距修形优化组合的方式加工摆线轮。其影响齿形的主要参数经过优化设计，齿形的工作部分通过优化逼近共轭齿形，即使空载，同时参与啮合齿数也至少在3个齿以上，不仅承载能力大，传动平稳，而且可按实际要求产生合理的侧隙与径向间隙，以补偿制造误差和满足润滑要求。经现场实际运行后所进行的轮齿啮合带对比分析，采用优化新齿形的摆线轮齿齿面啮合带很宽，是日本同样机型减速器中所用摆线轮齿啮合带的2倍左右。

2）过去国内外文献关于摆线针轮行星传动中摆线轮与针齿啮合时的受力分析均介绍前苏联B. H. 库德略夫采夫所提出的方法，此法虽在理论上颇有见地，而被日本等国和我国一些手册转载或引用，但它只在标准齿形摆线轮与针轮处于理论上的无隙啮合时才是合理的。实际上，摆线针轮行星传动为了补偿制造误差、保证良好的润滑，摆线轮必须进行修形。在这种情况下，如果用库氏未考虑修形进行有隙啮合这一实际条件的受力分析方法，所引起的误差至少超过30%，甚至达60%，这点已被光弹实验应力分析与理论分析所证实。1986年，李力行教授在研究摆线轮齿形合理修形方式的基础上，提出了一种考虑了摆线轮修形及受力零件弹性变形影响的符合工程实际的准确摆线轮受力分析方法和公式。该公式在1991年以后，被我国设计手册等所采用，它对进行机器人用RV传动的受力分析也具有重要的参考价值。

3）在小速比采用二齿差方面，魏祥稚高工在我国率先对二齿差摆线针轮传动进行了成功的实践探索。1978年，他在辽阳制药机械厂首先研制成功两台二齿差摆线针轮减速器，从而基本上解决了小速比减速器的齿面胶合问题，并且速比可降至6，为小速比摆线针轮行星传动的研制打下良好的基础。郑州工学院冯澄宙教授也对二齿差摆线针轮传动原理、强度计算、短幅外摆线齿轮的公法线测量方法进行了研究。大连铁道学院马英驹教授对二齿差摆线轮齿廓顶部曲线参数进行了优化计算，取得了良好的效果。考虑到二次磨削造成工艺上的复杂性，他又提出采用一条完整的短幅外摆线等距曲线作为摆线轮齿廓，来等效地代换二齿差摆线针轮传动中的摆线轮工作齿廓与顶部修顶曲线的理论。

4）在大速比时，为了克服常规设计一齿差短幅外摆线的等距曲线与无针齿套针齿啮合时传动效率大幅度下降的缺点，而采用了复合齿形与微变幅齿形的优化设计。

5）以整机承载能力最大为目标函数，进行了摆线针轮行星传动的参数优化设计；完成了一整套摆线针轮行星传动的计算机辅助设计。

6）东北工学院的周培德教授系统地提出了摆线

齿轮滚刀齿形设计原理及用包络线原理和用啮合线原理两种计算滚刀齿形的方法。大连铁道学院朱恒生教授以点齿代换法为媒介，从运动学和几何学出发，提出了摆线齿轮在任意加工节圆时计算滚刀齿形的通用方程式，这种方法避免了啮合计算法中繁杂的微积分等数学运算，是一种较为简便的计算方法。

7）鞍山钢铁学院高兴岐教授对适用于摆线针轮行星传动的胶合失效计算准则进行了理论探讨和试验研究，提出了以试验为基础的变态摩擦功准则作为摆线针轮行星传动的胶合计算准则，得出了适用于矿物油及特种油润滑的计算准则表达式，并证明其胶合计算准则有一定的实用性。

2. *环板式针摆行星传动*

为了使创新的摆线针轮行星减速器既保持传统摆线针轮行星减速器的诸多优点，又可以更充分发挥其承载能力，关键的措施就是如何使转臂轴承的径向尺寸不受限制，可以根据额定动负荷的需要，自由选择。

大连交通大学齿轮研究中心何卫东教授、李力行教授和美国马里兰大学中国研究生李欣经过深入研究，优选出一种可以解决上述难题的设计方案——双曲柄环板式针摆行星传动。

双曲柄环板式针摆行星传动的机构简图如图10-3所示。在平行四杆机构 $ABCD$ 的连杆 BC 上，装有针轮 2，其中心 O_p 位于连杆 BC 的中点。与针轮 2 相啮合的摆线轮 g 中心 O_g 位于主、从动曲柄回转中心 A、D 连线 AD 的中点，主、从动曲柄的长度 l 的大小等于针轮与摆线轮中心距 O_pO_g。由于在平行四杆机构 $ABCD$ 中，连杆作平动，其上各点轨迹形状、速度、加速度相等，所以固连于连杆 BC 上的针轮 2 轮心 O_p 轮轨迹必是以 O_g 为圆心，以 l 为半径的圆。

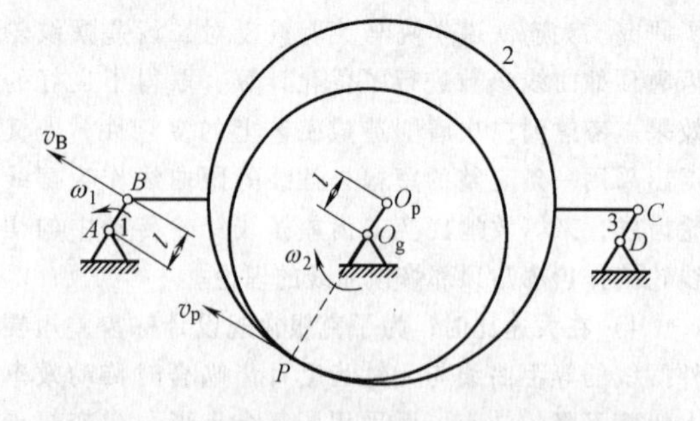

图 10-3　双曲柄环板式针摆行星传动机构简图

设针轮 2 与摆线轮的节圆半径分别为 r_p 与 r_g，则 $r_p - r_g = l$。

设主动曲柄 1 的角速度为 ω_1，则连杆 2 与主动曲柄 1 铰接点 B 处的速度 v_B 大小应为 $v_B = \omega_1 l$，其方向为垂直曲柄 AB 的方向，指向应与 ω_1 的转向一致。

由于连杆作平动，其上各点的速度大小与方向均相同，所以固连于连杆 BC 上的针轮 2 在与摆线轮啮合点 P 处的速度 $v_p = v_B$，由此可得

$$\omega_2 r_g = \omega_1 l$$

式中　ω_2——摆线轮和输出轴的角速度。

以 $l = r_p - r_g$ 代入上式，得

$$\omega_2 r_g = \omega_1 (r_p - r_g)$$

故

$$\frac{\omega_1}{\omega_2} = \frac{r_g}{r_p - r_g} = \frac{z_g l}{z_p l - z_g l} = \frac{z_g}{z_p - z_g}$$

式中　z_g——摆线轮齿数；

z_p——针轮齿数。

由图 10-3 可以看出，摆线轮和针轮在啮合处 P 点的速度方向要与 v_B 相同，而摆线轮绕 O_g 的转动方向必与主动曲柄绕 A 的转动方向相反。即若转向 ω_1 为逆时针，则 ω_2 的转向必为顺时针。为此，双曲柄环板式针摆行星传动的传动比计算公式应写为

$$i_{12} = \frac{\omega_1}{\omega_2} = -\frac{z_g}{z_p - z_g}$$

（1）创新传动——双曲柄环板式针摆行星传动的可行方案　由图 10-3 可知，创新的双曲柄环板式针摆行星传动与传统的摆线针轮行星传动在传动方式上的最大区别在于：传统的摆线针轮行星传动是针轮固定，与之啮合的两片摆线轮（行星轮）作行星运动，通过销孔式输出机构将减速增矩后的动力传到输出轴（见图 10-1、图 10-2）；而创新的传动是将双曲柄平行四杆机构与摆线针轮传动巧妙地结合，以装于输入轴上的曲柄为主动，带动装于连杆上的针轮（行星轮）作各点轨迹均为圆的平动，针轮上的针齿拨动装于输出轴上的绕固定轴线回转的摆线轮（中心轮），而带动输出轴转动。创新传动不仅省去了输出机构，输出轴刚性增强，而且在创新传动中，支承行星轮的转臂轴承（即曲柄与连杆铰接处的轴承），由行星轮内移至行星轮外，并由传统结构中只有一组转臂轴承变为在创新结构中有两组转臂轴承，且可以不受任何限制地按工作需要选用。当然，转臂轴承也就不再成为限制整机承载能力的薄弱环节。正是因为这一重要的变化，在同样针齿中心圆直径与相近传动比的条件下，创新传动整机所传递的转矩和功率可以比传统摆线针轮行星传动增大 1 倍（双环板）至 3 倍（四环板）。

由于创新传动是双曲柄平行四杆机构与摆线针轮传动的结合，也产生一个新的技术问题。这就是，不仅当以两个曲柄中的一个曲柄为原动曲柄时，要让另一个被动曲柄顺利同步通过死点必须有可靠的技术保证措施，而且当两个曲柄均为主动时，让两

个主动曲柄同步也必须有可靠的技术保证措施。有鉴于此，创新传动提出了下述7种可行方案：①一种用同步带联动双曲柄的双环板式针摆行星减速器；②一种用同步带联动双曲柄的四环板式针摆行星减速器；③一种用双电动机驱动双曲柄的四环板式针摆行星减速器；④一种输入轴与输出轴同轴线的，用3个齿轮联动双曲柄的四环板式针摆行星减速器；⑤一种输入轴与输出轴不同轴线的，用3个齿轮联动双曲柄的四环板式针摆行星减速器；⑥一种输入轴与输出轴同轴线的，用3个齿轮联动双曲柄的双环板式针摆行星减速器；⑦一种输入轴与输出轴不同轴线的，用3个齿轮联动双曲柄的双环板式针摆行星减速器。

（2）创新传动的性能特点

1）传统的摆线针轮行星减速器为一组转臂轴承处于摆线轮输出机构之内，径向尺寸受限制，严重地制约了整机承载能力的发挥；创新的双曲柄环板式针摆行星减速器，转臂轴承为两组，且处于针轮之外，径向尺寸不受限制，可以按照要求选用。这样，就可以使整机的承载能力得以充分发挥。在同样针齿中心圆直径和相近传动比的条件下，所传递的转矩与功率增大1倍（双环板）至3倍（四环板）。

2）传统的摆线针轮行星减速器，将行星轮的运动传至输出轴，必须通过一个输出机构（见图10-2），输出轴相当于悬臂梁受力；创新的双曲柄环板式针摆行星传动，不用输出机构，摆线轮装于相当于简支梁的输出轴上，输出轴的刚性很大，这也有利于整机承载能力的发挥。

该新型传动研制成功，将为国民经济各工业部门提供一种具有体积小、质量轻、传动比范围大、传动效率高、传动平稳、结构简单等一系列优点而传递的转矩和功率还可以较传统摆线针轮行星传动成倍增大的新型摆线针轮行星传动。由于其转臂轴承承载能力、输出轴刚度都比传统的针摆行星减速器大得多，因此，该创新研究目标有一项很具体的指标，就是新型传动在同样针齿中心圆直径和相近的传动比条件下，和日本当代最先进的传统摆线针轮行星减速器进行比较，其传递的功率与转矩可以增大1倍（双环板）至3倍（四环板）。这一成果预期可以成为钢铁、石油、化工、起重运输、建筑、机床、橡胶塑料、水处理、食品、纺织及国防等各工业领域机械设备的先进减速传动装置。

（3）创新传动的结构优化设计　结构优化设计需要考虑多方面的要求，其中最重要的两点：首先，是要实现高承载能力、高传动效率、高可靠性的工作需要；其次，是要具有好的制造和装配工艺性。在这一原则指导下，在7种可行方案中，选择了下面3种有代表性的方案进行了结构优化设计。

1）同步带联动双曲柄双环板式针摆行星减速器。

2）双电动机驱动双曲柄四环板式针摆行星减速器。

3）三齿轮联动双曲柄四环板式针摆行星减速器。

10.4　机器人用RV传动

1. 机器人用RV传动的原理及特点

机器人用RV（Rot-Vector）传动是20世纪80年代日本研制用于机器人关节的传动装置，是在针摆传动基础上发展起来的一种新型传动。图10-4是RV传动简图，它由渐开线圆柱齿轮行星减速机构和摆线针轮行星减速机构两部分组成。渐开线行星轮2与曲柄轴3连成一体，作为摆线针轮传动部分的输入。如果渐开线太阳轮1顺时针方向旋转，那么渐开线行星齿轮在公转的同时还有逆时针方向自转，并通过曲柄轴带动摆线轮作平面运动。此时，摆线轮因受与之啮合的针轮的约束，在其轴线绕针轮轴线公转的同时，还将反方向自转，即顺时针转动。同时，它通过曲柄轴推动行星架输出机构顺时针方向转动。

RV传动作为一种新型传动，从结构上看，其基本特点可概括如下：

1）如果传动机构置于行星架的支承主轴承内，那么这种传动的轴向尺寸大大缩小。

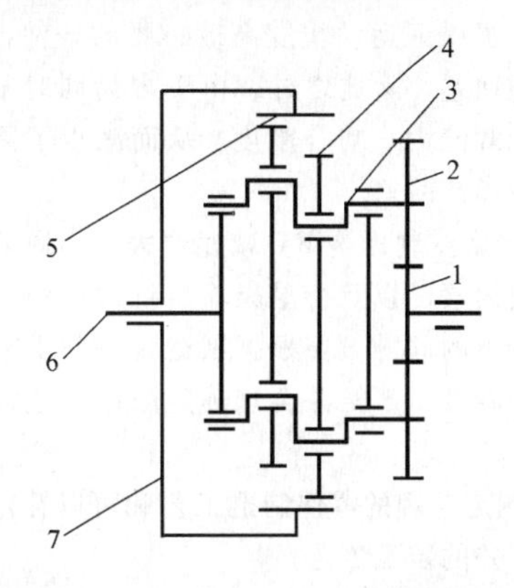

图10-4　RV传动简图

1—太阳轮　2—行星轮　3—曲柄轴　4—摆线轮　5—针齿　6—输出轴　7—针齿壳

注：传动比 i_{16}：$i_{16}=1+\frac{z_2}{z_1}z_5$，其中 $z_5=z_4+1$

z_4—摆线针轮齿数，z_5—针齿数。

2）采用二级减速机构，处于低速级的针摆传动更加平稳，同时，转臂轴承因个数增多且内外环相对转速下降，其寿命也可大大提高。

3）只要设计合理，就可获得很高的运动精度和很小的回差。

4）RV传动的输出机构是采用两端支承的尽可能大的刚性圆盘输出结构，比一般摆线减速器的输出机构（悬臂梁结构）具有更大的刚性，且抗冲击性能也有很大提高。

5）传动比范围大，其传动比 $i=31\sim171$。

6）传动效率高，其传动效率 $\eta=0.85\sim0.92$。

2. RV传动的设计

机器人用RV传动的设计关键要从以下3个方面着手：

1）提高机器人用RV减速器运动精度。作为机器人用的RV减速器，最重要的性能指标是必须具有高的运动精度和位置精度，这样才能使机器人的工作机构精确地达到预定的位置。运动精度的保证主要依靠对传动链误差的严格控制。由于摆线针轮行星传动部分和行星架输出机构部分对RV减速器传动误差的影响直接反映到输出轴上，因此影响程度大，而处于第一级的渐开线行星齿轮传动部分对RV减速器传动误差的影响要缩小相当于传动比那么多倍，因而影响相对要小得多。为了保证RV减速器的运动精度，重点是控制好摆线针轮传动部分和行星架输出机构的传动误差。提高机器人用RV减速器运动精度，最关键的技术有以下三方面。

① 摆线轮采用负等距与负移距修形优化组合的新齿形，实现多齿共轭啮合，瞬时传动比恒定，这不仅提供了保证运动精度高最必要的条件，还可以减少间隙回差。除此之外，由于多齿同时啮合，还提高了承载能力、啮合刚度，从而减少了因弹性变形引起的弹性回差。

② 严格控制影响RV减速器大、小周期传动误差的主要因素，以及行星架输出机构中的杆长制造偏差和轴承的间隙，要根据制造装备与了艺可以达到的最高精度，严格并合理确定限制上述误差的公差范围。

③ 制定合理的零件制造工艺和可以补偿相关零件制造误差的装配工艺。

2）减少机器人用RV减速器回差。RV传动是由渐开线齿轮行星传动和摆线针轮行星传动组成的封闭差动轮系，因此，RV传动总的回差是由渐开线行星传动引起的回差和摆线针轮行星传动部分引起的回差两部分合成。由于摆线针轮传动部分的间隙对回差的影响是直接反映到输出轴上的回差，影响程度最大，而渐开线齿轮传动对整机回差的影响还要考虑一个传动比，它对整机的影响要缩小相当于其传动比那么多倍，因而影响相对要小得多。在RV减速器中，影响摆线针轮部分回差的主要因素有：①为补偿制造误差和便于润滑所需的正常啮合间隙（实际加工中，通常采用对摆线轮齿形进行移距和等距修形来保证）；②针齿中心圆半径误差引起的侧隙；③偏心距误差引起的侧隙；④摆线轮齿圈径向跳动误差引起的侧隙；⑤针齿半径误差以及针齿销、孔的配合间隙引起的侧隙；⑥针齿销孔周向位置度误差和摆线轮的周节累积误差引起的间隙；⑦摆线轮的修形误差造成的间隙；⑧转臂轴承间隙。

应当特别强调指出的是，在尽量减小间隙回差的设计工作中必须考虑RV减速器的总体综合性能要求。例如，减小销孔配合间隙可非常有效地减小回差，但是考虑到补偿制造误差与润滑的要求，使针齿销灵活转动，以保证整机高的传动效率与保精度寿命，对RV-250减速器来说，销与孔的配合间隙最好保持在0.015～0.03mm范围。由回差数学模型可以计算出，若间隙为0.03mm，则可产生1.2′的回差，这已经接近RV减速器整机许用的间隙回差值1.5′。因此，必须妥善解决高的传动效率、高的保精度寿命与小的几何回差要求间的突出矛盾，该项目创新采用负等距与负移距组合的优化新齿形，不仅保证了多齿啮合，而且可在保证需要的径向间隙条件下，有效地减小回差。

3）增大机器人用RV减速器扭转刚度。机器人用RV传动必须具有高的运动精度和小的间隙回差外，还必须有小的弹性回差，即必须具有很高的扭转刚性。这是它在机器人传动中与谐波传动相比最突出的优点之一。在分析影响RV传动刚度各因素的基础上，建立刚度分析的计算模型。同时还在工作站上，对超静定RV传动系统结构整体的扭转刚度进行有限元计算。FEM计算模型中考虑主要传力零件之间的相互影响，利用了Ⅰ-DEAS软件独特的建模功能，不仅考虑了接触问题，而且还模拟了偏心曲柄轴的“铰接”作用，使RV传动整体刚度分析考虑的因素更符合实际，计算更直接、更准确。

3. 机器人用RV传动的精度

机器人用RV传动要求角度传动误差在1′以内，由运动副间隙引起的空程回差要求在1′～1.5′以内。大连交通大学研制的RV-250AⅡ减速器样机的主要技术性能测试结果为：

传动误差40.7″<1′。

回差为38″<1′30″。

刚度1466.45N·m/(′)>1000N·m/(′)。

传动效率为91% >85%。

该RV-250AⅡ减速器样机的主要技术性能指标达国际先进水平。

秦川机械发展股份有限公司也开始生产机器人用RV减速器。通过样机及小批量的试制，该公司对RV减速器的制造工艺进行了优化，结合公司实际情况，进行了机床改造，定制了特殊刀具，设计了一整套能够满足批量化生产的工装，编制了摆线齿形测量程序以及完善的装配工艺方法，这些都为RV减速器的产业化铺平了道路。同时，研制了YK7332A和YK7340数控成型砂轮磨齿机，用于磨削摆线轮齿形。

目前，该公司与奇瑞汽车有限公司合作，开发了RV40E及RV320E两种规格的减速器，并已完成了样品试制，正在进行小批量生产。同时，从2009年3月份开始，秦川机械发展股份有限公司也与ABB公司进行合作，进行多种规格RV减速器的研制开发工作，现在已实现了小批量供货。

总之，摆线针轮行星传动发明于20世纪30年代，经过80年的研究发展，依靠其硬齿面多齿啮合与齿面间摩擦为滚动摩擦的突出特点，易于以较小的体积和质量获得高的承载能力、高的传动效率和高的寿命，因此，在冶金、矿山、石油、化工、船舶、轻工、食品、纺织、印染、起重运输以及军工等很多部门得到日益广泛的应用。但传统的摆线针轮行星传动由于转臂轴承处于摆线轮输出机构之内，径向尺寸受限制，严重地制约了整机承载能力的发挥。因此，目前其传递功率的范围限制在132kW以内。我国在国际上创新的双曲柄环板式针摆行星减速器，将支承行星轮的转臂轴承（即曲柄与连杆铰接处的轴承），由行星轮内移至行星轮外，并由传统结构中只有一组转臂轴承变为在创新结构中有两组转臂轴承，且可以不受任何限制地按工作需要选用。当然，转臂轴承也就不再成为限制整机承载能力的薄弱环节。正是因为这一重要的变化，在同样针齿中心圆直径与相近传动比的条件下，创新传动整机所传递的转矩和功率可以比传统摆线针轮行星传动增大1倍（双环板）至3倍（四环板），因此，这种将双曲柄平行四杆机构与摆线针轮传动巧妙结合，创新的双曲柄环板式针摆行星减速器至少可将传递功率的范围扩展到500kW。由此，建议我国有关部门今后能大力支持和鼓励厂校结合，重点研发大功率的双曲柄环板式针摆行星减速器。

目前工业机器人如：弧焊机器人、点焊机器人、分配机器人、装配机器人、喷漆机器人及搬运机器人等已广泛应用于汽车及汽车零部件制造业、机械加工行业、电子电气行业、橡胶及塑料工业、食品工业、木材与家具制造业等领域中。鉴于RV减速器具有寿命长、刚度好、减速比大、振动低、精度高、传动效率高、保养便利等优点，非常适合在机器人上使用，其需求量逐日增大。根据前一阶段的研究实践，虽然我们研制样机的主要技术性能已达到国际先进水平，但是从产品的整体性能、传动精度、承载能力、疲劳寿命以及新产品的研发更新上，同日本的最新RV系列产品还有一定的差距，需要进一步在设计理论和样机研制方面进行研究。

10.5 摆线针轮行星传动的技术要求

1. 零件的要求

（1）关键零件材质和热处理要求

1）摆线轮。材料为高碳铬轴承钢GCr15或GCr15SiMn，经热处理后硬度为58～62HRC。允许采用力学性能与其相当的其他材料。

2）输出轴。材料为45钢，经热处理后硬度不低于170HBW。允许采用力学性能与其相当的其他材料。

3）针齿壳。材料为HT200灰铸铁，应进行时效处理，硬度为170～217HBW，抗拉强度$R_m \geq$ 200MPa（单铸试棒）。

（2）对零件的技术要求（见表10-1） 摆线齿轮和针轮精度分为5级、6级、7级、8级、9级，其中5级最高，9级最低。

表10-1 对摆线针轮行星传动零件的技术要求 （单位：mm）

零件名称	材料	热处理等	尺寸偏差与几何公差	
			项目	数值
机座	HT200	应进行时效处理，不应有裂痕、气孔和夹杂等缺陷	轴承孔	J7（采用非调心轴承） H7（采用调心轴承）
			与针齿壳配合的止口	H8
			卧式机座中心高	$d_p \leq 450$时$^{+0}_{-0.5}$；$d_p > 450$时$^{+0}_{-1}$
			轴承孔以及与针齿壳配合止口的圆度和圆柱度	不低于8级

（续）

零件名称	材料	热处理等	尺寸偏差与几何公差	
			项　目	数　值
机座	HT200	应进行时效处理，不应有裂痕、气孔和夹杂等缺陷	与针齿壳配合止口的轴线对两轴承孔轴线的同轴度	不低于8级
			与针齿壳配合端面对两轴承孔轴线的垂直度	不低于6级

零件名称	材料	热处理等	尺寸偏差与几何公差							
			项　目			数　值				
						针轮精度等级				
						5级	6级	7级	8级	9级
针齿壳	HT200	应进行时效处理，不应有裂痕、气孔和夹杂等缺陷	与法兰端盖配合的孔直径偏差			H6		H7		H8
			与法兰端盖配合的孔的圆度			6级		7级		
			与基座配合的止口直径偏差			h5		h6		h7
			与基座配合的止口圆度			6级		7级		
			与基座配合的止口轴线对与法兰盘配合的孔轴线的同轴度			7级		8级		
			与法兰盘配合端面对与法兰配合孔轴线的垂直度			4级		5级		6级
			两端面平行度			6级		7级		
			针齿销孔	直径偏差		H6		H7		
				圆度、圆柱度		7级		8级		
				中心圆直径的极限偏差		4级		5级		6级
				中心圆对法兰端盖配合孔轴线的径向圆跳动		6级		7级		
				轴线对与法兰端盖配合端面的垂直度		5级		6级		
				轴线对法兰盘端盖配合孔轴线的径向圆跳动		5级		6级		7级
				圆周孔距偏差/μm						
				单个孔距极限偏差（针轮单个齿距极限偏差）$\pm f'_{pt}$	$d_p \leqslant 120$	±9	±12	±17	±24	±34
					$120 \leqslant d_p \leqslant 185$	±10	±13	±18	±25	±36
					$185 < d_p \leqslant 300$	±13	±18	±25	±35	±50
					$300 < d_p \leqslant 460$	±14	±19	±27	±38	±54
					$460 < d_p$	±18	±25	±35	±49	±70
				k个孔距累积偏差（针轮k个齿距累积偏差）F'_{pk}		$\pm\sqrt{k}f'_{pt}$				
				孔距累积公差（针轮齿距累积公差）F'_p	$d_p \leqslant 120$	48	67	95	134	190
					$120 < d_p \leqslant 185$	58	81	115	163	230
					$185 < d_p \leqslant 300$	70	99	140	198	280
					$300 < d_p \leqslant 460$	90	127	180	255	360
					$460 < d_p$	110	156	220	311	440

（续）

零件名称	材料	热处理等	尺寸偏差与几何公差						
			项目		数值				
					针轮精度等级				
					5级	6级	7级	8级	9级
针齿壳	HT200	应进行时效处理，不应有裂痕、气孔和夹杂等缺陷	针齿和针轮的尺寸偏差	针齿直径偏差f_d	h6				
				针齿直径变动量f_{dd}	IT6/2（GB/T 1800.1—2009）				
				针齿圆柱度f_{dz}	不低于7级				
				针齿套径向圆跳动f_r	不低于7级				
				针轮中心圆直径偏差F'_d	IT7/2（GB/T 1800.1—2009）				
				针轮齿廓偏差F'_α	用f_d、f_{dd}、f_{dz}、f'_r代替				
				针轮径向圆跳动F'_r					
			针轮精度的检验项目						
			精度等级	5级、6级、7级、8级、9级	f_{pt}、F'_{pk}、F'_p、F'_α、F'_β、F'_d、F'_r				

零件名称	材料	热处理等	项目			摆线齿轮精度等级				
						5级	6级	7级	8级	9级
摆线轮	GCr15	经热处理后要求硬度为58~62HRC，金相组织为隐晶马氏体+结晶马氏体+细小均匀渗碳体（马氏体≤3级）	两端平行度			5级		6级		7级
			轴承配合孔径及几何公差	直径偏差	$d_c<650$	H5		H6		H7
					$d_c \geqslant 650$	J6		J7		J8
				圆度、圆柱度		6级		7级		8级
				轴线对基准端面垂直度		5级		6级		7级
			销孔直径及几何公差	直径偏差		H6		H7		H8
				销孔中心圆直径偏差		JS6		JS7		JS8
				销孔中心圆对轴承配合孔轴线的径向圆跳动		6级		7级		8级
				轴线对基准端面的垂直度		5级		6级		7级
				圆周孔距偏差/μm						
				单个孔距极限偏差$\pm\delta t$	$d_c \leqslant 120$	17		24		
					$120<d_c \leqslant 185$	21		30	36	
					$185<d_c \leqslant 300$	25		35	42	
					$300<d_c \leqslant 460$	30		42	50	
					$460<d_c$	35		50	60	
				孔距累积公差δt_Σ	$d_c \leqslant 120$	58		80	96	
					$120<d_c \leqslant 185$	70		100	120	
					$185<d_c \leqslant 300$	80		110	132	
					$300<d_c \leqslant 460$	100		140	168	
					$460<d_c$	130		180	216	

（续）

零件名称	材料	热处理等	项目			摆线齿轮精度等级 5级	6级	7级	8级	9级
摆线轮	GCr15	经热处理后要求硬度为58~62HRC，金相组织为隐晶马氏体+结晶马氏体+细小均匀渗碳体（马氏体≤3级）	轮齿的各项几何公差或极限偏差	单个齿距极限偏差 $\pm f_{pt}$	$d_c \leqslant 120$	±9	±13	±18	±25	±36
					$120 < d_c \leqslant 185$	±10	±14	±19	±27	±38
					$185 < d_c \leqslant 300$	±11	±15	±20	±28	±40
					$300 < d_c \leqslant 460$	±12	±16	±23	±33	±46
					$460 < d_c$	±13	±18	±25	±35	±50
				k 个齿距累积偏差 F_{pk}		$\pm\sqrt{k}f_{pt}$				
				齿距累积公差 F_p	$d_c \leqslant 120$	30	42	60	85	120
					$120 < d_c \leqslant 185$	38	53	75	106	150
					$185 < d_c \leqslant 300$	45	64	90	127	180
					$300 < d_c \leqslant 460$	55	78	110	156	220
					$460 < d_c$	70	99	140	198	280
				齿廓公差 F_α 和一齿截面综合公差 f_n	$d_c \leqslant 120$	14	19	27	38	54
					$120 < d_c \leqslant 185$	15	21	29	41	58
					$185 < d_c \leqslant 300$	16	22	30	42	60
					$300 < d_c \leqslant 460$	18	25	35	49	70
					$460 < d_c$	20	27	38	54	76
				齿圈径向圆跳动 F_r	$d_c \leqslant 120$	17	24	34	48	68
					$120 < d_c \leqslant 185$	19	27	38	54	76
					$185 < d_c \leqslant 300$	23	32	45	64	90
					$300 < d_c \leqslant 460$	25	35	50	71	100
					$460 < d_c$	29	41	58	82	116
				截面综合公差 F_n	$d_c \leqslant 120$	44	62	87	123	174
					$120 < d_c \leqslant 185$	52	74	104	147	208
					$185 < d_c \leqslant 300$	60	85	120	170	240
					$300 < d_c \leqslant 460$	73	103	145	205	290
					$460 < d_c$	90	126	178	252	356

项目		摆线齿轮精度等级 5、6级 上极限偏差	5、6级 下极限偏差	7级 上极限偏差	7级 下极限偏差	8、9级 上极限偏差	8、9级 下极限偏差
顶根距极限偏差 $M/\mu m$	$d_c \leqslant 90$	-0.17	-0.23	-0.19	-0.27	-0.21	-0.32
	$90 < d_c \leqslant 120$	-0.18	-0.24	-0.20	-0.28	-0.22	-0.33
	$120 < d_c \leqslant 150$	-0.20	-0.26	-0.22	-0.30	-0.24	-0.36
	$150 < d_c \leqslant 180$	-0.22	-0.27	-0.24	-0.32	-0.26	-0.38
	$180 < d_c \leqslant 220$	-0.24	-0.30	-0.26	-0.34	-0.29	-0.42
	$220 < d_c \leqslant 270$	-0.26	-0.33	-0.28	-0.38	-0.31	-0.44

（续）

零件名称	材料	热处理等	项目			摆线齿轮精度等级					
						5、6级		7级		8、9级	
摆线轮	GCr15	经热处理后要求硬度为58～62HRC，金相组织为隐晶马氏体＋结晶马氏体＋细小均匀渗碳体（马氏体≤3级）	轮齿的各项几何公差或极限偏差	顶根距极限偏差$M/\mu m$		上极限偏差	下极限偏差	上极限偏差	下极限偏差	上极限偏差	下极限偏差
					$270 < d_c \leqslant 330$	−0.29	−0.36	−0.32	−0.42	−0.35	−0.48
					$330 < d_c \leqslant 390$	−0.33	−0.40	−0.36	−0.46	−0.40	−0.54
					$390 < d_c \leqslant 450$	−0.35	−0.44	−0.38	−0.50	−0.42	−0.56
					$450 < d_c \leqslant 550$	−0.38	−0.47	−0.42	−0.54	−0.46	−0.60
					$550 < d_c \leqslant 650$	−0.42	−0.52	−0.46	−0.60	−0.50	−0.66
					$650 < d_c$	−0.46	−0.56	−0.50	−0.64	−0.55	−0.72

齿向公差F_β、$F'_\beta/\mu m$		5级	6级	7级	8级	9级
分布圆直径	齿宽b					
d_c、$d_p \leqslant 120$	$10 \leqslant b \leqslant 20$	8	11	15	21	30
	$20 < b \leqslant 40$	9	12	17	24	34
	$40 < b$	10	14	20	28	40
$120 < d_c$ $d_p \leqslant 300$	$10 \leqslant b \leqslant 20$	8	11	16	23	32
	$20 < b \leqslant 40$	9	13	18	25	36
	$40 < b$	11	15	21	30	42
$300 < d_c$ $d_p \leqslant 560$	$10 \leqslant b \leqslant 20$	9	12	17	24	34
	$20 < b \leqslant 40$	10	13	19	27	38
	$40 < b$	11	16	22	31	44
$560 < d_c d_p$	$10 \leqslant b \leqslant 20$	10	13	19	27	38
	$20 < b \leqslant 40$	11	15	21	30	42
	$40 < b$	12	16	23	33	46

摆线轮精度的检验项目			
摆线轮精度	5级、6级、7级	F_n、f_n、F_β、M	F_p、F_{pk}、F_{pt}、F_α、F_β、M
	8级、9级	F_r、F_β、M（检测条件不具备时，允许7级暂用）	

零件名称	材料	热处理等	项目	要求
输出轴	45	调质处理，硬度为187～229HBW	与轴承配合的两轴颈	$d_p \leqslant 450$时，k6；$d_p > 450$时，js6
			轴承孔	H11
			销孔	r6
			销孔中心圆	j7
			输出轴的销孔相邻孔距差的公差δ_t和孔距累积误差的公差$\delta_{t\Sigma}$	与摆线轮相同
			各配合轴颈的圆度和圆柱度	不低于7级
			销孔的圆度和圆柱度	不低于8级
			销孔中心圆对与轴承配合的两轴颈轴线的径向圆跳动	不低于7级
			轴承孔的轴线对与轴承配合的两轴颈轴线的同轴度	不低于8级
			输出轴销孔的轴线对与轴承配合的两轴颈轴线的平行度	水平方向$\delta_x \leqslant 0.04/100$ 垂直方向$\delta_y \leqslant 0.04/100$

（续）

零件名称	材料	热处理等	项　目	摆线齿轮精度等级		
				5、6级	7级	8、9级
偏心套	45	调质处理，硬度为187~229HBW	两外圆	JS6		
			内孔	H7		
			偏心距的极限偏差	不超过±0.02		
			两外圆的圆度和圆柱度	不低于7级		
			内孔的圆度和圆柱度	不低于8级		
			两偏心轴线与孔轴线的平行度	不低于7级		

注：1. 直径偏差按GB/T 1800.2—2009的规定。
2. 圆度、同轴度、垂直度、圆柱度、径向圆跳动按GB/T 1184—1996规定。
3. F_β为摆线轮齿向公差，F'_β为针轮齿向公差。

2. 装配的要求

1）各零件装配后其配合关系应符合表10-2的规定。

表10-2　摆线针轮行星传动有关零件配合的规定

配合零件	配合关系
针齿销和针齿壳	H7/h6
针齿销和针齿套	D8/h6
针齿壳和法兰端盖	H7/h6
偏心套和输入轴	H7/h6
输出轴上销孔和销轴	R7/h6
输出轴上销轴和销套	D8/h6
输出轴和紧固环	H7/r6

2）销轴装入输出轴销孔，可采用温差法。装配后应符合：销轴与输出轴轴线的平行度公差，在水平方向$\delta_x \leqslant 0.04$mm/100mm，在垂直方向$\delta_y \leqslant 0.04$mm/100mm。

3）为保证连接强度，紧固环和输出轴的配合，应用温差法装配，不允许直接敲装。

4）机座、端盖和针齿壳等零件，不加工的外表面，应涂底漆并涂以浅灰色油漆（或按主机要求配色）。上述零件不加工的内表面，应涂以耐油油漆。工厂标牌安装时，与机座应有漆层隔开。

5）各连接件、紧固件不得有松动现象。

6）各结合面密封处不得渗漏油。

7）运转平稳，不得有冲击、振动和不正常声响。

8）液压泵工作正常，油路畅通。

10.6　摆线针轮行星减速器的装配

1. 摆线针轮行星减速器主要零件的配合公差见表10-3

表10-3　摆线针轮行星减速器主要零件的配合公差

装配件名称	配合级别
针齿销与针齿壳	$\frac{H7}{h6}$
针齿销与针齿套	$\frac{F8}{h6}$或$\frac{E8}{h6}$
销轴与输出轴	$\frac{R7}{h6}$
销轴与销套	$\frac{F8}{h6}$或$\frac{E8}{h6}$或$\frac{D8}{h6}$
摆线轮的销孔直径	$d_p+2e+\Delta$，然后取H7公差，$\Delta=0.15\sim0.25$mm
针齿套外径	h6
销套外径	h6

针齿销与针齿壳的配合以$\frac{H7}{h6}$为宜。过紧会使装配困难；过松则因针齿销硬度较高（58~62HRC），会使铸铁或铸钢制成的针齿壳在相对转动中磨损，从而影响针齿销的平行度，影响减速器的正常运转。

针齿销与针齿套配合以$\frac{F8}{h6}$为宜。

销轴与销套配合以$\frac{E8}{h6}$为宜。

摆线轮销孔直径尺寸中的Δ（0.15~0.25mm）是考虑销孔、销轴、销套的加工和装配误差以及使销孔与销套之间能够形成油膜。Δ值过小，会使减速器卡住，造成运转困难，磨损增加；Δ值过大，则有可能造成仅有一根销轴受力的状况，影响减速器的寿命。

2. 销轴的装配

销轴的装配是摆线针轮减速器装配工作的关键问题之一。如装配不注意，使销轴轴线平行度降低，影响总的装配精度，造成个别销轴应力过大，从而降低传动效率。用锤子敲击法装配，工人劳动强度大、费时，且质量不易保证。目前一般都采用冲压法装配。在有条件的场合，也可用“冷缩法”进行装配，可获得满意的效果。冷缩法的工艺如下：

装配前测量销轴，选取符合公差条件的销轴予以冷缩。

将销轴浸没在盛有冷缩剂（乙醚干冰或液氧、液氮）的保温桶内，冷到 -100 ~ -80℃，保温 2h。对于直径约为 φ50mm 的销轴可缩小 0.05 ~ 0.08mm。通常在取出后的5min内销轴尺寸不会大到装不进销孔的程度，因此有足够的时间进行装配。有些单位在试验冷缩法工艺过程中，发现销轴在冷缩时尺寸反而略有膨胀，这是由于销轴内部金相组织发生变化的缘故。为解决这个问题，应在销轴精磨以前先做一次预冷，任其膨胀以后再磨。

采用冷缩法实践证明不会影响销轴性能。从理论上说，冷缩法相当于冰冷处理，它使钢中的残留奥氏体转变为马氏体，可以稳定尺寸，并且可以增加硬度和耐磨性。所以冷缩法是一种较好的安装方法。在实践过程中可能还会出现一些新问题，可以逐步完善。

10.7　摆线针轮行星减速器的典型结构及主要零件工作图

1. 输入轴工作图（见图10-5）
2. 偏心套工作图（见图10-6）
3. 摆线轮工作图（见图10-7）
4. 针齿壳工作图（见图10-8）
5. 输出轴工作图（见图10-9）
6. 摆线针轮减速器（见图10-10）
7. 立式摆线针轮行星减速器（见图10-11）
8. 摆线针轮传动电动滚筒（见图10-12）
9. 两级摆线针轮行星减速器（见图10-13）
10. 摆线针轮传动卷扬机（见图10-14）
11. 摆线针轮减速器（$i=11$，见图10-15）

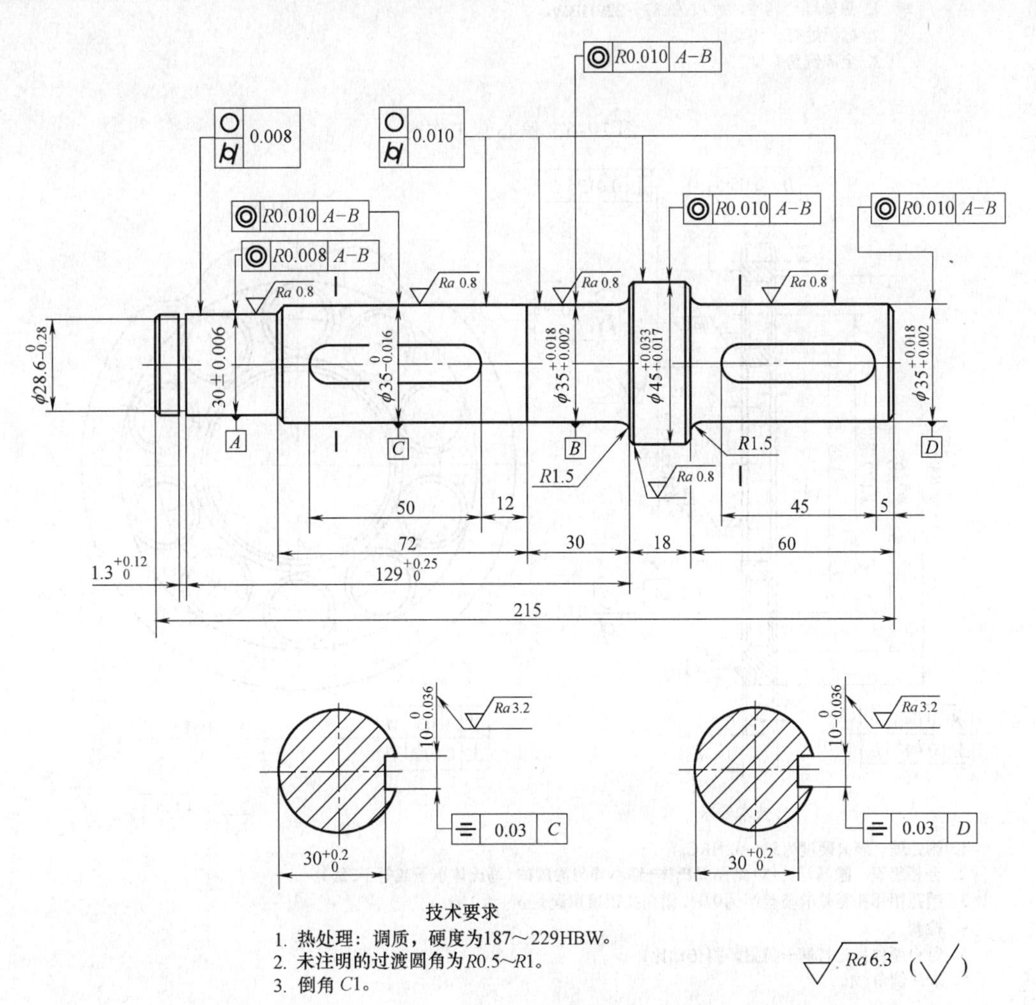

图10-5　输入轴工作图

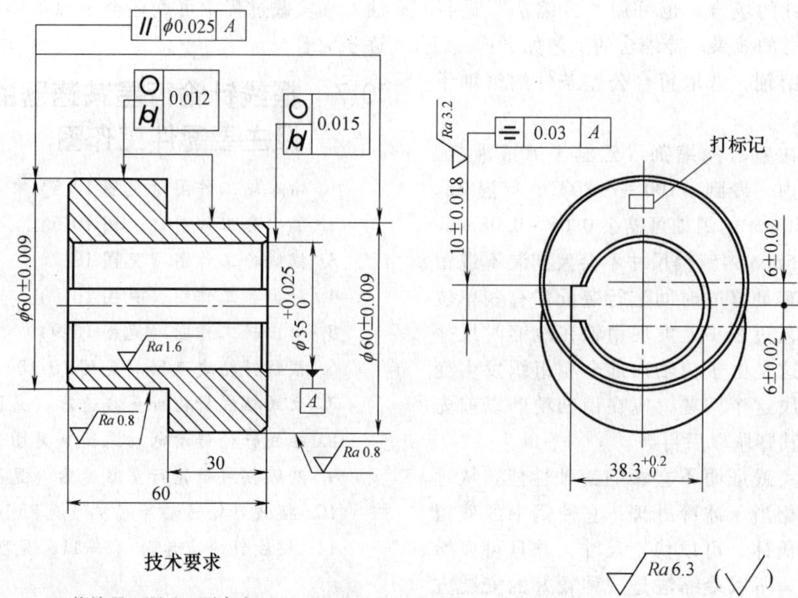

Ra 6.3 (√)

技术要求

1. 热处理：调质，硬度为187～229HBW。
2. 标记处打：传动比。
3. 全部倒角 C1。

图 10-6 偏心套工作图

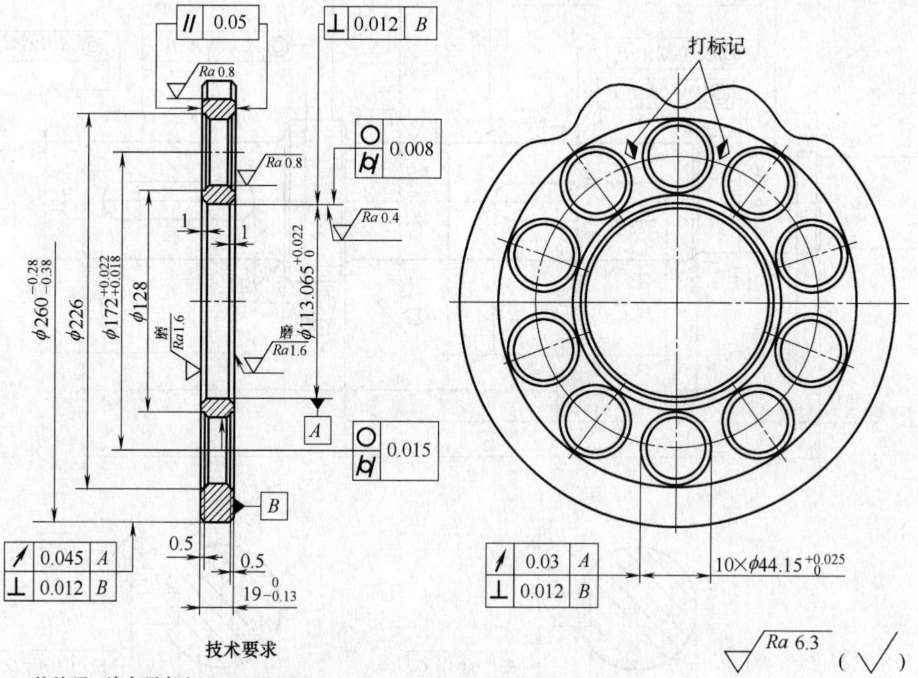

0.05

0.012 B

Ra 0.8

Ra 0.8

0.008

Ra 0.4

打标记

1

1

$\phi 260^{-0.28}_{-0.38}$

$\phi 226$

$\phi 172^{+0.022}_{+0.018}$

$\phi 128$

$\phi 113.065^{+0.022}_{0}$

磨 Ra1.6

磨 Ra1.6

A

0.015

B

0.5

0.5

$19^{\ 0}_{-0.13}$

0.045 A

0.012 B

0.03 A

0.012 B

$10\times\phi 44.15^{+0.025}_{0}$

Ra 6.3 (√)

技术要求

1. 热处理：淬火硬度为53～62HRC。
2. 金相组织：隐晶马氏体+结晶马氏体+细小均匀渗碳体（马氏体小于或等于3级）。
3. 销孔相邻孔距差的公差δ_t为0.04，销孔孔距累积误差$\delta_{t\Sigma}$为0.09。
4. 检测。
5. 每台两件标记打同一位置，打传动比。
6. 未注倒角C1。

图 10-7 摆线轮工作图

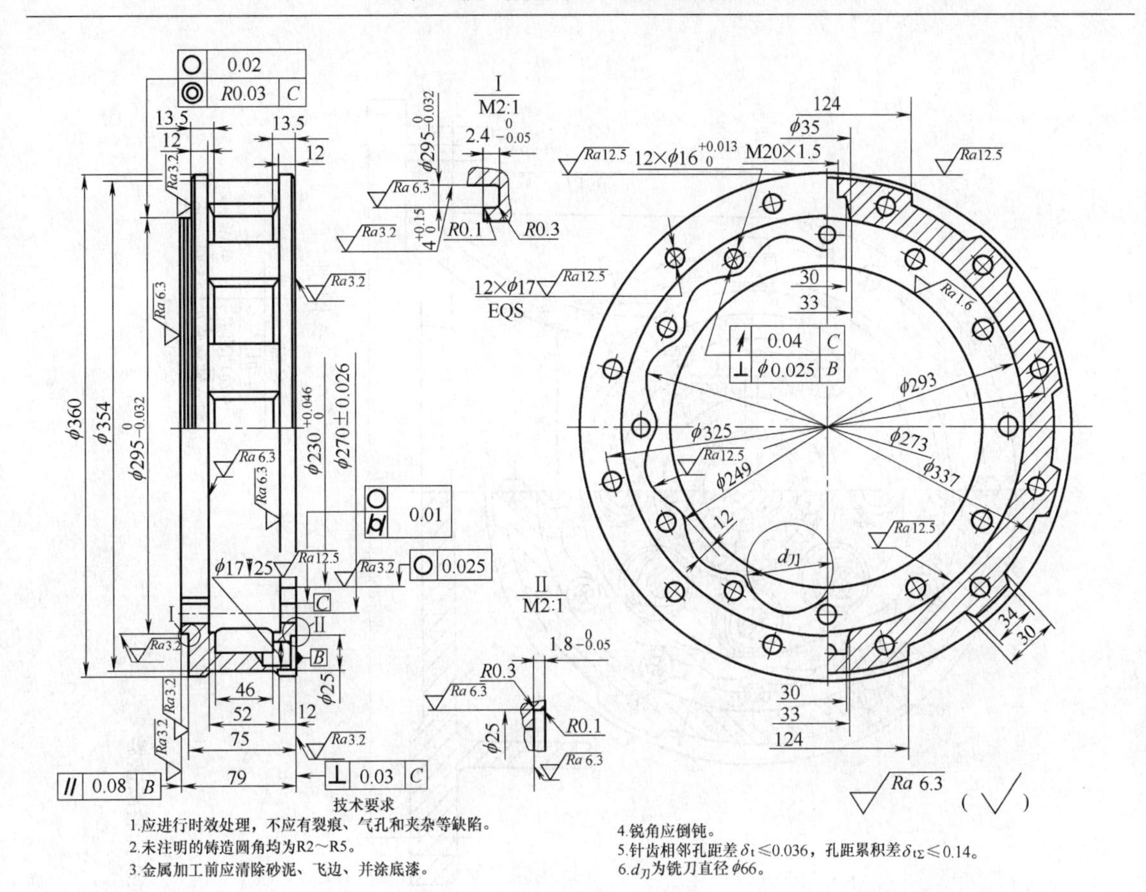

图 10-8　针齿壳工作图

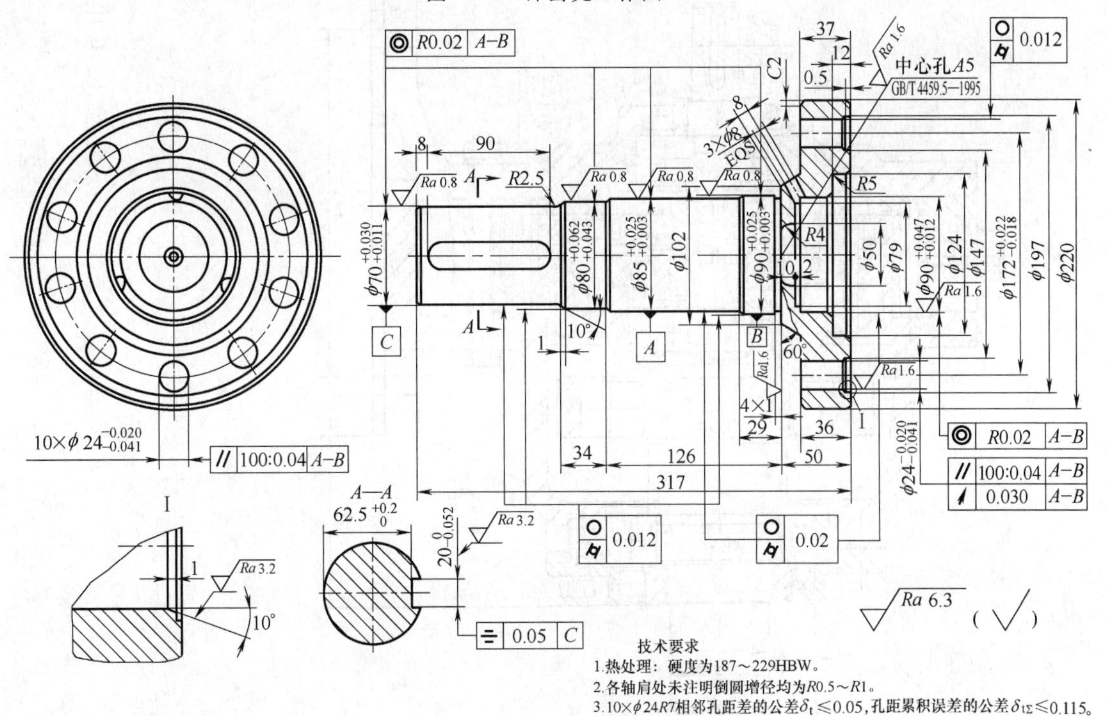

图 10-9　输出轴工作图

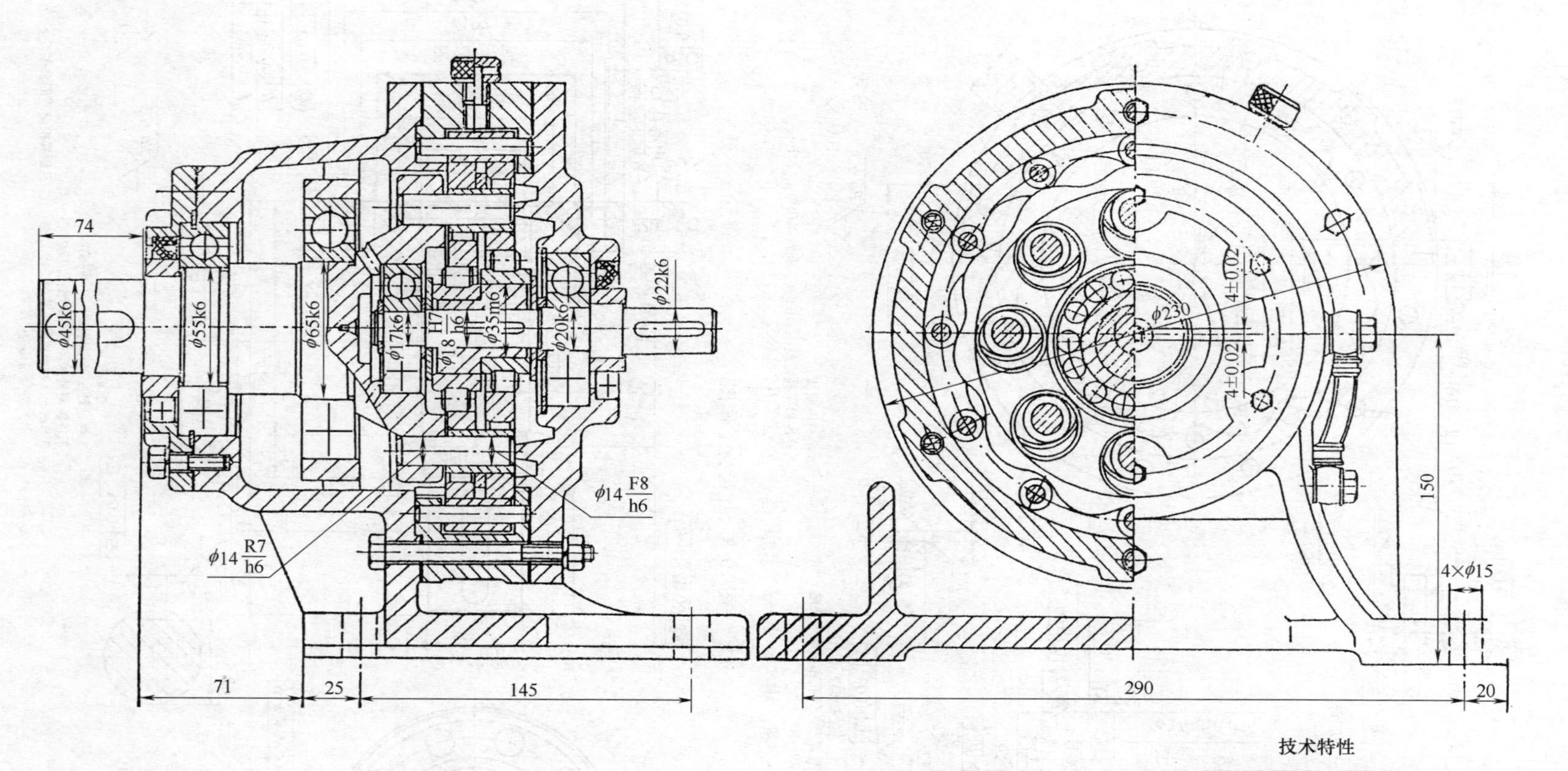

技术特性

名称	数值
传动比i	11
传动功率P	4kW
输入轴转速n	1500r/min

图 10-10　摆线针轮减速器

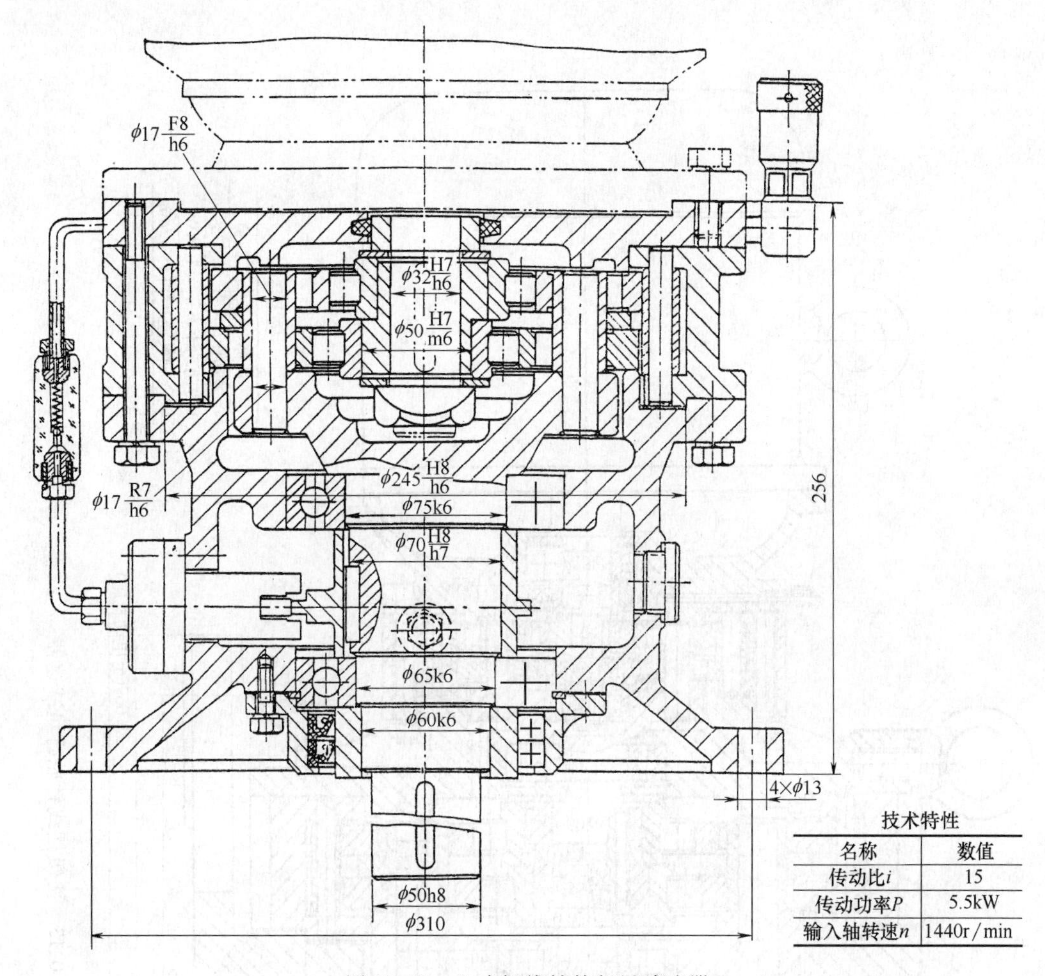

技术特性

名称	数值
传动比i	15
传动功率P	5.5kW
输入轴转速n	1440r/min

图 10-11　立式摆线针轮行星减速器

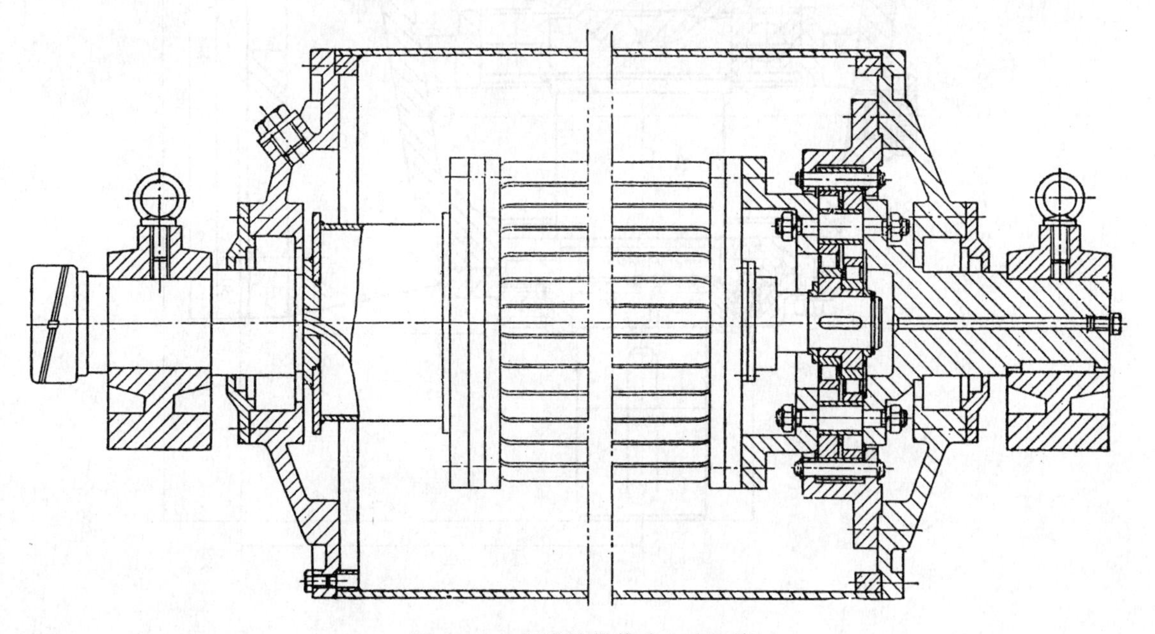

图 10-12　摆线针轮传动电动滚筒

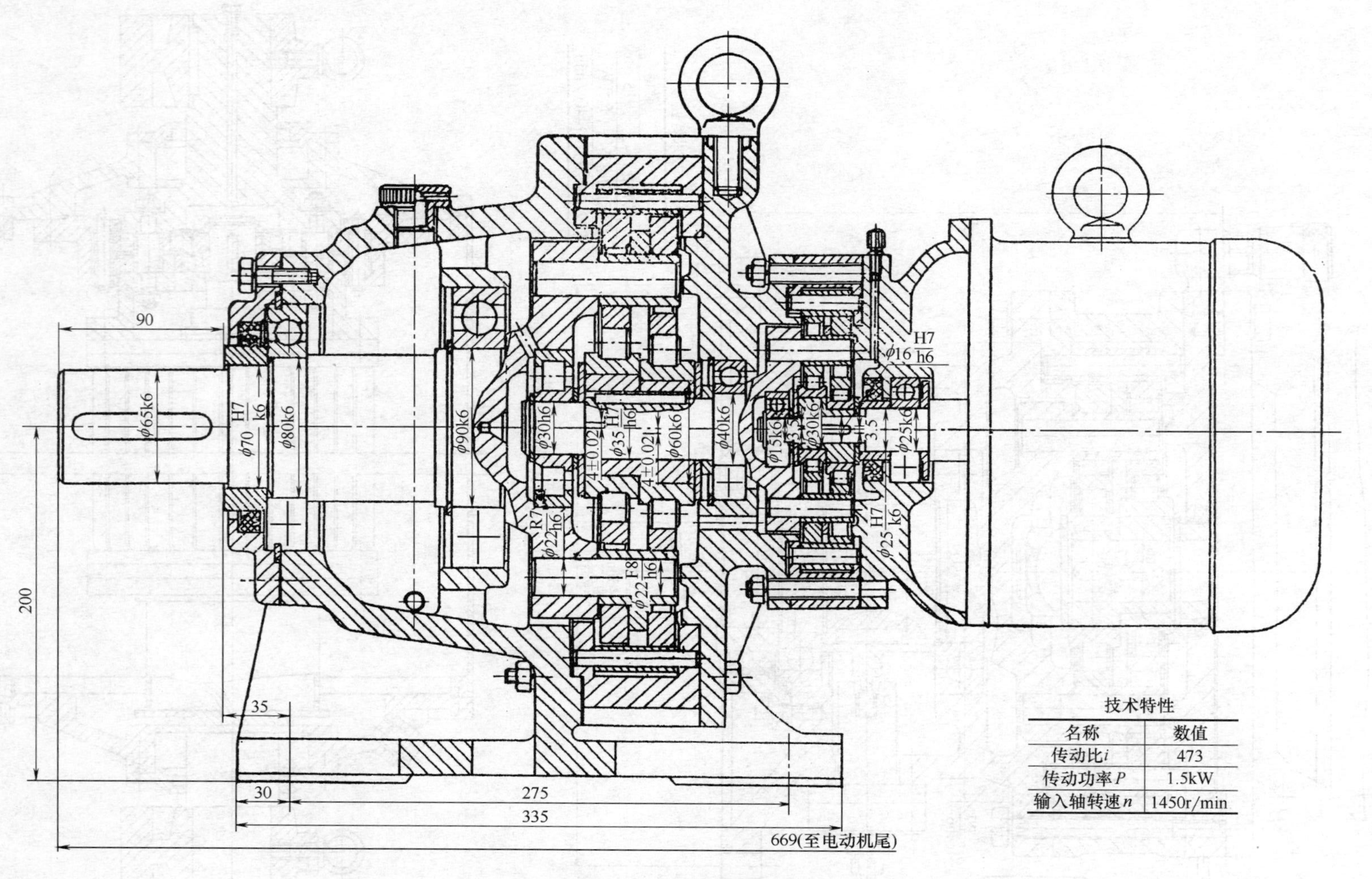

技术特性

名称	数值
传动比i	473
传动功率P	1.5kW
输入轴转速n	1450r/min

图 10-13　两级摆线针轮行星减速器

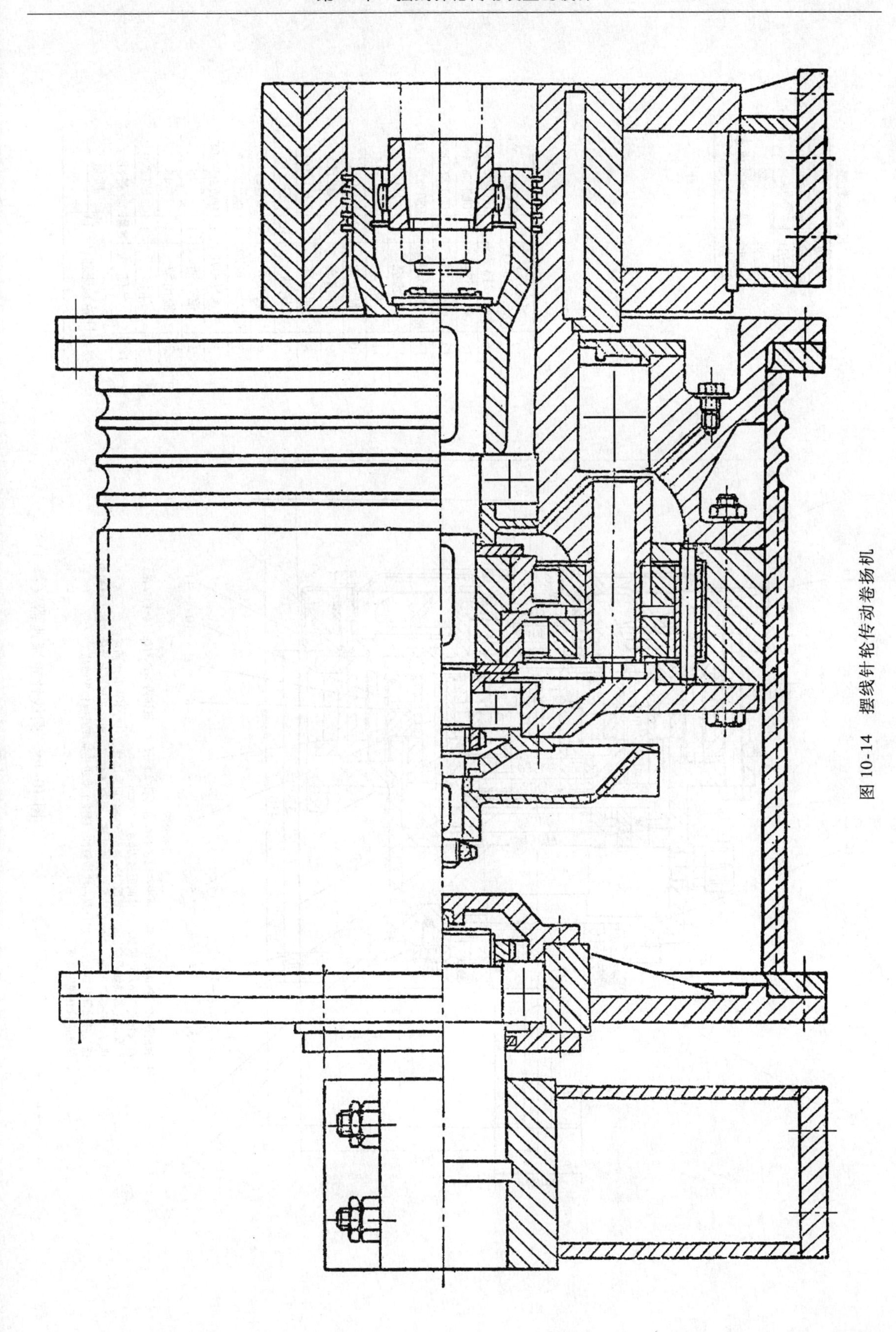

图10-14 摆线针轮传动卷扬机

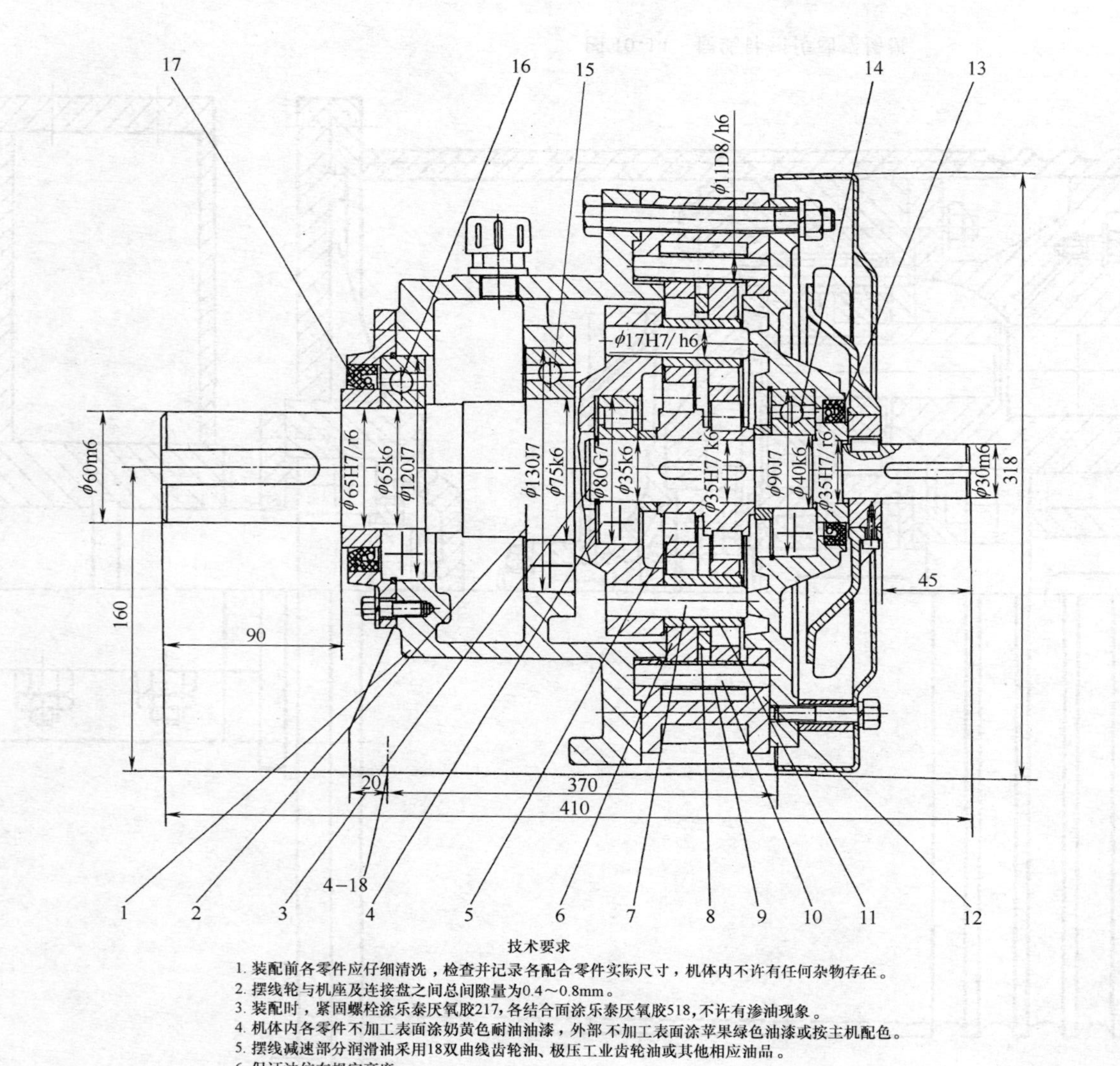

技术参数表

传动功率	$P=22\text{kW}$	
输入转速	$n_1=1450\text{r/min}$	
传动比	$i=11$	
级　别	一级	
齿　轮	摆线轮	针齿壳
齿　数	$z_1=11$	$z_2=12$

序号	名称	数量	备注
17	密封圈 B85×105×12	1	GB/T 9877—2008
16	轴承6213-ZN	1	GB/T 276—1994
15	轴承6215	1	GB/T 276—1994
14	轴承6308	1	GB/T 276—1994
13	密封圈B55×80×8	1	GB/T 9877—2008
12	针齿壳	1	HT200
11	销套	10	GCr15
10	针齿销	12	GCr15
9	针齿套	12	GCr15
8	间隔环	1	HT200
7	销轴	10	GCr15
6	摆线轮	2	GCr15
5	偏心轴承502307	1	GB/T 283—2007
4	轴承N307E	1	GB/T 283—2007
3	输入轴	1	45
2	输出轴	1	45
1	箱体	1	HT200
摆线针轮减速器(i=11)			质量
			80

技术要求

1. 装配前各零件应仔细清洗，检查并记录各配合零件实际尺寸，机体内不许有任何杂物存在。
2. 摆线轮与机座及连接盘之间总间隙量为0.4～0.8mm。
3. 装配时，紧固螺栓涂乐泰厌氧胶217，各结合面涂乐泰厌氧胶518，不许有渗油现象。
4. 机体内各零件不加工表面涂奶黄色耐油油漆，外部不加工表面涂苹果绿色油漆或按主机配色。
5. 摆线减速部分润滑油采用18双曲线齿轮油、极压工业齿轮油或其他相应油品。
6. 保证油位在规定高度。

图 10-15　摆线针轮减速器（$i=11$）

第 11 章　销齿传动装置的设计

目前在斗轮堆取料机的回转机构、大型浮吊的回转机构中常常采用销齿传动。这是因为销轮的轮齿是圆柱销，小轮为摆线轮或渐开线圆柱齿轮，与一般大型渐开线齿轮转盘相比，具有结构简单、加工方便、造价低、拆修方便等优点，以其代替大型的渐开线齿轮转盘时，有较大的优越性。

销齿传动适用于低速、重载的机械传动，以及粉尘多、润滑条件差等工作环境较恶劣的场合。其圆周速度范围一般为 $v=0.05\sim0.5\text{m/s}$，传动比范围一般为 $i=5\sim30$；传动效率在无润滑油时为 $\eta=0.90\sim0.93$，有润滑油时为 $\eta=0.93\sim0.95$。

11.1　销齿传动的特点与应用

销齿传动是属于定轴齿轮传动的一种特殊形式，如图 11-1 所示。其中具有圆柱销齿的大轮称为销轮，另一个小者则称为齿轮。

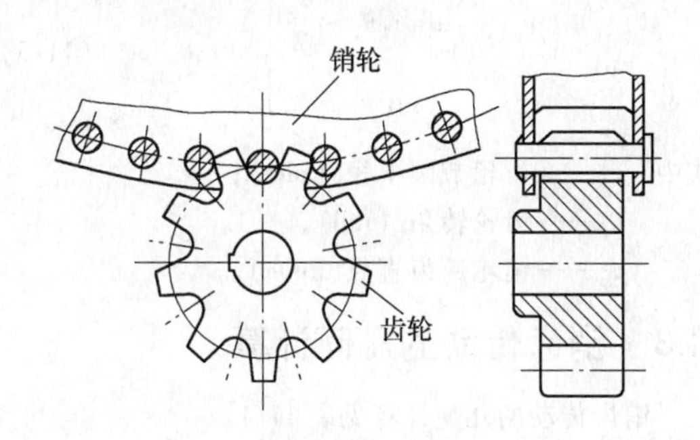

图 11-1　外啮合销齿传动

销齿传动有外啮合、内啮合和齿条啮合三种传动形式。在斗轮堆取料机回转机构、大型浮吊回转机构中，主要使用外啮合和内啮合销齿传动。

齿轮齿廓曲线依次分别为外摆线、内摆线和渐开线。使用时，常以齿轮作为主动轮；当以销轮作为主动轮时，因齿轮齿顶先进入啮合而降低了传动效率，所以很少采用。

目前加工齿轮的齿廓已有专门设备，可加工各种类型的齿廓。若制造单位无此专用设备，也可以想办法自行解决。锻坯→退火或正火→粗车→划线（在端面划出齿廓线）→粗镗齿廓底圆（留余量，同时将齿廓的两侧割掉或刨掉）→调质处理→精车全部→精镗齿廓的底圆→精刨齿廓的两侧面（如摆线轮可由三段圆弧组成齿廓，在插床上装一工具，以中心孔定位，以两侧圆弧为半径，绕工作台回转，就可加工出齿廓）→中频淬硬齿廓（硬度为 40～45HRC）。

11.2　销齿传动的工作原理

1. 外啮合销齿传动

图 11-2 为外啮合销齿传动的工作原理，设有 1、2 两轮的节圆外切于节点。在轮 2 节圆周上取一点 B，使其起始位置重合于节点 P。

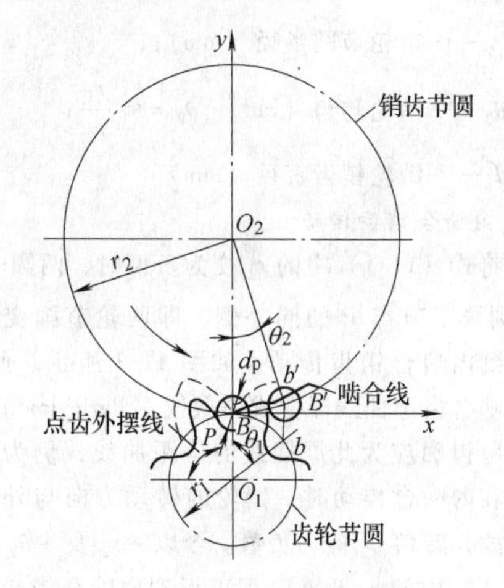

图 11-2　外啮合销齿传动工作原理

两轮各绕其中心 O_1、O_2 按箭头所示方向转动，并相互作纯滚动，当轮 1 转过 θ_1 角，而轮 2 相应地转过 θ_2 角时，B 点则达到图示的 B' 点位置。

因 B 点是属于轮 2 节圆周上的一点，就其绝对运动轨迹来说，即为与该圆圆周相重合的一圆弧；而就其相对于轮 1 的相对运动轨迹来说，则为一外摆线 bb'。今把 B 点视为轮 2（销轮）上直径等于零的一个销齿（谓之点齿），而把外摆线 bb' 作为轮 1（小齿轮）上的一齿廓，那么，它们就构成一对理论上的销齿传动，可称为点齿啮合传动。

如果使两轮按上述相反的方向转动，则可得到另一条与 bb' 反向的外摆线 Bb'，于是 bb' 与 Bb' 即构成星轮上的一个点齿啮合齿形，如图 11-2 中虚线所示。显而易见，当点齿啮合进行传动时，其啮合线乃是一与轮 2 的节圆周相重合的圆弧。此外，两轮的传动为定比传动。

然而，实际的销轮，其销齿是具有一定直径的。若在点齿啮合齿形的齿廓曲线上取一系列的点分别作为圆心，以销齿的外径为半径，作出一圆族，然后作出此圆族的内包络线，即可得到齿轮实际齿形的齿廓，如图 11-2 中实线所示。

此实际齿形的齿廓曲线即为点齿啮合齿形曲线的等距外摆线，其本身仍为一外摆线。当实际的齿轮齿形与具有一定直径的销齿啮合传动时，其啮合线不再是一圆弧，而变为一蚶形（Limacon）曲线，其参数方程为

$$\left.\begin{aligned} x &= \left(2r_2\sin\frac{\theta_2}{2}-\frac{d_p}{2}\right)\cos\frac{\theta_2}{2} \\ y &= \left(2r_2\sin\frac{\theta_2}{2}-\frac{d_p}{2}\right)\sin\frac{\theta_2}{2} \end{aligned}\right\} \quad (11\text{-}1)$$

式中　r_2——销轮节圆半径（mm）；

θ_2——销轮转角（rad），$\theta_2=\theta_1\dfrac{r_1}{r_2}$；

d_p——销轮销齿直径（mm）。

2. 内啮合销齿传动

如将式（11-1）中的 r_2 变为负值时，两圆心 O_2 与 O_1 则居于节点 P 的同一侧，即两轮节圆变成内切，得到内啮合销齿传动，如图 11-3 所示。此时，其点齿啮合齿廓曲线即变成周摆线（Pericyloid），齿轮的实际齿廓应为此周摆线的等距曲线，仍为一周摆线。在内啮合传动时，销轮的转动方向与外啮合相反，故其转角 θ_2 应为负值。今以 $-r_2$ 及 $-\theta_2$ 代替式（11-1）中的 r_2 及 θ_2，即可得到内啮合销齿传动的啮合线参数方程为

$$\left.\begin{aligned} x &= \left(2r_2\sin\frac{\theta_2}{2}+\frac{d_p}{2}\right)\cos\frac{\theta_2}{2} \\ y &= -\left(2r_2\sin\frac{\theta_2}{2}+\frac{d_p}{2}\right)\sin\frac{\theta_2}{2} \end{aligned}\right\} \quad (11\text{-}2)$$

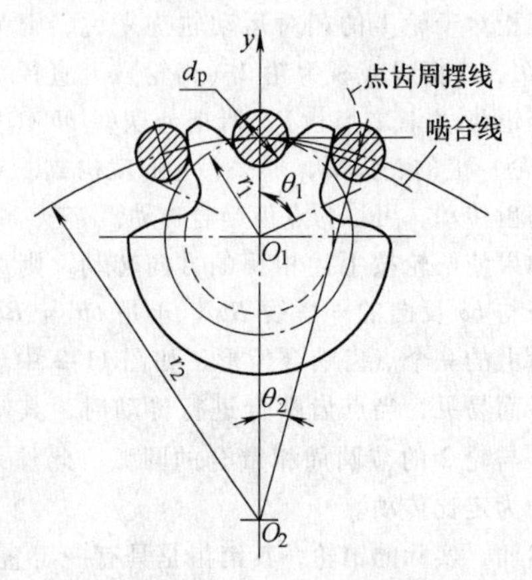

图 11-3　内啮合销齿传动

式中各符号意义与式（11-1）相同。因此，啮合线仍为蚶形曲线，如图 11-3 所示。

3. 销齿条传动

当销轮的半径 $r_2\to\infty$ 时，则得到销齿条传动，如图 11-4 所示。

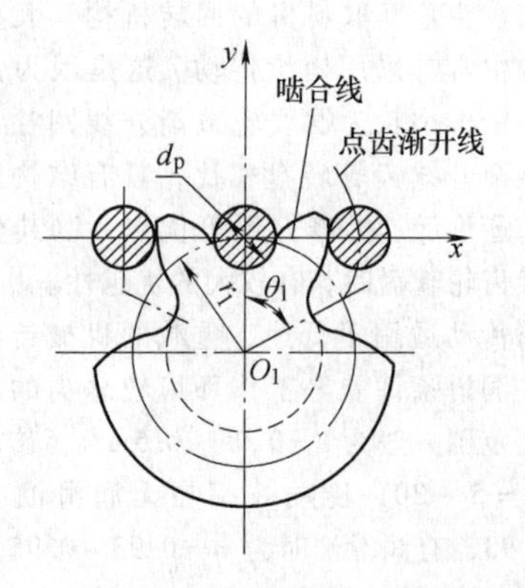

图 11-4　销齿条传动

此时，齿轮的实际齿廓曲线应为一渐开线。其啮合线则为与销齿条节线相重合的一段直线，如图 11-4 所示，其参数方程为

$$\left.\begin{aligned} x &= r_1\theta_1-\frac{d_p}{2} \\ y &= 0 \end{aligned}\right\} \quad (11\text{-}3)$$

式中　r_1——齿轮节圆半径（mm）；

θ_1——齿轮转角（rad）；

d_p——销轮销齿直径（mm）。

11.3　销齿传动的几何计算

销齿传动的几何计算见表 11-1。

销齿传动的几何计算公式及数据见表 11-1。在确定齿轮的齿顶高和重合度时，需按齿轮齿数和销轮销齿直径之比查图 11-5 中的线图来确定。

线图分为两组，z_1、d_p/p、$(h_a/p)_{max}$ 为第一组，z_1、h_a/p、ε 为第二组。

已知 z_1 和 d_p/p 时，利用第一组线图查出的 $(h_a/p)_{max}$ 值，即为齿轮齿顶不变尖的最大许用值，然后选一小于 $(h_a/p)_{max}$ 的值作为采用的 h_a/p 值。再根据 z_1 和 h_a/p，利用第二组线图查出相应的 ε 值。

如已知外啮合销齿传动，$z_1=13$ 齿，$d_p/p=0.48$。按图 11-5a 查得 $z_1=13$ 齿，$d_p/p=0.48$ 的两曲线交于 A 点，自 A 点作垂线交横坐标得 $(h_a/p)_{max}=0.475$。选取 $h_a/p=0.43$，在横坐标上 0.43 处作垂线，交 $z_1=13$ 曲线于 B 点，再过 B 点作水平线交纵坐标得 $\varepsilon=1.28$。

表 11-1　销齿传动的几何计算　（单位：mm）

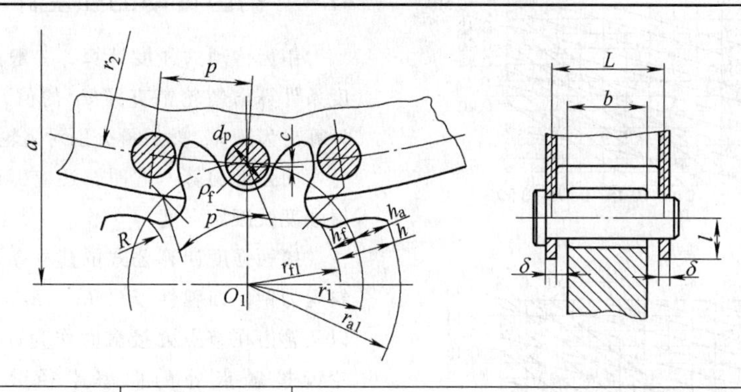

项　目	代号	计算公式及说明		
		外啮合	内啮合	齿条啮合
齿轮齿数	z_1	最小齿数可用到7齿，一般取 $z_1=9\sim18$ 齿		
销轮齿数	z_2	$z_2=iz_1$		按使用要求定
传动比	i	$i=\dfrac{n_1}{n_2}=\dfrac{z_2}{z_1}\geqslant1$		
销轮销齿直径	d_p	根据表 11-2 强度计算确定		
齿距	p	一般值 $d_p/p=0.475$；推荐值 $d_p/p=0.475$		
齿轮节圆直径	d_1、r_1	$d_1=\dfrac{pz_1}{\pi}$		应满足齿条速度要求：$d_1=\dfrac{60\times1000v}{\pi n_1}$
销轮节圆直径	d_2、r_2	$d_2=\dfrac{pz_2}{\pi}$		$d_2=\infty$
齿轮齿根圆角半径	ρ_f	$\rho_f=(0.515\sim0.52)d_p$		
齿轮齿根圆角半径中心至节圆距离	c	$c=(0.04\sim0.05)d_p$		
齿轮齿顶高	h_a	按 z_1、d_p/p 两值查图 11-5 求得；推荐值：$h_a=(0.8\sim0.9)d_p$		
齿轮齿根高	h_f	$h_f=\rho_f+c$		
齿轮全齿根	h	$h=h_a+h_f$		
齿轮齿廓过渡圆弧半径	R	$R=(0.3\sim0.4)d_p$		
齿轮齿顶圆直径	d_{a1}、r_{a1}	$d_{a1}=d_1+2h_a$		
齿轮齿根圆直径	d_{f1}、r_{f1}	$d_{f1}=d_1-2h_f$		
中心距	a	$a=r_2+r_1=\dfrac{z_2+z_1}{2}p$	$a=r_2-r_1=\dfrac{z_2-z_1}{2}p$	
齿轮齿宽	b	$b=b^*d_p$		
齿宽系数	b^*	$b^*=1.5\sim2.5$		
销齿计算长度（夹板间距）	L	$L=(1.2\sim1.6)b$		
销齿中心至夹板边缘距离	l	$l=(1.5\sim2)d_p$		
销轮夹板厚度	δ	$\delta=(0.25\sim0.5)d_p$；当取较小值时，可按表 11-2 进行强度校核		
重合度	ε	按 z_1 和 h_a/p 两值由图 11-5 直接查得。为了保证啮合连续性和传动平稳性，推荐 ε 的许用值不小于 1.1~1.3		

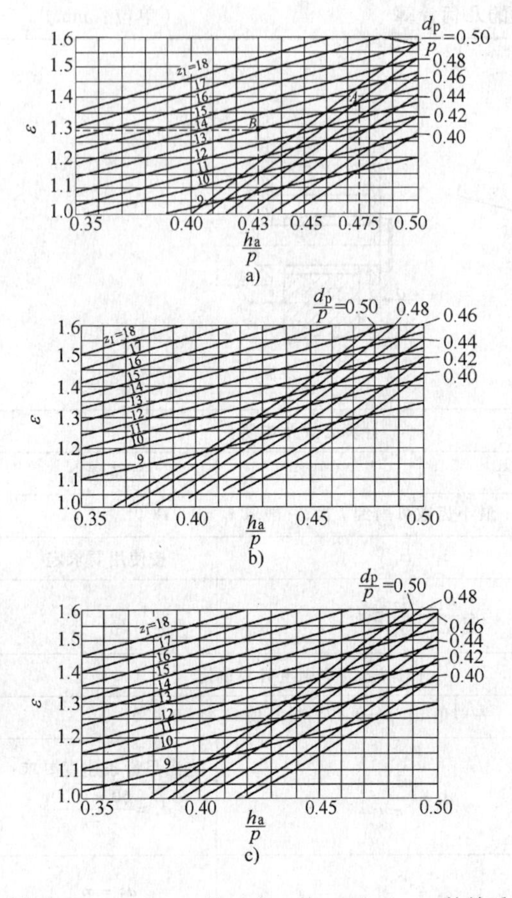

图 11-5　z_1、d_p/p、$(h_a/p)_{max}$及 z_1、h_a/p、ε 的关系
a）外啮合　b）内啮合　c）齿条啮合

11.4　销齿传动的强度计算

销齿传动的强度计算，一般是先按表面接触强度条件算出销轮销直径 d_p 的值，其次按 d_p/p 比值计算出齿距 p，然后再分别对销轮销齿和齿轮轮齿进行弯曲强度验算。同时，还应保证具有一定的抗磨损强度及滚压强度。

接触强度计算公式的建立条件：如果两轮齿材料均为钢，即弹性模量 $E_1=E_2=2.1\times10^5$MPa，则以两轮齿在节点处接触时作为计算位置。此时，两轮齿接触点处的曲率半径分别为 $\rho_1=0.5d_p$、$\rho_2=1.5d_p$。

若两轮齿的材料不同时，应取其中［σ_H］较小者计算。

此外，如果需要，销轮夹板厚度 δ 可按表 11-2 验算其挤压应力条件。

齿轮常用材料有 45、40Cr、35CrMo、42CrMo 等。齿轮齿坯调质处理硬度为 240～270HBW，齿面硬度为 45～50HRC，有效硬化层应不小于 2mm；销齿面硬度不低于 40HRC，有效硬化层应不小于 2mm。采用硬齿面同时为了提高齿面抗磨损性能。

材料的许用接触应力［σ_H］及轮齿许用弯曲应力［σ_{F1}］见表 11-3。销齿许用弯曲应力［σ_{F2}］见表 11-4。

表 11-2　强度计算公式

项　目	计 算 公 式	说　明
接触强度	设计公式： $d_p\geqslant\dfrac{99}{[\sigma_H]}\sqrt{\dfrac{F_t}{b^*}}$ 或 $d_p\geqslant85\sqrt[3]{\dfrac{T_2(d_p/p)}{iz_1b^*[\sigma_H]^2}}$ 验算公式： $\sigma_H\approx\dfrac{99}{d_p}\sqrt{\dfrac{F_t}{b^*}}\leqslant[\sigma_H]$	d_p—销轮销齿直径(mm) F_t—传递圆周力(N) $[\sigma_H]$—许用接触应力(MPa) b^*—齿轮齿宽系数 T_2—销轮转矩(N·m) p—齿距(mm) i—传动比 z_1—齿轮齿数 σ_H—计算接触应力(MPa) σ_{F1},σ_{F2}—齿轮齿、销齿计算弯曲应力(MPa) $[\sigma_{F1}]$、$[\sigma_{F2}]$—齿轮齿、销齿许用弯曲应力(MPa) L—销齿计算长度(mm) δ—销轮夹板厚度(mm) $[\sigma_{pr}]$—许用挤压应力,对 Q235 钢, $[\sigma_{pr}]=100\sim120$MPa;对 16Mn, $[\sigma_{pr}]=120\sim150$MPa σ_{pr}—计算挤压应力(MPa) T_2 和 F_t 为额定负荷下的转矩和圆周力
弯曲强度	齿轮齿验算公式： $\sigma_{F1}\approx\dfrac{16F_t}{bp}\leqslant[\sigma_{F1}]$ 销齿验算公式： $\sigma_{F2}\approx\dfrac{2.5F_t}{d_p^3}\left(L-\dfrac{b}{2}\right)\leqslant[\sigma_{F2}]$	
夹板挤压强度	验算公式： $\sigma_{pr}=\dfrac{F_t}{2d_p\delta}\leqslant[\sigma_{pr}]$	

表 11-3　许用接触应力 $[\sigma_H]$ 及轮齿许用弯曲应力 $[\sigma_{F1}]$　　　(单位：MPa)

材料			齿轮、销齿许用接触应力 $[\sigma_H]$				齿轮许用弯曲应力 $[\sigma_{F1}]$	
牌号	热处理	硬度 HBW	齿轮、销轮转速/(r/min)				载荷	
			10	25	50	100	对称循环	脉动循环
45	正火	167~217	1080	1060	1030	960	140	215
	调质	207~255	1200	1180	1150	1080	145	220
40Cr	调质	241~285	1440	1420	1390	1320	170	250
35CrMo	调质	241~285	1460	1440	1400	1340	180	270
42CrMo	调质	241~285	1480	1460	1420	1400	200	280

表 11-4　销齿许用弯曲应力 $[\sigma_{F2}]$

计算公式	说明
对称循环载荷： $[\sigma_{F2}]=\frac{\sigma_{-1}}{K}\frac{1}{[S]}$ 脉动循环载荷： $[\sigma_{F2}]=\frac{2\sigma_{-1}}{K+\eta}\frac{1}{[S]}$	σ_{-1}—疲劳极限，$\sigma_{-1}=0.43\sigma_b$ 45，正火，$\sigma_b=54\sim60$MPa 40Cr，调质，$\sigma_b=700\sim900$MPa；35CrMo，调质，$\sigma_b=750\sim1000$MPa；42CrMo，调质，$\sigma_b=800\sim1100$MPa $[S]$—许用安全系数，$[S]=1.4\sim1.6$ η—不对称循环敏感系数，碳钢 $\eta=0.2$，合金钢 $\eta=0.3$ K—销齿表面状况系数

加工方法	表面粗糙度 $Ra/\mu m$ ≤	$\sigma_b\leqslant60$MPa	$\sigma_b>60$MPa
磨	1.6	1.10	1.15
车	3.2	1.15	1.20
车	12.5	1.25	1.35
锻、轧	—	1.40	1.60

11.5　销齿传动公差

齿轮、销轮的制造公差见表 11-5。

表 11-5　齿轮、销轮的制造公差

项目	公差或配合				备注
	齿距 p				
	10π	20π	30π	50π	
齿轮的制造公差与配合					
两相邻齿同侧面间齿距 p 公差	±0.05	±0.10	±0.15	±0.20	
齿顶圆直径 d_{a1} 的公差	h8				
齿顶圆周对轴孔中心的跳动量	≤0.10~0.15				p 小取小值，p 大取大值
齿面与轴孔轴线平行度公差	0.05~0.10				p 小取小值，p 大取大值
销轮的制造公差与配合					
销孔中心距(齿距)的公差	±0.15	±0.25	±0.40	±0.55	
销齿与夹板孔的配合	$\frac{H7}{h6}$				
节圆直径 d_2 的公差	h9~h10				d_2 小用 h10，d_2 大用 h9
节圆周对轴孔中心的跳动量	≤0.50~1.50				p 小取小值，p 大取大值

11.6 销轮轮缘的结构形式

销轮轮缘的结构形式见表 11-6。

表 11-6 推荐的轮缘结构形式

结构形式	图 例	特 点
不可拆式		结构简单，连接可靠，不会松脱，但检修、更换不方便，焊接时易产生热变形
可拆式		安装、检修、更换方便，但易于脱落
双排可拆式		当传动尺寸较大时，便于无心磨加工圆柱销；当齿宽 b 较大时，可以防止齿向误差的影响

11.7 齿轮齿形的绘制

齿轮齿形的绘制见表 11-7、表 11-8。

表 11-7 齿轮齿形的轨迹作图法

图 例	作图步骤
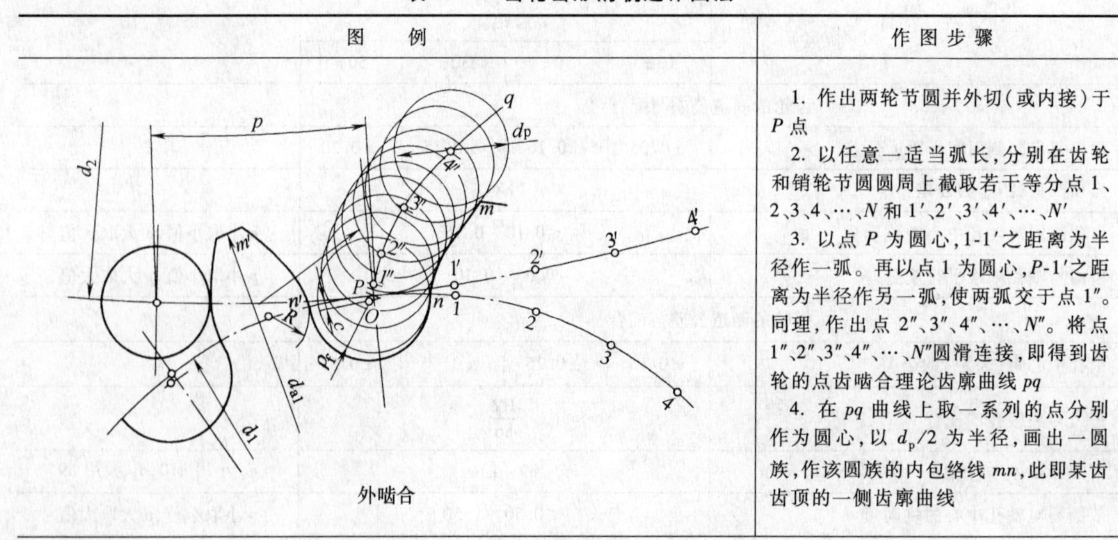 外啮合	1. 作出两轮节圆并外切(或内接)于 P 点 2. 以任意一适当弧长，分别在齿轮和销轮节圆圆周上截取若干等分点 1、2、3、4、…、N 和 1′、2′、3′、4′、…、N' 3. 以点 P 为圆心，1-1′之距离为半径作一弧。再以点 1 为圆心，P-1′之距离为半径作另一弧，使两弧交于点 1″。同理，作出点 2″、3″、4″、…、N''。将点 1″、2″、3″、4″、…、N''圆滑连接，即得到齿轮的点齿啮合理论齿廓曲线 pq 4. 在 pq 曲线上取一系列的点分别作为圆心，以 $d_p/2$ 为半径，画出一圆族，作该圆族的内包络线 mn，此即某齿齿顶的一侧齿廓曲线

（续）

图 例	作 图 步 骤
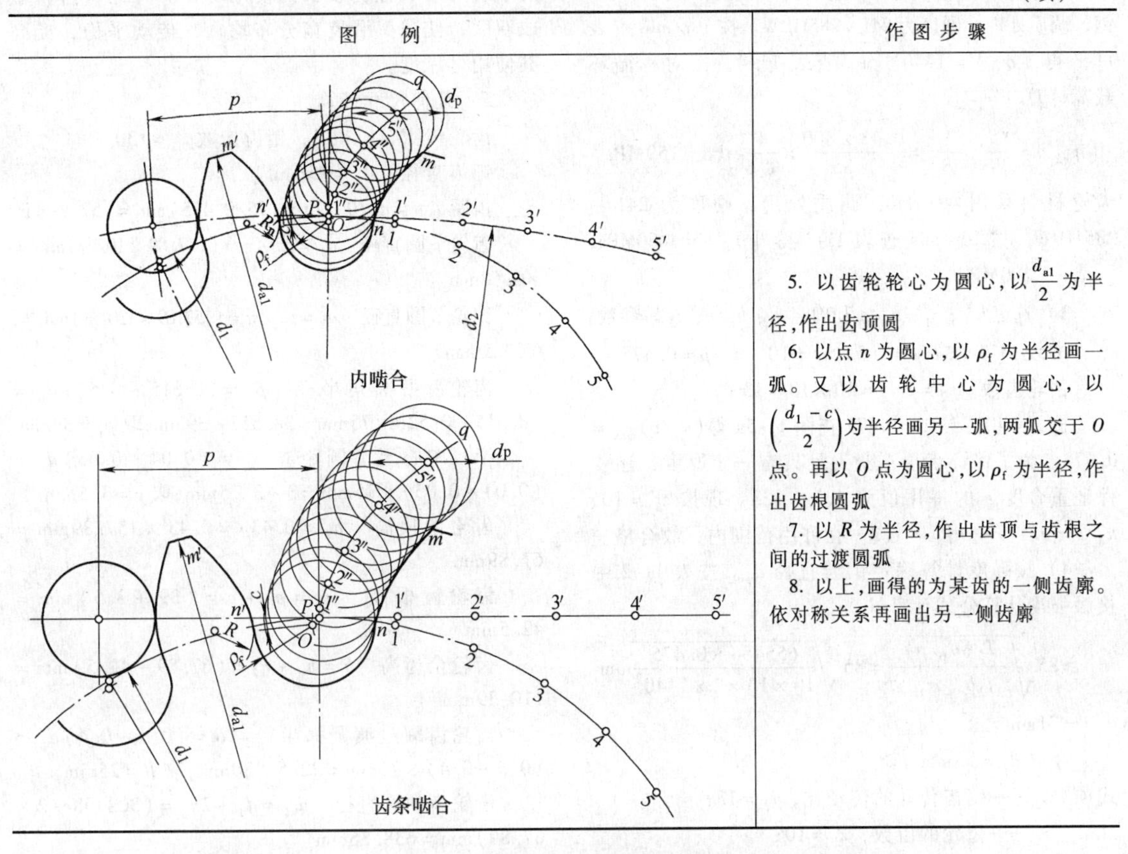	5. 以齿轮轮心为圆心，以$\frac{d_{a1}}{2}$为半径，作出齿顶圆 6. 以点n为圆心，以ρ_f为半径画一弧。又以齿轮中心为圆心，以$\left(\frac{d_1-c}{2}\right)$为半径画另一弧，两弧交于$O$点。再以$O$点为圆心，以$\rho_f$为半径，作出齿根圆弧 7. 以$R$为半径，作出齿顶与齿根之间的过渡圆弧 8. 以上，画得的为某齿的一侧齿廓。依对称关系再画出另一侧齿廓

表 11-8 齿轮齿形的近似作图法

图 例	作 图 步 骤
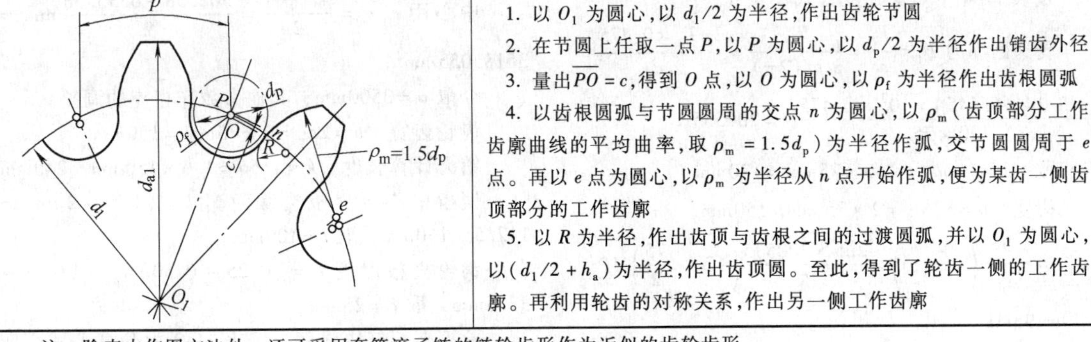	1. 以O_1为圆心，以$d_1/2$为半径，作出齿轮节圆 2. 在节圆上任取一点P，以P为圆心，以$d_p/2$为半径作出销齿外径 3. 量出$\overline{PO}=c$，得到O点，以O为圆心，以ρ_f为半径作出齿根圆弧 4. 以齿根圆弧与节圆圆周的交点n为圆心，以ρ_m（齿顶部分工作齿廓曲线的平均曲率，取$\rho_m=1.5d_p$）为半径作弧，交节圆圆周于e点。再以e点为圆心，以ρ_m为半径从n点开始作弧，便为某齿一侧齿顶部分的工作齿廓 5. 以R为半径，作出齿顶与齿根之间的过渡圆弧，并以O_1为圆心，以$(d_1/2+h_a)$为半径，作出齿顶圆。至此，得到了轮齿一侧的工作齿廓。再利用轮齿的对称关系，作出另一侧工作齿廓

注：除表中作图方法外，还可采用套筒滚子链的链轮齿形作为近似的齿轮齿形。

11.8 设计实例与典型工作图

设计实例 已知一斗轮堆取料机回转机构中，功率$P_1=15\text{kW}$，转速$n_1=1440\text{r/min}$，通过一立式行星齿轮减速器，传动比$i=605$，传至销齿传动，齿轮齿数$z_1=10$，销齿齿数$z_2=130$，试设计该销齿传动。

解

1）计算销轮轴的转矩T_2。

总传动比 $i=605\times13=7865$

其中行星减速器的传动比$i=605$

销齿传动的传动比$i_2=z_2/z_1=130/10=13$

销轮功率 $P_2=P_1\eta_1\eta_2=15\times0.93\times0.9\text{kW}=12.56\text{kW}$

销轮轴的转矩 $T_2=9550\frac{P_2}{n_2}=9550\times\frac{12.56}{0.183}\text{N}\cdot\text{m}=655454\text{N}\cdot\text{m}$

其中销轮轴的转速

$n_2=n_1/i=(1440/7865)\text{r/min}=0.183\text{r/min}$

2）选择材料及确定许用应力。销齿材料采用40Cr钢，调质处理，硬度为241～285HBW。按10r/min查表11-3得［σ_H］=1440MPa，查表11-4，按对称循环载荷计算［σ_{F2}］

$$[\sigma_{F2}]=\frac{\sigma_{-1}}{K}\frac{1}{[S]}=\frac{0.43\times800}{1.35}\times\frac{1}{1.6}\text{MPa}=159\text{MPa}$$

齿轮材料采用42CrMo，调质处理，硬度为241～285HBW。按10r/min查表11-3得［σ_H］=1480MPa，［σ_{F1}］=200MPa。

3）选定b^*、z_1、d_p/p和确定z_1、h_a/p、z_2等参数。

按表11-1取$b^*=1.5$，$z_1=10$，$d_p/p=0.475$。

销轮齿数　$z_2=z_1i_2=10\times13=130$

按$z_1=10$，$d_p/p=0.475$查图11-5a得$(h_a/p)_{max}=0.478$。为了保证齿顶不变尖且具有一定厚度，还要保证重合度ε的许用值为1.1～1.3。现按$z_1=10$、$h_a/p=0.475$查得$\varepsilon=1.2$，在许用范围内，故合格。

4）按强度计算确定销齿直径d_p。按表11-2中接触强度计算公式计算d_p

$$d_p\geqslant85\sqrt[3]{\frac{T_2(d_p/p)}{z_1i_2b^*[\sigma_H]^2}}=85\sqrt[3]{\frac{655454\times0.475}{10\times13\times2\times1440^2}}\text{mm}$$

$$=71\text{mm}$$

今取$d_p=75$mm

式中　i_2——销齿传动的传动比，$i_2=13$；

z_1——齿轮的齿数，$z_1=10$；

b^*——齿轮齿宽系数，$b^*=b/d_p=2$；

［σ_H］——许用接触应力，［σ_H］=1440MPa。

按表11-4中弯曲强度公式校核d_p

$$\text{传递圆周力}\ F_t=\frac{T_2}{r_2}=\frac{T_2}{z_2p/(2\pi)}=\frac{2\pi T_2\times0.475}{z_2d_p}=$$

$$\frac{2\times3.14\times655454\times10^3\times0.475}{130\times75}\text{N}=200535\text{N}$$

取　$L=1.6d_p=1.6\times75\text{mm}=120\text{mm}$

齿宽　$b=b^*d_p=2\times75\text{mm}=150\text{mm}$

$$\sigma_{F2}=\frac{2.5F_t}{d_p^3}\left(L-\frac{b}{2}\right)=\frac{2.5\times200535}{75^3}\left(120-\frac{75}{2}\right)\text{MPa}$$

$$=98\text{MPa}$$

因为　$\sigma_{F2}=98<[\sigma_{F2}]=159$MPa，所以销齿弯曲强度足够。

按表11-2中弯曲强度验算公式校核齿轮轮齿的弯曲强度，因

$$\sigma_{F1}=\frac{16F_t}{bp}=\frac{16\times200535}{150\times\frac{d_p}{0.475}}=\frac{16\times200535}{75\times2\times\frac{75}{0.475}}\text{MPa}$$

$$=136\text{MPa}$$

$$\sigma_{F1}=136\text{MPa}<[\sigma_{F1}]=200\text{MPa}$$

所以齿轮轮齿弯曲强度足够。

此销齿传动用于电厂煤场的斗轮堆取料机上，要求有高可靠性，较长的使用寿命。为此将齿轮做成双联，使载荷沿齿宽分布均衡，传动平稳，提高其使用可靠度。

5）几何尺寸计算。

齿轮齿数　$z_1=13$，销齿齿数$z_2=130$

销齿直径　$d_p=75$mm

齿距　$p=d_p/0.475=(75/0.475)\text{mm}=157.89\text{mm}$

齿轮节圆直径　$d_1=pz_1/\pi=(157.89\times10/\pi)\text{mm}=502.58\text{mm}$

销轮节圆直径　$d_2=pz_2/\pi=(157.89\times130/\pi)\text{mm}=6533.53\text{mm}$

齿轮齿根圆角半径　$\rho_f=(0.515\sim0.52)d_p=(0.515\sim0.52)\times75\text{mm}=38.625\sim39\text{mm}$，取$\rho_f=39$mm

半径中心至节圆距离　$c=(0.04\sim0.05)d_p=(0.04\sim0.05)\times75\text{mm}=3\sim3.75\text{mm}$，取$c=3.5$mm

齿轮齿顶高　$h_a=0.43p=0.43\times157.89\text{mm}=67.89\text{mm}$

齿轮齿根高　$h_f=\rho_f+c=(39+3.5)\text{mm}=42.5\text{mm}$

齿轮全齿高　$h=h_a+h_f=(67.89+42.5)\text{mm}=110.39\text{mm}$

齿轮齿廓过渡圆弧半径　$R=(0.3\sim0.4)d_p=(0.3\sim0.4)\times75\text{mm}=22.5\sim30\text{mm}$，取$R=25$mm

齿轮齿顶圆直径　$d_{a1}=d_1+2h_a=(502.58+2\times67.89)\text{mm}=638.36\text{mm}$

齿轮齿根圆直径　$d_{f1}=d_1-2h_f=(502.58-2\times42.5)\text{mm}=417.58\text{mm}$

$$\text{中心距}\quad a=\frac{d_1+d_2}{2}=\frac{502.58+6533.53}{2}\text{mm}=$$

3518.055mm

今取$a=3500$mm，其他参数作相应的调整。

齿轮齿宽　$b=2d_p=2\times75\text{mm}=150\text{mm}$

销齿计算长度　$L=1.6b=1.6\times150\text{mm}=240\text{mm}$

销齿中心至夹板边缘距离　$l=(1.5\sim2)d_p=112.5\sim150$mm，取$l=100$mm

销轮夹板厚度　$\delta=(0.25\sim0.50)d_p=18.75\sim37.5$mm，取$\delta=25$mm

验算夹板挤压强度，按表11-2中验算公式，取［σ_{pr}］=120～150MPa，材料为16Mn。

$$\sigma_{pr}=\frac{F_t}{2d_p\delta}=\frac{200535}{2\times75\times25}\text{MPa}=54\text{MPa}$$

因为$\sigma_{pr}=54\text{MPa}<[\sigma_{pr}]=120$MPa，所以夹板挤压强度足够，满足使用要求。

销齿传动的工作图，齿轮（$z_1=10$）如图11-6所示，材料为42CrMo；销齿轴如图11-7所示，材料为40Cr；销齿传动的支座如图11-8所示，为焊接件。图11-9为齿轮（$z_1=13$），图11-10为销轮的典型工作图。

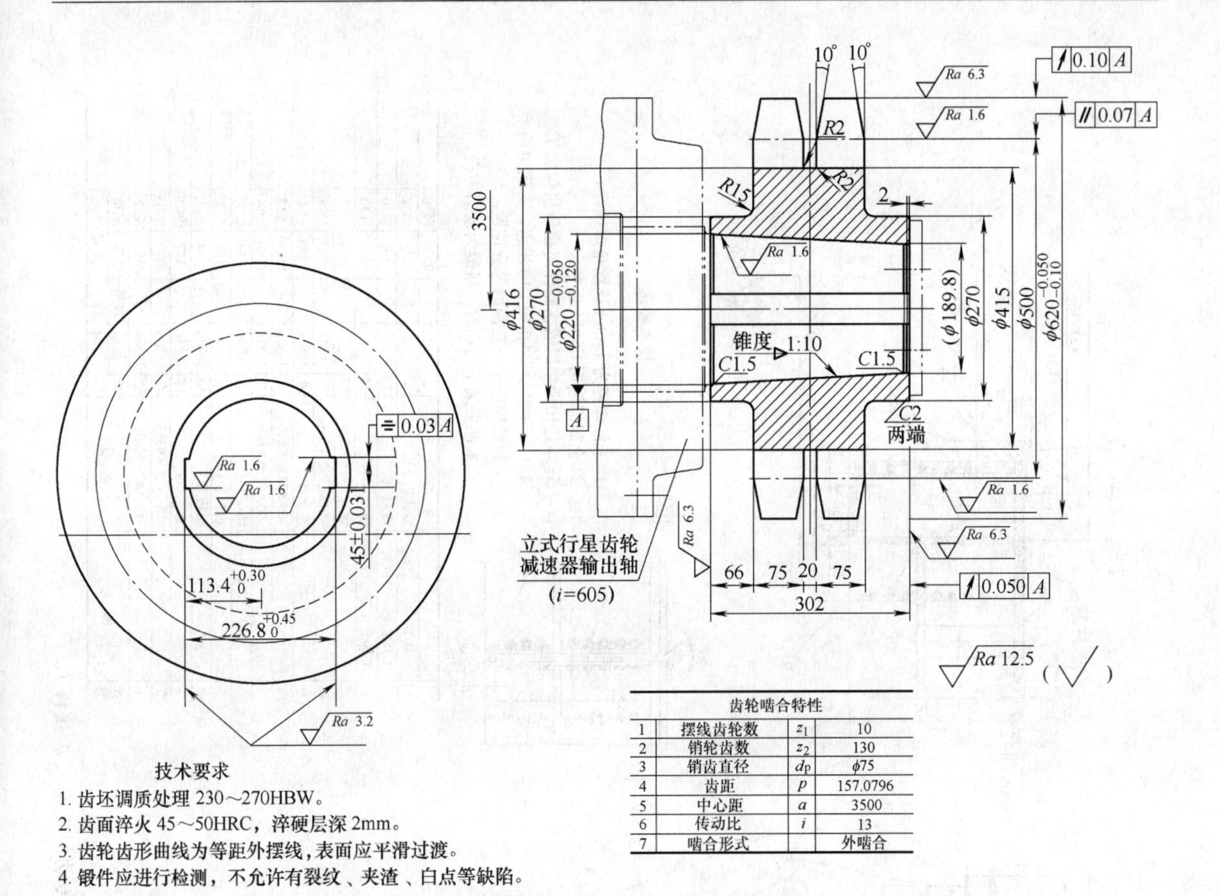

齿轮啮合特性			
1	摆线齿轮数	z_1	10
2	销轮齿数	z_2	130
3	销齿直径	d_p	ϕ75
4	齿距	p	157.0796
5	中心距	a	3500
6	传动比	i	13
7	啮合形式		外啮合

技术要求

1. 齿坯调质处理 230～270HBW。
2. 齿面淬火 45～50HRC，淬硬层深 2mm。
3. 齿轮齿形曲线为等距外摆线，表面应平滑过渡。
4. 锻件应进行检测，不允许有裂纹、夹渣、白点等缺陷。

图 11-6　齿轮（$z_1=10$，材料：42CrMo）

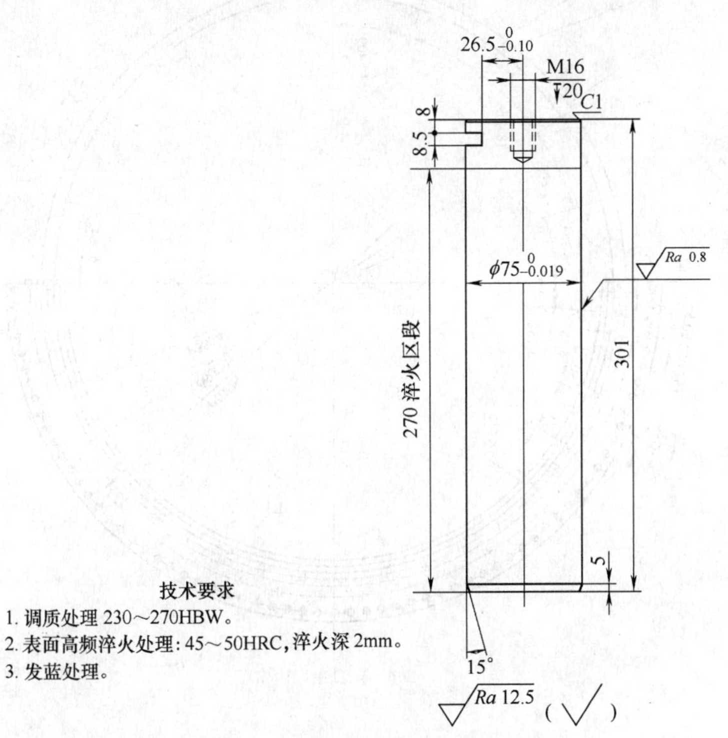

技术要求

1. 调质处理 230～270HBW。
2. 表面高频淬火处理：45～50HRC，淬火深 2mm。
3. 发蓝处理。

图 11-7　销齿轴（材料：40Cr）

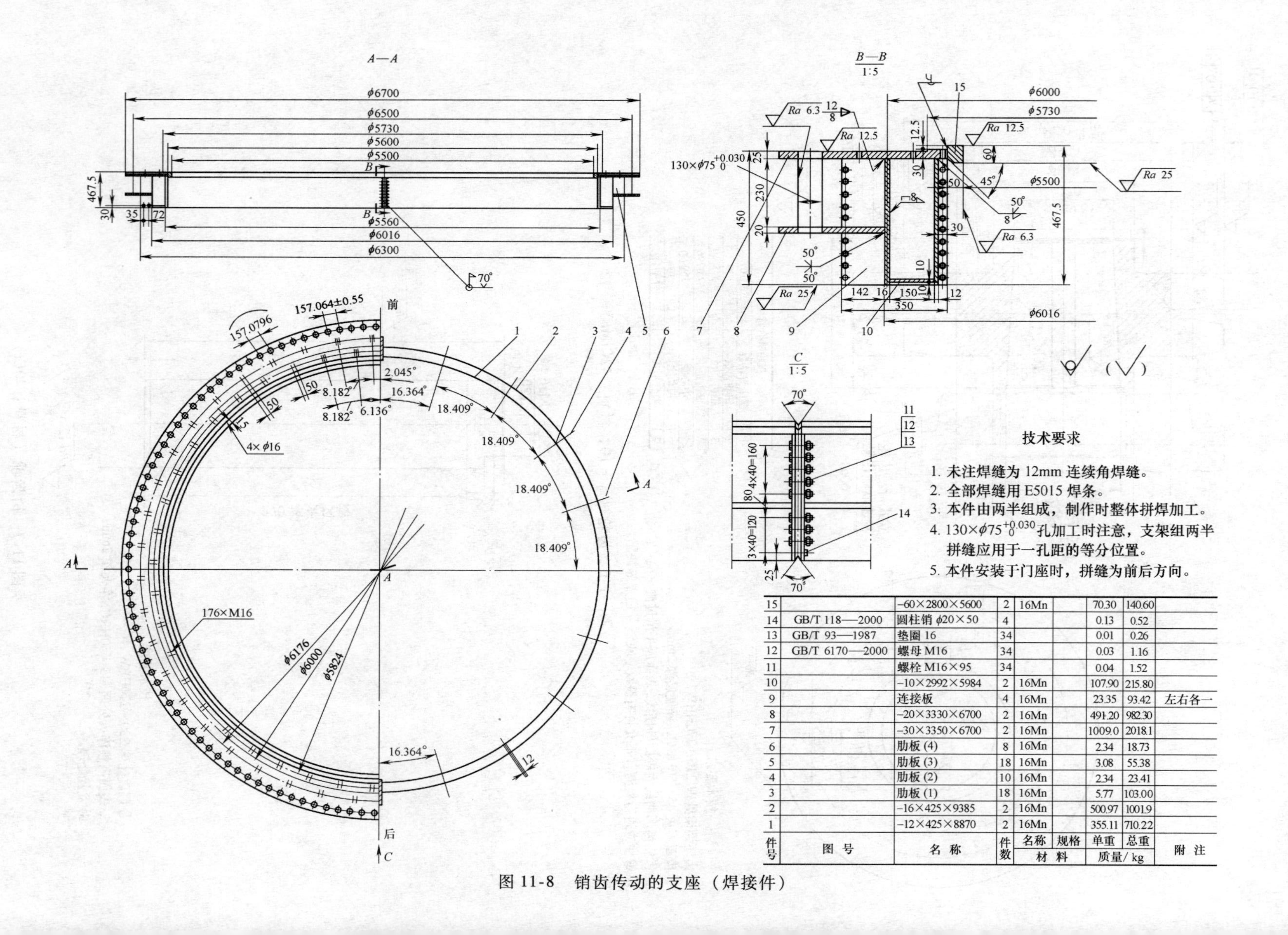

技术要求

1. 未注焊缝为 12mm 连续角焊缝。
2. 全部焊缝用 E5015 焊条。
3. 本件由两半组成，制作时整体拼焊加工。
4. $130\times\phi75^{+0.030}_{0}$ 孔加工时注意，支架组两半拼缝应用于一孔距的等分位置。
5. 本件安装于门座时，拼缝为前后方向。

件号	图号	名称	件数	材料 名称	材料 规格	质量/kg 单重	质量/kg 总重	附注
15		−60×2800×5600	2	16Mn		70.30	140.60	
14	GB/T 118—2000	圆柱销 φ20×50	4			0.13	0.52	
13	GB/T 93—1987	垫圈 16	34			0.01	0.26	
12	GB/T 6170—2000	螺母 M16	34			0.03	1.16	
11		螺栓 M16×95	34			0.04	1.52	
10		−10×2992×5984	2	16Mn		107.90	215.80	
9		连接板	4	16Mn		23.35	93.42	左右各一
8		−20×3330×6700	2	16Mn		491.20	982.30	
7		−30×3350×6700	2	16Mn		1009.0	2018.1	
6		肋板 (4)	8	16Mn		2.34	18.73	
5		肋板 (3)	18	16Mn		3.08	55.38	
4		肋板 (2)	10	16Mn		2.34	23.41	
3		肋板 (1)	18	16Mn		5.77	103.00	
2		−16×425×9385	2	16Mn		500.97	1001.9	
1		−12×425×8870	2	16Mn		355.11	710.22	

图 11-8　销齿传动的支座（焊接件）

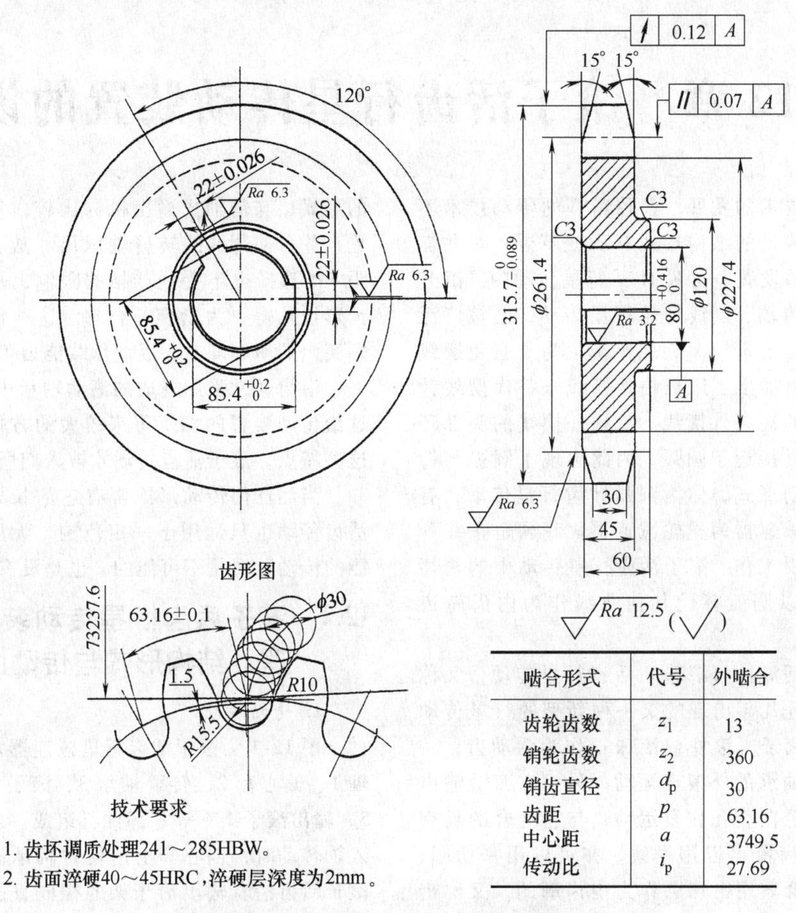

技术要求

1. 齿坯调质处理241～285HBW。
2. 齿面淬硬40～45HRC，淬硬层深度为2mm。

啮合形式	代号	外啮合
齿轮齿数	z_1	13
销轮齿数	z_2	360
销齿直径	d_p	30
齿距	p	63.16
中心距	a	3749.5
传动比	i_p	27.69

图 11-9　齿轮（$z_1=13$）（材料：42CrMo）

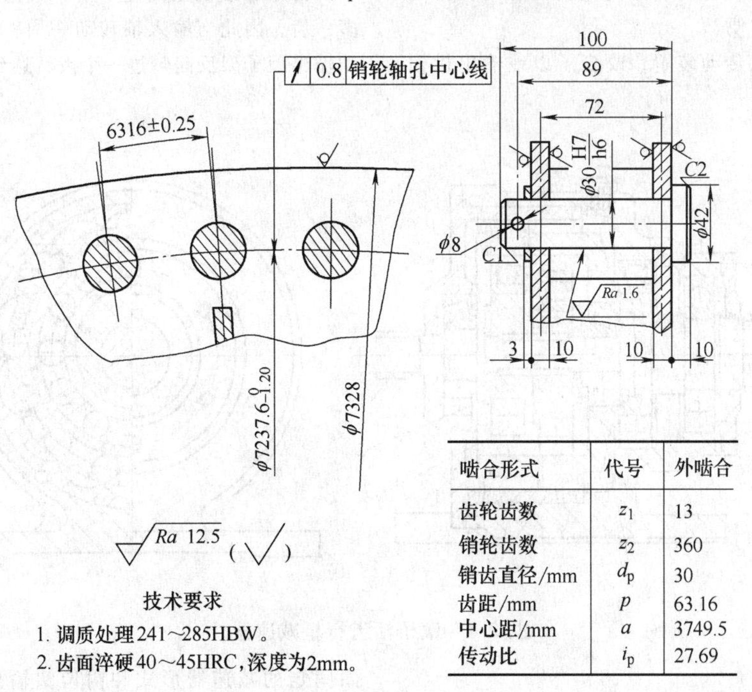

技术要求

1. 调质处理241～285HBW。
2. 齿面淬硬40～45HRC，深度为2mm。

啮合形式	代号	外啮合
齿轮齿数	z_1	13
销轮齿数	z_2	360
销齿直径/mm	d_p	30
齿距/mm	p	63.16
中心距/mm	a	3749.5
传动比	i_p	27.69

图 11-10　销轮（材料：40Cr）

第12章　滚子活齿行星传动装置的设计

随着科学技术的发展，各种新型的传动技术不断出现，除了传动的结构形式有所变革外，对共轭齿廓也有了新的发展。在K-H-V行星传动中，渐开线少齿差行星传动、摆线针轮行星传动，已被广泛地应用于各个工业部门。近几年来，为了避免摆线轮齿廓的加工，提出了用长幅外摆线来替代摆线针轮行星传动中的短幅外摆线。长幅外摆线的头部环状曲线部分非常接近于圆弧，因此出现了圆弧与针齿相啮合的传动形式，称为圆弧针齿行星传动，有的国家称这种减速器为冕轮减速器。我国也正在开展这方面的研制工作。滚子活齿行星传动中的密切圆齿廓，也是以圆弧替代其他曲线作为内齿轮齿廓的。

滚子（包括滚柱与滚珠）活齿行星传动，又称滚道传动，是近几年出现的又一种新型的行星传动形式。它是将滚子（滚柱或滚珠）作为活动齿，一方面沿着偏心轴承的外滚道运动；另一方面沿输出机构滚子架的径向直孔往复运动，与它啮合的具有共轭齿廓的内齿圈可以用摆线，亦可以用密切圆，即圆弧作为齿廓。用密切圆作为内齿廓的，又称密切圆滚子传动。这种传动装置的内齿圈加工，比起摆线轮显得较为方便。

滚子活齿行星传动装置，改变了以往输出机构的形式，与销轴式输出机构比较，省掉了销孔的位置，并可使薄弱的转臂轴承尺寸放大。另外，偏心距e的选择也不受到严格的限制，从而可使结构与齿形设计得更为紧凑与合理。这种传动装置没有特别突出的薄弱环节，因此承载能力可以提高。

活齿通常采用现成的滚动轴承中的滚柱或滚珠，这给传动装置的加工带来较大的方便。正因为具有这些特点，滚子活齿传动才被人们所重视。

当然任何传动形式都有它的长处与短处，滚子活齿传动也只适用于一定范围，无所不包、无所不能的传动装置是不可能的，也是没有的。

12.1　滚子活齿行星传动装置的传动原理、结构形式与传动比计算

1. 传动原理

图12-1为滚子活齿行星减速器。它主要由输入轴1、偏心套2、转臂轴承3、滚子活齿4、内齿圈5、输出滚子架6等零部件所组成。当电动机带动输入轴转动时，偏心套上的转臂轴承同时转动，使得滚子活齿沿着输出滚子架的径向直孔往复运动。由于内齿圈连接机座固定不动，又内齿圈齿数比活齿多一齿，因此当输入轴转动一周，活齿通过孔壁推动输出滚子架反向转过一个齿，达到减速输出目的。

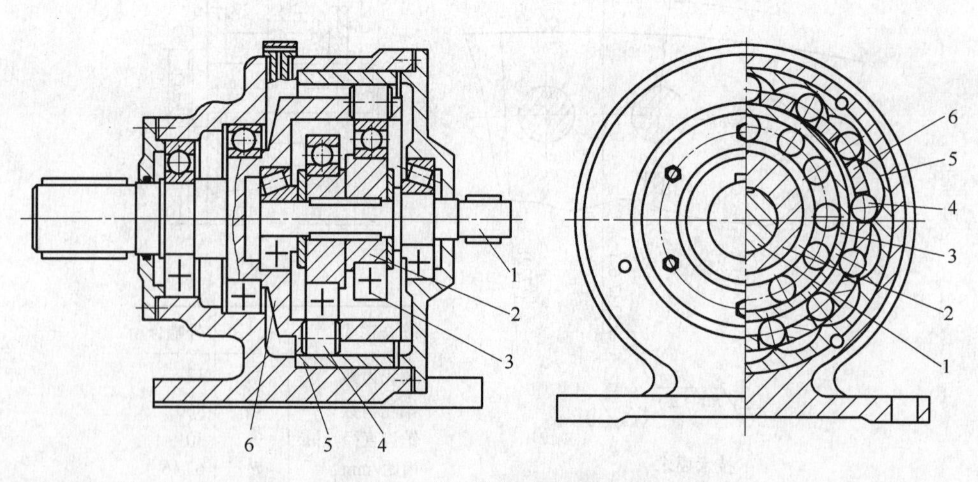

图12-1　滚子活齿行星减速器

2. 结构形式

滚子活齿行星减速装置的结构形式可分为内齿圈固定的减速器形式和内齿圈输出的卷扬机形式两类。

（1）内齿圈固定的减速器形式

1）单级滚子活齿行星减速器。

① 内齿圈与机座固定连接，如图12-1所示的为常见的减速器形式。这种结构形式较为简单，且承载能力大。由于滚子活齿与内齿圈及滚道接触处存在相对滑动，对效率产生一定的影响。这种结构形式的传动比范围一般在 $i=11\sim55$ 之间。

② 为了减小滚子活齿与内齿圈及转臂轴承外圈滚道的滑动摩擦，可采用重叠的双排滚子活齿，如图12-2所示。双排滚子活齿的直径可以一样，也可以不一样，外圈稍大的更有利于消除双排活齿之间的滑动。

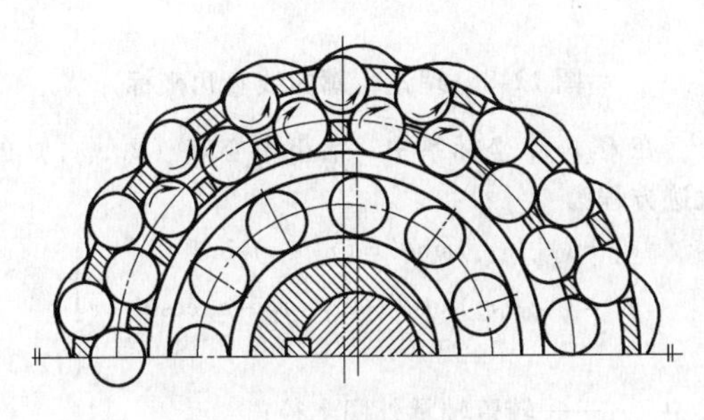

图12-2　重叠双排滚子

③ 为了改善滚子活齿与转臂轴承滚道的接触情况，在它们之间放置隔离块，如图12-3所示，使滚子活齿与隔离块之间、隔离块与滚道之间都为面接触。这不仅可降低接触应力，也有利于润滑。

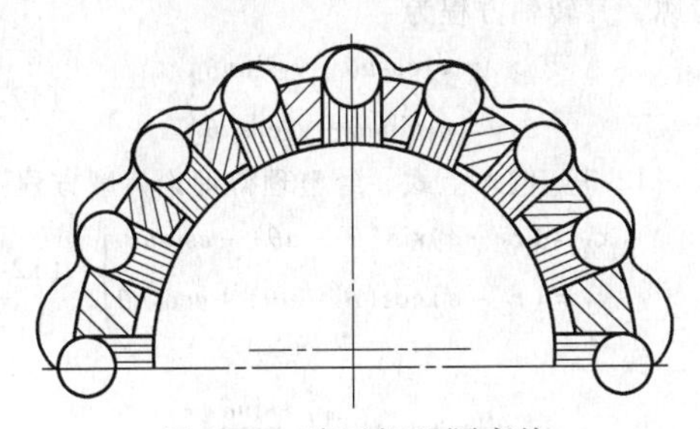

图12-3　滚子间置隔离块

④ 根据共轭齿廓原理，若内齿圈做成固定不动的内圆弧齿，则可以推导出输入轴不偏心情况下的与滚子活齿相接触的滚道曲线。以此曲线做成零件，安装在输入轴上，如图12-4所示。这也是一种可取的结构形式。为了避免滚子活齿与曲线滚道的滑动，在它们之间可安放一个薄壁轴承，但使结构增加了复杂性。

2）双级滚子活齿行星减速器。图12-5为双级滚子活齿行星减速器。它是将第一级的输出滚子架作为第二级的输入轴，实质上是把两个单级串联在一起而构成。双级减速器的传动比更大，一般

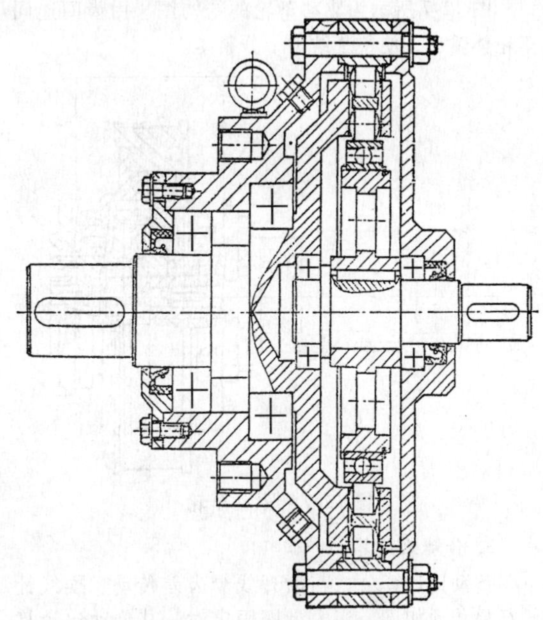

图12-4　滚道共轭齿廓

为121～3025。

（2）内齿圈输出的结构形式　图12-6所示为滚子活齿行星传动的卷扬机。由于输出滚子架与支座固接，不作低速输出转动，因此滚子活齿推动了内齿圈连同卷筒体输出，组成了卷扬机。

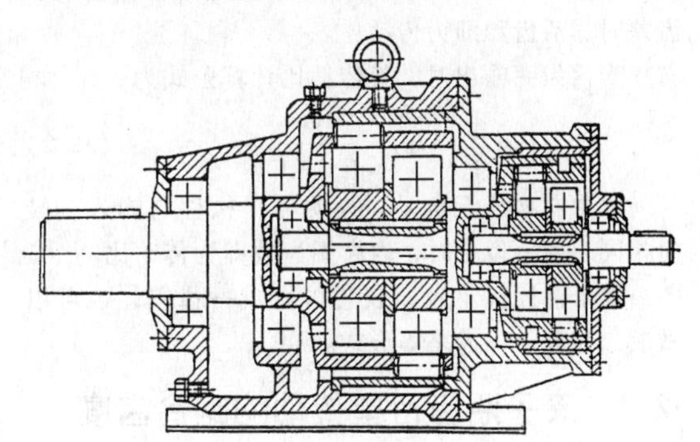

图12-5　双级滚子活齿行星减速器

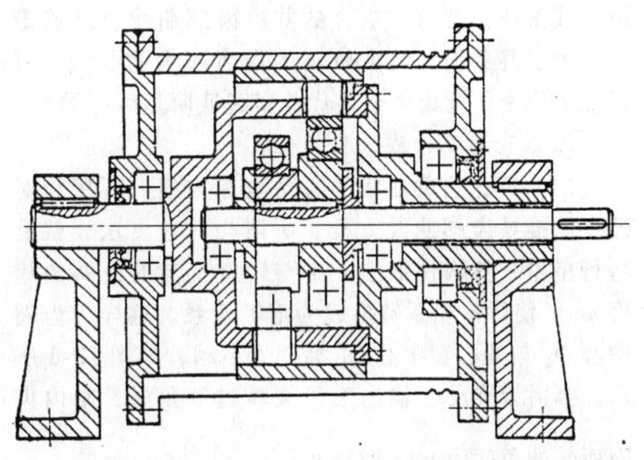

图12-6　滚子活齿行星传动的卷扬机

图 12-7 所示为驱动车轮的结构图。由齿圈连同车轮体输出，使整个结构十分紧凑。

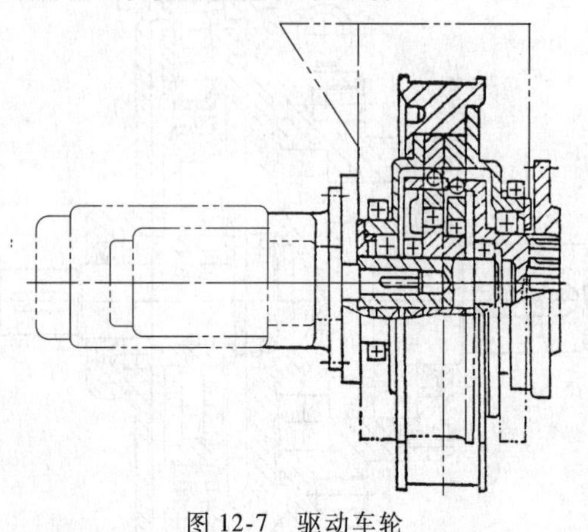
图 12-7　驱动车轮

3. 传动比计算

传动比计算公式与渐开线少齿差传动、摆线针轮行星传动相同。当内齿圈固定时，其传动比计算式为

$$i_{H1}=\frac{z_1}{z_2-z_1} \tag{12-1}$$

式中　z_1——同一排的活齿数，或滚子架的孔数；

z_2——内齿圈的齿数。

式中负号表示输入轴与输出轴转向相反。当一齿差时，活齿数即为传动比。

当内齿圈输出时，其传动比计算公式为

$$i_{H2}=\frac{z_2}{z_2-z_1} \tag{12-2}$$

式中右项前无负号，说明输出构件与输入轴转向相同。当一齿差时，内齿圈齿数即为传动比。

滚子活齿行星减速装置可做成一齿差，也可以做成二齿差、三齿差等形式。

12.2　滚子活齿行星传动的啮合齿廓

在滚子活齿行星传动中，如果活齿采用现成的滚柱或滚珠，则与它啮合的共轭齿廓曲线也就确定了。为了避免加工难度较高的内齿圈齿廓曲线，可近似的用密切圆齿廓来替代，实践证明是可行的。

1. 理论齿廓曲线方程

（1）理论齿廓曲线的直角坐标方程　现用相对速度法推导齿廓曲线方程。所谓相对速度法，就是将行星轮系各构件加上一个与转臂反向的公共角速度 ω_H，使行星轮系转换成为定轴轮系。这样内齿圈中心 O_2 与偏心套中心 O_1 都变为不动，如图 12-8 所示。当活齿推动了输出滚子架转过 θ 角时，则内齿圈所转的角度为 $\mu\theta$，即 $\frac{z_1}{z_2}\theta$。

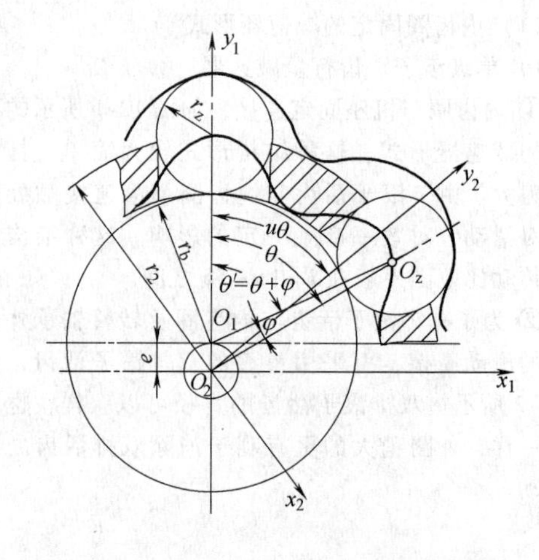

图 12-8　理论齿廓曲线直角坐标

在 $O_2x_1y_1$ 坐标系中，活齿中心点（x_1，y_1）的轨迹方程为

$$\left.\begin{aligned}x_1&=(r_b+r_z)\sin\theta'=(r_2-e)\sin\theta'\\ y_1&=(r_2+r_z)\cos\theta'+e=(r_2-e)\cos\theta'+e\end{aligned}\right\} \tag{12-3}$$

式中　r_b——转臂轴承外圈半径；

r_z——滚子活齿半径；

r_2——内齿圈分度圆半径；

$\theta'=\theta+\varphi$；

e——偏心距，也即中心距。

如果用与内齿圈相连的坐标系 $O_2x_2y_2$ 来描述理论齿廓，其转轴方程为

$$\left.\begin{aligned}x_2&=x_1\cos u\theta-y_1\sin u\theta\\ y_2&=x_1\sin u\theta+y_1\cos u\theta\end{aligned}\right\} \tag{12-4}$$

将式（12-3）代入上式，经整理得理论齿廓方程：

$$\left.\begin{aligned}x_2&=(r_2-e)\sin(\theta'-u\theta)-e\sin u\theta\\ y_2&=(r_2-e)\cos(\theta'-u\theta)+e\cos u\theta\end{aligned}\right\} \tag{12-5}$$

式中

$$\theta'=\theta+\sin^{-1}\left(\frac{e\sin\theta}{r_2-e}\right)$$

实际齿廓为理论齿廓的等距曲线。内齿圈的齿根圆半径

$$r_{f2}=r_b+e+2r_z=r_2+r_z$$

内齿圈的齿顶圆半径

$$r_{a2}=r_b-e+2r_z=r_2-2e+r_z$$

（2）理论齿廓曲线的极坐标方程　如果将滚子架固定，当偏心轴顺时针方向转动 θ_1 角时，则内齿圈也顺时针方向转过 θ_2 角，且 $\theta_1=z_2\theta_2$，如图 12-9 所示。滚子中心 O_z 到偏心轮中心 O_1 的距离为

$$\overline{O_zO_1}=r_2-e$$

理论齿廓上任一点 O_z 到内齿圈中心 O_2 的距离为

$$\rho = \overline{O_zO_1}\cos\varphi + e\cos\theta_1$$
$$= r_2[(1-q)\sqrt{1-\sin^2\varphi} + q\cos\theta_1] \tag{12-6}$$

式中　q——偏心系数，$q=\frac{e}{r_2}$。

由图 12-9 可知，$\overline{O_zO_1}\sin\varphi = e\sin\theta_1$，即

$$\sin\varphi = \frac{e}{\overline{O_zO_1}}\sin\theta_1 = \frac{e}{r_2-e}\sin\theta_1$$
$$= \frac{q}{1-q}\sin\theta_1 \tag{12-7}$$

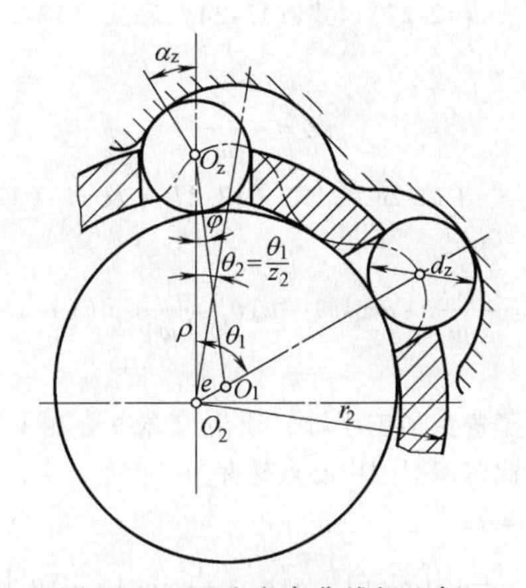

图 12-9　理论齿廓曲线极坐标

当 q 很小时，φ 角较小，则

$$\sqrt{1-\sin^2\varphi} \approx 1 - \frac{1}{2}\sin^2\varphi_1 = 1 - \frac{1}{2}\left(\frac{q}{1-q}\sin\theta_1\right)^2 \tag{12-8}$$

将式（12-8）代入式（12-6），经整理得到理论齿廓曲线的极坐标方程为

$$\rho = r_2\left(1 - q + q\cos z_2\theta_2 - \frac{q^2}{2-2q}\sin^2 z_2\theta_2\right) \tag{12-9}$$

2. 密切圆齿廓方程

为了避免较为复杂的齿廓曲线的加工，在不影响啮合精度的条件下，可采用其他近似的容易加工的齿廓曲线来替代。密切圆是一种较好的近似齿廓。它与活齿的包络曲线的误差微小，并且采用半圆齿廓，去掉凸啮合部分线段，降低了总的诱导曲率，有利于提高承载能力。

（1）滚子活齿包络曲线　在求包络曲线时，假定输出滚子架固定，当输入轴转过 θ 角时，内齿圈仅转过 $\frac{1}{z_2}\theta$ 角。由图 12-10 可知：

$$\sin\varphi = \frac{e}{r_2-e}\sin\theta_1 \tag{12-10}$$

$$\rho = e\cos\theta_1 + (r_2-e)\cos\varphi \tag{12-11}$$

活齿在 $O_zx_1y_1$ 坐标系中的圆方程

$$x_1^2 + y_1^2 = r_z^2$$

进行坐标平移，得

$$\left.\begin{aligned} x_1 &= x - \rho\sin(1-u)\theta_1 \\ y_1 &= y - \rho\cos(1-u)\theta_1 \end{aligned}\right\} \tag{12-12}$$

式中　ρ——活齿中心 O_z 离 O_2 的距离；

u——活齿数与内齿圈齿数之比，即$\frac{z_1}{z_2}$。

将上式代入圆方程得

$$[x-\rho\sin(1-u)\theta_1]^2 + [y-\rho\cos(1-u)\theta_1]^2 - r_z^2 = 0 \tag{12-13}$$

现求滚子活齿的包络，将式（12-13）对 θ_1 角偏导，并经整理得

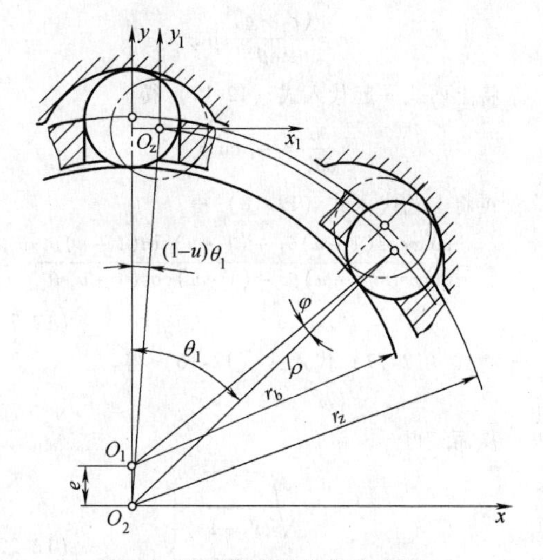

图 12-10　滚子活齿包络曲线

$$[x-\rho\sin(1-u)\theta_1] = -[y-\rho\cos(1-u)\theta_1]\frac{\left[\frac{\partial\rho}{\partial\theta_1}\cos(1-u)\theta - (1-u)\rho\sin(1-u)\theta_1\right]}{\left[\frac{\partial\rho}{\partial\theta_1}\sin(1-u)\theta + (1-u)\rho\cos(1-u)\theta_1\right]} \tag{12-14}$$

设

$$\left.\begin{aligned} X &= x - \rho\sin(1-u)\theta_1 \\ Y &= y - \rho\cos(1-u)\theta_1 \end{aligned}\right\} \tag{12-15}$$

代入式（12-13）与式（12-14）得

$$X^2 + Y^2 - r_z = 0 \tag{12-16}$$

$$X = -Y\frac{\left[\frac{\partial\rho}{\partial\theta_1}\cos(1-u)\theta_1 - (1-u)\rho\sin(1-u)\theta_1\right]}{\left[\frac{\partial\rho}{\partial\theta_1}\sin(1-u)\theta_1 + (1-u)\rho\cos(1-u)\theta_1\right]} \tag{12-17}$$

$$= -\omega Y$$

式中

$$\omega=\frac{\left[\frac{\partial\rho}{\partial\theta_1}\cos(1-u)\theta_1-(1-u)\rho\sin(1-u)\theta_1\right]}{\left[\frac{\partial\rho}{\partial\theta_1}\sin(1-u)\theta_1+(1-u)\rho\cos(1-u)\theta_1\right]} \tag{12-18}$$

现将式（12-18）中$\frac{\partial\rho}{\partial\theta_1}$化简。由式（12-11）对$\theta_1$偏导得

$$\frac{\partial\rho}{\partial\theta_1}=-e\sin\theta_1-(r_2-e)\sin\varphi\frac{\partial\varphi}{\partial\theta_1} \tag{12-19}$$

由式（12-10）对θ_1偏导，经整理得

$$\frac{\partial\varphi}{\partial\theta_1}=\frac{e}{(r_2-e)}\frac{\cos\theta_1}{\cos\varphi} \tag{12-20}$$

又因为

$$e=\frac{(r_2-e)}{\sin\theta_1}\sin\varphi$$

将上两式一起代入式（12-19）得

$$\frac{\partial\rho}{\partial\theta_1}=-\rho\tan\varphi$$

再将上式代入式（12-18）得

$$\omega=\frac{\tan\varphi\cos(1-u)\theta_1+(1-u)\sin(1-u)\theta_1}{\tan\varphi\sin(1-u)\theta_1-(1-u)\cos(1-u)\theta_1} \tag{12-21}$$

将式（12-17）代入式（12-16）得

$$(\omega^2+1)Y^2=r_z^2$$

从而解得

$$\left.\begin{aligned}Y&=\pm\sqrt{\frac{r_z^2}{\omega^2+1}}\\X&=\mp\omega\sqrt{\frac{r_z^2}{\omega^2+1}}\end{aligned}\right\} \tag{12-22}$$

将以上X、Y代回式（12-15）得

$$\left.\begin{aligned}x&=X+\rho\sin(1-u)\theta_1=\rho\sin(1-u)\theta_1\mp\omega\frac{r_z}{\sqrt{\omega^2+1}}\\y&=Y+\rho\cos(1-u)\theta_1=\rho\cos(1-u)\theta_1\pm\frac{r_z}{\sqrt{\omega^2+1}}\end{aligned}\right\} \tag{12-23}$$

这就是总体坐标系中的包络线方程。由于滚子活齿行星传动装置需要外包络曲线，所以取滚子活齿包络曲线方程为

$$\left.\begin{aligned}x&=\rho\sin(1-u)\theta_1-\frac{\omega r_z}{\sqrt{\omega^2+1}}\\y&=\rho\cos(1-u)\theta_1+\frac{r_z}{\sqrt{\omega^2+1}}\end{aligned}\right\} \tag{12-24}$$

（2）包络曲线的密切圆　由于滚子活齿包络曲线在制造上也具有一定的困难，可采用密切圆来替代包络曲线。

1）密切圆圆心。设过包络线及滚子中心的连线方程为

$$y=Kx+b \tag{12-25}$$

由于在$O_zx_1y_1$坐标系中，滚子中心点坐标为$x_1=0$，$y_1=0$，因此可利用式（12-12）得到滚子中心点在O_2xy坐标系中的坐标式

$$\left.\begin{aligned}x&=\rho\sin(1-u)\theta_1\\y&=\rho\cos(1-u)\theta_1\end{aligned}\right\} \tag{12-26}$$

将上式代入式（12-25）得

$$b=\rho\cos(1-u)\theta_1-K\rho\sin(1-u)\theta_1 \tag{12-27}$$

由式（12-27）、式（12-24）和式（12-25），可解得

$$K=-\frac{1}{\omega} \tag{12-28}$$

由式（12-28）、式（12-27）及式（12-25），可得

$$y=-\frac{1}{\omega}x+\rho\cos(1-u)\theta_1+\frac{1}{\omega}\rho\sin(1-u)\theta_1 \tag{12-29}$$

为了避免加工干涉，须使齿廓中心在y坐标轴上，因此密切圆的中心点坐标为

$$\left.\begin{aligned}x&=0\\y&=b=\rho\left[\cos(1-u)\theta_1+\frac{1}{\omega}\sin(1-u)\theta_1\right]\end{aligned}\right\} \tag{12-30}$$

2）密切圆方程。通过作图分析，当传动参数选择恰当，滚子活齿圆的轨迹有密集的汇交中心，密切圆半径趋近于滚子直径。调整参数r_z与e可使汇交点中心落在y坐标轴上，因此密切圆关系式可写成

$$(y-b)^2+x^2=(2r_z)^2$$

将式（12-24）与式（12-30）代入上式，可得滚子半径

$$r_z=\rho\sin(1-u)\theta_1\frac{\sqrt{1+\omega^2}}{\omega} \tag{12-31}$$

12.3　滚子活齿行星传动的参数计算

1. 滚子活齿行星传动的参数选择

滚子活齿行星传动，无论从经济性还是加工是否方便考虑，总是采购现成的滚子为宜。因此，通常都是以选定滚子尺寸为出发点来计算其他各参数。

（1）滚子的选择　由式（12-31）可以逐步计算出滚子半径r_z。其齿形误差较小，但压力角略偏高，因此可将计算出的r_z作为滚子半径的下限；而以不削弱输出滚子架为原则，取分度圆周节的0.3弦长

为滚子半径的上限，然后按现成的滚子系列进行选择。

根据计算及综合分析，有关研究单位提出，可按下列经验公式初选：

当传动比 $i_{H1}\leqslant 30$ 时，

$$r_z=r_2\tan\frac{90^\circ}{z_1}(0.975+0.0075z_1)\qquad(12\text{-}32)$$

当传动比 $i_{H1}>30$ 时，

$$r_z=r_2\tan\frac{108^\circ}{z_1}\qquad(12\text{-}33)$$

如果滚子已经确定，则根据式（12-32）或式（12-33）可反推算出分度圆半径 r_2。

（2）偏心距的确定　由于滚子在滚子架中的径向位移量 h 为偏心距 e 的2倍，从而可知，滚子直径为偏心距 e 的4倍，因此偏心距 e 为

$$e=\frac{1}{2}r_z$$

在密切圆活齿传动中，偏心距的大小影响着密切圆与包络线的密切程度，偏心距越小，密切圆与包络曲线的误差越小。但是偏心距过小，会使压力角增大，影响传动能力。因此，最好把齿根压力角控制在30°~35°范围内，齿顶压力角控制在65°左右。为了保证滚子中心在整个运动过程中始终在滚子架孔内，偏心距可选择

$$e\leqslant 0.476r_z\qquad(12\text{-}34)$$

（3）密切圆齿廓计算角的选择　密切点计算角 β_0 的选择与修切方法有关，现采用修切圆进行修切（见图12-11）。通过计算比较，选取 $\beta_0=60^\circ$ 为宜。

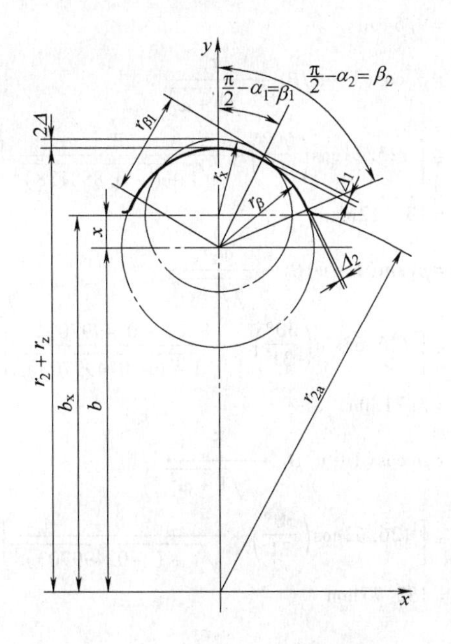

图12-11　密切圆齿廓计算角

齿根点计算角 β_1 与齿顶点计算角 β_2 的选择，会影响齿的接触数目以及齿形误差。通常可取 $\beta_1\approx 30^\circ$，$\beta_2=80^\circ\sim 90^\circ$，但由于 $\beta_2=90^\circ$ 是包络曲线的拐点，所以不宜采用。

2. 计算步骤

（1）确定传动比

内齿圈固定　$i_{H1}=-\dfrac{z_1}{z_2-z_1}$

内齿圈输出　$i_{H1}=\dfrac{z_2}{z_2-z_1}$

（2）选择滚子半径

当 $i_{H1}\leqslant 30$ 时，

$$r_z=r_2\tan\frac{90^\circ}{z_1}(0.975+0.0075z_1)$$

当 $i_{H1}>30$ 时，

$$r_z=r_2\tan\frac{108^\circ}{z_1}$$

（3）确定偏心距

$$e=0.476r_z$$

（4）计算密切圆参数　初定 β_0、β_1、β_2，并将数值代入下列算式进行计算：

$$\sin\varphi_i=\frac{e}{r_2-e}\sin\beta_i$$

$$\varphi_i=\sin^{-1}\left(\frac{e}{r_2-e}\sin\beta_i\right)(i=0,1,2)$$

$$\rho_i=e\cos\beta_i+(r_2-e)\cos\varphi_i\,(i=0,1,2)$$

$$\omega_i=\frac{\tan\varphi_i\cos(1-u)\beta_i+(1-u)\sin(1-u)\beta_i}{\tan\varphi_i\sin(1-u)\beta_i-(1-u)\cos(1-u)\beta_i}\quad(i=0,1,2)$$

$$b=\rho\left[\cos(1-u)\beta_0+\frac{1}{\omega_0}\sin(1-u)\beta_0\right]$$

$$x_{\beta i}=\rho_i\sin(1-u)\beta_i-\frac{\omega r_z}{\sqrt{\omega_i^2+1}}(i=0,1,2)$$

$$y_{\beta i}=\rho_i\cos(1-u)\beta_i+\frac{r_z}{\sqrt{\omega_i^2+1}}(i=0,1,2)$$

$$r_{\beta i}=\sqrt{(y_{\beta i}-b)^2+x_{\beta i}^2}$$

式中　$r_{\beta i}$——$r_{\beta 0}$、$r_{\beta 1}$、$r_{\beta 2}$；

$r_{\beta 0}$——密切点离密切圆心的距离，即为密切圆半径；

$r_{\beta 1}$——齿根点离密切圆心的距离；

$r_{\beta 2}$——齿顶点离密切圆心的距离。

图12-11中，齿形误差 $\Delta_1=r_{\beta 0}-r_{\beta 1}$，$\Delta_2=r_{\beta 0}-r_{\beta 2}$

修切计算误差 $\Delta=(r_2+r_z)-(b+r_{\beta 0})$

$$\alpha_1=\arctan\frac{y_{\beta 1}-b}{x_{\beta 1}}$$

$$\alpha_2=\arctan\frac{y_{\beta 2}-b}{x_{\beta 2}}$$

（5）修切圆计算　为了保证有 Δ 间隙，修切圆半径（见图12-11）为

$$r_x=r_2+r_z+\Delta-b-x$$

式中　x——修切量。

由于

$$r_x^2=(r_{\beta1}\sin\alpha_1-x)^2+(r_{\beta1}\cos\alpha_1)^2$$

即

$$(r_2+r_z+\Delta-b-x)^2=(r_{\beta1}\sin\alpha_1-x)^2+(r_{\beta1}\cos\alpha_1)^2$$

解得

$$x=\frac{(r_2+r_z+\Delta-b)^2-r_{\beta1}^2}{2(r_2+r_z+\Delta-b-r_{\beta1}\sin\alpha_1)}$$

$$b_x=b+x,$$

$$r_x=r_2+r_z+\Delta-b_z$$

（6）齿顶圆直径

$$d_{a2}=2\sqrt{y_{\beta2}^2+x_{\beta2}^2}$$

（7）偏心轮直径，也即转臂轴承外径

$$d_b=2r_b=2(r_2-r_z-e-1.5\Delta_2)$$

例12-1　试计算一台传动比为30的滚子活齿行星减速器的几何参数。已知条件 $i_{H1}=30$，即 $z_1=30$，$z_2=31$。

解：

1）取滚柱直径 $d_z=16\text{mm}$；半径 $r_z=8\text{mm}$。

2）内齿圈分度圆半径

$$r_2=\frac{r_z}{\tan\dfrac{90^\circ}{z_1}(0.975+0.0075z_1)}=127.16\text{mm}$$

3）偏心距

$$e=0.476r_z=3.81\text{mm}$$

4）取 $\beta_0=60^\circ$、$\beta_1=30^\circ$、$\beta_2=80^\circ$，计算密切圆各参数：

$$\sin\varphi_0=\frac{e}{r_2-e}\sin\beta_0=\frac{3.81}{127.16-3.81}\sin60^\circ=0.026747$$

$$\varphi_0=1.532667^\circ,\cos\varphi_0=0.999642,\tan\varphi_0=0.026756$$

$$\sin\varphi_1=\frac{e}{r_2-e}\sin\beta_1=\frac{3.81}{127.16-3.81}\sin30^\circ=0.015442$$

$$\varphi_1=0.884815^\circ,\cos\varphi_1=0.999881,\tan\varphi_1=0.015444$$

$$\sin\varphi_2=\frac{e}{r_2-e}\sin\beta_2=\frac{3.81}{127.16-3.81}\sin80^\circ=0.030415$$

$$\varphi_2=1.742945^\circ,\cos\varphi_2=0.999537;\tan\varphi_2=0.030430$$

$$\rho_0=e\cos\beta_0+(r_2-e)\cos\varphi_0=[3.81\times\cos60^\circ+(127.16-3.81)\times0.999642]\text{mm}=125.21\text{mm}$$

$$\rho_1=e\cos\beta_1+(r_2-e)\cos\varphi_1=[3.81\times\cos30^\circ+(127.16-3.81)\times0.999881]\text{mm}=126.63\text{mm}$$

$$\rho_2=e\cos\beta_2+(r_2-e)\cos\varphi_2=[3.81\times\cos80^\circ+(127.16-3.81)\times0.999537]\text{mm}=123.95\text{mm}$$

$$\omega_0=\frac{\tan\varphi_0\cos(1-u)\beta_0+(1-u)\sin(1-u)\beta_0}{\tan\varphi_0\sin(1-u)\beta_0-(1-u)\cos(1-u)\beta_0}=\frac{0.026756\cos\left(\dfrac{60^\circ}{31}\right)+\dfrac{1}{31}\sin\left(\dfrac{60^\circ}{31}\right)}{0.026756\sin\left(\dfrac{60^\circ}{31}\right)-\dfrac{1}{31}\cos\left(\dfrac{60^\circ}{31}\right)}=-0.888138$$

$$\omega_1=\frac{\tan\varphi_1\cos(1-u)\beta_1+(1-u)\sin(1-u)\beta_1}{\tan\varphi_1\sin(1-u)\beta_1-(1-u)\cos(1-u)\beta_1}=\frac{0.015444\cos\left(\dfrac{30^\circ}{31}\right)+\dfrac{1}{31}\sin\left(\dfrac{30^\circ}{31}\right)}{0.015444\sin\left(\dfrac{30^\circ}{31}\right)-\dfrac{1}{31}\cos\left(\dfrac{30^\circ}{31}\right)}=-0.499703$$

$$\omega_2=\frac{\tan\varphi_2\cos(1-u)\beta_2+(1-u)\sin(1-u)\beta_2}{\tan\varphi_2\sin(1-u)\beta_2-(1-u)\cos(1-u)\beta_2}=\frac{0.030430\cos\left(\dfrac{80^\circ}{31}\right)+\dfrac{1}{31}\sin\left(\dfrac{80^\circ}{31}\right)}{0.030430\sin\left(\dfrac{80^\circ}{31}\right)-\dfrac{1}{31}\cos\left(\dfrac{80^\circ}{31}\right)}=-1.032275$$

$$b=\rho_0\left[\cos(1-u)\beta_0+\frac{1}{\omega_0}\sin(1-u)\beta_0\right]=125.21\times\left[\cos\left(\frac{60^\circ}{31}\right)+\frac{1}{-0.888138}\sin\left(\frac{60^\circ}{31}\right)\right]\text{mm}=120.37\text{mm}$$

$$x_{\beta0}=\rho_0\sin(1-u)\beta_0-\frac{\omega_0r_z}{\sqrt{1+\omega_0^2}}=\left[125.21\sin\left(\frac{60^\circ}{31}\right)-\frac{8\times(-0.888138)}{\sqrt{1+(-0.888138)^2}}\right]\text{mm}=9.54\text{mm}$$

$$y_{\beta0}=\rho_0\cos(1-u)\beta_0+\frac{r_z}{\sqrt{1+\omega_0^2}}=\left[125.21\cos\left(\frac{60^\circ}{31}\right)+\frac{8}{\sqrt{1+(-0.888138)^2}}\right]\text{mm}=131.12\text{mm}$$

$$x_{\beta1}=\rho_1\sin(1-u)\beta_1-\frac{\omega_1r_z}{\sqrt{1+\omega_1^2}}=\left[126.63\sin\left(\frac{30^\circ}{31}\right)-\frac{8\times(-0.499703)}{\sqrt{1+(-0.499703)^2}}\right]\text{mm}=5.71\text{mm}$$

$$y_{\beta1}=\rho_1\cos(1-u)\beta_1+\frac{r_z}{\sqrt{1+\omega_1^2}}=\left[126.63\cos\left(\frac{30^\circ}{31}\right)+\frac{8}{\sqrt{1+(-0.499703)^2}}\right]\text{mm}=133.77\text{mm}$$

$$x_{\beta2}=\rho_2\sin(1-u)\beta_2-\frac{\omega_2r_z}{\sqrt{1+\omega_2^2}}$$

$$=\left[123.95\sin\left(\frac{80°}{31}\right)-\frac{8\times(-1.032275)}{\sqrt{1+(-1.032275)^2}}\right]\text{mm}$$
$$=11.33\text{mm}$$

$$y_{\beta2}=\rho_2\cos(1-u)\beta_2+\frac{r_z}{\sqrt{1+\omega_2^2}}$$
$$=\left[123.95\cos\left(\frac{80°}{31}\right)+\frac{8}{\sqrt{1+(-1.032275)^2}}\right]\text{mm}$$
$$=129.39\text{mm}$$

$$r_{\beta0}=\sqrt{(y_{\beta0}-b)^2+x_{\beta0}^2}$$
$$=\sqrt{(131.12-120.37)^2+(9.54)^2}\text{mm}$$
$$=14.37\text{mm}$$

$$r_{\beta1}=\sqrt{(y_{\beta1}-b)^2+x_{\beta1}^2}$$
$$=\sqrt{(133.77-120.37)^2+(5.71)^2}\text{mm}$$
$$=14.57\text{mm}$$

$$r_{\beta2}=\sqrt{(y_{\beta2}-b)^2+x_{\beta2}^2}$$
$$=\sqrt{(129.39-120.37)^2+(11.33)^2}\text{mm}$$
$$=14.48\text{mm}$$

$$\Delta_1=r_{\beta1}-r_{\beta0}=(14.57-14.37)\text{mm}=0.20\text{mm}$$
$$\Delta_2=r_{\beta2}-r_{\beta0}=(14.48-14.37)\text{mm}=0.11\text{mm}$$
$$\Delta=(r_2+r_z)-(b+r_{\beta0})=[(127.16+8)-(120.37+14.37)]\text{mm}=0.42\text{mm}$$

5）计算修切圆

$$\alpha_1=\arctan\frac{y_{\beta1}-b}{x_{\beta1}}=\arctan\frac{133.77-120.37}{5.71}=66.92°$$

$$x=\frac{(r_2+r_z+\Delta-b)^2-r_{\beta1}^2}{2[r_2+r_z+\Delta-b-r_{\beta1}\sin\alpha_1]}$$
$$=\frac{(127.16+8+0.42-120.37)^2-(14.57)^2}{2[127.16+8+0.42-120.37-14.57\times0.866]}\text{mm}$$
$$=3.67\text{mm}$$

$$b_x=b+x=(120.37+3.67)\text{mm}=124.04\text{mm}$$
$$r_x=r_2+r_z+\Delta-b_x$$
$$=(127.16+8+0.42-124.04)\text{mm}=11.54\text{mm}$$

6）齿顶圆直径

$$d_{a2}=2\sqrt{y_{\beta2}^2+x_{\beta2}^2}$$
$$=2\sqrt{(129.39)^2+(11.33)^2}\text{mm}=259.77\text{mm}$$

7）偏心轮直径

$$d_b=2r_b=2(r_2-r_z-e-1.5\Delta_2)$$
$$=2(127.16-8-3.81-1.5\times0.11)\text{mm}$$
$$=230.37\text{mm}$$

12.4 滚子活齿行星传动中作用力的分析

由于滚子活齿与内齿圈在啮合过程中是多齿接触，因此它们之间的载荷分布也较为复杂。为了便于分析，假设零件之间无间隙存在，摩擦忽略不计。

现取图12-12所示的啮合瞬时位置来分析滚子活齿的受力情况。各滚子主要承受着三种载荷。

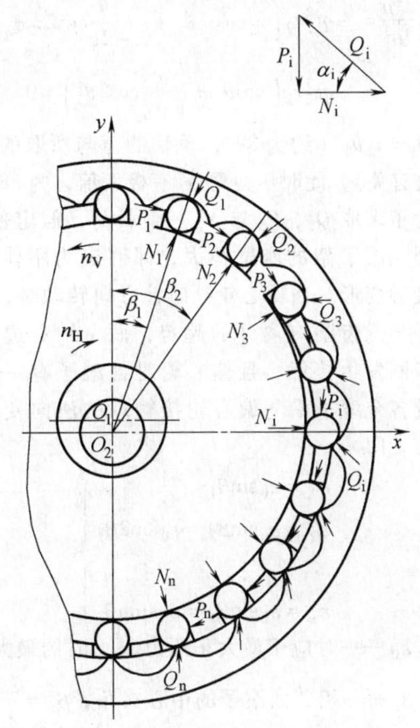

图12-12 滚子活齿的受力分析

第一个载荷是内齿圈作用于各滚子上的载荷 Q_1、Q_2、Q_3、…，其作用方向沿啮合点的公法线方向。

第二个载荷是滚子架作用于各滚子上的载荷 P_1、P_2、P_3、…，其作用方向沿滚子中心圆的切向。

第三个载荷是偏心轮（或转臂轴承外圈）作用于各滚子上的载荷 N_1、N_2、N_3、…，其作用方向沿偏心轮与滚子接触点的法向。下面分别加以讨论。

1. 三种载荷的计算

由图12-12可知，Q_i、P_i 与 N_i 三个载荷之间存在如下关系：

$$Q_i=\frac{N_i}{\cos\alpha_i} \tag{12-35}$$

$$P_i=N_i\tan\alpha_i \tag{12-36}$$

式中，α_i 为滚子与内齿圈的接触角（见图12-9）。它与理论齿廓曲线的压力角相等，可由下式计算：

$$\tan\alpha_i=\frac{\frac{\mathrm{d}\rho}{\mathrm{d}\theta_2}}{\rho}=\frac{-qz_2\left(\sin z_2\theta_2+\frac{q}{2-2q}\sin2z_2\theta_2\right)}{1-q+q\cos z_2\theta_2-\frac{q^2}{2-2q}\sin^2z_2\theta_2} \tag{12-37}$$

式中，$\frac{\mathrm{d}\rho}{\mathrm{d}\theta_2}=-qz_2r_2\left(\sin z_2\theta_2+\frac{q}{2-2q}\sin2z_2\theta_2\right)$。

由理论齿廓曲线的极坐标方程式（12-9）可知，当$\dfrac{d^2\rho}{d\theta_2^2}=0$时，理论齿廓曲线出现拐点，可由

$$\frac{d^2\rho}{d\theta_2^2}=-qz_2^2r_2\left(z_2\cos z_2\theta_2+\frac{2z_2q}{2-2q}\cos 2z_2\theta_2\right)$$
$$=-qz_2^2r_2\left(\cos\theta_1+\frac{q}{1-q}\cos 2\theta_1\right)=0$$

求得$\theta_1=z_2\theta_2$（约为89°，确切的值与所取的偏心系数q值有关），此时压力角α_i有极大值，为38°左右。

为了求取Q_i、P_i与N_i三个载荷，假定偏心轮、内齿圈与滚子架的刚度很大，即假定为刚体，而滚子有接触变形。当偏心轮顺时针方向转动时，y轴左边滚子与内齿圈有离开的趋势，而y轴右边的滚子与内齿圈发生接触，且偏心轮对各滚子有一个正压力。设各个滚子沿与偏心轮接触点的法向变形呈正弦分布，即

$$\left.\begin{aligned}\varepsilon_1&=\varepsilon_0\sin\beta_1\\\varepsilon_2&=\varepsilon_0\sin\beta_2=\varepsilon_0\sin 2\beta_1\\&\vdots\quad\quad\vdots\quad\quad\vdots\\\varepsilon_n&=\varepsilon_0\sin\beta_n=\varepsilon_0\sin n\beta_1\end{aligned}\right\}\tag{12-38}$$

式中　ε_0——对应于最大正压力$N_{\max}$时的最大变形；

β_1——相邻两滚子的中心夹角，$\beta_1=\dfrac{2\pi}{z_1}$；

ε_i——各滚子沿与偏心轮接触点的法向变形，$i=1,2,\cdots,n$。

滚子变形与正压力的关系如下：

$$\frac{\varepsilon_i}{N_i}=\frac{\varepsilon_0}{N_{\max}}$$

即

$$N_i=N_{\max}\sin\beta_i\tag{12-39}$$

由于滚子活齿行星传动通常也采用两排滚子，考虑到载荷分配不均匀，每排滚子传递的转矩增大10%，即

$$T_1=0.55T_V\tag{12-40}$$

而

$$T_1=\sum_{i=1}^{z_{1/2}}P_ir_2=\sum_{i=1}^{z_{1/1}}N_ir_2\tan\alpha_i$$
$$=N_{\max}r_2\sum_{i=1}^{z_{1/2}}\sin\beta_i\tan\alpha_i\tag{12-41}$$

式中　$\sum\limits_{i=1}^{z_{1/2}}\sin\beta_i\tan\alpha_i=$

$$\sum_{i=1}^{z_{1/2}}\sin\beta_i\frac{qz_2\left(\sin\beta_i+\dfrac{q}{2-2q}\sin 2\beta_i\right)}{1-q\left(1-\cos\beta_i+\dfrac{q}{2-2q}\sin^2\beta_i\right)}$$

因为q较小，$\dfrac{z_2q^2}{2-2q}\sin 2\beta_i$和$q\left(1-\cos\beta_i+\dfrac{q}{2-2q}\sin^2\beta_i\right)$可略去不计，并根据现有资料，$qz_2$的平均值约为0.9，所以

$$\sum_{i=1}^{z_{1/2}}\sin\beta_i\tan\alpha_i=\sum_{i=1}^{z_{1/2}}\sin^2\beta_iqz_2\approx\frac{z_1}{4}\times0.9=0.225z_1\tag{12-42}$$

将式（12-42）代入式（12-41），并考虑到制造与安装的误差引起受力不均匀，需将载荷适当放大，乘上一个载荷放大系数$\varphi=1.35$，经整理得到

$$N_{\max}=\varphi\frac{T_1}{0.225r_2z_1}=\frac{3.4T_v}{r_2z_1}\tag{12-43}$$

根据式（12-39）、式（12-36）与式（12-35）可分别得到

$$N_i=N_{\max}\sin\beta_i=\frac{3.4T_v}{r_2z_1}\sin\beta_i\tag{12-44}$$

$$P_i=N_i\tan\alpha_i=\frac{3.4T_v}{r_2z_1}\sin\beta_i\tan\alpha_i\tag{12-45}$$

$$Q_i=\frac{N_i}{\cos\alpha_i}=\frac{3.4T_v}{r_2z_1}\frac{\sin\beta_i}{\cos\alpha_i}\tag{12-46}$$

从式（12-45）与式（12-46）中可知，当$\beta_i=89°$左右时，α_i有最大值，为38°左右，则P_i与Q_i也有最大值。

$$P_{\max}=\frac{3.4T_v}{r_2z_1}\sin89°\tan38°=\frac{2.7T_v}{r_2z_1}\tag{12-47}$$

$$Q_{\max}=\frac{3.4T_v\sin89°}{r_2z_1\cos38°}=\frac{4.4T_v}{r_2z_1}\tag{12-48}$$

2. *作用于转臂轴承上的载荷 R*

现分析图12-12所示的瞬时位置，转臂轴承（或偏心轮）与各滚子接触，各滚子以大小与N_i相等、方向相反的载荷作用于转臂轴承上。假定N_i沿y轴方向的分量，上下两半滚子相互抵消，则作用于转臂轴承上的载荷R为

$$R=N_1\sin\beta_1+N_2\sin\beta_2+N_3\sin\beta_3+\cdots=\sum_{i=1}^{z_{1/2}}N_i\sin\beta_i$$
$$=N_{\max}\sum_{i=1}^{z_{1/2}}\sin^2\beta_i=N_{\max}\frac{z_1}{4}=0.85\frac{T_v}{r_2}\tag{12-49}$$

12.5　滚子活齿行星减速装置的强度计算

滚子活齿行星减速装置的强度比其他K-H-V型传动的减速装置有所提高。根据其传动特点，强度计算主要着重于各零件之间的接触强度。由于减速装置结构紧凑，散热问题也需加以考虑。

1. *主要零件的材料与许用接触应力*

滚子活齿行星减速装置的主要传动零件有内齿圈、滚子架，偏心轮（或转臂轴承）与滚子（滚柱或滚珠，通常滚柱用得较多）。这些零件所采用的材

料及其许用接触应力列于表12-1。

表12-1　主要零件的材料与许用接触应力

名称	材料	硬度 HRC	许用接触应力 σ_{HP} /MPa
滚子	GCr9 GCr15 GCr15SiMn	60 ~ 62	800 ~ 1200
内齿圈	40Cr 45 GCr15	48 ~ 52 56 ~ 60	700 ~ 800 800 ~ 1000
滚子架	40Cr 45 35CrMoV	28 ~ 32 30 ~ 35	600 ~ 650 600 ~ 700
偏心轮	GCr15 40Cr	56 ~ 62 48 ~ 52	800 ~ 1200 700 ~ 800

2. 接触应力的计算

（1）滚子与偏心轮（或转臂轴承）之间的接触应力　根据赫兹应力公式

$$\sigma_H = 0.418\sqrt{\frac{E_d N_{max}}{b\rho_d}} \leqslant \sigma_{HP} \tag{12-50}$$

式中　b——滚子的工作长度（mm）；

E_d——当量弹性模量，$E_d = \dfrac{2E_1E_2}{E_1+E_2}$，由于 E_1 与 E_2 都为钢材的弹性模量，故 $E_d = E_1 = 2.1\times10^5 N/mm^2$；

ρ_d——当量曲率半径，$\rho_d = \dfrac{\rho_1\rho_2}{\rho_1 \pm \rho_2}$，由于 $r_b \gg r_z$，所以可近似地取 $\rho_d \approx r_z$；

N_{max}——滚子与偏心轮之间的最大正压力，由式（12-43）计算。

将有关数值代入式（12-50），经整理得

$$\sigma_H = 353\sqrt{\frac{T_v}{bz_1r_zr}} \leqslant \sigma_{HP} \tag{12-51}$$

（2）滚子与滚子架之间的接触应力　仍根据赫兹应力公式

$$\sigma_H = 0.418\sqrt{\frac{E_d P_{max}}{b\rho_d}} \leqslant \sigma_{HP} \tag{12-52}$$

式中　P_{max}——滚子与滚子架之间的最大正压力，由式（12-47）计算；

ρ_d——当量曲率半径，$\rho_d = \dfrac{\rho_1\rho_2}{\rho_1 \pm \rho_2}$，由于 $\rho_2 \to \infty$，所以 $\rho_d = \rho_1 = r_z$；

E_d 与 b 同式（12-50）。将上述有关数值代入式（12-52），经整理得

$$\sigma_H = 315\sqrt{\frac{T_v}{bz_1r_zr_2}} \leqslant \sigma_{HP} \tag{12-53}$$

（3）滚子与内齿圈之间的接触应力　由于内齿圈的理论齿廓曲线各点的曲率半径不同，各点的作用力 Q_i 也不等，因此在赫兹接触应力公式中，需求出 $\dfrac{Q_i}{P_{di}}$ 的最大值 $\left(\dfrac{Q_i}{P_{di}}\right)_{max}$。

$$\sigma_H = 0.418\sqrt{\frac{E_d}{b}\left(\frac{Q_i}{\rho_{di}}\right)_{max}} \leqslant \sigma_{HP} \tag{12-54}$$

为了简化计算，作用力近似取 Q_{max}，按式（12-48）计算；ρ_{di} 取拐点处的值，即 $P_{di} = r_z$；E_d、b 与式（12-50）的相同，则式（12-54）可写成

$$\sigma_H = 400\sqrt{\frac{T_v}{bz_1r_zr_2}} \leqslant \sigma_{HP} \tag{12-55}$$

对于内齿圈齿廓采用密切圆弧，则

$$\rho_d = \frac{\rho_1\rho_2}{\rho_1-\rho_2} = \frac{r_zr_{\beta0}}{r_{\beta0}-r_z} \tag{12-56}$$

式中　$r_{\beta0}$——密切圆半径（mm）。

赫兹接触应力公式可写成

$$\sigma_H = 400\sqrt{\frac{T_v(r_{\beta0}-r_z)}{bz_1r_zr_{\beta0}r_2}} \leqslant \sigma_{HP} \tag{12-57}$$

当传动比较大时，滚子数目增多，导致滚子架孔与孔的间隔减小，影响滚子架的强度。这时可采用间隔地抽去滚子的办法来减少滚子数。由于 P_{max} 增大，使接触应力提高，需相应地提高材质及其硬度来增大许用接触应力。

3. 转臂轴承的选择

转臂轴承是滚子活齿行星减速装置薄弱的一环，为此必须进行计算。工程中有两种计算办法：一种是减速装置中的转臂轴承已定，校核一下寿命是否够；另一种是减速装置的寿命已定，选择一种轴承，满足其要求。

（1）校核转臂轴承寿命　对于滚柱轴承，其寿命可按下式计算，

$$L_h = \frac{10^6}{60n}\left(\frac{C}{P}\right)^{\frac{10}{3}} \tag{12-58}$$

式中　L_h——轴承寿命（h）；

n——轴承转速（r/min）；

$P = f_dR$，R 按式（12-49）计算，f_d 为动载系数，可取 $f_d = 1.2 \sim 1.4$。

根据已定轴承的额定动载荷 C 及 P、n 计算出的寿命 L_h 与要求使用时间进行比较，大于要求使用时间，则可行，否则更换轴承。

（2）转臂轴承使用寿命已定，选择轴承　轴承可根据计算动载荷 C' 进行选择，C' 的计算如下：

$$C' = P\sqrt[\frac{10}{3}]{\frac{60nL_h}{10^6}} \tag{12-59}$$

式中寿命 L_h 已定，P 与 n 计算同式（12-58）。

4. 减速器的散热计算

现以连续工作制的减速器作为计算对象，在连续运转的工况下，减速器产生的热量为

$$Q_1 = 860(1-\eta)P_H \quad (12\text{-}60)$$

式中 η——传动效率，估算时可取 $\eta=0.9$；

P_H——输入轴功率。

在自然冷却条件下，减速器箱体排出的最大热量为

$$Q_{2max} = kS(t_{max} - t_0) \quad (12\text{-}61)$$

式中 t_{max}——润滑油油温的最大许用值（℃），普通的滚子活齿行星减速器，温升最大许用值可取 $t_{max}=90℃$；

t_0——周围空气温度，通常取 $t_0=20℃$；

k——传热系数，一般可取 $k=8.7225 \sim 17.445\text{W}/(\text{m}^2\cdot\text{K})$，当减速器箱体散热及油池中油的循环条件良好时，可取大值，反之则取小值。

在自然通风良好的地方，取 $k=13.95 \sim 17.445\text{W}/(\text{m}^2\cdot\text{K})$；在自然通风不好的地方，取 $k=8.7225 \sim 10.467\text{W}/(\text{m}^2\cdot\text{K})$。

S 为散热的计算面积，其计算公式为

$$S = S_1 + 0.5S_2 \quad (12\text{-}62)$$

式中 S_1——直接散热表面，指内表面能被油浸着或飞溅到，而其所对应的外表面又能被空气所冷却的箱体外表面的面积；

S_2——间接散热表面，指凸缘、箱底及散热片的散热面积，仅按实际面积的一半计算。

若 $Q_1 < Q_{2max}$，则减速器散热情况良好；若 $Q_1 > Q_{2max}$，则减速器只能间歇工作，若需连续工作时，要加以人工冷却。

如果将散热面积换算为壳体直径 D 来表示，则可以产生热量与排出热量达到平衡，导出壳体直径与输入功率的关系。现取 $\eta=0.9$，$k=15.701\text{W}/(\text{m}^2\cdot\text{K})$，$S=5.6D^2$，$t_{max}=90℃$，$t_0=20℃$，则

$$Q_1 = 860(1-\eta)P_H = 860(1-0.9)P_H = 86P_H$$

$$Q_{2max} = kS(t_{max}-t_0) = 13.5\times5.6D^2(90-20) = 5292D^2$$

从 $Q_1 = Q_{2max}$ 可解得壳体直径为

$$D = \sqrt{\frac{86}{5292}P_H} = 0.128\sqrt{P_H} \quad (12\text{-}63)$$

12.6 滚子活齿行星减速器的效率测定

1. 被测减速器的主要参数

被测减速器的结构形式如图 12-2 所示。

输入功率 $P_H=2\text{kW}$；

输入转速 $n_H=1000\text{r/min}$；

传动比 $i_{H1}=21$。

2. 试验装置

试验装置由电动机→高速轴转矩计→被测减速器→低速轴转矩计→增速器→发电机与变阻箱组成。

测量仪器主要有 YJD-1 型电阻应变仪、JDN 型转矩计、测速表、半导体点温计等。

由转矩计测量得减速器的输入端与输出端的微应变分别为 $\mu\varepsilon_1$ 与 $\mu\varepsilon_2$。按下列公式计算出效率

$$\eta = \frac{\mu\varepsilon_2/K_2}{(\mu\varepsilon_1/K_1)i_{H1}} \quad (12\text{-}64)$$

式中 K_1——输入轴标定值（N·m），$K_1=36\mu\varepsilon$；

K_2——输出轴标定值（N·m），$K_2=1.44\mu\varepsilon$。

3. 测定程序与结果

输入转速 $n_H=500\text{r/min}$ 时，在输出轴上分别加转矩 10N·m 与 20N·m 各磨合 2h，然后进行测定。

测定结果：总共测定三次，取其平均值，列于表 12-2。根据平均值，可作出效率与载荷的变化曲线，如图 12-13 所示。

表 12-2　滚子活齿行星减速器的效率测定结果

输入转速 n_H/(r/min)	输入转矩应变 $\mu\varepsilon_1$	输出转矩应变 $\mu\varepsilon_2$	输入功率 P_H/kW	输出转矩 T_v/N·m	加载情况(%)	效率 η(%)
1000	155.7	108.3	0.44	75.2	22	82.8
1000	210	148.3	0.59	103	30	84.1
1000	276.9	205	0.79	142.4	39	88.1
1000	347.7	259.7	0.99	180.3	50	89.1
1000	417.7	311.7	1.19	216.5	60	88.8
1000	487.8	363.3	1.39	252.3	69	88.7
1000	557.9	425	1.59	295.1	79	90.7
1000	628.6	477.7	1.79	331.7	90	90.5
1000	698.7	533.7	1.99	370.6	100	90.9
1000	768.7	588.3	2.19	408.5	110	91.1
1000	838.7	644.3	2.39	447.4	119	91.5
1000	918.7	710	2.62	493.1	131	92
1000	1000	770	2.85	534.7	142	91.7

从表 12-2 与图 12-13 中可知，减速器在 $n_H=1000\text{r/min}$ 及额定功率情况下，效率达 90.9%。加载到 130% 额定载荷情况下，效率达 92%。

在输入转速 $n_H=1000\text{r/min}$，输入功率 $P_H=2.85\text{kW}$ 时，磨合 2h，测得壳体温升 38℃，室温为 7℃，故实际温升为 31℃。从测试结果情况看，无论

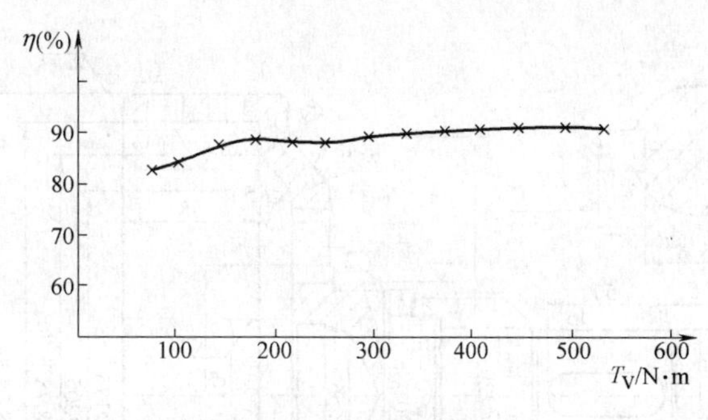

图 12-13　η-T_V 曲线

效率还是温升都达到了比较满意的结果。

12.7　主要零件的加工工艺与工作图

滚子活齿行星减速器的主要零件除滚子外，还有两个，一个是内齿圈，另一个是滚子架。

1. 内齿圈

以密切圆作为内齿圈齿廓，在单件或小批量生产时，可粗铣齿后，再镗密切圆。成批生产时，不论密切圆齿廓或者包络线齿廓都可采用精铸横向仿形车削加工，或者采用专用装置进行铣削或磨削。

内齿圈工作图如图 12-14 所示。

2. 滚子架

滚子架的加工难度在于径向孔的分度精度要求高。单件或小批量生产时，在锻造、车削加工后，在铣床上分度铣孔。成批生产时，在车削加工后，采用在专用分度装置上铣孔或磨削。

滚子架的工作图如图 12-15 所示。

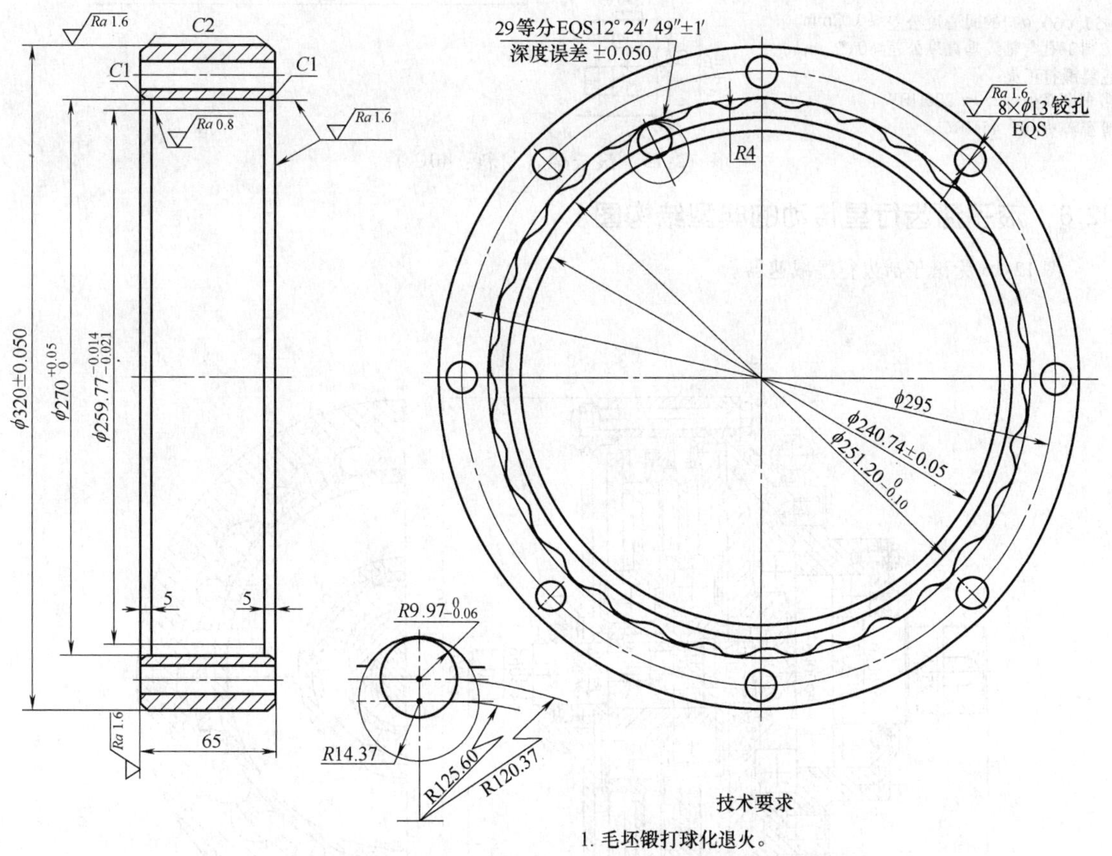

图 12-14　内齿圈（材料：GCr15）

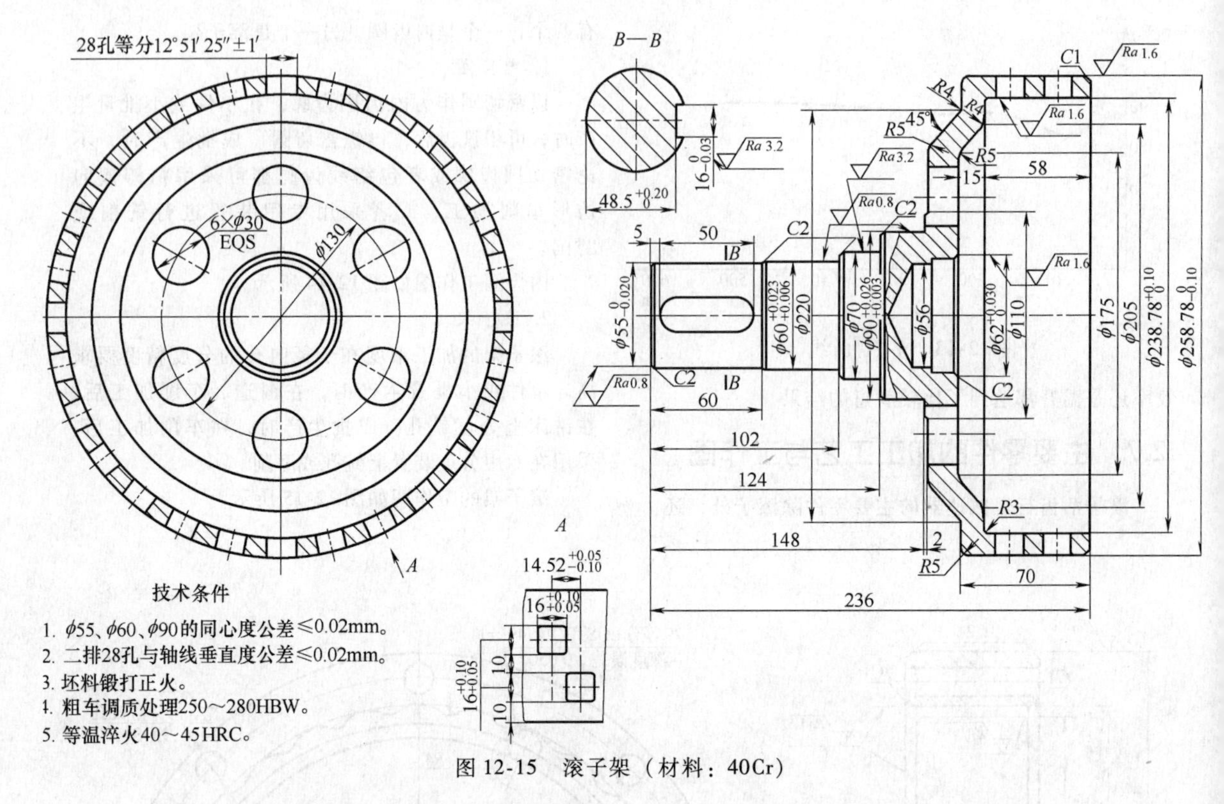

图 12-15　滚子架（材料：40Cr）

12.8　滚子活齿行星传动的典型结构图

图 12-16 为滚子活齿行星减速器。

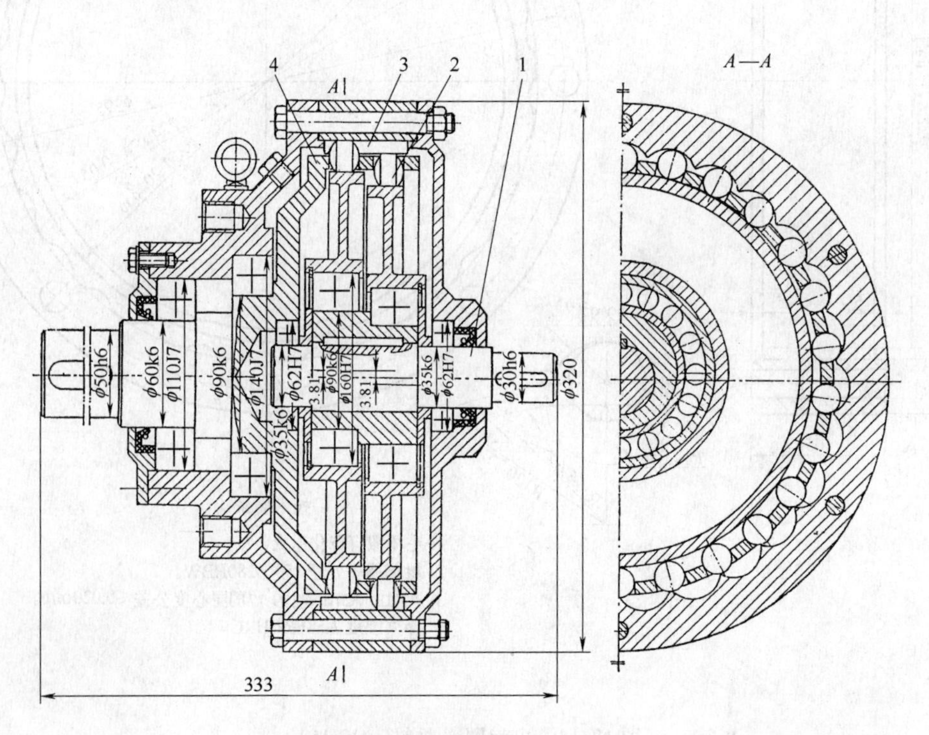

图 12-16　滚子活齿行星减速器

1—输入轴　2—活齿　3—内齿轮　4—滚子架（输出轴）

图 12-17 为滚子活齿结构形式。

图 12-18 为滚子活齿卷扬机。

图 12-19 为双级滚子活齿行星减速器。

图 12-20 为径向柱销活齿减速器。

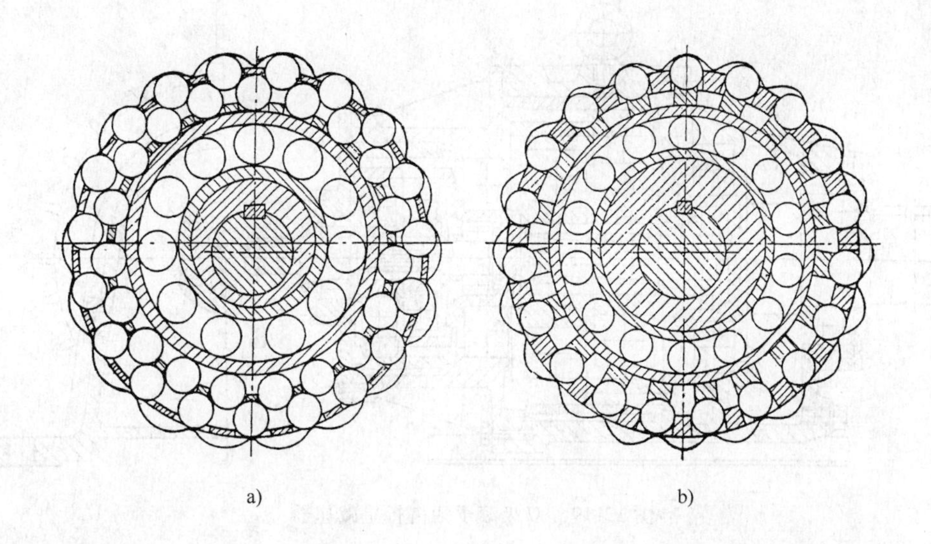

图 12-17　滚子活齿结构形式

a）径向双排滚柱结构　b）隔块滚柱结构

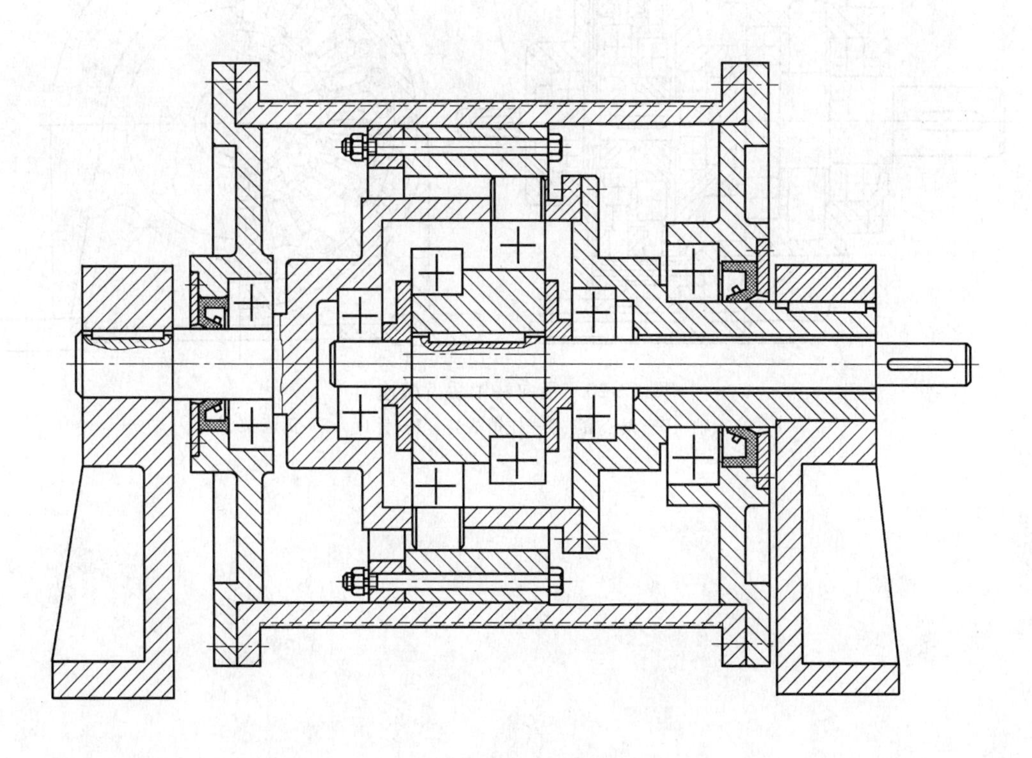

图 12-18　滚子活齿卷扬机

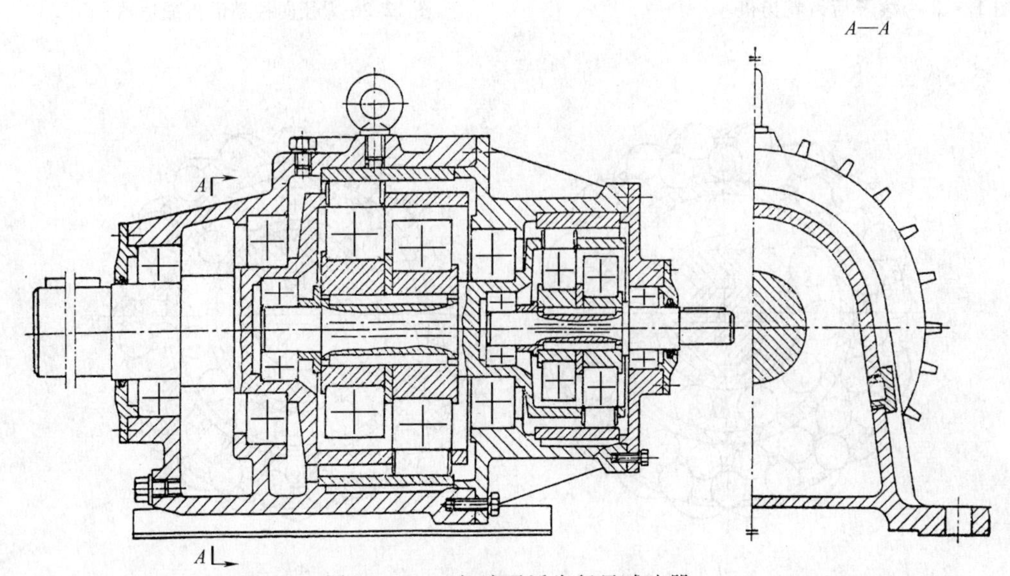

图 12-19　双级滚子活齿行星减速器

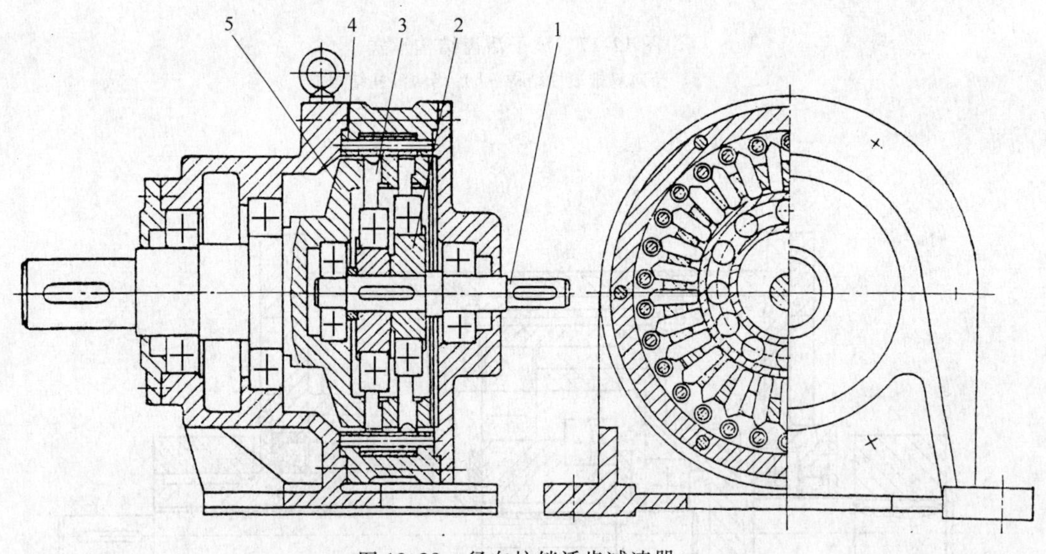

图 12-20　径向柱销活齿减速器

1—输入轴　2—偏心套　3—柱销活齿　4—针齿　5—活齿架

第13章 起重机传动装置的设计

13.1 类型、特点及应用

1. 类型

起重机的传动装置主要用于起重机的起升、运行、回转和变幅四大机构中。

我国目前常用的起重机减速器按齿面硬度分有软齿面（硬度≤280HBW）、中硬齿面（硬度≤360HBW）和硬齿面（齿面硬度>45HRC，常用的为58~62HRC），从发展趋势来看，应用硬齿面是主要趋势。按安装方式分有卧式、立式、套装式、悬挂套装式等。

2. 特点

起重机减速器因为是间歇式、周期重复工作，减速器发热相对于连续性工作的要好一些，但是经常起、制动惯性载荷较大。因此，轮齿弯曲强度的安全系数较高，特别是用于起升和变幅机构等直接影响人身和设备安全时更应如此。另外，起升机构的减速器输出端多数要求带齿轮联轴器或卷筒联轴器直接与卷筒相连，不仅传递转矩，还要求承受较大的径向载荷，相当于卷筒的一端支座。

运行机构的“三合一”悬挂套装式减速器，要求体积小、质量轻、结构紧凑，输出端为内花键孔直接插在车轮轴上，输入端通过联轴器与制动电动机用法兰连接。减速器上端有安装孔通过销轴和缓冲装置固接在机架上。

回转机构常采用摆线针轮减速器或行星齿轮减速器，立式安装，带动开式小齿轮与大齿圈啮合实现回转。

3. 应用范围

起重机减速器除了用于起重机各机构中外，也可用于矿山、冶金、化工、建材、轻工等各种机械的传动装置中。多数减速器除给出按起重机工作级别的功率表外，还给出连续工作的功率表。

13.2 设计原则与依据

13.2.1 设计原则

1）起重机减速器在设计时，首先应满足机械强度的要求，即工作机械所需的功率应小于或等于通过折算的减速器输入轴的许用功率。对用于起重机不同机构要适当乘以系数。不同的工作级别要先折算成M5或M6工作级别的功率值，再参考同类型减速器的功率表选取。因不同的减速器是在不同时期开发的，其承载能力是用不同的公式计算的，所以结果也不尽相同，因此在设计、选用时要反复对比，提高使用的可靠度。

2）对连续使用的减速器还要满足热功率的要求，特别对硬齿面减速器，因结构紧凑、体积小，散热性能要差一些。

3）满足传动比的要求，根据原动机转速和工作机械相匹配的转速要求，一般实际传动比与公称传动比的误差，单级传动为±3%，两级传动为±4%，三级传动为±5%。

4）根据传动装置的安装位置、界限尺寸、连接部位、传动性能的要求，确定减速器的结构形式、安装形式和装配形式。

5）根据输入、输出的连接方式确定轴端的形式。

6）应考虑使用维修方便等，注意油位高低、润滑油的品质，应设置注油口、排油口的最佳位置。

7）设计时，除满足通用减速器的共性要求外，还应计及起重机行业高可靠度的需求，以及起重机行业的特殊性工作制度的要求。

13.2.2 设计的依据与程序

1. 工作状况

起重机的工作特点是变载荷，周期间歇式工作。在设计和选择减速器时，为了与起重机载荷计算相一致，引入了起重机的工作级别。工作级别是由利用等级和载荷状态决定的。根据齿轮的强度计算方法是按照GB/T 19406—2003《渐开线直齿和斜齿圆柱齿轮承载能力计算方法　工业齿轮应用》将齿轮强度计算公式进行适当的变换后提出，经实践验证是可行的。

起重机有起升、运行、回转和变幅四大机构，每个机构的工况不尽相同。用于起升和非平衡变幅机构的减速器为单侧齿面受力；用于运行和回转机构的减速器为双齿面受力，而且起、制动惯性载荷较大。

2. 工作级别

无论是设计还是选用减速器，正确地选择减速器的工作级别是前提。减速器的工作级别实际上就是减速器用在起重机机构的工作级别，它由下列因素决定：

（1）利用等级　机构的利用等级按总使用寿命分为10级（$T_0 \sim T_9$），见表13-1表中总使用寿命规定为减速器在设计年限内处于运转的总小时数。它仅作为减速器的设计基础，不能视为保用期。

表13-1　机构的利用等级

利用等级	总使用寿命/h	工作频繁程度
T_0	200	不经常使用
T_1	400	
T_2	800	
T_3	1600	
T_4	3200	经常轻度使用
T_5	6300	经常中等程度使用
T_6	12500	不经常频繁地使用
T_7	25000	频繁使用
T_8	50000	
T_9	100000	

（2）载荷状态　机构的载荷状态表明其受载的轻重程度，它可用载荷谱系数 K_m 表示。

$$k_m = \sum \left[\left(\frac{P_i}{P_{max}} \right)^m \frac{t_i}{t_T} \right]$$

式中　P_i——机构在工作时间内所承受的各个不同载荷，$P_i = P_1$、P_2、$P_3 \cdots$、P_n；

P_{max}——P_i 中的最大值；

t_i——机构承受各个不同载荷的持续时间（t_1、t_2、$t_3 \cdots$、t_n）；

t_T——所有不同载荷作用的总的持续时间：$t_T = \sum t_i = t_1 + t_2 + \cdots + t_n$

m——齿轮材料疲劳试验曲线指数。

机构的载荷状态按名义载荷谱系数分为四级，见表13-2。图13-1给出了与表13-2相应的载荷谱，当减速器的实际载荷状态未知时，可根据经验按表13-2中备注栏内的说明选择一个适当的载荷状态。

表13-2　载荷状态分级及其名义载荷谱系数

载荷状态	名义载荷谱系数	备　注
L_1—轻	0.125	经常承受轻度载荷，偶而承受最大载荷
L_2—中	0.25	经常承受中等载荷，较少承受最大载荷
L_3—重	0.5	经常承受较重载荷，也常承受最大载荷
L_4—特重	1	经常承受最大载荷

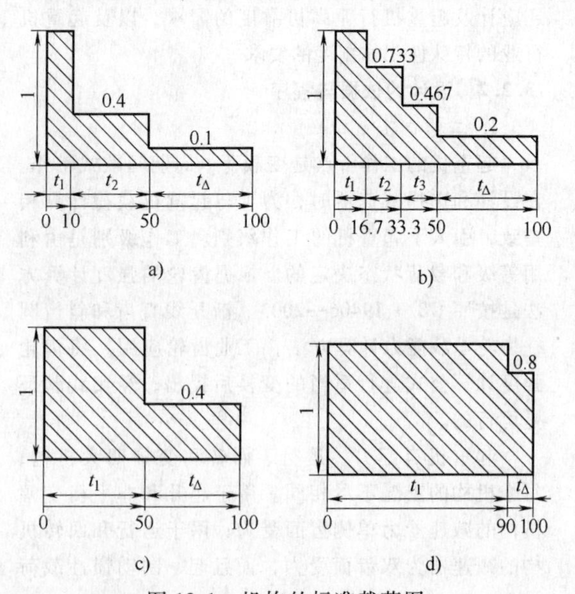

图13-1　机构的标准载荷图

a）L_1—轻　b）L_2—中　c）L_3—重　d）L_4—特重

当减速器的载荷状态已知时，则根据使用工况计算实际载荷谱系数，然后按表13-2选择与之相接近的并不小于计算值的名义载荷谱系数作为减速器的载荷谱系数。

按机构的利用等级和载荷状态来确定机构的工作级别，共分8级（M1 ~ M8），见表13-3。

表13-3　机构的工作级别

载荷状态	名义载荷谱系数 K_m	利用等级									
		T_0	T_1	T_2	T_3	T_4	T_5	T_6	T_7	T_8	T_9
L_1—轻	0.125	M_1	M_1	M_1	M_2	M_3	M_4	M_5	M_6	M_7	M_8
L_2—中	0.25	M_1	M_1	M_2	M_3	M_4	M_5	M_6	M_7	M_8	M_8
L_3—重	0.5	M_1	M_2	M_3	M_4	M_5	M_6	M_7	M_8	M_8	M_8
L_4—特重	1	M_2	M_3	M_4	M_5	M_6	M_7	M_8	M_8	M_8	M_8

设计减速器系列时，通常按M5工作级别给出功率表或输出转矩值。如果不知道起重机机构的工作级别，可参考表13-4确定。

3. 安装方式

起重机起升机构的减速器，由于安装位置的要求，通常采用平行轴、低高度、质量轻的卧式减速器，输入、输出轴端在同一侧，分别与电动机和卷筒相连。为保持两者有一定空间，减速器中心距不宜太小（见图13-2）。另外，减速器的输出端往往是卷筒的一端支承点，故要求输出端可承受较大的径向载荷。

表 13-4 起重机机构工作级别举例

起重机形式			主起升机构			副起升机构			小车运行机构			大车运行机构			回转机构			变幅机构		
			利用等级	载荷情况	工作级别	利用等级	载荷情况	工作级别	利用等级	载荷情况	工作级别	利用等级	载荷情况	工作级别	利用等级	载荷情况	工作级别	利用等级	载荷情况	工作级别
桥式起重机	一般用途(吊钩式)	电站安装及检修用	T_2	L_1,L_2	M_1,M_2	T_3	L_1	M_2	T_2	L_1,L_2	M_1,M_2	T_2	L_1	M_1						
		车间及仓库用	T_3,T_4	L_1,L_2	$M_2 \sim M_4$	T_4,T_5	L_1,L_2	$M_3 \sim M_5$	T_4,T_5	L_1,L_2	$M_3 \sim M_5$	T_4,T_5	L_1,L_2	M_3,M_5						
		繁重工作车间及仓库用	T_5,T_6	L_2,L_3	$M_5 \sim M_7$	T_5	L_3	M_6	T_4,T_5	L_3	M_5,M_6	T_6	L_2,L_3	M_6,M_7						
	抓斗式	间断装卸用	T_5,T_6	L_3	M_6,M_7				T_5,T_6	L_3	$M_6 \sim M_8$	T_5,T_6	L_3	M_6,M_7						
		连续装卸用	T_6,T_7	L_3	M_7,M_8				T_5,T_6	L_3	M_6,M_7	T_5,T_6	L_3	M_6,M_7						
	冶金专用	吊料箱用	T_6,T_7	L_3	M_7,M_8				T_5,T_6	L_3	M_6,M_7	T_6	L_3	M_7						
		加料用	T_7,T_8	L_3	M_8	T_7,T_8	L_3	M_8	T_7,T_8	L_3	M_8	T_7,T_8	L_3	M_8	T_7	L_3	M_7			
		铸造用	T_6,T_7	L_3,L_4	M_7,M_8	T_6,T_7	L_3,L_4	M_7,M_8	T_6	L_3,L_4	M_7,M_8	T_6,T_7	L_3	M_7,M_8						
		锻造用	T_6,T_7	L_3	M_7,M_8	T_6	L_3	M_7	T_5,T_6	L_3	M_6,M_7	T_6,T_7	L_3	M_7,M_8						
		淬火用	T_5,T_6	L_3	M_6,M_7	T_7,T_8	L_3	M_7,M_8	T_5,T_6	L_3	M_6,M_7	T_6,T_7	L_3	M_7,M_8						
		夹钳、脱锭用	T_7,T_8	L_3,L_4	M_8	T_5,T_6	L_2	M_5,M_6	T_6,T_7	L_4	M_8	T_6,T_7	L_4	M_8	T_6,T_7	L_3	M_7,M_8			
		揭盖用	T_6,T_7	L_3	M_7,M_8							T_6,T_7	L_3	M_7,M_8						
		料耙式	T_7	L_4	M_8				T_6,T_7	L_4	M_8	T_6,T_7	L_4	M_8	T_6,T_7	L_3	M_7,M_8			
		电磁铁式	T_6,T_7	L_3	M_7,M_8				T_5,T_6	L_3	M_6,M_7	T_5	L_3	M_6						
门式起重机	一般用途吊钩式		T_5	L_2,L_3	M_5,M_6	T_5	L_2,L_3	M_5,M_6	T_5	L_3	M_5	T_5	L_3	M_5						
	装卸用抓斗式		T_6,T_7	L_3,L_4	M_7,M_8				T_6,T_7	L_3,L_4	M_7,M_8	T_6	L_2,L_3	M_6,M_7						
	电站用吊钩式		T_3	L_1,L_2	M_2,M_3	T_3	L_2	M_3	T_3	L_2	M_3	T_3	L_2	M_3						
	造船安装用吊钩式		T_4	L_2,L_3	M_4,M_5	T_4	L_2,L_3	M_4,M_5	T_5	L_2,L_3	M_5,M_6	T_5	L_2,L_3	M_5,M_6						
	装卸集装箱用		T_6,T_7	L_2,L_3	$M_6 \sim M_8$				T_6,T_7	L_2,L_3	$M_6 \sim M_8$	$T_5 \sim T_7$	L_2,L_3	$M_5 \sim M_8$						
装卸桥	料场装卸用抓斗式		T_6,T_7	L_3,L_4	M_7,M_8				T_6,T_7	L_3,L_4	M_7,M_8	T_5	L_2,L_3	M_5,M_6				T_4	L_1	M_3
	港口装卸用抓斗式		T_6,T_7	L_3,L_4	M_7,M_8				T_6,T_7	L_3,L_4	M_7,M_8	T_5	L_2,L_3	M_6,M_7				T_4	L_1	M_3
	港口装卸集装箱用		T_5,T_6	L_2,L_3	$M_5 \sim M_7$				T_5,T_6	L_2,L_3	$M_5 \sim M_7$	T_5,T_6	L_2,L_3	$M_5 \sim M_7$				T_4	L_1	M_3

（续）

起重机形式		主起升机构			副起升机构			小车运行机构			大车运行机构			回转机构			变幅机构		
		利用等级	载荷情况	工作级别	利用等级	载荷情况	工作级别	利用等级	载荷情况	工作级别	利用等级	载荷情况	工作级别	利用等级	载荷情况	工作级别	利用等级	载荷情况	工作级别
门座起重机	安装用吊钩式	T_5	L_1, L_2	M_4, M_5	T_5	L_1, L_2	M_4, M_5				T_3, T_4	L_2	M_3, M_4	T_4	L_3	M_5	T_4	L_3	M_5
门座起重机	装卸用吊钩式	T_5	L_2	M_5							T_3	L_2	M_3	T_4	L_3	M_5	T_4	L_3	M_5
门座起重机	装卸用抓斗式	T_6, T_7	L_3	M_7, M_8							T_4	L_2	M_4	T_5, T_6	L_3	M_6, M_7	T_5	L_3	M_6
塔式起重机	建筑、施工安装用 $H<60m$	$T_2 \sim T_4$	L_2	$M_2 \sim M_4$				T_3	L_1, L_2	M_3	T_2	L_3	M_3	$T_2 \sim T_4$	L_3	$M_3 \sim M_5$	T_2, T_3	L_3	M_2, M_3
塔式起重机	建筑、施工安装用 $H>60m$	T_4, T_5	L_2	M_4, M_5				$T_3 \sim T_5$	L_2	M_3	T_3	L_2	M_3	$T_2 \sim T_4$	L_3	$M_3 \sim M_5$	T_2, T_3	L_3	M_2, M_3
塔式起重机	输送混凝土用 $H<60m$	T_3, T_4	L_2, L_3	M_4, M_5				T_5	L_3	M_5, M_6	$T_2 \sim T_5$	L_3	$M_3 \sim M_6$	T_4, T_5	L_3	M_5, M_6	T_3, T_4	L_3	M_4, M_5
塔式起重机	输送混凝土用 $H>60m$	T_4, T_5	L_2, L_3	$M_4 \sim M_6$				T_5	L_3	M_6	T_3	L_2	M_3	T_4, T_5	L_3	M_5, M_6	T_3, T_4	L_3	M_4, M_5
汽车、轮胎、履带、铁路起重机	安装及装卸用吊钩式	T_4, T_5	L_1, L_2	M_3, M_4							T_3, T_4	L_1, L_2	$M_2 \sim M_4$	T_4	L_2	M_4	T_4	L_2	M_4
汽车、轮胎、履带、铁路起重机	装卸用抓斗式	T_5, T_6	L_2, L_3	$M_5 \sim M_7$							T_4, T_5	L_2	M_4, M_5	T_5	L_2, L_3	M_5, M_6	T_4, T_5	L_2, L_3	M_4, M_5
甲板起重机	重件装卸用	T_3, T_4	L_2	M_3, M_4										T_4	L_2	M_4	T_4	L_1, L_2	M_3, M_4
甲板起重机	一般装卸用	T_4, T_5	L_2	M_4, M_5										T_4, T_5	L_3	M_5, M_6	T_4	L_2	M_4
浮式起重机	装卸用吊钩式	T_5, T_6	L_2	M_5, M_6										T_5, T_6	L_2	M_5, M_6	T_5, T_6	L_2	M_5, M_6
浮式起重机	装卸用抓斗式	T_5, T_6	L_3	M_6, M_7										T_5, T_6	L_2, L_3	$M_5 \sim M_7$	$T_5 \sim T_7$	L_3	$M_6 \sim M_8$
浮式起重机	造船安装用	T_4, T_5	L_2, L_3	$M_4 \sim M_6$	T_4, T_5	L_2, L_3	$M_4 \sim M_6$							T_4	L_2	M_5	T_4	L_2, L_3	M_4, M_5
缆索起重机	安装用吊钩式	$T_3 \sim T_5$	L_3	$M_3 \sim M_5$				T_3, T_4	L_2	M_3, M_4	T_3, T_4	L_2	M_3, M_4						
缆索起重机	装卸用吊钩式	T_5, T_6	L_3	M_6, M_7				T_5, T_6	L_2, L_3	M_5, M_6	T_4, T_5	L_2	M_4, M_5						
缆索起重机	装卸用抓斗式或输送混凝土用	T_6, T_7	L_3, L_4	M_7, M_8				T_6	L_3	M_7	T_4, T_5	L_2	M_4, M_5						

注：未列入举例表中的起重机机构工作级别可参照接近的起重机机构工作级别选择。

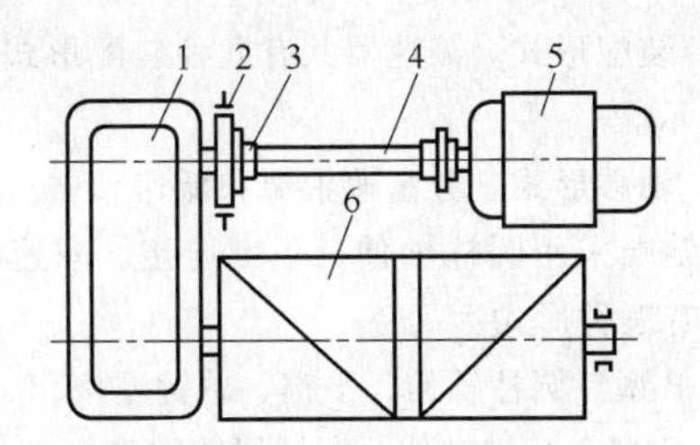

图 13-2　起重机起升机构简图
1—减速器　2—制动器　3—联轴器
4—浮动轴　5—电动机　6—卷筒

起重机运行机构的减速器多采用立式减速器（见图 13-3）、“三合一”套装式减速器（见图 13-4）或卧式减速器。

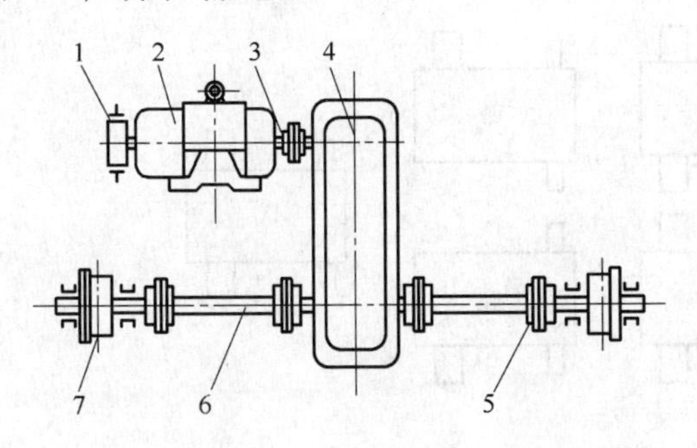

图 13-3　起重机小车运行机构简图
1—制动器　2—电动机　3,5—联轴器
4—立式减速器　6—浮动轴　7—车轮

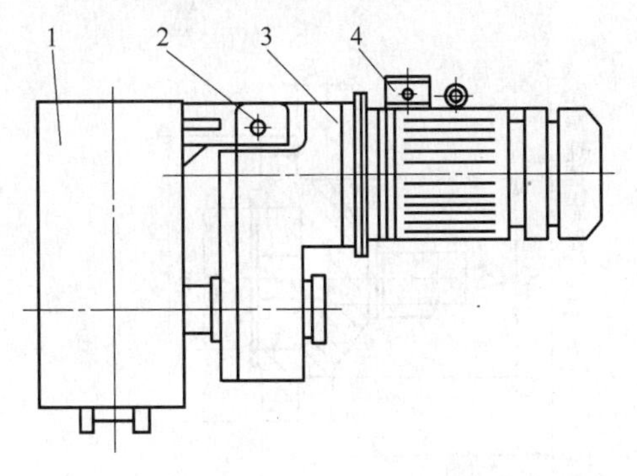

图 13-4　起重机大车“三合一”运行机构
1—端梁　2—支承架　3—套装式
减速器　4—制动电动机

4. 轴端形式

减速器的输出轴端除常见的圆柱形轴伸外，还有用齿盘接手直接与卷筒连接（见图 13-5），有的减速器还增加了花键连接等形式。套装式立式减速器输出端采用锥套式连接。

5. 齿轮材料及热处理

起重机减速器多采用中硬齿面和硬齿面齿轮，其常用材料及热处理方式有：

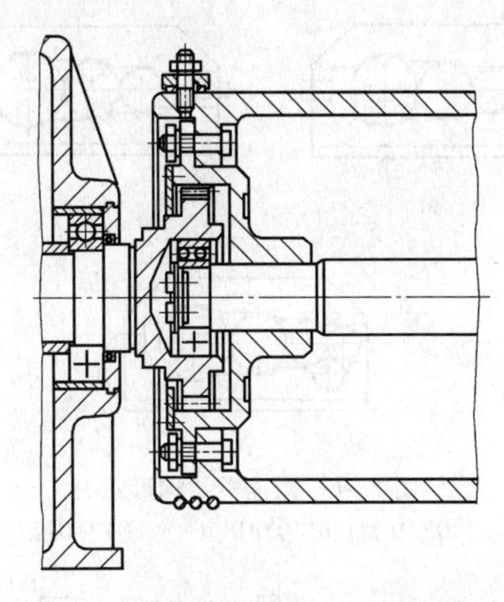

图 13-5　带齿盘接手的减速器与卷筒连接

调质钢：42CrMo、35CrMo、34CrNiMo6

氮化钢：42CrMo、31CrMoV$_9$、38CrMoAl

渗碳钢：20CrMnMo、20CrMnTi、16MnCr5、17CrNiMo6

6. 齿轮精度（GB/T 10095.1—2008）

中硬齿面以精滚为最后工序多为 GB/T 10095.1 中的 8 级或 7 级。

硬齿面的磨齿为最后工序多为 GB/T 10095.1 中的 6 级。

7. 润滑与密封

起重机用减速器多数为油浴式润滑，只有中、大规格的立式减速器和大规格的卧式减速器采用集中喷油润滑。

密封形式，多数静面密封采用密封胶式“O”形密封圈，动面密封多数采用“J”形密封环或迷宫式密封环，也有两者相结合的。

13.3　起重机用底座式硬齿面减速器（JB/T 10816—2007）

1. 范围

该标准规定了起重机用底座式硬齿面减速器的形式、基本参数、尺寸、技术要求、试验方法和检验规则等。

该标准适用于 QY3D、QY4D 和 QY34D 三个系列的外啮合渐开线斜齿圆柱齿轮减速器（以下简称减速器），该系列减速器主要用于起重机的各有关机构，也可用于运输、冶金、矿山、化工及轻工等机械设备的传动机构。

2. 形式

1）结构形式。减速器按传动方式分为三级传动（QY3D）、四级传动（QY4D）和三、四级结合型（QY34D）。减速器的结构形式如图 13-6 所示。

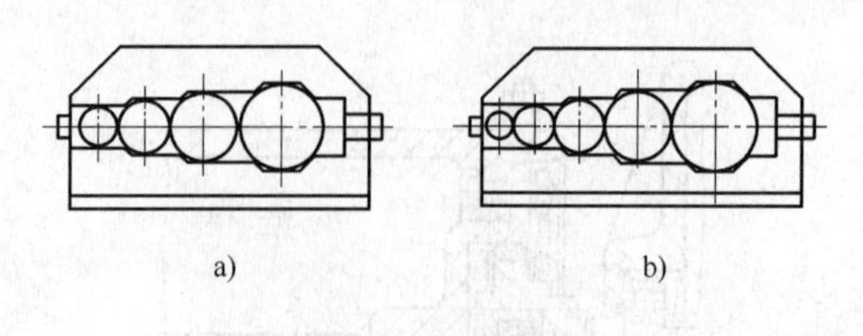

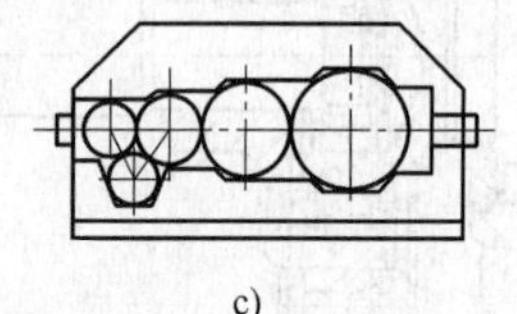

图 13-6　减速器结构形式

a）QY3D 型　b）QY4D 型　c）QY34D 型

2）装配形式。减速器共有九种装配形式，如图 13-7 所示。

3）轴端形式。分高速轴端和低速轴端。减速器的高速轴端采用圆柱轴伸，平键连接。减速器的低速轴端有三种形式：

① P 型。圆柱轴伸，平键、单键连接。

② H 型。花键轴伸，渐开线花键连接。

③ C 型。齿轮轴端（仅公称中心距为 180 ~ 560mm，且装配形式为 Ⅰ、Ⅱ、Ⅲ、Ⅳ、Ⅶ 和 Ⅷ 的减速器具有齿轮轴端）。

低速轴端的形式和尺寸见表 13-5。

4）型号和标记。减速器的型号表示方法如下：

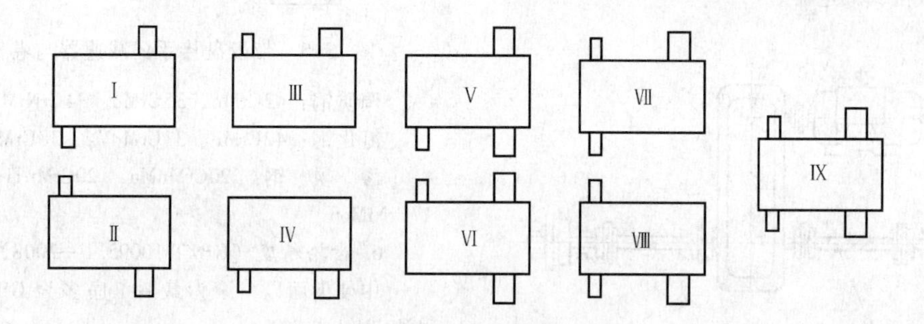

图 13-7　减速器装配形式

表 13-5　减速器低速轴端形式和尺寸　　（单位：mm）

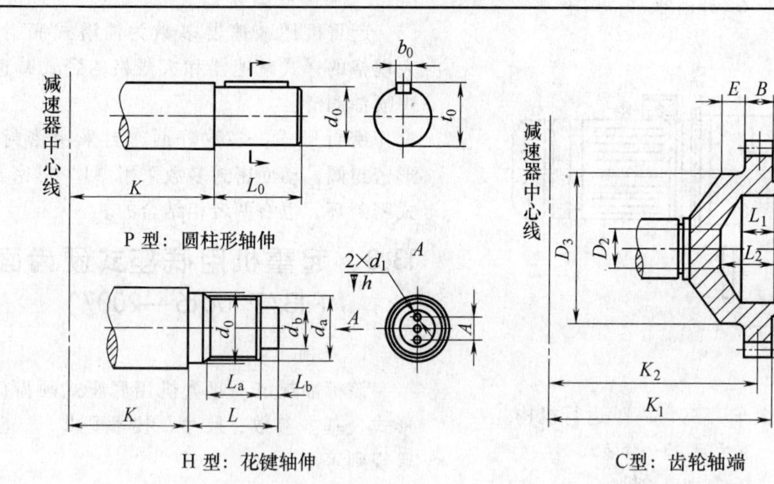

公称中心距 a_1	K	P 型				H 型									
		d_0 (m6)	L_0	b_0	t_0	$m \times z$	d_a (h11)	d_b (k6)	d_0 (k6)	L	L_a	L_b	d_1	h	A
160	155	75	105	20	79.5	3×18	57	50	60	82	35	27	M6	16	25
180	165	90	130	25	95	3×22	69	60	70	90	40	30	M6	16	30
200	185	95	130	25	100	3×27	84	70	85	95	45	30	M10	20	35
225	205	100	165	28	106	5×18	95	80	100	125	55	35	M12	25	40

（续）

公称中心距 a_1	K	P型					H型									
		d_0 (m6)	L_0	b_0	t_0	$m \times z$	d_a (h11)	d_b (k6)	d_0 (k6)	L	L_a	L_b	d_1	h	A
250	225	110	165	28	116	5×22	115	100	120	135	60	40	M12	25	40
280	250	130	200	32	137	5×22	115	100	120	135	60	40	M12	25	40
315	265	140	200	36	148	5×26	135	120	140	155	75	45	M12	25	50
355	290	170	240	40	179	5×30	155	140	160	165	80	50	M12	25	60
400	325	180	240	45	190	5×34	175	160	180	180	90	55	M16	30	80
450	365	220	280	50	231	5×38	195	180	200	190	100	55	M16	30	80
500	420	260	330	56	272	8×26	216	190	222	205	110	60	M16	30	110
560	460	280	380	63	292	8×30	248	220	254	220	125	60	M16	30	110
630	520	300	380	70	314	8×34	280	250	286	235	140	60	M16	30	140
710	550	340	450	80	355	8×38	312	280	318	260	155	70	M20	40	140
800	625	400	540	90	417	8×44	360	320	366	285	175	75	M20	40	160

公称中心距 a_1	C型										
	$m \times z$	D	D_1 (H7)	K_1	K_2	B	E	D_2	D_3 (f9)	L_1	L_2
160	—	—	—	—	—	—	—	—	—	—	—
180	3×56	174	90	279.5	253	25	25	40	135	45	60
200	4×56	232	120	302.5	271	35	25	40	170	50	75
225	4×56	232	120	339.5	308	35	25	40	170	50	75
250	6×56	348	170	402	370	40	32	45	260	76	100
280	6×56	348	170	402	370	40	32	45	260	76	100
315	6×56	348	170	429	397	40	32	45	260	76	100
355	8×48	400	180	450	415	50	32	50	260	78	100
400	8×54	448	200	482	442	50	32	105	280	78	110
450	10×48	500	200	545	505	60	35	105	300	78	120
500	10×58	600	250	620	575	70	40	110	340	80	125
560	10×58	600	250	620	575	70	40	110	360	80	125

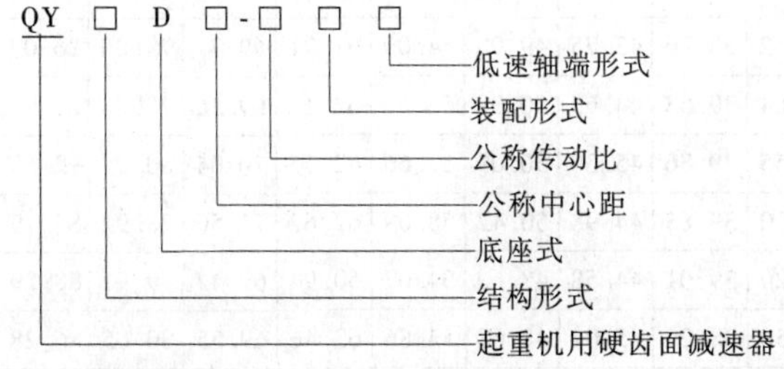

标记示例：

公称中心距 $a_1 = 315$mm，公称传动比 $i = 56$，装配形式为第Ⅲ种，低速轴为齿轮轴端的三级传动起重机用底座式硬齿面减速器，标记为：

减速器 QY3D315—56ⅢCJB/T 10816—2007

3. 基本参数

1）中心距。减速器以低速级中心距为公称中心距。

QY3D 减速器的中心距应符合表 13-6 的规定。QY4D 减速器的中心距应符合表 13-7 的规定。QY34D 减速器的中心距应符合表 13-8 的规定。

2）传动比。

QY3D 减速器的公称传动比应符合表 13-9 的规

定，实际传动比与公称传动比的极限偏差为±5%。

QY4D 和 QY34D 减速器的公称传动比应符合表 13-10 的规定，实际传动比与公称传动比的极限偏差为±6%。

3）齿轮基本齿廓。减速器齿轮的基本齿廓应符合 GB/T 1356—2001 的规定。

表 13-6　QY3D 减速器的中心距　（单位：mm）

低速级 a_1	160	180	200	225	250	280	315	355	400	450	500	560	630	710	800
中间级 a_2	112	125	140	160	180	200	225	250	280	315	355	400	450	500	560
高速级 a_3	80	90	100	112	125	140	160	180	200	225	250	280	315	355	400
总中心距 a	352	395	440	497	555	620	700	785	880	990	1105	1240	1395	1565	1760

表 13-7　QY4D 减速器的中心距　（单位：mm）

低速级 a_1	200	225	250	280	315	355	400	450	500	560	630	710	800
次低速级 a_2	140	160	180	200	225	250	280	315	355	400	450	500	560
次高速级 a_3	100	112	125	140	160	180	200	225	250	280	315	355	400
高速级 a_4	71	80	90	100	112	125	140	160	180	200	225	250	280
总中心距 a	511	577	645	720	812	910	1020	1150	1285	1440	1620	1815	2040

表 13-8　QY34D 减速器的中心距　（单位：mm）

低速级 a_1	200	225	250	280	315	355	400	450	500	560	630	710	800
次低速级 a_2	140	160	180	200	225	250	280	315	355	400	450	500	560
次高速级 a_3	100	112	125	140	160	180	200	225	250	280	315	355	400
高速级 a_4	71	80	90	100	112	125	140	160	180	200	225	250	280
总中心距 a	440	497	555	620	700	785	880	990	1105	1240	1395	1565	1760

表 13-9　QY3D 减速器的公称传动比

公称中心距 a_1/mm	公称传动比															
	16	18	20	22.4	25	28	31.5	35.5	40	45	50	56	63	71	80	90
	实际传动比															
160	15.43	17.20	19.21	21.53	24.24	27.44	31.28	35.37	38.74	42.86	49.09	54.31	61.49	69.75	79.82	87.30
180	15.84	18.31	20.23	22.41	24.92	27.82	31.73	35.84	39.53	44.65	50.09	57.66	62.15	71.03	82.89	90.94
200	15.70	17.49	19.53	21.89	24.65	27.90	31.81	35.97	39.39	45.23	50.14	57.57	66.02	71.03	80.05	92.59
225	15.93	18.42	20.35	22.55	25.07	27.99	31.92	36.05	40.45	45.88	51.22	58.11	63.55	70.04	80.05	91.32
250	15.60	17.32	19.27	21.51	24.10	27.15	30.78	35.18	38.35	43.83	48.60	55.54	60.94	69.42	79.91	86.13
280	15.87	18.27	20.12	22.21	25.94	28.92	31.06	36.58	38.25	45.04	48.68	54.86	63.46	69.55	80.05	86.28
315	15.21	17.19	19.90	22.02	24.45	27.27	30.58	34.52	38.76	43.75	49.08	54.09	61.71	69.37	79.85	86.07
355	15.84	18.31	20.23	22.41	24.92	27.82	31.73	35.84	39.53	44.65	50.09	57.66	62.15	69.36	78.03	86.97
400	15.95	17.59	20.46	22.72	25.33	28.37	31.96	34.55	39.36	45.30	50.09	57.66	62.15	70.04	80.05	92.59
450	15.69	18.14	20.04	22.20	24.68	27.56	31.43	35.50	39.83	44.98	50.47	58.09	62.62	71.56	78.92	88.79
500	16.06	17.82	19.83	22.13	24.81	27.94	31.68	36.20	39.01	44.58	48.60	54.67	60.94	69.42	79.91	88.59
560	15.87	18.27	20.12	22.21	25.94	28.92	31.06	36.58	38.25	45.04	48.68	54.86	63.46	69.55	80.05	86.28
630	15.69	18.14	20.04	22.20	24.68	27.56	31.43	35.50	39.83	44.98	50.47	55.66	62.62	70.72	81.40	87.74
710	16.05	17.71	20.60	22.88	25.50	28.56	32.18	36.52	39.63	45.50	49.37	56.82	63.00	70.88	79.73	94.10
800	15.95	17.59	20.46	22.72	25.33	28.37	31.96	34.55	39.36	45.30	50.09	57.66	62.15	70.04	80.05	92.59

表 13-10　QY4D、QY34D 减速器公称传动比

公称中心距 a_1/mm	公称传动比												
	100	112	125	140	160	180	200	224	250	280	315	355	400
	实际传动比												
200	102.99	114.44	127.79	143.57	162.50	177.99	203.34	229.16	245.96	282.43	304.13	351.79	403.39
225	100.82	114.14	130.11	147.11	161.13	180.79	200.02	220.45	249.59	283.12	309.66	354.33	404.24
250	97.41	108.77	124.04	140.10	157.20	171.37	197.25	227.03	244.72	279.68	306.87	358.09	385.99
280	99.46	112.60	128.36	145.13	158.96	171.82	197.29	222.35	254.96	293.46	315.75	340.35	393.67
315	95.61	106.76	121.75	137.51	154.28	173.07	196.32	216.37	236.65	272.39	310.75	355.15	382.81
355	98.22	110.65	125.44	143.34	156.26	175.33	200.38	225.42	247.34	284.69	306.87	349.60	389.68
400	100.97	112.56	120.92	142.38	153.90	175.33	197.59	222.69	257.58	296.48	319.57	350.21	405.09
450	101.63	113.36	127.13	143.52	160.99	180.63	199.08	219.55	250.47	288.30	310.75	349.34	393.01
500	97.41	108.77	124.04	140.10	157.20	171.37	197.25	221.90	239.19	275.31	307.23	342.46	379.68
560	102.21	114.48	128.98	139.41	158.82	171.67	197.59	222.69	240.03	276.28	315.75	340.35	393.67
630	98.30	109.76	125.17	141.37	158.62	177.98	204.85	225.92	243.51	280.29	315.32	345.28	388.44
710	100.10	112.76	127.83	146.08	159.25	172.79	194.39	218.69	243.76	280.57	311.06	354.38	418.24
800	100.97	112.56	120.92	142.38	153.90	175.33	197.59	222.69	257.58	296.48	319.57	350.21	405.09

4）齿轮模数和螺旋角。减速器齿轮的法向模数 m_n 应符合 GB/T 1357—2008 的规定，齿轮的螺旋角 $\beta = 12°$。

5）承载能力。起重机用底座式硬齿面减速器的公称输入功率应符合表 13-11 的规定，减速器输出轴端的最大允许径向载荷 F_r 应符合表 13-12 的规定，减速器输出轴端的瞬时允许转矩为额定转矩的 2.7 倍。

表 13-11　起重机用底座式硬齿面减速器的公称输入功率

QY3D 减速器																		
输入轴转速 /(r/min)	公称中心距 a_1/mm	输出转矩 /N · m	公称传动比															
			16.0	18.0	20.0	22.4	25.0	28.0	31.5	35.5	40.0	45.0	50.0	56.0	63.0	71.0	80.0	90.0
			公称输入功率/kW															
600	160	2800	9.5	9.0	8.4	7.9	7.3	6.7	5.9	5.2	4.6	4.1	3.7	2.9	2.7	2.6	2.4	2.1
	180	3800	11.8	11.0	10.4	9.8	9.2	8.6	8.4	7.9	7.0	6.2	5.5	4.8	4.5	3.9	3.2	3.1
	200	6300	21.9	20.6	19.3	18.0	16.5	14.5	12.8	11.4	10.1	9.0	8.2	7.1	6.2	5.5	5.1	4.4
	225	8800	27.7	25.6	24.2	22.8	21.3	19.9	17.8	15.9	14.2	12.6	11.2	9.9	9.0	8.2	7.2	6.3
	250	13400	47.6	45.0	42.3	39.6	36.8	30.8	27.1	23.8	21.4	18.8	17.2	15.1	13.7	11.9	10.5	9.7
	280	16500	54.6	50.9	47.9	45.2	41.3	37.0	34.5	29.5	28.2	24.0	22.2	19.7	17.0	14.8	13.5	12.5
	315	25000	92.8	86.2	76.1	68.8	62.0	55.6	49.6	44.4	39.6	35.1	31.3	28.4	24.9	21.6	19.2	17.9
	355	37000	127.5	118.6	112.4	105.3	94.8	84.9	74.5	66.0	59.9	53.1	47.3	41.1	38.2	33.9	30.4	27.3
	400	53000	181.3	172.7	159.1	146.6	131.6	117.6	104.5	92.8	82.8	73.0	67.3	58.5	54.3	48.2	42.2	36.5
	450	72000	270.2	247.7	224.5	202.9	182.6	163.7	143.7	128.4	114.5	101.5	90.5	78.7	73.0	63.4	55.5	51.5
	500	102000	392.8	354.4	318.9	286.0	255.5	227.0	200.4	175.5	163.0	142.7	131.0	116.5	104.5	90.9	79.8	72.0
	560	128000	498.4	443.8	403.6	366.0	314.0	282.0	262.7	224.7	214.9	182.7	169.1	150.2	129.9	112.9	103.1	95.6
	630	185000	729.3	635.5	576.1	520.8	469.0	420.6	369.3	330.1	294.5	260.9	232.7	202.3	187.8	163.3	144.6	134.2
	710	252000	995.6	904.3	779.2	702.9	631.5	564.6	502.1	446.9	407.5	359.4	331.4	288.2	260.1	231.3	205.7	174.4
	800	355000	1403.9	1275.5	1099.5	992.0	891.4	797.1	708.6	629.7	562.2	495.8	457.3	397.7	369.1	327.8	287.0	248.3

（续）

QY3D 减速器

输入轴转速 /(r/min)	公称中心距 a_1/mm	输出转矩 /N·m	公称传动比															
			16.0	18.0	20.0	22.4	25.0	28.0	31.5	35.5	40.0	45.0	50.0	56.0	63.0	71.0	80.0	90.0
			公称输入功率/kW															
750	160	2800	11.9	11.2	10.5	9.8	9.1	8.4	7.3	6.5	5.8	5.1	4.7	3.6	3.3	3.2	3.0	2.6
	180	3800	14.8	13.7	13.0	12.2	11.5	10.7	10.5	9.8	8.8	7.8	6.9	6.0	5.6	4.9	4.0	3.8
	200	6300	27.3	25.7	24.1	22.5	20.6	18.2	16.0	14.2	12.6	11.2	10.2	8.9	7.8	6.9	6.4	5.5
	225	8800	34.6	32.0	30.3	28.5	26.7	24.8	22.3	19.9	17.8	15.7	14.0	12.4	11.3	10.3	9.0	7.9
	250	13400	59.5	56.2	52.9	49.5	46.1	38.4	33.9	29.7	26.8	23.5	21.5	18.8	17.2	14.9	13.1	12.2
	280	16500	68.3	63.6	59.9	56.6	51.6	46.3	43.1	36.9	35.3	30.0	27.7	24.6	21.3	18.5	16.9	15.7
	315	25000	116.0	107.8	95.1	86.0	77.5	69.6	62.1	55.5	49.5	43.8	39.1	35.5	31.1	27.0	24.1	22.3
	355	37000	159.4	148.2	140.5	131.6	118.5	106.2	93.2	82.5	74.9	66.3	59.1	51.4	47.7	42.4	38.0	34.1
	400	53000	226.7	215.8	198.9	183.2	164.5	147.0	130.6	116.0	103.5	91.2	84.1	73.1	67.9	60.2	52.7	45.6
	450	72000	337.7	309.7	280.6	253.6	228.3	204.6	179.6	160.6	143.2	126.8	113.1	98.3	91.2	79.3	69.4	64.4
	500	102000	491.0	443.0	398.7	357.6	319.4	283.8	250.5	219.4	203.7	178.4	163.7	145.6	130.7	113.6	99.7	90.0
	560	128000	623.0	554.8	504.5	457.5	392.5	352.5	328.3	280.8	268.6	228.4	211.4	187.7	162.4	141.2	128.8	119.6
	630	185000	911.6	794.3	720.1	650.9	586.3	525.7	461.6	412.6	368.1	326.2	290.9	252.9	234.7	204.1	180.8	167.7
	710	252000	1244.5	1130.4	974.1	878.6	789.3	705.7	627.6	558.7	509.4	449.2	414.3	360.2	325.1	289.1	257.2	218.0
	800	355000	1754.9	1594.4	1374.4	1240.0	1114.3	996.4	885.7	787.1	702.7	619.8	571.6	497.1	461.4	409.7	358.7	310.3
1000	160	2800	15.9	15.0	14.1	13.1	12.2	11.2	9.8	8.7	7.7	6.8	6.2	4.8	4.4	4.3	4.0	3.5
	180	3800	19.7	18.3	17.3	16.3	15.3	14.3	14.1	13.1	11.7	10.4	9.2	8.0	7.5	6.5	5.4	5.2
	200	6300	36.4	34.3	32.2	30.0	27.4	24.2	21.3	19.0	16.9	14.9	13.6	11.9	10.4	9.2	8.5	7.4
	225	8800	46.1	42.7	40.4	38.0	35.6	33.1	29.7	26.5	23.7	21.0	18.7	16.5	15.1	13.7	12.0	10.5
	250	13400	79.3	75.0	70.5	66.0	61.4	51.3	45.2	39.6	35.7	31.3	28.7	25.1	22.9	19.9	17.5	16.2
	280	16500	91.1	84.8	79.8	75.4	68.8	61.7	57.5	49.1	47.0	39.9	37.0	32.8	28.4	24.7	22.5	20.9
	315	25000	154.7	143.7	126.9	114.7	103.4	92.7	82.7	74.0	66.0	58.4	52.1	47.3	41.5	36.0	32.1	29.8
	355	37000	212.6	197.7	187.3	175.5	158.0	141.6	124.2	110.0	99.8	88.4	78.8	68.5	63.6	56.5	50.7	45.5
	400	53000	302.2	287.8	265.2	244.3	219.4	196.0	174.1.	154.7	138.0	121.7	112.2	97.5	90.5	80.3	70.3	60.8
	450	72000	450.3	412.9	374.2	338.1	304.4	272.8	239.5	214.1	190.9	169.1	150.8	131.1	121.7	105.7	92.6	85.9
	500	102000	654.7	590.7	531.5	476.7	425.8	378.4	334.1	292.6	271.6	237.9	218.3	194.1	174.2	151.4	133.0	120.0
	560	128000	830.7	739.7	672.7	610.0	523.4	470.0	437.8	374.5	358.2	304.5	281.9	250.3	216.5	188.2	171.8	159.4
	630	185000	1215.5	1059.1	960.2	867.9	781.7	700.9	615.4	550.2	490.8	434.9	387.9	337.2	313.0	272.1	241.0	223.7
	710	252000	1659.3	1507.2	1298.7	1171.5	1052.5	940.9	836.8	744.9	679.1	599.0	552.4	480.3	433.5	385.5	342.9	290.7
	800	355000	2339.8	2125.8	1832.6	1653.4	1485.7	1328.6	1180.9	1049.5	936.9	826.3	762.2	662.8	615.1	546.3	478.3	413.8
1500	160	2800	23.8	22.5	21.1	19.7	18.3	16.7	14.7	13.0	11.6	10.3	9.4	7.3	6.6	6.5	6.0	5.3
	180	3800	29.5	27.4	25.9	24.5	22.9	21.4	21.2	19.7	17.6	15.6	13.9	12.1	11.2	9.8	8.0	8.0
	200	6300	54.6	51.5	48.3	45.0	41.1	36.4	31.9	28.5	25.3	22.4	20.4	17.8	15.5	13.8	12.8	11.1
	225	8800	69.2	64.0	60.5	57.0	53.4	49.7	44.5	39.8	35.5	31.5	28.0	24.7	22.6	20.5	18.0	15.7

（续）

QY3D 减速器

输入轴转速/(r/min)	公称中心距 a_1/mm	输出转矩/N·m	公称传动比															
			16.0	18.0	20.0	22.4	25.0	28.0	31.5	35.5	40.0	45.0	50.0	56.0	63.0	71.0	80.0	90.0
			公称输入功率/kW															
1500	250	13400	119.0	112.4	105.8	99.0	92.1	76.9	67.9	59.4	53.6	46.9	43.0	37.7	34.3	29.8	26.2	24.3
	280	16500	136.6	127.2	119.7	113.1	103.1	92.6	86.2	73.7	70.5	59.9	55.4	49.2	42.6	37.0	33.8	31.3
	315	25000	232.0	215.6	190.3	172.1	155.1	139.1	124.1	111.0	98.9	87.7	78.2	71.0	62.2	54.1	48.1	44.6
	355	37000	318.9	296.5	280.9	263.2	236.9	212.3	186.3	165.1	149.7	132.6	118.3	102.8	95.4	84.8	76.0	68.2
	400	53000	453.3	431.7	397.8	366.5	329.0	294.0	261.1	232.0	207.0	182.5	168.2	146.2	135.7	120.5	105.4	91.2
	450	72000	675.5	619.3	561.3	507.1	456.6	409.3	359.2	321.1	286.4	253.7	226.2	196.6	182.5	158.6	138.8	128.8
	500	102000	982.0	886.0	797.3	715.1	638.7	567.6	501.1	438.9	407.4	356.8	327.4	291.2	261.3	227.2	199.5	180.0
	560	128000	1246.0	1109.5	1009.0	915.0	785.0	704.9	656.7	561.7	537.3	456.8	422.8	375.4	324.8	282.3	257.7	239.1
	630	185000	1823.2	1588.6	1440.3	1301.9	1172.5	1051.4	923.1	825.2	736.2	652.3	581.8	505.9	469.4	408.1	361.5	335.5
	710	252000	2489.0	2260.7	1948.1	1757.2	1578.7	1411.4	1255.2	1117.3	1018.7	898.5	828.6	720.5	650.2	578.3	514.3	436.1
	800	355000	3509.7	3188.8	2748.9	2480.0	2228.6	1992.8	1771.4	1574.3	1405.4	1239.5	1143.3	994.2	922.7	819.4	717.5	620.7

QY4D、QY34D 减速器

输入轴转速/(r/min)	公称中心距 a_1/mm	输出转矩/N·m	公称传动比												
			100.0	112.0	125.0	140.0	160.0	180.0	200.0	224.0	250.0	280.0	315.0	355.0	400.0
			公称输入功率/kW												
600	200	6300	3.3	3.1	2.9	2.6	2.4	2.3	2.2	2.0	1.8	1.6	1.4	1.3	1.1
	225	8800	5.7	5.0	4.4	4.0	3.7	3.3	3.1	2.8	2.5	2.3	2.1	1.9	1.7
	250	13400	8.6	7.7	6.8	6.1	5.5	5.1	4.5	4.0	3.8	3.4	3.1	2.7	2.5
	280	16500	10.9	9.6	8.4	7.6	7.0	6.6	5.8	5.3	4.7	4.2	3.9	3.7	3.2
	315	25000	16.3	14.6	12.8	11.5	10.4	9.4	8.5	7.8	7.2	6.4	5.7	5.1	4.8
	355	37000	24.2	21.5	18.9	16.8	15.6	14.1	12.6	11.4	10.5	9.3	8.7	7.8	7.1
	400	53000	33.5	30.0	27.9	24.0	22.5	20.1	18.1	16.3	14.4	12.7	11.9	11.0	9.7
	450	72000	45.0	40.4	36.0	32.3	29.3	26.5	24.4	22.4	20.0	17.7	16.6	15.0	13.5
	500	102000	65.5	58.7	51.4	46.2	41.8	38.8	34.3	31.0	29.0	25.7	23.4	21.3	19.4
	560	128000	80.8	72.2	64.2	60.1	53.7	50.2	44.4	40.0	37.5	33.2	29.6	27.7	24.4
	630	185000	119.8	107.4	94.2	84.3	76.3	69.1	61.1	56.2	52.6	46.6	42.0	38.8	35.1
	710	252000	164.0	145.6	128.5	114.5	106.2	98.9	89.3	80.6	73.4	64.9	59.3	53.0	45.9
	800	355000	227.7	204.3	190.3	163.6	152.9	136.6	123.1	110.9	97.7	86.5	81.0	74.8	65.9
750	200	6300	4.1	3.9	3.6	3.3	3.0	2.9	2.7	2.4	2.3	1.9	1.8	1.6	1.4
	225	8800	7.1	6.3	5.5	5.0	4.6	4.2	3.8	3.5	3.2	2.8	2.6	2.4	2.1
	250	13400	10.7	9.6	8.4	7.6	6.9	6.4	5.7	5.0	4.7	4.2	3.9	3.4	3.2
	280	16500	13.6	12.0	10.6	9.5	8.8	8.2	7.3	6.6	5.9	5.2	4.9	4.6	4.0
	315	25000	20.3	18.2	16.0	14.4	13.0	11.8	10.6	9.7	9.0	8.0	7.1	6.4	6.0
	355	37000	30.2	26.8	23.7	21.0	19.5	17.6	15.7	14.2	13.1	11.6	10.9	9.7	8.9

（续）

QY4D、QY34D 减速器

输入轴转速/(r/min)	公称中心距 a_1/mm	输出转矩/N·m	公称传动比												
			100.0	112.0	125.0	140.0	160.0	180.0	200.0	224.0	250.0	280.0	315.0	355.0	400.0
			公称输入功率/kW												
750	400	53000	41.8	37.5	34.9	30.0	28.1	25.1	22.6	20.4	18.0	15.9	14.9	13.8	12.2
	450	72000	56.3	50.5	45.0	40.4	36.6	33.1	30.5	28.0	25.0	22.1	20.7	18.7	16.9
	500	102000	81.9	73.3	64.3	57.8	52.3	48.5	42.9	38.8	36.3	32.1	29.2	26.6	24.3
	560	128000	101.0	90.2	80.3	75.1	67.1	62.7	55.5	50.0	46.9	41.5	37.0	34.6	30.5
	630	185000	149.8	134.2	117.7	105.4	95.4	86.3	76.4	70.2	65.8	58.2	52.5	48.5	43.8
	710	252000	205.0	182.1	160.6	143.1	132.7	123.7	111.6	100.8	91.7	81.2	74.2	66.2	57.3
	800	355000	284.7	255.4	237.9	204.5	191.2	170.7	153.9	138.7	122.2	108.1	101.3	93.5	82.4
1000	200	6300	5.5	5.1	4.8	4.4	4.0	4.0	3.6	3.3	3.1	2.6	2.4	2.1	1.9
	225	8800	9.5	8.4	7.4	6.6	6.1	5.6	5.1	4.7	4.2	3.8	3.5	3.1	2.8
	250	13400	14.3	12.8	11.3	10.1	9.2	8.5	7.5	6.7	6.3	5.6	5.2	4.5	4.2
	280	16500	18.1	16.0	14.1	12.7	11.7	11.0	9.7	8.8	7.8	6.9	6.5	6.1	5.4
	315	25000	27.1	24.3	21.3	19.1	17.3	15.7	14.1	13.0	12.0	10.6	9.5	8.5	7.9
	355	37000	40.3	35.8	31.5	28.0	26.0	23.5	21.0	18.9	17.5	15.5	14.5	13.0	11.8
	400	53000	55.8	50.0	46.6	40.1	37.5	33.5	30.2	27.2	24.0	21.2	19.9	18.4	16.2
	450	72000	75.1	67.3	60.0	53.9	48.8	44.2	40.6	37.3	33.3	29.5	27.6	25.0	22.5
	500	102000	109.1	97.8	85.7	77.0	69.7	64.7	57.2	51.7	48.4	42.8	39.0	35.4	32.4
	560	128000	134.7	120.3	107.1	100.1	89.4	83.6	74.0	66.7	62.5	55.3	49.3	46.2	40.7
	630	185000	199.7	178.9	156.9	140.5	127.2	115.1	101.9	93.6	87.7	77.6	70.0	64.7	58.4
	710	252000	273.3	242.7	214.2	190.8	177.0	164.9	148.9	134.4	122.3	108.2	98.9	88.3	76.4
	800	355000	379.6	340.6	317.1	272.7	254.9	227.6	205.1	184.9	162.9	144.1	135.0	124.7	109.8
1500	200	6300	8.3	7.7	7.2	6.6	6.1	6.0	5.4	4.9	4.6	3.9	3.6	3.2	2.8
	225	8800	14.3	12.6	11.1	10.0	9.2	8.4	7.7	7.1	6.3	5.7	5.3	4.7	4.2
	250	13400	21.5	19.3	16.9	15.2	13.8	12.8	11.3	10.0	9.4	8.4	7.7	6.8	6.4
	280	16500	27.2	24.0	21.1	19.0	17.6	16.4	14.6	13.2	11.7	10.4	9.8	9.2	8.1
	315	25000	40.7	36.4	32.0	28.7	26.0	23.6	21.2	19.5	18.0	16.0	14.3	12.7	11.9
	355	37000	60.4	53.6	47.3	42.0	39.0	35.3	31.5	28.4	26.2	23.2	21.8	19.4	17.7
	400	53000	83.6	75.0	69.9	60.1	56.2	50.2	45.3	40.8	36.0	31.9	29.9	27.6	24.3
	450	72000	112.6	101.0	90.0	80.8	73.2	66.3	60.9	56.0	49.9	44.2	41.4	37.4	33.8
	500	102000	163.7	146.6	128.6	115.5	104.5	97.0	85.9	77.5	72.6	64.3	58.4	53.2	48.6
	560	128000	202.0	180.4	160.6	150.2	134.1	125.4	111.0	100.1	93.8	83.0	73.9	69.3	61.0
	630	185000	299.6	268.4	235.4	210.8	190.8	172.7	152.8	140.4	131.5	116.4	105.1	97.1	87.6
	710	252000	410.0	364.1	321.3	286.1	265.5	247.3	223.3	201.6	183.4	162.3	148.4	132.5	114.7
	800	355000	569.4	510.8	475.7	409.0	382.3	341.4	307.7	277.3	244.4	216.2	202.5	187.0	164.7

表 13-12　最大允许径向载荷 F_r

公称中心距 a_1/mm	160	180	200	225	250	280	315	355	400	450	500	560	630	710	800
最大允许径向载荷 F_r/kN	10	15	25	32	40	48	52	60	90	120	150	170	200	240	270

4. 技术要求

1）工作条件。减速器的工作条件应符合下列要求：

齿轮圆周速度不大于20m/s。

高速轴转速不大于1500r/min。

工作环境温度为 -40～45℃。

可正、反两向运转。

2）箱体。减速器推荐采用焊接箱体，材料为符合 GB/T 700—2006 规定的 Q235B，用符合 GB/T 5117—1995 规定的 E43 系列焊条焊接。当减速器使用环境温度低于 -20℃ 时，箱体材料应采用符合 GB/T 1591—2008 规定的 Q345C 或者 Q345D，用符合 GB/T 5118—1995 规定的 E50 系列焊条焊接。在保证强度和刚度的条件下，允许采用铸焊结合或球墨铸铁箱体。

焊缝不允许有裂纹、未熔合、未焊透等缺陷，不允许有渗油现象。焊后表面应打光，整体去飞边。主要焊缝的合格等级应符合 GB/T 11345—1989 中规定的 B 级检验的Ⅱ级要求。焊缝射线检测应符合 GB/T 3323—2005 中规定的Ⅱ级要求。

焊后应进行消除内应力的处理，粗加工后还应进行二次时效处理。

上下箱体合箱后，边缘应平齐，其每边的错位量应符合表 13-13 的规定。

表 13-13　上下箱体合箱后的错位量　（单位：mm）

箱体总长	≤1200	>1200～2000	>2000
箱体合箱后允许每边错位量	≤2	≤3	≤4
上下箱体自由结合后的接触密合性	≤0.05	≤0.10	≤0.15

分型面精加工后的表面粗糙度值 Ra 为 3.2μm。

上、下箱体自由结合后，其接触密合性用表 13-13规定的塞尺检查分型面，塞尺塞入深度不得大于分型面宽度的 1/3。

轴承孔中心线应与分型面重合，其偏差不得大于 0.3mm。

轴承孔中心线平行度公差 f_x 和 f_y，在轴承跨距上测量，应符合表 13-14 的规定。

表 13-14　中心线平行度公差

轴承跨距 L_G/mm	>100～160	>160～250	>250～400	>400～630	>630～1000
平行度公差($f_x=f_y$)/μm	16	19	24	28	34

3）齿轮、齿轮轴和轴。齿轮和齿轮轴采用锻件，材料为 20CrMnMo，齿面渗碳淬火，齿面硬化层深度为 $0.15m_n$～$0.25m_n$；齿轮表面硬度为 54～58HRC，心部硬度为 33～38HRC；齿轮轴表面硬度为 58～62HRC，心部硬度为 38～42HRC。允许采用力学性能相当或较高的其他材料，不允许采用铸造齿轮。

磨齿后齿部要进行射线或超声波检查，不允许有裂纹、白点、夹渣等缺陷。

轴的材料为 42CrMo，调质处理，硬度为 255～286HBW。允许采用力学性能相当或较高的其他材料，不允许采用铸件。

齿轮的精度等级应符合表 13-15 的规定。

齿轮工作表面粗糙度值 Ra 为 1.6μm。

齿轮的检验项目组合应按表 13-16 的规定。允许采用等效的其他检验项目组合。

表 13-15　齿轮精度等级

分度圆直径/mm	≤125	>125～1000	>1000
齿轮精度 GB/T 10095.1	6HK	6JL	6KM

表 13-16　齿轮检测项目

公差组	Ⅰ	Ⅱ	Ⅲ	齿轮副
精度等级	6			
检验组或检验项目	$F_P(F_{PK})$	f_f 与 f_{pt}	F_β	接触斑点和 j_{nmin}

齿顶沿齿长方向倒圆，半径 $R=0.1m_n$，或进行齿顶修缘。

大齿轮齿形端面倒角 $0.25m_n$。

圆柱直齿渐开线花键应符合 GB/T 3478.1—2008

的规定，标准压力角 $\alpha_D=30°$，公差等级为6级，齿侧配合类别为 H/f。

齿轮轴端的齿轮精度应不低于 GB/T 10095.1—2008 中的 8GK。

4）装配。

轴承内圈应紧贴轴肩或定距环，用 0.05mm 塞尺检查不得通过。

圆锥滚子轴承（接触角 $\alpha=10°\sim16°$）、调心滚子轴承应留轴向间隙，用手转动轴，轴承运转应轻快灵活。

仔细清洗全部零件，箱体及其他零件的未加工表面涂底漆并涂耐油油漆，箱体外表面涂底漆后，再涂颜色美观易散热的油漆。轴伸端应涂防锈油。

所有静接合面均应涂以密封胶，装配好的减速器不允许渗油。

齿轮副的最小极限侧隙 j_{nmin} 应符合表 13-17 的规定。

表 13-17　齿轮副的最小极限侧隙

中心距/mm	≤80	>80～120	>120～180	>180～250	>250～315	>315～400	>400～500	>500～630	>630～800
最小极限侧隙 j_{nmin}/μm	108	126	144	166	189	207	225	252	288

齿轮副的接触斑点，沿齿高方向不应小于 50%，沿齿长方向不应小于 80%，允许在额定载荷下测量。

减速器内腔的清洁度不得低于 JB/T 7929—1999 规定的 K 级。

减速器分型面螺栓的力学性能应不低于 8.8 级，其拧紧力矩应符合表 13-18 的规定。

表 13-18　螺栓拧紧力矩

螺栓直径/mm	M10	M12	M16	M20	M24	M30	M36
拧紧力矩/N·m	43	74	181	353	618	1200	2050

额定载荷下，每级齿轮传动效率不应低于 98%。

减速器的噪声值应符合表 13-19 的规定。

表 13-19　减速器的噪声值

公称中心距 a_1/mm	≤280	>280
噪声/dB(A)	80	85

5）减速器的润滑。卧式安装的减速器采用油池飞溅润滑，立式安装的减速器采用循环油喷油润滑。润滑油选用符合 GB 5903—1995 规定的 L—CKC220 或 L—CKC320。

当环境温度低于 0℃时，应有润滑油加热装置。采用油池飞溅润滑时，油温高于 0℃时才能起动减速器；采用喷油润滑时，油温高于 5℃时才能起动减速器。

轴承采用油池飞溅润滑，所用润滑油品与齿轮润滑油品相同。

不同牌号的润滑油不允许混合使用。

减速器空载试验的轴承和油温温升不应超过 25℃。

减速器负载试验的油温温升不应超过 80℃，油池油温不应超过 100℃。

5. 试验方法

减速器的试验按 JB/T 9050.3—1999 的规定进行。减速器的噪声测量按 GB/T 6404.1—2005 的规定进行。

6. 检验规则

1）出厂检验。每台减速器必须经技术检验部门检验合格，并附有产品质量合格证方能出厂。每台减速器须经空载试验，在额定转速下正反两向各运转不少于 1h。出厂检验项目包括：

① 形式、外形尺寸及油漆、外观质量。

② 各连接件、紧固件是否松动。

③ 减速器的清洁度和密封性能。

④ 油温温升。

⑤ 接触斑点。

⑥ 噪声。

2）形式检验。凡属于下列情况之一时，均应进行形式检验：

① 新产品试制定型鉴定及老产品转厂试制时。

② 产品在设计、工艺、材料等方面有较大改变，足以影响产品性能时。

③ 停产两年以上，再恢复生产时。

④ 批量生产的产品，每三年进行一次。

⑤ 国家质量监督检验部门提出形式检验的要求时。

进行形式检验的产品，每次不少于两台（其中一台作陪试件）。对全系列产品，应不少于两种规格（不同公称中心距、大小各两台）。

形式检验不合格的产品，允许加倍抽检，对不合格的项目重新试验，符合要求后判为合格。

形式检验应做负载性能试验、超载试验和疲劳寿命试验。形式检验项目除出厂检验项目均应进行之外，还应包括：

① 转矩（或功率）。

② 效率。

③ 转速与运转时间。

④ 润滑油和轴承的温度与温升。

⑤ 噪声与振动。

⑥ 接触斑点。

⑦ 齿轮及其他机件损坏情况。

7. 标志、包装、运输和贮存

1）每台减速器应在明显位置固定产品标牌，其要求应符合 GB/T 13306—2011 的规定。标志的内容应包括：

① 产品名称和型号。

② 额定输出转矩。

③ 产品质量。

④ 制造厂名称。

⑤ 制造日期。

⑥ 出厂编号。

2）减速器的包装、运输应符合 GB/T 191—2008 和 GB/T 13384—2008 的规定。包装前，减速器的轴伸应涂防锈油，并用塑料薄膜包扎捆好。

3）减速器应贮存在清洁及能防止雨、雪、水侵袭和腐蚀的地方。

4）减速器出厂时，随机资料应齐全。随机附带的资料应包括：

① 产品合格证书。

② 产品使用说明书。

③ 装箱单。

④ 附件清单。

13.4　起重机用三支点硬齿面减速器（JB/T 10817—2007）

1. 范围

该标准规定了起重机用三支点硬齿面减速器的形式、基本参数、尺寸、技术要求、试验方法和检验规则等。

该标准适用于 QY3S、QY4S 和 QY34S 三个系列的外啮合渐开线斜齿圆柱齿轮减速器（以下简称减速器），该系列减速器主要用于起重机的各有关机构，也可用于运输、冶金、矿山、化工及轻工等机械设备的传动机构。

2. 形式

1）结构形式。减速器按传动方式分为三级传动（QY3S）、四级传动（QY4S）和三、四级结合型（QY34S）。减速器的结构形式如图 13-8 所示。

2）装配形式。减速器共有九种装配形式，如图 13-9 所示。

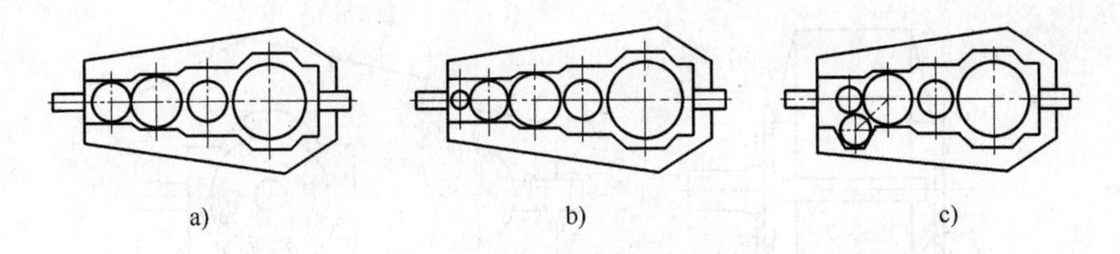

图 13-8　减速器结构形式

a）QY3S 型　b）QY4S 型　c）QY34S 型

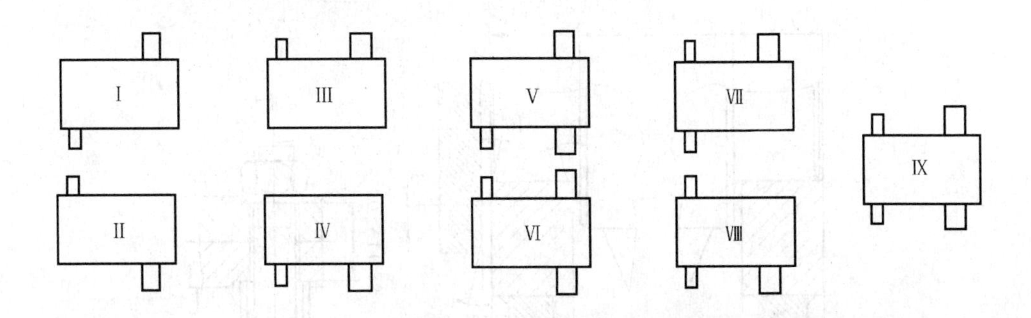

图 13-9　减速器装配形式

3）安装形式。减速器有卧式（W）和立式（L）两种安装形式。

在偏转角 ±α 范围内为卧式安装，在 L 范围内为立式安装，如图 13-10 所示。

注意：α 的大小与减速器的传动比有关，当减速器倾斜 α 时，应保证使中间级大齿轮沾油 1 ~2 个齿高。

4）支承形式。减速器为三支点支承形式，如图 13-11 所示。

5）轴端形式。

① 高速轴端。减速器的高速轴端采用圆柱轴伸，平键连接。

② 低速轴端。减速器的低速轴端有以下三种形式：

a）P 型。圆柱轴伸，平键、单键连接。

b）H 型。花键轴伸，渐开线花键连接。

c）C 型。齿轮轴端（仅公称中心距为 180 ~ 560mm，且装配形式为Ⅰ、Ⅱ、Ⅲ、Ⅳ、Ⅶ和Ⅷ的减速器具有齿轮轴端）。

低速轴端的形式和尺寸应符合图 13-12 和表 13-20所示内容。

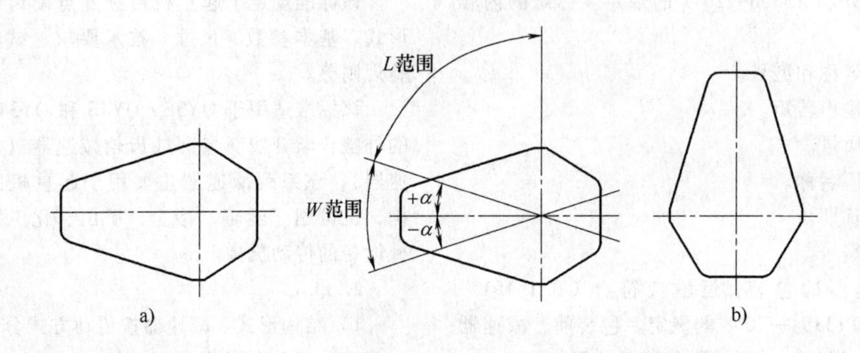

图 13-10 减速器安装形式

a）卧式安装（W） b）立式安装（L）

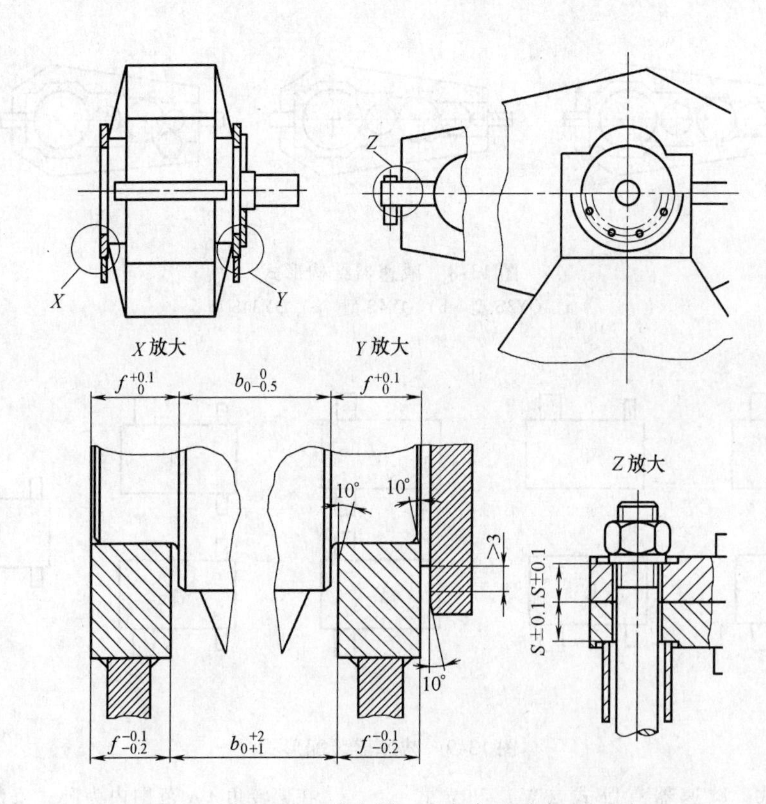

图 13-11 减速器三支点支承形式

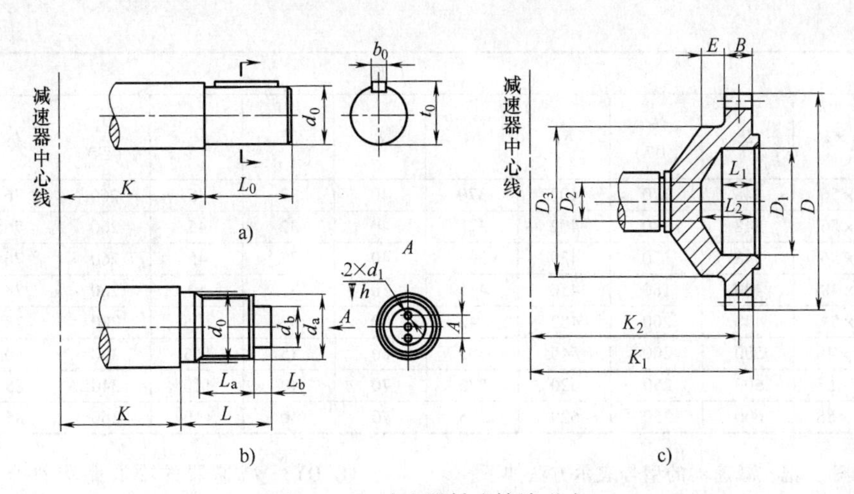

图 13-12　减速器低速轴端形式

a) P 型：圆柱轴伸　b) H 型：花键轴伸　c) C 型：齿轮轴端

表 13-20　减速器低速轴端尺寸　（单位：mm）

公称中心距 a_1	K	P 型				H 型									
		d_0 (m6)	L_0	b_0	t_0	$m\times z$	d_a (h11)	d_b (k6)	d_0 (k6)	L	L_a	L_b	d_1	h	A
160	185	75	105	20	79.5	3×18	57	50	60	82	35	27	M6	16	25
180	195	90	130	25	95	3×22	69	60	70	90	40	30	M6	16	30
200	215	95	130	25	100	3×27	84	70	85	95	45	30	M10	20	35
225	230	100	165	28	106	5×18	95	80	100	125	55	35	M12	25	40
250	255	110	165	28	116	5×22	115	100	120	135	60	40	M12	25	40
280	270	130	200	32	137	5×22	115	100	120	135	60	40	M12	25	40
315	310	140	200	36	148	5×26	135	120	140	155	75	45	M12	25	50
355	335	170	240	40	179	5×30	155	140	160	165	80	50	M12	25	60
400	375	180	240	45	190	5×34	175	160	180	180	90	55	M16	30	80
450	415	220	280	50	231	5×38	195	180	200	190	100	55	M16	30	80
500	450	260	330	56	272	8×26	216	190	222	205	110	60	M16	30	110
560	510	280	380	63	292	8×30	248	220	254	220	125	60	M16	30	110
630	565	300	380	70	314	8×34	280	250	286	235	140	60	M16	30	140
710	600	340	450	80	355	8×38	312	280	318	260	155	70	M20	40	140
800	670	400	540	90	417	8×44	360	320	366	285	175	75	M20	40	160

公称中心距 a_1	C 型										
	$m\times z$	D	D_1 (H7)	K_1	K_2	B	E	D_2	D_3 (f9)	L_1	L_2
160	—	—	—	—	—	—	—	—	—	—	—
180	3×56	174	90	279.5	253	25	25	40	135	45	60
200	4×56	232	120	302.5	271	35	25	40	170	50	75
225	4×56	232	120	339.5	308	35	25	40	170	50	75

（续）

公称中心距 a_1	C型										
	$m \times z$	D	D_1 (H7)	K_1	K_2	B	E	D_2	D_3 (f9)	L_1	L_2
250	6×56	348	170	402	370	40	32	45	260	76	100
280	6×56	348	170	402	370	40	32	45	260	76	100
315	6×56	348	170	429	397	40	32	45	260	76	100
355	8×48	400	180	450	415	50	32	50	260	78	100
400	8×54	448	200	482	442	50	32	105	280	78	110
450	10×48	500	200	545	505	60	35	105	300	80	120
500	10×58	600	250	620	575	70	40	110	340	85	125
560	10×58	600	250	620	575	70	40	110	360	85	125

6）型号和标记。减速器的型号表示方法如下：

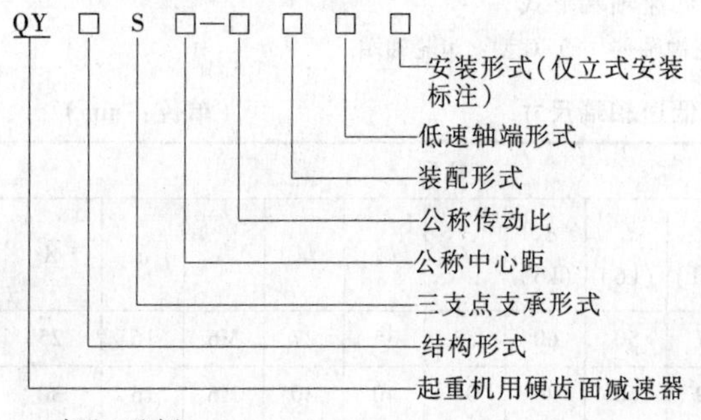

标记示例：

公称中心距 $a_1=315$mm，公称传动比 $i=56$，装配形式为第Ⅲ种，低速轴为齿轮轴端立式安装的三级传动起重机用三支点硬齿面减速器，标记为：

减速器　QY3S315—56　ⅢCL　JB/T 10817—2007。

3. 基本参数和尺寸

1）中心距。减速器以低速级中心距为公称中心距。

① QY3S减速器的中心距应符合表13-21的规定。

② QY4S减速器的中心距应符合表13-22的规定。

③ QY34S减速器的中心距应符合表13-23的规定。

2）传动比。

① QY3S减速器的公称传动比应符合表13-24的规定，实际传动比与公称传动比的极限偏差为±5%。

② QY4S、QY34S减速器的公称传动比应符合表13-24的规定，实际传动比与公称传动比的极限偏差为±6%。

3）齿轮基本齿廓。减速器齿轮的基本齿廓应符合GB/T 1356—2001的规定。

4）齿轮模数和螺旋角。减速器齿轮的法向模数 m_n 应符合GB/T 1357—2008的规定，齿轮的螺旋角 $\beta=12°$。

表13-21　QY3S减速器中心距　（单位：mm）

低速级 a_1	160	180	200	225	250	280	315	355	400	450	500	560	630	710	800
中间级 a_2	112	125	140	160	180	200	225	250	280	315	355	400	450	500	560
高速级 a_3	80	90	100	112	125	140	160	180	200	225	250	280	315	355	400
总中心距 a	352	395	440	497	555	620	700	785	880	990	1105	1240	1395	1565	1760

表13-22　QY4S减速器中心距　（单位：mm）

低速级 a_1	200	225	250	280	315	355	400	450	500	560	630	710	800
次低速级 a_2	140	160	180	200	225	250	280	315	355	400	450	500	560
次高速级 a_3	100	112	125	140	160	180	200	225	250	280	315	355	400
高速级 a_4	71	80	90	100	112	125	140	160	180	200	225	250	280
总中心距 a	511	577	645	720	812	910	1020	1150	1285	1440	1620	1815	2040

表13-23　QY34S减速器中心距　（单位：mm）

低速级 a_1	200	225	250	280	315	355	400	450	500	560	630	710	800
次低速级 a_2	140	160	180	200	225	250	280	315	355	400	450	500	560
次高速级 a_3	100	112	125	140	160	180	200	225	250	280	315	355	400
高速级 a_4	71	80	90	100	112	125	140	160	180	200	225	250	280
总中心距 a	440	497	555	620	700	785	880	990	1105	1240	1395	1565	1760

表 13-24　起重机用三支点硬齿面减速器的公称传动比

QY3S 减速器

公称中心距 a_1/mm	公称传动比															
	16	18	20	22.4	25	28	31.5	35.5	40	45	50	56	63	71	80	90
	实际传动比															
160	15.43	17.20	19.21	21.53	24.24	27.44	31.28	35.37	38.74	42.86	49.09	54.31	61.49	69.75	79.82	87.30
180	15.84	18.31	20.23	22.41	24.92	27.82	31.73	35.84	39.53	44.65	50.09	57.66	62.15	71.03	82.89	90.94
200	15.70	17.49	19.53	21.89	24.65	27.90	31.81	35.97	39.39	45.23	50.14	57.57	66.02	71.03	80.05	92.59
225	15.93	18.42	20.35	22.55	25.07	27.99	31.92	36.05	40.45	45.88	51.22	58.11	63.55	70.04	80.05	91.32
250	15.60	17.32	19.27	21.51	24.10	27.15	30.78	35.18	38.35	43.83	48.60	55.54	60.94	69.42	79.91	86.13
280	15.87	18.27	20.12	22.21	25.94	28.92	31.06	36.58	38.25	45.04	48.68	54.86	63.46	69.55	80.05	86.28
315	15.21	17.19	19.90	22.02	24.45	27.27	30.58	34.52	38.76	43.75	49.08	54.09	61.71	69.37	79.85	86.07
355	15.84	18.31	20.23	22.41	24.92	27.82	31.73	35.84	39.53	44.65	50.09	57.66	62.15	69.36	78.03	86.97
400	15.95	17.59	20.46	22.72	25.33	28.37	31.96	34.55	39.36	45.30	50.09	57.66	62.15	70.04	80.05	92.59
450	15.69	18.14	20.04	22.20	24.68	27.56	31.43	35.50	39.83	44.98	50.47	58.09	62.62	71.56	78.92	88.79
500	16.06	17.82	19.83	22.13	24.81	27.94	31.68	36.20	39.01	44.58	48.60	54.67	60.94	69.42	79.91	88.59
560	15.87	18.27	20.12	22.21	25.94	28.92	31.06	36.58	38.25	45.04	48.68	54.86	63.46	69.55	80.05	86.28
630	15.69	18.14	20.04	22.20	24.68	27.56	31.43	35.50	39.83	44.98	50.47	55.66	62.62	70.72	81.40	87.74
710	16.05	17.71	20.60	22.88	25.50	28.56	32.18	36.52	39.63	45.50	49.37	56.82	63.00	70.88	79.73	94.10
800	15.95	17.59	20.46	22.72	25.33	28.37	31.96	34.55	39.36	45.30	50.09	57.66	62.15	70.04	80.05	92.59

QY4S、QY34S 减速器

公称中心距 a_1/mm	公称传动比												
	100	112	125	140	160	180	200	224	250	280	315	355	400
	实际传动比												
200	102.99	114.44	127.79	143.57	162.50	177.99	203.34	229.16	245.96	282.43	304.13	351.79	403.39
225	100.82	114.14	130.11	147.11	161.13	180.79	200.02	220.45	249.59	283.12	309.66	354.33	404.24
250	97.41	108.77	124.04	140.10	157.20	171.37	197.25	227.03	244.72	279.68	306.87	358.09	385.99
280	99.46	112.60	128.36	145.13	158.96	171.82	197.29	222.35	254.96	293.46	315.75	340.35	393.67
315	95.61	106.76	121.75	137.51	154.28	173.07	196.32	216.37	236.65	272.39	310.75	355.15	382.81
355	98.22	110.65	125.44	143.34	156.26	175.33	200.38	225.42	247.34	284.69	306.87	349.60	389.68
400	100.97	112.56	120.92	142.38	153.90	175.33	197.59	222.69	257.58	296.48	319.57	350.21	405.09
450	101.63	113.36	127.13	143.52	160.99	180.63	199.08	219.55	250.47	288.30	310.75	349.34	393.01
500	97.41	108.77	124.04	140.10	157.20	171.37	197.25	221.90	239.19	275.31	307.23	342.46	379.68
560	102.21	114.48	128.98	139.41	158.82	171.67	197.59	222.69	240.03	276.28	315.75	340.35	393.67
630	98.30	109.76	125.17	141.37	158.62	177.98	204.85	225.92	243.51	280.29	315.32	345.28	388.44
710	100.10	112.76	127.83	146.08	159.25	172.79	194.39	218.69	243.76	280.57	311.06	354.38	418.24
800	100.97	112.56	120.92	142.38	153.90	175.33	197.59	222.69	257.58	296.48	319.57	350.21	405.09

13.5 起重机用三合一减速器（JB/T 9003—2004）

1. 应用

主要适用于起重质量不大于125t的桥式、门式等起重机的运行机构，也可用于运输、冶金、矿山、化工、水利水电、建筑施工及轻工等机械设备的传动机构。

2. 结构形式

减速器采用渐开线圆柱齿轮、圆弧齿轮和锥齿轮传动，配用带制动器的绕线电动机或带制动器的笼型电动机驱动。其结构形式按电动机轴中心线与减速器输出轴中心线的相对位置可分为平行轴式和垂直轴式（QSC 型）两种。其结构简图分别如图13-13和图13-14所示。其中平行轴式减速器按传动级数又可分为两级传动（QSE 型）和三级传动（QSS 型）平行轴式减速器。

3. 安装形式

减速器与运行车轮轴的连接方式，主要为渐开线花键和锁紧盘式，并通过减速器上力矩支承孔保持平衡，可按分别驱动和集中驱动配置。

分别驱动平行轴式如图13-15所示，分别驱动垂直轴式如图13-16所示。

集中驱动平行轴式如图13-17所示，集中驱动垂直轴式如图13-18所示。

4. 型号表示方法

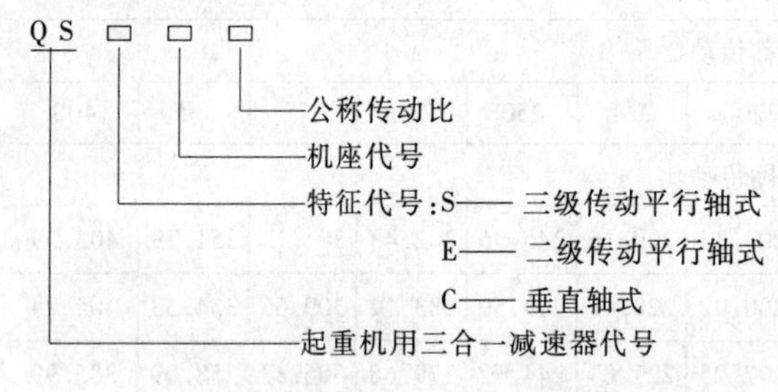

标记示例：

机座代号为10（中心距为200mm），公称传动比为25的三级传动平行轴式三合一减速器标记为：

减速器 JB/T 9003—2004 QSS10—25。

5. 基本参数与尺寸

1）中心距。减速器输入轴和输出轴的中心距为名义中心距，其数值应符合表13-25的规定。

2）公称传动比。减速器的公称传动比应符合表13-26的规定，减速器的实际传动比与公称传动比的极限偏差应为±3%。

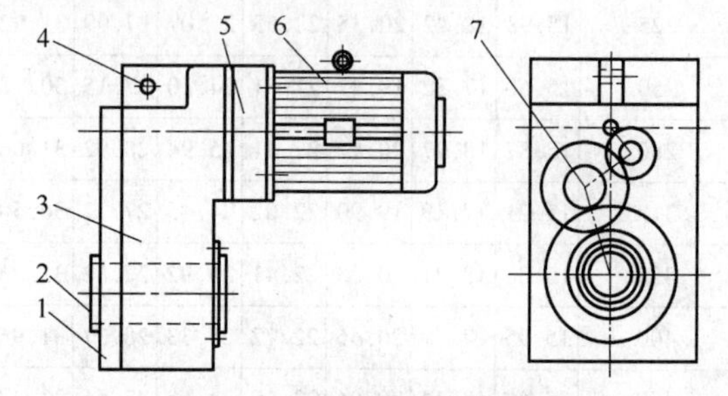

图13-13 平行轴式减速器

1—箱盖 2—内花键轴 3—箱体 4—力矩支承孔 5—联轴器 6—电动机 7—齿轮（轴）

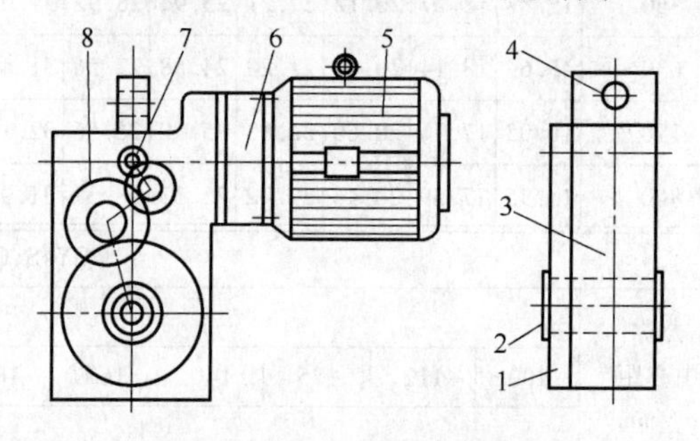

图13-14 垂直轴式减速器

1—箱盖 2—内花键轴 3—箱体 4—力矩支承孔 5—电动机 6—联轴器 7—锥齿轮（轴） 8—齿轮（轴）

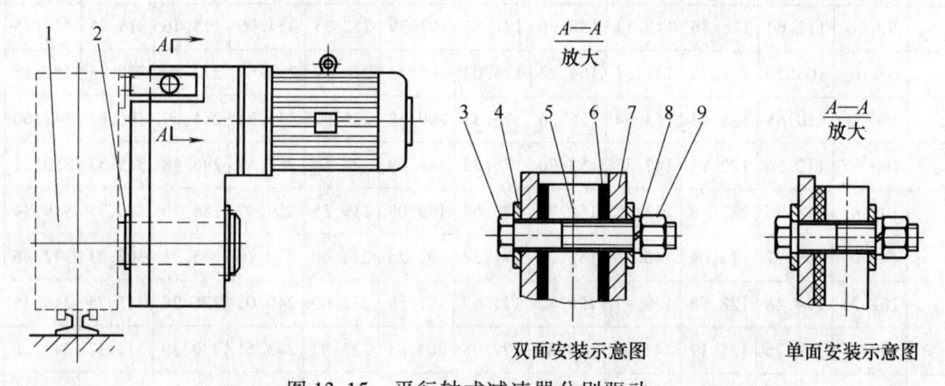

图13-15 平行轴式减速器分别驱动

1—端梁 2—车轮轴 3—六角螺栓 4—平垫圈 5—减速器 6—橡胶垫 7—力矩支承架 8—弹簧垫圈 9—六角螺母

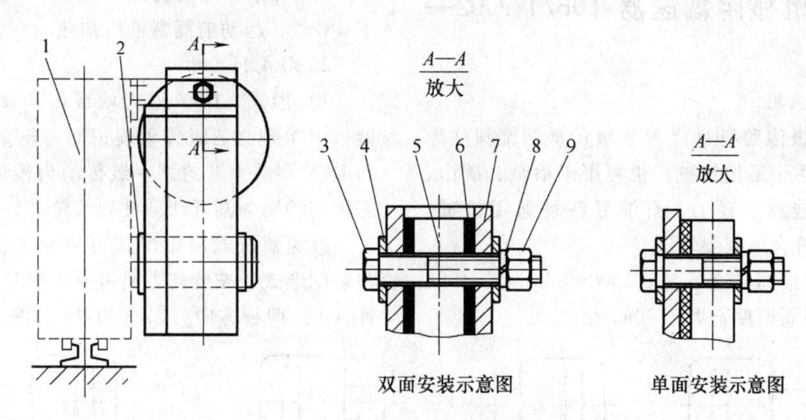

图 13-16　垂直轴式减速器分别驱动

1—端梁　2—车轮轴　3—六角螺栓　4—平垫圈　5—减速器
6—橡胶垫　7—力矩支承架　8—弹簧垫圈　9—六角螺母

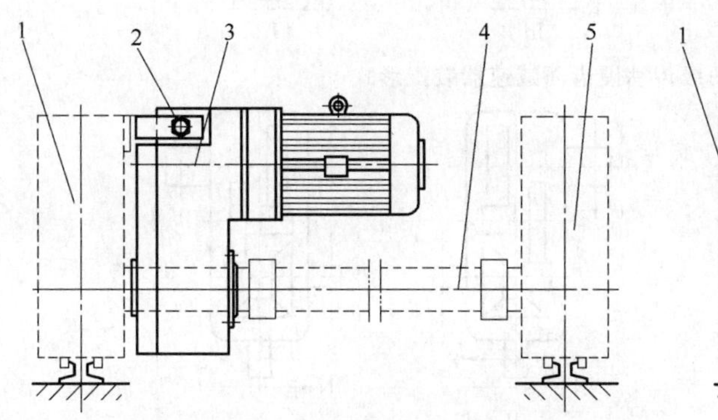

图 13-17　平行轴式减速器集中驱动

1—主动左端梁　2—力矩支承架　3—减速器
4—车轮轴　5—主动右端梁

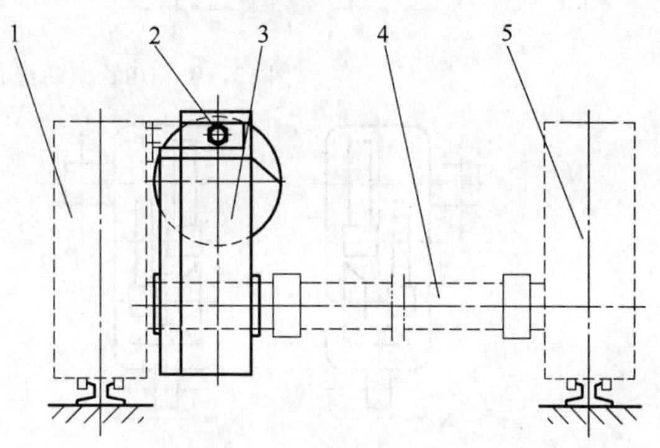

图 13-18　垂直轴式减速器集中驱动

1—主动左端梁　2—力矩支承架　3—减速器
4—车轮轴　5—主动右端梁

表 13-25　中心距　(单位：mm)

平行轴式	QSE	机座代号	—	08	10	12	16	20	25
		中心距/mm	—	171	215	272	340	430	540
	QSS	机座代号	06	08	10	12	16	20	25
		中心距/mm	125	160	200	250	315	400	500
垂直轴式	QSC	机座代号	—	08	10	12	16	20	25
		中心距/mm	—	200	225	280	355	470	580

表 13-26　传动比 i

型号	公称传动比																
QSE	4	4.5	5	5.6	6.3	7.1	8	9	10	11.2	12.5	—	—	—	—	—	—	—
QSS	14	16	18	20	22.4	25	28	31.5	35.5	40	45	50	56	63	71	80	90	100
QSC	22.4	25	28	31.5	35.5	40	45	50	56	63	71	80	90	100	114	128	144	160

13.6 运输机械用减速器（JB/T 9002—1999）

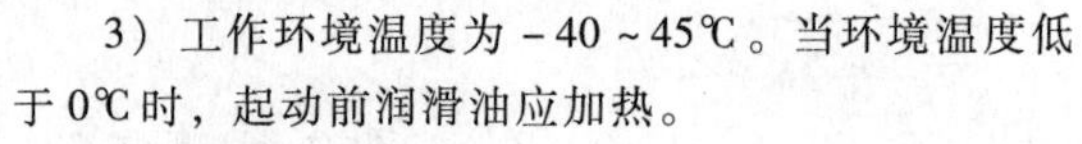

1. 类型与应用

DBY型两级传动和DCY型三级传动圆锥圆柱齿轮减速器主要用于运输机械，也可用于冶金、矿山、化工、煤炭、建材、轻工、石油等各种通用机械。其工作条件应符合下列要求：

1）输入轴最高转速不大于1500r/min。

2）齿轮圆周速度不大于20m/s。

3）工作环境温度为-40～45℃。当环境温度低于0℃时，起动前润滑油应加热。

2. 形式和尺寸

1）形式。DBY型为两级传动硬齿面齿轮减速器；DCY型为三级传动硬齿面齿轮减速器。DBY型和DCY型减速器的第一级传动为锥齿轮，第二、第三级传动则为渐开线圆柱斜齿轮。

减速器按输出轴形式可分为Ⅰ、Ⅱ、Ⅲ、Ⅳ四种装配形式，按旋转方向可分为顺时针（S）和逆时针（N）两种方向，如图13-19和图13-20所示。

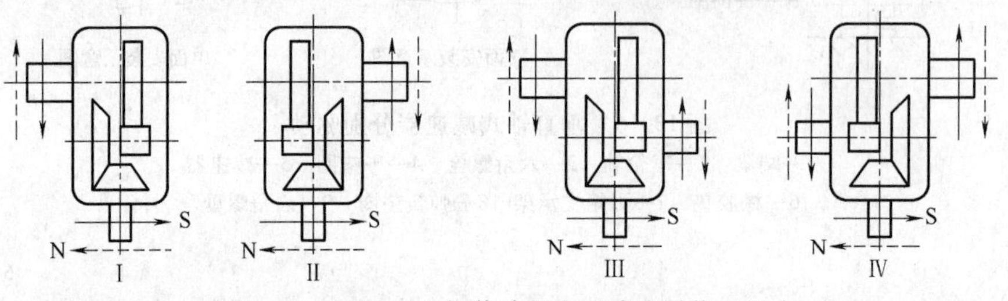

图13-19　DBY型两级传动硬齿面减速器装配形式

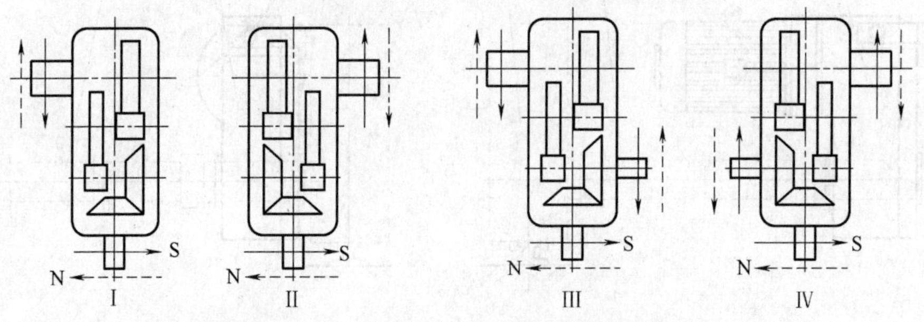

图13-20　DCY型三级传动硬齿面减速器装配形式

2）型号和标记。

□ □-□-□ □

- 输入轴旋转方向代号
- 装配形式代号
- 公称传动比
- 名义中心距 a(mm)
- 形式代号

标记示例：

名义中心距为280mm，公称传动比为31.5，装配形式为第Ⅲ种，输入轴为顺时针方向旋转的三级传动减速器的标记为：

减速器 DCY280-31.5-ⅢS　JB/T 9002—1999

3）外形尺寸。外形及尺寸见表13-27、表13-28。

3. 输出轴的形式（见表13-29～表13-31及图13-21）

表13-27　DBY型两级传动硬齿面减速器的外形尺寸　（单位：mm）

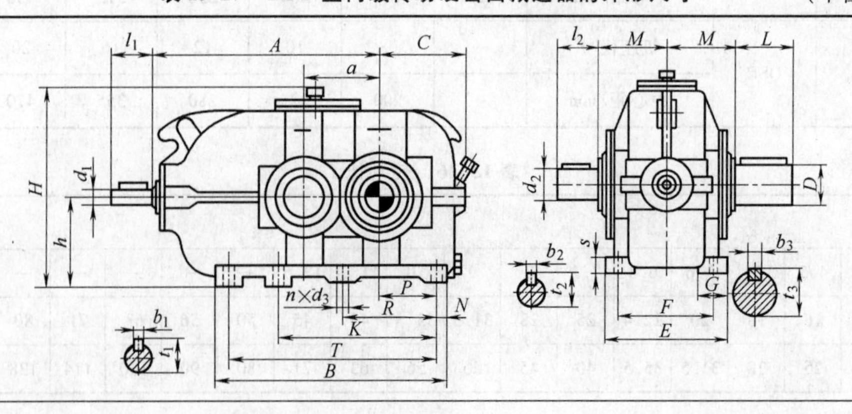

（续）

名义中心距 a	d_1	l_1	d_2	l_2	D	L	A	B	C	E	F	G	s	h	H
160	40	110	48	110	70	140	500	500	190	250	210	65	35	180	430
180	42		50		80	170	565	565	215	270	230	70		200	475
200	50		55		90		625	625	240	300	250	75	40	225	520
224	55		65	140	100	210	705	705	260	320	270	80	45	250	570
250	60	140	75		110		785	785	290	370	310	90	50	280	626
280	65		85	170	120		875	875	325	400	340	100	55	315	702
315	75		95		140	250	975	975	355	450	380	110	60	355	809
355	90	170	100	210	160	300	1085	1085	390	480	410	120	65	400	900
400	100	210	110		170		1215	1215	440	530	460	130	70	450	970
450	110		130	250	190	350	1365	1365	490	600	510	140	80	500	1071
500	120		150		220		1525	1525	570	650	560	150	90	560	1210
560	130	250	160	300	250	410	1705	1705	610	750	640	160	100	630	1325

名义中心距 a	M	$n\times d_3$	N	P	R	K	T	b_1	t_1	b_2	t_2	b_3	t_3	平均质量/kg	油量/L
160	145	6×18	30	115	210	—	400	12	43	14	51.5	20	74.5	173	7
180	160			135	240		505		45		53.5	22	85	232	9
200	175	6×23	35	145	255		555	14	53.5	16	59	25	95	305	13
224	190			165	290		635	16	59	18	69	28	106	415	18
250	210	6×27	40	180	315		705	18	64	20	79.5		116	573	25
280	230		45	200	355		785		69	22	90	32	127	760	36
315	260	6×33	50	220	405		875	20	79.5	25	100	36	148	1020	51
355	285		55	245	450		975	25	95	28	106	40	169	1436	69
400	305			280	510		1105	28	106		116		179	1966	95
450	345	8×39	60	315	575	940	1245		116	32	137	45	200	2532	130
500	435		70	350	645	1050	1385	32	127	36	158	50	231	3633	185
560	475	8×45	80	390	715	1165	1545		137	40	169	56	262	5020	260

表 13-28　DCY 型三级传动硬齿面减速器的外形尺寸　（单位：mm）

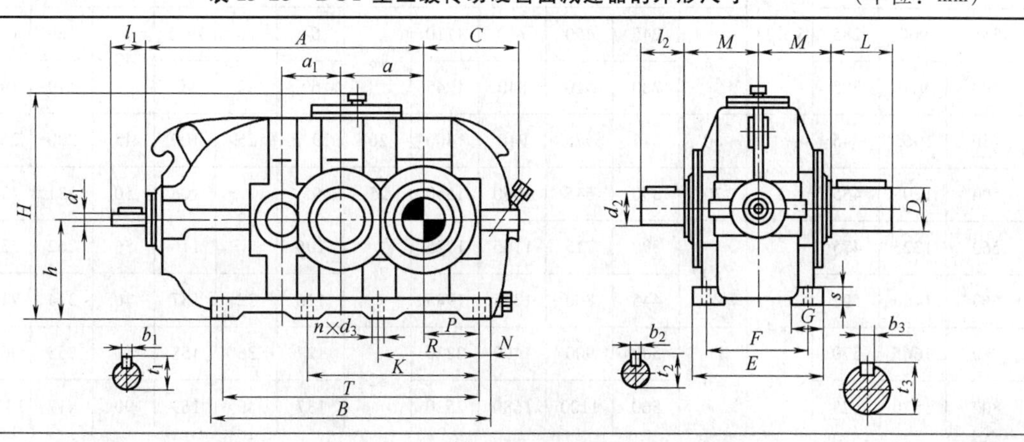

（续）

名义中心距 a	a_1	d_1	l_1	d_2	l_2	D	L	A	B	C	E	F	G	s	h
160	112	25	60	32	80	70	140	510	555	190	250	210	65	35	180
180	125	30	80	38		80	170	575	625	215	270	230	70		200
200	140	35		42	110	90		640	685	240	300	250	75	40	225
224	160	40	110	48		100	210	725	775	260	320	270	80	45	250
250	180	42		50		110		815	860	290	370	310	90	50	280
280	200	50		55		120		905	970	325	400	340	100	55	315
315	224	55		65	140	140	250	1020	1085	355	450	380	110	60	355
355	250	60	140	75		160	300	1140	1220	390	480	410	120	65	400
400	280	65		85	170	170		1275	1355	440	530	460	130	70	450
450	315	75		95		190	350	1425	1520	490	600	510	140	80	500
500	355	90	170	100	210	220		1585	1690	570	650	560	150	90	560
560	400	100	210	110		250	410	1775	1895	610	750	640	160	100	630
630	450	110		130	250	300	470	1995	2145	675	800	690	170	110	710
710	500	120		150		340	550	2235	2400	760	900	770	190	125	800
800	560	130	250	160	300	400	650	2505	2700	840	1000	870	200	140	900

名义中心距 a	H	M	$n \times d_3$	N	P	R	K	T	b_1	t_1	b_2	t_2	b_3	t_3	平均质量/kg	油量/L
160	423	145	6×18	30	115	210	—	495	8	28	10	35	20	74.5	200	9
180	468	160			135	240		565		33		41	22	85	255	13
200	520	175	6×23	35	145	255		615	10	38	12	45	25	95	325	18
224	570	190			165	290		705	12	43	14	51.5	28	106	453	26
250	626	210	6×27	40	180	315		780		45		53.5		116	586	33
280	702	230		45	200	355		880	14	53.5	16	59	32	127	837	46
315	809	260	8×33	50	220	405	655	985	16	59	18	69	36	148	1100	65
355	900	285		55	245	450	740	1110	18	64	20	79.5	40	169	1550	90
400	970	305			280	510	840	1245		69	22	90		179	1967	125
450	1065	345	8×39	60	315	575	940	1400	20	79.5	25	100	45	200	2675	180
500	1208	435		70	350	645	1050	1550	25	95	28	106	50	231	4340	240
560	1325	475	8×45	80	390	715	1165	1735	28	106		116	56	262	5320	335
560	1460	525			445	800	1305	1985		116	32	137	70	314	7170	480
710	1665	570		90	500	900	1490	2220	32	127	36	158	80	355	9600	690
800	1870	625			560	1100	1680	2520		137	40	169	90	417	13340	940

表13-29　空心轴套及胀盘尺寸　（单位：mm）

减速器公称中心距 a	空心轴套					胀盘						
	d_W	L	M	R	U	型号	D	d	T_t /N·m	螺钉		质量 /kg
										B	T_a/N·m	
160	80	370	145	26	225	110-72	185	110	9000	M10	58	5.9
180	90	410	160	27	250	125-72	215	125	13000	M10	58	8.3
200	100	450	175	32	275	140-71	230	140	17600	M12	100	10
224	110	485	190	33	295	155-71	263	155	25000	M12	100	15
250	120	535	210	37	325	165-71	290	165	35000	M12	240	22
280	135	590	230	35	360	175-71	300	175	48000	M16	240	22
315	160	680	260	37	420	220-71	370	220	100000	M16	240	54
355	180	735	285	38	450	240-71	405	240	138000	M20	470	67
400	200	795	305	46	490	260-71	430	260	184000	M20	470	82
450	220	895	345	48	550	280-71	460	280	245000	M20	470	102
500	280	1190	475	61	715	350-71	570	350	500000	M20	470	204
560	310	1270	510	67	760	390-71	660	390	710000	M20	470	260
630	340	1400	560	71	840	420-71	690	420	840000	M20	470	316
710	380	1490	600	73	890	460-71	770	460	1140000	M20	470	420
800	420	1600	645	82	955	500-71	850	500	1600000	M20	470	575

注：T_a—紧固轴所需转矩；T_t—胀盘可传递的最大转矩。

表13-30　胀盘连接轴尺寸（参考）　（单位：mm）

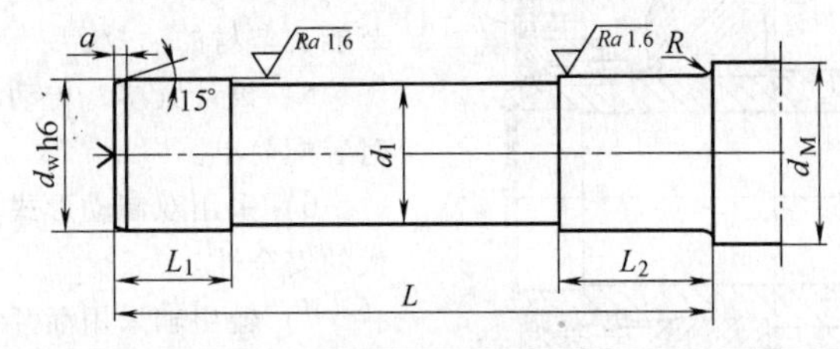

减速器公称中心距	a	d_M(min)	d_W	d_1	L	L_1	L_2	R
160	5	100	80	78	355	65	90	1.6
180	5	110	90	88	395	70	100	1.6
200	5	125	100	98	430	75	110	1.6
224	5	135	110	108	465	80	120	1.6
250	6	150	120	118	510	90	130	2.5
280	6	165	135	133	565	100	140	2.5
315	6	190	160	158	655	120	160	2.5
355	6	210	180	178	710	125	170	2.5
400	8	240	200	198	765	145	190	4
450	8	260	220	218	860	150	200	4
500	10	320	280	278	1145	240	290	4
560	10	350	310	308	1225	260	310	4
630	12	380	340	338	1355	280	330	6
710	12	430	380	378	1440	300	350	6
800	12	470	420	418	1550	320	380	6

注：$d_W \geqslant 160$mm时配合公差采用g6。

表 13-31　键连接轴尺寸（参考）　　（单位：mm）

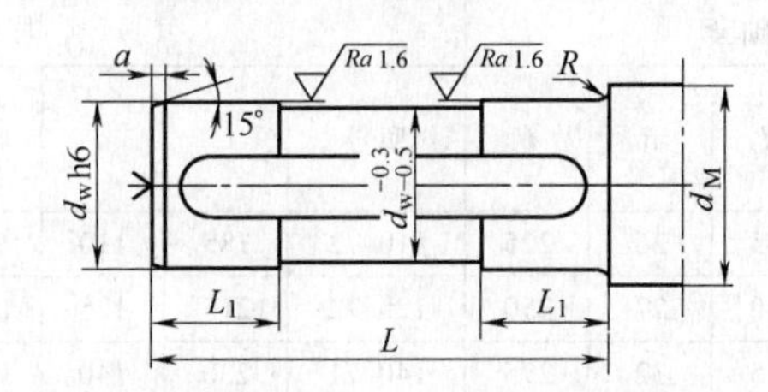

减速器公称中心距	a	d_M(min)	d_W	L	L_1	R
160	5	95	75	287	75	4
180	5	110	90	317	90	4
200	5	125	105	347	105	4
224	5	135	110	377	115	4
250	6	150	120	417	130	6

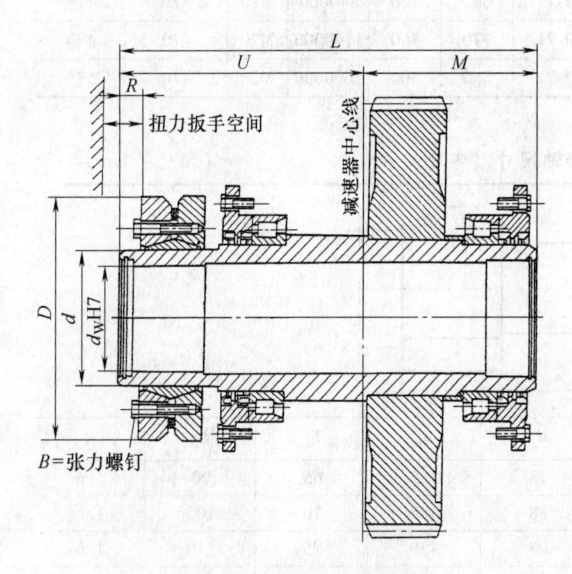

图 13-21　空心轴套结构

13.7　起重机的起升装置

SC-QZ 系列起重机与升降机的驱动装置（见图 13-22 和图 13-23），其特征是：包括一个三级圆柱齿轮减速器，电动机法兰与三级圆柱齿轮减速器的壳体直接连接，电动机机轴与三级圆柱齿轮减速器的输入轴相连。目前已有起重质量 5t、10t、20t、40t 的产品。

该驱动装置的结构特点：

1）采用大功率变频电动机，可调速，以适应不同使用工况的需求。

2）采用大传动比的斜齿轮减速器，具有传动平稳、噪声低的功能。

3）采用铝合金箱体，结构紧凑、轻巧、美观、大方。

4）该产品质量轻、运输成本低、效率高，具有节能、节材的功效。

5）设计紧凑，传动示意图如图 13-22 所示，同时装配简单。

6）采用双制动形式，提高使用可靠度，具有更大的安全性。

7）输出轴采用渐开线花键连接，装卸方便，不像胀紧盘那样，很难打开，不易装卸。

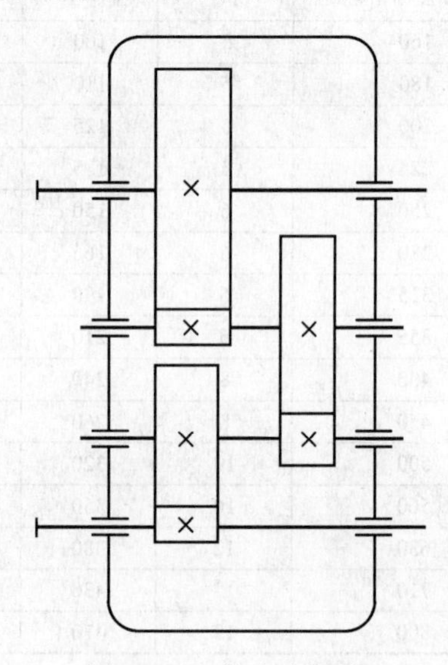

图 13-22　传动示意图

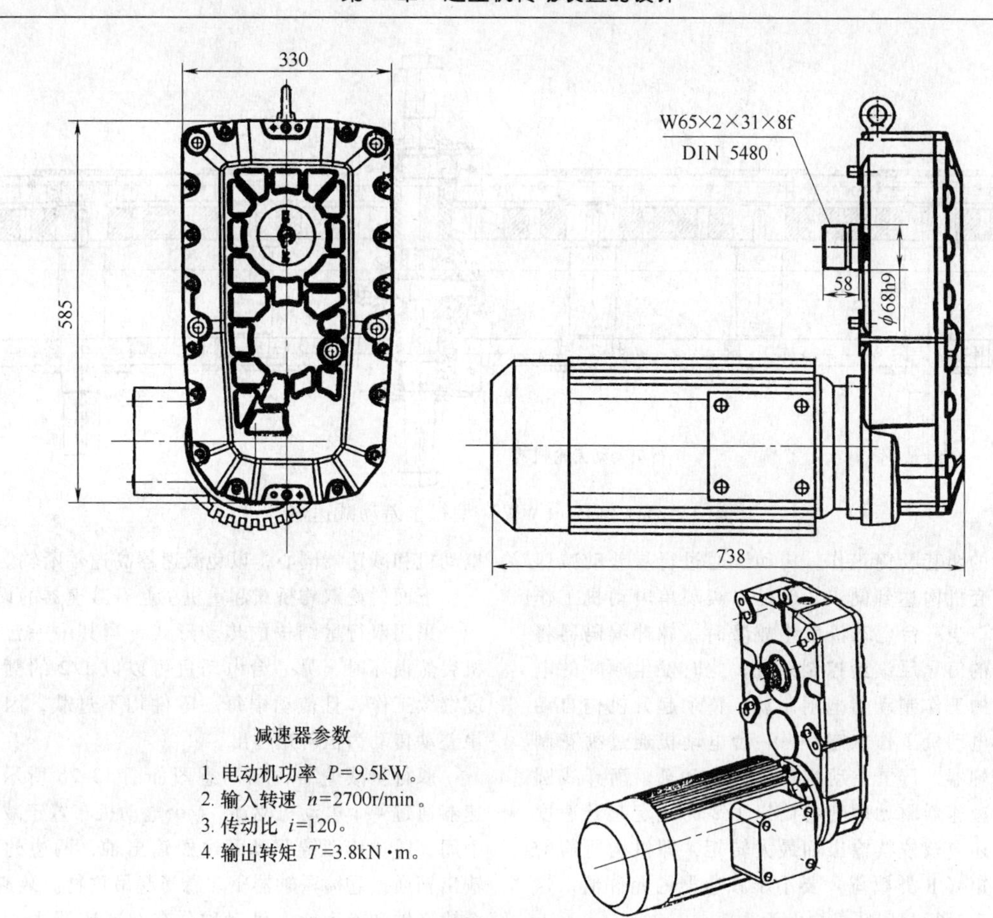

图 13-23　SC-QZ-10t 外形图（生产单位：江苏上齿集团有限公司）

1. *行星差动减速器在起重机主起升机构中的应用*

1）目前在铸造起重机主起升机构中，较广泛地应用行星差动装置，一种是 2K-H（NGW）型（见图 13-24），另一种是由锥齿轮组成的 2K-H（WW）型（见图 13-25），均具有两个自由度。根据铸造起重机主起升机构的要求，在三个基本构件中，太阳轮和内齿圈作为输入构件，行星架作为输出构件。因此，在使用时必须确定两个输入构件的运动。当两套驱动系统正常工作时，行星差动减速器输出的转速为额定转速；当一套驱动系统工作时，行星差动减速器输出转速为额定转速的一半，从而使起升机构实现两种起升速度，以满足使用要求。

采用行星差动减速器的主起升机构，是通过行星差动减速器使两套机构达到同步。主起升机构由两台或四台电动机通过梅花制动轮联轴器、行星差动减速器、传动轴及渐开线圆柱齿轮减速器驱动平行

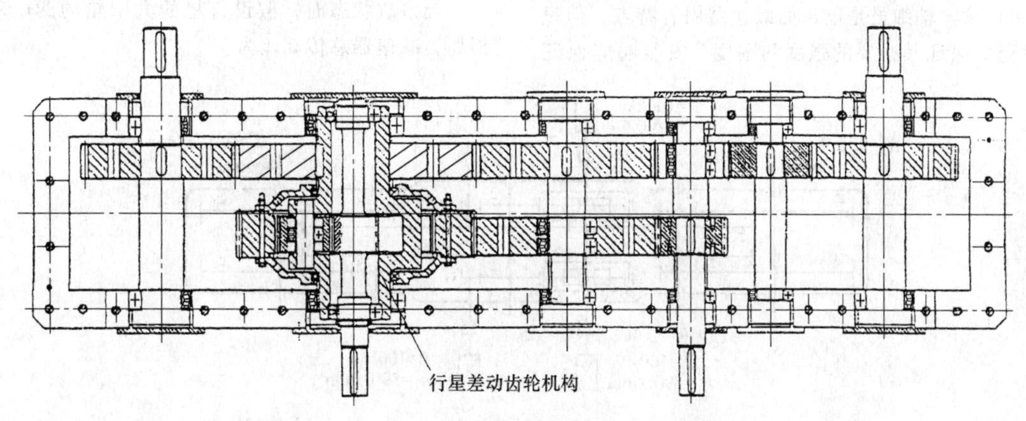

图 13-24　2K-H（NGW）型行星差动减速器

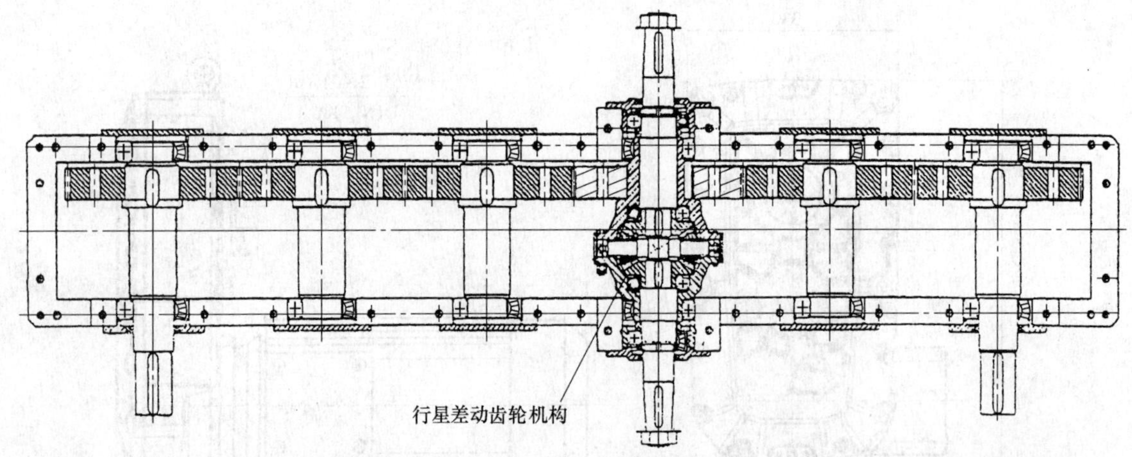

图 13-25　2K-H（WW）型行星差动减速器

于主梁的两套卷筒工作。传动链通过行星差动减速器使两套机构达到同步，也可以实现单电动机工作的目的。当一台电动机发生故障时，脉冲编码器将检测到的信号反馈到控制系统，此时发生故障的电动机上的工作制动器抱闸制动，整个起升机构自动进入单电动机工作状态。另一台电动机通过梅花制动轮联轴器、行星差动减速器、传动轴、渐开线圆柱齿轮减速器驱动两套卷筒以 1/2 的额定起升速度工作。还应该校核输出轴最大转矩，即机构所需的最大转矩（Ⅱ类载荷）要小于减速器的允许值，这一点对于运行和回转机构尤为重要。

2）通常情况下，起升机构可以按照起升载荷所需转矩来选用减速器；对于运行和回转机构，还应充分考虑起动、制动时所产生的惯性载荷的影响。对于铸造起重机主起升机构，选用减速器时还必须考虑到单系统工作时的需要。选用棘轮棘爪减速器时，尤其要注意减速器的装配形式以及卷筒组的下绳方向。

3）选用软齿面、中硬齿面和硬齿面减速器的标准也各不一样，所以要区分考虑。

4）输入轴细虽是硬齿面减速器固有特点，但设计时仍要保证其必要的强度和刚度。安装时应保证电动机和减速器同心，以免减速器高速轴断轴。

下面讨论双钩桥式起重机主起升减速器的设计。

采用双行星结构的传动形式，当其中一台电动机突然损坏时，另一台电动机可以以 1/2 的额定速度继续工作，且传动中每一零件均不过载，因为行星差动传动为恒转矩输出。

双行星减速器传动示意图如图 13-26 所示。减速器通过 4 个电动机驱动，4 个电动机布置于减速器中间，通过传动链驱动两边的输出轴，两边的 4 个输出轴通过卷筒联轴器驱动卷筒起吊重物。减速器 4 个输出轴和 4 个输入轴对称分布在减速器中心线的两侧，使减速器的结构形式和受力完全对称，减速器的箱体不承受附加弯曲的作用。

当 4 个电动机同时工作时，总传动比为

$$i=\frac{1}{i_{\mathrm{Ha}}^{\mathrm{b}}+\frac{z_1}{z_2'}\frac{z_2'}{z_2}i_{\mathrm{Hb}}^{\mathrm{a}}}\frac{z_4}{z_3}\frac{z_6}{z_5}=\frac{1}{\frac{1}{1+\frac{z_{\mathrm{b}}}{z_{\mathrm{a}}}}+\frac{z_1}{z_2}\frac{1}{1+\frac{z_{\mathrm{a}}}{z_{\mathrm{b}}}}}\cdot$$

$$=\frac{z_{\mathrm{a}}+z_{\mathrm{b}}}{z_{\mathrm{a}}+z_1/z_2}\frac{z_4}{z_3}\frac{z_6}{z_5}$$

当事故状态时，假设行星的太阳轮的两电动机损坏，减速器总传动比为

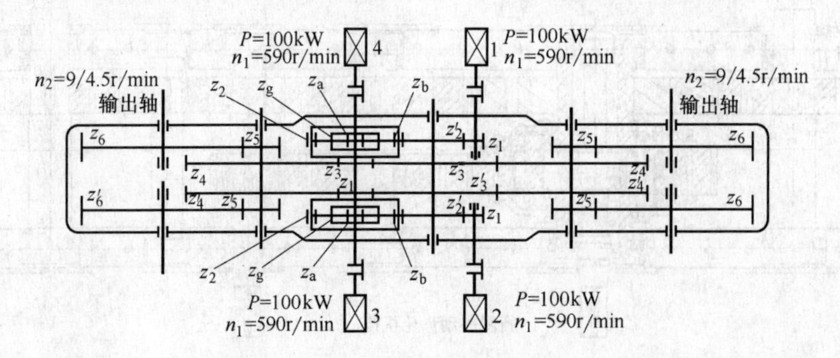

图 13-26　双行星减速器传动示意图（用于 275t 铸造起重机主起升机构）

$$i = \frac{z_2'}{z_1} \frac{z_2}{z_2'} i_{bH}^{a} \frac{z_4}{z_3} \frac{z_6}{z_5} = \frac{z_2}{z_1}\left(1+\frac{z_a}{z_b}\right)\frac{z_4}{z_3} \frac{z_6}{z_5}$$

当事故状态时，假设另外两电动机损坏，减速器总传动比为

$$i = i_{aH}^{b} \frac{z_4}{z_3} \frac{z_6}{z_5} = \left(1+\frac{z_b}{z_a}\right)\frac{z_4}{z_3} \frac{z_6}{z_5} = \frac{(z_a+z_b)}{z_a} \frac{z_4}{z_3} \frac{z_6}{z_5}$$

从上面的计算式中可以看出，z_1 和 z_a 相等时，两种事故状态的传动比相等，且是正常工作时的两倍。设计减速器时，使 z_a 和 z_1 齿数相同或是相近，则事故状态减速器输出轴的转速为正常工作时的1/2，当电动机1和2有一个或是全部损坏，减速器在电动机3和4的驱动下，仍能继续工作。电动机1损坏时，由于齿轮 z_2 和 z_{21} 装在同一轴上，这时齿轮 z_{21} 不转，故电动机2需要制动。反过来，当电动机3和4有一个或是全部损坏时，减速器在电动机1和电动机2的驱动下，仍能继续工作，并且通过行星包的调节，得到快慢两种速比，使减速器在事故状态下，传动链中任一零件都不过载。采用双行星包后，两电动机同时制动，制动效果好，明显提高了减速器的可靠性。

在设计起重机减速器时，可以通过调整齿轮的齿数，获得满足起重机起升要求的传动比。图13-26中 z_1 和 z_1'、z_2 和 z_2'、z_3 和 z_3'、z_4 和 z_4'、z_5 和 z_5' 齿数、模数相等，但旋向相反，齿轮传动形式相当于人字齿轮传动形式，传动更加平稳，使起重机起吊过程更加平稳。

该双行星结构形式用于某钢厂的275t铸造起重机主起升减速器上，四只电动机的功率 $P=100\text{kW}$，输入转速为590r/min。减速器正常工作时，输出轴的转速为 $n_2=9\text{r/min}$；事故状态时，输出轴的转速 $n_2=4.5\text{r/min}$，经实际使用，效果良好。

2. 手动葫芦上的2K-H型行星齿轮传动

图13-27所示为手动葫芦传动简图，手动链轮 S 与太阳轮 a 呈刚性连接，当 S 转动时，太阳轮 a 驱动行星轮 g，从而使行星轮 f 在内齿圈 b 内滚动，并带动行星架 H 转动，起重链轮与行星架H刚性连接。

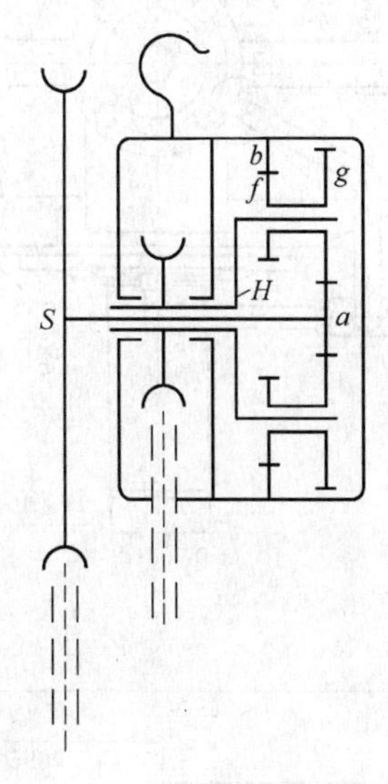

图13-27 手动葫芦传动简图

设各轮的齿数为 $z_a=12$，$z_g=28$，$z_f=14$，$z_b=54$，则手动链轮 S 与起重链轮 H 的传动比 i_{SH} 为：

$$i_{SH} = i_{aH}^{b} = 1 - i_{ab}^{H} = 1-(-1)\frac{z_g z_b}{z_a z_f} = 1+\frac{28\times54}{12\times14} = 10。$$

上述结果表明，手动链轮与起重链轮转向相同。

13.8 起重机典型传动装置结构图

装置结构如图13-28～图13-32所示。

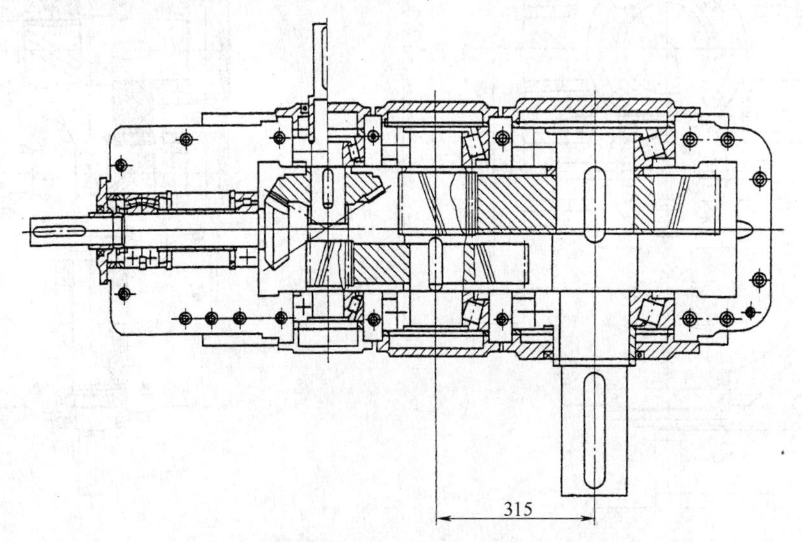

图13-28 DCY315型减速器

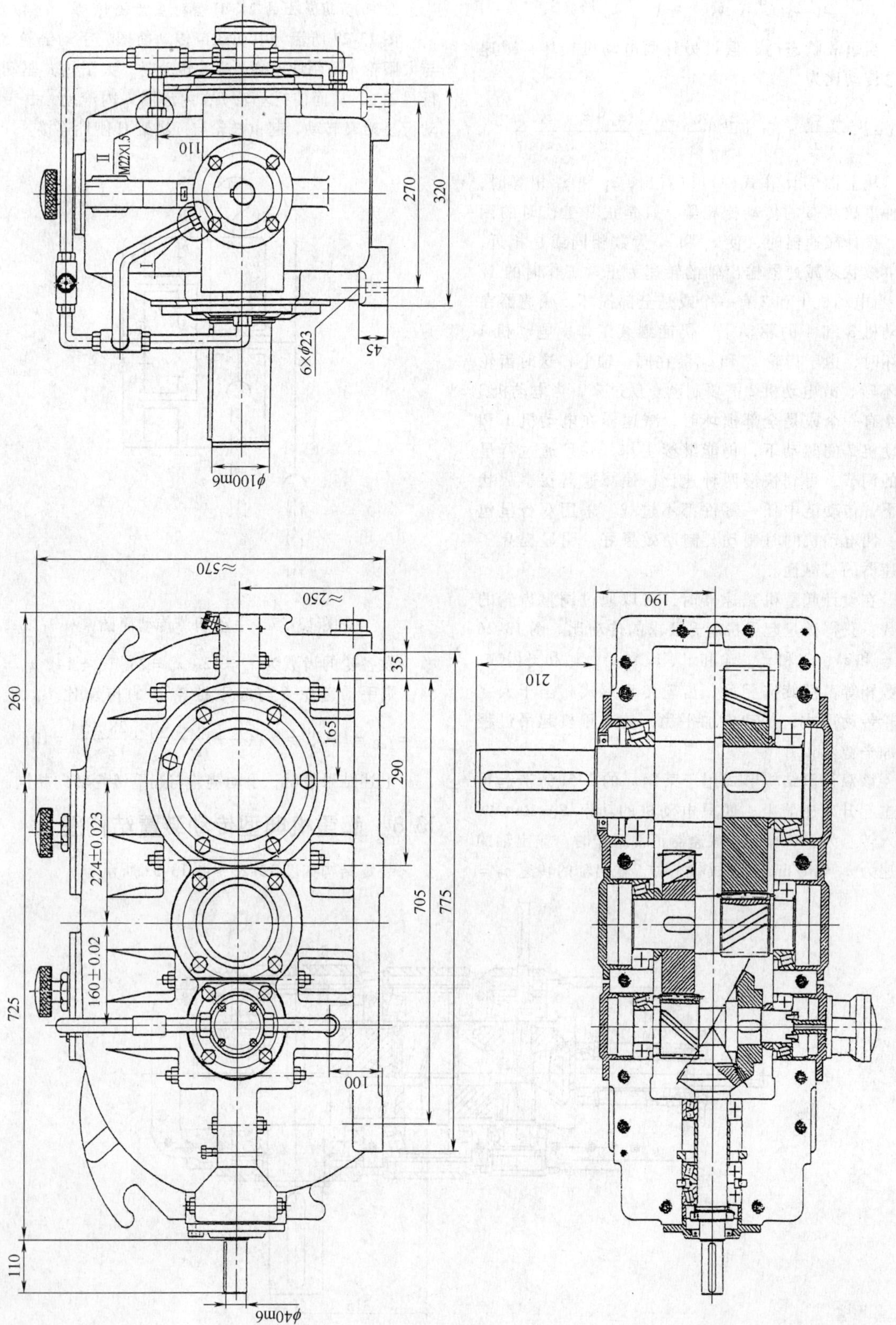

图13-29 DCY224 圆锥-圆柱齿轮减速器

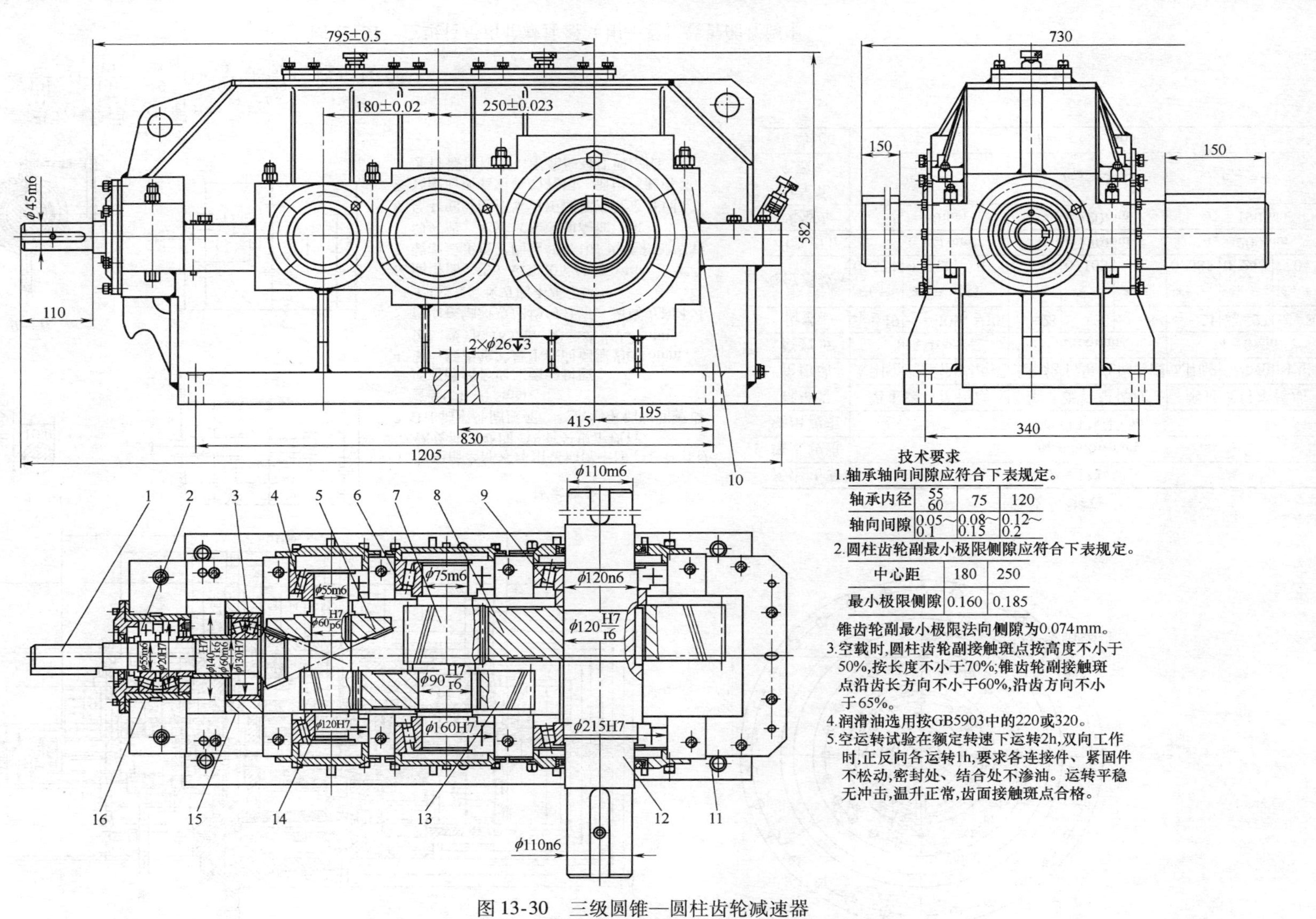

图 13-30　三级圆锥—圆柱齿轮减速器

1—锥齿轮轴　2,3,4,6,9—轴承　5—锥齿轮　7,14—齿轮轴　8,13—齿轮　10—上箱体　11—下箱体　12—输出轴　15,16—轴承座

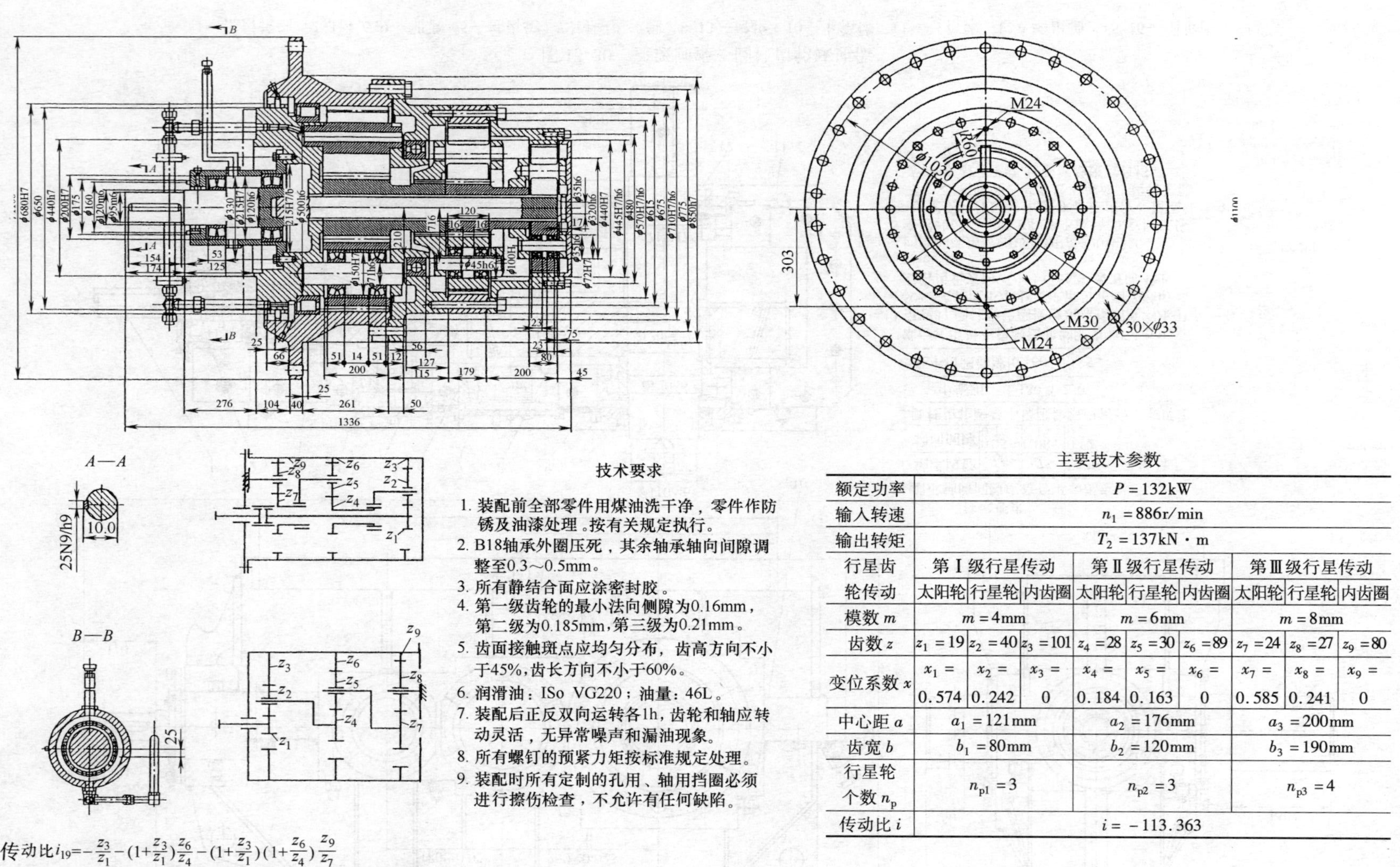

技术要求

1. 装配前全部零件用煤油洗干净，零件作防锈及油漆处理。按有关规定执行。
2. B18轴承外圈压死，其余轴承轴向间隙调整至0.3～0.5mm。
3. 所有静结合面应涂密封胶。
4. 第一级齿轮的最小法向侧隙为0.16mm，第二级为0.185mm，第三级为0.21mm。
5. 齿面接触斑点应均匀分布，齿高方向不小于45%，齿长方向不小于60%。
6. 润滑油：ISo VG220；油量：46L。
7. 装配后正反双向运转各1h，齿轮和轴应转动灵活，无异常噪声和漏油现象。
8. 所有螺钉的预紧力矩按标准规定处理。
9. 装配时所有定制的孔用、轴用挡圈必须进行擦伤检查，不允许有任何缺陷。

主要技术参数

额定功率	$P=132\mathrm{kW}$								
输入转速	$n_1=886\mathrm{r/min}$								
输出转矩	$T_2=137\mathrm{kN\cdot m}$								
行星齿轮传动	第Ⅰ级行星传动			第Ⅱ级行星传动			第Ⅲ级行星传动		
	太阳轮	行星轮	内齿圈	太阳轮	行星轮	内齿圈	太阳轮	行星轮	内齿圈
模数 m	$m=4\mathrm{mm}$			$m=6\mathrm{mm}$			$m=8\mathrm{mm}$		
齿数 z	$z_1=19$	$z_2=40$	$z_3=101$	$z_4=28$	$z_5=30$	$z_6=89$	$z_7=24$	$z_8=27$	$z_9=80$
变位系数 x	$x_1=$ 0.574	$x_2=$ 0.242	$x_3=$ 0	$x_4=$ 0.184	$x_5=$ 0.163	$x_6=$ 0	$x_7=$ 0.585	$x_8=$ 0.241	$x_9=$ 0
中心距 a	$a_1=121\mathrm{mm}$			$a_2=176\mathrm{mm}$			$a_3=200\mathrm{mm}$		
齿宽 b	$b_1=80\mathrm{mm}$			$b_2=120\mathrm{mm}$			$b_3=190\mathrm{mm}$		
行星轮个数 n_p	$n_{p1}=3$			$n_{p2}=3$			$n_{p3}=4$		
传动比 i	$i=-113.363$								

$$
\text{传动比}\, i_{19}=-\frac{z_3}{z_1}-\left(1+\frac{z_3}{z_1}\right)\frac{z_6}{z_4}-\left(1+\frac{z_3}{z_1}\right)\left(1+\frac{z_6}{z_4}\right)\frac{z_9}{z_7}
$$

$$
=-\frac{101}{19}-\left(1+\frac{101}{19}\right)\times\frac{89}{28}-\left(1+\frac{101}{19}\right)\left(1+\frac{89}{28}\right)\times\frac{80}{24}=-113.363
$$

图 13-31　三级行星齿轮减速器（用于卷扬装置的卷筒中）

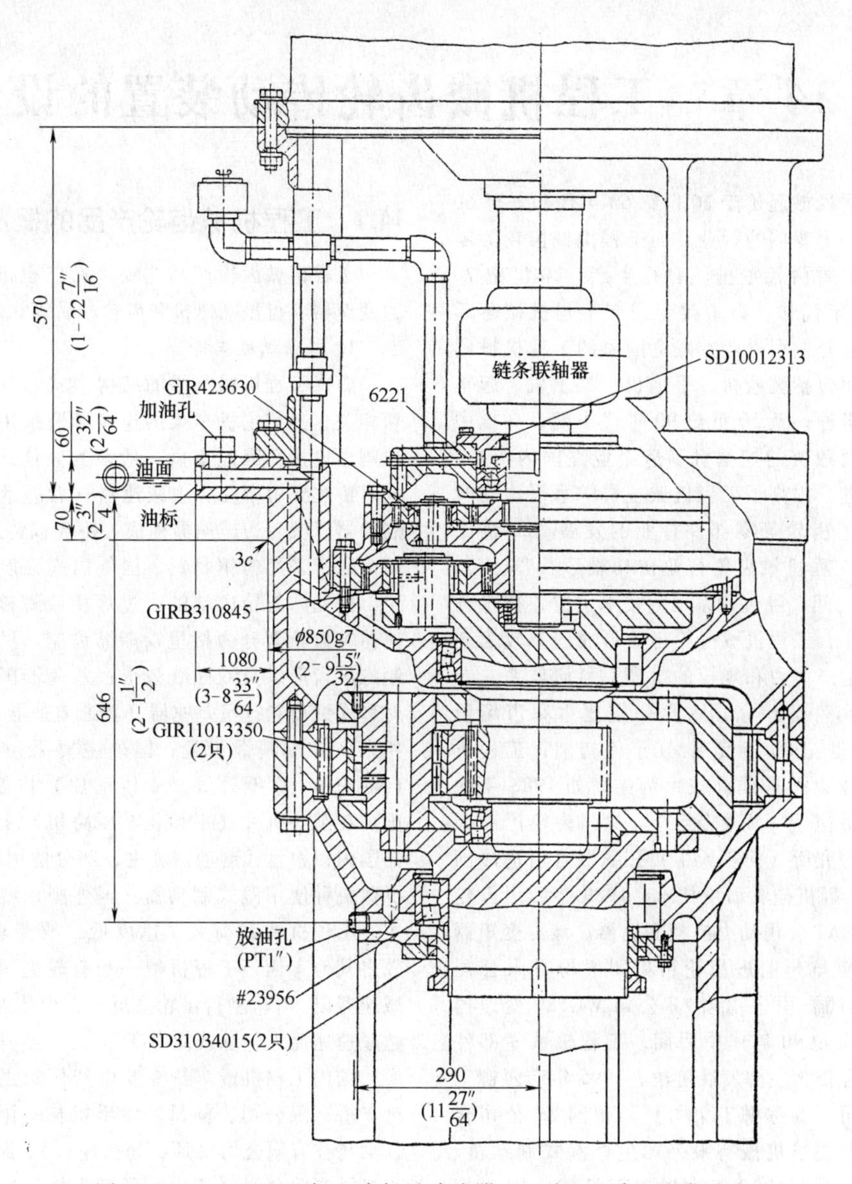

图 13-32　2K-H 型三级立式行星减速器（日本）（采用油膜浮动）

第14章　工程机械齿轮传动装置的设计

我国工程机械起始于20世纪60年代初，至60年代末形成一个专门的行业，而工程机械齿轮等零部件当时还主要由各主机厂自行生产。20世纪70年代末到80年代初，为了改变国产工程机械落后的局面，我国开始引进西方发达国家的工程机械制造技术，主要包括装载机、平地机、推土机、起重机、叉车等机种。至20世纪90年代中期，一批中外合资和外商独资的挖掘机制造企业在国内落户。这些技术引进，提高了工程机械主机的水平，同时促进和带动了齿轮等零部件行业的发展。20世纪80年代中期工程机械齿轮行业初具雏形。“七五”到“九五”期间，经过一系列的技术引进、技术改造和合资合作，工程机械齿轮行业形成门类较为齐全、有一定生产能力和规模的生产、科研体系，专业化生产配套件的厂家已占据一定比重和市场份额。其中20世纪80年代到90年代初期，工程机械零部件行业以引进国外技术为主，如1983年徐州工程机械桥箱厂（简称徐工）、徐州齿轮厂和天津工程机械研究所（简称天工）三家联合引进法国SOMA公司工程机械驱动桥技术；1989年四川齿轮厂引进美国CAT公司动力换挡变速器、液力变矩器技术；1992年杭州前进齿轮箱集团股份有限公司（简称杭齿集团）引进德国ZF公司WG180变速器技术等。20世纪90年代中后期，工程机械零部件行业进入以合资为主的发展阶段，1995年广西柳工集团有限公司（简称柳工集团）与德国ZF公司合资成立柳州采埃孚机械有限公司生产湿式制动桥、动力换挡变速器；1996年徐州工程机械集团（简称徐工集团）与美国罗克韦尔公司合资成立徐州罗克韦尔车桥有限公司（后变更为徐州美驰车桥有限公司）生产各类工程机械车桥。进入新千年后，跨国公司纷纷抢滩中国，建立独资、合资企业，如意大利的卡拉罗等；与此同时，国内同行则进入改制时期。经历了风风雨雨的改制之路，面对国内外同行的竞争，又先后遭遇了原材料上涨、人民币升值以及2008年不期而遇的全球金融危机，有些企业倒下了，包括一些排名行业前列的企业，而更多的企业顽强地活了下来，一些企业越来越强健。据行业统计，目前国内生产工程机械齿轮传动部件的企业上规模的约有30家，2007年销售额达到50亿元左右。

14.1　工程机械齿轮产品的概况

工程机械齿轮产品主要包括工程机械车桥、液力变速器、行星减速机和齿轮产品等。

1. 工程机械车桥

轮式工程机械车桥的结构形式与其悬挂形式密切相关，其与主机车架的连接普遍采用非独立悬挂或刚性连接，因此车桥一般多为整体式结构。整体式车桥主要由桥壳、主减速器（含差速器）、半轴、制动器以及轮边减速器构成。桥壳以铸造桥壳为主，国内通常采用铸钢材料，国外以高强度铸铁材料为主，桥壳体与轮边端轴通过焊接或螺栓连接。主减速器锥齿轮副分为格里森渐缩齿制、奥里康等高齿制螺旋齿形以及双曲线齿形；差速器国内一般采用对称式锥齿轮行星差速器（普通差速器），锥齿轮近年来多采用精锻齿轮，国外主要采用限滑差速器（No-Spin、摩擦片式、变传动比）以及差速锁等，国内在某些机种（平地机、压路机）上使用。制动器国内以钳盘式制动器为主，部分使用蹄式制动器，少数机种使用湿式制动器；国外则以湿式制动器为主。工程机械载荷大、速度低，故要求减速比大，较之其他车辆，工程机械一般有轮边减速器；轮边减速器以NGW型行星轮系组成，少数为NW型，轮边减速速比大，承载能力高。

国内工程机械车桥专业生产厂家主要有徐州美驰车桥有限公司、柳州采埃孚机械有限公司、徐州良羽科技有限公司（原徐州齿轮厂）、肥城市云宇工程机械有限公司（原山东肥城车桥厂）以及江西省分宜驱动桥有限公司（原江西省分宜驱动桥厂）。其中徐州美驰车桥有限公司品种最全，涵盖了绝大部分工程机械的配套车桥（如装载机、压路机、叉车、平地机、汽车起重机以及特种车辆车桥等），柳州采埃孚机械有限公司则以配套大吨位装载机的高端车桥（AP400系列）为主，其他三家则主要配套装载机、压路机、叉车、平地机等车桥。主机厂自制则有广西柳工集团有限公司（简称柳工）、厦门夏工机械股份有限公司（简称厦工）、龙工（上海）机械制造有限公司（简称龙工）、山东临工工程机械有限公司（简称临工）、四川成都成工工程机械股份有限公司（简称成工）、山东常林机械集团股份有限公司（简称常林）、安徽兴华安叉叉车有限公司（简称安叉）等，主机厂自制车桥主要以面广量大的装载机驱动桥为主。

国外专业生产厂家则有德国 ZF、美国 DANA、意大利 Carraro、Oerlikon 等。其中以 ZF、DANA 实力最强，产品覆盖范围最广。此外，还有德国 Kessler、NAF 等，以生产特种车桥为主。国外主机厂自制则有美国卡特彼勒公司（简称卡特彼勒）、日本小松公司（简称小松）、Volvo 以及 JCB 等。

典型产品：

1）装载机驱动桥（前、后桥驱动）：5t 装载机车桥以引进的法国 SOMA 结构，柳工、厦工 CAT 型结构为主，整体式结构，铸钢桥壳，轮边减速，钳盘式制动。目前，两种技术在互相取长补短，并逐渐向 SOMA 结构靠拢。高配置主机目前使用 ZF 公司 AP400 系列，采用高强度球墨铸铁桥壳，湿式制动。

2）叉车驱动桥（前桥驱动）：5t 叉车桥以引进消化的日本 TCM 技术为主，铸钢桥壳，整体式结构，轮边减速，蹄式制动。

3）平地机驱动桥（后桥驱动）：132.40kW（180 马力）平地机桥以天津工程机械厂引进德国 O&K 技术为主，三段式结构，高强度球墨铸铁桥壳，蹄式或钳盘式制动；三级减速，最后一级为链传动减速；差速器采用 NO SPIN 限滑差速器。

4）压路机桥（后桥驱动）：18t 压路机桥，整体式结构，铸钢桥壳，轮边减速，钳盘式制动。

5）汽车起重机车桥（前桥转向，中、后桥驱动）：16t 采用三桥，中桥为贯通桥；以引进 SOMA 技术为主，无缝钢管扩张成型桥壳，轮边减速，蹄式制动。大吨位主机使用德国 Kessler 驱动桥，高强度钢板拼焊桥壳。

2. 液力变速器

液力变速器一般由液力变矩器、多挡动力换挡变速器和控制系统组成。液力变矩器按结构分为铸造式和冲焊式两种结构；按特征分为综合式变矩器和非综合式变矩器。以上各类工程机械均有使用。多挡动力换挡变速器则分为全动力、机械高低挡 + 动力换挡结构；控制系统分为机液、电气液、电液换挡三种；结构形式有行星式和定轴式，定轴式多用于中、小吨位，行星式多用于大吨位。连接方式则有发动机、变矩器、变速器三者直接相连，发动机与后两者间通过传动轴连接以及发动机与变矩器直连。液力变矩器主要生产厂家：陕西航天动力高科、山推工程机械股份有限公司以及临海机械有限公司。

液力变速器专业生产厂家主要有杭州前进齿轮箱集团股份有限公司、中航工业中南传动机械厂、柳州采埃孚机械有限公司等。其中，杭州前进齿轮箱公司主要生产配套装载机、压路机、平地机以及特种车辆用液力变速器，中南传动主要生产叉车液力变速器，柳州采埃孚则以配套大吨位装载机、平地机双变（WG200 系列）为主，其他还有赣州五环机器有限责任公司、徐州良羽科技有限公司（原徐州齿轮厂）等主要配套装载机、压路机、叉车等车桥。主机厂自制则有柳工、厦工、龙工、临工、成工、常林、安叉等。

国外专业生产厂家则有德国 ZF、美国 DANA、ALLISION 等。其中以 ZF、DANA 实力最强、产品覆盖范围最广，以定轴式液力变速器产品为主；ALLISION 公司以大功率行星式液力变速器为主，偏重于特种车和汽车。国外主机厂自制则有卡特彼勒 CAT、小松、Volvo 以及 JCB 等，其中 CAT 以行星式为主，其他以定轴式为主。

典型产品：

1）装载机双变：ZL40/50 双变，起始于 1970 年柳工与天工所合作开发的 Z450。由双涡轮液力变矩器加行星式动力换挡变速器组成。两前进挡，一后退挡，可自动实现 4 个前进挡，两个后退挡。高端主机配套 ZF WG 系列电控半自动液力变速器，带 KD 挡（强制换低挡）功能。

2）叉车变速器：以引进消化 TCM 技术为主，有带同步器的机械变速器，5t 以上为带三元件液力变矩器的定轴式液力机械变速器。

3）推土机变速器：以引进消化日本小松 D85、D65 技术为主的国产化产品，为行星式液力双变。

4）压路机变速器：杭齿引进 ZF 技术消化改进的 DB132 电液控动力换挡变速器、徐州良羽 3D120 电气液控动力换挡变速器等。

5）汽车起重机：中小吨位采用国产多挡机械变速器，大吨位则采用进口自动变速器。

3. 行星减速机

行星减速机是一种用途广泛的产品，具有体积小、质量轻，承载能力高，传动比范围大等特点，适用于工程建筑机械、起重运输、冶金、矿山、石油化工、轻工纺织、船舶和航空航天等行业。工程机械行星减速机主要用于挖掘机、工程起重机、旋挖钻机、压路机、摊铺机以及履带式车辆，包括回转、行走、卷扬以及驱动工作装置的减速机，一台工程机械有 3～7 台减速机。目前，挖掘机减速机几乎全部依靠进口，小型挖掘机主要以日韩为主，中大型挖掘机以日本、德国产品为主；旋挖钻机以德国力士乐为主，还有意大利邦飞利等产品。采用多级行星减速、差动机构，速比大，承载能力强；采用标准化、模块化设计，不同产品可按模块化组合而成。国内厂家的产品，目前主要集中在工程起重机的低端产品上，厂家主要分布在江苏徐州和山东一带。天津、安徽的厂家以备件配套为主；浙江一些厂家正在全力投入，以小挖回转、行走减速机国产化为突破口。

4. 工程机械齿轮

工程机械齿轮主要包括车桥齿轮以及齿轮箱用齿轮，车桥齿轮专业配套厂家有江苏飞船齿轮厂、株洲齿轮厂、綦江齿轮厂、山东汽车齿轮总厂等；自制厂则有杭齿、中南传动、徐州良羽等。

14.2 工程机械齿轮技术的发展趋势

1. 工程机械车桥

湿式多盘式制动器：湿式多盘式制动器具有较高的耐用性和可靠性（其使用寿命比干式钳盘制动器高1.5倍以上，且制动容量大，制动性能好）；抗衰退及抗污染能力强、免维修等诸多优点，适合工程机械恶劣的工作环境，在国外工程机械车桥上已普遍应用，如装载机、压路机、平地机、叉车等。近年来，国内徐州美驰、徐州良羽、江西分宜，特别是柳工、成工、常林已经小批量生产，基本能够满足主机工作性能要求，但质量稳定性和可靠性有待进一步提高，成本有待进一步降低。此外，国内其他厂家也在积极研制，如龙工、临工、山东肥城等厂家。相信不久的将来，国产湿式制动桥必将取代进口产品。目前，ZFAP400系列产品是国内厂家的主要研究方向和范本。

限滑差速器克服了普通差速器只能平均分配转矩的缺点，显著提高了车辆在低附着路面和双附着系数路面上的动力性和通过性，在提高主机牵引性能的同时，减少了轮胎的磨损。国外工程机械车桥已普遍应用各种形式的限滑差速器，如压路机、平地机、装载机等。国内湖北三江在军车上应用No-Spin差速器技术多年，工程机械用No-Spin产品已批量生产，主要用于平地机、压路机等。目前湖北三江正在研制其他形式的特种差速器产品，并申请了多项专利，下一步将是行业全面推广和进一步降低成本、提高可靠性的问题。

2. 液力变速器

电液控制换挡技术：工程机械是一种循环作业机械，而且每个作业循环都具有较复杂的作业过程，因此要求变速器换挡要轻便灵敏。国外已普遍采用电液控制换挡技术，半自动或全自动换挡。国内目前仍以机-液换挡为主，以装载机为例，每小时换挡近千次，换挡操纵非常频繁，劳动强度大；在作业过程中，驾驶员不仅要控制行走，还要操纵工作装置，频繁地换挡操纵分散了驾驶员的注意力，影响了生产率，增加了行走的不安全因素。目前国内厂家正在积极研制电液控制动力换挡变速器，如杭齿、柳工、龙工、徐州良羽等，主要困难是国产电控系统、电子换挡元件的可靠性还不高，有待进一步提高。目前，ZF的WG系列产品是国内厂家的主要研究方向和范本。

改善换挡品质的电液比例控制技术：电液比例换挡控制系统由多功能控制手柄、微处理机控制器以及电液比例控制阀组成，可以实现自动换挡、挡位与发动机油门开度联合控制；离合器接合压力曲线设定与调整；强制换低挡（KD挡）功能。目前已经成为国外液力变速器发展的主流，国内一些高校也在做这方面的工作，如吉林大学、北京理工大学等。

3. 工程机械混合动力

据专家分析和有关资料介绍，工程机械将成为混合动力技术的下一个重点应用行业，ZF公司、DANA公司为此已走在前面，在法国巴黎国际工程机械展DANA推出了用于装载机新型混合动力控制系统控制的概念变速器，ZF也推出其混合动力概念机型。环保、节能是工程机械传动产品的坚持不懈的追求，混合动力必将成为新动向和发展趋势。

14.3 国内工程机械齿轮传动技术与国外的差距

应该说，国内工程机械齿轮行业经过几十年的发展，已经具备了一定的研发、生产制造能力，基本可以满足工程机械主机的一般性需求。但产品技术落后、产品结构不合理、产品质量不稳定等问题依然存在，同时也是造成主机整体质量及可靠性水平不过关的主要原因。以装载机和挖掘机配件为例，虽然国产装载机的变速器及驱动桥等核心配套件发展比较成熟，技术壁垒已经突破，各大主机厂、配套件生产企业均有各自的专利产品。但这些只是宏观上的。从微观上分析，传动系统中2t以下的变速器和车桥较之目前市场主流产品还很落后，7t以上的变速器和车桥，特别是在更大型号的机型上基本处于空白；挖掘机等履带车辆的传动系统的差距更大，基本上被欧美、日韩企业垄断。

1. 产品的差距

（1）品牌差距　目前行业内企业，在品牌知名度方面与世界级品牌还存在着相当大的差距。徐州美驰、杭齿在国内具有一定的品牌知名度，但在国外市场还没有国外知名品牌的名牌知名度。今后的市场，没有品牌知名度根本无法立足；而一旦成为名牌，在市场准入、产品定价、缺陷豁免等许多方面都将具有极大的优势。

（2）产品技术差距　长期以来，工程机械行业重主机、轻配套，重成果、轻基础，造成行业发展的不平衡，即主机的质量和水平提高很快，而配套件进步较慢。产品研发水平落后、试验手段薄弱、装备落后，制约了行业的发展、进步。

（3）可靠性差距　产品的可靠性是产品得以迅速发展、扩大市场份额的一个重要点。国外厂商对产品的可靠性是十分重视的，并且作为竞争的主要内容之一；一个产品的优良可靠性，不是在一次设计和制造过程中就能得到的，而要通过大量的试验检查和实际使用的考验，经过反复的修改而逐步提高的。提高产品可靠性的基础，是对产品进行大量试验和广泛地实际使用，在试验和使用中发现问题、研究原因、改进设计，把产生的问题予以解决。这是品牌与我们的差距。

（4）品种种类差距　一般配套件货源充足，完全能满足主机需求，且有部分出口。同时还有相当一部分过剩，其市场竞争也非常激烈。在一般性配套件产能过剩的同时，一些高科技含量、高附加值、高加工制造难度的配套件，特别是高水平的传动件产品国内几乎是空白，有待发展。因而往往有这样一个怪圈：一方面为了附加值低的低端市场份额而大打价格战；另一方面又将高端市场拱手相让，即所谓结构性过剩和短缺。在品种种类上，不能满足各类主机以及各种吨位主机产品的需求；而国外产品的系列化、通用化程度高。此外，成品集成度低，往往局限于一类产品，而国外产品已实现集成化配套。

工程机械齿轮行业属于基础性行业，投资大、周期长，回报慢；但正因为有差距、有市场、有需求，才更值得去投入，希望能引起行业内的有识之士的重视。国产配套件行业应加大技术改造和质量管理体系的投入力度，有条件的配套企业可与主机厂共同投资或参股，通过资产重组或并购形成实力雄厚的大型配套件企业集团；研发更多的新品，出现更多的知名品牌企业。应加强技术研发资金的投入，制定合理的开发路线和方式，充分利用企业、科研院所，走产学研相结合的道路，建立公共平台，以现有技术为基础，加大自主开发和创新力度。

当前行业应结合国家“装备制造业调整和振兴规划”，抓住当前世界产业格局的调整和产业再分工的机遇，加快产业结构调整，推动产业优化升级，加强技术创新，形成一批参与国际分工的“专、精、特”专业化零部件生产企业。

2. 产品、市场的关注点

（1）机电液一体化水平、智能控制技术　重点要尽快突破装载机液力变速器的微电子集成控制技术、降低成本，扩大出口。

（2）伸缩臂叉装车、两头忙等工程机械的传动装置　主要解决动力换挡变速器和驱动桥的国产化，以适应日益增长，尤其是伸缩臂叉装车市场的发展，以国产产品取代进口。

（3）挖掘机用等静压传动装置　主要解决工程机械行星减速器的国产化，目前国内企业已经开始小型挖掘机行星减速器的攻关，并且已经走在国产马达生产厂家之前。下一步，将是小型挖掘机产品的成熟化，以及中大型挖掘机及其他履带车辆静压传动装置的攻克，以全面替代进口产品。

（4）再生翻新　国外传动件生产厂商的销售份额有相当一部分来自于产品再生翻新，此“翻新”不是大多数人所理解的所谓“大修”，再生翻新远不同于大修，它在零部件检测、挑选、修复加工以及出厂检验等方面都有着严格的标准，更重要的是再生翻新是对原设备进行全面的出厂性能恢复，作为二手设备其质量更高、性能更好；其部分零件的修复工艺水平甚至不低于原制造工艺水平，可以保证达到甚至于超过原始机器的性能。目前，国内行业还没有专业厂家专门从事此项工作，而工程机械的保有量之大，市场之广阔，再生翻新应该是一个新的朝阳产业。

（5）国外市场　虽然当前正处于全球金融危机之际，海外市场严重萎缩，但一些局部市场，如印度等市场，还是有一定的需求。此外，行业还应抓住当前时机，练好内功，为世界经济复苏、重新洗牌做好技术、生产和管理上的准备。

14.4 轮边减速器的设计

1. 轮边减速器（以T60为例）的用途

轮边减速器用于工程机械行走传动装置，以液压马达驱动，带动2K-H（NGW）型三级行星齿轮减速器，外壳输出，驱动轮胎行走。因传动比大，承载能力高，结构紧凑，通常以2K-H（NGW）型居多，也有用2K-H（NW）型行星传动。

2. 轮边减速器的技术参数（见表14-1）

表14-1　轮边减速器的技术参数

最大输入转矩	$T_{1\max}=407\text{N}\cdot\text{m}$
最大输入转速	$n_{1\max}=609\text{r/min}$
最大输出转速	$n_{2\max}=4.35\text{r/min}$
输出转矩	$T_2=56939\text{N}\cdot\text{m}=57\text{kN}\cdot\text{m}$
使用系数	$K_A=1.75$
传动比	$i=-139.9$

3. 轮边减速器的特性参数

传动简图如图 14-1 所示。特性参数见表 14-2。

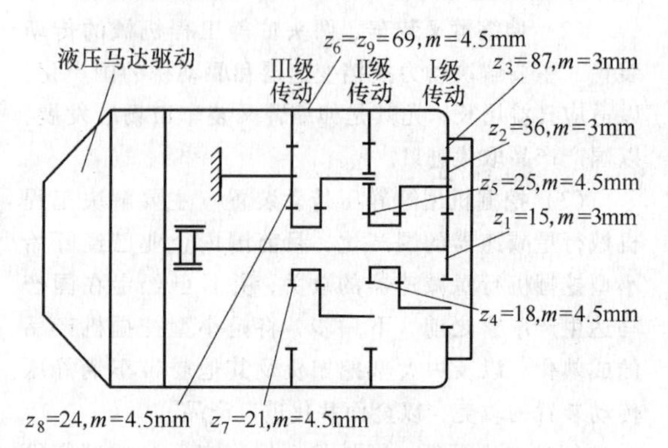

图 14-1 轮边减速器传动简图

表 14-2 减速器特性参数

级别	名称	齿数	模数	变位系数	行星轮个数	中心距
第Ⅰ级传动	太阳轮	$z_1=15$	$m=3$	$x_1=0.2$	$n_p=3$	$a_Ⅰ=78.5\pm0.015$
	行星轮	$z_2=36$		$x_2=0.527$		
	内齿圈	$z_3=87$		$x_3=1.25$		
第Ⅱ级传动	太阳轮	$z_4=18$	$m=4.5$	$x_4=0.444$	$n_p=3$	$a_Ⅱ=101.5\pm0.0175$
	行星轮	$z_5=25$		$x_5=0.781$		
	内齿圈	$z_6=69$		$x_6=1.385$		
第Ⅲ级传动	太阳轮	$z_7=21$	$m=4.5$	$x_7=0.490$	$n_p=5$	$a_Ⅲ=105\pm0.0175$
	行星轮	$z_8=24$		$x_8=0.4477$		
	内齿圈	$z_9=69$		$x_9=1.385$		

传动比的计算如下：

$$i_{19}=-\frac{z_3}{z_1}-\left(1+\frac{z_3}{z_1}\right)\frac{z_6}{z_4}-\left(1+\frac{z_3}{z_1}\right)\left(1+\frac{z_6}{z_4}\right)\frac{z_9}{z_7}$$

$$=-\frac{87}{15}-\left(1+\frac{87}{15}\right)\times\frac{69}{18}-\left(1+\frac{87}{15}\right)\times\left(1+\frac{69}{18}\right)\times\frac{69}{21}=-139.9$$

负号表示输入转向与输出转向相反。

4. 减速器结构图

减速器的结构图，如图 14-2 所示。

（1）技术要求

1）各零部件必须清洗干净后进行装配，不得将任何杂物带入箱体内。

2）齿面接触斑点沿齿高不小于 50%，沿齿长不小于 70%。

3）各端盖结合面涂密封胶以防渗漏油。

4）装配时，各螺栓、螺孔用丙酮清洗干净，并涂“乐泰”242 厌氧胶防松。

5）装配时，轴承的轴向间隙应调整好，通常有圆螺母时，先拧紧，使轴承呈无间隙状态，然后反转调整螺母，得到的间隙 0.16～0.25mm，再锁紧，应注意杂物的清理。

6）装配注油时，应保证放油口在下方。

7）装配后进行空载试车，按工作的转向运行 2h，运行应平稳，噪声不大于 72dB（A）。油池温升不得高于 40℃，各结合面及密封处不得有渗漏油现象。本产品采用浮动密封环，密封采用德国的宝色霞板产品。

8）润滑油采用 GB 5903 中的 L—CKC320 极压齿轮油。

9）液压马达的联接螺栓 M20×40，如若被拆卸，应在螺纹处涂厌氧胶，并按 358N·m 力矩拧紧。

（2）几种典型零件图

1）图 14-3 花键套 42CrMo　质量：15kg

2）图 14-4 内摩擦片 65Mn　质量：0.15kg

3）图 14-5 外摩擦片 65Mn（芯部）　质量：0.15kg

4）图 14-6 垫圈 45　质量：0.3kg

5）图 14-7 Ⅲ级太阳轮 $z=21$，$m=4.5$ 20Cr2Ni4A　质量：4.1kg

6）图 14-8 Ⅱ级太阳轮 $z=18$，$m=4.5$ 20Cr2Ni4A　质量：1.9kg

7）图 14-9 耐磨环Ⅰ　GCr15　质量：0.05kg

8）图 14-10 Ⅰ级太阳轮 $z=15$，$m=3$ 20Cr2Ni4A　质量：1.98kg

9）图 14-11 止推垫块　GCr15　质量：0.01kg

10）图 14-12 隔套Ⅰ　GCr15　质量：0.004kg

11）图 14-13 Ⅰ级行星轮 $z=36$，$m=3$ 20Cr2Ni4A　质量：1.13kg

12）图 14-14 Ⅰ级行星架 $z=18$，$m=4.5$ 42CrMo　质量：25kg

13）图 14-15 输入端盖 $z=87$，$m=3$　42CrMo　质量：30kg

14）图 14-16 Ⅱ级行星轮 $z=25$，$m=4.5$ 20Cr2Ni4A　质量：2.2kg

15）图 14-17 内齿圈 $z=69$，$m=4.5$　42CrMo　质量：102kg

16）图 14-18 Ⅱ级行星架 $z=21$，$m=4.5$ 42CrMo　质量：8.25kg

17）图 14-19 Ⅲ级行星轮 $z=24$，$m=4.5$ 20Cr2Ni4A　质量：2.1kg

18）图 14-20 Ⅲ级行星架　42CrMo　质量：22.2kg

19）图 14-21 卡环　45#　质量：1.9kg

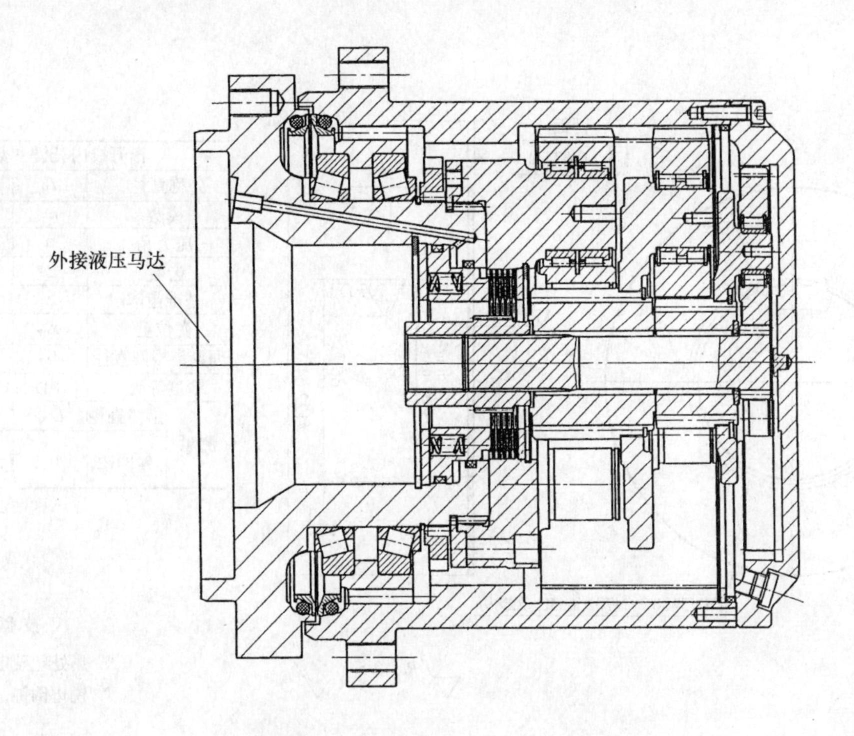

图 14-2　轮边减速器（$i=-139.9$）

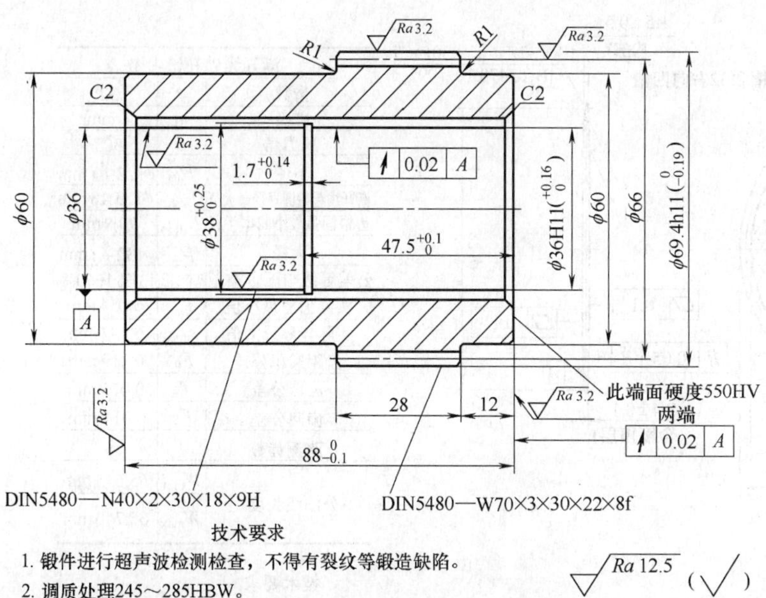

技术要求

1. 锻件进行超声波检测检查，不得有裂纹等锻造缺陷。
2. 调质处理245～285HBW。
3. 花键氮化处理，深度不小于0.3～0.5mm，表面硬度不小于550HV。
4. 锐边倒钝，未注倒角C1。

Ra 12.5 （√）

渐开线内花键参数表			
公称直径		d_B	40mm
模数		m	2mm
压力角		α	30°
齿数		z	18
基准齿廓		DIN5480	
变位量		x_m	−0.9
理论齿根圆直径		d_{f2}	$40^{+0.52}_{0}$mm
精度等级		DIN5480-9H	
测量	量棒直径	D_N	φ3.5mm
	棒间距	M_i	$(32.739^{+0.121}_{+0.044})$mm

渐开线外花键参数表			
公称直径		d_B	70mm
模数		m	3mm
压力角		α	30°
齿数		z	33
基准齿廓		DIN5480	
变位量		x_m	0.35
理论齿根圆直径		d_{f2}	$(63.4^{0}_{-0.109})$mm
精度等级		DIN5480-8f	
测量	跨测齿数	k	4
	公法线长度	W_k	$(31.99^{-0.039}_{-0.070})$mm

图 14-3　花键套　材料：42CrMo

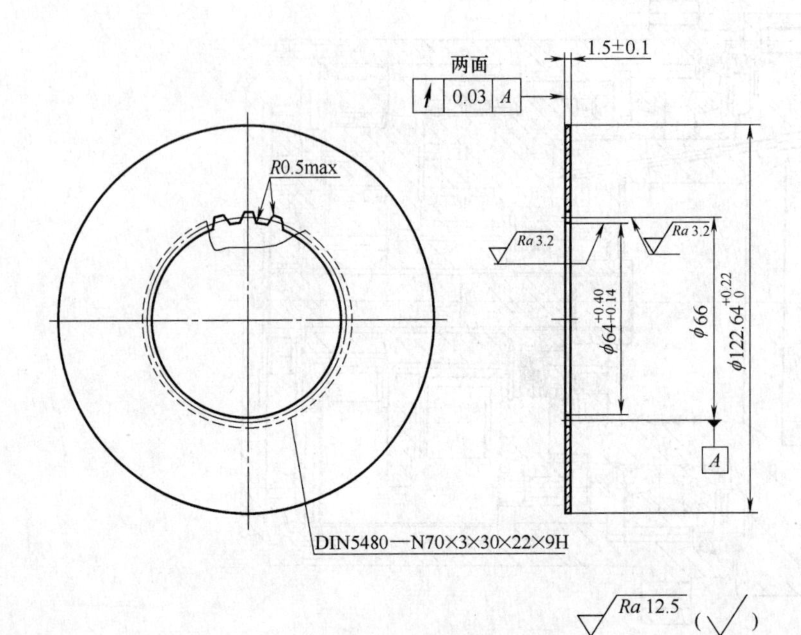

渐开线内花键参数表		
公称直径	d_B	70mm
模数	m	3mm
压力角	α	30°
齿数	z	22
基准齿廓	DIN5480	
变位量	x_m	−0.35mm
理论齿根圆直径	d_{f2}	$(70^{+0.74}_{0})$ mm
精度等级	DIN5480-9H	
测量　量棒直径	D_N	$\phi5.25$
测量　棒间距	M_i	$(59.042^{+0.151}_{+0.057})$mm

技术要求

1. 热处理硬度47～54HRC。
2. 锐边倒钝。

图 14-4　内摩擦片　材料：65Mn

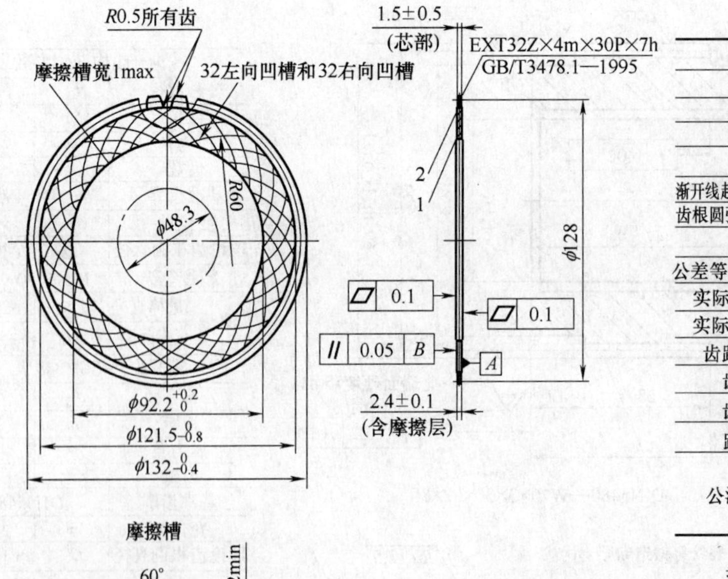

渐开线外花键参数表		
齿数	z	32
模数	m	4 mm
压力角	α	30°
小径	D_{ie}	$\phi122^{0}_{-0.4}$ mm
渐开线起始圆直径最大值	D_{Femax}	$\phi123.48$ mm
齿根圆弧最小曲率半径	R_{emin}	R0.8 mm
大径	D_{ee}	$\phi132^{0}_{-0.4}$ mm
公差等级与配合类型	7h GB/T3478.1—2008	
实际齿厚最小值	s_{min}	6.054 mm
实际齿厚最大值	s_{max}	6.197 mm
齿距累积公差	F_P	0.119 mm
齿形公差	f_f	0.075 mm
齿向公差	F_β	0.014 mm
跨测齿数	k	6
公法线长度	W_{min}	65.615 mm
	W_{max}	65.740 mm

技术要求

1. 摩擦层材料 S156，硬度67.4～83.7HRB，芯部 65Mn。
2. 锐边倒钝。

图 14-5　外摩擦片　材料：65Mn

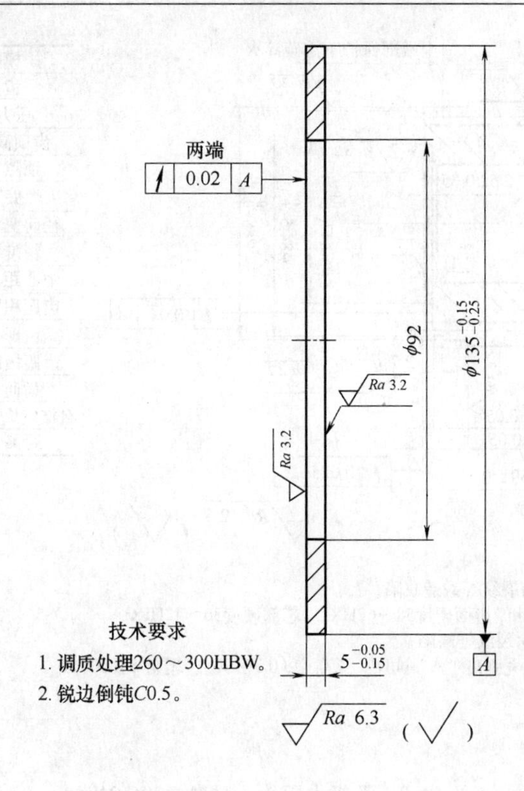

技术要求

1. 调质处理260～300HBW。
2. 锐边倒钝C0.5。

图 14-6　垫圈　材料：45

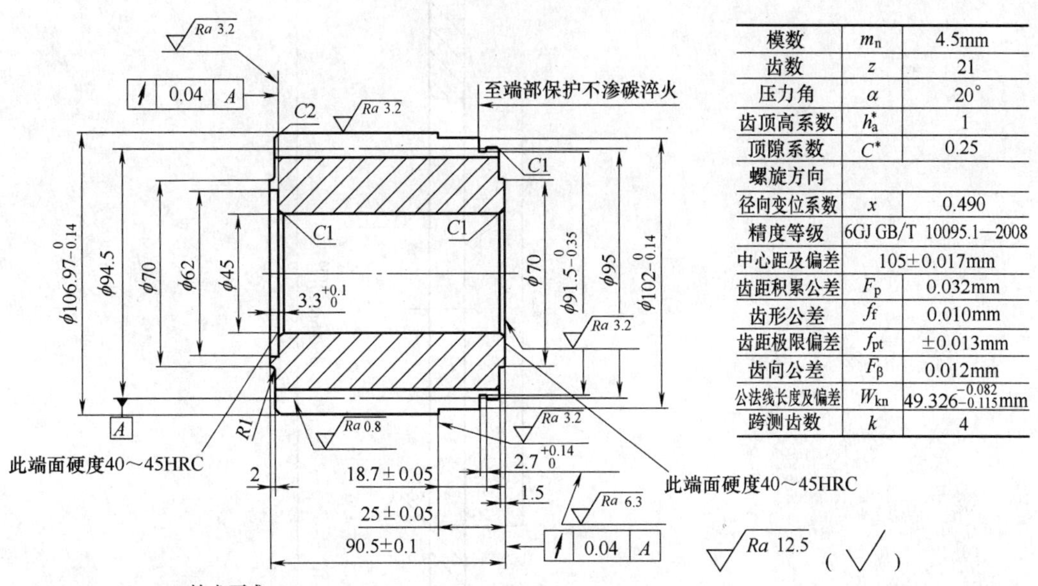

模数	m_n	4.5mm
齿数	z	21
压力角	α	20°
齿顶高系数	h_a^*	1
顶隙系数	C^*	0.25
螺旋方向		
径向变位系数	x	0.490
精度等级	6GJ GB/T 10095.1—2008	
中心距及偏差	105±0.017mm	
齿距积累公差	F_p	0.032mm
齿形公差	f_f	0.010mm
齿距极限偏差	f_{pt}	±0.013mm
齿向公差	F_β	0.012mm
公法线长度及偏差	W_{kn}	$49.326_{-0.115}^{-0.082}$mm
跨测齿数	k	4

技术要求

1. 齿坯应进行超声波检查，不得有裂纹等锻造缺陷。
2. 渗碳淬火，有效硬化层0.9～1.3mm，齿面硬度58～62HRC，芯部硬度36～42HRC。
3. 磨齿后，齿面应进行检测，不得有裂纹等缺陷。
4. 磨齿后，轮齿强化喷丸处理，喷丸强度“A”试片，弧高度f0.36～0.4，覆盖率≥100%。
5. 齿廓修形，齿向修鼓。
6. 锐边倒钝。

图 14-7　Ⅲ级太阳轮　材料：20Cr2Ni4A

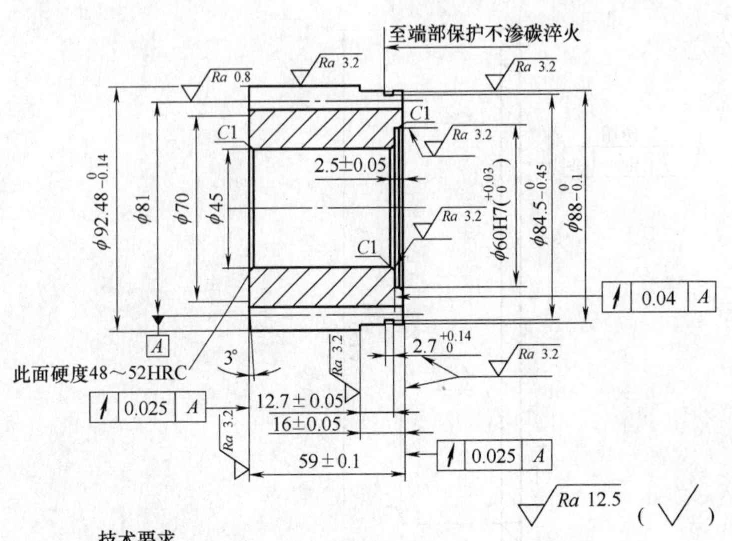

模数	m_n	4.5mm
齿数	z	18
压力角	α	20°
齿顶高系数	h_a^*	1
顶隙系数	C^*	0.25
螺旋方向		
径向变位系数	x	0.444
精度等级	6GJ GB/T10095.1—2008	
中心距及偏差	101.5±0.017mm	
齿距积累公差	F_p	0.032mm
齿形公差	f_f	0.010mm
齿距极限偏差	f_{pt}	±0.013mm
齿向公差	F_β	0.012mm
公法线长度及偏差	W_{kn}	$35.712_{-0.115}^{-0.080}$mm
跨测齿数	k	3

技术要求

1. 齿坯应进行超声波检查，不得有裂纹等锻造缺陷。
2. 渗碳淬火，有效硬化层0.9～1.3mm，齿面硬度58～62HRC，芯部硬度36～42HRC。
3. 磨齿后，齿面应进行检测，不得有裂纹等缺陷。
4. 磨齿后，轮齿强化喷丸处理，喷丸强度“A”试片，弧高度f0.36～0.4，覆盖率≥100%。
5. 齿廓修形，齿向修鼓。
6. 锐边倒钝。

图 14-8　Ⅱ级太阳轮　材料：20Cr2Ni4A

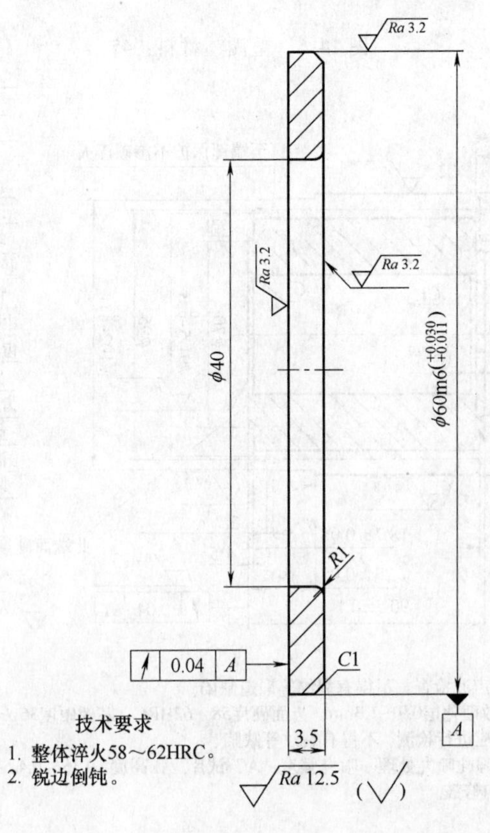

图 14-9　耐磨环Ⅰ　材料：GCr15

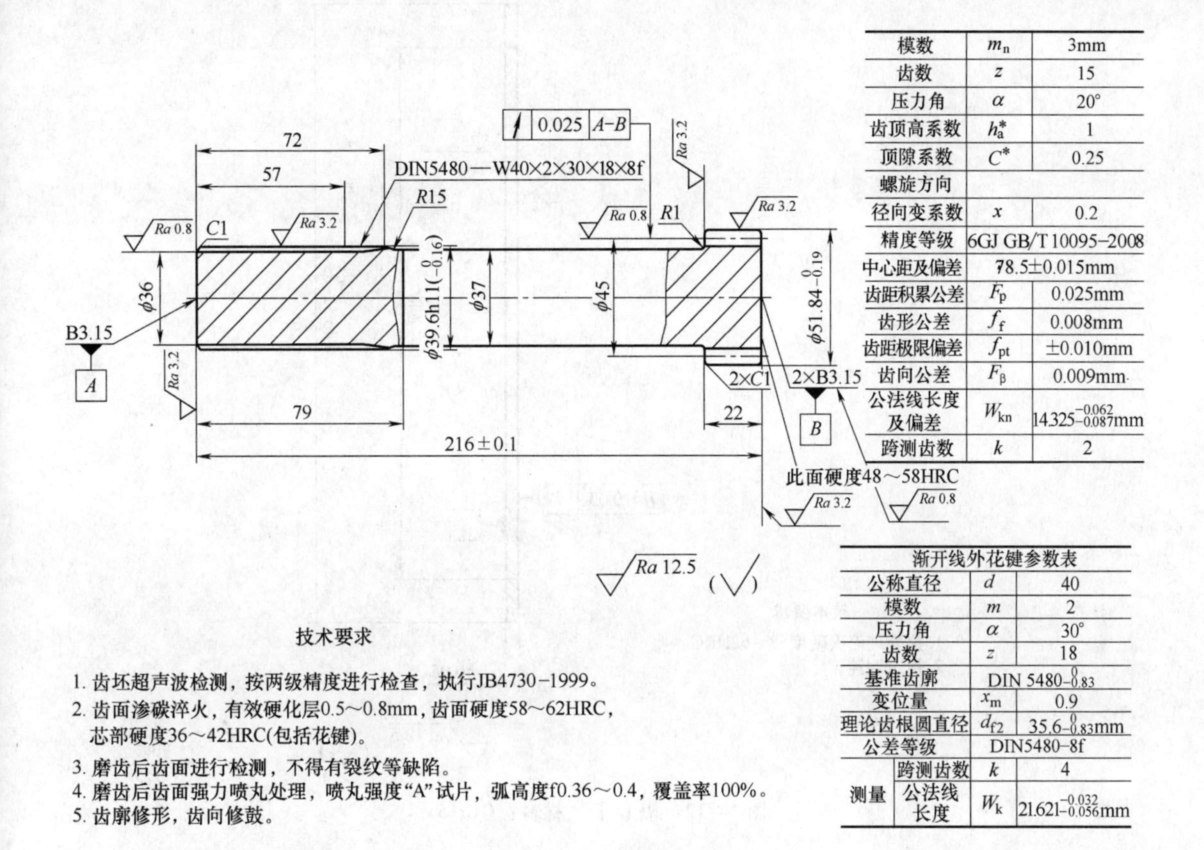

模数	m_n	3mm
齿数	z	15
压力角	α	20°
齿顶高系数	h_a^*	1
顶隙系数	C^*	0.25
螺旋方向		
径向变系数	x	0.2
精度等级	6GJ GB/T 10095—2008	
中心距及偏差	78.5±0.015mm	
齿距积累公差	F_p	0.025mm
齿形公差	f_f	0.008mm
齿距极限偏差	f_{pt}	±0.010mm
齿向公差	F_β	0.009mm
公法线长度及偏差	W_{kn}	$14.325^{-0.062}_{-0.087}$mm
跨测齿数	k	2

渐开线外花键参数表			
公称直径		d	40
模数		m	2
压力角		α	30°
齿数		z	18
基准齿廓		DIN 5480$^{0}_{-0.83}$	
变位量		x_m	0.9
理论齿根圆直径		d_{f2}	$35.6^{0}_{-0.83}$mm
公差等级		DIN5480-8f	
测量	跨测齿数	k	4
	公法线长度	W_k	$21.621^{-0.032}_{-0.056}$mm

技术要求

1. 齿坯超声波检测，按两级精度进行检查，执行JB4730-1999。
2. 齿面渗碳淬火，有效硬化层0.5～0.8mm，齿面硬度58～62HRC，芯部硬度36～42HRC(包括花键)。
3. 磨齿后齿面进行检测，不得有裂纹等缺陷。
4. 磨齿后齿面强力喷丸处理，喷丸强度“A”试片，弧高度f0.36～0.4，覆盖率100%。
5. 齿廓修形，齿向修鼓。

图 14-10　Ⅰ级太阳轮　材料：20Cr2Ni4A

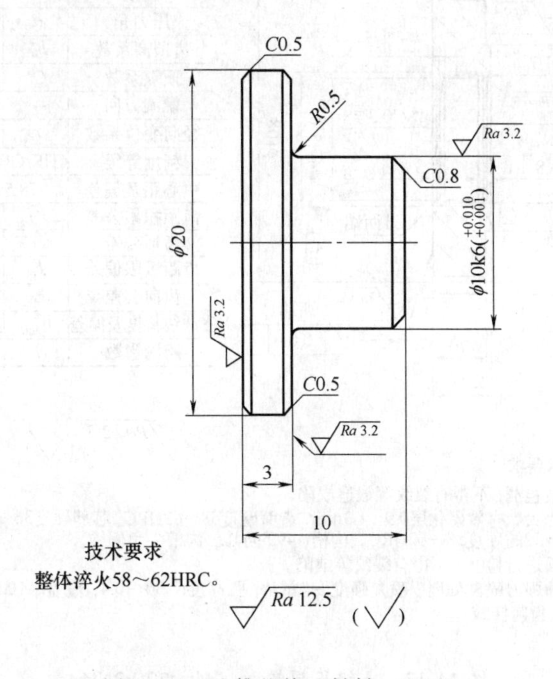

技术要求

整体淬火58～62HRC。

图 14-11　止推垫块　材料：GCr15

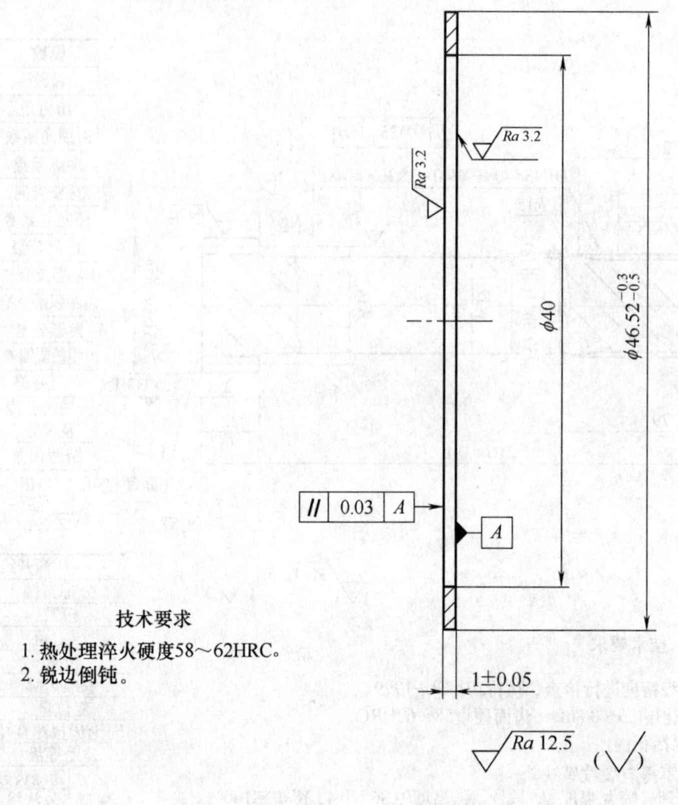

技术要求

1. 热处理淬火硬度58～62HRC。
2. 锐边倒钝。

图 14-12　隔套Ⅰ　材料：GCr15

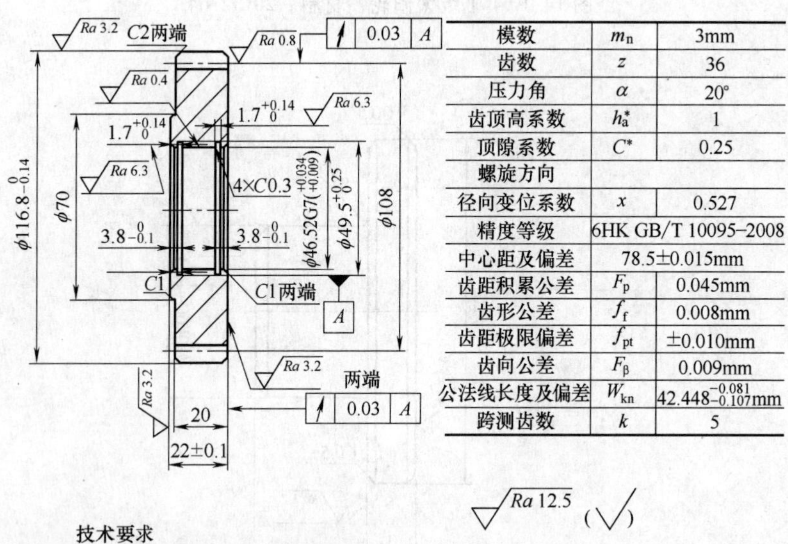

模数	m_n	3mm
齿数	z	36
压力角	α	20°
齿顶高系数	h_a^*	1
顶隙系数	C^*	0.25
螺旋方向		
径向变位系数	x	0.527
精度等级	6HK GB/T 10095-2008	
中心距及偏差	78.5±0.015mm	
齿距积累公差	F_p	0.045mm
齿形公差	f_f	0.008mm
齿距极限偏差	f_{pt}	±0.010mm
齿向公差	F_β	0.009mm
公法线长度及偏差	W_{kn}	$42.448_{-0.107}^{-0.081}$mm
跨测齿数	k	5

技术要求

1. 齿坯超声波检测，不得有裂纹等锻造缺陷。
2. 齿面渗碳淬火，有效硬化层0.9～1.3mm，齿面硬度58～62HRC，芯部硬度36～42HRC，中间孔φ46.52的硬度58～62HRC，沟槽φ49.5防渗，沟槽尖角倒钝。
3. 磨齿后齿面进行检测，不得有裂纹等缺陷。
4. 磨齿后齿面强力喷丸处理，喷丸强度“A”试片，弧高度f0.36～0.4，覆盖率100%。
5. 齿廓修形，齿向修鼓。

图 14-13　Ⅰ级行星轮　材料：20Cr2Ni4A

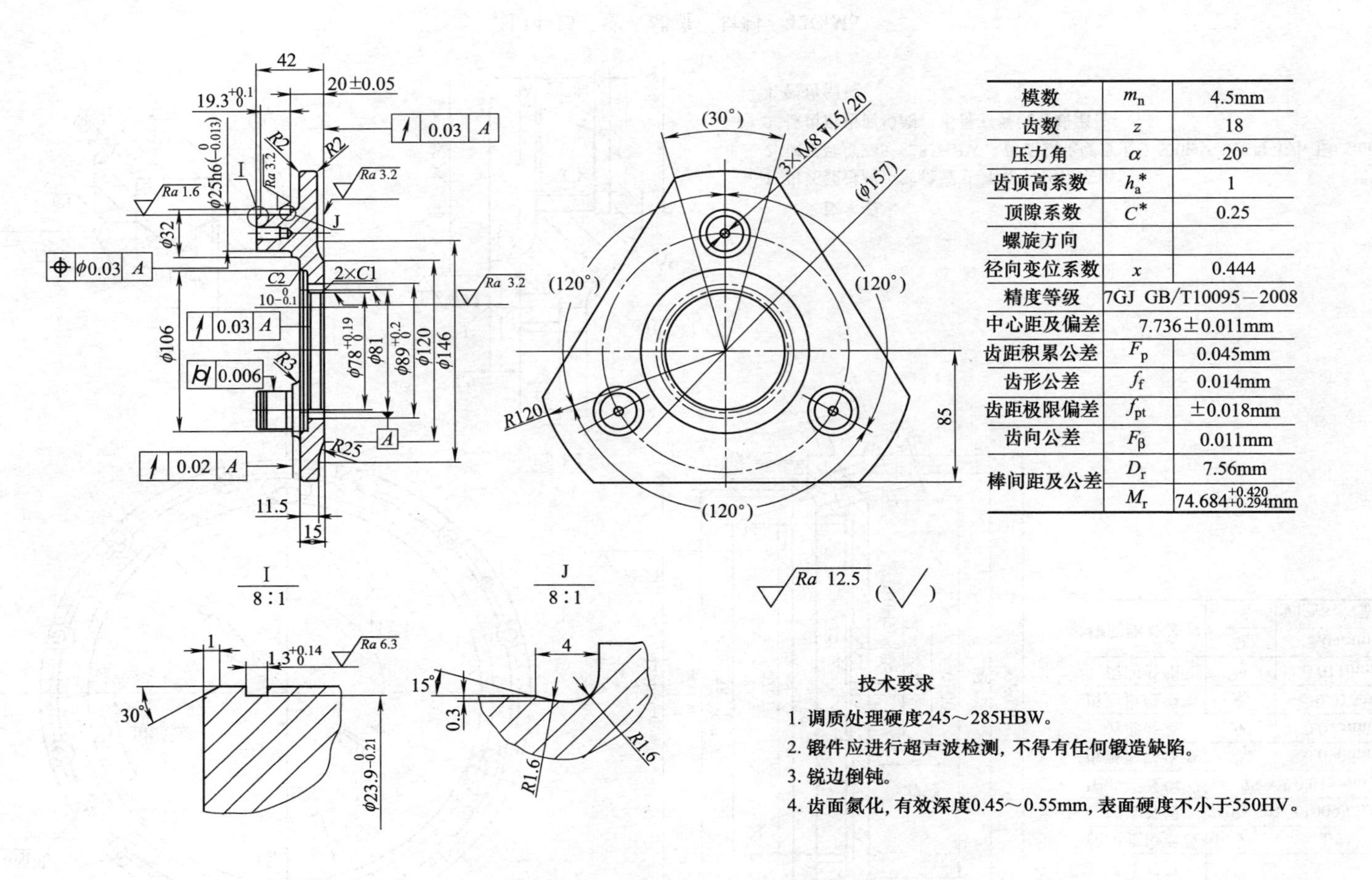

模数	m_n	4.5mm
齿数	z	18
压力角	α	20°
齿顶高系数	h_a^*	1
顶隙系数	C^*	0.25
螺旋方向		
径向变位系数	x	0.444
精度等级	7GJ GB/T10095—2008	
中心距及偏差	7.736±0.011mm	
齿距积累公差	F_p	0.045mm
齿形公差	f_f	0.014mm
齿距极限偏差	f_{pt}	±0.018mm
齿向公差	F_β	0.011mm
棒间距及公差	D_r	7.56mm
	M_r	$74.684^{+0.420}_{+0.294}$mm

图 14-14　Ⅰ级行星架　材料：42CrMo

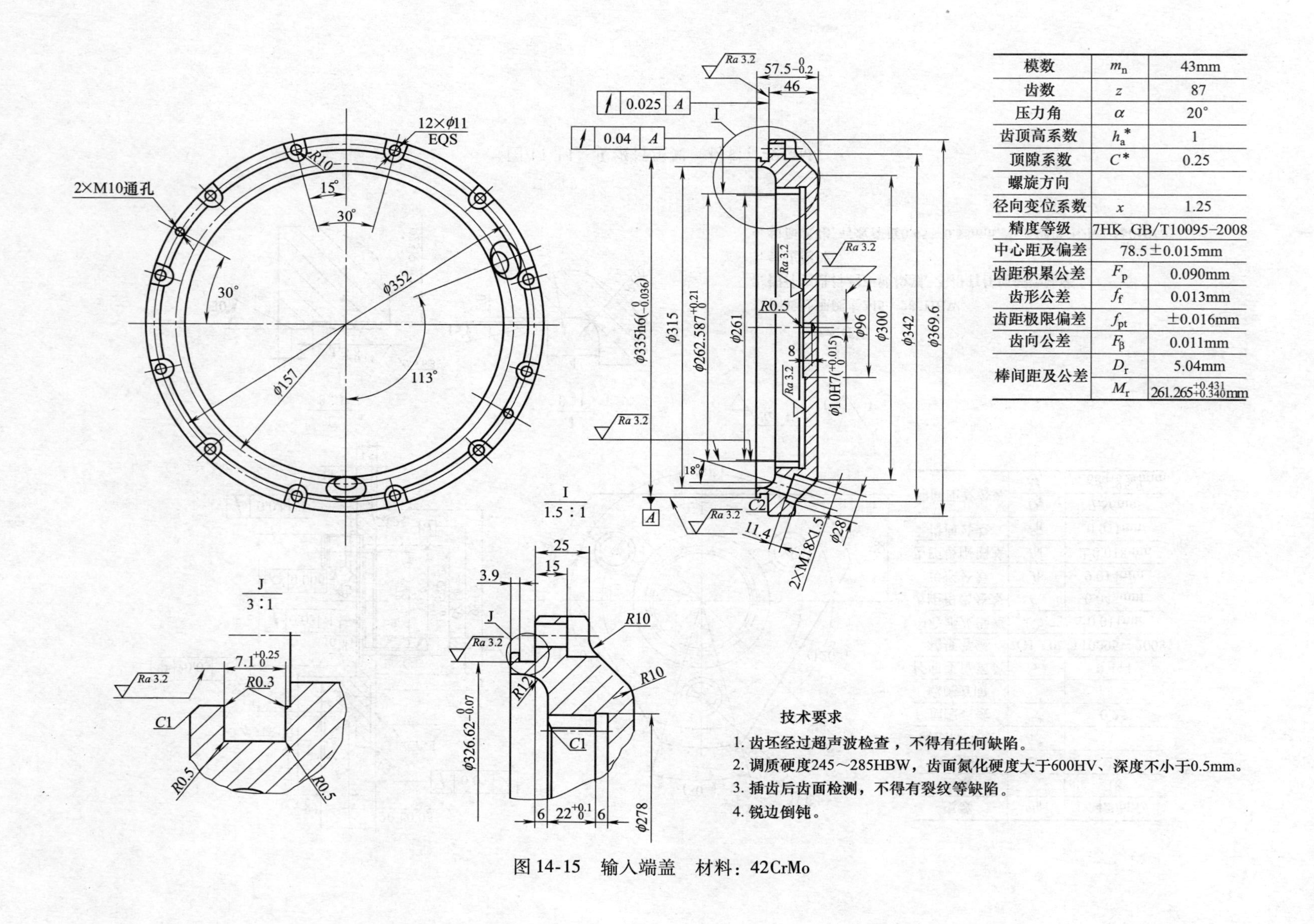

图 14-15　输入端盖　材料：42CrMo

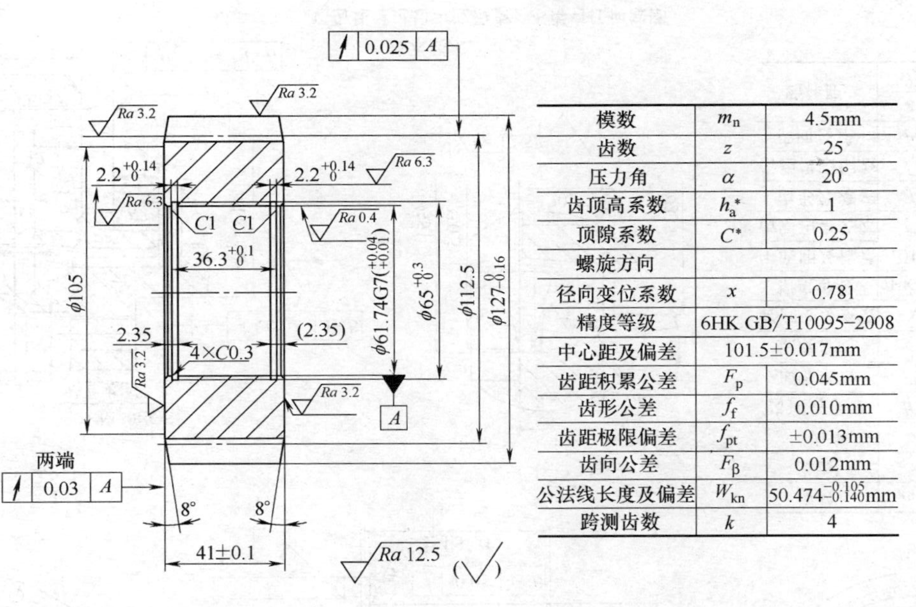

模数	m_n	4.5mm
齿数	z	25
压力角	α	20°
齿顶高系数	h_a^*	1
顶隙系数	C^*	0.25
螺旋方向		
径向变位系数	x	0.781
精度等级	6HK GB/T10095-2008	
中心距及偏差	101.5±0.017mm	
齿距积累公差	F_p	0.045mm
齿形公差	f_f	0.010mm
齿距极限偏差	f_{pt}	±0.013mm
齿向公差	F_β	0.012mm
公法线长度及偏差	W_{kn}	$50.474_{-0.140}^{-0.105}$mm
跨测齿数	k	4

技术要求

1. 齿坯超声波检测，不得有裂纹等锻造缺陷。
2. 齿面渗碳淬火，有效硬化层0.9～1.3mm，齿面硬度58～62HRC，芯部硬度36～42HRC。中间孔ϕ61.74的硬度58～62HRC，沟槽ϕ65防渗，沟槽尖角倒钝。
3. 磨齿后齿面进行检测，不得有裂纹等缺陷。
4. 磨齿后齿面强力喷丸处理，喷丸强度“A”试片，弧高度f0.36～0.4，覆盖率100%。
5. 齿廓修形，齿向修鼓。

图 14-16　Ⅱ级行星轮　材料：20Cr2Ni4A

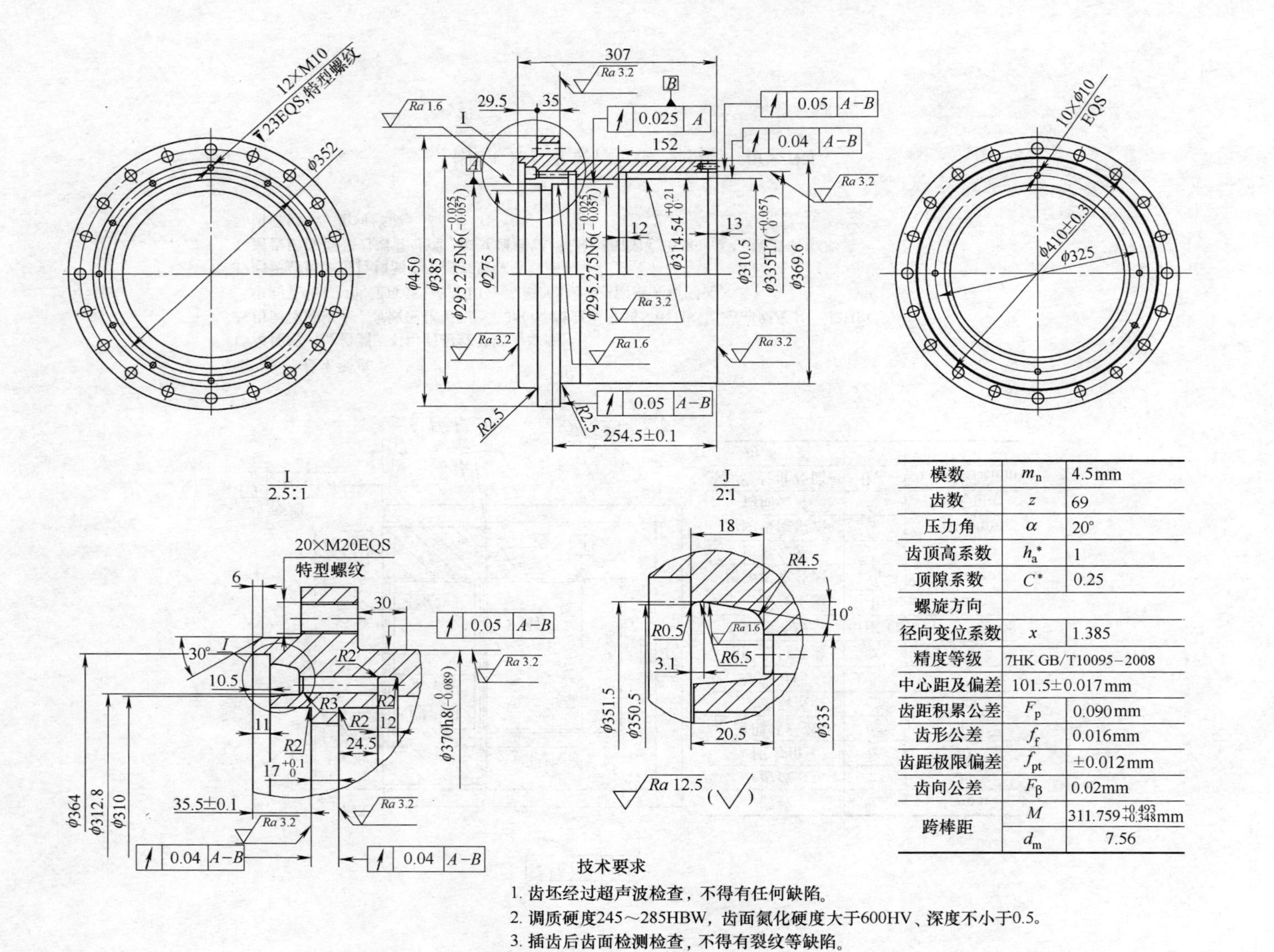

模数	m_n	4.5mm
齿数	z	69
压力角	α	20°
齿顶高系数	h_a^*	1
顶隙系数	C^*	0.25
螺旋方向		
径向变位系数	x	1.385
精度等级	7HK GB/T10095−2008	
中心距及偏差	101.5±0.017mm	
齿距积累公差	F_p	0.090mm
齿形公差	f_f	0.016mm
齿距极限偏差	f_{pt}	±0.012mm
齿向公差	F_β	0.02mm
跨棒距	M	$311.759^{+0.493}_{+0.348}$mm
	d_m	7.56

技术要求

1. 齿坯经过超声波检查，不得有任何缺陷。
2. 调质硬度245～285HBW，齿面氮化硬度大于600HV、深度不小于0.5。
3. 插齿后齿面检测检查，不得有裂纹等缺陷。
4. 未注倒角C0.5。

图 14-17　内齿圈　材料：42CrMo

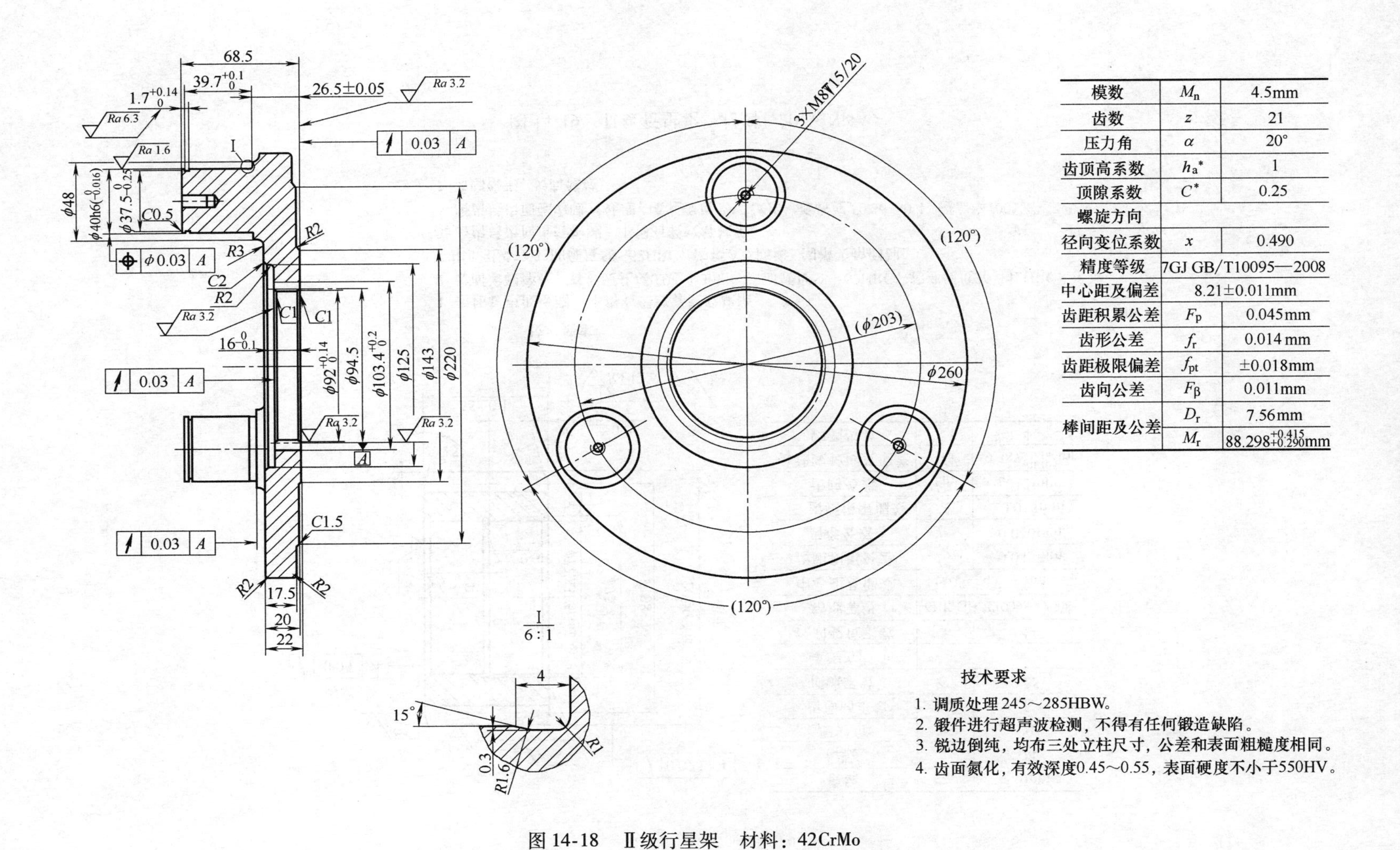

模数	M_n	4.5mm
齿数	z	21
压力角	α	20°
齿顶高系数	h_a^*	1
顶隙系数	C^*	0.25
螺旋方向		
径向变位系数	x	0.490
精度等级	7GJ GB/T10095—2008	
中心距及偏差	8.21±0.011mm	
齿距积累公差	F_p	0.045mm
齿形公差	f_r	0.014 mm
齿距极限偏差	f_{pt}	±0.018mm
齿向公差	F_β	0.011mm
棒间距及公差	D_r	7.56mm
	M_r	$88.298^{+0.415}_{+0.290}$mm

技术要求

1. 调质处理 245～285HBW。
2. 锻件进行超声波检测，不得有任何锻造缺陷。
3. 锐边倒钝，均布三处立柱尺寸，公差和表面粗糙度相同。
4. 齿面氮化，有效深度0.45～0.55，表面硬度不小于550HV。

图 14-18　Ⅱ级行星架　材料：42CrMo

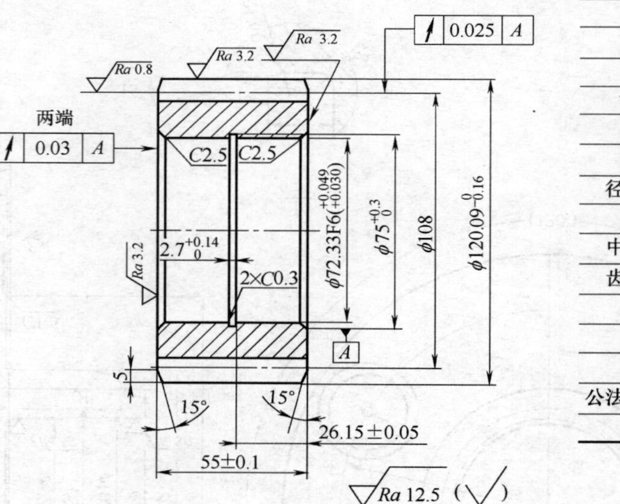

模数	m_n	4.5mm
齿数	z	24
压力角	α	20°
齿顶高系数	h_a^*	1
顶隙系数	C^*	0.25
螺旋方向		
径向变位系数	x	0.447
精准等级	6HK GB/T10095—2008	
中心距及偏差	105 = 0.017mm	
齿距积累公差	F_p	0.045mm
齿形公差	f_f	0.010mm
齿距极限偏差	f_{pt}	±0.013mm
齿向公差	F_β	0.012mm
公法线长度及偏差	W_{kn}	$49.387^{-0.105}_{-0.140}$mm
跨测齿数	k	4

技术要求

1. 齿坯超声波检测，不得有裂纹等锻造缺陷。
2. 齿面渗碳淬火，有效硬化层0.9～1.3mm，齿面硬度58～62HRC，芯部硬度36～42HRC，中间孔ϕ72.33的硬度58～62HRC，沟槽ϕ75防渗，沟槽尖角倒钝。
3. 磨齿后齿面进行检测，不得有裂纹等缺陷。
4. 磨齿后齿面强力喷丸处理，喷丸强度“A”试片，弧高度f0.36～0.4，覆盖率100%。
5. 齿廓修形，齿向修鼓。

图 14-19　Ⅲ级行星轮　材料：20Cr2Ni4A

渐开线内花键参数表(齿部Ⅱ)		
齿数	z	32
模数	m	4mm
压力角	α	30°
小径	D_{ii}	$\phi124.28^{+0.4}_{0}$mm
渐开线终止圆直径最小值	D_{Fimin}	ϕ132.80mm
齿根圆弧最小曲率半径	R_{imin}	R0.8mm
大径	D_{ei}	$\phi134^{+0.4}_{0}$mm
公差等级与配合类型	7H GB/T3478.1-2008	
实际齿槽最大值	E_{max}	6.513mm
实际齿槽最小值	E_{min}	6.369mm
齿距累积公差	F_p	0.119mm
齿形公差	f_f	0.075mm
齿向公差	F_β	0.020mm
量棒直径	D_{Ri}	ϕ7.5mm
棒间距	M_{Rimin}	116.311mm
	M_{Rimax}	116.589mm

渐开线内花键参数表(齿部Ⅲ)		
齿数	z	55
模数	m	4mm
压力角	α	30°
小径	D_{ii}	$\phi124.28^{+0.4}_{0}$mm
渐开线终止圆直径最小值	D_{Fimin}	ϕ132.80mm
齿根圆弧最小曲率半径	R_{imin}	R0.8mm
大径	D_{ei}	$\phi226^{+0.4}_{0}$mm
公差等级与配合类型	7H GB/T3478.1-2008	
实际齿槽最大值	E_{max}	6.534mm
实际齿槽最小值	E_{min}	6.387mm
齿距累积公差	F_p	0.150mm
齿形公差	f_f	0.083mm
齿向公差	F_β	0.020mm
量棒直径	D_{Ri}	ϕ7.5mm
棒间距	M_{Rimin}	208.359mm
	M_{Rimax}	208.628mm

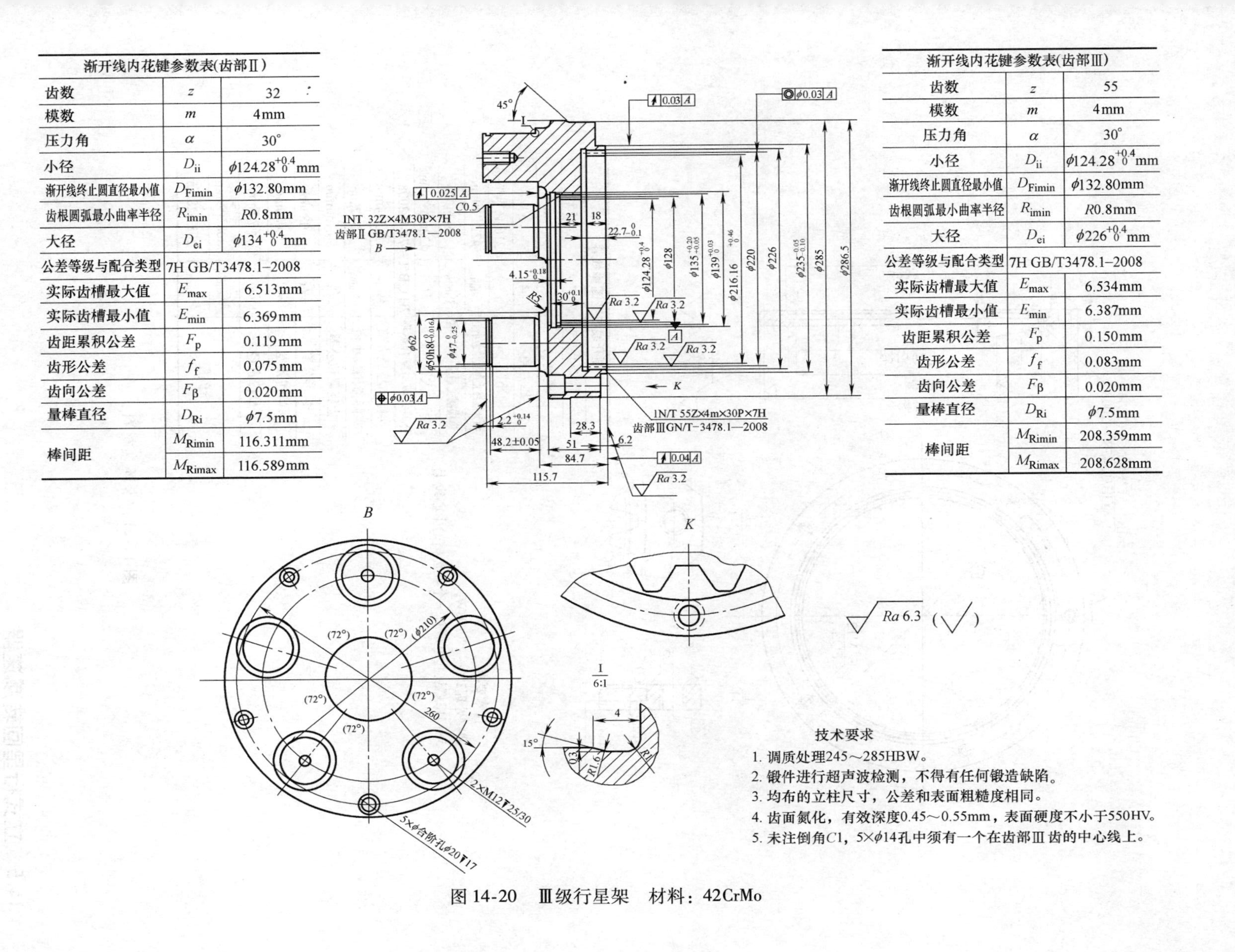

技术要求

1. 调质处理245～285HBW。
2. 锻件进行超声波检测，不得有任何锻造缺陷。
3. 均布的立柱尺寸，公差和表面粗糙度相同。
4. 齿面氮化，有效深度0.45～0.55mm，表面硬度不小于550HV。
5. 未注倒角C1，5×φ14孔中须有一个在齿部Ⅲ齿的中心线上。

图14-20　Ⅲ级行星架　材料：42CrMo

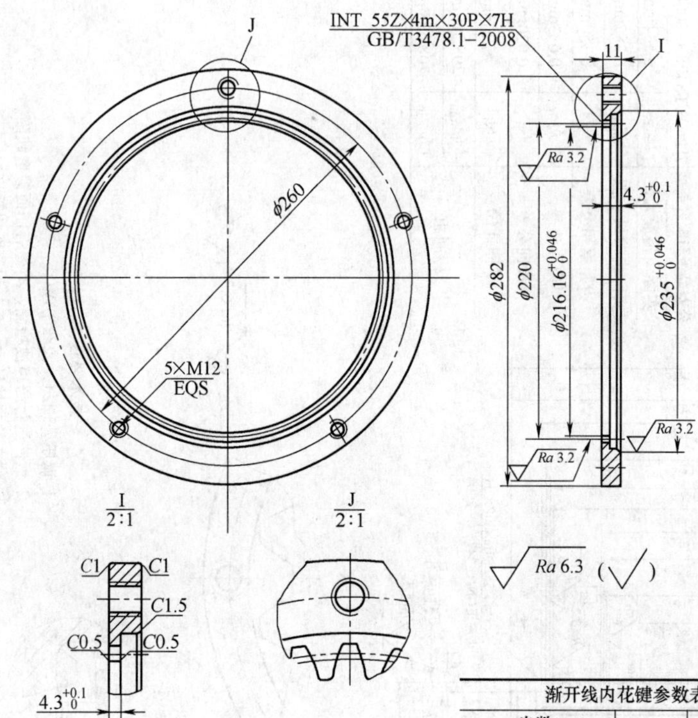

技术要求

1. 调整处理250～280HBW。
2. 5×M12螺纹孔中须有一个在齿槽的中心线上。

渐开线内花键参数表		
齿数	z	55
模数	m	4mm
压力角	α	30°
小径	D_{ii}	$\phi 216.16^{+0.46}_{0}$mm
渐开线终止圆直径最小值	D_{Fimin}	ϕ224.80mm
齿根圆弧最小曲率半径	R_{imin}	R0.8mm
大径	D_{ei}	$\phi 226^{+0.46}_{0}$mm
公差等级与配合类型	7H GB/T3478.1−2008	
实际齿槽最大值	E_{max}	6.534mm
实际齿槽最小值	E_{min}	6.387mm
齿距累积公差	F_p	0.150mm
齿形公差	f_f	0.083mm
齿向公差	F_β	0.020mm
量棒直径	D_{Ri}	ϕ7.5mm
棒间距	M_{Rimin}	208.359mm
	M_{Rimax}	208.628mm

图 14-21　卡环　材料：45

14.5　立式行星回转减速器

立式行星回转减速器，如图 14-22 ~ 图 14-24 所示。

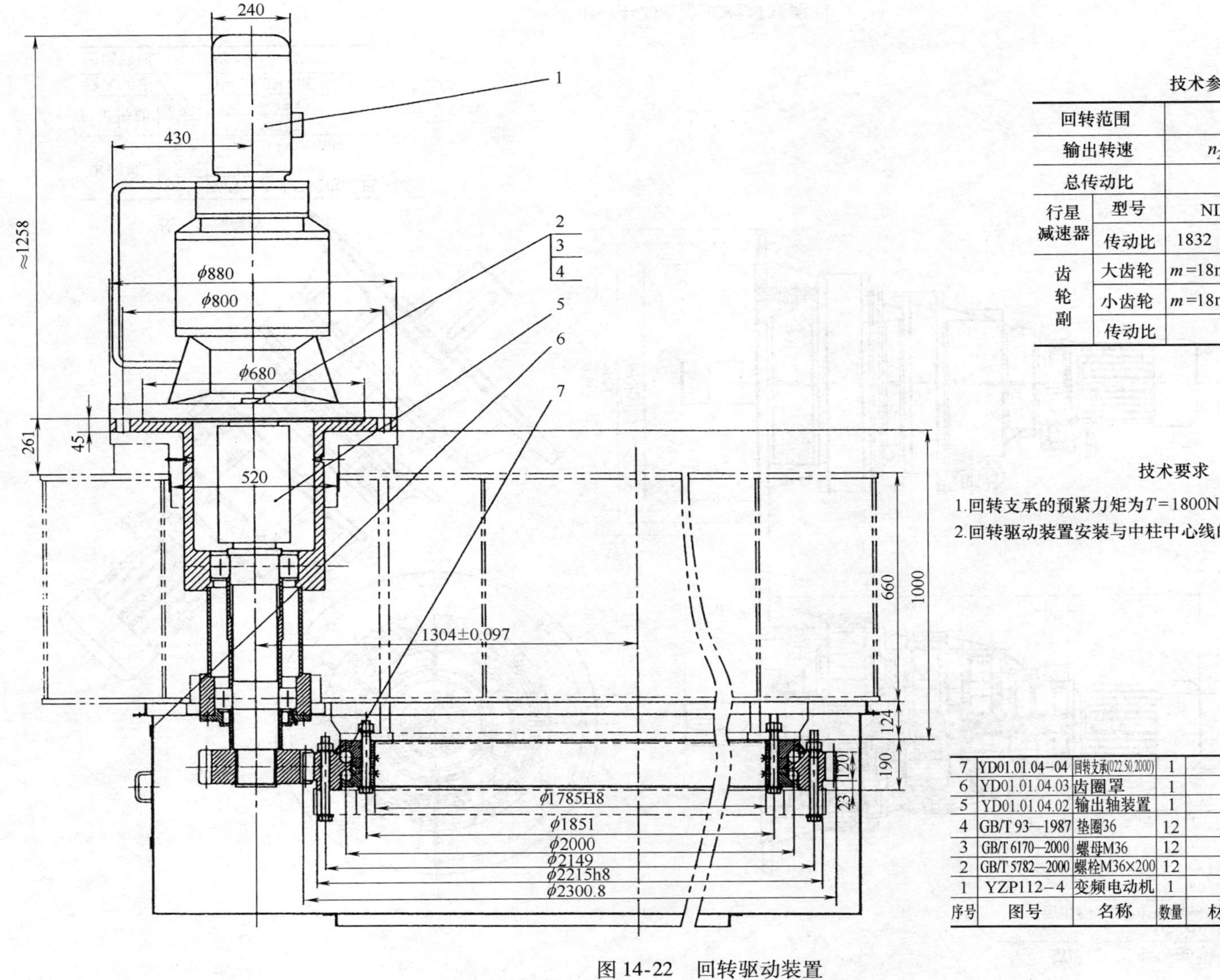

技术参数

回转范围		360° 正反转	
输出转速		n_2=0.11683r/min	
总传动比		i=12721.4	
行星减速器	型号	NDFL528—1832	
	传动比	1832	带变频调速电动机
齿轮副	大齿轮	m=18mm, z_2=125, x_2=+0.5	
	小齿轮	m=18mm, z_1=18, x_1=0.4889	
	传动比	i=6.944	

技术要求

1.回转支承的预紧力矩为T=1800N·m。

2.回转驱动装置安装与中柱中心线的同轴度不大于ϕ0.1mm。

序号	图号	名称	数量	材料	单件质量	总计质量	备注
7	YD01.01.04-04	回转支承(022.50.2000)	1		1439	1439	m=18mm, z=125
6	YD01.01.04.03	齿圈罩	1		281	281	
5	YD01.01.04.02	输出轴装置	1		682	682	
4	GB/T 93—1987	垫圈36	12		0.03	0.36	
3	GB/T 6170—2000	螺母M36	12		0.32	3.8	
2	GB/T 5782—2000	螺栓M36×200	12		1.5	18	
1	YZP112-4	变频电动机	1		55	55	大连伯顿公司

图 14-22　回转驱动装置

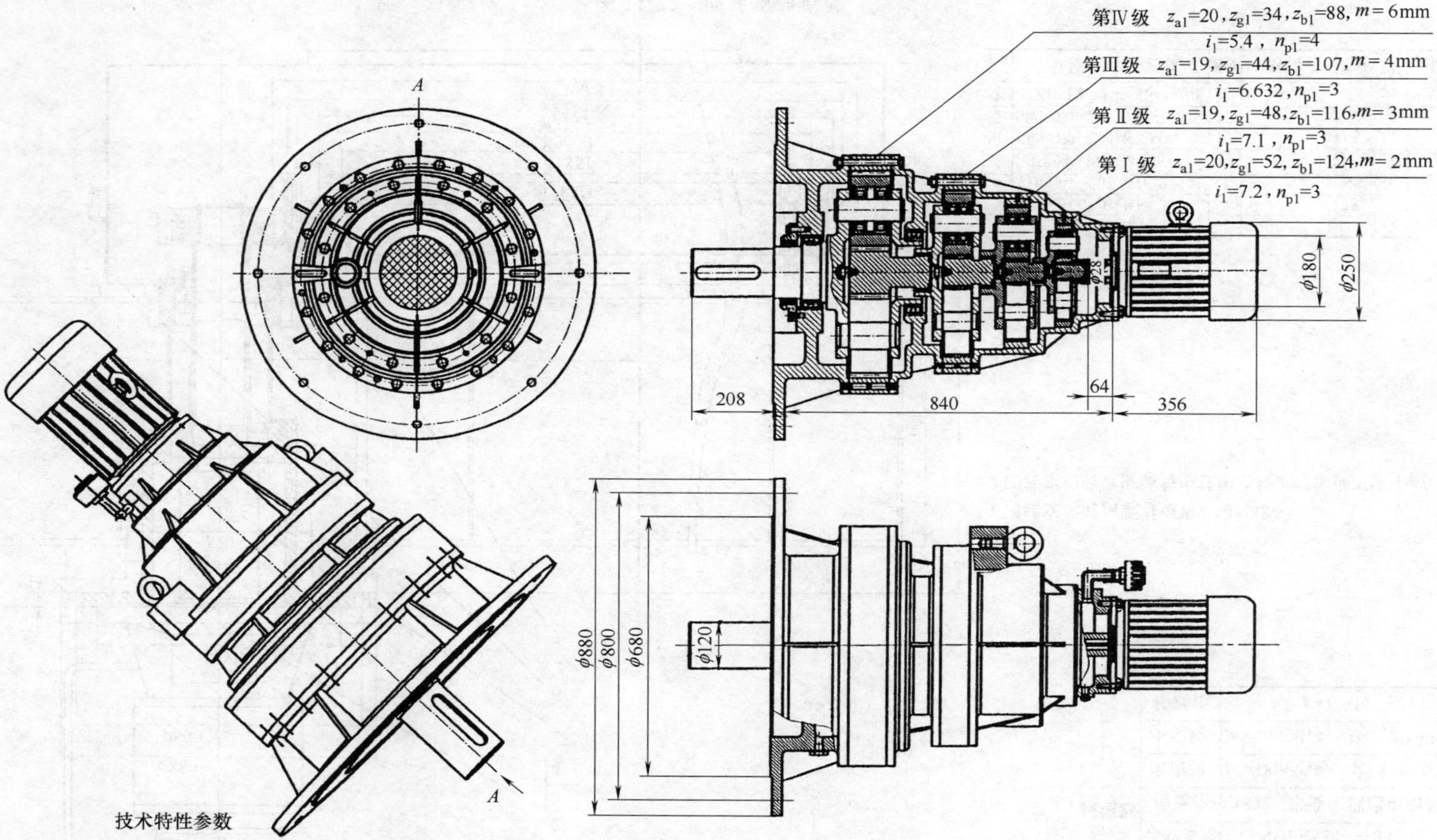

技术特性参数

电动机	型号	YZP112-4变频电动机
	功率	P=4kW
	转速	n_1=1415r/min
行星传动	级数	四级
	传动比	i=1832
输入转矩		T=25.5N·m
输出转速		n_2=0.77r/min

图 14-23　立式行星减速器

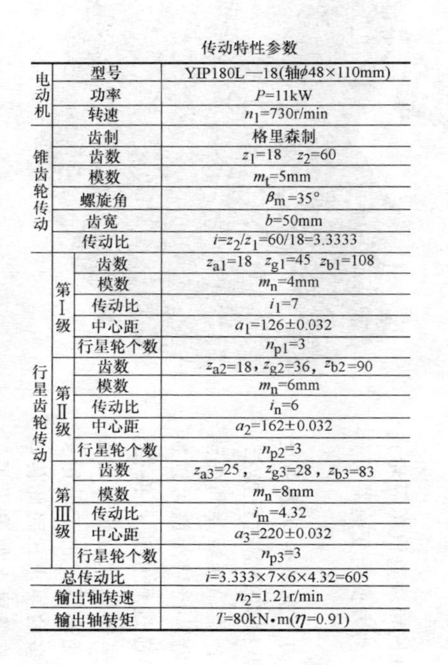

传动特性参数

			参数
电动机		型号	YIP180L—18(轴ϕ48×110mm)
		功率	P=11kW
		转速	n_1=730r/min
锥齿轮传动		齿制	格里森制
		齿数	z_1=18　z_2=60
		模数	m_t=5mm
		螺旋角	β_m=35°
		齿宽	b=50mm
		传动比	$i=z_2/z_1$=60/18=3.3333
行星齿轮传动	第Ⅰ级	齿数	z_{a1}=18　z_{g1}=45　z_{b1}=108
		模数	m_n=4mm
		传动比	i_1=7
		中心距	a_1=126±0.032
		行星轮个数	n_{p1}=3
	第Ⅱ级	齿数	z_{a2}=18，z_{g2}=36，z_{b2}=90
		模数	m_n=6mm
		传动比	i_n=6
		中心距	a_2=162±0.032
		行星轮个数	n_{p2}=3
	第Ⅲ级	齿数	z_{a3}=25，z_{g3}=28，z_{b3}=83
		模数	m_n=8mm
		传动比	i_m=4.32
		中心距	a_3=220±0.032
		行星轮个数	n_{p3}=3
总传动比			i=3.333×7×6×4.32=605
输出轴转速			n_2=1.21r/min
输出轴转矩			T=80kN·m(η=0.91)

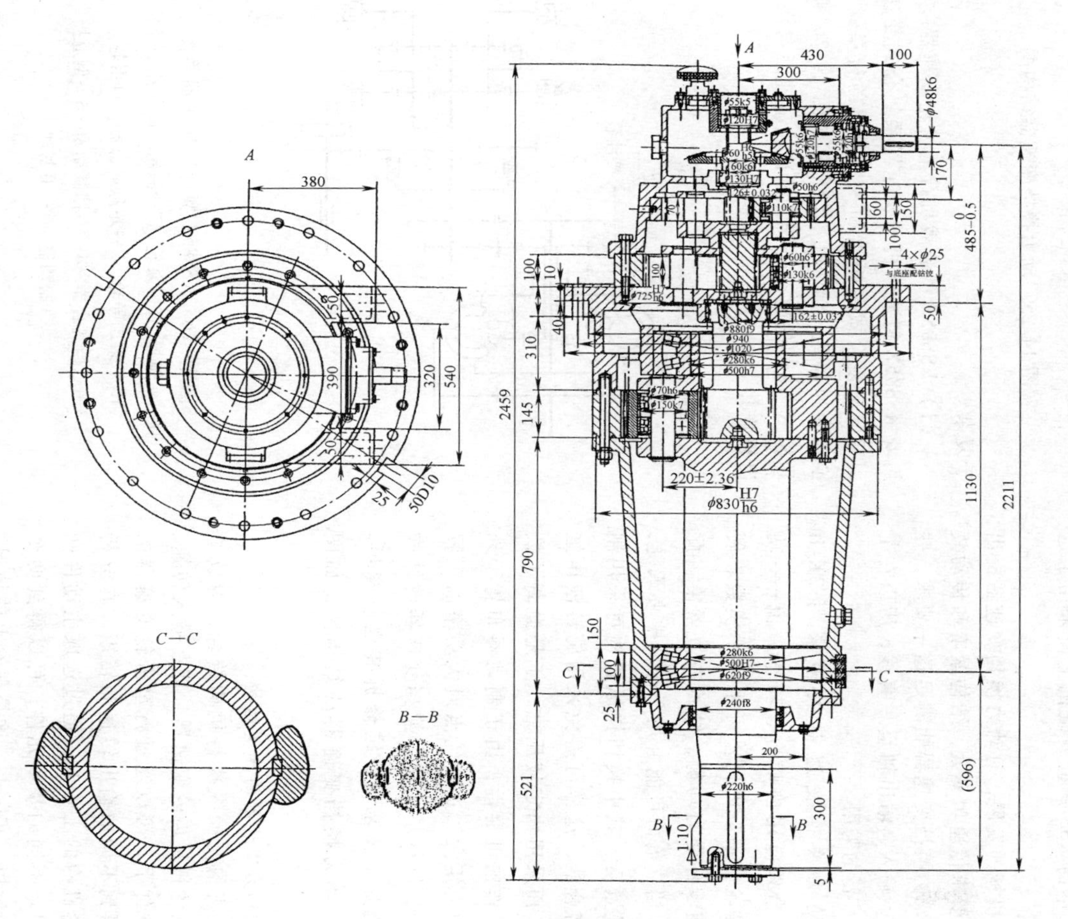

图 14-24　立式行星齿减速器（回转用）

14.6 动力换挡变速器

1. 概述

动力换挡变速器是工程机械和载重汽车等轮式车辆传动系统中的变速装置。动力换挡变速器可分为定轴式和行星式两种。

动力换挡变速器系由液力—机械传动系统组成，采用液压操纵多片湿式摩擦离合器进行换挡。在这种传动系统中不设主离合器，变矩器和变速器直接连接。换挡时，只要操纵控制阀就可以换挡。操纵简单，可在动力传递过程中进行换挡，换挡速度快、无冲击、生产率较高且齿轮使用寿命长。其中定轴式动力换挡变速器，由于采用多轴串联以适应工程机械挡数多的要求，因此传动效率较低，日本的 KSS70 型装载机上便采用了这种结构。

随着工程机械的发展，对动力换挡变速器提出更高的要求，要求传递功率大、结构紧凑和传动效率高。行星式动力换挡变速器能满足这一要求，并且结构刚度大，输入、输出轴呈一直线，所以在工程机械上得到广泛的采用。

行星式动力换挡变速器大多采用 2K-H (NGW) 型，合理应用内啮合、功率分流——功率由几个行星轮传递。因此，可采用小模数、硬齿面齿轮，且零件受力均衡，结构布置紧凑。此外，在某些排挡，负荷可能由几个行星排来承受，因此结构布置紧凑。其中换挡操纵机构可采用制动器而不用离合器，这样可避免采用旋转液压缸和旋转密封，而采用固定液压缸，于是提高了换挡液压系统工作的可靠性；由于制动器布置于外围，因此制动力矩大，这一优点对大功率的工程机械尤为适合。但行星式动力换挡变速器的结构较复杂，制造加工要求高，维修拆装也较麻烦。不妨看一下，动力换挡变速器的结构图，如图 14-25所示。

图 14-25　动力换挡变速器结构图

2. 行星式动力变速器的典型结构

行星齿轮机构与操纵执行机构结合，构成了具有不同挡位的行星齿轮变速器，即在输入转速、转矩相同的条件下，可以通过行星齿轮变速器的挡位变换，得到不同的输出转速和转矩。在分析单排行星齿轮机构的工作时，通过选取主动件和从动件，并固定不同的基本元件，可以得到两个前进挡和一个倒挡。实际上，这是理论上的情况。作为一个实用的行星齿轮变速器，其主动的输入件和从动的输出件相对不变，否则将会使机构过于复杂。

(1) KSS85Z 型装载机行星齿轮变速器　日本川崎 KSS85Z 型装载机的变速器系组合式变速器，由双导轮复合式变矩器和一个两挡的行星式动力换挡变速器组合而成，其结构如图 14-26 所示。导轮 R_1 通过超越离合器 2 及齿轮减速后与涡轮输出轴连接。

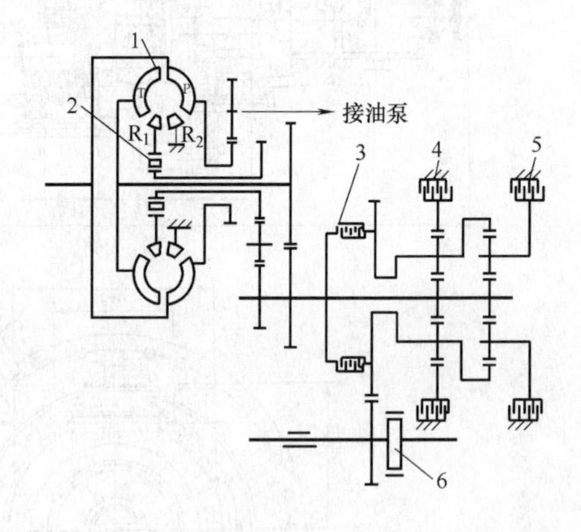

图 14-26　KSS85Z 型行星变速器简图

1—变矩器　P—泵轮　T—涡轮　R_1—第一导轮　R_2—第二导轮　2—超越离合器（自由轮）　3—二挡离合器　4——挡制动器　5—倒退挡制动器　6—手制动

变速器的传动系统由两个行星排组成。两个行星排的太阳轮、行星轮和内齿圈的齿数均各个相等，而在前行星排内齿圈上设有一挡制动器 4，后行星排行星架设有倒挡制动器 5，直接挡是由二挡离合器 3 的结合而得到的。

变速器有两个前进挡，一个倒挡，但由于与双导轮变矩器相匹配，故实际上有四个前进挡，二个倒挡。其中前进一、二挡，前进三、四挡及倒挡一、二挡的变换都是自动进行的，操作轻便，换挡时不中断动力传递，可提高作业效率，减少变速器的挡数，只用两个挡就能得到四挡速度，满足了装载机对牵引力和速度的要求。

（2）轮式装载机行星变速器　图 14-27a 所示系美国阿里森公司（Allison）生产的轮式装载机行星变速器传动简图，具有两个前进挡和一个倒退挡；图 14-27b 所示具有三个前进挡和三个倒退挡。

阿里森公司生产的部分行星动力换挡变速器型号及主要性能见表 14-3。

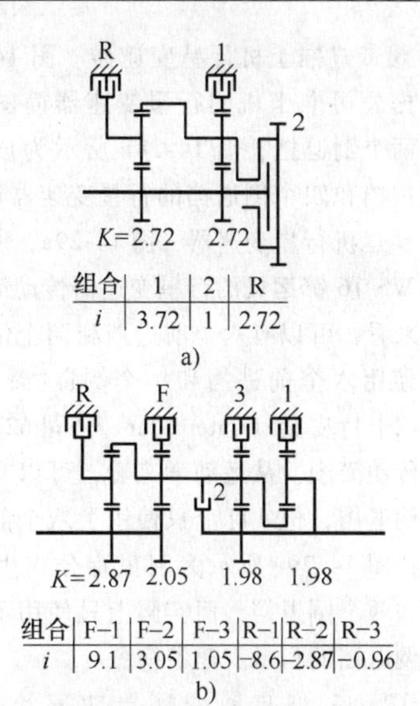

图 14-27　美国阿里森轮式装载机行星变速器传动简图

表 14-3　美国阿里森公司部分行星动力换挡变速器系列

系列	型号	形式	适用功率（HP）	挡数		最大输入转速 r/min	输入转矩 T_{max} /(N·m)	最大变矩比 K_0
				前进	倒退			
TT	1120-1	长悬箱式	70～110	2	1	3000	249	4.44
	2420-1	长悬箱式	100～150	2	1	3000	346	4.8/6.69
	2420-1	长悬箱式	100～150	2	1	3000	346	4.8/5.05
TRT	2210-3	短悬箱式	150	1	1	3000	348	4.8～6.69
	2220-1	长悬箱式	150	2	2	3000	346	4.8～6.69
	2220-3	短悬箱式	150	2	2	3000	346	4.8～6.69
	2420-1	长悬箱式	150	2	2	3000	346	5.05
	4420-1	长悬箱式	275	2	2	2800	622	4～6.45
	4421	长悬箱式	325	2	2	2800	760	4～6.45
CCT	3341	直连式	100～175	4	2	3000	481	2.88～3.5
	3361	直连式	100～175	6	1	3000	484	2.88
	3441	直连式	150～200	4	2	3000	554	2.88
	3461	直连式	150～200	6	1	3000	554	2.88～3.51
CT	3341-7	悬箱式	100～175	4	2	3000	484	2.88～3.51
	3361-7	悬箱式	100～175	6	1	3000	484	2.88～3.51
	3441-7	悬箱式	150～200	4	2	3000	554	2.88
	3461-7	悬箱式	150～200	6	1	3000	554	2.88

（3）履带式推土机行星变速器　图 14-28a 所示为日本小松公司推土机的行星变速器简图，有四个前进挡和两个倒退挡；图 14-28b 所示为该公司的具有四个前进挡和四个倒退挡的行星变速器简图。

（4）铲运机行星变速器　图 14-29a，所示为日本小松公司 WS-16 铲运机的行星变速器传动简图。从运动学角度来看，可以有六个前进挡和两个倒退挡，但实际上只使用六个前进挡和一个倒退挡；图 14-29b 所示系美国卡特皮勒（Caterpillar）公司 627 铲运机行星变速器传动简图。从运动学来看，可以有九个前进挡和三个倒退挡，但实际上只使用了八个前进挡和一个倒退挡；图 14-29c 所示为阿里森公司生产具有八个前进挡和两个倒退挡，而实际上只使用了六个前进挡和一个倒退挡的行星变速器简图。

（5）3PS-12 型自动变速器功率流　前西德 Friedrichshafen 齿轮公司的 3PS-12 型自动变速器功率流如图 14-30 所示。

接合不同离合器，具有不同的功率流，采用不同的固定元件，可得到不同的传动比。

图 14-30 中右图为功率传递动力流，简称功率流。闭锁离合器③④分别与太阳轮 z_1、z_5 接合；行星轮 z_2、z_3 的行星架与⑦和⑩相连，⑦和⑩与箱体固定，而太阳轮 z_5 也可与⑪、⑥、⑤分别固定。

前进一挡时，图中所示的闭锁离合器③与太阳轮 z_1 一起回转，行星架由⑩固定，动力经 z_2、z_3 和内齿圈 z_4 传递。因此，输入轴和输出轴的传动比 $i = z_4/z_1 = 2.56$；

前进二挡时，⑩自由回转，而制动器⑤、⑥接合，z_5 固定，行星轮 z_3 绕 z_5 作行星传动，这时传动比 $i = (z_5/z_1 + 1)/(z_5/z_4 + 1) = 1.52$；

前进三挡时，离合器③、④，制动器⑥结合，而⑩、⑪自由回转，行星齿轮传动装置作整体回转，传动比 $i = 1$；

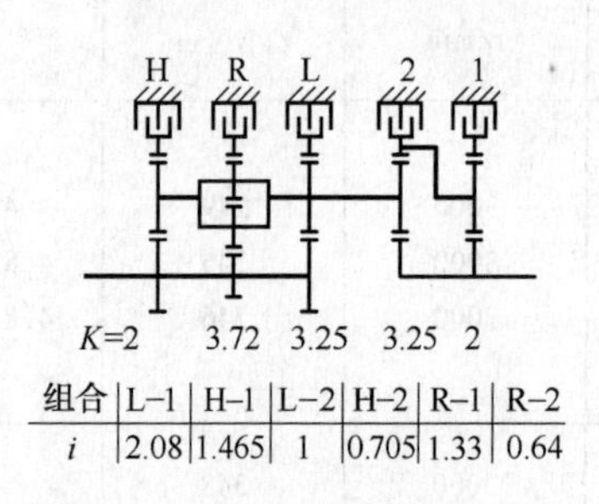

a)

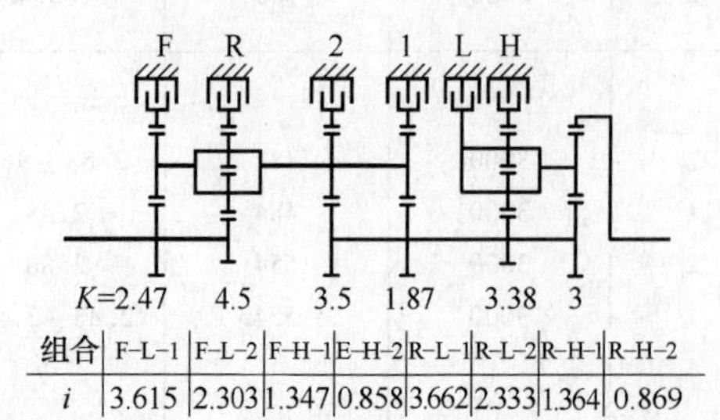

b)

图 14-28　日本小松履带式推土机行星变速器

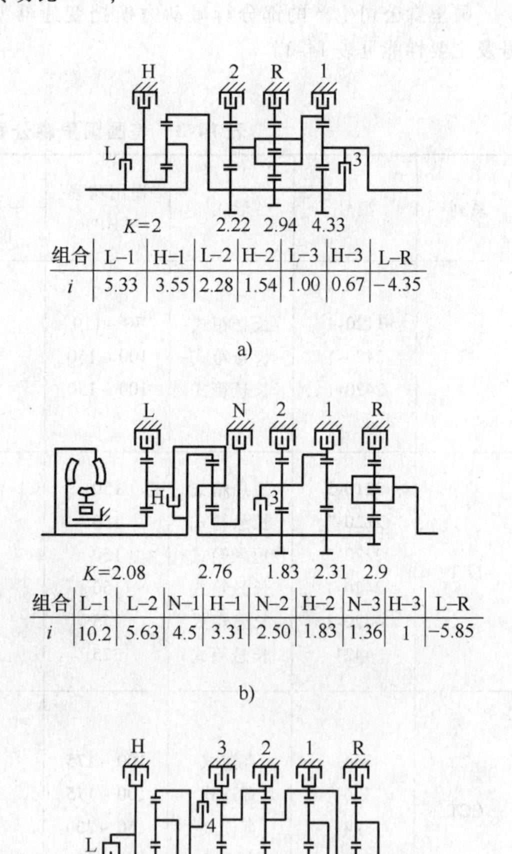

图 14-29　铲运机行星动力变速器简图

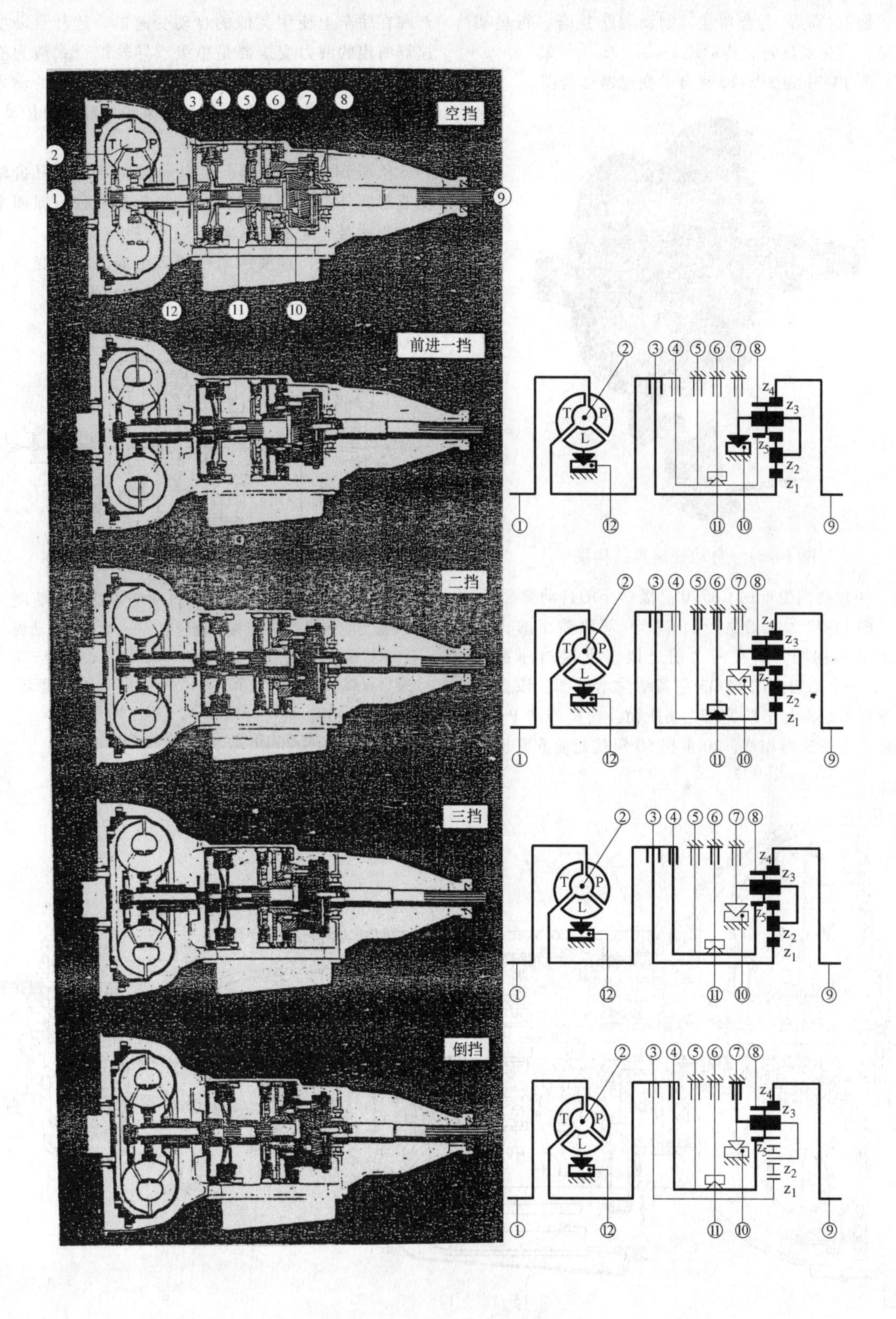

图 14-30　自动变速器的功率流

①—驱动轴　②—液力变矩器　③、④—闭锁离合器　⑤、⑥、⑦—制动器　⑧—行星齿轮传动装置　⑨—输出轴　⑩、⑪、⑫—单向接合离合器

倒退挡时，离合器④、制动器⑦接合，行星架固定，内齿圈反转，传动比 $i = -z_4/z_5 = -2$。

图 14-31 为 3PS-12 型自动变速器结构图。

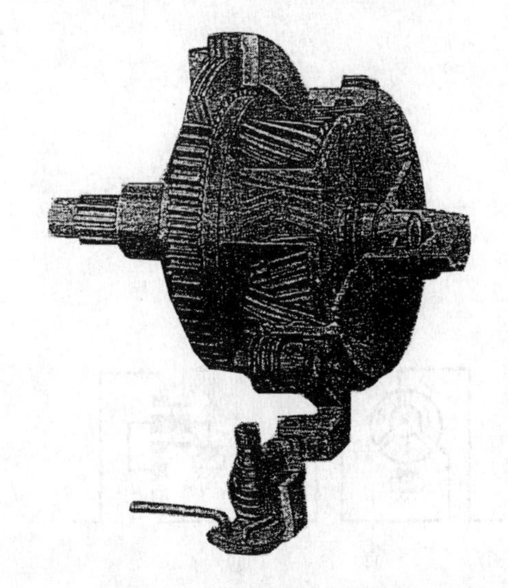

图 14-31　自动变速器结构图

（6）我国生产的 CA770 高级轿车的自动变速器

图 14-32 为我国生产的 CA770 高级轿车的自动变速器结构图，具有两个前进挡（低速挡和直接挡）、一个倒挡。图 14-33 是其结构示意图。该自动变速器的结构与早期美国克莱斯勒公司生产的 Power Flite 自动变速器相似，20 世纪 60 年代起前苏联也开产和在轿车上使用类似的自动变速器。这种自动变速器所用的液力变矩器是单级双导轮综合式液力变矩器，即四元件综合式液力变矩器。发动机的动力曲轴、变矩器连接盘驱动变矩器泵轮，经液力传动，从涡轮输出至行星齿轮变速器。

从图 14-32 可看出，该自动变速器的行星齿轮变速器部分由两个行星排和三个执行元件，即两个带式制动器、低速挡制动器 3、倒挡制动器 5，一个多片式离合器、直接挡离合器 2 组成。液力变矩器的涡轮轴即为行星齿轮变速器的动力输入轴。

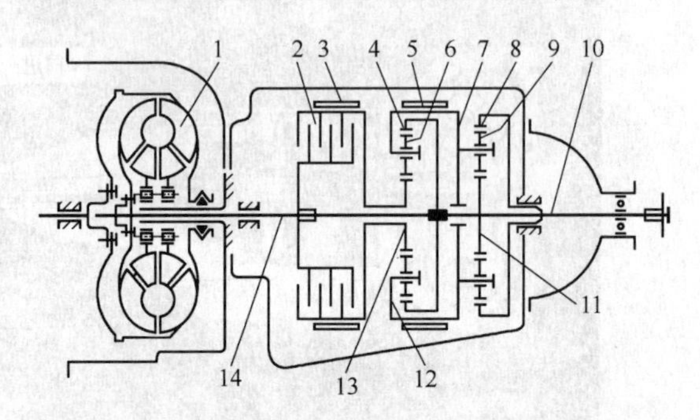

图 14-32　红旗 CA770 轿车自动变速器结构简图

1—液力变矩器　2—直接挡离合器　3—低速挡制动器　4—前排齿圈　5—倒挡制动器　6—前排行星轮　7—后排行星架　8—后排齿圈　9—后排行星轮　10—变速器第二轴　11—后排太阳轮　12—前排行星架　13—前排太阳轮　14—变速器第一轴

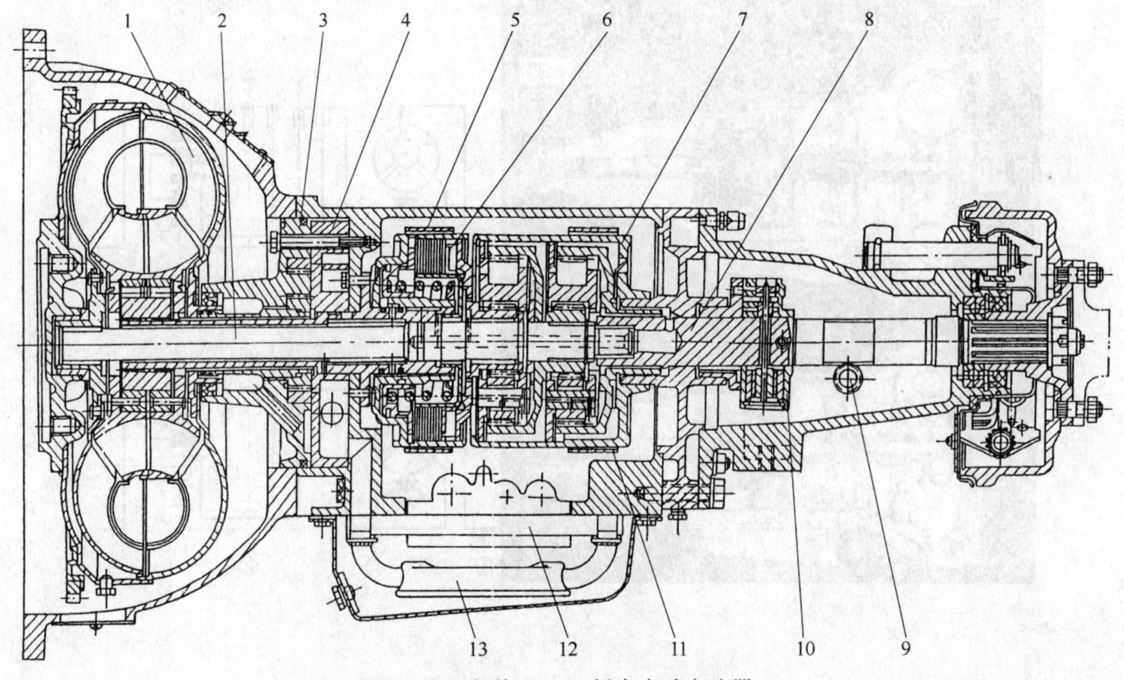

图 14-33　红旗 CA770 轿车自动变速器

1—液力变矩器　2—变速器第一轴　3—油泵　4—配油盘　5—低速挡制动器　6—直接挡离合器　7—行星排　8—变速器输出轴　9—转速表齿轮　10—离心调速阀　11—倒挡制动器　12—控制阀　13—集滤器

3. 行星变速器的设计

（1）基本参数的确定 行星变速器齿轮传动的基本参数为模数 m 和内齿圈的分度圆直径 d_b。

齿圈的节圆直径相当于定轴变速器传动的中心距，它决定着变速器径向尺寸大小。一般在设计时，采用统计和类比的方法初步确定 m 和 d_b。在没有更多的现成资料时，可根据传动比最大的行星排，按弯曲强度初步确定亦可，因为变速器齿轮大多采用硬齿面齿轮（HBW > 350），而我国和前苏联大多采用20CrMnTi渗碳淬火，齿面硬度为58～62HRC，心部硬度35～45HRC，淬硬层深度为0.8～1.3mm。齿轮精度等级一般为6～7级精度，表面粗糙度为 $Ra3.2 \sim 1.6\mu m$。

图14-34所示为日本小松公司履带推土机的行星变速器的 m、d_b 和发动机功率的关系图，可供设计时参考。

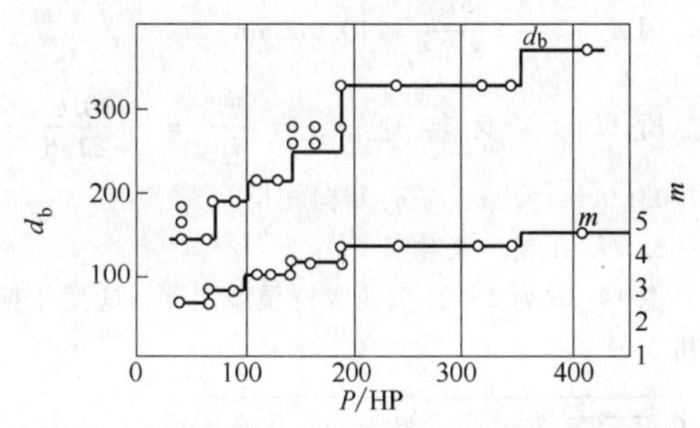

图14-34 日本小松推土机 m、d_b 与功率关系曲线

从图中可以看出，在一定的马力范围，变速器 m 和 d_b 数值的选取是一样的，这说明该公司的行星变速器在一定功率范围内是可以通用的，这样可以避免品种规格过多。

（2）齿数的选配 行星变速器传动简图中，根据变速器所需的传动比已确定了各行星排的 k 值（$k=z_b/z_a$—内齿圈齿数和太阳轮齿数之比，称行星排特性参数），配齿计算的任务是确定行星排齿轮的齿数及行星轮数 n_p。其大致的程序如下：

1）由选定的 d_b 和模数 m，可计算得齿圈的齿数 z_b（按标准齿轮）。各行星排的齿圈齿数 z_b 都应选择在此计算值附近。

当齿圈的齿数已确定后，则太阳轮齿数 $z_a=z_b/k$ 也随之确定。z_a 不能取得过少，以免齿轮产生根切和在结构上无法布置轴与轴承。

由于齿轮的齿数必须是整数，则实际特性参数 k 与原来要求的特性参数 k_T 有差别，其变化率为 $\delta = k - k/k_T$，δ 不应超过指定的范围，以免实际传动比与原来要求的相差过大。

列出各行星排符合 δ 范围的 z_b/z_a 的齿数比供选用。

2）满足同心条件。太阳轮a和行星轮g的中心距 a'_{ag} 应等于行星轮g和内齿轮b的中心距 a'_{gb}，即

$$a'_{ag}=a'_{gb}$$

对于标准齿轮传动、高度变位传动以及等啮合角的角度变位，即 $\alpha'_{ag}=\alpha'_{gb}$，应满足

$$z_b = z_a + 2z_g$$

或

$$z_b - z_a = 2z_g$$

也即内齿圈和太阳轮的齿数应同为奇数或同为偶数。

对于不等啮合角的角度变位，则应满足

$$\frac{z_a+z_g}{\cos\alpha'_{ag}}=\frac{z_b-z_g}{\cos\alpha'_{gb}}$$

式中 $\cos\alpha'_{ag}$——太阳轮与行星轮啮合角的余弦；

$\cos\alpha'_{gb}$——行星轮与内齿圈啮合角的余弦。

3）满足邻接条件。确定行星轮数 n_p 时，应保证相邻两行星轮的齿顶圆之间有一定的间隙，其条件为

$$d_{ga} < 2a'_{ag}\sin\frac{\pi}{n_p}$$

式中 n_p——行星轮数；

d_{ga}——行星轮g的顶圆直径。

根据邻接条件和行星架的刚性，当行星轮数 n_p 给定时，$|i^H_{ab}|$ 的最大值（即 K 值）按表14-4推荐值确定。

表14-4 2K-H型传动 n_p 与 $|i^H_{ab}|$ 的对应值

n_p	3	4	5	6	7	8
$\lvert i^H_{ab}\rvert_{max}=\frac{z_b}{z_a}=k$	11	3.5	2.5	2	1.8	1.6

4）满足装配条件。为使几个行星轮均匀地配置在太阳轮周围，其齿轮齿数和行星轮数之间应符合一定关系，对于2K-H型传动的行星排，其均匀分布的装配条件如下：

对单行星的行星排为：$\frac{z_a+z_b}{n_p}$ = 整数

对双行星的行星排为：$\frac{z_b-z_a}{n_p}$ = 整数

对称分布的装配条件（指行星轮数为偶数时），将上面的 n_p 看作行星轮组，对单行星或双行星除应满足上式外，同时还应满足：

对单行星 $\dfrac{\beta}{\dfrac{2\pi}{z_a+z_b}}=C$（$C$为整数）$\beta=\dfrac{2\pi C}{z_a+z_b}$

对双行星 $\dfrac{\beta}{\dfrac{2\pi}{z_b-z_a}}=C$ $\beta=\dfrac{2\pi C}{z_b-z_a}$

式中 β——一组行星轮间的夹角。

其中日本小松公司生产的行星变速器，内齿圈的变位系数 $x_b=1.0\sim1.2$；太阳轮和行星轮的变位系数，因为是硬齿面，一般均按等弯曲强度进行分配。

其他的一切几何计算和行星齿轮传动相同。

14.7 行星齿轮传动在工程上的应用

1. 架桥机吊梁机构上用的3K型行星传动

图14-35所示的为3K型行星传动，用于铁道架桥机吊梁机构上传动卷筒的简图。吊梁机构是由四台一齿差，双联行星轮两轮的齿数差为 $z_f - z_g = 1$，3K型行星减速器卷筒组成。工作时，要求吊梁的起升速度较慢，$v = 0.3\text{m/min}$，机构总传动比 $i = 670$。同时，整个架桥机要通过隧道，外形尺寸受隧道界限尺寸的限制，因此要求传动装置外形尺寸越小越好。而3K型传动正具有传动比大，外形尺寸小的特点，又不要求特殊加工设备，因此，可将其装在吊梁卷筒内，使机构的结构更为紧凑。

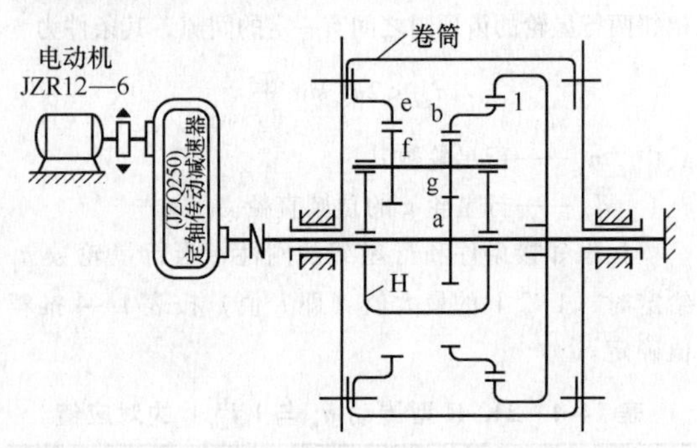

图14-35　架桥机吊梁机构上用的3K型行星传动

电动机以910r/min的转速先经过定轴传动，传动比 $i = 8.23$（相当于JZQ250）传至3K型行星传动，经过3K型传动，其传动比 $i = 81.6$，使中心轴 e 以 $n = 1.03\text{r/min}$ 转动，中心内齿圈e与卷筒固联，所以卷筒也以 $n = 1.03\text{r/min}$ 转动，从而达到吊梁工作速度要求。

3K型传动中各轮的齿数为：$z_a = 25$，$z_g = 17$，$z_b = 59$，$z_f = 18$，$z_e = 60$，Z_1 为齿轮联轴器，其作用是使中心内齿圈b浮动，以达到使行星轮均载之目的。行星轮个数 $n_p = 3$。

此传动装置的传动比计算如下：

因中心轮b是固定的，所以

$$i_2 = i_{ae}^{b} = \frac{n_a}{n_e} = \frac{1 + \frac{z_b}{z_a}}{1 - \frac{z_f z_b}{z_e z_g}} = \frac{1 + \frac{59}{25}}{1 - \frac{18 \times 59}{60 \times 17}} = -81.6$$

因 $n_a = \frac{910}{i_1} = \frac{910}{8.23} = 110.6\text{r/min}$

所以，卷筒转速 $n_e = \frac{n_a}{i_2} = \frac{110.6}{-81.6} = -1.03\text{r/min}$，且 n_a 与 n_e 转向相反。

2. 2K-H型行星传动

图14-36为2K-H型两级行星减速器，应用于搅拌机上。

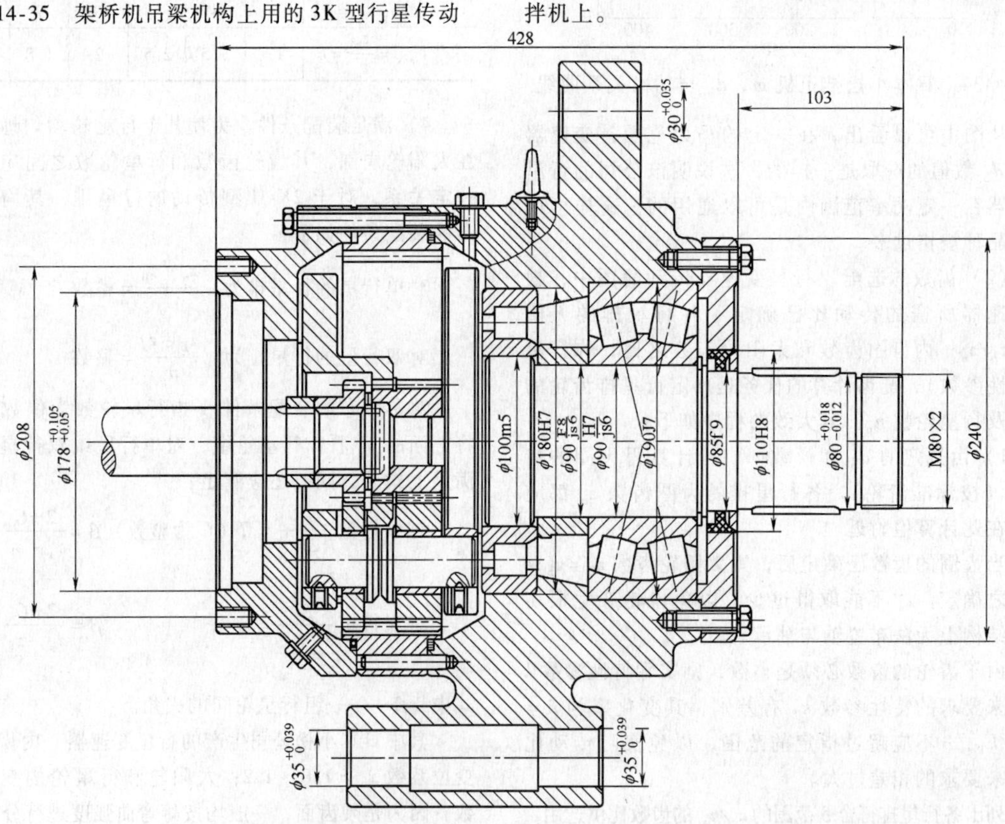

图14-36　2K-H型两级行星减速器（搅拌机上用）

传动比计算：行星轮个数为 n_p。

当 $n_p=3$ 时

$z_{a1}=18$　$z_{g1}=21$，$z_{b1}=60$（第Ⅱ级与第Ⅰ级相同）

$$i=i_{\mathrm{I}}i_{\mathrm{II}}=18.78$$

当 $n_p=2$ 时

$z_{a2}=17$，$z_{g2}=20$，$z_{b2}=57$（第Ⅱ级与第Ⅰ级相同）

$$i=i_{\mathrm{I}}i_{\mathrm{II}}=18.95$$

3. CFA95K 型行走用行星齿轮减速器

（1）概述

CFA95K 型行走用行星齿轮减速器，含有制动器，为德国罗曼公司的产品。其由一级定轴传动和两级行星传动（2K-H 型）组成。具有传动比大、承载能力高、结构紧凑且新颖、传动效率高、使用寿命长等特点，在国际上享有盛名。主要用于 0.6 ~ 0.8m^3 挖掘机的行走装置，也可用于其他工程机械的行走装置。我国也生产这种产品，现就其有关方面作一介绍。

CFA95K 型减速器如图 14-37 所示。

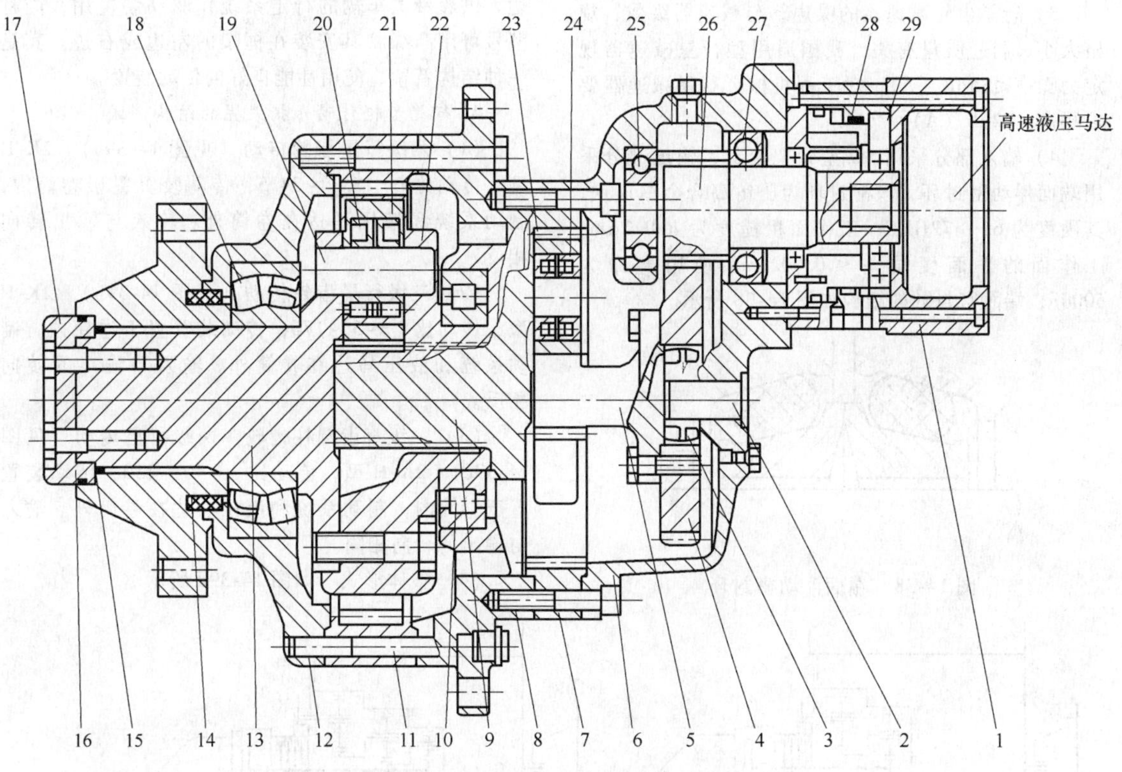

图 14-37　CFA95K 型行星齿轮减速器

1—马达座　2—齿轮销轴　3—轴承 3507　4—前级大齿轮　5—前级太阳轮　6—箱体　7—前级内齿圈　8—中箱体　9—前级行星架　10—轴承 4221　11—末级内齿圈　12—托圈　13—末级行星架　14—浮动密封　15—O 型密封圈　16—O 型密封圈　17—轴端挡圈　18—轴承 22222C　19—行星轮心轴　20—轴承 NJ307E　21—末级行星轮　22—行星架　23—前级行星轮　24—轴承 42206　25—轴承 308　26—主动齿轮　27—轴承 212　28—骨架油封 SG60×85×12　29—制动器

1）传动比。输入端（高速轴）由一对圆柱齿轮传动

$$i_1=z_2/z_1=50/17=2.941$$

中间级为行星齿轮传动

$$i_2=1+z_{b1}/z_{a1}=1+67/14=5.786$$

式中　z_{b1}——中间级内齿圈齿数，$z_{b1}=67$；

z_{a1}——中间级太阳轮齿数，$z_{a1}=14$。

末级行星齿轮传动

$$i_3=1+z_{b2}/z_{a2}=1+60/12=6$$

式中　z_{b2}——末级内齿圈齿数，$z_{b2}=60$；

z_{a2}——太阳轮齿数，$z_{a2}=12$。

则总传动比 $i=i_1i_2i_3=2.941\times5.786\times6=102.1008$，公称传动比 $i=102$。

2）传动效率：根据国内外实际测试，$\eta=0.956\sim0.96$。

3）制动部分：我国产品采用干式常闭式制动器。

4）所占空间位置：与通用型行星齿轮减速器相比，在同样的传动比和输出转矩时，所占用空间比较小，仅为通用型行星减速器的 3/5 ~ 4/5。这是因为采用了较少的太阳轮齿数（一般 $z_a=12$），并将前一级的行星架与下一级的太阳轮连成一体，使其呈浮动状态，无径向支承，空间位置大为减小。

5）均载装置：采用行星架与太阳轮联合浮动机构，均载效果较好。

（2）主要性能指标及要求

1）设计每吨质量可传递转矩 $T=100\sim125\text{kN}\cdot\text{m}$，而通用型行星齿轮减速器为 $30\sim60\text{kN}\cdot\text{m}$。

2）德国产品的整机寿命为7～8年，我国生产的行星减速器寿命也在5～6年以上。

3）行星齿轮减速器的噪声，与减速器级数、规格大小、制造质量有关。我国通用型行星减速器规定为噪声≤85dB（A），对工程机械上行星减速器要求噪声≤82dB（A）。

4）输入部分采用SG型骨架密封，输出部分采用端面浮动密封环，该密封环为压铸高合金白口铁，其硬度为65～72HRC；工作面粗糙度为 $Ra0.2\mu\text{m}$；工作面的平面度误差≤0.0021m，使用寿命为5000h，端面密封环的结构如图14-38所示。

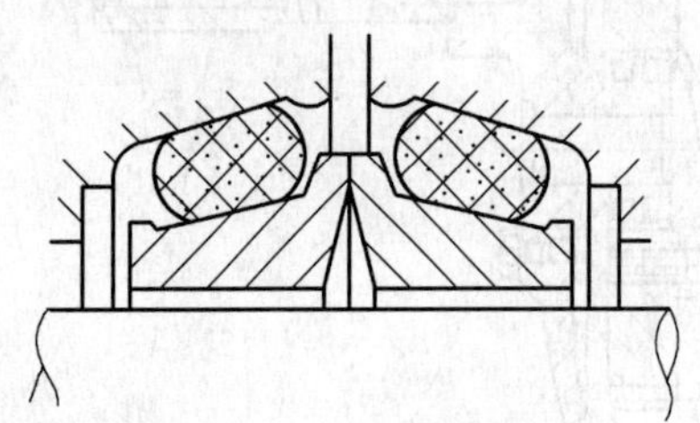

图14-38　端面浮动密封环

5）中国与德国所用的齿轮材料，见表14-5。

表14-5　中国与德国所用的齿轮材料

零件名称	中国	德国	备　注
太阳轮	20CrMnTi	16MnCr5	1）20CrMnTi 渗碳淬火，硬度为58～62HRC 2）42CrMo 调质处理255～285HBW
行星轮	20CrMnTi	17CrNiMo6	
内齿圈	42CrMo	42CrMo6	
行星架	42CrMo	42CrMo6	
箱体	QT450-10	GGG42	

CFA95K型行星齿轮减速器可配合高速液压马达，供履带式车辆的行走系统作驱动装置用，同种型号可用凸缘将其安装在框架的左边或右边。其是一种结构新颖、使用性能良好的传动装置。

4. 行星齿轮传动卷扬装置的结构形式

（1）两级行星齿轮传动（见图14-39a）　2K-H型，传动比 $i=13.1\sim34.5$，传动装置置于卷筒内，制动系统和液压马达在卷筒外。输入与输出转向相反。

（2）三级行星齿轮传动（见图14-39b）　2K-H型，传动比 $i=45\sim176$，传动装置置于卷筒内，制动系统和液压马达在卷筒外。输入与输出的转向相反。

（3）一级直齿圆柱齿轮＋两级行星传动（见图14-39c）　2K-H型，传动比 $i=40\sim150$，传动装置置于卷筒内，制动系统和液压马达在卷筒外。输入与输出的转向相同。

（4）整体形式　如图14-39d所示。

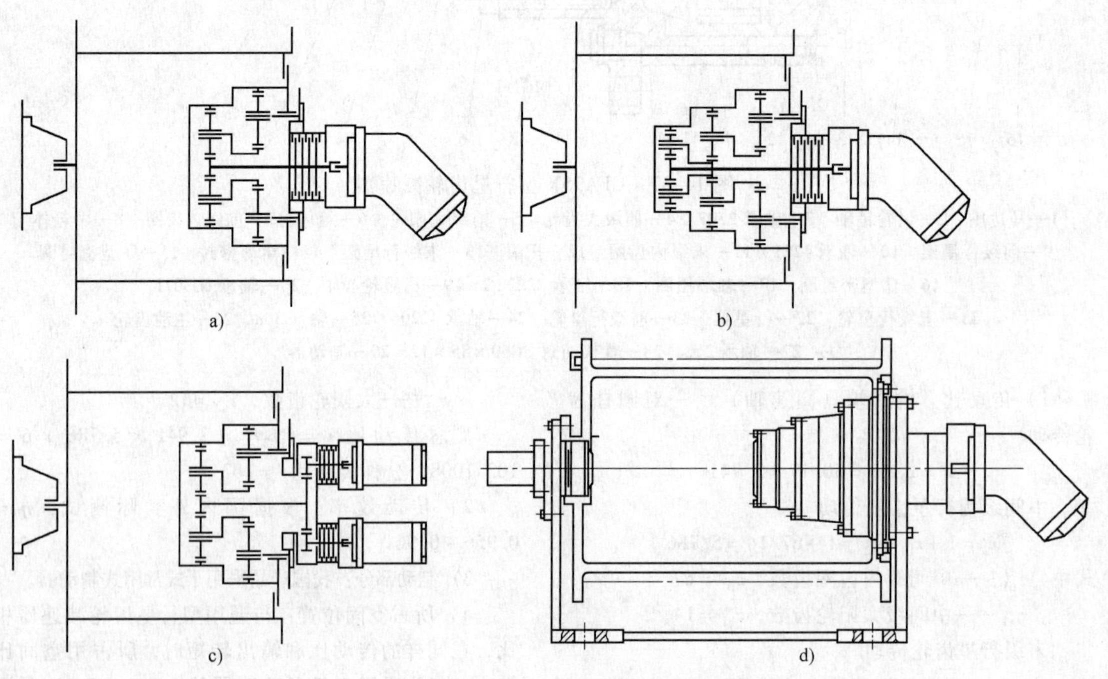

图14-39　行星齿轮传动卷扬装置

第 15 章　齿轮联轴器的设计

齿轮联轴器是用来连接同轴线的两轴，一同旋转传递转矩的刚性可移式机构，基本形式如图 15-1 所示。

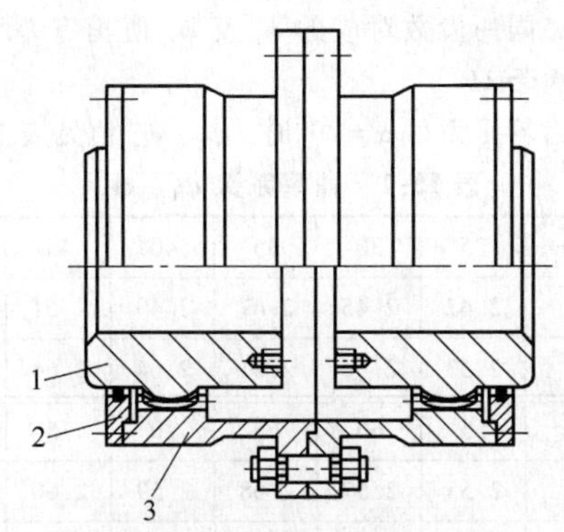

图 15-1　齿轮联轴器结构简图

1—外齿轴套　2—端盖　3—内齿圈

齿轮联轴器是渐开线齿轮应用的一个重要方面，一般由参数相同的内外齿轮副相互配合来传递转矩，并能补偿两轴线间的径向、轴向及轴线倾斜的角位移，允许正、反转。

当沿分度圆图 15-2 所示位置剖切外齿，剖切面的齿廓为直线时，称为直齿联轴器；齿廓为腰鼓形曲线时，称为鼓形齿联轴器。齿轮联轴器的内齿圈都用直齿。

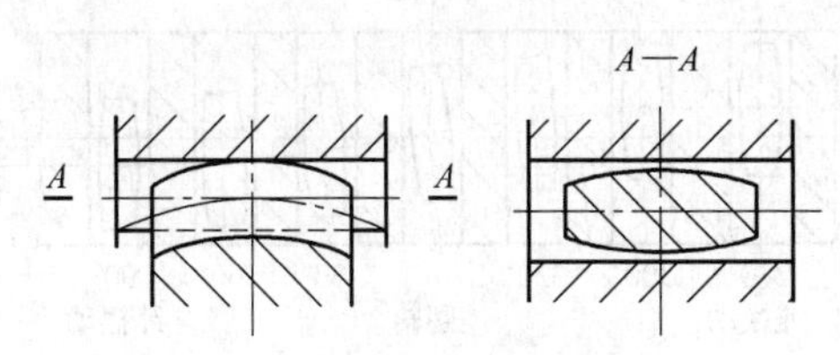

图 15-2　鼓形齿齿截面

鼓形齿联轴器的主要特点：

1）外齿轮齿厚中间厚两端薄，允许两轴线有较大的角位移，一般设计为 ±1.5°，特殊设计在 3°以上也能可靠地工作，而直齿联轴器一般仅允许 ±0.5°。

2）能承受较大的转矩和冲击载荷，在相同的角位移时，比直齿联轴器的承载能力高 15% ~20%，外形尺寸小。

3）易于安装调整。

加工鼓形齿常用滚齿法和插齿法，如图 15-3 所示。用磨齿和剃齿法也可获得一定的鼓形量。

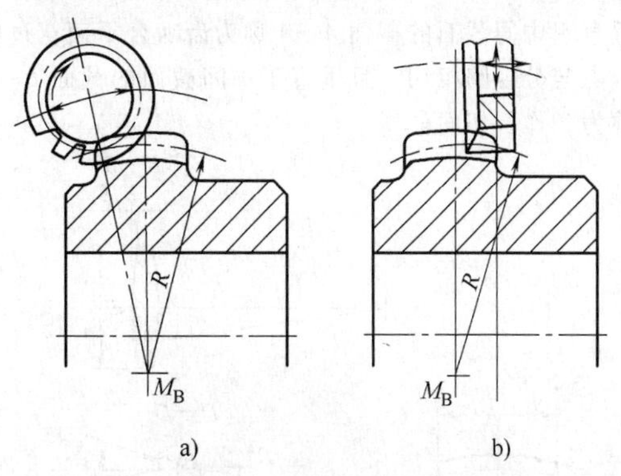

图 15-3　鼓形齿的加工

a）滚齿法　b）插齿法

用滚齿法加工时，滚刀中心轨迹为以 M_B 为圆心的圆弧。所加工出的鼓形齿，在所有垂直于位移圆 R 的截面内，齿廓曲线为渐开线。

用插齿法加工时，插齿刀中心轨迹为以 M_B 为圆心的圆弧，插齿刀沿此圆弧向前移动。所加工出的鼓形齿，在所有垂直于轴套轴线的截面内，齿廓曲线为渐开线。

一般把转速超过 3000r/min 的齿轮联轴器称为高速齿轮联轴器，低于 3000r/rnin 则称为中、低速齿轮联轴器。这两类联轴器既具有一定的共性，又各具特点。

自 20 世纪 80 年代以来，我国齿轮联轴器的应用范围不断扩大，普遍采用了鼓形齿。随着对转矩、转速和可靠性要求的提高，对其强度、齿面硬度和精度的要求也越来越高。现在一般设计的齿面硬度已达 300HBW 左右，重载时则淬硬至 45HRC 或氮化，甚至采用渗碳淬火处理，齿轮精度已提高到 7 级，而高速联轴器达 6 级。我国已陆续制订了多种中、低速齿轮联轴器的行业标准和高速齿轮联轴器的企业标准。

15.1　中、低速鼓形齿联轴器的设计

1. 位移圆半径与齿廓曲率半径

（1）鼓形齿的位移圆半径　如图 15-3 所示，由于加工鼓形齿时，刀具轴心轨迹为圆弧，因此在轴截面上切出的分度圆线为一段圆弧，此圆称为位移圆，其半径为 R，圆心为 M_B。

位移圆半径可为一定值，也可由不同数值的几段组成。如轧机用鼓形齿联轴器，其位移圆为三段，

中间半径较大，两端半径较小，既能满足强度要求，又能在不加大侧隙的情况下满足装拆时有较大角位移（±4.5°）的要求。

（2）齿廓曲线的曲率半径　如图15-4所示，齿宽中间截面为 $D—D$，包含中间截面的齿啮合线，且垂直于中间截面的截面 $A—A$ 称为齿啮合平面；过啮合点与分度圆相切，且垂直于中间截面的截面 $B—B$ 称为工作圆切面。

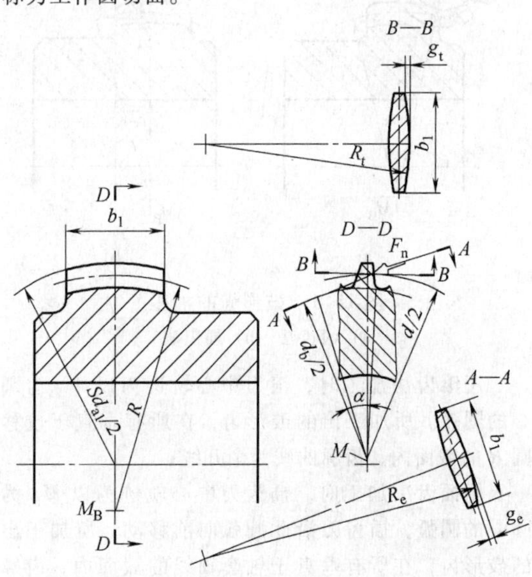

图15-4　圆弧曲面的曲率半径工作圆切面 $B—B$

在截面 $A—A$、$B—B$ 内，单边齿厚差 g_e、g_t 称为单侧减薄量。工作圆切面 $B—B$ 中的齿廓曲线，滚齿加工时为双曲线，插齿加工时为椭圆。为简化计算，可用圆弧代替双曲线或椭圆，这对工程计算已足够精确。如图15-5所示，此圆弧应通过齿廓曲线上位于中间截面上的 A 点和位于两端的 B、C 点，其半径 R_t 定义为该齿廓曲线的曲率半径。在工作圆切面 $B—B$ 中

$$R_t^2=(R_t-g_t)^2+\frac{b_1^2}{4} \qquad (15\text{-}1)$$

即

$$R_t=\frac{g_t}{2}+\frac{b_1^2}{8g_t} \qquad (15\text{-}2)$$

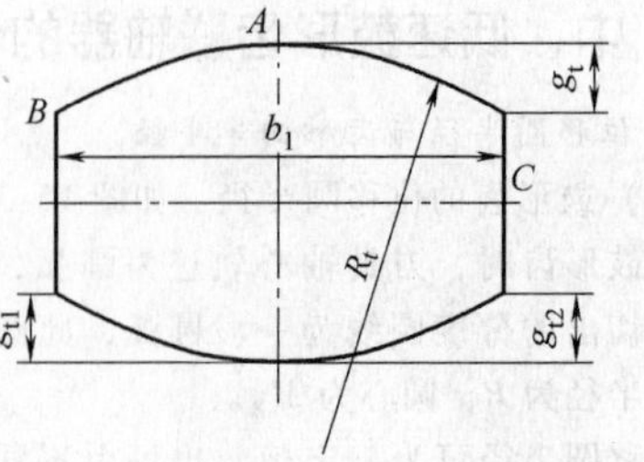

工作圆切面 $B—B$

图15-5　工作圆切面 $B—B$ 的曲率半径

也可写成

$$R_t=\phi_t R \qquad (15\text{-}3)$$

啮合平面 $A—A$ 中的齿廓曲线也是双曲线或椭圆，其替代圆弧半径定义为 R_e，R_e 越大，承载能力越大。R_e 可写成

$$R_e=\phi_e R \qquad (15\text{-}4)$$

ϕ_t、ϕ_e 称为曲率系数，当加工方法不同或 $\frac{b_1}{R}$ 值不同时，同一齿数对应的 ϕ_t 及 ϕ_e 值稍有差异，但误差不大于1%。

当齿轮压力角 $\alpha=20°$ 时，ϕ_t、ϕ_e 值见表15-1。

表15-1　曲率系数 ϕ_t、ϕ_e

齿数 z	25	30	35	40	45	50
ϕ_t	2.42	2.45	2.47	2.49	2.51	2.53
ϕ_e	2.53	2.57	2.61	2.64	2.66	2.68
齿数 z	55	60	65	70	75	80
ϕ_t	2.55	2.57	2.58	2.59	2.60	2.61
ϕ_e	2.70	2.72	2.74	2.75	2.76	2.77

2. 法向侧隙的计算

（1）内、外齿面间的最小法向侧隙　当轴线有角位移 $\Delta\alpha$ 时，鼓形齿与内齿产生相对位移，鼓形齿上各点将相对其在 $\Delta\alpha=0°$ 时的位置产生位移，此位移量在内齿法线上的投影称为鼓形齿的法向位移量。将各对齿沿分度圆圆周展开，即可得齿的相对位置图，如图15-6所示。

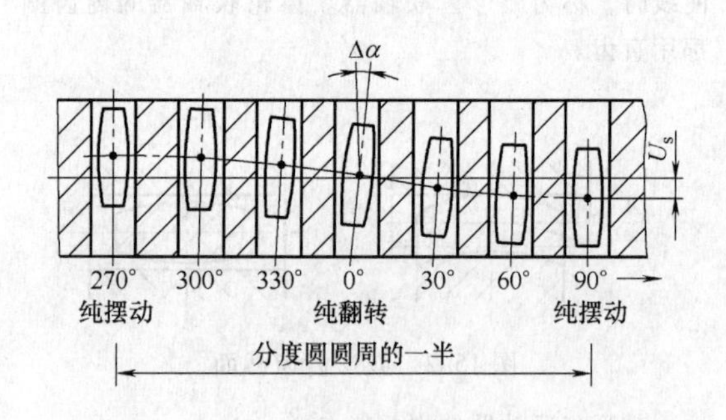

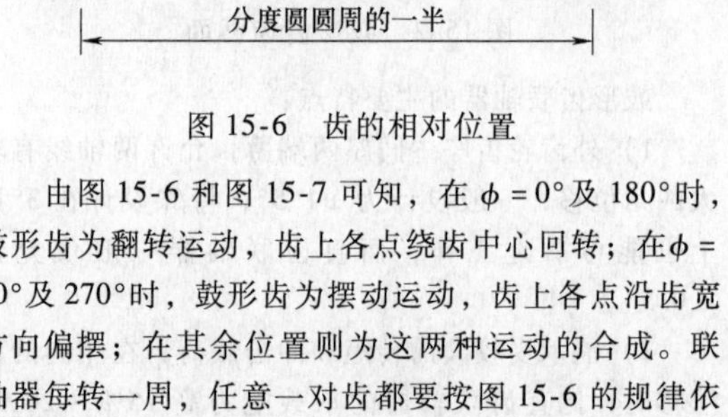

图15-6　齿的相对位置

由图15-6和图15-7可知，在 $\phi=0°$ 及180°时，鼓形齿为翻转运动，齿上各点绕齿中心回转；在 $\phi=90°$ 及270°时，鼓形齿为摆动运动，齿上各点沿齿宽方向偏摆；在其余位置则为这两种运动的合成。联轴器每转一周，任意一对齿都要按图15-6的规律依次通过每个位置，而任一鼓形齿上各点的法向位移量也随位置角 ϕ 变化。任一对内外齿的左、右齿面间的最小法向侧隙 J_{Lmin}、J_{Rmin} 应同时能满足鼓形齿左、右齿面的最大法向位移量，可近似按下式计算

$$J_{\text{Lmin}}=J_{\text{Rmin}}=\phi_{\text{t}}R\left(\frac{\tan^2\Delta\alpha}{\cos\alpha}+\sqrt{\cos^2\alpha-\tan^2\Delta\alpha}-\cos\alpha\right) \tag{15-5}$$

式中　ϕ_{t}——曲率系数；

R——鼓形齿位移圆半径；

α——压力角；

$\Delta\alpha$——角位移。

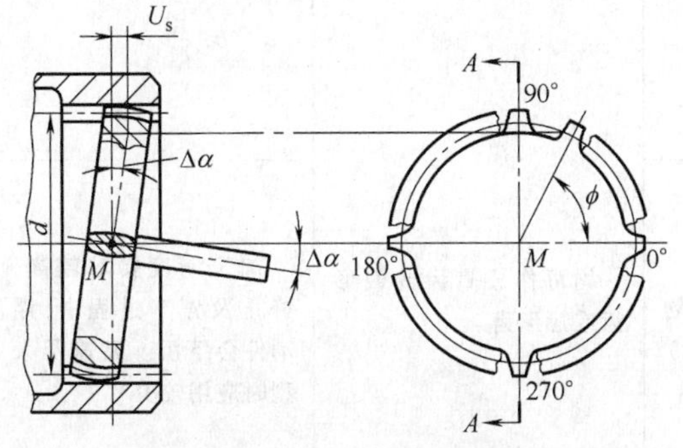

图 15-7　鼓形齿的偏移

（2）联轴器的最小理论法向侧隙　联轴器的最小理论法向侧隙 J_{nmin} 为 J_{Lmin} 和 J_{Rmin} 之和。

$$\begin{aligned}J_{\text{nmin}}&=J_{\text{Lmin}}+J_{\text{Rmin}}\\&=2\phi_{\text{t}}R\left(\frac{\tan^2\Delta\alpha}{\cos\alpha}+\sqrt{\cos^2\alpha-\tan^2\Delta\alpha}-\cos\alpha\right)\end{aligned} \tag{15-6}$$

联轴器的最小理论圆周侧隙 J_{tmin} 为

$$J_{\text{tmin}}=\frac{J_{\text{nmin}}}{\cos\alpha} \tag{15-7}$$

联轴器内、外齿不产生齿宽边缘接触的条件为

$$\min(b_1、b_2)>\frac{\phi_{\text{t}}R\tan\Delta\alpha}{\cos\alpha} \tag{15-8}$$

式中　b_1、b_2——外、内齿齿宽。

直齿联轴器的最小理论法向侧隙 J'_{nmin} 为

$$J'_{\text{nmin}}=\min(b_1、b_2)\tan\Delta\alpha \tag{15-9}$$

（3）联轴器的最小设计法向侧隙　联轴器的最小设计法向侧隙除保证 J_{nmin} 外，还必须考虑对制造误差的补偿量 δ_{n1}、外齿轴套与轴过盈连接时轴套胀大的补偿量 δ_{n2}。补偿量的计算分别如下：

$$\delta_{\text{n1}}=[(F_{\text{p1}}+F_{\text{p2}})\cos\alpha+(f_{\text{f1}}+f_{\text{f2}})+(F_{\text{g}}+F_{\beta2})] \tag{15-10}$$

式中　F_{p2}、F_{p1}——内、外齿齿距累积公差；

f_{f2}、f_{f1}——内、外齿齿形公差；

$F_{\beta2}$——内齿齿向公差；

F_{g}——鼓形外齿齿面鼓度对称度公差，见表 15-4。

$$\delta_{\text{n2}}=\Delta d\sin\alpha \tag{15-11}$$

式中　Δd——外齿轴套直径胀大量，按过盈连接计算。

联轴器的最小设计法向侧隙 J_{n}，为

$$J_{\text{n}}=J_{\text{nmin}}+\delta_{\text{n1}}+\delta_{\text{n2}} \tag{15-12}$$

对一般的小过盈加键连接，δ_{n2} 可忽略不计。

3. 几何计算

（1）主要几何参数的确定程序

1）根据强度校核公式（15-20）及表 15-3 中 R 的范围，初定分度圆直径 d 及位移圆半径 R。

2）根据初定的 d，选取适当的 m、z，z 的范围推荐如下：

$$z_{\min}\approx30 \tag{15-13}$$

$$z_{\max}\approx34400\frac{d}{R}\left(\frac{[\sigma_{\text{bb}}]}{\sigma_{\text{HP}}^2}\right) \tag{15-14}$$

式中　σ_{HP}、$[\sigma_{\text{bb}}]$——许用接触应力和许用抗弯强度，见表 15-7。

3）根据生产工艺，参照表 15-3 确定齿高系数与变位系数。

4）按表 15-3，计算几何尺寸并可对几何参数作适当圆整或调整。

（2）内、外齿的定心方式及产生侧隙的方法　联轴器内、外齿的定心方式一般采用内齿齿根圆与外齿齿顶圆径向定心，中、低速时，配合可取为 $\frac{\text{H9}}{\text{e8}}$。当加工精度高，侧隙小时，也可采用内、外齿齿面定心，径向则无配合要求。

齿轮联轴器常见的定心方式见表 15-2。

表 15-2　齿轮联轴器的形式和定心方式

简图	定心方式	外齿齿廓	特点和应用
	外径定心（外齿齿顶上局部凸台与内齿齿根圆配合）	均可作成直齿或鼓形齿或冠形齿	外齿的局部凸台代替球面，多用于直齿，现已较少应用

（续）

简图	定心方式	外齿齿廓	特点和应用
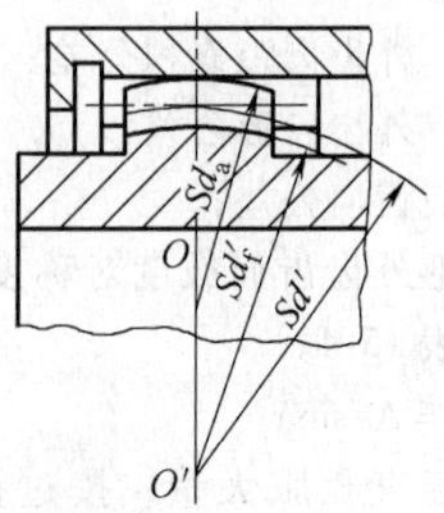	外径定心（外齿齿顶圆与内齿齿根圆配合）	均可作成直齿或鼓形齿或冠形齿	应用较广
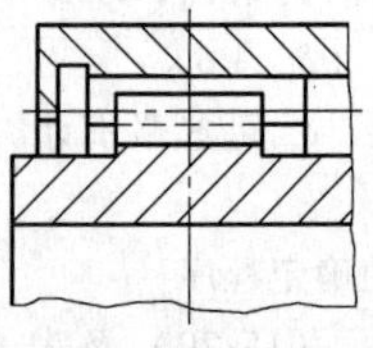	齿侧定心（内、外齿的齿顶与齿根间都有间隙）		加工精度要求较高，静止及停车过程中，浮动件会下沉。高速及大型时应用较少
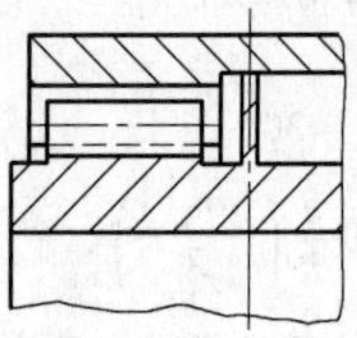	辐板定心（外齿轴套上的辐板与内齿圈内径配合）		配合面的尺寸公差容易保证，但配合面偏离轮齿的中心，角位移量可能太大，应用较少

齿轮联轴器的侧隙一般比较大。侧隙的分配，可均分在内、外齿上，也可大部分或全部分配在内齿上，从强度考虑，常采用后者。

产生侧隙的方法和参数的确定、刀具的选用有关，目前尚没有统一的标准。一般是根据采用标准刀具还是非标准刀具来考虑。

当采用 $h_{an}^*=1$，$c_n^*=0.25$ 的标准刀具时，由于外齿的齿顶高和内齿的齿根高相等，用标准的插齿刀仅靠径向切入不能达到齿厚要求，必需切向变位插齿。该法的缺点是内齿的切向插齿侧的齿面粗糙度不易保证。因此，另有一种实用的方法是把标准插齿刀磨去齿顶即成专用插齿刀，只采用径向进给，插至全齿深即可达到齿厚要求。

以下为用标准型刀具加工联轴器轮齿时，确定几何参数和产生侧隙的四种常用方法：

方法1：外齿全按不变位的标准齿轮，齿顶高 $h_{a1}=1.0m$，齿根高 $h_{f1}=1.25m$。内齿齿根高 $h_{f2}=1.0m$，插至全齿深后，切向插齿达齿厚要求；齿顶高 $h_{a2}=(0.8\sim1.0)\ m$，取小值有利于润滑。

方法2：外齿 $h_{a1}=0.8m$，此齿顶高是正常齿顶圆直径的齿坯按 $x_1=0.2$ 的变位系数滚齿得到的，齿厚增加，$h_{f1}=0.5m$。内齿 $h_{f2}=0.8m$，按 $x_2=0.2$ 的变位系数插至全齿深，切向插齿达齿厚要求，$h_{f2}=0.8m$。

方法3：外齿 $h_{a1}=1.0m$，内齿 $h_{f2}=1.0m$，采用角度变位使外齿齿厚增加，内齿齿厚减薄，内齿插齿时不需要切向变位。一般取 $x_2=0.5$，x_1 和 x_2 须满足以下关系式

$$x_2-x_1=\frac{J_n}{2m\sin\alpha} \tag{15-15}$$

方法4：外齿 $h_{a1}=1.0m$，$h_{f1}=1.25m$；内齿 $h_{f2}=1.0m$，$h_{a2}=0.8m$，插齿刀用标准刀具磨去 $0.25m$ 高的齿顶改制。内外齿齿厚相等，内齿轮插齿时不需要切向变位。

上述四种方法相比较，方法1、4的内、外齿齿厚差最小，方法2的齿高最短，方法3、4加工最方便。当内外齿径向定位时，插齿刀须按内齿根圆配合尺寸修磨。

(3) 几何计算公式　表15-3列出适用于上述四种方法的几何计算公式，且内、外齿为径向定位。当以齿侧定心时，可取 $h_{f2}=1.25m$。齿部几何符号如图15-8所示。

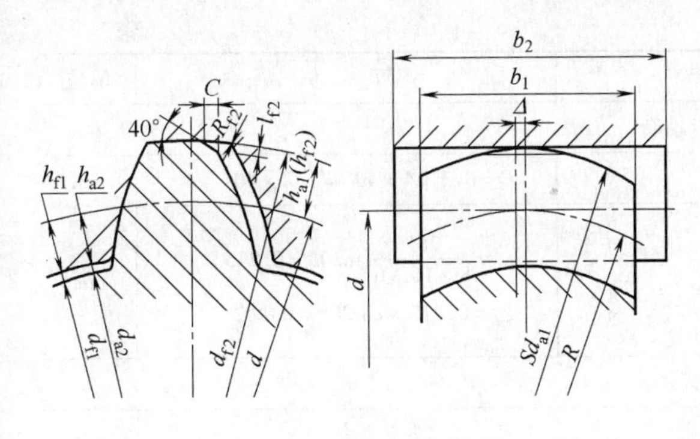

图 15-8　齿部几何符号

4. 强度计算

（1）联轴器的损伤形式　齿轮联轴器当轴线有角位移时，内、外齿齿面间产生相对滑动，因相对速度较低，不易形成动压油膜，故其损伤形式主要是齿面磨损，对低速联轴器，以磨粒磨损为主。由于是多齿啮合，轮齿的断齿则很少出现。减轻磨损的措施主要是改善润滑方式和提高齿面硬度。

（2）轮齿上的作用力　计算轮齿上的作用力时，视联轴器处于理想对中位置，并将载荷简化为集中力，如图 15-9 所示。

表 15-3　几何计算公式

名称	代号	公　式	算　例	单位
(1)已知条件				
模数	m	由承载能力确定	鼓形齿联轴器，$m=4$，$z=46$，$\alpha=20°$，$\Delta\alpha\leqslant2°$，精度 8 级，按方法 1 选参数及加工	mm
齿数	z	由承载能力确定		
压力角	α	一般取 $\alpha=20°$		(°)
角位移	$\Delta\alpha$	由安装使用确定		(°)
(2)外齿轴套				
分度圆直径	d	$d=mz$	$d=4\times46=184$	mm
径向变位系数	x_1	方法 1、4：$x_1=0$ 方法 2：$x_1=0.2$ 方法 3：$x_1=x_2-\dfrac{J_n}{2m\sin\alpha}$	$x_1=0$	
齿顶高	h_{a1}	方法 1、3、4：$h_{a1}=1.0m$ 方法 2：$h_{a1}=0.8m$	$h_{a1}=4$	mm
齿根高	h_{f1}	方法 1、4：$h_{f1}=1.25m$ 方法 2：$h_{f1}=1.05m$ 方法 3：$h_{f1}=(1.25-x_1)m$	$h_{f1}=1.25\times4=5$	mm
齿顶圆球面直径	Sd_{a1}	$Sd_{a1}=(d+2h_{a1})(\mathrm{e8})$	$Sd_{a1}=(184+2\times4)(\mathrm{e8})=192^{-0.100}_{-0.172}$	mm
齿根圆直径	d_{f1}	$d_{f1}=d-2h_{f1}$	$d_{f1}=184-2\times5=174$	mm
位移圆半径	R	结合承载能力计算，按下式初定： $R=(0.5\sim2.0)d$	初取 $R=0.9d=0.9\times184=165.6$	mm
齿宽	b_1	按下式初定： $b_1=(0.1\sim0.2)d$	初取 $b_1=0.15d=0.15\times184=27.6$ 圆整 $b_1=28$	mm
位移圆半径与齿宽关系校核		b_1、R 须按下式校核： $\dfrac{b_1}{R}>1.2\phi_t\tan\Delta\alpha$ 式中　ϕ_t—曲率系数，查表 15-1	$\dfrac{b_1}{R}=\dfrac{28}{165.6}=0.169$ $1.2\phi_t\tan\Delta\alpha=1.2\times2.51\tan2°=0.105$ 满足公式，取定 $R=165.6$，$b_1=28$	

（续）

名称	代号	公　式	算　例	单位
（2）外齿轴套				
齿顶倒角	C	$C=0.3m\times40°$	$C=0.3\times4\times40°=1.2\times40°$	mm
鼓形齿单侧减薄量	g_t g_e	$g_t=\frac{b_1^2}{8R}\tan\alpha$ $g_e=g_t\cos\alpha$	$g_t=\frac{28°}{8\times165.6}\tan20°=0.215$ $g_e=0.215\times\cos20°=0.202$	mm
（3）内齿圈				
径向变位系数	x_2	方法1、4：$x_2=0$ 方法2：$x_2=0.2$ 方法3：$x_2=x_1+\frac{J_n}{2m\sin\alpha}$ 一般取定 $x_2=0.5$	$x_2=0$	
齿顶高	h_{a2}	方法1：$h_{a2}=1.0m$ 方法2、4：$h_{a2}=0.8m$ 方法3：$h_{a2}=(1-x_2)m$	$h_{a2}=4$	mm
齿根高	h_{f2}	方法1、3、4：$h_{f2}=1.0m$ 方法2：$h_{f2}=0.8m$	$h_{f2}=4$	mm
齿顶圆直径	d_{a2}	$d_{a2}=d-2h_{a2}$	$d_{a2}=184-2\times4=176$	mm
齿根圆直径	d_{f2}	$d_{f2}=(d+2h_{f2})$（H9）	$d_{f2}=(184+2\times4)$（H9）$=191^{+0.115}_{0}$	mm
齿宽	b_2	$b_2=(1.1\sim1.3)b_1$	$b_2=1.2\times28=33.6$ 圆整 $b_2=34$	mm
齿根圆弧半径	R_{f2}	$R_{f2}=0.2m$	$R_{f2}=0.2\times4=0.8$	mm
齿根圆弧高度	l_{f2}	$l_{f2}=0.15m$	$l_{f2}=0.15\times4=0.6$	mm
（4）侧隙				
最小理论法向侧隙	J_{nmin}	$J_{nmin}=2\phi_t R\left(\frac{\tan^2\Delta\alpha}{\cos\alpha}+\sqrt{\cos^2\alpha-\tan^2\Delta\alpha}-\cos\alpha\right)$	$J_{nmin}=2\times2.51\times165.6\times\left(\frac{\tan^2 2°}{\cos20°}+\sqrt{\cos^2 20°-\tan^2 2°}-\cos20°\right)=0.539$	mm
制造误差补偿量	δ_{n1}	$\delta_{n1}=[(F_{p1}+F_{p2})\cos\alpha+(f_{f1}+f_{f2})+(F_g+F_{\beta2})]$ 式中　F_{p2}、F_{p1}——内、外齿齿距累积公差； f_{f2}、f_{f1}——内、外齿齿形公差； $F_{\beta2}$——内齿齿向公差 以上各值查 GB/T 10095.1—2008 F_g——鼓形外齿齿面鼓度对称度公差，见表15-4	查 GB/T 10095.1—2008，$F_{p1}=F_{p2}=0.090$ $f_{f1}=f_{f2}=0.022$，$F_{\beta2}=0.018$， 查表15-4；$F_g=0.040$ $\delta_{n1}=2\times0.09\times\cos20°+2\times0.022+0.018+0.04=0.271$	mm

（续）

名称	代号	公　式	算　例	单位
		(4)侧隙		
过盈连接补偿量	δ_{n2}	$\delta_{n2}=\Delta d\sin\alpha$ 式中　Δd—外齿轴套直径胀大量	一般的小过盈加键连接，δ_{n2}忽略不计	mm
最小设计法向侧隙	J_n	$J_n=J_{n\min}+\delta_{n1}+\delta_{n2}$	$J_n=0.539+0.271=0.81$	mm
		(5)测量尺寸		
外齿跨测齿数	k	方法1：$k=\frac{\alpha z}{180°}+0.5$　4舍5入取整数 方法2、3：$k=\frac{z}{\pi}\left[\frac{1}{\cos\alpha}\sqrt{\left(1+\frac{2x_1}{z}\right)^2-\cos^2\alpha}-\frac{2x_1}{z}\tan\alpha-\mathrm{inv}\alpha\right]+0.5$ 4舍5入取整数	$k=\frac{20°\times 46}{180°}+0.5=5.6$ 圆整 $k=6$	
外齿公法线长度	W	方法1：$W=\cos\alpha[\pi(k-0.5)+z\mathrm{inv}\alpha]m$ 方法2、3：$W=[\pi(k-0.5)\cos\alpha+z\mathrm{inv}\alpha\cos\alpha+2x_1\sin\alpha]m$	$W=\cos 20°[\pi(6-0.5)+46\times 0.0149]\times 4=67.523$	mm
公法线长度偏差		上偏差=0 下偏差=$-\Delta W$，ΔW查表15-5	查表15-5：$\Delta W=0.080$ $W=67.523^{\ 0}_{-0.080}$	
内齿量棒直径	d_p	$d_p=(1.65\sim1.95)m$	初取 $d_p=1.8m=1.8\times 4=7.2$	mm
量棒中心所在圆的压力角	α_M	方法1：$\mathrm{inv}\alpha_M=\mathrm{inv}\alpha+\frac{\pi}{2z}+\frac{J_n-d_p}{mz\cos\alpha}$ 方法2、3：$\mathrm{inv}\alpha_M=\mathrm{inv}\alpha+\frac{\pi}{2z}+\frac{2x_2m\sin\alpha+J_n-d_p}{mz\cos\alpha}$	$\mathrm{inv}\alpha_M=0.0149+\frac{\pi}{2\times 46}+\frac{0.81-7.2}{4\times 46\cos 20°}=0.0120907$ $\alpha_M=18°42'=18.7°$	(°)
量棒直径校核		d_m须满足下式： $\frac{\cos\alpha}{\cos\alpha_M}d-d_{a2}<d_m<d_{f2}-\frac{\cos\alpha}{\cos\alpha_M}d$	$\frac{\cos 20°}{\cos 18.7°}184-176=6.5$ $192-\frac{\cos 20°}{\cos 18.7°}184=9.5$ $6.5<7.2<9.5$，满足公式 $6.5<7.2<9.5$，满足公式	
量棒跨距	M	偶数齿 $M=\frac{d\cos\alpha}{\cos\alpha_M}-d_m$ 奇数齿 $M=\frac{d\cos\alpha}{\cos\alpha_M}\cos\frac{90°}{z}-d_m$	$M=\frac{184\cos 20°}{\cos 18.7°}-7.2=175.340$	mm
量棒跨距偏差		上偏差=$\begin{cases}\frac{\Delta W}{\sin\alpha_m} & 偶数齿\\ \frac{\Delta W}{\sin\alpha_M}\cos\frac{90°}{z} & 奇数齿\end{cases}$ 下偏差=0	$\frac{\Delta W}{\sin\alpha_M}=\frac{0.08}{\sin 18.7°}=0.250$ $M=175.340^{+0.25}_{\ 0}$	

表 15-4 齿面鼓度对称度公差 F_g （单位：mm）

齿轮精度等级	齿宽 b_1				
	≤30	>30~50	>50~75	>75~110	>110~150
7	0.030	0.042	0.055	0.078	0.105
8	0.040	0.050	0.065	0.090	0.115

注：$F_g = |g_{t1} - g_{t2}|$，g_{t1}、g_{t2}如图 15-5 所示。

表 15-5 公法线长度偏差 ΔW （单位：mm）

齿轮精度等级	分度圆直径 d				
	≤50	>50~125	>125~200	>200~400	>400~800
6	0.034	0.040	0.045	0.050	0.055
7	0.038	0.050	0.055	0.070	0.080
8	0.048	0.070	0.080	0.090	0.115

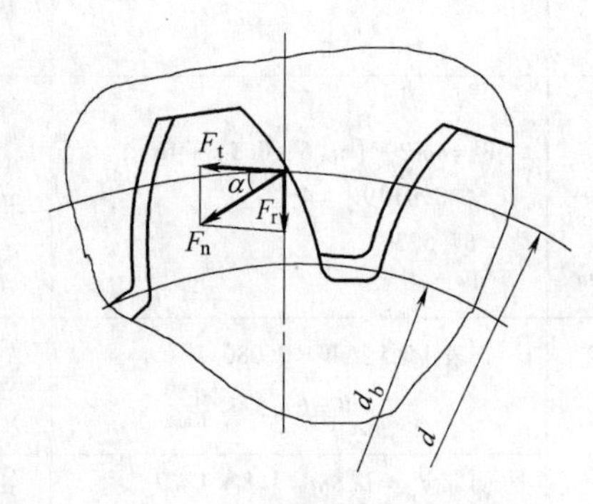

图 15-9 轮齿上的作用力

切向力 $$F_t = \frac{2000T}{zd} \tag{15-16}$$

径向力 $$F_r = F_t \tan\alpha \tag{15-17}$$

法向力 $$F_n = \frac{F_t}{\cos\alpha} \tag{15-18}$$

式中 T——转矩（N·m）。

（3）计算转矩 联轴器强度计算应考虑各影响因素，采用计算转矩 T_c 进行修正，即

$$T_c = \frac{f_1}{f_2}T \tag{15-19}$$

式中 f_1——动载系数，见表 15-6；

f_2——偏载系数，见图 15-10。

表 15-6 动载系数 f_1

载荷情况	被驱动机械示例	每天工作时间/h	动载系数 f_1
平稳	离心泵、吹风机、木工机械	≤10	1
		>10	1.25
中等冲击	机床、起重机、运输机、空气压缩机	≤10	1.25
		>10	1.5
强烈冲击	轧机、锻压设备、矿用机械、振动筛、烧结设备	≤10	1.75
		>10	2

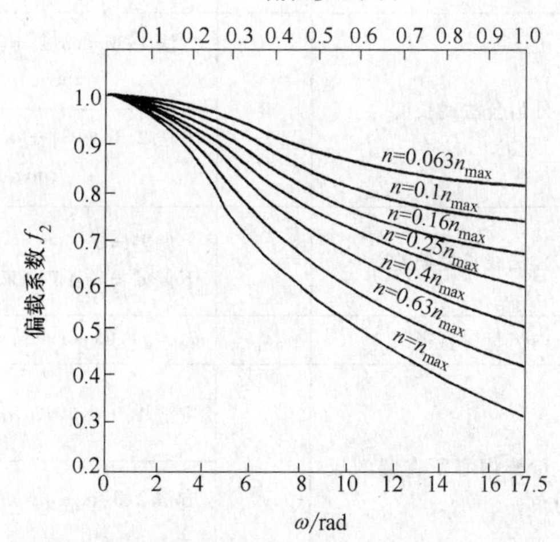

图 15-10 偏载系数 f_2

外径不大于 200mm 的联轴器，其转速以 4000r/min为限，大规格联轴器，其转速以外径线速度 $v=40$m/s 为限。

（4）接触强度校核 在轴线无角位移时，鼓形齿只有齿的中间凸起部分接触，内、外齿在中间截面上可认为沿齿高均匀接触，接触区压应力接椭圆分布，如图 15-11 所示。

由赫兹公式推导出的接触强度校核公式为

$$\sigma_H = 7750\sqrt{\frac{T_c}{d^2 \phi_e R\cos\alpha}} \leqslant \sigma_{HP} \tag{15-20}$$

式中 σ_{HP}——许用接触应力（MPa），见表 15-7。

（5）剪切强度校核 齿轮联轴器的强度计算与一般齿轮传动的强度计算有所不同，其弯曲强度一般不作校核计算，必要时，可按下式校核剪切强度，即

$$\tau = \frac{f_3 T_c}{d^2 b_1} \leqslant \tau_{HP} \tag{15-21}$$

式中 f_3——误差系数，$f_3 = 8000 \sim 12000$，制造精度高取小值，反之取大值；

τ_{HP}——许用切应力（MPa），见表15-7。

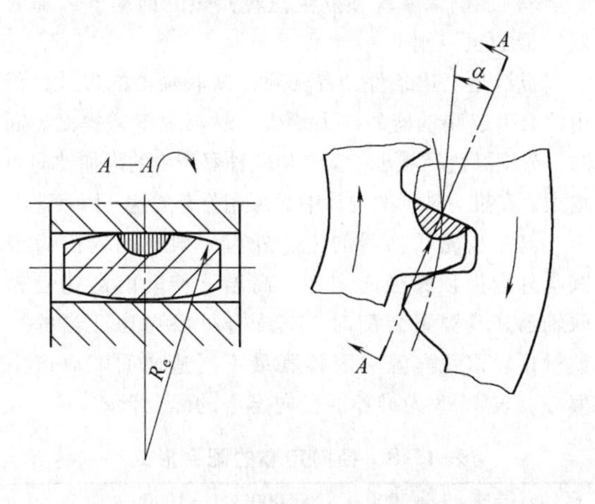

图15-11 接触应力示意图

（6）其他验算 对带中间轴或套筒的联轴器，如中间轴或中间套筒过长、过重及转速较高时，应验算临界转速。其计算公式随不同结构而有所不同，可参见JB/ZQ 4381—1997鼓形齿联轴器选用及计算。

5. 主要技术要求

1）内、外齿的齿面表面粗糙度对调质齿轮不低于$Ra3.2\mu m$，对氮化和渗碳淬火齿轮不低于$Ra1.6\mu m$。精度可视要求定为GB/T 10095.1的8级或7级，检验项目：推荐对内外齿规定其齿距累积公差F_p和齿距极限偏差$\pm f_{pt}$，也可规定齿圈径向跳动公差F_r和公法线长度变动公差F_W，对鼓形齿尚应规定其齿面鼓度对称公差F_g。

2）外齿轴套齿长中截面对称度偏差$\Delta = \pm 1mm$（Δ见图15-8）。

3）两半联轴器之间采用防松的铰制孔螺栓连接。

4）联轴器的内、外齿应在油浴中工作，一般速度低时用润滑脂，速度高时用润滑油。

表15-7 许用应力值（$m \leqslant 7mm$时） （单位：MPa）

材料	硬度	接触应力σ_{HP}		弯曲应力σ_{FP}	切应力τ_{HP}
		推荐公式	最大数值		
钢	≤250HBW	0.72HBW	166	72	206
钢	250~350HBW	0.62HBW	206	105	274
淬火钢、表面淬火钢	38~57HRC	4.7HRC	255	126	309
渗碳钢	56~64HRC	4.9HRC	304	178	343
氮化钢	550~750HV		260	126	309

注：当$m \geqslant 8mm$时，表中值乘以0.95。

5）安装找中一般应以联轴器为基准，联轴器的找中面应有几何公差要求。

6. 中、低速鼓形齿联轴器的结构

中、低速鼓形齿联轴器，依使用安装场合的不同，有以下几种常用结构：基本型，如图15-1所示；带中间轴型，如图15-12所示；带制动轮型，如图15-13所示；竖向安装型，如图15-14所示。极少数情况，也有只用一对齿轮的。

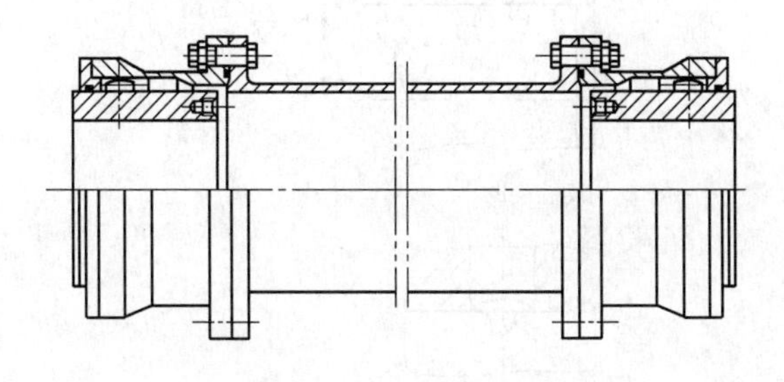

图15-12 带中间轴型鼓形齿联轴器

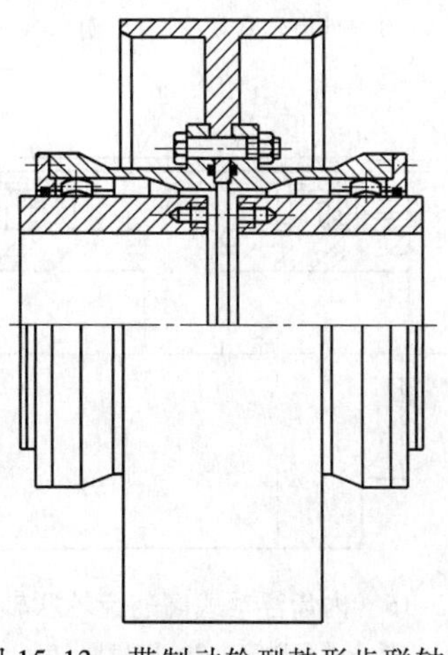

图15-13 带制动轮型鼓形齿联轴器

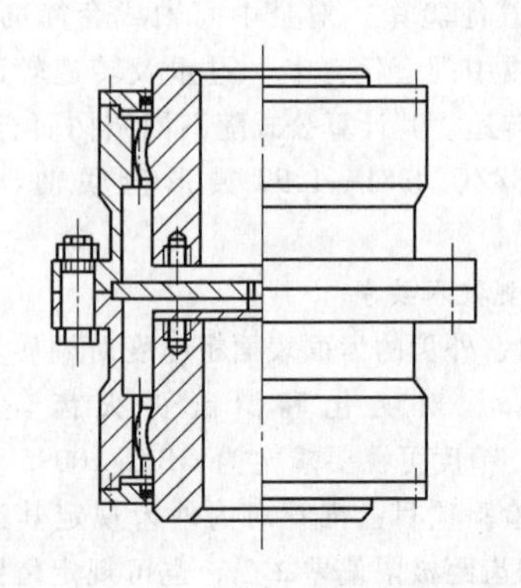

图 15-14　竖向安装型鼓形齿联轴器

15.2　高速齿轮联轴器的设计

1. 高速齿轮联轴器的结构

按浮动零件的结构形式划分，高速齿轮联轴器主要有两种结构形式；外齿浮动式（见图 15-15）和内齿浮动式（见图 15-16）。

若要在不移动被连机械的情况下装拆联轴器，可将图 15-15 中的外齿轴套或图 15-16 中的内齿圈分成左、右两件用法兰连接，成为隔套式结构。

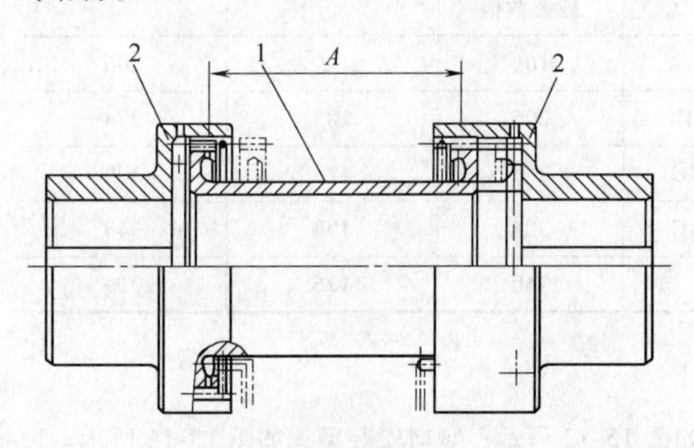

图 15-15　外齿浮动式高速齿轮联轴器

1—外齿轴套　2—内齿圈

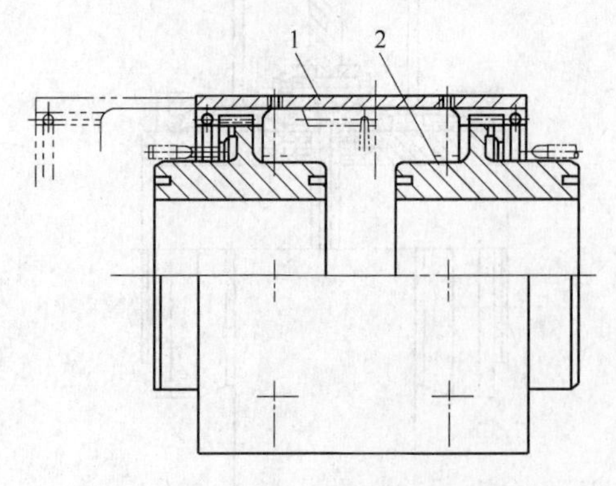

图 15-16　内齿浮动式高速齿轮联轴器

1—外齿轴套　2—内齿圈

高速齿轮联轴器的结构设计应考虑如下要求：

1）减轻联轴器的质量，以减轻轴承端悬挂力矩，提高传动系统的横向固有频率，增大横向临界转速。

2）将联轴器的不平衡度减至最低限度，以降低横向离心振幅。

3）在确保系统不发生扭转共振的前提下，降低联轴器的扭转刚度。

欲满足上述条件，就必须缩减联轴器的尺寸，但由此会引起联轴器的应力增大，材料强度需提高。同时，分度圆直径减小，又会使联轴器产生的附加轴向力增大，在推力轴承的设计中必须充分考虑这一因素。

高速齿轮联轴器的内、外齿一般采用内齿齿根圆与外齿齿顶圆径向定心。高温下传动的高速齿轮联轴器在常温下装配时，其配合处要考虑适当的过盈量，以避免高温时因膨胀量不同造成间隙而产生偏心。表 15-8 为推荐的径向定心的配合形式。

表 15-8　径向定心的配合形式

联轴器转速 n /(r/min)	>3000～5000	>5000～10000	>10000～15000	>15000
配合形式	$\frac{H9}{h7}$	$\frac{H8}{js7}$	$\frac{H8}{k7}$	$\frac{H7}{p6}$

当工作环境温度大于 400℃时，配合形式取$\frac{H7}{p6}$。

内、外齿也可采用齿侧定心，这时在起动及停车阶段，浮动件将会下沉。当转速达到一定数值时，齿侧定心才起作用，因此校核浮动件的稳定性至关重要。

重载的高速齿轮联轴器与被连机械的轴伸往往采用过盈连接油压拆卸，以避免键连接带来的缺点，并且适当的过盈量对轴伸连接处的强度有增强作用。此外，油压拆卸还具有拆卸方便，不损伤配合面等优点。为避免应力集中，一般在包容件的端面加工卸载槽，如图 15-16 所示的外齿轴套端部的沟槽。在包容件或被包容件上开有环形油槽用以油压拆卸，见图 15-17 和图 15-18 所示。

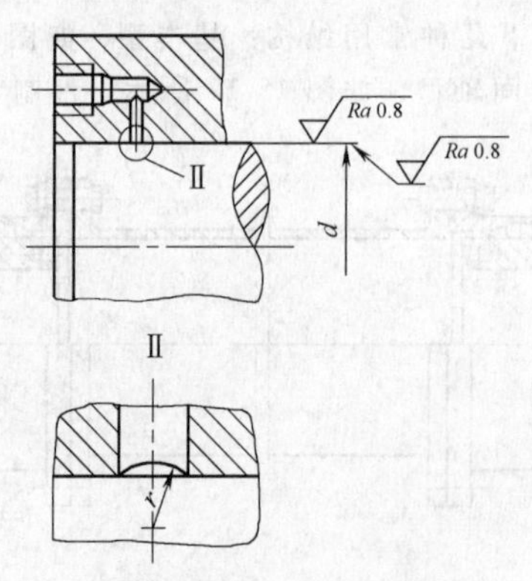

图 15-17　在包容件上开油槽

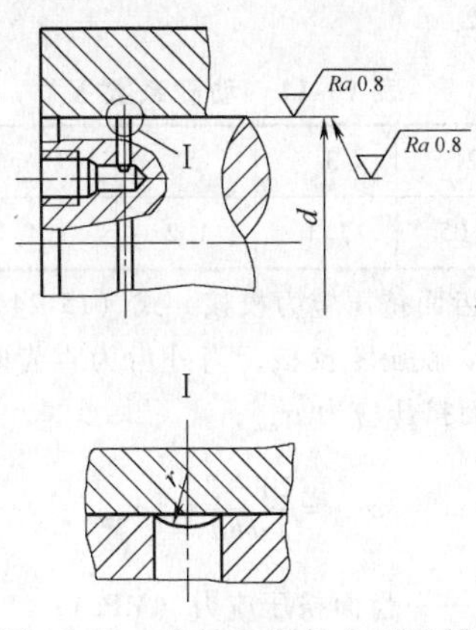

图 15-18　在被包容件上开油槽

2. 主要参数的确定

高速齿轮联轴器的参数选择，几何计算及强度计算与中、低速齿轮联轴器基本相同，本节介绍其不同点。

（1）齿形　高速齿轮联轴器的齿形，多采用渐开线短齿，齿顶高系数 $h_a^* = 0.8$。因所连接的两轴线间允许的角位移一般很小，故多采用鼓形量很小的鼓形齿或直齿。

（2）模数　模数对联轴器的发热影响较大，不宜过大，推荐取 $m = (0.01 \sim 0.025)d$。当转速超过 10000r/min 时，一般取 $m \leqslant 3$mm。

（3）角位移与侧隙　为提高传动平稳性，减少齿面间相互挤压滑动距离，推荐角位移按表 15-9 选取。

表 15-9　角位移的推荐值

联轴器转速 n/(r/min)	>3000～5000	>5000～10000	>10000～15000
角位移 $\Delta\alpha$(′)	≤20	≤10	≤5
联轴器转速 n/(r/min)	>15000～20000		>20000
角位移 $\Delta\alpha$(′)	≤3		≤2

当安装与运行时（冷态及热态）的对中极限偏差为 $\Delta\alpha$ 时，浮动件支点长度 A（见图 15-15）应满足

$$A \geqslant \frac{\Delta a}{\sin\Delta\alpha} \tag{15-22}$$

高速齿轮联轴器同允许的角位移一般很小，故设计最小法向侧隙 J_n 通常比中、低速联轴器的小，但一般不应小于下列推荐值：

当转速 $n \geqslant 10000$r/min 时，J_n 不小于 IT12 级的值（按分度圆直径查取），当转速 $n < 10000$r/min 时，J_n 不小于 IT11 级的值。

（4）润滑　高速齿轮联轴器通常采用压力油喷油润滑。油量要考虑到有角位移时，轮齿间相互摩擦往复行程的耗功发热能及时移走，一般平衡时出油温度比进油温度高 15℃，润滑油可采用汽轮机油，按式（15-23）计算理论润滑油量 Q(L/min)：

$$Q = 2.36\Delta\alpha P \times 10^{-3} \tag{15-23}$$

式中　$\Delta\alpha$——角位移（°）；

P——传递功率（kW）。

实际润滑油量还要考虑压力喷射飞溅的损失，可取理论计算 Q 值的 1.5～2 倍，进油方式如图 15-19所示时，取 1.5～1.7 倍；如图 15-20 所示时，取 1.8～2 倍。

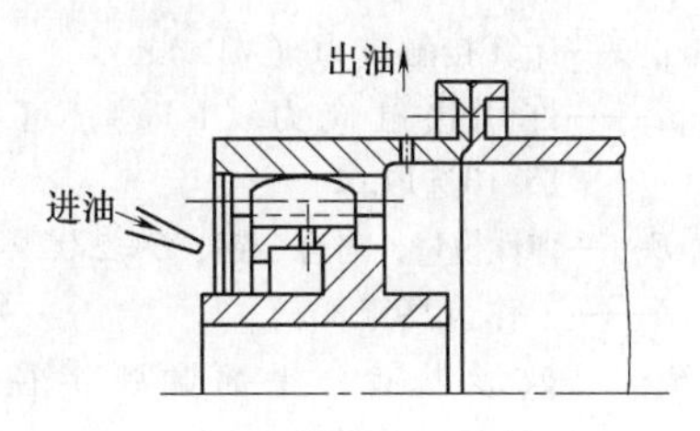

图 15-19　压力油喷油方式（一）

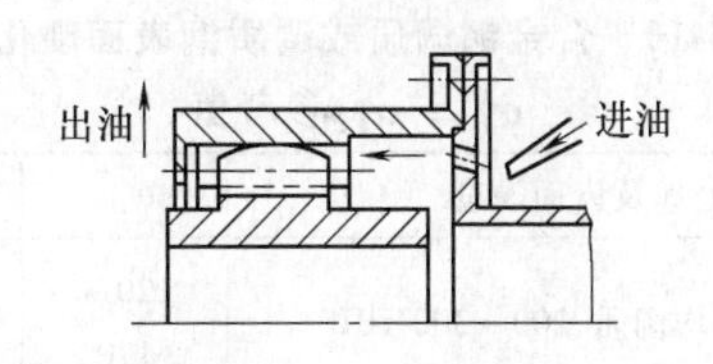

图 15-20　压力油喷油方式（二）

（5）制造、安装精度及动平衡　高速机组转子的稳定性极为重要，它要求联轴器具有较高的精度，并进行精确的动平衡。一般要求外齿精度达到 6 级，内齿精度达到 7 级。零件的径向跳动和轴向跳动都要限制在很小的范围内，以确保潜在的不平衡度降低到最低限度。

主要零件需进行平衡。对轴向长度较短的零件，允许仅作静平衡。轴向长度较长的零件，应作动平衡，联轴器组装后作整体动平衡。

（6）转速与材料　联轴器在高速旋转时产生的巨大离心力将使旋转零件承受巨大的径向应力和切向应力。当线速度超过某一极限值时，即使零件没有承受载荷也会自行破坏，所以齿轮联轴器外缘有最高线速度的限制。当外缘圆周速度大于 100m/s 时，必须选用高强度合金钢，而允许的最大线速度

为 170m/s。

高速齿轮联轴器的材料应选用高强度合金钢。选材时应考虑以下因素：

1）内、外齿零件选用不同的材料，可以防止齿面胶合和减轻磨料磨损。

2）为防止产生压痕和台肩，直齿联轴器的内、外齿的齿宽较长者的齿面硬度应较高。

3）齿面硬化可提高耐磨性，常用方法有淬火、氮化和渗碳淬火。氮化可有效地防止胶合和提高耐磨性，采用较多。

3. 强度计算

（1）齿面接触强度校核　鼓形齿联轴器的接触强度可按下式校核：

$$\sigma_{H}=0.418\sqrt{\frac{F_{t}E}{hR_{e}}}\leqslant\sigma_{HP} \quad (15\text{-}24)$$

式中　σ_H——计算接触应力（MPa）；

σ_{HP}——许用接触应力（MPa），可参考表15-10选取；

E——弹性模量，对合金钢，$E=2.06\times10^5$MPa；

h——工作齿高（mm）；

R_e——鼓形齿啮合平面圆弧半径，按式（15-4）计算（mm）；

F_t——工作齿面的圆周力（N）；

表 15-10　合金钢调质或调质钢表面硬化时的 σ_{HP}，σ_{FP} 参考值

轮齿热处理及齿面硬度	σ_{HP}	σ_{FP}
内、外齿均调质，200～300HBW	120～170	104～134
内、外齿均为硬齿面，48～65HRC	190～290	96～188
外齿为硬齿面，内齿为调质	170～190	96～134

注：表中应力值是参考 GB/T 19406—2003 按 $S_{Hmin}=5$，$S_{Fmin}=2.5$ 得到的，使用时可按具体硬度插值查取。

$$F_{t}=\frac{2000T}{zd}K_{A}K_{\alpha}K_{v} \quad (15\text{-}25)$$

式中　T——名义转矩（N·m）；

K_A——使用系数，可参照 GB/T 19406—2003 选用，一般取 $K_A=1.0\sim1.25$；

K_α——齿面载荷不均匀系数，与齿轮精度等级有关，6 级 $K_\alpha=1.2\sim1.5$，7 级 $K_\alpha=1.5\sim20$，8 级 $K_\alpha=2\sim2.5$；

K_v——动载系数，与角位移有关，可参考表15-11 选取。

表 15-11　动载系数 K_v

$\Delta\alpha$	2′	3′	5′	10′	20′
K_v	1.05	1.1	1.2	1.4	1.5

（2）齿面挤压应力校核　式（15-24）只适于鼓形齿时的接触强度校核，当外齿为直齿时，可按下式校核齿面挤压应力 σ_{cm}；

$$\sigma_{cm}=\frac{2000T}{\psi zbhd}\leqslant[\sigma_{cm}] \quad (15\text{-}26)$$

式中　σ_{cm}——齿面挤压应力（MPa）；

ψ——齿面接触率系数，通常可取 $\psi=0.75$；

z——齿数；

b——较窄的齿宽（mm）；

h——工作齿高（mm）；

d——分度圆直径（mm）；

T——名义转矩（N·m）；

$[\sigma_{cm}]$——许用挤压应力（MPa），一般 $[\sigma_{cm}]=10\sim15$MPa。

（3）齿根抗弯强度核算　当需要校核齿根抗弯强度时，可按下式校核，即

$$\sigma_{F}=\frac{1000TY_{f}}{bd^{2}}K_{A}K_{\alpha}K_{v}\leqslant\sigma_{FP} \quad (15\text{-}27)$$

式中　σ_F——计算齿根弯曲应力（MPa）；

σ_{Fp}——许用齿根弯曲应力（MPa），可参考表15-10 选取；

Y_f——齿根系数，按表 15-12 选取。

表 15-12　齿根系数

z	30～40	41～50	51～60	61～70	71～80
Y_f	3.97	3.73	3.5	3.29	3.08

4. 参数验算

（1）齿面相对滑移速度 v_s　由于联轴器所连两轴线间不可避免地存在着偏斜，所以运转时内、外齿面间将产生相对运动，相对滑移速度是周期性变化的，其平均值为

$$v_{s}=dn\tan\Delta\alpha/30000 \quad (15\text{-}28)$$

式中　d——分度圆直径（mm）；

n——转速（r/min）；

$\Delta\alpha$——两轴线之间的角位移（°）。

限制齿面相对滑移速度能防止胶合，延缓磨损。

一般要求 v_s 小于 0.12m/s。

（2）浮动零件临界转速 n_k　为了适应用户的要求，浮动零件的长度可以加长。当长度过长时，必须校核其自身的临界转速 n_k（r/min）。要求 n_k 大于 $1.25n_{max}$（n_{max}为许用最大转速），即

$$n_k = \frac{4.82 \times 10^4}{A} \tag{15-29}$$

$$i = 2.5\sqrt{D_1^2 + D_2^2} \tag{15-30}$$

式中　A——浮动零件两端齿中心之间的距离（mm）；

D_1、D_2——浮动零件的内外壁直径（mm）。

（3）ε 数　ε 数是齿轮联轴器稳定性的重要数据，即

$$\varepsilon = \frac{10^9 P}{1.36Wd^2n^3} \times 10^6 \tag{15-31}$$

式中　P——传递功率（kW）；

W——浮动零件的质量（kg）；

d——分度圆直径（mm）；

n——转速（r/min）。

一般认为，当 $\varepsilon > 10$ 时，运行稳定；$5 < \varepsilon < 10$ 时，运行困难，$\varepsilon < 5$ 时，运行危险。由式（15-31）可知，质量越大、分度圆直径越大、转速越高，功率越小则越不稳定。

（4）联轴器上的力　在运转过程中，联轴器上的力将传递到被连机械上，这些力和力矩必须限制在合理的范围内。

1）轴向力 F_a（N）。当联轴器传递转矩时，因为齿面接触处的摩擦阻碍了匹配齿之间的相对运动，因此产生轴向力并传递给被连机械，即

$$F_a = \frac{\mu T}{d\cos\alpha} \times 10^3 \tag{15-32}$$

式中　μ——摩擦因数；

d——分度圆直径（mm）；

T——转矩（N·m）；

α——压力角（rad）。

公式中的 μ 并非单个齿的摩擦因数，而是整个联轴器的有效摩擦因数。当正常运行时，对于润滑良好的联轴器，$\mu \leqslant 0.05$ 是可能的。但是，当轴向膨胀十分迅速时，μ 将接近 0.15，甚至超过此值。设计推力轴承时可考虑 $\mu = 0.25$。

2）横向力 F_R（N）。由于被连两轴线不对中，在匹配齿上将产生横向力矩，因而就有显著的横向力 F_R 作用在联轴器临近的径向轴承上，即

$$F_R \approx 2\frac{1}{3}\ \frac{T_R}{t} \times 10^3 \tag{15-33}$$

式中　t——齿距（mm）；

T_R——横向力矩（N·m）。

横向力矩 T_R 由摩擦力矩 T_F 和倾斜力矩 T_T 所合成，即

$$T_F = \frac{\mu T}{\cos\alpha} \tag{15-34}$$

$$T_T = \frac{bT}{d\text{coa}\alpha} \tag{15-35}$$

$$T_R = \sqrt{T_F^2 + T_T^2} \tag{15-36}$$

对于高速齿轮联轴器，当 μ 和 $\dfrac{b}{a}$ 分别达到较大值时，T_R 通常可取为下列数值：

直齿　$T_R = 0.16T$

鼓形齿　$T_R = 0.12T$

最大横向力的作用方向：在轴线偏移的情况下，逆转向滞后于另一台机器偏转的 40°～55°。图 15-21 为轴线明显偏斜时作用在内齿圈上的力矩示意图，图 15-22 所示为轴线偏移时邻近轴承受横向力方向示意。

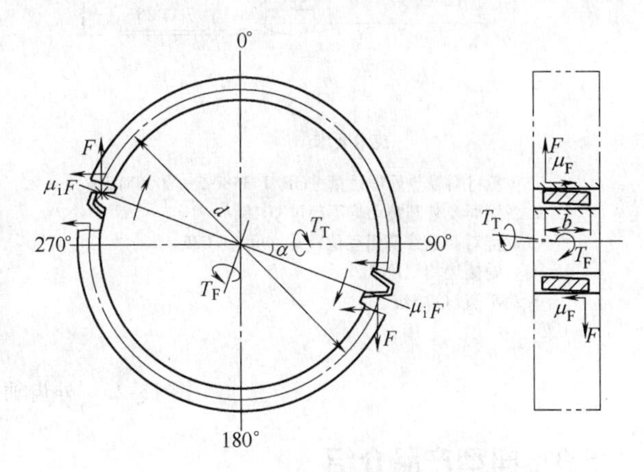

图 15-21　轴线明显偏斜时作用在内齿圈上的力矩示意图

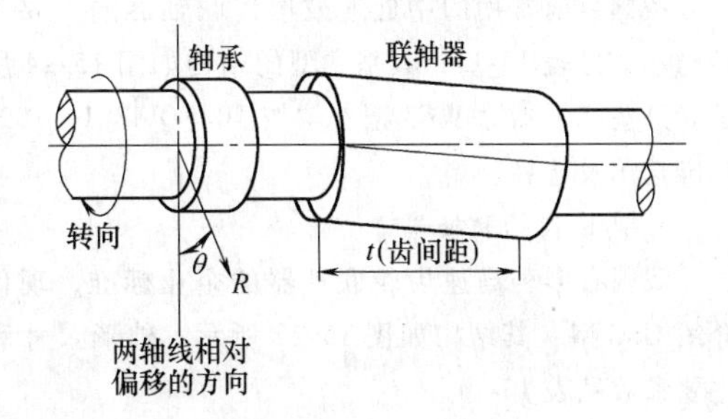

图 15-22　轴线偏移时邻近轴承受横向方向的力示意图

$\left(\theta = \arctan\left(\dfrac{T_F}{T_T}\right) = 40°\right)$

5. 外齿轴套工作图示例（见图 15-23）

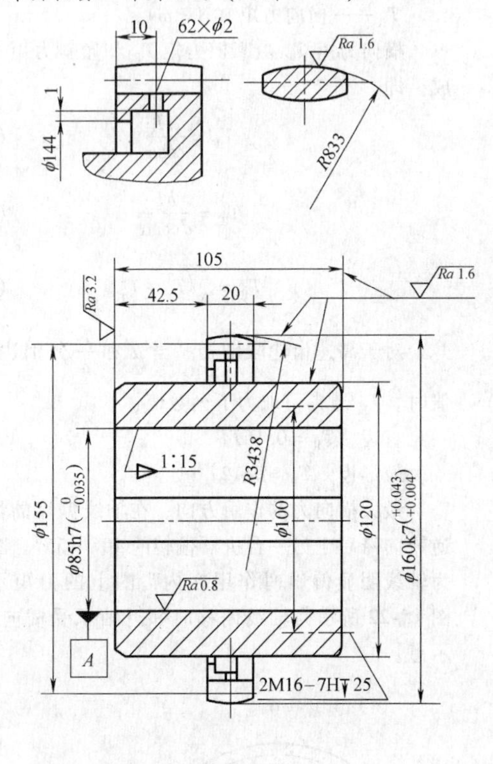

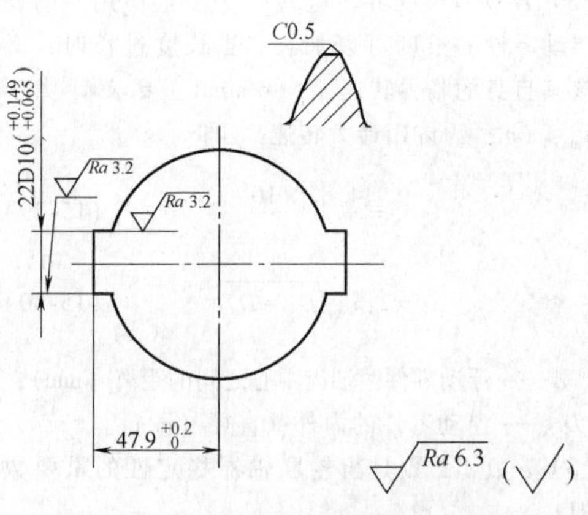

$\sqrt{Ra\,6.3}$ （$\sqrt{}$）

技术要求

1. 齿轮材料及热处理质量按GB/T 3480.5—2008ME级。
2. 各端面及外圆跳动均不超过0.015。
3. 双键对孔轴线及相互位置对称度≤0.025。
4. 各处棱边均倒角C0.5。
5. 动平衡：G2.5级。

齿轮参数及精度				
序	名称		代号	参数
1	模数		m	2.5mm
2	齿数		z	62
3	压力角		α	20
4	齿顶高		h_a	2.5mm
5	工作高度		h'	4.5mm
6	全齿高		h	5.625mm
7	变位系数		x	0
8	公法线跨测齿数		k	8
9	公法线长度及偏差	中部	W^{EWms}_{EWmi}	$57.52^{-0.256}_{-0.192}$mm
		端面	W^{EWms}_{EWmi}	$57.46^{-0.256}_{-0.192}$mm
10	配合齿轮图号			
精度检验7KL GB/T10095.1—2008				
1	径向跳动公差		F_r	0.04mm
2	公法线长度变动公差		F_w	0.036mm

图 15-23　外齿轴套工作图示例

15.3　典型产品介绍

1. 中、低速鼓形齿联轴器

我国目前常用的中低速鼓形齿联轴器的主要类型与参数见表 15-13，其基本型的结构如图 15-24 所示。这些联轴器除 WGJ 型外均按 JB/ZQ 4381—1997 标准选用及计算。

2. 高速齿轮联轴器

我国有多种高速齿轮联轴器的企业标准，现仅介绍 GSC 型，其结构如图 15-25 所示，外形尺寸和主要参数见表 15-14。

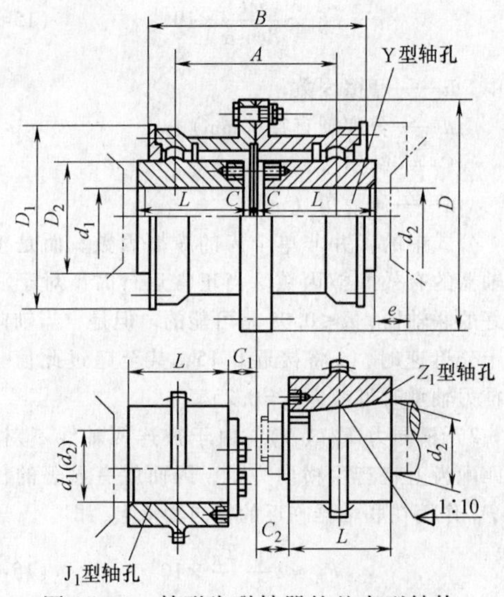

图 15-24　鼓形齿联轴器的基本型结构

表 15-13　我国中、低速鼓形齿联轴器的主要类型与参数

类型	规格	标准	特点	公称转矩 /kN · m	许用转速 /(r/min)	轴孔直径 /mm	基本尺寸/mm				转动惯量 /(kg · m²)	质量 /kg
							D	D_1	A	B		
G Ⅰ CL	1 ~ 30	ZBJ 19013—1989	基本型	0.63 ~ 2800	4000 ~ 500	16 ~ 630	125 ~ 1390	95 ~ 10240	—	115 ~ 1050	0.009 ~ 1947.17	5.9 ~ 9514
G Ⅱ CL	1 ~ 25	ZBJ 19013—1989	基本型	0.355 ~ 4000	4000 ~ 460	16 ~ 1000	103 ~ 1644	71 ~ 1538	36 ~ 325	76 ~ 620	0.014 ~ 28793	5.1 ~ 27797
GCLD	1 ~ 10	ZBJ 19012—1989	接电动机轴伸型	1 ~ 45	4000 ~ 2100	22 ~ 200	127 ~ 362	95 ~ 313	43 ~ 98.5	66 ~ 149	0.035 ~ 13.69	6.2 ~ 319
G Ⅱ CLZ	1 ~ 25	ZBJ 19014—1989	接中间轴型	0.355 ~ 4000	4000 ~ 460	16 ~ 1000	103 ~ 1644	71 ~ 1538	—	—	0.016 ~ 28.793	3.5 ~ 27.797
MGCL	1 ~ 14	JB/ZQ 4644—1997	带制动轮型	0.355 ~ 100	4000 ~ 950	20 ~ 250	103 ~ 462	71 ~ 420	—	—	0.07 ~ 105.9	7 ~ 850
NGCLZ	1 ~ 14	JB/ZQ 4645—1997	带制动轮型	0.355 ~ 100	4000 ~ 950	20 ~ 250	103 ~ 462	71 ~ 380	—	—	0.071 ~ 102	7.3 ~ 780
WG	1 ~ 24	JB/ZQ 4186—1997	基型	0.71 ~ 1250	7500 ~ 850	12 ~ 520	122 ~ 1060	115 ~ 925	—	—	0.0063 ~ 477.8	4.86 ~ 3766
WGC	1 ~ 14	JB/T 7002—1993	竖立安装型	0.71 ~ 160	7500 ~ 2300	12 ~ 260	122 ~ 545	115 ~ 540	—	—	0.0064 ~ 13.9	5.1 ~ 542
WGP	1 ~ 14	JB/T 7001—1993	带制动盘型	0.71 ~ 160	4000 ~ 1200	12 ~ 260	122 ~ 545	—	—	—	0.0078 ~ 17.48	5.62 ~ 523
WGZ	1 ~ 14	JB/T 7003—1993	带制动轮型	0.71 ~ 160	4000 ~ 1500	12 ~ 260	122 ~ 545	—	—	—	0.0078 ~ 17.48	5.62 ~ 523
WGT	1 ~ 24	JB/T 7004—1993	接中间套型	0.71 ~ 1250	—	12 ~ 520	122 ~ 1060	115 ~ 925	—	—	—	—
WGJ	1 ~ 23	JB/T 8821—1998	接中间轴型 负载角位移 3° 空载角位移 5°	6.3 ~ 3150	—	60 ~ 670	130 ~ 1000	—	—	—	—	—

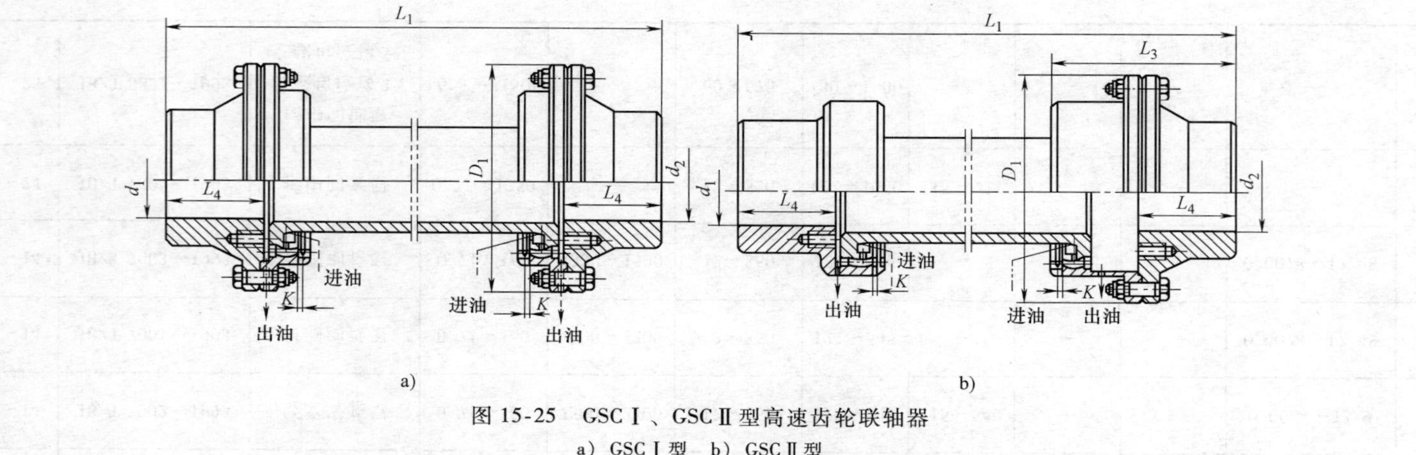

图 15-25 GSC Ⅰ、GSC Ⅱ 型高速齿轮联轴器

a）GSC Ⅰ 型 b）GSC Ⅱ 型

表 15-14 GSC 型联轴器的外形尺寸和主要参数

型号		轴孔直径 d_1、d_2/mm	额定值 $\frac{P_N}{n}$	转矩 /N·m	最高转速 /(r/min)	齿轮		D_1	L_1	L_3	L_4	油量 /(l/min)	GSC Ⅰ		GSC Ⅱ	
						模数 /mm	齿数						质量 /kg	转动惯量 /kg·m²	质量 /kg	转动惯量 /kg·m²
GSC Ⅰ—1	GSC Ⅱ—1	20～25	0.051	500	25000	2.5	26	120	200	103	50	7.5	6.5	0.0108	5.5	0.0075
GSC Ⅰ—2	GSC Ⅱ—2	22～65	0.092	900	22500	2.5	34	145	232	125	60	7.875	10.6	0.024	9	0.018
GSC Ⅰ—3	GSC Ⅱ—3	25～75	0.164	1600	20000	2.5	42	165	265	139	70	10.6	15	0.045	13.5	0.035
GSC Ⅰ—4	GSC Ⅱ—4	28～90	0.32	3150	18000	3	42	200	300	158	80	14.4	25	0.108	21	0.080
GSC Ⅰ—5	GSC Ⅱ—5	30～100	0.51	5000	16000	3	48	215	340	180	90	16	31	0.150	28	0.125
GSC Ⅰ—6	GSC Ⅱ—6	32～115	0.73	7100	14000	3	54	235	380	196	100	17.5	40	0.235	37	0.200
GSC Ⅰ—7	GSC Ⅱ—7	35～125	1.03	10000	12500	3.5	52	270	420	216	110	19.4	61	0.393	54	0.360
GSC Ⅰ—8	GSC Ⅱ—8	55～140	1.28	12500	11200	3.5	56	275	465	226	120	20.16	69	0.525	64	0.475
GSC Ⅰ—9	GSC Ⅱ—9	65～160	1.85	18000	10000	3.5	62	305	510	242	130	21.2	95	0.975	85	0.825
GSC Ⅰ—10	GSC Ⅱ—10	75～180	2.57	25000	9000	4	60	335	580	280	150	23.4	127	1.59	116	1.38
GSC Ⅰ—11	GSC Ⅱ—11	85～200	3.64	35500	8000	4	68	380	645	307	165	26.4	180	2.83	160	2.40
GSC Ⅰ—12	GSC Ⅱ—12	120～225	5.75	56000	7100	4	78	430	735	358	190	29.82	265	5.43	240	4.65
GSC Ⅰ—13	GSC Ⅱ—13	140～250	8.21	80000	6300	5	70	470	840	404	220	35.28	360	8.75	335	7.88
GSC Ⅰ—14	GSC Ⅱ—14	160～285	11.5	112000	5600	5	80	545	940	455	245	40.32	525	16.60	490	15.63

注：表列值为连续工作的，间断工作的额定值和转矩可提高一倍。

15.4　花键连接

花键连接常用于传递较大转矩和定心精度要求较高的静连接和动连接。按花键齿的形状可分为角形花键和渐开线花键两大类。在角形花键中又可分为矩形花键和三角形花键。目前在设备上应用的花键以渐开线花键较多，其次是矩形花键；在装卸用的工具上三角形花键较多。这三种花键的特点与应用见表 15-15。

表 15-15　花键连接的类型、特点、应用及有关标准

类　型	特　点	应　用	中国、日本、德国、美国有关标准
矩形花键	加工方便，可用磨削方法获得较高的精度。按齿数和齿高的不同规定有轻、中、重和补充四个系列。轻系列用于轻载连接或静连接。中系列用于中载连接或空载下移动的动连接。重系列用于重载连接。补充系列主要用于机床、汽车和拖拉机制造业	应用很广	GB/T 1144—2001 JIS B 1601—1996 SN 742（德国 SMS 厂标） WEAN 公司六槽矩形花键标准
渐开线花键	齿廓为渐开线。受载时齿上有径向分力，能起自动定心作用，使各齿承载均匀，强度高，寿命长。加工工艺与齿轮相同，刀具比较经济，易获得较高的精度和互换性。齿根有平齿根和圆齿根。圆齿根有利于降低齿根的应力集中和避免淬火裂纹。但为了刀具制造的方便，一般选用平齿根	用于载荷较大，定心精度要求较高，以及尺寸较大的连接	GB/T 3478.1—2008 JIS B 1602—1997 JIS D 2001—1959 DIN 5480 DIN 5482 ANSI B 92.1Q
三角花键	内花键齿形为三角形，外花键齿廓为压力角等于 45° 的渐开线，加工方便。齿细小，且较多，便于机构的调整与装配，对轴和壳的削弱为最小。为了便于刀具制造，键齿一般为平齿根	多用于轻载和直径小的静连接，特别适用于轴与薄壁零件的连接	JIS B 1602—1997 DIN 5481

按花键的定心种类还可分为：外径定心、内径定心及齿侧定心三大类。从我们接触到的花键来看齿侧定心的较多。

按内花键和外花键的配合来分，有自由配合、滑动配合、固定配合及压入配合等四种类型。自由配合的间隙最大，滑动配合的间隙其次，压入配合的过盈最大。

从中国、日本、德国、美国的花键标准看，有模数制和径节制两种，有时，甚至出现双模数制和双径节制。

15.4.1　矩形花键连接

1. 矩形花键基本尺寸系列（GB/T 1144—2001）见表 15-16 和表 15-17。

表 15-16　矩形花键基本尺寸系列（GB/T 1144—2001）　　　　（单位：mm）

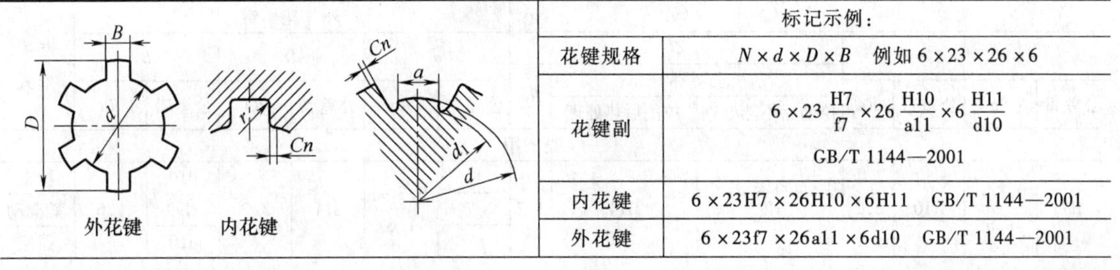

标记示例：	
花键规格	$N \times d \times D \times B$　例如 6×23×26×6
花键副	$6\times23\frac{H7}{f7}\times26\frac{H10}{a11}\times6\frac{H11}{d10}$　GB/T 1144—2001
内花键	6×23H7×26H10×6H11　GB/T 1144—2001
外花键	6×23f7×26a11×6d10　GB/T 1144—2001

（续）

小径	轻系列					中系列				
	规格			参考		规格			参考	
d	$N\times d\times D\times B$	C	r	$d_{1\min}$	$a_{\min}$	$N\times d\times D\times B$	C	r	$d_{1\min}$	$a_{\min}$
11		0.2	0.1	22	3.5	6×11×14×3	0.2	0.1		
13						6×13×16×3.5				
16						6×16×20×4	0.3	0.2	14.4	1.0
18						6×18×22×5			16.6	1.0
21						6×21×25×5			19.5	2.0
23	6×23×26×6					6×23×28×6			21.2	1.2
26	6×26×30×6	0.3	0.2	24.5	3.8	6×26×32×6	0.4	0.3	23.6	1.2
28	6×28×32×7			26.6	4.0	6×28×34×7			25.8	1.4
32	8×32×36×6			30.3	2.7	8×32×38×6			29.4	1.0
36	8×36×40×7			34.4	3.5	8×36×42×7			33.4	1.0
42	8×42×46×8			40.5	5.0	8×42×48×8			39.4	2.5
46	8×43×50×9			44.6	5.7	8×46×54×9	0.5	0.4	42.6	1.4
52	8×52×58×10	0.4	0.3	49.6	4.8	8×52×60×10			48.6	2.5
56	8×56×62×10			53.5	6.5	8×56×65×10			52.0	2.5
62	8×62×68×12			59.7	7.3	8×62×72×12	0.6	0.5	57.7	2.4
72	10×72×78×12			69.6	5.4	10×72×82×12			67.7	1.0
82	10×82×88×12			79.3	8.5	10×82×92×12			77.0	2.9
92	10×92×98×11			89.6	9.9	10×92×102×11			87.3	4.5
102	10×102×108×16			99.6	11.3	10×102×112×16			97.7	6.2
112	10×112×120×18	0.5	0.4	108.8	10.5	10×112×125×18			106.2	4.1

注：1. N—齿数；D—大径；B—键宽或键槽宽。

2. d_1 和 a 值仅适用于展成法加工。

表 15-17　矩形内花键形式及长度系列（GB/T 10081—2005）　（单位：mm）

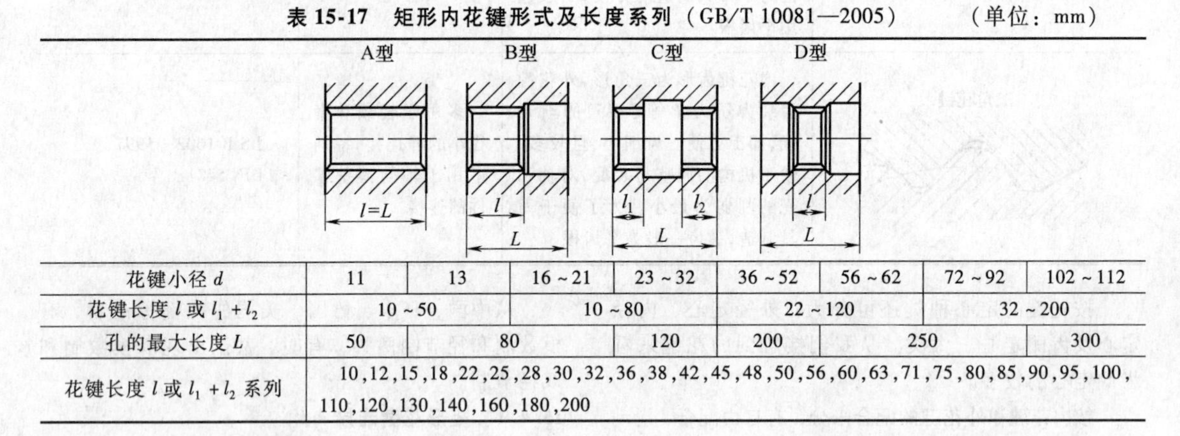

花键小径 d	11	13	16～21	23～32	36～52	56～62	72～92	102～112
花键长度 l 或 l_1+l_2	10～50		10～80		22～120		32～200	
孔的最大长度 L	50	80		120	200	250		300
花键长度 l 或 l_1+l_2 系列	10,12,15,18,22,25,28,30,32,36,38,42,45,48,50,56,60,63,71,75,80,85,90,95,100,110,120,130,140,160,180,200							

2. 矩形花键的公差与配合

见表 15-18 和表 15-19。

表 15-18　矩形花键的尺寸公差带和表面粗糙度 *Ra*（GB/T 1144—2001）　（单位：μm）

内花键							外花键						装配形式
d		D		B			d		D		B		
				公差带									
公差带	Ra	公差带	Ra	拉削后不热处理	拉削后热处理	Ra	公差带	Ra	公差带	Ra	公差带	Ra	
一般用													
H7	0.8～1.6	H10	3.2	H9	H11	3.2	f7	0.8～1.6	a11	3.2	d10	1.6	滑动
							g7				f9		紧滑动
							h7				h10		固定

（续）

内花键							外花键						装配形式
d		*D*		*B*			*d*		*D*		*B*		
				公差带		*Ra*							
公差带	*Ra*	公差带	*Ra*	拉削后不热处理	拉削后热处理		公差带	*Ra*	公差带	*Ra*	公差带	*Ra*	
精密传动用													
H5	0.4	H10	3.2	H7,H9		3.2	f5	0.4	a11	3.2	d8	0.8	滑动
							g5				f7		紧滑动
							h5				h8		固定
H6	0.8						f6	0.8			d8		滑动
							g6				f7		紧滑动
							h6				h8		固定

注：1. 精密传动用的内花键，当需要控制键侧配合间隙时，槽宽可选用 H7，一般情况下可选用 H9。

2. *d* 为 H6 和 H7 的内花键，允许与高一级的外花键配合。

表 15-19　矩形花键的位置度、对称度公差（GB/T 1144—2001）　　（单位：mm）

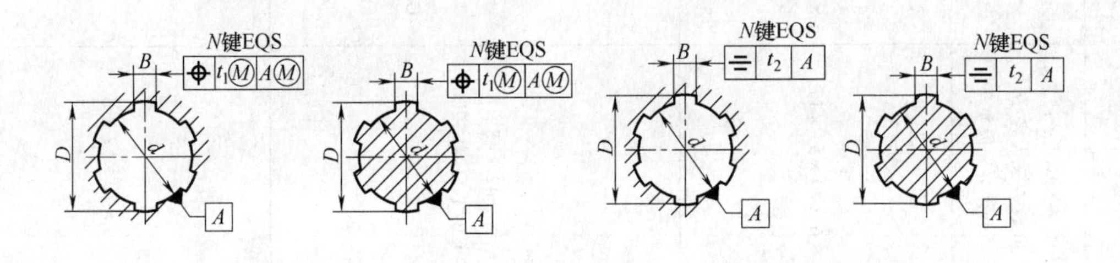

键槽宽或键宽 *B*		3	3.5～6	7～10	12～18
		t_1			
键槽宽		0.010	0.015	0.020	0.025
键宽	滑动、固定	0.010	0.015	0.020	0.025
	紧滑动	0.006	0.010	0.013	0.016
		t_2			
一般用		0.010	0.012	0.015	0.018
精密传动用		0.006	0.008	0.009	0.011

注：花键的等分度公差值等于键宽的对称度公差。

有关中国、日本、德国、美国矩形花键的标准号、定心方式及其与我国相对应的矩形花键的标准见表 15-20。

为便于测绘工作的方便，表 15-21 和表 15-22 所列的矩形花键资料供参考。

表 15-20　中国、日本、德国、美国矩形花键

国别	标准号	定心方式	对应标准	花键齿数	系列类型	应用场合
中国	GB/T 1144—2001	小径定心	ISO 14—1982 部分与 JIS B1601 同	6、8、10	轻系列、中系列	
日本	JIS B 1601	小径定心	部分与 GB/T 1144—2001 同	6、8、10	轻系列、中系列	
德国	SN 742	齿面定心		6		
美国	Wean 公司	齿面定心		6	英制	

表 15-21　矩形花键联接的定心方式、特点、应用及标记方法

定心方式	特点	应用	标记示例 GB/T 1144—2001			
			公称尺寸：齿数 $N\times$大径 $D\times$小径 $d\times$齿宽 b	花键副	内花键	外花键
外径定心（图注：轮毂、轴、D）	定心精度高，加工方便，外花键的外径可在普通磨床上加工至所需的精度。内花键的硬度不高时，可由拉刀保证其外径精度	用于定心精度要求高（例如要求运动精度较高）的传动零件与轴的连接 一般情况下应采用外径定心，用于水平安装，转速高场合	$6\times70\times57\times17$	$6\times70\frac{H7}{f7}\times57E9\times17$	$6\times70H7\times57E9\times17$	$6\times70f7\times57\times7$
内径定心（图注：轮毂、轴、d）	定心精度高，加工不如外径定心方便	用于定心精度要求高，并符合下列条件时： ①内花键硬度较高，热处理后不宜校正外径；②单件生产或直径较大，采用外径定心在工艺上不经济；③内花键定心面光洁程度要求高，采用外径定心在工艺上不易达到要求	$8\times42\times48\times8$ GB/T 1144—2001	$8\times42\frac{H7}{f7}\times48\frac{H10}{a11}\times8$ GB/T 1144—2001	$8\times42H7\times48H10\times8H11$ GB/T 1144—2001	$8\times42f7\times48a11\times8d10$ GB/T 1144—2001
齿侧定心（图注：轮毂、轴、b）	定心精度不高，但有利于各齿均匀承载	主要用于载荷较大的重系列连接 垂直安装，如轧机的压下螺钉	$6\times70\times57\times17$	$6\times\frac{70H13}{70_{-0.55}^{-0.35}}\times\frac{57E9}{56}\times17$	$6\times70H13\times57E9\times17_{+0.11}^{+0.14}$	$6\times70_{-0.55}^{-0.35}\times56\times17_{-0.14}^{-0.11}$

表 15-22　Wean 六齿矩形花键主要尺寸表　（单位：in）

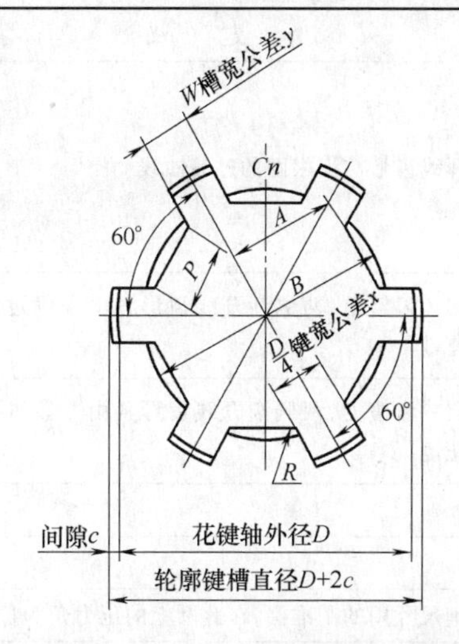

$$A=\frac{D}{4}+0.866P$$

$$B_{\min}=2\sqrt{(D/4+0.866P)^2+(P/2)^2}+2y$$

花键槽底横向距离 $=\frac{D}{2}+$（刀具圆角 ×1.732）

花键的宽度 $W=\frac{D}{4}(+0.000''\sim-0.002''$到$^{+0.000''}_{-0.004''})$

美国维恩公司六槽矩形花键主要尺寸表

外花键轴径 D	轮壳键槽宽 $W=\frac{D}{4}+$表值	花键轴键公差宽 x	花键槽槽宽公差 y	外花键倒角及内花键圆角 C	圆角直径 P	花键轴圆角 R	端铣刀刀具号	最小刀具直径 D''
1.88～2.75	0.002	−0.002	+0.002	0.02	0.400	0.03	406	0.88
2.75～3.50	0.003	−0.002	+0.002	0.02	0.500	0.03	506	1.06
3.50～4.25	0.003	−0.002	+0.002	0.02	0.650	0.03	656	1.25
4.25～5.25	0.004	−0.002	+0.002	0.03	0.800	0.03	806	1.62
5.25～6.50	0.005	−0.002	+0.002	0.03	0.950	0.06	956	1.88
6.50～8.00	0.006	−0.003	+0.003	0.03	1.200	0.06	1206	2.38
8.00～9.75	0.007	−0.003	+0.003	0.03	1.500	0.06	1506	2.88
9.75～11.50	0.008	−0.003	+0.003	0.06	1.750	0.06	1756	3.38
11.50～13.50	0.009	−0.003	+0.003	0.06	2.100	0.12	2106	4.00
13.50～15.75	0.010	−0.003	+0.003	0.06	2.450	0.12	2456	4.62
15.75～18.25	0.011	−0.004	+0.004	0.06	2.850	0.12	2856	5.25

注：1in = 25.4mm。

15.4.2　圆柱直齿渐开线花键

GB/T 3478.1—2008 规定了圆柱直齿渐开线花键的模数系列、基本齿廓、公差和齿侧配合类别等内容。本标准用于压力角为 30° 和 37.5°（模数为 0.5～10mm）以及 45°（模数为 0.25～2.5mm）齿侧配合的圆柱直齿渐开线花键。

1. 术语、代号和定义

该标准采用的术语、代号和定义见表 15-23 并如图 15-26（30°压力角平齿根，以下简称 30°平齿根；30°压力角圆齿根，以下简称 30°圆齿根；37.5°压力角圆齿根，以下简称 37.5°圆齿根；45°压力角圆齿根，以下简称 45°圆齿根）所示。

表 15-23　术语、代号和定义

序号	术语	代号	定　义
1	花键连接		两零件上借助内、外圆柱表面上等距分布且齿数相同的键齿相互连接、传递转矩或运动的同轴偶件。在内圆柱表面上的花键为内花键，在外圆柱表面上的花键为外花键
2	渐开线花键		具有渐开线齿形的花键

（续）

序号	术语	代号	定　义
3	齿根圆弧 齿根圆弧最小曲率半径 内花键 外花键	 R_{imin} R_{emin}	连接渐开线齿形与齿根圆的过渡曲线
4	平齿根花键		在花键同一齿槽上，两侧渐开线齿形各由一段过渡曲线与齿根圆相连接的花键
5	圆齿根花键		在花键同一齿槽上，两侧渐开线齿形各由一段过渡曲线与齿根圆相连接的花键
6	模数	m	
7	齿数	z	
8	分度圆		计算花键尺寸用的基准圆，在此圆上的压力角为标准值
9	分度圆直径	D	
10	齿距	p	分度圆上两相邻同侧齿形之间的弧长，其值为圆周率 π 乘以模数 m
11	压力角	α	齿形上任意点的压力角，为过该点花键的径向线与齿形在该点的切线所夹锐角
12	标准压力角	α_{D}	规定在分度圆上的压力角
13	基圆		展成渐开线齿形的假想圆
14	基圆直径	D_{b}	
15	大径 内花键 外花键	 D_{ei} D_{ee}	内花键的齿根圆（大圆）或外花键的齿顶圆（大圆）的直径
16	小径 内花键 外花键	 D_{ii} D_{ie}	内花键的齿顶圆（小圆）或外花键的齿根圆（小圆）的直径
17	渐开线终止圆		渐开线花键内花键齿形终止点的圆，此圆与小圆共同形成渐开线齿形的控制界限
18	渐开线终止圆直径	D_{Fi}	
19	渐开线起始圆		渐开线花键外花键齿形起始点的圆，此圆与大圆共同形成渐开线齿形的控制界限
20	渐开线起始圆直径	D_{Fe}	
21	基本齿槽宽	E	内花键分度圆上弧齿槽宽，其值为齿距之半
22	实际齿槽宽 最大值 最小值	 $E_{\max}$ $E_{\min}$	在内花键分度圆上实际测得的单个齿槽的弧齿槽宽
23	作用齿槽宽 最大值 最小值	E_{V} E_{Vmax} E_{Vmin}	等于一与之在全齿长上配合（无间隙且无过盈）的理想全齿外花键分度圆上的弧齿厚
24	基本齿厚	s	外花键分度圆上弧齿厚，其值为齿距之半

（续）

序号	术语	代号	定　义
25	实际齿厚 最大值 最小值	 s_{max} s_{min}	在外花键分度圆上实际测得的单个花键齿的弧齿厚
26	作用齿厚 最大值 最小值	s_V s_{Vmax} s_{Vmin}	等于一与之在全齿长上配合(无间隙且无过盈)的理想全齿内花键分度圆上的弧齿槽宽
27	作用侧隙 (全齿侧隙)	C_V	内花键作用齿槽宽减去与之相配合的外花键作用齿厚。正值为间隙,负值为过盈
28	理论侧隙 (单齿侧隙)	C	内花键实际齿槽宽减去与之相配合的外花键实际齿厚
29	齿形裕度	C_F	在花键连接中,渐开线齿形超过结合部分的径向距离
30	总公差	$T+\lambda$	加工公差与综合公差之和
31	加工公差	T	实际齿槽宽或实际齿厚的允许变动量
32	综合误差 综合公差	$\Delta\lambda$ λ	花键齿(或齿槽)的几何误差的综合 允许的综合误差
33	齿距累积误差 齿距累积公差	ΔF_p F_p	在分度圆上任意两个同侧齿面间的实际弧长与理论弧长之差的最大绝对值 允许的齿距累积误差
34	齿形误差 齿形公差	Δf_f f_f	在齿形工作部分(包括齿形裕度部分、不包括齿顶倒棱)包容实际齿形的两条理论齿形之间的法向距离 允许的齿形误差
35	齿向误差 齿向公差	ΔF_β F_β	在花键长度范围内,包容实际齿线的两条理论齿线之间的分度圆弧长 齿线是分度圆柱面与齿面的交线 允许的齿向误差
36	棒间距	M_{Ri}	借助两量棒测量内花键实际齿槽宽时两量棒间的内侧距离,统称为 M 值
37	跨棒距	M_{Re}	借助两量棒测量外花键实际齿厚时两量棒间的外侧距离,统称为 M 值
38	公法线长度 公法线平均长度	 W	相隔 K 个齿的两外侧齿面各与两平行平面之中的一个平面相切,此两平行平面之间的垂直距离 必须指明两平行平面所跨的齿数 同一花键上实际测得的公法线长度的平均值
39	基本尺寸		设计给定的尺寸,该尺寸是规定公差的基础
40	辅助尺寸		仅在必要时供生产和控制用的尺寸

注：ΔF_p 和 ΔF_β 允许在分度圆附近测量。

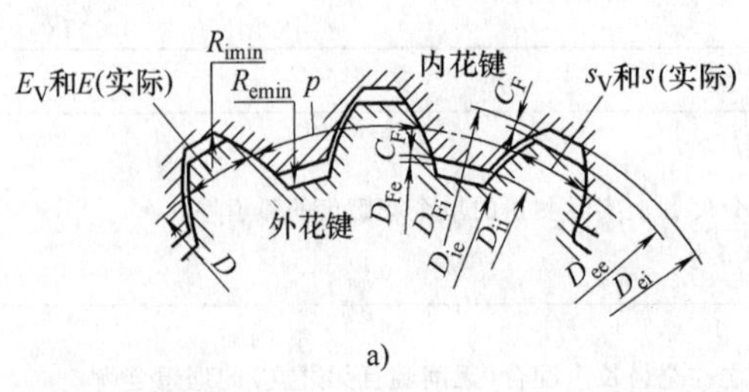

a)

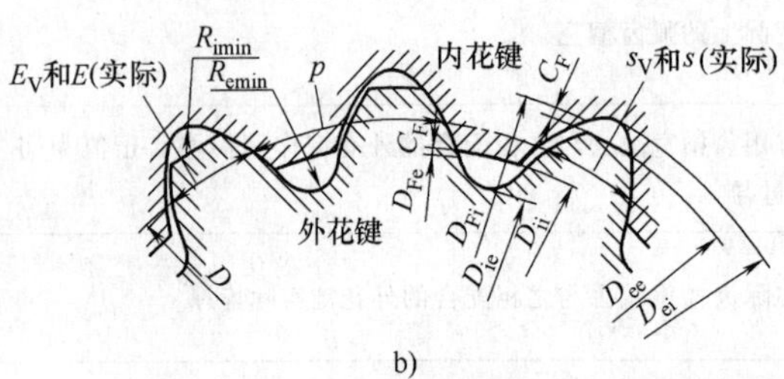

b)

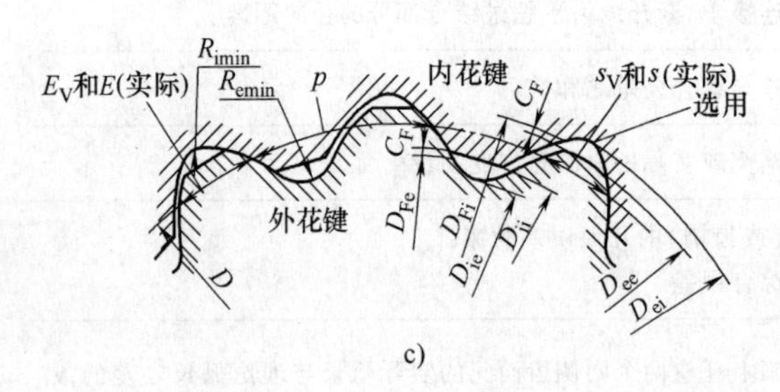

c)

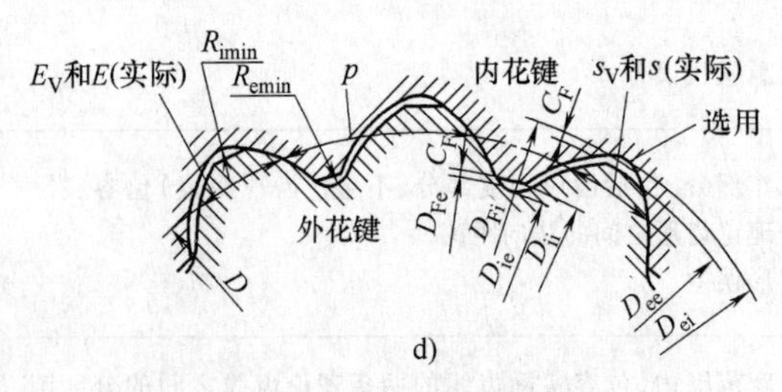

d)

图 15-26 渐开线花键连接

a）30°平齿根 b）30°圆齿根 c）37.5°圆齿根 d）45°圆齿根

2. 基本参数

1）基本参数见表 15-24。

2）标准压力角 α_D 是基本齿廓的齿形角。压力角适用范围见表 15-25。

3）模数 m 分为两个系列，共 15 种。优先采用第 1 系列。

花键的压力角大，则键齿强度大，在传递的圆周力相同时，大压力角花键的正压力也大，故摩擦力大。选择压力角时，主要应从构件的工作特点即有无滑动、浮动以及配合性质和工艺方法等方面考虑。

3. 基本齿廓

1）本标准按三种齿形角和两种齿根规定了四种基本齿廓，如图 15-27 所示。

表 15-24 基本参数

（单位：mm）

齿	模数 m		齿距 p	基本齿槽宽 E 和基本齿厚 s	
				α_D	
	第1系列	第2系列		30°、37.5°	45°
	0.25	—	0.785	—	0.393
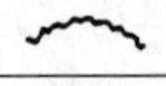	0.5	—	1.571	0.785	0.785
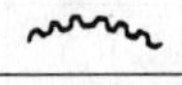	—	0.75	2.356	1.178	1.178
	1	—	3.142	1.571	1.571
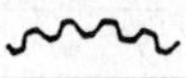	—	1.25	3.927	1.963	1.963
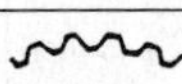	1.5	—	4.712	2.356	2.356
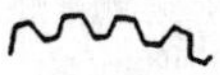	—	1.75	5.498	2.749	2.749
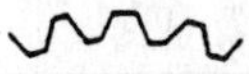	2	—	6.283	3.142	3.142
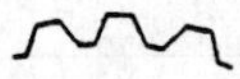	2.5	—	7.854	3.927	3.927
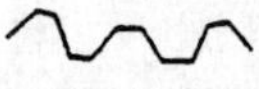	3	—	9.425	4.712	—
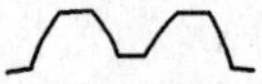	—	4	12.566	6.283	—
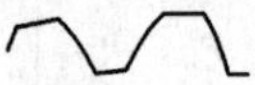	5	—	15.708	7.854	—
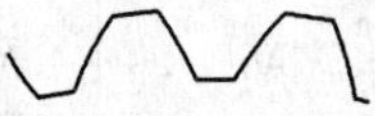	—	6	18.850	9.425	—
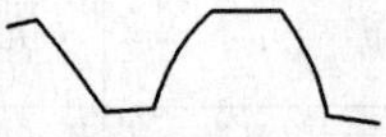	—	8	25.133	12.566	—
	10	—	31.416	15.708	—

表 15-25 压力角适用范围

压力角	适用范围
30°	应用广泛、适用于传递运动、动力，常用于滑动、浮动和固定连接
37.5°	传递运动、动力，常用于滑动及过渡配合，适用于冷成形工艺
45°	适用于壁较厚足以防止破裂的零件，常用于过渡和较小间隙配合，适用于冷成形工艺

2）渐开线花键的基本齿廓是指基本齿条的法向齿廓，基本齿条是指直径无穷大的无误差的理想花键。

3）基本齿廓是决定渐开线花键尺寸的依据。

4）基准线是贯穿基本齿廓的一条直线，以此线为基准，确定基本齿廓的尺寸。

5）允许平齿根和圆齿根的基本齿廓在内、外花键上混合使用。

6）基本齿廓的应用：基本齿廓的选择主要取决于花键的用途。

花键的用途大致如下：

1）30°平齿根。适用于零件的壁厚较薄，不能采用圆齿根的场合，或强度足够的花键，或花键的工作长度紧靠轴肩。从刀具制造看，加工平齿根花键的刀具由于切削深度较小，因而拉刀全长较短，较经济，易制造。这种齿形应用广泛。

2）30°圆齿根。比平齿根花键弯曲强度大（齿根应力集中较小），承载能力较高，通常用于大载荷的传动轴上。

3）37.5°圆齿根。花键的压力角和齿形参数恰好是30°和45°压力角花键的折中，常用于联轴器。它的外花键用冷成形工艺，特别是45°压力角的花键不能满足功能需要，以及轴材料硬度超过30°压力角冷成形刀具所允许的硬度极限时。

4）45°圆齿根。齿矮、压力角大，故弯曲强度好，适用于壁较厚足以防止破裂的零件。适用于冷成形工艺。

4. 尺寸系列

花键尺寸计算公式见表15-26，尺寸系列见该标准或参考文献［6］。

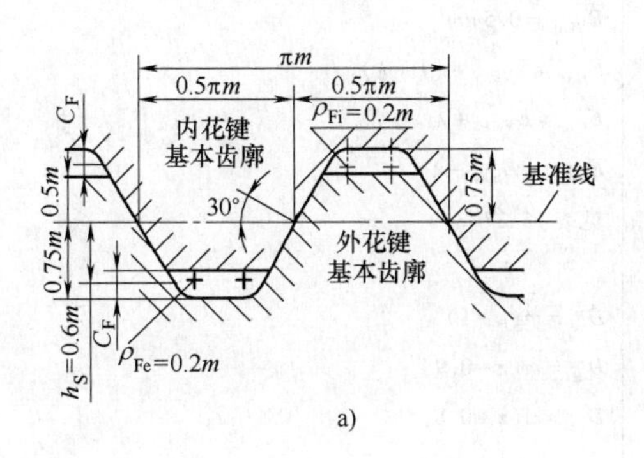

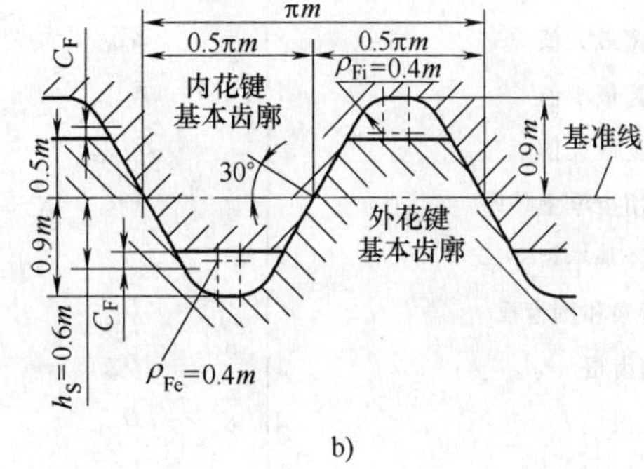

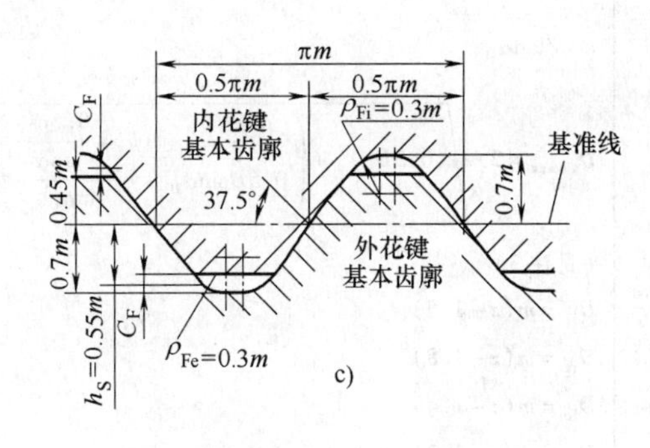

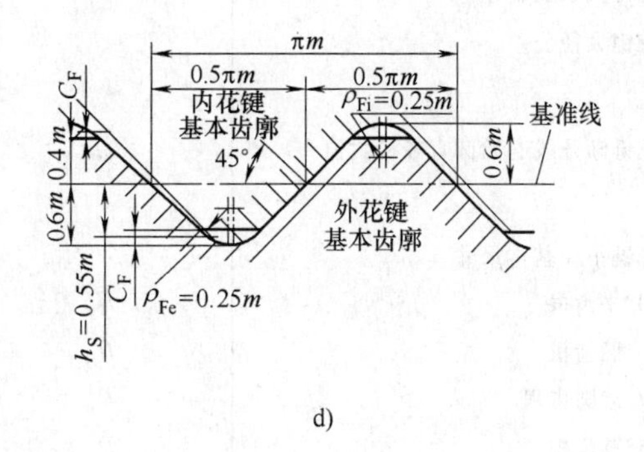

图15-27 基本齿廓

a）30°平齿根 b）30°圆齿根 c）37.5°圆齿根 d）45°圆齿根

表15-26 花键尺寸计算公式

项 目	代号	公式或说明
分度圆直径	D	$D=mz$
基圆直径	D_b	$D_b=mz\cos\alpha_D$，α_D——标准压力角
齿距	p	$p=\pi m$
内花键大径基本尺寸		
30°平齿根	D_{ei}	$D_{ei}=m(z+1.5)$
30°圆齿根	D_{ei}	$D_{ei}=m(z+1.8)$
37.5°圆齿根	D_{ei}	$D_{ei}=m(z+1.4)$
45°圆齿根	D_{ei}	$D_{ei}=m(z+1.2)$（见注1）
内花键大径下偏差		0

（续）

项　　目	代号	公式或说明
内花键大径公差		从 IT12、IT13 或 IT14 中选取
内花键渐开线终止圆直径最小值		
30°平齿根和圆齿根	D_{Fimin}	$D_{\text{Fimin}}=m(z+1)+2C_{\text{F}}$
37.5°圆齿根	D_{Fimin}	$D_{\text{Fimin}}=m(z+0.9)+2C_{\text{F}}$
45°圆齿根	D_{Fimin}	$D_{\text{Fimin}}=m(z+0.8)+2C_{\text{F}}$
内花键小径基本尺寸	D_{ii}	$D_{\text{ii}}=D_{\text{Femax}}+2C_{\text{F}}$（见注 2）
内花键小径极限偏差		见表 15-28
基本齿槽宽	E	$E=0.5\pi m$
作用齿槽宽	E_{V}	
作用齿槽宽最小值	E_{Vmin}	$E_{\text{Vmin}}=0.5\pi m$
实际齿槽宽最大值	$E_{\max}$	$E_{\max}=E_{\text{Vmin}}+(T+\lambda)$
实际齿槽宽最小值	$E_{\min}$	$E_{\min}=E_{\text{Vmin}}+\lambda$
作用齿槽宽最大值	E_{Vmax}	$E_{\text{Vmax}}=E_{\max}-\lambda$
外花键作用齿厚上偏差	es_{V}	见表 15-27
外花键大径基本尺寸		
30°平齿根和圆齿根	D_{ee}	$D_{\text{ee}}=m(z+1)$
37.5°圆齿根	D_{ee}	$D_{\text{ee}}=m(z+0.9)$
45°圆齿根	D_{ee}	$D_{\text{ee}}=m(z+0.8)$
外花键大径上偏差		
外花键大径公差		$es_{\text{V}}/\tan\alpha_{\text{D}}$
外花键渐开线起始圆直径最大值	D_{Femax}	$D_{\text{Femax}}=2\sqrt{(0.5D_{\text{b}})^2+\left(0.5D\sin\alpha_{\text{D}}-\dfrac{h_{\text{s}}-\dfrac{0.5es_{\text{V}}}{\tan\alpha_{\text{D}}}}{\sin\alpha_{\text{D}}}\right)^2}$
外花键小径基本尺寸		（见注 3）
30°平齿根	D_{ie}	$D_{\text{ie}}=m(z-1.5)$
30°圆齿根	D_{ie}	$D_{\text{ie}}=m(z-1.8)$
37.5°圆齿根	D_{ie}	$D_{\text{ie}}=m(z-1.4)$
45°圆齿根	D_{ie}	$D_{\text{ie}}=m(z-1.2)$
外花键小径上偏差		$es_{\text{V}}/\tan\alpha_{\text{D}}$，见表 15-27
外花键小径公差		从 IT12、IT13 和 IT14 中选取
基本齿厚	s	$s=0.5\pi m$
作用齿厚最大值	s_{Vmax}	$s_{\text{Vmax}}=s+es_{\text{V}}$
实际齿厚最小值	$s_{\min}$	$s_{\min}=s_{\text{Vmax}}-(T+\lambda)$
实际齿厚最大值	$s_{\max}$	$s_{\max}=s_{\text{Vmax}}-\lambda$
作用齿厚最小值	s_{Vmin}	$s_{\text{Vmin}}=s_{\min}+\lambda$
齿形裕度	C_{F}	$C_{\text{F}}=0.1m$（见注 4）

注：1. 37.5°和45°圆齿根内花键允许选用平齿根，此时，内花键大径基本尺寸 D_{ei} 应大于内花键渐开线终止圆直径最小值 D_{Fimin}。

2. 对所有花键齿侧配合类别，均按 H/h 配合类别取 D_{Femax} 值。

3. D_{Femax} 的计算公式是按齿条形刀具加工原理推导的。式中 $h_{\text{s}}=0.6m$（30°平齿根、圆齿根）；$h_{\text{s}}=0.55m$（37.5°圆齿根）；$h_{\text{s}}=0.5m$（45°圆齿根）。

4. 除 H/h 配合类别 C_{F} 均等于 $0.1m$ 外，其他各种配合类别的齿形裕度均有变化。

表 15-27　渐开线花键齿侧配合

内花键		外花键					
		基本偏差					
	H	k	$\overline{js}$	$\overline{h}$	f	e	d
+ 0 − ; E或$S(0.5\pi m)$	T, λ, H=0	C_{Vmin}, λ, $(T+\lambda)$, T, k=0	C_{Vmin}, js=$(T+\lambda)/2$, λ, T	h=0, C_{Vmin}, λ, T	C_{Vmin}, f, λ, T	C_{Vmin}, e, λ, T	C_{Vmin}, d, λ, T
		$es_V=k(T+\lambda)$	$es_V=\frac{(T+\lambda)}{2}$	$es_V=h$	$es_V=f$	$es_V=e$	$es_V=d$
		有最大作用过盈		无最大作用过盈和最小作用间隙	有最小作用间隙		

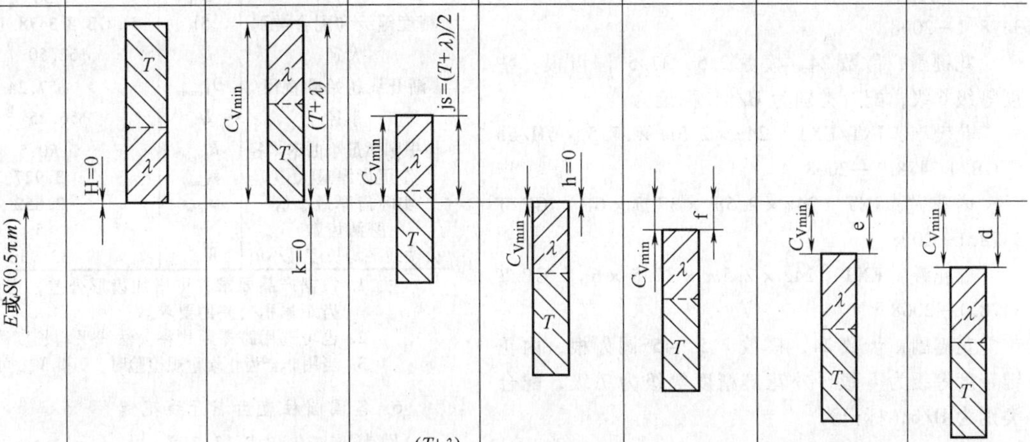

注：1. 花键齿侧配合的性质取决于最小作用侧隙。本标准规定花键连接有 6 种齿侧配合类别（见：H/k、H/js、H/h、H/f、H/e 和 H/d）。对 45°标准压力角的花键连接，应优先选用 H/k、H/h 和 H/f。

2. 渐开线花键连接的齿侧配合采用基孔制，即仅用改变外花键作用齿厚上偏差的方法实现不同的配合。

3. 在渐开线花键连接中，键齿侧面既起驱动作用，又有自动定心作用，在结构设计时应考虑到这一特点。

4. 当内、外花键对其安装基准有同轴度误差时，将影响花键齿侧的最小作用间隙，因此应适当调整齿侧配合类别予以补偿。

5. 允许不同精度等级的内、外花键相互配合。

6. 齿距累积误差、齿形误差和齿向误差都会减小作用间隙或增大作用过盈。

5. 渐开线花键的参数标注

1）在零件图样上，应给出制造花键时所需的全部尺寸、公差和参数，列出参数表，表中应给出齿数、模数、压力角、精度等级和配合类别、渐开线终止圆直径最小值或渐开线起始圆直径最大值、齿跟圆弧最小径及其偏差、M 值和 W 值等项目。必要时画出齿形放大图。

2）花键的检验方法见 GB/T 3478.5—2008。其中对花键的齿槽宽和齿厚规定了三种综合检验法和一种单项检验法（详见 GB/T 3478.5—2008），花键的参数标注与采取检验方法有关。

3）在有关图样和技术文件中，需要标记时，应符合如下规定：

内花键：INT

外花键：EXT

花键副：INT/EXT

齿数：z（前面加齿数值）

模数：m（前面加模数值）

30°平齿根：30P

30°圆齿根：30R

37.5°圆齿根：37.5

45°圆齿根：45

45°直线齿形圆齿根：45ST

精度等级：4、5、6 或 7

配合类别：H（内花键）；k、js、h、f、e 或 d（外花键）

标准号：GB/T 3478.1—2008

标记示例：

花键副，齿数 24，模数 2.5，30°圆齿根，精度等级为 5 级，配合类别为 H/h，标记为：

花键副：INT/EXT　$24z\times2.5m\times30R\times5$H/5h　GB/T 3478.1—2008

内花键：INT　$24z\times2.5m\times30R\times5$H　GB/T 3478.1—2008

外花键：EXT　$24z\times2.5m\times30R\times5$h　GB/T 3478.1—2008

花键副，齿数 24，模数 2.5，内花键为 30°平齿根，精度等级为 6 级，外花键为 30°圆齿根，精度等级为 5 级，配合类别为 H/h，标记为：

花键副：INT/EXT　$24z\times2.5m\times30P/R\times6$H/5h

GB/T 3478.1—2008

内花键：INT $24z \times 2.5m \times 30P \times 6H$ GB/T 3478.1—2008

外花键：EXT $24z \times 2.5m \times 30R \times 5h$ GB/T 3478.1—2008

花键副，齿数24，模数2.5，37.5°圆齿根，精度等级6级，配合类别为H/h，标记为：

花键副：INT/EXT $24z \times 2.5m \times 37.5 \times 6H/6h$ GB/T 3478.1—2008

内花键：INT $24z \times 2.5m \times 37.5 \times 6H$ GB/T 3478.1—2008

外花键：EXT $24z \times 2.5m \times 37.5 \times 6h$ GB/T 3478.1—2008

花键副，齿数24，模数2.5，45°圆齿根，内花键精度等级为6级，外花键精度等级为7级，配合类别为H/h，标记为

花键副，INT/EXT $24z \times 2.5m \times 45 \times 6H/7h$ GB/T 3478.1—2008

内花键：INT $24z \times 2.5m \times 45 \times 6H$ GB/T 3478.1—2008

外花键：EXT $24z \times 2.5m \times 45 \times 7h$ GB/T 3478.1—2008

花键副，齿数24，模数2.5，内花键为45°直线齿形圆齿根，精度等级为6级，外花键为45°渐开线齿形圆齿根，精度等级为7级，配合类别为H/h，标记为

花键副：INT/EXT $24z \times 2.5m \times 45ST \times 6H/7h$ GB/T 3478.1—2008

内花键：INT $24z \times 2.5m \times 45ST \times 6H$ GB/T 3478.1—2008

外花键：EXT $24z \times 2.5m \times 45 \times 7h$ GB/T 3478.1—2008

4）表15-28和表15-29列出齿数为24，模数为2.5，精度等级为5级，配合类别为H/h，选用基本方法时的参数表。

表15-28 内花键参数

项　目	代号	数　值
齿数	z	24
模数	m	2.5
压力角	α_D	30°
精度等级和配合类别	5H	5H GB/T 3478.1—2008
大径	D_{ei}	$\phi 63.75^{+0.30}_{0}$
渐开线终止圆直径	D_{Fimin}	$\phi 63$
小径	D_{ii}	$\phi 57.74^{+0.30}_{0}$
齿根圆弧最小曲率半径	R_{imin}	$R0.5$
作用齿槽宽最小值	E_{Vmin}	3.927
实际齿槽宽最大值	E_{max}	4.002
量棒直径	D_{Ri}	4.75
棒间距最大值	M_{Rimax}	52.467

注：当用非全齿止端量规检验时，D_{Ri}和M_{Rimax}可不列出。

表15-29 外花键参数

项　目	代号	数　值
齿数	z	24
模数	m	2.5
压力角	α_D	30°
精度等级和配合类别	5h	5h GB/T 3478.1—2008
大径	D_{ee}	$\phi 62.50^{0}_{-0.30}$
渐开线超始圆直径	D_{Femax}	$\phi 57.24$
小径	D_{ie}	$\phi 56.25^{0}_{-0.30}$
齿根圆弧最小曲率半径	R_{emin}	$R0.5$
作用齿厚最大值	s_{Vmax}	3.927
实际齿厚最小值	s_{min}	3.852
跨测齿数	k	5
公法线平均长度最小值	W_{min}	33.336

注：1. 根据产品要求，可增加齿形公差，齿向公差和齿距累积公差的要求。

2. 也可选用跨棒距代替公法线平均长度测量。

3. 当用非全齿止端量规检验时，k和W_{min}可不列出。

6. 各国圆柱直齿渐开线花键

见表15-30和表15-31。

15.4.3 DIN5480渐开线花键连接

图15-28为内、外花键尺寸配合示意图。

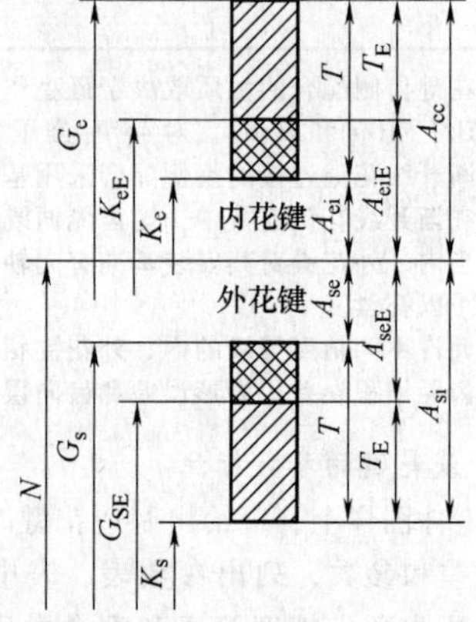

图15-28 内、外花键尺寸配合示意图

1）代号和名称：

d_B——公称圆直径

m——模数

A——偏差

A_e——上偏差

A_i——下偏差

A^*M_e——量柱距M_e的偏差尺寸

A^*M_i——量柱距M_i的偏差尺寸

下标代号与名称

e——花键孔槽宽的上限值

A_W^*——齿宽偏差系数

F_r——径向跳动公差

G——最大尺寸

K——最小尺寸

N——公称尺寸

T——尺寸公差

T_E——单项测量公差

M_e——外花键量柱距

表 15-30 中国与日本、德国、美国圆柱渐开线花键的比较

名称/标准号	(GB/T 3478.1—2008)(替代 GB 3478.1—83)等效 ISO(4156—1991)			JIS B 1602—1991	JIS D 2001—1977		DIN 5482	DIN 5480			ANSIB 92.1a			
分度圆上压力角 α	30°	37.5°	45°	45°	20°		30°	30°			30°	37.5°	45°	20°
模数系数 m	0.5、(0.75)、1、(1.25)、1.5、(1.75)、2、2.5、3、(3.5)、(4)、5、(6)、(8)、10		0.25、0.5、(0.75)、1、(1.25)、1.5、(1.75)、2、2.5	0.5、0.75、1.0、1.5、2.0、2.5	0.5、0.75、1、1.25、1.5、1.667、2、2.5、3、3.75、4.5、5、6、7.5、10		1.6、1.75、1.9、2.0、2.10、2.25	0.5、0.6、0.75、0.8、1.0、1.25、1.50、1.75、2、2.5、3、4、5、6、8、10			径节制 D. P. =2~48			
齿顶高系数 h_a^*	0.5	0.45	0.4	0.4	0.5		0.45	0.45			0.5			1
全齿高 h	平齿根 1.25m 圆齿根 1.4m	圆齿根 1.15m	圆齿根 1.0m	圆齿根 1.0m	1.2m		(0.9375~1.381)m	(1~1.05)m						
变位系数 x	0			0.1	0.6、0.633、0.9、0.967		(−1.078~+0.4375)	(−0.05~+0.45)(+0.05~−0.45)						
花键齿数 z	10~100(递增为1)		10~100(递增为1)	10~60(递增为1)	6~40(递增为1)		8~44(递增为1)	6~82			6~60			
定心方式	齿侧定心			齿侧定心	齿侧定心	大径定心	齿侧定心	齿侧定心	小径定心	大径定心	齿侧定心		大径定心	
齿根形式	平齿根 圆齿根	圆齿根	圆齿根	圆齿根	平齿根		平齿根	平齿根			平齿根、圆齿根			
精度等级	4、5、6、7		4、5、6、7	10	10		9、10	6、7						
配合类别 内花键	H		H	H10	H9	R7、H7	H10	H9	H7	H7	滑动配合，固定配合		固定配合	
配合类别 外花键	k,js,h,f,e,d		k,h,f	j10	a级、b级、c10、f10、c级、d级、f10、x10	2级、3级、d7、f6	间隙配合，过渡配合，e9、h9过盈配合 k9	e9,f8,d9	h6	h6				

注：若是采用双模数制（m_1/m_2）或双径节制（DP1/DP2）者，则 m_1（DP1）用于计算分度圆直径，而 m_2（DP2）用于计算齿高。

表 15-31　各国渐开线花键公差配合选用一览表

定心种类	配合特征	各主要结合部公差配合的选择		花键标准号							
				DIN 5480	DIN 5482	GB/T 3478.1—2008	JISB 1602	JIS D 2001			
齿侧定心	大径、小径配合处有明显的较大间隙	齿形配合	槽宽偏差(或公法线长度,或滚子量距偏差)	有 E,F,G,H,J,K,M,每项分 9 级,一般取 9H	H10	H 共分 4、5、6、7 四级	H10	H9			
			齿厚偏差(公法线长度,或滚子量距偏差)	有 a,b,c,d,e,f,g,h,j,k,m,每项分 9 级,一般取 8f	e9,h9,k9	分 k,js,h,f,e,d 六种偏差,每种分 4、5、6、7 四级	j10	自由配合	滑动配合	固定配合	压入配合
								a 级	b 级	c 级	d 级
								c10	f10	j10	x10
		大径	内花键齿根圆直径偏差	H14	H12	1T12,1T13,1T14	$(z+1.4)m=$ $d+0.4m$	插刀加工　$d+0.3m$ 拉刀加工　d d 为名义直径　$d=(z+2x+0.4)m$			
			外花键齿顶圆直径偏差	h14	h11	$m=1$ 取 1T11 $m>1$ 取 1T12	$(z+1)m=d$	$d-0.2m$			
		小径	内花键齿顶圆直径偏差	H11	H12	$m=1$ 为 H11 $m>1$ 为 H12	$(z-0.6)m=$ $(d-1.6m)$	$d-2m$　H7			
			外花键齿根圆直径偏差	h14	—	1T12,1T13,1T14	$(z-1)m$ $d-2m$	$d-2.4m$			
大径定心	小径配合处有较大的空隙,大径有较好的配合	齿形配合	槽宽偏差 公法线长度或滚子量距偏差	有 E、F、G、H、J、K、M,每项分 9 级 一般取 9H			d 为花键名义直径,其值为 $d=(z+0.8+2x)m$ 因为 $x=0.1$ 所以 $d=(z+1)m$	H9			
			齿厚偏差 公法线长度,滚子量距偏差	有 a、b、c、d、e、f、g、h、j、k、m,每项分 9 级 一般取 9e				自由配合	滑动配合	固定配合	压入配合
									a 级	a 级或 b 级	
								—	c10	c10 或 f10	—

（续）

定心种类	配合特征	各主要结合部公差配合的选择		花键标准号				
				DIN 5480	DIN 5482	GB/T 3478.1—2008	JISB 1602	JIS D 2001
大径定心	小径配合处有较大的空隙，大径有较好的配合	大径	内花键齿根圆直径偏差	H7				d 拉刀加工 $d=(z+2x+0.4)m$ 公差取 R7
			外花键齿顶圆直径偏差	h6				$d=(z+2x+0.4)m$，偏差值取（滑动）f6 及 d7（固定配合）
		小径	内花键齿顶圆直径偏差	H11				$d-2m$ H7
			外花键齿根圆直径偏差	h11				$d-2.4m$ —
小径定心	大径配合处有较大的空隙，小径有较好的配合	齿形配合	齿宽偏差 公法线长度或滚子量距偏差	有 E，F，G，H，J，K，M，每项分 9 级 一般取 9H				
			齿厚偏差 公法线长度或滚子量距偏差	有 a，b，c，d，e，f，g，h，j，k，m，每项分 9 级 一般取 9e				
		大径	内花键齿根圆直径偏差	H14				
			外花键齿顶圆直径偏差	h11				
		小径	内花键齿顶圆直径偏差	H7				
			外花键齿根圆直径偏差	h6				

i——下限值

s——轴齿厚

E——单项测量

M_i——内花键量柱距

W——齿宽

2）偏差的计算。表 15-32 中注明：A_{ei} 用于 $E \sim M$ 的公差范围，A_{se} 用于 $m \sim a$ 的公差范围，T、T_E 用于 4 ~ 12 的质量级，这样可以计算（注意符号）：

内花键：内花键槽宽的最小尺寸（过端量规）

$$K_e = N + A_{ei}$$

内花键槽宽的单项偏差最小尺寸

$$K_{eE} = G_E - T_E = N + A_{eiE}$$

其中 $A_{eiE} = A_{ee} - T_E$

表 15-32 偏差与公差

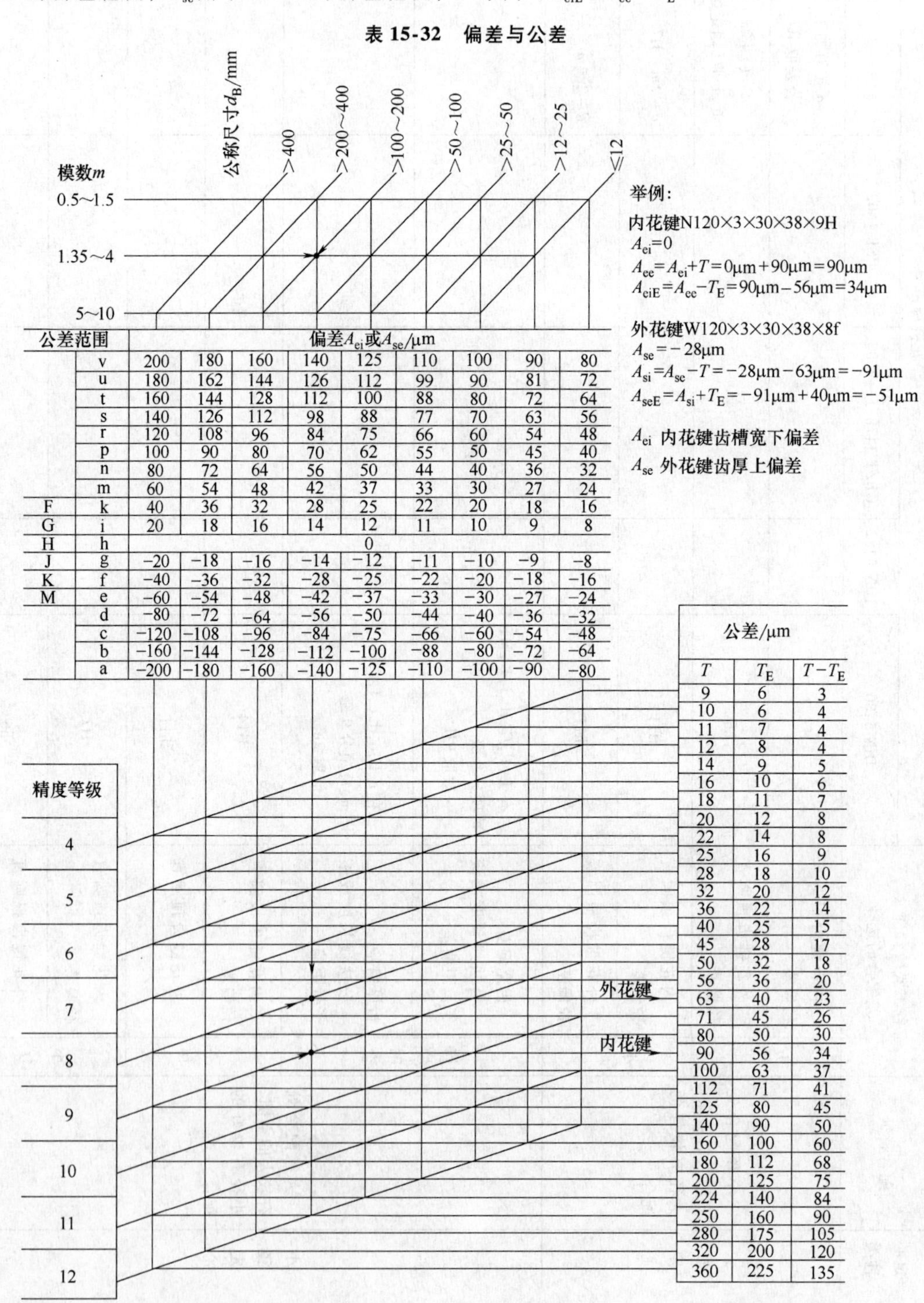

公差范围		偏差A_{ei}或A_{se}/μm								
	v	200	180	160	140	125	110	100	90	80
	u	180	162	144	126	112	99	90	81	72
	t	160	144	128	112	100	88	80	72	64
	s	140	126	112	98	88	77	70	63	56
	r	120	108	96	84	75	66	60	54	48
	p	100	90	80	70	62	55	50	45	40
	n	80	72	64	56	50	44	40	36	32
	m	60	54	48	42	37	33	30	27	24
F	k	40	36	32	28	25	22	20	18	16
G	i	20	18	16	14	12	11	10	9	8
H	h	0								
J	g	−20	−18	−16	−14	−12	−11	−10	−9	−8
K	f	−40	−36	−32	−28	−25	−22	−20	−18	−16
M	e	−60	−54	−48	−42	−37	−33	−30	−27	−24
	d	−80	−72	−64	−56	−50	−44	−40	−36	−32
	c	−120	−108	−96	−84	−75	−66	−60	−54	−48
	b	−160	−144	−128	−112	−100	−88	−80	−72	−64
	a	−200	−180	−160	−140	−125	−110	−100	−90	−80

公差/μm		
T	T_E	$T-T_E$
9	6	3
10	6	4
11	7	4
12	8	4
14	9	5
16	10	6
18	11	7
20	12	8
22	14	8
25	16	9
28	18	10
32	20	12
36	22	14
40	25	15
45	28	17
50	32	18
56	36	20
63	40	23
71	45	26
80	50	30
90	56	34
100	63	37
112	71	41
125	80	45
140	90	50
160	100	60
180	112	68
200	125	75
224	140	84
250	160	90
280	175	105
320	200	120
360	225	135

内花键槽宽的最大尺寸（不过端量规）

$$G_e = N + A_{ee}$$

其中　$A_{ee} = A_{ei} + T$

外花键：齿厚最大尺寸（过端量规）

$$G_s = N + A_{se}$$

轴齿厚单项偏差的最大尺寸

$$G_{sE} = K_s + T_E = N + A_{seE}$$

其中　$A_{seE} = A_{si} + T_E$

轴齿厚的最小尺寸（不过端量规）

$$K_s = N + A_{si}$$

其中　$A_{si} = A_{se} - T$

根据表 15-33 可以由推荐的公差计算其偏差 A_{ei}、A_{se} 或 A_{ee}、A_{si}，并由单项偏差 A_{eiE}、A_{seE} 计算过端偏差。

用偏差系数计算（见表 15-33）齿宽 w 的偏差

$$A_{Mi} = A_e \times \overset{*}{A}_{Mi} \qquad A_{We} = A_e \times \overset{*}{A}_{W}$$

$$A_{Me} = A_s \times \overset{*}{A}_{ME} \qquad A_{Ws} = A_s \times \overset{*}{A}_{W}$$

上式中 A_e、A_s 表示外花键、内花键求得的 A_{ei}、A_{ee} 及 A_{si}，A_{se} 值。

3）推荐的公差范围。根据表 15-32 和偏差的计算公式，可求得所列质量级、槽宽偏差和齿厚偏差。

4）模数 $m=1\sim10$ 的渐开线花键几何尺寸及测量尺寸见该系列标准或参考文献［6］。

表 15-33　公差范围和偏差

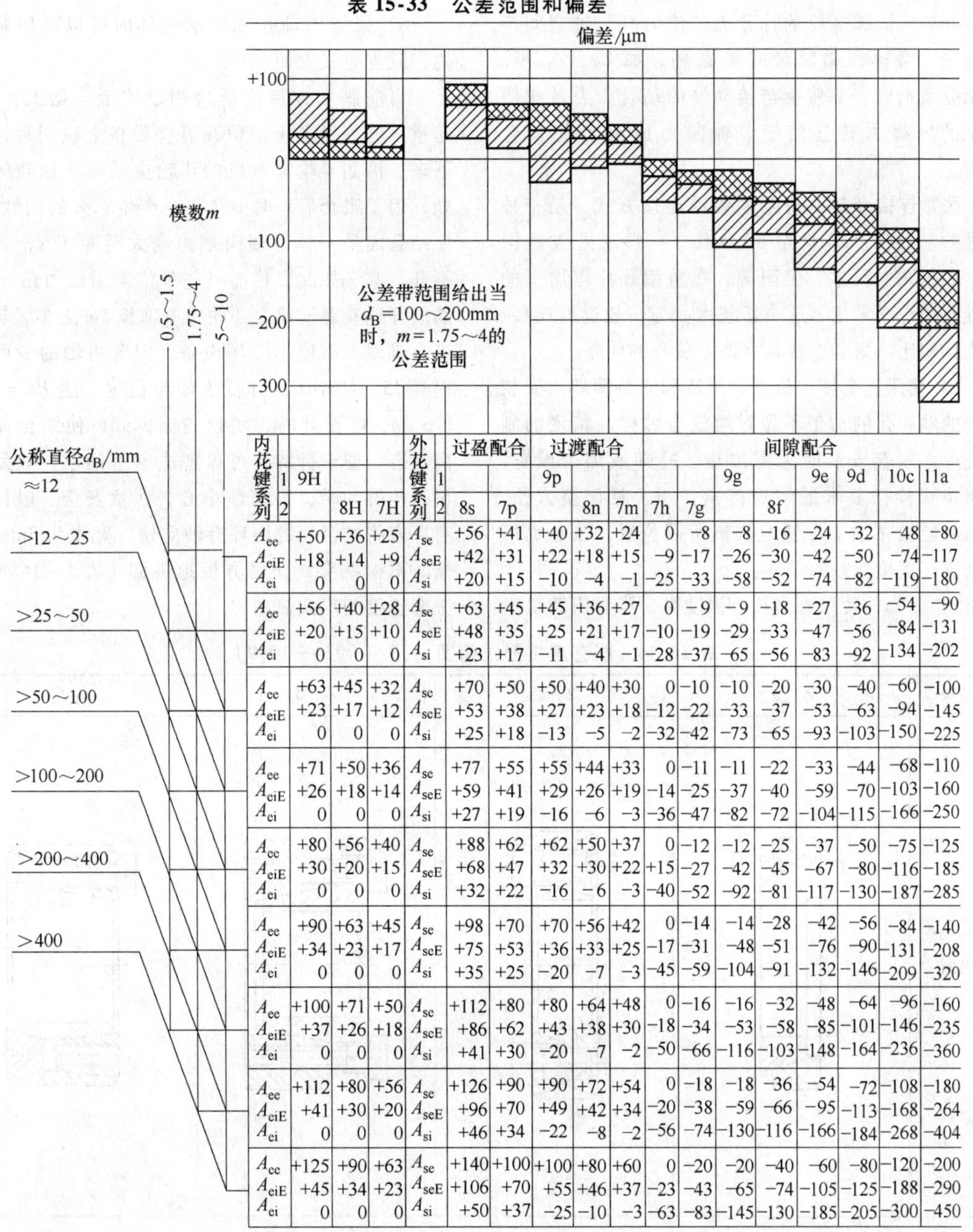

内花键系列	9H	8H	7H	外花键系列	8s	7p	9p	8n	7m	7h	7g	9g	8f	9e	9d	10c	11a
					过盈配合		过渡配合					间隙配合					
1	9H			1			9p					9g		9e	9d	10c	11a
2		8H	7H	2	8s	7p		8n	7m	7h	7g		8f				
A_{ee}	+50	+36	+25	A_{se}	+56	+41	+40	+32	+24	0	−8	−8	−16	−24	−32	−48	−80
A_{eiE}	+18	+14	+9	A_{seE}	+42	+31	+22	+18	+15	−9	−17	−26	−30	−42	−50	−74	−117
A_{ei}	0	0	0	A_{si}	+20	+15	−10	−4	−1	−25	−33	−58	−52	−74	−82	−119	−180
A_{ee}	+56	+40	+28	A_{se}	+63	+45	+45	+36	+27	0	−9	−9	−18	−27	−36	−54	−90
A_{eiE}	+20	+15	+10	A_{seE}	+48	+35	+25	+21	+17	−10	−19	−29	−33	−47	−56	−84	−131
A_{ei}	0	0	0	A_{si}	+23	+17	−11	−4	−1	−28	−37	−65	−56	−83	−92	−134	−202
A_{ee}	+63	+45	+32	A_{se}	+70	+50	+50	+40	+30	0	−10	−10	−20	−30	−40	−60	−100
A_{eiE}	+23	+17	+12	A_{seE}	+53	+38	+27	+23	+18	−12	−22	−33	−37	−53	−63	−94	−145
A_{ei}	0	0	0	A_{si}	+25	+18	−13	−5	−2	−32	−42	−73	−65	−93	−103	−150	−225
A_{ee}	+71	+50	+36	A_{se}	+77	+55	+55	+44	+33	0	−11	−11	−22	−33	−44	−68	−110
A_{eiE}	+26	+18	+14	A_{seE}	+59	+41	+29	+26	+19	−14	−25	−37	−40	−59	−70	−103	−160
A_{ei}	0	0	0	A_{si}	+27	+19	−16	−6	−3	−36	−47	−82	−72	−104	−115	−166	−250
A_{ee}	+80	+56	+40	A_{se}	+88	+62	+62	+50	+37	0	−12	−12	−25	−37	−50	−75	−125
A_{eiE}	+30	+20	+15	A_{seE}	+68	+47	+32	+30	+22	+15	−27	−42	−45	−67	−80	−116	−185
A_{ei}	0	0	0	A_{si}	+32	+22	−16	−6	−3	−40	−52	−92	−81	−117	−130	−187	−285
A_{ee}	+90	+63	+45	A_{se}	+98	+70	+70	+56	+42	0	−14	−14	−28	−42	−56	−84	−140
A_{eiE}	+34	+23	+17	A_{seE}	+75	+53	+36	+33	+25	−17	−31	−48	−51	−76	−90	−131	−208
A_{ei}	0	0	0	A_{si}	+35	+25	−20	−7	−3	−45	−59	−104	−91	−132	−146	−209	−320
A_{ee}	+100	+71	+50	A_{se}	+112	+80	+80	+64	+48	0	−16	−16	−32	−48	−64	−96	−160
A_{eiE}	+37	+26	+18	A_{seE}	+86	+62	+43	+38	+30	−18	−34	−53	−58	−85	−101	−146	−235
A_{ei}	0	0	0	A_{si}	+41	+30	−20	−7	−2	−50	−66	−116	−103	−148	−164	−236	−360
A_{ee}	+112	+80	+56	A_{se}	+126	+90	+90	+72	+54	0	−18	−18	−36	−54	−72	−108	−180
A_{eiE}	+41	+30	+20	A_{seE}	+96	+70	+49	+42	+34	−20	−38	−59	−66	−95	−113	−168	−264
A_{ei}	0	0	0	A_{si}	+46	+34	−22	−8	−2	−56	−74	−130	−116	−166	−184	−268	−404
A_{ee}	+125	+90	+63	A_{se}	+140	+100	+100	+80	+60	0	−20	−20	−40	−60	−80	−120	−200
A_{eiE}	+45	+34	+23	A_{seE}	+106	+70	+55	+46	+37	−23	−43	−65	−74	−105	−125	−188	−290
A_{ei}	0	0	0	A_{si}	+50	+37	−25	−10	−3	−63	−83	−145	−130	−185	−205	−300	−450

15.5 胀套连接

15.5.1 概述

胀紧连接套（简称胀套，Shrink Disc），也称锁紧盘。

主要用途：代替单键和花键的连接作用，以实现传动件（如齿轮、飞轮、带轮等）与轴的连接，用于传递转矩。其功能在使用中分胀紧与锁紧两方面。胀套在使用时，通过高强度螺栓的连接作用，使内环与轴之间、外环与轮毂之间产生巨大抱紧力。如 Z_1、Z_2、Z_3、Z_4 型，常称作胀套。使用中胀套外环不开口，依靠螺栓的拧紧力，使内环与轴之间产生抱紧，常称作锁紧盘或锁紧环，如 Z_7、Z_{10} 型。当承受负荷时，靠胀套与传动件的结合压力及相伴产生的摩擦力传递转矩、轴向力或两者的复合载荷。

胀紧连接套是一种新型传动连接方式，是一种先进的基础件。20 世纪 80 年代，一些工业发达国家，如德国、日本、美国等，在重型载荷作用下的机械连接广泛采用了这一新技术。与一般过盈连接、键连接相比，胀套连接具有许多独特的优点。

1）使用胀套使主机零件制造和安装简单。安装胀套的轴和孔的加工不像过盈配合那样高精度的制造公差。胀套安装时无需加热、冷却或加工设备，只需将螺栓按要求的转矩拧紧便可。且调整方便，可以将轮毂在轴上方便地调整所需位置。胀套也可用来连接焊接性差的零件。

2）胀套的使用寿命长，强度高。胀套依靠摩擦传动，对被连接件没有键槽削弱，也无相对运动，工作中不会产生磨损。

3）胀套在超载时，将失去连接作用，可以保护设备不受损坏。

4）胀套连接可以承受多重负荷，其结构可以做成多种式样。根据安装负荷大小，还可以多个胀套串联使用。

5）胀套拆卸方便，且具有良好的互换性。由于胀套能把较大配合间隙的轴毂结合起来，拆卸时将螺栓拧松，即可使被连接件容易拆开。胀紧时，接触面紧密贴合不易锈蚀，也便于拆开。

6）维修中轴孔或键槽损坏时可以改用胀套结构，既省时又方便。

目前胀套连接广泛应用于冶金、化工、电力、起重运输等设备上。但在有些设备上应用后，拆不下来。例如斗轮堆料机的斗轮主轴与斗轮毂体配合处，用了胀套后，时间久了会产生永久的塑性变形，使结合面呈一体，轴向推力增大至 800kN，致使拆不开。鉴于如此，目前有些单位采用压力角 $\alpha=30°$ 的渐开线花键连接，斗轮机主轴长 3m 之多，轮齿加工有难度，需使用专用设备。但若将轴的表面硬度提高 35～40HRC，降低表面粗糙度，达 $Ra=0.8$～$1.6\mu m$，在设计时，增设高压拆卸，使结合面呈分离状态，便于拆卸，可以解决这个问题，只是在使用高压拆卸时，要谨慎小心，注意安全。但目前也有厂家将结合面的内环沿轴向铣一宽度为 3mm 的长槽，不得铣穿，便可方便地拆卸。表 15-34 列出了胀套连接的形式简图。

表 15-34 胀套连接形式简图（JB/T 7934—1999）

型号	Z_1 型	Z_2 型	Z_3 型	Z_4 型
简图			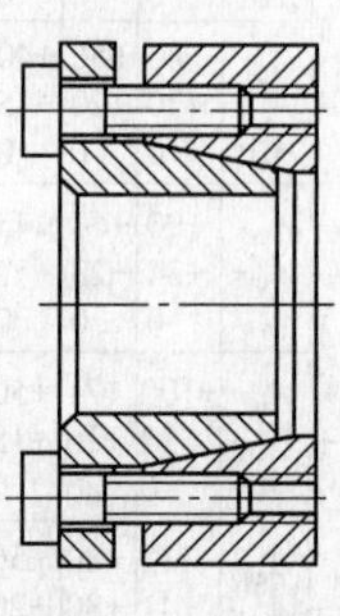	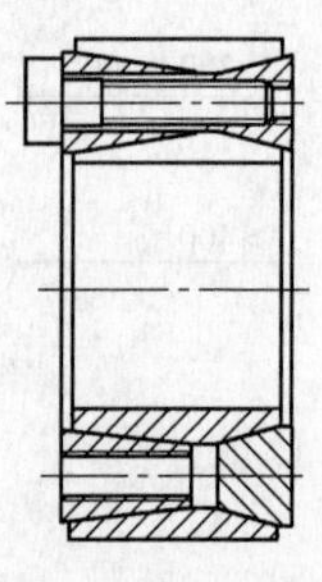

（续）

型号	Z_5 型	Z_6 型	Z_7 型	Z_8 型
简图	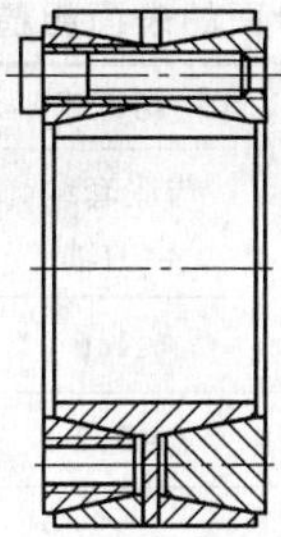	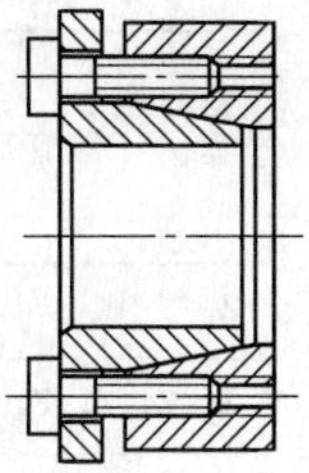		
型号	Z_9 型	Z_{10} 型	Z_{11} 型	Z_{12} 型
简图	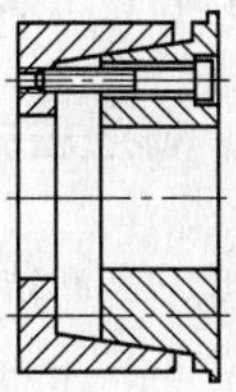	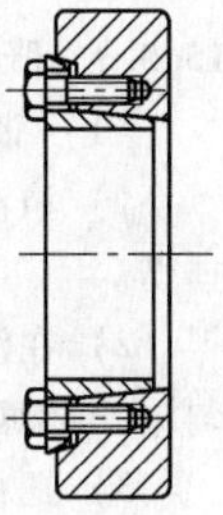	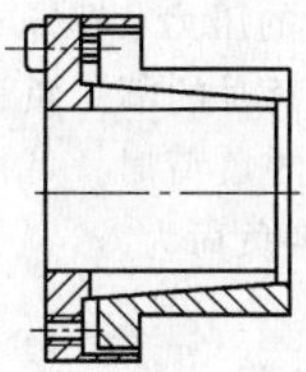	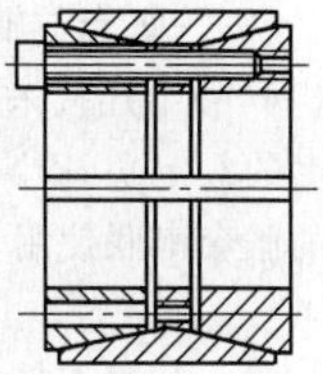
型号	Z_{13} 型	Z_{14} 型	Z_{15} 型	Z_{16} 型
简图	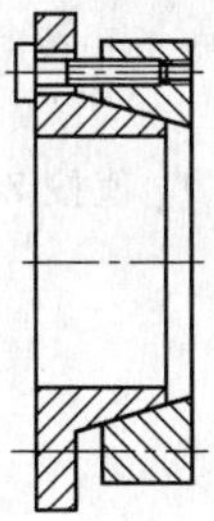	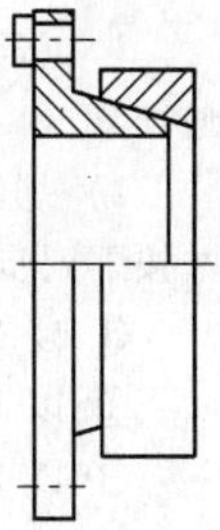	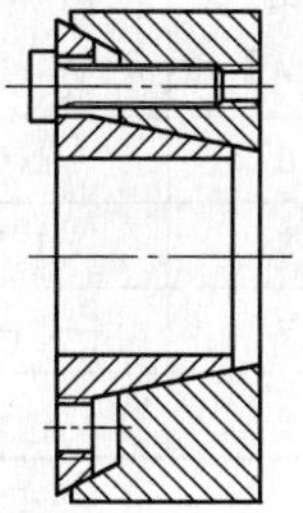	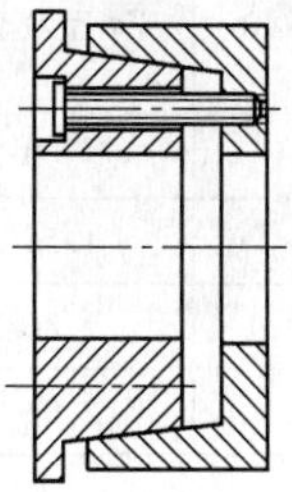
型号	Z_{17} 型	Z_{18} 型	Z_{19} 型	Z_{20} 型
简图	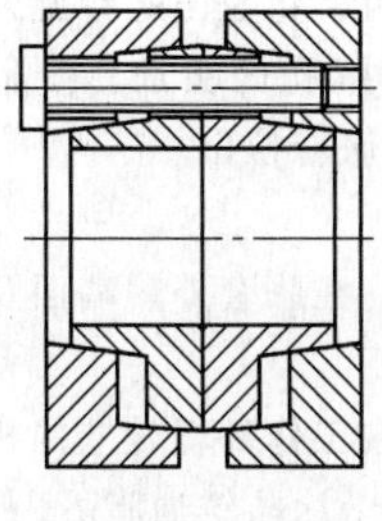	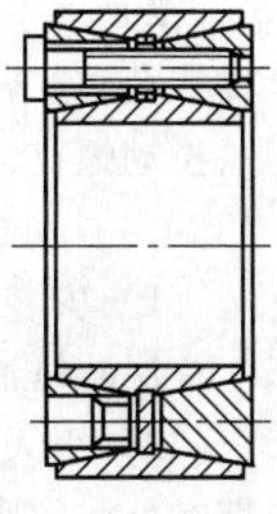	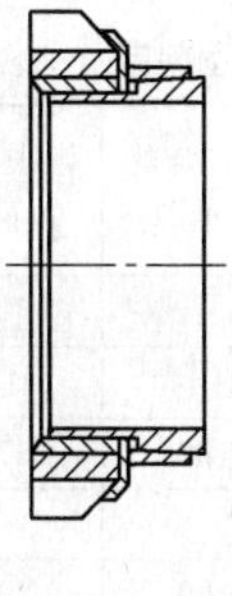	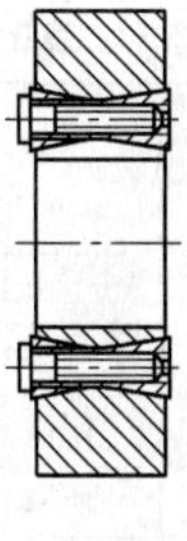

注：标准系列见该标准或参考文献［6］。

15.5.2 胀套连接的选用方法

1. 按照负荷选择胀套

（1）选择胀套应满足的条件

1）传递转矩：$T_t \geqslant T$。

2）承受轴向力：$F_t \geqslant F_x$。

3）传递力：$F_t \geqslant \sqrt{F_x^2 + \left(T \times \dfrac{d}{2} \times 10^{-3}\right)^2}$。

4）承受径向力 $p_f \geqslant \dfrac{F_r}{dl} \times 10^3$

式中　T——需传递的转矩（kN·m）；

F_x——需承受的轴向力（kN）；

F_r——需承受的径向力（kN）；

T_t——胀套的额定转矩（kN）；

F_t——胀套的额定轴向力（kN）；

d、l——胀套内径和环宽度（mm）；

p_f——胀套与轴结合面上的压力（N/mm^2）。

（2）一个连接采用数个胀套时的额定负荷　一个胀套的额定负荷小于需传递的负荷时，可用两个以上的胀套串联使用，其总额定负荷为

$$T_{tn} = mT_t$$

式中　T_{tn}——n 个胀套总额定负荷；

m——负荷系数（m 值见表 15-35）。

表 15-35　负荷系数 m 值

连接中胀套的数量	m		
	Z_1 型胀套	Z_2、Z_3、Z_4、Z_5 型胀套	Z_{12}、Z_{15}、Z_{17}、Z_{18} 型胀套
1	1.00	1.0	1.0
2	1.56	1.8	1.8
3	1.86	2.7	—
4	2.03	—	—

2. 结合面的公差及表面粗糙度

1）与胀套结合的轴和孔，其公差带按 GB/T 1800.1、GB/T 1800.2 和 GB/T 1800.3 的规定。推荐的孔、轴公差带列于表 15-36。

表 15-36　孔、轴公差带

胀套形式	胀套内径 d/mm	与胀套结合的轴的公差带	与胀套结合的孔的公差带
Z_1	<38	h6	H7
	≥38	h8	H8
Z_2	所有直径	h7 或 h8	H7 或 H8
Z_3	所有直径	h8	H8
Z_4	所有直径	h9 或 k9	N9 或 H9
Z_5 ~ Z_{20}	所有直径	h8	H8

2）与胀套结合的轴和孔，其表面粗糙度按 GB/T 1031 的规定。推荐的轮廓算术平均偏差 Ra 列于表 15-37。

表 15-37　结合面的表面粗糙度 Ra

胀套形式	轮廓算术平均偏差 Ra/μm	
	与胀套结合的轴	与胀套结合的孔
Z_1	≤1.6	≤1.6
Z_2、Z_3、Z_4、Z_5、Z_6	≤3.2	≤3.2
Z_7、Z_{10}、Z_{20}	≤3.2	—
Z_8、Z_9、Z_{11}、Z_{12}、Z_{13}	≤3.2	≤3.2
Z_{14}、Z_{15}、Z_{16}、Z_{17}、Z_{18}、Z_{19}	≤3.2	≤3.2

15.5.3 胀套连接安装拆卸的一般要求

（1）胀套的安装

1）清洗结合件表面，使之无污物、无腐蚀、无损伤。

2）在清洗干净的胀套表面和结合件表面上，均匀涂一层薄润滑油。

3）把被连接件推移到轴上，使达到设计规定的位置。

4）将拧松螺钉的胀套平滑地装入连接孔处，要防止结合件的倾斜，然后用手将螺钉拧紧。

（2）拧紧胀套螺钉的方法

1）胀套螺钉应用力矩扳手按对角、交叉、均匀地拧紧。

2）螺钉的拧紧力矩 T_A 值按 Z_2 ~ Z_{20} 型的规定，并按下列步骤：

① 以 $1/3T_A$ 值拧紧。

② 以 $1/2T_A$ 值拧紧。

③ 以 T_A 值拧紧。

④ 以 T_A 值检查全部螺钉。

（3）胀套的拆卸

1）拆卸时先松开全部螺钉，但不要将螺钉全部拧出。

2）取下镀锌螺钉，将拉出螺钉旋入前压环的辅助螺孔中，轻轻敲击螺孔的头部，使胀套松动，然后拉动螺钉，即可将胀套拉出。

（4）防护

1）安装完毕后，在胀套外露端面及螺钉头部涂上一层防锈油脂。

2）露天作业或在工作环境较差的机器上，应定期在外露的胀套端面上涂防锈油脂。

3）需在腐蚀介质中工作的胀套，应采取专用的防护（例如加盖板）以防胀套锈蚀。

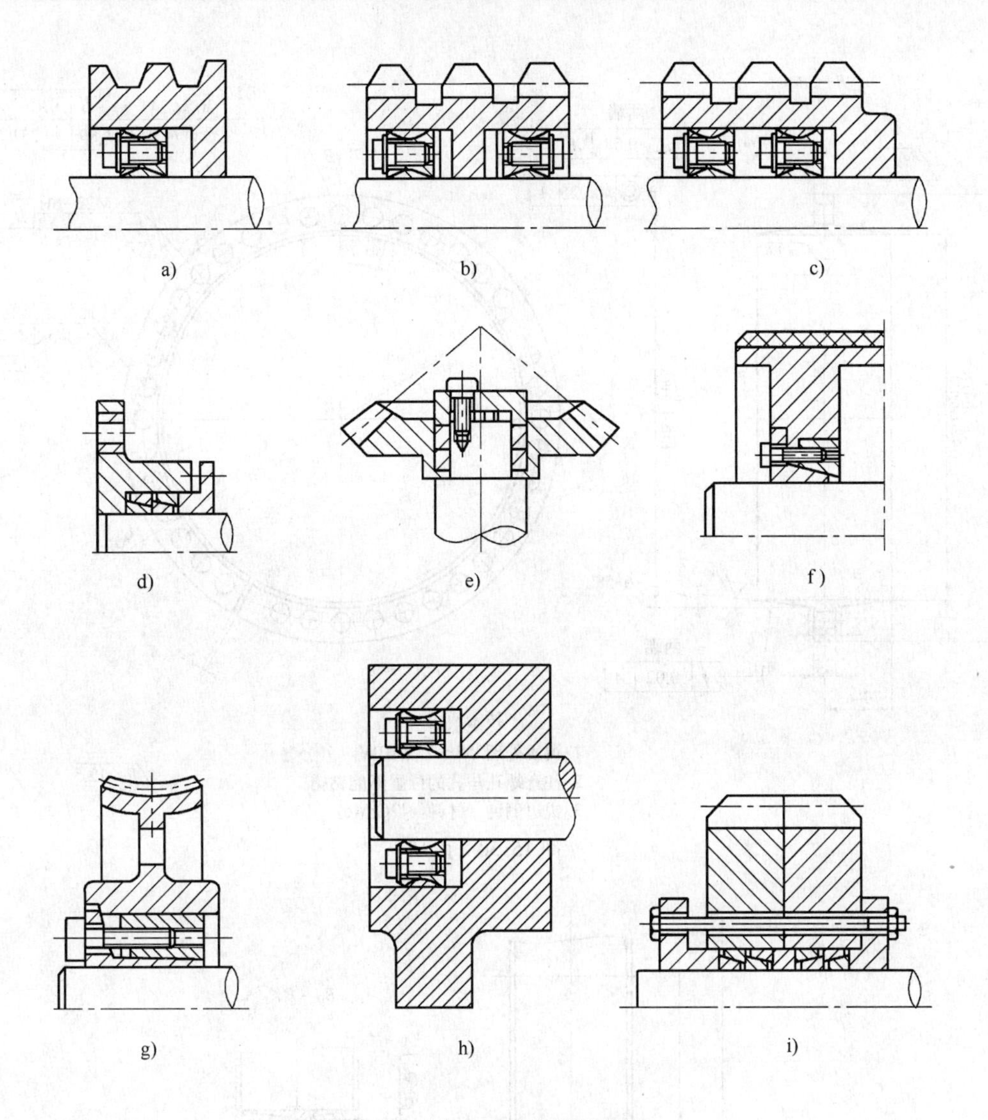

图15-29 胀套连接的应用举例

a）单只Z_2型胀套与轴连接 b）大齿轮的两边用胀套受力均匀 c）需大转矩时可以两只胀套同时使用 d）精密传动正反转无键带来的间隙 e）螺旋伞齿运动更平稳 f）胀套用于带式输送机传动滚筒中，改善焊接性，便于装拆 g）使蜗轮轴向定位灵活（无定位台阶） h）摆杆凸轮径向或轴向调整更方便 i）双侧压紧的Z型胀套在数控车床上，消除反向间隙

（5）应用举例 胀套连接的应用举例如图15-29所示。

目前国内应用的胀套在维修时，往往拆不下来，因为配合面粗糙，配合面没有一定的硬度，同时胀套设计上和制造上也有一定问题。结合面产生塑变，胀套与被包容件咬合呈一体。

现将德阳立达基础件有限公司（原德阳二重基础件厂）生产的大型胀套在结构上的措施，介绍如下：

1）在内环上开有4mm的通槽，使其具有弹性，便于张开。

2）卸下胀套上所有的螺栓，用该螺栓中的5个，在内环未钻孔的位置上顶前压环，此步骤可取出前压环及外环。

3）通过在内环上的5个螺纹孔用螺栓顶后压环，取下后压环或内环，十分方便，如图15-30、图15-31所示。

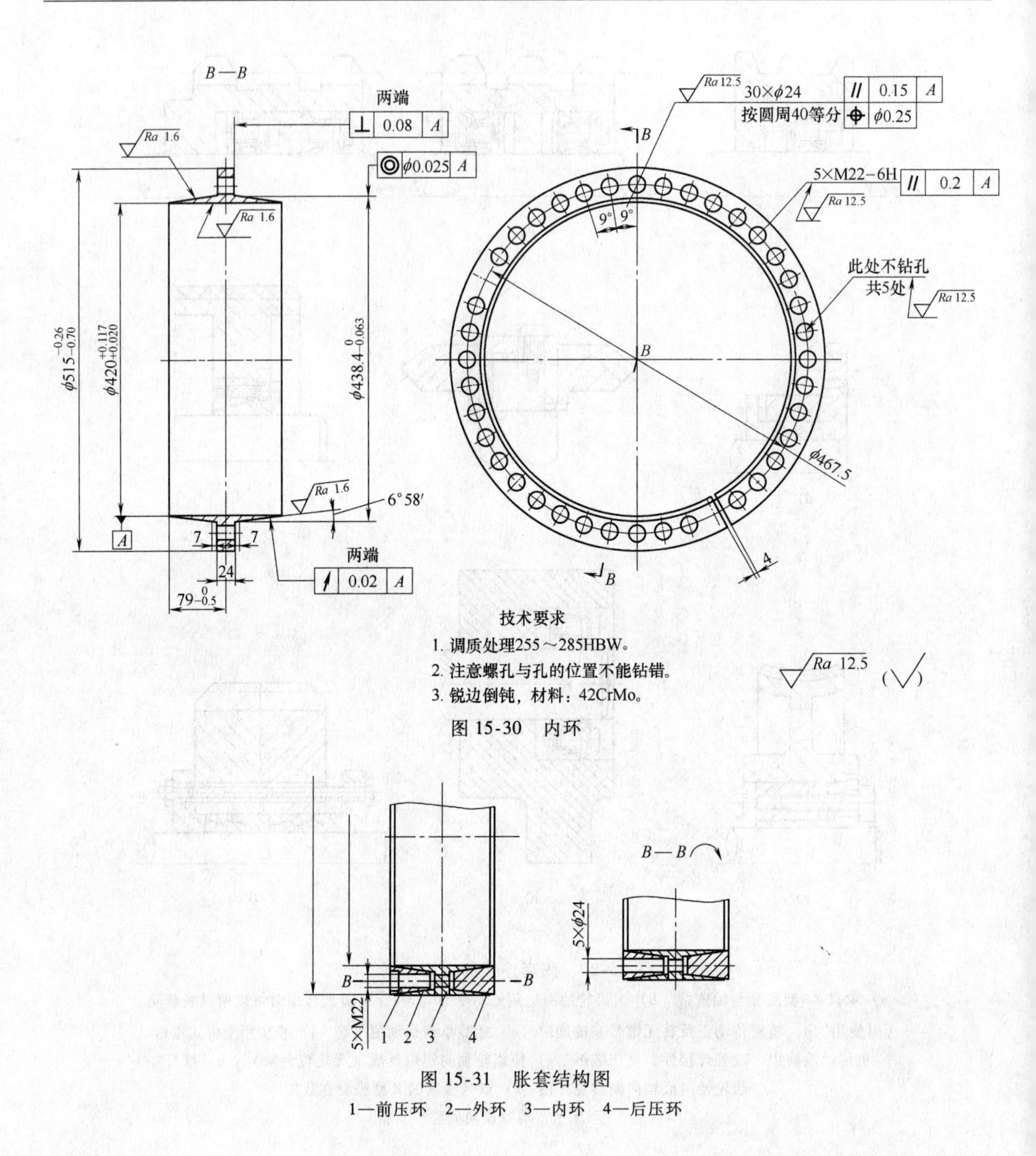

图 15-30 内环

图 15-31 胀套结构图

1—前压环 2—外环 3—内环 4—后压环

第 16 章　谐波齿轮传动装置

16.1　谐波齿轮传动的工作原理

谐波齿轮传动是一种依靠柔性齿轮所产生的可控弹性变形波来传递运动和力的新型机械传动，它的结构如图 16-1 所示。其基本构件包括波发生器、柔轮和刚轮。当波发生器转动时，迫使柔轮产生弹性变形，使它的齿与刚轮齿相互作用，从而实现传动的目的。就传动的机理而言，谐波齿轮传动与一般的齿轮传动和蜗轮传动有本质的区别。

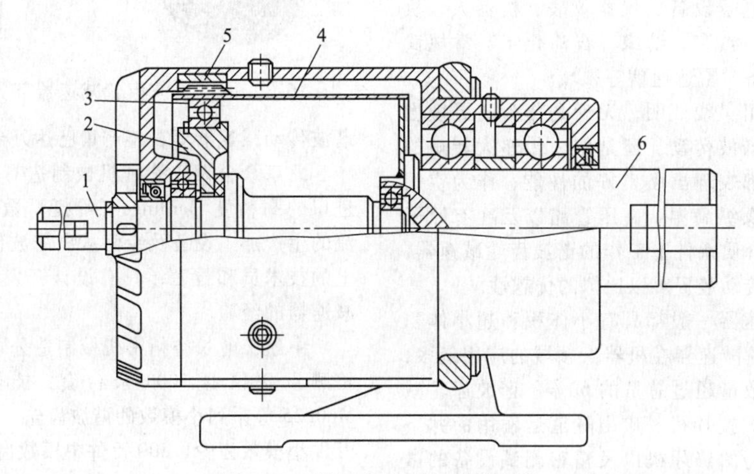

图 16-1　谐波齿轮减速器的结构

1—高速轴　2—波发生器凸轮　3—柔性轴承　4—柔轮　5—刚轮　6—低速轴

传动过程中，波发生器转一圈，柔轮上某点变形的循环次数称为波数 U，常用的有双波和三波两种。双波传动柔轮中的应力较小，结构比较简单，容易获得大的传动比，较为常用。

谐波齿轮传动的柔轮和刚轮节距相同，但齿数不等，通常均取刚轮和柔轮的齿数差等于波数。

谐波齿轮传动的三个构件，有一个固定；其余两个，一为主动，另一为从动。其相互关系可根据需要变换，一般均以波发生器为主动。

工作原理如图 16-2 所示。具有柔性轴承的凸轮波发生器为主动，柔轮从动，刚轮固定。当波发生器装入柔轮后，迫使圆形原始剖面的柔轮变形，在其长轴两端的齿与刚轮齿完全啮合，而在短轴处则完全脱开。处于长轴与短轴之间周长上不同区段内的齿，有的啮入，有的啮出，故当波发生器沿着箭头方向连续转动时，波发生器迫使柔轮变形不断变换，柔轮的齿相继由啮合转向啮出，由啮出转向脱开，然后由脱开转向啮入，再由啮入转向啮合，从而实现柔轮相对于刚轮沿着波发生器相反方向旋转。对于双波传动，在波发生器转一圈时，柔轮相对刚轮应转过两个齿。若将柔轮固定，刚轮为从动时，其啮合过程完全类同，但刚轮将沿着与波发生器相同的方向旋转。

谐波齿轮传动可用作减速或增速，通常用作减速装置。

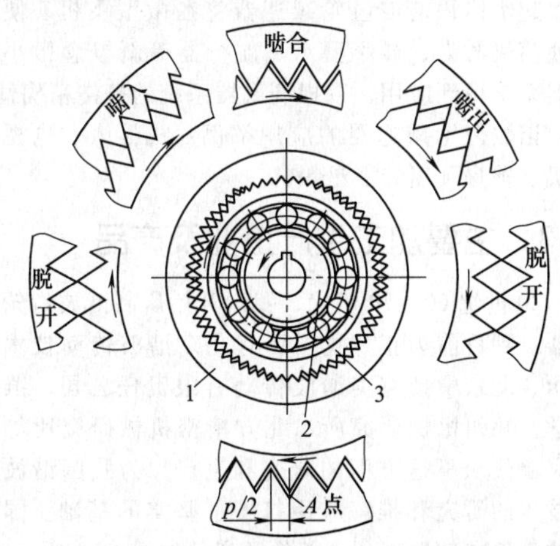

图 16-2　谐波传动的工作原理

1—刚轮　2—凸轮波发生器　3—柔轮

谐波传动是美国人 C. W. 马瑟于 1955 年提出的。1961 年我国开始引进并研究谐波齿轮传动技术。

1983年上海纺织科学研究院成立了谐波传动研究室。1984年“谐波减速器标准系列产品”在北京通过鉴定。1993年制定了GB/T 14118—1993谐波传动减速器标准，并且在理论研究、试制和应用方面取得了较大的成绩，成为掌握该项技术的国家之一。

16.2 谐波齿轮减速器的应用

谐波齿轮减速器具有质量轻、体积小、减速比大、精度高、噪声低、效率高、过载能力强等特点，主要应用于航空、航天、卫星、纺织机械、轻工机械、医疗器械、电子设备、仪器仪表、机器人、机床、工业自动化、汽车、纺织、石油化工、常规武器、精密光学设备、雷达通信等领域。

国内外的应用实践证明，无论是作为高灵敏度随动系统的精密谐波传动，还是作为传递大转矩的动力谐波传动，都表现出了良好的性能；作为空间传动装置和用于操纵高温、高压管路以及在有原子辐射或其他有害介质条件下工作的谐波齿轮减速器，显示了一些其他传动装置难以比拟的优越性。

谐波齿轮减速器一般都具有小体积和超小体积的特征。谐波齿轮减速器在机器人领域的应用最多，在该领域的应用数量超过总量的60%。谐波齿轮减速器还在化工立式搅拌机、矿山隧道运输用的井下转辙机、高速灵巧的修牙机以及精密测试设备的微小位移机构、精密分度机构、小侧隙传动系统中得到应用。

随着军事装备的现代化，谐波齿轮减速器更加广泛地应用于航空、航天、船舶、潜艇、飞船、导航、光电火控、单兵作战系统等军事装备中。另外，精确打击武器和微小型武器是未来武器发展趋势之一，超小体积谐波齿轮减速器将在微型飞机、便携式侦察机器人、微小型水下航行器等新概念微小型武器系统得到应用，以提高武器系统的打击精确性。

谐波齿轮减速器的应用举例：机器人、电视摄像机、神舟飞船和卫星等。

16.3 主要加工生产企业及产品

20世纪60~70年代，我国开始研制谐波齿轮减速器。到目前为止，我国已有北京谐波传动技术研究所、北京中技克美谐波传动有限责任公司、燕山大学、郑州机械研究所、北方精密机械研究所等几十家单位从事这方面的研究和生产，为我国谐波传动技术的研究和推广应用打下了坚实的基础。国产谐波齿轮减速器部分零部件及产品如图16-3所示。

北京中技克美谐波传动有限责任公司的主要产品有XB1单级谐波传动减速器，XB2单级谐波传动减速器，XB3单级谐波传动减速器，XBF单级谐波传动减速器，XBS单级谐波传动减速器，XB6单级谐波传动减速器等，年产量已达万台套。

图16-3 国产谐波齿轮减速器部分零部件及产品

北京众合天成精密机械制造有限公司拥有国外进口的高精度Hardinge（哈挺）数控机床、国内一流的生产加工设备及专门从事谐波传动事业10年以上的技术员和技工，具有设计开发航天用谐波齿轮减速器的经验。

中航工业长空精密机械制造公司拥有各类生产、检测设备仪器1000余台套，能够加工Mn0.15、Mn0.25等系列小模数的谐波齿轮，具有年产量8000万件小模数齿轮、800万件中模数齿轮的生产能力。

陕西渭河工模具总厂生产XBa、XBb、XBc三种系列100多种规格的谐波齿轮减速器。

杭州金辰谐波减速器制造有限公司生产谐波减速器已有20年的历史，产品广泛应用于工业机器人、数控机床、精密印刷机、移动地面卫星天线等，年生产各种类型谐波减速器3000台套。

苏州东盛工业设备有限公司、北京天阶科技工业公司等都从事谐波齿轮减速器的研制和生产。

16.4 国外谐波齿轮减速器发展状况

在谐波齿轮传动出现后短短的几十年中，世界工业比较发达的国家都集中研究力量致力于这类新型传动的研制。如美国就有国家航空航天管理局路易斯研究中心、空间技术实验室、USM公司、贝尔航空空间公司、卡曼飞机公司、本迪克斯航空公司、波音航空公司、肯尼迪空间中心（KSC）、麻省理工学院（MIT）、通用电气（GE）公司等几十个大公司和研究中心从事这方面的研究工作。前苏联从20世纪60年代初期开始，大力开展这方面的研制工作，如前苏联机械研究所、莫斯科鲍曼工业大学、彼得格勒光学精密机械研究所、全苏减速器研究所、基也夫减速器厂和莫斯科建筑工程学院等单位都开展了谐波传动的研究工作。对该领域进行了较系统、深入的基础理论和试验研究，在谐波齿轮减速器的类型、结构、应用等方面取得了很大成就。日本长谷川齿轮株式会社等有关企业，除从事谐波齿轮传动的研制外，自1970年开始，从美国引进USM公司的全套技术资料，成立了谐波传动株式会社，目前除能大批生产各种类型的谐波齿轮减速器外，还完成了通用谐波齿轮减速器的标准化、系列化工作。德国、法国，英国、瑞士、瑞典及意大利等都开展了谐波齿轮传动的研制工作并推广应用该项技术。

筒形柔轮谐波齿轮减速器是发展方向。日本目前的筒形柔轮长径比为0.5～0.8；俄罗斯已成功研制传动比在85～115范围内的具有超短柔轮的DP系列谐波齿轮传动装置；美国已开发并产业化了长径比约为0.5的CSF系列和长径比约为0.2的CSD系列谐波齿轮传动装置。

16.5　谐波齿轮减速器的研究方向与发展趋势

1. 啮合原理及新齿形的研究

由于谐波齿轮减速器中齿轮的相对运动关系比较复杂，早期对其啮合原理的研究是建立在经验和试验的基础上，其后出现了完整地考虑柔轮弹性变形的各种啮合分析理论，目前正在进行考虑载荷作用下柔轮轮齿的弹性变形对谐波齿轮传动啮合质量影响的研究。

最初研究谐波齿轮的齿廓齿形有直线齿廓、渐开线齿廓和摆线齿廓等。由于渐开线近似共轭齿廓，在工艺上易于加工，所以渐开线齿廓得到最广泛的使用。近年，日本学者提出谐波齿轮的齿廓齿形为“S齿形”，“S齿形”对谐波齿轮的啮合性能、承载能力有很大的提高，所以得到业界越来越广泛的认可。我国已开始对S齿形进行研究。谐波齿轮减速器中谐波齿轮传动的齿形角主要有28.6°、30°和20°三种，三种齿形角各有特点，可以视具体情况而确定。

2. 材料及加工工艺性研究

用新材料替代传统柔轮材料是研究谐波齿轮减通器的方向之一。如采用具有高刚度、高强度与优异阻尼性能的碳纤维环氧复合材料来制造柔轮。这种柔轮有足够的转矩传递能力，抗扭刚度提高50%，在基本固有频率下的衰减能力提高100%，具有广阔的应用前景。

谐波齿轮减速器中波发生器和柔轮的加工最为复杂。目前，日、美等国均采用数控机床对波发生器进行加工。由于切齿的劳动量为制造零件总劳动量的70%～80%，所以对柔轮和刚轮加工工艺的研究是这一领域的热点。国际上已发展了滚轧加工柔轮，滚压加工刚轮内齿等净成形加工方法。我国燕山大学在滚轧柔轮、刚轮齿形方面，在焊接柔轮、粘接柔轮及热强旋成形柔轮毛坯等方面，做了大量的实验研究，取得了可喜的成果。

3. 结构参数及优化设计

随着谐波齿轮减速器日益广泛地使用，为了满足用户的使用需求，对谐波齿轮传动提出了越来越多的要求。在满足各种性能要求的前提下，研究设计合理的结构参数是当前研究的重点。特别对谐波齿轮传动中的关键性部件柔轮的设计，若某些参数选择不当，将严重影响整个谐波传动装置的正常工作。有研究者针对单级谐波齿轮传动装置中的柔轮，提出了啮合参数和结构参数综合性的优化设计方法，可以避免单一参数优化设计中存在的某些缺陷，使传动效率、承载能力得以提高，结构尺寸缩小。

4. 柔轮疲劳强度研究

作为决定传动寿命的柔轮疲劳强度问题就一直是研究的重心。

5. 动态特性分析研究

为了提高谐波齿轮减速器中谐波齿轮传动的可靠性，除了需进行常规的静态研究外，还必须进行动态研究。谐波齿轮传动系统的动力学问题研究从20世纪70年代开始以来经历了由线性到非线性的发展，各国学者建立的几个典型的数学模型所考虑的非线性因素由少到多，但是仍不全面。因此，全面合理地考虑非线性因素，建立较为完整的非线性动力学模型是谐波齿轮传动系统动力学特性研究的重点。

6. 发展趋势及待研究解决的问题

谐波齿轮减速器的小型化、高精度和高可靠性将是谐波齿轮传动的主要发展趋势，即齿轮模数将越来越小，零部件精度越来越高，零件材料性能更加优良，短筒柔轮将得到普遍应用，谐波齿轮减速器的体积和质量越来越小，结构更加紧凑合理，可靠性不断提高。

虽然谐波齿轮传动的研究已经取得了很大的进展，但仍然存在一些亟待研究解决的如下问题：

1）研究新齿形，解决制齿方法和工艺问题。

2）高强度短筒柔轮材料试验研究及尺寸限制条件下短筒柔轮的优化设计问题。

3）短筒柔轮的变形力和应力随着筒长的减小而急剧增加的问题。

4）超小模数短筒柔轮和刚轮的制造问题。

5）通过建立较为完整的非线性动力学模型来研究谐波减速器齿轮传动系统的动力学特性等问题。

第 17 章　高速齿轮传动装置的设计

高速齿轮速度高，轮齿啮合线速度一般为 25 ~ 160m/s，高速轴转速一般为 3000 ~ 30000r/min，传递功率一般为 400 ~ 40000kW，国外最高齿轮啮合线速度可达 300m/s，最高转速可达 100000r/min，最大功率可达 100000kW。由于高速齿轮装置通常是整个机组、生产线甚至整个企业的关键设备，因此要求工作可靠度高。高速齿轮在设计制造上集中了较多的高精尖技术，高速齿轮与一般工业齿轮的比较见表 17-1。

表 17-1　高速齿轮与一般工业齿轮的比较

序号	比较项目	高速齿轮	一般工业齿轮
1	齿轮的制造精度	4 ~ 5 级	6 ~ 7 级
2	使用可靠度	$S_{Fmin} \geqslant 2.2$ $S_{Hmin} \geqslant 1.6$	$S_F \geqslant 1.3$ $S_{Hn} \geqslant 1.1$
3	齿轮原材料	精炼优质合金钢，齿轮与轴分开（有时整体）锻造，本体取样检验（MH）	一般合金钢，齿轮与轴分开（有时整体）锻造，一般抽检（ML 或 MM）
4	齿面硬度	56 ~ 62HRC	50 ~ 60HRC
5	齿面检测检查	严格	一般不进行
6	大小齿轮配对磨齿	严格配对磨齿	一般不进行
7	对齿轮转子进行临界转速及动力响应分析计算	严格进行	不进行
8	采用热弹变形修形技术，使齿面在变载下均匀接触	严格进行	不进行
9	产品性能试验	严格进行	不一定进行（新产品样机进行）
10	运行监测装置	带有测振测温装置，在运行中监测	一般不监测

高速齿轮及高速齿轮装置主要应用于石油、化工、冶金（制氧机、鼓风机）、电力、舰船、电力高速机车和航天等行业的设备中。它与原动机、工作机组成的机组往往是这些行业现代化大型成套设备的重要核心部分，并对这些行业的生产工艺流程的正常运行起着关键的作用。如果高速齿轮出现运行事故，将会造成工艺流程全线瘫痪，导致巨大的经济损失。

17.1　我国高速齿轮发展的概况

我国高速齿轮技术起步稍晚，其发展过程大体分为起步、测绘仿制、技术引进和消化吸收以及独立设计制造四个阶段。

20 世纪 60 ~ 70 年代，我国的高速齿轮技术从单圆弧齿形的齿轮开始起步。圆弧齿轮是由凸凹两齿形的齿轮相啮合组成齿轮副，以传递运动，其单位面积的承载能力比渐开线齿轮大，又不需要磨齿加工设备，比较适合我国当时的国情。因此，沈阳鼓风机厂、上海汽轮机厂、杭州汽轮机厂和开封空分设备厂都生产了一些规格不同的圆弧齿高速齿轮，为本企业成套设备配套。有的企业还制定了系列产品的企业标准。总的来说这时的高速齿轮技术刚起步，产品的技术参数和水平都不高。

20 世纪 70 ~ 80 年代，国内一些科研及生产单位通过对引进产品的测绘开始对渐开线高速齿轮进行研究，获得了一些初步知识。

在这个阶段，国家花费大量投资引进生产高速齿轮的装备，创建了专业制造厂——南京高速齿轮箱厂（现南京高精传动设备制造集团有限公司），同时确定沈阳鼓风机厂、杭州汽轮机厂、上海汽轮机厂、哈尔滨汽轮机厂等单位为高速齿轮定点生产厂。

这时期典型的产品是测绘仿制英国的 23000kW 燃汽轮机发电机组负荷齿轮箱，铭牌功率 21700kW，软齿面，齿轮啮合线速度 110m/s，精度 JB 179—1960 的四级。

20 世纪 80 年代初、中期为技术引进阶段。由南京高速齿轮箱厂和机械部郑州机械研究所等四个单位联合向美国费城齿轮公司引进 HS、MHS 等系列产品的设计工艺和质量控制的标准和规范，以及计算软件等全套高速齿轮设计制造技术，并定为国家“六五”攻关项目。南京高速齿轮箱厂和郑州机械研究所联合消化吸收引进技术，对弹性变形和热变形、修形等高速齿轮的共性技术开展了专题研究。在厂、所的共同努力下制造出多台 HS 系列产品，而且成功研制出 NH25、GN25 等高参数产品，其中 NH25 的齿轮线速度达152m/s。

21世纪初，由重庆齿轮箱有限责任公司牵头组建的重庆永进重型机械成套设备有限责任公司自主研发高速硬齿面齿轮箱，并形成重齿牌GSD和GSC两个系列的高速齿轮箱（具体参数见表17-2）。

通过以上工作，我国渐开线齿形的高速齿轮有了较系统、较完整的理论体系和设计制造规范，形成了系列产品，在技术上出现了质的飞跃。从20世纪80年代中期我们开始跨入自行设计制造阶段，其标志性产品分别有：南京高速齿轮箱厂1986年设计、1989年制成的MS6001B燃汽轮机发电机组负荷齿轮箱，功率42900kW（后达44000kW），硬齿面，齿轮线速度121.5m/s，精度GB/T 10095—2008的四级。2005年南京高速齿轮箱厂又研制成功功率55000kW、齿轮线速度131m/s的燃汽轮机发电机组负荷齿轮箱。2005年，重庆永进重型机械成套设备有限责任公司为某交通大学试验室设计制造的高速齿轮箱，运行转速80000r/min，齿轮线速度173m/s，精度GB/T 10095—2008的三级。此后，又设计制造了许多技术参数更高的标准与非标准产品，基本上可满足我国国民经济各行业对高速齿轮技术、产品的各种需求。

17.2 产品水平分析

近年来，南京高精传动设备制造集团有限公司（原南京高速齿轮箱厂）、沈阳鼓风机厂和郑州机械研究所都已生产系列高速齿轮箱产品，并已制订了JB/T 7514—1994GS系列高速渐开线圆柱齿轮箱行业标准。其最高齿轮线速度为150m/s，最高转速20000r/min，最大中心距670mm，最大功率40000kW。重庆永进重型机械成套设备有限责任公司自主设计的GSD/C系列硬齿面渐开线圆柱齿轮高速齿轮箱，其最高齿轮线速度超过170m/s，最高转速80000r/min，最大中心距700mm，最大功率66000kW。2006年，重庆永进重型机械成套设备有限责任公司为柳州化工有限责任公司28000m^{3}空分装置研制的GSD390高速齿轮箱，齿轮线速度达到171.3m/s。

目前我国制造的高速齿轮已经达到的技术参数为：单台铭牌功率55000kW，齿轮线速度176m/s，齿轮精度ISO 1328 3级。

17.3 产品与市场展望

根据主机的工作转速、传递功率与总体布局的要求，高速齿轮装置主要分为三种类型：

（1）平行轴齿轮传动　这种形式是应用最广泛的形式。我国制订的JB/T 7514—1994 GS系列高速渐开线圆柱齿轮箱行业标准，已在生产上采用。南京高精传动设备制造集团有限公司（原南京高速齿轮箱厂）在原HS、MHS系列高速齿轮箱的基础上开发了NGGS系列高速齿轮箱，将原单级中心距650mm，扩大至1000mm，并将传动级数扩大至2级，最大传递功率增加到96000kW（样本功率）。在这种传动形式的基础上，还可以根据主机的不同要求，适当配置电动盘车和主油泵。

（2）分流齿轮传动　即转矩输入的主动齿轮同时与两个被动齿轮啮合，实现传递功率两支分流。在相同的条件下，这种传动可传递更大的功率，可取得更大的传动比。这种传动主要应用于H型透平压缩机与大型舰船螺旋桨推进系统。

（3）行星齿轮传动　20世纪70年代，我国进口一定数量的由高速行星齿轮传动装置驱动的透平压缩机、制氧机等设备。行星齿轮传动也是一种功率分流的传动形式，结构较复杂。南京高精传动设备制造集团有限公司（原南京高速齿轮箱厂）已制造过一定批次的高速行星齿轮传动装置。行星齿轮传动的一个明显优点是单级传动速比可达12。但最佳的传动比$i \leqslant 9$。

上述三种类型高速渐开线齿轮装置的产品型号及制造企业见表17-2。

高速齿轮传动装置一般都是单件生产，这是因为它的技术参数主要取决于主机的技术要求。为了获得较好效益，不同主机都有一个最佳技术参数。高速齿轮装置必须在传递功率、工作转速和传动比等方面满足主机要求。所以高速齿轮传动装置的生产纲领基本是单台式的设计制造。

为适应市场需求和国民经济的不断发展，需要生产更多种类型的高速齿轮装置。目前，产品的市场竞争显现出日益剧烈的态势：一是国内与国外的竞争；二是国内的竞争。各制造厂、研究所以及原军工部门都在千方百计地抢占市场。近年来已出现过度降价竞争的局面。高速齿轮装置的过度降价很难保证产品质量。因此，应该注意规范市场价格。我国渐开线硬齿面高速齿轮装置设计制造水平，与当前世界先进水平比较，还存在多方面的差距。国际上先进的制造厂在高速齿轮装置的设计理念、制造工艺和运行测试方面都积累了较丰富的经验。它们有实力雄厚的运行测试手段，每台产品都要通过带负荷或空负荷全速试验，测试振动、噪声和轴承温度等技术指标，各种测试数据合格后，产品方能出厂。如果运行试验数据通不过，要采取相应措施加以解决，直至运行试验通过。我国在这些方面较为

表 17-2 渐开线高速齿轮传动装置产品系列及制造企业

序号	产品型号	齿轮箱中心距/mm	传动比	传递功率/kW	制造企业
1	GS 系列高速齿轮箱	160 ~ 670	≤8	400 ~ 40000	南京高精传动设备制造集团有限公司、沈阳鼓风机厂、郑州机械研究所
2	GSD 系列高速齿轮箱	150 ~ 700	≤8	220 ~ 48300	重庆永进重型机械成套设备有限责任公司
3	GSC 系列高速齿轮箱	220 ~ 700	≤5.5	700 ~ 66000	
3	HS 高速齿轮箱	150 ~ 650	≤8	400 ~ 40000	南京高精传动设备制造集团有限公司、沈阳鼓风机厂
4	NGGS 高速齿轮箱	150 ~ 1000	≤18	27 ~ 96000	南京高精传动设备制造集团有限公司
5	P 高速齿轮箱	155 ~ 435	≤8	4000 ~ 21155	锦西化工机械厂
6	H 型分流高速齿轮箱	800 ~ 1200	≤21	12000	南京高精传动设备制造集团有限公司、沈阳鼓风机厂、开封空分设备厂、重庆齿轮箱有限责任公司
7	大型船用分流高速齿轮装置	3000	35	27000	哈尔滨汽轮机厂、上海汽轮机厂、东方汽轮机厂、重庆齿轮箱有限责任公司
8	高速行星齿轮传动装置	内齿圈直径≤1800mm	≤12	700 ~ 17500	南京高精传动设备制造集团有限公司、重庆齿轮箱有限责任公司、锦西化工机械厂

落后，运行试验测试的手段还常常跟不上市场要求。

（4）高速圆弧齿轮装置　我国曾在自力更生的基础上成功地发展了圆弧齿轮。在 20 世纪 60 年代，中小规格的透平压缩机采用软齿面的渐开线齿轮，齿面常点蚀损坏，改用圆弧齿轮后，齿面点蚀消失了。经使用运行证明，圆弧齿轮的齿面接触强度大大高于软齿面的渐开线齿轮。圆弧齿轮的制造成本比渐开线（硬齿面）约低 1/3。20 世纪 60 年代后期，制订了 GYD、GYR 高速圆弧齿轮产品系列，见表 17-3。

表 17-3 高速圆弧齿轮装置产品系列及制造企业

序号	产品型号	齿轮箱中心距/mm	传动比	传递功率/kW	制造企业
1	GYD 高速圆弧齿轮装置	200 ~ 400	≤5	340 ~ 4000	沈阳鼓风机厂、陕西鼓风机厂、开封空分设备厂
2	GYR 高速圆弧齿轮装置	450	≤2.4	4400 ~ 6600	沈阳鼓风机厂、陕西鼓风机厂
3	GH 高速双圆弧齿轮装置	250 ~ 270	≤8	400 ~ 4000	郑州机械研究所

近年来，南京高精传动设备制造集团有限公司引进了若干成型砂轮磨齿机，可以对非渐开线齿廓的齿轮进行磨削，其精度可达到 ISO 1328—1995 三级或四级（该标准的适用范围是渐开线圆柱齿轮），圆弧圆柱齿轮的精度标准为 GB/T 15753—1995。这就为渗碳淬火硬齿面双圆弧高速齿轮的齿面精加工提供了工艺手段。可以展望，高速双圆弧齿轮的设计制造水平将会有更大的进展。

17.4 高速齿轮传动的基本形式

1. 一般平行轴传动

（1）单级传动（见图 17-1a）　由一对齿轮相啮合所组成的传动是最简单的传动形式。常用传动比范围为 $i \leqslant 8$，最大可达 $i \leqslant 10$。这种传动普遍用在透平发电机组的减速装置、电动机拖带压缩机及泵的增速装置中。此外，在船用中速柴油机中也通过齿轮减速来带动螺旋桨。

（2）单级分流式传动（见图 17-1b）　由两个小齿轮分别与同一个大齿轮相啮合所组成的传动。这种传动形式从动力传递的路线来看，它可实现功率分流或功率合并的目的。例如，用于船舶柴油机的并车齿轮箱，就是采用这种型式实现减速并使两台柴油机功率合并以带动螺旋桨的。图 17-1c 为小齿轮轴支承在三个轴承上，使得齿轮轴弯曲变形减小，相对地可取较大齿宽，适于传递更大的功率。

（3）两级传动　这类传动的形式较多，图17-1d为两级传动、双输入的链式布置。这种传动在船用透平主减速齿轮装置中比较常见。它由高、低压蒸汽透平分别带动两个第一级小齿轮，经与之相啮合的第一级大齿轮分别串联第二级小齿轮，再与同一个第二级大齿轮相啮合输出后，连接尾轴和带动螺旋桨。图17-1e为两级传动、双输入的分流式布置（又称嵌套式布置），它的第一级大齿轮嵌在第二级小齿轮的中间，布置较紧凑，但中间轴同时承担两级传动的啮合作用力，使轴和轴承的负载都相应增加。这种传动在舰用透平主减速齿轮装置中可以见到。两级传动的传动比通常为30～50，最大可达70～80。

此外，还有两级分流式传动（见图17-1f和图17-1g）。这种传动能实现功率分流，使轮齿上载荷明显减低，在较大功率的船用透平主减速齿轮传动中采用。这种形式在船用齿轮传动中又称为闭锁式传动。

2. 内啮合齿轮传动（见图17-1h）

由小齿轮和内齿圈相啮合而组成的齿轮传动。这种传动的优点是由于内啮合特性使得齿面抗点蚀能力大幅度提高，传动尺寸较紧凑，但由于结构上只能为悬臂形式，受力条件较为恶劣，因此只在功率较小的机器中应用，如在船用小功率柴油机传动中可以见到。

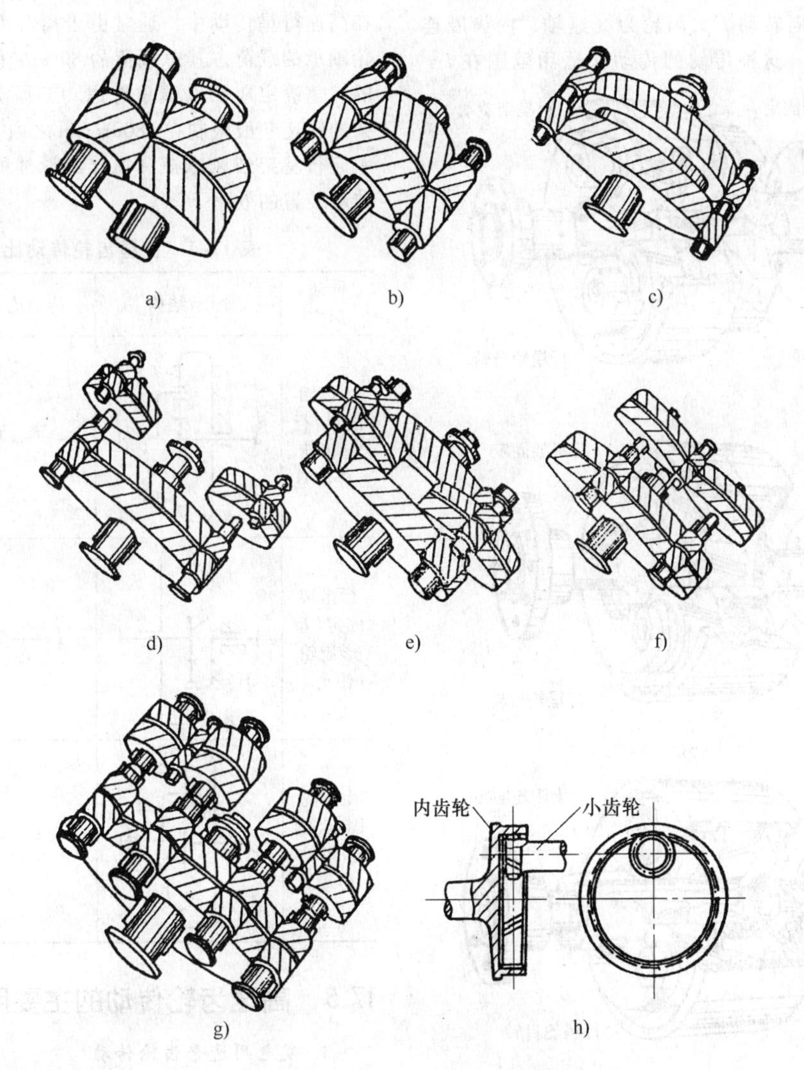

图17-1　齿轮传动布置的基本形式

a）单级传动　b）单级分流式传动　c）一级分流式传动，小齿轮由三个轴承支承　d）两级减速、双输入、链式布置　e）两级减速、双输入、分流式布置（又称嵌套式布置）　f）两级减速、一级分流式传动、闭锁式布置　g）两级减速、双输入、一级分流式传动、闭锁式布置　h）内啮合齿轮传动

3. 行星齿轮传动

在动力传动中常见到的行星齿轮传动有三种形式，它们布置形式都归属于典型的 2K-H（NGW）型一类，基本构件是由两个中心轮（太阳轮和内齿轮）、若干个行星轮和行星架等组成。通常有以下三种传动方式。

（1）内齿圈固定的行星齿轮传动（见图17-2a） 这种传动中内齿圈固定，而太阳轮和行星架各自作同向旋转。太阳轮为高速轴，行星架为低速轴。这种传动的传动比适用范围在 $i=2.8\sim12.5$，最佳值 $i=3\sim9$。

（2）行星架固定的行星齿轮传动（见图17-2b） 这种传动是把行星架固定，而太阳轮和内齿圈各自作反向转动。太阳轮为高速轴，内齿圈连接轴为低速轴。这种传动的传动比适用范围在 $i=2\sim11$，亦称假行星传动。

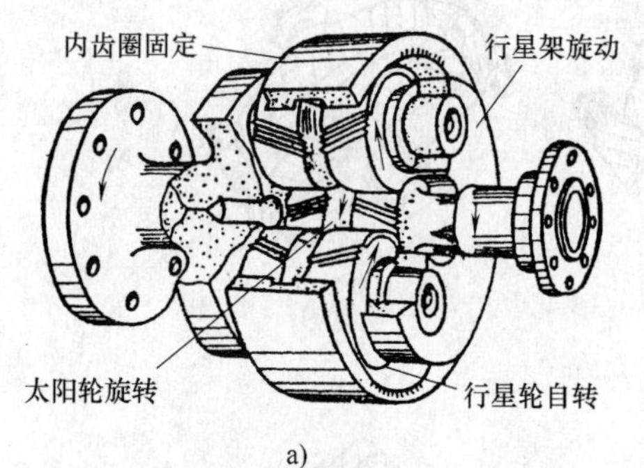

a)

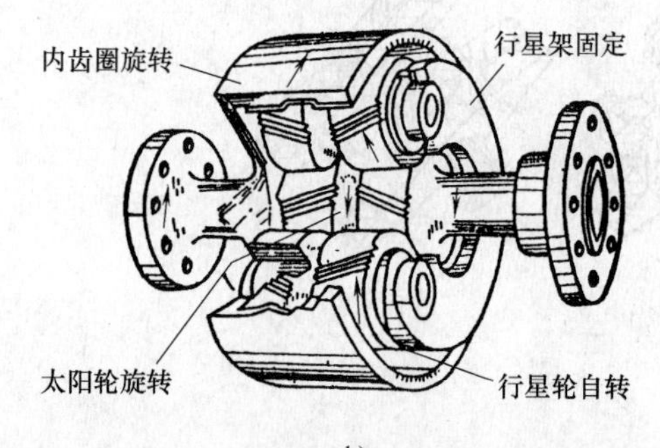

b)

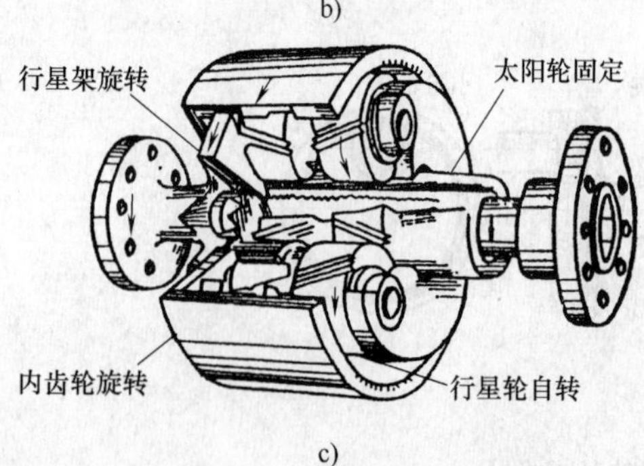

c)

图 17-2 行星齿轮传动的形式

a）内齿圈固定（行星传动） b）行星架固定（星形传动） c）太阳轮固定（太阳型传动）

（3）太阳轮固定的行星齿轮传动（见图17-2c） 这种传动是把太阳轮固定，行星架和内齿圈各自作同向转动。内齿圈连接轴为高速轴，行星架为低速轴。这种传动的传动比范围在 $i=1.1\sim1.7$ 之间。

以上三种 2K-H（NGW）型行星齿轮传动的传动比计算见表 17-4。

在设计行星齿轮传动时应注意以下问题：

1）要求各行星齿轮能保证同时与太阳轮及内齿轮相啮合，且受载较均匀。

2）对于行星架转动的传动，要注意由于旋转产生的离心力而使行星齿轮轴承负载增加的影响因素。在高速行星传动中，通常由于离心力所加给行星齿轮轴承的载荷占其总载荷的 80% 左右，故对行星架的转速确定应予以慎重考虑。工程实践证明，行星架的转速一般限制在 1800r/min 之内，过高的转速将引起行星架鼓风摩擦和搅拌润滑油的损耗增加，使传动装置的效率下降。

表 17-4 行星齿轮传动比计算

传动形式	图示结构	传动比	输出、输入轴旋转方向
内齿圈固定（行星齿轮传动）	g H a b	$i=\frac{z_b}{z_a}+1$	同方向
行星架固定（星形齿轮传动）	b a H g	$i=\frac{z_b}{z_a}$	反方向
太阳轮固定（恒星齿轮传动）	g H a b	$i=\frac{z_a}{z_b}+1$	同方向

17.5 高速齿轮传动的主要用途

1. 发电用透平齿轮传动

从透平热力性能分析指出，为使机组具有较高的热效率，要求各级通流部分保持较高的热效率。通常衡量级效率的高低主要采用 v/c_0 值（级的平均直径处圆周速度 v 和级的焓降 c_0），例如对于冲动级叶片，当 v/c_0 保持在0.5左右时，可获得较高的级效率。从上述关系看出，为了保持较佳的 v/c_0 值，当选取的级圆周速度 v 越高时，相应地可选取级的焓降也越大，结果使透平的级数减少。要获得较大的级圆周速度，通常有两种途径：一种是将叶轮直径增大，但对于功率不太大的机组，由于有限的蒸汽流量，在保持叶片通流部分的截面不变前提下，叶轮直径增大，将使叶片高度相应降低，这样由于相对间隙增加，使漏汽损失增大，造成级效率降低。另外一种途径是将透平转速提高来实现较大的级圆周速度，这样使叶轮直径减小，叶片相对高度增加，对提高级效率有好处（见图17-3）。透平转速提高多少，还要考虑到转子等旋转部件的强度及气动性能中临界声速马赫数对效率的影响等因素。

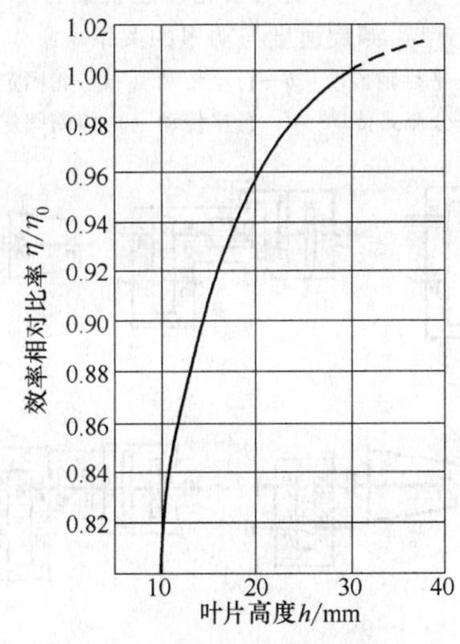

图17-3 叶片高度与热效率的关系

由于拖带的发电机转速不能任意跟随，规定两极发电机为3000r/min、四极发电机为1500r/min。这类功率不太大的透平常设置齿轮传动装置，来减速并传递功率。

透平齿轮具有以下的工作特点：

1）传递功率较大、速度较高。透平齿轮的功率一般可划分以下三挡：①传递功率小于5000kW的，称为小容量。②传递功率在5000～10000kW的，称为中等容量。③传递功率大于10000kW的，称为大容量。

当前蒸汽透平齿轮最大功率达25000kW，燃气透平齿轮最大功率为47000kW。齿轮圆周速度一般在70～110m/s，有时达150～200m/s，个别达250～300m/s。从现有技术水平来看，已可以承制功率为 8×10^4 kW左右的透平齿轮。

2）要求长期持续运行，设计寿命为 10×10^4 h以上。由于发电业直接影响工农业生产，特别是孤立电网和军用发电的机组，一定要保证做到安全满发，一旦发生事故而突然停机，将会造成重大损失，因此要求齿轮传动装置有高度的可靠性。

3）要求运转平稳，噪声较低、振动较小。一般要求在距离机器1m处，A级噪声响度应小于90dB，箱体振动小于0.04mm（双向振幅）。齿轮的制造精度通常取ISO齿轮精度标准的3～6级。传动装置效率则要求在98%以上。

4）由于发电机可能发生短路事故，发生的瞬间电流激增，转矩可达额定值的8～10倍，对这一特殊因素在计算强度时应予以考虑。一般要求在短路力矩下，齿轮及其装置的各受力元件的应力都不要超过材料的屈服极限。

透平发电机组采用减速齿轮后技术经济效果可从以下的例子来说明。

一台功率为14000kW的背压式汽轮机，进汽参数为8MPa/500℃，背压为0.5MPa，对透平直接拖带发电机和采用减速齿轮带动1500r/min的发电机所进行的技术经济效果比较，详见表17-5。其透平的通流部分及造价的分析比较如图17-4所示。

表17-5 带与不带减速齿轮的汽轮发电机组比较

序号	比较项目	单位	透平直接拖带发电机（不带减速齿轮）	带减速齿轮的透平发电机组
1	透平转速	r/min	3000	9600
	发电机转速	r/min	3000	1500
2	调节级平均直径	mm	1020	450
3	反动级的级数		58	19
4	透平汽缸的质量	t	28.9	8.2

另外一台20000kW抽汽/冷凝式汽轮机采用减速齿轮与否的技术指标的比较，见表17-6。

表17-6 20000kW抽汽/冷凝式汽轮机带与不带减速齿轮的比较

序号	比较项目	单位	透平直联发电机（不带减速齿轮）	带减速齿轮的透平发电机组
1	透平转速	r/min	3000	7500
	发电机转速	r/min	3000	1500
2	调节级：			
	级数		2	2
	形式		双列	单列
	直径	mm	1050和800	700
3	反动级的级数		61	23
4	透平汽缸的质量	t	56	35

以上两个例子表明，对于中小功率的汽轮机采用减速齿轮后，透平的尺寸和质量明显减小。特别

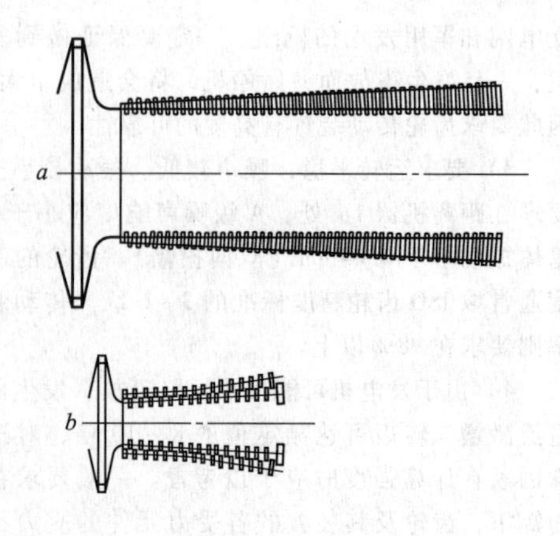

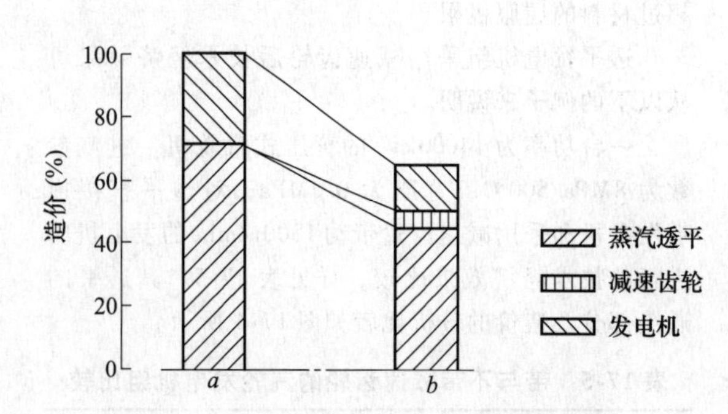

图 17-4 透平通流部分和造价的分析比较

a—直联发电机的透平 *b*—高速透平

是透平级数减少得较多，意味着叶片数目大为减少，这可给加工生产带来较多方便。此外，虽然使机组增加一台减速齿轮箱会带来一些麻烦，但从经济上来看，造价可降低约30%。总之，这类功率不太大的机组采用齿轮传动是较为合算的，因而被各工业国家广泛采用。

透平发电机组的减速齿轮的布置形式通常分平行轴传动、行星传动及分流式传动三类，其中以平行轴传动为最普遍的形式。根据当前齿轮材质的强度和制造水平，各类传动能实现的传递功率及齿轮圆周速度的水平如图17-5所示。其中平行轴传动在传递功率为 5×10^4kW 时，齿轮圆周速度将达200m/s。分流式传动在传递功率为 6×10^4kW 时，齿轮圆周速度仅为150m/s。行星齿轮传动由于结构复杂等原因，仅使用于功率较小的场合。

图17-6为蒸汽透平减速齿轮传动常用布置形式。

图17-7为一台功率3000kW卡车电站的燃气透平行星齿轮箱。采用这种形式齿轮箱的主要目的是使机组布置在一条线上。这样，由于输入和输出轴同心，可以使狭窄的车厢布置得紧凑整齐。齿轮箱主要参数见表17-7，该齿轮箱采用的形式是行星架

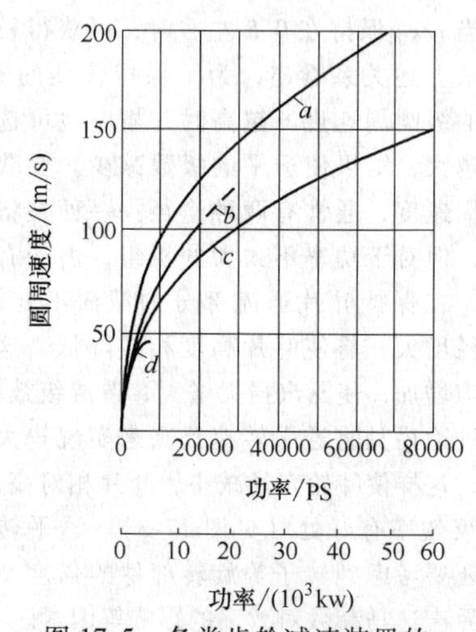

图 17-5 各类齿轮减速装置的圆周速度与功率的关系

a—平行轴传动 *b*—行星传动（行星轮固定）
c—分流式传动 *d*—行星传动（内齿圈固定）

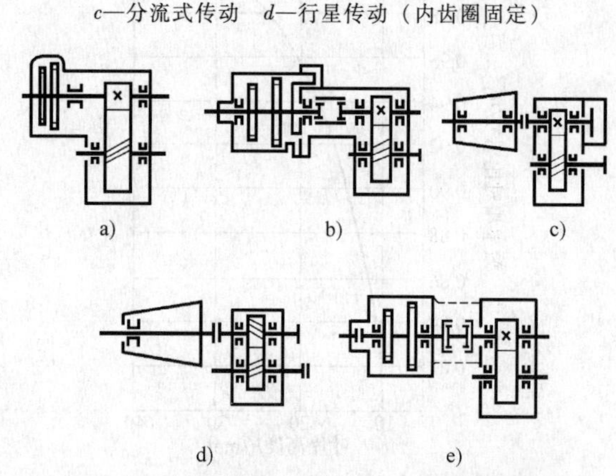

图 17-6 蒸汽透平减速齿轮传动布置形式

a）透平叶轮悬臂式 b）透平的一个轴承设在齿轮箱内
c）透平转子与齿轮轴刚性连接 d）透平转子与齿轮轴刚性连接、三支点 e）透平转子与齿轮轴挠性连接

固定的行星齿轮传动（即图17-2b的形式），这主要由于3000r/min的发电机转速过高，不能采用行星架转动的传动形式。这种传动相当于分流式传动（又称星形齿轮箱 Star Gears）。为了使四个行星齿轮均载，在结构上将太阳轮做成浮动，内齿轮采用三层齿式挠性连接的形式。太阳轮和行星轮用25Cr2MoV调质并氮化，氮化深度大于0.3mm，齿面硬度HV≥650，制造精度为5级。内齿轮用25Cr2MoV调质精插，齿面硬度为260～290HBW。行星齿轮的中心轴，用20CrMnMo调质，表面镀上厚为0.5mm的铜铅合金，精车后再镀上厚0.03～0.05mm的铅锡合金，以起润滑减磨作用。行星架为普通碳钢铸造，箱体为普通灰铸铁。由于设计结构较合理、制造精度较高，减速器运转较为平稳，振幅≤0.01mm（双振幅）。

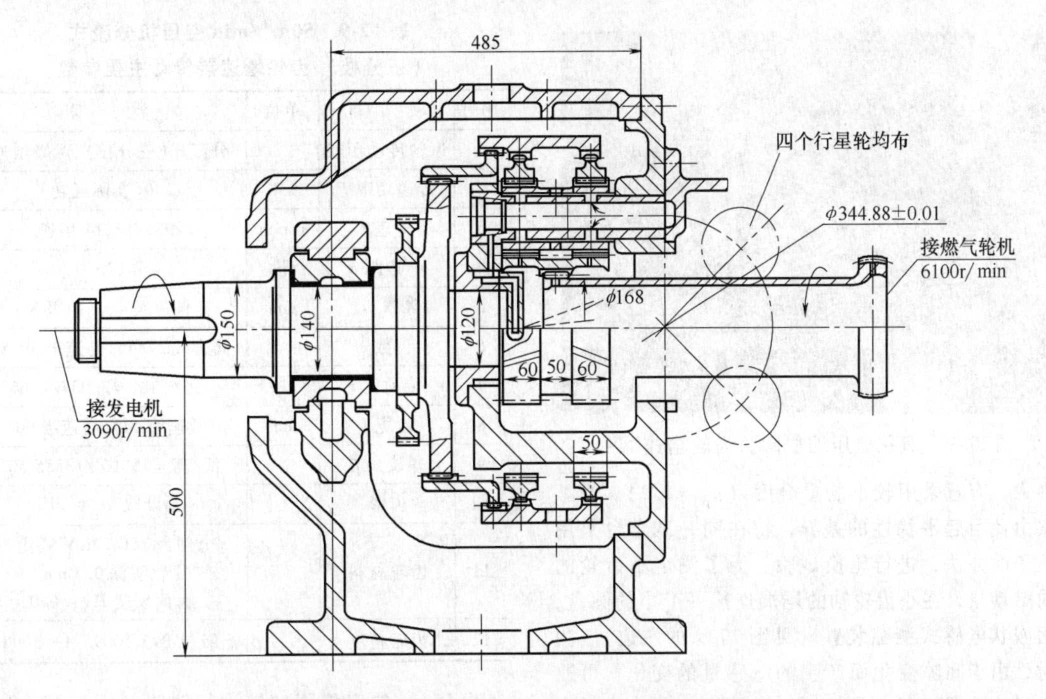

图 17-7　3000kW 卡车电站的燃气透平行星齿轮箱

表 17-7　3000kW 燃气透平行星齿轮箱主要参数

序号	项　目	单位	数　据
1	传递功率 P	kW	3000
2	转速 n	r/min	6100/3000 减速
3	齿轮传动形式		行星架固定的行星齿轮传动
4	齿数:太阳轮 z_a 行星轮 z_g 内齿轮 z_b		54 28 110
5	模数 m_n	mm	4
6	螺旋角 β		18°
7	有效齿宽 b	mm	2×60 人字齿
8	齿形		渐开线 $\alpha_n = 20°$

其中一台功率 47000kW 燃气透平齿轮箱。其主要参数为：中心距 650mm，齿宽 500mm，转速 4918/3000r/min，渗碳深度：中国 0.2mm，日本 0.15mm。齿轮进行渗碳淬硬磨齿，圆周速度约为 130m/s。

2. *冶金、化学、石油工业中动力拖动用增速齿轮传动*

增速齿轮传动在这些部门用途非常广阔，如钢铁厂 6000～30000m^3/h 制氧站空压机的增速齿轮箱（传递功率通常为 2000～18000kW）。20 世纪 60 年代由于化肥工业发展的需要，年产 30 万 t 合成氨成套设备中的空压机或氨压缩机都广泛采用高速增速齿轮传动，其功率为 3200～8500kW。这类机器上，齿轮的工作特点是载荷较大、圆周速度较高，一般为 70～120m/s，个别为 150～200m/s 或更高（达 300m/s）。使用条件和透平发电用齿轮相同，即要求运转平稳可靠，寿命较长（一般要求寿命达 10^5h 以上）。

常用的传动布置形式如图 17-8 所示。

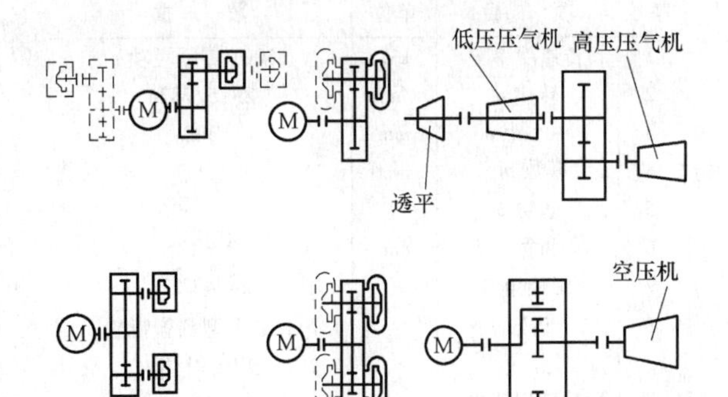

图 17-8　冶金、化学、石油工业中增速齿轮传动布置形式

图 17-9 为一台由 2000kW 异步电动机拖动的氧化氮压缩机，连同增速齿轮一起带负载试车的情景。增速齿轮主要参数见表 17-8。这台增速器原设计采用渐开线软齿面精滚人字齿轮，1963 年为了提高产品质量和推广新技术，分别采用人字齿和单斜齿两种形式作比较。其中单斜齿的圆弧齿轮为减小其轴

图 17-9　氧化氮压缩机圆弧齿轮增速器

向推力，有意采用较小的重合度（$\varepsilon_{\beta}\approx2.2$）。为了观察由此引起平稳性的差异，特在同一试车台上用换肚子的办法，进行轮换试验。为了测定小齿轮的轴向窜动量，在小齿轮轴的尾端连接一个小的圆盘，采用嵌状电感式测隙装置（见图 17-9 的左边）。测试时，由于间隙变化而产生的电感量的变化，可通过八线示波器显示和拍照。测试结果表明，单斜齿小齿轮的轴向窜动量仅在 0.01mm 左右，其平稳性是令人满意的，为高速单斜齿圆弧齿轮的应用取得了经验。

图 17-10 为一台由 1600kW 异步电动机拖带高速离心空压机的齿轮增速装置。其齿轮传动主要参数见表 17-9。

表 17-8　氧化氮压缩机圆弧齿轮箱主要参数

序号	项　目	单位	数　据
1	传递功率 P	kW	1500（实际耗功）
2	转速 n	r/min	2975/7834
3	中心距 a	mm	300
4	模数 m_n	mm	5
5	齿数 z		79/30
6	齿宽 b	mm	2×125
7	螺旋角 β		24°43′27″
8	齿形		上工Ⅰ型圆弧齿轮（与 67 型相近）
9	齿轮圆周速度 v	m/s	68
10	齿轮材料		大:35CrMo 调质，230～260HBW 小:25Cr2MoV 调质，260～290HBW

这台分流式齿轮增速器具有布置较为紧凑（空间尺寸约为 800mm×800mm×800mm）、同轴线输入和输出的特点。为了使三分枝上齿轮能均匀承载，安装时，在中间轴上采取了高速级大齿轮周向方位可调的措施，即在各轮齿接触检查合格后，再将直径为 15mm 的定位圆柱销进行钻铰（见图 17-10 中说明）。进行该项工作之前，要求各中间轴实现定心、不浮动，还需另做一批供安装专用的金属套轴承替换产品轴承，使它们与中间轴的轴颈保持无隙滑配。此外，还采取了输入和输出的中心轮浮动的结构，予以补偿误差。这台齿轮增速器运行品质良好，实测振幅≤0.01mm（双振幅）。

表 17-9　50m³/min 空压机分流式（三分枝）齿轮增速器传动主要参数

序号	项　目	单位	数　据
1	齿轮传动形式		分流式（三分枝）、两级增速
2	传递功率 P	kW	1240（实际耗功）
3	转速 n	r/min	2985/16214 增速
4	中心距 a	mm	170
5	模数 m_n	mm	低速级 4，高速级 3
6	齿数 z		低速级 27/55，高速级 30/80
7	传动比 i		一级/二级 = 2.037/2.667
8	齿宽 b	mm	低速级 140，高速级 90
9	螺旋角 β		低/高 = 15°16′/13°55′50″
10	齿形		渐开线，α_n = 20°
11	齿轮材料		全部为 25Cr2MoV 氮化，氮化层深 0.3mm，齿面硬度 HV≥650
12	齿轮精度		5 级（GB/T 10095.1—2008）

其他方面如模拟压气机试验研究中都需要较高的转速，一般也采用齿轮增速器来实现。图 17-11 为一台三级模拟轴流压气机试验台齿轮增速器。其主要参数见表 17-10。

表 17-10　三级模拟压气机试验台齿轮增速器主要参数

序号	项　目	单位	数　据
1	传递功率 P	kW	850
2	转速 n	r/min	低速级 1500/3654； 高速级 3654/15502
3	中心距 a	mm	275
4	齿数 z		低速级 39/95，高速级 33/140
5	模数 m_n	mm	低速级 4，高速级 3
6	螺旋角 β		低/高 = 12°57′19″/19°19′43″
7	齿形		低:67 型圆弧齿轮 高:渐开线 α_n = 20°
8	齿轮材料		低速级:35CrMo 调质；240～270HBW 高速级:25Cr2MoV 氮化磨齿 氮化层深度≥0.3mm， 齿面硬度 HV≥650

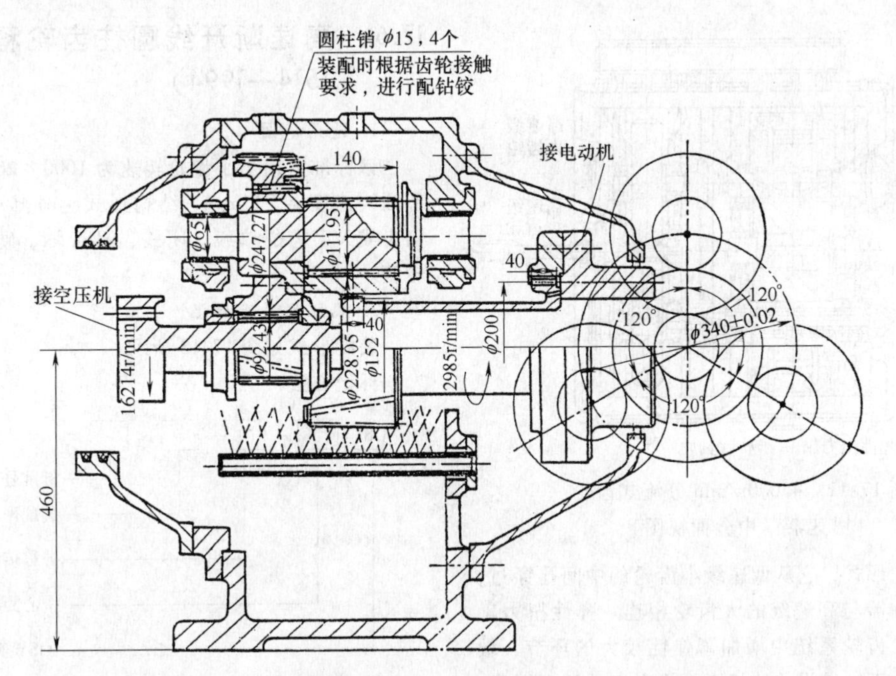

图 17-10　$50m^3/min$ 空压机分流式（三分枝）齿轮增速器

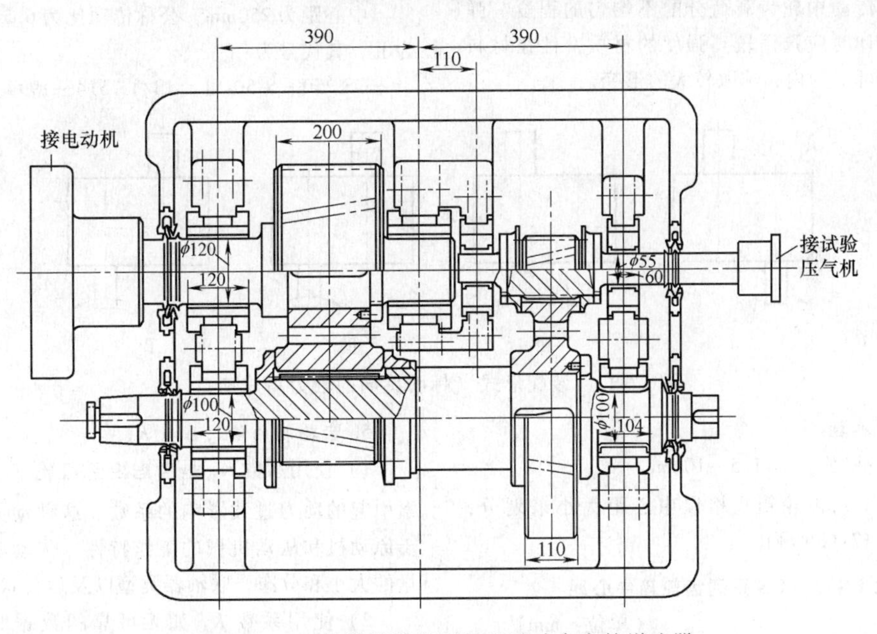

图 17-11　三级模拟轴流压气机试验台齿轮增速器

图 17-12 为一台燃气透平试验台的齿轮增速器，发电机拖动功率 $P=1491.4\text{kW}$（2000HP），输入转速 $n_1=1700\text{r/min}$，输出转速 $n_2=45000\text{r/min}$。齿轮传动形式为二级分流式，低速级为人字齿传动，高速级为直齿传动。齿轮最高圆周速度达 153m/s，齿轮精度为 BS1807 A1 级（英国船用齿轮标准，相当于 ISO 标准的 4 级精度），齿轮采用合金钢渗碳淬硬磨齿。齿轮载荷系数，低速级为 1.04N/mm^2，高速级为 0.9N/mm^2。这台齿轮增速器在结构上有以下特点：

1）采用二级分流式，使轮齿负载减小一半。

2）低速级采用人字齿轮，具有较高的承载能力，而高速级采用了较高精度的直齿轮，避免了由于斜齿产生的轴向负荷给高速推力轴承带来的较恶劣的工作条件。

3）低速级与高速级之间的连接，采用了弹性扭

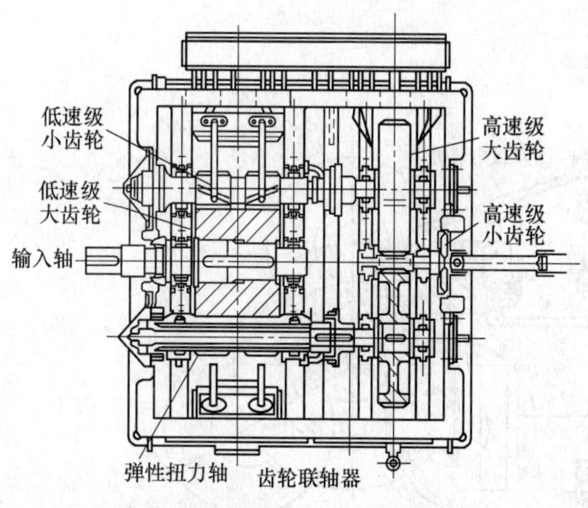

图 17-12 45000r/min 分流式齿轮增速器（中分面视图）

力轴的结构形式，它从低速级小齿轮的中间孔穿过，经齿轮联轴器与高速级的大齿轮相连。弹性扭力轴的作用是给齿轮系统中增加了弹性较大的环节，缓冲或消除由于制造误差的相互干扰引起的激振因素，改善分流式传动中轮齿载荷分配不均匀的程度。弹性扭力轴设计时应选用较高强度的材质，且在材料弹性强度许可范围内，选取较大的形变。

17.6 高速渐开线圆柱齿轮箱（JB/T 7514—1994）

1. 适用范围

该标准适用于小齿轮转速为 1000 ~ 20000r/min、节圆线速度 $v>25\text{m/s}$，结构形式为外啮合的直齿、斜齿或人字齿的单级、闭式、平行轴、硬齿面的齿轮箱。

2. 装配形式及标记

装配形式如图 17-13 所示。

标记方法：

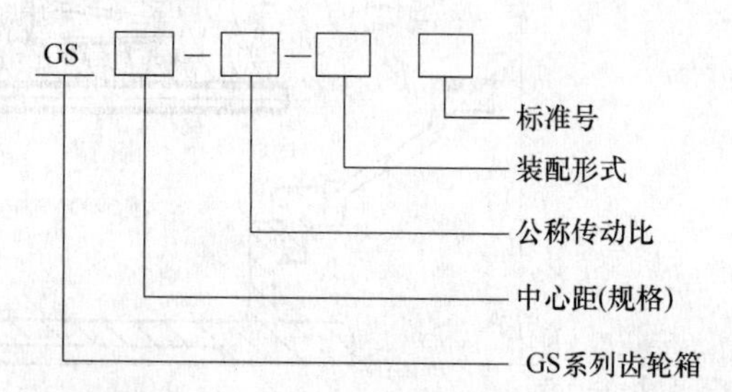

标记示例：

中心距为 250mm，公称传动比为 6.5，装配形式为Ⅱ，其代号为：

GS 250—6. 50-Ⅱ JB/T 7514—1994

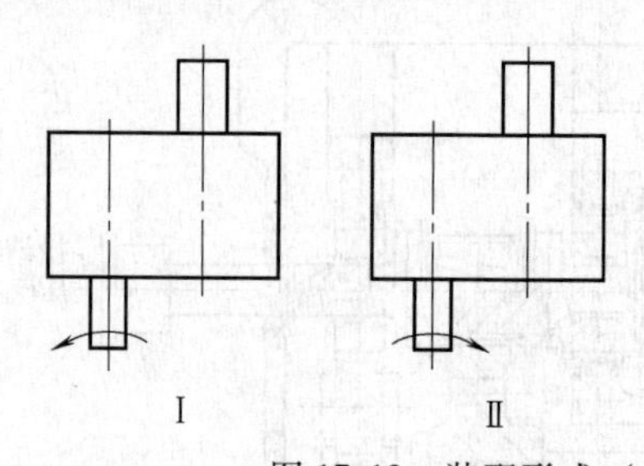

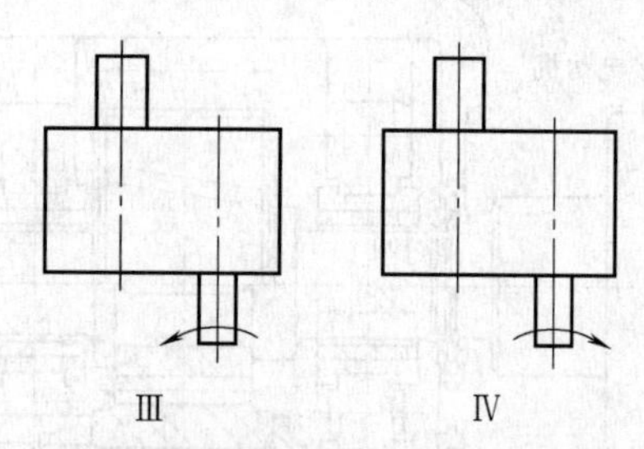

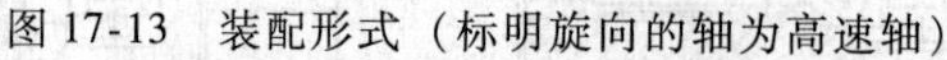

图 17-13 装配形式（标明旋向的轴为高速轴）

3. 基本参数

1）齿轮模数 $m_n=1.5\sim10\text{mm}$。

2）GS 系列齿轮箱规格以中心距大小来划分，中心距如表 17-11 所列。

表 17-11 GS 系列齿轮箱中心距

（单位：mm）

160	200	224	250	280	315	355	400
450	500	530	560	600	630	670	—

3）GS 系列齿轮箱公称传动比 $i=1.0\sim8.0$，允许相对误差在 0.5% 的范围内。

4. 结构尺寸

1）GS160 ~ GS400 齿轮箱结构尺寸应符合图 17-14及表 17-12 和表 17-13 的规定。

2）GS450 ~ GS670 齿轮箱结构尺寸应符合图 17-15及表 17-14 和表 17-15 的规定。

5. 齿轮箱的使用系数 K_A

1）使用系数 K_A 是考虑由于齿轮啮合的外部因素引起的动力过载影响的系数。这种动力过载取决于原动机和从动机械的工作特性、传动零件惯性质量的大小和分布、联轴器类型以及运行状态。

2）使用系数 K_A 如无可靠的数据时，参考表 17-16选取。

6. 最小安全系数参考值

当失效概率低于 1% 时，齿轮的最小安全系数参考值为

$$S_{\text{Hmin}}\geqslant1.3;\ S_{\text{Fmin}}\geqslant1.6$$

7. 齿轮精度为 4 ~ 6 级（GB/T 10095.1—2008）齿面表面粗糙度 $Ra\leqslant0.8\mu\text{m}$。

齿轮应采用合金结构钢，经渗碳淬火、磨齿或氮化处理。

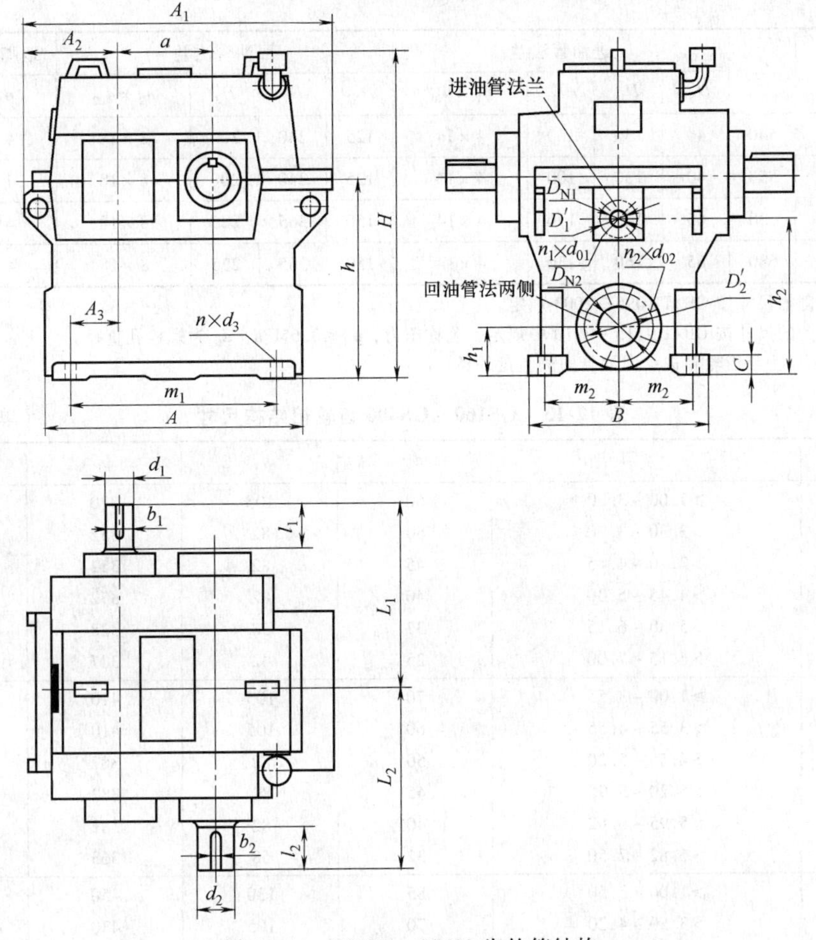

图 17-14　GS160 ~ GS400 齿轮箱结构

表 17-12　GS160 ~ GS400 齿轮箱结构尺寸　　（单位：mm）

规格	a	A	A_1	A_2	A_3	B	H	m_1	m_2	c	h	h_1	h_2	d_2	l_2
160	160	430	570	180	76	345	635	355	145	32	380	100	290	60	105
200	200	535	675	200	95	380	675	455	160	38	380	100	290	70	105
224	224	600	735	210	108	420	815	520	180	38	510	120	410	85	130
250	250	670	830	240	114	480	840	570	200	38	510	120	410	95	130
280	280	740	895	255	127	510	865	635	215	38	510	135	410	110	165
315	315	815	970	265	140	560	970	710	240	38	585	135	470	110	165
355	355	900	1075	300	165	650	1040	800	280	45	585	150	470	130	200
400	400	1000	1180	320	184	685	1070	900	300	45	635	150	500	150	200

规格	b_2	L_2	进油管法兰				回油管法兰				地脚螺栓孔	质量/kg
			D_{N1}	D_1	D_1'	$n_1 \times d_{01}$	D_{N2}	D_2	D_2'	$n_2 \times d_{02}$	$n \times d_3$	
160	18	370	25	100	75	4 × 11	80	190	150	4 × 18	4 × 24	300
200	20	410	25	100	75	4 × 11	80	190	150	4 × 18	4 × 26	500
224	22	455	32	120	90	4 × 14	100	210	170	4 × 18	4 × 32	600
250	25	480	32	120	90	4 × 14	100	210	170	4 × 18	4 × 35	900

（续）

规格	b_2	L_2	进油管法兰				回油管法兰				地脚螺栓孔	质量/kg
			D_{N1}	D_1	D_1'	$n_1 \times d_{01}$	D_{N2}	D_2	D_2'	$n_2 \times d_{02}$	$n \times d_3$	
280	28	540	40	130	100	4×14	125	240	200	8×18	4×42	1100
315	28	550	40	130	100	4×14	125	240	200	8×18	4×42	1300
355	32	630	65	160	130	4×14	150	265	225	8×18	4×42	1700
400	36	680	65	160	130	4×14	150	265	225	8×18	4×42	2300

注：1. 键和键槽尺寸按 GB/T 1095—2003 规定。

2. 管法兰的尺寸按 GB/T 9115—2010 中规定，公称压力，$p_N \leqslant 0.6$MPa，d_0 为螺栓孔直径。

3. D_1、D_2 为与齿轮箱进、回油管的法兰盘外径。

表 17-13　GS160～GS400 齿轮箱结构尺寸　（单位：mm）

规格	i	d_1	l_1	L_1	b_1
160	≥1.00～3.30	60	105	370	18
	>3.30～3.70	50	82	352	14
	>3.70～4.45	45	82	352	14
	>4.45～5.30	40	82	352	12
	>5.30～6.15	32	58	328	10
	>6.15～7.00	25	42	307	8
200	≥1.00～3.55	70	105	410	20
	>3.55～4.55	60	105	410	18
	>4.55～5.20	50	82	387	14
	>5.20～5.95	45	82	382	14
	>5.95～6.82	40	82	382	12
	>6.82～7.50	32	58	363	10
224	≥1.00～3.50	85	130	450	22
	>3.50～4.20	70	105	430	20
	>4.20～5.40	60	105	430	18
	>5.40～6.15	50	82	407	14
	>6.15～6.85	45	82	407	14
	>6.85～8.00	40	82	407	12
250	≥1.00～3.50	95	130	480	25
	>3.50～4.80	70	105	455	20
	>4.80～6.10	60	105	455	18
	>6.10～6.95	50	82	432	14
	>6.95～7.85	45	82	432	14
	>7.85～8.00	40	82	432	12
280	≥1.00～3.43	110	165	540	28
	>3.43～4.00	95	130	505	25
	>4.00～5.55	70	105	480	20
	>5.55～6.75	60	105	480	18
	>6.75～7.80	50	82	457	14
	>7.80～8.00	45	82	452	14
315	≥1.00～3.10	110	165	550	28
	>3.10～4.50	95	130	520	25
	>4.50～5.45	85	130	520	22
	>5.45～6.40	70	105	490	20
	>6.40～7.75	60	105	490	18
	>7.75～8.00	50	82	472	14

（续）

规格	i	d_1	l_1	L_1	b_1
355	≥1.00～3.65	130	200	630	32
	>3.65～4.45	110	165	590	28
	>4.45～5.05	95	130	555	25
	>5.05～5.90	85	130	555	22
	>5.90～7.65	70	105	530	20
	>7.65～8.00	60	105	530	18
400	≥1.00～3.38	140	200	675	36
	>3.38～4.20	130	200	675	32
	>4.20～5.15	110	165	635	28
	>5.15～6.20	95	130	600	25
	>6.20～8.00	70	105	575	20

注：键和键槽尺寸按 GB/T 1095—2003 规定。

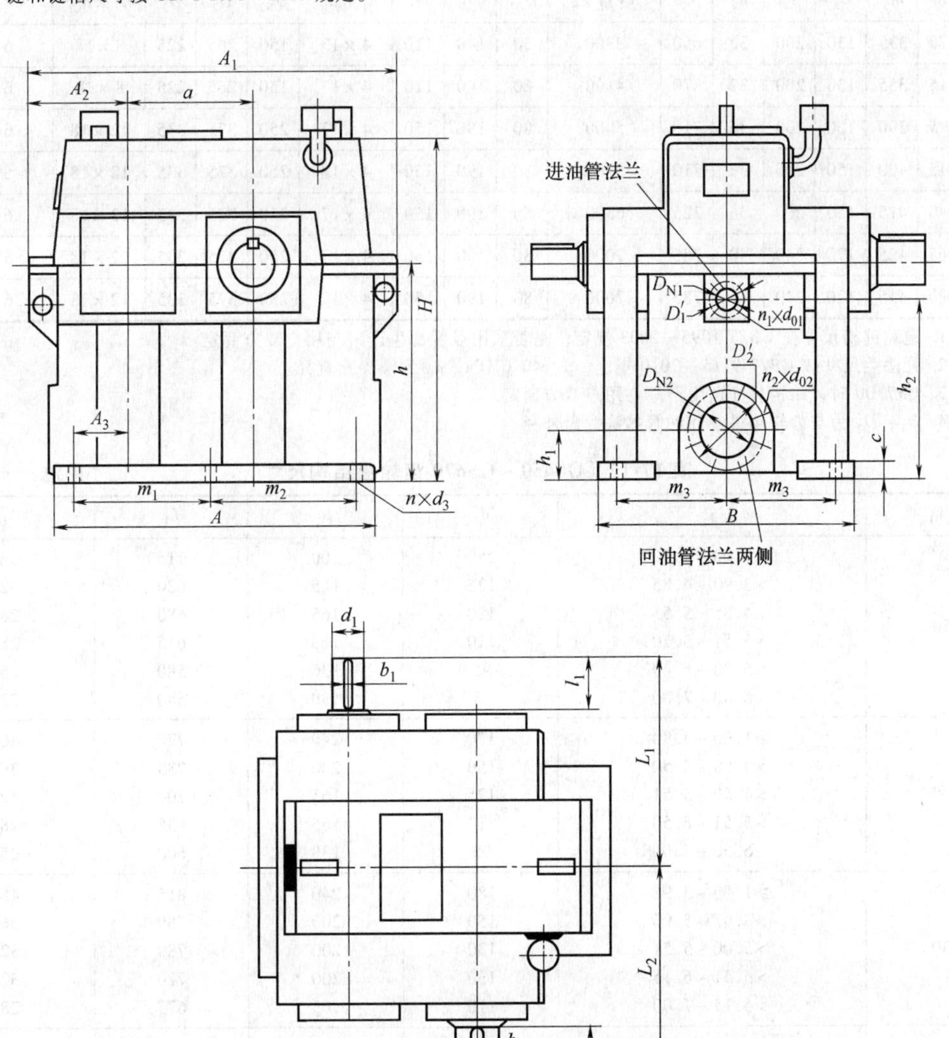

图 17-15　GS 450～GS670 齿轮箱结构

表 17-14　GS450 ~ GS670 齿轮箱结构尺寸　(单位：mm)

规格	a	A	A_1	A_2	A_3	H	m_1	m_2	h	h_1	h_2	c	$i \geqslant 1.00 \sim 5.51$						
													B	m_3	d_2	l_2	b_2	L_2	质量/kg
450	450	1145	1358	370	210	1120	430	585	685	160	555	45	900	400	150	200	36	715	3500
500	500	1260	1472	395	220	1230	520	585	760	160	630	45	940	420	170	240	40	770	4400
530	530	1380	1560	415	250	1330	585	630	815	195	675	45	1020	460	180	240	45	815	5100
560	560	1465	1632	435	268	1389	629	664	845	195	705	45	1045	465	200	280	45	870	5700
600	600	1520	1794	490	280	1430	660	690	865	195	720	50	1070	475	200	280	45	870	6400
630	630	1640	1855	515	300	1510	730	745	900	195	760	50	1070	475	200	280	45	870	7100
670	670	1730	1950	520	320	1580	784	784	915	195	780	50	1070	475	200	280	45	870	7700

规格	$i > 5.51 \sim 7.00$							进油管法兰				回油管法兰				地脚螺栓孔
	B	m_3	d_2	l_2	b_2	L_2	质量 kg	D_{N1}	D_1	D_1'	$n_1 \times d_{01}$	D_{N2}	D_2	D_2'	$n_2 \times d_{02}$	$n \times d_3$
450	775	335	130	200	32	650	3300	50	140	110	4×13	150	265	225	8×18	6×42
500	815	355	130	200	32	670	4100	50	140	110	4×13	150	265	225	8×18	6×42
530	875	390	150	200	36	710	5000	80	190	150	4×17	250	375	335	12×18	6×42
560	915	400	150	200	36	710	5700	80	190	150	4×17	250	375	335	12×18	6×42
600	940	415	150	200	36	725	6300	80	190	150	4×17	250	375	335	12×18	6×48
630	965	425	170	240	40	785	7000	80	190	150	4×17	250	375	335	12×18	6×48
670	990	435	170	240	40	785	7600	80	190	150	4×17	250	375	335	12×18	6×48

注：1. 键和键槽尺寸按 GB/T 1095—2003 规定，是否采用双键由生产厂与用户双方商定。

2. 管法兰尺寸按 GB/T 9115—2010 规定，$p_N \leqslant 0.6$MPa，d_0 为螺栓孔直径。

3. $i \geqslant 7.00$ 时，结构尺寸由生产厂与用户双方商定。

4. D_1、D_2 为与齿轮箱进、回油管的法兰盘外径。

表 17-15　GS450 ~ GS670 齿轮箱结构尺寸　(单位：mm)

规格	i	d_1	l_1	L_1	b_1
450	≥1.00 ~ 3.90	150	200	715	36
	>3.90 ~ 4.85	125	165	680	32
	>4.85 ~ 5.51	110	165	680	28
	>5.51 ~ 5.70	110	165	615	28
	>5.70 ~ 6.40	95	130	580	25
	>6.40 ~ 7.00	85	130	580	22
500	≥1.00 ~ 3.90	170	240	770	40
	>3.90 ~ 4.50	150	200	735	36
	>4.50 ~ 5.51	125	165	700	32
	>5.51 ~ 6.50	110	165	635	28
	>6.50 ~ 7.00	95	130	600	25
530	≥1.00 ~ 3.92	180	240	815	45
	>3.92 ~ 5.00	150	200	780	36
	>5.00 ~ 5.51	130	200	780	32
	>5.51 ~ 6.15	130	200	710	32
	>6.15 ~ 7.00	110	165	675	28
560	≥1.00 ~ 3.92	190	280	845	45
	>3.92 ~ 5.00	160	240	800	40
	>5.00 ~ 5.51	130	200	720	32
	>5.51 ~ 6.15	130	200	720	32
	>6.15 ~ 7.00	110	165	680	28

（续）

规格	i	d_1	l_1	L_1	b_1
600	≥1.00～3.73	200	280	875	45
	>3.73～4.75	170	240	830	40
	>4.75～5.51	150	200	790	36
	>5.51～6.55	130	200	730	32
	>6.55～7.00	110	165	690	28
630	≥1.00～4.42	200	280	875	45
	>4.42～4.92	180	240	830	45
	>4.92～5.51	170	240	830	40
	>5.51～6.33	150	200	750	36
	>6.33～7.00	130	200	750	32
670	≥1.00～4.42	200	280	875	45
	>4.42～4.92	190	280	850	45
	>4.92～5.51	170	240	830	40
	>5.51～6.33	150	200	750	36
	>6.33～7.00	130	200	750	32

注：1. 键和键槽尺寸按 GB/T 1095—2003 规定。

2. i≥7.00 时，结构尺寸由生产厂与用户双方商定。

表 17-16　使用系数 K_A

原动机工作特性及其示例	从动机械工作特性及其示例			
	均匀平稳	中等振动	较重冲击	严重冲击
	如离心式空调压缩机、试验台、测功器、发动机及励磁机（正常载荷时）、卷纸机等	如离心式气体压缩机、管路用离心式空压机、轴流式旋转压缩机、离心式通风机、发动机及励磁机（尖峰载荷时）、离心泵、齿轮泵、切纸机等	如叶瓣式鼓风机、径向柱塞旋转压缩机、工业及矿山通风机和大型频繁起动的离心式锅炉给水泵、凸轮泵、多缸柱塞泵（三缸及三缸以上）等	如双缸活塞压缩机、双缸柱塞泵、污水处理用离心泥浆泵等
均匀平稳，如电动机、稳定运行的蒸汽轮机、燃气轮机	1.00	1.25	1.50	1.75
比较平稳，如液压马达、经常起动的蒸汽轮机、燃气轮机、电动机	1.10	1.35	1.60	1.85
轻微振动，如多缸内燃机	1.25	1.50	1.75	2.00 或更大
中等振动，如单缸内燃机	1.50	1.75	2.00	2.25 或更大

注：1. 表中数据同 JB/T 8830—2001。

2. 表中数值仅适用于在非共振速度区运转的齿轮箱。

3. 对于增速传动，根据经验建议 K_A 取表值的 1.1 倍。

4. 当外部机械与齿轮箱之间有挠性连接时或有吸振性阻尼式联轴器时，K_A 值可适当减小。

17.7　GY 型高速圆弧圆柱齿轮增（减）速器

1. 类型和适用范围

GY 型高速圆弧圆柱齿轮增（减）速器为外啮合、单级、封闭式、平行轴传动，按中心距和齿轮结构形式分为相衔接的两系列：

GYD 系列　中心距 200～400mm，单斜齿；

GYR 系列　中心距 450～650mm，人字齿。

G—高速；Y—圆弧；D—单斜齿；R—人字齿，分别为汉语拼音的第一字母。

GY 系列增（减）速器是单圆弧齿轮传动，小齿轮为凸齿，大齿轮为凹齿。

型号标记方法：

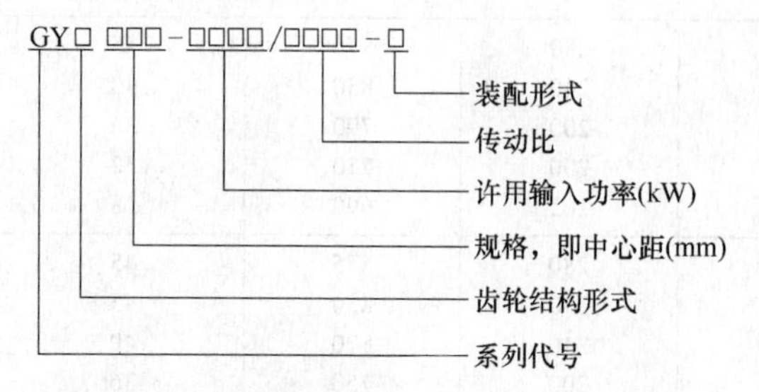

$$传动比=\frac{高速轴转速}{低速轴转速}$$

标记示例：

GYD300-1170/5.304-Ⅰ

上例所示为：高速圆弧单斜齿轮，中心距300mm，许用输入功率1170kW，传动比5.304，装配形式：第Ⅰ种。

GY系列高速圆弧齿轮增（减）速器，适用于中小功率的鼓风机、离心式压缩机和汽轮机等高速旋转机械的增速或减速传动。

工作条件：齿轮线速度不高于100m/s，高速轴转速不高于16000r/min，，工作环境温度：-20～40℃。

2. GY型增（减）速器的结构特征

GYD、GYR型增（减）速器的结构分别如图17-16和图17-17所示，其中GYD系列增速器外形与其进、回油管法兰尺寸分别如表17-17和表17-18所列。

1）齿轮增（减）速器由箱体和底座组成。箱体对垂直于轴的中分面为对称布置，水平剖分为箱座与箱盖，箱座与箱盖均设有起重吊钩。箱盖上设有透明的窥视窗，便于观察齿轮啮合与润滑情况。箱体安装在底座上，在高速轴下方设有两个定位销，将箱体正确定位在底座上。箱体用优质铸铁铸造或钢材焊接。

2）采用滑动轴承。轴承衬里采用锡基轴承合金ZSnSb11Cu6（GB/T 1174—1992）。轴承压盖与箱盖分开，制造、安装很方便。

3）增速器采用集中强制润滑系统，符合美国石油学会标准API-613规定。只需接一根进油管与增（减）速器进油法兰连接，通过箱壁预先加工的油路分别流至各个轴承及齿轮啮合喷油区域。在进油法兰内设有带孔节油螺钉，改变其孔径可以调节各处所需油量。增（减）速器回油是经箱座底部回油孔漏至底座流回油箱。

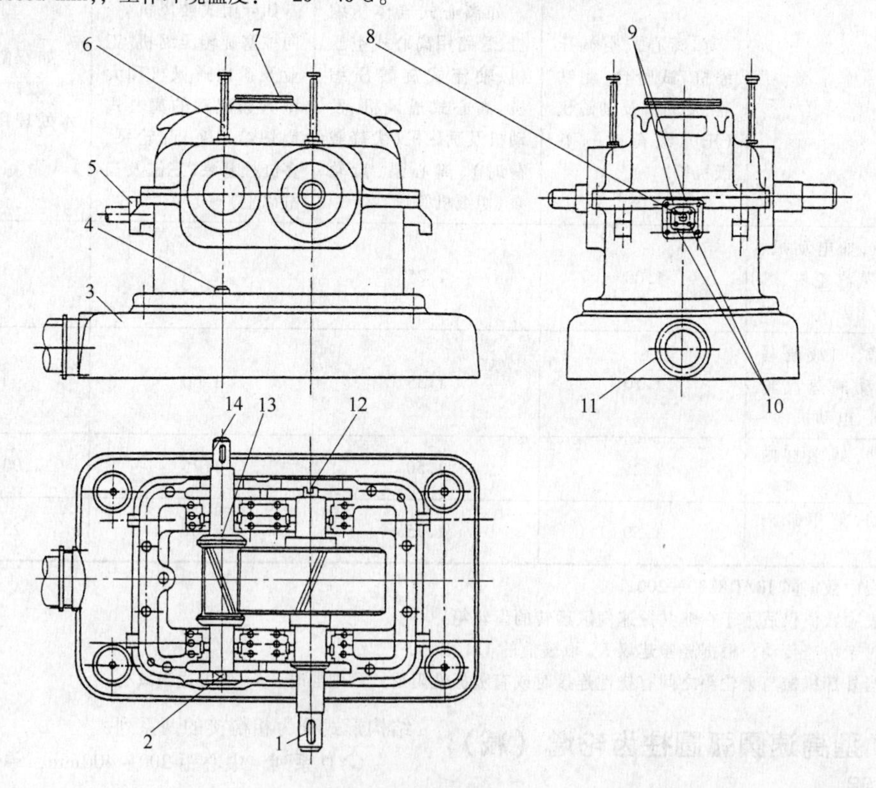

图17-16　GYD型圆弧齿轮增（减）速器结构图

1—低速轴伸端　2—盘车用方头　3—底座　4—定位销　5—进油管法兰　6—测温元件　7—检视孔
8—齿轮喷油节流螺孔　9—小齿轮轴承节流螺孔　10—大齿轮轴承节流螺孔　11—回油管法兰
12—连接主油泵接头　13—锥面推力盘　14—高速轴伸端

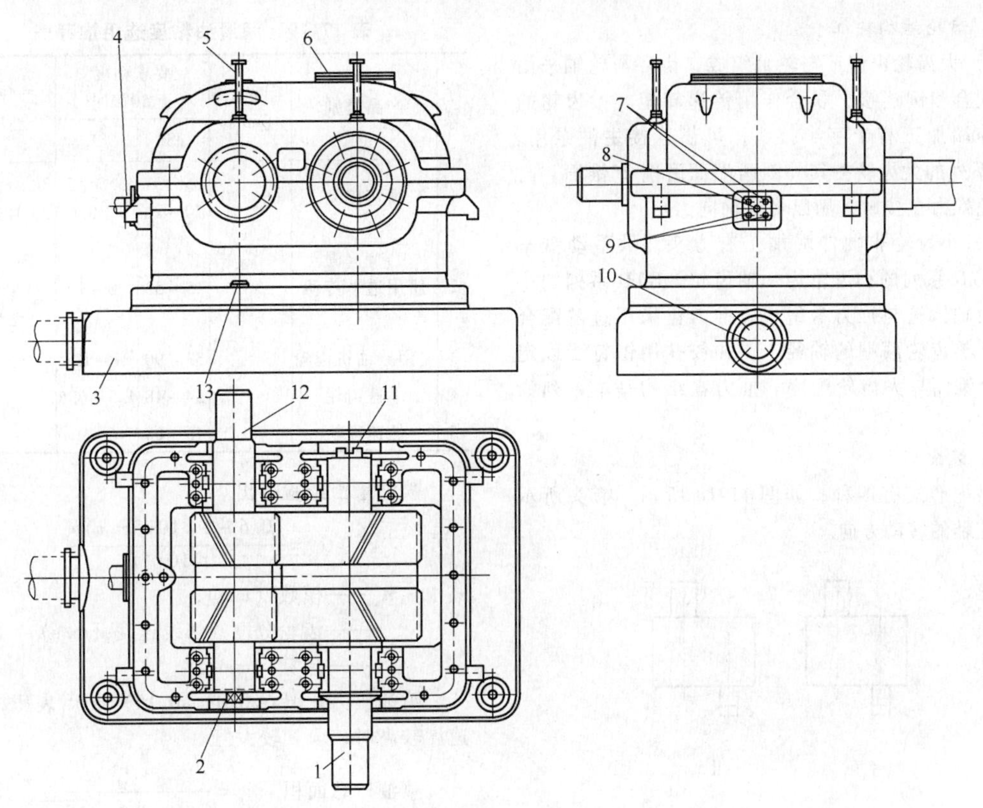

图17-17 GYR型圆弧齿轮增（减）速器结构图

1—低速轴伸端 2—盘车用方头 3—底座 4—进油孔 5—测温元件 6—检视孔盖
7—小齿轮轴承节流螺孔 8—齿轮喷油孔节流螺孔 9—大齿轮轴承节流螺孔
10—回油孔 11—连接主油泵接头 12—高速轴伸端 13—定位销

表17-17 GYD系列外形尺寸 （单位：mm）

规格	a	A_1	A_2	A_3	A_4	L_1	L_2	L_3	L_4	L_5	L_6	L_7	H_1	H_2	H_3	m_1	m_2
200	200	253.5	455	1180	335	355	370	80	45	135	105	580	687	450	200	900	360
250	250	283.5	475	1291	355	380	530	80	45	160	105	580	778	500	200	1000	450
300	300	308.5	485	1381	370	465	575	90	65	160	105	770	887	570	220	1100	550
350	350	358.5	555	1581	440	515	655	90	65	190	105	870	987	620	220	1300	650
400	400	403	595	1701	480	545	710	90	40	190	105	970	1074	670	220	1420	750

表17-18 GYD系列进、回油管法兰尺寸 （单位：mm）

规格	H_4	H_5	进油管法兰			回油管法兰				地脚螺栓孔径	质量/kg
			D_{N1}/in	$b\times c$	n_1-d_{01}	D_{N2}/in	D_1	D_2	n_2-d_{02}		
200	60	105	1¼	90×80	4-M12	3	185	90.5	4-M16	4-Φ42	997
250	70	92.5	1¼	90×80	4-M12	3	185	90.5	4-M16	4-Φ42	1432
300	75	102.5	1½	90×80	4-M12	4	205	116	4-M16	4-Φ42	1843
350	75	102.5	1¼	90×80	4-M12	4	205	116	4-M16	4-Φ42	2683
400	90	102	1½	150×110	8-M12	4	205	116	4-M16	4-Φ42	2745

3. 齿轮结构特征

1）大齿轮由齿环与轮轴组成，齿环与轮轴采用过盈配合和键连接，联合作用传递转矩。大齿轮的非轴伸端加工有十字半接头，可供连接主油泵用。GYD系列的大齿轮在其外圆两端面磨削2°锥面，与小齿轮推力盘接触，用以平衡轴向力。

2）小齿轮非轴伸端加工有方头，供手动盘车用。GYR系列的小齿轮为一轴齿轮。GYD系列的小齿轮由轴齿轮与推力盘组成。推力盘采用过盈配合套装于靠齿轮两端的轴径上，并铰孔用销钉予以定位。2°锥面与大齿轮配磨。推力盘结构是本系列的特色。

4. 装配形式

装配形式有四种，如图17-18所示，箭头所示为高速轴的转动方向。

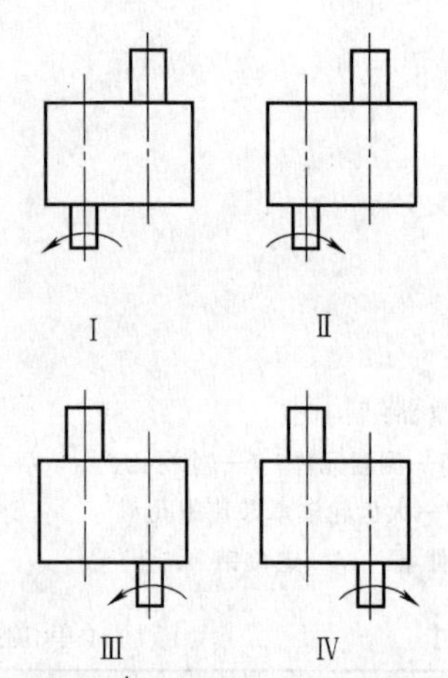

图17-18 GYD型与GYR型圆弧齿轮增（减）速器装配形式

17.8 齿轮喷油设计

1. 润滑油粘度选择

从高速齿轮润滑要求来看，为使齿间有较厚的油膜，希望油质粘度厚些有利，但从高速滑动轴承安全可靠、平稳及较小的磨耗要求来看，在确保有一定油膜厚度前提下，油膜尽量薄些。由于齿轮喷油和轴承润滑都采用同一油路系统，因此选择油质粘度需要两者兼顾，通常推荐用表17-19。

2. 喷油量确定

高速齿轮都采用强制压力喷油方法润滑，润滑油主要作用有：

1）为齿间建立动力油膜，约占油量10%～30%（质量分数）。

2）为齿轮进行冷却作用，约占油量70%～90%（质量分数）。

表17-19 润滑油粘度选用推荐表

序号	产品类别	速度范围/(m/s)	要求粘度于50℃时		推荐使用油牌号
			cSt	°E	
1	高速传动	60～90	25～37 20～26	3.5～5 3～3.6	30号透平油 20号透平油
2	船用透平传动	>90	45～53	6～7	30号或46号透平油
3	船用柴油机齿轮		53～90	7～12	
4	中速齿轮		34～48	4.5～6.5	
5	低速齿轮		45～68	6～9	

喷油量由经验得出

$$Q_g=\frac{(0.6+2\times10^{-3}m_nv)b}{10}$$

式中 m_n——模数（mm）；

v——齿轮分度圆切线速度（m/s）；

b——齿宽（mm）。

喷油压力一般在0.08～0.15N/mm² 表压，圆周速度较高时，取其较大值。

喷油口总面积 $A_g=\dfrac{Q_g}{\varphi\times0.885\sqrt{10p_g}}$

式中 φ——流量系数，对圆孔取 $\varphi=0.3$，对扁孔取 $\varphi=0.6$；

p_g——润滑油压力（N/mm²，表压）；

Q_g——喷油量的总量（L/min）。

3. 喷油方法

喷嘴形式有多种，图17-19示出三种典型结构。

喷油方向选择推荐按以下原则选取：

1）在齿轮圆周速度 $v\leqslant90$m/s 时，在啮入侧喷油。

2）在齿轮圆周速度 $v>90$m/s 时，在啮入侧喷油10%（质量分数），啮出侧喷油90%（质量分数），或全部在啮出侧喷。在圆周速度为140～220m/s时，建议在人字齿中央退刀槽及轮缘端面给予喷油，以使沿齿向热变形的差异减少到最低。

3）对于直齿轮传动，为避免产生所谓“油泵效应“的挤压作用，不论速度高低，一律在啮出端喷油。

4）对于行星齿轮传动通常采用冲离冷却方式润滑，在太阳轮的轴孔中喷油，通过齿槽底的径向小孔的离心作用喷向齿槽进行润滑。图17-20为典型行星齿轮传动的基本润滑方法。

高速齿轮采用的润滑剂基本上和汽轮机（透平机）相同，即推荐使用汽轮机油（又称透平机油）。

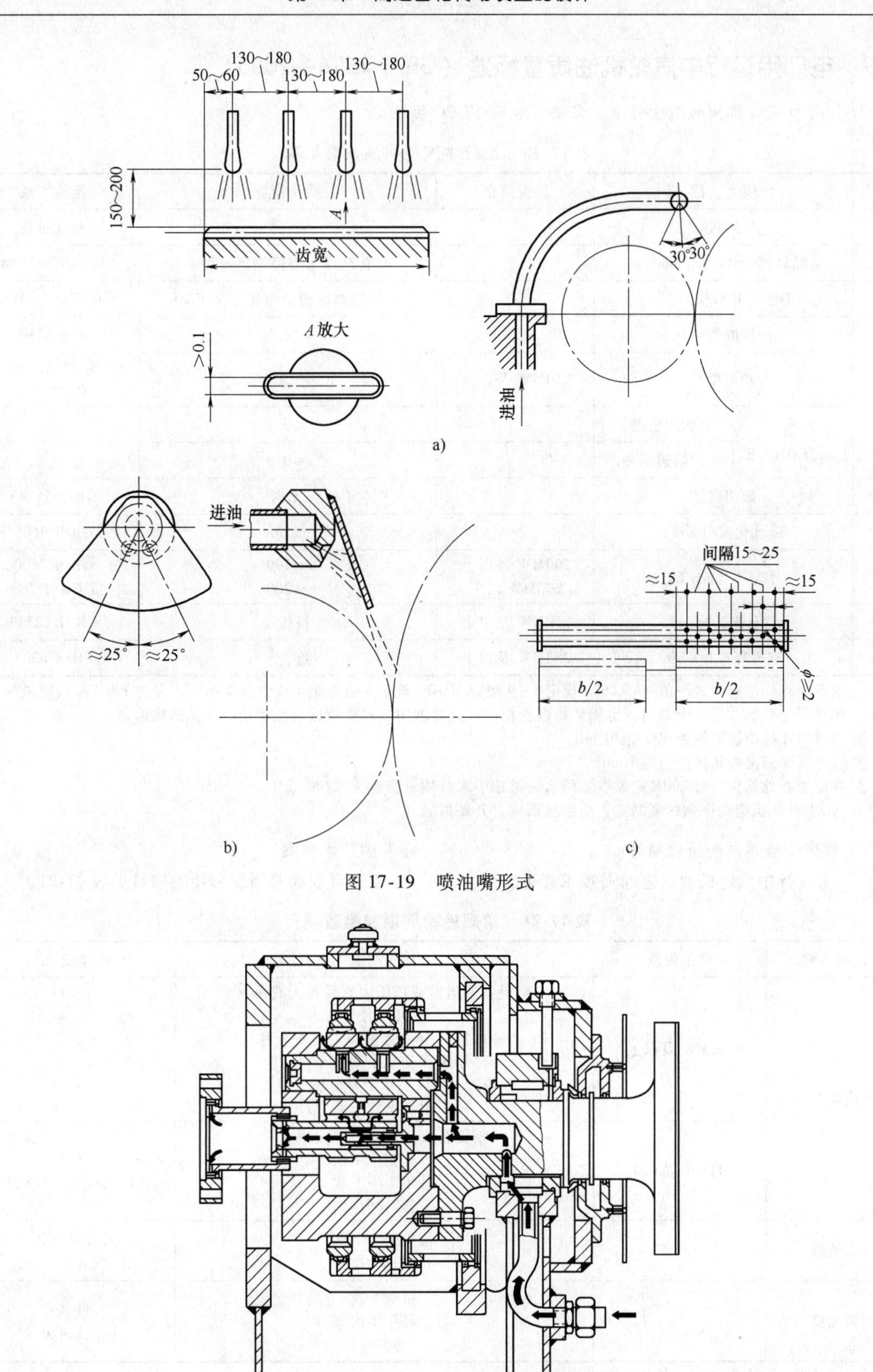

图 17-19　喷油嘴形式

图 17-20　行星齿轮传动箱的润滑

17.9 电厂用运行中汽轮机油质量标准（GB/T 7596—2008）

1. 运行中汽轮机油的质量标准一定要符合表17-20的规定。

表17-20 运行中汽轮机油质量标准

序号	项目	设备规范	质量指标	检验方法
1	外状		透明	外观目视
2	运动粘度(40℃)/(mm^2/s)		与新油原始测值偏离≤20%	GB 265—1988
3	闪点(开口杯)/℃		与新油原始测值相比不低于15	GB/T 267—1988
4	机械杂质		无	外观目视
5	颗粒度⑤	250MW及以上	报告①	SD/T 313或 DL/T 432
6	酸值/[mg(KOH)/g] 未加防锈剂油		≤0.2	
	酸值/[mg(KOH)/g] 加防锈剂油		≤0.3	
7	液相锈蚀		无锈	GB/T 11143
8	破乳化度/(min)		≤60	GB/T 7605
9	水分④/(mg/L)	200MW及以上 200MW以下	≤100 ≤200	GB/T 7600 或GB/T 7601
10	起泡沫试验/mL	250MW及以上	报告②	GB/T 12579
11	空气释放值/min	250MW及以上	报告③	SH/T 0308

① 参考国外标准控制极限值NAS 1638规定8~9级或MOOG规定6级见第4节中有关规定，有的300MW汽轮机润滑系统和调速系统共用一个油箱，也用矿物汽轮机油，此时油中颗粒度指标应按制造厂提供的指标。

② 参考国外标准极限值为600/痕迹mL。

③ 参考国外标准控制极限值为10min。

④ 在冷油器处取样，对200MW及以上的水轮机油中水分质量指标为≤200mg/L。

⑤ 对200MW机组油中颗粒度测定，应创造条件，开展检验。

2. 常规检验周期和检验项目

1）对运行中汽轮机油，应加强技术管理，建立必要的技术档案。

2）常规检验周期和检验项目见表17-21。

表17-21 常规检验周期和检验项目

设备名称	设备规范	检验周期	检验项目①
汽轮机	250MW及以上	新设备投运前或机组大修后每天或每周 至少1次② 每1个月、第3个月以后每6个月 每月、1年以后每3个月 第1个月、第6个月以后每年 第1个月以后每6个月	1~11 1、4 2、3 6 10、11 5、7、8
	200MW及以下	新设备投运前或机组大修后 每周至少1次 每年至少1次 必要时	1、2、3、4、6、7、8、9 1、4 1、2、3、4、6、7、8、9
水轮机		每年至少1次 必要时	1、2、4、6、9
调相机		每周1次 每年1次 必要时	1、4 1、2、3、4、6、9

注：水轮机300MW及以上增加颗粒度测定。

①“检验项目”栏内1、2、…为表17-20中项目序号。

② 机组运行正常，可以适当延长检验周期，但发现油中混入水分（油呈浑浊）时，应增加检验次数，并及时采取处理措施。

3. 运行中汽轮机油的防劣化措施

为延长油的使用寿命，应加强对运行中油的维护工作，并至少应采用下述任何一种防劣化措施。

（1）增加2,6-二叔丁基对甲酚（T501）抗氧化剂

1）新油、再生油中T501含量应不低于0.3%～0.5%；运行中汽轮机油应不低于0.15%。

2）当油中T 501含量低于0.15%时，应进行补加；补加油的pH值不应低于5.0。

（2）安装连续再生装置

其吸附剂的用量应为油量的1%～2%。

（3）添加“T746”防锈剂

漏汽、漏水的机组，应添加“746”防锈剂，其添加量为油量的0.02%～0.03%。

4. 有关油的颗粒度（清洁度或污染度）标准

（1）几种国外颗粒度标准

1）美国航空航天工业联合会（AIA）NAS 1638；1984年1月发布，见表17-22。

表17-22 NAS的油清洁度分级标准

（单位：颗粒数/100mL）

分级	颗粒尺寸/μm				
	5～15	15～25	25～50	50～100	>100
00	125	22	4	1	0
0	250	44	8	2	0
1	500	89	16	3	1
2	1000	178	32	6	1
3	2000	356	63	11	2
4	4000	712	126	22	4
5	8000	1425	253	45	8
6	16000	2850	506	90	16
7	32000	5700	1012	180	32
8	64000	11400	2025	360	64
9	128000	22800	4050	720	128
10	256000	45600	8100	1440	256
11	512000	91200	16200	2880	512
12	1024000	182400	32400	5760	1024

2）美国飞机工业协会（ALA）、美国材料试验协会（ASTM）、美国汽车工程师协会（SAE）联合提出的标准MOOG的污染等级标准，各等级应用范围：0级——很难实现；1级——超清洁系统；2级——高级导弹系统；3级、4级——一般精密装置（电液伺服机构）；5级——低级导弹系统；6级——一般工业系统，见表17-23。

（2）ISO分级标准与NAS、MOOG分级标准之间的等量关系

表17-23 MOOG的污染等级标准

（单位：颗粒数/100mL）

分级	颗粒尺寸/μm				
	5～10	10～25	25～50	50～100	>100
0	2700	670	93	16	1
1	4600	1340	210	28	3
2	9700	2680	380	56	5
3	24000	5360	780	110	11
4	32000	10700	1510	225	21
5	87000	21400	3130	430	41
6	128000	42000	6500	1000	92

国际标准化组织（ISO）考虑一种改进分级标准，颗粒尺寸在5μm以上和15μm以上，从ISO图上可以查出与这两种不同尺寸数目的分级（见ISO 4406：1987），现将ISO分级标准与MOOG、NAS分级标准之间的等量关系列于表17-24。

表17-24 ISO分级标准与NAS、MOOG分级标准之间的等量关系

ISO标准	NAS标准	MOOG标准
26/23 25/23 23/20 21/18	12	
20/18 20/17	11	
20/16 19/16	10	
18/15	9	6
17/14	8	5
16/13	7	4
15/12	6	3
14/12 14/11	5	2
13/10	4	1
12/9	3	0
11/8	2	
10/8 10/7	1	
10/6 9/6	0	
8/5	00	
7/5 6/3 5/2 2/0.8		

17.10 高速齿轮运行质量评价

1. 齿轮噪声

齿轮噪声主要由于旋转齿轮的冲击和角速度不均匀造成振动而引起的，包括由于齿轮齿距误差和齿形偏差及由于轮齿和齿轮轴受载变形等原因使得轮齿在啮入和啮出的瞬间发生撞击。其次由于偏心、齿轮不平衡及在接触表面产生滚动和滑动摩擦等因素对噪声的产生亦有影响。

齿轮噪声源有以下几方面：

1）齿轮齿距和齿形的误差造成撞击，其撞击次数与齿轮的啮合次数相等，是啮合基本频率，故又称基频噪声，其频率f_1(Hz) 为

$$f_1=\frac{n_{1,2}z_{1,2}}{60}$$

2）对于宽斜齿由于周期性传动误差引起齿面波纹误差，其噪声频率f_z(Hz) 与齿轮加工机床工作台传动蜗轮齿数z_w有关，与齿轮本身齿数无关，这是透平齿轮产生噪声主要根源之一。

$$f_2=\frac{nz_w}{60}$$

3）偏心、齿距累积和齿距突变等误差所产生频率为转速或其倍率的噪声，这是一种低频噪声，其频率f_3为

$$f_3=n_{1,2}/60;2f_3;3f_3$$

4）一些无规则的齿距误差将产生随同齿轮转速和齿轮与箱体共振特性有关的变化噪声。

5）齿面表面粗糙度的误差产生一种连续性高频的频谱，如果它与某些结构部件发生共振，那也应予以重视。

6）齿的歪斜误差，使接触区呈对角线接触，会出现低频敲击声。

7）齿轮不平衡及接触表面产生滚动和滑动摩擦对噪声的影响。

8）外界驱动力频率沿着传动轴、轴承传至齿轮箱，若与其中部件自然频率相合拍，可能出现共振。

9）齿轮联轴器有轴交叉、产生与转速有关的交替频率的敲击噪声

$$f_4=\frac{n}{60}$$

式中　n——齿轮联轴器的工作转速，r/min。

图 17-21 为一台 1500kW 汽轮发电机减速齿轮噪声频谱测定图。

国际上噪声评价标准［ISO］采用噪声评价曲线N曲线表示，见图 17-22 所示。图中 NR 值（有时称N值）是指中心频率为 1000Hz 的倍频程声压级的分贝数，有时称为噪声评价数。不少国家用 A 声级表示，A 声级与 N 值换算关系为：N = A 声级 - 5dB。

2. 齿轮振动

齿轮振动产生原因与噪声发生原因相似，主要是：由于齿轮不平衡而引起每个齿轮的旋转频率及倍频谐波振动；啮合的轮齿在传递载荷的作用下产生变形造成啮合冲击；齿轮传动的运行误差引起的振动；以及齿轮系统工作处于临界状态，即激振力频率与固有频率相近造成共振。

高速齿轮振动规定目前尚无统一标准，这里介绍一些供参阅。

美国石油学会（API）对高速齿轮转轴的振幅许用值，API 613 标准规定于表 17-25。

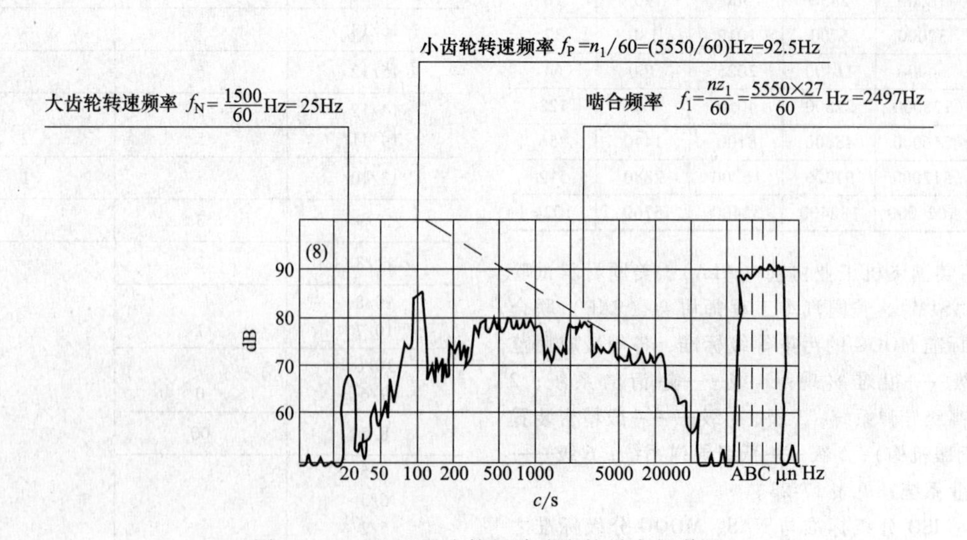

图 17-21　1500kW 汽轮机减速齿轮噪声频谱图

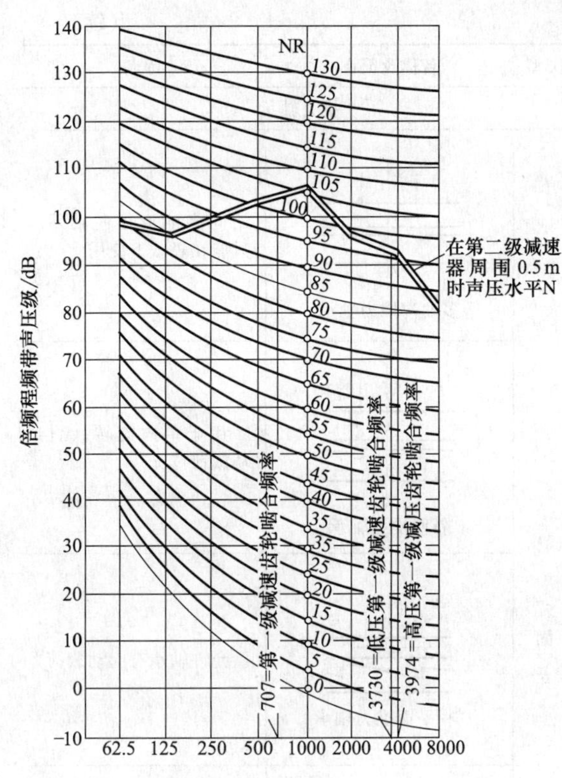

图 17-22　大功率透平齿轮噪声频谱图（N 曲线）

国际电工委员会（International Electrotechnical Commission，简称 IEC）在 1970 年颁布蒸汽透平振动标准供参阅，见表 19-26。

表 17-25　API 613 高速齿轮振动规定

n 转速/(r/min)	全振幅/μm	
	空载时	满载时
$n \leqslant 8000$	50	38
$8000 < n \leqslant 12000$	38	25
$n > 12000$	<38	<25

表 17-26　IEC 蒸汽透平振动标准

透平转速/(r/min) 测量项目	1000	1500	1800	3000	3600	≥6000
轴承盖振幅（双向）/μm	75	50	42	25	21	12
轴振幅指靠近轴承部位（双向）/μm	150	100	84	50	42	25

17.11　液体动压润滑轴承的设计

依靠在摩擦副中流动的液体动压力支承外载荷的滑动轴承称为液体动压润滑轴承。根据液体润滑理论，摩擦副可以利用几何楔效应、挤压效应、表面伸缩效应、密度楔效应、粘度楔效应和膨胀效应形成承载油膜。但是实际上，绝大多数液体动压润滑轴承都是利用几何楔效应，即油楔效应工作的。

17.11.1　液体动压润滑轴承分类（见表 17-27）

表 17-27　液体动压润滑轴承分类

类型	名称及简图	特点	类型	名称及简图	特点
径向轴承			径向轴承		
单油楔固定瓦	圆筒轴承（轴承包角 α=360°）	结构简单，制造方便，有较大承载能力，但高速稳定性差，易产生油膜振荡，主要用于载荷方向基本不变的场合	多油楔固定瓦	螺旋槽轴承	利用螺旋的泵入作用和槽面阶梯产生动压承载油膜，温升低，高速稳定性好
	部分瓦轴承（轴承包角 α≤180°）	结构简单，制造方便，有较大承载能力。功耗、温升都低于圆筒轴承。高速稳定性差，用于载荷方向基本不变的重载轴承		多沟轴承	结构简单，制造方便，承载能力低，仅用于轻载轴承，高速稳定性略优于圆筒轴承
	浮动环轴承	环随轴颈旋转，其转速约为轴颈转速的 1/2，润滑油流量大，温升低，因环内外均能形成油膜故高速稳定性好，用于小尺寸高速轻载轴承		椭圆轴承	供油量较大，温升较低。旋转精度和高速稳定性优于单油楔圆轴承，但承载能力略有降低。工艺性比多油楔轴承好

（续）

类型	名称及简图	特点	类型	名称及简图	特点
径向轴承			推力轴承		
多油楔固定瓦	 双油楔借位轴承	供油量较大，温升较低。旋转精度和高速稳定性优于单油楔圆轴承，但承载能力略有降低。工艺性比多油楔轴承好，用于单向旋转的轴承	固定瓦	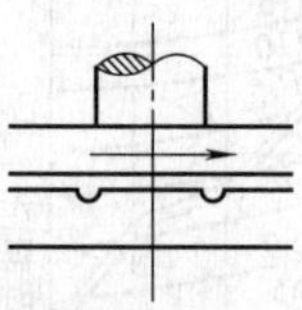 多油沟推力轴承	同多油沟径向轴承。只能在轻载下使用
	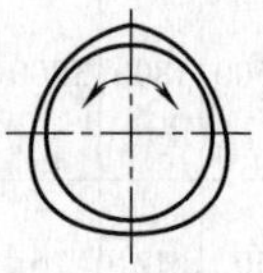 双向三油楔轴承	高速稳定性好，工艺性不如圆筒轴承及椭圆轴承		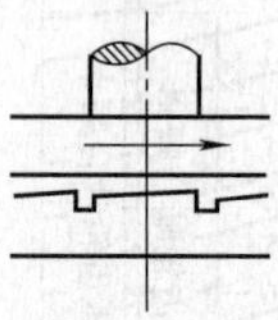 斜面推力轴承	用于单向旋转，无启动载荷情况
	 单向三油楔轴承	与圆轴承相比，承载能力较低，功耗增大，但旋转精度和定心性较好，油膜刚度大，抗油膜振荡能力强。用于单向旋转的轴承		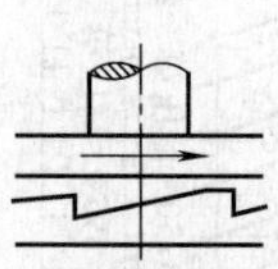 斜-平面推力轴承	允许轴承有起动载荷
	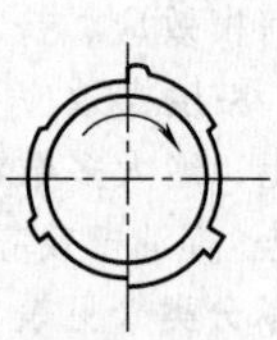 阶梯面轴承	与圆轴承相比，承载能力较低，功耗增大，但旋转精度和定心性较好，油膜刚度大，抗油膜振荡能力强。用于单向旋转的轴承，承载能力较低，用于小型轴承		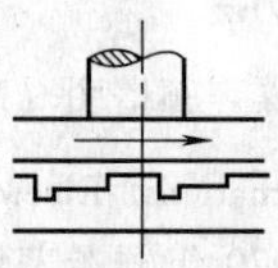 阶梯面推力轴承	结构简单，用于小尺寸轴承
多油楔可倾瓦	 可倾瓦弹性支承轴承	高速稳定性较好，特别适用于高速轻载轴承，但工艺性较差		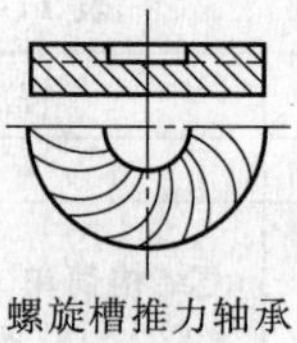 螺旋槽推力轴承	同螺旋槽径向轴承
	 可倾瓦摆动支承轴承	高速稳定性较好，特别适用于高速轻载轴承，但工艺性较差，但工艺性较好，大、中、小型轴承均适用	可倾瓦	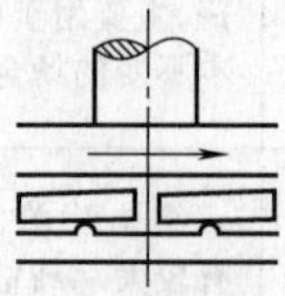 可倾瓦弹性支承推力轴承	同可倾瓦弹性支承径向轴承
多油楔联合轴承	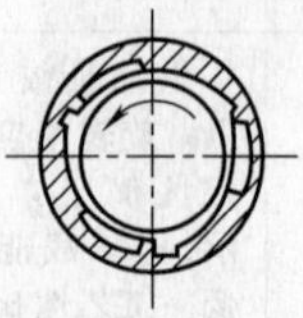 动静压联合轴承	承载能力大，温升低，功耗小，定心性和稳定性好，特别适于频繁起动的场合，工艺性差，制造较困难，但瓦面结构复杂	联合轴承	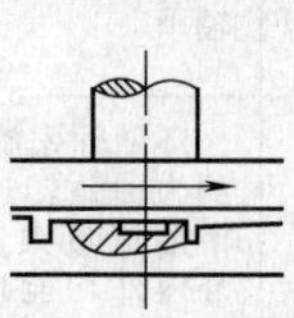 动静压联合推力轴承	同动静压联合径向轴承

17.11.2 液体动压润滑径向轴承主要参数的选择

1. 平均压力 p_m

在可能情况下（如保证一定的油膜厚度，合适的温升等），平均压力 p_m 宜取较高值，以保证运转的平稳性，减小轴承尺寸。但压力过高，油膜厚度过薄，对油质的要求将提高，且液体润滑易槽破坏，使轴承损伤。

轴承平均压力 p_m 的一般设计值（对轴承合金，下同；括号内数值为最高值）如下：

轧钢机	1000 ~ 2000 (2500) N/cm²
风机	20 ~ 200 (400) N/cm²
汽轮机、发电机、机床	60 ~ 200 (250) N/cm²
齿轮变速装置、拖拉机	50 ~ 350 (400) N/cm²
铁路车辆	500 ~ 1500N/cm²

2. 宽径比 B/D

通常取 $B/D = 0.3 \sim 1.5$。宽径比较小时，有利于增大压力，提高运转平稳性；增多流量，降低温升；减轻边缘接触现象。随着轴承宽度 B 的减小，功耗将降低，占用空间将减小，但轴承承载能力也将降低；压力分布曲线陡峭，易于出现轴承合金局部过热现象。

高速重载轴承温度升高，有边缘接触危险，B/D宜取小值。低速重载轴承为提高轴承整体刚性，B/D 宜取大值。高速轻载轴承，如对轴承刚性无过高要求，可取小值；转子挠性较大的轴承宜取小值；需要转子有较大刚性的机床轴承，宜取较大值；在航空、汽车发动机上，受空间地位限制的轴承，B/D可取小值。一般机器常用的 B/D 值为：

汽轮机、风机；电动机、发电机、离心泵	0.4 ~ 1.0
齿轮变速装置	0.6 ~ 1.5
机床、拖拉机	0.8 ~ 1.2
轧钢机	0.6 ~ 0.9

3. 间隙比 ψ

一般取 $\psi = 0.002 \sim 0.003$。ψ 值主要应根据载荷和速度选取；速度越高，ψ 值应越大；载荷越大，ψ 值则越小。此外，直径大、宽径比小、调心性能好、加工精度高时，ψ 可取小值；反之取大值。

间隙比 ψ 大时，流量大、温升低、承载能力低。

间隙大小对转子轴承系统稳定性有较大影响。一般压力小的轴承，减小间隙比可提高系统稳定性；而压力大的增大间隙比可提高工作稳定性。

一般机器常用的轴承间隙比 ψ 为：

汽轮机、电动机、发电机	0.001 ~ 0.002
轧钢机、铁路车辆	0.0002 ~ 0.0015
内燃机	0.0005 ~ 0.001
风机、离心泵、齿轮变速装置	0.001 ~ 0.003
机床	0.0001 ~ 0.0005

4. 最小油膜厚度 h_{min}

为确保轴承在液体润滑条件下安全运转，应使最小油膜厚度大于轴颈、轴瓦工作表面平面度与轴颈挠度之和，即

$$h_{min} \geqslant [h_{min}] = S(R_1 + R_2 + y_1 + y_2) \quad (17\text{-}1)$$

式中 S——裕度，对一般机械的轴承取 $S = 1.1 \sim 1.5$，对轧钢机轴承取 $S = 2 \sim 3$；

R_1、R_2——对颈和轴瓦表面平面度平均高度；

y_1——轴颈在轴承中的挠度，如图 17-23a 所示；

y_2——轴颈偏移量，如图 17-23b 所示。

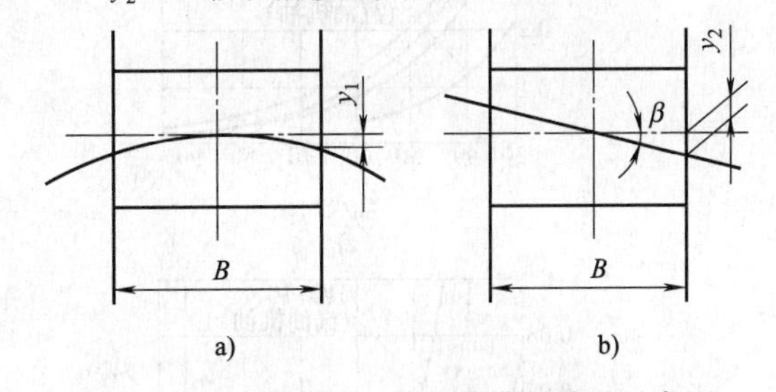

图 17-23 轴颈在轴承中的挠曲和偏移示意图

端轴颈的轴颈挠度可按下式计算

$$y_1 = 1.6 \times 10^{-10} p_m D\left[\left(\frac{B}{D}\right)^4 + 1.81\left(\frac{B}{D}\right)^2\right] \quad (17\text{-}2)$$

当 $p_m \leqslant 0.3\text{MPa}$ 时，y_1 可忽略不计。

y_2 为轴颈在轴承中因轴的弯曲变形和安装误差引起的偏移量，即

$$y_2 = \frac{B}{2}\tan\beta \quad (17\text{-}3)$$

对自动调心轴承 $y_2 = 0$。

缺乏资料时，也可参考图 17-24 选取 $[h_{min}]$。

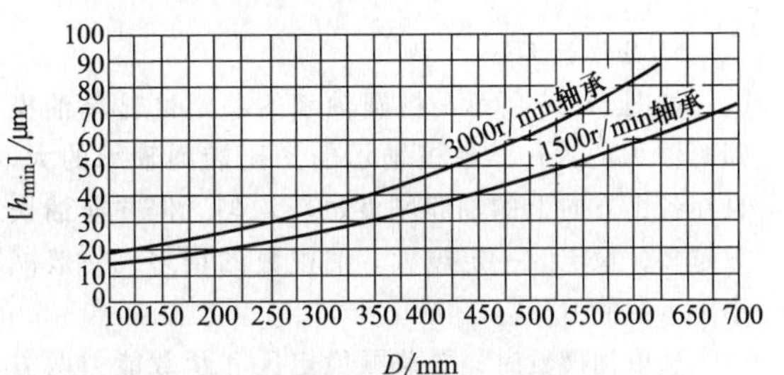

图 17-24 允许最小油膜厚度 $[h_{min}]$ 与轴承直径的关系曲线

5. 油温和瓦温

轴承性能计算根据热平衡状态下轴承平均工作温度 t_m（即端泄油平均温度）进行，初步计算时可取 $t_m=50\sim60℃$。

一般取进油温度 $t_1=30\sim45℃$，平均油温 $t_m\leqslant75℃$，温升 $\Delta t\leqslant30℃$。

作为设计依据之一的瓦温，一般以强度急剧下降时金属的软化点作为控制值，对轴承合金常取 $t_{max}=90\sim100℃$。

图 17-25 为润滑油的粘度—温度曲线。

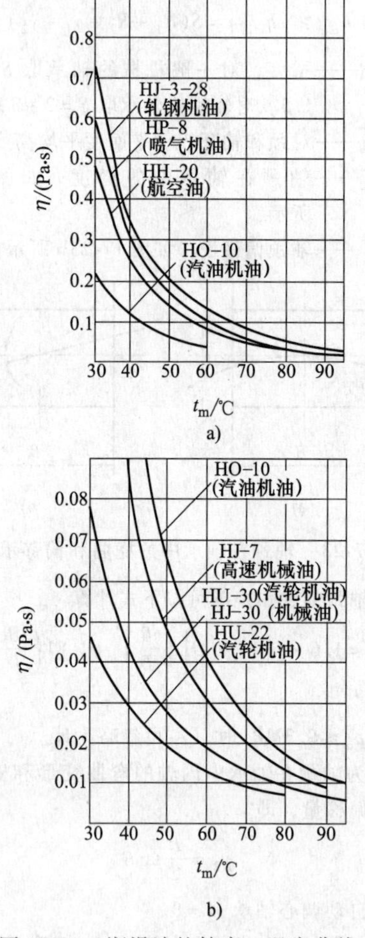

图 17-25 润滑油的粘度—温度曲线

6. 油楔数 Z

如图 17-26 所示，椭圆轴承的稳定区比单油楔圆筒轴承的大；三油楔轴承的又比椭圆轴承的大，且在各个方向上的油膜刚度也较均匀。但并非油楔数越多，稳定区一定越大。油楔数的增多，一般减小了承载能力。

选取油楔数时，要兼顾稳定区和承载能力两方面的要求。为了提高多油楔轴承的承载能力，可以采用不等长的多油楔。

油楔数还影响结构，偶数油楔便于采用剖分结构。

7. 最小半径间隙 c_{min}（椭圆轴承即为顶隙）

高精度机床主轴承常采用 2～10μm 以下的最小半径间隙，间隙比为 0.0001～0.0002。速度较高的主轴承，如汽轮机、发电机、离心式压缩机和水轮机等，为了减小功耗、降低温升，常采用较大的间隙，间隙比为 0.001～0.0025。

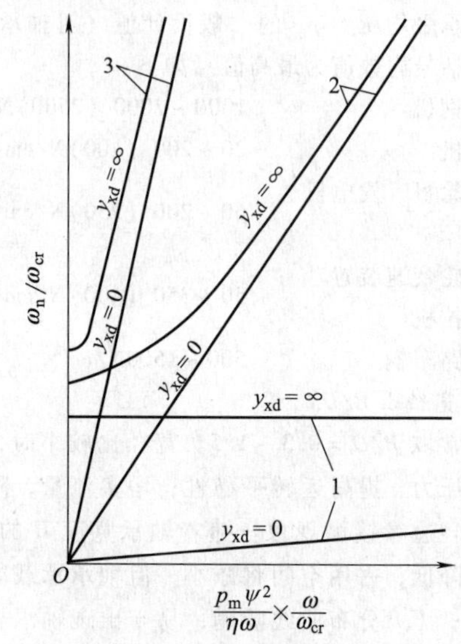

图 17-26 三种轴承稳定区的比较（$y_{xd}=y/c$）

1—圆轴承 2—椭圆轴承 3—三油楔轴承

4—轴的静挠度 c—半径间隙 ω—工作角速度

ω_{cr}—临界角速度 ω_n——轴系失稳角速度

注：曲线右下方为稳定区，左上方为非稳定。

8. 楔形度（椭圆度）ψ/ψ^*

楔形度主要取决于油楔偏心距 S。S 越大，楔形越大，即油楔的楔形度越大。

楔形度过大，即油楔起始端开口过大，有可能在楔形空间的起始段形不成承载油膜，使承载油膜减短，同时还增大了轴承的摩擦因数。

楔形度过小，轴承的承载能力很低，在工艺上也难以实现，当轴颈位移之后，有的油楔形成的承载油膜也太短。

根据理论分析，最佳楔形度为 2～3。对于要求很小间隙的多油楔（$Z\geqslant3$）轴承，实现这样的楔形度在工艺上有困难。同时，对于轴颈偏心距较大的轴承，为了在轴颈位移后形成的承载油膜不致太短，宜采用较大的楔形度。推荐取楔形度 $\psi/\psi^*\geqslant5$，即油楔偏心距 $S\geqslant4c_{min}$。

9. 安装间隙

可倾瓦轴承的瓦块弧面半径与轴颈半径 r 之差称为加工间隙 c，它由轴颈和瓦块的尺寸所决定。瓦块装入轴承后，实际形成的间隙为 c_a，称为安装间隙，

通常 c_a 可以调整，$\frac{c}{c_a}$ 通常在 1～2 之间，不得小于 1。

10. 支点位置

可倾瓦轴承支点位置影响瓦块的承载能力，承载能力最大时的支点位置与瓦块的几何尺寸 L/B 有关，可从图 17-27 中查出，L_c 为进油边到支点的瓦弧长，L 为瓦的整个弧长，轴颈需要反向转动时，应取 $\frac{L_c}{L}=0.5$。

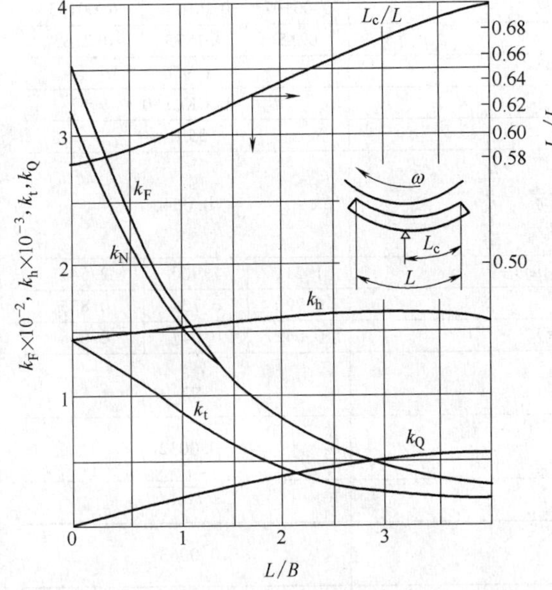

图 17-27　可倾瓦径向轴承的特征系数和支点位置

k_F—载荷系数　k_N—功耗系数　k_t—温升系数　k_Q—流量系数　k_h—最小油膜厚度系数　B—瓦的宽度

11. 填充系数

可倾瓦轴承各块瓦的弧长总和 ZL 与轴颈圆周长 πd 之比，称为填充系数 k，即

$$k=\frac{ZL}{\pi d}$$

通常取 $k=0.7\sim0.8$。由于 k 与功耗成正比，当载荷较小时可取更低的填充系数（如 $k=0.5$）以降低温升。

12. 供油压力 p_a

一般轴承的供油压力可取 0～0.1MPa。当轴承润滑油温升过高时可适当增大 p_a，以降低温升。

17.11.3　典型液体动压润滑径向轴承的性能曲线及计算示例

1. 径向轴承的基本几何关系

图 17-28 所示是径向轴承几何参数示意图。图 17-28 中径向轴承几何参数的表达式见表 17-28。

2. 单油楔径向轴承性能计算

通常可以将宽径比 $B/D>2$ 的轴承近似看做无限宽轴承进行计算，其计算过程见表 17-29。

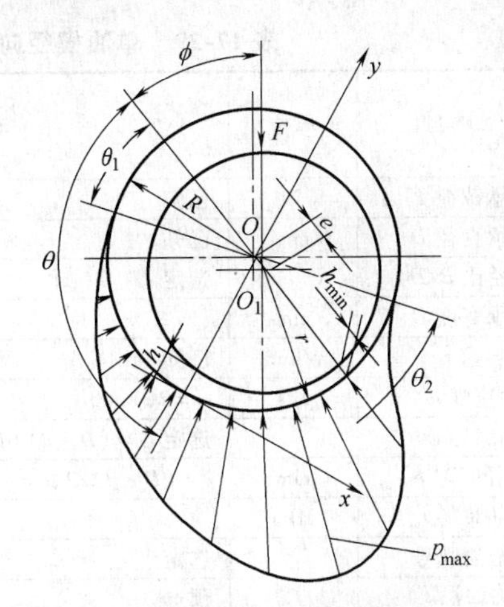

图 17-28　径向轴承几何参数示意图

表 17-28　径向轴承几何参数

名称	符号及公式
半径间隙	$c=R-r$
间隙比	$\psi=c/r$
偏心距	e
偏心率	$\varepsilon=e/c$
油膜厚度	$h=c(1+\varepsilon\cos\theta)$
轴瓦包角	α
偏位角	ϕ
最小油膜厚度	$h_{min}=c(1-\varepsilon)$（仅适用于圆轴承）

例 17-1　某齿轮减速器齿轮的液体润滑动压轴承。已知：轴承直径 $D=280$mm，载荷 $F=115000$N，转速 $n=327$r/min，采用齿轮油润滑。进油温度为 40℃。

算例计算过程可按图 17-29 所示框图进行。具体计算及其结果见表 17-29。

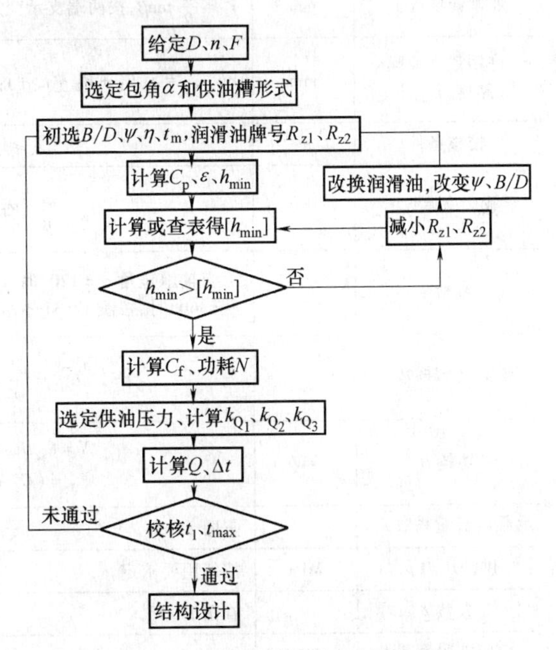

图 17-29　径向轴承性能计算过程

表 17-29　单油楔径向轴承性能计算（宽径比 $0.4 < B/D < 2$）

计算项目	单位	计算公式及说明	结果		
			方案 1	方案 2	方案 3
轴承载荷 F	N	已知	115000		
轴承直径 D	mm	已知	280		
宽径比 B/D		选定	0.75		
轴承宽度 B	mm	$B=(B/D)D$	210		
转速 n	r/min	已知	327		
角速度 ω	1/s	$\omega=2\pi n/60$	34.243		
间隙比 ψ		选定 $\psi=(D-d)/d$	0.00107	0.00134	0.00155
半径间隙 c	mm	$c=(D-d)/2, c=\psi D/2$	0.15	0.1875	0.2165
平均压力 p_m	MPa	$p_m=F/(B/D)$	1.956		
润滑油牌号		选定	L-CKC150		
平均油温 t_m	℃	预选	55℃		
在 t_m 下油的粘度 η	Pa·s	$\eta=\rho_{55℃}\upsilon_{55℃}$ $\rho_{55℃}\approx 900kg/m^3$ $\upsilon_{55℃}\approx 60mm^2/s$	0.054		
轴承特性数 C_p		$C_p=(p_m\psi^2)/(\eta\omega)$	1.211	1.900	2.541
偏心率 ε		查图 17-30	0.720	0.750	0.825
最小油膜厚度 h_{min}	mm	$h_{min}=c(1-\varepsilon)$	0.042	0.047	0.038
轴颈表面粗糙度	μm	按使用要求定 $Ra=0.0008\mu m$	0.8		
轴颈表面平面度平均高度 R_1	mm	$R_1\approx 4Ra$	0.0032		
轴瓦表面粗糙度	μm	按使用要求定 $Ra=0.0016\mu m$	Ra 1.6		
轴瓦表面平面度平均高度 R_2	mm	$R_2\approx 4Ra$	0.0063		
轴颈挠度 y_1	mm	$y_1=1.6\times10^{-10}p_m D\left[\left(\frac{B}{D}\right)^4+1.81\left(\frac{B^2}{D}\right)\right]$	1.169×10^{-7}		
轴颈偏移量 y_2	mm	$y_2=\frac{B}{2}\tan\beta$，按两端支承变形得 $\beta=0.008°$	0.0147		
许用最小油膜厚度 $[h_{min}]$	mm	$[h_{min}]=S(R_1+R_2+y_1+y_2)$ 取 $S=1.5$	0.0363		
校核条件		$h_{min}\geqslant[h_{min}]$	通过	通过	通过
承载区摩擦数 C_μ		$C_\mu=\frac{\mu}{\psi}$（查图 17-30）	2.30	2.16	2.00
系数 ξ		当轴承包角 $\alpha=120°$ 时，$\xi=4/3$；$\alpha=180°$ 时，$\xi=1$；$\alpha=360°$ 时，按图 17-31 选取	0.86	0.88	0.90
非承载区摩擦数 $C_{\mu'}$		$C_{\mu'}=\frac{\mu'}{\psi}=\frac{\pi\xi}{2}C_p$	1.636	2.626	3.592
功耗 N	kW	$N=F_\mu D\omega\times10^{-6}/2$ $F_\mu=(C_\mu+C_{\mu'})F\psi$	2.32	3.54	4.78
承载区流量系数 k_{Q1}		查图 17-32	0.261	0.268	0.272
供油压力 p_s	MPa	按使用要求定	0.2		
系数 ζ		查图 17-33	0.235	0.24	0.27
周向油膜槽宽 b	mm		30		

（续）

计算项目	单位	计算公式及说明	结果		
			方案1	方案2	方案3
非承载区流量系数 k_{Q2}		$k_{Q2}=\zeta C_p\left(\frac{D}{B-b}\right)^2\frac{D}{B}\cdot\frac{p_s}{p_m}$ 供油槽结构如图17-34所示	0.094	0.150	0.226
系数 θ		查图17-33	0.133	0.134	0.130
供油槽宽度 m	mm	$m=(0.2\sim0.25)D$ 供油槽结构如图17-34所示	60		
阻油槽宽度 a	mm	$a=0.05D$ 供油槽结构如图17-34所示	14		
槽泄流量系数 k_{Q3}		$k_{Q3}=\theta C_p\left(\frac{D}{B}\right)^2\frac{m}{D}\left(\frac{B}{a}-2\right)\frac{p_s}{p_m}$ 轴瓦只有一个供油槽时 $k_{Q3}=\frac{p_s m}{3\eta\psi\omega D^2B^2}\left(\frac{B}{a}-2\right)h^3$ $h=c(1+\varepsilon\cos\theta_x)$ 供油槽结构如图17-34所示	0.082	0.129	0.167
总流量 Q	L/s	$Q=(k_{Q1}+k_{Q2}+k_{Q3})\psi D^2\omega B\times10^{-6}/2$	0.132	0.207	0.291
润滑油温升 Δt	℃	$\Delta t=0.59\frac{N}{Q}$	10.37	10.09	9.69
校核进油温度 t_1	℃	$t_1=t_m-\Delta t$	44.63	44.91	45.31

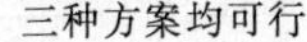
三种方案均可行

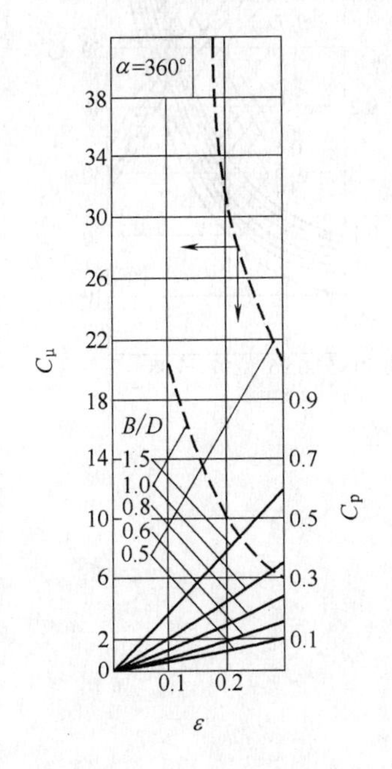

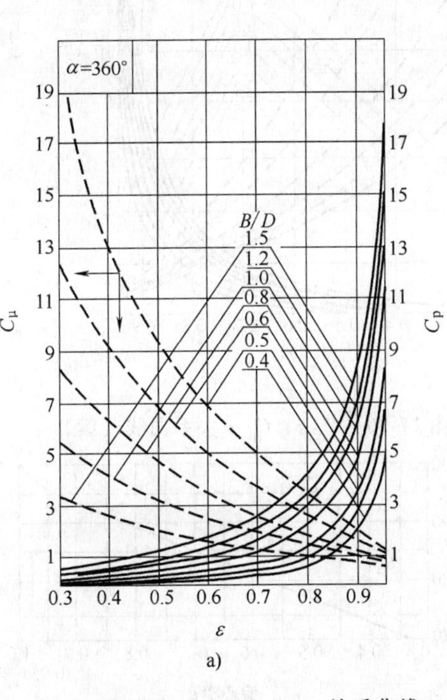

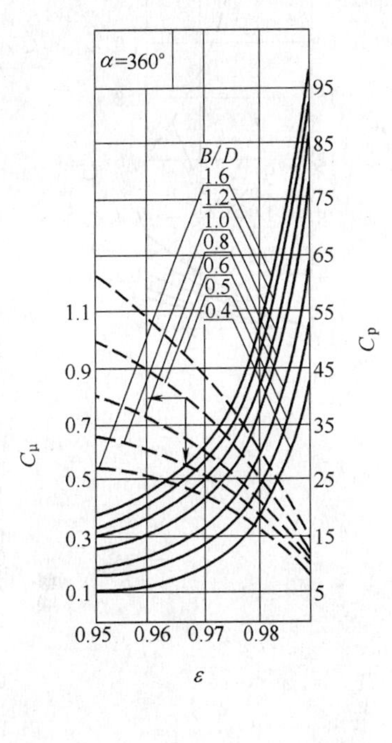

a)

图17-30　C_p-ε、C_μ-ε 关系曲线

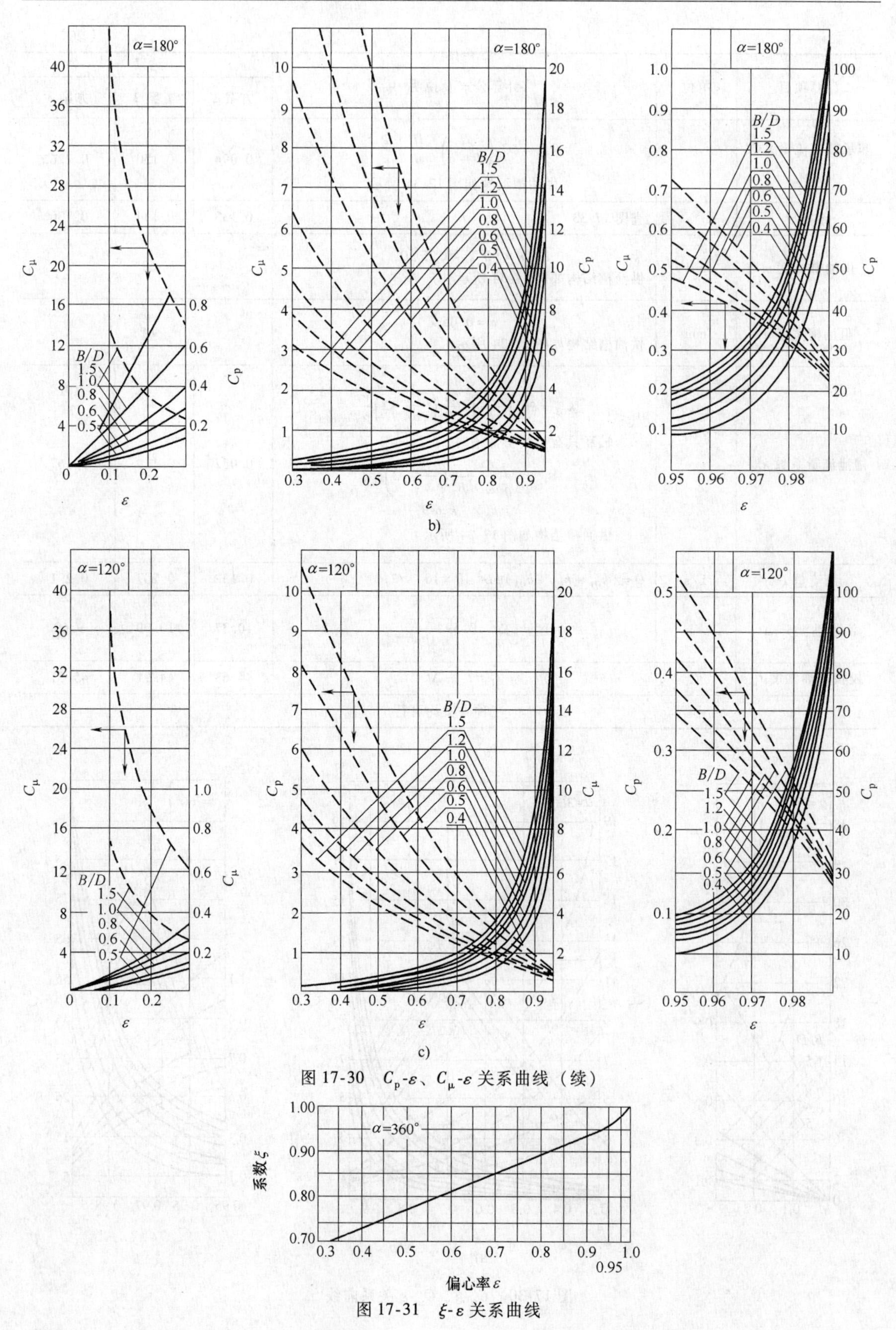

b)

c)

图 17-30　C_p-ε、C_μ-ε 关系曲线（续）

图 17-31　ξ-ε 关系曲线

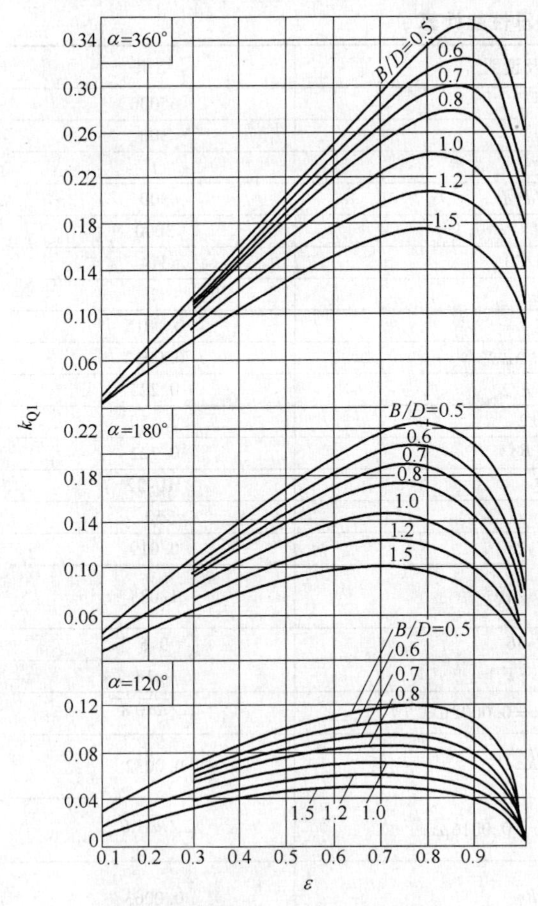

图 17-32　承载区端泄流量系数 k_{Q1}

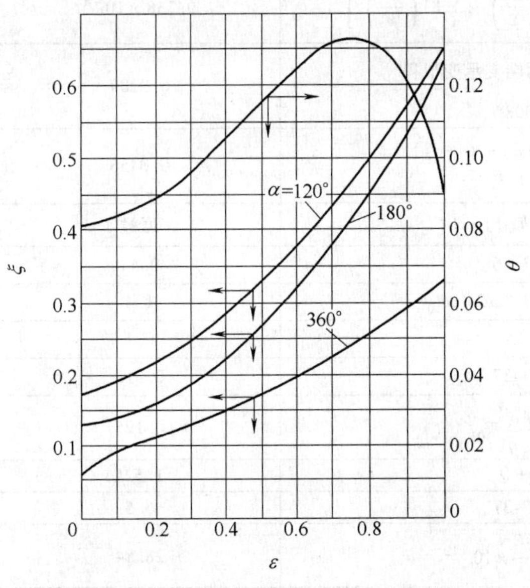

图 17-33　系数 ξ（实线）和 θ（虚线）

3. 多油楔径向轴承性能计算

(1) 椭圆轴承的性能计算

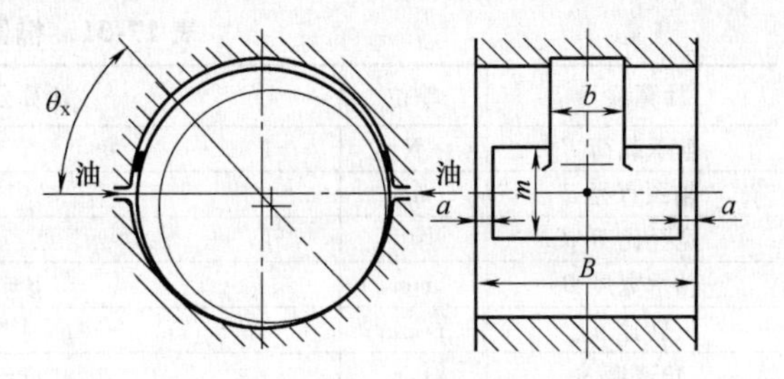

图 17-34　供油槽结构

例 17-2　设计汽轮机转子的椭圆轴承。已知：轴承直径 D = 300mm，载荷 F = 65000N，转速 n = 3000r/min，在水平中分面两侧供油，供油压力 p_s = 0.1MPa，进油温度为 40℃。

图 17-35 所示是椭圆轴承的示意图，其几何参数见表 17-30。

算例计算过程可按图 17-29 所示框图进行。具体计算及其结果见表 17-31。

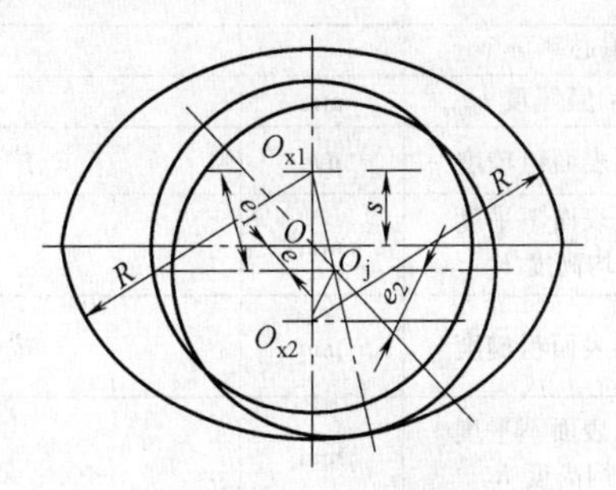

图 17-35　椭圆轴承

表 17-30　椭圆轴承的几何参数

符号	计算公式	名称
O		轴瓦几何中心
O_j		轴颈中心
O_{xi}		油楔面曲率中心
R		油楔面曲率半径
r		轴颈半径
s	$s = OO_{xi}$	油楔加工面偏心距
c^*	$c^* = R - r - s$	顶隙
c	$c = R - r = c^* + s$	侧隙
e	$e = OO_j$	偏心距
e_i	$e_i = O_jO_{xi}$	油楔偏心距
ε	$\varepsilon = e/c$	偏心率
ε_i	$\varepsilon_i = e_i/c$	油楔偏心率
ψ^*	$\psi^* = c^*/r$	相对顶隙
ψ	$\psi = c/r$	相对侧隙
ψ/ψ^*	$\psi/\psi^* = c/c^*$	椭圆度

表 17-31　椭圆轴承性能计算

计算项目	单位	计算公式及说明	结果
轴承载荷 F	N	已知	65000
轴颈直径 d	mm	已知	300
宽径比 B/d		选定	1
轴承宽度 B	mm	$B=(B/d)d$	300
转速 n	r/min	已知	3000
角速度 ω	1/s	$\omega=2\pi n/60$	314
椭圆度 ψ/ψ^*		选定	2
顶隙比 ψ^*		选定	0.0015
侧隙比 ψ		$\psi=(\psi/\psi^*)\psi^*$	0.0030
顶隙 c^*	mm	$c^*=\psi^* d/2$	0.225
侧隙 c	mm	$c=\psi d/2$	0.450
平均压力 p_m	MPa	$p_m=F/(Bd)$	0.722
润滑油牌号		选定	HU-22
平均油温 t_m	℃	选定	50
在 t_m 下油的粘度 η	Pa·s	查图 17-25	0.019
轴承特性数 C_p		$C_p=\frac{p_m\psi^2}{\eta\omega}\times10^6$	1.035
偏心率 ε_i		查图 17-36	0.6
最小油膜厚度 h_{min}	mm	$h_{min}=c(1-\varepsilon_i)$	0.18
轴颈表面粗糙度	μm	按使用要求定 $Ra=0.0008\mu m$	$\sqrt{Ra\,0.8}$
轴颈表面不平度平均高度 R_1	mm	$R_1\approx4Ra$	0.0032
轴瓦表面粗糙度	μm	按使用要求定 $Ra=0.0016\mu m$	$\sqrt{Ra\,1.6}$
轴瓦表面不平度平均高度 R_2	mm	$R_2\approx4Ra$	0.0063
轴颈挠度 γ_1	mm	$\gamma_1=1.6\times10^{-10}p_m d\left[\left(\frac{B}{d}\right)^4+1.81\left(\frac{B}{d}\right)^2\right]$	9.738×10^{-8}
轴颈偏移量 γ_2	mm	$\gamma_2=\frac{B}{2}\tan\beta$，按两端支承变形得 $\beta=0.008°$	0.0209
许用最小油膜厚度$[h_{min}]$	mm	$[h_{min}]=S(R_1+R_2+\gamma_1+\gamma_2)$ 取 $S=1.5$	0.0456
校核条件		$h_{min}\geqslant[h_{min}]$	通过
承载区流量系数 k_{Q1}		查图 17-36	0.44
承载区流量 Q_1	L/s	$Q_1=0.125\times10^{-6}\omega Bd^2\psi k_{Q1}$	1.4
供油压力 p_s	MPa		0.1
油槽泄流量系数 k_{Q3}		查图 17-37	0.915
油槽泄流量 Q_3	L/s	$Q_3=0.3\frac{p_s c^3}{\eta}k_{Q3}$	0.125
总流量 Q	L/s	$Q=Q_1+Q_3$	1.525
功耗系数 k_N		查图 17-37	6.5
功耗 N	kW	$N=\frac{k_N\eta d^2\omega^2 B}{4\psi}\times10^{-12}$	28.84
润滑油温升 Δt	℃	$\Delta t=0.59\frac{N}{Q}$	11.16
校核进油温度 t_1	℃	$t_1=t_m-\Delta t$	38.84

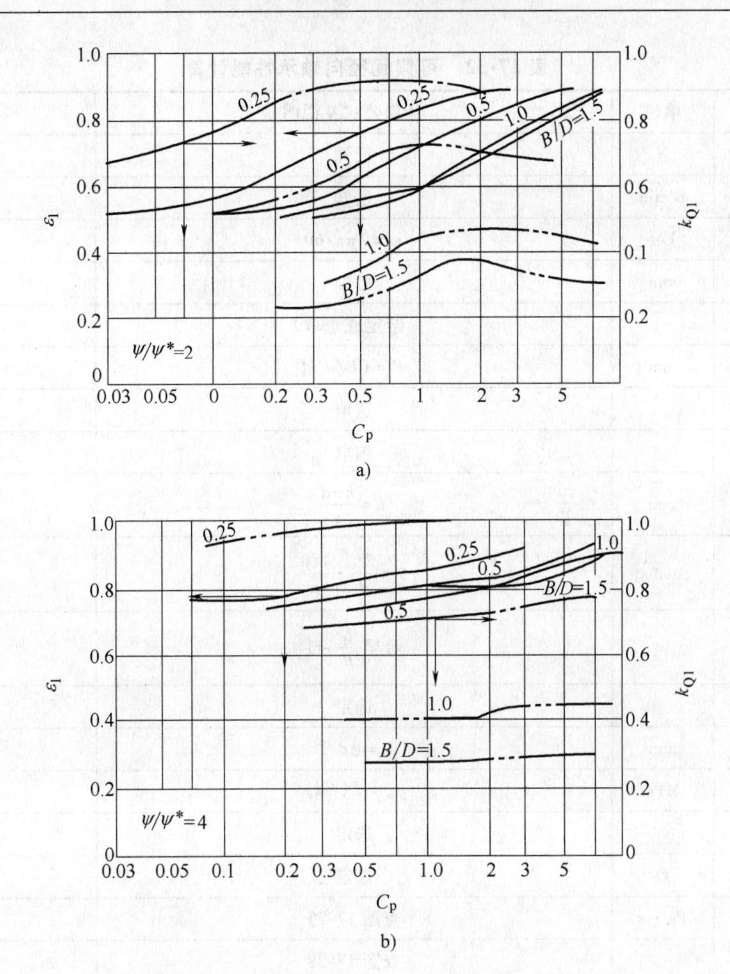

图 17-36　椭圆轴承 $C_p-\varepsilon_i$、C_p-k_{Q1} 曲线

a）椭圆轴承 $C_p-\varepsilon_i$、C_p-k_{Q1} 关系曲线（$\psi/\psi^*=2$）　b）椭圆轴承 $C_p-\varepsilon_i$、C_p-k_{Q1} 关系曲线（$\psi/\psi^*=4$）

ε_i—两偏心率中的大者　k_{Q1}—流量系数

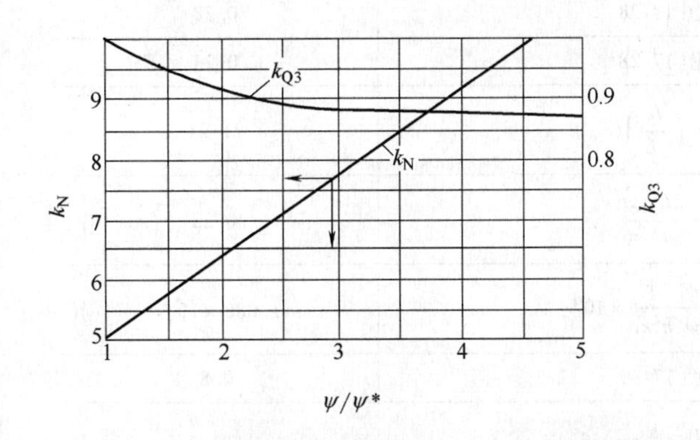

图 17-37　椭圆轴承的流量系数 k_{Q3} 和功耗系数 k_N

（2）可倾瓦轴承的性能计算

例 17-3　计算一鼓风机的五瓦可倾瓦径向轴承。已知：轴颈直径 $D=80\text{mm}$，转速 $n=11500\text{r/min}$，宽径比 $B/D=0.4$，间隙比 $\psi=0.002$；转子重力 $F=1250\text{N}$。进油温度希望在 40℃左右，瓦的布置如图 17-38 所示。

算例计算过程可按图 17-29 所示框图进行。具体计算及其结果见表 17-32。

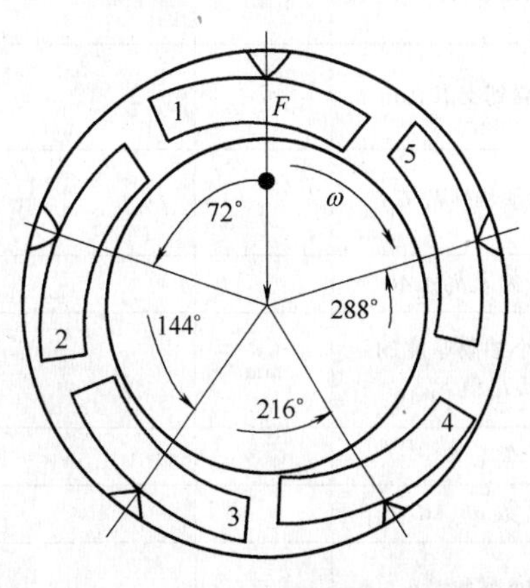

图 17-38　可倾瓦径向轴承的布置

表 17-32　可倾瓦径向轴承性能计算

计算项目	单位	计算公式及说明	结果
轴载荷 F	N	已知	1250
转速 n	r/min	已知	11500
角速度 ω	1/s	$\omega=2\pi n/60$	1200
轴颈直径 d	mm	已知	80
宽径比 B/d		给定或选取	0.4
轴瓦宽度 B	mm	$B=(B/d)d$	32
轴瓦数 z		选取	5
填充系数 k		选取	0.7
每块瓦的瓦长 L	mm	$L=\dfrac{k\pi d}{z}$	35
每块瓦占据角度 θ		$\theta=\dfrac{2L}{d}\cdot\dfrac{180}{\pi}$	50°08′
瓦块长宽比 L/B		希望$\dfrac{L}{B}\approx1$	1.094
侧隙比 ψ		选定	0.0020
加工间隙 c	mm	$c=\psi d/2$	0.08
平均压力 p_m	MPa	$p_m=F(Bd)$	0.488
润滑油牌号		选定	HU-22
平均油温 t_m	℃	选定	50
在 t_m 下油的粘度 η	Pa·s	查图 17-25	0.019
支点位置 L_c/L		查图 17-28	0.606
载荷系数 k_F		查图 17-28	152.5
最小油膜厚度系数 k_h		查图 17-28	1.501
功耗系数 k_N		查图 17-28	1.5×10^3
温升系数 k_t		查图 17-28	0.78
流量系数 k_Q		查图 17-28	0.24
进油端到支点弧长 L_c	mm	$L_c=\left(\dfrac{L_c}{L}\right)L$	21.21
进油端到支点夹角 θ_c		$\theta_c=\dfrac{2L_c}{d}\dfrac{180}{\pi}$	30°22′
轴承特性数 C_p		$C_p=\dfrac{p_m\psi^2}{\eta\omega}\dfrac{1}{k^2k_F}\times10^6$	1.088×10^{-3}
系数 $k_h h_{2min}/c$		查图 17-39	0.8
最小油膜厚度的最小值 h_{2min}	mm	$h_{2min}=\left(k_h\dfrac{h_{2min}}{c}\right)\dfrac{c}{k_h}$	0.0426
偏心率 ε		查图 17-39	0.22
系数 $\mu k_N kR/c$		查图 17-40	29×10^{-3}
摩擦系数 μ		$\mu=\left(\dfrac{\mu k_N kR}{c}\right)\dfrac{c}{k_N kR}\times10^6$	0.055

（续）

计算项目	单位	计算公式及说明	结果
功耗 N	kW	$N=\frac{\mu F\omega d}{20.4}\times 10^{-5}$	3.24
系数 $\Delta tk_t k/p_m$	℃·mm²/N	查图 17-39	1.05×10^{-5}
温升 Δt	℃	$\Delta t=\left(\frac{\Delta tk_t k}{p_m}\right)\frac{p_m}{k_t k}\times 10^6$	9.4
校核进油温度 t_1	℃	$t_1=t_m-\Delta t$	40.6
流量 Q	L/s	$Q=\frac{\omega dcBz}{2}k_Q\times 10^{-6}$	0.147
系数 F_{max}/F		查图 17-40	1.2
受载最大的瓦上的载荷 F_{max}	N	$F_{max}=\left(\frac{F_{max}}{F}\right)F$	1500
受载最大的瓦上的压力 p_{mmax}	MPa	$p_{mmax}=\frac{F_{max}}{BL}$	1.34

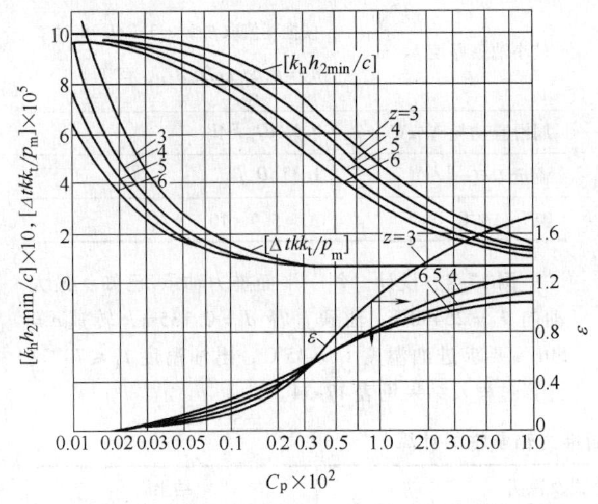

图 17-39　可倾瓦径向轴承的偏心率 ε、系数 $[k_h h_{2min}/c]$、$[\Delta tkk_t/p_m]$ 与承载特性系数 C_p 的关系曲线

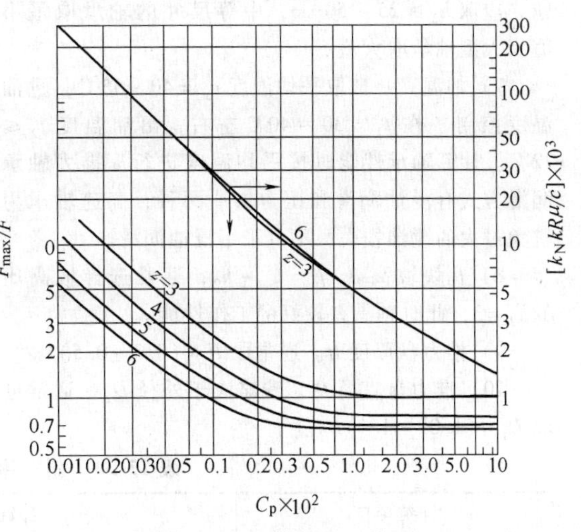

图 17-40　可倾瓦径向轴承的系数 $[k_N kR\mu/c]$、$[F_{max}/F]$ 与承载特性系数 C_p 的关系曲线

17.11.4　液体动压润滑推力轴承的性能曲线及计算示例

液体动压润滑推力轴承的结构简图如图 17-41 所示，一般推力轴承有三个以上的瓦块，瓦块与推力环之间可形成一定厚度的承载油膜。

1. 推力轴承参数

1）瓦数 z。最少 $z=3$，一般 $z=6\sim12$。z 与比值 D_2/D_1 和 B/L 有关。D_2/D_1 越小，B/L 越大，则 z 越大。瓦数少，易使轴承温升高；瓦数多，则不利于安装调整，且使承载能力下降。

2）宽长比 B/L。L 为瓦面平均弧长，可取 $B/L=0.7\sim2$，取 $B/L=1$ 时可获得最大的承载能力。

3）外内径比 D_2/D_1。通常 $D_2/D_1=1.5\sim3$，内径 D_1 略大于轴颈。可取 $D_1=(1.1\sim1.2)d$。

4）填充系数 k。一般取 $k=0.7\sim0.85$。k 不宜过大，以免造成相邻瓦之间的热影响，使瓦温和油温升高。

5）平均压力 p_m。通常取 $p_m=1.5\sim3.5$MPa，若有良好的瓦均载措施并能有效控制进油温度，允许

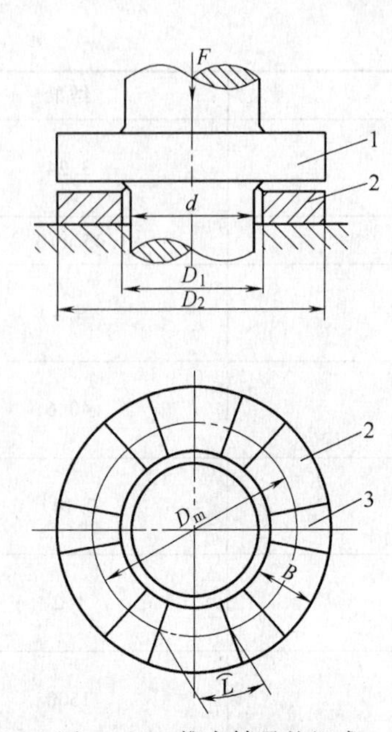

图 17-41 推力轴承的组成

1—推力环 2—扇形瓦 3—油沟

$p_m=6.0\sim7.0$MPa。

6）最小油膜厚度 h_2。从制造工艺和安全运转考虑，应取 $h_2\geqslant25\sim50\mu$m，中等尺寸的轴承取最小值，大型轴承取大值。

7）油温。一般取平均温度 $t_m=40\sim55$℃，进油温度控制 在 $t_1=30\sim40$℃左右，出油温度 $t_2\leqslant$ 72℃。计算轴承性能时按平均温度进行。推力轴承润滑方式有浸油润滑和压力供油两种，高速轴承为避免过大的搅油损失，不宜采用浸油润滑。

8）瓦块坡高 β。$\beta=h_1-h_2$，通常选择坡高比 $\beta/h_2=3$，此时轴承有较好的工作性能。

9）推力盘厚度 H。通常取 $H=(0.3\sim0.5)L$。

10）推力盘直径 D_t。应略大于外径 D_2，通常可取 $D_t=(1.05\sim1.1)D_2$。

2. 斜-平面推力轴承性能计算

斜-平面推力轴承常用于工况稳定的小型轴承。瓦块的形状如图 17-42 所示，当瓦块斜面长度 $L_1=0.8L$ 时，轴承承载能力最大。轴承的性能计算公式见表 17-33。

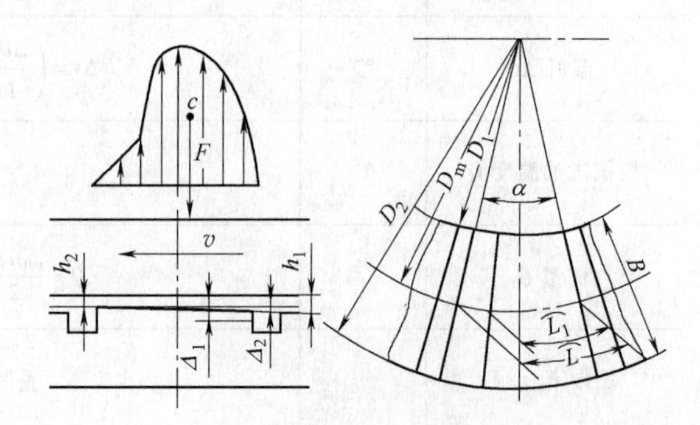

图 17-42 斜-平面推力轴承

表 17-33 斜-平面推力轴承性能计算公式

名称	计算公式
平均压力 p_m/Pa	$p_m=F/(zBL)$
平均圆周速度 v/(m/s)	$v=\pi D_m n$
最小油膜厚度 h_2/m	按推荐值取 $\beta/h_2=3, B/L=1$ 时 $h_2=0.5(\eta n D_m B/p_m)^{\frac{1}{2}}$
润滑膜功耗 N/kW	$9.1\beta n D_m F/B$
流量 Q/(m³/s)	$1.38 n D_m \beta z$
温升 Δt/℃	$\Delta t=5.9\times10^{-4}N/Q$

例 17-4 设计一斜—平面推力轴承。已知：最大轴向 $F=25480$N，轴颈直径 $d=0.135$m，转速 $n=50$r/s 要求进油温度 $t_1=45$℃，出油温度 $t_2\leqslant70$℃。计算过程及结果见表 17-34。

表 17-34 斜—平面推力轴承性能计算

计算项目	计算公式及说明	结果
载荷 F/N	已知	25480
转速 n/(r/s)	已知	50
轴承内径 D_1/m	$D_1=(1.1\sim1.5)d$	0.15
外内径比 $R=D_2/D_1$	通常选取 $1.2\leqslant\overline{R}\leqslant2.2$	1.5
轴承外径 D_2/m	$D_2=\overline{R}D_1=1.5\times0.15$	0.225
平均直径 D_m/m	$D_m=(D_1+D_2)/2=(0.15+0.225)/2$	0.1875
轴承宽度 B/m	$B=(D_2-D_1)/2=(0.225-0.15)/2$	0.0375
宽长比 B/L	选取	1
瓦平均周长 L/m	$L=B/(B/L)=0.0375/1$	0.0375
瓦块数 z	根据 D_2/D_1 值由图 17-43 查得	12
填充系数 k	5/6	0.83

（续）

计算项目	计算公式及说明	结果
轴瓦包角 α/rad	$k\times2\pi/2$	0.436
平均压力 p_m/Pa	$25480/(12\times0.0375^2)$	1.51×10^6
平均圆周速度/(m/s)	$v=\pi D_m n=3.14\times0.1875\times50$	29.43
润滑油牌号	选取	HU-22
平均油温 t_m/℃	选取	65
t_m 下油的粘度 η/Pa·s	查图 17-25	0.0155
最小油膜厚度 h_2/m	$0.5(\eta_n D_m B/p_m)^{\frac{1}{2}}$	0.03×10^{-3}
斜面坡高 β/m	$\beta=3h_2$	9×10^{-5}
搅动功耗系数 k_N	根据雷诺数查图 17-44	0.03
浸油润滑时的搅动功耗 N_j/kW	$N_j=k_N p_m n^3 D_t^5\left(1+\frac{4H}{D_t}\right)$　D_t——推力环直径	4.23
功耗 N/kW	$9.1\beta n D_m F/B+N_i$	9.97
流量 Q/(m³/s)	$1.38nD_m B\beta z$	5.77×10^{-4}
温升 Δt/℃	$5.9\times10^{-4}\times9.97/5.77\times10^{-4}$	10.2

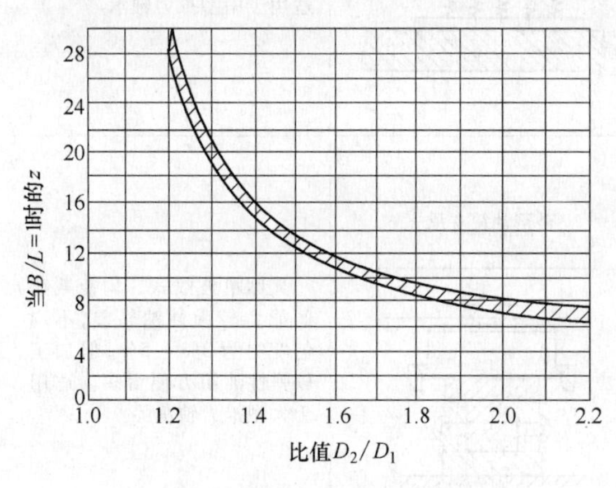

图 17-43　固定瓦推力轴承的瓦块数

3. 可倾瓦推力轴承性能计算

用于工况经常变化的大中小型轴承。各瓦能随工况变化自动调节倾斜度，最小油膜厚度 h_2 随之改变，但比值 h_2/h_1 不变，如图 17-45 所示。

可倾瓦的支承方式有多种，如表 17-35 所示，瓦块支承应使各瓦受载尽可能均匀。为降低温升，可适当增大瓦面距，改进瓦的形状（如沿油的流向切去瓦角，采用圆形瓦等），使冷热油进出流畅，还可设置喷油管或循环冷却水管等。

可倾瓦推力轴承的支点：径向偏置参数 R_2-R_1 可在 0.515～0.56 范围内选取，周向偏置参数 θ_2/θ_0 可在 0.55～0.625 范围内选取。

可倾瓦推力轴承计算公式见表 17-36。

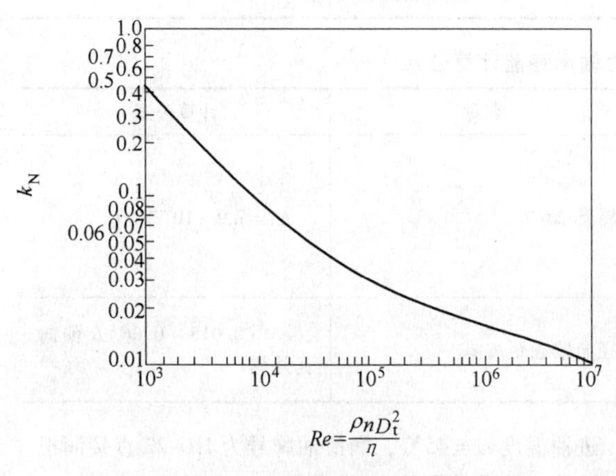

图 17-44　搅动功耗系数 k_N

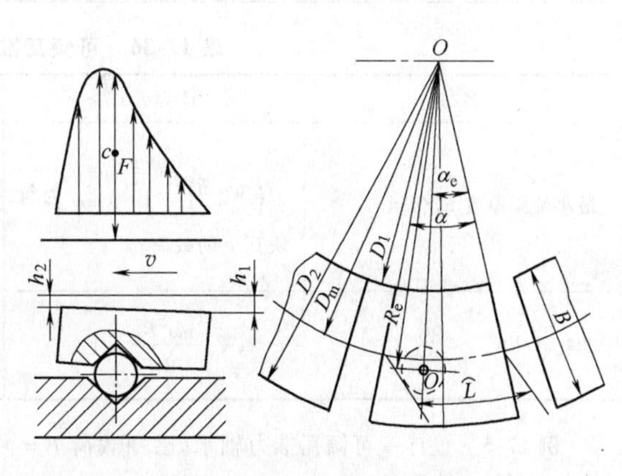

图 17-45　可倾瓦推力轴承

表 17-35 可倾瓦推力轴承瓦块支承方式

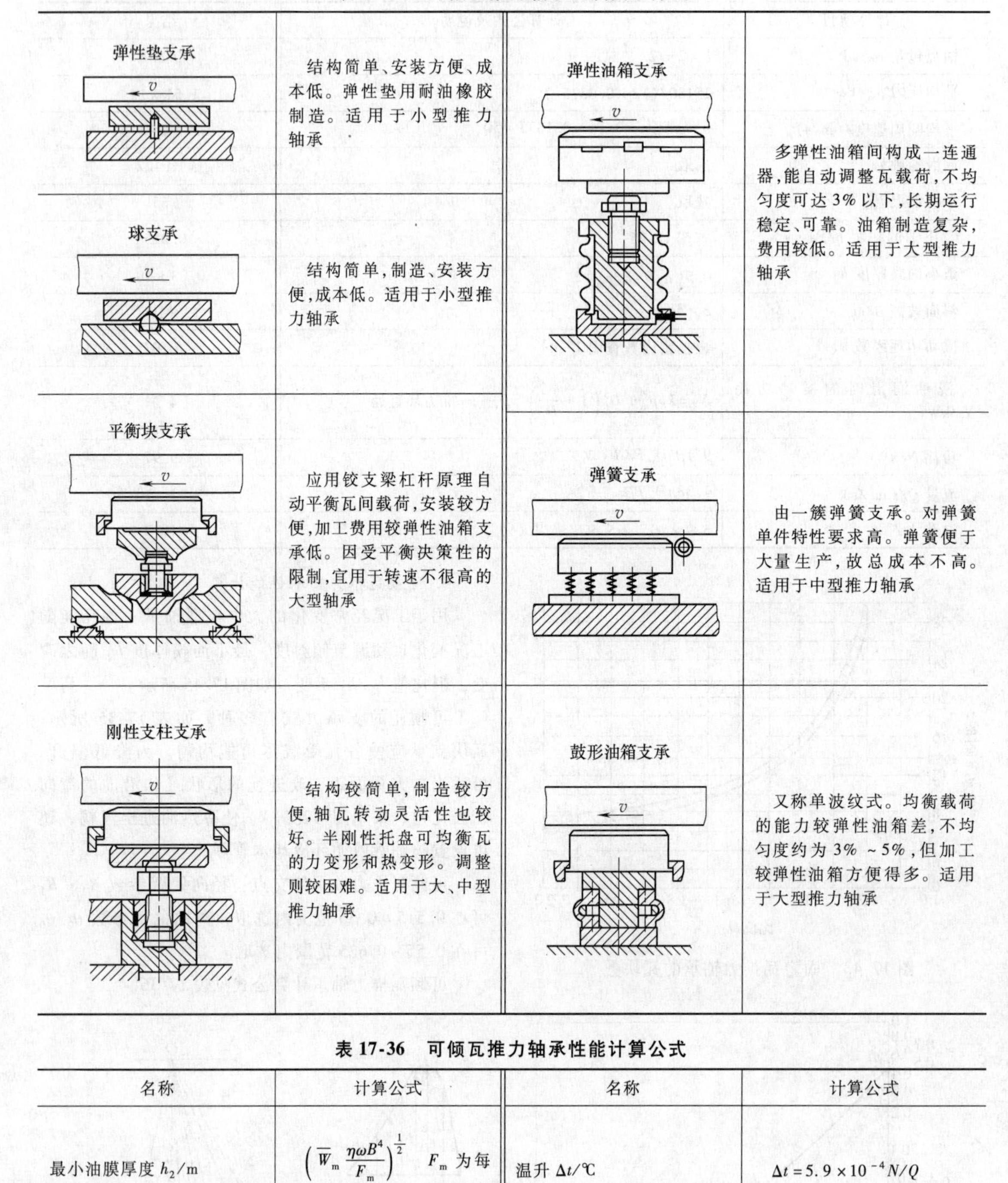

支承方式	特点	支承方式	特点
弹性垫支承	结构简单、安装方便、成本低。弹性垫用耐油橡胶制造。适用于小型推力轴承	弹性油箱支承	多弹性油箱间构成一连通器，能自动调整瓦载荷，不均匀度可达3%以下，长期运行稳定、可靠。油箱制造复杂，费用较低。适用于大型推力轴承
球支承	结构简单，制造、安装方便，成本低。适用于小型推力轴承		
平衡块支承	应用铰支梁杠杆原理自动平衡瓦间载荷，安装较方便，加工费用较弹性油箱支承低。因受平衡决策性的限制，宜用于转速不很高的大型轴承	弹簧支承	由一簇弹簧支承。对弹簧单件特性要求高。弹簧便于大量生产，故总成本不高。适用于中型推力轴承
刚性支柱支承	结构较简单，制造较方便，轴瓦转动灵活性也较好。半刚性托盘可均衡瓦的力变形和热变形。调整则较困难。适用于大、中型推力轴承	鼓形油箱支承	又称单波纹式。均衡载荷的能力较弹性油箱差，不均匀度约为3%～5%，但加工较弹性油箱方便得多。适用于大型推力轴承

表 17-36 可倾瓦推力轴承性能计算公式

名称	计算公式	名称	计算公式
最小油膜厚度 h_2/m	$\left(\overline{W}_m \dfrac{\eta\omega B^4}{F_m}\right)^{\frac{1}{2}}$ F_m 为每块瓦上的载荷	温升 Δt/℃	$\Delta t = 5.9\times10^{-4}N/Q$
功耗 N/kW	$zk_N\overline{W}_m\dfrac{\eta\omega^2B^4}{h_2}$	径向偏置距离 e	$e=(0.015\sim0.06)B$ 偏向瓦外侧

例 17-5 设计一可倾瓦推力轴承。已知载荷 $F=1.69\times10^5$N，轴颈转速 $n=50$r/s，直径 $d=0.27$m，进油温度 $t_1=45$℃，润滑油牌号为 HU-22 直接润滑。计算步骤及结果见表 17-37。

表 17-37 可倾瓦推力轴承性能计算

计算项目	计算公式及说明	结果
载荷 F/N	已知	1.69×10^5
转速 $n/(\mathrm{r/s})$	已知	50
平均压力 p_m/Pa	选取	2×10^6
瓦块总面积 A/m^2	$A=\dfrac{F}{p_m}$	0.084
轴瓦内径 D_1/m	$D_1=(1.1-1.2)d$	0.3
轴瓦外径 D_2/m	$D_2=\left(A\times\dfrac{4}{3}\times\dfrac{4}{\pi}+D_1^2\right)^{\frac{1}{2}}$	0.5
外内径比 R	$\overline{R}=D_2/D_1=0.5/0.3$(通常取 $\overline{R}=1.5\sim3$)	1.67
平均直径 D_m/m	$D_m=(D_1+D_2)/2=(0.5+0.3)/2$	0.4
轴承宽度 B/m	$B=(D_2-D_1)/2=(0.5-0.3)/2$	0.1
填充系数 k	选取	0.75
轴瓦包角 $\alpha/(°)$	$\alpha=k\times360°/z$	30
宽长比 B/L	选取 $B/L=1$	1
每瓦平均周长 L/m		0.1
瓦块数 z	根据 R 由图 17-46 查得	10
实际平均压力 p_m/Pa	$p_m=F/(zBL)=1.69\times10^5/(10\times0.1\times0.1)$	1.695×10^6
润滑油牌号	给定	HU-22
平均油温 $t_m/℃$	给定	55
t_m 下润滑油粘度 $\eta/\mathrm{Pa\cdot s}$	查图 17-25	0.0145
无量纲内径 $\overline{R}_1$	$\overline{R}_1=R_1/B=0.15/0.1=1.5$	1.5
周向偏置参数 θ_2/θ_0	选取	0.6
径向偏置参数 $\overline{R}_2-\overline{R}_1$	选取	0.53
θ_p/θ_0	根据 $\overline{R}_2-\overline{R}_1$、$\theta_2/\theta_0$ 值查图 17-47	1.0
倾斜系数 G_{sa}	根据 $\overline{R}_2-\overline{R}_1$、$\theta_w/\theta_0$ 值查图 17-47	1.3
W_m	根据 θ_p/θ_0、G_{sa}值查图 17-48	0.145
最小油膜厚度 h_2/m	$h_2=\left(\dfrac{\overline{W}_m\eta\omega B^4}{F_m}\right)^{\frac{1}{2}}$	0.000062
功耗系数 k_N	查图 17-49	0.21
功耗 N/kW	$N=zk_N\overline{W}_m\dfrac{\eta\omega^2B^4}{h_2}=3.2\times10^6\times23.1\times2.62\times$ $\sqrt{0.0275\times23.1/(3.97\times10^6\times0.192)}/1020$	69.8
流量系数 k_Q	查图 17-50	1.89
总流量/$(\mathrm{m}^3/\mathrm{s})$	$Q=zk_Q\omega B^2h_2$	37.07×10^{-4}
温升 $\Delta t/℃$	$\Delta t=(k_N/k_0F)/(1.7\times10^6B^2z)$	11.06

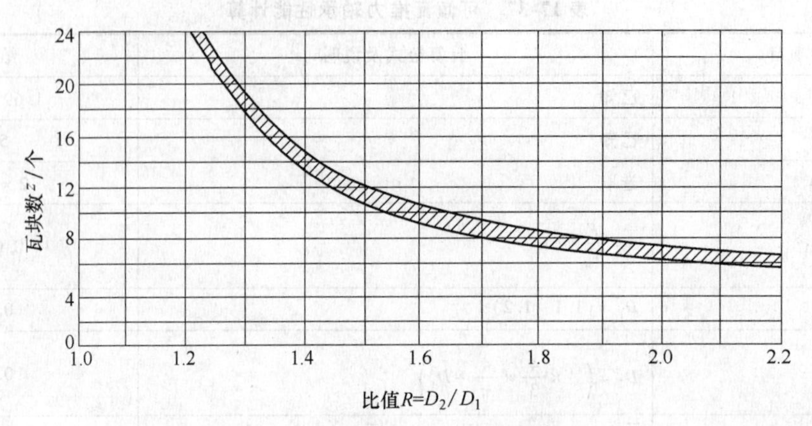

图 17-46　可倾瓦推力轴承的瓦块数

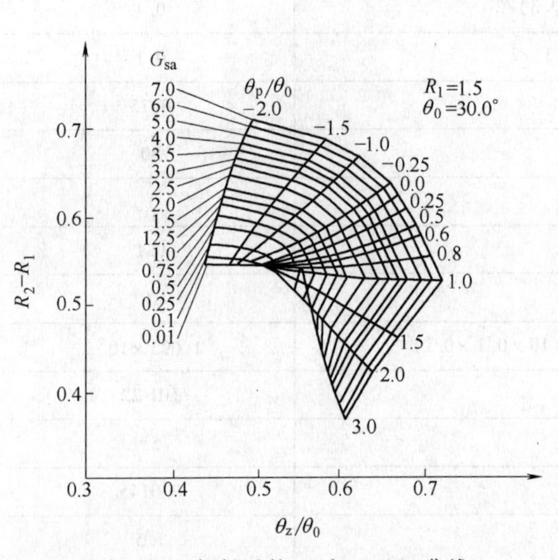

图 17-47　倾斜系数 G_{sa} 与 C_p/C_0 曲线

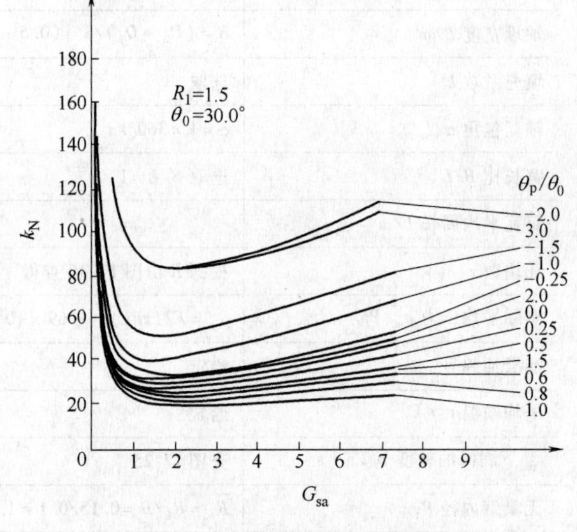

图 17-49　功耗系数 k_N 曲线

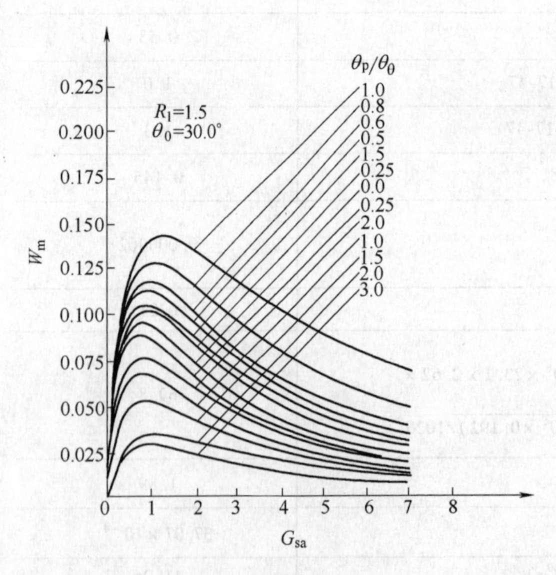

图 17-48　承载能力曲线

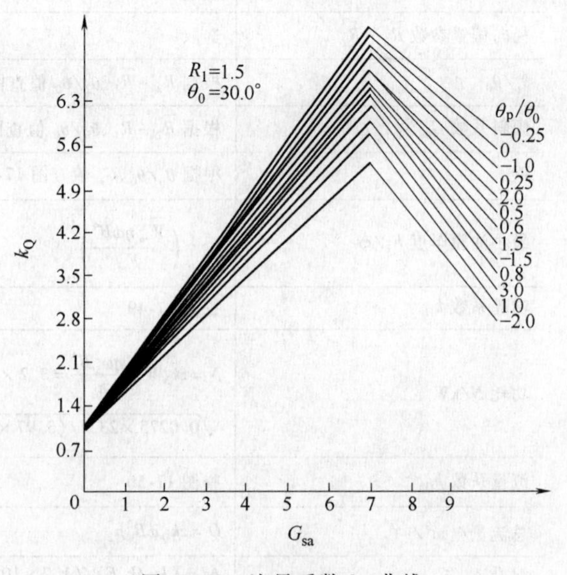

图 17-50　流量系数 k_Q 曲线

17.11.5　滑动轴承材料

轴承的有效工作或失效，与载荷、速度、润滑油及轴承几何参数的选择等有密切关系，但轴承材料的合理选用，对轴承能力的发挥将起着决定性作用。表17-38给出了滑动轴承材料的推荐应用范围。

表17-38　滑动轴承材料的应用范围

应用范围	人造碳	塑料	多孔质烧结轴承	巴氏合金	轧制铝复合材料	铅青铜	铅锡青铜和锡青铜	铝合金	特种黄铜	铝青铜	工作状态
杠杆、铰链、拉杆		●					●	●	●	●	静载荷小，滑动速度低且为间歇性。不保养，一次润滑，有污物危害
精密加工技术器件(电气仪器、飞机附件等)	●		●	●		●					
端面轴承				●		●					静载荷很小，滑动速度中等到高，但是不变向。油润滑，且为压力润滑
凸轮轴轴承				●		●	●				
止动片				●		●	●				
涡轮机和涡轮驱动装置				●		●					
燃气轮机						●					
大型电动机				●							
轧钢机，锻压机				●		●	●				静载荷中等，且有冲击。滑动速度低，油润滑
机车轴承，活塞式压缩机				●		●	●				
齿轮箱，压力扇形块轴承						●					静载荷中等，且有冲击。滑动速度低、油润滑
轧辊颈轴承				●			●	●	●	●	载荷重，且有冲击，滑动速度低，且为交变的，有污物危害，缺少润滑
弹簧销轴承							●			●	
建筑机械和农业机械						●	●		●		
传送装置						●	●		●	●	
汽油机的主轴承和连杆轴承				●	●①	●①					动载荷中等，滑动速度中等到高，油润滑，有温升现象
柴油机					●①	●①					
大型柴油机				●		●					
制冷压缩机						●					
水泵							●				
轻金属壳体中的轴承								●			
活塞销轴套						●	●	●			动载荷重且有冲击，滑动速度低且为交变，二次油润滑，高温
翻转杠杆轴套						●	●				
操纵装置							●				
液压泵						●		●			

① 有三元减摩层。

轴承的失效，首先表现在轴承减摩材料的损坏，以及由此引起的相关零件的损坏。所以，减摩材料的合理选用、质量的保证以及减摩层与基本的结合性能等，都是非常重要的。轴承材料要有很好的抗磨损、抗粘合、耐腐蚀、抗疲劳及污染等性能。要视轴承工作的具体情况来选取轴承材料，对于承载起动、高速重载的轴承，应予以高度重视，表17-39给出常用轴承材料的性能以供参考。

表 17-39　滑动轴承材料的工艺性能

<table>
<tr><th colspan="2" rowspan="2">项目</th><th colspan="2" rowspan="2">铅基巴氏合金</th><th colspan="8">锡基巴氏合金</th><th colspan="2" rowspan="2">镉合金</th><th colspan="6">青铜</th></tr>
<tr><th colspan="2">1</th><th colspan="2">2</th><th colspan="2">3</th><th colspan="2">4</th><th colspan="2">1</th><th colspan="2">2</th><th colspan="2">3</th></tr>
<tr><td rowspan="7">化学成分（质量分数）（%）</td><td>Pb</td><td colspan="2">75.8</td><td colspan="2">2</td><td colspan="2">max0.06</td><td colspan="2">max0.06</td><td colspan="2">max0.06</td><td colspan="2">—</td><td colspan="2">11</td><td colspan="2">13</td><td colspan="2">15</td></tr>
<tr><td>Sn</td><td colspan="2">6</td><td colspan="2">80</td><td colspan="2">80.5</td><td colspan="2">89</td><td colspan="2">87.5</td><td colspan="2">—</td><td colspan="2">8</td><td colspan="2">5</td><td colspan="2">2.5</td></tr>
<tr><td>Cd</td><td colspan="2">1</td><td colspan="2">—</td><td colspan="2">1.2</td><td colspan="2">—</td><td colspan="2">1</td><td colspan="2">93.4</td><td colspan="2">—</td><td colspan="2">—</td><td colspan="2">—</td></tr>
<tr><td>Cu</td><td colspan="2">1.2</td><td colspan="2">6</td><td colspan="2">5.6</td><td colspan="2">3.5</td><td colspan="2">3.5</td><td colspan="2">—</td><td colspan="2">77.5</td><td colspan="2">79.0</td><td colspan="2">79.5</td></tr>
<tr><td>Sb</td><td colspan="2">15</td><td colspan="2">12</td><td colspan="2">12</td><td colspan="2">7.5</td><td colspan="2">7.5</td><td colspan="2">—</td><td colspan="2">—</td><td colspan="2">—</td><td colspan="2">—</td></tr>
<tr><td>Ni</td><td colspan="2">0.5</td><td colspan="2">—</td><td colspan="2">0.3</td><td colspan="2">—</td><td colspan="2">0.2</td><td colspan="2">1.6</td><td colspan="2">3.5</td><td colspan="2">3</td><td colspan="2">3</td></tr>
<tr><td>As</td><td colspan="2">0.5</td><td colspan="2">—</td><td colspan="2">0.5</td><td colspan="2">—</td><td colspan="2">0.3</td><td colspan="2">—</td><td colspan="2">—</td><td colspan="2">—</td><td colspan="2">—</td></tr>
<tr><td rowspan="4">硬度 HB/（N/mm^2）</td><td>20℃</td><td colspan="2">25.6</td><td colspan="2">27.4</td><td colspan="2">35.0</td><td colspan="2">22.6</td><td colspan="2">28.0</td><td colspan="2">34.0</td><td colspan="2">51.3</td><td colspan="2">67.5</td><td colspan="2">86.3</td></tr>
<tr><td>50℃</td><td colspan="2">21.0</td><td colspan="2">23.2</td><td colspan="2">27.9</td><td colspan="2">17.0</td><td colspan="2">23.2</td><td colspan="2">28.9</td><td colspan="2">49.1</td><td colspan="2">65.8</td><td colspan="2">80.3</td></tr>
<tr><td>100℃</td><td colspan="2">14.2</td><td colspan="2">13.3</td><td colspan="2">17.3</td><td colspan="2">10.4</td><td colspan="2">15.6</td><td colspan="2">19.7</td><td colspan="2">46.6</td><td colspan="2">64.9</td><td colspan="2">78.6</td></tr>
<tr><td>150℃</td><td colspan="2">8.1</td><td colspan="2">7.3</td><td colspan="2">9.7</td><td colspan="2">—</td><td colspan="2">9.1</td><td colspan="2">11.5</td><td colspan="2">44.5</td><td colspan="2">62.6</td><td colspan="2">76.9</td></tr>
<tr><td rowspan="7">应力与弹性模量</td><td>屈服强度 $\sigma_{0.2}$</td><td colspan="2">28.4</td><td colspan="2">61.8</td><td colspan="2">84.4</td><td colspan="2">46.1</td><td colspan="2">65.7</td><td colspan="2">78.5</td><td colspan="2">84.4</td><td colspan="2">120</td><td colspan="2">163</td></tr>
<tr><td>抗拉强度 σ_b</td><td colspan="2">56.9</td><td colspan="2">89.3</td><td colspan="2">102</td><td colspan="2">76.5</td><td colspan="2">100.0</td><td colspan="2">129</td><td colspan="2">136</td><td colspan="2">192</td><td colspan="2">209</td></tr>
<tr><td>伸长率 δ_3/%</td><td colspan="2">1.2</td><td colspan="2">3.0</td><td colspan="2">1.5</td><td colspan="2">11.2</td><td colspan="2">8.4</td><td colspan="2">17.0</td><td colspan="2">6.4</td><td colspan="2">6.4</td><td colspan="2">2.1</td></tr>
<tr><td>弹性模量 E/（N/mm^2）</td><td colspan="2">29900</td><td colspan="2">55700</td><td colspan="2">52500</td><td colspan="2">56500</td><td colspan="2">49500</td><td colspan="2">54200</td><td colspan="2">81500</td><td colspan="2">84000</td><td colspan="2">85100</td></tr>
<tr><td>温度/℃</td><td>20</td><td>100</td><td>20</td><td>100</td><td>20</td><td>100</td><td>20</td><td>100</td><td>20</td><td>100</td><td>20</td><td>100</td><td>20</td><td>100</td><td>20</td><td>100</td><td>20</td><td>100</td></tr>
<tr><td>挤压极限 $\sigma_{0.2}$/（N/mm^2）</td><td>46.1</td><td>26.5</td><td>61.8</td><td>37.3</td><td>80.4</td><td>48.1</td><td>47.1</td><td>26.5</td><td>62.8</td><td>30.4</td><td>69.7</td><td>50.0</td><td>76.5</td><td>64.8</td><td>109</td><td>95.2</td><td>138</td><td>116</td></tr>
<tr><td>抗压强度 σ_{bc}/（N/mm^2）</td><td>58.9</td><td>35.3</td><td>87.3</td><td>68.7</td><td>122</td><td>80.4</td><td>75.5</td><td>45.1</td><td>103</td><td>59.8</td><td>119</td><td>86.3</td><td>133</td><td>113</td><td>175</td><td>165</td><td>232</td><td>215</td></tr>
</table>

第 18 章　星形齿轮传动装置的设计

星形齿轮传动是属于一种定轴轮系的传动。它由多个定轴式星轮共同分担载荷，它的特点是功率分流，具有 2K-H 行星传动功率分流所显示的结构紧凑，传递功率大，相对体积小，质量轻的特点，同时由于它的星轮不作公转，克服了行星传动结构的相对复杂性以及由行星架旋转所引起一些零部件的离心力等问题。由于整个传动系统采用定轴轮系，系统的强度、刚度及工作可靠性都有所提高，它是大型传动小型化的有效途径之一，也是机械传动的一种发展趋势。

星形齿轮传动的理想受力状态为每个星轮的法向啮合力 F_n 是相等的，即

$$F_{n1}=F_{n2}=\cdots=F_{nm}=\frac{2T_a}{n_p(d)_a\cos\alpha} \qquad (18\text{-}1)$$

式中　T_a——太阳轮传递的转矩；

$(d)_a$——太阳轮的分度圆直径；

α——齿形角；

n_p——星轮个数。

在星形齿轮传动中，由于不可避免地存在着制造、安装的误差，当未采用专门均载机构时，各星轮所承受的法向啮合力是不可能都相等的，即 $F_{n1}\neq F_{n2}\neq\cdots\neq F_{nm}$。设计计算时就应以可能出现的最大法向啮合力来计算，影响了星形齿轮传动优越性的发挥。因此除了保证适当的加工精度外，采用使各星轮受载均匀的措施，即均载技术，对星形齿轮传动至关重要。

18.1　星形齿轮传动形式及其特点

星形齿轮传动采用基本构件浮动的类型有单级星形齿轮传动、两级内外啮合星形齿轮传动、两级外啮合星形齿轮传动，其传动简图如图 18-1 所示。

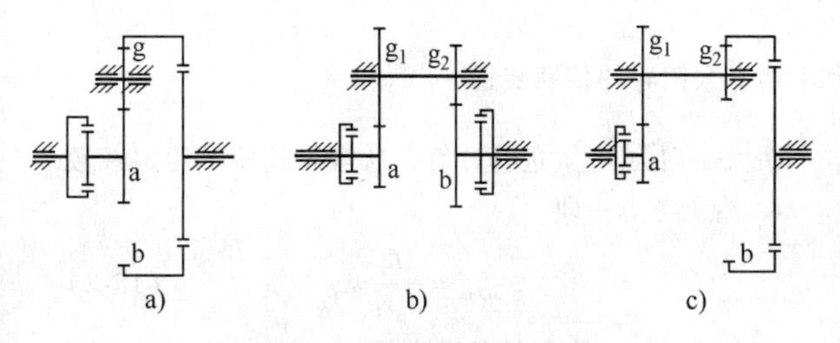

图 18-1　星形齿轮传动简图

a）单级星形齿轮传动　b）两级外啮合星形齿轮传动

c）两级内外啮合星形齿轮传动

图 18-2 为某星形减速器的结构图，它由两级外啮合星形齿轮实现，第一级高速级为斜齿轮，第二级低速级为圆柱直齿轮，由中心轮浮动达到均载目的。这类传动可实现功率分流、结构紧凑、体积小、质量轻，工作可靠性相对提高的目标。

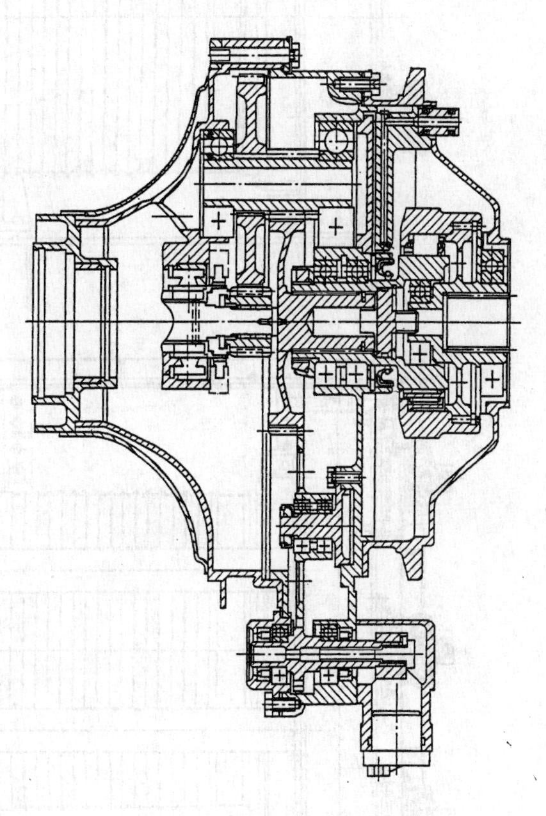

图 18-2　某星形减速器结构图

在大型传动装置中，为了减小尺寸与降低质量，往往采用了多点驱动的传动方式。特别是在采用液压马达驱动的液压系统中，力的同步传递是液压传动的特性之一，只要将各个液压马达的压力并联接通即可保证多个液压马达驱动力的平衡。图 18-3 为由 6 只液压马达分别带动 6 个星形齿轮来驱动两个大的太阳轮的传动装置（卷扬机），即由 3 个星形齿轮来驱动一个大齿轮。这种传动装置除了用多个小驱动液压马达替代单个大驱动液压马达外，还省掉了高速级的中心齿轮及其浮动均载构件，它是星形齿轮传动的一种简化，也是大型传动装置小型化的典型一例。

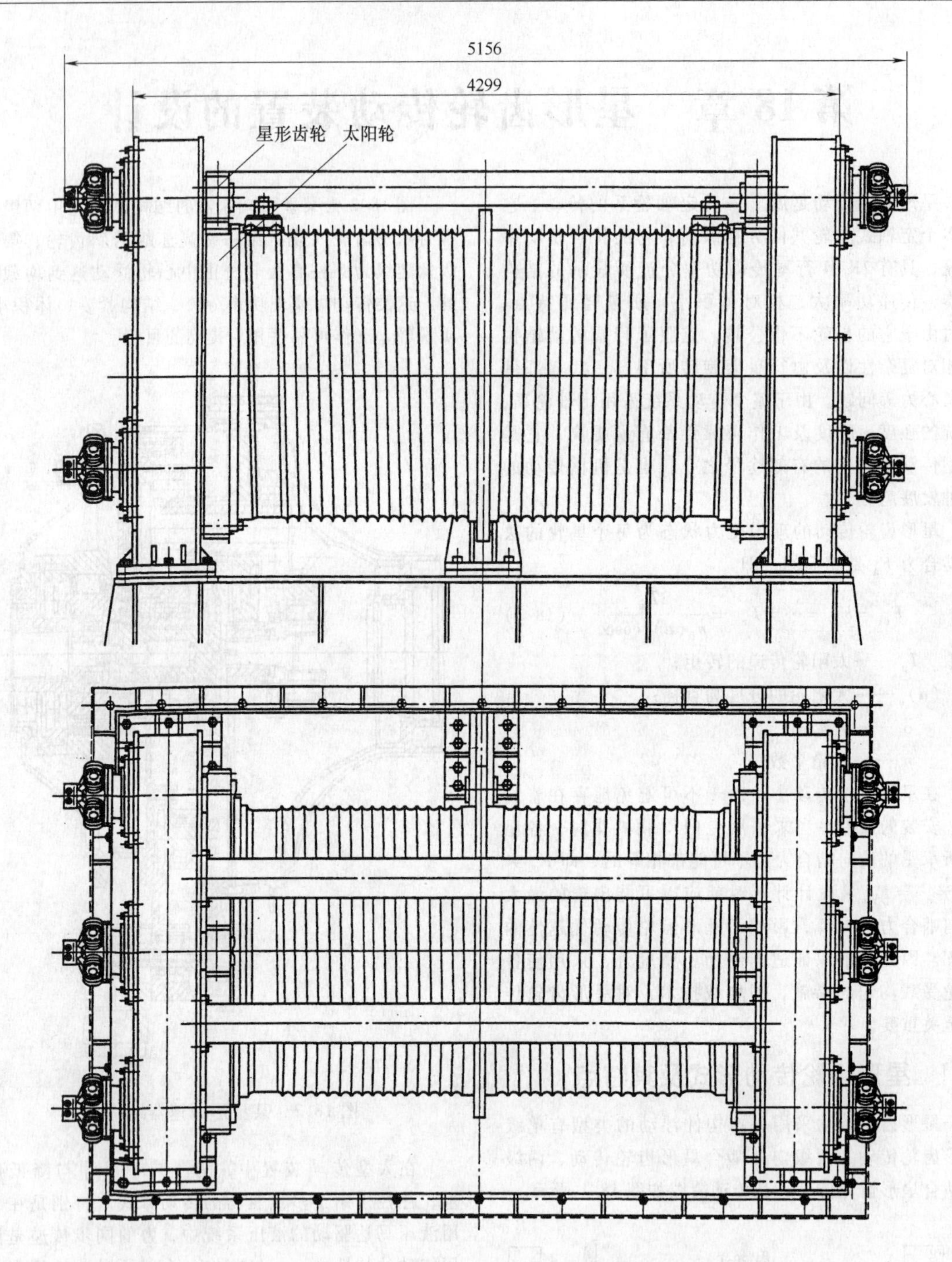

图 18-3　6 个星形齿轮驱动两个太阳轮的传动装置

18.2　浮动均载机构

18.2.1　均载机构的作用及其类型

1. 均载机构的作用

由于不可避免的制造与安装等误差，在没有采用专门的均载机构时，各个星轮所承受的法向啮合力是不可能相等的，因此在设计时应按可能出现的最大法向力 F_{nmax} 进行计算，通常以载荷不均匀系数 K_p 给予考虑，即

$$F_{nmax}=\frac{T_a}{n_p r_{ba}}K_p \tag{18-2}$$

式中　r_{ba}——太阳轮基圆半径。

其他符号同式（18-1）。

当均载效果很好时，$K_p=1$；当均载效果很差时，$K_p = n_p$，表示只有一个星轮在传递载荷。

载荷分配不均匀主要是由于制造与安装的误差以及没有设置均载机构或均载机构设计得不合理而引起的，故在大多数星形齿轮传动装置中在结构上都设置了均载机构。

均载机构的作用在于：

1）可降低载荷不均匀系数 K_p，从而提高星形齿轮传动的能力，减小外形尺寸，减轻质量，充分发挥星形齿轮传动的优越性。

2）可适当降低星形齿轮传动的制造与安装精度，从而降低成本。

3）简化结构，提高可靠性。

4）减小运转噪声，提高运转平稳性。

2. 均载机构的类型

均载机构有多种类型，如弹性元件的均载机构、基本构件浮动的均载机构、杠杆联动的均载机构等。而各种类型又有多种形式。

(1) 弹性元件的均载机构　它是依靠构件的弹性变形来达到载荷均衡的。载荷的不均匀系数与弹性元件的刚度和制造总误差成正比。为此将轴做成细长型，当 l 很大时，由于结构刚度很小，可使太阳轮 a 产生径向位移，促使星轮间的载荷平均分配，如图 18-4 所示。

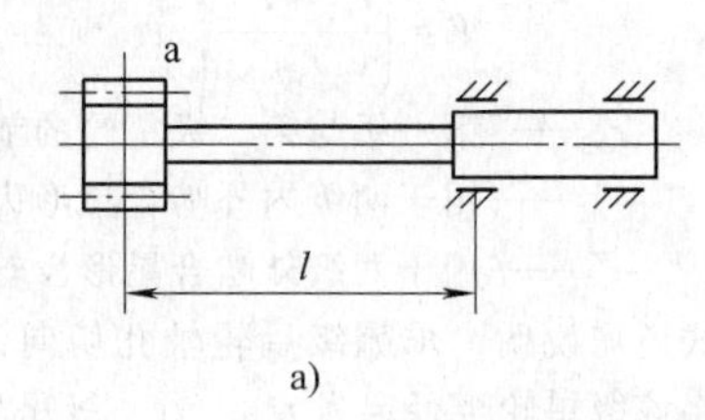

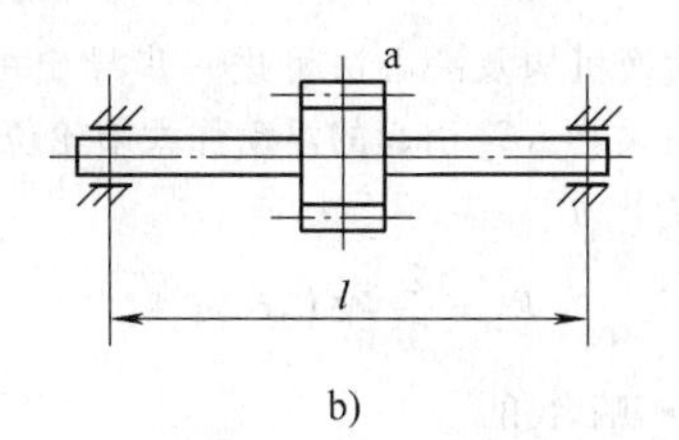

图 18-4　采用轴的变形产生径向位移

以 ε_{max} 表示太阳轮可能产生的最大径向位移值，则发生这个位移值（即梁的挠度）所需要的力 F 可计算得出。

1）当太阳轮 a 悬臂式布置时（图 18-4a）：

$$F = \frac{3EJ\varepsilon_{max}}{l^3} \tag{18-3}$$

式中　E——轴的弹性模量；

J——轴的惯性矩。

这种情况下，ε_{max} 与轴的偏角 θ 的关系为

$$\theta = \frac{Fl^2}{2EJ} = \frac{3\varepsilon_{max}}{2l} \tag{18-4}$$

偏角 θ 使载荷沿齿宽方向分布不均匀。

2）当太阳轮 a 简支式布置时（图 18-4b）：

$$F = \frac{48EJ\varepsilon_{max}}{l^3} \tag{18-5}$$

这种情况下，ε_{max} 与轴的偏角 θ 的关系为

$$\theta = \frac{Fl^2}{16EJ} = \frac{3\varepsilon_{max}}{l} \tag{18-6}$$

这时虽然载荷沿齿宽方向分布均匀了，但要达到 ε_{max} 位移所需的力 F 增大了。这种均载机构需要传动装置轴向尺寸较大，因此往往会遇到由于轴向尺寸的限制而不宜采用。

(2) 杠杆联动的均载机构　它是借杠杆联动机构使星轮浮动，达到均载目的。采用这种机构，星轮个数可以 $n_p \geqslant 3$，有利于提高传动装置的承载能力。其缺点是结构较为复杂，零件数量较多。图 18-5 为一个四星轮浮动的均载机构。从图 18-6 可见，杠杆的平衡条件为

$$F_1L_1 = Fe$$
$$F_2L_2 = Fe$$

十字槽形盘的平衡条件为

$$F_1s_1 = F_2s_2$$

故星轮间载荷平衡条件为

$$\frac{L_1}{s_1} = \frac{L_2}{s_2} \tag{18-7}$$

式中　F——星轮负载；

e——枢轴偏心距；

s_1、s_2——分布在同一直径上的两滚子间的距离；

L_1——作用力 F_1 到杠杆中心 A_1 间的距离；

L_2——作用力 F_2 到杠杆中心 A_2 间的距离；

F_1、F_2——不同杠杆与十字槽形盘间的作用力。

(3) 基本构件浮动的均载机构　在星形齿轮传动中，很少以星轮作为浮动构件，通常以太阳轮（或内齿圈）作为浮动构件。它具有不额外增加构件、结构简单紧凑、均载效果较好、系统可靠性高、对构件无过高精度要求等优点。所谓基本构件浮动的均载机构，是指浮动构件没有径向支承，允许其无约束地位移，当数个星轮受载不均匀时，就会引起浮动件移动，直至数个星轮载荷趋于均匀分配为止。这种均载机构在星轮数为 3 的轮系中应用最广，均载效果最好，其浮动件通常采用太阳轮或内齿圈。由图 18-7 可见，3 个自动定心的星轮互成 120°，在轮系传递动力过程中，若浮动件处于平衡时，则 3 个法向啮合力必构成封闭的等边三角形，从而使星轮载荷趋向均匀，达到均载目的。

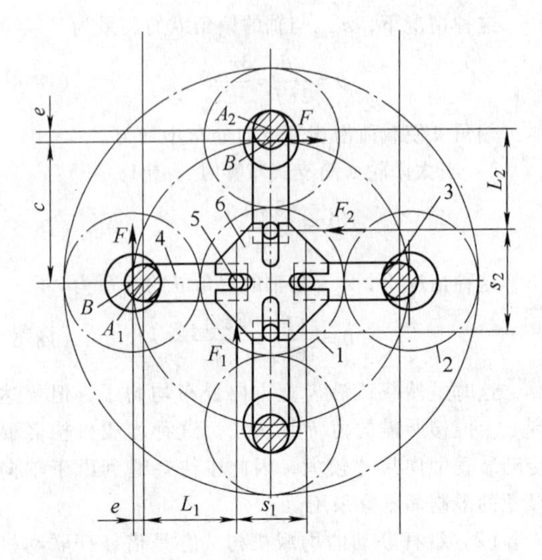

图 18-5 四星轮浮动的均载机构

1—太阳轮 2—星轮 3—偏心枢轴 4—杠杆（转臂） 5—滚子 6—十字槽形盘

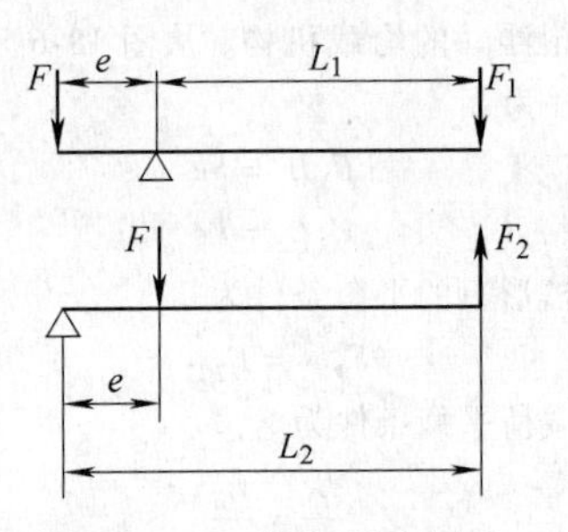

图 18-6 杠杆受力图

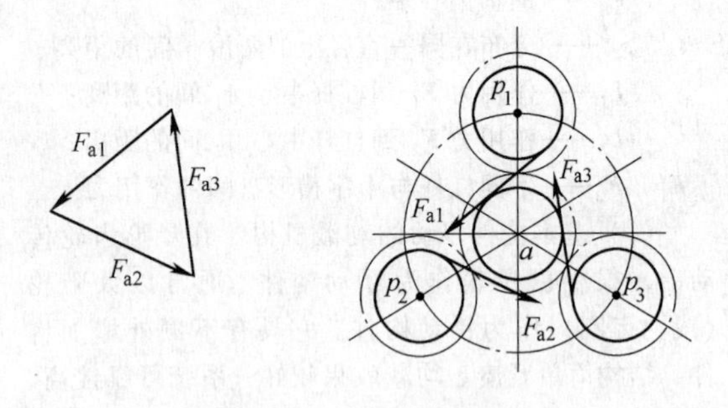

图 18-7 太阳轮浮动

18.2.2 均载机构浮动量的确定

对于采用基本构件浮动的均载机构，影响载荷分配不均匀的主要因素是基本构件的制造与安装误差，其中太阳轮（或内齿圈）和星轮的偏心误差、星轮轴孔的位置误差（中心角偏差）及星轮架的偏心误差将会引起浮动件位移，这些误差可通过浮动件浮动来补偿，而轮齿的加工误差难以浮动件浮动来补偿，只能靠较高的加工精度来提高均载效果。

1. 太阳轮（或内齿圈）偏心误差引起的浮动量

太阳轮（或内齿圈）偏心误差 ΔE_1 使太阳轮（或内齿圈）中心沿以 ΔE_1 为半径的圆运动，将引起浮动件中心等量位移，因此该误差引起浮动件太阳轮（或内齿圈）的位移 E_1，就为此偏心误差。

$$E_1 = \Delta E_1 \tag{18-8}$$

太阳轮（或内齿圈）偏心误差主要由太阳轮（或内齿圈）的径向圆跳动公差和其安装孔轴线与主轴线的同轴度公差产生，可取值为径向圆跳动和同轴度公差和的一半。

2. 星轮轴孔位置误差引起的浮动量

星轮轴孔的径向误差仅影响齿轮副的间隙，不会引起太阳轮（或内齿圈）的浮动。只有轴孔的切向误差才能引起太阳轮（或内齿圈）的浮动。对于具有 3 个星轮的传动装置，星轮轴孔切向误差有多种情况，现假定两轴孔之间误差为零，另一孔误差为最大这种严重情况加以分析。

星轮轴孔的切向误差为 ΔE_2，用代换机构及瞬心法可导出太阳轮与星轮节点上的速度 v_w 与星轮轴孔中心的速度 v_p 的速度比为 Ψ。

对于单级星形齿轮传动：

$$\Psi = 2 \tag{18-9}$$

对于两级星形齿轮传动：

$$\Psi = \left| \frac{r_{w1} \mp r_{w2}}{r_{w2}} \right| \tag{18-10}$$

式中 r_{w1}、r_{w2}——第一级与第二级星轮的节圆半径；

"+"——用于两级内外啮合星形齿轮传动；

"-"——用于两级外啮合星形齿轮传动。

上式还需说明，求哪级星轮轴孔切向误差的影响，就将该级星轮半径定为 r_{w1}，另一级星轮半径定为 r_{w2}。

根据代换机构及瞬心法可进一步导出由于星轮轴孔的切向误差 ΔE_2 引起的浮动件太阳轮位移 E_2 在最不利情况下为

$$E_2 = \frac{2}{3}\Psi \Delta E_2 \cos\alpha \tag{18-11}$$

式中 α——啮合角。

当 $\alpha = 20°$ 时

$$E_2 = \frac{5}{8}\Psi \Delta E_2 \tag{18-12}$$

星轮轴孔切向误差取值为星轮轴孔相对于星轮架安装轴线的位置度的一半。

3. 星轮偏心误差引起的浮动量

设星轮的偏心误差为 ΔE_3，星轮中心的运动轨迹是以 ΔE_3 为半径的圆。星轮中心位移可分解为径向和切向位移，径向位移对太阳轮（或内齿圈）浮动没有影响，切向位移按振幅为 ΔE_3 的谐波规律变化，浮动的太阳轮（或内齿圈）中心将按$\frac{2}{3}\Psi\Delta E_3\cos\alpha$振幅的谐波规律直线运动。如果3个星轮都有偏心误差，在最不利的情况下，这些误差引起浮动件的总位移可用几何方法求得

$$E_3=\frac{2}{3}\Psi\Delta E_3\cos\alpha+2\times\frac{2}{3}\Psi\Delta E_2\cos\alpha\cos60°=\frac{4}{3}\Psi\Delta E_3\cos\alpha \quad (18\text{-}13)$$

当$\alpha=20°$时

$$E_3=\frac{5}{4}\Psi\Delta E_3 \quad (18\text{-}14)$$

星轮的偏心误差主要由星轮的径向圆跳动公差产生，取值为径向圆跳动公差的一半。

4. *星轮架偏心误差引起的浮动量*

星轮架的偏心误差ΔE_4可理解为各星轮轴孔中心向星轮架偏心的相反方向各位移ΔE_4，对机构工作产生的影响是相同的。在最不利的情况下，三个星轮轴孔的切向误差分别为$\frac{2}{3}\Psi\Delta E_4\cos\alpha$、$\frac{1}{3}\Psi\Delta E_4\cos\alpha$和$\frac{1}{3}\Psi\Delta E_4\cos\alpha$。总位移量为三个位移量的几何和。这些误差引起浮动件（太阳轮或内齿圈）的总位移量为

$$E_4=\frac{2}{3}\Psi\Delta E_4\cos\alpha+2\times\frac{1}{3}\Psi\Delta E_4\cos\alpha\cos60°=\Psi\Delta E_4\cos\alpha \quad (18\text{-}15)$$

当$\alpha=20°$时

$$E_4=0.94\Psi\Delta E_4 \quad (18\text{-}16)$$

星轮架的偏心误差取值为星轮架安装孔轴线与主轴线的同轴度公差的一半。

5. *各误差引起浮动件（太阳轮或内齿圈）的总位移量*

（1）最大浮动量　浮动件的可能浮动量必须满足各零件对它的要求。最坏的情况是各零件误差的积累，要求浮动件有最大的浮动量，当太阳轮（或内齿圈）浮动时，其最大浮动量为

$$E_{\max}=E_1+E_2+E_3+E_4=\Delta E_1+\frac{5}{8}\Psi\Delta E_2+\frac{5}{4}\Psi\Delta E_3+0.94\Psi\Delta E_4 \quad (18\text{-}17)$$

对于轴向尺寸要求不严格的星形齿轮传动，可适当加长轴及浮动齿套的长度，从而可使浮动件获得较大的浮动量，在此情况下，可用式（18-17）计算浮动量。但毕竟增加轴向尺寸很不经济，在较多情况下，采用下述的平方和浮动量。

（2）平方和浮动量　由于各构件的偏心误差、位置误差都是偶然的，并不相互依存，且上述分析都是以最大值和最不利情况为前提的，所以采用平方和法求取各误差引起的浮动量的总位移是合理的，也是可靠的。对于太阳轮（或内齿圈）浮动时总浮动量为

$$E=\sqrt{E_1^2+E_2^2+E_3^2+E_4^2}=\sqrt{\Delta E_1^2+\left(\frac{5}{8}\Psi\Delta E_2\right)^2+\left(\frac{5}{4}\Psi\Delta E_3\right)^2+(0.94\Psi\Delta E_4)^2} \quad (18\text{-}18)$$

从上述公式中可看出，各误差对浮动件总位移的影响程度是不一样的，其影响程度从大到小依次为星轮的偏心误差、太阳轮（或内齿圈）的偏心误差、星轮架的偏心误差、星轮轴孔的位置误差。

从优化角度考虑，对各误差需进行合理控制。对浮动件总位移影响程度大的误差适当从严控制，以有效降低对浮动件的总位移量，从而实现浮动件以较小的浮动量就可达到较好的均载效果。对于浮动件总位移量影响程度较小的误差，可相对放宽要求，在对均载影响不大的情况下可降低制造精度和费用，以提高其经济性。

18.2.3　浮动件浮动量的确定

1. *采用齿式联轴器*

在星形齿轮传动中，广泛采用齿式联轴器来保证浮动机构中浮动件在受力不平衡时产生位移，以使各星轮之间载荷分配均匀。

采用双面齿式联轴器（见图18-8）的齿套长度应根据所需要的浮动量E按下式计算：

$$L\geqslant\frac{E}{\sin\omega} \quad (18\text{-}19)$$

式中　L——中间浮动件长度；

ω——联轴器允许的最大角位移，一般为30′，鼓形齿式联轴器可取$\omega=1.5°\sim3°$。

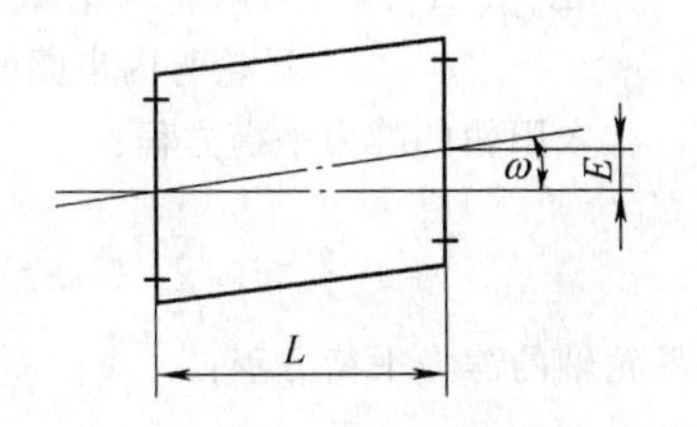

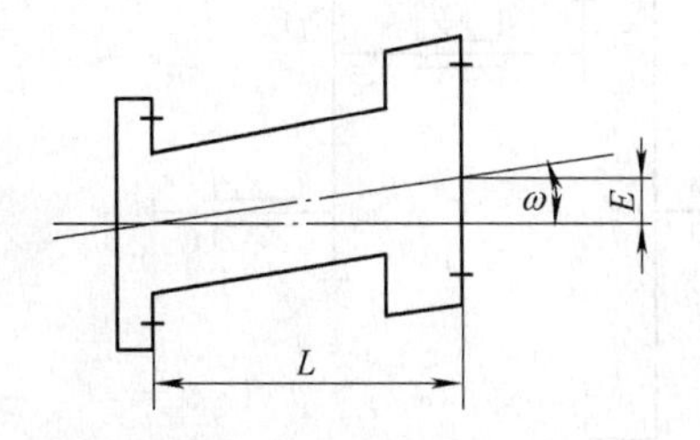

图18-8　齿式联轴器示意图

2. 采用动花键

在一些专门用途的星形齿轮传动中，实现基本构件浮动的方法采用动花键连接，这样可以有效利用空间，并不额外增加零部件。基浮动量不按通常的齿式联轴器的计算方法，而取决于连接花键的侧隙所允许的径向浮动量。

如图 18-9 所示，已知花键法向侧隙为 C_n，浮动件允许单向径向浮动量为

$$\Delta x_1 = \frac{C_n}{2\cos\alpha} \tag{18-20}$$

或

$$\Delta x_2 = \frac{C_n}{2\sin\alpha} \tag{18-21}$$

式中 Δx_1——单对齿沿周向位移量；

Δx_2——单对齿沿径向位移量；

α——压力角，花键的压力角一般有 30°与 45°两种标准，特殊情况下有取 20°的。浮动件实际允许的浮动量取 $2\Delta x_1$ 与 $2\Delta x_2$ 中的较小者。

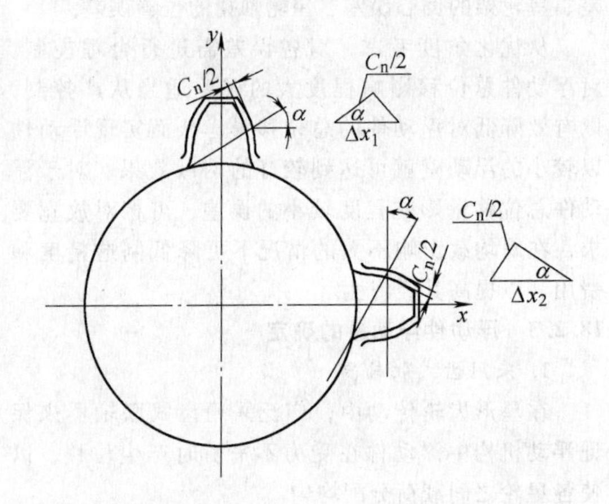

图 18-9 花键实际允许的径向浮动量示意图

18.2.4 载荷不均匀系数

1. 载荷不均匀系数的计算

(1) 静态载荷不均匀系数的计算

1) 图 18-10 为两级内外啮合的星形齿轮传动简图。图 18-11 为两级内外啮合星形齿轮传动静力学

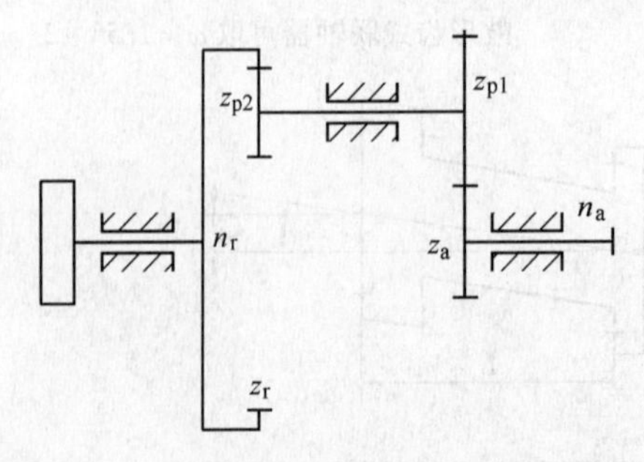

图 18-10 两级内外啮合星形齿轮传动简图

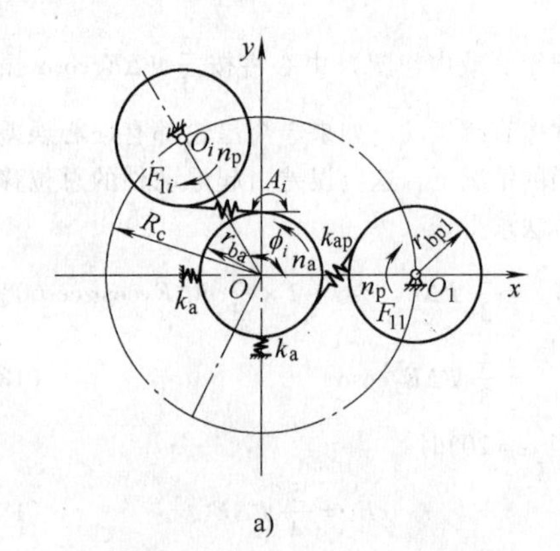

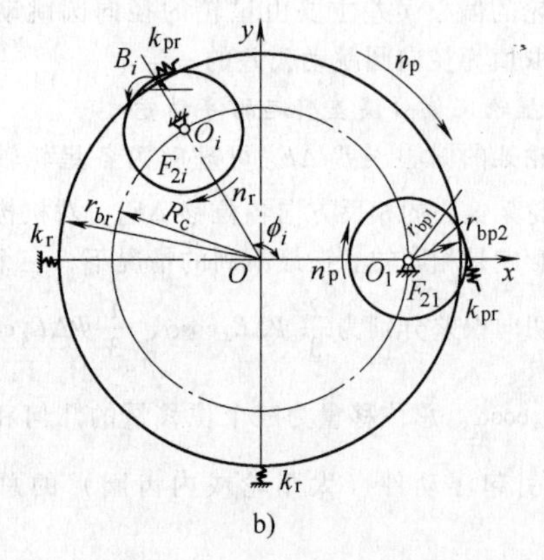

图 18-11 两级内外啮合星形传动静力学计算模型

a）第一级传动的坐标系 b）第二级传动的坐标系

计算模型图。经分析太阳轮和第 i 个星轮间的齿面载荷 F_{api} 以及第 i 个星轮和内齿圈间的齿面载荷 F_{pir} 可用下式表示：

$$F_{api} = k_{ap}(r_{ba}\theta_a - r_{bp1}\theta_{pi} - \Delta_{api}) \tag{18-22}$$

$$F_{pir} = k_{pr}(r_{bp2}\theta_{p2} - \Delta_{pir}) \tag{18-23}$$

式中 k_{ap}、k_{pr}——太阳轮和星轮之间的轮齿啮合刚度以及星轮和内齿圈之间的轮齿啮合刚度；

r_{ba}、r_{bp1}、r_{bp2}——太阳轮、第一级星轮与第二级星轮的基圆半径；

θ_a、θ_{pi}、θ_{p2}——各啮合副和支承的弹性变形所引起的第一级太阳轮、第 i 个星轮轴以及第二级星轮轴的自转角；

Δ_{api}、Δ_{pir}——太阳轮与第 i 个星轮以及第 i 个星轮与内齿圈的综合啮合误差。

太阳轮的静力平衡方程：

$$T - r_{ba}\sum_{i=1}^{N_p} F_{api} = 0 \tag{18-24}$$

星轮轴的静力平衡方程：

$$F_{api}r_{bp1} - F_{pir}r_{bp2} = 0 \tag{18-25}$$

考虑到太阳轮等基本浮动构件的浮动引起的静力平

衡得

$$\sum_{i=1}^{N_p} F_{api}\cos A_i + k_a x_a = 0 \qquad (18\text{-}26)$$

$$\sum_{i=1}^{N_p} F_{api}\sin A_i + k_a y_a = 0 \qquad (18\text{-}27)$$

$$\sum_{i=1}^{N_p} F_{pir}\cos B_i + k_r x_r = 0 \qquad (18\text{-}28)$$

$$\sum_{i=1}^{N_p} F_{pir}\sin B_i + k_r y_r = 0 \qquad (18\text{-}29)$$

$$F_{api}\cos A_i - k_{p1} x_{p1i} = 0 \qquad (18\text{-}30)$$

$$F_{api}\sin A_i - k_{p1} y_{p1i} = 0 \qquad (18\text{-}31)$$

$$F_{pir}\cos B_i + k_{p2} x_{p2i} = 0 \qquad (18\text{-}32)$$

$$F_{pir}\sin B_i + k_{p2} y_{p2i} = 0 \qquad (18\text{-}33)$$

式中　T——输入轴转矩；

A_i——太阳轮与第 i 个星轮啮合线的方位角；

B_i——第 i 星轮与内齿圈啮合线的方位角；

k_a、k_{p1}、k_{p2}、k_r——太阳轮、第一级星轮、第二级星轮和内齿圈支承处的等效弹簧刚度；

x_a、x_{p1i}、x_{p2i}、x_r——太阳轮、第一级第 i 个星轮、第二级第 i 个星轮、内齿圈沿 x 方向的位移；

y_a、y_{p1i}、y_{p2i}、y_r——太阳轮、第一级第 i 个星轮、第二级第 i 个星轮、内齿圈沿 y 方向的位移；

式（18-22）~式（18-23）构成一个方程组，其中各个刚度可由相关力学公式求出，综合啮合误差也可由相关公式求出，输入转矩及几何参数为已知，求解该方程组就可求出各星轮的齿面载荷 F_{api} 与 F_{pir}。

第一级传动中第 i（$i=1, 2, \cdots, n_p$）个星轮的载荷不均匀系数为

$$K_{p1i} = \frac{F_{api}}{T/(n_p r_{ba})} \qquad (18\text{-}34)$$

则第一级传动的载荷不均匀系数

$$K_1 = (K_{p1i})_{max} \qquad (18\text{-}35)$$

第二级传动中第 i（$i=1, 2, \cdots, n_p$）个星轮的载荷不均匀系数为

$$K_{p2i} = \frac{F_{pir}}{(r_{bp1}/r_{bp2})T/(n_p r_{ba})} \qquad (18\text{-}36)$$

由式（18-25）可知，$K_{p2i}=K_{p1i}$，则第二级传动的载荷不均匀系数 $K_2=K_1$，系统的载荷不均匀系数：

$$K_p = K_1 = K_2 \qquad (18\text{-}37)$$

2）图 18-12 为两级外啮合星形齿轮传动简图。图 18-13 为两级外啮合星形齿轮传动静力学计算模型图。也同样可分别计算出第一级与第二级传动中的载荷不均匀系数。计算式基本上与两级内外啮合星形齿轮传动相同，仅将上述公式中第 i 个星轮与第二级内齿圈啮合线的方位角改为第 i 个星轮与第二级太阳轮（外齿轮）啮合线的方位角。

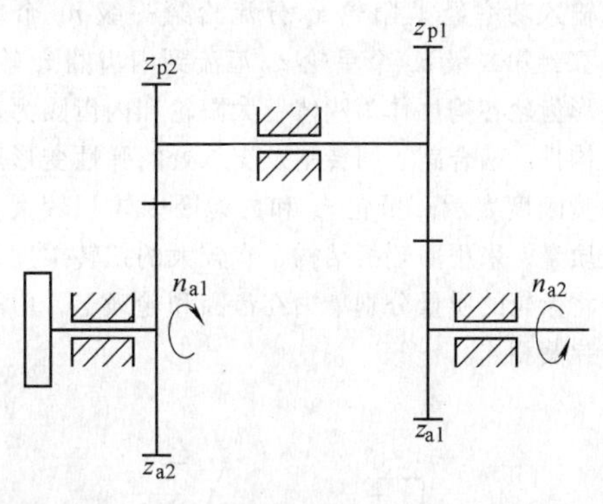

图 18-12　两级外啮合星形齿轮传动简图

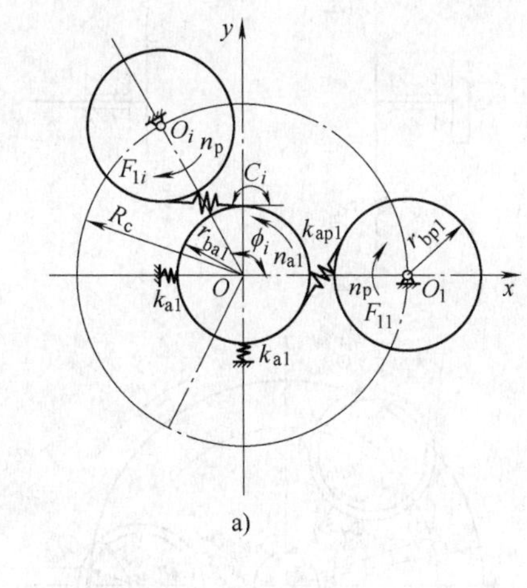

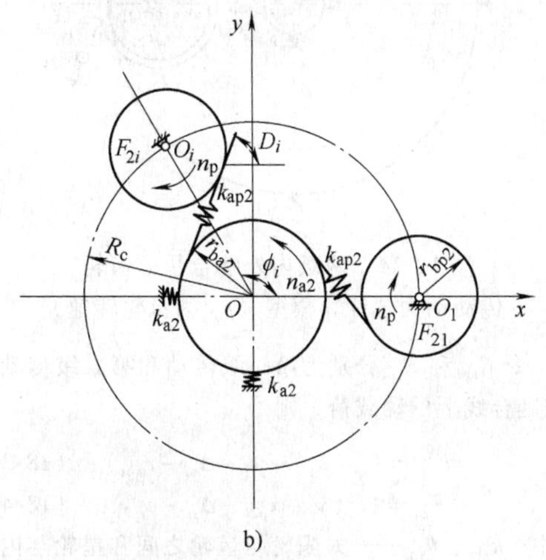

图 18-13　两级外啮合星形齿轮传动静力学计算模型
a）第一级传动的坐标系　b）第二级传动的坐标系

系统的载荷不均匀系数：

$$K'_p = K'_1 = K'_2 \tag{18-38}$$

（2）动态载荷不均匀系数的计算

1）图 18-14 为两级内外啮合星形齿轮传动动力学计算模型。它由第一级太阳轮 z_a 与 N_p 个星轮 z_{p1} 传动系统和第二级 n_p 个星轮 z_{p2} 与内齿圈 z_r 传动系统组成。输入功率经太阳轮 z_a 分流给第一级 n_p 个星轮 z_{p1}，又经第二级 n_p 个星轮 z_{p2} 汇流到内齿圈 z_r 输出。将星形齿轮各构件作为刚体，太阳轮和内齿圈为基本浮动构件。啮合副、回转副及支承处的弹性变形用等效弹簧刚度表示。星轮 z_{p1} 和内齿圈因体积较大，为减轻质量，采用薄辐板结构，有较大的扭转柔度，因此可将齿轮的质量分别集中在齿圈和轮毂上，中间以扭转弹簧相连。

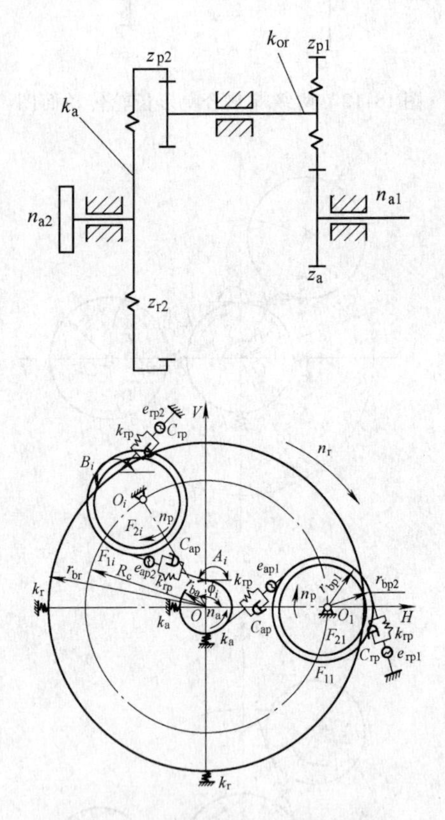

图 18-14 两级内外啮合星形齿轮传动动力学计算模型（n_P 为星轮转速）

令 F_{api} 和 F_{rpi} 分别为第一级传动和第二级传动第 i 条啮合线上的动载荷，则

$$F_{api} = k_{api}(x_a - x_{p1i} - \Delta_{ai} - e_{api}) \tag{18-39}$$

$$F_{rpi} = k_{rpi}(x_r - x_{p2i} - \Delta_{ri} - e_{rpi}) \tag{18-40}$$

式中 k_{api}、k_{rpi}——太阳轮与星轮之间和星轮与内齿圈之间的啮合刚度；

x_a、x_r——太阳轮和内齿圈沿啮合线的微位移；

x_{p1i}、x_{p2i}——第一级与第二级第 i 星轮沿啮合线的微位移；

Δ_{ai}、Δ_{ri}——基本构件浮动引起的侧隙改变量；

e_{api}、e_{rpi}——各误差在第一级、第二级啮合线上产生的当量累积啮合误差。

令 D_{api} 和 D_{rpi} 分别为第一级传动和第二级传动第 i 条啮合线上的啮合振动阻尼力，则

$$D_{api} = C_{api}(\dot{x}_a - \dot{x}_{p1i} - \dot{\Delta}_{ai} - \dot{e}_{api}) \tag{18-41}$$

$$D_{rpi} = C_{rpi}(\dot{x}_r - \dot{x}_{p2i} - \dot{\Delta}_{ri} - \dot{e}_{rpi}) \tag{18-42}$$

式中 C_{api}、C_{rpi}——第一级传动与第二级传动的阻尼系数。

系统的运动微分方程为

$$\left.\begin{aligned}
&m_a\ddot{x}_a + \sum_{i=1}^{n_p}(D_{api} + F_{api}) = F_{in}\\
&m'_a\ddot{H}_a + \sum_{i=1}^{n_p}(D_{api} + F_{api})\cos A_i = 0\\
&m'_a\ddot{V}_a + \sum_{i=1}^{n_p}(D_{api} + F_{api})\sin A_i = 0\\
&m_{p1j}\ddot{x}_{p1j} - (D_{apj} + F_{apj}) + k_{Hp}(x_{p1j} - x_{qj}) = 0\\
&m_{p2j}\ddot{x}_{p2j} - (D_{apj} + F_{apj}) - k_{s2}(i_{12}x_{qj} - x_{p2j}) = 0\\
&m_{qj}\ddot{x}_{qj} - k_{Hp}(x_{p1j} - x_{qj}) - k_{s1}(i_{21}x_{p2j} - x_q) = 0\\
&m_r\ddot{x}_r + \sum_{i=1}^{n_p}(D_{rpi} + F_{rpi}) + k_{Hr}(x_r - x_o) = F_0\\
&m'_r\ddot{H}_r + \sum_{i=1}^{n_p}(D_{rpi} + F_{rpi})\cos Bi + k_r H_r = 0\\
&m'_r\ddot{V}_r + \sum_{i=1}^{n_p}(D_{rpi} + F_{rpi})\sin Bi + k_r V_r = 0\\
&m_o\ddot{x}_o - k_{Hr}(x_r - x_o) + k_o x_o = 0
\end{aligned}\right\}(i=1,2,\cdots,n_p) \tag{18-43}$$

式中 m_a、m'_a——太阳轮的当量质量与太阳轮质量，$m_a = J_a/r_{ba}^2$；

m_{p1j}、m_{p2j}——第一级与第二级星轮的当量质量，$m_{p1j} = J_{p1j}/r_{bp1}^2$，$m_{p2j} = J_{p2j}/r_{bp2}$；

m_r、m'_r——内齿圈的当量质量与内齿圈质量，$m_r = J_r/r_{br}^2$；

m_{qj}——第一级星轮轮毂的当量质量，$m_{qj} = J_{qj}/r_{bpi}^2$；

m_o——内齿圈轮毂的当量质量，$m_o = J_o/r_{bo}^2$；

k_{Hp}、k_{Hr}——第一级星轮 z_{p1} 和内齿圈轮辐的扭转刚度在第一级和第二级啮合

线上的当量值；

k_s、k_{or}——星轮连接轴和内齿圈连接轴的扭转刚度；

k_{s1}、k_{s2}——连接轴扭转刚度 k_s 在第一级和第二级啮合线上的当量值，$k_{s1}=k_s/r_{bp1}^2$，$k_{s2}=k_s/r_{bp2}^2$；

k_o——k_{or} 在第二级啮合线上的当量值，$k_o=\frac{k_{or}}{r_{br}^2}$；

k_r——内齿圈的支承刚度；

i_{12}、i_{21}——基圆半径比，$i_{12}=\frac{r_{bp2}}{r_{bp1}}$，$i_{21}=\frac{r_{bp1}}{r_{bp2}}$；

J——转动惯量；

H_a、V_a、H_r、V_r——太阳轮及内齿圈中心在 x、y 方向的浮动位移量；

r_b——基圆半径。

系统方程组式（18-43）用矩阵形式表达为

$$[M]\{\ddot{x}\}+[C]\{\dot{x}\}+[k]\{x\}=\{F\} \quad (18\text{-}44)$$

用傅里叶方法解得系统的时域与频域响应，将式（18-44）定常化，并略去二阶小量得

$$[M]\{\Delta\ddot{x}\}+[C]\{\Delta\dot{x}\}+[k]\{\Delta x\}=\{F\} \quad (18\text{-}45)$$

$$\{F\}=(f_1,f_2,\cdots,f_{7+3N_p})^{\mathrm{T}} \quad (18\text{-}46)$$

从求解上述微分方程的矩阵表达式中可得出系统响应，代入式（18-39）、式（18-40）可求得系统的动载荷 F_{api} 和 F_{rpi}，从而得动载系数为

$$G_{api}=n_p(F_{api})_{max}/F_{in} \quad (18\text{-}47)$$

$$G_{rpi}=n_p(F_{rpi})_{max}/F_o(i=1,2,\cdots,n_p) \quad (18\text{-}48)$$

式中　G_{api}、G_{rpi}——第一级和第二级传动中各啮合线上的动载系数；

$(F_{api})_{max}$、$(F_{rpi})_{max}$——F_{api}、F_{rpi} 在一个系统周期中的最大值；

F_{in}——太阳轮上的法向驱动力，$F_{in}=T/r_{ba}$；

F_o——内齿圈上的法向力，$F_o=\left(\frac{r_{bp1}}{r_{bp2}}\right)F_{in}$。

每一齿频周期中的载荷不均匀系数：

$$b_{apij}=n_p(P_{apij})_{max}\Big/\sum_{i=1}^{n_p}(F_{apij})_{max}$$

$$(i=1,2,\cdots,n_p;j=1,2,\cdots,n_1) \quad (18\text{-}49)$$

$$b_{rpij}=n_p(F_{rpij})_{max}\Big/\sum_{i=1}^{n_p}(F_{rpij})_{max}$$

$$(i=1,2,\cdots,n_p;j=1,2,\cdots,n_2) \quad (18\text{-}50)$$

式中　b_{apij}、b_{rpij}——第一级与第二级传动中每个齿频周期的载荷不均匀系数；

n_1、n_2——系统周期中第一级与第二级传动的齿频周期数；

n_p——星轮个数。

系统的载荷不均匀系数：

$$K_{api}=(b_{apij})_{max}$$

$$(i=1,2,\cdots,n_p;j=1,2,\cdots,n_1) \quad (18\text{-}51)$$

$$K_{rpi}=(b_{rpij})_{max}$$

$$(i=1,2,\cdots,n_p;j=1,2,\cdots,n_2) \quad (18\text{-}52)$$

2）图18-15为两级外啮合星形齿轮传动动力学计算模型。计算载荷不均匀系数与前一种模型有着基本相同的假定，都是齿轮构件浮动，不同之处在于第二级为星轮与太阳轮的啮合，因而在第二级太阳轮及其轴承偏心误差计算公式中输出角频率前面应加“-”号。另外第二级啮合线的方位角有所不同。

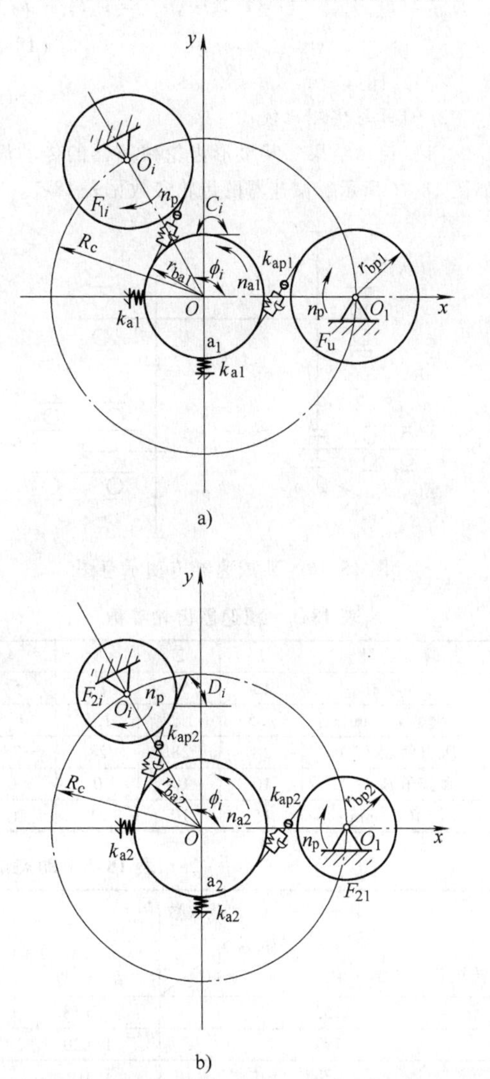

图18-15　两级外啮合星形齿轮传动动力学计算模型

a）第一级传动的坐标系　b）第二级传动的坐标系

与前一种计算模型相同，通过求解系统的运动微分方程，可求得系统的动载荷 F'_{api} 和 F'_{rpi}，从而求出系统的载荷不均匀系数。

每一齿频周期中的载荷不均匀系数：

$$b'_{apij}=n_p(F'_{apij})_{max}\Big/\sum_{i=1}^{n_p}(F'_{apij})_{max}$$

$$(i=1,2,\cdots,n_p;j=1,2,\cdots,n_1)\quad(18\text{-}53)$$

$$b'_{rpij}=n_p(F'_{rpij})_{max}\Big/\sum_{i=1}^{n_p}(F'_{rpij})_{max}$$

$$(i=1,2,\cdots,n_p;j=1,2,\cdots,n_2)\quad(18\text{-}54)$$

系统的载荷不均匀系数：

$$K'_{api}=(b'_{apij})_{max}\quad(i=1,2,\cdots,n_p;j=1,2,\cdots,n_1)\quad(18\text{-}55)$$

$$K'_{rpi}=(b'_{rpij})_{max}\quad(i=1,2,\cdots,n_p;j=1,2,\cdots,n_2)\quad(18\text{-}56)$$

符号同上。

2. 计算与实测比较

（1）计算结果　某星形齿轮减速器的传动简图如图18-16所示，减速器的齿轮参数见表18-1。

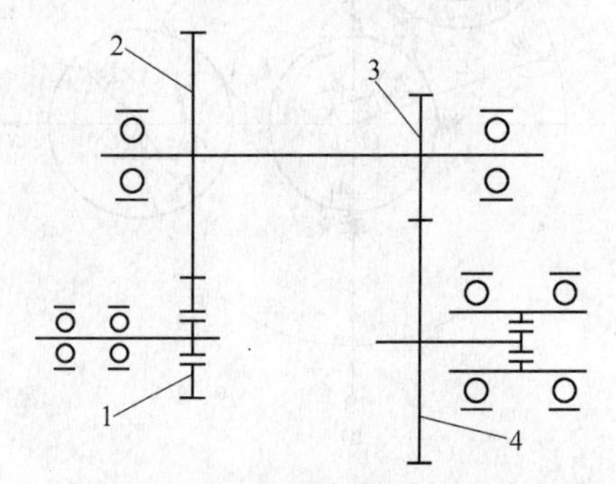

图18-16　某减速器传动示意图

表18-1　减速器齿轮参数

序　号	1	2	3	4
齿数 z	15	54	15	54
模数 m/mm	1.5	1.5	1.5	1.5
压力角 α/(°)	28	28	28	28
螺旋角 β/(°)	10	10	0	0
齿宽 B/mm	15	10	21	41

计算出各种加载状态下星形齿轮系的静态载荷不均匀系数，列于表18-2。

计算出各种加载状态下星形齿轮系的动态载荷不均匀系数，列于表18-3。

表18-2　各种加载状态下星形齿轮系的静态载荷不均匀系数

输出轴转矩/N·m	载荷不均匀系数
150	1.772
200	1.573
230	1.501

（2）实测结果　为了与计算结果进行比较，采用实测的实物与计算的一致，用两种方法进行实测：应变测试法与轴向力测试法。

1）应变测试法。在3个中间双齿轮的端面及对应的辐板上贴上应变片，测出其应变值，按应变评定法处理试验数据，得出在静态试验情况下星形齿轮系的载荷不均匀系数见表18-4。

表18-3　各种加载状态下星形齿轮系的动态载荷不均匀系数

输出转速/(r/min)	输出轴转矩/N·m	载荷不均匀系数
900	350	1.001
1900	278	1.004
2425	197	1.011
4567	152	1.018

表18-4　静态试验应变测量数据处理结果

加载次数	1	2	3	均值
转矩状态 T/N·m	150	200	230	
载荷不均匀系数 K	1.928	2.500	1.900	2.109

在动态试验情况下，星形齿轮系的载荷不均匀系数见表18-5。

表18-5　动态试验应变测量数据处理结果

转矩状态 T/N·m \ 不均匀系数 K \ 加载次数	1	2	3	4	均值
152	1.138	1.097	1.118	1.091	1.111
197	1.120	1.111	1.091	1.127	1.112
278	1.108	1.075	1.081	1.151	1.104
350	1.180	1.128	1.122	1.102	1.133
均值	1.137	1.103	1.103	1.118	1.115

2）轴向力测试法。由于星形齿轮传动的高速级为斜齿轮传动，必有轴向分力，可采用测试轴向力的方法来判断各星轮间载荷分配的不均匀程度。用精密力传感器测得各星轮轴的轴向力，按轴向力评定法处理试验数据，得出静态加载情况下星形齿轮系的载荷不均匀系数，见表18-6。

表 18-6　静态试验轴向力测量数据处理结果

加载次数	1	2	3	均值
加载转矩状态 T/N·m	150	200	230	
载荷不均匀系数 K	1.883	1.731	1.659	1.758

在动态试验情况下，星形齿轮系的载荷不均匀系数见表 18-7。

(3) 试验与计算结果的比较　在静态条件下，星形齿轮系载荷不均匀系数的计算值与试验值比较见表 18-8。

表 18-7　动态试验轴向力测量数据处理结果

转矩状态 T/N·m \ 不均匀系数 K \ 加载次数	1	2	3	4	均值
152	1.064	1.111	1.206	1.054	1.109
197	1.045	1.099	1.092	1.119	1.089
278	1.030	1.073	1.150	1.075	1.082
350	1.058	1.036	1.011	1.059	1.041
均值	1.049	1.080	1.115	1.077	1.080

表 18-8　在静态条件下星形齿轮系载荷不均匀系数的计算值与试验值比较

(加载状态) 转矩/N·m		150	200	230
计算值		1.772	1.573	1.501
试验值	应变	1.928	2.500	1.900
	轴向力	1.883	1.732	1.659

在动态条件下，星形齿轮系载荷不均匀系数的计算值与试验值比较见表 18-9。

由于计算值是在理想状态下的理论值，而试验值是在加工、装配等一系列误差因素的影响下测得的，同时还存在着测试系统的误差，所以试验值与计算值之间存在着一定的差异可以理解。

表 18-9　在动态条件下星形齿轮系载荷不均匀系数的计算值与试验值比较

(加载状态) 转矩/N·m		150	197	278	350
计算值		1.098	1.011	1.004	1.001
试验值	辐板应变	1.111	1.113	1.104	1.157
	轴向力	1.109	1.089	1.082	1.041

综合理论分析与试验研究，对于星形齿轮传动，采用太阳轮（或内齿圈）浮动的载荷不均匀系数范围可取为 $K_p = 1.1 \sim 1.15$。

星形齿轮传动实际上是一种定轴轮系传动，除计算载荷时必须要考虑载荷不均匀系数外，其零部件的强度计算与定轴轮系相同，可参照定轴轮系的强度计算。

第19章 航空齿轮传动装置

航空齿轮和齿轮装置应用于飞机和发动机动力传输。用于飞机动力传输的主要是直升机传动系统中的主减速器、中间减速器和尾部减速器；用于发动机动力传输的主要是螺旋桨发动机减速器和涡轮轴减速器。此外还有作为辅助传动的，用于各类发动机、飞机附件传动。

直升机传动系统的齿轮装置是直升机的关键动力部件，发动机的动力通过直升机传动系统传至主旋翼和尾部螺旋桨，其工作可靠性直接关系飞机飞行安全，一旦失效将导致飞机发生灾难性事故。

飞机发动机称为飞机的心脏，螺旋桨发动机的动力通过减速器输至螺旋桨，涡轴发动机的动力通过体内减速器输出。发动机、飞机的附件传动装置驱动燃油泵、润滑油泵、液压泵发电机等各类附件工作。发动机减速器和辅助传动装置的可靠性直接关系发动机的工作可靠性，关系飞机的飞行安全。直升机传动系统的技术复杂性和工作量超过发动机。在直八飞机中整个传动系统的价值等于发动机的3倍。在螺旋桨发动机减速器和附件传动的机械加工量约占整个发动机加工量的70%。可见齿轮装置在航空发动机、飞机中所占的分量。

19.1 发展概况

航空齿轮和齿轮装置的发展是伴随发动机、飞机的发展而发展的。新中国成立前，中国基本上没有自己的航空工业。20世纪50年代从前苏联引进航空技术，开始研制生产教练机发动机，由活塞式到喷气式。20世纪60年代初至70年代末，我国开始走独立自主、自力更生的发展道路，通过测绘设计、改型设计和自主设计、先后研制生产了运七、运八和水轰五等发动机的减速器，以及直六、直七和直八等直升机的主、中和尾减速器。直八飞机属于世界上第二代直升机，装3台发动机，最大起飞质量为13t。直八飞机的研制成功标志着中国直升机设计制造技术上升到一个新水平。20世纪70年代初在原三三一厂齿轮分厂的基础上，组建了现在的中南传动机械厂作为中国航空工业齿轮、加速器专业化厂。该厂从美国格里森公司引进了铣齿机、磨齿机、渗碳炉、淬火压床、检验机和磨刀机等成套锥齿轮加工、检验设备；从美国、瑞士等国引进了凤凰磨齿机、马格磨齿机和齿轮综合检验仪等设备，形成较为完整的航空齿轮、加速器加工配套能力。为满足航空工业各部门的配套需求，该厂研制、生产了各类高性能齿轮和减速器；经过“十五”、“十一五”技术攻关，国内航空减速器制造设计水平已接近国外先进水平。主减速器于20世纪80年代末期由东安发动机制造公司进行了国产化，锥齿轮由中南传动机械厂进行研制生产，其换向锥齿轮是目前尺寸最大的航空锥齿轮。

20世纪80年代开始中国进入了改革开放的新时代，航空工业步入了一个新的发展时期，通过技贸结合、技术引进和技术合作等途径引进了世界上一些发达国家的先进发动机和飞机。例如，20世纪80年代初引进法国专利在国内生产的直九直升机，近年引进的其他高性能飞机，引进的齿轮和齿轮装置技术，都代表了当今世界先进水平。

19.2 现有水平

1. 产品水平

随着飞机、发动机性能指标的提高，对齿轮和齿轮装置的要求越来越高。航空产品要求尺寸小、质量轻、承载能力大、工作可靠性高。航空齿轮工作转速高，载荷大，属高速重载齿轮，减速器齿轮转速高达20900r/min，载荷系数$K=\frac{F_{\mathrm{H}}}{d}\frac{i+1}{i}$（$F_{\mathrm{H}}$为单位齿宽载荷）达到6N/mm^{2}以上，在失去润滑的极端工况下具备30min以上的生存能力。减速器的功重比（传递功率与质量比）达4kW/kg以上，质量系数（减速器质量与传递转矩比）达0.06以下。

中国航空齿轮和齿轮装置的技术性能指标、可靠性寿命指标已接近国外发达国家同类产品水平。

2. 技术水平

中国航空齿轮和齿轮装置的研发能力和生产制造技术经过多年的发展。特别是改革开放以来，通过对引进先进技术的消化吸收、发展创新，现已基本形成较为完整的科研、生产体系，掌握了航空齿轮、减速器传动装置的研发程序、设计理论、设计方法和实验方法；掌握了航空齿轮和减速器的先进制造技术，特种工艺技术和检验方法，形成了面向极端工况的锥齿轮制造技术以及新型传动面齿轮滚齿磨齿工程化技术。高品质齿轮的质量不仅要具备精确的几何要素，更要求有良好的内在质量。良好的内在质量依赖于高性能的新材料、先进的热处理和表面处理工艺。航空齿轮对原材料的冶金质量、热处理工艺、化学处理工艺以及检验方法要求极为严格，例如金相组织、硬化层硬度深度、硬度梯度、热处理变形、磨削应力消除、烧伤检查等。

3. 装备水平

近年来，引进了国际一流的齿轮和齿轮装置的研发、制造软件 CATIA、ANSYS 和 MSC 等通用软件，以及 CAGE 专家系统、格里森机群软件等，可以对齿轮和齿轮装置进行三维造型设计和结构动力分析、齿轮啮合仿真、有限元计算分析等。齿轮切齿与齿轮测量联网可形成齿轮从几何设计、切齿计算、齿面生成、接触分析、加载接触分析及强度校核等过程的闭环系统。在制造技术方面，通过技术引进与转包生产掌握了发达国家（美国、意大利、法国、英国和俄罗斯等）具有当今国际一流水平的高性能齿轮工艺技术，尤其是特种工艺的规范及检测标准。

19.3　硬件资源

航空齿轮材料为优质高合金钢，齿面经渗碳淬火或氮化处理。为减少啮合冲击，消除齿向偏载，一般都要求对齿形和齿向进行双向修正。热处理前的齿形槽加工机床，圆柱齿轮有法国劳伦茨插齿机、瑞士马格插齿机，锥齿轮有美国格里森数控铣齿机。热处理后硬齿面的精加工机床，圆柱齿轮有瑞士马格磨齿机、数控蜗杆磨齿机、德国成型磨齿机、美国凤凰成型磨齿机，锥齿轮有格里森数控磨齿机。磨齿机可加工零件最大直径为 ϕ800mm，加工精度可达 ISO 标准 4 级。

热处理设备为美国索菲氏多用途炉、奥地利艾西林多用途炉，气氛保护和碳势由计算机控制，齿轮热处理淬火采用压力淬火控制变形。齿轮检验设备，圆柱齿轮有瑞士马格公司齿轮检验仪，锥齿轮有格里森综合检验仪，德国蔡氏公司的精密性三坐标测量仪和齿轮测量中心进行齿面坐标测量。齿轮内在质量特种工艺、理化分析检测等各类仪器设备也按能力匹配。箱体加工有五坐标加工中心，可以完成所有复杂几何要素的一次装夹加工，保证了箱体各加工要素的位置精度要求。航空齿轮和齿轮装置零部件静力试验和疲劳试验的试验器，整机性能和耐久性试验的专用试验台架是由研制生产单位自己设计制造的，可满足产品的特殊要求。航空齿轮和齿轮装置研制及生产所需的特、精、稀设备已接近国际先进水平。我国航空齿轮和齿轮装置的性能质量和寿命可靠性指标，已基本接近和达到当前国际同类产品水平。但是就我国航空发动机、飞机整体水平而言，与当前国际上先进的飞机、发动机水平比较还是存在相当差距 。作为动力传输装置的齿轮、减速器与发达国家高品质航空齿轮和齿轮装置比较，无论在研发能力还是生产制造能力方面也还有较大差距，在产品创新、技术创新方面尤甚。目前具有我国自己知识产权的航空产品为数还不多，航空工业必须实现跨越式发展才有可能在较短时间内赶上世界先进水平。

19.4　端面齿轮传动在直升机上的应用

端面齿轮传动在直升机传动中的应用，首先是由 McDonnell Douglas 直升机公司和 Lucas Western 公司设计的，其应用原理如图 19-1b 所示的转矩分解构思，当一直齿（或斜齿）小齿轮与两端面齿轮相啮合时，实现转矩分解。转矩分解的另一方案是用一体的两个小弧齿锥齿轮 a 和 b 与两个大弧齿锥齿轮相啮合，以实现转矩分解（见图 19-1a）。第一方案（见图 19-1b）与第二方案（见图 19-1a）相比较，具有优点是：①传动力传送一减小的载荷到轴承上；②与复杂的具有两个小弧齿锥齿轮设计方案相比较，小齿轮是一个普通的直齿（或斜齿）齿轮。

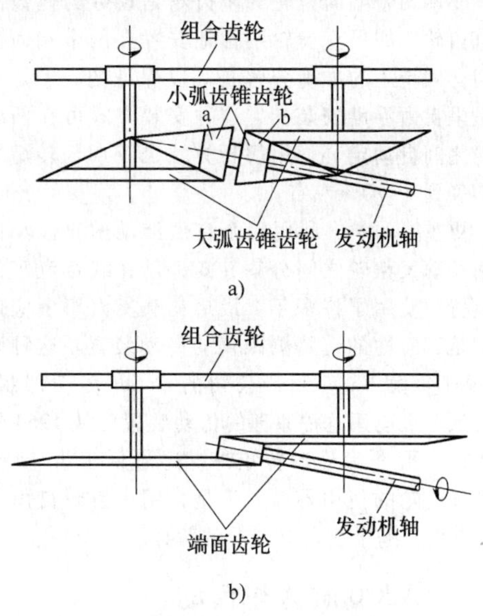

图 19-1　转矩分解的实例

MDHC/Lucas 设计方案的一般结构形式如图19-2所示。装有两台联合驱动旋翼轴的发动机，驱动力由发动机通过强制啮合的超越离合器传至在径向轻微受到约束的直齿小齿轮。直齿小齿轮驱动一个面向下方的端面齿轮和一个面向上方的端面齿轮。端面齿轮的两根轴连接到驱动大组合齿轮（或双联齿轮）的两个直齿小齿轮上。组合齿轮的轮毂安装在具有大重合度的行星齿轮传动装置的太阳轮内，该传动装置中的行星架为输出件，并与旋翼轴相连接。在主组合齿轮的后侧面有一被驱动的小齿轮。

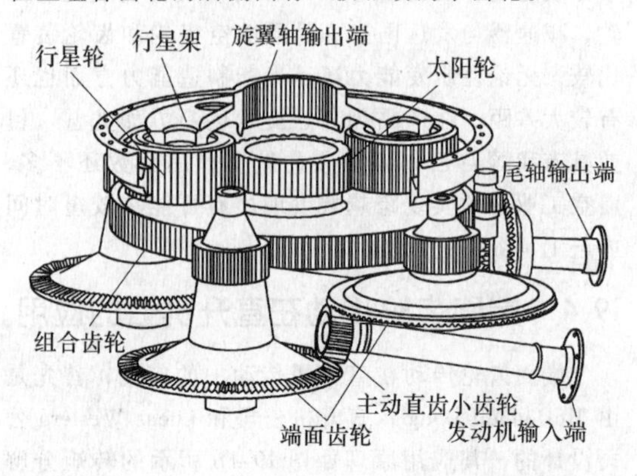

图 19-2　端面齿轮传动的直升机传动装置

转矩分解原理可看作是重要的新开发课题，在这项新开发中，输入功率的小齿轮驱动两个端面齿轮，而这两个端面齿轮要安置得到准确的分解动力。这种分解法可大大减小拐弯转动硬件的尺寸和质量，以及下一减速级的尺寸和质量。与一般的设计相比较，预期的效果是大大减少质量和成本。

驱动两个端面齿轮的小齿轮是齿数为偶数的一般直齿轮。如果直齿轮刚性地安置在两个端面齿轮之间，则转矩的准确分解是难以保证的。于是直齿轮是呈自由浮动安装的，这种安装方式可在两端面齿轮之间自动定心。用解析方法已证明，转矩分解可准确到 ±1.0% 左右。

更重要的是，利用一个自由浮动的直齿小齿轮在两从动大齿轮之间分解转矩，已在载货汽车的传动装置中使用了许多年。最早在载货汽车上应用的实例是试验性的道路测距仪的传动装置。这种装置在 1961 年由 Eaton 制造公司的 Fuller 传动部制造。载货汽车上应用这种原理的传动装置已从 1963 年投入生产，除准确分解转矩外，还降低了齿轮噪声，并延长齿轮的使用寿命。于是，用小齿轮自由浮动作为转矩分解装置得到充分的验证。

19.5　Cylkro 面齿轮传动

1. Cylkro 面齿轮

是荷兰的设计及瑞士的独创性引起传动形式的突破。Cylkro 一词源自荷兰语，是圆柱小齿轮和面齿轮一种新型的面齿轮传动形式，被命名为 Cylkro 面齿轮。

直至 20 世纪 90 年代初期，面齿轮才被接受并出现在一些传动装置中。虽然在历史上，中国的指南车和达·芬奇的一些设计中，曾经出现过面齿轮，但是这些齿轮通常最终只能作为博物馆的文物收藏，不适于工业应用。20 世纪 90 年代初，荷兰的埃因霍温大学开始研究、计算和设计可应用于高端、高转矩面齿轮的可能性。

最开始的目标是开发一套计算 Cylkro 传动的几何参数和强度的软件。最基本的面齿轮传动装置由一个渐开线圆柱小齿轮和一个面齿轮组成，轴交角 $\Sigma=90°$。小齿轮的几何参数、轴向位置和传动比决定了 Cylkro 面齿轮的几何参数。

Cylkro 的轮齿，更确切地说，齿根圆角是沿齿宽方向不断变化的。在内径处的齿根圆角比外径处齿根圆角要大。结果，在 Cylkro 齿侧面内径处与小齿轮接触点的半径要比外径处接触点的半径小。因此，接触线是一条倾斜线，在驱动小齿轮上也一样。随着小齿轮的驱动，在 Cylkro 外径处齿面的齿顶开始啮合（见图 19-3）。

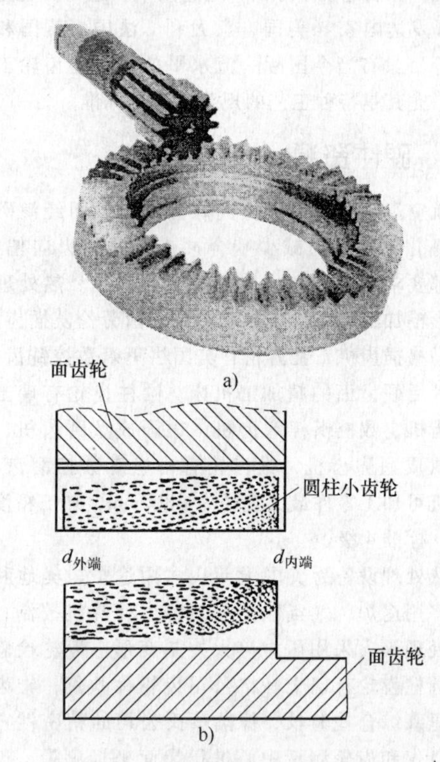

图 19-3　面齿轮装置、圆柱小齿轮和面齿轮上的螺旋接触线

压力角沿齿宽方向也是变化的，轮齿外径外的速度要比内径处高，承载能力和抗点蚀能力计算是基于适用于平行轴齿轮的德国标准 DIN3990 以及 ISO/DIS6336。借助于有限元计算把影响 Cylkro 齿轮传动的因素概括为几何参数、啮合条件、材料性能等。为了避免边缘接触，小齿轮轮齿和或 Cylkro 齿轮必须采取鼓形修形。具体 Cylkro 软件程序能够计算 Cylkro 面齿轮传动啮合过程中沿接触线的载荷分布，以及齿根弯曲应力和接触应力（抗点蚀能力）。

2. 加工制造（见图 19-4）

Cylkro 面齿轮的制造方法在不断改进提高，这从大量的专利描述中可以看出。这个加工过程包括连续滚齿、硬切割和一些表面处理。

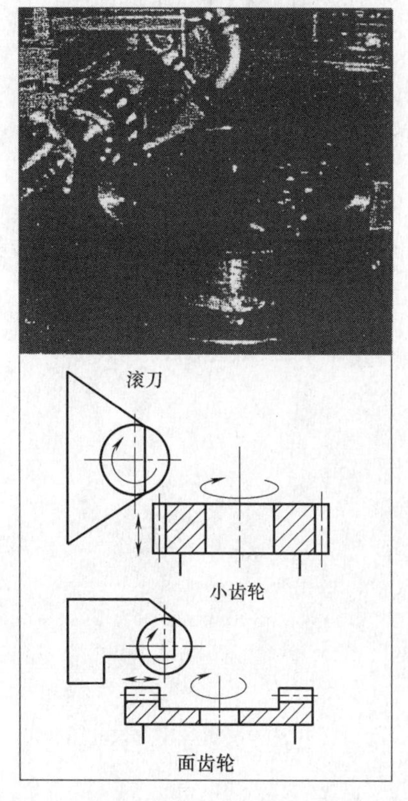

图 19-4　六轴数控滚齿机制造的 Cylkro 面齿轮

滚刀的形状基于小齿轮的几何参数。因为一个小齿轮可以与不同齿数、不同轴交角的面齿轮相啮合，所以用一把单齿滚刀可以加工出这一类型的面齿轮。

3. Cylkro 面齿轮传动的特点

1）传动比范围大，$i=1\sim20$。

2）小齿轮轴向自由。

3）轴交角 $\Sigma=0°\sim135°$，可自由选择。

4）可采用螺旋齿或轴偏置的形式。

5）多源动力传动，即两个或多个小齿轮与一个面齿轮啮合，或夹在两个面齿轮中间。

由于面齿轮传动形式的出现，引起很多传动装置的变革，如汽车的差动装置，八角传动面齿轮传动的应用，可调工作台和多升降驱动相结合等。几乎所有的 Cylkro 面齿轮传动均受益于在齿轮传动装置中小齿轮轴向自由的优势。

19.6　行星齿轮传动在航空中的应用

1. 普通飞机和直升机用行星减速器

在普通飞机和直升机的减速传动中，为了能减小传动装置的体积，传递大功率，也广泛使用行星齿轮传动装置。图 19-5 所示为飞机齿轮减速装置，其中用若干小齿轮作为行星轮，以分担载荷，实现功率分流合理。采用内啮合传动，同时采用合理的变位，先进的制造工艺，提高传动装置的承载能力、使用寿命和可靠性。

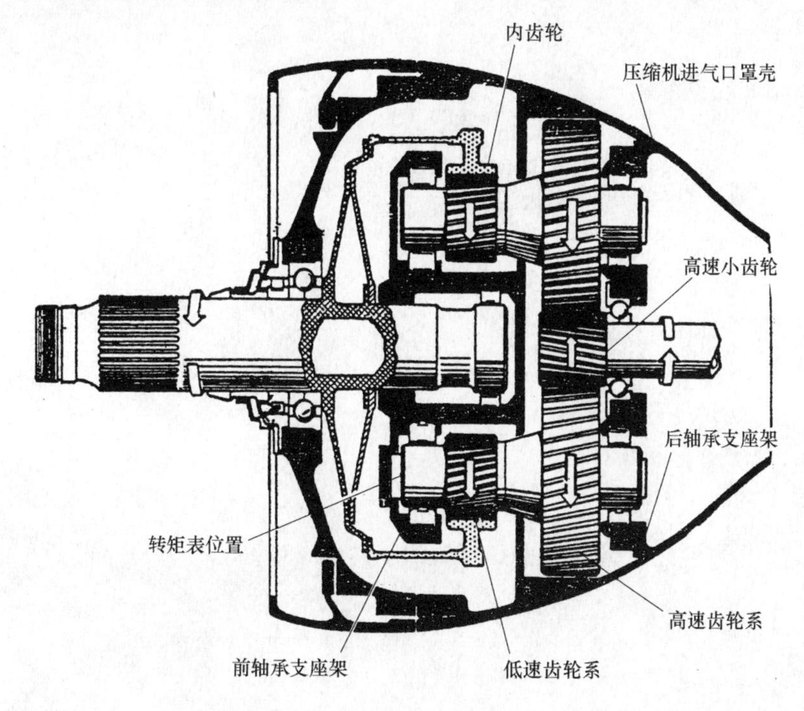

图 19-5　飞机齿轮减速装置

2. 用于转动两个螺旋桨的航空发动机的行星减速器

图 19-6 所示为由锥齿轮组成的 2K-H 型行星传动，用于转动两个螺旋桨的航空发动机的行星减速器。其传动比为

$$i_{aH}^{b}=\frac{n_a}{n_H}=1-i_{ab}^{H}=1+\frac{z_g z_b}{z_a z_f}$$

$$i_{ae}^{b}=\frac{n_a}{n_e}=-\frac{1-i_{ab}^{H}}{i_{ab}^{H}i_{ea}^{H}-1}=\frac{1-i_{ab}^{H}}{i_{ab}^{H}+1}$$

式中 $i_{ea}^{H}=-1$。

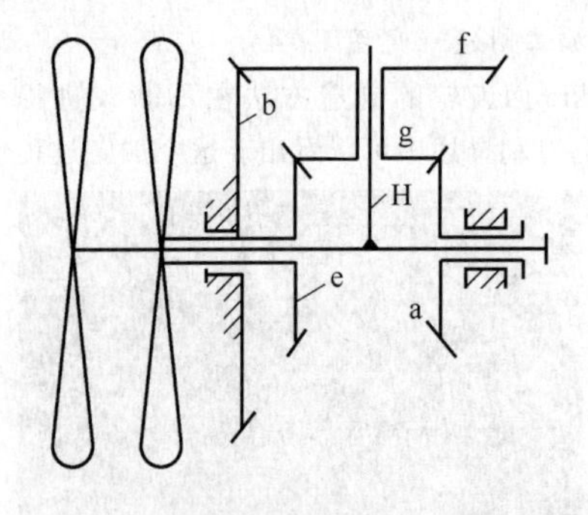

图 19-6 由锥齿轮组成的 2K-H 型行星传动

第 20 章　船用齿轮传动装置的设计

船用齿轮箱是船舶动力系统的主推进传动装置，具有倒顺、离合、减速和承受螺旋桨推力的功能，与柴油机配套组成船舶动力系统，广泛应用于各种客货轮船、工程船、渔船、近海和远洋船舶以及游艇、警用艇、军用舰船等，是船舶工业的重要关键设备。

船用齿轮箱形式多样，常见的有齿轮减速器、离合齿轮减速器、倒顺和离合减速齿轮箱、多速齿轮箱、多分支传动齿轮箱、多机并车齿轮箱、燃柴联合动力传动齿轮箱等。按照用途可分为：船舶主推进传动和辅机传动、船舶作业工程机械传动；按照工况可分为：轻载荷高速船舶和中、重载荷船舶。从传动形式上有定桨距传动齿轮箱、变桨距传动齿轮箱；从结构形式上则有平行轴传动、角度传动，有同中心、水平异中心、垂直异中心等。

我国船用齿轮箱制造业起始于 20 世纪 60 年代初。1960 年，我国首家船用齿轮箱专业制造厂——杭州齿轮箱厂建立，经过数年的努力成功研制了我国第一台船用齿轮箱；在国内市场上终于出现具有自主知识产权的“前进”牌船用齿轮箱，并成批地装备在用量最大的海上渔船和内河航运船队，国家急需的特种船舶传动装置也有了研制基地。1966 年，国家从战略布局出发在四川建立了另一家船用齿轮箱专业制造厂——国营永进机械厂，随后投入生产的“永进”牌齿轮箱为国家造船业和国防工业作出了贡献，为发展重型和特种船舶齿轮转动装置打下了坚实的基础。

20 世纪 80 年代初，在国家主管部委的领导下，上述两厂同时引进了德国罗曼·斯托尔福特公司的船用齿轮箱设计制造技术，通过对引进技术不断的消化吸收和再次创新，在完善引进产品系列的基础上，迅速提高了研制水平，连续推出新型产品系列。许可证产品 GW、GUS、GC、GVA 等系列很快试制成功，并投入批量生产。在此基础上，通过科技人员的努力，利用 CAD、CAE、CAM 技术研制了许多不同类型的船用齿轮箱，其中最大传递功率达 25000kW。我国制定了自己的船用齿轮箱技术标准，有了较完整的设计理论和工艺规范，产品技术水平不断提高，部分产品技术性能指标达到国外先进技术水平。由我国自主开发的具有中国特色的 HC 系列船用齿轮箱，传递功率从十几千瓦到数千千瓦，年产数万台，成为世界上产量最多且最为畅销的船用齿轮箱产品，受到用户的好评，在国内外均享有良好的声誉。

此后，根据市场经济发展的需要，杭州齿轮箱厂和国营永进机械厂分别改制更名为杭州前进齿轮箱集团股份有限公司和重庆齿轮箱有限责任公司，按市场需求进行运作，拓展了产品系列和经营规模。目前国内市场船用齿轮箱领域快速发展，除了上述两家行业骨干企业之外，已有一些厂家通过各种方式进入此行业，再加上业界各种性质的资本相继注入，国外同业的介入，都会在这一产业内形成一个新的激烈竞争局面。

20.1　产品概况及传动技术的发展

杭州前进齿轮箱集团股份有限公司和重庆齿轮箱有限责任公司的船用齿轮箱产品水平代表国内行业水平。在产品领域方面，杭州前进齿轮箱集团股份有限公司主要生产与中速、高速柴油机相匹配的小、中、大全系列船用齿轮箱，以及船舶可调桨动力推进系统，产品应用领域覆盖渔业捕捞、交通运输、轻型快船、高速游艇、工程船舶、军辅舰船等。重庆齿轮箱有限责任公司主要生产大型船用齿轮箱，产品主要配套于军方。

杭州前进齿轮箱集团股份有限公司船用齿轮箱的研发能力、制造水平和产品质量保持国内同行业领先地位，部分达到国际先进水平，其配套的功率范围为 10～10000kW，最大三万吨级船舶，共有 70 多个品种近千个规格，产品品种有船舶主推进船用齿轮箱（定距桨）的高速轻型、倾角传动、大功率和特大功率齿轮箱，船舶主推进的变距桨船用齿轮箱和变距桨船舶动力推进系统，工程挖泥船等各类齿轮箱，研发的产品均能通过中国 CCS、美国 ABS、德国 GL、英国 LR、法国 BV、日本 NK、意大利 RINA、韩国 KR 等国际船级社的认可，广泛应用于渔业捕捞、交通运输、工程船舶、军用舰船、高速休闲游艇和远洋无限航区船舶。目前，船用齿轮箱年生产能力达到 38000 台，产品国内市场占有率为 65%，国外东南亚市场占有率为 65%，产销量名列全国第一，成为在国际市场上唯一与欧美著名船用齿轮箱制造企业同台竞争的国内企业。

船用齿轮箱产品主要包括：工作船用齿轮箱、高速船用齿轮箱、可调桨船舶用齿轮箱、工程船用齿轮箱等。

1. 工作船用齿轮箱

工作船用齿轮箱主要包括中小功率船用齿轮箱和大功率船用齿轮箱。

中小功率齿轮箱有 HC、HCD、HCT、HCT-1 等系列，齿轮箱离合器形式为液压操纵湿式多片摩擦离合器，操纵可选用气动、电动或手动操纵方式，液压特点是工作油压力递升功能（时间可调），动力齿轮采用优质合金钢经渗碳、淬硬和磨齿制成。HC 系列减速比范围 2～4、HCD 系列 4～6、最大传递能力达 0.93kW/(r/min)，产品特点是输入输出垂直异中心，一级减速，配套为负载连续工况的工作船舶；HCT 系列减速比范围 6～9、HCT-1 系列 9～16，最大传递能力 1.03kW/(r/min)，产品特点是输入输出垂直异中心，特大减速比，二级减速，配套为负载连续工况的工作船舶。

大功率船用齿轮箱主要有 GW 族系。该系列齿轮箱产品是由杭州前进齿轮箱集团股份有限公司（简称杭齿集团公司）和重庆齿轮箱有限责任公司（简称重齿公司）同时引进德国罗曼·斯托尔福特公司的设计制造技术，许可证产品 GW 族系船用齿轮箱共有 6 个系列：GWC 系列（同中心）、GWD 系列（角向异中心）、GWS 系列（垂直异中心）、GWH 系列（水平异中心）、GWL 系列（同中心，没有倒顺功能）、GWK 系列（垂直异中心，没有倒顺功能）。该系列许可证产品齿轮箱的减速比 GWC 和 GWL 系列为 2～6，GWD、GWS、GWH 和 GWK 系列为 2～4，传递能力 9.25kW/(r/min)。通过对引进技术不断的消化吸收和再次创新，不但提高了我国在大功率船用齿轮箱的研发能力，同时在完善引进产品系列的基础上，产品规格和技术指标不断提升。目前，GW 族系船用齿轮箱最大传递能力为 35.43kW/(r/min)，并已经研发出了双速型系列产品。

2. 高速船用齿轮箱

该系列船用齿轮箱主要适用于定距桨轻载工况船舶主推进传动。主要有 HCQ 系列、HCV 系列和 HCA 系列，齿轮箱离合器形式为液压操纵湿式多片摩擦离合器，操纵可选用气动、电动或手机操纵方式，液压特点是工作油压力递升功能（时间可调），动力齿轮采用优质合金钢经渗碳、淬硬和磨齿制成。HCQ 系列轻型高速船用齿轮箱通常减速比为 1～3（特殊 3.5～4），最大传递能力 1.03kW/(r/min)，产品特点是输入输出垂直异中心、质量轻、小减速比、配置要求高，部分产品采用铝合金材质箱体，主要配套为高速负载工况的船舶，与船用主机配套组成船用动力机组，适应高速行驶的游艇和快艇、高速客船等配套。

HCV 系列和 HCA 系列船用齿轮箱均为倾角传动齿轮箱。HCV 系列齿轮箱减速比为 1～3，最大传递能力 0.3kW/(r/min)，产品特点是输入输出垂直异中心，同侧 7°倾角传动，适合特殊机舱布置的需要，配套为高速负载工况的船舶。

HCA 系列齿轮箱通常减速比 1～3，已开发最大传递能力 0.398kW/(r/min)，输入输出下倾角分别有 5°、7°、10°，产品特点是输入输出垂直异中心，异侧倾角传动，部分产品采用铝合金材质箱体，配置要求高，配套为高速负载工况的船舶，与船用主机配套组成船用动力机组，适应高速行驶的游艇和快艇、高速客船等配套。

采用小倾角传动的船用齿轮箱具有减小船用柴油机组的安装位置、降低机舱高度、降低船体重心，并增加船体稳定性等优点。该项技术在国际上常被应用于高速游艇和军用舰船上，仅有少数几个国家掌握。杭州前进齿轮箱集团股份有限公司通过产学研合作，解决了“小倾角变齿厚渐开线齿轮传动理论”的论证，实现了空间交错轴斜齿轮传动的船用齿轮箱设计、加工和检测技术的突破，填补了国内空白，获得多项国家发明专利，打破了国外技术的长期封锁和垄断，为我国船舶工业及产业发展起到了重要作用。

HC 系列带微动控制轻型船用齿轮箱，减速比 1.5～3.5，最大功率 90kW（3200r/min），产品特点是输入输出垂直异中心、轻量型设计（80kg），发动机低转速时齿轮箱带微动控制功能，使螺旋桨获得更低的转速，以实现船舶的流水中定位，其创新程度达到了国际先进水平。应用在观光游艇、休闲船艇等领域。

3. 可调桨船舶用齿轮箱

该系列船用齿轮箱主要适用于变距桨重载连续工况的船舶主推进传动。主要有 GCS、GCST、GCD、GCH、GCC 五个系列，齿轮箱与可调螺距螺旋桨组成船舶动力机组。

GCS、GCD、GCH 系列齿轮箱速比范围 2～4，传递能力 0.537～12.063kW/(r/min)，输入转速 900～1800r/min，一级减速，具有离合减速功能，输出前端可安装 CPP 需要的配油器，输出垂直上方带辅助功率输出轴（PTO）。

GCST 系列齿轮箱速比范围 4～6，传递能力 3.446～6.99kW/(r/min)，输入转速 900～1800r/min，一级减速，输入输出垂直异中心，运转方向相反，具有离合减速功能，产品主要特点是输出前端可安装 CPP 需要的配油器，输出垂直上方带辅助功率输出轴（PTO）与辅助功率输入轴（PTI）。

GCC 系列齿轮箱速比范围 2～6，传递能力 0.257～19.101kW/(r/min)，输入转速 900～1800r/min，二级减速，输入输出同中心，运转方向相同，具有离合减速功能。输出水平异侧可以带辅助功率输出轴（PTO）。

2GWH 系列双机并车齿轮箱具有双输入单输出(功率合流)、离合、减速、承受螺旋桨推力功能，传递能力 0.34～9.25kW/(r/min)（单台），减速比范围 2～6，输入转速 900～1800r/min。通常二级减速，输入输出水平异中心，运转方向相同，输出前端可以安装 CPP 需要的配油器，输入输出水平异中心结构。此外该产品带辅助功率输入装置（PTI）和辅助功率输出装置（PTO），并可以实现一个辅助功率输入和多个辅助功率输出装置配置。

可调桨船舶用齿轮箱与船用主机配套组成船用动力机组，适用于各种配可变螺距螺旋桨（CPP）客货船、渔船及工程船舶、海洋平台工作船等。杭州前进齿轮箱集团股份有限公司已经实现了"可调螺旋桨 + 轴系 + GC/2GWH 齿轮箱 + 控制系统"船舶推进系统成套供货能力，产品已应用于国内市场并外销欧洲市场。

4. 工程船用齿轮箱

工程船用齿轮箱主要有离合分动箱、离合减速器、分动箱、减速器和增速器等。产品功能一般具有传递转矩、离合或不离合、减速或增速、分支传动或泵箱合一等，负载通常为泥泵、发电动和油泵，分支传动头数为 2～12 个。已面市的产品有舱内泥泵传动系统的离合减速器、液压泵站传动系统的分动齿轮箱、电轴系传动系统的齿轮增速器、水下泵减速器(工作倾角 0°～50°)、水下铰刀轴系传动系统的铰刀减速器（水下 25m、工作倾角 0°～55°）等。

20.2　船用齿轮传动装置的形式

1. 概述

船舶齿轮减速器广泛应用于内河船舶、近海客货船、作业船、渔船、远洋船舶及各种军用舰船等的主动力装置，与螺旋桨轴系组成船舶的推进系统。

船舶的下列因素影响减速器的选型和设计。

1）船舶的用途、吨位（排水量）及航速。

2）选用的主机类型及其特性。

3）主机的功率及输出转速。

4）螺旋桨类型（固定螺距螺旋桨或可变螺距螺旋桨）。

5）螺旋桨转速。

6）用于推进船舶的推力轴承设置位置。

7）每根螺旋桨轴上要求配置主机的类型、数量及运行方式。

8）主机转向与螺旋桨转向的匹配。

9）主机与螺旋桨轴系布置的相对坐标位置，即减速器的输入轴线与输出轴线的相对位置。

因此，船舶减速器的品种繁多，体积和质量大小差异甚大，单台质量从十几千克到六七十吨；传递功率从十几千瓦到几万千瓦。如按驱动方式不同，一般可分为船用柴油机减速器，船用蒸汽轮机及燃气轮机（通称船用涡轮机）减速器或是它们的联合(异机或同机）齿轮传动装置。

这里主要论述应用于船舶的中、高速柴油机和涡轮机作为主机的圆柱齿轮减速器。这些主机的工作转速通常高于螺旋桨转速的几倍或几十倍，在主机与螺旋桨轴系之间必须配置减速装置。目前，我国中、高速船用柴油机的减速器已有部分系列产品，用于船舶涡轮机的减速器通常需按船-机要求进行专门设计与制造。本章内容不包括船舶辅机用减速器，例如船舶发电机组和各种泵类的齿轮传动装置。

2. 船用减速器形式分类

船用减速器形式通常可按表 20-1 所示的主要方式分类。

表 20-1　船用减速器分类

(1)按机—桨配置方式分类

类　　型	配 置 特 征	适 用 船 机	简　　图
单机单轴(桨)	一根螺旋桨轴 3 上配置一台主机 1 和一台减速器 2。减速器为单输入单输出布置	柴油机、蒸汽轮机	1　2　3
双机单轴(桨) (同机型)	一根螺旋桨轴 3 上配置两台同一机型主机 1 和一台减速器 2。减速器为双输入单输出布置	柴油机、蒸汽轮机、燃气轮机	No.1　No.2　1　2　3

（续）

类　型	配置特征	适用船机	简　图
双机单轴（桨）（异机型）	一根螺旋桨轴3上配置两台不同种类主机（1和4）和一台减速器2。减速器为双输入单输出布置	柴油机、燃气轮机	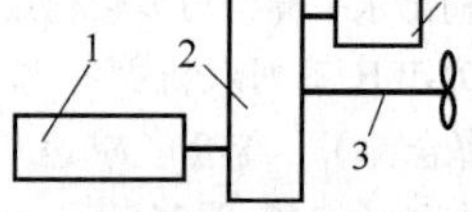 1 2 4 3
三机单轴（桨）（同机或异机型）	一根螺旋桨轴3上配置三台同一机型或两种机型主机（1和4）和一台减速器2。减速器为三输入单输出布置	柴油机、燃气轮机	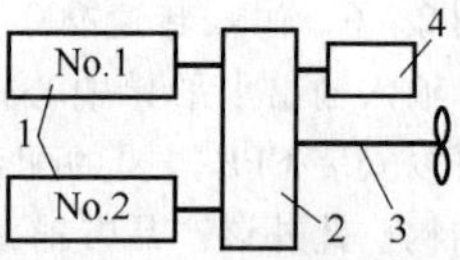 No.1 No.2 1 2 3 4
三机两轴（桨）（异机型）	其中两台主机1通过各自主减速器2驱动相应的螺旋桨3，第三台主机5通过分配减速器4和主减速器2同时驱动两根螺旋桨轴3	柴油机、燃气轮机	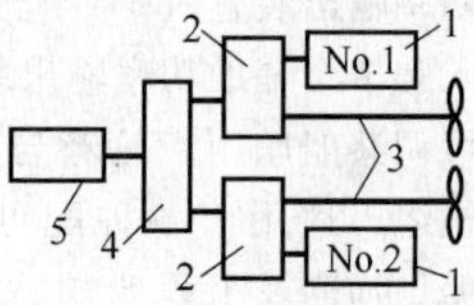 No.1 No.2 1 2 3 4 5

（2）按减速器在轴系中布置位置分类

类　型	布置特征	简　图
左舷减速器或右舷减速器	在一艘船舶内减速器布置在左轴系中称为左舷减速器1，布置在右轴系中称为右舷减速器2，两者输出转向必须相反①	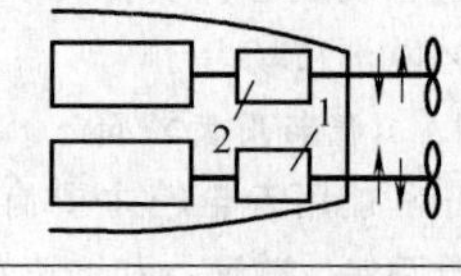 1 2

（3）按驱动主机分类

类　型	配置特征	适用船舶
柴油机单机驱动	主机为可逆转中、高速柴油机，减速器内含离合器或不含离合器	客船、渔船、作业船、拖船等
	主机为不可逆转中、高速柴油机，减速器内含离合器及倒车正（顺）车机构	
蒸汽轮机单机驱动	蒸汽轮机为单机双缸并列机型，并含有倒车汽轮机，减速器为双轴输入单轴输出布置，不设倒车齿轮装置	大型货船、油船、特种船舶
柴油机多机联合并车驱动	两台以上柴油机（一般为同机型）联合并车运行，称为CODAD动力装置，减速器为多输入单输出布置，减速器内含离合器或不含离合器	货船、油船、特种船舶
柴油机和燃气轮机联合驱动	至少有一台柴油机和一台燃气轮机通过减速器联合驱动同一根螺旋桨轴，柴油机功率可与燃气轮机功率合并输出，称为CODAG动力装置。减速器内柴油机传动齿轮系中需设双速比传动机构	特种船舶、大型货船
柴油机或燃气轮机交替驱动	至少有一台柴油机或一台燃气轮机通过减速器分别（交替）驱动同一根螺旋桨轴，称为CODOG动力装置，齿轮箱结构较CODAG装置简单，使用广泛	特种船舶、大型货船
燃气轮机或/和燃气轮机联合驱动	单台燃气轮机通过减速器驱动一根螺旋桨的模式已不再采用，现代燃气轮机动力均采用联合驱动 由一台小功率燃气轮机或一台大功率燃气轮机通过减速器交替驱动同一根螺旋桨轴，称为COGOG动力装置；由多台燃气轮机通过减速器联合驱动同一根螺旋桨轴，称为COGAG动力装置	特种船舶、大型货船

（续）

(4)按减速器功能分类	
类　型	减速器特征
减速	减速器只具有减速功能
离合减速	减速器内含离合器
倒顺离合减速	减速器内含离合器及倒车正(顺)车机构
倒顺离合双速减速	减速器内含离合器及倒车正(顺)车机构,并设有第二挡正车减速机构

① 左舷和右舷减速器的输出转向可为顺时针方向或逆时针方向，需根据螺旋桨的转向要求而定，转向及左右舷判别以从船尾向船首看为准则。

20.3　船用减速器的一般要求

1. 正倒车设计

1）当主机为不可逆转机型并配用了固定螺距螺旋桨时，减速器应设计正倒车机构。

2）当主机为可逆转机型或主机不可逆转但配用了可变螺距螺旋桨时，减速器可不设计倒车机构。

2. 机-桨转向匹配

在双轴（桨）船舶中，当主机为单向机（无左、右机型）时，两台减速器中一台应设计反向机构，反向方法一般有下列几种：

1）设置中间齿轮。

2）设计前置式独立换向减速器。

3）分别采用行星齿轮传动或星形传动。

4）变换输入齿轮与从动齿轮搭接位置（适用于多轴系减速器）。

5）设计独立的左、右型减速器。

3. 倒车能力

对可离合、倒顺的减速器，其倒车传递功率应不小于额定功率的65%（内河船）或75%（海船）。离合器换排的最大转速应不低于主机额定转速的45%（配高速柴油机）或50%（配中速柴油机），换向时间应不大于15s。带液压控制的减速器，应设有应急的机械连接机构，当液压系统失灵时，能保证船舶具有一定的航行能力。

4. 输入端连接

减速器宜选用弹性联轴器或高弹性联轴器与主机相连。新设计的柴油机减速器一般应按轴系扭转振动计算，选用适当的高弹性联轴器。不同的联轴器形式将影响柴油机减速器使用系数 K_A 的选值。

5. 环境条件

一般，船舶减速器应适应船体倾斜、冲击力和较大湿度等环境条件，并满足内河船舶或海船建造规范的要求。

军用船舶减速器的环境条件应符合有关军用规范的要求。

6. 齿轮精度

对柴油机减速器的齿轮精度一般不低于6级；对涡轮机减速器的齿数精度一般不低于5级，特殊用途时应不低于4～3级或更高等级。齿轮精度等级按GB/T 10095.1—2008或ISO 1328—1996规定。

7. 齿轮材料

民用内河船舶减速器的齿轮应采用优质钢锻件制成，用于海船的齿轮应采用优质合金钢锻件制成，并按中国船舶检验局《钢质海船入级与建造规范》中有关齿轮材料的规定选取。用于军用船舶的齿轮按有关军用规范选取。

对于整体调质钢齿轮，一般在齿数比大于2时，小齿轮硬度平均值应比配对的大齿轮硬度平均值至少高1.2～1.3倍。调质钢齿轮材料的力学性能和硬度均应列为锻件交货条件，重要用途的齿轮锻件还需增加冷弯试样。

8. 齿轮强度

齿轮强度校核可参照我国《钢质海船入级与建造规范》关于齿轮传动装置规定的方法进行计算。

对出口船舶减速器，则应参照有关国家船级社要求进行计算，并需经该国船级社认可。

9. 动平衡

当齿轮圆周速度 $v>25\text{m/s}$ 时，齿轮应做动平衡试验；当 $v\leqslant25\text{m/s}$ 时，可只做静平衡试验，有特殊要求者除外。在平衡试验前，齿轮轴上的联轴器部件应装妥。

动平衡等级，对涡轮机齿轮一般不低于G2.5级，对柴油机齿轮一般不低于G6.3级。整体锻件或套有齿圈的整体锻造轮体且均加工成同轴。均匀横截面的柴油机齿轮可不做动平衡试验。

10. 可靠性

船舶减速器的可靠性和可用性要求很高，一般传动齿轮可靠度应不低于0.99，对可靠性要求高的使用场合，可靠度至少应在0.999以上。

11. 寿命

船用减速器的齿轮通常应与主机或船舶同寿命。

一般要求使用期为（10～15）×10^4h 或 20 年以上，齿轮应力循环次数大于 10^9。

12. 维修性

船舶减速器设计应考虑就地维修条件和良好的可达性。一般应使减速器不吊出机舱就可检修或更换零件，例如小件齿轮、轴承及其他易损件。减速器无故障工作时间一般应不小于第一次坞修期。

13. 超转矩能力

海船一般要求减速器短期超转矩约 50% 额定转矩，长期超转矩约 10%～20%。在冰区航行的船舶，减速器设计还应按冰区级别要求加强。超转矩能力应在计算输入转矩时给予考虑。

20.4 船用柴油机减速器

船用中、高速柴油机所需的减速比一般为 2～6，通常设计成一级齿轮传动即可满足要求。但柴油机一般不宜带负荷起动，需在其起动阶段用离合器将输出轴系负荷脱开。此离合器可设置在减速器内或箱外，大多采用箱内布置，将一级齿轮传动分为两段，用带有离合器的中间齿轮及轴连接。

1. 离合型减速器

图 20-1 是一种典型的带有离合器的减速器传动简图。

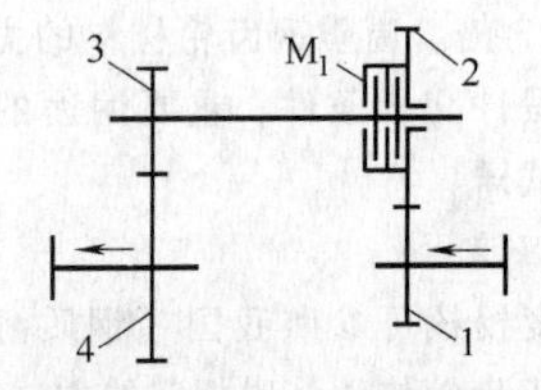

图 20-1　离合减速齿轮传动

1—输入小齿轮　2—中间大齿轮　3—中间小齿轮　4—输出大齿轮　M_1—离合器

当柴油机起动时，先脱开离合器 M_1，齿轮 1 和齿轮 2 空转。当离合器 M_1 接合后，柴油机功率经输入小齿轮 1、中间大齿轮 2、离合器 M_1、中间小齿轮 3 和大齿轮 4 输出到螺旋桨轴。这种减速器需配用可逆转柴油机。

2. 倒顺离合型减速器

图 20-2 所示为带有离合器及正倒车功能的齿轮传动简图。

减速器含有正车轮系和倒车轮系两支轴段，分别设正车离合器 M_1 和倒车离合器 M_2，并交替使用。

正车功率传动路线：齿轮 1-2-M_1-4-5，此时离合器 M_1 接合，M_2 脱开。

倒车功率传动路线：齿轮 1-2-3-3′-M_2-4′-5，此时离合器 M_2 接合，M_1 脱开。

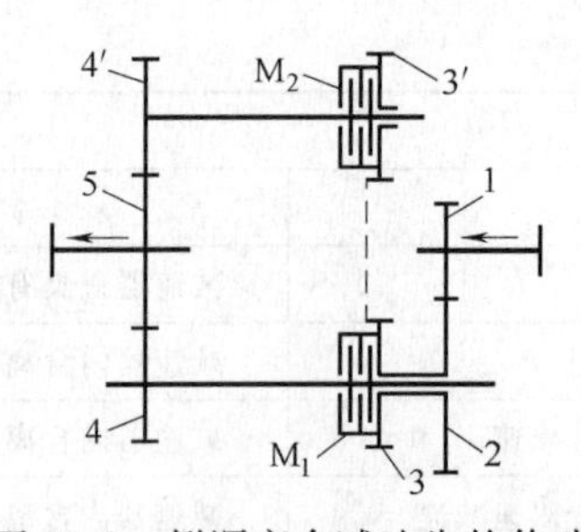

图 20-2　倒顺离合减速齿轮传动

1—输入小齿轮　2—中间大齿轮　3—倒车齿轮　3′—倒车中间齿轮　4—正车小齿轮　4′—倒车小齿轮　5—输出大齿轮　M_1—正车离合器　M_2—倒车离合器

设计正车功率传递路线时应取最短路线，以提高正车传动效率。图 20-3 所示为功率传递路线最短的正倒车传动简图。正车路线：M_1-1-2，倒车路线：3-3′-M_2-4-2。图 20-4 所示为这种传动方式的减速器结构，已形成 SCG 船用减速器系列，传递功率范围：

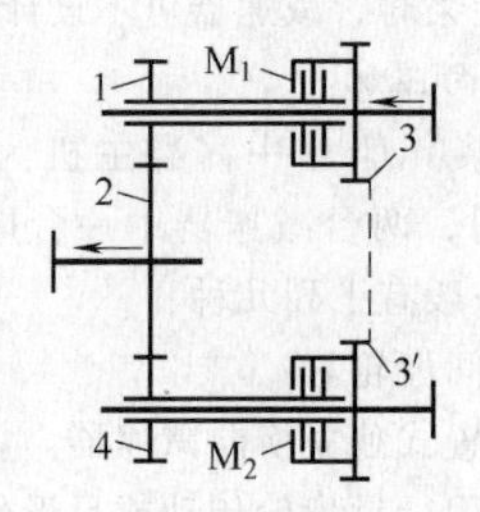

图 20-3　正车一级传动简图

1—正车小齿轮　2—输出大齿轮　3—倒车齿轮　3′—倒车惰轮　4—倒车小齿轮　M_1—正车离合器　M_2—倒车离合器

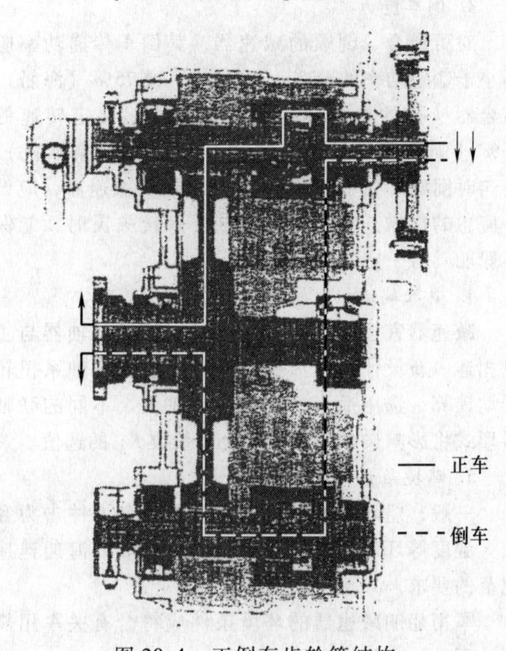

图 20-4　正倒车齿轮箱结构

125～670kW，与不可逆转型船用高速柴油机配套，用于港口作业船、小型渔船及游艇。

图20-5为一倒顺离合船用减速器典型立体剖视图。功率传动齿轮均为单斜齿轮、渗碳淬火磨齿。离合器为液压控制多片式摩擦离合器。输入、输出齿轮轴为同轴布置。箱体内含有承受螺旋桨推力的主推力轴承，全部轴承选用滚动轴承。

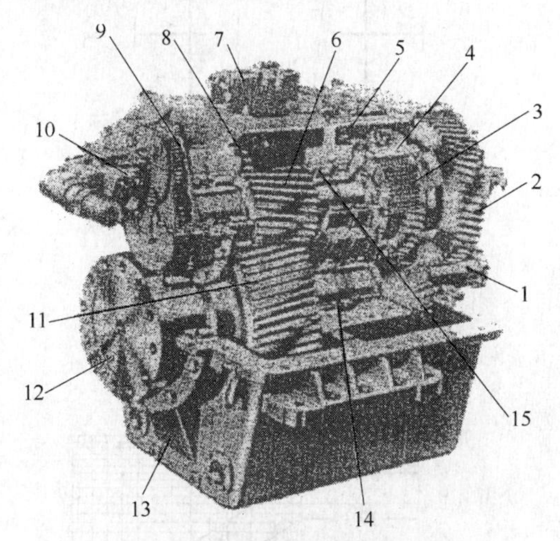

图20-5　倒顺离合船用减速器

1—输入小齿轮　2—中间大齿轮
3—正车离合器（倒车离合未示出）
4—倒车齿轮　5—倒车中间齿轮　6—正车小齿轮
7—气动操作阀　8—倒车小齿轮　9—附件齿轮
10—机带润滑泵　11—输出大齿轮　12—输出法兰
13—箱体　14—主推力轴承　15—滚动轴承

3. 船用中速柴油机减速器系列

上述形式的船用减速器，其输入轴与输出轴为同轴布置。为适应主机与螺旋桨轴线不同安装位置要求，也可设计成输入输出轴线为任意方向的偏心布置。例如水平偏置、垂直偏置和斜角偏置等多种形式，形成系列产品。

我国船用中速柴油机减速器GW系列，其结构形式分为下列六种：

GWL——同轴式离合减速器，如图20-6a所示。

GWK——垂直异心式离合减速器，如图20-6b所示。

GWC——同轴式倒顺离合减速器，如图20-7a所示。

GWD——斜异轴式倒顺离合减速器，如图20-7b所示。

GWS——垂直异轴式倒顺离合减速器，如图20-7c所示。

GWH——水平异心式倒顺离合减速器，如图20-7d所示。

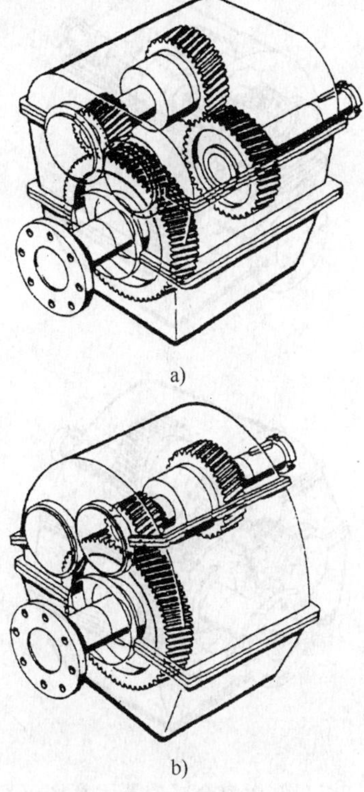

a)

b)

图20-6　离合减速器示意图

a）GWL型　b）GWK型

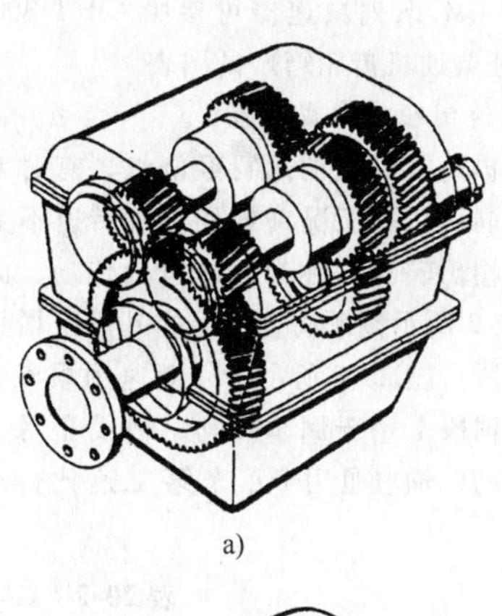

a)

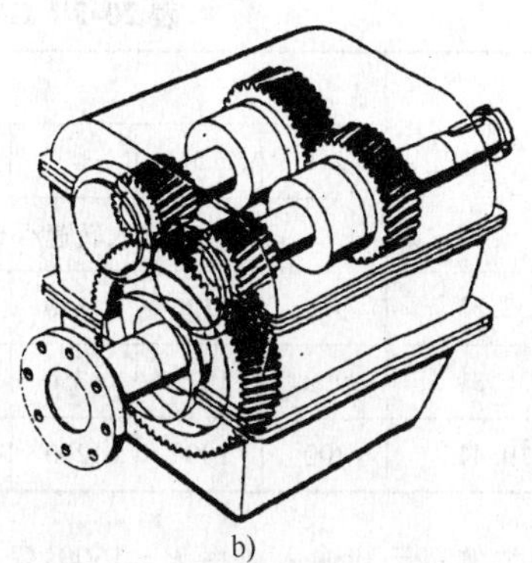

b)

图20-7　倒顺离合减速器示意图

a）GWC　b）GWD

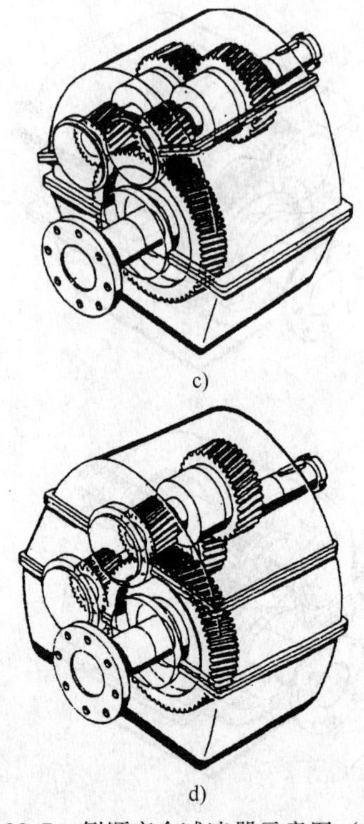

c)

d)

图 20-7　倒顺离合减速器示意图（续）
c）GWS　d）GWH

选用 GW 系列减速器可参照 CB/T 3003—2011《船用中速柴油机齿轮箱》的图表。

4. 双速倒顺离合减速器

为了提高柴油机的运行经济性，有时要求减速器在传递同一功率工况（即柴油机转速不变）时有两种不同输出转速，称为双速齿轮传动。此种传动可在图 20-2 所示倒顺离合传动的基础上增设一支正车传动轴段。图 20-8 所示为一双速倒顺离合齿轮传动简图。轴段Ⅰ用于倒车传动，轴段Ⅱ用于正车第一速比传动，轴段Ⅲ用于正车第二速比传动，三支轴段交替传动输出不同转速。

此类船用减速器我国已有 GWM 系列三种型号：中心距分别为 32.35cm、36.39cm、39.41cm。其规格参数见表 20-2，容量图如图 20-9 所示。

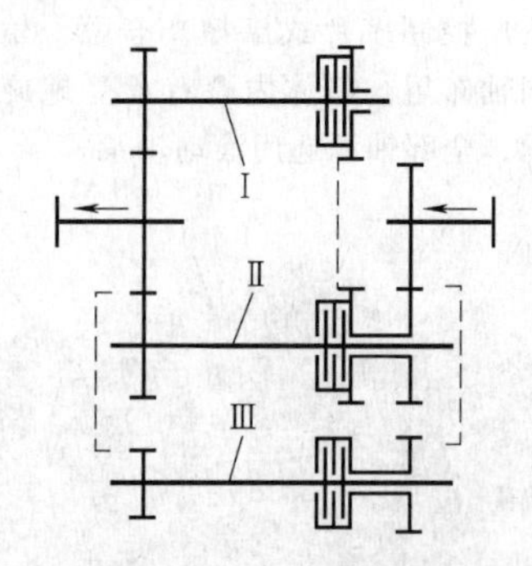

图 20-8　双速倒顺离合齿轮传动
Ⅰ—倒车轴段　Ⅱ—正车第一速比轴段
Ⅲ—正车第二速比轴段

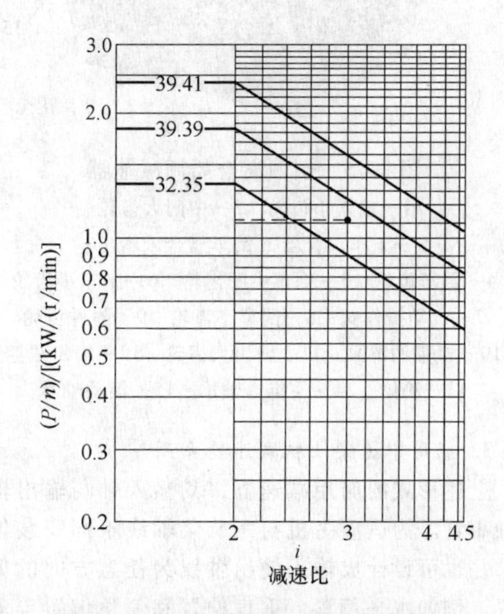

图 20-9　GWM 型双速减速器容量图

表 20-2　GWM 双速倒顺离合齿轮箱主要参数

型　号	减速比					承受螺旋桨推力/kN	总质量/kg	轮廓尺寸（长×宽×高）$(l\times b\times h)$/mm
	2:1	2.5:1	3:1	3.5:1	(4～4.5):1			
	输入转速/(r/min)							
GWM32.35	900	1125	1350	1580	1800	115	3031	1660×1248×1275
GWM36.39	900	1125	1350	1580	1800	140	4000	1625×1330×1400
GWM39.41	800	1000	1200	1400	1600	175	5500	1870×1400×1490

选型举例：已知输入功率 $P=1500\text{kW}$，输入转速 $n=1350\text{r/min}$，减速比 $i=3$，要求选择合适的减速器。

由 $P/n=1500\text{kW}/(1350\text{r/min})=1.11\text{kW}/(\text{r/min})$，

过图20-9纵坐标上该点作水平线与过横坐标上 $i=3$ 点垂直线的交点落在32.35～36.39，故选用GWM36.39型，如选用GWM32.35型，则负荷偏高。

5. 船用柴油机多机并车减速器

当柴油机单机功率不能满足船舶推进总功率要求时，可以采用多台柴油机并机的方法，将几台主机经减速器合并后成倍增加一根螺旋桨轴上的功率，称为CODAD装置并车减速器。图20-10所示为柴油机并车齿轮传动简图。柴油机并机台数可为双机、三机或四机。图20-11所示为一双机并车减速器外形图。

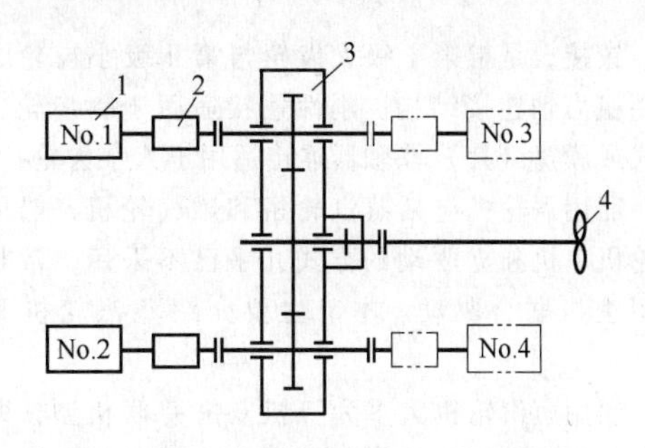

图20-10　柴油机并车齿轮传动简图
1—柴油机　2—高弹性离合器或液力偶合器
3—并车减速器　4—螺旋桨

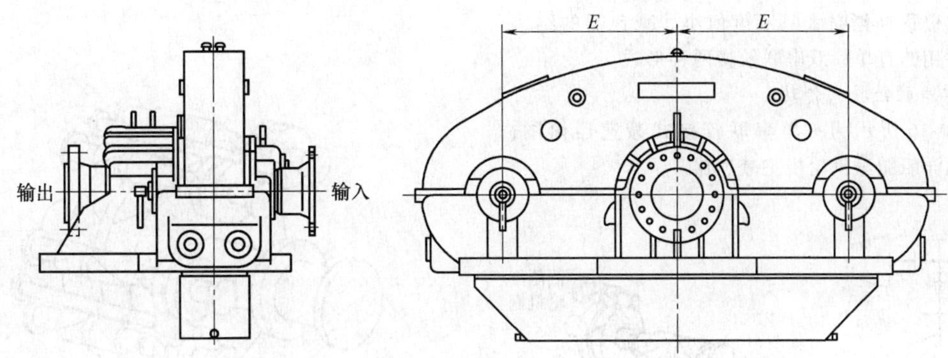

图20-11　柴油机双机并车减速器外形图

20.5　船用涡轮机减速器

船用大功率涡轮机齿轮传动大都采用平行轴布置的斜齿轮或人字齿轮，通常为两级齿轮减速。两级齿轮之间设或不设扭力轴，功率分支传动或不分支传动，构成了下列四种布置形式：

1）单串联传动（见图20-12），功率不分支，无扭力轴。

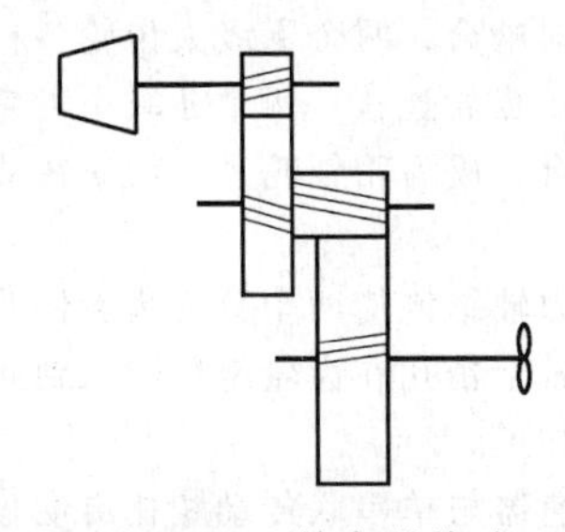

图20-12　单串联传动

2）单串联铰接传动（见图20-13），功率不分支，有扭力轴。

3）双串联传动（见图20-14），功率分支，无扭力轴。

4）双串联铰接传动（见图20-15），功率分支，有扭力轴。

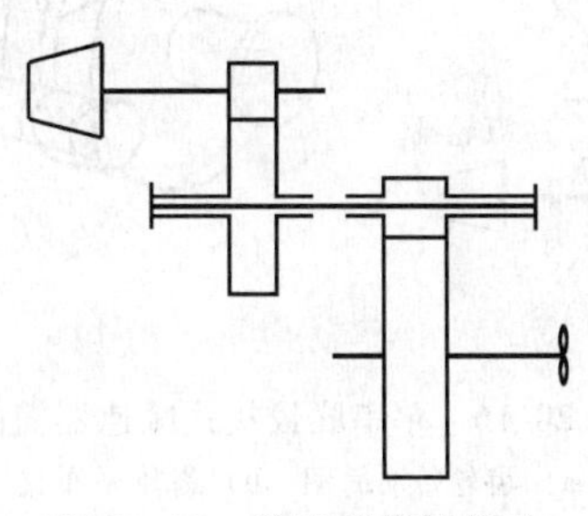

图20-13　单串联铰接传动

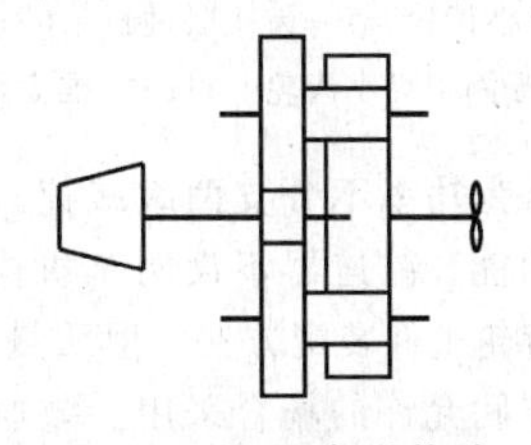

图20-14　双串联传动

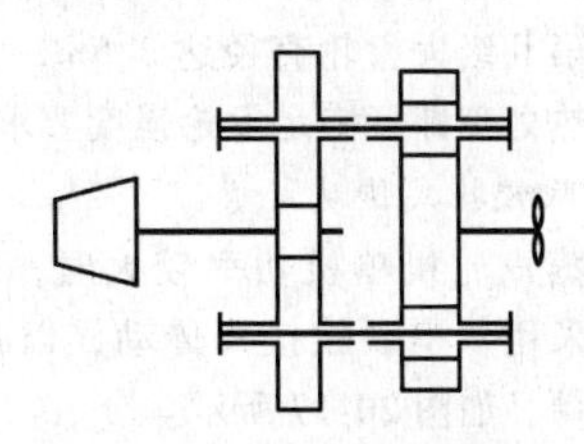

图20-15　双串联铰接传动

铰接，是指第Ⅰ级大齿轮与第Ⅱ级小齿轮之间采用扭力轴连接结构。刚性连接适用于斜齿轮，用齿式或膜盘（片）联轴器连接适用于人字齿轮。

船用涡轮机包括蒸汽轮机和燃气轮机，船用燃气轮机单机独立驱动的方式几乎已不采用，常与其他型主机联合驱动。本节主要介绍蒸汽轮机驱动方式。

船用蒸汽轮机大多为一机双缸并联机型，即高压汽轮机和低压汽轮机分轴通过减速器并联输出功率，通常把它们的组合体称为汽轮齿轮机组。蒸汽轮机与减速器之间的连接，过去常用齿式联轴器，如今已被膜盘（片）联轴器取代，理由之一是由于后者轴向位移补偿量大且刚度值小。减速器的结构在我国常用的有单、双串联铰接两种形式。

1. 单串联铰接式传动

图 20-16 所示为一单串联铰接式减速器简图，用于某远洋船舶蒸汽轮机主减速器。

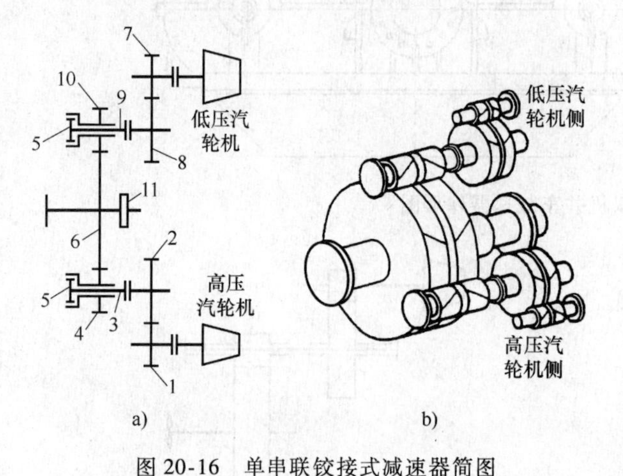

图 20-16　单串联铰接式减速器简图

a）齿轮传动简图　b）齿轮系布置

1—高压侧Ⅰ级小齿轮　2、8—Ⅰ级大齿轮　3、9—扭力轴　4、10—Ⅱ级小齿轮　5—齿式联轴器　6—Ⅱ级大齿轮　7—低压侧Ⅰ级小齿轮　11—主推力承力盘

该减速器为功率不分支两级减速。蒸汽轮机自身具有倒车功能，减速器不设倒车机构。其特点是结构简单、齿轮组件装配方便，但质量、尺寸较大，只有在机舱空间允许的场合采用。减速器较大的横向尺寸取决于蒸汽轮机两个并列气缸之间所需的水平中心距。第Ⅱ级大齿轮直径达 3.5m，大齿圈采用合金钢调质热处理即可满足齿轮强度要求。

2. 双串联铰接式传动

当船用蒸汽轮机单机功率较大时，例如 15MW 以上，通常采用双串联铰接式传动，以减小减速器的尺寸和质量，如图 20-17 所示。

这种形式的大型船用减速器应用广泛。其结构

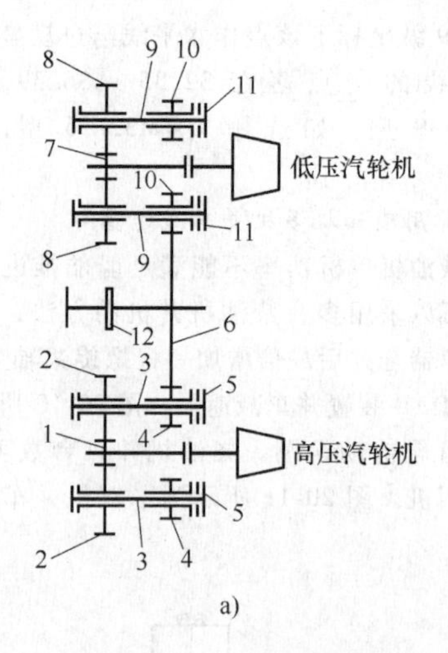

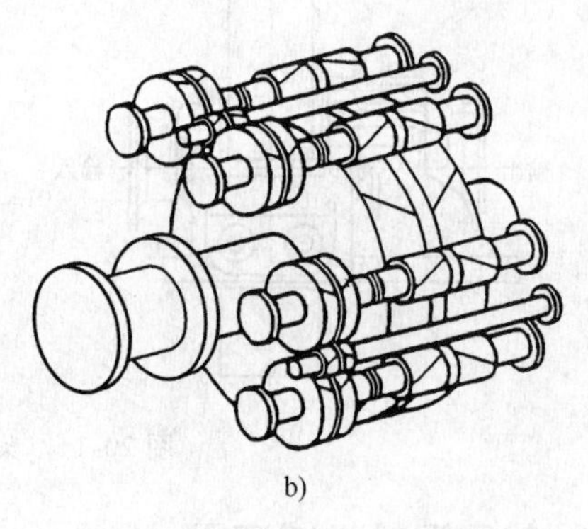

图 20-17　双串联铰接式减速器简图

a）齿轮传动简图　b）齿轮系布置

1—高压侧Ⅰ级小齿轮　2、8—Ⅰ级大齿轮　3、9—均载扭力轴　4、10—Ⅱ级小齿轮　5、11—膜片式联轴器　6—Ⅱ级大齿轮　7—低压侧Ⅰ级小齿轮　12—主推力盘

特点是采用功率双分支传动，Ⅰ级小齿轮与两个Ⅰ级大齿轮同时啮合，两个Ⅰ级大齿轮各自用均载扭力轴与Ⅱ级小齿轮连接，两个Ⅱ级小齿轮与Ⅱ级大齿轮同时啮合，成为闭锁轮系，功率在Ⅱ级大齿轮汇合后输出。

均载扭力轴结构使两个分支齿轮同步啮合，其中一根扭力轴上销孔在齿轮组装时达到同步接触后与齿轮轴配加工。

这种减速器与单串联传动相比有明显优点，即承载能力高，尺寸、质量显著减少。例如，一台传递功率为 20MW 的减速器，Ⅱ级大齿轮的直径可从 2100mm 缩小到 1543mm，大齿轮质量从 15760kg 减轻到 7924kg。

图 20-18 所示为一典型的船用蒸汽轮机功率双分支减速器结构图。图 20-19 为该减速器的齿轮传动部件。

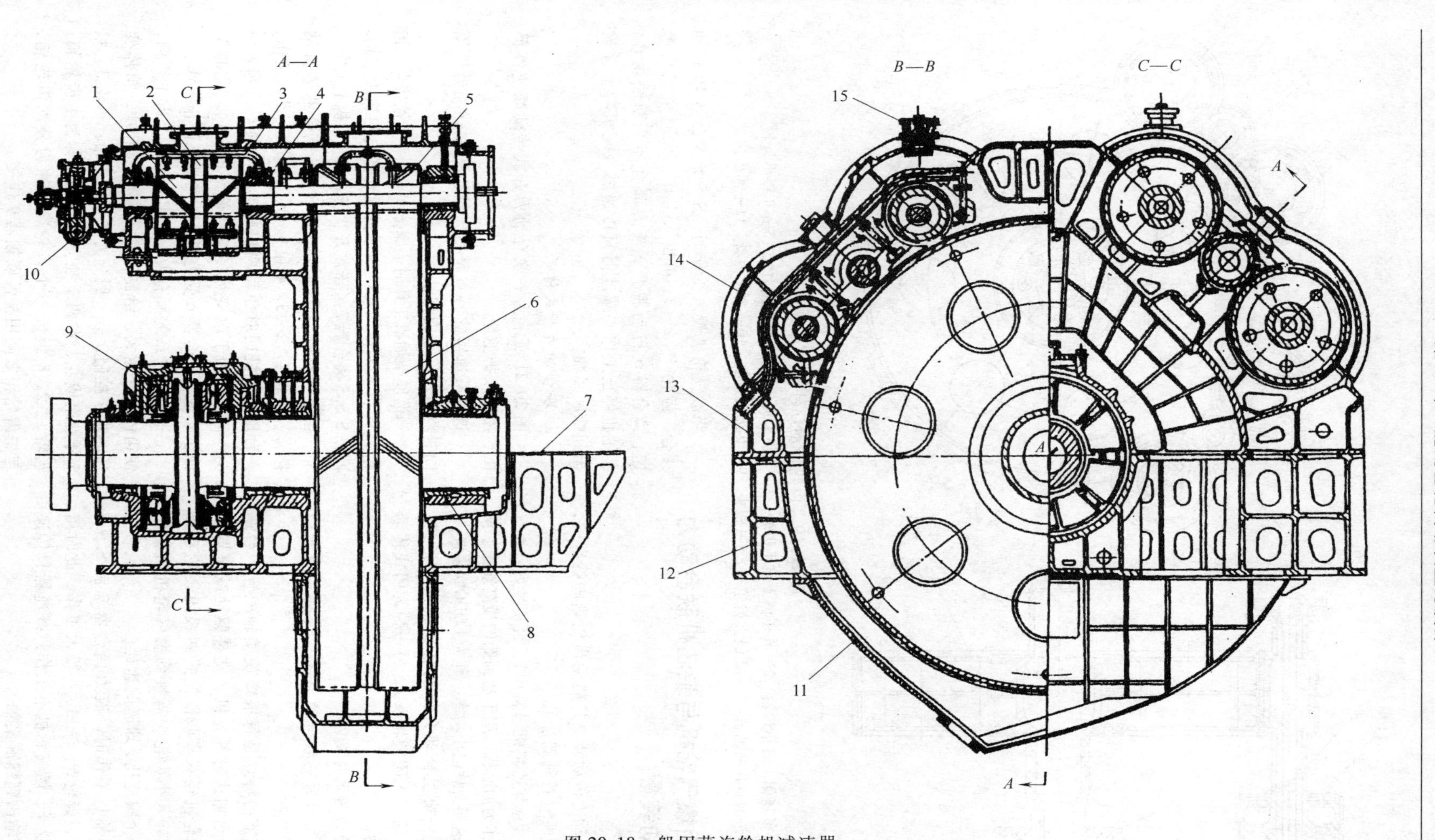

图 20-18　船用蒸汽轮机减速器

1—Ⅰ级小齿轮　2—Ⅰ级大齿轮　3—内部润滑油管路　4,8—滑动轴承　5—Ⅱ级小齿轮　6—Ⅱ级大齿轮　7—汽轮机安装座　9—主推力轴承　10—盘车装置　11—回油底壳　12—下箱体　13—上箱体　14—罩壳　15—通气帽

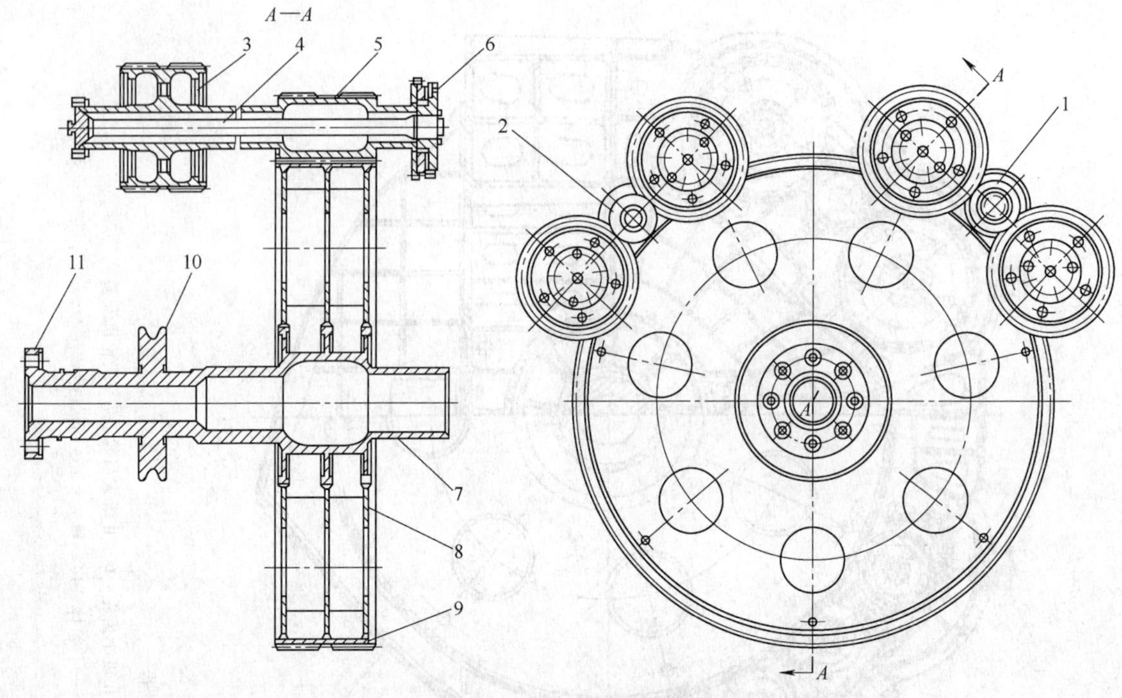

图 20-19　齿轮传动部件

1—低压侧Ⅰ级小齿轮　2—高压侧Ⅰ级小齿轮　3—Ⅰ级大齿轮　4—均载扭力轴　5—Ⅱ级小齿轮　6—级间膜片联轴器　7—Ⅱ级大齿轮轴　8—辐板　9—Ⅱ级大齿圈　10—主推力盘　11—输出法兰

20.6　船用燃气轮机与柴油机联合动力传动装置

这种联合动力传动装置是船用齿轮箱中特有的，一般用于军用船（特种船舶）。

柴油机作为巡航速主机（常用），经济性好；燃气轮机功率大，作为加速机，用于达到船的最高航速。两种主机通过减速器交替输出功率，称为 CODOG 装置。

常用的燃—柴联合动力传动装置有两种形式，一种为开式传动（无闭锁轮系），另一种为闭式传动（含闭锁轮系）。

1. 联合动力闭式传动

图 20-20 所示为一联合动力闭式传动减速器简图。用于某护卫舰。

这种减速器的特点是每根螺旋桨轴配置一台巡航柴油机和一台加速燃气轮机，交替驱动减速器输出功率。燃气轮机经双串联铰接式两级闭锁轮系减速，柴油机经输入小齿轮 5 搭接到燃气轮机闭锁轮系，获得另一个减速比，即巡航速比。

当巡航柴油机工作时，液力偶合器 9 和 S. S. S 离合器 6 接合，齿轮 5、2、3、4 投入工作，此时离合器 10 自动脱开，燃气轮机不工作，减速器只传递柴油机的功率输出到螺旋桨轴。

当燃气轮机投入工作时，S. S. S 离合器 10 自动接合，齿轮 1、2、3、4 投入工作，此时柴油机降速，离合器 6 自动脱开，液力偶合器 9 断油脱开，柴油机停止工作，减速器只传递燃气轮机功率并输出到螺旋桨轴。

2. 联合动力开式传动

图 20-21 所示为一联合动力开式传动减速器简图，用于某护卫舰。

这种减速器的特点是燃气轮机通过分配齿轮箱同时驱动两根螺旋桨轴。

当巡航柴油机工作时，摩擦离合器 6 受控接合，齿轮 5、4 投入工作，两台柴油机驱动各自的螺旋桨轴。两只 S. S. S 离合器 7 处于脱开状态，燃气轮机不工作。

当燃气轮机工作时，两只 S. S. S 离合器 7 自动接合，齿轮 1、2、3、4 和 1、8、2、3、4 投入工作，一台燃气轮机同时驱动两根螺旋桨轴旋转。齿轮 8 为中间轮，用于改变另一侧螺旋桨的转向。此时柴油机降速，离合器 6 受控脱开，柴油机停止工作。

这种齿轮系的所有齿轮如组合在一个齿轮箱内，使箱体十分庞大，给制造和安装带来麻烦，箱体变形亦难于控制，故一般分为三个齿轮箱：齿轮 3、4、5 分别组成左、右两个独立齿轮箱，称为主齿轮箱；齿轮 1、2、8 组成一个齿轮箱，称为分配齿轮箱，与主齿轮箱之间用挠性联轴器 9 连接。

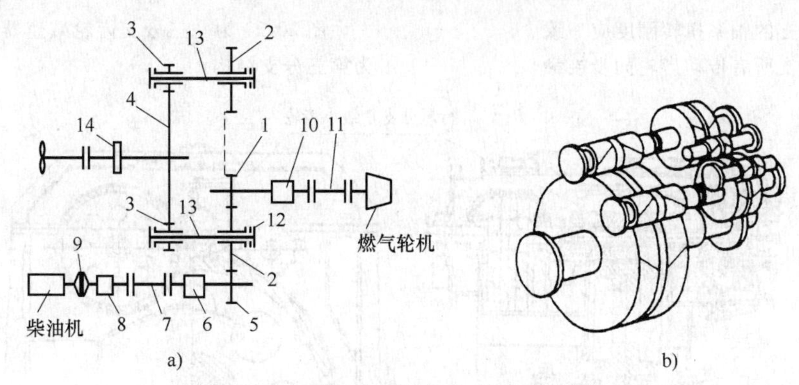

图 20-20　联合动力闭式传动减速器简图

a）齿轮传动简图　b）齿轮系布置

1—燃气轮机Ⅰ级小齿轮　2—Ⅰ级大齿轮　3—Ⅱ级小齿轮　4—Ⅱ级大齿轮

5—柴油机小齿轮　6、10—S. S. S 离合器　7—万向联轴器　8—高弹性联轴器

9—液力偶合器　11—挠性联轴器　12—级间膜盘联轴器　13—均载扭力轴　14—主推力盘

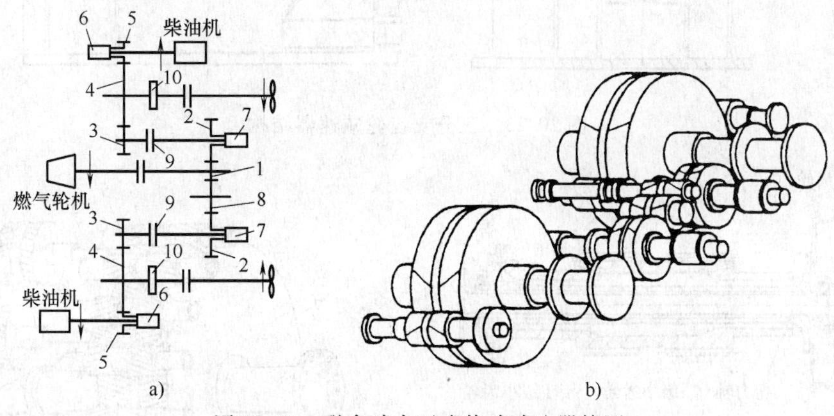

图 20-21　联合动力开式传动减速器简图

a）齿轮传动简图　b）齿轮系布置

1—燃气轮机Ⅰ级小齿轮　2—Ⅰ级大齿轮　3—Ⅱ级小齿轮　4—Ⅱ级大齿轮　5—柴油机小齿轮

6—摩擦离合器　7—S. S. S 离合器　8—中间轮　9—联轴器　10—主推力盘

注：图中省略柴油机和燃气轮机端的连接部件。

20.7　多分支齿轮传动装置

多分支齿轮传动能提高大功率调质钢齿轮的承载能力，适用于涡轮机齿轮传动。已经成功应用的有下列两种形式。

1. *三分支传动*

三分支传动是在功率双分支传动的第Ⅱ级中插入第三个功率分支（见图 20-22），有三个Ⅱ级小齿轮 3 同时与一个Ⅱ级大齿轮 4 啮合。

第三分支由一行星齿轮传动和一个Ⅱ级小齿轮及均载扭力轴组成。太阳轮 7 用均载扭力轴 6 连接Ⅰ级小齿轮 1，内齿圈 9 与Ⅱ级小齿轮 3 连接，行星架 10 固定。

功率三分支设计要点：

1）行星齿轮传动的速比应等于第一级外啮合传动的速比，即齿圈 9 的齿数 z_9 等于Ⅰ级大齿轮 2 的齿数 z_2，太阳轮 7 的齿数 z_7 等于Ⅰ级小齿轮 1 的齿数 z_1。

2）行星传动输入与输出转向应相反。

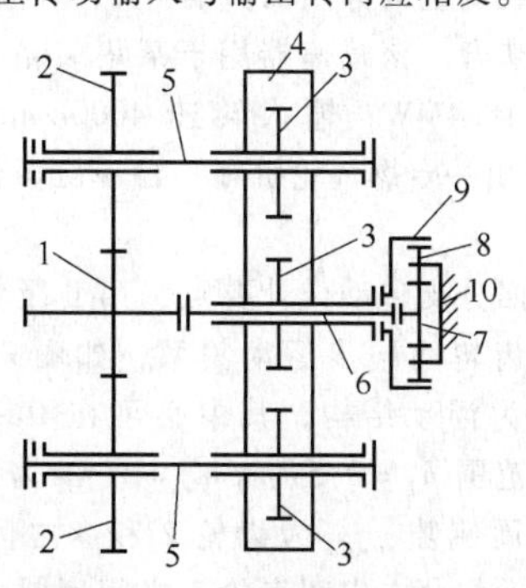

图 20-22　功率三分支传动

1—Ⅰ级小齿轮　2—Ⅰ级大齿轮　3—Ⅱ级小齿轮

4—Ⅱ级大齿轮　5、6—均载扭力轴　7—太阳轮

8—行星轮　9—内齿圈　10—行星架

3）三个分支的轴系扭转刚度应一致。

4）三个分支所有传动齿轮同步接触。

图 20-23 为一三分支齿轮减速器结构。图 20-24 为第三分支结构。

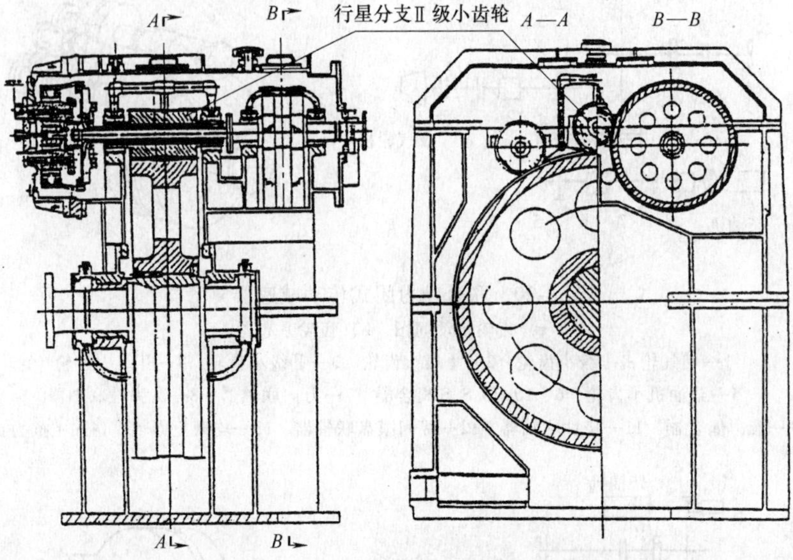

图 20-23　三分支齿轮减速器结构

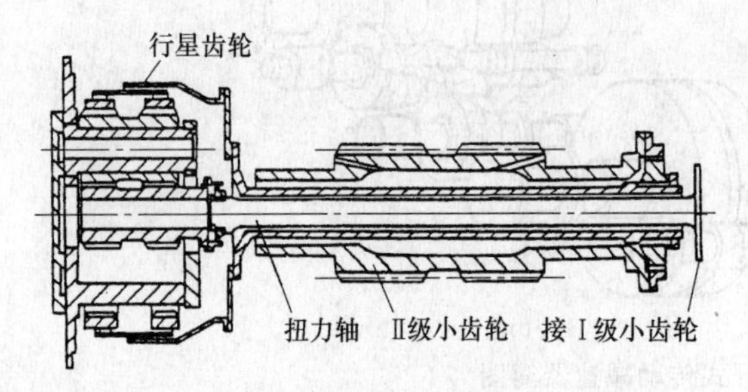

图 20-24　第三分支结构

2. 四分支传动

四分支传动特点是第Ⅰ级传动为两分支，第Ⅱ级每个小齿轮再采用两分支，实为双重功率两分支传动。图 20-25 所示为四分支传动齿轮系布置。两根输入轴经双重两分支后共有 8 个小齿轮同时与Ⅱ级大齿轮啮合。该减速器用于某集装箱货船。传递功率 2 × 18.4MW，输入转速 4000r/min，减速比 30.5692，由一台燃气轮机和一台单缸蒸汽轮机并列驱动。

功率四分支传动设计要点：第Ⅱ级传动应保证四个封闭齿轮间同步运动关系，如图 20-26 所示。小齿轮 1 为浮动结构，其中心可在 O_1-O_1 之间移动，浮动范围 $h_1=0.5(j_{t12}+j_{t23})$ j_{t12} 为齿轮 1 和 2 之间的圆周侧隙，j_{t23} 为齿轮 2 和 3 之间的圆周侧隙。齿轮 1 与分支中间齿轮 2 之间用限位环径向限位，限位环直径等于齿轮节圆直径。三个限位环之间相对滚动而无滑动。从图 20-26 可明显看到限位环结构。

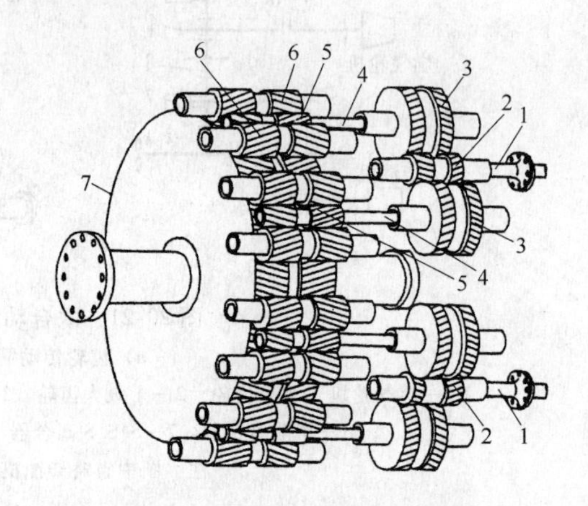

图 20-25　四分支传动齿轮系布置

1—输入轴　2—Ⅰ级小齿轮　3—Ⅰ级大齿轮　4—扭力轴　5—Ⅱ级小齿轮　6—分支中间轮　7—Ⅱ级大齿轮

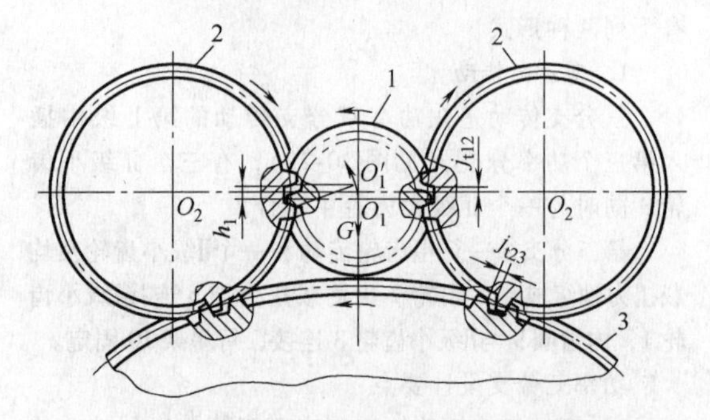

图 20-26　封闭齿轮运动关系示意图

1—小齿轮　2—分支中间齿轮　3—大齿轮

20.8　船用低噪声减速器设计

减速器的空气噪声和结构噪声主要由齿轮啮合产生。从本质上消除噪声的起源或采用辅助措施抑制噪声的辐射乃是设计和制造者的奋斗目标。对船用减速器的噪声水平要求较高。例如，一般要求空气噪声小于95dBA。在特殊使用场合，对噪声几乎和对高可靠性及小尺寸有着同样高的要求，常被称为“安静”型减速器。

1. 低噪声减速器设计要点

1）采用单斜齿轮或人字齿轮，渗碳淬火磨齿。

2）减速器一般采用平行轴布置。

3）轮齿参数选择：

① 模数一般为 $m_n \leqslant 12$mm，对高速级以3～8mm为宜。

② 压力角 $\alpha_n = 17.5° \sim 20°$。

③ 齿高系数 $h^* = 2.4 \sim 2.8$，齿顶高系数 $h_a^* = 1.05 \sim 1.15$。

④ 啮合总重合度 $\varepsilon_\tau = \varepsilon_\alpha + \varepsilon_\beta \geqslant 6$。

4）功率分支均载扭力轴与齿轮之间连接应避免有间隙的“松散”结构，对单斜齿轮宜用刚性法兰连接，对人字齿轮宜用膜盘（片）式联轴器连接。

5）选用滑动轴承，功率双分支第Ⅰ级小齿轮轴承负荷避免出现高速轻载，小齿轮轴应采用三角形布置（见图20-27），以适当增加小齿轮轴承负荷。

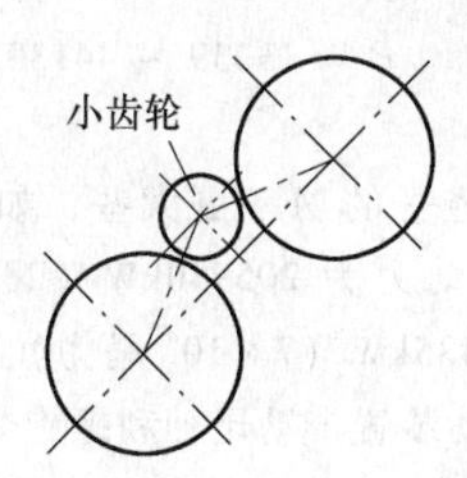

图20-27　小齿轮三角形布置

6）所有的齿轮和轴承采用最高的加工精度。对噪声要求极高时，齿轮磨齿精度应达到4级以上（GB/T 10095.1—2008）。

7）采用齿廓和齿长修形技术。

8）减速器采用抗共振设计，校核齿轮轴及箱体结构件的自振频率和激振频率。

2. 轮齿修形

为使一对齿轮成为低噪声啮合，必须对轮齿进行修形设计，包括齿廓和齿向修形。

齿廓修形保证齿面压力在啮合过程中连续传递，减少冲击。

齿向修正补偿了小齿轮的弯曲变形、扭转变形和热变形，从而有利于载荷沿整个齿宽方向均匀分布。

轮齿修形量根据工况要求来确定，并确定一最低噪声设计点，可以是全速全负荷工况或被专门定义的某一最低噪声工况，或者两者兼顾。

啮合噪声数值目前尚不能直接计算而得，但其声压级与齿轮圆周方向振动加速度级成线性关系已有研究证实。据此，按振动加速度均方根最小值为目标，经过齿廓形状的优化设计可得到最佳修形量，以获得相对的低噪声效果。

图20-28所示为一典型的轮齿修形量图，用于一燃气轮机小齿轮。

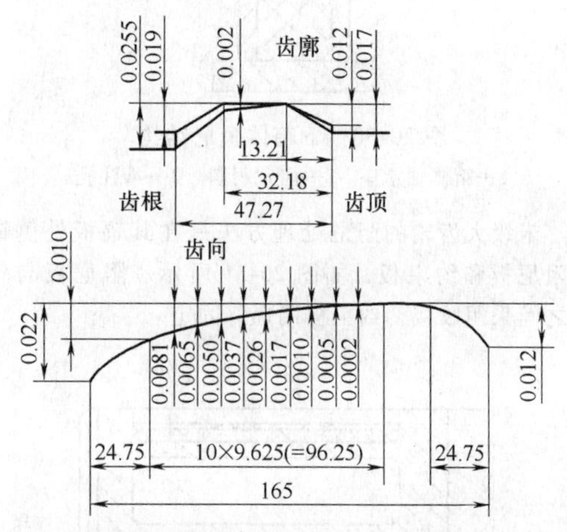

图20-28　一燃气轮机小齿轮的典型轮齿修形

3. 降噪辅助设计

噪声通过空气及结构件传递，而船用减速器结构噪声通过刚性连接的船基及输出轴向船外辐射。采用弹性安装可隔离减速器噪声的传递途径。但弹性安装（用减振垫及隔振联轴器）只适用于那些不设置主推力轴承的减速器，对大部分减速器因含有主推力轴承而不宜弹性安装。所以，对刚性安装的减速器应采取辅助措施吸声或减振，其对象是箱体和末级大齿轮。图20-29所示为在上箱体或罩壳外表面铺设阻尼材料的阻尼结构。

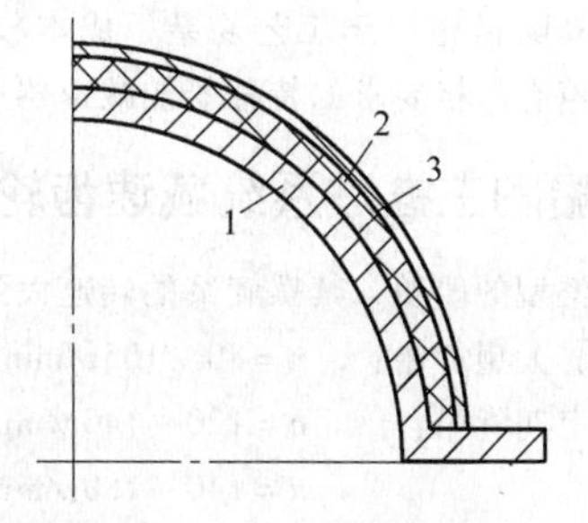

图20-29　上箱体阻尼结构

1—箱体壁板　2—阻尼材料　3—约束板

阻尼层厚度与箱体壁厚之比一般为0.5~1.0。在阻尼材料外层需用金属薄板约束，构成约束阻尼结构。下箱体如为双层壁结构，可用灌注型阻尼材料将轴承座部位的箱内空腔灌满，如图20-30所示。上箱体亦可采用灌注法。灌注型阻尼材料固化时不应存在膨胀、发泡或收缩现象。

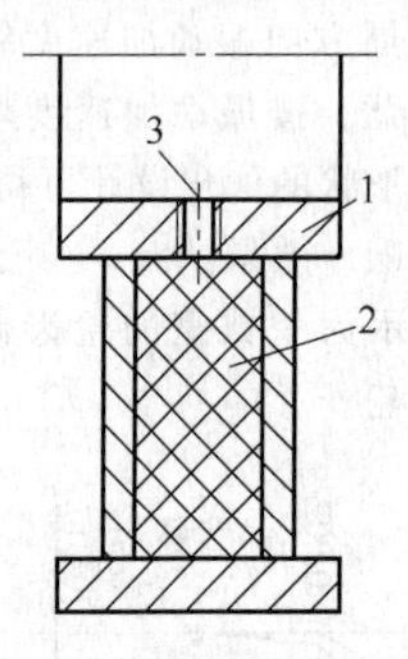

图20-30　下箱体阻尼结构

1—箱体轴承座　2—阻尼材料　3—灌注孔

末级大齿轮的阻尼处理方法是在其辐板外侧铺装阻尼板和约束板，如图20-31所示。阻尼板与辐板之间采用胶接，约束板用螺钉固定。

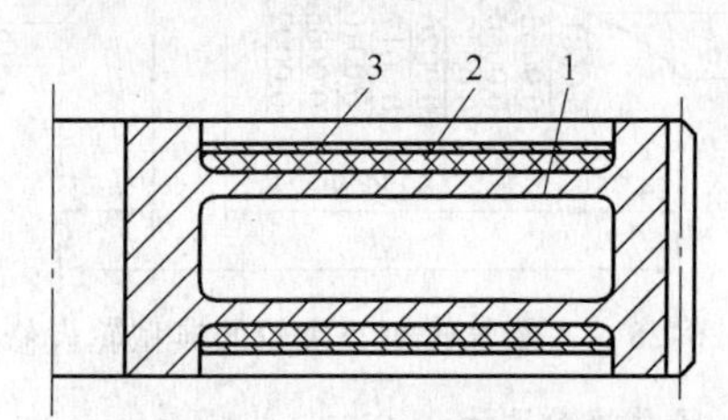

图20-31　末级大齿轮阻尼结构

1—大齿轮辐板　2—阻尼材料　3—约束板

适用的阻尼材料主要性能如下：

1）阻尼因子≥0.6。

2）最佳阻尼温域为30~80℃。

3）阻燃性：自熄。

4）气味：无毒、无异味。

有效阻尼频率范围应根据减速器的低噪声工况工作频率区域作出要求。

辅助降噪措施由于工艺复杂、成本较高，目前仅在对噪声有严格要求的特种船舶减速器中采用。

20.9　船舶主推进系统减速齿轮

各种类型的船舶，其螺旋桨的转速大致为：

油船、大型货船：　$n=80\sim105\text{r/min}$

快速定期货船：　$n=120\sim140\text{r/min}$

客船：　$n=140\sim180\text{r/min}$

护卫舰、驱逐舰：　$n=200\sim400\text{r/min}$

炮艇：　$n=400\sim800\text{r/min}$

快艇、水翼艇：　$n=800\sim1600\text{r/min}$

船舶采用蒸汽透平、燃气透平和中、高速柴油机作为主机时。由于它们的工作转速大多比上述螺旋桨的选择转速要高，因而要求采用齿轮传动装置来实现减速。下面就不同主机的齿轮传动装置作一简要介绍。

近年来随着船舶大型化、高速化，以蒸汽透平作为大功率主推进装置的动力获得了广泛的应用。它具有运转平稳、噪声低、寿命长等优点。此外，采用蒸汽透平后，因易损而更换的零件甚少，故在航行靠岸停泊时需要维修的工作量较少，大修间隔期较长，有时可达累计运行时间达8000~10000h才需大修。

蒸汽透平一般分设高、低压两缸或由高、中、低压三缸组成。转速一般为4000~7000r/min，各缸的输出轴通过减速器实现并车。由于转速比较大，一般都需要两级减速后带动尾轴和螺旋桨。这类主机的功率大致为：

1）油船：

单螺旋桨　$P=18387\sim36775\text{kW}$（25000~50000马力）；

双螺旋桨　$P=14710\sim29420\text{kW}$（20000~40000马力）。

2）箱装船、客船：

单螺旋桨　$P=18387\sim22605\text{kW}$（25000~30000马力）；

双螺旋桨　$P=13239\sim44130\text{kW}$（18000~60000马力）。

舰用蒸汽透平的功率更大些，如美国“企业”号航空母舰总动力为205940kW（28×10^4马力），分别由四台51485kW（7×10^4马力）的蒸汽透平通过减速齿轮传动装置带动尾轴和螺旋桨。

船用蒸汽透平齿轮的结构较为复杂，齿轮数目较多，且末级大齿轮尺寸较大，一般直径为2.5~3.5m，个别达5m左右。箱体一般为三层，用钢板焊接结构。由于工作时受力较大，工况复杂，有倒顺转，且船体龙门架基础较软弱，故箱体设计需要有良好的刚性以及合理的支承布置，否则因箱体受力产生明显变形，使齿轮载荷分布不均，严重时还会发生局部点蚀和使机组振动加剧。

图20-32所示为一台功率35000kW船用蒸汽透平减速齿轮组，这是相当于图17-1f的闭锁式布置。第一级采用分流式传动，且在高压透平输入端首先通过一台行星齿轮减速器。

除了蒸汽透平作为动力之外，20世纪60年代初期将航空涡轮发动机改装和发展为舰用燃气透平有了较快发展。

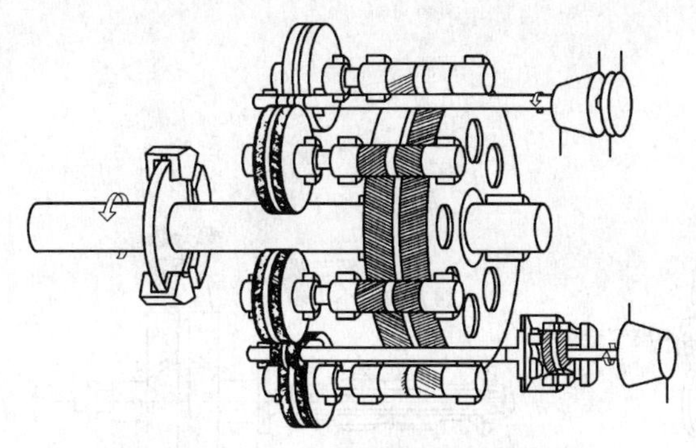

图 20-32　35000kW 船用蒸汽透平减速齿轮组
（瑞典 Stal Laval A. P. 系列）

燃气透平作为舰用动力是由于共具有较大的功率、起动迅速，升降功率速度快而灵活，质量轻、体积小等优点。为了能很好适应军舰的运转性能要求，实用中将蒸汽透平或柴油机和燃气透平组成联合机组，这样联合后能做到：巡航时，长期在小功率、低航速下运行，而只在短期内按军事需要可迅速将燃气透平并车，迅速发出大功率、高速航行。利用多台发动机的目的是降低油耗，使每台发动机都处于设计的最高效率下运行。为了实现上述要求，往往采用较为复杂的齿轮减速装置来完成减速、并车离合、倒顺的性能要求。表 20-3 为这类机组功率的输入形式。

表 20-3　舰用透平联合机组功率输入形式

名　　称	巡　　航	全　　速
COSAG	蒸汽透平	蒸汽透平 + 燃气透平
CODAG	柴油机	柴油机 + 燃气透平
COGAG	巡航燃气透平	巡航燃气透平 + 全速燃气透平
CODOG	柴油机	燃气透平
COGOG	巡航燃气透平	加速燃气透平

图 20-33 为联合动力装置齿轮减速器的基本布置形式，其具有如下特点：

1）结构较为复杂，齿轮数目较多，但布置较紧凑。此外还采用并车、倒顺离合的自动脱啮离合器。

2）在动力源与齿轮连接方式上都广泛采用弹性扭力轴。它穿过齿轮中间孔后与离合器或联轴器连接，其简单结构如图 20-33i 所示。由于采用弹性扭力轴，使得原动机（涡轮机或柴油机）—齿轮组—尾轴及螺旋桨等所组成多质点的系统频率特性获得人为的改变，从而有可能避开在共振条件下工作。

3）较多地考虑采用新型的结构紧凑的传动，如行星齿轮传动、分流式齿轮传动等联合工作。

此外船用中速柴油机齿轮传动近来也有很大发展。中速柴油机从 20 世纪 60 年代起在使用和保养

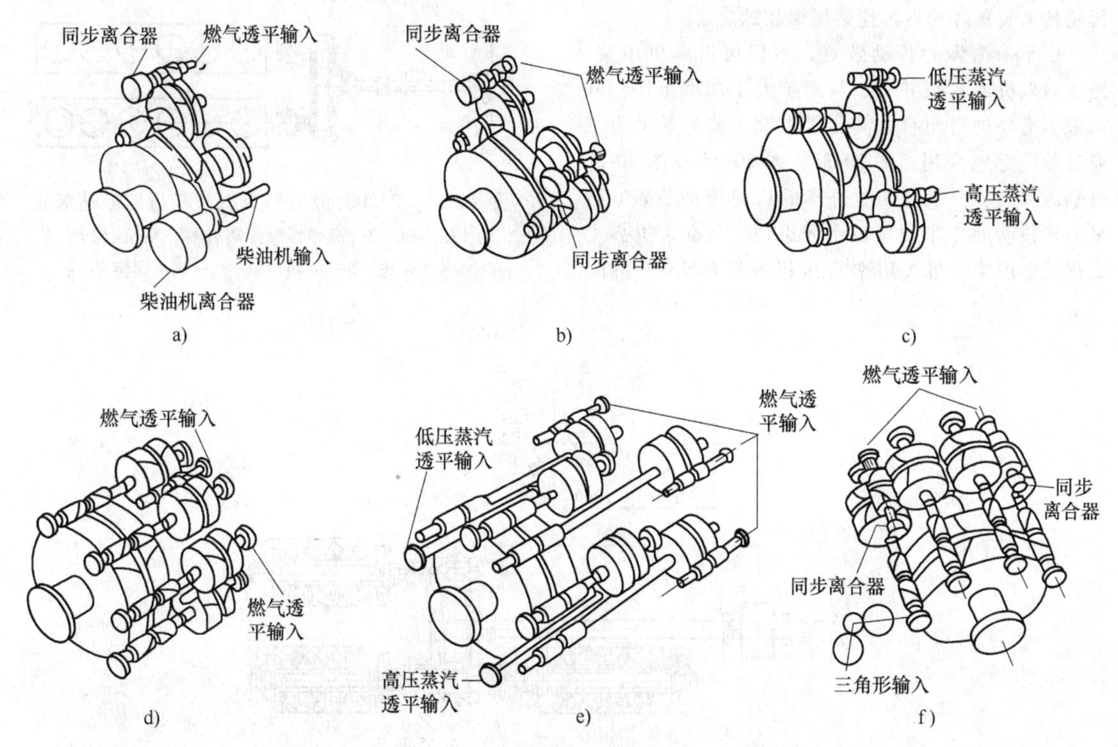

图 20-33　联合动力装置齿轮减速器的基本布置形式

a）一级及两级减速、两个小齿轮、非链式　b）两级减速、两个小齿轮、非链式　c）两级减速、两个小齿轮、链式　d）两级减速、多个小齿轮、链式　e）两级减速、两个小齿轮、闭锁式　f）两级减速、两个小齿轮、闭锁式（三角形输入）

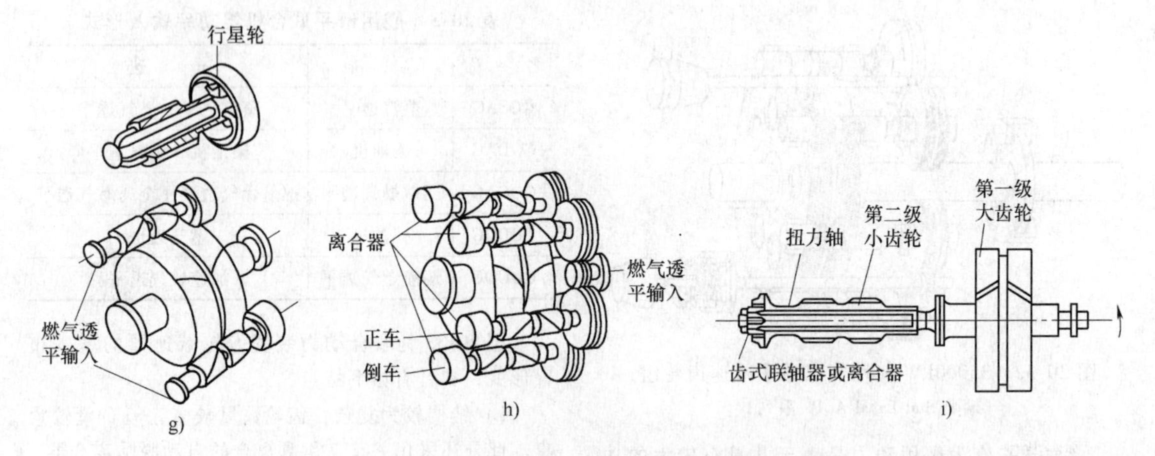

图 20-33　联合动力装置齿轮减速器的基本布置形式（续）

g）两级减速、两个小齿轮、行星和平行混合式　h）两级减速、带倒车装置、分流式

i）扭力轴—联轴器或离合器结构形式

方面积累了不少经验，它与低速柴油机相比具有质量轻、尺寸小、起动快等明显优点。目前中速柴油机转速常为 350 ~ 500r/min，单缸发出功率由 368 ~ 515kW（500 ~ 700 马力）提高到 1103 ~ 1471kW（1500 ~ 2000 马力），从目前技术条件来看，已能制造整机功率为 7355 ~ 13239kW（10^4 ~ 1.8×10^4 马力）的优良机。这类机器作为船舶主机，必须配置齿轮传动装置降速后再连接尾轴和螺旋桨。

由于采用齿轮传动装置，不仅可以单机单桨，还可以双机或多机并车。从而扩大了功率范围，并可根据需要进行组合，简化了机型，被船舶动力工业日益广泛地采用。图 20-34、图 20-35 及图 20-36 分别为双机、三机及四机并车的齿轮传动装置。行星齿轮传动近年来发展也十分迅速，目前，世界上先进的船用柴油机大功率行星齿轮箱有日本三井的 IMT 型、德国 Renk 型和瑞士 MAAG 型。图 20-37 为 Renk 型专与 M. A. N 船用柴油机配套的行星齿轮传动箱，其功率为 12871kW（17500 马力），转速由 417r/min 降到 137r/min。行星齿轮传动可使得减速器质量减少 1/5 ~ 1/3，且整体布置更为紧凑。

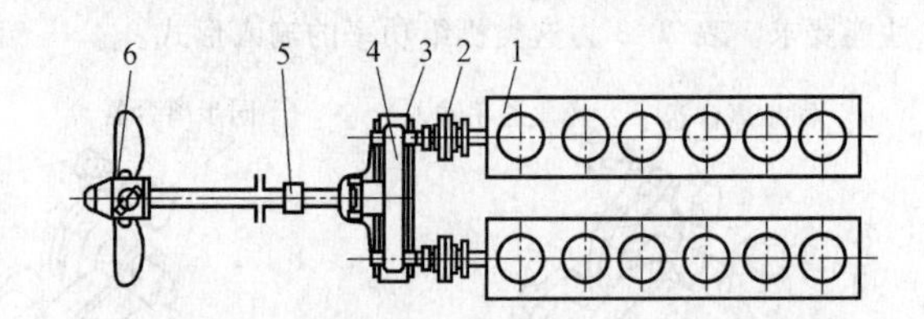

图 20-34　24000t 散装船双机并车齿轮减速装置

1—主机　2—高弹性摩擦离合器　3—齿轮箱

4—齿轮　5—中间轴承　6—调距螺旋桨

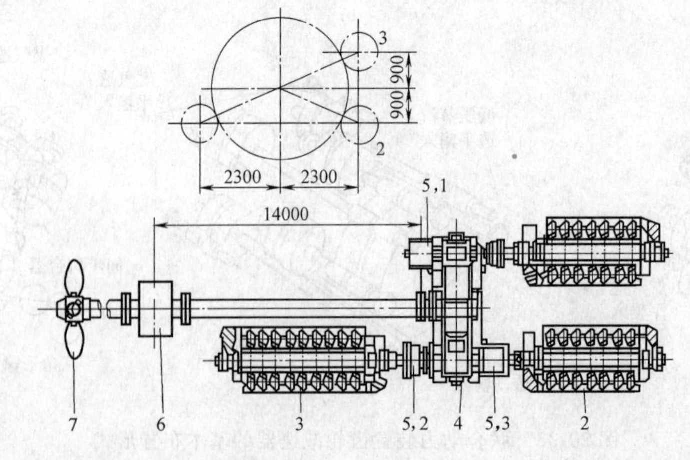

图 20-35　采用三台柴油机 33833kW（46000 马力）的三机并车齿轮减速装置

1,2,3—柴油机　4—齿轮减速器　5—片式离合器　6—推力轴承　7—调距螺旋桨

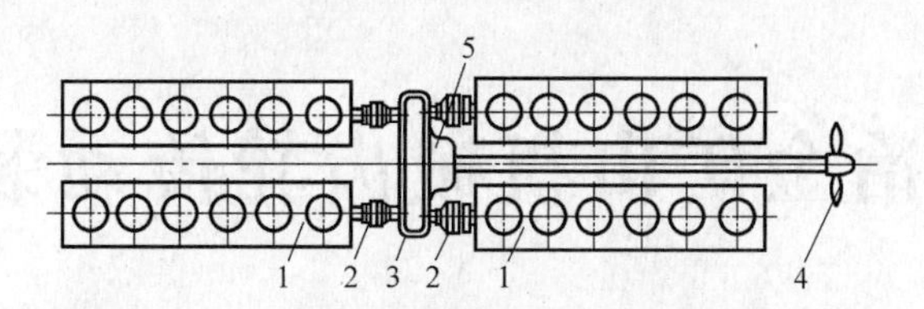

图 20-36　38000t 客船四机并车齿轮减速装置

1—主机　2—高弹性联轴器、离合器

3—并车齿轮箱　4—螺旋桨　5—主推力轴承

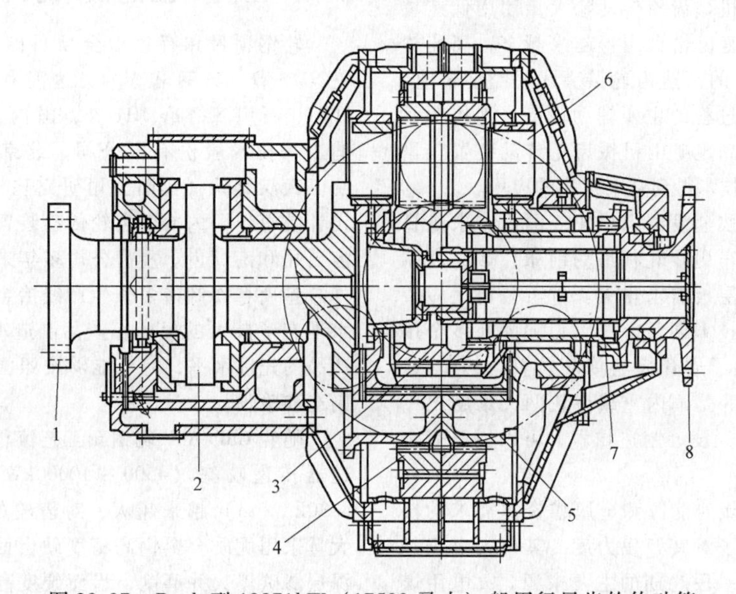

图 20-37　Renk 型 12871kW（17500 马力）船用行星齿轮传动箱

1—输出轴法兰　2—主推力盘　3—太阳轮　4—内齿圈

5—行星架　6—行星轮　7—齿轮联轴器　8—输入轴法兰

第21章　冶金矿山机械齿轮传动装置的设计

冶金矿山机械齿轮传动装置，主要以传递动力为主，工况为变载、变速、大冲击、齿轮载荷大、连续工作，要求传动装置高强度、高寿命、高可靠度。现代冶金矿山机械齿轮传动除大量使用低速重载齿轮外，中、高速齿轮也用得越来越多，高速棒线材精轧线为典型的高速齿轮装置。平整、矫直、剪切、卷取是轧制过程的主要辅助设备，其传动系统更加复杂。为了满足矿山机械齿轮传动装置轻量化需要，功率分流技术得到越来越多的应用。

由于国民经济快速发展，热轧板国内需求量日益增加，高精度汽车用冷轧板市场前景广阔，高端家电、办公设备涂层板需求量大。重齿公司适应市场发展需要，依靠技术创新，先后为国内外多个用户的冶金项目提供了成套齿轮传动装置，其质量、性能稳定，一直认为是国内重载齿轮两大难题之一的“轧钢机减速器”设计制造技术，可以说已完全解决。

随着各行业领域对能源和金属矿资源需求的快速增长，国家加大了对其开发力度，其中火电仍是国家电力将来很长一段时期的主要来源，火电用煤的开采也将相应增长。根据国家装备制造业调整和振兴规划任务，将以大型煤矿、大型金属矿建设为依托，大力发展采掘、提升、洗选设备，实现国内的自主设计制造。结合矿山行业市场需求，重齿公司已开发出煤矿提升、矿用斗轮机驱动、铁矿深井提升等设备的专用传动装置，实际 应用效果良好，逐步实现矿山齿轮传动装置的国产化。

21.1　目前产品的技术水平

轧钢项目和有色冶金项目国外总包商有西马克 SMS/D、奥钢联 VAI、达涅利 DANIELI、三菱 MHI、石川岛播磨 IHI 等，国内总包商有中冶赛迪工程技术股份有限公司、北京钢铁设计研究总院、武汉钢铁（集团公司研究院）、洛阳有色冶金设计院等，国内冶金齿轮传动装置主要制造商为重齿公司和南高齿。重齿公司多年来通过与上述国内外总包商合作制造多条生产线冶金传动设备，技术水平有了极大的提高，产品制造水平达到国外同类产品的先进水平，完全能够按照国外标准进行设计制造和验收。

随着 CSP/ASP 轧钢新工艺流程的发展，齿轮变速器传递功率（4500～10000kW）、转矩（765～4830kN·m）越来越大，对齿轮的性能要求很高，大量采用优质合金钢高精度硬齿面齿轮。齿面进行深层渗碳淬火并磨削，齿面硬度高（57～62HRC），芯部韧性好，轮齿承载能力强。通过对齿顶和齿向修形，采用偏心套调整齿面接触率，一般要求接触率达到80%以上，进一步提高了齿轮综合动力学特性。重齿公司已提供冶金项目传动装置齿轮精度等级情况见表21-1。

表21-1　四川重齿公司已提供冶金项目传动装置齿轮精度等级情况

精度标准	ISO 1328	DIN3961	AGMA2015	JIS-B1702	GB/T 10095.1～2
精度等级	5～6	5～6	11～12	2～3	5～6
主要项目	唐山钢铁集团有限责任公司热轧1680，江苏沙钢集团有限公司5m宽厚板	本溪钢铁（集团）有限责任公司热轧2300，北京首钢股份有限公司热轧2250	西南铝业（集团）有限责任公司1+4，成都无缝钢管厂无缝钢管	山东南山铝业股份有限公司1+4，宝钢集团有限公司1800	青海平安高精铝业有限公司铝1+3，攀钢集团长城特殊钢有限责任公司棒线等

大型冶金传动装置齿轮模数都比较大，模数一般都超过20mm，重齿公司已提供冶金产品齿轮模数还有 $24m_n$、$25m_n$、$28m_n$、$30m_n$、$32m_n$、$34m_n$，且普遍采用变位齿轮来提高齿轮副的承载能力。

根据齿轮的尺寸大小、数量多少以及用户的不同要求，齿轮结构形式采用锻造实心轮结构、镶套结构、焊接齿轮结构、无空刀槽人字齿轮结构等。对于大直径焊接渗碳淬火齿轮制造技术，德国也只有少数齿轮制造商掌握，其技术难点是渗碳淬火热处理的变形控制、焊缝处理和内应力消除，通过技术攻关，重齿公司已掌握这项技术（专利名称：焊接结构渗碳淬火齿轮的加工工艺，专利号：

ZL200810233087.7)，在矿山、建材、冶金行业产品中进行应用，直径 ϕ3200 焊接渗碳淬火大齿轮在宁波建龙 1780 热轧生产线中已经过几年的实际使用。

由于冶金传动装置轻量化需要，大型无退刀槽硬齿面高精度人字齿轮结构得到应用，重齿公司已掌握其加工方法，已申请发明专利（专利名称：无退刀槽硬齿面高精度人字齿轮的加工方法，专利号：ZL200710092468.8)，唐钢热轧 1680 粗轧 R1、R2 齿轮机座采用此种结构，质量减轻了很多。为满足矿山机械传动装置轻量化要求，重齿公司设计制造的梅山大型铁矿的主井提升减速器，采用共轴式功率双分流结构，弹性基础，弹簧轮均载技术（专利名称：人字弹簧齿轮，专利号：ZL200720125015.6)，提升减速器特性见表 21-2。

表 21-2　提升减速器特性

参数名称	代号	单位	高速级	低速级
电动机功率	P	kW	1700	1700
转速	n	r/min	637	63.7
中心距	a	mm	1000	1000
模数	m_n	mm	12	16
速比	i		3.11	3.14
齿数	z		36/112	28/88
最大输出转矩	T	kN · m	79.3	249
减速器质量	W	kg	18000	

该提升减速器质量轻，振动小、噪声低，成功替换了瑞典 ASEA 公司的同类产品。

斗轮挖掘机是露天煤矿开采的主要设备，斗轮驱动减速器作为斗轮挖掘机的动力来源，具有使用工况恶劣、速比大、传递转矩大、可靠性要求高、维修不便等特点，是斗轮挖掘机的核心部件。重齿公司为内蒙古元宝山露天煤矿设计制造的 DL1485 斗轮驱动减速器，采用差速行星功率分流结构，直接将内齿圈和行星架设计为功率输出部件，行星架和内齿圈在输出动力时，由于太阳轮、行星轮、内齿圈各自齿数的不同实现输出转速差，以达到功率分流目的。驱动减速器输入功率 1000kW、输入转速 965r/min、速比 178，输出转矩 1762kN · m，由于结构紧凑，质量仅为 28900kg，替换了德国罗曼公司的产品。斗轮驱动减速器传动原理如图 21-1 所示。

随着越来越多的用户对冶金矿山齿轮传动产品提出轻量化要求，功率双分流、差动功率分流、功率多分流及其均载技术将会得到越来越多的应用。

优秀的齿轮热处理技术，是齿轮传动产品内在品质的必要保证。冶金矿山重载渗碳淬火齿轮材料主要采用 17CrNiMo6（17Cr2Ni2Mo)、20Cr2Ni2Mo、20CrMnMo 等，调质齿轮主要采用 42CrMo、30CrNiMo8（34CrNi3Mo)、34GrNiMo6（34CrNi1Mo)。重齿公司在消化吸收德国公司齿轮热处理先进经验的基础上，结合实际，对渗碳齿轮材料及工艺进行优选试验研究，形成了较先进的、合理的、独具特色的硬齿面齿轮热处理控制技术和质量检测控制技术，大部分产品齿轮材料质量及热处理按 MQ 级执行，部分产品按 ME 级执行，很好地保证了齿轮内在性能，使用更加可靠。

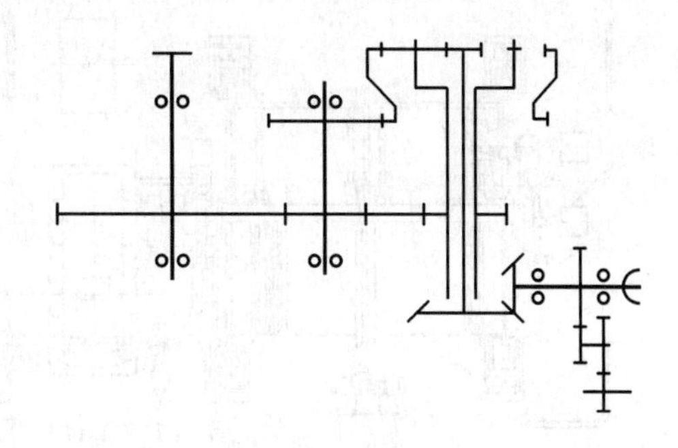

图 21-1　斗轮驱动减速器传动原理

大型冶金矿山减速器大部分都采用焊接箱体，按减速器的倾翻力矩和刚强度计算来决定箱体的壁厚和焊缝尺寸，焊缝经强度计算确保设计可靠，部分轴承座钢板厚度达 250 ~ 450mm，焊接箱体经退火消除应力，减少了箱体变形，能有效保证产品的传动精度质量。

为发展需要，重齿公司引进了国际一流的齿轮设计研发软件 KISSSOFT，三维造型软件 UG、

SOLIDWORKS，分析软件 ANSYS，齿轮设计验证软件 ROMAX、MASTA，可以对齿轮和齿轮传动装置按不同标准进行几何、强度计算，三维造型设计和结构动力学分析、有限元计算分析、齿轮啮合仿真、加载接触分析、齿轮箱系统分析等。采用上述软件对冶金矿山齿轮传动产品进行精细化设计，能为用户提供性能优良的产品。

21.2 产品的应用及其发展趋势

近些年，重齿公司为国内外冶金企业提供的新建项目生产线主传动装置，由重齿公司自主设计制造，开创了国内铝业现代化主传动设备自主设计制造的先例。

在吸收国内外先进齿轮设计制造的基础上，重齿公司按市场需求，开发了矿用大型行星减速器，主要有 MT、MTL、MTS、MTP、MTLP 系列，采用先进软件优化并系列化，具有质量轻、传扭能力强、寿命长等特点，广泛用于矿山、冶金、起重运输等行业。

随着国内各齿轮制造商技术能力的提升和综合实力的逐年增强，冶金矿山机械齿轮传动装置的国产化率将会越来越高。

随着国家装备制造业振兴规划的实施，要求不断提升重大技术装备自主研制水平。对于冶金装备，特别对宽板轧机齿轮箱，最大轧制宽板宽度为 2300mm，传递功率达 12000kW；大型冶金起重机用齿轮箱，最大转矩达 2600kN · m 等大型冶金项目的国产化要求，给国内齿轮制造商带来了新的机遇和挑战。同时，在未来几年中，我国将建成多个煤炭基地，形成 5 ~ 6 个亿吨级生产能力的特大型煤炭企业集团。预计我国在“十二五”期间，将建设酸刺沟等十个深井煤矿和金属矿山，将给矿山机械齿轮装备发展带来新的市场机遇。

21.3 矿井提升机齿轮传动装置

矿井提升机按其工作原理不同可分为两类，即单绳缠绕式（见图 21-2）及多绳摩擦式，而多绳摩擦式提升机又分为井塔式（见图 21-3）及落地式（见图 21-4）两种。所配用的减速器具有载荷大、起动频繁、制动力矩大、要求双向工作等特点。

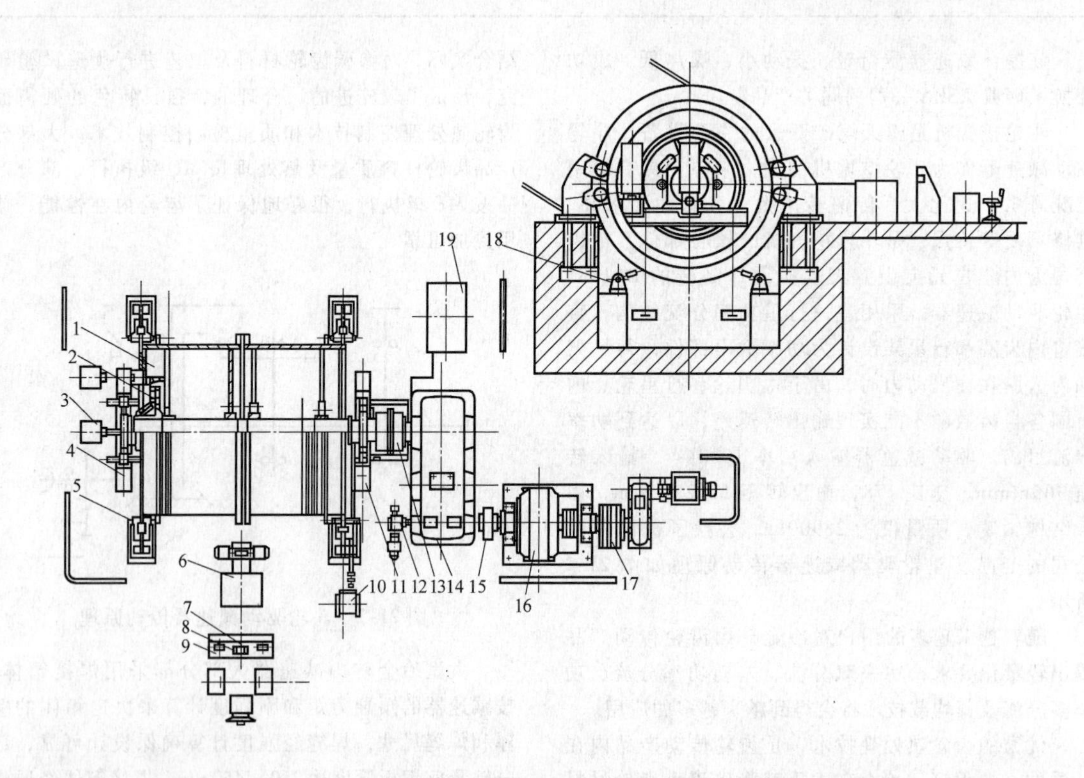

图 21-2 单绳缠绕式矿井提升机

1—主轴装置 2—径向齿块离合器 3—多水平深度指示器传动装置 4—左轴承梁 5—盘形制动器 6—液压站 7—操纵台 8—丝杠式粗针指示器 9—圆盘式精针指示器 10—牌坊式深度指示器 11—右轴承梁 12—测速发电机装置 13—齿轮联轴器 14—减速器 15—弹性棒销联轴器 16—电动机 17—微拖动装置 18—锁紧器 19—润滑站

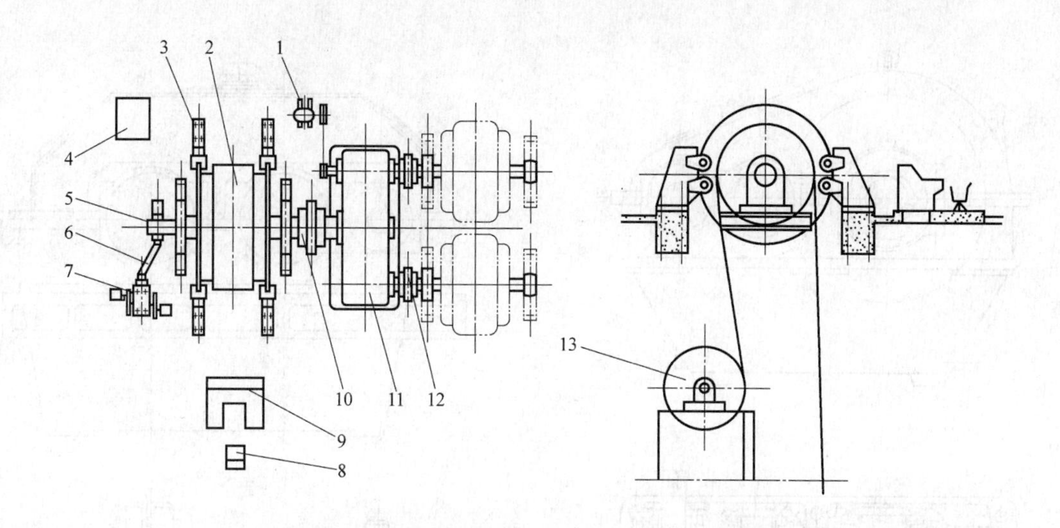

图 21-3　多绳摩擦井塔式矿井提升机

1—测速发电机装置　2—主轴装置　3—盘形制动器装置　4—液压站　5—精针发送装置　6—万向联轴器　7—深度指示器系统　8—驾驶员座椅　9—操纵台　10—齿轮联轴器　11—减速器　12—弹性联轴器　13—导向轮

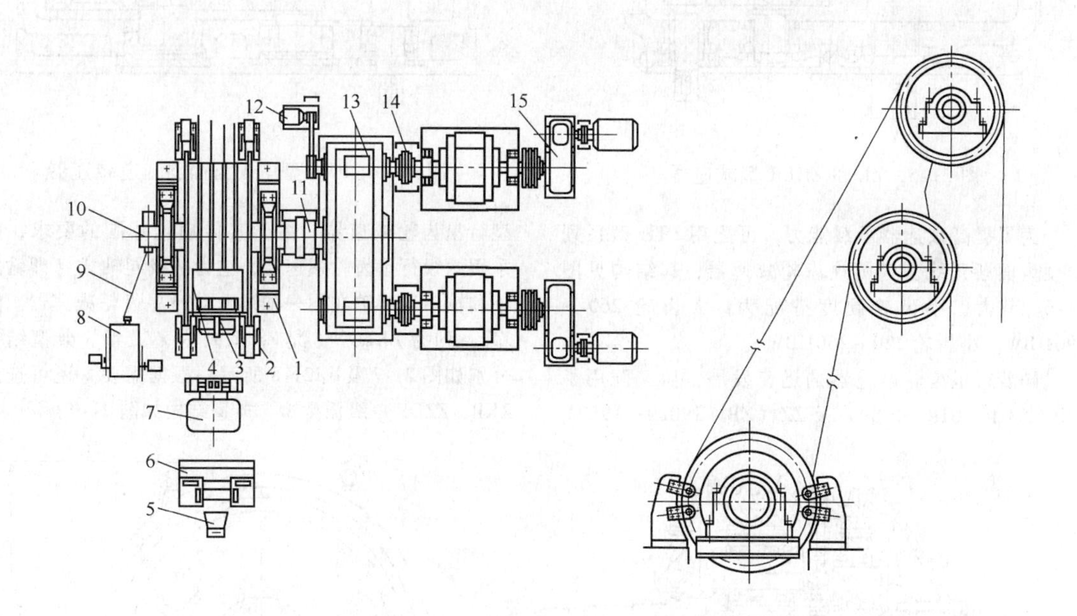

图 21-4　多绳摩擦落地式矿井提升机

1—主轴装置　2—盘形制动器装置　3—车槽装置　4—主导轮护板　5—驾驶员座椅　6—斜面操纵台　7—液压站　8—深度指示器系统　9—万向联轴器　10—精针发送装置　11—齿轮联轴器　12—测速发电机装置　13—减速器　14—弹簧联轴器　15—微拖动装置

21.4　单绳缠绕式提升机用减速器

单绳缠绕式提升机用减速器由于受提升机提升速度和电动机极数（转速）的限制，其传动比多在 $i=11.2\sim31.5$ 范围内，故采用两级减速器。

常采用侧动式人字齿轮减速器，如 ZL（渐开线齿）和 ZHLR（圆弧齿）型系列减速器，其结构如图 21-5 所示。该系列减速器采用调质软齿面齿轮，精度等级为 GB/T 10095.1 的 7 级。按轴承形式分为全部滑动轴承及滚动轴承两种形式。

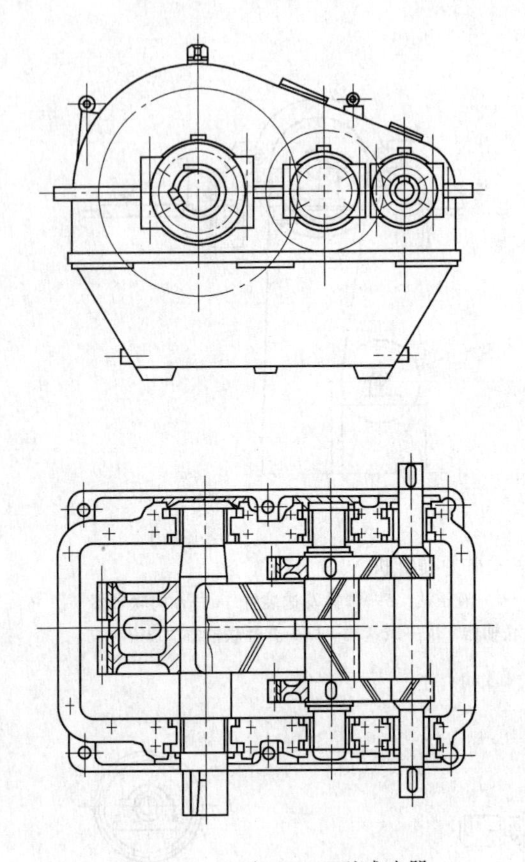

图 21-5　ZL 和 ZHLR 型减速器

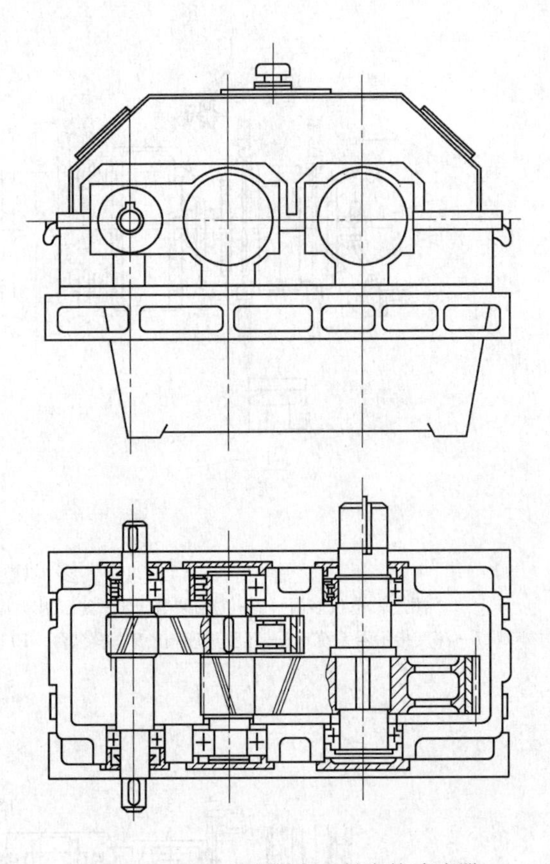

图 21-6　PTH 型中硬齿面斜齿轮减速器

为了提高减速器承载能力，可配用 PTH 型系列中硬齿面渐开线斜齿圆柱齿轮减速器，其结构见图 21-6。其大、小齿轮硬度搭配为：大齿轮 260～290HBW，小齿轮 320～360HBW。

随着行星齿轮减速器的迅速发展，后又配用了 ZK（ZB J 19018—1989）及 ZZ（ZB J 19020—1989）型行星齿轮减速器。由于其传动比范围的要求，多采用两级行星齿轮减速器，它为两级同轴式（即输入轴和输出转架轴在同一轴线上）行星齿轮减速器。配 ZK 系列为 ZKL 型，配 ZZ 系列为 ZZL 型。典型结构分别如图 21-7 及图 21-8 所示。根据需要，还可选用 ZKP、ZZDP 单级派生型，典型结构如图 21-9 所示。

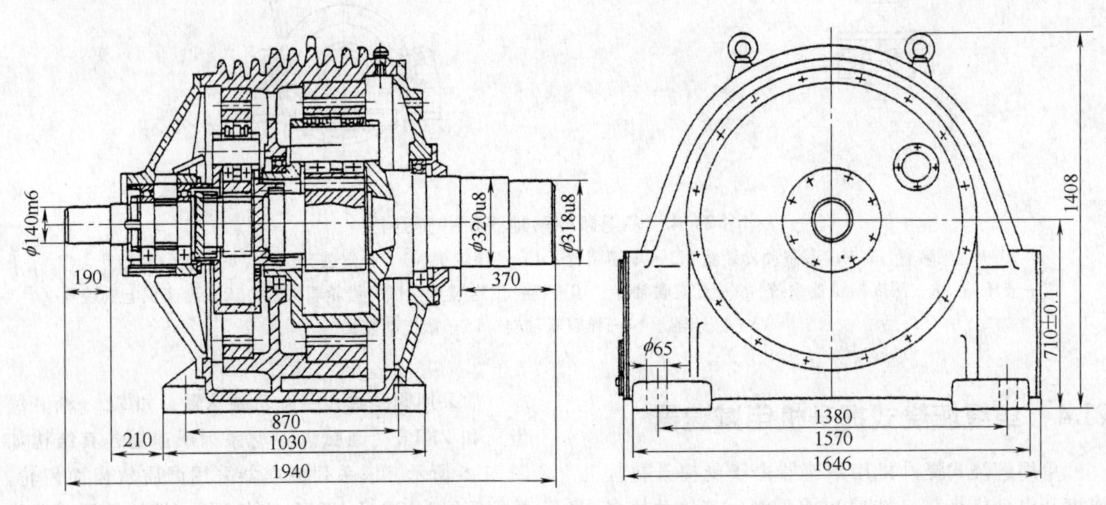

图 21-7　ZKL 型行星减速器

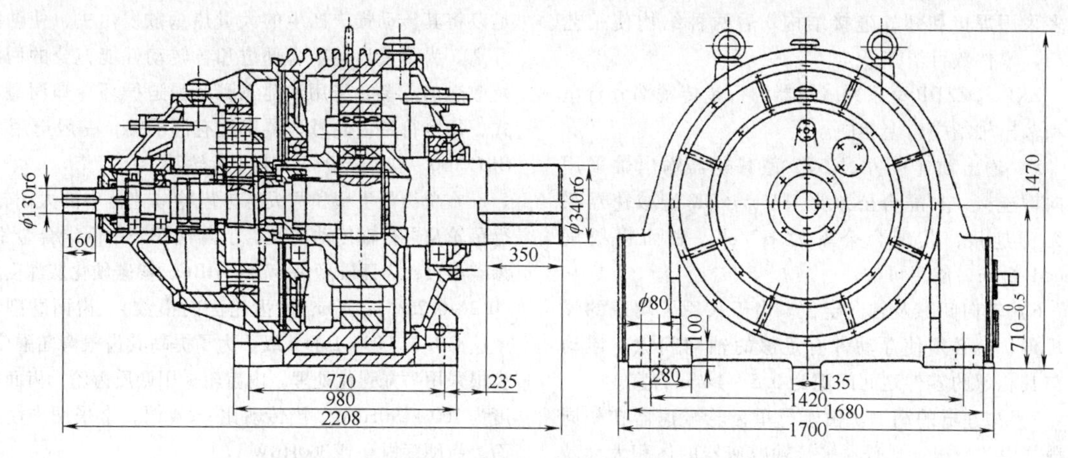

图 21-8　ZZL 型行星减速器

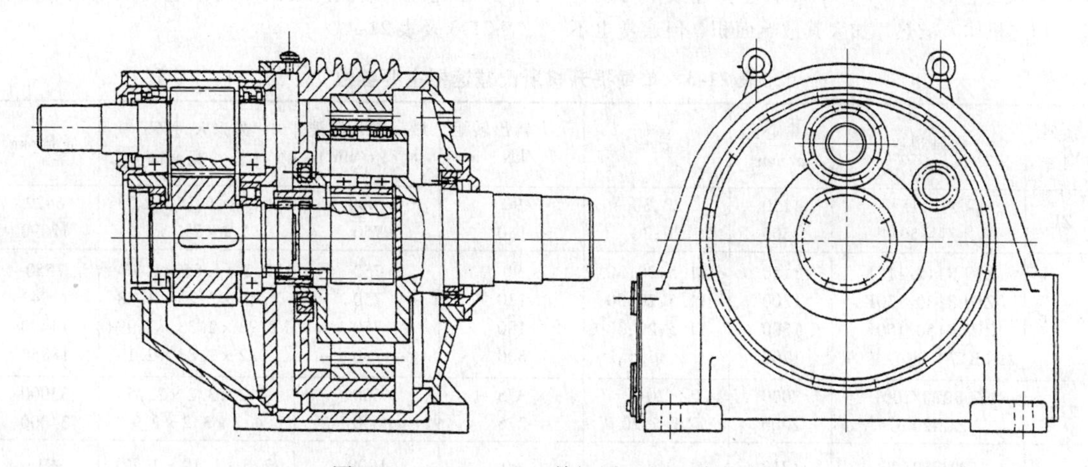

图 21-9　ZKP、ZZDP 单级派生行星减速器

以上行星齿轮减速器结构的主要特点为：

1）行星轮数目 $n_p = 3$。采用基本构件浮动作为均衡装置，结构简单，容易实现单级、二级、三级的系列化。

2）浮动机构：

① ZKL 型及 ZZL 型结构皆为高速级采用太阳轮和行星架同时浮动；低速级采用浮动齿套及太阳轮浮动，太阳轮的浮动是借助于鼓形齿联轴器实现的。

② ZKP 型及 ZZDP 型皆为浮动齿套及太阳轮浮动，太阳轮的浮动是借助于鼓形齿联轴器实现的。

3）机体结构。机体皆采用了整体结构，机体外壁有若干组散热肋，它既起到因行星减速器体积大大减小，需要扩大散热面积的作用，又起到机体加强肋的作用，使刚性增强，运转平稳。

其中 ZKL 型机体结构的特点是高速级和低速级同处在一个机体内，结构紧凑，零件数量少，制造和装配工艺简单，轴向尺寸大为减少，但它因受结构所限，传动比范围小，适合于专用系列。

ZKP、ZZDP 和 ZZL 型机体结构为高速级和低速级分开各自成一部件串联成一体。其中 ZKP 与 ZZDP 型由于高速级为平行轴传动，受结构限制，必须与低速级行星传动分开；而 ZZL 型因是重载通用行星齿轮减速器系列，传动比范围大，且单级、二级、三级行星齿轮减速器的组合都是采用一个安装机体，可使系列通用化程度提高，最大限度地减少零件品种数目。

4）行星架和行星架轴。在 ZKL 和 ZZL 型系列减速器中，高速级行星架结构有两种，一种结构是整体铸造式；另一种为装配式（即由行星架体和固定齿套两部分用螺栓连接成一体）。装配式是为了提高行星架联轴器部分的强度；整体式结构是采用了高强度合金钢进行热处理以满足强度要求。低速级输出行星架轴结构有三种形式：第一种为整体铸钢体（即行星架与输出轴铸成一体）；第二种为焊接结构（即行星架与输出轴分别为高强度合金钢铸件及锻件，焊接成一体）；第三种为用高强度螺栓连接。整体铸钢件结构最简单，但由于是铸钢件，对铸件的质量要求很严格，强度和性能难以保证，故现在大多采用焊接和螺栓连接结构。后两种结构使工艺复杂，零件数目增多。

ZKP 与 ZZDP 型系列减速器的行星传动部分行星架和输出轴结构与上相同。

5）输出轴连接方式。ZZ 型减速器输出轴采用切向键连接，其配合公差为 H7/r6。ZK 型减速器采用无键连接，其配合公差为 H7/u8，表面粗糙度 $Ra<1.6\mu m$，使用可靠。

6）轴向间隙及轴向定位。由于采用了均载的浮动机构，就必须使浮动件有足够的轴向间隙。浮动件与其相邻的零件之间间隙为 0.5～1mm 为宜。

7）减速器的润滑。由于行星齿轮减速器在相同承载能力的情况下比普通平行轴减速器的体积大大减小（一般是它的 1/2～1/3），尽管它传递效率可以提高，加之机体有散热片加大其散热面积，但通常也不足以将其传动损失产生的大量热量散发出去，使油温升高。为了使齿轮啮合部位和各转动件能充分的润滑及散热的需要，采用油池飞溅及强迫循环冷却润滑方式，每台行星齿轮减速器都配有润滑站，一般选用 L-CKC 150～320 号中载荷工业齿轮油。

在单级派生型和两级行星齿轮减速器中的太阳轮、行星轮及平行轴传动的大、小齿轮皆采用低碳合金钢，渗碳淬火，齿面硬度为 57～61HRC，渗碳硬化层深度为（0.2～0.25）m_n（m_n 为齿轮法向模数）。齿面磨削精度达 GB/T 10095.1 的 6 级。为了提高其齿根弯曲强度，齿根采用喷丸强化处理。内齿轮采用调质齿轮，齿面硬度为 260～290HBW，当传动比 $i\leqslant4$ 时，常采用中硬齿面，齿硬度提高到 300HBW 以上。

单绳缠绕式提升机配用的减速器及主要参数见表 21-3 及表 21-4。

表 21-3　单绳提升机所配减速器主要参数

系列型号	型号规格	总中心距 a/mm	传动比 i	最大输出转矩 T_p/kN·m	最高输入转速 n_1/(r/min)	外形尺寸/m（长×宽×高）	质量/kg
ZL	ZL-115	1150	20;30	90	1000	2.34×1.75×1.73	6420
	ZL-150	1500	20;30	180	750	2.9×2.3×2	12090
ZHLR	ZHLR115/115K	1150	11.5;20;30	90	750	2.2×1.85×1.73	7550
	ZHLR130/130K	1300	11.5;20;30	130	750	2.49×2.23×1.88	11947
	ZHLR150/150K	1500	11.5;20;30	180	750	2.93×2.33×1.99	14400
	ZHLR170(Ⅲ)/170K	1700	11.5;15.5;20	300	750	3.2×2.83×2.1	18840
ZLR	ZLR200/200E	2000	20	375	600	4.2×3.2×2.75	33000
	ZLR200C	2000	15.5;20	375	600	4.2×3.2×2.9	34000
PTH	PTH710(2)	1210	7.1～35.5	90	1000	2.6×1.19×1.77	9913
	PTH800(2)	1360		130	1000	2.85×1.27×1.95	13510
	PTH900(2)	1530		180	750	3.15×1.42×2.19	11642
	PTH1000(2)	1710		276	750	3.42×1.42×2.4	20525
	PTH1120(2)	1920		380	750	3.62×1.52×2.6	26180
	PTH1250(2)	2150		495	750	4.18×1.81×2.77	34255

注：生产单位：中信重型机械公司。

表 21-4　ZK 型行星减速器主要参数

基座号	轴转速/(r/min)	输出轴许用转矩 T_p/kN·m					
		ZKD		ZKP		ZKL	
		公称传动比 5～6.3	质量/kg	公称传动比 7.1～14	质量/kg	公称传动比 16～40	质量/kg
1	1000 750 600 500	59.0～75.6	2240	54.8～81.1	2525	62.1～81.1	2520
2		99.6～129.6	3010	92.6～138.8	3430	107.7～135.6	3515
3		182.3～236.9	4810	150.6～239.9	5505	199～259.4	5520
4		272～346.6	6530	224.5～356.1	7660	285.3～373.5	7115
5		398～510	10500	340～530.8	11700	440.72～569.1	11490
6		611.7～799.5	17165	473.4～825.9	19630	700～905.7	19220
7		853.9～1390	27228	672.2～1194	28625	1046～1354	27330

注：生产单位：中信重型机械公司。

21.5 多绳摩擦式提升机用减速器

井塔式多绳提升机为了减小起动和制动时对井塔的冲击，减少机器动负荷对提升系统的影响，常采用弹簧基础减速器，如图21-10所示。它是两级共轴式减速器，整个减速器安放在弹簧12和机座11上，高速轴和低速轴8装配在同一轴线上。电动机经过蛇形弹簧联轴器与高速轴齿轮1相连接。当齿轮1转动时，高速轴齿轮便带动两侧的中间大齿轮2，经过轴套3带动弹性轴5，又经过轴套带动中间小齿轮6和低速大齿轮7，再经过切向键带动低速轴8转动，从而完成减速和动力的传递。弹性轴的作用一方面是将减速器的高速级和低速级弹性地连接在一起，同时在减速器工作过程中，利用两侧弹性轴的不同扭转变形，来克服因齿轮制造误差所引起的两侧齿轮对上的负荷不均衡现象，使两侧均载。齿轮为调质处理，大齿轮硬度为220～250HBW，小齿轮硬度为260～290HBW。

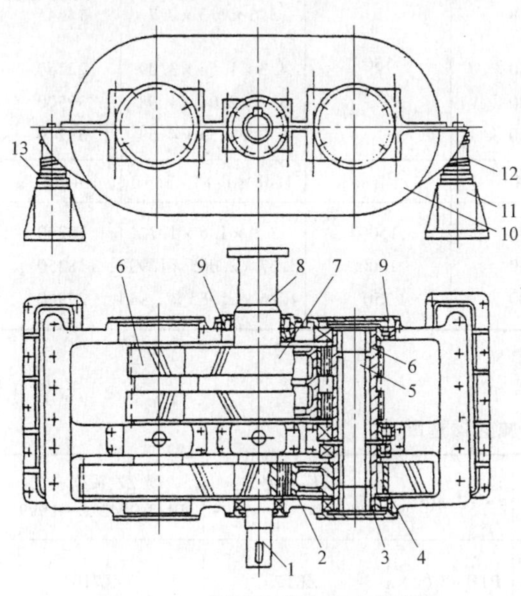

图21-10 同轴式弹簧基础减速器

1—高速轴齿轮 2—中间大齿轮 3—轴套 4—键
5—弹性轴 6—中间小齿轮 7—低速大齿轮
8—低速轴 9—滚动轴承 10—机体
11—机座 12—弹簧 13—液压阻尼器

如果提升机的功率大于1000kW，常用双电动机驱动，减速器为双输入轴结构形式，如图21-11所示。双输入轴齿轮减速器从齿形上有渐开线齿和圆弧齿两种，型号分别为ZD_2R及ZHD_2R。由于单级传动比太大（i=11.5～12.5），致使大齿轮很大，减速器外形庞大、笨重，给安装、使用、维护、起重运输都带来不便。减速器从轴承的结构形式分，有高、低速轴全部采用滑动轴承或滚动轴承的，也有如图21-11所示低速轴采用滚动轴承，高速轴采用滑动轴承的。此种类型减速器皆为调质齿轮，大齿轮硬度为220～250HBW，小齿轮硬度为260～290HBW。

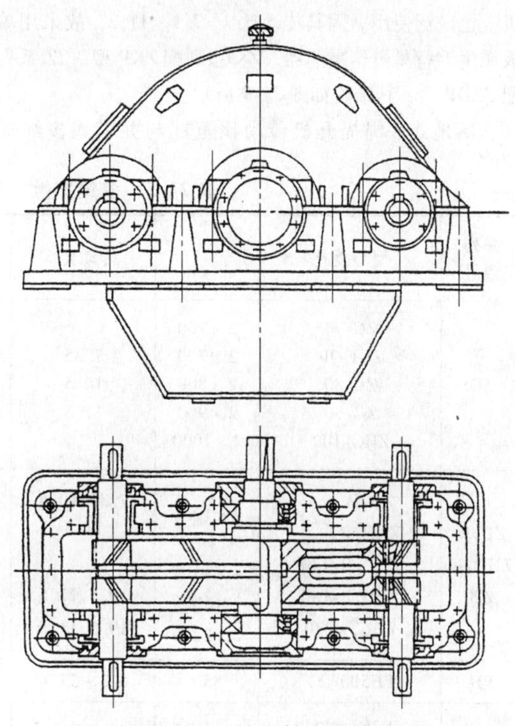

图21-11 双输入轴齿轮减速器

为了提高承载能力，减小体积和质量，可采用渐开线硬齿面两级斜齿圆柱齿轮减速器，型号为P_2H型，其结构如图21-12所示。轴齿轮及齿轮皆

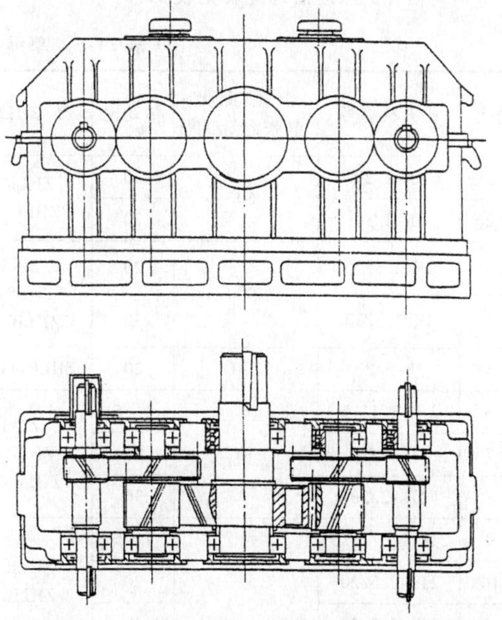

图21-12 双输入轴硬齿面斜齿圆柱齿轮减速器

采用低碳合金钢（20CrNi2MoA 等），渗碳淬火，齿面硬度为57～61HRC，渗碳层深度为（0.2～0.25）m_n，齿轮精度为 GB/T 10095.1 的 6 级。

由于行星齿轮减速器的一系列优点，在多绳提升机上也广泛使用。因其传动比 i=7.1～11.2，故采用单级派生型行星齿轮减速器，ZK 系列配 ZKP 型、ZZ 系列配 ZZDP 型，其结构如图 21-9 所示。

落地式多绳提升机传动比范围与井塔式多绳提升机一样 i = 7.1～11.2。由于其提升机为落地式，不需要考虑在起动或制动时与高层建筑的共振问题，故所配减速器除不需要配同轴式弹簧基础减速器外，其余与井塔式多绳提升机相同，即配用 ZD_2R 或 ZHD_2R 型、P_2H 型及行星齿轮减速器 ZKP 型或 ZZDP 型。

多绳摩擦式提升机配用减速器主要参数见表 21-5。

表 21-5　多绳摩擦式提升机配用减速器主要参数

系列型号	型号规格	总中心距 a/mm	传动比 i	最大输出转矩 T_p/kN·m	最高输入转速 n_1/(r/min)	外形尺寸/m（长×宽×高）	质量/kg
ZG	ZG-70	2×700	7.35 10.5 11.5	116	750	3.3×2.1×1.6	12100
	ZGF-70	2×700		118	750	3.4×2.2×1.5	10450
	ZG-80	2×800		190	750	3.8×2.6×1.8	17250
	ZG-90	2×900		390	750	4.24×2.8×2.0	23780
	ZHG-100	2×1000		570	500	4.87×2.91×2.19	35040
ZD_2R ZHD_2R ZD	ZD_2R-120 ZHD_2R-120	2×1200	7.35、10.5 11.5	118	750	3.6×1.3×2.7	14645
	ZHD_2R-140	2×1400		250		4.3×1.56×3.09	22250
	ZHD_2R-180	2×1800	10.5、11.5	380		5.1×2.04×4.08	39500
	ZD-2×220	2×2200	10.5、11.5	440		6.2×2.55×4.69	58240
PH	PH500(2)	855	6.3～22.4	64		1.88×1.18×1.41	4752
P_2H	P_2H630(2)	2×1080	7.35	245	1500	3.0×1.6×1.7	10290
	P_2H800(2)	2×1360	10.5	560	1000	3.67×2.065×1.93	18250
	P_2H900(2)	2×1530	11.5	800	750	4.26×2.385×2.14	29960

单绳提升机减速器选配表见表 21-6。

表 21-6　单绳提升机减速器选配表

序号	提升机型号	钢丝绳最大静张力差/kN	传动比	ZL、ZHLR 系列	PTH 系列	ZK 系列 JB/T 9043.1—1999	ZZ 系列 JB/T 9043.2—1999
1	JK-2/20	60	20	ZHLR-130 ZHLR-130K	PTH800(2)	ZKL2	ZZL710
2	JK-2/30		30				
3	JK-2.5/20	90	20	ZL-150 ZHLR-150 ZHLR-150K	PTH1000(2)	ZKL3	ZZL900
4	JK-2.5/30		30				
5	JK-3/20	130	20	ZHLR-170(Ⅲ)	PTH1250(2)	ZKL4	ZZL1000
6	2JK-2/11.5	40	11.5	ZL-115 ZHLR-115 ZHLR-115K	PTH710(2)	ZKD1	ZZDP630
7	2JK-2/20		20			ZKL1	ZZL630
8	2JK-2/30		30				
9	2JK-2.5/11.5	55	11.5	ZHLR-130 ZHLR-30K	PTH900(2)	ZKP2	ZZDP710
10	2JK-2.5/20		20			ZKL2	ZZL710
11	2JK-2.5/30		30				

（续）

序号	提升机型号	钢丝绳最大静张力差/kN	传动比	ZL、ZHLR 系列	PTH 系列	ZK 系列 JB/T 9043.1—1999	ZZ 系列 JB/T 9043.2—1999
12	2JK-3/11.5	80	11.5	ZL-150 ZHLR-150 ZHLR-150K	PTH1000(2)	ZKP3	ZZDP900
13	2JK-3/20		20			ZKL3	ZZL900
14	2JK-3/30		30				
15	2JK-3.5/11.5	115	11.5	ZHLR-170(Ⅲ) ZHLR-170K	PTH1250(2)	ZKP4	ZZDP1000
16	2JK-3.5/20		20	ZLR-200		ZKL4	ZZL1000
17	2JK-4/11.5	140	11.5	ZD$_2$R-180		ZKP5	ZZDP1120
18	2JK-4/20		20	ZLR-200		ZKL5	ZZL1120
19	2JK-5/11.5	180	11.5	ZD-2×220		ZKP7	ZZDP1400
20	2JK-6/11.5	190	11.5	ZHD$_2$R-2×220			

井塔式多绳提升机减速器选配表见表21-7。

落地式多绳提升机减速器选配表见表21-8。

表21-7　井塔式多绳提升机减速器选配表

序号	提升机型号	钢丝绳最大静张力差/kN	传动比	ZG 系列	ZD$_2$R 系列	P$_2$H 系列	ZK 系列 JB/T 9043.1—1999	ZZ 系列 JB/T 9043.2—1999
1	JKM1.3×4	2.5	7.35 10.5 11.5	—	—	PH500(2)	ZKP1	ZZDP560
2	JKM1.8×4	40		—	—	PH500(2)	ZKP1	ZZDP560
3	JKM1.85×4	60		ZG-70	ZD$_2$R-120 ZHD$_2$R-120	—	ZKP2	ZZDP800
4	JKM2×4	65		ZG-70	ZD$_2$R-120 ZHD$_2$R-120	—	ZKP2	ZZDP800
5	JKM2.25×4	70		ZG-70	ZD$_2$R-120 ZHD$_2$R-120	—	ZKP3	ZZDP800
6	JKM2.8×4	100		ZG-80 ZGF-70	ZHD$_2$R-140	P$_2$H630(2)	ZKP4	ZZDP1000
7	JKM2.8×6	140		ZG-90	ZHD$_2$R-140	P$_2$H800(2)	ZKP5	ZZDP1120
8	JKM3.25×4	140		ZG-90	ZHD$_2$R-140	P$_2$H800(2)	ZKP5	ZZDP1120
9	JKM3.5×6	220		ZHG-100	ZHD$_2$R-180	P$_2$H900(2)	ZKP6	ZZDP1250
10	JKM4×4	180		ZHG-100	ZHD$_2$R-180	P$_2$H900(2)	ZKP6	ZZDP1250
11	JKM4×6	270		—	—	—	ZKP7	ZZDP1600
12	JKM4.5×6	340		—	—	—	—	ZZDP1800
13	JKM5×6	420		—	—	—	—	—

表 21-8 落地式多绳提升机减速器选配表

序号	提升机型号	钢丝绳最大静张力差/kN	传动比	ZD_2R 系列	P_2H 系列	ZK 系列 JB/T 9043.1—1999	ZZ 系列 JB/T 9043.2—1999
1	JKMD2.25×2	25	7.35 10.5 11.5	—	—	ZKP1	ZZDP560
2	JKMD2.25×4	65		ZD_2R-120	—	ZKP2	ZZDP800
3	JKMD2.3×2	45		—	—	ZKP2	ZZDP800
4	JKMD2.8×4	95		ZHD_2R-140	P_2H630(2)	ZKP4	ZZDP1000
5	JKMD3.5×2	70		ZHD_2R-140	P_2H630(2)	ZKP4	ZZDP1120
6	JKMD3.5×4	140		ZHD_2R-140	P_2H800(2)	ZKP5	ZZDP1120
7	JKMD4×2	95		ZHD_2R-140	P_2H800(2)	ZKP5	ZZDP1120
8	JKMD4×4	180		ZHD_2R-180	P_2H900(2)	ZKP6	ZZDP1250
9	JKMD4.5×4	220		—	—	ZKP7	ZZDP1400
10	JKMD5×4	270		—	—	—	ZZDP1600
11	JKMD5.5×4	340		—	—	—	ZZDP1800
12	JKMD6×4	420		—	—	—	—

第 22 章　水泥机械齿轮传动装置的设计

水泥工业的发展坚持以现有企业改扩建为主，大力发展预分解密干法水泥生产线的方针，优先发展日产 400t 以上熟料生产线。生产线的大型化带动了装备的大型化，而装备的大型化又推动了生产线的大型化，两者之间是相互促进，共同发展的。随着我国经济发展，带来的资源约束矛盾突出，水泥工业必须进一步加快结构调整的进程，进一步加快落后生产能力的淘汰步伐，坚决淘汰能耗高、污染严重的小水泥企业，尽快实现新型工业化的目标。

水泥工业的发展和技术进步，带动了制造业特别是建材装备制造业及建材装备的关键设备——齿轮传动装备的发展，生产装备的技术进步应围绕大型化、高效率、低能耗、低污染和进一步提高其运转的可靠性、延长使用寿命等方面开展。

行业共性技术和装备研发取得明显进展，新增生产能力、技术装备水平总体达到国际先进水平，形成技术装备研发制造体系。我国水泥机械传动装置——减速器的重点制造企业三年来在传动装置的研发，特别是向大型化方面发展都取得了长足的进步和可喜的成绩。

22.1　现有产品的概况

自 1985 年至 2010 年 6 月以来，重齿公司利用引进技术自主创新设计制造的 JS 系列中心传动磨机减速器已达 1100 多台，JD-JDX 系列边缘传动磨机减速器 2500 多台，JLX 系列立式磨机减速器 726 台，JH 系列窑用减速器 300 多台，以及近年来设计开发的 MDH 系列单边双传动磨机减速器 52 台，JGX、JGXP 系列辊压机用减速器 258 台，DTJ 系列斗提机用减速器 180 台等。现将重庆齿轮箱有限责任公司水泥工业专用减速器简介如下。

1. JS 及 JST 系列中心传动磨机减速器（见图 22-1和图 22-2）

JS 系列从 JS90 至 JS160 共八种型号，传递功率为 800 ~ 4500kW，输入转速为 740r/min（少数为 595r/min），传动比范围为 35:1 ~ 51:1。

JST 系列从 JST120 至 JST170 共六种型号，传递功率为 2000 ~ 7000kW，输入转速为 995r/min（少数为 740r/min），传动比范围为 45:1 ~ 68.5:1。

JS 系列中心传动磨机减速器目前八种型号已生产并全部在水泥生产线上安全运转。所有型号的减速器使用期均在 5 年以上，其中最长的已经安全运转了 22 年。八种型号的减速器共生产 1091 台，2005 年以后生产的大功率（3150 ~ 4000kW）减速器基本上占 75% 以上。目前传递功率最大为 4500kW 的 JS160 型减速器已经生产 70 多台，并出口到葡萄牙和土耳其。该型减速器被中国建材工业协会评为科技进步二等奖。

图 22-1　JS 系列减速器

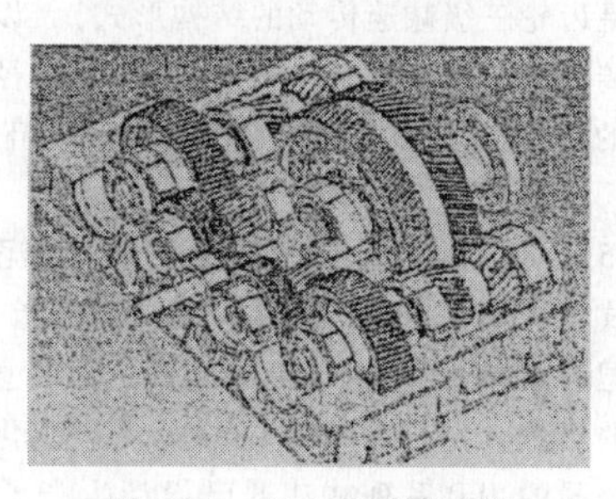

图 22-2　JST 系列减速器

重齿公司根据市场的需求，设计开发出 JST 系列中心传动磨机减速器。该系列减速器为水平同心传动、功率双分流、扭力轴均载的三级齿轮传动装置。首台机为 JST130 减速器。该机已于 2004 年年底完成试制，经台架试验，运转平稳、振动小、噪声低，完全符合设计要求。2007 年开发的 JST160 及 JST150 已出口到约旦、也门等国，于 2008 年安装调试完成并全负荷运行，运转平稳、振动小、噪声低，完全满足用户要求。

JST 系列中，最大型号为 JST170 型减速器，其传递功率最大可达 7000kW。该系列减速器的传递原理、均载方式、技术特点和结构形式都和重齿公司成熟的已生产 1091 台的 JS 系列减速器完全相同，只是 JS 系列为两级传动，而 JST 系列为三级传动。两者相比都具有体积小、质量轻、成本低、适应性强（能适应

990r/min 的6级电动机)、所需加工设备小、组织生产容易、加工周期短等优点。

20世纪90年代前后从德国弗兰德、瑞士马格、法国雪铁龙等公司进口的减速器，其使用的电动机均为6级电动机（1000r/min)，因此JST可以代替进口减速器，节约国家外汇，并可出口创汇。

2. JLX、JLP、JLW立式辊磨减速器（见图22-3、图22-4和图22-5)

立式辊磨的粉磨效率高，电耗低，为高效节能设备，近年来广泛应用在建材行业的水泥生产线和电力行业的煤粉制备上。重齿公司早在1989年和天津水泥工业设计研究院共同设计开发了立式辊磨减速器——JLX。到现在重齿公司的JLX系列减速器已设计生产了200～2300kW等共计426台。产品不但在水泥生产线和火力发电厂煤粉制备线上安全运转，而且还出口到菲律宾、土耳其、越南、巴西、印度等。

JLX系列减速器采用水平输入、垂直输出的锥齿轮—行星齿轮两级减速传动的结构形式。为满足大型减速器大型化、大速比、大转矩的要求，在JLX结构基础上，增加了一级平行轴传动，形成了一个新系列——JLP系列减速器（为锥齿轮—平行轴—行星齿轮三级减速传动的结构形式)，以增大减速器的传动比，同时也减小了锥齿轮的直径，降低锥齿轮的加工成本，降低产品成本，提高市场竞争力。

2005年8月，重齿公司的5000t/d水泥生产线原料立式辊磨用4200kW的JLP400签订了首台合同，结束了国外减速器垄断5000t/d生产线原料立式辊磨减速器的历史，完全替代进口，实现产业化。到目前重齿公司的JLP系列减速器已设计生产了1600～4500kW等共计465台。

水泥生产线在向大型化、无球化粉磨方向发展；立磨减速器又在向大功率密度方向发展，减速器结构中又以行星传动的结构最紧凑、功率密度最大。重齿公司适应形势的发展和市场的需求，总结JLX、JLP系列立磨减速器的设计制造经验，于2009年12月开发设计了一级锥齿轮加二级行星齿轮传动的新型结构JLW系列减速器。该结构减速器体积更小，质量更轻，传扭能力更大。2010年3月，传递功率为4800kW的JLW730型减速器签订了八台首批合同。该批减速器将用于中国最大的建材企业——海螺集团的12000t/d水泥生产线原料立式辊磨机上。目前该减速器已投料制造，于2012年10月交付用户。重齿公司填补了国内大功率立式磨机减速器两级行星传动使用空白。

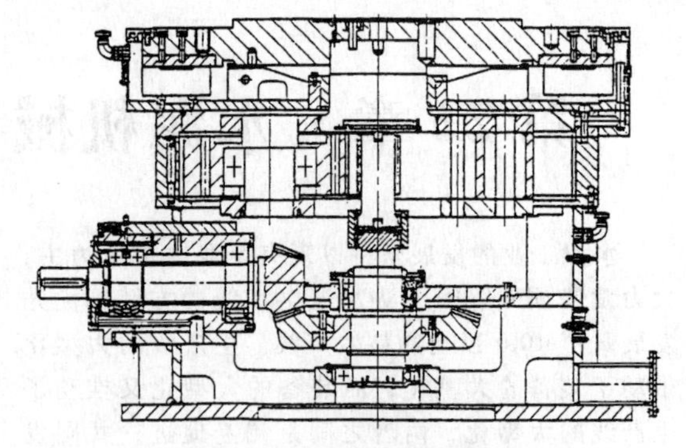
图22-3　JLX系列减速器

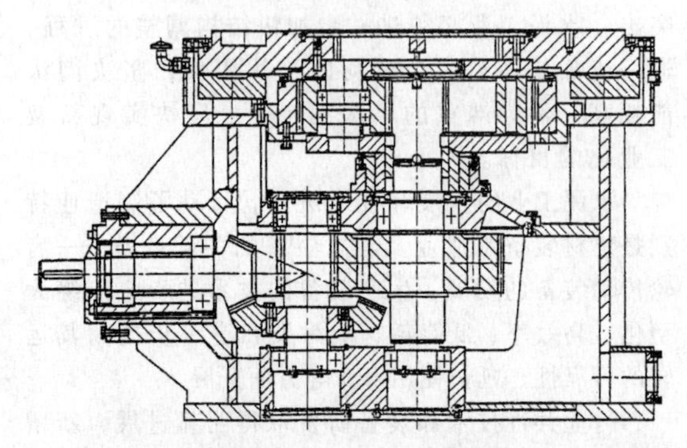
图22-4　JLP系列减速器

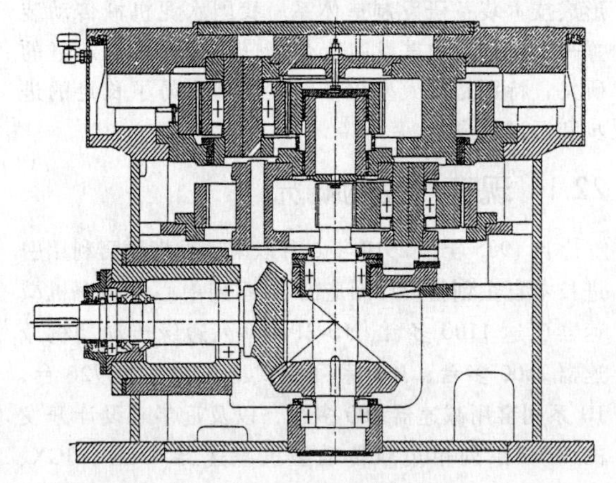
图22-5　JLW系列减速器

3. JGW、JGR系列辊压机用减速器（见图22-6和图22-7)

辊压机是水泥工业广泛采用的高效节能设备，重齿公司从1995年开始研制辊压机用减速器，2008年对辊压机减速器进行升级换代，形成新的JGW、JGR系列。JGW为两级行星传动结构，JGR为两级行星加一级平行传动结构，分别适用于不同的布置安装要求。该系列减速器Ⅰ、Ⅱ两种形式可进行对称互换。两种系列减速器从JGR1622至JGR2836共10个型号、最大传递功率为1800kW，目前该系列减速器已生产258台。

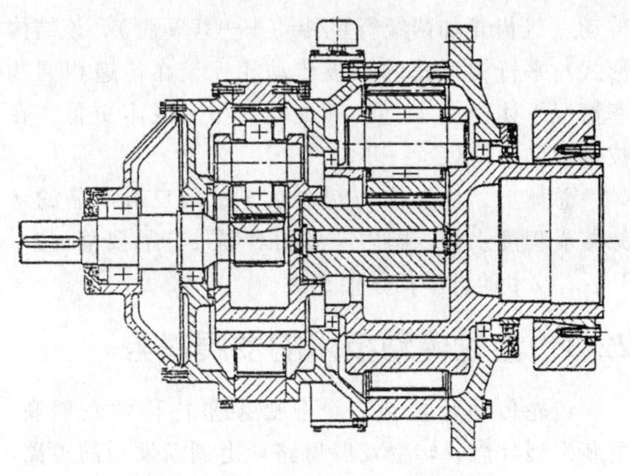

图 22-6　JGW 系列减速器

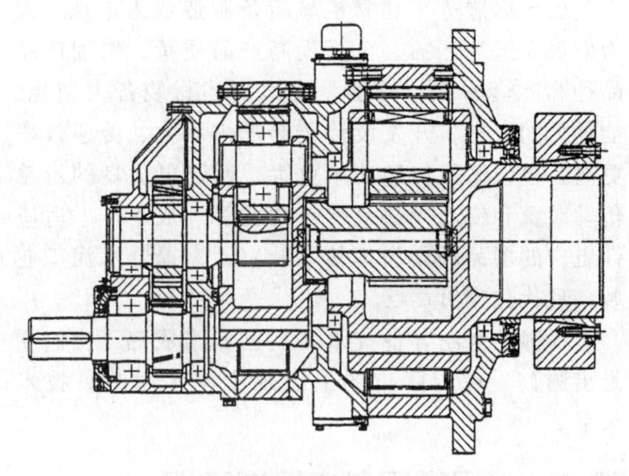

图 22-7　JGR 系列减速器

4. JDX、JD 边缘传动磨机减速器（见图 22-8 和图 22-9）

JD、JDX 边缘传动磨机减速器于 1987 年研制完成。至今该减速器已生产 2500 多台，产品不但遍布全国，而且还随磨机成套出口到东南亚及南美洲。

JD、JDX 系列减速器为单级传动装置。按减速器的中心距分为 9 种型号，每种型号传动比从 3.15 至 7.1 共八种。传递功率根据传动比及输入转速确定，一般为 35～2000kW。

图 22-8　JDX 系列减速器

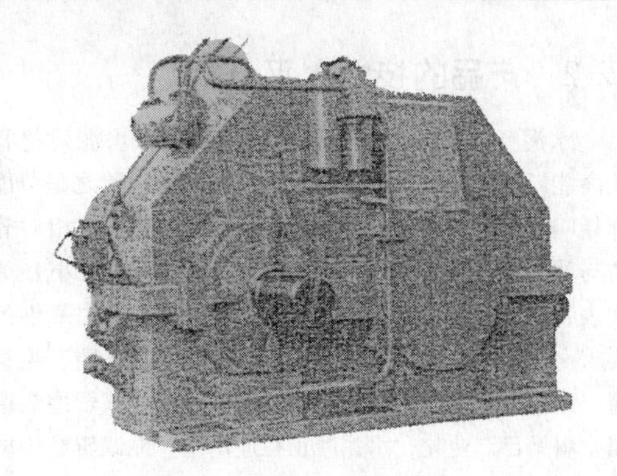

图 22-9　JD 系列减速器

5. JH 系列窑用减速器

1988 年，全套引进日本 IHI 公司水泥生产线设备的河北冀东水泥厂的窑用减速器发生断齿失效。工程技术人员在保证安装和连接尺寸不变的情况下，设计制造一台减速器以代替损坏的减速器。首台 JE150 型窑用减速器于 1990 年设计制造完成，经更换使用完全达到使用要求，至今仍安全运转在冀东水泥厂。该厂二线项目又毫不犹豫地选用 JE150 型窑用减速器。

重庆齿轮箱有限责任公司技术人员总结提炼，自主开发了用于水泥生产线回转窑用的传动装置——JH 系列减速器。现在水泥生产线回转窑主要选用了 JH560C～JH900C 五种型号，最大传递功率为 1000kW，到目前共生产 300 多台套。

6. MDH 系列单边双传动磨机减速器

2000 年，重庆齿轮箱有限责任公司根据水泥工业市场的发展需要，开始研制具有传递功率大、占地面积小、通风量大、一次性投资省等诸多优点的边缘单边双传动磨机减速器，以满足 2500～10000t/d 水泥生产线，甚至更大水泥生产线的需要。重齿公司目前已设计制造 MDH 系列单边双传动磨机减速器 58 台，最大传递功率为 7000kW。

MDH 系列减速器由主减速器、辅助传动装置、磨机大齿圈及密封罩壳、稀油润滑装置四大部分组成。

7. DTJ 系列斗式提升机用减速器

重齿公司设计生产的 DTJ 系列斗式提升机主要用于水泥行业，起提升输送原料作用，目前开发设计了 DTJ280、DTJ320、DTJ360 三个系列的产品，共生产 130 多台。从使用情况看，用户反映良好。斗式提升机减速器采用一级锥齿轮和两级平行轴传动，齿轮全部采用渗碳淬火硬齿面齿轮，其结构紧凑、传递力矩大，使用寿命在 10 年以上。

22.2 产品的技术水平分析

水泥行业在向无球化粉磨方向发展，水泥建材行业高能耗的管磨、球磨都将淡出市场，取而代之是节能降耗明显的辊式磨机。这其中尤以立式辊磨（相对管磨与球磨而言节能35%～40%，且占地面积较小）为代表，但同时对辊磨提出大型化、高效率、高可靠性的要求。立式辊磨从目前应用于水泥生产的煤磨、生料磨，到应用于水泥磨，都得到市场认可。立式辊磨煤磨与生料磨已产业化，水泥磨正在应用中。立式辊磨中的齿轮减速器是关键部件，减速器的成本影响投资的高低，减速器的可靠性、易操作性直接影响生产线的运行率及运行成本。立式辊磨要求所配的大型减速器可靠性高、操作维修简单方便。

为适应水泥工业的发展需要，国际上减速器都在向大功率、大转矩方向发展，同时也要求单位体积内传递功率尽量最大化，使其体积小、质量轻、成本低。重齿公司于2006年在5000t水泥生产线签下第一单，2007年实现了齿轮减速器批量化生产；同年南京高精齿轮集团有限公司也开始涉足该领域。该齿轮减速器的结构采用的是三级传动（锥齿轮加平行轴传动加行星级传动——JLP型），该结构极大地减小了大锥齿轮的直径，对大功率立式传动的质量减轻、成本降低优势相当明显。但在投资成本控制较严的今天，占地面积的多少，设备成本的高低对生产线的投资成本占相当大的比例，各设备制造商都在寻找各种方法降低产品成本。在这种情况下，2009年重庆齿轮箱有限责任公司又推出新型的三级传动（锥齿轮加两级行星传动——JLW型），该结构形式与平行轴形式的三级传动相比，在传递相同功率情况下体积更小、质量更轻，相对成本更低，在技术上又向前迈了一步。

总体上，从结构与制造水平、用户对产品的认知接受程度来看，国内产品相对国外产品要落后2～3年，技术的进步任重而道远。

22.3 齿轮传动技术的发展趋势

齿轮传动装置制造企业必须坚持科学发展观，更新发展理念，转变发展思路，走创新发展的道路。按照建设节约型社会的要求和发展循环经济的模式，重齿公司以服务于建材机械装备制造业为重点，大力发展先进生产力，全面提高产品质量，增加产品品种和配套水平；特别是要适应建材装备大型化、能耗低的要求，开发设计传递功率更大、传递效率更高、单位体积传递功率更大、性能更优良的齿轮传动装置和传动效率高、节约能源、成本低、适应性更广的多品种硬齿面传动装置，为提升水泥工业装备现代化作出贡献。

我国的水泥装备技术发展已相当成熟，我们要走出国门，在国际市场上展现中国水泥装备技术水平。

22.4 水泥磨行星齿轮减速器

1. 日产2500～3000t的水泥磨，主电动机功率$P=2800\text{kW}$，传动比$i=39.65$的行星齿轮减速器

1）磨机传动系统见图22-10。

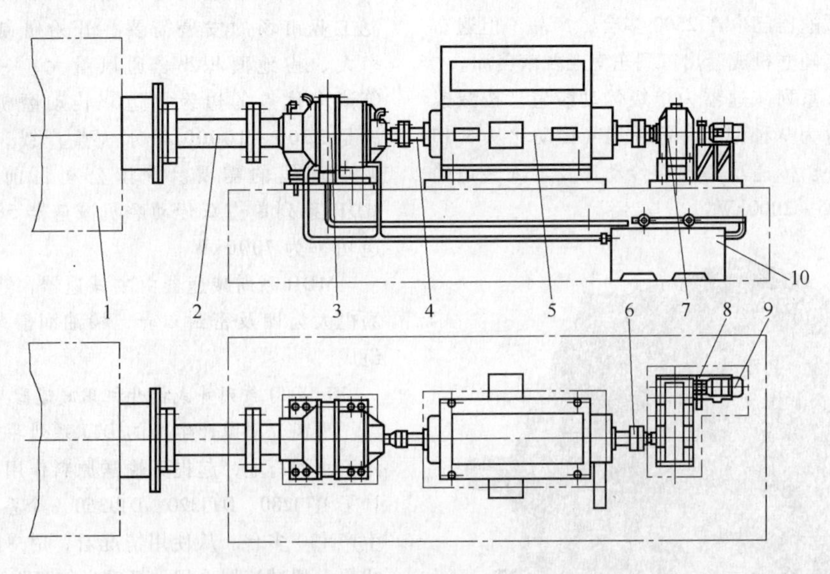

图22-10 磨机传动系统

1—直径$\phi 4\text{m}$、长$l=13\text{m}$水泥磨 2,4—齿形联轴器 3—行星齿轮减速器 5—主电动机 6—离合器 7—Z5型慢驱动减速器 8—制动器 9—慢驱动电动机 10—XRZ350稀油站

2）减速器的传动简图及主要参数。图22-11所示为减速器的传动简图，其为两级2K-H（NGW）型串联行星传动，其中每一级有两个基本构件（a_1、a_2）、（H_1、H_2）浮动作为均载机构。第Ⅰ级行星轮个数 $n_p=3$，第Ⅱ级 $n_p=4$。

减速器的主要参数见表22-1。

3）设计要点与制造工艺。在齿轮强度设计上应考虑磨机为重载起动、连续长时间低转、恒速、满载工况的特点。设计接触强度安全系数 $S_{Hmin}=1.2$，弯曲强度安全系数 $S_{Fmin}=1.33$。按国际标准ISO 6336.1～6336.3渐开线直齿与斜齿承载能力的计算，上述安全系数值十分接近较高可靠度（即99.9%）范围。再按重载起动特点，以电动机额定功率的2.5倍验算接触、弯曲静强度，结果安全。行星轮内装滚动轴承为该减速器的重载外购件，设计寿命大于80000h，并认定为进口轴承。

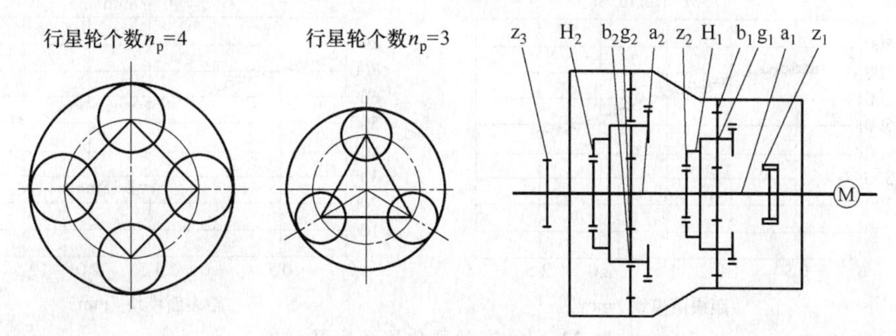

图22-11　传动简图

a_1、a_2—太阳轮　g_1、g_2—行星轮　b_1、b_2—内齿圈　H_1、H_2—行星架　z_1、z_2、z_3—渐开线花键　M—驱动电动机

表22-1　减速器的主要参数

名称	第Ⅰ级				第Ⅱ级			
	a_1	g_1	b_1	H_1	a_2	g_2	b_2	H_2
齿数 z	18	52	123	—	20	39	100	—
模数 m/mm		10		—		16		—
行星轮数 n_p		3		—		4		—
转速/(r/min)	750	226	0	95.7	95.7	43	0	15.96
转矩/kN·m	36.4	—	248.6	285	285	—	1425	1700

内、外啮合采用角度变位，约能提高接触、弯曲强度20%。太阳轮、行星轮齿形为挖根大圆弧（undercut），齿根无磨削台阶或烧伤等缺陷，降低了根部应力集中的影响，有利于弯曲强度的提高（见图22-12）。

外啮合齿轮精度等级为6级，渗碳淬火，磨齿后强化喷丸，材料根据受力计算分别采用20CrMnTi和18Cr2Ni4WA，齿面硬度为58～62HRC，心部硬度为34～38HRC；内齿轮精度等级为7级（GB/T 10095.1—2008），材料为42CrMo，调质处理280～300HBW，后精插，插齿刀作渗硼处理。

据国外文献报道和该产品试验证实，磨齿后轮齿经强化喷丸处理，弯曲与接触疲劳极限分别约提高20%和1.6倍。为避免啮合干涉和载荷沿齿宽分布更均匀，齿形要求修形、修缘。

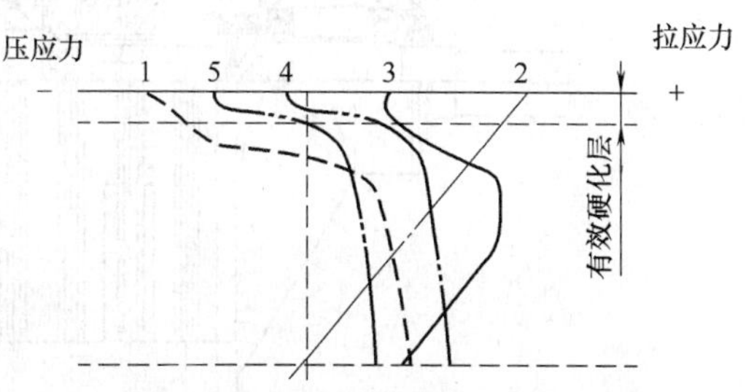

曲线1—渗碳淬火后表层应力分布
曲线2—弯曲应力分布
曲线3—合成应力分布
曲线4—磨齿后应力分布
曲线5—强化喷丸后应力分布

图22-12　齿根喷丸强化的机理

第Ⅰ级行星架作动平衡试验，其不平衡转矩为0.12N·m，第Ⅱ级作静平衡试验，其不平衡转矩为0.44N·m，达到设计要求。

噪声为83dB（A），振动测定为0.018mm，润滑正常，密封良好。

轮齿磨削加工在带有在线检测的德国Niles-ZT15型高精度磨齿机上进行，加工后实际精度为5级。

齿轮热处理检测，经上海交通大学材料科学与工程学院对随炉试件复测，有效硬化层深度达到设计要求（见图22-13）。试件经抛光并用4%硝酸酒精浸蚀，400倍放大金相组织齿角碳化物为1级，残留奥氏体为2级，心部铁素体为2级，符合“齿轮材料及热处理质量检验的一般规定”国家标准（GB/T 3480.5—2008）对较高可靠度齿轮的要求，即工艺与设计基本一致。

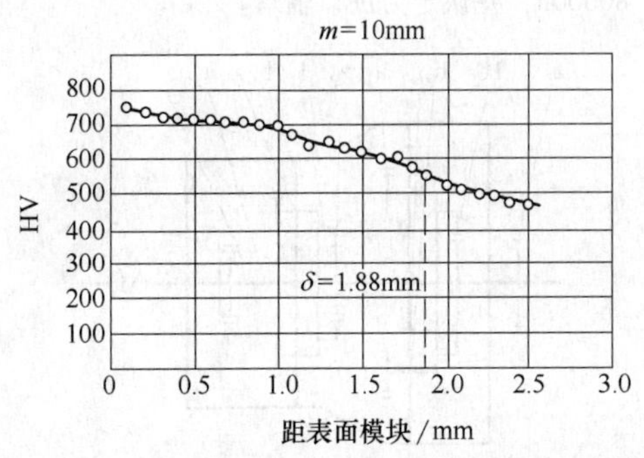

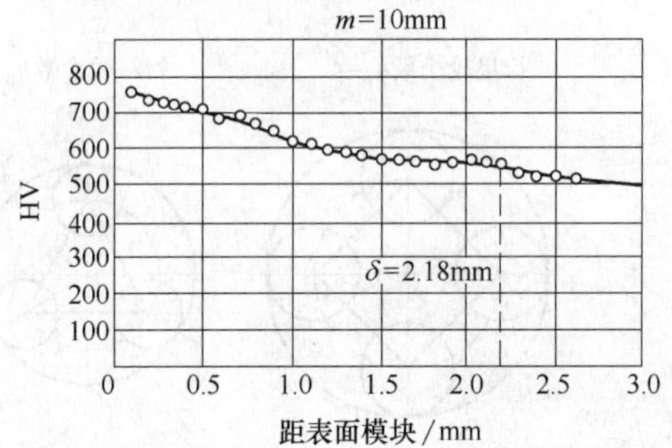

图22-13　有效硬化层深度及梯度

2. 大功率、大转矩行星齿轮减速器

国外20世纪60年代末开始把两级2K-H（NGW）型行星传动用于大功率水泥磨减速器。均载是采用太阳轮浮动和高加工精度来保证的。有的装置内齿圈和薄壁外壳相连，在工作状态下也可产生一定的变形和浮动，可达到更好的均载效果。这种减速器的行星架两端可设置轴承简支，避免了大型减速器由于行星架运行不稳定导致齿面的不均载，并使工作平稳性超过各类平行轴减速器的水平。齿轮采用直齿并进行修形，太阳轮、行星轮均经过渗碳、淬火、磨齿处理。这类减速器效率高、寿命长，国外最大使用功率已达10^4kW。

图22-14是两种只凭借太阳轮浮动实现均载的行星齿轮减速器，图22-15是同时依靠太阳轮和内齿圈浮动均载的行星齿轮减速器。

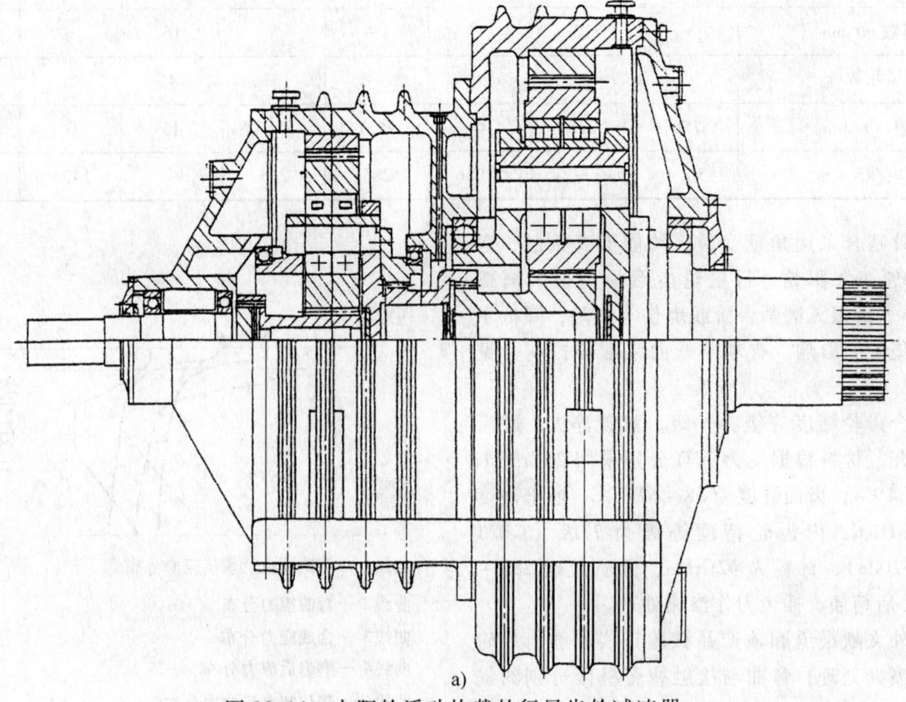

a)

图22-14　太阳轮浮动均载的行星齿轮减速器

a）内齿圈和外壳不是一个整体

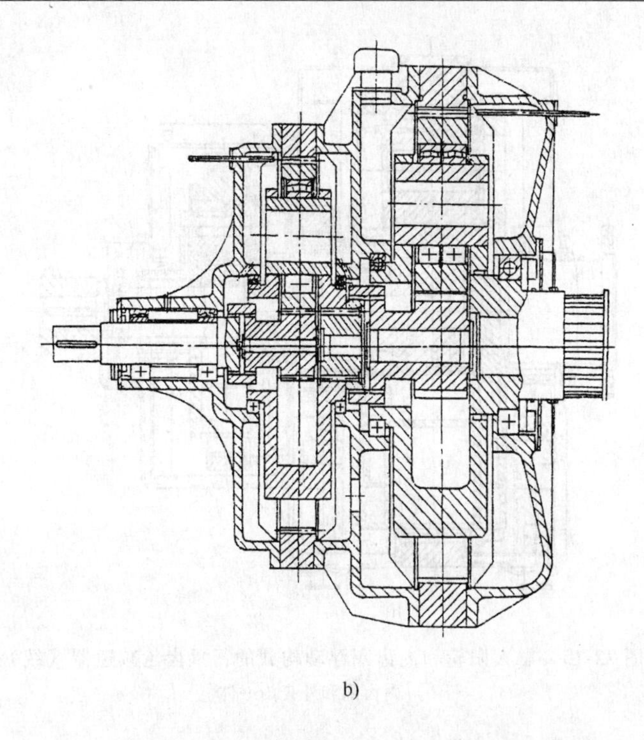

b)

图22-14　太阳轮浮动均载的行星齿轮减速器（续）

b）内齿圈和外壳为一体

3. ZJ系列行星齿轮减速器

为标准的水泥磨机专用减速器，其外形图如图22-16所示，主要技术参数见表22-2。

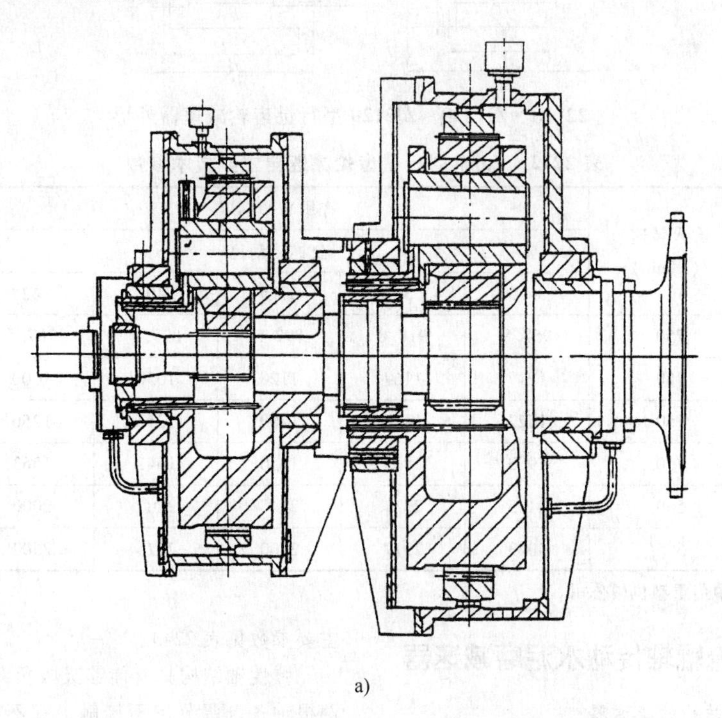

a)

图22-15　靠太阳轮和内齿圈浮动均载的行星齿轮减速器

a）内齿圈和外壳不是一个整体

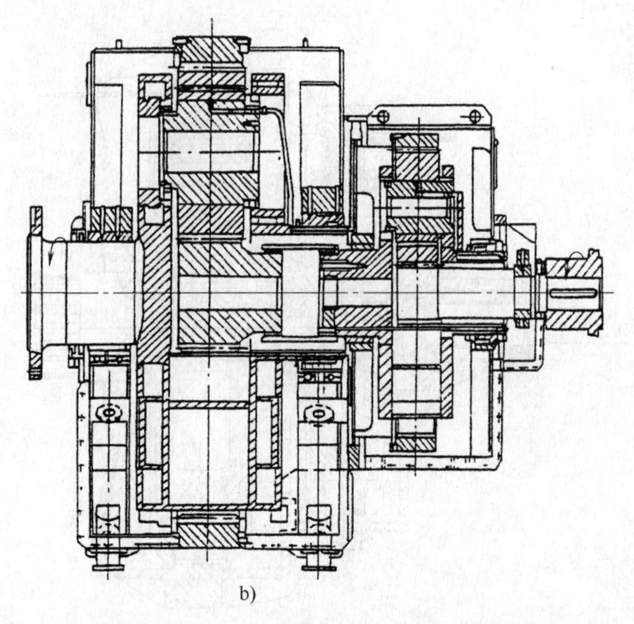

图 22-15　靠太阳轮和内齿圈浮动均载的行星齿轮减速器（续）

b）内齿圈和外壳为一体

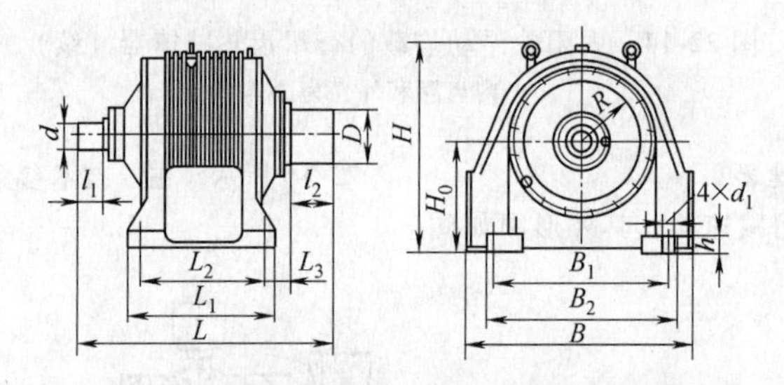

图 22-16　ZJ1250 ~ ZJ2120 型行星齿轮减速器外形

表 22-2　ZJ 系列行星齿轮减速器主要技术参数

减速器型号	输入转速/(r/min)	许用功率/kW					质量/kg
		公称传动比					
		34.5	36	37.5	40	42	
ZJ1250	750	958.8	918.8	892.5	827.5	787.5	12110
ZJ1360	750	1217	1167	1120	1050	1000	15900
ZJ1550	750	1522	1458	1400	1313	1250	20500
ZJ1750	750	1903	1823	1750	1641	1563	25900
ZJ2120	600	2435	2334	2240	2100	2000	36030
ZJ2240	595	3043	2917	2800	2625	2500	57406

注：生产单位：中信重型机械公司。

22.5　功率分流辊轴传动水泥磨减速器

1. 弹性轴均载结构的减速器

MFY 系列硬齿面水泥磨减速器是利用双分流弹性轴均载结构的减速器，其外形如图 22-17 所示，主要参数见表 22-3。

弹性轴结构具有能够吸收负载波动，传动平稳；两根轴各自调节齿面接触，互不影响；两分流间的装配不同步可在装配时在弹性轴与齿轮之间配装消除；结构易于调整，维修方便的特点。

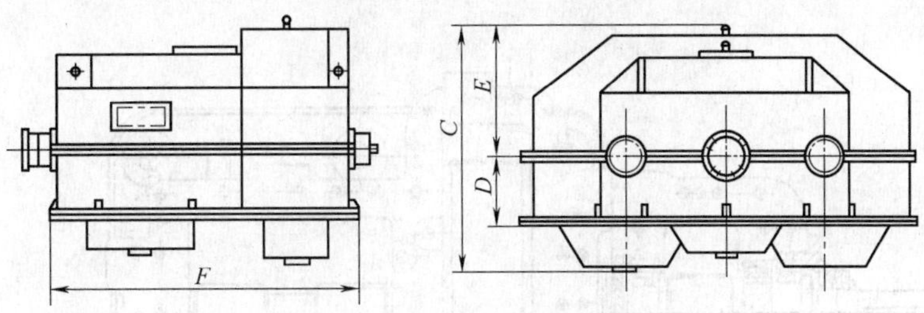

图 22-17　MFY 系列减速器外形图

表 22-3　MFY 系列减速器的主要参数

规格	80	100	125	140	160	180	200	225	250	280	320
功率/kW	800	1000	1250	1400	1600	1800	2000	2250	2500	2800	3200
输入转速/(r/min)	740				600						
输出转速/(r/min)	19.3 19.8 20.6	17.6 19.5	16.9 17.6 18 18.85	16.5 17 18.3	16.5 16.8 17.1	16.5	15.6 16.3	16	15 15.75 16.26 16.4 16.5	15	15
质量/t	21	26	32	35	38	40	43	45	48	52	58

注：生产厂：南京高速齿轮箱厂。

2. 人字齿负载自位均载结构的双分流传动减速器

这种结构如图 22-18 所示，也是开发较早的品种。利用两半人字齿各拖动一个分流传动，当两分流传动间的载荷不均匀时，会引起两半人字齿的轴向力不等而使之轴向自位移动，达到均载效果。

该结构简单，刚度较大，若齿轮加工精度低，则运行时附加动载荷大，传动平稳性差，效率低；加工精度提高后，应用效果明显改善；采用硬齿面齿轮后，应用范围有扩大之势。这种结构的装配同步，一般是在一个齿轮与轴间采用无键连接来调整。

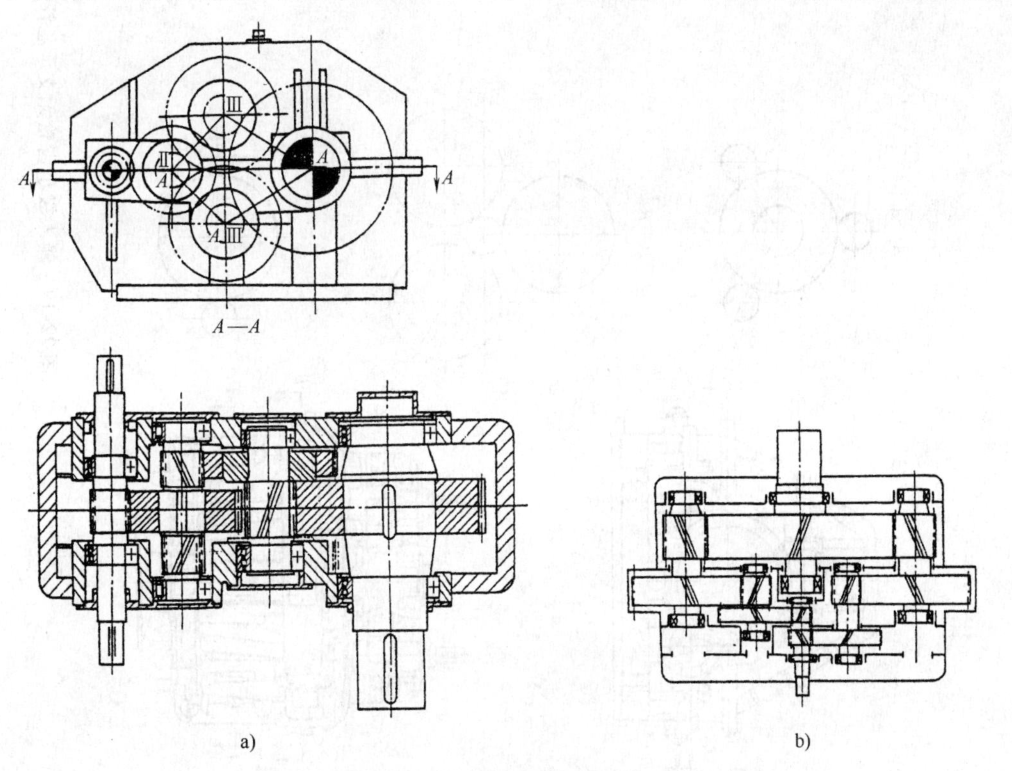

图 22-18　人字齿负载自位均载结构的双分流传动减速器示意图

a）侧轴式　b）同轴式

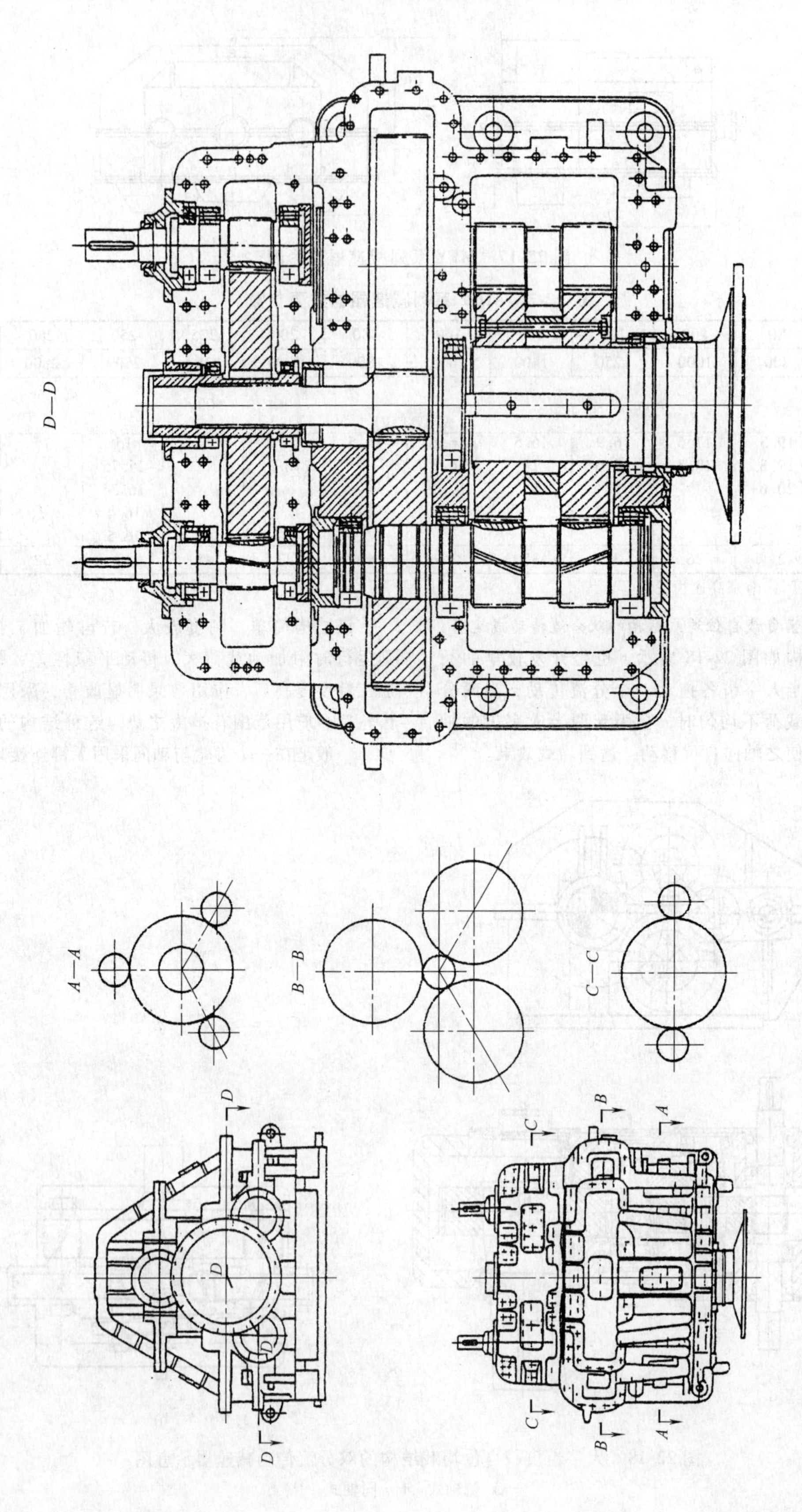

图 22-19 输入级小齿轮无支承悬浮均载结构的三分流传动减速器示意图

3. 输入级小齿轮无支承悬浮均载结构的三分流传动减速器

这种结构如图22-19所示，是近期开发的产品，其均载原理与行星齿轮减速器中太阳轮浮动均载完全相同。图22-19中的第一级为两个输入小齿轮同时驱动大齿轮，第二级为小齿轮无支承悬浮均载三分流传动。这种结构传递功率范围较大，需要较高的制造精度。各分支之间装配不同步误差也是靠输出级小齿轮和前级大齿轮之间设置无键连接，在装配时调整消除。

第23章 煤矿机械齿轮传动装置的设计

23.1 煤矿机械齿轮传动装置的特点

煤矿机械齿轮传动装置主要是采煤机、掘进机、带式和刮板输送机等机械装置的减速器。它们的工作条件十分苛刻，在外形尺寸受到限制，经受水、粉尘和甲烷等有害气体侵入的条件下，要承受大功率、高转矩、过载冲击载荷的考验。齿轮的圆周速度在2~12m/s范围内，属低速重载传动，要求高可靠性。

齿轮承受较高的接触和弯曲应力，外齿轮采用优质低碳合金钢锻件为齿坯，滚齿后渗碳淬火，磨齿工艺，精度为6级，内齿圈采用中碳合金钢，调质后氮化，精度7级（GB/T 10095—2008）。据统计，齿轮损坏与报废的具体数据为：磨损48%、断齿25%、点蚀17%，其他10%。

在齿轮传动形式方面，超过90%是直齿圆柱齿轮，只有当高速级齿轮的圆周速度超过8m/s或为改善发热条件时才采用斜齿圆柱齿轮；2k-H型行星齿轮传动得到广泛应用；圆弧齿锥齿轮传动因采煤机改进了电动机整体横向布置方式而不再采用，但在掘进机、刮板与带式输送机中仍广泛应用。

23.2 采煤机齿轮传动装置

采煤机主要用于井下工作面煤层（厚度为0.7~7.0m）的落煤和装煤之用，其总功率为100~2800kW，最大截割功率达1100kW，最大牵引速度与牵引力分别达36m/min和1450kN，截深为630~1200mm。

目前，国内广泛采用的MG系列滚筒采煤机的结构组成如图23-1所示。

现介绍一种装机容量较大，具有一定代表性的MG900/2245—GWD型滚筒采煤机的机械传动系统及其齿轮参数参见图23-2与表23-1。

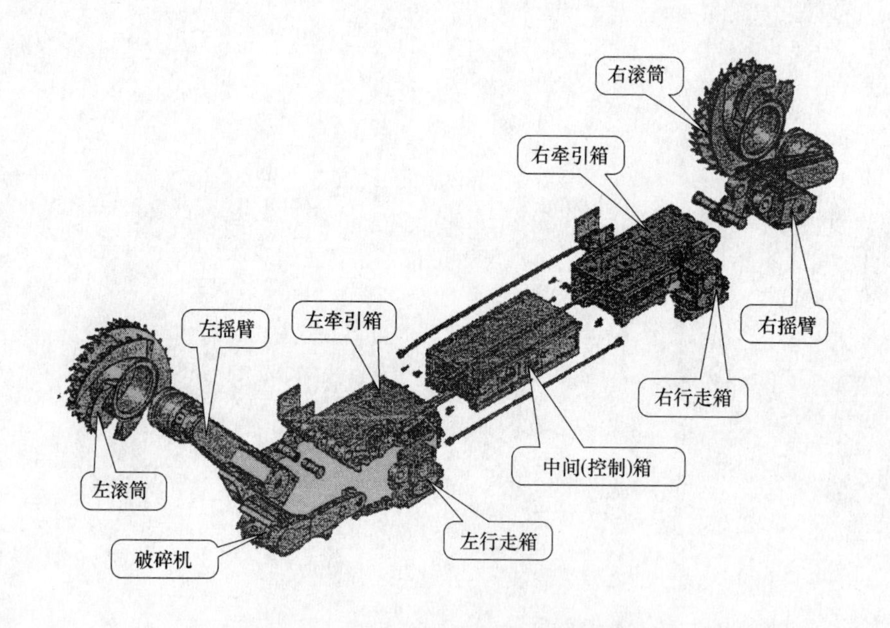

图23-1 MG系列滚筒采煤机整体结构组成

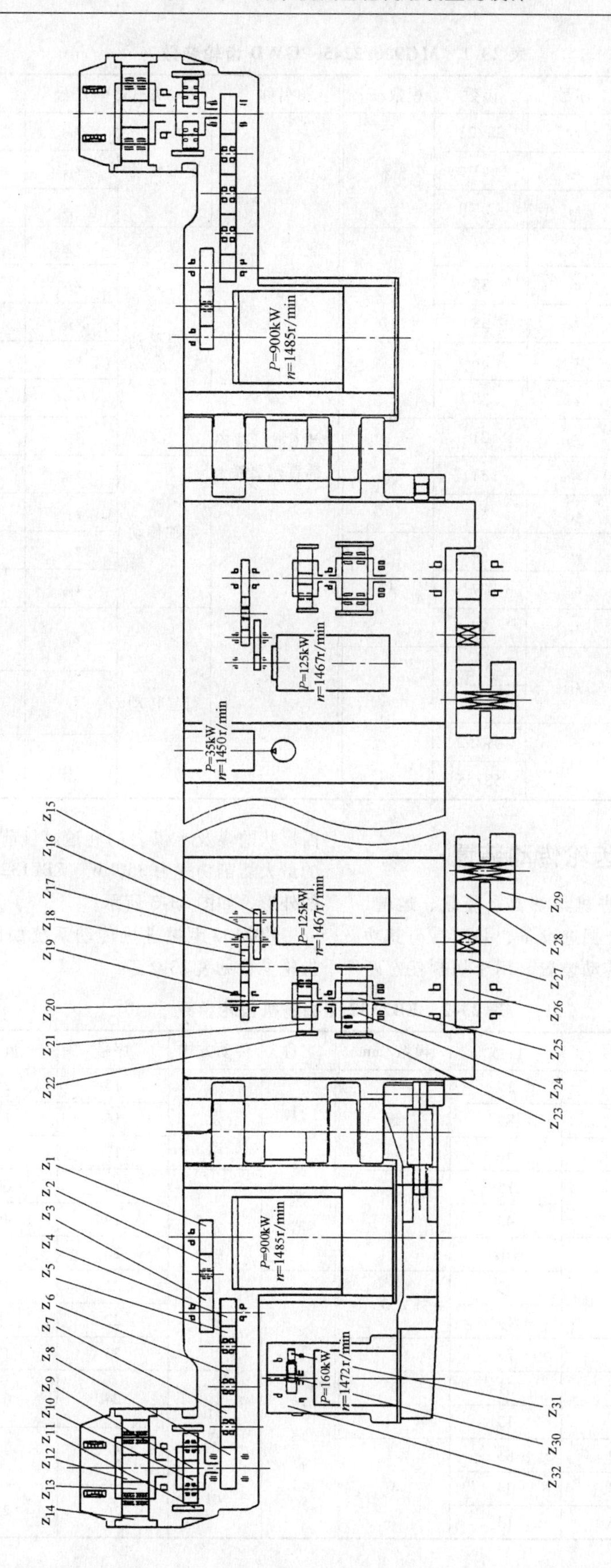

图 23-2　MG900/2245—GWD 型滚筒采煤机机械传动系统

表 23-1　MG900/2245—GWD 齿轮参数

名称	传动方式	序号	齿数	模数/mm	名称	传动方式	序号	齿数	模数/mm
摇臂减速器	定轴传动	z_1	23/25	9	牵引(箱)、破碎摇臂减速器	定轴传动	z_{17}	25	5
		z_2	41				z_{18}	51	
		z_3	42/40				z_{19}	55	
		z_4	25	10		行星传动	z_{20}	15	5
		z_5	38				z_{21}	34	
		z_6	38				z_{22}	84	
		z_7	38				z_{23}	17	7
		z_8	39				z_{24}	26	
	行星传动	z_9	21	8			z_{25}	64	
		z_{10}	31			定轴传动	z_{26}	15/18	25
		z_{11}	83				z_{27}	18/19	
		z_{12}	23	12			z_{28}	22/23	
		z_{13}	27				z_{29}	11/12	46.8
		z_{14}	77			行星传动	z_{30}	14	4
牵引(箱)	定轴传动	z_{15}	28/25	5					
			24/22				z_{31}	51	
		z_{16}	49/52				z_{32}	118	
			53/55						

23.3　煤巷掘进机齿轮传动装置

悬臂式井下巷道掘进机集切割、装载、运输、行走等功能于一体的综合掘进设备，并配有与其功能相应的齿轮（减速）传动装置，用于切割任意断面形状的煤及半煤岩的巷道。目前国内煤巷掘进机的最大切割功率为 350kW。EBZ132 型悬臂式掘进机的外形，如图 23-3 所示。

EBZ132 型掘进机传动系统如图 23-4 所示，其齿轮参数见表 23-2。

表 23-2　EBZ132 型掘进机齿轮参数

名称	传动方式	序号	齿数	模数/mm	名称	传动方式	序号	齿数	模数/mm
切割减速器	行星传动	1	27	5	行走减速器	行星传动	15	25	6
		2	88				16	14	
		3	30				17	66	
		4	15	3		定轴传动	18	60	3
		5	43				19	40	
		6	102				20	40	
装载减速器	定轴	7	43	2.5			21	19	
		8	14		运输减速器		22	39	2
	行星	9	77	9		行星传动	23	19	
		10	31				24	67	3
		11	13						
行走减速器	行星传动	12	83	4			25	17	
		13	34				26	25	
		14	13						

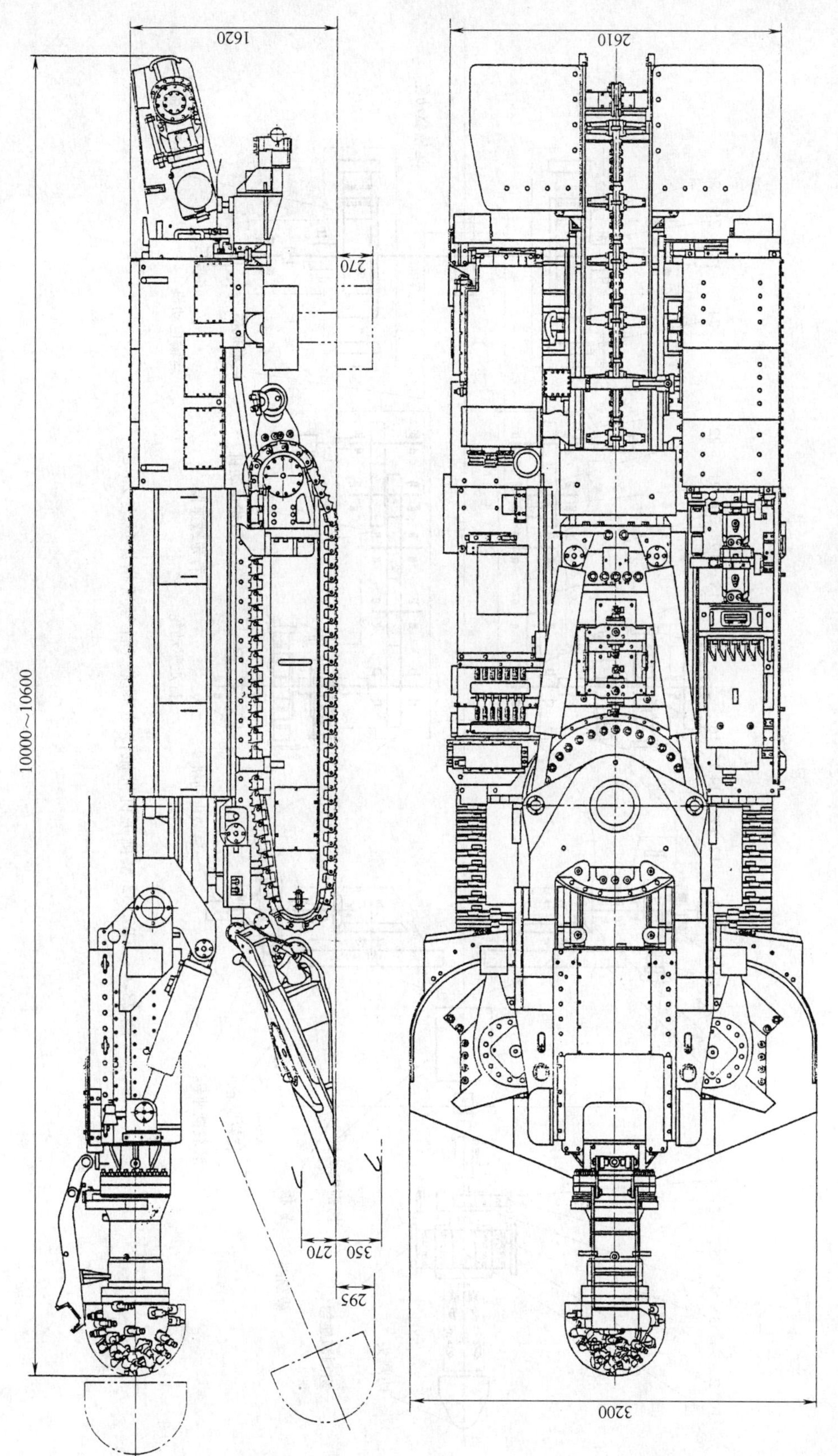

图 23-3　EBZ132 型悬臂式掘进机的外形

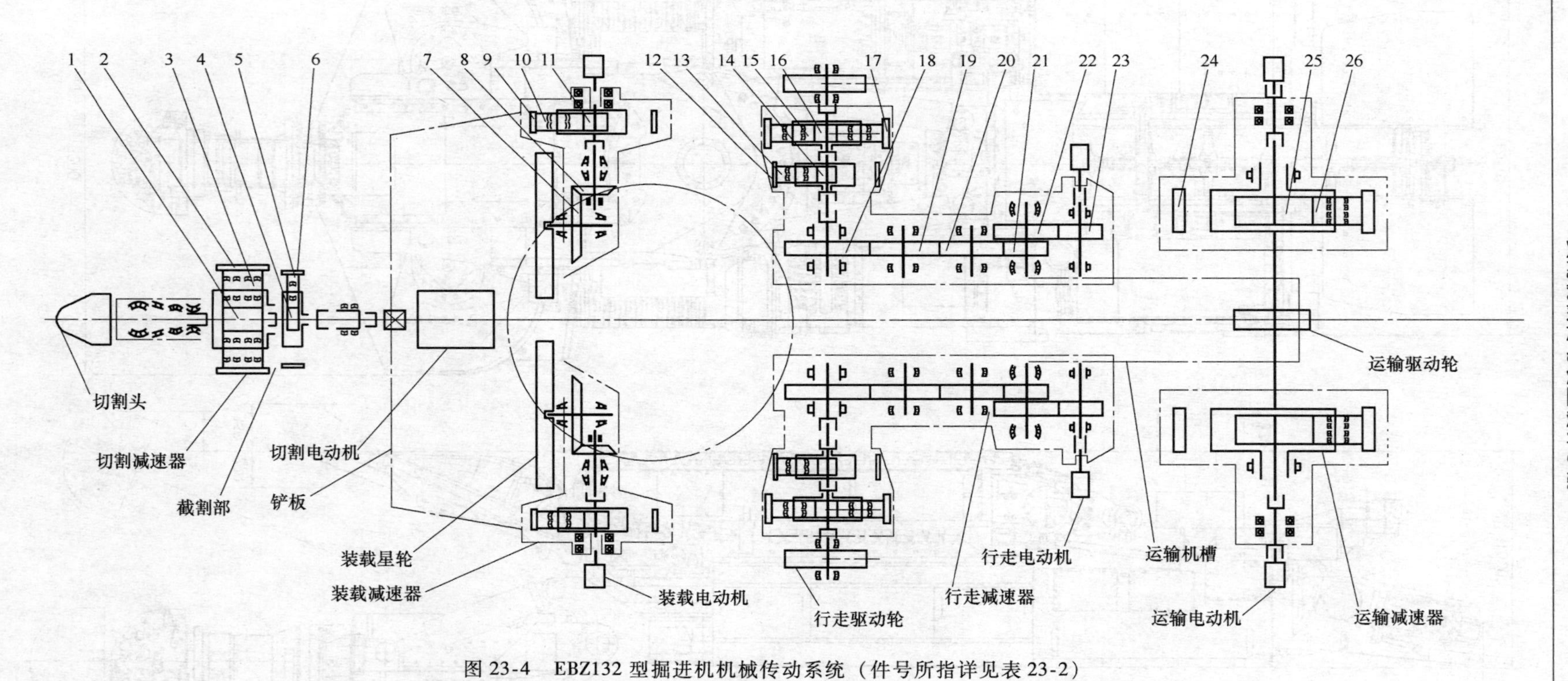

图 23-4 EBZ132 型掘进机机械传动系统（件号所指详见表 23-2）

23.4　输送机齿轮传动装置

井下巷道运煤用带式输送机和工作面刮板输送机的齿轮减速器基本实现了国产化。SSX、SSXP、PG 系列带式输送机用定轴与行星齿轮减速器及 JS、JX 系列刮板输送机用定轴与行星齿轮减速器在国内各大煤矿已得到广泛应用。现介绍一种小时运量较大，具有一定代表性的 DTL140/120/4×630 型胶带输送机传动系统如图 23-5 所示。胶带输送机 PGT630 行星齿轮减速器齿轮参数见表 23-3。

SGZ1000/3×700 中双链刮板输送机传动系统如图 23-6 所示，刮板输送机用 JS1700 三级圆锥—圆柱齿轮行星减速器齿轮参数见表 23-4。

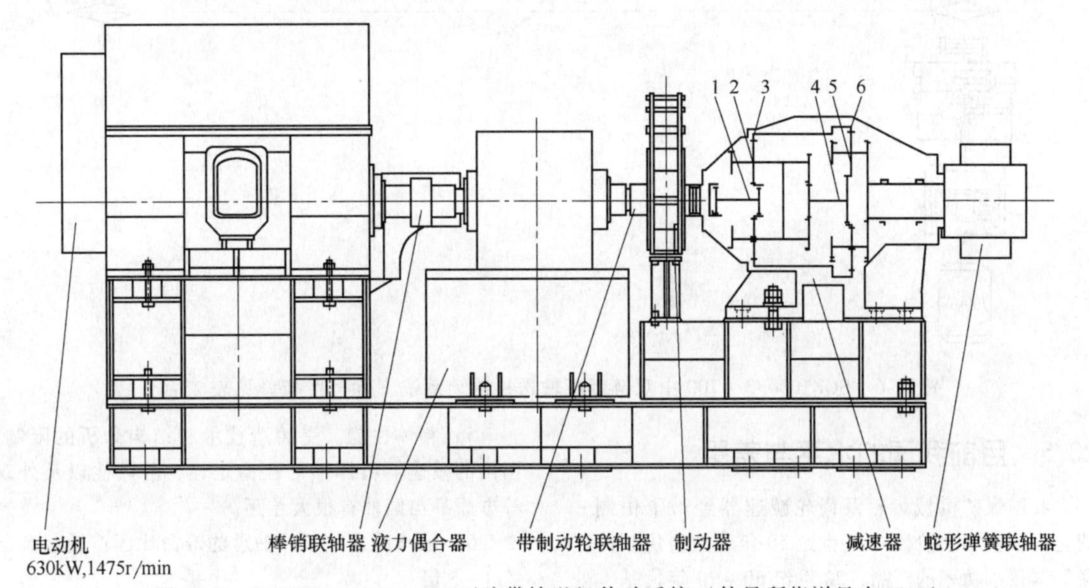

图 23-5　DTL140/120/4×630 型胶带输送机传动系统（件号所指详见表 23-3）

表 23-3　PGT630 行星减速器参数

名　称	传动方式	序　号	齿　数	模数/mm
带式输送机减速器	行星传动	1	15	8
		2	29	
		3	75	
		4	16	10
		5	25	
		6	68	

表 23-4　JS1700 行星减速器齿轮参数

名　称	传动方式		序　号	齿　数	模数/mm
刮板输送机减速器	行星传动	弧齿锥齿传动	1	11	14
			2	34	
		圆柱定轴传动	3	22	12
			4	54	
		行星传动	5	16	12
			6	25	
			7	68	

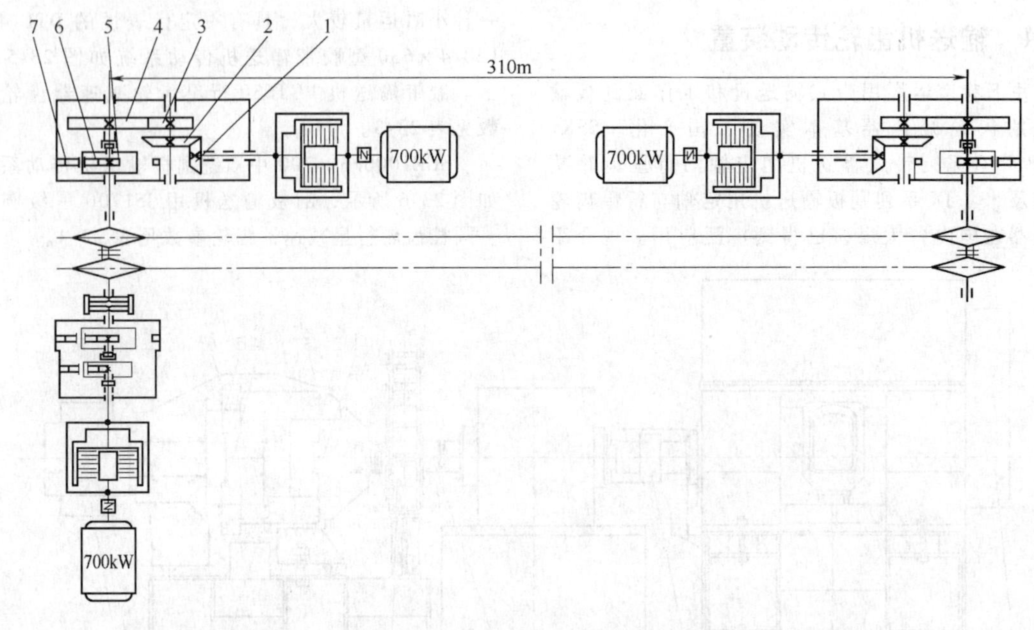

图 23-6 SGZ1000/3×700 中双链刮板输送机传动系统（件号所指详见表 23-4）

23.5 目前我国的水平与差距

我国煤矿机械齿轮及齿轮减速器经历了仿制—消化—创新三个阶段：20 世纪 50 年代主要仿制前苏联等国较小功率的产品；20 世纪 60~70 年代基本处于停止状态；20 世纪 80 年代从德、英、日、美等国引进 100 套综采设备（采煤机、刮板机等）后，通过测绘、消化、改进、攻关使齿轮减速器的设计、制造水平大大提高；20 世纪 90 年代进入创新阶段。目前我国自行设计、制造的采煤机、掘进机、刮板与带式输送机的齿轮及其减速器已接近国际先进水平，并与进口产品相比，具有价格低及备件维护便捷等优势。

由于上述齿轮减速器尚未实现专业化生产，不利于产品质量和管理水平的进一步提高。我国与国外产品具体差距体现在以下几点。

1）设计方法。国外多采用三维动态仿真技术，可对减速器进行全面分析；国内多采用的是传统的分析计算方法。

2）热处理质量。国外在渗碳（或氮化）齿轮件热处理过程中通过计算机进行严格控制，使材料达到最佳的性能，产品质量大大提升。

3）齿轮材料。国内煤矿用优质齿轮材料主要为18Cr2Ni4W、20Cr2Ni4A 等，而国外采用同类型低碳合金钢的疲劳寿命比国内的高 1~2 倍。

4）表面处理。国内齿轮件主要进行强化喷丸处理，弯曲疲劳寿命最高提高 4.32 倍；目前国外采用激光冲击和超声喷丸可提高 20~40 倍。

5）箱体性能。受铸造技术和结构分析的限制，国内的减速器箱体不论在稳定性、散热性以及外观等方面都与国外有很大差距。

6）轴承质量。国外轴承的寿命比国产轴承高出约 4~5 倍。

7）密封件质量。进口的氟橡胶骨架油封可在线速度 30m/s 与温度 250℃下使用，寿命可达 15000h；而国产骨架油封寿命最短仅为 100h。

8）齿轮精度检验：国外普遍在磨齿机上进行随机检测，精度有保证；而目前国内齿轮常用单项检测，精度保证较差。

9）试验方法。国内对齿轮减速器的试验方法较单一，并且设备精度较低，不能及时发现存在的问题。

10）整机装配。国内减速器元部件的精度等级和装配质量不如国外，从而导致装配后的整机性能下降。

齿轮减速器是煤矿机械的关键部件之一。从设计、研究、制造、安装、调试等均有较高理论与技术含量。若煤矿机械行业间能整合各方力量，联合开发，不但产品质量与产量可大大提高，而且生产成本与材料消耗有望降低，增强了与国外产品的竞争能力。

23.6 矿用刮板输送机减速器的设计

我们以 SC-MK-40 刮板输送机减速器为例，如图 23-7 所示，主要用于采煤输送用的刮板输送机上，其由一级弧齿锥齿轮传动和一级圆柱齿轮传动和一级行星齿轮传动组成。传递功率 $P=400\text{kW}$，电动机转速 $n_1=\frac{1481}{738}\text{r/min}$，传动比 $i=40.7$。输入转矩 $T_1=9550\frac{P}{n_1}=9550\times\frac{400}{738}\text{N}\cdot\text{m}=5176\text{N}\cdot\text{m}$，输出转矩 $T_2=T_1 i\eta=5176\text{N}\cdot\text{m}\times40.7\times0.98^3=198000\ \text{N}\cdot\text{m}=198\text{kN}\cdot\text{m}$，其中 $\eta=0.98^3=0.94$ 为传动效率。

结构上的特点与改进

1）原设计的行星传动部分，采用行星轮个数 $n_p=3$，传动比 $i_{aH}^{b}=3.81$，$z_a=26$，$z_g=24$，$z_b=73$，$m=10\text{mm}$。其中行星轮齿数 $z_g=22$，小于太阳轮齿数 $z_a=26$，不太合理，z_g 是受交变载荷作用，z_a 是受脉动载荷作用。于是，我们采用四个行星轮 $n_p=4$，传动比 $i_{aH}^{b}=4$，结构最紧凑，布局最合理，同时提高传动的承载能力。具体见表23-5。

2）行星架采用焊接结构，简化工艺、简化结构，与整体式或组合式行星架相比具有节材、节能的功效。当输入转速 $n_1\leqslant1800\text{r/min}$ 时，无需采用静平衡处理，如图23-8所示。

3）输出齿套，渐开线花键 $\alpha=30°$，$m=10\text{mm}$，$z_{外}=30$ 齿，$z_{内}=20$ 齿。

原设计材料用40Cr，调质处理，内齿氮化，$R_m=686\text{MPa}$，$R_{eL}=490\text{MPa}$，通常用于一般齿轮。氮化仅适用于高速、轻载场合。氮化处理成本高，深度浅不适用于低速、重载传动场合。

我们采用42CrMo，调质处理245～285HBW，$R_m\geqslant883\text{MPa}$，$R_{eL}=680\text{MPa}$，材料方面略贵一点，省去氮化工艺，具有节能的功效，而且满足使用要求。

表23-5　减速器行星传动部分参数变化

设计比较	齿　数	模　数	行星轮个数	传动比	功　效
原设计	$z_a=26, z_g=22, z_b=73$	$m=10$	$n_p=3$	$i_{aH}^{b}=3.81$	
改进后的设计	$z_a=24, z_g=24, z_b=72$	$m=10$	$n_p=4$	$i_{aH}^{b}=4$	提高承载能力

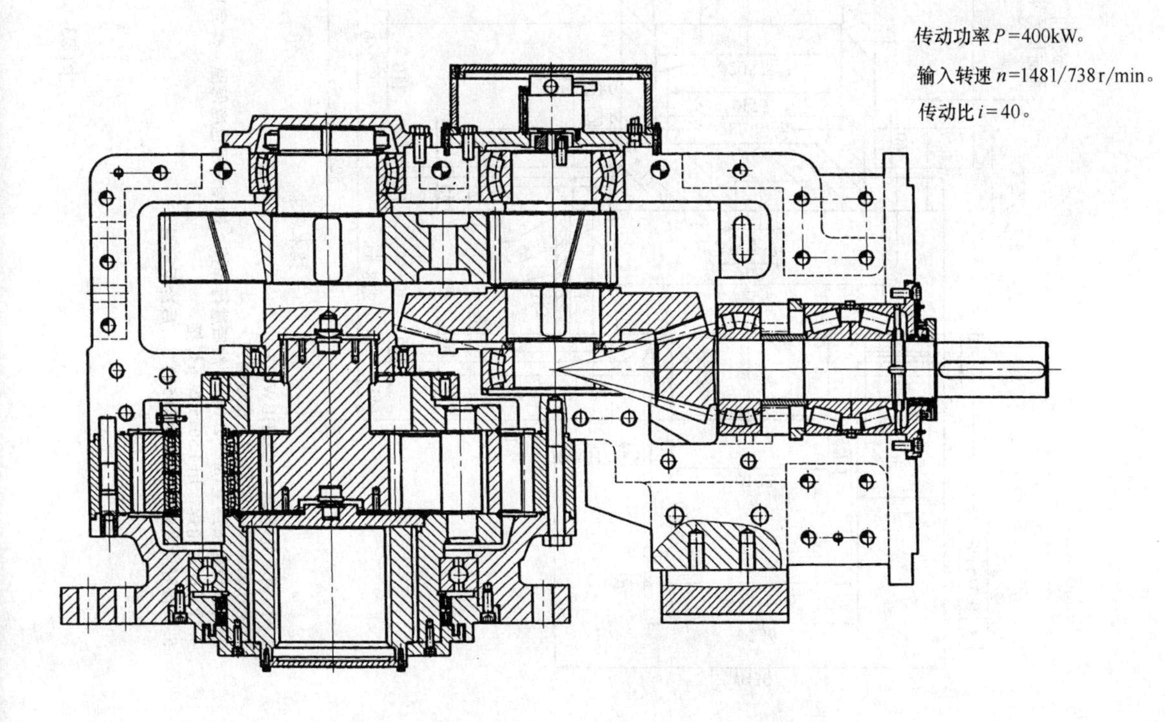

图23-7　矿用刮板输送机用减速器

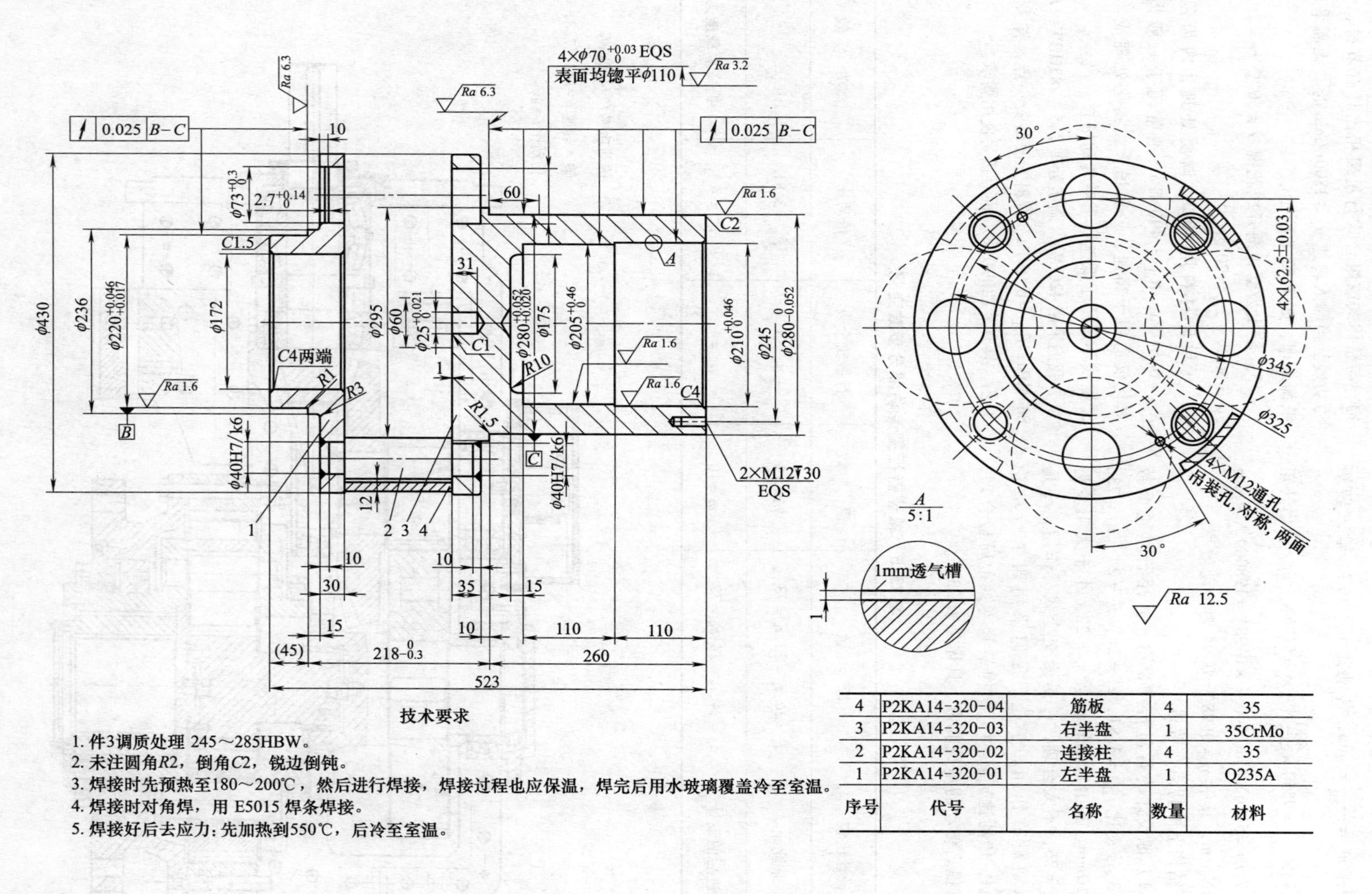

技术要求

1. 件3调质处理 245～285HBW。
2. 未注圆角$R2$，倒角$C2$，锐边倒钝。
3. 焊接时先预热至180～200℃，然后进行焊接，焊接过程也应保温，焊完后用水玻璃覆盖冷至室温。
4. 焊接时对角焊，用 E5015 焊条焊接。
5. 焊接好后去应力：先加热到550℃，后冷至室温。

4	P2KA14-320-04	筋板	4	35
3	P2KA14-320-03	右半盘	1	35CrMo
2	P2KA14-320-02	连接柱	4	35
1	P2KA14-320-01	左半盘	1	Q235A
序号	代号	名称	数量	材料

图 23-8　焊接式行星架

第 24 章　石油化工机械齿轮传动装置的设计

在我国，石油、化工行业在整个国民经济中的地位是极其重要的。在工业增加值、销售收入、利润及利税总额等多个指标均属全国工业首位。目前石油化工装置正在继续向大型化、高效化方向发展，在国家重点发展的百万 t 乙烯、千万 t 炼油、45 万 t 合成氨、80 万 t 尿素和百万 t PTA 干燥机等大型成套设备以及大型石油勘探和钻采设备、搅拌设备中，齿轮传动是这些工业设备的重要组成部分之一。此外，为了保证现在石油化工设备的稳定、正常运行，还需要一定的备品配件。所以每年为石油化工设备配套和维修用齿轮装置需求都有较大增长。

在不同的石化装置上应用不同的齿轮产品，主要的配套装置如下：

24.1　透平压缩机用齿轮装置

20 世纪 60 年代起我国开始引进 30 万 t 合成氨设备中的空压机或氨压机等都广泛采用高速增速齿轮传动，其功率为 3200 ~ 8500kW，后来氧化氮压缩机、氯气压缩机、合成气压缩机和循环气压缩机等装置也都采用了齿轮增速器、齿轮联轴节。这类机器上，齿轮工作的特点是载荷较大、圆周速度较高，一般为 70 ~ 120m/s 或更高达（300m/s）。其工作特点要求长期持续运行，设计寿命为 10 万 h 以上，运转平稳，噪声低、振动小。一般要求在距离机器一米处，噪声应小于 90dB，箱体及轴振动小于 0.03mm。齿轮的制造精度通常取齿轮精度国家标准的 3 ~ 6 级。传动效率要求在 98% 以上。此类装置因为技术参数主要取决于主机的技术要求，必须从转速、速比和功率等方面满足主机的要求，因此该齿轮装置大都是单台设计制造的。

根据主机的转速与传动功率以及总体布局的要求，透平齿轮传动主要分为以下几类基本形式。

1）一般平行轴传动。这种形式是应用最广泛的形式。有一对齿轮相啮合所组成的传动，是最简单的传动形式。常用传动比范围为 1:8，最大可达1:10。这种传动普遍用在透平发电机组的减速装置，电动机带动压缩机及泵的增速装置中。近几年来南京高速齿轮箱制造有限公司和中航黎明锦西化工机械（集团）有限责任公司齿轮厂又将原单级传动扩大至两级传动，传动比最大可达 1:18，功率最大可达 96000kW。

2）分流传动。分流传动即转矩输入的主动齿轮同时与两个被动齿轮啮合，实现传动功率两支分流。这种传动可传递更大的功率，可取得更大变速比。这种传动主要应用于 H 形透平压缩机与大型舰船螺旋桨推进系统。

3）行星齿轮传动。20 世纪 70 年代，我国进口一定数量的由行星齿轮传动装置驱动的透平压缩机、制氧机等设备。行星齿轮传动也是一种功率分流的传动形式，结构复杂，行星传动的优点是体积小、质量轻、结构紧凑、传递功率大、承载能力高、同轴输出、传动比大，单级传动比可达 1:12，这是单级平行轴传递很难实现的。目前中航黎明锦西化工机械（集团）有限责任公司齿轮厂生产的大功率高速行星齿轮增减速器已广泛应用在透平发电机组、透平压缩机组、航空发动机及工程机械等领域中，最高转速可达 45000r/min，最大功率可达 18000kW。

4）圆弧齿轮传动。由于圆弧齿轮的承载能力比同样条件下的渐开线齿轮高，且工艺简单、成本低，早在 20 世纪 60 年代我国就成功地发展了高速圆弧齿轮。这些高速圆弧齿轮广泛应用于发电、化工、石油及冶金部门，并作为重要的动力传动设备承担重要任务。它们的传动功率由数百千瓦到 6000kW，齿轮圆周速度为 50 ~ 80m/s（个别最大达 110m/s）。20 世纪 80 年代中后期，郑州机械研究所对双圆弧齿轮在高速传动中的应用进行了研究，开发了氮化硬齿面的 GH 系列高速双圆弧齿轮箱，已生产线速度大于 120m/s，功率大于 9000kW 的产品，经长期使用考验，性能优良。近几年，由于我国进口了一大批成型磨齿机，磨齿成本的降低，圆弧齿轮已逐步被硬齿轮面齿轮所取代。

以上几种类型齿轮装置其布置形式如图 24-1 所示，其产品型号及制造企业见表 24-1。

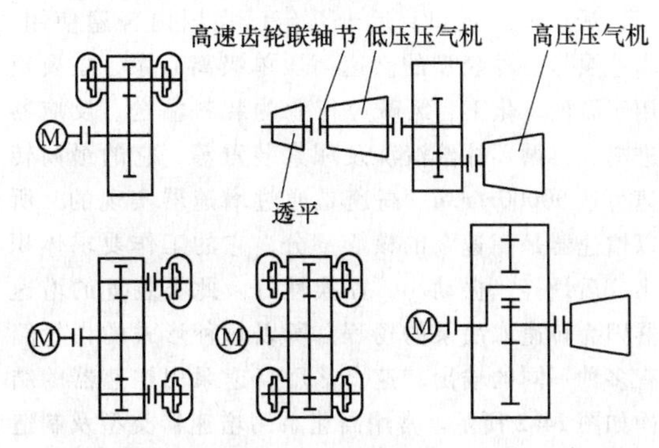

图 24-1　冶金、化学、石油工业中增速器齿轮传动布置形式

表 24-1　齿轮装置的产品型号及制造企业

序号	产品名称	主要技术参数			主要制造单位
		功率/kW	高速轴转速/(r/min)	传动比范围	
1	GS 系列高速齿轮箱	210～42040	1000～20000	≤8	①②③
2	HS 系列高速齿轮箱	203～41456	1000～20000	≤8	①②
3	P 系列高速齿轮箱	200～40005	1000～20000	≤8	⑥
4	X 系列高速行星齿轮箱	400～15000	11000～18000	≤12	①④⑥
3	H 形分流高速齿轮箱	132～2000	800～52450	≤12	②⑤⑥⑦
4	GYD 高速圆弧齿轮箱	300～4000	1500～15000	≤5	②⑥⑦
5	GYR 高速圆弧齿轮箱	4400～6600	1500～7200	≤2.4	②⑥⑦
6	GH 高速双圆弧齿轮箱	400～40000	24000	≤8	③
7	GSC 高速齿轮联轴节	20000	5600～25000		

注：制造单位：①南京高速齿轮箱股份公司；②沈阳鼓风机厂；③郑州机械研究所；④重庆齿轮箱股份公司；⑤开封空分设备厂；⑥中航黎明锦西化工机械集团公司齿轮厂；⑦陕西鼓风机厂。

24.2　石化泵用齿轮装置及备件

高速泵是从 20 世纪 70 年代末期开始在我国使用，最早依靠进口，近十几年已在国内普遍使用。高速泵是一种新型的高速高压单级离心泵，主要应用于石油、化工、氯碱等行业的装料输送、反应器进料、再循环补给清洗及尿素装置等，它的最高转速可达 30000r/min。高速是通过增速器实现的，所以增速器是高速泵的核心部分，它的工作要求体积小、质量轻、振动小、互换性好。此类装置的增速器因为转速取决泵的扬程，所以每种形式的齿轮箱有多种不同的输出转速。常用高速泵用增速器的结构如图 24-2 所示。常用高速泵用增速器类型及制造企业见表 24-2。

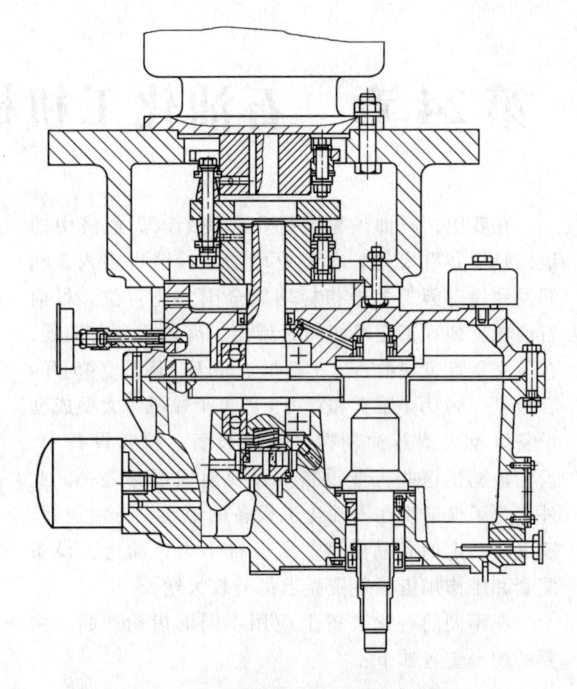

图 24-2　常用高速泵用增速器的结构

表 24-2　常用高速泵用增速器类型及制造企业

序号	配套设备名称	主要技术参数			制造单位
		最大功率/kW	高速轴转速/(r/min)	传动比范围	
1	SWB 型高速泵	55	4600～17500	1.53～5.83	③
2	GSB 型高速泵	355	4600～23700	1.53～7.9	①②
3	WGB 型高速泵	560	4600～19150	1.53～6.383	①②

注：制造单位：①为中航黎明锦西化工机械集团公司齿轮厂；②为中国航天工业总公司第十一研究所；③为沈阳三环机械厂。

24.3　搅拌釜用立式减速器

搅拌设备在化工行业中应用甚广，多数场合是作为反应器来用。搅拌设备传动系统一般包括电动机、减速器、联轴器、搅拌轴、机架及凸圆法兰等。其中变速器是搅拌设备用于电动机和工作机之间独立的闭式传动装置，其主要功能是降低转速，并相应增大转矩。由于搅拌轴运转速度大多在 30～300r/min 范围内，小于电动机额定转速，故在电动机出口端大多需设置减速器。在众多减速器品种中，搅拌设备应用最多的是立式结构，其结构和技术性能也与普通减速器有所区别。这是因为搅拌设备用减速器必须能够适用于各种化学工业环境的工艺要求，同时能够承担各种不同操作过程产生的工作负载和稳定支承问题，而且在体积上要求尽可能小地占用高度空间。近年来，由于日本住友、德国弗兰德等企业在国内市场的扩充，其减速器也都应用在聚合釜上。常用的釜用立式减速器类型及制造企业见表 24-3。

表 24-3　常用的釜用立式减速器类型及制造企业

序号	减速器名称	主要技术参数				
		级数	输入功率/kW	传动比	输出轴转速/(r/min)	输出轴许用转矩/(N·M)
1	DC 系列圆柱齿轮减速器	单级	0.55 ~ 45	2.53 ~ 5.38	170 ~ 580	60 ~ 1000
2	LC 系列圆柱齿轮减速器	二级	0.55 ~ 315	4 ~ 12	65 ~ 370	89 ~ 15000
3	DJC 系列圆柱齿轮减速器	单级	0.55 ~ 22	2.9 ~ 4.823	200 ~ 500	42 ~ 448
4	FJ 系列圆柱圆锥齿轮减速器	二级	0.55 ~ 355	10 ~ 20	50 ~ 150	120 ~ 35000
		三级	0.75 ~ 160	23 ~ 80	12 ~ 43	350 ~ 35000
5	LPJ 系列圆柱齿轮减速器	二级	0.55 ~ 200	4.5 ~ 22	34 ~ 330	90 ~ 20000
		三级	0.55 ~ 90	14 ~ 45	22 ~ 105	150 ~ 8200
6	LCJ 系列圆柱圆锥齿轮减速器	二级	22 ~ 315	6.3 ~ 22.4	30 ~ 286	42 ~ 35000
7	CW 系列圆柱齿轮、圆弧圆柱蜗杆减速器	二级	0.55 ~ 45	16 ~ 80	12 ~ 90	310 ~ 6200
8	KJ 系列可移式圆柱齿轮减速器	单级	0.18 ~ 7.5	2.74 ~ 4.73	200 ~ 520	16 ~ 245
9	P 系列带传动减速器	单级	0.55 ~ 22	2.96 ~ 4.53	200 ~ 500	58 ~ 720
10	FP 系列带传动减速器	单级	4 ~ 90	2.45 ~ 4.53	160 ~ 400	720 ~ 7000
11	YP 系列带传动减速器	单级	65 ~ 380	4 ~ 5.9 2.36 ~ 3.9	82 ~ 145 125 ~ 250	6250 ~ 37000 4800 ~ 25000

注：生产厂：中航黎明锦西化工机械集团公司齿轮厂、温州长城机械厂。

24.4　石油钻机、抽油机用齿轮减速器

石油钻机是一组十分复杂的大型成套设备，除用于一般陆地石油、天然气钻井外，还有在沙漠、高寒、高原、沼泽、浅滩和海洋等地带使用的钻机。抽油机是油田采油生产中常用的地面动力设备。产品也遍布中国各大油田，并已多次出口美洲、中东和东南亚等地区。这两种设备用减速器均为两级、人字齿齿轮传动减速器。可采用符合 API 规范的渐开线齿轮减速器，也可采用强度更高的双圆弧齿轮减速器。常用的石油钻机、抽油机用齿轮减速器类型及制造企业见表 24-4。

表 24-4　常用的石油钻机、抽油机用齿轮减速器类型及制造企业

型号	总中心距/mm	传动比	最大输出转矩/(kN·m)	外形尺寸/mm	质量/kg
ZLH85-31.1	850	31.3	26	1620 × 994 × 560	2697
JS-1000	355	1.53	6.87	1035 × 1145 × 940	1080
JS-1000Z	355	1.868	9.1	1355 × 1295 × 1080	2010
JS-800	480	3.04	19.3	1516 × 1305 × 975	2640

注：生产厂：中国石油天然气总公司第四石油机械厂、兰州石油化工机器厂。

24.5 沉降离心机用齿轮差速器

沉降离心机是用离心沉降法来分离悬浮液的机器，它广泛用于石油、化工行业。沉降离心机的传动装置类型较多，最具代表性的是螺旋卸料离心机的差速变速器（简称差速器）和碟片离心机的螺旋齿轮传动。渐开线行星齿轮差速器是现代螺旋卸料离心机中应用最广泛的传动形式。渐开线行星齿轮差速器是一种内部结构平衡的多分流的对称结构。由于充分利用了内齿的容积和将功率分几股传递，以及内啮合具有承载能力高和运动学上的优点，所以这种差速器的承载能力高，体积小，质量轻，结构紧凑，效率高达0.99，适用于大、中、小功率的螺旋卸料离心机。常用的螺旋卸料离心机差速器类型及制造企业见表24-5。

表 24-5 常用的螺旋卸料离心机差速器类型及制造企业

传动形式	传动简图	技术特性			主要制造单位
		传动比范围	效率	工作时最大功率/kW	
2K-H(NGW)型	Ⅰ型(单级) 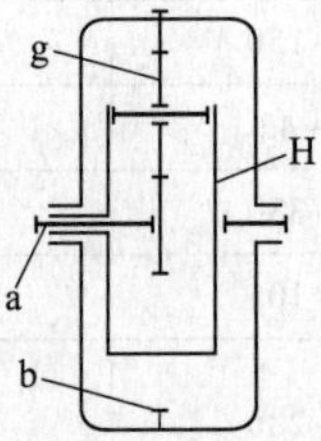	单级 $3 \leqslant i_{aH}^{b} \leqslant 9$ $i_{bH}^{a} = 1.13 \sim 1.59$ $i_{bH}^{a} = 0.63 \sim 0.89$ 双级 $8 \leqslant ib_{1H2}^{a} \leqslant 60$	0.97 ~ 0.98	不限	西安航空发动机厂
2K-H(NW)型	Ⅱ型 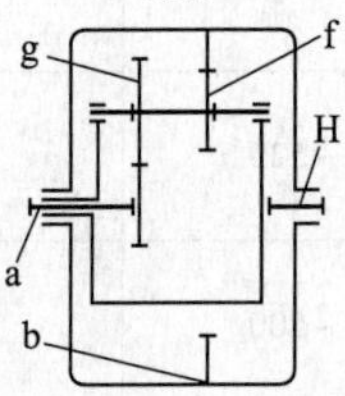	$7 \leqslant i_{aH}^{b} \leqslant 17$ $i_{bH}^{a} = 1.063 \sim 2$ $i_{bH}^{a} = 0.5 \sim 0.945$	0.96 ~ 0.98	不限	
3K(NGWN)型	Ⅰ型 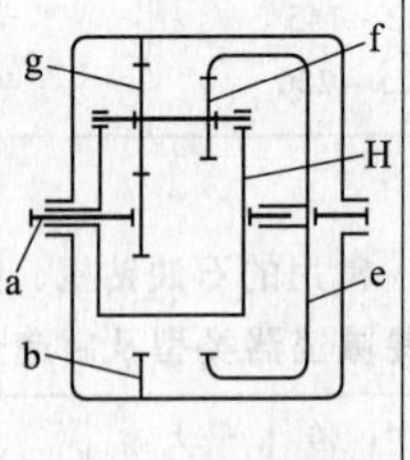	$20 \leqslant i_{ae}^{b} \leqslant 100$ 最合理；当功率不大时可达500	0.80 ~ 0.90	短期工作时：100 每天工作时间较长：10	中航黎明锦西化工机械集团公司齿轮厂
	Ⅱ型 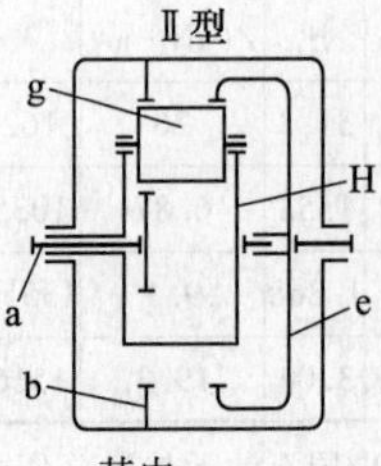 其中 $z_g = z_f$	$50 \leqslant i_{ae}^{b} \leqslant 250$	0.70 ~ 0.84	短期工作时：100 每天工作时间较长：10	

24.6　离心机行星差速器

1. 2K-H（NGW）型离心机差速器

图 24-3 所示为 2K-H（NGW）型差速器，用于卧式螺旋卸料沉降离心机传动装置的传动示意图，这种传动形式应用最广。

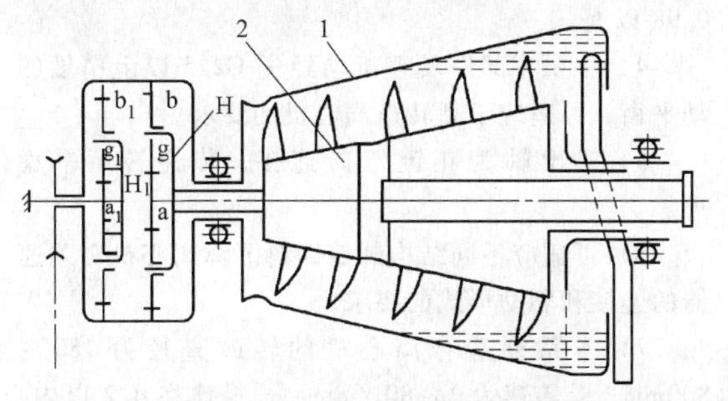

图 24-3　两级 2K-H（NGW）型差速器示意图
1—转鼓　2—螺旋体

差速器壳体与内齿圈 b_1 和 b 相固接，并与转鼓 1 相连，行星架 H 与螺旋体 2 相连。通常第一级太阳轮 a_1 固定，如果改变输入运动的转速，就可以调节转鼓与螺旋体的转差。这种传动，当 $i_{bH}^{a}\approx 1$ 时，正是卧式螺旋离心机的工作要求，即太阳轮 a_1 固定，动力由与转鼓相固联的 b 输入，从而与螺旋固联的行星架 H 输出时，其啮合效率高达 99.8% 以上。

例如，当 $z_{a1}=10$，$z_{g1}=40$，$z_{b1}=90$，$z_a=10$，$z_g=31$，$z_b=72$，计算传动比

$$i_{b_1H_1}^{a_1}=1+\frac{z_{a1}}{z_{b1}}=1+\frac{10}{90}=1.111$$

即 $\frac{n_{b1}}{n_{H1}}=1.111$，$n_{b1}=1.111n_{H1}$，$i_{ab}^{H}=\frac{n_a-n_H}{n_b-n_H}=-\frac{72}{10}=-7.2$

由 $n_{H1}=n_a$，$n_{b1}=n_b$，且 $\frac{0.9009n_b-n_H}{n_b-n_H}=-7.2$，得 $8.2n_H=8.1009n_b$

因此 $\frac{n_b}{n_H}=\frac{8.2}{8.1009}$，即 $i_{bH}^{a_1}=1.012$

若 $n_b=3000\text{r/min}$ 时，则行星架（螺旋体）转速 $n_H=3000/1.012\text{r/min}=2964\text{r/min}$。

这种传动装置效率高，较适合于连续的任何工作条件下，大、中、小功率的传动。

2. 行星差速器结构及要求

行星差速器，通常为 2K-H（NGW）型负号机构、两级行星传动组成，其中有主、辅带轮及具有可调转矩的保护装置，使用时具有高可靠性，安全耐用。其结构图如图 24-4 所示。

其主要特点及技术要求如下：

1）采用 2K-H（NGW）型负号机构，有可调整的转矩保护装置，具有高可靠性，安全耐用。

2）差速器输入轴应能适用双向驱动，以适应更大范围的差动要求。

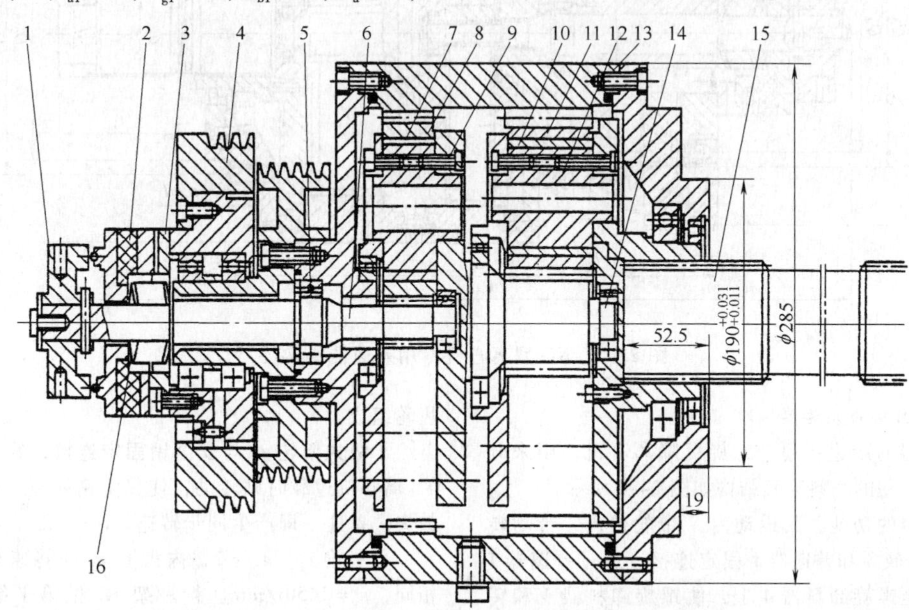

图 24-4　行星差速器
1—保险座　2—保险盘　3—压圈　4—辅 V 带轮　5—主 V 带轮　6—Ⅰ级太阳轮轴　7—Ⅰ级行星轮套　8—Ⅰ级行星轮　9—Ⅰ级行星轮轴　10—Ⅱ级行星轮套　11—Ⅱ级行星轮　12—Ⅱ级行星轮轴　13—内齿圈　14—Ⅱ级太阳轮　15—花键输出轴　16—蝶形弹簧

3）行星传动齿轮的精度为：外齿轮不低于 6 级，采用硬齿面齿轮；内齿圈精度不低于 7 级，通常采用调质处理。

4）主要零件及整机均应经过不低于 G2.5 级的动平衡，以适应高转速离心机的要求。

5）主要零件都应经过严格的探伤检查，强度及缺陷的质量控制应达到高速离心机的安全要求。

6）轴承通常应选用质量可靠性高的产品，密封件、标准件应选用优质、高强度的配套件，以适应离心机高速连续运行的工况。

7）整机必须经过逐台的台架模拟工况检验，振动不大于 2.5m/s，温升不高于 35℃，输入轴的转速应达到额定检验值。

8）一般与卧式螺旋离心机配套的差速器的传动比在 57～159，主机转速在 3000r/min 以上，差转速在 2～80r/min 之间。

3. NC 型离心机专用差速器

NC 型渐开线行星齿轮差速器，主要用于螺旋卸料沉降离心机，尤其适用于高转速、大差转速的离心机。

NC 型离心机专用差速器的主要特点如下：

1）结构典型，属于 2K-H（NGW）型负号传动机构，性能可靠、安全耐用。

2）差速器工作时可作双向驱动，扩大了差转速变化范围，最大可达 2～80r/min。

3）采用硬齿面行星齿轮传动，传动效率可达 0.98 以上。

4）主要零部件及整机均经过 G2.5 以上精度的动平衡，可适应于高转速离心机的要求。

5）输出轴为花键双向连接，传递转矩平稳可靠。

6）可适应不同结构螺旋卸料沉降离心机对差速器的连接和驱动形式的要求。

7）本系列适合离心机的转鼓直径为 180～800mm，差转速为 2～80r/min，长径比在 4.2 以内，分离因素在 G=4500 以内范围使用。

8）差速器应注约为整个空间 9/10 含减摩剂的 N68 号润滑油。

图 24-5 为 NC 型离心机专用差速器的结构图。

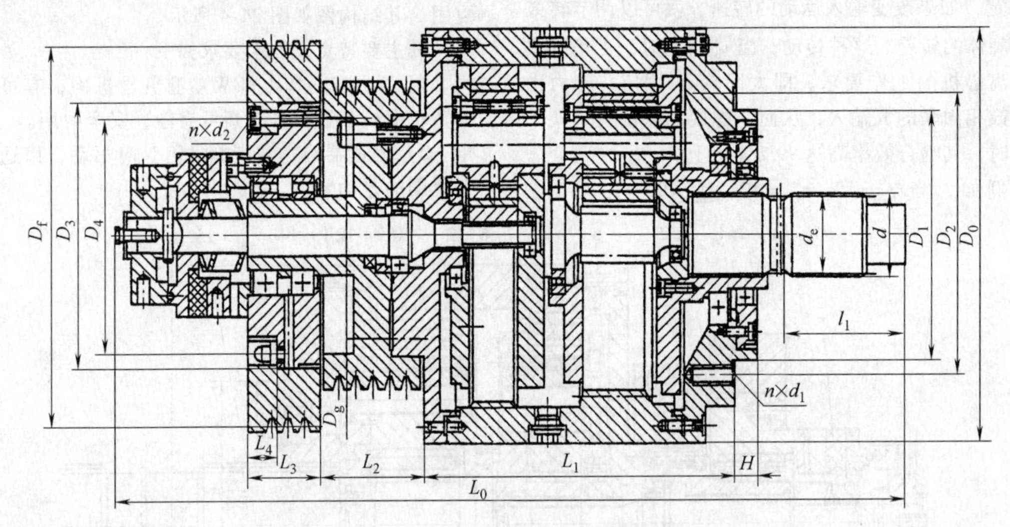

图 24-5　NC 型离心机专用差速器结构图

4. 德国制的差速器

差速器的用途：用于螺旋沉降离心机，用来分离稀、细、粘的物料。其结构如图 24-6 所示。

差速器的功能：其运动由 V 带轮传入，带动转鼓 3，而转鼓 3 和差速器 1 固定连接，通过差速器 1 将运动传至螺旋卸料器 4 上，使螺旋卸料器 4 和转鼓 3 有一速度差，以保证离心机的分离作用。

下面为一复合轮系，传动由两部分组成，如图 24-7 所示。

Ⅰ级是行星轮系，自由度 $W=1$；

Ⅱ级是差动轮系，自由度 $W=2$，每级均由四个齿轮组成。

Ⅰ级太阳轮 z_1 与安全销固定连接，绝对速度为 0，离心机过载时则转动，使保险销断裂，内、外转鼓失去差速，即产生同步转速。

行星轮 z_2，$n_p=2$，内齿圈 z_3 的转速与外转鼓相同，$n=1450$r/min。行星架 H_1 把第Ⅰ级行星传动，传至第Ⅱ级的太阳轮 z_4。

Ⅱ级差动轮系：太阳轮 z_4，由第Ⅰ级行星架 H_1 传来的转速。行星轮 z_5，$n_p=2$。内齿圈 z_6 与内齿圈 z_3、外转鼓的转速相同，即 $n=1450$r/min。行星架 H_2 把Ⅱ级差动轮系的转速传给内转鼓。各齿轮的齿数如下：

$$z_1=10,\ z_2=40,\ z_3=90$$

$$z_4=10,\ z_5=31,\ z_6=72$$

经过此差速器，可将传给外转鼓的转速传至内转鼓，并使内、外转鼓保持一定的转速差，使离心机维持正常工作。

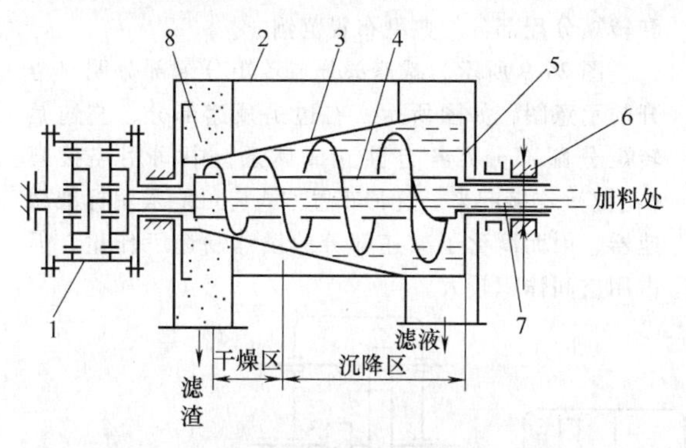

图24-6　离心机用差速器

1—差速器　2—外壳　3—转鼓　4—螺旋卸料器　5—溢流孔　6—V带轮　7—空心轴　8—沉淀排出孔

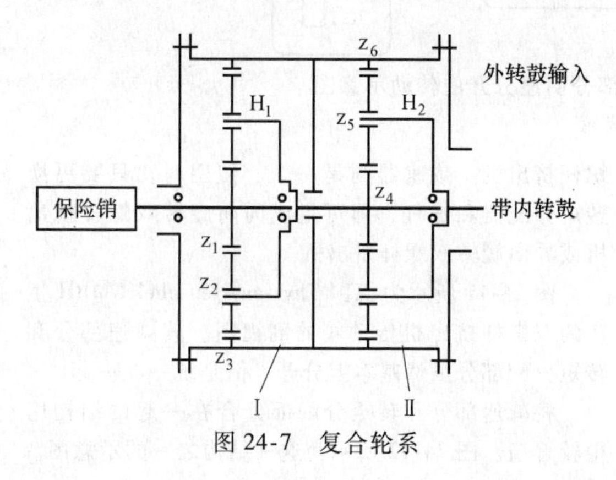

图24-7　复合轮系

采用相对运动法原理，可求得各构件的绝对转速

$n_{z_1}=0$，$n_{z_2}=1631.25\text{r/min}$，$n_{z_3}=1450\text{r/min}$，$n_{H_1}=1305\text{r/min}$

$n_{z_4}=1305\text{r/min}$，$n_{z_5}=1473\text{r/min}$，$n_{z_6}=1450\text{r/min}$，$n_{H_2}=1432.317\text{r/min}$

于是，内、外转鼓的转速差 $n_{外}-n_{内}=1450-1432.317=17.683\text{r/min}\approx18\text{r/min}$。

24.7　双螺杆挤出机的传动装置

1. 概述

双螺杆挤出机的传动系统是双螺杆挤出机的重要组成部分。它的重要性表现在它所完成的功能在双螺杆挤出机中至关重要，也表现在其设计、制造难度和成本在整台机器中占的比重。

双螺杆挤出机传动系统的作用是在设定的工艺条件下，向两根螺杆提供合适的转数范围、稳定而均匀的速度、足够且均匀相等的转矩（功率），并能承受完成挤出过程所产生的巨大的螺杆轴向力。

双螺杆挤出机的传动系统主要由驱动电动机（联轴器）、齿轮箱（包括转矩分配和减速部分）等组成。

与单螺杆挤出机相比，双螺杆挤出机传动系统的设计、制造要困难、麻烦得多。这是因为，一方面，双螺杆挤出机比单螺杆挤出机承受的转矩要大得多，而且这么大的转矩是在有限的中心距内传递，且转矩的传递分配和减速是交织在一起的。另一方面，挤出过程在螺杆末端产生的轴向力很大，该轴向力需要止推轴承来承受。前已述及，按一般情况，轴向力越大，所需的止推轴承的外径越大，但在两螺杆中心距已限定的情况下，不可能任意选择大外径的止推轴承，这就要求另想办法——譬如采用止推轴承串来解决这个问题。但这是比较困难的。另外，抵消齿轮传动的径向力，防止螺杆弯曲，提高齿轮的承载能力和传动精度，也是双螺杆传动系统设计不同于单螺杆挤出机之处。双螺杆传动箱的散热和润滑也比单螺杆挤出机重要、复杂得多。

双螺杆挤出机所用电动机的选择如下。

双螺杆挤出机中常用的电动机有直流电动机、交流变频调速电动机、滑差电动机、整流子电动机等。其中以直流电动机和交流变频调速电动机用得最多。

直流电动机系统：可实现无级调速，且调速范围宽，起动较平稳。以国产 z_2 系列电动机为例，当改变电枢电压时，其转速可自同步转速（1500r/min）往下调1:8，当改变激磁电压时，转速可往上调1:2，因此其最大调速范围可达1:16。图24-8所示为直流电动机的外特性曲线。由图可以看出，改变电枢电压时可以得到恒转矩调速；改变激磁电压时可以得到恒功率调速，此时随着转数升高其功率不变，但转矩相应地减小。但国产的 z_2、z_3 系列直流电动机，在其转数低于（100～200）r/min时，工作不稳定，而且这时电动机冷却风扇冷却性能下降。20世纪80年代以后生产的 z_4 系列电动机则比 z_2、z_3 系列电动机性能好得多，其低速性能稳定，因而在双螺杆挤出机中得到广泛采用。当然直流电动机应用中的主要问题是配套性，如控制柜的性能等。

变频调速（电动机）系统。所用电动机有专用变频电动机，也可用标准三相异步电动机替代，但后者在中低速、高负荷时电动机有过热倾向。变频调速电动机由一个静态变频器来控制。它设有集流环及电刷，可以不需要像直流电动机和变速交流电动机那样进行维修。变频调速系统的工作性能稳定，运转平稳。关键为变频器的质量。变频调速系统的成本与直流调速系统差不多。

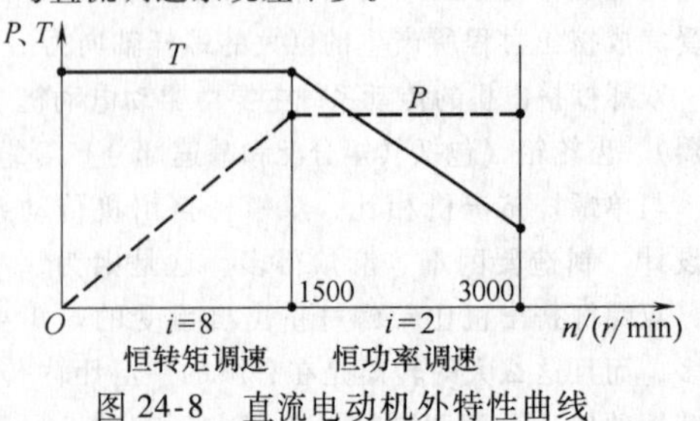

图 24-8　直流电动机外特性曲线

2. 传动箱中减速部分和转矩分配部分的布置

双螺杆挤出机的传动箱由两大部分即减速部分和转矩分配部分组成。这两部分的功能虽有不同，但它们紧密联系，有时还相互制约。根据目前流行的结构看，其设计布置大致有两种方案，一种是将减速部分和转矩分配部分很明显地分开，即所谓分离式；另一种是将二者合在一起。

现重点讨论平行双螺杆挤出机传动箱减速部分和转矩分配部分的典型布置范例。

图 24-9 所示为减速部分与转矩分配部分明显分开的示意图，如图所示，右边是减速部分，左边是转矩分配部分，各自独立成体系，中间用连接套（花键）连接起来。这种布置方式有可能采用标准减速器，因而简化了减速部分的设计制造工作量，但占用空间体积较大。

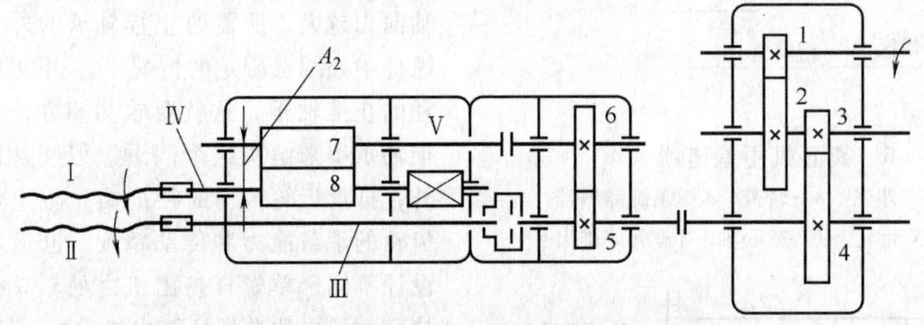

图 24-9　减速部分和转矩分配部分明显分开的传动示意图
1 ~ 8—齿轮

Berstorff 公司、JSW 公司、Leistritz 公司生产的双螺杆挤出机都有这种结构。图 24-10 所示为德国 Leistritz 公司生产的 LSM 30. 34 双螺杆挤出机传动系统的转矩分配器和减速器。其中图 24-10a 为转矩分配器，图 24-10b 为减速器，二者用轴相连，再用螺钉将连接法兰固定。为了在大范围内实现积木式组装，该机型配有两种转矩分配器，一种为用于同向旋转的双螺杆挤出机，另一种为用于异向旋转的双螺杆挤出机。减速器则是一个。使用时，只要更换转矩分配器和螺杆，即可组成同向旋转双螺杆挤出机或异向旋转双螺杆挤出机。

图 24-11 所示为德国 Thyssen Henschel GMBH 生产的双螺杆挤出机传动箱的剖视图。其减速部分和转矩分配部分虽然基本上分开，但是统一在一起。

将减速部分和转矩分配部分合在一起的结构用得较普遍。图 24-12 所示为这种结构之一的示意图。

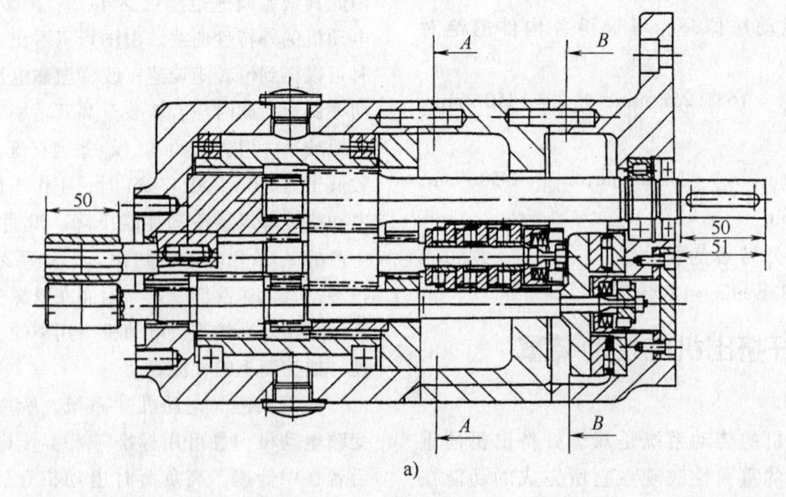

a)

图 24-10　Leistritz 公司生产的双螺杆挤出机所用减速和转矩分配分开的传动结构图
a）转矩分配部分

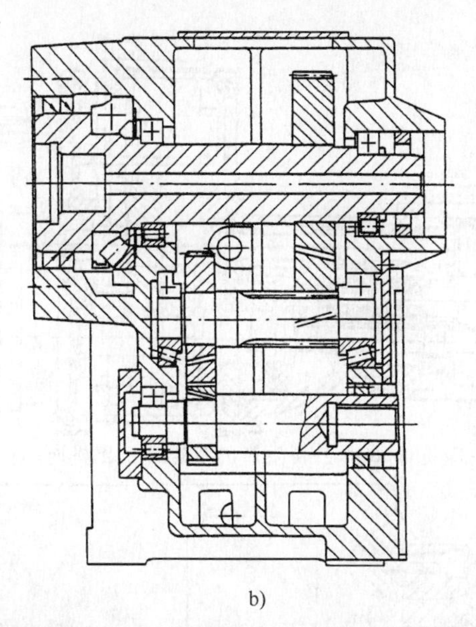

b)

图 24-10　Leistritz 公司生产的双螺杆挤出机所用减速和转矩分配分开的传动结构图（续）

b）减速部分

图 24-11　Thyssen 公司双螺杆挤出机所用传动结构剖视图

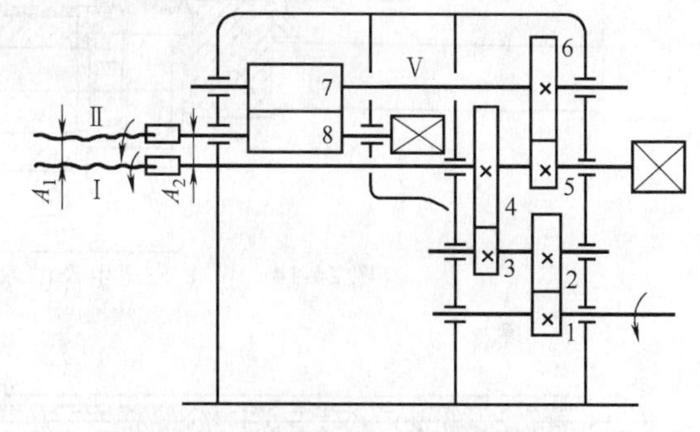

图 24-12　转矩分配部分和减速部分合在一起的传动示意图

1～8—齿轮

由电动机传来的转矩经齿轮 z_1、z_2、z_3、z_4 传至螺杆Ⅰ，而经由齿轮 z_1、z_2、z_3、z_4、z_5、z_6、z_7、z_8、传给螺杆Ⅱ。由图可见，z_4、z_5、z_6、z_7、z_8 既是转矩分配齿轮，也是减速齿轮。总转矩的一半由齿轮 z_4 直接传给螺杆Ⅰ，另一半经齿轮 z_5、z_6 由辅助轴上的齿轮 z_7 传给与之啮合的齿轮 z_8，再传给螺杆Ⅱ。

图 24-13 所示为 Reifenhaüser 公司生产的平行啮合异向旋转双螺杆挤出机传动系统的结构图。由图可以看出，它的减速部分和转矩分配部分是混在一起的，且是通过三根轴将转矩分配的。

图 24-14 所示是德国 W. P 公司生产的 ZSK 型平行啮合同向旋转双螺杆挤出机传动系统的结构图。由图可以看出，它的转矩分配和减速也是混在一起的。

图 24-15 是啮合异向旋转平行双螺杆挤出机的挤压部分和传动系统的示意图。这也是一种将转矩分配部分和减速部分混在一起的传动系统。

现在双螺杆挤出机传动箱中用得最多的止推轴承是滚柱轴承元件。为使多个轴承元件组合起来承受大的轴向力，且使每个轴承元件受载均匀，需用弹性元件将它们组合串联在一起，受载时，靠弹性元件的变形把轴向载荷均匀分配给每个轴承。弹性元件有碟簧、圆柱套筒等。

图 24-16 所示为采用碟簧作为弹性元件的串联止推轴承组。这种结构在国外的 Brabender、Weber 等公司生产的双螺杆挤出机上最早应用，我国早期生产的双螺杆挤出机上也采用过，其均载主要靠碟形弹簧来完成。当某个轴承受较大载荷时，支承该轴承的碟簧即产生较大变形，从而限制了该轴承的载荷上升，而使载荷向其他轴承转移，最终达到均载。

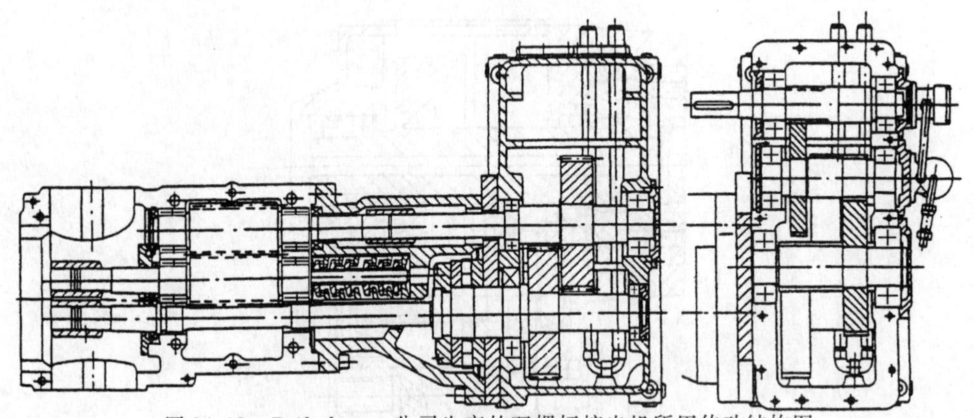

图 24-13　Reifenhaüser 公司生产的双螺杆挤出机所用传动结构图

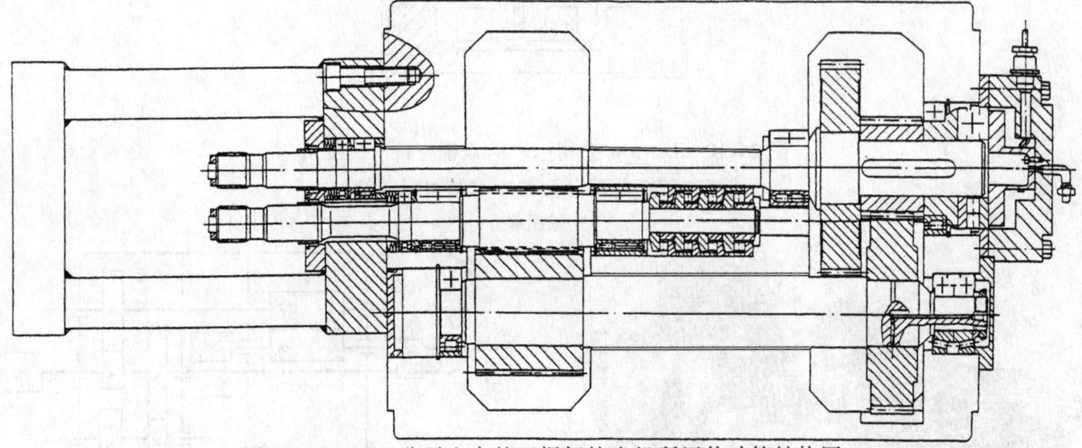

图 24-14　W. P 公司生产的双螺杆挤出机所用传动箱结构图

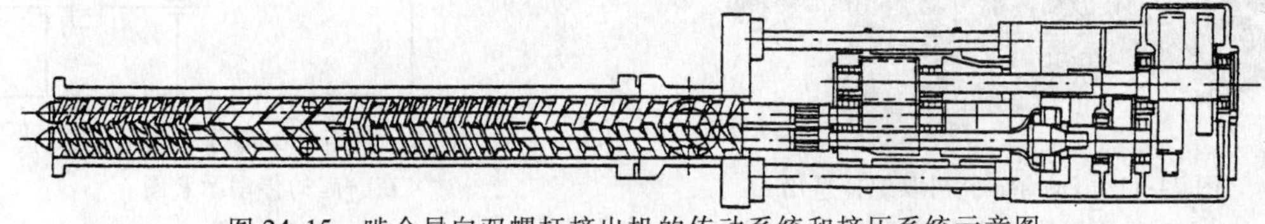

图 24-15　啮合异向双螺杆挤出机的传动系统和挤压系统示意图

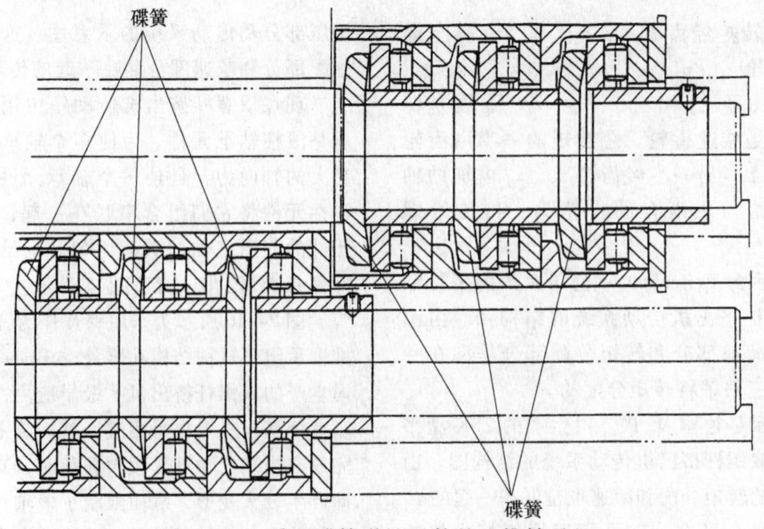

图 24-16　采用碟簧弹性元件的止推轴承组

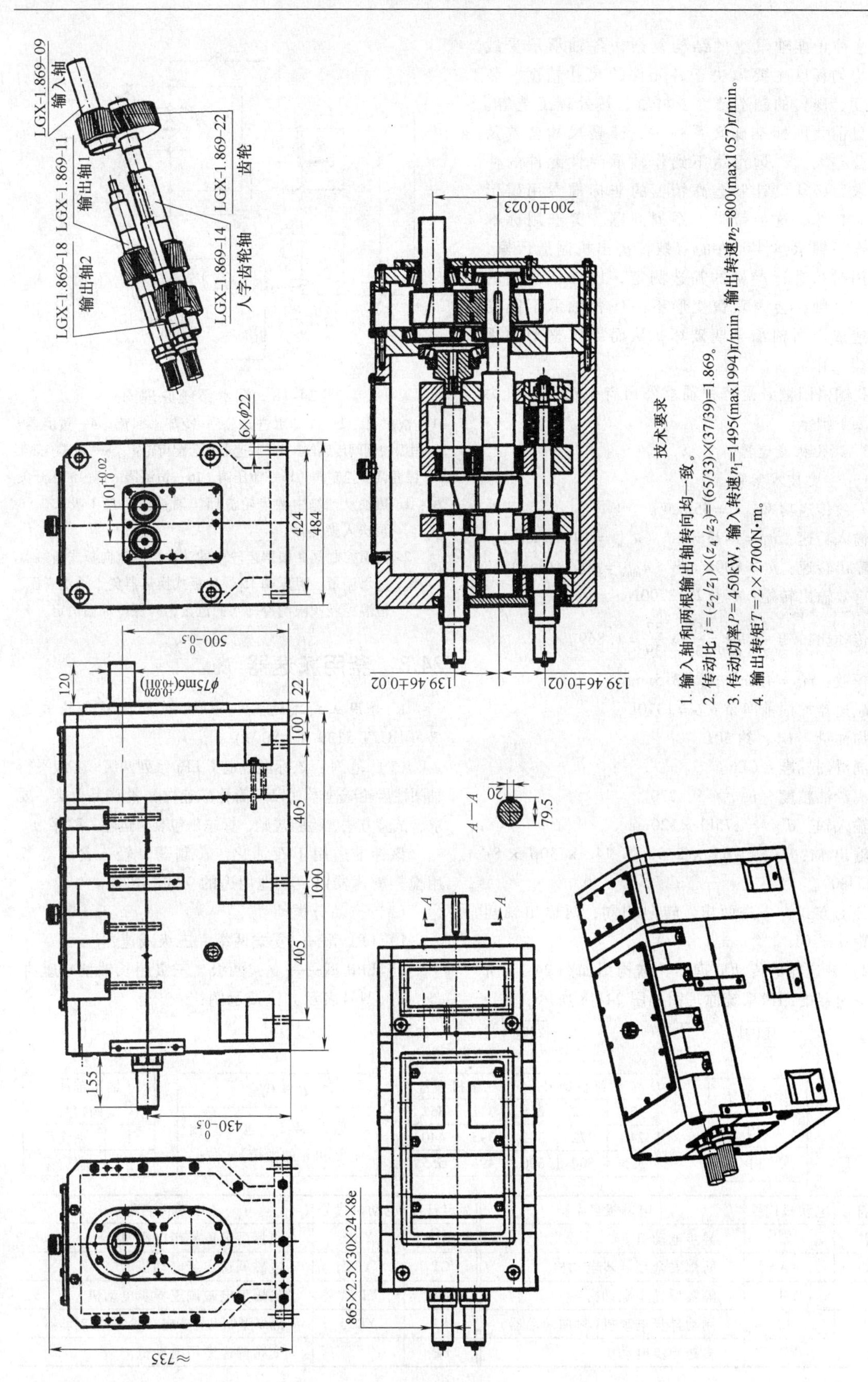

图 24-17　双螺杆挤出机的传动装置

这种止推轴承组的结构复杂，各轴承承受载荷的均匀程度主要取决于各元件的尺寸精度、装配精度、碟簧的制造精度、材质、热处理工艺等。由于目前我国标准碟簧系列中，碟簧尺寸公差及几何公差太大，远远达不到作轴承弹性元件的使用要求，必须设计制造高精度的非标准专用碟形弹簧。自然，这会带来一系列问题。曾选用标准碟簧作为轴承弹性元件的双螺杆挤出机制造厂家，在使用时都进行严格的筛选测定，以保证碟簧的质量。否则，会因碟簧变形不一使各轴承不能均载，造成个别轴承早期破坏，从而导致整个轴承组不能工作。

我国洛阳世必爱特种轴承公司有生产串列推力圆柱滚子轴承。

3. 膨化机减速器

1）主要技术参数：

有效传递功率：$P=450\mathrm{kW}$。

输入转速：$n_1=1495\mathrm{r/min}$（$n_{\max}=1994\mathrm{r/min}$）。

输出转速：$n_2=800\mathrm{r/min}$（$n_{\max}=1067\mathrm{r/min}$）。

有效输出转矩：$T_2=2\times2700\mathrm{N\cdot m}$。

传动比：$i=\dfrac{z_2}{z_1}\dfrac{z_4}{z_3}=\dfrac{65}{33}\times\dfrac{37}{39}=1.869$。

模数：$m_n=4\mathrm{mm}$，$m_n=3.5\mathrm{mm}$。

减速器加油前净重：$G=1310\mathrm{kg}$。

加油量（L）：约50L。

润滑油标准：CLp。

润滑油粘度（$\mathrm{mm^2/s}$）：220。

输入轴：$d\times l=\phi75\mathrm{kb}\times120\mathrm{mm}$。

输出轴：$D=$ W65 × 2.5m × 24z × 30p × 8e（DIN5480）。

传动方式：一进两出，转向相同，两输出轴间中心距 $a=101^{+0.020}_{0}\mathrm{mm}$。

2）减速器的传动原理图、结构图如图24-17所示，减速器的润滑系统原理图如图24-18所示。

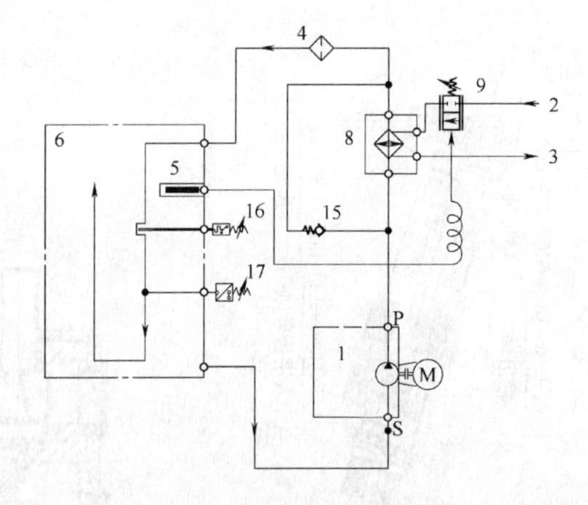

图24-18　润滑系统原理图

1—液压泵　2—冷却水进给　3—冷却水回流　4—过滤器　5—恒温控制阀传感器　6—减速器和分配齿轮箱　8—板式换热器　9—恒温调节控制阀　15—泄压阀　16—恒温器　17—油压开关

注：1. 热油从油箱中的齿轮流回，油被液压泵1吸入，开泵送入换热器。

2. 恒温控制阀9根据齿轮中的油温控制流向板式换热器的水流量。泄压阀15保护板式换热器免于承受高压。恒温控制阀限制冷却水的流量，并保持油温恒定。

24.8　釜用减速器

1. 釜用立式减速器——LPJ系列圆柱齿轮减速器（HG/T 3139.4—2001）

（1）范围　该标准规定了LPJ系列两级、三级平行轴圆柱齿轮减速器（以下简称减速器）的产品分类、要求、试验方法、检验规则、标志、包装、运输、贮存。

该标准适用于石油化工、制药、轻工食品等釜用搅拌减速器以及其他用途的立式减速器。

（2）产品分类

1）LPJ型——立式两级、三级减速器

2）LPB型——立式两级、三级超长轴型减速器

3）型号表示方法及示例：

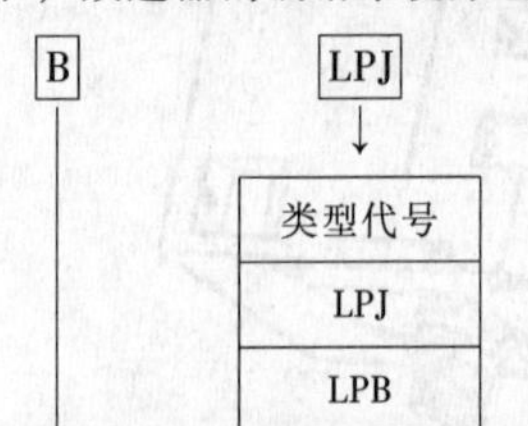

B　LPJ

类型代号
LPJ
LPB

240

两级机型号			三级机型号	
171	192	215	311	352
240	272	305	395	440
375	500	600	496	555

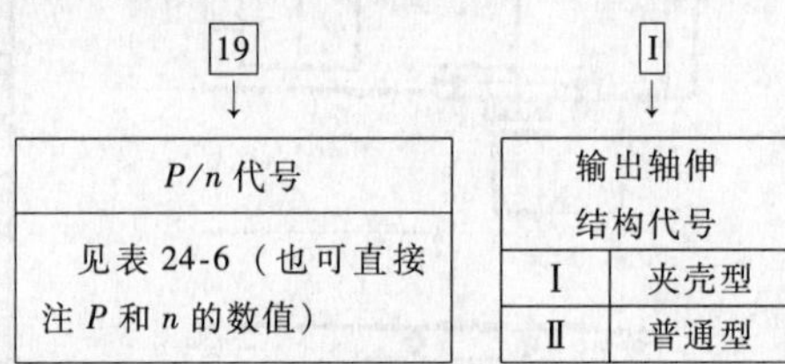

19

P/n代号
见表24-6（也可直接注P和n的数值）

Ⅰ

输出轴伸结构代号	
Ⅰ	夹壳型
Ⅱ	普通型

标定符号	电动机代号	电动机名称	标定符号	电动机代号	电动机名称
不注	Y	异步电动机	BD	YBD	隔爆型多速异步电动机
A	YA	防爆安全型异步电动机	CT	YCT	电磁调速异步电动机
B	YB	隔爆型异步电动机	BT	YBCT	隔爆型电磁调速异步电动机
EJ	YEJ	制动异步电动机(附加制动器)	BJ	YBEJ	隔爆型制动异步电动机(附加制动器)
YD	YD	多速异步电动机	BP		变频调速专用电动机

4）LPJ、LPB型两级减速器的传动比、输出转速、输入功率及输出轴许用转矩应符合表24-6的规定。

2. 釜用立式减速器——FJ系列圆柱圆锥齿轮减速器（HG/T 3139.5—2001）

（1）范围　该标准规定了FJ系列两级、三级圆柱圆锥齿轮减速器（以下简称减速器）的产品分类、要求、试验方式、检验规则、标志、包装、运输、贮存。

该标准适用于石油化工、冶金矿山、污水处理、制药等釜用搅拌减速器以及其他用途的立式减速器。

（2）产品分类

1）FJ型——立式基本型减速器。

2）FJA型——立式输出轴中空、搅拌轴大跨距独立支承型减速器。

3）FJB型——立式大跨距型减速器。

4）FJC型——立式双轴型减速器。

5）FJD型——立式底搅拌型减速器。

6）型号表示方法及示例：

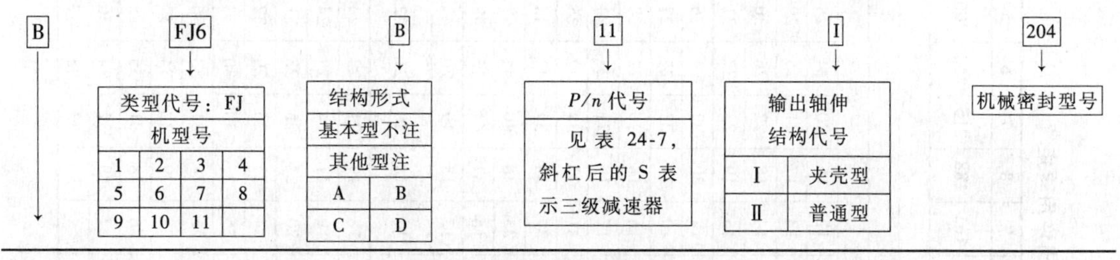

电动机形式(双轴型省略)					
标定符号	电动机代号	电动机名称	标定符号	电动机代号	电动机名称
不注	Y	异步电动机	BD	YBD	隔爆型多速异步电动机
A	YA	防爆安全型异步电动机	CT	YCT	电磁调速异步电动机
B	YB	隔爆型异步电动机	BT	YBCT	隔爆型电磁调速异步电动机
EJ	YEJ	制动异步电动机(附加制动器)	BJ	YBEJ	隔爆型制动异步电动机(附加制动器)
YD	YD	多速异步电动机	BP		变频调速专用电动机

7）减速器的传动比、输出转速、输入功率及输出轴许用转矩应符合表24-7的规定。

3. 釜用立式减速器——DC系列圆柱齿轮减速器（HG/T 3139.6—2001）

（1）范围　该标准规定了DC系列单级同轴线式圆柱齿轮减速器（以下简称减速器）的产品分类、要求、试验方法、检验规则、标志、包装、运输、贮存。

该标准适用于石油化工、制药、轻工食品及污水处理等釜用搅拌减速器以及其他用途的立式减速器。

（2）产品分类

1）DC型——立式减速器。

2）LDC型——立式大跨距减速器。

3）型号表示方法及示例：

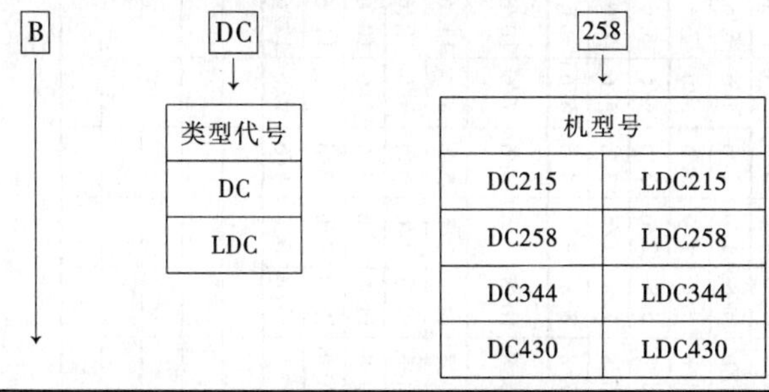

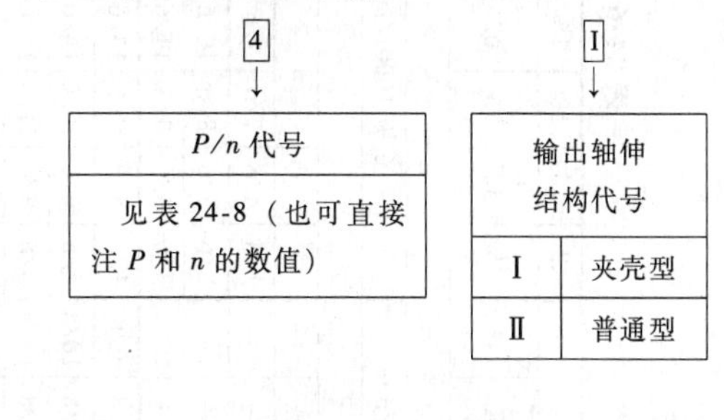

标定符号	电动机代号	电动机名称	标定符号	电动机代号	电动机名称
不注	Y	异步电动机	BD	YBD	隔爆型多速异步电动机
A	YA	防爆安全型异步电动机	CT	YCT	电磁调速异步电动机
B	YB	隔爆型异步电动机	BT	YBCT	隔爆型电磁调速异步电动机
EJ	YEJ	制动异步电动机(附加制动器)	BJ	YBEJ	隔爆型制动异步电动机(附加制动器)
YD	YD	多速异步电动机	BP		变频调速专用电动机

表 24-6　LPJ、LPB 型传动比、输出转速、输入功率及输出许用转矩

传动比 i	22	20	18	16	22	20	18	16	14	12	22	20	18	16	14	12	11	10	9	8	7	6	5	4.5	减速器型号	输出轴许用转矩/N·m
输出转速 n/(r/min)	34	37	42	46	45	50	56	62	71	83	68	75	83	94	105	125	135	150	165	188	215	250	300	330		
电动机功率 P/kW	电动机																									
	8 极 750r/min				6 极 1000r/min						4 极 1500r/min															
	P/n 代号																									
0.55	—	—	—	—	—	—	—	—	—	—	1	3	5	7	1	3	5	8	12	16	20	24	28	32	LPJ171 LPB171	90
0.75	—	—	—	—	1/6	4/6	7/6	1/6	2/6	3/6	2	4	6	8	2	4	6	9	13	17	21	25	29	33		
1.1	—	—	—	—	2/6	5/6	8/6	10/6	12/6	14/6	1	3	5	9	10	12	7	10	14	18	22	26	30	34		
1.5	—	—	—	—	3/6	6/6	9/6	11/6	13/6	15/6	2	4	6	7	11	13	14	11	15	19	23	27	31	35		
2.2	1/8	3/8	6/8	9/8	1/6	5/6	9/6	13/6	17/6	21/6	1	5	9	8	9	10	15	16	18	20	22	24	26	29	LPJ192 LPB192	160
3.0	2/8	4/8	7/8	10/8	2/6	6/6	10/6	14/6	18/6	22/6	2	6	10	13	17	11	12	17	19	21	23	25	27	30		
4.0	1/8	5/8	8/8	11/8	3/6	7/6	11/6	15/6	19/6	23/6	3	7	11	14	18	21	13	14	16	18	20	22	28	31		
5.5	2/8	3/8	4/8	12/8	4/6	8/6	12/6	16/6	20/6	24/6	4	8	12	15	19	22	25	15	17	19	21	23	24	26	LPJ215 LPB215	350
7.5	1/8	2/8	5/8	6/8	1/6	2/6	4/6	6/6	8/6	10/6	1	3	5	16	20	23	26	28	31	34	38	42	25	27		
11	1/8	3/8	4/8	5/8	1/6	3/6	5/6	7/6	9/6	11/6	2	4	6	7	9	24	27	29	32	35	39	43	46	50	LPJ240 LPB240	1100
15	2/8	3/8	5/8	6/8	2/6	3/6	4/6	5/6	6/6	7/6	1	3	5	8	10	11	13	30	33	36	40	44	47	51		
18.5	1/8	4/8	6/8	7/8	1/6	3/6	5/6	7/6	9/6	8/6	2	4	6	7	9	12	14	15	16	37	41	45	48	52		
22	2/8	4/8	7/8	8/8	2/6	4/6	6/6	8/6	10/6	11/6	1	3	5	8	10	11	13	15	17	18	19	20	49	53		
30	3/8	5/8	8/8	10/8	1/6	4/6	7/6	10/6	13/6	12/6	2	4	6	7	9	12	14	16	17	18	20	21	22	23	LPJ272 LPB272	1700
37	1/8	6/8	9/8	11/8	2/6	5/6	8/6	11/6	14/6	16/6	1	4	7	8	10	11	13	15	18	19	21	22	23	25	LPJ305 LPB305	3000
45	2/8	5/8	8/8	12/8	3/6	6/6	9/6	12/6	15/6	17/6	2	5	8	10	12	12	14	16	19	21	24	27	24	26		
55	3/8	6/8	9/8	11/8	1/6	4/6	7/6	10/6	13/6	18/6	3	6	9	11	13	15	18	17	20	22	25	28	31	34	LPJ375 LPB375	4600
75	4/8	7/8	10/8	12/8	2/6	5/6	8/6	11/6	14/6	16/6	1	4	7	10	14	16	19	21	24	23	26	29	32	35		
90				13/8	3/6	6/6	9/6	12/6	15/6	17/6	2	5	8	11	13	17	20	22	25	27	30	30	33	36		
110										18/6	3	6	9	12	14	16	19	23	26	28	31	33	36	39	LPJ500 LPJ3500	9600
132															15	17	20	22	25	29	32	34	37	40		
160																18	21	23	26	28	31	35	38	41		
185																		24	27	29	32	34	36	38	LPJ600 LPB600	20000
200																				30	33	35	37	39		

表 24-7　减速器传动比、输出转速、输入功率及输出许用转矩

传动比 i	80	70	61	53	46	40	35	30	26	23	20	18	15	13.6	20	18	15	13.6	12.5	11.5	10.7	10	减速器型号	许用出轴转矩/N·m
输出转速 n/(r/min)	12	14	16	19	22	25	28	33	38	43	50	55	65	73	75	83	100	110	120	130	140	150		
电动机功率 P/kW	6 极电动机 P/n 代号(斜杠后的 S 代表三极减速)														4 极电动机 P/n 代号									
0.55	—	—	—	—	—	—	—	—	—	—	—	—	—	—	1	3	5	8	11	15	19	23	FJ1	120
0.75	1/2	3/S	5/S	7/S	1/S	2/S	3/S	4/S	6/S	8/S	1/6	4/6	1/6	2/6	2	4	6	9	12	16	20	24		
1.1	2/2	4/2	6/2	8/S	10/S	12/S	14/S	5/S	7/S	9/S	2/6	5/6	7/6	10/6	1	4	7	10	13	17	21	25		
1.5	1/2	2/S	3/S	9/S	11/S	13/S	15/S	17/S	19/S	22/S	3/6	6/6	8/6	11/6	2	5	8	11	14	18	22	26		
2.2	1/S	2/S	4/S	5/S	6/S	7/S	16/S	18/S	20/S	23/S	1/6	4/6	9/6	12/6	3	6	9	12	15	18	21	24	FJ2	350
3	1/2	3/S	4/S	5/S	7/S	8/S	9/S	10/S	21/S	24/S	2/6	5/6	7/6	9/6	1	7	10	13	16	19	22	25		
4	2/S	3/S	4/S	6/S	8/S	9/S	10/S	11/S	12/S	13/S	3/6	6/6	8/6	10/6	2	4	6	14	17	20	23	26		
5.5	1/S	2/S	5/S	6/S	7/S	9/S	11/S	12/S	14/S	14/S	1/6	2/6	3/6	5/6	3	5	7	8	10	12	14	16	FJ3	800
7.5	1/S	3/S	4/S	5/S	8/S	10/S	11/S	13/S	15/S	16/S	1/6	2/6	4/6	6/6	1	2	3	9	11	13	15	17		
11	2/S	3/S	4/S	6/S	7/S	8/S	12/S	13/S	14/S	15/S	1/6	3/6	4/6	5/6	1	3	4	5	6	7	9	11	F14	1150
15	1/S	2/S	5/S	6/S	7/S	9/S	10/S	11/S	12/S	16/S	2/6	3/6	5/6	6/6	2	4	5	7	10	8	10	12		
18.5	1/S	3/S	4/S	6/S	8/S	9/S	10/S	12/S	13/S	14/S	1/6	4/6	6/6	7/6	1	3	6	8	11	13	15	17	FJ5	2000
22	2/S	3/S	5/S	7/S	8/S	10/S	11/S	13/S	14/S	15/S	2/6	3/6	4/6	8/6	2	4	5	9	12	14	16	18		
30	1/S	4/S	5/S	7/S	9/S	11/S	12/S	14/S	15/S	16/S	1/6	3/6	5/6	6/6	1	3	6	7	9	11	13	15	FJ6	3300
37	2/S	4/S	6/S	8/S	10/S	12/S	13/S	15/S	17/S	17/S	2/6	4/6	6/6	7/6	2	4	5	8	10	12	14	16		
45	3/S	5/S	6/S	9/S	11/S	13/S	15/S	16/S	18/S	19/S	1/6	5/6	7/6	8/6	1	3	6	7	8	10	12	14	FJ7	5000
55			7/S	8/S	9/S	14/S	16/S	17/S	19/S	20/S	2/6	3/6	4/6	9/6	2	4	5	7	9	11	13	15		
75					10/S	11/S	13/S	18/S	20/S	22/S	1/6	4/6	5/6	6/6	1	3	6	8	10	12	14	16	FJ8	8000
90						12/S	14/S	15/S	21/S	23/S	2/6	5/6	7/6	7/6	2	4	6	9	11	13	15	17		
110								16/S	17/S	19/S	3/6	6/6	8/6	10/6	1	5	7	9	11	14	17	20	FJ9	12750
132									18/S	20/S	1/6	3/6	9/6	11/6	2	4	8	10	12	15	18	21		
160										21/S	2/6	4/6	6/6	12/6	3	5	7	10	13	16	19	22		
200												5/6	7/6	9/6	1	6	8	11	13	16	19	22	FJ10	22000
220													8/6	10/6	2	4	9	12	14	17	20	23		
250														11/6	3	5	7	10	15	18	21	24		
280																6	8	11	14	17	20	23	FJ11	35000
315																	9	12	15	18	21	24		
355																		13	16	19	22	25		

4）减速器的传动比、输出转速、输入功率和输出轴许用转矩应符合表 24-8 的规定。

表 24-8　传动比、输出转速、输入功率及输出许用转矩

传动比 i	5.38	4.53	5.38	4.53	3.91	3.07	2.53	减速器型号	输出轴许用转矩/N·m
输出转速 n/(r/min)	170	205	260	310	370	475	580		
电动机功率 P/kW	6 极电动机 1000r/min		4 极电动机 1500r/min						
	P/n 代号								
0.55	—	—	1	3	7	12	18	DC215 LDC215	60
0.75	1/6	2/6	2	4	8	13	19		
1.1	1/6	3/6	1	5	9	14	20		
1.5	2/6	4/6	2	6	10	15	21		
2.2	1/6	5/6	3	5	11	16	22		
3.0	2.6	6/6	4	6	10	17	23		
4.0	3/6	7/6	1	7	11	15	19	DC258 LDC258	240
5.5	4/6	8/6	2	8	12	16	20		
7.5	5/6	9/6	3	9	13	17	21		
11.5	1/6	10/6	4	6	14	18	22		
15.0	2/6	3/6	5	7	9	11	14	DC344 LDC344	600
18.5		4/6	1	8	10	12	15		
22.0			2	3	5	13	16		
30.0				4	6	8	11	DC430 LDC430	1000
37.0					7	9	12		
45.0						10	13		

4. 釜用立式减速器——DJC 系列圆柱齿轮减速器（HG/T 3139.7—2001）

（1）范围　该标准规定了 DJC 系列单级圆柱齿轮减速器（以下简称减速器）的产品分类、要求、试验方法、检验规则、标志、包装、运输、贮存。

该标准适用于石油化工、制药等釜用搅拌减速器以及其他用途的立式减速器。

（2）产品分类

1）DJC 型——立式单级齿轮减速器。

2）型号表示方法及示例：

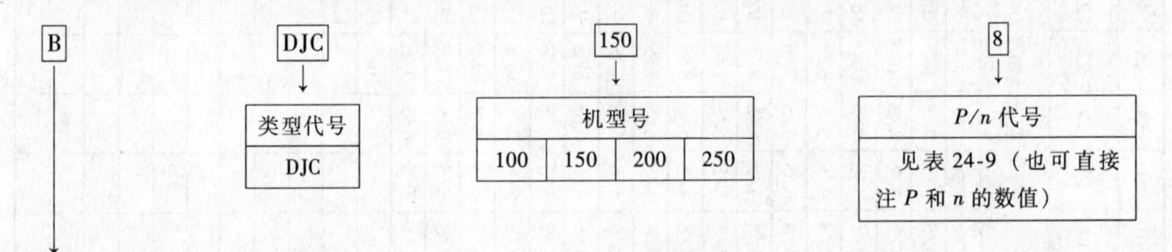

标定符号	电动机代号	电动机名称	标定符号	电动机代号	电动机名称
不注	Y	异步电动机	BD	YBD	隔爆型多速异步电动机
A	YA	防爆安全型异步电动机	CT	YCT	电磁调速异步电动机
B	YB	隔爆型异步电动机	BT	YBCT	隔爆型电磁调速异步电动机
EJ	YEJ	制动异步电动机(附加制动器)	BJ	YBEJ	隔爆型制动异步电动机(附加制动器)
YD	YD	多速异步电动机	BP		变频调速专用电动机

3）减速器的传动比、输出转速、输入功率及输出轴许用转矩应符合表 24-9 的规定。

表 24-9　传动比、输出转速、输入功率及输出许用转矩

传动比 i	4.823	3.714	4.823	3.714	2.960	减速器型号	输出轴许用转矩/N·m
输出转速 n/(r/min)	200	250	320	400	500		
电动机功率 P/kW	6 极电动机 P/n 代号		4 极电动机 P/n 代号				
0.55	—	—	1	4	8	DJC100	42
0.75	1/6	2/6	2	5	9		
1.1	1/6	4/6	3	6	10		
1.5	2/6	5/6	1	7	11		
2.2	3/6	6/6	2	5	12		
3.0	1/6	7/6	3	6	9	DJC150	143
4.0	2/6	3/6	4	7	10		
5.5	1/6	4/6	1	8	11		
7.5	2/6	3/6	2	3	12		
11.0		4/6	1	4	5	DJC200	286
15.0			2	3	6		
18.5				4	6	DJC250	448
22.0				5	7		

24.9　NLQ 型冷却塔专用行星齿轮减速器（JB/T 7345—1994）

1. 类型、特点和适用范围

（1）类型　玻璃钢冷却塔减速器主要有两种传动方式，即齿轮传动和带传动。带传动的功率范围一般在 7.5kW 以下，齿轮传动的功率范围 3～55kW，传动比范围大。NLQ 型减速器有两个系列 15 个规格的标准产品。

（2）特点和适用范围　NLQ 型行星齿轮减速器是在 NGW 型行星齿轮减速器的基础上，开发设计的一种新型专用传动装置，主要应用于大中型玻璃钢冷却塔。减速器为玻璃钢冷却塔主传动的核心部件。

电动机—减速器—风机为直联，立式同轴线，结构十分紧凑，效率高，安装方便。传动装置安装在玻璃钢塔体上，塔体为薄壁结构，要求传动装置体积小、质量轻、效率高、连续 24h 工作及具有高的可靠性。同时对传动装置的振动和噪声都有严格指标要求，以满足城市居民区使用的环境规范。

NLQ 型行星齿轮减速器主要为大中型玻璃钢冷却塔配套，本系列标准的传动比和传递功率范围是玻璃钢冷却塔的段落常用，主要为 100t/h、125t/h、150t/h、175t/h、200t/h、250t/h、300t/h、350t/h、400t/h、450t/h、500t/h、600t/h、700t/h、800t/h、900t/h、1000t/h 冷却塔配套。

2. 结构形式和工作原理

（1）结构形式　结构形式示意图如图 24-19 所示。

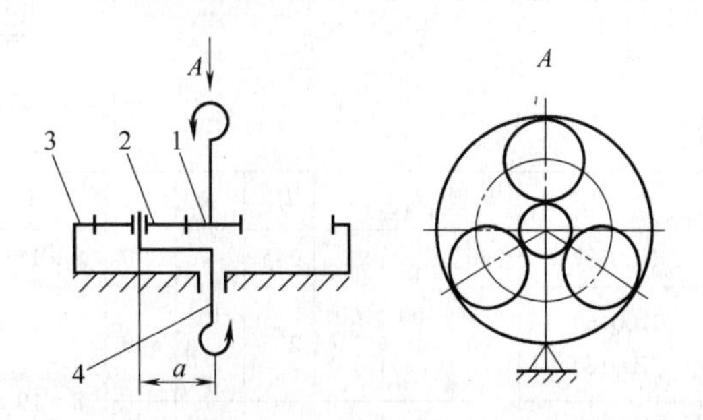

图 24-19　减速器（2K-H 型）结构示意图

1—太阳轮　2—行星轮　3—内齿圈　4—行星架

NLQ 型行星齿轮减速器标准有两个系列、15 个规格，NLQ132、NLQ160、NLQ180、NLQ200、NLQ225、

NLQ250、NLQ280 以电动机中心高排列；NLQ11、NLQ21、NLQ31、NLQ41、NLQ51、NLQ61、NLQ71、NLQ81 以机座号排列。

（2）工作原理　NLQ 型减速器虽是一种新型减速器，其原理仍属 NGW 型减速器（2K-H）范畴。行星减速器与定轴齿轮减速器比较，由于功率分流，因而具有结构紧凑，承载能力高，质量轻、体积小和效率高等主要优点。各行星轮之间由于制造与装配误差的影响，载荷分配不可能完全均布。因此，均载机构的研制和设计是行星减速器系列研制中结构设计的核心。在 NLQ 系列中采用太阳轮与内齿圈同时浮动，而浮动部分均采用鼓形齿结构，使行星减速器结构设计得到简化，以减小体积和质量。

（3）代号和标记方法　减速器代号包括：型号、规格、电动机功率、减速器输出转速。

减速器标记方法如下：

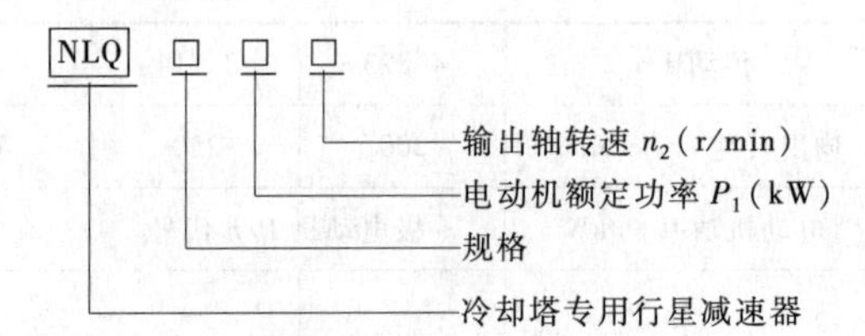

标记示例：

冷却塔用 NLQ 型行星齿轮减速器，规格为 160，电动机额定功率为 55kW，减速器输出转速为 125r/min。减速器标记为

NLQ　160—55—125

（4）外形尺寸　减速器的外形尺寸见表 24-10 和表 24-11。

表 24-10　NLQ132～280 减速器的外形尺寸　（单位：mm）

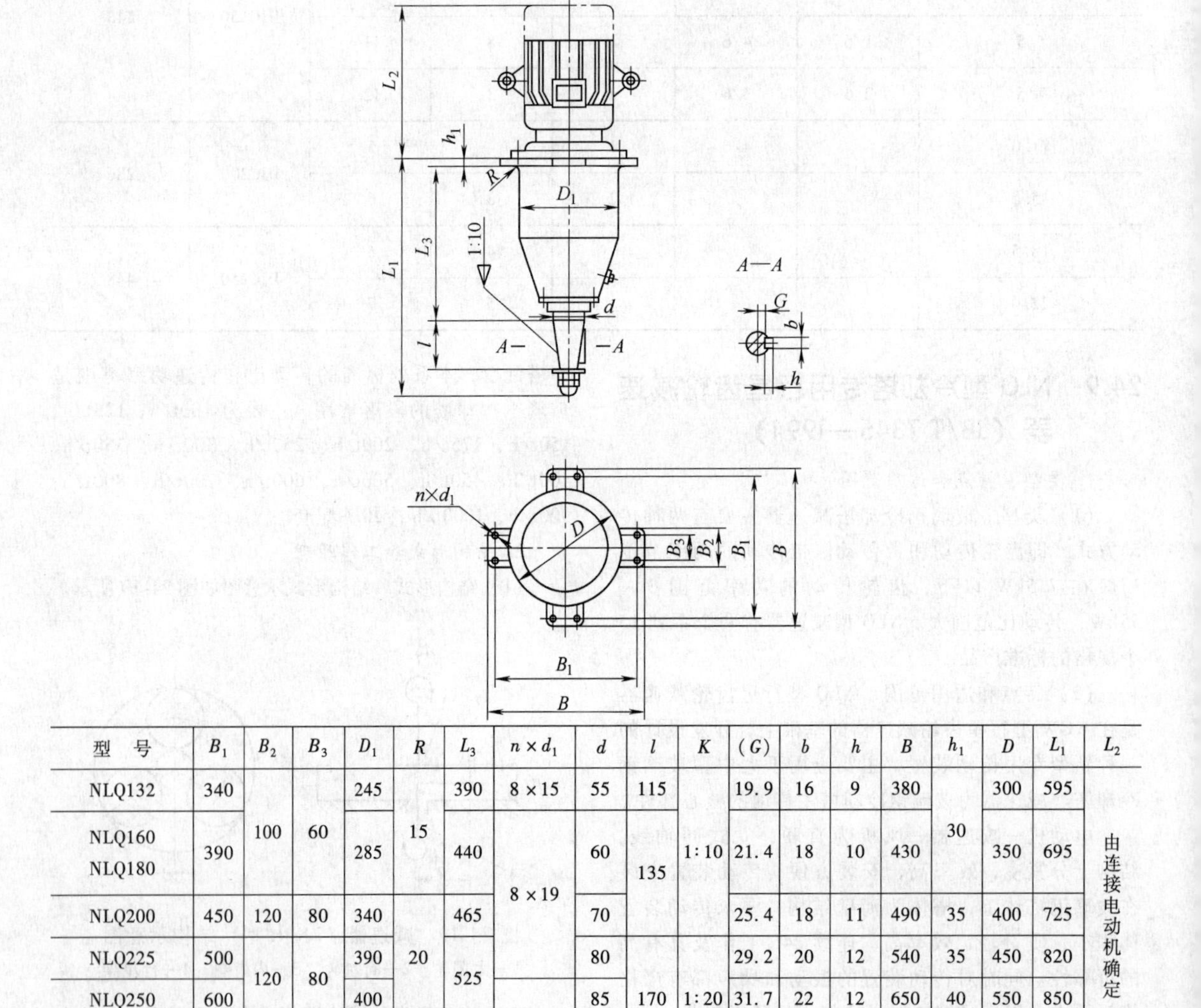

型　号	B_1	B_2	B_3	D_1	R	L_3	$n\times d_1$	d	l	K	(G)	b	h	B	h_1	D	L_1	L_2
NLQ132	340	100	60	245	15	390	8×15	55	115	1:10	19.9	16	9	380	30	300	595	由连接电动机确定
NLQ160 NLQ180	390	100	60	285	15	440	8×19	60	135	1:10	21.4	18	10	430	30	350	695	由连接电动机确定
NLQ200	450	120	80	340	15	465	8×19	70	135	1:10	25.4	18	11	490	35	400	725	由连接电动机确定
NLQ225	500	120	80	390	20	525	8×19	80	135	1:20	29.2	20	12	540	35	450	820	由连接电动机确定
NLQ250	600	120	80	400	20	525	8×21	85	170	1:20	31.7	22	12	650	40	550	850	由连接电动机确定
NLQ280	600	140	100	430	25	550	8×21	90	170	1:20	32.7	25	14	650	40	550	870	由连接电动机确定

表 24-11　NLQ11～81 减速器的外形尺寸　　　　　　（单位：mm）

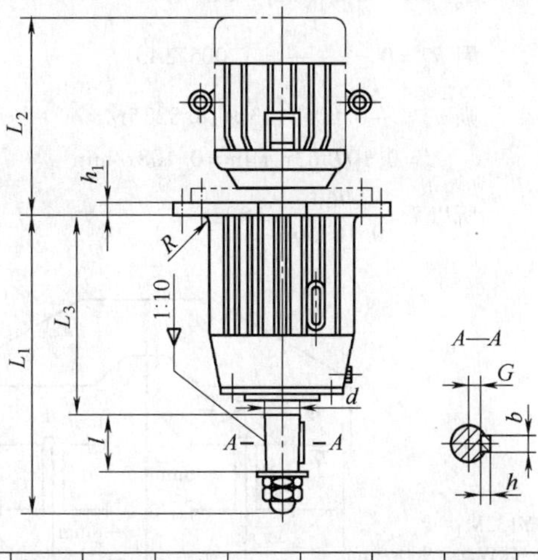

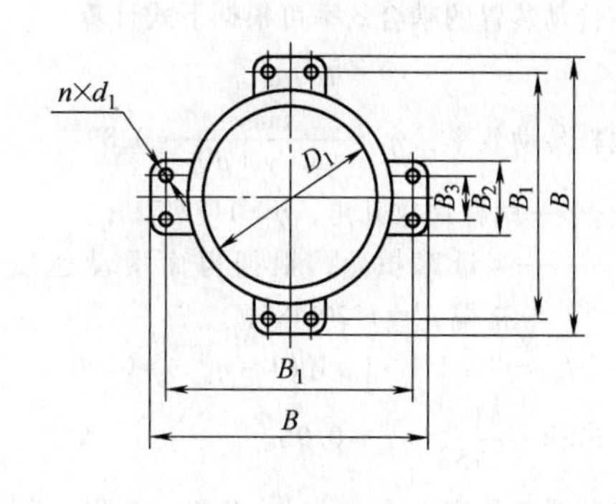

型　号	D_1	R	L_1	L_3	L_2	B	B_1	B_2	B_3	$n\times d_1$	h_1	d	l	K	G	b	h
NLQ11	230	15	480	310	由连接电动机确定	460	400	100	60	$4\times\phi19$	30	45	82	1:20	15.4	12	8
NLQ21	250	15	510	340		490	420			$4\times\phi19$	30	50	82	1:20	17.9		8
NLQ31	300	15	555	375		530	450			$4\times\phi22$	35	55	82	1:20	19.9		9
NLQ41	330	15	580	400		570	480	120	80	$4\times\phi22$	40	60	105	1:20	21.4	16	10
NLQ51	380	15	635	450		620	530			$4\times\phi22$	40	65	105	1:20	23.9		10
NLQ61	430	20	685	500		670	580			$4\times\phi22$	40	65	105	1:20	23.9		10
NLQ71	470	20	740	550		720	620	140	100	$4\times\phi22$	40	70	105	1:20	25.4	20	11
NLQ81	500	20	790	600		750	660			$4\times\phi22$	40	70	105	1:20	25.4		11

3. *主要技术参数*

减速器公称传动比与实际传动比见表 24-12。

减速器的公称传动比与实际传动比的相对误差应不大于 2%～5%。

齿轮模数系列为 2、2.25、2.5、2.75、3、3.5、4、4.5 和 5（mm）。

表 24-12　传动比

公称传动比	3.55	4	4.5	5	5.6	6.3	8
实际传动比	3.62	4.2	4.57	5.25	5.83	6.17	8.08

24.10　碱厂澄清桶搅拌器上的蜗杆-齿轮行星减速器

图 24-20 所示的为碱厂澄清桶搅拌器上的蜗杆-齿轮行星减速器传动简图。电动机功率 $P=4\text{kW}$，输入转速 $n_1=960\text{r/min}$ 输入，经过一级蜗杆传动减速，然后以蜗轮作为行星架 H，通过行星轮 g、f（行星轮共六个），由内齿轮 a 输出，而内齿圈 b 固定。内齿轮 a 输出转速为 0.2～0.25r/min，带动澄清桶叶片轴转动。

各轮的齿数：$z_a=75$，$z_g=22$，$z_f=21$，$z_b=72$。

蜗杆头数：$z_1=2$，右旋；蜗轮齿数 $z_2=51$。

该减速器的总传动比 i 由 i_{12} 与 i_{Ha} 组成。

$$i_{12}=\frac{n_1}{n_2}=\frac{z_2}{z_1}=\frac{51}{2}=25.5$$

$$i_{\text{Ha}}=\frac{n_{\text{H}}}{n_{\text{a}}}=\frac{1}{1-i_{\text{ab}}^{\text{H}}}=\frac{1}{1-\dfrac{z_{\text{g}}z_{\text{b}}}{z_{\text{a}}z_{\text{f}}}}=\frac{1}{1-\dfrac{22\times72}{75\times21}}=-175$$

总传动比　$i=i_{12}i_{\text{Ha}}=25.5\times(-175)=-4462.5$

各轮的转速为

$$n_{\text{H}}=n_2=\frac{n_1}{i_{12}}=\frac{960}{25.5}=-37.65\text{r/min}$$

$$n_{\text{g}}=n_{\text{f}}=(1-i_{\text{fb}}^{\text{H}}=)n_{\text{H}}=\left(1-\frac{72}{21}\right)\times(-37.65)=$$

91.45r/min

$$n_a=\frac{n_H}{i_{Ha}}=\frac{-37.65}{-175}=0.215\text{r/min}$$

$n_b=0$

该传动装置的啮合效率可根据下式计算

$$\eta=\eta_1\eta_{Ha}$$

蜗杆传动效率：$\eta_1=\dfrac{\tan\gamma}{\tan(\gamma+\rho')}\approx 0.89$

式中 γ——蜗杆螺纹升角，$\gamma=11°2'32''$；

ρ'——当量摩擦角，根据齿面滑动速度 v_s，查得 $\rho'=1°20'48''$。

$$\eta_{Ha}=1-|1-i_{aH}|(1-\eta_{ba}^H)\approx 0.96$$

式中 $i_{aH}=-\dfrac{1}{175}$，$\eta_{ba}^H\approx 0.96$。

则传动装置总效率 $\eta=\eta_1\eta_{Ha}=0.89\times0.96=0.85$。

1. 传动简图

传动形式：WXJ-AⅠ（Ⅱ、Ⅲ）型

传动比：$i_{Ⅰ}=8925$（$i_{Ⅱ}=4462.5$、$i_{Ⅲ}=2975$）

蜗杆头数：$z_1=1$（2、3）（Ⅰ、Ⅱ、Ⅲ型）

蜗轮齿数：$z_2=51$ $z_b=72$

及齿轮齿数：$z_a=75$ $z_f=21$ $z_g=22$

WXJ—AⅠ型传动比计算：

电动机：$P=4\text{kW}$，型号 Y132M$_1$—6。

$n_1=960\text{r/min}$

$n_2=0.108\text{r/min}$

$$T_1=9550\frac{P}{n}=9550\times\frac{4}{960}\text{N}\cdot\text{m}=39.8\text{N}\cdot\text{m}$$

$T_2=T_1i\eta=27.2\text{kN}\cdot\text{m}$

蜗杆传动 $z_1=1$，$z_2=51$

蜗轮转速 $n_2=960/51\text{r/min}=18.8235\text{r/min}$

行星传动部分（n_H——行星架转速）：

$$i_{ab}^H=\frac{n_a-n_H}{n_b-n_H}=\frac{z_gz_b}{z_az_f}=\frac{22}{75}\times\frac{72}{21}=1.0057143$$

因 $n_b=0$，$1-\dfrac{n_a}{n_H}=1.0057143$

则 $n_a=-0.0057143\times18.8235\text{r/min}$
$=0.107563\text{r/min}=0.108\text{r/min}$

所以 $i=\dfrac{960}{0.107563}=8925$

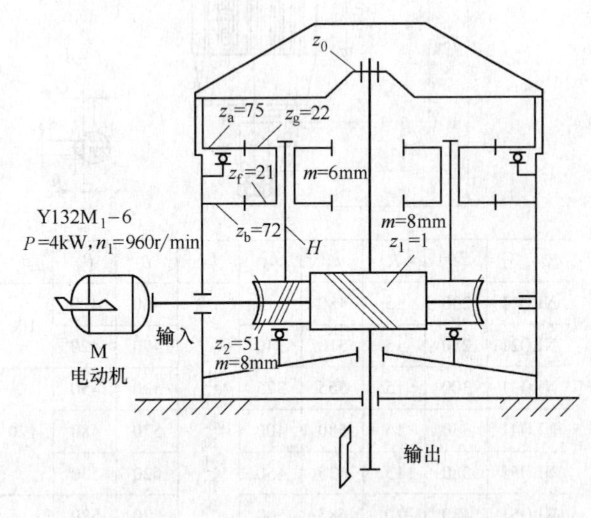

图 24-20 蜗杆-齿轮行星减速器传动简图

2. 主要技术参数

技术参数见表 24-13。

3. 立式行星减速器及支架（见图 24-21 和图 24-22）

表 24-13 主要技术参数

型号		WXJ—AⅠ（Ⅱ、Ⅲ）			WXJ—BⅠ
传动比		Ⅰ	Ⅱ	Ⅲ	1113
		8925	4462.5	2975	
输入轴转速/(r/min)		720/960	960	1440	1440
输出轴转速/(r/min)		0.08/0.108	0.215	0.484	1.294
额定转矩 T_{max}/(N·m)		27200	27200	20200	27000
模数/mm	齿轮传动	6	6	6	6
	蜗杆传动	8	8	8	8
蜗杆头数		1	2	3	1
电动机	型号	Y160M$_1$-8/Y132M$_1$-6	Y132M$_1$-6	Y132S$_2$-4	Y112M-4(F$_2$)
	功率(kW)	4	4	5.5	4
	转速/(r/min)	720/960	960	1440	1440
外型尺寸(长×宽×高)/(mm)		780×780×995			800×800×1090
净质量约(kg)		1100			1150

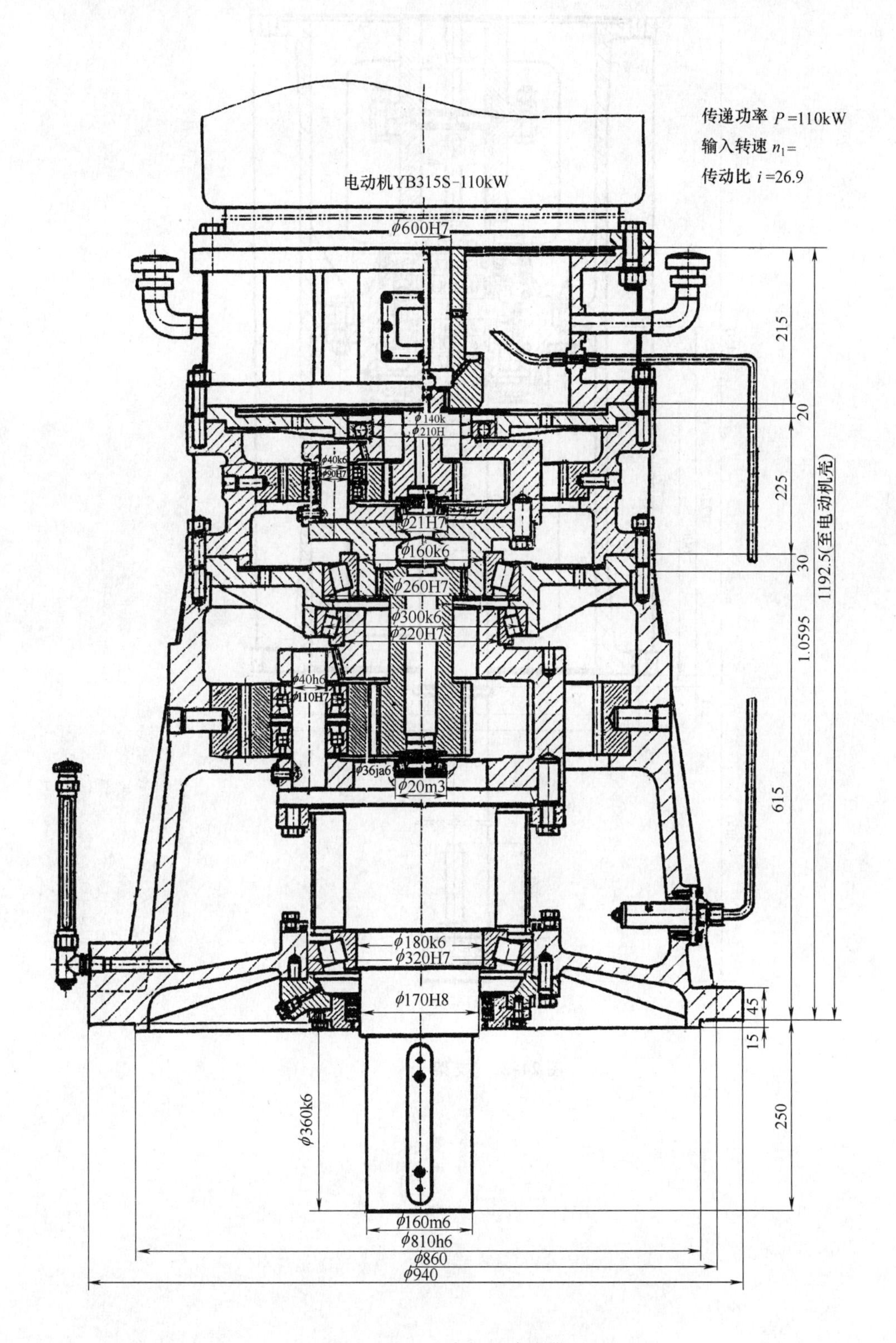

图 24-21　立式行星减速器（$i=26.9$）

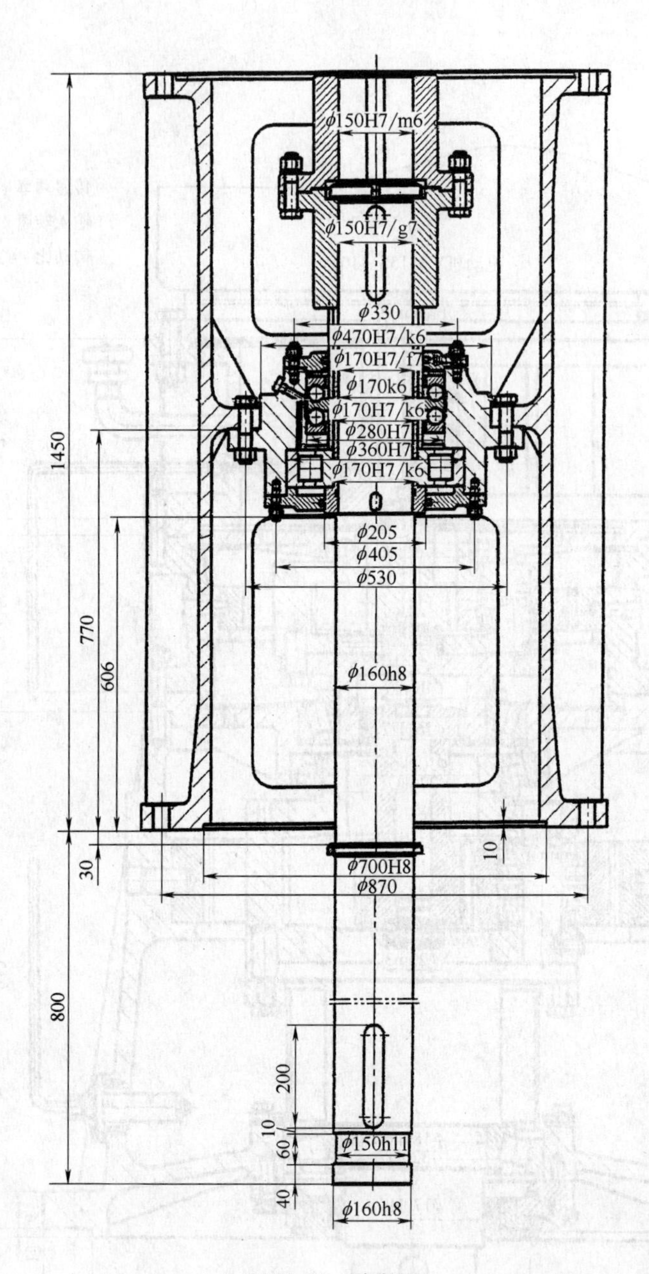
φ150H7/m6
φ150H7/g7
φ330
φ470H7/k6
φ170H7/f7
φ170k6
φ170H7/k6
φ280H7
φ360H7
φ170H7/k6
φ205
φ405
φ530
φ160h8
φ700H8
φ870
φ150h11
φ160h8
1450
770
606
30
10
800
200
10
60
40

图 24-22　支架

第25章　铁道机车动车传动装置

铁路是国民经济大动脉，随着我国经济的发展，对铁路发展提出了更高的要求。我国铁路目前发展的基本方针是客运高速，货运重载。2004年国务院批准了《中长期铁路网规划》，2008年又通过了《中长期铁路网规划（2008年调整）》，到2020年我国铁路营业里程将达到12万km，其中客运专线大于1.6万km。铁路十一五规划和中长期规划情况见表25-1。至2009年年末，铁路营业里程达8.6万km，客运专线建成投产3459.4km，其中2009年投产2318.9km。

表25-1　铁路十一五规划和中长期规划

		十一五规划（2010年目标）		中长期规划（2020年目标）	
		调整前	调整后	调整前	调整后
发展目标	营业里程/万km	8.5	>9.0	10	12
	电气化率(%)	41	45	50	>60
	复线率(%)	41	45	50	>60
规划方案	建设新线/万km	1.2	1.7	1.6	4.1
	客运专线/万km	0.5	0.7	1.2	>1.6
	建设二线/万km	—	0.8	1.3	1.9
	既有线电气化/万km	1.5	1.5	1.6	2.5

中国铁路五次大规模的提速已分别于1997年、1998年、2000年、2001年和2004年进行。实施第五次大面积提速后，时速160km及以上提速线路达到7700多km。

2007年4月18日零时，全国铁路第六次大提速正式开始。这次，除原有的列车大部分提高速度外，新增了“D”字头的动车组。北京、上海、广州等城市开行了“D”字头的动车组城际快车。随着客运专线和高速铁路建设，高速动车组有轴重小，运行平稳，编组灵活等优势，成为铁路客运的主要装备。

随着我国重载货运网络建设和大功率机车引进消化吸收和再创新的进行，和谐型大功率货运电力机车将是我国发展的主流，对内燃机来说，排放低，功率大，能耗低的环境友好型新一代和谐型内燃机车将成为主流。

铁路机车动车齿轮传动系统是电力机车和电传动内燃机车牵引传动装置中的重要零件，它传递牵引电动机所产生的转矩，牵引列车前进。随着铁路高速、重载的发展，传动装置所承受的静载、动载不断增大，服役条件更为苛刻。同时铁路重载也在不断发展，牵引吨位不断提升，机车连续牵引时间不断延长，电动机牵引方式从直流转为交流，对牵引齿轮的要求也在不断提高。对机车牵引齿轮研究也从牵引齿轮零件的研究到齿轮传动系统的系统研究，从润滑密封、强度、传递平稳性等多方面进行优化。

25.1　和谐型大功率机车齿轮传动装置

机车齿轮传动装置从过去齿轮和箱体分开设计到现在成为一个系统设计概念。东风（DF）系列内燃机车和韶山（SS）系列电力机车都采用了钢板焊接结构，小齿轮安装到电动机轴上，大齿轮安装在车轴或空心轴上。早期机车基本采用抱轴结构，后期提升用内燃和电力机车采用轮对空心轴结构。

为了实现铁路跨越式发展，铁道部牵头对大功率机车进行技术引进，走引进消化吸收再创新的道路。和谐系列大功率电力机车是南车集团和北车集团与国外企业合作，引进消化技术，并国产化的新一代交流传动货运机车。HXD1型和HXD2型为轴功率1200kW等级的八轴电力机车，HXD3型为轴功率1200kW等级的六轴电力机车；HXD1B型、HXD2B型和HXD3B型为轴功率1600kW等级的六轴电力机车；HXN3型和HXN5型同为6000马力等级的内燃机车。设计最高时速均为120km/h。各引进和谐型机车齿轮传动装置主要参数及箱体材料见表25-2。

HXD1型机车驱动单元由交流牵引电动机、齿轮、齿轮箱、抱轴箱、密封环等零部件组成。采用牵引电动机抱轴式半悬挂，抱轴式悬挂如图25-1所示。这种悬挂系统可满足抱轴式驱动系统的运动关系，此外也可改善转向架系统的动力学性能。

HXD2驱动装置由齿轮箱、牵引电动机、主动齿轮、从动齿轮、抱轴箱组装、密封元件及电动机悬挂等部件组成。箱体采用低温球墨铸铁材料，齿轮采用18CrNiMo7-6材料，采用渗碳淬火处理。HXD2型大功率机车齿轮传动系统主要由齿轮箱、交流牵引电动机、主动齿轮、从动齿轮、抱轴承箱组装、密封元件及电动机悬挂部件等组成。驱动装置采用一级圆柱直齿齿轮传动。齿轮箱采用球墨铸铁材料，上箱和下箱用螺栓连接。齿轮箱内的润滑油用于齿轮的充分润滑，同时也用于齿侧抱轴箱轴承和电动机输出端轴承的润滑。主动齿轮（见图 25-2）安装于电动机输出端轴承内侧，该安装结构大大改善了主动齿轮和电动机轴承的受力情况，延长了齿轮和电动机轴承寿命，是目前国内机车的首次采用。主动齿轮内孔采用 1:20 锥度，与电动机轴采用过盈装配；从动齿轮与车轴采用过盈装配。

表 25-2　和谐型机车齿轮传动装置主要参数及箱体材料

	HXD1	HXD2	HXD3	HXN3	HXN5	HXD1B
传递功率/kW	1200	1200	1200	640	640	1600
传动比	106/17	120/23	101/21	85/16	85/16	107/17
模数	9	8	9	9.483	9.28	9
材料	17CrNiMo6	17CrNiMo6	18CrNiMo7-6	从动:8822H 主动:43B17	从动:8822H 主动:43B17	17CrNiMo6
热处理方式	渗碳	渗碳	渗碳	渗碳	渗碳	渗碳
润滑方式	油润滑	油润滑	油润滑	油润滑	油润滑	油润滑
箱体材料	铸造铝合金	球墨铸铁	球墨铸铁	钢板焊接	钢板焊接	球墨铸铁

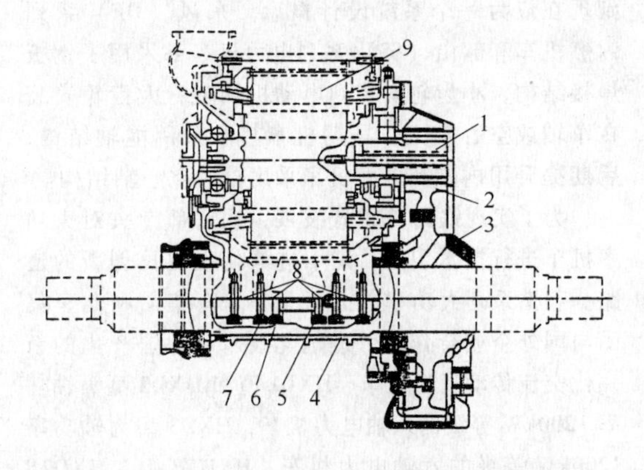

图 25-1　牵引电动机抱轴悬挂驱动单元结构
1—主动齿轮　2—从动齿轮　3—齿轮箱
4—抱轴箱　5—圆柱销　6—螺栓
7—连接螺栓　8—密封胶　9—电动机

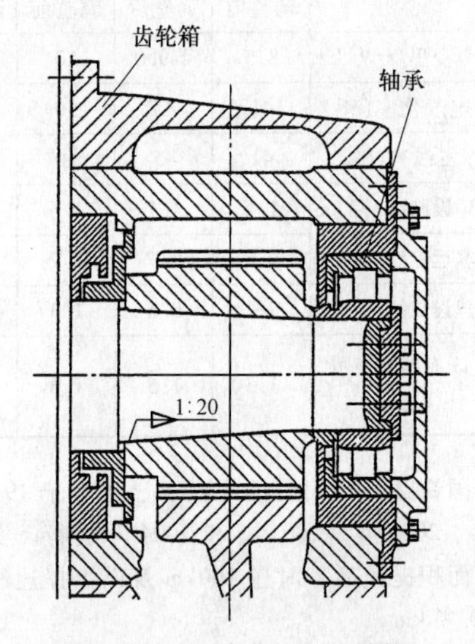

图 25-2　主动齿轮安装结构

HXD3 型交流传动电力机车驱动装置是轴悬式结构，它一端通过车轴滚动轴承悬挂在车轴上，另一端通过滚动抱轴箱和齿轮箱以螺栓紧固的形式与牵引电动机连接在一起。整个驱动装置主要包括铸造齿轮箱、抱轴箱、主从动齿轮、悬挂轴承等部件。驱动装置采用斜齿传动，传动比为 101:21，齿轮模数为 9，螺旋角 8°。齿轮材料选用 18CrNiMo7-6，这种材料属于低碳低合金高强度渗碳齿轮钢，经过渗碳、淬火和低温回火以后，其轮齿表面硬度高，耐磨性好，心部韧性好，抗冲击且具有较高的伸长率，因此主要用于高速、重载牵引。

25.2　CRH 动车组齿轮传动装置

动车组齿轮装置的作用是将牵引电动机的转矩有效地传递到车轴而使动车组加速。或者是将车轴的转矩传递给牵引电动机发电而使动车组减速。

目前我国开行的 CRH 动车组除了 CRH5 型动车组齿轮装置采用一级弧齿锥齿轮垂直传递外，CRH1、CRH2 和 CRH3 型动车组齿轮装置均采用一级斜齿轮传动。CRH5 型齿轮装置通过万向轴和电动机相连接，其他类型齿轮装置采用鼓型齿式联轴器和电动机连接。CRH1 和 CRH5 型车采用球墨铸铁箱体，CRH2 和 CRH3 型采用铸造铝合金箱体，高速动车组齿轮箱体材料发展趋势是采用轻合金铸造。各型动车组齿轮装置主要参数见表 25-3。

表 25-3　CRH 动车组齿轮装置主要参数

项目	CRH1	CRH2	CRH3	CRH5
传递功率/kW	265	300	560	564
传动比	3.71	85/28	81/29	55/22
模数	6	6	6	9.2
材料		从动:S40C-H 主动:SNCM420		17CrNiMo6
热处理方式	渗碳	主动:渗碳 从动:高频淬火	渗碳	渗碳
润滑方式	油润滑	油润滑	油润滑	油润滑
箱体材料	球墨铸铁	铸造铝合金	铸造铝合金	球墨铸铁

25.3　机车动车齿轮的设计与制造

齿轮的承载能力和使用寿命是最重要的使用性能指标。目前我国的机车动车运行牵引齿轮使用寿命平均约为 200 万 km～300 万 km，部分齿轮的寿命达到 500 万 km，而从国外进口的机车动车齿轮的寿命有的可达到 1000 万 km。

国产机车牵引齿轮早期失效的主要形式，在 20 世纪 70 年代以齿根裂纹及断齿现象较为严重。随着我国机车生产技术的进步，机车牵引齿轮的质量不断提高，近年来断齿现象基本消除，失效形式转化为以磨损和胶合为主。

随着铁路高速、重载的发展，牵引齿轮的轮齿将更易于磨损、胶合和折断。因此，对牵引齿轮的弯曲疲劳强度、接触疲劳强度以及抗胶合和抗磨损的能力应有更高的要求，以提高其承载能力和使用寿命。

齿轮的承载能力与使用寿命取决于齿轮几何参数的设计、齿轮材料及强化工艺、加工精度、润滑等因素。

下面就机车动车齿轮用材料、齿轮参数、加工工艺、强化工艺、润滑等方面加以叙述。

1. 齿轮的材料

铁路牵引齿轮的材料大多选用表面硬化钢。根据硬化方法不同又可分为渗碳淬火钢和感应加热表面淬火钢。前者选用低碳合金钢，后者选用中碳合金钢。对于主动齿轮的材料，由于齿数较少，轮齿相对磨损较大，国内外大都选用低碳合金钢。对于从动齿轮的材料，从目前国内外的选用情况来看，则有低碳合金钢和中碳合金钢两类。对于在构造速度较低、牵引吨位不大的情况，可采用中碳合金钢。但对于高速、重载牵引机车的从动牵引齿轮，应考虑其齿根弯曲疲劳强度、齿面接触疲劳强度及芯部强韧性要求，采用低碳合金钢成为国内外高速、重载机车从动牵引齿轮的发展趋势。

以前，我国铁路机车牵引齿轮用材最常用的材料是 20CrMnMo（A）、42CrMo（A）、50CrMo（A）。在一些高速、重载机车上，牵引齿轮的材料则偏向于 12CrNi3、20Cr2Ni4A、20CrNi2Mo（相当于美 4320、日 SNCM420）、15CrNi6（DIN 钢号）、17CrNiMo6（DIN 钢号）。

随着大功率机车和 CRH 动车组的引进，欧标、美标和日本标准的材料也在机车动车组上广泛应用。目前我国自行设计的机车动车齿轮装置也大量采用了 18CrNiMo7-6 等材料。

2. 齿轮的模数

齿轮的模数的大小是根据齿轮的受载情况来定的。简单地说，受载大时选择齿轮的模数要大些，受载小时则选择模数小些。与其他行业相比，铁路机车牵引齿轮有其特点，比船舶、矿山行业的传动齿轮的模数小，但比汽车行业的传动齿轮的模数大，一般为 8～13mm，从动齿轮的外径一般不会超过 1000mm。动车组齿轮的模数为 6～8mm。

齿轮的模数具体取值有标准要求，但在具体设计时，由于诸多因素的限制，也可采用非标准的模数数值，这样取值的后果给齿轮的机加工刀具的订货和生产带来一定的困难。

3. 齿轮的修形

对传动齿轮进行适当的修形是提高其承载能力及可靠性的一项有力措施。

在铁路机车牵引齿轮中，主动齿轮绝大部分和电轴通过锥度直接连接，采用单侧齿轮传动，其支承均为悬臂式形式，齿轮在两点支承点的外侧。

由于牵引齿轮的载荷及啮合歪斜度比双侧齿轮传动较大。齿向不作修形已不能满足传动要求，有必要采用螺旋形鼓形修正。在早期的机车牵引齿轮的设计中由于负荷不大，运行速度不高，齿向修形还没受到重视。另外，为减轻啮合冲击，对小齿轮的齿顶、齿根也应进行适当的修缘。

4. 齿轮的热处理

机车牵引齿轮绝大部分均为硬齿面齿轮，特别是在高速、重载的情况，齿轮齿面不硬化的情况已不能满足机车使用要求。一般情况下，齿面的硬度在 52～62HRC 之间。

目前铁路机车牵引齿轮的热处理方式主要为低碳合金钢的渗碳淬火、中碳合金钢的表面感应淬火工艺两种工艺，而表面感应淬火方式又有中频感应淬火和高频感应淬火，就我国而言，主要是采用中频感应淬火方式，而国外如日本则采用高频感应淬火方式。目前大功率机车和高速动车组齿轮除日本从动齿轮采用高频感应淬火方式外，基本都是采用渗碳淬火方式进行热处理。

5. 磨前滚刀

铁路机车动车牵引齿轮的轮齿加工一般均采用滚齿加磨齿工艺。目前国内外的情况也都差不多，采用其他工艺的不多。而且机车动车齿轮的齿根不需要也不允许磨削，这在目前的重要机车齿轮图样上均有明确的要求，同时机车牵引齿轮不允许磨齿后出现凸台。为了满足这一要求，必须在齿轮的滚动齿过程中用突角留磨滚刀。

6. 齿轮的喷丸强化

喷丸强化技术已广泛应用于航空、汽车等机械零部件。目前仅根据图样要求，进行喷丸强化，还没有强制性所有的齿轮均喷丸强化。随着高速重载技术发展，其他的表面强化技术也在研究之中。

7. 润滑

随着大功率机车和高速动车组齿轮的普遍应用，对润滑的要求也越来越高，由于系统设计和密封设计水平不断地提高，润滑脂润滑方式已经基本消除。润滑普遍采用飞溅润滑方式，对润滑油的挤压、耐高低温、抗氧化等性能也提出更高的要求。为了适应对润滑油的要求，润滑油的选用有从矿物油向合成油发展的趋势。

8. 齿轮传动系统的生产

目前齿轮传动系统国内主要生产单位包括机车生产的部分主机厂、定点配件厂，其中包括一些地方厂。大功率机车齿轮传动系统国产化率较高，主要由国内相关厂家进行生产。动车组齿轮传动系统全部是进口部件，国内还没有厂家获得相关生产许可。

铁路是国民经济的动脉，我国目前齿轮传动系统主要要解决客运高速和货运重载带来的相关问题。随着更高速度列车的开发，对齿轮传动系统的要求将会进一步提高，需要从设计、制造、材料等多方面进行优化才能满足铁路机车车辆发展的要求。根据我国铁路建设《中长期铁路网规划（2008 年调整）》，我国的铁路机车动车市场前景很大，其重要部件之一的齿轮传动系统的市场更为广阔。

25.4 机车分动箱传动图

机车分动箱传动图如图 25-3 所示。

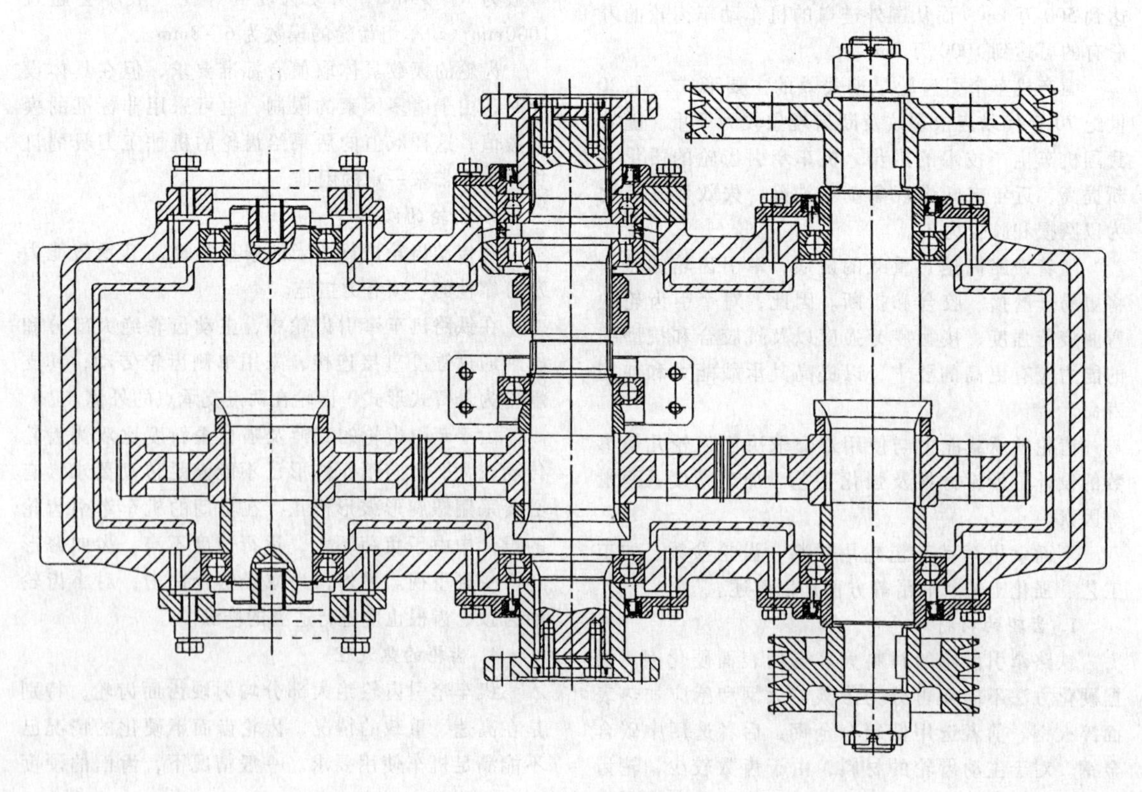

图 25-3　机车分动箱传动图

第26章　风力发电齿轮传动装置的设计

26.1　我国风电技术的发展概况

1. 新增装机量全球第一

2009年我国的风电产业在“争议”声中仍保持快速发展的强劲势头，全年新增风电机组10129台（不含我国台湾，下同），新增容量13803.2MW，占全球新增装机量的36%，位于世界第一位，累计风电装机21581台，容量25805.3MW，同比增长114%，占全球总装机量的16.3%，全球排名从2008年的第四位上升到第二位（美国第一位，容量35062MW），连续四年总装机容量翻番增长。图26-1为2000年以来我国风电新增装机量和累积装机容量。

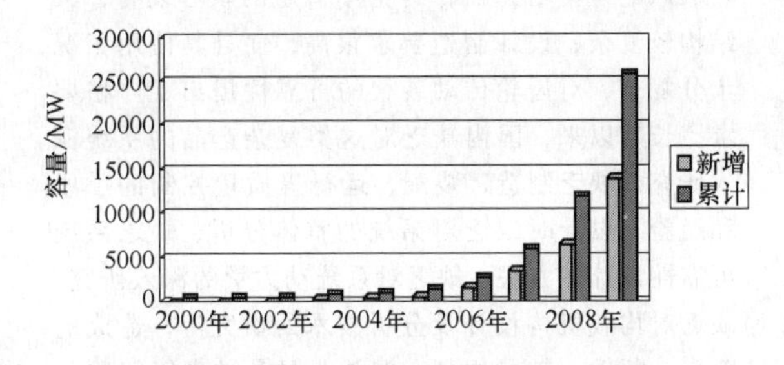

图26-1　2000年以来我国风电装机容量

风力发电装机量的快速增长推动了我国风电设备制造业的迅速发展，2009年年底，我国风电整机制造厂商约有80多家，新增装机量超过100MW的机组制造商达到19家，但前三名整机厂的装机量就占到了总装机量的59.7%，前十家企业占84.9%，表现出很高的产业集中度。华锐以9.2%的全球市场占有率进入世界前三甲。

2. 海上风电机组并网发电

2007年中海油在渤海湾安装的1.5MW风电机组是国内海上机组的一个尝试。2009年3月上海东海大桥10万kW海上风电场首台3MW机组安装成功，至年末已完成21台的安装，3台机组成功并网发电，标志着我国真正意义的海上风电开发正式拉开帷幕。

3. 多兆瓦机组开发取得突破

2005年我国的兆瓦级机组仅占当年装机量的21.5%，而到2009年达到86.86%，兆瓦机组已成为风电市场主流。2009年1.5MW机组仍是产量最大的机组，共安装了6790台1.5MW机组，装机量占新增装机量的约3/4。

2009年也是我国多兆瓦级（>2MW）机组研制取得突破性进展的一年。如金风科技研制的2.5MW和3MW机组已投入试运行，华锐研制的3MW海上机组已并网发电，沈阳工大研制的3MW机组成功下线等，表明我国多兆瓦机组研制已取得重要突破。

4. 产业链日趋完整、机组价格逐步下降

目前，国内有整机制造企业80多家，叶片厂50多家，塔架制造企业100余家，主要齿轮箱制造商约10家。国内风电机组配套日益完善、产业基础更加坚实、创新能力不断增强，主要体现在48.8m长的叶片研制成功、主轴及增速器轴承实现量产、增速器的产能和产品质量进一步提高等。

2009年我国风电机组价格迅速走低，到年末，国产机组价格已从2008年年初的每千瓦6200元左右下降到每千瓦5000元以下。

26.2　风电技术的发展趋势

全球主流风电机组主要有双馈式、直驱式、混合式等形式，目前或在一个相当长的时期内仍以齿轮增速器的双馈式为主。为了提高风能利用率和发电效益，风力发电机组正向着增大单机容量、减轻单位千瓦质量、提高转换效率及机组可靠性等方向发展。

1）机组形式多样化的趋势更加凸显。首先，大容量机型呈多元化趋势，尽管1.5MW双馈型机组仍是目前国内市场的主流产品，但2009年大容量机组不断下线，如华锐3.0MW、金风2.5MW和3.0MW及华创3.0MW等均成功下线并顺利吊装；其次，直驱机组制造厂家不再一枝独秀，除金风外，湘电、航天万源、潍坊瑞其能等多家企业的直驱机组成功下线，部分实现批量生产；混合型机组初露锋芒，如哈飞混合型机组实现并网发电。

我国目前的并网风电机组仍以1.5MW为主，最大机组达到3.0MW。2006年年底之前，我国风电机组1MW以下的机组约占总装机量的70%，1~2MW的风电机型只占当量新增市场的26%，2MW以上机型占4%。图26-2给出了2005年至2009年国内兆瓦级风电机组的占比情况。根据国家发改委规划，我国未来几年风电新增装机以1.5MW、2.0MW、2.5MW为主。借鉴美国风电机组平均单机容量的发展经验，结合国内风电机组的发展情况和风能资源条件，在未来的3~4年内，中国的风电发电机组单机容量将以1.5~2.5MW为主，1MW以下机型所占比重将逐渐降低。

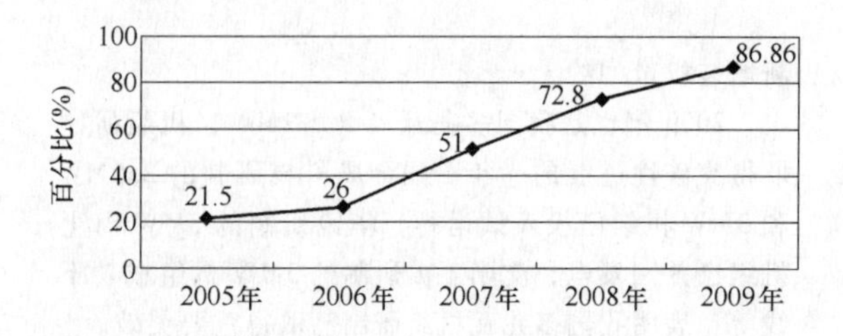

图26-2　国内兆瓦级风电机组装机容量占比情况

2）海上大型机组进入快速发展期。由于海上风力资源品质较好，国外风电场建设正在向近海发展。随着海上风电场的建设，需要单机容量更大的机组，欧洲3.6MW机组已批量安装，4.2MW、4.5MW和5MW机组也已安装运行。目前，海上风电场的装机容量约占国际风电市场的10%。2009年9月，东海大桥风电场首批三台3MW机组并网发电，这是中国乃至亚洲第一个海上风电并网项目，具有标志性意义。我国海岸线长达18000km，5~25m水深的近海区域、海平面以上50m高度可装机量约2亿kW。随着海上风电场的运行，可以预见，我国海上风力发电将进入一个快速发展时期。

26.3　风电齿轮增速器的技术水平

风电齿轮增速器是风力发电机组的关键部件。由于机组通常都是安装在高山、荒野、海滩、海岛等风口处，受无规律的变向变载荷的风力作用以及强阵风的冲击，且常年经受酷暑、严寒和极端温差的影响，工况极其恶劣；加之所处环境交通不便，传动装置又安装在塔顶的狭小空间内，一旦出现故障，修复非常困难，故对其可靠性和使用寿命都提出了比一般传动装置高得多的要求。风力发电齿轮增速器属于低速重载、变载荷、高可靠性的齿轮传动，由于受安装空间位置的限制，要求其体积小、质量轻，其设计、制造均具有相当大的难度，设计、制造、装配、使用的任何一个环节出现问题，都会造成机组无法正常工作。因此，高可靠性齿轮增速器的设计制造技术是保证风电机组可靠运行的关键技术。

随着机组的大型化，风电齿轮增速器也向着大型化、高可靠性发展。目前，我国1.5MW及以下齿轮增速器的国产化已取得长足进步，基本能满足市场的需求，大型机组齿轮增速器的国产化是未来几年我国齿轮界努力的方向。

目前，我国风电齿轮增速器设计制造技术仍处于发展的初级阶段，与国外先进技术相比，技术仍较落后，产品质量还有待进一步提高，很多核心技术、关键零部件仍然依靠国外。特别是我国目前还缺乏对风电齿轮增速器核心设计制造技术的掌握。目前，我国几大风电齿轮增速器制造厂的技术主要来自Flender、Renk、Jake、Hansen Transmission等国外公司。国内在风电齿轮增速器，特别是风电增速器开发和研究方面仍需进一步努力。

1. 缺乏对核心技术的掌握，基础研究有待深入

从单机容量上看，国外5MW的风电齿轮增速器已投入运行多年，据称到2020年将开发出20MW的机组，国内目前主流产品仍为1.5MW；从风电齿轮增速器结构看，国外Flender型、Renk型、Jake型等结构形式多样，国内目前齿轮增速器的结构基本采用国外技术或仿制，对功率分流方式、均载形式、轮齿精密修形等缺乏深入研究和成熟经验。

2. 齿轮传动装置可靠性不高

风电齿轮增速器作为整个机组的核心装备，其结构较复杂，设计制造要求很高，而且其使用工况十分复杂，对齿轮传动装置的可靠性提出了严格要求。长期以来，国内缺乏对这类复杂产品的系统深入研究，缺乏制造、装配、运行等质量控制的手段和经验，设计时缺乏对系统的整体分析、缺乏系统可靠性设计的方法、缺乏对系统动力学的深入研究、缺乏对均载机构设计及分析技术的研究等，造成的断齿、断轴、轴承损坏、漏油、温升过高等问题长期困扰国产增速器的使用。

3. 缺乏丰富有效的基础设计数据和产品试验方法和手段

风电齿轮增速器长期受复杂交变载荷作用，运行过程中长期伴随切入、切出、停机等事件发生，产品的科学设计离不开丰富有效的基础设计数据和设计方法，但国内既缺乏有效的设计数据，也缺乏变载荷作用下齿轮、轴承等关键零部件的可靠设计计算方法。

目前，部分风电齿轮增速器制造厂已具备了一定的实验测试手段，但国内对风电齿轮增速器的实验方法还缺乏深入系统的研究，如何在较短的时间内对风电齿轮增速器的性能、可靠性等作出评估仍是制约我国风电齿轮增速器发展的因素之一。

同时，基础设计数据和试验测试手段仅掌握在个别制造厂手中，不对全行业开发，造成有限的资源不能共享，重复研究、重复建设等资源浪费现象严重。

重庆齿轮箱有限责任公司、南京高精齿轮集团有限公司和杭州前进齿轮箱集团有限公司是我国涉

足风电市场最早的三家企业，它们分别开发了 FL 系列、FD 系列和 FZ 系列风电增速器，并形成了一定的批量生产能力。二重集团、大连重工、太重等企业经过近几年的快速发展，也具备了 MW 以上风电齿轮增速器的批量生产能力。目前，南高齿、重齿、大连重工、二重、太重等为国内主要齿轮箱生产企业，2008 年我国风电齿轮增速器的产量约为 7700MW，2009 年达到 11500MW，预计 2010 年将达到 16000MW。虽然在 2009 年这些厂家的产能得到了大幅度提高，但由于市场的变化和技术、资金门槛仍较高，国内风电齿轮增速器市场格局未发生大的变化。

26.4　风力发电机组的传动装置

1. 三种机型

水平轴风力发电机组主要有双馈式、直驱式和半直驱式三种机型。双馈式是将 20r/min 左右甚至更低的风电叶轮转速，通过齿轮增速器提高到发电机所要求的转速后，与发电机相连接进行发电。现在流行的或正在快速向大型化发展的 2～5MW 风电机组，仍然是采用增速齿轮传动的双馈式机型。直驱式采用永磁体发电机，叶轮直接驱动发电机，省去了前几年故障率较高的齿轮增速器。在风速低时，效率较高，且具有噪声低、运行维护成本低等优点。近几年，直驱技术有了进步，单机容量已达 2MW。但在技术和成本等方面，还有许多工作要做。介于直驱式与双馈式机型之间的半直驱式机型，采用一级齿轮增速器。与双馈式机型相比，半直驱增加了系统的可靠性；而与大直径的直驱式机型相比，显得结构紧凑，体积小和重量轻，在狭小的机舱内，便于布置。考虑到技术成熟、性价比和易于大型化等综合优势，在可以预见到的相当长的时间内，带齿轮增速器的双馈式机型仍将是市场的主流机型。本节介绍的正是当前的主流机型——双馈式风力发电机组的传动装置。

2. 风电机组齿轮增速器

一台双馈式风力发电机组有变桨、偏航、增速三套机械传动系统，在这三套传动系统中，都需要配备齿轮增速器。风力机的风轮由三片叶片组成，每片叶片需要一台变桨齿轮增速器，所以一台风力机中有三台变桨齿轮增速器。偏航用齿轮增速器一般是一台风力机配置四台，按 90°对称布置。变桨、偏航齿轮增速器的功率较小，额定功率多在 10kW 以下，技术难度也较低，所以本书从略。本书所介绍的风电机组传动装置，专指齿轮增速器（也称主齿轮增速器）齿轮增速器的功能有二：一是将叶轮的低转速增加到发电机所需要的额定转速；二是将风轮在风力作用下所产生的动力传递给发电机。由于叶片叶尖额定线速度不能过高，通常在 70～80m/s。因此，随着风力机容量的增大，叶轮直径也相应增大，而叶轮转速却逐渐降低。兆瓦级以上风电机组的额定风轮转速，一般低于 20r/min，而发电机的额定转速又多是 1500r/min 或 1800r/min，因此大型风电齿轮增速器传动比一般在 75～100 范围内。

3. 齿轮增速器的技术要求

在 GB/T 19073—2008《风力发电机组　齿轮增速器》中，对齿轮增速器技术性能提出了明确要求（见表 26-1）。

表 26-1　齿轮增速器技术要求

项　　目	机械效率(%)	环境温度/℃	工作温度(不高于)/℃		噪声/dB(A)	机械振动
			齿轮减速器	轴承间温差		
数值	>97	-30～40	85	15	≤85	GB/T 8543—1987C 级

同时，在该标准中对使用寿命规定：在主机正常运转的情况下，齿轮增速器的使用寿命应不少于 20 年。

26.5　几种风电传动装置介绍

1. 10kW 风力发电增速器

10kW 风力发电是前能源部的科研项目，由水电部杭州机械研究所主持，用于温州地区。图 26-3 所示为 10kW 风力发电增速器传动简图。采用两级 2K-H 型行星传动，由行星架输入，太阳轮输出。输入转速 $n_1=88\text{r/min}$ 时，输出转速 $n_2=-1500\text{r/min}$，发电机的转速增速比 $i=17$。

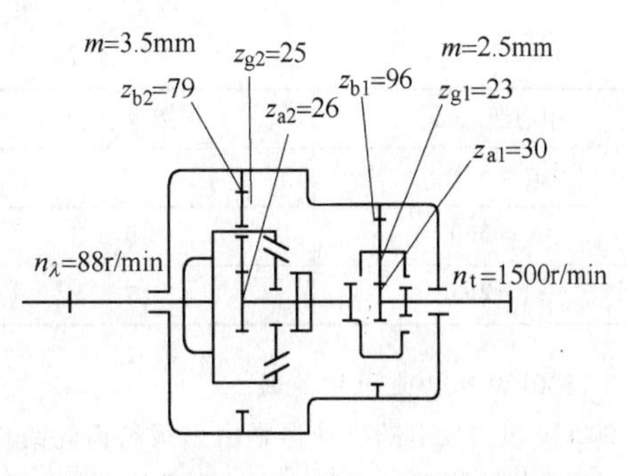

图 26-3　10kW 风力发电两级增速箱简图

增速器主要特点：高速级采用行星架浮动，低速级采用太阳轮浮动，这样使结构简化而紧凑，同时均载效果好；输入轴（即低速行星架）的强度高，刚性大，加大支撑，可承受大的径向力、轴向力并传递大的转矩，以适应风力发电的要求；行星架采用焊接结构，工艺简单，质量轻。该增速器由上海港联传动机械厂制造。

增速器的测试在上海交通大学内进行，分别进行空载磨合，逐一加载至额定载荷，最后进行超载测试，共运行35h。测得传动效率 $\eta=0.95$ 左右。空载时的噪声不大于83.8dB（A）（五点平衡值）。由于增速器高速级采用行星架浮动，空载时噪声大，满载时行星架起浮动作用，噪声下降5～8dB（A），运行噪声为70～75dB（A）。

满负载时，$P=20\text{kW}$，$n=1410\text{r/min}$ 连续运行5h，油温平衡后的温度值为76℃（室温为17℃）。

试验中被测增速器运转平稳、正常，无冲击，连接无松动，密封无渗漏。

试验台级测试布置如图26-4所示。2K-H（NGW）型增速器负载温升测试记录数据如图26-5所示。2K-H型增速器机械效率曲线图如图26-6所示。

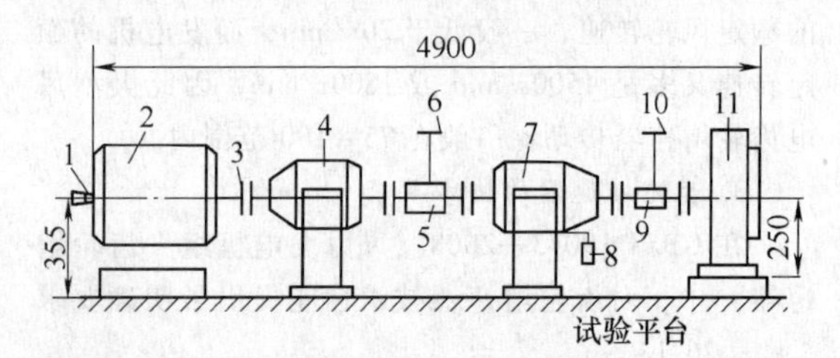

图26-4 试验台的布置

1—转速表 2—调速电动机 3—联轴器（5对） 4—陪试箱 5—输入轴转矩传感器 6、10—应变仪 7—被测增速器 8—油温测温计 9—输出轴转矩传感器 11—磁粉加载器

太阳轮、行星轮材料为20CrMnTi，渗碳淬火，齿面硬度为56～60HRC，采用磨齿加工。内齿圈为42CrMo，调质处理。

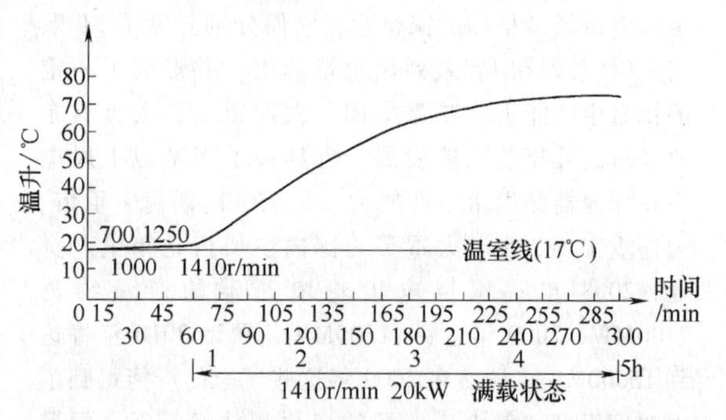

图26-5 2K-H（NGW）型增速器负载温升测试记录

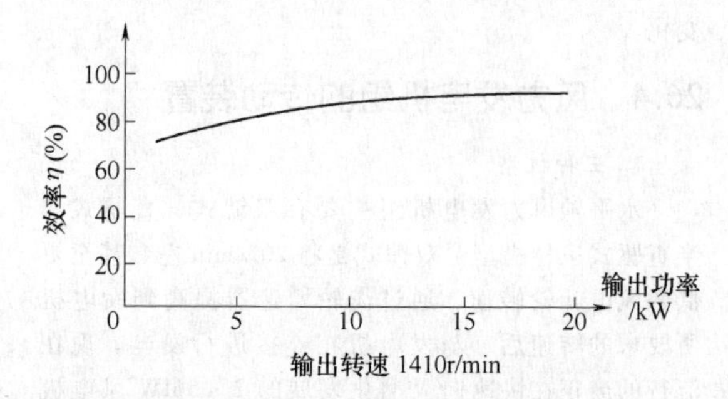

图26-6 2K-H型增速器机械效率曲线图

2. 200kW风力发电增速器

200kW风力发电机组用于福建平潭岛。200kW风力发电增速器由于叶片变矩拉杆从增速器主轴孔通过，因此，只好采用定轴传动，由三级双斜齿组成的人字齿轮传动，由洛阳矿山机械厂制造。设计功率 $P=360\text{kW}$，输出转速 $n_1=41\text{r/min}$，增速比 $i=37.6$。该增速器额定转矩 $T=50\text{kN}\cdot\text{m}$，最大传递转矩 $T=84\text{kN}\cdot\text{m}$。

该机齿轮材料为20CrNi2MoA，渗碳淬火，齿面硬度为58～62HRC。齿轮增速器总重4080kg。

1992年7月初测试，机组发电功率 $P=100\sim150\text{kW}$，风速为7～12m/s，因10kV线路故障跳闸，机组未能应急顺桨，由于发生失控超速，风轮转速猛增至88r/min（215%的额定转速），超速运行12h，而增速器安然无恙，这充分证明了增速器具有高可靠性。该机参数见表26-2。

表26-2 200kW增速器参数

中心距/mm	模数 m_n/mm	螺旋角 β	传动比
$a_1=521$	12	12°	$i_1=3.889$
$a_2=360$	9	12°	$i_2=3.55$
$a_3=265$	7	12°	$i_3=3.1875$

3. 300kW风力发电增速器

300kW风力发电的增速器是由三级斜齿轮组成的定轴传动，输入转速 $n_1=34\text{r/min}$，增速比 $i=44.85$。齿轮材料为20Cr2Ni4A，渗碳淬火，齿面硬度为58～62HRC。增速器总重4450kg。

300kW风力发电机组总装简图如图26-7所示。

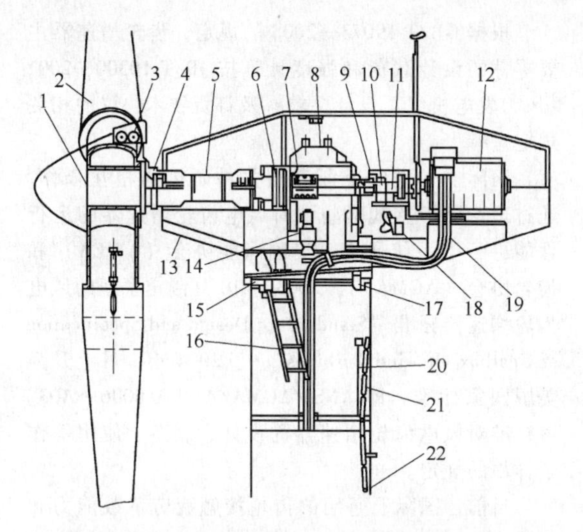

图26-7　300kW风力发电机组总装简图

1—轮毂　2—叶片　3—液压装置　4—滑环　5—主轴　6—联轴器　7—增速器支架　8—增速器　9—制动盘　10—制动器　11—弹性联轴器　12—发电机　13—机舱　14—调向减速器　15—调向机构　16—进机舱　17—机舱固定卡　18—制动液压装置　19—电缆　20—安全绳　21—梯子　22—塔架

4. 600kW风力发电机组增速器

600kW风力发电机组增速器大多采用一级2K-H（NGW）型行星传动＋两级定轴传动（或＋单级定轴传动），输入转速 $n_1=30\text{r/min}$，增速比 $i=52.5$，额定功率 $P=600\text{kW}$，最大传递功率 $P_{\max}=1150\text{kW}$，额定转矩 $T=191\text{kN}\cdot\text{m}$，最大传递转矩 $T_{\max}=366\text{kN}\cdot\text{m}$。

例如，原弗兰德（现并入西门子）公司设计的600kW风力发电机组增速器采用两级定轴传动＋单级行星传动，即 $z_1=22$，$z_2=65$，$\beta=12°$，$m_n=6\text{mm}$，$z_3=19$，$z_4=69$，$m=9\text{mm}$，传动比 $i_1=2.9545$，$i_2=3.6916$，而行星传动部 $z_a=24$，$z_g=38$，$z_b=100$，$m=10\text{mm}$，$i_3=5.1667$，因此，总传动比 $i=55.437$。传动简图如图26-8所示。

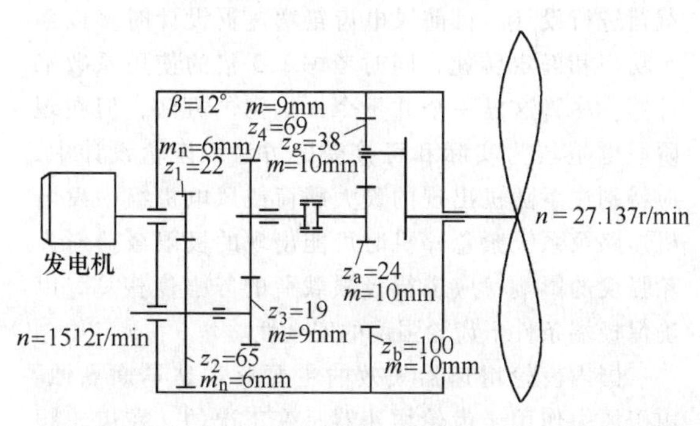

图26-8　600kW风力发电机组增速器传动简图

齿轮、太阳轮和行星轮材料采用17CrNiMo6，渗碳淬火，齿面硬度为58～62HRC，磨齿加工。内齿圈材料采用34CrNiMo6，调质处理。润滑方式采用液压泵循环润滑。采用润滑油N320，最好采用美孚公司SHCXMP320，有较好的低温适应性，油量为120L。

26.6　设计中的几个问题

1. 大型化

我国“十五”期间，开始面向风电兆瓦级产业化，提出了大功率风电机组七个方面的问题，包括兆瓦级整机技术，分两个档次：2.5MW以下的技术，2.5MW以上的技术。除了整机以外，还包括叶片、齿轮增速器、发电机、控制变流技术、海上风电技术以及标准认证等方面，开展全方位研究。在此期间完成了兆瓦级的叶片、齿轮增速器、发电机、控制器等这些主要部件的设计、生产、制造、应用，使我国风电形成了一个完整体系。

为了提高风能利用率和发电效益，特别是随着海上风场的发展，风力发电机组正向着增大单机容量、减轻单位千瓦质量、提高转换效率及机组的可靠性方向发展。单机容量从20世纪80年代的30kW发展到目前的5MW，建设一个200台大型风电机组的风电场，就相当于一个60万kW的大型核电站。目前，世界主流机型为1.5～3.0MW，英国正在研制10MW的巨型风电机组。2007年，美国、德国风电机组平均单机容量分别达到1.65MW和1.89MW，丹麦的主流机型2.0～3.0MW。

截至2006年，我国风电1.0MW以下的机组占总装机容量的70%，1.0～2.0MW之间的风电机组占26%，2.0MW以上机组只占4%。根据国家发改委规划，我国未来几年风电新增装机将以1.5MW、2.0MW和2.5MW为主。1.5MW以上机组的数量将快速增加，1.0MW以下所占比重将逐渐降低。

2007年11月，我国第一个海上风电场在渤海油田顺利投产，拉开了我国有效利用海上风能的序幕。

2010年2月底，亚洲最大风力发电场——东海大桥100MW风电示范项目，主体工程提前完工。该项目是2010年上海绿色世博的标志性项目，是我国第一个大型海上风电项目，也是亚洲第一个海上风电项目。该工程位于上海东海大桥东侧，由34台单机容量为3MW的风电机组组成，总装机容量102MW，设计年发电利用小时数2624h，年上网电量2.6亿kW·h。东海大桥100MW风电示范项目预计2010年年中实现并网发电，作为我国第一个大型海上风电项目，东海大桥风电场对我国可再生能源发展具有重要的示范意义。

2. 载荷

风力发电机组一般安装野外、高山、近海及海岛等风能资源丰富，且周围开阔的地方。发电机组齿轮增速器安装在狭小机舱内，而该机舱又安装在距离地面几十米高的塔架上，常年工作在酷暑严寒极端温差条件下。齿轮增速器运行过程中伴随切入、切出、停机等事件发生，长期受复杂交变载荷作用。故障期一般出现在发电的高峰期，因为环境恶劣，交通不便，齿轮增速器一旦出现故障，修复十分困难，将严重影响风电场的经济效益。

风电齿轮增速器与工业传动齿轮变速器的最大区别，在于风电齿轮变速器是增速箱，单机容量越大，增速传动比也越大；安装在高空机舱内，缺少固定基础，还要具有成本效益的轻质结构。同时，风电齿轮增速器必须在其20年的使用寿命期内，提供最大化的可运行性，以及必须承受巨大的动态应力。因此，在设计风电齿轮增速器之前，必须清楚了解风电场的具体情况。此时此地成功运行的风电机组，到彼时彼地就不一定能保证成功运行。从国外引进的成熟机型到国内后“水土不服”，不乏这样的例子。

IEC61400—1《风力发电机组第一部分　安全要求》规定了风力发电机组载荷假设的最低要求。IEC61400—4《齿轮增速器设计及规范》说明了齿轮增速器的附加要求。在正常运行中，除疲劳载荷外，还会有切入、额定、切出风速时，起动、制动、停机时以及齿轮增速器和机组装配不规范带来的影响。

3. 设计

风电开发初期阶段，齿轮增速器作为一个重载齿轮增速器进行设计，经过总结成功和失败两方面的经验和教训，现在已经认识到风电齿轮增速器不能等同于一般工业齿轮变速器，而应作为一个高端产品严格要求，进行动载荷及可靠性试验，并进行评估。

齿轮增速器不再作为单独产品，而是作为整个传动装置的一个组成部分，对弹性支撑、整个传动链等进行动力学分析，对齿轮、轴承、行星架、箱体等关键零件进行CAE分析。在保证必要的强度、刚度的基础上，科学地减轻质量。以期较好地解决风电载荷下，整个传动系统的动力学和可靠性问题。

在齿轮增速器工作转速范围内，传动轮系、轴系不应发生共振。齿轮增速器的机械振动应符合GB/T 6404.2—2005《齿轮装置的验收规范　第2部分：验收试验中齿轮装置机械振动的测定》规定的C级。

根据GB/T 19073—2008的规定，齿轮增速器主要零件的设计载荷和强度计算按JB/T 10300—2001《风力发电机组　设计要求》及订货技术协议的相关规定进行。

国际上先进的企业和相关科研机构相互合作，通过理论分析及试验测试对风电齿轮增速器的运行性能进行了系统研究。美国风能协会（AWEA）和齿轮协会（AGMA）于2003年10月制定了新的风电齿轮增速器标准“Standard for Design and Specification of Gearbox for wind Turbines”，于2004年1月上升为美国国家标准，即ANSI/AGMA/AWEA 6006—A03。该标准对风电齿轮增速器的设计、制造、使用等作了详尽的规定。

目前，国际上通用的齿轮接触疲劳承载能力和弯曲疲劳承载能力计算方法除AGMA外，还有ISO体系。AGMA 6006标准中规定，齿轮强度计算时，选取二者之一即可。尽管两个标准的计算方法原理上大体相同，但实际应用时两个标准的计算结果存在一定差异。在AGMA 6006—A03标准制定过程中，美国国家再生能源实验室（NREL）曾委托GEARTECH公司对ISO和AGMA进行了大量对比研究，试图找到一个二者之间的对应关系，但两标准的计算结果与具体的齿轮参数有关，并不存在一个定值系数能实现二者的转换。

当然，也有文章指出，直齿轮与斜齿轮的承载能力通过ISO 6336确定后，经常发生齿轮损坏情况，尤其是风电机组运行初期阶段。然而，故障的齿轮设计按ISO 6336标准仍然可以自圆其说。这可说明对于风电齿轮增速器设计，ISO 6336或其前身标准还不够严格。因此，针对ISO 6336用于风电齿轮增速器设计，将制订包含在风电系列标准中的特殊标准对其进行限制。例如，满足AGMA 6006要求的齿轮，故障率大大低于按照ISO 6336设计的齿轮。

最为合理的设计载荷确定方法，应对其典型应用周期及工况的载荷谱进行测定，并据此确定当量载荷进行设计。目前风电齿轮增速器设计时多以额定功率和额定转速，同时考虑1.3倍的使用系数来计算。尽管这是一个并不令人满意的方法，但在现阶段也是较为实际和可接受的方法。齿轮设计中，应特别注意随机出现的最大载荷或风电机组中发电机短路及系统紧急停机时可能出现的极限载荷对齿轮强度的影响，应进行极限载荷的静强度核算，以确保极端条件下齿轮强度的安全性。

国内齿轮增速器失效的主要形式是早期点蚀。由于风力作用于齿轮增速器是变工况的，在齿轮频繁受到风速变化冲击时，齿轮的微动磨损超过了一般设计的预期（有的公司设计时根本没有考虑齿轮的微动磨损），往往造成使用2~3年就出现齿轮早期点蚀，这是国产风电齿轮增速器的最大毛病。目前国内还没有针对风电齿轮增速器统一的专用设计软件，但各大公司都有自己的设计计算方法。

根据欧盟及德国相关机构2006年的统计，在整个风电机组中，齿轮增速器的故障数量已由首位降至后几位。但由于齿轮增速器的故障而导致的停机时间仍是最长的。

4. 结构

500kW以下的风电齿轮增速器多是早年研发的，增速传动比较小，采用定轴传动居多。600kW以上的，随着功率提高，增速传动比逐渐增加，大型风电齿轮增速器的增速传动比甚至接近于100，一般要三级齿轮传动。目前采用最多的比较成熟的结构形式是一级2K-H（NGW）行星+两级（+单级）定轴传动。行星传动有传统的三个行星轮和三个以上的多行星轮，浮动方式有鼓形齿太阳轮结构（短轴）、花键太阳轮结构（长轴）及柔性行星轮轴结构等。

输入大轴单独支撑，既便于与齿轮增速器分离，又能减轻齿轮增速器的承载，可降低维修费用，较为合理。输入大轴与齿轮增速器输入轴的连接方式有：轮毂、法兰、胀紧套等。其中，采用胀紧套较为常见。因为花键加工有困难，一般不采用花键连接。在实际应用中，也曾出现过大轴与齿轮增速器输入轴咬死而拆不开的难题。因此，设计时，要求提高材质性能和结合面硬度，降低表面粗糙度；在齿轮增速器输入轴的结构上进行改进，增加高压油孔及油槽，这些都是实践证明较为有效的解决方法。

5. 润滑

GB/T 19073—2008规定，齿轮增速器应装有润滑和冷却装置，且应提供油位测量装置，以便检查油位。在齿轮增速器具有循环润滑系统的情况下，应在散热器后和进入齿轮增速器前设置润滑油温度和压力监测装置。齿轮增速器应具有良好的润滑条件，采用飞溅润滑或强制润滑方式。采用强制润滑时必须配置滤油器，油液清洁度应达到GB/T 14039—2002《液压传动　油液　固体颗粒污染等级代号》规定的代号为15、12的要求。油站的起动温度应不低于10℃。

300kW以下风电机组齿轮增速器大多采用飞溅润滑，随着风力机功率增加，这已经不是主流润滑方式。300kW以上的齿轮增速器几乎都采用强制润滑。在齿轮增速器外接上一套润滑系统，系统需配备油泵、冷却器（有风冷式和水冷式）、滤油器、电磁换向阀等装置。根据测定的油温，决定是否起动冷却器。

强制润滑方式中，齿轮油循环有两种控制方式：由压力阀或者是由温控阀控制大小循环。大循环是指当风力机负荷较大时，齿轮油油温高于预设值（一般为55℃），齿轮油开始从有齿轮油散热器的循环回路流通；小循环是当油温低于预设值（一般为45℃）时，齿轮油不通过齿轮油散热器的循环回路流通，从旁路流通。

对齿轮增速器润滑系统设计，还要考虑备用的润滑系统，当系统电网停电时，备用润滑系统投入工作。

风电齿轮润滑油通常要求换油周期在25000~50000h，常规油品无法满足上述要求。与普通齿轮润滑油相比，还要具备以下性能要求：

1）抗微点蚀性能。它是疲劳磨损的微观表象，多出现在滑动接触面上。例如在齿顶和齿根部位，表面疲劳导致表面出现微小的点蚀，也可能出现表面灰暗、斑点、局部变得粗糙、齿面剥脱等。

2）齿轮增速器润滑油对轴承的保护。齿轮润滑油还兼顾轴承的润滑。FAG提出了齿轮油对轴承的抗磨保护测试，测试项目为轴承磨损量和存积物的量，该测试共有四级。

3）油的过滤性要求。油液清洁度每提高一个等级，轴承寿命成倍延长。润滑油的过滤性能是测试新的润滑油在不含水或含水的情况下，通过一支滤芯时的压力差。不同的润滑油，过滤性能差异较大，尤其是当油中含水的时候。由于基础油非常稳定，被拦截下来的物质大多是某些添加剂。所以，润滑油过滤性能不好有两个坏处：① 不能维持齿轮增速器很好的清洁度水平；② 齿轮油的性能随着添加剂的减少而下降。因此，除了选择性能良好的过滤设备和精细滤芯外，选择润滑油也同样重要。

4）润滑油对水的容忍性。表现在少量水分浸入后，油品的性能不发生变化，关键是齿轮油中的添加剂遇水后的稳定性。润滑油中添加剂遇水后的稳定性，也是油过滤性能差异的主要原因。

5）润滑油的低温特性。低温型机组可运行在-30℃及以上温度。低温型齿轮油具有很高的粘度，远远超过齿轮油泵泵送粘度。因此，作为一种标准的设计，齿轮增速器均设有电加热装置，以便在低温下起动时加热齿轮油。国内外主要齿轮箱厂都规定，只有当润滑油的温度达到10℃以后，齿轮增速器才可以起动。

6）其他。除此之外，抗氧化性能，长寿命；与密封材料的兼容性；防锈防蚀性能；保持清洁的能力；抗泡性和空气释放性能；抗剪切性能；环境友好性能等这些指标也很重要，它们一起构成了风电齿轮增速器润滑油完整的性能要求。

目前风电齿轮增速器润滑普遍采用各种以不同种类的基础油，如聚乙二醇、聚α烯烃等炼制的高品质的合成齿轮增速器润滑油，如 Mobil SHC XMP320、Klubersyth 4N 等，既有较好的低温适应性，有利于低温起动；又有较好的高温稳定性，有利于油膜形成，提高齿轮齿面的承载能力，可同时兼顾轴承对润滑油品的要求，且具有满意的使用寿命。

PAG 合成基础油、聚乙二醇或聚醚，具有极低的摩擦因数和优异的粘温性能，曾经被认为是风电齿轮增速器润滑油的最佳选择。有人认为 PAG 吸水，风机载荷变化使齿轮增速器产生呼吸作用，空气中的水分会侵入油中。随运行时间增加，PAG 油会形成乳化，防锈性变差，过滤性变低。目前聚α烯烃，即 PAO 合成基础油，已经在风电设备上经过大量应用、验证，是较理想的合成油。

26.7 制造中的几个问题

1. 材料与热处理

在设计和使用条件一定的情况下，齿轮的寿命是由原材料和制造工艺过程决定的。

齿轮材料应采用高等级的优质齿轮钢，一般应在 MQ 级以上，推荐采用 ME 级。国内外齿轮材料的主要区别在于原材料纯净度和淬透性带宽的控制，国外不认可国内主要用钢 CrMnTi 系钢种。

德国企业齿轮、太阳轮和行星轮采用 17CrNiMo6，渗碳淬火，齿面硬度为 58 ~ 62HRC。内齿圈为 34CrNiMo6，调制处理。

美国企业常用 20CrNiMo、20CrNi2Mo，渗碳淬火，齿面硬度为 58 ~ 62HRC。内齿圈常用 42CrMo 或 40CrNiMo，调质处理。也有用 20CrMnMo、20Cr2Ni4A、18Cr2Ni4W，渗碳淬火。

日本企业生产的齿轮增速器，大多采用 15CrMo、、20CrMo、35CrMo。渗碳淬火，有效渗碳深度为 0.15m_n，然后磨齿。采用不同的齿形角，以提高齿轮的弯曲强度，同时进行修缘、修形。

目前，我国最好使用 20CrNi4A、18Cr2Ni4W，渗碳淬火，有效渗碳深度为 0.2m_n，这是较合理的渗碳深度，具有最佳的单齿弯曲强度。通常用 20CrMnMo、20CrMnTi 渗碳淬火，20CrMnMo 的单齿弯曲疲劳强度比 20CrMnTi 高出 13% 左右。

毛坯采用锻造方法制取，严格执行锻造工艺，获得设计要求的锻造组织和相应的力学性能。针对不同材质和设计要求，制订合理的热处理工艺，保证材料的综合力学性能达到技术要求。

2. 加工

在 GB/T 19073—2008 中规定，齿轮、齿轮轴等齿轮精度不低于 GB/T 10095.1—2008 ~ 10095.2—2008 规定的 5 级，并根据载荷情况作必要的齿形和齿向修正。内齿圈精度不低于 GB/T 10095.1—2008 ~ 10095.2—2008 规定的 6 级。

近年来由于我国企业大量引进了德国等国家 Niles、Hofler 等高级磨齿机，在这些机床上，可直接进行修缘、修形，可直接在线监测和控制，加工以上精度的齿轮已经没有问题。

风电齿轮增速器制造过程中主要零部件应遵循的规范及要求见表 26-3，也可参照国外同类标准执行。

表 26-3 相关技术规范及要求

序号	标准号	标准名称	适用范围及要求
1	JB/T 6396—2006	大型合金结构钢锻件 技术条件	齿轮 齿圈 轴
2	GB/T 3480.5—2008	直齿轮和斜齿轮承载能力计算 第 5 部分:材料强度和质量	齿轮 ME 级
3	GB/T 17879—1999	齿轮磨削后表面回火的浸蚀检验	齿轮 表面检验
4	JB/T 6395—2010	大型齿轮、齿圈锻件 技术条件	大型齿轮及齿圈
5	JB/T 5000.15—2007	重型机械通用技术条件 第 15 部分: 锻钢件无损检测	齿轮及轴 探伤 Ⅱ级以上
6	GB/T 6394—2002	金属平均晶粒度测定方法	齿轮
7	GB/T 10561—2005	钢中非金属夹杂物含量的测定 —标准评级图显微检验法	齿轮
8	GB/T 9450—2005	钢件渗碳淬火硬化层深度的测定和核验	齿轮

为提高齿轮的力学性能，在传统的检测、热处理、磨齿等工艺之外，有的齿轮箱公司还应用了一些特殊工艺。

强力抛丸工艺。已经完成磨齿工序的齿轮轮齿，再经过强化喷丸处理，据国外文献报道，弯曲疲劳极限和接触疲劳极限可分别提高约 20% 和 1.6 倍。

齿面表面粗糙度也是影响齿轮增速器高可靠性的一个重要因素。降低齿面表面粗糙度对抑制齿面微点蚀的产生，改善齿面间的润滑条件，延长齿轮副的运行寿命及增强抗腐蚀疲劳的能力均有十分明显的影响。为降低齿面表面粗糙度，特别是低速级齿面的表面粗糙度，近年来国外生产商普遍在进行完齿面精磨后，再增加一道齿面的超精加工。将加工件置于微小磨粒中，辅以特殊的化学介质，再施加振动而完成齿面的超精研磨，据称其最终齿面表面粗糙度可达 *Ra*0.2 ~ 0.4。这一工艺目前在我国尚未采用。

3. 齿轮的修缘和修形

防止齿轮早期点蚀的关键在于轮齿的修缘和修形。在确定修形参数时，需要获得准确的载荷来计算齿轮偏载，再根据偏载情况进行修缘和修形，而且需要考虑载荷波动，要尽可能保证齿轮在各种载荷及组合的作用下都具有良好的接触区。

齿轮经修缘和修形，对提高传动装置平稳性，降低传动噪声也十分有效。

26.8　试验与测试

生产厂商应有完善的质量控制体系及相应的加工、检验及检测设备。

新标准还规定要以实际演示与试验的形式进行功能验证，分样机试验、现场试验与系列试验。

样机试验可以在齿轮增速器试验台上进行，目的是验证设计阶段所作的假设与设定的边界条件是否足够正确。在样机试验中，至少通过四个步骤将转矩增加到额定值。然后齿轮增速器以额定转矩运转，直至油池和轴承支承点达到恒定温度。另外，也推荐进行超载试验。

齿轮增速器现场试验是齿轮增速器装配在风电机组中后，检查载荷假设并评估系统反馈。

齿轮增速器系列试验旨在检验批量产品质量，是否符合根据成功通过试验样机设定的性能指标。试验规范中还规定了其他部件试验与功能试验（渗漏、冷却与润滑系统等）。

国外各大风电齿轮增速器制造公司，都有大小不等的系列试验台架，对出厂的每台产品进行综合全面检测。出厂齿轮增速器试验采用全负荷试验，通常要进行 6 ~ 12h 的全负荷试验，并对密封、振动、噪声、温升及承载特性进行全面检测。有特殊要求者，也可进行其他项目的检测。如润滑试验，轴承寿命试验，齿轮微点蚀及磨损试验，特殊气候条件下的模拟试验等。

风电齿轮增速器试验结束，要对齿轮增速器再次进行彻底冲洗，并更换滤油器中的滤芯。

目前，风电齿轮增速器试验台大多数采用电封闭能量回馈式试验台架，主要由两台交流变频电动机、两套逆变单元、整流器及转矩转速传感器等构成。试验时由电网引出的电能经整流器、逆变器，被电动机转换为机械能，通过齿轮增速器将机械能传递给另一台电动机，转化为电能后反馈回整流器直流侧。系统实现了自身能量循环，其实际能耗仅用于补偿电气损耗和机械损耗。因而具有安装和调整简便、运行效率高等优点，特别适用于大功率齿轮增速器的台架试验。

试验过程中的最高油温不得超过 85℃，轴承温度不得超过 95℃，噪声小于 85dB（A），振动指标应符合 GB/T 6404.2—2005《齿轮装置的验收规范　第 2 部分：验收试验中齿轮装置机械振动的测定》规定的 C 级要求，建议齿轮增速器效率不小于 0.97，但达到这一标准是很不容易的。当然，试验验收指标也可和用户个别协商拟定。

26.9　风电齿轮增速器的结构图

1. 增速器的类型与特点

风力发电机组齿轮增速器的种类很多，按照传统类型可分为圆柱齿轮增速器、行星齿轮增速器以及它们互相组合起来的齿轮增速器；按照传动的级数可分为单级和多级齿轮增速器；按照传动的布置形式又可分为展开式、分流式和同轴式以及混合式等。常用齿轮增速器形式及其特点和应用见表 26-4。

2. 增速器的典型结构

各种齿轮增速器图例如图 26-9 ~ 图 26-14 所示。图 26-9 所示为两级平行轴圆柱齿轮传动齿轮增速器的展开图。输入轴大齿轮和中间轴大齿轮都是以平键和过盈配合与轴连接；两个从动齿轮都是采用了轴齿轮的结构。

图 26-10 所示为一级行星和一级圆柱齿轮传动齿轮增速器的展开图。机组传动轴与齿轮增速器行星架轴之间利用胀紧套连接，装拆方便，能保证良好的对中性，且减少了应力集中。行星传动机构利用太阳轮有浮动实现均载。

图 26-11 所示为两级行星和一级圆柱齿轮分流传动齿轮增速器的展开图。风力发电机组的大轴通过齿式联轴器将动力传到第一级行星齿轮，再由太阳轮传至第二级行星轮，最后由末级平行轴齿轮将动力分流输出。有两个动力装置，其中一个通过高弹性联轴器带动发电机，另一个则作为其他用途的驱动装置。两个行星齿轮传动装置的太阳轮均通过齿式联轴器将动力传至下一级。

表 26-4 常用风力发电机组齿轮增速器的形式和应用

传动形式		传动简图	推荐传动比	特点及应用
两级圆柱齿轮传动	展开式	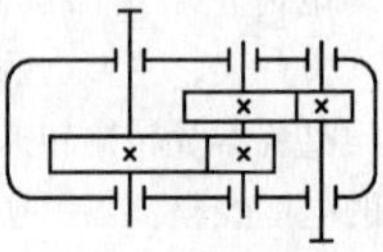	$i=i_1i_2$ $i=8\sim60$	结构简单,但齿轮相对于轴承的位置不对称,因此要求轴有较大的刚度。高速级齿轮布置在远离转矩输入端,这样,轴在转矩作用下产生的扭转变形可部分地互相抵消,以减缓沿齿宽载荷分布不均匀的现象,用于载荷比较平稳的场合。高速级一般做成斜齿,低速级可做成直齿
	分流式	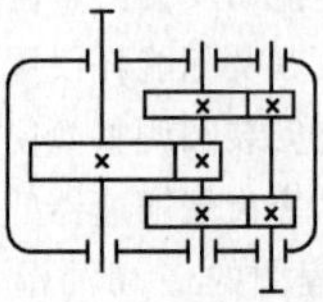	$i=i_1i_2$ $i=8\sim60$	结构复杂,但由于齿轮相对于轴承对称布置,与展开式相比载荷沿齿宽分布均匀、轴承受载较均匀,中间轴危险截面上的转矩只相当于轴所传递转矩的一半,适用于变载荷的场合。高速级一般用斜齿,低速级可用直齿或人字齿
	同轴式	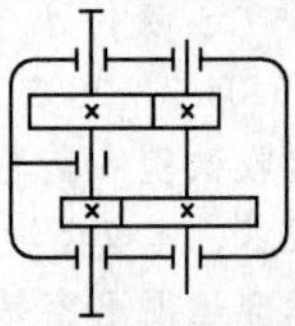	$i=i_1i_2$ $i=8\sim60$	增速器横向尺寸较小,两对齿轮浸入油中深度大致相同,但轴向尺寸和重量较大,且中间轴较长、刚度差,使沿齿宽载荷分布不均匀,高速轴的承载能力难于充分利用
	同轴分流式	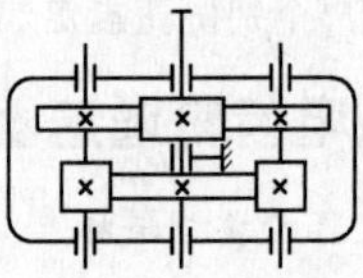	$i=i_1i_2$ $i=8\sim60$	每对啮合齿轮仅传递全部载荷的一半,输入轴和输出轴只承受转矩,中间轴只受全部载荷的一半,故与传递同样功率的其他增速器相比,轴颈尺寸可以缩小
三级圆柱齿轮传动	展开式	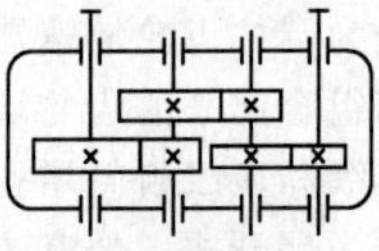	$i=i_1i_2i_3$ $i=40\sim400$	同两级展开式
	分流式	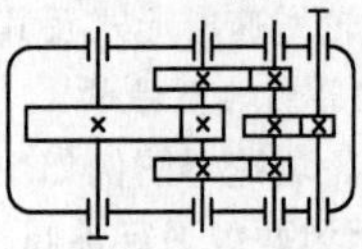	$i=i_1i_2i_3$ $i=40\sim400$	同两级分流式
行星齿轮传动	单级 NGW	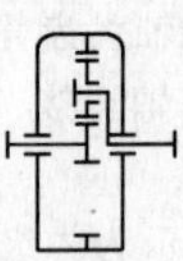	$i=2.8\sim12.5$ $i=2.8\sim9$	与普通圆柱齿轮增速器相比,尺寸小,质量轻,但制造精度要求较高,结构较复杂,在要求结构紧凑的动力传动中应用广泛
	两级 NGW	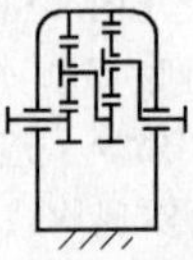	$i=i_1i_2$ $i=14\sim160$	同单级 NGW 型
一级行星两级圆柱齿轮传动	混合式	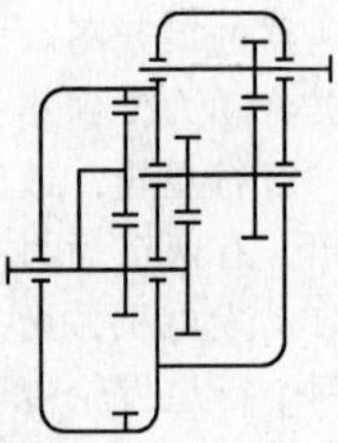	$i=20\sim80$	低速轴为行星传动,使功率分流,同时合理应用了内啮合。末二级为平行轴圆柱齿轮传动,可合理分配变速比,提高传动效率

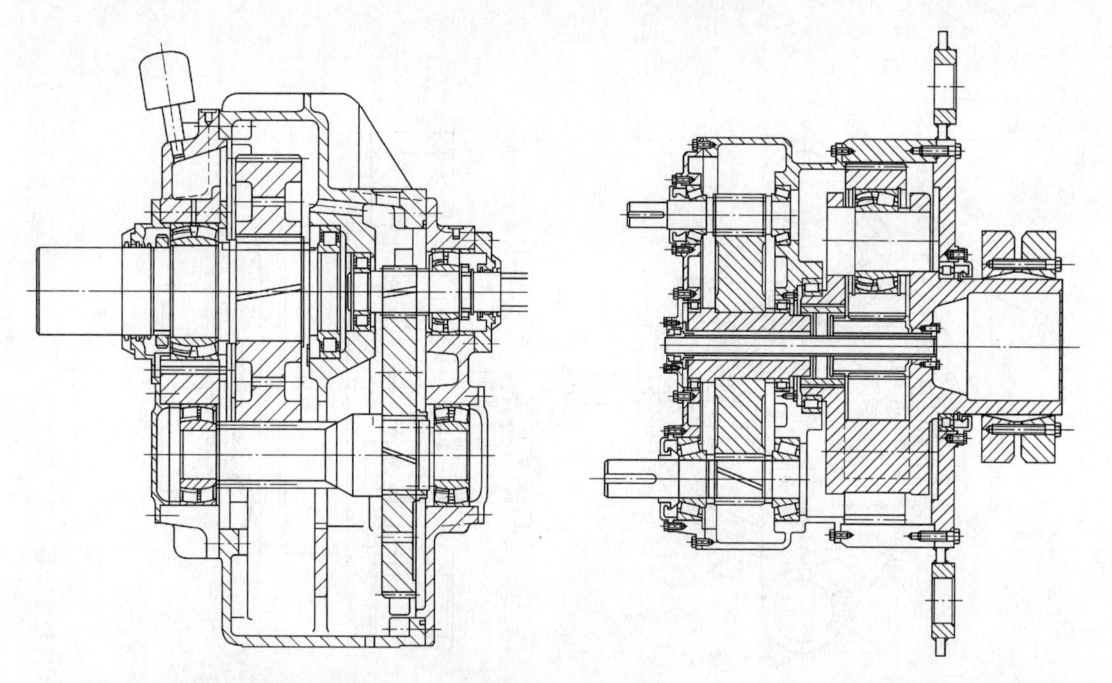

图26-9 两级平行轴圆柱齿轮传动齿轮增速器

图26-10 一级行星和一级圆柱齿轮传动齿轮增速器

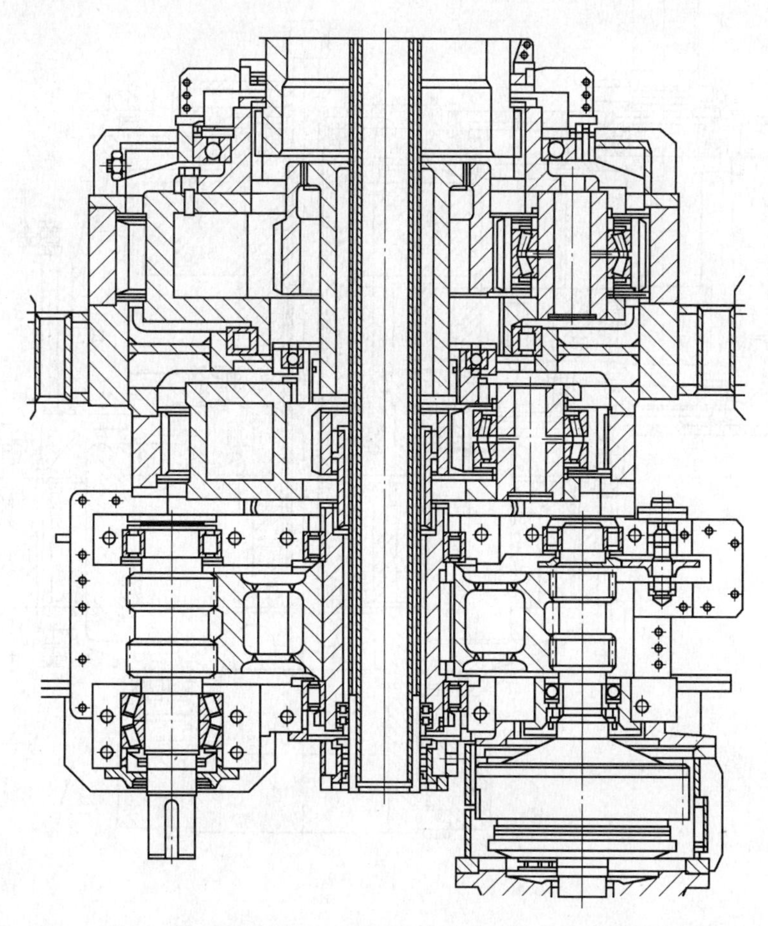

图26-11 两级行星和一级圆柱齿轮分流传动齿轮增速器

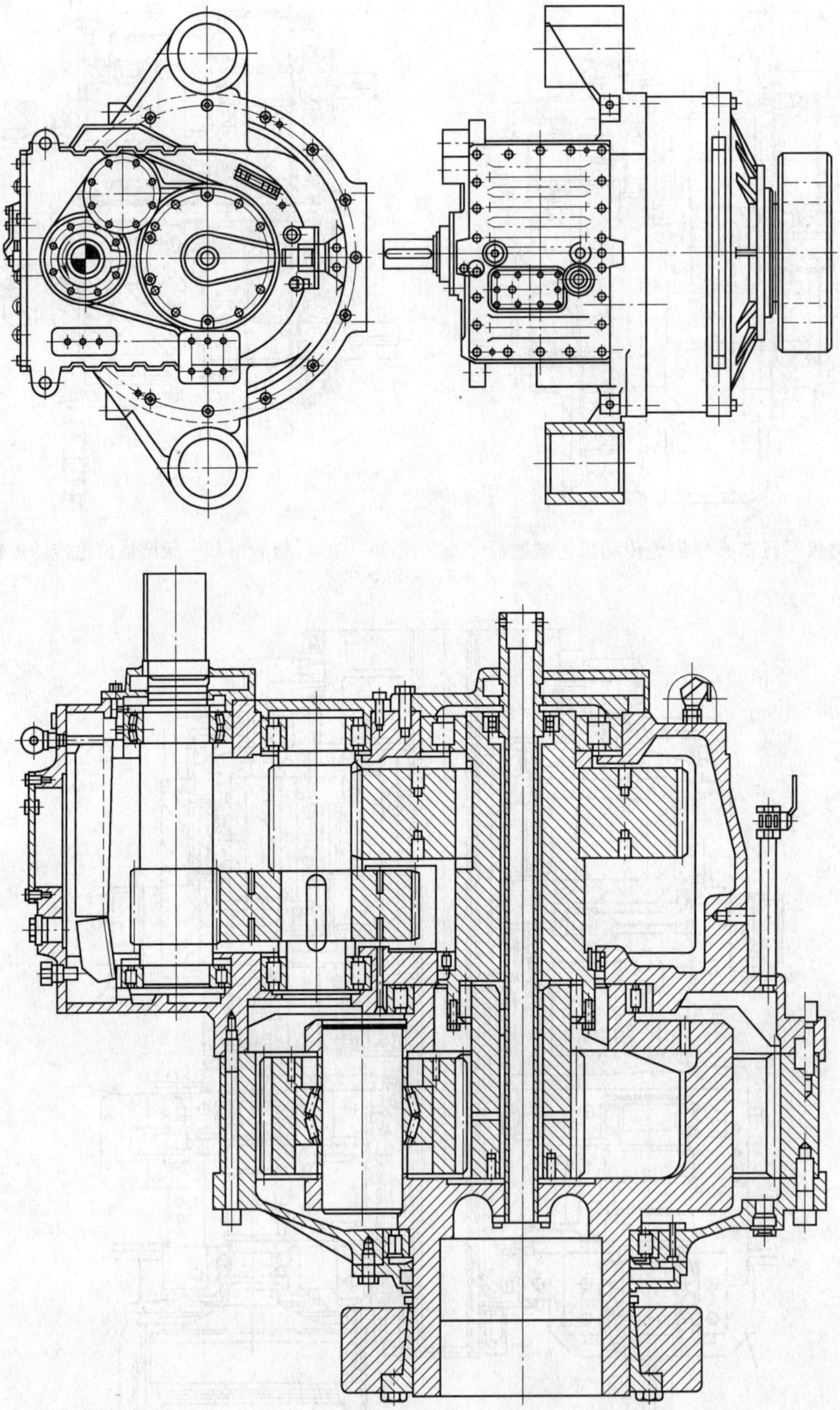

图 26-12　一级行星和两级平行轴圆柱齿轮传动齿轮增速器

图 26-12 和图 26-13 所示都是一级行星和两级平行轴圆柱齿轮传动装置，前者采用飞溅润滑方式，后者采用强制润滑方式并与机组的大轴做成一体。

图 26-13 所示是一种结构较为新颖的带大轴的一级行星和两级平行轴圆柱齿轮传动齿轮增速器，其行星架固定，内齿圈主动，两排行星齿轮变为定轴传动。从结构上看各个组件可独立拆卸，便于在机舱内进行检修。

图 26-14 所示为两级行星和一级平行轴圆柱齿轮传动齿轮增速器。

3. 国产大型风力发电机组增速器简介

国内有不少风力发电齿轮增速器专业生产厂，其中最为著名的是重庆齿轮箱责任有限公司、杭州前进齿轮箱集团有限公司和南京高精齿轮股份有限公司三家，其产品参数见表 26-5 ~ 表 26-7，各产品外形结构如图 26-12 ~ 图 26-15 所示。它们都是国家机械工业大型骨干企业，拥有先进的加工设备和设计制造技术，可以为风力发电行业批量提供各种型号的齿轮增速器产品。近年来，这几家公司在吸收国际先进技术的基础上，相继开发了不少新产品，其中多数是按照主机厂的特定要求研制，例如为新疆金风公司配套的 600kW 风力发电机组齿轮增速器，综合了国外产品的特点，优化了设计参数，加强了关键结构，运转平衡，质量可靠。

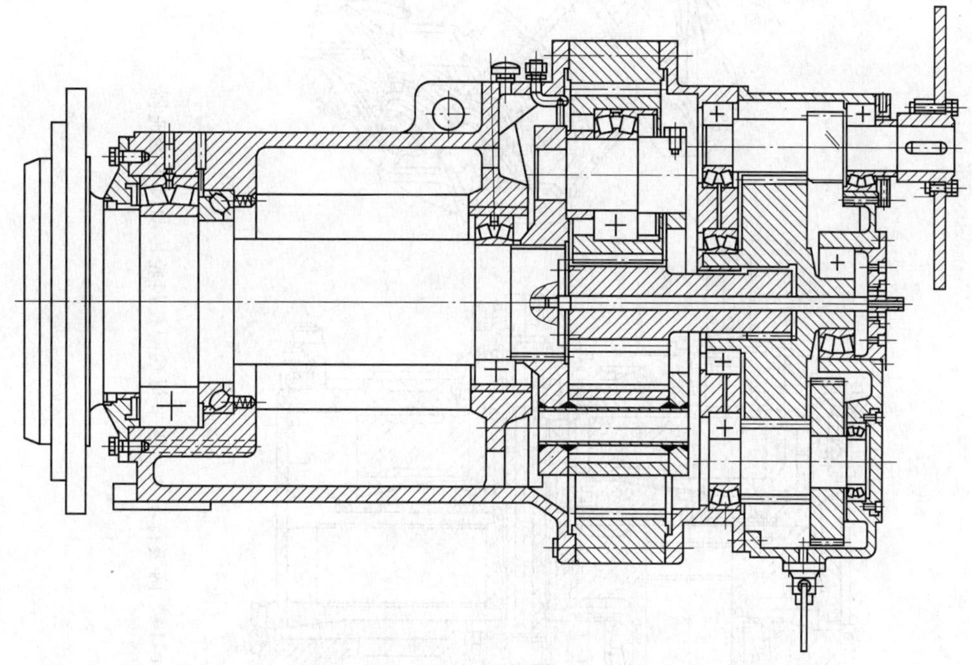

图 26-13　带大轴的一级行星和两级平行轴圆柱齿轮传动齿轮增速器

表 26-5　重庆齿轮箱责任有限公司风力发电齿轮增速器主要产品参数

型　号	传动方式	额定功率/kW	增速比	输入转速/(r/min)	输入轴连接方式	质量/kg
FL600	一级行星 + 两级平行轴	645	56.5	26.85	法兰连接	9700
FLA600	两级行星	645	45.3	33.5	胀套连接	3200
FL750	一级行星 + 两级平行轴	750	67.401	22.3	胀套连接	4500
FLA750	一级行星 + 一级平行轴	825	69.86	21.73	胀套连接	5900
FL1000	一级行星 + 两级平行轴	1100	53.38	18.733	胀套连接	12500
FL1300	一级行星 + 两级平行轴	1390	78.62	19.27	胀套连接	16000
FLA1300	一级行星 + 两级平行轴	1397.5	79	19	胀套连接	16000
FL1500	一级行星 + 两级平行轴	1500	67	14.92	胀套连接	17000

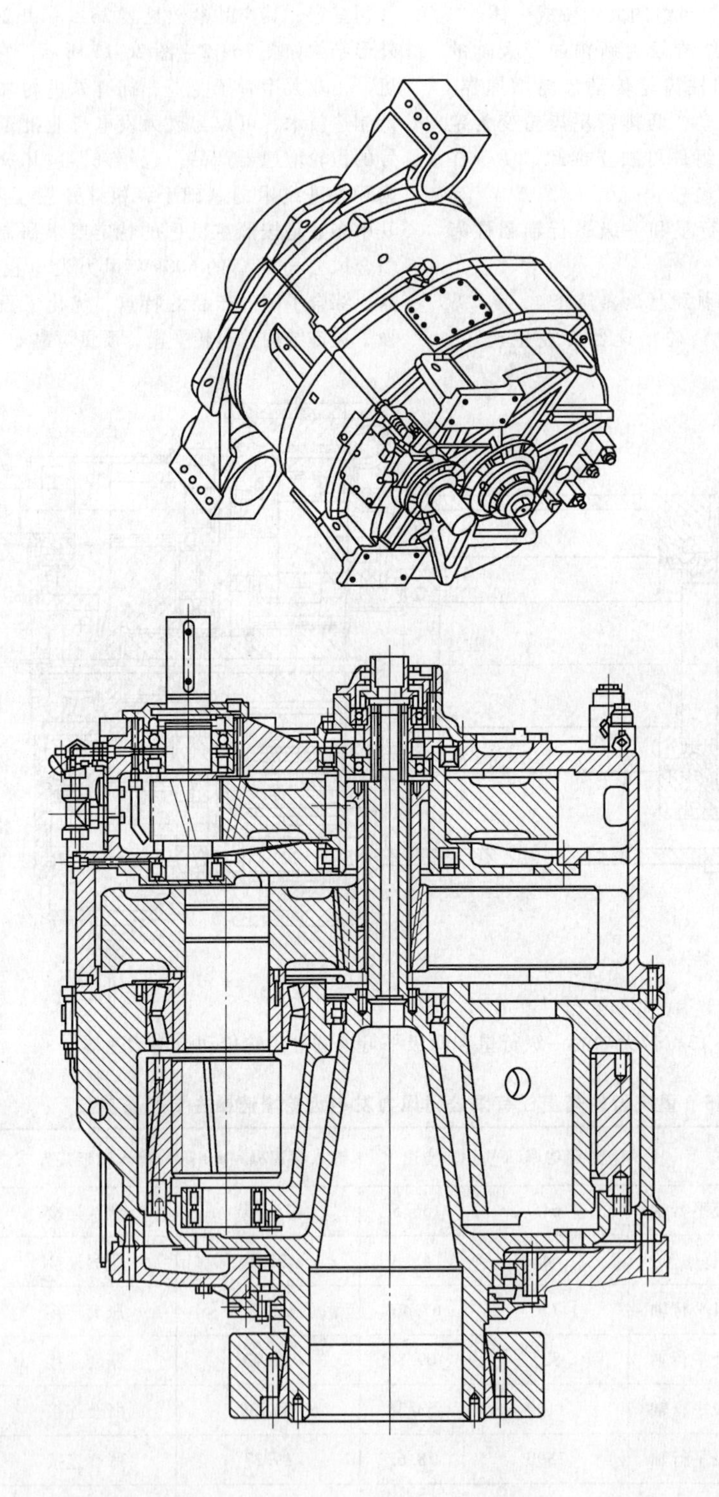

图26-14 两级行星和一级平行轴圆柱齿轮传动齿轮变速器

表 26-6　杭州前进齿轮箱集团有限公司风力发电齿轮增速器主要产品参数

型　号	传动方式	额定功率/kW	增速比	输入转速/(r/min)	输入轴连接方式	质量/kg
FZ100	两级平行轴	135	23.989	42.2	胀套连接	1000
FZ200	两级平行轴	240	22.33	45	胀套连接	1600
FZ250	两级平行轴	280	23.4	43	胀套连接	1900
FZ250LX	两级行星	275	38.2	39.26	胀套连接	1500
FZ600B	一级行星 + 两级平行轴	645	56.6	26.8	法兰连接	9000
FZ646	两级行星	645	45.529	33.5	花键连接	4000
FZ750	一级行星 + 两级平行轴	825	67.4	22.25	胀套连接	6000
FZ1300	一级行星 + 两级平行轴	1390	78.628	19.27	胀套连接	11000
FZ1500	一级行星 + 两级平行轴	1610	67	19	胀套连接	13000

表 26-7　南京高精齿轮股份有限公司风力发电齿轮增速器主要产品参数

型　号	传动方式	额定功率/kW	增速比	输入转速/(r/min)	输入轴连接方式	质量/kg
FD200	两级平行轴	200	36.12	42	胀套连接	1820
FD250	两级平行轴	250	23.68	43	胀套连接	1950
FD300	两级平行轴	300	44.66	34	胀套连接	4650
FD600W	两级行星	600	45.03	33.5	花键连接	3200
FD645	一级行星 + 两级平行轴	645	55.7	27.2	胀套连接	4100
FD645J	一级行星 + 两级平行轴	645	56.51	26.8	花键连接	9600
FD660	一级行星 + 两级平行轴	660	52.62	28.5	胀套连接	4250
FD660M	三级平行轴功率双分流	660	59.54	25.5	胀套连接	7600
FD1000	一级行星 + 两级平行轴	1000	53.8	24.16	胀套连接	7650
FD1390	一级行星 + 两级平行轴	1390	78.62	19.27	收缩盘	12500
FD1500	一级行星 + 两级平行轴	1500	67.056	19	收缩盘	13500
FD1660	一级行星 + 两级平行轴	1660	72/98	20	收缩盘	14500

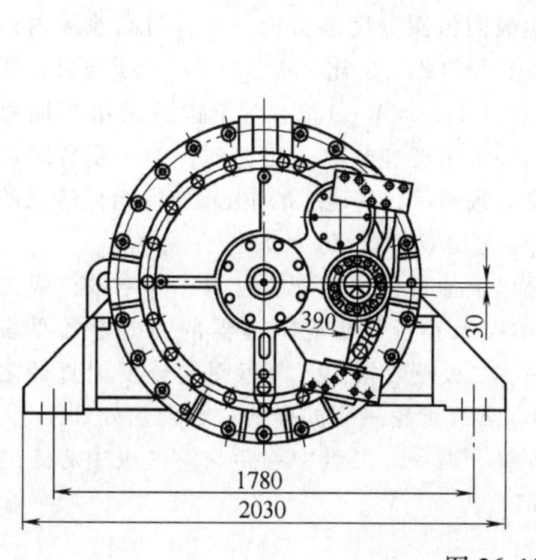

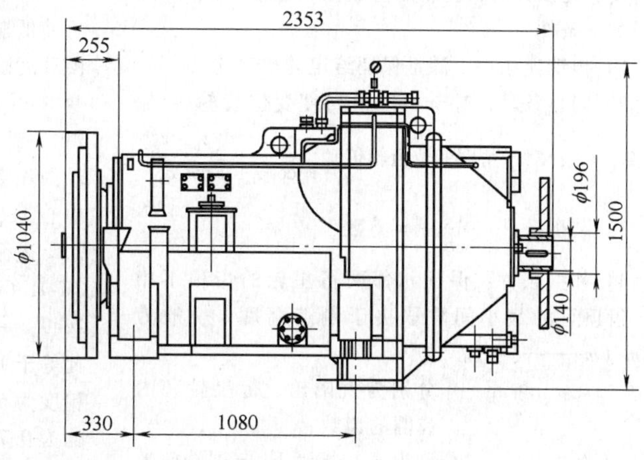

图 26-15　FL600 变速器外形结构图

26.10 风力发电机组传动装置应用实例

随着风力发电技术日益成熟，国际社会所面临的环境保护压力，世界上很多国家都越来越重视风能的利用。风力发电机组中的传动装置，如主传动增速器、变桨减速器和偏航减速器都具有结构紧、传动比大等特点。特别是随着单机容量的不断增大，传递的功率也越来越大。在这些传动中，绝大多数都采用行星齿轮传动。

1500kW 风力发电机组传动装置主要参数见表 26-8，变桨减速器的主要设计参数见表 26-9。

表 26-8 1500kW 风力发电机组传动装置主要参数

名　称	额定功率/kW	传动比	额定输入转速/(r/min)
主传动增速器	1660	104.2	≈17
变桨减速器	10	158.2	1700
偏航传动装置	2.2	956.5	940

表 26-9 变桨减速器主要设计参数

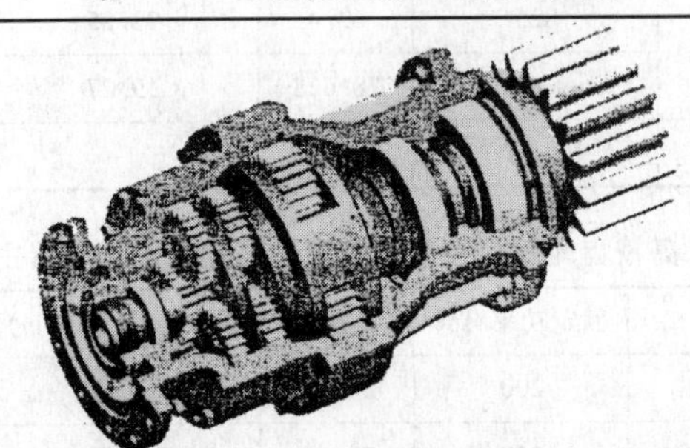

级别	名称	齿数	中心距/mm	传动比 i	总传动比
第Ⅰ级	太阳轮	$z_{a1}=12$	62	6.25	158.2
	行星轮	$z_{g1}=25$			
	内齿圈	$z_{b1}=63$			
第Ⅱ级	太阳轮	$z_{a2}=12$	62	6.25	
	行星轮	$z_{g2}=25$			
	内齿圈	$z_{b2}=63$			
第Ⅲ级	太阳轮	$z_{a3}=20$	82	4.05	
	行星轮	$z_{g3}=21$			
	内齿圈	$z_{b3}=61$			

对于主传动增速器，目前较多采用一级 2K-H (NGW) 型行星传动 + 两级定轴传动。单级行星齿轮传动，在设计时，齿轮的齿数和行星轮个数 n_p 应满足如下条件：

1）传动比条件，满足保证给定的传动比。

2）同心条件，对于标准或高度变位齿轮传动，$z_a+2z_g=z_b$；对于角度变位齿轮传动，$\frac{z_a+z_g}{\cos\alpha'_{tag}}=\frac{z_b-z_g}{\cos\alpha'_{tbg}}$。

3）装配条件：$\frac{z_a+z_g}{n_p}=$整数

4）邻接条件：保证相邻两行星轮的齿顶不相碰，齿顶间的最小间隙取决于制造精度，一般为 $0.5m$（m——模数）。

式中 z_a、z_g 和 z_b——分别为太阳轮、行星轮和内齿圈的齿数；

α'_{tag}、α'_{tbg}——分别为 a—g 副、b—g 副端面啮合角。

多级行星齿轮传动的传动比分配原则是各级传动之间的强度相等，并且外廓尺寸最小。在两级 2K-H (NGW) 型行星传动中，欲得到最小的径向尺寸，可使低速级内齿圈分度圆直径 $(d)_{b2}$ 与高速级内齿圈分度圆直径 $(d)_{b1}$ 之比 $(d)_{b2}/(d)_{b1}$ 接近于1，通常 $(d)_{b2}/(d)_{b1}=1\sim1.2$。对于齿轮采用相同材料、相同加工精度和热处理工艺时，为了使各级传动的强度大致相等，高速级的中心距 $Q_Ⅰ$ 与低速级的中心距 $Q_Ⅱ$ 之比 $Q_Ⅰ/Q_Ⅱ$ 约为 0.7。

遵循以上原则，通过配齿计算，确定该三级的 2K-H (NGW) 型行星齿轮减速器的主要参数见表 26-9，一、二级模数相同，内齿圈的分度圆直径之比等于1。各级齿轮采用同样的材料及热处理工艺，精度为6级，则一、二级中心距与第三级中心距之比为 0.75。

第 27 章　点线啮合齿轮传动装置的设计

27.1　概述

齿轮传动由于具有速比准确，传动比、传递功率和圆周速度的范围很大，传动的效率高、尺寸紧凑等一系列优点，因此，它是机械产品中重要的基础零件，齿轮传动种类繁多，但是，齿轮啮合从性质来分，一般分为两大类，一类为线啮合齿轮传动，如渐开线齿轮、摆线齿轮，它们啮合时的接触线是一条直线或曲线（见图 27-1a）。渐开线齿轮由于制造简单且有可分性等特点，因而在工业上普遍应用，在齿轮中占有主导地位。但是渐开线齿轮传动大部分的应用为凸齿廓与凸齿廓相啮合，接触应力大，承载能力较低。另一类为点啮合齿轮传动。在 20 世纪 50 年代从前苏联引进了圆弧齿轮传动技术，圆弧齿轮是一对凹凸齿廓的啮合传动，它们啮合时的接触线是一个点，受载变形后为一个面接触（见图 27-1b），接触应力小，承载能力大。但制造比较麻烦，需要专用滚刀，而当中心距有误差时，承载能力下降。

点线啮合齿轮传动的小齿轮是一个变位的渐开线短齿齿轮（斜齿），大齿轮的上齿部为渐开线的凸齿齿廓，下齿部为过渡曲线的凹齿齿廓（斜齿）。因此，在啮合传动时既有接触线为直线的线啮合，又同时存在凹凸齿廓接触的点啮合，在受载变形后就形成一个面接触，故称为点线啮合齿轮传动，如图 27-1c 所示。

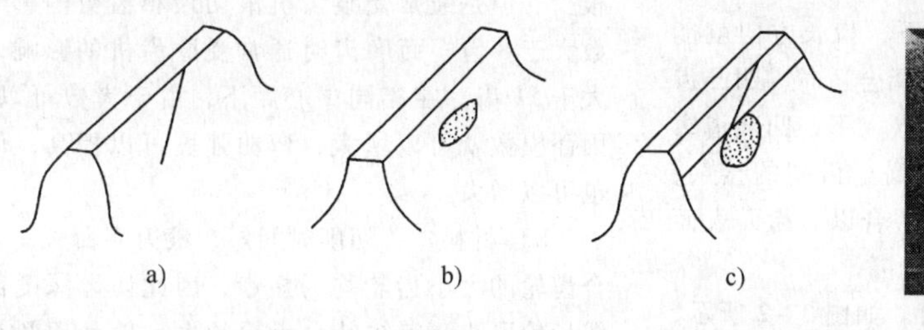

d)

图 27-1　三种齿轮的接触状态

a）渐开线齿轮　b）圆弧齿轮　c）点线啮合齿轮　d）齿轮铸件图

27.1.1　点线啮合齿轮传动的类型

点线啮合齿轮传动可以制成三种形式。

1）单点线啮合齿轮传动。小齿轮为一个变位的渐开线短齿，大齿轮的上部为渐开线凸齿廓，下齿部为过渡曲线的凹齿廓，大小齿轮（斜齿或直齿）组成单点线啮合齿轮传动，如图 27-2 所示。

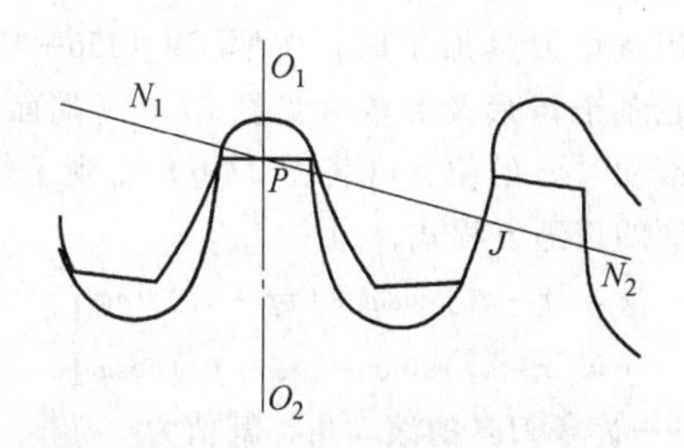

图 27-2　单点线啮合齿轮传动

2）双点线啮合齿轮传动。大小齿轮齿高的一半为渐开线凸齿廓，另一半为过渡曲线的凹齿廓，大小齿轮啮合时形成双点啮合与线啮合，因此称双点线啮合齿轮（直齿或斜齿）传动，如图 27-3 所示。

3）少齿数点线啮合齿轮传动。这种传动的小齿轮最少齿数可以达 2 ~ 3 齿，因而其传动比可以很大，如图 27-4 所示。

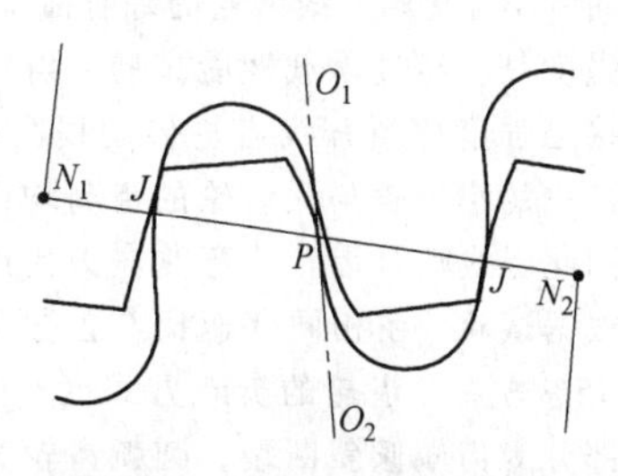

图 27-3　双点线啮合齿轮传动

27.1.2　点线啮合齿轮传动的特点

以上几种点线啮合齿轮传动具有以下特点：

1）制造简单。点线啮合齿轮可以用滚切渐开线齿轮的滚刀与渐开线齿轮一样在滚齿机上滚切而成。还可以在磨削渐开线齿轮的磨齿机上磨削点线啮合

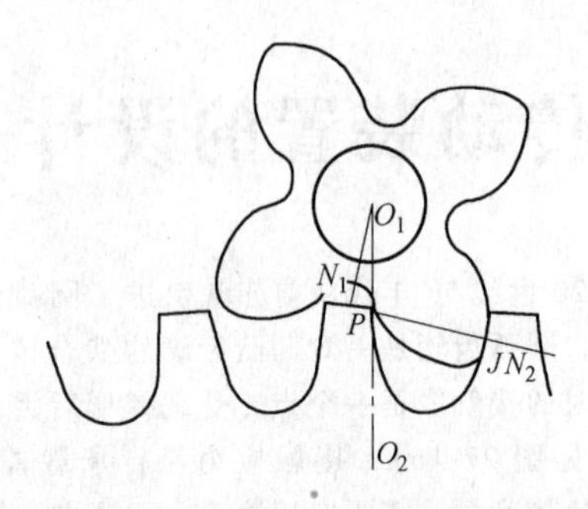

图 27-4　少齿数点线啮合齿轮传动

齿轮。因此，一般能加工渐开线齿轮的工厂均能制造点线啮合齿轮，不像圆弧齿轮需要专用滚刀，它的测量工具与渐开线齿轮相同。

2）具有可分性。点线啮合齿轮传动与渐开线齿轮传动一样，具有可分性，因此中心距的制造误差不会影响瞬时传动比和接触线的位置。

3）磨合性能好、磨损小。点线啮合齿轮采用了特殊的螺旋角，滚齿以后螺旋线误差基本上为零，当二齿轮孔的平行度保证的情况下，齿长方向就能达100%的接触。此外，当参数选择合适时，凹凸齿廓的贴合度很高，如图 27-2 在 J 点以下，凹凸齿廓全部接触，因此略加磨合就能达到全齿高的接触，形成面接触状态如图 27-2 所示。磨合以后齿面表面粗糙度下降，磨损减小。

4）齿面间容易建立动压油膜。如图 27-2 所示，点线啮合齿轮在没有达到 J 点形成面啮合时，它像滑动轴承那样形成楔形间隙就容易形成油膜。当达到 J 点形成面啮合以后，在转动的过程中啮合面向齿长方向移动的速度很大，对建立动压油膜有利，可以提高承载能力，减少齿面磨损，提高传动效率。

5）强度高、寿命长。点线啮合齿轮既有线啮合又有点啮合，在点啮合部分是一个凹凸齿廓接触，它的综合曲率半径比渐开线齿轮的综合曲率半径大，因此接触强度高。经过承载性能试验，点线啮合齿轮传动的接触强度比渐开线齿轮传动提高1～2 倍。点线啮合齿轮的小齿轮与大齿轮的齿高均比渐开线齿轮短。因此点线啮合齿轮的弯曲应力比渐开线齿轮要小，根据试验，在相同变速比与模数下，弯曲强度提高 15%左右。齿轮的折断方式也不同，渐开线齿轮大部分为齿端倾斜断裂，圆弧齿轮为齿的中部呈月牙状断裂，而点线啮合齿轮则为全齿长断裂。在相同条件下寿命比渐开线齿轮要长。

6）噪声低。齿轮的噪声有啮合噪声与啮入冲击噪声两大部分，对于啮合噪声则与齿轮精度与综合刚度有关系。点线啮合齿轮的综合刚度比渐开线齿轮要低很多。而且点线啮合齿轮的啮合角通常在10°左右，比渐开线齿轮小很多，在传递同样圆周力下法向力就要小。冲击噪声与一对齿轮刚进入时的冲击力有关。从图 27-2 可以看出当第二对齿进入啮合时，第一对齿在 J 部位承受的载荷很大，而刚进入啮合时的一对齿轮承受的载荷就很小，从接触迹分析可以看到一对渐开线齿轮与一对点线啮合齿轮各位置的载荷分配比例也可看出点线啮合齿轮的载荷很小，因此当一对齿轮进入啮合时的啮入冲击就非常小。这两种因素加在一起是造成点线啮合齿轮噪声低的主要原因。根据实验与实践应用表明点，线啮合齿轮传动的噪声比渐开线齿轮要低得多，甚至要低 5～10dB（A）。由于受载以后齿面的贴合度增加，因此随着载荷的增加，噪声还要下降 2～3dB（A），这与所有的齿轮传动都不同。

7）点线啮合齿轮小齿轮的齿数可以很少，甚至可以达到 2～3 齿。这是因为点线啮合齿轮的齿高比渐开线齿轮要短，小齿轮不存在齿顶变尖的问题，又可以采用正变位使其不发生根切，因此齿数可以很少。但是通常受滚齿机滚切最小齿数的影响，齿数大于 8 齿。而磨齿时通常受磨齿机的影响，齿数大于 11 齿。在相同中心距下，由于齿数可以减少，因而模数就可以增大，弯曲强度可以提高，传动比也可以增大。

8）材料省，切削时间短，滚刀寿命长。点线啮合齿轮的大小齿轮均为短齿，因此切齿深度比渐开线齿轮要浅。点线啮合齿轮的大齿轮其顶圆直径比分度圆直径还要小，因此大齿轮节约材料 10%左右。

9）可制成各种硬度的齿轮。点线啮合齿轮可以采用渐开线齿轮所有热处理的方法来提高强度，可以做成软齿面、中硬齿面及硬齿面齿轮，以适应不同场合的应用和不同精度的要求。

27.1.3　点线啮合齿轮传动的啮合特性

点线啮合齿轮的加工，通常是在普通滚齿机上用齿轮滚刀来加工或在磨齿机上用砂轮磨削而成。

1. 齿廓方程式

用齿条型刀具加工时，按照 GB 1356—1988 渐开线齿轮基准齿形及参数（见图 27-5）（端面齿形）及瞬时滚动时 φ 的位置（见图 27-6）得到了被加工齿轮齿廓的普遍方程式，即

$$\left.\begin{aligned} x &= (r - x_1)\cos\varphi + (r\varphi - y_1)\sin\varphi \\ y &= (r - x_1)\sin\varphi - (r\varphi - y_1)\cos\varphi \end{aligned}\right\}$$

φ——齿条刀具的滚动角，其值为

$$\varphi = \frac{\overset{\frown}{P_0N}}{r} = \frac{\overline{PN}}{r}$$

若取刀具齿廓上一系列的点（x_1，y_1）及 φ 值，就得到一系列的点（x，y），将这些点连接起来得到

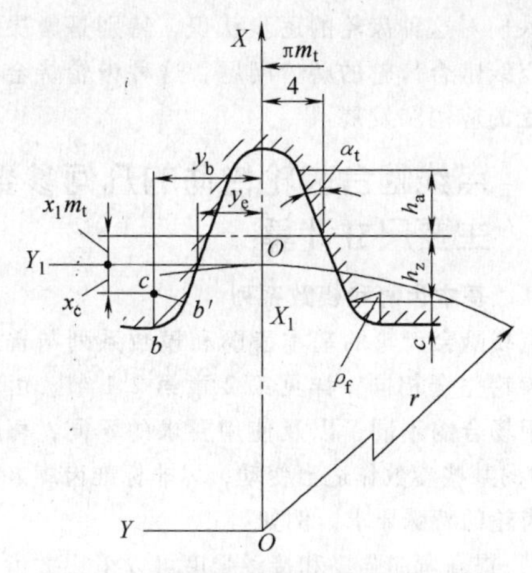

图 27-5　渐开线齿轮基准齿形及参数

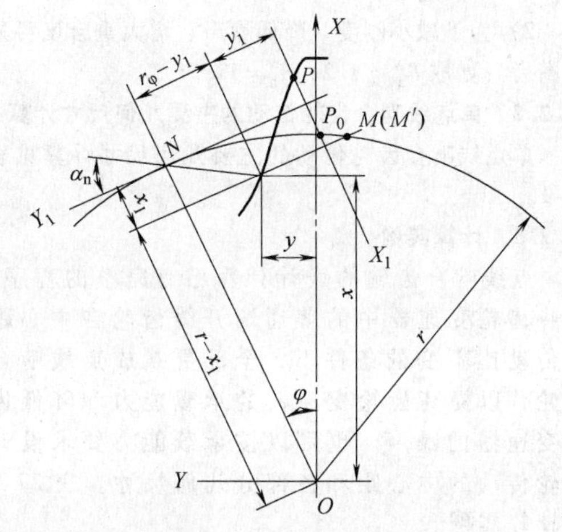

图 27-6　渐开线齿轮瞬时滚动时 φ 的位置

齿轮齿廓。

1）点线啮合齿轮中渐开线方程式

$$\left.\begin{aligned}x&=\left[r-\frac{1}{2}(r\varphi-y_0')\sin2\alpha_t\right]\cos\varphi+\\&\quad(r\varphi-y_0')\cos^2\alpha_t\sin\varphi\\y&=\left[r-\frac{1}{2}(r\varphi-y_0')\sin2\alpha_t\right]\sin\varphi+\\&\quad(r\varphi-y_0')\cos^2\alpha_t\cos\varphi\end{aligned}\right\}$$

$$y_0'=\frac{m_n}{\cos\beta}(0.78539815+x_n\tan\alpha_n)$$

$$r=\frac{Zm_n}{2\cos\beta}\quad\tan\alpha_t=\frac{\tan\alpha_n}{\cos\beta}$$

式中　φ——滚动角。

2）点线啮合齿轮过渡曲线方程式

$$\left.\begin{aligned}x&=(r-x_1)\cos\varphi+x_1\tan\gamma\sin\varphi\\y&=(r-x_1)\sin\varphi-x_1\tan\gamma\cos\varphi\end{aligned}\right\}$$

$$x_1=x_c'+\cos\beta\sqrt{\left(\frac{\rho_f}{\cos\beta}\right)^2-(y_c'-y_1)^2}$$

$$x_c'=(0.87-x_n)m_n$$

$$\tan\gamma=\frac{(x_1-x_c')(y_c'-y_1)}{\left(\frac{\rho_f}{\cos\beta}\right)^2-(y_c'-y_1)^2}$$

$$y_c'=1.50645159\frac{m_n}{\cos\beta}$$

式中符号参见图 27-5 和图 27-6 所示。

2. 啮合特性

一对点线啮合齿轮在啮合时，其啮合过程包括两部分：一部分为两齿轮的渐开线部分相互啮合，形成线接触，在端面有重合度。另一部分为小齿轮的渐开线与大齿轮的渐开线与过渡曲线的交点 J 相互接触，形成点啮合。

1）符合齿廓啮合基本定律。点线啮合齿轮在啮合时其啮合线 N_1N_2 为两基圆的内公切线（见图 27-7）传动时，大齿轮与小齿轮开始啮合点为 B_2，终止啮合点为 J（B_1）（大齿轮上渐开线与过渡曲线的交）。因此在 B_2 到 J 之间形成线啮合。在终止啮合点 J 处形成点啮合，啮合点沿轴线方向平移。其接触点的公法线均通过节点 P，因此它符合齿廓啮合基本定律。

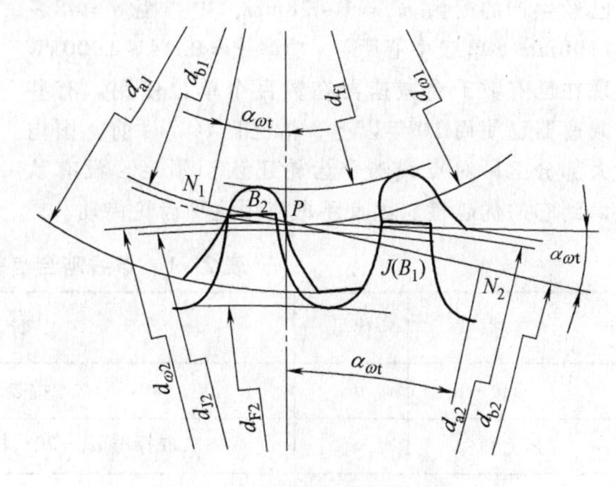

图 27-7　点线啮合齿轮的啮合

2）具有连续传动的条件。小齿轮的渐开线齿廓与大齿轮 J 点以上部分渐开线啮合，只要满足

$$B_2J/P_b>1$$

就具有连续传动的条件。上式中 P_b 是齿轮的基圆齿距。

点线啮合齿轮在通常情况下做成斜齿，也可以做成直齿。

3）能满足正确啮合的条件。斜齿点线啮合齿轮传动同普通渐开线斜齿轮传动相同，只要满足

$$m_{n1}=m_{n2}=m_n;\ a_{n1}=a_{n2}=a_n;\ \beta_1=-\beta_2$$

就能满足正确啮合的条件。

4）具有变位齿轮传动的特点。点线啮合齿轮传

动同普通渐开线齿轮传动一样，可按无侧隙啮合方程式确定变位系数和，即

$$x_{\Sigma}=\frac{z_1+z_2}{2\tan\alpha_n}(\mathrm{inv}\alpha_t'-\mathrm{inv}\alpha_t)$$

27.1.4 点线啮合齿轮传动的应用及发展

点线啮合齿轮经过20多年的理论研究、台架试验与工业应用。目前主要应用在国内，部分产品随设备出口而在国外应用，在国外还没有见到有关点线啮合齿轮的报导。在国内已广泛用于冶金、矿山、起重、运输、化工等行业的减速器中。某柴油机厂在柴油机中如YC6M系列柴油机中的定时齿轮系列采用了点线啮合齿轮以降低噪声，目前已生产了数千台。湖北鄂州重型机械厂生产的三辊卷板机、七辊、十一辊校平机等全部采用点线啮合齿轮传动减速器。（该厂已不生产渐开线齿轮）。目前已开发出DNK、DQJ、DZQ三个中硬齿轮系列的减速器和一个硬齿面系列减速器。其中DQJ系列减速器已作为部级标准系列，代号为JB/T 10468—2004，硬齿面系列减速器已获得国家专利，专利号：ZL200520099260.5。减速器已经生产的模数 $m_n=1\sim28$mm，中心距 $a=48\sim1100$mm（单级中心距），功率 $P=0.14\sim1000$kW现在已有数千台减速器在数百个单位使用。有些减速器已使用10年以上，情况良好。目前，国内大部分工厂对点线啮合齿轮还认识不足，没有认识到它的优越性，因此不敢应用这种齿轮传动。随着人们对这种齿轮的逐步认识，特别是解决了硬齿面点线啮合齿轮的磨齿问题，这种齿轮将会得到更广泛的应用和发展。

27.2 点线啮合齿轮传动的几何参数和主要尺寸计算

27.2.1 基本齿廓和模数系列

点线啮合齿轮的基本齿廓和模数系列与普通渐开线齿轮完全相同，详见第2章第2.1节。由于齿轮使用场合的不同，以及使用要求的不同，可将表2-1中的某些参数作适当变动，以非标准齿廓来满足某些齿轮的特殊要求，例如：

1）提高弯曲强度和接触强度可以采用大齿形角（22.5°，25°）。

2）为了减小刚度、降低噪声、增大重合度可采用高齿（如取 $h_a^*=1.2$，$\alpha_n=17.5°$）。

27.2.2 单点线啮合齿轮传动的主要几何尺寸计算

单点线啮合齿轮传动的主要几何尺寸计算见表27-1。

27.2.3 计算实例

点线啮合齿轮的设计计算已有完整的程序，可将齿轮变速器中的普通渐开线齿轮在中心距和传动比不变的条件下，全部更换成点线啮合齿轮，以提高齿轮变速器的承载能力和降低齿轮变速器的噪声。也可以按承载能力要求设计齿轮传动的中心距和各部分几何尺寸。表27-1是计算实例。

表27-1 点线啮合齿轮主要尺寸计算及举例

名称	代号	计算公式	例 $a=300$mm $z_1=15,z_2=86$
模数	m_n	按表2-1选取	$m_n=6$mm
压力角	α_n	取标准 $\alpha_n=20°$，特殊情况 $\alpha_n=25°,28°$	$\alpha_n=20°$
分度圆螺旋角	β	一般取8°～25°，参考选取	$\beta=14°11'4''$
齿顶高系数	h_{an}^*	一般取 $h_{an}^*=1$，特殊情况下 $h_{an}^*=1.2$	$h_{an}^*=1$
顶隙系数	c_n^*	一般取标准 $c_n^*=0.25$，也可取其他值	$c_n^*=0.25$
圆角半径系数	ρ_{fn}^*	一般取 $\rho_{fn}^*=0.38$，标准刀具 $\rho_{fn}^*=0.3$	$\rho_{fn}^*=0.38$
端面分度圆压力角	α_t	$\alpha_t=\arctan\left(\frac{\tan\alpha_n}{\cos\beta}\right)$	$\alpha_t=20°34'37''$
未变位时中心距	a'	$a'=\frac{m_n(z_1+z_2)}{2\cos\beta}$	$a'=312.52839$mm
端面啮合角	$\alpha_{\omega t}$	$\alpha_{\omega t}=\arccos\left(\frac{a'\cos\alpha_t}{\alpha}\right)$	$\alpha_{\omega t}=12°45'41''$
总变位系数	$x_{n\Sigma}$	$x_{n\Sigma}=x_{n1}+x_{n2}=\frac{(z_1+z_2)(\mathrm{inv}\alpha_{\omega t}-\mathrm{inv}\alpha_t)}{2\tan\alpha_n}$	$x_{n\Sigma}=-1.7375$

（续）

名称	代号	计算公式	例 $a=300\text{mm}$ $z_1=15, z_2=86$
变位系数分配	x_{n1}、x_{n2}	x_{n1}、x_{n2}	根据封闭图选 $x_{n1}=0.4125$　$x_{n2}=-2.15$
分度圆直径	d	$d=\dfrac{zm_n}{\cos\beta}$	$d_1=92.830\text{mm}$ $d_2=532.226\text{mm}$
基圆直径	d_b	$d_b=\dfrac{zm_n\cos\alpha_t}{\cos\beta}$	$d_{b1}=86.907\text{mm}$ $d_{b2}=498.271\text{mm}$
节圆直径	d_ω	$d_\omega=d\dfrac{\cos\alpha_t}{\cos\alpha_{\omega t}}=\dfrac{d_b}{\cos\alpha_{\omega t}}=\dfrac{2a}{(1+i)}$	$d_{\omega1}=89.109\text{mm}$ $d_{\omega2}=510.891\text{mm}$
齿根圆直径	d_f	$d_f=2[r-(h_{an}^*+c_n^*-x_n)m_n]$	$d_{f1}=82.779\text{mm}$
齿根圆直径	d_f	$d_f=2[r-(h_{an}^*+c_n-x_n)m_n]$	$d_{f2}=491.426\text{mm}$
小齿轮顶圆直径	d_{a1}	$d_{a1}\leqslant 2\left[a-\dfrac{d_2}{2}+(h_{an}^*+c_n^*-0.25-x_{n2})m_n\right]$	$d_{a1}=105.2\text{mm}$
实际中心距	a	$a=r_{\omega1}+r_{\omega2}=\dfrac{m_n(z_1+z_2)\cos\alpha_t}{2\cos\beta\cos\alpha\omega t}$ 或按已知数值确定	$a=300\text{mm}$
最小变位数	x_{nmin}	$x_{n1min}=(h_{an}^*+c_n^*+\rho_{fn}^*\sin\alpha_n-\rho_{fn}^*)-\dfrac{z_1\sin^2\alpha_t}{2\cos\beta}$	$x_{n1min}=0.0444$
大齿轮顶圆直径	d_{a2}	$d_{a2}\leqslant 2\sqrt{\left(\dfrac{d_{b2}}{2}\right)^2+\left[a\sin\alpha_{\omega t}-\dfrac{m_n}{\sin\alpha_t}(x_{n1}-x_{n1min})^2\right]}$	$d_{a2}=513.0\text{mm}$
小齿轮齿顶高	h_a	$h_{a1}=\dfrac{1}{2}(d_{a1}-d_1)$	$h_{a1}=6.1849\text{mm}$
小齿轮齿根高	h_f	$h_{f1}=\dfrac{1}{2}(d_1-d_{f1})$	$h_{f1}=5.0252\text{mm}$
全齿高	h	$h_1=\dfrac{1}{2}(d_{a1}-d_{f1}), h_2=\dfrac{1}{2}(d_{a2}-d_{f2})$	$h_1=11.210\text{mm}$ $h_2=10.786\text{mm}$
小齿轮	公法线长度	卡齿数 $k=\dfrac{z_1}{\pi}\left[\dfrac{\sqrt{\left(1+\dfrac{(2x_{n1}-\Delta y)\cos\beta}{z_1}\right)^2-\cos^2\alpha_t}}{\cos\alpha_t\cos^2\beta_b}-\dfrac{2x_{n1}}{z_1}\tan\alpha_n-\text{inv}a_t\right]+0.5$ 公法线长度 $W_{n1}=m_n[\cos\alpha_n(\pi(k-0.5)+z_1\text{inv}\alpha_t)+2x_{n1}\sin\alpha_n]$	$k=2.648$ 取整 $k=3$ $W_{n1}=47.352\text{mm}$
大齿轮	跨测齿数 k	$k=\dfrac{z_2}{10}+0.6$	$k=9.2$ 取整 $k=10$
	法线长度 W_{n2}	$W_{n2}=\dfrac{2r_{a2}\sin^2\alpha_s}{\sin\alpha}$	$W_{n2}=166.896\text{mm}$

27.3 点线啮合齿轮传动的参数选择及封闭图

点线啮合齿轮传动的参数选择比渐开线齿轮传动复杂，各参数之间有密切关系，又相互制约。主要的参数有：法向模数 m_n、齿数 z、端面重合度 ε_α、纵向重合度 ε_β、齿宽系数 ϕ_a 或 ϕ_d，以及变位系数 x_2（或 x_1）和分度圆柱螺旋角 β。其中 x_2 和 β 必须从封闭图中选取。

27.3.1 模数 m_n 的选择

齿轮的模数 m_n 取决齿轮轮齿的弯曲承载能力计算。只要轮齿的弯曲强度满足，齿轮的模数取得小一点较好。对防止齿轮的胶合也有好处。

通常可取 $m_n=(0.01\sim0.03)a$。式中 a 为中心距。对于大中心距、载荷平稳、工作连续的传动，m_n 可取较小值。对于小中心距、载荷不稳、间断工作的传动，m_n 可取较大值。对于高速传动，为了增加传动的平稳性，m_n 可取较小值。对于轧钢机人字齿轮座等有尖峰载荷的场合，可取（0.025～0.04）a。所取的 m_n 应取标准值，在一般情况下 $m_n=0.02a$。

27.3.2 齿数的选择

齿数的选择应与模数统一考虑，在中心距一定的情况下，增加齿数减小模数则增加重合度，另一方面模数减小则可减小点线啮合齿轮相对滑动，对啮合有好处。因此，在满足强度的条件下，选择齿数多些为好。点线啮合齿轮的最少齿数可取到 $z_{min}=2-4$，一般为了滚齿加工方便，可取 $z_1\geqslant8$，磨齿加工随磨齿机磨削最少齿数而定，一般可取 $z_1\geqslant11$，在中心距不变的情况下，如果模数不变，小齿轮齿数减少就可以增大传动比。可以将四级传动改为三级传动或者三级传动改为两级传动。当然取较少齿数时，要考虑轴的强度。另一方面在中心距一定、传动比不变的情况下，齿数减少模数增大，则可以提高弯曲强度，提高承载能力，这对于间断工作或硬齿面齿轮传动是有利的。

27.3.3 重合度

点线啮合齿轮与渐开线齿轮一样，除了有端面重合度 ε_α 以外，还有轴向重合度 ε_β，通常要使轴向重度 $\varepsilon_\beta\geqslant1$，这样传动更平稳。一般要使总重合度 $\varepsilon_\gamma=\varepsilon_\alpha+\varepsilon_\beta>1.25$，最好要使 $\varepsilon_\gamma\geqslant2.25$。若要求噪声特别低时，可使 $\varepsilon_\alpha\geqslant2$。

27.3.4 齿宽系数

对于通用齿轮变速器通常取 $b_a^*=b/a$，其标准有：0.2、0.25、0.3、0.35、0.4、0.45、0.5、0.6。对于中硬齿面与硬齿面通用齿轮变速器，通常可取齿宽系数 $b_a^*=0.35$，0.4；对于软齿面通用齿轮箱可取 $b_a^*=0.4$。若要采用 $b_d^*=\dfrac{b}{d_1}$ 时，则 $b_d^*=0.5(1+i)b_a^*$。

27.3.5 螺旋角 β 的选择

螺旋角 β 的选择比较复杂，它与大齿轮的变位系数 x_2 有关，必须与封闭图配合选取，在不同的 β、x_2 下就可以得到不同的尺寸，以至于影响到齿轮强度的大小和磨损的程度。一般来说，螺旋角 β 大些，则可增加纵向重合度，对传动平稳性有利，但轴向力增大。通常 β 在 8°～30°的范围内选取。对于多级传动，应使低速级的螺旋角 β 小于高速级的螺旋角 β，这样就可使低速级的轴向力不至于过大。

点线啮合齿轮的螺旋角 β 的具体选择与渐开线齿轮不同。渐开线齿轮的螺旋角选择，为了使每个中心距的齿数和为常数，如 ZQ 减速器的 β 选择为 8°6′34″，齿数和 $z_c=99$，有些齿轮考虑强度的问题 β 选用优化参数 9°22′，有的选择整数角度如 12°、13°等。但是这些角度的选择均没有考虑滚齿加工、差动挂轮的误差，造成螺旋线的误差，齿长方向接触很难达到 100%。点线啮合齿轮螺旋角的选用与它们不同，在滚齿的时候，考虑差动挂轮的误差，以及考虑大小齿轮在不同的滚齿机上滚切时差动挂轮的误差。

27.3.6 封闭图的制定

渐开线齿轮变位系数选择的封闭图，它是 1954 年苏联学者 B. A. 加夫里连科（в. а. гаврилеко）首先提出，后经 т. п 鲍洛托夫斯卡娅（т. п болотовская）等人完善，解决了变位系数与许多影响因素之间的关系。但是点线啮合齿轮不能采用该封闭图，因为它所得的变位系数不在该封闭图之内，因此必须创立自己选择参数的封闭图。点线啮合齿轮大部分做成斜齿，也可以做成直齿。做成直齿时其参选择比较简单，齿轮齿数决定后只与 x_2 有关，是一种单因素变量。而做成斜齿轮时，参数的选择就非常复杂，它与 β 和 x_2 有关。要解决这个问题，最好的办法就是采用封闭图选择，这样才能正确、直观的选择合理的参数。如果参数选择不当，甚至会产生严重干涉，以致于无法正常工作，或者齿厚太薄造成齿轮强度不足。大量计算表明，封闭图与中心距 a、模数 m 无关，而主要与齿数 z_1、z_2 和刀具的参数有关。当刀具参数一定时，只与一对齿轮 z_1、z_2 有关。不同的 z_1、z_2 就有不同的封闭图。

1. 封闭图中各曲线的意义

封闭图其横坐标为 x_2，纵坐标为 β，典型的封闭图如图 27-8 所示。它由如下曲线组成。

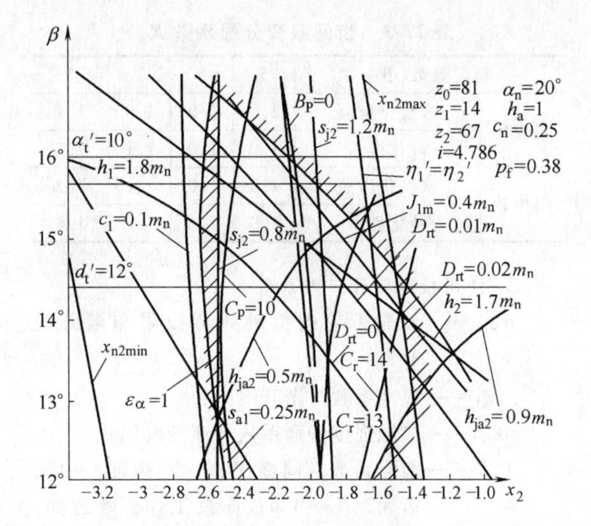

图 27-8　典型的封闭图

注：图中参数说明如下：

x_{n2max}—大齿轮的最大变位系数，即小齿轮根切限制曲线 $x_{n2max}=x_{n\Sigma}-x_{n1min}$；

x_{n1min}—小齿轮不发生根切最小变位系数；

x_{n2min}—大齿轮根切限制曲线；

s_{a1}—小齿轮齿顶厚限制曲线，$s_{a1}=0$，$0.25m_n$；

$c_1=0.1m_n$—大齿轮齿顶与小齿轮齿根间隙为 0 或 $0.1m_n$ 时的限制曲线；

s_{j2}—大齿轮上的渐开线与过渡曲线相交处 J 点的齿厚 $s_{j2}=0.8m_n$，$1.2m_n$；

D_{rt}—小齿轮齿顶旋动曲线与大齿轮过渡曲线的干涉量 $D_{rt}=0$，$0.01m_n$，$0.02m_n$；

$B_P=0$—大齿轮顶圆通过节点与小齿轮相啮合（称节点啮合），当 $r_{a1}>O_1p$　$r_{a2}<O_2p$，则为节点后啮合；当 $r_{a1}>O_1p$　$r_{a2}>O_2p$，则为节点前后啮合；当 $r_{a1}>O_1p$　$r_{a2}=O_2p$，节点啮合；

J_{1m}—大齿轮的 J 点与小齿轮啮合时的啮合弧长 $J_{1m}=0.4m_n$；

ε_α—端面重合度，$\varepsilon_\alpha=1$，1.2；

h_{ja2}—大齿轮上渐开线部分的高度 $h_{ja2}=0.5m_n$，$0.9m_n$；

α_t'—大齿轮与小齿轮啮合时的端面啮合角 $\alpha_t'=10°$，12°，14°；

h_1—小齿轮的全齿高 $h_1=1.6m_n$，$1.8m_n$，它与 x_2 无关，只与 β 有关，为水平直线；

h_2—大齿轮的全齿高 $h_2=1.6m_n$，$1.7m_n$，$1.8m_n$；

C_r—大小齿轮啮合时的综合刚度；

C_P—大小齿轮啮合时的单齿刚度；

$\eta_1'=\eta_2'$—大小齿轮滑动率相等曲线。

在封闭图中，随着齿数的改变，各曲线随之而变，上述曲线不一定均显示出来，但均有主要曲线，有时只有部分曲线。

2. 参数选择的范围

1）大小齿轮不能发生根切：$x_2>x_{n2min}$、$x_2<x_{n2max}$。

2）小齿轮齿顶不发生变尖，大齿轮必须有一定的齿厚：$s_{a1}>0$ 或 $0.25m_n$，$s_{j2}\geqslant0.8m_n$。

3）大齿轮齿顶必须与小齿轮齿根有一定的间隙：$c_1>0$ 或 $0.1m_n$。

4）小齿轮齿顶旋动曲线不能与大齿轮过渡曲线干涉量过大：$D_{rt}<0.01m_n$ 或 $0.02m_n$。

5）大齿轮上渐开线的高度不能太高：$h_{ja2}\leqslant0.9m_n$。

由于参数选择的范围确定，则通常有 5～6 条曲线就组成封闭图，在图中又表示了点线啮合齿轮啮合的性质，如接触弧长、重合度、刚度等。因而其选择的范围就很大，灵活性很好。

27.4　点线啮合齿轮的强度计算

点线啮合齿轮的破坏，根据试验，点蚀破坏发生在大齿轮上渐开线部分。而小齿轮发生在渐开线的根部。因此，最大的接触应力仍在渐开线上，但它不在节点而在单对啮点 C。接触疲劳强度计算仍然可以采用赫兹公式。弯曲折断仍然发生在齿根受控侧，断口的截面与 30°切线相似，与渐开线齿轮基本相似，弯曲强度计算可以采用渐开线方法。以上计算只是系数略有改变。

27.4.1　齿轮疲劳强度校核计算公式

已知齿轮的尺寸、载荷、材料及使用条件，齿轮齿面接触疲劳强度和齿根弯曲疲劳强度计算公式见表 27-2。

表 27-2　齿面接触疲劳强度和齿根弯曲疲劳强度校核计算公式

项目	齿面接触疲劳强度	齿根弯曲疲劳强度
强度条件	$\sigma_H\leqslant\sigma_{HP}$ 或 $S_H\geqslant S_{Hmin}$	$\sigma_F\leqslant\sigma_{FP}$ 或 $S_F\geqslant S_{Fmin}$
计算应力（MPa）	$\sigma_H=Z_EZ_\varepsilon Z_\beta Z_c\sqrt{\dfrac{2KT_1}{bd_1\cos\alpha_t}}$	$\sigma_F=\dfrac{2K_1T_1}{bd_1m_nK_F}Y_{Fa}Y_{Sa}Y_\varepsilon Y_\beta$
许用应力（MPa）	$\sigma_{HP}=\dfrac{\sigma_{Hlim}}{S_{Hmin}}Z_{NT}Z_XZ_J$	$\sigma_{FP}=\dfrac{\sigma_{Flim}}{S_{Fmin}}Y_{ST}Y_NY_X$
安全系数	$S_H=\dfrac{\sigma_{Hlim}}{\sigma_H}Z_{NT}Z_XZ_J$	$S_F=\dfrac{\sigma_{Flim}}{\sigma_F}Y_{ST}Y_NY_X$

1. 计算齿面接触应力系数

弹性系数 Z_E 与渐开线齿轮相同。

重合度系数 Z_ε 与渐开线齿轮相同。

螺旋角系数 Z_β　$Z_\beta = \sqrt{\cos\beta}$

单对齿 C 点系数 Z_c

$$Z_c = \sqrt{\frac{1}{\rho_{\Sigma cn}}} \qquad \rho_{\Sigma cn} = \frac{\rho_{ct1}\rho_{ct2}}{(\rho_{ct1} + \rho_{ct2})\cos\beta_b}$$

2. 载荷综合系数 K

$$K = K_1 K_2$$

K_1——由于原动机以及齿轮制造安装误差等产生的影响系数。

$$K_1 = K_A K_V K_\beta K_\alpha$$

式中　K_A——使用系数与渐开线齿轮相同；

K_V——动载系数，如图 27-9 所示；

K_β——齿向载荷分布系数，如图 27-10 所示；

K_α——齿间载荷分配系数，见表 27-3；

K_2——由于凹凸齿廓啮合载分配而产生影响的系数，即

$$K_2 = K_L K_C$$

式中　K_L——凹凸齿廓接触线长度变化的系数如图 27-11 所示；

K_C——单对齿 C 载荷系数，$K_C = 0.29 \sim 0.40$，一对齿经过仔细磨合时取小值，否则考虑取大值。

表 27-3　齿间载荷分配系数 K_α

精度等级(Ⅱ)		5	6	7	8
直齿轮	未硬化齿面	1.0	1.0	1.0	1.1
	硬化齿面	1.0	1.0	1.1	1.2
斜齿轮	未硬化齿面	1.0	1.0	1.1	1.2
	硬化齿面	1.0	1.1	1.2	1.4

3. 许用接触疲劳应力系数

σ_{Hlim}——试验齿轮的接触疲劳极限与渐开线相同；

Z_X——尺寸系数与渐开线同；

Z_{NT}——接触强度寿命系数与渐开线同；

Z_j——增强系数，间断工作：轮齿面、中硬齿面，$Z_j = 1.4$；连续工作，硬齿面，$Z_j = 1$；

S_{Hmin}——接触强度最小安全系数，见表 27-4。

4. 齿根弯曲应力系数

Y_{Fa}——力作用在齿顶时的齿形系数与渐开线齿轮相同；

Y_{Sa}——应力修正系数与渐开线齿轮相同；

Y_S——重合度系数；

Y_β——螺旋角系数；

K_F——增强系数，小齿轮 $K_F = 1$；大齿轮 $K_F = 1.15$。

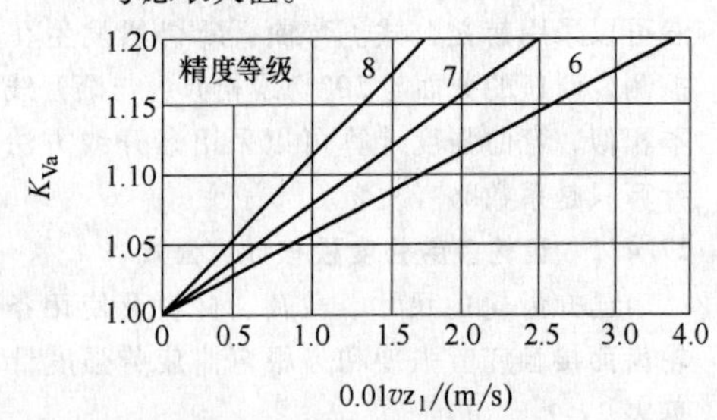

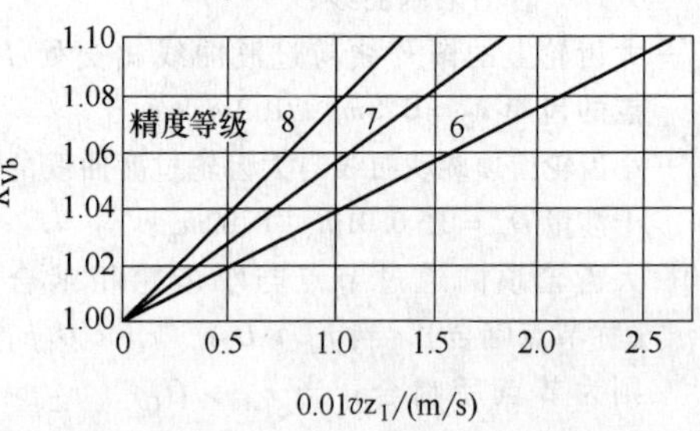

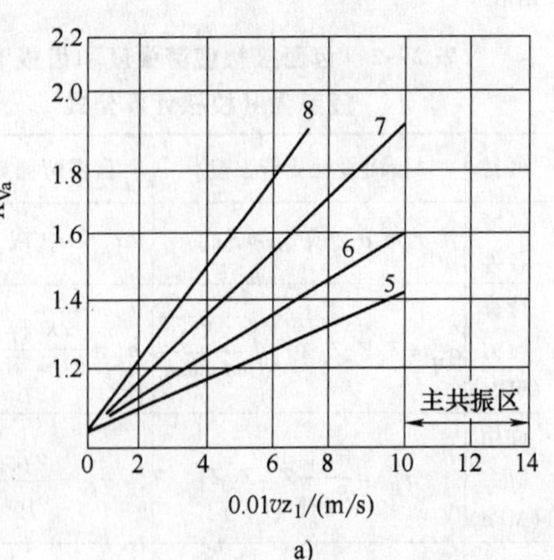

a)

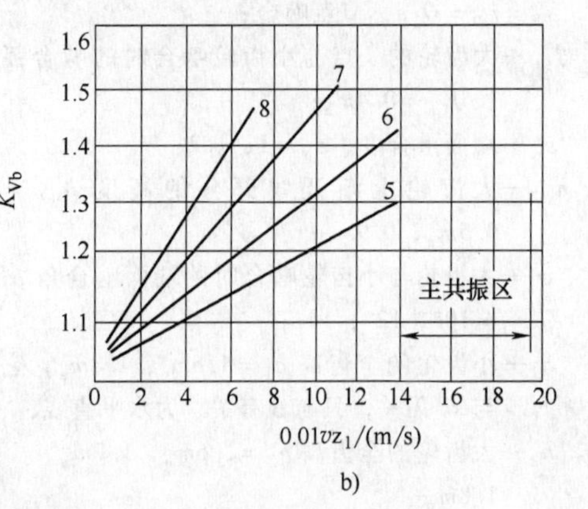

b)

图 27-9　动载系数

a）直齿圆柱齿轮　b）斜齿圆柱齿轮

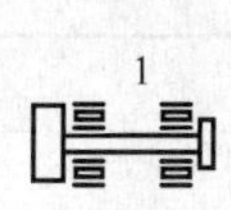

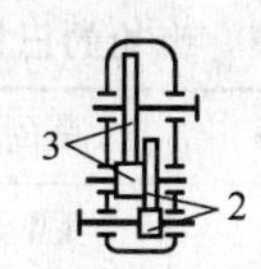

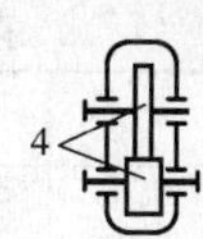

当H_1≤350HBW或H_2≤350HBW时　　　当H_1>350HBW或H_2>350HBW时

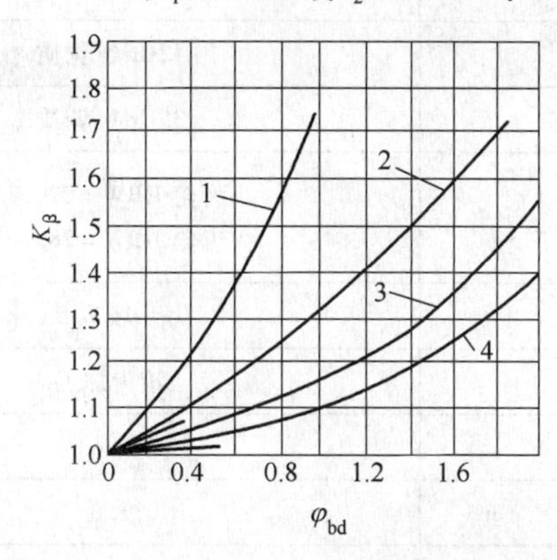

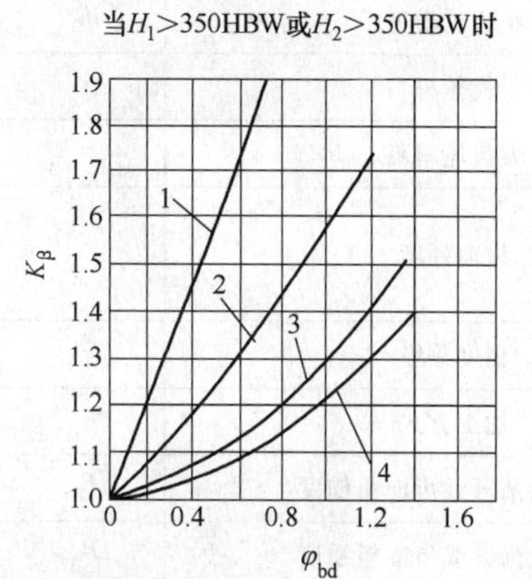

图 27-10　齿向载荷分配系数 K_β

注：曲线上的数字与简图所示的传动形式标号相对应。

表 27-4　最小安全系数 S_{Fmin}，S_{Hmin} 参考值

使用要求	失效概率	使用场合	S_{Fmin}	S_{Hmin}
高可靠度	1/10000	特殊工作条件下要求可靠度很高的齿轮	2.2	1.55～1.65
较高可靠度	1/1000	长期连续运转和较长的维修间隔，设计寿命虽不长，但可靠性要求较高，一旦失效可能造成严重的经济损失或安全事故	1.8	1.3～1.35
一般可靠度	1/100	通用齿轮和多数工业用齿轮，对设计寿命和可靠度有一定要求	1.3	1.05～1.15
低可靠度	1/10	齿轮设计寿命不长，易于更换的重要齿轮，或者设计寿命虽不短，但可靠度要求不高	1.05	0.9

注：1. 在经过使用验证或材料强度、载荷工况及制造精度拥有较准确的数据时，可取表中 S_{Hmin} 的下限值。

2. 一般齿轮传动不推荐采用低可靠度的安全系数值。

3. 在采用可靠度 S_{Hlim}（0.9）时，可能在点蚀前先出现齿面塑性变形。

5. 许用弯曲疲劳应力系数

σ_{Flim}——试验齿轮的弯曲疲劳极限与渐开线齿轮相同；

Y_{ST}——试验齿轮的应力修正系数，$Y_{ST}=2$；

Y_N——弯曲强度计算寿命系数与渐开线齿轮相同；

Y_X——尺寸系数与渐开线齿轮相同；

S_{Fmin}——弯曲疲劳强度计算的最小安全系数，见表 27-4。

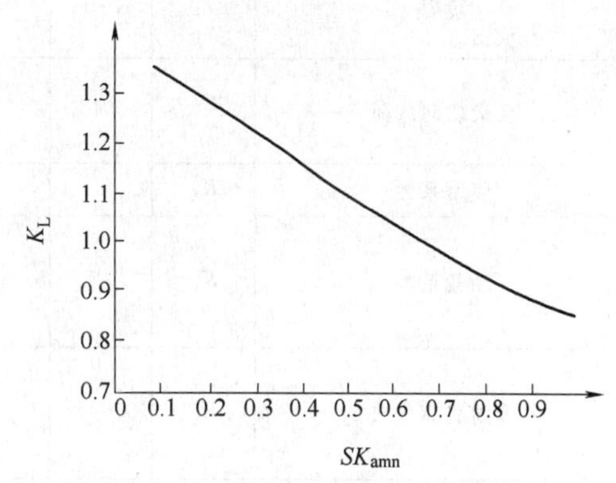

图 27-11　接触线长度变化系数 K_L

注：SK_{amn}是指渐开线与过渡曲线接触时，最大接触线的长度除以模数。

27.5　减速器计算实例

某二级圆柱齿轮减速器，电动机驱动用于胶带运输机传动，单向连续工作，要求工作寿命为 10 年，每年工作 300 天，单班制工作。一般可靠度要求。齿轮选用 N320 重负工业齿轮油，工作油温 50℃，验算高速级的强度。相关参数见表 27-5，计算过程见表 27-6。

表 27-5　齿轮的已知参数

名　称	代号	单位	算　例
传递功率	P	kW	110
小齿轮转速	n_1	r/min	750
小齿轮材料			42CrMo 调质
大齿轮材料			35CrMo 调质
齿面硬度			小齿轮 HBW = 290 ~ 310 大齿轮 HBW = 280 ~ 300
精度等级			级 7
加工方式			滚齿加工
小齿轮渐开线齿面粗糙度	R_{a_1}		1.6
大齿轮渐开线齿面粗糙度	R_{a_2}	μm	1.6
大齿轮过渡曲线粗糙度	R_{a_2}	μm	3.2
实际中心距	a'	mm	300
齿数	z_1/z_2		15/86

表 27-6　点线啮合齿轮强度计算

名　称	代号	单位	计算公式及说明	结果
转矩	T_1	N · m	$T_1 = 9550\dfrac{P_1}{n_1}$	1400.6
名义切向载荷	F_t	N	$F_t = \dfrac{2T_1}{d_{w1}}$	31437
使用系数	K_A		查表	1.1
动载系数	K_V		$\upsilon = 3.499$，按 $0.01\upsilon z_1$ 查图 27-9	1.02467
齿向载荷分布	K_β		按 $\Psi_{bd} = \Psi_a \dfrac{1+i}{2}$ 查图 27-10	1.3824
齿间载荷分布系数	K_α		7 级未硬化，查表 27-3	1.1
凹齿廓接触线长度变化系数	K_L		查图 27-11，$Sk_{amn} = 0.6698$	0.992
单对齿 C 载荷系数	K_c			0.32
综合系数	K		$K = K_A \cdot K_V \cdot K_\beta \cdot K_\alpha \cdot K_L \cdot K_c$	0.544
			接触强度计算	
弹性系数	Z_E	钢对钢		189.8
重合度系数	Z_ε		$Z_\varepsilon = \sqrt{\dfrac{1}{\varepsilon_a}}$　$\varepsilon_a = 1.34$	0.8638
螺旋角系数	Z_β		$Z_\beta = \sqrt{\cos\beta}$	0.9846

（续）

名　　称	代号	单位	计算公式及说明	结果
小齿轮 C 点的端面曲率半径	ρ_{ct1}	mm	$\rho_{ct1}=\sqrt{r_{a1}^2-r_{b1}^2}-p_{bt}$	11.4379
大齿轮 C 点的端面曲率半径	ρ_{ct2}	mm	$\rho_{ct2}=\alpha\sin\alpha_{wt}-\rho_{ct1}$	54.8299
C 点法面曲率半径	$\rho_{\Sigma cn}$	mm	$\rho_{\Sigma cn}=\dfrac{\rho_{ct1}\rho_{ct2}}{(\rho_{ct1}+\rho_{ct2})\cos\beta_b}$	9.725
节点系数	Z_C		$Z_C=\sqrt{\dfrac{1}{\rho_{\Sigma cn}}}$	0.32066
单点 C 接触应力	σ_H	MPa	$\sigma_H=Z_E Z_\varepsilon Z_\beta Z_c\sqrt{\dfrac{2KT_1}{bd_1\cos\alpha_t}}$	668.88
接触极限应力	σ_{Hlim}	MPa	按 MQ 确定	$\sigma_{Hlim}=750$ $\sigma_{Hlim}=750$
循环次数	N		$N=60\times750\times10\times300\times8$	108×10^7 18.8×10^7
寿命系数	Z_{NT}			1
最小安全系数	S_{Hmin}			1
接触强度尺寸系数	Z_x			1
增强系数	Z_J		连续工作	1
许用接触疲劳应力	σ_{HP}		$\sigma_{HP}=\dfrac{\sigma_{Hlim}}{S_{Hmin}}Z_{NT}Z_X Z_J$	750
实际安全系数	S_H		$S_H=\dfrac{\sigma_{Hlim}}{\sigma_H}Z_{NT}Z_X Z_J$	1.121
接触强度满足要求				
弯曲强度计算				
齿形系数	Y_{Fa}		$\dfrac{6\left(\dfrac{h_{Fa}}{m_n}\right)\cos\alpha_{Fan}}{\left(\dfrac{S_{Fn}}{m_n}\right)^2\cos\alpha_n}$	$Y_{Fa1}=1.8035$ $Y_{Fa2}=2.9392$
应力修正系数	Y_{sa}		$Y_{sa}=(1.2+0.13L_a)q_s\left[\dfrac{1}{1.21+\dfrac{23}{L_a}}\right]$	$Y_{Sa1}=1.8862$ $Y_{Sa2}=1.3647$
重合度系数	Y_ε		$Y_\varepsilon=0.25+\dfrac{0.75}{\varepsilon_{an}}$	0.7799
螺旋角系数	Y_β		$Y_\beta=1-\varepsilon_\beta\dfrac{\beta}{120°}$	0.88179
大齿轮弯曲强度提高倍数	K_F			1.15
影响系数	K_1		$K_1=K_A K_V K_\beta K_\alpha$	1.7139
弯曲应力	σ_F	MPa	$\sigma_{F_1}=\dfrac{2K_1T_1}{bd_1m_nK_F}Y_{Fa1}Y_{Sa1}Y_\varepsilon Y_\beta$ $\sigma_{F_2}=\dfrac{2K_1T_1}{bd_1m_nK_F}Y_{Fa2}Y_{Sa2}Y_\varepsilon Y_\beta$	192.087 196.954

（续）

名　　称	代号	单位	计算公式及说明	结果
弯曲极限应力	σ_{Flim}	MPa	取 MQ	260 260
寿命系数	Y_N			1 1
应力修正系数	Y_{ST}			2
尺寸系数	Y_X			0.994
弯曲疲劳安全系数	S_{Fmin}			1
许用弯曲疲劳应力	σ_{Fp}	MPa	$\sigma_{FP}=\frac{\sigma_{Flim}}{S_{Fmin}}Y_{ST}Y_NY_X$	516.88 516.88
实际安全系数	S_F		$S_F=\frac{\sigma_{Flim}}{\sigma_F}Y_{ST}Y_NY_X$	2.691 2.624
弯曲强度满足要求				

27.6　点线啮合齿轮传动典型结构图与零件图

减速器装配图如图 27-12 所示。小齿轮零件图如图 27-13 所示，大齿轮零件图如图 27-14 所示。

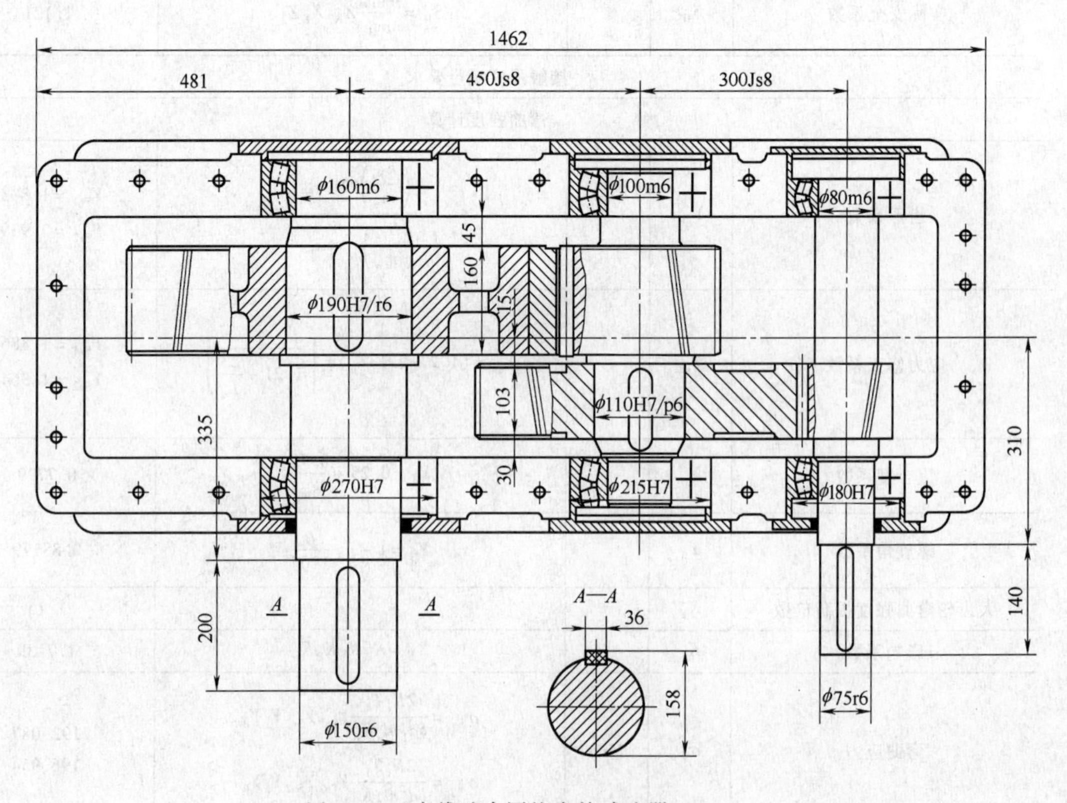

图 27-12　点线啮合圆柱齿轮减速器

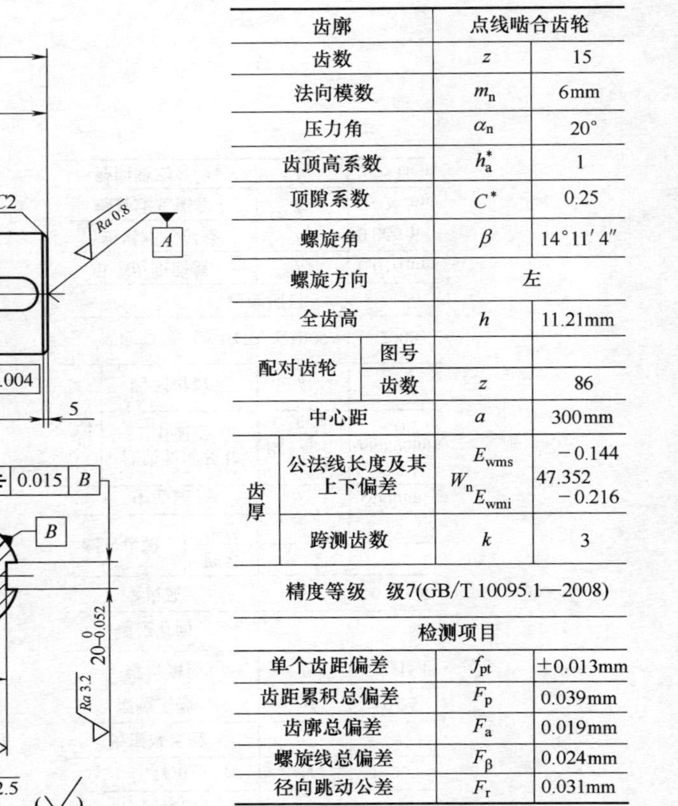

齿廓		点线啮合齿轮	
齿数		z	15
法向模数		m_n	6mm
压力角		α_n	20°
齿顶高系数		h_a^*	1
顶隙系数		C^*	0.25
螺旋角		β	14°11′4″
螺旋方向		左	
全齿高		h	11.21mm
配对齿轮	图号		
	齿数	z	86
中心距		a	300mm
齿厚	公法线长度及其上下偏差	$W_n\,{}^{E_{wms}}_{E_{wmi}}$	$47.352^{-0.144}_{-0.216}$
	跨测齿数	k	3
精度等级	级7(GB/T 10095.1—2008)		
检测项目			
单个齿距偏差		f_{pt}	±0.013mm
齿距累积总偏差		F_p	0.039mm
齿廓总偏差		F_a	0.019mm
螺旋线总偏差		F_β	0.024mm
径向跳动公差		F_r	0.031mm

技术要求

1. 材料的化学处理和力学性能应符合GB/T 3077—1999的规定。
2. 热处理：调质处理硬度291～323HBW。
3. 齿轮内在质量检测按MQ级(GB/T 3480.5—2008)的规定执行。
4. 齿轮沿齿长方向倒圆 r=1，棱角倒钝。
5. 精加工前超声检测，精加工后磁力检测。

图 27-13　小齿轮零件工作图

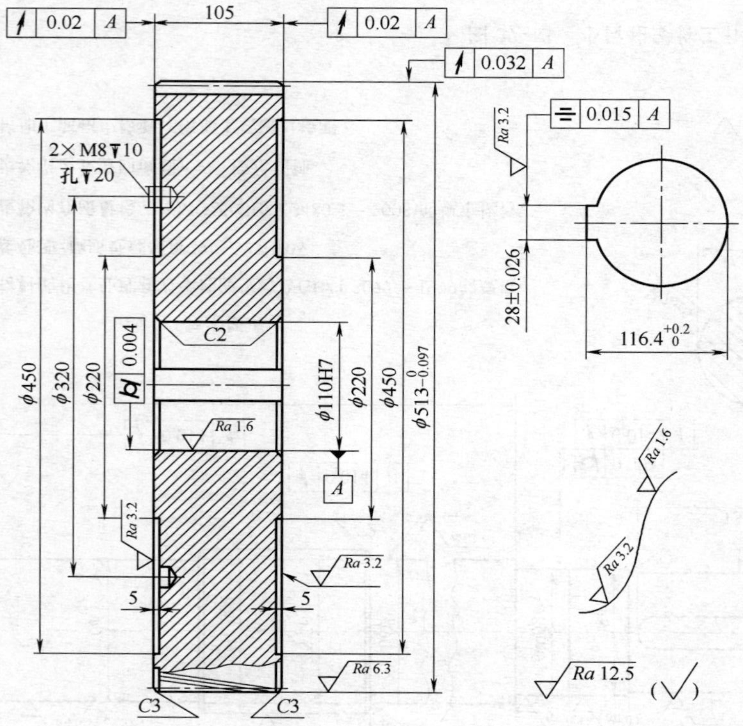

0.02 A
105
0.02 A
0.032 A
2×M8▼10
孔▼20
C2
0.004
φ450
φ320
φ220
φ110H7
φ220
φ450
$\phi 513^{\ 0}_{-0.097}$
Ra 1.6
A
Ra 3.2
Ra 3.2
5
5
Ra 6.3
C3
C3
0.015 A
Ra 3.2
28±0.026
$116.4^{+0.2}_{\ 0}$
Ra 1.6
Ra 3.2
Ra 12.5
(√)

齿廓		点线啮合齿轮	
齿数		z	86
法向模数		m_n	6mm
压力角		α_n	20°
齿顶高系数		h_a^*	1
顶隙系数		C^*	0.25
螺旋角		β	14°11′4″
螺旋方向		右	
全齿高		h	10.78mm
配对齿轮	图号		
	齿数	z	15
中心距		a	300mm
齿厚	法线长度及其上下偏差	W_n E_{wms} E_{wmi}	$166.896mm^{-0.16}_{-0.25}$
	跨测齿数	k	10
精度等级	级 7(GB/T 10095.1—2008)		
检测项目			
单个齿距偏差		f_{pt}	0.016mm
齿距累积总偏差		F_p	0.066mm
螺旋线总偏差		F_β	0.026mm
径向跳动公差		F_r	0.053mm

技术要求

1. 材料的化学处理和力学性能应符合GB/T 3077—1999的规定。
2. 热处理：调质处理硬度270～290 HBW。
3. 齿轮内在质量检测按MQ级(GB/T 3480.5—2008)的规定执行。
4. 齿轮沿齿长向倒圆$r=0.6$，棱角倒钝。
5. 精加工前超声检测，精加工后磁力检测。

图 27-14　大齿轮零件工作图（材料：42CrMo）

第 28 章　齿轮传动装置的安装与调试

28.1　齿轮传动装置的装配与调整

28.1.1　以行星齿轮减速器为例进行齿轮传动装置的装配（见图 28-1）。

1. 输入轴装配（见图 28-2）

1）件 1（轴承）外圈与其配合件预装检查，加热温度 90～100℃，轴向间隙通过修磨件 2（隔套）达到图样要求。

2）件 3（螺塞）缠生料密封胶带。

3）件 2（隔套）油孔装入对位正确。

2. 输入级行星架装配（见图 28-3）

1）件 2（行星架）首先按图样要求做静平衡试验。

2）件 4（轴承）、件 5、6（内、外隔环）成组装入件 7（行星轮）。

3）行星轮组件，件 8（行星轮轴）与件 2（行星架）组装。

4）盘动行星轮应转动灵活。

5）件 1、3（轴承）与其配合件预装检查，加热温度 90～100℃，并热装在行星架两端靠紧轴肩。

3. 输出级行星架装配（见图 28-4）

输出级行星架装配与输入级行星架装配相同。

4. 高、低速级内齿圈装配（见图 28-5）

1）齿圈与机体装配应先配任一侧键，并做标记。

2）机体在电炉中加热，装入齿圈后再配另一侧键。

3）配钻骑缝螺纹孔，并用螺钉紧固。

5. 行星齿轮减速器总调装

（1）输出级行星架调装（见图 28-6）　行星轮与行星架、行星轮与齿圈作相应标记。检测输出级齿间隙应符合图样要求。

（2）后机盖调装（见图 28-7）　输出级行星架的轴承轴向间隙，通过修磨隔环达到图样要求。

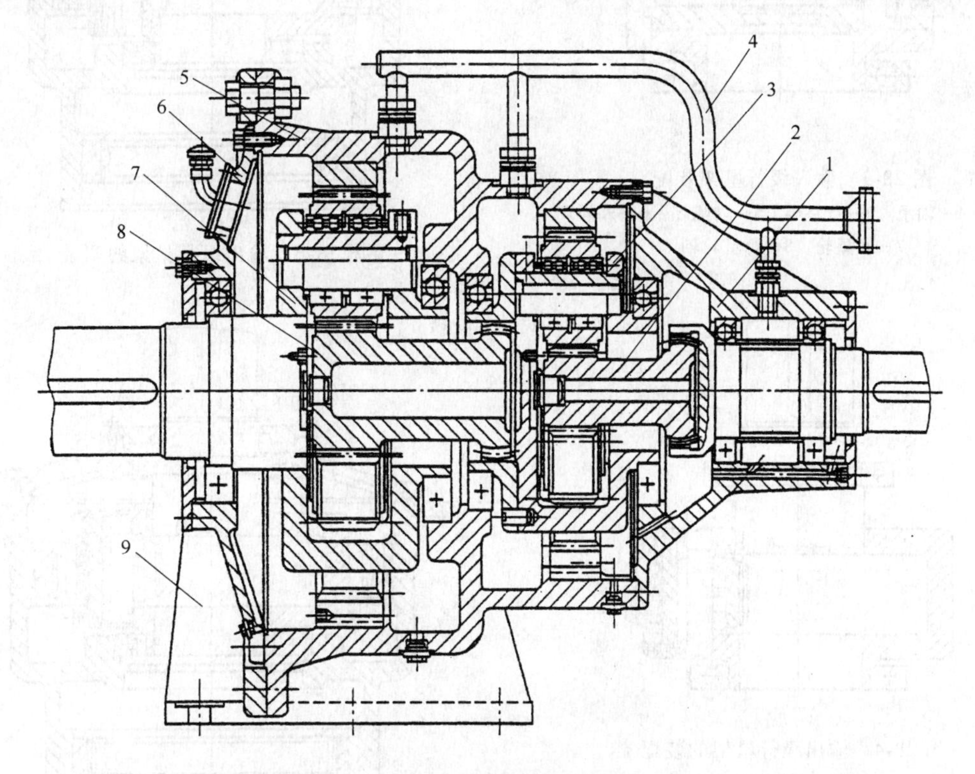

图 28-1　行星齿轮减速器

1—输入轴装置　2—太阳轮Ⅰ　3—高速级行星架　4—润滑管路　5—机体

6—后机盖装置　7—输出级行星　8—太阳轮Ⅱ　9—底座

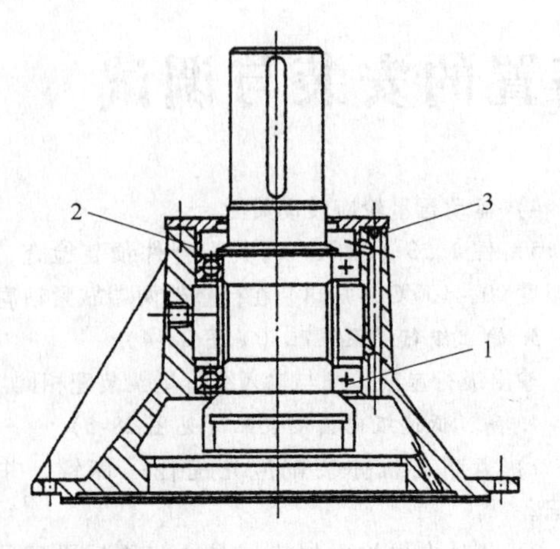

图 28-2 输入轴装配

1—轴承 2—隔套 3—螺塞

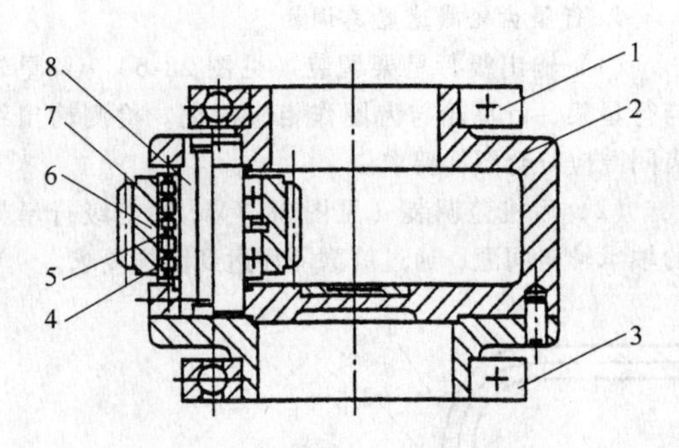

图 28-3 输入级行星架装配

1，3，4—轴承 2—行星架 5—内隔环 6—外隔环 7—行星轮 8—行星轮轴

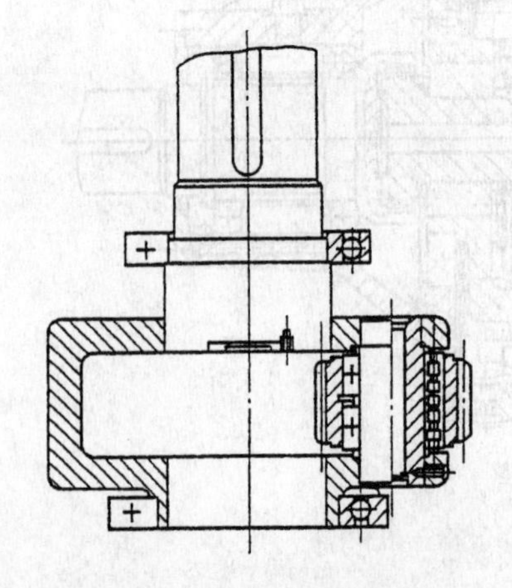

图 28-4 输出级行星架的装配

（3）低速级太阳轮和输入级行星架调装（见图28-8） 以测量的方法检测太阳轮的轴向间隙，并通过修切太阳轮止推块达到图样要求。

行星轮与行星架，行星轮与齿圈作相应标记。检测输入级齿侧间隙应符合图样要求。

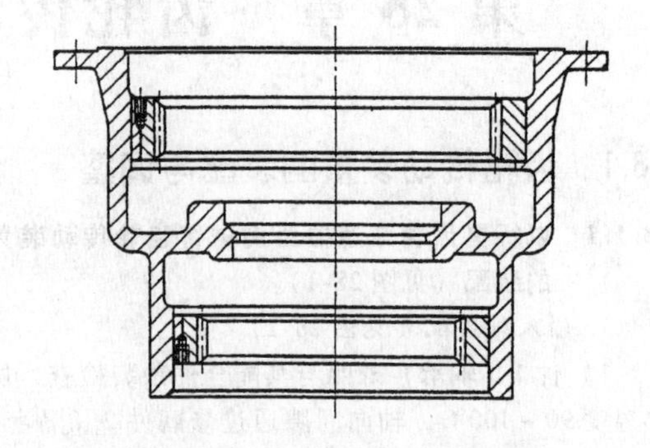

图 28-5 高、低速级内齿圈的装配

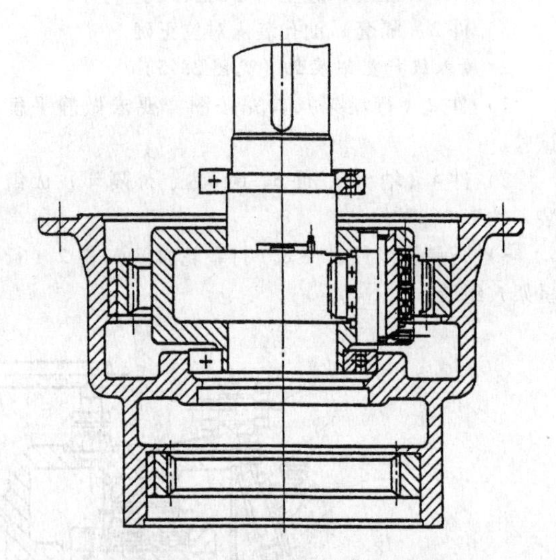

图 28-6 输出级行星架的调装

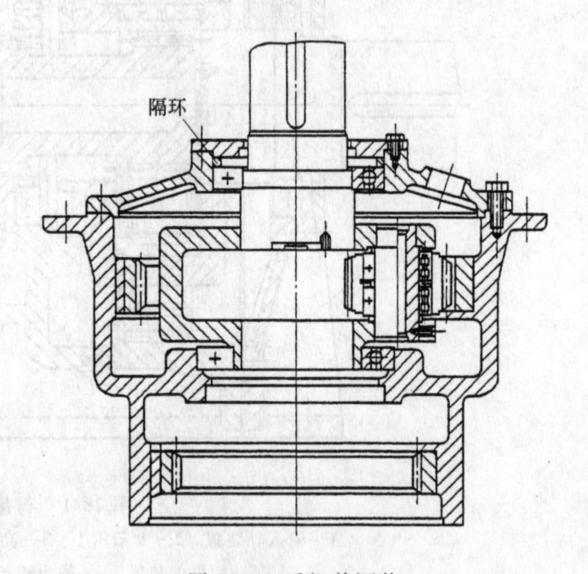

图 28-7 后机盖调装

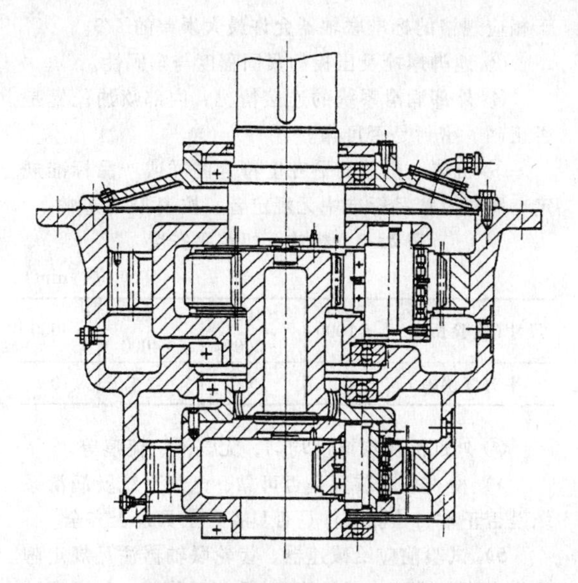

图28-8　低速级太阳轮和输入级行星架的调装

(4) 高速级太阳轮和输入轴调装（见图28-9）以测量的方法检测太阳轮的轴向间隙，并通过修切太阳轮止推块达到图样要求。

(5) 调装件4（润滑管路）及件9（底座）（见图28-1）减速器最终装配成套。

28.1.2　行星减速器工厂试验

1. 试验方法的分类

减速器工厂试验方法按试验负荷规范分为空负荷试验、负荷试验和形式试验三种。

1）空负荷试验。在减速器输出轴无负载情况下进行的运转试验，一般用来检验减速器的装配质量。

2）负荷试验。在减速器齿轮承受小于许用负荷的各级负荷下进行的运转试验，用来检验减速器的运转指标和制造质量。

3）形式试验。在减速器承受各级负荷的条件下进行的运转试验，它为模拟使用试验，用来证实减速器的各项性能指标（包括寿命指标）。

2. 试验方法的确定

1）单独装配的减速器出厂前至少经过空负荷试验。

2）新产品和经过重大修改的老产品，首次生产时通常应进行负荷试验。

3）用户特别提出进行试验的合同产品必须按合同要求做试验和记录。

3. 试验和转速

一般情况下，试验转速应与减速器的额定转速一致。

4. 加载方式

减速器的加载方式有机械加载、液压加载、电封闭加载等几种。加载方式的选取条件如下：

1）加载方式原则上可以是任意的，但须考虑各方面的情况（包括经济性）择优选取。

2）对于各种加载要求（包括空负荷试验）的连接装置要逐步过渡到标准化、通用化，应尽量减少连接装置的品种，以降低产品成本。

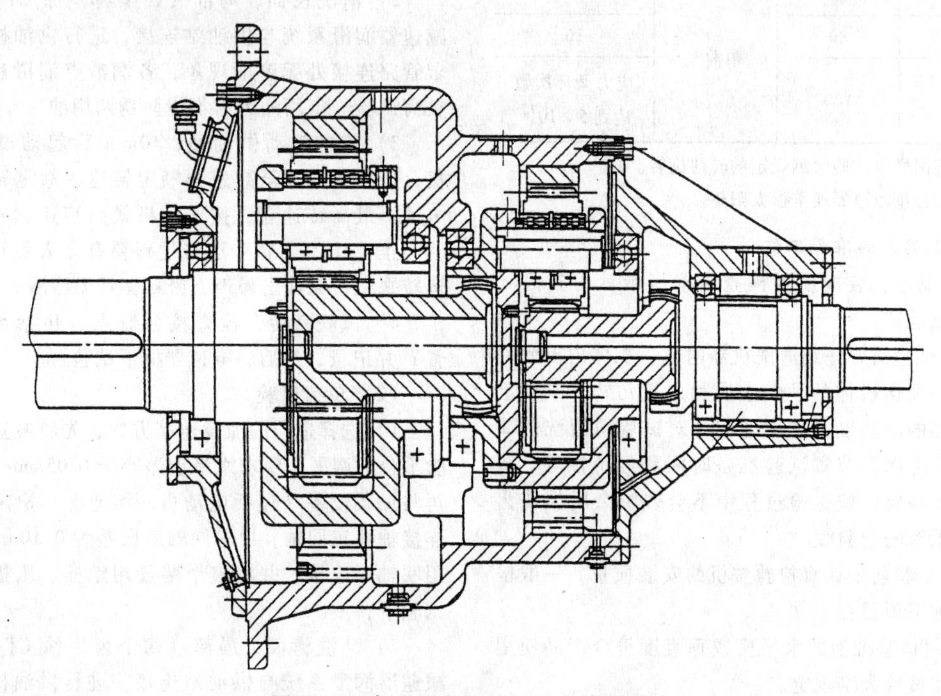

图28-9　高速级太阳轮和输入轴的调装

5. 加载量与运行时间

1）加载量的计算与测量。加载量一般指换算到输出轴的转矩，检测方法可以是任意的，一般根据加载方式确定。

通常按输出轴上允许承受的转矩（许用输出转矩）大小来确定加载量。不同的试验方法，对加载量的要求是不同的，一般按照试验时输出轴的转矩占用输出转矩的百分数来划分等级，该百分数习惯上称为负荷率（或负荷量）。

2）空负荷试验。负荷率：0；时间：正、反向运行各2h。

3）负荷试验。负荷试验加载量和运行时间见表28-1。

表 28-1　负荷试验加载量和运行时间

加载顺序	负荷率(%)	输入轴转向	时间/h
1	0	双向	正、反向各1
2	15～30		正、反向各4

4）形式试验。形式试验加载量和运行时间见表28-2。

表 28-2　形式试验加载量和运行时间

加载顺序	负荷率(%)	输入轴转向	时间/h
1	0	双向	正、反向各1
2	30		正、反向各4
3	60	单向①	4
4	80		16
5	100		应力循环次数达到 5×10^{7}②

① 按图样或试验大纲规定的转向旋转。

② 对行星减速器通常指太阳轮。

6. 试验前的准备工作

1）制造、装配质量检查合格（或认可）后才能进行试运转。

2）试验前要仔细清洗机器内部，机体内不允许残留容易损伤机体的硬性杂质和过量污物，原则上进减速器的清洁度要求也适用于对试验前清洗的要求，在此考虑到节省试验准备时间和经济性等，清洁度可不检验，按试验过程中不会残留杂质损伤齿面和轴承等酌情验收。

3）试验前要认真检验整机的安装质量，一般检验验收如下项目：

① 机体基准面的水平度或垂直度符合产品使用说明书或试验大纲规定。

② 输入、输出端联轴器的安装精度，误差不大于相应规格的标准联轴器允许最大误差的2/3。

③ 地脚螺栓及压板的紧固程度与牢固性。

④ 外部润滑系统的连接情况，内部喷油位置是否正确，密封是否可靠。

⑤ 机体、机盖的平齐度符合图样或产品标准规定，图样及产品标准中无规定者，按表28-3验收。

表 28-3　机体、机盖平齐度

（单位：mm）

尺寸（检验长度）	≤1000	>1000～2000	≥2000～4000	>4000
平齐度误差	3	5	7	10

⑥ 外部涂漆层厚度均匀，无气泡、流痕等。

4）检查加载装置是否可靠、电气系统及润滑系统是否正常、检测条件是否具备、工具是否齐全。

5）试验前应给减速器、齿轮联轴器注足规定牌号的合格润滑油（或油脂），采用已使用过的润滑油时，应首先用100～150目/in（1in=25.4mm）滤网过滤一次，试验前至少提前10min起动供油系统。

7. 试验工艺规程

（1）空负荷试验

1）减速器总装调试后，在试验平台上调平，要求水平度误差0.05mm/1000mm，将电动机轴与减速器输入轴找正同轴，要求同轴度误差为0.10mm，用联轴器连接，并将整个装置用螺栓、压板压紧在试验平台上。

2）清洗齿面，局部（四个齿）涂CT-1涂料；减速器润滑系统与供油站连接，进行供油检查，要求管路连接处无渗漏现象，各润滑点润滑良好，空负荷试验规定用油为“润滑防锈两用油”。

3）首先起动供油站，10min后起动试车电动机，速度逐渐升至减速器额定转速，额定转速超过电动机最高转速者，按电动机最高转速运转，运转时间正、反2h，整个运转过程要有专人负责，要求运转平稳，无冲击噪声，密封良好无渗漏。

4）试验完后，检查接触斑点（包括数据、位置）并记录，最后将减速器拆下试验台。

（2）负荷试验

1）选择适当的加载连接方式，先将减速器在试验平台上调平，要求水平误差小于0.05mm/1000mm，再与加载设备（包括电动机、增速器、抱闸等）各连接轴找正同轴，要求同轴度误差为0.10mm，最后用联轴器连接，并将整个装置用螺栓、压板压紧在试验平台上。

2）清洗齿面，局部（四个齿）涂CT-2涂料；减速器润滑系统与供油站连接，进行供油检查，要求管路连接处无渗漏现象，各润滑点润滑良好，润滑油按图样指定牌号油选用。

3）首先起动供油站，10min后起动试车电动机，速度逐渐升至200r/min，运行15min左右，无异常后转速逐渐升至减速器额定转速，运转时间正、反各1h，要求运转平稳，无冲击噪声，密封良好无渗漏。

4）空运转合格后，减速器进行负荷试验，加载量为额定输出转矩的15%～30%，运转时间正、反各4h，整个运转过程要有专人负责，要求运转平稳，无冲击噪声，各处温升正常，密封良好，无渗漏。

5）试验合格后，检查接触斑点（包括数据、位置），并记录，要求达到图样要求，最后将减速器拆下试验台。

8. 试验检验项目（见表28-4）

表28-4 试验检验项目

序号	项目	试验前	空负荷试验	负荷试验	形式试验
1	轴承的轴向间隙	√			
2	齿侧间隙	√			
3	接触斑点数据、位置	√	√	√	√
4	剖分面的贴合程度	√			
5	密封性能		√	√	√
6	箱体中油温、温升		○	√	√
7	进油温度		○	√	√
8	循环油流量，入口压力		√	√	√
9	轴承或轴承座处的温度		○	√	√
10	噪声(A)级		○	√	√
11	振动		○		√
12	清洁度		△	△	△

注：标记“√”者为必检项目，标记“○”者视具体情况确定，对新品种为检查项目，对成熟的老品种可免检。标记“△”者视为具体情况确定，对于具备整机发货并且在使用现场可不打开机盖安装条件者为检验项目，否则可免检。

28.2 减速器加载试验方法

28.2.1 通用齿轮装置形式试验方法（JB/T 5077—1991）

1. 适用范围

该标准规定了通用齿轮传动装置形式试验的内容、要求和方法；该标准适用于转速小于3000r/min的各种具有单独箱体的通用动力闭式齿轮传动装置；大功率齿轮装置的试验允许用工业应用试验代替；允许用户和制造厂家之间协议试验项目。

2. 形式试验对象

符合下列情况之一者，应进行形式试验：

1）新产品试制，老产品转厂生产时。

2）当改变产品的设计、工艺、材料而对产品性能有较大影响时。

3）停产两年后，恢复生产时。

4）成批生产的齿轮装置，其基本性能应进行周期性测试，每次随机抽样不少于2台。

3. 形式试验项目

1）齿轮装置基本性能试验。

① 清洁度检验。

② 加载试验。

③ 传动效率测试。

④ 温升测试。

⑤ 噪声测试。

⑥ 振动测试。

2）齿轮装置耐久性试验。

① 疲劳寿命试验。

② 超负荷试验。

4. 试验装备和仪器

1）试验台。

① 试验台需经有关部门鉴定后方可使用。

② 试验台应保证安全运转，有足够刚性，两旋转连接件应满足同轴度要求。

③ 试验台加载装置，应能可靠地施加载荷。

④ 被试齿轮装置在试验台上的安装应符合其工作状况及紧固方式。

2）检测用仪器及精度。检测用仪器、仪表、量具、检具应按国家有关标准和规定进行校准、标定，并具有有效期内的检定证。

检测仪器的精度应符合表28-5的规定。

表28-5 检测仪器的精度

仪器	精度
转速转矩测量仪	测转距±1% 测转速±0.5%
温度计	±1℃
分析天平	感量(1/10000)g
噪声测量仪	±1dB(A)
测振仪	误差不超过±5%

5. 试验齿轮装置的要求

1）被试齿轮装置中零、部件均应按规定程序批准的图样和技术文件制造，并具有检验合格记录。

2）齿轮装置用润滑油和油位应符合设计文件要求。

3）被试齿轮装置应提供的基本参数见表28-6。

6. 试验方法

1）齿轮装置基本性能试验。清洁度检验：齿轮装置清洁度按JB/T 7929—1999的规定进行检验。

2）加载试验。

① 齿轮装置在额定转速下按其额定转矩的25%、50%、75%、100%逐挡运转各30min。

② 加载试验时，每10min记录一次时间、油温、转速、转矩。

③ 对于双向工作或未注明旋转方向的齿轮装置应进行正、反两向试验；对于单向工作的齿轮装置可单向试验，其旋转方向必须与工作方向相同。

④ 对变速齿轮装置和多级输出齿轮装置应按有关的行业标准进行试验。

⑤ 在施加各挡转矩时，齿轮装置应保证运转正常，无渗漏油及其他异常现象。

3）传动效率测试。

① 额定转速变转矩试验。

a. 输入转速为齿轮装置的额定转速。

b. 运转达到热平衡后10min开始测量转速、转矩。

c. 输出转矩从0开始以额定值的10%递增直至100%，逐挡加载测试。

d. 记录各挡的转速、转矩、效率，作出转矩-效率曲线。

② 额定转矩变转速试验。

a. 输入转矩为齿轮装置的额定转矩。

b. 输入转速分成5挡，按额定转速的40%、50%、60%、80%、100%进行测试。

c. 记录各挡的转速、转矩、效率，作出转速-效率曲线。

4）温升测试。

① 温升测试是测量齿轮装置的润滑油温升和轴承温升。

② 在额定转速、额定转矩下，试验台连续运转，观察并记录温升情况。

③ 试验时间为齿轮装置开始运转到热平衡后30min止。

5）噪声测试。

① 在额定转速、空载时测量齿轮装置噪声。

② 在额定转速、额定转矩的情况下，测量齿轮装置的噪声。

③ 噪声测试方法按GB/T 6404.1—2005的规定进行。

④ 噪声测试数据记入表28-7中。

6）振动测试。

① 齿轮装置振动的测试在额定转速、额定转矩的情况下进行。

② 振动测试方法按GB/T 6404.2—2005的规定进行。

③ 振动检测数据记入表28-8中。

7）齿轮装置耐久性试验。

① 疲劳寿命试验。

a. 齿轮装置在额定转矩、额定转速条件下进行试验。

b. 试验时间应不低于高速轴齿轮5×10^7应力循环次数，也可以用相当的强化试验代替。

c. 允许用工业应用试验代替台架疲劳寿命试验，工业应用试验时间为1000h，并应有记录报告。

d. 在试验过程中，按试验时间的25%、50%、75%进行停机检查，作好详细记录。若齿面良好或仅有局部点蚀，而无发展趋势时方可继续试验。

表28-6 被试齿轮装置应提供的基本参数

型号	传动形式	总传动比	中心距/mm	额定输入转速/(r/min)	额定输出转矩/N·m	工作转向

序号	基本齿廓	模数 m/mm	螺旋角	小齿轮参数				大齿轮参数			
				齿数	精度	材料	齿面硬度	齿数	精度	材料	齿面硬度
必要说明											

表 28-7　噪声测试数据记录表

委托单位		测量目的		日期	
测量地点		环境		温度	
被测设备名称、型号、主要参数					

测量仪器	名称	型号	校准方法

测量噪声平面布置图

数据记录	测点		1	2	3	4	5	6	7	8	9	10
	声级/dB	A										
		Li										
备注												
检测者						校对						

表 28-8　振动检测记录表

委托单位		测量目的		日期	
测量地点		环境		温度	
被测设备名称、型号、主要参数					
测量仪器					

测量振动位置图

序号	测点位置	测值			记录号	备注
		a(加速度)/(m/s^2)	v(速度)/(mm/s)	D(位移)/mm		
检测者			校对			

e. 在试验过程中不允许更换重要零件，否则重新试验。

② 超负荷试验。

a. 在额定转速下，按额定转矩的110%和120%分别进行台架试验。

b. 超负荷运转试验时间应符合表28-9的规定。

表28-9 超负荷运转试验的时间

加载次序	1	2
额定转矩的百分比	110%	120%
加载稳定运转试验时间/min	10	10

c. 齿轮装置形式试验结束后，其完好的指标为：

a）轮齿及主要机件无折断、裂纹，轮齿无塑性变形。

b）齿轮齿面无胶合。

c）齿面磨损量不超过技术文件规定值。

d）齿面点蚀面积不超过技术文件规定值。

7. 试验报告

1）试验全部结束后，应根据试验结果写出详细的试验报告，所有的技术文件应归档妥善保存。

2）试验报告应包括下列内容（见表28-10）：

表28-10 齿轮装置形式试验报告

项目来源		日期	
试验内容		地点	
图号		型号	
出厂号		试验号	
依据标准			

齿轮装置基本参数					
传动形式	总传动比	中心距/mm	额定输入转速/(r/min)	额定输出转矩/N·m	工作转向

序号	其他齿廓	模数 m_n/mm	螺旋角	小齿轮参数				大齿轮参数			
				齿数	精度	材料	齿面硬度	齿数	精度	材料	齿面硬度

必要说明			
润滑油牌号		润滑方式	
试验台安装简图			
测试仪器			

（续）

齿轮装置测试数据表

序号	时间	测试项目	转向	输入转速 /(r/min)	输出转速 /(r/min)	输出转矩 /N·m	效率 (%)	室温 /℃	油温 /℃	温升 /℃	轴承座温度 /℃

转矩-效率曲线

转速-效率曲线

测试项目	标准值	测得值	评价
温升			
效率			
清洁度			
渗漏油			
噪声值			
振动值			
疲劳寿命试验			
超载试验			

试验后齿轮装置状态

试验中有关问题说明

结论

检测者		记录	
质量保证工程师		审核	

① 项目来源。
② 试验内容。
③ 齿轮装置基本参数。
④ 润滑方式、润滑油。
⑤ 试验台架简图，测试仪器型号。
⑥ 试验测定数据、表格及有关曲线图。
⑦ 试验后被测装置中齿轮状态。
⑧ 有关问题说明及试验结果分析。
⑨ 试验结论。
⑩ 参加试验的有关人员签字。

28.2.2 圆柱齿轮减速器加载试验方法（JB/T 9050.3—1999）

1. 范围

该标准规定了圆柱齿轮减速器加载试验和数据处理的方法，同时也规定了对试验件、测试装置的要求；该标准主要适用于渐开线齿形圆柱齿轮减速器科研样机（新产品开发样机）、产品质量认证、产品出厂验收时的加载试验。被试减速器的高速轴转速不超过1500r/min，齿轮圆周速度不超过20m/s。

2. 试验件的要求

1）试验件及其数量的一般规定。试验件为待出厂产品或样机。试验台数由试验目的和要求决定，不应有其他限制。

2）试验件的材质、加工精度。主要零件的材料、热处理、机械加工应合格并有检查记录。必要时在试验前检查生产检验记录或抽检其重要项目。

3. 测试装置的要求

1）加载试验台。试验的驱动与加载方式及其装置不受限制。开式试验台如图28-10a所示，封闭功率流式试验台如图28-10b所示。优先采用能耗较低的封闭功率流式。加载转矩和转速稳定，波动不应超过1%。运转中能进行加载和卸载。

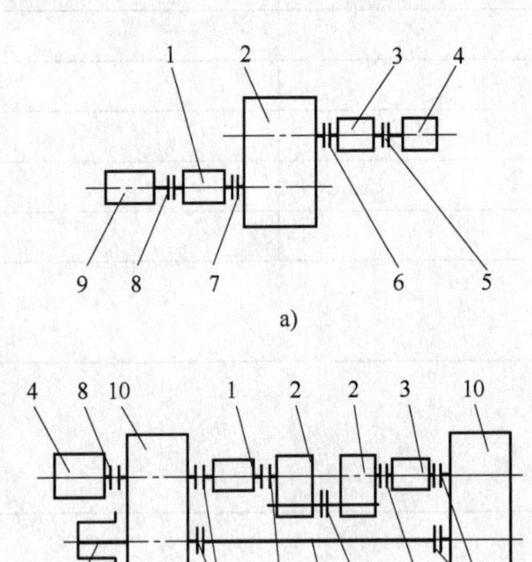

图28-10 减速器加载试验方法

a）开式试验台 b）封闭功率流式试验台

1、3—传感器 2—试件 4—电动机 5、6、7、8—联轴器 9—加载器 10—传动箱 11—传动轴

2）负载与转速测试仪器。仪器仪表类型不限，但其规格、量程、精度应与试验相适应。测试项目为加载转矩（功率）、转速，测试精度不超过读数的1%。优先采用转矩转速传感器与转矩转速测量仪，并应在被试验减速器的输入、输出端各装一台传感器，直接测定试件（仅附加联轴器）的输入输出转矩（功率）、转速，如图28-10a、b所示。

3）安装调试。全部试验装置（不包括电控电源设备）应装在同一（或组合）平台上，要求各部件找水平、对中系统运转灵活。先进行静调零，然后进行动调零。调改仪器转矩显示值多位读数的前几位均应为零，末位数不大于4。

脱开联轴器8（见图28-10），可测定试件2的空载转矩。

4. 负载试验的温度、噪声、振动测试仪器要求

减速器油池和轴承的温度测定可采用经计量部门鉴定合格的量程到150℃的温度计。噪声仪和测试方法应符合GB/T 6404.1—2005的规定。振动测试仪器和测试方法应符合GB/T 6404.2—2005的规定。

5. 减速器的加载试验

1）试验项目、步骤、方法。

① 科研样机（新产品开发样机）试验。一般应按表28-11进行试验。

对于输出转矩$T_2>10^5$N·m的减速器验收，负荷试验的加载转矩（功率）允许用户与制造厂协商确定。

允许用工业应用试验代替疲劳寿命试验，但工业应用实际负荷必须达到额定负荷，并有准确的日记录，试验时间不小于3600h。

② 产品质量认证试验。产品质量鉴定、认证试验按表28-11中序号Ⅰ～Ⅲ各项目进行试验。齿面接触疲劳寿命试验可免做。

③ 产品出厂、验收试验。一般应进行表28-11中序号Ⅰ～Ⅲ各项试验，但负荷性能试验与超过试验允许按实用负荷加载，且负荷试验运转时间允许以达到温度平衡为止，不需$N\geqslant3\times10^6$次。批量生产时允许抽样试验，抽样数不小于批量的10%。如抽样试验发现不合格产品，应再抽试10%；仍有不合格产品，应全数试验。

2）测试数据与数据处理。

① 数据采集。试验中采集的数据包括：加载转矩、功率、转速、温度、噪声、振动、齿轮磨损、时间等。

至少每半小时应采集一次的数据有输入输出转速、输入输出转矩、功率值、润滑油温、轴承温度、室温。从数显仪上采数或打字机取数，转速、转矩、功率值每次至少采集5组数据，同时记下采集数据的时间。

表28-11　试验内容

分类		项目		说明
序号	名称	序号	内容	
Ⅰ	空载试验	 1 2 3 4	在额定转速下,正、反两向运转不小于1h。要求: 各连接件、紧固件不松动; 各密封处接合处不漏油、不渗油; 运转平稳,无冲击; 润滑充分,检查轴承和油池温度	
Ⅱ	负荷性能试验	 5 6 7 8 9 10	在空载试验合格后,进行热功率测试。在额定转速下,逐级加载试验,每级载荷试验达到油温平衡1h后再增加一级(约20%额定负荷),直到平衡温度达到润滑油允许的最高温度为止。然后进行机械功率(机械强度)试验,在额定转速和转矩下高速齿轮每齿应力循环数$N \geqslant 3 \times 10^6$次。要求测定: 转矩(或功率); 效率; 转速与运转时间; 轴承与油池温度、温升; 噪声,振动; 齿面接触率,齿轮损坏情况	热功率(即在一定润滑冷却条件下减速器油温不超过允许最高平衡油温时的功率)试验的润滑冷却措施,应符合其热功率表要求。机械功率试验时可采取任意冷却措施
Ⅲ	超载试验	 11	在额定转速下 120%额定负荷,运转1min 150%额定负荷,运转1min 180%额定负荷,运转0.5min 检验齿轮及其他机件损坏情况	超载试验应在起动以后加载,卸载以后制动
Ⅳ	齿面接触疲劳寿命试验	 12	在额定负荷下,高速齿轮的应力循环数: 调质齿轮、淬火齿轮为5×10^7次,氮化齿轮为2×10^6次 检验项目与5~11项同	测试齿面接触疲劳寿命

噪声、振动应每个负荷挡次、每个转速挡次测定一次，并记录噪声、振动值及相应的负荷转速与时间。

齿轮的磨损、点蚀、胶合、裂断及齿面接触率的变化，一般至少每日观察记录一次。试验正常，无损伤，记录时间间隔可较长，反之齿面已出现损伤，记录时间间隔应较短。

轴、轴承与机体等在试验中的不正常现象、损伤，润滑油的种类、牌号等均应记录。

② 计算转矩（功率）、转速的平均值。

a. 求每次采集数据的平均值见式（28-1）、式（28-2）：

$$\overline{T} = \frac{\sum_{i=1}^{k} T_i}{k} \tag{28-1}$$

$$\overline{n} = \frac{\sum_{i=1}^{k} n_i}{k} \tag{28-2}$$

式中　$\overline{T}$——每次转矩平均值（N·m）；

$\overline{n}$——每次转速平均值（r/min）；

k——数据组数；

T_i——每组数据中的转矩值（N·m）；

n_i——每组数据中的转速值（r/min）。

b. 求每级载荷的平均值见式（28-3）、式（28-4）：

$$\overline{T_0} = \frac{\sum_{i=1}^{m} \overline{T_i}}{M} \tag{28-3}$$

$$\overline{n_0} = \frac{\sum_{i=1}^{m} \overline{n_i}}{M} \tag{28-4}$$

式中　$\overline{T_0}$——每级载荷的转矩平均值（N·m）；

$\overline{T_i}$——每次采集转矩的平均值（N·m）；

M——每级载荷采集数据的次数；

$\overline{n_0}$——每级载荷的转速平均值（r/min）；

$\overline{n_i}$——每次采集转速的平均值（r/min）。

③ 减速器传动效率。

a. 减速器总效率，见式（28-5）：

$$\eta = \frac{\overline{T}_2}{\overline{T}_1 i \eta_{联}} \times 100\% \tag{28-5}$$

式中　η——减速器传动总效率；

$\overline{T}_2$——一次采集的输出转矩的平均值（N·m）；

$\overline{T}_1$——与 $\overline{T}_2$ 同时采集的输入转矩的平均值（N·m）；

i——减速器传动比；

$\eta_{联}$——减速器输入、输出轴头联轴器效率。

b. 齿轮啮合效率（包括润滑搅油损失），见式（28-6）：

$$\eta_{啮} = \frac{\eta}{\eta_{轴承}} \tag{28-6}$$

式中　$\eta_{啮}$——齿轮啮合效率；

η——减速器传动总效率；

$\eta_{轴承}$——减速器各轴承总效率。

c. 描绘效率曲线。按 500r/min、750r/min、1000r/min、1500r/min 或额定转速描绘 25%、50%、75%、100%、110% 额定负荷的效率曲线，取纵坐标为效率值，横坐标为负荷值。

④ 减速器热功率曲线。以允许最高平衡温度下的热功率（kW）为纵坐标，以相应的转速为横坐标，描绘试验热功率与转速关系曲线图。

⑤ 负荷性能试验、疲劳寿命试验高速齿轮每齿应为循环数的计算。计算应力循环次数可计入低于额定负荷下的应力循环数，但必须折算为相当额定负荷下的应力循环数，一般可按式（28-7）计算

$$N_d = N + \sum_{i=1}^{L} N_i \left(\frac{T_i}{T}\right)^3 \tag{28-7}$$

式中　N_d——相当应力循环数；

N——额定负荷下的应力循环数；

T_i——低于额定负荷的负荷（N·m）；

N_i——对应 T_i 的应力循环数；

T——额定负荷（N·m）。

$$N = 60 n_i a L$$

$$N_i = 60 n a L_i$$

式中　n——额定负荷下高速齿轮的转速（r/min）；

n_i——T_i 对应的转速（r/min）；

a——小齿轮转一转每齿的啮合次数；

L——额定负荷下试验时间（h）；

L_i——T_i 对应的试验时间（h）。

⑥ 温升计算与温度限额，见式（28-8）

$$\Delta t = t - t_0 \tag{28-8}$$

式中　Δt——润滑油（或轴承）的温升；

t——润滑油（或轴承）的温度；

t_0——试验室室温。

3）试验合格指标。

① 疲劳寿命试验或工业应用试验合格指标。在额定负荷下疲劳寿命试验或工业应用 3600h 以内的减速器，其合格的指标为：

a. 齿轮与各机件无断裂。

b. 齿面无胶合、擦伤。

c. 齿面摩擦磨损厚度，在齿根附近测量不超过齿轮模数值的 4%。

d. 齿面点蚀面积限额为：

调质齿轮，见式（28-9）

$$V_{Ges} = V_{1Ges} + V_{2Ges} \leqslant 2\% \tag{28-9}$$

渗碳淬火与氮化齿轮，见式（28-10）、式(28-11)

$$V_{Ges} = V_{1Ges} + V_{2Ges} \leqslant 1\% \tag{28-10}$$

$$V_{E2} = 4\% \tag{28-11}$$

式中　V_{Ges}——一对齿轮点蚀面积总和占有效工作面积总和的百分数；

V_{1Ges}、V_{2Ges}——小、大齿轮点蚀面积总和占各自有效工作齿面积总和的百分数；

V_{E2}——齿轮的齿点蚀面积占有效工作齿面积的百分数。

允许出现初期点蚀，初期点蚀可不计入点蚀面积之内。初期点蚀的特征是收敛性点蚀，点蚀点直径小于 1mm。

e. 整机效率 η。对齿轮精度等级为 GB/T 10095.1～2—2008 的 6 级和 6 级以上的减速器，$\eta \geqslant 0.980^n$；6 级以下的为 $\eta \geqslant 0.975^n$，此处 n 为齿轮传动级数。

f. 按热功率或工作功率加载，平衡油温不高于 100℃ 或温升不高于 80℃。

g. 噪声≤85dB（A）。

② 产品质量鉴定、认证及出厂验收试验的合格指标。

a. 齿面硬度高于 50HRC 且经磨削加工的齿轮除允许齿面磨损厚≤0.1mm 外，齿轮不得有任何损伤；调质滚齿齿轮允许齿面有个别小点蚀点，磨损厚≤0.1mm。除此以外，齿轮不得有其他损伤。

b. 齿面接触率、齿侧间隙达到设计要求。

c. 各机件完好、无损。

d. 效率、油温、噪声指标与疲劳寿命试验或工业应用试验合格指标所列相同。

28.3　齿轮装置的验收规范

28.3.1　空气传播噪声的试验规范（GB/T 6404.1—2005/ISO 8579-1：2002）

1. 范围

GB/T 6404 的本部分给出了确定齿轮装置和带电动机的齿轮装置发出的、由空气传播的噪声的必要说明和标准条件。结合用于试验的运行条件和安装条件，还给出了允许的测量方法。

辐射特性包括规定位置的辐射声压级和声功率级，下列资料的确定是必要的。

1）齿轮装置和带电动机的齿轮装置的制造者，目的是为了得到他们可能说明的辐射噪声。

2）比较在运行条件下齿轮装置和带电动机的齿轮装置的辐射噪声。

3）在设计阶段噪声控制的目的。

GB/T 6404 的本部分的目的是保证在规定的范围内确定空气传播噪声辐射特性的再现性，该范围由所使用的基本测量方法的精度等级确定。GB/T 6404 的本部分允许使用的噪声测量方法为工程法（2 级）和概测法（3 级）。

2. 齿轮类型和声学环境

1）齿轮装置的形式。GB/T 6404 的本部分包括圆柱齿轮、锥齿轮、蜗杆传动的工业齿轮装置和带电动机的齿轮装置。

存在下列 3 种齿轮传动形式：

① 齿轮装置——独立的驱动或被驱动装置。

② 带电动机的齿轮装置——电动机与齿轮装置连为一体的装置。

③ 齿轮传动系统——电动机或驱动装置安装在同一个底座上，且该底座上还安装有其他需要的辅助装置。

是测量系统的噪声还是测量单个齿轮装置的噪声，用户和制造者应协商一致。

如果有可能的话，在辐射噪声测量期间应安装安全防护板（如万向节和联轴器防护板）和隔离罩。

2）声学环境。GB/T 6404 的本部分允许每种形式的齿轮装置安装在下列 3 种可能的声学环境中：

① 现场；

② 工厂试验场地；

③ 指定声学环境的特定场合。

3. 声功率级的确定

1）概述。除非另有说明外，采用 A 计权声功率，且用制造者选用的方法在制造者的试验设备上测量。

2）方法。在所使用的测量方法中，必须要考虑测量的精度等级。每种 ISO 标准方法都给出了精度等级的特定不确定度范围，2 级比 3 级更精确。表 28-12 是 ISO 9614-2：1996 给出的典型例子。

表 28-12　声功率级测量的不确定度

1/1 倍频程中心频率/Hz	1/3 倍频程中心频率/Hz	标准偏差 s/dB	
		工程（2 级）	概测法（3 级）
63～125	50～160	3	—
250	200～315	2	—
500～4000	400～5000	1.5	—
—	6300	2.5	—
A 计权①	—	1.5②	4

注：在 1/3 倍频程中，在 400～5000Hz 以外，用 A 计权声功率级评价时，不适用规定的不确定度。需单独给出不确定度。

① 63～4000Hz 或 50～6300Hz。

② 确定度 95% 时，则认为 A 计权声功率级为真实值，测量值的偏差范围为 ±3dB。

下列 2 级精度的方法是测量声功率级的优选方法：

① ISO 3743-1：1994。

② ISO 3744：1994。

③ ISO 9614-1：1993 或 ISO 9614-2：1996。

若已确定不能使用 2 级精度的方法，则可使用下列 3 级精度的方法之一：

① ISO 3746：1995。

② ISO 9614-1：1993 或 ISO 9614-2：1996。

如果上述方法均无法采用，则可使用 ISO/TR 7849：1987 的方法。

测量工业齿轮或带电动机的齿轮装置的声功率级所选用的基本标准见表 28-13 或表 28-14。

表 28-13 和表 28-14 之间的差别反映在测量齿轮装置和带电动机齿轮装置时的相对难易程度上。表 28-13 针对于用部件连接的齿轮装置和齿轮传动系统，因此，是一个更为复杂的测量方法。表 28-14 针对于齿轮装置噪声和电动机噪声不分离的带电动机的齿轮装置，测量相对容易些。术语“带电动机的齿轮装置”也可以包括噪声不分离的其他电动机直连型装置，包括直连型齿轮传动装置和发电机以及直连型液压马达。

推荐国际标准目录：

ISO 3743-1：1994 基于低背景噪声和硬墙壁房间。这个国际标准规定了计算声功率级的 1/1 倍频程声压级测量方法。

表 28-13　测量齿轮装置和齿轮传动系统声功率级的标准选择

声学环境	精度等级	声功率级测量的标准 齿轮装置或齿轮传动系统的输入功率/kW		
		0.1~10	>10~300	>300
特定场合①②③	2	**ISO 3744:1994④** **ISO 3743-1:1994⑤** **ISO 9614**	**ISO 9614** **ISO 3744:1994④**	**ISO 9614**
工厂试验场地	2	**ISO 9614②**		无经验
	3	**ISO 9614** ISO 3746:1995⑥		**ISO 9614**
现场	2	**ISO 9614②⑥**		无经验
	3	**ISO 9614⑥** ISO 3746:1995⑥⑦		**ISO 9614⑥** ISO/TR 7849:1987⑧

注：1. 无论在什么地方只要可行，用黑体字所写的标准为优先选用标准。

2. 对于每种情况，标准的优先选用顺序为本表所列顺序。

3. ISO 9614 指 ISO 9614-1：1993 或 ISO 9614-2：1996。

① 对于试验，未充分反映出现场条件下的有效功率。

② 齿轮装置的大小可能妨碍适合的测量。

③ 在特定装置上可使用 ISO 3745：2003 的 2 级精度。

④ 通常要求有完全反射面的声学环境。

⑤ 通常要求有混响的房间。

⑥ 为了适合测量，背景噪声可能不太稳定。

⑦ 为了测量，两个装置之间不能太近。

⑧ 所有必要的测量时间可能太长。

表 28-14　测量带电动机齿轮装置声功率级的标准选择

声学环境	精度等级	声功率级测量的标准 齿轮装置或齿轮传动系统的输入功率/kW	
		0.1~300	>300
特定场合①②③	2	ISO 3744:1994④ ISO 9614	ISO 9614 ISO 3744:1994④
工厂试验场地①	2	ISO 3744:1994④ ISO 9614②	ISO 9614④
	3	ISO 3746:1995⑤	ISO 9614②
现场	2	ISO 9614 ISO 3744:1994⑥	ISO 9614
	3	ISO 3746:1995⑥ ISO 9614	ISO 9614 ISO 3746:1995⑥

注：1. 无论在什么地方只要可行，用黑体字所写的标准为优先选用标准。

2. 对于每种情况，标准的优先选用顺序为本表所列顺序。

3. ISO 9614 指 ISO 9614-1：1993 或 ISO 9614-2：1996。

① 对于试验，未充分反映出现场条件下的有效功率。

② 齿轮装置的大小可能妨碍适合的测量。

③ 在特定装置上可使用 ISO 3745：2003 的 2 级精度。

④ 通常要求有完全反射面的声学环境。

⑤ 通常要求有混响的房间。

⑥ 对于特定的测量，背景噪声可能不太稳定。

ISO 3744：1994 基于低背景噪声和非混响环境。这个国际标准规定了用测量 A 计权声压级或 1/1 倍频程和 1/3 倍频程声压级来计算声功率级的方法。

ISO 3745：2003 基于无回声或半无回声的试验室。这个国际标准规定了计算声功率级的 A 计权声压级，还提供了 3 级精度的 A 计权声功率级。

ISO 3746：1995 很少使用。它仅给出了 A 计权声压级，还提供了 3 级精度的 A 计权声功率级。

ISO 9614 可适用于所有的环境，包括（一个大的范围）混响和外来声源。它给出了声密度和声压测量方法。取决于混响和外来声源的大小，它给出了 A 计权、综合或 1/1 倍频程声功率级。仅对于 3 级精度，采用综合 A 计权声功率级。

ISO 9614-1：1993 要求在测量声密度的同时测量声压（分散点）。在这种情况下，测点的数量通常多于基于声压测量标准所使用的测点数量。

ISO 9614-2：1996 要求在测量声密度的同时连续测量声压。应在局部球面或球面上测量，这取决于机器形状。这种方法通常能减少测量时间。

ISO/TR 7849：1987 是一个技术报告，仅在当其他方法不能实现时使用。这种方法基于齿轮装置或带电动机齿轮装置相应部件的振动速度的测量。它给出了 A 计权声功率级或 1/1 倍频程和 1/3 倍频程声压级的计算。

3）基准体、测量表面、传声器的位置和声强测头。

① 概述。当使用 ISO 3744：1994、ISO 3746：1995、ISO 9614-1：1993 或 ISO 9614-2：1996 时，适用②～④。

② 基准体。基准体是一个假想平面，通常是包容被测齿轮装置或带电动机齿轮装置的最小简单容体（平行六面体或箱体），但不包括辅助装置、连接元件和齿轮装置的原动机。齿轮传动系统的基准体应包括的装置由齿轮传动系统的制造者提供。基准体将声源封闭起来，且到反射面（硬地面或水）结束。基准体的例子如图 28-11～图 28-13 所示。

声源中不贡献声辐射的小部分可不包括在基准体内。

③ 测量表面。测量表面通常是包容基准体且在给定距离上的表面。

测量表面和基准体之间的距离称为测量距离。它取决于所使用的基本方法：

——ISO 3744：1994 基于声压级测量，距离 $d=1\text{m}$。

——ISO 9614 基于声压密度测量，距离 d 为：

ISO 9614-1：1993：$d \geqslant 0.5\text{mm}$；

ISO 9614-2：1996：$d \geqslant 0.2\text{mm}$。

典型的测量表面如图 28-11～图 28-13 所示。当反射面位于测量距离上或位于测量距离之内时，测量表面到反射面而终止。

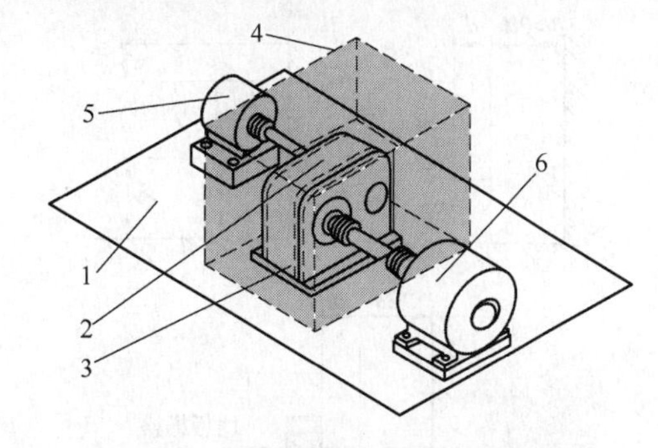

图 28-11　齿轮装置的基准体和测量表面

1—试验台平面　2—齿轮装置　3—基准体　4—测量表面　5—电动机　6—载荷

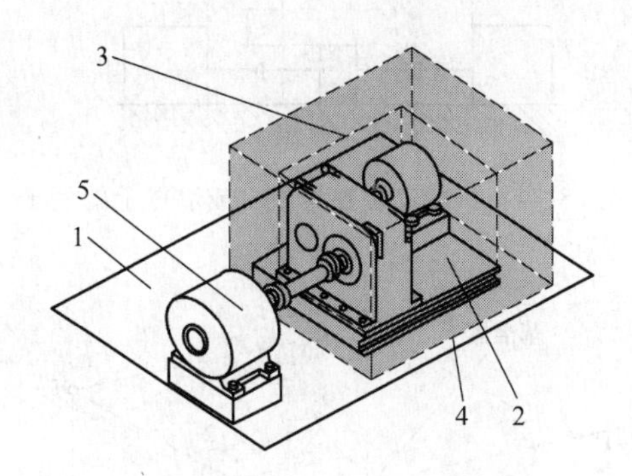

图 28-12　齿轮传动系统的基准体和测量表面

1—试验台平面　2—齿轮传动系统　3—基准体　4—测量表面　5—载荷

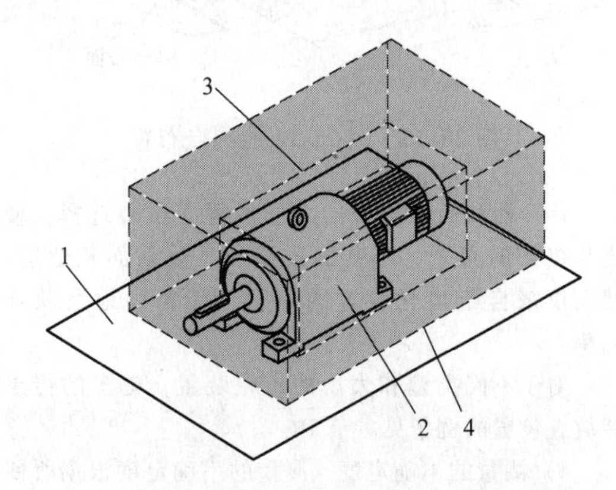

图 28-13　带电动机齿轮装置的基准体和测量表面

1—试验台平面　2—带电动机的齿轮装置　3—基准体　4—测量表面

④ 传声器和声强测头的位置。传声器和声强测头在测量表面上的位置由所使用的标准来规定。

对于声压测量，典型的传声器位置如图 28-14 ~ 图 28-21 所示。对于不同的声强测量，声强测头的位置和距离可能不同。

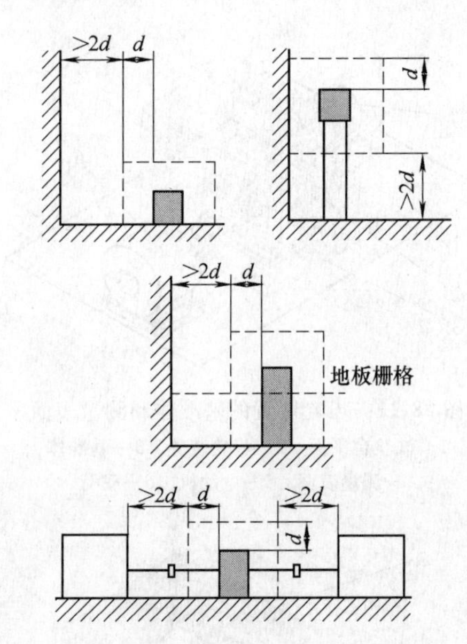

图 28-14　机械安装在地板上或墙壁上的例子

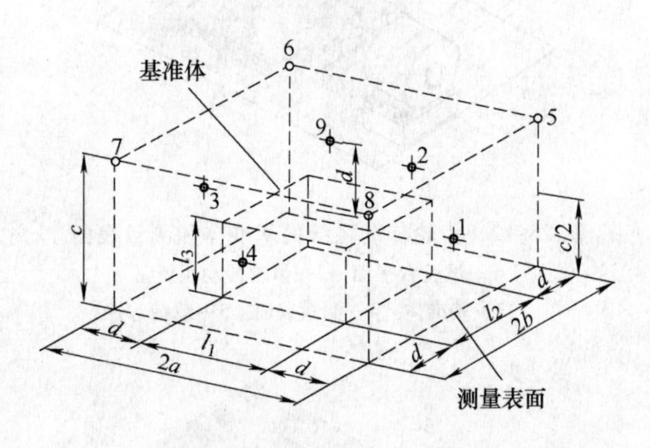

图 28-15　图 28-14 的测点布置

传声器和声强测头的合适位置应小心选择，使之与机械的布置、墙壁的位置或声反射面相适应。然而仅来自于齿轮装置的辐射不能精确地反映声功率。

对于不同类型和大小的齿轮装置，更多的传声器放置位置的例子见本节 10。

4）测量的不确定度。测量的不确定度根据所使用的相应标准和精度等级而定。

在困难的条件下（由于振动、电场和磁场、风或蒸汽、非正常温度等）测量可能是离散的。

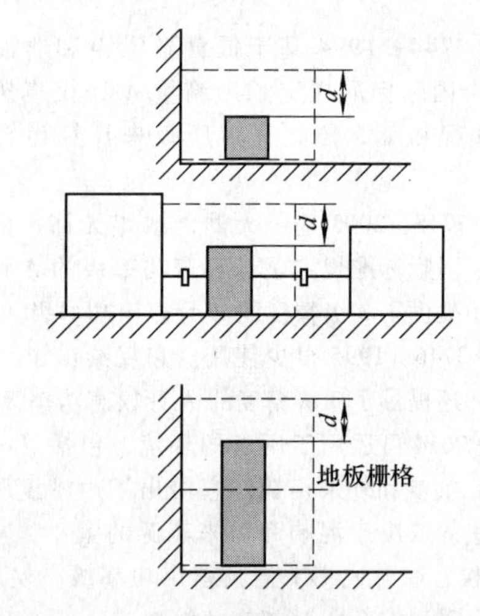

图 28-16　机械安装在地板上和接近墙壁时的例子

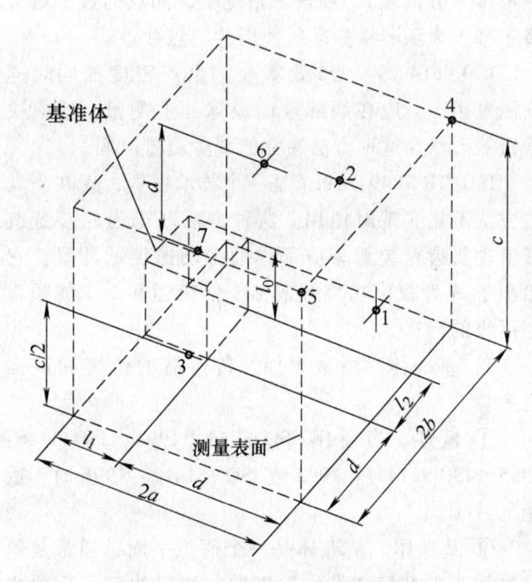

图 28-17　图 28-16 的测点布置

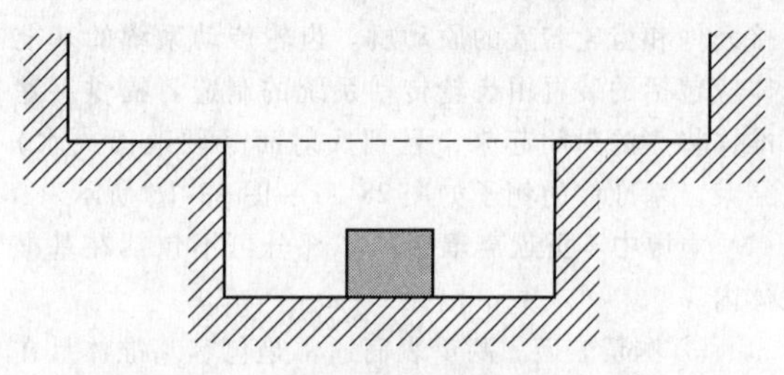

图 28-18　机械安装在具有硬质、声反射壁的凹坑中的例子

4. 辐射声压级的确定

1）使用的基本标准。测量点的 A 计权声压级用 ISO 11203：1995 确定［使用根据 Q（$Q = Q_2$）计算值的方法］，这个标准给出了根据 A 计权声压级确定

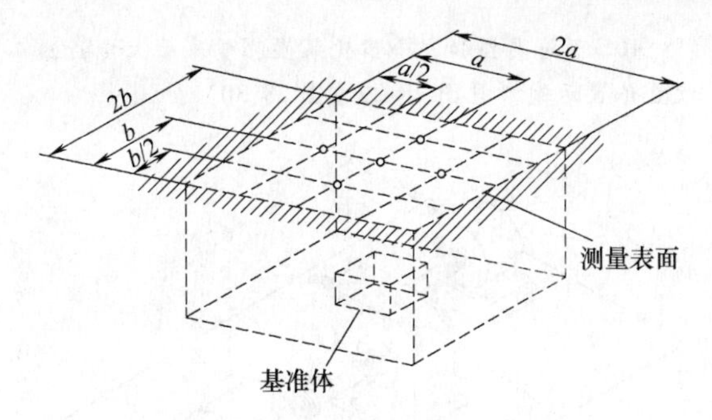

图 28-19　图 28-18 的测点布置

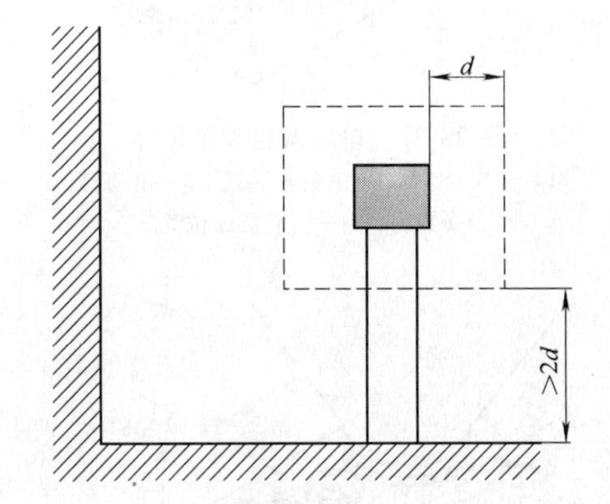

图 28-20　距声反射面有较远距离的机械安装例子

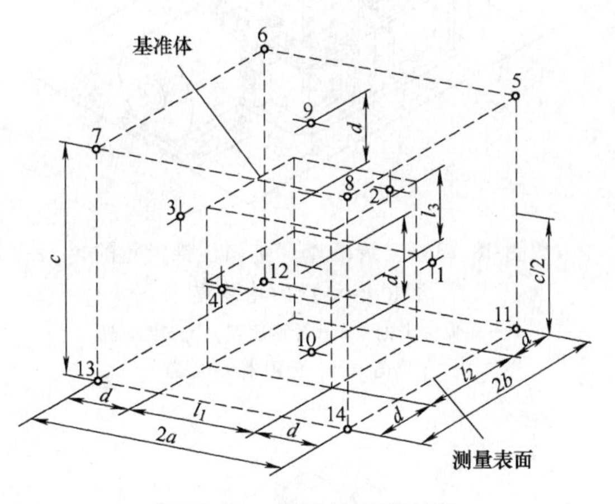

图 28-21　测量的不确定度

A 计权声功率级的误差，给出了包容定义在 3.3）③中的齿轮装置整个测量面上的平均 A 计权声压级。

2）测量点。由于齿轮装置和带电动机的齿轮装置没有标明测量点，通常将测量点定义为距基准体［定义在 3.3）②中］1m 距离上的点。

5. 安装和连接条件

1）精度等级。精度等级取决于安装和连接条件，对要求的精度等级，由于声强法在很大程度上不受外来声源的影响，因此用声强法测量比用声压法测量的限制要少得多。

2）声学环境。

① 概述。齿轮装置的安装和连接条件取决于声学环境。

② 指定声学环境的特定场合。试验场合是一个预期声学测量的特定区域。试验场合应满足下列最低要求：

a. 使用低噪声驱动和制动装置。

b. 避免驻波的影响。

c. 隔离齿轮装置和地基之间结构传播的噪声。

d. 避免机械共振。

e. 对于齿轮装置，用声学屏障或封闭传动元件来隔离制动装置和驱动装置（或电动机）的噪声。

用 2 级精度测量噪声时，可能需要专门设计的测量装置。

③ 工厂试验场地。来自齿轮装置的加载、输入和输出法兰以外的制动元件以及连接的辅助系统的声反馈不应影响齿轮装置或带电动机的齿轮装置发出噪声的测量。应优先选用低噪声制动元件。

应考虑的因素如下：

a. 连接系统的隔声罩；

b. 在其他声源最小的情况下运行；

c. 对于齿轮装置，驱动元件（或电动机）、传动元件和制动装置的临时声隔离；

d. 反射面上使用临时吸声材料。

④ 现场。在任何可能的情况下，应采取下列措施改善声学环境：

a. 在其他声源最小的情况下运行；

b. 对于齿轮装置，驱动元件（或电动机）、传动元件和制动装置的临时声隔离；

c. 反射面上使用临时吸声材料。

6. 噪声测量期间的运行条件

1）概述。除非用户和制造者（或供应者）之间另有协议，应使用 6.2）~6.4）的条件。

如果在试验期间由于功率的限制或其他原因，使正常工作条件无法实现而需降低条件时，用户和制造者应协商一致。

2）噪声测量期间的试验条件。试验条件如下：

① 齿轮装置应在预定的旋转方向下（如果要求反转则是两个方向）进行试验。

② 测量时应使用工作时的润滑系统和等于工作时润滑油粘度的润滑油。

③ 测量时，齿轮装置应在设计要求的温度下运行。

3）运行速度。齿轮装置应该在预定的工作转速下进行试验。

除非制造者和用户另有协议，齿轮装置应在预定的整个工作速度范围内进行试验。

4）运行载荷。齿轮装置的测量应在额定载荷或协议载荷下进行。运行的载荷可选下列之一：

① 齿轮装置规定的额定载荷（等于保证载荷）。

② 合同载荷（除额定载荷外）。

③ 效率最高点的名义载荷。

注：如果合同载荷是较低载荷（或空载）时，要小心出现振动，这种振动很难解释。

7. 资料的记录

记录的资料包括试验所用噪声测量标准要求的所有资料。

8. 试验报告的内容

试验报告的内容至少要包括制造者提供的做噪声试验的说明或用户要求的检验值。作为最低要求，试验报告应包括下列内容：

1）齿轮装置形式［见 2.1)］的全部说明。

2）齿轮装置的技术特点。

3）参考 GB/T 6404 的本部分和所使用的基本噪声辐射标准，在 GB/T 6404 所允许的标准之间选择适用标准；如果根据齿轮装置的功率，本噪声试验规范推荐使用 2 级精度标准，但却使用了 3 级精度标准，那么就要说明为什么不能使用 2 级精度标准的理由。

4）影响本噪声试验规范及所用基本标准所有要求的因素均应说明。

5）说明和运行条件，包括试验房间的尺寸、齿轮装置的布置、测量点的位置、测量点距齿轮装置表面的距离以及测量点的数量。

6）所用测量仪器一览表，包括制造商、型号及标定状况。

7）噪声辐射值的获得（A 计权声压级或声功率级）。适当时，也可以是频带声功率级。

9. 噪声辐射值的说明和验证

噪声辐射值的说明完全是制造者的责任，所说明值应该能用 ISO 4871：1996 进行验证。

推荐说明在 4.2）中定义的测量点处的 A 计权声功率级和 A 计权声压级。噪声说明应明确指出根据本试验标准或基础标准（或两者）测量的偏差。

对于说明所使用的方法，推荐使用 ISO 4871：1996 附录 A 中给出的方法。

对最初确定的验证应在如说明所述的安装条件和运行条件下进行。单个机器噪声根据 ISO 4871：1996 中的 6.2 进行验证。

外来噪声辐射值（包括 1/1 倍频程声功率级及所述噪声辐射值的测量值）也应在说明中给出。在这种情况下应小心，以免外来噪声辐射值和所要表明的噪声辐射值混淆。

10. 不同类型和大小齿轮装置测量表面上传声器放置位置示例（见图 28-22 ~ 图 28-30）

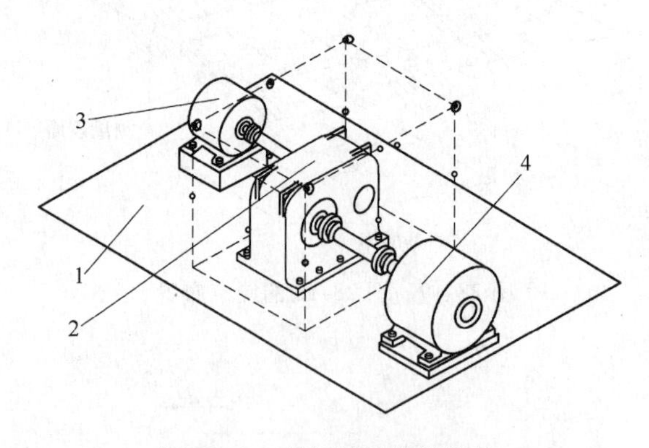

图 28-22　单级减速齿轮装置

1—试验台表面　2—齿轮装置　3—电动机

4—载荷　○—传声器的位置

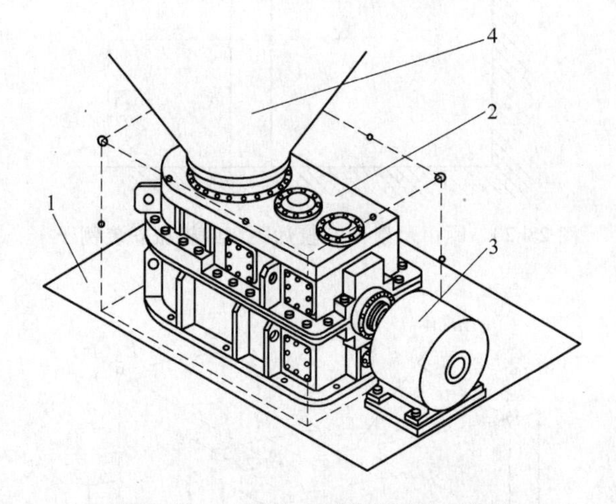

图 28-23　三级减速（带斜齿锥齿轮的磨机传动）齿轮装置

1—试验台表面　2—齿轮装置　3—电动机

4—载荷　○—传声器的位置

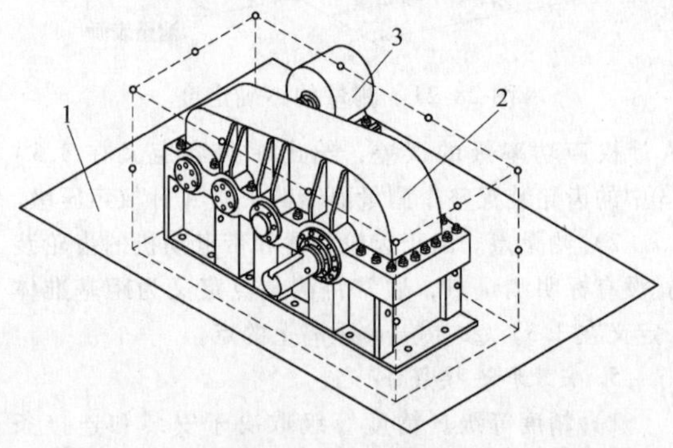

图 28-24　三级减速（平行轴传动）齿轮装置

1—试验台表面　2—齿轮装置

3—电动机　○—传声器的位置

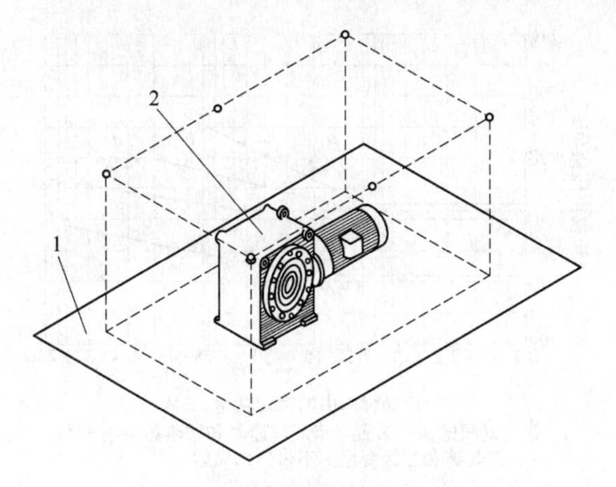

图28-25　蜗杆传动

1—试验台表面　2—带电动机的齿轮装置

○—传声器的位置

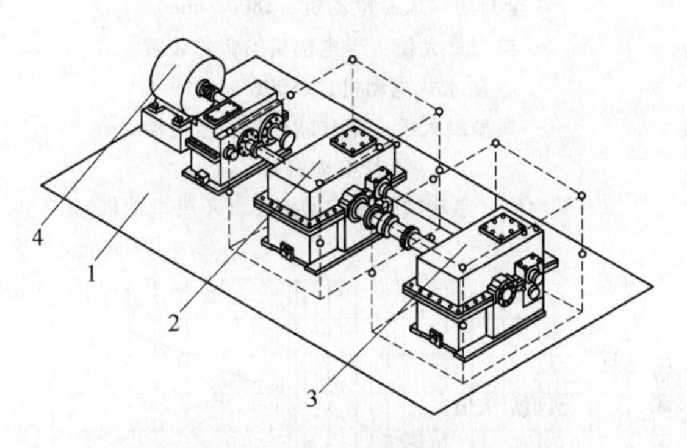

图28-26　高速“背靠背”试验台

1—试验台表面　2—齿轮装置1　3—齿轮装置2

4—电动机　○—传声器的位置

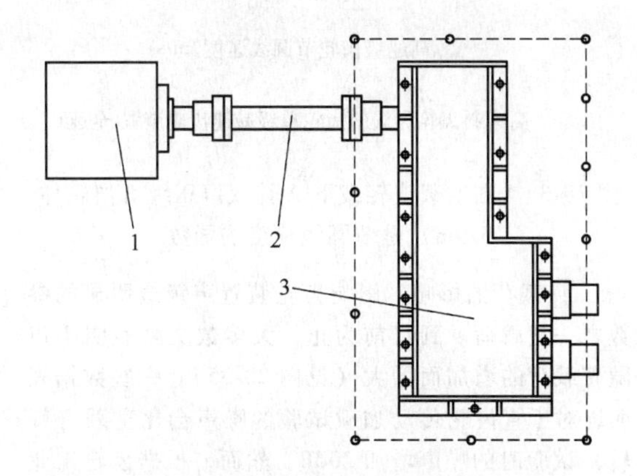

图28-27　实用的试验测量方案

1—电动机　2—联轴器　3—齿轮装置（橡胶混料用）

○—传声器的位置

11. 不同类型和大小齿轮装置的典型声级（声功率级和声压级）

1）目的。给出被测闭式齿轮装置的典型声级。

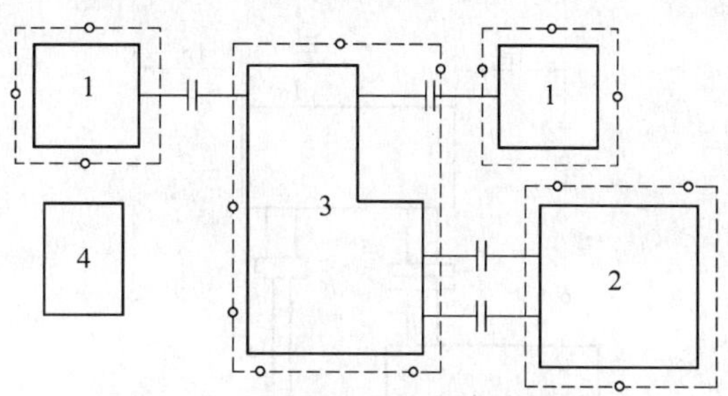

烈度测头包括在每个相关单元的噪声测截面内

图28-28　确定各部分装置声级的、典型的现场测量装置

1—电动机　2—混料器　3—齿轮装置　4—润滑系统

○—传声器的位置

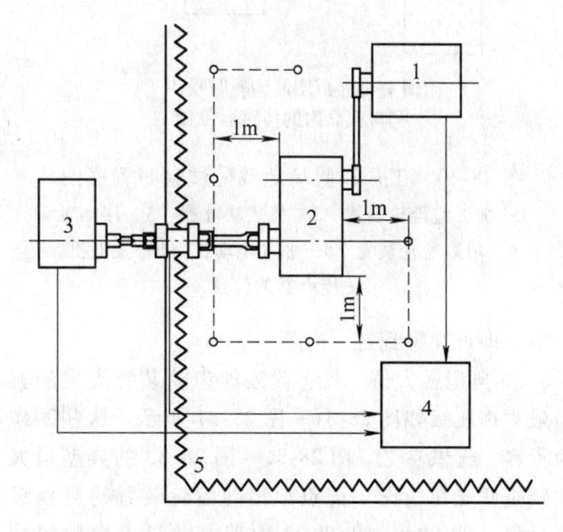

图28-29　隔离式试验测量装置

1—电动机　2—齿轮装置　3—载荷　4—速度、转矩控制

5—吸声墙壁　○—传声器的位置

注：声功率和声压是不同的数值，其分贝数不能直接比较。

2）典型声压级。

① 概述。齿轮传动系统的声源很重要，然而，当评价系统的噪声是否满足要求时，声源发出的声级和测量方法则更为重要。对于齿轮工业，已有多年在试验台上和使用现场测量噪声的经验。这些经验表明，对于旋转试验或加载试验的声压级是可期望的。可从相同的装置或比较装置上，或者从类似装置上推演出经验数据或从两种方法获得声压级。这种声级通常不包括来自驱动或被驱动装置的噪声和系统的影响。当齿轮装置实际安装好后，由于齿轮装置是总的声学系统的一部分，要评价或预测它的声压级是困难的。除了齿轮装置外，总的声学系统还包括原动机、被驱动装置、齿轮装置的安装和声学环境。通过检验系统参数（如速度和载荷）的

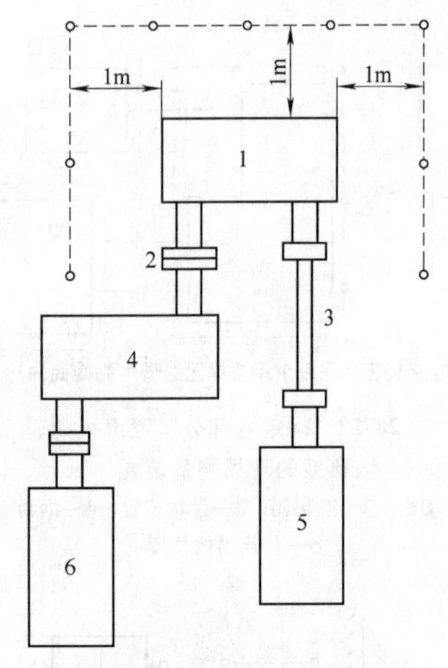

图 28-30 工厂试验场地载荷试验布置框图

1—被试验齿轮装置 2—齿式联轴器 3—浮动轴 4—增速齿轮装置 5—驱动电动机 6—发电机 ○—传声器的位置

影响，即可观察到这一问题。

② 典型最大值。具有代表性齿轮装置类型的典型最大声压级如图 28-31～图 28-37 所示。这些图作为资料，仅供参考。图 28-31～图 28-33 的典型最大曲线是建立在由图中的点给出的齿轮装置的声压级测量值基础上的。图 28-32 中带电动机齿轮装置的曲线是将电动机的声压级附加到齿轮装置的声压级上而获得的。

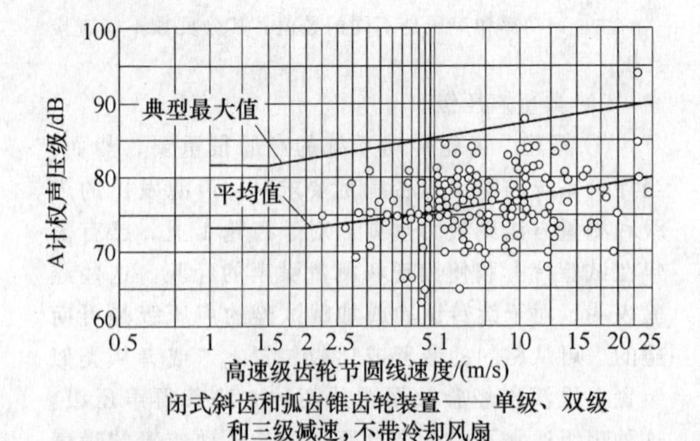

图 28-31 在空载或轻载下，典型最大和平均 A 计权声压级是高速级齿轮节圆线速度的函数

③ 速度的影响。速度（输入转速）对齿轮装置声压级影响的典型值如图 28-34 所示。

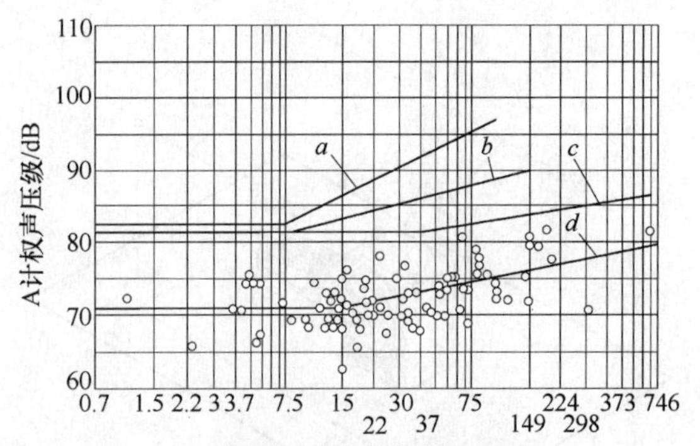

图 28-32 在空载或轻载下，典型最大和平均 A 计权声压级是产品样本中的额定功率的函数

a—典型最大值：带电动机的齿轮装置（全封闭式风冷电动机，1800r/min）

b—典型最大值：带电动机的齿轮装置（防水式电动机，1800r/min）

c—典型最大值：串联减速器和增速器（不带电动机）

d—平均值：串联减速器和增速器（不带电动机）

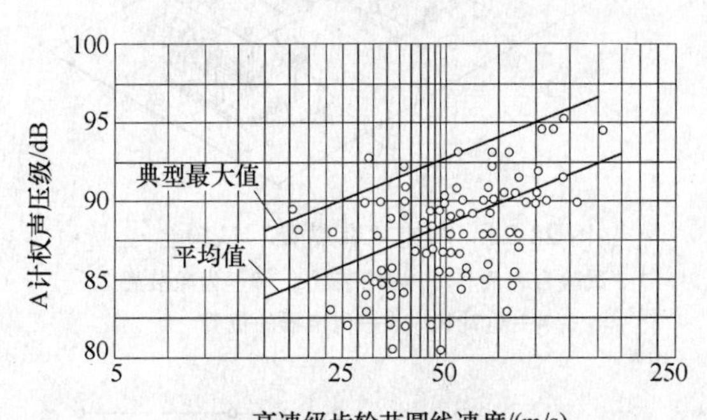

图 28-33 在空载或轻载下 A 计权声压级（离箱体 0.9m）是节圆线速度的函数

④ 载荷的影响。影响齿轮装置声级最明显的参数之一是载荷。到目前为止，大多数文献表明噪声随着载荷的增加而增大（见图 28-35）。一些数据表明，对于直齿轮传动加载试验的噪声会比空载（旋转）试验时的噪声增加 20dB。然而，根据齿轮工业所收集到的数据表明，声级并不总是随着载荷的增加而增加。在一些情况下，如为了加载后的变形和运行温度，齿轮的几何参数被修改时，甚至会出现相反的情况，直到达到了设计载荷和设计温度时，啮合噪声才会大起来。根据统计数据的平均值，满载（额定载荷/使用系数）时齿轮装置的噪声比空载

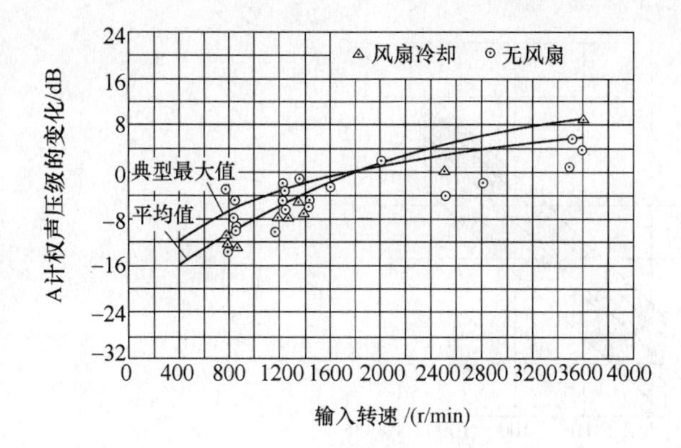

图 28-34　相对于 1750r/min 时 A 计权声压级的变化 ΔL_{PA} 是输入转速的函数

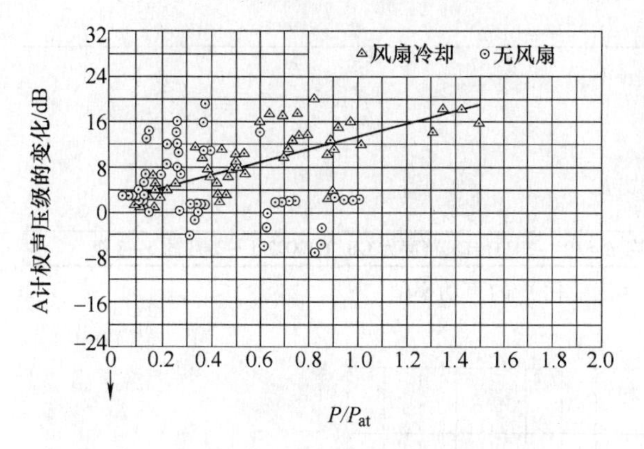

图 28-35　相对于空载时 A 计权声压级的变化 ΔL_{PA} 是 P/P_{at} 的函数

P—传动功率（kW）　P_{at}—AGMA 强度计算功率（kW）

时大约增加 4dB（A）（见图 28-36 斜齿轮、人字齿轮、弧齿锥齿轮和蜗杆传动）。

根据观察，满载时与空载时相比噪声的最大增加值为 12dB（A）。数据表明，大约有 2/3 齿轮装置的噪声随着载荷的增加而增加，有 1/5 齿轮装置的噪声测量值随着载荷增加而没有变化，其余齿轮装置的声压级随着载荷的增加而减小。

对于噪声增加的齿轮装置，大多数平均增加 4dB（A），这仅用于相类似齿轮传动系统的工厂空载试验和现场加载运行之间噪声差别的指导准则。

3）典型声功率级。声功率级由不同类型的齿轮装置在不同速度和载荷级下验收试验确定。如图 28-38 ~ 图 28-42 所示。

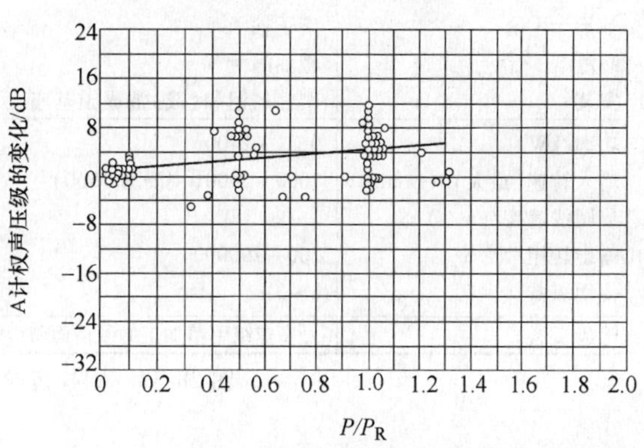

图 28-36　相对于空载时 A 计权声压级的变化 ΔL_{PA} 是 P/P_R 的函数

P—传动功率（kW）　P_R—AGMA 强度计算功率（kW）

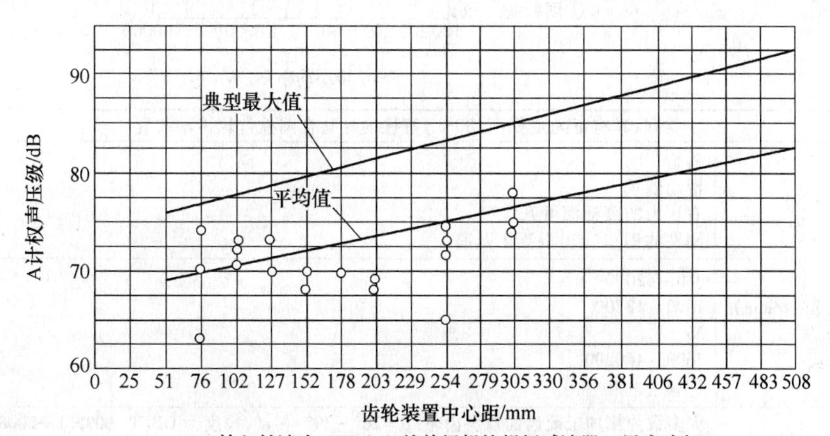

图 28-37　空载或轻载时 A 计权声压级（离箱体 1.5m）是中心距的函数

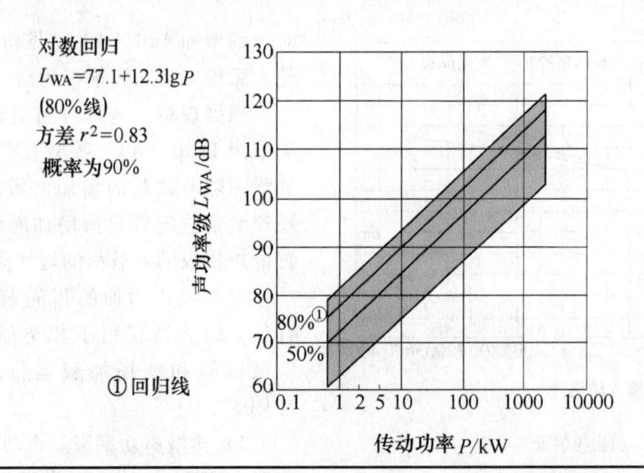

类型:具有下列主要(>80%)特性的外啮合圆柱齿轮传动装置	
箱体	铸造
轴承	滚子轴承
润滑	溅油润滑
安装	刚性的钢和(或)混凝土基座上
功率/kW	0.71~2400
输入转速(最大)/(r/min)	1000~5000(主要为1500)
节圆线速度/(m/s)	1~20
输出转矩/N·m	100~200000
传动级数	1~3
轮齿资料	最高速级用精加工的硬齿面斜齿轮(β=10°~30°)传动,精度为GB/T 10095.1—2008的5~8级

图 28-38　圆柱齿轮（工业用）的声功率值

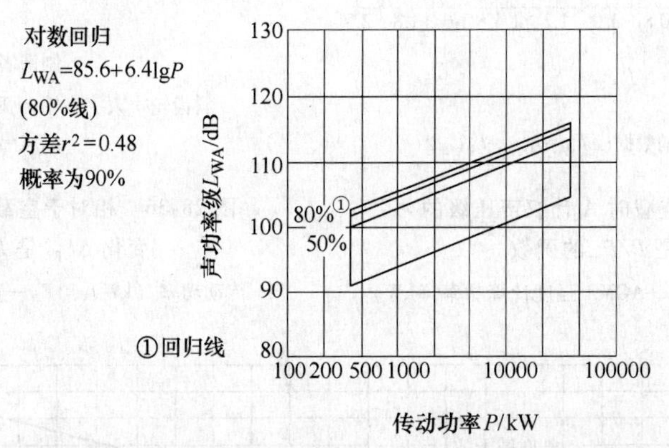

类型:具有下列主要(>80%)特性的外啮合圆柱齿轮传动装置	
箱体	铸造
轴承	滑动轴承
润滑	有压力的喷油润滑系统
安装	刚性的钢和(或)混凝土基座上
功率/kW	380~42000
输入转速(最大)/(r/min)	1000~12700
节圆线速度/(m/s)	35
输出转矩/N·m	3600~460200
传动级数	1~2
轮齿资料	大多数为精加工硬齿面双斜齿轮(β=20°~30°)传动,精度为GB/T 10095.1—2008的3~5级

图 28-39　圆柱齿轮（蜗轮机传动用）的声功率值

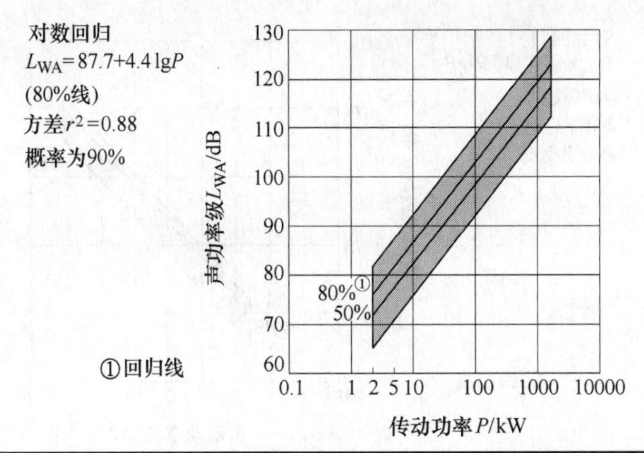

类型:具有下列主要(>80%)特性的锥齿轮传动、锥齿轮/圆柱齿轮传动装置	
箱体 轴承 润滑 安装	铸造和焊接结构 滚子轴承,小锥齿轮端用滚锥轴承 溅油润滑 刚性结构的基座上
功率/kW 输入转速(最大)/(r/min) 节圆线速度/(m/s) 输出转矩/N · m 传动级数	2 ~ 1800 970 ~ 3000 2 ~ 24 3600 ~ 190000 1 ~ 3
轮齿资料	锥齿轮(大多数是速度最高的级)渗碳淬硬并研磨;非偏置轴弧齿锥齿轮;加工和轮齿测量技术的发展不像圆柱齿轮那样快

图 28-40　锥齿轮传动、锥齿轮/圆柱齿轮传动的声功率值

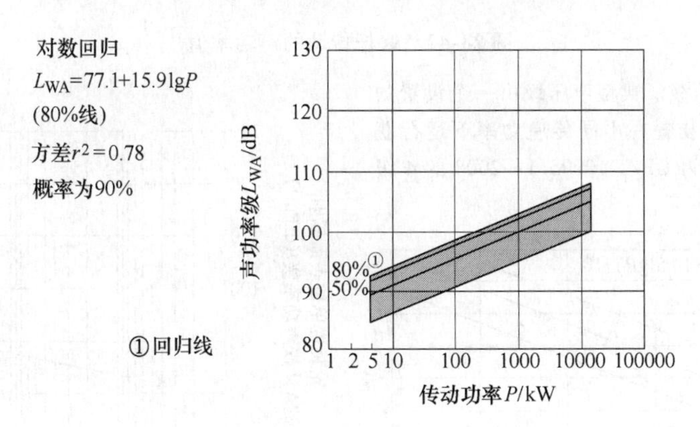

类型:具有下列主要(>80%)特性的行星齿轮传动装置	
箱体 轴承 润滑 安装	铸造 低速:滚针轴承;高速:滑动轴承 喷油 刚性钢和(或)混凝土基座
功率/kW 输入转速(最大)/(r/min) 输出转距/N · m 传动级数	6 ~ 12500 350 ~ 16500 1000 ~ 330000 1 ~ 2
轮齿资料	直齿 斜齿(β = 25° ~ 30°) 内齿轮热处理,太阳轮和行星轮硬化,轮齿精度随输入转速的提高而提高

图 28-41　行星齿轮传动的声功率值

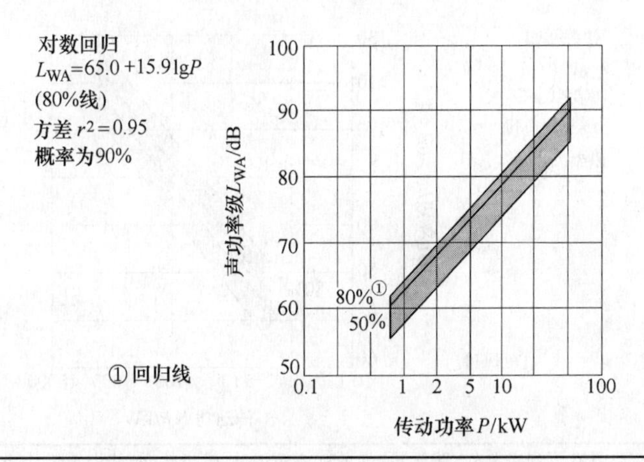

类型：具有下列主要（>80%）特性的蜗杆传动装置	
箱体 轴承 润滑 安装	 滚子轴承 溅油润滑 刚性钢板上
功率/kW 输入转速（最大）/（r/min） 输出转距/N·m 传动级数 蜗杆头数	0.7～56 1360～14800 67～3800 单级 1～6、1～3
轮齿资料	蜗杆渗碳淬火并磨齿；蜗轮为锡青铜

图 28-42　蜗杆传动的声功率值

4）典型设置声压级。典型声压级由一个设置的单级减速平行轴齿轮装置在不同传递功率下运行获得，齿轮的制造精度为 GB/T 10095.1—2008 的 4 级或更低，如图 28-43 所示。

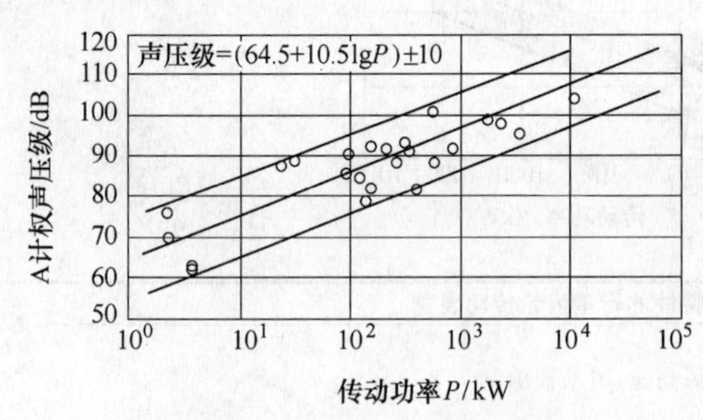

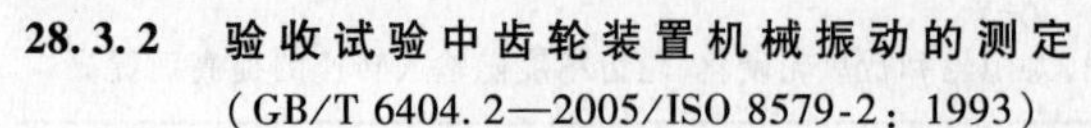
图 28-43　标准 A 计权声压级

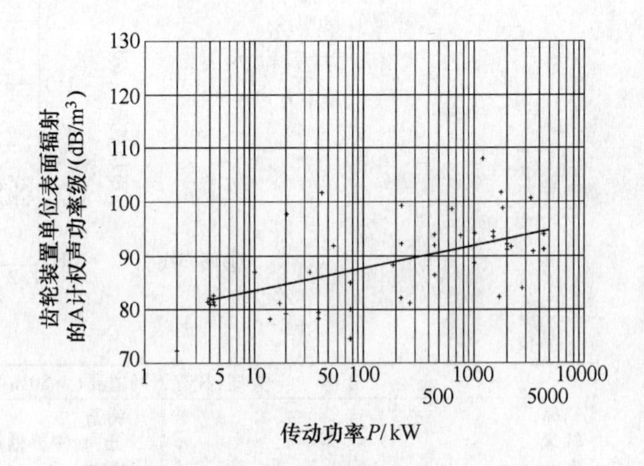

图 28-44　每平方米辐射的声功率范围

5）典型声强度数据。安装好的齿轮装置（可达 5MW）的声功率试验用指向性强度技术来评价，如图 28-44 所示。这种技术可以抑制外来声源和混响的影响。

28.3.2　验收试验中齿轮装置机械振动的测定（GB/T 6404.2—2005/ISO 8579-2：1993）

1. 范围

GB/T 6404 的本部分适用于具有独立箱体的闭式增速和减速齿轮装置机械振动的测定。规定了箱体和轴振动的测定方法以及测定振动级的仪器类型、测量方法和测试步骤。包括了验收中的振动等级。

不包括齿轮系统扭转振动测量。

GB/T 6404 的本部分仅适用于在制造者的试验设备上验收试验的，且在设计速度、载荷、温度范围和润滑条件下测试和运行的齿轮装置。

如经协商一致，齿轮装置也可在其他地方测试，但应在制造者推荐的条件下运转。

对于在现场测量齿轮装置的振动可能还需要其他关于振动评价的标准。

GB/T 6404 的本部分不适用于一些特殊的或辅助性的齿轮装置，如与齿轮装置做成一体的压缩机、泵、蜗轮机等以及不传递动力的齿轮装置。

对这些装置的试验验收限制应分别予以说明。然而，经协商，对这些装置可以使用本标准或其他合适的标准。

振动测量中可能要求一些特殊的条款，如测量方法和验收级别应由制造者和用户协商确定。

2. 概述

1）系统。齿轮装置应在将系统影响减到最小的状态下测试（见9）。

2）系统的影响。齿轮制造厂不能控制的因素可能会对现场齿轮装置的振动等级产生影响，9. 中列出了一些影响因素。在传动系统的设计阶段就应对整个系统的振动进行估计，对系统的各影响因素进行检验，对检验的责任应明确规定，严格执行。

3）箱体和轴的测量。齿轮装置的振动有两种测量形式：一种是测量箱体的振动；另一种是测量轴的振动。对采用滚动轴承作支承的齿轮装置，当轴承径向间隙较小，轴承和箱体间的相对运动也较小时，应优先选用箱体振动测量。

对采用普通滑动轴承作支承的齿轮装置，采用轴振动测量或箱体振动测量均可。但在一定的频率范围内（典型的为0～500Hz），采用轴振动测量可获得用箱体振动测量不易得到的详细信息。箱体振动测量的优点是有较宽的频率范围和动态特性范围，为轮齿啮合频率的分析提供必要的依据（见1.）。

由于每种仪器有各自的特点，在给定齿轮装置和运行条件下，要小心选择测量仪器。通常，联合使用轴振动测量和箱体振动测量，以获得齿轮装置轴的绝对运动量。

当验收试验时的运行条件与现场的运行条件有明显的偏差时，振动数据之间的偏差应予考虑。

3. 仪器

1）类型。测量振动使用的传感器和仪器，在已知频率范围内，应知道其测量速度和位移的精度。仪器还应有已知精度的相对于速度或位移或两者的电信号输出。传感器应在标定的范围内使用，标定的范围包括安装方法以及像温度、磁场、表面精度等主要环境条件。振动仪器系统的类型和使用方法应符合相应的标准。仪器中最好包括一台带宽不超过1/3倍频程的窄带频率分析仪。

① 轴振动测量仪器。轴的振动测量推荐采用非接触式传感器。测量仪器必须能够读出振动位移的峰峰值。当轴的旋转速度小于3000r/min、信号频率小于200Hz且表面摩擦速度小于30m/s时，可采用接触式传感器。

② 箱体振动测量仪器。箱体的振动测量推荐采用地震式传感器。测量仪器应包括一个具有准确的均方根整流特性的电动式仪器，它能确定振动速度（mm/s）的均方根值。传感器的安装方法会影响传感器的频率响应，传感器应采用螺钉、螺栓或粘接材料固定。对于轻型的加速度计，如果轮齿啮合的最大基础频率小于1000Hz、振动频率不大于3000Hz时，可采用磁力固定。不允许采用手持式接触测量。

2）测量频率范围。仪器的测量频率范围应能够测量轴的最低转速和轮齿的最高啮合频率。轴位移频率测量范围应为0～500Hz。当采用积分加速度测量时，箱体速度频率测量范围最好是10～10000Hz或更高。

3）允许误差。测量仪器系统，包括传感器和读数仪器，在整个运转温度范围内测得的振动等级值的允许误差为10%。

4）校准。振动读数仪器应用一个标准信号来校验，并在每次齿轮装置振动测量前后进行调整。

全部测量设备至少应每2年校准1次。

4. 振动测量

1）轴的振动测量。轴的振动位移应相对于箱体进行测量。应使用非接触式传感器，传感器应安装在尽可能靠近轴承的地方，并且固定在箱体刚性较好的部位。应测量轴3个相互垂直方向上的振动，其中的一个方向应与轴线平行。每根轴上有一个轴向传感器是必要的。测点的数量和安装位置由用户和制造厂协商确定。

机械和电器误差不应超过在轴的旋转频率下允许振动位移的25%或6μm，取两者中的较大值。如果误差与测量值之间保持恒定的矢量与相位的关系，则在传感器的安装位置处，被测轴的机械与电气误差可从振动的读数值中减去以得到真实的振动级。减去机械和电器误差后得到的实际振动测量值的允许误差不超过10%。

2）箱体的振动测量。应在箱体上刚性较好的部位，如轴承座处测量箱体的振动。不应在不支承轴承的箱体部位测量，因为在这些部位测量不能反映出齿轮装置的性能。测量应在3个相互垂直的方向上进行，3个方向中的2个必须位于与齿轮回转轴线相垂直的平面内，这个平面最好是水平平面或垂直平面。

建议在齿轮装置的每一个可从外部接近的轴承位置进行测量。如果无法接近轴承座，则可用离轴承座最近的安装点。传感器的数量和安装位置取决于箱体的刚性和轴的数量，并应由用户和制造者协商确定。

3）测量的单位。测量所用的单位见表 28-15。

表 28-15 测量所用的单位

项目	单位
速度（r. m. s）	mm/s db（基准值：$v_0 = 5\times10^5$ mm/s）
位移（峰峰值）	μm
频率	Hz

5. 试验

齿轮装置振动测量应在制造者的试车试验过程中进行。除非与用户另有协议外，试验的传动装置由制造者决定。

1）试验系统的连接。试验传动装置、驱动装置、被测齿轮装置和加载装置应使用现场工作时的联轴器或具有相同悬伸质量的联轴器连接。

2）试验条件。除非齿轮制造者和用户另有协议外，应使用如下条件：

① 试验时齿轮装置应在额定速度下运转。如设计用于变速工况，试验应在速度范围内的算术平均值速度下进行。

② 试验时齿轮装置应按设计给定的方向运转。如果齿轮装置为可逆运转，则在两个方向上都应进行试验。

③ 试验时齿轮装置应在空载或轻载下平稳运行。

④ 试验测量时应使用工作时的润滑系统，并且润滑油的粘度应和工作时润滑油的粘度相同。

⑤ 振动测量时，机器应在设计温度范围内运行。

6. 验收值

轴位移和箱体速度测量的评价值如图 28-45 和图 28-46 所示。图 28-45 和图 28-46 是作为比较的公共基础。对给定应用场合的齿轮装置的验收评价，由制造者和用户协商选取图中的评价值，并与由双方协商选取的测量仪器获得的测量值进行比较。验收时，既可以对整个齿轮装置统一使用一个评价标准，也可以对每一根轴或每个测量位置分别使用评价标准。下面 11. 中给出了典型齿轮装置振动的主观评价。

1）振动幅值。图 28-45 和图 28-46 中的振动特性曲线是对应于频率的关系曲线。注意：这两幅图是经过滤波的测值绘制而成的。在同一时间内可能测得不同频率下的几个幅值，此时应对照图中曲线分别确定各自频率下的允许极限值。这种情况下，要求使用频率分析仪器，分析仪器应能识别振动中的不同频率，以便与图中曲线进行合理的比较。

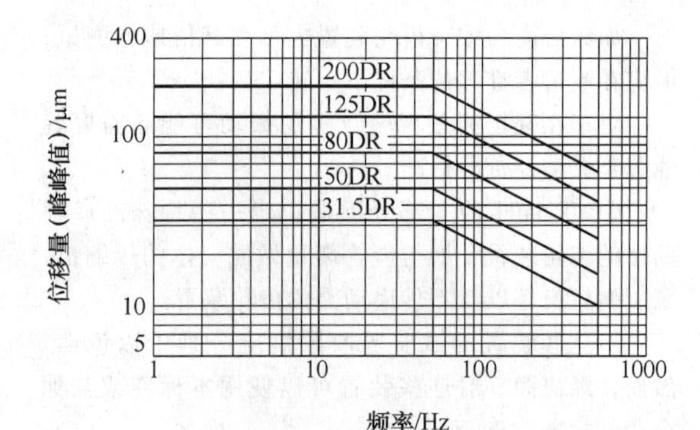

图 28-45 轴振动评价曲线

注：当频率为 0～50Hz 时，评价值等于评价曲线的位移值；当频率大于 50Hz 时，每 10 倍频程下曲线降价 10dB。

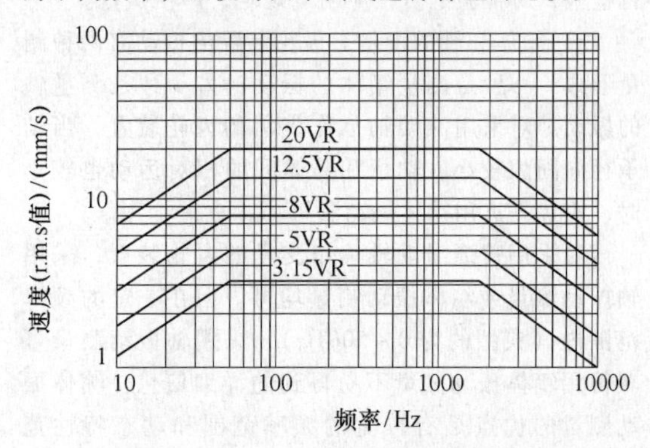

图 28-46 箱体振动评价曲线

注：当频率为 45～1590Hz 时，评价值等于评价曲线的速度值，在此频率以外，每 10 倍频程下曲线降价 14dB。

① 频率带宽。知道各种仪器的带宽是必要的，像 1/3 倍频程或快速傅里叶转换分析仪可能表明一个较高或较低的值，这些值取决于给定带的频率和随机振动的大小。

② 综合值。如果不能获得或不知道频谱数据，可用下列给出方法的一种或两种来指导验收：

a. 如果未经滤波的箱体速度的名义值不超过最大速度等级（见图 28-46），则测试结果可接受。

b. 以轴的转速作为名义频率，将未经滤波的轴位移值与图 28-45 进行比较。

1 中的“测量方式和验收级别应由制造者和用户协商确定”，适用于综合值或频率带宽验收㊀。

2）测量的轴位移评价。轴位移的峰峰值可用图

28-45 进行评价。以包含所有测量的（未经滤波）轴位移的最低线作为齿轮轴的评价级，对于被测齿轮装置，以所有被测轴上的最高评价级作为齿轮装置的评价级。

3）测量的箱体振动评价。箱体振动速度的均方根值可与图 28-46 进行比较评价。以完全包含振动频谱的最低线作为指定测量位置的箱体振动速度评价级，以所有测量位置上的最高评价级作为齿轮装置的评价级。

7. 试验报告

试验报告应包括以下内容：

1）制造者。制造者的名称及被测齿轮装置的类型和定义。

2）运行数据。试验运行数据、齿轮装置安装及运行条件，包括装配和连接的特性。

尤其要注意：应指出运行数据与 5.1）和 5.2）的任何偏差。

3）布置简图。简图（包括齿轮装置布置的尺寸简图）及根据 4.1）和 4.2）规定的各测点的位置、轴线和测点的数量。

4）测量仪器。使用的所有测量仪器应列表注明制造者和类型。

5）试验测量值和结果。在每个测量位置，试验的测量值和结果应包括下列内容中的一项或多项：

① 综合振动值。

② 主要振动频率及其幅值。

③ 窄带频谱。

应记录振动仪器的读数，以作为主观评价值。

8. 位移、速度和加速度波形之间的关系

1）目的。给出位移、速度和加速度波形之间关系的大致轮廓。

2）波形关系。在适当频率下，任何周期性正弦波形的振动均可用位移、速度和加速度的幅值来定义。

速度是位移的一阶导数、加速度是位移的二阶导数（对时间），如图 28-47 所示。

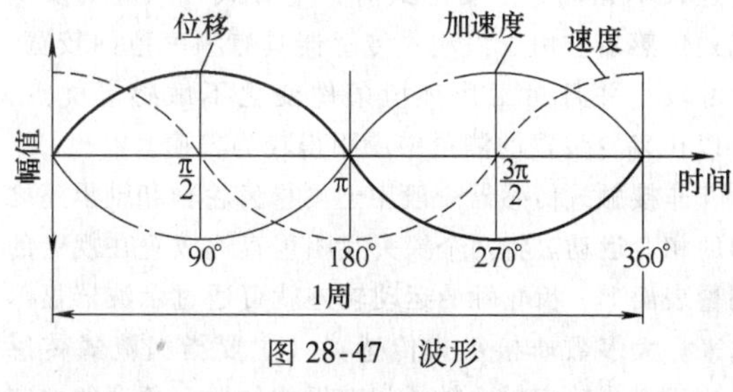

图 28-47　波形

位移　　$D=A\sin(\omega t)$

速度　　$v=\dfrac{\mathrm{d}D}{\mathrm{d}t}=\omega A\cos(\omega t)$

加速度　　$a=\dfrac{\mathrm{d}v}{\mathrm{d}t}=-\omega^2A\sin(\omega t)$

式中　t——时间；

ω——圆频率（这种情况下，$\omega=1$）；

A——幅值。

注：作为时间的函数，速度和加速度分别比位移超前 π/2（=90°）和 π（=180°）。

3）相对幅值。位移、速度和加速度的相对幅值是振动频率的函数。

频率为 10Hz、100Hz、1000Hz 且振动的净峰峰值为 25μm 时，速度和加速度的值见表 28-16。

表 28-16　速度和加速度的值

频率/Hz	位移(净峰峰值)/μm	速度(均方根值)/(mm/s)	加速度(峰值)/(m/s²)
10	25	0.555	0.049
100	25	5.55	4.93
1000	25	55.5	493

4）幅值关系。当振动以一个简单的正弦函数 $F(t)=A\sin(\omega t)$ 给出时，振动的幅值关系如图 28-48 所示。

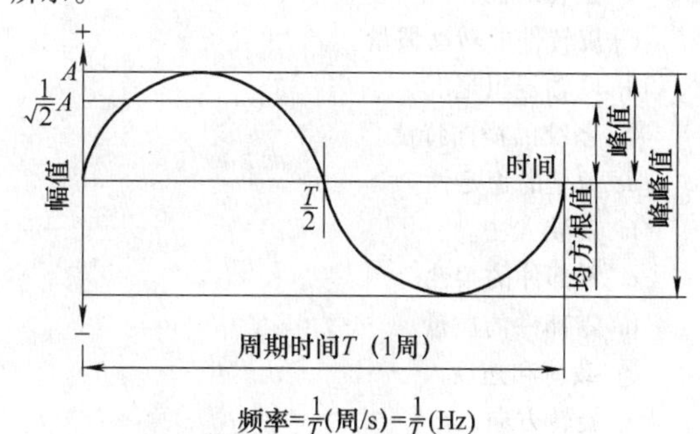

图 28-48　振动幅值关系

ω—圆频率$\left(\omega=\dfrac{2\pi}{T}\mathrm{rad/s}\right)$

A—峰值

$2A$—峰峰值

$\dfrac{A}{\sqrt{2}}$—均方根值，对于非正弦函数，均方根值 $=\left[\int_{t_1}^{t_2}f(t)^2\mathrm{d}t/(t_2-t_1)\right]^{1/2}$

9. 系统的影响

1）目的。齿轮装置的振动测量不仅包括齿轮装置内部的声源，也包括系统内部的其他声源（旋转部件）。后者振动值的大小及振动从振源传递到测量

㊀ 除非已知 1 个或 2 个主要频率成分引起的振动值是主要的，那么对于用综合（未经滤波）验收来代替经滤波的测量值时，使用图 28-45 和图 28-46 的值实际上降低了允许振动值（增加了齿轮装置的振动评价值）。

点的途径都会对测得的实际振级产生很大的影响。下面列出了应予以考虑的系统的一些影响因素。

2）影响系统的典型因素。除了影响车间试验结果的因素外，在此列出了影响现场齿轮装置工作特性的一些因素，对这些因素产生的任何影响，制造者不负责任，除非在设计以前或设计期间被告知详细的情况。

① 原动机振源。

a. 内燃机的强迫激振。

b. 液压马达的强迫激振。

② 载荷特性。

a. 载荷随速度而变化，如风扇和叶轮等的速度变化。

b. 载荷脉动，如螺旋推进器、往复式压缩机和各类泵等。

c. 随机载荷冲击，如矿石破碎机等。

③ 装配因素。

a. 系统各部件的对中。

b. 组件、部件和零件的平衡。

④ 系统的扭转特性。

a. 联轴器刚度。

b. 扭转柔性。

c. 旋转件的转动惯量。

d. 联轴器阻尼。

⑤ 系统的横向特性。

a. 地基的稳定性。

b. 安装方法。

c. 零部件的柔性。

d. 零部件的质量。

⑥ 载荷和速度。

a. 旋转方向。

b. 转动速度。

c. 载荷大小。

3）责任。9. 中列出了在现场工作时影响齿轮装置工作特性的因素。通常，这些现场因素非齿轮装置制造者所能控制，对这些因素产生的任何影响，制造者不负责任。

在传动系统的设计阶段就应考虑系统的影响因素，并明确各方的责任。系统各部件的制造者均应了解自身的责任。

10. 振动仪器及其特性

1）给出齿轮装置振动测量时所使用的各种仪器及其特性。

2）箱体振动和轴振动的测量仪器。用于齿轮装置振动测量的，箱体和轴传感器系统应能获得有效的结果。在一些情况下可能要使用地震式和相对位移传感器，以便获取齿轮箱试验期间的必要信息。

尽管振动测量的两种形式之间有联系，但获取信息的本质不同，这一点必须正确理解。

3）箱体振动的地震式测量。测量轴承座处（接近轴承处的齿轮装置上刚性较好的部位）的振动可获得试验条件下测量点的振动烈度值。由于测得的振动值是一绝对量，试验的支承结构最好为可以看作是固定基础的结构。试验时，至少在试验的速度范围内，必须避免支承结构的共振。测得的振动烈度是齿轮装置转动部分和支承箱体动态耦合的函数。在使用滚动轴承时，耦合是非常直接的；使用滑动轴承时，由于油膜的阻尼作用，轴的振动或多或少地受到抑制。滑动轴承受速度、转矩、载荷以及润滑油的影响较大，评价轴承座的振动烈度时，必须考虑这些变化因素的影响。一般在轻载条件下，由轴的转动效应引起的以1倍或2倍转速出现的振动（一般由不平衡和偏心产生）可能还不会强烈地传递到齿轮装置的轴承座上，但在重载条件下，这些振动传递的强度可能很高。此外，由于齿轮啮合引起的高频振动也会强烈地传递到轴承座上，并且在测得的箱体上振动信号中占支配地位。

测量箱体振动时，可使用速度传感器或加速度计，速度传感器测量的线性范围取决于其类型，一般为10~2500Hz，当低于高速齿轮装置的轮齿啮合频率时，应使用测量范围不低于10kHz的加速度计，该仪器在使用过程中需要进行调节，在将信号转换成速度信号时要特别注意排除低频噪声的影响，同时必须注意采用的传感器的安装方法应能确保仪器的线性测量范围。

4）轴振动的位移测量。轴振动的位移测量可使用接触式或非接触式传感器。探头直接接触轴可能引起探头顶部轴之间的磨损。探头应能允许“油膜抖动”，且有较低的频率响应（200Hz以下）。接触式传感器应仅用于轴的转速小于3000r/min且表面滑动速度小于30m/s。

非接触式振动传感器有多种形式，其测量工作原理各不相同，主要形式有：电容式、感应式及涡流式传感器。由于涡流式传感器具有频率范围较宽、尺寸较小并且对工作环境条件变化不敏感等优点，所以在齿轮装置的测量中应用得较为普遍。

非接触式传感器一般用于测量齿轮轴和轴承座之间的相对运动。将两个探头互相垂直地放置在规定的测量表面上，齿轮轴的运动轨迹就可通过示波器显示出来。大多数非接触式传感器（主要指涡流式传感器）可用来确定轴在轴承间隙里的位置。角度的大小可由运转条件的范围确定。

尽管涡流式传感器频率响应的范围很宽（0~10kHz），但在频率超过500Hz时，一般只能测出少量的轴振动信号。因此非接触式传感器不适用于高于 500Hz 振动的评价。

非接触式传感器在低频范围工作时，可用于判别与轴的不平衡和机械误差有关的振动影响因素，如齿轮径向圆跳动、圆度等，它还可以判别齿轮作用力、转矩和不对中力在轴上引起的附加载荷的大小，辨别轴承的有关问题及可能存在的不稳定性。

安装非接触式传感器时，应保证传感器与轴承或箱体间无大的相对运动，最好采用一刚性组件将传感器插入箱体，并且可从外部接触传感器，不必打开箱盖就对传感器进行校准和维修。

用于非接触式传感器测量的轴颈应避免机加工偏心，其表面应尽可能地避免电和机械跳动的影响。尽管电跳动补偿能消除虚假的振动信号，但可靠地测量峰峰值小于 10μm 的振动级是困难的。

11. 振动的主观评价

1）目的。在制造者的测试装置上进行验收试验时，为典型的齿轮装置验收机械振动提供一个主观评价依据。

2）概述。仅用于一些典型的齿轮装置，且作为一般的指导原则。

由于齿轮装置的设计、尺寸和应用场合不同，其振动也不相同。对大型低速磨机齿轮传动是非常适用的评价标准，对高速精密或船用齿轮传动可能是不合适的。对低速磨机齿轮传动使用高速精密齿轮传动的评价标准可能会增加不必要的成本。对给定的等级必须谨慎选择验收准则。

3）主观评价。表 28-17 中给出的典型应用场合齿轮传动的振动主观评价值如图 28-49 所示。

表 28-17　典型应用场合齿轮传动的振动评价等级

评价等级	典型应用场合
A	海军舰船等
B	高速(大于 3600r/min)等
C	工业应用、商船等
D	磨机等

示例：一个工业或商船用齿轮传动装置，设计功率为 3700kW，轴的最高转速为 1500r/min，其振动评价值选择如下：图 28-49 中，125DR-12.5VR 评价线以下 3700kW（3.7MW）和曲线 C 交点。考虑齿轮传动装置的经济性时，验收振动评价值可选为 125DR 和（或）12.5VR。保守一点的话，验收可选为 80DR、8VR 或 80DR 和 8VR。

28.4　齿轮噪声及其控制

所谓齿轮的噪声，一般是指齿轮传动装置辐射出来的噪声，通常包括齿轮、传动轴、轴承和齿轮箱体等的声辐射。

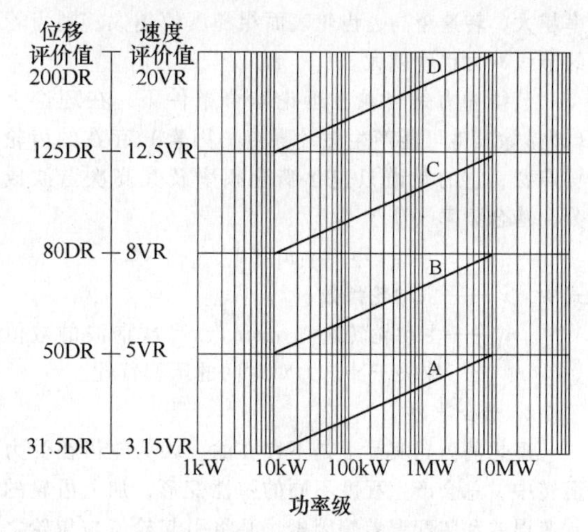

图 28-49　振动的主观评价值

28.4.1　渐开线齿轮啮合噪声的产生

一对渐开线齿形的齿轮在运转过程中产生的振动与噪声，主要是由于轮齿在啮合过程中产生“节线冲力”和“啮合冲力”所激起的。

1. 节线冲力

设有一对理想齿轮（即齿面啮合绝对准确和绝对刚性）啮合传动时，一对轮齿上的渐开线型面自 B_1 点开始接触，经节点 P 至 B_2 点相互分离，即 $\overline{B_1B_2}$ 线段为其啮合长度，如图 28-50 所示。B_1 点在主动轮齿面上接近于其基圆，而在从动轮齿面上处于顶圆，因此 B_1 点的相对滑动速度最大；随着齿轮转动，接触点沿啮合线向 P 点移动，相对滑动速度逐渐减小；而在 P 点改变方向，至 B_2 点时，其绝对值又趋于最大。由于齿面间存在摩擦力，相对滑动速度在 P 点的突然换向，导致齿面间相对摩擦力的方向突然改变，这样就产生了脉冲力。节点处的脉冲力称为“节线冲力”。其大小及持续时间与齿轮间的传递力、齿面间的摩擦因数，以及相对滑动速度的大小有关。传递力与摩擦因数决定摩擦力的大小；相对滑动速度及其改变方向的快慢，与齿轮的转速成比例。因此，齿轮的传递功

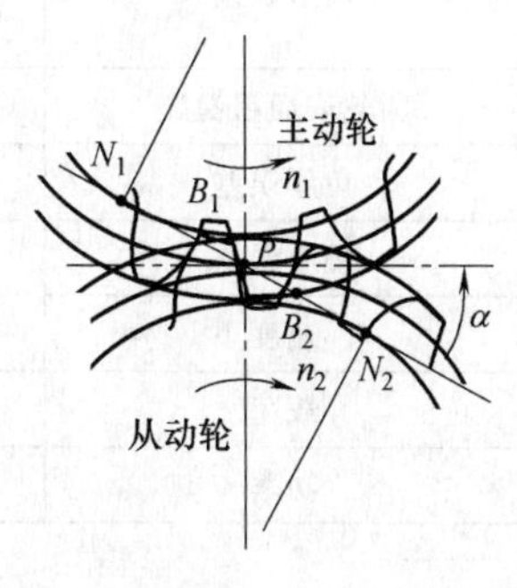

图 28-50　齿轮的啮合长度

率越大，转速越高，齿轮表面粗糙度值越大，则齿轮的节线冲力也就越大。

节线冲力是齿轮在理论啮合条件下，在理论上（即排除其他可能产生振动噪声的因素）存在的齿轮噪声源，它的频谱只包含啮合频率及其高次谐波成分。啮合频率（Hz）为

$$f_c = z_1 n_1 / 60$$

式中　z_1——主动轮齿数；

n_1——主动轮转速（r/min），高次谐波的数值取决于冲击力对时间的历程特性。

2. 啮合冲力

理想的齿轮实际上是不存在的。因为轮齿在受力运转中，总会产生程度不同的弹性变形，加上齿轮的制造误差和装配误差等因素，必将引起轮齿与齿轮之间的撞击现象，产生撞击力。这种由于轮齿的不准确啮合而引起的撞击力称为“啮合冲力”。

在齿轮啮合过程中，节线冲力和啮合冲力均是产生齿轮振动和噪声的激励源。影响节线冲力和啮合冲力大小的因素主要有齿轮的类型、压力角、重合度、基节、齿形、齿向误差、齿轮表面粗糙度、转速和载荷等。

3. 齿轮噪声的特点

齿轮在运转过程中，由于受到节线冲力和啮合冲力的激励，一方面产生频率为啮合频率和它的高次谐振的受迫振动，另一方面产生频率为固有频率的瞬态自由振动。当啮合频率和固有频率互为整数倍时，可能产生强烈的共振。因此，齿轮噪声有两种形式：一种是以啮合频率振动的噪声，另一种是整个齿轮以其固有频率振动的噪声。以哪种形式为主，则取决于齿轮的结构和精度、传递载荷等多方面的因素。齿轮频谱中各个频率的峰值，一般均随着齿轮转速的升高而加大。因为冲击力的数值取决于其随时间变化的规律，即力的变化时间越短，其数值越大，所以当齿轮转速升高时，激励力加大了，从而使振幅增大，引起辐射的噪声级升高。

齿轮噪声产生的原因，除了齿轮本身的原因之外，还有轴、轴承、箱体，以及驱动系统和工作机等方面的原因。图 28-51 所示齿轮噪声产生原因是根据调查资料[⊖]绘制的。调查对象是汽车、机床、通用机械、减速器等动力传动齿轮装置，齿轮模数 $m \leqslant$ 6mm，分度圆直径 $d \leqslant 400$mm，齿轮精度相当于 GB/T 10095.1—2008 中的 8 级以上。

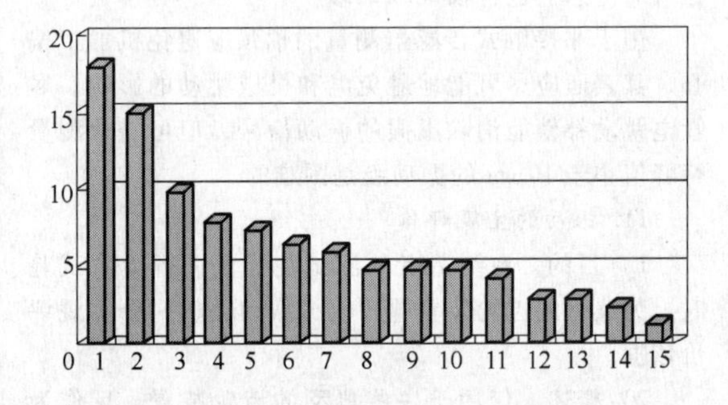

图 28-51　齿轮噪声产生的原因

1—齿轮的精度　2—组装精度　3—齿轮表面粗糙度　4—齿轮箱形状　5—齿轮润滑　6—轴承　7—材质　8—齿轮的设计　9—原动机与载荷变化　10—运行条件　11—轴、轴系　12—齿轮形状　13—齿轮磨损　14—碰伤和毛刺　15—其他

从图 28-51 可以看出，在产生噪声的全部原因中，组装方面占 15%，制造方面占 30%，设计方面占 35%，使用方面占 20%。因此，为了有效地控制齿轮噪声，应对具体对象进行全面的调查研究，找出主要问题所在，采取相应的措施。表 28-18 列出影响齿轮装置噪声的因素。

表 28-18　影响齿轮装置噪声的因素

序号	影响因素	噪声 Δ/dB	说　明
1	齿形误差	0 ~ 5	一般加工方法
		5 ~ 10	低精度齿轮
2	齿轮表面粗糙度	3 ~ 7	在常用的加工技术范围内
3	齿厚误差	3 ~ 5	
4	偏心误差	0 ~ 8	
5	速度	$\propto 20\lg(v/v_0)$	$v_0\omega_0$—额定速度和角速度 v、ω—工作速度与角速度
6	载荷	$\propto 20\lg(\omega/\omega_0)$	
7	功率	$\propto 20\lg[\omega v/(\omega_0 v_0)]$	

⊖ 大山政一，石川昌一.《トラブルない歯車》. 技术评论社，1980。

（续）

序号	影响因素	噪声Δ/dB	说　明
8	齿距	—	小齿距为好
9	重合度	0~7	越大越好，不要小于2
10	渐近角和渐远角	—	渐近角小为好
11	压力角	0~1	从20°降至14.5°
12	螺旋角	3~6	直齿轮与斜齿轮比较
13	齿宽	0	对于单位齿宽上载荷相同时
14	侧隙	0~14	侧隙过大时
		3~5	侧隙太小时
15	空气排出效应	6~10	当周速超过25m/s时
16	轮齿相位法	—	不可行
17	行星轮系相位法	5~11	
18	齿轮箱	6~10	假若共振或共鸣
19	齿轮阻尼	0~5	如果共振，或需要隔振
20	轴承	0~4	
21	轴承安装	0~2	
22	润滑	0~2	充满油可降噪，但会出现另外问题
		—	高速齿轮的困油、喷射噪声问题很多

28.4.2　控制齿轮噪声的主要方法

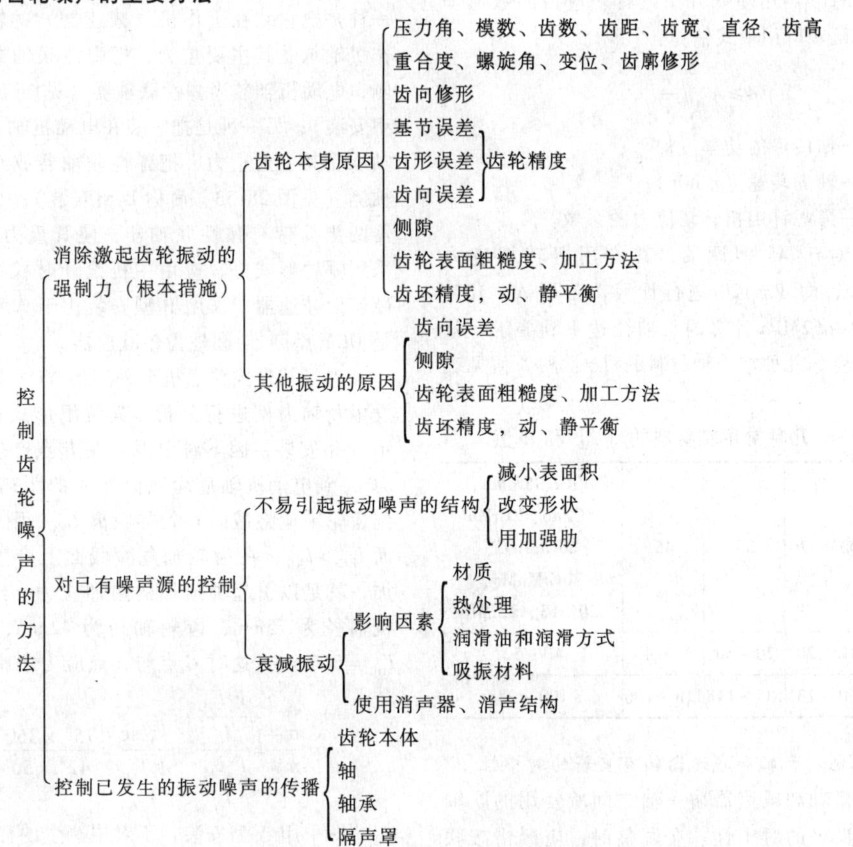

28.5 液力偶合器的合理安装与调整

减速器由软齿面改为硬齿面后，承载能力大为提高，如圆柱齿轮减速器（JB/T 8853—2001）的实际承载能力为旧产品的3倍以上。此外，冶金设备用的YNK型齿轮减速器、带式输送机用的圆锥—圆柱齿轮减速器（JB/T 9002—1999）同样如此。由于主机仍选用国内电动机，两者轴径相差较大，时有发生断轴现象，现就这一问题进行分析。

1. 根据使用工况合理选型

从选型方法来看，国内外基本上是一致的，即选型要按强度校核和热平衡校核两个步骤进行。其中，工作机的功率要满足下列条件

$$P_2K_A \leqslant P_1$$

式中 P_2——工作机的额定功率（kW）；

K_A——使用系数；

P_1——样本上的额定功率（kW）。

从理论分析和实际使用情况的调研来看，国外用户选型时均留有较大的功率裕度，同时考虑了可靠性因素。考虑我国国情等因素，应计及可靠度系数 K_R，这样更安全些。

在选型时，应初步估算一下轴径，仅考虑转矩作用，弯矩的影响用降低许用扭转切应力的数值予以考虑。轴径 d 可用下式估算：

$$d \geqslant A\sqrt[3]{\frac{P}{n}}$$

式中 P——轴传递的功率（kW）；

n——轴的转速（r/min）；

A——考虑许用扭转切应力的系数。

通常，对于45钢调质，其许用扭转切应力 $[\tau]=30\text{MPa}$，即 $A=120$ 进行计算。若用 $A=100$，即 $[\tau]=50\sim52\text{MPa}$ 计算时，轴径达不到要求，就有断轴的危险。几种常用轴材料的 $[\tau]$ 和 A 值见表28-19。

表28-19 几种常用轴材料的 $[\tau]$ 和 A 值

轴的材料	Q235、20	35	45	40Cr、35SiMn、35CrMo、42CrMo、20CrMnTi、20CrMnMo、20Cr13、42SiMn
$[\tau]$/MPa	12～20	20～30	30～40	40～52
A	160～135	135～118	118～106	100～98

2. 保证电动机轴和减速器轴有良好的对中性

在电动机轴和减速器输入轴之间所使用的联轴器，应具有良好的对中性。在调整时，应严格按联轴器的对中要求，如径向位移 Δx、轴向位移 Δy、角度位移 $\Delta\alpha$ 均应控制在要求的范围内，否则将会产生附加弯矩，严重者导致断轴。

3. 液力偶合器的合理安装与连接

在实际使用中，液力偶合器的安装与连接不合理，会严重影响减速器输出轴的正常工作，甚至使轴断裂。

齿轮减速器由软齿面改为硬齿面后，体积大为缩小，轴也由粗变细，轴的强度安全系数由过去的10以上，降到5以下，设计更为先进合理。但由于原动机目前仍选用国产电动机，齿轮轴径仅为电动机轴径的4/7～1/2；而国外产品，两轴直径一般是相当接近的，这就出现了两者轴径不匹配的新矛盾。由于轴径不同，导致两者刚度不同；如有附加径向力时，在两轴危险截面上产生附加弯曲，应力也不相同。

国产的液力偶合器大多把偶合器装在工作机（即减速器输入轴）上，弹性联轴器装在电动机侧，使减速器输入轴承受较大的附加弯矩，这是十分不利的。

国内近年来推广使用YOX型液力偶合器，其本身的同轴度要求很高，对中误差靠附带的弹性联轴器来补偿。一般液力偶合器有两种安装连接形式：一种是把它装在工作机（减速器）的输入轴上，工作机轴承受其主要重力，把弹性联轴器放在电动机侧，电动机轴装半弹性联轴器（见图28-52，简称A型安装）；另一种是把它装在电动机轴上，使电动机轴承受其主要重力，把弹性联轴器放在减速器输入轴侧（见图28-53，简称B型安装）；也有液力偶合器两侧都带有弹性联轴器，使其重力为两轴分担。采用哪种形式好，应由主机设计时权衡决定。对于硬齿面减速器，采用B型安装优于A型安装，尤其是DCY型圆锥-圆柱齿轮减速器。

现以某带式输送机上采用的YOX型液力偶合器发生断轴为例进行分析。其装配形式按图28-52所示A型安装，因不对中因素在 B 点产生的附加径向力 F_r 到电动机轴危险截面处 A 的距离 l_{AB}，远小于到齿轮轴危险截面 C 处的距离 l_{BC}，则轴径 $d_A>d_C$，而 $l_{BC}>l_{AB}$，在齿轮轴危险截面上产生的应力相叠加，就足以引起轴损坏的附加应力。经实测，电动机轴径为75mm，齿轮轴径为42mm，$l_{AB}=50\text{mm}$，$l_{BC}=360\text{mm}$，这时 C 点与 A 点应力之比为

$$\frac{\sigma_C}{\sigma_A}=\frac{\dfrac{F_r l_{BC}}{I_C}}{\dfrac{F_r l_{AB}}{I_A}}=\frac{d_A^3 l_{BC}}{d_C^3 l_{AB}}=\frac{75^3\times360}{42^3\times50}=41$$

即采用A型安装，不对中产生的径向力 F_r 在

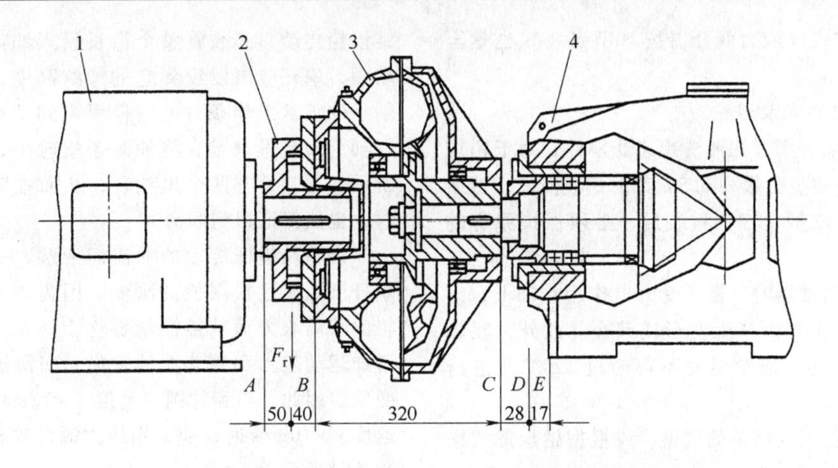

图 28-52　液力偶合器安装形式（A 型）及齿轮轴受弯分析

1—电动机　2—弹性联轴器　3—液力偶合器　4—减速器

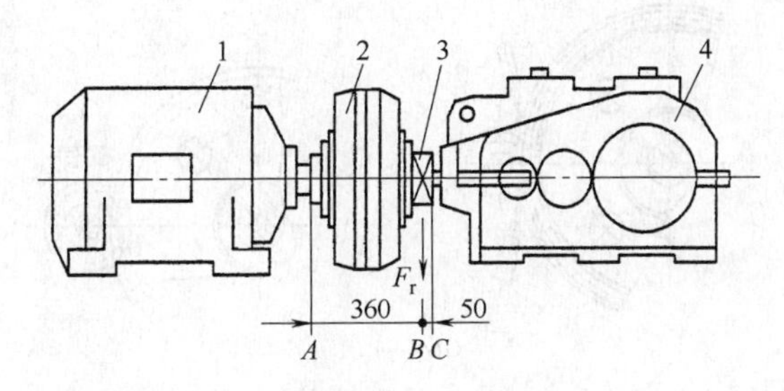

图 28-53　液力偶合器装在电动机轴上，弹性联轴器装在减速器输入轴侧（B 型安装）

1—电动机　2—液力偶合器

3—弹性联轴器　4—减速器

齿轮轴台阶处产生的应力，是电动机轴台阶处的 41 倍。因对中严重超差，F_r 力大，使 C 处应力高达 1160MPa，而 A 处应力仅有 28MPa，这种应力分配显然不合理。如改为 B 型安装（见图 28-53），使 F_r 力的位置由靠近电动机轴一侧，改为靠近减速器一侧，两者力臂关系变为 $l_{AB}>l_{BC}$，这就会使两者力臂差别和轴径差别产生的应力效果相抵消，$\sigma_C/\sigma_A=0.79$，相差不大。这样，利用力臂的补偿效果，可大大降低不对中因素在较细的齿轮轴上产生的附加弯曲应力，降低系统对不对中误差的敏感度，使配套设备轴径不匹配的不利因素转化为应力匹配的有利效果。

此外，由于液力偶合器只作静平衡设计，自身有一定质量，故两端安装基准的同轴度有较大的偏差。在采用 A 型安装形式时，这些不平衡力均作用在刚性较差的齿轮轴上，又增加了附加径向力，产生动载荷，引起偏心振动。因此，通常设计时，不宜采用 A 型安装。

国外，如德国弗兰德（Flender）公司在 20 世纪 80 年代初，在减速器和液力偶合器样本上，还没有明确液力偶合器的装法；但到 20 世纪 90 年代初的产品样本上，就明确指出了“通常使较粗的电动机轴承受液力偶合器的质量，使齿轮轴支撑在弹性联轴器的输出端，否则会引起齿轮轴的弯曲振动和使轴承出问题”，并强调指出，这一点“对圆锥-圆柱齿轮装置在高速工作时尤为突出”。该公司明确指出，选用他们的减速器，必须把液力偶合器装在电动机轴上。同时，在安装液力偶合器时，按图 28-54 所示的方法进行调整，将百分表座固定在液力偶合器的刚性外壳上，使百分表触头接触在连接法兰上，在外侧 A 处测量径向圆跳动量不得超过 0.1mm；在 B 处测量轴向圆跳动量，同时转动液力偶合器，使其轴向圆跳动量控制在 0.1mm 以内，使输出法兰与连接法兰之间保持 4～6mm。

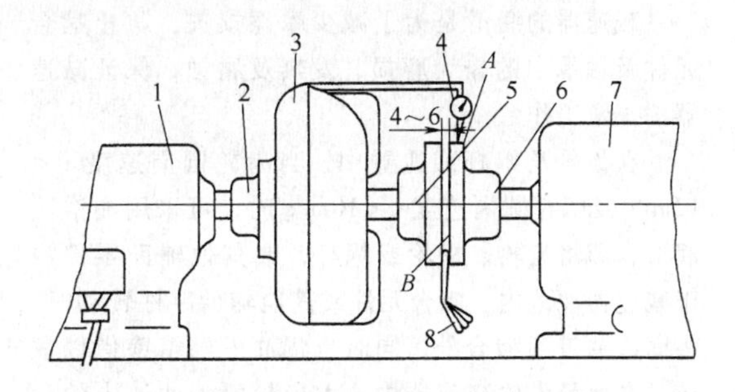

图 28-54　液力偶合器的安装与调整

1—电动机　2—输入法兰　3—液力偶合器　4—百分表　5—输出法兰　6—连接法兰　7—从动机械或减速器　8—塞尺

总之，要克服硬齿面减速器与圆锥-圆柱齿轮减速器（DCY 型）时常发生的断轴现象，除齿轮轴的结构、材质与热处理质量保证外，在使用安装方面，保证减速器与电动机轴线的正确对中，选择合理的安装与连接方式（液力偶合器按 B 型安装）也是至关重要的。

4. 减速器的安装调整

1）安装前，用煤油清洗减速器零件，对于锈蚀较严重的可用质量分数为 0.5% 苛性钠液清洗，然后用清水冲洗并吹擦干净。重装后，必须保持原有的装配状态。

2）压装联轴器时，要求受力点作用在轴上，以免轴承和箱体受力而产生变形或破裂。此外，联轴器可在油中加热，通常温度不得超过 120℃，进行热装。

3）减速器轴向间隙的调整，应根据轴承形式来确定。

① 当采用深沟球（滚子）轴承时，轴向总间隙为 0.2 ~ 0.6mm。调整方法是增减调整环厚度，但同一位置上调整环数量不得超过两个。

② 采用圆锥滚子轴承时，轴向总间隙为 0.1 ~ 0.2mm。调整方法是把调整螺钉拧紧（轴向总间隙为零）后，再反转 1/12 圈（即回转 30℃左右），然后用防松垫圈固定。

4）安装前应清除基础支承面上的脏物，对混凝土基础必须铲毛，基础外形、标高及连接尺寸应符合设计要求。

5）减速器在基础上安装时，应校正中心线、标高、水平度，以及与相邻部件的相关尺寸，特别是传动轴的同轴度应在所选用联轴器的许可范围内。

28.6 减速器的润滑

减速器的润滑是为了减少摩擦损失，防止啮合元件及轴承中的较大磨损、发热及腐蚀，保证减速器的正常工作。

在齿轮及蜗杆减速器中，当齿轮圆周速度 $v<12$m/s 及蜗杆圆周速度 $v<10$m/s 时，可采用油浴法润滑，即将齿轮、蜗轮或蜗杆，或其他辅助零件浸于减速器油池内，啮合元件或其他辅助零件转动时，将润滑油带到啮合处，同时也将油甩到箱壁借以散热。在单级齿轮减速器中，大齿轮浸入油池中的深度约为一个齿高；在大模数（$m>20$mm）和润滑油粘度较高时，齿轮浸入油池的深度只允许半个齿高。当圆周速度不高时，即 $v=0.5\sim0.8$m/s，齿轮浸入深度可为齿轮半径的 1/6；低速传动则可为齿轮半径的 1/3。多级减速器和复合减速器通常不可能将所有齿轮的齿均浸入油中，因为需要很高的油位，且低速级将浸入过深。在这种情况下，可采用图 28-55b ~ d 所示的打油盘、打油惰轮、油环润滑的方法。对于锥齿轮传动，必须将整个齿长浸入油内。在蜗杆传动中，蜗杆应该浸没到它的螺纹高度；但根据蜗杆轴承的正常工作条件，蜗杆浸不到油中时，可在蜗杆轴上安装甩油环，将油溅于蜗轮上，如图 28-55e 所示。通常设有两个甩油环，从而在转动方向改变时，也能保证得到润滑。

齿轮及蜗杆传动的油浴润滑法，一般受齿轮或蜗杆圆周速度极限值的限制，因为速度更大时，油将由于离心力而从被润滑零件上飞出去。此外，还增加运动阻力和减速器的发热，润滑油易于氧化和变质。因此，当齿轮圆周速度 $v>12$m/s 和蜗杆圆周速度 $v>10$m/s 时，应采用压力循环喷油润滑，如图 28-55a 所示。

对于直齿轮 $v<20$m/s，斜齿轮 $v<48$m/s 时，油应喷向轮齿进入啮合的一侧。当速度大时，为了避免

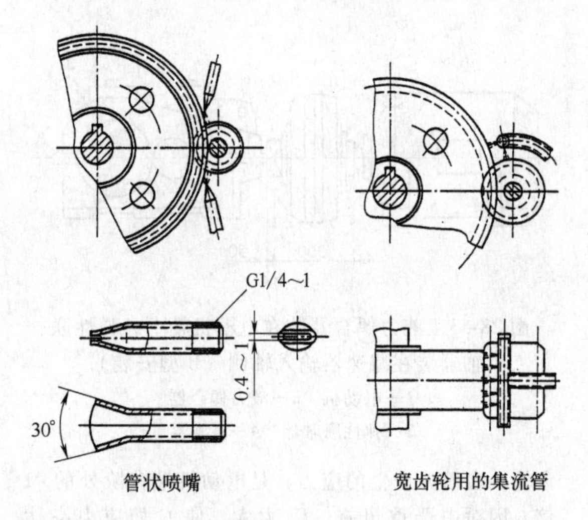

a)

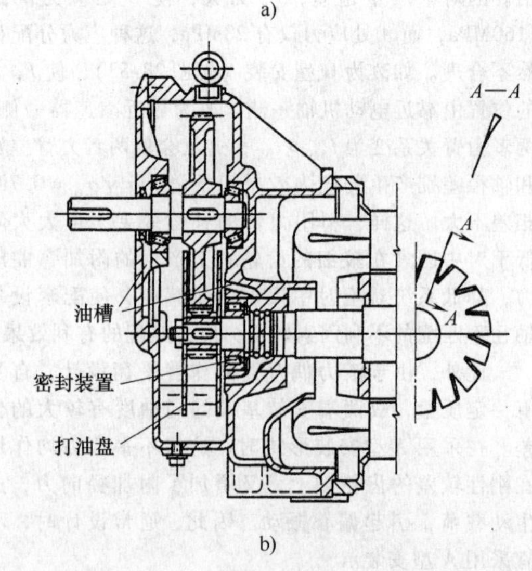

b)

图 28-55 齿轮、蜗杆减速器的润滑
a）压力循环喷油润滑 b）打油盘润滑

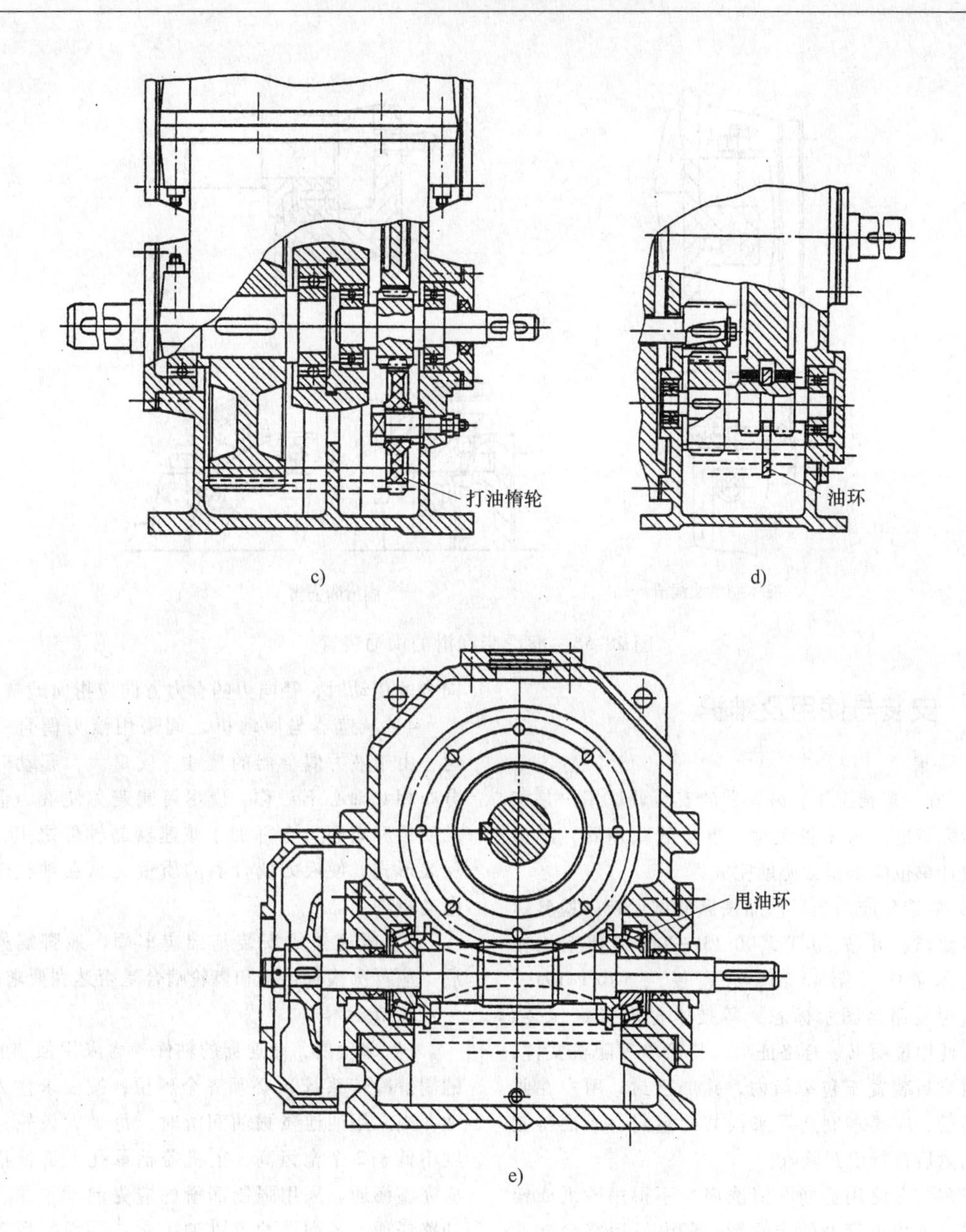

图 28-55　齿轮、蜗杆减速器的润滑（续）
c）打油惰轮润滑　d）油环润滑　e）甩油环润滑

过大的冲击损失，油应喷向反面。

减速器中滚动轴承的良好润滑，可以减少摩擦阻力及噪声，吸收振动，防止锈蚀，并有利于散热。减速器中滚动轴承的润滑，常采用的润滑剂有润滑油和润滑脂两种。

选择润滑油时，应考虑到轴承的载荷、转速、温度和工作环境等因素。轴承的载荷大、温度高，采用润滑油的粘度应高；轴承的载荷小、温度低和转速高时，可用粘度小的润滑油。

轴承中润滑油过多或过少，都将引起轴承过热现象。当轴承转速 $n = 1500\mathrm{r/min}$ 时，油面不宜超过轴承下部滚动体的中心；当 $n > 1500\mathrm{r/min}$ 时，油面应更低些。

在轴承转动座圈圆周速度为 4 ~ 5m/s 时，可采用润滑脂润滑。采用润滑脂润滑时，轴承中润滑脂装入量可占轴承室空间的 1/3 ~ 1/2。

减速器中滚动轴承的润滑法，可直接利用减速器油浴中的润滑油，这时必须将减速器油池内的润滑油引入轴承。

图 28-56 所示为润滑脂润滑的供油装置。

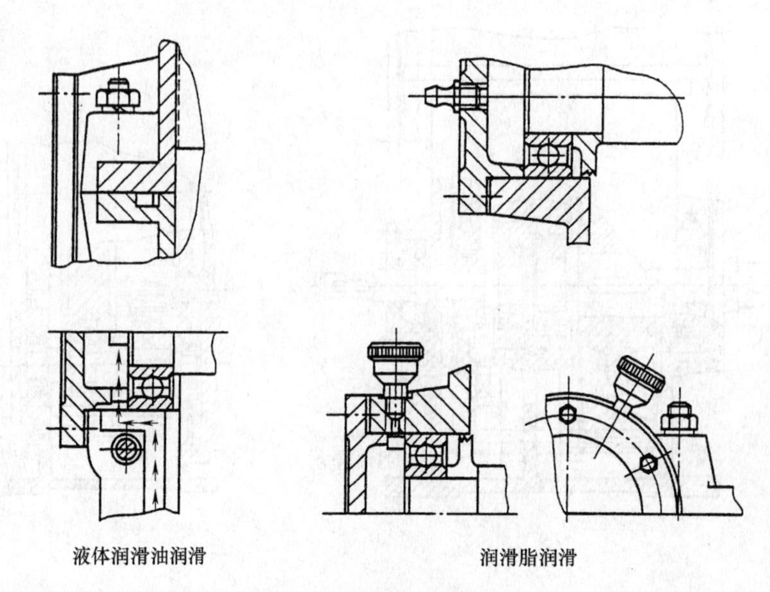

图 28-56 润滑脂润滑的供油装置

28.7 安装与使用及维护

1. 安装

1）在一般情况下，减速器的安装调试用户是能够自行完成的。对于较大型、重要的减速器，制造厂、设计单位应承担或协助完成。

2）制造厂应对出厂产品按标准试运转，检验达到合格要求，并按 JB/T 5000.13—2007《重型机械通用技术条件　第 13 部分：包装》、GB/T 191—2008《包装储运图示标志》等技术标准规定包装、发运。使用说明书、合格证书、装箱单等随机文件，用塑料袋封装置于包装箱内，并加密封。用户在收到货物后，应要求制造厂来人共同启封，或征得制造厂同意后自行启封验收。

安装前应使用适当的清洗剂（不得用砂纸或锉刀）清洗伸出轴等处的防锈剂。厂内吊运整台减速器必须用机体（下箱体）的吊钩。机盖上的吊钩（或吊环）仅用于起吊机盖单件。

3）轴伸安装联轴器、带轮、齿轮、链轮应采用热装或冷冻方法（采用液态氮冷冻），不能采用强力打击等可能损坏轴承和挡圈的方法。采用联轴器连接时，减速器伸出轴与原动机、工作机伸出轴应同心、平行。同轴度误差一般不大于 0.08mm，允许两轴心线交角（平行度误差）为：检查成对联轴器结合面相对 180°的间隙值为 0.05 ~ 0.1mm。控制这两项误差就能减小轴伸和轴承附加载荷，减少轴上齿轮偏载。

伸出轴装置带轮、链轮、齿轮等产生伸出轴径向力的传动时，径向力的合力方向应指向地基。

4）减速器与原动机之间采用液力偶合器连接时，由于液力偶合器的尺寸、质量大，起动时液体分布相对轴心不对称，应尽可能避免使液力偶合器的质量和离心力全部加于减速器的轴伸之上，采用反装形式，使液力偶合器的质量支承在轴径较大的电动机轴上。

5）减速器的安装基础应牢固，地脚螺栓紧固后，应再次检查连接和齿轮啮合是否达到要求。

2. 试运转

1）起动前，减速器的轴件（含采用强制润滑时的润滑冷却系统）必须齐全到位；按要求注入润滑油。当采用油池飞溅油润滑时，每级大齿轮浸油深度不低于 2 个全齿高，上机盖轴承孔上部油槽油眼应完整畅通。采用强制润滑的应先起动油泵，且应油路畅通，各润滑油点供油正常；采用蛇形管冷却时，管路畅通，水流正常。

齿轮和轴承采用同一中负荷齿轮油润滑，当高速级齿轮圆周速度 $v \leqslant 2.5$m/s，或环境温度在 35 ~ 50℃之间时，采用 L-CKC320；当 $v > 2.5$m/s 和采用强制循环油润滑时，采用 L-CKC220。此类油中有多种添加剂，润滑与抗老化性能良好。

如果环境温度低于 0℃，或高于 50℃，或外部有热源，应采取适当措施预热或隔热。

2）起动后，应细致观测是否运转平稳，是否有不正常噪声和冲击声，安装是否牢固，有无渗漏，轴承和油封处及润滑油是否急剧升温。若出现故障应及时排除故障。

3）有条件时应先空载，然后逐级加载运转。

3. 使用与维护

1）减速器运转正常时，应运转平稳、声响均匀，振动和温度都在正常的范围之内。如发现突然变化，应停机检查故障并及时排除。对于重要的大型减速器，建议建立测试数据挡案或计算机监控。

2）润滑充分是减速器正常运转的必要条件。而润滑充分的必要条件是油品，特别是油的粘度合格；油量足够，但也不应过多。对于油液润滑，齿轮浸油太深，会增加搅油功率损耗，发热升温，同时增大噪声。喷油润滑油压为0.05～0.25MPa，喷油量以1kW损耗功率约4L/min较适当。

对于停歇时间超过24h且满载起动的减速器，起动前先给润滑油。当齿轮浸油润滑时，应人工从视孔给齿轮上半部浇油，以免齿面无润滑油而产生胶合擦伤。

L-CKC220和L-CKC320中负荷齿轮油的较佳工作油温为55～75℃，但可以到100℃，短时间的峰值温度达120℃也是允许的，但油的寿命将缩短。

减速器首次使用运转300～600h后，应更换润滑油。在停车油未冷时排放旧油。此后每运转4000～5000h更换一次油。如果每日运转时数较少，更换油的间隔期也不应超过18个月。更换油时，应消除减速器油池内的杂物，清洗油路系统。

3）减速器的紧固件虽然采取了防松措施（涂防松胶或加防松垫圈），但运转中也可能松动，应经常检查、紧固。

4）减速器大修或更换损坏零件重新组装时，应参照减速器装配图及有关标准进行。应注意结合面涂匀密封胶，不可堵塞油路，骨架油封的唇口不可损伤。安装、使用、维护越认真、合理，则运转越可靠，使用寿命越长。

5）减速器中，凡是形成封闭腔的轴承处或端盖，应设置回油孔，使润滑油回油箱，形成对流，以免产生发热。

6）逆止器的安装，应在电动机转向确定后再行装上，否则将有遭受损坏的危险；同时要注意其旋向和对中度，否则将产生响声。

7）对于油浴润滑的减速器，目前的趋势有油位偏高的倾向，主要为了保证润滑的可靠性。但油位过高，产生搅拌损失增大，使传动效率下降；同时在高速级处油温升高较快，易使润滑油变质。通常设计中，以齿轮副中的大齿轮浸入油中2～3倍全齿高便可。但目前使用中的减速器，有的油位接近于分型面，似乎偏高，作者认为最高油位可以高速轴最小轴承下侧的滚子（球）中心作为油标中心位置，这样既可保证减速器中所有运动件的润滑，同时又不至于油位偏高。还有人认为油浴润滑的油位高度不应超过轴承最低滚动体中心，以免加大搅油损失。由此可见，选择合适的油位高度是至关重要的。

通常的传动件浸油深度不应超过其分度圆半径的1/3，同时为避免油搅动时沉渣泛起，齿顶至油池底面的距离不应小于30mm。

8）透气帽。透气帽用于通气，使箱内外气压一致，以避免由于运行时箱体内部油温升高、内压增大而引起减速器润滑油的渗漏。通常宜选大一些，如日本采用空气滤清器作为透气帽。对于较大型的减速器应采用两个透气帽，便于形成对流，产生一进一出的通气效果。

第29章　齿轮常用材料及其性能

合理地选用齿轮材料，正确地进行热处理，对提高齿轮的承载能力、延长齿轮的使用寿命是至关重要的。通常齿轮材料以钢为主，其次是铸铁和铜合金，以及其他的特殊材料。

29.1　齿轮常用钢

1）调质及表面淬火齿轮用钢的选择，见表29-1。

2）渗碳齿轮常用钢的选择，见表29-2。

3）氮化齿轮常用钢应根据不同工况条件进行选择，选择的基本原则见表29-3。

4）齿轮常用钢材的化学成分和力学性能分别见表29-4和表29-5。齿轮、齿圈锻件材料见表29-6。

表29-1　调质及表面淬火齿轮用钢的选择

齿轮种类			钢号选择	备注
汽车、拖拉机及机床中的不重要齿轮			45	调质
中速、中载车床变速箱、钻床变速箱次要齿轮及高速、中载磨床砂轮齿轮				调质＋高频感应淬火
中速、中载较大截面机床齿轮			40Cr、42SiMn、35SiMn、45MnB	调质
中速、中载并带一定冲击的机床变速箱齿轮及高速、重载并要求齿面硬度高的机床齿轮				调质＋高频感应淬火
起重机械、运输机械、建筑机械、水泥机械、冶金机械、矿山机械、工程机械、石油机械等设备中的低速重载大齿轮	一般载荷不大，截面尺寸也不大，要求不太高的齿轮	Ⅰ	35、45、55	1）少数直径大、载荷小、转速不高的末级传动大齿轮可采用SiMn钢正火 2）根据齿轮截面尺寸大小及重要程度，分别选用各类钢材（从Ⅰ到Ⅴ，淬透性逐渐提高） 3）根据设计，要求表面硬度大于40HRC者应采用调质＋表面淬火
		Ⅱ	40Mn、50Mn2、40Cr、35SiMn、42SiMn	
	截面尺寸较大，承受较大载荷，要求比较高的齿轮	Ⅲ	35CrMo、42CrMo、40CrMnMo、35CrMnSi、40CrNi、40CrNiMo、45CrNiMoV	
	截面尺寸很大，承受载荷大，并要求有足够韧性的重要齿轮	Ⅳ	35CrNi2Mo、40CrNi2Mo	
		Ⅴ	30CrNi3、34CrNi3Mo、35SiMn2MoV	

注：低速、重载大齿轮用钢的Ⅰ～Ⅴ类基本上按淬透性划分。

表29-2　渗碳齿轮用钢的选择

齿轮种类	选择钢号
汽车变速器、分动箱、起动机及驱动桥的各类齿轮	20Cr、20CrMnTi、20CrMnMo、25MnTiB、20MnVB、20CrMo
拖拉机动力传动装置中的各类齿轮	
机床变速箱、龙门铣电动机及立车等机械中的高速、重载、受冲击的齿轮	
起重、运输、矿山、通用、化工、机车等机械变速器中的小齿轮	
化工、冶金、电站、铁路、宇航、海运等设备中的汽轮发电机、工业汽轮机、燃气轮机、高速鼓风机、压缩机等的高速齿轮要求长周期、安全可靠地运行	12Cr2Ni4、20Cr2Ni4、20CrNi3、18Cr2Ni4W、20CrNi2Mo、20Cr2Mn2Mo、17CrNiMo6
大型轧钢机减速器齿轮、人字机座轴齿轮，大型带运输机传动轴齿轮、锥齿轮、大型挖掘机传动箱主动齿轮，井下采煤机传动齿轮，坦克齿轮等低速重载、并受冲击载荷的传动齿轮	

表29-3　氮化齿轮用钢的选择

齿轮种类	性能要求	选择钢号
一般齿轮	表面耐磨	20Cr、20CrMnTi、40Cr
在冲击载荷下工作的齿轮	表面耐磨、心部韧性高	18CrNiWA、18Cr2Ni4WA、30CrNi3、35CrMo
在重载荷下工作的齿轮	表面耐磨、心部强度高	30CrMnSi、35CrMoV、25Cr2MoV、42CrMo
在重载荷及冲击下工作的齿轮	表面耐磨、心部强度高、韧性高	30CrNiMoA、40CrNiMoA、30CrNi2Mo
精密耐磨齿轮	表面高硬度、变形小	38CrMoAlA、30CrMoAl

表29-4 常用齿轮钢材的化学成分（质量分数） （%）

序号	钢号	C	Si	Mn	Mo	W	Cr	Ni	V	Ti	B	Al
1	40Mn2	0.37～0.44	0.20～0.40	1.40～1.80								
2	50Mn2	0.47～0.55	0.20～0.40	1.40～1.80								
3	35SiMn	0.32～0.40	1.10～1.40	1.10～1.40								
4	42SiMn	0.39～0.45	1.10～1.40	1.10～1.40								
5	37SiMn2MoV	0.33～0.39	0.60～0.90	1.60～1.90	0.40～0.50				0.05～0.12			
6	20MnTiB	0.17～0.24	0.20～0.40	1.30～1.60						0.06～0.12	0.0005～0.0035	
7	25MnTiB	0.22～0.28	0.20～0.40	1.30～1.60						0.06～0.12	0.0005～0.0035	
8	15MnVB	0.12～0.18	0.20～0.40	1.20～1.60					0.07～0.12			
9	20MnVB	0.17～0.24	0.20～0.40	1.50～1.80					0.07～0.12		0.0005～0.0035	
10	45MnB	0.42～0.49	0.20～0.40	1.10～1.40							0.0005～0.0035	
11	30CrMnSi	0.27～0.34	0.90～1.20	0.80～1.10			0.80～1.10					
12	35CrMnSi	0.32～0.39	1.10～1.40	1.80～1.10			1.10～1.40					
13	50CrV	0.47～0.54	0.20～0.40	0.50～0.80			0.80～1.10		0.10～0.20			
14	20CrMnTi	0.17～0.24	0.20～0.40	0.80～1.10			1.00～1.30			0.06～0.12		
15	20CrMo	0.17～0.24	0.20～0.40	0.40～0.70	0.15～0.25		0.80～1.10					
16	35CrMo	0.30～0.40	0.20～0.40	0.40～0.70	0.15～0.25		0.80～1.10					
17	42CrMo	0.38～0.45	0.20～0.40	0.50～0.80	0.15～0.25		0.90～1.20					
18	20CrMnMo	0.17～0.24	0.20～0.40	0.90～1.20	0.20～0.30		1.10～1.40					
19	40CrMnMo	0.37～0.45	0.20～0.40	0.90～1.20	0.20～0.30		0.90～1.20					
20	25Cr2MoV	0.22～0.29	0.20～0.40	0.40～0.70	0.25～0.35		1.50～1.80		0.15～0.30			
21	35CrMoV	0.30～0.38	0.20～0.40	0.40～0.70	0.20～0.30		1.00～1.30		0.10～0.20			
22	38CrMoAl	0.35～0.42	0.20～0.40	0.30～0.60	0.15～0.25		1.35～1.65					0.70～1.10
23	20Cr	0.17～0.24	0.20～0.40	0.50～0.80			0.70～1.00					
24	40Cr	0.37～0.45	0.20～0.40	0.50～0.80			0.80～1.10					

（续）

序号	钢号	C	Si	Mn	Mo	W	Cr	Ni	V	Ti	B	Al
25	40CrNi	0.37～0.44	0.20～0.40	0.50～0.80			0.45～0.75	1.00～1.40				
26	12CrNi2	0.10～0.17	0.20～0.40	0.30～0.60			0.60～0.90	1.50～2.00				
27	12CrNi3	0.10～0.17	0.20～0.40	0.30～0.60			0.60～0.90	2.75～3.25				
28	20CrNi3	0.17～0.24	0.20～0.40	0.30～0.60			0.60～0.90	2.75～3.25				
29	30CrNi3	0.27～0.34	0.20～0.40	0.30～0.60			0.60～0.90	2.75～3.25				
30	12Cr2Ni4	0.10～0.17	0.20～0.40	0.30～0.60			1.25～1.75	3.25～3.75				
31	20Cr2Ni4	0.17～0.24	0.20～0.40	0.30～0.60			1.25～1.75	3.25～3.75				
32	40CrNiMo	0.37～0.44	0.20～0.40	0.50～0.80	0.15～0.25		0.60～0.90	1.25～1.75				
33	45CrNiMoV	0.42～0.49	0.20～0.40	0.50～0.80	0.20～0.30		0.80～1.10	1.30～1.80	0.10～0.20			
34	30CrNi2MoV	0.27～0.43	0.20～0.40	0.30～0.60	0.15～0.25		0.60～0.90	2.00～2.50	0.15～0.30			
35	18Cr2Ni4W	0.13～0.19	0.20～0.40	0.30～0.60		0.80～1.20	1.35～1.65	4.00～4.50				

表 29-5　常用齿轮钢材的力学性能

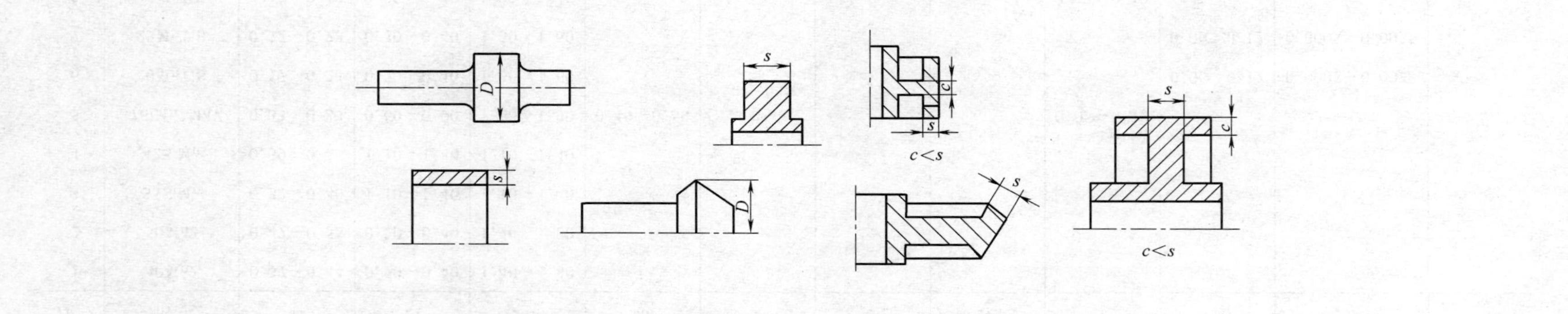

（续）

钢号	热处理状态	截面尺寸		力学性能					硬度 HBW
		直径 D/mm	壁厚 s/mm	σ_b	σ_s	δ_5	ψ	a_K /(J/cm²)	
				MPa		%			
42Mn2	调质	50	25	≥794	≥588	≥17	≥59	≥63.7	—
		100	50	≥745	≥510	≥15.5	—	≥19.6	—
50Mn2	正火＋高温回火	≤100	≤50	≥735	≥392	≥14	≥35	—	187～241
		100～300	50～150	≥716	≥373	≥13	≥33	—	187～241
		300～500	150～250	≥686	≥353	≥12	≥30	—	187～241
	调质	≤80	≤40	≥932	≥686	≥9	≥40	—	255～302
35SiMn	调质	<100	<50	≥735	≥490	≥15	45	58.8	≥222
		100～300	50～150	≥735	≥441	≥14	≥35	49.0	217～269
		300～400	150～200	≥686	≥392	≥13	≥30	41.1	217～225
		400～500	200～250	≥637	≥373	≥11	≥28	39.2	196～225
42SiMn	调质	≤100	≤50	≥784	≥510	≥15	≥45	≥39.2	229～286
		100～200	50～100	≥735	≥461	≥14	≥42	≥29.2	217～269
		200～300	100～150	≥686	≥441	≥13	≥40	≥29.2	217～255
		300～500	150～250	≥637	≥373	≥10	≥40	≥24.5	196～255
37SiMn2MoV	调质	200～400	100～200	≥814	≥637	≥14	≥40	≥39.2	241～286
		400～600	200～300	≥765	≥588	≥14	≥40	≥39.2	241～269
		600～800	300～400	≥716	≥539	≥12	≥35	≥34.3	229～241
		1270	635	834/878	677/726	1.90/18.0	45.0/40.0	28.4/22.6	241/248
20MnTiB	淬火＋低、中温回火	25	12.5	≥1451	—	$A_{11.5}$≥7.5	≥56	≥98.1	≥47HRC
				≥1402	—	$A_{11.5}$≥7	≥53	≥98.1	≥47HRC
				≥1275	—	$A_{11.5}$≥8	≥59	≥98.1	≥42HRC
20MnVB	渗碳＋淬火＋低温回火	≤120	≤60	1500	—	11.5	45	127.5	心部398
45MnB	调质	45	22.5	824	598	14	60	103	表面241
				≥834	559	16	59	—	表面277

（续）

钢号	热处理状态	截面尺寸		力学性能					硬度 HBW
		直径 D/mm	壁厚 s/mm	σ_b	σ_s	δ_5	ψ	a_K /(J/cm²)	
				MPa		%			
30CrMnSi	调质	<100	<50	≥834	≥588	≥12	≥35	≥58.8	240～292
		100～200	50～100	≥706	≥461	≥16	≥35	≥49.0	207～229
50CrV	调质	40～100	20～50	981～1177	≥785	≥11	≥45	—	—
		100～250	50～125	785～981	≥588	≥13	≥50	—	—
20CrMnTi（18CrMnTi）	渗碳＋淬火＋低温回火	30	15	≥1079	≥883	≥8	≥50	≥78.5	—
		≤80	≤40	≥981	≥785	≥9	≥50	≥78.5	表面 56～62HRC
		100	50	≥883	686	≥10	≥40	≥92.2	心部 30～40HRC
20CrMo	淬火＋低温回火	30	15	≥775	≥433	≥21.2	≥55	≥92.2	≥217
35CrMo	调质	50～100	20～50	735～883	539～686	14～16	45～50	68.6～88.3	217～255
		100～240	50～120	686～834	>441	>15	≥45	≥49.0	207～269
		100～300	50～150	≥686	≥490	≥15	≥50	≥68.6	—
		300～500	150～250	≥637	≥441	≥15	≥35	≥39.2	207～269
		500～800	250～400	≥588	≥392	≥12	≥30	≥29.4	207～269
42CrMo	调质	40～100	20～50	883～1020	>686	≥12	≥50	49.0～68.6	—
		100～250	50～125	735～883	>539	≥14	≥55	49.0～78.5	—
		100～250	50～125	735	589	≥14	40	58.8	207～269
		250～300	125～150	637	490	≥14	35	39.2	207～269
		300～500	150～250	588	441	10	30	39.2	207～269
20CrMnMo	渗碳＋淬火＋低温回火	30	15	≥1079	≥785	≥7	≥40	≥39.2	表面 56～62HRC 心部 30～40HRC
		≤100	≤50	≥834	≥490	≥15	≥40	≥39.2	表面 56～62HRC 心部 28～33HRC
40CrMnMo	调质	150	75	≥778	≥758	≥14.8	≥56.4	≥83.4	288
		300	150	≥811	≥655	≥16.8	≥52.2	—	255
		400	200	≥786	≥532	≥16.8	≥43.7	≥49.0	249
		500	250	≥748	≥484	≥14.0	≥46.2	≥42.2	213

（续）

钢号	热处理状态	截面尺寸		力学性能					硬度 HBW
		直径 D/mm	壁厚 s/mm	σ_b	σ_s	δ_5	ψ	a_K /(J/cm^2)	
				MPa		%			
25Cr2MoV	调质	25	12.5	≥932	≥785	≥14	≥55	≥78.5	≤247
		150	75	≥834	≥735	≥15	≥50	≥58.8	269 ~ 321
		≤200	≤100	≥735	≥588	≥16	≥50	≥58.8	241 ~ 277
35CrMoV	调质	120	60	≥883	≥785	≥15	≥50	≥68.6	—
		240	120	≥834	≥686	≥12	≥45	≥58.8	—
		500	250	657	490	14	40	49.0	212 ~ 248
38CrMoAl	调质	40	20	≥941	≥785	≥18	≥58	—	—
		80	40	≥922	≥735	≥16	≥56	—	—
		100	50	≥922	≥706	≥16	≥54	—	—
		120	60	≥912	≥686	≥15	≥52	—	—
		160	80	≥765	≥588	≥14	≥45	≥58.8	241 ~ 285
20Cr	渗碳 + 淬火 + 低温回火	60	30	≥637	≥392	≥13	≥40	49.0	心部≥178
		60	30	637 ~ 931	392 ~ 686	13 ~ 20	45 ~ 55	49.0 ~ 78.5	$\frac{1}{3}$半径处 > 182
40Cr	调质	100 ~ 300	50 ~ 150	≥686	≥490	≥14	≥45	≥392	241 ~ 286
		300 ~ 500	150 ~ 250	≥637	≥441	≥10	≥35	≥29.4	229 ~ 269
		500 ~ 800	250 ~ 400	≥588	≥343	≥8	≥30	≥19.2	217 ~ 255
40Cr	C-N 共渗淬火，回火	<40	<20	1373 ~ 1569	1177 ~ 1373	7	25	—	43 ~ 53HRC
40CrNi	调质	100 ~ 300	50 ~ 150	≥785	≥569	≥9	≥38	≥49.0	225
40CrNi	调质	300 ~ 500	150 ~ 250	≥735	≥549	≥8	≥36	≥44.1	255
		500 ~ 700	250 ~ 350	≥686	≥530	≥8	≥35	≥44.1	255
12CrNi2	渗碳 + 淬火 + 低温回火	20	10	≥686	≥539	≥12	≥50	≥88.3	表面≥58HRC
		30	15	≥785	≥588	≥12	≥50	≥78.5	表面≥58HRC
		60	30	≥932	≥686	≥12	≥50	≥88.3	表面≥58HRC
12CrNi3	渗碳 + 淬火 + 低温回火	30	15	≥932	≥686	≥10	≥50	≥98.1	表面≥58HRC 心部 28 ~ 40HRC
		<40	<20	≥834	≥686	≥10	≥50	≥78.5	表面≥58HRC 心部≥241

（续）

钢号	热处理状态	截面尺寸		力学性能					硬度 HBW
		直径 D/mm	壁厚 s/mm	σ_b	σ_s	δ_5	ψ	a_K /(J/cm^2)	
				MPa		%			
20CrNi3	渗碳+淬火+低温回火	30	15	≥932	≥735	≥11	≥55	≥98.1	表面≥58HRC
		30	15	≥1079	≥883	≥7	≥50	≥88.3	表面≥58HRC 心部 284～415
30CrNi3	调质	<100	50	≥785	≥559	≥16	≥50	≥68.6	≥241
		100～300	50～150	≥735	≥539	≥15	≥45	≥58.8	≥241
12Cr2Ni4	渗碳+淬火+低温回火	15	7.5	≥1079	≥834	≥10	≥50	≥88.3	表面≥60HRC
	渗碳+高温回火+淬火+低温回火	30	15	≥1177	≥1128	≥10	≥55	≥78.5	表面≥60HRC 心部 302～388
20Cr2Ni4	渗碳+淬火+低温回火	25	12.5	≥1177	≥1079	≥10	≥45	≥78.5	表面≥60HRC
	渗碳+淬火+低温回火	30	15	≥1177	≥1079	≥9	≥45	≥78.5	表面≥60HRC 心部 305～405
40CrNiMo	调质	120	60	≥834	≥686	≥13	≥50	≥78.5	—
		240	120	≥785	≥588	≥13	≥45	≥58.8	—
		≤250	≤125	686～834	≥490	≥14	—	≥49.0	—
		≤500	≤250	588～734	≥392	≥18	—	≥68.6	—
45CrNiMoV	调质	25	12.5	≥1030	≥883	≥8	≥30	≥68.6	—
		60	30	≥1471	≥1324	≥7	≥35	≥39.2	—
	退火+调质	100	50	≥1030	≥883	≥9	≥40	≥49.0	321～363
				≥883	≥686	≥10	≥45	≥58.8	260～321
30CrNi2MoV	调质	120	60	≥883	≥735	≥12	≥50	≥78.5	—
18Cr2Ni4W	渗碳+淬火+低温回火	15	7.5	≥1128	≥834	≥11	≥45	≥98.1	表面≥58HRC 心部 340～387
		30	15	≥1128	≥834	≥12	≥50	≥98.1	表面≥58HRC 心部 35～47HRC
		60	30	≥1128	≥834	≥12	≥50	≥98.1	表面≥58HRC 心部 341～367
		60～100	30～50	≥1128	≥834	≥11	≥45	≥88.3	表面≥58HRC 心部 341～367

表 29-6 齿轮、齿圈锻件材料（JB/T 6395—2010、6396—2006）

钢号	热处理类型	截面尺寸（直径或厚度）/mm	σ_b	$\sigma_{0.2}$	σ_s	δ	ψ	冲击吸收能量 A_{KU}	A_{KDVM}	A_{KV}	硬度 心部 HBW	表面淬火 HRC	说明
			MPa			%		J					
45	正火 + 回火	≤100	580 ~ 770	305	—	17	—	—	31	—	163 ~ 217	氮化 ≥360HV3	一般用和表面淬火用齿轮、齿圈
		>100 ~ 250	560 ~ 750	275		15			31				
		>250 ~ 500	560 ~ 720	275		15			27				
		>500 ~ 1000	560 ~ 720	275		15			24				
	调质	≤16	700 ~ 850	500	—	14	30	31	30	—	—	55 ~ 61	
		>16 ~ 40	650 ~ 800	430		16	35	31	30		—		
		>40 ~ 100	630 ~ 780	370		17	40	31	30		207 ~ 302		
		>100 ~ 250	590 ~ 740	345		18	35	31	30		197 ~ 286		
		>250 ~ 500	590 ~ 740	345		17	—	—	27		187 ~ 255		
40Cr	调质	≤100	≥735	—	540	15	45	39	—	—	241 ~ 286	45 ~ 55	表面淬火用齿轮、齿圈、蜗杆
		>100 ~ 300	≥685	—	490	14	45	31			241 ~ 286		
		>300 ~ 500	≥635	—	440	10	35	23			229 ~ 269		
		>500 ~ 800	≥590	—	345	8	30	16			217 ~ 255		
35CrMo	调质	≤100	≥735	—	540	15	45	47	—	—	207 ~ 269	40 ~ 45	表面淬火和中硬齿面齿轮、齿圈用 ϕ1000mm 截面以下
		>100 ~ 300	≥685	—	490	15	45	39					
		>300 ~ 500	≥635	—	440	15	35	31					
		>500 ~ 800	≥590	—	390	12	30	24					
42CrMo	调质	≤100	900 ~ 1100	650	—	12	50	—	40	35	—	54 ~ 60	
		>100 ~ 160	800 ~ 950	550	—	13	50		40	35			
		>160 ~ 250	750 ~ 900	500	—	14	50		40	35			
		>250 ~ 500	690 ~ 840	400	—	15	—		38	—			
		>500 ~ 750	590 ~ 740	390	—	16	—		38	—			
34Cr2Ni2Mo	调质	≤100	1000 ~ 1200	800	—	11	50	45	50	—	—	52 ~ 58	中硬齿面齿轮、齿圈用 ϕ300 ~ ϕ500mm 截面
		>100 ~ 160	900 ~ 1100	700	—	12	55	45	50				
		>160 ~ 250	800 ~ 950	600	—	13	55	45	50				
		>250 ~ 500	740 ~ 890	540	—	14	—	—	41				
		>500 ~ 1000	690 ~ 840	490	—	15	—	—	41				

（续）

钢号	热处理类型	截面尺寸（直径或厚度）/mm	σ_b	$\sigma_{0.2}$	σ_s	δ	ψ	冲击吸收能量 A_{KU}	冲击吸收能量 A_{KDVM}	冲击吸收能量 A_{KV}	硬度 心部 HBW	硬度 表面淬火 HRC	说明
			MPa	MPa	MPa	%	%	J	J	J			
34CrNi3Mo	调质	≤100 >100~300 >300~500 >500~800	900 855 805 755	—	785 735 685 640	14 14 13 12	40 38 35 32	55 47 39 31	—	—	269~341 262~321 241~302 241~302	—	中硬齿面齿轮、齿圈用 $\phi500\sim\phi900$mm 截面
37SiMn2MoV	调质	≤200 >200~400 >400~600	860 815 765	—	685 635 590	14 14 14	40 40 40	31 31 31	—	—	269~302 241~286 241~269	50~55	低速重载齿轮，可代用34CrNiMo钢
40CrNi	调质	50 100 150 250	1100 900 800 700		800 700 600 500	10	45				300~330 270~300 240~270 210~240	45	
40CrNiMoA	淬火 回火	≤80 81~100 101~150 151~250	980		835	12 11 10 9	55 50 45 40	78 74 70 66	—	—			
40CrNi2MoA	调质	≤160 >160~250 >250~500	1000 950 900		800 750 700	15 14 12	45 40 40		50 40 40		321~363 293~341 285~321		
40CrMnMo	调质	≤100 >100~300 >300~500 >500~800	885 835 785 735	—	735 735 570 490	12 12 12 12	45 42 40 35	39 39 31 23	—	—	—	—	表面淬火齿轮、齿圈用钢
16MnCr	渗碳+淬火+回火	12~30 31~63	780~1080 640~930	590 440	—	10 11	40 40	—	34 34	—	—	渗碳 57~62	渗碳淬火用蜗杆

（续）

钢号	热处理类型	截面尺寸（直径或厚度）/mm	σ_b	$\sigma_{0.2}$	σ_s	δ	ψ	冲击吸收能量			硬度		说明
			MPa			%		A_{KU}	A_{KDVM}	A_{KV}	心部 HRC	表面淬火 HRC	
								J					
20CrMnTi	渗碳+淬火+回火	试样毛坯尺寸15	1080	—	835	10	45	55	—	—	32~36	渗碳 56~62	
20CrMnMo	渗碳+淬火+回火 两次淬火+回火	试样毛坯尺寸15	1175	—	885	10	45	55	—	—	30~40	渗碳 56~62	模数在12mm以下的齿轮、齿圈及渗碳淬火用蜗杆
12CrNi3(A)	渗碳+淬火+低温回火	试样毛坯尺寸15	930	—	685	11	50	71	—	—	24~28	渗碳 ≥56	
15Cr2Ni3Mo	渗碳+淬火+回火	25	1175	—	—	14	40	63	—	—	24~28	渗碳 55~62	模数在12mm以上的齿轮、齿圈
17Cr2Ni2Mo	渗碳+淬火+回火	≤30 31~63	1080~1320 980~1270	785 690	—	8 8	35 35	— —	41 —	— —	32~40	渗碳 57~62	高强度渗碳淬火用齿轮
20CrNi2Mo(A)	渗碳+淬火+回火	>30 >100~300 >300~500 >500~700	1176 1050 950 900		1029 850 750 700	14 13 12	45 40 30	—	—	—	35~40	渗碳 58~62	重载齿轮用ϕ1000mm截面
20Cr2Ni4A	渗碳+淬火+回火	100	1200		1000	10	45	62			34~38	渗碳 56~63	
17CrNiMo6	渗碳+淬火+回火	≤11 >11~30 >30~63	1180~1420 1080~1320 980~1270		835 785 685						32~40	渗碳 58~62	
38CrMoAlA	调质+氮化	30	1000		850						32~40	氮化 700~950	

29.2 常用调质齿轮钢截面与力学性能（见表 29-7）

表 29-7 常用调质齿轮钢截面与力学性能（JB/T 6077—1992）

钢号	截面直径 ϕ /mm	表面最高硬度[1] HBW	力学性能							对应表面硬度[3] HBW
			σ_b/MPa	σ_s/MPa	σ_s/σ_b	δ_5(%)	ψ(%)	A_{KU}/J	硬度 HBW[2]	
45	≤100	302	686/784	372/470	≥0.54/0.6	17/11	40/32	49/34.3	197/229	229/262
	>100~300	217	637	343	≥0.54	15	36	39.2	183	212
	>300~500	212	568	314	≥0.6	12	34	29.4	163	179
55	≤100	321	706/833	392/510	≥0.55/0.6	15/10	38/30	39.2/29.4	207/255	241/285
	>100~300	285	666/706	363/392	≥0.55/0.56	14/10	36/30	29.4/24.5	187/207	217/255
	>300~500	241	617	333	≥0.54	12	32	24.5	179	—
	>500~700	212	568	294	≥0.52	10	30	19.6	163	—
40Cr	≤100	477/388	784/931	568/706	≥0.75	15/10	45/38	49/29.4	241/285	255/321
	>100~300	363/302	735/833	509/568	≥0.69/0.68	13/10	42/35	39.2/29.4	217/255	241/285
	>300~500	302/217	686	450	≥0.65	12	38	29.4	201	217
	>500~700	255	637	372	≥0.58	10	35	19.6	179	197
35CrMo	≤100	461/388	784/931	392/686	≥0.5/0.74	15/12	45/40	58.8/39.2	241/285	255/311
	>100~300	363/285	666/706	363/392	≥0.55/0.56	13/11	42/36	49/34.3	217/241	241/269
	>300~500	285/217	686	450	≥0.66	12	38	39.2	201	229
	>500~700	241	637	372	≥0.58	10	35	29.4	179	197
42CrMo	≤100	477/388	833/931	607/744	≥0.73/0.8	15/12	45/40	58.8/39.2	255/285	262/302
	>100~300	375/321	745/833	529/588	≥0.71/0.71	13/11	42/35	49/34.3	229/241	248/269
	>300~500	302/241	705	490	≥0.70	12	38	39.2	217	241
	>500~700	262/212	685	412	≥0.6	11	35	29.4	201	217
35SiMn	≤100	401/321	784/882	529/637	≥0.68/0.72	15/10	45/30	58.8/29.4	229/255	269/285
	>100~300	321/269	735/784	441/539	≥0.6/0.69	14/10	35/30	49/24.5	212/223	229/262
	>300~500	269/212	637	372	≥0.58	11	30	34.3	179	212
	>500~700	212	588	343	≥0.58	10	28	24.5	167	187

（续）

钢号	截面直径 ϕ /mm	表面最高硬度[①] HBW	力学性能							对应表面硬度[③] HBW
			σ_b/MPa	σ_s/MPa	σ_s/σ_b	δ_5(%)	ψ(%)	A_{KU}/J	硬度 HBW[②]	
37SiMn2MoV	≤100	401	882/1078	735/882	≥0.83/0.82	15/12	45/35	49/29.4	262/331	262/341
	>100～300	375	833/931	686/784	≥0.82/0.84	14/11	40/32	39.2/24.5	255/285	262/302
	>300～500	321	784/882	607/686	≥0.77/0.78	12/10	35/30	29.4/19.6	229/262	255/293
	>500～700	285	764	568	≥0.74	12	35	24.5	223	248
40CrMnMo	≤100	461	882/1078	529/637	≥0.83/0.82	16/11	45/35	49/29.4	269/341	269/341
	>100～300	375	833/980	637/784	≥0.76/0.8	15/10	42/32	49/24.5	255/311	269/341
	>300～500	341	784/882	568/686	≥0.73/0.78	14/10	40/30	39.2/19.6	241/285	269/341
	>500～700	302	735	490	≥0.67	12	35	29.4	223	262
40CrNi	≤100	—	834	588	≥0.71	10	40	39	269～302	—
	>100～300	—	785	569	≥0.72	9	38	31	241～286	—
	>300～500	—	736	549	≥0.75	8	36	27	228～226	—
	>500～700	—	686	529	≥0.77	8	35	24	217～255	—
40CrNi2Mo	≤200	—	1060	964	≥0.91	17.4	51.3	—	321	—
	>300	—	1023	900	≥0.88	17.2	50.5	—	311	—
	>480	—	997	845	≥0.85	16.6	48.4	—	302	—
34CrNi3Mo	≤100	—	902	785	≥0.87	14	40	55	269～341	—
	>100～300	—	853	736	≥0.86	14	38	47	269～341	—
	>300～500	—	804	686	≥0.85	13	35	39	269～341	—
	>500～800	—	755	635	≥0.84	12	32	31	241～302	—

注："/"：表示不同冷却方法得到的力学性能。在"/"上面的数字为水淬油冷后回火的力学性能；在"/"下面的数字为水冷后回火的力学性能。

① 表面最高硬度：淬火后所能达到的表面最高硬度。

② 力学性能试样的硬度。

③ 对应表面硬度：被取试样材料调质后的表面硬度，可作为工艺硬度。

29.3 中外钢号对照（见表 29-8）

表 29-8 中国与其他国家常用钢号近似对照表

中国 (GB 或 YB)	德国 (DIN)	前苏联 (ГОСТ)	波兰 (PN)	法国 (NF)	意大利 (UNI)	罗马尼亚 (STAS)	日本 (JIS)	英国 (B. S)	美国		瑞典 (SIS)	捷克 (CSN)
									SAE	AISI		
30	C30,CK30	30	30	C30,XC32	C30	—	S30C	060A30	1030	C1030	—	12031
35	C35,CK35	35	35,D35	C35,XC35	C35	OLC35	S35C	060A35	1035	C1035	1550	12040
40	C40,CK40	40	40	C42,XC42	C40	OLC43AT	S40C	060A40	1040	C1040	1555	12041
45	C45,CK45	45	45,D45	C45,XC45	C45	OLC45	S45C	080M46	1045	C1045	1650	12050
50	C50,CK50	50	50	C50,XC48	C50	OLC47AT	S50C	060A52	1050	C1050	—	12051
55	C55,CK55	55	55,D55	C55,XC55	—	OLC55AT	S55C	070M55	1055	C1055	—	12060
40Mn	40Mn4	40Г	40G	40M5	—	OLT65M	—	080A40	1040	C1040	2120	12041
								080M40				
45Mn	46Mn4	45Г	—	—	—	OLT65	—	080M46	1046	C1046	—	—
50Mn	—	50Г	50G	XC48	52S8	OT60,OL60	—	080M50	1052	C1052	—	13150
								080A52				
60Mn	—	60Г	60G	—	—	—	—	080A57	1060	C1060	—	—
35Mn2	36Mn5(5067)	35Г2	—	35M5	—	36M17S	SMn433	150M36	1335	1335	2120	14240
						36M17E		(En15)				13242
40Mn2	—	40Г2	—	40M5	—	—	SMn433	—	1340	1340	2120	13450
45Mn2	46Mn7(0943)	45Г2	45G2	45M5	—	—	SMn438	—	1345	1345	—	13250
50Mn2	—	50Г2	—	55M5	—	—	—	—	1052	1052	—	12150
35SiMn	37MnSi5	35СГ	35SG	—	35MS5	36M12S	—	—	—	—	—	13240
	(5122)					36M12E						
42SiMn	46MnSi4(5121)	42СГ	—	—	—	—	—	—	—	—	—	13240
	42MnSi6											
20MnV	20MnV6(5213)	—	—	—	—	—	—	—	—	—	—	13123
25Mn2V	25MnV8	—	—	—	—	—	—	—	—	—	—	—
42Mn2V	42MnV7(5223)	—	—	—	—	—	—	—	—	—	—	13242
20Cr	20Cr4	20X	20H	18C3	—	—	SCr420	527A19	5120	5120	—	—
								527M20				
30Cr	34Cr4(7033)	30X	30H	28C4	—	—	SCr430	530A30	5130	5130	—	—
								(En18A)				

（续）

中国（GB或YB）	德国（DIN）	前苏联（ГОСТ）	波兰（PN）	法国（NF）	意大利（UNI）	罗马尼亚（STAS）	日本（JIS）	英国（B.S）	美国		瑞典（SIS）	捷克（CSN）
									SAE	AISI		
35Cr	34Cr4（7033）	35X	35HB	32C4	—	—	SCr435	530A36	5135	5135	2228	—
	37cR4（7034）							（En18C）				
40Cr	41Cr4（7035）	40X	40H	38C4	40C4	40C10S	SCr440	530A40	5140	5140	2228	14140
				42C4		40C10E		（En18）				
								530M40				
								（En18D）				
		40XГM										
20Cr2MoV	—	25X2MΦ	—	—	—	—	—	—	—	—	—	—
25Cr2Mo1V	—	25X2M1Φ	—	—	—	—	—	—	—	—	—	—
35CrMoV	—	35XMΦ	—	—	—	—	—	—	—	—	—	—
38CrMoAlA	34CrAlMo5	38XMЮA	38HMJ	40CAD6-12	38CAD7	—	SACM465	905M39	6470E	标准	2940	15340
	41CrAlM07							（En41B）	（AMS）	氮化钢		
20CrNi	20NiCr5	20XH	15HN	20NC6	19N5	—	—	—	3120	3120	2512	16220
												16231
40CrNi	36NiCr6	40XH	40HN	35NC6	35NC5	40CN12E	SNC236	640M40	3140	3140	2530	16240
	（5710）					40CN12S						
45CrNi	—	45XH	45HN	—	—	—	—	—	3145	3145	—	16250
12CrNi2	14NiCr10	12XH2	12HN2	10NC11	15NC5	13CN25E	SNC415	—	3115	3115	—	—
				16NC11		13CN25S						
12CrNi3	13NiCr12	12XH3	12HN3	10NC12	15NC11	13CN35E	SNC815	655A12	3310	3310	2514	16420
	（5732）			14NC12		13CN35S		655M13	9310	9310	2515	
20CrNi3	22NiCr14	20XH3	20HN3	20NC11	18NC13	—	—	—	—	—	—	—
	（5755）											
30CrNi3	28NiCr10（5736）	30XH3	30HN3	30NC11	35NC9	30CN35E	SNC631	653M31	—	—	2532	16331
	31NiCr14			30NC12		30CN35S						
37CrNi3	35NiCr18	37XH3	—	35NC15	—	35CN45E	SNC3	—	—	—	2536	16440
	（5864）					35CN45S						16640
12Cr2Ni4	14NiCr18	12X2H4	—	12NC15	—	13CN45E	—	En39A	3310	E3310	—	16520
	（5860）					13CN45S						
20Cr2Ni4	22NiCr14	20X2H4	20H2N4	20NC14	18NC16	—	—	659A15	3316	E3316	—	—
	（5755）							659M15				
40CrNiMo	36CrNiMo4	40XHM	40HNM	35NCD5	40NCD7	—	SNCM439	816M40	4340	4340	2541	16341
	（6511）							817M40	9840	9840		
45CrNiMoV	—	45XHMΦ	45HNMF	—	—	—	SNCM447	—	—	4347	—	—
30CrNi2MoV	—	30XH2MΦ	—	—	—	—	—	—	—	—	—	—

（续）

中国（GB 或 YB）	德国（DIN）	前苏联（ГОСТ）	波兰（PN）	法国（NF）	意大利（UNI）	罗马尼亚（STAS）	日本（JIS）	英国（B. S）	美国		瑞典（SIS）	捷克（CSN）
									SAE	AISI		
18Cr2Ni4W	—	18XHB	18H2N4W	—	—	—	—	—	—	—	—	16720
25Cr2Ni4W	—	25XHB	—	—	—	—	—	—	—	—	—	N6730
30CrMnSiNi2	—	30XГCH	30HGSN	—	—	—	—	—	—	—	—	—
45Cr	—	45X	45H	45C4	—	—	SCr445	—	5145	5145	—	14150
50Cr	—	50X	—	—	—	—	—	En48	5150 5152	5150 5152	—	14160
38CrSi	—	37XC38XC	37HS	—	—	—	—	—	—	—	—	14341
40CrSi	—	40XC	—	—	—	—	—	—	—	—	—	—
20CrMn	20MnCr5（7147） 22MnCr6（7147）	20XГ	20HG	20MC5	—	20MC13E 20MC13S	SMnC420	—	5120	5120	—	14221
30CrMnSi	—	30XГC	30HGS	—	—	—	SMK1 （大同）	—	—	—	—	14331
35CrMnSi	—	35XГC	35HGS	—	—	—	SMK2 （大同）	—	—	—	—	14342
20CrV	22CrV4 （7513）	20XΦ	—	—	—	—	—	—	6120	6120	—	15232
40CrV	42CrV6（7561）	40XΦ	—	—	—	—	—	—	6140	6140	—	15151
45CrV	—	—	—	—	—	—	—	—	6145	6145	—	15260
50CrV	50CrV4 （8159）	50XΦ	—	50CV4	50CV4	50VC11E 50VC11S	—	En50	6150	6150	2230	15260
20CrMnTi	—	18XГT	18HGT	—	—	—	SMK22 （大同）	—	—	—	—	—
30CrMnTi	—	30XГT	—	—	—	—	—	—	—	—	—	—
20CrMo	20CrMo5（7264） 22CrMo4（7252）	20XM	—	18CD4 20CD4	—	25MoC11E	SCM420	CDS110 CDS12	4119	4118	—	15124
30CrMo	25CrMo4 34CrMo4	30XM	30HM	30CD4	32CD4	—	SCM435	CDS13	4130	4130	—	15131
35CrMo	34CrMo4 （7220）	35XM	35HM	35CD4	38CD4	33MoC11E	SCM435	708A37	4135 4137	4135 4137	2234	15340
42CrMo	42CrMo4 （7225）	—	40HM	42CD4	38CD4	41MoC11E	SCM440	708A42、 708M40	4140	4142 4140	2244	—
15CrMnMo	15CrMo5 （7262）	—	15HGM	—	—	15MoC12E 15MoC12S	—	—	—	—	—	—
20CrMnMo	20CrMo5 （7264）	18XГM	18HGM	—	—	20MoC12E 20MoC12S	SCM420	—	4119	4119	—	—
40CrMnMo	—	—	—	—	—	—	—	—	4140	4140	—	—

29.4　合金元素对钢的性能影响

1）主要合金元素对钢的性能影响，见表 29-9。

2）主要合金元素对钢性能影响的有关说明，见表 29-10。

表 29-9　主要合金元素对钢的性能影响

元素名称	强度	弹性	冲击韧度	屈服强度	硬度	伸长率	断面收缩率	低温韧性	高温强度	耐磨性	切削加工性	可锻性	渗碳性能	氮化性能	抗氧化性	耐蚀性	冷却速度
Mn①	+	+	0	+	+	0	0	+	0	−−	−	+	0	0	0	.	−
Mn②	+	.	.	−	−−−	+++	0	+		.	−−−	−−−	.	.	−−	.	−−
Cr	++	+	−	++	++	−	−	.	+	+	.	−	++	++	−−−	+++	−−−
Ni①	+	.	0	+	+	0	0	++	+	−−	−	−	.	.	−	.	−−
Ni②	+	.	+++	−	−−	+++	++	++	+++	.	−−−	−−−	.	.	−−	++	−−
Si	+	+++	−	++	+	−	.	.		+	−	−	−	−	−	+	−
Cu	+	.	0	++	+	0	0	.	+	.	0	−−−	.	.	0	+	.
Mo	+	.	−	+	+	−	−	.	++	++	−	−	+++	++	++	.	−−
Co	+	.	−	+	+	−	−	.	++	+++	0	−	.	.	−	.	++
V	+	+	−	+	+	0	0	+	++	++	.	−	++++	+	−	+	−−
W	+	.	0	+	+	−	−		+++	+++	−−	−−	++	+	−−	.	−−
Al	+	.	−	+	+	.	−	+	.	.	.	−−	.	+++	−−	.	.
Ti	+		−					+	+		+	−	+	+	+	+	
S	.	.	−	.	.	−	−	.	.	.	+++	−−−	.	.	.	−	.
P	+	.	−−−	+	+	−	−	.	.	.	++	−	.	.	.	.	.

注：“+”表示提高，“−”表示降低，“0”表示没有影响，“.”表示影响情况尚不清楚，多个“+”或“−”表示提高或降低的强烈程度。

① 表示在珠光体钢中。

② 表示在奥氏体钢中。

表 29-10　主要合金元素对钢性能影响的有关说明

元素名称	对性能主要影响
Al	主要作用为细化晶粒和脱氧，在氮化钢中能促成氮化层，含量高时，能提高高温抗氧化性，耐 H_2S 气体的腐蚀作用，固溶强化作用大，提高耐热合金的热强性，有促使石墨化倾向
B	微量硼能提高钢的淬透性，但随钢中碳含量增加，淬透性的提高逐渐减弱以至完全消失
C	含量增加，钢的硬度和强度也提高，但塑性和韧性随之下降
Co	有固溶强化作用，使钢具有热硬性，提高高温性能、抗氧化和耐蚀性，为高温合金及超硬高速钢的重要合金元素，提高钢的 *Ms* 点，降低钢的淬透性
Cr	提高钢的淬透性，并有二次硬化作用，增加高碳钢的耐磨性，含量超过 12% 时，使钢具有良好的高温抗氧化性和耐氧化性介质腐蚀作用，提高钢的热强性，是不锈耐酸钢及耐热钢的主要合金元素，但含量高时易产生脆性
Cu	含量低时，作用和镍相似；含量较高时，对热变形加工不利，如超过 0.30% 时，在热变形加工时导致高温铜脆现象，含量高于 0.75% 时，经固溶处理和时效后可产生时效强化作用。在低碳合金钢中，特别是与磷同时存在，可提高钢的抗大气腐蚀性，2% ~3% 的铜在不锈钢中可提高对硫酸、磷酸及盐酸等的耐蚀性及对应力腐蚀的稳定性

（续）

元素名称	对性能主要影响
Mn	降低钢的下临界点，增加奥氏体冷却时的过冷度，细化珠光体组织以改善其力学性能，为低合金钢的重要合金元素，能明显提高钢的淬透性，但有增加晶粒粗化和回火脆性的不利倾向
Mo	提高钢的淬透性，含量0.5%时，能降低回火脆性，有二次硬化作用。提高热强性和蠕变强度，含量2%～3%时，提高抗有机酸及还原性介质腐蚀能力
N	有不明显的固溶强化及提高淬透性的作用，提高蠕变强度，与钢中其他元素化合，有沉淀硬化作用，表面氮化，提高硬度及耐磨性，增加耐蚀性，在低碳钢中，残余氮会导致时效脆性
Nb	固溶强化作用很明显，提高钢的淬透性（溶于奥氏体时），增加回火稳定性，有二次硬化作用，提高钢的强度、冲击韧度，当含量高时（大于碳含量的8倍），使钢具有良好的抗氢性能，并提高热强钢的高温性能（蠕变强度等）
Ni	提高塑性及韧性（提高低温韧性更明显），改善耐蚀性，与铬、钼联合使用，提高热强性，是热强钢及不锈耐酸钢的主要合金元素之一
P	固溶强化及冷作硬化作用很好，与铜联合使用，提高低合金高强度钢的耐大气腐蚀性能，但降低其冷冲压性能，与硫、锰联合使用，改善切削加工性，增加回火脆性及冷脆敏感性
Pb	改善切削加工性
RE	包括镧系元素及钇和钪等17个元素，有脱气、脱硫和消除其他有害杂质作用，改善钢的铸态组织，0.2%的含量可提高抗氧化性、高温强度及蠕变强度，增加耐蚀性
S	改善切削加工性。产生热脆现象，恶化钢的质量。硫含量高，对焊接性产生不好影响
Si	常用的脱氧剂，有固溶强化作用，提高电阻率，降低磁滞损耗，改善磁导率，提高淬透性、抗回火性，对改善综合力学性能有利，提高弹性极限，增加自然条件下的耐蚀性。含量较高时，降低焊接性，且易导致冷脆。中碳钢和高碳钢易于在回火时产生石墨化
Ti	固溶强化作用强，但降低固溶体的韧性，固溶于奥氏体中提高钢的淬透性，但化合钛却降低钢的淬透性。改善回火稳定性，并有二次硬化作用，提高耐热钢的抗氧化性和热强性，如蠕变和持久强度，且改善钢的焊接性
V	固溶于奥氏体中可提高钢的淬透性，但化合状态存在的钒会降低钢的淬透性，增加钢的回火稳定性，并有很强的二次硬化作用；固溶于铁素体中有极强的固溶强化作用。细化晶粒以提高低温冲击韧度，碳化钒是最硬、耐磨性最好的金属碳化物，明显提高工具钢的寿命，提高钢的蠕变和持久强度，钒、碳含量比超过5.7时，可大大提高钢抗高温高压氢腐蚀的能力，但会稍微降低高温抗氧化性
W	有二次硬化作用，使钢具有热硬性，提高耐磨性，对钢的淬透性、回火稳定性、力学性能及热强性的影响均与钼相似，稍微降低钢的抗氧化性
Zr	锆在钢中的作用与铌、钛、钒相似，含量小时，有脱氧、净化和细化晶粒的作用，提高钢的低温韧性，消除时效现象，提高钢的冲压性能

注：各成分的含量皆指质量分数。

第 30 章　润滑方式与装置

润滑是用润滑剂减少摩擦副的摩擦和降低温度，或改善其他形式的表面损坏的措施。合理地选择与设计润滑方法及润滑系统和装置，对降低摩擦阻力，减少表面磨损和维持油温，使设备具有良好的润滑状况和工作性能，保证设备高效运转，节约能源，延长使用寿命，具有十分重要的意义。

30.1　润滑方法与装置及原理（见表 30-1）

表 30-1　润滑方法、装置及原理

润滑方法				润滑装置	润滑原理	应用范围
稀油润滑	分散润滑	间歇无压润滑		油壶 压配式压注油杯，B 型、C 型弹簧盖油杯	利用簧底油壶或其他油壶将油注入孔中，油沿着摩擦表面流散形成暂时性油膜	轻载荷或低速、间歇工作的摩擦副。如开式齿轮、链条、钢丝绳以及一些简易机械设备
		间歇压力润滑		直通式压注油杯 接头式压注油杯 旋盖式压注油杯	利用油枪加油	载荷小、速度低、间歇工作的摩擦副。如金属加工机床、汽车、拖拉机、农业机器等
		连续无压润滑	油绳、油垫润滑	A 型弹簧盖油杯毛毡制的油垫	利用油绳、油垫的毛细管产生虹吸作用向摩擦副供油	低速、轻载荷的轴套和一般机械
			滴油润滑	针阀式注油杯	利用油的自重一滴一滴地流到摩擦副上，滴落速度随油位改变	在数量不多而又容易靠近的摩擦副上。如机床导轨、齿轮、链条等部位的润滑
			油环、油链、油轮润滑	套在轴颈上的油环、油链 固定在轴颈上的油轮	油环套在轴颈上作自由旋转，油轮则固定在轴颈上。这些润滑装置随轴转动，将油从油池带入摩擦副的间隙中形成自动润滑	一般适用轴颈连续旋转和旋转速度不低于 50～60r/min 的水平轴的场合。如润滑齿轮和蜗杆减速器、高速传动轴的轴承、传动装置的轴承、电动机轴承和其他一些机械的轴承
				油池	油池润滑即飞溅润滑，是由装在密封机壳中的零件所作的旋转运动来实现的	主要是用来润滑减速器内的齿轮装置，齿轮圆周速度不应超过 12～14m/s
			强制润滑	柱塞式油泵（柱塞泵）	通过装在机壳中柱塞泵的柱塞的往复运动来实现供油	要求油压在 20MPa 以下，润滑油需要量不大和支承相当大载荷的摩擦副
				叶片式油泵（叶片泵）	叶片泵可装在机壳中，也可与被润滑的机械分开。靠转子和叶片转动来实现供油	要求油压在 0.3MPa 以下，润滑油需要量不太多的摩擦副、变速箱等
				齿轮泵	齿轮泵可装在机壳中，也可与被润滑的机械分开，靠齿轮旋转供油	要求油压在 1MPa 以下，润滑油需要量多少不等的摩擦副
			喷射润滑	油泵、喷射阀	采用油泵直接加压实现喷射	用于圆周速度大于 12～14m/s、用飞溅润滑效率较低时的闭式齿轮
			油雾润滑	油雾发生器凝缩嘴	以压缩空气为能源，借油雾发生器将润滑油形成油雾，随压缩空气经管道、凝缩嘴送至润滑点，实现润滑。油雾颗粒尺寸为 1～3μm	适用高速的滚动轴承、滑动轴承、齿轮、蜗轮、链轮及滑动导轨等各种摩擦副上
			油气润滑	油泵、分配器、喷嘴	压缩空气与润滑油液混合后，经喷嘴呈微细油滴送向润滑点，实现润滑。油的颗粒尺寸为 50～100μm	适用于润滑封闭的齿轮、链条滑板、导轨及高速重载滚动轴承等

（续）

<table>
<tr><th colspan="3">润滑方法</th><th>润滑装置</th><th>润滑原理</th><th>应用范围</th></tr>
<tr><td>稀油润滑</td><td>集中润滑</td><td>压力循环润滑（连续压力润滑）</td><td>稀油润滑装置</td><td>润滑站由油箱、油泵、过滤器、冷却器、阀等元件组成。用管道输送定量的压力油到各润滑点</td><td>主要用于金属切削机床、轧钢机等设备的大量润滑点或某些不易靠近的或靠近有危险的润滑点</td></tr>
<tr><td rowspan="10">干油润滑</td><td rowspan="5">分散润滑</td><td>间歇无压润滑</td><td>没有润滑装置</td><td>靠人工将润滑脂涂到摩擦表面上</td><td>用在低速粗制机器上</td></tr>
<tr><td>连续无压润滑</td><td>设备的机壳</td><td>将适量的润滑脂填充在机壳中而实现润滑</td><td>转速不超过3000r/min、温度不超过115℃的滚动轴承
圆周速度在4.5m/s以下的摩擦副、重载的齿轮传动和蜗轮传动、链、钢丝绳等</td></tr>
<tr><td>间歇压力润滑</td><td>旋盖式油杯
压注式油杯（直通式与接头式）</td><td>旋盖式油杯靠旋紧杯盖而造成的压力将润滑脂压到摩擦副上
压注式油杯利用专门的带配帽的油（脂）枪将油脂压入摩擦副</td><td>旋盖式油杯一般适用于圆周速度在4.5m/s以下的各种摩擦副
压注式油杯用于速度不大和载荷小的摩擦部件，以及当部件的结构要求采用小尺寸的润滑装置时</td></tr>
<tr><td>间歇压力润滑</td><td>安装在同一块板上的压注式油杯</td><td>用油枪将油脂压入摩擦副</td><td>布置在加油不方便地方的各种摩擦副</td></tr>
<tr><td>压力润滑</td><td>手动干油站</td><td>利用储油器中的活塞，将润滑脂压入油泵中。当摇动手柄时，油泵的柱塞即挤压润滑脂到给油器，并输送到润滑点</td><td>用于给单独设备的轴承及其他摩擦副供送润滑脂</td></tr>
<tr><td rowspan="3">集中润滑</td><td rowspan="3">连续压力润滑</td><td>电动干油站</td><td>柱塞泵通过电动机、减速器带动，将润滑脂从储油器中吸出，经换向阀，顺着给油主管向各给油器压送。给油器在压力作用下开始动作，向各润滑点供送润滑脂</td><td>润滑各种轧机的轴承及其他摩擦元件。此外也可以用于高炉、铸钢、破碎、烧结、吊车、电铲以及其他重型机械设备中</td></tr>
<tr><td>风动干油站</td><td>用压缩空气作能源，驱动风泵，将润滑脂从储油器中吸出，经电磁换向阀，沿给油主管向各给油器压送润滑脂，给油器在具有压力的润滑脂的挤压作用下动作，向各润滑点供送润滑脂</td><td>用途范围与电动干油站一样。尤其在大型企业如冶金工厂，具有压缩空气管网设施的厂矿，或在用电不方便的地方等可以使用</td></tr>
<tr><td>多点干油泵</td><td>由传动机构（电动机、齿轮、蜗杆蜗轮）带动凸轮，通过凸轮偏心距的变化使柱塞进行径向往复运动，不停顿地定量输送润滑脂到润滑点（可以不用给油器等其他润滑元件）</td><td>用于重型机械和锻压设备的单机润滑，直接向设备的轴承座及各种摩擦副自动供送润滑脂</td></tr>
<tr><td rowspan="4">固体润滑</td><td colspan="2">整体润滑</td><td colspan="3">不需要任何润滑装置，靠材料本身实现润滑。主要材料有石墨、尼龙、聚四氟乙烯、聚酰亚胺、聚对羟基苯甲酸、氮化硼、氮化硅等。主要用于不宜使用润滑油、脂或温度很高（可达1000℃）或低温、深冷以及耐腐蚀等部位</td></tr>
<tr><td colspan="2">覆盖膜润滑</td><td colspan="3">用物理或化学方法将石墨、二硫化钼、聚四氟乙烯、聚对羟基苯甲酸等材料，以薄膜形式覆盖于其他材料上，实现润滑</td></tr>
<tr><td colspan="2">组合、复合材料润滑</td><td colspan="3">用石墨、二硫化钼、聚四氟乙烯、聚对羟基苯甲酸、氟化石墨等与其他材料制成组合或复合材料，实现润滑</td></tr>
<tr><td colspan="2">粉末润滑</td><td colspan="3">把石墨、二硫化钼、二硫化钨、聚四氟乙烯等材料的微细粉末，直接涂敷于摩擦表面或盛于密闭容器（减速器壳体、汽车后桥齿轮包）内，靠搅动使粉末飞扬撒在摩擦表面实现润滑，也可用气流将粉末送入摩擦副。后者既能润滑又能冷却。这些粉末也可均匀地分散于润滑油、脂中，提高润滑效果，也可制成糊膏状或块状使用</td></tr>
<tr><td>气体润滑</td><td colspan="2">强制供气润滑</td><td colspan="3">用洁净的压缩空气或其他气体作为润滑剂润滑摩擦副。如气体轴承等，其特点为提高运动精度</td></tr>
</table>

30.2 一般润滑件

1. 油杯

油杯的基本形式与尺寸见表 30-2。

表 30-2 油杯基本形式与尺寸　　（单位：mm）

<table>
<tr><td rowspan="5">直通式压注油杯（JB/T 7940.1—1995）</td><td rowspan="5">标记示例：
d = M10×1，直通式压注油杯，标记为
油杯 M10×1
JB/T 7940.1—1995</td><td rowspan="2">d</td><td rowspan="2">H</td><td rowspan="2">h</td><td rowspan="2">h_1</td><td colspan="2">S</td><td rowspan="2">钢球（GB/T 308—2002）</td></tr>
<tr><td>基本尺寸</td><td>极限偏差</td></tr>
<tr><td>M6</td><td>13</td><td>8</td><td>6</td><td>8</td><td rowspan="3">0
−0.22</td><td rowspan="3">3</td></tr>
<tr><td>M8×1</td><td>16</td><td>9</td><td>6.5</td><td>10</td></tr>
<tr><td>M10×1</td><td>18</td><td>10</td><td>7</td><td>11</td></tr>
<tr><td rowspan="5">接头式压注油杯（JB/T 7940.2—1995）</td><td rowspan="5">标记示例：
d = M10×1，45°接头式压注油杯，标记为
油杯 45° M10×1
JB/T 7940.2—1995</td><td rowspan="2">d</td><td rowspan="2">d_1</td><td rowspan="2" colspan="2">α</td><td colspan="2">S</td><td rowspan="2">直通式压注油杯（按 JB/T 7940.1—1995）的连接螺纹</td></tr>
<tr><td>基本尺寸</td><td>极限偏差</td></tr>
<tr><td>M6</td><td>3</td><td rowspan="3" colspan="2">45°、90°</td><td rowspan="3">11</td><td rowspan="3">0
−0.22</td><td rowspan="3">M6</td></tr>
<tr><td>M8×1</td><td>4</td></tr>
<tr><td>M10×1</td><td>5</td></tr>
</table>

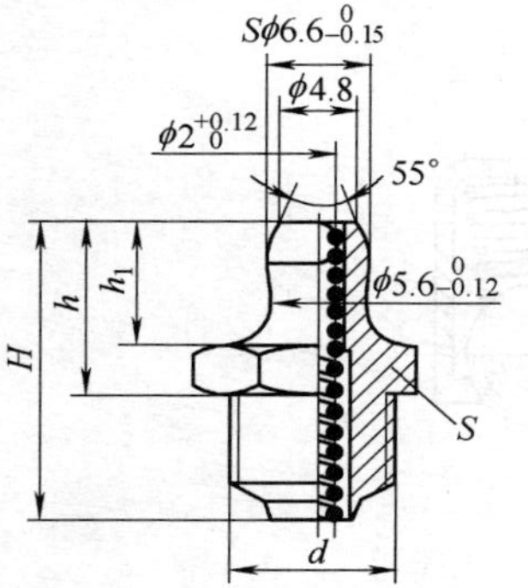

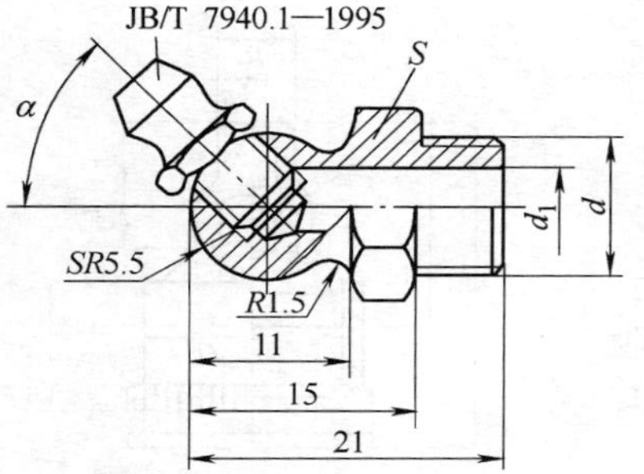

（续）

旋盖式油杯（JB/T 7940.3—1995）

A型　B型

最小容量 /cm³	d	l	H	h	h_1	d_1	D A型	D B型	L_{max}	S 基本尺寸	S 极限偏差
1.5	M8×1	8	14	22	7	3	16	18	33	10	0 −0.22
3	M10×1		15	23	8	4	20	22	35	13	0 −0.27
6			17	26			26	28	40		
12	M14×1.5	12	20	30	10	5	32	34	47	18	
18			22	32			36	40	50		
25			24	34			41	44	55		
50	M16×1.5		30	44			51	54	70	21	0 −0.33
100			38	52			68	68	85		
200	M24×1.5	16	48	64	16	6	—	86	105	30	—

标记示例：

最小容量 25cm³，A 型旋盖式油杯，标记为

油杯　A25　JB/T 7940.3—1995

压配式压注油杯（JB/T 7940.4—1995）

d 基本尺寸	d 极限偏差	H	钢球（按 GB/T 308—2002）	d 基本尺寸	d 极限偏差	H	钢球（按 GB/T 308—2002）
6	+0.040 +0.028	6	4	16	+0.063 +0.045	20	11
8	+0.049 +0.034	10	5	25	+0.085 +0.064	30	13
10	+0.058 +0.040	12	6				

与 d 相配孔的极限偏差按 H8

标记示例：

d = 6mm，压配式压注油杯，标记为

油杯　6　JB/T 7940.4—1995

（续）

弹簧盖油杯（JB/T 7940.5—1995）

A型

标记示例：

最小容量 3cm³ 的 A 型弹簧盖油杯，标记为

油杯 A3

JB/T 7940.5—1995

最小容量/cm³	d	H ≤	D ≤	l_2 ≈	l	S 基本尺寸	S 极限偏差
1	M8×1	38	16	21	10	10	0 -0.22
2	M8×1	40	18	23	10	10	0 -0.22
3	M10×1	42	20	25	10	11	0 -0.27
6	M10×1	45	25	30	10	11	0 -0.27
12	M14×1.5	55	30	36	12	18	0 -0.27
18	M14×1.5	60	32	38	12	18	0 -0.27
25	M14×1.5	65	35	41	12	18	0 -0.27
50	M14×1.5	68	45	51	12	18	0 -0.27

B型

标记示例：

d = M10×1，B 型弹簧盖油杯，标记为

油杯 B M10×1

JB/T 7940.5—1995

d	d_1	d_2	d_3	H	h_1	l	l_1	l_2	S 基本尺寸	S 极限偏差
M6	3	6	10	18	9	6	8	15	10	0 -0.22
M8×1	4	8	12	24	12	8	10	17	13	0 -0.27
M10×1	5	8	12	24	12	8	10	17	13	0 -0.27
M12×1.5	6	10	14	26	14	10	12	19	16	0 -0.27
M16×1.5	8	12	18	28	14	10	12	23	21	0 -0.33

（续）

弹簧盖油杯（JB/T 7940.5—1995）

C型

标记示例：

d = M10×1，C 型弹簧盖油杯，标记为

油杯　C　M10×1

JB/T 7940.5—1995

d	d_1	d_2	d_3	H	h_1	L	l_1	l_2	螺母（按 GB/T 6172—2000）	S 基本尺寸	S 极限偏差
M6	3	6	10	18	9	25	12	15	M6	13	0 -0.27
M8×1	4	8	12	24	12	28	14	17	M8×1		
M10×1	5					30	16		M10×1		
M12×1.5	6	10	14	26	14	34	19	19	M12×1.5	16	
M16×1.5	8	12	18	30	18	37	23	23	M16×1.5	21	0 -0.33

针阀式油杯（JB/T 7940.6—1995）

A型　B型

标记示例：

最小容量 25cm^3，A 型针阀式油杯，标记为

油杯　A25　JB/T 7940.6—1995

最小容量/cm^3	d	l	H	D	S 基本尺寸	S 极限偏差	螺母（按 GB/T 6172—2000）
16	M10×1	12	105	32	13	0 -0.27	M8×1
25	M14×1.5		115	36	18		
50			130	45			
100			140	55			
200	M16×1.5	14	170	70	21	0 -0.33	M10×1
400			190	85			

2. 油环

油环尺寸、截面形状及浸入油内深度见表30-3。

表30-3 油环尺寸、截面形状及浸入油内深度

（单位：mm）

简图及尺寸	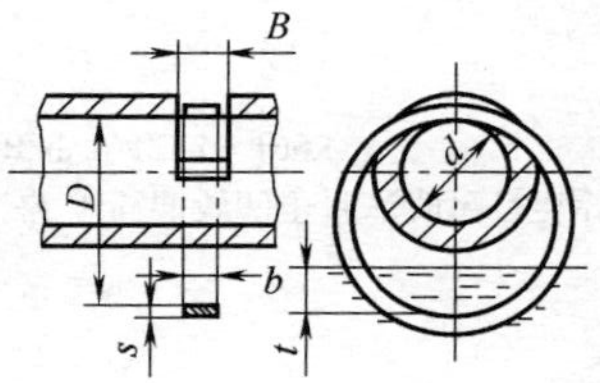			
截面形状	内表面带轴向沟槽	半圆形和梯形	光滑矩形	圆形
特点	用于高粘度油	用于高速	带油效果最好，使用最广	带油量最小
油环直径 D		70~310	40~65	25~40
浸油深度 t		$t=\frac{D}{6}=12\sim52$	$t=\frac{D}{5}=9\sim13$	$t=\frac{D}{4}=6\sim10$
应用	油环仅适用水平轴的润滑，载荷较小，圆周速度以0.5~32m/s（转速250~1800r/min）为宜，轴承长度大于轴径1.5倍时，应设两个油环			

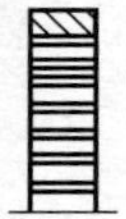

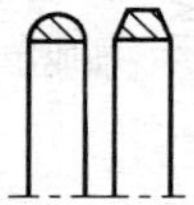

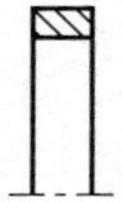

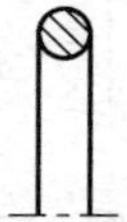

d	D	b	s	B 最小	B 最大
10 12 13	25 30	5	2	6	8
14 15 16 17 18	35	6	2	7	10
20	40				
22	45				
25 28	50	8	3	9	12
30 32	55 60				
35 38 40 42	65 70 70 75	10	3	11	14

d	D	b	s	B 最小	B 最大
45 48 50 52 55	80 90	12	4	13	16
60	100	12	4	13	16
62 65	110				
70 75	120				
80	130				
80 90	140	15	5	18	20
95 100 105	150 165				
110 115 120	180				

3. 油枪

标准手动油枪的类型和性能见表30-4。

表30-4　标准手动油枪的类型和性能　　（单位：mm）

类型	油枪是一种手动的储油（脂）筒，可将油（脂）注入油杯或直接注入润滑部位进行润滑。使用时，注油嘴必须与润滑点上的油杯相匹配。标准的手动操作油枪有压杆式油枪和手推式油枪两种							
		储油量 /cm^3	公称压力 /MPa	出油量 /cm^3	推荐尺寸			
					D	L_1	L_2	d
手推式（JB/T 7942.2—1995）	L_2　L_1　d　D A型油嘴　$R_p1/8$或M10×1 B型油嘴　$\phi1.8$　$R_p1/8$或M10×1 标记示例： 储油量$50cm^3$、带A型油嘴的手推式油枪，标记为 油枪　A50　JB/T 7942.2—1995	50	6.3（Ⅰ）°	0.3	33	230	330	5
		100		0.5				6
		说明	1. A型油嘴仅用于压注润滑脂 2. 公称压力指压注润滑脂的给定压力 3. （Ⅰ）°为压力等级代号					

（续）

压杆式（JB/T 7942.1—1995）

L
b
B
D
d
$R_p{}^1/_8$或M10×1
A型油嘴
B型油嘴
ϕ8
$R_p{}^1/_8$或M10×1
ϕ1.8
$R_p{}^1/_8$或M10×1

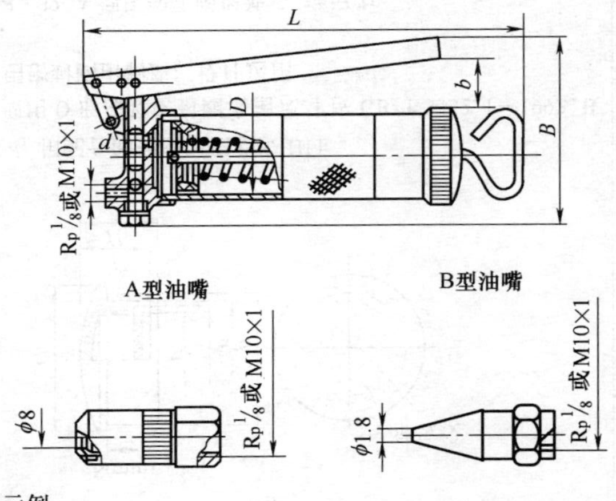

标记示例：
储油量200cm³、带A型注油嘴的压杆式油枪，标记为
油枪　A200　JB/T 7942.1—1995

储油量 /cm³	公称压力 /MPa	出油量 /cm³	推荐尺寸 D	L	B	b	d	
100	16(K)*	0.6	35	255	90	30	8	A型仅用于JB/T 7940.1—1995、JB/T 7940.2—1995规定的油杯
200		0.7	42	310	96			
400		0.8	53	385	125		9	

说明：
1. 油枪本体与油嘴间用硬管或软管连接
2. (K)*为压力等级代号

压力等级代号（JB/T 412.1—1993）/MPa

压力等级	代号	压力等级	代号	压力等级	代号	压力等级	代号	压力等级	代号	压力等级	代号
0.16	—	0.8	E	4.0	H	20.0	L	50.0	Q	125	U
0.25	B	1.0	F	6.3	I	25.0	M	63.0	R	—	—
0.40	C	1.6	W	10.0	J	31.5	N	80.0	S	—	—
0.63	D	2.5	G	16.0	K	40.0	P	100	T	—	—

4. 油标

标准油标的类型和尺寸见表30-5。

表 30-5　标准油标的类型和尺寸

（单位：mm）

类型	油标是安装在储油装置或油箱上的油位显示装置，有压配式圆形、旋入式圆形、长形和管状四种形式的油标。为了便于观察油位，必须选用适宜的形式和安装位置

压配式圆形油标（JB/T 7941.1—1995）

A型　8(min)　油位线　D　d　d_1　d_3　H

B型　8(min)　油位线　D　d　d_1　d_2　d_3　H　H_1

d	D	d_1 基本尺寸	d_1 极限偏差	d_2 基本尺寸	d_2 极限偏差	d_3 基本尺寸	d_3 极限偏差	H	H_1	O形橡胶密封圈（GB/T 3452.1—1992）
12	22	12	−0.050 −0.160	17	−0.050 −0.160	20	−0.065 −0.195	14	16	15×2.65
16	27	18	−0.050 −0.160	22	−0.065 −0.195	25	−0.065 −0.195	14	16	20×2.65
20	34	22	−0.065 −0.195	28	−0.065 −0.195	32	−0.080 −0.240	16	18	25×3.55
25	40	28	−0.065 −0.195	34	−0.080 −0.240	38	−0.080 −0.240	16	18	31.5×3.55
32	43	35	−0.080 −0.240	41	−0.080 −0.240	45	−0.080 −0.240	18	20	38.7×3.55
40	58	45	−0.080 −0.240	51	−0.100 −0.200	55	−0.100 −0.290	18	20	48.7×3.55
50	70	55	−0.100 −0.290	61	−0.100 −0.200	65	−0.100 −0.290	22	24	—
63	85	70	−0.100 −0.290	76	−0.100 −0.200	30	−0.100 −0.290	22	24	—

1. 与 d_1 相配合的孔极限偏差按 H11
2. A 型用 O 形橡胶密封圈沟槽尺寸按 GB/T 3452.1—1992，B 型用密封圈由制造厂设计选用

标记示例：

视孔 $d=32$，A 型压配式圆形油标，标记为

油标　A32　JB/T 7941.1—1995

（续）

名称	图示及标记示例	d	d_0	D 基本尺寸	D 极限偏差	d_1 基本尺寸	d_1 极限偏差	S	H	H_1	h
旋入式圆形油标（JB/T 7941.2—1995）	A型指示油位 B型观察油位 标记示例： 视孔 $d=32$，A 型旋入式圆形油标，标记为 油标 A32 JB/T 7941.2—1995	10	M16×1.5	22	-0.065 -0.195	12	-0.050 -0.160	21	15	22	8
		20	M27×1.5	36	-0.080 -0.240	22	-0.065 -0.195	32	18	30	10
		32	M42×1.5	52	-0.100 -0.290	35	-0.080 -0.240	46	22	40	12
		50	M60×2	72		55	-0.100 -0.290	65	26	—	14

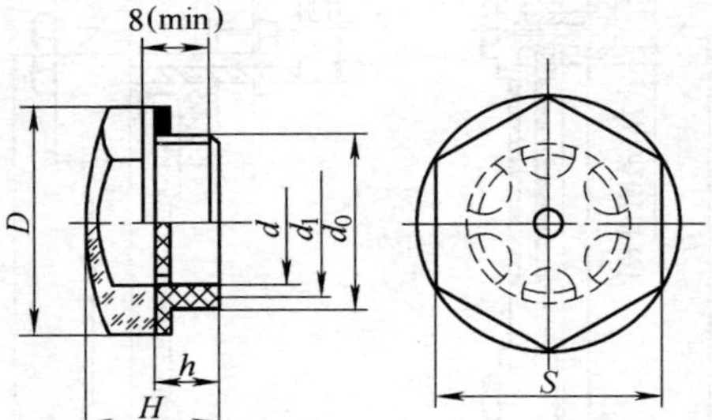

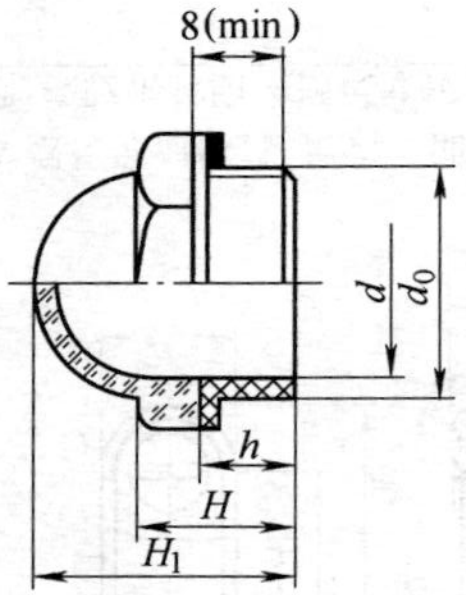

（续）

长形油标（JB/T 7941.3—1995）

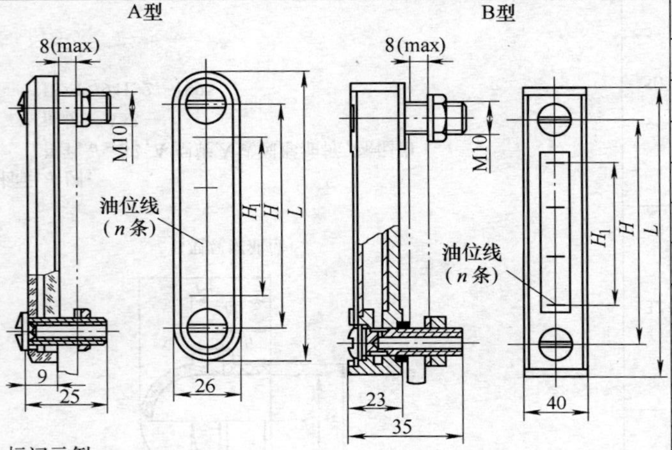

A型　　B型

H 基本尺寸 A型	H 基本尺寸 B型	H 极限偏差	H_1 A型	H_1 B型	L A型	L B型	n（条数）A型	n（条数）B型
80		±0.17	40		110		2	
100			60	—	130	—	3	—
125	—	±0.20	80	—	155	—	4	—
160			120		190		6	
—	250	±0.23	—	210	—	280	—	8
O形橡胶密封圈（GB/T 3452.1—2005）					10×2.65			
六角螺母（GB/T 6172.1—2000）					M10			
弹性垫圈（GB/T 861.1—1987）					10			

标记示例：

$H=80$，A型长形油标，标记为　油标　A80　JB/T 7941.3—1995

说明：O形橡胶密封圈沟槽尺寸按GB/T 3452.3—2005的规定

管状油标（JB/T 7941.4—1995）

A型　　B型

A型 H	B型 H 基本尺寸	B型 H 极限偏差	B型 H_1	B型 L	A型及B型 O形橡胶密封圈（GB/T 3452.1—1992）	A型及B型 六角螺母（GB/T 6172—2000）	A型及B型 弹性垫圈（GB/T 861.1—1987）
80、100、125、160、200	200	±0.23	175	226	11.8×2.65	M12	12
	250		225	276			
	320	±0.26	295	346			
	400	±0.28	375	426			
	500	±0.35	475	526			
	630		605	656			
	800	±0.40	775	826			
	1000	±0.45	975	1026			

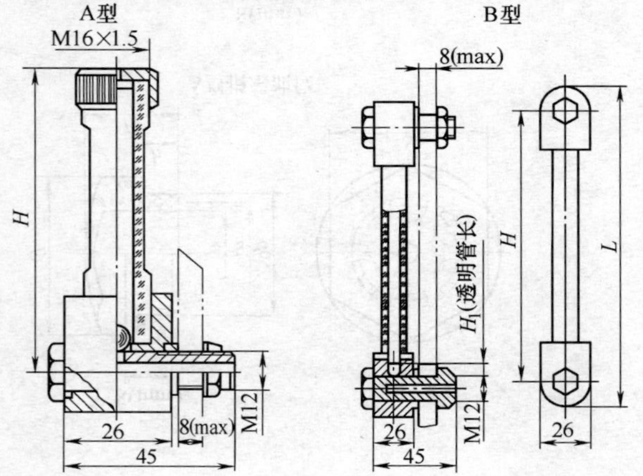

标记示例：

$H=200$，A型管状油标，标记为

油标　A200　JB/T 7941.4—1995

30.3　集中润滑系统的分类与图形符号

集中润滑系统是指由一个集中油源向机器或机组的各润滑部位（摩擦点）供送润滑油的系统，包括输送、分配、调节、冷却、加热和净化润滑剂，以及指示和监测油压、油位、压差、流量和油温等参数和故障的整套系统。先进合理的润滑系统应满足机械设备所有工况对润滑的要求，结构简单、运行可靠、操作方便、易于监测、调整与维修。集中润滑系统的分类见表30-6，其图形符号见表30-7。

表30-6　集中润滑系统的分类（JB/T 3711.1—1999、JB/T 3711.2—1999）

系统及其含义	全损耗型润滑系统（润滑剂流经摩擦点后不再返回油箱重新使用）			循环型润滑系统（润滑剂通过摩擦点后经回油管道流回油箱以供重复使用）			分配器（定量分配润滑剂给系统的各个润滑点）	
	原理图	润滑剂	操作	原理图	润滑剂	操作	形式	构成
节流式（利用液流阻力分配润滑剂）	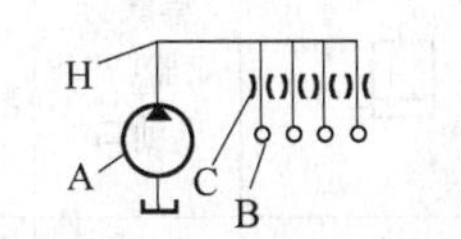	润滑油	手动、半自动或自动	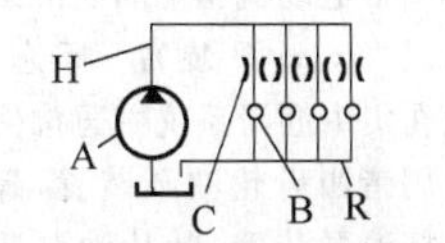	润滑油	半自动或自动	节流分配器	可调节流阀或压力补偿式节流阀+油路板
单线式（在间歇压力作用下润滑剂通过一条主管路供送至分配器，然后送往各润滑点）	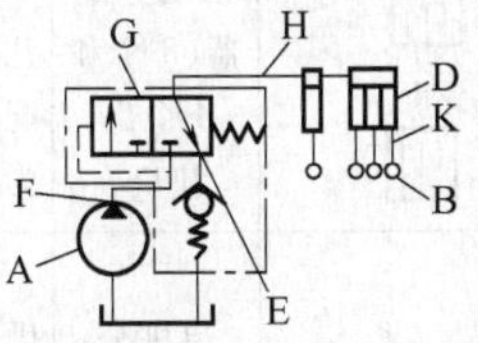	润滑油或润滑脂		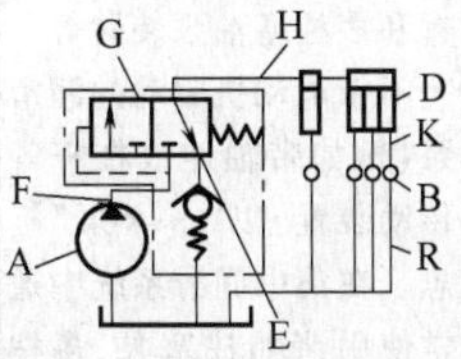			单线分配器	单线给油器+油路板
双线式（在压力作用下润滑剂通过由一个换向阀交替变换的两条主管路供送至分配器，然后由管路的压力变换将其送往各润滑点）	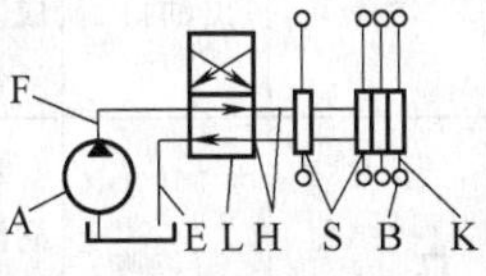			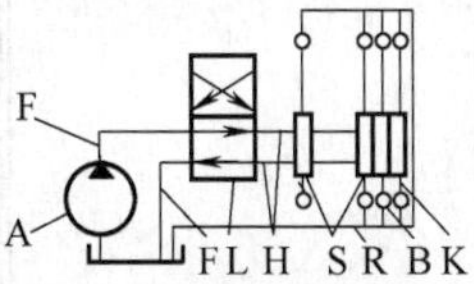			双线分配器	双线给油器+油路板
多线式（油泵的多个出油口各有一条管路直接将定量的润滑剂供送至各润滑点）	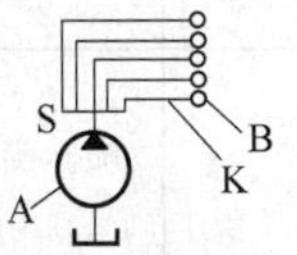			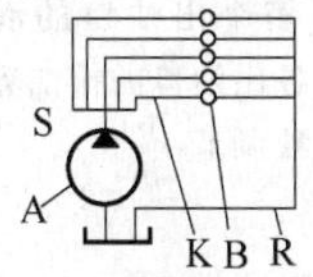			无分配器，油泵和润滑点间直接用管路连接	
递进式（由分配器按递进的顺序将定量的润滑剂供送至各润滑点）	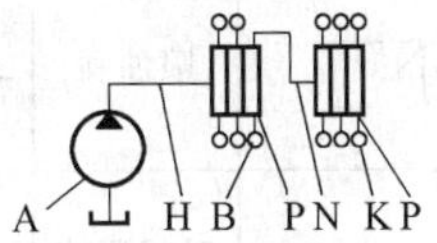						递进分配器	递进给油器+管路辅件
油雾式、油气式（润滑油微粒借助气体载体运送；用凝缩嘴、喷嘴分配油量，并使微粒凝缩后供送至各润滑点）	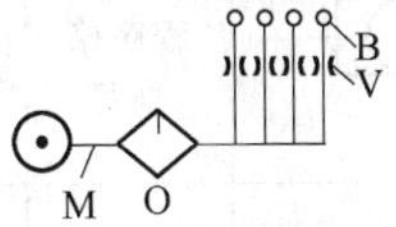 油雾式系统 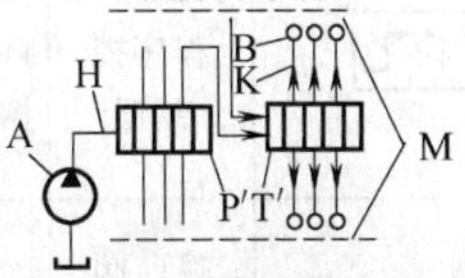油气式系统	润滑油	自动				凝缩嘴 喷嘴 递进分配器 油气分配器	递进给油器+管路辅件 油气给油器

注：A—（带油箱的）油泵；B—润滑点；C—节流阀；D—单线分配器；E—卸荷管路；F—压力管路；G—卸荷阀；H—主管路；K—润滑管路；L—二位四通换向阀；M—压缩空气管路；N—支管路；O—油雾器；P—递进分配器；R—回油管路；S—双线分配器；V—凝缩嘴、喷嘴；P′—油气流预分配器；T′—润滑点的油气液分配器。

表 30-7　集中润滑系统的图形符号（JB/T 3711.1—1999、JB/T 3711.2—1999）

序号	图形符号	名词术语	含义
1		润滑点	向指定摩擦点供送润滑剂的部位。润滑点是机器或机组集中润滑系统的组成部分
2		放气点	润滑系统规定的排气部位(作用点),排气可利用排气阀进行(如开关)
3		定量润滑泵	依靠密闭工作容积的变化,实现输送润滑剂的泵 带电动机驱动的润滑泵以“××泵装置”标志。在集中润滑系统中通常使用诸如齿轮油泵装置、螺杆油泵装置、叶片油泵装置和多柱塞油泵装置等
4		变量润滑泵	
5		泵装置	不带电动机驱动的润滑泵(例如带轴伸或杠杆等传动装置)以“××泵”标志。在集中润滑系统中通常使用诸如柱塞泵、多柱塞泵等
6		电动机	有多个出油口的润滑泵。各出油口的排油容积可单独调节
7	5	定量多点泵(5个出油口)	
8	5	变量多点泵(5个出油口)	
9	或	搅拌器(润滑脂用)	
10	或	随动活塞(润滑脂用)	
11		过滤器-减压阀-油雾器	
12		油雾器	借助压缩空气使润滑剂雾化而喷射在润滑点上的润滑装置
13		油箱	储放润滑油(脂)的容器
14		节流分配器(3个出油口)	由一个或几个节流阀或压力补偿节流阀和一块油路板组成的分配器。全部零件也可合并为一个部件
15		可调节流分配器(3个出油口)	
16		单线分配器(3个出油口)	由一块油路板和一个或几个单线给油器组成的分配器。全部零件也可合并为一个部件
17	和	双线分配器(8个和4个出油口)	由一块油路板和一个或几个双线给油器组成的分配器。全部零件也可合并为一个部件
18		递进分配器(8个出油口)	以递进的顺序向润滑点供送润滑剂的分配器。由递进给油器和管路辅件组成。全部零件也可合并为一个部件
19		凝缩嘴	利用流体阻力分配送往润滑点的油雾量和从油雾流中凝结油滴的一种分配器
20		喷雾嘴	一种不进行润滑剂分配而只是向摩擦点喷注润滑剂的装置
21		喷油嘴	
22		时间调节程序控制器	按照规定的时间重复接通集中润滑系统的控制器
23		机器循环程序控制器	按照规定的机器循环数重复接通集中润滑系统的控制器
24		换向阀(操纵形式未示出)	交替地以两条主管路向双线式系统供送润滑剂的二位四通换向阀

（续）

序号	图形符号	名词术语	含义
25	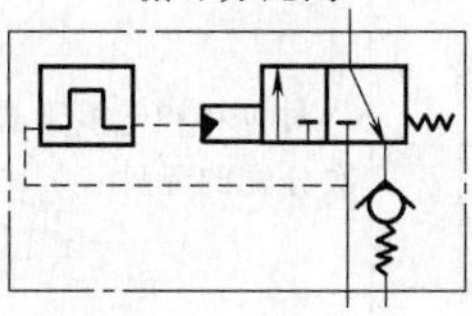	循环分配阀	为完成一个工作循环，按照规定的润滑剂循环数开启和关闭的二位三通换向阀
26	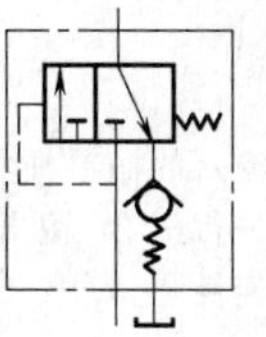	卸荷阀	使单线式系统主管路中增高的压力卸荷至卸荷压力的二位三通换向阀
27		单向阀	当入口压力高于出口压力(包括可能存在的弹簧力)时即被开启的阀
28	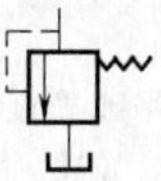	溢流阀	控制入口压力将多余流体排回油箱的压力控制阀
29	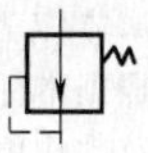	减压阀	入口压力高于出口压力，且在入口压力不定的情况下，保持出口压力近于恒定的压力控制阀
30		节流阀	调节通流截面的流量控制阀。送往润滑点的流量与压差、粘度有关
31		可调节流阀	调节通流截面的流量控制阀。送往润滑点的流量与压差、粘度有关
32		压力补偿节流阀	使排出流量自动保持恒定的流量控制阀。流量大小与压差无关
33		节流孔	通流截面恒定且很短的流量控制阀。其流量与压差有关，与粘度无关
34		开关	使电接触点接通或断开的仪器
35	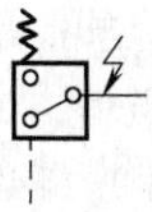	压力开关	借助压力使电接触点接通或断开的仪器
36	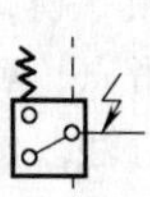	压差开关	借助压差使电接触点接通或断开的仪器
37	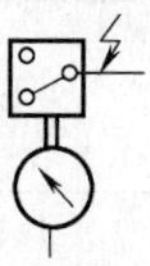	电接点压力表	带目视指示器的压力开关
38		压力表	
39	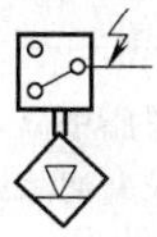	液位开关	借助液位变化使电接触点接通或断开的仪器(如浮子开关等)
40	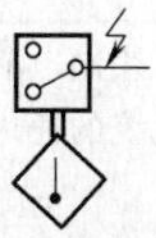	温度开关	借助温度变化使电接触点接通或断开的仪器
41	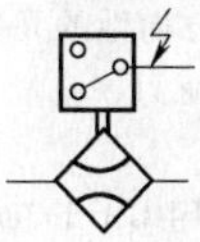	油流开关	借助流量变化使电接触点接通或断开的仪器
42		压力指示器	一般是一个弹簧加载的小活塞，由检测流体加压，达到一定值时克服弹簧力而反向运动，作为指示杆的活塞杆便由油缸内退出
43	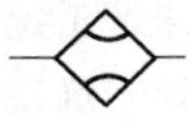	油流指示器	指示流量的装置。一般是一个弹簧加载的零件，安装在润滑油流中，当油流超过一定流量时在油流作用下，向一个方向运动。不带弹簧加载零件的其他结构，仅指示润滑油流的存在(例如回转式齿轮装置)
44	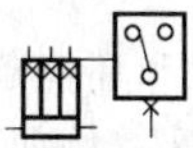	功能指示器 电气	以电气、机械方式指示元件功能的装置，例如分配器的指示杆等
	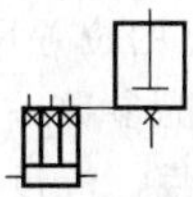	功能指示器 机械	
45	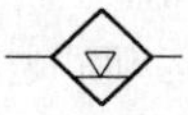	液位指示器	示油窗、探测杆(电气液位指示器)、带导杆的随动活塞等指示装置
46		计数器	计算润滑次数并作数字显示的指示仪器(用于润滑脉冲或容积计量)

（续）

序号	图形符号	名词术语	含义	序号	图形符号	名词术语	含义
47		流量计		51	油气分配器		对油-空气介质进行二次分配的元件
48		温度计					
49		稀油过滤器	从润滑油中分离非溶性固体微粒并滤除的装置或元件	52	油气混合器		对输入的润滑油和压缩空气进行混合，输出油-空气的元件
50	干油过滤器 或		从润滑脂中分离非溶性固体微粒并滤除的装置或元件				

注：1. 本表规定的图形符号，主要用于绘制以润滑油及润滑脂为润滑剂的润滑系统原理图。
2. 符号只表示元件的职能和连接系统的通道，不表示元件的具体结构、参数，以及系统管路的具体位置和元件的安装位置。
3. 元件符号均以静止位置表示或零位置表示。当组成系统其动作另有说明时，可作例外。
4. 符号在系统图中的布置，除有方向性的元件符号（如油箱、仪表等）外，根据具体情况可水平或垂直绘制。
5. 元件的名称、型号和参数（如压力、流量、功率、管径等），一般在系统图的元件表中标明，必要时可标注在元件符号旁边。
6. 本表未规定的图形符号，可采用 GB/T 786.1—1993 液压气动图形符号及 ISO 1219.1：1995 流体传动系统及元件-图形符号及回路图第1部分图形符号中的相应图形符号。如这些标准中也未作规定时，可根据本标准的原则和所列图例的规律性进行派生。当无法派生，或有必要特别说明系统中某一重要元件的结构及动作原理时，均允许局部采用结构简图表示。

30.4 稀油集中润滑系统

30.4.1 稀油集中润滑系统设计的任务和步骤

1. 设计任务

稀油集中润滑系统的设计任务是根据机械设备总体设计中各机构及摩擦副的润滑要求、工况和环境条件，进行集中润滑系统的技术设计并确定合理的润滑系统，包括润滑系统的类型确定、计算及选定组成系统的各种润滑元件及装置的性能、规格、数量，系统中各管路的尺寸及布局等。

2. 设计步骤

1）围绕润滑系统设计要求、工况和环境条件，收集必要的参数，确定润滑系统的方案。例如：几何参数，如最高、最低及最远的润滑点的位置尺寸、润滑点范围、摩擦副有关尺寸等；工况参数，如速度、载荷及温度等；环境条件，如温度、湿度、有无沙尘等；力学和性能参数，如传递功率、系统的流量、压力等；运动形式，如变速运动、连续运动、间歇运动、摆动等。在此基础上考虑和确定润滑系统方案。对于主轴轴承、重要齿轮、导轨等精密、重要部件的润滑方案，要进行特别的分析、对比。

2）计算各润滑点所需润滑油的总消耗量和压力。在被润滑摩擦副未给出润滑油粘度和所需流量、压力时，应先计算被润滑的各摩擦副在工作时克服摩擦所消耗的功率和总效率，以便计算出带走摩擦副在运转中产生的热量所需的油量，再加上形成润滑油膜、达到流体润滑作用所需的油量和压力，即为润滑油的总消耗量和供油压力，并确定润滑油粘度。

3）计算及选择润滑泵。根据系统所消耗的润滑油总量、供油压力和油的粘度以及系统的组成，可确定润滑泵的最大流量、工作压力、泵的类型和相应的电动机。这些计算与液压系统的计算类似，但要考虑粘度的影响。

4）确定定量分配系统。根据各个摩擦副上安置的润滑点数量、位置、集结程度，按尽量就近接管原则将润滑系统划分为若干个润滑点群，每个润滑点群设置 1～2 个（片）组，按（片）组数确定相应的分配器，每组分配器的流量必须平衡，这样才能连续按需供油，对供油量大的润滑点，可选用大规格分配器或采用数个油口并联的方法。然后可确定标准分配器的种类、型号和规格。

5）油箱的设计或选择。油箱除了要容纳设备运转时所必需储存的油量以外，还必须考虑分离及沉积油液中的固体和液体沉淀污物并消除泡沫、散热和冷却，需让循环油在油箱内停留一定时间（见表30-9）所需的容积。此外，还必须留有一定的裕度（一般为油箱容积的1/5～1/4），以使系统中的油全部回到油箱时不致溢出。一般在油箱中设置相应的组件，如泄油及排污用油塞或阀、过滤器、挡板、指示仪表、通风装置、冷却器和加热器等，并作相应的设计。表30-8～表30-12分别列出：稀油集中润滑系统的简要计算，各类设备的典型油循环系统，过滤器过滤材料类型和特点，润滑系统零部件技术要求，润滑系统与元件设计注意事项。

表30-8　稀油集中润滑系统的简要计算

<table>
<tr><th>序号</th><th>计算内容</th><th>公　式</th><th>单位</th><th>说　明</th></tr>
<tr><td>1</td><td>闭式齿轮传动循环润滑给油量</td><td>$Q=5.1\times10^{-6}P$
或 $Q=0.45b$</td><td rowspan="3">L/min</td><td>P——传递功率(kW)
b——齿宽(cm)</td></tr>
<tr><td>2</td><td>闭式蜗轮传动循环润滑给油量</td><td>$Q=4.5\times10^{-6}a$</td><td>a——中心距(cm)</td></tr>
<tr><td>3</td><td>滑动轴承循环润滑给油量</td><td>$Q=KDL$</td><td>K——系数，高速机械（蜗轮鼓风机、高速电动机等）的轴承0.06～0.15，低速机械的轴承0.003～0.006
D——轴承孔径(cm)
L——轴承长度(cm)</td></tr>
<tr><td>4</td><td>滚动轴承循环润滑给油量</td><td>$Q=0.075DB$</td><td>g/h</td><td>D——轴承内径(cm)
B——轴承宽度(cm)</td></tr>
<tr><td>5</td><td>滑动轴承散热给油量</td><td>$Q=\frac{2\pi nT_1}{\rho c\Delta t}$</td><td rowspan="2">L/min</td><td rowspan="2">n——转速(r/min)
T_1——主轴摩擦转矩(N·m)
ρ——润滑油密度，0.85～0.91kg/L
c——润滑油比热容，1674～2093J/(kg·K)
Δt——润滑油通过轴承的实际温升(℃)
t——摩擦副的散热量(J/min)
K_1——润滑油利用系数，0.5～0.6</td></tr>
<tr><td>6</td><td>其他摩擦副散热给油量</td><td>$Q=\frac{t}{\rho c\Delta tK_1}$</td></tr>
<tr><td>7</td><td>水平滑动导轨给油量</td><td>$Q=0.00005bL$</td><td rowspan="5">mL/h</td><td rowspan="5">b——滑动导轨或凸轮、链条宽度(mm)
L——导轨-滑板支承长度(mm)
I——滚子排数
D——凸轮最大直径(mm)
L'——链条长度(mm)</td></tr>
<tr><td>8</td><td>垂直滑动导轨给油量</td><td>$Q=0.0001bL$</td></tr>
<tr><td>9</td><td>滚动导轨给油量</td><td>$Q=0.0006LI$</td></tr>
<tr><td>10</td><td>凸轮给油量</td><td>$Q=0.0003Db$</td></tr>
<tr><td>11</td><td>链轮给油量</td><td>$Q=0.00008L'b$</td></tr>
<tr><td>12</td><td>直段管路的沿程损失</td><td>$H_1=\Sigma\left(0.032\,\frac{\mu v}{\rho d^2}l_0\right)$</td><td>油柱高，m</td><td rowspan="3">l_0——管段长度(m)
μ——油的动力粘度(10Pa·s)
d——管子内径(mm)
v——流速(m/s)
ρ——润滑油密度，0.85～0.91kg/L
ξ——局部阻力系数，可在流体力学及液压技术类手册中查到
g——重力加速度，9.81m/s²
Q——润滑油流量(L/min)</td></tr>
<tr><td>13</td><td>局部阻力损失</td><td>$H_2=\Sigma\left(\xi\,\frac{v^2}{2g}\right)$</td><td>油柱高，m</td></tr>
<tr><td>14</td><td>润滑油管道内径</td><td>$d=4.63\sqrt{Q/v}$</td><td>mm</td></tr>
</table>

注：1. 吸油管路流速一般为1～2m/s，管路应尽量短些，不宜转弯和变径，以免出现涡流或吸空现象。
2. 供油管路流速一般为2～4m/s，增大流速不仅增加阻力损失，而且容易带走管内污物。
3. 回油管路流速一般小于0.3m/s，回油管中油流不应超过管内容积的1/2以上，以使回路畅通。

表 30-9 各类设备的典型油循环系统

设备类别	润滑零件	油的粘度(40℃)/(mm^2/s)	油泵类型	在油箱中停留时间/min	滤油器过滤精度/μm
冶金机械、磨机等	轴承、油膜 轴承、齿轮	150~460 68~680	齿轮泵、螺杆泵	20~60	25~150
造纸机械	轴承、齿轮	150~320	齿轮泵、螺杆泵	40~60	5~120
汽轮机及大型旋转机械	轴承	32	齿轮泵及离心泵	5~10	5
电动机	轴承	32~68	螺杆泵、齿轮泵	5~10	50
往复空压机	外部零件、活塞、轴承	68~165	齿轮泵、螺杆泵	1~8	
高压鼓风机				4~14	
飞机	轴承、齿轮、控制装置	10~32	齿轮泵	0.5~1	5
液压系统	泵、轴承、阀	4~220	各种油泵	3~5	5~100
机床	轴承、齿轮	4~165	齿轮泵	3~8	10~100

表 30-10 过滤器过滤材料类型和特点

滤芯种类名称		结构及规格	过滤精度/μm	允许压力损失/MPa	特性
金属丝网编织的网式滤布		0.18mm、0.154mm、0.071mm 等的黄铜或不锈钢丝网	50~80 100~180	0.01~0.02	结构简单,通油能力大,压力损失小,易于清洗,但过滤效果差,精度低
线隙式滤芯	吸油口	在多角形或圆形金属框架外缠绕直径 0.4mm 的铜丝或铝丝而成	80 100	≤0.02	结构简单,过滤效果好,通油能力大,压力损失小,但精度低,不易清洗
	回油口		10 20	≤0.35	
纸质滤芯	压油口	用厚 0.35~0.75mm 的平纹或厚纹酚醛树脂或木浆微孔滤纸制成。三层结构:外层用粗眼铜丝网,中层用过滤纸质滤材,内层为金属丝网	6 5~20	0.08~0.2	过滤效果好,精度高,耐蚀,容易更换但压力损失大,易阻塞,不能回收,无法清洗,需经常更换
	回油口		30 50	≤0.35	
烧结滤芯		用颗粒状青铜粉烧结成杯、管、板、碟状滤芯。最好与其他滤芯合用	10~100	0.03~0.06	能在很高温度下工作,强度高,耐冲击,耐蚀,性能稳定,容易制造。但易堵塞,清洗困难
磁性滤芯		设置高磁能的永久磁铁,与其他滤芯合用效果更好			可吸除油中的磁性金属微粒,过滤效果好
片式滤芯		金属片(铜片)叠合而成,可旋转片进行清洗	80~200	0.03~0.07	强度大,通油能力大,但精度低,易堵塞,价高,将逐渐淘汰
高分子材料滤芯(如聚丙烯、聚乙烯醇缩甲醛等)		制成不同孔隙度的高分子微孔滤材,亦可用三层结构	3~70	0.1~2	重量轻,精度高,流动阻力小,易清洗,寿命长,价廉,流动阻力小
熔体滤芯		用不锈钢纤维烧结毡制成各种聚酯熔体滤芯	40	0.14~5	耐高温(300℃)、耐高压(30MPa)、耐蚀、渗透性好,寿命长,可清洗,价格高

表 30-11　润滑系统零部件技术要求（GB/T 6576—2002）

名　称	技　术　要　求
润滑油箱	1)损耗性润滑系统的油至少应装有工作50h后才加油的油量;循环润滑系统的油至少要工作1000h后才放掉旧油并清洗。油箱应有足够的容积,能容纳系统全部油量,除装有冷却装置外,还要考虑为了发散多余热量所需的油量。油箱上应标明正常工作时最高和最低油面的位置,并清楚地示出油箱的有效容积 2)容积大于0.5L的油箱应装有直观的油面指示器,在任何时候都能观察油箱内从最高至最低油面间的实际油量。在自动集中损耗性润滑系统中,要有最低油面的报警信号控制装置。在循环系统中,应提供当油面下降到低于允许油面时的报警信号并使机械停止工作的控制 3)容积大于3L的油箱,在注油口必须装有适当过滤精度的筛网过滤器,同时又能迅速注入润滑剂。还必须有密封良好的放油旋塞,以确保迅速完全地将油放尽。油箱应当有盖,以防止外来物质进入油箱,并应有一个通气孔 4)在循环系统油箱中,管子末端应当浸入油的最低工作面以下。吸油管和回油管的末端距离尽可能远,使泡沫和乳化影响减至最小 5)如果采用电加热,加热器表面热功率一般应不超过1W/cm^2
润滑脂箱	1)应装有保证泵能吸入润滑脂的装置和充脂时排除空气的装置 2)自动润滑系统应有最低脂面出现的报警信号装置 3)加脂器盖应当严实并装有防止丢失的装置,过滤器连接管道中应装有筛网过滤器,且应使装脂十分容易 4)大的润滑脂箱应设有便于排空润滑脂和进行内部清理的装置 5)箱内表面的防锈涂层应与润滑脂相容
管道	1)软、硬管材料应与润滑剂相容,不得起化学作用。其机械强度应能承受系统的最大工作压力 2)润滑脂管内径:主管路应不小于4mm,供脂管路应不小于3mm 3)在管子可能受到热源影响的地方,应避免使用电镀管。如果管子要与含活性或游离硫的切削液接触,应避免使用铜管

表 30-12　润滑系统与元件设计注意事项（GB/T 6576—2002）

名　称	设计注意事项
润滑系统	系统设计应确保润滑系统和工艺润滑介质完全分开。只有当液压系统和润滑系统使用相同的润滑剂时,液压系统和润滑系统才能合在一起使用同一种润滑剂,但务必过滤除去油中污染物及杂质
油嘴和单个润滑器	1)油嘴和润滑器应装在操作方便的地方。使用同一种润滑剂的润滑点可装在同一操作板上,操作板应距工作地面500~1200mm并易于接近 2)建议尽量不采用油绳、滴落式、油脂杯和其他特殊类型的润滑器
油箱和泵	1)用手动加油时,油箱应距工作地面500~1200mm,注油口应位于易于与加油器连接处。放油孔塞易于操作,箱底应有向放油塞的坡度并能将油箱的油放尽 2)油箱在容易看见的位置应备有油标 3)在油箱中充装润滑脂时,最好使用装有过滤器的辅助泵(或滤油小车) 4)泵可放在油箱的里面或外面,应有适当的防护。调整和维修均应方便
管路和管接头	1)管路的设计应使压力损失最小,避免急弯。软管的安装应避免产生过大的扭曲应力 2)除了内压以外,管路不应承受其他压力,也不应被用来支撑系统中其他大的元件 3)在循环系统中,回油管应有远大于供油管路的横截面积,以使回油顺畅 4)在油雾/油气润滑系统中,所有主管路均应倾斜安装,以便使油回到油箱,并应提供防止积油的措施,例如在下弯管路底部钻一个约1mm直径的小孔。如果用软管,应避免管子下弯 5)管接头应位于易接近处

（续）

名　称	设计注意事项
过滤器和分配器	1）过滤器和分配器应安装在易于接近、便于安装、维护和调节处 2）过滤器的安装应避免吸入空气，上部应有排气孔。分配器的位置应尽可能接近润滑点。除油雾/油气润滑系统外，每个分配器只给一个润滑点供油
控制和安全装置	1）所有直观的指示器（例如压力表、油标、流量计等）应位于操作者容易看见处 2）在装有节流分配器的循环系统中，应装有直观的流量计

30.4.2　稀油集中润滑系统的主要设备

1. 润滑油泵及润滑油泵装置

润滑油泵及润滑油泵装置见表 30-13 ~ 表 30-18 及图 30-1 所示。

表 30-13　DSB 型手动润滑油泵

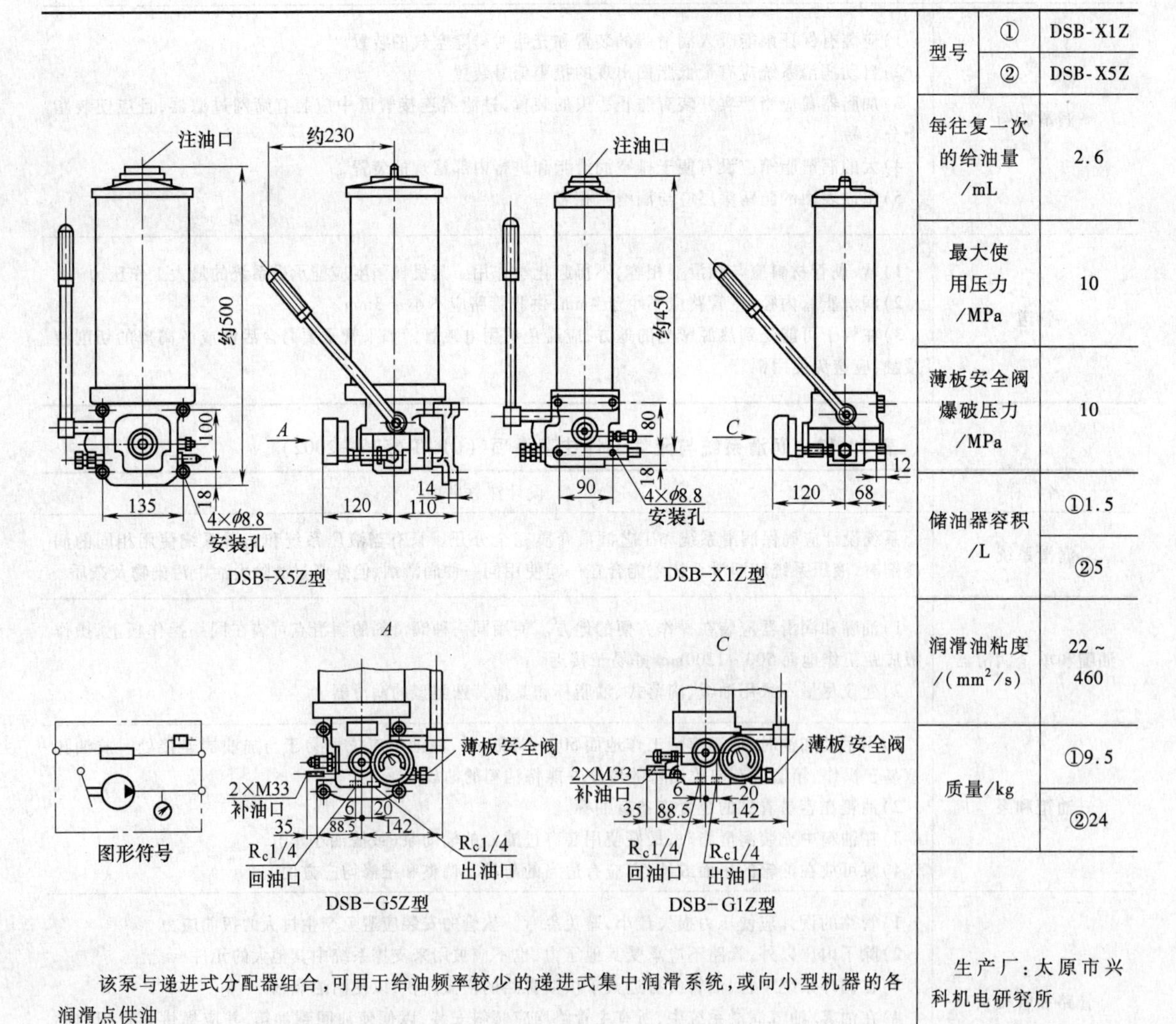

型号	①	DSB-X1Z
	②	DSB-X5Z
每往复一次的给油量/mL		2.6
最大使用压力/MPa		10
薄板安全阀爆破压力/MPa		10
储油器容积/L		①1.5
		②5
润滑油粘度/(mm^2/s)		22 ~ 460
质量/kg		①9.5
		②24

该泵与递进式分配器组合，可用于给油频率较少的递进式集中润滑系统，或向小型机器的各润滑点供油

生产厂：太原市兴科机电研究所

表 30-14　DBB 型定流向摆线转子润滑泵性能参数（JB/T 8376—1996）

公称排量/(mL/r)	公称转速/(r/min)	额定压力/MPa	自吸性/kPa	容积效率(%)	噪声/dB(A)	清洁度/mg	适用范围
≤4	1000	0.4	≥12	≥80	≤62	≤80	以精制矿物油为介质的润滑泵
6～12		0.6	≥16	≥85	≤65		
16～32		0.8	≥20	≥90	≤72	≤100	
40～63		1.0			≤75		

标记方法：

DBB □-□□ □

- 油口螺纹代号（细牙螺纹为 M，锥螺纹为 Z）
- 排量，mL/r
- 额定压力，MPa（1MPa 以下为 A）
- 结构代号：1，2…
- 产品名称代号（定流向摆线转子润滑泵）

注：1. 清洁度是指每台液压泵内部污染物许可残留量，可按 JB/T 7858《液压元件清洁度评定方法及液压元件清洁度指标》。

2. 生产厂有太原矿山机器润滑液压设备有限公司，太原市兴科机电研究所。

表 30-15　卧式齿轮油泵装置（JB/ZQ 4590—2006）

外形图

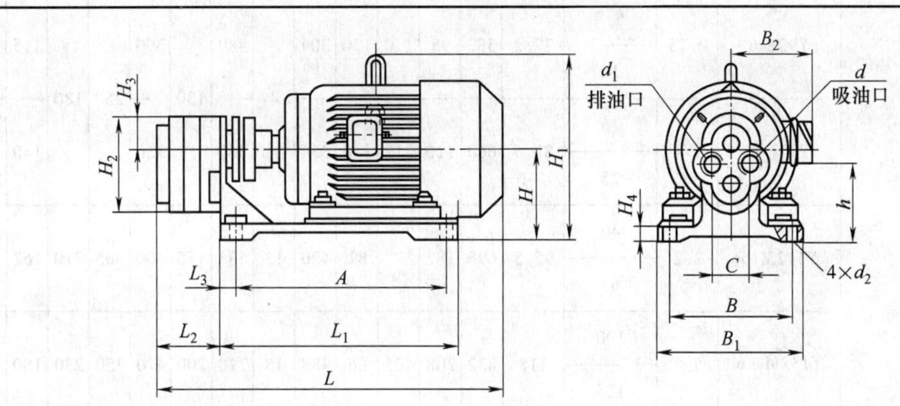

标记示例：

公称流量 125L/min 的卧式齿轮油泵装置，标记为

WBZ2-125　齿轮油泵装置　JB/ZQ 4590—2006

适用于粘度值 32～460mm^2/s 的润滑油或液压油，温度 50℃ ±5℃

参数与外形尺寸/mm

型号	公称压力/MPa	齿轮油泵 型号	齿轮油泵 公称流量/(L/min)	齿轮油泵 吸入高度/mm	电动机 型号	电动机 功率/kW	电动机 转速/(r/min)	质量/kg
WBZ2-16	0.63	CB-B16	16	500	Y90S-4	1.1	1450	55
WBZ2-25		CB-B25	25					56
WBZ2-40		CB-B40	40		Y100L1-4	2.2	1420	80
WBZ2-63		CB-B63	63					100
WBZ2-100		CB-B100	100		Y112M-4	4	1440	118
WBZ2-125		CB-B125	125					146

（续）

参数与外形尺寸/mm 型号	L ≈	L_1	L_2	L_3	A	B	B_1	B_2 ≈	C	H	H_1 ≈	H_2	H_3	H_4	h	d	d_1	d_2
WBZ2-16	448	360	76	27	310	160	220	155	50	130	230	128	43	30	109	G¾	G¾	15
WBZ2-25	456		84															
WBZ2-40	514	406	92	25	360	215	250	180	55	142	287	152	50		116	G1	G¾	15
WBZ2-63	546	433	104		387	244	290	190		162	315				136			
WBZ2-100	660	485	119	27	433	250	300	210	65	172	345	185	60	40	140	G1¼	G1	19
WBZ2-125	702	500	126		448	280	330			200	383				168			

注：生产厂有太原矿山机器润滑液压设备有限公司，南通市南方润滑液压设备有限公司，启东市南方润滑液压设备有限公司，启东润滑设备有限公司，启东江海液压润滑设备厂，四川川润股份有限公司，太原宝太润液设备有限公司，启东中冶润滑设备有限公司。

表 30-16　RBZ 型人字齿轮液压泵装置性能与尺寸

型号	公称压力/MPa	电动机		公称流量/(L/min)	质量/kg	尺寸/mm													
		型号	功率/kW			L	B	H	L_1	L_2	L_3	L_4	L_5	L_6	B_1	B_2	H_1	H_2	d
RBZ-6.3	0.63 (D)*	Y90S-6	0.75	6.3	77.2	580	95	170	120	304	4	489	130	300	250	180	115	14	11
RBZ-10				10															
RBZ-16		Y90L-6	1.1	16	82.5	660	110	212	140	354		560		350			140	18	12
RBZ-25				25															
RBZ-40		Y112M-6	2.2	40	95.5	695	182	372	82	420	13	635	155	400	305	210	162	27	14
RBZ-63				63															
RBZ-100		$Y132M_1$-6	5.5	100	118	832	208	425	86	488	18	770	200	470	350	230	180		
RBZ-125				125															
RBZ-160		$Y132M_2$-6	7.5	160	128	985	256	496	113	595	20	860	208	575	400	250	212	30	
RBZ-200				200															
RBZ-250		Y160M-6	11	250	140	1134	340	590	140	694		1002	277	674	395	310	229		
RBZ-315		Y160L-6		315	206	1152		591	150	707	7	1065	270	700	420				
RBZ-400		Y180L6	15	400	285	1246		660	162	745	5	1075	210	740	425		273	35	18
RBZ-500				500															
RBZ-630		$Y200L_1$-6	18.5	630	342	1298	360	741	180	789	18	1180	250	780	500	350	285		
RBZ-800		$Y200L_2$-6	22	800	388	1344	380		198	826	6	1150	215	820			290		
RBZ-1000		Y225M-6	30	1000	542	1510		785	214	896		1305	300	890		390	295	40	
RBZ-1250		Y250M-6	37	1250	634	1595	410	805		934	4	1375		930			323		
RBZ-1600		Y280S-8	45	1600	1215	1884	450	883	272	1101.5	10	1642	346	1092	660	540	333	45	22
RBZ-2000		Y315S-8	55	2000	1368	2025	480	918		1152	4	1666	355	1148	730	570	368		

（续）

型号	d_2	d_3	型号				d_1 d_2
RBZ-6.3	G½	G½	RBZ-40	RBZ-160	RBZ-400	RBZ-1000	法兰连接时，吸油口和排油口尺寸见表30-17
RBZ-10			RBZ-63	RBZ-200	RBZ-500	RBZ-1250	
RBZ-16	G¾	G¾	RBZ-100	RBZ-250	RBZ-630	RBZ-1600	
RBZ-25			RBZ-125	RBZ-315	RBZ-800	RBZ-2000	

注：1. （D）* 为压力等级代号。

2. 生产厂有太原矿山机器润滑液压设备有限公司，太原宝太润液设备有限公司，温州市龙湾润滑液压设备厂，四川川润股份有限公司，启东中冶润滑设备有限公司。

表30-17 RBZ（RCB）40～RBZ（RCB）2000型人字齿轮油泵装置（人字齿轮油泵）吸油口、排油口尺寸（单位：mm）

名称	尺寸	油泵型号							
		RCB-40 RCB-63	RCB-100 RCB-125	RCB-160 RCB-200	RCB-250 RCB-315	RCB-400 RCB-500 RCB-630	RCB-800 RCB-1000	RCB-1250 RCB-1600	RCB-2000
		泵装置型号							
		RBZ-40 RBZ-63	RBZ-100 RBZ-125	RBZ-160 RBZ-200	RBZ-250 RBZ-315	RBZ-400 RBZ-500 RBZ-630	RBZ-800 RBZ-1000	RBZ-1250 RBZ-1600	RBZ-2000
排油口	DN	32	50	65	80	100	125	150	200
	D	140	165	185	200	220	250	285	340
	D_1	100	125	145	160	180	210	240	295
	D_2	78	100	120	135	155	185	210	265
	n	4	4	4	4	8	8	8	8
	d_4	18	18	18	18	18	18	23	23
吸油口	DN	40	65	80	100	125	150	200	250
	D	150	185	200	220	250	285	340	395
	D_1	110	145	160	180	210	240	295	350
	D_2	85	120	135	155	185	210	265	320
	n	4	4	4	8	8	8	8	12
	d_4	18	18	18	18	18	23	23	23

注：1. 连接法兰按JB/T 81—1994凸面板式平焊钢制管法兰（PN = 1MPa）的规定。

2. RCB为人字齿轮油泵；RBZ为人字齿轮油泵装置。

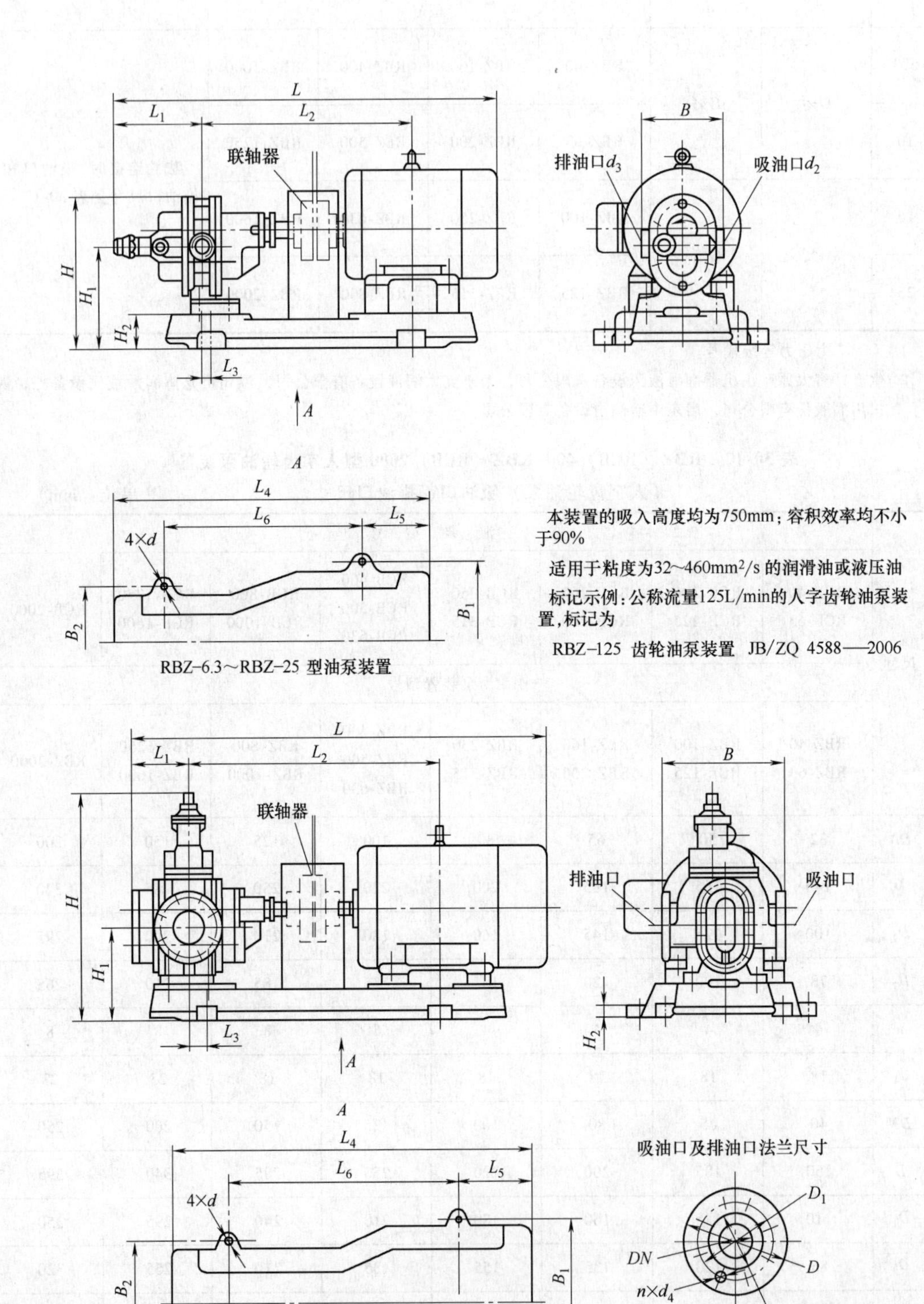

图 30-1 人字齿轮油泵装置（JB/ZQ 4588—2006）

表 30-18 斜齿轮油泵及装置、带安全阀斜齿轮油泵及装置的参数、形式及尺寸（JB/T 2301—1999）

类别	斜齿轮油泵及装置										
	斜齿轮油泵						斜齿轮油泵装置				
	型号	公称流量 /(L/min)	公称压力 /MPa	容积效率 (%)	吸入高度 /mm	质量 /kg	型号	电动机 型号	电动机 功率 /kW	电动机 转速 /(r/min)	质量 /kg
参数	XB-250	250	0.63	≥90	≥500	60	XBZ-250	Y132M-4-B3	7.5	1440	190
	XB-400	400				72	XBZ-400	Y160M-4-B3	11	1440	255
	XB-630	630				102	XBZ-630	Y180M-4-B3	18.5	1460	396
	XB-1000	1000				122	XBZ-1000	Y200L-4-B3	30	1470	484

XB型斜齿轮油泵形式与尺寸/mm

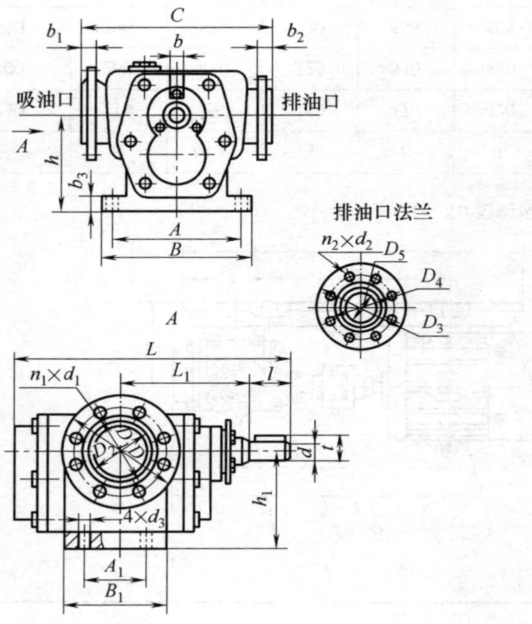

型号	d	d_3	h	h_1	b	b_3	A	A_1	B	B_1	C	L	L_1
XB-250	28	19	155	155	8	22	210	80	260	130	300	364	186.5
XB-400								130		180		448	215
XB-630	40	24	190	175	12	28	230	115	290	175	370	486	234
XB-1000								155		215		580	281

型号	l	t	吸油口法兰 DN_1	D	D_1	D_2	n_1	d_1	b_1	排油口法兰 DN_2	D_3	D_4	D_5	n_2	d_2	b_2
XB-250	45	31	80	195	160	135	4	18	22	65	180	145	120	4	18	20
XB-400																
XB-630	70	43.5	125	245	210	185	8	18	24	100	215	180	155	8	18	22
XB-1000																

（续）

XBZ型斜齿轮油泵装置形式与尺寸/mm

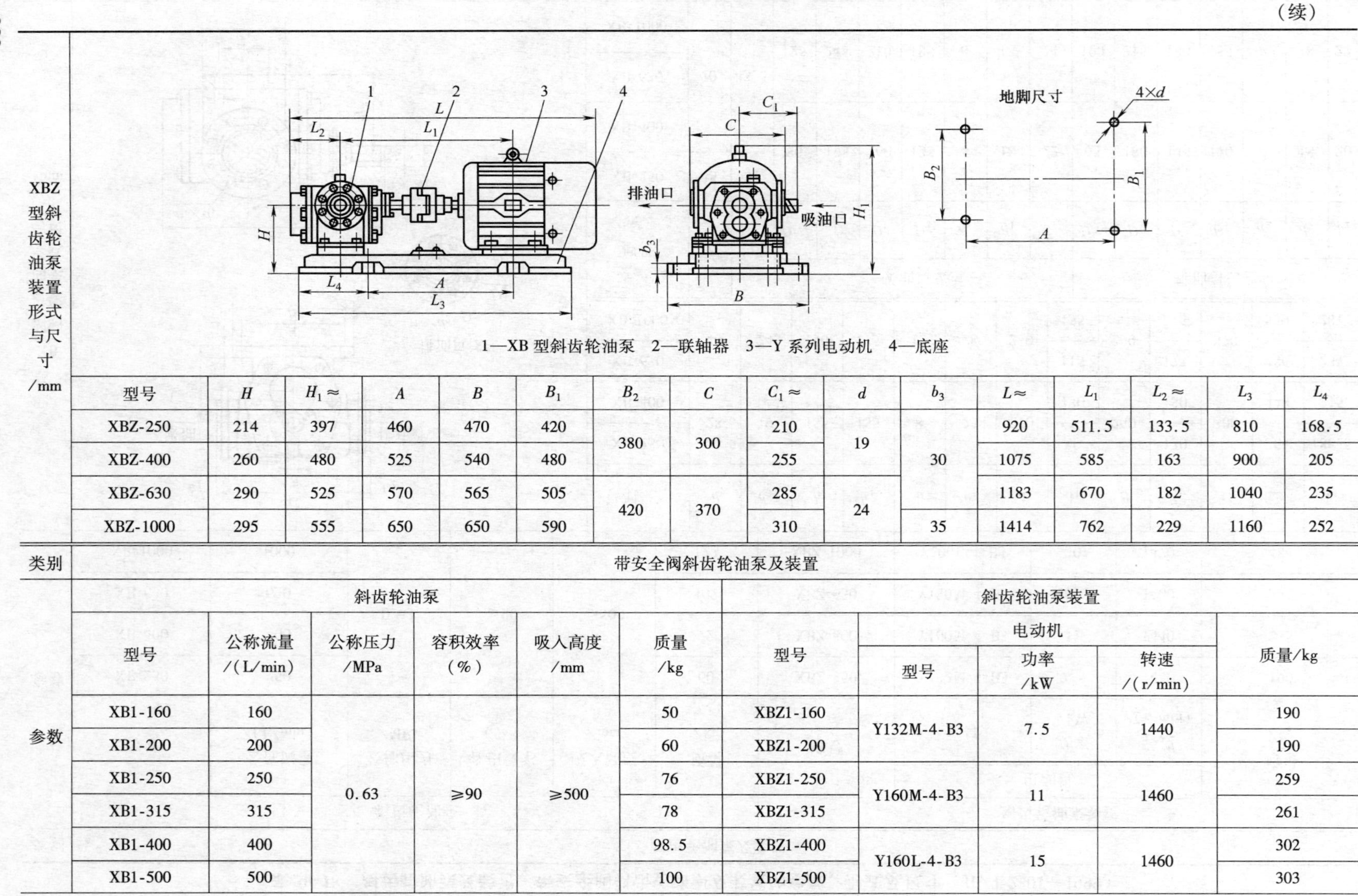

1—XB 型斜齿轮油泵　2—联轴器　3—Y 系列电动机　4—底座

型号	H	$H_1\approx$	A	B	B_1	B_2	C	$C_1\approx$	d	b_3	$L\approx$	L_1	$L_2\approx$	L_3	L_4
XBZ-250	214	397	460	470	420	380	300	210	19	30	920	511.5	133.5	810	168.5
XBZ-400	260	480	525	540	480			255			1075	585	163	900	205
XBZ-630	290	525	570	565	505	420	370	285	24		1183	670	182	1040	235
XBZ-1000	295	555	650	650	590			310		35	1414	762	229	1160	252

类别：带安全阀斜齿轮油泵及装置

参数：

斜齿轮油泵						斜齿轮油泵装置				
型号	公称流量/(L/min)	公称压力/MPa	容积效率(%)	吸入高度/mm	质量/kg	型号	电动机型号	电动机功率/kW	电动机转速/(r/min)	质量/kg
XB1-160	160	0.63	≥90	≥500	50	XBZ1-160	Y132M-4-B3	7.5	1440	190
XB1-200	200				60	XBZ1-200				190
XB1-250	250				76	XBZ1-250	Y160M-4-B3	11	1460	259
XB1-315	315				78	XBZ1-315				261
XB1-400	400				98.5	XBZ1-400	Y160L-4-B3	15	1460	302
XB1-500	500				100	XBZ1-500				303

（续）

带安全阀斜齿轮油泵形式与尺寸/mm

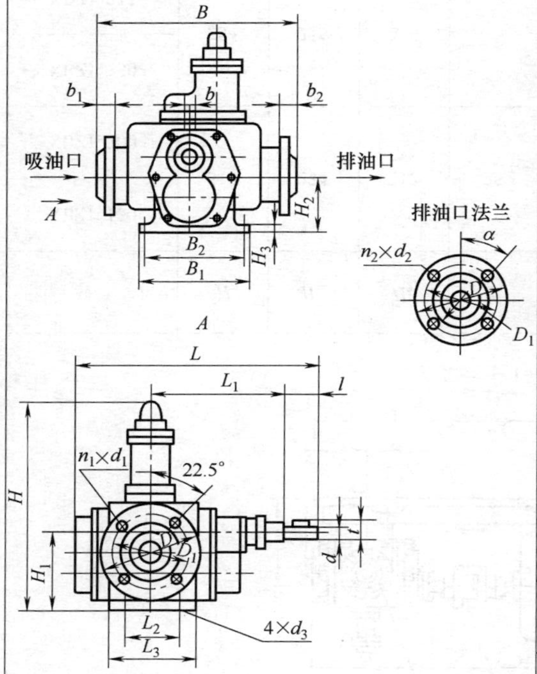

型号	d	l	d_3	H	H_1	H_2	H_3	L	L_1	L_2	L_3	B	B_1	B_2	b
XB1-160	22	50	18	450	164	142	20	350	172	90	140	256	240	200	6
XB1-200	22	50	18	450	164	142	20	350	172	90	140	256	240	200	6
XB1-250	25	60	18	480	181	155	22	380	185	110	160	340	250	210	8
XB1-315	25	60	18	480	181	155	22	380	185	110	160	340	250	210	8
XB1-400	28	60	20	510	198	168	25	425	210	130	180	340	260	210	8
XB1-500	28	60	20	510	198	168	25	425	210	130	180	340	260	210	8

型号	t	吸油口法兰						排油口法兰						
		DN	D	D_1	d_1	n_1	b_1	DN	D	D_1	d_2	n_2	b_2	α
XB1-160	24.5	80	200	160	17.5	8	20	65	185	145	17.5	4	20	45°
XB1-200	24.5	80	200	160	17.5	8	20	65	185	145	17.5	4	20	45°
XB1-250	28	100	220	180	17.5	8	22	80	200	160	17.5	8	20	22.5°
XB1-315	28	100	220	180	17.5	8	22	80	200	160	17.5	8	20	22.5°
XB1-400	31	125	250	210	17.5	8	24	100	220	180	17.5	8	22	22.5°
XB1-500	31	125	250	210	17.5	8	24	100	220	180	17.5	8	22	22.5°

（续）

带安全阀斜齿轮油泵装置形式与尺寸/mm

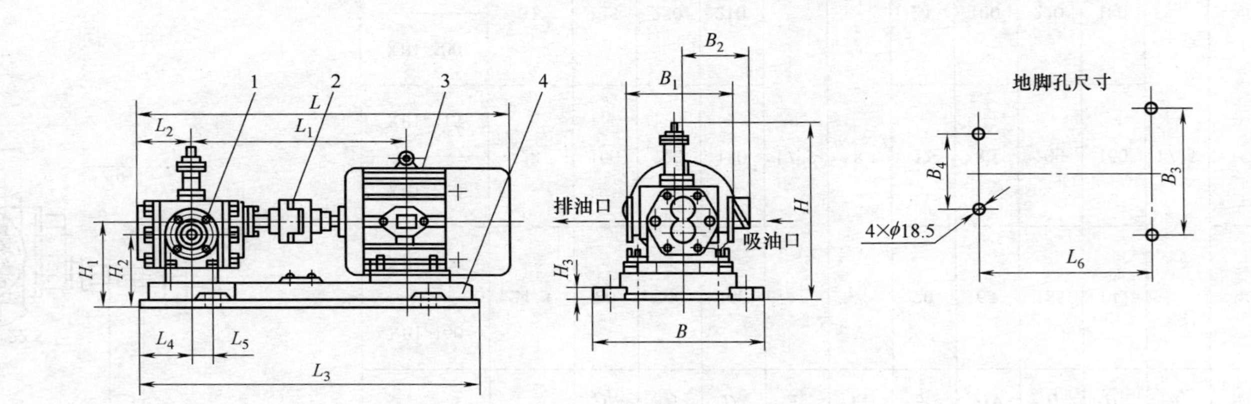

1—XB1 型斜齿轮油泵　2—联轴器　3—Y 系列电动机　4—底座

型号	H	H_1	H_2	H_3	L	L_1	L_2	L_3	L_4	L_5	L_6	B	B_1	B_2	B_3	B_4
XBZ1-160	510	234	212	25	962	508	129	830	145	55	400	410	256	210	360	320
XBZ1-200							141									
XBZ1-250	554	255	229	30	977	579	141	935	155	45	500	480	340	255	430	330
XBZ1-315							148									
XBZ1-400	625	303	273		1187	644	141	1020	160	40	600					
XBZ1-500							156									

注：斜齿轮油泵及装置生产厂有太原矿山机器润滑液压设备有限公司，启东市南方润滑液压设备有限公司，南通市南方润滑液压设备有限公司，太原宝太润液设备有限公司，太原市兴科机电研究所。

2. WF系列吸油过滤器

（1）型号

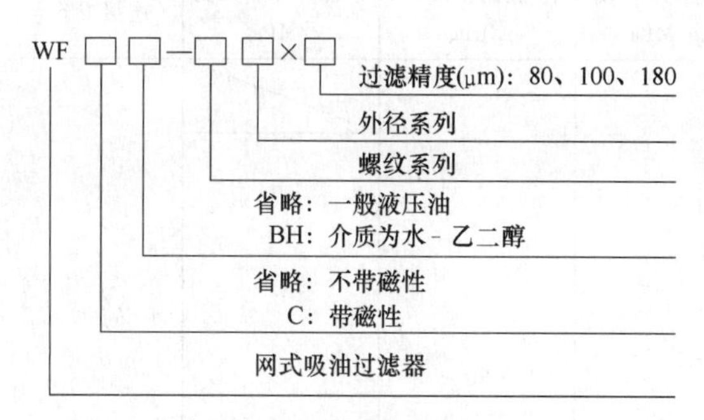

（2）连接尺寸（见表30-19）

3. WU、XU系列吸油过滤器

该过滤器属于粗过滤器，一般安装在油泵的吸油口处，用以保护油泵避免吸入较大的机械杂质。该过滤器结构简单，通油能力大、阻力小，并设有管式、法兰式连接，分网式、线隙式两种（见图30-2）。

（1）型号

（2）技术参数（见表30-20）

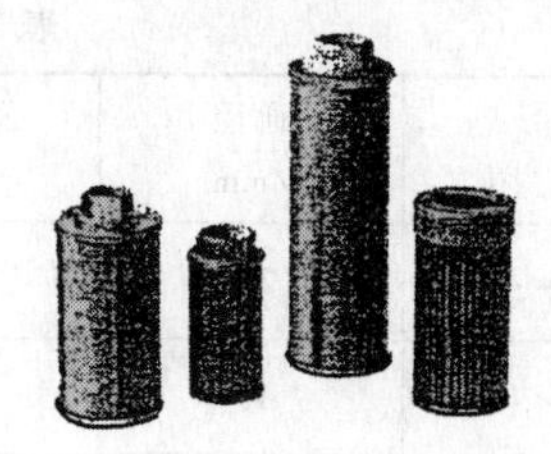

图30-2　WU、XU系列吸油过滤器

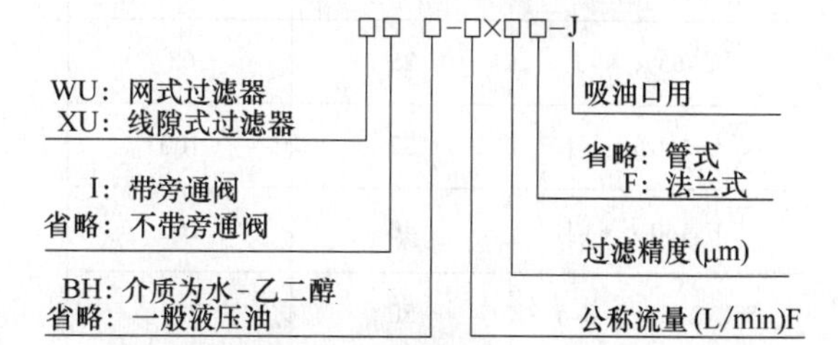

（3）连接尺寸

1）WU系列（网式）见表30-21。

2）XU系列（线隙式）见表30-22。

3）连接法兰，请用户参照表30-23尺寸加工。

表30-19　WF系列吸油过滤器连接尺寸

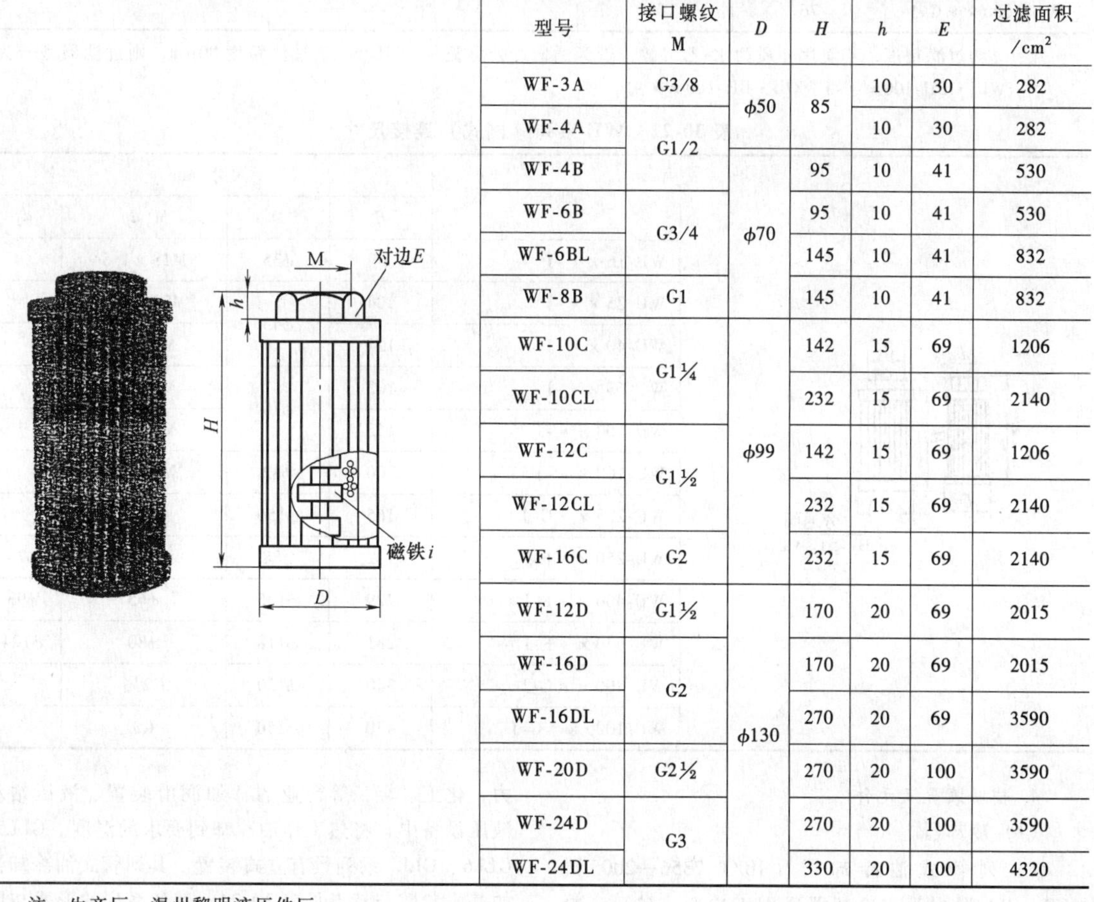

型号	接口螺纹 M	D	H	h	E	过滤面积 /cm²
WF-3A	G3/8	ϕ50	85	10	30	282
WF-4A	G1/2			10	30	282
WF-4B		ϕ70	95	10	41	530
WF-6B	G3/4		95	10	41	530
WF-6BL			145	10	41	832
WF-8B	G1		145	10	41	832
WF-10C	G1¼	ϕ99	142	15	69	1206
WF-10CL			232	15	69	2140
WF-12C	G1½		142	15	69	1206
WF-12CL			232	15	69	2140
WF-16C	G2		232	15	69	2140
WF-12D	G1½	ϕ130	170	20	69	2015
WF-16D	G2		170	20	69	2015
WF-16DL			270	20	69	3590
WF-20D	G2½		270	20	100	3590
WF-24D	G3		270	20	100	3590
WF-24DL			330	20	100	4320

注：生产厂：温州黎明液压件厂。

表 30-20　WU、XU 网式与线隙式

型号	通径 /mm	公称流量 /(L/min)	原始压力损失 Δp/MPa	过滤精度 /μm	旁通阀开启压力 /MPa	连接方式
$^{W}_{X}$U-16 × * -J	12	16	≤0.01	80 100 180 (仅 WU)	—	管式
$^{W}_{X}$U-25 × * -J	15	25			—	
$^{W}_{X}$U-40 × * -J	20	40			0.02	
$^{W}_{X}$U-63 × * -J	25	63				
$^{W}_{X}$U-100 × * -J	32	100				
$^{W}_{X}$U-160 × * -J	40	160				
WU-225 × * G-J	50	225				
$^{W}_{X}$U-250 × * F-J	50	250				法兰式
$^{W}_{X}$U-400 × * F-J	65	400				
$^{W}_{X}$U-630 × * F-J	80	630				
WU-800 × * G-J	63	800				管式
WU-1000 × * G-J	76	1000				

注：* 为过滤精度，若使用介质为水-乙二醇，带旁通阀，公称流量 100L/min，过滤精度 80μm，则过滤器型号为：WUI · BH-100 × * -J　XUI · BH-100 × * -J

表 30-21　WU 系列（网式）连接尺寸

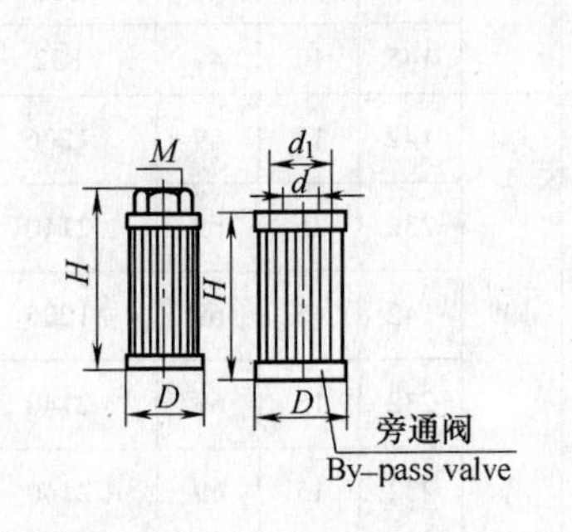

型号	尺寸/mm			
	H	D	M(d)	d_1
WU-16 × * -J	84	φ35	M18 × 1.5	
WU-25 × * -J	104	φ43	M22 × 1.5	
WU-40 × * -J	124		M27 × 2	
WU-63 × * -J	103	φ70	M33 × 2	
WU-100 × * -J	153		M42 × 2	
WU-160 × * -J	200	φ82	M48 × 2	
WU-225 × * G-J	165	φ150	G2	
WU-250 × * F-J	182	φ88	φ50	φ74
WU-400 × * F-J	229	φ105	φ65	φ93
WU-630 × * F-J	281	φ118	φ80	φ104
WU-800 × * G-J	340	φ150	G2½	
WU-1000 × * G-J	430	φ150	G3	

4. 辅助装置及元件

(1) 冷却器

1) 列管式油冷却器（JB/T 7356—2005）。GLC、GLL 型列管式冷却器适用于冶金、矿山、电力、化工、轻工等行业的稀油润滑装置、液压站和液压设备中，将热工作油冷却到要求的温度。GLL5、GLL6、GLL7 系列具有立式装置。其列管式油冷却器的基本参数与特点见表 30-24，其各系列的形式与尺

表 30-22　XU 系列连接尺寸

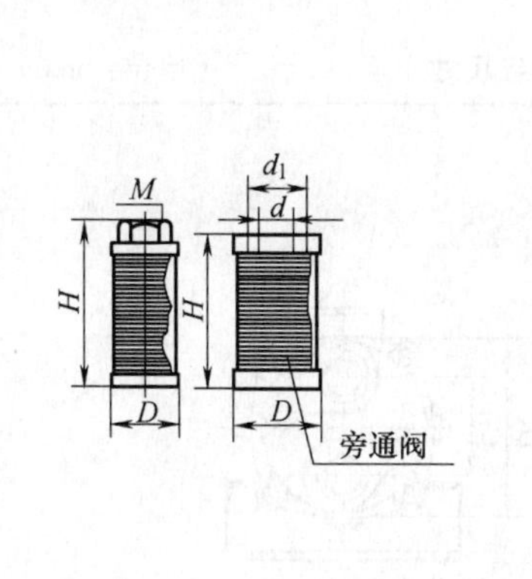

型号	尺寸/mm			
	H	D	M(d)	d_1
XU-6 × ∗-J	73			
XU-10 × ∗-J	104	ϕ56	M18 × 1.5	
XU-16 × ∗-J	158			
XU-25 × ∗-J	125	ϕ75	M22 × 1.5	
XU-40 × ∗-J	198		M27 × 2	
XU-63 × ∗-J	186	ϕ99	M33 × 2	
XU-100 × ∗-J	288		M42 × 2	
XU-160 × ∗-J	368	ϕ118	M48 × 2	
XU-250 × ∗F-J	422	ϕ162	ϕ50	ϕ74
XU-400 × ∗F-J	491	ϕ222	ϕ65	ϕ93
XU-630 × ∗F-J	659	ϕ252	ϕ80	ϕ104

表 30-23　过滤器连接法兰的尺寸

型号	尺寸/mm										法兰用O形圈	法兰用螺钉(4只)
	A	B	C	D	$D_1{}^{+0.06}_{0}$	$D_2{}^{+0.2}_{0}$	D_3	d	$E{}^{0}_{-0.1}$	$4\times\phi$		
WU-250 × ∗F-J	ϕ86	15	9	ϕ50	ϕ60	ϕ54	ϕ60	ϕ74	2.4	6.7	ϕ60 × 3.1	M6 × 25
XU-250 × ∗F-J												
WU-400 × ∗F-J	ϕ105			ϕ65	ϕ75	ϕ70	ϕ76	ϕ93			ϕ75 × 3.1	
XU-400 × ∗F-J												
WU-630 × ∗F-J	ϕ118			ϕ80	ϕ90	ϕ85	ϕ91	ϕ104			ϕ90 × 3.1	
XU-630 × ∗F-J												

表 30-24　列管式油冷却器系列的基本参数与特点

型号	公称压力/MPa	公称冷却面积/m²								工作温度/℃	工作压力/MPa	油水流量比	粘度①	换热系数/[kcal②/(m²·h·℃)]	特点	
GLC1	0.63(D) 1(F) 1.6(W)	0.4	0.6	0.8	1	1.2	—	—	—	≤100 水温≤30	≤1.6（一般工作压力≤1）	1:1	≤100 mm²/s	>300	产品体积小、质量轻，冷却效果好，便于维护检修	换热管采用纯铜翅片管，水侧通道为双管程填料函浮动管板式
GLC2		1.3	1.7	2.1	2.6	3	3.6	—	—							
GLC3		4	5	6	7	8	9	10	11							
GLC4		13	15	17	19	21	23	25	27							
GLC5		30	34	37	41	44	47	50	54							
GLC6		55	60	65	70	75	80	85	90							
GLL3	0.63(D) 1(F)	4	5	6	7	—	—	—	—			1:1.5	10~460 mm²/s	>200		换热管采用裸(光)管，水侧通道为双管程或四管程填料函浮动管板式
GLL4		12	16	20	24	28	—	—	—							
GLL5		35	40	45	50	60	—	—	—							
GLL6		80	100	120	—	—	—	—	—							
GLL7		160	200	—	—	—	—	—	—							

注：生产厂有太原矿山机器润滑液压设备有限公司，南通市南方润滑液压设备有限公司，启东市南方润滑液压设备有限公司，启东江海液压润滑设备厂，启东润滑设备有限公司，福建省泉州市江南冷却器厂，常州市华立液压润滑设备有限公司，四川川润股份有限公司，四平维克斯换热设备有限公司，风凯换热器制造（常州）有限公司，上海润滑设备厂，启东中冶润滑设备有限公司。

① 适用润滑油的粘度值。

② 1kcal = 4.18kJ。

寸见表 30-25 ~ 表 30-27。

2）板式油冷却器（摘自 JB/ZQ 4593—2006）

BRLQ 型板式油冷却器基本参数见表 30-28，其结构如图 30-3 所示，尺寸见表 30-29 和表 30-30。

表 30-25　GLC 型列管式油冷却器形式与尺寸　（单位：mm）

标记示例：

公称冷却面积 0.3m²，公称压力 1.0MPa，换热管形式为翅片管的列管式油冷却器，标记为

GLC1-0.3/1.0　冷却器　JB/T 7356—2005

型号	L	C	L_1	H_1	H_2	D_1	D_2	C_1	C_2	B	L_2	L_3	t	$n\times d_3$	d_1	d_2	质量/kg
GLC1-0.4/×	370	240	67	60	68	78	92	52	102	132	115	145	2	4×ϕ11	G1	G¾	8
GLC1-0.6/×	540	405										310					10
GLC1-0.8/×	660	532										435					12
GLC1-1/×	810	665										570					13
GLC1-1.2/×	940	805										715					15
GLC2-1.3/×	560	375	98	85	93	120	137	78	145	175	172	225	2	4×ϕ11	G1	G1	19
GLC2-1.7/×	690	500										350					21
GLC2-2.1/×	820	635										485					25
GLC2-2.6/×	960	775										630					29
GLC2-3/×	1110	925										780					32
GLC2-3.5/×	1270	1085										935					36
GLC3-4/×	840	570	152	125	158	168	238	110	170	210	245	380	10	4×ϕ15	G1½	G1¼	74
GLC3-5/×	990	720										530					77
GLC3-6/×	1140	870										680					85
GLC3-7/×	1310	1040										850					90
GLC3-8/×	1470	1200	152	125	158	168	238	110	170	210	245	1010	10	4×ϕ15	G2	G1½	96
GLC3-9/×	1630	1360										1170					105
GLC3-10/×	1800	1530										1340					110
GLC3-11/×	1980	1710										1520					118
GLC4-13/×	1340	985	197	160	208	219	305	140	270	320	318	745	12	4×ϕ19	G2B	G2	152
GLC4-15/×	1500	1145										905					164
GLC4-17/×	1660	1305	197	160	208	219	305	140	270	320	318	1065	12	4×ϕ19	G2	G2	175
GLC4-19/×	1830	1475										1235					188
GLC4-21/×	2010	1655										1415					200
GLC4-23/×	2180	1825										1585					213
GLC4-25/×	2360	2005										1765					225
GLC4-27/×	2530	2175										1935					
GLC5-30/×	1932	1570	202	200	234	273	355	180	280	320	327	1320	12	4×ϕ23	G2	G2½	—
GLC5-34/×	2152	1790										1540					—
GLC5-37/×	2322	1960										1710					—
GLC5-41/×	2542	2180										1930					—
GLC5-44/×	2712	2350										2100					—
GLC5-47/×	2872	2510										2260					—
GLC5-51/×	3092	2730										2480					—
GLC5-54/×	3262	2900										2650					—

（续）

型号	L	C	L_1	H_1	H_2	D_1	D_2	C_1	C_2	B	L_2	L_3	t	$n\times d_3$	d_1	d_2	质量/kg
GLC6-55/×	2272	1860	227	230	284	325	410	200	300	390	362	1590	12	4×ϕ23	G2½	G3	—
GLC6-60/×	2452	2040										1770					—
GLC6-65/×	2632	2220										1950					—
GLC6-70/×	2812	2400										2130					—
GLC6-75/×	2992	2580										2310					—
GLC6-80/×	3172	2760										2490					—
GLC6-85/×	3352	2940										2670					—
GLC6-90/×	3532	3120										2850					—

注：×为标注公称压力值。

表 30-26 GLL 型卧式列管式油冷却器形式与尺寸

（单位：mm）

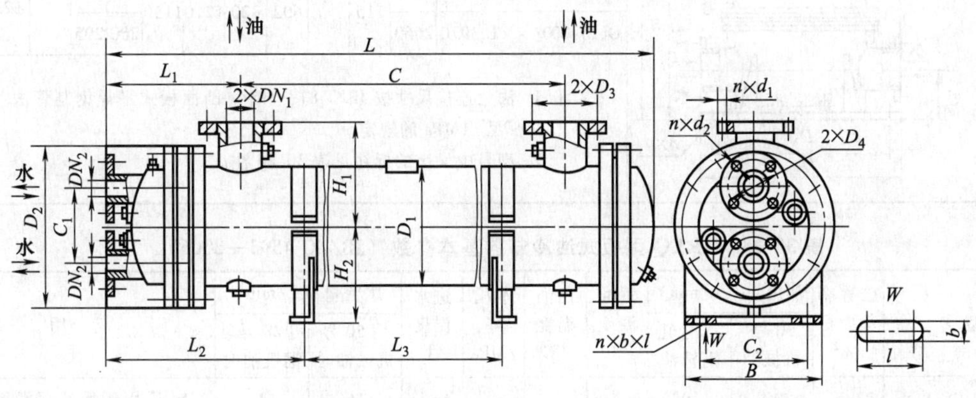

标记示例：

公称冷却面积 60m²，公称压力 0.63MPa，换热管为裸管，水侧通道为四管程（S）的立式（L）列管式油冷却器，标记为

GLL5-60/0.63SL 冷却器 JB/T 7356—2005

型号	L	C	L_1	H_1	H_2	D_1	D_2	C_1	C_2	B	L_2	L_3	D_3	D_4	$n\times d_1$	$n\times d_2$	$n\times b\times l$	DN_1	DN_2	质量/kg
GLL3-4/××	1165	682	265	190	210	219	310	140	200	290	367	485	100	100	4×ϕ18	4×ϕ18	4×20×28	32	32	143
GLL3-5/××	1465	982										785								168
GLL3-6/××	1765	1282										1085	110					40		184
GLL3-7/××	2065	1512										1385								220
GLL4-12/××	1555	860	345	262	262	325	435	200	300	370	497	660	145	145	4×ϕ18	4×ϕ18	4×20×28	65	65	319
GLL4-16/××	1960	1365										1065								380
GLL4-20/××	2370	1775										1475								440
GLL4-24/××	2780	2175	350									1885	160					80		505
GLL4-28/××	3190	2585										2295								566
GLL5-35/××	2480	1692	500	315	313	426	535	235	300	520	730	1232	180	180	8×ϕ17.5	8×ϕ18	4×20×30	100	100	698
GLL5-40/××	2750	1962										1502								766
GLL5-45/××	3020	2202	515								725	1772	210					125		817
GLL5-50/××	3290	2472										2042								900
GLL5-60/××	3830	3012										2582								1027
GLL6-80/××	3160	2015	700	500	434	616	780	360	750	550	935	1555	295	295	8×ϕ22	8×ϕ23	4×25×32	200	200	1617
GLL6-100/××	3760	2615										2155								1890
GLL6-120/××	4360	3215										2755								2163

注：1. 第一个×为标注公称压力值，第二个×为标注水程管程数（四管程标 S，双管程不标注）。下表同。

2. 法兰连接尺寸按 JB/T 81—1994《凸面板式平焊钢制管法兰》中 PN = 1MPa 的规定。

表 30-27　GLL 型立式油冷却器形式与尺寸　（单位：mm）

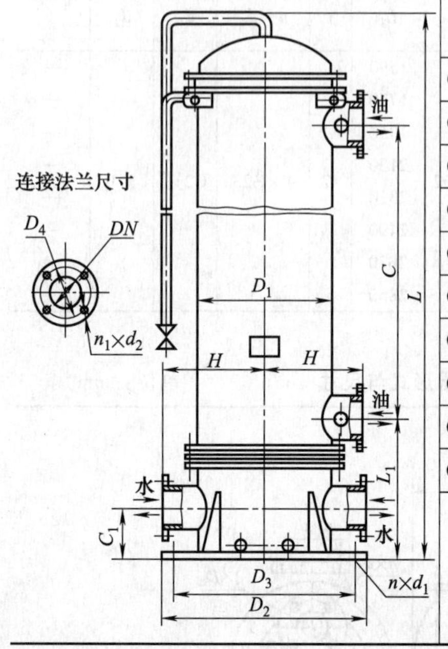

<table>
<tr><th>型号</th><th>L</th><th>C</th><th>L₁</th><th>C₁</th><th>H</th><th>D₁</th><th>D₂</th><th>D₃</th><th>DN</th><th>D₄</th><th>n×d₁</th><th>n₁×d₂</th><th>质量/kg</th></tr>
<tr><td>GLL5-35/××L</td><td>2610</td><td>1692</td><td rowspan="5">470</td><td rowspan="5">150</td><td rowspan="5">315</td><td rowspan="5">426</td><td rowspan="5">640</td><td rowspan="5">590</td><td rowspan="2">80</td><td rowspan="2">160</td><td rowspan="5">6×φ30</td><td rowspan="2">4×φ18</td><td>734</td></tr>
<tr><td>GLL5-40/××L</td><td>2880</td><td>1962</td><td>802</td></tr>
<tr><td>GLL5-45/××L</td><td>3120</td><td>2202</td><td rowspan="3">100</td><td rowspan="3">180</td><td rowspan="3">8×φ18</td><td>853</td></tr>
<tr><td>GLL5-50/××L</td><td>3390</td><td>2472</td><td>936</td></tr>
<tr><td>GLL5-60/××L</td><td>3930</td><td>3012</td><td>1063</td></tr>
<tr><td>GLL6-80/××L</td><td>3255</td><td>2015</td><td rowspan="3">705</td><td rowspan="5">235</td><td rowspan="3">500</td><td rowspan="3">616</td><td rowspan="3">1075</td><td rowspan="3">1015</td><td rowspan="2">125</td><td rowspan="2">210</td><td rowspan="5">6×φ40</td><td rowspan="2">2×φ18</td><td>1670</td></tr>
<tr><td>GLL6-100/××L</td><td>3855</td><td>2615</td><td>1943</td></tr>
<tr><td>GLL6-120/××L</td><td>4455</td><td>3215</td><td rowspan="2">150</td><td rowspan="2">240</td><td rowspan="3">8×φ23</td><td>2216</td></tr>
<tr><td>GLL7-160/××L</td><td>3320</td><td>2010</td><td rowspan="2">715</td><td rowspan="2">602</td><td rowspan="2">820</td><td rowspan="2">1210</td><td rowspan="2">1150</td><td>2768</td></tr>
<tr><td>GLL7-200/××L</td><td>3970</td><td>2660</td><td>200</td><td>295</td><td>3340</td></tr>
</table>

注：1. 法兰连接尺寸按 JB/T 81—1994《凸面板式平焊钢制管法兰》中 $PN=1\text{MPa}$ 的规定。

2. 型号中 ×× 的标注见表 30-26 注。

表 30-28　BRLQ 型板式油冷却器基本参数（JB/ZQ 4593—2006）

型号	公称冷却面积/m^2	油流量/(L/min)		进油温度/℃	出油温度/℃	油压降/MPa	进水温度/℃	水流量/(L/min)		应用
		50号机械油	28号轧钢机油					用50号机械油时	用28号轧钢机油时	
BRLQ0.05-1.5	1.5	20	10					16	8	1. 适用于稀油润滑系统中冷却润滑油，其粘度值不大于 460mm^2/s 2. 板式冷却器油和水流向应相反 3. 冷却水用工业用水，如用江河水需经过滤或沉淀 4. 工作压力小于 1MPa 5. 工作温度 -20～150℃ 6. 50 号机械油相当于 L-AN100 全损耗系统用油或 L-HL100 液压油。28 号轧钢机油行业标准已废除，可考虑使用 LCKD460 重载荷工业齿轮油
BRLQ0.05-2	2	32	16					25	13	
BRLQ0.05-2.5	2.5	50	25					40	20	
BRLQ0.1-3	3	80	40					64	32	
BRLQ0.1-5	5	125	63					100	50	
BRLQ0.1-7	7	200	100					100	80	
BRLQ0.1-10	10	250	125					200	100	
BRLQ0.2A-13	13	400	160					320	130	
BRLQ0.2A-18	18	500	250					400	200	
BRLQ0.2A-24	24	600	315					500	250	
BRLQ0.3A-30	30	650	400					520	320	
BRLQ0.3A-35	35	700	500					560	400	
BRLQ0.3A-40	40	950	630	50	≤42	≤0.1	≤30	800	500	
BRLQ0.5-60	60	1100	800					900	640	
BRLQ0.5-70	70	1300	1000					1050	800	
BRLQ0.5-80	80	2100	1600					1670	1280	
BRLQ0.5-120	120	3000	2100					2400	1600	
BRLQ1.0-50	50	1000	715					850	570	
BRLQ1.0-80	80	2100	1600					1670	1280	
BRLQ1.0-100	100	2500	1800					2040	1440	
BRLQ1.0-120	120	3000	2100					2400	1600	
BRLQ1.0-150	150	3500	2500					2950	2400	
BRLQ1.0-180	180	4000	2850					3500	2600	
BRLQ1.0-200	200	4500	3150					3800	3000	
BRLQ1.0-250	250	5000	3500					4400	3400	

注：生产厂有启东市南方润滑液压设备有限公司，启东市江海液压润滑设备厂，四川川润股份有限公司，常州市华立液压润滑设备有限公司，风凯换热器制造（常州）有限公司，福建省泉州市江南冷却器厂，启东市中冶润滑设备有限公司。

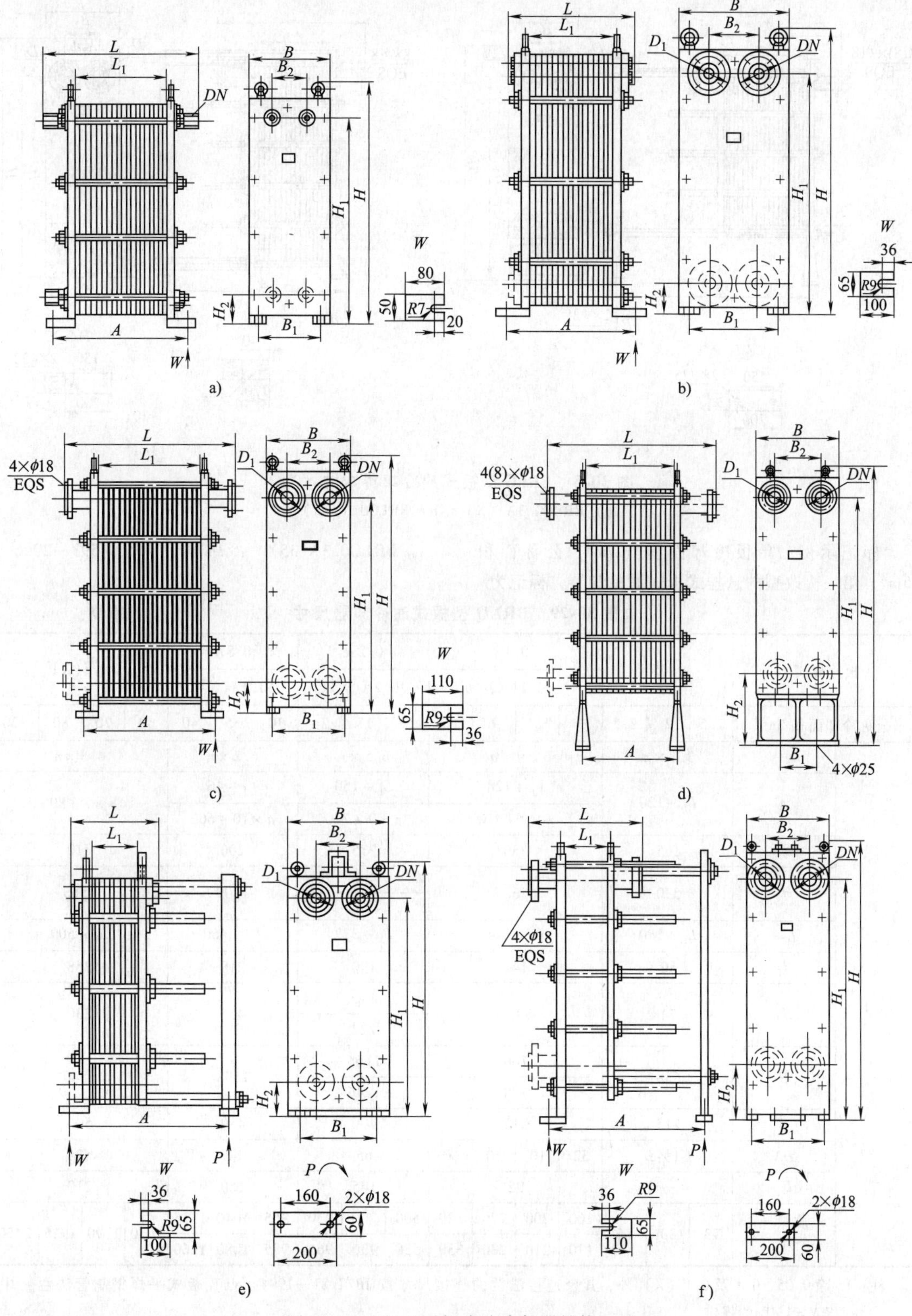

图 30-3 BRLQ 型板式油冷却器结构（1）

a）BRLQ0.05 b）BRLQ0.1 c）BRLQ0.2A

d）BRLQ0.3A e）BRLQ0.1（X） f）BRLQ0.2A（X）

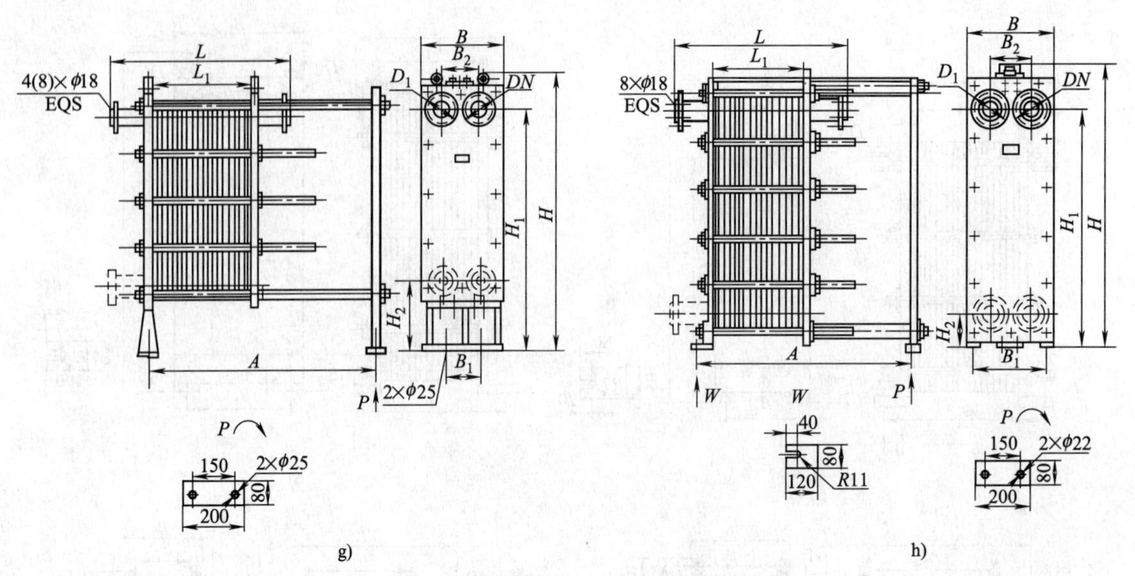

图 30-3 BRLQ 型板式油冷却器结构（2）

g）BRLQ0.3A（X） h）BRLQ0.5（X）

标记示例：单板冷却面积 0.3m²，公称面积 35m²，第一次改型的悬挂式板式油冷却器，标记为

BRLQ0.3A-35X 冷却器 JB/ZQ 4593—2006

表 30-29 BRLQ 型板式油冷却器尺寸 （单位：mm）

板片规格		0.05			0.1				0.2A			0.3A			0.5(X)			
					0.1(X)				0.2A(X)			0.3A(X)						
公称冷却面积/m²		1.5	2	2.5	3	5	7	10	13	18	24	30	35	40	60	70	80	120
尺寸	$L_1 \approx$	3.8×n			4.9×n				6.5×n			6.2×n			4.8×n			
	A	L_1+120			L_1+128				L_1+150			L_1+46			n×7+806			
					n×7+410				n×9+720			n×10+600						
	B_1	165			250				335			200			310			
	H_1	530			636.5				980			1400			1563			
									1062									
	$L\approx$	L_1+180			L_1+144				L_1+312			L_1+460			L_1+500			
	B_2	80			142				190			218			268			
	H_2	74			88.5				140			415			230			
									222									
	H	638			760				1164			1598			1840			
					778				1246									
	B	215			315				400			480			590			
	DN	G1¼B			32	10	50	60	65			80			125			
	D_1	—			92				145			160			210			
质量≈/kg		73	80	86	160	200	270	320	500	700	930	965	1040	1115	1650	1790	1925	2450
					170	210	280	330	530	730	965	985	1080	1160				

注：1. 除 0.05、0.1 及 0.1（X）外，其余连接法兰的连接尺寸按 JB/T 81—1994《凸面板式平焊钢制管法兰》中，$PN=1\text{MPa}$的规定。

2. $n=\dfrac{\text{公称冷却面积}}{\text{单板冷却面积}}+1$，表示板片数。

3. 型号中 A 为改型标记，有"（X）"标记的为悬挂式，无"（X）"标记的为落地式。

表 30-30　BRLQ1.0（X）型板式油冷却器尺寸　（单位：mm）

板片规格		1.0(X)							
公称冷却面积/m²		50	80	100	120	150	180	200	250
尺寸	L	326	518	646	774	966	1158	1286	1606
	A	1340	1580	1750	1920	2180	2430	2600	3030
	B_1	740							
	H_1	1980.5							
	L_1	300							
	B_2	433							
	H_2	314.5							
	H	2325							
	B	860							
	DN	225							
	D_1	325							
质量/kg		2496	2870	3120	3370	3744	4118	4367	4990

（2）过滤器及过滤机

SWQ 型（原为 SLQ 型）双筒网式过滤器（摘自 JB/T 2302—1999）。适用于公称压力 0.63MPa 的稀油润滑系统中过滤润滑油。小型的为整体式；较大型的为组合式，分别由两组过滤筒和一个三位六通换向阀组成，工作时一筒工作，一筒备用，可实现不停车切换过滤筒，达到循环润滑不间断工作的目的。其参数及外形尺寸见表 30-31。

表 30-31　双筒网式过滤器参数及外形尺寸　（单位：mm）

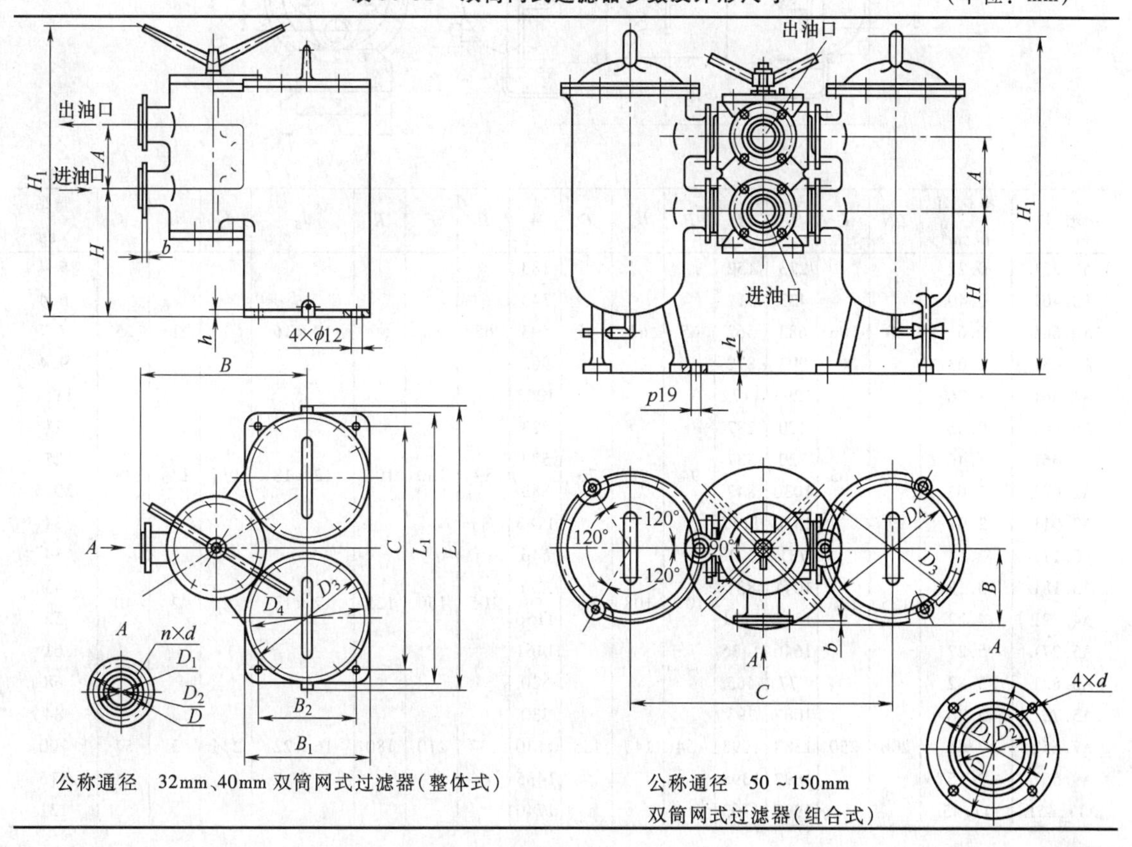

公称通径　32mm、40mm 双筒网式过滤器（整体式）

公称通径　50～150mm 双筒网式过滤器（组合式）

(3) LQ 系列管式冷却器　这里仅介绍 2LQCW 型冷却器，外形图及尺寸见表 30-32。

(4) YZQ 型油流指示器

1）使用条件。YZQ 型油流指示器适用于冶金、矿山建材等工业部门的稀油循环润滑系统中观察管路中油的流动情况。适用介质粘度等级为 N22 ~ N460；与管道连接时，壳体上的流向箭头必须与管道内工作介质的实际流向是一致的。

2）技术参数。见表 30-33。

3）型号标注说明

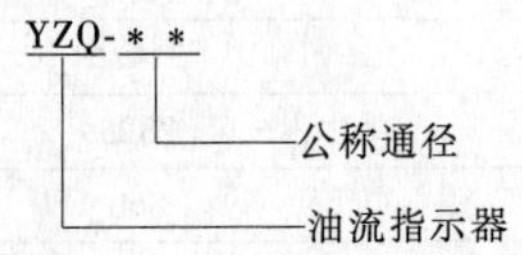

4）使用要领。与系统管路连接时，壳体上的流向箭头方向必须和管内介质流向相同。

(5) YXQ 型油流发讯器（JB/ZQ 4596—1997）

1）使用条件。YXQ 型油流发讯器用于稀油润滑系统。通过它可直观地观察到油流流动状况并可通过其发讯装置发出油量不足或断流信号，从而实现远距离监视或控制，适用介质为粘度等级 N22 ~ N460 的润滑油。

通径 *DN*10 ~ 50 为螺纹连接，*DN*80 为法兰连接。公称压力为 0.4MPa。

2）技术参数与外形尺寸。见表 30-34。

3）型号说明

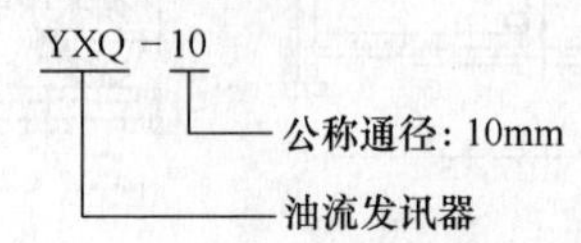

4）电气参数。见表 30-35。

表 30-32　外形图与尺寸　（单位：mm）

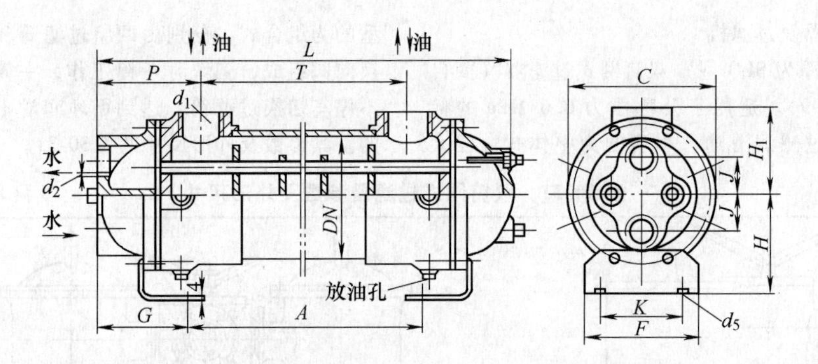

型号	换热面积/m²	*DN*	*C*	*L*	*T*	*P*	H_1	*G*	*A*	*H*	*F*	*K*	d_5	d_2	d_1	*J*	质量/kg
A0.22L	0.22			273	152				183								5.4
A0.40L	0.40			433	312				343								6.4
A0.66L	0.66	80	106	683	562	65	62	45	593	65	80	60	10×16	1	1	25	7.7
A1.03L	1.03			993	872				903								9.4
A1.36L	1.36			1293	1172				1203								11.1
A0.86L	0.86			470	287				323								21
A1.46L	1.46	130	165	720	537	94	92	76	573	89	130	106	12×18	1½	1½	38	25
A2.02L	2.02			1030	847				883								29.5
A2.91L	2.91			1330	1147				1183								34
A2.11L	2.11			731	521				546								34
A3.18L	3.18	155	190	1041	831	109	108	96	856	105	150	125	12×18	2	2	40	43
A4.22L	4.22			1341	1131				1156								52
A5.27L	5.27			1646	1436				1461								61
A3.82L	3.82			777	483				520								68
A5.76L	5.76			1087	793				830								84
A7.65L	7.65	206	250	1387	1093	154	143	135	1130	137	210	180	16×22	2½	3	57	100
A9.55L	9.55			1692	1398				1435								115
A11.45L	11.45			1997	1703				1740								131

表 30-33　技术参数　（单位：mm）

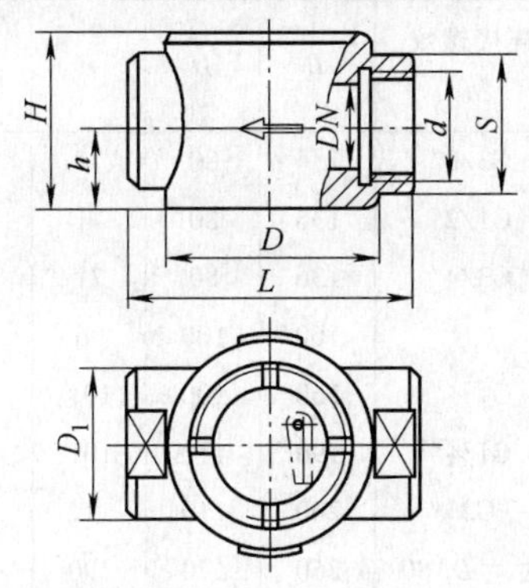

型号	公称通径 DN	公称压力 /MPa	d	L	D	H	h	D_1	S
YZQ-8	8	0.4	G1/4″	94	60	57	24	32	24
YZQ-10	10		G3/8″	90		55		35	27
YZQ-15	15		G1/2″						
YZQ-20	20		G3/4″	120	75	60	26	50	41
YZQ-25	25		G1″			60	26	50	41
YZQ-32	32		G1 ¼″	140	100	75	35	64	54
YZQ-40	40		G1 ½″						
YZQ-50	50		G2″	150	105	92.5	40	85	75
YZQ-65	65		G2 ½″	180	120	120	50	100	90
YZQ-80	80		G3″	200	130	127	57	110	100

表 30-34　技术参数与外形尺寸　（单位：mm）

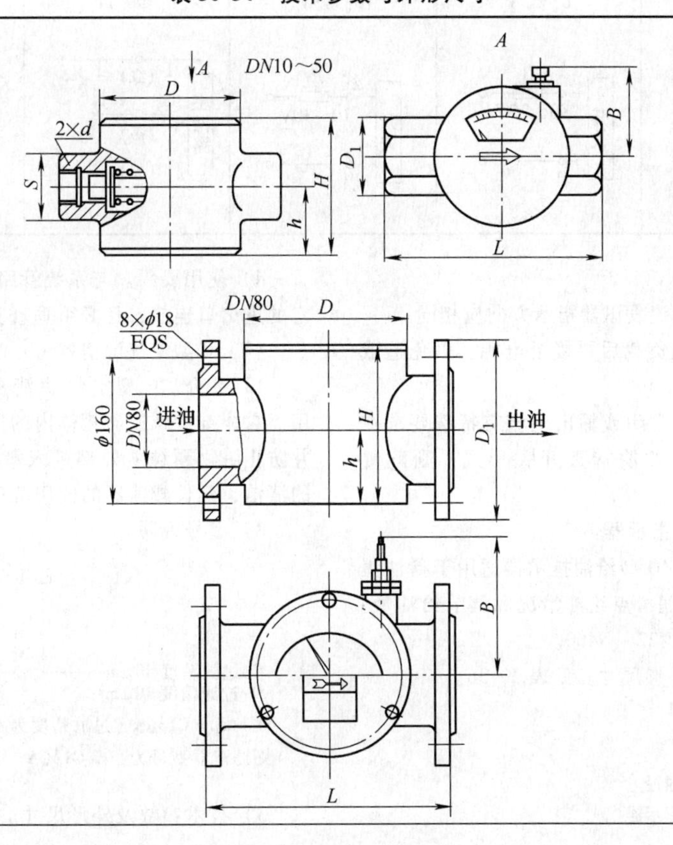

（续）

型号	公称通径 DN	公称压力 /MPa	连接螺纹 d	L	D	H	h	B	D_1	S	质量 /kg
YXQ-10	10	0.4	G3/8″	136	80	71	30	75	47.3	41	2.1
YXQ-15	15	0.4	G1/2″	136	80	71	30	75	47.3	41	2.1
YXQ-20	20	0.4	G3/4″	136	80	71	30	75	52	47	3.5
YXQ-25	25	0.4	G1″	160	100	96	35	85	60	52	3.8
YXQ-32	32	0.4	G1¼″	160	100	101	40	85	66	58	4.2
YXQ-40	40	0.4	G1½″	190	110	101	45	90	76	66	4.5
YXQ-50	50	0.4	G2″	200	110	112	50	90	92	80	4.8
YXQ-80	80	0.4	法兰 DN80	260	170	190	80	≈140	ϕ200	ϕ200	≈9.8

表 30-35　电气参数

参数 \ 通径	DN10~50、80			
开关形式	交流二线制 90~250V	直流二线制 10~30V	直流三线制 6~30V（NPN 型）	直流三线制 6~30V（PNP 型）
应用场合	带动交流线圈、交流信号灯等	带动直流线圈、直流信号灯等	输入 PLC（输入模块为 NPN 型）	输入 PLC（输入模块为 PNP 型）
输出形式	常开	常开	常开	常开
输出电流	3~100mA	5~40mA	0~200mA	0~200mA
漏电流	$I_r \leqslant 2$mA	$I_r \leqslant 0.8$mA	$I_r \leqslant 0.4$mA	$I_r \leqslant 0.4$mA
开关压降	$U_d \leqslant 3$V	$U_d \leqslant 3$V	$U_d \leqslant 0.1V_{CC}$	$U_d \leqslant 0.1V_{CC}$
接线图	开关　黑　R_L　90~250V　黑	开关　红　R_L　10~30V　黑	主回路　（红）（黄）（黑）　V_{cc} +　R_L　−	主回路　（红）（黄）（黑）　V_{cc} +　R_L　−

5）使用注意事项

① 油流方向与油流发讯器指示方向应相同。

② 开关必须通过负载后再接至电源，以免造成开关损坏。

③ 输出形式如需常闭或输出电流有特殊要求在订货时应注明；若不注明接近开关形式，则配置 PNP 型直流三线型。

（6）GZQ 型给油指示器

1）使用条件。GZQ 型给油指示器适用于稀油集中润滑系统中观察向润滑点给油情况和调节给油量。适用介质粘度等级为 N22~N460。

2）技术参数与外形尺寸。见表 30-36。

3）型号标注说明

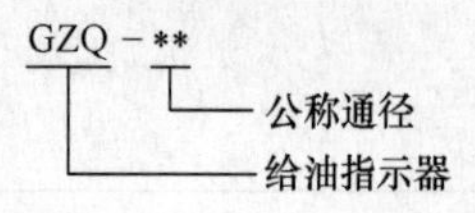

4）使用要领。与系统管路连接时必须按图示规定的进出口连接，且必须垂直安装。

（7）C 型空气滤清器

1）简介。C 型空气滤清器适用于减速器排气用。它能维持减速器箱体内的压力和大气压力平衡，并防止脏物颗粒从外部进入箱体，保持箱体内油液的清洁，延长减速器的使用寿命。

2）型号说明

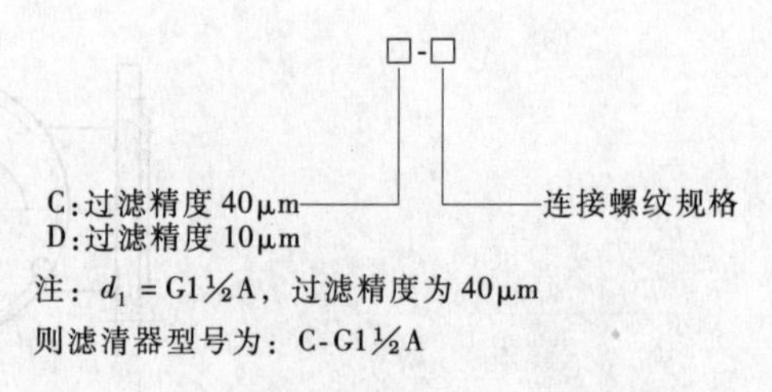

3）技术参数及外形尺寸。见表 30-37。

表30-36　技术参数与外形尺寸　　　　（单位：mm）

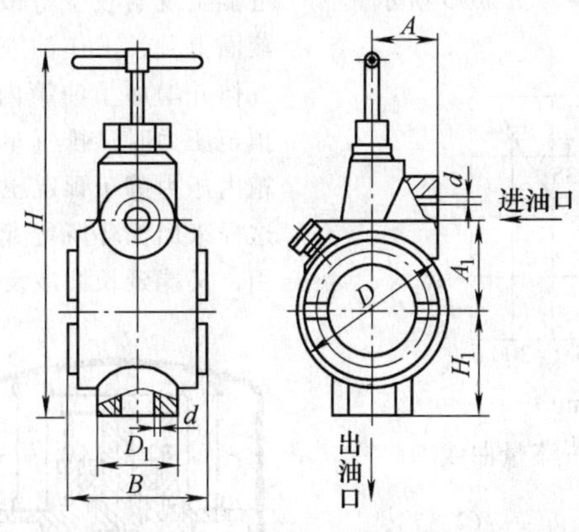

型号	公称通径 DN	公称压力 /MPa	d	D	B	A_1	A	H	H_1	D_1	质量 /kg
GZQ-10	10	0.63	G3/8″	65	58	35	32	142	45	32	1.4
GZQ-15	15		G1/2″	65	58	35	32	142	45	32	1.4
GZQ-20	20		G3/4″	50	60	28	38	150	60	41	2.2
GZQ-25	25		G1″	50	60	28	38	150	60	41	2.2

表30-37　技术参数及外形尺寸　　　　（单位：mm）

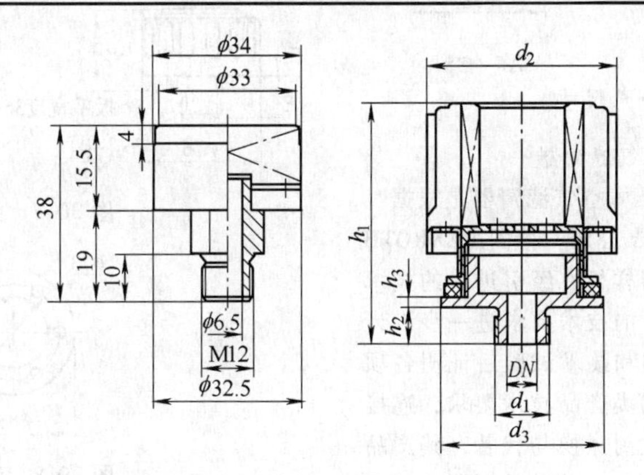

<table>
<tr><th rowspan="2">公称通径 DN</th><th colspan="2">d_1</th><th rowspan="2">d_2</th><th rowspan="2">d_3</th><th rowspan="2">h_1</th><th rowspan="2">h_2</th><th rowspan="2">h_3</th><th colspan="2">空气流量/(m^3/min)</th></tr>
<tr><th>普通螺纹</th><th>管螺纹</th><th>C</th><th>D</th></tr>
<tr><td>6.5</td><td>M12</td><td>G3/4</td><td>—</td><td>—</td><td>—</td><td>—</td><td>—</td><td>—</td><td>—</td></tr>
<tr><td>25</td><td>M33×2</td><td>G1A</td><td rowspan="2">113</td><td rowspan="2">96</td><td rowspan="2">102</td><td>17</td><td rowspan="2">6</td><td rowspan="2">3.0</td><td rowspan="5">1.0</td></tr>
<tr><td>32</td><td>M42×2</td><td>G1¼A</td><td>19</td></tr>
<tr><td>40</td><td>M48×2</td><td>G1½A</td><td rowspan="3">150</td><td rowspan="3">115</td><td rowspan="3">140</td><td>19</td><td rowspan="2">7</td><td rowspan="3">4.0</td></tr>
<tr><td>50</td><td>M60×2</td><td>G2A</td><td>22</td></tr>
<tr><td>65</td><td>M76×2</td><td>G2½A</td><td>24</td><td rowspan="2">9</td></tr>
<tr><td>80</td><td>M90×2</td><td>G3A</td><td>256</td><td>186</td><td>147</td><td>26</td><td>6.3</td><td>2.5</td></tr>
</table>

注：本产品可代替重机标准JB/ZQ 4522—1986使用。

(8) AF—22 AF—35 型空气滤清器（新型）

技术参数及外形尺寸如图 30-4、图 30-5 所示。

生产厂：温州黎明液压件厂。

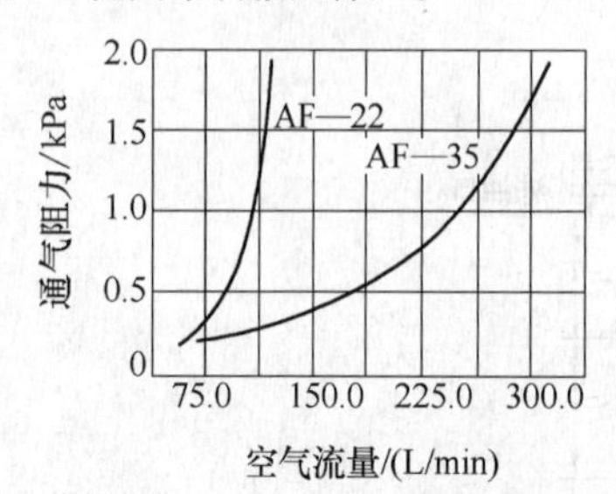

图 30-4　空气滤清器压差—流量曲线

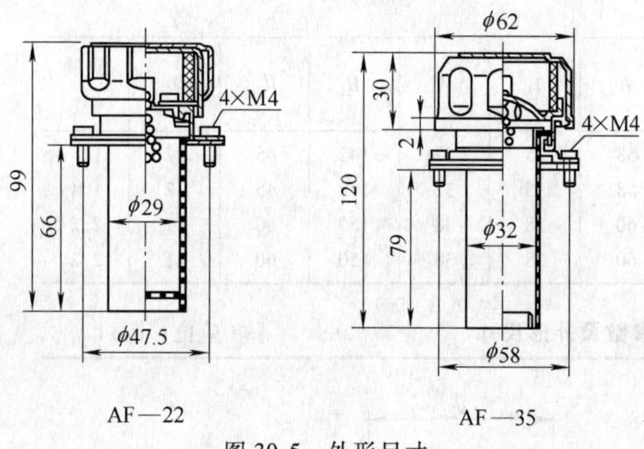

图 30-5　外形尺寸

(9) PAF 系列预压式空气滤清器

1）简介。PAF 系列预压式空气滤清器是根据美国 UCC 公司、法国 SECOMA 公司、德国 REXROTH 公司生产的预压空气过滤器样机，经引进后的技术测绘并根据国内主机配套厂的技术要求进一步设计改进而成。经主机配套使用和技术试验后证明各项性能技术指标已达到国外同类产品技术要求，连接尺寸与国外产品一致，能做到互换与代替，其产品价格只有进口价的 1/5，可为国家节省大量外汇。本产品具有体积小、结构合理、外形设计美观新颖、过滤性能稳定、压降极小、安装使用方便等优点，深受广大用户欢迎。

2）用途及工作原理。PAF 系列产品适用于工程机械、车辆、移动机械以及需要具有压力的液压系统油箱配套使用。本产品由空气过滤器、进气单向阀、排气单向阀、加油过滤器四部分组成，从而既简化了油箱的结构，又有利于油液的净化。如图 30-6 所示，当液压系统工作时油箱内的液面不时上升或下降，下降时 PAF 产品吸入空气，经过滤网自动进入进气单向阀，进入油箱，此时箱内压力小于预定压力，排气单向阀处于关闭状态，能保持油箱内预定压力，提高液压泵的自吸能力，维持油箱内液体的平稳，避免油箱内液体因振荡或骚动而产生泵可能出现的吸空等故障。当工作循环后流回油箱使液面上升，工作油液温度也随着升高，生成了油雾气体并增加了油箱内的压力；当油箱内的压力大于预定压力时，排气单向阀自动开启向外排气，直到箱内压力等于预定压力时，排气单向阀才自动关闭。这样来回循环既能起到保护液压系统正常工作的作用，又能延长油液及元件的工作周期和使用寿命。

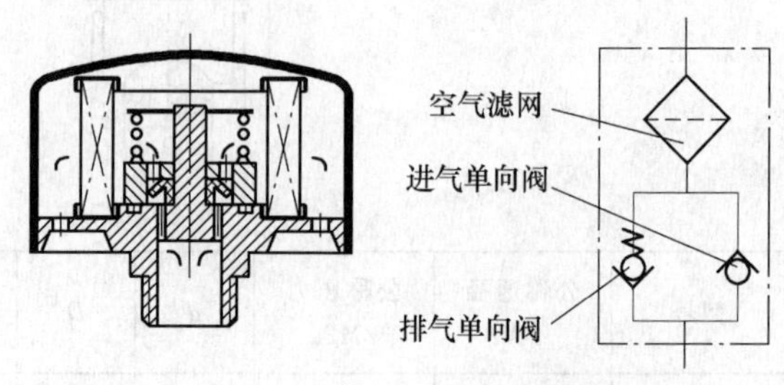

图 30-6　符号及工作原理图

3）外形连接尺寸

① 螺纹连接的尺寸如图 30-7 所示。

② 法兰连接的尺寸如图 30-8 所示。

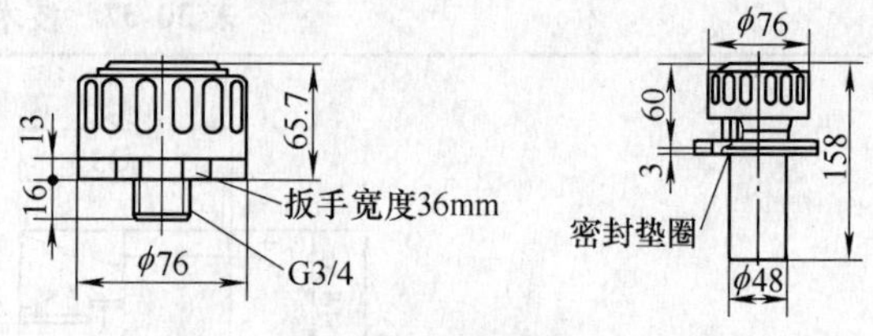

图 30-7　螺纹连接

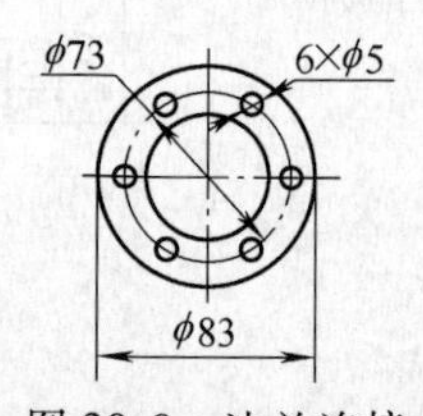

图 30-8　法兰连接

4）型号说明和技术参数。型号说明：

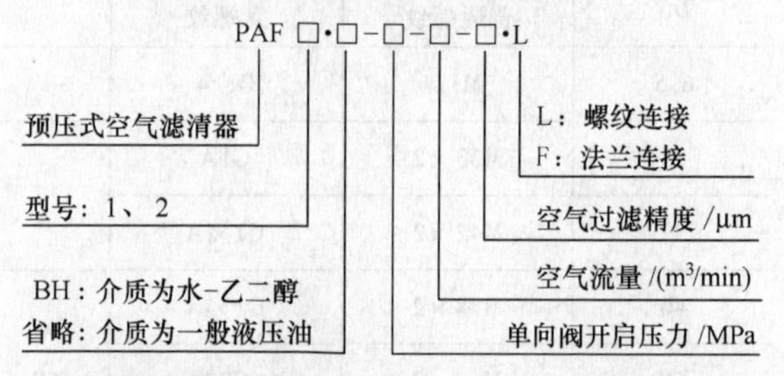

技术参数见表 30-38。

(10) YWZ-76～500 系列液位液温计（传统型）

1）简介。YWZ 系列液位液温计是油箱、润滑装置、冷却箱和齿轮传动箱上的必备附件，它可指示液位及液温的高低。

表 30-38　技术参数

型　　号	PAF_1 - * - * - * L	PAF_2 - * - * - * F
单向阀开启压力/MPa(油箱内顶定压力)	0.02　0.035　0.07	0.02　0.035　0.07
空气流量/(m^3/min)	0.45　0.55　0.75	0.45　0.55　0.75
空气过滤精度/μm	10　20　40	10　20　40
油过滤网孔/mm	无加油滤网	0.5(可根据用户要求)
温度适应范围/℃	-20 ~ +100	-20 ~ +100
连接方式	螺纹(G¾″)	法兰(6只M4×16)
质量/kg	0.2	0.28

本产品具有设计新颖、美观，液位和液温显示清楚，富有立体感等特点，它具有装配性能优越，坚固、防裂、防振、防漏等优点。该产品根据油箱容量，设计成25种不同的规格。

2）外形及安装尺寸。外形如图30-9所示，安装尺寸见表30-39。

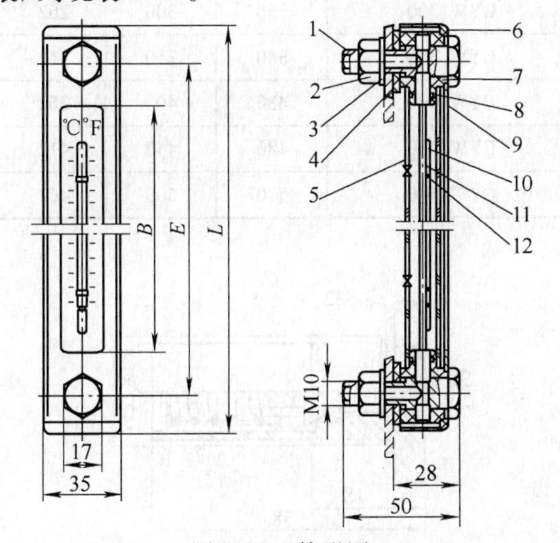

图30-9　外形图

1—螺钉　2—螺母　3—垫圈　4—密封垫片　5—标体　6—标头　7、8—O形圈　9—外壳　10—温度计　11—标牌　12—扎丝

3）型号说明

YWZ·□—□　□

- T:带温度计
- 省略:不带温度计
- 螺钉中心距 E
- BH:介质为水-乙二醇
- 省略:介质为一般液压油
- 液位液温计

4）温度范围及承受压力。温度：-20℃至+100℃，并以摄氏和华氏表示。压力：0.1~0.15MPa。

5）安装方法及附件。根据选用规格的中心距（E）尺寸，加工好两个安装孔，例如油箱的壁厚≤10mm时，两只安装螺钉的光孔为 ϕ11mm；若油箱

表 30-39　安装尺寸

型号	尺寸/mm		
	L	E	B
YWZ-76 YWZ-76T	106	76	37
YWZ-80 YWZ-80T	110	80	42
YWZ-100 YWZ-100T	130	100	62
YWZ-125 YWZ-125T	155	125	87
YWZ-127 YWZ-127T	157	127	89
YWZ-150 YWZ-150T	180	150	112
YWZ-160 YWZ-160T	190	160	122
YWZ-200 YWZ-200T	230	200	162
YWZ-250 YWZ-250T	280	250	212
YWZ-254 YWZ-254T	284	254	216
YWZ-300T	330	300	262
YWZ-350T	380	350	312
YWZ-400T	430	400	362
YWZ-450T	480	450	412
YWZ-500T	530	500	462

注：1. YWZ系列可与YD型液位计单向阀配套使用，使拆装液位计时不需把油箱油液放掉。

2. YD型尺寸见后述。

的壁厚＞10mm时，两只安装螺钉的螺纹孔为M10。要对以上两种孔的平面进行处理，以防止安装后漏油。液位计附件为螺母、垫圈、密封平垫圈各两只。

（11）CYW-76～500系列传感式液位液温计

1）简介。CYW-76～500系列传感式液位液温计是在批量生产YWZ-76～500系列的基础上，参考国外先进技术资料开发的一种新产品。

它利用双金属片热胀冷缩灵敏度相当高的特点来测量油液的温度。这样仪表具有准确度高、读数容易、坚固耐振等特点，可广泛应用于各种油箱、润滑装置、冷却和齿轮传动箱中的液位液温测量。

2）主要技术参数

① 测量温度范围：0～100℃。

② 测量温度分度值：1℃/格。

③ 测量精度：2.5级。

④ 承受压力：0.15MPa。

⑤ 传感管插入介质长度：＞90mm。

3）型号说明

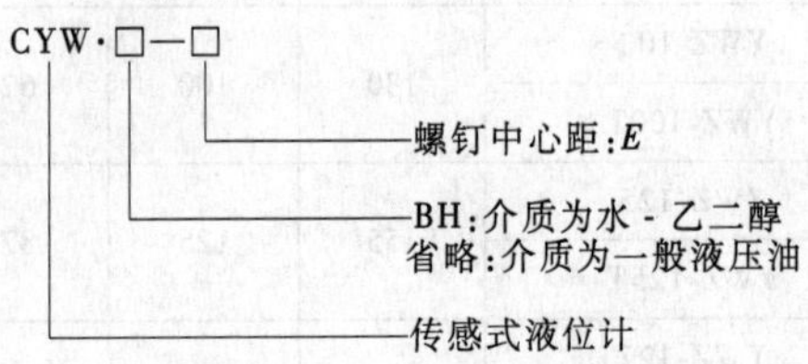

4）外形及安装尺寸　外形如图30-10所示，安装尺寸见表30-40。

（12）YD型液位计单向阀

1）YD型液位计用单向阀。可与YWZ液位计配套使用，以便拆装液位计时不用把油箱油液放掉。

2）YD型尺寸　如图30-11所示。

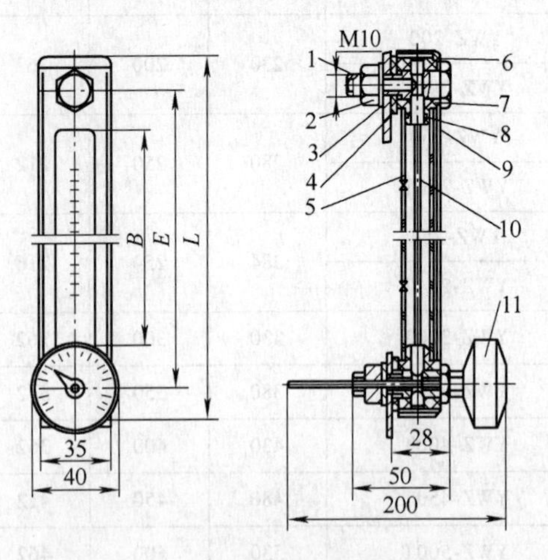

图30-10　外形图

1—螺钉　2—螺母　3—垫圈　4—密封垫片　5—标体　6—标头　7,8—O形圈　9—外壳　10—标牌　11—双金属温度计

表30-40　安装尺寸

型号	尺寸/mm		
	L	E	B
CYW-76	106	76	37
CYW-80	110	80	42
CYW-100	130	100	62
CYW-125	155	125	87
CYW-127	157	127	89
CYW-150	180	150	112
CYW-160	190	160	122
CYW-200	230	200	162
CYW-250	280	250	212
CYW-254	284	254	216
CYW-300	330	300	262
CYW-350	380	350	312
CYW-400	430	400	362
CYW-450	480	450	412
CYW-500	530	500	462

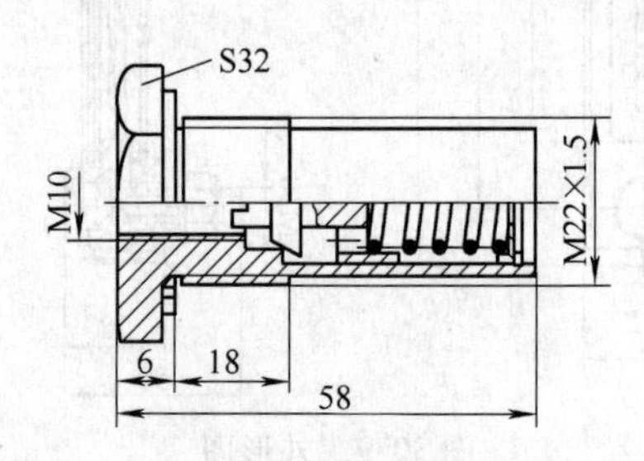

图30-11　YD型尺寸

3）安装与使用

① 根据选用规格的中心距（E）尺寸，来加工两个安装孔，例如油箱的壁厚≤10mm时，两个安装螺钉的光孔为ϕ11mm，若油箱的壁厚＞10mm时，两个安装螺钉的螺纹孔为M10，然后处理以上两种孔的平面，以防止安装后的漏油等问题。

② 安装好标体以后，再拧上双金属温度计，勿以旋转表头来拧紧，须在表头后面六角处用扳手拧紧。

③ 为了保证温度计的准确性，传感管进入被测介质的深度应符合“传感管插入介质长度：＞90mm”的要求。

④ 温度计在运输、保管、安装和使用过程中，应避免碰撞，勿使传感管弯曲和变形。

⑤ 温度计经常工作的温度值在最大量程的

1/2～3/4 处为宜。

⑥ 本产品表面切勿与香蕉水接触。

（13）组合密封垫圈

1）简介。根据 JB/T 982—1977 标准生产的组合密封垫圈，适用于以油为介质的管路系统中，供焊接、卡套、扩大管接头、螺塞及机械装置的压力系统密封，以防油液、燃料、水和药品等泄漏。公称压力至 40MPa，工作温度为 −25～80℃。

2）型号示例。如需公称直径为 10 的组合密封垫圈，则型号为 10JB/T 982—1977，密封件与外圈体在硫化时压住。

材料：密封件为耐油橡胶 1-4；外圈体为 Q235 并经过发蓝处理。

3）技术参数及尺寸。见表 30-41。

（14）不锈钢球阀　不锈钢球阀的外形及技术规格见表 30-42、表 30-43。

表 30-41　组合密封圈（JB/T 982—1977）　（单位：mm）

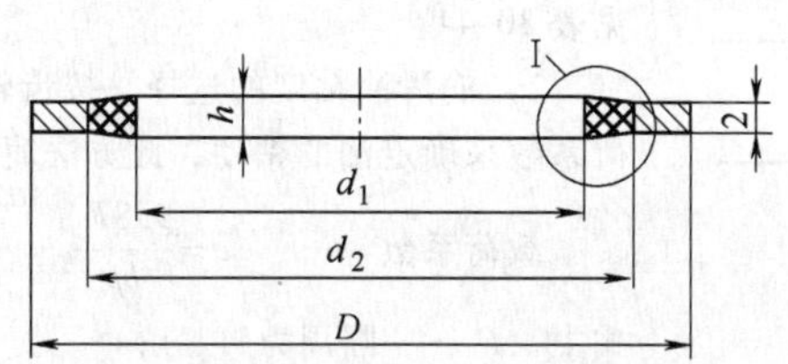

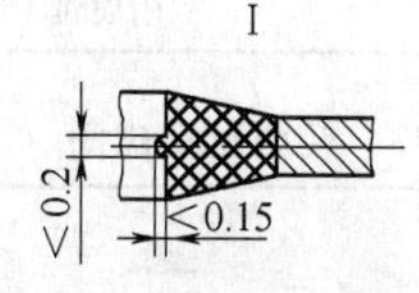

公称直径	d_1		d_2		D		h ±0.1	孔 d_2 允许偏差	适用螺纹尺寸
6	6.4		8		12				M6
8	8.4		10		14				M8
10	10.4		12	+0.24 0	16	0 −0.24			M10(G1/8)
12	12.4	±0.12	14		18				M12
14	14.4		16		20			±0.1	M14(G1/4)
16	16.4		18		22				M16
18	18.4		20		25	0 −0.28	2.7		M18(G3/8)
20	20.5		23		28				M20
22	22.5		25	+0.28 0	30				M22(G1/2)
24	24.5	±0.14	27		32				M24
27	27.5		30		35				M27(G3/4)
30	30.5		33		38				M30
33	33.5		36		42	0 −0.34			M33(G1)
36	36.6		40	+0.34 0	46				M36
39	39.6	±0.17	43		50			±0.15	M39
42	42.6		46		53				M42(G1¼)
45	45.6		49		56		2.9		M45
48	48.7		52		60	0 −0.4			M48(G1½)
52	52.7	±0.2	56	+0.4 0	66				M52
60	60.7		64		75				M60(G2)

表 30-42 丝口球阀

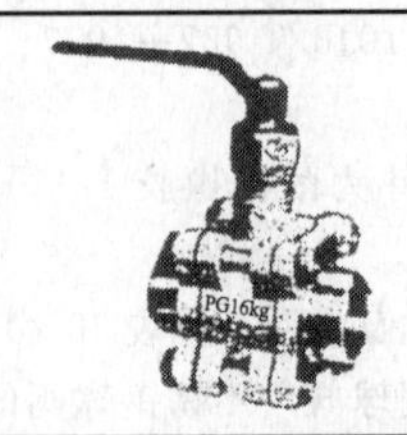

型号	Q11F-16P
规格	DG1″、1½″、2″
压力	PG 16kg
介质	耐腐蚀

表 30-43 轻型丝口球阀

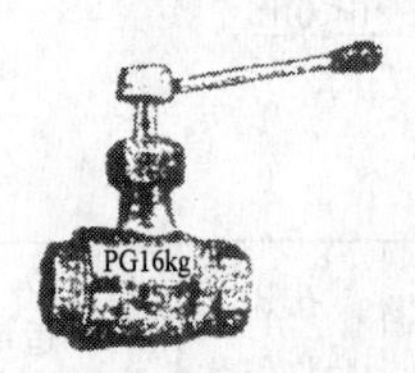

型号	Q11F-16P
规格	DG1/2″、3/4″、1″
压力	PG 16kg
介质	耐腐蚀

30.5 润滑与冷却

30.5.1 齿轮传动装置的润滑

（1）工业齿轮润滑油的选择 工业齿轮润滑油的选择标准为 JB/T 8831—2001，本标准吸取国外的优点，根据国内实际情况而定，是选择润滑油的较好方法。

1）工业齿轮润滑油的选择原则。可按齿面接触应力、齿轮状况和使用工况选择；可按分度圆圆周速度和滚动压力选择润滑油粘度；还可按分度圆圆周速度确定润滑方式。工业齿轮润滑油种类的选择见表 30-44。

2）润滑油粘度的选择。按齿轮分度圆速度和载荷系数来确定油的粘度，此方法简单、实用。

载荷系数 $$c=\frac{9.8F_t}{bp}$$

式中 F_t——圆周力（N）；

b——齿宽（cm）；

$p=\pi m$——齿距（cm）。

表 30-45 为根据 v 和 c 来选择齿轮油的粘度（本表为 50℃时的恩氏粘度）。

3）粘度的修正：

① 环境温度在 25℃以上，要选择较大的运动粘度，温度每提高 10℃，粘度提高 10%。

表 30-44 工业齿轮润滑油种类的选择

<table>
<tr><th colspan="4">条 件</th><th rowspan="2">推荐使用的工业齿轮润滑油</th></tr>
<tr><th colspan="2">齿面接触应力 σ_H/MPa</th><th>齿轮状况</th><th>使用工况</th></tr>
<tr><td colspan="2"><350</td><td></td><td>一般齿轮传动</td><td>抗氧防锈工业齿轮油</td></tr>
<tr><td rowspan="2">低负荷齿轮</td><td rowspan="2">350~500</td><td>1）调质处理，啮合精度等于8级
2）每级齿数比 $u<8$
3）最大滑动速度与分度圆圆周速度之比：$v_s/v<0.3$
4）变位系数 $x_1=x_2$</td><td>一般齿轮传动</td><td>抗氧防锈工业齿轮油</td></tr>
<tr><td>变位系数 $x_1\neq x_2$</td><td>有冲击的齿轮传动</td><td>中负荷工业齿轮油</td></tr>
<tr><td rowspan="2">中负荷齿轮</td><td>500~750</td><td>1）调质处理，啮合精度等于或高于8级
2）$v_s/v>0.3$</td><td rowspan="2">矿井提升机、露天采掘机、水泥磨、化工机械、水利电力机械、冶金矿山机械、船舶海港机械等齿轮传动</td><td rowspan="2">中负荷工业齿轮油</td></tr>
<tr><td>750~1100</td><td>渗碳淬火、表面淬火和热处理硬度为 58~62HRC</td></tr>
<tr><td>重负荷齿轮</td><td>>1100</td><td></td><td>冶金轧钢、井下采掘、高温有冲击、含水部位的齿轮传动等</td><td>重负荷工业齿轮油</td></tr>
</table>

表 30-45 根据v和c确定齿轮油的粘度

齿轮分度圆速度 v/(m/s)	载荷程度		
	轻载 $c<40$	中载 $c=40\sim100$	重载 $c>100$
<0.5	$20°E_{50}$	$34°E_{50}$	$60°E_{50}$
0.5~2	$12°E_{50}$	$20°E_{50}$	$30°E_{50}$
2~6	$8°E_{50}$	$12°E_{50}$	$20°E_{50}$
6~12	$6°E_{50}$	$8°E_{50}$	$12°E_{50}$

表 30-46 粘度增加值

齿面硬度	载荷冲击程度			
	平稳	轻微	中等	严重
≤350HBW	0	增加相邻粘度牌号差值的30%以下	增加相邻粘度牌号差值60%以下	增加一个粘度
>350HBW	0	增加相邻粘度牌号差值的20%以下	增加相邻粘度牌号差值45%以下	牌号或更换油类

注：载荷冲击程度的分类可参考齿轮装置的使用系数 K_A 来确定。

② 载荷特性对粘度的修正即粘度增加值见表30-46。

③ 当大小齿轮用同样钢材制造，未经硬化，或选用Cr-Ni钢制造，则运动粘度提高35%。

④ 在使用容易粘附的齿轮副时，如没有含减摩添加剂的润滑油，则粘度要适当提高。

⑤ 环境温度通常在10℃以下，可选择较小的运动粘度，温度每降低3℃，粘度降低10%。

⑥ 齿面经磷化、硫化处理，或镀铜，运动粘度最大可降低25%。

(2) 齿轮润滑方式的选择　按齿轮分度圆速度来选择齿轮润滑方式，见表30-47。

表 30-47 按齿轮分度圆速度选择润滑方式

分度圆速度/(m/s)	润 滑 方 式
<0.8	涂润滑脂
0.8~4.0	高速下采用油浴润滑,其他用润滑脂
4.0~12	油浴润滑
>12	压力喷油润滑

1) 油浴润滑法　适用于齿轮圆周速度$v\leq12$m/s的场合，齿轮浸入油中的深度，因齿轮种类而不同，应有合适的深度。深度过大，搅拌损失增大，油起泡严重。通常按下列原则确定，如图30-12所示。

① 单级减速器中，大齿轮浸油深度为1~3个齿高。

② 多级减速器中，各级大齿轮均应浸入油中，高速级大齿轮浸油深度为齿高的70%，一般不超过10mm。当$v=0.5\sim0.8$m/s时，浸油深度可增加到高速级大齿轮半径的1/6。低速时浸入深度为全部齿宽，速度高时为齿宽的1/3。

在多级减速器和复合减速器中，有时齿轮不可能都浸入油中，就必须采用打油惰轮、甩油盘、油环等措施。油池体积可按(0.35~0.70)L/kW来确定，大功率时用小值。

③ 锥齿轮减速器中，低速时浸入深度为全部齿宽，速度高时为齿宽的1/3。

④ 蜗杆传动中，蜗杆上置时浸入深度为蜗轮直径的1/3，蜗杆下置时，油位至蜗杆的轴心线为止，但是在轴上必须使用机械密封，或降低油位而在蜗杆侧面安装甩油板。

油浴润滑时，齿轮变速器底部为油池。油量越多，油越不容易恶化，但油量太多是不经济的。油池所需的油量(L)，通常由下式确定

$$Q=(2.2\sim4.4)P_T$$

式中　P_T——齿轮传动装置的全部损失(kW)。

2) 循环压力喷油法。齿轮供油量由供油所带走的热量来确定，若齿轮变速器中轴承温度不超过55℃，返回油箱的油温不超50℃，则供油量可按下列方法确定：

① 齿宽每1cm供油0.45L/min。

② 喷油量为设备功率(kW)$\times85\times10^{-6}$(m^3/s)。

通常齿轮圆周速度和传递功率大时，应采用油泵强制供油润滑。齿轮减速器供油系统实例如图30-13所示。由齿轮传动装置轴端直接驱动油泵，或用电动机另外驱动油泵的情况下，齿轮传动装置由柴油机等驱动，原动机作正反转时，为了使油泵的吸油和供油始终保持同方向，应设置如图30-14所示的四通单向阀。

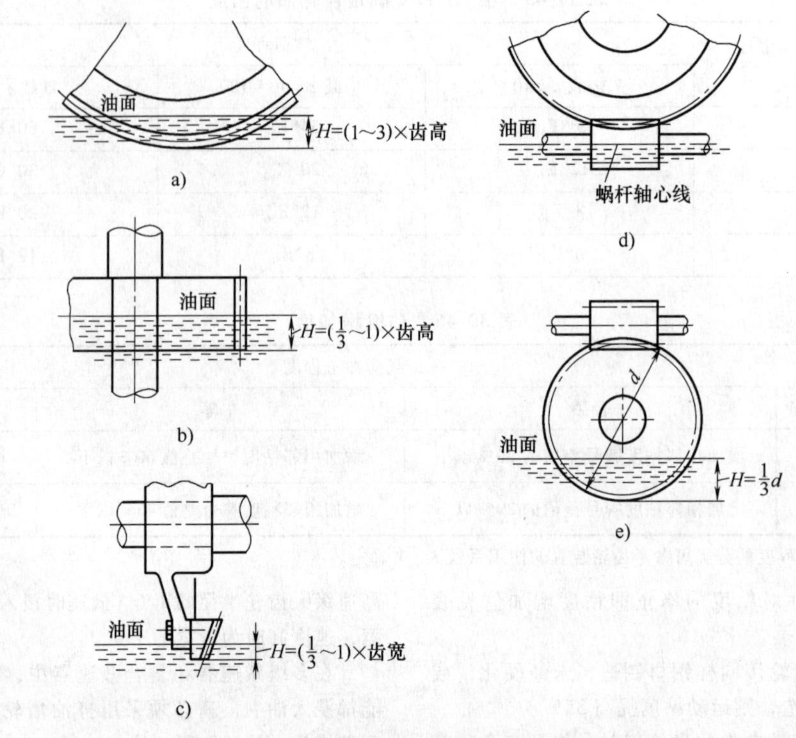

图 30-12　齿轮在油中的浸入深度 H（油浴润滑）

a）直齿轮和斜齿轮（水平轴）　b）直齿轮和斜齿轮（垂直轴）　c）锥齿轮和准双曲面齿轮

d）蜗轮（下置式蜗杆）　e）蜗轮（上置式蜗杆）

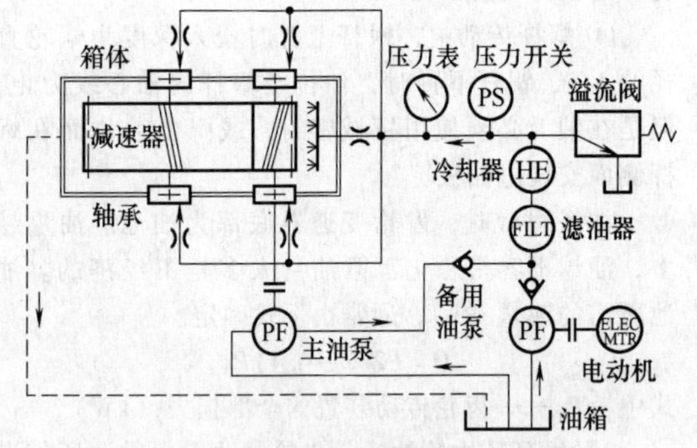

图 30-13　一般齿轮减速器的供油系统实例

③ 喷油压力由圆周速度来确定，见表 30-48。

表 30-48　喷油压力

圆周速度/(m/s)	10	25	50	100	150
喷油压力/MPa	0.01	0.1	0.15	0.18	0.21

(3) 蜗杆副的润滑

1) 蜗杆副润滑油的选择：

① 中心距转速法（英国壳牌石油公司推荐）见表 30-49。表中粘度是 100℃ 条件下的 mm^2/s 值。

② 力速系数法（英国壳牌石油公司推荐）。这种方法简便易行，考虑全面。

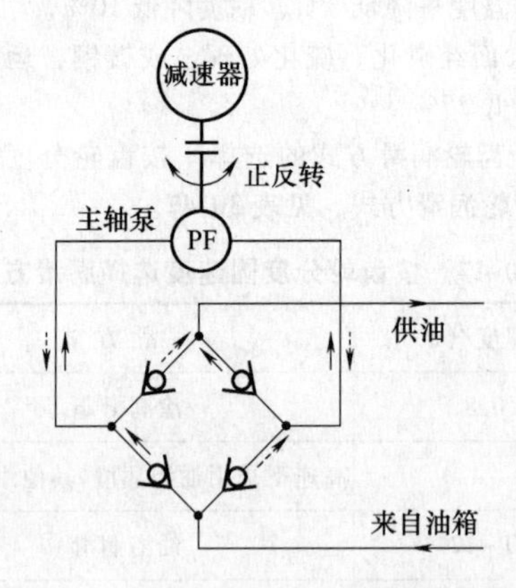

图 30-14　使用正反转油泵时的单向阀布置

表 30-49　粘度（100℃ 条件下）

（单位：mm^2/s）

中心距 a /mm	蜗杆转速 n_1/(r/min)				
	250	750	1000	1500	3000
<75	17	17	17	17	17
75~150	43	31	31	31	31
150~300	43	31	31	24	17
>300	31	24	24	17	14

蜗轮滚动压力　　$K_S = \frac{T_2}{a^3}$

力-速度因子　　$\zeta = \frac{K_S}{n_1}$

式中　T_2——输出转矩（N·m）；

a——蜗杆副中心距（m）；

n_1——蜗杆转速（r/min）。

计算出 ζ 后，按表 30-50 选择油的粘度。

表 30-50　蜗杆副润滑油粘度选择

力-速度因子 ζ	<70	70～400	400～2500
润滑油粘度	N220	N320	N460

2）蜗杆副润滑方式的选择。当蜗杆圆周速度 $v \leq$ 10m/s 时，可用油浴润滑法；当 v > 10m/s 时，用压力喷油法。

① 油浴润滑法。蜗轮在蜗杆下面时，油面可以在一个齿高到蜗轮中心线的范围内变化，速度越高，搅拌损失越大，因此浸油深度要浅；速度低时，浸油深度深，并有散热作用。蜗轮在蜗杆上面时，油面可保持在蜗杆中心线以下，此时飞溅的油可以通过挡油板传给蜗轮轴承。

② 循环压力喷油法。喷油量为 75×10^{-6} × 中心距(m)(m^3/s)，喷油压力由圆周速度来选定（见表30-51）。

表 30-51　喷油压力

圆周速度/(m/s)	10	15	20	25
喷油压力/MPa	0.1	0.17	0.27	0.34

（4）开式齿轮传动的润滑　开式齿轮通常使用高粘度油、沥青质润滑剂、润滑脂，在低速运行下工作有效。开式齿轮传动润滑油最通用的是一种像焦油沥青一样黑色、胶粘的极重石油残渣材料，这种材料能对齿轮起保护作用。使用前必须加热软化，或者加一种溶剂（挥发性无毒氯化碳氢化合物）。使用时涂上或喷上溶剂，挥发后即有一层塑性橡胶覆盖在齿面上，能阻止磨损、灰尘和水的损害。某些开式齿轮要加极压抗磨添加剂，能防止灰尘的沉积和水的侵蚀。

（5）各国润滑脂及工业齿轮润滑油的对照见表30-52～表30-54。

国产工业闭式齿轮油（GB 5903—1995）见表30-55。

表 30-52　国内外开式齿轮油对照表

运动粘度(100℃)/(mm^2/s)	中国	MOBIL 美孚石油公司	SHELL 壳牌石油公司	CALTEX 加德士石油公司	出光石油公司 ダフニー	开式齿轮油的类型
90～110			Cardium Compound C	Crater 0		渣油型
190～210			Cardium Compound D	Crater 1		
290～310						
390～410			Cardium Compound F	Crater 2		
490～650				Crater 3		
1000～1100			Cardium Compound H	Crater 5		
90～110	2号开式齿轮油				ォープンギヤーォイル0	渣油型加上各种添加剂提高其承压能力、防水、防锈等性能
190～210	3号开式齿轮油			Crater 1x	ォープンギヤーォイル1	
390～410	4号开式齿轮油			Crater 2x	ォープンギヤーォイル2	
490～650		Mobiltac A			ォープンギヤーォイル3	
1000～1100				Crater 5x		
1500～1600		Mobiltac E				
1900～2100		Mobiltac D				
3600～3700		Mobiltac F				
190～220			Cardium Fluid D			溶剂型（为了便于使用，在其中加入溶剂）
390～410			Cardium Fluid F	Crater 2x Fluid	ォープンギヤーォイル2s	
490～650					ォープンギヤーォイル3s	
1000～1100				Crater 5x Fluid		

表 30-53　国内外一般工业润滑脂对照表

中国	类型	锥入度	滴点 /℃	BP 英国石油公司	CALTEX 加德士石油公司	CASTROL 卡斯特罗有限公司	ESSO 埃索标准油公司	MOBIL 美孚石油公司	SHELL 壳牌石油公司
钙基脂 1 号（GB/T 491—2008）	钙基	310/340	>80	Energrease GP1	Cup 1	Helveum 1	Firmax 1	AA1、B1	Unedo 1
2 号		265/295	>85	Energrease GP2、PR2	Cup 2	Helveum 2	Firmax 2	AA2、B2	Unedo 2
3 号		220/250	>85	Energrease GP3、PR3	Cup 3	Helveum 3	Firmax 3	AA3、B3	Unedo 3 250 Cup
4 号		175/205	>90	Energrease GP4、PR4	Cup 4	Helveum 4		AA4、B4	Unedo 4 190 Cup
5 号		130/160	>95	Energrease CP5	Cup 5	Helveum 5		AA5、B5	Unedo 5
		墨色脂		Energrease RN2、4		BC Diaphragm			
钠基脂 2 号（GB/T 492—1989）	钠基	310/340	>130	Energrease HT1、N1	Marfak 1	Impervia MM1			Albida 1
		265/295	>140	Energrease HT2、N2、RBB2	Marfak 2	Impervia MM2		BRB Lifetime	2
3 号		220/250	>140	Energrease HT3、N3、RBB3	Marfak 3 Hytex 3	Impervia MM3 Spheerol HT		BRB 3	3
4 号		175/205	>150		Hytex 4			BRB 4	4
钙钠基脂 1 号（SH/T 0368—1992）	钙钠	250/290	>120	Energrease RM	Rega 1 Stafak 2		Andok M275		
2 号		200/240	>135						
石墨钙基脂（SH/T 0369—1992）	石墨钙		>80	Energrease GP 1G、2G、3G、5G	904、904W	Helvenm O Carphite R、F、 Graphite	SOD Graphite、 RⅢ、 Glandoline B	Craphited	Barbatia Boc Graphite
						Spheerol、HMG			

（续）

中国	类型	大协石油公司	丸善石油公司	日本石油公司	出光石油公司	共同石油公司	JIS	其他规格
钙基脂1号（GB/T 491—2008）	钙基	DOCカップ1	BC1	310カップ	ダフニーカップ310	カップNo. 1	K220 1种1号	
2号		DOCカップ2	BC2			カップNo. 2	K220 1种2号	BS 3223：1960
3号		DOCカップ3	BC3	250カップ	ダフニーカップ250	カップNo. 3	K220 1种3号	
4号		DOCカップ4	BC4	190カップ	ダフニーカップ190	カップNo. 4	K220 1种4号	
5号			BC5	150カップ	ダフニーカップ150	カップNo. 5	K220 1种5号	
	钠基		BF1	1号ゥラノック			K2221 2种1号	MIL-G-2108
钠基脂2号（GB/T 492—1989）		DOCパァリングN-2	BF2	2号ゥラノック			K2221 2种2号	MIL-G-2108
3号		DOCパァリングN-3	BF3				K2221 2种3号	
4号		DOCパァリングN-4					K2221 2种4号	
钙钠基脂1号（SH/T 0368—1992）	钙钠						K2225	MIL-G-18709A
石墨钙基脂（SH/T 0369—1992）	石墨钙	DOCダラファイト 1、2、3号	T1025		ダフニーXGC 1、2、3	ダラファイトC—2 C—3	K2222 1种	W-G-671
			T1022	904ダリース	ダフニーXGN1、3	ダラファイトN—2 N—3	K2222 2种	

表 30-54　国内外工业齿轮油对照

ISO 粘度等级 (40℃) /(mm²/s)	中国			AGMA 美国齿轮制造商协会		MOBIL 美孚石油公司		CALTEX 加德士石油公司	ESSO 埃索标准公司	SHELL 壳牌石油公司		德国 DIN 标准	德国 AR'AL	出光石油公司	日本石油公司	前苏联	英国 BP 牌	Gulf 海湾牌	中国天津日石
	抗氧防锈工业齿轮油	中负荷工业齿轮油	重负荷工业齿轮油	R&0 Crade	EP/comp Crade	Compound (R&0)	Mobil Gear (EP)	Meiopa Lubricant (mildEP)	Spartan (EP)	Macoma oilr (mild EP)	Omala (EP)	CLP (EP)	Degol BG (EP)	ダフニーCE コンパウンド (EP)	ボンノック (EP)	mild (EP)	Energol	EP 润滑剂	Bonnoc 宝诺克
ISO VG46	N46	N46	N46	1															
ISO VG68	N68	N68	N68	2	2EP	AA	626	68	68	68	68	68	68	68S	SP68	ИРП-40	GR-XP68	HD68	M68
ISO VG100	N100	N100	N100	3	3EP		627	100	100	100	100	100	100	100S	SP100		GR-XP100	HD100	M100
ISO VG150	N150	N150	N150	4	4EP	BB	629	150	150	150	150	150	150	150S	SP150	ИРП-75	GR-XP150	HD150	M150
ISO VG220	N220	N220	N220	5	5EP		630	220	220	220	220	220	220	220S	SP220	ИРП-150	GR-XP220	HD220	M220
ISO VG320	N320	N320	N320	6	6EP	DD	632	320	320	320	320	320	320	320S	SP320	ИРП-200	GR-XP320	HD320	M320
ISO VG460	N460	N460	N460	7	7EP 7comp	FF	634	460	460	460	460	460	460	460S	SP460		GR-XP460	HD460	M460
ISO VG680	N680	N680	N680		8EP 8comp	GG	636	680	680	680	680	680	680	680S	SP680	ИТП-300	GR-XP680	HD680	M680
ISO VG1000	N1000	N1000	N1000		8A comp			1000	1000	1000				1000S	SP1000		GR-XP1000		
ISO VG1500	N1500	N1500	N1500		9EP			1500	1500					1500S	SP1000				

表 30-55 工业闭式齿轮油（GB 5903—1995）

项目	质量指标																								试验方法
品种	L-CKB				L-CKC														L-CKD						
质量等级	一等品				一等品							合格品							一等品						
粘度等级(按 GB/T 3141)	100	150	220	320	68	100	150	220	320	460	680	68	100	150	220	320	460	680	100	150	220	320	460	680	—
运动粘度(40℃)/(mm²/s)	90~110	135~165	198~242	288~352	61.2~74.8	90~110	135~165	198~242	288~352	414~506	612~748	61.2~74.8	90~110	135~165	198~242	288~352	414~506	612~748	90~110	135~165	198~242	288~352	414~506	612~748	GB/T 265
粘度指数① 不小于	90				90							90							90						GB/T 2541
闪点(开口)/℃ 不低于	180	200			180		200						180		200				180	200					GB/T 267
倾点/℃ 不高于	-8				-8						-5	-8						-5	-8					-5	GB/T 3535
水分(质量分数,%) 不大于	痕迹				痕迹							痕迹							痕迹						GB/T 260
机械杂质(质量分数,%) 不大于	0.01				0.02							0.02							0.02						GB/T 511
腐蚀试验/级																									GB/T5096
(铜片)121℃,3h 不大于	—				1							—							—						
100℃,3h 不大于	1				—							1							1						
液相锈蚀试验																									GB/T 11143
蒸馏水	—				无锈							无锈							无锈						
合成海水	无锈				无锈							—							无锈						
氧化安定性② 中和值达 2.0mgKOH/g 的时间/h 不小于	750	500			—							—							—						GB/T 12581
氧化安定性② 1)(95℃,312h)100℃ 运动粘度增长(%) 不大于	—				10							10							—						SH/T 0123

（续）

项目		质量指标						试验方法
品种		L-CKB	L-CKC				L-CKD	
质量等级		一等品	一等品		合格品		一等品	
粘度等级(按 GB/T 3141)		100, 150, 220, 320	68, 100, 150, 220, 320	460, 680	68, 100, 150, 220, 320	460, 680	100, 150, 220, 320, 460, 680	—
2)(121℃,312h)100℃								
运动粘度增长(%)	不大于						6	
沉淀值/mL	不大于						0.1	SH/T 0024
旋转氧弹(150℃)/min		报告						SH/T 0193
泡沫性(泡沫倾向/泡沫稳定性)/(mL/mL)								GB/T 12579
24℃	不大于	75/10	75/10		75/10		75/10	
93.5℃	不大于	75/10	75/10		75/10		75/10	
后24℃	不大于	75/10	75/10		75/10		75/10	
抗乳化性(82℃)								GB/T 8022
油中水(质量分数,%)	不大于	0.5	1.0	1.0	1.0	1.0	2.0	
乳化层/mL	不大于	2.0	2.0	4.0	2.0	4.0	1.0	
总分离水/mL	不小于	30	60	50	60	50	80	
Timken 机试验(OK 负荷)②/N(lb)	不小于		200(45)		200(45)		267(60)	GB/T 11144
FZG(或 CL-100)齿轮试验机试验(A/8.3/90),通过级②	不小于		11		11		11	SH/T 0306

（续）

<table>
<tr><td>项目</td><td colspan="24">质　量　指　标</td><td rowspan="3">试验方法</td></tr>
<tr><td>品种</td><td colspan="4">L-CKB</td><td colspan="14">L-CKC</td><td colspan="6">L-CKD</td></tr>
<tr><td>质量等级</td><td colspan="4">一等品</td><td colspan="7">一等品</td><td colspan="7">合格品</td><td colspan="6">一等品</td></tr>
<tr><td>粘度等级（按 GB/T 3141）</td><td>100</td><td>150</td><td>220</td><td>320</td><td>68</td><td>100</td><td>150</td><td>220</td><td>320</td><td>460</td><td>680</td><td>68</td><td>100</td><td>150</td><td>220</td><td>320</td><td>460</td><td>680</td><td>100</td><td>150</td><td>220</td><td>320</td><td>460</td><td>680</td><td>—</td></tr>
<tr><td>四球机试验</td><td colspan="4"></td><td colspan="7"></td><td colspan="7"></td><td colspan="6"></td><td>GB/T 3142</td></tr>
<tr><td>负荷磨损指数/N（kgf）　不小于</td><td colspan="4">—</td><td colspan="7">—</td><td colspan="7">—</td><td colspan="6">441（45）</td><td></td></tr>
<tr><td>烧结负荷 P_D/N（kgf）　不小于</td><td colspan="4">—</td><td colspan="7">—</td><td colspan="7">—</td><td colspan="6">2450（250）</td><td></td></tr>
<tr><td>磨斑直径，（1800r/min，196N 60min，54℃）/mm　不大于</td><td colspan="4">—</td><td colspan="7">—</td><td colspan="7">—</td><td colspan="6">0.35</td><td>SH/T 0189</td></tr>
<tr><td>剪切定定性（齿轮机法）③
剪切后 40℃运动粘度/（mm^2/s）</td><td colspan="4"></td><td colspan="7">在等级粘度范围</td><td colspan="7">在等级粘度范围</td><td colspan="6">在等级粘度范围</td><td>SH/T 0200</td></tr>
<tr><td>热安定性（135℃，168h）④</td><td colspan="4"></td><td colspan="7"></td><td colspan="7"></td><td colspan="6"></td><td>SH/T 0209</td></tr>
<tr><td>铜棒失重/（mg/200mL）</td><td colspan="4">—</td><td colspan="7">—</td><td colspan="7">—</td><td colspan="6">报告</td><td></td></tr>
<tr><td>钢棒失重/（mg/200mL）</td><td colspan="4">—</td><td colspan="7">—</td><td colspan="7">—</td><td colspan="6">报告</td><td></td></tr>
<tr><td>总沉渣重/（mg/100mL）</td><td colspan="4">—</td><td colspan="7">—</td><td colspan="7">—</td><td colspan="6">报告</td><td></td></tr>
<tr><td>40℃运动粘度变化（%）</td><td colspan="4">—</td><td colspan="7">—</td><td colspan="7">—</td><td colspan="6">报告</td><td></td></tr>
<tr><td>中和值变化（%）</td><td colspan="4">—</td><td colspan="7">—</td><td colspan="7">—</td><td colspan="6">报告</td><td></td></tr>
<tr><td>铜棒外观</td><td colspan="4">—</td><td colspan="7">—</td><td colspan="7">—</td><td colspan="6">报告</td><td></td></tr>
<tr><td>钢棒外观</td><td colspan="4">—</td><td colspan="7">—</td><td colspan="7">—</td><td colspan="6">报告</td><td></td></tr>
</table>

① MVI 基础油生产的 L-CKB、L-CKC（一等品和合格品），粘度指数允许不低于 70。

② 氧化安定性，Timken 机试验和 FZG 齿轮机试验为保证项目，每年抽查一次，但必须合格；L-CKC 合格品在 Timken 机试验和 FZG 齿轮机试验两项中，只要求测试其中之一。

③ 不含粘度添加剂的 L-CKC、L-CKD，不测定剪切安定性。

④ 热安定性为抽查项目。

30.5.2 减速器的冷却

1. 功率损耗与效率

功率损耗与效率，在齿轮传动中是评价经济性的重要指标，在各类齿轮传动中，交错轴传动（蜗杆传动、准双曲面齿轮传动、交错轴斜齿轮传动）由于沿齿长方向有滑动，因此效率较低。根据这一观点，在传递较大功率时，最合适的情况是相交轴或平行轴的齿轮传动，即沿齿长方向没有滑动的齿轮传动：锥齿轮传动、直齿或斜齿圆柱齿轮传动。

功率损耗以热的形式出现，从而决定了齿轮会出现温度变化，也就对润滑剂的粘度与寿命提出了要求，因此它成为选择冷却方式的种类与规模的基础参数。

（1）总效率　齿轮传动中的功率损失主要包括：

1）啮合中的摩擦损失。

2）润滑油飞溅和搅动的损失。

3）轴承中的摩擦损失。

闭式齿轮传动的总效率可按下式计算

$$\eta=\eta_1\eta_2\eta_3 \tag{30-1}$$

式中　η_1——齿轮啮合的效率；

η_2——仅考虑油阻损失时的效率；

η_3——轴承的效率。

1）啮合损失。啮合损失是由于轮齿间的摩擦力所引起的。所以，凡能使摩擦因数增大和影响油膜形成的各因素均将使啮合损失增加。例如：齿面粗糙、低速、重载和润滑油粘度过小等。啮合中的摩擦损失与载荷成正比。

$$\eta_1=1-\varphi_1 \tag{30-2}$$

$$\varphi_1=0.01f\Delta n \tag{30-3}$$

式中　f——轮齿间的滑动摩擦因数，一般取 $f=0.05\sim0.10$（齿面跑合较好时取小值）；

Δn——根据齿数由图 30-15 确定。对角变位直齿轮按图求出的数值乘以 $0.643/\sin2\alpha$；对斜齿轮应乘以 $0.8\cos\beta$；对锥齿轮应按当量齿数（$z_a=z/\cos\delta$）选取 Δn（其中 α、β 分别为分度圆压力角及螺旋角）。

2）润滑油的搅动和飞溅损失。这种损失随着润滑油粘度 ν_t、圆周速度 v、齿轮宽度 b 及浸油深度的增加而增大。其效率为

$$\eta_2=1-\varphi_2 \tag{30-4}$$

浸入油池中的深度不大于两倍齿高时，一个齿轮的 φ_2 值为

$$\varphi_2=\frac{0.75vb\sqrt{v\nu_t\frac{200}{z_\Sigma}}}{10^5P_1} \tag{30-5}$$

式中　P_1——传动功率（kW）；

v——齿轮节圆圆周速度（m/s）；

b——浸入油中的齿轮宽度，对锥齿轮应根据结构和浸油深度按图样确定（mm）；

ν_t——润滑油在其工作温度下的运动粘度（mm^2/s）；

z_Σ——齿数和。

$$z_\Sigma=z_1+z_2$$

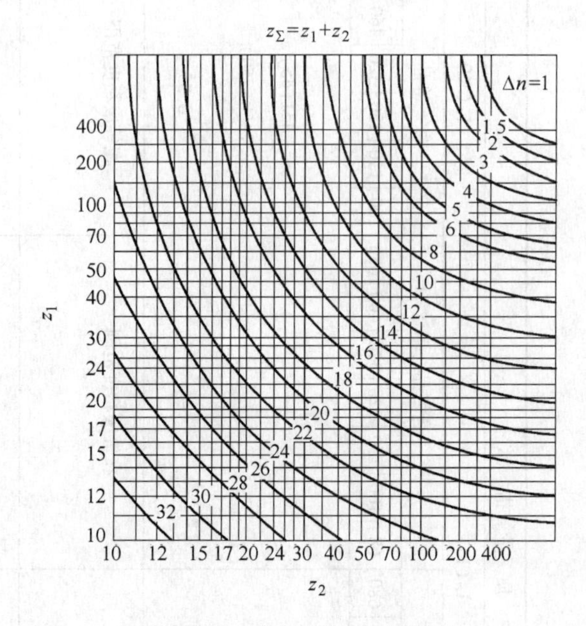

图 30-15　确定系数 Δn 的图表

在喷油润滑的情况下，式（30-5）中的系数 0.75 应以 0.5 代替。

在高速传动中，齿轮与箱体之间的间隙越小时，润滑油飞溅或搅动的功率损耗急剧增加。

3）轴承摩擦损耗的效率 η_3

$$\eta_3=1-\varphi_3 \tag{30-6}$$

对于滚动轴承和液体摩擦滑动轴承，$\varphi_3\approx0.05$；对于半液体摩擦滑动轴承，$\varphi_3=0.01$。

（2）提高效率的措施

1）啮合效率。可采用较小的齿顶啮合长度，较大的齿廓曲率半径也即较小的模数，较多的齿数。在高速时采用较低的油粘度，采用合适的合成润滑剂及较小的齿廓表面粗糙度。

2）限制浸油深度。只允许浸泡大齿轮且尽可能减少喷油量。

3）轴承效率。滚动轴承要比滑动轴承有利。

2. 自然冷却

稳定的工作温度可由产生的损耗与散发的热量之间的热平衡而得到调节。自然冷却中热量（冷却功率）可由下列方式散走：

1）由齿轮变速器表面通过对流与辐射散发到周

围环境中去。

2）通过所连接的轴和基础传向相邻的构件。

(1) 通过齿轮变速器表面散热 齿轮变速器箱体表面散热消耗的功率大致为 0.8 ~ 1.2kW/m²，连续工作中产生的热量 Q_1 为

$$Q_1 = 3600(1-\eta)P_1 \tag{30-7}$$

式中 η——传动效率；

P_1——输入轴的传动功率（kW）。

箱体表面排出的最大热量 $Q_{2\max}$ 为

$$Q_{2\max} = 4.1868hS(\theta_{y\max} - \theta_0) \tag{30-8}$$

式中 h——系数 [kJ/(m²·h·℃)]；

S——散热的计算面积（m²）；

$\theta_{y\max}$——油温的最大许用值（℃），对齿轮传动允许到 60 ~ 70℃；

θ_0——周围空气的温度，由减速器所放置的地点而定，普通取室温为 20℃。

式（30-8）中系数 h，在传动装置箱体散热及油池中油的循环条件良好时（如有较好的自然通风，外壳上无灰尘杂物，箱体内也无肋板阻碍油的循环，油的运动速度快以及油的运动粘度小等）可取较大值；反之，则取较小值。在自然通风良好的地方，h = 50 ~ 63kJ/(m²·h·℃)；在自然通风不好的地方，h = 31 ~ 38kJ/(m²·h·℃)。

散热的计算面积系指内表面能被油浸着或飞溅到，而其所对应的外表面又能被空气所冷却的箱体外表面积，对其中凸缘、箱底及散热片的散热面积，仅按实有面积的一半计算。

若 $Q_1 < Q_{2\max}$，则传动装置散热情况良好。

若 $Q_1 > Q_{2\max}$，则传动装置只能间断工作，若需连续工作时，必须加以人工冷却。

(2) 按散热条件所允许的最大功率 P_Q

1）按散热条件所允许的最大功率为：

连续工作

$$P_Q = \frac{Q_{2\max}}{3600(1-\eta)} \geqslant P_1 \tag{30-9}$$

间断工作

$$P_Q = \frac{Q_{2\max}}{3600(1-\eta)} \geqslant \frac{\sum P_i t_i}{\sum t_i} \tag{30-10}$$

式中 P_i——任一加载阶段的功率（kW）；

t_i——任一加载阶段的时间（h）。

2）油温 θ_y（℃）为：

连续工作

$$\theta_y = \frac{3600(1-\eta)P_1}{hS} + \theta_0 \leqslant \theta_{y\max} \tag{30-11}$$

间断工作

$$\theta_y = \frac{e^{\beta}(e^{\alpha}-1)}{e^{\alpha}e^{\beta}-1}\frac{\theta_1}{hS} + \theta_0 \leqslant \theta_{y\max} \tag{30-12}$$

$$\alpha = \frac{hSt_g}{m_q c_q + m_y c_y};\ \beta = \frac{52.3hS(t_a - t_g)}{m_q c_q + m_y c_y};\ e = 2.718$$

式中 m_q、m_y——减速器和润滑油的质量（kg）；

c_q——减速器金属零件的平均比热容，$c_q \approx 0.5$kJ/(kg·℃)；

c_y——润滑油的平均比热容，c_y = 1.67kJ/(kg·℃)；

t_a——每一循环总时间（h）；

t_g——每一循环工作时间（h）。

3）连续运转时间。若 $P_Q < P_1$ 或 $\theta_y > \theta_{y\max}$，则减速器允许的连续运转时间（h）为

$$t = \frac{(m_q c_q + m_y c_y)(\theta_y - \theta_0)}{Q_1 - 0.5hS(\theta_y - \theta_0)} \tag{30-13}$$

4）冷却所需的停转时间（h）为

$$t' = \frac{m_q c_q + m_y c_y}{0.5hS} \tag{30-14}$$

3. 强制冷却

当工作中产生的热量大于箱体表面排出的最大热量，齿轮传动装置需进行强制冷却。

强制冷却常见有三种形式。

(1) 风扇吹风冷却 风扇吹风冷却示意图如图 30-16 所示。风扇吹风冷却的参数计算如下：

1）风扇吹风冷却时传动装置排出的最大热量为

$$Q_{2\max} = (hS'' + h'S') \times (Q_{y\max} - Q_0) \tag{30-15}$$

式中 h'——风吹表面传热系数，一般可在 75.36 ~ 146.54kJ/(m²·h·℃) 的范围内选取（风速较大时取上限值），也可按 $h \approx 57.78\sqrt{v_f}$ 关系确定，式中 v_f 为冷却箱壳的风速，其概略值见表 30-56（风扇装在高速轴上）；

S'——箱体受风吹的表面积（m²）；

S''——箱体不受风吹的表面积（m²）。

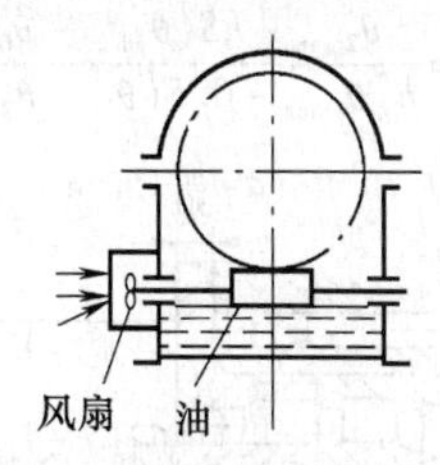

图 30-16 风扇吹风冷却

表 30-56 转速与风速关系

高速轴转速/(r/min)	风速 v_f/(m/s)
750	3.75
1000	5
1500	7.5

2）冷却所需的风扇风量 q_f（m^3/h）

$$q_f=\frac{h'S'(Q_{ymax}-\theta_0)}{\rho_f c_f(\theta_{1f}-\theta_0)\eta_f} \tag{30-16}$$

式中 θ_{1f}——风吹经箱体后的温度，$\theta_{1f}=\theta_0+(3\sim6)$℃；

ρ_f——干空气的密度，$\rho_f=1.29kg/m^3$；

c_f——空气定压比热容，$c_f\approx1.005kJ/(kg\cdot℃)$；

η_f——吹风的利用系数，取 $\eta_f\approx0.8$。

（2）水管冷却

1）水管冷却（见图 30-17）时传动装置排出的最大热量为

$$Q_{2max}=hS(\theta_{ymax}-\theta_0)+h'S_g[\theta_{ymax}-0.5(\theta_{1s}+\theta_{2s})] \tag{30-17}$$

式中 h'——蛇形管的传热系数，对纯铜管或黄铜管按表 30-57 选取，对壁厚 1～3mm 的钢管，表中的 h'值应降低 5%～15%；

S_g——蛇形管的外表面积（m^2）；

θ_{1s}——蛇形管出水温度（℃）；

$$\theta_{1s}\approx\theta_{2s}+(5\sim10)℃$$

θ_{2s}——蛇形管进水温度（℃）。

其余符号见式（30-8）。

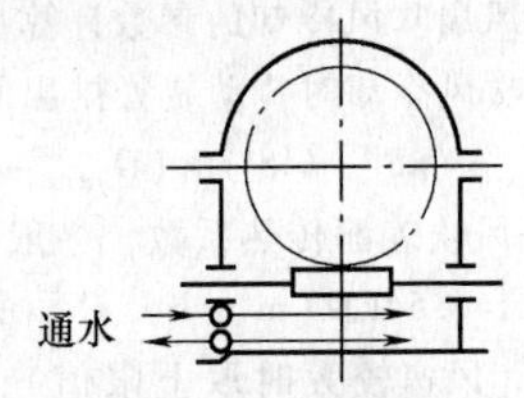

图 30-17 水管冷却

2）冷却水所需的循环水量 q_s 为

$$q_s=\frac{hS_g[\theta_{ymax}-0.5(\theta_{1s}+\theta_{2s})]}{1000(\theta_{1s}-\theta_{2s})} \tag{30-18}$$

式中 S_g——所需的蛇形管外表面积（m^2）；

$$S_g=\frac{\theta_{2max}-hS(\theta_{ymax}-\theta_0)}{h[\theta_{ymax}-0.5(\theta_{1s}-\theta_{2s})]}$$

表 30-57 蛇形管的传热系数 h'

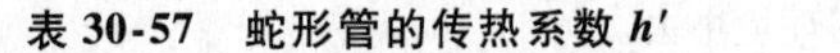

齿轮的圆周速度/(m/s)	冷却水的流速/(m/s)		
	0.1	0.2	≥0.4
≤4	126	135	142
4～6	132	140	250
6～8	139	150	160
8～10	145	155	168
12	150	160	175

（3）润滑油循环冷却

1）润滑油循环冷却（见图 30-18）时传动装置排出的最大热量 Q_{2max} 为

$$Q_{2max}=hS(\theta_{ymax}-\theta_0)+60q_y\rho_y c_y(\theta_{1y}-\theta_{2y})\eta_y \tag{30-19}$$

式中 q_y——循环润滑油量（L/min）；

ρ_y——润滑油的密度，$\rho_y\approx0.9$（kg/L）；

θ_{1y}——循环油排出的温度（℃）；

$$\theta_{1y}\approx\theta_{2y}+(5\sim8)℃$$

θ_{2y}——循环油进入的温度（℃）；

η_y——循环油的利用系数，取 $\eta_y=0.5\sim0.7$。

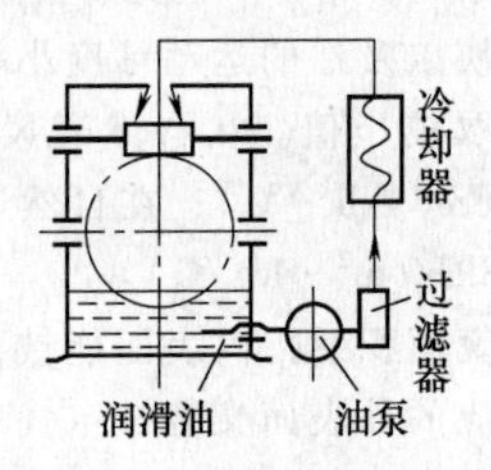

图 30-18 润滑油循环冷却

2）冷却所需的润滑油量 q_y 为

$$q_y=\frac{Q_{2max}-hS(\theta_{ymax}-\theta_0)}{60\rho_y c_y(\theta_{1y}-\theta_{2y})\eta_y}$$

30.6 密封件

1. 减速器的密封

为有效防止箱体结合面漏油，确保结合面加工的

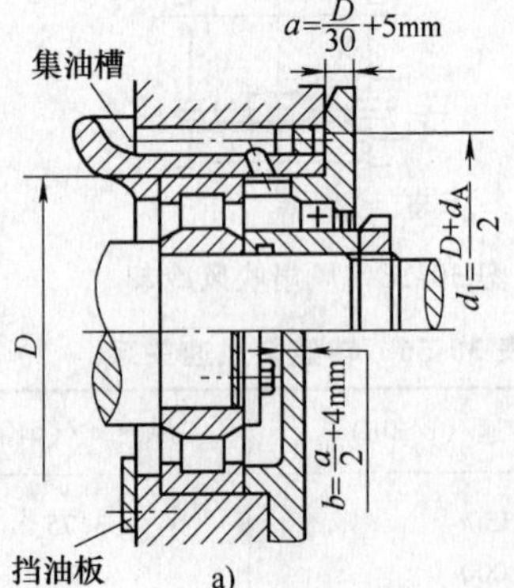

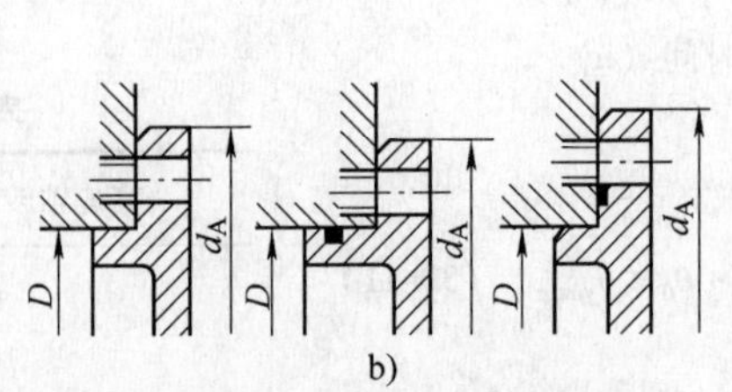

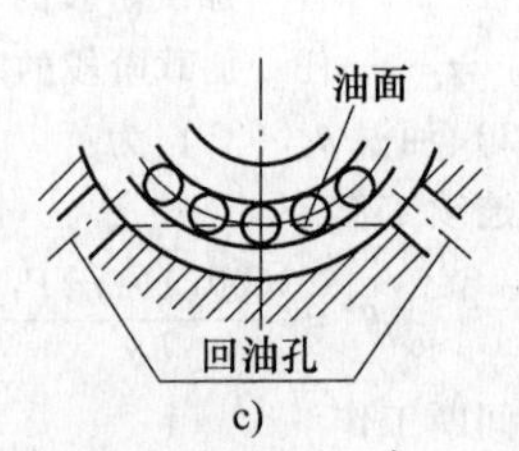

图 30-19 端盖进、回油及密封结构

a）端盖进油结构 b）端盖用各类 O 形圈密封 c）两侧大回油孔（常用于喷油润滑中）

平面度、表面粗糙度、密合性和箱体去应力良好，螺栓有足够的预紧力，采用性能良好的密封胶。减速器端盖进、回油及密封结构如图30-19所示。

常用轴封形式：接触式密封，如骨架或无骨架橡胶油封；非接触式密封，如迷宫或螺旋密封、甩油盘加迷宫密封（见图30-20）及普通的离心密封（见图30-21）。非接触式密封安全可靠，无需更换，但只能低油位时采用。

输出轴竖立向下时可采用如图30-22所示的密封结构，有时也称干井法。

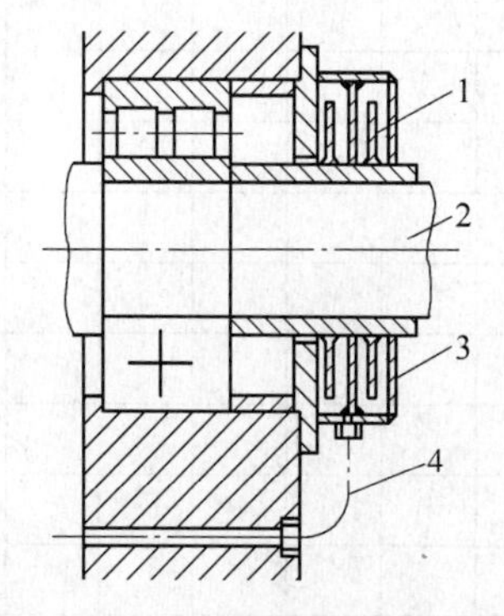

图30-20　大型减速器的甩油盘迷宫密封

1—甩油盘　2—轴　3—回油罩　4—回油管

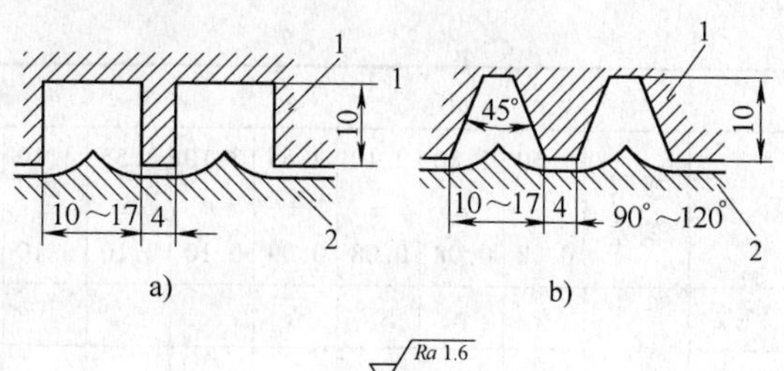

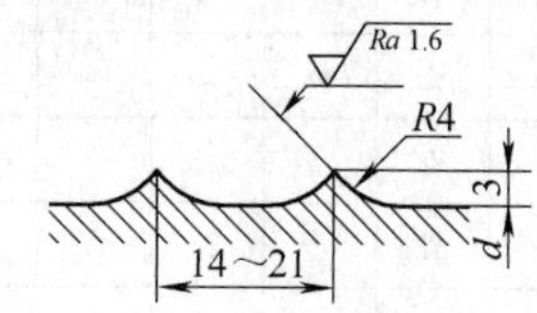

图30-21　离心密封

a）密封环—钢件　b）密封环—铸铁或铜合金件　c）轴或轴套的剖面

1—密封环　2—轴或轴套

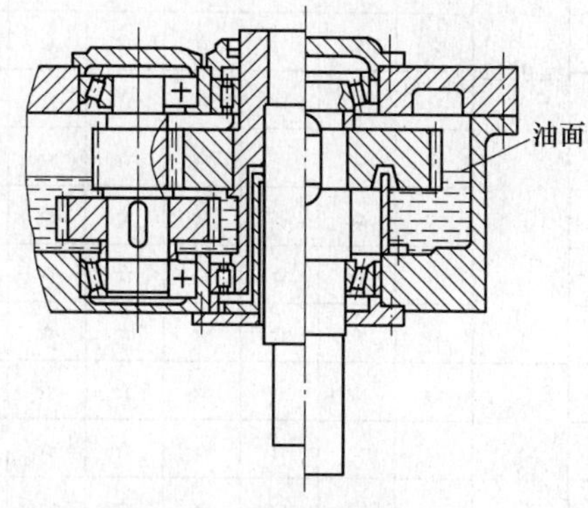

图30-22　输出轴竖立向下时的轴封结构（干井法）

2. 机械密封用O形橡胶圈

（1）O形橡胶圈的规格（JB/T 7757.2—2006）见表30-58。

表30-58　O形橡胶圈　（单位：mm）

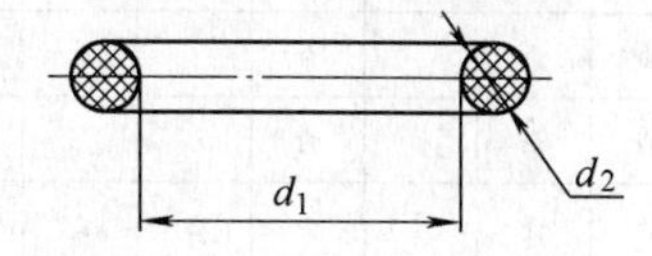

d_1		d_2（截面直径及其极限偏差）																
内径	极限偏差	1.60±0.08	1.80±0.08	2.10±0.08	2.65±0.09	3.10±0.10	3.55±0.10	4.10±0.10	4.30±0.10	4.50±0.10	4.70±0.10	5.00±0.10	5.30±0.10	5.70±0.10	6.40±0.15	7.00±0.15	8.40±0.15	10.0±0.30
6.00	±0.13	☆	☆	☆														
6.90	±0.14	☆	☆															
8.00		☆	☆	☆														
9.00		☆	☆															
10.0	±0.17	☆	☆	☆														
10.6		☆	☆		☆													
11.8		☆	☆	☆	☆													

（续）

d_1		d_2（截面直径及其极限偏差）																
内径	极限偏差	1.60±0.08	1.80±0.08	2.10±0.08	2.65±0.09	3.10±0.10	3.55±0.10	4.10±0.10	4.30±0.10	4.50±0.10	4.70±0.10	5.00±0.10	5.30±0.10	5.70±0.10	6.40±0.15	7.00±0.15	8.40±0.15	10.0±0.30
13.2		☆	☆	☆	☆													
15.0		☆	☆	☆	☆													
16.0	±0.17	☆	☆		☆													
17.0		☆	☆		☆	☆												
18.0		☆	☆	☆	☆	☆	☆											
19.0		☆	☆		☆	☆	☆											
20.0		☆	☆	☆	☆	☆	☆											
21.2		☆	☆		☆	☆	☆											
22.4		☆	☆	☆	☆	☆	☆											
23.6	±0.22	☆	☆		☆	☆	☆											
25.0		☆	☆	☆	☆	☆	☆											
25.8		☆	☆		☆	☆	☆											
26.5		☆	☆		☆	☆	☆											
28.0		☆	☆	☆	☆	☆	☆					☆						
30.0		☆	☆	☆	☆	☆	☆		☆			☆	☆					
31.5		☆	☆		☆	☆	☆		☆				☆					
32.5		☆	☆	☆	☆	☆	☆		☆			☆	☆					
34.5	±0.30	☆	☆	☆	☆	☆	☆		☆			☆	☆					
37.5		☆	☆	☆	☆	☆	☆		☆			☆	☆					
38.7			☆	☆	☆	☆	☆		☆				☆					
40.0			☆	☆	☆	☆	☆		☆			☆	☆					
42.5			☆		☆	☆	☆		☆				☆					
43.7			☆		☆	☆	☆		☆				☆					
45.0	±0.36		☆		☆	☆	☆		☆	☆	☆	☆	☆		☆			
47.5			☆		☆	☆	☆	☆	☆	☆	☆		☆		☆			
48.7			☆		☆	☆	☆	☆	☆	☆	☆		☆		☆			
50.0			☆		☆	☆	☆	☆	☆	☆	☆	☆	☆		☆			
53.0					☆	☆	☆	☆	☆	☆	☆		☆		☆			
54.5					☆	☆	☆	☆	☆	☆	☆	☆	☆		☆			
56					☆	☆	☆	☆	☆	☆	☆		☆		☆			
58.0	±0.44				☆		☆	☆	☆	☆	☆		☆		☆			
60.0					☆	☆	☆	☆	☆	☆	☆	☆	☆		☆			
61.5					☆		☆	☆	☆	☆	☆		☆		☆			
63.0					☆		☆	☆	☆	☆	☆		☆		☆			

（续）

d_1		d_2（截面直径及其极限偏差）																
内径	极限偏差	1.60 ± 0.08	1.80 ± 0.08	2.10 ± 0.08	2.65 ± 0.09	3.10 ± 0.10	3.55 ± 0.10	4.10 ± 0.10	4.30 ± 0.10	4.50 ± 0.10	4.70 ± 0.10	5.00 ± 0.10	5.30 ± 0.10	5.70 ± 0.10	6.40 ± 0.15	7.00 ± 0.15	8.40 ± 0.15	10.0 ± 0.30
65.0					☆	☆	☆	☆	☆	☆	☆	☆	☆		☆			
67.0					☆		☆	☆	☆	☆	☆		☆		☆			
70.0					☆	☆	☆	☆	☆	☆	☆	☆	☆		☆			
71.0	±0.53						☆		☆	☆	☆		☆		☆			
75.0					☆	☆	☆	☆	☆	☆	☆	☆	☆		☆			
77.5							☆			☆	☆		☆		☆			
80.0					☆	☆	☆	☆	☆	☆	☆	☆	☆		☆			
82.5							☆		☆	☆	☆		☆		☆			
85.0					☆	☆	☆	☆	☆	☆	☆		☆		☆			
87.5							☆		☆	☆	☆		☆		☆			
90.0					☆	☆	☆	☆	☆	☆	☆		☆	☆	☆			
92.5									☆	☆	☆		☆	☆	☆			
95.0					☆	☆	☆	☆	☆	☆	☆		☆	☆	☆			
97.5	±0.65						☆		☆	☆	☆		☆	☆	☆			
100					☆	☆	☆	☆	☆	☆	☆		☆	☆	☆			
103							☆		☆	☆	☆		☆	☆	☆			
105					☆	☆	☆	☆	☆	☆	☆		☆	☆	☆			
110					☆	☆	☆	☆	☆	☆	☆		☆	☆	☆	☆		
115					☆	☆	☆	☆	☆	☆	☆		☆	☆	☆	☆		
120					☆	☆	☆	☆	☆	☆	☆		☆	☆	☆	☆		
125					☆	☆	☆		☆				☆	☆	☆	☆		
130					☆	☆	☆		☆				☆	☆	☆	☆		
135					☆	☆	☆						☆	☆	☆	☆		
140					☆	☆	☆						☆	☆	☆	☆		
145					☆	☆	☆						☆	☆	☆	☆	☆	
150					☆		☆						☆	☆	☆	☆	☆	
155	±0.90						☆						☆	☆	☆	☆	☆	
160							☆						☆	☆	☆	☆	☆	
165							☆						☆	☆	☆	☆	☆	
170							☆						☆	☆	☆	☆	☆	
175							☆						☆	☆	☆	☆	☆	
180							☆						☆	☆	☆	☆	☆	
185							☆						☆	☆	☆	☆	☆	
190	±1.20						☆						☆	☆	☆	☆	☆	
195							☆						☆	☆	☆	☆	☆	

（续）

d_1		d_2（截面直径及其极限偏差）																
内径	极限偏差	1.60 ± 0.08	1.80 ± 0.08	2.10 ± 0.08	2.65 ± 0.09	3.10 ± 0.10	3.55 ± 0.10	4.10 ± 0.10	4.30 ± 0.10	4.50 ± 0.10	4.70 ± 0.10	5.00 ± 0.10	5.30 ± 0.10	5.70 ± 0.10	6.40 ± 0.15	7.00 ± 0.15	8.40 ± 0.15	10.0 ± 0.30
200							☆						☆	☆	☆	☆	☆	
205							☆						☆	☆	☆	☆	☆	
210							☆						☆	☆	☆	☆	☆	
215							☆						☆	☆	☆	☆	☆	
220							☆						☆	☆	☆	☆	☆	
225	±1.20						☆						☆	☆	☆	☆	☆	
230							☆						☆	☆	☆	☆	☆	
235							☆						☆	☆	☆	☆	☆	
240							☆						☆	☆	☆	☆	☆	
245							☆						☆	☆	☆	☆	☆	
250							☆						☆	☆	☆	☆	☆	
258							☆						☆	☆	☆	☆	☆	
265							☆						☆		☆	☆	☆	
272							☆						☆		☆	☆	☆	
280	±1.60						☆						☆		☆	☆	☆	
290							☆						☆		☆	☆	☆	
300							☆						☆		☆	☆	☆	
307							☆						☆			☆	☆	
315							☆						☆			☆	☆	
325							☆						☆			☆	☆	
335													☆			☆	☆	
345													☆			☆	☆	
355	±2.10												☆			☆	☆	
375													☆			☆	☆	
387													☆			☆	☆	
400													☆			☆	☆	
412																☆		☆
425																☆		☆
437																☆		☆
450																☆		☆
462	±2.60															☆		☆
475																☆		☆
487																☆		☆
500																☆		☆

（续）

d_1		d_2（截面直径及其极限偏差）																
内径	极限偏差	1.60±0.08	1.80±0.08	2.10±0.08	2.65±0.09	3.10±0.10	3.55±0.10	4.10±0.10	4.30±0.10	4.50±0.10	4.70±0.10	5.00±0.10	5.30±0.10	5.70±0.10	6.40±0.15	7.00±0.15	8.40±0.15	10.0±0.30
515	±3.20															☆		☆
530																☆		☆
545																☆		☆
560																☆		☆

注：“☆”表示优先选用规格。

（2）技术要求

1）常用O形圈的橡胶材料及代号，见表30-59。

表30-59　O形圈的橡胶材料及代号

种类	丁腈橡胶（NBR）	乙丙橡胶（EPR）	氟橡胶（FPM）	硅橡胶（MVQ）
代号	P	E	V	S

2）各种橡胶材料的主要特点及使用温度，见表30-60。

3）各种橡胶材料的物理性能，一般应符合表30-61的规定。

4）O形圈外观质量，应符合GB/T 3452.2—2007的规定。橡胶种类识别标志见表30-62。

表30-60　各种橡胶材料的特点及使用温度

种类	主要特点	工作温度/℃
丁腈橡胶	耐油	-30～100
乙丙橡胶	耐放射性、耐碱	-50～150
氟橡胶	耐油、耐热、耐腐蚀	-20～200
硅橡胶	耐寒、耐热	-60～230

表30-61　橡胶材料的物理性能

物理性能			丁腈橡胶	乙丙橡胶	氟橡胶	硅橡胶
硬度（邵尔A型）/度			70±5	70±5	70±5	60±5
扯断强度/MPa			≥11	≥10	≥10	≥5
扯断伸长率（%）			≥220	≥250	≥200	≥200
压缩永久变形（%）	空气100℃×24h		≤35	≤30	—	—
	空气200℃×22h		—	—	≤50	≤60
热空气老化	100℃×24h	硬度变化/度	≤+10		—	—
		扯断强度变化（%）	≤-15	—	—	—
		扯断伸长率变化（%）	≤-35	—	—	—
	150℃×24h	扯断伸长率变化（%）	—	≤-20	—	—
	200℃×24h	硬度变化/度	—	—	≤（0～+10）	—
		扯断强度变化（%）	—	—	≤-20	—
		扯断伸长率变化（%）	—	—	≤-30	≤-20
耐液体	1#标准油（100℃×24h）	硬度变化/度	-3～+7	—	—	—
		体积变化（%）	-8～+6	—	—	—
	1#标准油（150℃×24h）	体积变化（%）	—	—	-3～5	—
脆性温度/℃			≤-40	≤-55	≤-25	≤-65

表 30-62 橡胶种类识别标志

（在产品 *A* 处用油漆色点表示）

种类	识别标志	位置
丁腈橡胶	蓝	*A* 45°
乙丙橡胶	黄	
氟橡胶	红	
硅橡胶	绿	

3. 油封

（1）骨架油封　在低压油润滑系统中，油封被广泛地用作转轴密封件和往复运动密封件。

油封通常由刚性骨架和有柔性唇的橡胶密封圈组成。图 13-23 所示为外露骨架型油封，具有散热优良、外圈刚性好、定位准确、同轴度高、安装方便，而且油封在座孔中容易保持过盈配合等优点。从而保证密封和阻止密封件转动。而柔性唇紧贴在轴上，阻止了沿轴向泄漏，也可防止灰尘、水、空气等侵入。有些油封的刚性骨架嵌入橡胶密封圈内（见表 30-63）。

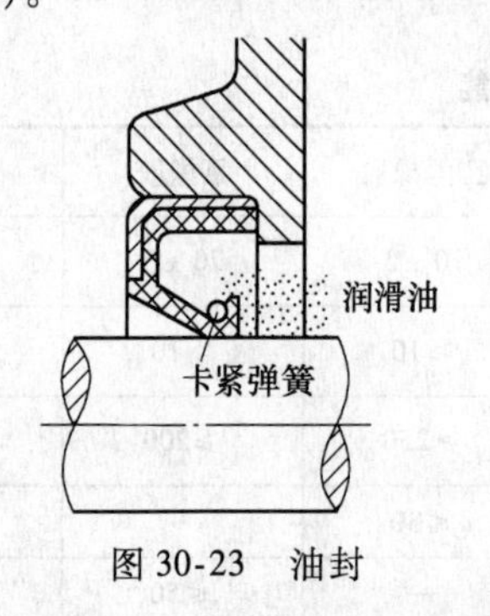

图 30-23　油封

油封柔性唇上往往装有卡紧弹簧（也可以不装），因为唇与轴的配合也有一些过盈。在柔性唇中的弹簧提供了附加的唇在轴上的接触压力，使唇在一定的压紧和磨损后仍能保持一定的压力。弹簧力非常关键，卡紧的压力不能太大，否则会引起唇下润滑油膜的破裂。因为油封在唇与轴之间要经常保持由密封流体形成的一层薄膜，才能确保优良的润滑。

橡胶唇形油封可在 -25～80℃范围内工作，轴的线速度可达 70m/s。此时轴表面粗糙度为 *Ra* 0.4～0.2μm，轴颈表面硬度为 40～50HRC。轴表面磨削加工时，要留意磨痕旋向，使轴工作时磨痕泵油向内，增加密封有效性，减少泄漏。

与油封配对的轴的端部要有引入角 α（$\alpha \approx 20°$），使装配时不会擦伤油封柔性唇，令其处在良好的工作状态（见图 30-24）。

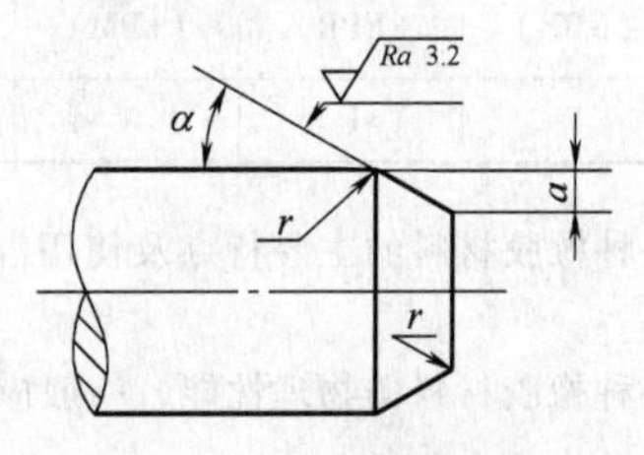

图 30-24　轴端倒角

表 30-63 和表 30-64 分别为内包骨架和外露骨架旋转轴唇形密封圈的国家标准。旋转轴唇形密封圈（GB/T 9877—2008）见表 30-65。

不同胶种的旋转轴唇形密封圈适应的轴径和旋转速度的关系如图 30-25 所示。

（2）毡封

毡封圈装填在呈 14°锥角的梯形沟槽内使用，见表 30-66，装配前毡圈要浸油。

表 30-63　内包骨架旋转轴唇形密封圈　　（单位：mm）

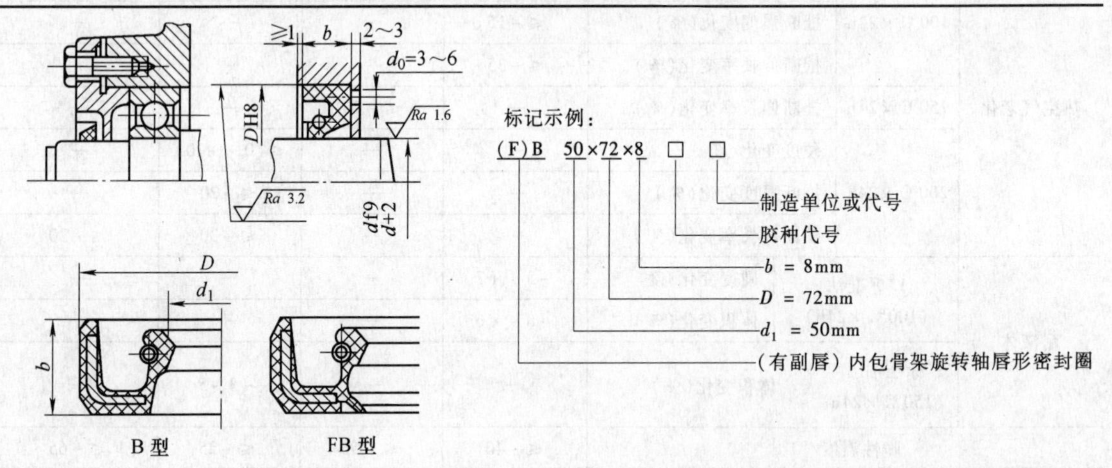

（续）

基本内径 d_1	外径 D	宽度 b
6	16、22	7
7	22	
8	22、24	
9	22	
10	22、25	
12	24、25、30	
15	26、30、35	
16	（28）、30、（35）	
18	30、35、（40）	
20	35、40、（45）	
22	35、40、47	
25	40、47、52	
28	40、47、52	
30	40、47、（50）、52	
32	45、47、52	8
35	50、52、55	
38	55、58、62	
40	55、（60）、62	
42	55、62、（65）	
45	62、65、（70）	
50	68、（70）、72	
（52）	72、75、80	
55	72、（75）、80	
60	80、85、（90）	
65	85、90、（95）	10
70	90、95、（100）	
75	95、100	
80	100、（105）、110	
85	（105）、110、120	12
90	（110）、（115）、120	
95	120、（125）、（130）	
100	125、（130）、（140）	
（105）	130、140	
110	140、（150）	
（115）	140、150	
120	150、（160）	
（125）	150	
130	160、（170）	
140	170、（180）	15
150	180、（190）	
160	190、（200）	
170	200	
180	210	
190	220	
200	230	
220	250	
240	270	
（250）	290	
260	300	20
280	320	
300	340	
320	360	
340	380	
360	400	
380	420	
400	400	

注：1. 括弧内尺寸尽量不采用。

2. 为便于拆卸密封圈，在壳体上应有 d_0 孔 3 ~4 个。

3. 在一般情况下（中速）采用胶种为 B-丙烯酸酯橡胶（ACM）。

4. B 型为单唇、FB 型为双唇。

表 30-64　外露骨架旋转轴唇形密封圈

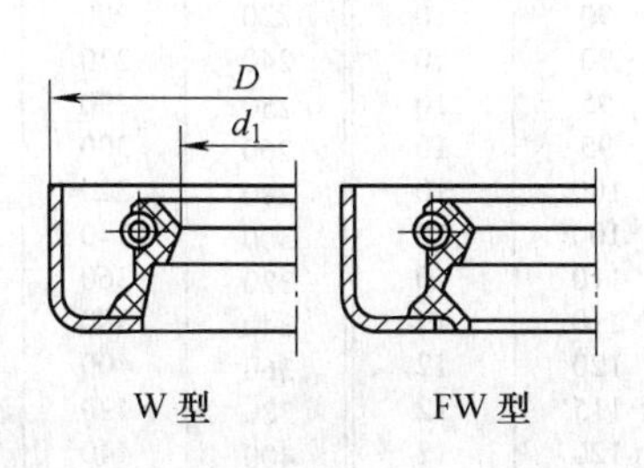

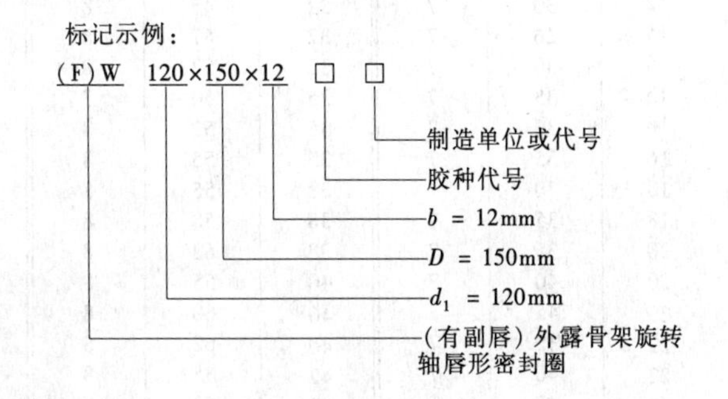

注：外露骨架旋转轴唇形密封圈的基本尺寸系列与内包骨架旋转轴唇形密封圈相同。

表 30-65　密封圈的基本类型与尺寸　　（单位：mm）

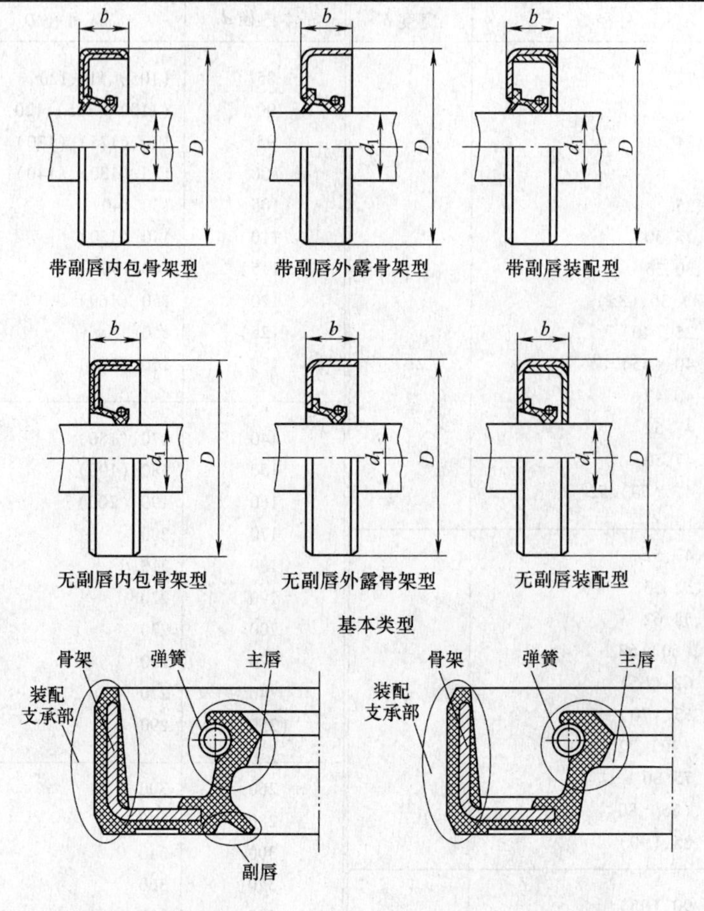

基本类型

a) 带副唇型　　b) 无副唇型

基本结构											
d_1	D	b	d_1	D	b	d_1	D	b	d_1	D	b
6	16	7	25	40	7	45	62	8	105①	130	12
6	22	7	25	47	7	45	65	8	110	140	12
7	22	7	25	52	7	50	68	8	120	150	12
8	22	7	28	40	7	50①	70	8	130	160	12
8	24	7	28	47	7	50	72	8	140	170	15
9	22	7	28	52	7	55	72	8	150	180	15
10	22	7	30	42	7	55①	75	8	160	190	15
10	25	7	30	47	7	55	80	8	170	200	15
12	24	7	30①	50	7	60	80	8	180	210	15
12	25	7	30	52	7	60	85	8	190	220	15
12	30	7	32	45	8	65	85	10	200	230	15
15	26	7	32	47	8	65	90	10	220	250	15
15	30	7	32	52	8	70	90	10	240	270	15
15	35	7	35	50	8	70	95	10	250①	290	15
16	30	7	35	52	8	75	95	10	260	300	20
16①	35	7	35	55	8	75	100	10	280	320	20
18	30	7	38	55	8	80	100	10	300	340	20
18	35	7	38	58	8	80	110	10	320	360	20
20	35	7	38	62	8	85	110	12	340	380	20
20	40	7	40	55	8	85	120	12	360	400	20
20①	45	7	40①	60	8	90①	115	12	380	420	20
22	35	7	40	62	8	90	120	12	400	440	20
22	40	7	42	55	8	95	120	12			
22	47	7	42	62	8	100	125	12			

① 国内用 ISO 6194/1：1982 中没有的规格，即 GB/T 13871.1—2007 中增加的规格。

表 30-66　毡封圈及槽　　　　（单位：mm）

简图

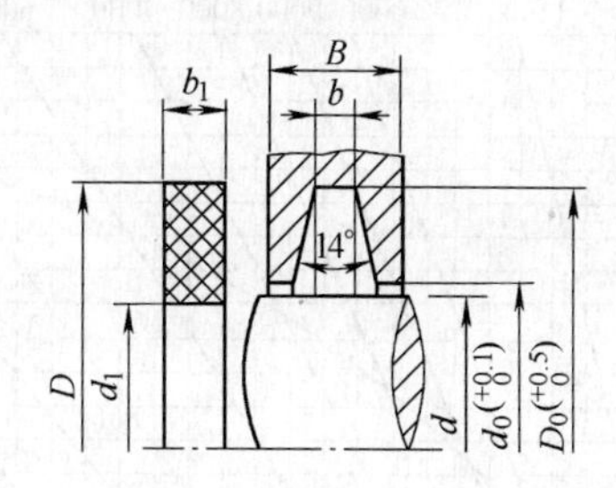

轴径 d	毡封圈			槽					说明
	D	d_1	b_1	D_0	d_0	b	B 钢	B 铸铁	
15	29	14	6	28	16	5	10	12	1）本系列适用于线速度<5m/s 2）毡封圈材料：半粗半毛毡
20	33	19		32	21				
25	39	24		38	26	6	12	15	
30	45	29		44	31				
35	49	34		48	36				
40	53	39		52	41				
45	61	44	8	60	46	7			
50	69	49		68	51				
55	74	53		72	56				
60	80	58		78	61				
65	84	63		82	66				
70	90	68		88	71				
75	94	73		92	77				
80 ~ 90①	$d+22$	$d-2$	9	$d+20$	$d+2$	8	15	18	
95 ~ 125①			10						
130 ~ 135①			12			10	18	20	
140 ~ 190①					$d+3$				
195			14			12	20	22	
200 ~ 240②									

① 轴径按 5mm 级差递增。

② 轴径按 10mm 级差递增。

毡封主要用于环境比较清洁干燥、以脂类作润滑剂的轴承或柱塞部位。压力低于 0.1MPa，温度低于 90℃，速度低于 4 ~ 5m/s。若毛毡质量好，轴经抛光，线速度可提高到 7 ~ 8m/s。

4. 汉升油封

（1）油封材料　油封材料见表 30-67，硬度及使用范围见表 30-68。

（2）汉升油封公司主要产品

1）密封圈：

① 美国国家标准（AS568）。

② 日本国家标准（JIS B2401）。

2）胶条。

3）橡胶平垫圈。

4）V 形油封。

5）橡胶球。

6）组合垫圈。

7）水管封。

8）油封。

5. 宝色霞板公司（德国）的油封

（1）油封材料　表 30-69 示出了在某些推荐应用场合可以使用的材料。

表 30-69 中包含了在密封点处稳定温度最高允许

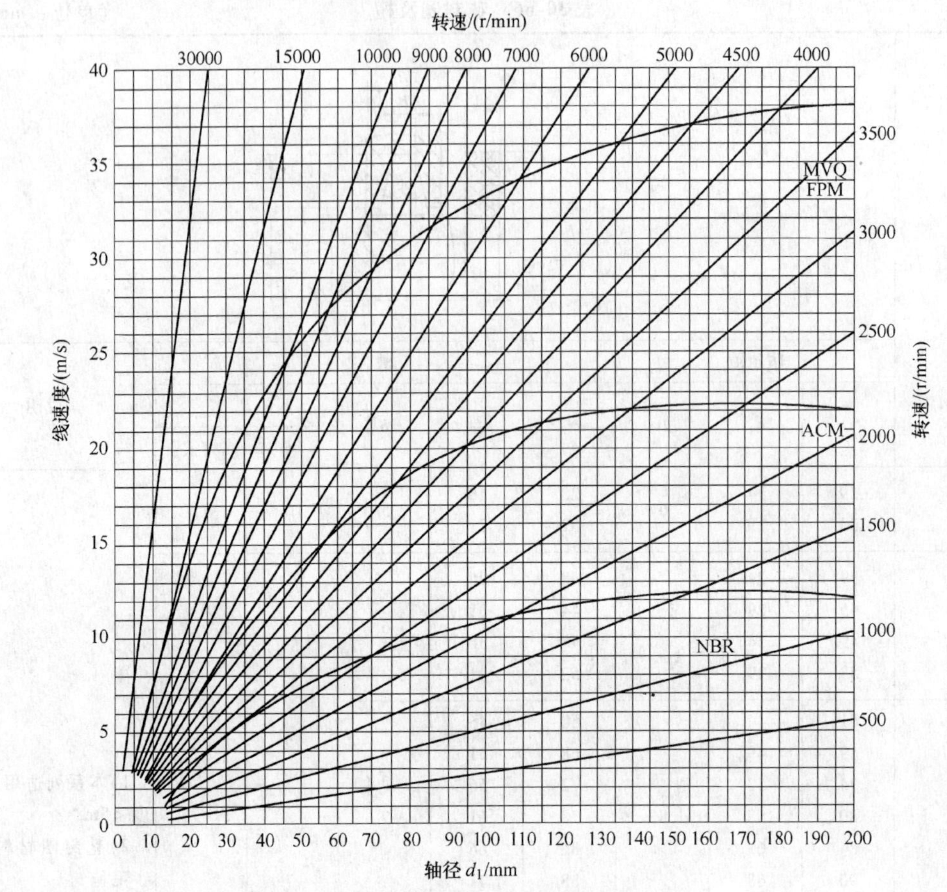

图 30-25　胶种-轴径-转速关系

注：胶种代号规定：D 为丁腈胶（NBR）；B 为丙烯酸酯橡胶（ACM）；F 为氟橡胶（FPM）；G 为硅橡胶（MVQ）。

表 30-67　油封材料

物性要求 ＼ 物性等级 ＼ 材质名称	丁氰橡胶 NBR(N)	硅矽橡胶 SI(S)	氟素橡胶 FKM	三元乙丙胶 EPDM(E)	氯丁橡胶 CR(C)	聚四氟乙烯 PTFE(T)	聚氨酯橡胶 PU	压克力橡胶 ACM(A)
抗臭氧性	×	◎	◎	◎	◎○	◎	◎	◎
抗候性	△	◎	◎	◎	◎	◎	◎	◎
抗热性	120℃	250℃	200℃	150℃	120℃	280℃	90℃	150℃
耐化学性	○△	◎○	◎	◎	○△	◎	◎	×
抗油性	◎	○△	◎	×	○△	◎	◎	◎
密水性	○	○	○	○	○	◎	◎	◎
耐寒性	-40℃	-55℃	-20℃	-55℃	-55℃	-100℃	-60℃	-20℃
耐磨性	○	×	○	◎○	○	◎	◎	○
抗变形性	◎○	◎○	○	◎○	△	×	×	△
机械性	◎○	×	◎○	◎○	△	◎	◎	△
抗酸性	△	○△	◎	○	○△	◎	◎	×

（续）

物性要求 \ 物性等级 \ 材质名称	丁氰橡胶 NBR(N)	硅矽橡胶 SI(S)	氟素橡胶 FKM	三元乙丙胶 EPDM(E)	氯丁橡胶 CR(C)	聚四氟乙烯 PTFE(T)	聚氨酯橡胶 PU	压克力橡胶 ACM(A)
抗拉强度	◎○	×	◎○	◎○	○	△×	△	△
电器特性	△	○	△	○	△	◎	◎	△
抗水/蒸汽性	○△	○△	○△	◎	△	○	○	×
抗燃性	×	△	◎	×	○	◎	◎	×
储存年限/年	5～10	ABT 20	ABT 20	5～10	5～10	ABT 20	ABT 20	ABT 20

注：◎特佳　○佳　△普通　×差。

表30-68　硬度及使用范围

硬度(邵氏A)	硬度(国际标准)	使　用　范　围
40±5		低压情况下须高度密封条件下使用
50±5		
60±5	63±5	
70±5	73±5	一般情况下的密封
80±5	83±5	高压情况下的密封
90±5	92±5	

表30-69　推荐的材料

密封一般介质的材料		丁腈橡胶 NBR	氟橡胶 FPM	聚丙烯酸酯橡胶 ACM	硅橡胶 MVQ	特康(泛力)
		材料缩写				
		N	V	A	S	T25
		稳定温度最高允许值/℃				
矿物油	机油	90	150	125	135	170
	传动油	90	150	125	—	150
	准双曲面齿轮传动油	80	150	125	—	150
	ATF油	100	170	125	130	170
	液压油(DIN 51524)	90	150	120	130	150
阻燃液压液(VDMA 24317)(VDMA 24320)	润滑脂	80	—	—	—	150
	油-水乳化液	60	—	—	60	90
	水-油乳化液	60	—	—	60	90
	水溶液	60	—	—	—	90
	无水液	—	150	—	—	150
其他介质	燃油	70	—	—	—	70
	水	70	—	—	—	90
	碱液	70	—	—	—	90
	空气、气体	—	—	—	—	200

值的资料。这些数值包括了由摩擦热产生的温升。情况不利时（如高速、润滑不良），这种温升值可高达+50℃。

如对材料没有特殊的要求，则可选择邵氏A70硬度的NBR（丁腈橡胶）作为标准的材料。

如使用生物上会分解的油液场合，可与生产厂家联系。

在对腐蚀液体和化学品进行密封时，必须注意对金属材料（壳体、骨架、弹簧）的抗耐性。

标准的旋转轴唇形密封圈一般不是完全由橡胶包覆的。这就意味着骨架的金属部件在一定程度上会和介质产生接触。

如要求耐化学品，则骨架和弹簧需用抗介质的不锈钢制成（见表30-70）。需要时也可采用特殊材料。

表30-70　标准径向油封用材料

材料代号	密封唇	壳体骨架	弹簧
N7MM	NBR 邵氏 A70	薄钢板	DIN 17223*
N8MV	NBR 邵氏 A80	纤维	AISI 302
V7MW	FPM 邵氏 A70	薄钢板	1.4301 AISI 304
A7MM	ACM 邵氏 A70	薄钢板	DIN 17223*
S7MM	MVQ 邵氏 A70	薄钢板	DIN 17223*

注：带“*”的和AISI1060相仿。

（2）设计要点

1）允许速度和允许圆周速度：

① 无压工况。各种弹性体材料要适合矿物油润滑以及与之接触良好，利于散热时，在无压工况下，轴有允许的速度值。对于充填润滑脂的油封，此数值至少应降低40%。

② 有压工况。在对液体和润滑脂进行密封的低压腔室，其允许值可由表30-71中得到。

表30-71　有压工况时轴的允许速度

最大压差/MPa(bar)	轴	
	允许速度[①]/(r/min)	最大圆周速度/(m/s)
0.050(0.50)	达1.000	2.80
0.035(0.35)	达2.000	3.15
0.020(0.20)	达3.000	5.60

① 用泛力时，参见“泛力”样本。

2）接触面的硬度。密封唇的使用寿命也取决于轴上接触面处的硬度。硬度至少应是45HRC。介质受污染，或外界有尘埃侵入以及圆周速度超过4m/s时，硬度至少应是55HRC。在表面淬硬时，淬硬深度至少需0.3mm。在氮化后，表面应进行抛光。

3）轴表面。旋转轴唇形密封圈最重要的作用面是在密封唇和轴表面间的接触面。除了几何的、与材料有关以及和应用有关的一些参数外，这一接触面对于防漏和使用寿命而言有着重要的意义。在接触面积上，表面应没有螺线，最好经切入磨削或滚子挤压加工。

表面粗糙度：$Ra=0.2\sim0.8\mu m$

$Rz=1\sim4\mu m$

$R_{max}<6.3\mu m$

4）往压盖中安装。在安装孔中的静密封是依靠在油封的外壳体处压配公差来得到的。

径向油封可依外壳体是橡胶包覆的、光滑或波形的，或是金属的来分类。孔的公差是ISO H8。

表面粗糙度按ISO 6194/1加以规定。

一般值：$Ra=1.6\sim6.3\mu m$

$Rz=10\sim20\mu m$

$R_{max}=16\sim25\mu m$

对金属/金属密封或气体密封，表面精加工应无刻痕和螺线。如旋转轴唇形密封圈是粘合到油封座中去的话，应保证粘合剂不能和密封唇或轴发生接触。

安装深度和导锥如图30-26所示，油封座尺寸见表30-72。

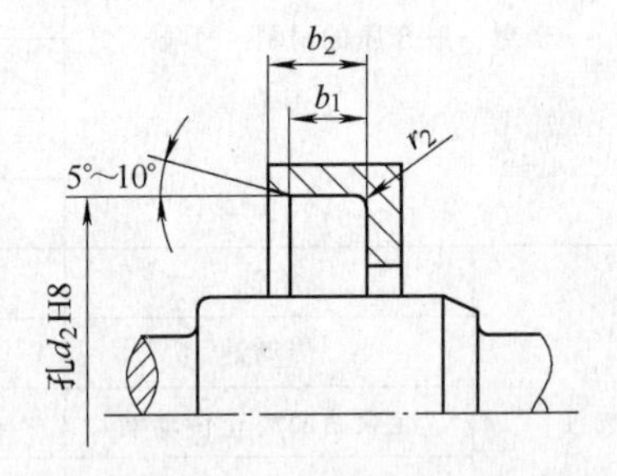

图30-26　安装深度和导锥

表30-72　油封座尺寸

（单位：mm）

宽度 b	$b_1(0.85\times b)$	$b_2(b+0.3)$	r_2(max)
7	5.95	7.3	0.5
8	6.80	8.3	
10	8.50	10.3	
12	10.30	12.3	0.7
15	12.75	15.3	
20	17.00	20.3	

5）往轴上安装。取决于不同安装方向（Y 或 Z），推荐在轴上制出导锥或倒圆。它们的尺寸示于图 30-27 和表 30-73 中。

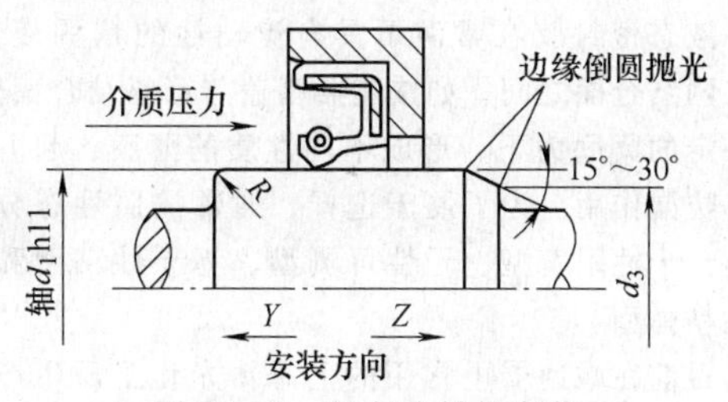

图 30-27　径向油封的安装

表 30-73　轴端的导锥长度

（单位：mm）

d_1	d_3	R
<10	$d_1-1.5$	2
>10~20	$d_1-2.0$	2
>20~30	$d_1-2.5$	3
>30~40	$d_1-3.0$	3
>40~50	$d_1-3.5$	4
>50~70	$d_1-4.0$	4
>70~95	$d_1-4.5$	5
>95~130	$d_1-5.5$	6
>130~240	$d_1-7.0$	8
>240~500	$d_1-11.0$	12

6）泛力的导锥。在安装泛力油封时，为了防止损坏密封唇，操作时应特别小心。依设计的不同，可以采用几种方法：

① 如油封是从背部进行安装时，倒圆或导锥必须制在轴端上（见图 30-28）。

② 当油封的唇面向轴端进行安装时，就需要有导锥，它的最小直径应小于密封唇自由状态时的直径。表 30-74 示出了此参考值。最好使用安装工具（见图 30-29）。

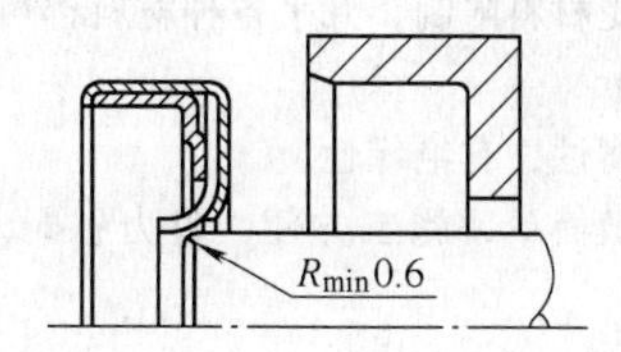

图 30-28　有压工况应用场合，密封唇的背面面向轴时的安装

表 30-74　导锥

轴径 d_1/mm	6~60	65~135	140~170
锥部直径 d_3	d_1-3	d_1-4	$d_1-5.5$

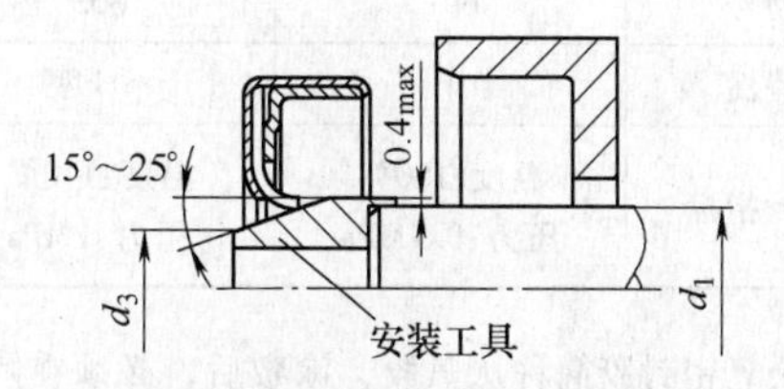

图 30-29　使用安装工具安装密封唇

（3）安装要点　在安装旋转轴唇形密封圈时，必须遵守下列要点：

1）安装前，清洗安装沟槽。轴和轴封必须涂润滑脂或上油。

2）尖棱应倒角或倒圆，不然就盖住。

3）密封压入时必须小心，密封圈不应扭曲。

4）压入力应尽可能地施加在油封的周边上。

5）安装后，油封应同心且和轴成直角。

6）安装孔的端面一般用作接触面，油封也可用轴肩或定位垫圈加以固定。

图 30-30 示出了使用相应的安装工具或装置压配旋转轴唇形密封圈的几何情况。

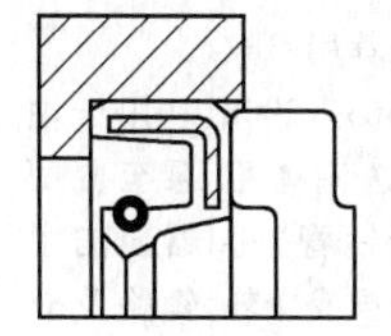
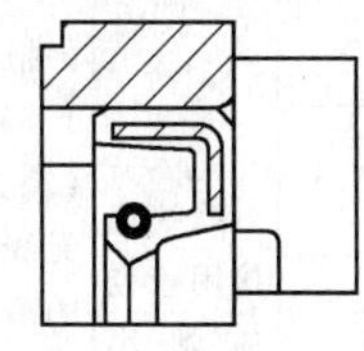
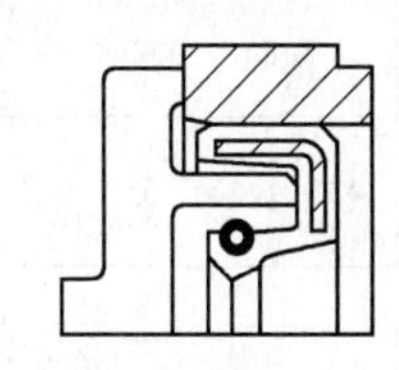
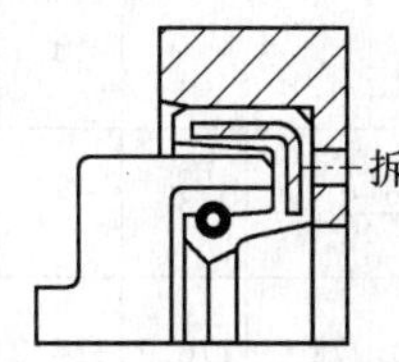

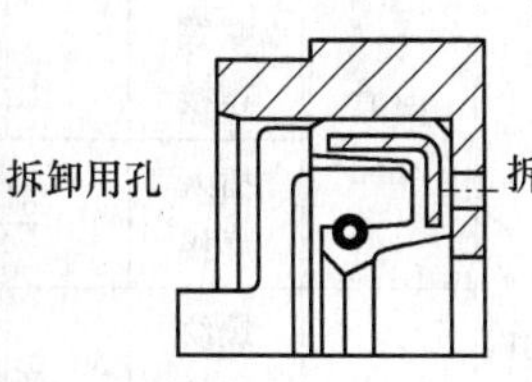

图 30-30　压配旋转轴唇形密封圈的安装方法

（4）主要产品

1）径向油封。

2）V 形密封圈。

3）活塞杆油封等。

6. 密封胶

密封胶是一种新型液态高分子密封材料，用于静密封，例如螺塞、油塞、管堵、法兰、管接头及阀门结合面等处的密封。由于其在涂敷前具有流动性，容易充满两结合面之间的缝隙，因而具有良好的密封效果。其优点是：

1）密封性好，承载能力大，并耐一定的振动和冲击。

2）密封面结构简单，封口不受形状限制，加工容易。

3）不受材料限制，几乎各种材料都可以找到适宜的胶。

4）耐腐蚀，有绝缘性。

5）涂敷简单，施工方便，省力省时，耗料少，成本低。

其缺点是：

1）在长期工作过程中，胶层有可能逐渐老化。

2）工作温度不能太高，一般只能在150℃以下；否则，必须选用特殊耐热密封胶。

3）胶的质量较难控制。

密封胶的种类很多，主要可分液态密封胶和厌氧密封胶两大类。

液态密封胶在常温下具有流动性的粘稠液体，涂在两结合面之间，如减速器箱盖与箱座结合面处，在一定的紧固力下，形成不同性质的薄膜，起着密封、防漏作用。为了便于选择，通常按照性态分成四类：干性附着型、干性可剥型、不干性粘型和半干性粘弹型。

目前在减速器上常用的上海新光化工厂生产的密封胶见表30-75。

表30-75　密封胶

型号	601	603	604	605	609
特性	半干型	不干型		不干型	干型
密封指标	温度:150℃ 压力:0.7MPa	温度:140℃ 压力:1MPa	温度:300℃ 压力:1.4MPa	温度:150℃ 压力:150MPa	温度:250℃ 压力:1MPa

厌氧密封胶简称厌氧胶，涂敷后，必须在隔绝空气的情况下才能固化，使两密封面胶接在一起，起密封作用。固化时间的长短与是否加用加速剂有关。例如，Y-150型胶，在25℃室温下自行固化，需时间1～3d，如加用加速剂，则需1～2h即可。通常在减速器上常用ZY-814厌氧密封胶（上海4724厂生产）。

厌氧胶的允许密封间隙，较其他液态胶大，一般可到0.3mm，最好是在0.1mm以内。

厌氧胶粘结力较大，拆卸较难，可局部加热到200℃左右，趁热很易拆开。

30.7　润滑系统的管路附件

1. 配管材料（见表30-76）

2. 管路附件（见表30-77～表30-83）

表30-76　润滑系统的配管材料

类别	工作压力	规格尺寸										附件	材料	应用
管路系统用钢管	20MPa	公称通径	mm	8	10	15	20	25	32	40	50	螺纹连接用管径通常小于20mm	推荐用GB/T 8163—2008《输送流体用无缝钢管》中的冷拔或冷轧品种，材料为10钢或20钢，尺寸偏差为普通级	用于油泵至分配器间的主管路及分配器至分配器间的支管路上
			in	¼	⅜	½	¾	1	1¼	1½	2			
		外径/mm		14	18	22	28	34	42	48	60			
		壁厚/mm	螺纹连接	3	3.5		4	—						
			插入焊接	2.5		3	4	4.5	5		5.5			
		容积/(mL/m)	螺纹连接	50.2	78.5	176.7	314.2	—						
			插入焊接	63.6	132.7	201	314.2	490.9	804.2	1134	1962.5			
		质量/(kg/m)	螺纹连接	0.814	1.25	1.60	2.37	—						
			插入焊接	0.709	0.956	1.41	2.37	3.27	4.56	4.34	6.78			

（续）

类别	工作压力	规格尺寸								附件	材料	应用
管路系统用钢管	40MPa	公称通径/mm	4	5	6	8	10	15	20	用卡套式管路附件	推荐用GB/T 3639—2009《冷拔或冷轧精密无缝钢管》中的冷加工/软（R）品种，材料为10钢或20钢	用于油泵至分配器间的主管路及分配器至分配器间的支管路上
		外径/mm	6	8	10	14	18	22	28			
		壁厚/mm	1	1.5	2	3	4	4	5			
		容积/(mL/m)	12.6	19.6	28.3	50.2	78.5	153.9	254.3			
		质量/(kg/m)	0.123	0.240	0.395	0.814	1.38	1.77	2.84			
润滑管路用铜管	允许工作压力，≤10MPa	公称通径/mm	4	6	8	10	由分配器到润滑点的这段管路通常称为“润滑管”，通常采用铜管 推荐用GB/T 1527—2006《铜及铜合金拉制管》中的拉制或轧制铜管，牌号应不低于T3					
		外径/mm	6	8	10	14						
		壁厚/mm	1	1	1	2						
		容积/(mL/m)	12.6	28.3	50.2	78.5						
		质量/(kg/m)	0.14	0.19	0.24	0.65						

表 30-77　20MPa 管接头　　（单位：mm）

（一）直通管接头（JB/ZQ 4570—2006）

管子外径 D_0	d	L	L_1	S	D	S_1	D_1	质量/kg
6	4	40	6	14	16.2	10	11.2	0.043
8	6	50	7	17	19.2	14	16.2	0.078
10	8	52	8	19	21.9	17	19.2	0.11
14	10	70	13	24	27.7	19	21.9	0.18

1. 管子按 GB/T 1527—2006《铜及铜合金拉制管》选用
2. 适用于 20MPa 油脂润滑系统
3. 标记示例：管子外径 $D_0$6mm 的直通管接头，标记为

管接头　6　JB/ZQ 4570—2006

（二）管接头（JB/ZQ 4569—2006）

管子外径 D_0	d	d_1	L	l	l_0	S	D	S_1	质量/kg
6	R1/8	4	30	7	4	14	16.2	10	0.022
	R1/4			10	6				0.028
	R3/8			12	6.4				0.046
8	R1/8	6	38	7	4	17	19.6	14	0.044
	R1/4			10	6				0.045
	R3/8		34	12	6.4				0.051
	R1/2			14	8.2				0.081
10	R1/8	4	38	7	4	19	21.9	17	0.059
	R1/4	6		10	6				0.058
	R3/8	8	36	12	6.4				0.058
	R1/2			14	8.2				0.083
14	R1/8	4	48	7	4	24	27.7	22	0.082
	R1/4	6		10	6				0.096
	R3/8	8		12	6.4				0.1
	R1/2	10	46	14	8.2				0.098
	R3/4	12		16	9.5	30	34.6		0.116

1. 管子按 GB/T 1527—2006《铜及铜合金拉制管》选用
2. 适用于 20MPa 油脂润滑系统
3. 标记示例：管子外径 $D_0$10mm，连接螺纹为 R1/4 的管接头，标记为

管接头　10-R1/4　JB/ZQ 4569—2006

（续）

（三）直角管接头（JB/ZQ 4571—2006）

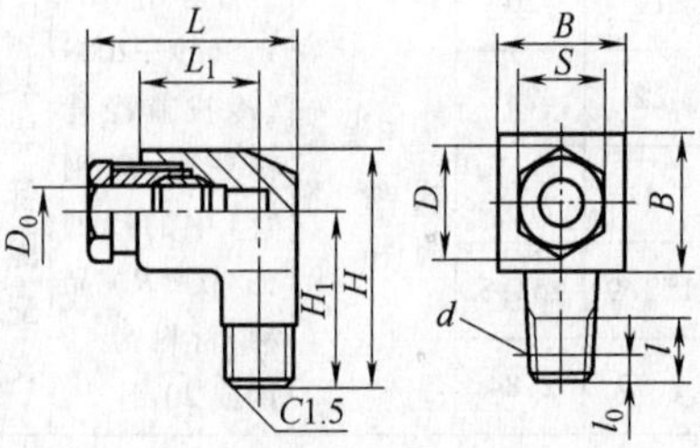

1. 管子按 GB/T 1527—2006《铜及铜合金拉制管》选用
2. 适用于20MPa 油脂润滑系统
3. 标记示例：管子外径 $D_0$6mm，连接螺纹为 R¼的直角管接头，标记为

管接头 6-R¼ JB/ZQ 4571—2006

管子外径 D_0	d	L	B	H	L_1	H_1	l	l_0	S	D	质量 /kg
6	R⅛	25	12	22	11	16	7	4	10	11.5	0.042
	R¼	33	14	28		21	10	6			0.046
8	R⅛	37	20	35	18	25	7	4	14	16.2	0.076
	R¼						10	6			0.086
	R⅜						12	6.4			0.096
10	R⅛	38					7	4	17	19.6	0.085
	R¼						10	6			0.095
	R⅜						12	6.4			0.105
14	R¼	48	24	45	28	35	10	6	24	27.7	0.13
	R⅜						12	6.4			0.15
	R½						14	8.2			0.16

（四）等径直角螺纹接头（JB/ZQ 4572—2006）

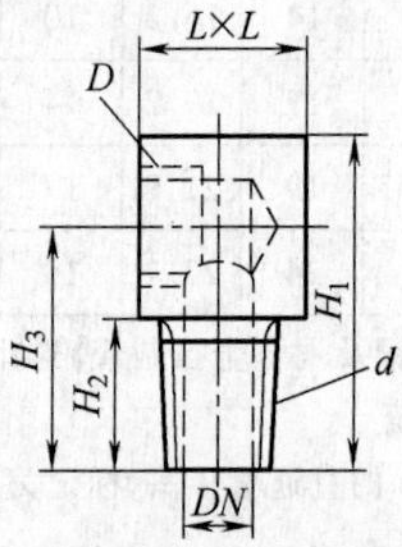

1. 适用于20MPa 油脂润滑系统
2. 标记示例：公称通径 DN = 6mm，连接螺纹为 R⅛的等径直角螺纹接头，标记为

直角接头 R⅛ JB/ZQ 4572—2006

公称通径 DN	D	d	H_1	H_2	H_3	L	质量 /kg
6	R$_c$⅛	R⅛	30	14	22	16	0.03
8	R$_c$¼	R¼	41	19	30	22	0.07
10	R$_c$⅜	R⅜	46	22	34	24	0.11
15	R$_c$½	R½	55	25	40	30	0.17
20	R$_c$¾	R¾	60	32	44	32	0.23
25	R$_c$1	R1	72	40	52	40	0.32

（五）单向阀接头（JB/ZQ 4573—2006）

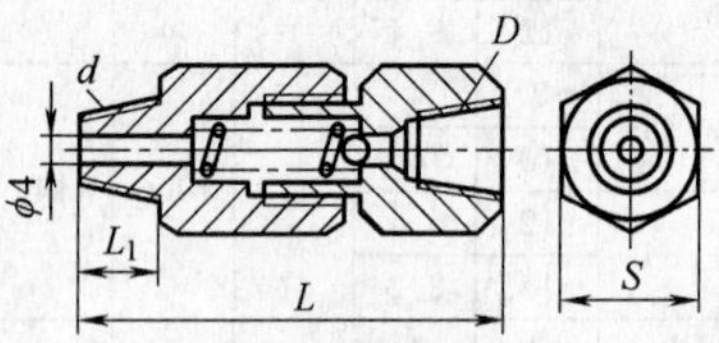

正向单向阀接头

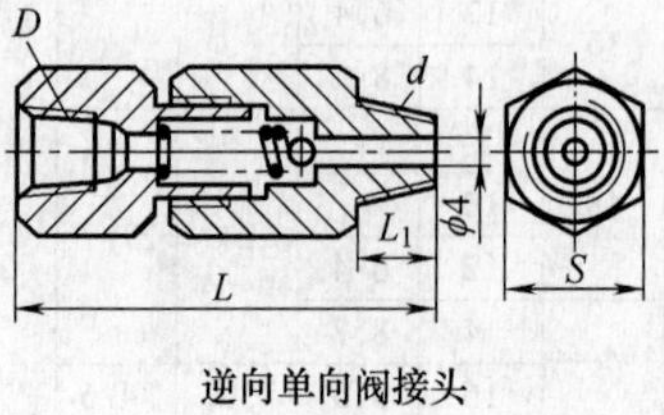

逆向单向阀接头

D	d	L	L_1	S	质量/kg
R$_c$⅛	R⅛	50	10	18	0.07
R$_c$¼	R¼	54	13	24	0.181
R$_c$⅜	R⅜	56			0.187

1. 适用于20MPa 油脂润滑系统
2. 开启压力 0.4MPa
3. 标记示例：

连接螺纹为 R⅛的正向单向阀接头，标记为

单向阀接头 R⅛-Z JB/ZQ 4573—2006

连接螺纹为 R⅛的逆向单向阀接头，标记为

单向阀接头 R⅛-N JB/ZQ 4573—2006

（续）

（六）旋转接头（JB/ZQ 4574—2006）

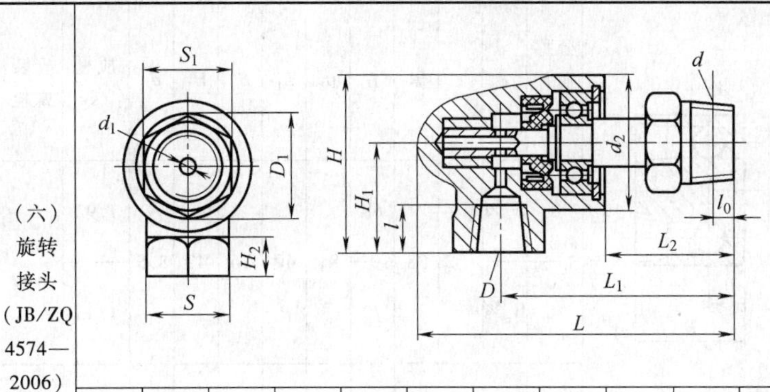

1. 适用于20MPa油脂润滑系统

2. 标记示例：连接螺纹直径为 R¼的旋转接头，标记为

旋转接头　R¼　JB/ZQ 4574—2006

D	d	d_1	L	d_2	H	L_1	L_2	l_0	l	H_1	H_2	S	S_1	D_1	质量/kg
R_c¼	R¼	3	69	29	38.5	52	29	6	11	24	8	19	14	16.2	0.17
	R⅜		71			54	31	6.4					17	19.6	0.19

（七）可逆接头（JB/ZQ 4575—1997）

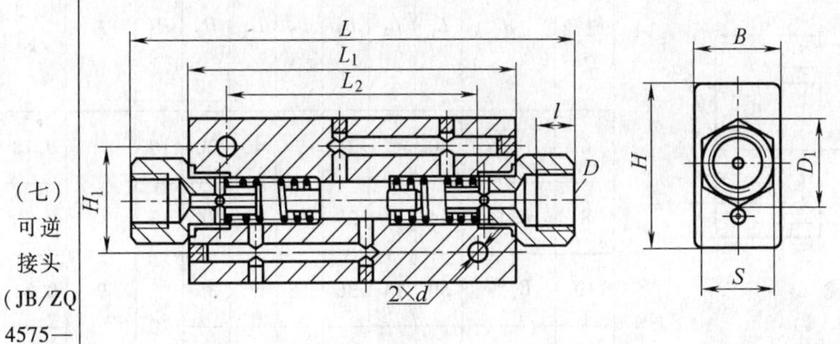

1. 适用于20MPa油脂润滑系统。开启压力为0.45MPa

2. 标记示例：连接螺纹为 R_c⅜的可逆接头，标记为

可逆接头 R_c⅜　JB/ZQ 4575—1997

D	L	B	H	L_1	L_2	l	H_1	S	D_1	d	质量/kg
R_c⅜	154	28	47	110	80	12	30	24	27.6	9	1.1
R_c¾	210	40	76	154	120	16	50	34	39	11	1.74

注：有关生产厂的产品情况如下：

产品	(一)直通管接头	(二)管接头(端管接头)	(五)单向阀接头	(六)旋转接头	(三)直角管接头	(四)等径直角螺旋接头	(七)可逆接头
生产厂	1	1	1	1	1	1	2
	2	2	2	2	2	2	3
	3	3	3	3	3	3	5
	4	6	5	5	5	5	4
	5	4	4	4	4	4	6
	6	5	6	6	7	6	—
	7	—	—	—	6	—	—
	8	8	8	8	8	8	8

注：表中数字代表生产厂。1—启东市南方润滑液压设备有限公司；2—太原矿山机器润滑液压设备有限公司；3—太原市兴科机电研究所；4—启东江海液压润滑设备厂；5—启东润滑设备有限公司；6—盐城蒙塔液压机械有限公司；7—四川川润股份有限公司；8—启东中冶润滑设备有限公司。

表 30-78　衬板与法兰　　（单位：mm）

20MPa 双通衬板（JB/ZQ 4576—1997）

公称通径 DN	d	L	B	H	L_2	L_1	B_1	H_1	d_1	质量/kg	安装螺栓
8	R_c 1/4	102	38	68	84	40	16	42	8.5	1.92	M8×60
10	R_c 3/8			70						1.93	
15	R_c 1/2	150	50	98	110	50	20	60	12.5	5.84	M12×80
20	R_c 1/4	160	54	114	130		26	70		6.21	M12×90

1. 适用于 20MPa 油脂润滑系统
2. 标记示例：连接螺纹为 R_c 3/8 的双通衬板，标记为
衬板 R_c 3/8　JB/ZQ 4576—1997

20MPa 直角法兰（JB/ZQ 4577—1997）

公称通径 DN	d	L_1	L_2	B_1	B_2	H_1	H_2	H_3	D	质量/kg
6	R_c 1/8	40	10	24	9	40	20	10		0.18
8	R_c 1/4	44		28	11	44	24	13		0.30
10	R_c 3/8	60	14	36	15	60	35	20	9	0.81
15	R_c 1/2	65	15	40	20	65	40			1.73
20	R_c 1/4	66	2	53	21	90	48	27		2.14

1. 适用于 20MPa 油脂润滑系统
2. 材质：35 钢
3. 标记示例：公称通径 $DN=8$mm，连接螺纹为 R_c 1/4 的直角法兰，标记为
法兰　R_c 1/4　JB/ZQ 4577—1997

注：生产厂有启东市南方润滑液压设备有限公司，太原矿山机器润滑液压设备有限公司，太原市兴科机电研究所，启东江海液压润滑设备厂，启东润滑设备有限公司，启东中冶润滑设备有限公司。

表 30-79　液压软管接头（摘自 GB/T 9065.2—2010、GB/T 9065.3—1988 和 GB/T 9065.5—2010）

（单位：mm）

结构

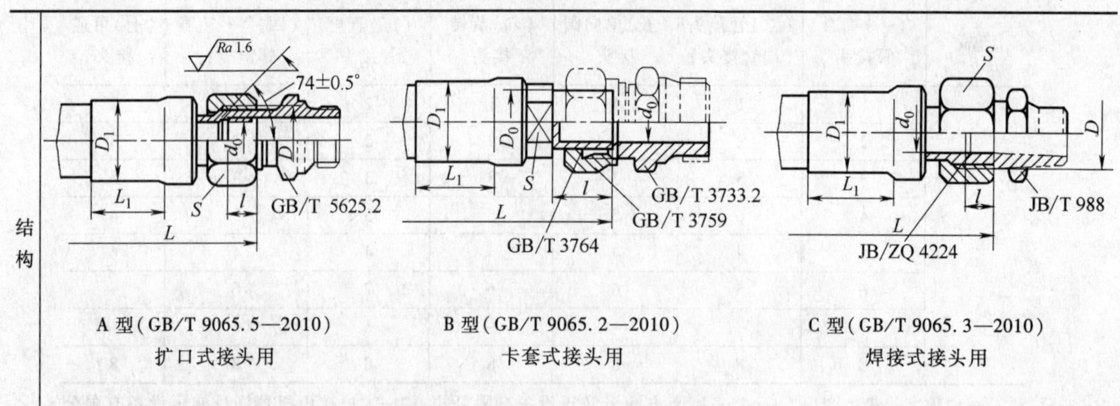

A 型（GB/T 9065.5—2010）扩口式接头用　　B 型（GB/T 9065.2—2010）卡套式接头用　　C 型（GB/T 9065.3—2010）焊接式接头用

胶管按 GB/T 3683—2011《钢丝增强液压橡胶软管》的规定。适用介质温度为：油，-30～80℃；空气，-30～50℃；水，80℃以下。使用胶管推荐长度同表 30-81 及其附注

（续）

	胶管内径	公称通径	工作压力/MPa 胶管层数		D		$d_0\approx$		D_0	D_1			l			L_1	S		
			Ⅰ	Ⅱ,Ⅲ	A型	C型	A、B型	C型		Ⅰ	Ⅱ	Ⅲ	A型	B型 min	C型		A型	B型	C型
尺寸	6.3	6	20	35	M14×1.5	—	4	—	8	17	18.7	20.5	9	28	8.5	27	18	8	—
	8	8	17.5	32	M16×1.5	M16×1.5	6	6	10	19	20.7	22.5	10	30	8.5	27	21	10	21
	10	10	16	28	M18×1.5	—	7.5	—	12	21	22.7	24.5	10	30	8.5	27	24	12	—
	12.5	10	14	25	M22×1.5	M22×1.5	10	10	14	25.2	28	29.5	11	32	10	31	27	14	27
	16	15	10.5	20	M27×1.5	M27×1.5	13	12	18	28.2	31	32.5	11	32	10	31	32	17	34

注：生产厂有太原市兴科机电研究所，盐城蒙塔液压机械有限公司，启东中冶润滑设备有限公司。

表30-80　锥密封胶管总成锥接头（摘自JB/T 6144.1～5—2007）　（单位：mm）

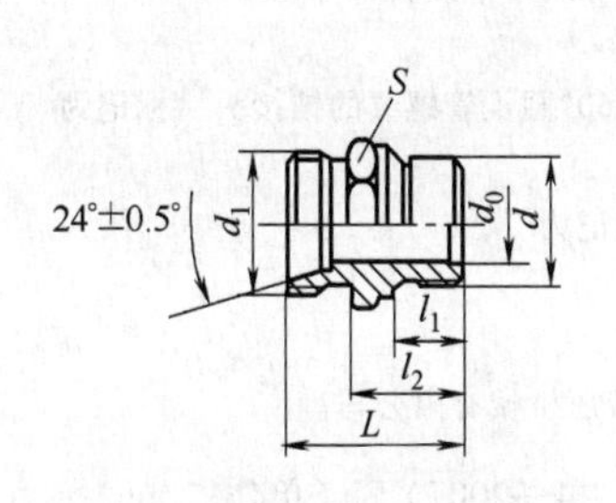

公制细牙螺纹锥接头
（JB/T 6144.1—2007）
圆柱管螺纹（G）锥接头
（JB/T 6144.2—2007）

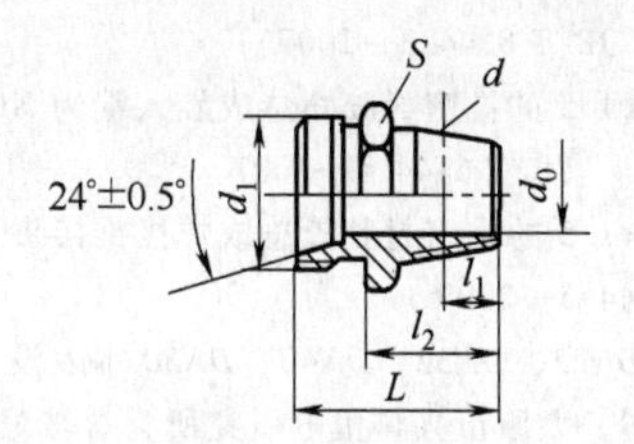

锥管螺纹（R）锥接头
（JB/T 6144.3—2007）
60°圆锥管螺纹（NPT）锥接头
（JB/T 6144.4—2007）

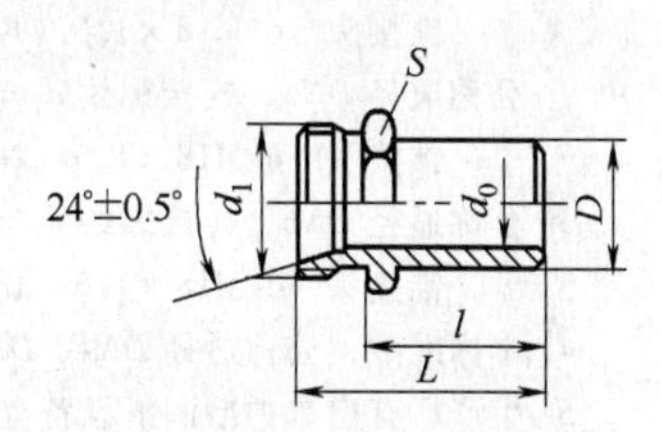

焊接锥接头
（JB/T 6144.5—2007）

公称通径 DN	d				d_1	d_0	D	S	l	l_1		
	JB/T 6144.1	JB/T 6144.2	JB/T 6144.3	JB/T 6144.4						JB/T 6144.1～6144.2	JB/T 6144.3	JB/T 6144.4
6	M10×1	G⅛	R⅛	NPT⅛	M18×1.5	3.5	8	18	28	12	4	4.102
8	M10×1	G⅛	R⅛	NPT⅛	M20×1.5	5	10	21	30	12	4	4.102
10	M14×1.5	G¼	R¼	NPT¼	M22×1.5	7	12	24	33	14	6	5.786
10	M18×1.5	G⅜	R⅜	NPT⅜	M24×1.5	8	14	27	36	14	6.4	6.096
15	M22×1.5	G½	R½	NPT½	M30×2	10	16	30	42	16	8.2	8.128

（续）

公称通径 DN	l_2			L				质量/kg	
	JB/T 6144.1~6144.2	JB/T 6144.3	JB/T 6144.4	JB/T 6144.1~6144.2	JB/T 6144.3	JB/T 6144.4	JB/T 6144.5	JB/T 6144.1~6144.4	JB/T 6144.5
6	20	17	17	32	29	29	40	0.04	0.04
8	20	18	18	32	30	30	42	0.06	0.05
10	22	22	22	34	34	34	45	0.08	0.06
10	24	24	24	38	38	38	49	0.10	0.07
15	28	27	27	44	43	43	58	0.14	0.10

注：1. 适用于以油、水为介质的与锥密封胶管总成配套使用的公制细牙螺纹、圆柱管螺纹（G）、锥管螺纹（R）、60°圆锥管螺纹（NPT）焊接锥接头。

2. 旋入机体端为米制细牙螺纹和圆柱管螺纹（G）者，推荐采用组合垫圈 JB/T 982—1977。

3. 标记示例：

公称通径 DN6，连接螺纹 d_1 = M18×1.5 的锥密封胶管总成旋入端为公制细牙螺纹的锥接头，标记为

锥接头　6-M18×1.5　JB/T 6144.1—2007

公称通径 DN6，连接螺纹 d_1 = M18×1.5 的锥密封胶管总成旋入端为 G⅛圆柱管螺纹的锥接头，标记为

锥接头　6-M18×1.5（G⅛）　JB/T 6144.2—2007

公称通径 DN6，连接螺纹 d_1 = M18×1.5 的锥密封胶管总成旋入端为 R⅛管螺纹的锥接头，标记为

锥接头　6-M18×1.5（R⅛）　JB/T 6144.3—2007

公称通径 DN6，连接螺纹 d_1 = M18×1.5 的锥密封胶管总成旋入端为 NPT⅛60°圆锥管螺纹的锥接头，标记为

锥接头　6-M18×1.5（NPT⅛）　JB/T 6144.4—2007

公称通径 DN6，连接螺纹 d_1 = M18×1.5 的锥密封胶管总成焊接锥接头，标记为

锥接头　6-M18×1.5　JB/T 6144.5—2007

4. 本标准中，公称通径 DN4、DN20、DN25、DN32、DN40、DN50 本表没有选入。

5. 生产厂有启东中冶润滑设备有限公司，太原市兴科机电研究所，盐城蒙塔液压机械有限公司。

表 30-81　锥密封钢丝编织胶管总成（摘自 JB/T 6142.1~4—2007）　（单位：mm）

结构

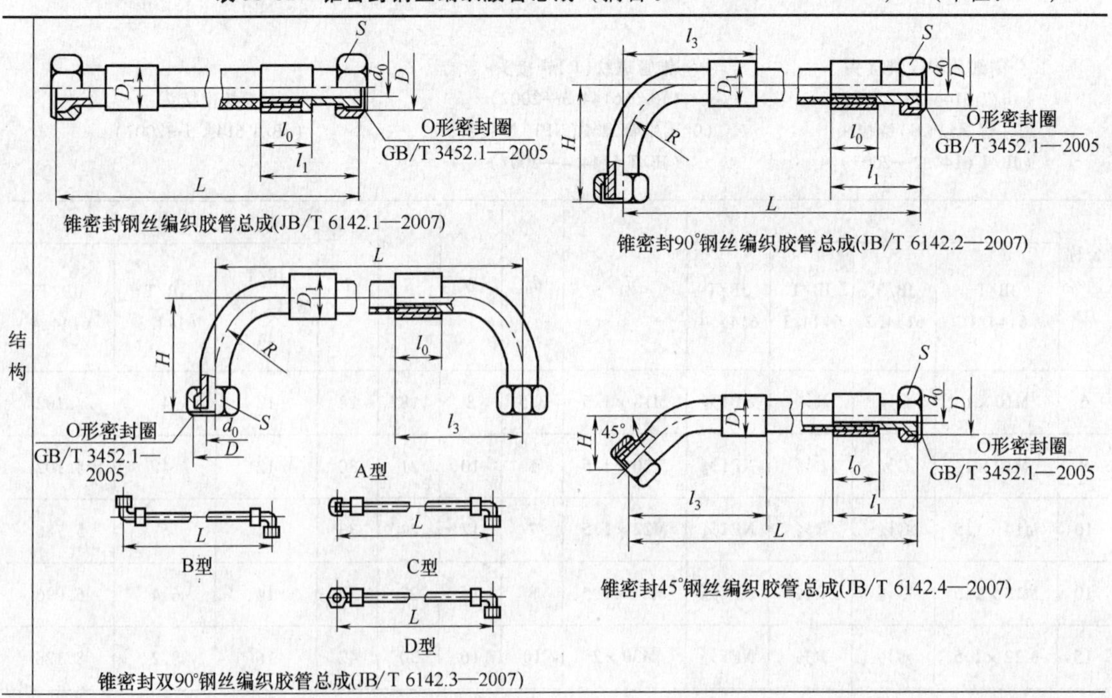

锥密封钢丝编织胶管总成(JB/T 6142.1—2007)

锥密封90°钢丝编织胶管总成(JB/T 6142.2—2007)

锥密封双90°钢丝编织胶管总成(JB/T 6142.3—2007)

锥密封45°钢丝编织胶管总成(JB/T 6142.4—2007)

（续）

	胶管内径	公称通径 *DN*	工作压力/MPa			扣压直径 D_1			d_0	D	S	l_0	l_1	l_3		R	H		O形橡胶密封圈（GB/T 3452.1—2005）
			Ⅰ	Ⅱ	Ⅲ	Ⅰ	Ⅱ	Ⅲ						90°胶管总成	45°胶管总成		90°胶管总成	45°胶管总成	
性能尺寸	6.3	6	20	35	40	17	18.7	20.5	3.5	M18×1.5	24	37	65	70	74	20	50	26	8.5×1.8
	8	8	17.5	30	33	19	20.7	22.5	5	M20×1.5	24	38	68	75	80	24	55	28	10.6×1.8
	10	10	16	28	31	21	22.7	24.5	7	M22×1.5	27	38	69	80	83	28	60	30	12.5×1.8
	12.5	10	14	25	27	25.2	28.0	29.5	8	M24×1.5	30	44	76	90	93	32	65	32	13.2×2.65
	16	15	10.5	20	22	28.2	31	32.5	10	M30×2	36	44	82	105	108	45	85	40	17.0×2.65

		胶管内径	钢丝编织胶管总成（JB/T 6142.1）			90°钢丝编织胶管总成（JB/T 6142.2）			双90°钢丝编织胶管总成（JB/T 6142.3）			45°钢丝编织胶管总成（JB/T 6142.4）		
			Ⅰ	Ⅱ	Ⅲ	Ⅰ	Ⅱ	Ⅲ	Ⅰ	Ⅱ	Ⅲ	Ⅰ	Ⅱ	Ⅲ
性能尺寸	两端质量/kg	6.3	0.20	0.22	0.24	0.18	0.20	0.22	0.28	0.30	0.32	0.16	0.18	0.20
		8	0.28	0.30	0.32	0.32	0.34	0.36	0.44	0.45	0.46	0.30	0.32	0.34
		10	0.34	0.36	0.38	0.44	0.45	0.46	0.58	0.63	0.65	0.42	0.43	0.45
		12.5	0.46	0.50	0.56	0.49	0.51	0.54	0.60	0.66	0.71	0.47	0.49	0.51
		16	0.60	0.64	0.68	0.60	0.62	0.64	0.74	0.75	0.82	0.58	0.60	0.62

胶管总成推荐长度/mm	总成长度 L	500	560	630	710	800	900	1000	1120	1250	1400	1600	1800	2000	2240	2500
	偏差	$^{+20}_{0}$	$^{+25}_{0}$			$^{+30}_{0}$						$^{+40}_{0}$				

注：1. 本表只列入部分规格。

2. 标记示例：

胶管内径6.3mm，总成长度 $L=1000$mm 的锥密封Ⅲ层钢丝编织胶管总成，标记为

胶管总成　6.3Ⅲ-1000　JB/T 6142.1—2007

胶管内径6.3mm，总成长度 $L=1000$mm 的锥密封90°Ⅲ层钢丝编织胶管总成，标记为

胶管总成　6.3Ⅲ-1000　JB/T 6142.2—2007

胶管内径6.3mm，总成长度 $L=1000$mm 的A型锥密封双90°Ⅲ层钢丝编织胶管总成，标记为

胶管总成　6.3AⅢ-1000　JB/T 6142.3—2007

胶管内径6.3mm，总成长度 $L=1000$mm 的锥密封45°Ⅲ层钢丝编织胶管总成，标记为

胶管总成　6.3Ⅲ-1000　JB/T 6142.4—2007

3. 生产厂有太原市兴科机电研究所，盐城蒙塔液压机械有限公司，启东中冶润滑设备有限公司。

表30-82　20MPa螺纹连接式钢管管接头　（单位：mm）

	代号		公称通径 *DN*	d	D	L	L_1	质量/kg
三通	QN126-1	H1.1-1	8	$R_c1/4$	23	46	23	0.18
	QN126-2	H1.1-2	10	$R_c3/8$	25	50	25	0.25
	QN126-3	H1.1-3	15	$R_c1/2$	33	58	29	0.36
	QN126-4	H1.1-4	20	$R_c3/4$	38	66	33	0.47
	QN126-5	H1.1-5	25	R_c1	48	78	39	0.61

（续）

异径三通

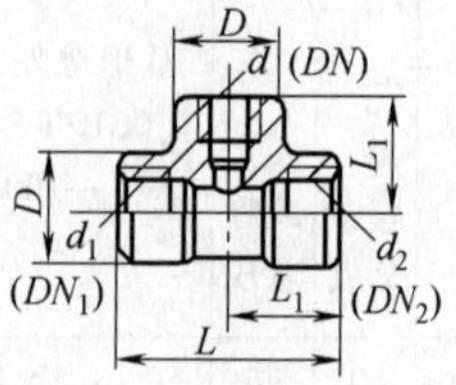

代号		公称通径 $DN \times DN_1 \times DN_2$	d	d_1	d_2	D	L	L_1	质量/kg
QN127-1	H1.2-1	10×15×15	R_c3/8	R_c1/2	R_c1/2	33	58	29	0.32
QN127-2	H1.2-2	10×20×20	R_c3/8	R_c3/4	R_c3/4	38	66	32	0.45

弯头

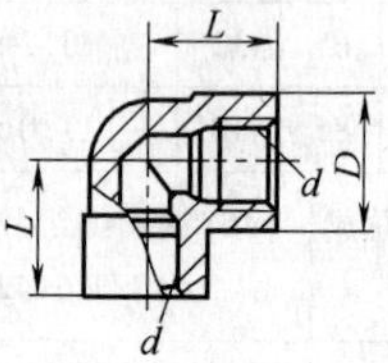

代号		公称通径 DN	d	D	L	质量/kg
QN128-1	H1.3-1	8	R_c1/4	23	23	0.07
QN128-2	H1.3-2	10	R_c3/8	25	25	0.11
QN128-3	H1.3-3	15	R_c1/2	33	29	0.26
QN128-4	H1.3-4	20	R_c3/4	38	33	0.39
QN128-5	H1.3-5	25	R_c1	48	39	0.66

外接头

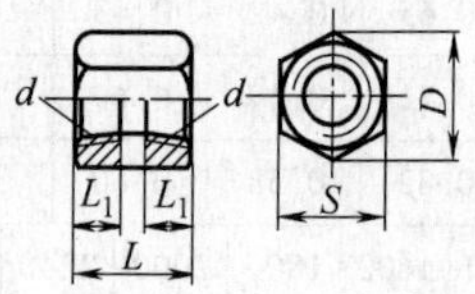

代号		公称通径 DN	d	L	L_1	S	D	质量/kg
QN129-1	H1.4-1	8	R_c1/4	25	11	22	25.4	0.06
QN129-2	H1.4-2	10	R_c3/8	30	12	27	31.2	0.1
QN129-3	H1.4-3	15	R_c1/2	35	15	32	37	0.16
QN129-4	H1.4-4	20	R_c3/4	40	17	36	41.6	0.19
QN129-5	H1.4-5	25	R_c1	48	19	46	53.1	0.27

内接头

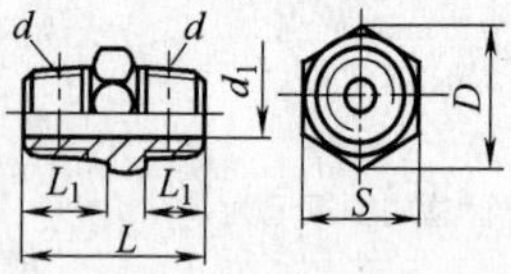

代号		公称通径 DN	d	d_1	L	L_1	S	D	质量/kg
QN130-1	H1.5-1	8	R1/4	8	34	13	17	19.6	0.02
QN130-2	H1.5-2	10	R3/8	10	37	14	22	25.4	0.03
QN130-3	H1.5-3	15	R1/2	15	48	18	27	31.2	0.09
QN130-4	H1.5-4	20	R3/4	20	52	20	32	37	0.12
QN130-5	H1.5-5	25	R1	25	62	30	36	41.6	0.23
QN130-6	H1.5-6	8(长)	R1/4	8	75	13	17	19.6	0.13
QN130-7	H1.5-7	10(长)	R3/8	10	80	14	22	25.4	0.18

内外接头

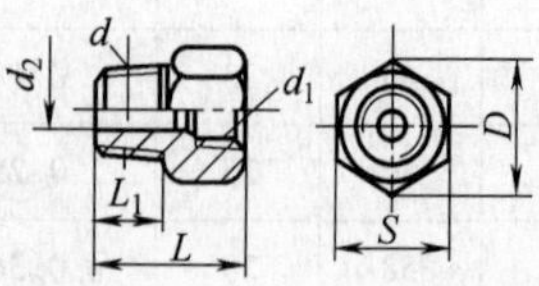

代号		公称通径 $DN \times DN$	d	d_1	d_2	L	L_1	D	S	质量/kg
QN131-1	H1.6-1	10×8	R3/8	R_c1/4	8	30	14	25.4	22	0.04
QN131-2	H1.6-2	15×10	R1/2	R_c3/8	10	36	18	31.2	27	0.08
QN131-3	H1.6-3	20×10	R3/4	R_c3/8	10	36	20	37	32	0.15
QN131-4	H1.6-4	20×15	R3/4	R_c1/2	15	42	20	37	32	0.21
QN131-5	H1.6-5	25×15	R1	R_c1/2	15	50	30	41.6	36	0.31

（续）

名称	代号		公称通径 *DN*	*d*	*L*	*D*	*S*	S_1	质量/kg
活接头	QN106-1	YF01.1	8	R_c¼	38	36.9	32	19	0.16
	QN106-2	YF01.2	10	R_c⅜	38	41.6	36	22	0.19
	QN106-3	YF01.3	15	R_c½	44	53.1	46	27	0.33
	QN106-4	YF01.4	20	R_c¾	50	62.4	54	32	0.51
	QN106-5	YF01.5	25	R_c1	60	75	65	46	0.81

名称	代号		*d*	d_1	*L*	*H*	H_1	H_2	质量/kg
直角接头体	QN144-1	H1.7-1	R⅛	R_c⅛	16	26	10	18.5	0.03
	QN144-2	H1.7-2	R¼	R_c¼	22	41	19	30	0.07
	QN144-3	H1.7-3	R⅜	R_c⅜	25.4	45	19.6	32.5	0.11
	QN144-4	H1.7-4	R½	R_c½	30	54	24	40	0.17
	QN144-5	H1.7-5	R¾	R_c¾	32	60	28	45	0.23
	QN144-6	H1.7-6	R1	R_c1	40	72	32	52	0.32
直角接头体（长）	QN145-1	H1.8-1	R⅛	R_c⅛	16	68	52	60	0.28
	QN145-2	H1.8-2	R¼	R_c¼	22	83	61	72	0.30
	QN145-3	H1.8-3	R⅜	R_c⅜	25.4	90	64.6	77.3	0.33
	QN145-4	H1.8-4	R½	R_c½	30	98	68	83	0.38
	QN145-5	H1.8-5	R¾	R_c¾	32	102	70	86	0.44

注：1. 启东市南方润滑液压设备有限公司的异径三通（代号：QN×××-×）公称通径尚有 10×10×15，10×10×20，15×15×20，15×10×10，15×20×20，20×10×10，20×15×15。

2. 生产厂有启东市南方润滑液压设备有限公司，太原市兴科机电研究所（代号：H×.×-×及 YF0×.×），盐城蒙塔液压机械有限公司（订货时写明管接头名称及管子外径），启东中冶润滑设备有限公司。

表 30-83　20MPa 插入焊接式钢管管接头　（单位：mm）

名称	代号		管子外径	$D^{+0.2}_{+0.4}$	D_1		*L*		L_1		质量/kg
	兴科	南润			兴科	南润	兴科	南润	兴科	南润	
焊接三通	H1.12-1	QN147-1	18	18.5	27	32	27	29	13	16	0.18
	H1.12-2	QN147-2	22	22.5	33	36	29	35	13	21	0.27
	H1.12-3	QN147-3	28	28.5	39	42	35	39	16	24	0.46
	H1.12-4	QN147-4	34	34.5	47	50	39	45	17	29	0.59
	H1.12-5	QN147-5	42	42.5	57	60	45	52	18	34	0.62
	H1.12-6	QN147-6	48	48.5	63	66	52	61	20	41	1.35
	H1.12-7	QN147-7	60	61	76	80	61	80	23	63	2.20
焊接弯头	H1.13-1	QN148-1	18	18.5	27	30	26.5	29	13	13	0.17
	H1.13-2	QN148-2	22	22.5	33	36	29	35	13	16	0.27
	H1.13-3	QN148-3	28	28.5	39	42	35	39	16	17	0.41
	H1.13-4	QN148-4	34	34.5	47	50	39	45	17	18	0.68
	H1.13-5	QN148-5	42	42.5	57	60	45	52	18	20	1.12
	H1.13-6	QN148-6	48	48.5	63	66	52	61	20	23	1.26
	H1.13-7	QN148-7	60	61	76	80	61	72	23	26	1.8

（续）

名称	代号 兴科	代号 南润	管子外径	$D^{+0.2}_{+0.4}$	D_1 兴科	D_1 南润	L 兴科	L 南润	L_1 兴科	L_1 南润	质量/kg
焊接直通	H1.14-1	QN149-1	18	18.5	30	28	32		12		0.12
	H1.14-2	QN149-2	22	22.5	35	33	36		13		0.19
	H1.14-3	QN149-3	28	28.5	40	39	42		16		0.35
	H1.14-4	QN149-4	34	34.5	48	47	46		17		0.41
	H1.14-5	QN149-5	42	42.5	60	57	48		18		0.61
	H1.14-6	QN149-6	48	48.5	65	63	54		20		0.72
	H1.14-7	QN149-7	60	61	80	76	62		23		1.38

名称	代号 兴科	代号 南润	管子外径	D	$D_1{}^{+0.2}_{+0.4}$	$D_2{}^{+0.2}_{+0.4}$	L	L_1	L_2	质量/kg
焊接变径直通	H1.15-1	QN150-1	78×14	30	18.15	14.5	32	12	10	0.16
	H1.15-2	QN150-2	22×18	35	22.5	18.5	36	13	12	0.20
	H1.15-3	QN150-3	28×18	40	28.5	18.5	42	16	12	0.30
	H1.15-4	QN150-4	28×22	40	28.5	22.5	42	16	13	0.28
	H1.15-5	QN150-5	34×22	48	34.5	22.5	46	17	13	0.52
	H1.15-6	QN150-6	34×28	48	34.5	28.5	46	17	16	0.48
	H1.15-7	QN150-7	42×28	60	42.5	28.5	48	18	16	0.76
	H1.15-8	QN150-8	42×34	60	42.5	34.5	48	18	17	0.69
	H1.15-9	QN150-9	48×34	65	48.5	34.5	54	20	17	0.95
	H1.15-10	QN150-10	48×42	65	48.5	42.5	54	20	18	1.17
	H1.15-11	QN150-11	60×42	80	61	42.5	62	23	18	1.70

名称	代号 兴科	代号 南润	管子外径 内径	$D^{+0.5}_{-0.5}$	$D_1{}^{+0.5}_{+0.4}$	L_1 兴科	L_1 南润	L_2	L	质量/kg
焊接变径接头	H1.16-1	QN152-1	22×18	22	18.5	13	11	17	34	0.07
	H1.16-2	QN152-2	28×18	28	18.5	13	11	9	25	0.08
	H1.16-3	QN152-3	34×18	34	18.5	13	11	9	25	0.15
	H1.16-4	QN152-4	42×18	42	18.5	13	11	11	26	0.25
	H1.16-5	QN152-5	48×18	48	18.5	13	12	13	29	0.41
	H1.16-6	QN152-6	28×22	28	22.5	13	13	20	38	0.13
	H1.16-7	QN152-7	34×22	34	22.5	13	13	9	25	0.13
	H1.16-8	QN152-8	42×22	42	22.5	13	13	9	26	0.25
	H1.16-9	QN152-9	48×22	48	22.5	13	14	11	29	0.31
	H1.16-10	QN152-10	34×28	34	28.5	16	16	19	42	0.30
	H1.16-11	QN152-11	42×28	42	28.5	16	16	12	48	0.34
	H1.16-12	QN152-12	48×28	48	28.5	16	16	10	29	0.36

名称	代号 兴科	代号 南润	管子外径	$D^{+0.5}_{+0.4}$	D_1	D_2	L	L_1	L_2	S	D_3	C	质量/kg
活接头	YF02.1	QN107-1	14	14.5	22	24	38	18	10	32	36.9	21	0.152
	YF02.2	QN107-2	18	18.5	27	30	38	18	10	41	47.3	26	0.262
	YF02.3	QN107-3	22	22.5	32	35	44	20	10	50	57.7	32	0.367
	YF02.4	QN107-4	28	28.5	38	42	50	26	13	60	69.3	38	0.686
	YF02.5	QN107-5	34	34.5	47	52	50	26	13	70	80.8	46	1.02

注：生产厂有启东市南方润滑液压设备有限公司（简称南润），太原市兴科机电研究所（简称兴科），盐城蒙塔液压机械有限公司（订货时写明管接头名称及管子外径）。

第31章　螺旋传动的设计

31.1　螺旋传动的类型及应用

螺旋传动主要由螺杆和螺母组成。除自锁螺旋外，一般用来把旋转运动变成直线运动，也可把直线运动变成旋转运动，同时进行能量和力的传递，或者调整零件间的相互位置。当其以传递运动为主，并要求有较高传动精度时，称传动螺旋，如金属切削机床的进给螺旋；以传递能量和力为主时，称传力螺旋，如螺旋压力机、螺旋起重器等；以调整零件间的相互位置为主时，称调整螺旋，如镗刀杆的差动微调螺旋等。

按螺纹副的摩擦状态，螺旋传动可分为滑动螺旋、滚动螺旋和静压螺旋三大类，见表31-1。表31-2为按运动形式的分类。

螺旋传动主要用来把回转运动变为直线运动。按使用要求的不同可分为三类：

1）传力螺旋。以传递动力为主，要求用较小的力矩转动螺杆（或螺母）而使螺母（或螺杆）产生轴向运动和较大的轴向力，这个轴向力可以用来做起重和加压等工作。例如图31-1a的千斤顶（起重用），图31-1b的压力机（加压或装拆用）等。

2）传导螺旋。以传递运动为主，并要求具有很高的运动精度，它常用作机床刀架或工作台的进给机构（见图31-1c）。

3）调整螺旋。用于调整并固定零件或部件之间的相对位置（如图31-1a、b所示，用于调整带传动的预拉力）。调整螺旋不经常转动。

螺杆和螺母的材料除要求有足够的强度、耐磨性外，还要求两者配合时摩擦系数小。一般螺杆可选用Q275、45、50钢等；重要螺杆可选用T12、40Cr、65Mn钢等，并进行热处理。常用的螺母材料有铸造锡青铜ZCuSn10Pb1或ZCuSn5Pb5Zn5，重载低速时可选用强度高的铸造铝铁青铜ZCuAl10Fe3在低速轻载时也可选用耐磨铸铁。

表31-1　螺旋传动按螺纹副摩擦状态的分类

种类	性能特点	应用举例
滑动螺旋	1)摩擦阻力大,传动效率低,一般仅0.3~0.7。当螺纹升角小于摩擦角时,反行程自锁,这时效率低于0.5 2)磨损快 3)运转较平稳,但低速或微调时易出现爬行现象 4)螺纹间有侧向间隙,定位精度低,轴向刚度较差 5)结构简单,制造方便,成本低	金属切削机床的进给螺旋、千斤顶的传力螺旋、车床的尾架调整螺旋等
滚动螺旋	1)摩擦阻力小,传动效率在0.9以上。具有传动的可逆性,既可把转动变成移动,也可把移动变成转动 2)工作寿命长,平均约为滑动螺旋的10倍 3)运转平稳,起动时无颤动,低速时不爬行 4)可得到很高的定位精度和轴向刚度 5)不能自锁,抗冲击及承受径向载荷的能力差 6)结构复杂,制造较困难,成本较高	数控机床和精密机床的传动螺旋、汽车转向机构的传力螺旋、测试仪器中的调整螺旋等
静压螺旋	1)摩擦阻力极小,传动效率在0.95以上。无自锁性,具有传动的可逆性 2)磨损小,寿命长 3)承载能力和抗振性好,工作平稳,无爬行现象 4)反向时无空行程,具有很高的定位精度和轴向刚度 5)螺母的油腔结构复杂,制造较困难。需要一套压力稳定、温度恒定、过滤要求较高的供油系统,成本较高	精密机床进给和分度机构的传动螺旋等

表 31-2　螺旋传动分类（按运动形式）

序号	种类	简图	运动关系	特点和应用举例
1	螺杆转动—螺母移动		$s=P_h\phi/360°$(mm) $v=P_h n/60$(mm/s) 式中　s、v—螺杆或螺母的位移和速度 P_h—螺纹的导程(mm) ϕ、n—主动螺杆或螺母的转角(°)和转速(r/min)	是最常用的形式，如车床中的进给螺旋，龙门刨床横梁的升降装置等
2	螺杆转动并移动—螺母固定不动			精度较高，但结构尺寸较大。如螺旋起重器、铣床工作台升降机构等
3	螺母转动—螺杆移动			结构尺寸大且较复杂，精度不高。如铲背车床的尾架螺旋，平面磨床的垂直进给螺旋等
4	螺母转动并移动—螺杆固定不动			精度较低。如摇臂钻床横臂的升降装置及手动调整机构等
5	螺杆转动并移动、螺母 2 移动—螺母 3 固定不动		$s=(P_{h2}\pm P_{h3})\phi/360°$(mm) $v=(P_{h2}\pm P_{h3})n/60$(mm/s) 螺纹旋向相同时用"－"，相反时用"＋" 式中　s、v—螺母 2 相对机架 3 的轴向位移和速度，当 s 和 v 为负值时，表示与图示 v 的方向相反 P_{h2}、P_{h3}—螺母 2 和螺母 3 的导程(mm)	当两螺纹旋向相同，且 P_{h2} 和 P_{h3} 相差很小时，可得到螺母间的微量位移 s，常用于调节螺旋中，如差动式微调镗刀杆。当两螺纹旋向相反时，可得到螺母间的较大位移，常用于需要快速移动的场合，如立式铣床中铣头的锁紧装置及复合式移动夹具等
6	螺杆 1 和螺母 2 同时转动—螺母 2 移动		$s=(\phi_2\pm\phi_1)P_h/360°$(mm) $v=(n_2\pm n_1)P_n/60$(mm/s) 螺杆 1 和螺母 2 同向旋转时用"－"，异向旋转时用"＋" 式中　ϕ_1、ϕ_2—螺杆 1 和螺母 2 的转角(°) n_1、n_2—螺杆 1 和螺母 2 的转速(r/min) s、v—螺母 2 相对机架 3 的轴向位移和速度，当 s 和 v 为负值时，表示与图示 v 的方向相反	由于螺杆 1 和螺母 2 的 n_1 和 n_2 的大小和方向均可以不同，故螺母 2 可得到各种不同大小和方向的位移 s 和速度 v。这种螺旋常用于高精度机床的误差校正装置

注：简图中的螺纹均为右旋。左旋时，则 v 的方向与图中箭头所示方向相反；如 n 的方向与图示相反，则 v 也相反。

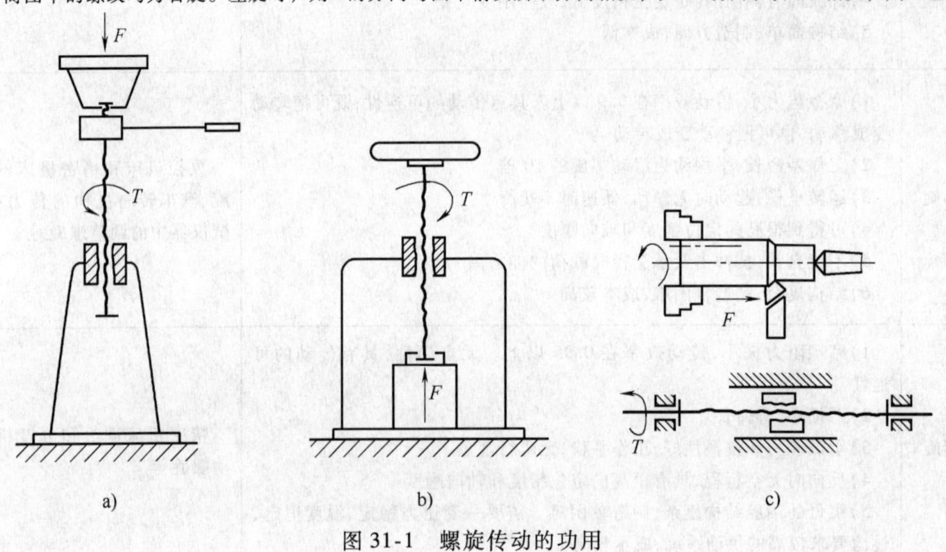

图 31-1　螺旋传动的功用

31.2　滑动螺旋传动

1. 滑动螺旋副的螺纹种类、特点和应用

滑动螺旋副的螺纹通常为梯形、锯齿形和矩形，其特点和应用见表31-3。

2. 滑动螺旋副的牙型与基本尺寸

（1）梯形螺纹牙型与基本尺寸　牙型见表31-4，其基本尺寸见GB/T 5796.1～4—2005。

（2）锯齿形螺纹牙型与基本尺寸　牙型见表31-5，其基本尺寸见GB/T 13576.1～3—2008。

（3）液压机用45°锯齿形螺纹牙型与基本尺寸　牙型见表31-6，其基本尺寸见JB/T 2001.73—1999。

（4）矩形螺纹牙型与基本尺寸　矩形螺纹尚无标准，其公称直径d和螺距P可参照GB/T 5796.1—2005梯形螺纹选用，其牙型尺寸可按表31-7计算。

3. 滑动螺旋副的精度和公差

（1）梯形螺纹　GB/T 5796.4—2005《梯形螺纹　公差》规定了梯形螺纹的内、外螺纹的精度等级和公差带，见表31-8。设计时仅需从表31-9中选择并标记中径公差带以代表梯形螺纹的精度，公差值可查阅GB/T 5796.4—2005。

表31-3　滑动螺旋副的螺纹种类、特点和应用

螺纹种类	代号	牙型图	主要特点和应用举例
梯形螺纹（GB/T 5796.1—2005）	Tr	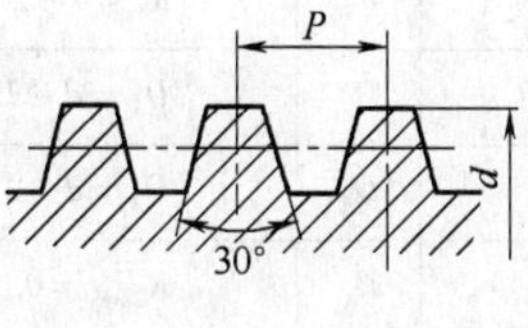 P d 30°	牙型角$\alpha=30°$，螺纹副的小径和大径处有相等的径向间隙，螺纹工艺性好，牙根强度高，内、外螺纹的对中性好，采用剖分式螺母可调整、消除轴向间隙。但传动效率比矩形和锯齿形螺纹低。它是螺旋传动中最常用的一种，如机床中的进给螺旋
锯齿形螺纹（GB/T 13576.1～3—2008）	S	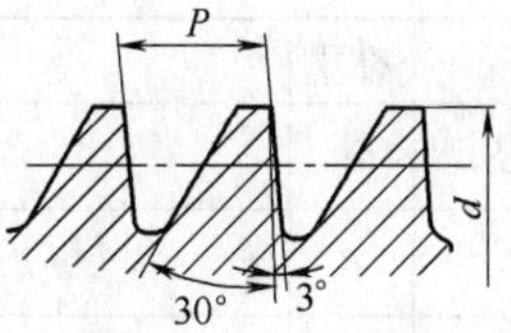 P d 30° 3°	工作面的牙型斜角为3°，非工作面的牙型斜角为30°。外螺纹的牙根部有较大圆角，以减小应力集中。螺纹副大径处无间隙，便于对中，比梯形螺纹强度高、效率高。主要用于单向受力的传力螺旋，如螺旋压力机
液压机用锯齿形螺纹（JB/T 2001.73—1999）	YS	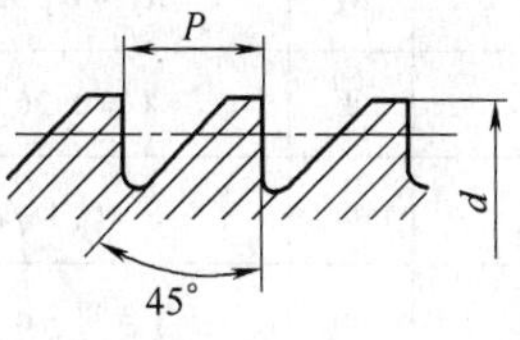 P d 45°	非工作面的牙型斜角为45°，性能与一般锯齿形螺纹（S）相同。主要用于液压机中的大直径螺旋传动
矩形螺纹（尚未标准化）		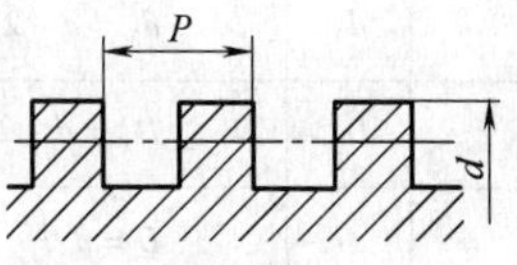 P d	牙型为正方形，传动效率比其他螺纹高，但精确制造较困难，螺纹副磨损后间隙难补偿，对中精度低，牙根强度弱。一般用于千斤顶等传力螺旋

表 31-4 梯形螺纹牙型 （单位：mm）

牙型图	名称	符号	计算公式
	外螺纹大径（公称直径）	d	
	螺距	P	
	牙顶间隙	a_c	P: 2~5, 6~12, 14~44 a_c: 0.25, 0.5, 1
	基本牙型高度	H_1	$H_1 = 0.5P$
	外螺纹牙高	h_3	$h_3 = H_1 + a_c$
	内螺纹牙高	h_4	$h_4 = H_1 + a_c$
	牙顶高	Z	$Z = H_1/2$
	外螺纹中径	d_2	$d_2 = d - 2Z$
	内螺纹中径	D_2	$D_2 = d - 2Z$
	外螺纹小径	d_3	$d_3 = d - 2h_3$
	内螺纹小径	D_1	$D_1 = d - 2H_1$
	内螺纹大径	D_4	$D_4 = d + 2a_c$
	外螺纹牙顶圆角	R_1	$R_{1\max} = 0.5a_c$
	内、外螺纹牙底圆角	R_2	$R_{2\max} = a_c$

表 31-5 锯齿形螺纹牙型（GB/T 13576.1—2008） （单位：mm）

牙型图	名称	符号	计算公式
	外螺纹大径（公称直径）	d	
	螺距	P	
	牙顶间隙	a_c	$a_c = 0.11777P$
	基本牙型高度	H_1	$H_1 = 0.75P$
	外螺纹牙高	h_3	$h_3 = H_1 + a_c$
	牙型宽度	W	$W = 0.26384P$
	轴向间隙	a	$a = 0.1\sqrt{P}$
	牙顶宽度	e	$e = W - a$
	外螺纹中径	d_2	$d_2 = d - H_1$
	内螺纹中径	D_2	$D_2 = d - H_1$
	外螺纹小径	d_3	$d_3 = d - 2h_3$
	内螺纹小径	D_3	$D_1 = d - 2H_1$
	内螺纹大径	D	$D = d$
	牙底圆角	R	$R = 0.12427P$

表 31-6　液压机用45°锯齿形螺纹牙型　　（单位：mm）

牙型图	名称	符号	计算公式			
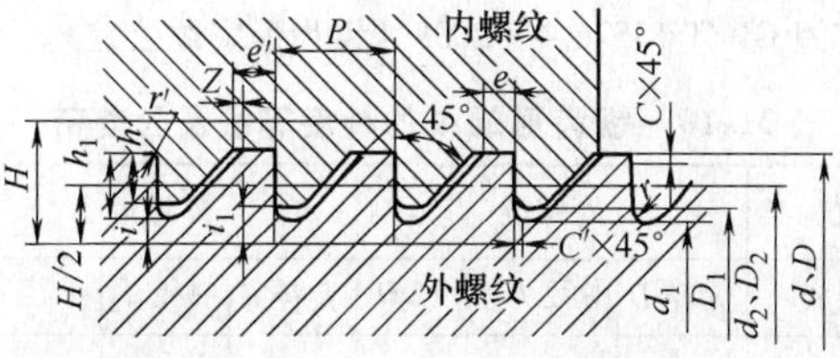	外螺纹大径（公称直径）	d				
	螺距	P				
	基本牙型高度	H	$H=P$			
	外螺纹牙高	h_1	$h_1=0.575P$			
	内螺纹牙高	h	$h=0.5P$			
	间隙	Z	$Z=0.02P+0.16$			
	外螺纹齿顶宽度	e	$e=0.25P$			
	内螺纹齿顶宽度	e'	$e'=e+Z$			
	外螺纹中径	d_2	$d_2=d-h$			
	内螺纹中径	D_2	$D_2=d_2$			
	外螺纹小径	d_1	$d_1=d-2h_1$			
	内螺纹小径	D_1	$D_1=D-2h$			
	内螺纹大径	D	$D=d$			
	外螺纹圆角半径	r	$r=0.1237P$			
	内螺纹圆角半径	r'	P	5~8	10~16	20~40
			r'	0.4	0.8	1.2
	外、内螺纹倒角	C、C'	P	5~8	10~16	20~40
			C、C'	0.5	1.0	1.5
		i_1	$i_1=0.25P$			
		i	$i=0.175P$			

表 31-7　矩形螺纹牙型尺寸　　（单位：mm）

牙型图	名称	符号	计算公式
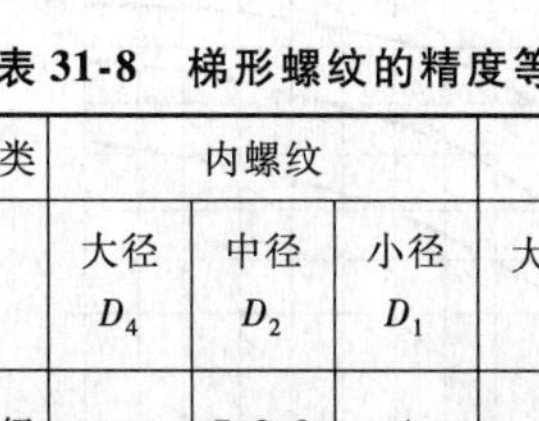	公称直径（大径）	d	$d\approx1.25d_0$，圆整 式中　d_0—按强度确定的计算用小径
	螺距	P	$P\approx0.25d$，圆整
	牙高	h_1	$h_1=0.5P+(0.1\sim0.2)$
	牙底宽	W	$W=0.5P+(0.03\sim0.05)$
	牙顶宽	f	$f=P-W$
	小径	d_1	$d_1=d-2h_1$

表 31-8　梯形螺纹的精度等级及公差带

螺纹种类	内螺纹			外螺纹		
直径	大径 D_4	中径 D_2	小径 D_1	大径 d	中径 d_2	小径 d_3
精度等级		7、8、9	4	4	7、8、9	7、8、9
公差带	H	H	H	h	c、e、h	h

表 31-9　梯形螺纹公差带的选用及标注

精度种类	内螺纹		外螺纹		应用场合
	中等旋合长度 N	长旋合长度 L	中等旋合长度 N	长旋合长度 L	
中等	7H	8H	7e	8e	一般用途
粗糙	8H	9H	8c	9c	精度要求不高时

标记示例：

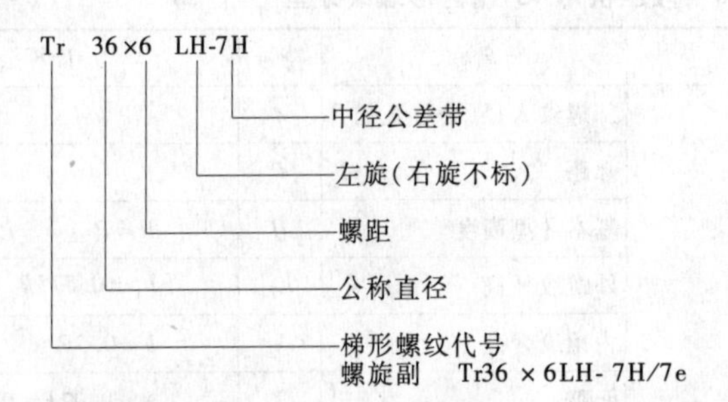

1）Tr36 × 6LH-7e

2）Tr36 × 12（P6）-8c-L 表示长旋合长度 L 组的双线螺纹，螺距 $P=6\mathrm{mm}$，导程 $P_h=12\mathrm{mm}$

对于有运动精度要求的传动螺旋，例如金属切削机床的进给螺旋，需要较高的精度。JB/T 2886—2008《机床梯形螺纹丝杠、螺母技术条件》规定了机床梯形螺纹传动螺旋的精度分为 4～9 级共 6 个等级，并规定了螺杆的螺距公差、中径尺寸变动量和中径跳动公差，螺杆和螺母的大径、中径、小径公差，螺纹牙型半角的极限偏差以及表面粗糙度等，具体公差值可查阅该标准。

（2）锯齿形螺纹　GB/T 13576.4—2008《锯齿形螺纹公差》规定锯齿形螺纹的内、外螺纹的精度等级和公差带，见表 31-10。设计时可按表 31-11 选择并标记中径公差带，以代表锯齿形螺纹的精度。公差值可查阅 GB/T 13576.4—2008《锯齿形螺纹公差》。

表 31-10　锯齿形螺纹的精度等级及公差带

螺纹种类	内螺纹			外螺纹		
直径	大径 D	中径 D_2	小径 D_1	大径 d	中径 d_2	小径 d_3
精度等级	10	7、8、9	4	9	7、8、9	7、8、9
公差带	H	H	H	h	c、e	h

表 31-11　锯齿形螺纹公差带的选用及标注

精度种类	内螺纹		外螺纹		应用场合
	中等旋合长度 N	长旋合长度 L	中等旋合长度 N	长旋合长度 L	
中等	7H	8H	7e	8e	一般用途
粗糙	8H	9H	8c	9c	精度要求不高时
标记示例	B80×10LH-7H 中径公差带 左旋(右旋不标) 螺距 公称直径 锯齿形螺纹代号		1) B80 × 10LH-7e 2) B80 × 20(P10)-8e-L 表示长旋合长度 L 组的双线螺纹，螺距 $P=10\mathrm{mm}$，导程 $P_h=20\mathrm{mm}$		
	螺旋副　B80 × 10LH-7H/7e				

4. *滑动螺旋传动的摩擦特性和效率*

滑动螺旋副的传动效率 η 与螺纹升角 λ 和当量摩擦角 ϕ_T 有关；$\eta=\tan\lambda/\tan(\lambda+\phi_T)$。为提高效率或要求较快的移动速度时，可采用多线螺纹，使 λ 和导程 P_h 增大。当 $\lambda=45°-(\phi_T/2)$ 时，效率最高。但 λ 大时，螺旋的制造困难。如要求传动有反行程自锁的性能，就应满足 $\lambda \leqslant \phi_T$ 的条件。这时应采用单线螺纹，而正行程的效率则小于 0.5。表 31-12 为滑动螺旋传动的摩擦特性，图 31-2 为梯形螺旋传动正行程的效率曲线。

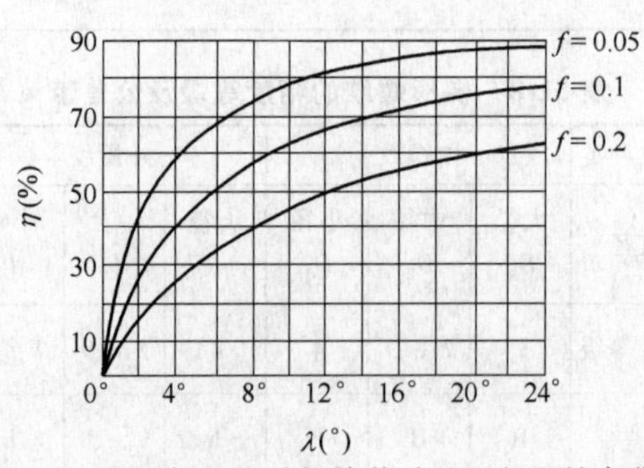

图 31-2　梯形螺纹滑动螺旋传动的正行程效率曲线

表 31-12 滑动螺旋传动的摩擦特性

螺杆—螺母材料	滑动摩擦因数 f（定期润滑）	摩擦角 ϕ $\phi=\arctan f$	当量摩擦因数 f_T $f_T=f/\cos\beta$		当量摩擦角 ϕ_T $\phi_T=\arctan f_T$		正行程效率 η	反行程自锁条件
			梯形螺纹，牙型半角 $\beta=\alpha/2=15°$	锯齿形螺纹，工作面牙型斜角 $\beta=3°$	梯形螺纹，$\beta=15°$	锯齿形螺纹，$\beta=3°$		
钢—钢	0.11～0.17	6°17′～9°39′	0.114～0.176	0.11～0.17	6°30′～9°59′	6°17′～9°39′	$\eta=\dfrac{\tan\lambda}{\tan(\lambda\pm\phi_T)}$ 轴向载荷与运动方向相反时取“+”号，相同时取“-”号	$\lambda\leqslant\phi_T$
钢—铸铁	0.12～0.15	6°51′～8°32′	0.124～0.155	0.12～0.15	7°04′～8°49′	6°51′～8°32′		
钢—耐磨铸铁	0.10～0.12	5°43′～6°51′	0.104～0.124	0.10～0.12	5°57′～7°04′	5°43′～6°51′		
钢—青铜	0.08～0.10	4°35′～5°43′	0.083～0.104	0.08～0.10	4°45′～5°53′	4°35′～5°43′		
淬火钢—青铜	0.06～0.08	3°26′～4°35′	0.062～0.083	0.06～0.08	3°33′～4°45′	3°26′～4°34′		
钢—轴承合金	0.04	2°17′	0.041	0.04	2°22′	2°17′		
钢—聚酰胺（尼龙6，MC尼龙）	0.04～0.07	2°17′～4°	0.041～0.072	0.04～0.07	2°22′～4°09′	2°17′～4°		
钢—氯化聚醚	0.03	1°43′	0.031	0.03	1°47′	1°43′		
钢—聚甲醛	0.02	1°09′	0.021	0.02	1°11′	1°9′		

5. 滑动螺旋副的材料与许用应力

螺杆和螺母的材料应有较高的强度和良好的加工性，配合时应具有较低的摩擦系数和较高的耐磨性。表31-13为螺杆和螺母的常用材料。表31-14和表31-15分别为滑动螺旋副常用材料的许用压力和许用应力。

6. 滑动螺旋传动的设计计算

滑动螺旋副工作时主要承受转矩、轴向拉（压）力，设计时应根据具体工作情况，判定其失效形式，确定相应的计算准则。

滑动螺旋副的主要失效形式是磨损，故螺杆的直径和螺母的高度通常是按耐磨性计算确定的。

传力较大或受冲击载荷的传力螺旋，应校核螺杆危险截面的强度及螺母螺纹牙的剪切和弯曲强度。

对精度要求较高的传动螺旋，应根据刚度确定或校核螺杆的直径。

对长径比较大的受压螺杆，因其易产生侧向弯曲，需校核其稳定性。

长径比较大，转速又较高的螺杆，可能发生横向振动，应校核其临界转速。

对有自锁要求的螺旋传动，要验算其能否满足自锁条件。

滑动螺旋传动的设计计算见表31-16。

表 31-13 滑动螺旋副的常用材料

螺杆材料及热处理	螺母材料	适用场合
45、50钢，不经热处理	35钢、球墨铸铁、耐磨铸铁	轻载、低速、精度要求不高处
45钢，正火，HBW>170或调质，220～250HBW，Y40、Y40Mn，时效处理，170～220HBW，40Cr、40WMn，调质，220～250HBW，65Mn，淬火后回火，45～50HRC	铸造锡青铜 ZCuSn10Pb1，ZCuSn5Pb5Zn5 铸造铝青铜 ZCuAl10Fe3 铸造铝黄铜 ZCu35Al2Mn2Fe1 耐磨铸铁 钢或铸铁上浇一层青铜或轴承合金	中等精度要求
T10、T12碳素工具钢、调质球化，200～210HBW，或调质后淬火并回火50～60HRC；20CrMnTi，渗碳高频淬火，56～62HRC		精度要求较高的场合，耐磨性好
CrWMn、CrMn、GCr15、9Mn2V等合金钢，淬火后回火，54～58HRC；38CrMoAlA，氮化，850HV		热处理后有较好的尺寸稳定性，适用于精密传动螺旋

表 31-14　滑动螺旋副材料的许用压力

螺杆—螺母材料	许用压力[p]/MPa	滑动速度范围/(m/s)
钢(未淬硬)—青铜	1~2	>0.25
	7~10	0.1~0.2
	11~18	<0.05
	18~25	低速
钢(淬硬)—青铜	10~13	0.1~0.2
钢—灰铸铁	4~7	0.1~0.2
	13~18	<0.04
钢—耐磨铸铁	6~8	0.1~0.2
钢—钢	7.5~13	低速

注：1. 如 $\psi=l/d_2<2.5$，则［p］可提高20%。
2. 剖分式螺母，［p］应降低15%~20%。
3. 低速手动螺旋，［p］可提高20%。

表 31-15　滑动螺旋副材料的许用应力

（单位：MPa）

	$[\sigma]=(0.2\sim0.33)R_{eL}$		
	材料及热处理		材料的屈服极限 R_{eL}
螺杆强度	40、50 钢，不经热处理		280~320
	45 钢调质		340~360
	40Cr 调质		440~500
	50Mn，60Mn，65Mn 表面淬火后回火		400~450
	GCr15，CrWMn 淬火		480~500
	38CrMoAlA		780~820
	T10、T12 淬火回火，20CrMnTi 渗碳淬火		800~840
螺纹牙强度	材料	许用剪切应力[τ]	许用弯曲应力[σ]
	钢	0.6[σ]	(1.0~1.2)[σ]
	青铜	30~40	40~60
	灰铸铁	40	45~55
	耐磨铸铁	40	50~60

注：静载荷时许用应力取大值。

表 31-16　滑动螺旋传动的设计计算

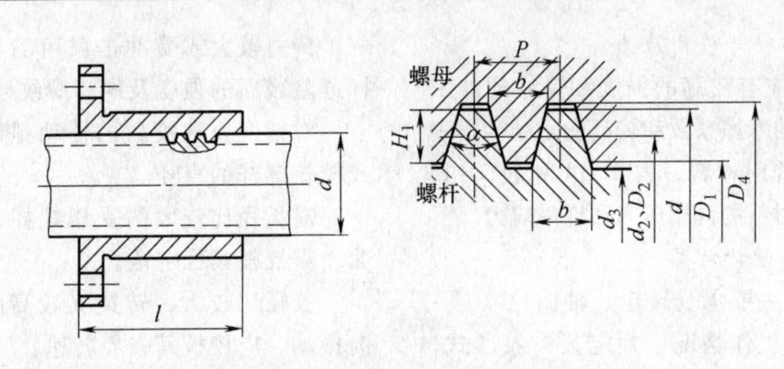

	计算项目	单位	计算公式、参数选择和说明	例 31-1 计算结果
耐磨性	螺杆中径 d_2	mm	$d_2=\xi\sqrt{F/\psi[p]}$ 式中　ξ——螺纹形式系数，梯形、矩形螺纹 $\xi=0.8$，锯齿形螺纹 $\xi=0.65$； F——轴向力(N)； ψ——螺母长度 l 与螺杆中径 d_2 之比，整体式螺母 $\psi=1.2\sim1.5$，剖分式螺母 $\psi=2.5\sim3.5$，载荷大，精度和寿命要求高时 $\psi=4$； [p]——许用压强(MPa)见表 31-14	已知 $d=44$ 查 GB/T 5796.3—2005 $d_2=38$
	公称直径 d 和螺距 P	mm	根据上式算出的 d_2 按螺纹的标准基本尺寸系列选取相应的 d 和 P	由题知 $d=44$ $P=12$
	螺纹导程 P_h	mm	$P_h=ZP$ Z—螺纹线数	$P_h=12$ $Z=1$
	螺母旋合长度 l	mm	$l=\psi d_2$	$l=100$ $\psi=2.63$
	旋合圈数 m		$m=l/P$ 一般 $m\leqslant10\sim12$	$m=8.33$

（续）

	计算项目	单位	计算公式、参数选择和说明	例31-1计算结果
耐磨性	螺纹工作高度 H_1（h）	mm	梯形、矩形螺纹 $H_1=0.5P$；30°锯齿形螺纹 $H_1=0.75P$；液压机用45°锯齿形螺纹 $h=0.5P$	$H_1=6$
	螺纹表面工作压强 p	MPa	$p=\dfrac{F}{\pi d_2 H_1 m}$	$p=1.68$；丝杠转速 $n=80\mathrm{r/min}$ 滑动速度 $v_s=0.16\mathrm{m/s}$ 青铜剖分螺母，由表31-14中 $[p]=5.6\sim8$ 校核合格
	压强校核		$p\leqslant[p]$	
验算自锁	螺纹升角 λ	(°)	$\lambda=\arctan(p_h/\pi d_2)$	$\lambda=5°44'$
	当量摩擦角 ϕ_T	(°)	$\phi=\arctan f_T$ $f_T=f/\cos\beta$	由表31-12中 $\phi_T=4°45'\sim5°43'$ 取 $\phi_T=5°20'$
	反行程自锁条件		$\lambda\leqslant\phi_T$	$\lambda=5°44'>\phi_T=5°20'$ 不自锁
螺杆强度	螺旋传动的转矩 T	N·mm	$T=0.5Fd_2\tan(\lambda+\varphi_T)$	$T=22297$
	当量应力 σ	MPa	$\sigma=\sqrt{\left(\dfrac{4F}{\pi d_3^2}\right)^2+3\left(\dfrac{T}{0.2d_3^3}\right)^2}$ 式中　d_3—螺杆的小径（mm）	$\sigma=10.26$ $d_3=31$
	强度条件		$\sigma\leqslant[\sigma]$ 式中　$[\sigma]$——螺杆材料的许用应力（MPa），查表31-15	$[\sigma]=68\sim120>\sigma$ 螺杆满足强度条件
螺纹牙强度	螺纹牙底宽度 b	mm	梯形螺纹 $b=0.65P$ 30°锯齿形螺纹 $b=0.74P$ 45°锯齿形螺纹 $b=0.75P$ 矩形螺纹 $b=0.5P$	$b=7.8$
	剪切　应力 τ	MPa	螺杆：$\tau=F/(\pi d_3 bm)$ 螺母：$\tau=F/(\pi dbm)$	只校验螺母 $\tau=0.67<[\tau]=30\sim40$
	剪切　强度条件		$\tau\leqslant[\tau]$	
	弯曲　应力 σ	MPa	螺杆：$\sigma=(3FH_1)/(\pi d_3 b^2 m)$ 螺母：$\sigma=(3FH_1)/(\pi db^2 m)$	只校验螺母 $R_m=1.54<[R_m]=40\sim60$
	弯曲　强度条件		$\sigma\leqslant[\sigma]$	
	$[\tau]$和$[\sigma]$查表31-15。因螺母的材料强度通常低于螺杆，因此一般只校验螺母螺纹牙的强度。仅在螺杆与螺母材料相同时，才验算螺杆的螺纹牙强度			螺纹牙强度足够
螺杆的稳定性	柔度 λ_r		$\lambda_r=\mu L_w/i$ 式中　μ——长度系数，查表31-17； L_w——螺杆的最大工作长度（mm）； i——螺杆危险截面的惯性半径（mm）$i=d_3/4$	$\lambda_r=202.77$ $\mu=0.7$ $L_w=2245$ $i=7.75$
	临界载荷 F_c	N	$\lambda_r>85\sim90$ 时，$F_c=\pi^2EA/\lambda_r^2$ 未淬火钢、$\lambda_r<90$ 时，$F_0=340A/(1+0.00013\lambda_r^2)$ 淬火钢、$\lambda_r<85$ 时，$F_c=480A/(1+0.0002\lambda_r^2)$；当 $\lambda_r<40$ 时，不需验算 F_c 式中　E——螺杆材料的弹性模量，钢材的 $E=2.07\times10^5$（MPa）； A——螺杆危险截面的面积（$\mathrm{mm^2}$），$A=\pi d_3^2/4$	$F_c=37504$ $A=754.77$
	稳定性的合格条件		$F_c/F\geqslant2.5\sim4$，如不满足，应增大螺杆直径 d_3	$F_c/F=6.25>2.5\sim4$，合格

（续）

计算项目		单位	计算公式、参数选择和说明	例 31-1 计算结果
螺杆的刚度	轴向载荷 F 使每个螺纹导程产生的变形量 δ_F	mm	$\delta_F=\dfrac{4FP_h}{\pi Ed_3^2}$	$\delta_F=0.461\times10^{-3}$
	转矩 T 使每个螺纹导程产生的变形量 δ_T	mm	$\delta_T=\dfrac{16TP_h^2}{\pi^2 Gd_3^4}$ 式中　G—螺杆材料的切变模量，钢的 $G=8.3\times10^4$（MPa）	$\delta_T=0.068\times10^{-3}$
	每个螺纹导程的总变形量 δ	mm	$\delta=\delta_F\pm\delta_T$ 当轴向载荷 F 与运动方向相反时取"+"号	$\delta=0.529\times10^{-3}$
	单位长度变形量 Δ		$\Delta=\delta/P_h$ 高精度传动，如坐标镗床、螺纹磨床、齿轮磨床、分度装置和测量仪器中，许用单位长度变形量 $[\Delta]=(1\sim1.5)\times10^{-5}$；精密车床、外圆磨床、滚齿机等用的精确传动，$[\Delta]=(3\sim4)\times10^{-5}$；通用机床中的一般传动，$[\Delta]=(5\sim6)\times10^{-5}$；精度要求不高的场合，$[\Delta]=(8\sim10)\times10^{-5}$	$\Delta=4.41\times10^{-5}<[\Delta]=(5\sim6)\times10^{-5}$ 螺杆刚度合格
螺杆的横向振动	临界转速 n_c	r/min	$n_c=\dfrac{60\mu_1^2 i}{2\pi L^2}\left(\dfrac{1000E}{\rho}\right)^{1/2}$ 式中　L—螺杆两支承间的距离（mm） μ_1—支承系数，查表 31-17 ρ—密度（kg/mm³）；对于钢 $\rho=7.8\times10^{-6}$kg/mm³ 钢螺杆 $n_0=12.3\times10^6\mu_1^2 d_3/L^2$	$n_c=806.6$ $L=2700$ $\mu_1=3.927$
	工作转速 n 的校核		$n\leqslant0.8n_0$	$n=80<645$ 满足要求
动力计算	驱动功率 P	kW	$P=\dfrac{Tn}{9550\eta_1}\times10^{-3}=\dfrac{Fv}{\eta\eta_1}\times10^{-6}$ 式中　T—螺旋传动中主动件上的转矩（N·mm） n—螺旋传动中主动件的转速（r/min） F—螺旋传动中移动件的轴向力（N） v—螺旋传动中移动构件的线速度（mm/s） η_1—从动力源到螺旋传动主动件间的机械效率 η—螺旋传动的正行程效率，见表 31-12	取 $\eta_1=0.895$ $P=0.209$

7. 滑动螺旋传动的设计计算实例

例 31-1　图31-3 所示为一车床中进给螺旋传动的示意简图，图 31-4 和图 31-5 分别为螺杆和螺母的零件图。螺杆两支承间的距离为 $L=2700$mm，所受轴向力 $F=6000$N，最高转速 $n_{max}=80$r/min，螺杆、螺母的材料、几何尺寸都已标注在图上。试对该滑动螺旋传动进行校验。

解：该滑动螺旋传动的校核可按表 31-16 所列的内容、方法、步骤进行。校核结果已列入表 31-16 中的"例 31-1 计算结果"一栏。

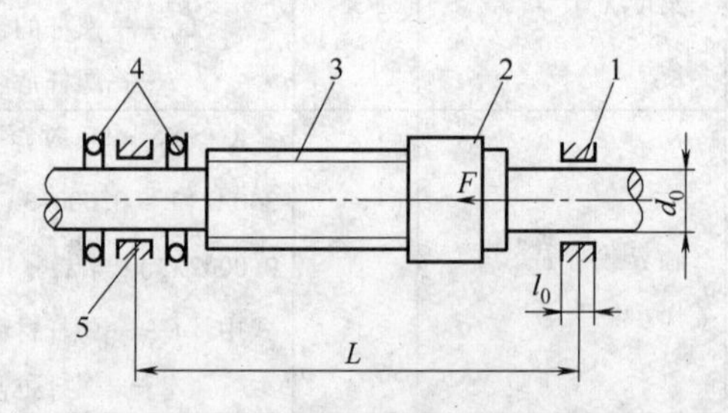

图 31-3　车床进给螺旋传动简图

1、5—滑动轴承　2—螺母　3—螺杆　4—推力球轴承

表 31-17　长度系数 μ 和支承系数 μ_1

螺杆端部结构[①]	简　　图	长度系数 μ	支承系数 μ_1
两端固定	L_W 螺母 F	0.5(当一端为不完全固定时 0.6)	4.730
一端固定，一端铰支	F	0.7	3.927
两端铰支	F	1	3.142
一端固定，一端自由	F	2	1.875

① 采用滑动轴承时：$l_0/d_0<1.5$，称铰支；$l_0/d_0=1.5\sim3$，称不完全固定端；$l_0/d_0>3$，称固定端（l_0—轴承长度，d_0—轴承孔直径）。采用滚动轴承时：若只有径向约束，称铰支；若径向和轴向均有约束，称固定端。

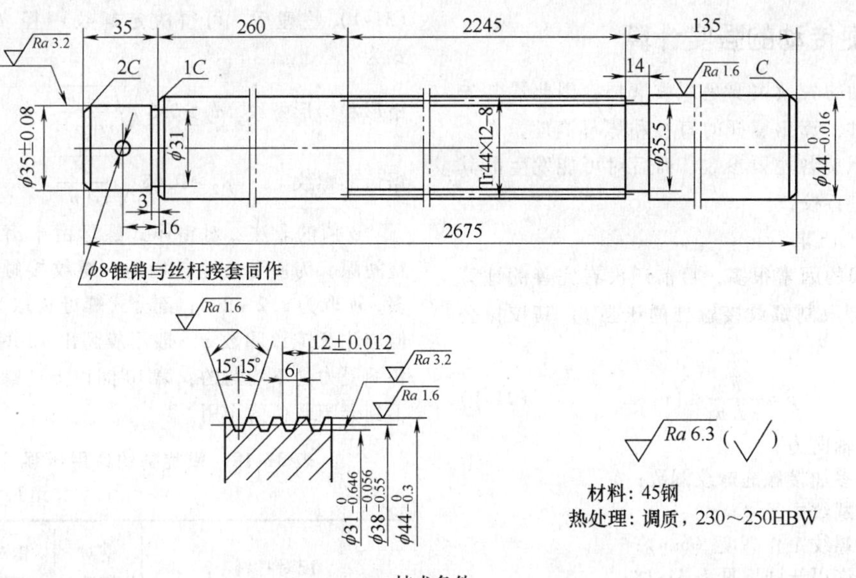

技术条件

1. 一个螺距误差0.012mm。
2. 螺距最大累积误差：在25mm内为0.018mm；在100mm内为0.025mm；在300mm内为0.035mm；长度每增加1000mm可增加0.01mm；螺纹全长为0.075mm。
3. 螺纹牙型半角公差±25′。
4. 螺纹全长的中径尺寸变动量为0.053mm。
5. 螺杆的中径及外径的径向跳动0.025mm。
6. ϕ35及ϕ44的径向跳动0.02mm。

图 31-4　螺杆零件图

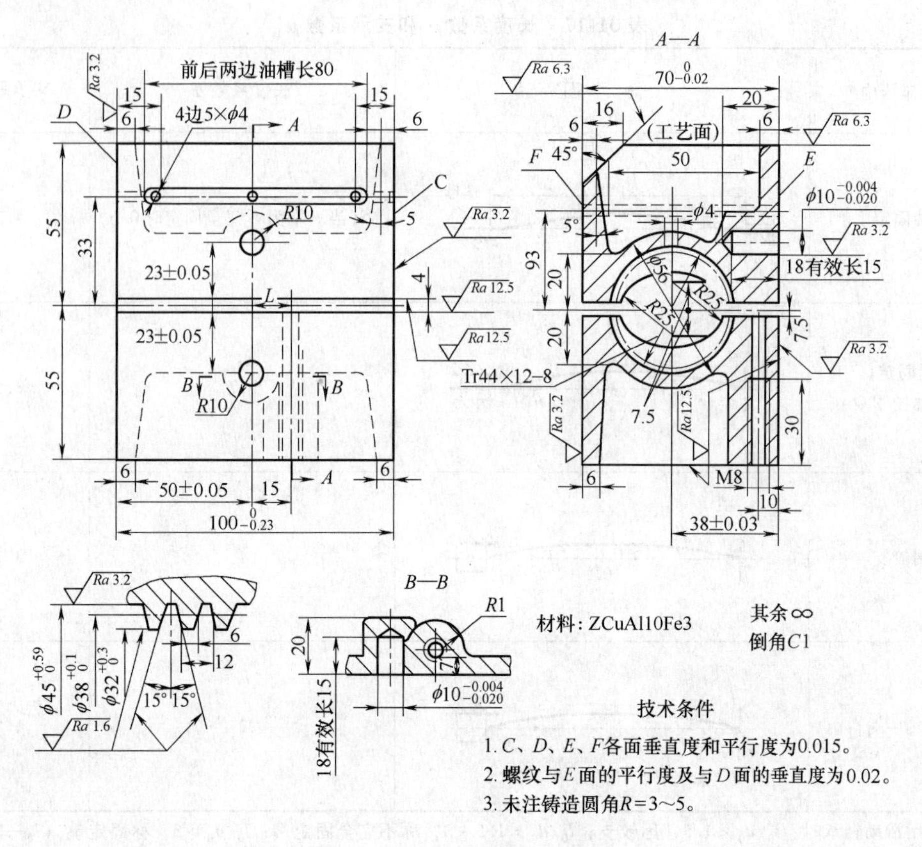

图 31-5　剖分式螺母零件图

31.3　螺旋传动的强度计算

螺旋传动的失效主要是螺纹磨损，因此通常先由耐磨性条件，算出螺杆的直径和螺母高度，并参照标准确定螺旋各主要参数，而后对可能发生的其他失效一一进行校核。

1. 耐磨性计算

影响磨损的因素很多，目前还没有完善的计算方法，通常是限制螺纹接触处的压强 p。其校核公式为

$$p=\frac{F}{\pi d_2 hz}\leqslant[p] \tag{31-1}$$

式中　F——轴向力；

z——参加接触的螺纹圈数；

d_2——螺纹中径（mm）；

h——螺纹工作高度（mm）；

$[p]$——许用压强，见表 31-18；

p——螺距。

为了设计方便，令 $\psi=\frac{H}{d_2}$，H 为螺母高度，又因 $z=\frac{H}{p}$，矩形和梯形螺纹的工作高度 $h=0.5p$，锯齿形螺纹的工作高度 $h=0.75p$，将这些关系代入式(31-1) 整理后，可得决定螺纹中径 d_2 的设计公式为

矩形和梯形螺纹　$$d_2\geqslant 0.8\sqrt{\frac{F}{\psi[p]}} \tag{31-2}$$

锯齿形螺纹　$$d_2\geqslant 0.65\sqrt{\frac{F}{\psi[p]}} \tag{31-3}$$

ψ 值的取法：对整体式螺母由于磨损后不能调整间隙，为使受力比较均匀，螺纹接触圈数不宜太多，ψ 取为 1.2～2.5；剖分式螺母 ψ 取为 2.5～3.5。但应注意螺纹圈数 z 一般不应超出 10 圈，因为螺纹各圈受力是不均匀的，第 10 圈以上的螺纹实际上起不到分担载荷的作用。

表 31-18　螺旋副的许用压强 [p]

（单位：MPa）

配对材料		钢对铸铁	钢对青铜	淬火钢对青铜
许用压强	速度 $v<12\text{m/min}$	4～7	7～10	10～13
	低速，如人力驱动等	10～18	15～25	—

注：对于精密传动或要求使用寿命长时，可取表中值的$\frac{1}{2}$～$\frac{1}{3}$。

计算所得的中径 d_2 应按标准选取相应的公称直径 d 及螺距 t。对有自锁要求的螺旋，尚需验算所选螺纹参数能否满足自锁条件。

2. 螺杆强度的校核

螺杆受有轴向力 F_r 因此在螺杆轴向产生压（或拉）应力；同时由于转矩 T 使螺杆截面内产生扭转应力，T 按螺杆实际受力的情况确定。根据压（或拉）应力和扭转应力按第四强度理论可求出危险截面的当量应力 σ_e，强度条件为

$$\sigma_e = \sqrt{\sigma^2 + 3\tau^2} = \sqrt{\left(\frac{4F}{\pi d_1^2}\right)^2 + 3\left(\frac{T}{\pi d_1^3/16}\right)^2} \leqslant [\sigma] \tag{31-4}$$

式中　d_1——螺纹内径；

$[\sigma]$——螺杆材料许用应力，对于碳钢可取为 $50 \sim 80\text{N/mm}^2$。

3. 螺杆稳定性的校核

细长螺杆受到较大轴向压力时，可能丧失稳定，其临界载荷与材料、螺杆长细比（或称柔度）$\lambda = \frac{\mu l}{i}$有关。

当 $\lambda \geqslant 100$ 时，临界载荷 F_c 由欧拉公式决定

$$F_c = \frac{\pi^2 EI}{(\mu l)^2} \tag{31-5}$$

式中　E——螺杆材料弹性模量，对于钢 $E = 2.06 \times 10^5\text{N/mm}^2$；

I——危险截面的惯性矩（mm^4），对螺杆可按螺纹内径 d_1 计算，即 $I = \frac{\pi d_1^4}{64}$；

l——螺杆的最大工作长度（mm）；

μ——长度系数，与螺杆端部结构有关，对于千斤顶可视为一端固定、一端自由，取 $\mu = 2$；对于压力机可视为一端固定、一端铰支，取 $\mu = 0.7$；对于传导螺杆可视为两端铰支，取 $\mu = 1$。

i——螺杆危险截面惯性半径（mm），若螺杆危险截面面积 $A = \frac{\pi d_1^2}{4}$（mm^2）；则 $i = \sqrt{\frac{I}{A}} = \frac{d_1}{4}$。

当 $\lambda < 100$ 时，对于 $R_m \geqslant 370\text{N/mm}^2$ 的碳钢（如 Q235 等）取

$$F_c = (304 - 1.12\lambda)\frac{\pi d_1^2}{4} \tag{31-6}$$

对于 $R_m \geqslant 470\text{N/mm}^2$ 的优质碳钢（如 35、40 号钢）取

$$F_c = (461 - 2.57\lambda)\frac{\pi d_1^2}{4} \tag{31-7}$$

当 $\lambda < 40$ 时，不必进行稳定性校核。

稳定性校核应满足的条件为

$$F \leqslant \frac{F_c}{S} \tag{31-8}$$

S 为稳定性校核的安全因数，通常取 $S = 2.5 \sim 4$，当不能满足上述条件时应增大螺纹内径。

4. 螺纹牙强度的校核

把螺母的螺纹牙看作在外径 d 处展开的悬臂梁（见图 31-6），其根部 aa 处的弯曲应力 σ 的校核式为

$$\sigma = \frac{3Fh}{\pi d b^2 z} \leqslant [\sigma] \tag{31-9}$$

根部 aa 处的剪应力 τ 的校核式为

$$\tau = \frac{F}{\pi d b z} \leqslant [\tau] \tag{31-10}$$

式中 b 为螺纹牙根部的宽度，对矩形螺纹取 $b = 0.5p$；梯形螺纹（GB/T 5796—2005）取 $b = 0.65p$；锯齿形螺纹（GB/T 13576—2008 取 $b = 0.74p$。若需校核螺杆螺纹牙的强度时，将式(31-9)和式(31-10)中的外径 d 换为内径 d_1 即可。

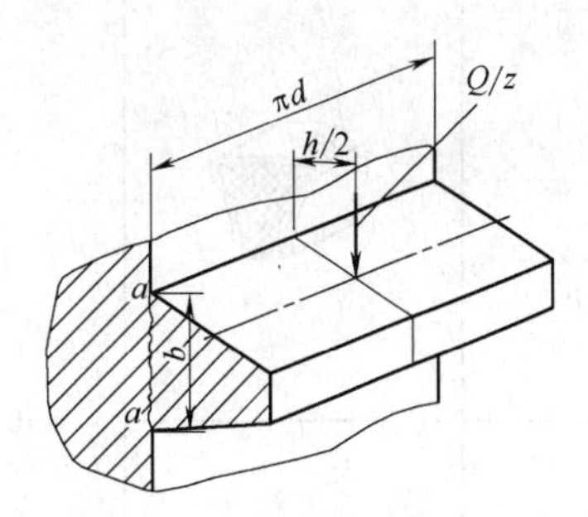

图 31-6　螺纹牙强度校核

对于铸铁螺母：$[\sigma] = 40 \sim 50\text{N/mm}^2$，$[\tau] = 40\text{N/mm}^2$；对于青铜螺母：$[\sigma] = 50\text{N/mm}^2$，$[\tau] = 30 \sim 40\text{N/mm}^2$。

第 32 章　带传动的设计

带传动是柔性传动。根据带传动的原理不同，带传动可分为摩擦型和啮合型两大类。摩擦型带传动过载时可以打滑（滑动率在 2% 以下），但传动比不准确；啮合型带传动可保证同步传动。根据带的形状不同，带传动可分为平带传动、V 带传动和同步带传动。按照传动用途分类，有一般工业用、汽车用和农机用带传动等。

就摩擦类型而言，可分为平带传动和 V 带传动。平带传动的抗拉强度较大，耐温性好，价格便宜；耐油性和耐热性能差；开边式较柔软；传动比 $i \leqslant 7$，带速为 15 ~ 30m/s，传递功率可达 500kW。而 V 带传动，带两侧与轮槽附着良好，当量摩擦因数较大，允许包角小，传动比较大，$i \leqslant 10$，带速 v 为 20 ~ 30m/s，最佳速度为 20m/s，中心距较小，预紧力较小，传递功率可达 700kW。

32.1　带传动的类型、特点与应用

常用带传动的类型、特点与应用见表 32-1，各种传动带的适用性见表 32-2。

表 32-1　带传动的类型、特点与应用

类型	带简图	传动比	带速 /(m/s)	传动效率 (%)	特点与应用
普通平带		≤7	15 ~ 30	83 ~ 95 有张紧轮 80 ~ 92	抗拉强度较大，耐湿性好，中心距大，价格低廉，但传动比小，效率较低，可呈交叉、半交叉及有导轮的角度传动，传动功率可达 500kW
普通 V 带		≤10	20 ~ 30 最佳 20	85 ~ 95	带两侧与轮槽附着较好，当量摩擦因数较大，允许包角小，传动比较大，中心距较小，预紧力较小，传动功率可达 700kW
窄 V 带		≤10	最佳 20 ~ 25 极限 40 ~ 50		带顶呈弓形，两侧呈内凹形，与普通 V 带相比，窄 V 带与轮槽接触面积增大，柔性增加，强力层上移，受力后仍保持整齐排列，除具有普通 V 带的特点外，能承受较大预紧力，速度和可挠曲次数提高，寿命延长，传动功率增大，单根可达 75kW；带轮宽度和直径可减小，费用比普通 V 带降低 20% ~ 40%。可以完全代替普通 V 带
联组 V 带			20 ~ 30	85 ~ 95	是窄 V 带的延伸产品。各 V 带长度一致，整体性好；各带受力均匀，横向刚度大，运转平稳，消除了单根带的振动；承载能力较高，寿命较长；适用于脉动负荷和有冲击振动的场合，特别是适用于垂直地面的平行轴传动。带轮尺寸加工要求精度高。目前只有 2 ~ 5 根的联组
多楔带			20 ~ 40		是在平带内表面纵向布有等间距 40°三角楔的环形带。兼有平带与联组 V 带的特点，但比联组带传递功率大，效率高，速度快，速比大，带体薄，比较柔软，小带轮直径可很小，机床中应用较多

（续）

类型	带简图	传动比	带速/(m/s)	传动效率（%）	特点与应用
梯形齿同步带		≤10	<1~40	98~99.5	靠齿啮合传动，速比准确，传动效率高，初张紧力最小，轴承承受压力最小，瞬时速度均匀，单位质量传递的功率最大；与链和齿轮传动相比，噪声小，不需润滑，传动比、线速度范围大，传递功率大；耐冲击振动较好，维修简便、经济。广泛用于各种机械传动中
圆弧齿同步带					同梯形齿同步带，且齿根应力集中小，寿命更长，传递功率比梯形齿高 1.2~2 倍，且噪声比梯形带要小。 青岛橡胶制品研究所引进了高转矩同步传动带专利及制造设备，目前已能生产这种同步带，P_{max} = 370kW，n_{max} = 5500r/min

注：本表仅介绍了几种常用带的类型。

现在，带传动的发展呈现两个特点：一是有窄 V 带逐渐取代普通 V 带的趋势；二是随着胶带制造技术的不断完善，梯形齿同步带及圆弧齿同步带在工业传动中将逐步得到广泛的应用。

表 32-2　各种传动带的适用性

类别		材质	类型	传动、环境条件																	
				紧凑性	允许速度/(m/s)	运行噪声	双面传动	背面张紧	对称面重合性	起停频繁	振动横转	粉尘条件	允许最高温度/℃	允许最低温度/℃	耐水性	耐油性	耐酸性	耐碱性	耐候性	防静电性	通用性
摩擦传动	平带	橡胶系	胶帆布平带	0	25	2	3	3	1~0	1	2	1	70	-40	1	0	1~0	1~0	2	0	3
			高速环形胶带	2	60	3	3	3	0	1	3	2	90	-30	1	1~0	1	1	2	3	2
		其他	棉麻织带	2	25(50)	3	3	3	0	1	2	0	50	-40	0	1	0	1	2	0	1
			毛织带	0	30	2	3	3	0	1	2	2	60	-40	1	1	1	0	2	0	1
			锦纶片复合平带	2	80	3	3	3	0	1	3	1	80	-30	1	2	1	1	2	3	3
	V 带	橡胶系	普通 V 带	2	30	2	1	1	1~0	2	2	1	70	-40	1	1	1	1	2	0	3
			轻型 V 带	2	30	2	1	2	1~0	3	2	1	70~90	-30~-40	1	1	1	1	2	3~0	2
			窄 V 带	3	30	2	1	1~0	0	2	2	1	90	-30	1	1	1	1	3	3	3
			联组 V 带	2~3	30~40	2	1	1~0	0	2	3	1	70~90	-30~-40	1	1	1	1	2~3	3	2
			汽车 V 带	3	30	2	1	1~0	0	2	2	1	90	-30	1	1	1	1	3	3	3
			齿形 V 带	3	40	2	1	1	0	2	2	1	90	-30	1	1	1	1	3	0	1
			宽 V 带	2	30	2	0	0	0	2	3	1	90	-30	1	1	1	1	3	0	3
		聚氨酯系	大楔角 V 带	3	45	2	0	0	0	1	2	3	60	-40	1	3	1~0	1~0	2	0	2

（续）

类别		材质	类型	传动、环境条件																	
				紧凑性	允许速度/(m/s)	运行噪声	双面传动	背面张紧	对称面重合性	起停频繁	振动横传	粉尘条件	允许最高温度/℃	允许最低温度/℃	耐水性	耐油性	耐酸性	耐碱性	耐候性	防静电性	通用性
摩擦传动	特殊带	橡胶系	多楔带	3	40	2	0	2	0	2	3	2	90	-30	1	1	1	1	3	2	1
			双面V带	2	30	2	3	3	1~0	2	2	1	70	-40	1	1	1	1	2	3	1
		聚氨酯系	多楔带	2	40	2	0	2	0	1	3	2	60	-40	1	3	1~0	1~0	2	0	2
			圆形带	0	20	2	3	2	1~0	1	2	2	60	-20	0	3	1~0	1~0	2	0	2
啮合传动	同步带	橡胶系	梯形齿同步带	2	40	1	0	3	0	2~1	3	2	90	-35	1	1~2	1	1	2	3~0	3
			弧齿同步带	2	40	1	0	3	0	2~1	3	2	90	-35	1	2	1	1	2	3~0	2
		聚氨酯系	梯形齿同步带	2	30	1	0	3	0	2~1	3	2	60	-20	1	3	1	1	2	0	2

注：3—良好的使用性，2—可以使用，1—必要时可以用，0—不适用。

32.2 V带传动的设计

由于V带传动应用最多，下面以V带为例介绍带传动的设计。

设计的主要内容如下：原动机种类、工作机的名称及其特性、原动机额定功率和转速、工作制度、带传动的传动比、小带轮高速轴的转速、许用带轮直径、轴间距要求等。设计需要满足的条件如下：

运动学的条件：传动比 $i=n_1/n_2=d_2/d_1$。

几何条件：带轮直径、带长、中心距应满足一定的几何关系。

传动能力条件：带传动有足够的承载能力和寿命。

其他条件：中心距、小轮包角、带速度应在合理范围内。

此外还应考虑经济性、工艺性的要求。

设计结果包括：带的种类、带型，所需带的根数或带宽、带长，带轮直径，轴间距，带轮的结构和尺寸，预紧力，轴载荷和张紧方法等。

V带和带轮有两种宽度制，即基准宽度制和有效宽度制。

基准宽度制是以基准线的位置和基准宽度 b_d（见图32-1a）来定义带轮的槽型和尺寸。当V带的节面与带轮的基准直径重合时，带轮的基准宽度即为V带节面在轮槽内相应位置的槽宽，用以表示轮槽截面的特征值。基准宽度不受公差影响，是带轮和带标准化的基本尺寸。

有效宽度制规定轮槽两侧边的最外端宽度为有效宽度 b_e（见图32-1b），该尺寸不受公差影响，在轮槽有效宽度处的直径为有效直径。

由于尺寸制的不同，带的长度分别以基准长度和有效长度来表示。基准长度是在规定的张紧力下，V带位于测量带轮基准直径处的周长；有效长度则是在规定的张紧力下，V带位于测量带轮有效直径处的周长。

普通V带是用基准宽度制，窄V带则由于尺寸制的不同，有两种尺寸系列。在设计计算时，基本原理和计算公式是相同的，尺寸则有差别。

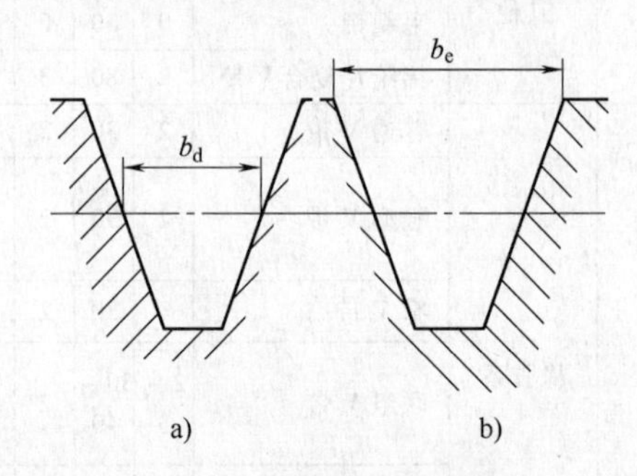

图32-1　V带的两种宽度制

1. V带的尺寸规格

普通V带和窄V带（基准宽度制）的截面尺寸和露出高度见表32-3，有效宽度制窄V带截面尺寸见表 32-4。窄 V 带的力学性能要求见表 32-5，普通 V 带的基准长度系列见表 32-6，当表中数不能满足要求时，可按表 32-7 选取普通 V 带基准长度。窄 V 带基准长度见表 32-8，窄 V 带有效长度见表 32-9。

表 32-3　V 带（基准宽度制）的截面尺寸（GB/T 11544—1997）　　（单位：mm）

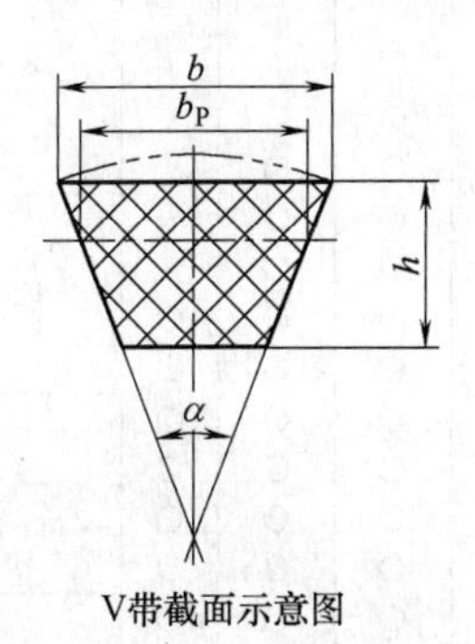

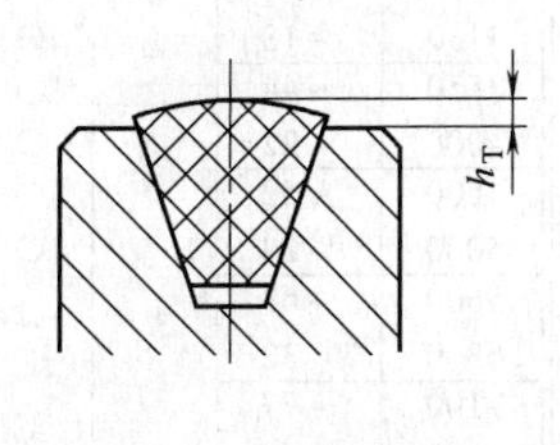

V带截面示意图

规定标记：
型号为 SPA 型基准长度为 1250mm 的窄 V 带
标记示例：
SPA1250　GB/T 11544—1997

型号		节宽 b_P	顶宽 b	高度 h	楔角 α	露出高度 h_T		适用槽形的基准宽度 b_d
						最大	最小	
普通 V 带	Y	5.3	6	4.0	40°	+0.8	−0.8	5.3
	Z	8.5	10	6.0		+1.6	−1.6	8.5
	A	11	13	8.0		+1.6	−1.6	11
	B	14	17	11.0		+1.6	−1.6	14
	C	19	22	14.0		+1.5	−2.0	19
	D	27	32	19.0		+1.6	−3.2	27
	E	32	38	23.0		+1.6	−3.2	32
窄 V 带	SPZ	8	10	8.0	40°	+1.1	−0.4	8.5
	SPA	11	13	10.0		+1.3	−0.6	11
	SPB	14	17	14.0		+1.4	−0.7	14
	SPC	19	32	18.0		+1.5	−1.0	19

表 32-4　有效宽度制窄 V 带截面尺寸
（GB/T 11544—1997）
（单位：mm）

型号	截面尺寸		最大露出高度 h_r
	顶宽 b	高度 h	
9N(3V)	9.5	8.0	2.5
15N(5V)	16.0	13.5	3.0
25N(8V)	25.5	23.0	4.1

表 32-5　窄 V 带的力学性能要求
（GB/T 12730—2008）

项目	指标				
	SPZ、9N	SPA	SPB、15N	SPC	25N
拉伸强度 /kN≥	2.3	3.0	5.4	9.8	12.7
参考力 /kN	0.8	1.1	2.0	3.9	5.0
伸长率 (%)≤	4				5
粘合强度 /(kN/m)≥	12			18	22

表 32-6　普通 V 带的基准长度系列（GB/T 11544—1997）　　（单位：mm）

基准长度 L_d		带型					配组公差	基准长度 L_d		带型					配组公差
基本尺寸	极限偏差	Y	Z	A	B	C		基本尺寸	极限偏差	A	B	C	D	E	
200	+8	○					2	2240	+31	○	○	○			8
224		○						2500	−16	○	○	○			
250	−4	○						2800	+37		○	○	○		
280	+9	○						3150	−18		○	○	○		
316	−4	○						3550	+44		○	○	○		12
355	+10	○						4000	−22		○	○	○		
400	−5	○	○					4500	+52		○	○	○	○	
450	+11	○	○					5000	−28		○	○	○	○	
500	−6	○	○					5600	+63			○	○	○	20
560	+13		○					6300	−32			○	○	○	
630	−6		○	○				7100	+77			○	○	○	
710	+15		○	○				8000	−38			○	○	○	
800	−7		○	○				9000	+93			○	○	○	32
900	+17		○	○	○			10000	−46				○	○	
1000	−8		○	○	○			11200	+112				○	○	
1120	+19		○	○	○			12500	−56				○	○	
1250	−10		○	○	○			14000	+140				○	○	48
1400	+23		○	○	○		4	16000	−70					○	
1600	−11		○	○	○			18000	+170					○	
1800	+27			○	○	○		20000	−85					○	
2500	−13			○	○	○									

表 32-7　普通 V 带基准长度（GB/T 11544—1997）　　（单位：mm）

型号						型号						型号					
Z	A	B	C	D	E	Z	A	B	C	D	E	Z	A	B	C	D	E
405	630	930	1565	2740	4660	1080	1430	1950	3080	6100	12230		2300	3600	7600	15200	
475	700	1000	1760	3100	5040	1330	1550	2180	3520	6840	13750		2480	4060	9100		
530	790	1100	1950	3330	5420	1420	1640	2300	4060	7620	15280		2700	4430	10700		
625	890	1210	2195	3730	6100	1540	1750	2500	4600	9140	16800			4820			
700	990	1370	2420	4080	6850		1940	2700	5380	10700				5370			
780	1100	1560	2715	4620	7650		2050	2870	6100	12200				6070			
820	1250	1760	2880	5400	9150		2200	3200	6815	13700							

表 32-8　基准宽度制窄 V 带的基准长度系列（GB/T 11544—1997）　　（单位：mm）

基准长度 L_d		带型				配组公差	基准长度 L_d		带型				配组公差
基本尺寸	极限偏差	SPZ	SPA	SPB	SPC		基本尺寸	极限偏差	SPZ	SPA	SPB	SPC	
630	±6	○				2	2800	±32	○	○	○	○	4
							3150		○	○	○	○	
710	±8	○					3550	±40	○	○	○	○	6
800		○	○				4000			○	○	○	
900	±10	○	○				4500	±50		○	○	○	
1000		○	○				5000				○	○	
1120	±13	○	○				5600	±63			○	○	10
1250		○	○				6300				○	○	
1400	±16	○	○	○			7100	±80			○	○	
1600		○	○	○			8000				○	○	
1800	±20	○	○	○			9000	±100				○	16
2000		○	○	○	○		10000					○	
2240	±25	○	○	○	○	4	11200	±125				○	
2500		○	○	○	○		12500					○	

表 32-9 有效宽度制窄 V 带长度系列（GB/T 11544—1997） （单位：mm）

公称有效长度			极限偏差	配组差
型号				
9N	15N	25N		
630			±8	4
670			±8	4
710			±8	4
760			±8	4
800			±8	4
850			±8	4
900			±8	4
950			±8	4
1015			±8	4
1080			±8	4
1145			±8	4
1205			±8	4
1270	1270		±8	4
1345	1345		±10	4
1420	1420		±10	6
1525	1525		±10	6
1600	1600		±10	6
1700	1700		±10	6

公称有效长度			极限偏差	配组差
型号				
9N	15N	25N		
1800	1800		±10	6
1900	1900		±10	6
2030	2030		±10	6
2160	2160		±13	6
2290	2290		±13	6
2410	2410		±13	6
2540	2540	2540	±13	6
2690	2690	2690	±15	6
2840	2840	2840	±15	10
3000	3000	3000	±15	10
3180	3180	3180	±15	10
3350	3350	3350	±15	10
3550	3550	3550	±15	10
	3810	3810	±20	10
	4060	4060	±20	10
	4320	4320	±20	10
	4570	4570	±20	10
	4830	4830	±20	10

公称有效长度			极限偏差	配组差
型号				
9N	15N	25N		
	5080	5080	±20	10
	5380	5380	±20	10
	5690	5690	±20	10
	6000	6000	±20	10
	6350	6350	±20	16
	6730	6730	±20	16
	7100	7100	±20	16
	7620	7620	±20	16
	8000	8000	±25	16
	8500	8500	±25	16
	9000	9000	±25	16
		9500	±25	16
		10160	±25	16
		10800	±30	16
		11430	±30	16
		12060	±30	24
		12700	±30	24

2. V 带传动的设计

（1）主要的失效形式

1）带在带轮上打滑，不能传递动力。

2）带由于疲劳产生脱层、撕裂和拉断。

3）带的工作面磨损。

保证带在工作中不打滑，并具有一定的疲劳强度和使用寿命，是 V 带传动设计的主要依据，也是依靠摩擦传动的其他带传动的主要依据。

（2）V 带传动的设计计算

V 带传动的设计计算见表 32-10。

表 32-10 V 带传动的设计计算

序号	计算项目	符号	单位	计算公式和参数选定	说明
1	设计功率	P_d	kW	$P_d=K_AP$	P——传递功率(kW) K_A——工况系数,查表 32-11
2	选定带型			根据 P_d 和 n_1 由图 32-2、图 32-3 或图 32-4 选取	n_1——小带轮转速(r/min)
3	传动比	i		$i=\dfrac{n_1}{n_2}=\dfrac{d_{p2}}{d_{p1}}$ 若计入滑动率 $i=\dfrac{n_1}{n_2}=\dfrac{d_{p2}}{(1-\varepsilon)d_{p1}}$ 通常 $\varepsilon=0.01\sim0.02$	n_2——大带轮转速(r/min) d_{p1}——小带轮的节圆直径(mm) d_{p2}——大带轮的节圆直径(mm) ε——弹性滑动率 通常带轮的节圆直径可视为基准直径
4	小带轮的基准直径	d_{d1}	mm	按表 32-17 和表 32-18 选定	为提高 V 带的寿命,宜选取较大的直径
5	大带轮的基准直径	d_{d2}	mm	$d_{d2}=id_{d1}(1-\varepsilon)$	d_{d2}应按表 32-17 和表 32-18 选取标准值
6	带速	v	m/s	$v=\dfrac{\pi d_{p1}n_1}{60\times1000}\leqslant v_{max}$ 普通 V 带 $v_{max}=25\sim30$ 窄 V 带 $v_{max}=35\sim40$	一般 v 不得低于 5m/s 为充分发挥 V 带的传动能力,应使 $v\approx20$m/s

（续）

序号	计算项目	符号	单位	计算公式和参数选定	说　明
7	初定轴间距	a_0	mm	$0.7(d_{d1}+d_{d2})\leqslant a_0<2(d_{d1}+d_{d2})$	或根据结构要求定
8	所需基准长度	L_{d0}	mm	$L_{d0}=2a_0+\frac{\pi}{2}(d_{d1}+d_{d2})+\frac{(d_{d2}-d_{d1})^2}{4a_0}$	由表 32-6 ~ 表 32-8 选取相近的 L_d 对有效宽度制 V 带，按有效直径计算所需带长度由表 32-9 选相近带长
9	实际轴间距	a	mm	$a\approx a_0+\frac{L_d-L_{d0}}{2}$	安装时所需最小轴间距 $a_{min}=a-0.015L_d$ 张紧或补偿伸长所需最大轴间距 $a_{max}=a+0.03L_d$
10	小带轮包角	α_1	°	$\alpha_1=180°-\frac{d_{d2}-d_{d1}}{a}\times57.3$	如 α_1 较小，应增大 a 或用张紧轮
11	单根 V 带传递的额定功率	P_1	kW	根据带型、d_{d1} 和 n_1 查表 32-16 a ~ n	P_1 是 $\alpha=180°$、载荷平稳时，特定基准长度的单根 V 带基本额定功率
12	传动比 $i\neq1$ 的额定功率增量	ΔP_1	kW	根据带型、n_1 和 i 查表 32-16 a ~ n	
13	V 带的根数	z		$z=\frac{P_d}{(P_1+\Delta P_1)K_\alpha K_L}$	K_α——小带轮包角修正系数，查表 32-12 K_L——带长修正系数，查表 32-14 和表 32-15
14	单根 V 带的预紧力	F_0	N	$F_0=500\left(\frac{2.5}{K_\alpha}-1\right)\frac{P_d}{zv}+mv^2$	m——V 带每米长的质量（查表 32-13）(kg/m)
15	作用在轴上的力	F_r	N	$F_r=2F_0z\sin\frac{\alpha_1}{2}$	
16	带轮的结构和尺寸			按表 32-18 ~ 表 32-22 选定	见本章 32.3 节

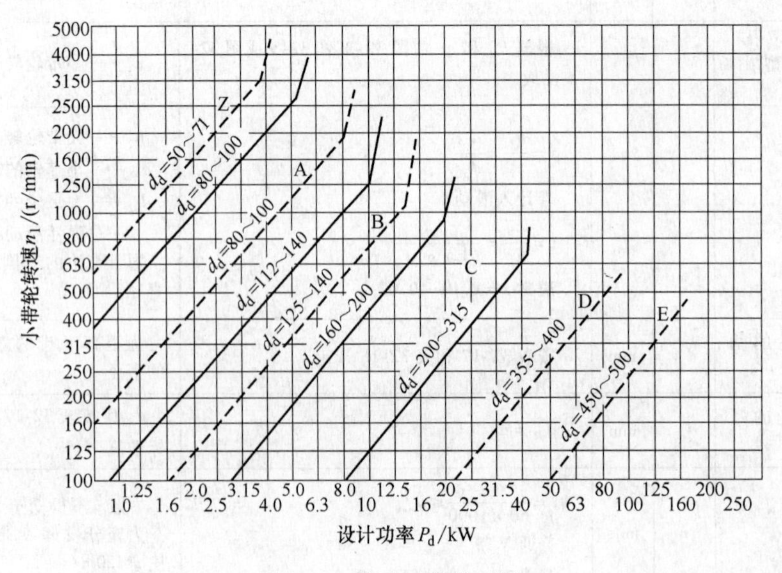

图 32-2　普通 V 带选型图

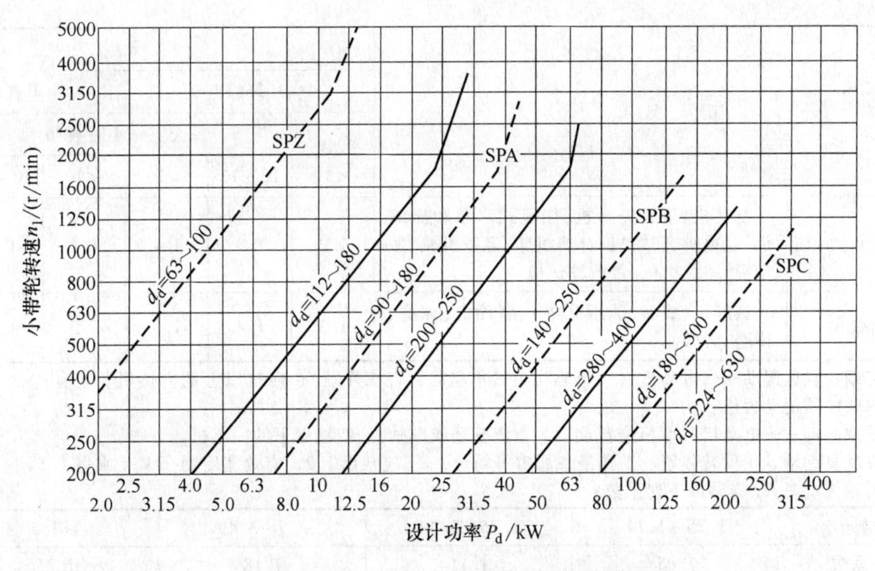

图 32-3　窄 V 带（基准宽度制）选型图

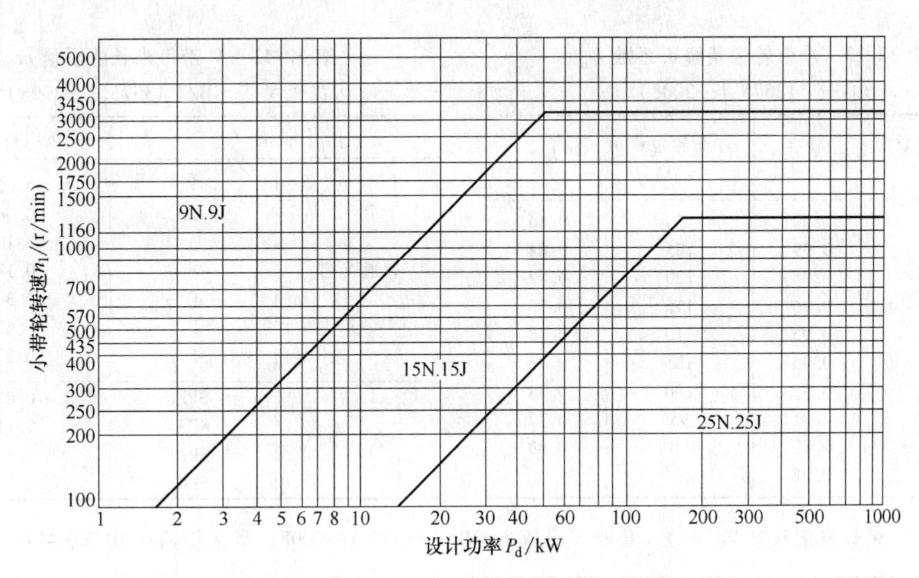

图 32-4　窄 V 带（有效宽度制）选型图

表 32-11　工况系数 K_A（GB/T 13575.1—2008）

工　况		K_A					
		空载、轻载起动			重载起动		
		每天工作小时数/h					
		<10	10~16	>16	<10	10~16	>16
载荷变动最小	液体搅拌机、通风机和鼓风机（≤7.5kW）、离心式水泵和压缩机、轻载荷输送机	1.0	1.1	1.2	1.1	1.2	1.3
载荷变动小	带式输送机（不均匀负荷）、通风机（>7.5kW）、旋转式水泵和压缩机（非离心式）、发电机、金属切削机床、印刷机、旋转筛和木工机械	1.1	1.2	1.3	1.2	1.3	1.4

（续）

工况		K_A					
		空载、轻载起动			重载起动		
		每天工作小时数/h					
		<10	10~16	>16	<10	10~16	>16
载荷变动较大	制砖机、斗式提升机、往复式水泵和压缩机、起重机、磨粉机、冲剪机床、橡胶机械、振动筛、纺织机械、重载输送机	1.2	1.3	1.4	1.4	1.5	1.6
载荷变动很大	破碎机（旋转式、颚式等）、磨碎机（球磨、棒磨、管磨）	1.3	1.4	1.5	1.5	1.6	1.8

注：1. 空载、轻载起动——电动机（交流起动、三角起动、直流并励）、四缸以上的内燃机、装有离心式离合器、液力联轴器的动力机。

2. 重载起动——电动机（联机交流起动、直流复励或串励）、四缸以下的内燃机。

3. 在反复起动、正反转频繁、工作条件恶劣等场合，K_A 应乘以 1.2，有效宽度制窄 V 带乘以 1.1。

4. 增速传动时 K_A 应乘以下列系数：

增速比	1.25~1.74	1.75~2.49	2.5~3.49	≥3.5
系数	1.05	1.11	1.18	1.25

表 32-12　小带轮包角修正系数 K_α

（GB/T 13575.1—2008）

小带轮包角（°）	K_α	小带轮包角（°）	K_α
180	1.00	130	0.86
175	0.99	125	0.84
170	0.98	120	0.82
165	0.96	115	0.80
160	0.95	110	0.78
155	0.93	105	0.76
150	0.92	100	0.74
145	0.91	95	0.72
140	0.89	90	0.69
135	0.88		

表 32-13　V 带每米长的质量 m

（普通 V 带 GB/T 13575.1—2008）

带型		m/(kg/m)
普通 V 带	Y	0.023
	Z	0.060
	A	0.105
	B	0.170
	C	0.300
	D	0.630
	E	0.970
窄 V 带	SPZ	0.072
	SPA	0.112
	SPB	0.192
	SPC	0.370

表 32-14　带长修正系数 K_L（1）（普通 V 带摘自 GB/T 13575.1—2008，窄 V 带摘自 JB/ZQ 4175—2006）

基准带长 L_d/mm	K_L 普通 V 带													
	Y L_d	K_L	Z L_d	K_L	A L_d	K_L	B L_d	K_L	C L_d	K_L	D L_d	K_L	E L_d	K_L
普通 V 带	200	0.81	405	0.87	630	0.81	930	0.83	1565	0.82	2740	0.82	4660	0.91
	224	0.82	475	0.90	700	0.83	1000	0.84	1760	0.85	3100	0.86	5040	0.92
	250	0.84	530	0.93	790	0.85	1100	0.86	1950	0.87	3330	0.87	5420	0.94
	280	0.87	625	0.96	890	0.87	1210	0.87	2195	0.90	3730	0.90	6100	0.96
	315	0.89	700	0.99	990	0.89	1370	0.90	2420	0.92	4080	0.91	6850	0.99
	355	0.92	780	1.00	1100	0.91	1560	0.92	2715	0.94	4620	0.94	7650	1.01
	400	0.96	920	1.04	1250	0.93	1760	0.94	2880	0.95	5400	0.97	9150	1.05

基准长度 L_d/mm	K_L 窄 V 带 SPZ	SPA	SPB	SPC
630	0.82			
710	0.84			
800	0.86	0.81		
900	0.88	0.83		
1000	0.90	0.85		
1120	0.93	0.87		
1250	0.94	0.89	0.82	
1400	0.96	0.91	0.84	
1600	1.00	0.93	0.86	
1800	1.01	0.95	0.88	

（续）

基准带长 L_d/mm	Y L_d	K_L	Z L_d	K_L	A L_d	K_L	B L_d	K_L	C L_d	K_L	D L_d	K_L	E L_d	K_L	基准长度 L_d/mm	SPZ	SPA	SPB	SPC
	K_L															K_L			
	普通 V 带															窄 V 带			
	450	1.00	1080	1.07	1430	0.96	1950	0.97	3080	0.97	6100	0.99	12230	1.11	2000	1.02	0.96	0.90	0.81
	500	1.02	1330	1.13	1550	0.98	2180	0.99	3520	0.99	6840	1.02	13750	1.15	2240	1.05	0.98	0.92	0.83
			1420	1.14	1640	0.99	2300	1.01	4060	1.02	7620	1.05	15280	1.17	2500	1.07	1.00	0.94	0.86
			1540	1.54	1750	1.00	2500	1.03	4600	1.05	9140	1.08	16800	1.19	2800	1.09	1.02	0.96	0.88
					1940	1.02	2700	1.04	5380	1.08	10700	1.13			3150	1.11	1.04	0.98	0.90
					2050	1.04	2870	1.05	6100	1.11	12200	1.16			3550	1.13	1.06	1.00	0.92
普通V带					2200	1.06	3200	1.07	6815	1.14	13700	1.19			4000		1.08	1.02	0.94
					2300	1.07	3600	1.09	7600	1.17	15200	1.21			4500		1.09	1.04	0.96
					2480	1.09	4060	1.13	9100	1.21					5000			1.06	0.98
					2700	1.10	4430	1.15	10700	1.24					5600			1.08	1.00
							4820	1.17							6300			1.10	1.02
							5370	1.20							7100			1.12	1.04
							6070	1.24							8000			1.14	1.06
															9000				1.08
															10000				1.10
															11200				1.12
															12500				1.14

表 32-15　带长修正系数 K_L（2）（用于有效宽度制窄 V 带）（GB/T 13575.2—2008）

有效长度 L_e/mm	带型 9N、9J	15N、15J	25N、25J
630	0.83		
670	0.84		
710	0.85		
760	0.86		
800	0.87		
850	0.88		
900	0.89		
950	0.90		
1050	0.92		
1080	0.93		
1145	0.94		
1205	0.95		
1270	0.96	0.85	
1345	0.97	0.86	
1420	0.98	0.87	
1525	0.99	0.88	
1600	1.00	0.89	
1700	1.01	0.90	
1800	1.02	0.91	
1900	1.03	0.92	
2030	1.04	0.93	
2160	1.06	0.94	
2290	1.07	0.95	
2410	1.08	0.96	
2540	1.09	0.96	0.87
2690	1.10	0.97	0.88
2840	1.11	0.98	0.88
3000	1.12	0.99	0.89
3180	1.13	1.00	0.90
3350	1.14	1.01	0.91
3550	1.15	1.02	0.92
3810		1.03	0.93
4060		1.04	0.94
4320		1.05	0.94
4570		1.06	0.95
4830		1.07	0.96
5080		1.08	0.97
5380		1.09	0.98
5690		1.09	0.98
6000		1.10	0.99
6350		1.11	1.00
6730		1.12	1.01
7100		1.13	1.02
7620		1.14	1.03
8000		1.15	1.03
8500		1.16	1.04
9000		1.17	1.05
9500			1.06
10160			1.07
10800			1.08
11430			1.09
12060			1.09
12700			1.10

表 32-16a　Y 型 V 带的额定功率（GB/T 13575.1—2008）　　（单位：kW）

n_1 /(r/min)	小带轮基准直径 d_{d1}/mm								传动比 i									
	20	25	28	31.5	35.5	40	45	50	1.00~1.01	1.02~1.04	1.05~1.08	1.09~1.12	1.13~1.18	1.19~1.24	1.25~1.34	1.35~1.50	1.51~1.99	≥2.00
	单根 V 带的基本额定功率 P_1								$i \neq 1$ 时额定功率的增量 ΔP_1									
200	—	—	—	—	—	—	—	0.04	0.00	0.00	0.00	0.00	0.00	0.00	0.00	0.00	0.00	0.00
400	—	—	—	—	—	—	0.04	0.05	0.00	0.00	0.00	0.00	0.00	0.00	0.00	0.00	0.00	0.00
700	—	—	—	0.03	0.04	0.04	0.05	0.06	0.00	0.00	0.00	0.00	0.00	0.00	0.00	0.00	0.00	0.00
800	—	0.03	0.03	0.04	0.05	0.05	0.06	0.07	0.00	0.00	0.00	0.00	0.00	0.00	0.00	0.00	0.00	0.00
950	0.01	0.03	0.04	0.05	0.05	0.06	0.07	0.08	0.00	0.00	0.00	0.00	0.00	0.00	0.01	0.01	0.01	0.01
1200	0.02	0.03	0.04	0.05	0.06	0.07	0.08	0.09	0.00	0.00	0.00	0.00	0.00	0.00	0.01	0.01	0.01	0.01
1450	0.02	0.04	0.05	0.06	0.06	0.08	0.09	0.11	0.00	0.00	0.00	0.00	0.00	0.01	0.01	0.01	0.01	0.01
1600	0.03	0.05	0.05	0.06	0.07	0.09	0.11	0.12	0.00	0.00	0.00	0.00	0.00	0.01	0.01	0.01	0.01	0.01
2000	0.03	0.05	0.06	0.07	0.08	0.11	0.12	0.14	0.00	0.00	0.00	0.00	0.00	0.01	0.01	0.01	0.01	0.02
2400	0.04	0.06	0.07	0.09	0.09	0.12	0.14	0.16	0.00	0.00	0.00	0.00	0.01	0.01	0.01	0.01	0.02	0.02
2800	0.04	0.07	0.08	0.10	0.11	0.14	0.16	0.18	0.00	0.00	0.00	0.01	0.01	0.01	0.01	0.02	0.02	0.02
3200	0.05	0.08	0.09	0.11	0.12	0.15	0.17	0.20	0.00	0.00	0.00	0.01	0.01	0.01	0.02	0.02	0.02	0.02
3600	0.06	0.08	0.10	0.12	0.13	0.16	0.19	0.22	0.00	0.00	0.01	0.01	0.01	0.02	0.02	0.02	0.02	0.03
4000	0.06	0.09	0.11	0.13	0.14	0.18	0.20	0.23	0.00	0.00	0.01	0.01	0.01	0.02	0.02	0.02	0.03	0.03
4500	0.07	0.10	0.12	0.14	0.16	0.19	0.21	0.24	0.00	0.00	0.01	0.01	0.01	0.02	0.02	0.02	0.03	0.03
5000	0.08	0.11	0.13	0.15	0.18	0.20	0.23	0.25	0.00	0.01	0.01	0.01	0.01	0.02	0.02	0.02	0.03	0.03
5500	0.09	0.12	0.14	0.16	0.19	0.22	0.24	0.26	0.00	0.01	0.01	0.01	0.01	0.02	0.02	0.02	0.03	0.03
6000	0.10	0.13	0.15	0.17	0.20	0.24	0.26	0.27	0.00	0.01	0.01	0.01	0.01	0.02	0.02	0.02	0.03	0.03

表 32-16b　Z 型 V 带的额定功率（GB/T 13575.1—2008）　　（单位：kW）

n_1 /(r/min)	小带轮基准直径 d_{d1}/mm						传动比 i									
	50	56	63	71	80	90	1.00~1.01	1.02~1.04	1.05~1.08	1.09~1.12	1.13~1.18	1.19~1.24	1.25~1.34	1.35~1.50	1.51~1.99	≥2.00
	单根 V 带的基本额定功率 P_1						$i \neq 1$ 时额定功率的增量 ΔP_1									
200	0.04	0.04	0.05	0.06	0.10	0.10	0.00	0.00	0.00	0.00	0.00	0.00	0.00	0.00	0.00	0.00
400	0.06	0.06	0.08	0.09	0.14	0.14	0.00	0.00	0.00	0.00	0.00	0.00	0.00	0.00	0.01	0.01
700	0.09	0.11	0.13	0.17	0.20	0.22	0.00	0.00	0.00	0.00	0.00	0.00	0.01	0.01	0.01	0.02
800	0.10	0.12	0.15	0.20	0.22	0.24	0.00	0.00	0.00	0.00	0.01	0.01	0.01	0.01	0.02	0.02
960	0.12	0.14	0.18	0.23	0.26	0.28	0.00	0.00	0.00	0.01	0.01	0.01	0.01	0.02	0.02	0.02
1200	0.14	0.17	0.22	0.27	0.30	0.33	0.00	0.00	0.01	0.01	0.01	0.01	0.02	0.02	0.02	0.03
1450	0.16	0.19	0.25	0.30	0.35	0.36	0.00	0.00	0.01	0.01	0.01	0.02	0.02	0.02	0.02	0.03
1600	0.17	0.20	0.27	0.33	0.39	0.40	0.00	0.01	0.01	0.01	0.01	0.02	0.02	0.02	0.03	0.03
2000	0.20	0.25	1.32	0.39	0.44	0.48	0.00	0.01	0.01	0.02	0.02	0.02	0.02	0.03	0.03	0.04
2400	0.22	0.30	0.37	0.46	0.50	0.54	0.00	0.01	0.02	0.02	0.02	0.03	0.03	0.03	0.04	0.04
2800	0.26	0.33	0.41	0.50	0.56	0.60	0.00	0.01	0.02	0.02	0.03	0.03	0.03	0.04	0.04	0.04
3200	0.28	0.35	0.45	0.54	0.61	0.64	0.00	0.01	0.03	0.03	0.03	0.03	0.03	0.04	0.04	0.05
3600	0.30	0.37	0.47	0.58	0.64	0.68	0.00	0.02	0.03	0.03	0.03	0.04	0.04	0.04	0.05	0.05
4000	0.32	0.39	0.49	0.61	0.67	0.72	0.00	0.02	0.03	0.04	0.04	0.04	0.04	0.05	0.05	0.06
4500	0.33	0.40	0.50	0.62	0.67	0.73	0.00	0.02	0.03	0.04	0.04	0.04	0.05	0.05	0.06	0.06
5000	0.34	0.41	0.50	0.62	0.66	0.73	0.00	0.02	0.03	0.04	0.04	0.04	0.05	0.05	0.06	0.06
5500	0.33	0.41	0.49	0.61	0.64	0.65	0.00	0.02	0.03	0.04	0.04	0.04	0.05	0.05	0.06	0.06
6000	0.31	0.40	0.48	0.56	0.61	0.56	0.00	0.02	0.03	0.04	0.04	0.04	0.05	0.05	0.06	0.06

表 32-16c　A 型 V 带的额定功率（GB/T 13575.1—2008）　　（单位：kW）

n_1 /(r/min)	小带轮基准直径 d_{d1}/mm								传动比 i									
	75	90	100	112	125	140	160	180	1.00~1.01	1.02~1.04	1.05~1.08	1.09~1.12	1.13~1.18	1.19~1.24	1.25~1.34	1.35~1.51	1.52~1.99	≥2.00
	单根 V 带的基本额定功率 P_1								$i \neq 1$ 时额定功率的增量 ΔP_1									
200	0.15	0.22	0.26	0.31	0.37	0.43	0.51	0.59	0.00	0.00	0.01	0.01	0.01	0.01	0.02	0.02	0.02	0.03
400	0.26	0.39	0.47	0.56	0.67	0.78	0.94	1.09	0.00	0.01	0.01	0.02	0.02	0.03	0.03	0.04	0.04	0.05
700	0.40	0.61	0.74	0.90	1.07	1.26	1.51	1.76	0.00	0.01	0.02	0.03	0.04	0.05	0.06	0.07	0.08	0.09
800	0.45	0.68	0.83	1.00	1.19	1.41	1.69	1.97	0.00	0.01	0.02	0.03	0.04	0.05	0.06	0.08	0.09	0.10
950	0.51	0.77	0.95	1.15	1.37	1.62	1.95	2.27	0.00	0.01	0.03	0.04	0.05	0.06	0.07	0.08	0.10	0.11
1200	0.60	0.93	1.14	1.39	1.66	1.96	2.36	2.74	0.00	0.02	0.03	0.05	0.07	0.08	0.10	0.11	0.13	0.15
1450	0.68	1.07	1.32	1.61	1.92	2.28	2.73	3.16	0.00	0.02	0.04	0.06	0.08	0.09	0.11	0.13	0.15	0.17
1600	0.73	1.15	1.42	1.74	2.07	2.45	2.54	3.40	0.00	0.02	0.04	0.06	0.09	0.11	0.13	0.15	0.17	0.19
2000	0.84	1.34	1.66	2.04	2.44	2.87	3.42	3.93	0.00	0.03	0.06	0.08	0.11	0.13	0.16	0.19	0.22	0.24
2400	0.92	1.50	1.87	2.30	2.74	3.22	3.80	4.32	0.00	0.03	0.07	0.10	0.13	0.16	0.19	0.23	0.26	0.29
2800	1.00	1.64	2.05	2.51	2.98	3.48	4.06	4.54	0.00	0.04	0.08	0.11	0.15	0.19	0.23	0.26	0.30	0.34
3200	1.04	1.75	2.19	2.68	3.16	3.65	4.19	4.58	0.00	0.04	0.09	0.13	0.17	0.22	0.26	0.30	0.34	0.39
3600	1.08	1.83	2.28	2.78	3.26	3.72	4.17	4.40	0.00	0.05	0.10	0.15	0.19	0.24	0.29	0.34	0.39	0.44
4000	1.09	1.87	2.34	2.83	3.28	3.67	3.98	4.00	0.00	0.05	0.11	0.16	0.22	0.27	0.32	0.38	0.43	0.48
4500	1.07	1.83	2.33	2.79	3.17	3.44	3.48	3.13	0.00	0.06	0.12	0.18	0.24	0.30	0.36	0.42	0.48	0.54
5000	1.02	1.82	2.25	2.64	2.91	2.99	2.67	1.81	0.00	0.07	0.14	0.20	0.27	0.34	0.40	0.47	0.54	0.60
5500	0.96	1.70	2.07	2.37	2.48	2.31	1.51	—	0.00	0.08	0.15	0.23	0.30	0.38	0.46	0.53	0.60	0.68
6000	0.80	1.50	1.80	1.96	1.87	1.37	—	—	0.00	0.08	0.16	0.24	0.32	0.40	0.49	0.57	0.65	0.73

表 32-16d　B 型 V 带的额定功率（GB/T 13575.1—2008）　　（单位：kW）

n_1 /(r/min)	小带轮基准直径 d_{d1}/mm								传动比 i									
	125	140	160	180	200	224	250	280	1.00~1.01	1.02~1.04	1.05~1.08	1.09~1.12	1.13~1.18	1.19~1.24	1.25~1.34	1.35~1.51	1.52~1.99	≥2.00
	单根 V 带的基本额定功率 P_1								$i \neq 1$ 时额定功率的增量 ΔP_1									
200	0.48	0.59	0.74	0.88	1.02	1.19	1.37	1.58	0.00	0.01	0.01	0.02	0.03	0.04	0.04	0.05	0.06	0.06
400	0.84	1.05	1.32	1.59	1.85	2.17	2.50	2.89	0.00	0.01	0.03	0.04	0.06	0.07	0.08	0.10	0.11	0.13
700	1.30	1.64	2.09	2.53	2.96	3.47	4.00	4.61	0.00	0.02	0.05	0.07	0.10	0.12	0.15	0.17	0.20	0.22
800	1.44	1.82	2.32	2.81	3.30	3.86	4.46	5.13	0.00	0.03	0.06	0.08	0.11	0.14	0.17	0.20	0.23	0.25
950	1.64	2.08	2.66	3.22	3.77	4.42	5.10	5.85	0.00	0.03	0.07	0.10	0.13	0.17	0.20	0.23	0.26	0.30
1200	1.93	2.47	3.17	3.85	4.50	5.26	6.04	6.90	0.00	0.04	0.08	0.13	0.17	0.21	0.25	0.30	0.34	0.38
1450	2.19	2.82	3.62	4.39	5.13	5.97	6.82	7.76	0.00	0.05	0.10	0.15	0.20	0.25	0.31	0.36	0.40	0.46
1600	2.33	3.00	3.86	4.68	5.46	6.33	7.20	8.13	0.00	0.06	0.11	0.17	0.23	0.28	0.34	0.39	0.45	0.51
1800	2.50	3.23	4.15	5.02	5.83	6.73	7.63	8.46	0.00	0.06	0.13	0.19	0.25	0.32	0.38	0.44	0.51	0.57
2000	2.64	3.42	4.40	5.30	6.13	7.02	7.87	8.60	0.00	0.07	0.14	0.21	0.28	0.35	0.42	0.49	0.56	0.63
2200	2.76	3.58	4.60	5.52	6.35	7.19	7.97	8.53	0.00	0.08	0.16	0.23	0.31	0.39	0.46	0.54	0.62	0.70
2400	2.85	3.70	4.75	5.67	6.47	7.25	7.89	8.22	0.00	0.08	0.17	0.25	0.34	0.42	0.51	0.59	0.68	0.76
2800	2.96	3.85	4.89	5.76	6.43	6.95	7.14	6.80	0.00	0.10	0.20	0.29	0.39	0.49	0.59	0.69	0.79	0.89
3200	2.94	3.83	4.80	5.52	5.95	6.05	5.60	4.26	0.00	0.11	0.23	0.34	0.45	0.56	0.68	0.79	0.90	1.01
3600	2.80	3.63	4.46	4.92	4.98	4.47	5.12	—	0.00	0.13	0.25	0.38	0.51	0.63	0.76	0.89	1.01	1.14
4000	2.51	3.24	3.82	3.92	3.47	2.14	—	—	0.00	0.14	0.28	0.42	0.56	0.70	0.84	0.99	1.13	1.27
4500	1.93	2.45	2.59	2.04	0.73	—	—	—	0.00	0.16	0.32	0.48	0.63	0.79	0.95	1.11	1.27	1.43
5000	1.09	1.29	0.81	—	—	—	—	—	0.00	0.18	0.36	0.53	0.71	0.89	1.07	1.24	1.42	1.60

表 32-16e　C 型 V 带的额定功率（GB/T 13575.1—2008）　　（单位：kW）

n_1 /(r/min)	小带轮基准直径 d_{d1}/mm								传动比 i									
	200	224	250	280	315	355	400	450	1.00~1.01	1.02~1.04	1.05~1.08	1.09~1.12	1.13~1.18	1.19~1.24	1.25~1.34	1.35~1.51	1.52~1.99	≥2.00
	单根 V 带的基本额定功率 P_1								$i \neq 1$ 时额定功率的增量 ΔP_1									
200	1.39	1.70	2.03	2.42	2.84	3.36	3.91	4.51	0.00	0.02	0.04	0.06	0.08	0.10	0.12	0.14	0.16	0.18
300	1.92	2.37	2.85	3.40	4.04	4.75	5.54	6.40	0.00	0.03	0.06	0.09	0.12	0.15	0.18	0.21	0.24	0.26
400	2.41	2.99	3.62	4.32	5.14	6.05	7.06	8.20	0.00	0.04	0.08	0.12	0.16	0.20	0.23	0.27	0.31	0.35
500	2.87	3.58	4.33	5.19	6.17	7.27	8.52	9.81	0.00	0.05	0.10	0.15	0.20	0.24	0.29	0.34	0.39	0.44
600	3.30	4.12	5.00	6.00	7.14	8.45	9.82	11.29	0.00	0.06	0.12	0.18	0.24	0.29	0.35	0.41	0.47	0.53
700	3.69	4.64	5.64	6.76	8.09	9.50	11.02	12.63	0.00	0.07	0.14	0.21	0.27	0.34	0.41	0.48	0.55	0.62
800	4.07	5.12	6.23	7.52	8.92	10.46	12.10	13.80	0.00	0.08	0.16	0.23	0.31	0.39	0.47	0.55	0.63	0.71
950	4.58	5.78	7.04	8.49	10.05	11.73	13.48	15.23	0.00	0.09	0.19	0.27	0.37	0.47	0.56	0.65	0.74	0.83
1200	5.29	6.71	8.21	9.81	11.53	13.31	15.04	16.59	0.00	0.12	0.24	0.35	0.47	0.59	0.70	0.82	0.94	1.06
1450	5.84	7.45	9.04	10.72	12.46	14.12	15.53	16.47	0.00	0.14	0.28	0.42	0.58	0.71	0.85	0.99	1.14	1.27
1600	6.07	7.75	9.38	11.06	12.72	14.19	15.24	15.57	0.00	0.16	0.31	0.47	0.63	0.78	0.94	1.10	1.25	1.41
1800	6.28	8.00	9.63	11.22	12.67	13.73	14.08	13.29	0.00	0.18	0.35	0.53	0.71	0.88	1.06	1.23	1.41	1.59
2000	6.34	8.06	9.62	11.04	12.14	12.59	11.95	9.64	0.00	0.20	0.39	0.59	0.78	0.98	1.17	1.37	1.57	1.76
2200	6.26	7.92	9.34	10.48	11.08	10.70	8.75	4.44	0.00	0.22	0.43	0.65	0.86	1.08	1.29	1.51	1.72	1.94
2400	6.02	7.57	8.75	9.50	9.43	7.98	4.34	—	0.00	0.23	0.47	0.70	0.94	1.18	1.41	1.65	1.88	2.12
2600	5.61	6.93	7.85	8.08	7.11	4.32	—	—	0.00	0.25	0.51	0.76	1.02	1.27	1.53	1.78	2.04	2.29
2800	5.01	6.08	6.56	6.13	4.16	—	—	—	0.00	0.27	0.55	0.82	1.10	1.37	1.64	1.92	2.19	2.47
3200	3.23	3.57	2.93	—	—	—	—	—	0.00	0.31	0.61	0.91	1.22	1.53	1.63	2.14	2.44	2.75

表 32-16f　D 型 V 带的额定功率（GB/T 13575.1—2008）　　（单位：kW）

n_1 /(r/min)	小带轮基准直径 d_{d1}/mm								传动比 i									
	355	400	450	500	560	630	710	800	1.00~1.01	1.02~1.04	1.05~1.08	1.09~1.12	1.13~1.18	1.19~1.24	1.25~1.34	1.35~1.51	1.52~1.99	≥2.00
	单根 V 带的基本额定功率 P_1								$i \neq 1$ 时额定功率的增量 ΔP_1									
100	3.01	3.66	4.37	5.08	5.91	6.88	8.01	9.22	0.00	0.03	0.07	0.10	0.14	0.17	0.21	0.24	0.28	0.31
150	4.20	5.14	6.17	7.18	8.43	9.82	11.38	13.11	0.00	0.05	0.11	0.15	0.21	0.26	0.31	0.36	0.42	0.47
200	5.31	6.52	7.90	9.21	10.76	12.54	14.55	16.76	0.00	0.07	0.14	0.21	0.28	0.35	0.42	0.49	0.56	0.63
250	6.36	7.88	9.50	11.09	12.97	15.13	17.54	20.18	0.00	0.09	0.18	0.26	0.35	0.44	0.57	0.61	0.70	0.78
300	7.35	9.13	11.02	12.88	15.07	17.57	20.35	23.39	0.00	0.10	0.21	0.31	0.42	0.52	0.62	0.73	0.83	0.94
400	9.24	11.45	13.85	16.20	18.95	22.05	25.45	29.08	0.00	0.14	0.28	0.42	0.56	0.70	0.83	0.97	1.11	1.25
500	10.90	13.55	16.40	19.17	22.38	25.94	29.76	33.72	0.00	0.17	0.35	0.52	0.70	0.87	1.04	1.22	1.39	1.56
600	12.39	15.42	18.67	21.78	25.32	29.18	33.18	37.13	0.00	0.21	0.42	0.62	0.83	1.04	1.25	1.46	1.67	1.88
700	13.70	17.07	20.63	23.99	27.73	31.68	35.59	39.14	0.00	0.24	0.49	0.73	0.97	1.22	1.46	1.70	1.95	2.19
800	14.83	18.46	22.25	25.76	29.55	33.38	36.87	39.55	0.00	0.28	0.56	0.83	1.11	1.39	1.67	1.95	2.22	2.50
950	16.15	20.06	24.01	27.50	31.04	34.19	36.35	36.76	0.00	0.33	0.66	0.99	1.32	1.60	1.92	2.31	2.64	2.97
1100	16.98	20.99	24.84	28.02	30.85	32.65	32.52	29.26	0.00	0.38	0.77	1.15	1.53	1.91	2.29	2.68	3.06	3.44
1200	17.25	21.20	24.84	26.71	29.67	30.15	27.88	21.32	0.00	0.42	0.84	1.25	1.67	2.09	2.50	2.92	3.34	3.75
1300	17.26	21.06	24.35	26.54	27.58	26.37	21.42	10.73	0.00	0.45	0.91	1.35	1.81	2.26	2.71	3.16	3.61	4.06
1450	16.77	20.15	22.02	23.59	22.58	18.06	7.99	—	0.00	0.51	1.01	1.51	2.02	2.52	3.02	3.52	4.03	4.53
1600	15.63	18.31	19.59	18.88	15.13	6.25	—	—	0.00	0.56	1.11	1.67	2.23	2.78	3.33	3.89	4.45	5.00
1800	12.97	14.28	13.34	9.59	—	—	—	—	0.00	0.63	1.24	1.88	2.51	3.13	3.74	4.38	5.01	5.62

表 32-16g　E型V带的额定功率（GB/T 13575.1—2008）　　（单位：kW）

n_1 /(r/min)	小带轮基准直径 d_{d1}/mm								传动比 i									
	500	560	630	710	800	900	1000	1120	1.00~1.01	1.02~1.04	1.05~1.08	1.09~1.12	1.13~1.18	1.19~1.24	1.25~1.34	1.35~1.51	1.52~1.99	≥2.00
	单根V带的基本额定功率 P_1								$i \neq 1$ 时额定功率的增量 ΔP_1									
100	6.21	7.32	8.75	10.31	12.05	13.96	15.64	18.07	0.00	0.07	0.14	0.21	0.28	0.34	0.41	0.48	0.55	0.62
150	8.60	10.33	12.32	14.56	17.05	19.76	22.14	25.58	0.00	0.10	0.20	0.31	0.41	0.52	0.62	0.72	0.83	0.93
200	10.86	13.09	15.65	18.52	21.70	25.15	28.52	32.47	0.00	0.14	0.28	0.41	0.55	0.69	0.83	0.96	1.10	1.24
250	12.97	15.67	18.77	22.23	26.03	30.14	34.11	38.71	0.00	0.17	0.34	0.52	0.69	0.86	1.03	1.20	1.37	1.55
300	14.96	18.10	21.69	25.69	30.05	34.71	39.17	44.26	0.00	0.21	0.41	0.62	0.83	1.03	1.24	1.45	1.65	1.86
350	16.81	20.38	24.42	28.89	33.73	38.64	43.66	49.04	0.00	0.24	0.48	0.72	0.96	1.20	1.45	1.69	1.92	2.17
400	18.55	22.49	26.95	31.83	37.05	42.49	47.52	52.98	0.00	0.28	0.55	0.83	1.00	1.38	1.65	1.93	2.20	2.48
500	21.65	26.25	31.36	36.85	42.53	48.20	53.12	57.94	0.00	0.34	0.64	1.03	1.38	1.72	2.07	2.41	2.75	3.10
600	24.21	29.30	34.83	40.58	46.26	51.48	55.45	58.42	0.00	0.41	0.83	1.24	1.65	2.07	2.48	2.89	3.31	3.72
700	26.21	31.59	37.26	42.87	47.96	51.95	54.00	53.62	0.00	0.48	0.97	1.45	1.93	2.41	2.89	3.38	3.86	4.34
800	27.57	33.03	38.52	43.52	47.38	49.21	48.19	42.77	0.00	0.55	1.10	1.65	2.21	2.76	3.31	3.86	4.41	4.96
950	28.32	33.40	37.92	41.02	41.59	38.19	30.08	—	0.00	0.65	1.29	1.95	2.62	3.27	3.92	4.58	5.23	5.89
1100	27.30	31.35	33.94	33.74	29.06	17.65	—	—	0.00	0.76	1.52	2.27	3.03	3.79	4.40	5.30	6.06	6.82
1200	25.53	28.49	29.17	25.91	16.46	—	—	—										
1300	22.82	24.31	22.56	15.44	—	—	—	—										
1450	16.82	15.35	8.85	—	—	—	—	—										

表 32-16h　SPZ型窄V带的额定功率（JB/ZQ 4175—2006）

d_{d1} /mm	i 或 $\frac{1}{i}$	小轮转速 n_k/(r/min)															
		200	400	700	800	950	1200	1450	1600	2000	2400	2800	3200	3600	4000	4500	5000
		额定功率 P_N/kW															
63	1	0.20	0.35	0.54	0.60	0.68	0.81	0.93	1.00	1.17	1.32	1.45	1.56	1.66	1.74	1.81	1.85
	1.2	0.22	0.39	0.61	0.68	0.78	0.94	1.08	1.17	1.38	1.57	1.74	1.89	2.03	2.15	2.27	2.37
	1.5	0.23	0.41	0.65	0.72	0.83	1.00	1.16	1.25	1.48	1.69	1.88	2.06	2.21	2.35	2.50	2.63
	≥3	0.24	0.43	0.68	0.76	0.88	1.06	1.23	1.33	1.58	1.81	2.03	2.22	2.40	2.56	2.74	2.88
71	1	0.25	0.44	0.70	0.78	0.90	1.08	1.25	1.35	1.59	1.81	2.00	2.18	2.33	2.46	2.59	2.68
	1.2	0.27	0.49	0.77	0.87	1.00	1.20	1.40	1.51	1.79	2.05	2.29	2.51	2.70	2.87	3.05	3.20
	1.5	0.28	0.51	0.81	0.91	1.04	1.26	1.47	1.59	1.90	2.18	2.43	2.67	2.88	3.08	3.28	3.45
	≥3	0.29	0.53	0.85	0.95	1.09	1.33	1.55	1.68	2.00	2.30	2.58	2.83	3.07	3.28	3.51	3.71
80	1	0.31	0.55	0.88	0.99	1.14	1.38	1.60	1.73	2.05	2.34	2.61	2.85	3.06	3.24	3.42	3.56
	1.2	0.33	0.59	0.96	1.07	1.24	1.50	1.75	1.89	2.25	2.59	2.90	3.18	3.43	3.65	3.89	4.07
	1.5	0.34	0.61	0.99	1.11	1.28	1.56	1.82	1.97	2.36	2.71	3.04	3.34	3.61	3.86	4.12	4.33
	≥3	0.35	0.64	1.03	1.15	1.33	1.62	1.90	2.06	2.46	2.84	3.18	3.51	3.80	4.06	4.35	4.58
90	1	0.37	0.67	1.09	1.21	1.40	1.70	1.98	2.14	2.55	2.93	3.26	3.57	3.84	4.07	4.30	4.46
	1.2	0.39	0.71	1.16	1.30	1.50	1.82	2.13	2.31	2.76	3.17	3.55	3.90	4.21	4.48	4.76	4.97
	1.5	0.40	0.74	1.19	1.34	1.55	1.88	2.20	2.39	2.86	3.30	3.70	4.06	4.39	4.68	4.99	5.23
	≥3	0.41	0.76	1.23	1.38	1.60	1.95	2.28	2.47	2.96	3.42	3.84	4.23	4.58	4.89	5.22	5.48
100	1	0.43	0.79	1.28	1.44	1.66	2.02	2.36	2.55	3.05	3.49	3.90	4.26	4.58	4.85	5.10	5.27
	1.2	0.45	0.83	1.35	1.52	1.76	2.14	2.51	2.72	3.25	3.74	4.19	4.59	4.95	5.26	5.57	5.79
	1.5	0.46	0.85	1.39	1.56	1.81	2.20	2.58	2.80	3.35	3.86	4.33	4.76	5.13	5.46	5.80	6.05
	≥3	0.47	0.87	1.43	1.60	1.86	2.27	2.66	2.88	3.46	3.99	4.48	4.92	5.32	5.67	6.03	6.30
112	1	0.51	0.93	1.52	1.70	1.97	2.40	2.80	3.04	3.62	4.16	4.64	5.06	5.42	5.72	5.99	6.14
	1.2	0.53	0.98	1.59	1.78	2.07	2.52	2.95	3.20	3.83	4.41	4.93	5.39	5.79	6.13	6.45	6.65
	1.5	0.54	1.00	1.63	1.83	2.12	2.58	3.03	3.28	3.93	4.53	5.07	5.55	5.98	6.33	6.68	6.91
	≥3	0.55	1.02	1.66	1.87	2.17	2.65	3.10	3.37	4.04	4.65	5.21	5.72	6.16	6.54	6.91	7.17
125	1	0.59	1.09	1.77	1.99	2.30	2.80	3.28	3.55	4.24	4.85	5.40	5.88	6.27	6.58	6.83	6.92
	1.2	0.61	1.13	1.84	2.07	2.40	2.93	3.43	3.72	4.44	5.10	5.69	6.21	6.64	6.99	7.29	7.44
	1.5	0.62	1.15	1.88	2.11	2.45	2.99	3.50	3.80	4.54	5.22	5.83	6.37	6.83	7.19	7.52	7.69
	≥3	0.63	1.17	1.91	2.15	2.50	3.05	3.58	3.88	4.65	5.35	5.98	6.53	7.01	7.40	7.75	7.95

（续）

d_{d1}/mm	i或$\frac{1}{i}$	小轮转速 n_k/(r/min)															
		200	400	700	800	950	1200	1450	1600	2000	2400	2800	3200	3600	4000	4500	5000
		额定功率 P_N/kW															
140	1	0.68	1.26	2.06	2.31	2.68	3.26	3.82	4.13	4.92	5.63	6.24	6.75	7.16	7.45	7.64	7.60
	1.2	0.70	1.30	2.13	2.39	2.77	3.39	3.96	4.30	5.13	5.87	6.53	7.08	7.53	7.86	8.10	8.12
	1.5	0.71	1.32	2.17	2.43	2.82	3.45	4.04	4.38	5.23	6.00	6.67	7.25	7.72	8.07	8.33	8.37
	≥3	0.72	1.34	2.20	2.47	2.87	3.51	4.11	4.46	5.33	6.12	6.81	7.41	7.90	8.27	8.56	8.63
160	1	0.80	1.49	2.44	2.73	3.17	3.86	4.51	4.88	5.80	6.60	7.27	7.81	8.19	8.40	8.41	8.11
	1.2	0.82	1.53	2.51	2.82	3.27	3.98	4.66	5.05	6.00	6.84	7.56	8.13	8.56	8.81	8.88	8.62
	1.5	0.83	1.55	2.54	2.86	3.32	4.05	4.74	5.13	6.11	6.97	7.70	8.30	8.74	9.02	9.11	8.88
	≥3	0.84	1.57	2.58	2.90	3.37	4.11	4.81	5.21	6.21	7.09	7.85	8.46	8.93	9.22	9.34	9.14
180	1	0.92	1.71	2.81	3.15	3.65	4.45	5.19	5.61	6.63	7.50	8.20	8.71	9.01	9.08	8.81	8.11
	1.2	0.94	1.76	2.88	3.23	3.75	4.57	5.34	5.77	6.84	7.75	8.49	9.04	9.38	9.49	9.28	8.62
	1.5	0.95	1.78	2.92	3.28	3.80	4.63	5.41	5.86	6.94	7.87	8.63	9.21	9.57	9.70	9.51	8.88
	≥3	0.96	1.80	2.95	3.32	3.85	4.69	5.49	5.94	7.04	8.00	8.78	9.37	9.75	9.90	9.74	9.14

表 32-16i　SPA 型窄 V 带的额定功率（JB/ZQ 4175—2006）

d_{d1}/mm	i或$\frac{1}{i}$	小轮转速 n_k/(r/min)															
		200	400	700	800	950	1200	1450	1600	2000	2400	2800	3200	3600	4000	4500	5000
		额定功率 P_N/kW															
90	1	0.43	0.75	1.17	1.30	1.48	1.76	2.02	2.16	2.49	2.77	3.00	3.16	3.26	3.29	3.24	3.07
	1.2	0.47	0.85	1.34	1.49	1.70	2.04	2.35	2.53	2.96	3.33	3.64	3.90	4.09	4.22	4.28	4.22
	1.5	0.50	0.89	1.42	1.58	1.81	2.18	2.52	2.71	3.19	3.60	3.96	4.27	4.50	4.68	4.80	4.80
	≥3	0.52	0.94	1.50	1.67	1.92	2.32	2.69	2.90	3.42	3.88	4.29	4.63	4.92	5.14	5.32	5.37
100	1	0.53	0.94	1.49	1.65	1.89	2.27	2.61	2.80	3.27	3.67	3.99	4.25	4.42	4.50	4.48	4.31
	1.2	0.57	1.03	1.65	1.84	2.11	2.54	2.95	3.17	3.73	4.22	4.64	4.98	5.25	5.43	5.52	5.46
	1.5	0.60	1.08	1.73	1.93	2.22	2.68	3.11	3.36	3.96	4.50	4.96	5.35	5.66	5.89	6.04	6.04
	≥3	0.62	1.13	1.81	2.02	2.33	2.82	3.28	3.54	4.19	4.78	5.29	5.72	6.08	6.35	6.56	6.62
112	1	0.64	1.16	1.86	2.07	2.38	2.86	3.31	3.57	4.18	4.71	5.15	5.49	5.72	5.85	5.83	5.61
	1.2	0.69	1.26	2.02	2.26	2.60	3.14	3.65	3.94	4.64	5.27	5.79	6.23	6.55	6.77	6.87	6.76
	1.5	0.71	1.30	2.10	2.35	2.71	3.28	3.82	4.12	4.87	5.54	6.12	6.60	6.97	7.23	7.39	7.34
	≥3	0.74	1.35	2.18	2.44	2.82	3.42	3.98	4.30	5.11	5.82	6.44	6.96	7.38	7.69	7.91	7.91
125	1	0.77	1.40	2.25	2.52	2.90	3.50	4.06	4.38	5.15	5.80	6.34	6.76	7.03	7.16	7.09	6.75
	1.2	0.82	1.50	2.42	2.70	3.12	3.78	4.40	4.75	5.61	6.36	6.99	7.49	7.86	8.08	8.13	7.90
	1.5	0.84	1.54	2.50	2.80	3.23	3.92	4.56	4.93	5.84	6.63	7.31	7.86	8.28	8.54	8.65	8.48
	≥3	0.86	1.59	2.58	2.89	3.34	4.06	4.73	5.12	6.07	6.91	7.63	8.23	8.69	9.01	9.17	9.06
140	1	0.92	1.66	2.71	3.03	3.49	4.23	4.91	5.29	6.22	7.01	7.64	8.11	8.39	8.48	8.27	7.69
	1.2	0.96	1.77	2.87	3.21	3.71	4.50	5.24	5.66	6.68	7.56	8.29	8.85	9.22	9.40	9.31	8.85
	1.5	0.99	1.82	2.95	3.31	3.82	4.64	5.41	5.84	6.91	7.84	8.61	9.22	9.64	9.85	9.83	9.42
	≥3	1.01	1.86	3.03	3.40	3.93	4.78	5.58	6.03	7.14	8.12	8.94	9.59	10.05	10.32	10.35	10.00
160	1	1.11	2.04	3.30	3.70	4.27	5.17	6.01	6.47	7.60	8.53	9.24	9.72	9.94	9.87	9.34	8.28
	1.2	1.15	2.13	3.46	3.88	4.49	5.45	6.34	6.84	8.06	9.08	9.89	10.46	10.77	10.79	10.38	9.43
	1.5	1.18	2.18	3.55	3.98	4.60	5.59	6.51	7.03	8.29	9.36	10.21	10.83	11.18	11.25	10.90	10.01
	≥3	1.20	2.22	3.63	4.07	4.71	5.73	6.68	7.21	8.52	9.63	10.53	11.20	11.60	11.72	11.42	10.58
180	1	1.30	2.39	3.89	4.36	5.04	6.10	7.07	7.62	8.90	9.93	10.67	11.09	11.15	10.81	9.78	7.99
	1.2	1.34	2.49	4.05	4.54	5.25	6.37	7.41	7.99	9.37	10.49	11.32	11.83	11.98	11.73	10.81	9.15
	1.5	1.37	2.53	4.13	4.64	5.36	6.51	7.57	8.17	9.60	10.76	11.64	12.20	12.39	12.19	11.33	9.72
	≥3	1.39	2.58	4.21	4.73	5.47	6.65	7.74	8.35	9.83	11.04	11.96	12.56	12.81	12.65	11.85	10.30
200	1	1.49	2.75	4.47	5.01	5.79	7.00	8.10	8.72	10.13	11.22	11.92	12.19	11.98	11.25	9.50	6.75
	1.2	1.53	2.84	4.63	5.19	6.00	7.27	8.44	9.08	10.60	11.77	12.56	12.93	12.81	12.17	10.54	7.91
	1.5	1.55	2.89	4.71	5.29	6.11	7.41	8.61	9.27	10.83	12.05	12.89	13.30	13.23	12.63	11.06	8.43
	≥3	1.58	2.93	4.79	5.38	6.22	7.55	8.77	9.45	11.06	12.32	13.21	13.67	13.64	13.09	11.58	9.06

（续）

d_{d1} /mm	i 或 $\frac{1}{i}$	小轮转速 n_k/(r/min)															
		200	400	700	800	950	1200	1450	1600	2000	2400	2800	3200	3600	4000	4500	5000
		额定功率 P_N/kW															
224	1	1.71	3.17	5.16	5.77	6.67	8.05	9.30	9.97	11.51	12.59	13.15	13.13	12.45	11.04	8.15	3.87
	1.2	1.75	3.26	5.32	5.96	6.89	8.33	9.63	10.34	11.97	13.14	13.79	13.86	13.28	11.96	9.19	5.02
	1.5	1.78	3.30	5.40	6.05	6.99	8.46	9.80	10.53	12.20	13.42	14.12	14.23	13.69	12.42	9.71	5.60
	≥3	1.80	3.35	5.48	6.14	7.10	8.60	9.96	10.71	12.43	13.69	14.44	14.60	14.11	12.89	10.23	6.17
250	1	1.95	3.62	5.88	6.59	7.60	9.15	10.53	11.26	12.85	13.84	14.13	13.62	12.22	9.83	5.29	
	1.2	1.99	3.71	6.05	6.77	7.82	9.43	10.86	11.63	13.31	14.39	14.77	14.36	13.05	10.75	6.33	
	1.5	2.02	3.75	6.13	6.87	7.93	9.56	11.03	11.81	13.54	14.67	15.10	14.73	13.47	11.21	6.85	
	≥3	2.04	3.80	6.21	6.96	8.04	9.70	11.19	12.00	13.77	14.95	15.42	15.10	13.83	11.67	7.36	

表 32-16j　SPB 型窄 V 带的额定功率（JB/ZQ 4175—2006）

d_{d1} /mm	i 或 $\frac{1}{i}$	小轮转速 n_k/(r/min)														
		200	400	700	800	950	1200	1450	1600	1800	2000	2200	2400	2800	3200	3600
		额定功率 P_N/kW														
140	1	1.08	1.92	3.02	3.35	3.83	4.55	5.19	5.54	5.95	6.31	6.62	6.86	7.15	7.17	6.89
	1.2	1.17	2.12	3.35	3.74	4.29	5.14	5.90	6.32	6.83	7.29	7.69	8.03	8.52	8.73	8.65
	1.5	1.22	2.21	3.53	3.94	4.52	5.43	6.25	6.71	7.27	7.70	8.23	8.61	9.20	9.51	9.52
	≥3	1.27	2.31	3.70	4.13	4.76	5.72	6.61	7.40	7.71	8.26	8.76	9.20	9.89	10.29	10.40
160	1	1.37	2.47	3.92	4.37	5.01	5.98	6.86	7.33	7.89	8.38	8.80	9.13	9.52	9.53	9.10
	1.2	1.46	2.66	4.27	4.76	5.47	6.57	7.56	8.11	8.77	9.36	9.87	10.30	10.89	11.09	10.86
	1.5	1.51	2.76	4.44	4.96	5.70	6.86	7.92	8.50	9.21	9.85	10.41	10.88	11.57	11.87	11.74
	≥3	1.56	2.86	4.61	5.15	5.93	7.15	8.27	8.89	9.65	10.33	10.94	11.47	12.25	12.65	12.61
180	1	1.65	3.01	4.82	5.37	6.16	7.38	8.46	9.05	9.74	10.34	10.83	11.21	11.62	11.49	10.77
	1.2	1.75	3.20	5.16	5.76	6.63	7.97	9.17	9.83	10.62	11.32	11.91	12.39	12.98	13.05	12.52
	1.5	1.80	3.30	5.33	5.96	6.86	8.26	9.53	10.22	11.06	11.80	12.44	12.97	13.66	13.83	13.40
	≥3	1.85	3.40	5.50	6.15	7.09	8.55	9.88	10.61	11.50	12.29	12.98	13.56	14.35	14.61	14.28
200	1	1.94	3.54	5.96	6.35	7.30	8.74	10.02	10.70	11.50	12.18	12.72	13.11	13.41	13.01	11.83
	1.2	2.03	3.74	6.03	6.75	7.76	9.33	10.73	11.48	12.38	13.15	13.79	14.28	14.78	14.57	13.69
	1.5	2.08	3.84	6.21	6.94	7.99	9.62	11.03	11.87	12.82	13.64	14.33	14.86	15.46	15.36	14.46
	≥3	2.13	3.93	6.38	7.14	8.23	9.91	11.43	12.26	13.26	14.13	14.86	15.45	16.14	16.14	15.34
224	1	2.28	4.18	6.73	7.52	8.63	10.33	11.81	12.59	13.49	14.21	14.76	15.10	15.14	14.22	12.23
	1.2	2.37	4.37	7.07	7.91	9.10	10.92	12.52	13.37	14.37	15.19	15.83	16.27	16.51	15.78	13.98
	1.5	2.42	4.47	7.24	8.10	9.33	11.21	12.87	13.76	14.80	15.68	16.37	16.86	17.19	16.57	14.86
	≥3	2.47	4.57	7.41	8.30	9.56	11.50	13.23	14.15	15.24	16.16	16.90	17.44	17.87	17.35	15.74
250	1	2.64	4.86	7.84	8.75	10.04	11.99	13.66	14.51	15.47	16.19	16.68	16.89	16.44	14.69	11.48
	1.2	2.74	5.05	8.18	9.14	10.50	12.57	14.37	15.29	16.35	17.17	17.75	18.06	17.81	16.25	13.23
	1.5	2.79	5.15	8.35	9.33	10.74	12.87	14.72	15.68	16.78	17.66	18.28	18.65	18.49	17.03	14.11
	≥3	2.83	5.25	8.52	9.53	10.97	13.16	15.07	16.07	17.22	18.15	18.82	19.23	19.17	17.81	14.99
280	1	3.05	5.63	9.09	10.14	11.62	13.82	15.65	16.56	17.52	18.17	18.48	18.43	17.13	14.04	8.92
	1.2	3.15	5.83	9.43	10.53	12.08	14.41	16.36	17.34	18.39	19.14	19.55	19.60	18.49	15.60	10.68
	1.5	3.20	5.93	9.60	10.72	12.32	14.70	16.72	17.73	18.83	19.63	20.09	20.18	19.18	16.38	11.56
	≥3	3.25	6.02	9.77	10.92	12.55	14.99	17.07	18.12	19.27	20.12	20.62	20.77	19.86	17.16	12.43
315	1	3.53	6.53	10.51	11.71	13.40	15.84	17.79	18.70	19.55	20.00	19.97	19.44	16.71	11.47	3.40
	1.2	3.63	6.72	10.85	12.11	13.86	16.43	18.50	19.48	20.44	20.97	21.05	20.61	18.07	13.03	5.16
	1.5	3.68	6.82	11.02	12.30	14.09	16.72	18.85	19.87	20.88	21.46	21.58	21.20	18.76	13.81	6.04
	≥3	3.73	6.92	11.19	12.50	14.32	17.01	19.21	20.26	21.32	21.95	22.12	21.78	19.44	14.59	6.91
355	1	4.08	7.53	12.10	13.46	15.33	17.99	19.96	20.78	21.39	21.42	20.79	19.46	14.45	5.91	
	1.2	4.17	7.73	12.44	13.85	15.80	18.57	20.67	21.56	22.27	22.39	21.87	20.63	15.81	7.47	
	1.5	4.22	7.82	12.61	14.04	16.03	18.86	21.02	21.95	22.71	22.88	22.40	21.22	16.50	8.25	
	≥3	4.27	7.92	12.78	14.24	16.26	19.16	21.37	22.34	23.15	23.37	22.94	21.80	17.18	9.03	
400	1	4.68	8.64	13.82	15.34	17.39	20.17	22.02	22.62	22.76	22.07	20.46	17.87	9.37		
	1.2	4.78	8.84	14.16	15.73	17.85	20.75	22.72	23.40	23.63	23.04	21.54	19.04	10.74		
	1.3	4.83	8.94	14.33	15.92	18.09	21.05	23.08	23.79	24.07	23.53	22.07	19.63	11.42		
	1.4	4.87	9.03	14.50	16.12	18.32	21.34	23.43	24.18	24.51	24.02	22.61	20.21	12.10		

表 32-16k　SPC 型窄 V 带的额定功率（JB/ZQ 4175—2006）

d_{d1} /mm	i 或 $\frac{1}{i}$	小轮转速 n_k/(r/min)														
		200	300	400	500	600	700	800	950	1200	1450	1600	1800	2000	2200	2400
		额定功率 P_N/kW														
224	1	2.90	4.08	5.19	6.23	7.21	8.13	8.99	10.19	11.89	13.22	13.81	14.35	14.58	14.47	14.01
	1.2	3.14	4.44	5.67	6.83	7.92	8.97	9.95	11.33	13.33	14.95	15.73	16.51	16.98	17.11	16.88
	1.5	3.26	4.62	5.91	7.13	8.28	8.39	10.43	11.90	14.05	15.82	16.69	17.59	18.17	18.43	18.32
	≥3	3.38	4.80	6.15	7.43	8.64	9.81	10.91	12.47	14.77	16.69	17.65	18.66	19.37	19.75	19.75
250	1	3.50	4.95	6.31	7.60	8.81	9.95	11.02	12.51	14.61	16.21	16.52	17.52	17.70	17.44	16.69
	1.2	3.74	5.31	6.79	8.19	9.53	10.79	11.98	13.64	16.05	17.95	18.83	19.67	20.10	20.08	19.57
	1.5	3.86	5.49	7.03	8.49	9.89	11.21	12.46	14.21	16.77	18.82	19.79	20.75	21.30	21.40	21.01
	≥3	3.98	5.67	7.27	8.79	10.25	11.63	12.94	14.78	17.49	19.69	20.75	21.83	22.50	22.72	22.45
280	1	4.18	5.94	7.59	9.15	10.62	12.01	13.31	15.10	17.60	19.44	20.20	20.75	20.75	20.13	18.86
	1.2	4.42	6.30	8.07	9.75	11.34	12.85	14.27	16.24	19.04	21.18	22.12	22.91	23.15	22.77	21.73
	1.5	4.54	6.48	8.31	10.05	11.70	13.27	14.75	16.81	19.76	22.05	23.07	23.99	24.34	24.09	23.17
	≥3	4.66	6.66	8.55	10.35	12.06	13.69	15.23	17.38	20.48	22.92	24.03	25.07	25.54	25.41	24.61
315	1	4.97	7.08	9.07	10.94	12.70	14.36	15.90	18.01	20.88	22.87	23.58	23.91	23.47	22.18	19.98
	1.2	5.21	7.44	9.55	11.54	13.42	15.20	16.86	19.15	22.32	24.60	25.50	26.07	25.87	24.82	32.86
	1.5	5.33	7.62	9.79	11.84	13.73	15.62	17.34	19.72	23.04	25.47	26.46	27.15	27.07	26.14	24.30
	≥3	5.45	7.80	10.03	12.14	14.14	16.04	17.82	20.29	23.76	26.34	27.42	28.23	28.26	27.46	25.74
355	1	5.87	8.37	10.72	12.94	15.02	16.96	18.76	21.17	23.34	26.29	26.80	26.62	25.37	22.94	19.22
	1.2	6.11	8.73	11.20	13.54	15.74	17.80	19.72	22.31	25.78	28.03	28.72	28.78	27.77	25.58	22.10
	1.5	6.23	8.91	11.44	13.84	16.10	18.22	20.20	22.88	26.50	28.90	29.68	29.86	28.97	26.90	23.54
	≥3	6.35	9.09	11.68	14.14	16.46	18.64	20.68	23.45	27.22	29.77	30.64	30.94	30.17	28.22	24.98
400	1	6.86	9.80	12.56	15.15	17.56	19.79	21.84	24.52	27.83	29.46	29.53	28.42	25.81	21.54	15.48
	1.2	7.10	10.16	13.04	15.75	18.28	20.63	22.80	25.66	29.27	31.20	31.45	30.58	28.21	24.18	18.35
	1.5	7.22	10.34	13.28	16.04	18.64	21.05	23.28	26.23	29.99	32.07	32.41	31.66	29.41	25.50	19.79
	≥3	7.34	10.52	13.52	16.34	19.00	21.47	23.76	26.80	30.70	32.94	33.37	32.74	30.60	26.82	21.23
450	1	7.96	11.37	14.56	17.54	20.29	22.81	25.07	27.94	31.15	32.06	31.33	28.69	23.95	16.89	
	1.2	8.20	11.73	15.04	18.13	21.01	23.65	26.03	29.08	32.59	33.80	33.25	30.85	26.34	19.53	
	1.5	8.32	11.91	15.28	18.43	21.37	24.07	26.51	29.65	33.31	34.67	34.21	31.92	27.54	20.85	
	≥3	8.44	12.09	15.52	18.73	21.73	24.48	26.99	30.22	34.03	35.54	35.16	33.00	28.74	22.17	
500	1	9.04	12.91	16.52	19.86	22.92	25.67	28.09	31.04	33.85	33.58	31.07	26.94	19.35		
	1.2	9.28	13.27	17.00	20.46	23.64	26.51	29.05	32.18	35.29	35.31	33.62	29.10	21.74		
	1.5	9.40	13.45	17.24	20.76	24.00	26.93	29.53	32.75	36.01	36.18	34.57	30.18	22.94		
	≥3	9.52	13.63	17.48	21.06	24.35	27.35	30.01	33.32	36.73	37.05	35.53	31.26	24.14		
560	1	10.32	14.74	18.82	22.56	25.93	28.90	31.43	34.29	36.18	33.83	30.05	21.90			
	1.2	10.56	15.09	19.30	23.16	26.65	29.74	32.39	35.43	37.62	35.57	31.97	24.05			
	1.5	10.68	15.27	19.54	23.46	27.01	30.16	32.87	36.00	38.34	36.44	32.93	25.14			
	≥3	10.80	15.45	19.78	23.76	27.37	30.58	33.35	36.57	39.06	37.31	33.89	26.22			
630	1	11.80	16.82	21.42	25.56	29.25	32.37	34.88	37.37	37.52	31.74	24.90				
	1.2	12.04	17.18	21.90	26.18	29.96	33.21	35.84	38.51	38.96	33.48	26.88				
	1.5	12.16	17.36	22.14	26.48	30.32	33.63	36.32	39.07	39.68	34.35	27.84				
	≥3	12.28	17.54	22.38	26.78	30.68	34.04	36.80	39.64	40.40	35.22	28.79				

表 32-161 9N、9J 型窄 V 带的额定功率（GB/T 13575.2—2008） （单位：kW）

n_1 /(r/min)	d_{e1}/mm														i									
	67	71	75	80	90	100	112	125	140	160	180	200	250	315	1.00 ~ 1.01	1.02 ~ 1.05	1.06 ~ 1.11	1.12 ~ 1.18	1.19 ~ 1.26	1.27 ~ 1.38	1.39 ~ 1.57	1.58 ~ 1.94	1.95 ~ 3.38	3.39 ~ 以上
	P_1														ΔP_1									
100	0.12	0.13	0.15	0.17	0.21	0.24	0.29	0.34	0.39	0.47	0.54	0.61	0.79	1.02	0.0	0.00	0.00	0.01	0.01	0.01	0.01	0.02	0.02	0.02
200	0.21	0.24	0.27	0.31	0.38	0.46	0.54	0.64	0.74	0.88	1.02	1.16	1.50	1.94	0.0	0.00	0.01	0.01	0.02	0.02	0.03	0.03	0.03	0.03
300	0.30	0.35	0.39	0.44	0.55	0.66	0.78	0.92	1.07	1.28	1.48	1.68	2.18	2.81	0.0	0.00	0.01	0.02	0.03	0.03	0.04	0.05	0.05	0.05
400	0.38	0.44	0.50	0.57	0.71	0.85	1.01	1.19	1.39	1.66	1.92	2.18	2.83	3.65	0.0	0.01	0.02	0.03	0.04	0.05	0.05	0.06	0.07	0.07
500	0.46	0.53	0.60	0.69	0.86	1.03	1.23	1.45	1.70	2.03	2.35	2.67	3.46	4.46	0.0	0.01	0.02	0.03	0.05	0.06	0.07	0.08	0.08	0.09
600	0.54	0.62	0.70	0.80	1.01	1.21	1.45	1.71	2.00	2.39	2.77	3.15	4.08	5.25	0.0	0.01	0.02	0.04	0.06	0.07	0.08	0.09	0.10	0.10
700	0.61	0.70	0.80	0.92	1.15	1.38	1.66	1.96	2.29	2.74	3.18	3.61	4.68	6.02	0.0	0.01	0.03	0.05	0.07	0.08	0.09	0.11	0.11	0.12
725	0.63	0.73	0.82	0.95	1.19	1.43	1.71	2.02	2.37	2.83	3.28	3.73	4.83	6.21	0.0	0.01	0.03	0.05	0.07	0.08	0.10	0.11	0.12	0.13
800	0.68	9.79	0.89	1.03	1.29	1.55	1.87	2.20	2.58	3.08	3.58	4.07	5.26	6.76	0.0	0.01	0.03	0.06	0.08	0.09	0.11	0.12	0.13	0.14
900	0.75	0.87	0.99	1.13	1.43	1.72	2.07	2.44	2.86	3.42	3.97	4.51	5.83	7.48	0.0	0.01	0.04	0.06	0.08	0.10	0.12	0.14	0.15	0.16
950	0.78	0.91	1.03	1.19	1.50	1.80	2.17	2.56	3.00	3.59	4.17	4.73	6.11	7.83	0.0	0.01	0.04	0.07	0.09	0.11	0.13	0.14	0.16	0.17
1000	0.81	0.94	1.08	1.24	1.56	1.89	2.27	2.68	3.14	3.75	4.36	4.95	6.39	8.17	0.0	0.01	0.04	0.07	0.09	0.11	0.13	0.15	0.16	0.17
1200	0.94	1.09	1.25	1.44	1.83	2.21	2.66	3.14	3.68	4.40	5.10	5.79	7.46	9.48	0.0	0.02	0.05	0.08	0.11	0.14	0.16	0.18	0.20	0.21
1400	1.06	1.24	1.42	1.64	2.08	2.51	3.03	3.58	4.21	5.02	5.82	6.60	8.46	10.67	0.0	0.02	0.06	0.10	0.13	0.16	0.19	0.21	0.23	0.24
1425	1.07	1.26	1.44	1.66	2.11	2.55	3.08	3.63	4.27	5.10	5.91	6.70	8.58	10.81	0.0	0.02	0.06	0.10	0.13	0.16	0.19	0.21	0.23	0.25
1500	1.12	1.31	1.50	1.73	2.20	2.67	3.21	3.80	4.46	5.32	6.17	6.99	8.93	11.22	0.0	0.02	0.06	0.10	0.14	0.17	0.20	0.23	0.25	0.26
1600	1.17	1.38	1.58	1.83	2.32	2.81	3.39	4.01	4.71	5.62	6.50	7.36	9.39	11.74	0.0	0.02	0.06	0.11	0.15	0.18	0.21	0.24	0.26	0.28
1800	1.28	1.51	1.73	2.01	2.56	3.10	3.74	4.42	5.19	6.19	7.16	8.09	10.25	12.67	0.0	0.03	0.07	0.12	0.17	0.21	0.24	0.27	0.30	0.31
2000	1.39	1.63	1.88	2.19	2.79	3.38	4.08	4.82	5.66	6.74	7.77	8.77	11.03	13.45	0.0	0.03	0.08	0.14	0.19	0.23	0.27	0.30	0.33	0.35
2200	1.49	1.76	2.02	2.35	3.01	3.65	4.41	5.21	6.11	7.26	8.36	9.40	11.73	14.07	0.0	0.03	0.09	0.15	0.21	0.25	0.29	0.33	0.36	0.38
2400	1.58	1.87	2.16	2.52	3.22	3.91	4.72	5.58	6.53	7.75	8.90	9.98	12.33	14.52	0.0	0.03	0.10	0.17	0.23	0.27	0.32	0.36	0.39	0.42
2600	1.67	1.98	2.29	2.68	3.43	4.16	5.03	5.93	6.94	8.21	9.41	10.51	12.84		0.0	0.04	0.10	0.18	0.25	0.30	0.35	0.39	0.43	0.45
2800	1.76	2.09	2.42	2.83	3.63	4.41	5.32	6.27	7.32	8.64	9.87	10.98	13.24		0.0	0.04	0.11	0.19	0.26	0.32	0.37	0.42	0.46	0.49
3000	1.84	2.19	2.54	2.97	3.82	4.64	5.59	6.59	7.68	9.04	10.29	11.40	13.53		0.0	0.04	0.12	0.21	0.28	0.34	0.40	0.45	0.49	0.52
3200	1.92	2.29	2.66	3.11	4.00	4.86	5.86	6.89	8.02	9.41	10.66	11.75			0.0	0.05	0.13	0.22	0.30	0.37	0.43	0.48	0.52	0.56
3400	2.00	2.39	2.77	3.25	4.17	5.07	6.11	7.18	8.33	9.74	10.98	12.04			0.0	0.05	0.14	0.24	0.32	0.39	0.45	0.51	0.56	0.59
3600	2.07	2.47	2.88	3.37	4.34	5.27	6.34	7.44	8.62	10.04	11.25	12.25			0.0	0.05	0.14	0.25	0.34	0.41	0.48	0.54	0.59	0.63
3800	2.13	2.56	2.98	3.49	4.50	5.46	6.57	7.69	8.88	10.29	11.47	12.40			0.0	0.06	0.15	0.26	0.36	0.43	0.51	0.57	0.62	0.66
4000	2.19	2.64	3.07	3.61	4.65	5.64	6.77	7.91	9.12	10.51	11.63				0.0	0.06	0.16	0.28	0.38	0.46	0.54	0.60	0.66	0.69
4200	2.25	2.71	3.16	3.72	4.79	5.81	6.96	8.12	9.32	10.68	11.74				0.0	0.06	0.17	0.29	0.40	0.48	0.56	0.63	0.69	0.73

表 32-16m 15N、15J 型窄 V 带的额定功率（GB/T 13575.2—2008） （单位：kW）

n_1 /(r/min)	d_{e1}/mm													i									
	180	190	200	212	224	236	250	280	315	355	400	450	500	1.00～1.01	1.02～1.05	1.06～1.11	1.12～1.18	1.19～1.26	1.27～1.38	1.39～1.57	1.58～1.94	1.95～3.38	3.39～以上
	P_1													ΔP_1									
50	0.62	0.67	0.73	0.79	0.86	0.93	1.00	1.17	1.36	1.57	1.81	2.07	2.34	0.0	0.00	0.01	0.02	0.03	0.03	0.04	0.04	0.05	0.05
60	0.73	0.79	0.86	0.94	1.02	1.09	1.19	1.38	1.60	1.86	2.14	2.46	2.77	0.0	0.00	0.01	0.02	0.03	0.04	0.05	0.05	0.06	0.06
80	0.94	1.03	1.11	1.22	1.32	1.42	1.54	1.80	2.09	2.42	2.79	3.20	3.61	0.0	0.01	0.02	0.03	0.04	0.05	0.06	0.07	0.07	0.08
100	1.15	1.26	1.36	1.49	1.62	1.74	1.89	2.20	2.56	2.97	3.43	3.93	4.44	0.0	0.01	0.02	0.04	0.05	0.06	0.08	0.09	0.09	0.10
200	2.13	2.33	2.54	2.78	3.02	3.26	3.54	4.14	4.83	5.61	6.47	7.43	8.38	0.0	0.02	0.04	0.08	0.11	0.13	0.15	0.17	0.19	0.20
300	3.05	3.34	3.64	3.99	4.34	4.69	5.10	5.97	6.97	8.10	9.35	10.73	12.10	0.0	0.02	0.07	0.12	0.16	0.19	0.23	0.26	0.28	0.30
400	3.92	4.30	4.69	5.15	5.61	6.06	6.59	7.72	9.02	10.48	12.11	13.89	15.64	0.0	0.03	0.09	0.16	0.21	0.26	0.30	0.34	0.37	0.39
500	4.75	5.23	5.70	6.26	6.83	7.38	8.03	9.41	10.99	12.77	14.75	16.89	19.00	0.0	0.04	0.11	0.20	0.27	0.32	0.38	0.43	0.46	0.49
600	5.56	6.12	6.68	7.34	8.00	8.66	9.42	11.04	12.90	14.98	17.27	19.76	22.18	0.0	0.05	0.13	0.24	0.32	0.39	0.45	0.51	0.56	0.59
700	6.34	6.98	7.62	8.39	9.15	9.90	10.77	12.62	14.73	17.10	19.69	22.48	25.18	0.0	0.06	0.16	0.27	0.37	0.45	0.53	0.60	0.65	0.69
725	6.53	7.20	7.86	8.64	9.43	10.20	11.10	13.00	15.18	17.61	20.27	23.13	25.89	0.0	0.06	0.16	0.28	0.39	0.47	0.55	0.62	0.67	0.71
800	7.10	7.82	8.54	9.40	10.25	11.10	12.07	14.14	16.50	19.12	21.98	25.04	27.96	0.0	0.07	0.18	0.31	0.43	0.52	0.61	0.68	0.74	0.79
900	7.83	8.63	9.43	10.38	11.32	12.26	13.33	15.61	18.19	21.05	24.15	27.43	30.53	0.0	0.07	0.20	0.35	0.48	0.58	0.68	0.77	0.84	0.89
950	8.19	9.03	9.87	10.86	11.85	12.82	13.95	16.32	19.01	21.99	25.19	28.56	31.73	0.0	0.08	0.21	0.37	0.51	0.61	0.72	0.81	0.88	0.93
1000	8.54	9.42	10.29	11.33	12.36	13.38	14.55	17.02	19.81	22.89	26.19	29.65	32.86	0.0	0.08	0.22	0.39	0.53	0.65	0.76	0.85	0.93	0.98
1200	9.89	10.92	11.93	13.14	14.33	15.50	16.85	19.67	22.82	26.24	29.83	33.48	36.73	0.0	0.10	0.27	0.47	0.64	0.78	0.91	1.02	1.11	1.18
1400	11.16	12.32	13.46	14.82	16.15	17.46	18.96	22.07	25.50	29.14	32.84	36.43	39.41	0.0	0.12	0.31	0.55	0.75	0.91	1.06	1.19	1.30	1.38
1425	11.31	12.49	13.65	15.02	16.37	17.69	19.21	22.35	25.81	29.46	33.17	36.73		0.0	0.12	0.32	0.56	0.76	0.92	1.08	1.21	1.32	1.40
1500	11.76	12.98	14.19	15.61	17.01	18.38	19.94	23.17	26.70	30.39	34.08	37.54		0.0	0.12	0.34	0.59	0.80	0.97	1.14	1.28	1.39	1.48
1600	12.33	13.61	14.88	16.36	17.82	19.25	20.87	24.20	27.80	31.52	35.13	38.38		0.0	0.13	0.36	0.63	0.85	1.03	1.21	1.36	1.49	1.57
1800	13.41	14.80	16.17	17.77	19.33	20.85	22.56	26.03	29.70	33.33	36.63			0.0	0.15	0.40	0.71	0.96	1.16	1.36	1.53	1.67	1.77
2000	14.39	15.88	17.33	19.02	20.66	22.24	24.02	27.55	31.15	34.52				0.0	0.17	0.45	0.78	1.07	1.29	1.51	1.70	1.86	1.97
2200	15.27	16.83	18.35	20.11	21.80	23.42	25.22	28.71	32.11					0.0	0.18	0.49	0.86	1.17	1.42	1.67	1.88	2.04	2.16
2400	16.03	17.65	19.22	21.03	22.74	24.37	26.15	29.51	32.56					0.0	0.20	0.54	0.94	1.28	1.55	1.82	2.05	2.23	2.36
2600	16.67	18.34	19.94	21.76	23.47	25.07	26.79	29.89						0.0	0.21	0.58	1.02	1.39	1.68	1.97	2.22	2.41	2.56
2800	17.19	18.88	20.49	22.30	23.97	25.51	27.12							0.0	0.23	0.63	1.10	1.49	1.81	2.12	2.39	2.60	2.75
3000	17.59	19.28	20.87	22.63	24.23	25.67	27.11							0.0	0.25	0.67	1.18	1.60	1.94	2.27	2.56	2.79	2.95
3 500	17.95	19.54	20.97	22.48										0.0	0.29	0.79	1.37	1.87	2.26	2.65	2.98	3.25	3.44

表 32-16n 25N、25J 型窄 V 带的额定功率（GB/T 13575.2—2008）（单位：kW）

n_1 /(r/min)	d_{e1}/mm													i									
	315	335	355	375	400	425	450	475	500	560	630	710	800	1.00 ~ 1.01	1.02 ~ 1.05	1.06 ~ 1.11	1.12 ~ 1.18	1.19 ~ 1.26	1.27 ~ 1.38	1.39 ~ 1.57	1.58 ~ 1.94	1.95 ~ 3.38	3.39 ~ 以上
	P_1													ΔP_1									
10	0.62	0.68	0.75	0.81	0.89	0.97	1.05	1.13	1.21	1.40	1.62	1.86	2.14	0.0	0.00	0.01	0.02	0.03	0.03	0.04	0.04	0.05	0.05
20	1.16	1.28	1.41	1.53	1.68	1.84	1.99	2.14	2.29	2.66	3.08	3.55	4.08	0.0	0.01	0.02	0.04	0.05	0.07	0.08	0.09	0.09	0.10
30	1.67	1.85	2.03	2.21	2.44	2.66	2.89	3.11	3.33	3.86	4.48	5.18	5.95	0.0	0.01	0.03	0.06	0.08	0.10	0.12	0.13	0.14	0.15
40	2.16	2.40	2.64	2.88	3.17	3.47	3.76	4.05	4.34	5.04	5.84	6.75	7.77	0.0	0.02	0.05	0.08	0.11	0.13	0.15	0.17	0.19	0.20
50	2.64	2.94	3.23	3.52	3.89	4.25	4.61	4.97	5.33	6.19	7.18	8.30	9.56	0.0	0.02	0.06	0.10	0.14	0.16	0.19	0.22	0.24	0.25
60	3.11	3.46	3.81	4.15	4.59	5.02	5.44	5.87	6.30	7.31	8.49	9.82	11.31	0.0	0.03	0.07	0.12	0.16	0.20	0.23	0.26	0.28	0.30
70	3.57	3.97	4.37	4.78	5.27	5.77	6.27	6.76	7.25	8.42	9.78	11.32	13.04	0.0	0.03	0.08	0.14	0.19	0.23	0.27	0.30	0.33	0.35
80	4.02	4.48	4.93	5.39	5.95	6.51	7.08	7.63	8.19	9.52	11.06	12.80	14.74	0.0	0.03	0.09	0.16	0.22	0.26	0.31	0.35	0.38	0.40
100	4.90	5.46	6.02	6.58	7.28	7.97	8.66	9.35	10.04	11.67	13.57	15.71	18.10	0.0	0.04	0.11	0.20	0.27	0.33	0.39	0.43	0.47	0.50
120	5.76	6.43	7.09	7.75	8.58	9.40	10.22	11.03	11.85	13.78	16.02	18.56	21.39	0.0	0.05	0.14	0.24	0.33	0.39	0.46	0.52	0.57	0.60
140	6.60	7.37	8.14	8.90	9.85	10.80	11.75	12.69	13.62	15.86	18.44	21.36	24.61	0.0	0.06	0.16	0.28	0.38	0.46	0.54	0.61	0.66	0.70
160	7.42	8.29	9.16	10.03	11.11	12.18	13.25	14.31	15.37	17.90	20.82	24.12	27.79	0.0	0.07	0.18	0.32	0.43	0.53	0.62	0.69	0.76	0.80
180	8.22	9.20	10.17	11.14	12.34	13.54	14.73	15.91	17.09	19.91	23.16	26.83	30.91	0.0	0.08	0.21	0.36	0.49	0.59	0.69	0.78	0.85	0.90
200	9.02	10.09	11.16	12.23	13.55	14.87	16.18	17.49	18.79	21.89	25.46	29.50	33.98	0.0	0.08	0.23	0.40	0.54	0.66	0.77	0.87	0.94	1.00
300	12.82	14.38	15.93	17.48	19.40	21.30	23.20	25.09	26.96	31.42	36.53	42.28	48.62	0.0	0.13	0.34	0.60	0.81	0.99	1.16	1.30	1.42	1.50
400	16.38	18.41	20.42	22.42	24.91	27.37	29.82	32.24	34.65	40.35	46.86	54.12	62.03	0.0	0.17	0.46	0.80	1.09	1.32	1.54	1.73	1.89	2.00
500	19.75	22.22	24.67	27.10	30.12	33.10	36.06	38.98	41.88	48.70	56.43	64.94	74.08	0.0	0.21	0.57	1.00	1.36	1.64	1.93	2.17	2.36	2.50
600	22.93	25.82	28.69	31.53	35.03	38.50	41.92	45.29	48.62	56.42	65.16	74.64	84.61	0.0	0.25	0.69	1.20	1.63	1.97	2.31	2.60	2.83	3.00
700	25.93	29.22	32.47	35.69	39.65	43.55	47.38	51.15	54.86	63.47	72.98	83.08	93.40	0.0	0.29	0.80	1.40	1.90	2.30	2.70	3.03	3.30	3.50
725	26.66	30.04	33.38	36.68	40.75	44.75	48.68	52.55	56.33	65.12	74.78	84.98	95.30	0.0	0.30	0.83	1.44	1.97	2.38	2.79	3.14	3.42	3.63
800	28.75	32.41	36.02	39.58	43.95	48.23	52.43	56.54	60.55	69.78	79.79	90.13	100.24	0.0	0.34	0.91	1.59	2.17	2.63	3.08	3.47	3.78	4.00
900	31.38	35.38	39.32	43.18	47.91	52.53	57.03	61.40	65.65	75.29	85.49	95.63		0.0	0.38	1.03	1.79	2.44	2.96	3.47	3.90	4.25	4.50
950	32.62	36.79	40.87	44.87	49.76	54.52	59.15	63.63	67.96	77.72	87.89	97.75		0.0	0.40	1.09	1.89	2.58	3.12	3.66	4.12	4.49	4.75
1000	33.82	38.13	42.35	46.49	51.52	56.41	61.14	65.71	70.10	79.93	89.98	99.42		0.0	0.42	1.14	1.99	2.71	3.29	3.85	4.33	4.72	5.00
1100	36.05	40.64	45.11	49.48	54.76	59.85	64.74	69.41	73.87	83.61	93.14			0.0	0.46	1.26	2.19	2.98	3.62	4.24	4.77	5.19	5.50
1200	38.07	42.90	47.59	52.13	57.60	62.82	67.78	72.48	76.90	86.28	94.87			0.0	0.50	1.37	2.39	3.26	3.95	4.62	5.20	5.67	6.00
1300	39.87	44.89	49.75	54.42	60.01	65.28	70.24	74.86	79.12	87.84				0.0	0.55	1.49	2.59	3.53	4.27	5.01	5.63	6.14	6.50
1400	41.43	46.61	51.59	56.34	61.96	67.21	72.06	76.50	80.50					0.0	0.59	1.60	2.79	3.80	4.60	5.39	6.07	6.61	7.00
1425	41.78	47.00	51.99	56.76	62.38	67.60	72.41	76.79	80.71					0.0	0.60	1.63	2.84	3.87	4.68	5.49	6.18	6.73	7.13
1500	42.74	48.04	53.08	57.86	63.44	68.57	73.22	77.36	80.98					0.0	0.63	1.72	2.99	4.07	4.93	5.78	6.50	7.08	7.50
1600	43.80	49.16	54.22	58.96	64.42	69.33	73.66	77.39						0.0	0.67	1.83	3.19	4.34	5.26	6.16	6.93	7.55	8.00
1700	44.58	49.96	54.97	59.61	64.86	69.45	73.36							0.0	0.71	1.94	3.39	4.61	5.59	6.55	7.37	8.03	8.50
1800	45.08	50.42	55.33	59.80	64.74	68.91								0.0	0.76	2.06	3.59	4.88	5.92	6.93	7.80	8.50	9.00
1900	45.29	50.52	55.27	59.50	64.03									0.0	0.80	2.17	3.79	5.15	6.25	7.32	8.23	8.97	9.50

表 32-17　普通 V 带轮和窄 V 带轮（基准宽度制）直径系列（GB/T 10412—2002）

基准直径	槽型 Y	槽型 Z SPZ	槽型 A SPA	槽型 B SPB	槽型 C SPC	圆跳动公差 t/mm
20	+					0.2
22.4	+					
25	+					
28	+					
31.5	+					
35.5	+					
40	+					
45	+					
50	+	+				
56	+	+				
63	+	⊕				
71	+	⊕				
75		⊕	+			
80	+	⊕	+			
85			+			
90	+	⊕	⊕			
95			⊕			
100	+	⊕	⊕			
106			⊕			0.3
112	+	⊕	⊕			
118			⊕			
125		⊕	⊕			
132	⊕	⊕	⊕			
140		⊕	⊕	⊕		
150		⊕	⊕	⊕		
160		⊕	⊕	⊕		0.4
170				⊕		
180		⊕	⊕	⊕		
200		⊕	⊕	⊕	+	
212					+	
224		⊕	⊕	⊕	⊕	
236					⊕	
250		⊕	⊕	⊕	⊕	

基准直径	槽型 Z SPZ	槽型 A SPA	槽型 B SPB	槽型 C SPC	槽型 D	槽型 E	圆跳动公差 t/mm
265				⊕			0.5
280	⊕	⊕	⊕	⊕			
300				⊕			
315	⊕	⊕	⊕	⊕			
335				⊕			
355	⊕	⊕	⊕	⊕	+		
375					+		
400	⊕	⊕	⊕	⊕	+		
425					+		0.6
450		⊕	⊕	⊕	+		
475					+		
500	⊕	⊕	⊕	⊕	+	+	
530					+	+	
560		⊕	⊕	⊕	+	+	
600			⊕	⊕	+	+	
630		⊕	⊕	⊕	+	+	0.8
670						+	
710		⊕	⊕	⊕	+	+	
750			⊕	⊕	+		
800		⊕	⊕	⊕	+	+	
900			⊕	⊕	+	+	
1000			⊕	⊕	+	+	
1060				⊕	+		1
1120			⊕	⊕	+	+	
1250				⊕	+	+	
1400				⊕	+	+	
1500					+	+	
1600				⊕	+	+	
1800					+	+	1.2
1900						+	
2000				⊕	+	+	
2240						+	
2500						+	

注：1. 有 + 号的只用于普通 V 带，有⊕号的用于普通 V 带和窄 V 带。

2. 基准直径的极限偏差为 ±0.8%。

3. 轮槽基准直径间的最大偏差，Y 型—0.3mm，Z、A、B、SPZ、SPA、SPB 型—0.4mm，C、D、E、SPC 型—0.5mm。

表 32-18　窄V带轮（有效宽度制）直径系列（GB/T 10413—2002）　（单位：mm）

有效直径 d_e	槽型 9N/9J 选用情况	9N/9J $2\Delta d$	槽型 15N/15J 选用情况	15N/15J $2\Delta d$
67	○	4		
71	◎	4		
75	○	4		
80	◎	4		
85	○	4		
90	◎	4		
95	○	4		
100	◎	4		
106	○	4		
112	◎	4		
118	○	4		
125	◎	4		
132	○	4		
140	◎	4		
150	○	4		
160	◎	4		
180	○	4	◎	7
190			○	7
200	◎	4	◎	7
212			○	7
224	○	4	◎	7
236			○	7
250	◎	4	◎	7
265			○	7
280	○	4.5	◎	7
300			○	7

有效直径 d_e	槽型 9N/9J 选用情况	9N/9J $2\Delta d$	槽型 15N/15J 选用情况	15N/15J $2\Delta d$	槽型 25N/25J 选用情况	25N/25J $2\Delta d$
315	◎	5	◎	7	◎	5
335					○	5.4
355	○	5.7	○	7	◎	5.7
375					○	6
400	◎	6.4	◎	7	◎	6.4
425					○	6.8
450	○	7.2	○	7.2	◎	7.2
475					○	7.6
500	◎	8	◎	8	◎	8
530					○	
560	○	9	○	9	◎	9
600					○	9.6
630	○	10.1	◎	10.1	◎	10.1
710	○	11.4	○	11.4	○	11.4
800	○	12.8	◎	12.8	◎	12.8
900			○	14.4	○	14.4
1000			◎	16	○	16
1120			○	17.9	○	17.9
1250			◎	20	◎	20
1400			○	22.4	◎	22.4
1600			○	25.6	◎	25.6
1800			○	28.8	○	28.8
2000					◎	32
2240					○	35.8
2500					◎	40

注：1. 有效直径 d_e 为其最小值，最大值 $d_{emax}=d_e+2\Delta d$。

2. 选用情况：◎—优先选用，○—可以选用。

表 32-19　V带轮轮缘尺寸（基准宽度制）（GB/T 10412—2002）

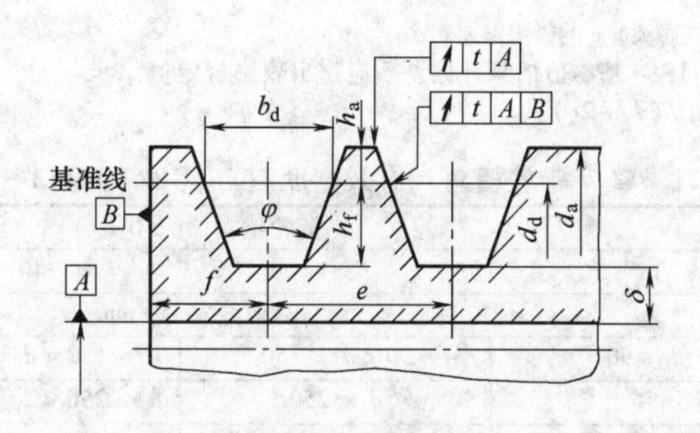

（续）

项目	符号	槽型 Y	槽型 Z SPZ	槽型 A SPA	槽型 B SPB	槽型 C SPC	槽型 D	槽型 E
基准宽度/mm	b_d	5.3	8.5	11.0	14.0	19.0	27.0	32.0
基准线上槽深/mm	h_{amin}	1.6	2.0	2.75	3.5	4.8	8.1	9.6
基准线下槽深/mm	h_{fmin}	4.7	7.0 9.0	8.7 11.0	10.8 14.0	14.3 19.0	19.9	23.4
槽间距/mm	e	8 ±0.3	12 ±0.3	15 ±0.3	19 ±0.4	25.5 ±0.5	37 ±0.6	44.5 ±0.7
第一槽对称面至端面的最小距离/mm	f_{min}	6	7	9	11.5	16	23	28
槽间距累积极限偏差/mm		±0.6	±0.6	±0.6	±0.8	±1.0	±1.2	±1.4
带轮宽/mm	B	$B=(z-1)e+2f$　z—轮槽数						
外径/mm	d_a	$d_a=d_d+2h_a$						
轮槽角 φ 32°	相应的基准直径 d_d/mm	≤60	—	—	—	—	—	—
轮槽角 φ 34°	相应的基准直径 d_d/mm	—	≤80	≤118	≤190	≤315	—	—
轮槽角 φ 36°	相应的基准直径 d_d/mm	>60	—	—	—	—	≤475	≤600
轮槽角 φ 38°	相应的基准直径 d_d/mm	—	>80	>118	>190	>315	>475	>600
轮槽角 φ 极限偏差		±0.5°						

表 32-20　窄 V 带轮轮缘尺寸（有效宽度制）（GB/T 10413—2002）　（单位：mm）

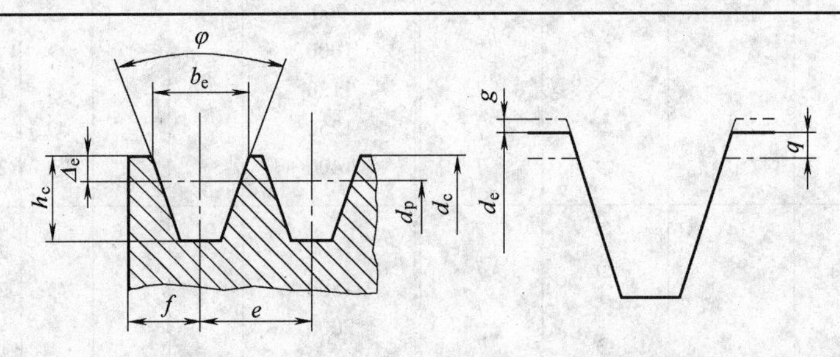

槽型	有效宽度 b_e	槽顶最大增量 g	槽顶弧最大深度 q	有效线差 Δ_e①	最小槽深 h_c④	槽间距 e 基本值	槽间距 e 极限偏差②	槽间距 e 累积极限偏差③	轮槽与端面距离 f_{min}
9N/J	8.9	0.2	0.3	0.6	8.9	10.3	±0.25	±0.5	9
15N/J	15.2	0.25	0.4	1.3	15.2	17.5	±0.25	±0.5	13
25N/J	25.4	0.3	0.5	2.5	25.4	28.6	±0.4	±0.8	19

① 能够趋近于零。
② 槽间距（两相邻轮槽截面中线距离）e 的极限偏差。
③ 同一带轮所有轮槽相对槽间距 e 基本值的累计偏差不应超出表中规定值。
④ 轮槽截面直边尺寸应不小于（d_e-2q）。

表 32-21　窄 V 带轮槽角（有效宽度制）（GB/T 10413—2002）

槽型	带轮槽角 φ(±0.5°) 36°	38°	40°	42°
	有效直径 d_e/mm			
9N/J	$d_e\leqslant 90$	$90<d_e\leqslant 150$	$150<d_e\leqslant 300$	$d_e>300$
15N/J	—	$d_e\leqslant 250$	$250<d_e\leqslant 400$	$d_e>400$
25N/J	—	$d_e\leqslant 400$	$400<d_e\leqslant 560$	$d_e>560$

表32-22　有效宽度制窄V带轮的径向和轴向圆跳动公差（GB/T 10413—2002）　　（单位：mm）

有效直径基本值 d_e	径向圆跳动 t_1	轴向圆跳动 t_2	有效直径基本值 d_e	径向圆跳动 t_1	轴向圆跳动 t_2
$d_e \leqslant 125$	0.2	0.3	$1000 < d_e \leqslant 1250$	0.8	1
$125 < d_e \leqslant 315$	0.3	0.4			
$315 < d_e \leqslant 710$	0.4	0.6	$1250 < d_e \leqslant 1600$	1	1.2
$710 < d_e \leqslant 1000$	0.6	0.8	$1600 < d_e \leqslant 2500$	1.2	1.2

32.3　带轮及典型工作图

1．带轮设计的要求

设计带轮时，应使其结构便于制造，质量分布均匀，质量轻，并避免由于铸造产生过大的内应力。当带速 $V > 5$m/s 时要进行静平衡，$V > 25$m/s 时则应进行动平衡。另外，轮槽工作表面应光滑，以减少V带的磨损。

2．带轮材料

带轮材料常采用灰铸铁、钢、铝合金或工程塑料等，灰铸铁应用最广。当带速 $V \leqslant 30$m/s 时用HT200带轮，$V \geqslant 25 \sim 45$m/s 时，则宜采用球墨铸铁或铸钢带轮，也可采用钢板冲压-焊接带轮。

小功率传动可用铸造铝合金或塑料带轮。

3．带轮的结构

带轮由轮缘、轮辐和轮毂三部分组成。

轮辐部分有实心、辐板（或孔板）和椭圆轮辐三种，可根据带轮的直径参照表32-23确定。

V带轮的典型结构如图32-5所示。

4．带轮的技术要求

1）V带轮槽工作表面的表面粗糙度 Ra 为1.6μm或3.2μm，轴孔表面 Ra 为3.2μm，轴孔端面 Ra 为6.3μm，其余表面 Ra 为12.5μm。轮槽的棱边要倒圆或倒钝。

2）带轮外圆的径向圆跳动和基准圆的斜向圆跳动公差 t 不得大于表32-17和表32-22的规定。

3）轮槽对称平面与带轮轴线垂直度允许±30′。

4）带轮应由转速定平衡。

带轮典型工作图如图32-6所示。

表32-23　V带轮的结构形式和辐板厚度　　（单位：mm）

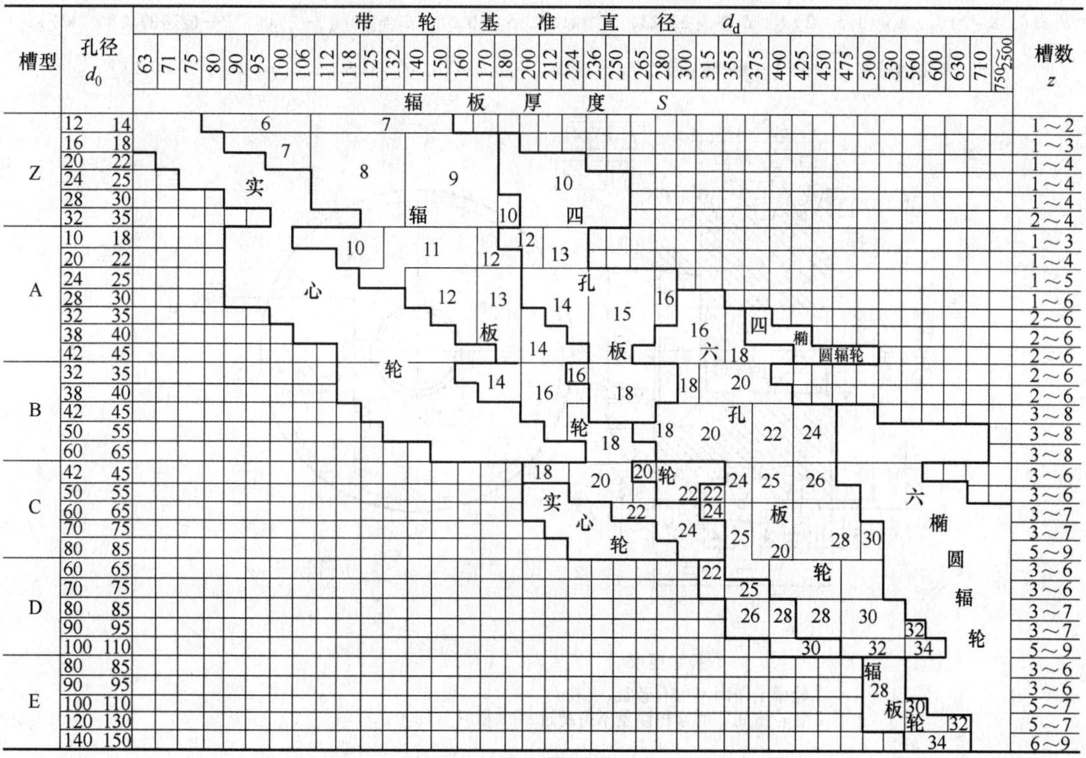

带轮基准直径 d_d：63、71、75、80、90、95、100、106、112、118、125、132、140、150、160、170、180、200、212、224、236、250、265、280、300、315、355、375、400、425、450、475、500、530、560、600、630、710、750~2500

槽型	孔径 d_0	辐板厚度 S（按带轮基准直径由小到大）	槽数 z
Z	12　14	6　7	1~2
	16　18	7	1~3
	20　22	8	1~4
	24　25	实　9　10	1~4
	28　30		1~4
	32　35	辐　10　四	2~4
A	10　18	12	1~3
	20　22	10　11　12　13	1~4
	24　25	孔	1~5
	28　30	心　12　13　14　16	1~6
	32　35	15　四	2~6
	38　40	板　16　椭	2~6
	42　45	14　板　六　18　圆辐轮	2~6
B	32　35	轮　16	2~6
	38　40	14　16　18　18　20	2~6
	42　45	孔	3~8
	50　55	轮　18　20　22　24	3~8
	60　65	18	3~8
C	42　45	18　20　20　轮	3~6
	50　55	实　22　22　24　25　26　六	3~6
	60　65	22　24	3~7
	70　75	心　24　板　椭	3~7
	80　85	轮　25　20　28　30	5~9
D	60　65	22　圆	3~6
	70　75	轮	3~6
	80　85	25　辐	3~7
	90　95	26　28　28　30	3~7
	100　110	30　32　32　34　轮	5~9
E	80　85	辐	3~6
	90　95	28	3~6
	100　110	30	5~7
	120　130	板　轮　32	5~7
	140　150	34	6~9

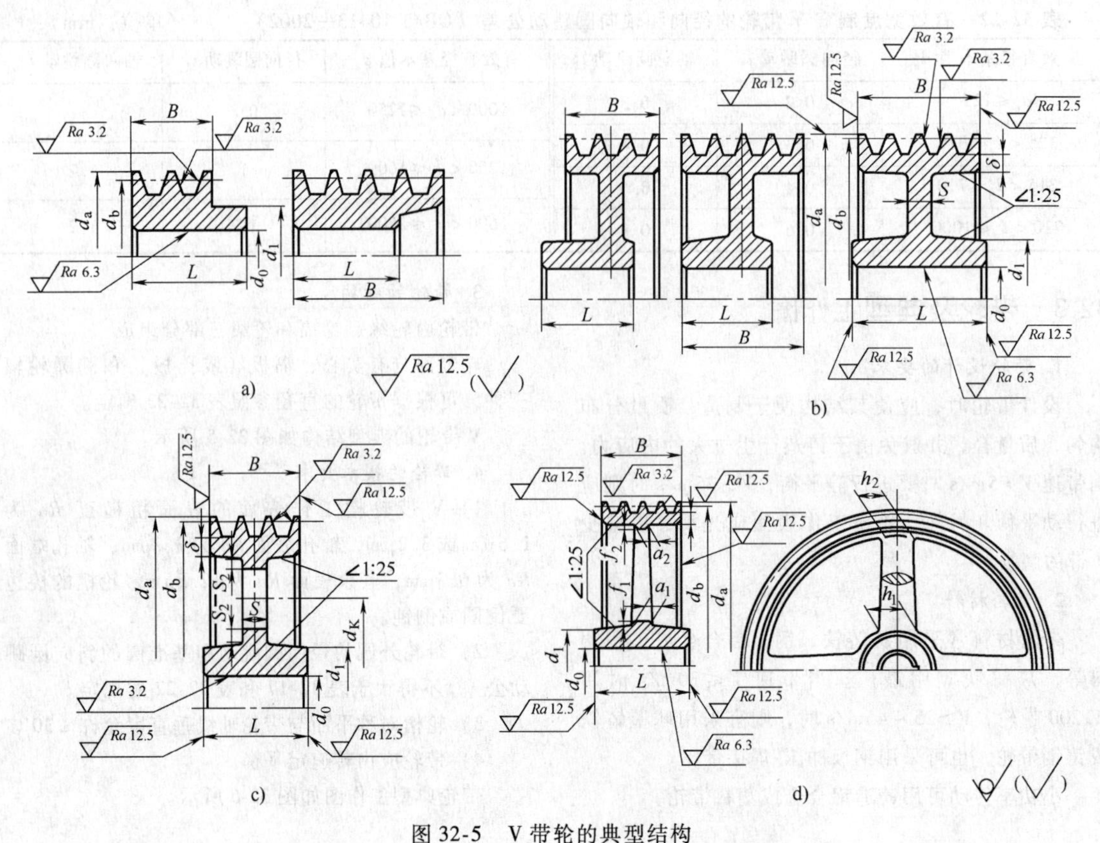

图 32-5　V 带轮的典型结构

a）实心轮　b）辐板轮　c）孔板轮　d）椭圆辐轮

$d_1=(1.8\sim2)d_0$，$L=(1.5\sim2)d_0$，S 查表 32-23，$S_1\geqslant1.5S$，$S_2\geqslant0.5S$，$h_1=290\sqrt[3]{\frac{P}{nA}}$mm，$P$—传递的功率（kW），$n$—带轮的转速（r/min），$A$—轮幅数，$h_2=0.8h_1$，$a_1=0.4h_1$，$a_2=0.8a_1$，$f_1=0.2h_1$，$f_2=0.2h_2$

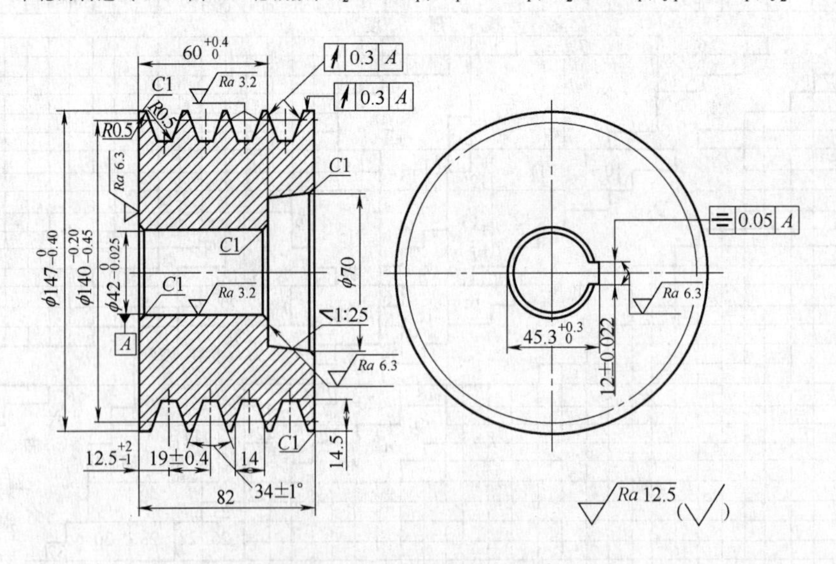

技术要求

1.轮槽工作面不应有砂眼、气孔。

2.各轮槽间距的累积误差不得超过±0.8,材料:HT200。

图 32-6　普通 V 带轮工作图

第33章　链传动的设计

链传动为具有中间挠性件的啮合传动，其具有齿轮传动和带传动的一些特点。与齿轮传动相比，链传动的制造与安装精度要求较低；链轮齿受力情况较好，承载能力较大；链传动有一定的缓冲和减振性能；中心距大而结构轻便。与摩擦型带传动相比，链传动的平均传动比准确；传动效率稍高；链条对轴的拉力较小；同样使用条件下，结构尺寸更为紧凑。此外，链条的磨损、伸长比较缓慢，张紧调节工作量较小，并且能在恶劣环境条件下工作。链传动的主要缺点是：不能保持瞬时传动比恒定；工作时噪声大；磨损后易发生跳齿；不适用于受空间限制、要求中心距小及急速反向传动的场合。

链传动的应用范围很广。通常，中心距较大、多轴、平均传动比要求准确的传动，环境恶劣的开式传动，低速重载传动，润滑良好的高速传动等都可成功地采用链传动。

按用途不同，链条可分为：传动链、输送链和起重链。在链条的生产与应用中，传动用短节距精密滚子链（简称滚子链）占有最主要的地位。通常，滚子链的传递功率 P 在 100kW 以下，链速 v 在 15m/s以下。现代先进的链传动技术已能使优质滚子链的传递功率 P 达 5000kW，速度 v 可达 35m/s；高速齿形链的速度则可达 40m/s。对于一般传动链传动的效率为 0.94～0.96；对于用循环压力供油润滑的高精度传动，其值约为 0.98。

33.1　常用传动链的类型、结构特点与应用

常用传动链的类型、结构特点和应用见表 33-1。

表 33-1　常用传动链的类型、结构特点与应用

种类	简　图	结构和特点	应　用
传动用短节距精密滚子链（简称滚子链）	GB/T 1243—1997	由外链节和内链节铰接而成。销轴和外链板、套筒和内链板为过盈配合；销轴和套筒为间隙配合；滚子空套在套筒上可以自由转动，以减少啮合时的摩擦和磨损，并可以缓和冲击	动力传动
双节距滚子链	GB/T 5269—1999	除链板节距为滚子链的两倍外，其他尺寸与滚子链相同，链条质量则减轻	中、小载荷，中、低速和中心距较大的传动装置，亦可用于输送装置
传动用短节距精密套筒链（简称套筒链）	GB/T 6076—1985	除无滚子外，结构和尺寸同滚子链。质量轻、成本低，并可提高节距精度 为提高承载能力，可利用原滚子的空间加大销轴和套筒尺寸，增大承压面积	不经常传动，中、低速传动或起重装置（如配重、铲车起升装置）等
弯板滚子传动链（简称弯板链）		无内、外链节之分，磨损后链节节距仍较均匀。弯板使链条的弹性增加，抗冲击性能好。销轴、套筒和链板间的间隙较大，对链轮共面性要求较低。销轴拆装容易，便于维修和调整松边下垂量	低速或极低速、载荷大、有尘土的开式传动和两轮不易共面处，如挖掘机等工程机械的行走机构、石油机械等

（续）

种类	简　图	结构和特点	应　用
齿形传动链（又称无声链）	GB/T 10855—1989	由多个齿形链片并列铰接而成。链片的齿形部分和链轮啮合，有共轭啮合和非共轭啮合两种。传动平稳准确，振动、噪声小，强度高，工作可靠；但质量较重，装拆较困难	高速或运动精度要求较高的传动，如机床主传动、发动机正时传动、石油机械以及重要的操纵机构等
成型链		链节由可锻铸铁或钢制造，装拆方便	用于农业机械和链速在3m/s以下的传动

33.2　滚子链传动的设计

1. 滚子链的基本参数和尺寸

滚子链通常指短节距传动用精密滚子链。表33-2中的双节距滚子链，传动用短节距精密套筒滚子链、弯板滚子传动链等设计方法和步骤与短节距精密滚子链原则上一致。

短节距传动用精密滚子链标准见 GB/T 1243—2006，等效 ISO 606—2004，如图 33-1 ~ 图 33-3 所示。表 33-2 和表 33-3 内链号为用英制单位表示的节距，

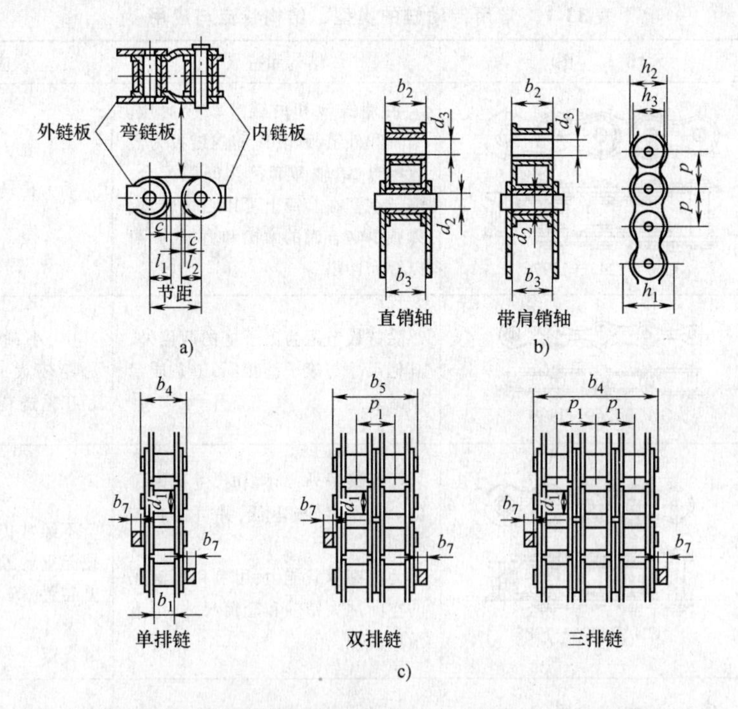

图 33-1　滚子链的基本参数和尺寸（GB/T 1243—2006）

a）过渡链节　b）链条截面　c）链条形式

尺寸 c 表示弯链板与直链板之间的回转间隙。

链条通道高度 h_1 是装配好的链条要通过的通道最小高度。

用止锁零件接头的链条全宽是：当一端有带止锁件的接头时，对端部铆头销轴长度为 b_4、b_5 或 b_6 再加上 b_7（或带头锁轴的加 $1.6b_7$），当两端都有止锁件时加 $2b_7$。

对三排以上的链条，其链条全宽为 b_4+p_t（链条排数 -1）。

表 33-2 链条主要尺寸、测量力、抗拉强度及动载强度（GB/T 1243—2006）

ISO 链号①	节距 p nom	滚子直径 d_1 max	内节内宽 b_1 min	销轴直径 d_2 max	套筒孔径 d_3 min	链条通道高度 h_1 min	内链板高度 h_2 max	外或中链板高度 h_3 max	过渡链节尺寸②			排距 p_t	内节外宽 b_2 max	外节内宽 b_3 min	销轴长度			止锁件附加宽度③ b_7 max	测量力			抗拉强度 F_u			动载强度④,⑤,⑥ 单排 F_d min
									l_1 min	l_2 min	c				单排 b_4 max	双排 b_5 max	三排 b_6 max		单排	双排	三排	单排 min	双排 min	三排 min	
	mm																		N			kN			N
04C	6.35	3.30⑦	3.10	2.31	2.34	6.27	6.02	5.21	2.65	3.08	0.10	6.40	4.80	4.85	9.1	15.5	21.8	2.5	50	100	150	3.5	7.0	10.5	630
06C	9.525	5.08⑦	4.68	3.60	3.62	9.30	9.05	7.81	3.97	4.60	0.10	10.13	7.46	7.52	13.2	23.4	33.5	3.3	70	140	210	7.9	15.8	23.7	1410
05B	8.00	5.00	3.00	2.31	2.36	7.37	7.11	7.11	3.71	3.71	0.08	5.64	4.77	4.90	8.6	14.3	19.9	3.1	50	100	150	4.4	7.8	11.1	820
06B	9.525	6.35	5.72	3.28	3.33	8.52	8.26	8.26	4.32	4.32	0.08	10.24	8.5	8.66	13.5	23.8	34.0	3.3	70	140	210	8.9	16.9	24.9	1290
08A	12.70	7.92	7.85	3.98	4.00	12.33	12.07	10.42	5.29	6.10	0.08	14.38	11.17	11.23	17.8	32.3	46.7	3.9	120	250	370	13.9	27.8	41.7	2480
08B	12.70	8.51	7.75	4.45	4.50	12.07	11.81	10.92	5.66	6.12	0.08	13.92	11.30	11.43	17.0	31.0	44.9	3.9	120	250	370	17.8	31.1	44.5	2480
081	12.70	7.75	3.30	3.66	3.71	10.17	9.91	9.91	5.36	5.36	0.08	—	5.80	5.93	10.2	—	—	1.5	125	—	—	8.0	—	—	
083	12.70	7.75	4.88	4.09	4.14	10.56	10.30	10.30	5.36	5.36	0.08	—	7.90	8.03	12.9	—	—	1.5	125	—	—	11.6	—	—	
084	12.70	7.75	4.88	4.09	4.14	11.41	11.15	11.15	5.77	5.77	0.08	—	8.80	8.93	14.8	—	—	1.5	125	—	—	15.6	—	—	
085	12.70	7.77	6.25	3.60	3.62	10.17	9.91	8.51	4.35	5.03	0.08	—	9.06	9.12	14.0	—	—	2.0	80	—	—	6.7	—	—	1340
10A	15.875	10.16	9.40	5.09	5.12	15.35	15.09	13.02	6.61	7.62	0.10	18.11	13.84	13.89	21.8	39.9	57.9	4.1	200	390	590	21.8	43.6	65.4	3850
10B	15.875	10.16	9.65	5.08	5.13	14.99	14.73	13.72	7.11	7.62	0.10	16.59	13.28	13.41	19.6	36.2	52.8	4.1	200	390	590	22.2	44.5	66.7	3330
12A	19.05	11.91	12.57	5.96	5.98	18.34	18.10	15.62	7.90	9.15	0.10	22.78	17.75	17.81	26.9	49.8	72.6	4.6	280	560	840	31.3	62.6	93.9	5490
12B	19.05	12.07	11.68	5.72	5.77	16.39	16.13	16.13	8.33	8.33	0.10	19.46	15.62	15.75	22.7	42.2	61.7	4.6	280	560	840	28.9	57.8	86.7	3720
16A	25.40	15.88	15.75	7.94	7.96	24.39	24.13	20.83	10.55	12.20	0.13	29.29	22.60	22.66	33.5	62.7	91.9	5.4	500	1000	1490	55.6	111.2	166.8	9550
16B	25.40	15.88	17.02	8.28	8.33	21.34	21.08	21.08	11.15	11.15	0.13	31.88	25.45	25.58	36.1	68.0	99.9	5.4	500	1000	1490	60.0	106.0	160.0	9530
20A	31.75	19.05	18.90	9.54	9.56	30.48	30.17	26.04	13.16	15.24	0.15	35.76	27.45	27.51	41.1	77.0	113.0	6.1	780	1560	2340	87.0	174.0	261.0	14600
20B	31.75	19.05	19.56	10.19	10.24	26.68	26.42	26.42	13.89	13.89	0.15	36.45	29.01	29.14	43.2	79.7	116.1	6.1	780	1560	2340	95.0	170.0	250.0	13500

（续）

ISO 链号①	节距 p nom	滚子直径 d_1 max	内节内宽 b_1 min	销轴直径 d_2 max	套筒孔径 d_3 min	链条通道高度 h_1 min	内链板高度 h_2 max	外或中链板高度 h_3 max	过渡链节尺寸②			排距 p_t	内节外宽 b_2 max	外节内宽 b_3 min	销轴长度			止锁件附加宽度③ b_7 max	测量力			抗拉强度 F_u			动载强度④,⑤,⑥ 单排 F_d min
									l_1 min	l_2 min	c				单排 b_4 max	双排 b_5 max	三排 b_6 max		单排	双排	三排	单排 min	双排 min	三排 min	
	mm																		N			kN			N
24A	38.10	22.23	25.22	11.11	11.14	36.55	36.2	31.24	15.80	18.27	0.18	45.44	35.45	35.51	50.8	96.3	141.7	6.6	1110	2220	3340	125.0	250.0	375.0	20500
24B	38.10	25.40	25.40	14.63	14.68	33.73	33.4	33.40	17.55	17.55	0.18	48.36	37.92	38.05	53.4	101.8	150.2	6.6	1110	2220	3340	160.0	280.0	425.0	19700
28A	44.45	25.40	25.22	12.71	12.74	42.67	42.23	36.45	18.42	21.32	0.20	48.87	37.18	37.24	54.9	103.6	152.4	7.4	1510	3020	4540	170.0	340.0	510.0	27300
28B	44.45	27.94	30.99	15.90	15.95	37.46	37.08	37.08	19.51	19.51	0.20	59.56	46.58	46.71	65.1	124.7	184.3	7.4	1510	3020	4540	200.0	360.0	530.0	27100
32A	50.80	28.58	31.55	14.29	14.31	48.74	48.26	41.68	21.04	24.33	0.20	58.55	45.21	45.26	65.5	124.2	182.9	7.9	2000	4000	6010	223.0	446.0	669.0	34800
32B	50.80	29.21	30.99	17.81	17.86	42.72	42.29	42.29	22.20	22.20	0.20	58.55	45.57	45.70	67.4	126.0	184.5	7.9	2000	4000	6010	250.0	450.0	670.0	29900
36A	57.15	35.71	35.48	17.46	17.49	54.86	54.30	46.86	23.65	27.36	0.20	65.84	50.85	50.90	73.9	140.0	206.0	9.1	2670	5340	8010	281.0	562.0	843.0	44500
40A	63.50	39.68	37.85	19.85	19.87	60.93	60.33	52.07	26.24	30.36	0.20	71.55	54.88	54.94	80.3	151.9	223.5	10.2	3110	6230	9340	347.0	694.0	1041.0	53600
40B	63.50	39.37	38.10	22.89	22.94	53.49	52.96	52.96	27.76	27.76	0.20	72.29	55.75	55.88	82.6	154.9	227.2	10.2	3110	6230	9340	355.0	630.0	950.0	41800
48A	76.20	47.63	47.35	23.81	23.84	73.13	72.39	62.49	31.45	36.40	0.20	87.83	67.81	67.87	95.5	183.4	271.3	10.5	4450	8900	13340	500.0	1000.0	1500.0	73100
48B	76.20	48.26	45.72	29.24	29.29	64.52	63.88	63.88	33.45	33.45	0.20	91.21	70.56	70.69	99.1	190.4	281.6	10.5	4450	8900	13340	560.0	1000.0	1500.0	63600
56B	88.90	53.98	53.34	34.32	34.37	78.64	77.85	77.85	40.61	40.61	0.20	106.60	81.33	81.46	114.6	221.2	327.8	11.7	6090	12190	20000	850.0	1600.0	2240.0	88900
64B	101.60	63.50	60.96	39.40	39.45	91.08	90.17	90.17	47.07	47.07	0.20	119.89	92.02	92.15	130.9	250.8	370.7	13.0	7960	15920	27000	1120.0	2000.0	3000.0	106900
72B	114.30	72.39	68.58	44.48	44.53	104.67	103.63	103.63	53.37	53.37	0.20	136.27	103.81	103.94	147.4	283.7	420.0	14.3	10100	20190	33500	1400.0	2500.0	3750.0	132700

① 对重载的工况不推荐使用过渡链节。

② 对于高应力使用场合，不推荐使用过渡链节。

③ 止锁件的实际尺寸取决于其类型，但都不应超过规定尺寸，使用者应从制造商处获取详细资料。

④ 动载强度值不适用于过渡链节、连接链节或带有附件的链条。

⑤ 双排链和三排链的动载试验不能用单排链的值按比例套用。

⑥ 动载强度值是基于五个链节的试样，不含 36A，40A，40B，48A，48B，56B，64B 和 72B，这些链条是基于三个链节的试样。链条最小动载强度的计算方法见 GB/T 1243—2006 中附录 C。

⑦ 套筒直径。

表 33-3 ANSI 重载系列链条主要尺寸、测量力、抗拉强度及动载强度（GB/T 1243—2006）

ISO 链号①	节距 p nom	滚子直径 d_1 max	内节内宽 b_1 min	销轴直径 d_2 max	套筒孔径 d_3 min	链条通道高度 h_1 min	内链板高度 h_2 max	外或中链板高度 h_3 max	过渡链节尺寸②			排距 p_t	内节外宽 b_2 max	外节内宽 b_3 min	销轴长度			止锁件附加宽度③ b_7 max	测量力			抗拉强度 F_u			动载强度④,⑤,⑥ 单排 F_d min
									l_1 min	l_2 min	c				单排 b_4 max	双排 b_5 max	三排 b_6 max		单排	双排	三排	单排 min	双排 min	三排 min	
	mm																		N			kN			N
60H	19.05	11.91	12.57	5.96	5.98	18.34	18.10	15.62	7.90	9.15	0.10	26.11	19.43	19.48	30.2	56.3	82.4	4.6	280	560	840	31.3	62.6	93.9	6330
80H	25.40	15.88	15.75	7.94	7.96	24.39	24.13	20.83	10.55	12.20	0.13	32.59	24.28	24.33	37.4	70.0	102.6	5.4	500	1000	1490	55.6	112.2	166.8	10700
100H	31.75	19.05	18.90	9.54	9.56	30.48	30.17	26.04	13.16	15.24	0.15	39.09	29.10	29.16	44.5	83.6	122.7	6.1	780	1560	2340	87.0	174.0	261.0	16000
120H	38.10	22.23	25.22	11.11	11.14	36.55	36.2	31.24	15.80	18.27	0.18	48.87	37.18	37.24	55.0	103.9	152.8	6.6	1110	2220	3340	125.0	250.0	375.0	22200
140H	44.45	25.40	25.22	12.71	12.74	42.67	42.23	36.45	18.42	21.32	0.20	52.20	38.86	38.91	59.0	111.2	163.4	7.4	1510	3020	4540	170.0	340.0	510.0	29200
160H	50.80	28.58	31.55	14.29	14.31	48.74	48.26	41.66	21.04	24.33	0.20	61.90	46.88	46.94	69.4	131.3	193.2	7.9	2000	4000	6010	223.0	446.0	669.0	36900
180H	57.15	35.71	35.48	17.46	17.49	54.86	54.30	46.86	23.65	27.36	0.20	69.16	52.50	52.55	77.3	146.5	215.7	9.1	2670	5340	8010	281.0	562.0	843.0	46900
200H	63.50	39.68	37.85	19.85	19.87	60.93	60.33	52.07	26.24	30.36	0.20	78.31	58.29	58.34	87.1	165.4	243.7	10.2	3110	6230	9340	347.0	694.0	1041.0	58700
240H	76.20	47.63	47.35	23.81	23.84	73.13	72.39	62.49	31.45	36.40	0.20	101.22	74.54	74.60	111.4	212.6	313.8	10.5	4450	8900	13340	500.0	1000.0	1500.0	84400

① 标准系列链条详见表 33-2。

② 对于高应力使用场合，不推荐使用过渡链节。

③ 止锁件的实际尺寸取决于其类型，但都不应超过规定尺寸，使用者应从制造商处获取详细资料。

④ 动载强度值不适用于过渡链节、连接链节或带有附件的链条。

⑤ 双排链和三排链的动载试验不能用单排链的值按比例套用。

⑥ 动载强度值是基于五个链节的试样，不含 180H，200H，240H，这些链条是基于三个链节的试样。链条最小动载强度的计算方法见 GB/T 1243—2006 中附录 C。

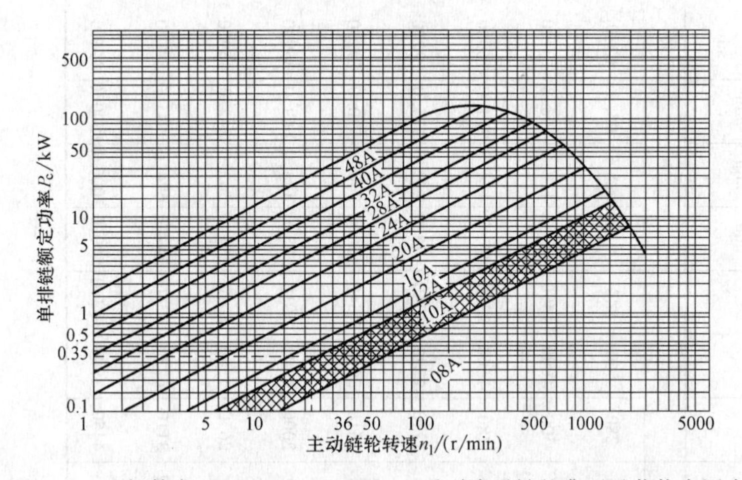

图 33-2　选择符合 GB/T 1243—2006　A 系列滚子链的典型承载能力图表

注：1. 双排链的额定功率可以用单排链的 $P_c \times 1.75$ 计算得到。

2. 三排链的额定功率可以用单排链的 $P_c \times 2.5$ 计算得到。

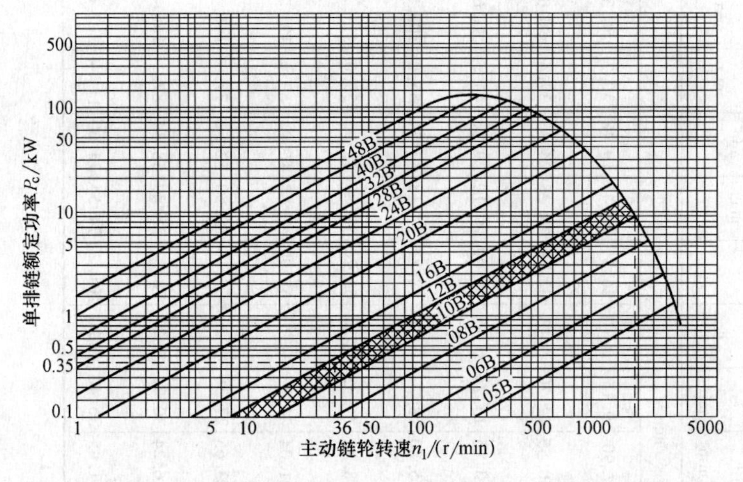

图 33-3　选择符合 GB/T 1243—2006　B 系列滚子链的典型承载能力图表

注：1. 双排链的额定功率可以用单排链的 $P_c \times 1.75$ 计算得到。

2. 三排链的额定功率可以用单排链的 $P_c \times 2.5$ 计算得到。

以 1in/lb 为一个单位，因此，链号数乘以25.4mm/lb 即为该型号链条的米制节距值。链号后 A、B 两字母，表示两个系列，A 系列起源于美国，流行于全世界；B 系列起源于英国，主要流行于欧洲。两种系列互相补充。两种系列在我国都有生产和使用。

按 GB/T 1243—2006 规定，滚子链标记方法如下：

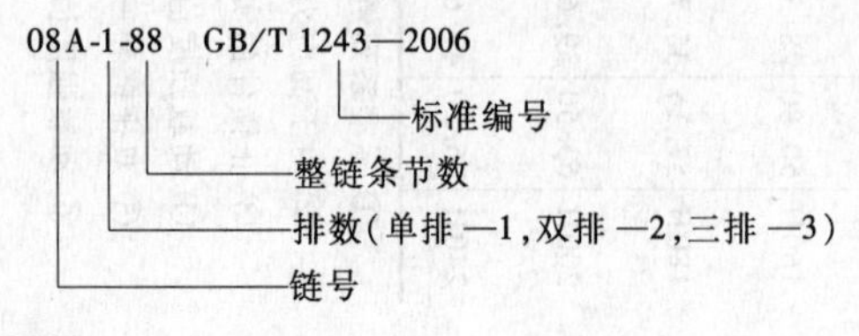

2. 滚子链传动的设计计算

设计链传动的原始数据如下：

1）所传递的功率 P（kW）。

2）主动和从动机械的类型。

3）主、从动轴的转速 n_1、n_2（r/min）和直径。

4）中心距要求和布置。

5）环境条件。

滚子链传动的一般设计计算方法见表 33-4。

图 33-2 和图 33-3 所示是符合下列条件下建立的链条的典型承载能力图。

1）安装在水平平行轴上的两链轮传动。

2）主动链轮齿数 $z_1 = 19$。

3）无过渡链节的单排链条。

表 33-4　滚子链传动的设计计算（GB/T 18150—2006）

项目	符号	单位	公式和参数选定	说　明
小链轮齿数 大链轮齿数	z_1 z_2		传动比 $i=\frac{n_1}{n_2}=\frac{z_2}{z_1}$ $z_{\min}=17, z_{\max}=114$	为使传动平稳，链速增高时，应选较大 z_1，高速或受冲击载荷的链传动，z_1 至少选25齿，且链轮齿应淬硬
修正功率	P_c	kW	$P_c=Pf_1f_2$	P—输入功率（kW） f_1—工况系数，见表33-5 f_2—主动链轮齿数系数，如图33-4所示
链条节距	p	mm	根据修正功率 P_c 和小链轮转速 n_1 由图33-2或图33-3选用合理的节距 p	为使传动平稳，在高速下，宜选用节距较小的双排或多排链。但应注意多排链传动对脏污和误差比较敏感
初定中心距	a_0	mm	推荐 $a_0=(30\sim50)p$ 脉动载荷无张紧装置时，$a_0<25p$ $a_{0\max}=80p$ i：<4 时，$a_{0\min}=0.2z_1(i+1)p$；≥4 时，$a_{0\min}=0.33z_1(i-1)p$	首先根据结构要求定中心距 a_0，有张紧装置或托板时，a_0 可大于 $80p$；对中心距不能调整的传动，$a_{0\min}=30p$ 采用推荐的 $a_{0\min}$ 计算式，可保证小链轮的包角不小于120°，且大、小链轮不会相碰
链长节数	X_0		$X_0=\frac{2a_0}{p}+\frac{z_1+z_2}{2}+\frac{f_3p}{a_0}$ 式中 $f_3=\left(\frac{z_2-z_1}{2\pi}\right)^2$ f_3 也可由表33-7查得	X_0 应圆整成整数 X，宜取偶数，以避免产生过渡链节。有过渡链节的链条（X_0 为奇数）时，其极限拉伸载荷为正常值的80%
实际链条节数	X		X_0 圆整成 X 链条长度 $L=\frac{Xp}{1000}m$	X宜取偶数，以避免产生过渡链节
最大中心距（理论中心距）	a	mm	$a=\frac{p}{4}[c+\sqrt{c^2-8f_3}]$ 式中 $c=X-\frac{z_1+z_2}{2}$ 最大中心距也可用下列方法计算 $z_1=z_2=z$ 时（$i=1$） $a=p\left(\frac{X-Z}{2}\right)$ $z_1\neq z_2$ 时（$i\neq1$） $a=f_4\times p[2x-(z_1+z_2)]$	X—圆整成整数的链节数 f_4 的计算值见表33-8，当$\frac{X-z_1}{z_1-z_2}$在表中两相邻值之间时可采用线性插值计算
实际中心距	a'	mm	$a'=a-\Delta a$ $\Delta a=(0.002\sim0.004)a$	Δa 应保证链条松边有合适的垂度 $f=(0.01\sim0.03)a$ 对中心距可调的传动，Δa 可取较大的值
链速	v	m/s	$v=\frac{z_1n_1p}{60\times1000}=\frac{z_2n_2p}{60\times1000}$	$v\leqslant0.6$m/s　低速传动 $v>0.6\sim8$m/s　中速传动 $v>8$m/s　高速传动

（续）

项目	符号	单位	公式和参数选定	说　明
有效圆周力	F	N	$F=\frac{1000P}{v}$	
作用于轴上的拉力	F_Q	N	对水平传动和倾斜传动 $F_Q=(1.15\sim1.20)f_1F$ 对接近垂直布置的传动 $F_Q=1.05f_1F$	
润滑				参见图33-5和表33-9
小链轮包角	α_1	（°）	$\alpha_1=180°-\frac{(z_2-z_1)p}{\pi a}\times57.3°$	要求 $\alpha_1\geqslant120°$

4）链条长度为120个链条节距（链长小于此长度时，使用寿命将按比例减少）。

5）传动比从1:3到3:1。

6）链长预期使用寿命为15000h。

7）工作环境温度在-5~70℃之间。

8）链轮正确对中，链条保持正确调整。

9）平稳运转，无过载、冲击或频繁起动现象。

10）清洁和适当的润滑。

图33-2和图33-3给出的是在一些链条制造厂发布的此类图表中具有代表性的承载能力图表，各厂的链条有不同的等级，其承载能力各不相同，应予以关注。

在链传动设计中应注意以下几个问题：

1）齿数。我国要求 $z=9\sim120$，德国要求 $z=9\sim150$，日本规定为 $z=11\sim120$。齿数太少则传动不太平稳，建议小链轮齿数大于17为宜。另外，尽量采用奇数齿，如17、19、21、23、25、38、57、76、95、114。

2）传动比。最大传动比不应大于10，通常 $i=3\sim5$ 为宜，低速时可达10。

3）中心距。为节距的40~50倍时比较理想，最大不宜大于链条节距的80倍。这时的传动效率 η 大约在0.96~0.98之间。

表33-5　工况系数 f_1（GB/T 18150—2006）

从动机械特性（见表33-6b）	主动机械特性（见表33-6a）		
	平稳运转	轻微冲击	中等冲击
平稳运转	1.0	1.1	1.3
中等冲击	1.4	1.5	1.7
严重冲击	1.8	1.9	2.1

表33-6a　主动机械示例

运转平稳	电动机、汽轮机和燃气轮机、带有液力偶合器的内燃机
轻微冲击	六缸或六缸以上带机械式联轴器的内燃机、经常起动的电动机（一日两次以上）
中等冲击	少于六缸带机械式联轴器的内燃机

表33-6b　从动机械示例

运转平稳	离心式的泵和压缩机、印刷机械、均匀加料的带式输送机、纸张压光机、自动扶梯、液体搅拌机和混料机、回转干燥炉、风机
中等冲击	三缸或三缸以上的泵和压缩机、混凝土搅拌机、载荷非恒定的输送机、固体搅拌机和混料机
严重冲击	刨煤机、电铲、轧机、球磨机、橡胶加工机械、压力机、剪床、单缸或双缸的泵和压缩机、石油钻机

表 33-7　f_3 的计算值（GB/T 18150—2006）

z_2-z_1	f_3	z_2-z_1	f_3	z_2-z_1	f_3	z_2-z_1	f_3	z_2-z_1	f_3
1	0.0253	21	11.171	41	42.580	61	94.254	81	166.191
2	0.1013	22	12.260	42	44.683	62	97.370	82	170.320
3	0.2280	23	13.400	43	46.836	63	100.536	83	174.500
4	0.4053	24	14.590	44	49.040	64	103.753	84	178.730
5	0.6333	25	15.831	45	51.294	65	107.021	85	183.011
6	0.912	26	17.123	46	53.599	66	110.339	86	187.342
7	1.241	27	18.466	47	55.955	67	113.708	87	191.724
8	1.621	28	19.859	48	58.361	68	117.128	88	196.157
9	2.052	29	21.303	49	60.818	69	120.598	89	200.640
10	2.533	30	22.797	50	63.326	70	124.119	90	205.174
11	3.065	31	24.342	51	65.884	71	127.690	91	209.759
12	3.648	32	25.938	52	68.493	72	131.313	92	214.395
13	4.281	33	27.585	53	71.153	73	134.986	93	219.081
14	4.965	34	29.282	54	73.863	74	138.709	94	223.817
15	5.699	35	31.030	55	76.624	75	142.483	95	228.605
16	6.485	36	32.828	56	79.436	76	146.308	96	233.443
17	7.320	37	34.677	57	82.298	77	150.184	97	238.333
18	8.207	38	36.577	58	85.211	78	154.110	98	243.271
19	9.144	39	38.527	59	88.175	79	158.087	99	248.261
20	10.132	40	40.529	60	91.189	80	162.115	100	253.302

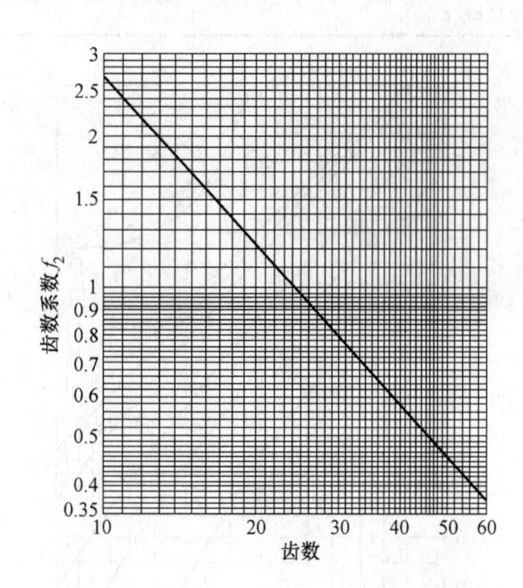

图 33-4　主动链轮齿数系数 f_2

3. 润滑范围选择（见图 33-5）

范围 1：用油壶或油刷定期人工润滑。

范围 2：滴油润滑。

范围 3：油池润滑或油盘飞溅润滑。

范围 4：液压泵压力供油润滑，带过滤器；必要时带油冷却器。

当链传动的空间狭小，并做高速、大功率传动时，则有必要使用油冷却器。

表 33-8　f_4 的计算值（GB/T 18150—2006）

$\frac{X-z_1}{z_2-z_1}$	f_4	$\frac{X-z_1}{z_2-z_1}$	f_4	$\frac{X-z_1}{z_2-z_1}$	f_4
13	0.24991	2.00	0.24421	1.33	0.22968
12	0.24990	1.95	0.24380	1.32	0.22912
11	0.24988	1.90	0.24333	1.31	0.22854
10	0.24986	1.85	0.24281	1.30	0.22793
9	0.24983	1.80	0.24222	1.29	0.22729
8	0.24978	1.75	0.24156	1.28	0.22662
7	0.24970	1.70	0.24081	1.27	0.22593
6	0.24958	1.68	0.24048	1.26	0.22520
5	0.24937	1.66	0.24013	1.25	0.22443
4.8	0.24931	1.64	0.23977	1.24	0.22361
4.6	0.24925	1.62	0.23938	1.23	0.22275
4.4	0.24917	1.60	0.23897	1.22	0.22185
4.2	0.24907	1.58	0.23854	1.21	0.22090
4.0	0.24896	1.56	0.23807	1.20	0.21990
3.8	0.24883	1.54	0.23758	1.19	0.21884
3.6	0.24868	1.52	0.23705	1.18	0.21771
3.4	0.24849	1.50	0.23648	1.17	0.21652
3.2	0.24825	1.48	0.23588	1.16	0.21526
3.0	0.24795	1.46	0.23524	1.15	0.21390
2.9	0.24778	1.44	0.23455	1.14	0.21245
2.8	0.24758	1.42	0.23381	1.13	0.21090
2.7	0.24735	1.40	0.23301	1.12	0.20923
2.6	0.24708	1.39	0.23259	1.11	0.20744
2.5	0.24678	1.38	0.23215	1.10	0.20549
2.4	0.24643	1.37	0.23170	1.09	0.20336
2.3	0.24602	1.36	0.23123	1.08	0.20104
2.2	0.24552	1.35	0.23073	1.07	0.19848
2.1	0.24493	1.34	0.23022	1.06	0.19564

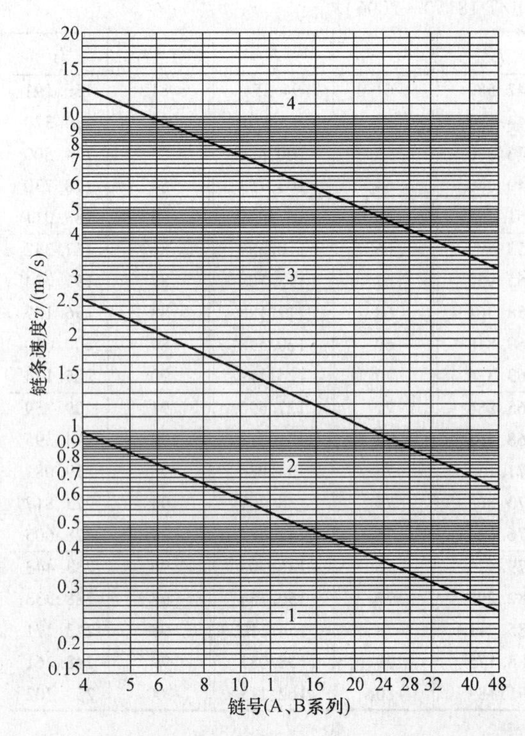

图 33-5　润滑范围选择图（GB/T 18150—2006）

不同工作环境温度下的链传动用润滑油粘度等级见表 33-9。

表 33-9　链传动用润滑油的粘度等级
（GB/T 18150—2006）

环境温度 t/℃	$-5\leqslant t\leqslant 5$	$5<t\leqslant 25$	$25<t\leqslant 45$	$45<t\leqslant 70$
润滑油的粘度级别	VG68（SAE20）	VG100（SAE30）	VG150（SAE40）	VG220（SAE50）

注：应保证润滑油不被污染，特别是不能有磨料性微粒存在。

4. 滚子链的静强度计算

在低速重载链传动中，链条的静强度占有主要地位。通常 $v<0.6$m/s 时视为低速传动。如果低速链也按疲劳考虑，用额定功率曲线选择和计算，结果常不经济。因为额定功率曲线上各点相对应的条件性安全系数 n 为 8～20，比静强度安全系数要大。另外，当进行有限寿命计算时（见本章 33.2 节 5），若所要求的使用寿命过短，使用功率过高，则链条的静强度验算也是必不可少的。

链条的静强度计算式为

$$n=\frac{Q}{K_A F+F_c+F_f}\geqslant[n] \qquad (33\text{-}1)$$

式中　n——静强度安全系数；

Q——链条极限拉伸载荷（N），查表 33-2；

K_A——工况系数，查表 33-5；

F——有效拉力（即有效圆周力）（N），查表 33-4；

F_c——离心力引起的拉力（N），其计算式为 $F_c=qv^2$；q 为链条每米质量（kg/m），见表 33-10；v 为链速（m/s）；当 $v<4$m/s 时，F_c 可忽略不计；

F_f——悬垂拉力（N），如图 33-6 所示，在 F_f' 和 F_f'' 中选用大者；

$[n]$——许用安全系数，一般为 4～8；如果按最大尖峰载荷 F_{max} 来代替 $K_A F$ 进行计算，则可为 3～6；对于速度较低、从动系统惯性较小、不太重要的传动或作用力的确定比较准确时，$[n]$ 可取较小值。

表 33-10　滚子链每米质量

节距 p/mm	8.00	9.525	12.7	15.875	19.05	25.40
单排每米质量 q/(kg/m)	0.18	0.40	0.65	1.00	1.50	2.60
节距 p/mm	31.75	38.10	44.45	50.80	63.50	76.20
单排每米质量 q/(kg/m)	3.80	5.60	7.50	10.10	16.10	22.60

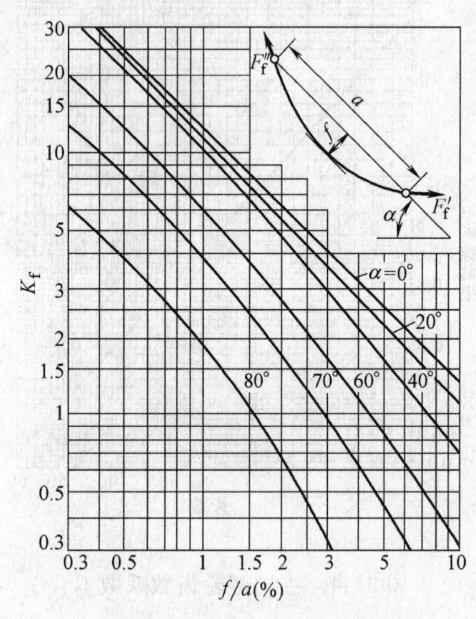

图 33-6　悬垂拉力的确定

$F_f'=K_f qa\times10^{-2}$，$F_f''=(K_f+\sin\alpha)qa\times10^{-2}$

式中，a 为 mm，q 为 kgf/m，F_f'和 F_f''为 N。

5. 滚子链的使用寿命计算

当链传动的传递功率要求超过额定功率、链条的使用寿命要求小于 15000h 或者磨损伸长率$\dfrac{\Delta p}{p}$要求明显小于 3% 时，有必要进行链条的使用寿命计算。

下面列出链条的疲劳寿命近似计算法，后面将列出链条的磨损寿命计算法。

设 P_0 为由式（33-1）得到的功率值，P_0 为由式（33-2）得到的功率值，P 为要求传递的功率，在不发生胶合的前提下对已知链传动进行疲劳寿命计算：

若
$$\frac{K_A P}{K_m} \geqslant P_0'$$

则
$$T=\frac{10^7}{z_1 n_1}\left(\frac{K_m P_0'}{K_A P}\right)^{3.71}\frac{L_p}{100} \tag{33-2}$$

若
$$P_0'' \leqslant \frac{K_A P}{K_m} < P_0'$$

则
$$T=15000\left(\frac{K_m P_0''}{K_A P}\right)^{2}\frac{L_p}{100} \tag{33-3}$$

式中 T——使用寿命（h）；

z_1——小链轮齿数；

n_1——小链轮转速（r/min）；

K_m——多排链排数系数，单排 $K_m=1$、双排 $K_m=1.7$、三排 $K_m=2.5$、四排 $K_m=3.3$；

K_A——工况系数，查表 33-5；

L_p——链长，以节数表示。

6. 滚子链的耐磨损工作能力计算

当工作条件要求链条的磨损伸长率 $\frac{\Delta p}{p}$ 明显小于 3%，或者润滑条件不能符合规定要求方式（见图 33-3）而有所恶化时，可按下式进行滚子链的磨损计算。链条的磨损使用寿命与润滑条件、许用的磨损伸长率以及铰链承压面上产生的滑摩功等因素有关。

$$T=91500\left(\frac{c_1 c_2 c_3}{p_r}\right)^3\frac{L_p}{v}\frac{z_1 i}{i+1}\left[\frac{\Delta p}{p}\right] \tag{33-4}$$

式中 T——使用寿命（h）；

L_p——链长，以节数表示；

v——链速（m/s）；

z_1——小链轮齿数；

i——传动比；

$\left[\frac{\Delta p}{p}\right]$——许用磨损伸长率，按具体工作条件确定；

c_1——磨损系数，如图 33-7 所示；

c_2——节距系数，查表 33-11；

c_3——齿数-速度系数，如图 33-8 所示；

p_r——铰链比压（MPa）。

铰链比压 p_r 按下式计算

$$p_r=\frac{K_A F+F_c+F_f}{A} \tag{33-5}$$

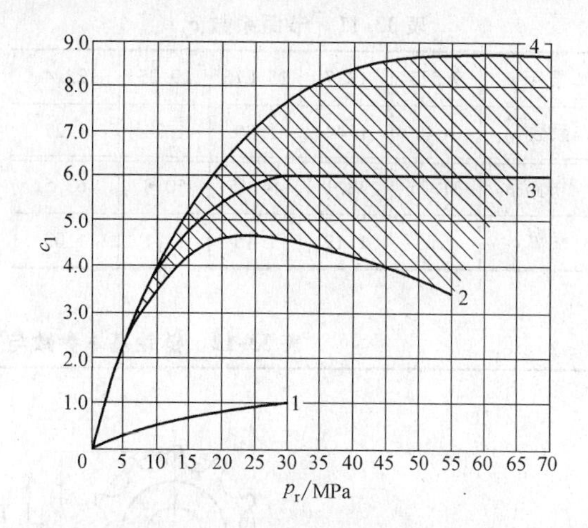

图 33-7 磨损系数 c_1

1—干运转，工作温度 <140℃，链速 $v<7$m/s（干运转使磨损寿命大大下降，应尽可能使润滑条件位于图中的阴影区） 2—润滑不充分，工作温度 <70℃，$v<7$m/s 3—规定采用的润滑方法（见图 33-5） 4—良好的润滑条件，工作温度 <70℃

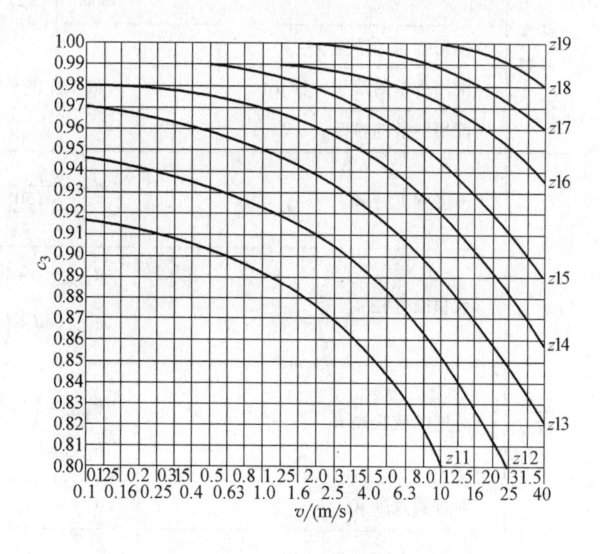

图 33-8 齿数-速度系数 c_3

式中 K_A——工况系数，查表 33-5；

F——有效拉力（即有效圆周力），查表 33-4；

F_c——离心力引起的拉力，见 33.2 节 4；

F_f——悬垂拉力，如图 33-10 所示；

A——铰链承压面积，A 值等于滚子链销轴直径 d_2 与套筒长度 b_2（即内链节外宽）的乘积（mm^2）。d_2 和 b_2 值查表 33-2。

表 33-11　节距系数 c_2

节距 p	9.525	12.7	15.875	19.05	25.4
系数 c_2	1.48	1.44	1.39	1.34	1.27
节距 p	31.75	38.1	44.45	50.8	63.5
系数 c_2	1.23	1.19	1.15	1.11	1.03

当使用寿命 T 已确定时，可由式（33-4）确定许用比压 $[p_r]$，用式（33-5）进行铰链的比压验算：

$$p_r \leqslant [p_r] \tag{33-6}$$

33.3　滚子链链轮

1. 基本参数和主要尺寸（见表 33-12）

表 33-12　链轮基本参数与主要尺寸（GB/T 1243—2006）

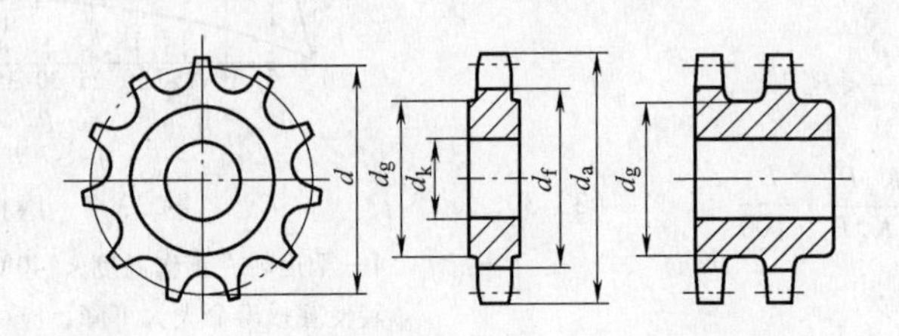

<table>
<tr><th colspan="2">名　称</th><th colspan="7">计 算 公 式</th></tr>
<tr><td rowspan="4">基本参数</td><td rowspan="1">链轮齿数 z</td><td>小链轮齿数</td><td>i / z_1</td><td>1~2 / 31~27</td><td>2~3 / 27~25</td><td>3~4 / 25~23</td><td>4~5 / 23~21</td><td>5~6 / 21~17; >6 / 17~15</td></tr>
<tr><td>配用链条的节距 p</td><td colspan="7" rowspan="3">根据实测数据和 JIS B 1801、GB/T 1243—2006、DIN 8187、DIN 8188 尺寸核对</td></tr>
<tr><td>配用链条的滚子外径 d_1</td></tr>
<tr><td>配用链条的排距 p_t</td></tr>
<tr><td rowspan="5">主要尺寸</td><td>分度圆直径 d</td><td colspan="7">$d=\dfrac{p}{\sin\dfrac{180°}{z}}=pK$，$K$ 值见表 33-13</td></tr>
<tr><td>齿顶圆直径 d_a</td><td colspan="7">$d_{amax}=d+1.25p-d_1$
$d_{amin}=d+\left(1-\dfrac{1.6}{z}\right)p-d_1$</td></tr>
<tr><td>分度圆弦齿高 h_a</td><td colspan="7">$h_{amax}=\left(0.625+\dfrac{0.8}{z}\right)p-0.5d_1$
$h_{amin}=0.5(p-d_1)$</td></tr>
<tr><td>齿根圆直径 d_f</td><td colspan="7">$d_f=d-d_1$</td></tr>
<tr><td>齿侧凸缘（或排间槽）直径 d_g</td><td colspan="7">$d_g \leqslant p\cot\dfrac{180°}{z}-1.04h_2-0.76$
$\cot\dfrac{180°}{z}$ 见表 33-13，h_2 见链条主要数据表内链板高度</td></tr>
</table>

注：1. 设计时可在 d_{amax}、d_{amin} 范围内任意选取，但选用 d_{amax} 时，应考虑采用展成法加工，有发生顶切的可能性。

2. h_a 是为简化放大齿形图绘制而引入的辅助尺寸，h_{amax} 相应于 d_{amax}；h_{amin} 相应于 d_{amin}。

3. 德国的计算公式和我国 GB/T 1243—2006 相同。

4. 日本和美国齿顶圆直径按 $d_a=p\cdot\left(0.6+\cot\dfrac{180°}{z}\right)$ 计算。

5. 齿侧凸缘（或排间槽）直径 d_g 日本计算公式为 $d_g=p\left(\cot\dfrac{180°}{z}-1\right)-0.76$，美国为 $d_g=p\left(\cot\dfrac{180°}{z}-1\right)-0.030$。

表 33-13 链轮计算数表

z	$K=1/\sin\dfrac{180°}{z}$	$\cot\dfrac{180°}{z}$	$\cos\dfrac{90°}{z}$
9	2.9238	2.7475	0.9848
10	3.2361	3.0777	—
11	3.5495	3.4057	0.9898
12	3.8637	3.7321	—
13	4.1786	4.0572	0.9927
14	4.4940	4.3813	—
15	4.8097	4.7046	0.9945
16	5.1258	5.0273	—
17	5.4422	5.3495	0.9958
18	5.7588	5.6713	—
19	6.0755	5.9927	0.9966
20	6.3925	6.3138	—
21	6.7095	6.6346	0.9972
22	7.0267	6.9552	—
23	7.3439	7.2755	0.9977
24	7.6613	7.5958	—
25	7.9787	7.9158	0.9980
26	8.2962	8.2357	—
27	8.6138	8.5556	0.9983
28	8.9314	8.8753	—
29	9.2491	9.1948	0.9985
30	9.5668	9.5144	—
31	9.8845	9.8338	0.9987
32	10.2023	10.1532	—
33	10.5201	10.4725	0.9989
34	10.8380	10.7917	—
35	11.1558	11.1109	0.9990
36	11.4737	11.4301	—
37	11.7916	11.7491	0.9991
38	12.1096	12.0682	—
39	12.4275	12.3872	0.9992
40	12.7455	12.7062	—
41	13.0635	13.0252	0.9993
42	13.3815	13.3441	—
43	13.6995	13.6630	0.9993
44	14.0175	13.9818	—
45	14.3356	14.3007	0.9994
46	14.6536	14.6195	—
47	14.9717	14.9383	0.9994
48	15.2898	15.2570	—
49	15.6079	15.5758	0.9995
50	15.9260	15.8945	—
51	16.2441	16.2133	0.9995
52	16.5622	16.5320	—
53	16.8803	16.8507	0.9996
54	17.1984	17.1694	—
55	17.5166	17.4880	0.9996
56	17.8347	17.8067	—
57	18.1529	18.1253	0.9996
58	18.4710	18.4439	—
59	18.7892	18.7625	0.9997
60	19.1073	19.0812	—
61	19.4255	19.3997	0.9997
62	19.7437	19.7183	—
63	20.0618	20.0369	0.9997
64	20.3800	20.3555	—
65	20.6982	20.6740	0.9997
66	21.0164	20.9926	—
67	21.3346	21.3112	0.9997
68	21.6528	21.6297	—
69	21.9710	21.9482	0.9997
70	22.2892	22.2667	—
71	22.6074	22.5852	0.9998
72	22.9256	22.9038	—
73	23.2438	23.2223	0.9998
74	23.5620	23.5408	—
75	23.8802	23.8593	0.9998
76	24.1984	24.1778	—
77	24.5167	24.4963	0.9998
78	24.8349	24.8147	—
79	25.1531	25.1332	0.9998
80	25.4714	25.4517	—
81	26.7896	25.7702	0.9998
82	26.1078	26.0887	—
83	26.4260	26.4071	0.9998
84	26.7443	26.7256	—
85	27.0625	27.0440	0.9998
86	27.3807	27.3625	—
87	27.6990	27.6809	0.9998
88	28.0173	27.9994	—
89	28.3355	28.3178	0.9998
90	28.6537	28.6363	—
91	28.9720	28.9547	0.9999
92	29.2902	29.2731	—
93	29.6085	29.5916	0.9999
94	29.9267	29.9100	—
95	30.2449	30.2284	0.9999
96	30.5632	30.5469	—
97	30.8815	30.8653	0.9999
98	31.1997	31.1837	—
99	31.5179	31.5021	0.9999
100	31.8363	31.8205	—
101	32.1545	32.1389	0.9999
102	32.4727	32.4573	—
103	32.7910	32.7758	0.9999
104	33.1092	33.0941	—
105	33.4275	33.4126	0.9999
106	33.7458	33.7310	—
107	34.0640	34.0494	0.9999
108	34.3823	34.3678	—
109	34.7006	34.6862	0.9999
110	35.0189	35.0046	—
111	35.3371	35.3230	0.9999
112	35.6554	35.6414	—
113	35.9736	35.9597	0.9999
114	36.2919	36.2782	—
115	36.6101	36.5965	0.9999
116	36.9285	36.9150	—
117	37.2467	37.2333	0.9999
118	37.5650	37.5516	—
119	37.8833	37.8701	0.9999
120	38.2016	38.1885	—

2. 套筒滚子链链轮的齿槽形状（端面齿形）和轴向齿廓

套筒滚子链链轮齿形的好坏直接影响到链传动的质量，是直接影响各传动元件寿命的重要因素。但由于套筒滚子链和其链轮之间的啮合是一种非共轭啮合，因此链轮的齿形设计允许有很大的灵活性。

各国根据各自的使用经验都有自己链轮齿形设计的规定。现将有关中国、日本、德国链轮齿形的设计规范汇总于下，见表 33-14。

表 33-14　中国、日本、德国套筒滚子链链轮齿形

国名	标准号	（端面齿形）齿槽形状	轴向齿廓
中国	GB/T 1243—2006	最大齿形、最小齿形 三圆弧-直线齿形	A 型、B 型
日本	JIS B 1802	（一般使用 S 齿形） S 齿形、U 齿形	A 型
德国	DIN 8196	三圆弧-直线齿形 最大齿形、最小齿形	A 型、B 型

3. 链轮的齿槽形状（端面齿形）

对于各种端面齿形的比较，如图 33-9 所示，各类端面齿形的比较。

从图 33-9 中和表 33-14 中可以看出：

1）我国的齿槽形状和德国的齿槽形状是相同的。

2）日本的 S 形齿形和三圆弧-直线的齿形非常近似。

3）日本的 U 形齿形和三圆弧-直线的齿形比较接近。

4）三圆弧-直线齿形、S 齿形、U 形齿形介于最大齿形和最小齿形之间。

通过具体的齿形比较，我们认为用我国的 GB/T 1243—2006 齿槽形状可以代替日本的 JIS B 1802 的齿槽形状。同时，建议在套筒滚子链链轮测绘设计中的齿槽形状优先采用三圆弧-直线齿形。

有关最大齿槽形状和最小齿槽形状主要尺寸的计算详见表 33-15。

确定链轮齿槽形状时要考虑以下几个因素：链传动的质量、寿命的长短及加工难易的程度。链轮齿槽的形状可在最大齿槽形状和最小齿槽形状的范围内选择。

三圆弧-直线齿形的齿槽形状见表 33-16，齿形图如图 33-9 所示。

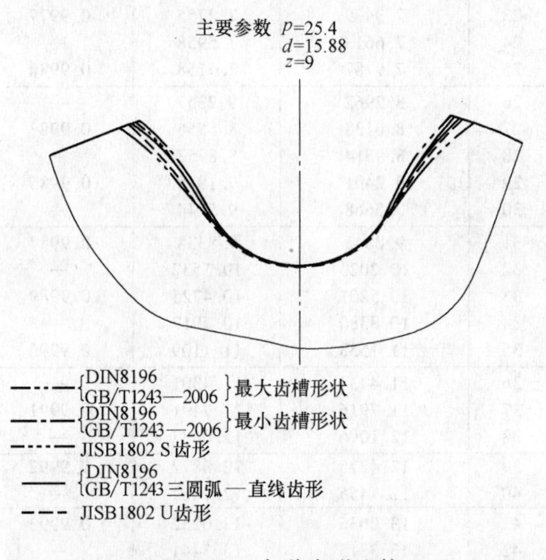

图 33-9　各种齿形比较

表 33-15　齿槽形状（GB/T 1243—2006）

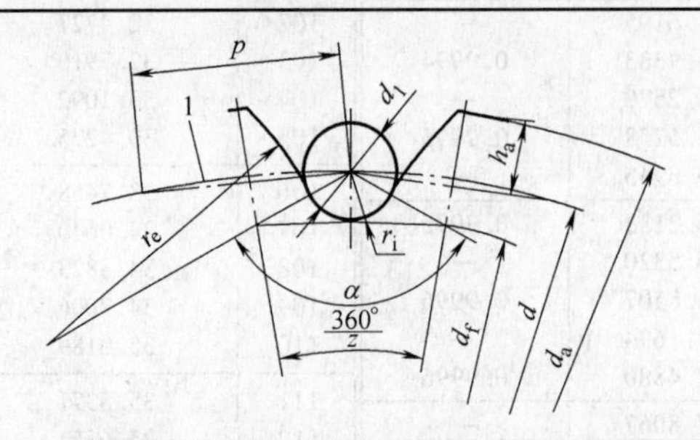

名　称	单位	计算公式	
		最大齿槽形状	最小齿槽形状
齿槽圆弧半径 r_e	mm	$r_{emin}=0.008d_1(z^2+180)$	$r_{emax}=0.12d_1(z+2)$
齿沟圆弧半径 r_i	mm	$r_{imax}=0.505d_1+0.069\sqrt[3]{d_1}$	$r_{imin}=0.505d_1$
齿沟角 α	（°）	$\alpha_{min}=120°-\frac{90°}{z}$	$\alpha_{max}=140°-\frac{90°}{z}$

表 33-16　三圆弧-直线齿形的齿槽形状

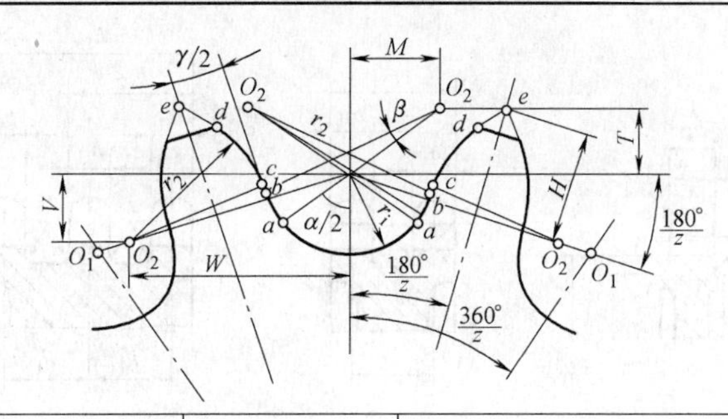

<table>
<tr><th colspan="2">名　称</th><th>单　位</th><th>计 算 公 式</th></tr>
<tr><td colspan="2">齿顶圆直径 d_a</td><td rowspan="3">mm</td><td>$d_a = p\left(0.54 + \cot\frac{180°}{z}\right)$</td></tr>
<tr><td colspan="2">分度圆弦齿高 h_a</td><td>$h_a = 0.27p$</td></tr>
<tr><td colspan="2">齿沟圆弧半径 r_i</td><td>$r_i = 0.5025d_1 + 0.05$</td></tr>
<tr><td colspan="2">齿沟半角$\frac{\alpha}{2}$</td><td>(°)</td><td>$\frac{\alpha}{2} = 55° - \frac{60°}{z}$</td></tr>
<tr><td rowspan="2">工作段圆弧中心 O_2 的坐标</td><td>M</td><td rowspan="3">mm</td><td>$M = 0.8d_1\sin\frac{\alpha}{2}$</td></tr>
<tr><td>T</td><td>$T = 0.8d_1\cos\frac{\alpha}{2}$</td></tr>
<tr><td colspan="2">工作段圆弧半径 r_2</td><td>$r_2 = 1.3025d_1 + 0.05$</td></tr>
<tr><td colspan="2">工作段圆弧中心角 β</td><td>(°)</td><td>$\beta = 18° - \frac{56°}{z}$</td></tr>
<tr><td rowspan="2">齿顶圆弧中心 O_2 的坐标</td><td>W</td><td rowspan="2">mm</td><td>$W = 1.3d_1\cos\frac{180°}{z}$</td></tr>
<tr><td>V</td><td>$V = 1.3d_1\sin\frac{180°}{z}$</td></tr>
<tr><td colspan="2">齿形半角 γ</td><td>(°)</td><td>$\frac{\gamma}{2} = 17° - \frac{64°}{z}$</td></tr>
<tr><td colspan="2">齿顶圆弧半径 r_3</td><td rowspan="3">mm</td><td>$r_3 = d_1(1.3\cos\frac{\gamma}{2} + 0.8\cos\beta - 1.3025) - 0.05$</td></tr>
<tr><td colspan="2">工作段直线部分长度 bc</td><td>$\overline{bc} = d_1(1.3\sin\frac{\gamma}{2} - 0.8\sin\beta)$</td></tr>
<tr><td colspan="2">e 点至齿沟圆弧中心连线的距离 H</td><td>$H = \sqrt{r_3^2 - \left(1.3d_1 - \frac{p}{2}\right)^2}$</td></tr>
</table>

注：1. 齿沟圆弧半径 r_i，允许比上式计算的大 $0.0015d_1 + 0.06$mm。

2. 链轮其他尺寸 d、d_f、d_g 见表 33-12。

3. 采用三圆弧-直线齿形，其标记为：齿形 3R GB/T 1243—2006。

4. 链轮的轴向齿廓

轴向齿廓有 A 型和 B 型两种。A 型比较平滑，但 B 型齿廓加工比较简便。建议一般情况下采用 A 型。在大节距线速度较低的情况下，为了加工方便建议采用 B 型齿廓。其各部分尺寸的计算见表 33-17。

一般情况下轴向齿廓的各部尺寸可参考表 33-18。

5. 套筒滚子链链轮的材料及热处理

根据应用的场合不同、传递功率的大小、线速度的高低、工作环境的优劣，链轮采用的材料和热处理都有不同的要求。常用的链轮材料和热处理汇总于表 33-19，供测绘设计时参考。

6. 对绘制链轮零件图的要求

1）在链轮零件图上必须要有满足备件制造的一切尺寸、公差数值、尺寸精度要求及各部几何公差的要求。

2）在零件图上要有链轮材料、链轮热处理要求及热处理后技术数据指标值。

一般在下列情况下对链轮的齿面进行硬化处理为宜：

表 33-17　链轮轴向齿廓尺寸计算表（单位：mm）

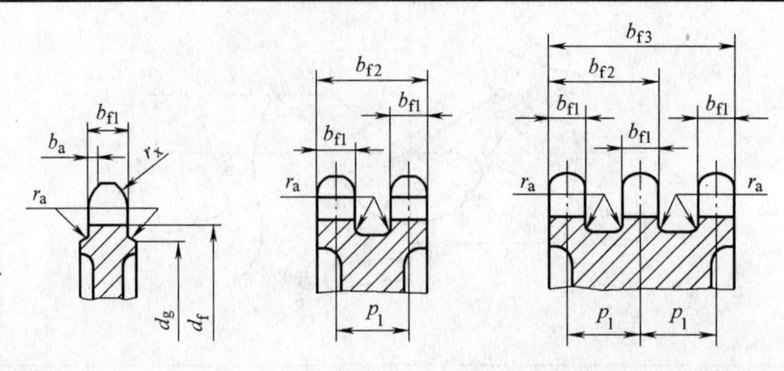

名　称		计算公式	
		$p \leqslant 12.7$	$p > 12.7$
齿宽 b_{f1}	单排	$0.93b_1$	$0.95b_1$
	双排、三排	$0.91b_1$	$0.93b_1$
	四排以上	$0.88b_1$	$0.93b_1$
倒角宽 b_a		$b_a = 0.13p$，链号为 081、083、084、085 的链条，$b_a = 0.06p$	
倒角半径 r_x		$r_x = p$	
倒角深 h		$h = 0.5p$（仅用于 B 型）	
齿侧凸缘（或排间槽）圆角半径 r_a		$r_a \approx 0.04p$	
链轮齿总宽 b_{fn}		$b_{fn} = (n-1)p_t + b_{f1}$，$n$—排数	

注：1. 当 $p > 12.7$ 时，经制造厂同意，亦可使用 $p \leqslant 12.7$ 时的齿宽。

2. b_1 为链条内侧宽度值。

3. B 型轴向齿廓虽不如 A 型平滑，但由于切制简便，近年来逐渐有所采用。

表 33-18　轴向齿廓尺寸（根据 JIS 标准）　　（单位：mm）

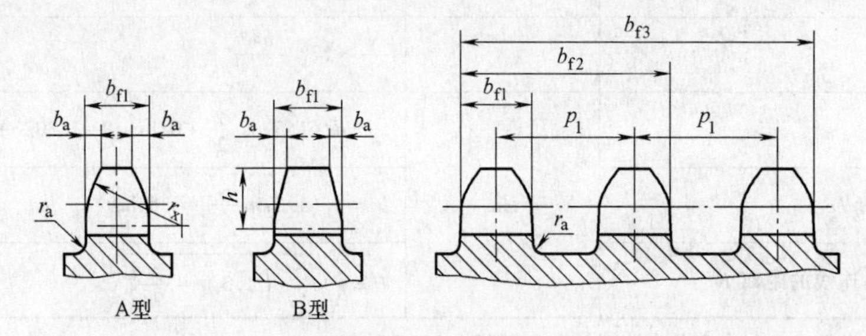

轴向齿廓几何尺寸参数表

链名义号			轴向齿形							轴向节距 p_1	套筒滚子链规格		
中国	日本	德国	倒角宽约 b_a	倒角深约 h	倒角半径 r_x(min)	圆角半径 r_a (max)	齿宽 b_{fn}(max) 单列	2~3列	4列以上		节距 p	套筒外径 (max)	套筒内板幅度
	25		0.8	3.2	6.8	0.3	2.8	2.7	2.4	6.4	6.35	3.30	3.10
	35		1.2	4.8	10.1	0.4	4.3	4.1	2.8	10.1	9.525	5.08	4.68
	41		1.6	6.4	13.5	0.5	5.8	—	—	—	12.70	7.77	6.25
08A	40	08A	1.6	6.4	13.5	0.5	7.2	7.0	6.5	14.4	12.70	7.95	7.85
10A	50	10A	2.0	7.9	16.9	0.6	8.7	8.4	7.9	18.1	15.875	10.16	9.40

（续）

链名义号			轴向齿形							轴向节距 p_1	套筒滚子链规格		
							齿宽 b_{fn}(max)						
中国	日本	德国	倒角宽约 b_a	倒角深约 h	倒角半径 r_x(min)	圆角半径 r_a(max)	单列	2～3列	4列以上		节距 p	套筒外径(max)	套筒内板幅度
12A	60	12A	2.4	9.5	20.3	0.8	11.7	11.3	10.6	22.8	19.05	11.91	12.57
16A	80	16A	3.2	12.7	27.0	1.0	14.6	14.1	13.3	29.3	25.40	15.88	15.75
20A	100	20A	4.0	15.9	33.8	1.3	17.6	17.0	16.1	35.8	31.75	19.05	18.90
24A	120	24A	4.8	19.0	40.5	1.5	23.5	22.7	21.5	45.4	38.10	22.23	25.22
28A	140	28A	5.6	22.2	47.3	1.8	23.5	22.7	21.5	48.9	44.45	25.40	25.22
32A	160	32A	6.4	25.4	54.0	2.0	29.4	28.4	27.0	58.5	50.80	28.58	31.55
40A	200	40A	7.9	31.8	67.5	2.5	35.3	34.1	32.5	71.6	63.50	39.68	37.85
48A	240	48A	9.5	38.1	81.0	3.0	44.1	42.7	40.7	87.8	76.20	47.63	47.35

注：1. 全齿宽 b_{f2}，b_{f3}，b_{f4}，…，$b_{fn}=pt\cdot(n-1)+b_{f1}$。（$n$ 列数）

2. r_x 一般用表中表示的最小值，比表值 r_x 大可达无限大，此时圆弧为直线也可以。

3. r_a 为最大值，是用最大链轮齿侧直径时的数值。

4. 以上数值也可根据 CB/T 1243—2006 给定的公式进行计算获得。

表 33-19　常用的链轮材料及热处理

材　　料	热处理	齿面硬度	应用范围
15、20	渗碳、淬火、回火	50～60HRC	$z\leqslant25$ 有冲击载荷的链轮
35	正火	160～200HBW	正常工作条件下 $z>25$ 的链轮
45、50 ZC310-570	淬火、回火	40～45HRC	$z\leqslant40$ 没有激烈冲击振动且在易磨损条件下工作的链轮
15Cr、20Cr	渗碳、淬火、回火	50～60HRC	$z<25$ 有动载荷及传递功率较大的链轮
40Cr、35SiMn 35CrMo	淬火、回火	40～50HRC	重要的、要求强度较高、轮齿耐磨的链轮
Q235、A5	焊接后退火	140HBW	中等速度、传递中等功率的链轮
不低于 HT150	淬火、回火	260～280HBW	外形复杂、精度要求不高的 $z>50$ 的从动链轮，经必要的热处理，可用于 $v<3\text{m/s}$ 的情况下
夹布胶木			$P<6\text{kW}$、速度较高、传动要求平稳和无噪声的链轮

① 链轮齿数小于 24，在高速旋转的时候。

② 链轮传动比大于 $i=4$ 情况下的小链轮。

③ 速度低、荷载很大的链轮。

④ 链轮在容易磨损的条件下工作。

在不知所测链轮的材料及热处理要求时，建议根据工作条件及运动速度按表 33-18 选择材料和热处理要求。

3）为了保证链轮的正确啮合，在链轮零件图的右上角处注明与此链轮啮合的套筒滚子链的有关技术数据及链轮的检验数据要求。

4）链轮的零件图上应注明对齿槽形状的要求。若采用三圆弧-直线齿槽形状，则标 3R GB/T 1243—2006，若采用最大、最小齿槽形状则标 GB/T 1243—2006。此时齿槽的具体形状由链轮制造厂决定。但其决定的齿槽形状必须在最大齿槽和最小齿槽之间。

有时由于特殊原因必须要用特殊齿槽形状时，必须在链轮零件图的合适部位画出其齿槽的详细放大图，并在放大图上标注能满足制造的详细尺寸和公差。

5）在链轮零件图上必须明确对轴向齿廓的要求

(是按 A 型还是 B 型)，并在链轮零件图的合适部位画出轴向齿廓放大图和标上各部尺寸。

其具体情况如图 33-10 所示的链轮测绘图示例。

一般齿工作面的表面粗糙度（与套筒滚子链接触的面）建议不低于 $Ra3.2\mu m$，其他部位的表面粗糙度根据具体情况由测绘者自行决定。

7. 链轮的尺寸公差、几何公差、表面粗糙度和精度等级

中国、德国、日本各自均有专门的尺寸公差和几何公差的规定。中国和德国的标准相差不多，日本的规定要高一些。详见表 33-20 ~ 表 33-22 及图 33-11。

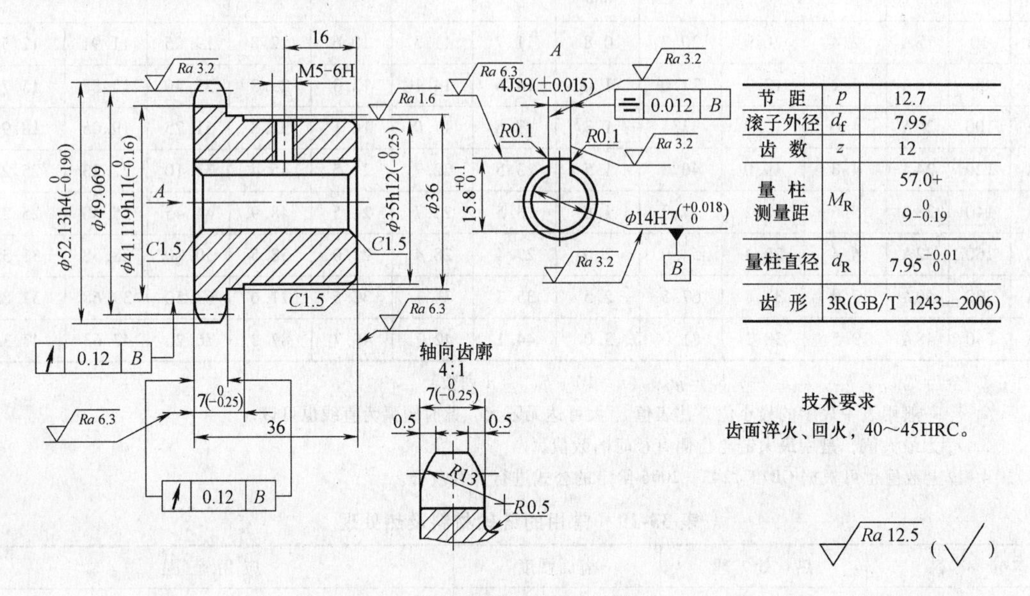

图 33-10 链轮测绘图示例（材料：45）

表 33-20 齿根圆直径公差及检验（GB/T 1243—2006）（DIN 8196）

项目	公差	检验方法	
齿根圆直径	h11	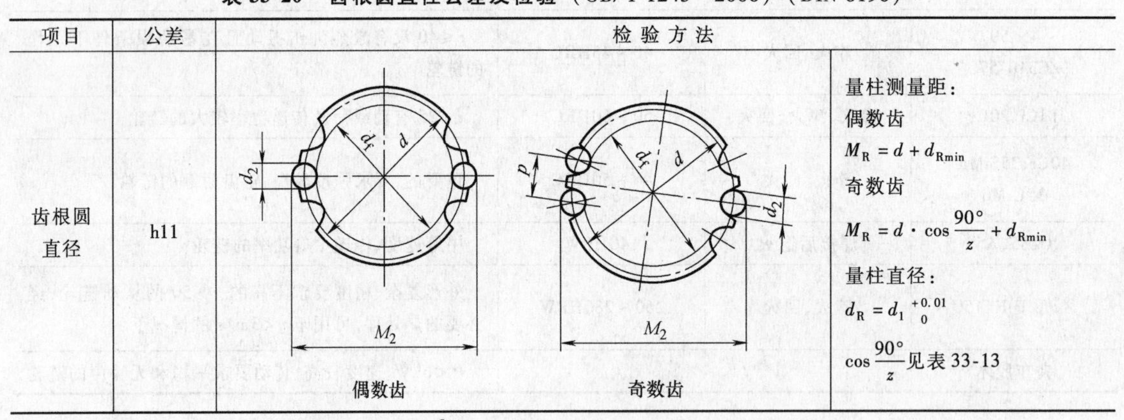 	量柱测量距： 偶数齿 $M_R = d + d_{Rmin}$ 奇数齿 $M_R = d \cdot \cos\frac{90°}{z} + d_{Rmin}$ 量柱直径： $d_R = d_1{}^{+0.01}_{0}$ $\cos\frac{90°}{z}$见表 33-13

注：美国 ANSI B 29.1 量柱测量距公差为 ${}^{0}_{-(0.001p\sqrt{2}+0.003)}$。

表 33-21 齿根圆的圆跳动（GB/T 1243—2006）

项目	齿根圆直径/mm		备注
	$d_f \leqslant 250$	$d_f > 250$	
齿根圆径向圆跳动	10 级	11 级	GB/T 1184
齿根圆处端面圆跳动			
DIN 8196 齿根圆的圆跳动			
齿根圆径向圆跳动	$0.0008d_f + (0.08 - 0.15)$ 最大≤0.76mm		
齿根圆处端面圆跳动	$0.0009d_f + 0.08$ 最大≤1.14mm		

表 33-22 轮坯公差（DIN 8196）

项 目	代 号	公 差
孔径	D_k	H8
齿顶圆直径	d_a	h11
齿宽	b_f	h14

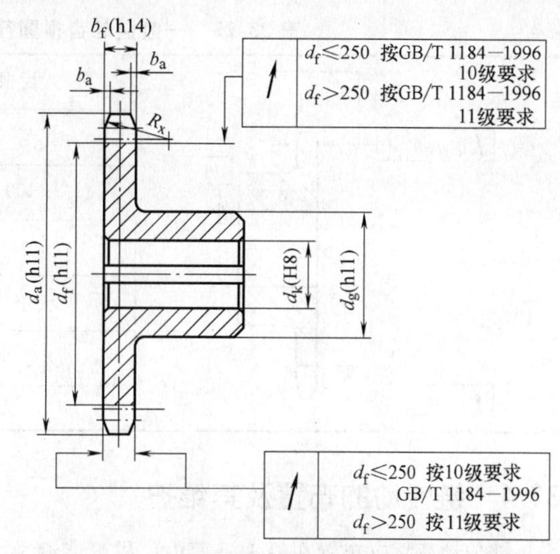

图 33-11 链轮尺寸精度，几何公差要求示意图

一般链轮的尺寸公差及几何公差精度等级根据 GB/T 1243—2006。建议按日本 JIS B 1801 链轮尺寸公差及几何公差见表 33-23 ~ 表 33-25 选取，可以不用计算。

表 33-23 一般滚子链链轮齿宽 b_{f1} 及全齿宽 b_{f2}、b_{f3}、b_{f4} 的尺寸公差值（单位：mm）

节距	6.35	9.525	12.70	12.70	15.875	19.05	25.40	31.75	38.10	44.45	50.80	63.50	76.20
尺寸公差	0 −0.20	0 −0.20	0 −0.20	0 −0.25	0 −0.25	0 −0.30	0 −0.30	0 −0.35	0 −0.40	0 −0.40	0 −0.45	0 −0.55	0 −0.65

表 33-24 偶数齿的齿根圆直径及奇数齿的齿根距离的尺寸公差值（单位：mm）

齿数 \ 节距	6.35	9.525	12.70	12.70	15.875	19.05	25.40	31.75	38.10	44.45	50.80	63.50	76.20
11 ~ 15	0 −0.10	0 −0.10	0 −0.12	0 −0.12	0 −0.12	0 −0.12	0 −0.15	0 −0.15	0 −0.20	0 −0.20	0 −0.25	0 −0.25	0 −0.30
16 ~ 24	0 −0.10	0 −0.12	0 −0.12	0 −0.12	0 −0.12	0 −0.15	0 −0.20	0 −0.25	0 −0.25	0 −0.25	0 −0.30	0 −0.35	0 −0.40
25 ~ 35	0 −0.10	0 −0.12	0 −0.15	0 −0.15	0 −0.15	0 −0.15	0 −0.20	0 −0.25	0 −0.25	0 −0.30	0 −0.35	0 −0.40	0 −0.45
36 ~ 48	0 −0.12	0 −0.12	0 −0.15	0 −0.15	0 −0.15	0 −0.20	0 −0.25	0 −0.25	0 −0.30	0 −0.35	0 −0.40	0 −0.45	0 −0.55
49 ~ 63	0 −0.12	0 −0.15	0 −0.15	0 −0.15	0 −0.20	0 −0.20	0 −0.25	0 −0.30	0 −0.35	0 −0.40	0 −0.45	0 −0.50	0 −0.60
64 ~ 80	0 −0.12	0 −0.15	0 −0.20	0 −0.20	0 −0.20	0 −0.25	0 −0.30	0 −0.35	0 −0.40	0 −0.45	0 −0.50	0 −0.60	0 −0.70
81 ~ 99	0 −0.12	0 −0.15	0 −0.20	0 −0.20	0 −0.20	0 −0.25	0 −0.30	0 −0.35	0 −0.40	0 −0.50	0 −0.55	0 −0.65	0 −0.75
100 ~ 120	0 −0.15	0 −0.15	0 −0.20	0 −0.20	0 −0.25	0 −0.25	0 −0.35	0 −0.40	0 −0.45	0 −0.50	0 −0.60	0 −0.70	0 −0.85

表 33-25　一般链轮齿根圆径向跳动及端面跳动允许误差值　（单位：mm）

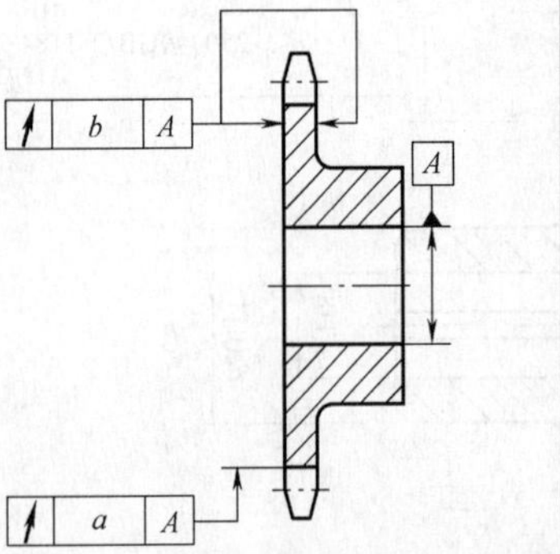

齿根圆直径 d_f	a	b
<100	0.15	0.25
$100<d_f<150$	0.20	0.25
大于 150 小于 250	0.25	0.25
大于 250 小于 650	$0.001d_f$	$0.001d_f$
大于 650 小于 1000	0.65	$0.001d_f$
大于 1000	0.65	1.00

33.4　链传动的布置及其维护

链传动通常应布置在铅垂平面内，尽可能避免布置在水平或倾斜平面内，并且设计较小的中心距。

链传动的安装一般应使两轮轮宽的中心平面轴向位移误差 $\Delta e\leqslant\frac{0.2}{100}a$，其中 a 为中心距，两轮旋转平面间的夹角误差 $\Delta\theta\leqslant\frac{0.6}{100}\text{rad}$，如图 33-12 所示。

链传动的布置应考虑表 33-26 提出的一些布置原则，供设计安装时参考。

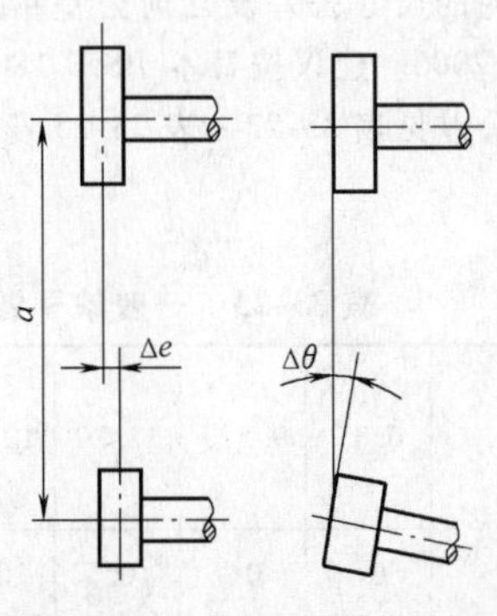

图 33-12　链轮的安装误差

表 33-26　链传动的布置

传动条件	正确布置	不正确布置	说　明
i 与 a 较佳场合： $i=2\sim3$ $a=(30\sim50)p$	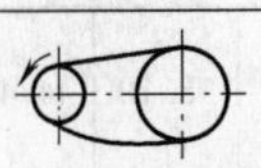	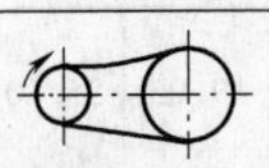	两链轮中心连线最好呈水平，或与水平面成 60°以下的倾角。紧边在上面较好
i 大 a 小的场合： $i>2$ $a<30p$	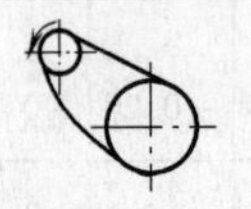	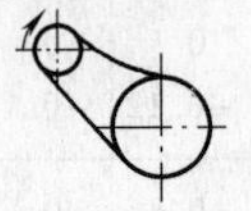	两轮轴线不在同一水平面上，此时松边应布置在下面，否则松边下垂量增大后，链条易与小链轮齿钩住
i 小 a 的大场合： $i<1.5$ $a>60p$	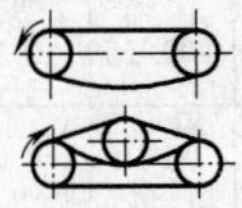	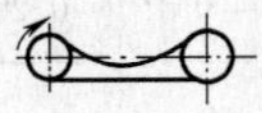	两轮轴线在同一水平面上，松边应布置在下面，否则松边下垂量增大后，松边会与紧边相碰。此外，需经常调整中心距
垂直传动场合： i、a 为任意值	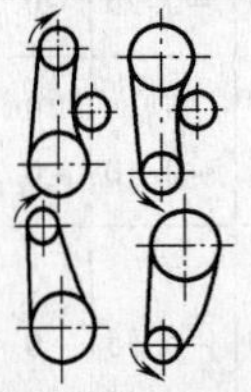	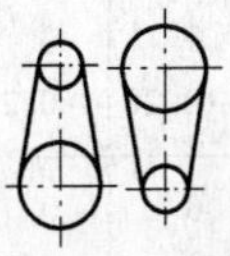	两轮轴线在同一铅垂面内，此时下垂量集中在下端，所以要尽量避免这种垂直或接近垂直的布置，否则会减少下面链轮的有效啮合齿数，降低传动能力。应采用：a）中心距可调；b）张紧装置；c）上、下两轮错开，使其轴线不在同一铅垂面内；d）尽可能将小链轮布置在上方等措施
反向传动 $\|i\|<8$	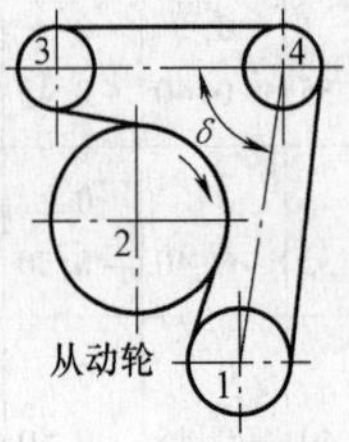 3　4　δ　2　从动轮　1　主动轮		为使两轮转向相反，应加装 3 和 4 两个导向轮，且其中至少有一个是可以调整张紧的。紧边应布置在 1 和 2 两轮之间，角 δ 的大小应使 2 轮的啮合包角满足传动要求

33.5 链传动中所产生的故障及其对策

链传动中所产生的故障与维护措施见表33-27。

表33-27 链传动中产生的故障及其维护措施

故 障	原 因	维 护 措 施
链板或链轮齿严重侧磨	1)各链轮不共面 2)链轮端面跳动严重 3)链轮支承刚度差 4)链条扭曲严重	1)提高加工与安装精度 2)提高支承件刚度 3)更换合格链条
链板疲劳开裂	润滑条件良好的中低速链传动,链板的疲劳是主要矛盾,但若过早失效则发生以下问题: 1)链条规格选择不当 2)链条品质差 3)动力源或负载动载荷大	1)重新选用合适规格的链条 2)更换质量合格的链条 3)控制或减弱负载和动力源的冲击振动
滚子碎裂	1)链轮转速较高而链条规格选择不当 2)链轮齿沟有杂物或链条磨损严重发生爬齿和滚子被挤顶现象 3)链条质量差	1)重新选用稍大规格链条 2)清除齿沟杂物或换新链条 3)更换质量合格的链条
销轴磨损或销轴与套筒胶合	链条铰链元件的磨损是最常见的现象之一。正常磨损是一个缓慢发展的过程。如果发展过快则 1)润滑不良 2)链条质量差或选用不当	1)清除润滑油内杂质、改善润滑条件、更换润滑油 2)更换质量合格或稍大规格链条
外链节外侧擦伤	1)链条未张紧,发生跳动,从而与邻近物体碰撞 2)链箱变形或内有杂物	1)使链条适当张紧 2)消除箱体变形、清除杂物
链条跳齿或抖动	1)链条磨损伸长,使垂度过大 2)冲击或脉动载荷较重 3)链轮齿磨损严重	1)更换链条或链轮 2)适当张紧 3)采取措施使载荷较稳定
链轮齿磨损严重	1)润滑不良 2)链轮材质较差,齿面硬度不足	1)改善润滑条件 2)提高链轮材质和齿面硬度 3)把链轮拆下,翻转180°再装上,则可利用齿廓的另一侧而延长使用寿命
卡簧、开口销等链条锁止元件松脱	1)链条抖动过烈 2)有障碍物磕碰 3)锁止元件安装不当	1)适当张紧或考虑增设导板托板 2)消除障碍物 3)改善锁止件安装质量
振动剧烈、噪声过大	1)链轮不共面 2)松边垂度不合适 3)润滑不良 4)链箱或支承松动 5)链条或链轮磨损严重	1)改善链轮安装质量 2)适当张紧 3)改善润滑条件 4)消除链箱或支承松动 5)更换链条或链轮 6)加装张紧装置或防振导板

第34章 摩擦传动的设计

34.1 概述

摩擦传动是靠摩擦副通过接触面间的摩擦力传递运动和动力的。

根据润滑状态不同，摩擦传动可分为两种：一种是工作表面无润滑，摩擦副由金属与非金属（如皮革、橡胶、木材、混合织物等）材料组成，具有较高的摩擦因数，但许用的接触应力较低，传递的功率较小；另一种是摩擦副均为经过硬化处理的金属材料，摩擦运动可分为弹性流体动力润滑状态和混合润滑状态，工作在压力粘度指数很高的润滑剂中，接触区在高压下产生抗剪强度很高的瞬时润滑油膜，使其处于弹性流体润滑状态，从而产生很大的牵引力，提高了传动装置的承载能力，又可称为油膜牵引传动。混合润滑状态的摩擦传动是依靠摩擦副材料与润滑剂组合的摩擦特性来实现摩擦传动的。

摩擦副可分为高副和低副传动。摩擦轮（圆柱轮、圆锥轮、圆盘、圆环、圆球、弧锥轮）传动、金属带传动、链传动是高副传动，胶带是低副传动。

摩擦传动由于其结构简单、制造方便、运转平稳、噪声低、有过载保护作用，以及能连续平滑地调节传动比，因而有较广的应用范围，成为无级变速传动的主要元件。但由于摩擦传动中存在滑动（弹性滑动、几何滑动与打滑），影响传动精度，传动效率较低，结构尺寸较大，作用在轴和轴承上的载荷大，通常用于中、小功率传动。

34.2 摩擦传动的设计

定传动比摩擦轮传动有圆柱摩擦轮传动、圆柱槽形摩擦轮传动和圆锥摩擦轮传动等，分别用于平行轴和交叉轴间的传动（见表34-1的传动简图）。

1. 摩擦传动的失效形式和设计准则

（1）主要失效形式

1）过载、压紧力的改变和摩擦因数减小，导致打滑，使轮面产生局部摩擦与烧伤。

2）较高的交变接触应力导致工作表面疲劳点蚀和表面压溃。

3）高压紧力作用下高速运行，导致摩擦表面瞬时温度升高，轮面产生胶合。

当两轮面均为金属时，通常都是按表面疲劳强度进行计算；其中有一轮面为非金属材料时，多是按单位接触长度上的压力进行条件性计算。

（2）设计准则　定传动比摩擦轮传动的设计计算见表34-1。

2. 摩擦传动的滑动

滑动对摩擦传动的性能影响很大。滑动的类型可分为以下弹性滑动、几何滑动和打滑三种。

（1）弹性滑动　摩擦副工作时由于材料的弹性变形所造成的滑动称为弹性滑动。弹性滑动区位于接触区的出端。在接触区的入端没有滑动。即整个接触区分为静止区和滑动区。在滑动区主动轮超前、从动轮落后，二者间存在“滑差”。在滑动区的各微摩擦力矩之和与所受的外加转矩平衡，所以载荷越大，滑动区越大，滑差也越大。

弹性滑动的大小不仅与载荷有关，还与材料的弹性模量有关。弹性模量越大，弹性滑动越小。弹性滑动是不可避免的。

（2）几何滑动　摩擦副工作时，由于几何形状的原因所造成的滑动称为几何滑动。例如圆柱体在圆盘端面做绕圆盘中心的滚动，接触线上的速度分布呈“涡旋”，只有一点作纯滚动，此点称为节点。几何滑动的大小只与摩擦副元件的形状和相对位置有关。点接触的摩擦副也存在几何滑动。圆柱摩擦副或共顶的圆锥摩擦副没有几何滑动。几何滑动不是摩擦副的共性。

（3）打滑　载荷大到整个接触区都有滑动的时候，摩擦传动便出现打滑。打滑是一种过载现象。有几何滑动时，要同时考虑弹性滑动和几何滑动的影响。

打滑是摩擦传动失效的一种形式。不仅会降低传动效率，工作不可靠，甚至会造成工作表面的磨损，严重会发生胶合。设计时采取合适的安全因数。不能用打滑作为过载保护措施来设计。

影响打滑的因素有：摩擦因数或牵引系数过小，法向压力太小，摩擦副的弹性模量太小，几何形状与相对位置设计不合理。

油膜牵引时，牵引系数与滑动率有关，要保证足够的牵引系数，就必须有一定的滑动率，此时不是打滑。

打滑不仅是指从动轴的转速损失，而且是处于运动不稳定状态。

表34-1 定传动比摩擦轮传动的设计计算

种类		圆柱摩擦轮传动	槽形摩擦轮传动	端面摩擦轮传动	圆锥摩擦轮传动
传动简图					
传动比		$i=\frac{n_1}{n_2}=\frac{d_2}{d_1(1-\varepsilon)}$	$i=\frac{n_1}{n_2}=\frac{d_2}{d_1(1-\varepsilon)}$	$i=\frac{n_1}{n_2}=\frac{d_2}{d_1(1-\varepsilon)}$	当 $\varphi_1+\varphi_2=90°$ 时 $i=\frac{n_1}{n_2}=\frac{d_{2m}}{d_{1m}(1-\varepsilon)}=\frac{\tan\varphi_2}{(1-\varepsilon)}$ 当 $\varphi_1+\varphi_2\neq 90°$ 时 $i=\frac{n_1}{n_2}=\frac{\sin\varphi_2}{(1-\varepsilon)\sin\varphi_1}$
压紧力		$Q=\frac{KF}{\mu}=\frac{2\times10^3 KT_1}{\mu d_1}$, $T_1=9.55\times10^3\frac{P_1}{n_1}$	$Q=\frac{10^3 KT_1}{\mu d_1}$, $T_1=9.55\times10^3\frac{P_1}{n_1}$	$Q=\frac{2\times10^3 KT_1}{\mu d_1}$, $T_1=9.55\times10^3\frac{P_1}{n_1}$	$Q=\frac{2\times10^3 KT_1}{\mu d_{1m}}$, $T_1=9.55\times10^3\frac{P_1}{n_1}$
作用在轴上的力	总压力	$R_1=R_2=\sqrt{F^2+Q^2}$ $=\frac{2\times10^3 T_1}{d_1}\sqrt{1+\left(\frac{K}{\mu}\right)^2}$	$R_1=R_2=\frac{2\times10^3 T_1}{d_1}\sqrt{1+\left(\frac{K\sin\beta}{\mu}\right)^2}$	$R_1=\frac{2\times10^3 T_1}{d_1}\sqrt{1+\left(\frac{K}{\mu}\right)^2}$ $R_2=\frac{2\times10^3 KT_1}{d_1}$	$R_1=\frac{2\times10^3 T_1}{d_{1m}}\sqrt{1+\left(\frac{K}{\mu}\cos\varphi_1\right)^2}$ $R_2=\frac{2\times10^3 T_1}{d_{1m}}\sqrt{1+\left(\frac{K}{\mu}\cos\varphi_2\right)^2}$
	径向力、轴向力	$Q_r=Q$ $Q_a=0$	$Q_r=\frac{2\times10^3 KT_1}{\mu d_1}(\sin\beta+\mu\cos\beta)$ $Q_a=0$	$Q_{r1}=Q$ $Q_{a1}=0$、$Q_{a2}=0$	$Q_{r1}=Q_{a2}$;$Q_{r2}=Q_{a1}$ $Q_{a1}=Q\sin\varphi_1$;$Q_{a2}=Q\sin\varphi_2$

（续）

种类		圆柱摩擦轮传动	槽形摩擦轮传动	端面摩擦轮传动	圆锥摩擦轮传动
强度计算	接触强度	$a=(i\pm1)\sqrt[3]{E_e\frac{K}{\mu\psi_a}\frac{P_1}{in_1}\left(\frac{1300}{[\sigma]_H}\right)^2}$ $E_e=\frac{2E_1E_2}{E_1+E_2}$ $\psi_a=\frac{b}{a}$，常取 $\psi_a=0.2\sim0.4$，轴系刚性好的取大值	当 $h=0.04d_1=\frac{0.08a}{i\pm1}$；$\beta=15°$时 $a=(i\pm1)\sqrt[3]{E_e\frac{K}{\mu z}\frac{P_1(i\pm1)}{in_1}\left(\frac{1620}{[\sigma]_H}\right)^2}$ z—沟槽数，$z=5\sim8$ 当 $\beta\neq15°$时 1620 应乘 $\sqrt{\frac{\sin2\beta}{0.5}}$	$d_1=\sqrt[3]{E_e\frac{K}{\mu\psi_d}\frac{P_1}{n_1}\left(\frac{2580}{[\sigma]_H}\right)^2}$ $\psi_d=\frac{b}{d_1}$，常数 $\psi_d=0.2\sim1.0$	当 $\varphi_1+\varphi_2=90°$时 $L=\sqrt{i^2+1}\sqrt[3]{E_e\frac{K}{\mu\psi_L}\frac{P_1}{in_1}\left(\frac{1300}{(1-0.5\psi_L)[\sigma]_H}\right)^2}$ $\psi_L=\frac{b}{L}$，常数 $\psi_L=0.2\sim0.3$
	接触长度压力①	$a=3100\sqrt{\frac{K}{\mu\psi_a}\frac{P_1}{n_1}\frac{(i\pm1)}{[q]}}$	$a=7600(i\pm1)\sqrt{\frac{K}{\mu z}\frac{P_1}{n_1}\frac{1}{[q]}}$	$d_1=4370\sqrt{\frac{K}{\mu\psi_d}\frac{P_1}{n_1}\frac{1}{[q]}}$	当 $\varphi_1+\varphi_2=90°$时 $L=3100\sqrt{\frac{K}{\mu\psi_L}\frac{P_1}{n_1}\frac{\sqrt{i^2\pm1}}{(1-0.5\psi_L)[q]}}$
几何计算		$d_1=\frac{2a}{i\pm1}\geqslant(4\sim5)d_0$；$d_0$—轴径 $d_2=id_1(1-\varepsilon)$ $b=\psi_a a$	$d_1=\frac{2a}{i\pm1}$；$d_2=id_1(1-\varepsilon)$ $b=2z(h\tan\beta+\delta)$ $\delta=3$mm（钢），5mm（铸铁） $h=0.04d_1$ $d_e=d+h$；$d_i=d-h-(1\sim2)$	$d_2=id_1(1-\varepsilon)$ $b=\psi_d d_1$ $D_e=d_2+(0.8\sim1)b$	$d_1=2L\sin\varphi_1$ $d_2=id_1(1-\varepsilon)$ 或 $d_2=2L\sin\varphi_2$ $b=\psi_L L$
特点和设计注意事项		1. 结构简单，制造容易 2. 压紧力大，宜用于小功率传动 3. 为减小压紧力，可将轮面之一用非金属材料作覆面 4. 大功率传动时，摩擦轮常采用淬火钢（如 GCr15，HRC＞60），并采用自动压紧卸载环 5. 为降低二轴的平行度要求，可将轮面之一制成鼓形，轴系刚性差时亦应如此 6. 用于回转筒驱动装置、仪表调节装置等	1. 压紧力较圆柱摩擦轮传动小，当 $\beta=15°$时，约为其 0.3 倍 2. 几何滑动较大，易发热与磨损，故应限制沟槽高度 $h=(0.04\sim0.06)d_1<(5\sim15)$mm 3. 加工和安装要求较高 4. 传动比随载荷和压紧力的变化在一定范围内变动 5. 用于绞车驱动装置等	1. 结构简单，容易制造 2. 压紧力大，几何滑动大，易发热和磨损 3. 将小轮制成鼓形，可减少几何滑动，降低安装精度 4. 轴向移动小轮，可实现正反向无级变速，但应避免在 $d_2\approx0$ 附近运转 5. 要注意大轮的刚度，并控制二轴线的垂直度 6. 用于摩擦压力机等	1. 结构简单，容易制造 2. 设计与安装时，应保证轴线的相对位置正确，锥顶重合；否则几何滑动大，磨损严重 3. 由于 $\varphi_1<\varphi_2$，故 $Q_{a1}<Q_{a2}$，应在小轮处施加压紧力 4. 常用大功率摩擦压力机

注：n_1、n_2—主、从动轴转速（r/min）
ε—滑动率（%）
T_1—主动轴转矩（N·m）
P_1—传递功率（kW）
K—可靠性系数
μ—摩擦因数，见表 34-2
E_e—当量弹性模量（MPa）
E_1、E_2—主、从动轮材料的弹性模量（MPa）
ψ_a、ψ_d、ψ_L—宽度系数
$[\sigma]_H$—许用接触应力（MPa），（见表 34-2）
$[q]$—许用线压力（N/mm），（见表 34-2）
$i\pm1$—“+”用于外接触，“-”用于内接触其他物理量单位：力—N　长度—mm

① 用于非金属材料或用其覆面的摩擦轮传动。

3. 摩擦传动的效率

传动的总效率η可按下式计算

$$\eta = \frac{P_1 - P_\Sigma}{P_1}$$

式中　P_1——输入功率；

P_Σ——总功耗，$P_\Sigma = P_g + P_e + P_r + P_b + P_o$

P_g——几何滑动功耗，是摩擦传动的主要功率损失；

P_e——弹性滑动功耗，高弹性模量材料制成的摩擦副，其弹性滑动很小，弹性滑动功耗常可忽略不计；

P_r——滚动滞后功耗，是由于滚动面的弹性变形，致使径向力偏离轴心所致；

P_b——轴承功耗，通常按轴承的概略功率估算。压紧力很大，不带支承卸载装置的摩擦传动，轴承功耗是主要的；

P_o——介质功耗，包括搅油功耗和空气阻力功耗。

摩擦传动的功率计算比较复杂，又很难精确，只作为理论的引导，实用上多采用实测数据。

提高传动效率可采用如下措施：

1）尽量减少几何滑动。

2）尽量缩短接触线长度，或采用点接触。

3）采用摩擦系数小的轴承。

4）采用有卸载装置的支承结构。

5）采用自动压紧装置。

6）使刚性摩擦传动和支承具有足够的刚度。

7）摩擦轮的工作直径适当取大些。

8）采用高弹性模量、高硬度、高润滑油吸附性（湿式工作）和高摩擦系数（干式工作）的材料制造摩擦传动件。

9）加工合理的精度和粗糙度。

10）采用合适的润滑油和润滑方式。

4. 摩擦传动的摩擦因数和牵引因数

摩擦轮材料的摩擦因数μ见表34-2。

牵引油及其牵引因数μ见表34-3。

表34-2　摩擦轮材料的摩擦因数μ、许用接触应力$[\sigma]_H$和单位接触长度的许用线压力$[q]$

摩擦轮轮面材料	工作条件	μ	$[\sigma]_H$/MPa	$[q]$/(N/mm)
淬火钢—淬火钢	良好润滑	0.04～0.05	25～30HRC	150～200
铸铁—铸铁		0.05～0.06	1.5～1.8HBW	105～135
钢—钢	无润滑	0.15～0.20	1.2～1.5HBW	100～150
铸铁—钢(铸铁)		0.10～0.15	$1.5\sigma_{Hb}$	100～135
布质酚醛层压板—钢(铸铁)		0.20～0.25	50～100	40～80
皮革—铸铁		0.20～0.35	12～15	15～25
纤维制品—钢(铸铁)		0.20～0.25	—	35～40
木材—铸铁		0.30～0.50	—	2.5～5
橡胶(弹胶体)—钢(铸铁)		0.45～0.60	—	10～30
石棉基材料—钢(铸铁)		0.30～0.40	—	—

表34-3　牵引油及其牵引因数μ

名　　称	牵引因数μ	名　　称	牵引因数μ
多元醇酯 Mil—L　23699	0.035	合成环已基油	0.084～0.095
双酯 Mil—L　7808	0.040	Santotrac 30	0.084
硅醇酯、聚乙二醇	0.045	Santotrac 40、50、70	0.095
石腊基矿物油	0.050	S—20、30、80	0.118(试验值)
芳香族变速器油	0.055	聚异丁烯油	0.043～0.052
磷酰酯	0.060	氢化环烷系矿物油	0.042
环烷基矿物油　Mobil　62	0.058～0.065	Ub—1、2、3、4(无级变速器油)	0.184～0.109
硅油、氯苯基硅油	0.075～0.078		

注：牵引因数μ仅供选用参考，设计计算时应根据选用商品牵引油提供的性能及牵引因数。

34.3　摩擦传动在工业上的应用——无级变速传动

摩擦传动在工业上的应用，除了最典型的摩擦型带传动外，其中应用最多、最广的就是无级变速传动。

机械无级变速器基本由传递运动和动力的摩擦变速机构、保证摩擦力所需的加压装置、实现变速的调速机构三部分组成。其工作原理是利用刚性元件（或通过中间元件）在接触处产生的摩擦力或润滑油膜牵引力进行传动，并可通过改变其接触处的工作半径进行无级变速。

1. *摩擦变速传动机构*

现有的摩擦变速传动机构具有各种结构类型。一般可分为

1）直接传动式，即主、从摩擦元件直接接触传动。

2）刚性中间元件式，即主、从动元件通过刚性中间元件进行传动。

3）挠性中间元件式，即带式无级变速器和链式无级变速器。

4）行星传动式。

5）脉动式。

机械无级变速器的类型、机械特性和应用实例见表 34-1。锥形带轮一无极变速传动是摩擦变速传动常用的一种。锥形带轮-无极变速传动示意图如图 34-1 所示。

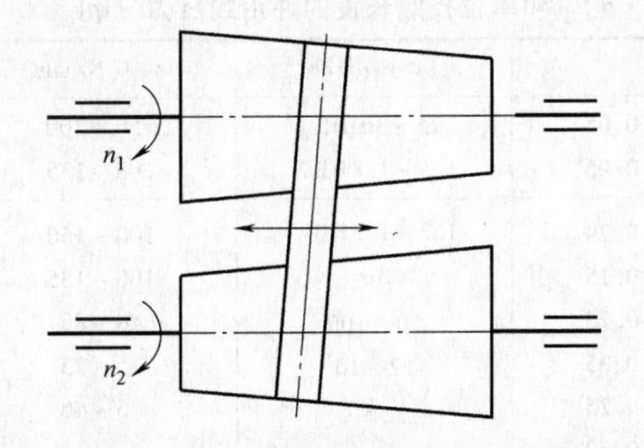

图 34-1　锥形带轮-无极变速传动示意图

$$传动比\ i=\frac{n_1}{n_2}=\frac{d_2}{d_1}$$

式中　n_1、n_2——主、从动轮转速（r/min）；

d_1、d_2——主、从动轮与带接触中间处的直径（mm）。

2. *加压装置*

加压装置用来产生摩擦传动工作表面之间的压紧力，该力的大小、变化直接关系到传动的承载能力和性能。

（1）常用的加压装置

1）弹簧加压。

2）端面凸轮加压。

3）钢球（柱）V 形槽加压。

（2）其他加压装置，如螺旋、齿轮、蜗杆传动以及气、液压等。

3. *调速机构*

机械无级变速器是依靠改变摩擦副的接触位置，从而使工作半径比值产生相应的变化来进行转速调节的。调速机构就是用来改变摩擦副的接触位置的。对调速机构的主要要求是：结构简单、工作可靠、轻便灵活和定位可靠。

应用最多的调速机构是螺旋机构和蜗杆机构。其突出的特点是具有自锁性。

机械无级变速器一般是在运行过程中进行调速，以免损伤摩擦元件。

4. *常用材料*

摩擦副和加压机构的失效形式主要是表面失效，于是在选择有关元件的材料时应强调表面性能方面的要求。即耐磨、高接触强度 、高弹性模量、高摩擦因数（干式）、良好的导热性及对润滑油的优良的吸附性能（湿式）。

现代摩擦无级变速器均倾向于采用合金钢表面淬硬的高精度、低粗糙度的摩擦副，湿式工作。这类材料能够较好地满足上述各种要求，只有高摩擦因数（干式）不能直接满足。因为湿式摩擦副直接接触工作时，寿命较低，且有胶合或烧伤的危险，通常采用高牵引因数的润滑油和采取适当的结构措施加以解决。湿式摩擦副的承载能力，一般也比摩擦因数大的非金属对钢（或铸铁）的摩擦副高得多。例如，线接触的摩擦副，即是钢对钢、60HRC、湿式工作，另一个是夹布胶木对钢、干式工作，其他条件一样，前者比后者的承载能力约高 8 倍。实践也证明，湿式传动的尺寸通常可以设计得比干式传动的小。

最适合制造摩擦副的材料是渗碳淬硬到 60HRC 以上的镍铬钼类渗碳钢，以及淬硬到 60HRC 以上的轴承钢（如 GCr6、GCr9、GCr9SiMn、GCr15、GCr15SiMn 等），其次材料是淬硬到 55HRC 以上的工具钢（如 T10A、CrW5 等），弹簧钢（如 60SiCrA 等）和调质钢（如 40Cr 等）。最好的是真空冶炼的钢材，其次是真空脱氧冶炼的钢材，这两类钢材制造的摩擦轮，其寿命要比普通冶炼的钢材所制造的摩擦轮高出好几倍。

使用高硬度高强度合金钢材料时，应注意保证制品的高精度（包括制造精度和安装精度）与低表面粗糙度。因为这类材料不易磨合，而且应力集中比较敏感，而低粗糙度还可以在同样的油膜厚度之下，得到较大的弹流润滑膜厚比。

为了防止摩擦轮接触疲劳时，表层下面疲劳裂纹的扩展，必须保证表层下具有较高的力学性能。就各种表面硬化的热处理而言，合金钢渗碳或碳氮共渗的摩擦轮，其上述性能和承载能力通常比氮化或高频淬火者高。

结构复杂、尺寸较大的摩擦轮，可以考虑采用

表面淬硬或白口化的铸铁。

金属陶瓷和工程塑料是制造摩擦轮的两类很有前途的材料。

选用非金属材料对钢铁的摩擦副，主要是利用其摩擦因数大，噪声小和对于精度、表面粗糙度要求不严的优点。但非金属材料的强度和弹性模量较小，故尺寸小、效率低，并且常需固定在钢铁的芯体上，通过芯体与轴相连。此外，耐磨性和散热性也较差。所以，这种摩擦副一般只宜用于结构紧凑性要求不高的或仪器仪表用的摩擦传动上，并采用干式传动。

不论采用哪种材料组合，为了防止打滑时主动轮在从动轮上磨出凹坑，通常均应取其中硬度较低者制造主动轮。

常用的摩擦副材料，其摩擦因数和基本许用应力和许用线应力见表 34-2。

参考文献

[1] 张展．实用齿轮设计计算手册 [M]．北京：机械工业出版社，2011．
[2] 张展．减速器设计与实用数据速查 [M]．北京：机械工业出版社，2010．
[3] 张展．齿轮设计与实用数据速查 [M]．北京：机械工业出版社，2010．
[4] 张展．实用机械传动设计手册 [M]．北京：科学出版社，1994．
[5] 张展．减速器设计选用手册 [M]．上海：上海科学技术出版社，2003．
[6] 张展．机械设计通用手册 [M]．北京：机械工业出版社，2008．
[7] 张国瑞，张展．行星传动技术 [M]．上海：上海交通大学出版社，1989．
[8] 齿轮手册编委会．齿轮手册：上册 [M]．北京：机械工业出版社，2001．
[9] 鲁金科 B H．行星与谐波传动结构图册 [M]．张展，译．北京：机械工业出版社，1986．
[10] 王太辰．宝钢减速器图册 [M]．北京：机械工业出版社，1995．
[11] 杨兰春，等．蜗杆传动手册 [M]．上海：华东化工学院出版社，1990．
[12] 会田俊夫．齿轮精度与性能 [M]．张展，译．北京：中国农机出版社，1985．
[13] Darle W Dudley，Dennis P Townsend．Gear Handbook [M]．NewYork：McGraw-Hill，1962．
[14] 编写组．机械结构图册：减速器 [M]．北京：国防工业出版社，1974．
[15] 中国齿轮专业协会．中国齿轮工业年鉴2010 [M]．北京：北京理工大学出版社，2010．
[16] 鲍洛托夫斯基．渐开线齿轮与蜗杆传动几何计算 [M]．张展，译．上海：华东化工学院出版社，1990．
[17] 耿孝正．双螺杆挤出机及其应用 [M]．北京：中国轻工业出版社，2010．
[18] 张展，张弘松，张晓维．行星差动传动装置 [M]．北京：机械工业出版社，2009．
[19] Litvin F L．Gear Geometry and Applied Theory [M]．2nd ed．Carbridy：Carbridge University press，2004．
[20] 厉海祥，点线啮合齿轮传动 [M]．北京：机械工业出版社，2010．
[21] 萨本佶．高速齿轮传动设计 [M]．北京：机械工业出版社，1986．
[22] 马从谦，陈自修，张文照，等．渐开线行星齿轮传动设计 [M]．北京：机械工业出版社，1987．
[23] 张帮栋，武文辉．齿轮制造工艺手册 [M]．北京：机械工业出版社，2010．
[24] 大山政一，石川昌一．トラブルない齒車 [M]．东京：技术评论社，1980．
[25] 両角宗晴．游星齒車と差动齒車つ設計計算法 [M]．东京：日刊工业新闻社，1989．
[26] 编委会．渐开线齿轮行星传动的设计与制造 [M]．北京：机械工业出版社，2002．
[27] 张展．动力换挡变速箱 [J]．国外工程机械，1981 (4) 43-51．
[28] 库特略夫采夫，B H，等．行星齿轮传动手册 [M]．陈启松，张展，等译．北京：冶金工业出版社，1986．
[29] 张展，等．渐开线少齿差行星齿轮减速器 [M]．北京：机械工业出版社，1978．
[30] 杨廷栋，等．渐开线齿轮行星传动 [M]．成都：成都科技大学出版社，1986．
[31] 成大先．机械设计手册：第1，2卷 [M]．北京：化学工业出版社，2009．
[32] 程乃士．减速器和变速器设计选用手册 [M]．北京：机械工业出版社，2007．
[33] 张展．机械传动的测绘技术及实例 [M]．北京：机械工业出版社，2011．